전기기사
산업기사
필기시험문제

최고의 적중률!! 최고의 합격률!!

에듀크라운
국가자격시험문제 전문출판
http://www.crownbook.com

크라운출판사
국가자격시험문제 전문출판
http://www.crownbook.com

대한민국 대표브랜드

국가자격 시험문제 전문출판

이 책을 발행하며

오늘날 산업현장의 고급화로 인해 수용가에서는 양질의 전력공급을 요구하고 있습니다. 현장에 알맞은 전력을 공급해 주기 위해서는 전문화된 전기 기술자들이 전기 설비를 관리 감독해야 합니다. 그래야만 전기로 인한 인명과 재산상의 손실들을 최소화 할 수 있습니다.

그러므로 전기 설비 및 사용자의 안전과 이익보호를 위해서 국가에서 인정해주는 전기기사 및 산업기사의 자격증을 취득한 사람들에게 책임과 의무를 맡기도록 한 것이 현행 국가 기술자격법입니다.

이에 따라 이 책은 국가에서 시행하는 전기 분야의 자격증 취득을 최단시간 안에 합격할 수 있도록 했습니다. 확실한 문제만으로 엄선하여 수록했기에 이 책을 충분히 잘 활용하시면 짧은 시간 안에 좋은 결과를 얻을 수 있으리라 확신합니다.

전기분야 출제 기준안에 맞도록 각 과목마다 학문적 기초부터 응용까지 이해가 쉽도록 핵심이론 및 요점정리를 해두었습니다. 스스로 테스트 할 수 있도록 과거에 출제되었던 문제들도 유형별로 알기 쉽게 설명했습니다.

또한 국가에서 시행하는 기술직 공무원시험을 준비하는 학생들에게도 잘 활용할 수 있도록 각 장별로 상세하게 설명을 해두었으므로 매우 좋은 지침서가 될 것입니다.

미진한 부분들은 계속 수정 보완해 나갈 것을 약속드리겠습니다.

끝으로, 이 책이 나오도록 여러모로 도와주신 모든 분들에게 고마움을 표하며, 특히 출판하는데 아낌없이 최선을 다해준 크라운출판사 이상원 회장님과 편집부 여러분께 감사드립니다.

저자 드림

출제기준

■ 필기

직무 분야	전기 · 전자	총직무 분야	전기	자격 종목	전기기사 · 산업기사

○ 직무내용 : 전기설비에 관한 이론을 기반으로 전기기계·기구의 선정, 전기설비의 계획, 에너지 절약기술 적용, 용량산정, 재료선정 등 설계도서 작성, 감리, 유지관리 및 운용 등 시설관리 등의 업무를 수행

필기검정방법	객관식	문제수	100	시험시간	2시간 30분

필 기 과목명	문제수	주요항목	세 부 항 목	세 세 항 목
전기자기학 (공통)	20	1. 진공 중의 정전계	1. 정전기 및 전자유도	1. 정전기의 개념 2. 대전현상 3. 도체와 부도체 4. 전기량 5. 정전유도 등
			2. 전계	1. 전계의 정의 2. 전계의세기 3. 벡터와 스칼라 4. 진공 중에 있는 점전하에 의한 전계 등
			3. 전기력선	1. 전기력선의 정의 2. 전기력선의 성질 3. 전기력선의 방정식 4. 전기력선의 밀도와 전계의 세기 등
			4. 전하	1. 전하의 성질 2. 검전기 3. 쿨롱의 법칙 4. 진공중의 유전율 등
			5. 전위	1. 전위 및 전위차의 정의 2. 보존장 3. 등전위면 4. 전위경도 5. 푸아송·라플라스의 방정식 등
			6. 가우스의 정리	1. 가우스의 정리 2. 입체각 3. 전계의 발산정리 4. 전기력선의 발산 등

필 기 과목명	문제수	주요항목	세 부 항 목	세 세 항 목
			7. 전기쌍극자	1. 전기쌍극자의 정의 2. 전기쌍극자에 의한 전위 3. 전기쌍극자에 의한 전계 4. 전기이중층 등
		2. 진공중도체계	1. 도체계의 전하 및 전위분포	1. 도체계의 대전 현상 등 2. 전하 및 전위분포의 일의성 3. 중첩의 원리 등
			2. 전위계수, 용량계수 및 유도계수	1. 전위계수, 용량계수 및 유도계수의 정의 2. 전위계수의 성질 및 계산 3. 용량계수 및 유도계수의 성질 및 계산 등
			3. 도체계의 정전에너지	1. 도체계의 정전에너지 2. 도체면에 작용하는 힘 등
			4. 정전용량	1. 정전용량의 정의 2. 정전용량과 전위계수, 용량계수 및 유도계수와의 관계 3. 콘덴서의 정의 및 접속 4. 콘덴서에 축적된 정전에너지 5. 등가용량 등
			5. 도체 간에 작용하는 정전력	1. 도체 간에 작용하는 정전력 2. 도체계가 가진 정전에너지 등
			6. 정전차폐	1. 정전차폐 등
		3. 유전체	1. 분극도와 전계	1. 유전체의 유전율 및 비유전율 2. 전기분극 3. 분극의 세기 등
			2. 전속밀도	1. 전속 2. 분극과 전속밀도 등
			3. 유전체 내의 전계	1. 유전체 내의 전계 2. 유전체 중의 전계와 가우스 정리 3. 유전체의 절연파괴 등
			4. 경계조건	1. 두 종류의 유전체 내의 경계조건 2. 전속 및 전기력선의 굴절 3. 유전율과 전속밀도와의 관계 등

필기 과목명	문제수	주요항목	세부항목	세세항목
			5. 장응용	1. 유장체를 가진 도체계의 정전용량 등 2. 유전체 내의 전장 에너지 등
			6. 전계의 에너지	1. 유전체 에너지 2. 유전체에 사용하는 힘 등
			7. 유전체 사이의 힘	1. 유전체 내의 도체 표면에 작용하는 힘 2. 유전체에 사용하는 힘 등
			8. 유전체의 특수현상	1. 강유전기 2. 파이로전기 3. 압전기 등
		4. 전기의 특수 해법 및 전류	1. 전기영상법 2. 도체계와 정전용량 3. 전기가옥 도체계의 정전상 4. 정전용량 도체계의 정전상 5. 부정전계의 정전상 6. 평형상태 내의 부정전체 7. 2개의 도체계 등	
			1. 유전체의 2전원 문제	1. 장전체의 2전원 문제 2. 장기장치 등장이상의 장치 등
			2. 전류에 관련된 자장밀도	1. 전류에 관련된 자장밀도 2. 동의 법칙 3. 기르히호프의 법칙 4. 중성의 장기 5. 수환 장기 6. 등기 장원 장기 7. 전체, 동전 8. 정장장치 9. 전로의 하부작용 등
			4. 자전체 및 자장전용	1. 자전체 2. 자전의 모든계수 3. 강자력스 4. 도장전 등
		5. 자체	1. 자속 및 자기부도	1. 자속체 2. 자기부도 3. 콜롱의 법칙 등
			2. 자체 및 자성	1. 자체 2. 자의 3. 자체 4. 자성과 자성밀도 5. 자체에너지 등

필 기 과목명	문제수	주요항목	세 부 항 목	세 세 항 목
			3. 자기쌍극자	1. 자기쌍극자의 자계 2. 판자석 및 등가판자석 등
			4. 자계와 전류 사이의 힘	1. 전류의 자기 작용 2. 비오·샤바르의 법칙 3. 암페어의 오른손 법칙 4. 직선 전류에 의한 자계 5. 원형 전류 중심 축 상의 자계 6. 솔레노이드에 의한 자계 7. 진공 중에 있는 원형코일 중심축상의 　자속밀도 8. 벡터의 적 9. 암페어의 주회적분 법칙 10. 주회적분 법칙에 의한 자속 분포 계산 11. 벡터의 회전 12. 평행 전류 간의 작용력 13. 자계 중의 전류에 작용하는 힘 14. 전류에 의한 기계적 일과 기계적 동력 등
			5. 분포전류에 의한 자계	1. 스토크스의 정리 2. 플레밍의 법칙 3. 로렌츠의 법칙 4. 핀치효과 및 홀 효과 등
		6. 자성체와 자기회로	1. 자화의 세기	1. 자화작용 2. 자화의 세기 3. 자화전류 등
			2. 자속밀도 및 자속	1. 자성체가 있는 자계 2. 자속분포의 법칙 3. 벡터 포텐셜 4. 정자계와 정전계 5. 자극 등
			3. 투자율과 자화율	1. 투자율 2. 자화곡선 3. 자화율 등
			4. 경계면의 조건	1. 자계의 경계면 조건 2. 자속밀도의 경계면 조건 3. 자속선의 굴절법칙 등
			5. 감자력과 자기차폐	1. 감자력 2. 감자율 3. 자기차폐 등
			6. 자계의 에너지	1. 자계의 에너지 밀도 등

필 기 과목명	문제수	주요항목	세 부 항 목	세 세 항 목
			7. 강자성체의 자화	1. 자화곡선 2. 히스테리시스 곡선 3. 히스테리시스 손실 등
			8. 자기회로	1. 기자력 2. 투자율 3. 자기저항 4. 누설자속 5. 자기회로의 옴의 법칙 6. 자기회로의 키르히호프 법칙 7. 공극을 가진 자기회로 8. 포화특성 철심의 자기회로 등
			9. 영구자석	1. 감자력 2. 자화의 세기 3. 보자력 4. 자석재료 등
		7. 전자유도 및 인덕턴스	1. 전자유도 현상	1. 자속변화에 의한 기전력 발생 2. 전자유도법칙 3. 패러데이의 법칙 4. 와전류 5. 표피효과 등
			2. 자기 및 상호유도작용	1. 자기유도작용 2. 상호유도작용 등
			3. 자계에너지와 전자유도	1. 자계에너지와 전자유도 등
			4. 도체의 운동에 의한 기전력	1. 렌츠의 법칙 2. 플레밍의 오른손 법칙 3. 자계 속을 운동하는 도체에 생기는 기전력 4. 도체의 운동과 자속의 시간적 변화가 있는 경우의 기전력 등
			5. 전류에 작용하는 힘	1. 전류에 작용하는 힘 2. 자속변화 등
			6. 전자유도에 의한 전계	1. 전자유도에 의한 전계 등
			7. 도체 내의 전류 분포	1. 일정주파수의 교류일 때 2. 표피효과 3. 도체표면에 평행한 자계일 때 4. 표피효과를 고려할 수 있는 한계 등
			8. 전류에 의한 자계에너지	1. 자계에너지 2. 전류에 의한 자계에너지 등

필기 과목명	문제수	주요항목	세부항목	세세항목
			9. 인덕턴스	1. 자기인덕턴스와 상호인덕턴스 2. 노이만의 공식 3. 상호인덕턴스의 상반성 4. 누설자속과 결합계수 5. 인덕턴스의 계산 6. 기하학적 평균거리 등
		8. 전자계	1. 변위전류	1. 변위전류 등
			2. 맥스웰의 방정식	1. 맥스웰의 전자파방정식 2. 인가전압이 있는 경우의 전자방정식 등
			3. 전자파 및 평면파	1. 전자파 2. 평면파 3. 파동방정식 4. 전파속도 5. 도체 내의 전자파 6. 전자파의 방사 7. 전자파의 반사와 굴절 8. 전자파의 전송선로 9. 포인팅벡터 등
			4. 경계조건	1. 경계면에 전류가 존재하지 않을 때 2. 완전 도체 표면 등
			5. 전자계에서의 전압	1. 전압의 정의 2. 평행도체에 있어서의 전압 3. 단위 길이당 전압 강하 4. 도체전류의 변화 등
			6. 전자와 하전 입자의 운동	1. 전자와 하전입자의 운동 등
			7. 방전현상	1. 방전현상 등
전력공학 (공통)	20	1. 발·변전 일반	1. 수력발전	1. 수력발전의 원리와 종류 2. 수력학의 개요 3. 유량과 낙차 4. 수력설비 5. 수차 및 부속설비 6. 수력발전소의 전기설비와 운전 등
			2. 화력발전	1. 화력발전의 원리와 종류 2. 열역학의 개요 3. 연료와 연소 4. 보일러 및 부속장치 5. 증기터빈과 터빈발전기 6. 화력발전소의 전기설비와 운전 7. 내연력 및 복합발전 등
			3. 원자력 발전	1. 원자력의 이론과 원자로 2. 핵연료 및 핵연료 주기 3. 원자력 발전설비 등

필 기 과목명	문제수	주요항목	세 부 항 목	세 세 항 목
			4. 신재생에너지발전	1. 연료전지 2. 수소에너지 3. 석탄가스화액화 4. 태양광 5. 태양열 6. 풍력 7. 바이오에너지 8. 폐기물에너지 9. 지열 10. 해양에너지 등
			5. 변전방식 및 변전설비	1. 변압기의 종류 2. 변압기의 결선과 운전 3. 변압기의 손실 및 효율 4. 조상설비 5. 개폐장치 및 모선 6. 보호계전방식 등
			6. 소내전원설비 및 보호계정방식	기사 1. 소내전원설비 2. 보호계전방식 등 산업기사 1. 소내전원설비 2. 보호계전방식 등 3. 발·변전소의 보호계전방식
		2. 송·배전선로의 전기적 특성	1. 선로정수	1. 표피작용 및 근접효과 2. 저항, 인덕턴스, 정전용량, 누설컨덕턴스 등
			2. 전력원선도	1. 전력의 벡터표시 2. 전력방정식 3. 전력원선도 및 손실원선도 4. 전압이 변할 때의 원선도 등
			3. 코로나 현상	1. 코로나 현상 및 임계전압 2. 코로나 손실과 코로나에 의한 각종 장해 3. 코로나 방지 대책
			4. 단거리 송전선로의 특성	1. 단거리 송전선로의 구성 2. 단거리 송전선로의 특성 등
			5. 중거리 송전선로의 특성	1. T회로 2. π회로 등
			6. 장거리 송전선로의 특성	1. 전파방정식 2. 특성임피던스와 전파정수 3. 일반회로 정수 및 4단자 정수 4. 위상각 5. 등가 T회로 및 π회로

필 기 과목명	문제수	주요항목	세 부 항 목	세 세 항 목
			7. 분포정전용량의 영향	1. 페란티 현상 2. 자기여자를 방지시키는 조건 3. 발전기의 자기여자 등
			8. 가공전선로 및 지중전선	1. 가공전선로의 구성 및 특성 2. 전선의 종류 및 선정 3. 전선의 진동과 도약 4. 전선의 이도 5. 애자의 종류 및 그 특성과 강도 6. 절연재료의 열화 7. 지중전선로의 구성 및 특성 8. 지중전선로의 배전방식 9. 케이블의 종류 및 구조, 전기적 특성 10. 케이블의 포설 방식 11. 케이블의 고장점 탐색법 등
		3. 송·배전방식과 그 설비 및 운용	1. 송전방식	1. 직류 송전방식 2. 교류 송전방식 3. 전압별 송전방식 및 송전전압 4. 전력전송방식에 따른 송전방식 등
			2. 배전방식	1. 공급방식 2. 배전선의 구성 3. 배전선의 형태 4. 배전선의 전기적 특성 및 배전계획 등
			3. 중성점접지방식	1. 중성점접지의 목적과 종류 및 구성과 그 특성 2. 접지사고 발생에 따른 이상 전압의 발생 3. 지락사고와 등가회로 4. 잔류전압 등 5. 유도장해 및 방지대책
			4. 전력계통의 구성 및 운용	1. 전력계통의 구성 2. 주파수제어 3. 급전시설 4. 계통의 운전 및 신뢰도 5. 전력계통의 경제운용 6. 루프운전 7. 전력선 통신 등
			5. 고장계산과 대책	1. 고장계산의 필요성 2. 송전계통의 고장 3. 계통의 고장전류와 전압분포 계산 4. 발전기 단자에서의 고장계산 등
		4. 계통보호방식 및 설비	1. 이상전압과 그 방호	1. 이상전압의 종류 2. 내부 이상전압 3. 외부 이상전압 4. 진행파 5. 이상전압의 방호 6. 절연협조 등

필 기 과목명	문제수	주요항목	세 부 항 목	세 세 항 목
			2. 전력계통의 운용과 보호	1. 전압조정 2. 전력손실의 경감 3. 송·배전선로의 보수 및 시험 4. 송·배전선로의 운용과 보호 등
			3. 전력계통의 안정도	1. 안정도의 개요 2. 정태안정도 및 그 해석 3. 과도안정도 및 그 해석 4. 동태안정도 및 그 해석 5. 안정도의 증진 6. 송전용량 7. 상차각으로 표시되는 전송전력 8. 동기기의 관성정수 9. 직렬콘덴서 보상방법 등
			4. 차단보호방식	1. 차단현상 및 소호이론 2. 차단기의 책무 3. 고속도재폐로방식 등
		5. 옥내배선	1. 저압 옥내배선	1. 옥내 배선용 재료와 기구 2. 배선공사 3. 옥내배선의 설계 4. 옥내배선의 시험과 검사 등
			2. 고압옥내배선	1. 옥내 배선용 재료와 기구 2. 배선공사 3. 옥내배선의 설계 4. 옥내배선의 시험과 검사 등
			3. 수전설비	1. 전원설비 2. 수전설비의 기기 및 구성 3. 예비전원설비 4. 전력의 수용과 공급 5. 수용설비와 공급설비 6. 분전반 및 분기회로 등
			4. 동력설비	1. 동력설비 2. 동력의 운전제어 등
		6. 배전반 및 제어기기의 종류와 특성	1. 배전반의 종류와 배전반 운용	1. 배전반의 종류 2. 배전반의 구성 3. 배전반의 운용 등
			2. 전력제어와 그 특성	1. 전력조류제어 2. 주파수 – 유효전력제어 3. 전압 – 무효전력제어 등
			3. 보호계전기 및 보호계전방식	1. 보호계전기의 종류 및 동작원리 2. 보호계전방식의 구성 및 특성 등

필 기 과목명	문제수	주요항목	세 부 항 목	세 세 항 목
			4. 조상설비	기사 1. 동기조상기 2. 전력용 콘덴서 3. 정지형 보상기 등 산업기사 1. 동기조상기 2. 전력용 콘덴서 3. 조상설비의 원리 및 종류 4. 정지형 보상기 등
			5. 전압조정	1. 변압기에 의한 전압 조정 2. 무효전력 조정에 의한 전압조정 3. 전압조정기에 의한 전압조정 등
			6. 원격조작 및 원격제어	1. 전력계통의 원격조작 2. 전력계통의 원격제어 등
		7. 개폐기류의 종류와 특성	1. 개폐기	1. 개폐기의 종류 2. 개폐기의 원리와 그 특성 등
			2. 차단기	1. 차단기의 종류 2. 차단시간과 차단용량 등
			3. 퓨즈	1. 퓨즈의 종류와 그 특성 등
			4. 기타 개폐장치	1. 전자개폐기 2. 전력용반도체 소자 등
전기기기 (공통)	20	1. 직류기	1. 직류발전기의 구조 및 원리	1. 직류발전기의 구조 2. 직류발전기의 원리 등
			2. 전기자 권선법	1. 권선도 2. 권선의 종류 3. 중권과 파권의 특징 등
			3. 정류	1. 정류작용 2. 리액턴스 전압과 정류전압 등
			4. 직류발전기의 종류와 그 특성 및 운전	1. 직류발전기의 종류 및 특성 2. 직류발전기의 운전 등
			5. 직류발전기의 병렬운전	1. 부하분담의 원리 2. 분권발전기의 병렬운전 3. 직권발전기의 병렬운전 4. 복권발전기의 병렬운전 등
			6. 직류전동기의 구조 및 원리	1. 직류전동기의 구조 및 원리 등
			7. 직류전동기의 종류와 특성	1. 직류전동기의 종류 2. 직류전동기의 특성 등

필 기 과목명	문제수	주요항목	세 부 항 목	세 세 항 목
			8. 직류전동기의 기동, 제동 및 속도제어	1. 기동 2. 속도제어 3. 제동 등
			9. 직류기의 손실, 효율, 온도상승 및 정격	1. 손실 2. 효율 3. 전압변동률 및 속도변동률 4. 정격 등
			10. 직류기의 시험	1. 부하 시험 2. 무부하 시험 등
		2. 동기기	1. 동기발전기의 구조 및 원리	1. 동기발전기의 분류 2. 동기발전기의 구조 및 원리 등
			2. 전기자 권선법	1. 집중권 2. 분포권 3. 기타 권선법 등
			3. 동기발전기의 특성	1. 무부하포화곡선 2. 전기자반작용 3. 동기임피던스 4. 기타 관련사항 등
			4. 단락현상	1. 단락현상에 관한사항 등
			5. 여자장치와 전압조정	1. 여자장치 2. 전압조정 등
			6. 동기발전기의 병렬운전	1. 동기발전기의 병렬운전조건 2. 병렬운전의 활용 등
			7. 동기전동기 특성 및 용도	1. 동기전동기의 원리 2. 동기전동기의 출력 및 토크 3. 위상특성곡선 4. 동기전동기의 전기자 반작용 등
			8. 동기조상기	1. 동기조상기에 관련된 사항 등
			9. 동기기기의 손실, 효율, 온도상승 및 정격	1. 손실 2. 효율 3. 온도상승 4. 정격 등
			10. 특수 동기기	1. 유도동기전동기 2. 초동기발전기 3. 반동전동기 등
		3. 전력변환기	1. 정류용 반도체 소자	1. 다이오드 2. 사이리스터 3. 파워트랜지스터 4. GTO 5. 트라이액 6. IGBT 7. MOSFET 등

필 기 과목명	문제수	주요항목	세 부 항 목	세 세 항 목
			2. 각 정류회로의 특성	1. 반파정류회로 2. 전파정류회로 3. 브리지정류회로 4. 배전압정류회로 등
			3. 제어정류기	1. 직류전력변환기 2. 교류전력변환기 등
		4. 변압기	1. 변압기의 구조 및 원리	1. 변압기의 자기회로 2. 변압기의 동작원리 3. 변압기의 권선법 4. 변압기의 구조 등
			2. 변압기의 등가회로	1. 변압기 등가회로에 관련된 사항 2. 2차를 1차로 환산 3. 1차를 2차로 환산 4. 변압기의 벡터도 등
			3. 전압강하 및 전압변동률	1. 전압변동률의 계산 2. 전압강하 등
			4. 변압기의 3상 결선	1. 변압기의 극성 2. 단상변압기의 3상 결선 3. 특수변압기의 3상 결선 등
			5. 상수의 변환	1. 2상과 3상 2. 3상과 6상 등
			6. 변압기의 병렬운전	1. 병렬운전 가능한 결선 2. 변압기의 병렬운전 조건 등
			7. 변압기의 종류 및 그 특성	1. 변압기의 종류 2. 변압기의 정격 등
			8. 변압기의 손실, 효율, 온도상승 및 정격	1. 손실 2. 효율 3. 온도상승 4. 정격 등
			9. 변압기의 시험 및 보수	1. 시험의 종류 2. 시험항목 3. 보수 등
			10. 계기용변압기	1. PT 2. CT 3. MOF 4. GPT 5. ZCT 등
			11. 특수변압기	1. 3권선변압기 2. 단권변압기 3. 누설변압기 등

필 기 과목명	문제수	주요항목	세 부 항 목	세 세 항 목
		5. 유도전동기	1. 유도전동기의 구조 및 원리	1. 유도전동기의 회전 원리 2. 회전자기장 발생 3. 3상유도전동기의 구조 등
			2. 유도전동기의 등가회로 및 특성	1. 유도전동기의 특성 2. 벡터도 3. 등가회로 등
			3. 유도전동기의 기동 및 제동	1. 전전압 기동법 2. 스타 델타 기동법 3. 기동보상기법 4. 리액터 기동법 5. 소프트스타터 기동법 6. 기계적 제동 7. 전기적 제동 등
			4. 유도전동기제어	1. 주파수에 의한 제어 2. 극수에 의한 제어 3. 권선형전동기의 제어 등
			5. 특수 농형유도 전동기	1. 2중 농형유도전동기 2. 디프슬롯형 농형유도전동기 등
			6. 특수유도기	1. 특수 농형3상유도전동기 2. 유도발전기 3. 특성과 용도 등
			7. 단상유도전동기	1. 원리 2. 분상기동형 3. 반발기동형 4. 콘덴서기동형 등
			8. 유도전동기의 시험	1. 무부하시험 2. 구속시험 등
			9. 원선도	1. 1차전류의 궤적 2. 1차입력 3. 토크의 출력 4. 슬립 및 효율 등
		6. 교류정류자기	1. 교류정류자기의 종류, 구조 및 원리	1. 종류 2. 구조 3. 원리 등
			2. 단상직권 정류자 전동기	1. 개요 2. 벡터도 3. 특성 4. 원리 등
			3. 단상반발 전동기	1. 개요 2. 특성 3. 종류 등

필 기 과목명	문제수	주요항목	세 부 항 목	세 세 항 목
			4. 단상분권 전동기	1. 개요 2. 특성 3. 종류 등
			5. 3상 직권 정류자 전동기	1. 개요 2. 종류 3. 구조 4. 벡터도 등
			6. 3상 분권 정류자 전동기	1. 개요 2. 종류 3. 구조 4. 벡터도 등
			7. 정류자형 주파수 변환기	1. 속도 2. 운전 등
		7. 제어용 기기 및 보호기기	1. 제어기기의 종류	1. 종류 등
			2. 제어기기의 구조 및 원리	1. 구조 2. 동작원리 등
			3. 제어기기의 특성 및 시험	1. 특성 2. 시험 등
			4. 보호기기의 종류	1. 종류 등
			5. 보호기기의 구조 및 원리	1. 구조 2. 동작원리 등
			6. 보호기기의 특성 및 시험	1. 특성 2. 시험 등
			7. 제어장치 및 보호장치	1. 제어장치 2. 보호장치 등
회로이론 및 제어공학 (기사)	20	1. 회로이론	1. 전기회로의 기초	1. 전기회로의 기본 개념 2. 전압과 전류의 기준방향 3. 전원 등
			2. 직류회로	1. 전류 및 옴의 법칙 2. 도체의 고유저항 및 온도에 의한 저항 3. 저항의 접속 4. 키르히호프의 법칙 5. 전지의 접속 및 줄열과 전력 6. 브리지 평형 등

17

필 기 과목명	문제수	주요항목	세 부 항 목	세 세 항 목
			3. 정현파 교류	1. 정현파형 2. 주기와 주파수 3. 평균값과 실효값 4. 파고율과 파형률 5. 위상차 6. 회전벡터와 정지벡터 등
			4. 왜형파교류	1. 비정현파의 푸리에급수에 의한 전개 2. 푸리에급수의 계수 3. 비정현파의 대칭 4. 비정현파의 실효값 5. 비정현파의 임피던스 등
			5. 다상교류	1. 대칭n상교류 및 평형3상 회로 2. 선간전압과 상전압 3. 평형부하의 경우 성형전류와 환상전류와의 관계 4. 2π/n씩 위상차를 가진 대칭n상 기전력의 기호표시법 5. 3상Y결선 부하인 경우 6. 3상△결선의 각부 전압, 전류 7. 다상교류의 전력 8. 3상교류의 복소수에 의한 표시 9. △−Y의 결선 변환 10. 평형3상회로의 전력 등
			6. 대칭좌표법	1. 대칭좌표법 2. 불평형률 3. 3상 교류기기의 기본식 4. 대칭분에 의한 전력표시 등
			7. 4단자 및 2단자	1. 4단자 파라미터 2. 4단자 회로망의 각종 접속 3. 대표적인 4단자망의 정수 4. 반복파라미터 및 영상파라미터 5. 역회로 및 정저항회로 6. 리액턴스 2단자망 등
			8. 분포정수회로	1. 기본식과 특성임피던스 2. 무한장선로 3. 무손실 선로와 무왜형 선로 4. 일반의 유한장선로 5. 반사계수 6. 무손실 유한장회로와 공진 등
			9. 라플라스변환	1. 라플라스 변환의 정의 2. 간단한 함수의 변환 3. 기본정리 4. 라플라스 변환 등

필 기 과목명	문제수	주요항목	세 부 항 목	세 세 항 목
			10. 회로의 전달 함수	1. 전달함수의 정의 2. 기본적 요소의 전달함수 등
			11. 과도현상	1. R−L직렬의 직류회로 2. R−C직렬의 직류회로 3. R−L병렬의 직류회로 4. R−L−C 직렬의 직류회로 5. R−L−C 직렬의 교류회로 6. 시정수와 상승시간 7. 미분적분회로 등
		2. 제어공학	1. 자동제어계의 요소 및 　구성	1. 제어계의 종류 2. 제어계의 구성과 자동제어의 용어 3. 자동제어계의 분류 등
			2. 블록선도와 신호흐름 　선도	1. 블록선도의 개요 2. 궤환제어계의 표준형 3. 블록선도의 변환 4. 아날로그계산기 등
			3. 상태공간해석	1. 상태변수의 의의 2. 상태변수와 상태방정식 3. 선형시스템의 과도응답 등
			4. 정상오차와 　주파수응답	1. 자동제어계의 정상오차 2. 과도응답과 주파수응답 3. 주파수응답의 궤적표현 4. 2차계에서 MP와 WP 등
			5. 안정도판별법	1. Routh−Hurwitz안정도판별법 2. Nyquist안정도판별법 3. Nyquist선도로부터의 이득과 위상여유 4. 특성방정식의 근 등
			6. 근궤적과 자동제어의 　보상	1. 근궤적 2. 근궤적의 성질 3. 종속보상법 4. 지상보상의 영향 5. 조절기의 제어동작 등
			7. 샘플값제어	1. sampling방법 2. Z변환법 3. 펄스전달함수 4. sample값 제어계의 Z변환법에 의한 해석 5. sample값 제어계의 안정도 등
			8. 시퀀스제어	1. 시퀀스제어의 특징 2. 제어요소의 동작과 표현 3. 불대수의 기본정리 4. 논리회로 5. 무접점회로 6. 유접점회로 등

교과목명	학점	주요영역	세부 영역	세세 영역
회로이론 (전기기사)	20	1. 전기회로의 기초	1. 전기회로의 기본 개념 2. 전압과 전류의 3. 전원 2. 전기회로의 기본법칙	1. 수동소자의 기본성질 2. 능동소자의 기본성질 1. 전압원 2. 전류원 1. 전류 2. 전압 3. 저항
		2. 직류회로	1. 전압 및 용량 법칙 2. 단락과 장애에 따른 저항회로 3. 저항의 접속 4. 키르히호프의 법칙 5. 전지의 접속 및 종류	1. 직렬 2. 병렬 3. 직병렬 1. 직렬 2. 병렬 1. KCL 2. KVL 1. 직렬 2. 병렬 3. 직병렬 4. 내부저항 5. 회로해석 1. Y-△ 2. △-Y
			6. Y-△회로의 변환 7. 전기저항	1. 전기저항 1. 고유저항 2. 도전율
		3. 정현파 교류	1. 정현파형 2. 주기와 주파수 3. 평균값과 실효값	1. 정현파형 2. 파형 1. 순시치, 최대치, 실효치, 평균치
			4. 파고율과 파형률 5. 위상차	1. 파고율, 파형률, 삼각파의 파형률 1. 진상, 지상, 초기위상, 동상 1. 회전벡터, 정지벡터, 실기벡터
		4. 벡터궤적	1. 대칭파의 푸리에 2. 기본파와 고조파의	

필 기 과목명	문제수	주요항목	세 부 항 목	세 세 항 목
			2. 푸리에 급수의 계수	1. ao, an, bn 의 결정
			3. 비정현파의 대칭	1. 우함수, 기함수, 반파대칭
			4. 비정현파의 실효값	1. 전압의 실효값 2. 전류의 실효값 3. 전고조파 왜률
			5. 비정현파의 임피던스	1. RLC회로 2. 고조파공진조건
		5. 다상교류	1. 대칭n상교류 및 평형3상회로	1. n상전력 2. 3상 전력 3. 위상
			2. 성형전압과 환상전압의 관계	1. n상상전압 2. n상 선간전압

			3. 평형부하의 경우
			   성형전류와
			   환상전류와의 관계
				1. △결선, Y결선에 따른 상전류, 선간전류

			4. 2π/n씩 위상차를
			   가진 대칭n상
			   기전력의 기호 표시법
				1. n상 전압, n상 전류표시

			5. 3상Y결선 부하인 경우	1. 전압, 전류, 전력, 임피턴스
			6. 3상△결선의 각부전압, 전류	1. 전압, 전류, 전력, 임피턴스
			7. 다상교류의 전력	1. 유효전력 2. 무효전력
			8. 3상교류의 복소수에 의한 표시	1. 전력 2. 임피턴스 3. 전류표시
			9. △−Y의 결선 변환	1. 등가변환
			10. 평형 3상회로의 전력	1. 단상전력계 2. 2전력계법 3. 3전류계법 4. 전압계
		6. 대칭좌표법	1. 대칭좌표법	1. 영상 2. 정상 3. 역상분
			2. 불평형률	1. 전압, 전류, 불평형률

21

필기 과목명	문제수	주요항목	세부항목	세세항목
			1. 3상교류기기의 기초시	1. 1상시던
				2. 2상시던
				3. 3상시던
			4. 대칭분의 이용 설명표시	1. 대칭분의 이용 설명표시
		7. 4단자 정수단자	1. 4단자 파라미터	1. 임피던스
				2. 어드미턴스
				3. ABCD파라미터
			2. 4단자 회로망의	1. 직렬
				2. 병렬
				3. 직병렬접속
			3. 대표적인 4단자망의 접속	1. ABCD정수 단위의 의미
			4. 영상파라미터 및 반복파라미터	1. 영상 임피던스, 반복임피던스
			5. 영상파라미터, 영상전달정수	1. 영상 임피던스, 영상전달정수
			6. 시스템 2단자망	1. 능동
				2. 수동
				3. 구동점임피던스
		8. 분포정수 회로	1. 분포정수 회로의 정의	1. 분포정수회로
				2. 집중정수회로
				3. 특성과
			2. 단위 송전선의 해석	1. 단위 송전선의 해석
				2. 단위 개선회로
			3. 기초정수	1. 특성값
				2. 속도값
			4. 시험 선로방정식	1. 선풍파망의방정식
				2. 반사경수값
		9. 과도현상	1. 과도현상의 정의	1. 과도현상의 정의
			2. 기본적 요소의	1. 비례요소
				2. 적분요소
				3. 미분요소
			3. R-L직렬회로 과도현상	1. R-L직렬회로의 과도현상과 전원전압특성

필 기 과목명	문제수	주요항목	세 부 항 목	세 세 항 목
			4. R-C직렬의 직류회로	1. 충전특성 2. 방전특성
			5. R-L병렬의 직류회로	1. RL 병렬회로의 과도현상
			6. R-L-C직렬의 직류회로	1. 단일에너지 회로 2. 복합에너지 회로 3. RLC직렬회로의 과도현상
			7. R-L-C직렬의 교류회로	1. RL직렬 회로의 특성 2. RC직렬 회로의 특성
			8. 시정수와 상승시간	1. 시정수 2. 상승시간
			9. 미분 적분회로	1. RC회로 2. RL회로
전기설비기술기준 및 판단기준 (공통)	20	- 전기설비기술기준 및 전기설비기술 기준의 판단기준(전기설비) 포함		
		1. 기술기준 총칙	1. 기술기준 총칙 및 판단기준통칙에 관한 사항	1. 목적 및 용어 2. 전압의 종별 3. 고시의 적용 및 인가 등
			2. 전선	1. 전선의 종류 및 사용 2. 전선의 접속 등
			3. 전로의 절연 및 접지	1. 전로의 절연 2. 전로의 절연저항 및 절연내력 3. 회전기, 정류기, 연료전지 및 태양전지 모듈의 절연내력 4. 기계기구 등의 전로의 절연내력 5. 접지 및 접지공사 등
			4. 기계 및 기구	1. 변압기의 시설 2. 각종 기계기구의 시설에 관한 사항 3. 지락차단장치 등의 시설 4. 비상용 예비전원 및 전선 이상온도 검지장치 등
		2. 전기의 발전 및 운용장소의 전기시설	1. 발전소 및 부대 전기시설	1. 발전소 및 주변 시설에 관한 사항 2. 전력운용기기의 시설 3. 절연유 유출방지시설 4. 발전기 등의 보호장치 시설 5. 계측장치 시설 6. 압축공기장치 등의 시설 등

필 기 과목명	문제수	주요항목	세 부 항 목	세 세 항 목
			2. 변전소 및 부대 전기시설	1. 변전소 및 주변 시설에 관한 사항 2. 전력운용기기의 시설 3. 압축공기장치 등의 시설 등
			3. 개폐소 및 부대 전기시설	1. 개폐소 및 주변의 시설에 관한 사항 2. 전력운용기기의 시설 3. 압축공기장치 등의 시설 등
			4. 기타 전력운용 장소의 전기시설 및 부대전기시설	1. 배전반 및 조명시설 2. 전력운용기기의 시설 등
		3. 전선로	1. 전선로의 종류	1. 전선로의 종류 구분 2. 전파장해의 방지 등
			2. 가공전선의 지지물 및 분기	1. 가공전선 및 지지물의 시설 2. 가공전선의 분기 등
			3. 지지물 및 지선	1. 지지물의 종류 및 구성 등에 관한사항 2. 지선의 사용 및 시방세목에 관한사항 3. 승탑 및 승주 4. H형 옥외 주상설비 등
			4. 풍압하중의 종별과 그 적용	1. 갑종풍압하중 2. 을종풍압하중 3. 병종풍압하중 등
			5. 지지물 기초의 안전율	1. 하중 2. 기초의 안전율 등
			6. 저압 및 고압의 가공전선로	1. 가공 약전류 전선로에의 유도 2. 저압 가공전선로 3. 고압 가공전선로 4. 건조물과의 접근 5. 도로 등과의 접근 또는 교차 6. 가공 약전류 전선 등과의 접근 또는 교차 7. 안테나, 교류 전차선 등 또는 다른 시설물과의 접근 또는 교차 8. 가공전선 상호간의 접근 또는 교차 9. 가공전선과 식물의 이격거리 10. 약전류 전선 등의 공가 등
			7. 옥측전선로, 옥상전선로, 인입선 및 연접인입선	1. 옥측전선로의 시설 2. 옥상전선로의 시설 및 시설 제한 3. 인입선 등의 시설 4. 연접인입선의 시설 등

필 기 과목명	문제수	주요항목	세 부 항 목	세 세 항 목
			8. 특고압 가공전선로	1. 특고압 가공전선로의 구성 및 시설 2. 가공전선의 세기 및 굵기와 안전율 3. 가공전선과 지지물 등 사이의 이격거리 4. 저고압 가공전선 및 전차선의 병가 5. 가공전선과 가공약전류전선 등과의 공가 6. 지지물에 시설하는 저압의 기계기구 등의 　 시설 7. 가공전선과 건조물의 접근 8. 가공전선과 도로 등의 접근 또는 교차 9. 가공전선과 삭도의 접근 또는 교차 10. 가공전선과 저고압 가공전선 등의 접근 　 또는 교차 11. 가공전선 상호간의 접근 또는 교차 12. 가공전선과 다른 시설물의 접근 또는 교차 13. 지선의 시설 14. 가공전선이 굴뚝 등과 접촉 할 우려가 있는 　 경우 15. 가공전선과 식물사이의 이격거리 등
			9. 지중전선로	1. 지중전선로의 시설 2. 지중함의 시설 3. 가압장치의 시설 4. 지중전선의 피복금속체의 접지 5. 지중 약전류 전선에의 유도장해의 방지 6. 지중전선과 지중 약전류 전선 등 또는 관과의 　 접근 또는 교차 7. 지중전선 상호 간의 접근 또는 교차 등
			10. 터널 내 전선로	1. 터널 내 전선로의 시설 2. 사람이 상시 통행하는 터널 내 전선로의 시설 3. 터널 내 전선로의 전선과 약전류 전선 등 　또는 관 사이의 이격거리 등
			11. 수상전선로 및 　 수저전선로	1. 수상전선로의 시설 2. 수저전선로의 시설 등
			12. 특수장소의 전선로	1. 지상에 시설하는 전선로 2. 교량에 시설하는 전선로 3. 전선로 전용 교량 등에 시설 하는 전선로 4. 옥내에 시설하는 전선로 5. 임시 전선로의 시설 등
		4. 전력보안 통신설비	1. 전력보안통신설비	1. 전력보안 통신설비의 구성 및 시설 2. 가공전선과 첨가 통신선사이의 이격거리 3. 가공통신선의 높이 4. 첨가통신선의 시설 5. 옥내 통신선의 시설 등
			2. 보안장치	1. 보안장치의 구성 및 시설 2. 전력선 반송 통신용 결합장치의 보안장치 등

필 기 과목명	문제수	주요항목	세 부 항 목	세 세 항 목
			3. 가공통신 인입선	1. 가공통신 인입선의 시설
			4. 통신시설의 제한	1. 첨가통신선의 인입제한 2. 무선용안테나 등의 시설 제한 등

		5. 전기사용 장소의 시설	1. 옥내의 시설	1. 옥내전로의 대지전압
				2. 나전선의 사용 제한 및 저압 옥내배선의
				   사용전선
				3. 기계기구 등의 시설
				4. 옥내간선 및 분기회로의 시설
				5. 저압 옥내배선의 시설장소별 공사의 종류 및
				   공사
				6. 저압 옥내배선과 약전류 전선 등 또는 관과의
				   접근 또는 교차
				7. 전구선 및 이동전선의 시설
				8. 먼지, 가연성 가스, 위험물, 부식성가스
				   등이 있는 장소 또는 화약류 저장소, 흥행장
				   등에서의 전기시설
				9. 쇼윈도 또는 쇼케이스 안의 배선공사
				10. 승강로 내의 저압 옥내배선
				11. 옥내 방전등공사 등

			2. 옥외의 시설	1. 옥외 등의 인하선의 시설 2. 옥측 또는 옥외배선, 이동전선, 배선기구, 전열장치 등의 시설 3. 옥측 또는 옥외의 방전등 공사 등

			3. 터널·갱도 기타 이와
			   유사한 장소의 시설
				1. 터널 안의 배선
				2. 광산 기타 갱도 안의 시설
				3. 터널 등의 배선과 약전류 전선 등 또는
				   관과의 접근 또는 교차
				4. 전구선 또는 이동전선 등의 시설
				5. 배선기구 등의 시설 등

			4. 특수시설	1. 전기울타리의 시설 2. 유희용 전차의 시설 3. 교통신호등의 시설 4. 전기온돌 파이프라인 등의 전열 장치의 시설 5. 전기온상 등의 시설 6. 전극식 온천용 승온기의 시설 7. 전기욕조의 시설 8. 음이온 살균장치의 시설 9. 풀용 수중조명등 등의 시설 10. 비행장 등화배선의 시설 11. 전기방식의 시설 12. 소세력회로의 시설 13. 출퇴표시등 회로의 시설 14. 전기집진장치 등의 시설 15. 아크용접장치의 시설 16. X선 발생장치의 시설 17. 의료실의 접지 등의 시설 18. 임시배선의 시설 등

필 기 과목명	문제수	주요항목	세 부 항 목	세 세 항 목
		6. 전기철도 등에 관한 사항	1. 전차선로의 사용전압	1. 전차선로의 사용전압 2. 전차선로의 전압의 제한 등
			2. 전파장해의 방지기술	1. 전파장해의 방지 2. 전파의 허용 한도 등
			3. 직류식철도	1. 직류식 전차선로의 구성 및 시설 2. 통신상의 유도장해 방지 시설 3. 지구 자기 관측소 등에 대한 장해방지 4. 가공 직류 전차선과 약전류전선 등의 혼촉에 의한 위험방지 시설 5. 조가용선 및 장선의 접지 6. 전차선로의 절연저항 7. 가공 직류 절연귀선의 시설 8. 전식방지를 위한 절연 및 이격거리 9. 전식방지를 위한 귀선 및 귀선용 궤조의 시설 10. 배류접속 등

			4. 교류식전기철도	1. 교류식 전차선로의 구성 및 시설
				2. 전압 불평형에 의한 장해 방지
				3. 통신선의 유도장해 방지 시설
				4. 전차선 등과 약전류 전선 등의 접근 또는
				    교차
				5. 전차선 등과 건조물 기타의 시설물과의 접근
				    또는 교차
				6. 전차선 등이 굴뚝 등과 접촉 할 우려가 있는
				    경우
				7. 전차선 등과 식물과의 이격거리
				8. 전차선과 병행하는 금속물의 접지 등
				9. 가공 교류 절연귀선의 시설 등

			5. 강색철도	1. 강색차선의 구성 및 시설 2. 전차선로의 사용전압의 제한 3. 강색차선과 가공 약전류전선 등의 접근 또는 교차 4. 궤조 등의 시설 5. 강색차선의 절연저항 등

차례

Part 1. 핵심이론

Chapter 01 전기자기학 ··· 32

Chapter 02 전력공학(송 · 배전 공학) ·· 93

Chapter 03 발전 공학 ·· 122

Chapter 04 전기기기 ··· 128

Chapter 05 회로이론 ··· 165

Chapter 06 제어공학 ··· 187

Chapter 07 전기설비기술기준 및 판단기준 ······························· 205

Part 2. 전기기사 기출문제

2009년도 전기기사(1~3회) ·· 224

2010년도 전기기사(1~3회) ·· 284

2011년도 전기기사(1~3회) ·· 343

2012년도 전기기사(1~3회) ·· 402

2013년도 전기기사(1~3회) ·· 463

2014년도 전기기사(1~3회) ·· 520

2015년도 전기기사(1~3회) ·· 586

2016년도 전기기사(1~3회) ·· 654

Part 3.	전기산업기사 기출문제

2009년 전기산업기사(1~3회) ································· 722

2010년 전기산업기사(1~3회) ································· 776

2011년 전기산업기사(1~3회) ································· 833

2012년 전기산업기사(1~3회) ································· 893

2013년 전기산업기사(1~3회) ································· 952

2014년 전기산업기사(1~3회) ································· 1007

2015년 전기산업기사(1~3회) ································· 1067

2016년 전기산업기사(1~3회) ································· 1129

Part 4.	기사 · 산업기사 최근기출문제

2017년 전기기사(1~3회) ································· 1192

2017년 전기산업기사(1~3회) ································· 1264

Part 1
핵심이론

Chapter 01 전기자기학

Chapter 02 전력공학(송 · 배전 공학)

Chapter 03 발전 공학

Chapter 04 전기기기

Chapter 05 회로이론

Chapter 06 제어공학

Chapter 07 전기설비기술기준 및 판단기준

Chapter **01** # 전기자기학

---

01 벡터(Vector)

1. 벡터

(1) 기본벡터

좌표계에서 x, y, z 각 축의 양의 방향으로 크기가 1인 단위벡터 i, j, $k(a_x, a_y, a_z)$를 말한다.

① 단위벡터(Unit Vector) : 크기가 1이고 방향만을 갖는 벡터

② 스칼라(Scalar) : 크기만으로 나타내어지는 량(길이, 온도, 체적, 질량, 일, 속력, 전위, 전력, 정전하, 에너지 등)

③ 벡터(Vector) : 크기와 방향으로 나타내어지는 량(힘, 속도, 가속도, 변위, 전계, 자계 등)

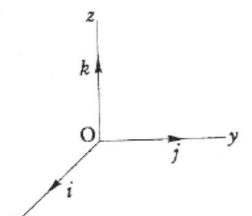

표시 방법으로 고딕체 또는 화살표 등으로 표시한다($\overrightarrow{A}$, A).

(2) 벡터의 성분

$\mathrm{A} = A_x i + A_y j + A_z k$ 또는 $\mathrm{A} = (A_x, A_y, A_z)$

크기 : $|\mathrm{A}| = \sqrt{\mathrm{A}_x^2 + \mathrm{A}_y^2 + \mathrm{A}_z^2}$

(3) 벡터의 합과 차

$\mathrm{A} \pm \mathrm{B} = (A_x \pm B_x)i + (A_y \pm B_y)j + (A_z \pm B_z)k$

(4) 벡터의 스칼라 곱

$k\mathrm{A} = kA_x i + kA_y j + kA_z k$

32 · Part 1. 핵심이론

(5) 두 벡터의 스칼라적(내적)

같은 단위 벡터 성분들의 곱으로 계산하는데, 두 벡터로 연산하지만 결과는 실수로 나오는 스칼라이다.

① $A \cdot B = |A||B|\cos\theta$

$i \cdot i = j \cdot j = k \cdot k = 1, \quad i \cdot j = j \cdot k = k \cdot i = 0$

② 역률$(\cos\theta) = \dfrac{A \cdot B}{|A||B|} = \dfrac{A_x B_x + A_y B_y + A_z B_z}{|A||B|}$

$A \cdot B = (A_x i + A_y j + A_z k) \cdot (B_x i + B_y j + B_z k)$

$\qquad = A_x B_x + A_y B_y + A_z B_z$

(6) 두 벡터의 벡터적(외적)

두 벡터이기에 방향과 크기를 동시에 가지는 것으로서 두 벡터의 크기를 변으로 하는 평행사변형의 면적, 즉 두 벡터 A, B의 벡터적의 크기는 다음과 같다.

$A \times B = [AB] = \begin{vmatrix} i & j & k \\ A_x & A_y & A_z \\ B_x & B_y & B_z \end{vmatrix} = (A_y B_z - A_z B_y)i + (A_z B_x - A_x B_z)j + (A_x B_y - A_y B_x)k$

$A \times B = |A||B|\sin\theta$

$i \times i = j \times j = k \times k = 0$
$i \times j = k, \, j \times k = i, \, k \times i = j,$
$\quad (j \times i = -k), (k \times j = -i), (i \times k = -j)$

2. 벡터의 응용

(1) 미분 연산자

① 직각좌표계

$$\nabla = \frac{\partial}{\partial x}i + \frac{\partial}{\partial y}j + \frac{\partial}{\partial z}k$$

여기서, ∇ : 해밀턴의 연산자(Nabla or Del)

(2) 스칼라 함수의 기울기(Gradient)

$grad\,V = \nabla V = (\dfrac{\partial}{\partial x}i + \dfrac{\partial}{\partial y}j + \dfrac{\partial}{\partial z}k)V = \dfrac{\partial V}{\partial x}i + \dfrac{\partial V}{\partial y}j + \dfrac{\partial V}{\partial z}k$

여기서, V는 스칼라량이지만 기울기의 결과인 grad V는 벡터량이 된다.

(3) 벡터의 발산(Divergence)

$$div\mathrm{E} = \nabla \cdot \mathrm{E} = (\frac{\partial}{\partial \mathrm{x}}\mathrm{i} + \frac{\partial}{\partial \mathrm{y}}\mathrm{j} + \frac{\partial}{\partial \mathrm{z}}\mathrm{k}) \cdot (\mathrm{E_x i} + \mathrm{E_y j} + \mathrm{E_z k})$$

$$= \frac{\partial E_x}{\partial x} + \frac{\partial E_y}{\partial y} + \frac{\partial E_z}{\partial z}$$

벡터 E방향으로 그려진 단위체적에서 발산(Divergence)하는 선속수의 물리적 의미이므로, E는 벡터량이지만 발산의 결과는 $div\mathrm{E}$는 스칼라량이 된다.

• 라플라스 연산자(Laplacian) : 이중 미분 연산($\nabla \cdot \nabla$)

$$\nabla^2 = \nabla \cdot \nabla = (\frac{\partial}{\partial x}i + \frac{\partial}{\partial y}j + \frac{\partial}{\partial z}k) \cdot (\frac{\partial}{\partial x}i + \frac{\partial}{\partial y}j + \frac{\partial}{\partial z}k)$$

$$= \frac{\partial^2}{\partial x^2} + \frac{\partial^2}{\partial y^2} + \frac{\partial^2}{\partial z^2}$$

$$div\,grad\,V = \nabla \cdot \nabla V = \nabla^2 V = \frac{\partial^2 V}{\partial x^2} + \frac{\partial^2 V}{\partial y^2} + \frac{\partial^2 V}{\partial z^2}$$

① 가우스의 법칙 : 전하가 존재하는 공간에서는 전속선이 발생(산)한다.

$$div\mathrm{D} = \rho$$

② 자속의 비발산성 : 임의의 지점에서 자속의 순발산량은 0이다.

$$div\mathrm{B} = 0$$

③ 키르히호프의 전류 법칙

$$div\mathrm{J} = 0$$

(4) 벡터의 회전(Rotation, Curl)

$$rot\mathrm{A} = curl\,\mathrm{A} = \nabla \times \mathrm{A} = (\frac{\partial}{\partial \mathrm{x}}i + \frac{\partial}{\partial \mathrm{y}}j + \frac{\partial}{\partial \mathrm{z}}k) \times (\mathrm{A_x i} + \mathrm{A_y j} + \mathrm{A_z k})$$

$$= \begin{vmatrix} i & j & k \\ \frac{\partial}{\partial x} & \frac{\partial}{\partial y} & \frac{\partial}{\partial z} \\ A_x & A_y & A_z \end{vmatrix} = (\frac{\partial A_z}{\partial y} - \frac{\partial A_y}{\partial z})i + (\frac{\partial A_x}{\partial z} - \frac{\partial A_z}{\partial x})j + (\frac{\partial A_y}{\partial x} - \frac{\partial A_x}{\partial y})k$$

A방향으로 그려진 자기력선이 전류 주위를 회전(Rotation, Curl)하고 있는 물리적 의미를 가지므로 A는 벡터량이고 회전의 결과인 $rot\mathrm{A} = curl\,\mathrm{A} = \nabla \times \mathrm{A}$도 벡터량이 된다.

① 암페어 주회법칙 : 전류가 존재하면 주위에 회전하는 자계를 발생시키는 것으로 임의의 점에서 자계 A의 회전량은 그 점에서의 전류밀도 J와 같다.

$$\nabla \times \mathrm{A} = \mathrm{J}$$

② 정전계에서의 전계의 비회전성 : 정전계에서는 전계(전기력선)는 회전하지 않는데, 즉 정
전계에서는 전기력선은 자신만으로는 폐곡선을 이루지 못한다.

$\nabla \times A = 0$

(5) 일

① 일 = 힘 × 이동거리, $W = F \cdot r = -\int F dr$

② 운동방정식

㉠ 힘$(F) = m \vec{a}$ [N]

㉡ 에너지$(W) = \dfrac{1}{2} m V^2$[J]

3. 스토크스의 정리(Stokes Theorem)와 가우스의 발산정리(Gauss' Divergence Theorem)

(1) 스토크스의 정리 : 선적분과 면적분과의 변환식

$$\oint_c A dl = \oint_s (rot\,A)ds = \oint_s (\nabla \times A)ds$$

(2) 가우스의 발산정리 : 면적적분과 체적적분과의 변환식

$$\int_s A \cdot n ds = \int_v di\,vAdv = \int_v \nabla \cdot A dv$$

02 진공중 정전계

1. 쿨롱의 법칙(Coulomb's Law)

(1) 전하(Electric Charge)량 또는 전기량

대전(Electrification)된 물체가 갖는 전기의 양으로서 양자 전하와 전자 전하로 구분한다.

① 전하

㉠ 전자 : -1.602×10^{-19}[C]

㉡ 양자 : $+1.602 \times 10^{-19}$[C]

② 질량

㉠ 전자 : 9.107×10^{31}[kg]

㉡ 양자 : 1.6725×10^{-27}[kg]

(2) 쿨롱의 법칙

두 점전하 사이에서 작용하는 힘은 두 전하의 곱에 비례하며 두 점전하 사이의 거리의 제곱에 반비례한다.

① 두 대전 전하 간의 작용력

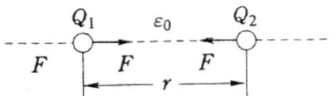

〈동종전하이면 F는 반발력〉

㉠ 동종 전하(Q_1, $Q_2 > 0$)이면 F는 반발력

〈이종전하이면 F는 흡인력〉

㉡ 이종 전하(Q_1, $Q_2 < 0$)이면 F는 흡인력

$$F = k\frac{Q_1 Q_2}{r^2} = \frac{Q_1 Q_2}{4\pi\epsilon_0 r^2} = 9 \times 10^9 \frac{Q_1 Q_2}{r^2} [N]$$

여기서, F : 쿨롱의 힘[N]

Q : 전하량[C]

r : 두 점전하 사이의 거리[m]

C_0 : 진공 중의 빛의 속도

$$(= 3 \times 10^8 [\text{m/s}] = \frac{1}{\sqrt{\epsilon_0 \mu_0}}),$$

ϵ_0: 진공 중의 유전율 $= \dfrac{10^7}{4\pi C_0^2}$

$$= 8.855 \times 10^{-12} [\text{F/m}]$$

$$(\frac{1}{4\pi\epsilon_0} = 9 \times 10^9)$$

(3) 전계와 전기력선

① 전계(전장, 전기장) : 최소 에너지 분포를 가진 전하가 전기적 영향을 미치는 영역으로서, 전계는 단위 전하에 작용하는 힘이다(정전계 : 전계 에너지가 최소로 되는 전하분포의 전계이다).

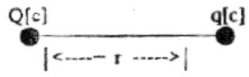

$q[C]$이 받는 힘

$F = \dfrac{1}{4\pi\epsilon_0}\dfrac{Qq}{r^2}[N]$ 에서 $q = 1[C]$일 때,

$F = E = \dfrac{1}{4\pi\epsilon_0}\dfrac{Q}{r^2}\ [N/C]$

㉠ 전계의 세기 : 전계 내의 임의의 한 점에 단위
   전하 +1[C]을 놓았을 때 작용하는 힘
   $F = QE\ [N]$

   • 1개의 점전하에 의한 전계의 세기

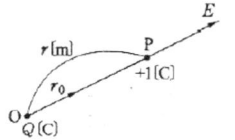

$\therefore F = E = \dfrac{Q\times 1}{4\pi\epsilon_0 r^2} = \dfrac{Q}{4\pi\epsilon_0 r^2}\ [V/m]$

   여기서, E : 전계의 세기[V/m]
            Q : 전하량[C]

㉡ 전계와 전위와의 관계 : 전계의 크기는 전위 경도의 크기와 같고 방향은 반대가 된다.
   $E = -grad\,V[V/m]$

② 전기력선 : 전기장 내에 (+)전하가 전기력을 받으며 이동하는 경로를 연속적으로 연결해서
   전계의 방향과 크기를 가상적인 선으로 나타낸 곡선을 말한다.

㉠ 전계는 그 점의 수직 단면을 통과하는 전기력선의 밀도이다.
   전계의 세기 = 전기력선 밀도 : 단위면적을 통과하는 전기력선의 수

   $\sigma = E = \dfrac{\triangle N}{\triangle S}$, $\triangle N =$ 전기력선의수

면적 $\triangle S$

전기력선의 수 $\triangle N$

$E = \dfrac{\triangle N}{\triangle S}$

ⓛ 전기력선의 일반성질

- 전기력선은 정(+)전하에서 부(−)전하로 들어간다.
- 전기력선은 전위가 높은 점에서 낮은 점으로 향한다. ($\mathrm{E} = -\,grad\,V\,[V/m]$)
- 전기력선은 그 자신만으로 폐곡선을 이루지 못한다. ($\nabla \times \mathrm{E} = 0$)
- 전기력선은 전하가 없는 곳에서 연속이다(발생, 소멸이 없다). ($\nabla \cdot \mathrm{E} = 0$)
- 전기력선은 등전위면(도체표면)과 수직으로 만난다(직교).
- 전기력선은 전계가 0아닌 이상 교차하는 일이 없다.
- 전기력선은 도체 내부에서 0이다(전기력선이 없다).
- 전기력선은 접선방향이 전계의 방향이다.
- 전기력선은 단위전하에 $\dfrac{1}{\epsilon_0}$(개)의 전기력선이 출입한다($\dfrac{1}{\epsilon_0} = 36\pi \times 10^9$).
- 무한 원점에 있는 전하까지 고려하면 전하의 총량은 항상 0이다.
- 2개의 전기력선은 서로 교차하지 않는다.
- 전기력선은 도체 표면에서 수직으로 출입한다.
- 전기력선은 무한 원점에서 끝나거나 오는 것이 있다.

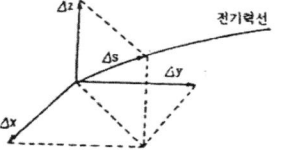

ⓒ 전기력선의 방정식 : 전기력선의 접선방향과 전계의 세기 방향은 항상 일치한다.

전계 : $\mathrm{E} = E_x i + E_y j + E_z k\ [V/m]$,

$\triangle l = \triangle x\,i + \triangle y\,j + \triangle z\,k$ 일 때,

$$\frac{\triangle x}{E_x} = \frac{\triangle y}{E_y} = \frac{\triangle z}{E_z} \qquad \therefore \frac{dx}{E_x} = \frac{dy}{E_y} = \frac{dz}{E_z}$$

③ 전기력선수와 전속수

전하 $Q\,[C]$에서 나오는 선속을 전속이라 하며 매질에 관계없이 Q개의 전속수가 나오며 전기력선의 수($N = \dfrac{Q}{\epsilon_0}$[개])는 매질에 따라서 그 값이 달라지고, 전속수(Q[C])는 매질에 관계없이 일정하게 나온다.

- 전속밀도(D) = $\dfrac{Q}{S}$[C/m²](단위면적당 전속선의 개수)

- 진공 중에 점전하 Q[C], 거리 r[m] 떨어진 구면상에서의 전속밀도

$$D = \frac{Q}{S} = \frac{Q}{4\pi r^2}[C/m^2] = \epsilon_0 \mathrm{E}[C/m^2]$$

2. 전위와 전위경도

(1) 전위

전계 중 단위전하를 무한 원점까지 옮기는데 필요한 일

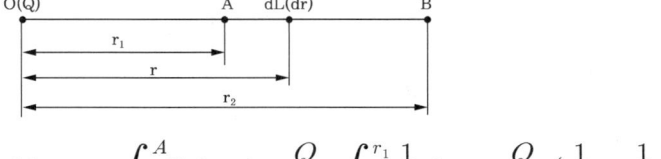

$$V_P = -\int_{\infty}^{P} \mathrm{E} \cdot dl$$

① 점전하의 전위 : 점 P의 전위는 단위 양전하를 전위가 0인 무한 원점에서 점 P까지 운반하는데 필요한 일

$$V_P = -\int_{\infty}^{P} \mathrm{E} \cdot dl = -\int \frac{Q}{4\pi\epsilon_0 r^2} dl = \frac{Q}{4\pi\epsilon_0 r}[V]$$

② 두 점 간의 전위차 : 두 점 사이의 단위 전하가 갖는 전기적인 위치 에너지의 차를 말한다.

$$V_{AB} = -\int_{B}^{A} \mathrm{E} dr = -\frac{Q}{4\pi\epsilon_0} \int_{r_2}^{r_1} \frac{1}{r^2} dr = \frac{Q}{4\pi\epsilon_0}\left(\frac{1}{r_1} - \frac{1}{r_2}\right)[V]$$

③ 전계의 보존장에서 전위의 성질 : 폐회로를 일주할 때 전계가 하는 일은 0이며

($W = q\int \mathrm{E} \cdot dl = 0$), 보존장에서는 경로와 관계 없다.

$$\oint_{c} \mathrm{E} dl = 0, \ rot\mathrm{E} = 0(\nabla \times \mathrm{E} = 0) : 전계는 비회전성 장이다.$$

㉠ 전계 중 q[C] 이동 시 일

일 = 힘 × 거리

$$W = F \cdot r = -\int_{B}^{A} \mathrm{F} \cdot dr = -q\int_{B}^{A} \mathrm{E} \cdot dr = -\frac{Qq}{4\pi\epsilon_0} \int_{r_2}^{r_1} \frac{1}{r^2} dr$$

$$= \frac{Qq}{4\pi\epsilon_0}\left[\frac{1}{r_1} - \frac{1}{r_2}\right][J]$$

④ 등전위면과 전위경도

    ㉠ 등전위면 : 전위가 같은 점끼리 이어서 만들어진 하나의 면

- 등전위면은 폐곡면으로 이루어진다.
- 전기력선은 항상 등전위면과 직교한다(상호수직으로 교차).
- 서로 다른 2개의 등전위면은 서로 교차하지 않는다.
- 도체 표면은 등전위면이고, 도체 내부에는 전계가 없다.
- 점전하 Q [C]에서 r[m]떨어진 점의 전위는 $V = \dfrac{Q}{4\pi\epsilon_0 r}$ [V]이므로 등전위면은 반지름 r[m]의 동심구면이고 무수히 많게 된다.
- 등전위면을 따라 전하 Q[C]를 운반할 때 그 면상에서는 전계가 같으므로 이때의 일은 0이다.

    ㉡ 전위경도 : 전위가 단위길이당 변화하는 정도로서, 전계의 세기와는 크기가 같고, 방향은 반대가 된다.

$$\text{E} = -\frac{dV}{dt}[V/m]$$

전계의 세기 E의 x, y, z의 방향 성분을 E_x, E_y, E_z라 놓으면

$$E_x = -\frac{\partial V}{\partial x}, \; E_y = -\frac{\partial V}{\partial y}, \; E_z = -\frac{\partial V}{\partial z}$$

$$\therefore \text{E} = E_x i + E_y j + E_z k = -(\frac{\partial}{\partial x}i + \frac{\partial}{\partial y}j + \frac{\partial}{\partial z}k)V$$

$$= -\nabla V = -grad\, V[V/m]$$

⑤ 전하 밀도

- 선전하 밀도 : $\rho_\zeta = \lambda = \dfrac{dQ}{dt}$ $\therefore Q = \displaystyle\int_l \lambda dl = \lambda l$

- 면전하 밀도 : $\rho_s = \sigma = \dfrac{dQ}{ds}$ $\therefore Q = \displaystyle\int_s \sigma ds = \sigma S$

- 체적전하 밀도 : $\rho_v = \dfrac{dQ}{dv}$ $\therefore Q = \displaystyle\int_v \rho_v dv = \rho_v V$

단, λ : 전하의 선밀도[C/m], σ : 전하의 표면밀도[C/m^2], ρ : 전하의 체적밀도[C/m^3]

⑥ 전속(유전속) : 전하 Q[C]에서는 Q개의 전속선이 발생하므로 1[C]에서는 1개의 전속선이 발생하므로 항상 전하와 같은 양의 전속이 발생한다. 여기서, 전속은 전하 Q[C]의 존재를 선속으로 표시한 가상적인 선을 말한다.

㉠ 전속밀도

$$D = \frac{Q}{S} = \frac{Q}{4\pi r^2}\,[C/m^2]$$

$$\therefore D = \epsilon E\,[C/m^2]$$

㉡ 패러데이관(단위전하에 의한 전속선다발) : 단위 전하 Q[C]에서 나오는 전속선의 관을 말한다(패러데이 관은 $div D = \rho$에 의해서 정전하에서 나와 부전하에서 끝난다).

- 패러데이관 양단에는 정부의 단위전하가 존재한다.
- 패러데이관의 밀도 = 전속밀도
- 패러데이관의 수 = 전속선 수
- 패러데이관 내의 전속수는 일정
- 진전하가 없는 점에서는 패러데이관은 연속이다.
- 단위 전위차마다 $\frac{1}{2}\,[J]$의 에너지를 보유한다.

3. 가우스의 정리와 전기력선의 발산

(1) 전기력선의 총수

$$N = \int_S E n ds = \frac{Q}{\epsilon_0} = \frac{1}{\epsilon_0} \int_v \rho dv = \int_v div E n dv$$

(2) 전속 밀도 및 전계의 세기와 전하

① 미분형

㉠ $div D = \nabla \cdot D = \rho$ (전속선의 발산량은 그 점에서의 체적 전하 밀도와 크기가 같다.)

㉡ $div E = \nabla \cdot E = \frac{\rho}{\epsilon_0}$ (전기력선의 발산량은 그 점에서의 체적 전하 밀도는 $\frac{1}{\epsilon_0}$배와 같다.)

② 적분형

㉠ $\oint_s D ds = Q$ (여기에서 나오는 전 전속선의 수는 폐곡면 내에 있는 전 전하량과 같다.)

㉡ $\oint E ds = \frac{Q}{\epsilon_0}$ (곡면에서 나오는 전 전기력선 수는 폐곡면 내에 있는 전 전하량의 $\frac{1}{\epsilon_0}$배와 같다.)

(3) 가우스의 정리

$$N = ES = \frac{Q}{\epsilon_0}, \qquad \therefore 전계(E) = \frac{Q}{\epsilon_0 S}[V/m]$$

(4) 무한면에 의한 전계와 전위

① 무한도체(구도체) 표면

$$E = \frac{Q}{\epsilon_0 S}[V/m] = \frac{\sigma}{\epsilon_0}[V/m]$$

$$V = -\int_{\infty}^{r} \mathrm{E}\,dr = -\int_{\infty}^{r} \frac{\sigma}{\epsilon_0}\,dr = \infty\,[V]$$

② 무한 평면

- $\mathrm{E} = \dfrac{Q}{2\epsilon_0 S} = \dfrac{\sigma}{2\epsilon_0}[V/m]$

- $V = -\displaystyle\int_{\infty}^{r} \mathrm{E}\,dr = -\int_{\infty}^{r} \frac{\sigma}{2\epsilon_0}\,dr = \infty\,[V]$

③ 무한 평면 사이

$$\mathrm{E} = \frac{Q}{\epsilon_0 S} = \frac{\sigma}{\epsilon_0}\,[V/m]$$

$$V = -\int_{d}^{0} \mathrm{E}\,dr = -\int_{d}^{0} \frac{\sigma}{\epsilon_0}\,dr = \frac{\sigma}{\epsilon_0}d\,[V]$$

(4) 도체의 전하 분포 및 성질

① 도체 내부의 전계 세기는 0이다(도체의 전위는 등전위이므로 전위경도(grad V)=0,
  $\therefore \mathrm{E} = -\mathrm{grad}\ V$에서 도체 내부의 전계 세기=0이다).

② 전하는 도체 내부에 존재하지 않고 도체 표면에만 존재한다.

③ 도체 표면의 전하밀도는 곡률이 클수록 높다(곡률반경은 작을수록 높다).

④ 도체 표면과 내부의 전위는 등전위(표면은 등전위면)

⑤ 중공부에 전하가 없고 대전 도체라면 전하는 도체 외부의 표면에만 분포

⑥ 도체면에서의 전계의 세기는 도체 표면에 항상 수직

4. 전하 분포에 따른 전계의 세기 및 전위

(1) 구도체에 의한 전계와 전위

① 점전하(구전하)

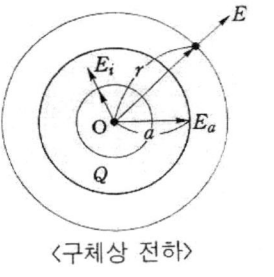

- 전계 : $E = \dfrac{Q}{4\pi\epsilon_0 r^2}[V/m]$

- 전위 : $V = \dfrac{Q}{4\pi\epsilon_0 r}[V]$, $\quad V = E \cdot r[V]$

② 구도체

〈구체상 전하〉

㉠ 구도체의 외부(r>a)

- 구도체 외부의 전계

$$E = \dfrac{Q}{4\pi\epsilon_0 r^2}[V/m], \qquad \mathrm{E} = \dfrac{Q}{4\pi\epsilon_0 r^2}r_0[V/m]$$

여기서, r_0 : 방사방향의 단위벡터

- 구도체 외부의 전위(r>a)

$$V = -\int_{\infty}^{r}\mathrm{E} \cdot dl = \dfrac{Q}{4\pi\epsilon_0 r}[V]$$

㉡ 구도체의 표면(r=a)

- 표면상의 전계 세기

$$E_a = \frac{Q}{4\pi\epsilon_0 a^2}\,[V/m]$$

- 표면 전위=내부 전위

$$V_a = -\int_{\infty}^{a} \mathrm{E} \cdot dl = \frac{Q}{4\pi\epsilon_0 a}\,[V]$$

ⓒ 구도체의 내부(r<a)

구면 내측의 전하를 Q′[C]이라 하며 각각의 전하는 체적 $V[m^3]$에 비례한다(전하비=체적비).

$$Q : Q' = V : V'$$
$$= \frac{4}{3}\pi a^3 : \frac{4}{3}\pi r^3$$

$$\therefore Q' = \frac{r^3}{a^3}Q\,[C]$$

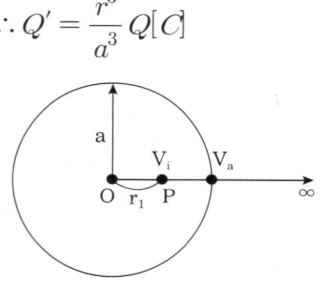

구도체 내부의 전계의 세기(전하가 균일하게 분포되어 있다고 가정)

$$E_i = \frac{r}{4\pi\epsilon_0 a^3}Q\,[V/m]\,,\ \ \mathrm{E}_i = \frac{r}{4\pi\epsilon_0 a^3}Q r_0\,[V/m]$$

여기서, $r_0 =$ 방사 방향의 단위 벡터

ⓔ 구 내부의 전위(r<a)

$$V_i = V_a + V_{ra} = -\int_{\infty}^{a} \mathrm{E}dl - \int_{a}^{r}\mathrm{E}_i dl$$

$$= \frac{Q}{4\pi\epsilon_0 a} - \frac{Q}{4\pi\epsilon_0 a^3}\int_{a}^{r} r\,dr = \frac{Q}{4\pi\epsilon_0 a}\left(\frac{3}{2} - \frac{r^2}{2a^2}\right)[V]$$

여기서, V_a : 구면의 표면전위

V_{ra} : 거리 $r(r < a)$인 내부의 한 점과 구면 사이의 전위차

(2) 무한장 직선 전하에 의한 전계와 전위(선전하, 축대칭전하, 원통전하)

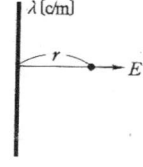

① 전계

$$E = \frac{\lambda}{2\pi\epsilon_0 r}[V/m], \ \ E = \frac{\lambda}{2\pi\epsilon_0 r}r_0[V/m]$$

(r_0 : 방사방향의 단위 벡터)

② 전위

$$V_P = -\int_\infty^P dr = -\frac{\lambda}{2\pi\epsilon_0}\int_\infty^P \frac{1}{r}dr = -\frac{\lambda}{2\pi\epsilon_0}\left[\ln r \ \big|_\infty^P\right] = \infty$$

③ 두 점 간의 전위차($r_2 \rangle r_1$)

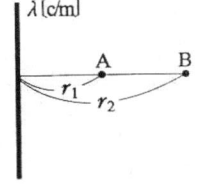

$$V_{AB} = -\int_B^A \mathbf{E} \cdot dr = -\frac{\lambda}{2\pi\epsilon_0}\int_{r_2}^{r_1}\frac{1}{r}dr = \frac{\lambda}{2\pi\epsilon_0}\ln\frac{r_2}{r_1}[V]$$

(3) 무한장 원주(원통) 전하의 전계

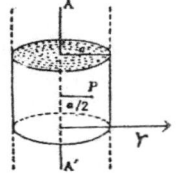

① 외부 전계($r \rangle a$)

$$E_i = \frac{\lambda}{2\pi\epsilon_0 r}[V/m]$$

② 표면 전계($r = a$)

$$E = \frac{\lambda}{2\pi\epsilon_0 a}[V/m]$$

③ 내부 전계(r〈a)

$$E_i = \frac{\lambda'}{2\pi\epsilon_0 r} = \frac{\lambda r}{2\pi\epsilon_0 a^2}\,[V/m] \ , \ E_i \propto r$$

전하비=체적비

$$\lambda : \lambda' = \pi a^2 \times 1 : \pi r^2 \times 1$$

$$\therefore \lambda' = \frac{r^2}{a^2}\lambda$$

㉠ 동축케이블에 의한 전계와 전위

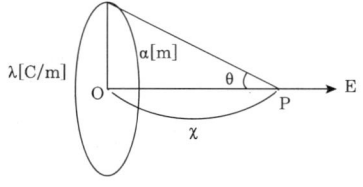

$$\mathrm{E} = \frac{Q}{\epsilon S} = \frac{\lambda l}{2\pi r l \epsilon} = \frac{\lambda}{2\pi\epsilon r}\,[V/m]$$

$$V = -\int_{\infty}^{r}\mathrm{E}\cdot dr = -\int_{b}^{a}\frac{\lambda}{2\pi\epsilon r}\,dr = \frac{\lambda}{2\pi\epsilon}\ln\frac{b}{a}\,[V]$$

(4) 원환전하의 전계와 전위(원환전하의 중심 전계 $x=0$, $\mathrm{E}_0 = 0$)

$$\mathrm{E} = -\frac{\partial V_P}{\partial x} = \frac{\lambda a_x}{2\epsilon_0(a^2+x^2)^{3/2}} = \frac{x\,Q}{4\pi\epsilon_0(a^2+x^2)^{3/2}}\,[V/m]$$

$$V_P = \int_0^{2\pi a}dv = \frac{\lambda}{4\pi\epsilon_0\sqrt{a^2+x^2}}\int_0^{2\pi a}dl = \frac{\lambda a}{2\epsilon_0\sqrt{a^2+x^2}}\,[V]$$

미소변위 dl 내의 미소전하 dQ=λdl이 P점에 미치는 미소전위(점전하로 취급)

$$dV = \frac{dQ}{4\pi\epsilon_0 r} = \frac{\lambda dl}{4\pi\epsilon_0\sqrt{a^2+x^2}}\,[V]$$

46 · Part 1. 핵심이론

(5) 전기쌍극자

극간거리를 두고 정·부동량의 전하가 대전된 상태

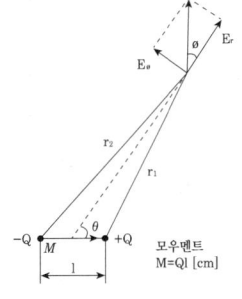

① P점의 전위

$$V_P = V_A + V_B = \frac{Q}{4\pi\epsilon_0 r_1} + \frac{-Q}{4\pi\epsilon_0 r_2} = \frac{Q}{4\pi\epsilon_0}\left(\frac{1}{r_1} - \frac{1}{r_2}\right)$$

$$= \frac{Q}{4\pi\epsilon_0}\left(\frac{1}{r - \dfrac{l}{2}\cos\theta} - \frac{1}{r + \dfrac{l}{2}\cos\theta}\right)$$

$$= \frac{Ql}{4\pi\epsilon_0 r^2}\cos\theta = \frac{M}{4\pi\epsilon_0 r^2}\cos\theta\,[V]$$

전기 쌍극자 모멘트 : $M = Ql\ [C \cdot m]$

② P점의 전계

$$\mathrm{E}_P = -grad\,V_P = -\nabla V_P = \sqrt{E_r^2 + E_\theta^2}$$
$$= \frac{M}{4\pi\epsilon_0 r^3}\left(\sqrt{1 + 3\cos^2\theta}\right)[V/m]$$

$$E_r = \frac{M}{2\pi\epsilon_0 r^3}\cos\theta\,[V/m]$$

$$E_\theta = \frac{M}{4\pi\epsilon_0 r^3}\sin\theta\,[V/m]$$

(6) 전기 이중층

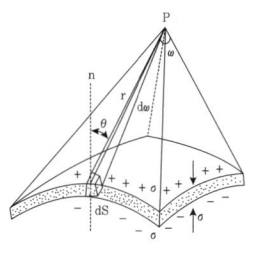

① 입체각$(\omega) = \dfrac{S}{r^2}[Sr]$

② 완전구$(\omega) = \dfrac{4\pi r^2}{r^2} = 4\pi[Sr]$

③ 반구$(\omega) = \dfrac{1}{2}\dfrac{4\pi r^2}{r^2} = 2\pi[Sr]$

④ 원뿔$(\omega) = \dfrac{2\pi r^2(1-\cos\theta)}{r^2} = 2\pi(1-\cos\theta)[Sr]$

㉠ P점의 전위

$$\text{쌍극자,}\quad dV_P = dV_A + dV_B = \frac{\sigma\, dQ}{4\pi\epsilon_0 r^2}\cos\theta = \frac{\sigma\delta\, ds}{4\pi\epsilon_0 r^2}\cos\theta$$

$$= \frac{\sigma\delta}{4\pi\epsilon_0}\, d\omega\ [V]$$

$$\therefore V_P = \int_0^\omega dV_P = \frac{\sigma\delta}{4\pi\epsilon_0}\omega = \frac{M}{4\pi\epsilon_0}\omega\ [V]$$

$$\text{2중층의 세기} : M = \sigma\delta[C/m]$$

㉡ 양면 간 전위차

$$V_{PQ} = V_P - V_Q = \frac{M}{4\pi\epsilon_0}(\omega_1 + \omega_2) = \frac{M}{\epsilon_0}[V]\ (\omega_1 = \omega_2 = 2\pi)$$

㉢ 원판 2중층의 전위, 전계

- 전위$(V_P) = \dfrac{M}{4\pi\epsilon_0}\omega = \dfrac{M}{4\pi\epsilon_0}\times 2\pi(1-\cos\theta)$

$$= \frac{M}{2\epsilon_0}(1 - \frac{x}{\sqrt{a^2 + x^2}})[V]$$

- 전계$(E_P) = -\dfrac{\partial V_P}{\partial x} = \dfrac{a^2 M}{2\epsilon_0(a^2 + x^2)^{3/2}}\ [V/m]$

(7) 전기 쌍극자의 회전력

$$\vec{T} = \vec{M}\times\vec{E}[N\cdot m]$$

$$T = ME\sin\theta[N\cdot m]$$

(8) 도체 표면 단위면적당 정전력

$$F = f\cdot S = QE = \delta SE = \frac{\delta^2}{2\epsilon_0}S\ [N]$$

① 단위면적당 작용력

$$f = \frac{\delta^2}{2\epsilon_0} = \frac{D^2}{2\epsilon_0} = \frac{1}{2}\epsilon_0 E^2 = \frac{1}{2}ED[N/m^2]$$
$$(D = \epsilon_0 E)$$

② 공간에너지 밀도

$$W = f \times 1 = \frac{1}{2}\epsilon_0 E^2 = \frac{1}{2}\frac{D^2}{\epsilon_0} = \frac{1}{2}ED \ [J/m^3]$$

03 진공 중의 도체계

1. 전위계수(Coefficient of Potential)

(1) 전위 계수(P_{12} : 도체 2에만 단위 전하를 주었을 때 도체 1의 전위를 의미)

전하분포에 의한 전위 분포로 1[C] 전하에 의한 전위

- $V = \dfrac{Q}{4\pi\epsilon_0 r} = \dfrac{1}{4\pi\epsilon_0 r}Q = PQ[V]$

- $P = \dfrac{1}{4\pi\epsilon_0} = \dfrac{V}{Q} = \dfrac{1}{C}$ [엘라스턴스(elastance)]

$$= \frac{1}{F}[\text{다래프(daraf)}]$$

① 전위 분포

$$V_1 = P_{11}Q_1 + P_{12}Q_2 + \cdots + P_{1n}Q_n$$
$$V_2 = P_{21}Q_1 + P_{22}Q_2 + \cdots + P_{2n}Q_n$$
$$\vdots \qquad \vdots \qquad \vdots \qquad \qquad \vdots$$
$$V_n = P_{n1}Q_1 + P_{n2}Q_2 + \cdots + P_{nn}Q_n$$

$$V_1 = V_{11} + V_{12} = \frac{Q_1}{4\pi\epsilon_0 r_1} + \frac{Q_2}{4\pi\epsilon_0 R} = P_{11}Q_1 + P_{12}Q_2 \ [V]$$

$$V_2 = V_{21} + V_{22} = \frac{Q_1}{4\pi\epsilon_0 R} + \frac{Q_2}{4\pi\epsilon_0 r_2} = P_{21}Q_1 + P_{22}Q_2 \,[V]$$

② 전위계수의 성질

　㉠ $P_{rr}, P_{ss} > P_{rs}, P_{sr} > 0 \,(P_{11} \geq P_{21},\ P_{21} \geq 0,\ P_{11} > 0)$

　㉡ $P_{rs} = P_{sr}$(대칭성)

　　$P_{11}=P_{21}$의 의미는, 도체 2가 도체 1 속에 포함되어 있다.

　　$P_{11}=P_{12}$의 의미는, 도체 1이 도체 2 속에 포함되어 있다.

(2) 용량 및 유도계수(Coefficient of Capacity, Induction)

1[V] 전위에 의한 전하 분포, $q = \dfrac{Q}{V}[F]$

① 전하 분포

$$Q_1 = q_{11}V_1 + q_{12}V_2 + \cdots + q_{1n}V_n$$
$$Q_2 = q_{21}V_1 + q_{22}V_2 + \cdots + q_{2n}V_n$$
$$\vdots \qquad \vdots \qquad \vdots \qquad \quad \vdots$$
$$Q_n = q_{n1}V_1 + q_{n2}V_2 + \cdots + q_{nn}V_n$$

여기서, 용량 계수 $= q_{11}, q_{22}, \cdots q_{rr}, q_{ss}$: 자기 정전용량

　　　　유도 계수 $= q_{12}, q_{21}, \cdots q_{rs}, q_{sr}$: 상호 정전용량

② 용량 및 유도계수의 성질

　• $q_{rr} = q_{ss} > 0,\ q_{rs} = q_{sr} \leq 0,\ q_{rs} = q_{sr}$(대칭성)

　• $q_{rr} \geq -(q_{12} + q_{13} + \cdots + q_{1r}),\ q_{12}, q_{13}, q_{14} \leq 0$

　　$(q_{11}, q_{22}, q_{33} \cdots > 0$: 용량계수,

　　$q_{11} \geq -(q_{21} + q_{31} + \cdots + q_{n1}) \geq 0$

　　$q_{12}, q_{21}, q_{31} \cdots \leq 0$: 유도계수, $q_{12} = q_{21})$

　• $q_{11} = -q_{21}$의 의미는 도체 1이 도체 2 속에 포함되어 있다.

(3) 정전용량

진공 중에 독립도체에 전하 Q를 주었을 때 나타나는 전위를 V로 할 때 전하와 전위는 비례한다(Q=CV).

전하를 어느 정도 저장할 수 있느냐 하는 도체의 능력으로서, 콘덴서(Condenser)라고 한다(축전기[Capacitor]).

① 단일도체의 정전용량

$$C = \frac{Q}{V}[F]$$

② 두 도체 간 정전용량

$$C = \frac{Q}{V_{AB}} = \frac{Q}{V_A - V_B}[F]$$

③ 정전용량과 전위계수, 용량 및 유도계수의 관계

- 전위 계수와의 관계

$$V_1 = P_{11}Q_1 + P_{12}Q_2 = P_{11}Q - P_{12}Q$$

$$V_2 = P_{21}Q_1 + P_{22}Q_2 = P_{21}Q - P_{22}Q$$

전위차$(V_{12}) = V_1 - V_2 = (P_{11} - 2P_{12} + P_{22})Q[V]$

$$\therefore C = \frac{Q}{V_{12}} = \frac{1}{P_{11} - 2P_{12} + P_{22}}[F]$$

④ 용량 및 유도계수 관계

$$Q_1 = + Q = q_{11}V_1 + q_{12}V_2$$

$$Q_2 = - Q = q_{21}V_1 + q_{22}V_2$$

$$V_1 = \frac{\begin{vmatrix} +Q & q_{12} \\ -Q & q_{22} \end{vmatrix}}{\begin{vmatrix} q_{11} & q_{12} \\ q_{21} & q_{22} \end{vmatrix}} = \frac{q_{22} + q_{12}}{q_{11}q_{22} - q_{12}^2}Q[V]$$

$$V_2 = \frac{\begin{vmatrix} q_{11} & +Q \\ q_{21} & -Q \end{vmatrix}}{\begin{vmatrix} q_{11} & q_{12} \\ q_{21} & q_{22} \end{vmatrix}} = \frac{-(q_{11} + q_{12})}{q_{11}q_{22} - q_{12}^2}Q[V]$$

전위차$(V_{12}) = V_1 - V_2 = \frac{q_{11} + 2q_{12} + q_{22}}{q_{11}q_{22} - q_{12}^2}Q[V]$

$$\therefore C = \frac{Q}{V_{12}} = \frac{q_{11}q_{22} - q_{12}^2}{q_{11} + 2q_{12} + q_{22}}[F]$$

⑤ 평행판 콘덴서의 정전용량 계산 : 평행판 콘덴서의 정전용량을 크게 하려면 극판의 면적을 넓게, 간격 좁게, 유전체를 비유전율이 큰 것을 사용하면 된다.

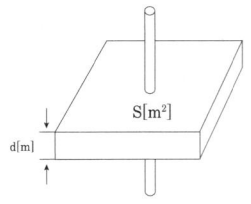

$$C = \frac{Q}{V} = \frac{Q}{\dfrac{\sigma}{\epsilon_0}d} = \frac{\sigma S}{\dfrac{\sigma}{\epsilon_0}d} = \epsilon_0 \frac{S}{d} \ [F]$$

⑥ 구도체의 정전용량 계산

㉠ 구도체(독립)

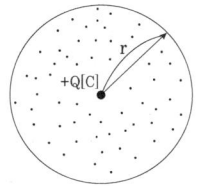

$$C = \frac{Q}{V} = \frac{Q}{\dfrac{Q}{4\pi\epsilon_0 r}} = 4\pi\epsilon_0 r \ [F] \ (반구 : 2\pi\epsilon_0 r)$$

㉡ 동심구 도체(외구접지시)

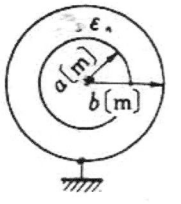

• 내외간 전위차

$$V_{ab} = -\int_b^a E\,dr = -\frac{Q}{4\pi\epsilon_0}\int_b^a \frac{1}{r^2}\,dr = -\frac{Q}{4\pi\epsilon_0}\left[-\frac{1}{r}\Big|_b^a\right]$$

$$= \frac{Q}{4\pi\epsilon_0}\left(\frac{1}{a} - \frac{1}{b}\right)[V]$$

• 정전용량 : $C = \dfrac{Q}{V_{ab}} = \dfrac{4\pi\epsilon_0 ab}{b-a}\,[F]$

ⓒ 동심구 도체(내구접지시)

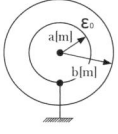

$$C = C_{ab} + C_b$$
$$= \frac{4\pi\epsilon_0 ab}{b-a} + 4\pi\epsilon_0 b(\text{독립구도체}) = 4\pi\epsilon_0\left(\frac{ab}{b-a} + b\right) [F]$$

⑦ 동심 원통간의 정전용량 계산

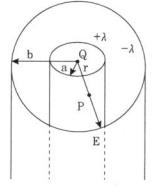

㉠ 내외간 전위차

$$V_{ab} = -\int_b^a E\,dr = -\frac{\lambda}{2\pi\epsilon_0}\int_b^a \frac{1}{r}\,dr = -\frac{\lambda}{2\pi\epsilon_0}\ln r\Big|_b^a$$

$$= \frac{\lambda}{2\pi\epsilon_0}\ln\frac{b}{a} \ [V]$$

㉡ 단위길이당 정전용량

$$\therefore C = \frac{\lambda}{V_{ab}} = \frac{2\pi\epsilon_0}{\ln\dfrac{b}{a}} [F/m]$$

여기서, $\lambda = $ 선전하밀도$[C/m]$

⑧ 평행원통도체 사이의 정전용량 계산

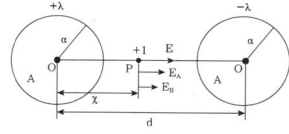

〈평행 원통 도체〉

㉠ 전계

$$E_P = E_A + E_B = \frac{\lambda}{2\pi\epsilon_0 x} + \frac{\lambda}{2\pi\epsilon_0 (d-x)}$$

$$= \frac{\lambda}{2\pi\epsilon_0}\left(\frac{1}{x} + \frac{1}{d-x}\right) [V/m]$$

ⓛ 두 도체 사이 전위차

$$V_{AB} = -\int_{d-a}^{a} E\,dx = -\frac{\lambda}{2\pi\epsilon_0}\int_{d-a}^{a}\left(\frac{1}{x}+\frac{1}{d-x}\right)dx$$

$$= \frac{\lambda}{2\pi\epsilon_0}\left[\ln x\Big|_{a}^{d-a} - \ln(d-x)\Big|_{a}^{d-a}\right] = \frac{\lambda}{2\pi\epsilon_0}\left(\ln\frac{d-a}{a} - \ln\frac{a}{d-a}\right)$$

$$= \frac{\lambda}{\pi\epsilon_0}\ln\frac{d-a}{a}\,[V]$$

ⓒ 정전용량

$$\therefore C_{AB} = \frac{\lambda}{V_{AB}} = \frac{\pi\epsilon_0}{\ln\dfrac{d-a}{a}}\,[F/m]\xrightarrow{d\gg a}\fallingdotseq\frac{\pi\epsilon_0}{\ln\dfrac{d}{a}}\,[F/m]$$

(도선과 대지 사이는, $C = \dfrac{2\pi\epsilon_0}{\ln\dfrac{2h}{a}}\,[F/m]$, h : 대지로부터 전선 높이)

2. 도체가 가진 정전에너지와 작용하는 힘

(1) 정전에너지

① 1개의 콘덴서가 가진 에너지

$$W = \frac{1}{2}QV = \frac{1}{2}CV^2 = \frac{Q^2}{2C}\,[J]$$

② n개의 도체

$$W_n = \frac{1}{2}\sum_{n=1}^{\infty}Q_n V_n\,[J]$$

③ 공간 전하계

$$W = \frac{1}{2}\epsilon_0 E^2 = \frac{1}{2}ED = \frac{D^2}{2\epsilon_0}\,[J/m^3]$$

④ 단위체적당 축적된 에너지

- $W = \dfrac{1}{2}CV^2 = \dfrac{1}{2}\dfrac{\epsilon_0 S}{d}(Ed)^2 = \dfrac{1}{2}\epsilon_0 E^2 Sd\,[J]$

- $W_V = \dfrac{W}{V(체적)} = \dfrac{1}{Sd}\cdot\dfrac{1}{2}\epsilon_0 E^2 Sd = \dfrac{1}{2}\epsilon_0 E^2$

$$= \frac{1}{2}ED = \frac{D^2}{2\epsilon_0} [J/m^3]$$

⑤ 정전흡인력

$$F = \frac{W}{d} = \frac{1}{d} \cdot \frac{1}{2}\epsilon_0 E^2 Sd = \frac{1}{2}\epsilon_0 E^2 S [N]$$

• 단위면적당 작용하는 힘(유전체 사이에 작용하는 힘 : 멕스웰 응력)

$$F = \frac{F[N]}{S[m^2]} = \frac{1}{2}\epsilon_0 E^2 = \frac{1}{2}ED = \frac{D^2}{2\epsilon_0} [N/m^2]$$

04 유전체

1. 유전체(절연체)

(1) 유전율

$\epsilon = \epsilon_0 \cdot \epsilon_s [F/m]$

• 진공(공기 중)의 유전율(ϵ_0) $= 8.855 \times 10^{-12}$ [F/m]

• 진공(공기 중)의 비유전율(ϵ_s) $= 1$

(2) 비유전율($\epsilon_s \rangle 1$)

① 유전체 내에서 정전작용

	공기중	유전체중	비교
쿨롱의 힘	$F_0 = \dfrac{Q_1 Q_2}{4\pi\epsilon_0 r^2}[N]$	$F = \dfrac{Q_1 Q_2}{4\pi\epsilon_0\epsilon_s r^2} = \dfrac{F_0}{\epsilon_s}[N]$ 감소	$\epsilon_s = \dfrac{F_0}{F}$
전계	$E_0 = \dfrac{\delta}{\epsilon_0}[V/m]$	$E = \dfrac{\delta}{\epsilon_0\epsilon_s} = \dfrac{E_0}{\epsilon_s}[V/m]$, 감소	
전위	$V_0 = E_0 d[V]$	$V = Ed = \dfrac{E_0}{\epsilon_s}d = \dfrac{V_0}{\epsilon_s}[V]$, 감소	
정전 용량	$C_0 = \dfrac{\epsilon_0 S}{d}[F]$	$C = \dfrac{\epsilon_0\epsilon_s S}{d} = \epsilon_s C_0 [F]$, 증가	$\epsilon_s = \dfrac{C}{C_0}$

Chapter 1. 전기자기학 • **55**

$$F = \frac{Q_1 Q_2}{4\pi\epsilon_0\epsilon_s r^2} = \frac{F_0}{\epsilon_s}[N],$$

- 비유전율$(\epsilon_s) = \dfrac{\epsilon}{\epsilon_0} = \dfrac{C}{C_0} = \dfrac{V_0}{V} = \dfrac{E_0}{E}$

(콘덴서에 유전체를 삽입하면 정전용량은 증가되지만, 전위와 전계는 감소한다.)

② Q[C]의 전하에 출입하는 전기력선 및 전속수

	공기중	유전체중
① 전기력선 수	$N_0 = \dfrac{Q}{\epsilon_0}$ [개]	$N = \dfrac{Q}{\epsilon_0\epsilon_s} = \dfrac{N_0}{\epsilon_s}$ [개]
② 전속 수	$Q\,[C]$	$Q\,[C]$

2. 전기 분극

(1) 전기 분극

유전체에 외부에서 전계를 가하면 유전체 전하가 변위를 일으키는 현상

① 전속 밀도

$$D = \epsilon_0 E + P = \epsilon_0 E + \chi_e \cdot E = \epsilon E = \epsilon_0\epsilon_s E\,[C/m^2]$$

여기서, P=분극의세기[C/m²]

χ_e=분극률[F/m]

② 분극의 세기(분극도)

㉠ 단위면적당 유전체의 분극 전하 밀도

$$P = \frac{Q}{S} = \frac{Qd}{Sd} = \frac{M}{V}\,[C/m^2]$$

㉡ 단위체적당 유전체의 쌍극자 모멘트

$$P = D - D_0 = \epsilon_0\epsilon_s E - \epsilon_0 E = \epsilon_0(\epsilon_s - 1)E = \chi_e E$$
$$= D(1 - \frac{1}{\epsilon_s})\,[C/m^2]$$

분극률$(\chi_e) = \epsilon_0(\epsilon_s - 1)$, 비분극률$=\epsilon_s - 1$

$$E = \frac{D - P}{\epsilon_0} = \frac{\sigma - \sigma'}{\epsilon_0}$$

여기서, $\sigma = D$

$\sigma' = P$

(2) 유전체 경계면의 경계조건

① 경계면에 진전하가 없을 경우

ⓐ 전계의 접선(수평)성분은 경계면에 대해서 양측에서 서로 같다.

$$E_{1t} = E_{2t}\ ,\ E_1 \sin\theta_1 = E_2 \sin\theta_2 \cdots 1$$

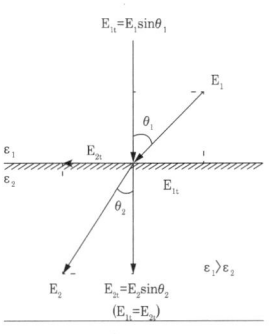

ⓑ 전속밀도(D)이 법선(수직) 성분은 경계면에 대해서 양측에서 서로 같다.

$$D_{1n} = D_{2n}\ ,\ D_1 \cos\theta_1 = D_2 \cos\theta_2 \cdots 2$$

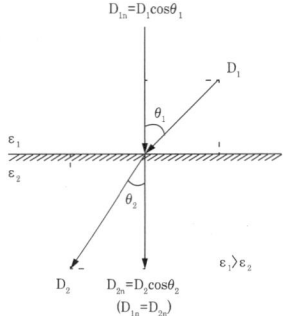

ⓒ 경계면상의 두 점 간의 전위차는 같고, 입사각과 굴절각인 tan값이 유전율(ϵ) 비와 같다.

$$\frac{E_1 \sin\theta_1}{D_1 \cos\theta_1} = \frac{E_2 \sin\theta_2}{D_2 \cos\theta_2}\ ,\quad \frac{E_1 \sin\theta_1}{\epsilon_1 E_1 \cos\theta_1} = \frac{E_2 \sin\theta_2}{\epsilon_2 E_2 \cos\theta_2}$$

$$\frac{\tan\theta_1}{\epsilon_1} = \frac{\tan\theta_2}{\epsilon_2}\ ,\quad \therefore \epsilon_1 \tan\theta_2 = \epsilon_2 \tan\theta_1$$

ⓓ $\epsilon_1 > \epsilon_2$

$\epsilon_1 \tan\theta_2 = \epsilon_2 \tan\theta_1$ 에서 $\theta_1 > \theta_2$

$D_1 \cos\theta_1 = D_2 \cos\theta_2$ 에서 $D_1 > D_2$

$E_1 \sin\theta_1 = E_2 \sin\theta_2$ 에서 $E_1 < E_2$

② 경계면에 면전하밀도 σ인 진전하가 있을 경우

• 전계의 접선(수평) 성분은 경계면 양측에서 같다.

$$E_{1t} = E_{2t} \, , \; E_1 \sin\theta_1 = E_2 \sin\theta_2$$

• 전속밀도(D)의 법선(수직) 성분은 σ만큼 변한다.

$$|D_{1n} - D_{2n}| = \sigma$$

만약에 매질 2가 도체이면, $D_{2n} = 0$, $D_{1n} = \sigma \, [C/m^2]$

$$D = \sigma \, , \; E = \frac{\sigma}{\epsilon}$$

• 전기력선의 수직 입사($\theta_1 = \theta_2 = 0$)하면, 전속밀도는 연속이고($D_1{=}D_2$), 전계는 불연속이다($E_1 {\neq} E_2$. $E_1 < E_2$).

• 전기력선의 수평 입사($\theta_1 = \theta_2 = 90\,°$)하면, 전속밀도는 불연속이고($D_1 \neq D_2$. $D_1 > D_2$), 전계는 연속이다($E_1 = E_2$).

(3) 유전 속의 성질

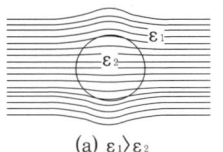 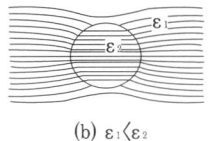

(a) $\varepsilon_1 \rangle \varepsilon_2$ (b) $\varepsilon_1 \langle \varepsilon_2$

유전율이 큰 쪽으로 모인다.

(4) 유전체에 작용하는 힘(멕스웰 응력)

① 전계가 경계면에 수직인 경우(전속밀도의 수직성분이 같으므로)

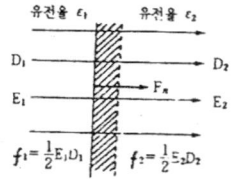 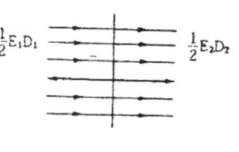

$$\theta_1 = \theta_2 = 0\,° \, , \; D_1 = D_2 = D$$

$$f_n = f_2 - f_1 = \frac{1}{2} E_2 D_2 - \frac{1}{2} E_1 D_1$$

$$= \frac{1}{2}(E_2 - E_1)D = \frac{1}{2}(\frac{1}{\epsilon_2} - \frac{1}{\epsilon_1})D^2 \, [N/m^2]$$

($\epsilon_1 > \epsilon_2$: 경계면에서는 서로 끌어당기는 인장응력이 작용한다.)

유전율이 큰 쪽에서 작은 쪽으로 힘이 작용한다.

② 전계가 경계면에 평행인 경우(전계의 평행성분이 같으므로)

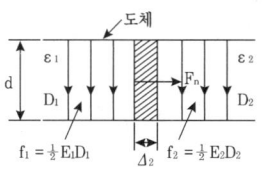 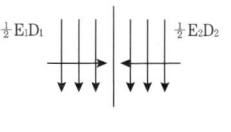

$$\theta_1 = \theta_2 = 90^\circ,\ E_1 = E_2 = E$$

$$f_n = f_1 - f_2 = \frac{1}{2}E_1 D_1 - \frac{1}{2}E_2 D_2$$

$$= \frac{1}{2}(D_1 - D_2)E = \frac{1}{2}(\epsilon_1 - \epsilon_2)E^2\ [N/m^2]$$

($\epsilon_1 > \epsilon_2$: 경계면에서는 서로 밀어내는 압축능력이 작용한다.)

유전율이 큰 쪽에서 작은 쪽으로 힘이 작용한다.

3. 유전체의 정전용량

(1) 정전용량의 접속

① 직렬 접속

㉠ 극판간격을 나누면 직렬접속이 된다.

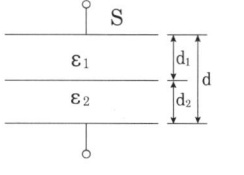 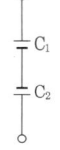

유전체의 직렬   등가회로

$$C_1 = \frac{\epsilon_1 S}{d_1}\ [F],\quad C_2 = \frac{\epsilon_2 S}{d_2}\ [F]$$

$$\therefore C_s = \frac{C_1 C_2}{C_1 + C_2}\ [F]$$

㉡ 공기콘덴서 일부에 유전체 삽입

• 공기콘덴서 : $C_0 = \dfrac{\epsilon_0 S}{d}\ [F]$

• 유전체를 채운 경우

공기부분 : $C_1 = \dfrac{\epsilon_0 S}{\dfrac{d}{2}} = 2C_0\ [F]$

유전체부분 : $C_2 = \dfrac{\epsilon_0 \epsilon_s S}{\dfrac{d}{2}} = 2\epsilon_s C_0 \ [F]$

$\therefore C = \dfrac{C_1 C_2}{C_1 + C_2} = \dfrac{4\epsilon_s C_0^2}{2C_0(1+\epsilon_s)} = \dfrac{2\epsilon_s}{1+\epsilon_s} C_0 \ [F]$

② 병렬 접속

  ㉠ 극판의 면적을 나누면 병렬 접속이 된다.

유전체의 병렬   등가회로

$C_1 = \dfrac{\epsilon_1 S}{d_1} \ [F], \quad C_2 = \dfrac{\epsilon_2 S}{d_2} \ [F]$

$\therefore C_P = C_1 + C_2 \ [F]$

  ㉡ 공기 콘덴서 일부에 유전체 삽입$(\dfrac{1}{3}S, \ \dfrac{2}{3}S)$

공기부분 : $C_1 = \dfrac{\epsilon_0 \epsilon_s \dfrac{1}{3}S}{d} = \dfrac{1}{3} C_0 \ [F]$

유전체부분 : $C_2 = \dfrac{\epsilon_0 \epsilon_s \dfrac{2}{3}S}{d} = \dfrac{2}{3}\epsilon_s C_0 \ [F]$

$\therefore C = C_1 + C_2 = \dfrac{1}{3} C_0 (1 + 2\epsilon_s) \ [F]$

(2) 유전체의 특수 현상

① 접촉전기 : 이종물체를 접촉시키면 전자가 이동하여 양·음으로 대전되어 일어나는 전기 (Volta Effect : 이종물체가 금속일 때 경계면상 전위차가 나타나는 현상)

② 파이로전기 : 전기석, 로셸염, 수정 등을 가열하면 표면에 분극전하가 나타나고 냉각하면 역전하로 대전되는 현상

③ 압전기 효과 : 전기석, 로셸염, 수정 등에 압력을 가하면 대전되는 현상(압전기 역효과 : 반대로 전하를 대전하면 힘이 발생되는 현상)

05	**정전계의 특수해법**

1. 전기 영상법(Electric Image Method)

도체에서 전하분포가 변화하는 경우에는 일반적인 법칙이나 방정식으로 계산이 곤란해서, 전기영상법으로 전계를 해석한다. 도체계의 전하분포나 경계조건을 교란시키지 않는 전하를 가상함으로써 도체 주위의 전계를 간단히 해석하는 방법을 전기 영상법이라 한다.

(1) 무한 평면과 점전하

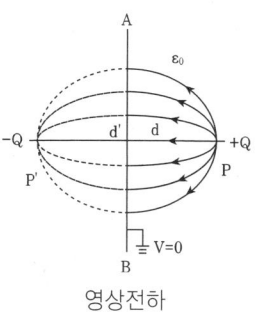

영상전하

무한평면과 점전하 사이 전기적 작용은 영상전하와 점전하 사이 전기적 작용으로 해석한다.

① 무한 평면과 점전하 사이에 작용하는 힘(영상력)

$$F = \frac{Q \times (-Q)}{4\pi\epsilon_0 (2d)^2} = -\frac{Q^2}{16\pi\epsilon_0 d^2} [N]$$

(영상력은 전하의 종류에 상관없이 항상 흡인력이 작용)

② 전하가 무한 평면 도체 사이에서 운반 시 일

$$W = \int_d^\infty F dr = \frac{Q^2}{16\pi\epsilon_0} \int_d^\infty \frac{1}{d^2} dr = \frac{Q^2}{16\pi\epsilon_0 d} [J]$$

③ 도체 표면의 전하밀도

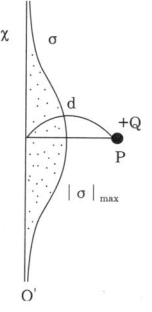

Chapter 1. 전기자기학 · **61**

$$\sigma = \epsilon_0 E = \frac{Q\,d}{2\pi(d^2 + x^2)^{3/2}} \ [C/m^2]$$

여기서, 도체 표면의 최대전하밀도 σ_{max}, 도체표면의 전하밀도σ 값에서 $x = 0$일 때이다.

$$\sigma_{max} = -\frac{Q}{2\pi d^2} \ [C/m^2] \ , \ \ |\sigma_{max}| = \frac{Q}{2\pi d^2} \ [C/m^2]$$

④ 무한 평면상 점전하에 의한 전위

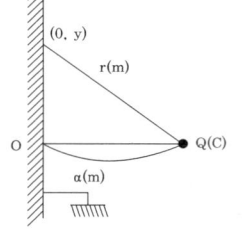

무한평면도체의 내부전하 $Q[c]$과 등거리 정반대 방향의 대칭점의 영상전하 $-Q[c]$ 간에 전계를 만족하게 된다.

그러므로 무한 평면상 점전하에 의한 전위는 항상 0이 된다. (단, $r = \sqrt{a^2 + y^2}\,[m]$이다.)

$$V = V_A - V_B = \frac{Q}{4\pi\epsilon_0 r} + \frac{-Q}{4\pi\epsilon_0 r} = 0 \ [V]$$

(2) 접지 구도체와 점전하

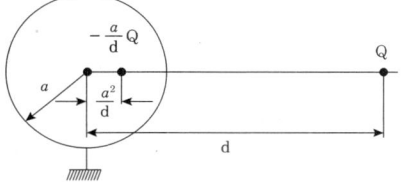

그림에서 반지름(a)의 접지 구도체(도체구)의 중심으로부터 d(〉a)인 점에서 점전하 Q[C]가 있다.

① 영상전하의 영상점(위치) : 중심으로부터 $\dfrac{a^2}{d}$인 점$(x = \dfrac{a^2}{d})$

② 영상전하 : $Q' = -\dfrac{a}{d}\,Q$

③ 접지 구도체의 영상전하와 점전하 사이에 작용하는 힘

$$F = \frac{Q(-\dfrac{a}{d})\,Q}{4\pi\epsilon_0(d - \dfrac{a^2}{d})^2} = -\frac{a\,d\,Q^2}{4\pi\epsilon_0(d^2 - a^2)^2} \ [N]$$

(무조건 흡인력이 작용된다.)

(3) 무한 평면상 도체와 선전하

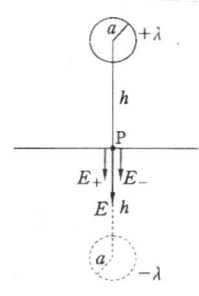

그림에서 무한평판 도체에 높이 h에 선전하밀도 λ를 갖는 반지름 a인 무한 직선 도체가 평행으로 놓여 있는 경우 평판에 대한 대칭점에 −λ의 영상도선을 평행 배선한 것으로 보고 해석한다.

① 선전하밀도 λ인 직선 도체가 평면 도체에 의해 단위길이당 받는 힘

  ㉠ 점 P에서 합성 전계

$$\mathrm{E}=\mathrm{E}_{+}+\mathrm{E}_{-}=\frac{\lambda}{2\pi\epsilon_0 h}+\frac{\lambda}{2\pi\epsilon_0 h}=\frac{\lambda}{\pi\epsilon_0 h}$$

  ∴ 직선 도체에서의 전계는

$$\mathrm{E}=\frac{\lambda}{2\pi\epsilon_0 (2h)}\ [V/m]$$

$$\mathrm{F}=\lambda\cdot\mathrm{E}=\lambda\frac{\lambda}{4\pi\epsilon_0 h}=9\times10^9\times\frac{\lambda^2}{h}\ [N/m]$$

  ㉡ 최대전하밀도$(\sigma_{\max})=-\epsilon_0\mathrm{E}=-\frac{\lambda}{\pi h}\ [C/m^2]$

  ㉢ 전위

$$V=-\int_{2h-a}^{a}\frac{\lambda}{2\pi\epsilon_0 x}\,dx=\frac{\lambda}{2\pi\epsilon_0}\ln\frac{2h-a}{a}\fallingdotseq\frac{\lambda}{2\pi\epsilon_0}\ln\frac{2h}{a}\ [V]$$

  ㉣ 정전용량

$$C=\frac{Q}{V}=\frac{\lambda}{\dfrac{\lambda}{2\pi\epsilon_0}\ln\dfrac{2h}{a}}=\frac{2\pi\epsilon_0}{\ln\dfrac{2h}{a}}\ [F/m]$$

06	전류

1. 저항

(1) 전기저항

$$R = \rho \frac{l}{S} [\Omega]$$

여기서, ρ : 고유저항 또는 저항률$[\Omega \cdot m]$,

연동선 : $\frac{1}{58} \times 10^{-6} [\Omega \cdot m] = \frac{1}{58} [\Omega \cdot mm^2/m]$

경동선 : $\frac{1}{55} \times 10^{-6} [\Omega \cdot m] = \frac{1}{55} [\Omega \cdot mm^2/m]$

Al선 : $\frac{1}{35} \times 10^{-6} [\Omega \cdot m] = \frac{1}{35} [\Omega \cdot mm^2/m]$

여기서, l : 도선의 길이[m]

S : 단면적$[m^2]$

σ : 도전율$[\mho/m]$

① 콘덕턴스(Conductance)

$$G = \frac{1}{R} [\mho]$$

단위 : mho$[\mho]$ or Siemens[S]

② 온도계수와 저항과의 관계 : 온도 1[℃]가 상승할 때 생기는 저항 증가율을 온도계수라한다.

$$R_T = R_t [1 + \alpha_t (T-t)] [\Omega]$$

$$\alpha_t = \frac{\alpha_0}{1 + \alpha_0 t}$$

• R_T : 온도 상승 후의 저항값, R_t : 처음(t℃)일 때 저항값

• (T−t) : 온도변화

α_0(0℃일 때의 동선 온도 계수)$= \dfrac{1}{234.5}$

(2) 유전체의 전기저항과 정전용량

$$RC = \rho\epsilon$$

여기서, R : 저항

C : 정전용량

ρ : 고유저항 또는 저항률

ϵ : 유전률

(3) 키르히호프의 법칙

$$\sum_{k=1}^{\infty} I_k = 0 \ , \ \sum_{k=1}^{\infty} E_k = \sum_{k=1}^{\infty} I_k R_k \ [V]$$

2. 정상전류

(1) 연속도체 내의 전류(전도전류)

① 전류밀도

$$\mathrm{J} = ne\,V = ne\,\mu\mathrm{E} = K\mathrm{E}[A/m^2] = -K\,grad\,V[A/m^2]$$

$$(\mathrm{J} = \rho\,[C/m^3] \times v\,[m/s] = ne\,V\,[A/m^2])$$

여기서, J : 전류밀도[A/m^2]

n : 전자 밀도[개/m^3]

v : 전자의 이동속도[m/s]

μ : 전자의 이동도[m^2/V·S]

E : 도체 내의 전계[V/m]

K : 전기전도율[℧/m]

ρ : 체적 전하 밀도[C/m^3]

e : 전자의 전하량

n : 단위체적당 전자 개수

② 오옴법칙의 미분형

$$\mathrm{J} = \frac{dI}{dS} = \frac{d}{dS}\frac{V}{R} = \frac{d}{dS}\frac{SV}{\rho l} = \frac{V}{\rho l} = K\mathrm{E}[A/m^2]$$

$$(\mathrm{J} = \frac{I}{S} = \frac{1}{S}\frac{V}{R} = \frac{V}{\dfrac{l}{KS}S} = K\frac{V}{l} = K\mathrm{E}[A/m^2])$$

③ 변위전류밀도

$$i_d = \frac{I_d}{S} = \frac{\dfrac{dQ}{dt}}{S} = \frac{\dfrac{d}{dt}DS}{S} = \frac{dD}{dt} = \epsilon\frac{dE}{dt}[A/m^2]$$

Chapter 1. 전기자기학 • **65**

④ 암페어 주회적분법칙의 미분형

$$J = \int_t H\, dL = \int_s i\, nds = \int_s rotH nds$$

$$\therefore J = rotH\ [A/m^2]$$

⑤ 키르히호프법칙의 미분형

$$\sum I = 0 = \int_s i\, dS = \int_v divi\ dV$$

$$\therefore\ divi = 0\ \ (연속성)$$

⑥ $H = 0.24\, P\, t = 0.24\, VIt = 0.24\, I^2 Rt = 0.24\, \dfrac{V^2}{R}\, t\ [cal]$

(2) 열전 현상

① 제베크(Seebeck)효과 : 이종금속의 폐회로 접합점의 온도차에 의한 기전력 발생 → 열전대

② 펠티어 효과 : 이종금속의 폐회로에 전류가 흐르면 접합점에서 열의 흡수, 발생 일어나는 현상 → 전자냉동

③ 톰슨효과 : 같은 종류 금속의 폐회로에 전류가 흐르면 접합점에서 열의 흡수, 발생이 일어나는 현상

④ 핀치효과(Pinch Effect) : 유동도체에 강전류가 흐를 때 만드는 자계와 전류 간 수축력 작용

⑤ 호올효과(Hall Effect) : 전류가 흐르는 도체 내부 횡방향으로 힘을 받아 도체 측면에 (+), (−) 전하가 대전되는 현상

⑥ 스트레치효과(Stretch Effect) : 자유로이 구부릴 수 있는 직사각형의 도선에 전류를 흘리면, 평행 도선에 전류가 반대로 도선 상호 간에 반발력이 작용해서 원의 형태로 되는 현상

3. 여러 가지 도체의 저항

(1) 구

① 완전구의 저항 : $R = \dfrac{\rho\epsilon}{C} = \dfrac{\rho\epsilon}{4\pi\epsilon\, a} = \dfrac{\rho}{4\pi\, a}\ [\Omega]$

② 반구의 저항 : $R = \dfrac{\rho}{2\pi\, a}\ [\Omega]$

③ 동심구의 저항 : $R = \dfrac{\rho\epsilon}{C} = \dfrac{\rho\epsilon}{\dfrac{4\pi\epsilon}{\dfrac{1}{a} - \dfrac{1}{b}}}$

$$= \dfrac{\rho}{4\pi}\left(\dfrac{1}{a} - \dfrac{1}{b}\right)[\Omega], \ \rho = \dfrac{1}{k}$$

(2) 원주형 도체

① 평행전선 사이의 저항

$$R = \dfrac{\rho\epsilon}{C} = \dfrac{\rho\epsilon}{\dfrac{\pi\epsilon}{\ln\dfrac{d}{a}}} = \dfrac{\rho}{\pi}\ln\dfrac{d}{a}[\Omega/m]$$

② 전선과 대지 사이의 저항

$$R = \dfrac{\rho\epsilon}{C} = \dfrac{\rho\epsilon}{\dfrac{2\pi\epsilon}{\ln\dfrac{2h}{a}}} = \dfrac{\rho}{2\pi}\ln\dfrac{2h}{a}[\Omega/m]$$

③ 동심형도체(동축케이블)의 저항

$$R = \dfrac{\rho\epsilon}{C} = \dfrac{\rho\epsilon}{\dfrac{2\pi\epsilon}{\ln\dfrac{b}{a}}} = \dfrac{\rho}{2\pi}\ln\dfrac{b}{a}[\Omega/m],$$

$$\rho = \dfrac{1}{k}$$

07 진공 중의 정자계

1. 쿨롱의 법칙

(1) 두 자극 사이에 작용하는 쿨롱력(작용력)

$$F = \dfrac{m_1 m_2}{4\pi\mu_0 r^2} = 6.33 \times 10^4 \times \dfrac{m_1 m_2}{r^2} \ [N]$$

여기서, m_1, m_2 : 점자극의 세기[Wb]

Chapter 1. 전기자기학 • **67**

r : 자극 간의 거리[m]

μ_0(진공 · 공기 중의 투자율) $= 4\pi \times 10^{-7}$ [H/m]

(동일 부호 자극 사이는 반발력, 다른 부호일 경우는 흡인력이 작용한다.)

μ(전체투자율)$=\mu_0 \times \mu_s$,

진공 · 공기 중의 비투자율 $(\mu_s)=1$

2. 자계

(1) 자계의 세기

단위 자극에 작용하는 힘

$$H = \frac{m}{4\pi\mu_0 r^2} = 6.33 \times 10^4 \times \frac{m}{r^2} [AT/m]$$

① 평등자계 중에 전하가 받는 힘, 즉 쿨롱력과 자계 사이에는

$F = mH [N]$

- 진공 중, 자극 간에 작용하는 힘, $F = \dfrac{m^2}{4\pi\mu_0 r^2} [N]$

- 진공 이외 다른 매질 중에 자극 간에 작용하는 힘, $F = \dfrac{m^2}{4\pi\mu r^2} [N]$

  μ(매질의 투자율)$=\mu \times \mu_s$, μ_s : 비투자율

② 자력선은 자계 내의 단위 자하 (+)1[Wb]가 아무 저항 없이 자기력에 따라서 이동할 때 그려지는 가상선이며, 자계 세기는 그 점의 수직 단면을 통과하는 자기력선의 밀도와 같다. 자속(ϕ)는 1[Wb]의 점자극에서는 1개의 선속이 나오므로, m[Wb]의 자극에서 나오는 자속수(ϕ)=m[Wb]가 된다. m[Wb] 자하에 출입하는 자기력선 수(N)$=\dfrac{m}{\mu_0}$[개]이다.

  ㉠ 자력선의 특성
  - N극에서 나와서 S극으로 들어간다.
  - 서로 반발하거나 교차하지 않는다.
  - 자력선의 방향 = 자계의 방향
  - 자력선의 밀도 = 자계의 세기
  - 자력선의 수 = $\dfrac{m}{\mu_0}$

- 등자위면에 직교한다.
- 스스로 폐곡선을 이룬다.

③ 자계 세기는 자위 경도에 (−)값을 붙인 것으로서, 단 전류 자계는 보존장이 아니기 때문에 적용되지는 않는다.

④ 자속과 자속밀도

- 자속밀도(B)$=\dfrac{\phi}{S}=\dfrac{m}{S}\,[Wb/m^2]$, $\phi = BS\,[Wb]$

- $B = \mu H = \mu_0 \mu_s H\,[Wb/m^2]$

⑤ 발산정리 : 발산의 원천이 없고, 연속적인 폐곡선을 형성하며, 단독 전하가 존재하는 것과는 다르게 고립자하는 존재하지 않고, N, S극의 두 자극은 반드시 나타난다.

$$\oint_s \mathrm{B}\,dS = \oint_v div\mathrm{B}\,dV = 0, \quad \therefore div\mathrm{B} = 0$$

(2) 자위

단위 정자극 1[Wb]을 무한 원점까지 운반하는데 필요한 일

- 점 P까지의 자위

$$U_P = -\int_{\infty}^{P} \mathrm{H}\,dr\,[AT]$$

① 점자극에 의한 자위(점자극 m에서 r거리인 점의 자위)

$$U = \dfrac{m}{4\pi\mu_0 r}\,[AT]$$

② 자계 중의 두 점 A, B 사이의 자위차

$$U_{AB} = -\int_{B}^{A} \mathrm{H}\,dl\,[AT]$$

3. 자기쌍극자의 자위 및 자계의 세기

(1) 자석의 자기모멘트

① 자기모멘트

$$M = ml\,[Wb \cdot m]$$

② 자계 중의 자석에 작용하는 토크

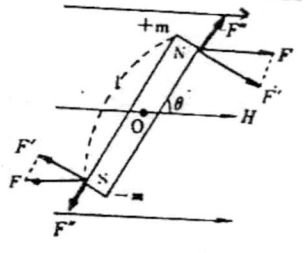

$$T = M \times H \ [N \cdot m]$$

$$T_\theta = MH\sin\theta \ [N \cdot m]$$

$$(T_0 = 2F' \times \frac{l}{2} = F'l = Fl\sin\theta = mlH\sin\theta)$$

$$= MH\sin\theta \ [N \cdot m]$$

③ 회전시 하는 일

$$W = \int_0^\theta T d\theta = MH \int_0^\theta \sin\theta \, d\theta = MH(1 - \cos\theta) \ [J]$$

(2) 자기쌍극자(막대자석)에 자위 및 자계

자극 간의 거리가 매우 짧은 소자석을 자기쌍극자라 한다(−m에서 +m 쪽으로 자기 모멘트 향하는 방향).

① 자기 쌍극자 모멘트

$$M = ml \ [Wb \cdot m]$$

• 방향 : −m에서 +m 쪽으로 향한다.

② 자기 쌍극자에서 거리 r만큼 떨어진 임의의 한 점에서 자위

$$U = \frac{M}{4\pi\mu_0 r^2} \cos\theta \ [AT]$$

M : 자기모멘트, θ : 거리 r과 자기쌍극자 모멘트(M)가 이루는 각

③ 자계의 세기

• P점의 자계$(H_P) = -\,grad\,U_P = -\nabla U_P \ [AT/m]$

• $H_r = -\dfrac{\partial U}{\partial r} = -\dfrac{M}{4\pi\mu_0}\dfrac{\partial}{\partial r}\dfrac{1}{r^2} = \dfrac{M}{2\pi\mu_0 r^3}\cos\theta \ [AT/m]$

• $H_\theta = -\dfrac{1}{r}\dfrac{\partial U}{\partial \theta} = -\dfrac{1}{r}\dfrac{M}{4\pi\mu_0 r^2}\dfrac{\partial}{\partial \theta}\cos\theta$

$$= \frac{M}{4\pi\epsilon_0 r^3}\sin\theta \ [AT/m]$$

$$\therefore \text{합성자계(H)} = \sqrt{H_r^2 + H_\theta^2} = \frac{M}{4\pi\mu_0 r^3}\sqrt{4\cos^2\theta + \sin^2\theta} = \frac{M}{4\pi\mu_0 r^3}\sqrt{1 + 3\cos^2\theta}\,[AT/m]$$

$$(\cos^2\theta + \sin^2\theta = 1)$$

(3) 등가 판자석(자기2중층)에 의한 자위

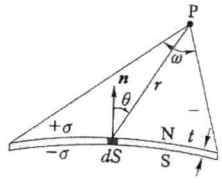

얇은 판에 무수한 자기쌍극자의 집합을 이루고 있는 판상의 자석을 판자석이라 한다.

① 판자석의 자위

$$U = \pm \frac{M}{4\pi\epsilon_0}\omega\,[AT]$$

② 판자석 양면 간의 자위차

$$U_{NS} = U_N - U_S = \frac{M\omega}{4\pi\mu_0} - (-\frac{M\omega}{4\pi\mu_0}) = \frac{M}{\mu_0}\,[AT]$$

여기서, M : 판자석의 세기[Wb/m]$(= \sigma t)$,

$\quad\quad\quad\sigma$: 면자하 밀도[Wb/m^2],

$\quad\quad\quad$t : 판의 두께[m],

$\quad\quad\quad\omega$: 입체각$(\omega = 2\pi)$

(4) 진공 중의 자계에너지

$$W = \frac{1}{2}\mu_0 H^2 = \frac{1}{2}\frac{B^2}{\mu_0} = \frac{1}{2}BH\,[J/m^3]$$

(5) 자계의 벡터 포텐셜(Vector Potential)

• 자속밀도

$$B = rot\,\mathrm{A}\,[Wb/m^2] = \nabla \times \mathrm{A}$$

$\quad$A : 자계의 벡터포테셜

(6) 비오-사바르의 법칙(Biot-Savart)

$$dH = \frac{Idl}{4\pi r^2}\sin\theta\,[AT/m]$$

(7) 암페어의 오른나사 법칙을 결정하는 법칙으로서

전류에 의한 자계방향을 결정하는 법칙으로서, 오른나사가 진행하는 방향으로 흐를 때 나사를 돌리는 방향으로 자계가 발생한다.

⊙ : 지면의 뒷면에서 표면으로 나오는 방향
⊗ : 지면의 표면애서 뒷면으로 들어가는 방향

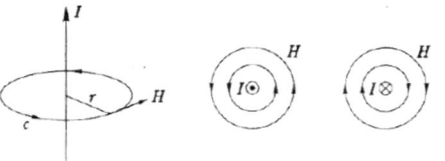

〈암페어의 오른나사 법칙〉

(8) 암페어의 주회적분법칙

임의의 폐곡선에 대한 자계(H)의 선적분은 이 폐곡선을 관통하는 전류(I)와 같다.

$$\oint_c \mathrm{H} dl = NI \,[AT]$$

폐곡선 방향으로 오른나사를 돌릴 때 나사의 진행방향과 일치하면 전류의 부호는 (+), 반대방향이면 부(−)가 된다.

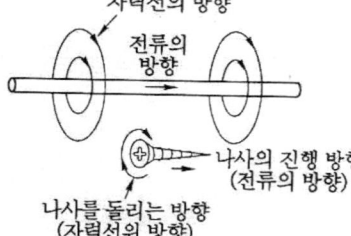 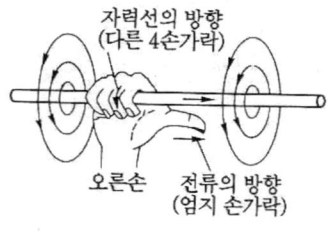

(9) 암페어의 등가자석의 법칙

• P점의 자위

$$U_P = \frac{M}{4\pi\epsilon_0}\,\omega = \frac{\mu_0 I}{4\pi\mu_0}\,\omega = \frac{\omega I}{4\pi}\,[AT]$$

• 자화의 세기($M = \mu_0 I$)

4. 전류에 의한 자계의 계산

(1) 무한장 직선 전류에 의한 자계의 세기

$$\oint_c H dl = H\,2\pi r = I$$

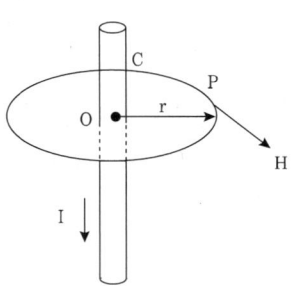

$$\therefore H = \frac{I}{2\pi r} \ [AT/m]$$

(2) 반지름 a[m]인 원통(원주)형 도체의 전류

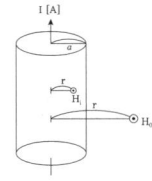

① 도체 외부(r≧a)

$$H = \frac{I}{2\pi r} \ [AT/m]$$

② 도체 내부(r≦a)
- 균일 전류 분포 시

$$H_i = \frac{rI}{2\pi a^2} \ [AT/m]$$

전류비=체적비

$$I : I' = \pi a^2 \times 1 : \pi r^2 \times 1$$

$$\therefore I' = \frac{r^2}{a^2} I[A]$$

- 전류가 도체 표면에서만 흐르는 경우

$$H = 0 \ [AT/m]$$

(3) 유한장 직선 전류의 자계

Chapter 1. 전기자기학 • **73**

① $H = \dfrac{I}{4\pi r}(\sin\theta_1 + \sin\theta_2)$

  $= \dfrac{I}{4\pi r}(\cos\alpha_1 + \cos\alpha_2)\,[AT/m]$

② $\theta_2 = 0°$일 때, $H = \dfrac{I}{4\pi r}\,[AT/m]$

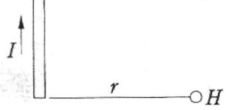

③ 정삼각형 중심자계의 세기

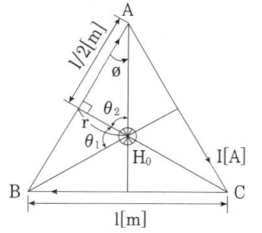

AB에 대한 중심점의 자계

$H_{AB} = \dfrac{I}{4\pi r}(\sin\theta_1 + \sin\theta_2)\,[AT/m]$

단, $r = \dfrac{l}{2}\tan\phi = \dfrac{l}{2}\tan30° = \dfrac{l}{2\sqrt{3}}$, $\theta_1 = \theta_2 = 60°$

$H_{AB} = \dfrac{I}{4\pi\dfrac{l}{2\sqrt{3}}}(\sin60° + \sin60°) = \dfrac{3\,I}{2\pi l}\,[AT/m]$

그러므로 정삼각형 중심자계의 세기

$H_0 = 3 \times H_{AB} = \dfrac{9I}{2\pi l}\ (\otimes 방향)$

④ 정사각형의 중심 자계의 세기

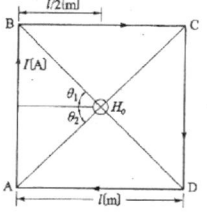

AB에 대한 중심점의 자계

$$H_{AB} = \frac{I}{4\pi r}(\sin\theta_1 + \sin\theta_2)\,[AT/m]$$

단, $r = \dfrac{l}{2}$, $\theta_1 = \theta_2 = 45°$

$$H_{AB} = \frac{I}{4\pi \dfrac{l}{2}}(\sin45° + \sin45°) = \frac{I}{\sqrt{2}\,\pi l}\,[AT/m]$$

그러므로 정사각형에 의한 중심 자계의 세기

$$H_0 = 4\pi \times H_{AB} = \frac{2\sqrt{2}\,I}{\pi l}(\otimes 방향)$$

정육각형 코일의 중심의 자계의 세기

$$H_0 = \frac{\sqrt{3}\,I}{\pi l}\,[AT/m]$$

⑤ 원형전류에 의한 자위 및 자계

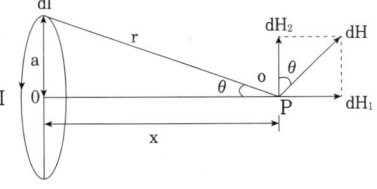

㉠ 점 P의 자위

$$U_P = \frac{\omega I}{4\pi} = \frac{I}{4\pi} \times 2\pi(1-\cos\theta)$$
$$= \frac{I}{2}(1 - \frac{x}{\sqrt{a^2 + x^2}})\,[AT]$$

㉡ 원형전류 중심축상의 점 P의 자계의 세기

$$H_P = \frac{\partial U_P}{\partial x} = \frac{Na^2 I}{2(a^2 + x^2)^{3/2}}\,[AT/m]$$
$$= \frac{I}{2a}\sin^3\theta\,[AT/m]$$

(N회가 감겨져 있다고 본다.)

㉢ 원형전류 중심축상의 중심자계

$$x = 0,\ H_0 = \frac{NI}{2a}\,[AT/m]$$

(반원전류의 중심자계는 $H_0 = \dfrac{I}{4a}\,[AT/m]$)

Chapter 1. 전기자기학 • **75**

만약에 전류가 θ만큼만 흐른다고 볼 때의 자계 세기는

$$H = \frac{NI}{2a} \times \frac{\theta}{2\pi} = \frac{NI\theta}{4\pi a} \ [AT/m]$$

⑥ 솔레노이드

    ⑦ 무한장 솔레노이드

      • 내부자계 : $H_i = \dfrac{NI}{l} = nI \ [AT/m]$

      (단, n : 단위길이당 권수)

      • 외부자계 : $H_e = 0$

    ⑥ 유한장 솔레노이드

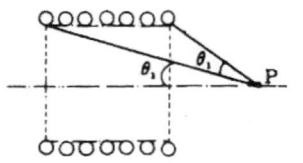

      (유한장)

$$H = \frac{nI}{2}(\cos\theta_2 - \cos\theta_1) \ [AT/m]$$

    ⓒ 환상 솔레노이드

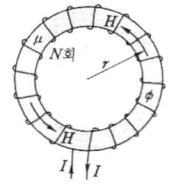

      • 내부자계 : $H_i = \dfrac{NI}{2\pi r} \ [AT/m]$

      • 외부자계 : $H_e = 0$

5. 전자력과 특수현상

(1) 자계 내에서 도체가 받는 힘

    ① 플레밍의 왼손법칙(Fleming's Left Hand Law) : 자계 내에 있는 도체에 흐르는 전류가 받는 힘이 전자력인데 전자력의 방향을 알 수 있다(전동기원리).

      • 엄지 : 힘의 방향(F)

76 · Part 1. 핵심이론

- 검지 : 자계의 방향(B)
- 중지 : 전류의 방향(I)

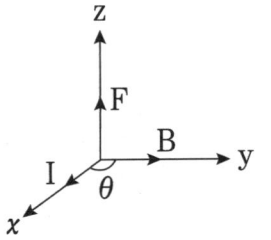 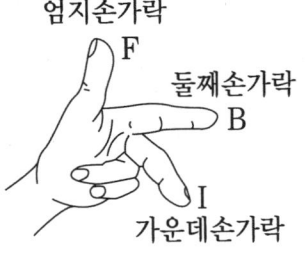

〈플레밍의 왼손법칙〉

② 자계 중 전류가 받는 힘(자장 안에서 받는 힘)

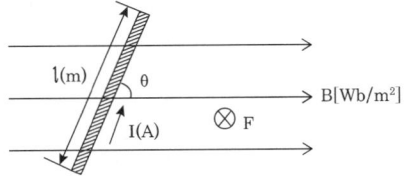

$$F = mH = m \times \frac{Idl}{4\pi r^2} \sin\theta \times \frac{\mu_0}{\mu} = \frac{m}{4\pi\mu_0 r^2} \mu_0 Idl \sin\theta$$

$$= \mu_0 H Idl \sin\theta = IBdl \sin\theta \, [N]$$

$\therefore \mathrm{F} = (\mathrm{I} \times \mathrm{B}) \, dl \, [N]$

- 전자력의 크기

$\therefore \mathrm{F} = (\mathrm{I} \times \mathrm{B}) \, l = IBl \sin\theta \, [N]$

(단, 전류와 자계가 수직이면, $F = IBl \, [N]$ 전류와 자계가 수평이면, F=0)

(2) 평행도체에 작용하는 힘

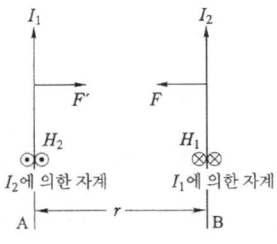

도체 B는 도체 A가 만드는 자계, $H_1 = \dfrac{I_1}{2\pi r} \, [AT/m]$ 에 의해서 힘을 받게 되므로,

$$B_1 = \mu_0 H_1 = \frac{\mu_0 I_1}{2\pi r} \, , \; l = 1 [m] \, , \; \theta = \frac{\pi}{2}$$

$$\therefore F = I_2 B_1 l \sin\frac{\pi}{2} = \frac{\mu_0 I_1 I_2}{2\pi r} \times 1 \times 1 = \frac{\mu_0 I_1 I_2}{2\pi r} [N/m]$$

$$= \frac{2 I_1 I_2}{r} \times 10^{-7} [N/m]$$

(도체 A는 도체 B가 만드는 자계에 작용하는 힘도 같은 방법으로 계산)

- 전류도체 A와 B가 받는 힘은 서로 같고 플레밍 왼손법칙에 의해서 도체에 작용하는 힘의 방향은 두 도체의 전류가 동일 방향으로 흐르면 흡인력이 작용한다(반대방향은 반발력).

(3) 막대자석의 토크(회전력)

- 자기모멘트(M) = $ml [Wb/m]$

$\therefore$ 토크(회전력)

$$T = M \times H = MH\sin\theta = mlH\sin\theta \, [N \cdot m]$$

(4) 자계 중 전류가 하는 일과 전류 자계 에너지

① 자계 중 전류가 하는 일

$$W = F \cdot x = IBlx = IBS = I\phi \, [J]$$

② 전류 자계 에너지

$$W = \frac{1}{2} L I^2 = \frac{1}{2} N\phi I = \frac{1}{2}\Phi I \, [J]$$

$$(\Phi = LI = N\phi [wb])$$

(5) 자계 내에서 운동전하가 받는 힘(전자력)

① 전계 중 전하 q[C]이 받는 힘

$$F = qE \, [N]$$

② 자계 중 전하 q[C]이 속도 v[m/s]로 운동할 때 받는 힘

$$F = q(v \times B) \, [N]$$

③ 전계, 자계 중에 전하가 받는 힘 : 이 전자력의 힘을 일반적으로 로렌츠의 힘(Lorentz's Force)이라 한다(전하입자에 작용하는 로렌츠의 힘, $F = q(v \times B)$ [N]이라 한다).

$$F = q(E + v \times B) \, [N]$$

④ 전자가 원운동을 할 조건, 전자의 운동

- 구심력 = 원심력

$$\frac{mv^2}{r} = Bev, \quad \therefore r = \frac{mv}{Be}[m]$$

여기서, v : 전자의 운동속도

B : 자속밀도

e : 전자의 전기량

• 각속도

$$\omega = \frac{v}{r} = \frac{Be}{m} \ [rad/s] \ , \ \omega = 2\pi f, \ f = \frac{Be}{2\pi m} \ [Hz]$$

• 원운동주기

$$T = \frac{1}{f} = \frac{2\pi m}{Be} \ [sec]$$

08 자기회로

1. 자성체의 자화

(1) 자화의 세기(자화도)

자석 근처에 자성체를 놓았을 때 자성체가 자석의 성질을 갖게 되는 현상을 자화라 한다.

① 단위면적당 자하밀도

$$J = \frac{dM}{dv} = \mu_0(\mu_s - 1)H = \chi H [Wb/m^2]$$

χ(자화율)$= \mu_0(\mu_s - 1) \ [H/m], \ (\mu_s - 1)$: 비자화율

- $\chi > 0$ (상자성체) : 알루미늄, 백금, 주석, 산소, 질소($\mu_s \geq 1$)
- $\chi < 0$ (반자성체) : 비스무트, 안티몬, 실리콘, 구리, 은, 아연, 탄소($\mu_s < 1$)
- $\chi \gg 0$ (강자성체) : 철, 니켈, 코발트, 텅스텐, 망간($\mu_s \gg 1$)

② 자속밀도

$$B = \mu_0 H + J [Wb/m^2]$$

(J는 B보다 약간 적다)

③ $div B = 0$

④ 자화율

$$J = \chi H [Wb/m^2]$$

$$B = \mu_0 H + J = \mu_0 H + \chi H = (\mu_0 + \chi)H = \mu_0 \mu_s H [Wb/m^2]$$

$$\mu = \mu_0 + \chi \ , \quad \therefore \mu_s = \frac{\mu}{\mu_s} = 1 + \frac{\chi}{\mu_0}$$

여기서, μ : 투자율

μ_s : 비투자율

$\dfrac{\chi}{\mu_0}$ = 비자화율

(2) 상자성체의 자화

① 감자력$(H') = \dfrac{N}{\mu_0}\mathrm{J}(H' \propto \mathrm{J})$

$$H_i = H_0 - H' = H_0 - \frac{N}{\mu_0}\mathrm{J} = H_0 - \frac{N}{\mu_0}\chi H_i$$

$$\therefore H_i = \frac{H_0}{1 + \dfrac{N\chi}{\mu_0}} = \frac{H_0}{1 + N(\mu_s - 1)} \ [AT/m]$$

여기서, H_i : 내부자계

H_0 : 외부자계

H' : 감자력

N : 감자율, 구자성체 : $N = \dfrac{1}{3}$

공심솔레노이드 : N=0

② 자화세기

$$J = \mu_0(\mu_s - 1)H_i = \frac{\mu_0(\mu_s - 1)}{1 + N(\mu_s - 1)}H_0 \ [Wb/m^2]$$

(3) 히스테리시스 곡선(B-H 곡선)

① 잔류자기(Residual Magnetism) : 외부에서 가한 자계 세기를 0으로 해도 자성체에 계속 남아 있는 자속밀도의 크기(B_r)

② 보자력(Coercive Force) : 자화된 자성체 내부의 자속밀도 B를 0으로 하기 위해서 외부에서 자화와 반대 방향으로 가하는 자계의 세기(H_c)

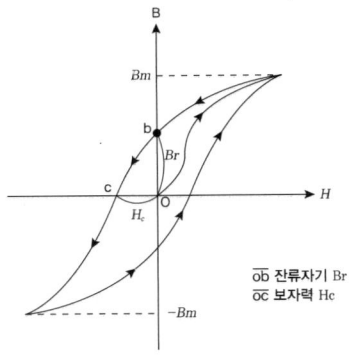

$\overline{ob}$ 잔류자기 Br
$\overline{oc}$ 보자력 Hc

- 히스테리시스 손실 : 자화 시 공급되는 단위체적당 에너지

$$P_h = \oint H\,dB\,[J/m^3]$$

$$P_h = \eta f B_m^{1.6}\,[J/m^3] \ : \ \text{스테인 메쯔 실험식}$$

- 영구자석의 조건 : 잔류자기(B_r)도 크고, 보자력(H_c)도 클 것(텅스텐강, 코발트강)
- 전자석의 조건 : 잔류자기(B_r)는 크고, 보자력(H_c)은 적을 것(연철, 히스테리시스 곡선의 면적이 적을 것)

(4) 자성체의 경계면에서 완전 경계조건

① 자계의 접선(수평)성분과 자속밀도의 법선(수직) 성분이 같고, 입사각과 굴절각의 tan값의 비는 투자율의 비와 같다(경계면상 두 점 간의 자위차는 같다).

$$H_1 \sin\theta_1 = H_2 \sin\theta_2 , \ B_1 \cos\theta_1 = B_2 \cos\theta_2$$

$$\frac{H_1 \sin\theta_1}{B_1 \cos\theta_1} = \frac{H_2 \sin\theta_2}{B_2 \cos\theta_2} , \quad \frac{H_1 \sin\theta_1}{\mu_1 H_1 \cos\theta_1} = \frac{H_2 \sin\theta_2}{\mu_2 H_2 \cos\theta_2}$$

$$\therefore \ \frac{\tan\theta_1}{\tan\theta_2} = \frac{\mu_1}{\mu_2}$$

② 투자율과 굴절각

$\mu_1 > \mu_2$ 이면, $\quad \mu_1 \tan\theta_2 = \mu_2 \tan\theta_1$에서, $\ \theta_1 > \theta_2$

$$B_1 \cos\theta_1 = B_2 \cos\theta_2 \text{에서}, \ B_1 > B_2$$

$$H_1 \sin\theta_1 = H_2 \sin\theta_2 \text{에서}, \ H_1 < H_2$$

자속은 투자율이 높은 쪽으로 모이려는 경향이 있다.

③ 큐리온도(Curie Point) : 자화된 강자성체에 온도를 서서히 높이게 되면, 자화가 점점 감소하다가 690~870[℃]에서 강자성의 성질을 급격히 잃어버리고 상자성체가 되어버리는 온도이다.

2. 자기회로

(1) 기자력

$$F = Hl = NI = \phi R_m \, [AT]$$

(2) 자기저항

$$R_m = \frac{l}{\mu S} = \frac{l}{\mu_0 \mu_s S} [AT/Wb]$$

$$\phi = \frac{V_m}{R_m} \, [Wb], \quad V_m = NI \, [AT]$$

① 자기저항의 역수 = 퍼미언스(Permeance : 도자율)[H]

ㄱ 자기저항의 직렬합성 : $R_m = \displaystyle\sum_{i=1}^{\infty} R_{mi}$

ㄴ 자기저항의 병렬합성 : $\dfrac{1}{R_m} = \displaystyle\sum_{i=1}^{\infty} \dfrac{1}{R_{mi}}$

(3) 자속

$$\phi = \frac{F}{R_m} = \frac{NI}{R_m} = \frac{\mu SNI}{l} \, [Wb]$$

(4) 자기회로 키르히호프 법칙

① 자기회로의 결합 점에 유입하는 자속의 대수화는 0이다.

$$\sum_{i=1}^{n} \phi_i = 0$$

② 임의의 폐자로에서 각부의 자기저항과 자속과의 곱의 총화는 기자력의 총화와 같다.

$$\sum_{i=1}^{n} F_i = \sum_{n=1}^{n} R_{mi} \phi_i$$

(5) 자로의 자기저항

82 · Part 1. 핵심이론

① 공극이 없을 때

$$R_{m1} = \frac{l}{\mu S} = \frac{l}{\mu_0 \mu_s S} \ [AT/Wb]$$

② 공극이 있을 때

• 철심부분

$$R_m = \frac{l - l_g}{\mu S} \fallingdotseq \frac{l}{\mu_0 \mu_s S} \ (l \gg l_g \ 이면, \ l - l_g \fallingdotseq l)$$

• 공극부분 : $R_{m0} = \dfrac{l_g}{\mu_0 S}$

$$\therefore R_{m2} = R_m + R_{m0} = 1 + \frac{l_g}{l} \mu_s \ [AT/Wb]$$

• 공극이 발생하면 자기 저항비

$$\frac{\dfrac{l}{\mu S} + \dfrac{l_g}{\mu_0 S}}{\dfrac{l}{\mu S}} = 1 + \frac{\mu l_g}{\mu_0 l}$$

③ 공극부의 자속과 자속밀도

• 공극부의 자속

$$\phi_0 = \frac{NI}{\dfrac{l_g}{\mu_0 S} + \dfrac{l}{\mu S}} \ [Wb]$$

• 공극부의 자속밀도

$$B_0 = \frac{\phi_0}{S} = \frac{NI}{\dfrac{l_g}{\mu_0} + \dfrac{l S_0}{\mu S}} \ [Wb/m^2],$$

$(S_0 : 공극부의 \ 단면적)$

• 기자력

$$F = NI = \phi R_m = R_m BS = BS\left(\frac{l}{\mu S} + \frac{l_g}{\mu_0 S}\right)$$
$$= \frac{B}{\mu_0}\left(\frac{l}{\mu_s} + l_g\right)$$

(6) 전자석의 흡인력

$$F = fS = \frac{1}{2} \frac{B^2}{\mu_0} S = \frac{(\frac{\phi}{S})^2 S}{2\mu_0} = \frac{\phi^2}{2\mu_0 S} [N]$$

(7) 자기회로와 전기회로의 대응

자기회로		전기회로	
기자력	$F = NI = R_m \phi \, [AT]$	기전력	$E = IR [V]$
자속	$\phi = \dfrac{F}{R_m} = \dfrac{NI}{R_m} \, [Wb]$	전류	$I = \dfrac{E}{R} [A]$
투자율	$\mu \, [H/m]$	도전율	$k \, [\mho/m]$
자속밀도	$B = \dfrac{\phi}{S} \, [Wb/m^2]$	전류밀도	$i_d = \dfrac{I}{S} \, [A/m^2]$
자기저항	$R_m = \dfrac{l}{\mu S} \, [AT/Wb]$	전기저항	$R = \rho \dfrac{l}{S} = \dfrac{l}{kS} \, [\Omega]$

09 전자 유도

1. 전자유도현상(Electromagnetic Induction)

쇄교하는 자속(ϕ)의 시간적 변화에 의해서 기전력이 유기되는 현상을 말한다.

(1) 권수 N회 코일을 통과하는 자속(ϕ)일 때

쇄교자속은

$\Phi = N\phi = LI [Wb \cdot T]$

(2) 페러데이 법칙(Faraday's Law)

유도 기전력의 크기는 폐회로에 쇄교하는 자속의 시간적 변화율에 비례한다.

[또는 노이만법칙(Neumann's Law)]

$$e = -\frac{d\Phi}{dt} = -N\frac{d\phi}{dt} \, [V], \, (\Phi = N\phi)$$

유도기전력의 크기를 나타내고, 전자유도에 의해 발생하는 기전력은 자속변화를 방해하는 방향으로 전류가 발생한다는 것을 렌츠의 법칙(Lenz's Law)이라고 하고 기전력의 방향을 결정한다.

(3) 전자유도법칙의 적분형과 미분형

① 적분형(전자유도에 의한 기전력)

$$e_i = \oint_c \mathrm{E}\, dl = -\frac{d}{dt}\int_s \mathrm{B}\, dS = -\frac{d\phi}{dt}$$

② 미분형

$$rot\mathrm{E} = (\nabla \times \mathrm{E}) = -\frac{\partial \mathrm{B}}{\partial t}$$

(4) 자기유도와 상호유도

① 자기유도

$$e_{11} = L_1 \frac{di_1}{dt}\,[V]$$

$$e_{22} = L_2 \frac{di_2}{dt}\,[V]$$

② 상호유도

$$e_{12} = M\frac{di_2}{dt}\,[V]$$

$$e_{21} = M\frac{di_1}{dt}\,[V]$$

③ 상호 인덕턴스

$$M = k\sqrt{L_1 L_2}\,[H]$$

결합계수$(0 \le k \le 1)$, $k = \dfrac{M}{\sqrt{L_1 L_2}}$

2. 도체 운동에 의한 기전력

(1) 운동기전력

자속밀도는 변화하지 않고 폐회로가 이동하는 경우 유기되는 기전력으로서, 움직이는 도체에 의한 유도 기전력 e는 다음과 같다.

① 플레밍의 오른손 법칙(발전기, 유도기전력의 방향 결정)
- 엄지 : 운동방향(v)
- 검지 : 자속의 방향(B)
- 중지 : 유도 기전력의 방향(e)

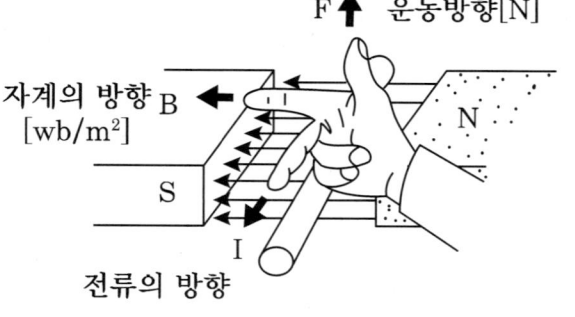

평등자계 B에 수직으로 놓여진 구형코일에서 길이 l인 도체 ab가 속도 v로 dt 동안에 dy만큼 이동했을 때 자속의 감소는

$$d\phi = BdS = Bl\,dy\,[Wb]$$

즉, 유기기전력 e는

$$e = \frac{d\phi}{dt} = Bl\frac{dy}{dt} = Blv\,[V]$$

$$e = Blv\sin\theta\,[V]$$

$$(e = \frac{d\phi}{dt} = B\frac{dS}{dt} = B\frac{dx\,l}{dt} = Blv\,[V])$$

$$e = (v \times B)l\,[V] = Blv\sin\theta\,[V]$$

여기서, θ : 자계와 각도,

v : 이동 속도[m/s]

(2) 회로가 가진 에너지

① $W = \frac{1}{2}LI^2\,[J]$

② 2개 회로

$$W = \frac{1}{2}L_1 I_1^2 + \frac{1}{2}L_2 I_2^2 \pm MI_1 I_2\,[J]$$

만약, $I_1 = I_2 = I$ 이면,

$$W = \frac{1}{2}(L_1 + L_2 \pm 2M)I^2 = \frac{1}{2}L_0 I^2\,[J]$$

(3) 표피효과와 와류손(맴돌이)

① 표피효과 : 도체에 전류가 흐르면, 중심의 쇄교 자속이 많아져 역기전력이 커지므로, 표면에 전류가 밀집하는 현상

- 표피전류밀도의 침투깊이

$$\delta = \sqrt{\frac{2}{\omega \sigma \mu}} = \sqrt{\frac{1}{\pi f \sigma \mu}} \; [m]$$

여기서, σ : 도전율[℧/m]

μ : 투자율$=4\pi \times 10^{-7}$[H/m]

δ : 표피두께

그러므로 주파수, 도전율, 투자율이 높을수록 표피(침투) 두께 δ는 감소해서 표피효과는 증대된다(도체의 실효 저항값은 증가).

② 와류손

$$P_e = \delta_e (t k_f f B_m)^2 = (t f B_m^2) \; [W]$$

10   인덕턴스

1. 자기인덕턴스

(1) 자기유도작용에 의해 발생한 기전력

$$e = -L\frac{dI}{dt}$$

(2) 전자유도법칙에 의한 기전력

$$e = -\frac{d\Phi}{dt} = -N\frac{d\phi}{dt}$$

여기서 Φ는 쇄교자속수$=N\phi$

∴ 자기인덕턴스 L과의 관계

$$LI = N\phi, \quad L = \frac{N\phi}{I} \; [Wb/A] \; 또는 \; [H]$$

$$\therefore L = \frac{N\phi}{I} = \frac{N^2}{R_m} = \frac{\mu S N^2}{l} \; [H]$$

(3) 자기인덕턴스의 계산

① 환상 솔레노이드

$$\therefore L = \frac{\mu S N^2}{l} \; [H] = \frac{\mu S N^2}{2\pi a} \; [H]$$

Chapter 1. 전기자기학 · **87**

상호인덕턴스 : $M = k\sqrt{L_1 L_2} = \dfrac{N_1 N_2}{R_m} = \dfrac{\mu S N_1 N_2}{l}$ [H]

② 직선 솔레노이드

$$L = \frac{\mu S N^2}{l} \ [H]$$

③ 원형 코일형

$$L = \frac{\pi a \mu N^2}{2} \ [H]$$

④ 동축케이블

　㉠ 내부인덕턴스(도체)

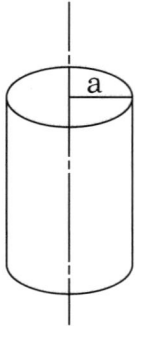

$$L_i = \frac{\mu}{8\pi} \ [H/m]$$

　　(단위길이당 자계에너지 : $W = \dfrac{1}{2} L I^2 = \dfrac{\mu I^2}{16\pi}$ [J/m])

　㉡ 외부인덕턴스

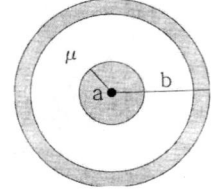

$$L_e = \frac{\mu_0}{2\pi} \ln\frac{b}{a} \ [H/m]$$

　∴ 전인덕턴스(동축케이블의 자기인덕턴스)

$$L = L_e + L_i = \frac{\mu_0}{2\pi} \ln\frac{b}{a} + \frac{\mu}{8\pi} \ [H/m]$$

(4) 평행 두 도선 사이의 인덕턴스(평행 왕복도체)

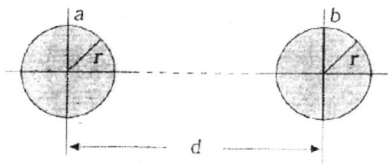

• 단위길이당

$$L = \frac{\mu_0}{\pi} \ln \frac{d}{a} + \frac{\mu}{4\pi} \ [H/m]$$

(5) 노이만공식

두 회로 간의 상호인덕턴스 계산

$$M_{12} = \frac{\mu}{4\pi} \oint_{c_1} \oint_{c_2} \frac{dl_1 dl_2}{r} = \frac{\mu}{4\pi} \oint_{c_1} \oint_{c_2} \frac{dl_1 dl_2}{r} \cos\theta \ [H]$$

(C$_1$과 C$_2$의 상호유도계수를 구하는 방법)

11 전자장

1. 정상전류와 변위전류

(1) 정상전류(전도)

① $rot\mathrm{H} = \mathrm{J}[A/m^2]$

② $\mathrm{J} = k\mathrm{E} \ [A/m^2]$

③ $div\mathrm{J} = 0$

• 전도전류 : 도체 내에 흐르는 전류(자유전자 이동)

• 변위전류 : 가상적인 전류로서 시간적으로 변화하는 전속밀도에 의한 전류

(2) 변위전류밀도

$$i_d = \frac{I}{S} = \epsilon_0 \frac{\partial \mathrm{E}}{\partial t} = \frac{\partial \mathrm{D}}{\partial t} \ [A/m^2] = \frac{\epsilon_0}{d} \frac{\partial V}{\partial t} \ [A/m^2]$$

(3) 유전체의 손실각 및 임계 주파수

• 손실각$(\tan\delta) = \dfrac{k\,E}{\omega \epsilon E} = \dfrac{k}{2\pi f \epsilon}$

- 임계주파수(f_c)

$$kE = \omega \epsilon E$$

$$f_c = \frac{k}{2\pi\epsilon}, \quad \tan\delta = \frac{k}{2\pi\epsilon} \times \frac{1}{f} = \frac{f_c}{f}$$

2. 전자파

(1) 전자파속도

① 진공 중

$$v_0 = \frac{1}{\sqrt{\epsilon_0 \mu_0}} = 3 \times 10^8 \, [m/s]$$

② 매질 중

$$v = \frac{1}{\sqrt{\epsilon\mu}} = \frac{1}{\sqrt{\epsilon_0\mu_0}} \cdot \frac{1}{\sqrt{\epsilon_s\mu_s}} = \frac{v_0}{\sqrt{\epsilon_s\mu_s}} \, [m/s]$$

(2) 맥스웰의 전계, 자계에 대한 방정식

① 가우스 발산정리의 미분형

$divD = \rho$ (고립된 전하는 존재한다)

$divB = 0$ (고립된 자극은 존재할 수 없다)

자유공간에서는

$divE = 0$

$divH = 0$

② 패러데이 법칙

$$rotE = -\frac{\partial B}{\partial t} = -\mu\frac{\partial H}{\partial t}$$

③ 암페어의 주회적분 법칙

$$rotH = J + \frac{\partial D}{\partial t} = kE + \epsilon\frac{\partial E}{\partial t}$$

④ 전자파의 파동방정식($\rho = 0$, $k = 0$)

전파와 자파는 항상 공존하므로 전자파라 한다(전계 : E, 자계 : H).

- 전파방정식

$$\nabla^2 \cdot E = \epsilon\mu\frac{\partial^2 E}{\partial t^2} = \frac{1}{v^2} \cdot \frac{\partial^2 E}{\partial t^2}$$

- 자파방정식

$$\nabla^2 \cdot H = \epsilon\mu\frac{\partial^2 H}{\partial t^2} = \frac{1}{v^2} \cdot \frac{\partial^2 H}{\partial t^2}$$

(3) 평면 전자파의 방정식

① 파동(고유)임피던스

- 공기 중에서는

$$Z_0 = \frac{E}{H} = \sqrt{\frac{\mu_0}{\epsilon_0}} = 120\pi = 377 \, [\Omega]$$

- 매질 중에서는

$$Z = \frac{E}{H} = \sqrt{\frac{\mu}{\epsilon}} = \sqrt{\frac{\mu_0}{\epsilon_0}} \cdot \sqrt{\frac{\mu_s}{\epsilon_s}} = 120\pi\sqrt{\frac{\mu_s}{\epsilon_s}}$$

$$= 377\sqrt{\frac{\mu_s}{\epsilon_s}} \, [\Omega]$$

$$(\ \sqrt{\epsilon} \, E = \sqrt{\mu} \, H \ )$$

② 단위체적당 전자파 에너지

$$W = \frac{1}{2}(\epsilon E^2 + \mu H^2) = \frac{1}{2}(\epsilon\sqrt{\frac{\mu}{\epsilon}} \cdot EH + \mu\sqrt{\frac{\mu}{\epsilon}} \cdot EH)$$

$$= \sqrt{\epsilon\mu} \, EH = \frac{EH}{v} \, [J/m^3]. \ (\therefore W_E = W_H)$$

③ 포인팅벡터 : 단위면적당 통과 에너지

$$P = E \times H \, [W/m^2] = EH\sin\theta \, [W/m^2]$$

$$P = EH = \frac{W}{S} \, [J/m^3], \ (E \perp H) = \frac{W}{4\pi r^2} \, [W/m^2]$$

$$\therefore \ 방사전력(W) = PS = EHS \, [W]$$

(4) 전자파의 반사파 투과(반사, 굴절)

① 경계조건

$$E_{1t} = E_{2t}, \ H_{1t} = H_{2t}$$

② 투과계수, 반사계수

- 투과계수$(\tau) = \dfrac{E_2}{E_1} = \dfrac{2\eta_2}{\eta_1 + \eta_2}$

$$\left(\eta_1 = \frac{E_1}{H_1} = \sqrt{\frac{\mu_1}{\epsilon_1}} \ , \ \eta_2 = \frac{E_2}{H_2} = \sqrt{\frac{\mu_2}{\epsilon_2}} \ , \ \eta_3 = \frac{E_3}{H_3} = \sqrt{\frac{\mu_1}{\epsilon_1}} \ \eta_1 \right)$$

- 반사계수$(\rho) = \dfrac{E_2}{E_1} = \dfrac{\eta_2 - \eta_1}{\eta_1 + \eta_2}$

③ 굴절률

$$\eta = \frac{V_1}{V_2} = \frac{\sin\theta_1}{\sin\theta_2} = \sqrt{\frac{\mu_2 \epsilon_2}{\mu_1 \epsilon_1}}$$

(5) 전송선로

① 특성임피던스

$$Z_0 = \frac{V}{I} = \sqrt{\frac{Z}{Y}} = \sqrt{\frac{R + j\omega L}{G + j\omega C}} \ [\Omega]$$

무손실 선로이면, $R = G = 0$, $Z_0 = \sqrt{\dfrac{L}{C}} \ [\Omega]$

② 전파정수

$$\gamma = \sqrt{ZY} = \sqrt{(R + j\omega L)(G + j\omega C)} = \alpha + j\beta$$

- 도체인 경우$(\alpha = 0)$

$$\gamma = j\beta = j\omega \sqrt{LC} = j\frac{\omega}{v}$$

- 속도 : $v = \dfrac{1}{\sqrt{LC}} = \dfrac{\omega}{\beta} = \lambda f \ [m/s]$

③ 동축케이블의 특성임피던스

$$Z_0 = \sqrt{\frac{L}{C}} = \frac{1}{2\pi} \sqrt{\frac{\mu}{\epsilon}} \ln\frac{b}{a} = 60 \sqrt{\frac{\mu_s}{\epsilon_s}} \ \ln\frac{b}{a}$$

$$= 138 \sqrt{\frac{\mu_s}{\epsilon_s}} \ \log_{10}\frac{b}{a} \ [\Omega]$$

④ 평행왕복선로의 특성임피던스

$$Z_0 = \sqrt{\frac{L}{C}} = \frac{1}{\pi} \sqrt{\frac{\mu}{\epsilon}} \ln\frac{b}{a} = 120 \sqrt{\frac{\mu_s}{\epsilon_s}} \ \ln\frac{b}{a}$$

$$= 276 \sqrt{\frac{\mu_s}{\epsilon_s}} \ \log_{10}\frac{b}{a} \ [\Omega]$$

Chapter 02 전력공학(송 · 배전 공학)

01 가공송전선로의 선로정수 및 코로나

1. 선로정수

R, L, C, G의 정수(리액턴스는 해당 안 됨)

(1) 도체의 저항

$$R = \rho \cdot \frac{\ell}{S} [\Omega]$$

여기서, ρ : 고유저항[$\Omega \cdot mm^2/m$]

ℓ : 전선의 길이[m]

S : 전선의 단면적[mm^2]

① 온도변화에 대한 저항의 특성

$$R_T = R_t \{1 + a_t (T - t)\} [\Omega]$$

여기서, 온도계수$(a_t) = \dfrac{a_0}{1 + a_0 \cdot t}$ $\left(a_0 = \dfrac{1}{234.5}\right)$

(2) 인덕턴스

① 복도체$(n \geq 2)$

$$L_n = \frac{0.05}{n} + 0.4605 \log_{10} \frac{D}{\sqrt[n]{r \cdot s^{n-1}}} [mH/km]$$

등가반지름$(r_e) = \sqrt[n]{r \cdot s^{n-1}}$

여기서, D : 선간거리[m]

r : 소도체의 반지름[m]

s : 소도체 간격[m]

② 단도체$(n = 1)$

$$L = 0.05 + 0.4605 \log_{10} \frac{D}{r} [mH/km]$$

③ 연가 : 선로정수 평형, 직렬공진 방지, 유도장해 감소

(3) 정전용량

① 복도체일 때 작용정전용량

$$C_w = \frac{0.02413}{\log_{10} \dfrac{D}{\sqrt[n]{r \cdot s^{n-1}}}} \, [\mu\text{F/km}]$$

② 단도체($n=1$)일 때 작용정전용량

$$C_w = \frac{0.02413}{\log_{10} \dfrac{D}{r}} \, [\mu\text{F/km}]$$

③ 작용전정용량과 선간(C_m) 및 대지정전용량(C_s)과의 관계

- $1\Phi 2W : C_w = C_s + 2C_m$ (1회선)

- $3\Phi 3W : C_w = C_s + 3C_m$ (1회선)

- 3Φ 1회선일 때 대지정전용량

$$C_s = \frac{0.02413}{\log_{10} \dfrac{8 \cdot h^3}{rD^2}} \, [\mu\text{F/km}]$$

2. 코로나

(1) 코로나 현상

초고압 송전계통에서 전선표면의 전위경도가 높은 경우 전선의 주위의 공기 절연이 파괴되면서 발생하는 일종의 부분방전 현상. 공기의 절연파괴전압(DC : 30[kV/cm], AC : 21[kV/cm])

① 코로나 임계전압

$$(E_0) = 24.3 m_0 m_1 \delta d \log_{10} \frac{D}{r} \, [\text{kV}]$$

② 코로나 방지대책

- 전선의 지름을 크게 한다(중공연선, ACSR 사용).
- 복도체를 사용한다.
- 가선 금구를 개량한다.

③ 코로나 손실(Peek식)

$$P_c = \frac{241}{\delta}(f+25)\sqrt{\frac{d}{2D}}(E-E_0)^2 \times 10^{-5} \, [\text{kW/km/line}]$$

여기서, d : 전선의 지름[m]

r : 전선의 반지름[m]

δ : 상대공기밀도 $= \dfrac{0.386\,b}{273+t}$

m_0 : 전선의 표면계수

m_1 : 일기에 대한 계수

E : 전선의 대지전압[kV]

D : 선간거리[m]

④ 페란티현상 : 무부하시 수전단전압이 송전단전압보다 높아지는 현상

- 원인 : 선로의 대지정전용량(C_s)

- 방지대책 : 분로리액터 설치

⑤ 표피효과 : 주파수가 높을수록, 도전율이 높을수록, 투자율이 클수록 표피 두께 δ가 감소하므로 표피효과가 증대되어 도체의 실효저항이 증가한다.

⑥ 단도체에 비해서 복도체를 사용할 때 장·단점

㉠ 장점

- 인덕턴스(L)은 감소, 정전용량(C_w)가 증가되어 송전용량의 증대

- 안정도 증대

- 코로나 임계전압 상승

- 전위경도감소

㉡ 단점

- 페란티현상에 의한 수전단 전압상승

- 소도체 상호 간 흡인력 발생

3. 선로의 충전전류 및 충전용량

(1) 충전전류 및 충전용량

$$I_c = \omega C_w E = 2\pi f C_w \frac{V}{\sqrt{3}} [\text{A}]$$

(2) 충전용량

$$P_c = 2\pi f C_w V^2 [\text{VA}] = 2\pi f C_w V^2 \times 10^{-3} [\text{kVA}]$$

여기서, E : 상전압[V]

f : 주파수[Hz]

C_w : 1선당 작용정전용량[F]

V : 선간전압[V]

02 송전특성

1. 단거리 송전선로

R과 L만 적용한 집중정수회로로 취급한다.

(1) 전압강하

  1) 전압강하

    ① 1Φ 전압강하$(e) = V_s - V_r$
$$= 2I(R\cos\theta_r + X\sin\theta_r)[V]$$

    ② 3Φ 전압강하$(e) = V_s - V_r$
$$= \sqrt{3}\,I(R\cos\theta_r + X\sin\theta_r)[V]$$

    ③ $e = \dfrac{P}{V_r}(R + X \cdot \tan\theta_r)[V]$

  2) 전압 강하율

$$\epsilon = \frac{V_s - V_r}{V_r} \times 100 = \frac{P}{V_r^2}(R + X\tan\theta_r) \times 100[\%]$$

  여기서, R : 1선당 저항[Ω]

          X : 1선당 리액턴스[Ω]

          V_s : 송전단 전압[V]

          V_r : 수전단 전압[V]

  3) 전압 변동율

$$\delta = \frac{V_{r0} - V_r}{V_r} \times 100[\%]$$

  여기서, V_s : 송전단 전압[V]

          V_r : 수전단 전압[V]

          V_{r0} : 무부하 시 수전단 전압[V]

4) 전력손실(3Φ)

$$P_l = 3I^2R = \frac{P^2R}{V^2\cos^2\theta}\,[\text{W}]$$

5) 전력손실율(3Φ)

$$K = \frac{P_l}{P} \times 100 = \frac{PR}{V^2\cos^2\theta} \times 100[\%]$$

2. 중거리 송전선로

R, L, C를 적용한 선로로서, T형 회로, π형 회로로 취급한다.

(1) 4단자 정수(F행렬)

$$V_s = AV_r + BI_r$$
$$I_s = CV_r + DI_r$$
$$AD - BC = 1$$

$$\begin{bmatrix} V_s \\ I_s \end{bmatrix} = \begin{bmatrix} A\ B \\ C\ D \end{bmatrix} \times \begin{bmatrix} V_r \\ I_r \end{bmatrix}$$

(2) T형 회로

$$V_s = (1 + \frac{ZY}{2})V_r + Z(1 + \frac{ZY}{4})I_r$$

$$I_s = YV_r + (1 + \frac{ZY}{2})I_r$$

(3) π형 회로

$$V_s = (1 + \frac{ZY}{2})V_r + ZI_r$$

$$I_s = Y\left(1 + \frac{ZY}{4}\right)V_r + (1 + \frac{ZY}{2})I_r$$

(4) A·still식

경제적인 송전전압을 결정한다.

$$[\text{kV}] = 5.5\sqrt{0.6l + \frac{P}{100}} \quad (l\ [\text{km}],\ P\ [\text{kW}])$$

3. 장거리 송전선로

R, L, C, G를 적용한 선로로서, 분포정수 회로로 취급한다.

(1) 특성(파동) 임피던스

$$(Z_0) = \sqrt{\frac{Z}{Y}} = \sqrt{\frac{(R + j\omega L)}{(G + j\omega C)}}\,[\Omega]$$

$$Z = R + j\omega L\,[\Omega/\mathrm{km}], \quad Y = G + j\omega C\,[\mho/\mathrm{km}]$$

(2) 정파정수

$$(\gamma) = \sqrt{Z \cdot Y} = \sqrt{(R + j\omega L)(G + j\omega C)}\,[\mathrm{rad}] = \alpha + j\beta$$

여기서, α : 감쇠정수

β : 위상정수(Y : 개방시험, Z : 단락시험)

4. 전력원선도

(1) 전력원선도

① 가로축(횡축) : 유효전력(P)

② 세로축(종축) : 무효전력(Q)

(2) 전력원선도의 반지름

$$\rho = \frac{E_s E_r}{B}\,[\mathrm{MVA}]$$

여기서, $B = Z = r + jx\,[\Omega]$

E_s : 송전단 전압[kV]

E_r : 수전단 전압[kV]

(3) 전력원선도 작성 시 필요한 것

E_s(송전단), E_r(수전단), 회로정수(A, B, C, D)

(4) 전력원선도에서 알 수 있는 것

① 정태안정 극한전력(최대 전력)

② 송 · 수전단 전압간의 상차각

③ 수전단 역률

④ 송전손실과 송전효율

⑤ 조상용량

(5) 전력원선도에서 알 수 없는 것

① 코로나 손실

② 과도안정 극한전력

5. 송전용량

(1) 최대 송전전력

$$P = \frac{E_s E_r}{X} \sin\delta [\text{MW}]$$

(2) 고유부하법

$$P = \frac{E_r^2}{Z_0} = \frac{E_r^2}{\sqrt{\dfrac{L}{C}}} [\text{MW}]$$

(3) 송전용량계수법

$$P = K \frac{E_r^2}{\ell} [\text{MW}]$$

여기서, K : 송전용량계수 값(60[kV] : 600, 100[kV] : 800, 140[kV] : 1200)

E_r : 수전압 전압[kV], E_s : 송전단 전압[kV], l : 송전길이[m]

6. 조상설비

(1) 동기 조상기
동기 전동기의 여자전류를 변화시켜 진상 또는 지상전류를 공급함으로써 부하의 역률을 개선하는 장치

(2) 전력용 콘덴서
1) 구성
  ① 직렬 리액터 : 제5고조파 제거 및 파형개선
  ② 방전 코일 : 잔류전하의 방전
2) 직렬 리액터의 용량

  ① $2\pi(5f)L = \dfrac{1}{2\pi(5f)C}$

  ② $2\pi f L = \dfrac{1}{2\pi f C} \times \dfrac{1}{25} = \dfrac{1}{2\pi f C} \times 0.04 [\Omega]$

  ※ 이론상 : 콘덴서 용량의 4[%]
    실제적 : 콘덴서 용량의 6[%]

3) 역률 개선 시 콘덴서 용량

$$Q = P(\tan\theta_1 - \tan\theta_2)[\text{kVA}]$$

여기서, P : 전력[kW],

$\tan\theta_1$: 개선 전 역률

$\tan\theta_2$: 개선 후 역률

(3) 직렬 콘덴서

전압강하를 보상하기 위하여 부하와 직렬로 접속하는 콘덴서

(4) 한류 리액터

이상(단락)전류 제한

(5) 소호 리액터

1선 지락 시 지락아크 완전 소멸

7. 교류송전 방식과 직류송전 방식

(1) 교류송전 방식의 장점

① 전압의 승압, 강압이 용이하다.

② 회전자계(3상 회전 자계)를 쉽게 얻을 수 있다.

③ 일관된 운용을 기할 수 있다.

④ 기계를 소형으로 설계할 수 있다.

(2) 직류송전 방식의 장 · 단점

① 장점

㉠ 절연레벨을 낮출 수 있다.

㉡ 선로의 리액턴스가 없으므로 안정도가 높다.

㉢ 유전체 손과 무효전력이 없으므로 이로 인한 손실도 없다.

㉣ 표피 효과나 근접효과가 없으므로 실효 저항의 증대가 없다.

㉤ 주파수가 다른 교류 계통과 연계가 가능하다.

㉥ 코로나 손실이 적고 충전전류가 없다.

② 단점

㉠ 직 · 교류 변환 장치가 필요하다.

㉡ 전압의 승 · 강압이 안 된다.

㉢ 고주파나 고조파 억제대책이 필요하다.

ⓔ 직류 차단이 어렵다.

ⓜ 교류송전에 비해서 비용이 많이 든다.

03 선로 및 3상 교류 발전기의 고장

1. %임피던스($\%Z$)

$$\%Z = \frac{I_n Z}{E} \times 100 = \frac{PZ}{10 V^2} [\%]$$

여기서, P : 변압기 정격용량[kVA]

$\quad\quad V$: 정격전압[kV]

$\quad\quad E$: 상전압[kV]

① 단위법[PU]

$$Z = \frac{I_n Z}{E} = \frac{PZ}{1000 V^2} [\text{PU}]$$

2. 3상 단락전류 및 단락용량

(1) 3상 단락전류

$$I_s = \frac{E}{Z} = \frac{100}{\%Z} \times I_n = \frac{100}{\%Z} \cdot \frac{P_n}{\sqrt{3}\ V} [\text{A}]$$

(2) 3상 단락용량

$$P_s = \frac{100}{\%Z} \times P_n = \sqrt{3}\ V_n I_s [\text{kVA}] \quad (※단상:\ P_s = EI_s)$$

여기서, V_n : 정격전압[kV]

$\quad\quad P_n$: 기준용량[kVA]

$$\%Z(기준용량) = \frac{기준용량[kVA]}{자기용량[kVA]} \times \%Z(자기용량)$$

Chapter 2. 전력공학(송 · 배전 공학) • **101**

3. 대칭좌표법

불평형 전압이나 불평형 전류를 3개의 성분(영상분, 정상분, 역상분)으로 나누어 계산하는 방법

(1) 불평형 각 상전압

- $V_a = V_0 + V_1 + V_2$

- $V_b = V_0 + a^2 V_1 + a V_2$

- $V_c = V_0 + a V_1 + a^2 V_2$

(2) 대칭분 전압

- 영상분 : $V_0 = \dfrac{1}{3}\left(V_a + V_b + V_c \right)$

- 정상분 : $V_1 = \dfrac{1}{3}\left(V_a + a V_b + a^2 V_c \right)$

- 역상분 : $V_2 = \dfrac{1}{3}\left(V_a + a^2 V_b + a V_c \right)$

(3) 3상 4선식에서 중성선에 흐르는 전류$\left(\dot{I}_N \right)$은 다음과 같다.

$$\dot{I}_N = \dot{I}_a + \dot{I}_b + \dot{I}_c = 3 I_0$$

4. 3상 교류발전기

(1) 기본식

- $V_0 = - I_0 Z_0$

- $V_1 = E_1 - I_1 Z_1 = E_a - I_1 Z_1$

- $V_0 = - I_2 Z_2$

(2) 1선 지락사고

① 대칭분$(I_0 = I_1 = I_2)$

$$1\text{선 지락전류}\left(I_a = I_g\right) = 3 \cdot I_0 = \dfrac{3E_a}{Z_0 + Z_1 + Z_2}\,[\text{A}]$$

- 1선 지락사고 시 : 영상분, 정상분, 역상분 존재
- 선간 단락사고 시 : 한 선에는 정상분, 다른 한선에는 역상분 존재
- 3상 단락사고 시 : 정상분만 존재

5. 3상 송전계통의 대칭분 임피던스

① 변압기 : $Z_0 = Z_1 = Z_2$

② 송전선로 : $Z_1 = Z_2 < Z_0$

   ※ 1회선 : $Z_0 ≒ 4Z_1$, 2회선 : $Z_0 ≒ 7Z_1$

③ 동기기 : $Z_1 = Z_2, \ Z_0 = 0$

④ 발전기 : $Z_1 \neq Z_2$

04 유도장해

1. 유도장해

① 정전유도장해 : 전력선과 통신선 사이의 상호 정전용량에 의해서 발생한다. 영상전압 검출
② 전자유도장해 : 전력선과 통신선 사이의 상호 인덕턴스에 의해서 발생한다. 영상전류(기유도) 검출

$$E_m = -j\omega M\ell(I_a + I_b + I_c) = -j\omega M\ell(3I_0)[\text{V}]$$

2. 차폐선

전력선에 의한 통신선의 유도 장해 방지책으로 차폐선을 설치하면 유도전압을 30~50% 정도는 줄일 수 있게 된다.

3. 유도장해 방지대책

(1) 근본대책

   ① 기유도전류의 감소(I_0 저감)

   ② 통신선과 전력선 상호인덕턴스 감소(M 저감)

   ③ 선로병행길이 감소(ℓ 저감)

(2) 전력선측의 대책

   ① 충분한 연가를 실시한다.

   ② 전력선과 통신선간의 이격거리를 크게 하여 상호인덕턴스 M을 감소시킨다.

   ③ 고장의 신속한 제거를 위해 고속차단기 등을 채용한다.

④ 소호리액터 접지방식을 채용하여 기유도 전류(고장전류)의 발생을 억제시킨다.

⑤ 전력선과 통신선은 가능한 직각교차 시설한다.

(3) 통신선측의 대책

① 통신선에 성능이 우수한 피뢰기를 설치한다.

② 통신선에 중계선륜(배류코일)을 설치한다.

③ 통신선로를 전력선처럼 연가시킨다.

④ 복선식(금속회로) 통신선으로 바꾼다.

⑤ 나선을 연피 케이블화한다.

(4) 전력계통의 안정도 향상대책

① 직렬 리액턴스(X)를 작게 한다(기기의 리액턴스를 적게, 복도체 방식, 직렬콘덴서).

② 전압변동을 작게 한다(속응여자 방식, 계통 연계).

③ 중간조상 방식을 채용한다.

④ 고장 전류를 줄이고 고장구간을 신속하게 차단한다.

⑤ 고장 시 발전기 입출력의 불평형을 작게 한다(고속 재폐로 방식, 차단기의 고속화, 중간 개폐소).

05 중성점 접지 방식

1. 중성점 접지방식의 종류

① 비접지방식

② 저항접지방식

③ 직접접지방식

④ 소호리액터 접지방식

2. 비접지방식

(1) 특징

① 33[kV] 이하 계통에 적용된다.

② 변압기 결선을 Δ－Δ로 할 수 있어 변압기 1대 고장 시 V－V 결선으로 송전한다.

③ 1선 지락사고 시 지락전류가 아주 적어서 그대로 송전 가능하다.

④ 1선 지락사고 시 건전상 전압 상승($\sqrt{3}$ 배)이 크다(최대 6배).

⑤ 2중 고장 발생 확률이 낮다.

⑥ 기기의 절연 수준을 높여야 한다.

3. 저항 접지 방식($Z_n = R$)

① 저저항 접지방식 : 30[Ω] 정도

② 고저항 접지방식 : 100~1000[Ω] 정도

4. 직접접지방식

(1) 장점

① 지락전류가 크기 때문에 보호계전기의 동작이 확실하며 신뢰도가 높다.

② 다른 접지방식에 비해서 단선사고 및 접지고장 시 또한 개폐 시 이상전압의 상승이 가장 적다.

③ 중성점의 이상전압이 낮기 때문에(절연 레벨의 경감) 변압기 선정 시 단절연(Graded Insulation)이 가능하다.

④ 1선 지락 계전기의 동작이 확실하며 선택 차단을 할 수 있다.

⑤ 피뢰기의 책무 경감이나 효과를 증진시킬 수 있다.

⑥ 계통의 절연을 낮게 할 수 있으므로 초고압 송전계통에 채용된다.

(2) 단점

① 송전 계통에서 1선 지락고장 시 인접통신선의 유도장해가 가장 크다.

② 송전 계통의 과도안정도가 나쁘다.

③ 1선 지락전류가 크기 때문에 기기에 대한 충격이 커서 고장점에서 애자련의 파손 및 전선용단 등이 생기기 쉽다.

④ 1선 지락전류가 크기 때문에 차단기가 처리해야 할 전류가 크므로 대용량 차단기가 필요하다.

5. 소호리액터 접지방식

(1) 원리

선로의 대지 정전 용량과 병렬 공진하는 리액터를 이용하여 중성점을 접지

(2) 장점

① 고장 발생 중에도 전력 공급이 가능하다(과도 안정도가 좋다).

② 고장이 스스로 복구되는 경우도 있다.

③ 고장전류가 적으므로 유도장해가 작다.

(3) 단점

① 접지장치의 가격이 비싸다.

② 고장검출이 어려우므로($I_g \fallingdotseq 0$) 보호 장치의 동작이 불확실하다.

③ 단선 사고 시 직렬공진(최대 전류)에 의한 이상 전압이 최대로 발생한다.

(4) 소호리액터의 크기

$$\omega L = \frac{1}{3\omega C_s} [\Omega]$$

여기서, 변압기 한 상의 리액턴스$x_t[\Omega]$을 포함시키면 $\omega L = \frac{1}{3\omega C_s} - \frac{x_t}{3} [\Omega]$이 된다.

(5) 소호리액터의 합조도

- 합조도$(P) = \dfrac{I - I_c}{I_c} \times 100[\%]$

여기서, I_c : 전대지충전 전류[A]

  I : 소호리액터 탭 전류[A]

- $\omega L < \dfrac{1}{3\omega C_s} \Leftrightarrow I > I_c$: 과보상, 합조도 : $+$

- $\omega L = \dfrac{1}{3\omega C_s} \Leftrightarrow I = I_c$: 완전공진, 합조도 : 0

- $\omega L > \dfrac{1}{3\omega C_s} \Leftrightarrow I < I_c$: 부족보상, 합조도 : $-$

6. 중성점의 잔류 전압

연가가 불충분해서 나타나는 전압으로 연가를 완벽하게 하여 $C_a = C_b = C_c$의 조건이 되면 잔류전압은 0이 된다.

$$E_n = \frac{\sqrt{C_a(C_a - C_b) + C_b(C_b - C_c) + C_c(C_c - C_a)}}{C_a + C_b + C_c} \times \frac{V}{\sqrt{3}} [\text{V}]$$

여기서, C_a, C_b, C_c : 각 선의 대지정전 용량

7. 접지방식별 특성

(1) 지락전류 큰 순서
  ① 직접접지방식
  ② 고저항접지방식
  ③ 비접지방식
  ④ 소호리액터 접지방식

(2) 지락고장 시 통신선의 유도장해 큰 순서
  ① 직접접지방식
  ② 고저항접지방식
  ③ 비접지방식
  ④ 소호리액터 접지방식

(3) 지락고장 시 전위상승(과도 안정도) 큰 순서
  ① 소호리액터 접지방식
  ② 비접지방식
  ③ 저항접지방식
  ④ 직접접지방식

8. 유효접지 방식

1선 지락사고 시 건전상의 전위상승이 상규대지 전압의 1.3배 이하가 되도록 하는 접지방식으로 직접접지가 해당되며 그 조건은 다음과 같다.

① $\dfrac{R_0}{X_1} \leq 1$

② $0 \leq \dfrac{R_0}{X_1} \leq 3$

여기서, R_0 : 저항

X_0 : 영상 리액턴스

X_1 : 정상 리액턴스

06 이상전압과 보호 장치

1. 이상전압의 종류

(1) 외부이상전압

    ① 유도뢰

    ② 직격뢰

(2) 내부이상전압

    ① 아크 지락

    ② 개폐서지

        ㉠ 개폐서지 이상전압의 크기 : 상규대지 전압의 3.5배 이하이며 4배를 넘을 수는 없다.

        ㉡ 개폐서지 이상전압이 가장 큰 경우 : 무부하 송전선로의 충전전류 차단 시

(3) 뇌서지

    ① 내 · 외부 이상전압은 파두장 및 파미장은 모두 다르다.

    ② 충격 전압을 시험할 시 표준충격전압파 : $1.2 \times 50 \, [\mu s]$

2. 이상전압에 대한 보호 장치

(1) 탑각접지저항

$$R_t = \frac{\text{애자의 섬락전압}}{\text{뇌전류}} \, [\Omega]$$

(2) 철탑직격 시 뇌격점에서 본 등가임피던스

$$Z_0 = \frac{1}{\dfrac{1}{Z_1} + \dfrac{2}{Z_g} + \dfrac{1}{R_t}} \, [\Omega], \quad Z_1 : \text{뇌서지 파동임피던스}[\Omega]$$

$$Z_g : \text{가공지선의 파동임피던스}[\Omega]$$

(3) 진행파

    ① 전파속도

$$V = \frac{1}{\sqrt{L \cdot C}} \, [\text{m/s}]$$

    ② 반사파전압

$$e_2 = \frac{Z_2 - Z_1}{Z_2 + Z_1} \cdot e_1 = \beta \cdot e_1 [\text{kV}]$$

$$\text{반사계수}(\beta) = \frac{\text{반사파}}{\text{입사파}} = \frac{Z_2 - Z_1}{Z_2 + Z_1}$$

③ 투과파전압

$$e_3 = \frac{2 \cdot Z_2}{Z_2 + Z_1} \cdot e_1 = \gamma \cdot e_1 [\text{kV}]$$

투과계수$(\gamma) = \dfrac{\text{투과(침입)파}}{\text{입사파}} = \dfrac{2 \cdot Z_2}{Z_2 + Z_1}$ 로 되며, 전압 및 전류의 투과계수는 항상 (+)이다.

여기서, e_1 : 입사파전압[kV]

$\quad\quad\quad\ Z_1$: 파동임피던스[Ω]

$\quad\quad\quad\ Z_2$: 선로종단의 파동임피던스[Ω]

3. 피뢰기

(1) 피뢰기 구조

① 직렬갭과 특성요소

　　㉠ 직렬갭 : 방전종료 후에 속류를 즉시 차단

　　㉡ 특성요소(저항체) : 전위상승억제

(2) 피뢰기 제1보호 대상

주변압기

(3) 피뢰기 정격전압

피뢰기 방전 후 피뢰기 단자 간에 잔류하는 전압 또는 속류 차단이 되는 교류의 최고값으로 보통 실효값을 나타내며, 직접(유효) 접지방식에서는 선로 공칭전압의 0.8~1.0배, 소호 리액터(저항) 접지방식에서는 1.4~1.6배 정도로 선정한다.

(4) 피뢰기 구비조건

① 충격방전 개시전압은 충분히 낮아야 한다.

② 상용주파 방전 개시전압은 회로전압보다 충분히 높아야 한다.

③ 방전, 속류차단의 반복동작에 대한 장시간 사용에도 충분히 견디어야 한다.

④ 방전내량은 크고 제한전압은 낮아야 한다.

⑤ 시간지연(Time Lag)이 적어야 한다.

4. 절연협조

① 절연협조의 기준 : 피뢰기기의 제한전압

② 절연협조의 절연강도 순서 : 선로애자 〉 기기부싱 〉 변압기 〉 피뢰기

5. 전력퓨즈의 장·단점

(1) 장점

① 가격이 저렴하다.

② 소형 경량으로서 설치가 용이하다.

③ 소형이면서도 차단용량이 크다.

④ 고속차단을 할 수 있다.

⑤ 보수가 간단하다.

⑥ 밀폐형 퓨즈는 무음, 무방출이다.

(2) 단점

① 재투입이 불가능하다.

② 보호특성이 일정하다.

③ 과도전류로 인한 오·차단이 생길 수 있다.

④ 손상 열화의 우려가 있다.

⑤ 퓨즈 차단 시 이상전압이 발생할 우려가 있다.

6. 계기용 변성기

(1) 계기용 변압기(PT)

고전압을 저전압으로 변성하여 배전반의 측정 계기나 보호 계전기의 전원 공급을 하기 위한 변성기

(2) 계기용 변류기(CT)

고압회로에 흐르는 대전류를 소전류로 변성하여 배전반의 측정계기나 보호계전기의 전원 공급을 위한 변성기

① 변류기 2차측 개방 시

㉠ 1차 전류가 모두 여자 전류가 되어 2차측에 과전압이 유기되어 절연 파괴

㉡ CT 2차측 기기를 교체하고자 하는 경우는 반드시 CT 2차측을 단락시켜야 한다.

(3) 계기용 변성기함(계기용 변압변류기(PCT))

계기용 변성기함(MOF)는 고전압, 대전류 회로의 전압이나 전류를 안전한 저전압, 소전류로 비례 변성하여 측정하는 것 및 전력량계를 위하여 PT와 CT를 한 탱크 속에 넣은 것

(4) 영상변류기(ZCT)

지락사고 시 지락(영상)전류를 검출

(5) 용도에 의한 계전기 분류

① 과전류계전기(OCR: 51) : 과부하 및 단락사고 시 전류가 어떤 값 이상일 때 동작

② 과전압계전기(OVR: 59) : 전압이 적정값 이상일 때 동작

③ 지락계전기(GR: 67) : 지락사고 시 영상변류기에 의해 검출 영상전류가 일정값 이상일 때 동작

　㉠ 선택지락계전기(SGR) : 병행 2회선 송전선로에서 한쪽의 1회선에 지락 사고가 일어났을 경우 이것을 검출하여 고장 회선만을 선택 차단

　㉡ 접지형계기용변압기(GPT) : 비접지 계통에서 지락 사고 시의 영상 전압 검출

(6) 동작 시간에 의한 분류

① 순한시계전기 : 최소동작전류이상의 전류가 흐르면 즉시 동작

② 정한시계전기 : 동작전류 크기에 상관없이 정해진 시간에 동작

③ 반한시계전기 : 고장전류의 크기에 반비례하여 동작

④ 반한시정한시계전기 : 반한시와 정한시 특성을 겸함

(7) 비율차동계전기(RDfR: 87T)

발전기나 변압기의 내부고장 검출, 모선보호에 사용하는 계전기

(8) 모선보호계전방식(변전소)

① 전압차동보호방식

② 전류차동보호방식

③ 위상비교방식

④ 환상모선보호방식

⑤ 방향거리계전방식

(9) 표시선계전방식(Pilot Wire 방식)

고장점의 위치에 상관없이 양단을 동시에 고속차단한다.

① 전류순환방식

② 전압방향방식

③ 방향비교방식

7. 변전소

(1) 역할

① 전압의 변성 및 조정

② 발전전력의 집중 연계

③ 유·무효전력 및 전력 조류 제어

④ 전력계통보호

(2) 이중모선방식

중요한 변전소의 1차 및 2차쪽 모선에 채용되는 방식으로서, 모선 사고 시라도 모선 교환을 함으로써 부하가동률은 100[%]가 보유되고, 보수 점검도 무정전으로 가능하므로 신뢰도가 높다. 필요에 따라서 다른 모선의 계통운전이 가능하며 계통이 복잡하다.

(3) 차단기 종류별 소호 매질

1) 소호 매질

① OCB : 절연유

② VCB : 고진공

③ ABB : 압축공기

④ MBB : 자기력

⑤ GCB : SF_6 가스

2) SF_6 가스의 특성

① 무색, 무취, 무해한 불연성 가스

② 공기에 비해 소호 능력이 약 100배

③ 불활성 가스

④ 1기압 하에서 절연내력이 공기의 약 2~3배

3) 차단기의 표준 동작 책무

① 일반용 갑호 : O - 1분 - CO - 3분 - CO

　　　　　 을호 : CO - 15초 - CO

② 고속도 재투입용 : O - t(0.3초) - CO - 1분 - CO

　　여기서, O : 차단동작

　　　　　　 C : 투입동작

　　　　　　 CO : 투입 직후 차단

4) 차단기의 트립 방식

　　① 직류(DC) 전압 방식

　　② 콘덴서 트립 방식(CTD방식)

　　③ CT 2차 전류 트립 방식

5) 단로기(DS)와 차단기(CB) 차단 순서

　　① 전원투입순서 : DS → CB 순서로

　　② 전원차단순서 : CB → DS 순서로

07 전선로

1. 전선

(1) 연선

- 총 소선수$(N) = 3n(n+1)+1$
- 연선의 바깥지름$(D) = (2n+1) \times d$[mm]
- 연선의 단면적$(A) = N \cdot a$[mm^2]

　　여기서, n : 총 층수

　　　　　　d : 소선의 지름[mm]

　　　　　　a : 소선의 단면적[mm^2]

(2) 전선의 굵기 선정 기준

　　① 허용전류

　　② 전압강하

　　③ 전력손실 및 경제성

　　④ 코로나

　　⑤ 기계적 강도

　　⑥ 내식성

(3) 켈빈의 법칙

　　가장 경제적인 전선의 굵기를 선정

2. 애자

(1) 애자의 구비 조건

① 지지물에 전선을 지지할 수 있는 충분한 기계적 강도를 갖추어야 한다.

② 온도, 습도의 급변에 대해서도 전기적, 기계적 특성 변화가 적도록 해야 한다.

③ 비, 눈, 안개, 염해 등에 대해서도 충분한 절연저항을 가지며 누설전류가 거의 흐르지 못하게 해야 한다.

④ 전선의 장력, 풍압, 빙설 등의 외력에 의한 하중에 충분한 기계적 강도를 가져야 한다.

⑤ 내구성이 있으며 코로나에 의한 표면 변화, 전선의 지속, 진동 등에 전기적, 기계적으로 애자의 열화가 적어야 한다.

⑥ 선로전압은 물론 이상전압에 대해서도 충분한 절연내력을 가지도록 해야 한다.

(2) 애자련의 연결 개수

① 22[kV] : 현수 장소 - 2개

② 66[kV] : 현수 장소 - 4개(4~6)

③ 154[kV] : 현수 장소 - 9개(10~11)

④ 345[kV] : 현수 장소 - 20개(18~20)

⑤ 765[kV] : 현수 장소 - 40~45개

(3) 현수애자의 전압분배

가공 송전선로에 사용되는 애자련 중에서 전압분담이 최소가 되는 곳은 철탑에서 가장 가까운 곳이 되며, 보통 1개련 애자인 경우는 철탑에서 두 번째 가까운 곳, 10개의 현수애자일 경우는 철탑에서 3번째 가까운 곳으로 본다.

① 연효율(연능률)

$$\eta = \frac{V_n}{n \cdot V_1} \times 100[\%]$$

여기서, V_n : 애자련의 섬락전압

n : 1연의 사용 애자수

V_1 : 현수애자 1개의 섬락전압

② 소호환(Arcing Ring)과 소호각(Arcing Horn)

전압 분포의 균일과 섬락으로부터 애자련 보호

3. 전선의 딥(Dip)

(1) 이도(Dip)

$$D = \frac{W \cdot S^2}{8 \cdot T}\,[\text{m}]$$

여기서, D : 이도[m]

T : 전선의 수평장력[kg]

W : 단위길이당 전선의 중량[kg/m]

S : 경간(전선의 지지점간의 거리[m]

(2) 전선의 실제길이

$$L = S + \frac{8D^2}{3S}$$

① 오프셋(Off Set) : 전선 간의 단락 사고 방지

4. 지중 케이블의 고장 측정(탐지)법

① 머레이 루프법(Murray Loop)

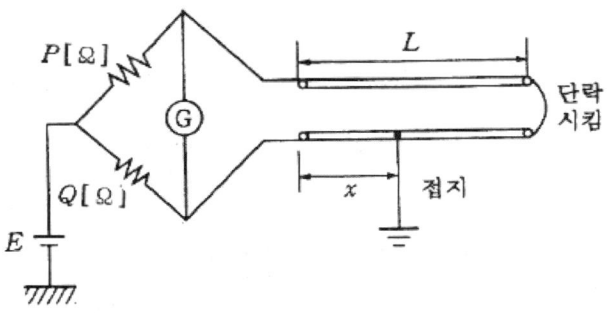

$$P \cdot x = Q(2L - x)$$

$$\therefore x = \frac{Q}{P+Q} \times 2L\,[\text{km}]$$

여기서, L : 케이블의 길이[km]

x : 접점까지의 거리[km]

② 정전용량 측정법(Capacity Bridge)

③ 수색코일에 의한 방법

④ 펄스 측정법(Pulse Radar)

⑤ 음향 측정법

5. 지중전선로

(1) 지중전선로의 장·단점
① 도시의 미관상 좋다.
② 기상조건(뇌, 풍수해)에 의한 영향이 적다.
③ 통신선에 대한 유도장해가 작다.
④ 전선로 통과지(경과지)의 확보가 용이하다.
⑤ 감전 우려가 적다.
⑥ 공사비가 비싸다.
⑦ 고장의 발견, 보수가 어렵다.

(2) 지중전선로(케이블)의 전력손실
① 저항손(도체) : $P_c = nI^2R[\text{W/km}]$
② 유전체손(절연체) : $P_d = \omega CV^2 \tan\delta[\text{W/km}]$
③ 연피손, 시즈손(차폐층) : 맴돌이 전류

---

08 배전선로의 구성과 전기방식

1. 배전계통

(1) 배전방식
① 급전선(Feeder) : 변전소 또는 발전소에서 수용가에 이르는 배전 선로 중 분기선 및 배전용 변압기가 없는 부분
② 간선 : 수용지점에서 부하분포에 따라 급전선에 접속하여 각 수용가에 공급하는 배전선
③ 분기선 : 간선과 부하 사이의 선로

(2) 배전선로의 수전 방식
1) 가지식 : 나뭇가지처럼 공급하는 방식
① 시설이 간단하다.
② 전압강하가 크고 정전 범위가 넓다(공급신뢰도가 낮다).
③ 농어촌 지역에 적합하다.
2) 환상식(Loop System) : 간선을 환상으로 구성하여 양방향에서 전력을 공급하는 방식
① 전류통로에 대한 융통성이 있다.

② 전압강하(변동) 및 전력손실이 경감된다.

③ 공급신뢰도가 향상된다.

④ 설비의 복잡화에 따른 부하 증설이 어렵다.

⑤ 부하밀집지역에 적합하다.

3) 뱅킹방식(Banking System)

같은 간선에 접속된 2대 이상의 변압기의 저압측 간선을 상호 병렬접속하여 부하의 융통성을 도모한 배전방식

① 전압강하(변동) 및 전력손실이 경감된다.

② 플리커 현상이 감소한다.

③ 공급신뢰도가 향상된다.

④ 캐스케이딩 현상에 의한 정전 범위가 넓어진다.

- 캐스케이딩 현상 : 변압기 2차측의 고장으로 인하여 건전상 변압기의 일부 또는 전부가 차단되는 현상

⑤ 부하밀집지역에 적당하다.

4) 망상식(Network System)

같은 변전소의 같은 변압기에서 나온 2회선 이상의 고압배전선에 접속된 변압기의 2차측을 같은 저압선에 연결하여 부하에 전력을 공급하는 방식

① 네트워크 프로텍터 : 변전소의 차단기 동작 시 네트워크에서 전류가 변압기 쪽으로 흘러 1차 측으로 역류(역가압)되는 현상을 방지하는 보호장치

    ㉠ 전압강하(변동) 및 전력손실이 경감된다.

    ㉡ 무정전 전력공급이 가능하다.

    ㉢ 공급신뢰도가 가장 좋다.

    ㉣ 부하증설이 용이하다.

    ㉤ 네트워크변압기나 네트워크프로텍터 설치에 따른 설비비가 비싸다.

    ㉥ 대형 빌딩가와 같은 고밀도 부하밀집지역에 적합하다.

5) 캐스케이딩(Cascading) 현상의 원인과 대책

① 캐스케이딩(Cascading) 현상이 발생하는 배전방식 : 저압 뱅킹 방식

② 캐스케이딩 원인 및 현상 : 변압기 또는 선로의 사고에 의해서 뱅킹 내의 건전한 변압기의 일부 또는 전부가 연쇄적으로 회로로부터 차단되는 현상

③ 대책 : 인접 변압기와 연결되어 있는 저압선의 중간에 구분 퓨즈 설치

2. 전기방식

구 분 \ 전기방식	1φ2W	1φ3W	3φ3W	3φ4W
유효전력	$P_1 = V_1 I_1 \cos\theta$	$P_2 = 2V_2 I_2 \cos\theta$	$P_3 = \sqrt{3}\,V_3 I_3 \cos\theta$	$P_4 = 3E_4 I_4 \cos\theta$
전력손실	$P_{l_1} = 2I_1^2 R_1$	$P_{l_2} = 2I_2^2 R_2$	$P_{l_3} = 3I_3^2 R_3$	$P_{l_4} = 3I_4^2 R_4$
전선중량	$W_{g_1} = 2\sigma S_1 l_1$	$W_{g_2} = 3\sigma S_2 l_2$	$W_{g_3} = 3\sigma S_3 l_3$	$W_{g_4} = 4\sigma S_4 l_4$

여기서, P : 유효전력

P_l : 전력손실

W_g : 전선중량, 선로손실률 = $\dfrac{\text{전력손실}(P_l)}{\text{유효전력}(P)} \times 100[\%]$

V : 단자전압

I : 부하전류

E : 상전압

S : 단면적

R : 전선 1가닥 저항

σ : 비중

l : 배전거리

부하는 모두 평형이고, 중심선과 외선의 굵기는 같다고 보고 비교한 것이다.

(1) V−V 결선 시 출력과 이용률, 출력비

① 3상 출력 : $P_v = \sqrt{3}\,V \cdot I = \sqrt{3}\,P_a[\text{kVA}]$

② 권선의 이용률 : $\eta = \dfrac{V\text{결선시 출력}}{2\text{대의 정격용량}} = \dfrac{\sqrt{3}}{2} = 0.866$

③ 출력의 비 $= \dfrac{V\text{결선시 출력}}{\Delta\text{결선시 출력}} = \dfrac{\sqrt{3}\,V \cdot I}{3\,V \cdot I} = 0.577$

(선간전압은 Δ 결선의 선간전압과 같다.)

(2) 부하중심

① 직선상의 부하

$$L = \frac{\displaystyle\sum_{n=1}^{\infty} i_n l_n}{\displaystyle\sum_{n=1}^{\infty} i_n}$$

② 분산부하

$$X = \frac{\sum_{n=1}^{\infty} i_n x_n}{\sum_{n=1}^{\infty} i_n}, \quad Y = \frac{\sum_{n=1}^{\infty} i_n y_n}{\sum_{n=1}^{\infty} i_n}$$

09 배전선로의 전기적 특성

1. 배전선로의 전압강하계산

(1) 양 급전전압이 다른 경우

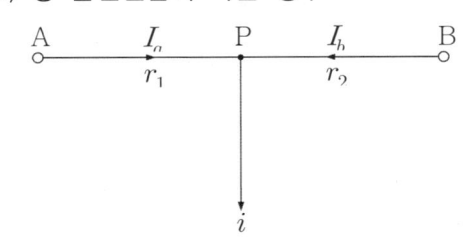

A점 및 B점의 선간전압을 각각 V_A, V_B라 할 때,
전압강하(A점을 기준)는 다음과 같다.

- $e = V_A - V_B = I_a \cdot r_1 + (I_a - i) \cdot r_2$

- A점의 전류 : $I_a = \dfrac{V_A - V_B}{r_1 + r_2} + \dfrac{r_2}{r_1 + r_2} \cdot i$

- B점의 전류 : $I_b = \dfrac{V_B - V_A}{r_1 + r_2} + \dfrac{r_1}{r_1 + r_2} \cdot i$

2. 수용에 관한 계수

① 수용률 $= \dfrac{\text{최대수용전력}(kW)}{\text{설비용량의합계}(kW)} \times 100[\%]$

② 부하율 $= \dfrac{\text{평균수용전력}(kW)}{\text{합성최대수용전력}(kW)} \times 100[\%]$

③ 부등률 $= \dfrac{\text{개개의최대수용전력의총합}(kW)}{\text{합성최대수용전력}(kW)}$

(항상 1보다 크거나 같다.)

Chapter 2. 전력공학(송 · 배전 공학) · **119**

④ 변압기용량 = $\dfrac{\text{수용률} \times \text{설비용량}}{\text{부등률} \times \text{역률} \times \text{효율}}$ [kVA]

3. 배전선로의 전력손실

(1) 손실계수

$H = \dfrac{\text{어느 기간 중의 평균 전력 손실}}{\text{같은 기간 중의 최대 손실 전력}} \times 100[\%]$

손실계수 H와 부하율 F사이의 관계를 근사식으로 나타내면 다음과 같다.

$H = \alpha \cdot F + (1 - \alpha) \cdot F^2$

α는 정수로서 0.1~0.5이며, 보통 0.2로 한다. 또한 $0 \leq F^2 \leq H \leq F \leq 1$로 된다.

(2) 전압강하와 전력손실의 관계

① 분산부하율

$f = \dfrac{e}{SIL}$

② 전압강하

$\dfrac{e'}{e} = \dfrac{\text{분포부하 전압강하}}{\text{집중부하 전압강하}} = \dfrac{\frac{1}{2}I \cdot R}{I \cdot R} = \dfrac{1}{2}$

③ 전력손실

$\dfrac{P_l'}{P_l} = \dfrac{\text{균등부하 전력손실}}{\text{단일부하 전력손실}} = \dfrac{\frac{1}{3}I^2 \cdot R}{I^2 \cdot R} = \dfrac{1}{3}$

여기서, $S = R\cos\theta + X\sin\theta$: 등가저항

$\quad\quad I$: 송전단 전류

$\quad\quad L$: 전장

$\quad\quad e$: 전장 L에 대한 전압강하

| 10 | **배전선로의 운용과 보호** |

1. 승압기

(1) 단상승압기

① 1대의 용량[kVA]

$$w = \frac{E_2}{V_2} \cdot W \, [\text{kVA}]$$

$$V_2 = V_1 \left(1 + \frac{E_2}{E_1}\right)$$

$$= V_1 \left(1 + \frac{1}{a}\right)$$

(2) 3상승압기

① V결선승압기

• 1대의 용량[kVA]

$$w = \frac{E_2}{\sqrt{3} \cdot V_2} \cdot W \, [\text{kVA}]$$

$$V_2 = V_1 \left(1 + \frac{E_2}{E_1}\right)$$

$$= V_1 \left(1 + \frac{1}{a}\right)$$

② △결선변압기

• 1대의 용량[kVA]

$$w = \frac{E_2}{\sqrt{3} \cdot V_2} \cdot W \, [\text{kVA}], \quad V_2 = V_1 \left(1 + 1.5 \cdot \frac{E_2}{E_1}\right)$$

여기서, w : 승압기의 용량[kVA]

W : 부하의 용량[kVA]

V_1 : 승압 전의 전압(전원측 전압)

V_2 : 승압 후의 전압(부하전압)

E_1 : 승압기의 1차 정격전압

E_2 : 승압기의 2차 정격전압

Chapter 03 발전 공학

01 수력발전

1. 수력발전소의 출력

(1) 이론출력

$$P_0 = 9.8QH \ [\text{kW}]$$

(2) 발전기출력

$$P_g = 9.8QH\eta_t\eta_g \ [\text{kW}]$$

여기서, η_t : 수차효율

η_g : 발전기효율

Q : 유량$[\text{m}^3/\text{sec}]$

H : 유효낙차$[\text{m}]$

(3) 수두

① 위치수두(Potential Head) : $H[\text{m}]$

② 압력수두(Pressure Head) : $H_p = \dfrac{P}{\omega}[\text{m}]$

③ 속도수두(Velocity Head) : 물의 운동 에너지와 위치 에너지가 같으므로

$$m \cdot g \cdot H_v = \frac{1}{2}mv^2 \Leftrightarrow H_v = \frac{v^2}{2g}[\text{m}]$$

※ 물의 이론 분출속도$(v) = \sqrt{2gh} \ [\text{m/sec}]$)

여기서, g : 중력가속도(9.8$[\text{m/sec}]$)

v : 유속$[\text{m/sec}]$

(4) 베르누이의 정리

$$A_1 \cdot V_1 = A_2 \cdot V_2 = Q[\text{m}^3/\text{sec}](일정)$$

여기서, A : 수로의 단면적$[\text{m}^2]$

122 · Part 1. 핵심이론

V : 평균유속[m/sec],

Q : 유량[m^3/sec]

(5) 유량과 수위

① 갈수량(위) : 1년 365일 중 355일은 이 양 이하로 내려가지 않는 유량 및 수위이다.

② 저수량(위) : 1년 365일 중 275일은 이 양 이하로 내려가지 않는 유량 및 수위이다.

③ 평수량(위) : 1년 365일 중 185일은 이 양 이하로 내려가지 않는 유량 및 수위이다.

④ 풍수량(위) : 1년 365일 중 95일은 이 양 이하로 내려가지 않는 유량 및 수위이다.

⑤ 고수량(위) : 매년 1~2회 일어나는 정도의 유량 및 수위이다.

⑥ 홍수량(위) : 3~5년에 1회 있을 정도의 유량 및 수위이다.

⑦ 최대 홍수량(위) : 지금까지 있었던 최대의 유량 및 수위이다.

(6) 유량도

횡축에는 일수(365일)를, 종축에는 유량을 취하여 매일 측정한 유량을 기입하고, 이들의 측정점을 연결한다.

(7) 유황곡선

유량도를 기초로 하여 횡축에 일수(365일)를, 종축에는 매일 측정한 유량의 크기의 순으로 배열하여 이 점들을 연결한 곡선

(8) 적산유량곡선

저수지 계획에 사용하는 곡선

(9) 수력설비의 종류

① 취수구 : 제수문으로 취수량을 조절하고 제진 격자 또는 스크린으로 유목이나 유수 중의 부유물의 유입을 방지한다.

② 조압 수조 : 부하 변동에 대해 수격압을 흡수, 수차 사용 수량 변동에 따른 서지 작용을 흡수하는 기능

③ 방수로 : 수차의 흡출관으로부터 나온 물을 원래 하천으로 방류하기 위한 수로

2. 수차

(1) 수차의 특유속도

$$N_s = \frac{P^{\frac{1}{2}}}{H^{\frac{5}{4}}} \cdot N \,[\text{rpm}]$$

여기서, H : 유효낙차

P : 출력[kW]

N : 회전수

① 충동수차(위치 에너지 → 운동 에너지) : 펠톤(흡출관 필요 없다.)

② 반동수차(위치 에너지 → 압력 에너지) : 흡출관 필요하다.

ⓐ 프랜시스 수차

ⓑ 프로펠러 수차

ⓒ 카플란 수차

③ 흡출관 : 낙차를 유효하게 이용하기 위해서 사용

(2) 낙차 변화의 특성 변화

① 회전수 : $\dfrac{N_2}{N_1} = \left(\dfrac{H_2}{H_1}\right)^{1/2}$

② 유량 : $\dfrac{Q_2}{Q_1} = \left(\dfrac{H_2}{H_1}\right)^{1/2}$

③ 출력 : $\dfrac{P_2}{P_1} = \left(\dfrac{H_2}{H_1}\right)^{3/2}$

(3) 속도 변동률(Speed Variation)

$$\epsilon = \frac{N_m - N}{N} \times 100[\%]$$

여기서, N : 정격회전수[rpm]

N_m : 상승된 최대 회전수[rpm]

(4) 속도 조정률(Speed Regulation)

$$\delta = \left(\frac{N_2 - N_1}{N_n} \Big/ \frac{P_1 - P_2}{P_n}\right) \times 100[\%]$$

여기서, P_n : 발전기 출력[kW],

N_n : 정격속도[rpm]

N_1 : 부하 P_1 일 때의 속도

N_2 : 부하가 감소하여 P_2 일 때의 속도

02 화력발전

1. 화력발전소

(1) 단위

① 열량의 단위

- $1[\text{kcal}] = 4.186[\text{kJ}] = \dfrac{1}{860}[\text{kWh}]$

- $1[\text{kWh}] = 860[\text{kcal}]$

(2) 엔탈피

단위 무게의 증기(물)가 보유한 전열량, 즉 액체열과 증발열의 합을 의미하며, 단위는 [kcal/kg]이다.

(3) 엔트로피

변화된 열량(i)를 그때의 절대온도(T)로 나눈 것을 그 물체의 그때의 엔트로피($\dfrac{i}{T}$)라 하며, 단위는 $[\text{kcal/kg} \cdot \text{K}]$이다.

(4) 증기발생장치의 기체상태 변화

① 보일러 : 등압 가열

② 터빈 : 단열팽창(과열증기 → 습증기)

③ 복수기 : 등압 냉각

④ 급수펌프 : 단열 압축

(5) 보일러의 구성

① 노(Furnace) : 보일러의 효율은 노의 구조에 따라 좌우되며, 보일러 설비 중에서 가장 중요하다.

② 드럼(Drum) 및 수관 : 탄소강 및 합금강으로 제작된 물의 용기로서, 노의 상부에 설치하여 증기를 발생시키는 설비이다.

③ 과열기(Super Heater) : 드럼에서 발생된 포화증기를 다시 가열시켜 과열증기를 만드는 장치이다.

④ 재열기(Reheater) : 재열 사이클의 경우 터빈 도중에서 증기를 추출하여 재열에 이용한 것이다.

⑤ 증기온도 제어장치(Steam Temperature Control Equipment) : 과열기 및 재열 기관의 과열 방지와 열응력 감소 및 부식을 방지하고, 보일러의 효율을 향상시키기 위하여 설치한다.

⑥ 절탄기(Fuel Economizer) : 연료를 절약하기 위해서 굴뚝으로 배출되는 열을 이용하여 보일러 급수를 가열하기 위한 설비로서 열효율을 높일 수 있다. 슈라우딩(Shrouding)은 보일러 및 절탄기의 부식을 방지하기 위한 장치이다.

⑦ 공기 예열기(Air Preheater) : 연도 맨 끝에 설치하여 연도에 있는 폐열을 이용함으로써 찬 공기를 예열하여 노 내로 송풍시키거나 연료 건조 등에 이용하는 장치이다.

(6) 복수기

증기 터빈의 배기실에 직결된 것으로 전체의 열 낙차를 크게 하고, 열효율을 향상시킬 수 있는 목적으로 쓰이는 설비이다.

(7) MHD 발전의 특징(직접발전)

① 화력발전소에 비해서 복수 손실이 적다.

② 이산화황 등이 적게 배출되어 대기오염은 감소된다.

③ 화력발전과 조합한 경우 종합효율은 약 50% 정도 예상된다.

03 원자력발전

1. 원자로

핵연료를 사용하여 제어 가능한 상태에서 핵분열(Nuclear Fission)의 연쇄반응(Chain Reaction)을 일으키게 하여 거대한 에너지를 이용하는 노를 원자로라 한다.

2. 감속재

(1) 감속재의 구비조건

① 중성자의 흡수 단면적은 작아야 한다.

② 중성자의 충돌 확률이 높으면서 평균 에너지가 커야 한다.

③ 감속능력(Slowing Down Power) 및 감속비(Moderating Ratio)가 커야 한다.

④ 원자량이 적은 원소이면서 원자핵이 가벼워야 한다.

(2) 냉각재의 조건

① 냉각재의 흡수 단면적이 작고, 큰 불순물을 포함하지 않아야 한다.

② 냉각재에 접촉하는 재료를 부식시키지 않아야 한다.

③ 열용량은 크면서 열전달 특성은 좋아야 한다.

④ 비열 및 열전도율이 커야 한다.

⑤ 방사능을 띠기 어렵도록 해야 한다.

(3) **핵연료의 구비조건**

① 중성자를 빨리 감속시킬 수 있을 것

② 중성자 흡수 단면적이 작을 것

③ 열전도율이 높고, 내식성, 내방사성이 우수할 것

④ 가볍고, 밀도가 클 것

(4) **제어재의 구비조건**

① 중성자 흡수 단면적이 클 것

② 냉각재에 대하여 내부식성이 있는 것

③ 열과 방사능에 대해 안정적일 것

(5) **원자로의 연료 및 감속재, 냉각재**

① 가스냉각로(GCR)

- 연료 : 천연 우라늄
- 감속재 : 흑연
- 냉각재 : 탄산가스

② 중수로(CANDU)

- 연료 : 천연우라늄
- 감속재 : 중수
- 냉각재 : 중수

③ 가압수형 경수로(PWR)

- 연료 : 저농축 우라늄
- 감속재 : 경수
- 냉각재 : 경수

④ 비등수형 경수로(BWR)

- 연료 : 저농축 우라늄
- 감속재 : 경수
- 냉각재 : 경수

⑤ 고속증식로(FBR)

- 연료 : 농축 우라늄, 플루토늄
- 감속재 : 없음
- 냉각재 : 나트륨

Chapter 04 전기기기

01 직류기

1. 원리

(1) 발전기 원리

자계중 도선이 속도 $v[m/s]$로 자장을 끊을 때 유기기전력 발생

$e = v \cdot B \cdot l \cdot \sin\theta\,[\mathrm{V}]$

여기서, B : 자속$[\mathrm{Wb/m}^2]$

l : 도체의 길이$[\mathrm{m}]$

v : 도체의 회전속도$[\mathrm{v/m}]$

• 플레밍의 오른손 법칙

운동방향 : 유기기전력 방향$(v \rightarrow e,\ F \rightarrow I)$

(2) 전동기 원리

자계중 도선에 전류가 흐르면 도선이 힘을 받게 됨

$F = I \cdot B \cdot l \cdot \sin\theta\,[\mathrm{V}]$

• 플레밍의 왼손 법칙$(I \rightarrow F)$

2. 직류기의 3대 요소

① 계자(Field) : 자속을 만드는 부분

② 전기자(Armature) : 자속을 끊어 기전력을 유도하는 부분

③ 정류자(Commutator) : 전기자에서 유도된 교류를 직류로 바꿔 주는 부분

3. 유기기전력

(1) 전기자도체 1개에 유도되는 유기기전력

128 · Part 1. 핵심이론

$$e = vBl = \frac{2\pi rN}{60}Bl = \frac{2\pi rN}{60} \times \frac{p\Phi}{2\pi rl} \times l$$

$$= p\Phi\frac{N}{60}[\text{V}] \ (\text{직렬도체수} \ \frac{z}{a} \text{를 대입하면})$$

$$\therefore E = p\Phi N\frac{z}{60 \cdot a} = k\Phi N[\text{V}]$$

여기서, p : 극수(자석)

Φ : 1극당 자속[Wb]

z : 총 도체수

N : 회전수[rpm]

a : 병렬 회로수(중권 : $a = p$, 파권 : $a = 2$)

(2) 전기자 반작용

전기자 전류에 의한 자속이 계자 자속에 영향을 미쳐 공극의 자속분포에 변화를 가져오는 현상

1) 전기자 반작용의 영향

① 주자속(계자자속) 감소(감자작용)

- 발전기 경우 : 유기기전력의 감소
- 전동기 경우 : 회전력(토크) 감소

② 전기적 중성축 이동(편자작용) : 브러시가 전기적인 중성축에 존재할 때 정류가 가장 적다.

- 발전기 경우 : 회전 방향으로 이동
- 전동기 경우 : 회전 반대 방향으로 이동

③ 정류자편간의 불꽃 발생(국부적인 섬락 발생)

④ 발전기의 출력 감소

(3) 전기자 반작용 방지대책

① 보상권선 설치할 것

② 발전기는 회전 방향으로, 전동기는 회전 반대 방향으로 브러시의 새로운 중성점으로 이동할 것

③ 극당 감자기자력 : 기전력 감소

$$AT_d = \frac{I_a \cdot z}{2ap} \cdot \frac{2\alpha}{180}[\text{AT/극}]$$

④ 극당 교차기자력 : 전압강하

$$AT_c = \frac{I_a \cdot z}{2ap} \cdot \frac{\beta}{180}$$

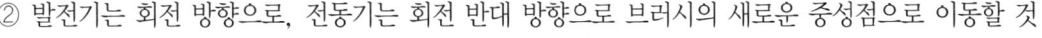

$$(\beta = \pi - 2\alpha)$$

⑤ 정류코일의 인덕턴스에 의한 리액턴스 전압

$$e_L(t) = L \cdot \frac{di(t)}{dt} = L \cdot \frac{2 \cdot I_c}{T_c}$$

여기서, T_c(정류주기)$= \dfrac{b-\delta}{V_c}$[sec]

$$V_c(\text{정류자 주변 속도}) = \frac{\pi D N}{60}[\text{m/s}]$$

b : 브러시 폭

δ : 편간 절연물 폭

⑥ 양호한(불꽃 없는) 정류 조건

- 저항정류 : 접촉저항이 큰 탄소브러시 사용
- 전압정류 : 중성축 부근에 보극 설치
- 정류주기를 길게 할 것(회전속도 늦춘다)
- 리액턴스를 작게 할 것(단절권 채택)

(4) 여자방식에 따른 분류

1) 타여자 방식

① 타여자 발전기

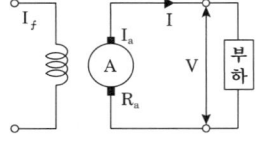

- 유기기전력
$$E = p\Phi \cdot \frac{N \cdot z}{60a}[\text{V}]$$
- 부하운전 $(I_a = I)$
$$E = V + I_a R_a + e_a + e_b[\text{V}]$$

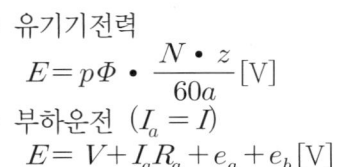

- 무부하운전$(I_a = I = 0)$

$E = V_0[V]$ (유기기전력 = 무부하단자전압)

여기서, V : 단자전압

N : [rpm]

e_a : 전기자 반작용에 의한 전압강하[V]

e_b : 브러시 접촉저항에 의한 전압강하[V]

② 타여자 전동기

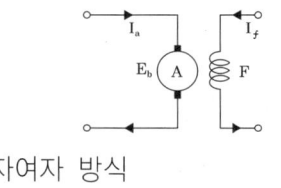

- $(I_a = I)$

$$E = V - I_a R_a - e_a - e_b \, [\text{V}]$$

2) 자여자 방식

① 직권 발전기

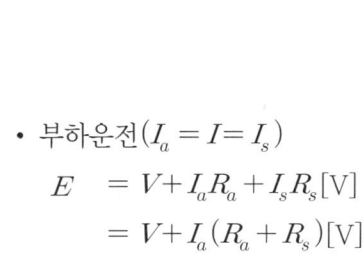

- 부하운전$(I_a = I = I_s)$

$$\begin{aligned} E &= V + I_a R_a + I_s R_s \, [\text{V}] \\ &= V + I_a (R_a + R_s) \, [\text{V}] \end{aligned}$$

- 무부하운전$(I_a = I = I_s = 0)$

$$E = 0 (\text{발전하지 못한다})$$

② 직권 전동기

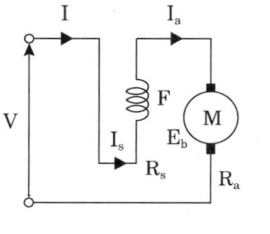

- 부하운전$(I_a = I = I_s)$

$$\begin{aligned} E &= V - I_a R_a - I_s R_s \\ &= V - I_a (R_a + R_s) \, [\text{V}] \end{aligned}$$

- 무부하운전$(I_a = I = I_s = 0)$

$$N \propto \frac{1}{\Phi} = \infty \, (\Phi = 0) \; : \; \text{무구속 탈출속도}(N\text{증가로 위험상태})$$

③ 분권 발전기(계자회로 병렬)

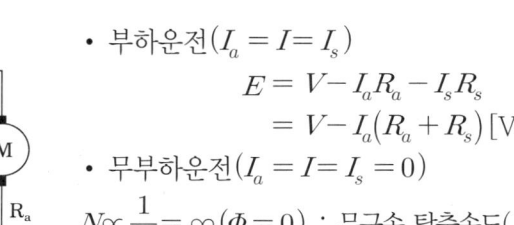

- 부하운전

$$I_a = I + I_f \, [\text{A}]$$

I_a : 전기자 전류,

$$I(\text{부하전류}) = \frac{P}{V}$$

$$I_f(\text{계자전류}) = \frac{V}{R_f}$$

$$\therefore E = V + I_a R_a \, [\text{V}]$$

④ 분권 전동기

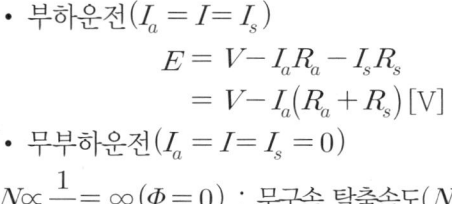

- 부하운전

$$I_a = I - I_f \, [\text{A}]$$

$$\therefore E_b = V - I_a R_a \, [\text{V}]$$

⑤ 복권 발전기(직권+분권)
• 외분권 복권 발전기

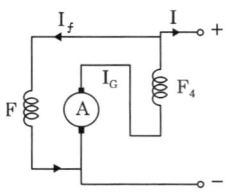

$$I_a = I_s = I + I_f [\text{A}]\left(I_f = \frac{V}{R_f}[A], \text{ 가동+, 차동-}\right)$$

$$\begin{aligned} E &= V + I_a R_a + I_s R_s [\text{V}] \\ &= V + I_a (R_a + R_s)[\text{V}] \end{aligned}$$

• 외분권 복권 전동기

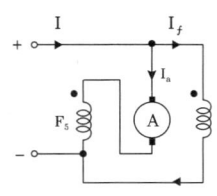

$$I_a = I_s = I - I_f [\text{A}]\left(I_f = \frac{V}{R_f}[A]\right)$$

$$\begin{aligned} E_b &= V - I_a R_a - I_s R_s [\text{V}] \\ &= V - I_a (R_a + R_s)[\text{V}] \end{aligned}$$

• 내분권 복권 발전기

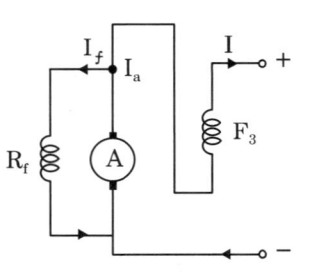

$$I_a = I + I_f [\text{A}], \quad I = I_s [\text{A}]$$

$$V' = V + I_s R_s [\text{V}]$$

$$\therefore I_f = \frac{V'}{R_f}$$

$$\begin{aligned} E &= V + I_a R_a + I_s R_s [\text{V}] \\ &= V' + I_a R_a [\text{V}] \end{aligned}$$

• 내분권 복권 전동기

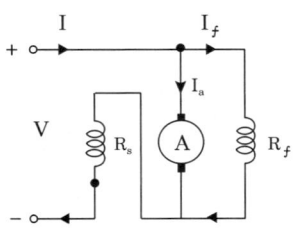

$$I_a = I - I_f [\text{A}], \quad I = I_s [\text{A}]$$

$$V' = V - I_s R_s [\text{V}], \quad I_f = \frac{V'}{R_f}[A]$$

$$\begin{aligned} E_b &= V - I_a R_a - I_s R_s [\text{V}] \\ &= V' - I_a R_a [\text{V}] \end{aligned}$$

(5) 차동 복권 발전기

분권계자권선의 기자력과 직권계자권선의 기자력이 서로 감해지는 방향으로 되어있는 발전기

① 가동 복권 : 분권 계자 자속과 직권 계자 자속의 합이 작용
② 차동 복권 : 분권 계자 자속과 직권 계자 자속의 차가 작용

• 발전기를 전동기로 전동기를 발전기로 사용할 때

$$\left\{\begin{array}{c} \text{ⓖ} \leftrightarrow \text{ⓜ} \\ \text{가동} \leftrightarrow \text{차동} \\ \text{차동} \leftrightarrow \text{가동} \end{array}\right\} \quad \left(\begin{array}{c} \because \text{발전기 경우와 전동기 경우에} \\ \text{직권 계자 전류 방향 반대} \end{array}\right)$$

4. 직류발전기의 병렬 운전

(1) 병렬 운전 조건

① 두 발전기의 극성 및 단자 전압이 일치할 것

② 두 발전기의 외부특성곡선(V-I)이 수하 특성일 것

(외부 특성이 수하 특성이 아닌 발전기 : 직권, 복권 → 병렬 운전 시 균압선 설치)

③ 용량이 다를 경우([%]부하의 전류의 눈금으로 나타낸 외부 특성 곡선이 거의 일치할 것)

④ 용량이 같을 경우에는 각 발전기의 외부특성곡선이 같을 것

(2) 분권 발전기의 병렬 운전 시 부하 분담

① 외부특성곡선이 같으면 부하분담은 용량에 비례해서 분담한다. A발전기의 부하분담을 증가시키려면, A발전기의 여자전류를 증가시킨다.

② 유기전압이 같으면 전기자회로 저항에 반비례하여 분담한다.

③ 저항(R_a)이 같으면 유기전압이 큰 발전기가 많이 분담한다.

(3) 병렬 운전 시 균압모선이 필요한 발전기의 종류

① 직권 발전기

② 과복권 발전기

③ 평복권 발전기

(4) 균압모선이 필요 없는 발전기

① 분권발전기

② 차동복권 발전기

③ 부족복권 발전기

5. 직류전동기

(1) 역기전력(플레밍의 왼손법칙)

(a) 역기전력   (b) 전동기의 등가회로

$(1)\ E_b = \dfrac{p\Phi z N}{60 \cdot a}$

$\quad = k\Phi N\,[\text{V}]$

$(2)\ E_b = V - I_a R_a\,[\text{V}]$

(2) 속도

1) 회전속도

$$(N) = k \cdot \frac{E_c}{\Phi} = k \cdot \frac{V - I_a R_a}{\Phi} [\text{rpm}] \quad (k = \frac{a}{p \cdot z})$$

2) 속도제어

① 전압제어(정토크제어) : 광범위한 제어, 안정되고 양호한 제어
  • 워드 레너드 방식
  • 일그너 방식 : 부하동요가 심한 곳에 플라이휠을 달아서 제어
② 계자제어(정출력제어) : 제어 범위는 좁으나, 효율 양호
③ 저항제어 : 제어 범위가 좁고, 효율 불량(손실 수반)

3) 속도변동률

$$\epsilon = \frac{N_o - N_n}{N_n} \times 100 [\%]$$

여기서 N_o : 무부하 속도

$\quad\quad\quad N_n$: 정격 속도

① 속도변동률이 큰 순서 : 직권 → 가동복권 → 분권 → 차동복권

(3) 토크(회전력)

1) 토크

$$T = \frac{E_b \cdot I_a}{2\pi n} = \frac{p\Phi n \frac{z}{a} \cdot I_a}{2\pi n} = \frac{p\Phi z}{2\pi a} \cdot I_a = k\Phi I_a [\text{N} \cdot \text{m}]$$

$$T = F \cdot r \cdot z = i \cdot B \cdot l \cdot r \times z$$

$$= i \cdot \frac{p\Phi l \cdot r \cdot z}{A} = \frac{\frac{I_a}{a} \cdot p\Phi l \cdot rz}{2\pi r \cdot l}$$

$$= \frac{p\Phi z}{2\pi a} \cdot I_a [\text{N} \cdot \text{m}]$$

$p\Phi$: 표면총자속[Wb], $B = \frac{p\Phi}{A} [\text{Wb/m}^2]$,

출력$(P_o) = E_b \cdot I_a = 2\pi \cdot n \cdot T [\text{W}]$

2) 출력과 토크

$$T = \frac{P_o}{\omega} = \frac{E_b \cdot I_a}{\omega} = \frac{p\Phi \cdot \dfrac{N}{60} \cdot \dfrac{z}{a} \cdot I_a}{2\pi \cdot \dfrac{N}{60}} = \frac{p\Phi z}{2\pi a} \cdot I_a$$

$$= \frac{P_o}{2\pi \cdot \dfrac{N}{60}} [\text{N·m}]$$

※ $1[\text{N} \cdot \text{m}] = 9.8[\text{kg} \cdot \text{m}]$

$9.8[\text{N} \cdot \text{m}] = 1[\text{kg} \cdot \text{m}]$

여기서, 출력 = 입력 − 손실

$$P_0 = V \cdot I_a - I_a^2 R_a = (V - I_a R_a)I_a = E_b \cdot I_a [\text{W}]$$

3) 직권전동기 토크식

① $T = k\Phi I_a = kc I_a^2 = k I_a^2 \propto I_a^2 \ (\Phi = c \cdot I_a) \quad \therefore T \propto I_a^2$

② 속도−토크 관계 : $T \propto I_a^2 \propto \Phi^2 \propto \dfrac{1}{N^2}$

(4) 기동

① $E_b = V - I_a R_a [\text{V}], \ I_a = \dfrac{V - E_b}{R_a}[\text{A}]$

기동 시에는 $E_b = 0, I_s = I_a, I_s$가 대단히 커지므로 기동저항(R_s)을 달아서 제한한다.

$\therefore$ 기동전류$(I_s) = \dfrac{V}{R_a + R_s}[\text{A}]$

② 기동토크 큰 순서 : 직권 → 가동복권 → 분권 → 차동복권

(5) 제동법(전기적 제동)

① 발전제동 : 전동기는 전원으로부터 분리하여, 발전기로 동작시켜 외부 단자에 저항을 달아 열에너지로 소비시켜 제동

② 회생제동 : 전동기를 전원에 연결한 채로, 발전기로 동작시켜 전원 전압보다 높은 전압을 발생시켜, 역송전하여 제동(전기철도, 엘리베이터 제동에 이용)

③ 역전제동(플러깅) : 역회전, 급제동
   • 직류 전동기를 역회전시키는 방법
   • 타여자 : 전원 극성 반대
   • 자여자 : 계자 극성이나, 전기자 극성 중 하나만 반대

Chapter 4. 전기기기 • **135**

(6) 직류기의 손실 및 효율

1) 손실의 종류

① 총손실 = 무부하손 + 부하손

- 무부하손 = 철손 + 기계손(고정손)
- 부하손 = 동손 + 표류부하손(가변손)
- 철손 = 히스테리시스손 + 와전류손
- 기계손 = 마찰손, 풍손등
- 히스테리시스손$(P_h) = k_h \cdot f B_m^2 \, [\mathrm{W}]$
- 와전류손$(P_e) = k_e (t \cdot k_f \cdot f \cdot B_m)^2 [\mathrm{W}]$
- 동손$(P_c) = I^2 R \, [\mathrm{W}] \propto I^2$: 정격 시 동손
- (1/m)부하 시 동손과 철손 관계(최고 효율)

(철손) $P_i = (1/m)^2 \cdot P_c \, [\mathrm{W}]$

2) 효율

① 실측효율(η)=(출력/입력)$\times 100 [\%]$

② 규약효율

- 발전기효율

$$(\eta_g) = \frac{출력}{출력 + 손실} \times 100 = \frac{VI}{VI + (P_i + I^2 R)} \times 100 [\%]$$

- 전동기효율

$$(\eta_m) = \frac{입력}{입력 - 손실} \times 100 = \frac{VI - (P_i + I^2 R)}{VI} \times 100 [\%]$$

③ 최대효율조건

무부하손(고정손) = 부하손(가변손)

$$최대효율(\eta_{\max}) = \frac{VI}{VI + 2 \cdot P_i} \times 100 [\%]$$

02 | 동기기

1. 동기속도와 주파수

$$N_s = \frac{120f}{p}[\text{rpm}]$$

2. 유기기전력

(1) 1상의 유기기전력

$$E = 4.44k_w \cdot f \cdot \omega \cdot \Phi_m[\text{V}]$$

(2) 3상 선간전압

$$V = \sqrt{3}\,E = \sqrt{3} \cdot 4.44k_\omega \cdot f \cdot \omega \cdot \Phi_m[\text{V}]$$

여기서, k_ω: 권선계수 $= k_d \times k_p$

ω: 1상당 권수

1) 동기 발전기를 회전 계자형으로 하는 이유

① 전기자를 대용량 고압으로 결선이 복잡하며, 3상결선인 경우 적어도 4개의 외부 인출선 필요

② 계자는 소용량이며 기계적으로 튼튼하고 외부인출선 2개 필요

2) 3상 동기 발전기 내부 결선을 Y결선으로 하는 이유

① 선간 전압이 $\sqrt{3}$ 배로 높다.

② 상 전압이 $\sqrt{3}$ 배로 낮기 때문에 상간 절연 용이하다.

③ 제3고조파가 순환하지 못하므로 파형이 좋아진다.

④ 중성점 접지로 이상전압을 방지한다.

3. 전기자

(1) 전기자 권선법

1) 집중권 : 1극 1상당 코일을 1개 슬롯에 집중하여 권선

2) 분포권 : 1극 1상당 2개 이상의 슬롯에 분할하여 권선

① 분포권의 장점

• 권선의 누설리액턴스 및 전기자 반작용이 감소한다.

• 기전력의 파형이 개선된다.

- 전기자에 발생되는 열방산의 향상으로 과열을 방지한다.

② 분포권의 단점 : 집중권에 비하여 유기기전력이 감소된다.

③ 분포권의 계수 $= \dfrac{\text{분포권 기전력}}{\text{집중권 기전력}} < 1$

- 분포권계수 $(k_d) = \dfrac{\sin\dfrac{n\pi}{2m}}{q \cdot \sin\dfrac{n\pi}{2mq}}$

$q = \dfrac{\text{총슬롯수}}{\text{상수} \times \text{극수}}$, 총 코일수 $= \dfrac{\text{총 슬롯수} \times \text{층수}}{2}$

여기서, n차 고조파

$\qquad q$: 매극 매상당 슬롯수

$\qquad m$: 상수

3) 전절권 : 코일 피치와 극 피치가 같은 권선법

4) 단절권 : 코일 피치가 극 피치보다 짧은 권선법

① 단절권의 장점

- 코일의 양(동의 양)이 적게 든다.
- 고조파를 경감시켜 기전력의 파형 개선

② 단절권의 단점 : 전절권에 비하여 유기기전력이 감소된다.

③ 단절권의 계수 $= \dfrac{\text{단절권 기전력}}{\text{전절권 기전력}} < 1$

단절권계수 $(k_p) = \sin\dfrac{n \cdot \beta \cdot \pi}{2}$

n차 고조파, $\beta = \dfrac{\text{코일 간격}}{\text{극 간격}}$ $\quad \therefore k_\omega = k_d \times k_p$

5) 동기기의 전기자 권선법

- 2층권
- 단절권
- 분포권

6) 고조파 기전력을 제거하여 정현파로 하기 위한 방법

① 단절권 및 분포권으로 권선한다.

② 성형(Y)결선으로 한다.

③ 전기자 철심을 사 슬롯(Skewed Slot)으로 한다.

④ 매극 매상당 슬롯 수(q)를 크게 한다.

7) 전압변동률

$$\epsilon = \frac{V_o - V_n}{V_n} \times 100[\%]$$

여기서, $\overset{\cdot}{V_o}$: 무부하단자전압

V_n : 정격단자전압

① 유도부하일 때 : $\epsilon > 0(V_o > V_n)$

② 용량부하일 때 : $\epsilon < 0(V_o < V_n)$

8) 동기발전기 출력

① 비돌극기(원통형) 출력(동기계)

• 1상당 유효 출력$(P_s) = \dfrac{E \cdot V}{X_s} \sin\delta[\mathrm{W}]$

여기서, E : 유기기전력[V]

V : 단자전압[V]

δ : 부하각

• 3상당 정격 출력$(P_s) = 3 \cdot \dfrac{E \cdot V}{X_s} \sin\delta[\mathrm{W}]$

최대 출력은 부하각(δ)이 90°일 때이다.

② 돌극기 출력(철기계)

• 출력$(P_d) = \dfrac{E \cdot V}{X_d} \sin\delta + \dfrac{V^2(X_d - X_q)}{2 \cdot X_d \cdot X_q} \sin2\delta[\mathrm{W}]$

여기서, X_d : 직축 동기리액턴스

X_q : 횡축 동기리액턴스

최대 출력은 부하각(δ)이 60°일 때이다.

9) 전기자 반작용

① 발전기의 경우

㉠ 횡축 작용

E와 I_a가 동상일 때 : 교차자화작용(E 약간 감소, $\cos\theta = 1$)

㉡ 직축 작용$\left(\theta = \dfrac{\pi}{2}\right)$

- I_a가 E보다 $\frac{\pi}{2}$ 앞선 위상 : 자화작용(E 증가)

- I_a가 E보다 $\frac{\pi}{2}$ 뒤진 위상 : 감자작용(E 감소)

② 전동기의 경우

   ㉠ 횡축 작용

     V와 I_a가 동상일 때 : 교차 자화 작용

   ㉡ 직축 작용($\theta = \frac{\pi}{2}$)

- I_a가 V보다 $\frac{\pi}{2}$ 앞선 위상 : 감자 작용

- I_a가 V보다 $\frac{\pi}{2}$ 뒤진 위상 : 증자 작용

     (단, 전동기 직축 작용에서 E와 I_a관계는 발전기 경우와 같다.)

10) 동기임피던스와 %임피던스

  ① 동기임피던스

    $Z_s = r_a + jx_s = r_a + j(x_a + x_l)[\Omega]$

    여기서, r_a : 전기자저항$[\Omega]$

             x_s : 동기리액턴스$[\Omega]$

             x_a : 전기자반작용리액턴스$[\Omega]$

             x_l : 전기자누설리액턴스$[\Omega]$

    동기임피던스$(Z_s) = \dfrac{E_n}{I_s} = \dfrac{V_n}{\sqrt{3} \cdot I_s}[\Omega]$

    여기서, E_n : 상전압

             V_n : 선간전압

  ② %동기임피던스

    $\%Z_s = \dfrac{Z_s \cdot I_n}{E_n} \times 100 = \dfrac{P \cdot Z_s}{10 \cdot V^2}[\%]$

    여기서, P : 기준용량[kVA]

             V : 선간전압[kV]

11) 단락전류의 계산

① 단락전류$(I_s) = \dfrac{E_n}{Z_s} = \dfrac{V_n}{\sqrt{3} \cdot Z_s}$ [A]

② 단락비$(K_s) = \dfrac{I_s}{I_n} = \dfrac{100}{\%Z_s}(= \dfrac{1}{Z[PU]})$

$\therefore I_s = \dfrac{100}{\%Z_s} \cdot I_n [A]$ (여기서, I_n: 정격 전류)

③ 돌발단락전류

$(I_s) = \dfrac{E}{r_a + jx_l} ≒ \dfrac{E}{jx_l}$ [A]

(돌발단락전류 억제 : 누설리액턴스(X_ℓ)가 제한한다.)

④ 영구(지속)단락전류

$(I_s) = \dfrac{E}{r_a + jx_s} = \dfrac{E}{r_a + j(x_a + x_l)} ≒ \dfrac{E}{jx_s}$ [A]

여기서, $x_s = x_a + x_l$

(영구단락전류 억제 : 동기리액턴스(X_s)가 제한한다.)

12) 자기여자현상

전기자 반작용의 증자 작용에 의해, 진상 전류가 흘러, 단자 전압이 유기 기전력보다 높아지는 현상

① 방지법

　　㉠ 수전단에 지상 전류가 흐르도록 한다.

　　　　• 수전단에 리액턴스를 병렬로 접속

　　　　• 수전단에 변압기를 병렬로 접속

　　㉡ 발전기 여러 대를 병렬 운전

　　㉢ 단락비를 크게 할 것

13) 철기계(돌극형) 및 동기계(비돌극형)의 특징

① 돌극형 특징

　　• 동기임피던스가 적다.

　　• 단락비 크다.

　　• 전압변동률이 양호하다.

　　• 전기자 반작용 리액턴스가 적다.

- 과부하 내량이 증대된다.
- 극수 많은 저속기에 적합하다.
- 안정도 높다.
- 중량이 무겁다.
② 비돌극형 특징
- 동기임피던스가 크다.
- 단락비 적다.
- 가격이 싸다.
- 중량이 가볍다.
- 전기자 반작용 리액턴스가 크다.

4. 동기발전기 병렬 운전

(1) 동기발전기의 병렬 운전조건
① 두 발전기 유기 기전력 크기가 같을 것
- 다른 경우 : 두 발전기 사이에 무효 순환 전류가 흐름
② 두 발전기 유기 기전력 주파수가 같을 것
- 다른 경우 : 두 발전기 사이에 동기화력 작용
③ 두 발전기 유기 기전력 위상이 일치할 것(상회전 방향)
- 다른 경우 : 두 발전기 사이에 동기화 전류가 흐름
④ 두 발전기 유기 기전력 파형이 같을 것
- 다른 경우 : 두 발전기 사이에 고조파 무효 순환전류가 흐름
⑤ 두 발전기상 회전 방향이 같을 것
- 다른 경우 : 두 발전기 사이에 동기화 전류가 흐름

(2) 부하의 분담
① 유효전력분담 : 원동기 속도특성에 따라 정해짐
② 무효전력분담 : 기전력의 크기(계자 전류)에서 결정

5. 동기발전기의 안정도 향상 대책

(1) 안정도향상대책
① 동기임피던스 작게
② 단락비 크게

142 · Part 1. 핵심이론

③ 관성모멘트를 크게

④ 정상리액턴스는 작게, 영상, 역상 리액턴스는 크게

⑤ 속응여자방식 채택(AVR의 속응도 증가)

⑥ 동기탈조계전기 사용

(2) 난조

병렬 운전 시 동기 발전기(전동기)의 부하가 갑자기 변화하면, 동기화력에 의해서 새로운 부하에 대응하는 속도를 중심하는 전후로 진동하는 현상을 말하며, 심하게 되면 동기탈조가 일어나게 된다.

① 난조 방지법

• 원동기 조속기가 너무 예민하지 않을 것

• 회전자 관성을 크게

• 전기자 저항을 작게

• 동기 리액턴스를 작게 하고 동기화력을 증가

• 제동 권선 설치

6. 동기발전기의 측정항목 및 시험의 종류

① 철손 : 무부하 시험

② 기계손 : 무부하 시험

③ 동기임피던스 : 단락 시험

④ 동기리액턴스 : 단락 시험

⑤ 단락비 : 무부하 시험, 단락 시험

7. 동기전동기

(1) 원리

직류로 여자된 회전자극과 고정자(화전자) 권선에서 발생되는 회전자계 사이의 흡인력에 의한 토크 발생으로 동기속도로 회전한다.

(2) 특징

① 일정 속도(동기 속도로)로 회전한다.

② 여자 전류로 역률을 조정한다(역률 1로 운전 가능).

③ 공극이 크고 효율이 가장 좋다.

④ 난조가 일어나기 쉽다.

⑤ 직류여자가 필요하다.

⑥ 기동토크가 없으므로, 기동장치가 필요하다.

(3) 동기전동기의 입·출력

1) 동기전동기 입력

$$P = \frac{V \cdot E}{X_s} \sin\delta \, [\text{W}]$$

2) 동기전동기 출력

$$P_o = \frac{V \cdot E}{Z_s} \cos(\beta - \delta) - \frac{E^2}{Z_s} \cos\beta \, [\text{W}]$$

3) 최대출력

$$P_{\max} = \frac{V \cdot E}{Z_s} - \frac{E^2}{Z_s} \cos\beta \, [\text{W}]$$

여기서, V : 단자전압[V]

E : 역기전력[V]

δ : V와 E의 위상차

$$\beta = \tan^{-1} \frac{X_s}{r}$$

※ 최대출력은 $\alpha = \beta$일 때 발생한다.

4) 토크

$$T = \frac{P_o \cdot 60}{2\pi \cdot N_s} [\text{N·m}] = \frac{1}{9.8} \times \frac{P_o \cdot 60}{2\pi \cdot N_s} = 0.975 \times \frac{P_o}{N_s} [\text{kg·m}]$$

• 동기와트 : 출력와트를 토크로 표시할 때를 동기와트라 한다.

$$P = \omega \cdot T = 2\pi \cdot \frac{N}{60} T [\text{W}]$$

즉, 출력은 토크와 속도의 곱에 비례한다.

• 탈출토크 : 정상상태에서 1분간 운전하여 얻을 수 있는 최대 토크를 말한다.

5) 동기전동기의 위상특성곡선(V곡선)

① P, V, f가 일정하다.

② I_f(계자전류) 증가 : 앞선역률(진상전류)

I_f(계자전류) 감소 : 뒤진역률(지상전류)

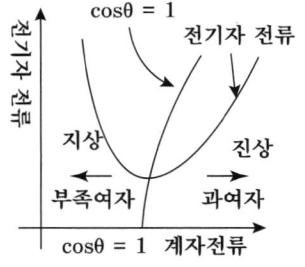

 ㉠ 과여자

  • 콘덴서 역할

  • 진상의 전기자전류 증가(I는 V보다 위상이 θ만큼 앞선다)

  • $\cos\theta =$진상

 ㉡ 부족여자

  • 리액터 역할

  • 지상의 전기자전류 증가(I는 V보다 위상이 θ만큼 뒤진다)

  • $\cos\theta =$지상

 ㉢ 역률이 1일 때

  • $\cos\theta =1(I$는 V와 동위상)

  • 전기자전류는 최소

③ 제동권선의 효능(기능)과 동기기의 전기자 반작용

 ㉠ 제동권선의 기능

  • 난조 방지

  • 불평형 부하 시 전압, 전류 파형의 개선

  • 불평형 단락 시 이상전압 방지

  • 기동 토크 발생

 ㉡ 동기기의 전기자 반작용

  • 교차자화작용(횡축 반작용)

   동기발전기, 동기전동기 : I_a와 E는 동위상

  • 증자작용(자화)

   동기발전기 : I_a가 E보다 $\dfrac{\pi}{2}$ 앞서는 경우

   동기전동기 : I_a가 E보다 $\dfrac{\pi}{2}$ 뒤지는 경우

  • 감자작용(직축 반작용)

Chapter 4. 전기기기 • **145**

동기발전기 : I_a가 E보다 $\dfrac{\pi}{2}$ 뒤지는 경우

동기전동기 : I_a가 E보다 $\dfrac{\pi}{2}$ 앞서는 경우

여기서, I_a : 전기자 전류

E : 유기기전력

6) 동기전동기의 기동법

① 자기 기동법

• 제동권선 이용 : 기동시 농형유도기로서 기동

• 초동기 전동기

② 기동 전동기법 : 유도전동기에 직결시켜 기동(기동용 유도기 극수는 동기기 극수보다 2극 적은 것을 사용한다)

03 변압기

1. 원리

전자유도의 법칙

2. 유기기전력

① 1차측 유기기전력의 실효값

$E_1 = 4.44fN_1\Phi_m\,[\text{V}]$

$E_2 = 4.44fN_2\Phi_m\,[\text{V}]$

3. 변압기의 권수비(전압비)

① 전압 비(권수 비)

$a = \dfrac{E_1}{E_2} = \dfrac{N_1}{N_2}\ \left(E_1 = aE_2,\ E_2 = \dfrac{1}{a}E_1\right)$

② 전류 비(상전류비)

$$\text{기자력}(F) = N_1 I_1 = N_2 I_2 \leftrightarrow \dfrac{I_1}{I_2} = \dfrac{N_2}{N_1} = \dfrac{E_2}{E_1} = \dfrac{1}{a} \quad \begin{cases} I_1 = \dfrac{1}{a}I_2 \\ I_2 = aI_1 \end{cases}$$

③ 변압기 2차측에서 1차측으로 환산

전압은 a배, 전류는 $(\frac{1}{a})$배, 임피던스는 a^2배

4. 변압기유

(1) 변압기유의 구비조건

① 절연내력 및 냉각효과가 클 것

② 인화점은 높고 응고점이 낮고, 점도가 낮을 것

③ 절연 재료와 금속에 화학 작용을 일으키지 않을 것

④ 석출물이 생성되거나 산화하지 않을 것

(2) 변압기유 열화

변압기 호흡 작용에 의해 공기 중 수분이 침투되는 현상

① 열화의 영향

• 절연내력 및 냉각효과 감소

• 산화작용 및 석출물 생성

② 열화 방지법

• 밀봉 방식(소형)

• 질소 가스의 봉입

• 흡착제 방식(브리더) : 실리카 겔, 활성 알루미나

• 개방형 콘서베이터 설치(대형)

(3) 여자회로

① 여자전류$(I_0) = I_\phi + I_i = \sqrt{I_\phi^2 + I_i^2}$

여기서, I_ϕ : 자화전류,

I_i : 철손전류

② 철손전류$(I_i) = \dfrac{P_i}{V_1}[A]$

여기서, P_i : 철손

③ 여자 어드미턴스$(Y_0) = \sqrt{g_0^2 + b_0^2} = \dfrac{I_0}{V_1}[\mho]$

④ 컨덕턴스$(G_0) = \dfrac{I_i}{V_1} = \dfrac{P_i}{V_1^2}\,[\mho]$

⑤ 서셉턴스$b_0 = \sqrt{Y_0^2 - G_0^2} = \sqrt{\left(\dfrac{I_0}{V_1}\right)^2 - \left(\dfrac{P_i}{V_1^2}\right)^2}\,[\mho]$

⑥ 변압기의 누설리액턴스

$$L = \dfrac{\mu A N^2}{\ell} \propto N^2$$

여기서, A : 철심의 단면적$[\mathrm{m}^2]$

N : 코일의 권수

ℓ : 자로의 길이$[\mathrm{m}]$

(4) 변압기 1차측의 단락전류

$$I_{1s} = \dfrac{V_1}{Z_1 + Z_2{}'} = \dfrac{100}{\%Z} \times I_n\,[\mathrm{A}]$$

여기서, $Z_2{}'$: 2차측 임피던스를 1차측으로 환산한 임피던스

(5) 변압기의 전압변동률

① %저항 강하

$$p = \dfrac{r_{21}I_{1n}}{V_{1n}} \times 100 = \dfrac{r_{21}I_{1n}{}^2}{V_{1n}I_{1n}} \times 100 = \dfrac{P_c}{V_{1n}I_{1n}} \times 100[\%]$$

② %리액턴스 강하$(q) = \dfrac{x_{21}I_{1n}}{V_{1n}} \times 100[\%]$

③ %임피던스 강하

$$\%Z = \dfrac{z_{21}I_{1n}}{V_{1n}} \times 100 = \dfrac{V_s}{V_{1n}} \times 100 = \sqrt{p^2 + q^2}\,[\%]$$

④ 전압 변동률$(\epsilon) = \dfrac{V_{2o} - V_{2n}}{V_{2n}} \times 100[\%]$

㉠ $\epsilon = \dfrac{I_{2n}(r_{12}\cos\theta + x_{12}\sin\theta)}{V_{2n}} \times 100[\%]$

㉡ $\epsilon = P\cos\theta + q\sin\theta[\%]$　$\begin{cases} \oplus \text{ 지역률(지상부하시)} \\ \ominus \text{ 진역률(진상부하시)} \end{cases}$

$\begin{cases} \cos\theta = 1 \to \epsilon = p[\%] \\ \sin\theta = 1 \to \epsilon = q[\%] \end{cases}$　θ : 부하 Z의 위상각

ⓒ $\cos\theta=1$일 때 전압변동률

$$\epsilon \fallingdotseq p = \frac{I_{2n}r}{V_{2n}} \times 100 = \frac{I_{2n}^2 r}{V_{2n}I_{2n}} \times 100 = \frac{\text{전부하 동손}}{\text{정격 용량}} \times 100[\%]$$

ⓔ 최대 전압 변동률

$$\epsilon = p\cos\theta + q\sin\theta = \sqrt{p^2+q^2}\left(\frac{p}{\sqrt{p^2+q^2}}\cos\theta + \frac{q}{\sqrt{p^2+q^2}}\sin\theta\right)$$

$$= \sqrt{p^2+q^2}\,(\cos\alpha\cos\theta + \sin\alpha\sin\theta)$$

$$= \sqrt{p^2+q^2}\,\cos(\alpha-\theta)$$

최대조건 : $\cos(\alpha-\theta) = 1 \rightarrow \therefore \theta = \alpha = \tan^{-1}\dfrac{q}{p}$

최대전압변동률 $\epsilon_{\max} = \sqrt{p^2+q^2} = \%Z$

이때 역률 $\cos\theta_m = \dfrac{p}{\%Z} = \dfrac{p}{\sqrt{p^2+q^2}}$

(6) 변압기 손실

① 변압기 손실 = 무부하손 + 부하손

② 무부하손 = 히스테리시스손 + 와전류손 + 유전체손

　　(철손 = 히스테리시스손 + 와전류손 : 부하의 크기에 무관)

③ 부하손 = 동손 + 표류 부하손

④ 히스테리시스손

$$P_h = k_h f B_m^2 = kf\left(\frac{V}{f}\right)^2 = k\frac{V^2}{f}\,[\text{W/kg}]$$

⑤ 와전류손

$$P_e = k_e \cdot (t \cdot f \cdot k_f \cdot B_m)^2 = k(f \cdot \frac{V}{f})^2 = k \cdot V^2$$

⑥ 유전체손 : 절연물체에서 생기는 손실

⑦ 부하손

- 동손$(P_c) = I^2 \cdot R = I_{1n}^2 \cdot r_{21} = I_{2n}^2 \cdot r_{12}[\text{W}]$(전부하)

- $\left(\dfrac{1}{m}\right)$부하 시 동손 : $P_c = \left(\dfrac{1}{m}\right)^2 P_c[\text{W}]$

- 동손(P_c)과 와전류손(P_e)은 주파수에 무관하지만 히스테리시스손(P_h)은 주파수에 반비례한다.

(7) 변압기 효율

① 정격 부하 시 효율

$$\eta = \frac{P_n \cos\theta}{P_n \cos\theta + P_i + P_c} \times 100 \, [\%] \quad \text{정격} : P_n = \sqrt{3} \, V_n I_n \, [\text{VA}]$$

② $\left(\dfrac{1}{m}\right)$부하 시 효율

$$\eta_{\frac{1}{m}} = \frac{\left(\dfrac{1}{m}\right)P_n \cos\theta}{\left(\dfrac{1}{m}\right)P_n \cos\theta + P_i + \left(\dfrac{1}{m}\right)^2 P_c}$$

③ 정격 부하 시 최대 효율 조건 : $P_i = P_c$

- 최대 효율

$$\eta_{\max} = \frac{P_n \cos\theta}{P_n \cos\theta + 2P_c}$$

- 최대 효율의 부하율

$$\left(\frac{1}{m}\right) = \sqrt{\frac{P_i}{P_c}}$$

- $\left(\dfrac{1}{m}\right)$부하 시 최대 효율 조건

$$P_i = \left(\frac{1}{m}\right)^2 P_c$$

- $\left(\dfrac{1}{m}\right)$부하 시 최대 효율

$$\eta_{\max} = \frac{\left(\dfrac{1}{m}\right)P_n \cos\theta}{\left(\dfrac{1}{m}\right)P_n \cos\theta + 2P_i}$$

④ 전일 효율

$$\eta_d = \frac{1\text{일중 총출력량}}{1\text{일중 총출력량} + 24P_i + 1\text{일중 총동손량}}$$

$$= \frac{\sum h P_n \cos\theta}{\sum h P_n \cos\theta + 24P_i + \sum h P_c}$$

- 최대 전일 효율 조건

$$24P_i = h P_c \quad \therefore P_i < P_c$$

- 과부하 시 최대 효율 조건

$$P_i > P_c$$

(8) 변압기 병렬 운전조건

1) 병렬 운전조건

① $\%Z(\%R,\ \%X)$ 강하가 같을 것

② 권수비가 같고, 1와 2차 정격 전압이 같을 것

③ 극성이 같을 것

④ 3상변압기는 위의 조건 외에도 상회전방향 및 각 변위가 일치

2) 부하분담

부하분담은 변압기 $\%Z$에 반비례하며, 부하분담을 많이 하는 변압기라도 자기용량 이상은 분담할 수 없다.

$$\frac{P_a}{P_b} = \frac{P_A}{P_B} \cdot \frac{\%Z_B}{\%Z_A}$$

여기서, P_a, P_b : A, B 변압기의 분담 부하

$\quad\quad\quad P_A$, P_B : A, B 변압기 용량

3) 3상변압기의 병렬 운전결선

① 병렬 운전 불가능(각 변위가 틀림)

㉠ $\Delta - \Delta$와 $\Delta - Y$

㉡ $\Delta - Y$와 $Y - Y$

② 병렬 운전 가능

㉠ $\Delta - \Delta$와 $\Delta - \Delta$

㉡ $\Delta - Y$와 $\Delta - Y$

㉢ $Y - \Delta$와 $Y - \Delta$

㉣ $\Delta - \Delta$와 $Y - Y$

㉤ $Y - Y$와 $Y - Y$

㉥ $\Delta - Y$와 $Y - \Delta$

③ 변압기 결선

㉠ $\Delta - \Delta$ 결선도

• $V_\ell = V_p \angle 0°$: 선간전압과 상전압은 크기가 같고 동상이 된다.

• $I_\ell = \sqrt{3}\,I_p \angle -30°$: 선전류는 상전류에 비해 크기가 $\sqrt{3}$ 배이고 위상은 $30°$ 뒤진다.

㉡ $Y - Y$ 결선도

- $V_\ell = \sqrt{3}\, V_p \angle 30°$: 선간전압은 상전압에 비해 크기가 $\sqrt{3}$ 배이고 위상은 $30°$ 앞선다.
- $I_\ell = I_p \angle 0°$: 선전류와 상전류는 크기가 같고 동상이 된다.

※ 3상 Y-Y결선을 하지 않은 이유
- 중성점 접지 불안정
- 1상 고장 시 V-V결선이 될 수 없다.
- 제3고조파가 순환하지 못하므로 인근 통신선에 유도장해
- 파형이 일그러짐

ⓒ V-V 결선
- V결선 출력

$$P_V = \sqrt{3}\, V_p I_p = \sqrt{3} \times 단상변압기\ 1대\ 용량$$

- 출력의 비

$$\frac{V결선\ 출력}{3상\ 출력} = \frac{\sqrt{3}\, VI}{3\, VI} = \frac{1}{\sqrt{3}} = ≒ 0.577 = 57.7[\%]$$

- 이용률

$$\frac{3상\ 출력}{설비용량} = \frac{\sqrt{3}\, VI}{2\, VI} = \frac{\sqrt{3}}{2} ≒ 0.866 = 86.6[\%]$$

④ 단권변압기 특징
- 사용 재료 경감
- 효율이 좋고, 부하 용량 증대로 경제적이다.
- 누설리액턴스가 작으므로, 전압 변동률이 작다.
- 저압측도 고압측과 동일한 절연
- 단락 전류가 크다.

⑤ 3상 변압기의 장·단점
ⓐ 장점
- 사용 철심량 적어 철손 작아져 효율이 좋다(중간코어단면적 $\frac{1}{2}$).
- 사용 재료가 경감, 상면적이 작아 경제적이다.
- Y, △ 결선을 외함에서 함으로 부싱이 절약된다.

ⓑ 단점
- 1상 고장 시 사용할 수 없다.

- 단상에 비해 예비기 설치가 비경제적이다.
- 독립된 자로가 없으므로, 단상으로 사용이 불가능하다.

⑥ 3권선 변압기의 특징
- Y−Y−Δ로 제3고조파 제거
- 계통이 서로 다른 전력 공급
- 3차권선에 역률 개선, 전압 조정용 조상 설비 설치

(9) 상수의 변환

1) 3상-2상 간의 상수 변환

① 스코트 결선(T결선)

② 메이어 결선

③ 우드브리지 결선

2) 3상-6상 간의 상수 변환

① 환상 결선

② 2중 3각 결선

③ 2중 성형 결선

④ 대각 결선

⑤ 포크 결선

3) 스코트결선(T결선)

① 권선비

- 주좌변압기$(a_M) = \dfrac{N_1}{N_2}$

- T좌변압기$(a_T) = \dfrac{\sqrt{3}}{2} a_M$

② 이용률 $= \dfrac{\sqrt{3}\,VI}{2\,VI} = 0.866$

4) 단권변압기 자기용량

① 변압기 1차 정격전압과 공급전압이 서로 다른 경우(승압기인 경우)

단권변압기 자기용량 $(P_n) = E_2 \cdot I_2$

② 변압기 1차 정격전압과 공급전압이 동일한 경우

자기용량 $= \dfrac{고압 - 저압}{고압} \times 부하용량$

5) 변압기 내부고장검출용 보호계전기
① 차동 계전기(비율차동)
② 부흐홀츠 계전기
③ 압력 계전기
④ 가스검출 계전기

6) 변압기 측정
① 단락시험 : 동손, 임피던스전압, 임피던스와트
② 개방회로시험 : 무부하전류, 와류손, 철손, 히스테리시스손, 여자어드미턴스

04 유도기

1. 원리

아라고 원판의 원리

2. 동기속도, 주파수, 슬립, 회전속도

(1) 동기속도

$$N_s = \frac{120f}{p}\,[\text{rpm}]$$

(2) 주파수

$$f = \frac{N_s \cdot p}{120}\,[\text{Hz}]$$

(3) 슬립

회전자계속도와 회전속도의 차의 비

$$① \quad s = \frac{N_s - N}{N_s} \times 100[\%]$$

여기서, N_s : 동기속도

N : 전동기 실제 회전속도

• 회전자 속도$(N) = (1-s)N_s\,[\text{rpm}]$

• 전기각$(\alpha) = \dfrac{180°}{\text{슬롯수/극수}}$

- 전기적 각도 $=\dfrac{p}{2}\times$기하학적 각도 $(p:$ 극수$)$

② 기기별 슬립의 범위

　　㉠ 유도 전동기의 슬립 : $0 < s < 1$

　　　　• $s = 1$이면 $N = 0$이고 전동기는 정지상태

　　　　• $s = 0$이면 $N = N_s$가 되어 전동기가 동기속도로 회전

　　㉡ 유도 제동기의 슬립 : $s > 1$

　　㉢ 유도 발전기(비동기 발전기) : $s < 0$

　　㉣ 슬립측정방법 : DC밀리볼트계법, 수화기법, 스트로보스코프법

3. 유도기전력

(1) 전동기 정지 시$(s = 1)$

　　① 1차 유도기전력$(E_1) = 4.44k_{\omega 1}\omega_1 f\Phi[\text{V}]$

　　② 2차 유도기전력$(E_2) = 4.44k_{\omega 2}\omega_2 f\Phi[\text{V}]$

　　③ 권수비$(a) = \dfrac{E_1}{E_2} = \dfrac{k_{\omega 1}\cdot\omega_1}{k_{\omega 2}\cdot\omega_2}$

　　여기서, $k_{\omega 1}$, $k_{\omega 2}$: 1차, 2차의 권선 계수

　　　　　　ω_1, ω_2 : 1차, 2차의 1상당 권선수

　　　　　　Φ : 1극의 평균 자속[Wb]

(2) 전동기가 슬립 s로 회전 시

　　① 2차 유도기전력 $(E_{2s}) = s\cdot E_2$

　　② 2차 주파수 $(f_s) = s\cdot f$

　　③ 2차 전류 $(I_{2s}) = \dfrac{E_{2s}}{Z_{2s}} = \dfrac{s\cdot E_2}{\sqrt{r_2^2 + (s\cdot x_2)^2}}[\text{A}]$

　　④ 슬립 s로 회전하고 있을 때, 역률

　　　　$\cos\theta_2 = \dfrac{r_2}{\sqrt{r_2^2 + (s\cdot x_2)^2}}$, $\theta = \tan^{-1}\dfrac{s\cdot x_2}{r_2}$

　　⑤ 2차 전압의 1차 환산

　　　　$E_{2s} = E_1 = a\cdot E_2[\text{V}]$ $(a$: 권수비$)$

⑥ 2차 전류의 1차 환산

$$I_{2s} = I_1 = \frac{1}{a \cdot \beta} \cdot I_2 [\text{A}]$$

$$[\text{상수비}(\beta) = \frac{m_1}{m_2},\ m_1,\ m_2 : 1\text{차},\ 2\text{차의 상수}]$$

⑦ 2차 임피던스의 1차 환산

$$Z_{2s} = \frac{E_{2s}}{I_{2s}} = \frac{a \cdot E_2}{I_2 / a \cdot \beta} = a^2 \cdot \beta \cdot Z_2 [\Omega]$$

⑧ 2차 출력저항 : 유도기의 출력을 저항의 소비전력으로 환산한 값

$$\text{부하저항}(R) = \frac{1-s}{s} \cdot r_2 [\Omega]$$

여기서, r_2 : 2차 권선 1상의 저항

4. 유도전동기 특성

(1) 2차 입력, 기계적 출력, 2차 저항손 관계

① 2차 입력 $P_2 = P_1 - P_{l1} = m_2 \cdot I_2^2 \cdot \dfrac{r_2}{s} [W]$

② 기계적 출력 $P_o = P_2 - P_{c2} = P_2 - sP_2 = P_2(1-s)$

③ 2차 저항손 $P_{c2} = sE_2 I_2 \cos\theta = sP_2$

④ 2차 효율

$$\eta_2 = \frac{P_o}{P_2} = \frac{\text{기계적 출력}}{\text{2차 입력}} = (1-s) = \frac{N}{N_s} = \frac{\omega}{\omega_s}$$

⑤ 동기 와트

$$P_2 = \omega \cdot T = 2\pi \cdot \frac{N_s}{60} T$$

$$P_2 = P_o + P_{c2} + P_m = \text{기계적출력} + \text{2차 동손} + \text{기계손}$$

⑥ 토크

- $T = \dfrac{P_o}{\omega} = \dfrac{P_o}{2\pi\dfrac{N}{60}}[\text{N}\cdot\text{m}] = 0.975\dfrac{P_o}{N}[\text{kg}\bullet\text{m}]$

- $T = \dfrac{P_o}{\omega} = \dfrac{P_o}{2\pi\dfrac{N}{60}} = (1-s)\dfrac{P_2}{2\pi\dfrac{(1-s)N_s}{60}} = \dfrac{P_2}{\omega_s}[\text{N}\bullet\text{m}]$

$\therefore T = \dfrac{P_o}{\omega} = \dfrac{P_2}{\omega_s}[\text{N}\bullet\text{m}]$

- $T \propto K\varPhi I$에서 $\varPhi \propto V$, $I \propto V$이므로 $T \propto V^2$, $T \propto I^2$

㉠ 토크에 관계되는 식

- 3상 유도전동기의 2차 전류

$$I_2 = \dfrac{s \cdot E_2}{\sqrt{r_2^2 + (s \cdot x_2)^2}}[\text{A}]$$

- 3상 유도전동기의 토크

$$T = k_o \cdot \dfrac{s \cdot E_2^2 \cdot r_2}{r_2 + (s \cdot x_2)^2}$$

- 3상 유도전동기의 최대토크가 발생하는 슬립

$$s_m = \dfrac{r_2}{x_2}$$

- 3상 유도전동기의 최대토크

$$T_m = k_o \cdot \dfrac{E_2^2}{2 \cdot x_2}[\text{N}\bullet\text{m}]$$

㉡ 기동 시 최대토크를 발생하는 2차 삽입저항의 크기

$$R_s{}' = \sqrt{r_1^2 + (x_1 + x_2{}')^2} - r_2{}'$$

㉢ 공급전압 V와 슬립 s와의 관계 : $s \propto \dfrac{1}{V^2}$

㉣ 비례추이(3상 권선형 유도전동기에만 적용)

- $\dfrac{r_2}{s_m} = \dfrac{r_2 + R_s}{s_t}$

Chapter 4. 전기기기 • **157**

여기서, r_2 : 2차 권선의 저항

s_m : 최대토크 시 슬립

s_t : 기동 시 슬립

R_s : 2차 외부회로의 저항

- 비례추이가 되는 항목 : 토크, 역률, 2차 전류, 1차 전류
- 비례추이가 불가능한 항목 : 출력, 효율, 2차 동손
- 슬립이 증가하면 속도는 감소된다.

ⓜ 2차 저항과 최대토크
- 3상 유도전동기 : 2차 저항의 크기를 변화시키면 최대토크의 크기는 변하지 않으나 최대토크를 발생하는 슬립점이 2차 회로의 저항에 비례하여 이동
- 단상 유도전동기 : 2차 저항의 크기를 변화시키면 최대토크를 발생하는 슬립점뿐만 아니라 최대 토크의 크기까지 변화

5. 원선도 작성

정 리액턴스 가변저항의 전류벡터의 궤적
- 종축-유효 전류 눈금
- 횡축-무효 전류 눈금

(1) 원선도 작성에 필요한 시험(기본량)

① 무부하 시험 : 철손, 무부하 전류, 여자 어드미턴스, 측정

② 구속 시험 : 동손, 누설 임피던스 측정

③ 권선 저항 측정

(2) 원선도에서 구할 수 없는 사항

기계적 출력, 효율, 2차 동손

6. 전동기의 토크(T)와 부하토크(T_L)

- $T > T_L \left(\dfrac{d\omega}{dt} > 0 \right)$: 가속 상태

- $T = T_L \left(\dfrac{d\omega}{dt} = 0 \right)$: 평행속도 상태

- $T < T_L \left(\dfrac{d\omega}{dt} < 0 \right)$: 감속 상태

7. 기동법

(1) 농형 유도전동기

① 전전압 기동법 : 5[kW] 미만(직입기동)

② Y−△ 기동법 : 5~15[kW], Y로 기동 시에 비해서 토크는 $\frac{1}{3}$ 배, 기동전류는 $\frac{1}{3}$ 배만큼 감소해서 기동한다.

③ 기동보상기법(단권변압기) : 15[kW] 이상

④ 리액터 기동법

⑤ 콘도로퍼법

(2) 고조파의 회전자계방향

1) 회전자계방향

① $h = 3n + 1$: 기본파와 같은 방향의 회전자계 발생(n : 상수)

② $h = 3n$: 회전자계를 발생하지 않는다.

③ $h = 3n - 1$: 기본파와 반대 방향의 회전자계 발생

$$\left(\text{회전속도} = \frac{1}{\text{고조파 차수}(h)}\right)$$

2) 유도전동기 이상 운전(기동)

① 차동기 운전(크로우링 현상) : 3상 유도전동기에서 고조파에 의해 낮은 속도에서 안정상태가 되어 더 이상 가속하지 않는 현상

② 게르게스 현상 : 3상 권선형 유도전동기의 2차 회로가 1개 단선된 경우 슬립 $s = 50[\%]$ 부근에서 더 이상 가속되지 않는 현상

(3) 속도제어법

1) 농형 유도전동기 속도제어변환법

① 극수변환법 : 2~4단 정도, 불연속 제어

※ 전자 커플링 제어

② 주파수변환법 : 연속 제어, 전용 전원 필요(인버터 사용)

③ 전압제어법 : 전원 전압 변화

2) 권선형 유도전동기의 속도제어법

① 2차 저항제어법

② 2차 여자법

③ 종속제어법

3) 종속법(M_1 : 권선형, M_2 : 권선형 또는 농형) : 2단, 불연속, 효율, 역률이 나쁨

① 직렬 종속(N_s)$= \dfrac{120f}{P_1 + P_2}$ [rpm]

② 차동 종속(N_s)$= \dfrac{120f}{P_1 - P_2}$ [rpm] (실용성 없음)

③ 병렬 종속(N_s)$= 2 \times \dfrac{120f}{P_1 \pm P_2}$ [rpm]

4) 제동
① 발전제동
② 회생제동
③ 역상제동(플러깅)
④ 단상제동
⑤ 와전류제동
⑥ 유도제동

5) 주파수 감소(60[Hz]에서 50[Hz]로)
① 속도 감소
② 역률 저하
③ 온도 상승
④ 자속 증가
⑤ 기동전류 약간 증가
⑥ 최대토크 증가

8. 유도전압조정기

회전자의 회전각에 따라 전압 조정

(1) 원리
• 단상 : 단상 유도 전동기 원리-교번 자계 이용
• 3상 : 3상 전동기 원리-회전 자계 이용

(2) 구조 : 단권변압기

(3) 단상 유도 전압조정기
① 입력전압과 출력전압은 동위상
② 단락권선은 누설리액턴스에 의한 전압강하방지용으로 설치

③ 1차권선은 회전자, 2차권선은 고정자로 되어 있다.

④ 직렬권선과 분로권선이 이루는 각 θ에 따른 출력 전압

   ㉠ $\theta = 0°$일 때 : $E = E_1 + E_2$

   ㉡ $\theta = 90°$일 때 : $E = E_1$

   ㉢ $\theta = 180°$일 때 : $E = E_1 - E_2$

   여기서, E_1 : 입력전압

   E_2 : 조정전압

   E : 출력전압

⑤ 조정기의 정격출력

$P_s = E_2 \cdot I_2 [\text{VA}]$

(4) 3상 유도 전압조정기

① 입력전압과 출력전압 사이에 위상차가 발생

② 단락권선이 필요하다.

③ 1차권선은 회전자, 2차권선은 고정자로 되어 있다.

④ 직렬권선과 분로권선이 이루는 각 θ에 따른 출력 전압

$E = \sqrt{(E_1 + E_1 \cos\theta)^2 + (E_2 \sin\theta)^2}$

⑤ 정격출력

$P_s = \sqrt{3} E_2 \cdot I_2 [\text{VA}]$

⑥ 시험

   ㉠ 실부하법에 의한 시험

   • 전기동력계법

   • 프로니브레이크법

   • 직류발전기 사용법(손실을 알고 있을 경우)

   ㉡ 슬립 측정

   • 회전계법

   • 직류 밀리볼트계법

   • 수화기법

   • 스트로보스코프법

(5) 이중 농형 유도전동기

보통 농형 전동기는 기동용량이 크고, 기동토크가 작은 것을 보완하기 위해 회전자의 농형

권선을 내외 이중으로 설치하여 기동전류를 감소시키고 기동토크를 증가시켜서 기동시킨다. 정지가 빈번한 곳에 사용한다.

① 내측도체 : 전기동(저항이 낮음)

② 외측도체 : 황동, 동니켈 합금의 도체(저항이 높음)

05 정류기 및 전력용 반도체

1. 회전변류기

동기 전동기와 직류 발전기로 구성된 일종의 동기기(정류기로서 교류전력을 직류전력으로 변성하는 회전기계)

(1) 전압비 $\dfrac{E_a}{E_d} = \dfrac{1}{\sqrt{2}} \sin\dfrac{\pi}{m}$

여기서, m : 상수

E_a : 교류측전압

E_d : 직류측전압

(2) 전류비 $\dfrac{I_a}{I_d} = \dfrac{2\sqrt{2}}{m\cos\theta}$

여기서, I_a : 교류측 선전류

I_d : 직류측 전류

(3) 회전 변류기 직류 전압 조정

① 직렬 리액터에 의한 방법

② 유도 전압 조정기 사용 방법

③ 부하 시 전압 조정 변압기 사용 방법

④ 동기 승압기에 의한 방법

2. 수은정류기

수은 증기 중 아크에 의한 밸브 작용 이용(양극이 정 전위를 가질 때만 전류가 흐르고, 부전위일 때는 흐르지 않는 작용)

① 전압비 : $\dfrac{E_a}{E_d} = \dfrac{\sqrt{2} \cdot \sin\dfrac{\pi}{m}}{\dfrac{\pi}{m}}$ (m: 상수)

② 전류비 $\dfrac{I_a}{I_d} = \sqrt{m}$

③ 수은정류기의 이상현상
- 역호 : 밸브 작용을 상실하여 전자가 역류하는 현상
- 실호 : 점호 실패(기능 상실)
- 통호 : 아크 유출
- 점호 : 우선 음극점 형성
- 여호 : 음극점 소멸되지 않게 음극점 유지
- 이상 전압 발생

3. 다이오드

① 직렬 접속 : ○─▶──▶─○(과전압으로부터 보호)

② 병렬 접속 : ○─┌─▶─┐─○(과전류로부터 보호)

③ 종류 및 용도
- 제너 다이오드 : 정전압 회로용 소자(부성저항영역 없음)
- 바랙터 다이오드 : 정전 용량이 전압에 따라 변화
- 바리스터 다이오드 : 이상 전압에 대한 회로 보호용
- 정류용 다이오드 : 교류를 직류로 변환

4. 실리콘정류기

(1) 특성

① 효율이 가장 좋다.
② 전압 강하가 적다.
③ 전류 밀도 크다.
④ 역내전압이 크다.
⑤ 온도의 영향이 적다.
⑥ 대용량에 적합하다.

5. SCR(Silicon Controlled Rectifier)

① 게이트 전극을 가진 PNPN 구조

② 역저지 3단자 다이리스터

③ 게이트 전류에 의하여 턴온, 위상이 제어된다.

④ 위상제어

- 반파정류 $(E_d) = \dfrac{\sqrt{2}\,E}{2\pi}(1 + \cos\alpha)$　(※α: 점호각)

- 전파정류 $(E_d) = \dfrac{\sqrt{2}\,E}{\pi}(1 + \cos\alpha)$

⑤ 특징

- 고온에 약하다.
- 과전압에 약하다.
- 열발생이 적다.
- 전압 강하가 적다.
- 도통할 때까지 시간이 짧다.
- 역률각(Φ) 이하($\alpha \leq \Phi$)에서는 제어 불가능하다(가능 범위 : $\Phi < \alpha \leq \pi$).
- 단일 방향성 3단자 소자

6. TRIAC(Trielectrode AC Switch)

(1) 특징

① 양방향성 소자

② 교류전력용의 제어용으로만 사용한다.

③ 정격전류 이하에서는 과전압으로는 파괴되지 않는다.

④ 게이트에 전류가 흐르면 어떤 방향이건 관계 없이 높은 곳에서 낮은 곳으로 통전한다.

⑤ 2개의 SCR을 역병렬접속한 것이다.

7. DIAC(DIode AC Switch)

(1) 특징

① 쌍방성 부성 저항을 나타낸다.

② TRIAC, SCR의 게이트 트리거용에 적합하다.

③ 부성 저항은 PN 접합의 애벌런치 효과와 트랜지스터 전류 이득 작용을 한다.

④ 2단자 3층 쌍방성 소자

Chapter **05** 회로이론

01 직류회로

1. 전하

(1) 전자 1개의 전하량

- $e = 1.602 \times 10^{-19}[\text{C}]$ (양전하 [+]인 양자)
- $e = -1.602 \times 10^{-19}[\text{C}]$ (음전하 [-]인 전자)
- $1[\text{C}] = \dfrac{1}{1.602 \times 10^{-19}} = 6.25 \times 10^{18}[\text{개}]$의 전자

(2) 전위차 : 두 점 간의 에너지의 차

- $V = \dfrac{W}{Q}[\text{V}]$
- $W = QV[\text{J}]$

(3) 전류 : 도체의 한 단면을 $Q[\text{C}]$의 전하가 $t[\sec]$ 동안에 이동할 때

- $I = \dfrac{Q}{t}[\text{A}]$
- $i(t) = \dfrac{dq}{dt}[\text{A}]$
- $Q = It[\text{C}]$

(4) 전력 : 도선에 전류가 $t[\sec]$ 동안에 흐를 때 $W[\text{J}]$의 일을 행했을 때

- $P = \dfrac{W}{t} = \dfrac{QV}{t} = IV = \dfrac{V^2}{R} = I^2 R[\text{W}]$
- $1[\text{W}] = 1[\text{J/sec}]$, $1[\text{J}] = 1[\text{N} \cdot \text{m}]$, $1[\text{kg} \cdot \text{m}] = 9.8[\text{N} \cdot \text{m}]$

(5) 전력량

전력량$[\text{W}] = P \cdot t[\text{J}]$

Chapter 5. 회로이론 · **165**

2. 기본법칙

(1) 옴의 법칙

- $V = IR\,[\text{V}]$

- $I = \dfrac{V}{R}\,[\text{A}]$

- $R = \dfrac{V}{I}\,[\Omega]$

(2) 키르호프의 법칙

① 제1법칙(전류법칙) : 도선의 임의의 분기점에서 유출입되는 전류의 대수합은 0이다 $\left(\sum I = 0\right)$.

② 제2법칙(전압법칙) : 임의의 폐회로에서 한 방향으로 일주하면서 취한 전압변동의 합은 0이다$\left(\sum E = \sum IR = 0\right)$.

(3) 줄의 법칙

- $1[\text{J}] = 1[\text{W} \cdot \sec] = \dfrac{1}{4.2}[\text{cal}] = 0.24[\text{cal}]$

- $H = 0.24W = 0.24Pt = 0.24I^2Rt\,[\text{cal}]$

3. 회로 소자

(1) 도체저항

$$R = \rho\frac{\ell}{S} = \frac{\ell}{kS}\,[\Omega] \quad \rightarrow \quad G = \frac{1}{R}\,[\mho]$$

여기서, S : 단면적

ℓ : 도선의 길이

ρ : 고유저항

(2) 저항의 접속

① 직렬접속

$$R_s = R_1 + R_2 + R_3 + \cdots + R_n\,[\Omega]$$

② 병렬접속

$$R_P = \frac{1}{\dfrac{1}{R_1} + \dfrac{1}{R_2} + \dfrac{1}{R_3} + \cdots + \dfrac{1}{R_n}}\,[\Omega]$$

③ 전압분배의 법칙

$$V_1 = \frac{R_1}{R_1 + R_2} V \,[\text{V}]$$

$$V_2 = \frac{R_2}{R_1 + R_2} V \,[\text{V}]$$

④ 전류분배의 법칙

$$I_1 = \frac{R_2}{R_1 + R_2} I \,[\text{A}]$$

$$I_2 = \frac{R_1}{R_1 + R_2} I \,[\text{A}]$$

⑤ 배율기의 배율

$$V = \frac{R_V}{R_V + R_m} V_0 \,[\text{V}]$$

$$\text{배율}(m) = \frac{V_0}{V} = 1 + \frac{R_m}{R_V}$$

⑥ 분류기의 배율

$$I_a = \frac{R_s}{R_a + R_s} I_0 \,[\text{A}]$$

$$\text{배율}(m) = \frac{I_0}{I_a} = 1 + \frac{R_a}{R_s}$$

02 정현파 교류

1. 정현파의 순시값, 평균값, 실효값

(1) 정현파의 순시값과 위상

$$e(t) = E_m \sin(\omega t + \theta)\,[\text{V}]$$

여기서, E_m : 최대값

θ : 위상

(2) 실효값

$$I_e = \sqrt{\frac{1}{T}\int_0^T I_m^2 \sin^2\omega t\, dt}$$

$$= \sqrt{\frac{I_m^2}{2T}\int_0^T (1-\cos 2\omega t)dt} = \frac{I_m}{\sqrt{2}} = 0.707 I_m\,[\text{A}]$$

(3) 평균값

$$I_{av} = \frac{1}{\frac{T}{2}}\int_0^{\frac{T}{2}} i\, dt = \frac{2}{T}\int_0^{\frac{T}{2}} I_m \sin\omega t\, dt = \frac{2I_m}{\pi} \fallingdotseq 0.637\, I_m\,[\text{A}]$$

(4) 파고율과 파형률(정현파)

① 파고율 $= \dfrac{\text{최대값}}{\text{실효값}} = \dfrac{I_m}{\dfrac{I_m}{\sqrt{2}}} = \sqrt{2} = 1.414$

② 파형률 $= \dfrac{\text{실효값}}{\text{평균값}} = \dfrac{\dfrac{I_m}{\sqrt{2}}}{\dfrac{2I_m}{\pi}} = \dfrac{\pi}{2\sqrt{2}} \fallingdotseq 1.111$

(5) 여러 가지 파형의 파고율과 파형률

명 칭	파 형	실효값	평균값	파형률	파고율
정 현 파		$\dfrac{V_m}{\sqrt{2}} = 0.707\,V_m$	$\dfrac{2}{\pi}V_m$	$\dfrac{\pi}{2\sqrt{2}} = 1.11$	$\sqrt{2} = 1.414$
반파 정류파		$\dfrac{V_m}{2} = 0.5\,V_m$	$\dfrac{1}{\pi}V_m$	$\dfrac{\pi}{2} = 1.571$	2
전파 정류파		$\dfrac{V_m}{\sqrt{2}} = 0.707\,V_m$	$\dfrac{2}{\pi}V_m$	$\dfrac{\pi}{2\sqrt{2}} = 1.11$	$\sqrt{2} = 1.414$
삼 각 파		$\dfrac{V_m}{\sqrt{3}} = 0.577\,V_m$	$\dfrac{1}{2}V_m$	$\dfrac{2}{\sqrt{3}} = 1.155$	$\sqrt{3} = 1.732$
구 형 파		V_m	V_m	1	1
맥 동 파		$\dfrac{V_m}{\sqrt{2}} = 0.707\,V_m$	$\dfrac{1}{2}V_m$	$\sqrt{2}$	$\sqrt{2}$

2. 기본교류소자의 응답

(1) 저항(R)회로

　① 전압과 전류의 관계

- $I_m = \dfrac{E_m}{R}[\text{A}]$

- $I = \dfrac{E}{R}[\text{A}]$

- 위상 : 전압과 전류의 위상은 동위상이다.

- 소비에너지 : $W = \displaystyle\int p\,dt = I^2 Rt[\text{J}]$

(2) 인덕턴스(L)회로

- $I_m = \dfrac{E_m}{\omega L}[\text{A}]$

- $I = \dfrac{E}{\omega L}[\text{A}]$

- 위상 : 전류(I)가 전압(E)보다 $90\,^\circ$ 늦다. → 유도성

- 축적에너지

$$W = \int p\,dt = \int ei\,dt = L\int \frac{di}{dt}i\,dt = L\int i\,di = \frac{1}{2}LI^2[\text{J}]$$

$\left(\because e = L\dfrac{di}{dt}\right)$: 미소시간 동안에 전류가 급격히 변화하면 유기 기전력이 무한대가 되므로

인덕턴스에서는 전류가 급격히 변화할 수 없다($dt \to 0,\ di \to \infty$이면 $e \to \infty$).

(3) 커패시턴스(C)회로

- $I_m = \omega C E_m = \dfrac{E_m}{\dfrac{1}{\omega C}} = \dfrac{E_m}{X_C}[\text{A}]$

- $I_C = \omega C E = \dfrac{E}{\dfrac{1}{\omega C}} = \dfrac{E}{X_C}[\text{A}]$

- 위상 : 전류(I)가 전압(E)보다 $90\,^\circ$ 앞선다. → 용량성

- 축적에너지

$$W = \int p\,dt = \int ei\,dt = C\int \frac{de}{dt}e\,dt = C\int e\,de = \frac{1}{2}CE^2[\text{J}]$$

$\left(\because i = C\dfrac{de}{dt} \right)$: 미소시간 동안에 전압이 급격히 변화하면 전류가 무한대가 되므로 커패시

턴스에서는 전압이 급격히 변화할 수 없다($dt \to 0,\ de \to \infty$이면 $i \to \infty$).

(4) $R-L$직렬회로 : 전류(I)가 전압(V)보다 위상이 θ만큼 뒤진다.

① $Z = R + jX_L = R + j\omega L[\Omega]$

② 크기 : $|Z| = \sqrt{R^2 + X_L^2}\ [\Omega]$

③ 위상 : $\tan\theta = \dfrac{X_L}{R}$　　$\therefore$ 편각(θ)$= \tan^{-1}\dfrac{X_L}{R}$

④ 역률 : $\cos\theta = \dfrac{R}{Z} = \dfrac{R}{\sqrt{R^2 + X_L^2}} = \dfrac{R}{\sqrt{R^2 + (\omega L)^2}}$

(5) $R-C$ 직렬회로 : 전류(I)가 전압(V)보다 위상이 θ만큼 앞선다.

① $Z = R - jX_C = R - j\dfrac{1}{\omega C}[\Omega]$

② 크기 : $|Z| = \sqrt{R^2 + X_C^2}\ [\Omega]$

③ 위상 : $\tan\theta = \dfrac{X_C}{R}$　　$\therefore$ 편각(θ)$= \tan^{-1}\dfrac{X_C}{R}$

④ 역률 : $\cos\theta = \dfrac{R}{Z} = \dfrac{R}{\sqrt{R^2 + X_C^2}} = \dfrac{R}{\sqrt{R^2 + \left(\dfrac{1}{\omega C}\right)^2}}$

(6) $R-L-C$ 직렬회로

① $Z = R + j(X_L - X_C) = R + j\left(\omega L - \dfrac{1}{\omega C}\right)[\Omega]$

② 크기 : $|Z| = \sqrt{R^2 + (X_L - X_C)^2}\ [\Omega]$

③ 위상($\tan\theta$)$= \dfrac{X_L - X_C}{R}$　　$\therefore$ 편각(θ)$= \tan^{-1}\dfrac{X_L - X_C}{R}$

④ 역률($\cos\theta$)$= \dfrac{R}{Z} = \dfrac{R}{\sqrt{R^2 + (X_L - X_C)^2}} = \dfrac{R}{\sqrt{R^2 + \left(\omega L - \dfrac{1}{\omega C}\right)^2}}$

- $X_L = X_C \to E$와 I는 동상
- $X_L < X_C \to I$는 E보다 θ만큼 앞선다(용량성).
- $X_L > X_C \to I$는 E보다 θ만큼 뒤진다(유도성).

(7) R, L, C 병렬회로의 역률

① $R-L$병렬 회로

$$역률(\cos\theta) = \frac{X_L}{Z} = \frac{X_L}{\sqrt{R^2 + X_L^2}}$$

② $R-C$병렬 회로

$$역률(\cos\theta) = \frac{X_C}{Z} = \frac{X_C}{\sqrt{R^2 + X_C^2}}$$

③ $R-L-C$ 병렬 회로

- $X_L = X_C \rightarrow E$와 I는 동상
- $X_L > X_C \rightarrow I$는 E보다 θ만큼 앞선다(용량성).
- $X_L < X_C \rightarrow I$는 E보다 θ만큼 뒤진다(유도성).

3. 교류회로의 전력

① 유효전력$(P) = VI\cos\theta = I^2 R [\text{W}]$

② 무효전력$(P_r) = VI\sin\theta = I^2 X [\text{Var}]$

③ 피상전력$(P_a) = VI = I^2 Z\ [\text{VA}] = \sqrt{P^2 + P_r^2}\ [\text{VA}]$

④ 역률$(\cos\theta) = \dfrac{P}{P_a} = \dfrac{R}{Z}$

⑤ 위상$(\tan\theta) = \dfrac{P_r}{P} = \dfrac{X}{R}$

⑥ 무효율$(\sin\theta) = \dfrac{P_r}{P_a} = \dfrac{X}{Z}$

⑦ 전력표시

㉠ 피상전력$(\dot{P_a}) = \dot{V} \cdot \overline{I} = P \pm jP_r [\text{VA}]$

- $(+)$: 유도성
- $(-)$: 용량성

㉡ 피상전력$(\dot{P_a}) = \overline{V} \cdot \dot{I} = P \pm jP_r [\text{VA}]$

- $(+)$: 용량성
- $(-)$: 유도성

4. 공진회로

(1) 직렬 공진

① 임피던스

$$\dot{Z} = R + j\left(\omega L - \frac{1}{\omega C}\right)[\Omega]$$

② 공진조건(허수부 = 0)

$$\omega L = \frac{1}{\omega C}$$

③ 공진주파수

$$\omega_r^2 = \frac{1}{LC} \qquad \therefore f_r = \frac{1}{2\pi\sqrt{LC}}[\text{Hz}]$$

④ 공진 시 전류(최대 전류)

$$I = \frac{E}{R}[\text{A}]$$

⑤ 선택도(전압 확대비)

$$Q = \frac{E_L}{E} = \frac{E_C}{E} = \frac{\omega_r L}{R} = \frac{1}{\omega_r CR} = \frac{1}{R}\sqrt{\frac{L}{C}}$$

(2) 병렬공진($R-L$ 직렬, C병렬)

① 어드미턴스

$$Y = \frac{1}{R + j\omega L} + j\omega C = \frac{R}{R^2 + \omega^2 L^2} + j\left(\omega C - \frac{\omega L}{R^2 + \omega^2 L^2}\right)[\mho]$$

② 공진조건(허수부 = 0)

$$\omega C = \frac{\omega L}{R^2 + \omega^2 L^2}$$

③ 공진주파수

$$\omega_r^2 = \frac{\left(\dfrac{L}{C} - R^2\right)}{L^2} = \frac{1}{LC} - \frac{R^2}{L^2}$$

$$f_r = \frac{1}{2\pi}\sqrt{\frac{1}{LC} - \frac{R^2}{L^2}}\,[\text{Hz}]$$

④ 공진 시 전류(최소 전류)

$$I = \frac{CR}{L}E[\text{A}] \quad (\because Y_r = \frac{CR}{L} \text{ 최소})$$

⑤ 선택도(전류 확대비)

$$Q = \frac{I_C}{I} = \frac{I_L}{I} = \omega CE = \frac{\omega L}{R} = \frac{1}{\omega CR}$$

5. 최대전력 전달조건

(1) 저항회로일 때 최대전력 전달조건

- 내부저항(R_g)= 부하저항(R_L)

- 최대전력$(P_{\max}) = \dfrac{E_g^2}{4R_g}[\text{W}]$

(2) 임피던스회로일 때 최대전력 전달조건

$Z_g = R_g + jX_g$, 여기서, $R_L = R_g$, $\pm jX_L = \mp jX_g$

$\therefore$ 최대전력 전달조건 : $Z_L = \overline{Z_g}$

최대전력$(P_{\max}) = \dfrac{E_g^2}{4R_g}[\text{W}]$

여기서, Z_g : 내부임피던스

$\qquad\quad Z_L$: 부하임피던스

---

03 유도결합 회로

1. 전자유도법칙

(1) 유도기전력

$$e_L = -L\frac{di}{dt} = -N\frac{d\Phi}{dt}[\text{V}]$$

- 크기 : 페러데이 법칙
- 방향 : 렌츠의 법칙

Chapter 5. 회로이론 · **173**

(2) 인덕턴스의 접속

1) 직렬접속

① $\circ\!\!-\!\!\cdot\!\!\text{mm}\!\cdot\!\text{mm}\!-\!\!\circ$: $M > 0$

$L = L_1 + L_2 + 2M$(화동 결합) : 가극성

② $\circ\!\!-\!\!\cdot\!\!\text{mm}\!\!-\!\!\text{mm}\!\cdot\!-\!\!\circ$: $M < 0$

$L = L_1 + L_2 - 2M$(차동 결합) : 감극성

2) 병렬접속

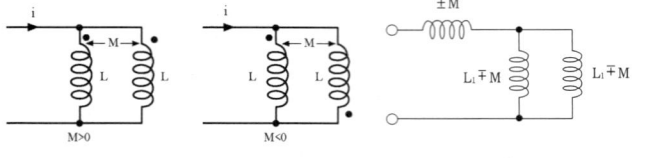

$$L = \pm M \frac{(L_1 \mp M)(L_2 \mp M)}{(L_1 \mp M)+(L_2 \mp M)} = \frac{L_1 L_2 - M^2}{L_1 + L_2 \mp 2M}$$

3) 상호인덕턴스와 결합계수와의 관계

· $M = K\sqrt{L_1 L_2}\,[\text{H}]$

· $K = \dfrac{M}{\sqrt{L_1 L_2}}$

여기서, K : 결합계수($0 \le K \le 1$)

04 다상교류

1. 대칭 n상 교류

(1) 대칭 n상 성형(Y)결선

① 선전류(I_ℓ)= 상전류(I_p)

② 선간전압$(V_\ell)= 2V_p \sin\dfrac{\pi}{n}$

③ 위상 : 선간전압(V_ℓ)이 상전압(V_p)보다 $\theta = \dfrac{\pi}{2}\left(1 - \dfrac{2}{n}\right)$[㎭]만큼 앞선다.

(2) 대칭n상 성형(△)결선

① 선전류$(I_\ell)= 2I_p \sin\dfrac{\pi}{n}$

② 선간전압(V_ℓ) = 상전압(V_p)

③ 위상 : 선전류(I_ℓ)이 상전류(I_p)보다 위상이 $\theta = \dfrac{\pi}{2}\left(1 - \dfrac{2}{n}\right)$[rad]만큼 뒤진다.

(3) n상 회로의 유효전력

① $P = nEI\cos\theta = n \times$ (상전압) $\times$ (상전류) $\times \cos\theta$[W]

② $P = \dfrac{n}{2\sin\dfrac{\pi}{n}} \times$ (선간전압) $\times$ (선전류) $\times \cos\theta$

$\quad = \dfrac{n}{2\sin\dfrac{\pi}{n}} V_\ell I_\ell \cos\theta$ [W]

(4) 회전자계 형성

① 대칭 전류 : 원형 회전자계 형성

② 비대칭 전류 : 타원 회전자계 형성

2. 불평형 3상 전압 및 대칭분

(1) 대칭 전압분

• 영상분 : $V_0 = \dfrac{1}{3}\left(V_a + V_b + V_c\right)$

• 정상분 : $V_1 = \dfrac{1}{3}\left(V_a + aV_b + a^2V_c\right)$

• 역상분 : $V_2 = \dfrac{1}{3}\left(V_a + a^2V_b + aV_c\right)$

(2) 비대칭 전압분

• $V_a = \left(V_0 + V_1 + V_2\right)$

• $V_b = \left(V_0 + a^2V_1 + aV_2\right)$

• $V_c = \left(V_0 + aV_1 + a^2V_2\right)$

(3) 불평형 회로

① 3상3선식 : $I_1 + I_2 + I_3 = 0$

② 3상4선식 : $I_1 + I_2 + I_3 = I_N$

③ 불평형률 $= \dfrac{\text{역상분}}{\text{정상분}} \times 100$

$$= \frac{V_2}{V_1} \times 100[\%] \ \text{또는} \ \frac{I_2}{I_1} \times 100[\%]$$

④ 3상 교류발전기의 기본식

- $V_0 = -Z_0 I_0$

- $V_1 = E_a - Z_1 I_1$

- $V_2 = -Z_2 I_2$

3. 2전력계법

① 유효전력$(P) = P_1 + P_2[\text{W}]$

② 무효전력$(P_r) = \sqrt{3}\,(P_1 - P_2)[\text{Var}]$

③ 피상전력$(P_a) = \sqrt{P^2 + P_r^2} = 2\sqrt{P_1^2 + P_2^2 - P_1 P_2}\ [\text{VA}]$

④ 역률$(\cos\theta) = \dfrac{P}{P_a} = \dfrac{P_1 + P_2}{2\sqrt{P_1^2 + P_2^2 - P_1 P_2}}$

05 비정현파 교류

1. 퓨리에(Fourier) 급수 표현식

① $f(t) = a_0 + \displaystyle\sum_{n=1}^{\infty} a_n \cos n\omega t + \sum_{n=1}^{\infty} b_n \sin n\omega t$

② 비정현파교류 = 직류분 + 기본파 + 고조파

2. 비정현파 대칭

(1) 반파대칭

① 대칭조건 : $f(t) = -f\left(t + \dfrac{T}{2}\right) = -f(t + \pi)$

② 반주기마다 같은 파형에 부호가 다르게 반복한다.

③ $a_0 = 0$, sin, cos항의 기수(홀수)차항만 존재한다.

(2) 정현대칭(기함수파)

① 대칭조건 : $f(t) = -f(-t) = -f(2\pi - t)$

② $a_0 = 0$, $a_n = 0$, $\sin$항만 존재한다.

③ $f(t) = b_1 \sin\omega t + b_2 \sin 2\omega t + b_3 \sin 3\omega t + \cdots$

(3) 여현대칭(우함수파)

① 대칭조건 : $f(t) = f(-t) = f(2\pi - t)$

② $a_0 = 0$, b_n, $\cos$항만 존재한다.

③ $f(t) = a_0 + a_1 \cos\omega t + a_2 \cos 2\omega t + a_3 \cos 3\omega t + \cdots$

(4) 반파 및 정현대칭

① 대칭조건 : $f(t) = -f(-t) = -f(\pi - t)$

② $a_0 = 0$, $a_n = 0$, $\sin$항의 기수차항만 존재한다.

③ $f(t) = b_1 \sin\omega t + b_3 \sin 3\omega t + b_5 \sin 5\omega t + \cdots$

(5) 반파 및 여현대칭

① 대칭조건 : $f(t) = f(-t)$

② $a_0 = 0$, $b_n = 0$, $\cos$항의 기수항만 존재한다.

③ $f(t) = a_1 \cos\omega t + a_3 \cos 3\omega t + a_5 \cos 5\omega t + \cdots$

3. 비정현파의 실효값

(1) 비정현파의 전압 및 전류의 실효값

$$I = \sqrt{I_0^2 + \left(\frac{I_{m1}}{\sqrt{2}}\right)^2 + \left(\frac{I_{m2}}{\sqrt{2}}\right)^2 + \cdots + \left(\frac{I_{mn}}{\sqrt{2}}\right)^2}$$

$$= \sqrt{I_0^2 + I_1^2 + I_2^2 + \cdots + + I_n^2}$$

$$V = \sqrt{V_0^2 + V_1^2 + V_2^2 + V_3^2 + \cdots + V_n^2}$$

여기서, V_0 : 직류분

V_1 : 기본파

V_n : 고조파

V_m : 최대값

I_0 : 직류분

$$I_1 \ : \ 기본파$$

$$I_n \ : \ 고조파$$

$$I_m \ : \ 최대값$$

(2) 왜형률

$$왜형률 = \frac{전고조파의 \ 실효값}{기본파 \ 실효값}$$

$$= \sqrt{\left(\frac{V_2}{V_1}\right)^2 + \left(\frac{V_3}{V_1}\right)^2 + \left(\frac{V_4}{V_1}\right)^2 + \cdots + \left(\frac{V_n}{V_1}\right)^2}$$

4. 비정현파의 임피던스

(1) $R-L$ 직렬회로

① 기본파 : $Z_1 = \sqrt{R^2 + (\omega L)^2} \, [\Omega]$

② n고조파 : $Z_n = \sqrt{R^2 + (n\omega L)^2} \, [\Omega]$

(2) $R-C$ 직렬회로

① 기본파 : $Z_1 = \sqrt{R^2 + \left(\dfrac{1}{\omega C}\right)^2} \, [\Omega]$

② n고조파 : $Z_n = \sqrt{R^2 + \left(\dfrac{1}{n\omega C}\right)^2} \, [\Omega]$

5. 비정현파 전력

(1) 유효전력

$$P = V_0 I_0 + V_1 I_1 \cos\theta_1 + + V_2 I_2 \cos\theta_2 + \cdots + V_n I_n \cos\theta_n \, [\mathrm{W}]$$

$$= V_0 I_0 + \sum_{n=1}^{\infty} V_n I_n \cos\theta_n \, [\mathrm{W}]$$

(2) 무효전력

$$P_r = \sum_{n=1}^{\infty} V_n I_n \sin\theta_n [\mathrm{Var}] \quad (직류성분은 \ 존재하지 \ 않는다.)$$

(3) 피상전력

$$P_a = V_0 I_0 + V_1 I_1 + V_2 I_2 + \cdots + V_n I_n = V_0 I_0 + \sum_{n=1}^{\infty} V_n I_n \ [\text{VA}]$$

(4) 역률

$$\cos\theta = \frac{P}{VI} = \frac{V_0 I_0 + V_1 I_1 \cos\theta_1 + V_2 I_2 \cos\theta_2 + \cdots}{\sqrt{V_0^2 + V_1^2 + V_2^2 + \cdots} \cdot \sqrt{I_0^2 + I_1^2 + I_2^2 + \cdots}}$$

06 일반회로망 해석

1. 전압원

(1) 이상적인 전압원(정전압원)

① 부하에 관계없이 단자에 일정한 전압을 공급하는 전원

② 전압원과 부하 임피던스는 직렬접속

③ 내부 임피던스＝0, 단락시 전류＝∞

(2) 이상적인 전류원(정전류원)

① 부하에 관계없이 단자에 일정한 전류를 공급하는 전원

② 전류원과 부하 임피던스는 병렬접속

③ 내부 임피던스＝∞, 개방시 전압＝∞

2. 중첩의 원리

몇 개의 전압원과 전류원이 동시에 존재하는 회로망에서 한 지로의 전류는 각 전류원, 전압원이 단독으로 가해졌을 때 흐르는 전류의 합과 같다.

• 1개의 전원 기준 : 다른 모든 전압원은 단락, 전류원은 개방

3. 테브난의 정리

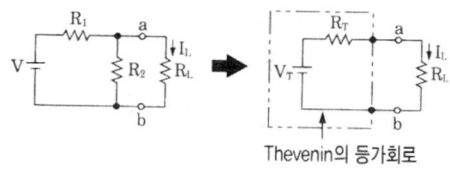

Thevenin의 등가회로

① 단자a, b에서 본 내부 임피던스를 구하면(모든 전압원은 단락, 전류원은 개방시킨 후에 구한 저항값을 테브난 등가저항R_T라 한다.) $R_T = \dfrac{R_1 \cdot R_2}{R_1 + R_2}$ [Ω]가 된다.

② 단자 a, b 사이에 걸리는 전압 V_T는 $V_T = \dfrac{R_2}{R_1 + R_2} \times V$ [V]가 된다.

③ 부하저항(R_L)에 흐르는 전류 I_L는 $I_L = \dfrac{V_T}{R_T + R_L}$ [A]가 된다.

4. 노튼의 정리

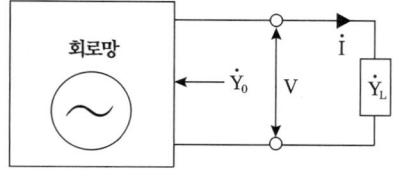

① a, b단자 사이를 단락했을 때 단락 전류 I_s, 전원을 개방했을 때 단자 a, b에서 회로망을 본 어드미턴스를 Y_o, 단자 a, b 사이에 어드미턴스 Y_L을 접속했을 때 흐르는 전류 I는

$I = \dfrac{Y_L}{Y_o + Y_L} \times I_s$ [A]이다.

② 단자 a, b 사이에 걸리는 전압 : $V = \dfrac{I_s}{Y_o + Y_L}$ [V]

5. 밀만의 정리

$$V_{ab} = \frac{\dfrac{\dot{E_1}}{\dot{Z_1}} + \dfrac{\dot{E_2}}{\dot{Z_2}} + \cdots + \dfrac{\dot{E_n}}{\dot{Z_n}}}{\dfrac{1}{\dot{Z_1}} + \dfrac{1}{\dot{Z_2}} + \cdots + \dfrac{1}{\dot{Z_n}}} = \frac{\displaystyle\sum_{k=1}^{n} \dfrac{\dot{E_k}}{\dot{Z_k}}}{\displaystyle\sum_{k=1}^{n} \dfrac{1}{\dot{Z_k}}}$$

6. 가역(상반) 정리

$$E_1 I_1 = E_2 I_2$$

07 2단자 회로망

1. 2단자 회로망의 임피던스

$$Z(s) = H\frac{p(s)}{q(s)}$$

분자 = 0(회로 단락) : 영점(O), $Z(s) = 0$
분모 = 0(회로 개방) : 극점($\times$), $Z(s) = \infty$

2. L만의 회로의 영점과 극점

- $Z(s) = sL[\Omega]$
- 영점 : $s = 0$, 극점 : $s = \infty$

3. C만의 회로의 영점과 극점

- $Z(s) = \dfrac{1}{sC}[\Omega]$
- 영점 : $s = \infty$, 극점 : $s = 0$

4. $R,\ L,\ C$ 직렬회로

$$Z(s) = R + Ls + \frac{1}{Cs}[\Omega]$$

5. $R,\ L,\ C$ 병렬회로

$$Z(s) = \frac{1}{\dfrac{1}{R} + \dfrac{1}{Ls} + Cs}[\Omega]$$

6. 역회로 조건

$$\frac{L_1}{C_1} = \frac{L_2}{C_2} = R^2(K^2)$$

7. 정저항 회로

$$R^2 = \frac{L}{C}[\Omega]$$

08 4단자 회로망

1. 임피던스 파라미터

- $V_1 = Z_{11}I_1 + Z_{12}I_2$
- $V_2 = Z_{21}I_1 + Z_{22}I_2$

$$Z_{11} = \frac{V_1}{I_1} \bigg|_{I_2 = 0} \quad : \text{단자} 1-1'\text{점 개방 구동점 임피던스}$$

$$Z_{12} = \frac{V_1}{I_2} \bigg|_{I_1 = 0} \quad : \text{개방 역방향 전달 임피던스}$$

$$Z_{21} = \frac{V_2}{I_1} \bigg|_{I_2 = 0} \quad : \text{개방 순방향 전달 임피던스}$$

$$Z_{22} = \frac{V_2}{I_2} \bigg|_{I_1 = 0} \quad : \text{단자} 2-2'\text{점 개방 구동점 임피던스}$$

2. 어드미턴스 파라미터

- $I_1 = Y_{11}V_1 + Y_{12}V_2$
- $I_2 = Y_{21}V_1 + Y_{22}V_2$

$$Y_{11} = \frac{I_1}{V_1} \bigg|_{V_2 = 0} \quad : \text{단자} 1-1'\text{점에서 구동점 어드미턴스}$$

$$Y_{12} = \frac{I_1}{V_2} \bigg|_{V_1 = 0} \quad : \text{단락 역방향 전달 어드미턴스}$$

$$Y_{21} = \frac{I_2}{V_1} \bigg|_{V_2 = 0} \quad : \text{단락 순방향 전달 어드미턴스}$$

$$Y_{22} = \frac{I_2}{V_2} \bigg|_{V_1 = 0} \quad : \text{단자} 2-2'\text{에서 구동점 어드미턴스}$$

3. 4단자정수(ABCD 파라미터)

- $V_1 = AV_2 + BI_2$
- $I_1 = CV_2 + DI_2$

$$A = \left. \frac{V_1}{V_2} \right|_{I_2 = 0} \quad : 전압비$$

$$B = \left. \frac{V_1}{I_2} \right|_{V_2 = 0} \quad : 임피던스 \ 차원; \ Z[\Omega]$$

$$C = \left. \frac{I_1}{V_2} \right|_{I_2 = 0} \quad : 어드미턴스 \ 차원; \ Y[\mho]$$

$$D = \left. \frac{I_1}{I_2} \right|_{V_2 = 0} \quad : 전류비 \qquad \bullet AD - BC = 1$$

4. 영상파라미터

(1) 영상임피던스

- $Z_{01} = \sqrt{\dfrac{AB}{CD}}$

- $Z_{02} = \sqrt{\dfrac{DB}{CA}}$

대칭회로망에서 $Z_{01} = Z_{02} = Z_0 = \sqrt{\dfrac{B}{C}}$

(2) 전달정수와 4단자와의 관계
$$\theta = \ln\left(\sqrt{AD} + \sqrt{BC}\right)$$

(3) 4단자정수와 영상임피던스와의 관계

- $A = \sqrt{\dfrac{Z_{01}}{Z_{02}}} \cosh\theta$

- $B = \sqrt{Z_{01}Z_{02}} \sinh\theta$

- $C = \dfrac{1}{\sqrt{Z_{01}Z_{02}}} \sinh\theta$

- $D = \sqrt{\dfrac{Z_{02}}{Z_{01}}}\cosh\theta$

(4) 전파정수와 4단자 정수와의 관계

$$\gamma = \cosh^{-1}\frac{A+D}{2}$$

09 분포정수회로

1. 특성(파동)임피던스

- 직렬임피던스 : $Z = R + j\omega L\,[\,\Omega/\mathrm{km}\,]$
- 병렬어드미턴스 : $Y = G + j\omega C\,[\mho/\mathrm{km}]$

$\therefore$ 특성 임피던스$(Z_0) = \sqrt{\dfrac{Z}{Y}} = \sqrt{\dfrac{R+j\omega L}{G+j\omega C}} \fallingdotseq \sqrt{\dfrac{L}{C}}\,[\,\Omega\,]$

전파 정수 $\gamma = \sqrt{ZY} = \sqrt{(R+j\omega L)(G+j\omega C)} \fallingdotseq j\omega\sqrt{LC}\,[\mathrm{rad}]$

(R, G를 무시함)

$\gamma = \alpha + j\beta$이면 감쇠정수 : α, 위상정수 : $\beta = \dfrac{2\pi}{\lambda}$, 위상속도 : $v = \dfrac{\omega}{\beta} = f\lambda$

2. 분포정수회로에서 4단자 정수

- $A = \cosh\gamma\ell$
- $B = Z_0\sinh\gamma\ell$
- $C = \dfrac{1}{Z_0}\sinh\gamma\ell$
- $D = \cosh\gamma\ell$

3. 무손실선로와 무왜형선로

(1) 무손실선로

- 무손실 조건 : $R = 0, \quad G = 0$
- 특성 임피던스 : $Z_0 = \sqrt{\dfrac{Z}{Y}} = \sqrt{\dfrac{R+j\omega L}{G+j\omega C}} = \sqrt{\dfrac{L}{C}}\,[\,\Omega\,]$

184 · Part 1. 핵심이론

- 전파 정수 : $\gamma = \alpha + j\beta = \sqrt{ZY} + j\omega\sqrt{LC}$

  $\therefore \alpha = 0, \ \beta = \omega\sqrt{LC}$

- 파장 : $\lambda = \dfrac{2\pi}{\beta} = \dfrac{2\pi}{\omega\sqrt{LC}} = \dfrac{1}{f\sqrt{LC}} = \sqrt{ZY} = j\omega\sqrt{LC}$

- 전파속도 : $v = \lambda f = \dfrac{2\pi f}{\beta} = \dfrac{\omega}{\beta} = \dfrac{1}{\sqrt{LC}} = 3\times10^{8}\,[\text{m/s}]$

(2) 무왜형선로

- 무왜형 조건 : $\dfrac{R}{L} = \dfrac{G}{C} \ \rightarrow \ LG = RC$

- 특성 임피던스 : $Z_0 = \sqrt{\dfrac{Z}{Y}} = \sqrt{\dfrac{L}{C}}$

- 전파 정수 : $\gamma = \alpha + j\beta = \sqrt{ZY} = \sqrt{RG} + j\omega\sqrt{LC}$

  $\therefore \alpha = \sqrt{RG}, \ \beta = \omega\sqrt{LC}$

- 전파속도 : $v = \dfrac{\omega}{\beta} = \dfrac{\omega}{\omega\sqrt{LC}} = \dfrac{1}{\sqrt{LC}}$

10 과도현상

1. 직류회로의 과도현상

(1) $R-L$ 직렬회로

① s-on(닫을 때)

$$i(t) = \dfrac{E}{R}(1 - e^{-\frac{R}{L}t})\,[\text{A}]$$

- 시정수$(\tau) = \dfrac{L}{R}\,[\text{sec}]$

- 특성근 : $(s) = -\dfrac{R}{L}$

- 정상전류$(I) = \dfrac{E}{R}\,[\text{A}]$

Chapter 5. 회로이론 · **185**

- 과도분 : $\dfrac{E}{R}e^{-\frac{R}{L}t}$ [A]

② s-off(개방)

과도 전류 : $i(t)=\dfrac{E}{R}e^{-\frac{R}{L}t}$ [A]

(2) $R-C$직렬회로

① s-on(닫을 때) : 충전

$$i(t)=\dfrac{E}{R}e^{-\frac{1}{RC}t} \text{[A]}$$

- 시정수$(\tau)=RC$ [sec]

- 특성근 : $(s)=-\dfrac{1}{RC}$

② s-off(개방) : 방전

$$i(t)=-\dfrac{Q}{RC}e^{-\frac{1}{RC}t} \text{[A]}$$

(3) $R-L-C$ 직렬 회로

① $R^2-4\dfrac{L}{C}>0$(비진동 : 과제동)

② $R^2-4\dfrac{L}{C}=0$(임계진동 : 무제동$[L-C$회로])

③ $R^2-4\dfrac{L}{C}<0$(진동적 : 부족제동)

Chapter 06 제어공학

01 자동제어계의 요소와 구성

1. 제어시스템의 개념

(1) 용어

① 기준 입력 요소 : 목표값을 기준 입력 신호로 변환하는 요소로서 이 부분을 설정부라고도 한다.

② 제어 요소 : 제어 동작 신호를 조작량으로 변환하는 요소로서 조절부와 조작부로 구성되어 있다.

③ 조작량 : 제어를 수행하기 위하여 제어 대상에 가하는 양으로, 이것에 의해 제어량을 지배할 수 있다.

④ 검출부 : 제어 대상으로부터 제어량을 검출하여 주피드백 신호를 만드는 역할을 하는 부분으로 피드백 요소가 이 부분에 해당된다.

⑤ 조절부 : 기준 입력 신호와 검출부 출력과의 차가 되는 신호, 즉 동작 신호를 받아서 제어계가 정해진 행동을 하는데 필요한 신호를 만들어 조작부에 보내는 부분이다.

2. 자동제어의 분류

(1) 목표값에 의한 분류

① 정치제어(프로세스제어, 자동조정)

② 추치제어(추종제어, 프로그램제어, 비율제어)

(2) 제어량 종류에 의한 분류

① 서보제어(미사일의 유도기구, 대공포 포신 방향 제어)

② 프로세스제어(온도제어장치, 압력제어장치)

③ 자동조정장치(자동전압조정기)

3. 조절부의 동작에 의한 분류

(1) 연속동작

1) 비례제어(P동작)
① 정상상태의 편차가 있다.
② 잔류편차가 크게 나타나는 단점과 속응도가 늦다.

2) 적분제어(I동작)
① 정상상태의 잔류편차가 없다.
② 속응도가 늦다.

3) 미분제어(D동작)
오차가 변화할 것을 미리 방지할 수 있는 기능과 속응도가 빠르다.

4) 비례적분제어(PI동작)
① 정상상태의 잔류편차가 없다.
② 속응도가 늦다.
③ 제어결과가 진동적일 수 있다(뒤진회로 특성).

5) 비례미분제어(PD 동작)
① 응답속응성의 개선에 사용된다.
② 정상편차가 있고 속응도가 늦다(앞선회로 특성).

6) 비례적분미분제어(PID 동작)
① 잔류편차 제거
② 응답의 오버슈트의 감소
③ 응답속응성의 개선
④ 속응도는 최적이다.

(2) 불연속동작

① 온·오프제어(2위치 제어)
② 불연속 동작
③ 다위치 동작

4. 변환요소의 종류

변환량	변환요소
압력→변위	벨로스, 다이어프램, 스프링
변위→압력	노즐 플래퍼, 유압 분사관, 스프링
변위→임피던스	가변 저항기, 용량형 변환기, 가변 저항 스프링
변위→전압	포텐셔미터, 자동 변압기, 전위차계
전압→변위	전자석, 전자 코일
온도→임피던스	측온 저항(열선, 서미스터, 백금, 니켈)
온도→전압	열전대(백금-백금로듐, 철-콘스탄탄, 구리-콘스탄탄, 크로멜-알루멜)

02 라플라스 변환

1. 라플라스 변환의 정의

$$\mathcal{L}\left[f(t)\right]=F(s)=\int_{0}^{\infty} f(t) \cdot e^{-st}dt$$

2. 라플라스 변환의 결과

	$f(t)$	$F(s)$		$f(t)$	$F(s)$
1	$\delta(t)$	1	11	$\cosh at$	$\dfrac{s}{s^2-a^2}$
2	$u(t),1$	$\dfrac{1}{s}$	12	$t\sin\omega t$	$\dfrac{2ws}{(s^2+\omega^2)^2}$
3	t	$\dfrac{1}{s^2}$	13	$t\cos\omega t$	$\dfrac{s^2-\omega^2}{(s^2+\omega^2)^2}$
4	t^n	$\dfrac{n!}{s^{n+1}}$	14	$e^{-at}\sin\omega t$	$\dfrac{\omega}{(s+a)^2+\omega^2}$
5	e^{-at}	$\dfrac{1}{s+a}$	15	$e^{-at}\cos\omega t$	$\dfrac{s+a}{(s+a)^2+\omega^2}$
6	te^{-at}	$\dfrac{1}{(s+a)^2}$	16	$te^{-at}\sin\omega t$	$\dfrac{2\omega(s+a)}{\{(s+a)^2+\omega^2\}^2}$
7	t^ne^{-at}	$\dfrac{n!}{(s+a)^{n+1}}$	17	$te^{-at}\cos\omega t$	$\dfrac{(s+a)^2-\omega^2}{\{(s+a)^2+\omega^2\}^2}$

8	$\sin \omega t$	$\dfrac{\omega}{s^2 + \omega^2}$	18	$\dfrac{\sin \omega t}{t}$	$\tan^{-1}\dfrac{\omega}{s}$
9	$\cos \omega t$	$\dfrac{s}{s^2 + \omega^2}$	19	$J_0(at)$	$\dfrac{1}{\sqrt{s^2 + a^2}}$
10	$\sinh at$	$\dfrac{a}{s^2 - a^2}$	20	$\dfrac{1}{\sqrt{t}}$	$\sqrt{\dfrac{\pi}{s}}$

3. 라플라스 변환의 성질

(1) 선형성의 정리

$$\mathcal{L}\left[c_1 f_1(t) + c_2 f_2(t)\right] = c_1 \mathcal{L}\left[f_1(t)\right] + c_2 \mathcal{L}\left[f_2(t)\right]$$

(2) 시간 추이 정리

$$\mathcal{L}\left[f(t-a)\right] = e^{-as} F(s)$$

(3) 복소 추이 정리

$$\mathcal{L}\left[e^{-at} f(t)\right] = F(s+a)$$

(4) 상사 정리

$$\mathcal{L}\left[f(at)\right] = \frac{1}{a} F\left(\frac{s}{a}\right), \quad \mathcal{L}\left[f\left(\frac{t}{a}\right)\right] = a F(as)$$

(5) 상승 정리

$$\mathcal{L}\left[\int_0^t f_1(\tau) f_2(t-\tau) d\tau\right] = F_1(s) F_2(s)$$

(6) 복소 미분 정리

$$\mathcal{L}\left[t f(t)\right] = -\frac{dF(s)}{ds}, \quad \mathcal{L}\left[t^n f(t)\right] = (-1)^n \frac{d^n F(s)}{ds^n}$$

(7) 복소 적분 정리

$$\mathcal{L}\left[\frac{f(t)}{t}\right] = \int_0^\infty F(s) ds$$

(8) 초기값 정리

$$\lim_{t \to 0} f(t) = \lim_{s \to \infty} s F(s)$$

(9) 최종값 정리

$$\lim_{t \to \infty} f(t) = \lim_{s \to 0} s F(s)$$

(10) 복소 상승 정리

$$\mathcal{L}\left[f_1(t)f_2(t)\right]=\frac{1}{2\pi j}\int_{a-j\infty}^{a+j\infty}F_1(s-\lambda)F_1(\lambda)d\lambda$$

(11) 실미분의 정리

$$\mathcal{L}\frac{df(t)}{dt}=sF(s)-f(0)$$

(12) 실적분의 정리

$$\mathcal{L}\left[\int f(t)dt\right]=\frac{F(s)}{s}+\frac{f^{-1}(0)}{s}$$

4. 라플라스 역변환의 정의

$$\mathcal{L}^{-1}[F(s)]=f(t)=\frac{1}{2\pi j}\int_{a-j\infty}^{a+j\infty}F(s)\cdot e^{st}ds$$

03 전달함수

1. 전달함수의 정의

$$G(s)=\frac{\mathcal{L}\left[y(t)\right]}{\mathcal{L}\left[x(t)\right]}=\frac{Y(s)}{X(s)}$$

여기서, $x(t)$: 입력신호

$y(t)$: 출력신호

2. 각종요소의 전달함수

(1) 비례요소

$$y(t)=Kx(t),\ \ G(s)=\frac{Y(s)}{X(s)}=K$$

(2) 적분요소

$$y(t)=K\int x(t)dt,\ \ G(s)=\frac{Y(s)}{X(s)}=\frac{K}{s}$$

Chapter 6. 제어공학 • **191**

(3) 미분요소

$$y(t) = K\frac{d}{dt}x(t), \quad G(s) = \frac{Y(s)}{X(s)} = Ks$$

(4) 1차지연요소

$$b_1\frac{d}{dt}y(t) + b_0 y(t) = a_0 x(t) \quad G(s) = \frac{Y(s)}{X(s)} = \frac{a_0}{b_1 s + b_0} = \frac{\dfrac{a_0}{b_0}}{\dfrac{b1}{b_0}s + 1} = \frac{K}{Ts + 1}$$

$$K = \frac{a_0}{b_0}, \quad T(\text{시정수}) = \frac{b_1}{b_0}$$

(5) 2차 지연요소

$$b_2\frac{d^2}{dt^2}y(t) + b_1\frac{d}{dt}y(t) + b_0 y(t) = a_0 x(t),$$

$$G(s) = \frac{Y(s)}{X(s)} = \frac{K\omega_n^2}{s^2 + 2\zeta\omega_n s + \omega_n^2} = \frac{K}{1 + 2\zeta Ts + T^2 s^2}$$

$$\zeta : \text{감쇠계수}, \quad K = \frac{a_0}{b_0}, \quad T^2 = \frac{b_2}{b_0}, \quad 2\zeta T = \frac{b_1}{b_0},$$

$$\omega_n(\text{고유각 주파수}) = \frac{1}{T}$$

(6) 부동작시간요소

$$y(t) = Kx(t - L), \quad G(s) = \frac{Y(s)}{X(s)} = Ke^{-Ls}$$

여기서, L : 부동작 시간(Dead Time)

2. 블록선도와 신호흐름도

(1) 블록선도의 직렬(종속)접속

$\quad G(s) = \dfrac{C(s)}{R(s)} = G_1(s) \cdot G_2(s)$

(2) 블록선도의 병렬접속

$\quad G(s) = \dfrac{C(s)}{R(s)} = G_1(s) \pm G_2(s)$

192 · Part 1. 핵심이론

(3) 부궤환 접속

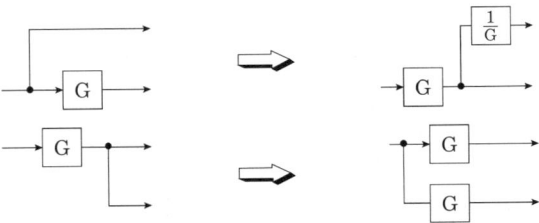

$$G(s) = \frac{C(s)}{R(s)} = \frac{G(s)}{1 + G_1(s)H(s)}$$

(4) 인출점과 전달요소의 이동

(5) 신호흐름선도

1) 메이슨(Mason)의 정리

$$G = \frac{\displaystyle\sum_{n=1}^{\infty} G_K \cdot \Delta_K}{\Delta}$$

$$\Delta = 1 - \sum \ell_1 + \sum \ell_2 - \sum \ell_3 + \cdots - \sum \ell_{n-1} + \sum \ell_n,$$

여기서, $\sum \ell_1$: 각각의 폐루프의 이득의 합

$\sum \ell_2$: 서로 접하지 않는 2개의 루프의 이득의 곱의 합

$\sum \ell_3$: 서로 접하지 않는 3개의 루프의 이득의 곱의 합

$\sum \ell_n$: 서로 접하지 않는 n개의 루프의 이득의 곱의 합

G_K : K번째의 전향경로의 이득

Δ_K : K번째의 전향경로와 접하지 않는 부분에 대한 Δ의 값

2) 신호흐름선도의 등가변환

① 직렬접속

② 병렬접속

Chapter 6. 제어공학 · **193**

③ 피드백접속

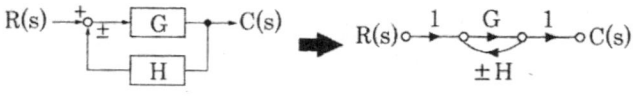

04 제어계의 과도응답

1. 특성방정식

$G(s) = \dfrac{C(s)}{R(s)} = \dfrac{G}{1 + G \cdot H}$ 에서 분모를 0으로 놓은 식을 특성방정식이라 한다.

$1 + G \cdot H = 0$

2. 특성방정식의 2차계의 과도응답

2차계의 특성방정식은 $s^2 + 2\zeta\omega_n s + \omega_n^2 = 0$인데, 여기서 ζ를 제동계수 또는 감쇠계수라고 한다.

① $\zeta < 1$인 경우 : 부족 제동
② $\zeta = 1$인 경우 : 임계 제동
③ $\zeta > 1$인 경우 : 과제동
④ $\zeta = 0$인 경우 : 무제동

3. 응답(출력값)

① 임펄스 응답 : 입력에 단위 임펄스 함수
   $\mathcal{L}\,[r(t) = \delta(t)] = 1$

② 인디셜 응답 : 입력에 단위 계단 함수

   $\mathcal{L}\,[r(t) = u(t)] = \dfrac{1}{s}$

③ 경사 응답 : 입력에 단위 램프 함수

   $\mathcal{L}\,[r(t) = t] = \dfrac{1}{s^2}$

4. 오버슈트와 지연, 상승시간

① 상대오버슈터 $= \dfrac{\text{최대 오버슈터}}{\text{최종의 희망값}} \times 100[\%]$

② 백분율 오버슈터 $= \dfrac{\text{최대 오버슈트}}{\text{최종 목표값}} \times 100[\%]$

③ 최대 오버슈트 발생 시간 $t_p = \dfrac{\pi}{\omega_n \sqrt{1-\delta^2}}$

④ 감쇠비 $= \dfrac{\text{제2 오버슈트}}{\text{최대 오버슈트}}$

⑤ 지연 시간(Delay Time) : 응답이 최초로 목표값의 50[%]가 되는데 요하는 시간

⑥ 상승 시간(Rise Time) : 응답이 목표값의 10[%]로부터 90[%]까지 도달하는데 요하는 시간

05 편차와 감도

1. 자동제어 시스템의 오차

정상편차, 감도, 안정도는 그 특성에 의해서 평가된다. 예측되는 입력에 대하여 편차를 최소로 하여 정확도를 높여야 한다.

$$E(s) = R(s) - C(s) = R(s) - \frac{G(s)}{1+G(s)}R(s) = \frac{R(s)}{1+G(s)}$$

∴ 자동제어시스템의 오차함수는 최종값 정리로 풀면 $e_{ss} = \lim_{t \to \infty} e(t) = \lim_{s \to 0} s \cdot E(s)$

① 정상상태 편차 : $(e_{ss}) = \lim_{s \to 0} s \cdot \dfrac{R(s)}{1+G(s)}$

② 정상위치 편차 : $(e_{ssp}) = \dfrac{R(s)}{1+K_p}$

K_p(위치편차상수) $= \lim_{s \to 0} G(s)$

③ 정상속도 편차 : $(e_{ssv}) = \dfrac{R(s)}{K_v}$

Chapter 6. 제어공학 · **195**

$$K_v(\text{속도편차상수}) = \lim_{s \to 0} s \cdot G(s)$$

④ 정상가속도 편차 : $(e_{ssa}) = \dfrac{R(s)}{K_a}$

$$K_v(\text{가속도편차상수}) = \lim_{s \to 0} s^2 \cdot G(s)$$

2. 제어시스템의 정상상태 오차

계	정상위치편차 (e_{ssp})	정상속도편차 (e_{ssv})	정상가속도편차 (e_{ssa})
0형	$\dfrac{R}{K_1}$	∞	∞
1형	0	$\dfrac{R}{K_1}$	∞
2형	0	0	$\dfrac{R}{K_1}$

3. 감도

$$S_K^T = \frac{dT/T}{dK/K} = \frac{K}{T} \cdot \frac{dT}{dK}$$

감도는 주파수함수이며 이상적인계에서는 어떤 파라미터의 변화에 대해서도 감도는 0이다.

---

06 주파수 특성

1. 주파수응답

(1) 벡터궤적

ω가 0에서 ∞로 변화했을 때 $G(j\omega)$의 크기와 위상각의 변화를 극좌표로 표시한 것이다.

① 비례요소 : K의 위치가 실수측의 한 점으로 표시

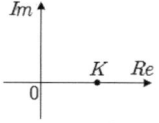

196 · Part 1. 핵심이론

② 적분요소 : $G(s) = \dfrac{1}{s}$

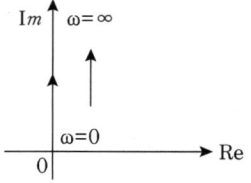

③ 미분요소 : $G(s) = s$

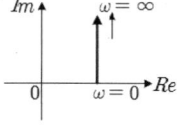

④ 비례미분요소 : $G(s) = 1 + Ts$

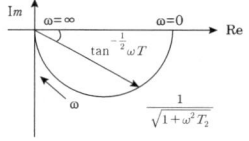

⑤ 1차 지연 요소 : $G(s) = \dfrac{1}{1 + Ts}$ (반원을 그린다.)

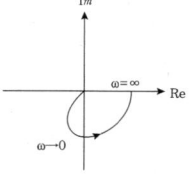

⑥ 2차 지연 요소 : $G(s) = \dfrac{K\omega_n^2}{s^2 + 2\zeta\omega_n s + \omega_n^2}$

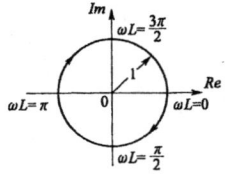

⑦ 부동작 시간요소 : $G(s) = e^{-Ls}$

(2) 2차 시스템에서 공진주파수

$$\omega_p = \omega_n \sqrt{1-2\zeta^2}$$

여기서, ζ : 계의 제동비

ω_n : 고유 주파수

(3) 2차계에서의 공진값

$$M_p = \frac{1}{\sqrt{\left[1-(1-2\zeta^2)\right]^2 + 4\zeta^2(1-2\zeta^2)}} = \frac{1}{2\zeta\sqrt{1-\zeta^2}}$$

07 | 제어계의 안정도

1. 루드-훌비쯔의 안정판별법(Routh-Hurwitz)

① 특성 방정식의 모든 계수의 부호가 같아야 한다.

② 계수 중 어느 하나라도 0이 되어서는 안 된다.

③ 루드의 표에서 제1열의 원소 부호가 같고 정(+)이라야 한다.

$$F(s) = 1 + G(s)H(s) = a_0 s^n + a_1 s^{n-1} + \cdots + a_{n-1}s + a_n = 0$$

계수를 다음과 같이 두 줄로 나열한다.

$a_0 \quad a_2 \quad a_4 \quad a_6 \cdots\cdots$

$a_1 \quad a_3 \quad a_5 \quad a_7 \cdots\cdots$

ex) $F(s) = a_0 s^6 + a_1 s^5 + a_2 s^4 + a_3 s^3 + a_4 s^2 + a_5 s + a_6 = 0$

s^6	a_0	a_2	a_4	a_6
s^5	a_1	a_3	a_5	0
s^4	$\dfrac{a_1 a_2 - a_0 a_3}{a_1} = A$	$\dfrac{a_1 a_4 - a_0 a_5}{a_1} = B$	$\dfrac{a_1 a_6 - a_0 \times 0}{a_1} = a_6$	0
s^3	$\dfrac{A a_3 - a_1 B}{A} = C$	$\dfrac{A a_5 - a_1 a_6}{A} = D$	$\dfrac{A \times 0 - a_1 \times 0}{A} = 0$	0
s^2	$\dfrac{CB - AD}{C} = E$	$\dfrac{C a_6 - A \times 0}{C} = a_6$	$\dfrac{C \times 0 - A \times 0}{C} = 0$	0
s^1	$\dfrac{ED - C a_6}{E} = F$	$\dfrac{E \times 0 - C \times 0}{E} = 0$	0	0
s^0	$\dfrac{F a_6 - E \times 0}{F} = a_6$	0	0	0

계산과정에서, 제1열 요소의 원소 중에 (−)값이 존재하면 불안정하게 되어 우반평면에 근이 존재하게 된다.

2. 나이퀴스트의 안정판별법(Nyquist)

① 나이퀴스트선도가 $GH(s)$의 $(-1, j0)$점 주위를 시계방향으로 회전하면 그계는 안정하다(특성 방정식의 근이 존재하면 불안정, 근이 존재하지 않으면 안정).

② 제어시스템이 안정하기위해서는 특성방정식의 근들이 부(−)의 실수부를 가져야 한다.

③ 위상여유와 이득여유가 (+)이면 안정(− : 불안정)

3. 보드선도의 안정판별법

① 이득 곡선이 0 [㏈]인 점을 지날 때의 주파수에서 위상 여유가 양(+)이고, 위상 곡선이 $-180°$ 를 지날 때 이득 여유가 (+)이면 시스템은 안정하다.

② 보드 선도는 극점과 영점이 우반 평면에 존재하는 경우 판정이 불가능하다.

③ 이득(㏈)

$$g = 20\log_{10}|G(j\omega)| \quad [㏈]$$

④ 이득여유(㏈)

$$g_m = 20\log_{10}\left|\frac{1}{GH(j\omega)}\right| \quad [㏈]$$

08 근궤적(Root locus)

1. 근궤적법

(1) 폐루프의 특성방정식

$1 + GH = 0$

$\therefore |GH| = 1 \Leftrightarrow \angle GH = 180° + k \times 360°$ (k는 정수)

(2) 근궤적의 작도법

① 근궤적의 개수

근궤적의 개수는 Z와 P중 큰 것과 일치한다.

$Z > P$이면 $N = Z$, $Z < P$이면 $N = P$

여기서, N : 근궤적의 개수

Z : $G(s)H(s)$ 의 극점의 개수

P : $G(s)H(s)$ 의 영점의 개수

② 근궤적은 극점에서 출발하여 영점에서 끝난다.

③ 근궤적은 실수축에 관하여 대칭이다.

④ 점근선의 교차점

$$\sigma = \frac{\sum GH(s)의 극점 - \sum GH(s)의 영점}{P - Z}$$

여기서, P : 극점의 개수

Z : 영점의 개수

점근선은 실수축상에서만 교차한다.

점근선의 수 $(n) = P - Z$

⑤ 점근선의 각도

$$\alpha_k = \frac{(2k+1)\pi}{P - Z}$$

$K = 0, 1, 2, 3, \cdots,\ \pi = 180°$

⑥ 실수축에서의 근궤적

실수축상의 임의의 점에서 그 우측에 있는 폐루프 전달함수의 극점(Pole)과 영점(Zero)의 합이 기수이면 그 점은 근궤적상의 점이 되고, 우수이면 그 점은 근궤적상의 점이 아니다.

09 상태방정식(동태)

1. 선형시스템의 상태방정식

(1) 특성방정식

$$|sI - A| = O \qquad \text{※} I(\text{단위행렬}) = \begin{bmatrix} 1 & 0 \\ 0 & 1 \end{bmatrix}$$

(2) 상태방정식

$$\varPhi(t) = \mathcal{L}^{-1}\big[(sI - A)^{-1}\big]$$

(3) 상태천이행렬 $\varPhi(t) = \mathcal{L}^{-1}\big[(sI - A)^{-1}\big]$ 의 특성

$$\dot{X}(t) = Ax(t) + Bu(t)$$

① $\Phi(0) = I$

여기서, I : 단위행렬

② $\Phi^{-1}(t) = \Phi(-t) = e^{-At}$

③ $\Phi(t_2 - t_1)\Phi(t_1 - t_0) = \Phi(t_2 - t_0)$ (모든 값에 대하여)

④ $[\Phi(t)]^K = \Phi(Kt)$

여기서, K : 정수

2. Z변환

(1) Z변환의 정의

라플라스 변환 함수에 s 대신에 $s = \dfrac{1}{T}\ln Z$를 대입한 것을 말한다.

$$U(Z) = \sum_{k=0}^{\infty} u(kT)Z^{-k} \quad \text{※ } T \text{는 샘플링 주기}$$

(2) Z변환의 초기값과 최종값의 정리

① 초기값 정리

$$e(0) = \lim_{Z \to \infty} E(Z)$$

② 최종값 정리

$$e(\infty) = \lim_{Z \to 1}\left(1 - \frac{1}{Z}\right)E(Z)$$

③ Z변환표

시간함수	Z변환
단위임펄스 함수 $\delta(t)$	1
$\delta(t - kT)$	z^{-k}
단위계단 함수 $u_s(t)$	$\dfrac{z}{z-1}$
$\delta_T(t) = \displaystyle\sum_{n=0}^{\infty} \delta(t - nT)$	$\dfrac{z}{z-1}$
$u_s(t - kT)$	$\dfrac{z}{z-1}z^{-k}$
$tu_s(t)$	$\dfrac{zT}{(z-1)^2} = \dfrac{z}{(z-1)^2}$

시간함수	Z변환
$e^{at}u_s(t)$	$\dfrac{z}{z-e^{aT}}=\dfrac{z}{z-e^a}$
$te^{at}u_s(t)$	$\dfrac{ze^{aT}T}{\left(z-e^{aT}\right)^2}=\dfrac{ze^a}{\left(z-e^a\right)^2}$
$e^{-at}u_s(t)$	$\dfrac{z}{z-e^{-aT}}=\dfrac{z}{z-e^{-a}}$
$te^{-at}u_s(t)$	$\dfrac{ze^{-aT}T}{\left(z-e^{-aT}\right)^2}=\dfrac{ze^{-a}}{\left(z-e^{-a}\right)^2}$
$\left(1-e^{-at}\right)u_s(t)$	$\dfrac{\left(1-e^{-aT}\right)z}{\left(z-1\right)\left(z-e^{-aT}\right)}$
$a^t u_s(t)$	$\dfrac{z}{z-a}$

④ Z변환의 전달함수

Z변환의 전달함수$=\dfrac{G(Z)}{1+G(Z)}$에서 Z변환법을 사용한 샘플값 제어계가 안정하려면 $1+GH(z)=0$의 근의 위치는 s평면의 좌반면에 있으며, z평면의 원점을 중심으로 한 단위원 내부에 사상되어야 한다.

10 시퀀스 제어 및 논리회로

1. 불(Boole)대수

① $A+A=A$

② $A\cdot A=A$

③ $A+\overline{A}=1$

④ $A\cdot\overline{A}=0$

⑤ $A+0=A$

⑥ $A\cdot 1=A$

⑦ $A+1=1$

⑧ $A\cdot 0=0$

⑨ $A+A\cdot B=A(1+B)=A\cdot 1=A$

⑩ $A \cdot (A+B) = (A \cdot A)+(A \cdot B) = A+(A \cdot B) = A$

2. 드 모르간의 법칙

$X = A \cdot B$에서 $\overline{A \cdot B} = \overline{A} + \overline{B}$

$\therefore \overline{A \cdot B} = \overline{A} + \overline{B}$

$Y = A+B$에서 $\overline{A+B} = \overline{A} \cdot \overline{B}$

$\therefore \overline{A+B} = \overline{A} \cdot \overline{B}$

3. 논리(logic)회로

(1) 논리곱(AND gate)회로

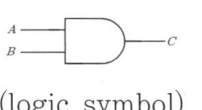 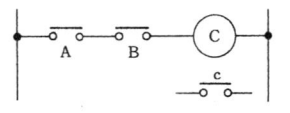

(logic symbol)

유접점 회로(relay sequence)

출력식$(C) = A \cdot B$

(2) 논리합(OR gate)회로

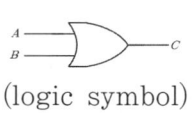 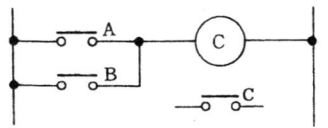

(logic symbol)

유접점 회로(relay sequence)

출력식$(C) = A+B$

(3) 논리부정(NOT gate)회로

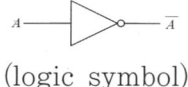   출력식$(C) = A = \overline{A}$

(logic symbol)

(4) 부정논리곱(NAND gate)회로

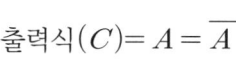

(logic symbol)

출력식$(C) = \overline{A \cdot B} = \overline{A} + \overline{B}$

Chapter 6. 제어공학 · **203**

(5) 부정논리합(NOR gate)회로

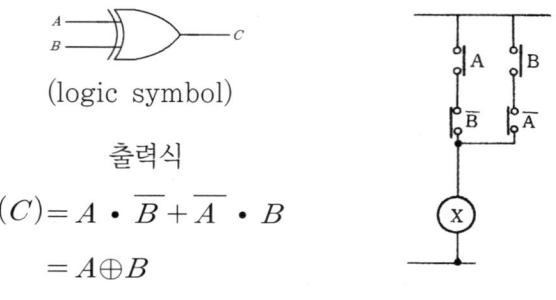

(logic symbol)

출력식 $(C) = \overline{A+B} = \overline{A} \cdot \overline{B}$

(6) 배타적논리합(XOR gate)회로

(logic symbol)

출력식

$(C) = A \cdot \overline{B} + \overline{A} \cdot B$

$\quad\;\; = A \oplus B$

| Chapter **07** | # 전기설비기술기준 및 판단기준 |

01 총칙

1. 용어 정의

① 변전소 : 변전소의 밖으로부터 전송받은 전기를 변전소 안에 시설한 변압기 · 전동발전기 · 회전변류기 · 정류기 그 밖의 기계 기구에 의하여 변성하는 곳으로서 변성한 전기를 다시 변전소 밖으로 전송하는 곳

② 개폐소 : 개폐소 안에 시설한 개폐기 및 기타 장치에 의하여 전로를 개폐하는 곳으로서 발전소 · 변전소 및 수용장소 이외의 곳

③ 급전소 : 전력계통의 운용에 관한 지시 및 급전조작을 하는 곳

④ 연접 인입선 : 한 수용장소의 인입선에서 분기하여 지지물을 거치지 아니하고 다른 수용 장소의 인입구에 이르는 부분의 전선

⑤ 조상설비 : 무효전력을 조정하는 전기기계기구

⑥ 2차 접근 상태 : 수평거리 3[m] 미만의 곳에 다른 시설물을 시설

2. 전압의 종별

① 저압 : 직류는 750[V] 이하, 교류는 600[V] 이하인 것

② 고압 : 직류는 750[V]를, 교류는 600[V]를 초과하고, 7[kV] 이하인 것

③ 특고압 : 7[kV]를 초과하는 것

3. 전압전로의 절연성능

사용전압이 저압인 전로의 전선 상호간 및 전로와 대지 사이의 절연저항은 다음 표에서 정한 값 이상이어야 한다.

전로의 사용전압 구분		절연저항
400[V] 미 만	대지전압(접지식 전로는 전선과 대지 사이의 전압, 비접지식 전로는 전선 간의 전압을 말한다. 이하 같다)이 150[V] 이하인 경우	0.1[MΩ]
	대지전압이 150[V] 초과 300[V] 이하인 경우	0.2[MΩ]
	사용전압이 300[V] 초과 400[V] 미만인 경우	0.3[MΩ]
400[V] 이상		0.4[MΩ]

4. 절연내력의 시험 전압값

① 고압 및 특고압의 전로에 연속하여 10분간 가하여 절연내력을 시험하였을 때 이에 견뎌야 한다. 단, 직류전압으로 시험할 경우에는 교류시험 전압값의 2배에 견딜 것

전로의 종류	시험전압
(1) 최대사용전압 7[kV] 이하의 전로	최대사용전압의 1.5배의 전압
(2) 최대사용전압 7[kV] 초과 25[kV] 이하인 중성점 접지식 전로 (중성선을 가지는 것으로서 그 중성선을 다중접지 하는 것에 한한다)	최대사용전압의 0.92배의 전압
(3) 최대사용전압 7[kV] 초과 60[kV] 이하인 전로(2란의 것을 제외한다)	최대사용전압의 1.25배의 전압(10,500[V] 미만으로 되는 경우는 10,500[V])
(4) 최대사용전압 60[kV] 초과 중성점 비접지식전로 (전위 변성기를 사용하여 접지하는 것을 포함한다)	최대사용전압의 1.25배의 전압
(5) 최대사용전압 60[kV] 초과 중성점 접지식 전로(전위 변성기를 사용하여 접지하는 것 및 6란과 7란의 것을 제외한다)	최대사용전압의 1.1배의 전압(75[kV] 미만으로 되는 경우에는 75[kV])
(6) 최대사용전압이 60[kV] 초과 중성점 직접접지식 전로(7란의 것을 제외한다)	최대사용전압의 0.72배의 전압
(7) 최대사용전압이 170[kV] 초과 중성점 직접 접지식 전로로서 그 중성점이 직접 접지되어 있는 발전소 또는 변전소 혹은 이에 준하는 장소에 시설하는 것	최대사용전압의 0.64배의 전압

5. 접지공사의 종류

(1) 접지종별과 접지 저항값과 접지선의 굵기

접지종별	접지 저항값	접지선 굵기
제1종 접지공사	10[Ω] 이하	6[㎟] 이상
제2종 접지공사	$\dfrac{150}{1선 지락전류}$[Ω] 이하 ‣ 자동차단 설비가 1초 이내 동작하면 $\dfrac{600}{1선 지락전류}$[Ω] ‣ 자동차단 설비가 1초를 넘어 2초 이내 동작 하면 $\dfrac{300}{1선 지락전류}$[Ω] ‣ 계산한 값이 5[Ω] 미만인 경우 5[Ω] 으로 한다.	특고압 16[㎟] 이상 고압 또는 22.9[kV-Y] 6[㎟] 이상
제3종 접지공사	100[Ω] 이하	2.5[㎟] 이상
특별 제3종 접지공사	10[Ω] 이하	2.5[㎟] 이상

(2) 저압전로에서 그 전로에 지락이 생겼을 경우에 0.5초 이내에 자동적으로 전로를 차단하는 장치를 시설하는 경우에는 제1항의 규정에 불구하고 제3종 접지공사와 특별 제3종 접지공사의 접지저항 값은 자동 차단기의 정격감도전류에 따라 표에서 정한 값 이하로 하여야 한다.

정격감도전류 [mA]	접지저항 값 [Ω]	
	물기가 있는 장소, 전기적 위험도가 높은 장소	그 외 다른 장소
30	500	500
50	300	500
100	150	500
200	75	250
300	50	166
500	30	100

(3) 제1종 접지공사 또는 제2종 접지공사에 사용하는 접지선을 사람이 접촉할 우려가 있는 곳에 시설하는 경우에는 다음 각 호에 따라야 한다.

① 접지극은 지하 75[cm] 이상으로 매설할 것

② 접지선을 철주 기타의 금속체를 따라서 시설하는 경우에는 접지극을 철주의 밑면(底面)으로부터 30[cm] 이상의 깊이에 매설하는 경우 이외에는 접지극을 지중에서 그 금속체로부

터 1[m] 이상 떼어 매설할 것

③ 접지선에는 절연전선(옥외용 비닐절연전선은 제외한다), 캡타이어케이블 또는 케이블(통신용 케이블은 제외한다)을 사용할 것

④ 접지선의 지하 75[cm]로부터 지표상 2[m]까지의 부분은 합성수지관으로 덮을 것

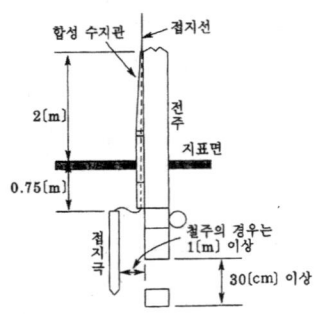

6. 기계 및 기구

(1) 특고압용 변압기는 다음 장소에 시설 할 수 있다.

① 변압기의 1차 전압은 35[kV] 이하, 2차는 저압 또는 고압일 것

② 특고측 개폐기 및 과전류 차단기의 시설

③ 2차 전압이 고압인 경우 고압측에 쉽게 개폐할 수 있는 개폐기 시설

(2) 특고압용 기계기구의 시설

사용 전압의 구분	울타리의 높이와 울타리로부터 충전부분까지의 거리의 합계 또는 지표상의 높이 이상
35[kV] 이하	5[m]
35[kV] 초과 160[kV] 이하	6[m]
160[kV] 초과	6[m]에 160[kV]를 초과하는 10[kV] 또는 그 단수마다 12[cm]를 더한 값

(3) 기계 기구의 철대 및 외함의 접지

기계 기구의 구분	접지공사
400[V] 미만의 저압용의 것	제3종 접지 공사
400[V] 이상의 저압용의 것	특별 제3종 접지 공사
고압용 또는 특고압용의 것	제1종 접지 공사

(4) 저압전로의 과전류 차단기의 시설

1) 과전류 차단기로 저압전로에 사용하는 퓨즈

① 정격전류의 1.1배의 전류에 견딜 것

② 정격전류의 1.6배 및 2배의 전류를 통한 경우에 표에서 정한 시간 내에 용단될 것

208 · Part 1. 핵심이론

정격전류의 구분	시 간	
	정격전류의 1.6배의 전류를 통한 경우	정격전류의 2배의 전류를 통한 경우
30[A] 이하	60분	2분
30[A] 초과 60[A] 이하	60분	4분
60[A] 초과 100[A] 이하	120분	6분
100[A] 초과 200[A] 이하	120분	8분
200[A] 초과 400[A] 이하	180분	10분
400[A] 초과 600[A] 이하	240분	12분
600[A] 초과	240분	20분

2) 과전류 차단기로 저압전로에 사용되는 배선용 차단기

　① 정격전류에 1배의 전류로 자동적으로 동작하지 아니할 것

　② 정격전류의 1.25배 및 2배의 전류를 통한 경우에 표에서 정한 시간 내에 자동적으로
　　동작할 것

정격전류의 구분	시 간	
	정격전류의 1.25배의 전류를 통한 경우	정격전류의 2배의 전류를 통한 경우
30[A] 이하	60분	2분
30[A] 초과 50[A] 이하	60분	4분
50[A] 초과 100[A] 이하	120분	6분
100[A] 초과 225[A] 이하	120분	8분
225[A] 초과 400[A] 이하	120분	10분
400[A] 초과 600[A] 이하	120분	12분
600[A] 초과 800[A] 이하	120분	14분
800[A] 초과 1,000[A] 이하	120분	16분
1,000[A] 초과 1,200[A] 이하	120분	18분
1,200[A] 초과 1,600[A] 이하	120분	20분
1,600[A] 초과 2,000[A] 이하	120분	22분
2,000[A] 초과	120분	24분

3) 과전류 차단기의 시설제한

　① 접지 공사의 접지선

　② 다선식 전로의 중성선

　③ 제2종 접지 공사를 한 저압 가공 전선로의 접지측 전선

4) 피뢰기의 접지 및 시설 장소

　① 제1종 접지 공사

　② 피뢰기 시설 장소

　　• 발·변전소 또는 이에 준하는 장소의 가공 전선 인입구 및 인출구

- 가공 전선로에 접속하는 배전용 변압기의 고압측 및 특고압측
- 고압·특고압 가공 전선로로 공급받는 수용 장소의 인입구
- 가공 전선로와 지중전선로가 접속되는 곳

5) 고압용 퓨즈
　① 포장퓨즈 : 1.3배에 견디고 2배의 전류로 120분 안에 용단될 것
　② 비포장퓨즈 : 1.25배에 견디고 2배의 전류로 2분 안에 용단될 것

02 발·변전소, 개폐소 또는 이에 준하는 곳의 시설

1. 발전소 등의 울타리·담 등의 시설

(1) 구내에 취급자 이외의 사람이 들어가지 아니하도록 시설할 것
　① 울타리·담 등을 시설할 것
　② 출입구에는 출입금지의 표시를 할 것
　③ 출입구에는 자물쇠장치 기타 적당한 장치를 할 것

(2) 울타리·담 등의 시설 기준
　① 울타리·담 등의 높이는 2[m] 이상으로 하고 지표면과 울타리·담 등의 하단 사이의 간격은 15[cm] 이하로 할 것
　② 울타리·담 등으로부터 충전부분까지 거리의 합계는 표에서 정한 값 이상으로 할 것

사용전압의 구분	울타리·담 등의 높이와 울타리·담 등으로부터 충전부분까지의 거리의 합계
35[kV] 이하	5[m]
35[kV] 초과 160[kV] 이하	6[m]
160[kV] 초과	6[m]에 160[kV]를 초과하는 10[kV] 또는 그 단수마다 12[cm]를 더한 값

(3) 기기의 보호장치

종 류	뱅크 용량의 구분	동작조건	장치의 종류
발전기	원자력 발전소의 비상용 예비발전기를 제외한 모든 발전기	과전류	자동차단장치
	500[kVA] 이상	수차 압유장치 유압의 현저한 저하	자동차단장치

	2,000[kVA] 이상	수차 발전기 스러스트 베어링 과열	자동차단장치
	10,000[kVA] 이상	내부고장	자동차단장치
	10,000[kW] 초과	증기터빈 베어링의 마모, 과열	자동차단장치
특별고압 변압기	5,000[kVA] 이상 10,000[kVA] 미만	변압기의 내부고장	자동차단장치 또는 경보장치
	10,000[kVA] 이상	변압기의 내부고장	자동차단장치
	타냉식	냉각장치고장	경보장치
전력용 커패시터 및 분로리액터	500[kVA]를 넘고 15,000[kVA] 미만의 경우	내부고장 시 과전류 시	자동차단장치
	15,000[kVA] 이상	내부고장 시 과전류 시 과전압 시	자동차단장치
조상기	15,000[kVA] 이상	내부고장	자동차단장치

(4) 계측장치

1) 발전소 계측하는 장치

① 발전기 · 연료전지 또는 태양전지 모듈의 전압 및 전류 또는 전력

② 주요 변압기의 전압 및 전류 또는 전력

③ 특고압용 변압기의 온도

2) 변전소 계측하는 장치

① 주요 변압기의 전압, 전류, 전력

② 특고용 변압기의 온도

(5) 수소 냉각식 발전기 등의 시설

① 발전기 또는 조상기는 기밀구조(氣密構造)의 것

② 발전기안 또는 조상기안의 수소의 순도가 85[%] 이하로 저하한 경우에 이를 경보하는 장치를 시설할 것

03 전선로

1. 총칙

(1) 가공전선로 · 지지물의 승탑 및 승주방지

발판 볼트 등은 지표상 1.8[m] 미만에 시설하지 말 것

(2) 풍압하중의 종별

① 갑종풍압하중(고온계 지역)

② 을종풍압하중(빙설이 많은 지역)

전선 기타의 가섭선(架涉線) 주위에 두께 6[mm], 비중 0.9의 빙설이 부착된 상태에서 수직 투영면적 372[Pa](다도체를 구성하는 전선은 333[Pa]), 그 이외의 것은 갑종풍압의 2분의 1을 기초로 하여 계산

③ 병종풍압하중(인가밀집지역) : 갑종풍압의 $\frac{1}{2}$ 로 기초

(3) 지선의 시설

① 지선의 안전율은 2.5(목주, A종 지지물 : 1.5) 이상

② 허용인장하중은 4.31[kN] 이상

③ 지선에 연선을 사용할 경우

㉠ 소선 3가닥 이상의 연선 사용

㉡ 소선은 지름 2.6[mm] 이상의 금속선 사용할 것(단, 소선의 지름이 2[mm] 이상인 아연도 강연선으로서 소선의 인장강도가 0.68[kN/mm^2] 이상인 것을 사용한 때는 그러하지 아니하다)

④ 지중부분 및 지표상 30[cm]까지의 부분에는 내식성, 아연도금을 한 철봉 사용

⑤ 지선의 높이

㉠ 도로 횡단 시 : 5[m] 이상(교통에 지장이 없을 경우 4.5[m])

㉡ 보도의 경우 : 2.5[m] 이상

(4) 가공전선로의 지지물의 기초안전율

1) 지지물의 기초안전율

① 하중을 받는 지지물의 기초안전율은 2 이상이어야 한다.

② 철탑의 경우 이상시 상정 하중에 대하여 1.33 이상으로 계산한 값과 상시 상정 하중에 대해 2 이상으로 계산한 값 중에서 큰 값으로 결정한다.

2) 지지물의 시설기준

전장 ＼ 설계하중	6.8[kN] 이하	9.8[kN] 이하	14.72[kN] 이하
15[m] 이하	전장$\times\frac{1}{6}$[m] 이상	전장$\times\frac{1}{6}+0.3$[m] 이상	전장$\times\frac{1}{6}+0.5$[m] 이상
15[m] 초과	2.5(m) 이상	2.8(m) 이상	–

설계하중 전장	6.8[kN] 이하	9.8[kN] 이하	14.72[kN] 이하
16[m] 초과 20[m] 이하	2.8(m) 이상	–	–
15[m] 초과 18[m] 이하	–	–	3[m] 이상
18[m] 초과	–	–	3.2[m] 이상

3) 저 · 고압 가공 전선로

① 가공약전류 전선로의 유도장해 방지

2[m] 이상 이격시킬 것

② 가공 케이블에 의한 시설 기준

㉠ 조가용선에 행가로 시설, 행가의 간격은 50[cm] 이하

㉡ 조가용선은 단면적 22[mm²]의 아연도금 철연선

㉢ 조가용선은 제3종 접지 공사를 할 것

㉣ 금속 테이프 작업 시 테이프를 나선형으로 감으며 간격은 20[cm] 이하

③ 전선 굵기

400[V] 미만	케이블 제외 : 3.2[mm] 이상 절연 전선 : 2.6[mm] 이상의 경동선
400[V] 이상 고압	시가지 : 5.0[mm] 경동선 시가지 외 : 4.0[mm]의 경동선

④ 고압 가공 전선로의 높이

㉠ 도로를 횡단하는 경우 : 지표상 6[m] 이상

㉡ 철도를 횡단하는 경우 : 레일면상 6.5[m] 이상

㉢ 횡단 보도교 위에 시설하는 경우

• 저압 : 3.5[m](절연 전선, 케이블 사용 경우 3[m]) 이상

㉣ 일반 장소 : 지표상 5[m](저압으로 교통에 지장이 없다면 4[m]) 이상

⑤ 저 · 고압 가공 전선과 건조물, 안테나, 다른 시설물 등의 이격거리

접근 상태	전압의 종류	저압	고압
건 조 물	상부 조영재 위쪽	2(1)	2(1)
	상부 조영재 옆 · 아래쪽	1.2[0.8](0.4)	1.2[0.8](0.4)
	기타 조영재	1.2[0.8](0.4)	1.2[0.8](0.4)
조영재 이외 건조물의 아래쪽		0.6(0.3)	0.8(0.4)
도로, 철도 등		3㉠	3㉠㉡

접근 상태　　　　　　　　　전압의 종류	저압	고압
삭도, 저압 전차선	0.6(0.3)	0.8(0.4)
가공 약전류 전선 및 저압 전차선의 지지물	0.3	0.6(0.3)
가공 약전류 전선	0.6(0.3)	0.8(0.4)
안테나	0.6(0.3)	0.8(0.4)
다른 시설물　상부 조영재 위쪽	2(1)	2(1)
다른 시설물　상부 조영재 옆·아래쪽	0.6(0.3)	0.8(0.4)
다른 시설물　기타 조영재	0.6(0.3)	0.8(0.4)
식물	(상시 불고 있는 바람에 접촉하지 않도록)	－

⑥ 농사용 저압가공전선로의 시설기준

   ㉠ 전선굵기 : 지름 2[mm] 이상의 경동선

   ㉡ 높이 : 지표상 3.5[m] 이상

   ㉢ 목주의 말구 지름 : 지름이 9[cm] 이상

   ㉣ 전선로의 경간 : 30[m] 이하

⑦ 인입선의 시설기준

   ㉠ 저압 인입선의 전선굵기 : 2.6[mm] 이상의 인입용 비닐절연전선(DV)

   ㉡ 저압 인입선의 높이

     • 도로횡단 : 지표상 5[m] (교통에 지장이 없도록 횡단 : 3[m]) 이상

     • 철도횡단 : 레일면상 6.5[m] 이상

     • 횡단보도교위 : 3[m] 이상

   ㉢ 연접 인입선의 시설기준

     • 인입선에서 분기하는 점으로부터 100[m]를 넘지 말 것

     • 폭 5[m]를 넘는 도로를 횡단하지 말 것

     • 옥내를 통과하지 아니할 것

4) 특고압 가공전선로

  ① 특고압 가공전선로의 시가지 시설기준(170[kV] 이하)

   ㉠ 애자 : 50[%] 충격 섬락 전압의 값이 그 전선의 근접한 다른 부분을 지지하는 애자 장치값의 110[%](130[kV] 넘는 경우 105[%]) 이상인 것

   ㉡ 지지물의 경간

     • A종 : 75[m]

     • B종 : 150[m]

- 철탑 : 400[m]
ⓒ 전선의 굵기
  - 100[kV] 미만 : 55[mm^2] 이상
  - 100[kV] 이상 : 150[mm^2] 이상
ⓔ 지표상 높이
  - 35[kV] 이하 : 10[m](절연 전선 8[m]) 이상
  - 35[kV] 넘는 것 : 10[m] 넘는 1만[V] 단수마다 0.12[m]를 더한 것($10+0.12n$) [m] 이상
ⓜ 지지물에 위험 표지를 하고 100[kV]를 넘는 것은 지기발생 또는 단락시 1초 안에 동작하는 자동 차단 장치를 시설할 것

② 전선로의 표준경간

지지물	표준경간	계곡, 하천 (장경간)	저·고압 보안 공사	특고압 1종 보안공사	특고압 2·3종 보안공사
목주, A종	150[m]	300[m]	100[m]	×	100[m]
B종	250[m]	500[m]	150[m]	150[m]	200[m]
철탑	600[m]	제한없음	400[m]	400[m]	400[m]

③ 특고 가공 전선과 저·고압 가공 전선의 병가 시 이격거리
  ⓐ 35[kV] 이하 1.2[m] 이상(22.9[kV]의 경우 1[m], 케이블 사용할 때 0.5[m] 이상)
  ⓑ 35[kV]를 넘고 60[kV] 이하 2[m] 이상
  ⓒ 60[kV]를 넘는 것: 2[m]에 1만[V] 단수마다 0.12[m]를 가산한다. ($2+0.12n$)[m] 이상

④ 특고 가공 전선의 높이
  ⓐ 35[kV] 이하 : 도로 횡단 6[m], 철도 횡단 6.5[m], 일반 장소 5[m] 이상
  ⓑ 35[kV] 이상 160[kV] 이하 : 6[m](산지 등은 5[m], 철도 등은 6.5[m], 횡단 보도교 위에 시설하는 경우 케이블인 때는 5[m]) 이상
  ⓒ 160[kV] 넘는 것 : 6[m]에 160[kV]를 넘는 1만[V] 또는 그 단수마다 12[cm]를 더한 값 ($6+0.12n$)[m] 이상

⑤ 25[kV] 이하 중성선 다중 접지 방식의 특고 가공 전선로
  ⓐ 접지선의 굵기 : 공칭단면적 6[mm^2] 이상의 연동선
  ⓑ 접지 상호간의 거리 : 300[m] 이하
  ⓒ 22.9[kV] : 각 접지점 단독 저항값은 150[Ω] 이하이고 중성선과 대지 사이의 합성

전기 저항값은 15[Ω] 이하이어야 한다.

ⓔ 15[kV] 이하 : 각 접지점의 단독 저항값은 300[Ω] 이하이고 중성선과 대지 사이의 합성 전기 저항은 30[Ω] 이하이어야 한다.

5) 지중·터널 안 등 특수 장소의 전선로

① 지중전선로

ㄱ 시설방법 : 직접매설식, 관로식, 암거식

ㄴ 직매식

- 차량 등의 중량을 받는 지역 : 1.2[m] 이상 매설
- 기타지역 : 0.6[m] 이상 매설

② 터널안 전선로 기준

ㄱ 저압 전선로

- 2.6[mm] 이상의 경동선 사용할 것
- 레일면·노면상 2.5[m] 이상 유지할 것
- 합성 수지관, 가요 전선관, 금속관, 케이블 공사

ㄴ 고압 전선로

- 케이블 공사
- 애자 사용 공사 시 4[mm] 이상의 경동선 사용할 것
- 노면상 3[m] 이상

04 전력보안통신설비

1. 전력보안통신용 전화설비의 시설

① 휴대용 전화 설비 : 특고압 및 길이 5[km] 이상의 고압선에는 휴대용 또는 이동용 전력 보안 통신용 전화 설비를 시설할 것

② 장소 : 2 이상의 급전소 상호간

2. 전력보안 가공 통신선의 시설

① 통신선의 굵기 : 2.6[mm] 이상의 경동선

② 가공통신선 높이(전력보안)

ㄱ 도로횡단 : 지표상 5[m](교통지장 없을 때는 4.5[m]) 이상

216 · Part 1. 핵심이론

ⓛ 철도횡단 : 레일면상 6.5[m] 이상

ⓒ 횡단 보도교 위 : 3[m] 이상

ⓔ 기타의 장소 : 3.5[m] 이상

05 전기 사용장소의 시설

1. 저압옥내배선, 간선, 분기회로의 시설기준

(1) 옥내전로의 대지전압의 제한

① 주택옥내전로 : 대지전압 300[V] 이하

② 주택옥내전로에서는 정격 소비전력 3[kW] 이상의 기계기구는 전기를 공급하기 위한 전로에 전용의 개폐기 및 과전류 차단기를 시설한 것

(2) 저압옥내배선의 시설

① 굵기 : 단면적 2.5[mm²] 연동선 이상, 1[mm²] 이상의 MI 케이블

② 400[V] 미만인 경우 전선의 굵기

ⓐ 전광·출퇴 표시등 : 단면적 1.5[mm²] 이상의 연동선

ⓑ 제어 회로 : 0.75[mm²] 이상의 다심형·캡타이어 케이블

ⓒ 쇼윈도, 쇼케이스 배선 : 0.75[mm²] 이상의 코드, 캡타이어 케이블

③ 옥내간선의 전선 굵기

ⓐ 전동기 등의 정격전류 합계가 50[A] 이하

간선의 굵기(I_a) = 전동기정격전류합계×1.25 + 기타전류

ⓑ 전동기 등의 정격전류 합계가 50(A)를 넘는 경우

간선의 굵기(I_a) = 전동기정격전류합계×1.1 + 기타전류

④ 옥내간선용 과전류차단기 시설

ⓐ 전동기정격전류합계의 3배 이하+기타부하전류합계

ⓑ 간선허용전류의 2.5배 이하

여기서 ⓐ, ⓑ의 값 중에서 작은 값 기준으로 해서 과전류차단기를 선정한다.

⑤ 분기회로의 시설

ⓐ 분기점에서 전선의 길이가 3[m] 이하인 곳에는 개폐기 및 과전류 차단기를 시설할 것

ⓑ 분기점에서 개폐기 및 과전류 차단기까지의 전선의 허용전류가 그 전선에 접속하는 저

압 옥내간선을 보호하는 과전류 차단기의 정격전류의 55[%](분기점에서 개폐기 및 과전류 차단기까지의 전선의 길이가 8[m] 이하인 경우에는 35[%]) 이상일 경우에는 분기점에서 3[m]을 초과하는 곳에 시설할 수 있다(즉, 전선길이의 제한이 없다).

⑥ 점멸기구의 시설

    ㉠ 점멸기 1개당 공장, 사무실 등에서는 등기구 6개

    ㉡ 주택, 아파트의 타임스위치 : 3분 이내 소등

    ㉢ 여관, 호텔의 타임스위치 : 1분 이내 소등

2. 옥내배선공사의 종류와 방법

(1) 애자 사용 공사

① 전선 상호 간격 : 6[cm] 이상

② 조영재와 이격 거리

    ㉠ 400[V] 미만 : 2.5[cm] 이상

    ㉡ 400[V]이상 : 4.5[cm](건조한 곳: 2.5[cm]) 이상

    ㉢ 지지점간의 거리

        • 조영재 옆면 · 윗면 : 2[m] 이하

        • 400[V] 이상 조영재 아랫면 : 6[m] 이하

(2) 합성 수지관 공사

① 전선 : 절연전선

② 관 상호간 삽입 깊이 : 바깥지름의 1.2배(접착제 사용 0.8배)

③ 관의 지지점간의 거리 : 1.5[m] 이하

(3) 금속관 공사

① 전선 : 절연전선

② 관의 두께

    ㉠ 콘크리트 매설 : 1.2[mm] 이상

    ㉡ 기타의 것 : 1[mm] 이상

③ 관의 지지점간의 거리 : 2[m] 이하

(4) 금속 덕트 공사

① 금속 덕트에 넣을 수 있는 전선의 단면적 : 덕트 내부 단면적의 20[%] 이하(제어 회로 등은 50[%] 이하)

② 폭 : 5[cm], 두께 : 1.2[mm] 이상의 철판 사용

③ 지지점간의 거리

    ㉠ 수직 : 6[m] 이하

    ㉡ 수평 : 3[m] 이하

(5) 버스 덕트 공사

① 피더 버스 덕트 : 간선용의 덕트

② 플러그인 버스 덕트 : 플러그의 수구를 설치하여 쉽게 분기할 수 있는 덕트

③ 트롤리 버스 덕트 : 이동시킬 수 있는 구조

(6) 400[V] 미만은 제3종 접지 공사, 400[V] 이상은 특별 제3종 접지 공사를 한다.

(7) 저압 옥내 배선과 수도관·약전류 전선의 이격 거리

① 수도관 등과의 이격거리 : 10[cm] 이상

② 가스관과의 이격거리 : 10[cm] 이상

3. 특수 장소의 저압옥내배선

종 류	금속관 공사	케이블 공사	합성 수지관 공사	애자 사용 공사
폭연성분진	• 박강 전선관 이상 • 패킹 사용 • 분진 방폭형 플렉시블 피팅	• 개장된 케이블 • MI 케이블		
가연성분진	• 폭연성 분진에 준함	• 폭연성 분진에 준함	• 2[mm] 이상 • 먼지가 침투되지 않도록	
폭연성/가연성 분진 이외의 분진	• 애자 사용 공사, 합성 수지관 공사, 금속관 공사, 가요 전선관 공사, 금속 덕트 공사, 버스 덕트 공사, 케이블 공사 • 먼지에 의하여 기계 기구의 온도 상승, 절연 내력 저하의 우려가 있는 경우 방진 장치를 할 것			
가연성 가스	• 폭연성 분진에 준함	• 폭연성 분진에 준함		
	• 전기 기계 기구 : 내압 방폭 구조, 유압 방폭 구조, 안전증가 방폭 구조			
위험물	• 케이블 공사, 합성 수지관 공사, 금속관 공사 • 전열 기구 이외의 전기 기구는 전폐형으로 할 것			
화약류 저장소	• 전로의 대지 전압 300[V] 이하일 것 • 전기 기계 기구는 전폐형일 것 • 전용의 과전류 개폐기 및 과전류 차단기는 화약류 저장소 이외의 곳에 시설하고, 누전 차단기·누전 경보기를 시설할 것			

종 류	금속관 공사	케이블 공사	합성 수지관 공사	애자 사용 공사
흥행장	• 무대, 오케스트라 박스, 영사실 등 사람의 접촉: 400[V] 미만 • 무대 밑 전구선 : 방습 코드, 캡타이어 케이블(고무, 비닐 제외) • 이동용 전선 : 0.6/1[kV] EP 고무절연 클로로프렌 캡타이어 케이블 • 금속제 외함 : 제3종 접지 공사			
진열장	• 400[V] 미만 • 0.75[mm^2] 이상의 코드 또는 캡타이어 케이블 • 전선의 붙임점간 거리 1[m] 이하			

4. 특수시설

(1) 특수시설의 종류

종류	사용 전압	전선 굵기	접지 공사
전기 울타리	1차측 250[V] 이하	2[mm] 이상의 경동선	
	• 충격전류 500[mA] • 1회 충격 전기량 3[mC] • 0.1초 경과 후 10[mA] 이하		
유희용 전차	• 1차측 400[V] 미만 • 2차측 직류 60[V], 교류 40[V] 이하 • 절연변압기 사용		
	• 전차 내 승압기 사용 시 2차 전압 150[V] 이하		
전격 살충기	• 전격 격자의 지표상 높이는 3.5[m] 이상		

교통 신호등	• 2차측 사용전압
	  300[V] 이하
		• 2.5[mm^2] 이상의 NR
		  전선
			• 제3종 접지 공사

	• 건조물 다른 시설물 등과 이격거리 60[cm](케이블 30[cm]) 이상		
도로 등 전열장치	• 대지전압 300[V] 이하		
	• 허용 온도 80[℃] 이하(도로, 옥외 주차장 120[℃])		
전기 온돌	• 대지전압 300[V] 이하		
	• 허용온도 80[℃] 이하 • 전용개폐기, 과전류 차단기, 지락차단장치 시설 • 발열선은 MI 케이블 사용할 것		
전기 온상	• 대지전압 300[V] 이하		• 제3종 접지 공사
	• 개폐기 및 과전류 차단기의 시설 • 발열선 온도 : 80[℃] 이하 유지		

종류	사용 전압	전선 굵기	접지 공사
전극식 온천용 승온기	• 사용전압 400[V] 미만		• 제1종 접지 공사

	• 1차측에 개폐기 및 과전류 차단기를 시설한 절연변압기 시설
	• 차폐장치의 거리
	  승온기: 50[cm] 이상
	  욕탕: 1.5[m] 이상		

전기 욕기	• 1차 300[V] 이하 • 2차 10[V] 이하		• 제3종 접지 공사
	• 전극 간의 거리 1[m] 이상		
풀용 수중 조명등	• 1차 400[V] 미만 • 2차 150[V] 이하의 절연 변압기의 사용	• 케이블 사용 • 조명등용 전선 : 2.5[mm^2]	• 금속제 혼촉 방지판 제1종 접지
전기 부식방지	• 절연변압기를 사용하여 DC 60[V] 이하		
	• 지중매설 양극깊이 75[cm] 이상 • 급전 양극과 1[m] 이내 임의의 점 사이의 전위차는 10[V]를 초과하지 아니할 것		
소세력 회로	• 대지전압 300[V] 이하	• 1[mm^2] 이상의 연동선 • 가공전선의 경우 1.2[mm] 이상의 경동선	
출퇴 표시	• 1차 300[V] 이하 • 2차 60[V] 이하	• 1[mm^2] 이상의 연동선	
전기 접진장치		• 케이블 사용	• 제1종 접지공사 • 사람 접촉 없다면 제3종 접지 공사
아크용접 장치	• 1차 대지전압 300[V] 이하		
	• 전용개폐기를 시설한 절연변압기의 사용		

(2) 의료실 접지시설

① 특별한 경우를 제외하고 의료실의 바닥 위 80[cm] 이상의 높이에 시설한다.

② 접지 간선은 단면적 14[mm^2] 이상의 600[V] 비닐 절연 전선 이상의 것을 사용하며, 접지 분기선은 단면전 5.5[mm^2] 이상의 600[V] 비닐 절연 전선 이상의 것을 사용한다. 접지선의 색은 녹/황 또는 녹색의 것을 사용한다.

(3) 전기철도

1) 직류식 전기철도

① 종류 : 가공방식, 제3레일방식, 강체 복선식

② 전차선로의 절연저항 : 궤도연장1[km]마다 가공방식은 10[mA] 이하로 유지

2) 교류식 전기철도

① 단상 AC 25[kV] 이하

② 전압불평형률은 3[%] 이하

③ 전차선과 식물과의 이격거리는 2[m] 이상

④ 흡상변압기는 옥외에 시설시 지표상 5[m] 이상

3) 강색철도

① 강색차선의 굵기는 지름 7[mm] 이상의 경동선 사용

② 높이는 레일면상 4[m] 이상

Part 2
전기기사 기출문제

2009년도 전기기사(1~3회)

2010년도 전기기사(1~3회)

2011년도 전기기사(1~3회)

2012년도 전기기사(1~3회)

2013년도 전기기사(1~3회)

2014년도 전기기사(1~3회)

2015년도 전기기사(1~3회)

2016년도 전기기사(1~3회)

국가기술자격검정 필기시험문제

2009년도 기사 제1회 필기시험(기사)

자격종목 및 등급(선택분야)	종목코드	시험시간	문제지형별	수검번호	성명
전기기사		2시간 30분	A		

※ 시험문제지는 답안카드와 같이 반드시 제출하여야 합니다.

제1과목 : 전기자기학

01 다음 중 국제 단위계(SI)에 있어서 인덕턴스 (Inductance)의 차원(次元)으로 옳은 것은?(단, L의 길이, M의 질량, T는 시간, I는 전류이다.)

① $LMT^{-2}I^{-2}$
② $L^2MT^{-2}I^{-2}$
③ $L^2MT^{-3}I^{-2}$
④ $L^{-2}M^{-1}T^4I^2$

> **해설** 인덕턴스[H]를 국제단위계(SI)로 표시해보면,
> [Wb/A] $= m^2kgS^{-2}A^{-2}$
> $\therefore L^2 = MT^{-2}I^{-2}$이 된다.
> (자기선속[Wb]을 SI로 표시하면, VS$=m^2kgS^{-2}A^{-1}$)

02 다음 사항 중 옳은 것은?

① $\nabla \times H$는 면전류밀도 [A/m²]를 의미하며, curl H 또는 rot H와 같다.

② ∇V는 전계방향과 반대이고, 등전위면과 직각방향인 전위가 감소하는 방향으로 향한다.

③ $\nabla \cdot D$는 단위면적당의 발산전속수를 의미한다.

④ $\nabla \times (\nabla \times A)$는 벡터 항등식에서 $\nabla(\nabla \cdot A) + \nabla^2 A$와 같다.

> **해설**
> • $\nabla \times H=$ curl H = rot H $= i$ [A/m²], i : 전류밀도
> • $E = -\nabla V$에서 전위경도는 전계방향과 반대 전위가 상승방향으로 향한다.
> • $\nabla \cdot D = \rho$[C/m²] : 단위체적당의 발산 전속수(ρ : 공간전하밀도)
> • $\nabla \times (\nabla \times A) = \nabla(\nabla \cdot A) - \nabla^2 A$

03 다음 중 자기회로에서 키르히호프의 법칙으로 알맞은 것은?(단, R : 자기저항, ϕ : 자속, N : 코일 권수, I : 전류이다.)

① $\sum_{i=1}^{n} \phi_i = \infty$
② $\sum_{i=1}^{n} N_i \phi_i = 0$
③ $\sum_{i=1}^{n} R_i \phi_i = \sum_{i=1}^{n} N_i I_i$
④ $\sum_{i=1}^{n} R_i \phi_i = \sum_{i=1}^{n} N_i L_i$

> **해설** 임의의 폐자로에서 각부의 자기저항과 자속의 곱의 합은 폐자로 내에 있는 기자력의 총합과 같다.

04 비유전율 $\epsilon_r = 4$, 비투자율 $\mu_r = 1$인 매질 내에서 주파수가 1[GHz]인 전자기파의 파장은 몇 [m]인가?

① 0.1[m]
② 0.15[m]
③ 0.25[m]
④ 0.4[m]

정답 01 ② 02 ① 03 ③ 04 ②

해설 $v = \lambda f$ 에서,

$$\lambda = \frac{v}{f} = \frac{1.5 \times 10^8}{1 \times 10^9} = 0.15\,[m]$$

전파속도 :

$$v = \frac{1}{\sqrt{\epsilon\mu}} = \frac{1}{\sqrt{\epsilon_0 \epsilon_r \mu_0 \mu_r}} = \frac{3 \times 10^8}{\sqrt{\epsilon_r \mu_r}}$$

$$= \frac{3 \times 10^8}{\sqrt{4 \times 1}} = 1.5 \times 10^8\,[m/s]$$

05 반사계수가 $\Gamma = 0.8$일 때, 정재파비 S를 데시벨[dB]로 표시하면?

① $10\log_{10}\dfrac{1}{9}$ ② $10\log_{10}9$

③ $20\log_{10}\dfrac{1}{9}$ ④ $20\log_{10}9$

해설 정재파비$(S) = \dfrac{1 + 반사계수(\Gamma)}{1 - 반사계수(\Gamma)}$, 데시벨[dB]

로 표시하면,

$$\therefore S = 20\log_{10}\frac{1+\Gamma}{1-\Gamma} = 20\log_{10}\frac{1+0.8}{1-0.8}$$
$$= 20\log_{10}9\,[dB]$$

06 저항 10[Ω]의 코일을 지나는 자속이 $\phi = 5\sin10t$[A]일 때, 유도기전력에 의한 전류[A]의 최대값은?

① 1[A]   ② 2[A]

③ 5[A]   ④ 10[A]

해설 $\phi = \phi_m \sin\omega t$ 라고 할 때,

$$e = -\frac{d\phi}{dt} = -\omega\phi_m \cos\omega t = \omega\phi_m \sin\left(\omega t - \frac{\pi}{2}\right)$$
$$= E_m \sin\left(\omega t - \frac{\pi}{2}\right)\,[V]$$

여기서, $E_m = \omega\phi_m$, $\phi_m = 5$, $\omega = 10$,

$E_m = 10 \times 5 = 50\,[V]$

그러므로 유도기전력에 의한 전류의 최대값은

$$\therefore I_m = \frac{E_m}{R} = \frac{50}{10} = 5\,[A]$$

07 대전된 도체구 A를 반지름이 2배가 되는 대전되어 있지 않은 도체구 B에 접속하면 도체구 A는 처음 갖고 있던 전계 에너지의 얼마가 손실되겠는가?

① $\dfrac{3}{2}$ ② $\dfrac{2}{3}$

③ $\dfrac{5}{2}$ ④ $\dfrac{2}{5}$

해설

대전된 도체구 A의 정전용량을 C_A, 대전되어 있지 않는 도체구 B의 정전용량을 C_B라 할 때, $C_A = 4\pi\epsilon_0 a$ [F], $C_B = 4\pi\epsilon_0(2a)$[F]$= 2C_A$

연결된 에너지 : $W = \dfrac{Q^2}{2C_A}\,[J]$

연결 후의 에너지 :

$$W' = \frac{Q^2}{2(C_A + C_B)} = \frac{Q^2}{2(C_A + 2C_A)} = \frac{Q^2}{6C_A}\,[J]$$

∴전계에너지의 손실비 =

$$1 - \frac{W'}{W} = 1 - \frac{\dfrac{Q^2}{6C_A}}{\dfrac{Q^2}{2C_A}} = \frac{2}{3}$$

08 서로 결합하고 있는 두 코일 C_1과 C_2의 자기인덕턴스가 각각 L_{c1}, L_{c2}라고 한다. 이들을 직렬로 연결하여 합성인덕턴스값을 얻은 후 두 코일간 상호인덕턴스의 크기($|M|$)를 얻고자 한다. 직렬로 연결할 때, 두 코일간 자속이 서로 가해져서 보강되는 방향이 있고, 서로 상쇄되는 방향이 있다. 전자의 경우 얻은 합성인덕턴스의 값이 L_1, 후자의 경우 얻은 합성인덕턴스의 값이 L_2일 때, 다음 중 알맞은 것은?

정답 **05** ④   **06** ③   **07** ②   **08** ④

① $L_1 < L_2$, $|M| = \dfrac{L_2 + L_1}{4}$

② $L_1 > L_2$, $|M| = \dfrac{L_1 + L_2}{4}$

③ $L_1 < L_2$, $|M| = \dfrac{L_2 - L_1}{4}$

④ $L_1 > L_2$, $|M| = \dfrac{L_1 - L_2}{4}$

해설

- 자속이 서로 가해져서 보강되는 방향의 합성인덕턴
  스를, $L_1 = L_{\ell 1} + L_{\ell 2} + 2M$ …… ①
- 자속이 서로 상쇄되는 방향의 합성인덕턴스를,
  $L_2 = L_{\ell 1} + L_{\ell 2} - 2M$ …… ②
  ① $-$②, $(L_1 > L_2)$
  $L_1 - L_2 = 4M$
  $\therefore |M| = \dfrac{L_1 - L_2}{4}$

09 그림과 같이 면적 S[m²]인 평행판 콘덴서의 극판각에 판과 평행으로 두께 d_1[m], d_2[m], 유전율 ϵ_1[F/m], ϵ_2[F/m]의 유전체를 삽입하면 정전용량[F]은?

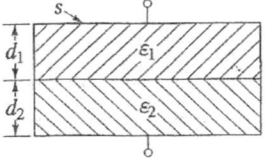

① $\dfrac{S}{\dfrac{d_1}{\epsilon_1} + \dfrac{d_2}{\epsilon_2}}$ ② $\dfrac{S}{\dfrac{\epsilon_1}{d_1} + \dfrac{\epsilon_2}{d_2}}$

③ $\dfrac{S}{d_1\epsilon_1 + d_2\epsilon_2}$ ④ $\dfrac{S}{d_1\epsilon_2 + d_2\epsilon_1}$

해설 유전율 ϵ_1, ϵ_2인 각각의 유전체의 정전용량을 C_1, C_2라 한다.
$$C_1 = \frac{\epsilon_1 S}{d_1}\ [F], \ C_2 = \frac{\epsilon_2 S}{d_2}\ [F]$$

직렬접속이므로 합성 정전용량은

$$C = \frac{C_1 C_2}{C_1 + C_2} = \frac{\dfrac{\epsilon_1 S}{d_1}\dfrac{\epsilon_2 S}{d_2}}{\dfrac{\epsilon_1 S}{d_1} + \dfrac{\epsilon_2 S}{d_2}}$$

$$= \frac{\epsilon_1 \epsilon_2 S}{\epsilon_2 d_1 + \epsilon_1 d_2} = \frac{S}{\dfrac{d_1}{\epsilon_1} + \dfrac{d_2}{\epsilon_2}}\ [F]$$

10 E[V/m]의 평등 전계를 가진 절연유(비유전율) 중에 있는 구형기포(球形氣泡) 내의 전계의 세기는 몇 [V/m]인가?

① $\dfrac{2\epsilon_r}{3\epsilon_r + 1}E$ ② $\dfrac{\epsilon_r}{2\epsilon_r + 1}E$

③ $\dfrac{3\epsilon_r}{2\epsilon_r + 1}E$ ④ $\dfrac{\epsilon_r}{3\epsilon_r + 1}E$

해설

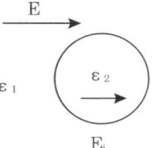

그림에서 평등전계 E중에 있는 유전체구의 내부전계 (E_i)는 평등전계이다.
$$E_i = \frac{3\epsilon_1}{2\epsilon_1 + \epsilon_2}E, \ \text{단}, \ \epsilon_1 = \epsilon_0\epsilon_r, \ \text{구형기포}: \epsilon_2 = \epsilon_0,$$
$$\therefore E_i = \frac{3\epsilon_0\epsilon_r}{2\epsilon_0\epsilon_r + \epsilon_0}E = \frac{3\epsilon_r}{2\epsilon_r + 1}E\ [A/m]$$

11 압전기 현상에서 분극이 응력과 같은 방향으로 발생하는 현상을 무슨 효과라 하는가?

① 종효과 ② 횡효과

③ 역효과 ④ 간접효과

해설 결정체에 가한 기계적응력과 전기분극과 같은 방향으로 발생하는 현상을 종효과, 수직방향으로 발생하는 현상을 횡효과라 한다.

정답 09 ① 10 ③ 11 ①

226 • Part 2. 전기기사 기출문제

12 그림과 같은 반지름 ρ [m]인 원형 영역에 걸쳐 균등 자속밀도가 $B = B_0 a_z$ [T]로 측정되었다면 그 원형 영역 내의 벡터포텐셜 A[Wb/m]는 얼마인가?

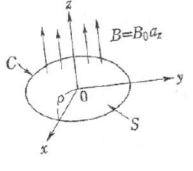

① $\dfrac{\rho B_0}{2\pi} a_z$ 　　② $\dfrac{\rho B_0}{2\pi} a_\phi$

③ $\dfrac{\rho B_0}{2} a_z$ 　　④ $\dfrac{\rho B_0}{2} a_\phi$

해설

• 스토크스의 정리

$\phi = \int_s B\, ds = \int_s (\nabla \times A)\, ds = \oint_c A\, dl$

$(B = rot A = \nabla \times A)$

$\phi = BS = B_0 \times (\pi \rho^2)$,

$\therefore \oint_c A\, dl = \int_0^{2\pi\rho} A\, dl = A \cdot 2\pi\rho$

$B_0 \cdot \pi\rho^2 = A \cdot 2\pi\rho$에서 원형영역 내의 벡터포텐셜 A는,

$A = A a_\phi = \dfrac{B_0 \pi \rho^2}{2\pi\rho} a_\phi = \dfrac{\rho B_0}{2} a_\phi \ [Wb/m]$가 된다.

13 이종(異種)의 유전체 사이의 경계면에 전하분포가 없을 때 경계면 양쪽에 대한 설명으로 옳은 것은?

① 전계의 법선성분 및 전속밀도의 접선성분은 서로 같다.

② 전계의 법선성분 및 전속밀도의 법선성분은 서로 같다.

③ 전계의 접선성분 및 전속밀도의 접선성분은 서로 같다.

④ 전계의 접선성분 및 전속밀도의 법선성분은 서로 같다.

해설 경계조건

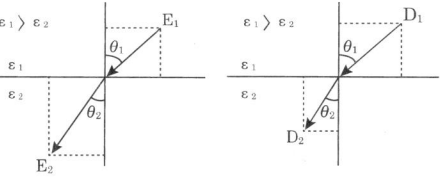

(전기력선의 굴절)　　(전속의 굴절)

• 전계는 접선(평행, 수평) 성분이 서로 같다.
　$E_1 \sin\theta_1 = E_2 \sin\theta_2$

• 전속밀도는 법선(수직)성분이 서로 같다.
　$D_1 \cos\theta_1 = D_2 \cos\theta_2$

• 두 경계면에서의 전위는 서로 같다. ($V_1 = V_2$)

• $\dfrac{\tan\theta_1}{\tan\theta_2} = \dfrac{\epsilon_1}{\epsilon_2}$, $\epsilon_1 > \epsilon_2$이면, $\theta_1 > \theta_2$ 가된다.

접속선은 유전율이 큰 유전체 쪽으로 모이려는 경향이 있다.

14 비투자율이 2500인 철심의 자속밀도가 5[Wb/m²]이고 철심의 부피가 4×10^{-6}[m³]일 때, 이 철심에 저장된 자기에너지는 몇 [J]인가?

① $\dfrac{1}{\pi} \times 10^{-2}$ [J] 　② $\dfrac{3}{\pi} \times 10^{-2}$ [J]

③ $\dfrac{4}{\pi} \times 10^{-2}$ [J] 　④ $\dfrac{5}{\pi} \times 10^{-2}$ [J]

해설 단위체적당 자기에너지는

$W = \dfrac{1}{2}\mu H^2 = \dfrac{1}{2}BH = \dfrac{B^2}{2\mu} \ [J/m^3]$

$\therefore$ 철심에 저장된 자기에너지는

$W = \dfrac{B^2}{2\mu_0 \mu_s} S$

$= \dfrac{5^2}{2 \times 4\pi \times 10^{-7} \times 2500} \times 4 \times 10^{-6}$

$= \dfrac{5}{\pi} \times 10^{-2} \ [J]$

정답 12 ④　13 ④　14 ④

15 반지름이 1[cm]와 2[cm]인 동심원통의 길이가 50[cm]일 때 이것의 정전용량은 약 몇 [pF]인가?(단, 내원통에 $+\lambda$[c/m], 외원통에 $-\lambda$[c/m]인 전하를 준다고 한다.)

① 0.56[pF] ② 34[pF]
③ 40[pF] ④ 141[pF]

해설 동심원통 사이의 정전용량은

$$C = \frac{2\pi\epsilon_0 l}{\ln\frac{b}{a}}\,[F] = \frac{2\pi \times 8.855 \times 10^{-12} \times 0.5}{\ln\frac{2}{1}} \times 10^{12}$$
$$= 40.13\,[pF]$$

16 도전율 σ, 투자율 μ인 도체에 교류전류가 흐를 때 표피효과에 의한 침투깊이 δ는 σ와 μ 그리고 주파수 f에 어떤 관계가 있는가?

① 주파수 f와 무관하다.
② σ가 클수록 작다.
③ σ와 μ에 비례한다.
④ μ가 클수록 크다.

해설

- 표피효과 : $\delta = \sqrt{\dfrac{2}{\omega\sigma\mu}} = \sqrt{\dfrac{1}{\pi f \sigma \mu}}\,[m]$,

f(주파수), σ(도전율), μ(투자율)이 크면 클수록 δ(침투깊이)는 작아져서 표피효과는 더 심해지게 된다.

17 자기 쌍극자의 자위에 관한 설명 중 맞는 것은?

① 쌍극자의 자기모멘트에 반비례 한다.
② 거리제곱에 반비례 한다.
③ 자기 쌍극자의 축과 이루는 각도 θ의 $\sin\theta$에 비례한다.
④ 자위의 단위는 [Wb/J]이다.

해설 자기 쌍극자에 의한 자위는

$$U_m = \frac{M\cos\theta}{4\pi\mu_0 r^2}\,[AT]$$

18 커패시터를 제조하는데 A, B, C, D와 같은 4가지의 유전재료가 있다. 커패시터 내에서 단위체적당 가장 큰 에너지 밀도를 나타내는 재료부터 순서대로 나열하면?(단, 유전재료 A, B, C, D의 비유전율은 각각 ϵ_{rA}= 8, ϵ_{rB}=10, ϵ_{rC}= 2, ϵ_{rD}= 4이다.)

① B > A > D > C
② A > B > D > C
③ D > A > C > B
④ C > D > A > B

해설 유전체에 단위 체적당 에너지 밀도는

$W = \dfrac{1}{2}\epsilon E^2\,[J/m^3]$, $W \propto \epsilon_r$(에너지 밀도는 비유전율에 비례)

$\therefore \epsilon_{rB} > \epsilon_{rA} > \epsilon_{rD} > \epsilon_{rC}$ 순서이므로,

$B > A > D > C$가 된다.

19 다음 중 20[℃]에서 저항온도계수(Temperature Coefficient of Resistance)가 가장 큰 것은?

① Ag ② Cu
③ Al ④ Ni

해설 저항온도계수가 큰 순서
니켈(Ni) > 은(Ag) > 알루미늄(Al) > 구리(Cu)

20 평등 전계 내에 수직으로 비유전율 ϵ_r= 3인 유전체판을 놓았을 경우 판 내의 전속밀도 $D = 4 \times 10^{-6}\,[C/m^2]$이었다. 이 유전체의 비 분극률은?

정답 15 ③ 16 ② 17 ② 18 ① 19 ④ 20 ①

228 · Part 2. 전기기사 기출문제

① 2   ② 3

③ 1×10^{-6} ④ 2×10^{-6}

해설

분극률$(\chi_e) = \epsilon_0(\epsilon_r - 1)$

비분극률 $= \epsilon_r - 1 = 3 - 1 = 2$

제2과목 : 전력 공학

21 최소 동작 전류 이상의 전류가 흐르면 한도를 넘는 양과는 상관없이 즉시 동작하는 계전기는?

① 반한시 계전기   ② 정한시 계전기

③ 순한시 계전기   ④ Notting계전기

해설

- 순한시 특성 : 최소 동작 전류 이상의 전류가 흐르면 즉시 동작하는 특성
- 반한시 특성 : 동작 전류가 커질수록 시간이 짧게 되는 특성
- 정한시 특성 : 동작 전류의 크기에 관계없이 일정한 시간에 동작하는 특성
- 반한시 정한시 특성 : 동작 전류가 적은 동안에는 동작 전류가 커질수록 동작시간이 짧게 되고, 어떤 전류이상이면 동작전류의 크기에 관계없이 일정한 시간에 동작하는 특성

22 다음 그림은 변류기의 접속도이다. 이와 같은 접속을 무슨 접속이라 하는가?

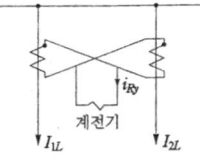

① 교차접속   ② 직렬접속

③ 병렬접속   ④ 차동접속

23 송전방식에는 교류송전과 직류송전방식이 있다. 교류에 비하여 직류송전장식의 장점은?

① 전압변경이 쉽다.

② 송전효율이 좋다.

③ 회전자계를 쉽게 얻을 수 있다.

④ 설비비가 싸다.

해설 직류 송전방식의 장, 단점

㉠ 장점
- 선로의 리액턴스가 없으므로 안정도가 높다.
- 유전체손 및 충전 용량이 없고 절연내력이 강하다.
- 비동기 연계가 가능하다.
- 단락전류가 적고, 임의 크기의 교류 계통을 연계시킬 수 있다.
- 코로나손 및 전력 손실이 적어 송전효율이 높다.
- 표피효과나 근접효과가 없으므로 실효 저항의 증대가 없다.

㉡ 단점
- 직교 변환 장치가 필요하다.
- 전압의 승압 및 강압이 불리하다.
- 고조파나 고주파 억제 대책이 필요하다.
- 직류 차단기가 개발되어 있지 않다.

24 송배전 계통에 발생하는 이상전압의 내부적인 원인이 아닌것은?

① 직격뢰   ② 선로의 개폐

③ 아크접지   ④ 선로의 이상 상태

해설 외부적인 원인 : 직격뢰, 유도뢰, 다른 선로와 혼촉사고 및 유도

25 송전선이 통신선에 미치는 유도장애를 억제 및 제거 방법이 아닌 것은?

① 송전선에 충분한 연가를 실시한다.

② 송전계통의 중성점 접지계소를 택하여 중성점을 리액터 접지한다.

정답   **21** ③   **22** ④   **23** ②   **24** ①   **25** ④

③ 송전선과 통신선의 상호 접근거리를 크게 한다.

④ 송전선측에 특성이 양호한 피뢰기를 설치한다.

해설 통신선측에 특성이 양호한 피뢰기를 설치

26 변압기 중성점의 비접지 방식을 직접접지방식과 비교한 것 중 옳지 않은 것은?

① 전자유도장애가 경감된다.

② 지락전류가 작다.

③ 보호계전기의 동작이 확실하다.

④ 선로에 흐르는 영상전류가 없다.

해설
- 저전압, 단거리선로에 적합하다.
- △결선 중 1대 고장 시 V-V결선으로 송전이 가능하다.
- 보호계전기의 동작이 불확실하다.

27 각수용가의 수용설비 용량이 50[kW], 100[kW], 80[kW], 60[kW], 150[kW]이며, 각각의 수용률은 0.6, 0.6, 0.5, 0.5, 0.4일 때 부하의 부등률이 1.3이라면 변압기 용량은 약 몇 [kVA]가 필요한가?(단, 평균 부하역률은 80[%]라고 한다.)

① 142[kVA]　　② 165[kVA]

③ 183[kVA]　　④ 212[kVA]

해설

$$변압기 용량[kVA] = \frac{수용률 \times 설비용량}{부등률 \times 역률}$$
$$= \frac{0.6(50+100)+0.5(80+60)+0.4 \times 150}{1.3 \times 0.8}$$
$$= 211.54[kVA]$$

28 변압기를 보호하기 위한 계전기로 사용되지 않는 것은?

① 비율차동계전기　　② 온도계전기

③ 부흐홀쯔계전기　　④ 주파수계전기

29 다음 중 보상 변류기에 대한 설명으로 알맞은 것은?

① 변압기의 고·저압간의 전류, 위상을 보상한다.

② 계전기의 오차와 위상을 보호한다.

③ 전압강하를 보상한다.

④ 역률을 보상한다.

30 선로 전압강하보상기(LDC)에 대하여 옳게 설명한 것은?

① 분로리액터로 전압 상승을 억제하는 것

② 직렬콘덴서로 선로 리액턴스를 보상하는 것

③ 승압기로 저하된 전압을 보상하는 것

④ 선로의 전압강하를 고려하여 모선전압을 조정하는 것

31 3상 송전선로에서 지름 5[mm]의 경동선을 간격 1[m]로 정삼각형 배치를 한 가공전선의 1선 1[km]당의 작용인덕턴스는 약 몇 [mH/km]인가?

① 1.0[mH/km]　　② 1.25[mH/km]

③ 1.5[mH/km]　　④ 2.0[mH/km]

해설 인덕턴스

$$L = 0.05 + 0.4605 \log_{10} \frac{D}{r}[mH/km]$$
$$= 0.05 + 0.4605 \log_{10} \frac{1 \times 10^3}{2.5} = 1.248[mH/km]$$
정삼각형이므로, $D = 1[m]$

32 다음 중 직격뢰에 대한 방호설비로 가장 적당한 것은?

① 가공지선　　② 서지흡수기

③ 복도체　　④ 정전방전기

정답 26 ③　27 ④　28 ④　29 ①　30 ④　31 ②　32 ①

33 중거리 송전선로의 T형 회로에서 일반정수 회로 C는 무엇을 나타내는가?

① 저항
② 어드미턴스
③ 임피던스
④ 리액턴스

34 저압 밸런서를 필요로 하는 방식은?

① 3상3선식
② 3상4선식
③ 단상2선식
④ 단상3선식

35 400[kVA] 단상변압기 3대를 △-△결선으로 사용하다가 1대의 고장으로 V-V결선을 하여 사용하면 대략 몇 [kW]부하까지 걸수 있겠는가?

① 133[kW]
② 577[kW]
③ 690[kW]
④ 866[kW]

해설 V-V결선 출력
$$P_v = \sqrt{3}\,P_a = \sqrt{3} \times 400[\text{kW}]$$

36 통신선과 평행된 주파수 60[Hz]의 3상 1회선 송전선에서 1선지락으로 영상전류가 100[A] 흐르고 있을 때 통신선에 유기되는 전자유도전압은 약 몇 [V]인가?(단, 영상전류는 송전선 전체에 걸쳐 같으며, 통신선과 송전선의 상호 인덕턴스는 0.05[mH/km]이고, 양선로의 병행 길이는 50[km]이다.)

① 94[V]
② 163[V]
③ 242[V]
④ 283[V]

해설 전자유도전압
$$E_m = -j\omega Ml\,(I_a + I_b + I_c)$$
$$= -j\omega Ml\,3I_0$$
$$= -j2\pi \times 60 \times 0.05 \times 10^{-3} \times 50 \times 3 \times 100$$
$$= 282.74[V]$$

37 수력발전소에서 이용되는 서지탱크의 설치 목적이 아닌 것은?

① 흡출관을 보호하기 위함이다.
② 부하의 변동시 생기는 수격압을 경감시킨다.
③ 유량을 조절한다.
④ 수격압을 압력수로에 미치는 것을 방지한다.

해설 조압수조(Surge tank) : 수격작용을 흡수하여 압력수로를 보호한다.

38 화력발전소의 기본 랭킨 사이클(Rankine cycle)을 바르게 나타낸 것은?

① 보일러 → 급수펌프 → 터빈 → 복수기 → 과열기 → 다시 보일러로
② 보일러 → 터빈 → 급수펌프 → 과열기 → 복수기 → 다시 보일러로
③ 급수펌프 → 보일러 → 과열기 → 터빈 → 복수기 → 다시 보일러로
④ 급수펌프 → 보일러 → 터빈 → 과열기 → 복수기 → 다시 보일러로

39 출력 185000[kW]의 화력발전소에서 매시간 140[t]의 석탄을 사용한다고 한다. 이 발전소의 열효율은 약 몇 [%]인가?(단, 사용하는 석탄의 발열량은 4000[kcal/kg]이다.)

① 28.41[%]
② 30.71[%]
③ 32.68[%]
④ 34.58[%]

해설 $\eta = \dfrac{860\,W}{mH} \times 100[\%]$
$$= \frac{860 \times 185000}{140 \times 10^3 \times 4000} \times 100 = 28.41[\%]$$

정답 **33** ② **34** ④ **35** ③ **36** ④ **37** ① **38** ③ **39** ①

40 원자로의 제어재가 구비하여야 할 조건으로 옳지 않은 것은?

① 중성자의 흡수 단면적이 적어야 한다.
② 높은 중성자속에서 장시간 그 효과를 간직하여야 한다.
③ 내식성이 크고, 기계적 가공이 쉬워야 한다.
④ 열과 방사선에 대하여 안정적이어야 한다.

해설 중성자 흡수 단면적이 클 것

제3과목 : 전기기기

41 송전 계통에 접속한 무부하의 동기전동기를 동기 조상기라 한다. 이때 동기 조상기의 계자를 과여자로 해서 운전할 경우 옳지 않은 것은?

① 콘덴서로 작용한다.
② 위상이 뒤진 전류로 흐른다.
③ 송전선의 역률을 좋게 한다.
④ 송전선의 전압 강하를 감소시킨다.

해설
과여자 : 콘덴서로 작용하여 뒤진 전류를 보상
부족여자 : 리액터 작용으로 앞선전류 보상

42 단락비가 큰 동기발전기에 관한 설명 중 옳지 않은 것은?

① 전압변동률이 크다.
② 전기자 반작용이 작다.
③ 과부하 용량이 크다.
④ 동기 임피던스가 작다.

해설 자기 여자 현상이 적고 전압 변동률이 작고 과부하내량이 크며 안정도가 높다.

43 동기 전동기의 전기자 전류가 최소일 때 역률은?

① 0
② 0.707
③ 0.866
④ 1

44 변압기의 여자 어드미턴스를 구하는 시험방법은?

① 단락시험
② 무부하시험
③ 부하시험
④ 충격전압시험

해설 무부하(개방회로)시험 : 무부하전류, 히스테리시스손, 와류손, 철손, 여자어드미턴스
단락시험 : 동손, 임피던스 전압, 임피던스 와트

45 브러시레스 DC 서보 모터의 특징으로 옳지 않은 것은?

① 단위 전류당 발생 토크가 크고 역기전력에 의해 불필요한 에너지를 귀환하므로 효율이 좋다.
② 토크 맥동이 작고 안정된 제어가 용이하다.
③ 기계적 시간상수가 크고 응답이 느리다.
④ 기계적 접점이 없고 신뢰성이 높다.

해설 시정수가 짧고, 속응성이 좋고, 기계적 응답도 좋다.

46 사이클로 컨버터(Cycloconverter)란?

① AC → AC로 바꾸는 장치이다.
② AC → DC로 바꾸는 장치이다.
③ DC → DC로 바꾸는 장치이다.
④ DC → AC로 바꾸는 장치이다.

47 단상 반파의 정류 효율은?

① $\dfrac{4}{\pi^2} \times 100[\%]$
② $\dfrac{\pi^2}{4} \times 100[\%]$

정답 40 ① 41 ② 42 ① 43 ④ 44 ② 45 ③ 46 ① 47 ①

③ $\frac{8}{\pi^2} \times 100[\%]$ ④ $\frac{\pi^2}{8} \times 100[\%]$

해설 $\eta = \dfrac{P_{dc}}{P_{ac}} = \dfrac{\left(\dfrac{I_m}{\pi}\right)^2 R}{\left(\dfrac{I_m}{2}\right)^2 R} \times 100 = \dfrac{4}{\pi^2} \times 100$

$= 40.53[\%]$

48 변압기에서 역률 100%일 때의 전압변동률 ϵ은 어떻게 표시되는가?

① %저항 강하 ② %리액턴스 강하

③ %서셉턴스 강하 ④ %인덕턴스 강하

해설 $\epsilon = P\cos\theta + q\sin\theta$에서
$\cos\theta = 1,\ \sin\theta = 0,$
$\therefore \epsilon = P$가 된다.

49 4극 60[Hz]의 3상 동기 발전기가 있다. 회전자 주변 속도를 200[m/s] 이하로 하려면 회전자의 지름을 약 몇 [m]로 하여야 하는가?

① 2.1[m] ② 2.6[m]

③ 3.1[m] ④ 3.5[m]

해설 회전자 주변 속도$(V) = \pi D n_s$에서,
$D = \dfrac{V}{\pi \cdot n_s} = \dfrac{200}{\pi \times 30} 2.12[m]$
동기속도$(n_s) = \dfrac{2 \cdot f}{P} = \dfrac{2 \times 60}{4} = 30[rps]$

50 단상 정류자 전동기의 일종인 단상 반발 전동기에 해당되는 것은?

① 시라게 전동기

② 아트킨손형 전동기

③ 단상 직권정류자 전동기

④ 반발유도 전동기

해설 단상 반발 전동기 : 아트킨손형 전동기, 톰슨전동기, 테리 전동기

51 권선형 유도 전동기와 직류 분권 전동기와의 유사한 점으로 가장 옳은 것은?

① 정류자가 있고 저항으로 속도 조정을 할 수 있다.

② 속도 변동률이 크고 토크가 전류에 비례한다.

③ 속도가 가변이고 기동 토크가 기동 전류에 비례한다.

④ 속도 변동률이 적고 저항으로 속도 조정할 수 있다.

52 단상 유도 전동기의 기동 방법 중 기동토크가 가장 큰 것은?

① 반발기동형 ② 분상 기동형

③ 세이딩 코일형 ④ 콘덴서 분상 기동형

해설 기동 토크가 큰 순서
반발 기동형 〉 콘덴서 기동형 〉 분상 기동형 〉 세이딩 코일형

53 변압기의 부하와 전압이 일정하고 주파수가 높아지면?

① 철손 증가 ② 동손 증가

③ 동손 감소 ④ 철손 감소

해설 히스테리시스손$(P_h) = K\dfrac{E^2}{f}$,
와류손$(P_e) = KE^2$, 철손$(P_i) = P_h + P_e$
정격전압이 일정하면 주파수가 높아지고 철손(P_i)은 감소한다.

54 3상 유도전압 조정기의 동작원리 중 가장 적당한 것은?

① 회전자계에 의한 유도작용을 이용하여 2차 전압의 위상전압 조정에 따라 변화한다.

② 교번자계의 전자유도작용을 이용한다.

정답 48 ① 49 ① 50 ② 51 ④ 52 ① 53 ④ 54 ①

2009년도 기사 제1회 필기시험(기사) · **233**

③ 충전된 두 물체 사이에 작용하는 힘이다.

④ 두 전류 사이에 작용하는 힘이다.

> **해설** 분로권선전압 E_1에 대한 E_2의 위상이 변화한다. 여기서, E_2 : 회전자속에 따른 직렬권선의 1상에 유도되는 기전력을 조정전압이라 한다.
>
> ∴3상 유도전압조정기의 출력측전압
>
> $(E) = \sqrt{(E_1 + E_2 cos\theta)^2 + (E_2 sin\theta)^2}$ 이 된다.

55 3상 유도전동기에서 2차 저항을 증가하면 기동토크는?

① 증가한다.　　　② 감소한다.

③ 제곱에 반비례한다.　④ 변하지 않는다.

> **해설** $\dfrac{r_2}{S_m} = \dfrac{r_2 + R_s}{S_t}$
>
> 여기서, S_m : 최대토크시 슬립,
> r_2 : 2차권선의저항
> R_s : 2차외부회로저항,
> S_t : 기동시 슬립(정지상태 : $S_t = 1$)
> ∴ R_s 가 클수록 T_m 을 발생하는
> S_t 도 커야하므로
> 기동시 ($S = 1$)에는
> 기동토크가 증가한다.

56 60[Hz], 8극, 3상 유도전동기가 전부하로 873[rpm]의 속도로 67[kg · m]의 토크를 내고 있다. 이때의 기계적 출력[kW]은 약 얼마인가?

① 40[kW]　　　② 50[kW]

③ 60[kW]　　　④ 70[kW]

> **해설** 토크 $(T) = 0.975 \dfrac{P}{N}[kg \cdot m]$ 에서,
>
> 기계적 출력 $(P) = \dfrac{67 \times 873}{0.975} - 59.99[kW]$

57 다음 중 대형 직류 전동기의 토크를 측정하는데 가장 적당한 방법은?

① 와전류 제동기법　　② 프로니 브레이크 법

③ 전기 동력계법　　④ 반환 부하법

58 3300[V], 60[Hz]용 변압기의 와류손이 360[W]이다. 이 변압기를 2750[V], 50[Hz]에서 사용할 때 이 변압기의 와류손은 몇 [W]인가?

① 250[W]　　　② 330[W]

③ 418[W]　　　④ 518[W]

> **해설**
>
> 와류손 $(P_e) = \rho_e (t \cdot f \cdot K_f \cdot B_m)^2$,
>
> $B_m \propto \dfrac{V}{f}$ 에서, $P_e \propto KV^2$ (주파수와 무관)
>
> ∴ $P_e' = \left(\dfrac{V}{V}\right)^2 \cdot P_e = \left(\dfrac{2750}{3300}\right)^2 \times 360 = 250[W]$

59 100[HP], 600[V], 1200[rpm]의 직류 분권 전동기가 있다. 분권 계자 저항이 400[Ω], 전기자저항이 0.22[Ω]이고 정격부하에서의 효율이 90[%]일 때 전부하시의 역기전력은 약 몇 [V]인가?

① 550[V]　　　② 570[V]

③ 590[V]　　　④ 610[V]

> **해설**
>
> 계자전류 $(I_f) = \dfrac{V}{R_f} = \dfrac{600}{400} = 1.5[A]$
>
> 전동기효율 $(\eta_m) = \dfrac{P_o}{P_i}$ 에서,
>
> 전동기입력 $(P_i) = \dfrac{100 \times 746}{0.9} = 82888.89[W]$
>
> 전부하전류 $(I) = \dfrac{P_i}{V} = \dfrac{82888.89}{600} = 138.15[A]$
>
> 전기자전류 $(I_a) = I - I_f = 138.15 - 1.5$
> $= 136.65[A]$
> 역기전력 $(E_c) = V - I_a \cdot R_a$
> $= 600 - 136.65 \times 0.22 = 569.94[V]$

정답 **55** ①　**56** ③　**57** ③　**58** ①　**59** ②

60 직류 분권 발전기의 전기자 저항이 0.05[Ω]이다. 단자전압이 200[V], 회전수 1500 [rpm]일 때 전기자 전류가 100[A]이다. 이것을 전동기로 사용하여 전기자 전류와 단자전압이 같을 때 회전속도는 약 몇 [rpm]인가?(단, 전기자 반작용은 무시한다.)

① 1427[rpm]
② 1577[rpm]
③ 1620[rpm]
④ 1800[rpm]

해설
• 발전기의 기전력$(E) = V + I_a R_a$
$= 200 + 100 \times 0.05 = 205[V]$

• 전동기일 때 역기전력(E_c)
$= V - I_a R_a = 200 - 100 \times 0.05 = 195[V]$

$\therefore N' = \dfrac{E_c}{E} N = \dfrac{195}{205} \times 1500 = 1426.83[rpm]$

$E = \dfrac{P\Phi ZN}{60a}$에서 회전속도$(N)$는
기전력(E)에 비례한다.

제4과목 : 회로 이론 및 제어 공학

61 그림과 같은 요소는 제어계의 어떤 요소인가?

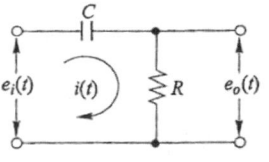
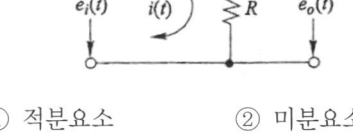

① 적분요소
② 미분요소
③ 1차 지연요소
④ 1차 지연 미분요소

해설
$e_i(t) = \dfrac{1}{C} \int i(t)dt + R \cdot i(t) \xrightarrow{\mathcal{L}} E_i(s)$
$= \left(\dfrac{1}{Cs} + R \right) I(s)$
$e_o(t) = R i(t) \xrightarrow{\mathcal{L}} E_o(s) = RI(s)$
$\therefore G(s) = \dfrac{E_o(s)}{E_i(s)} = \dfrac{RCs}{1+RCs} = \dfrac{Ts}{1+Ts}$ 이므로,
1차지연요소를 포함한 미분요소

62 $GH(j\omega) = \dfrac{K}{(1+2j\omega)(1+j\omega)}$의 이득여유가 $20[dB]$일 때 K의 값은?

① 0
② 1
③ 10
④ $\dfrac{1}{10}$

해설 이득여유$(g_m) = 20\log_{10} \left| \dfrac{1}{GH(j\omega)} \right| [dB]$

$GH(j\omega) = \dfrac{K}{(1+2j\omega)(1+j\omega)}$에서,

$|GH(j\omega)| = \dfrac{K}{(1+2j\omega)(1+j\omega)} \Big|_{\omega=0} = K$

$\therefore 20[dB] = 20\log_{10} \left| \dfrac{1}{K} \right|, \therefore K = \dfrac{1}{10}$

63 $G(s) = \dfrac{1}{1+Ts}$와 같이 주어진 제어시스템에서 절점주파수의 이득은 약 얼마인가?

① $-2[dB]$
② $-3[dB]$
③ $-4[dB]$
④ $-5[dB]$

해설 $G(j\omega) = \dfrac{1}{1+j\omega T}$에서,

$\omega T = 1, \omega(절점주파수) = \dfrac{1}{T}$

$\therefore G(j\omega) = \dfrac{1}{1+j\dfrac{1}{T} \times T} = \dfrac{1}{1+j1}$

이득$(g) = 20\log_{10} |G(j\omega)|$
$= 20\log_{10} \left| \dfrac{1}{\sqrt{1^2+1^2}} \right| \simeq -3[dB]$

64 잔류편차(Off Set)가 발생하는 제어는?

① 비례제어
② 적분제어
③ 비례미분적분제어
④ 비례적분제어

65 $f(t) = te^{-3t}$일 때 라플라스 변환은?

① $\dfrac{1}{(s+3)^2}$
② $\dfrac{1}{(s-3)^2}$
③ $\dfrac{1}{(s-3)}$
④ $\dfrac{1}{(s+3)^2}$

정답 **60** ① **61** ④ **62** ④ **63** ② **64** ① **65** ①

해설 $\mathcal{L}f(t) = F(s) = \mathcal{L}t \cdot e^{-3t} = \dfrac{1}{(s+3)^2}$

66 과도응답이 소멸되는 정도를 나타내는 감쇠비(Decay Ratio)는?

① 최대오버슈트/제2오버슈트

② 제3오버슈트/제2오버슈트

③ 제2오버슈트/최대오버슈트

④ 제2오버슈트/제3오버슈트

67 다음 중 전달함수에 관한 표현으로 옳은 것은?

① 전달함수의 분모의 차수는 초기값에 따라 결정된다.

② 2계 회로에서 전달함수의 분모는 s의 2차식이 된다.

③ 전달함수의 분자의 차수에 따라 분모의 차수가 결정된다.

④ 2계 회로의 분모와 분자의 차수의 차는 s의 1차식이 된다.

68 나이퀴스트(Nyquist)경로에 포위되는 영역에 특성방정식의 근이 존재하지 않으면 제어계는 어떻게 되는가?

① 불안정

② 안정

③ 진동

④ 발산

69 $G(s)H(s) = \dfrac{K(s+1)}{s(s+2)(s+3)}$ 에서 근궤적의 수는?

① 1

② 2

③ 3

④ 4

해설 근궤적의 수는 극점(P)수와 영점(Z)의 수 중에서 큰값과 같다.

70 어떤 제어 계통에서 정상 위치편차가 유한값일 때 이 제어계는 무슨 형인가?

① 0형

② 1형

③ 2형

④ 3형

해설 기준 시험 입력에 대한 정상 오차

계	정상 위치 편차	정상 속도 편차	정상 가속도 편차
2형	0	0	$\dfrac{R}{K_1}$
1형	0	$\dfrac{R}{K_1}$	∞
0형	$\dfrac{R}{K_1}$	∞	∞

71 $A = \begin{vmatrix} 0 & 1 & 0 \\ 0 & -1 & 6 \\ -1 & -1 & -5 \end{vmatrix}$ 의 고유값은?

① $-1, -2, -3$

② $-2, -3, -4$

③ $-1, -2, -4$

④ $-1, -3, -4$

해설

특성방정식, $|sI - A| = 0$

$|sI - A| = \begin{vmatrix} s & 0 & 0 \\ 0 & s & 0 \\ 0 & 0 & s \end{vmatrix} - \begin{vmatrix} 0 & 1 & 0 \\ 0 & -1 & 6 \\ -1 & -1 & -5 \end{vmatrix} = \begin{vmatrix} s & -1 & 0 \\ 0 & s+1 & -6 \\ 1 & 1 & s+5 \end{vmatrix}$

$= (s+1)(s^2 + 5s + 6) = 0$

$\therefore (s+1)(s+2)(s+3) = 0,$

고유값 $s = -1, -2, -3$

72 그림과 같은 회로의 출력 Z는 어떻게 표현되는가?

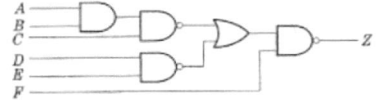

① $\overline{A} + \overline{B} + \overline{C} + \overline{D} + \overline{E} + F$

② $A + B + C + D + E + \overline{F}$

③ $\overline{ABCDE} + F$

④ $ABCDE + \overline{F}$

해설 $Z = \overline{\overline{ABC} \cdot \overline{DE} \cdot F} = ABCDE + \overline{F}$

정답 66 ③ 67 ② 68 ② 69 ③ 70 ① 71 ① 72 ④

73 분포정수회로에서 저항 0.5[Ω/km], 인덕턴스 $1[\mu H/km]$, 정전용량 $6[\mu F/km]$, 길이 250[km]의 송전선로가 있다. 무왜형선로가 되기 위해서는 컨덕턴스 $[\mho/km]$는 얼마가 되어야 하는가?

① 1   ② 2
③ 3   ④ 4

해설 무왜형조건, RC=GL에서,

$$G = \frac{0.5 \times 6 \times 10^{-6}}{1 \times 10^{-6}} = 3[\mho/km]$$

74 △결선된 3상 회로에서 상전류가 다음과 같을때 선전류 I_1, I_2, I_3 중에서 그 크기가 가장 큰 것은?

$$I_{12} = 4\angle -36°$$
$$I_{23} = 4\angle -156°$$
$$I_{31} = 4\angle 84°$$

① 2.31[A]   ② 4.0[A]
③ 6.93[A]   ④ 8.0[A]

해설 상전류가 다 같으므로, 선전류
$$I_l = \sqrt{3}\, I_P = 4\sqrt{3}\,[A]$$

75 일정 전압의 직류 전원에 저항을 접속하고 전류를 흘릴 때 이 전류값을 20[%] 증가시키기 위해서는 저항값을 몇 배로 하여야 하는가?

① 1.25배   ② 1.20배
③ 0.83배   ④ 0.80배

해설 $R = \dfrac{V}{I}$에서, $R' = \dfrac{V}{I'} = \dfrac{V}{1.2I} = 0.83R$

76 내부에 기전력이 있는 회로가 있다. 이 회로의 한쌍의 단자접압을 측정하였을때 70[V]이고 또 이단자에서 본 이 회로의 임피던스가 60[Ω]이라 한다. 지금 이 단자에 40[Ω]의 저항을 접속하면, 이 저항에 흐르는 전류는 몇 [A]인가?

① 0.5[A]   ② 0.6[A]
③ 0.7[A]   ④ 0.8[A]

해설 $I = \dfrac{70}{60+40} = 0.7[A]$

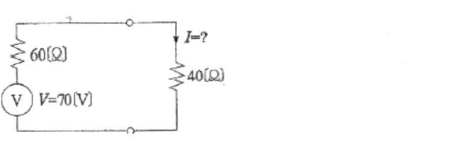

77 RL직렬회로에 $v = 80 + 141.4\sin\left(3\omega t + \dfrac{\pi}{3}\right)[V]$를 가할 때 전류[A]의 실효값은 약 얼마인가?(단, $R = 4[\Omega]$, $\omega L = 1[\Omega]$이다.)

① 24.2[A]   ② 26.3[A]
③ 28.3[A]   ④ 30.2[A]

해설 직류$(I_0) = \dfrac{V_0}{R} = \dfrac{80}{4} = 20[A]$

$$I_3 = \frac{V_3}{Z_3} = \frac{100}{\sqrt{4^2+3^2}} = 20[A]$$
$$Z_3 = R + j\omega L = 4 + j3[\Omega]$$

$$\therefore 실효값 전류(I_e) = \sqrt{20^2 + 20^2}$$
$$= 20\sqrt{2}\,[A]$$

78 그림과 같은 직류 LC직렬회로에 대한 설명 중 옳은 것은?

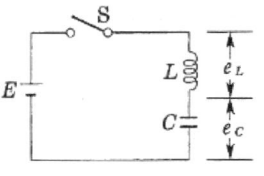

① e_L은 진동함수이나 e_c는 진동하지 않는다.

② e_L의 최대치가 $2E$까지 될 수 있다.

③ e_c의 최대치가 $2E$까지 될 수 있다.

④ C의 충전전하 q는 시간 t에 무관하다.

해설 $e_L = E \cdot \cos \cdot \dfrac{1}{\sqrt{LC}} t$

$e_c = E\left(1 - \cos \dfrac{1}{\sqrt{LC}} t\right)$이므로

$e_{Lmax} = E,\ e_{Lmin} = -E$

$e_{cmax} = E[1-(1)] = 2E$

79 4단자 정수가 각각 $A = \dfrac{5}{3}, B = 800, C = \dfrac{1}{450}$[℧]

$D = \dfrac{5}{3}$일 때, 전달정수 θ는 얼마인가?

① $\log_e 2$ ② $\log_e 3$

③ $\log_e 4$ ④ $\log_e 5$

해설 전달함수$(\theta)=$

$\log_e\left(\sqrt{AD} + \sqrt{BC}\right)$

$= \log_e\left(\sqrt{\dfrac{5}{3} \times \dfrac{5}{3}} + \sqrt{800 \times \dfrac{1}{450}}\right) = \log_e 3$

80 6[Ω]과 2[Ω]의 저항 3개를 그림과 같이 연결하였을 때, a, b 사이에 합성 저항은 몇 [Ω]인가?

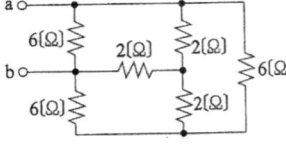

① 1[Ω] ② 2[Ω]

③ 3[Ω] ④ 4[Ω]

해설 2[Ω]Y결선을 △결선으로 바꾸면

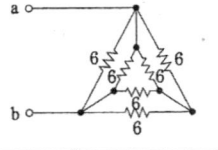

$\therefore R_{ab} = \dfrac{3 \times 6}{3+6} = 2[\Omega]$

제5과목 : 전기설비 기술기준 및 판단기준

81 시가지에 시설하는 154[kV]가 공전선로를 도로와 제1차 접근상태에 시설하는 경우에 전선과 도로와의 이격거리는 몇 [m]인가?

① 4.4 ② 4.8

③ 5.2 ④ 5.6

해설 3+0.15n=3+0.15×12=4.8[m] 이상

$n = \dfrac{154-35}{10} = 11.9$

소수점 이하는 절상해야 하므로 $n = 12$단이 된다.

82 풀장용 수중조명 등에 전기를 공급하기 위하여 사용되는 절연변압기에 대한 설명으로 옳지 않은 것은?

① 절연변압기 2차측 전로의 사용전압은 150[V] 이하여야 한다.

② 절연변압기 2차측 전로의 사용전압이 30[V] 이하인 경우에는 1차권선과 2차 권선 사이에 금속제의 혼촉방지판이 있어야 한다.

③ 절연변압기의 2차측 전로에는 반드시 제2종 접지를 하며, 그 저항값은 5[Ω] 이하가 되도록 하여야 한다.

④ 절연변압기의 2차측 전로의 사용전압이 30[V]를 넘는 경우에는 그 전로에 지락이 생긴 경우 자동적으로 전로를 차단하는 차단장치가 있어야 한다.

해설 절연변압기는 2차전압 30[V] 이하는 제1종접지 공사를 한 혼촉방지판을 설치하고 30[V]를 넘는 경우에는 지기가 발생하면 자동적으로 차단하는 장치를 시설

정답 79 ② 80 ② 81 ② 82 ③

238 · Part 2. 전기기사 기출문제

83 건조한 장소에 시설하는 저압용의 개별 기계기구에 전기를 공급하는 전로 또는 개별 기계기구에 전기용품안전관리법의 적용을 받는 인체 감전보호용 누전차단기를 시설하면 외함의 접지를 생략할 수 있다. 이 경우의 누전차단기의 정격으로 알맞은 것은?

① 정격감도전류 30[mA] 이하, 동작시간 0.03초 이하의 전류 동작형

② 정격감도전류 445[mA] 이하, 동작시간 0.01초 이하의 전류 동작형

③ 정격감도전류 300[mA] 이하, 동작시간 0.3초 이하의 전류 동작형

④ 정격감도전류 450[mA] 이하, 동작시간 0.1초 이하의 전류 동작형

84 다음 ㉠, ㉡에 들어갈 내용으로 알맞은 것은?

> 가공전선과 안테나 사이의 이격거리는 저압은 (㉠) 이상, 고압은 (㉡) 이상 일 것

① ㉠ 30[cm], ㉡ 60[cm]

② ㉠ 60[cm], ㉡ 90[cm]

③ ㉠ 60[cm], ㉡ 80[cm]

④ ㉠ 80[cm], ㉡ 120[cm]

해설 저고압 가공전선과 안테나의 접근 또는 교차(이상)

전선종류 \ 전압구분	저압	고압
일반적인 경우	0.6[m]	0.8[m]
전선이 고압절연전선	0.3[m]	0.6[m]
전선이 케이블인경우	0.3[m]	0.4[m]

85 다음 중 아크용접장치의 시설 기준으로 옳지 않은 것은?

① 용접변압기는 절연변압기일 것

② 용접변압기의 1차측 전로의 대지전압은 400[V] 이하일 것

③ 용접변압기 1차측 전로에는 용접변압기에 가까운 곳에 쉽게 개폐할 수 있는 개폐기를 시설할 것

④ 피용접재 또는 이외 전기적으로 접속되는 받침대·정반 등의 금속체에는 제3종 접지공사를 할 것

해설 용접변압기의 1차측전로의 대지전압은 300[V] 이하일 것

86 특별 제3종 접지공사를 하여야 하는 금속체와 대지간의 전기저항치가 몇 [Ω] 이하인 경우에는 특별 제3종 접지공사를 한 것으로 보는가?

① 3[Ω]　　　　② 5[Ω]

③ 8[Ω]　　　　④ 10[Ω]

해설 접지저항값이 10[Ω] 이하이면 특별 제3종 접지공사를 한 것으로, 100[Ω] 이하인 경우에는 제3종 접지공사를 한 것으로 본다.

87 345[kV]의 전압을 변압하는 변전소가 있다. 이 변전소에 울타리를 시설하고자 하는 경우, 울타리의 높이와 울타리로부터 충전부분까지의 거리의 합계는 몇 [m] 이상으로 하여야 하는가?

① 7.42[m]　　　② 8.28[m]

③ 10.15[m]　　④ 12.31[m]

해설 울타리 담 등의 높이(울타리 담등으로부터 충전부분까지의 거리 합계)

- 35[kV] 이하 : 5[m] 이상
- 35[kV]넘고 160[kV] 이하 : 6[m] 이상
- 160[kV]넘는 경우 : $6+0.12n$[m] 이상

정답　83 ①　84 ③　85 ②　86 ④　87 ②

$$단수(n) = \frac{345-160}{10} = 18.5단 \rightarrow_{절상} 19단$$
$$\therefore 6 + 0.12n = 6 + 0.12 \times 19 = 8.28[m]$$

88 전체의 길이가 18[m]이고, 설계하중이 6.8 [kN]인 철근 콘크리트주를 지반이 튼튼한 곳에 시설하려고 한다. 기초 안전율을 고려하지 않기 위해서는 묻히는 깊이를 몇 [m] 이상으로 시설하여야 하는가?

① 2.5[m]　　　② 2.8[m]

③ 3.0[m]　　　④ 3.2[m]

해설 가공전선로의 지지물의 깊이

전장　　설계하중	6.8[kN] 이하	6.8[kN] 초과~ 9.8[kN] 이하	9.8[kN] 초과~ 14.72[kN] 이하
15[m] 이하	전장×1/6 [m] 이상	전장×1/6 +0.3[m] 이상	-
15[m] 초과	2.5[m] 이상	2.8[m] 이상	-
16[m] 초과~ 20[m] 이하	2.8[m] 이상	-	-
15[m] 초과 ~18[m] 이하	-	-	3[m] 이상
18[m] 초과	-	-	3.2[m] 이상

89 다음 중 10경간의 고압가공전선으로 케이블이 사용할 때 조가용선에 대한 설명으로 옳은 것은?

① 조가용선은 아연도 철연선으로 단면적 14 [mm²] 이상으로 하여야 하며, 제2종 접지공사를 시행한다.

② 조가용선은 아연도 철연선으로 단면적 30 [mm²] 이상으로 하여야 하며, 제1종 접지공사를 시행한다.

③ 조가용선은 아연도 철연선으로 단면적 22 [mm²] 이상으로 하여야 하며, 제3종 접지공사를 시행한다.

④ 조가용선은 아연도 철연선으로 단면적 8 [mm²] 이상으로 하여야 하며, 특별 제3종 접지공사를 시행한다.

90 직류귀선의 궤도 근접부분이 금속제 지중관로와 1[km] 안에 접근하는 경우 금속제 지중관로에 대한 전식작용의 장해를 방지하기 위한 귀선의 시설방법으로 다음 중 옳은 것은?

① 귀선은 정극성으로 할 것

② 귀선용 레일의 이음매의 저항을 합친값은 그 구간의 레일 자체 저항의 30[%] 이하로 유지할 것

③ 귀선용 궤조는 특수한 곳 이외에는 길이 50[m] 이상이 되도록 연속하여 용접할 것

④ 귀선의 궤도 근접부분에 1년간의 평균전류가 통할때에 생기는 전위차는 그 구간 안의 어느 2점 사이에서도 2[V] 이하일 것

91 다음 중 발전기를 전로로부터 자동적으로 차단하는 장치를 시설하여야 하는 경우에 해당되지 않는 경우는?

① 발전기에 과전류가 생긴 경우

② 용량이 500[KVA] 이상의 발전기를 구동하는 수차의 압유장치의 유압이 현저히 저하한 경우

정답　**88** ②　　**89** ③　　**90** ④　　**91** ④

③ 용량이 100[KVA] 이상의 발전기를 구동하는 풍차의 압유장치의 유압, 압축공기장치의 공기압이 현저히 저하한 경우

④ 용량이 500[KVA] 이상인 발전기를 내부에 고장이 생긴 경우

해설 발전기 내부 고장이 발생 : 10,000[KVA] 이상

92 발전소·변전소에서 특고압전선로의 접속 상태를 모의모선의 사용 등으로 표시하지 않아도 되는 것은?

① 2회선의 단일모선 ② 2회선의 복모선
③ 3회선의 단일모선 ④ 4회선의 복모선

해설 회선수가 2 이하이고, 단모선인 경우

93 고압용 또는 특고압용 개폐기로서 부하전류를 차단하기 위한 것이 아닌 개폐기의 차단을 방지하기 위한 조치가 아닌 것은?

① 개폐기의 조작위치에 부하전류 유무 표시
② 개폐기 설치위치의 1차측에 방전장치 시설
③ 개폐기의 조작위치에 전화기, 기타의 지령 장치 시설
④ 터블렛 등을 사용함으로서 부하전류가 통하고 있을때에 개로조작을 방지하기 위한 조치

94 백열전등 또는 방전등에 전기를 공급하는 옥내 전로의 대지전압은 몇 [V] 이하를 원칙으로 하는가?

① 300[V]   ② 380[V]
③ 440[V]   ④ 600[V]

95 동일 지지물에 고압 가공전선과 저압 가공전선을 병가할 경우 일반적으로 양 전선간의 이격거리는 몇 [cm] 이상이어야 하는가?

① 50[cm]   ② 60[cm]
③ 70[cm]   ④ 80[cm]

96 시가지에 시설하는 고압 가공전선으로 경동선을 사용하려면 그 지름은 최소 몇 [mm]이어야 하는가?

① 2.6[mm]   ② 3.2[mm]
③ 4.0[mm]   ④ 5.0[mm]

해설

전압	조건	전선의 굵기 및 인장강도
400[V] 미만	절연전선	인장강도 2.3[kN] 이상의 것 또는 지름 2.6[mm] 이상
	절연전선 이외	인장강도 3.43[kN] 이상의 것 또는 지름 3.2[mm] 이상
400[V] 이상 저압 또는 고압	시가지	인장강도 8.01[kN] 이상의 것 또는 지름 5[mm] 이상
	시가지 외	인장강도 5.26[kN] 이상의 것 또는 지름 4[mm] 이상

97 다음 ㉠, ㉡에 들어갈 내용으로 알맞은 것은?

> 지선의 안전율은 (㉠) 이상일 것, 이 경우에 허용 인장 하중의 최저는 (㉡)[kN]으로 한다.

① ㉠ 2.0, ㉡ 2.1   ② ㉠ 2.0, ㉡ 4.31
③ ㉠ 2.5, ㉡ 2.1   ④ ㉠ 2.5, ㉡ 4.31

정답 92 ①   93 ②   94 ①   95 ①   96 ④   97 ④

98 시가지에 시설하는 특고압 가공전선로용 지지물에 사용될 수 없는 것은?(단, 사용전압이 170[kV] 이하의 전선로인 경우다.)

① 철근 콘크리트주　② 목주

③ 철탑　④ 철주

99 특고압 가공 전선로의지지물에 시설하는 통신선 또는 이에 직접 접속하는 가공 통신선의 높이는 철도 또는 궤도를 횡단하는 경우에는 레일면상 몇 [m] 이상으로 하여야 하는가?

① 5.0[m]　② 5.5[m]

③ 6.0[m]　④ 6.5[m]

해설 철도 또는 궤도를 횡단하는 경우 : 레일면상 6.5[m] 이상

100 고압 가공인입선이 케이블 이외의 것으로서 그 아래에 위험표시를 하였다면 전선의 지표상 높이는 몇 [m]까지로 감할 수 있는가?

① 2.5[m]　② 3.5[m]

③ 4.5[m]　④ 5.5[m]

해설 고압가공인입선의 지표상 높이는 5[m] 이상(단, 인입선에 한하여 전선의 아래쪽에 위험 표시를 하면 3.5[m]까지로 감할 수 있다.)

정답 98 ②　99 ④　100 ②

242 · Part 2. 전기기사 기출문제

국가기술자격검정 필기시험문제

2009년도 기사 제2회 필기시험(기사)

자격종목 및 등급(선택분야)	종목코드	시험시간	문제지형별	수검번호	성명
전기기사		**2시간 30분**	**A**		

※ 시험문제지는 답안카드와 같이 반드시 제출하여야 합니다.

제1과목 : 전기자기학

01 다음 설명 중 잘못된 것은?

① 초전도체는 임계온도 이하에서 완전 반자성을 나타낸다.

② 자화의 세기는 단위 면적당의 모멘트이다.

③ 상자성체 자극 N극을 접근시키면 S극이 유도된다.

④ 니켈(Ni), 코발트(Co) 등은 강자성체에 속한다.

해설

• 자화의 세기 : 단위면적에 발생한 자기량

$J = \dfrac{m}{S}$ (단위면적에 대한 자극의 세기)

$J = \dfrac{M}{V}$ (단위체적에 대한 자기모멘트)

02 10[mm]의 지름을 가진 동선에 50[A]의 전류가 흐를 때 단위 시간에 동선의 단면을 통과하는 전자의 수는 약 몇 개인가?

① 7.85×10^{16} ② 20.45×10^{15}

③ 31.25×10^{19} ④ 50×10^{19}

해설 단위시간에 동선의 단면을 통과하는 전자의 수는

$N = \dfrac{Q}{e} = \dfrac{50 \times 1}{1.602 \times 10^{-19}} = 31.21 \times 10^{19}$[개]

e (전자1개당 전하량) $= 1.602 \times 10^{-19}$[C]

Q (통과한 전기량) $= i \cdot t$[C]

03 질량 $m = 10^{-10}$[kg]이고 전하량 $q = 10^{-8}$[C]인 전하가 전기장에 의해 가속되어 운동하고 있다. 이때 가속도 $a = 10^2 i + 10^3 j$[m/sec²]라 하면 전기장의 세기 E는 몇 [V/m]인가?

① $E = 10^4 i + 10^5 j$ ② $E = i + 10j$

③ $E = 10^{-2} i + 10^{-7} j$ ④ $E = 10^{-6} i + 10^{-5} j$

해설 $F = qE = ma$[N]

$\therefore E = \dfrac{ma}{q} = \dfrac{10^{-10}}{10^{-8}} \times (10^2 i + 10^3 j) = i + 10j$

[V/m]

04 콘덴서의 내압 및 정전용량이 각각 1000[V]−2[μF], 700[V]−3[μF], 600[V]−4[μF], 300[V]−8[μF]이다. 이 콘덴서를 직렬로 연결할 때 양단에 인가되는 전압을 상승시키면 제일 먼저 절연이 파괴되는 콘덴서는?

① 1000[V]−2[μF] ② 700[V]−3[μF]

③ 600[V]−4[μF] ④ 300[V]−8[μF]

해설 각 콘덴서를 직렬로 연결할 때 전하량

$Q_1 = C_1 V_1 = 2 \times 10^{-6} \times 1000 = 2 \times 10^{-3}$[C]

$Q_2 = C_2 V_2 = 3 \times 10^{-6} \times 700 = 2.1 \times 10^{-3}$[C]

$Q_3 = C_3 V_3 = 4 \times 10^{-6} \times 600 = 2.4 \times 10^{-3}$[C]

$Q_4 = C_4 V_4 = 8 \times 10^{-6} \times 300 = 2.4 \times 10^{-3}$[C]

그러므로 직렬회로에서는 각 콘덴서에 나타나는 전하용량이 적을수록 빨리 파괴된다.

즉, Q_1이 제일 먼저 절연이 파괴된다.

정답 01 ② 02 ③ 03 ② 04 ①

2009년도 기사 제2회 필기시험(기사) • **243**

05 전류 4π[A]가 흐르고 있는 무한 직선 도채에 의해 자계가 4[A/m]인 점은 직선도체로부터 거리가 몇 [m]인가?

① 0.5[m]　　　　② 1[m]

③ 3[m]　　　　④ 4[m]

해설 무한장 직선전류에 의한 자계의 세기는

$$H = \frac{I}{2\pi r} [\text{AT/m}]$$

$$\therefore \ r = \frac{4\pi}{2\pi \times 4} = 0.5[\text{m}]$$

06 코일 A 및 코일 B가 있다. 코일 A의 전류가 $\frac{1}{30}$초간에 10[A] 변화할 때 코일 B에 10[V]의 기전력을 유도한다고 한다. 이때의 상호인덕턴스는 몇 [H]인가?

① $\frac{1}{0.3}$　　　　② $\frac{1}{3}$

③ $\frac{1}{30}$　　　　④ $\frac{1}{300}$

해설 $e_B = M \cdot \dfrac{d\,i_A}{dt}$ 에서, $M = \dfrac{10}{\dfrac{10}{\frac{1}{30}}} = \dfrac{1}{30}$ [H]

07 그림과 같이 무한히 긴 2개의 직전상 도선이 1[m] 간격으로 나란히 놓여 있을 때 도선 ①에 4[A], 도선 ②에 8[A]가 흐르고 있을 때 두 선간 중앙점 P에 있어서의 자계의 세기는 몇 [A/m]인가?(단, 지면의 아래쪽에서 위쪽으로 향하는 방향을 정(+)으로 한다.)

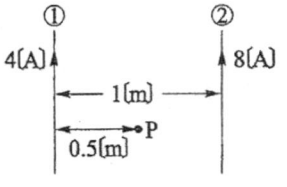

① $\frac{4}{\pi}$　　　　② $\frac{12}{\pi}$

③ $-\frac{4}{\pi}$　　　　④ $-\frac{5}{\pi}$

해설

• 도선에서의 자계의 세기는

$$H_1 = \frac{I_1}{2\pi a} = \frac{4}{2\pi \times 0.5} = \frac{4}{\pi} [\text{AT/m}]$$

(자계의방향 : $\otimes$)

• 도선에서의 자계의 세기는

$$H_2 = \frac{I_2}{2\pi a} = \frac{8}{2\pi \times 0.5} = \frac{8}{\pi} [\text{AT/m}]$$

(자계의방향 : $\odot$)

그러므로 두선간 중앙점 P에 있어서의 자계의 세기는 $H = H_2 - H_1 = \dfrac{8}{\pi} - \dfrac{4}{\pi} = \dfrac{4}{\pi} [\text{AT/m}]$

08 직교하는 도체평면과 점전하 사이에는 몇 개의 영상전하가 존재하는가?

① 2　　　　② 3

③ 4　　　　④ 5

해설

$$n = \frac{360}{\theta} - 1 = \frac{360}{90} - 1 = 3[\text{개}]$$

(직교 : $\theta = 90°$)

09 도체나 반도체에 전류를 흘리고 이것과 직각방향으로 자계를 가하면 이 두 방향과 직각 방향으로 기전력이 생기는 현상을 무엇이라 하는가?

정답　05 ①　06 ③　07 ①　08 ②　09 ④

① 핀치 효과   ② 볼타 효과

③ 압전 효과   ④ 홀 효과

10 정전용량이 1[μF]인 공기콘덴서가 있다. 이 콘덴서 판간의 $\frac{1}{2}$인 두께를 갖고 비유전율 $\epsilon_r=2$인 유전체를 그 콘덴서의 한 전극면에 접촉하여 넣었을 때 전체의 정전용량은 몇 [μF]이 되는가?

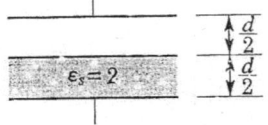

① $2[\mu F]$ ② $\frac{1}{2}[\mu F]$

③ $\frac{4}{3}[\mu F]$ ④ $\frac{5}{3}[\mu F]$

해설

• 유전체를 삽입하기 전의 정전용량은

$$C_o=\frac{\epsilon_o S}{d}[F]$$

• 유전체를 삽입 후의 정전용량을 각각 C_1, C_2라 하면,

$$C_1=\frac{\epsilon_0 S}{\frac{d}{2}}=\frac{2\epsilon_0 S}{d}[F]$$

$$C_2=\frac{\epsilon_0\epsilon_s S}{\frac{d}{2}}=\frac{2\epsilon_0\epsilon_s S}{d}[F]$$

콘덴서는 직렬접속이므로 합성정전용량은

$$C=\frac{C_1 C_2}{C_1+C_2}=\frac{\frac{2\epsilon_0 S}{d}\frac{2\epsilon_0\epsilon_s S}{d}}{\frac{2\epsilon_0 S}{d}+\frac{2\epsilon_0\epsilon_s S}{d}}=\frac{\epsilon_0 S\,2\epsilon_s}{d(1+\epsilon_s)}$$

$$=\frac{\epsilon_0 S}{d}\frac{2\epsilon_s}{1+\epsilon_s}$$

$$\therefore C=C_0\cdot\frac{2\epsilon_s}{1+\epsilon_s}=1\times\frac{2\times2}{1+2}=\frac{4}{3}[\mu F]$$

11 그림에서 질량 m[kg], 전기량 q[C]인 대전 입자가 속도 v[m/sec]로 지면에 수직인 균등자장 B[Wb/㎡]에 들어올 때 입자는 원운동을 시작한다. 이 원운동의 각속도 ω는 몇 [red/sec]인가?

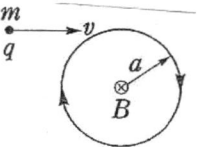

① $\omega=\dfrac{qB}{2\pi m}$ ② $\omega=\dfrac{qB}{m}$

③ $\omega=\dfrac{2\pi m}{qB}$ ④ $\omega=mqB$

해설 전자의 원운동

• 회전반경 : $r=\dfrac{mv}{qB}[m]$

• 각속도 : $\omega=\dfrac{qB}{m}[rad/\sec]$

• 주기 : $T=\dfrac{2\pi m}{qB}[\sec]$

12 압전기 현상에서 분극이 응력에 수직한 방향으로 발생하는 현상은?

① 종효과   ② 횡효과

③ 역효과   ④ 직접효과

해설 결정체에 가한 기계적응력과 전기분극과 같은 방향으로 발생하는 현상을 종효과, 수직방향으로 발생하는 현상을 횡효과라 한다.

13 200[V] 30[W]인 백열전구와 200[V] 60[W]인 백열전구를 직렬로 접속하고, 200[V]의 전압을 인가하였을 때 어느 전구가 더 어두운가?(단, 전구의 밝기는 소비전력에 비례한다.)

정답   **10** ③   **11** ②   **12** ②   **13** ③

① 둘 다 같다.

② 30[W] 전구가 60[W] 전구보다 더 어둡다.

③ 60[W] 전구가 30[W] 전구보다 더 어둡다.

④ 비교할 수 없다.

해설

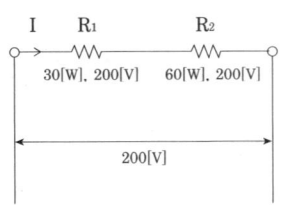

$P = \dfrac{V^2}{R}\,[W]$ 에서,

$R_1 = \dfrac{200^2}{30} = 1333.33\,[\Omega],\ R_2 = \dfrac{200^2}{60} = 666.67\,[\Omega]$

$I = \dfrac{V}{R_1 + R_2} = \dfrac{200}{1333.33 + 666.67} = 0.1\,[A]$

$P_{l1} = I^2 R_1 = 0.1^2 \times 1333.33 = 13.33\,[W]$

$P_{l2} = I^2 R_2 = 0.1^2 \times 666.67 = 6.67\,[W]$

∴ 60[W]전구가 30[W]전구보다 더 어둡다.

14 정전계와 반대방향으로 전하를 2[m]이동시키는데 240[J]의 에너지가 소모되었다. 이 두 점 사이의 전위차가 60[V]이면 전하의 전기량은 몇 [C]인가?

① 1[C]   ② 2[C]

③ 4[C]   ④ 8[C]

해설 $W = QV\,[J]$ 에서, 전기량 :

$Q = \dfrac{W}{V} = \dfrac{240}{60} = 4\,[C]$

15 비유전률 $\epsilon_s = 80$, 비투자율 $\mu_s = 1$인 전자파의 고유임피던스는 약 몇 [Ω]인가?

① 21[Ω]   ② 42[Ω]

③ 80[Ω]   ④ 160[Ω]

해설 고유임피던스

$Z_0 = \dfrac{E}{H} = \sqrt{\dfrac{\mu}{\epsilon}} = \sqrt{\dfrac{\mu_0 \mu_s}{\epsilon_0 \epsilon_s}}$

$\quad = \sqrt{\dfrac{4\pi \times 10^{-7} \times 1}{8.855 \times 10^{-12} \times 80}} = 42.12\,[\Omega]$

16 다음 중 강자성체가 아닌 것은?

① 코발트   ② 니켈

③ 철   ④ 구리

해설

• 상자성체 : 알루미늄, 백금, 주석, 산소, 질소

• 반(역)자성체 : 비스무트, 안티몬, 실리콘, 구리, 은, 아연, 탄소

• 강자성체 : 철, 니켈, 코발트, 텅스텐, 망간

17 도전율이 5.8×10^7[℧/m], 비투자율이 1인 구리에 50[Hz]의 주파수를 갖는 전류가 흐를 때, 표피두께는 약 몇 [mm]인가?

① 8.53[mm]   ② 9.35[mm]

③ 11.28[mm]   ④ 13.03[mm]

해설 표피두께 :

$\delta = \sqrt{\dfrac{2}{\omega \mu \sigma}} = \sqrt{\dfrac{1}{\pi f \mu \sigma}}$

$\quad = \sqrt{\dfrac{1}{\pi \times 50 \times 5.8 \times 10^7}} \times 10^3 = 9.35\,[mm]$

18 다음 중 기자력(Magnetomotive Force)에 대한 설명으로 옳지 않은 것은?

① 전기회로의 기전력에 대응한다.

② 코일에 전류를 흘렸을 때 전류밀도와 코일의 권수의 곱의 크기와 같다.

③ 자기회로의 자기저항과 자속의 곱과 동일하다.

④ SI 단위는 암페어 [A]이다.

정답   **14** ③   **15** ②   **16** ④   **17** ②   **18** ②

해설 기자력은

$$F = NI = \phi R_m \, [AT]$$

코일에 흐르는 전류와 코일의 권수 곱으로 표시된다.

19 단면적 $S\,[\text{m}^2]$, 단위 길이에 대한 권수가 n [회/m]인 무한히 긴 솔레노이드의 단위길이 당의 자기인덕턴스[H/m]는 어떻게 표현되는가?

① $\mu \cdot S \cdot n$ ② $\mu \cdot S \cdot n^2$

③ $\mu \cdot S^2 \cdot n^2$ ④ $\mu \cdot S^2 \cdot n$

해설 $LI = n\phi$, $\phi = \dfrac{nI}{R_m} = \dfrac{F}{R_m}$ 에서,

$$\therefore L = \frac{n\phi}{I} = \frac{n}{I}\frac{nI}{R_m} = \frac{n^2}{R_m} = \frac{n^2}{\dfrac{l}{\mu S}}$$

$$= \frac{\mu S n^2}{l} = \mu S n^2 \,[H/m]$$

(단위길이당 : $l = 1$)

20 전계의 실효치가 377[V/m]인 평면전자파가 진공을 진행하고 있다. 이때 이 전자파에 수직되는 방향으로 설치된 단면적 10[m^2]의 센서로 전자파의 전력을 측정하려고 한다. 센서가 1[W]의 전력을 측정했을 때 1[mA]의 전류를 외부로 흘려준다면 전자파의 전력을 측정했을때 외부로 흘려주는 전류는 몇 [mA]인가?

① 3.77[mA] ② 37.7[mA]

③ 377[mA] ④ 3770[mA]

해설 전자파의 전력 :

$$W = PS = EHS = \sqrt{\frac{\epsilon_0}{\mu_0}}\, E^2 S$$

$$= \frac{1}{377} \times 377^2 \times 10 = 3770 \,[W]$$

$\therefore$ 1[W]의 전력을 측정했을 때 1[mA]의 전류를 외부로 흘려 준다고 했으므로 3770[mA]가 된다.

제2과목 : 전력 공학

21 송전선에 복도체를 사용할 경우, 같은 면적의 단도체를 사용하였을 경우와 비교할 때 옳지 않은 것은?

① 전선의 인덕턴스는 감소하고 정전용량은 증가된다.

② 고유 송전용량이 증대되고 정태안정도가 증대된다.

③ 전선의 표면경도가 증가한다.

④ 전선의 코로나 개시전압이 높아진다.

해설
• 복도체의 경우 전선의 등가반지름은 단도체의 반지름보다 증가하므로 인덕턴스는 감소하고 정전용량은 증가되어 송전용량이 증가된다.
• 코로나 임계전압이 상승한다.
• 전위경도의 감소한다.
• 안정도가 향상된다.

22 선로의 길이가 250[km]인 3상3선식 송전선로가 있다. 중성선에 대한 1선1[km]의 리액턴스는 0.5[Ω], 용량 서셉턴스는 3×10^{-6}[℧]이다. 이 선로의 특성임피던스는 약 몇 [Ω]인가?

① 366[Ω] ② 408[Ω]

③ 424[Ω] ④ 462[Ω]

해설 특성임피던스(Z_o)

$$= \sqrt{\frac{Z}{Y}} = \sqrt{\frac{0.5}{3 \times 10^{-6}}} = 408.25\,[\Omega]$$

23 다음 중 송전선로의 특성임피던스와 전파정수를 구하기 위한 시험으로 가장 적절한 것은?

① 무부하시험과 단락시험

② 부하시험과 단락시험

정답 19 ② 20 ④ 21 ③ 22 ② 23 ①

③ 부하시험과 충전시험

④ 충전시험과 단락시험

해설 단락시험에서는 Z, 무부하(개방)시험에서는 Y를 구해서 Z_o, γ를 구한다.

24 정전압 송전방식에서 전력원선도를 그리려면 무엇이 주어져야 하는가?

① 송·수전단 전압, 선로의 일반회로정수

② 송·수전단 전류, 선로의 일반회로정수

③ 조상기 용량, 수전단 전압

④ 송전단 전압, 수전단 전류

해설 전력원선도 작성시 필요한 것 : E_S, E_r, 4단자 정수(A, B, C, D)

25 전원이 양단에 있는 환상선로의 단락보호에 사용되는 계전기는?

① 방향거리계전기　　② 부족전압계전기

③ 선택접지계전기　　④ 부족전류계전기

해설
• 전원이 2군데 이상 방사선로의 단락보호 : 방향단락계전기(DS)+과전류계전기(OC)
• 전원이 2군데 이상 환상선로의 단락보호 : 방향거리계전기(DZ)

26 코로나 현상에 대한 설명으로 거리가 먼 것은?

① 소호리액터의 소호능력이 저하된다.

② 전선의 지지점등에서 전선의 부식이 발생한다.

③ 공기의 절연성이 파괴되어 나타난다.

④ 전선의 전위경도가 $40[kV/cm]$이상일때 나타난다.

해설 교류(AC) : $21[kV/cm]$, 직류(DC) : $30[kV/cm]$

27 그림과 같은 3상3선식 전선로의 단락점이 있어서의 3상단락전류는 약 몇 [A]인가? (단, 66[kV]에 대한 %리액턴스는 10[%]이고, 저항분은 무시한다.)

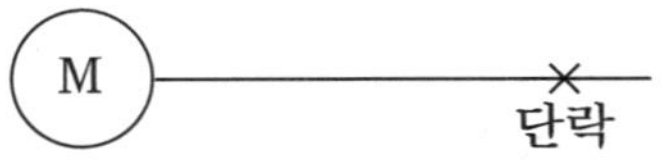

20000[kVA]

(M)　　　　　　×
　　　　　　　　단락

① 1750[A]　　　② 2000[A]

③ 25000[A]　　④ 3030[A]

해설 단락전류 $I_s = \dfrac{100}{\%Z}I_n = \dfrac{100}{10} \times \dfrac{20000}{\sqrt{3} \times 66}$
$= 1749.55[A]$

28 부하역률이 $\cos\theta$인 경우의 배전선로의 전력손실은 같은 크기의 부하전력으로 역률이 1인 경우의 전력손실에 비하여 몇 배인가?

① $\dfrac{1}{\cos^2\theta}$　　　　② $\dfrac{1}{\cos^2\theta}$

③ $\cos\theta$　　　　　④ $\cos^2\theta$

해설 $P_l \propto \dfrac{1}{\cos^2\theta}$ 에서, $\dfrac{P_{l\cos\theta}}{P_{l1.0}} = \dfrac{\frac{1}{\cos^2\theta}}{1}$
$= \dfrac{1}{\cos^2\theta}$

29 3상 송전선로의 고장에서 1선 지락사고 등 3상 불평형 고장시 사용되는 계산법은?

① 옴[Ω]법에 의한 계산

② %법에 의한 계산

③ 단위[PU]법에 의한 계산

④ 대칭좌표법

정답　**24** ①　**25** ①　**26** ④　**27** ①　**28** ①　**29** ④

해설 1선 지락사고는 불평형고장이므로 대칭좌표법으로 풀고, 3상 단락고장은 평형고장으로 %임피던스법, 옴[Ω]법, 단위[PU]법으로 푼다.

30 배전선로의 고장전류를 차단할수있는 것으로 가장 알맞은 것은?

① 단로기
② 구분개폐기
③ 컷아웃스위치
④ 차단기

31 선로 고장발생시 타 보호기기와의 협조에 의해 고장구간을 신속히 개방하는 자동구간 개폐기로서 고장전류를 차단할 수 없어 차단기능이 있는 후비보호장치와 직렬로 설치되어야하는 배전용 개폐기는?

① 배전용 차단기
② 부하개폐기
③ 컷아웃스위치
④ 섹셔널라이저

32 승압기에 의하여 전압 V_e에서 V_h로 승압할 때, 2차 정격전압 e, 자기용량 W인 단상승압기가 공급할 수 있는 부하용량은 어떻게 표현되는가?

① $\dfrac{V_h}{e} \times W$
② $\dfrac{V_e}{e} \times W$
③ $\dfrac{V}{V_h - V_e} \times W$
④ $\dfrac{V_h - V_e}{V_e} \times W$

해설
• 승압기 자기용량(W) $= eI$
• 부하용량(P) $= V_h I = V_h \dfrac{W}{e}$

33 배전계통을 구성할 때 저압 뱅킹방식의 케스케이딩(Cascading)현상이란?

① 전압동요가 적은 현상
② 변압기의 부하배분이 불균일한 현상
③ 저압선이나 변압기 고장이 생기면 자동적으로 고장이 제거되는 현상
④ 저압선의 고장에 의하여 건전한 변압기의 일부 또는 전부가 회로로부터 차단되는 현상

34 전력용 피뢰기에서 직렬 갭(Gap)의 주된 사용 목적은?

① 방전내량을 크게 하고 장시간 사용하여도 열화를 적게 하기 위함이다.
② 충격방전개시전압을 높게 하기 위함이다.
③ 상시는 누설전류를 방지하고 충격파방전 종료 후 에는 속류를 즉시 차단하기 위함이다.
④ 충격파가 침입할 때 대지에 흐르는 방전전류를 크게하여 제한전압을 낮게 하기 위함이다.

35 이상전압의 파고치를 저감시켜 기기를 보호하기 위하여 설치하는 것은?

① 리액터
② 아아모 로드(Armour Rod)
③ 피뢰기
④ 아킹 호온(Arcing Horn)

해설
• 직렬 리액터 : 제5고조파 제거 및 파형개선
• 아아모 로드(Armour Rod) : 전선의 진동에 의한 전선의 단선 방지용
• 아킹 호온(Arcing Horn) : 애자련 보호

정답 **30** ④ **31** ④ **32** ① **33** ④ **34** ③ **35** ③

36 다음 중 송전선로의 역섬락 방지대책으로 가장 알맞은 것은?

① 가공지선을 설치한다.

② 피뢰기를 설치한다.

③ 탑각저항을 낮게 한다.

④ 소호각을 설치한다.

해설 매설지선 : 역섬락 방지(탑각접지저항을 낮춘다.)

37 3상3선식 송전선로가 있다. 전선 한가닥의 저항은 10[Ω], 리액턴스는 20[Ω]이고, 수전단의 선간전압은 60[kV], 부하역률은 0.8 (늦음)이다. 전압 강하율을 5[%]로 하면 이 송전선로로 약 몇 [kW]까지 수전할 수 있는가?

① 6200[kW] ② 7200[kW]

③ 8200[kW] ④ 9200[kW]

해설

$\epsilon = \dfrac{P}{V^2}(R + X \tan\theta)$에서,

$P = \dfrac{0.05 \times (60 \times 10^{-3})^2}{10 + 20 \times \dfrac{0.6}{0.8}} \times 10^{-3} = 7200[kW]$

38 평균유효낙차 48[m]의 저수지식 발전소에서 1000[m³]의 저수량은 약 몇 [kWh]의 전력량에 해당하는가?(단, 수차 및 발전기의 종합효율은 85[%]라고 한다.)

① 111[kWh] ② 122[kWh]

③ 133[kWh] ④ 144[kWh]

해설 전력량$(W) = Pt = 9.8QH\eta t$

$= 9.8 \times \dfrac{V}{3600t} \times H\eta t [kWh]$

$= 9.8 \times \dfrac{1000}{3600} \times 48 \times 0.85 = 111.07[kWh]$

39 화력발전소에서 열사이클의 효율향상을 기하기 위하여 채용되는 방법으로 볼 수 없는 것은?

① 조속기를 설치한다.

② 재생재열사이클을 채용한다.

③ 절탄기, 공기예열기를 설치한다.

④ 고압, 고온증기의 채용과 과열기를 설치한다.

해설 조속기 : 터빈속도를 일정하게 유지하는 장치

40 원자번호 92, 질량수 235인 우라늄 1[g]이 핵분열함으로써 발생하는 에너지는 6000[kcal/kg]의 발열량을 갖는 석탄 몇 [t]에 상당하는가?(단, 우라늄 1[g]이 발생하는 에너지는 약 $1965 \times 10^4 [kcal]$이다.)

① 3.3[t] ② 32.7[t]

③ 327.5[t] ④ 3275[t]

해설 석탄량 $= \dfrac{1965 \times 10^4}{6000} = 3275[kg] \times 10^{-3}$

$= 3.275[t]$

(단, $_{92}U^{235} 1[g]$의 발생하는 에너지

: $1965 \times 10^4 [kcal]$)

제3과목 : 전기기기

41 단상 전파 정류회로에서 저항부하일 때의 맥동률[%]은 약 얼마인가?

① 0.45 ② 0.17

③ 17 ④ 48

해설 맥동률 $= \sqrt{\dfrac{\text{실효값}^2 - \text{평균값}^2}{\text{평균값}^2}} \times 100$

$= \dfrac{\text{교류분}}{\text{직류분}} \times 100[\%]$

정류종류	단상반파	단상전파	3상반파	3상전파
맥동률[%]	121	48	17.7	4.04

정답 36 ③ 37 ② 38 ① 39 ① 40 ① 41 ④

250 · Part 2. 전기기사 기출문제

42 유도 전동기의 원선도에서 원의 지름은?
(단, E를 1차 전압, r은 1차로 환산한 저항, x를 1차로 환산한 누설리액턴스라 한다.)

① rE에 비례

② rxE에 비례

③ $\dfrac{E}{r}$에 비례

④ $\dfrac{E}{x}$에 비례

해설 원선도에서 원의 지름은 전압(E)에 비례하고 리액턴스(x)에 반비례

43 반파 정류회로에서 순저항 부하에 걸리는 직류전압의 크기가 200[V]이다. 다이오드에 걸리는 최대 역전압의 크기는 약 몇 [V]인가?

① 400[V]

② 479[V]

③ 512[V]

④ 628[V]

해설 최대역전압$(PIV) = \pi E_d = \pi \times 200$
$= 628.32[V]$

44 다음 중 VVVF(Variable Voltage Variable Frequency)제어 방식에 가장 적당한 속도제어는?

① 동기전동기의 속도제어

② 유도전동기의 속도제어

③ 직류 직권전동기의 속도제어

④ 직류 분권전동기의 속도제어

해설 유도전동기 속도제어법 : 전원주파수를 변환하는방법(VVVF속도제어), 극수변환법, 2차 여자법, 1차 전압제어, 2차 저항제어법

45 전기자 총 도체수152, 4극, 파권인 직류발전기가 전기자 전류를 100[A]로 할 때 매극당 감자기자력$[AT/극]$은 얼마인가?(단, 브러시 이동각은 10°이다.)

① $33.6[AT/극]$

② $52.8[AT/극]$

③ $105.6[AT/극]$

④ $211.2[AT/극]$

해설 $I_a = 100[A], Z = 152, a = 2(파권),$
$P = 4, \alpha = 10°$

※ 감자기자력$(AT_d) = \dfrac{I_a Z}{2aP} \dfrac{2\alpha}{180}$
$= \dfrac{100 \times 152}{2 \times 2 \times 4} \times \dfrac{2 \times 10}{180} = 105.56[AT/극]$

46 변류비 100/5[A]의 변류기(CT)와 5[A]의 전류계를 사용해서 부하전류를 측정한 경우 전류계의지시가 4[A]이었다. 이때 부하전류는 몇 [A]인가?

① 20[A]

② 40[A]

③ 60[A]

④ 80[A]

해설 $CT = \dfrac{I_1}{I_2}$에서, $I_1 = CT \times I_2 = \dfrac{100}{5} \times 4$
$= 80[A]$

47 6000[V], 5[MVA]의 3상동기 발전기의 계자전류 200[A]에서의 무부하 단자전압이 6000[V]이고, 단락전류는 600[A]라고 한다. 동기임피던스 $[\Omega]$와 %동기임피던스는 약 얼마인가?

① $5.8[\Omega]$, 80[%]

② $6.4[\Omega]$, 85[%]

③ $6.4[\Omega]$, 73[%]

④ $6.0[\Omega]$, 75[%]

해설 동기임피던스$(Z_s) = \dfrac{E}{I_s} = \dfrac{\dfrac{6000}{\sqrt{3}}}{600} = 5.77[\Omega]$

$I_n = \dfrac{P}{\sqrt{3}\,V_n} = \dfrac{5 \times 10^3}{\sqrt{3} \times 6000} = 481.13[A]$

%동기임피던스$(Z_{s'}) = \dfrac{I_n Z_s}{E} \times 100[\%]$

$= \dfrac{481.13 \times 5.77}{\dfrac{6000}{\sqrt{3}}} \times 100 = 80.14[\%]$

정답 42 ④ 43 ④ 44 ② 45 ③ 46 ④ 47 ①

48 권수비가 70인 단상변압기의 전부하2차 전압은 200[V]이고, 전압변동률의 4[%]일 때 무부하시 1차 단자전압은 몇 [V]인가?

① 11670[V]　　② 12360[V]

③ 1326[V]　　④ 14560[V]

해설

전압변동률 $\epsilon = \dfrac{V_{2o} - V_{2n}}{V_{2n}} \times 100[\%]$ 에서,

$V_{2o} = (\epsilon + 1)V_{2n} = (0.04 + 1) \times 200 = 208[V]$

$\therefore V_{1o} = a V_{2o} = 70 \times 208 = 14560[V]$

49 동기발전기에서 자기여자 방지법이 되지 않는 것은?

① 전기자 반작용이 적고 단락비가 큰 발전기를 사용한다.

② 발전기를 여러대 병렬로 사용한다.

③ 송전선 말단에 리액터나 변압기를 사용한다.

④ 송전선 말단에 동기조상기를 접속하고 계자권선에 과여자 한다.

해설 자기여자 방지법 : 수전단에 동기조상기를 접속하고 이것을 부족여자로 하여 지상전류를 취해서 충전전류를 그만큼 감소시키는 것이 된다.

50 50[kVA], 3300/210[V], 60[Hz]의 단상변압기가 있다. 1차권수660, 철심단면적 161 $[cm^2]$이다. 자속밀도는 약 몇 $[Wb/m^2]$인가?

① $1.41[Wb/m^2]$　　② $1.16[Wb/m^2]$

③ $1.02[Wb/m^2]$　　④ $0.98[Wb/m^2]$

해설

1차권선에 유기기전력$(E_1) = 4.44 f N_1 \Phi_m[V]$에서

$\therefore \Phi_m = \dfrac{E_1}{4.44 f N_1} = \dfrac{3300}{4.44 \times 60 \times 660}$

$= 0.0188[Wb]$인데

이때의 자속밀도$(B) = \dfrac{\Phi_m}{A} = \dfrac{0.0188}{161 \times 10^{-4}}$

$= 1.1677[Wb/m^2]$

51 8극의 3상 유도전동기가 60[Hz]의 전원에 접속되어 운전할 때 864[rpm]의 속도로 494[N·m]의 토크를 낸다. 이때의 동기와트[W] 값은 약 얼마인가?

① 76214[W]　　② 53215[W]

③ 46558[W]　　④ 34761[W]

해설

동기속도$(N_s) = \dfrac{120f}{P} = \dfrac{120 \times 60}{8} = 900[rpm]$

동기와트$(P_2) = 2\pi n_s T[W] = 2\pi \times \dfrac{900}{60} \times 494$

$= 46558.4[W]$

52 직류 직권전동기의 회전수를 반으로 줄이면 토크는 몇 배가 되는가?

① $\dfrac{1}{4}$　　② $\dfrac{1}{2}$

③ 4　　④ 2

해설 직권전동기속도$(n) = \dfrac{V}{\Phi} \propto \dfrac{1}{\Phi} \propto \dfrac{1}{I_a}$

(직권전동기는 $I = I_a = I_f \propto \Phi$이다.)

토크$(T) = K\Phi I_a$(자기포화 무시하면

$I_a = I_f \propto \Phi) = K I_a^2$이 된다.

$\therefore T \propto \dfrac{1}{n^2}$에서, 회전수를 반으로 줄이면,

토크는 4배가 된다.

53 2대의 직류발전기를 병렬운전할 때 필요조건 중 잘못된 것은?

① 정격전압이 같을 것

② 극성이 일치할 것

③ 유도기전력이 같을 것

④ 외부 특성이 같을 것

해설 정격(단자)전압이 같아야 한다.

($V = E_1 - I_{a1}R_{a1} = E_2 - I_{a2}R_{a2}$)

정답 48 ④　49 ④　50 ②　51 ③　52 ③　53 ③

252 · Part 2. 전기기사 기출문제

54 변압기에서 발생하는 손실 중 1차측이 전원에 접속되어 있으면 부하의 유무에 관계없이 발생하는 손실은?

① 동손
② 포유부하손
③ 철손
④ 부하손

55 다음 농형 유도전동기에 주로 사용되는 속도 제어법은?

① 극수 제어법
② 2차여자 제어법
③ 2차저항 제어법
④ 종속 제어법

해설 농형 유도전동기의 속도제어법 : 극수변환법, 주파수변환법, 전압변환법
권선형 유도전동기의 속도제어법 : 2차 저항제어법, 2차 여자제어법, 종속제어법

56 3상전압조정기의 원리는 어느 것을 응용한 것인가?

① 3상동기발전기
② 3상변압기
③ 3상유도전동기
④ 3상교류자전동기

57 정격용량 1000[kVA]인 동기발전기가 역률이 0.8인 500[kW]의 부하에 전력을 공급하고 있다. 이 발전기가 정격상태가 될 때까지는 100[W]의 전구를 약 몇 개나 사용할 수 있는가?

① 42개
② 427개
③ 4270개
④ 42700개

해설
$P_a^2 = (P+P_l)^2 + P_r^2 [kVA]$
여기서, $P_r = 500 \times \dfrac{0.6}{0.8} = 375[kVar]$,
전구는 역률 $\cos\theta = 1$ 이다.
그러므로, $P_l = \sqrt{P_a^2 - P_r^2} - P$
$= \sqrt{1000^2 - 375^2} - 500 = 427.02[kW]$
∴ 전구의 개수 $(N) = \dfrac{427.02 \times 10^3}{100} = 4270.2[개]$

58 전압이 정상치 이상으로 되었을때 회로를 보호하려는 동작으로 기기 설비의 보호에 사용되는 계전기는?

① 지락계전기
② 방향계전기
③ 과전압계전기
④ 거리계전기

59 직류전동기 중 전기철도에 가장 적합한 전동기는?

① 분권 전동기
② 직권 전동기
③ 복권 전동기
④ 자여자 분권 전동기

60 3상 동기 발전기의 매극, 매상의 슬롯수를 3이라 하면 분포계수는?

① $\sin\dfrac{2}{3}\pi$
② $\sin\dfrac{3}{2}\pi$
③ $\dfrac{1}{6\sin\dfrac{\pi}{18}}$
④ $6\sin\dfrac{\pi}{18}$

해설 분포권계수 $(K_d) = \dfrac{\sin\dfrac{n\pi}{2m}}{q\sin\dfrac{n\pi}{2mq}}$ 에서,

$n = 1$, 상수 $(m) = 3$, $q = 3$

∴ $K_d = \dfrac{\sin\dfrac{\pi}{2\times 3}}{3\sin\dfrac{\pi}{2\times 3\times 3}} = \dfrac{1}{6\sin\dfrac{\pi}{18}}$

제4과목 : 회로이론 및 제어공학

61 $\sin\omega t$ 의 라플라스 변환은?

① $\dfrac{s}{s^2+\omega^2}$
② $\dfrac{\omega}{s^2+\omega^2}$
③ $\dfrac{s}{s^2-\omega^2}$
④ $\dfrac{\omega}{s^2-\omega^2}$

정답 54 ③ 55 ① 56 ③ 57 ③ 58 ③ 59 ② 60 ③ 61 ②

62 회로의 전압비 전달함수 $H(j\omega) = \dfrac{V_c(j\omega)}{V(j\omega)}$는?

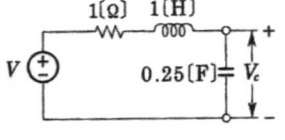

① $\dfrac{2}{(j\omega)^2 + j\omega + 2}$ ② $\dfrac{2}{(j\omega)^2 + j\omega + 4}$

③ $\dfrac{4}{(j\omega)^2 + j\omega + 4}$ ④ $\dfrac{1}{(j\omega)^2 + j\omega + 1}$

해설

$H(s) = \dfrac{V_c(s)}{V(s)} = \dfrac{1}{RCs + s^2LC + 1}$ 에서,

$R = 1, L = 1, C = 0.25$를 대입

$\therefore H(j\omega) = \dfrac{V_c(j\omega)}{V(j\omega)}$

$= \dfrac{1}{0.25(j\omega)^2 + 0.25(j\omega) + 1} = \dfrac{4}{(j\omega)^2 + j\omega + 4}$

63 주파수 전달함수 $G(j\omega) = \dfrac{1}{j100\omega}$ 인 제어계에서

$\omega = 0.1[rad/s]$일 때의 이득[dB]과 위상차는?

① 40, 90° ② -40, $-90°$

③ -20, $-90°$ ④ 20, 90°

해설 이득$(g) = 20\log_{10}|G(j\omega)| = 20\log_{10}\left|\dfrac{1}{10}\right|$

$= -20[dB]$

$G(j\omega) = \dfrac{1}{j100\omega}\bigg|\omega = 0.1 = \dfrac{1}{j10}$

위상차$(\theta) = \angle G(j\omega) = \angle \dfrac{1}{j10}$

$= -90°$

64 다음 신호흐름 선도에서 $\dfrac{C(s)}{R(s)}$의 값은?

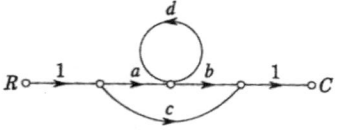

① $\dfrac{ab + c(1-d)}{1-d}$ ② $\dfrac{ab + c}{1-d}$

③ $ab + c$ ④ $\dfrac{ab + c(1+d)}{1+d}$

해설 $G_{(s)} = \dfrac{\sum\limits_{K=1}^{\infty} G_K \Delta_K}{\Delta} = \dfrac{ab + c(1-d)}{1-d}$

$\Delta = 1 - \sum l_1 + \sum l_2 - \sum l_3 + \dots$

$\sum l_1 = d.$

$K = 1, G_1\Delta_1 = ab$

$K = 2, G_2\Delta_2 = c(1-d)$

65 선형 시불변 시스템의 상태방정식 $\dfrac{d}{dt}x(t)$

$= Ax(t) + Bu(t)$에서 $A = \begin{bmatrix} 1 & 3 \\ 1 & -2 \end{bmatrix}$, $B = \begin{bmatrix} 0 \\ 1 \end{bmatrix}$

일 때 특성방정식은?

① $s^2 + s - 5 = 0$ ② $s^2 - s - 5 = 0$

③ $s^2 + 3s + 1 = 0$ ④ $s^2 - 3s + 1 = 0$

해설

특성방정식, $[sI - A] = 0.$

$[sI - A] = \begin{vmatrix} s & 0 \\ 0 & s \end{vmatrix} - \begin{vmatrix} 1 & 3 \\ 1 & -2 \end{vmatrix} = \begin{vmatrix} s-1 & -3 \\ -1 & s+2 \end{vmatrix} = 0$

$(s-1)(s+2) - 3 = 0, \therefore s^2 + s - 5 = 0$

66 다음 논리식 $[(AB + A\overline{B}) + AB] + \overline{A}B$를 간단히 하면?

① A+B ② $\overline{A} + B$

③ $A + \overline{B}$ ④ A+A · B

해설 $[(AB + A\overline{B}) + AB] + \overline{A}B = AB + A\overline{B} +$

$AB + \overline{A}B = AB + A\overline{B} + \overline{A}B$

$= A(B + \overline{B}) + \overline{A}B = A + \overline{A}B = A + B$

67 다음 중 z변환에서 최종치 정리를 나타낸 것은?

① $x(0) = \lim\limits_{z \to \infty} X(z)$

② $x(0) = \lim\limits_{z \to 0} X(z)$

정답 **62** ③ **63** ③ **64** ① **65** ① **66** ① **67** ④

③ $x(\infty) = \lim_{z \to 1}(1-z)X(z)$

④ $x(\infty) = \lim_{z \to 1}(1-z^{-1})X(z)$

[해설]

항목	초기값정리	최종값정리
Z변환	$e(0) = \lim_{z \to \infty}E(z)$	$e(\infty)$ $= \lim_{z \to 1}(1-\frac{1}{z})E(z)$
라플라스변환	$e(0) = \lim_{s \to \infty}sE(s)$	$e(\infty)$ $= \lim_{s \to 0}sE(s)$

68 다음 중 피드백 제어계의 일반적인 특징이 아닌 것은?

① 비선형 왜곡이 감소한다.

② 구조가 간단하고 설치비가 저렴하다.

③ 대역폭이 증가한다.

④ 계의 특성 변화에 대한 입력대 출력비의 감도가 감소한다.

[해설] 구조가 복잡하고 설치비가 비싸다.

69 그림과 같은 블록선도에서 전달함수는?

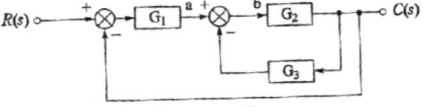

① $G(s) = \dfrac{G_1 G_2}{1 - G_1 G_2 - G_2 G_3}$

② $G(s) = \dfrac{G_1 G_3}{1 - G_1 G_2 - G_2 G_3}$

③ $G(s) = \dfrac{G_1 G_3}{1 + G_1 G_2 + G_2 G_3}$

④ $G(s) = \dfrac{G_1 G_2}{1 + G_1 G_2 + G_2 G_3}$

[해설] $[(R-C)G_1 - CG_3]G_2 = C$

$RG_1 G_2 = C(1 + G_1 G_2 + G_2 G_3)$에서,

$\therefore G(s) = \dfrac{C(s)}{R(s)} = \dfrac{G_1 G_2}{1 + G_1 G_2 + G_2 G_3}$

70 $G(j\omega) = 10(j\omega) + 1$에서 절점주파수 ω_o $[rad/sec]$는?

① 0.1 ② 1

③ 10 ④ 100

[해설] $10\omega_o = 1$에서, 절점주파수$(\omega_o) = \dfrac{1}{10}$

$= 0.1[rad/sec]$

71 다음 지상 네트워크의 전달함수는?

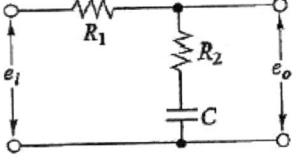

① $\dfrac{s(R_1 + R_2)C + 1}{sCR_1 + 1}$ ② $\dfrac{sCR_2 + 1}{s(R_1 + R_2)C + 1}$

③ $\dfrac{R_1 + sC}{R_1 + R_2 + sC}$ ④ $\dfrac{1}{1/R_1 + 1/R_2 + sC}$

[해설]

$e_i(t) = R_1 i(t) + R_2 i(t) + \dfrac{1}{C}\int i(t)dt \xrightarrow{\mathcal{L}} E_i(s)$

$= (R_1 + R_2 + \dfrac{1}{Cs})I(s)$

$e_o(t) = R_2 i(t) + \dfrac{1}{C}\int i(t)dt \xrightarrow{}_{\mathcal{L}} E_o(s)$

$= (R_2 + \dfrac{1}{Cs})I(s)$

$\therefore G(s) = \dfrac{E_o(s)}{E_i(s)} = \dfrac{R_2 + \dfrac{1}{Cs}}{R_1 + R_2 + \dfrac{1}{Cs}}$

$= \dfrac{sCR_2 + 1}{s(R_1 + R_2)C + 1}$

[정답] **68** ② **69** ④ **70** ① **71** ②

72 어떤 제어게의 전달함수

$G(s) = \dfrac{s}{(s+2)(s^2+2s+2)}$ 에서 안정성을 판정하면?

① 안정하다. ② 불안정하다.

③ 임계상태이다. ④ 알 수 없다.

해설 특성방정식, $(s+2)(s^2+2s+2) = 0$

$s^3 + 4s^2 + 6s + 4 = 0$

s^3	1	6
s^2	4	4
s^1	5	
s^0	4	

제1열요소의 부호변환이 없으므로 안정한 제어계이다.

73 기본파의 40[%]인 제3고조파와 30[%]인 제5고조파를 포함하는 전압파의 왜형률은 얼마인가?

① 0.3 ② 0.5

③ 0.7 ④ 0.9

해설 왜형률 = $\dfrac{\text{전고조파의 실효값}}{\text{기본파의 실효값}}$

$= \sqrt{(\dfrac{40}{100})^2 + (\dfrac{30}{100})^2} = 0.5$

74 다음과 같은 4단자 회로에서 임피던스 파라미터 Z_{11}의 값은?

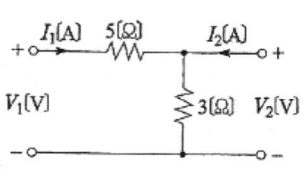

① 8[Ω] ② 5[Ω]

③ 3[Ω] ④ 2[Ω]

해설 $Z_{11} = \dfrac{V_1}{I_1}\bigg|_{I_2=0} = \dfrac{I_1(5+3)}{I_1} = 8[\Omega]$

75 ab양단에 220[V]전압을 인가시 전류 I가 1[A]흘렀다면 R의 저항은 몇[Ω]인가?

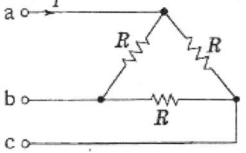

① 100[Ω] ② 150[Ω]

③ 220[Ω] ④ 330[Ω]

해설 $I = \dfrac{E}{R_{ab}}$ 에서, $R_{ab} = \dfrac{E}{I} = \dfrac{220}{1} = 220[\Omega]$

ab 사이의 합성저항 $R_{ab} = \dfrac{R \times 2R}{R+2R} = \dfrac{2}{3}R$

$\therefore \dfrac{2}{3}R = 220 \rightarrow R = 330[\Omega]$

76 다음의 회로에서 S를 닫은 후 t=1[s]일 때 회로에 흐르는 전류는 약 몇 [A]인가?

① 2.16[A] ② 3.16[A]

③ 4.16[A] ④ 5.16[A]

해설 S를 닫은 후에 흐르는전류$(i(t))$

$= \dfrac{E}{R}(1-e^{-\frac{R}{L}t})$에서 $t = 1[s]$

$\therefore i(t) = \dfrac{E}{R}(1-e^{-\frac{R}{L}})$

$= \dfrac{20}{4}(1-e^{-\frac{4}{4}}) = 3.16[A]$

77 $R = 2[\Omega], L = 10[mH], C = 4[\mu F]$의 직렬 공진 회로의 Q는 얼마인가?

① 20 ② 25

③ 45 ④ 50

정답 **72** ① **73** ② **74** ① **75** ④ **76** ② **77** ②

256 • Part 2. 전기기사 기출문제

해설 $Q = \dfrac{1}{R}\sqrt{\dfrac{L}{C}} = \dfrac{1}{2}\sqrt{\dfrac{10 \times 10^{-3}}{4 \times 10^{-6}}} = 25$

78 전송선로의 특성임피던스가 100[Ω]이고, 부하저항이 400[Ω]일 때 전압 정재파비 S는 얼마인가?

① 0.25   ② 0.6
③ 1.67   ④ 4

해설 전압정재파비$(s) = \dfrac{1+|\rho|}{1-|\rho|} = \dfrac{1+0.6}{0-0.6} = 4$

반사계수$(\rho) = \dfrac{Z_L - Z_o}{Z_L + Z_o} = \dfrac{400-100}{400+100} = 0.6$

79 각상의 임피던스가 각각 $Z = 6 + j8[\Omega]$ 평행 △부하에 선간전압이 220[V]인 대칭3상 전압을 인가할 때 선전류는 약 몇 [A]인가?

① 27.2[A]   ② 38.1[A]
③ 22[A]   ④ 12.7[A]

해설
△결선이므로,선전류$(I_l) = \sqrt{3} \times$ 상전류(I_p)
$= \sqrt{3} \times 22[A]$
$I_p = \dfrac{V_p}{Z} = \dfrac{220}{\sqrt{6^2+8^2}}$
$= 22[A], (V_l = V_p)$

80 다음 회로에서 저항 R에 흐르는 전류는 몇 [A]인가?

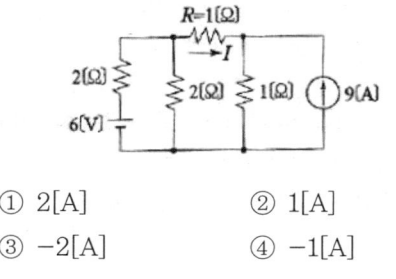

① 2[A]   ② 1[A]
③ -2[A]   ④ -1[A]

해설
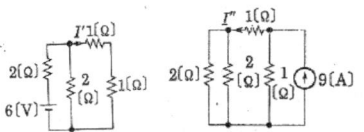

전압원 6[V]만 동작할 때(전류원 개방)
전전류$(I) = \dfrac{6}{2+1} = 2[A]$
$\therefore I' = 1[A]$
전류원 9[A]만 동작할 때(전압원 단락)
$\therefore I'' = \dfrac{1}{2+1} \times 9 = 3[A]$
$\therefore R$에 흐르는 전류$(I) = I' - I'' = 1 - 3 = -2[A]$

제5과목 : 전기설비기술기준 및 판단기준

81 옥내에 시설하는 전동기에 과부하 보호장치의 시설을 생략할 수 없는 경우는?

① 정격출력 0.75[kW]인 전동기
② 전동기의 구조나 부하의 성질로 보아 전동기가 소손할 수 있는 과전류가 생길 우려가 없는 경우
③ 전동기가 단상의 것으로 전원측 전로에 시설하는 배선용 차단기의 정격전류가 20[A] 이하인 경우
④ 전동기가 단상의 것으로 전원측 전로에 시설하는 과전류 차단기의 정격전류가 15[A] 이하인 경우

해설 보호장치를 생략할 수 있다.
• 단상전동기를 15[A]분기회로에 접속한 경우(배선용 차단기는 20[A] 이하)
• 0.2[kW] 이하의 전동기

82 변압기의 안정권선이나 유휴권선 또는 전압조정기의 내장 권선을 이상전압으로부터 보호하기 위하여 특히 필요한 경우 그 권선에 접지공사를 할 때에는 몇 종 접지공사를 하여야 하는가?

정답 78 ④   79 ②   80 ③   81 ①   82 ①

① 제1종 접지공사

② 제2종 접지공사

③ 제3종 접지공사

④ 특별 제3종 접지공사

83 특고압 가공전선로에서 양측의 경간의 차가 큰곳에 사용하는 철탑의 종류는?

① 내장형   ② 직선형

③ 인규형   ④ 보강형

84 특고압 옥내전기설비를 시설할 때 사용전압은 일반적인 경우 최대 몇 [kV] 이하인가?

① 100[kV]   ② 170[kV]

③ 250[kV]   ④ 345[kV]

해설 케이블 트레이 공사에 의하여 시설할 때에는 35[kV] 이하

85 폭발성 또는 연소성의 가스가 침입할 우려가 있는 것에 지중함을 설치할 경우 지중함의 크기가 몇 $[m^3]$ 이상이면 통풍장치 기타 가스를 방산시키기 위한 적당한 장치를 시설하여야 하는가?

① 0.9$[m^3]$ ② 1.0$[m^3]$

③ 1.5$[m^3]$ ④ 2.0$[m^3]$

86 과전류 차단기로 저압전로에 사용하는 80[A] 퓨즈는 수평으로 붙일 경우 정격전류의 1.6배 전류를 통한 경우에 몇 분 안에 용단 되어야 하는가?

① 30분   ② 60분

③ 120분   ④ 180분

해설

• 정격전류의 1.1배를 견디어야 한다.

• 1.6배 및 2.0배의 전류에 대하여 표와 같이 용단되어야 한다.

정격전류의 구분	용단 시간(분)	
	1.6배의 전류	2배의 전류
30[A]	60	2
30[A] 넘고 60[A] 이하	60	4
60[A] 넘고 100[A] 이하	120	6
100[A] 넘고 200[A] 이하	120	8
200[A] 넘고 400[A] 이하	180	10
400[A] 넘고 600[A] 이하	240	12
600[A] 초과	240	20

87 특수장소에 시설하는 전선로의 기준으로 옳지 않은 것은?

① 교량의 윗면에 시설하는 저압 전선로는 교량 노면상 5[m] 이상으로 할 것

② 합성 수지관, 금속관 공사 또는 케이블 공사에 의해 교량의 아랫면에 저압전선로를 시설할 수 있으나, 가요전선관 공사에 의해 시설할 수 없다.

③ 벼랑과 같은 수직 부분에 시설하는 전선로는 부득이한 경우에 시설하며, 이때의 전선의 지지점간의 거리는 15[m] 이하이어야 한다.

④ 저압 전선로와 고압 전선로를 같은 벼랑에 시설하는 경우 고압전선과 저압전선 사이의 이격거리는 50[cm] 이상일 것

해설 교량의 아랫면에 시설 : 금속관, 합성수지관, 케이블 공사 또는 가요전선관 공사

88 수소냉각식 발전기 안 또는 조상기 안의 수소 순도가 몇 [%] 이하로 저하된 경우 이를 경보 하는 장치를 시설하도록 하고 있는가?

① 90[%]   ② 85[%]

③ 80[%]   ④ 75[%]

정답 83 ①   84 ①   85 ②   86 ③   87 ②   88 ②

89 옥내에 시설하는 사용전압 400[V] 이상 1000[V] 이하인 전개된 장소로서 건조한 장소가 아닌 기타의 장소에 관등회로 배선공사로서 적합한 것은?

① 애자사용공사   ② 합성수지관공사

③ 금속몰드공사   ④ 금속덕트공사

해설 옥내에 시설하는 사용전압이 400[V] 이상, 1000[V] 이하인 관등회로의 배선

시설장소의 구분		공사의 종류
전개된 장소	건조한 장소	애자사용공사, 합성수지몰드공사 또는 금속몰드공사
	기타의 장소	애자사용공사
점검할 수 있는 은폐된 장소	건조한 장소	애자사용공사, 합성수지몰드공사 또는 금속몰드공사
	기타의 장소	애자사용공사

90 다음 중 전로의 중성점을 접지하는 주 목적으로 볼 수 없는 것은?

① 전로의 보호장치의 확실한 동작의 확보

② 부하전류의 일부를 대지로 흐르게 함으로써 전선 절약

③ 이상저압의 억제

④ 대지전압의 저하

91 다음 ㉠, ㉡에 들어갈 내용으로 알맞은 것은?

> 지중전선로는 기설 지중 약전류 전선로에 대하여 ㉠ 또는 ㉡에 대하여 통신상의장해를 주지 않도록 기설 약전류 전선로로부터 충분히 이격시키거나 적당한 방법으로 시설하여야한다.

① ㉠ 정전용량, ㉡ 표피작용

② ㉠ 정전용량, ㉡ 유도작용

③ ㉠ 누설전류, ㉡ 표피작용

④ ㉠ 누설전류, ㉡ 유도작용

92 자동차단기가 설치되어 있지 않는 전로에 접속된 440[V]용 전동기의 외함을 접지할 때 그 접지저항값은 몇 [Ω] 이하이어야 하는가?

① 5[Ω]   ② 10[Ω]

③ 50[Ω]   ④ 100[Ω]

해설 전로에 시설하는 기계기구의 철대 및 금속제외 함.

기계기구의 구분	접지공사	접지저항 값
400[V] 미만인 저압용의 것	제3종 접지공사	100[Ω] 이하
400[V] 이상의 저압용의 것	특별 제3종 접지공사	10[Ω] 이하
고압용 또는 특고압용의 것	제1종 접지공사	10[Ω] 이하

93 전력용 커패시터의 내부에 고장이 생긴 경우 및 과전류 또는 과전압이 생긴 경우에 자동적으로 전로로부터 차단하는 장치가 필요한 뱅크용량은 몇 [kVA] 이상인 것인가?

① 1000[kVA]   ② 5000[kVA]

③ 10000[kVA]   ④ 15000[kVA]

해설 조상설비에는 그 내부에 고장이 생긴 경우에 보호하는 장치를 시설할 것

정답   89 ①   90 ②   91 ④   92 ②   93 ④

설비종류	뱅크용량의 구분	자동적으로 전로로부터 차단하는 장치
전력용 커패시터 및 분로 리액터	500[kVA] 초과 15,000[kVA] 미만	내부에 고장이 생긴 경우 과전류가 생긴 경우
	15,000 [kVA] 이상	내부에 고장이 생긴 경우 과전류가 생긴 경우 과전압이 생긴 경우
조상기	15,000 [kVA]이상	내부에 고장이 생긴 경우

94 특고압 가공전선로의 전선으로 케이블을 사용하는 경우의 시설로서 옳지 않은 것은?

① 케이블은 조가용선에 행거에 의하여 시설한다.

② 케이블은 조가용선에 접촉시키고 비닐테이프 등을 30[cm] 이상의 간격으로 감아붙인다.

③ 조가용선은 다면적 $22[mm^2]$의 아연도강연선 또는 인장강도 13.93[kN] 이상의 연선을 사용한다.

④ 조가용선 및 케이블의 피복에 사용하는 금속체에는 제3종 접지공사를 한다.

해설 행거의 간격 : 50[cm] 이하
금속테이프를 감는 경우 : 20[cm] 이하 나선형

95 고압전로 또는 특고압전로와 저압전로를 결합하는 변압기의 저압측의 중성점 접지공사는?

① 제1종 접지공사

② 제2종 접지공사

③ 제3종 접지공사

④ 특별 제3종 접지공사

96 특고압 지중전선과 지중약전류전선이 접근 또는 교차되는 경우에 견고한 내화성의 격벽을 시설하였다면 두 전선 간의 이격거리는 몇 [cm] 이하인 경우로 볼 수 있는가?

① 30[cm]　　　　② 40[cm]

③ 50[cm]　　　　④ 60[cm]

97 사용전압이 22.9[kV]인 가공전선이 삭도와 제1차접근 상태로 시설되는 경우, 가공전선과 삭도 또는 삭도용 지주 사이의 이격거리는 몇 [m] 이상이어야 하는가?(단, 가공전선으로는 나전선을 사용한다고 한다.)

① 0.5[m]　　　　② 1.0[m]

③ 1.5[m]　　　　④ 2.0[m]

해설 특고압 가공전선과 삭도의 접근 또는 교차(이상)

사용전압	전선의 종류	이격거리
35[kV] 이하	표준	2[m]
	특고압절연전선 사용	1[m]
	케이블	0.5[m]
35[kV] 넘고 60[kV] 이하		2[m]
60[kV] 넘는 경우		2+0.12n [m] 이상

98 플로어덕트 공사에 의해 저압 옥내배선에서 단선을 사용하여도 되는 전선(동선)의 단면적은 최대 몇 $[mm^2]$인가?

① $2.5[mm^2]$　　　② $4[mm^2]$

③ $6[mm^2]$　　　　④ $10[mm^2]$

해설 플로어덕트공사 : 전선은 연선일 것. 단, 단면적 $10[mm^2]$(알루미늄 선은16$[mm^2]$) 이하인 것은 그러하지 아니하다.

정답 **94** ②　**95** ②　**96** ④　**97** ④　**98** ④

99 배류시설로 강제배류기를 설치할 때 강제배류기용전원장치로 사용되는 변압기는 어떤 변압기인가?

① 절연변압기　　② 누설변압기

③ 단권변압기　　④ 정류용변압기

100 공사현장 등에서 사용하는 이동용 전기아크용접기용 절연변압기의 1차측 대지전압은 얼마 이하이어야 하는가?

① 150[V]　　② 220[V]

③ 300[V]　　④ 480[V]

정답　**99** ①　**100** ③

국가기술자격검정 필기시험문제

2009년도 기사 제3회 필기시험(기사)

자격종목 및 등급(선택분야)	종목코드	시험시간 2시간 30분	문제지형별 A	수검번호	성명
전기기사					

※ 시험문제지는 답안카드와 같이 반드시 제출하여야 합니다.

제1과목 : 전기자기학

01 다음 괄호 안에 공통적으로 들어갈 내용으로 알맞은 것은?

> 줄열은 자유전자가 ( ) 사이의 공간을 이동하여 서로 충돌하거나 ( )와의 충돌 때문

① 핵   ② 원자
③ 분자   ④ 전자

해설 줄열 : 자유전자가 원자사이의 공간을 이동하여 서로 충돌하거나 원자와의 충돌 때문에 온도가 올라가는 것을 줄열이라 한다.

02 자기인덕턴스 L[H]인 코일에 전류 I[A]를 흘렸을 때, 자기의 세기가 H[A/m]이다. 이 코일에 전류 $\frac{I}{2}$[A]를 흘리면 저장되는 자기에너지 밀도[J/m^3]는?

① $\frac{2}{2}LI^2$ ② $\frac{1}{8}LI^2$

③ $\frac{1}{2}\mu_o H^2$ ④ $\frac{1}{8}\mu_o H^2$

해설 자기에너지 밀도는,

$W = \frac{1}{2}\mu_0 H^2$ [J/m^3]에서, 전류 $\frac{I}{2}$[A]를 흘리면,

$H' = \frac{1}{2}H$ 가 되므로서 저장되는 자기에너지밀도,

$W' = \frac{1}{2}\mu_0 H'^2 = \frac{1}{2}\mu_0 (\frac{1}{2}H)^2 = \frac{1}{8}\mu_0 H^2$ [J/m^3]

03 어떤 대전체가 진공 중에서 전속이 Q[C]이었다. 이 대전체를 비유전율 10인 유전체 속으로 가져갈 경우에 전속은 몇 Q[C]이 되겠는가?

① Q ② $10Q$

③ $\frac{Q}{10}$ ④ $10\epsilon_o Q$

해설 전속 [ψ]을 매질에 상관없이 전하 Q[C]일 때 Q개의 전속선이 나온다.
(점전하 Q[C]으로부터 나오는 총 전기력선의 수는 $\frac{Q}{\epsilon}$개로 유전율 ϵ에 따라서 변한다.)

04 0.2[Wb/㎡]의 평등 자계 속에 자계와 직각 방향으로 놓인 길이 90[cm]의 도선을 자계와 30° 방향으로 50[m/s]의 속도로 이동시킬 때 도체 양단에 유기되는 기전력은 몇 [V]인가?

① 0.45[V]   ② 0.9[V]
③ 4.5[V]   ④ 9.0[V]

해설 $e = Blv\sin\theta = 0.2 \times 0.9 \times 50 \times \sin 30° = 4.5$ [V]

05 맥스웰의 전자방정식 중 패러데이 법칙에서 유도된 식은?(단, D : 전속밀도, ρ_v : 공간 전하밀도, B : 자속밀도, E : 전계의 세기, J : 전류밀도, H : 자계의 세기)

정답   **01** ②   **02** ④   **03** ①   **04** ③   **05** ④

① $div D = \rho_v$

② $\mathrm{div}\, B = 0$

③ $\nabla \times H = J + \dfrac{\partial \mathrm{D}}{\partial t}$

④ $\nabla \times E = -\dfrac{\partial B}{\partial t}$

[해설] 전자계에서의 기본 방정식

정 의	맥스웰의 전자방정식	
	미 분 형	적 분 형
패러데이의 법칙	$rot \mathrm{E} = \nabla \times E$ $= -\dfrac{\partial \mathrm{B}}{\partial t}$	$\oint_c \mathrm{E}\, dl = -\int_s \dfrac{\partial \mathrm{B}}{\partial t}\, ds$
암페어주회 적분 법칙	$rot \mathrm{H} = \nabla \times H$ $= i_c + \dfrac{\partial D}{\partial t}$	$\oint_c \mathrm{H}\, dl = I + \int_s \dfrac{\partial D}{\partial t}\, ds$
가우스의 정리	$div D = \rho$	$\oint_s \mathrm{D}\, ds = \int_v \rho\, dv = Q$
가우스의 정리	$div B = 0$	$\int_s \mathrm{B}\, ds = 0$

06 유전율이 ϵ_1과 ϵ_2인 두 유전체가 경계를 이루어 접하고 있는 경우 유전율이 ϵ_1인 영역에 전하 Q가 존재할 때 이 전하에 작용하는 힘에 대한 설명으로 옳은 것은?

① $\epsilon_1 \rangle \epsilon_2$인 경우 반발력이 작용한다.

② $\epsilon_1 \rangle \epsilon_2$인 경우 흡인력이 작용한다.

③ ϵ_1과 ϵ_2값에 상관없이 반발력이 작용한다.

④ ϵ_1과 ϵ_2값에 상관없이 흡인력이 작용한다.

[해설] 유전율이 ϵ_1과 ϵ_2인 두 유전체가 경계을 이루어 접하고 있을 경우에

매질 ϵ_1 중의 전계는 모든 매질을 ϵ_1으로 하고, 전하 Q의 대칭점(거리는 2a)에

$Q' = \dfrac{\epsilon_2 - \epsilon_1}{\epsilon_2 + \epsilon_1} Q$ 인 전하가 존재한다.

Q[C]에 작동하는 힘 F는 거리가 2a만큼 떨어진 경우에 쿨롱의 힘과 같다.

$\therefore F = \dfrac{QQ'}{4\pi\epsilon_1 (2a)^2} = \dfrac{Q^2}{16\pi\epsilon_1 a^2} \dfrac{\epsilon_2 - \epsilon_1}{\epsilon_2 + \epsilon_1}\ [N]$

$\epsilon_1 \rangle \epsilon_2$인 경우에는 쿨롱의 힘이 (+)가 되어 반발력이 작용한다.
(유전체의 경계면에서 작용하는 힘은 유전율이 큰 쪽에서 작은 쪽으로 작용한다).

07 용량계수와 유도계수에 대한 표현 중에서 옳지 않은 것은?

① 용량계수는 정(+)이다.

② 유도계수는 정(+)이다.

③ $q_{rs} = q_{sr}$

④ 전위계수를 알고 있는 도체계에서는 q_{rr}, q_{rs}를 계산으로 구할 수 있다.

[해설]

㉠ 전위계수의 성질

• $P_{rr}, P_{rs} > P_{rs}, P_{sr} > 0$,
 $(P_{11} \geq P_{21}, P_{21} \geq 0, P_{11} > 0)$

• $P_{rs} = P_{sr}$ (대칭성)

㉡ 용량계수 및 유도계수의 성질

• $q_{rr} = q_{ss} > 0$, $q_{rs} = q_{sr} \leq 0$, $q_{11}, q_{22}, q_{33} :$ $\cdots > 0$
 용량계수 > 0

• $q_{rs} = q_{sr}$ (대칭성), $q_{12}, q_{21}, q_{31}\cdots \leq 0$: 유도계수 ≤ 0

• $q_{11} \geq -(q_{21} + q_{31} + q_{41} + \cdots + q_{n1})$ 또는,
 $q_{11} + q_{21} + q_{31} + q_{41} + \cdots + q_{n1} \geq 0$

08 평등 자계 H_0 중에 매우 얇은 철판(비투자율 μ_s)을 자계와 직각으로 놓았을 때의 철판 내 중앙부의 자계 H_1과 평행으로 놓았을 때의 철판 내 중앙부 자계 H_2의 비를 구하면?

① $\dfrac{1}{\mu_s}$　　　　　　② 1

③ μ_s　　　　　　④ $\mu_s - 1$

[정답] **06** ① **07** ② **08** ①

해설 자성체의 내부자계를 H, 외부자계를 H_0, 감자력을 H', 감자율 N이라 할 때,

$$H = H_0 - H' = H_0 - (\frac{N}{\mu_0} J)$$

$$= H_0 - \frac{N}{\mu_0} [\mu_0(\mu_s - 1)H]$$

$$\therefore H = \frac{H_0}{1 + N(\mu_s - 1)} \text{ 에서,}$$

- 비투자율이(μ_s)인 철판을 자계와 직각으로 놓았을 때 (N=1)내부자계는, $H_1 = \frac{H_0}{\mu_s}$

- 비투자율이(μ_s)인 철판을 자계와 평행으로 놓았을 때 (N=0)내부자계는, $H_2 = H_0$

$$\therefore H_1 = \frac{H_2}{\mu_s} \text{ 에서, } \frac{H_1}{H_2} = \frac{1}{\mu_s} \text{ 이 된다.}$$

09 $x > 0$인 영역에 $\epsilon_1 = 3$인 유전체, $x < 0$인 영역에 $\epsilon_2 = 5$인 유전체가 있다. 유전율 ϵ_2인 영역에서 전계 $E_2 = 20a_x + 30a_y - 40a_z$[V/m]일 때, 유전율 ϵ_1인 영역에서는 전계 E_1은 몇 [V/m]인가?

① $\frac{100}{3}a_x + 30a_y - 40a_z$

② $20a_x + 90a_y - 40a_z$

③ $100a_x + 10a_y - 40a_z$

④ $60a_x + 30a_y - 40a_z$

해설 경계면에서 a_x성분은 법선성분이 되고, a_y, a_z성분은 접선성분이 된다.

㉠ 경계조건에서 법선성분은
$$D_{1x} = D_{2x}, \quad \epsilon_1 E_{1x} = \epsilon_2 E_{2x}$$
$$\therefore E_{1x} = \frac{\epsilon_2}{\epsilon_1} E_{2x} = \frac{5}{3} 20 a_x = \frac{100}{3} a_x$$

㉡ 경계조건에서 접선성분은($E_{1y} = E_{2y}, E_{1z} = E_{2z}$)
$$E_{1y} = 30a_y, \quad E_{1x} = -40a_x$$

㉢ 유전율이 ϵ_1인 영역에서의 전계 E_1은,
$$E_1 = \frac{100}{3} a_x + 30 a_y - 40 a_z \ [V/m] \text{ 이다.}$$

10 그림과 같은 2동심 구도체에서 도체 1의 전하가 $Q_1 = 4\pi\epsilon_0$[C], 도체 2의 전하가 $Q_2 = 0$일때 도체 1의 전위는 몇 [V]인가?(단, a=10[cm], b=15[cm], c=20[cm]라 함)

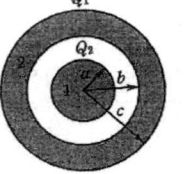

① $\frac{1}{12}$ [V]

② $\frac{13}{60}$ [V]

③ $\frac{25}{3}$ [V]

④ $\frac{65}{3}$ [V]

해설 $V_1 = \frac{Q_1}{4\pi\epsilon_0}(\frac{1}{a} - \frac{1}{b} + \frac{1}{c})$

$$= \frac{4\pi\epsilon_0}{4\pi\epsilon_0}(\frac{1}{0.1} - \frac{1}{0.15} + \frac{1}{0.2}) = \frac{25}{3} \ [V]$$

11 전계 E [V/m] 및 자계 H [AT/m]인 전자파가 자유 공간 중을 빛의 속도로 전파될 때, 단위시간에 단위 면적을 지나는 에너지는 몇 [W/m²]인가?(단, C는 빛의 속도를 나타낸다.)

① EH

② EH^2

③ E^2H

④ $\frac{1}{2} CE^2H^2$

해설
- 포인팅 벡터 : 단위시간에 단위면적을 지나는 에너지
$$(P = E \times H)$$
$$\therefore P = EH \ [W/m^2]$$

12 공기 중에 그림과 같이 가느다란 전선으로 반경 a인 원형 코일을 만들고, 이것에 전하 Q가 균일하게 분포하고 있을 때 원형 코일의 중심축상에서 중심으로부터 거리 x만큼 떨어진 F점의 전계의 세기는 몇 [V/m]인가?

정답 09 ① 10 ③ 11 ① 12 ④

264 · Part 2. 전기기사 기출문제

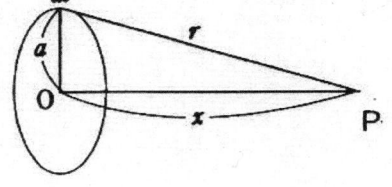

① $\dfrac{Q}{2\pi\epsilon_0 \sqrt{a+x}}$ ② $\dfrac{Q}{4\pi\epsilon_0 \sqrt{a+x}}$

③ $\dfrac{Qx}{2\pi\epsilon_0 (a^2+x^2)^{\frac{3}{2}}}$ ④ $\dfrac{Qx}{4\pi\epsilon_0 (a^2+x^2)^{\frac{3}{2}}}$

해설 원형코일에서 P점의 전위는,

$$V_P = \int_0^{2\pi} dV = \int_0^{2\pi} \frac{\lambda a}{4\pi\epsilon_0 \sqrt{a^2+x^2}}\, d\theta$$

$$= \frac{\lambda a}{2\epsilon_0 \sqrt{a^2+x^2}} = \frac{Q}{4\pi\epsilon_0 \sqrt{a^2+x^2}}\ [V]$$

미소부분 dl에 대한 P점의 전위를 dv라 하면,
$dl = a\,d\theta$, $dQ = \lambda\,dl = \lambda a\,d\theta$ 이다.

$$dV = \frac{dQ}{4\pi\epsilon_0 r} = \frac{\lambda a\,d\theta}{4\pi\epsilon_0 \sqrt{a^2+x^2}}$$

여기서, 전계는 Z방향만 남았다.

$$\mathrm{E} = E_z = -\frac{\partial V}{\partial x} = \frac{\partial}{\partial x}\Big[\frac{Q}{4\pi\epsilon_0 \sqrt{a^2+x^2}}\Big]$$

$$= \frac{Q}{4\pi\epsilon_0}\frac{x}{(a^2+x^2)^{\frac{3}{2}}}\ [V/m]$$

13 길이가 1[cm], 지름이 5[mm]인 동선에 1[A]인 전류를 흘렸을 때 전자가 동선에 흐르는 데 걸린 평균 시간은 대략 얼마인가?(단, 동선에서의 전자 밀도는 1×10^{28}[개/m³]라고 한다.)

① 3초 ② 31초

③ 314초 ④ 3147초

해설 동선에서 단위체적당 전자수(전자밀도)는 n, 전자 한 개당 전하량은 e라 할 때, 총전하량(Q) = $neS\ell$이 된다.
Q = I t[C]에서,

$$\therefore t = \frac{Q}{I} = \frac{neSl}{I} = \frac{ne(\frac{\pi D^2}{4})l}{I}$$

$$= \frac{1\times10^{28}\times1.602\times10^{-19}\times(\frac{\pi\times(5\times10^{-3})^2}{4})\times1\times10^{-2}}{1}$$

$$= 314.55[\sec]$$

14 히스테리시스곡선의 기울기는 다음의 어떤 값에 해당하는가?

① 투자율 ② 유전율

③ 자화율 ④ 감자율

해설
- 상자성체 : $B = \mu H$에서 선형관계로, $\mu = \dfrac{B}{H}$의 값이 일정
- 강자성체에서는 B와 H는 비선형관계이고, B-H 곡선의 기울기를 의미한다. $(\mu = \dfrac{dB}{dH})$

15 10[mW], 20[kHz]의 송신기가 자유공간내에서 사방으로 균일하게 전파를 발사할 때 송신기로부터 10[km] 지점에서의 포인팅 벡터는 약 몇 [W/㎡]인가?

① 4×10^{-11}[W/㎡] ② 8×10^{-11}[W/㎡]

③ 4×10^{-12}[W/㎡] ④ 8×10^{-12}[W/㎡]

해설 포인팅 벡터 : 단위시간에 단위면적을 지나는 에너지(단위면적당 전력)

$$P = \frac{W}{S} = \frac{10\times10^{-3}}{4\pi\times(10\times10^3)^2} = 7.96\times10^{-12}$$
[W/㎡]

정답 13 ③ 14 ① 15 ④

16 반지름이 각각 2[cm], 4[cm]인 두 중공동심 도체구가 있고 구 사이의 공간은 진공이다. 이때 정전용량은 C는 약 몇 [pF]인가?

① 4.45[pF] ② 8.90[pF]

③ 13.35[pF] ④ 17.80[pF]

> **해설** 동심도체구의 정전용량은
> $$C = \frac{4\pi\epsilon_0 ab}{b-a} = \frac{4\pi\epsilon_0 \times 2 \times 10^{-2} \times 4 \times 10^{-2}}{(4-2) \times 10^{-2}}$$
> $$= 4.44 \times 10^{-12}[\text{F}] = 4.44 \,[\text{pF}]$$

17 무한장 솔레노이드에 전류가 흐를 때 발생되는 자장에 관한 설명 중 옳은 것은?

① 내부 자장은 평등 자장이다.

② 외부와 내부 자장의 세기는 같다.

③ 외부 자장은 평등 자장이다.

④ 내부 자장의 세기는 0이다.

> **해설**
> • 무한장 솔레노이드에 있어서 내부의 자계 :
> $H_i = nI$ [AT/m] (평등자계)
> • 무한장 솔레노이드에 있어서 외부의 자계 :
> $H_0 = 0$ [AT/m]

18 N회 감긴 환상 코일의 단면적이 S[㎡]이고 평균 길이가 l[m]이다. 이 코일의 권수를 반으로 줄이고 인덕턴스를 일정하게 하려고 할 때, 다음 중 옳은 것은?

① 단면적을 2배로 한다.

② 길이를 $\frac{1}{4}$배로 한다.

③ 전류의 세기를 4배로 한다.

④ 비투자율을 2배로 한다.

> **해설** $L = \frac{\mu_0 SN^2}{\ell} \propto \frac{N^2}{\ell}$ 에서 권수를 반으로 줄이고 인덕턴스를 일정하게 할려면,
> $$\therefore \ell' = (\frac{N'}{N})^2 \cdot \ell = (\frac{\frac{1}{2}N}{N})^2 \cdot \ell = \frac{1}{4}\ell \text{이 된다.}$$

19 극판 간격 d[m], 면적 S[㎡], 유전율 ϵ[F/m]이고 정전 용량이 C[F]인 평행판 콘덴서에 $v = V_m \sin\omega t$[V]의 전압을 가할 때의 변위 전류는?

① $\omega C V_m \cos\omega t$ ② $C V_m \sin\omega t$

③ $-C V_m \sin\omega t$ ④ $-\omega C V_m \cos\omega t$

> **해설**
> • 변위전류밀도는,
> $$i_d = \frac{\partial D}{\partial t} = \epsilon \frac{\partial E}{\partial t} = \epsilon \frac{\partial}{\partial t}(\frac{v}{d}) = \frac{\epsilon}{d}\frac{\partial}{\partial t}V_m \sin\omega t$$
> $$= \frac{\epsilon\omega}{d} V_m \cos\omega t \,[A/m^2]$$
> ∴ 변위전류는$(I_d)=$
> $$i_d S = \frac{\epsilon S}{d}\omega V_m \cos\omega t = \omega C V_m \cos\omega t \,[A]$$

20 내경의 반지름이 1[mm], 외경이 반지름이 3[mm]인 동축케이블의 단위길이당 인덕턴스는 약 몇 [μH/m]인가?(단, 이 때 μ_r=1이며, 내부 인덕턴스는 무시한다.)

① 0.1[μH/m] ② 0.2[μH/m]

③ 0.3[μH/m] ④ 0.4[μH/m]

> **해설** 동축케이블의 단위길이당 외부 인덕턴스는,
> $$L = \frac{\phi}{I} = \frac{\mu_0}{2\pi}\ln\frac{b}{a} \,[H/m] = \frac{4\pi \times 10^{-7}}{2\pi}\ln\frac{3}{1}$$
> $$= 0.22 \times 10^{-6} = 0.2 \,[\mu H/m]$$

정답 16 ① 17 ① 18 ② 19 ① 20 ②

제2과목 : 전력공학

21 다음 중 무부하시의 충전전류 차단만이 가능한 기기는?

① 진공차단기　　② 유입차단기

③ 단로기　　　　④ 자기차단기

해설 단로기(DS) : 소호장치가 없어서 아크소멸 능력이 없으므로 사고전류나 부하전류와 같은 큰 전류는 개폐할 수 없고, 무부하시에 선로와 충전전류와 변압기의 여자전류 등은 개폐할 수 있다.

22 다음 중 송전선로에 복도체를 사용하는 이유로 가장 알맞은 것은?

① 선로를 뇌격으로부터 보호한다.

② 선로의 진동을 없앤다.

③ 철탑의 하중을 평형화한다.

④ 코로나를 방지하고 인덕턴스를 감소시킨다.

해설 선로의 인덕턴스(L)는 감소시키고, 정전용량(C)은 증가시켜서 송전용량의 증대를 가져오며, 코로나 발생을 억제시키기 위해 사용한다.

23 설비 A가 150[kW], B가 350[kW], 수용률이 각각 0.6 및 0.7일 때 합성최대전력이 279[kW]이면 부등률은?

① 1.1　　　　② 1.2

③ 1.3　　　　④ 1.4

해설 부등률 $= \dfrac{\text{각각 최대수용전력의 합}}{\text{합성최대 수용전력}}$

$= \dfrac{0.6 \times 150 + 0.7 \times 350}{279} = 1.2$

24 다음 중 재점호가 가장 일어나기 쉬운 차단 전류는?

① 동상 전류　　② 지상 전류

③ 진상 전류　　④ 단자 전류

해설 재점호 : 충전전류를 차단시 재기전압에 의해서 소거된 아크가 극간에서 다시 발생되는 것으로서 콘덴서(C)에 의한 진상전류에 의해서 발생

25 복도체 선로가 있다. 소도체의 지름 8[mm], 소도체 사이의 간격 40[cm]일 때, 등가 반지름 [cm]은?

① 2.8[cm]　　② 3.6[cm]

③ 4.0[cm]　　④ 5.7[cm]

해설 등가반지름은,

$r_e = \sqrt[n]{rs^{n-1}}$ 에서, $n = 2$ (복도체)이므로,

$\therefore r_e = \sqrt{rs} = \sqrt{0.4 \times 40} = 4 \ [cm]$

26 전력 손실이 없는 송전선로에서 서지파(진행파)가 진행하는 속도는?(단, L : 단위 선로 길이당 인덕턴스, C : 단위 선로 길이당 커패시턴스이다.)

① $\sqrt{\dfrac{L}{C}}$　　　② $\sqrt{\dfrac{C}{L}}$

③ $\dfrac{1}{\sqrt{LC}}$　　　④ $\sqrt{LC}$

27 송전용량계수법에 의하여 송전선로의 송전 용량을 결정할 때 수전 전력의 관계를 옳게 표현한 것은?

① 수전전력의 크기는 송전거리와 송전전압에 비례한다.

② 수전전력의 크기는 송전거리에 비례하고 수전단 선간전압의 제곱에 비례한다.

③ 수전전력의 크기는 송전거리에 반비례하고 수전단 선간전압에 비례한다.

정답 21 ③　22 ④　23 ②　24 ③　25 ③　26 ③　27 ④

④ 수전전력의 크기는 송전거리에 반비례하고 수전단 선간전압의 제곱에 비례한다.

해설 $P_r = k\dfrac{V_r^2}{l}\,[kW]$

V_r : 수전단전압[kV], l : 송전거리[km], k : 송전용량계수

28 그림과 같이 일직선 배치로 완전 연가한 경우의 등가선간 거리는?

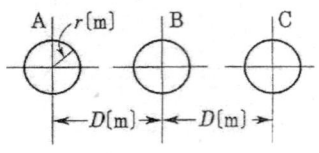
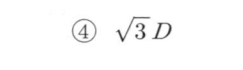

① $\sqrt[3]{2}\,D$ ② $\sqrt{2}\,D$
③ $\sqrt{D}$ ④ $\sqrt{3}\,D$

해설 등가선간거리는

$D_e = \sqrt[3]{D_{AB}D_{BC}D_{CA}} = \sqrt[3]{D\,D\,2D} = \sqrt[3]{2}\,D\,[m]$

29 3상 배전 선로의 말단에 지상역률 80[%], 160[kW]인 평형 3상 부하가 있다. 부하점에 전력용 콘덴서를 접속하여 선로손실을 최소가 되게 하려면 전력용 콘덴서의 필요한 용량[kVA]?(단, 여기서 부하단 전압은 변하지 않는 것으로 한다.)

① 100[kVA] ② 120[kVA]
③ 160[kVA] ④ 200[kVA]

해설 $P_l = 3I^2R = \dfrac{P^2R}{V^2\cos^2\theta}\,[W]$에서 선로 손실이 최소되는 경우 역률이 1일 때이다.

$Q = P(\tan\theta_1 - \tan\theta_2)\,[kVA]$

$\therefore Q = P \times \dfrac{\sin\theta}{\cos\theta} = 160 \times \dfrac{0.6}{0.8} = 120[kVA]$

30 전원으로부터의 합성임피던스가 0.25[%] (10000[kVA]기준)인 곳에 설치하는 차단기의 용량은 몇 [MVA]인가?

① 250 ② 400
③ 2500 ④ 4000

해설 $P_s = \dfrac{100}{\%Z}P_n = \dfrac{100}{0.25} \times 10 = 4000[MVA]$

(여기서, 차단기의 차단용량 〉 단락용량)

∴ 단락용량 = 4000[kVA]

31 다음 중 동작 시간에 따른 보호 계전기의 분류와 그 설명으로 틀린 것은?

① 순한시 계전기는 설정된 최소 작동 전류 이상의 전류가 흐르면 즉시 동작하는 것으로 한도를 넘으면 양과는 관계가 없다.

② 정한시 계전기는 설정된 값 이상의 전류가 흘렀을 때 작동 전류의 크기와는 관계없이 항상 일정한 시간 후에 작동하는 계전기이다.

③ 반한시 계전기는 작동시간이 전류값이 크기에 따라 변하는 것으로 전류값이 클수록 느리게 동작하고 반대로 전류값이 작아질수록 빠르게 작동하는 계전기이다.

④ 반한시성 정한시 계전기는 어느 전류값까지는 반한시성이지만 그 이상이 되면 정한시로 작동하는 계전기이다.

해설 반한시계전기 : 작동전류값이 클수록 빨리 동작하고, 작아질수록 느리게 동작하는 계전기이다.

32 다음 중 가공 지선의 설치 목적으로 볼 수 없는 것은?

① 유도뢰에 대한 정전차폐

② 전압강하의 방지

③ 직격뢰에 대한 차폐

④ 통신선에 대한 전자유도 장해 경감

정답 28 ① 29 ② 30 ④ 31 ③ 32 ②

33 임피던스 Z_1, Z_2 및 Z_3를 그림과 같이 접속한 선로의 A쪽에서 전압파 E가 진행해 왔을 때 접속점 B에서 무반사로 되기 위한 조건은?

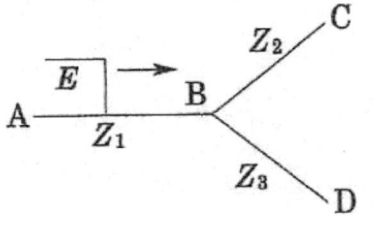

① $Z_1 = Z_2 + Z_3$
② $\dfrac{1}{Z_3} = \dfrac{1}{Z_1} + \dfrac{1}{Z_2}$

③ $\dfrac{1}{Z_1} = \dfrac{1}{Z_2} + \dfrac{1}{Z_3}$
④ $\dfrac{1}{Z_2} = \dfrac{1}{Z_1} + \dfrac{1}{Z_3}$

해설 $Z_A = Z_1$, $Z_B = \dfrac{1}{\dfrac{1}{Z_2} + \dfrac{1}{Z_3}}$

∴ 반사계수 $= \dfrac{Z_B - Z_A}{Z_A + Z_B}$ 에서, 무반사 조건은

$Z_A = Z_B$ 이다.

$Z_A = Z_B$ 이면, $Z_1 = \dfrac{1}{\dfrac{1}{Z_2} + \dfrac{1}{Z_3}}$

∴ $\dfrac{1}{Z_1} = \dfrac{1}{Z_2} + \dfrac{1}{Z_3}$

34 송전 전압 154[kV], 주파수 60[Hz], 선로의 작용 정전용량 0.01[$\mu F/km$], 길이 100[km] 인 1회선 송전선을 충전시킬 때 자기 여자를 일으키지 않는 발전기의 최소 용량[kVA]은?(단, 발전기의 단락비는 1.1이고 포화율은 0.1이라고 한다.)

① 5162[kVA]
② 8941[kVA]
③ 15486[kVA]
④ 26822[kVA]

해설 $K_s \geq \dfrac{P_c'}{P_c}\left(\dfrac{V}{V'}\right)^2(1+\sigma)$

(K_s : 단락비, P_c : 정격용량[kVA], P_c' : 충전용량 [kVA], V : 정격전압[V], V' : 충전전압[V], σ : 포화율)

• $P_c' = 2\pi f C V^2 = 2\pi \times 60 \times 0.01 \times 10^{-6}$
$\times 100 \times (154 \times 10^3)^2 \times 10^{-3} = 8940.72\,[kVA]$

• $V = V'$

∴ 발전기의 최소용량(P_c)=

$\dfrac{P_c'}{K_s}(1+\sigma) = \dfrac{8940.72}{1.1} \times (1+0.1)$
$= 8940.72\,[kVA]$

35 불평형 3상 전압을 V_a, V_b, V_c라 하고 $a = \epsilon^{j\frac{2\pi}{3}}$ 라 할 때 $V_x = \dfrac{1}{3}(V_a + a V_b + a^2 V_c)$ 이다. 여기에서 V_x는 어떤 전압을 나타내는가?

① 정상 전압
② 단락 전압
③ 영상 전압
④ 지락 전압

해설

• 영상전압(V_0)$= \dfrac{1}{3}(V_a + V_b + V_c)$

• 정상전압(V_1)$= \dfrac{1}{3}(V_a + a V_b + a^2 V_c)$

• 역상전압(V_2)$= \dfrac{1}{3}(V_a + a^2 V_b + a V_c)$

36 주변압기 등에서 발생하는 제5고조파를 줄이는 방법은?

① 전력용 콘덴서에 직렬리액터를 접속
② 변압기 2차측에 분로 리액터 연결
③ 모선에 방전 코일 연결
④ 모선에 공심 리액터 연결

해설 전력용콘덴서에 직렬로 직렬 리액터를 접속해서 제5고조파를 제거한다.

정답 **33** ③ **34** ② **35** ① **36** ①

37 전력계통의 안정도 향상대책으로 직렬 리액턴스를 적게 하기 위한 방법이 아닌 것은?

① 발전기의 리액턴스를 적게 한다.
② 변압기의 리액턴스를 적게 한다.
③ 복도체를 사용한다.
④ 단락비가 작은 발전기를 사용한다.

해설 계통이 직렬 리액턴스를 적게 하기 위한 방법
㉠ 직렬콘덴서에 의한 선로의 리액턴스를 보상한다.
㉡ 선로의 병렬회로수를 늘린다.
㉢ 복도체를 사용한다.
㉣ 발전기의 단락비를 크게 한다. $\left(K_s = \dfrac{1}{Z_s}\right)$

38 다음 중 수차의 캐비테이션의 방지책으로 옳지 않은 것은?

① 과부하 운전을 가능한 한 피한다.
② 흡출수두를 증대시킨다.
③ 수차의 비속도를 너무 크게 잡지 않는다.
④ 침식에 강한 금속재료로 러너를 제작한다.

해설 캐비테이션(Cavitation)현상 : 수차를 돌리고 나온 물이 흡출관을 통과할 때 흡출관의 중심부가 진공상태를 형성하는 현상을 말한다.
• 방지책
㉠ 흡출고를 너무 높게 잡지 말 것(6~7m 이하)
㉡ 수차의 특유녹도를 너무 크게 잡지 말 것
㉢ 침식에 강한 금속재료를 사용할 것
㉣ 과도한 부분부하, 과부하 운전을 가능한 피할 것
㉤ 러너의 변을 원활하게 하고 급격한 압력 강하가 없는 형으로 할 것
㉥ 캐비테이션이 발생구간에 공기를 넣어서 진공상태가 발생하지 않도록 할 것

39 출력 30000[kWh]의 화력 발전소에서 6000[kcal/kg]의 석탄을 매시간에 15톤의 비율로 사용하고 있다고 한다. 이 발전소의 종합 효율은 몇 [%]인가?

① 28.7[%]
② 31.7[%]
③ 33.7[%]
④ 36.7[%]

해설 $\eta = \dfrac{860\,W}{m\,H} \times 100\,[\%]$

$= \dfrac{860 \times 30000}{15 \times 10^3 \times 6000} \times 100 = 28.7\,[\%]$

40 원자로에서 핵분열로 발생한 고속 중성자를 열중성자로 바꾸는 작용을 하는 것은?

① 제어재
② 냉각재
③ 감속재
④ 반사재

해설
• 제어재 : 원자로에서 핵분열 반응은 조절하기 위한 중성자를 흡수할 목적으로 사용한다.
• 냉각재 : 원자로에서 발생한 열에너지를 외부로 꺼내기 위한 매개체를 말한다.
• 감속재 : 노심속에서 임계량 이상의 핵연료와 고속 중성자를 열중성자까지 감속시켜 주는 것으로서 중성자 흡수가 적고, 탄성산란에 의해 감속되는 정도가 큰 것이 좋다. (중수, 경수, 흑연, 산화 베릴늄)
• 반사재 : 중성자를 반사시켜 외부에 누설되지 않도록 노심 주위에 설치한다.(원자로 내부로 다시 반사시키는 목적 : 베릴늄, 흑연)

제3과목 : 전기기기

41 다음 중 동기 전동기에서 동기 와트로 표시되는 것은?

① 출력
② 토크
③ 1차 입력
④ 동기 속도

정답 **37** ④ **38** ② **39** ① **40** ③ **41** ②

270 · Part 2. 전기기사 기출문제

해설 토크(T)$=\dfrac{P}{\omega}=\dfrac{P_2(1-s)}{\omega_s(1-s)}=\dfrac{P_2}{\omega_s}$.

여기서, P_2 : 2차입력(동기와트)

ω : 회전 각속도, ω_s : 동기각 속도

$\therefore P_2 = \omega_s T$ (동기와트는 동기각 속도로 회전할 시 2차 입력을 토크로 표시 되는 것)

42 용량 1[kVA], 3000/200[V]의 단상 변압기를 단권 변압기로 결선해서 3000/3200[V]의 승압기로 사용할 때 그 부하 용량[kVA]은?

① 16[kVA]　　② 15[kVA]

③ 1[kVA]　　④ $\dfrac{1}{16}$[kVA]

해설 부하용량 [kVA] =

$\dfrac{V_h}{V_h - V_l} \times$ 자기용량$[kVA]$

$= \dfrac{3200}{3200-3000} \times 1 = 16\ [kVA]$

43 변압기의 권수비 a=6600/220, 철심의 단면적 0.02[m²], 최대 자속밀도 1.2[wb/m²]일 때 1차 유기 기전력은 약 몇 [V]인가?(단, 주파수는 60[Hz]이다.)

① 1407[V]　　② 3521[V]

③ 42198[V]　　④ 29814[V]

해설 $E_1 = 4.44 f N_1 \phi_m = 4.44 \times 60 \times 6600 \times 1.2 \times 0.02 = 42197.76\ [V]$

44 4극 7.5[kW], 200[V], 60[Hz]인 3상 유도 전동기가 있다. 전부하에서 2차 입력이 7950[W]이다. 이 경우에 2차 효율[%]은 얼마인가?(단, 기계손은 130[W]이다.)

① 93[%]　　② 94[%]

③ 95[%]　　④ 96[%]

해설 2차효율(η_2)

$= \dfrac{P_0}{P_2} \times 100 = \dfrac{7630}{7950} \times 100 = 95.97\ [\%]$

기계적출력(P_0) = 전동기출력(P_g) + 기계손(P_m)

$= 7.5 \times 10^3 + 130 = 7630\ [W]$

45 다음 중 반작용전동기(반동전동기 : Reaction motor)의 설명으로 옳은 것은?

① 전기자에 뒤진 전류가 흐르면 전기자 반작용은 증자작용을 한다.

② 전기자에 앞선 전류가 흐르면 전기자 반작용은 증자작용을 한다.

③ 전기자에 뒤진 전류가 흐르면 전기자 반작용은 감자작용을 한다.

④ 전기자에 뒤진 전류가 흐르면 전기자 반작용은 교차자화작용을 한다.

해설 반동전동기 : 동기 전동기에서 반작용 특성만을 이용해서, 여자전류는 약하게 하면 전기자에 뒤진(지상)전류가 흐르면 전기자 반작용은 증자 작용을 하는 전동기를 말한다(반작용 전동기).

46 주파수가 일정한 3상 유도 전동기의 전원 전압이 80[%]로 감소하였다면, 토크의 변화는?(단, 회전수는 일정하다고 가정한다.)

① 64[%]로 감소　　② 80[%]로 감소

③ 89[%]로 감소　　④ 변화없음

해설 토크(T)$=\dfrac{m_1 V_1^2 \dfrac{r_2'}{s}}{(r_1+\dfrac{r_2'}{s})^2 + (x_1+x_2')^2} \propto V^2$

$\therefore T' = (\dfrac{V'}{V})^2 T = (\dfrac{0.8 V}{V})^2 T = 0.64\ T$,

즉, 64[%]로 감소한다.

정답 **42** ①　**43** ③　**44** ④　**45** ①　**46** ①

47 다이오드를 사용한 정류 회로에서 여러 개를 직렬로 연결하여 사용할 경우 얻는 효과는?

① 다이오드를 과전류로부터 보호
② 다이오드를 과전압으로부터 보호
③ 부하 출력의 맥동률 감소
④ 전력 공급의 증대

해설 직렬연결 : 과전압으로부터 다이오드를 보호하는 효과
병렬연결 : 과전류로부터 다이오드를 보호하는 효과

48 다음 중 3상 유도전동기의 슬립이 s < 0인 경우를 설명한 것으로 틀린 것은?

① 동기속도 이상이다.
② 유도발전기로 사용된다.
③ 유도전동기 단독으로 동작이 가능하다.
④ 속도를 증가시키면 출력이 증가한다.

해설 슬립$(s) = \dfrac{n_s - n}{n_s}$, $n > n_s$인 경우에는 s=0가 된다.

n : 회전자의 회전속도, n_s : 동기속도
$n > n_s$: 외부에서 유도전동기의 회전자를 동기속도 이상으로 회전시킨 경우인데 이때 유도전동기는 유도발전기로 동작하는데 이것을 비동기 발전기라 한다.

49 유도 전동기의 1차 전압 변화에 의한 속도제어에서 SCR을 사용하여 변화시키는 것은?

① 주파수   ② 토크
③ 전류   ④ 위상각

해설 유도전동기의 1차측에 SCR을 사용해서 전압이 1[Hz]동안의 주기마다 위상각이 변하는 것에 의해 전압을 바꾸는 방법(2차 저항에서의 손실이 커서 효율이 나쁨)

50 2대의 동기 발전기가 병렬 운전하고 있을 때 동기화 전류가 흐르는 경우는?

① 기전력의 크기에 차가 있을 때
② 기전력의 위상에 차가 있을 때
③ 기전력의 파형에 차가 있을 때
④ 부하 분담에 차가 있을 때

해설

병렬운전 조건	조건이 다를 경우
기전력의 위상이 같을 것	동기화 전류가 흐른다.(유효전류)
기전력의 크기가 같을 것	무효 순환전류가 흐른다.
기전력의 주파수가 같을 것	동기화 전류가 주기적으로 흐른다.
기전력의 파형이 같을 것	고조파 무효 순환전류가 흐른다.

51 4극, 60[Hz]인 3상 유도기가 1750[rpm]으로 회전하고 있을 때 전원의 b상과 c상을 바꾸면 이때의 슬립은 약 얼마인가?

① 2.03   ② 1.97
③ 1.05   ④ 0.83

해설 3상유도기에서 전원의 b상과 c상을 바꾸면 전동기는 역회전한다.

슬립$(s) = \dfrac{N_s - (-N)}{N_s} = \dfrac{1800 + 1750}{1800} = 1.97$

동기속도$(N_s) = \dfrac{120f}{P} = \dfrac{120 \times 60}{4} = 1800\,[rpm]$

52 효율 80[%], 출력 10[kW]인 직류 발전기의 고정 손실이 1300[W]라 한다. 이때 이 발전기의 가변손실은?

① 1000[W]   ② 1200[W]
③ 1500[W]   ④ 2500[W]

정답 **47** ② **48** ③ **49** ④ **50** ② **51** ② **52** ②

[해설] $\eta = \dfrac{출력}{출력 + 손실} \times 100\,[\%]$

$손실 = \dfrac{출력}{\eta} - 출력 = \dfrac{10 \times 10^3}{0.8} - 10 \times 10^3$
$= 2500\,[W]$

$\therefore$ 손실 = 고정손실 + 가변손실, 가변손실 = 2500
$-1300 = 1200[W]$

53 용량 5[kW], 3300/220의 변압기에 전부하를 걸어 줄 때, 역률 100[%]에서 효율이 96.2[%]이다. 이 변압기의 입력은?

① 5.0[kW]　　　② 5.2[kW]

③ 5.4[kW]　　　④ 5.8[kW]

[해설] 변압기 효율$(\eta) = \dfrac{P_2(출력)}{P_1(입력)} \times 100\,[\%]$

$\therefore$ 변압기 입력$(P_1) = \dfrac{5}{0.962} = 5.2\,[kW]$

54 변압기의 임피던스 전압이란?

① 정격 전류시 2차측 단자전압이다.

② 변압기의 1차를 단락, 1차에 1차 정격전류와 같은 전류를 흐르게 하는 데 필요한 1차 전압이다.

③ 정격 전류가 흐를 때의 변압기 내의 전압 강하이다.

④ 변압기의 2차를 단락, 2차에 2차 정격 전류와 같은 전류를 흐르게 하는데 필요한 2차 전압이다.

[해설] 임피던스 전압 : 정격전류가 흐를 때 변압기 내부의 전압강하를 의미한다.
즉, 변압기의 정격전류와 임피던스의 곱이다.
$(E_s = I_n Z)$

55 정격 전류 이하로 전류를 제어해주면 과전압에 의해서는 파괴되지 않는 반도체 소자는?

① Diode　　　② TRIAC

③ SCR　　　　④ SUS

[해설] TRIAC : 정격전류 이하의 전류에서는 과전압이 되어도 파괴되지 않는 반도체 소자이다.

56 일반적인 직류기 전기자 권선법에 대한 설명 중 틀린 것은?

① 정류 개선을 위한 단절권 사용

② 대부분 회전자 권선은 2층권

③ 각 슬롯에 다른 두 코일변 삽입

④ 환상권, 개로권 사용

[해설] 직류기의 전기자 권선법
• 폐로권과 개로권 : 폐로권 사용
• 환상권과 고상권 : 고상권 사용
• 단층권과 2층권 : 2층권 사용
• 전절권과 단절권 : 단절권 사용

57 다음 중 3상 직권 정류자전동기의 설명으로 틀린 것은?

① 고정자와 회전자 권선 기자력이 동위상일 때 토크가 발생한다.

② 고정자와 회전자 권선이 역위상일 때 브러시는 단락한다.

③ 브러시가 회전 방향으로 이동하면 철손이 증가한다.

④ 속도제어는 브러시 위치 이동으로 한다.

[해설] 3상 직권 정류자 전동기 : 고정자와 회전자 권선에 의한 기전력이 공간적으로 동위상과 역위상 일 때는 토크가 발생하지 않는다.

[정답]　53 ②　54 ③　55 ②　56 ④　57 ①

58 발전기 권선의 층간 단락 보호에 가장 적합한 계전기는?

① 과부하 계전기   ② 차동 계전기

③ 온도 계전기   ④ 접지 계전기

해설

- **과부하계전기** : 과부하 및 단락 보호에 사용한다.
- **차동계전기** : 발전기 및 변압기의 내부고장 검출 및 층간 단락보호에 사용한다.
- **온도계전기** : 절연유 및 권선의 온도 상승 검출에 사용된다.
- **접지(지락)계전기** : 선로의 지락 사고 시에 지락(접지) 전류 검출에 사용한다.

59 권선형 유도 전동기에서 2차 저항을 변화시켜 속도를 제어하는 경우 최대 토크는?

① 최대 토크가 생기는 점은 슬립에 비례한다.

② 최대 토크가 생기는 점은 슬립에 반비례한다.

③ 2차 저항에만 비례한다.

④ 항상 일정하다.

해설

- 최대토크(T_m) $\propto \dfrac{V^2}{2x_2}$: 최대토크의 크기는 2차저항 (r_2)와 슬립(s)에는 상관없이 항상 일정하다.

- 최대토크를 발생하는 슬립 (s_m) $= \pm \dfrac{r_2}{x_2}$: 최대토크를 발생하는 슬립은 2차회로의 저항에 비례해서 이동한다.

60 100[V], 10[kW], 1000[rpm]의 분권 전동기를 부하 전류 102[A]의 정격 속도로 운전하고 있다. 지금 전기자에 직렬 저항 0.4[Ω]를 접속하고 전과 동일한 토크로 운전하려면 몇 [rpm]으로 회전하겠는가?(단, 전기자 및 분권 계자 회로의 저항은 각각 0.05[Ω]과 50[Ω]이다.)

① 560[rpm]   ② 570[rpm]

③ 580[rpm]   ④ 590[rpm]

해설

- $E_c = V - I_a r_a = 100 - 100 \times 0.05 = 95\,[V]$

  $I_a = I - I_f = 102 - 2 = 100\,[A]$

  $I_f = \dfrac{V}{R_f} = \dfrac{100}{50} = 2\,[A]$

  전과 동일한 토크로 운전할 경우, $I_a = I_a{'}$

  $\therefore E_c{'} = V - I_a{'}(r_a + r_s) = 100 - 100(0.05 + 0.4)$
  $= 55\,[V]$

- $E_c = \dfrac{p\phi ZN}{a} = k\phi n$ 에서, $k\phi = \dfrac{E_c}{n}$, I_f가 일정

  하므로 $k\phi$도 일정하다.

  $\dfrac{E_c}{n} = \dfrac{E_c{'}}{n'}$, $\therefore n' = \dfrac{E_c{'}}{E_c} n = \dfrac{55}{95} \times 1000$
  $= 578.95\,[rpm]$

제4과목 : 회로이론 및 제어공학

61 분포정수회로에서 선로의 단위길이 당 저항을 100[Ω], 인덕턴스를 200[mH], 누설 컨덕턴스를 0.5[℧]라 할 때 일그러짐이 없는 조건을 만족하기 위한 정전용량은 몇 [uF]인가?

① 0.001[uF]   ② 0.1[uF]

③ 10[uF]   ④ 1000[uF]

해설 일그러짐이 없는 조건 = 무왜형조건, RC=LG,

$\therefore C = \dfrac{LG}{R} = \dfrac{200 \times 10^{-3} \times 0.5}{100} \times 10^6$
$= 1000\,[\mu F]$

62 정 K형 필터(여파기)에 있어서 임피던스 Z_1, Z_2는 공칭 임피던스 K와는 어떤 관계가 있는가?

① $Z_1 Z_2 = K$ ② $\dfrac{Z_1}{Z_2} = K$

③ $\sqrt{\dfrac{Z_1}{Z_2}} = K^2$ ④ $Z_1 Z_2 = K^2$

정답 58 ②   59 ④   60 ③   61 ④   62 ④

해설 정 K형필터(여파기)에 맞는 관계는 Z_1, Z_2가 역회로의 관계가 되어야 한다.

$$\therefore Z_1 Z_2 = K^2$$

63 그림과 같은 회로에서 t=0에서 스위치 S를 닫으면서 전압 E[V]를 가할 때 L 양단에 걸리는 전압 $e_L[V]$는?

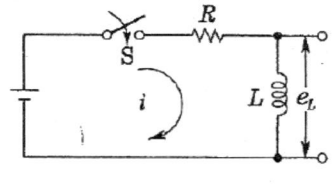

① $E(1-e^{-\frac{R}{L}t})$

② $Ee^{-\frac{R}{L}t}$

③ $E(1+e^{\frac{R}{L}t})$

④ $-Ee^{-\frac{R}{L}t}$

해설 L양단에 걸리는 전압은,

$$e_L = L\frac{di}{dt} = L\frac{d}{dt}\frac{E}{R}(1-e^{-\frac{R}{L}t})$$

$$= L(-\frac{E}{R})(-\frac{R}{L})e^{-\frac{R}{L}t} = Ee^{-\frac{R}{L}t}\,[V]$$

$$i = \frac{E}{R}(1-e^{-\frac{R}{L}t})$$

64 비정현파 전압이 $v = 141.4\sin\omega t + 70.7\sin 2\omega t + 42.4\sin 3\omega t\,[V]$일 때 실효치는 약 몇 [V]인가?

① 13.4[V]

② 38.6[V]

③ 115.7[V]

④ 180.3[V]

해설 비정현파의 실효값은,

$$V_e = \sqrt{각파의\ 실효값의\ 제곱의\ 합}$$

$$= \sqrt{(\frac{141.4}{\sqrt{2}})^2 + (\frac{70.7}{\sqrt{2}})^2 + (\frac{42.4}{\sqrt{2}})^2} = 115.76\,[V]$$

65 다음 회로에서 전류 I는 몇 [A]인가?

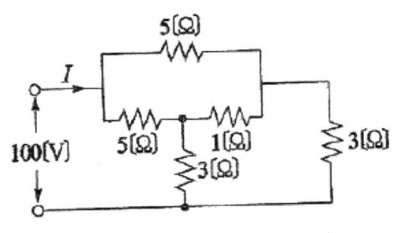

① 50[A]

② 25[A]

③ 12.5[A]

④ 10[A]

해설

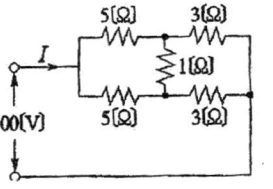

$5 \times 3 = 3 \times 5$로 브리지 회로의 평형상태가 되므로 1[Ω]저항에는 전류가 흐르지 않는다. R = $\frac{8}{2}$ = 4[Ω]

$$\therefore I = \frac{V}{R} = \frac{100}{4} = 25\,[A]$$

66 4단자 정수 A, B, C, D 중에서 임피던스의 차원을 가지는 것은?

① A

② B

③ C

④ D

해설 $V_1 = A V_2 + B I_2$
$I_1 = C V_2 + D I_2$

$A = \dfrac{V_1}{V_2}\Big|_{I_2=0}$: 개방, 전압이득(감쇠율)

$B = \dfrac{V_1}{I_2}\Big|_{V_2=0}$: 단락, 전달임피던스[Ω]

$C = \dfrac{I_1}{V_2}\Big|_{I_2=0}$: 개방, 전달어드미턴스[℧]

$D = \dfrac{I_1}{I_2}\Big|_{V_2=0}$: 단락, 전류이득(감쇠율)

정답 **63** ② **64** ③ **65** ② **66** ②

67 각 상전압이 $V_a = 40\sin\omega t\,[V]$, $V_b = 40\sin(\omega t + 90°)\,[V]$, $V_c = 40\sin(\omega t - 90°)\,[V]$ 이라 하면 영상대칭분의 전압은?

① $40\sin\omega t\,[V]$

② $\dfrac{40}{3}\sin\omega t\,[V]$

③ $\dfrac{40}{3}\sin(\omega t - 90°)\,[V]$

④ $\dfrac{40}{3}\sin(\omega t + 90°)\,[V]$

해설 $V_0 = \dfrac{1}{3}(V_a + V_b + V_c)$

$= \dfrac{1}{3}[40\sin\omega t + 40\sin(\omega t + 90°)$

$\qquad + 40\sin(\omega t - 90°)]$

$= \dfrac{40}{3}\sin\omega t\,[V]$

68 성형결선 부하가 있다. 선간전압 300[V]의 3상 교류를 인가했을 때 선전류가 40[A]이고 역률이 0.8이라면 리액턴스는 약 몇 [Ω]인가?

① $2.6[\Omega]$ ② $4.3[\Omega]$

③ $16.6[\Omega]$ ④ $35.6[\Omega]$

해설 Y결선($I_l = I_p$)이므로 한상의 임피던스(Z)

$= \dfrac{E}{I} = \dfrac{300/\sqrt{3}}{40} = 4.33\,[\Omega]$

∴ 리액턴스$(X) = Z\sin\theta = 4.33 \times 0.6 = 2.6\,[\Omega]$

∴ 저항$(R) = Z\cos\theta = 4.33 \times 0.8 = 3.5\,[\Omega]$

69 대칭 5상 교류에서 선간전압과 상전압간의 위상차는 몇 도인가?

① 27   ② 36

③ 54   ④ 72

해설 위상차(θ)

$= \dfrac{\pi}{2}\left(1 - \dfrac{2}{n}\right) = \dfrac{180}{2}\left(1 - \dfrac{2}{5}\right) = 54°$

70 $G(s)H(s) = \dfrac{k}{s^2(s+1)^2}$ 에서 근궤적의 수는?

① 4   ② 2

③ 1   ④ 0

해설 근궤적의 수(N)는 극(P)의 수와 영(Z)점의 수에서 큰수와 같다.

∴ 영점 = 0, 극점 = 4개 = 근궤적의 수(N)

71 다음 중 $G(j\omega) = \dfrac{1}{1 + j10\omega}$ 로 주어지는 계의 절점 각주파수는?

① 0.1[rad/sec]   ② 1[rad/sec]

③ 10[rad/sec]   ④ 11[rad/sec]

해설 절점 각주파수는 특성방정식에서 분모 값에서, 허수부=실수부일 때이므로,

$G(j\omega) = \dfrac{1}{1 + j\omega T}$ 일 때,

∴ $1 = \omega T$에서, $\omega = \dfrac{1}{10} = 0.1\,[rad/sec]$

72 다음 파형의 라플라스 변환은?

① $\dfrac{E}{s^2}$ ② $\dfrac{E}{Ts^2}$

③ $\dfrac{E}{s}$ ④ $\dfrac{E}{Ts}$

해설 $f(t) = \dfrac{E}{T}tu(t)$를 라플라스 변환하면,

$F(s) = \dfrac{E}{T}\dfrac{1}{s^2}$

정답 67 ②   68 ①   69 ③   70 ①   71 ①   72 ②

73 다음 중 라플라스 변환값과 Z변환값이 같은 함수는?

① t^2
② t
③ $u(\text{t})$
④ $\delta(\text{t})$

해설

f(t)	F(s)	F(z)
$\delta(t)$	1	1
$u(t)$	$\dfrac{1}{s}$	$\dfrac{z}{z-1}$
t	$\dfrac{1}{s^2}$	$\dfrac{Tz}{(z-1)^2}$

74 다음 중 제어량을 어떤 일정한 목표값으로 유지하는 것을 목적으로 하는 제어법은?

① 추종제어
② 비율제어
③ 프로그램제어
④ 정치제어

해설

- 추종제어 : 미지의 임의 시간적 변화를 하는 목표값에 제어량을 추종시키는 것을 목적으로 하는 제어법(위치, 방위, 자세, 열차무인운전, 추치제어)
- 비율제어 : 목표값이 다른 양과 비율 관계를 가지고 변화하는 경우의 추종 제어법(보일러자동연소제어)
- 프로그램제어 : 미리 정해진 프로그램에 따라 제어량을 변화시키는 것을 목적으로 하는 제어법(엘리베이터)
- 정치제어 : 목표값이 시간에 대하여 변화하지 않는 제어로서, 프로세스제어, 자동조정이 이에 속한다. (제어량은 어떤 일정한 목표값으로 유지하는 것을 목적)

75 개루프 전달 함수 $G(s) = \dfrac{(s+2)}{(s+1)(s+3)}$ 인 부궤환 제어계의 특성 방정식은?

① $s^2+3s+2 = 0$
② $s^2+4s+3 = 0$
③ $s^2+4s+6 = 0$
④ $s^2+5s+5 = 0$

해설 부궤환 제어계의 전달함수는,

$G(s) = \dfrac{G(s)}{1+G(s)H(s)}$ 이고, 특성방정식은,

$1+G(s)H(s) = 0$

$1+\dfrac{(s+2)}{(s+1)(s+3)} = 0$, $\therefore s^2+5s+5 = 0$

76 다음 중 $G(s)H(s) = \dfrac{K}{Ts+1}$ 일 때 이 계통은 어떤 형인가?

① 0형
② 1형
③ 2형
④ 3형

해설

- $\lim\limits_{s \to 0} G(s)H(s) = \dfrac{K}{s^l}$ 에서,

$l = 0 : 0$형 제어시스템
$l = 1 : 1$형 제어시스템
$l = 2 : 2$형 제어시스템

$\therefore \lim\limits_{s \to 0} G(s)H(s) = \lim\limits_{s \to 0} \dfrac{K}{Ts+1} = K$, $l = 0$이므로, 0형이다.

77 $G(j\omega) = K(j\omega)^2$인 보드 선도의 기울기는 몇 [dB/dec]인가?

① -40
② -20
③ 20
④ 40

해설

$g[dB] = 20\log_{10}|G(j\omega)| = 20\log_{10}|K(j\omega)^2|$
$= 20\log_{10} K\omega^2$
$= 20\log_{10} K + 40\log_{10}\omega$
$\omega = 0.1 : g[dB] = 20\log_{10} K - 40\,[dB]$
$\omega = 1 : g[dB] = 20\log_{10} K$
$\omega = 10 : g[dB] = 20\log_{10} K + 40\,[dB]$
$\therefore 40[dB/dec]$의 경사를 가지고, $\theta = 180\,°$이다.
$(j\omega)^2 = (j)^2\omega^2$, $j^2 = 180\,°$이다.

정답 73 ④ 74 ④ 75 ④ 76 ① 77 ④

78 그림과 같은 RLC 회로에서 입력전압 $e_i(t)$, 출력 전류가 $i(t)$인 경우 이 회로의 전달함수 I(s)/Eᵢ(s)는?(단, 모든 초기조건은 0이다.)

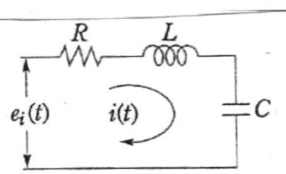

① $\dfrac{Cs}{RCs^2+LCs+1}$ ② $\dfrac{1}{RCs^2+LCs+1}$

③ $\dfrac{Cs}{LCs^2+RCs+1}$ ④ $\dfrac{1}{LCs^2+RCs+1}$

해설 $e_i(t)=Ri(t)+L\dfrac{di(t)}{dt}+\dfrac{1}{C}\displaystyle\int i(t)\,dt$의

값을 라플라스 변환하면,

$E_i(s)=(R+Ls+\dfrac{1}{Cs})I(s)$

$\therefore G(s)=\dfrac{I(s)}{E_i(s)}=\dfrac{1}{R+Ls+\dfrac{1}{Cs}}$

$=\dfrac{Cs}{LCs^2+RCs+1}$

79 그림의 신호 흐름 선도에서 C/R는?

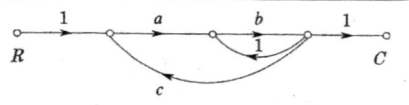

① $\dfrac{ab}{1+b-abc}$ ② $\dfrac{ab}{1-b-abc}$

③ $\dfrac{ab}{1-b+abc}$ ④ $\dfrac{ab}{1-ab+abc}$

해설 Mason의 정리

$G(s)=\dfrac{\displaystyle\sum_{k=1}^{\infty}G_k\triangle_k}{\triangle}=\dfrac{ab}{1-b-abc}$

$\triangle=1-\sum l_1+\sum l_2-\sum l_3+\cdots$

$\sum l_1=b+abc$

$\sum l_2=0$

$k=1,\ G_1\triangle_1=ab$

80 그림과 같이 2중 입력으로 된 블록선도의 출력 C는?

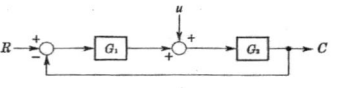

① $\left(\dfrac{G_2}{1-G_1G_2}\right)(G_1R+u)$

② $\left(\dfrac{G_2}{1+G_1G_2}\right)(G_1R+u)$

③ $\left(\dfrac{G_1}{1-G_1G_2}\right)(G_1R-u)$

④ $\left(\dfrac{G_1}{1+G_1G_2}\right)(G_1R-u)$

해설 $[(R-C)G_1+u]G_2=C,\ RG_1G_2$
$-CG_1G_2+uG_2=C$

$\therefore C=\dfrac{G_1G_2}{1+G_1G_2}R+\dfrac{G_2}{1+G_1G_2}u$

$=\dfrac{G_2}{1+G_1G_2}(G_1R+u)$

제5과목 : 전기설비 기술기준 및 판단기준

81 다음 중 수상 전선로를 시설하는 경우에 대한 설명으로 알맞은 것은?

① 사용 전압이 고압인 경우에는 제3종 캡타이어 케이블을 사용한다.

② 가공 전선로의 전선과 접속하는 경우, 접속점이 육상에 있는 경우에는 지표상 4[m] 이상의 높이로 지지물에 견고하게 붙인다.

[정답] 78 ③ 79 ② 80 ② 81 ③

278 · Part 2. 전기기사 기출문제

③ 가공 전선로의 전선과 접속하는 경우, 접속점이 수면상에 있는 경우, 사용 전압이 고압인 경우에는 수면상 5[m] 이상의 높이로 지지물에 견고하게 붙인다.

④ 고압 수상 전선로에 지락이 생길 때를 대비하여 전로를 수동으로 차단하는 장치를 시설한다.

해설
• 수상전선로는 그 사용전압이 저압 또는 고압의 것에 한한다.
① 전선
ㄱ 저압 : 클로로프렌 캡타이어 케이블
ㄴ 고압 : 캡타이어 케이블
② 수상전선로와 가공전선로의 접속점의 높이
ㄱ 접속점이 육상에 있는 경우 : 지표상 5[m] 이상
ㄴ 수면상에 있는 경우 : 저압 4[m] 이상, 고압 5[m] 이상

82 고압용의 개폐기, 차단기, 피뢰기 기타 이와 유사한 기구로서 동작시에 아크가 생기는 것은 목재의 벽 또는 천장, 기타의 가연성 물체로부터 몇 [m] 이상 떼어놓아야 하는가?

① 1.0[m]　　② 1.2[m]
③ 1.5[m]　　④ 2.0[m]

해설 고압용 : 1[m] 이상, 특고압용 : 2[m] 이상

83 특고압용 변압기로서 변압기 내부고장이 생겼을 경우 반드시 자동차단 되어야 하는 변압기의 뱅크 용량은 몇 [kVA] 이상인가?

① 5000[kVA]　　② 7500[kVA]
③ 10,000[kVA]　　④ 15,000[kVA]

해설 특고압용의 변압기에는 그 내부에 고장이 생겼을 경우에 보호하는 장치를 표와 같이 시설할 것

뱅크 용량의 구분	동작 조건	정치의 종류
5,000[kVA] 이상 10,000[kVA] 미만	변압기 내부 고장	자동 차단 장치 또는 정보 장치
10,000[kVA] 이상	변압기 내부 고장	자동 차단 장치
타냉식 변압기(변압기의 권선 및 철심을 직접 냉각시키기 위하여 봉입한 냉매를 강제 순환시키는 냉각 방식을 말한다.)	냉각 장치에 고장이 생긴 경우 또는 변압기의 온도가 현저히 상승한 경우	경보 장치

84 네온 방전관을 사용한 사용 전압 12,000[V]인 방전등에 사용되는 네온 변압기 외함의 접지 공사로서 알맞은 것은?

① 제1종 접지공사
② 제2종 접지공사
③ 제3종 접지공사
④ 특별 제3종 접지공사

해설 옥내의 네온방전등의 시설
관등회로의 전압이 1000[V]가 넘는 네온 방전관은 옥측 또는 옥외 방전등 공사에 준하고, 사람이 접촉할 우려가 없도록 하고 다음과 같이 시설할 것
• 방전등용 변압기 : 누설 변압기로서 2차 전압이 15,000[V] 이하로 2차 단락전류 50[mA] 이하이고 외함은 제3종 접지공사를 한다.
• 관등회로의 배선은 애자 사용공사로서 전선의 지지점간의 거리는 1[m] 이하, 전선 상호 간의 간격은 6[cm] 이상일 것
• 전선은 네온전선이며, 네온 방전등용 변압기는 네온 변압기일 것

정답 82 ①　83 ③　84 ③

85 애자사용공사에 의한 고압옥내배선을 할 때 전선을 조영재의 면을 따라 붙이는 경우, 전선의 지지점 간의 거리는 몇 [m] 이하이어야 하는가?

① 2[m] ② 3[m]
③ 4[m] ④ 5[m]

해설 고압옥내배선의 시설에서 애자 사용공사
㉠ 전선의 굵기 : 공칭 단면적 6[mm²] 이상의 연동선으로 고압절연전선, 특고압 절연전선 또는 인하용 절연전선을 사용할 것
㉡ 지지점간의 거리 : 6[m] 이하(조영재 면을 따라 붙이는 경우(상면, 측면) : 2[m])
㉢ 이격거리 : 전선상호간격 : 8[cm] 이상 전선과 조영재와의 이격거리 5[cm] 이상

86 저압 전로에서 그 전로에 지락이 생겼을 경우에 0.5초 이내에 자동적으로 전로를 차단하는 장치를 시설하는 경우에 자동 차단기의 정격 감도 전류가 100[mA]인 경우 제3종 접지 공사의 접지 저항값은 몇 [Ω] 이하이어야 하는가?(단, 전기적 위험도가 높은 장소인 경우이다.)

① 50[Ω] ② 100[Ω]
③ 150[Ω] ④ 200[Ω]

해설

정격감도 전류[mA]	접지저항 값[Ω] 이하	
	물기 있는 장소 전기적 위험도가 높은 장소	그 외 다른 장소
30	500	500
50	300	500
100	150	500
200	75	250
300	50	166
500	30	100

정격감도전류[A] × 접지저항값[Ω] = 15[V]

$$\therefore R = \frac{15}{100 \times 10^{-3}} = 150\,[\Omega]$$

87 3300[V] 고압 유도 전동기의 절연 내력 시험 전압은 최대 사용 전압의 몇 배를 10분간 가하는가?

① 1배 ② 1.25배
③ 1.5배 ④ 2배

해설 회전기 및 정류기의 절연 내력 시험

종류			시험 전압	시험 방법
회전기	발전기 전동기 조상기 기타 회전기 (회전변 류기를 제외 한다)	최대 사용 전압 7000[V] 이하	최대 사용 전압의 1.5배의 전압(500 [V] 미만으로 되는 경우에는 500[V])	권선과 대지간의 연속하여 10분간 가한다.
		최대 사용 전압 7000[V] 초과	최대 사용 전압의 1.25배의 전압(10,50 0[V] 미만으로 되는 경우에는 10,500[V])	
	회전 변류기		직류측의 최대 사용 전압의 1배의 교류 전압(500 [V] 미만으로 되는 경우에는 500[V])	

정답 85 ① 86 ③ 87 ③

88 발, 변전소의 주요 변압기에 반드시 시설하지 않아도 되는 계측장치는?

① 전류계　　　② 전압계
③ 전력계　　　④ 역률계

해설 발.4 변전소에 시설하여 준하는 계측장치
• 주요변압기의 전압 및 전류 또는 전력
• 특고압용 변압기의 온도

89 변압기에 의하여 특고압 전로에 결합되는 고압 전로에는 사용 전압의 3배 이하인 전압이 가하여진 경우에 어떤 장치를 그 변압기 단자의 가까운 1극에 설치하여야 하는가?

① 스위치장치
② 계전 보호 장치
③ 누설 전류 검지 장치
④ 방전하는 장치

해설 변압기에 의하여 특고압 전로에 결합하는 고압 전로에는 사용전압의 3배 이하인 전압이 가하여지는 경우에 방전하는 방전기를 변압기의 단자에 가까운 1극에 설치한다.
(E_1), 단 사용전압의 3배 이하인 전압이 가하여진 경우에 방전하는 피뢰기를 고압전로의 모선의 각상에 시설된 경우에는 방전기를 생략

90 백열전등 또는 방전등에 전기를 공급하는 옥내 전로의 대지 전압은 몇 [V] 이하이어야 하는가?

① 440[V]　　　② 380[V]
③ 300[V]　　　④ 150[V]

해설 옥내전로의 대지전압을 300[V] 이하여야 한다.

91 직류식 전기철도에서 배류시설에는 어떤 것을 사용하여야 하는가?

① 영상변류기　　　② 선택배류기
③ 검류기　　　④ 분류기

해설 배류시설에는 선택배류기를 사용할 것(선택 배류기를 설치해도 전식작용으로 장해를 방지할 수 없는 경우에는 강제 배류기를 설치)

92 유희용 전차의 시설에 대한 설명 중 틀린 것은?

① 전로의 사용전압은 직류의 경우 60[V] 이하, 교류의 경우 40[V] 이하일 것
② 전기를 공급하기 위하여 사용하는 접촉전선은 제 3레일 방식일 것
③ 전기를 변성하기 위하여 사용하는 변압기의 1차 전압은 400[V] 미만일 것
④ 전차안의 승압용 변압기의 2차 전압은 200[V] 이하일 것

해설 유희용 전차의 시설
• 유희용 전차의 전로의 사용전압은 직류60[V], 교류 40[V] 이하일 것
• 접촉전선은 제3궤조(레일) 방식으로 시설할 것
• 유희용 전차에 전기를 공급하는 변압기의 1차 전압은 400[V] 미만일 것
• 유희용 전차 안에 승압용 변압기를 시설하는 경우에는 그 변압기의 2차 전압은 150[V] 이하일 것
• 접촉전선과 대지 사이의 절연 저항은 누설전류가 100[mA/km] 이하일 것
• 전차안의 전로와 대지 사이의 누설전류는 규정전류의 1/5000 이하일 것

93 사용전압이 15[kV] 이하인 가공전선로의 중성선을 다중접지 하는 경우에 1[km] 마다의 중성선과 대지 사이의 합성 전기저항 값은 몇 [Ω] 이하가 되어야 하는가?

정답　88 ④　89 ④　90 ③　91 ②　92 ④　93 ④

① 10[Ω] ② 15[Ω]
③ 20[Ω] ④ 30[Ω]

해설 25[kV] 이하인 특고압 가공전선로의 시설에서, 각 접지선을 중성선으로부터 분리하였을 경우의 각 접지점의 대지 전기저항치가 1[km]마다의 중성선과 대지사이의 합성 전기저항값은(이하)

사용전압	각 접지점의 대지 전기저항값	1[km] 마다의 합성 전기저항값
15[kV] 이하	300[Ω]	30[Ω]
15 [kV] 초과 25[kV] 이하	150[Ω]	15[Ω]

94 대지 전압 100[V]의 옥내 전선로에서 분기 회로의 절연 저항은 최저 몇 [MΩ] 이상이어야 하는가?

① 0.1[MΩ] ② 0.2[MΩ]
③ 0.3[MΩ] ④ 0.4[MΩ]

해설 저압 전로의 절연저항 값(이상)

전로의 사용전압의 구분		절연 저항값
400 [V] 미만	대지 전압이 150[V] 이하인 경우	0.1[MΩ]
	대지 전압이 150[V] 초과 300[V] 이하인 경우	0.2[MΩ]
	사용 전압이 300[V] 초과 400[V] 이하인 경우	0.3[MΩ]
400 [V] 이상		0.4[MΩ]

• 대지전압 : 접지식 전로는 전선과 대지 사이의 전압, 비접지식 전로는 전선 간의 전압

95 전력 보안 통신 설비는 가공 전선로로부터의 어떤 작용에 의하여 사람에게 위험을 줄 우려가 없도록 시설해야 하는가?

① 정전 유도 작용 또는 전자 유도 작용
② 표피 작용 또는 부식 작용
③ 부식 작용 또는 정전 유도 작용
④ 전압 강하 작용 또는 전자 유도 작용

해설 전력보안통신설비는 가공전선로부터의 정전유도작용 또는 전자유도작용에 의하여 사람에게 위험을 줄 우려가 없도록 시설할 것

96 가공전선로의 지지물 중 지선을 사용하여 그 강도를 분담시켜서는 아니 되는 것은?

① 목주 ② 철주
③ 철근 콘크리트주 ④ 철탑

해설 가공전선로의 지지물에서 철탑은 지선으로 사용해서 그 강도를 분담시켜서는 아니 된다.

97 시가지 등에서 특고압 가공전선로의 시설과 관련이다. 특고압 가공전선로용 지지물로 사용될 수 없는 것은?(단, 사용전압이 170 [kV] 이하인 경우이다.)

① 철탑 ② 철근 콘크리트주
③ 철주 ④ 목주

98 일반 주택 및 아파트 각 호실의 현관에 조명용 백열 전등을 설치할 때 사용하는 타임 스위치는 몇 [분] 이내에 소등되는 것을 시설하여야 하는가?

① 1분 ② 3분
③ 5분 ④ 10분

해설 호텔, 여관 등의 각 객실입구 등은 1분 이내에 소등

[정답] **94** ① **95** ① **96** ④ **97** ④ **98** ②

99 방직 공장의 구내 도로에 220[V] 조명등용 저압 가공 전선로를 설치하고자 한다. 전선로의 경간은 몇 [m] 이하이어야 하는가?

① 20[m]　　　② 30[m]

③ 40[m]　　　④ 50[m]

해설 구내에 시설하는 저압 가공전선로(400[V] 미만)
- 전선은 인장강도 1.38[kN] 이상의 절연전선 또는 2[mm] 이상의 경동선(단, 경간이 10[m] 이하의 경우는 인장강도 0.62[kN] 이상의 절연전선 또는 공칭단면적 4[mm²] 이상의 연동절연전선 사용)
- 전선로의 경간 : 30[m] 이하
- 이격거리 : 상부 조영재 위쪽 : 1[m] 이상, 옆쪽 또는 아래쪽 : 60[cm] 이상
  상부 조영재 이외는 60[cm] 이상
- 도로 횡단시 : 4[m] 이상 시설할 것
- 도로이외 높이 : 3[m] 이상 시설할 것

100 B종 철주를 사용한 고압 가공전선로가 교류 전차선로와 교차하는 경우에 고압 가공전선이 교류 전차선 등의 위에 시설되는 때에 가공전선로의 경간은 몇 [m] 이하이어야 하는가?

① 60[m]　　　② 80[m]

③ 100[m]　　　④ 120[m]

해설 저고압 가공전선과 교류 전차선 등의 접근 또는 교차
- 목주, A종 철주 또는 A종 철콘 크리트주 : 60[m] 이하
- B종 철주 또는 B종 철근 콘트리트주 : 120[m] 이하

정답 **99** ②　　**100** ④

국가기술자격검정 필기시험문제

2010년도 기사 제1회 필기시험(기사)

자격종목 및 등급(선택분야)	종목코드	시험시간	문제지형별	수검번호	성명
전기기사		**2시간 30분**	**A**		

※ 시험문제지는 답안카드와 같이 반드시 제출하여야 합니다.

제1과목 : 전기자기학

01 자기인덕터스의 성질을 옳게 표현한 것은?

① 항상 정(正)이다.

② 항상 부(負)이다.

③ 항상 0이다.

④ 유도되는 기전력에 따라 정(正)도 되고 부(負)도 된다.

해설

- 자기 인덕턴스 : 자기 자신의 회로에 크기가 1인 단위전류가 흐를 때의 자속 쇄교수를 말한다.(항상 정(+)의 값)
- 상호 인덕턴스 : 그 두 회로 사이에 흐르는 전류가 만드는 자속으로서, 같은 방향의 자속이면 정(+)의 값, 다른 방향의 자속이면 부(−)의 값을 갖는다.

02 $V = x^2$[V]로 주어지는 전위 분포일 때 $x = 20$[cm]인 점의 전계는?

① $+x$방향으로 40 $[V/m]$

② $-x$방향으로 40 $[V/m]$

③ $+x$방향으로 0.4 $[V/m]$

④ $-x$방향으로 0.4 $[V/m]$

해설

$E = -grad\,V$

$= -\nabla V = -(\frac{\partial x^2}{\partial x}i + \frac{\partial x^2}{\partial y}j + \frac{\partial x^2}{\partial z}k) = -2xi$

$= -2 \times 0.2\,i = -0.4\,i\ [V/m]$

∴ 전계의 방향은 $-x$방향으로 0.4[V/m]의 전계의 크기를 갖는다.

03 도전도 $k = 6 \times 10^{17}$ $[℧/m]$, 투자율 $\mu = \frac{6}{\pi} \times 10^{-7}$ $[H/m]$인 평면도체 표면에 $10[kHz]$의 전류가 흐를 때, 침투되는 깊이 $\delta[m]$는?

① $\frac{1}{6} \times 10^{-7}$ $[m]$

② $\frac{1}{8.5} \times 10^{-7}$ $[m]$

③ $\frac{36}{\pi} \times 10^{-10}$ $[m]$

④ $\frac{36}{\pi} \times 10^{-6}$ $[m]$

해설 표피두께 (침투깊이)

$\delta = \sqrt{\frac{1}{\omega k \mu}} = \sqrt{\frac{1}{\pi f k \mu}}$

$= \sqrt{\dfrac{1}{\pi \times 10 \times 10^3 \times 6 \times 10^{17} \times \frac{6}{\pi} \times 10^{-7}}}$

$= \frac{1}{6} \times 10^{-7}\ [m]$

04 비유전율이 ϵ_r인 유전체에 유전체 표면에서 d_1만큼 떨어져 있는 점전하 Q에 작용하는 힘의 크기와 유전체 표면에서 d_2만큼 떨어져 있는 점전하 2Q에 작용하는 힘의 크기가 같을 때 d_2는?

① $d_2 = 0.5\,d_1$

② $d_2 = d_1$

③ $d_2 = 1.5\,d_1$

④ $d_2 = 2d_1$

정답 01 ① 02 ④ 03 ① 04 ④

해설

- 유전체 ϵ_1 속에 점전하 Q[C]이 있을 경우, 점전하 Q[C]와 유전체 ϵ_2 사이에 작용하는 힘은,

$$F = \frac{Q^2}{16\pi\epsilon_1 d^2}\left(\frac{\epsilon_1 - \epsilon_2}{\epsilon_1 + \epsilon_2}\right) [N]$$

① 거리 d_1만큼, 점전하 Q, $\epsilon_1 = \epsilon_0$, $\epsilon_2 = \epsilon_0\epsilon_r$

$$F_1 = \frac{Q^2}{16\pi\epsilon_0 d_1^2}\left(\frac{\epsilon_0 - \epsilon_0\epsilon_r}{\epsilon_0 + \epsilon_0\epsilon_r}\right)$$

$$= \frac{Q^2}{16\pi\epsilon_0 d_1^2}\left(\frac{1 - \epsilon_r}{1 + \epsilon_r}\right)[N]$$

② 거리 d_2만큼, 점전하 $2Q$, $\epsilon_1 = \epsilon_0$, $\epsilon_2 = \epsilon_0\epsilon_r$

$$F_2 = \frac{(2Q)^2}{16\pi\epsilon_0 d_2^2}\left(\frac{\epsilon_0 - \epsilon_0\epsilon_r}{\epsilon_0 + \epsilon_0\epsilon_r}\right)$$

$$= \frac{4Q^2}{16\pi\epsilon_0 d_2^2}\left(\frac{1 - \epsilon_r}{1 + \epsilon_r}\right) [N]$$

문제에서 ①, ②의 힘의 크기는 같다.

$$F_1 = F_2, \ \frac{1}{d_1^2} = \frac{4}{d_2^2} \ \ \therefore d_2 = 2d_1$$

05 자유공간 중에서 점 $P(2, -4, \ 5)$가 도체 면상에 있으며, 이 점에서 전계 $E = 3a_x - 6a_y + 2a_z \ [V/m]$이다. 도체면에 법선성분 E_n 및 접선성분 E_t의 크기는 몇 [V/m]인가?

① $E_n = 3$, $E_t = -6$ ② $E_n = 7$, $E_t = 0$

③ $E_n = 2$, $E_t = 3$ ④ $E_n = -6$, $E_t = 0$

해설

그림에서, 도체의 면전하 밀도가 σ일 때, 전계는 수직 (법선)성분으로 향하고, 크기 $E_n = \dfrac{\sigma}{\epsilon_0}$이며, 평행(접선)성분 $E_t = 0$이 된다. 점 P에서 표면에서 표면의 전하밀도는,

$$\sigma = D = \epsilon_0 E = \sqrt{3^2 + (-6)^2 + 2^2}\ \epsilon_0 = 7\epsilon_0 \ [C/m^2]$$

$\therefore$ 수직(법선)성분 : $E_n = \dfrac{\sigma}{\epsilon_0} = \dfrac{7\epsilon_0}{\epsilon_0} = 7 \ [V/m]$, 접선성분 : $E_t = 0$

06 유전율이 각각 다른 두 유전체가 서로 경계를 이루며 접해 있다. 다음 중 옳지 않은 것은?(단, 이 경계면에는 진전하분포가 없다고 한다.)

① 경계면에서 전계의 접선성분은 연속이다.

② 경계면에서 전속밀도의 법선성분은 연속이다.

③ 경계면에서 전계와 전속밀도는 굴절한다.

④ 경계면에서 전계와 전속밀도는 불변한다.

해설 유전체 경계면의 경계조건(경계면에 진전하가 없을 경우)

- 전계의 접선(수평)성분은 경계면에 대해서 양측에서 서로 같다.

$$E_1 \sin\theta_1 = E_2 \sin\theta_2$$

- 전속밀도의 법선(수직)성분은 경계면에 대해서 양측에서 서로 같다.

$$D_1 \cos\theta_1 = D_2 \cos\theta_2$$

- 경계면 상의 두 점 간의 전위차는 같고, 입사각과 굴절각인 $\tan$값이 유전율 ϵ비와 같다.($V_1 = V_2$)

$$\epsilon_1 \tan\theta_2 = \epsilon_2 \tan\theta_1$$

- $\epsilon_1 > \epsilon_2$이면 $\theta_1 > \theta_2$이다.(경계는 전계와 전속밀도는 굴절)

07 수직편파는?

① 대지에 대해서 전계가 수직면에 있는 전자파

② 대지에 대해서 전계가 수평면에 있는 전자파

③ 대지에 대해서 자계가 수직면에 있는 전자파

④ 대지에 대해서 자계가 수평면에 있는 전자파

해설

수직 편파 : 대지에 대해서 전계가 수직면에 있는 전자파
수평 편파 : 대지에 대해서 전계가 수평면에 있는 전자파

08 내부장치 또는 공간을 물질로 포위시켜 외부 자계의 영향을 차폐시키는 방식을 자기차폐라 한다. 다음 중 자기차폐에 가장 좋은 것은?

정답 **05** ② **06** ④ **07** ① **08** ①

① 강자성체 중에서 비투자율이 큰 물질

② 강자성체 중에서 비투자율이 작은 물질

③ 비투자율이 1보다 작은 역자성체

④ 비투자율에 관계없이 물질의 두께에만 관계되므로 되도록 두꺼운 물질

해설

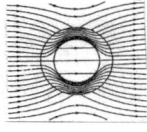

자기차폐 : 투자율이 대단히 큰 자성체의 중공구를 평등자계안에 놓게 되면, 자속은 대부분 자성체의 내부로만 통과하므로 내부공간의 자계는 외부자계에 비해서 대단히 작게 되는 현상

09 자기 인덕턴스 0.05[H]의 회로에 흐르는 전류가 매초 530[A]의 비율로 증가할 때 자기 유도 기전력[V]은?

① −13.3[V]　　　② −26.5[V]

③ −39.8[V]　　　④ −53.0[V]

해설

유도기전력 :

$e = -L\dfrac{di}{dt} \ [V] = -0.05 \times \dfrac{530}{1} = -26.5 \ [V]$

10 자유공간에서 전파 $E(z,t) = 10^3 \sin(\omega t - \beta z)a_y$ $[V/m]$일 때 자파 $H(z,t)[A/m]$는?

① $\dfrac{10^3}{120\pi} \sin(\omega t - \beta z)a_z$

② $\dfrac{10^3}{120\pi} \sin(\omega t - \beta z)a_x$

③ $-\dfrac{10^3}{120\pi} \sin(\omega t - \beta z)a_z$

④ $-\dfrac{10^3}{120\pi} \sin(\omega t - \beta z)a_x$

해설

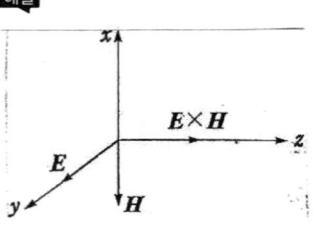

그림에서, 전파 E의 크기는 a_y방향, 진행파는 a_z방향(z축)이 된다. 그러므로 전자파의 진행방향은 E×H 방향이므로 그림과 같이 자파 H의 방향은 $-a_x$ 방향이며 자파 H의 최대값은,

$$H_m = \dfrac{E_m}{Z} = \dfrac{10^3}{120\pi}$$

$$\therefore H(z,t) = -\dfrac{10^3}{120\pi} \sin(\omega t - \beta z)a_x \ [A/m]$$

11 렌츠의 법칙을 올바르게 설명한 것은?

① 전자유도에 의하여 생기는 전류의 방향을 항상 일정하다.

② 전자유도에 의하여 생기는 전류의 방향은 자속변화를 방해하는 방향이다.

③ 전자유도에 의하여 생기는 전류의 방향은 자속변화를 도와주는 방향이다.

④ 전자유도에 의하여 생기는 전류의 방향은 자속변화와는 관계가 없다.

해설

렌츠의 법칙 : 자속변화를 방해하는 방향으로 전류가 발생(기전력의 방향을 결정)

페러데이 법칙 : 폐회로에 쇄교하는 자속의 시간적 변화율에 비례.(기전력의 크기를 결정)

유도기전력 : $e = -N\dfrac{d\phi}{dt}\ [V] = -L\dfrac{di}{dt}\ [V]$

12 대지의 고유저항이 $\rho\,[\Omega \cdot m]$일 때 반지름 a[m]인 그림과 같은 반구 접지구의 접지저항[Ω]은?

정답　**09** ②　**10** ④　**11** ②　**12** ②

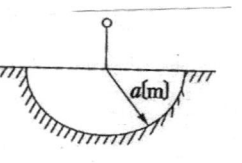

① $\dfrac{\rho}{4\pi a}$ ② $\dfrac{\rho}{2\pi a}$

③ $\dfrac{2\pi\rho}{a}$ ④ $2\pi\rho a$

해설

반구의 정전용량 : $C=\dfrac{4\pi\epsilon a}{2}=2\pi\epsilon a\,[F]$

$\therefore RC=\rho\epsilon$ 에서, $R=\dfrac{\rho\epsilon}{C}=\dfrac{\rho}{2\pi a}\,[\Omega]$

13 길이가 100[cm]인 자기회로를 구성할 때 비투자율이 50인 철심을 이용한다면, 자기 저항을 $2.5\times10^{7}\,[AT/Wb]$ 이하로 하기 위해서는 단면적을 약 몇 [m²] 이상으로 하여야 하는가?

① 3.6×10^{-4} ② 6.4×10^{-4}

③ 7.9×10^{-4} ④ 9.2×10^{-4}

해설 $R_m=\dfrac{l}{\mu S}=\dfrac{l}{\mu_0\mu_s S}\,[AT/Wb]$

$\therefore S=\dfrac{1}{4\pi\times10^{-7}\times50\times2.5\times10^{7}}$
$=6.4\times10^{-4}\,[m^2]$

14 유전율이 10인 유전체를 5[V/m]인 전계에 놓으면 유전체의 표면전하밀도는 몇 $[C/m^2]$ 인가?(단, 유전체의 표면과 전계는 직각이다.)

① $0.5\,[C/m^2]$ ② $1.0\,[C/m^2]$

③ $50\,[C/m^2]$ ④ $250\,[C/m^2]$

해설

유전체의 표면 전하밀도(σ')와 분극의 세기(P)는 서로 같다.

$\sigma'=P=\chi E=(\epsilon-\epsilon_0)\,E$
$=(10-8.855\times10^{-12})\times5=50\,[C/m^2]$

15 진공 중에 놓인 Q[C]의 전하에서 발산되는 전기력선의 수는?

① Q ② ϵ_0

③ $\dfrac{Q}{\epsilon_0}$ ④ $\dfrac{\epsilon_0}{Q}$

해설

• 전기력선의 수 : 진공 중의 단위 구 중심에 점전하 Q[C]이 있는 경우 총전기력 선의 수는 $\dfrac{Q}{\epsilon_0}$[개], 그러나 매질이 진공이 아닌 경우에는 매질의 유전율 ϵ의 값에 따라서 전기력선의 수도 변한다.
• 전속 : 매질에 상관없이 전하 Q[C]이면 Q[개]의 전속선이 나온다.

16 어떤 자기회로에 3000[AT]의 기자력을 줄 때, 의$2\times10^{-3}\,[Wb]$ 자속이 통하였다. 이 자기 회로의 자화에 필요한 에너지는 몇 [J]인가?

① $3\times10^{-3}\,[J]$ ② $3.0\,[J]$

③ $1.5\times10^{-3}\,[J]$ ④ $1.5\,[J]$

해설 $W=\dfrac{1}{2}LI^2=\dfrac{1}{2}N\phi I^2=\dfrac{1}{2}F\phi\,[J]$.

(단, $LI=N\phi$, 기자력$(F)=NI\,[AT]$)

$=\dfrac{1}{2}\times3000\times2\times10^{-3}=3\,[J]$

17 무손실 전송 회로의 특성 임피던스[Ω]는?

① $Z_0=\sqrt{\dfrac{L}{C}}$ ② $Z_0=\sqrt{LC}$

③ $Z_0=\sqrt{\dfrac{C}{L}}$ ④ $Z_0=\dfrac{1}{\sqrt{LC}}$

정답   **13** ②   **14** ③   **15** ③   **16** ②   **17** ①

해설

무손실 특성임피던스 (R=G=0)

$Z_0 = \sqrt{\dfrac{R+j\omega L}{G+j\omega C}} = \sqrt{\dfrac{L}{C}}\ [\Omega]$

18 앙페르의 주회 적분의 법칙(Ampere's Circuital Law)을 설명한 것으로 올바른 것은?

① 폐회로 주위를 따라 전계를 선적분한 값은 폐회로 내의 총 저항과 같다.

② 폐회로 주위를 따라 전계를 선적분한 값은 폐회로 내의 총 전압과 같다.

③ 폐회로 주위를 따라 자계를 선적분한 값은 폐회로 내의 총 전류와 같다.

④ 폐회로 주위를 따라 전계와 자계를 선적분한 값은 폐회로 내의 총 저항, 총 전압, 총 전류의 합과 같다.

해설 앙페르의 주회적분의 법칙

$\displaystyle\oint_c H \cdot dl = I$

폐회로 주위를 따라 자계의 선적분한 값은 이 폐곡선을 관통하는 전류와 같다.

19 평행판 콘덴서에 어떤 유전체를 넣었을 때 전속밀도가 $4.8 \times 10^{-7}\,[C/m^2]$이고 단위체적당 에너지가 $5.3 \times 10^{-3}\,[J/m^3]$이었다. 이 유전체의 유전율은 몇 [F/m]인가?

① $1.15 \times 10^{-11}\,[F/m]$ ② $2.17 \times 10^{-11}\,[F/m]$

③ $3.19 \times 10^{-11}\,[F/m]$ ④ $4.21 \times 10^{-11}\,[F/m]$

해설 $W = \dfrac{D^2}{2\epsilon}\,[J/m^3]$

$\therefore \epsilon = \dfrac{(4.8 \times 10^{-7})^2}{2 \times 5.3 \times 10^{-3}} = 2.17 \times 10^{-11}\,[F/m]$

20 영구자석에 관한 설명으로 옳지 않은 것은?

① 한번 자화된 다음에는 자기를 영구적으로 보존하는 자석이다.

② 보자력이 클수록 자계가 강한 영구자석이 된다.

③ 잔류 자속밀도가 클수록 자계가 강한 영구자석이 된다.

④ 자석재료로 폐회로 만들면 강한 영구자석이 된다.

해설 자석재료에 외부에서 큰 자계를 가해야 자화가 잘 되어 영구자석이 된다.

제2과목 : 전력공학

21 송전전력, 송전거리, 전선의 비중 및 전력손실률이 일정하다고 할 때, 전선의 단면적 A[mm²]은?(단, V는 송전전압이다.)

① V에 반비례 ② $\sqrt{V}$에 비례

③ V^2에 반비례 ④ V^2에 비례

해설 $P_l = \dfrac{P^2 R}{V^2 \cos^2\theta}$에서, 전력손실률(k)=

$\dfrac{P_l}{P} = \dfrac{P\rho l}{V^2 \cos^2\theta A}$에서, 전선단면적

$A = \dfrac{P\rho l}{k V^2 \cos^2\theta} \propto \dfrac{1}{V^2}$

22 6.6[kV] 3상3선식 배선선로에서 완전 1선 지락고장이 발생하였을 때 GPT 2차에 나타나는 전압[V]은?(단, GPT는 변압기 3대로 구성되어 있으며, 변압기의 변압비는 $\dfrac{6600}{\sqrt{3}} / \dfrac{110}{\sqrt{3}}\ V$ 이다.)

정답 **18** ③ **19** ② **20** ④ **21** ③ **22** ③

288 • Part 2. 전기기사 기출문제

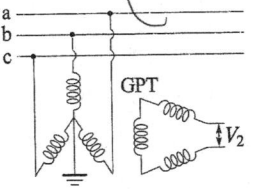

① $\dfrac{110}{\sqrt{3}}[V]$　　② $110[V]$

③ $110\sqrt{3}[V]$　　④ $330[V]$

해설 GPT 2차에서 나타나는 전압 (V_2)=GPT1차전압

$\times \dfrac{1}{a} \times 3 = \dfrac{6600}{\sqrt{3}} \times \dfrac{110}{6600} \times 3 = 110\sqrt{3}[V]$

23 송전 선로의 중성점을 접지하는 목적과 거리가 먼 것은?

① 이상 전압 발생의 억제

② 과도 안정도의 증진

③ 송전 용량의 증가

④ 보호 계전기의 신속, 확실한 동작

해설 송전용량$(P_s) = \dfrac{V_s V_r}{X} sin\delta$에서 선로리액턴스 (X)를 감소시키면 송전용량은 증가

24 단로기에 대한 설명으로 옳지 않은 것은?

① 소호장치가 있어서 아크를 소멸시킨다.

② 회로를 분리하거나, 계통의 접속을 바꿀 때 사용한다.

③ 고장전류는 물론 부하전류의 개폐에도 사용할 수 없다.

④ 배전용의 단로기는 보통 디스커넥팅바로 개폐한다.

해설 단로기는 소호장치가 없어서 아크 소멸 능력이 없으므로 부하전류를 개폐할 수 없다.

25 전력용 콘덴서를 변전소에 설치할 때 직렬 리액터를 설치하고자 한다. 직렬 리액터의 용량을 결정하는 계산식은?(단, f_o는 전원의 기본 주파수, C는 역률 개선용 콘덴서의 용량, L은 직렬 리액터의 용량이다.)

① $L = \dfrac{1}{(2\pi f_0)^2 C}$　　② $L = \dfrac{1}{(5\pi f_0)^2 C}$

③ $L = \dfrac{1}{(6\pi f_0)^2 C}$　　④ $L = \dfrac{1}{(10\pi f_0)^2 C}$

해설 직렬 리액터는 제5고조파를 제거하므로,

$2\pi 5 f_0 L = \dfrac{1}{2\pi 5 f_0 C}$에서, $L = \dfrac{1}{(10\pi f_0)^2 C}$

26 직접 접지 방식이 초고압 송전선로에 채용되는 이유로 가장 타당한 것은?

① 계통의 절연 레벨을 저감하게 할 수 있으므로

② 지락시의 지락전류가 적으므로

③ 지락 고장 시 병행 통신선에 유기되는 유도전압이 작기 때문에

④ 송전선의 안정도가 높으므로

27 변전소에서 접지 보호용으로 사용되는 계전기에 영상 전류를 공급하기 위하여 설치하는 것은?

① PT　　② ZCT

③ GPT　　④ CT

해설 ZCT : 영상전류, GPT : 영상전압 공급

28 전선에 교류가 흐를 때의 표피효과에 관한 설명으로 옳은 것은?

① 전선은 굵을수록, 도전율 및 투자율은 작을수록, 주파수는 높을수록 커진다.

정답 23 ③　24 ①　25 ④　26 ①　27 ②　28 ②

② 전선은 굵을수록, 도전율 및 투자율은 클수록, 주파수는 높을수록 커진다.

③ 전선은 가늘수록, 도전율 및 투자율은 작을수록, 주파수는 높을수록 커진다.

④ 전선은 가늘수록, 도전율 및 투자율은 클수록, 주파수는 높을수록 커진다.

해설 표피 두께(길이) $(\delta) = \sqrt{\dfrac{2}{w\sigma\mu}} = \sqrt{\dfrac{1}{\pi f \sigma \mu}}$
에서, 주파수가 높을수록, 도전율이 높을수록 투자율이 높을수록 표피두께가 감소하므로 표피효과는 증대된다.

29 한 상의 대지 정전 용량 0.4[μF], 주파수 60[Hz]인 3상 송전선이 있다. 이 선로에 소호 리액터를 설치하려 한다. 소호 리액터의 공진 리액턴스는 약 몇 [Ω]인가?

① 565[Ω]　　　　② 1370[Ω]

③ 1770[Ω]　　　　④ 2217[Ω]

해설 $\omega L = \dfrac{1}{3\omega C_s} = \dfrac{1}{3 \times 2\pi \times 60 \times 0.4 \times 10^{-6}}$
$\qquad = 2210(\Omega)$

30 소호원리에 따른 차단기의 종류와 그 특성의 연결이 바르지 못한 것은?

① 가스차단기 – 고성능 절연 특성을 가진 SF_6 가스를 소호 매질로 이용하는 차단기로 소호 능력이 공기의 100배 이상이며, 차단 시 소음은 문제가 되지 않는다.

② 공기차단기 – 압축된 공기를 아크에 불어넣어서 소호하는 차단기로 압력이 높아짐에 따라 절연 내력이 증가하며, 차단 시 소음이 작다.

③ 유입차단기 – 절연 내력이 높은 절연유를 이용하여 차단시에 발생하는 아크를 소호시키는 방식으로 탱크형과 애자형이 있다.

④ 진공차단기 – 진공 중에 차단동작을 하는 개폐기로 절연 내력이 높고 화재 위험이 없으며, 소형 경량이다.

해설 공기 차단기는 큰 폭발음이 발생되는 관계로 소음 장치를 설치해야 한다.

31 부하에 따라 전압 변동이 심한 급전선을 가진 배전 변전소에서 가장 많이 사용되는 전압 조정장치는?

① 유도 전압 조정기　　② 직렬 리액터

③ 계기용 변압기　　　④ 전력용 콘덴서

32 코로나 방지에 가장 효과적인 방법은?

① 선로의 절연을 강화한다.

② 선간거리를 증가시킨다.

③ 복도체를 사용한다.

④ 선로의 높이를 가급적 낮춘다.

해설 코로나 방지 대책
㉠ 전선 지름을 크게
㉡ 복도체 사용
㉢ 가선금구개량

33 동기조상기와 전력용 콘덴서를 비교할 때 전력용 콘덴서의 이점으로 알맞은 것은?

① 진상전류 및 지상전류 양용이다.

② 단락고장이 생겼을 때 고장전류가 흐르지 않는다.

③ 송전선로의 무부하 충전 시 송전에 이용 가능하다.

④ 전압조정이 연속적이다.

정답 29 ④　30 ②　31 ①　32 ③　33 ②

290 · Part 2. 전기기사 기출문제

34 가공전선로에 사용하는 전선의 구비조건으로 바람직하지 않은 것은?

① 비중(밀도)이 클 것

② 도전율이 높을 것

③ 신장률이 클 것

④ 기계적인 강도가 클 것

해설 비중이 작을 것, 내구성이 있을 것, 유연성이 클 것, 허용전류가 클 것

35 정격 전압 7.2[kV], 차단 용량100[MVA]인 3상 차단기의 정격 차단 전류는 약 몇 [kA]인가?

① 4[kA]　　　　② 6[kA]

③ 7[kA]　　　　④ 8[kA]

해설 $P_s = \sqrt{3}\ V_n I_s$에서 $I_s = \dfrac{100}{\sqrt{3}\times 7.2}$
$= 8.02[KA]$

36 피뢰기가 구비하여야 할 조건으로 거리가 먼 것은?

① 시간지연(Time Lag)이 적을 것

② 충격 방전 개시 전압이 낮을 것

③ 방전 내량이 크면서 제한 전압이 높을 것

④ 속류 차단 능력이 클 것

해설 방전 내량은 크고 제한 전압은 낮을 것

37 ㉠, ㉡에 들어갈 내용으로 알맞은 것은?

송전선로의 전압을 2배로 승압할 경우 동일 조건에서 공급 전력을 동일하게 취하면 선로 손실은 승압 전의 (㉠)로 되고, 선로 손실률을 동일하게 취하면 공급 전력은 승압전의(㉡)로 된다.

① ㉠ $\dfrac{1}{4}$, ㉡ 4배　　② ㉠ $\dfrac{1}{2}$, ㉡ 4배

③ ㉠ $\dfrac{1}{4}$, ㉡ 2배　　④ ㉠ $\dfrac{1}{2}$, ㉡ 2배

해설 선로 손실은 승압된 전압 제곱에 반비례, 공급전력은 승압된 전압 제곱에 비례

㉠ $P'_l = \dfrac{1}{2^2}P_l = \dfrac{1}{4}P_l$, ㉡ $P' = 2^2 P = 4P$

38 과전류계전기는 그 용도에 따라 적절한 동작 시한(Time Limit)이 있는 것을 선정하여야 하는바 그림에서 반한시형으로 가장 알맞은 것은?

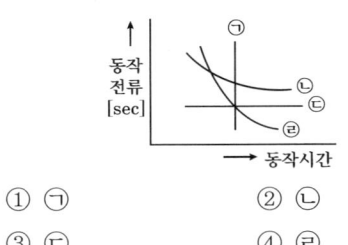

① ㉠　　　　　　② ㉡

③ ㉢　　　　　　④ ㉣

39 수력 발전소의 댐을 설계하거나 저수지의 용량 등을 결정하는데 가장 적당한 것은?

① 유량도　　　　② 적산 유량 곡선

③ 유황 곡선　　　④ 수위 유량 곡선

40 종축에 절대온도 T, 횡축에 엔트로피 S를 취할 때 T-S 선도에 있어서 단열변화를 나타내는 것은?

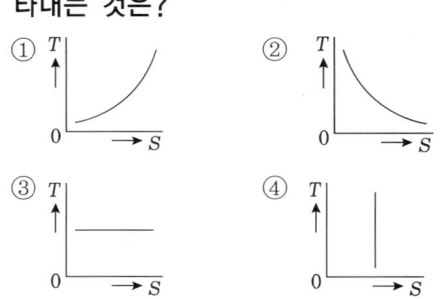

정답 **34** ①　**35** ④　**36** ③　**37** ①　**38** ④　**39** ②　**40** ④

제3과목 : 전기기기

41 직류 전동기의 속도 제어법에서 정출력 제어에 속하는 것은?

① 계자 제어법

② 전기자 저항 제어법

③ 전압 제어법

④ 워드 레오나드 제어법

42 정격 출력이 7.5[kW]의 3상 유도 전동기가 전부하 운전에서 2차 저항손이 300[W]이다. 슬립은 약 몇 [%]인가?

① 3.85　　　　② 4.61

③ 7.51　　　　④ 9.42

해설

$P_{c2} = sP_2$에서, $s = \dfrac{P_{c2}}{P_2} = \dfrac{0.3}{7.8} \times 100 = 3.85(\%)$

$P_2 = P_0 + P_{c2} = 7.5 + 0.3 = 7.8[kW]$

43 3상 권선형 유도전동기의 전부하 슬립이 4[%], 2차 1상의 저항이 0.3[Ω]이다. 이 유도전동기의 기동 토크를 전부하 토크와 같도록 하기 위해 외부에서 2차에 삽입해야 할 저항의 크기는?

① 2.8[Ω]　　　　② 3.5[Ω]

③ 4.8[Ω]　　　　④ 7.2[Ω]

해설 $\dfrac{r_2}{s} = \dfrac{r_2 + R}{s'}$에서, 기동시 $s' = 1$에서 전부하

토크를 발생시킬 때 외부에서 2차에 삽입해야 할 저항

(R)을 구하면, $\dfrac{0.3}{0.04} = \dfrac{0.3 + R}{1}$　∴ R=7.2[Ω]

44 병렬 운전 중의 A, B 두 동기 발전기에서 A 발전기의 여자를 B 발전기보다 강하게 하면 A발전기는?

① 90° 진상 전류가 흐른다.

② 90° 지상 전류가 흐른다.

③ 동기화 전류가 흐른다.

④ 부하 전류가 증가한다.

해설

• 유기 기전력이 높은 발전기(여자 전류가 높은 경우) : 90°의 지상전류가 흘러서 역률 저하

• 유기 기전력이 낮은 발전기(여자 전류가 낮은 경우) : 90°의 진상전류가 흘러서 역률 상승

45 정격 5[kW], 100[V]의 타여자 직류 전동기가 어떤 부하를 가지고 회전하고 있다. 전기자 전류 20[A], 회전수 1500[rpm], 전기자 저항이 0.2[Ω]이다. 발생 토크는 약 몇 [kg·m]인가?

① 1.00　　　　② 1.15

③ 1.25　　　　④ 1.35

해설 토크(T)=0.975

$\dfrac{P}{N} = 0.975 \dfrac{E_c I_a}{N} = 0.975 \dfrac{96 \times 20}{1500} = 1.248[kg \cdot m]$

역기전력(E_c) = V − $I_a R_a$ = 100 − 20×0.2 = 96[V]

46 유도 전동기의 슬립(Slip) s의 범위는?

① 1 〉 s 〉 0　　　　② 0 〉 s 〉 −1

③ 2 〉 s 〉 1　　　　④ −1 〈 s 〈 1

해설

유도전동기 : 0 〈 s 〈 1

유도발전기 : s 〈 0

제동기 : s 〉 1

정답　**41** ①　**42** ①　**43** ④　**44** ②　**45** ③　**46** ①

47 변압기의 전압 변동률에 대한 설명 중 잘못된 것은?

① 일반적으로 부하변동에 대하여 2차 단자전압의 변동이 작을수록 좋다.

② 전부하시와 무부하시의 2차 단자전압이 서로 다른 정도를 표시하는 것이다.

③ 전압 변동률은 전등의 광도, 수명, 전동기의 출력 등에 영향을 미친다.

④ 인가전압이 일정한 상태에서 무부하 2차 단자 전압에 반비례한다.

해설 전압변동률$(\epsilon)\dfrac{V_{20} - V_{2n}}{V_{2n}} \times 100(\%)$에서,

V_{20} : 무부하시 2차 단자 전압

V_{2n} : 정격부하시 2차 단자 전압

48 직류기의 전기자 반작용의 영향이 아닌 것은?

① 전기적 중성축이 이동한다.

② 주자속이 감소한다.

③ 정류자편 사이의 전압이 불균일하게 된다.

④ 자기여자 현상이 생기며 국부적으로 전압이 낮아 진다.

해설 전기자 반작용의 영향으로 전기적 중성축의 이동은 발전기는 회전방향, 전동기는 회전 반대방향으로 이동하며, 발전기의 출력은 감소한다.

49 어떤 단상 변압기의 2차 무부하 전압이 240[V]이고, 정격부하시의 2차 단자 전압이 230[V]이다. 전압 변동률은 약 얼마인가?

① 4.35[%]   ② 5.15[%]

③ 6.65[%]   ④ 7.35[%]

해설 전압변동률

$(\epsilon)\dfrac{V_{20} - V_{2n}}{V_{2n}} \times 100[\%] = \dfrac{240 - 230}{230} \times 100$

$= 4.35[\%]$

50 동기 발전기의 전기자 권선법 중 분포권의 특징이 아닌 것은?

① 슬롯 간격은 상수에 반비례한다.

② 집중권에 비해 합성 유기 기전력이 크다.

③ 집중권에 비해 기전력의 고조파가 감소한다.

④ 집중권에 비해 권선의 리액턴스가 감소한다.

해설 분포권은 집중권에 비해서 합성 유기 기전력이 감소

51 서보 전동기로 사용되는 전동기와 제어방식의 종류가 아닌 것은?

① 직류기의 전압 제어

② 릴럭턴스기의 전압 제어

③ 유도기의 전압 제어

④ 동기 기기의 주파수 제어

해설 릴럭턴스기의 주파수 제어 : 스텝모터

52 농형 유도전동기의 기동방법으로 옳지 않은 것은?

① Y − Δ기동

② 2차 저항에 의한 기동

③ 전전압 기동

④ 리액터 기동

해설 2차 저항에 의한 가동 : 권선형 유도전동기의 비례추이 원리를 이용한 기동 방법

정답 **47** ④   **48** ④   **49** ①   **50** ②   **51** ②   **52** ②

53 반도체 소자 중 3단자 사이리스터가 아닌 것은?

① SCS   ② SCR

③ GTO   ④ TRIAC

[해설]
- 방향성
  - 쌍방향성(양) 소자 : TRIAC, DIAC, SSS
  - 단방향성(역저지) 소자 : SCR, SCS, GTO, LASCR
- 단자수
  - 2단자(극) 소자 : DIAC, SSS, Diode
  - 3단자(극) 소자 : SCR, GTO, TRIAC, LASCR
  - 4단자(극) 소자 : SCS

54 정류자형 주파수 변환기를 동일한 전원에 연결된 유도전동기의 축과 직결해서 사용하고 있다. 다음 설명 중 옳지 않은 것은?

① 농형 유도전동기의 2차 여자를 할 수 있다.

② 권선형 유도전동기의 속도제어 및 역률개선을 할 수 있다.

③ 유도전동기의 속도제어범위가 동기속도 상하 10~15[%] 정도이다.

④ 유도전동기가 동기속도 이하에서는 2차 전력이 변압기를 통해 전원으로 반환된다.

[해설] 농형 유도전동기는 2차 여자를 할 수 없고, 권선형 유도전동기는 할 수 있다.

55 3상 6극 슬롯수 54의 동기 발전기가 있다. 어떤 전기자 코일의 두 변이 제1슬롯과 제8슬롯에 들어 있다면 단절권 계수는 약 얼마인가?

① 0.9397   ② 0.8367

③ 0.7306   ④ 0.6451

[해설] 단절권 계수 (K_p)

$$= \sin \frac{\beta \pi}{2} = \sin \frac{1}{2} \times \frac{7\pi}{9} = 0.9397$$

$$\beta = \frac{\text{코일간격}}{\text{극간격}} = \frac{7}{9}, \text{ 코일 간격} = 8 - 1 = 7$$

$$\text{극간격} = \frac{\text{총슬롯수}(s)}{\text{극수}(p)} = \frac{54}{6} = 9$$

56 정격 전압이 6000[V], 정격 출력 12000[kVA], 매상의 동기 임피던스가 3[Ω]인 3상 동기 발전기의 단락비는?

① 1.0   ② 1.2

③ 1.3   ④ 1.5

[해설] 단락비 $(k_s) = \dfrac{I_s}{I_n} = \dfrac{1154.7}{1154.7} = 1$

$$\text{정격전류}(I_n) = \frac{P}{\sqrt{3}\,V} = \frac{12000 \times 10^3}{\sqrt{3} \times 6000} = 1154.7[A]$$

$$\text{단락전류}(I_s) = \frac{E}{Z_s} = \frac{\frac{6000}{\sqrt{3}}}{3} = 1154.7[A]$$

57 단상 변압기의 임피던스 와트를 구하기 위하여 어느 시험이 필요한가?

① 무부하시험   ② 단락시험

③ 유도시험   ④ 반환부하시험

[해설] 단락시험 : 동손, 임피던스 전압, 임피던스 와트

58 4극, 60[Hz]의 유도전동기가 슬립 5[%]로 전부하 운전하고 있을 때 2차 권선의 손실이 94.25[W]라고 하면 토크는 약 몇 [N·m]인가?

① 1.02   ② 2.04

③ 10.0   ④ 20.0

[해설] 토크$(T) = \dfrac{P_2}{\omega} = \dfrac{P_2}{2\pi \frac{N_s}{60}} = \dfrac{1885}{2\pi \times \frac{1800}{60}}$

$$= 10[N \cdot m]$$

[정답] 53 ①   54 ①   55 ①   56 ①   57 ②   58 ③

$$N_s = \frac{120f}{P} = \frac{120 \times 60}{4} = 1800[rpm]$$

$$P_2 = \frac{P_{c2}}{s} = \frac{94.25}{0.05} = 1885[W]$$

59 주파수가 정격보다 3[%] 상승하고 동시에 전압이 정격보다 3[%] 저하한 전원에서 운전되는 변압기가 있다. 철손이 fB_m^2 (f : 주파수, B_m : 자속밀도 최대치)에 비례한다면 이 변압기 철손은 정격상태에 비하여 어떻게 달라지는가?

① 약 3.1 [%] 증가   ② 약 3.1 [%] 감소
③ 약 8.7[%] 증가   ④ 약 8.7[%] 감소

해설 철손 $(P_i) = kfB_m^2 = kf(k'\frac{V}{f})^2$에서,

상승한 주파수 $(f') = 1.03f$,

감소한 전압 $(V') = 0.97V$

이때의 철손 $(P_i) = k\frac{V'^2}{f'} = k\frac{(0.97V)^2}{1.03f}$

$= 0.913 P_i$,

그러므로 철손은 $(1-0.913) \times 100$

$= 8.7[\%]$ 감소한다.

60 3상 직권 정류자 전동기의 특성으로 옳지 않은 것은?

① 직권 특성의 변속도 전동기이다.
② 토크는 거의 전류의 제곱에 비례하고 기동토크가 크다.
③ 역률은 동기속도 이상에서 저하되며 80[%] 정도이다.
④ 효율은 고속에서는 거의 일정하며 동기속도 근처에서 가장 좋다.

해설 역률은 저속에서는 좋지 않고, 동기속도 근처 내지는 그 이상에서는 매우 양호(거의 100[%])

제4과목 : 회로이론 및 제어공학

61 4단자 정수 A, B, C, D 중에서 어드미턴스 차원을 가진 정수는?

① A   ② B
③ C   ④ D

해설
$V_s = AV_r + BI_r$,
$I_s = CV_r + DI_r$에서,
B : Z[Ω], C : Y[℧], A : 전압비차원, D : 전류비 차원

62 내부 임피던스가 0.3+j2[Ω]인 발전기에 임피던스가 1.7+j3[Ω]인 선로를 연결하여 전력을 공급한다. 부하 임피던스가 몇 [Ω]일 때 최대전력이 전달되겠는가?

① 2[Ω]   ② $\sqrt{29}$[Ω]
③ $2-j5$[Ω]   ④ $2+j5$[Ω]

해설 최대전력 전달조건 : $Z_L = \overline{Z_g}$
발전기 내부 임피던스$(Z_g) = 0.3 + j2 + 1.7 + j3$
$= 2 + j5$에
$\therefore Z_L = 2 - j5$ (Ω)

63 피상 전력이 22[kVA]인 부하의 역률이 0.8이라면 무효 전력[Var]은?

① 18600[Var]   ② 16600[Var]
③ 15200[Var]   ④ 13200[Var]

해설 무효전력 $(P_r) =$
$P_a \sin\theta = 22 \times 0.6 = 13.2[kVar]$
$\cos^2\theta + \sin^2\theta = 1$에서,
$\sin\theta = \sqrt{1-\cos^2\theta} = \sqrt{1-0.8^2} = 0.6$

64 다음 회로를 테브난의 등가회로로 변환할 때 테브난의 등가저항 R_T[Ω]와 등가전압 V_T[V]는?

정답   **59** ④   **60** ③   **61** ③   **62** ③   **63** ④   **64** ③

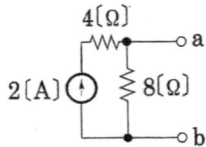

① $R_T = \dfrac{8}{3}, V_T = 8$ ② $R_T = 8, V_T = 12$

③ $R_T = 8, V_T = 16$ ④ $R_T = \dfrac{8}{3}, V_T = 16$

해설
- 테브난의 등가저항(R_T)=8[Ω] (전류원은 개방, 전압원은 단락시키고 a, b에서 본저항)
- 개방단의 단자전압(V_T)=2×8=16[V]

65 정격 전압에서 1[kW]의 전력을 소비하는 저항에 정격의 80[%]의 전압을 가할 때의 전력은?

① 320[W]   ② 540[W]
③ 640[W]   ④ 860[W]

해설 $P = \dfrac{V^2}{R}[W]$에서, $P' = \dfrac{(V')^2}{R} = \dfrac{(0.8V)^2}{R}$

$= 0.64\dfrac{V^2}{R} = 0.64 \times 1 \times 10^3 = 640[W]$

66 60[Hz], 120[V]정격인 단상유도 전동기의 출력은 3[HP]이고 효율은 90[%]이며 역률은 80[%]이다. 역률을 100[%]로 개선하기 위한 병렬 콘덴서의 용량은 약 몇 [VA]인가?(단, 1[HP] = 746[W]이다.)

① 1865[VA]   ② 2252[VA]
③ 2667[VA]   ④ 3156[VA]

해설 $Q = P(\tan\theta_1 - \tan\theta_2) = \dfrac{P}{\eta}(\tan\theta_1 - \tan\theta_2)$

$= \dfrac{3 \times 746}{0.9}\left(\dfrac{0.6}{0.8} - \dfrac{0}{1}\right) = 1865[VA]$

67 다음과 같이 1개의 콘덴서와 2개의 코일이 직렬로 접속 된 회로에 300[Hz]의 주파수가 공진한다고 한다. C=30[μF], L_1=L_2=4[mH]이면 상호인덕턴스 M값은 약 몇 [mH]인가?(단, 코일은 동일 축 상에 같은 방향으로 감겨져 있다.)

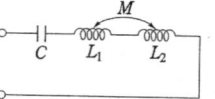

① 2.8[mH]   ② 1.4[mH]
③ 0.7[mH]   ④ 0.4[mH]

해설 $L = L_1 + L_2 + 2M$에서, $M = \dfrac{L - (L_1 + L_2)}{2}$

$= \dfrac{9.39 - (4+4)}{2} = 0.695[mH]$

- 직렬공진 :

$\omega L = \dfrac{1}{\omega C} \quad \therefore L = \dfrac{1}{(2\pi f)^2 C}$

$= \dfrac{1}{(2\pi \times 300)^2 \times 30 \times 10^{-6}} \times 10^3$

$= 9.39[mH]$

68 $e = 100\sqrt{2}\sin wt + 75\sqrt{2}\sin 3wt + +20\sqrt{2}\sin 5wt[V]$인 전압을 RL 직렬회로에 가할 때 제3고조파 전류의 실효치는?(단, R=4[Ω], ωL=1[Ω]이다)

① 15[A]   ② $15\sqrt{2}$[A]
③ 20[A]   ④ $20\sqrt{2}$[A]

해설 $I_3 = \dfrac{E_3}{Z_3} = \dfrac{75}{\sqrt{4^2 + 3^2}} = 15[A]$

$Z_3 = R + j3\omega L = 4 + j3$

69 R=100[Ω], L=1[H]의 직렬 회로에 직류 전압 E=100[V]를 가했을 때, t=0.01[s] 후의 전류 i(t)[A]는 약 얼마인가?

정답 65 ③ 66 ① 67 ③ 68 ① 69 ②

296 • Part 2. 전기기사 기출문제

① 0.362[A]   ② 0.632[A]

③ 3.62[A]   ④ 6.32[A]

해설 $i(t) = \dfrac{E}{R}(1 - e^{-\frac{R}{L}t})[A]$

$= \dfrac{100}{100}(1 - e^{-\frac{100}{1} \times 0.01}) = 0.632[A]$

70 다음의 논리 회로를 간단히 하면?

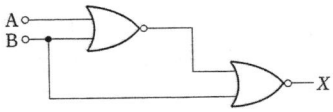

① X = AB   ② X = $\overline{A}B$

③ X = $A\overline{B}$ ④ X = $\overline{AB}$

해설 $X = \overline{\overline{(A+B)} + B} = (A+B) \cdot \overline{B}$

$= A\overline{B} + B\overline{B} = A\overline{B}$

71 $e^{j\omega t}$의 라플라스 변환은?

① $\dfrac{1}{s - j\omega}$ ② $\dfrac{1}{s + j\omega}$

③ $\dfrac{1}{s^2 + \omega^2}$ ④ $\dfrac{\omega}{s^2 + \omega^2}$

해설 $\mathcal{L} e^{j\omega t} = \dfrac{1}{s - j\omega}$

72 다음 중 어떤 계통의 파라미터가 변할 때 생기는 특성방정식의 근의 움직임으로 시스템의 안정도를 판별하는 방법은?

① 보드 선도법

② 나이퀴스트 판별법

③ 근 궤적법

④ 루드-후르비쯔 판별법

73 상태방정식 $\dfrac{d}{dt}x(t) = Ax(t) + Bu(t)$에서

$A = \begin{vmatrix} -6 & 7 \\ 2 & -1 \end{vmatrix}$이라면 A의 고유값은?

① 1, -8   ② 1, -5

③ 2, -8   ④ 2, -5

해설 특성방정식,

$|sI - A| = 0$, $\begin{bmatrix} s & 0 \\ 0 & s \end{bmatrix} - \begin{bmatrix} -6 & 7 \\ 2 & -1 \end{bmatrix} = \begin{bmatrix} s+6 & -7 \\ -2 & s+1 \end{bmatrix}$

$(s+6)(s+1) - 14 = 0$, $(s-1)(s+8) = 0$, s=1, -8

74 그림과 같은 벡터 궤적을 갖는 계의 주파수 전달함수는?

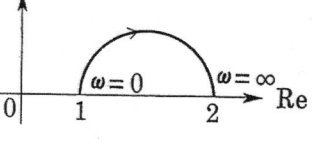

① $\dfrac{1}{j\omega + 1}$ ② $\dfrac{1}{j2\omega + 1}$

③ $\dfrac{j\omega + 1}{j2\omega + 1}$ ④ $\dfrac{j2\omega + 1}{j\omega + 1}$

해설 $G(j\omega) = \dfrac{1 + j\omega T_2}{1 + j\omega T_1}$에서,

$\omega = 0$일 때는 $|G(j\omega)| = 1$

$\omega = \infty$일 때는 $|G(j\omega)| = \dfrac{T_2}{T_1} = 2$이므로,

$T_2 > T_1$이고

위상각은 (+) 값이므로,

$G(j\omega) = \dfrac{1 + j2\omega}{1 + j\omega}$ 이다.

75 $G(j\omega) = \dfrac{K}{j\omega(j\omega + 1)}$의 나이퀴스트 선도를 도시한 것은?(단, $K > 0$이다.)

정답   **70** ③   **71** ①   **72** ③   **73** ①   **74** ④   **75** ②

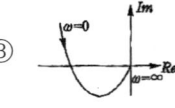 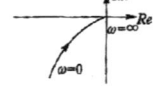 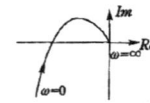 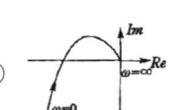

해설 $G(jw) = \dfrac{k}{jw(jw+1)}$

$\lim\limits_{\omega \to 0}|G(j\omega)| = \lim\limits_{\omega \to 0}\left|\dfrac{k}{j\omega(j\omega+1)}\right| = \lim\limits_{\omega \to 0}\left|\dfrac{k}{j\omega}\right| = \infty$

$\lim\limits_{\omega \to 0}\angle\,G(j\omega) = \lim\limits_{\omega \to 0}\angle\,\dfrac{k}{j\omega(j\omega+1)} = \lim\limits_{\omega \to 0}\angle\,\dfrac{k}{j\omega}$
$= -90\,°$

$\lim\limits_{\omega \to \infty}|G(j\omega)| = \lim\limits_{\omega \to \infty}\left|\dfrac{k}{j\omega(j\omega+1)}\right| = \lim\limits_{\omega \to \infty}\left|\dfrac{k}{(j\omega)^2}\right| = 0$

$\lim\limits_{\omega \to \infty}\angle\,G(j\omega) = \lim\limits_{\omega \to \infty}\angle\,\dfrac{k}{j\omega(j\omega+1)} = \lim\limits_{\omega \to \infty}\angle\,\dfrac{k}{(j\omega)^2}$
$= -180\,°$

76 다음 중 $f(t) = e^{-at}$의 $Z-$ 변환은?

① $\dfrac{1}{z - e^{-at}}$ ② $\dfrac{1}{z + e^{-at}}$

③ $\dfrac{z}{z - e^{-at}}$ ④ $\dfrac{z}{z + e^{-at}}$

해설

$f(t)$	$F(s)$	$F(z)$
$\delta(t)$	1	1
$u(t)$	$\dfrac{1}{s}$	$\dfrac{z}{z-1}$
t	$\dfrac{1}{s^2}$	$\dfrac{Tz}{(z-1)^2}$
e^{-at}	$\dfrac{1}{s+a}$	$\dfrac{z}{z-e^{-at}}$

77 다음 중 $G(s)H(s) = \dfrac{K(s+2)}{s(s+1)(s+3)}$일 때 근 궤적의 수는?

① 0   ② 1

③ 2   ④ 3

해설 근 궤적의 수는 극점(p)의 수와 영점(Z)의 수중에서 큰 값의 수와 같다.
극점의 수가 3개이므로 근궤적의 수는 3개이다.

78 그림과 같은 블록 선도로 표시되는 계는 무슨 형인가?

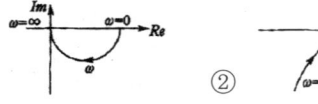

① 0형   ② 1형

③ 2형   ④ 3형

해설 GH(s) 값에서 분모항의 s의 차수가 형을 나타내므로

$GH(s) = \dfrac{s(s+1)}{s^2(s+2)(s+3)} = \dfrac{s+1}{s(s+2)(s+3)}$

에서 분모의 s차수가 1이므로 1형이다.

79 특성 방정식 $s^3 + 2s^2 + 2s + 40 = 0$인 경우, 양의 실수부를 갖는 근은 몇 개인가?

① 0   ② 1

③ 2   ④ 3

해설

s^3	1	2
s^2	2	40
s^1	-18	0
s^0	40	

제1열 요소에서 부호 변화가 두 번 있으므로 불안정근의 수는 2개이다.

80 그림과 같은 신호흐름 선도에서 전달함수 C(s)/R(s)는?

정답 **76** ③ **77** ④ **78** ② **79** ③ **80** ①

298 · Part 2. 전기기사 기출문제

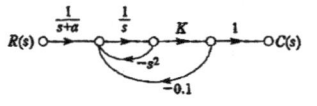

① $\dfrac{C(s)}{R(s)} = \dfrac{K}{(s+a)(s^2+s+0.1K)}$

② $\dfrac{C(s)}{R(s)} = \dfrac{K(s+a)}{(s+a)(s^2+s+0.1K)}$

③ $\dfrac{C(s)}{R(s)} = \dfrac{K}{(s+a)(s^2+s-0.1K)}$

④ $\dfrac{C(s)}{R(s)} = \dfrac{K(s+a)}{(s+a)(-s^2-s+0.1K)}$

해설 메이슨의 정리

$$G(s) = \dfrac{\sum_{k=1}^{\infty} G_k \Delta_k}{\Delta} = \dfrac{\dfrac{k}{s(s+a)}}{1 + \dfrac{1}{s} + \dfrac{0.1K}{s}}$$

$$= \dfrac{k}{(s+a)(s^2+s+0.1K)}$$

$$\Delta = 1 - \sum l_1 + \sum l_2 - \sum l_3 + \cdots$$

$$\sum l_1 = -\dfrac{1}{s} - \dfrac{0.1K}{s}$$

$$k = 1, \ G_1 \Delta_1 = \dfrac{K}{s(s+a)}$$

제5과목 : 전기설비기술기준 및 판단기준

81 금속 덕트 공사에 의한 저압 옥내배선 공사 중 적합하지 않은 것은?

① 금속 덕트에 넣은 전선의 단면적의 합계가 덕트의 내부 단면적의 20[%] 이하가 되게 하여야 한다.

② 덕트 상호 간은 견고하고 전기적으로 완전하게 접속하여야 한다.

③ 덕트를 조영재에 붙이는 경우에는 덕트의 지지점간 거리를 8[m] 이하로 하여야 한다.

④ 저압 옥내배선의 사용전압이 400[V] 미만의 경우 덕트에 제3종 접지공사를 하여야 한다.

해설 덕트를 조영재에 붙이는 경우에는 덕트의 지지 점간의 거리를 3[m](취급자 이외의 자가 출입할 수 없 도록 설비한 곳에서 수직으로 붙이는 경우 : 6[m] 이 하)

82 변압기에 의하여 특고압 전로에 결합되는 고압전로에는 사용전압의 3배 이하의 전압이 가하여진 경우에 방전하는 피뢰기를 어느 곳에 시설할 때, 방전장치를 생략할 수 있는가?

① 변압기의 단자

② 변압기 단자의 1극

③ 고압전로의 모선의 각상

④ 특고압 전로의 1극

해설 사용전압이 3배 이하의 전압이 가하여진 경우에 방전하는 피뢰기를 고압전로의 모선의 각상에 시설할 때는 생략한다.

83 발전기, 전동기, 조상기, 기타 회전기(회전 변류기 제외)의 절연 내력 시험 시 전압은 어느 곳에 가하면 되는가?

① 권선과 대지 사이

② 외함부분과 전선 사이

③ 외함부분과 대지 사이

④ 회전자와 고정자 사이

해설 회전기 및 정류기의 절연 내력 시험 시 권선과 대지사이에 연속하여 10분간 시험

84 특고압 전로와 고압 전로를 결합하는 변압기에 설치하는 방전장치의 접지저항은 몇 [Ω] 이하로 유지하여야 하는가?

① 2 ② 3

③ 5 ④ 10

정답 81 ③ 82 ③ 83 ① 84 ④

해설 사용전압의 3배 이하인 전압이 가하여진 경우에 방전하는 장치를 해야 하며 제1종 접지공사(10[Ω]이하)를 한다.

85 가공전선로에 사용되는 특고압 전선용의 애자장치에 대한 갑종풍압하중은 그 구성재의 수직투영면적 1[m²]에 대한 풍압으로 몇 [Pa]를 기초로 계산하여야 하는가?

① 588   ② 745

③ 660   ④ 1039

86 쇼윈도내의 배선에 사용전압 400[V] 미만에 사용하는 캡타이어 케이블의 단면적은 최소 몇 [mm²]인가?

① 1.25   ② 1.0

③ 0.75   ④ 0.5

87 시가지에 시설하는 통신선을 특고압 가공전선로의 지지물에 시설하고자 하는 경우 통신선은?

① 2.6[mm] 이상의 절연전선

② 4[mm] 이상의 절연전선

③ 5[mm] 이상의 절연전선

④ 5.5[mm] 이상의 절연전선

해설
• 특고압 가공전선로 첨가 통신선의 시가지 인입 제한
시가지에 시설하는 통신선은 특고압 가공전선로의 지지물에 시설하여서는 아니 된다. 다만, 통신선이 절연전선과 동등 이상의 절연효력이 있고 인장강도 5.26[kN] 이상의 것, 또는 지름 4[mm] 이상의 절연전선 또는 광섬유 케이블인 경우에는 그러하지 아니하다.

88 특고압 계기용변성기의 2차측 전로의 접지공사는?

① 제1종 접지공사

② 제2종 접지공사

③ 제3종 접지공사

④ 특별 제3종 접지공사

해설 고압 계기용 변성기 : 제3종 접지공사

89 백열 전등 또는 방전등 및 이에 부속하는 전선은 사람이 접촉할 우려가 없는 경우 대지전압은 최대 몇 [V]인가?

① 100[V]   ② 150[V]

③ 300[V]   ④ 450[V]

90 전식 방지를 위한 귀선의 시설 방법에 해당되지 않는 것은?

① 귀선은 부극성으로 할 것

② 이음매 하나의 저항은 그 레일의 길이 5[m]의 저항에 상당하는 값 이하인 것

③ 특수한 곳을 제외하고 귀선용 레일은 길이 30[m] 이상일 것

④ 용접용 본드는 단면적 22[mm²] 이상, 길이 60[cm] 이상의 연동연선일 것

해설 단면적 115[mm²] 이상, 길이 60[cm] 이상의 연동연선을 사용한 본드 2개 이상을 용접하거나 또는 볼트로 조여 붙임으로서 레일의 용접에 갈음

91 특고압 가공전선로의 지지물로 사용하는 목주의 풍압하중에 대한 안전율은 얼마 이상이어야 하는가?

① 1.2 이상   ② 1.5 이상

③ 2.0 이상   ④ 2.5 이상

정답   **85** ④   **86** ③   **87** ②   **88** ①   **89** ③   **90** ④   **91** ②

300 • Part 2. 전기기사 기출문제

92 터널 내에 3300[V] 전선로를 케이블공사로 시행하려고 한다. 케이블을 조영재의 옆면 또는 아래면에 따라 붙일 경우에 케이블의 지지점간의 거리는 몇 [m] 이하로 하여야 하는가?

① 1 　　　　　　② 1.5
③ 2 　　　　　　④ 2.5

93 가공전선로의 지지물에 시설하는 통신선과 고압 가공전선 사이의 이격거리는 몇 [cm] 이상이어야 하는가?

① 120 　　　　　② 100
③ 75 　　　　　　④ 60

94 일정 용량 이상의 조상기에는 그 내부에 고장이 생긴 경우에 자동적으로 이를 전로로부터 차단하는 장치를 하여야 하는데 그 용량은 몇 [kVA] 이상인가?

① 15000 　　　　② 20000
③ 35000 　　　　④ 40000

95 154[kV] 가공전선로를 제1종 특고압 보안공사에 의하여 시설하는 경우 사용 전선은 인장강도 58.84[kN] 이상의 연선 또는 단면적 몇 [mm²]의 경동연선이어야 하는가?

① 38 　　　　　　② 55
③ 100 　　　　　④ 150

> **해설** 특고압 보안공사의 전선 굵기
> • 100[kV] 미만 : 인장강도 21.67[kN] 이상의 연선 또는 단면적 55[mm²] 이상의 경동연선
> • 100[kV] 이상 300[kV] 미만 : 인장강도 58.84[kN] 이상의 연선 또는 단면적 150[mm²] 이상의 경동연선
> • 300[kV] 이상 : 인장강도 77.47[kN] 이상의 연선 또는 단면적 200[mm²] 이상의 경동연선

96 빙설이 많은 지방의 특고압 가공 전선 주위에 부착되는 빙설의 두께[mm]와 비중은?

① 6[mm], 0.9 　　② 6[mm], 1.0
③ 8[mm], 0.9 　　④ 8[mm], 1.0

> **해설** 을종 풍압하중(갑종1/2)은 전선기타 가섭선의 주위에 두께 6[mm], 비중 0.9의 빙설이 부착된 상태

97 가공 전선로의 지지물에 시설하는 지선의 시설기준에 대한 설명 중 옳은 것은?

① 지선의 안전율은 2.5 이상일 것
② 소선 4조 이상의 연선일 것
③ 지중 부분 및 지표상 100[cm]까지의 부분은 철봉을 사용할 것
④ 도로를 횡단하여 시설하는 지선의 높이는 지표상 4.5[m] 이상으로 할 것

> **해설**
> • 2.6[mm] 이상의 금속성을 3조 이상 꼬아서 사용
> • 지중부분 및 지표상 30[cm]까지의 부분은 아연도금 철봉 사용
> • 도로 횡단하여 시설하는 지선의 높이는 지표상 5[m] 이상(기술상 부득이하고 교통에 지장을 초래할 우려가 없을 경우 : 4.5[m] 이상, 보도 : 2.5[m] 이상)

98 합성수지관공사에 의한 저압 옥내배선에 대한 설명으로 옳은 것은?

① 합성수지관 안에 전선의 접속점이 있어도 된다.
② 전선은 반드시 옥외용 비닐절연전선을 사용한다.
③ 기계적 충격을 받을 우려가 없도록 시설하여야 한다.
④ 관의 지지점간의 거리는 3[m] 이하로 한다.

정답 92 ③　　93 ④　　94 ①　　95 ④　　96 ①　　97 ①　　98 ③

해설
- 합성 수지관 안에는 접속점이 없도록 할 것
- 절연전선(OW 제외) 사용할 것
- 관의 지지점 간의 거리는 1.5[m] 이하

99 사용 전압이 154[kV]인 가공 송전선의 시설에서 전선과 식물과의 이격거리는 일반적인 경우에 몇 [m] 이상으로 하여야 하는가?

① 2.8   ② 3.2
③ 3.6   ④ 4.2

해설 특고압 가공전선과 식물 사이의 이격거리(이상)
- 60[kV] 이하 : 2[m]
- 60[kV] 넘는 경우 : 2 + 0.12n [m]
∴ 2 + 0.12n = 2 + 0.12 × 10 = 3.2 [m]

$n = \dfrac{154-60}{10} = 9.4 \xrightarrow{\text{절상}} 10$단

100 사용전압이 20[kV]인 변전소에 울타리·담 등을 시설하고자 할 때 울타리·담 등의 높이는 몇 [m] 이상이어야 하는가?

① 1   ② 2
③ 5   ④ 6

해설 발전소·변전소·개폐소 또는 이에 준하는 곳에서의 울타리·담 등의 높이는 2[m] 이상으로 하고 지표면과 울타리·담 등의 하단 사이의 간격은 15[cm] 이하로 할 것

정답 99 ②   100 ②

국가기술자격검정 필기시험문제

2010년도 기사 제2회 필기시험(기사)

자격종목 및 등급(선택분야)	종목코드	시험시간	문제지형별	수검번호	성명
전기기사		**2시간 30분**	**A**		

※ 시험문제지는 답안카드와 같이 반드시 제출하여야 합니다.

제1과목 : 전기자기학

01 그림과 같이 n개의 동일한 콘덴서 C를 직렬 접속하여 최하단의 한 개와 병렬로 정전용량 C_0의 정전전압계를 접속하였다. 이 정전 전압계의 지시가 V일 때 측정 전압 V_0는 몇 [V]인가?

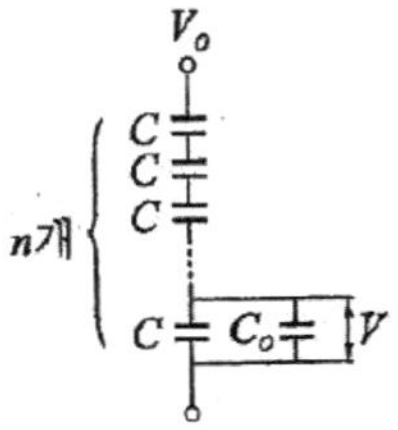

① nV

② $\dfrac{C_0}{C}(n-1)V$

③ $[n-\dfrac{C_0}{C}(n-1)]V$

④ $[n+\dfrac{C_0}{C}(n-1)]V$

해설

- 직렬부분의 각 콘덴서의 전하량을 Q, 각 콘덴서의 단자전압을 V', $Q=CV'$
- 병렬부분의 전하량 $Q=(C+C_0)V$ 에서,

$$CV'=(C+C_0)V, \quad \therefore V'=(1+\dfrac{C_0}{C})V$$

∴ 측정전압은

$$V_0=V+(n-1)V'=V+(n-1)(1+\dfrac{C_0}{C})V$$

$$=[n+\dfrac{C_0}{C}(n-1)]V$$

02 평행판 공기콘덴서의 양 극판에 $+\rho[C/m^2]$, $-\rho[C/m^2]$의 전하가 충전되어 있을 때, 이 두 전극 사이에 유전율 $\epsilon[F/m]$인 유전체를 삽입 한 경우의 전계의 세기는?(단, 유전체의 분극 전하밀도를 $+\rho_p[C/m^2]$, $-\rho_p[C/m^2]$라 한다.)

① $\dfrac{\rho_p}{\epsilon_0}[V/m]$

② $\dfrac{\rho+\rho_p}{\epsilon_0}[V/m]$

③ $\dfrac{\rho}{\epsilon_0}-\dfrac{\rho_p}{\epsilon}[V/m]$

④ $\dfrac{\rho-\rho_p}{\epsilon_0}[V/m]$

해설

콘덴서의 도체극판의 진전하밀도 ρ는 전속밀도 D 와 유전체의 분극 전하밀도 ρ_p는

분극의 세기 P로 정의한다. $(D=\rho, \ \rho_p=P)$

$D=\epsilon_0 E+P$ 에서,

$$\therefore E=\dfrac{D-P}{\epsilon_0}=\dfrac{\rho-\rho_p}{\epsilon_0}[V/m]$$

03 대전도체 표면 전하 밀도는 도체 표면의 모양에 따라 어떻게 분포하는가?

① 표면 전하 밀도는 표면의 모양과 무관하다.

② 표면 전하 밀도는 평면일 때 가장 크다.

③ 표면 전하 밀도는 뾰족할수록 커진다.

④ 표면 전하 밀도는 곡률이 크면 작아진다.

해설 도체표면의 전하는 곡률(뾰족한 부분)이 클수 록, 곡률반경이 작을 수록 잘 모인다.

$$(곡률반경 \propto \dfrac{1}{곡률})$$

정답 **01** ④ **02** ④ **03** ③

04 자계가 비보존적인 경우를 나타내는 식은?
(단, j 는 공간상에 0이 아닌 전류밀도를 의미한다.)

① $\nabla \cdot B = 0$
② $\nabla \cdot B = j$
③ $\nabla \times H = 0$
④ $\nabla \times H = j$

해설 $\nabla \times H = rot\,H = curl\,H = j$
(자계가 비보존적인 경우는 회전하는 계이다.)

05 반자성체에 속하는 물질은?

① Ni
② Co
③ Ag
④ Pt

해설
상자성체 : Al, Mn, N_2, O_2, Sn, Pt, W
반자성체 : Ag, Bi, C, Cu, H_2O, Pb, S, Si, Zn
강자성체 : Co, Fe, Ni

06 저항이 $10[\Omega]$, 저항의 온도계수 $\alpha_1 = 5 \times 10^{-3}$ $[1/℃]$의 동선에 직렬로 저항 $90[\Omega]$, 온도계수 $\alpha_2 \fallingdotseq 0\,[1/℃]$의 망간선을 접속하였을 때의 합성 저항 온도계수는?

① $2 \times 10^{-4}\,[1/℃]$
② $3 \times 10^{-4}\,[1/℃]$
③ $4 \times 10^{-4}\,[1/℃]$
④ $5 \times 10^{-4}\,[1/℃]$

해설 합성저항 온도계수 :
$$\alpha = \frac{R_1\alpha_1 + R_2\alpha_2}{R_1 + R_2} = \frac{10 \times 5 \times 10^{-3} + 90 \times 0}{10 + 90}$$
$$= 5 \times 10^{-4}\,[1/℃]$$

07 z=0인 평면상에 중심이 원점에 있고 반경이 a[m]인 원형도체에 그림과 같이 전류 I[A]가 흐를 때 z=b인 점에서 자계의 세기는? (단, a_z는 단위 벡터이다.)

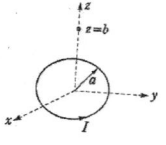

① $\dfrac{a^2 I}{2(a^2 + b^2)^3}\,a_z\,[AT/m]$

② $\dfrac{aI}{2(a^2 + b^2)^{\frac{3}{2}}}\,a_z\,[AT/m]$

③ $\dfrac{a^2 I}{2(a^2 + b^2)^{\frac{3}{2}}}\,a_z\,[AT/m]$

④ $\dfrac{a^2 I}{2(a^2 + b^2)^2}\,a_z\,[AT/m]$

해설

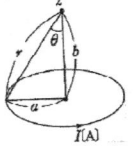

그림처럼 반경 a[m]인 원형도체 코일의 미소길이 dl[m]에 의한 중심축상의 한 점 z의 미소자계의 세기는(비오–사바르 법칙)

$$dH = \frac{Idl}{4\pi r^2}\sin\theta = \frac{Iadl}{4\pi r^3}\,[AT/m]$$ 여기서,

$$\sin\theta = \frac{a}{r}, \; r = \sqrt{a^2 + b^2}$$

$$H = \int \frac{Iadl}{4\pi r^3} = \frac{Ia}{4\pi r^3}\int dl = \frac{Ia}{4\pi r^3}\cdot 2\pi a$$

$$= \frac{a^2 I}{2r^3}\,[AT/m]$$ 식에,

$$r = \sqrt{a^2 + b^2}\ 을\ 대입하면,$$

$$\therefore H = \frac{a^2 I}{2(a^2 + b^2)^{\frac{3}{2}}}\,[AT/m]$$

08 그림과 같은 무한 직선 전류 I_1과 직사각형 모양의 루프 선전류 I_2 간의 상호유도계수는?(단, 진공 중에서이다.)

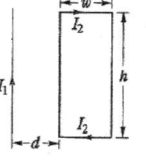

정답 **04** ④   **05** ③   **06** ④   **07** ③   **08** ②

① $\dfrac{\mu_0 h}{4\pi}\ln\dfrac{d+\omega}{d}$ 　　② $\dfrac{\mu_0 h}{2\pi}\ln\dfrac{d+\omega}{d}$

③ $\dfrac{\mu_0 h}{\pi}\ln\dfrac{d+\omega}{d}$ 　　④ $\dfrac{\mu_0 h}{\pi}\ln\dfrac{d}{d+\omega}$

해설 무한 직선전류에 의한 직사각형 모양 내의 자속

은, $\phi_2=\dfrac{\mu_0 I_1 h}{2\pi}\ln\dfrac{d+\omega}{d}$

$\phi_2=MI_1$ 에서, 상호유도계수(M)

$=\dfrac{\phi_2}{I_1}=\dfrac{\mu_0 h}{2\pi}\ln\dfrac{d+\omega}{d}$

09 평등자계 내의 내부로 ㉠ 자계와 평행한 방향, ㉡ 자계와 수직인 방향으로 일정 속도의 전자를 입사시킬 때 전자의 운동 궤적을 바르게 나타낸 것은?

① ㉠ 원, ㉡ 타원　　② ㉠ 직선, ㉡ 타원

③ ㉠ 직선, ㉡ 원　　④ ㉠ 원, ㉡ 원

해설 평등자계 내에 전자가 받는 힘은,

$\mathrm{F}=e(v\times\mathrm{B})$

㉠ 전자의 운동방향에 대해 자계와 평행입사, $\mathrm{F}=0$가 되어, 처음 상태와 같은 직선 궤적

㉡ 전자의 운동방향에 대해 자계와 수직입사, $\mathrm{F}=evB$ 가 되고, 플레밍의 왼손법칙에 의해서 원 궤적이 된다.

10 두 평행판 축전기에 채워진 폴리에틸렌의 비유전율이 ϵ_r, 평행판간 거리 d=1.5[mm] 일 때, 만일 평행판 내의 전계의 세기가 10[kV/m]라면 평행판간 폴리에틸렌 표면에 나타난 분극전하 밀도는?

① $\dfrac{\epsilon_r-1}{18\pi}\times10^{-5}\,[C/m^2]$

② $\dfrac{\epsilon_r-1}{36\pi}\times10^{-6}\,[C/m^2]$

③ $\dfrac{\epsilon_r}{18\pi}\times10^{-5}\,[C/m^2]$

④ $\dfrac{\epsilon_r-1}{36\pi}\times10^{-5}\,[C/m^2]$

해설

분극전하밀도(σ')와 분극의 세기(P)는 같다.

$\sigma'=P=\epsilon_0(\epsilon_r-1)E$

$=\dfrac{10^7}{4\pi C^2}\times(\epsilon_r-1)\times10\times10^3$

여기서, 광속 : $C=\dfrac{1}{\sqrt{\epsilon_0\mu_0}}$ 에서, $\epsilon_0=\dfrac{10^7}{4\pi C^2}$,

$\therefore\sigma'=P=\dfrac{10^{11}(\epsilon_r-1)}{36\pi\times10^{16}}=\dfrac{\epsilon_r-1}{36\pi}\times10^5\,[C/m^2]$

11 자화율(Magnetic Susceptibility) χ는 상자 성체에서 일반적으로 어떤 값을 갖는가?

① $\chi=0$ 　　② $\chi>0$

③ $\chi<0$ 　　④ $\chi=1$

해설 상자성체 : 자화율$(\chi>0)$, 비투자율$(\mu_r>1)$

12 40[V/m]인 전계 내의 50[V]되는 점에서 1[C]의 전하가 전계 방향으로 80[cm] 이동하였을 때, 그 점의 전위는?

① 18[V] 　　② 22[V]

③ 35[V] 　　④ 65[V]

해설

$$V_{BA}=V_B-V_A=-\int_A^B Edl=-\int_0^{0.8}Edl$$

$$=-40\,l\Big|_0^{0.8}=-32\,[V]$$

여기서, $V_A=50\,[V]$이므로

$$\therefore V_B=V_{BA}+V_A=-32+50=18\,[V]$$

정답 09 ③ 　10 ④ 　11 ② 　12 ①

13 패러데이관(Faraday Tube)의 성질에 대한 설명으로 틀린 것은?

① 패러데이관 중에 있는 전속수는 그 관속에 진전하가 없으면 일정하며 연속적이다.

② 패러데이관의 양단에는 양 또는 음의 단위 진전하가 존재하고 있다.

③ 패러데이관의 밀도는 전속밀도와 같지 않다.

④ 단위전위차당 패러데이관의 보유에너지는 1/2[J]이다.

해설 패러데이관(단위전하에 의한 전속선 다발)의 특성
단위전하 Q[C]에서 나오는 전속선의 관을 말한다.

- 패러데이관의 밀도 = 전속밀도
- 패러데이관의 수 = 전속선 수
- 패러데이관의 내의 전속수는 일정
- 진전하가 없는 점에서는 패러데이관은 연속적이다.
- 패러데이관 양단에는 정, 부의 단위 전하가 존재한다.
- 단위 전위차 마다 $\frac{1}{2}[J]$의 에너지를 보유한다.

14 단면적 4[cm²]의 철심에 $6 \times 10^{-4}[Wb]$ 의 자속을 통하게 하려면 2800[AT/m]의 자계가 필요하다. 이 철심의 비투자율은?

① 약 357   ② 약 375

③ 약 407   ④ 약 426

해설 $B = \mu H = \mu_0 \mu_s H$ 에서,

$$\mu_s = \frac{B}{\mu_0 H} = \frac{\phi/S}{\mu_0 H}$$

$$= \frac{6 \times 10^{-4}}{4\pi \times 10^{-7} \times 2800 \times 4 \times 10^{-4}} = 426.31$$

15 그림과 같이 $q_1 = 6 \times 10^{-8}[C]$, $q_2 = -12 \times 10^{-8}$ [C]의 두 전하가 서로 100[cm] 떨어져 있을 때 전계 세기가 0이 되는 점은?

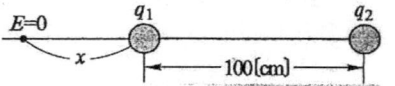

① q_1과 q_2의 연장선상 q_1으로부터 왼쪽으로 약 24.1[m]지점이다.

② q_1과 q_2의 연장선상 q_1으로부터 오른쪽으로 약 14.1[m]지점이다.

③ q_1과 q_2의 연장선상 q_1으로부터 왼쪽으로 약 2.41[m]지점이다.

④ q_1과 q_2의 연장선상 q_1으로부터 오른쪽으로 약 1.41[m]지점이다.

해설

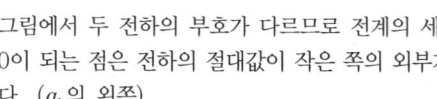

그림에서 두 전하의 부호가 다르므로 전계의 세기가 0이 되는 점은 전하의 절대값이 작은 쪽의 외부가 된다. (q_1의 왼쪽)

$$E = \frac{1}{4\pi\epsilon_0}\left[\frac{6 \times 10^{-8}}{x^2} - \frac{12 \times 10^{-8}}{(x+1)^2}\right] = 0$$

$$2x^2 = (x+1)^2 \quad \therefore x = \frac{1}{\sqrt{2}-1} = 2.41 \,[m]$$

16 콘크리트($\epsilon_r = 4$, $\mu_r = 1$) 중에서 전자파의 고유임피던스는 약 몇 [Ω]인가?

① 35.4 [Ω]   ② 70.8 [Ω]

③ 124.3 [Ω]   ④ 188.5[Ω]

해설

고유임피던스 :

$$Z_0 = \frac{E}{H} = \sqrt{\frac{\mu}{\epsilon}} = \sqrt{\frac{\mu_0 \mu_r}{\epsilon_0 \epsilon_r}}$$

$$= \sqrt{\frac{4\pi \times 10^{-7}}{8.855 \times 10^{-12}}} \sqrt{\frac{\mu_r}{\epsilon_r}}$$

$$= 377\sqrt{\frac{1}{4}} = 188.5 \,[Ω]$$

정답   **13** ③   **14** ④   **15** ③   **16** ④

17 두 개의 길고 직선인 도체가 평행으로 그림과 같이 위치하고 있다. 각 도체에는 10[A]의 전류가 같은 방향으로 흐르고 있으며, 이 격거리는 0.2[m]일 때 오른쪽의 단위길이당 힘은?(단, a_x, a_z 는 단위벡터이다.)

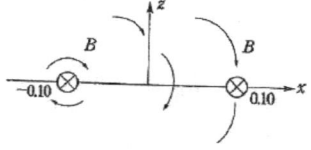

① $10^{-2}(-a_x)$ [N/m]   ② $10^{-4}(-a_x)$ [N/m]

③ $10^{-2}(-a_z)$ [N/m]   ④ $10^{-4}(-a_z)$ [N/m]

해설 오른쪽도체의 단위길이당 힘은

$F = F r_0 = 10^{-4}(-a_x)$ [N]

크기 : F=

$\dfrac{\mu_0 I^2}{2\pi r} = 2 \times \dfrac{I^2}{r} \times 10^{-7} = 2 \times \dfrac{10^2}{0.2} \times 10^{-7}$

$= 10^{-4}$ [N]

전류가 같은 방향이므로 흡인력이 작용한다.

$(r_0 = -a_x)$

18 무한 평면 표면으로부터 r[m] 거리의 진공 중에 전자 e[C]가 있을 때 이 전자의 위치에너지는?

① $\dfrac{e^2}{4\pi\epsilon_0 r}$ [J]

② $\dfrac{-e^2}{4\pi\epsilon_0 r}$ [J]

③ $\dfrac{e^2}{16\pi\epsilon_0 r}$ [J]

④ $\dfrac{-e^2}{16\pi\epsilon_0 r}$ [J]

해설

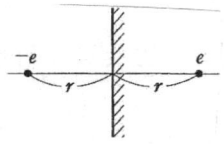

그림에서, 무한평면도체와 전자 e[C] 사이에 작용하는 힘은,

$F = \dfrac{-e^2}{4\pi\epsilon_0 (2r)^2} = \dfrac{-e^2}{16\pi\epsilon_0 r^2}$ [N]

전자의 위치에너지는,

$W = -\int_\infty^r F dr = \int_\infty^r \dfrac{e^2}{16\pi\epsilon_0 r^2} dr$

$\dfrac{e^2}{16\pi\epsilon_0}[-\dfrac{1}{r}|_\infty^r] = \dfrac{-e^2}{16\pi\epsilon_0 r}$ [J]

19 폐회로에 유도되는 유도기전력에 관한 설명으로 옳은 것은?

① 렌츠의 법칙은 유도기전력의 크기를 결정하는 법칙이다.

② 전계가 일정한 공간 내에서 폐회로가 운동하여도 유도기전력이 유도된다.

③ 유도기전력은 권선수의 제곱에 비례한다.

④ 자계가 일정한 공간 내에서 폐회로가 운동하여도 유도기전력이 유도된다.

해설

패러데이 법칙 : 유도기전력의 크기를 결정
렌츠의 법칙 : 유도기전력의 방향을 결정
∴ 유도기전력의 유도는 쇄교 자속에 대한 변화율이므로, 자계의 변화, 도체 회로의 운동 또는 자계변화 및 폐회로의 운동이다. $(e = -n\dfrac{d\phi}{dt})$

20 무한히 넓은 평행판을 2[cm]의 간격으로 놓은 후 평행판 간에 일정한 전계를 인가하였더니 도체 표면에 2[μC/m^2]의 전하밀도가 생겼다. 이때 평행판 표면의 단위면적당 받는 정전응력은?

① 1.13×10^{-1} [N/m^2]   ② 2.26×10^{-1} [N/m^2]

③ 1.13 [N/m^2]   ④ 2.26 [N/m^2]

해설 단위면적당 받는 정전응력은,

$f = \dfrac{1}{2} ED = \dfrac{1}{2}\epsilon E^2 = \dfrac{D^2}{2\epsilon} = \dfrac{(2 \times 10^{-6})^2}{2 \times 8.855 \times 10^{-12}}$

$= 2.26 \times 10^{-1}$ [N/m^2]

정답 **17** ②   **18** ④   **19** ④   **20** ②

제2과목 : 전력공학

21 전력퓨즈(Power Fuse)는 고압, 특고압 기기의 주로 어떤 전류의 차단을 목적으로 설치하는가?

① 충전 전류   ② 부하 전류
③ 단락 전류   ④ 영상 전류

22 그림과 같은 계통을 노드 어드미턴스(Node Admittance) 행렬로 나타낼 때 모선 ②의 구동점 어드미턴스 Y_{22} 및 모선 ①과 ②간의 전달 어드미턴스 Y_{12}는?(단, 그림에 표시 된 Z_1, Z_2, Z_3는 선로의 원시 임피던스, ①, ②, ③은 모선번호를 표시한다.)

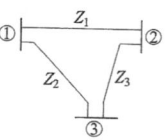

① $Y_{22} = \dfrac{1}{Z_1 + Z_3}$, $Y_{12} = \dfrac{1}{Z_1}$

② $Y_{22} = \dfrac{1}{Z_1} + \dfrac{1}{Z_3}$, $Y_{12} = -\dfrac{1}{Z_1}$

③ $Y_{22} = \dfrac{1}{Z_1} + \dfrac{1}{Z_3}$, $Y_{12} = \dfrac{1}{Z_1}$

④ $Y_{22} = -\dfrac{1}{Z_1} + \dfrac{1}{Z_3}$, $Y_{12} = -\dfrac{1}{Z_1}$

해설
• 구동점 어드미턴스(자기어드미턴스)=모선에 접속 된 어드미턴스의 합

$Y_{11} = \dfrac{1}{Z_1} + \dfrac{1}{Z_2}$, $Y_{22} = \dfrac{1}{Z_1} + \dfrac{1}{Z_3}$, $Y_{33} = \dfrac{1}{Z_2} + \dfrac{1}{Z_3}$

• 전달어드미턴스(상호어드미턴스)=모선과 모선사이에 연결된 어드미턴스(부호[-])

$Y_{12} = Y_{21} = -\dfrac{1}{Z_1}$, $Y_{23} = Y_{32} = -\dfrac{1}{Z_3}$, $Y_{31} = Y_{13}$

$= -\dfrac{1}{Z_2}$

23 송전단 전압 66[kV], 수전단 전압 61[kV]인 송전선에서 수전단의 부하를 끊은 경우, 수전단 전압이 63[kV]라 하면 전압 강하율은?

① 3.3[%]   ② 4.8[%]
③ 7.9[%]   ④ 8.2[%]

해설 • 전압강하율

$(\epsilon) = \dfrac{V_s - V_r}{V_r} \times 100 [\%] = \dfrac{66 - 61}{61} \times 100$

$= 8.2 [\%]$

24 66[kV], 3상 1회선 송전선로의 1선의 리액턴스가 26[Ω], 전류가 300[A]일 때, [%]리액턴스는?

① 약 17.3[%]   ② 약 20.5[%]
③ 약 34.6[%]   ④ 약 49.0[%]

해설 $\%X = \dfrac{PX}{10V^2}[\%] = \dfrac{I_n X}{E} \times 100[\%]$

$= \dfrac{300 \times 26}{\dfrac{66 \times 10^3}{\sqrt{3}}} \times 100 = 20.47[\%]$

25 전력 조류계산을 하는 목적으로 거리가 먼 것은?

① 계통의 신뢰도 평가
② 계통의 확충 계획 입안
③ 계통의 운용 계획 수립
④ 계통의 사고 예방 제어

26 송전선 현수 애자련의 연면 섬락과 가장 관계가 먼 것은?

① 현수 애자련의 개수   ② 현수 애자련의 소손
③ 분로 리액터   ④ 철탑 접지 저항

해설 분로 리액터 : 페란티 현상방지(병렬 리액터)

정답   **21** ③   **22** ②   **23** ④   **24** ②   **25** ①   **26** ③

27 3상 3선식 가공 송전 선로의 선간 거리가 각각 D_{12}, D_{23}, D_{31}일 때, 등가 선간 거리를 구하는 식은?

① $\sqrt{D_{12} \cdot D_{23} + D_{23} \cdot D_{31} + D_{31} \cdot D_{12}}$

② $\sqrt[3]{D_{12} \cdot D_{23} \cdot D_{31}}$

③ $\sqrt{D_{12}^2 + D_{23}^2 + D_{31}^2}$

④ $\sqrt[3]{D_{12}^3 \cdot D_{23}^3 \cdot D_{31}^3}$

28 파동임피던스가 500[Ω]인 가공송전선 1[km]당의 인덕턴스 L과 정전용량 C는?

① L=1.67[mH/km], C=0.0067[μF/km]

② L=2.12[mH/km], C=0.0067[μF/km]

③ L=1.67[mH/km], C=0.167[μF/km]

④ L=2.12[mH/km], C=0.167[μF/km]

해설

• 인덕턴스(L)

$$= 0.05 + 0.4605 \log_{10} \frac{D}{r} [mH/km]$$
$$\fallingdotseq 0.4605 \log_{10} \frac{D}{r} = 0.4605 \times \frac{500}{138}$$
$$= 1.67 [mH/km]$$

• 정전용량(C)

$$= \frac{0.02413}{\log_{10} \frac{D}{r}} [\mu F/km] = \frac{0.02413}{\frac{500}{138}}$$
$$= 0.0067 [\mu F/km]$$

• 파동임피던스(Z_0)

$$= \sqrt{\frac{L}{C}} \fallingdotseq 138 \log_{10} \frac{D}{r} [\Omega] = 500 [\Omega],$$
$$\therefore \log_{10} \frac{D}{r} = \frac{500}{138}$$

29 피뢰기에서 속류를 끊을 수 있는 최고의 교류 전압은?

① 정격전압　　② 제한전압

③ 차단전압　　④ 방전개시전압

30 고장 전류와 같은 대전류를 차단할 수 있는 것은?

① 단로기　　② 선로 개폐기

③ 유입 개폐기　　④ 차단기

31 역률 0.8(지상)의 2800[kW] 부하에 전력용 콘덴서를 병렬로 접속하여 합성 역률을 0.9로 개선하고자 할 경우, 필요한 전력용 콘덴서의 용량은?

① 약 372[kVA]

② 약 558[kVA]

③ 약 744[kVA]

④ 약 1116[kVA]

해설

$$Q = P(\tan\theta_1 - \tan\theta_2)$$
$$= 2800 \left(\frac{0.6}{0.8} - \frac{\sqrt{1-0.9^2}}{0.9} \right) = 743.96 [KVA]$$

32 송전전력, 부하역률, 송전거리, 전력손실, 선간전압을 동일하게 하였을 때 3상3선식에 의한 소요 전선량은 단상 2선식의 경우의 몇 [%]인가?

① 50[%]　　② 67[%]

③ 75[%]　　④ 87[%]

해설 $\dfrac{w_{g3}}{w_{g1}} = \dfrac{3\sigma S_3 l_3}{2\sigma S_1 l_1} = \dfrac{3}{2} \cdot \dfrac{S_3}{S_1} = \dfrac{3}{2} \times \dfrac{1}{2} = \dfrac{3}{4}$
$$= 0.75$$

• $P_1 = P_2$, $V_1 I_1 \cos\theta = \sqrt{3} V_3 I_3 \cos\theta \rightarrow \dfrac{I_3}{I_1}$
$$= \frac{1}{\sqrt{3}}$$

• $P_{l1} = P_{l3}$, $2I_1^2 R_1 = 3I_3^2 R_3 \rightarrow \dfrac{R_1}{R_3} = \dfrac{3}{2} \left(\dfrac{I_3}{I_1} \right)^2$
$$= \frac{3}{2} \left(\frac{1}{\sqrt{3}} \right)^2 = \frac{1}{2} = \frac{S_3}{S_1} \left(R \propto \frac{1}{S} \right)$$

정답 **27** ②　**28** ①　**29** ①　**30** ④　**31** ③　**32** ③

33 비접지식 송전로에 있어서 1선 지락 고장이 생겼을 경우 지락점에 흐르는 전류는?

① 직류

② 고장상의 영상전압보다 90도 늦은 전류

③ 고장상의 영상전압보다 90도 빠른 전류

④ 고장상의 영상전압과 동상의 전류

해설 1선지락전류(I_g)=$j\omega 3\,C_s E$[A]에서, 지락전류는 전압보다 $90°$ 앞선다.

34 피뢰기가 구비하여야 할 조건으로 거리가 먼 것은?

① 충격방전 개시전압이 낮을 것

② 상용주파 방전개시전압이 낮을 것

③ 제한전압이 낮을 것

④ 속류의 차단능력이 클 것

해설
• 상용주파 방전 개시전압은 충분히 높을 것(선로의 전압보다)
• 방전과 속류차단의 반복이 되어도 오랫동안 사용할 수 있을 것

35 발전기 또는 주변압기의 내부 고장 보호용으로 가장 널리 쓰이는 것은?

① 과전류 계전기　② 비율 차동 계전기

③ 방향 단락 계전기　④ 거리 계전기

36 저항 접지 방식 중 고저항 접지 방식에 사용하는 저항은?

① 30~50[Ω]　② 50~100[Ω]

③ 100~1000[Ω]　④ 1000[Ω] 이상

해설
• 저저항접지방식 : 30~50[Ω] 정도
• 고저항접지방식 : 100~1000[Ω] 정도

37 그림과 같이 (수류가 고체에 둘려 쌓여 있고 A로부터 유입되는 수량과 B로부터 유출되는 수량이 같다)고 하는 이름은?

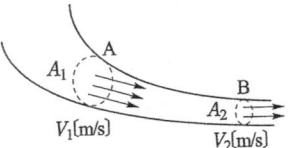

① 베루누이의 정리

② 연속의 원리

③ 토리첼리의 정리

④ 수두이론

해설 연속의 정리, $A_1 V_1 = A_2 V_2$

38 유황곡선으로부터 알 수 없는 것은?

① 월별 하천 유량

② 하천의 유량 변동 상태

③ 연간 총 유출량

④ 평수량

해설 유황곡선 : 가로축 1년 일수, 세로축 유량, 매일의 유량의 크기순으로 배열해서 하천유량의 종류를 알 수 있다(갈, 저, 평, 풍수량 등).

39 원자로의 감속재와 관련하여 거리가 먼 것은?

① 경수

② 감속 능력이 클 것

③ 원자 질량이 클 것

④ 고속 중성자를 열 중성자로 바꾸는 작용

40 발열량 10000[kcal/kg]의 벙커C유를 1시간에 75[ton] 사용하여 300[MW]를 발전하는 화력발전소의 열효율은?

① 31.6[%]　② 34.4[%]

③ 36.2[%]　④ 38.0[%]

정답　**33** ③　**34** ②　**35** ②　**36** ③　**37** ②　**38** ①　**39** ③　**40** ②

310 · Part 2. 전기기사 기출문제

해설 $\eta = \dfrac{860 \cdot W}{mH} \times 100 [\%]$

$= \dfrac{860 \times 300 \times 10^3}{75 \times 10^3 \times 10000} \times 100 = 34.4[\%]$

제3과목 : 전기기기

41 다음 설명 중 잘못된 것은?

① 전동차용 전동기는 직권 전동기를 쓴다.

② 승용 엘리베이터는 워드─레오나드 방식이 사용된다.

③ 기중기용 전동기는 직류 분권 전동기를 쓴다.

④ 크레인, 엘리베이터 등은 가동 복권 전동기를 쓴다.

해설 직권 전동기는 부하 변동이 심하고 기동 토크가 큰 기기에 사용한다(전차, 기중기 등).

42 직류 전동기의 규약 효율은 어떤 식으로 표현 되는가?

① $\dfrac{출력}{입력} \times 100[\%]$

② $\dfrac{입력}{입력 + 손실} \times 100[\%]$

③ $\dfrac{출력}{출력 + 손실} \times 100[\%]$

④ $\dfrac{입력 - 손실}{입력} \times 100[\%]$

해설

전동기의 효율$(\eta_m) = \dfrac{입력 - 손실}{입력} \times 100[\%]$

발전기의 효율$(\eta_g) = \dfrac{출력}{출력 + 손실} \times 100[\%]$

43 변압기의 무부하시험, 단락시험에서 구할 수 없는 것은?

① 철손 ② 전압 변동률

③ 동손 ④ 절연내력

해설

• 무부하(개방회로)시험 : 무부하전류, 히스테리시스손, 와류손, 철손, 여자어드미턴스

• 단락시험 : 동손, 임피던스전압, 임피던스와트

44 동기전동기에서 위상 특성 곡선은?(단, P는 출력, I는 전기자 전류, I_f는 계자전류, $\cos\theta$는 역률이라 한다)

① P─I 곡선, I_f 일정

② P─I_f 곡선, I 일정

③ I_f─I 곡선, P 일정

④ I_f─I 곡선, $\cos\theta$ 일정

45 직류분권 전동기의 정격전압 200[V], 전부하 전기자전류 50[A], 전기자 저항 0.3[Ω]이다. 이 전동기의 기동전류를 전부하 전류의 1.7배로 하기 위한 기동 저항값은?

① 약 4[Ω] ② 약 3[Ω]

③ 약 2[Ω] ④ 약 1[Ω]

해설

• 전동기 기동 시 전류$(I_s) = \dfrac{V}{R_a + R_s}[A]$,

(기동시에는 역기전력(E_c)이 생기지 않음)

• 전동기 운전 시 전류

$(I) = \dfrac{V - E_c}{R_a + R_s}[A]$, 에서 $I_s = 1.7I$라고 했으므로,

$1.7 \times 50 = \dfrac{200}{0.3 + R_s}$에서, $R_s = 2.05[\Omega]$

46 비례 추이를 하는 전동기는?

① 단상 유도 전동기 ② 권선형 유도 전동기

③ 동기 전동기 ④ 정류자 전동기

정답 41 ③ 42 ④ 43 ④ 44 ③ 45 ③ 46 ②

47 변압기를 V결선했을 때의 전용량은 변압기 1대 용량의 몇 배인가?

① 2
② $\sqrt{3}$
③ $\dfrac{\sqrt{3}}{2}$
④ $\dfrac{2}{\sqrt{3}}$

해설 $P_V = \sqrt{3}\,P_a = \sqrt{3} \times 1$대의 변압기 용량

48 변압기의 내부 고장에 대한 보호용으로 사용되는 계전기는 어느 것이 적당한가?

① 차동 계전기
② 접지 계전기
③ 과전류 계전기
④ 역상 계전기

49 변압기에 콘서베이터를 설치하는 목적은?

① 통풍 방지
② 코로나 방지
③ 오일의 열화 방지
④ 오일의 강제 순환

해설 콘서베이터(Conservator) : 온도가 상승되어 기름이 직접 공기와 접촉하는 것을 방지하는 기름의 열화를 방지한다.

50 SCR을 이용한 인버터 회로에서 SCR 이 도통상태에 있을 때 부하전류가 20[A] 흘렀다. 게이트 동작 범위내에서 전류를 1/2로 감소시키면 부하 전류는?

① 0[A]
② 10[A]
③ 20[A]
④ 40[A]

해설 게이트 전류와 부하 전류의 크기와는 상관없다.

51 유도 전동기에서 권선형 회전자에 비해 농형 회전자의 특성이 아닌 것은?

① 구조가 간단하고 효율이 좋다.
② 견고하고 보수가 용이하다.
③ 중, 소형 전동기에 사용된다.
④ 대용량에서 기동이 용이하다.

해설 중소형 유도전동기에 사용된다.

52 동기발전기의 단락비는 기계의 특성을 단적으로 잘 나타내는 수치로서, 동일정격에 대하여 단락비가 큰 기계가 갖는 특성이 아닌 것은?

① 동기 임피던스가 적어져 전압변동율이 좋으며, 송전선 충전용량이 크다.
② 기계의 형태, 중량이 커지며, 철손, 기계손이 증가하고 가격도 비싸다.
③ 과부하 내량이 크고 안정도가 좋다.
④ 극수가 적은 고속기가 된다.

해설
• 전기자 반작용이 작다.
• 출력이 크다.
• 자기여자 현상이 작다.
• 극수가 많은 저속기에 적합하다.

53 어떤 3상 농형유도전동기의 전전압 기동 토크는 전부하의 1.8배이다. 이 전동기에 기동 보상기를 써서 전전압의 2/3로 낮추어 기동하면, 기동 토크는 전부하 T와 어떤 관계인가?

① 3.0T
② 0.8T
③ 0.6T
④ 0.3T

해설 토크(T)는 전압(V)제곱에 비례하므로,

$$T : T' = V^2 : \left(\dfrac{2}{3}V\right)^2$$

$$T' = \dfrac{4}{9} \cdot T = \dfrac{4}{9} \times 1.8\,T = 0.8\,T$$가 된다.

54 직류 발전기의 종류별 특성 설명 중 틀린 것은?

정답 **47** ② **48** ① **49** ③ **50** ③ **51** ④ **52** ④ **53** ② **54** ④

312 • Part 2. 전기기사 기출문제

① 타여자 발전기 : 전압 강하가 적고 계자 전압은 전기자 전압과 관계없이 설계된다.

② 분권 발전기 : 타여자 발전기와 같이 전압 변동률이 적고, 다른 여자전원이 필요 없다.

③ 가동 복권 발전기 : 단자 전압을 부하의 증감에 관계없이 거의 일정하게 유지할 수 있다.

④ 차동 복권 발전기 : 부하의 변화에 따라 전압이 변화하지 않는 특성이 있는 발전기

해설 차동복권 발전기 : 분권계자 권선의 기자력과 직권 계자권선의 기자력이 서로 반대방향, 부하전류가 증가하면(자속감소, 내부의 등가저항강하도 증가), 단자전압이 심하게 떨어지는 수하 특성을 갖는다.
$[V = E - I_a(R_a + R_{se})]$

55 똑같은 두 권선을 주권선과 보조 권선으로 사용한 분상 기동형 단상 유도 전동기를 운전하려고 할 때 전원 공급 장치에 사용할 변압기의 결선 방식은?

① Y결선   ② △결선

③ V결선   ④ T결선

56 유도기전력의 크기가 서로 같은 A, B 2대의 동기발전기를 병렬 운전할 때, A발전기의 유기 기전력 위상이 B보다 앞설 때 발생하는 현상이 아닌 것은?

① 동기화 전류가 흐른다.

② 동기화력이 발생한다.

③ B가 A에 전력을 공급한다.

④ A의 회전속도가 감소한다.

해설 A발전기로부터 B 발전기로 동기화력이 공급된다.

57 차동 복권 발전기를 분권기로 하려면 어떻게 하여야 하는가?

① 분권 계자를 단락시킨다.

② 직권 계자를 단락시킨다.

③ 분권 계자를 단선시킨다.

④ 직권 계자를 단선시킨다.

58 유도 전동기로 동기 전동기를 기동하는 경우, 유도전동기의 극수는 동기기의 극수보다 2극 적은 것을 사용한다. 그 이유는?(단, s는 슬립, Ns는 동기속도이다.)

① 같은 극수로는 유도기는 동기 속도보다 sNs만큼 늦으므로

② 같은 극수로는 유도기는 동기 속도보다 (1−s)만큼 늦으므로

③ 같은 극수로는 유도기는 동기 속도보다 s만큼 빠르므로

④ 같은 극수로는 유도기는 동기 속도보다 (1−s)만큼 빠르므로

해설

• 유도전동기의 극수는 동기전동기의 극수보다 2극적게 한다.
동기전동기의 회전 속도 − 유도전동기의 회전 속도
$= N_s - (1-s)N_s = sN_s$

• 유도전동기의 회전속도
$(N) = (1-s)N_s$, N_s : 동기전동기의 회전속도

∴ 유도전동기의 속도는 동기전동기의 속도보다 SN_s만큼 늦게 되어 유도 전동기로 동기전동기를 기동하는 경우 동기속도에 도달할 수 없다.

59 동기 발전기에서 유기 기전력과 전기자 전류가 동상인 경우의 전기자 반작용은?

① 감자 작용   ② 증자 작용

③ 교차 자화 작용   ④ 직축 반작용

정답 55 ④   56 ③   57 ②   58 ①   59 ③

해설 발전기와 전동기의 전기자 반작용은 서로 반대. 전압과 전류가 동상이면 동기발전기는 교차 자화작용, 동기 전동기도 교차자화작용, 진상이면 동기발전기는 증자, 동기전동기는 감자, 지상이면 동기발전기는 감자, 동기전동기는 증자작용을 한다.

60 3000[V], 60[Hz], 8극, 100[kW] 3상 유도 전동기의 전부하 2차 동손이 3[kW], 기계손이 2[kW]라면 전부하 회전수는?

① 약 986[rpm]　　② 약 967[rpm]

③ 약 896[rpm]　　④ 약 874[rpm]

해설
전부하회전수 $(N) = (1-s)N_s = (1-0.029)$
$\times 900 = 873.9[rpm]$

슬립 $(s) = \dfrac{P_{c2}}{P_2} = \dfrac{3}{105} = 0.029$

2차입력 $(P_2) = P + P_m + P_{c2}$
$= 100 + 2 + 3 = 105[kW]$

$N_s = \dfrac{120f}{P} = \dfrac{120 \times 60}{8}$
$= 900[rpm]$

제4과목 : 회로이론 및 제어공학

61 대칭 3상 Y결선 부하에서 각 상의 임피던스가 16+j12[Ω]이고 부하전류가 10[A]일 때 이부하의 선간 전압은?

① 235.4[V]　　② 346.4[V]

③ 456.7[V]　　④ 524.4[V]

해설
Y결선 : 선간전압 $(V_l) = \sqrt{3} \times$ 상전압 (V_p),
(선전류 = 상전류)

$V_p = I_p Z = 10 \times \sqrt{16^2 + 12^2}$
$= 200[V]$

$\therefore V_l = 200\sqrt{3}[V]$

62 최대값이 E_m인 정현파의 파형률은?

① 1　　　　　　② 1.11

③ 1.41　　　　④ 2

해설
· 정현파(전파)의 평균값

$\quad (E_{av}) = \dfrac{2}{\pi}E_m$, 실효값 $(E_e) = \dfrac{E_m}{\sqrt{2}}$

· 파형률 $= \dfrac{실효값}{평균값} = \dfrac{\pi}{2\sqrt{2}} = 1.11$

· 파고율 $= \dfrac{최대값}{실효값} = \sqrt{2} = 1.41$

63 어떤 회로에 E=100+j20[V]인 전압을 가했을 때 I=4+j3[A]인 전류가 흘렀다면 이 회로의 임피던스는?

① 19.5+j3.9[Ω]　② 18.4−j8.8[Ω]

③ 17.3−j8.5[Ω]　④ 15.3+j3.7[Ω]

해설
$Z = \dfrac{E}{I} = \dfrac{100+j20}{4+j3} = \dfrac{(100+j20)(4-j3)}{(4+j3)(4-j3)}$
$\quad = 18.4 - j8.8[\Omega]$

64 R=10[kΩ], L=10[mH], C=1[μF]인 직렬 회로에 크기가 100[V]인 교류 전압을 인가 할 때 흐르는 최대 전류는?(단, 교류 전압의 주파수는 0에서 무한대까지 변화한다.)

① 0.1[mA]　　② 1[mA]

③ 5[mA]　　　④ 10[mA]

해설 R-L-C 직렬회로에서 최대전류가 될려면, Z의 허수가 0, 즉 Z=R[Ω]이 된다.

$Z = R + j\left(\omega L - \dfrac{1}{\omega C}\right)[\Omega]$에서, $Z = R[\Omega]$
$I = \dfrac{E}{R} = \dfrac{100}{10 \times 10^3} \times 10^3 = 10[mA]$

정답 **60** ④　**61** ②　**62** ②　**63** ②　**64** ④

314 · Part 2. 전기기사 기출문제

65 다음과 같은 회로가 정저항 회로가 되기 위한 저항 R의 값은?

① 8.2[Ω]　　② 14.1[Ω]

③ 20[Ω]　　④ 28[Ω]

해설 $R = \sqrt{\dfrac{L}{C}} = \sqrt{\dfrac{2 \times 10^{-3}}{10 \times 10^{-6}}} = 14.1[\Omega]$

66 기본파의 전압이 100[V], 제3고조파 전압이 40[V], 제5고조파 전압이 30[V]일 때 이 전압파의 왜형률은?

① 10[%]　　② 20[%]

③ 30[%]　　④ 50[%]

해설 왜형률 $= \dfrac{\text{전고조파 실효값의 합}}{\text{기본파의 실효값}}$

$= \dfrac{\sqrt{40^2 + 30^2}}{100} \times 100 = 50[\%]$

67 R-L 직렬 회로에서 L=30[mH], R= 10[Ω]일 때 이 회로의 시정수는?

① 3[ms]　　② 3×10^{-1}[ms]

③ 3×10^{-2}[ms]　　④ 3×10^{-3}[ms]

해설 시정수$(T) = \dfrac{L}{R} = \dfrac{30 \times 10^{-3}}{10} \times 10^3$

$= 3[ms]$

68 분포정수회로에서 저항 0.5[Ω/km], 인덕턴스가 1[μH/km], 정전용량 6[μF/km], 길이 10[km]인 송전선로에서 무왜형 선로가 되기 위한 컨덕턴스는?

① 1[℧/km]　　② 2[℧/km]

③ 3[℧/km]　　④ 4[℧/km]

해설 무왜형조건에서 RC=GL,

$\therefore G = \dfrac{0.5 \times 6 \times 10^{-6}}{1 \times 10^{-6}} = 3[℧/\text{km}]$

69 다음의 회로 단자 a, b에 나타나는 전압은?

① 3.6[V]　　② 8.4[V]

③ 10[V]　　④ 6[V]

해설 밀만의 정리

$V_{ab} = \dfrac{\displaystyle\sum_{n=1}^{\infty} \dfrac{E_n}{Z_n}}{\displaystyle\sum_{n=1}^{\infty} \dfrac{1}{Z_n}} = \dfrac{\dfrac{6}{3} + \dfrac{10}{2}}{\dfrac{1}{3} + \dfrac{1}{2}} = 8.4[V]$

70 1-cosωt를 라플라스 변환하면?

① $\dfrac{\omega}{s(s^2 + \omega^2)}$　　② $\dfrac{s}{s(s^2 + \omega^2)}$

③ $\dfrac{s^2}{s(s^2 + \omega^2)}$　　④ $\dfrac{\omega^2}{s(s^2 + \omega^2)}$

해설 $\mathcal{L}(1 - \cos\omega t) = \dfrac{1}{s} - \dfrac{s}{s^2 + \omega^2}$

$= \dfrac{\omega^2}{s(s^2 + \omega^2)}$

71 $\dfrac{k}{s+a}$인 전달함수를 신호 흐름선도로 표시하면?

①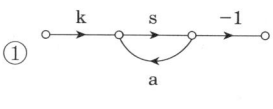

②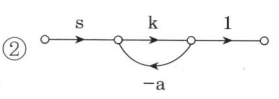

정답 65 ②　66 ④　67 ①　68 ③　69 ②　70 ④　71 ③

③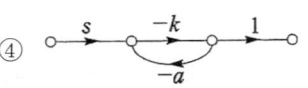

④ $\circ \xrightarrow{s} \circ \xrightarrow{-k} \circ \xrightarrow{1} \circ$ (아래쪽 $-a$)

72 다음 중 Z 변환함수 $\dfrac{3z}{(z-e^{-3t})}$에 대응되는 라플라스 변환 함수는?

① $\dfrac{1}{(s+3)}$ ② $\dfrac{3}{(s-3)}$

③ $\dfrac{1}{(s-3)}$ ④ $\dfrac{3}{(s+3)}$

해설 $\dfrac{3z}{z-e^{-3t}}$를 라플라스변환하면,

$3 \cdot \dfrac{1}{s+3}$ 이 된다

$\therefore \mathcal{L}\,e^{-at} = \dfrac{1}{s+a}, \; Z\left(\dfrac{1}{s+a}\right) = \dfrac{z}{z-e^{-at}}$

73 $G(j\omega) = \dfrac{K}{1+j\omega T}$ 일 때 $|G(j\omega)|$와 $\angle G(jw)$는?

① $|G(j\omega)| = \dfrac{K}{\sqrt{1+(\omega T)^2}}, \angle G(j\omega)$
$= -\tan^{-1}(\omega T)$

② $|G(j\omega)| = -\dfrac{K}{\sqrt{1+(\omega T)}}, \angle G(j\omega)$
$= \tan(\omega T)$

③ $|G(j\omega)| = -\dfrac{K}{\sqrt{1+(\omega T)}}, \angle G(j\omega)$
$= -\tan^{-1}(\omega T)$

④ $|G(j\omega)| = \dfrac{K}{\sqrt{1+(\omega T)^2}}, \angle G(j\omega)$
$= \tan(\omega T)$

해설 · $|G(j\omega)| = \left|\dfrac{K}{1+j\omega T}\right| = \dfrac{K}{\sqrt{1+(\omega T)^2}}$

· 위상각 : $\angle G(j\omega) = -\tan^{-1}\dfrac{\omega T}{1}$
$= -\tan^{-1}\omega T$

74 다음 특성 방정식 중에서 안정된 시스템인 것은?

① $s^4 + 3s^3 - s^2 + s + 10 = 0$

② $2s^3 + 3s^2 + 4s + 5 = 0$

③ $s^4 - 2s^3 - 3s^2 + 4s + 5 = 0$

④ $s^5 + s^3 + 2s^2 + 4s + 3 = 0$

해설 근은 모두 S 평면의 좌반부에 존재해야 제어계는 안정하며, 특성방정식의 모든 계수의 부호가 일치 및 루드수열의 제1열 요소의 부호변화가 없어야 안정하다.

75 $G(s)H(s) = \dfrac{2}{(s+1)(s+2)}$의 이득여유는?

① 20[dB] ② −20[dB]

③ 0[dB] ④ ∞[dB]

해설

이득여유$(g_m) = 20\log\left|\dfrac{1}{GH(j\omega)}\right| = 20\log_{10}|1|$
$= 0[dB]$

$GH(j\omega) = \dfrac{2}{(j\omega+1)(j\omega+2)}$에서 허수부

$= 0$, 즉 $\omega = 0$ 대입하면, 1이 된다.

76 $G(s) = \dfrac{1}{5s+1}$일 때, 보드 선도에서 절점 주파수 ω_o는?

① 0.2[rad/sec] ② 0.5[rad/sec]

③ 2[rad/sec] ④ 5[rad/sec]

해설 $G(j\omega) = \dfrac{1}{5j\omega+1}$에서, $5\omega_0 = 1$

$\omega_0 = 0.2[rad/sec]$

정답 72 ④ 73 ① 74 ② 75 ③ 76 ①

77 어느 시퀀스 제어시스템의 내부 상태가 9가지로 바뀐다면 이를 설계할 때 필요한 플립플롭의 최소 개수는?

① 3　　　　　　　② 4
③ 5　　　　　　　④ 9

해설 9가지로 바뀐다고 했으므로 4개의 플립플롭이 필요하다(n개의 플립플롭은 $(2^n - 1)$까지 셀 수 있다).

78 다음 중 Routh 안정도 판별법에서 그림과 같은 제어계가 안정되기 위한 K의 값으로 적합한 것은?

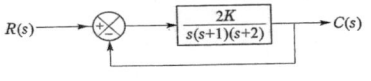

① 1　　　　　　　② 3
③ 5　　　　　　　④ 7

해설 특성방정식, 1+GH=0

$1 + \dfrac{2K}{s(s+1)(s+2)} = 0,$

$s^3 + 3s^2 + 2s + 2K = 0$

제1열 요소의 부호변화가 없어야 안정하므로,

s^3	1	2
s^2	3	2K
s^1	$\dfrac{6-2K}{3}$	0
s^0	2K	

$\dfrac{6-2K}{3} > 0$에서, $K < 3$

$2K > 0$에서, $K > 0$

$\therefore 0 < K < 3$

79 어떤 제어 시스템이 $G(s)H(s)$

$\dfrac{K(s+3)}{s^2(s+2)(s+4)(s+5)}$일 때, 근궤적의 수는?

① 1　　　　　　　② 3
③ 5　　　　　　　④ 7

해설 근궤적의 수는 영점(Z)의 수와 극점(P)의 수중에서 큰 값을 취한다.

80 다음 중 논리식 L=$\overline{A}\overline{B} + \overline{A}B + AB$을 간단히 하면?

① $A + B$　　　　　② $\overline{A} + B$
③ $A + \overline{B}$　　　　　④ $\overline{A} + \overline{B}$

해설 $L = \overline{A}\overline{B} + \overline{A}B + AB = \overline{A}(\overline{B} + B) + AB$
$= \overline{A} + AB = \overline{A}(1 + B) + AB$
$= \overline{A} + \overline{A}B + AB = \overline{A} + B$

제5과목 : 전기설비기술기준 및 판단기준

81 고압 가공전선에 케이블을 사용하는 경우의 조가용선 및 케이블 피복에 사용하는 금속체에는 몇 종 접지공사를 하여야 하는가?

① 제1종 접지공사
② 제2종 접지공사
③ 제3종 접지공사
④ 특별 제3종 접지공사

82 저압 옥내 배선을 합성수지관 공사에 의하여 실시하는 경우 사용할 수 있는 전선의 단면적은 최대 몇 [mm²]인가?

① 2.5[mm²]　　　　② 4[mm²]
③ 6[mm²]　　　　　④ 10[mm²]

해설 단면적 10[mm²](알루미늄선 : 16[mm²]) 이하일 것

정답　**77** ②　　**78** ①　　**79** ③　　**80** ②　　**81** ③　　**82** ④

83 가로등, 경기장, 공장, 아파트 단지 등의 일반 조명을 위하여 시설하는 고압방전등은 그 효율이 몇 [lm/W] 이상의 것이어야 하는가?

① 30[lm/W]　　② 50[lm/W]
③ 70[lm/W]　　④ 100[lm/W]

84 고압 가공 전선의 안전율이 경동선인 경우, 얼마 이상의 이도로 시설하여야 하는가?

① 2.0　　② 2.2
③ 2.5　　④ 3.0

해설 경동선 및 내열동합금선 : 2.2 이상(기타 : 2.5 이상)

85 전력 보안 가공통신선의 설치 높이를 규정한 것 중 틀린 것은?

① 도로 위에 시설하는 경우는 지표상 4.5[m] 이상
② 철도를 횡단하는 경우는 궤도면상 6.5[m] 이상
③ 횡단보도교 위에 시설하는 경우는 노면상 3[m] 이상
④ 위 세 가지 이외의 경우는 지표상 3.5[m] 이상

해설 전력 보안 가공통신선의 높이(이상)

시설장소	가공통신선
도로횡단	5[m]
도로횡단(교통에 지장이 없을 경우)	4.5[m]
철도횡단	6.5[m]
횡단보도교 위에 시설	3[m]
기타의 장소	3.5[m]

86 저압 또는 고압 가공전선이 도로에 접근 상태로 시설되는 경우 잘못된 것은?

① 저압 가공전선이 도로에 접근하는 경우는 2[m] 이상을 이격하여야 한다.
② 저압 가공전선이 도로와의 수평 이격거리가 1[m] 이상인 경우는 예외 조항을 적용할 수 있다.
③ 고압 가공전선로는 고압 보안공사에 기준하여 시설한다.
④ 고압 가공전선은 저압 전차선로의 지지물과 60[cm]를 이격하여야 한다.

해설 저·고압 가공전선과 도로 등의 이격거리는 3[m] 이상

87 연료전지 및 태양전지 모듈의 절연내력은 최대 사용 전압의 (㉠)배의 직류전압 또는 1배의 교류전압을 충전부분과 대지 사이에 연속하여 (㉡)분간 가하여 절연내력을 시험하였을 때에 이에 견디는 것이어야 한다.

① ㉠ 1.2, ㉡ 5　　② ㉠ 1.2, ㉡ 10
③ ㉠ 1.5, ㉡ 5　　④ ㉠ 1.5, ㉡ 10

88 지중전선이 지중약전류 전선 등과 접근하거나 교차하는 경우에 상호 간의 이격거리가 저압 또는 고압의 지중전선이 몇 [cm] 이하인 때에는 지중 전선과 지중 약전류 전선 등 사이에 견고한 내화성의 격벽을 설치하여야 하는가?

① 10[cm]　　② 20[cm]
③ 30[cm]　　④ 60[cm]

정답　83 ③　84 ②　85 ①　86 ①　87 ④　88 ③

89 사용전압이 22.9[kV]인 특고압 가공전선이 도로를 횡단하는 경우 지표상의 높이는 몇 [m] 이상이어야 하는가?

① 4.5[m] ② 5[m]
③ 5.5[m] ④ 6[m]

해설 특고압 가공전선의 높이(이상)

전압의 범위	일반 장소	도로 횡단	철도 또는 궤도 횡단	횡단보도교
35[kV] 이하	5[m]	6[m]	6.5[m]	4[m](특고압 절연전선 또는 케이블 사용)
35[kV] 초과 160[kV] 이하	6[m]	6[m]	6.5[m]	5[m](케이블 사용)
	산지 등, 사람이 쉽게 들어갈 수 없는 장소 : 5[m] 이상			
160[kV] 초과	일반장소			6+0.12n[m] 이상
	철도 또는 궤도 횡단			6.5+0.12n[m] 이상
	산지 등, 사람이 쉽게 들어갈 수 없는 장소			5+0.12n[m] 이상

90 옥내에 시설하는 전동기에는 전동기가 소손될 우려가 있는 과전류가 생겼을 때 자동적으로 이를 저지하거나 이를 경보하는 장치를 하여야 하는데, 단상 전동기인 경우 전원측전로에 시설하는 과전류차단기의 정격전류가 몇 [A] 이하이면 이 과부하 보호 장치를 시설하지 않아도 되는가?(단, 단상 전동기는 KS C 4204(2008)의 표준정격의 것을 말한다.)

① 10[A] ② 15[A]
③ 30[A] ④ 50[A]

해설
• 단상전동기를 15[A] 분기회로에 접속한 경우(배선용차단기 : 20[A] 이하)
• 0.2[kW] 이하의 전동기

91 용량이 몇 [kVA] 이상인 조상기에는 그 내부에 고장이 생긴 경우에 자동적으로 이를 전로로부터 차단하는 장치를 하여야 하는가?

① 1000[kVA] ② 5000[kVA]
③ 10000[kVA] ④ 15000[kVA]

해설 조상설비에는 그 내부에 고장이 생긴 경우에 보호장치를 시설할 것

설비종별	뱅크용량의 구분	자동적으로 전로로부터 차단하는 장치
전력용 커패시터 및 분로리액터	500[kVA] 초과 15000[kVA] 미만	• 내부에고장이 생긴 경우 • 과전류가 생긴 경우
	15000[kVA] 이상	• 내부에 고장이 생긴 경우 • 과전류가 생긴 경우 • 과전압이 생긴 경우
조상기	15000[kVA] 이상	내부고장이 생긴 경우

92 고압 가공 전선로와 기설 가공 약전류 전선로가 병행되는 경우에는 유도작용에 의하여 통신상의 장해가 발생하지 않도록 전선과 기설 가공 약전류 전선 간의 이격 거리는 최소 몇 [m] 이상이어야 하는가?

① 0.5[m] ② 1[m]
③ 1.5[m] ④ 2[m]

정답 89 ④ 90 ② 91 ④ 92 ④

93 고압 또는 특고압 전로 중 기계기구 및 전선을 보호하기 위하여 필요한 곳에 시설하여야 하는 것은?

① 콘덴서형 변성기　② 동기 조상기
③ 과전류 차단기　　④ 영상 변류기

94 교류식 전기 철도는 그 단상 부하에 의한 전압불평형의 허용한도가 그 변전소의 수전점에서 몇 [%] 이하이어야 하는가?

① 1[%]　　　　　② 2[%]
③ 3[%]　　　　　④ 4[%]

95 가요전선관 공사에 의한 저압 옥내 배선의 방법으로 틀린 것은?

① 가요전선관 안에는 접선의 접속점이 없어야 한다.
② 1종 금속제 가요전선관의 두께는 0.6[mm] 이상이어야 한다.
③ 전선은 연선이어야 하나, 단면적 10[mm²] 이하는 단선을 사용하여도 된다.
④ 저압 옥내 배선의 사용 전압이 400[V] 미만인 경우 제3종 접지공사를 한다.

해설

• 1종 금속제 가요전선관의 두께 0.8[mm] 이상 일 것
• 400[V] 미만 : 제3종, 400[V] 이상 : 특별 제3종 접지공사(단 사람이 접촉할 우려가 없도록 시설 : 제3종)

96 지중 또는 수중에 시설되는 금속체의 부식 방지를 위한 전기부식방지 회로의 사용전압은 직류 몇 [V] 이하로 하여야 하는가?

① 24[V]　　　　　② 48[V]
③ 60[V]　　　　　④ 100[V]

해설

• 사용 전압은 직류 60[V] 이하일 것
• 지중에 매설하는 양극은 75[cm] 이상의 깊이일 것
• 수중에 시설하는 양극과 그 주위 1[m] 안의 임의의 점과의 전위차는 10[V] 이내, 지표 또는 수중에서 1[m] 간격을 갖는 임의의 2점간의 전위차는 5[V] 이내이어야 한다.

97 사용 전압 480[V]인 옥내 저압 절연 전선을 애자 사용 공사에 의해서 점검할 수 있는 은폐 장소에 시설하는 경우 전선 상호 간의 간격은 몇 [cm] 이상이어야 하는가?

① 6[cm]　　　　　② 10[cm]
③ 12[cm]　　　　　④ 15[cm]

해설 애자사용공사의이격거리
절연전선(OW, DV제외) 사용

전압	전선과 조영재와의 이격거리		전선상호 간격
400[V] 미만	2.5[cm] 이상		6[cm] 이상
400[V] 이상 저압	건조한 장소	2.5[cm] 이상	
	기타의 장소	4.5[cm] 이상	

98 변압기의 고압측 1선 지락전류가 60[A]라 할 때 제2종 접지 저항값은 최대 몇 [Ω]인가?(단, 2초 이내에는 자동적으로 고압전로를 차단하는 장치가 없다고 한다.)

① 2.5[Ω]　　　　　② 5[Ω]
③ 7.5[Ω]　　　　　④ 10[Ω]

해설

• 제2종 접지공사의 접지 저항값

$R = \dfrac{150}{I_1}[\Omega]$ 이하, 여기서, I_1 : 1선지락전류값

(최소값 2[A] 이하)

정답　**93** ③　**94** ③　**95** ②　**96** ③　**97** ①　**98** ②

320 • Part 2. 전기기사 기출문제

- 1초 이내 자동차단 장치가 동작하면 : 600
- 1초 넘고 2초 이내에 자동차단 장치가 동작하면 : 300(150 대신에)

$$\therefore R = \frac{150}{I_1} = \frac{150}{60} = 2.5[\Omega],$$

그러나 계산한 값이 5[Ω] 미만이면, 5[Ω]으로 한다.

99 가공전선로의 지지물에 시설하는 지선으로 연선을 사용할 경우에는 소선이 최소 몇 가닥 이상이어야 하는가?

① 3가닥   ② 4가닥

③ 5가닥   ④ 6가닥

해설 지선의 시설 기준에서 소선 3가닥 이상의 연선

100 저고압 가공전선이 철도를 횡단하는 경우 레일면상 높이는 몇 [m] 이상이어야 하는가?

① 4[m]   ② 5[m]

③ 5.5[m]   ④ 6.5[m]

해설 저고압 가공전선의 높이
- 도로횡단 : 지표상 6[m] 이상
- 철도횡단 : 레일면상 6.5[m] 이상
- 횡단보도교위 : 3.5[m] 이상
- 기타 : 5[m] 이상

정답   99 ①   100 ④

국가기술자격검정 필기시험문제

2010년도 기사 제3회 필기시험(기사)

자격종목 및 등급(선택분야)	종목코드	시험시간	문제지형별	수검번호	성명
전기기사		**2시간 30분**	**A**		

※ 시험문제지는 답안카드와 같이 반드시 제출하여야 합니다.

제1과목 : 전기자기학

01 길이 1[m], 단면적 15[cm²]인 무단 솔레노이드에 0.01[Wb]의 자속을 통하는데 필요한 기자력은?(단, 철심의 비투자율을 1000이라 한다.)

① $\dfrac{10^8}{6\pi}[AT]$　　　② $\dfrac{10^7}{6\pi}[AT]$

③ $\dfrac{10^6}{6\pi}[AT]$　　　④ $\dfrac{10^5}{6\pi}[AT]$

해설

기자력(F) $= \phi R_m = \dfrac{\phi l}{\mu S} = \dfrac{\phi l}{\mu_0 \mu_s S}$

$= \dfrac{0.01 \times 1}{4\pi \times 10^{-7} \times 1000 \times 15 \times 10^{-4}} = \dfrac{10^5}{6\pi}[AT]$

02 다음 설명 중 잘못된 것은?

① 저항률의 역수는 전도율이다.

② 도체의 저항률은 온도가 올라가면 그 값이 증가한다.

③ 저항의 역수는 컨덕턴스이고, 그 단위는 지멘스[S]를 사용한다.

④ 도체의 저항은 단면적에 비례한다.

해설 도체의 저항(R) $= \rho \dfrac{l}{S}[\Omega] \propto \dfrac{1}{S}$ (단면적에 반비례)

03 다음 중 비투자율이 가장 큰 것은?

① 금　　　　　② 은

③ 구리　　　　④ 니켈

해설 비투자율이 큰 순서 : 니켈 〉 은 〉 구리 〉 금

04 자유공간을 진행하는 전자기파의 전계와 자계의 위상차는?

① 전계가 $\dfrac{\pi}{2}$ 빠르다.

② 자계가 $\dfrac{\pi}{2}$ 빠르다.

③ 위상이 같다.

④ 전계가 π 빠르다.

해설 전계(전파)와 자계(자파)는 90°로서 서로 직교하고, 같은 위상으로 진행하며, 전파와 자파는 항상 공존하므로 전자파라 한다.

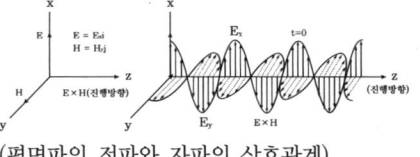

(평면파의 전파와 자파의 상호관계)

05 극판의 면적이 4[cm²], 정전용량이 10[pF]인 종이 콘덴서를 만들려고 한다. 비유전율 2.5, 두께 0.01[mm]의 종이를 사용하면 약 몇 장을 겹쳐야 되겠는가?

정답 01 ④　 02 ④　 03 ④　 04 ③　 05 ①

① 89장　　　　② 100장

③ 885장　　　④ 8850장

해설 $C = \dfrac{\epsilon S}{d} = \dfrac{\epsilon_0 \epsilon_s S}{d}$ 에서,

$d = \dfrac{8.855 \times 10^{-12} \times 2.5 \times 4 \times 10^{-4}}{10 \times 10^{-12}}$

$= 8.855 \times 10^{-4} [m]$

∴ 두께 0.01[mm]의 종이를 쌓아야 하므로,

장수 : $N = \dfrac{8.855 \times 10^{-1}}{0.01} = 88.55$ [장]

06 저항 20[Ω]인 동선과 저항 90[Ω]인 망간선을 직렬로 접속한 경우 회로의 합성 온도 계수는?(단, 동선의 온도 계수 $\alpha_1 = 0.00427$ 이고, 망간선의 온도 계수 $\alpha_2 \fallingdotseq 0$이다.)

① 약 $5 \times 10^{-4} [1/℃]$　② 약 $6 \times 10^{-4} [1/℃]$

③ 약 $8 \times 10^{-4} [1/℃]$　④ 약 $9 \times 10^{-4} [1/℃]$

해설 합성 저항 온도 계수(α)

$= \dfrac{R_1 \alpha_1 + R_2 \alpha_2}{R_1 + R_2} = \dfrac{20 \times 0.00427 + 90 \times 0}{20 + 90}$

$= 8 \times 10^{-4} [1/℃]$

07 자성체 내에서 임의의 방향으로 배열되어있던 자구가 외부 자장의 힘이 일정치 이상이 되면 순간적으로 회전하여 자장의 방향으로 배열되기 때문에 자속밀도가 증가하는 현상은?

① 자기여효(Magnetic Aftereffect)

② 바크하우젠(Bark Hausen) 효과

③ 자기왜 현상(Magneto-striction Effect)

④ 핀치 효과(Pinch Effect)

08 자기회로에 대한 설명으로 틀린 것은?

① 전기회로의 정전용량에 해당되는 것은 없다.

② 자기저항에는 전기저항의 줄손실에 해당되는 손실이 있다.

③ 기자력과 자속은 변화가 비직선성을 갖고 있다.

④ 누설자속은 전기회로의 누설전류에 비하여 재체로 많다.

해설 자기회로는 자속에 의한 동손은 발생하지 않고 철손만 생긴다.(전기회로는 $I^2 \cdot R$에 의한 줄열이 발생하여 줄손실(동손)이 생긴다.)

09 정현파 자속의 주파수를 2배로 높이면 유기 기전력은?

① 변하지 않는다.　② 2배로 증가한다.

③ 4배로 증가한다.　④ $\dfrac{1}{2}$이 된다.

해설 유기 기전력은,

$e = -\omega N \phi_m \sin(\omega t - \pi)$

$= -2\pi f N \phi_m \sin(\omega t - \pi) \propto f$

∴주파수를 2배로 높이면 유기 기전력은 2배가 된다.

10 순수한 물($\epsilon_s = 80, \mu_s = 1$) 중에 있어서의 고유임피던스는?

① 약 $38.2[Ω]$　　② 약 $42.2[Ω]$

③ 약 $46.2[Ω]$　　④ 약 $50.2[Ω]$

해설 고유임피던스 :

$Z_0 = \dfrac{E}{H} = \sqrt{\dfrac{\mu}{\epsilon}} = \sqrt{\dfrac{\mu_0 \mu_s}{\epsilon_0 \epsilon_s}}$

$= \sqrt{\dfrac{4\pi \times 10^{-7}}{8.855 \times 10^{-12}}} \sqrt{\dfrac{\mu_s}{\epsilon_s}}$

$= 377 \sqrt{\dfrac{1}{80}} = 42.15 [Ω]$

11 서로 같은 2개의 구 도체에 동일양의 전하를 대전시킨 후 20[cm] 떨어뜨린 결과 구 도체에 서로 6×10^{-4}[N]의 반발력이 작용한다. 구 도체에 주어진 전하는?

[정답] **06** ③　**07** ②　**08** ②　**09** ②　**10** ②　**11** ①

① 약 $5.2 \times 10^{-8}\,[C]$ ② 약 $6.2 \times 10^{-8}\,[C]$

③ 약 $7.2 \times 10^{-8}\,[C]$ ④ 약 $8.2 \times 10^{-8}\,[C]$

해설 쿨롱의 법칙

$F = \dfrac{Q^2}{4\pi\epsilon_0 r^2}$ 에서,

$Q = \sqrt{4\pi \times 8.855 \times 10^{-12} \times 0.2^2 \times 6 \times 10^{-4}}$
$= 5.2 \times 10^{-8}\,[C]$

12 길이 8[m]의 도선으로 정사각형을 만들고 직류 π[A]를 흘렸을 때 그 중심점에서의 자계의 세기는?

① $\dfrac{\sqrt{2}}{2}\,[A/m]$ ② $\sqrt{2}\,[A/m]$

③ $2\sqrt{2}\,[A/m]$ ④ $4\sqrt{2}\,[A/m]$

해설

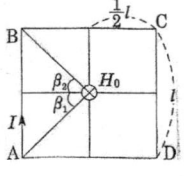

한 변(AB)에 대한 중심점의 자계는,

$H_{AB} = \dfrac{I}{4\pi a}(\sin\beta_1 + \sin\beta_2)$

여기서, $a = \dfrac{l}{2}$, $\beta_1 = \beta_2 = 45°$을 대입하면,

$H_{AB} = \dfrac{I}{4\pi\left(\dfrac{l}{2}\right)}(\sin 45° + \sin 45°)$

$= \dfrac{I}{\sqrt{2}\,\pi l}\,[AT/m]$

(길이 8[m]인 정사각형 1변의 길이$= \dfrac{8}{4} = 2\,[m]$)

$\therefore H_0 = H_{AB} + H_{BC} + H_{CD} + H_{DA} = 4H_{AB}$

$= 4\dfrac{\pi}{\sqrt{2}\,\pi \times 2} = \sqrt{2}\,[AT/m]$

13 z방향으로 진행하는 평면파의 대한 설명으로 잘못된 것은?

① z성분이 0이다.

② x의 미분계수(도함수)가 0이다.

③ y의 미분계수가 0이다.

④ z의 미분계수가 0이다.

해설 z방향으로 전자파가 전달되면,

$E(t,z) = E_m \sin(\omega t - \beta z)\,a_x$

$H(t,z) = E_m \sin(\omega t - \beta z)\,a_y$가 된다.

x, y위치에 따른 E, H 값은 동일하고, z위치에 따른 E, H 값은 일정하지 않고 변화하므로 미분계수(미분값=변화율)는 0이 아니다.

14 최대 정전용량 C_0[F]인 그림과 같은 콘덴서의 정전용량이 각도에 비례하여 변화한다고 한다. 이 콘덴서를 전압 V[V]로 충전했을 때 회전자에 작용하는 토크는?

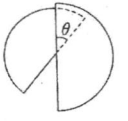

① $\dfrac{C_0 V^2}{2}\,[N \cdot m]$ ② $\dfrac{C_0^2 V}{2\pi}\,[N \cdot m]$

③ $\dfrac{C_0 V^2}{2\pi}\,[N \cdot m]$ ④ $\dfrac{C_0 V^2}{\pi}\,[N \cdot m]$

해설 정전 에너지 : $W = \dfrac{1}{2}CV^2\,[J]$

회전각도 θ일 때 용량을 C_θ, 그때의 정전에너지를 W_θ, $W_\theta = \dfrac{1}{2}C_0 V^2 = \dfrac{C_0 V^2}{2\pi}\theta\,[J]$

$C_\theta = \dfrac{\theta}{\pi}C_0$

$\therefore$ 회전자에 작용하는 토크는,

$T = \dfrac{\partial W_\theta}{\partial \theta} = \dfrac{\partial}{\partial \theta}\left(\dfrac{C_0 V^2}{2\pi}\theta\right) = \dfrac{C_0 V^2}{2\pi}\,[N \cdot m]$

정답 **12** ② **13** ④ **14** ③

15 지구 중심방향으로 향하는 300[V/m]의 전계가 지표면에 있다면 그 표면의 전하밀도는?(단, 지구는 큰 도체로 본다.)

① $+2.66 \times 10^{-9} [C/m^2]$

② $-2.66 \times 10^{-9} [C/m^2]$

③ $+1.33 \times 10^{-9} [C/m^2]$

④ $-1.33 \times 10^{-9} [C/m^2]$

해설 전계가 지표면에 있으므로, 지표면의 전하는 음(−)이 된다.

전계의 세기 : $E = -\dfrac{\sigma}{\epsilon_0}$

∴ 표면의 전하밀도 :

$\sigma = -\epsilon_0 E = -8.855 \times 10^{-12} \times 300$
$\quad = 2.66 \times 10^{-9} [C/m^2]$

16 평균 길이 1[m], 권수 1000회의 솔레노이드 코일에 비투자율 1000의 철심을 넣고 자속밀도 1[Wb/m^2]를 얻기 위해 코일에 흘려야 하는 전류는?

① 0.4[A]

② 0.6[A]

③ 0.8[A]

④ 1.0[A]

해설 무한장 솔레노이드 코일의 자계의 세기는,

$H = nI = \dfrac{NI}{l}$, $B = \mu H = \mu_0 \mu_s H$

∴ $I = \dfrac{Hl}{N} = \dfrac{Bl}{\mu_0 \mu_s N}$
$\quad = \dfrac{1 \times 1}{4\pi \times 10^{-7} \times 1000 \times 1000} = 0.796 [A]$

17 내도체의 반지름이 $\dfrac{1}{4\pi\epsilon}$[cm], 외도체의 반지름이 $\dfrac{1}{\pi\epsilon}$ [cm]인 동심구 사이를 유전율이 ϵ[F/m]인 매질로 채워져 있을 때 도체 사이의 정전용량은?

① $\dfrac{1}{2}$ [F]

② 10^{-2} [F]

③ $\dfrac{3}{4}$ [F]

④ $\dfrac{4}{3} \times 10^{-2}$ [F]

해설 동심도체구에서 정전용량은,

$C = \dfrac{4\pi\epsilon}{\dfrac{1}{a} - \dfrac{1}{b}}$ [F]

$\quad = \dfrac{4\pi\epsilon}{\dfrac{1}{\dfrac{1}{4\pi\epsilon} \times 10^{-2}} - \dfrac{1}{\dfrac{1}{\pi\epsilon} \times 10^{-2}}} = \dfrac{4}{3} \times 10^{-2}$ [F]

18 진공 중에 선간거리 1[m]의 평행왕복 도선이 있다. 두 선간에 작용하는 힘이 4×10^{-7}[N/m]이었다면 전선에 흐르는 전류는?

① 1[A]

② $\sqrt{2}$ [A]

③ $\sqrt{3}$ [A]

④ 2[A]

해설 평행 왕복 도선에 작용하는 힘은,

$F = \dfrac{\mu_0 I^2}{2\pi r}$ [N/m]에서, $I = \sqrt{\dfrac{2\pi r F}{\mu_0}}$

$\quad = \sqrt{\dfrac{2\pi \times 1 \times 4 \times 10^{-7}}{4\pi \times 10^{-7}}} = \sqrt{2}$ [A]

19 반지름 a[m]인 2개의 원형 선조 루프가 ±Z 축상에 그림과 같이 놓여진 경우 I[A]의 전류가 흐를 때 원형전류 중심축상의 자계 H_z [A/m]는?(단, a_z, a_ϕ는 단위벡터이다.)

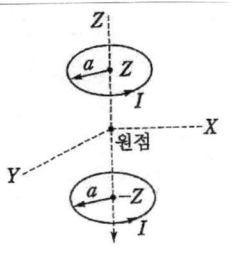

[정답] **15** ② **16** ③ **17** ④ **18** ② **19** ①

① $H_z = \dfrac{a^2 I a_z}{(a^2+z^2)^{\frac{3}{2}}}$　　② $H_z = \dfrac{a^2 I a_\phi}{(a^2+z^2)^{\frac{3}{2}}}$

③ $H_z = \dfrac{a^2 I a_z}{2(a^2+z^2)^{\frac{3}{2}}}$　　④ $H_z = \dfrac{a^2 I a_\phi}{2(a^2+z^2)^{\frac{3}{2}}}$

해설 원형 전류에 의한 중심축상의 자위는,

$U = \dfrac{I}{4\pi}\,\omega = \dfrac{I}{2}\left(1 - \dfrac{z}{\sqrt{a^2+z^2}}\right)\,[AT]$,

$[\omega = 2\pi(1-\cos\theta)]$

z축상의 자계의 세기 :

$H_{1z} = -\dfrac{\partial U}{\partial z}\,a_z = \dfrac{a^2 I}{2(a^2+z^2)^{\frac{3}{2}}}\,a_z$ 이다.

문제에서 원형전류(I)가 2개이고, 원점에서의 자계의 방향이 같으므로 H_{1z}의 2배가 되므로,

$\therefore\ H_z = 2H_{1z} = \dfrac{a^2 I}{(a^2+z^2)^{\frac{3}{2}}}\,a_z$

20 두 유전체의 경계면에서 정전계가 만족하는 것은?

① 전속은 유전율이 작은 유전체로 모인다.

② 두 경계면에서의 전위는 서로 같다.

③ 전속밀도는 접선성분이 같다.

④ 전계는 법선성분이 같다.

해설 경계조건(경계면에 전하가 없을 경우)

㉠ 전계의 접선(수평) 성분은 경계면에 대해서 양측에서 서로 같다.

　　$E_1\sin\theta_1 = E_2\sin\theta_2$

㉡ 전속밀도(D)의 법선(수직) 성분은 경계면에 대해서 양측에서 서로 같다.

　　$D_1\cos\theta_1 = D_2\cos\theta_2$

㉢ 경계면상의 두 점 간의 전위차는 같고($V_1 = V_2$), 입사각과 굴절각인 tan 값이 유전율(ϵ) 비와 같다.

　　$\epsilon_1\tan\theta_2 = \epsilon_2\tan\theta_1$

㉣ 전속선은 유전율이 큰 유전체 쪽으로 모이는 경향이 있다.

　　$\epsilon_1 > \epsilon_2$이면, $\theta_1 > \theta_2$이다.

제2과목 : 전력공학

21 전력 계통에서 전력용 콘덴서와 직렬로 연결하는 리액터로 제거되는 고조파는?

① 제2고조파　　② 제3고조파

③ 제4고조파　　④ 제5고조파

해설 직렬리액터 설치 : 공진 현상을 막고, 제5고조파 제거 및 파형 개선한다.

22 전력 퓨즈 대한 설명 중 틀린 것은?

① 차단용량이 크다.　② 보수가 간단하다.

③ 정전용량이 크다.　④ 가격이 저렴하다.

해설 전력퓨즈의 장, 단점

㉠ 장점

　• 소형으로서 큰 차단용량을 가진다.

　• 고속차단 할 수 있다.

　• 소형경량이다.

　• 현저한 한류 특성과, 차단 시 무소음, 무방출

　• 가격이 저렴하고, 보수가 간단하다.

㉡ 단점

　• 재투입 불가

　• 차단 시 과전압이 발생할 수 있다.

　• 과전류로 인한 용단이 쉽고 결상이 일어날 수 있다.

　• 동작시간 특성을 계전기처럼 자유롭게 조정 불가하다.

　• 한류형 퓨즈는 용단되어도 차단되지 않는 전류 범위가 생긴다.

23 전력계통의 주회로에 사용되는 것으로 고장 전류와 같은 대전류를 차단할 수 있는 것은?

① 선로개폐기(LS)　② 단로기(DS)

③ 차단기(CB)　④ 유입개폐기(OS)

해설 차단기(CB) : 소호능력이 있어서 부하전류 개폐 및 고장전류를 차단할 능력이 있다.

정답　**20** ②　**21** ④　**22** ③　**23** ③

326 • Part 2. 전기기사 기출문제

24 송전선로에서 역섬락을 방지하는데 가장 유효한 방법은?

① 가공지선을 설치한다.

② 소호각을 설치한다.

③ 탑각 접지저항을 작게 한다.

④ 피뢰기를 설치한다.

해설 역섬락을 방지하기 위해서는 매설지선을 설치하여 탑각 접지 저항을 보호 장치가 허락하는 만큼 낮춘다.

25 154[kV], 60[Hz], 길이 50[km]인 3상 송전선로에서 $C_s = 0.004\,[\mu F/km]$, $C_m = 0.0012$ $[\mu F/m]$일 때 1선로에 흐르는 충전 전류는?

① 약 0.25[A] ② 약 8.71[A]

③ 약 9.66[A] ④ 약 12.73[A]

해설 $I_c = 2\pi f\,CE\,[A] = 2\pi \times 60$
$$\times 0.0076 \times 10^{-6} \times 50 \times \frac{154 \times 10^3}{\sqrt{3}}$$
$$= 12.73\,[A]$$

작용정전용량 :
$$C_w = C_s + 3C_m = 0.004 + 3 \times 0.0012$$
$$= 0.0076\,[\mu F/km]$$

26 저압 뱅킹배전방식에서 캐스케이딩(Cascading)현상이란?

① 변압기의 부하배분이 불균일한 현상

② 저압선의 고장에 의하여 건전한 변압기의 일부 또는 전부가 차단되는 현상

③ 전압 동요가 적은 현상

④ 저압선이나 변압기에 고장이 생기면 자동적으로 고장이 제거되는 현상

해설 캐스케이딩 현상 : 저압선의 고장으로 건전한 변압기 일부 또는 전부가 차단되는 현상(고장이 확대되는 현상)

27 유효 접지 계통에서 피뢰기의 정격 전압을 결정하는데 가장 중요한 것은?

① 선로 애자련의 충격 섬락 전압

② 내부 이상 전압 중 과도 이상 전압의 크기

③ 유도뢰의 전압의 크기

④ 1선 지락 고장 시 건전상의 대지 전위, 즉 지속성 이상 전압

해설 피뢰기의 정격 전압을 계산하는 식,
$V_n = \alpha\beta V_m\,[V]$, 여기서, α : 접지계수,
β : 유도계수

V_m : 직접접지(유효) $= \dfrac{1.15}{1.1} \times$ 공칭전압,

기타접지 $= \dfrac{1.2}{1.1} \times$ 공칭전압,

즉, 1선 지락 고장 시 건전상의 대지전압인 지속성 이상 전압의 크기에 따라 달라진다.

28 최근 송전계통에 단권변압기가 사용되고 있다. 그 특성과 관계가 없는 것은?

① 누설 임피던스가 커 단락전류가 작다.

② 1차측 이상전압이 2차측에 미친다.

③ 중량이 가볍다.

④ 전압 변동률이 작다.

해설 단권변압기의 특성
- 중량이 가볍다.
- 1차측의 이상전압이 2차측에 미친다.
- 변압비가 1에 가까울 수록 더 경제적이다.
- 전압변동률이 작다.
- 누설임피던스가 작아서 단락전류는 증가한다.
- 단권변압기의 분포권선은 공통 권선이므로 절연강도는 낮출 수 있다.

29 변압기의 내부 고장 보호용으로 사용되는 계전기는?

① 비율 차동 계전기 ② 방향 계전기

③ 과전압 계전기 ④ 거리 계전기

정답 24 ③ 25 ④ 26 ② 27 ④ 28 ① 29 ①

해설 비율차동계전기 : 발전기 및 변압기의 내부고장 보호용으로 사용되는 계전기이다.

30 직류 송전 방식에 대한 설명으로 틀린 것은?

① 직류 방식은 선로 전압이 교류 전압의 최고 값보다 낮아 절연 계급이 낮아진다.

② 직류 방식은 교류 방식의 표피 효과가 없어 송전 효율은 떨어진다.

③ 직류 방식은 리액턴스나 위상각을 고려할 필요가 없어서 안정도가 좋다.

④ 장거리 송전의 경우에는 교류 방식보다 직류 방식이 유리하다.

해설 직류 송전 방식의 장. 단점

㉠ 장점
- 선로의 리액턴스가 없으므로 안정도가 높다.
- 유전체손 및 충전용량이 없어서 절연내력이 강하다.
- 표피 효과나 근접효과가 없어서 실효저항의 증대가 없다.
- 비동기 연계가 가능하다.
- 코로나 및 전력손실이 적어서 송전효율이 높다.
- 단락전류가 적고, 임의의 교류계통과 연계가 가능하다.

㉡ 단점
- 직, 교 변환 장치가 필요하다.
- 전압의 승압과 강압에 불리하다.
- 고조파 및 고주파의 억제 대책이 필요하다.
- 직류 차단기가 개발되어 있지 않다.

31 저압 배전선의 배전방식 중 배전 설비가 단순하고, 공급 능력이 최대인 경제적 배분 방식이며, 국내에서 220/380[V] 승압 방식으로 채택된 방식은?

① 단상 2선식
② 단상 3선식
③ 3상 4선식
④ 3상 3선식

해설 송전 : 3상 3선식, 배전 : 3상 4선식

32 그림과 같은 배전선이 있다. 급전점 O의 전압을 110[V]라 하면 C점의 전압은?(단, 선로 OA, AB, BC간의 저항은 각각 0.2[Ω]이며, 부하역률은 100[%]이다.)

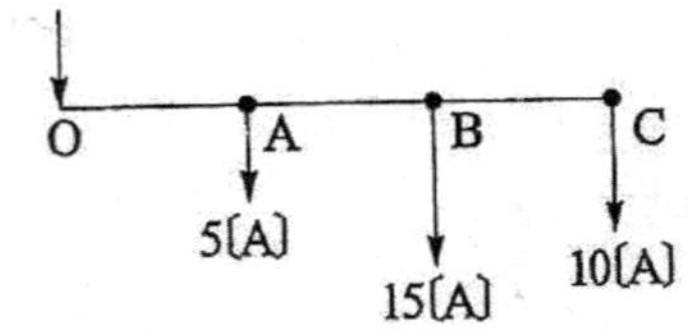

① 92[V]
② 97[V]
③ 99[V]
④ 104[V]

해설
- A점 : $V_A = 110 - (5+15+10) \times 0.2$
  $= 104\,[V]$
- B점 : $V_B = 104 - (15+10) \times 0.2 = 99\,[V]$
- C점 : $V_c = 99 - 10 \times 0.2 = 97\,[V]$

33 전력계통에서 인터록(Interlock)의 설명으로 알맞은 것은?

① 부하통전시 단로기를 열 수 있다.

② 차단기가 열려 있어야 단로기를 닫을 수 있다.

③ 차단기가 닫혀 있어야 단로기를 열 수 있다.

④ 차단기의 접점과 단로기의 접점이 기계적으로 연결되어 있다.

해설 전력 계통에서의 인터록 : 차단기가 열려 있을 때 단로기를 닫고, 열 수 있도록 한 것을 말한다. (DS : 부하(고장) 전류의 개폐능력이 없다.)

34 다음 중 송전선의 코로나손과 가장 관계가 깊은 것은?

① 상대공기밀도
② 송전선의 정전용량
③ 송전거리
④ 송전선의 전압변동률

정답 30 ② 31 ③ 32 ② 33 ② 34 ①

해설

• Peek식

$$P_c = \frac{241}{\delta}(f+25)\sqrt{\frac{d}{2D}}\,(E-E_0)^2 \times 10^{-5}$$
$$[kW/km/선]$$

E : 전선의 대지전압[kV], E_0 : 코로나 임계전압[kV],
δ : 상대공기밀도,
f : 주파수, D : 선간거리[cm], d : 전선의 지름[cm]

35 다음 송전선로의 전기방식 중 전선의 중량 (전선비용)이 가장 적게 소요되는 방식은? (단, 송전전압, 송전거리, 송전전력 및 선로 손실 등은 같다.)

① 단상 2선식   ② 단상 3선식

③ 3상 3선식   ④ 3상 4선식

해설 소요전선량[%]

단상2선식	단상3선식	3상3선식	3상4선식
100	37.5	75	33.3

36 정격전압 154[kV], 1선의 유도리액턴스가 20[Ω]인 3상3선식 송전선로에서 154[kV], 100[MVA] 기준으로 환산한 이 선로의 % 리액턴스는?

① 약 1.4[%]   ② 약 2.2[%]

③ 약 4.2[%]   ④ 약 8.4[%]

해설 $\%X = \dfrac{PX}{10\,V^2} = \dfrac{100 \times 10^3 \times 20}{10 \times 154^2} = 8.43\,[\%]$

37 다음 중 보호 계전 방식이 그 역할을 다하기 위하여 요구되어지는 구비 조건과 거리가 먼 것은?

① 고장 회선 내지 고장 구간의 선택 차단을 신속 정확하게 할 수 있을 것

② 과도 안정도를 유지하는데 필요한 한도 내의 작동 시한을 가질 것

③ 적절한 후비 보호 능력이 있을 것

④ 고장 파급 범위를 최대로 하기 위한 재폐로 방식을 실시할 것

해설 재폐로 실시는 고장구간을 신속히 차단하고 고장 파급 범위를 최소로 하기 위해 실시한다.

38 화력발전소에서 열사이클의 효율 향상을 기하기 위한 방법이 아닌 것은?

① 고압, 고온증기의 채용과 과열기의 설치

② 절탄기, 공기예열기의 설치

③ 재생, 재열사이클의 채용

④ 조속기의 설치

해설 조속기 : 터빈 속도를 일정하게 유지시키는 장치 (열효율향상과 관계없다.)

39 원자력 발전소에서 원자로의 냉각재가 갖추어야 할 조건으로 잘못된 것은?

① 중성자의 흡수 단면적이 클 것

② 유도 방사능이 적을 것

③ 비열이 클 것

④ 열전도율이 클 것

해설

• 중성자의 흡수 단면적이 적을 것
• 비열 및 열전도율이 클 것
• 열용량이 클 것
• 방사능을 띄기 어려울 것

40 수압관 안의 한 점에서 흐르는 물의 압력을 측정한 결과 9[kg/cm^2]이고, 유속을 측정한 결과 49[m/s]이었다. 그 점에서의 압력수두는?

정답 35 ④   36 ④   37 ④   38 ④   39 ①   40 ④

① 30[m]   ② 50[m]

③ 70[m]   ④ 90[m]

해설 압력수두 : $H_P = \dfrac{P}{\omega} = \dfrac{9 \times 10^4}{1000} = 90 \ [m]$

ω : 물의 단위 체적당 중량($1000[\text{kg/m}^3]$)

제3과목 : 전기기기

41 권선형 유도 전동기 저항 제어법의 단점 중 틀린 것은?

① 운전 효율이 낮다.

② 부하에 대한 속도 변동이 작다.

③ 제어용 저항기는 가격이 비싸다.

④ 부하가 적을 때는 광범위한 속도 조정이 곤란하다.

해설 권선형 유도 전동기 저항 제어법의 장·단점

㉠ 장점
- 구조가 간단하여 제어조작이 용이하다.
- 기동용저항기를 겸한다.
- 내구성이 풍부하다.

㉡ 단점
- 부하에 대한 속도변동이 크다.
- 부하가 적을 때 광범위한 속도조정이 곤란하다.
- 운전 효율이 나쁘다.(2차 회로의 효율 $= \dfrac{P}{P_2} = (1-s)$이다.)
- 제어용 저항기를 충분한 크기로 필요하므로 가격이 비싸다.

42 그림과 같은 환류다이오드 사용하여 전파 정류할 때 출력전압의 평균값은?(단, α는 점호각이다.)

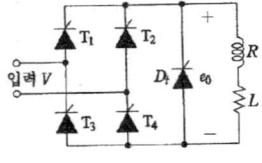

① $\dfrac{2\sqrt{2}\,V}{\pi}\cos\alpha$ ② $\dfrac{\sqrt{2}\,V}{\pi}(1+\cos\alpha)$

③ $\dfrac{2\sqrt{2}\,V}{\pi}(1+\cos\alpha)$ ④ $\dfrac{2\sqrt{2}\,V}{\pi}\sin\alpha$

해설 전파 정류할 때 출력 전압의 평균값은,

$$V_{do} = \frac{1}{\pi}\int_{\alpha}^{\pi} \sqrt{2}\,V\sin\theta\,d\theta = \frac{\sqrt{2}\,V}{\pi}\left[-\cos\theta\,\Big|_{\alpha}^{\pi}\right]$$

$$= \frac{\sqrt{2}\,V}{\pi}(1+\cos\alpha)$$

43 두 개의 동기 발전기가 병렬 운전하고 있다. 그림과 같이 공기 검정기가 접속되었을 때 상회전 방향이 일치되어 있다면?

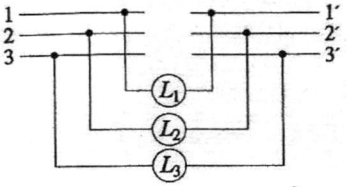

① L_1, L_2, L_3 모두 어둡다.

② L_1, L_2, L_3 모두 밝다.

③ L_1, L_2, L_3 순서대로 점멸한다.

④ L_1, L_2, L_3 모두 점등되지 않는다.

해설
- 상 회전 방향이 일치 : L_1, L_2, L_3 모두 점등되지 않는다.
- 상 회전 방향이 반대 : L_1, L_2, L_3 의 순서대로 점멸한다.

44 분권 직류전동기에서 부하의 변동이 심할 때 광범위하고 안정되게 속도를 제어하는 가장 적당한 방식은?

① 계자제어 방식   ② 저항제어 방식

③ 워드 레오나드 방식   ④ 일그너 방식

정답 41 ②   42 ②   43 ④   44 ④

해설 일그너 방식 : 전압제어 방식으로서 제어 범위가 넓고 손실도 거의 없으며 이상적인 제어법이지만 설비비가 비싸다. 전압변동이 적어서 큰 압연기나 권상기용에 사용한다.

45 병렬운전을 하고 있는 동기 발전기에서 난조를 일으키는 원인이 아닌 것은?

① 부하가 갑자기 크게 변하는 경우

② 원동기의 토크에 고조파 토크를 포함하는 경우

③ 원동기의 조속기 감도가 지나치게 민감한 경우

④ 전기자 회로의 저항이 상당히 작은 값인 경우

해설 동기 발전기에서 난조 발생 원인(난조 방지의 대책 : 제동권선)

• 원동기의 조속기 감도가 지나치게 예민한 경우(조속기를 적당히 조정)

• 원동기의 토크에 고조파 토크가 포함된 경우(회전부의 플라이휠효과를 적당히 선정)

• 전기자 회로의 저항이 상당히 큰 값인 경우(회로의 저항 값을 작게, 리액턴스 삽입)

• 부하가 맥동할 경우(회전부의 플라이 휠 효과를 적당히 선정)

46 변압기 내부의 백분율 저항강하와 백분율 리액턴스강하는 각각 3[%], 4[%]이다. 부하의 역률이 지상 60[%]일 때 변압기의 전압변동율은?

① 2.8[%]   ② 4[%]

③ 5[%]   ④ 7.4[%]

해설 전압변동률은
$\epsilon = p\cos\theta + q\sin\theta = 3 \times 0.6 + 4 \times 0.8 = 5[\%]$

47 20[HP], 4극, 60[Hz]의 3상의 유도 전동기가 있다. 전부하 슬립이 4[%]일 때 전부하시의 토크는?(단 1[HP]은 746[W]이다.)

① 약 11.41[kg·m]   ② 약 10.41[kg·m]

③ 약 9.41[kg·m]   ④ 약 8.41[kg·m]

해설 토크(T) $= 0.975 \dfrac{P}{N}$

$= 0.975 \times \dfrac{14920}{1728} = 8.42 [kg \cdot m]$

$N = (1-s)N_s = (1-0.04) \times 1800 = 1728 [rpm]$

$N_s = \dfrac{120f}{P} = \dfrac{120 \times 60}{4} = 1800 [rpm]$

$P = 20 \times 746 = 14920 [W]$

48 3상 직권 정류자 전동기에서 중간 변압기를 사용하는 주된 이유가 아닌 것은?

① 고정자 권선과 병렬로 접속해서 사용하며 동기속도 이상에서 역률을 100[%]로 할 수 있다.

② 전원 전압의 크기에 관계없이 회전자 전압을 정류작용에 알맞은 값으로 선정할 수 있다.

③ 중간 변압기의 권수비를 바꾸어 전동기 특성을 조정할 수 있다.

④ 중간 변압기의 철심을 포화하면 경부하시 속도상승을 억제할 수 있다.

해설 3상 직권 정류자 정동기의 중간변압기를 사용하는 주된 이유

• 전원 전압의 크기에 관계없이 회전자 전압을 정류작용에 알맞은 값으로 선정할 수 있다.

• 중간변압기(고정자 권선과 회전자 권선 사이에 직렬로 접속)의 권수비를 바꾸어 전동기 특성을 조정할 수 있다.

• 중간변압기의 철심을 포화하도록 하면 그 속도상승을 억제할 수 있다(직권 특성이므로 경부하 시 속도가 매우 상승하므로 중간변압기를 사용).

정답 45 ④   46 ③   47 ④   48 ①

49 동기 발전기에서 무부하 정격 전압일 때의 여자 전류를 I_{f0}, 정격 부하 정격 전압일 때의 여자 전류를 I_{f1}, 3상 단락 전류에 대한 여자 전류를 I_{fs}라 하면 정격 속도에서의 단락비는?

① $\dfrac{I_{fs}}{I_{f0}}$ ② $\dfrac{I_{f0}}{I_{fs}}$

③ $\dfrac{I_{fs}}{I_{f1}}$ ④ $\dfrac{I_{f1}}{I_{fs}}$

해설

$$단락비(k_s) = \frac{무부하에서\ 정격전압을\ 유지하는데\ 필요한\ 계자전류(I_{f0})}{정격전류와같은3상단락전류를\ 흘리는데\ 필요한\ 계자전류(I_{fs})}$$

50 변압기의 임피던스 전압은?

① 정격전류가 흐를 때 2차측전압
② 정격전류가 흐를 때 변압기 내의 전압강하
③ 여자전류가 흐를 때 2차측 전압
④ 여자전류가 흐를 때 1차측 전압

해설 임피던스 전압(V_s) : 변압기 임피던스(Z)와 정격전류(I_n)의 곱을 말한다(정격 전류가 흐르 때 변압기 내부 전압강하를 말한다).

51 직류기의 권선을 단중 파권으로 감으면?

① 내부 병렬회로수가 극수만큼 생긴다.
② 균압환을 연결해야 한다.
③ 저압 대전류용 권선이다.
④ 전기자 병렬 회로수가 극수에 관계없이 언제나 2이다.

해설

파권 : a=2, b=2, 고전압, 소전류용
중권 : a=2, b=p, 저전압, 대전류용, 균압환(4극 이상)
a : 병렬 회로수, p : 극수, b : 브러시수

52 1[MVA], 3300[V], 동기 임피던스 6[Ω] 2대의 3상 교류 발전기를 병렬운전 중 한 발전기의 계자를 강화해서 두 유도기전력(상전압) 사이에 210[V]의 전압차가 생기게 했을 때 두 발전기 사이에 흐르는 무효횡류는?

① 17.5[A] ② 20[A]
③ 15.5[A] ④ 14[A]

해설 두 발전기 사이에 흐르는 무효횡류는,

$$I_c = \frac{E_1 - E_2}{2Z_s} = \frac{E_c}{2Z_s} = \frac{210}{2 \times 6} = 17.5\ [A]$$

53 단상 유도 전동기에서 2전동기설(Two Motor Theory)에 관한 설명 중 틀린 것은?

① 시계 방향 회전자계와 반시계 방향 회전자계가 2개가 있다.
② 1차 권선에는 교번자계가 발생한다.
③ 2차 권선 중에는 sf_1과 $(2-s)f_1$ 주파수가 존재한다.
④ 기동시 토크는 정격토크의 1/2이 된다.

해설 기동 시 s=1에서, 기동토크는 0으로 기동할 수 없다(어떤 방향으로 회전시키면 그 방향으로 토크가 발생되어 회전은 계속한다).

54 단상전파 정류회로에서 저항 부하 시 맥동률은 약 얼마인가?

① 17[%] ② 48[%]
③ 52[%] ④ 83[%]

해설 맥동률 [%]

단상반파	단상전파	3상반파	3상전파
121	48	17	4

정답 49 ② 50 ② 51 ④ 52 ① 53 ④ 54 ②

• 단상전파정류회로에서 저항 부하시 맥동률은,

$$v = \frac{\sqrt{I_s^2 - I_{av}^2}}{I_{av}} \times 100 = \sqrt{(\frac{I_s}{I_{av}})^2 - 1} \times 100$$

$$= \sqrt{\frac{(\frac{I_m}{\sqrt{2}})^2}{(\frac{2I_m}{\pi})^2} - 1} \times 100$$

$$= \sqrt{\frac{\pi^2}{8} - 1} \times 100 = 48 \, [\%]$$

55 극수가 24일 때, 전기각 180에 해당되는 기계각은?

① 7.5°   ② 15°

③ 22.5°   ④ 30°

해설 기하학적 각도(기계각)

$$\alpha = 전기각(\alpha_e) \times \frac{2}{p} = 180° \times \frac{2}{24} = 15°$$

56 유입 변압기에 기름을 사용하는 목적이 아닌 것은?

① 효율을 좋게 하기 위해서

② 절연을 좋게 하기 위해서

③ 냉각을 좋게 하기 위해서

④ 열방산을 좋게 하기 위해서

해설 유입 변압기에 사용되는 기름의 목적

㉠ 절연을 좋게 하기 위해서

㉡ 냉각을 좋게 하기 위해서

㉢ 열을 골고루 방산하기 위해서

57 200[V], 60[Hz], 4극, 20[kW]의 3상 유도 전동기가 있다. 전부하일 때의 회전수가 1728[rpm]이면 2차 효율[%]은?

① 45   ② 56

③ 96   ④ 100

해설 2차효율

$$\eta_2 = \frac{P}{P_2} = \frac{N}{N_s} = \frac{1728}{1800} \times 100 = 96 \, [\%]$$

$$N_s = \frac{120f}{p} = \frac{120 \times 60}{4} = 1800 \, [rpm]$$

58 외분권 차동 복권 발전기의 단자 전압 V 은?(단, $\Phi_s[Wb]$: 직권 계자 권선에 의한 자속, $\Phi_f[Wb]$: 분권 계자의 자속, $R_a[\Omega]$: 전기자의 저항, R_s : 직권 계자 저항, I_a : 전기자의 전류, I : 부하 전류, n[rps] : 속도, $k = \frac{pZ}{a}$이며 자기회로의 포화현상과 전기자 반작용은 무시한다.)

① $V = k(\Phi_f + \Phi_s) n - I_a R_a - I R_s \, [V]$

② $V = k(\Phi_f - \Phi_s) n - I_a R_a - I R_s \, [V]$

③ $V = k(\Phi_f + \Phi_s) n - I_a (R_a + R_s) \, [V]$

④ $V = k(\Phi_f - \Phi_s) n - I_a (R_a + R_s) \, [V]$

해설

• 유기 기전력 : $E = p\Phi n \frac{z}{a} = k\Phi n \, [V]$

• 단자전압 : $E - I_a (R_a + R_s) \, [V]$

∴ 차동복권발전기의 단자 전압은

$V = k(\Phi_f - \Phi_s) n - I_a (R_a + R_s) \, [V]$

(차동복권은 전체자속 : $\Phi = \Phi_f - \Phi_s$, 분권계자권속의 자속과 직권계자권속의 자속은 방향이 서로 반대)

59 60[Hz]의 변압기에 50[Hz]의 동일 전압을 가했을 때의 자속밀도는 60[Hz] 때의 몇 배인가?

① $\frac{6}{5}$ ② $\frac{5}{6}$

③ $(\frac{5}{6})^{1.6}$ ④ $(\frac{5}{6})^2$

정답 55 ②   56 ①   57 ③   58 ④   59 ①

해설 $E=4.44\,f\,N\phi_m$, 전압이 일정하면, $\phi_m \propto \dfrac{1}{f}$

$\phi_m = B_m\,S$ 에서, $\phi_m \propto B_m \propto \dfrac{1}{f}$

$B_{60} : B_{50} = \dfrac{1}{60} : \dfrac{1}{50}$ 에서, $\quad \therefore B_{50} = \dfrac{6}{5}\,B_{60}$

60 10[HP], 4극, 60[Hz] 3상 유도전도이의 전 전압 기동 토크가 전부하 토크의 1/3일 때 탭전압이 $1/\sqrt{3}$ 인 기동보상기로 기동한다 면 그 기동 토크는 전부하 토크의 몇 배가 되겠는가?

① $\sqrt{3}$ ② 1/3

③ 1/9 ④ 2

해설 • 토크(T)는 전압(V)의 제곱에 비례한다.

$T : T' = V^2 : \left(\dfrac{V}{\sqrt{3}}\right)^2, \ T' = \dfrac{1}{3}\,T$

$\therefore$ 기동토크는 전부하토크의 $\dfrac{1}{3}$ 배이므로,

$T' = \dfrac{1}{3}\,T = \dfrac{1}{3} \times \dfrac{1}{3}\,T_L = \dfrac{1}{9}\,T_L$

제4과목 : 회로이론 및 제어공학

61 내부에 기전력이 있는 회로가 있다. 이 회로 의 한 쌍의 단자 전압을 측정하였을 때 70[V]이고, 또 이 단자에서 본 이 회로의 임 피던스가 60[Ω]이라 한다. 지금 이 단자에 40[Ω]의 저항을 접속하면, 이 저항에 흐르 는 전류는?

① 0.5[A] ② 0.6[A]

③ 0.7[A] ④ 0.8[A]

해설

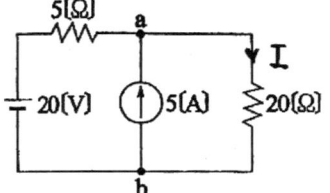

그림에서 $I = \dfrac{70}{60+40} = 0.7\,[A]$

62 어떤 정현파 전압의 평균값이 150[V]이면 최대값은 약 얼마인가?

① 300[V] ② 236[V]

③ 115[V] ④ 175[V]

해설 정현파 전압의 평균값 : $V_{av} = \dfrac{2}{\pi}\,V_m$ 에서,

$\therefore V_m = \dfrac{\pi}{2} \times 150 = 235.62\,[V]$

63 다음의 회로에서 저항 20[Ω]에 흐르는 전 류는?

① 0.4[A] ② 1.8[A]

③ 3.9[A] ④ 5.4[A]

해설 중첩의 원리
• 전압원 20[V]만 존재할 경우(전류원은 개방)의 전 류는

$I_1 = \dfrac{20}{5+20} = 0.8\,[A]$

• 전류원 5[A]만 존재할 경우(전압원은 단락)의 전류는

$I_2 = \dfrac{5}{5+20} \times 5 = 1\,[A]$

$\therefore I = I_1 + I_2 = 0.8 + 1 = 1.8\,[A]$

정답 60 ③ 61 ③ 62 ② 63 ②

64 다음 그림과 같이 2개의 전력계에 의란 3상 전력측정시 전 3상 전력[W]는?

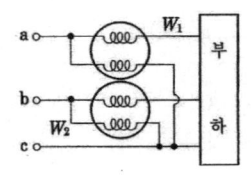

① $\sqrt{3}\,(|W_1|+|W_2|)$　② $3\,(|W_1|+|W_2|)$

③ $|W_1|+|W_2|$　④ $\sqrt{W_1^2+W_2^2}$

해설 $W = W_1 + W_2$

65 어떤 회로망의 4단자 정수 중에서 A=8, B=j2, D=3+j2이면, 이 회로망의 C는?

① $24+j14$　② $3-j4$

③ $8-j11.5$　④ $4+j6$

해설 $AD - BC = 1$
$$C= \frac{8(3+j2)-1}{j2}=8-j11.5$$

66 각상의 임피던스가 6 + j8[Ω]인 평형 Y부하에 선간전압 220[V]인 대칭 3상 전압을 가하였을 때 선전류는?

① $10.7[A]$　② $11.7[A]$

③ $12.7[A]$　④ $13.7[A]$

해설 Y결선이므로, 선전류(I_l) = 상전류(I_p)
$$\therefore I_p = \frac{V_p}{Z} = \frac{220/\sqrt{3}}{\sqrt{6^2+8^2}}=12.7\ [A] = I_l$$

67 다음과 같은 회로가 정저항 회로로 되기 위한 R값은?($L=4[mH]$, $C=0.1[\mu F]$이다.)

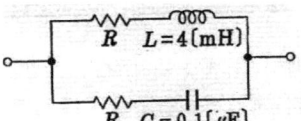

① $40000[\Omega]$　② $200[\Omega]$

③ $2.5\times10^{-4}\ [\Omega]$　④ $2\times10^{-5}\ [\Omega]$

해설 정저항 회로 :
$$R=\sqrt{\frac{L}{C}}=\sqrt{\frac{4\times10^{-3}}{0.1\times10^{-6}}}=200[\Omega]$$

68 1상의 임피던스 Z=4+j3[Ω]인 평형 Y부하에 평형 3상 전압 208[V]가 인가되었다면 소비전력은?

① 약 4500[W]　② 약 5300[W]

③ 약 5180[W]　④ 약 6910[W]

해설 $P=3\,I_p^2\,R=3\times\left(\dfrac{208/\sqrt{3}}{\sqrt{4^2+3^2}}\right)^2\times4$
$$=6922.24\ [W]$$

69 어떤 회로에 100+j20[V]인 전압을 가했을 때, 8+j6[A]인 전류가 흘렀다면 이 회로의 소비전력은?

① $800[W]$　② $920[W]$

③ $1200[W]$　④ $1400[W]$

해설 $P_a = V \cdot \bar{I} = (100+j20)(8-j6)$
$$=920-j440\ [VA]$$
∴ 소비전력 : $P=920\ [W]$

70 제어계 중에서 물체의 위치(속도, 가속도), 각도(자세, 방향) 등의 기계적인 출력을 목적으로 하는 제어는?

① 프로세스 제어　② 프로그램 제어

③ 자동 조정 제어　④ 서보 제어

정답　**64** ③　**65** ③　**66** ③　**67** ②　**68** ④　**69** ②　**70** ④

해설
- 서보 제어 : 물체의 위치, 방위, 자세
- 프로세스 제어 : 온도, 농도, 유량, 압력, 액위, 밀도
- 자동 조정 제어 : 전압, 전류, 주파수, 힘, 회전속도

71 Nyquist의 안정론에서는 벡터 궤적과 점 (X, Y)의 상대적 관계로 안정판별이 결정되는데 이때 X, Y의 값으로 옳은 것은?

① $(1,\ j0)$ ② $(-1,\ j0)$
③ $(0,\ j0)$ ④ $(\infty,\ j0)$

해설 $G(s)H(s)$의 $\omega > 0$에 대한 벡터 궤적을 ω 가 증가하는 방향으로 궤적을 따라 갈 때 점 $(-1, j0)$을 왼쪽으로 보게 될 경우엔 안정, 오른쪽으로 보게 될 경우에는 불안정하다.

72 다음 회로를 신호 흐름 선도로 나타낸 것은?

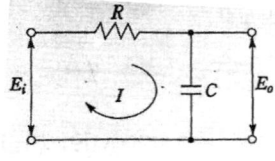

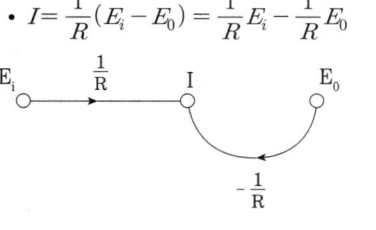

해설
- $I = \dfrac{1}{R}(E_i - E_0) = \dfrac{1}{R}E_i - \dfrac{1}{R}E_0$

$E_i \xrightarrow{\frac{1}{R}} I \qquad E_0$

$-\dfrac{1}{R}$

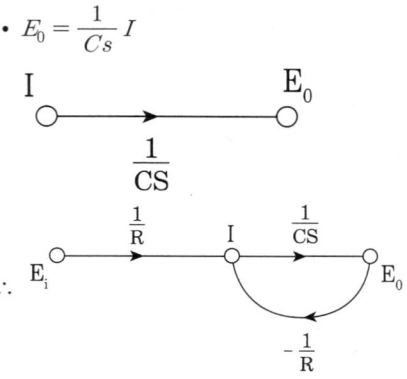

- $E_0 = \dfrac{1}{Cs}\,I$

$I \xrightarrow{\frac{1}{CS}} E_0$

$\therefore\ E_i \xrightarrow{\frac{1}{R}} I \xrightarrow{\frac{1}{CS}} E_0$

$-\dfrac{1}{R}$

73 논리식 $L = \overline{x}\cdot\overline{y} + \overline{x}\cdot y + x\cdot y$를 간략화한 것은?

① $x + y$ ② $\overline{x} + y$
③ $x + \overline{y}$ ④ $\overline{x} + \overline{y}$

해설
$L = \overline{x}\cdot\overline{y} + \overline{x}\cdot y + x\cdot y = \overline{x}(\overline{y}+y) + x\cdot y$
$= \overline{x} + xy = \overline{x} + y$

74 Laplace 변환된 함수 $X(s) = \dfrac{1}{s(s+1)}$에 대한 z-변환은?

① $\dfrac{z(1-e^{-t})}{(z-1)(z-e^{-t})}$ ② $\dfrac{z(1-e^{-t})}{(z+1)(z+e^{-t})}$
③ $\dfrac{z(1-e^{-t})}{(z+1)(z-e^{-t})}$ ④ $\dfrac{z(1+e^{-t})}{(z+1)(z-e^{-t})}$

해설
$X(s) = \dfrac{A}{s} + \dfrac{B}{s+1} = \dfrac{1}{s} - \dfrac{1}{s+1}$ 이 값을 Z변환하면,

$A = \lim_{s\to 0}\dfrac{1}{s+1} = 1,\ B = \lim_{s\to -1}\dfrac{1}{s} = -1$

$Z(\dfrac{1}{s} - \dfrac{1}{s+1}) = \dfrac{z}{z-1} - \dfrac{z}{z-e^{-t}}$
$= \dfrac{z(1-e^{-t})}{(z-1)(z-e^{-t})}$

정답 71 ② 72 ② 73 ② 74 ①

75 다음 중 t=0에서 상태 천이행렬 $\varPhi(t)=e^{At}$ 의 값은?

① e　　　　　② e^{-1}

③ I　　　　　④ 0

해설 $t=0$, $\varPhi(0)=I$ (I : 단위행렬)

76 개루프 전달함수 $G(s)H(s)=\dfrac{K(s+1)}{s(s+2)}$ 일 경우, 실수축상의 근궤적 범위는?

① 원점과 (−2) 사이

② 원점에서 점(−1) 사이와 (−2)에서 (−∞) 사이

③ (−2)와 (+∞) 사이

④ 원점에서 (+2) 사이

해설 전달함수에서 영점(0) = −1, 극점(×) = 0, −2. 실수축상의 근궤적의 범위는 그림에서처럼 홀수 구간만 존재한다.

0 : 영점, × : 극점, 홀수구간에만 존재

77 $f(t)=\sin t+2\cos t$를 라플라스 변환하면?

① $\dfrac{2s}{s^2+1}$　　　　② $\dfrac{2s+1}{s^2+1}$

③ $\dfrac{2s+1}{(s+1)^2}$　　　④ $\dfrac{2s}{(s+1)^2}$

해설 $f(t)=\sin t+2\cos t$를 라플란스 변환하면,

$\mathcal{L}(\sin t+2\cos t)=\dfrac{1}{s^2+1}+\dfrac{2s}{s^2+1}=\dfrac{2s}{s^2+1}$

78 시스템의 특성이 $G(s)=\dfrac{C(s)}{U(s)}=\dfrac{1}{s^2}$과 같을 때 천이행렬은?

① $\begin{bmatrix}1 & 0\\0 & 1\end{bmatrix}$　　　　② $\begin{bmatrix}1 & t\\0 & 1\end{bmatrix}$

③ $\begin{bmatrix}1 & -t\\0 & 1\end{bmatrix}$　　　④ $\begin{bmatrix}-1 & 0\\0 & 1\end{bmatrix}$

해설 $G(s)=\dfrac{C(s)}{U(s)}=\dfrac{1}{s^2}$, $s^2C(s)=U(s)$,

$\dfrac{d^2c(t)}{dt^2}=u(t)$를 위상변수형으로 나타내기 위해서,

$put, c_1(t)=c(t)$

$c_2(t)=\dot{c}(t)=\dot{c}_1(t)=0c_1(t)+c_2(t)$

$\ddot{c}(t)=\dot{c}_2(t)=0c_1(t)+0c_2(t)+u(t)$

$\begin{bmatrix}\dot{c}_1(t)\\\dot{c}_2(t)\end{bmatrix}=\begin{bmatrix}0 & 1\\0 & 0\end{bmatrix}\begin{bmatrix}c_1(t)\\c_2(t)\end{bmatrix}+\begin{bmatrix}0\\1\end{bmatrix}u(t)$

$A=\begin{bmatrix}0 & 1\\0 & 0\end{bmatrix}$,

$[sI-A]=\begin{bmatrix}s & 0\\0 & s\end{bmatrix}-\begin{bmatrix}0 & 1\\0 & 0\end{bmatrix}=\begin{bmatrix}s & -1\\0 & s\end{bmatrix}$

$\therefore \phi(t)=\mathcal{L}^{-1}[sI-A]^{-1}=\mathcal{L}^{-1}\begin{bmatrix}\dfrac{1}{s} & \dfrac{1}{s^2}\\0 & \dfrac{1}{s}\end{bmatrix}$

$=\begin{bmatrix}1 & t\\0 & 1\end{bmatrix}$

$[sI-A]^{-1}=\dfrac{1}{\begin{vmatrix}s & -1\\0 & s\end{vmatrix}}\begin{bmatrix}s & 1\\0 & s\end{bmatrix}=\dfrac{1}{s^2}\begin{bmatrix}s & 1\\0 & s\end{bmatrix}$

$=\begin{bmatrix}\dfrac{1}{s} & \dfrac{1}{s^2}\\0 & \dfrac{1}{s}\end{bmatrix}$

79 특성 방정식 $Ks^3+s^2-2s+5=0$인 제어계의 안정 상태는?

① K < 0이면 불안정하다.

② K < −$\dfrac{2}{5}$이면 안정하다.

③ K > $\dfrac{2}{5}$이면 안정하다.

④ K의 값에 관계없이 불안정하다.

정답 75 ③　76 ②　77 ②　78 ②　79 ④

해설 제어계의 안정도 판별법
- 특성방정식의 모든 계수의 부호는 같아야 할 것
- 계수 중에 어느 하나라도 0이 되면 안 된다.
- 루드 수열에서 제 1열 요소에 부호 변화가 없을 때 안정하다.

80 그림과 같은 제어계어서 단위 계단 외란 D가 인가되었을 때의 정상편차는?

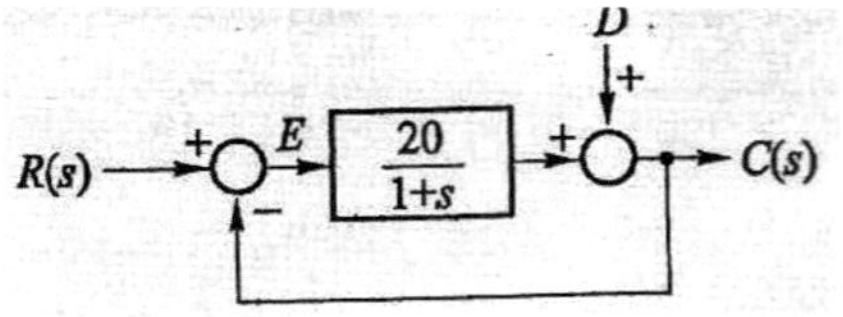

① 20
② 21
③ $\dfrac{1}{10}$
④ $\dfrac{1}{21}$

해설 $D(s) = \dfrac{1}{s}$, $R(s) = 0$일 때,

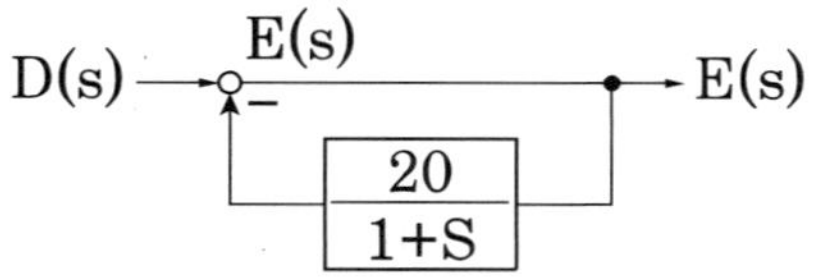

$E(s) = D(s) - \dfrac{20}{1+s}E(s)$, $E(s)(1 + \dfrac{20}{1+s})$
$= D(s)$

$E(s) = \dfrac{1}{1+\dfrac{20}{1+s}}D(s)$

∴ 정상편차 :

$e_{ss} = \lim\limits_{s \to 0} s\,E(s)$

$= \lim\limits_{s \to 0} s\dfrac{D(s)}{1+\dfrac{20}{1+s}}$

$= \lim\limits_{s \to 0} s\dfrac{\dfrac{1}{s}}{1+\dfrac{20}{1+s}} = \dfrac{1}{21}$

제5과목 : 전기설비기술기준 및 판단기준

81 저압 옥내배선 공사 중 인입용 비닐 절연전선을 사용할 수 없는 공사는?

① 합성수지관 공사
② 금속 몰드 공사
③ 애자 사용 공사
④ 가요전선과 공사

해설 애자 사용 공사 : 절연전선 사용(OW, DV 제외)

82 애자 사용 공사에 의한 고압 옥내배선공사를 할 때 전선의 지지점 간의 거리는 몇 [m] 이하로 하여야 하는가?(단, 전선은 조영재의 면을 따라 붙였다고 한다.)

① 2
② 3
③ 4
④ 5

해설 고압 옥내 배선의 시설에서 애자 사용 공사
- 전선 굵기 : 공칭 단면적 6[mm²] 이상의 연동선으로 고압 절연 전선, 특고압 절연 전선, 또는 인하용 절연 전선 사용
- 지지점 간의 거리 : 6[m] 이하(조영재 면을 따라 붙이는 경우 : 2[m] 이하)
- 이격거리 : 전선 상호 간격 8[cm] 이상, 전선과 조영재와의 이격거리 5[cm] 이상

83 고압 가공전선과 건조물의 상부 조영재와의 옆쪽 이격거리는 몇 [m] 이상이어야 하는가?(단, 전선에 사람이 쉽게 접촉할 우려가 있고 케이블이 아닌 경우)

① 1.0
② 1.2
③ 1.5
④ 2.0

해설 저, 고압 가공전선과 건조물의 접근
고압 가공 전선과 건조물의 조영재 사이의 이격거리
(이상)

정답 80 ④   81 ③   82 ①   83 ②

건조물의 조영재구분	접근형태	이격거리 및 비고
상부조영재 (지붕, 차양, 옷 말리는 곳, 기타 사람이 올라갈 우려가 있는 조영재)	위쪽	2[m](전선이 케이블인 경우 : 1[m])
	옆쪽 또는 아래쪽	1.2[m](전선에 사람이 쉽게 접촉할 우려가 없는 경우 : 80[cm], 케이블인 경우 : 40[cm])
기타의조영재		1.2[m](전선에 사람이 쉽게 접촉할 우려가 없는 경우 : 80[cm], 케이블인 경우 : 40[cm])

84 발전소에서 개폐기 또는 차단기에 사용하는 압축공기 장치는 수압을 연속하여 10분간 가하여 시험하였을 때 최고 사용압력 몇 배의 수압에 견디고 새지 않아야 하는가?

① 1.1배
② 1.25배
③ 1.5배
④ 2배

해설 최고 사용 압력의 1.5배의 수압을 계속하여 10분간 가하여 시험을 한 경우에 이에 견디고 새지 않아야 한다.

85 제1종 접지공사의 접지선의 굵기는 공칭단면적 몇 [mm²] 이상의 연동선이어야 하는가?

① 2.5
② 4.0
③ 6.0
④ 8.0

해설
E_1 : 공칭단면적 6[mm²] 이상의 연동선
E_2 : 특고압에서 변성할 경우 : 공칭 단면적 16[mm²] 이상의 연동선, 고압에서 저압 및 22.9[kV−Y]에서 고·저압으로 변성할 경우 : 공칭단면적 6[mm²] 이상의 연동선
E_3, E_{s3} : 공칭단면적 2.5[mm²] 이상의 연동선

86 금속관 공사에 의한 저압 옥내배선의 방법으로 틀린 것은?

① 옥외용 비닐 절연전선을 사용하였다.
② 전선으로 연선을 사용하였다.
③ 콘크리트에 매설하는 관은 두께 1.2[mm]용을 사용하였다.
④ 사용전압 400[V] 이상이고 사람의 접촉우려가 없어 제3종 접지공사를 하였다.

해설 금속관공사
• 전선은 절연전선 사용(OW제외). 다만, 공칭단면적 10[mm²] 이하인 것은 단선으로 사용할 수 있다.(Al : 16[mm²])
• 금속 관안에서는 전선의 접속점이 없도록 할 것
• 관의 두께는 콘크리트에 매설하는 것은 1.2[mm] 이상, 기타의 것은 1[mm] 이상
• 사용전압이 400[V] 미만인 관은 제3종 접지공사를, 400[V] 이상인 관은 특별 제3종 접지공사를 할 것, 다만 사람이 접촉할 우려가 없도록 시설할 경우는 제3종 접지공사에 의할 수 있다.

87 전로에 시설하는 기계기구 중에서 외함 접지 공사를 생략할 수 없는 경우는?

① 사용전압이 직류 300[V] 또는 교류 대지전압이 150[V] 이하인 기계기구를 건조한 장소에 시설하는 경우
② 정격감도전류 40[mA], 동작시간이 0.5초인 전류 동작형의 인체감전 보호용 누전차단기를 시설하는 경우
③ 외함이 없는 계기용변성기가 고무 합성수지 가타의 절연물로 피복한 것일 경우
④ 철대 또는 외함의 주위에 적당한 절연대를 설치하는 경우

해설 기계기구의 철대 및 외함의 접지에서 접지를 생략할 수 있는 경우

정답 84 ③ 85 ③ 86 ① 87 ②

- 물기가 있는 장소 외에 시설하는 저압용의 개별 기계기구에 전기를 공급하는 전로에 인체감정보호용 누전차단기(정격감도전류가 30[mA] 이하, 동작시간이 0.03초 이하의 전류동작형에 한한다.)를 시설하는 경우
- 저압용의 기계기구를 건조한 목재의 마루 기타 이와 유사한 절연성 물건위에서 취급하도록 시설하는 경우

88 사용전압이 154[kV]인 가공전선로를 제1종 특고압 보안공사로 시설할 때 사용되는 경동연선의 단면적은 몇 [mm²] 이상이어야 하는가?

① 55 ② 100
③ 150 ④ 200

해설

- 사용 전압 100[kV] 미만 : 인장강도 21.67[kN] 이상의 연선 또는 단면적 55[mm²] 이상의 경동연선
- 사용전압 100[kV] 이상 300[kV] 미만 : 인장강도 58.84[kN] 이상의 연선 또는 단면적 150[mm²] 이상의 경동 연선
- 사용전압 300[kV] 이상 : 인장강도 77.47[kN] 이상의 연선 또는 단면적 200[mm²] 이상의 경동연선

89 특고압의 기계기구, 모선 등을 옥외에 시설하는 변전소의 구내에 취급자 이외의 자가 들어가지 못하도록 시설하는 울타리, 담 등의 높이는 몇 [m] 이상으로 하여야 하는가?

① 2 ② 2.2
③ 2.5 ④ 3

해설 발전소, 변전소, 개폐소 또는 이에 준하는 곳에서의 울타리, 담 등의 높이는 2[m] 이상으로 하고, 지표면과 울타리, 담 등의 하단 사이의 간격은 15[cm] 이하로 할 것

90 풀용 수중조명등에 전기를 공급하기 위한 절연 변압기의 2차측 전로의 사용전압이 30[V] 이하이다. 1차권선과 2차권선 사이에 금속제의 혼촉 방지판을 설치한 경우 제 몇 종 접지 공사를 하여야 하는가?

① 제1종 접지공사
② 제2종 접지공사
③ 제2종 또는 특별 제3종 접지공사
④ 제3종 또는 특별 제3종 접지공사

해설 수중 또는 분수에 조명등을 시설할 경우, 절연변압기는 2차 전압 30[V] 이하는 제1종 접지공사를 한 혼촉 방지판을 설치하고 30[V]를 넘는 경우에 지기가 발생하면 자동적으로 전로를 차단하는 장치를 시설할 것(또는 2차측 전로는 비접지로 한다)

91 가공 전선로의 지지물에 시설하는 지선에 관한 사항으로 옳은 것은?

① 지선의 안전율은 1.2 이상이고 허용인장하중의 최저는 4.31[kN]으로 한다.
② 지선에 연선을 사용할 경우에는 소선은 3가닥 이상의 연선을 사용한다.
③ 소선은 지름 1.2[mm] 이상인 금속선을 사용한다.
④ 도로를 횡단하여 시설하는 지선의 높이는 지표상 6.0[m] 이상이다.

해설 지선의 시설
- 지선의 안전율은 2.5(목주 및 A종 지지물 : 1.5) 이상으로 최저 인장하중은 4.31[kN]으로 한다.
- 지선에 연선을 사용할 경우
  - 소선 3가닥 이상의 연선일 것
  - 소선은 지름 2.6(mm) 이상의 금속선을 사용한 것일 것
- 지중부분 및 지표상 30[cm]까지의 부분에는 내식성 있는 것 또는 아연 도금
  철봉을 사용하고, 쉽게 부식하지 아니하는 근가에 견고하게 붙일 것

정답 88 ③ 89 ① 90 ① 91 ②

- 지선의 지표상 높이
  - 도로횡단 : 5[m] 이상
  - 도로횡단 시 교통에 지장이 없는 경우 : 4.5[m] 이상
  - 보도 : 2.5[m] 이상

92 저압 옥측 전선로를 시설하는 경우 옳지 않은 공사는?(단, 전개된 장소로서 목조 이외의 조영물에 시설하는 경우이다.)

① 애자 사용 공사　　② 합성수지관 공사
③ 케이블 공사　　　④ 금속 몰드 공사

해설 저압옥측 전선로의 시설
- 공사방법 : 애자 사용 공사(전개된 장소로서 목조이외의 조영물), 합성수지관 공사, 버스덕트 공사, (목조이외의 조영물에 시설하는 경우 : 점검 할 수 없는 은폐된 장소는 제외), 금속관 공사(목조 이외의 조영물 시설하는 경우에 한한다), 케이블 공사
- 이격 거리 : 조영물의 상부 조영재 위쪽 : 2[m] 이상 옆쪽 또는 아래쪽 : 60[cm] 이상, 기타 : 60[cm] 이상

93 저압 가공전선과 고압 가공전선을 동일 지지물에 시설하는 경우 저압 가공전선과 고압 가공전선 사이의 이격 거리는 몇 [cm] 이상이어야 하는가?

① 10　　　　　② 20
③ 40　　　　　④ 50

해설 저 고압가공 전선 등의 병가
이격거리는 50[cm] 이상(단, 고압가공전선이 케이블인 경우 : 30[cm])

94 유도장해의 방지를 위한 규정으로 사용전압 60[kV] 이하인 가공 전선로의 유도전류는 전화선로의 길이 12[km]마다 몇 [μA]를 넘지 않도록 하여야 하는가?

① 1[μA]　　　　② 2[μA]
③ 3[μA]　　　　④ 4[μA]

해설 유도장해의 방지
- 사용전압이 60[kV] 이하인 경우에는 전화선로의 길이 12[km]마다 유도전류가 2[μA]를 넘지 아니할 것
- 사용전압이 60[kV]넘는 경우에는 전화선로의 길이 40[km]마다 유도전류가 3[μA]를 넘지 아니할 것

95 지중 전선로 시설 규정 중 옳은 내용은?

① 지중 전선로는 전선으로 케이블을 사용할 수 없다.
② 지중 전선로는 암거식에 의해 시설할 수 없다.
③ 지중 전선로를 직접 매설하는 경우에는 차량에 의해 압력을 받을 우려가 있는 장소에서는 60[m] 이상 매설한다.
④ 방호장치의 금속제 부분, 지중전선의 피복으로 사용하는 금속체는 제3종 접지공사를 하여야 한다.

해설 지중전선로
- 전선은 케이블을 사용하고, 직접 매설식, 관료식, 암거식에 의하여 시설
- 직접 매설식에 의하여 시설하는 경우에 차량, 기타 중량물의 압력을 받을 우려가 있는 장소에서 1.2[m] 이상, 기타의 장소는 60[cm] 이상의 깊이에 시설
- 관 암거 기타 지중전선을 넣은 방호 장치의 금속제 부분, 금속제의 전선 접속함 및 지중전선의 피복으로 사용하는 금속체에는 제3종 접지공사를 하여야 한다.

96 강색 차선과 대지 사이의 절연저항은 사용 전압에 대한 누설전류가 궤도의 연장 1[km]마다 몇 [mA] 넘지 않도록 하여야 하는가?

① 5　　　　　② 10
③ 30　　　　　④ 50

해설 누설전류가 궤도의 연장 1[km]마다 10[mA]를 넘지 아니하도록 유지

정답　92 ④　93 ④　94 ②　95 ④　96 ②

97 발전소에는 운전보안상 각종의 계측장치를 시설하여야 한다. 다음 중 계측대상이 아닌 것은?

① 발전기의 고정자 온도

② 주요 변압기의 역률

③ 주요 변압기의 전압 및 전류 또는 전력

④ 특고압용 변압기의 온도

해설 발전소 계측 장치
- 발전기 연료전지 또는 태양전지 모듈의 전압 및 전류 또는 전력
- 발전기의 베어링 및 고정자의 온도
- 발전기 진동의 진폭
- 주요변압기의 전압 및 전류 또는 전력
- 특고압용 변압기의 온도

98 전력 보안 가공통신선을 횡단보도교 위에 설치하고자 할 때 노면상의 높이는 몇 [m] 이상이어야 하는가?

① 3   ② 3.5

③ 5   ④ 6.5

해설 가공 통신선의 높이(이상)

시설 장소	가공 통신선	첨가통신선	
		고·저압	특고압
도로 횡단	5[m]	6[m]	6[m]
도로 횡단(교통에 지장이 없는 경우)	4.5[m]	5[m]	–
철도 횡단	6.5[m]	6.5[m]	6.5[m]
횡단 보도교 위	3[m]	3.5[m]	5[m]
횡단 보도교 위(절연전선사용)	–	3[m]	4[m]
기타의 장소	3.5[m]	4[m]	5[m]

99 최대사용전압이 7[kV]를 넘는 회전기의 절연내력 시험은 최대사용전압 몇 배의 전압에서 10분간 견디어야 하는가?

① 0.92   ② 1.25

③ 1.5   ④ 2

해설 회전기 및 전류기의 절연내력 시험

종류		시험전압	시험방법
회전기	발전기, 전동기, 조상기, 기타 회전기 (회전변류기를 제외한다.)	최대사용전압 7000 [V] 이하	최대사용전압의 1.5배의 전압(500[V] 미만으로 되는 경우에는 500[V])	권선과 대지간에 연속하여 10분간 가한다.
		최대사용전압 7000 [V] 초과	최대사용전압의 1.25배의 전압 (10,500[V] 미만으로 되는 경우에는10,500[V])	
	회전변류기		직류측의 최대사용전압의 1배의 교류전압(500[V] 미만으로 되는 경우에는 500[V])	

100 사용전압이 400[V] 미만인 저압 가공전선으로 절연전선을 사용하는 경우, 지름 몇 [mm] 이상의 경동선을 사용하여야 하는가?

① 2.0   ② 2.6

③ 3.2   ④ 3.8

해설 가공전선의 굵기 및 종류
- 400[V] 미만 : 케이블인 경우를 제외하고, 인장강도 3.43[kN] 이상의 것 또는 지름 3.2[mm] 이상의 경동선(절연전선 : 인장강도 2.3[kN] 이상의 것 또는 지름 2.6[mm] 이상의 경동선)
- 400[V] 이상 : 저 고압 가공 전선은 케이블인 경우를 제외하고, 시가지에 시설하는 경우는 인장강도 8.01[kN] 이상의 것 또는 지름 5[mm] 이상의 경동선, 시가지 외에는 인장강도 5.26[kN] 이상의 것 또는 지름 4[mm] 이상의 경동선
- 400[V] 이상인 저압 가공전선에는 인입용비닐 절연전선(DV)또는 다심형 전선을 사용해서는 아니된다.

정답 **97** ②   **98** ①   **99** ②   **100** ②

국가기술자격검정 필기시험문제

2011년도 기사 제1회 필기시험(기사)

자격종목 및 등급(선택분야)	종목코드	시험시간	문제지형별	수검번호	성명
전기기사		**2시간 30분**	**A**		

※ 시험문제지는 답안카드와 같이 반드시 제출하여야 합니다.

제1과목 : 전기자기학

01 자기인덕턴스와 상호인덕턴스와의 관계에서 결합계수 k의 값은?

① $0 \le k \le \dfrac{1}{2}$ ② $0 \le k \le 1$

③ $1 \le k \le 2$ ④ $1 \le k \le 10$

해설 결합계수($0 \le k \le 1$)
- 완전한 자기 결합 (k=1), $M = \sqrt{L_1 L_2}$
- 자기 결합이 전혀 되지 않음 (k=0), M=0
- 일반적인 자기 결합 ($0 < k < 1$), $M = k\sqrt{L_1 L_2}$

02 그림과 같은 유한길이의 솔레노이드에서 비투자율이 μ_s인 철심의 단면적이 S[m^2]이고 길이가 l[m]인 것에 코일을 N회 감고 I[A]를 흘릴 때 자기저항 R_m[AT/Wb]은 어떻게 표현되는가?

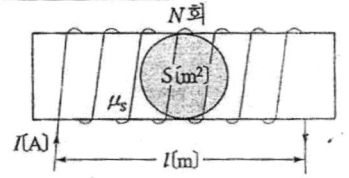

① $R_m = \dfrac{l}{\mu_0 \mu_s}$ ② $R_m = l\,\mu_0\,\mu_s$

③ $R_m = \dfrac{l}{\mu_0 \mu_s S}$ ④ $R_m = l\,S\,\mu_0\,\mu_s$

해설 자기회로의 자기 저항은
$$R_m = \frac{l}{\mu S} = \frac{l}{\mu_0 \mu_s S} \ [AT/Wb]$$

03 다음과 같은 맥스웰(Maxwell)의 미분형 방정식에서 의미하는 법칙은?

$$\nabla \times E = -\frac{\partial B}{\partial t}$$

① 페러데이의 법칙
② 암페어의 주회적분 법칙
③ 가우스의 법칙
④ 비오사바르의 법칙

해설 맥스웰의 미분형 방정식(시변계)
- 페러데이 법칙(미분형) :
  $$rot E = \nabla \times E = -\frac{\partial B}{\partial t}$$
- 가우스 법칙(미분형) : $div D = \rho, \quad div B = 0$
- 암페어의 주회적분법칙(미분형) : $rot H = i_c$

04 자기인덕턴스 L[H]인 코일에 전류 I[A]를 흘렸을 때, 자계의 세기가 H[AT/m]였다. 이 코일을 진공 중에서 자화시키는데 필요한 에너지 밀도[J/m^3]는?

① $\dfrac{1}{2}LI^2$ ② LI^2

③ $\dfrac{1}{2}\mu_0 H^2$ ④ $\mu_0 H^2$

정답   01 ②   02 ③   03 ①   04 ③

2011년도 기사 제1회 필기시험(기사) • **343**

해설 자화시키는데 필요한 에너지 밀도는

$$W_m = \frac{1}{2}BH = \frac{1}{2}\mu H^2 = \frac{B^2}{2\mu}\ [J/m^3]$$

진공중에서는($\mu_s = 1$), $\mu = \mu_0\mu_s = \mu_0$이므로,

$$W_m = \frac{1}{2}\mu_0 H^2\ [J/m^3]$$

05 평등자계를 얻는 방법으로 가장 알맞은 것은?

① 길이에 비하여 단면적이 충분히 큰 솔레노이드에 전류를 흘린다.

② 길이에 비하여 단면적이 충분히 큰 원통형 도선에 전류를 흘린다.

③ 단면적에 비하여 길이가 충분히 긴 솔레노이드에 전류를 흘린다.

④ 단면적에 비하여 길이가 충분히 긴 원통형 도선에 전류를 흘린다.

해설 평등자계를 얻는 방법

• 단면적에 비하여 길이가 충분히 긴 솔레노이드(Solenoid)에 전류를 흘린다.

• 누설자속이 발생하지 않게 하기 위해서는 무한장 솔레노이드

• 솔레노이드에 도선을 촘촘히 감는다(가늘고 길수록, 누설자속의 발생이 감소하기 때문에 양호한 평등자계를 얻는다).

06 간격 d[m]인 2개의 평행판 전극 사이에 유전율 ϵ의 유전체가 있다. 전극 사이에 전압 $V_m\cos\omega t\,[V]$를 가했을 때 변위전류 밀도는 몇 $[A/m^2]$인가?

① $\dfrac{\epsilon}{d}V_m\cos\omega t$　　　② $-\dfrac{\epsilon}{d}\omega V_m\sin\omega t$

③ $-\dfrac{\epsilon}{d}\omega V_m\cos\omega t$　　④ $\dfrac{\epsilon}{d}V_m\sin\omega t$

해설

• $v = V_m\cos\omega t\ [V]$, 전속밀도 :

$$D = \epsilon E = \frac{\epsilon V_m}{d}\cos\omega t$$

• 전계 : $\mathrm{E} = \dfrac{v}{d} = \dfrac{V_m}{d}\cos\omega t$

∴ 변위전류밀도$(i_d) = \dfrac{\partial D}{\partial t} = \dfrac{\epsilon}{d}\dfrac{\partial}{\partial t}V_m\cos\omega t$

$$= -\frac{\epsilon}{d}\omega V_m\sin\omega t\ [A/m^2]$$

07 진공 중에서 내구의 반지름 a=3[cm], 외구의 내반지름 b=9[cm]인 두 동심구 사이의 정전용량은 몇 [pF]인가?

① 0.5　　　　　　② 5

③ 50　　　　　　④ 500

해설 두 동심구 사이의 정전용량은

$$C = \frac{Q}{V} = \frac{4\pi\epsilon_0}{\left(\dfrac{1}{a} - \dfrac{1}{b}\right)} = \frac{4\pi\epsilon_0 ab}{b-a}$$

$$= \frac{1}{9\times10^9}\frac{3\times10^{-2}\times9\times10^{-2}}{(9-3)\times10^{-2}}\times10^{12} = 5\ [pF]$$

08 공기 중에서 5[V], 10[V]로 대전 된 반지름 2[cm], 4[cm]의 2개의 구를 가는 철사로 접속했을 때 공통 전위는 몇 [V]인가?

① 6.25　　　　　② 7.5

③ 8.33　　　　　④ 10

해설

도체구의 정전용량 : $C = 4\pi\epsilon_0 a\ [F]$

반지름 2[cm] 구의 정전용량 : $C_1 = 4\pi\epsilon_0 a_1\ [F]$

반지름 4[cm] 구의 정전용량 : $C_2 = 4\pi\epsilon_0 a_2\ [F]$

• 두 도체 구를 연결하기 전의 전하는,

$$\begin{aligned}Q &= Q_1 + Q_2 = C_1 V_1 + C_2 V_2\\ &= 4\pi\epsilon_0 a_1 V_1 + 4\pi\epsilon_0 a_2 V_2\\ &= 4\pi\epsilon_0(a_1 V_1 + a_2 V_2)\ [C]\end{aligned}$$

• 두 도체 구를 가는 철사로 접속했을 때는 등전위가 된다.($V_1 = V_2 = V$)

정답 05 ③　06 ②　07 ②　08 ③

344 · Part 2. 전기기사 기출문제

이때 전하는,

$Q' = Q_1 + Q_2 = C_1 V + C_2 V = (C_1 + C_2) V$
$= 4\pi\epsilon_0 (a_1 + a_2) V [C]$

그러므로 연결 전과 후에는 전기량의 변함은 없다.
$(Q = Q')$

$\therefore$ 공통전위$(V) = \dfrac{Q'}{4\pi\epsilon_0(a_1+a_2)}$

$= \dfrac{4\pi\epsilon_0(a_1 V_1 + a_2 V_2)}{4\pi\epsilon_0(a_1+a_2)} = \dfrac{a_1 V_1 + a_2 V_2}{a_1 + a_2}$

$= \dfrac{2\times5+4\times10}{2+4} = 8.33 [V]$

09 철심을 넣은 환상 솔레노이드의 평균 반지름은 20[cm]이다. 코일에 10[A]의 전류를 흘려 내부자계의 세기를 2000[AT/m]로 하기 위한 코일의 권수는 약 몇 회인가?

① 200 ② 250
③ 300 ④ 350

해설 철심을 넣은 환상 솔레노이드의 내부자계의 세기는

$H = \dfrac{NI}{2\pi r} [AT/m]$에서,

$N = \dfrac{2\pi\times20\times10^{-2}\times2000}{10} = 251.2 [회]$

10 비투자율 350인 환상처심 중의 평균자계 세기가 280[AT/m]일 때 자화의 세기는 약 몇 [Wb/m^2]인가?

① 0.12[Wb/m^2] ② 0.15[Wb/m^2]
③ 0.18[Wb/m^2] ④ 0.21[Wb/m^2]

해설 자화의 세기

$J = \mu_0(\mu_s - 1) H = 4\pi\times10^{-7}\times(350-1)\times280$
$= 0.123 [Wb/m^2]$

11 $E = i + 2j + 3k [V/cm]$로 표시되는 전계가 있다. 0.01[μC]의 전하를 원점으로부터 $3i [m]$로 움직이는데 필요한 일은 몇 [J]인가?

① 3×10^{-8} ② 3×10^{-7}
③ 3×10^{-6} ④ 3×10^{-5}

해설
$W = F \cdot r = QE \cdot r$
$= 0.01\times10^{-6}\times(i+2j+3k)\times10^2 \cdot 3i$
$= 0.01\times10^{-6}\times3\times10^2 = 3\times10^{-6}[J]$
$(i \cdot i = j \cdot j = k \cdot k = 1,$
$i \cdot j = j \cdot k = k \cdot i = 0)$

12 유전율이 ϵ_1인 유전체에서 유전율이 ϵ_2인 유전체로 전계 E_1이 입사각 $\theta_1 = 0°$로 입사할 경우 성립되는 식은?

① $E_1 = E_2$ ② $E_1 = \epsilon_1\epsilon_2 E_2$
③ $\dfrac{E_1}{E_2} = \dfrac{\epsilon_1}{\epsilon_2}$ ④ $\dfrac{E_2}{E_1} = \dfrac{\epsilon_1}{\epsilon_2}$

해설 • 유전율이 서로 다른 두 종류의 경계면에 전속과 전기력선이 수직($\theta_2 = 0°$)으로 입사했을 경우.
• 전속 및 전기력선은 굴절하지 않고 직진한다.
$(\theta_2 = 0°)$
• 전속밀도는 일정하다.$(D_1 = D_2)$ (연속적이다.)
• 전계는 불연속이다.$(E_1 \neq E_2)$
$D_1 = D_2$ 에서, $\epsilon_1 E_1 = \epsilon_2 E_2$,
$\therefore \dfrac{E_2}{E_1} = \dfrac{\epsilon_1}{\epsilon_2}$ 이 된다.

13 전기쌍극자(Electric Dipole)의 중점으로부터 거리 r [m] 떨어진 P점에서 전계의 세기는?

① r에 비례한다. ② r^2에 비례한다.
③ r^2에 반비례한다. ④ r^3에 반비례한다.

해설 전기쌍극자의 중점으로부터 거리가 r[m] 떨어진 점의 전위[V]는,
$V = \dfrac{M\cos\theta}{4\pi\epsilon_0 r^2} [V] \propto \dfrac{1}{r^2}$
전계의 세기 :
$E = \dfrac{M}{4\pi\epsilon_0 r^3}\sqrt{1+3\cos^2\theta} [V/m] \propto \dfrac{1}{r^3}$

정답 **09** ② **10** ① **11** ③ **12** ④ **13** ④

14 무한 직선 도선이 $\lambda\,[C/m]$의 선밀도 전하를 가질 때 r[m]의 점 P의 전계 E는 몇 [V/m]인가?

① $\dfrac{\lambda}{4\pi\epsilon_0 r^2}$ ② $\dfrac{\lambda}{4\pi\epsilon_0 r}$

③ $\dfrac{\lambda}{2\pi\epsilon_0 r^2}$ ④ $\dfrac{\lambda}{2\pi\epsilon_0 r}$

해설

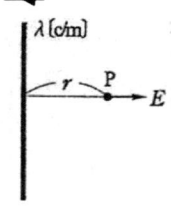

무한직선도선이 $\lambda\,[C/m]$의 선 전하 밀도로 분포되었을 때, 도체에서 r[m]거리에 있는 점 P의 전계의 세기는, $E=\dfrac{\lambda}{2\pi\epsilon_0 r}\,[V/m]$

15 고유저항이 $1.7\times10^{-8}[\Omega\cdot m]$인 구리의 100 [kHz] 주파수에 대한 표피의 두께는 약 몇 [mm]인가?

① 0.21 ② 0.42

③ 2.1 ④ 4.2

해설

표피두께$(\delta)=\sqrt{\dfrac{2}{\omega\mu\sigma}}=\sqrt{\dfrac{1}{\pi f\mu\sigma}}=\sqrt{\dfrac{\rho}{\pi f\mu}}$

$=\sqrt{\dfrac{1.7\times10^{-8}}{\pi\times100\times10^3\times4\pi\times10^{-7}}}$

$=2.1\times10^{-4}\,[m]\times10^3=0.21\,[mm]$

$(\sigma:$ 도전율, $\rho:$ 고유저항, $\mu:$ 투자율$)$

16 전류2π[A]가 흐르고 있는 무한직선도체로부터 1[m] 떨어진 P점의 자계의 세기는?

① 1[A/m] ② 2[A/m]

③ 3[A/m] ④ 4[A/m]

해설

무한직선도체로부터 r[m] 떨어진 점의 자계의 세기는

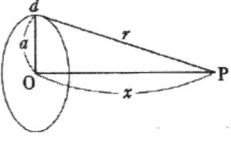

$H=\dfrac{I}{2\pi r}\,[A/m]=\dfrac{2\pi}{2\pi\times1}=1\,[A/m]$

17 공기 중에 그림과 같이 가느다란 전선으로 반경 a인 원형 코일을 만들고, 이것에 전하 Q가 균일하게 분포하고 있을 때 원형코일의 중심 축상에서 중심으로부터 거리 x만큼 떨어진 P점의 세기는 몇 [V/m]인가?

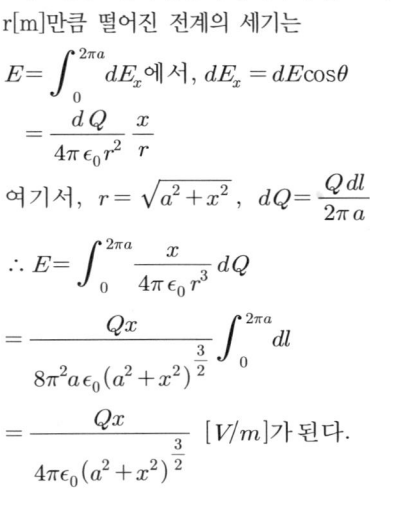

① $\dfrac{Q}{2\pi\epsilon_0\sqrt{a+x}}$ ② $\dfrac{Q}{4\pi\epsilon_0\sqrt{a+x}}$

③ $\dfrac{Qx}{2\pi\epsilon_0(a^2+x^2)^{\frac{3}{2}}}$ ④ $\dfrac{Qx}{4\pi\epsilon_0(a^2+x^2)^{\frac{3}{2}}}$

해설 원형코일의 중심축 상에서 중심으로부터 거리가 r[m]만큼 떨어진 전계의 세기는

$E=\displaystyle\int_0^{2\pi a}dE_x$에서, $dE_x=dE\cos\theta$

$=\dfrac{dQ}{4\pi\epsilon_0 r^2}\dfrac{x}{r}$

여기서, $r=\sqrt{a^2+x^2}$, $dQ=\dfrac{Q\,dl}{2\pi a}$

$\therefore E=\displaystyle\int_0^{2\pi a}\dfrac{x}{4\pi\epsilon_0 r^3}\,dQ$

$=\dfrac{Qx}{8\pi^2 a\epsilon_0(a^2+x^2)^{\frac{3}{2}}}\displaystyle\int_0^{2\pi a}dl$

$=\dfrac{Qx}{4\pi\epsilon_0(a^2+x^2)^{\frac{3}{2}}}\,[V/m]$가 된다.

정답 **14** ④ **15** ① **16** ① **17** ④

18 무한 평면 도체표면에서 수직거리 d[m] 떨어진 곳에 점전하 +Q[C]이 있을 때 영상전하(Image charge)와 평면도체 간에 작용하는 힘 F[N]은 어느 것인가?

① $\dfrac{Q}{4\pi\epsilon_0 d^2}$, 반발력   ② $\dfrac{Q^2}{4\pi\epsilon_0 d^2}$, 흡인력

③ $\dfrac{Q^2}{8\pi\epsilon_0 d^2}$, 반발력   ④ $\dfrac{Q^2}{16\pi\epsilon_0 d^2}$, 흡인력

해설

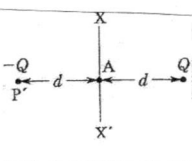

무한평면도체표면에서 수직거리 d[m] 떨어진 곳에 점전하 +Q[C]이 있고, 영상전하 −Q[C]과 작용하는 힘은,

$$F = \frac{Q(-Q)}{4\pi\epsilon_0 (2d)^2} = -\frac{Q^2}{16\pi\epsilon_0 d^2}\ [N]$$

여기서 −부호는 흡인력이다.

19 자성체에 외부의 자계 H_0를 가하였을 때 자화의 세기 J와의 관계식은?(단, N은 감자율, μ는 투자율이다.)

① $J = \dfrac{H_0}{1 + N(\mu_s - 1)}$

② $J = \dfrac{H_0(\mu_s - 1)}{1 + N}$

③ $J = \dfrac{H_0 \mu_0 (\mu_s - 1)}{1 + N(\mu_s - 1)}$

④ $J = \dfrac{H_0(\mu_s - 1)}{1 + N\mu_0(\mu_s - 1)}$

해설

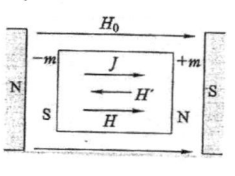

감자력 H'는 자화의 세기 J에 비례하며 또한 자성체의 형태에 따라 결정된다.

감자력 : $H' = \dfrac{NJ}{\mu_0}$ (N: 감자율)

자성체의 내부자계 :

$$H = H_0 - H' = H_0 - \frac{NJ}{\mu_0}\ [A/m]$$

여기서, H_0 : 외부자계, H' : 자화$(-m, +m)$에 의한 자계(감자력)

자화의 세기 :

$J = \chi_m H$에서, $H = \dfrac{J}{\chi_m}$,

$\therefore \dfrac{J}{\chi_m} = H_0 - \dfrac{NJ}{\mu_0}$,

$J\left(\dfrac{1}{\chi_m} + \dfrac{N}{\mu_0}\right) = H_0$, $J = \dfrac{\chi_m \mu_0}{\mu_0 + N\chi_m} H_0$ 에서,

$\chi_m = \mu_0(\mu_s - 1)$를 대입하면

$$\therefore J = \frac{\mu_0(\mu_s - 1)}{1 + N(\mu_s - 1)} H_0\ [Wb/m^2]$$

20 정전용량이 1[μF]인 공기 콘덴서가 있다. 이 콘덴서 판간의 1/2인 두께를 갖고 비유전율 $\epsilon_s = 2$인 유전체를 그 콘덴서의 한 전극면에 접촉하여 넣었을 때 전체의 정전용량은 몇 [μF]인가?

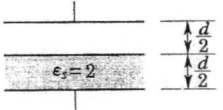

① 2   ② $\dfrac{1}{2}$

③ $\dfrac{4}{3}$ ④ $\dfrac{5}{3}$

해설 콘덴서의 연결이 직렬접속이 되므로, 합성 정전용량은

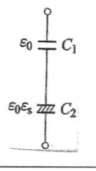

정답   **18** ④   **19** ③   **20** ③

$$C = \frac{C_1 \times C_2}{C_1 + C_2} = \frac{\dfrac{2\epsilon_0 S}{d} \times \dfrac{2\epsilon_0 \epsilon_s S}{d}}{\dfrac{2\epsilon_0 S}{d} + \dfrac{2\epsilon_0 \epsilon_s S}{d}} = \frac{\epsilon_0 S \cdot 2\epsilon_s}{d(1+\epsilon_s)}$$

$$= \frac{\epsilon_0 S}{d} \frac{2\epsilon_s}{1+\epsilon_s} = C_0 \frac{2\epsilon_s}{1+\epsilon_s}$$

$$\left(C_1 = \frac{\epsilon_0 S}{\dfrac{d}{2}} = \frac{2\epsilon_0 S}{d} \; [F], \; C_2 = \frac{\epsilon_0 \epsilon_s S}{\dfrac{d}{2}} = \frac{2\epsilon_0 \epsilon_s S}{d} \; [F], \right.$$

유전체 삽입하기 전 정전용량 : $C_0 = \dfrac{\epsilon_0 S}{d} \; [F]$)

$$\therefore C = 1 \cdot \frac{2 \times 2}{1+2} = \frac{4}{3} \; [\mu F]$$

제2과목 : 전력공학

21 다중접지 계통에 사용되는 재폐로 기능을 갖는 일종의 차단기로서 과부하 또는 고장 전류가 흐르면 순시동작하고, 일정시간 후에는 자동적으로 재폐로 하는 보호기기는?

① 리클로저
② 라인퓨즈
③ 섹셔널라이저
④ 고장구간 자동개폐기

해설
- 섹셔널라이저 : 리클로저와 협조하여 고장 구간을 신속히 개방하여 국부적으로 분리시키는 장치로서 부하전류의 차단능력이 없고 선로의 무전압 상태에서 동작시킨다.
- 고장구분 자동개폐기(ASS) : 수용가의 구내 고장이 배전선로에 파급되는 것을 방지하기 위하여 사용된다.

22 직류 2선식 대비 전선 1가닥 당 송전 전력이 최대가 되는 전송 방식은?(단, 선간전압, 전송전류, 역률 및 전송거리가 같고 중성선은 전력선과 동일한 굵기이며 전선은 같은 재료를 사용하고, 교류 방식에서 cosθ=1로 한다.)

① 단상 2선식
② 단상 3선식
③ 3상 3선식
④ 3상 4선식

해설
- 1Φ2W : 100[%]
- 1Φ3W : 66.7[%]
- 3Φ3W : 115.5[%]
- 3Φ4W : 86.7[%]

23 전자계산기에 의한 전력조류 계산에서 슬랙(Slack)모선의 지정값은?(단, 슬랙모선을 기준모선으로 한다.)

① 유효전력과 무효전력
② 모선 전압의 크기와 유효전력
③ 모선 전압의 크기와 무효전력
④ 모선 전압의 크기와 모선 전압의 위상각

24 승압기에 의하여 전압 V_e에서 V_h로 승압할 때, 2차 정격전압 e, 자기용량 W인 단상 승압기가 공급할 수 있는 부하 용량은 어떻게 표현되는가?

① $\dfrac{V_h}{e} \times W$
② $\dfrac{V_e}{e} \times W$
③ $\dfrac{V_e}{V_h - V_e} \times W$
④ $\dfrac{V_h - V_e}{V_e} \times W$

25 전력선에 영상전류가 흐를 때 통신선로에 발생되는 유도장해는?

① 고조파유도장해
② 전력유도장해
③ 정전유도장해
④ 전자유도장해

해설
- 정전유도 : 영상전압(정상상태)
- 전자유도 : 영상전류(사고 시)

26 공장이나 빌딩에서 전압을 220[V]에서 380[V]로 승압하여 사용할 때, 이 승압의 이유로 가장 타당한 것은?

정답 **21** ① **22** ③ **23** ④ **24** ① **25** ④ **26** ③

① 아크 발생 억제

② 배전 거리 증가

③ 전력 손실 경감

④ 기준충격절연강도 증대

해설 $P_l = \dfrac{P^2 \cdot R}{V^2 \cdot \cos\theta}$ 에서, $P_l \propto \dfrac{1}{V^2}$

27 발전기나 변압기의 내부고장 검출에 가장 많이 사용되는 계전기는?

① 역상계전기 ② 비율차동계전기

③ 과전압계전기 ④ 과전류계전기

해설 비율차동계전기 : 변압기, 발전기의 내부고장보호 등

28 페란티(Ferranti) 효과의 발생 원인은?

① 선로의 저항

② 선로의 인덕턴스

③ 선로의 정전용량

④ 선로의 누설 컨덕턴스

29 저압 뱅킹 방식의 장점이 아닌 것은?

① 전압강하 및 전력손실이 경감된다.

② 변압기 용량 및 저압선 동량이 절감된다.

③ 부하 변동에 대한 탄력성이 좋다.

④ 경부하시의 변압기 이용 효율이 좋다.

해설
• 경부하시에는 변압기 이용 효율과 관계가 없다.
• 공급신뢰도 향상과 플리커 현상 경감

30 직접 접지 방식에 대한 설명 중 틀린 것은?

① 애자 및 기기의 절연수준 저감이 가능하다.

② 변압기 및 부속설비의 중량과 가격을 저하시킬 수 있다.

③ 1상 지락사고 시 지락전류가 작아지므로 보호계전기 동작이 확실하다.

④ 지락전류가 저역율 대전류이므로 과도 안정도가 나쁘다.

해설
• 1선지락 시 건전상의 대지전압 상승은 거의 없다.
• 지락고장 시 통신선에 전자유도 장해가 크다.
• 지락전류가 크기 때문에 기기에 큰 기계적 충격을 준다.

31 피상전력 P[kVA], 역률 cosθ인 부하를 역률 100[%]로 개선하기 위한 전력용 콘덴서의 용량은 몇 [kVA]인가?

① $P\sqrt{1-\cos^2\theta}$ ② $P\tan\theta$

③ $P\cos\theta$ ④ $P\dfrac{\sqrt{1+\cos^2\theta}}{\cos\theta}$

해설
$$Q = P \cdot (\tan\theta_1 - \tan\theta_2)$$
$$= P \times \cos\theta \left(\frac{\sin\theta}{\cos\theta} - \frac{0}{1}\right) = P \cdot \sin\theta$$
$$= P \cdot \sqrt{1-\cos^2\theta}\,[kVA]$$

32 전력선과 통신선 사이에 그림과 같이 차폐선을 설치하며, 각선 사이의 상호 임피던스를 각각 Z_{12}, Z_{1s}, Z_{2s}라 하고 차폐선 자기 임피던스를 Z_s라 할 때 저감계수를 나타낸 식은?

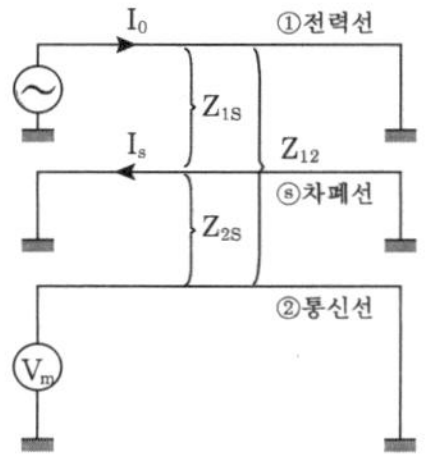

① $\left|1 - \dfrac{Z_{1s}Z_{2s}}{Z_s Z_{12}}\right|$ ② $\left|1 - \dfrac{Z_{12}Z_{1s}}{Z_s Z_{2s}}\right|$

③ $\left|1 - \dfrac{Z_s Z_{2s}}{Z_{12}Z_{1s}}\right|$ ④ $\left|1 - \dfrac{Z_s Z_{12}}{Z_{1s}Z_{2s}}\right|$

정답 27 ② 28 ③ 29 ④ 30 ③ 31 ① 32 ①

33 이상 전압에 대한 방호장치로 거리가 먼 것은?

① 피뢰기　　　　② 방전코일
③ 서지흡수기　　④ 가공지선

해설 방전코일(DC) : 콘덴서에 축적된 잔류전하를 방전하여 감전사고 방지

34 SF_6 가스 차단기에 대한 설명으로 옳지 않은 것은?

① 공기에 비하여 소호능력이 약 100배 정도이다.
② 절연거리를 적게 할 수 있어 차단기 전체를 소형, 경량화 할 수 있다.
③ SF_6 가스를 이용한 것으로서 독성이 있으므로 취급에 유의하여야 한다.
④ SF_6 가스 자체는 불활성기체이다.

해설
• 무색, 무취, 무해한 기체로서 불활성, 불변성이다.
• 열전도율은 공기의 1.6배, 절연내력은 공기의 3배 이상

35 3상 154[kV] 송전선의 일반회로정수가 A=0.900, B=150, C=j0.901×10^{-3}, D=0.930일 때 무부하시 송전단에 154[kV]를 가했을 때 수전단 전압은 몇 [kV]인가?

① 143　　　　② 154
③ 166　　　　④ 171

해설 $V_s = AV_r + BI_r,\ I_s = CV_r + DI_r$에서 무부하이므로, $I_r = 0,\ V_s = AV_r$

$\therefore\ V_r = \dfrac{V_s}{A} = \dfrac{154}{0.9} = 171[kV]$

36 송전단전압 3300[V], 길이 3[km]인 고압 3상배전선에서 수전단전압을 3150[V]로 유지하려고 한다. 부하전력 1000[kW], 역률 0.8(지상)이며 선로의 리액턴스는 무시한다. 이때 적당한 경동선의 굵기[㎟]는?(단, 경동선의 저항률은 $\dfrac{1}{55}[\Omega \cdot mm^2/m]$이다.)

① 100　　　　② 115
③ 130　　　　④ 150

해설 $R = \rho \cdot \dfrac{l}{S}[\Omega]$에서,

$S = \rho \dfrac{l}{R} = \dfrac{P \cdot \rho \cdot l}{V \cdot e}$

$= \dfrac{1000 \times 10^{-3} \times \frac{1}{55} \times 3 \times 10^3}{3150 \times 150} = 115.4[mm^2]$

$e = V_s - V_r = \sqrt{3}\,I(R\cos\theta + X\sin\theta)$, 리액턴스는 무시하면

$= \sqrt{3}\,IR\cos\theta[V] = \sqrt{3}\,\dfrac{P}{\sqrt{3}\,V\cos\theta} \cdot R\cos\theta,$

$= \dfrac{P \cdot R}{V}[V]$

$\therefore R = \dfrac{V \cdot e}{P}$

$P = \sqrt{3}\,VI\cos\theta[W],\ I = \dfrac{P}{\sqrt{3}\,V\cos\theta}$

$e = V_s - V_r = 3300 - 3150 = 150[V]$

37 파동 임피던스 Z₁=400[Ω]인 가공선로에 파동 임피던스 50[Ω]인 케이블을 접속하였다. 이때 가공선로에 e₁=80[kV]인 전압파가 들어왔다면 접속점에서의 전압의 투과파는 약 몇 [kV]가 되겠는가?

① 17.8　　　　② 35.6
③ 71.1　　　　④ 142.2

해설 투과파 전압

$(e_3) = \gamma \cdot e_1 = \dfrac{2Z_2}{Z_2 + Z_1} \cdot e_1 = \dfrac{2 \times 50}{50 + 400} \times 80$
$= 17.8[kV]$

정답　**33** ②　**34** ③　**35** ④　**36** ②　**37** ①

38 회전속도의 변화에 따라서 자동적으로 유량을 가감하는 것은?

① 예열기   ② 급수기

③ 여자기   ④ 조속기

해설 조속기 : 수차의 유량을 자동적으로 조정하는 장치

39 증기압, 증기 온도 및 진공도가 일정할 때에 추기할 때는 추기하지 않을 때보다 단위 발전량당 증기소비량과 연료소비량은 어떻게 변화하는가?

① 증기소비량, 연료소비량은 다 감소한다.

② 증기소비량은 증가하고 연료소비량은 감소한다.

③ 증기소비량은 감소하고 연료소비량은 증가한다.

④ 증기소비량, 연료소비량은 다 증가한다.

40 가스냉각형 원자로에 사용하는 연료 및 냉각재는?

① 천연우라늄, 수소가스

② 농축우라늄, 질소

③ 천연우라늄, 이산화탄소

④ 농축우라늄, 흑연

해설

종류	연료	감속재	냉각재
가스냉각로 (GCR)	천연우라늄	흑연	탄산가스
가압수형 경수로(PWR)	저농축우라늄	경수	경수
비등수형 경수로(BWR)	저농축우라늄	경수	경수
중수로 (CANDU)	천연우라늄	경수	중수
고속 증식로 (FBR)	농축우라늄, 플루토늄	–	나트륨

제3과목 : 전기기기

41 출력 P_0, 2차동손 P_{C2}, 2차입력 P_2 및 슬립 s인 유도전동기에서의 관계는?

① $P_2 : P_{C2} : P_0 = 1 : s : (1-s)$

② $P_2 : P_{C2} : P_0 = 1 : (1-s) : s$

③ $P_2 : P_{C2} : P_0 = 1 : s^2 : (1-s)$

④ $P_2 : P_{C2} : P_0 = 1 : (1-s) : s^2$

해설

• 기계적 출력$(P_0) = P_2 - P_{C2} = (1-s)P_2 [W]$

• 2차입력$(P_2) = E_2 I_2 \cos\theta_2 [W]$

• 2차동손$(P_{C2}) = s P_2 [W]$

∴ $P_2 : P_{C2} : P_0 = 1 : s : (1-s)$

42 변압기의 임피던스 전압이란?

① 여자전류가 흐를 때의 변압기 내부 전압강하

② 여자전류가 흐를 때의 2차측 단자 전압

③ 정격전류가 흐를 때의 2차측 단자 전압

④ 정격전류가 흐를 때의 변압기 내부 전압강하

43 동기 전동기의 기동법 중 자기동법에서 계자권선을 단락하는 이유는?

① 고전압의 유도를 방지한다.

② 전기자 반작용을 방지한다.

③ 기동 권선으로 이용한다.

④ 기동이 쉽다.

해설 동기전동기의 자기동법 : 난조방지용인 제동권선을 기동권선으로 하여 시동(기동) 토크를 얻는 방법이다(기동 시 전기자권선에 의한 회전자계에 의해 계자권선내에 고압이 유도되어 절연파괴할 우려).

정답   **38** ④   **39** ②   **40** ③   **41** ①   **42** ④   **43** ①

44 동기 전동기에 관한 설명 중 옳지 않은 것은?

① 기동 토크가 작다.

② 역률 조정할 수 없다.

③ 난조가 일어나기 쉽다.

④ 여자기가 필요하다.

해설 동기전동기의 장·단점
- 속도가 일정하다.
- 항상 역률은 1로 운전
- 유도전동기에 비해서 효율이 좋다.
- 역률을 개선할 수 있다.
- 기동토크가 적고 속도 조정할 수 없다.
- 난조가 일어난다.
- 직류전원이 필요, 설비비가 비싸진다.

45 정류기에 있어 출력측 전압의 리플(맥동)을 줄이기 위한 가장 좋은 방법은?

① 적당한 저항을 직렬로 접속한다.

② 적당한 리액터를 직렬로 접속한다.

③ 커페시터를 직렬로 접속한다.

④ 커패시터를 병렬로 접속한다.

해설 정류기 출력측에 커패시터를 병렬로 접속하면 맥동(리플)이 줄어든다.

46 3상 유도전동기의 기동법으로 사용되지 않는 것은?

① $Y-\Delta$ 기동법

② 기동보상기법

③ 2차저항에 의한 기동법

④ 극수변환 기동법

해설 농형 유도 전동기의 속도 제어법
- 극수변환 기동법
- 주파수 변환 법
- 전원전압 변환법

47 직류 분권전동기의 기동시에는 계자저항기의 저항값을 어떻게 해두어야 하는가?

① 0(영)으로 해둔다.

② 최대로 해둔다.

③ 중위(中位)로 해둔다.

④ 끊어 놔둔다.

해설 회전속도$(N) = k \cdot \dfrac{V-I_a R_a}{\phi}$에서 기동시 계자저항을 최소로 하여 계자전류를 크게 하면 기동토크가 크게 되고 속도는 저속, 토크$(T) = k\phi I_a$(즉, 기동시 계자저항을 0으로 한 후에 기동한다)

48 직류 발전기에 양호한 정류를 얻기 위한 방법이 아닌 것은?

① 보상 권선을 설치한다.

② 보극을 설치한다.

③ 브러시의 접촉저항을 크게 한다.

④ 리액턴스 전압을 크게 한다.

해설
- 리액턴스(L)를 적게 하여 리액턴스전압을 낮게 한다(단절권 채택).
- 정류주기(T_c) 길게 한다.

49 변압기의 3상 전원에서 2상 전원을 얻고자 할 때 사용하는 결선은?

① 스코트 결선 　　② 포크 결선

③ 2중 델타 결선 　④ 대각결선

해설
- 3상–2상간의 상수 변환 : 메이어 결선, 스코트 결선(T), 우드브리지 결선
- 3상–6상간의 상수 변환 : 환상 결선, 대각 결선, 포크 결선, 2중3각 결선, 2중 성형 결선

정답 **44** ② **45** ④ **46** ④ **47** ① **48** ④ **49** ①

50 3상 변압기를 병렬 운전하는 경우 불가능한 조합은?

① $\Delta-\Delta$와 Y-Y   ② Δ-Y와 Y-Δ

③ Δ-Y와 Δ-Y   ④ Δ-Y와 $\Delta-\Delta$

해설

병렬 운전 가능	병렬 운전 불가능
$\Delta-\Delta$와 $\Delta-\Delta$	
Y-Y와 Y-Y	$\Delta-\Delta$와 Δ-Y
Y-Δ와 Y-Δ	$\Delta-\Delta$와 Y-Δ
Δ-Y와 Δ-Y	Δ-Y와 Y-Y
$\Delta-\Delta$와 Y-Y	Y-Δ와 Y-Y
Δ-Y와 Y-Δ	

51 권선형 유도전동기의 토크-속도 곡선이 비례추이 한다는 것은 그 곡선이 무엇에 비례해서 이동하는 것을 말하는가?

① 2차 효율   ② 출력

③ 2차회로의 저항   ④ 2차 동손

해설 비례추이 : 최대토크를 발생하는 슬립(속도)점이 2차회로의 저항에 비례하여 이동

52 유도 전동기 원선도 작성에 필요한 시험과 원선도에서 구할 수 있는 것이 옳게 배열된 것은?

① 무부하시험, 1차 입력

② 부하시험, 기동전류

③ 슬립측정시험, 기동토크

④ 구속시험, 고정자권선의 저항

해설

· 원선도 작성시 필요한 시험 : 무부하시험, 저항측정, 구속시험

· 원선도에서 구할 수 있는 것 : 1차입력, 1차동손, 전부하전류, 역률, 효율, 슬립

53 다이오드를 이용한 저항 부하의 단상반파 정류회로에서 맥동률(리플률)은?

① 0.48   ② 1.11

③ 1.21   ④ 1.41

해설

· 단상반파 : 121[%]   · 단상전파 : 48[%]

· 3상반파 : 17[%]   · 3상 전파 : 4[%]

· 맥동률$=\dfrac{\text{교류분}}{\text{직류분}}\times100[\%]$

54 회전자가 슬립 s로 회전하고 있을 때 고정자와 회전자의 실효 권수비를 α라 하면 고정자 기전력 E_1과 회전자 기전력 E_2'와의 비는?

① $\dfrac{\alpha}{s}$ ② $s\alpha$

③ $(1-s)\alpha$ ④ $\dfrac{\alpha}{1-s}$

해설

· 전동기 정지 시 실효 권수비$(\alpha)=\dfrac{E_1}{E_2}$

· 전동기가 슬립(s)로 운전 시 권수비 : $E_2'=sE_2$

$\therefore E_2'=s\cdot E_2=s\cdot\dfrac{E_1}{\alpha}$

$\therefore \dfrac{E_1}{E_2'}=\dfrac{\alpha}{s}$

55 6극인 유도전동기의 토크가 τ이다. 극수를 12극으로 변환하였다면 변환한 후의 토크는?

① τ ② 2τ

③ $\dfrac{\tau}{2}$ ④ $\dfrac{\tau}{4}$

해설 $\tau=0.975\dfrac{P_2}{N_s}=0.975\dfrac{P_2}{\dfrac{120f}{P}}[kg\cdot m]$

$\therefore \tau\propto P$(극수), 극수가 6극에서 12극으로 증가, 즉 2배 증가, 토크도 2배 증가

정답 **50** ④ **51** ③ **52** ① **53** ③ **54** ① **55** ②

56 동기기의 전기자권선에서 슬롯수가 48인 고정자가 있다. 여기에 3상 4극의 2층권을 시행할 때에 매극 매상의 슬롯수와 총 코일 수는?

① 4, 48   ② 12, 48

③ 12, 24   ④ 9, 24

해설

- 매극 매상의 슬롯수 $= \dfrac{\text{총슬롯수}}{\text{상수} \times \text{극수}} = \dfrac{48}{3 \times 4} = 4$

- 코일수 $= \dfrac{\text{총슬롯수} \times \text{층수}}{2} = \dfrac{48 \times 2}{2} = 48$

57 단상 유도 전압 조정기의 양 권선이 일치할 때 직렬권선의 전압이 150[V], 전원 전압이 220[V]일 경우, 1차와 2차 권선의 축 사이의 각도가 30°이면 부하 측 전압은 약 몇 [V]인가?

① 370   ② 350

③ 220   ④ 150

해설

$E = E_1 + E_2 \cos\theta = 220 + 150 \cdot \cos30° = 350[V]$

58 1차 전압 6600[V], 권수비 30인 단상 변압기로 전등부하에 30[A]를 공급할 때의 입력 [kW]은?(단, 변압기의 손실은 무시한다)

① 4.4   ② 5.5

③ 6.6   ④ 7.7

해설 입력 $(P_1) = V_1 I_1 \cos\theta$에서

전등부하는 $\cos\theta = 1$,

$= 6600 \times 1 \times 1 \times 10^{-3} = 6.6[kW]$

$a = \dfrac{I_2}{I_1}$에서, $I_1 = \dfrac{I_2}{a} = \dfrac{30}{30} = 1[A]$

59 철심의 단면적이 0.085[㎡], 최대자속밀도가 1.5[wb/㎡]인 변압기가 60[Hz]에서 동작하고 있다. 이 변압기의 1차 및 2차 권수가 120, 60이다. 이 변압기가 1차측에 발생하는 전압의 실효치는 약 몇 [V]인가?

① 4076   ② 2037

③ 918   ④ 496

해설

$E = 4.44 f \phi_m N_1 [V]$에서 $\phi_m = B_m \cdot A [wb]$

$= 4.44 f B_m A N_1 = 4.44 \times 60 \times 1.5 \times 0.085 \times 120$

$= 4075.92 [V]$

60 60[Hz], 4[극]의 유도 전동기의 슬립이 3[%]인 때의 매분 회전수는?

① 1260[rpm]   ② 1440[rpm]

③ 1455[rpm]   ④ 1746[rpm]

해설 회전수

$(N) = (1-s) \cdot N_s = (1-0.03) \times 1800$

$= 1746[rpm]$

$N_s = \dfrac{120 \cdot f}{p} = \dfrac{120 \times 60}{4} = 1800[rpm]$

제4과목 : 회로이론 및 제어공학

61 기전력 E, 내부저항 r인 전원으로부터 부하저항 R_L에 최대 전력을 공급하기 위한 조건과 그 때의 최대전력 P_m은?

① $R_L = r$, $P_m = \dfrac{E^2}{4r}$ ② $R_L = r$, $P_m = \dfrac{E^2}{3r}$

③ $R_L = 2r$, $P_m = \dfrac{E^2}{4r}$ ④ $R_L = 2r$, $P_m = \dfrac{E^2}{3r}$

해설

- 최대 전력 전달 조건 : 내부저항(r)= 부하저항(R_L)

- 최대 전력$(P_m) = \dfrac{E_g^2}{4R_g} = \dfrac{E^2}{4r}[W]$

정답   **56** ①   **57** ②   **58** ③   **59** ①   **60** ④   **61** ①

354 · Part 2. 전기기사 기출문제

62 4단자 회로에서 4단자 정수를 A, B, C, D 라 하면 영상 임피던스 $\dfrac{Z_{01}}{Z_{02}}$는?

① $\dfrac{D}{A}$ ② $\dfrac{B}{C}$

③ $\dfrac{C}{B}$ ④ $\dfrac{A}{D}$

해설 $Z_{01} = \sqrt{\dfrac{AB}{CD}}$, $Z_{02} = \sqrt{\dfrac{DB}{CA}}$

$\therefore \dfrac{Z_{01}}{Z_{02}} = \dfrac{\sqrt{\dfrac{AB}{CD}}}{\sqrt{\dfrac{DB}{CA}}} = \dfrac{A}{D}$

63 대칭 6상 성형(star)결선에서 선간전압과 상전압의 관계가 바르게 나타난 것은?(단, E_l : 선간전압, E_p : 상전압)

① $E_l = \sqrt{3}\, E_p$ ② $E_l = \dfrac{1}{\sqrt{3}} E_p$

③ $E_l = \dfrac{2}{\sqrt{3}} E_p$ ④ $E_l = E_p$

해설 $E_l = 2E_p \sin\dfrac{\pi}{n}$ 에서, n=6을 대입

$E_l = 2E_p \sin\dfrac{\pi}{6} = E_p$

64 비정현파 전류 $i(t) = 56\sin\omega t + 25\sin 2\omega t + 30\sin(3\omega t + 30°) + 40\sin(4\omega t + 60°)$ 로 주어질 때 왜형율은 약 얼마인가?

① 1.4 ② 1.0

③ 0.5 ④ 0.1

해설

왜형율 $= \dfrac{\text{전고조파 실효값의 합}}{\text{기본파의 실효값}}$

$= \dfrac{\sqrt{(\dfrac{25}{\sqrt{2}})^2 + (\dfrac{30}{\sqrt{2}})^2 + (\dfrac{40}{\sqrt{2}})^2}}{\dfrac{56}{\sqrt{2}}} = 0.998$

65 R=5[Ω], L=20[mH] 및 가변 콘덴서 C로 구성된 RLC직렬회로에 주파수 1000[㎐]인 교류를 가한 다음 C를 가변시켜 직렬 공진 시킬 때 C의 값은 약 몇 [μF]인가?

① 1.27 ② 2.54

③ 3.52 ④ 4.99

해설 직렬공진 조건 : $\omega L = \dfrac{1}{\omega C}$,

$\therefore C = \dfrac{1}{(2\pi \times 1000)^2 \times 20 \times 10^{-3}} \times 10^6$

$= 1.27[μF]$

66 분포정수 회로에서 선로의 특성 임피던스를 Z_0, 전파정수를 γ라 할 때 무한장 선로에 있어서 송전단에서 본 직렬임피던스는?

① γZ_0 ② $\sqrt{\gamma Z_0}$

③ $\dfrac{\gamma}{Z_0}$ ④ $\dfrac{Z_0}{\gamma}$

해설 특성임피던스$(Z_0) = \sqrt{\dfrac{Z}{Y}}$

전파정수$(\gamma) = \sqrt{ZY}$

$\therefore \gamma \cdot Z_0 = \sqrt{ZY} \times \sqrt{\dfrac{Z}{Y}} = Z$

정답 62 ④ 63 ④ 64 ② 65 ① 66 ①

67 RLC 직렬회로에서 자체 인덕턴스 L=0.02[mH]와 선택도 Q=60일 때 코일의 주파수 f=2[MHz]였다. 이 코일의 저항은 몇 [Ω]인가?

① 2.2　　　　　　　② 3.2

③ 4.2　　　　　　　④ 5.2

해설 $Q = \dfrac{V_L}{V} = \dfrac{V_C}{V} = \dfrac{\omega L}{R} = \dfrac{1}{\omega CL} = \dfrac{1}{R}\sqrt{\dfrac{L}{C}}$

에서,

$\therefore R = \dfrac{1}{Q}\sqrt{\dfrac{L}{C}} = \dfrac{1}{60}\sqrt{\dfrac{0.02 \times 10^{-3}}{0.317 \times 10^{-9}}} = 4.2[\Omega]$

• 공진조건 : $\omega L = \dfrac{1}{\omega C}$ 에서,

$C = \dfrac{1}{(2\pi \times 2 \times 10^{-6})^2 \times 0.02 \times 10^{-3}} \times 10^9$
$= 0.3171[pF]$

68 그림과 같은 회로에 t=0에서 S를 닫을 때의 방전 과도전류 i(t)[A]는?

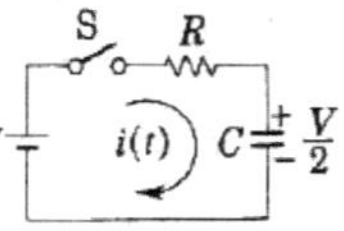

① $\dfrac{Q}{RC}e^{-\frac{t}{RC}}$　　　② $-\dfrac{Q}{RC}e^{\frac{t}{RC}}$

③ $\dfrac{Q}{RC}(1+e^{\frac{t}{RC}})$　　④ $-\dfrac{Q}{RC}(1-e^{\frac{t}{RC}})$

해설

$0 = R \cdot i(t) + \displaystyle\int i(t)dt \xrightarrow{\mathcal{L}} 0 = RI(s) + \dfrac{I(s)}{Cs}$

$+ \dfrac{i_{(0)}^{-1}}{Cs} - \dfrac{i_{(0)}^{-1}}{Cs} = (R + \dfrac{1}{Cs})I(s),$

$I(s) = \dfrac{-i_{(0)}^{-1}}{RCs+1} = \dfrac{\dfrac{-i_{(0)}^{-1}}{RC}}{S + \dfrac{1}{RC}} (\because i_{(0)}^{-1} = Q)$

$\therefore I(s) = \dfrac{-\dfrac{Q}{RC}}{s + \dfrac{1}{RC}}$ 에서

$i(t) = \mathcal{L}^{-1}I(s) = -\dfrac{Q}{RC} \cdot e^{-\frac{1}{RC}t}[A]$ 가 되는데 그림에서 전류의 방향이 일치하고 있으므로 부호는 (+)가 된다.

69 각 상전압이 $V_a = 40\sin\omega t [V]$, $V_b = 40\sin(\omega t + 90°)$, $V_c = 40\sin(\omega t - 90°)[V]$이라 하면 영상대칭분의 전압은?

① $40\sin\omega t$　　　　② $\dfrac{40}{3}\sin\omega t$

③ $\dfrac{40}{3}\sin(\omega t - 90°)$　④ $\dfrac{40}{3}\sin(\omega t + 90°)$

해설

$V_0 = \dfrac{1}{3}(V_a + V_b + Vc) = \dfrac{1}{3}[40\sin\omega t$
$+ 40\sin(\omega t + 90°) + 40\sin(\omega t - 90°)]$
$= \dfrac{40}{3}\sin\omega t [V]$

70 그림의 흐름 선도에서 $\dfrac{y_2}{y_1}$ 은?

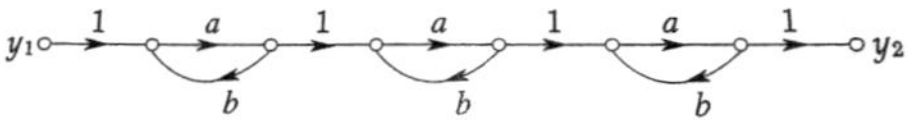

① $\dfrac{a^3}{(1-ab)^3}$　　　② $\dfrac{a^3}{(1-3ab+ab)}$

③ $\dfrac{a^3}{1-3ab}$　　　　④ $\dfrac{a^3}{(1-3ab+2ab)}$

해설 메이슨의 정리

$G_{(s)} = \dfrac{\displaystyle\sum_{K=1}^{\infty} G_K \Delta_K}{\Delta} = \dfrac{a^3}{1-3ab+3(ab)^3}$
$= \dfrac{a^3}{(1-ab)^3}$

$\Delta = 1 - \sum l_1 + \sum l_2 - \sum l_3 + \cdots$

$\sum l_1 = ab + ab + ab = 3ab,$

$\sum l_2 = (ab)^2 + (ab)^2 + (ab)^2 = 3(ab)^2,$

정답　**67** ③　　**68** ①　　**69** ②　　**70** ①

$$\sum l_3 = (ab)^3$$
$$K = 1, \ G_1 \Delta_1 = a^3$$

71 그림과 같은 폐루프 전달함수 $T = \dfrac{C}{R}$ 에서 H에 대한 감도 S_H^T는?

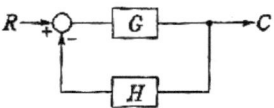

① $\dfrac{GH}{1+GH}$ ② $\dfrac{-GH}{1+GH}$

③ $\dfrac{GH}{(1-GH)^2}$ ④ $\dfrac{-GH}{(1+GH)^2}$

해설

$$S_H^T = \frac{H}{T} \cdot \frac{dT}{dH} = \frac{H}{\dfrac{G}{1+GH}} \cdot \frac{d}{dH} \cdot \frac{G}{1+GH}$$

$$= \frac{H(1+GH)}{G} \cdot \frac{-G^2}{(1+GH)^2} = \frac{-GH}{1+GH}$$

· 전달함수$(T) = \dfrac{C}{R} = \dfrac{G}{1+GH}$

72 라플라스 변환함수 $F(s) = \dfrac{s+2}{s^2+4s+13}$ 에 대한 역변환 함수 $f(t)$는?

① $e^{-2t}\cos 3t$ ② $e^{-3t}\cos 2t$

③ $e^{3t}\cos 2t$ ④ $e^{2t}\cos 3t$

해설 $f(t) = \mathcal{L}^{-1}F(s) = \mathcal{L}^{-1}\dfrac{s+2}{s^2+4s+13}$

$$= \mathcal{L}^{-1}\frac{s+2}{(S+2)^2+3^2} = e^{-2t} \cdot \cos 3t$$

73 어떤 시스템을 표시하는 미분방정식이

$$2\frac{d^2y(t)}{dt^2} + 3\frac{dy(t)}{dt} + 4y(t) = \frac{dx(t)}{dt} + 3x(t)$$ 인

경우 x(t)를 입력, y(t)를 출력이라면 이 시스템의 전달함수는?(단, 모든 초기조건은 0이다.)

① $G(s) = \dfrac{s+3}{2s^2+3s+4}$

② $G(s) = \dfrac{s-3}{2s^2-3s+4}$

③ $G(s) = \dfrac{s+3}{2s^2+3s-4}$

④ $G(s) = \dfrac{s-3}{2s^2-3s-4}$

해설

$$2s^2 Y(s) + 3sY(s) + 4Y(s) = sX(s) + 3X(s)$$
$$(2s^2 + 3s + 4)Y(s) = (s+3)X(s)$$
$$\therefore \ G(s) = \frac{Y(s)}{X(s)} = \frac{s+3}{2s^2+3s+4}$$

74 보드 선도의 이득 교차점에서 위상각 선도가 −180° 축의 상부에 있을 때 이 계의 안정 여부는?

① 불안정하다.   ② 판정 불능이다.

③ 임계 안정이다.   ④ 안정하다.

해설 위상곡선이 −180°축을 지날 때 이득여유는 양 (+)이 되면 이 계는 안정하다.
(이득곡선이 0[dB]인 점을 지날 때 주파수에서는 위상 여유가 양(+))

75 Nyquist 판정법의 설명으로 틀린 것은?

① Nyquist 선도는 제어계의 오차 응답에 관한 정보를 준다.

② 계의 안정을 개선하는 방법에 대한 정보를 제시해 준다.

③ 안정성을 판정하는 동시에 안정도를 제시해 준다.

④ Routh−Hurwitz 판정법과 같이 계의 안정여부를 직접 판정해 준다.

해설 시스템의 주파수 영역 응답에 대한 정보를 준다.

정답 **71** ②   **72** ①   **73** ①   **74** ④   **75** ①

76 $G(s)H(s) = \dfrac{20}{s(s-1)(s+2)}$ 인 계의 이득 여유는?

① −20[dB] ② −10[dB]
③ 1[dB] ④ 10[dB]

해설 이득여유

$(g_m) = 20 \cdot \log_{10}\left|\dfrac{1}{GH(j\omega)}\right| = 20\log_{10}\left|\dfrac{1}{10}\right|$
$= -20[dB]$

$G(j\omega)H(j\omega) = \dfrac{20}{j\omega(j\omega-1)(j\omega+2)}$

$= \dfrac{20}{-\omega^2 - j(\omega^3 + 2\omega)}$

$= \dfrac{20\omega^2 + j\omega(\omega^2+2)}{\omega^4 + (\omega^3+2\omega)^2}$

$= \dfrac{20\omega^2}{\omega^4 + (\omega^3+2\omega)^2} + j\dfrac{20\omega(\omega^2+2)}{\omega^4 + (\omega^3+2\omega)^2}$

위상교차 주파수 (ω_c)는 허수부를 0으로 할 때 값이므로 $\omega_c^2 = -2 (\omega \neq 0$이므로)

$\left| G(j\omega_c)H(j\omega_c)\right|_{\omega_c^2 = -2} = \left|\dfrac{20}{-2}\right|_{\omega_c^2 = -2} = \left|\dfrac{20}{-2}\right| = 10$

77 2차 시스템의 감쇄율 δ가 δ〉1이면 어떤 경우인가?

① 비 제동 ② 과 제동
③ 부족 제동 ④ 발산

해설
$\delta < 1$인 경우 : 부족제동(감쇠진동)
$\delta > 1$인 경우 : 과제동(비진동)
$\delta = 1$인 경우 : 임계진동(임계상태)
$\delta = 0$인 경우 : 무제동(무한, 완전진동)

78 특성방정식 (s+1)(s+2)(s+3)+K(S+4)=0인 완전 근궤적상 K=0인 점은?

① s= −4인 점
② s=−1, s=−2, s=−3인 점
③ s=1, s=2, s=3인 점
④ s=4인 점

해설 $K = \dfrac{(s+1)(s+2)(s+3)}{s+4}$ 에서, K=0인 점은, s=−1, s=−2, s=−3이 된다.

79 다음 중 $\dfrac{1}{s-\alpha}$를 z변환하면?

① $\dfrac{1}{1 - z^{-1}e^{\alpha T}}$ ② $\dfrac{1}{1 - z^{-1}e^{-\alpha T}}$
③ $\dfrac{1}{1 - ze^{\alpha T}}$ ④ $\dfrac{1}{1 + ze^{\alpha T}}$

해설
$Z\left(\dfrac{1}{s-\alpha}\right) = \dfrac{z}{z - e^{\alpha T}} = \dfrac{1}{1 - z^{-1}e^{\alpha T}}$

80 선형 시 불변 시스템의 상태 방정식이 $\dfrac{d}{dt}x(t) = Ax(t) + Bu(t)$로 표시될 때, 상태 천이방정식(state transition equation)의 식은?(단, $\phi(t)$는 일치하는 상태천이 행렬이다.)

① $x(t) = \phi(t)x(0) + \displaystyle\int_0^t \phi(t+\tau)u(\tau)d\tau$

② $x(t) = \phi(t)x(0) + \displaystyle\int_0^t \phi(t-\tau)u(t)d\tau$

③ $x(t) = \phi(t)x(0) + \displaystyle\int_0^t \phi(t+\tau)Bu(t)d\tau$

④ $x(t) = \phi(t)x(0) + \displaystyle\int_0^t \phi(t-\tau)Bu(\tau)d\tau$

제5과목 : 전기설비 기술기준 및 판단 기준

81 비접지식 고압전로에 시설하는 금속제 외함에 실시하는 제1종 접지공사의 접지극으로 사용할 수 있는 건물의 철골 기타의 금속제는 대지와의 사이에 전기저항 값을 얼마 이하로 유지하여야 하는가?

정답 76 ① 77 ② 78 ② 79 ① 80 ④ 81 ①

① 2[Ω]　　　　　② 3[Ω]
③ 5[Ω]　　　　　④ 10[Ω]

해설
• 금속제 수도관로 : 전기저항 값은 3[Ω] 이하
• 건물의 철골 기타의 금속제 : 전기저항 값은 2[Ω] 이하

82 특고압 및 고압 전로의 절연내력 시험을 하는 경우, 시험전압은 연속으로 몇 분 동안 가하여 시험하여야 하는가?

① 1분　　　　　② 2분
③ 5분　　　　　④ 10분

83 다음 중 고압 옥내배선의 시설로서 알맞은 것은?

① 케이블 트레이 공사
② 금속관 공사
③ 합성수지관 공사
④ 가요전선관 공사

해설 고압옥내배선 : 케이블 공사, 케이블 트레이 공사, 애자사용 공사(건조한 장소, 전개된 장소)

84 특고압 가공전선이 교류전차선과 교차하고 교류전차선의 위에 시설되는 경우, 지지물로 A종 철근 콘크리트주를 사용한다면 특고압 가공전선로의 경간은 몇 [m] 이하로 하여야 하는가?

① 30　　　　　② 40
③ 50　　　　　④ 60

해설 특고압 가공전선이 교류 전차선과 교차하는 경우에 특고압 가공전선이 교류 전차 전차선의 위에 시설되는 경우 특고압 가공전선의 경간

지지물의 종류	경간
목주 · A종 철주 · A종 철근 콘크리트주	60[m]
B종 철주 · B종 철근 콘크리트주	120[m]

85 사용 전압 22.9[kV]인 가공 전선과 지지물과의 이격거리는 일반적으로 몇 [cm] 이상이어야 하는가?

① 5　　　　　② 10
③ 15　　　　　④ 20

해설 특고압 가공전선과 지지물 등의 이격 거리(이상)

사용 전압	이격거리[cm]
15[kV] 미만	15
15[kV] 이상 25[kV] 미만	20
25[kV] 이상 35[kV] 미만	25

86 발전기의 보호장치로서 사고의 종류에 따라 자동적으로 전로로부터 차단하는 장치를 시설 하여야 하는 경우가 아닌 것은?

① 발전기에 과전류나 과전압이 생긴 경우
② 용량이 50[kVA] 이상의 발전기를 구동하는 수차의 압유장치의 유압이 현저하게 저하한 경우
③ 용량 100[kVA] 이상의 발전기를 구동하는 풍차의 압유장치의 유압이 현저하게 저하한 경우
④ 용량이 10,000[kVA] 이상인 발전기의 내부에 고장이 생긴 경우

해설 500[kVA] 이상인 발전기를 구동하는 수차의 압유장치의 유압이 현저히 저하한 경우

87 220[V] 저압 전동기의 절연내력 시험전압은 몇 [V]인가?

① 300　　　　　② 400
③ 500　　　　　④ 600

정답 82 ④　83 ①　84 ④　85 ④　86 ②　87 ③

해설

종류			시험 전압	시험 방법
회전기	발전기 · 전동기 · 조상기 · 기타 회전기	7[kV] 이하	1.5배(최저 500[V])	권선과 대지간에 연속하여 10분간
		7[kV] 초과	1.25배(최저 10,500[V])	
	회전 변류기		직류측의 최대사용 전압의 1배의 교류 전압(최저 500[V])	

시험 전압 : 220×1.5=330[V]
최저시험 전압이 500[V]이므로 500[V]가 된다.

88 직류식 전기철도용 전차선로의 절연 부분과 대지간의 절연저항은 사용전압에 대한 누설전류가 궤도의 연장 1[km]마다 가공 직류 전차선(강체조가식은 제외)에서 몇 [mA]를 넘지 아니하도록 유지하여야 하는가?

① 5　　　　　　② 10
③ 50　　　　　　④ 100

89 중량물이 통과하는 장소에 비닐외장케이블을 직접 매설식으로 시설하는 경우 매설깊이는 몇 [m] 이상이어야 하는가?

① 0.8　　　　　　② 1.0
③ 1.2　　　　　　④ 1.5

해설 중량물의 압력을 받을 우려가 있는 장소 : 1.2[m] 이상(기타 : 0.6[m])

90 지중전선로에 사용하는 지중함의 시설기준으로 옳지 않은 것은?

① 크기가 1[m³] 이상인 것에는 밀폐하도록 할 것

② 뚜껑은 시설자 이외의 자가 쉽게 열 수 없도록 할 것
③ 지중함안의 고인 물을 제거할 수 있는 구조일 것
④ 견고하고 차량 기타 중량물의 압력에 견딜 수 있을 것

해설 지중함의 크기가 1[m³] 이상인 것에는 통풍장치 및 기타 가스를 방산 시키는 장치를 할 것

91 고압 가공전선로의 지지물로는 A종 철근콘크리트주를 사용하고, 전선으로는 단면적 22[㎟]의 경동연선을 사용한다면 경간은 최대 몇 [m] 이하이어야 하는가?

① 150　　　　　　② 250
③ 300　　　　　　④ 500

해설

지지물의 종류	전선의 굵기 / 경간	
	고압	
	지름 5[mm] 이상	단면적 22[㎟] 이상
	특고압	
	단면적 22[㎟] 이상	단면적 55[㎟] 이상
목주 · A종 철주 또는 A종 철근콘크리트주	150[m] 이하	300[m] 이하
B종 철주 또는 B종 철근 콘크리트주	250[m] 이하	500[m] 이하
철 탑	600[m] 이하	600[m] 이하

92 사용전압이 170[kV]일 때 울타리 담 등의 높이와 울타리 담 등으로부터 충전부분까지의 거리[m]의 합계는?

① 5　　　　　　② 5.12
③ 6　　　　　　④ 6.12

정답 88 ②　89 ③　90 ①　91 ③　92 ④

해설 울타리 담 등의 높이(충전부분까지의 거리 합계)
- 35[kV] 이하 : 5[m] 이상
- 35[kV] 넘고 160[kV] 이하 : 6[m] 이상
- 160[kV] 넘는 경우 : 6+0.12n[m] 이상
∴ 6+0.12n=6+0.12×1=6.12[m]

$$n = \frac{170-160}{10} = 1단$$

93 사용전압이 22.9[kV]의 가공전선이 철도를 횡단하는 경우, 전선의 레일면상의 높이는 몇 [m] 이상이어야 하는가?

① 5
② 5.5
③ 6
④ 6.5

94 특고압 옥내 전기설비를 시설할 때 특고압 옥내배선의 사용전압은 몇 [kV] 이하이어야 하는가?(단, 케이블 트레이공사에 의하지 않으며, 위험의 우려가 없도록 시설한다.)

① 100
② 170
③ 220
④ 350

해설 특고압 옥내 전기설비는 사용전압 100[kV] 이하일 것(단, 케이블 트레이공사는 35[kV] 이하)

95 버스 덕트 공사에 의한 저압 옥내배선에 대한 시설로 잘못 설명한 것은?

① 환기형을 제외한 덕트의 끝부분은 막을 것
② 사용 전압이 400[V] 미만인 경우에는 덕트에 제2종 접지 공사를 할 것
③ 덕트의 내부에 먼지가 침입하지 아니하도록 할 것
④ 사용 전압이 400[V] 이상인 경우에는 덕트에 특별 제3종 접지 공사를 할 것

해설
- 400[V] 미만 : 제3종 접지 공사
- 400[V] 이상 : 특별 제3종 접지 공사 (단, 사람이 접촉할 우려가 없도록 시설 : 제3종)

96 특고압의 전기집진장치, 정전도장장치 등에 전기를 공급하는 전기설비 시설로 적합하지 아니한 것은?

① 전기집진 응용장치에 전기를 공급하는 변압기 1차측 전로에는 그 변압기 가까운 곳에 개폐기를 시설할 것
② 케이블을 넣는 방호장치의 금속체 부분에는 제2종 접지 공사를 할 것
③ 잔류전하에 의하여 사람에게 위험을 줄 우려가 있으면 변압기 2차측에 잔류전하를 방전하기 위한 장치를 할 것
④ 전기집진장치는 그 충전부에 사람이 접촉할 우려가 없도록 시설할 것

해설 케이블을 넣는 방호장치의 금속제 부분에는 제1종 접지 공사

97 가공전선로의 지지물에 시설하는 통신선 또는 이에 직접 접속하는 가공통신선의 높이에 대한 설명으로 적합한 것은?

① 도로를 횡단하는 경우에는 지표상 5[m] 이상
② 철도 또는 궤도를 횡단하는 경우에는 레일면상 6.5[m] 이상
③ 횡단보도교 위에 시설하는 경우에는 그 노면상 3.5[m] 이상
④ 도로를 횡단하며 교통에 지장이 없을 경우에는 4.5[m] 이상

정답 93 ④ 94 ① 95 ② 96 ② 97 ②

2011년도 기사 제1회 필기시험(기사) • **361**

해설 전력보안 가공 통신선의 높이(이상)

시설 장소		가공 통신선[m]
도로 (차도)위	일반적인 경우	5
	교통에 지장을 안 주는 경우	4.5
철도 횡단(레일면상)		6.5
횡단 보도교 위(노면상)		3
기타의 장소(도로, 철도, 횡단보도교 이외의 장소)		3.5

98 관, 암거 기타 지중전선을 넣은 방호장치의 금속제 부분 및 지중전선의 피복으로 사용하는 금속체에는 제 몇 종 접지 공사를 하여야 하는가?

① 제1종   ② 제2종

③ 제3종   ④ 특별 제3종

99 시가지에 시설하는 고압 가공전선으로 경동선을 사용하려면 그 지름은 최소 몇 [mm]이어야 하는가?

① 2.6   ② 3.2

③ 4.0   ④ 5.0

해설 저고압 가공전선의 굵기 및 종류

가공 전선		전선의 종류
400[V] 미만의 저압 가공 전선		지름 3.2[mm] (절연 전선은 2.6[mm])의 경동선 이상
400[V] 이상의 저압, 고압 가공 전선	시가 지내	지름 5[mm]의 경동선, 3.5[mm]의 동복 강선
	시가 지외	지름 4[mm]의 경동선, 3.5[mm]의 동복 강선

100 최대 사용전압이 23[kV]인 권선으로서 중성선 다중접지방식의 전로에 접속되는 변압기권선의 절연내력시험 시험전압은 몇 [kV]인가?

① 21.16   ② 25.3

③ 28.75   ④ 34.5

해설 최대사용 전압이 7[kV]를 넘고 25[kV]이 중성선다중접지식인 경우는 0.92배(7[kV] 넘고 60[kV] 이하 중성점접지식일 경우 1.25배, 최저시험 전압 10,500[V])

∴ 시험전압=23×0.92=21.16[kV](최저 시험 전압은 500[V]이다.)

정답 98 ③   99 ④   100 ①

국가기술자격검정 필기시험문제

2011년도 기사 제2회 필기시험(기사)				수검번호	성명
자격종목 및 등급(선택분야) **전기기사**	종목코드	시험시간 **2시간 30분**	문제지형별 **A**		

※ 시험문제지는 답안카드와 같이 반드시 제출하여야 합니다.

제1과목 : 전기자기학

01 유전율 ϵ, 전계 세기 E인 유전체의 단위 체적에 축적되는 에너지는 얼마인가?

① $\dfrac{E}{2\epsilon}$　　　② $\dfrac{\epsilon E}{2}$

③ $\dfrac{\epsilon E^2}{2}$　　　④ $\dfrac{\epsilon^2 E^2}{2}$

해설 단위체적에 축적되는 에너지는

$$W = \frac{1}{2}ED = \frac{\epsilon E^2}{2} = \frac{D^2}{2\epsilon}\,[J/m^3]$$

02 내반경 a[m], 외반경 b[m]인 동축케이블에서 극간 매질의 도전율이 σ[S/m]일 때 단위길이당 이 동축케이블의 컨덕턴스[S/m]는?

① $\dfrac{4\pi\sigma}{\ln\dfrac{b}{a}}$　　　② $\dfrac{2\pi\sigma}{\ln\dfrac{b}{a}}$

③ $\dfrac{\pi\sigma}{\ln\dfrac{b}{a}}$　　　④ $\dfrac{6\pi\sigma}{\ln\dfrac{b}{a}}$

해설 단위길이당 동축케이블의 컨덕턴스는

$$G = \frac{1}{R} = \frac{2\pi\sigma}{\ln\dfrac{b}{a}}\,[S/m]$$

동축케이블의 정전용량은

$$C = \frac{2\pi\epsilon l}{\ln\dfrac{b}{a}}\,[F],$$

$$RC = \rho\epsilon = \frac{\epsilon}{\sigma}, \quad \therefore R = \frac{\epsilon}{\sigma C} = \frac{\ln\dfrac{b}{a}}{2\pi\sigma l}\,[\Omega]$$

03 간격이 1.5[m]이고 평행한 무한히 긴 단상 송전선로가 가설되었다. 여기에 6600[V], 3[A]를 송전하면 단위길이당 작용하는 힘은?

① 1.2×10^{-3} [N], 흡인력

② 5.89×10^{-5} [N], 흡인력

③ 1.2×10^{-6} [N], 반발력

④ 6.28×10^{-7} [N], 반발력

해설

$$F = \frac{\mu_0 I_1 I_2}{2\pi r} = \frac{2 I_1 I_2}{r} \times 10^{-7}\,[N]$$
$$(\mu_0 = 4\pi \times 10^{-7})$$

$$= \frac{2 \times 3 \times 3}{1.5} \times 10^{-7} = 1.2 \times 10^{-6}\,[N]$$

(단, 단상 송전선로는 두 전류의 방향이 반대이므로 반발력)

04 점전하 Q[C]에 의한 무한 평면 도체의 영상 전하는?

① −Q[C]보다 작다.　② Q[C]보다 크다.

③ −Q[C]과 같다.　④ Q[C]과 같다.

정답　**01** ③　**02** ②　**03** ③　**04** ③

해설

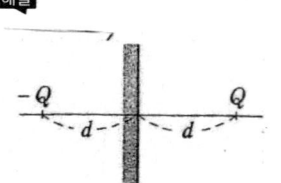

점전하 Q[C]에 의한 무한평면도체의 영상전하는 점전하와는 크기가 같고, 부호는 반대가 된다.

05 아래의 그림과 같은 자기회로에서 A부분에만 코일을 감아서 전류를 인가할 때의 자기저항과 B부분에만 코일을 감아서 전류를 인가할 때의 자기저항[AT/Wb]을 각각 구하면 어떻게 되는가?(단, 자기저항 $R_1 = 1$, $R_2 = 0.5$, $R_3 = 0.5$[AT/Wb]이다.)

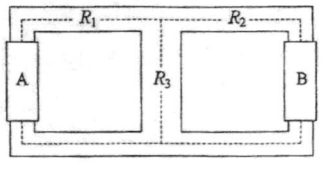

① $R_A = 1.25$, $R_B = 0.83$

② $R_A = 1.25$, $R_B = 1.25$

③ $R_A = 0.83$, $R_B = 0.83$

④ $R_A = 0.83$, $R_B = 1.25$

해설

• A부분에만 코일을 감아서 전류를 인가할 때의 자기저항은,

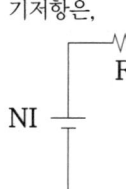

$R_A = R_1 + \dfrac{R_2 R_3}{R_2 + R_3} = 1 + \dfrac{0.5 \times 0.5}{0.5 + 0.5}$
$= 1.25 \ [AT/Wb]$

• B부분에만 코일을 감아서 전류를 인가할 때의 자기저항은

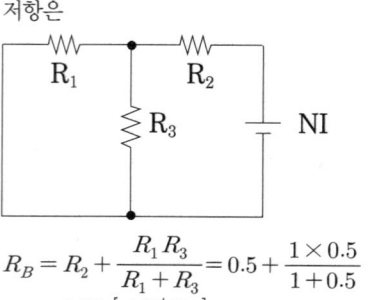

$R_B = R_2 + \dfrac{R_1 R_3}{R_1 + R_3} = 0.5 + \dfrac{1 \times 0.5}{1 + 0.5}$
$= 0.83 \ [AT/Wb]$

06 공기 콘덴서의 극판사이에 비유전율 5인 도체를 넣었을 때 동일 전위차에 대한 극판의 전하량은 어떻게 되는가?

① $5\epsilon_0$배로 증가한다. ② 불변이다.

③ 5배로 증가한다. ④ $\dfrac{1}{5}$로 감소한다.

해설 유전체를 넣었을 때의 정전용량은,

$C = \dfrac{\epsilon_0 \epsilon_s S}{d} = \epsilon_s C_0 \ [F]$

(공기콘덴서의 정전용량 : $C_0 = \dfrac{\epsilon_0 S}{d}$)

전하량 : $Q = CV \propto C$

∴ 전하량은 정전용량에 비례하므로 유전체 ($\epsilon_s = 5$)을 넣을 때의 전하량은 공기 콘덴서의 전하량의 5배가 된다.

07 한 변이 L[m]되는 정방형의 도선회로에 전류 I[A]가 흐르고 있을 때 회로중심에서의 자속밀도는 몇 [Wb/m^2]인가?

① $\dfrac{2\sqrt{2}}{\pi} \dfrac{I}{L}$

② $\dfrac{2\sqrt{2}}{\pi} \mu_0 \dfrac{I}{L}$

③ $\dfrac{2\sqrt{2}}{\pi} \dfrac{L}{I}$

④ $\dfrac{2\sqrt{2}}{\pi} \mu_0 \dfrac{L}{I}$

정답 05 ① 06 ③ 07 ②

해설

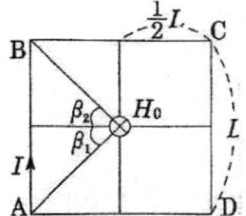

한 변(AB)에 대한 중심점의 자계는

$H_{AB} = \dfrac{I}{4\pi a}(\sin\beta_1 + \sin\beta_2) \,[AT/m]$,

그림에서, $a = \dfrac{L}{2}$, $\beta_1 = \beta_2 = 45°$

$H_{AB} = \dfrac{I}{4\pi(\dfrac{L}{2})}(\sin 45° + \sin 45°)$

$= \dfrac{I}{\sqrt{2}\,\pi L}\,[AT/m]$

$\therefore H_0 = H_{AB} + H_{BC} + H_{CD} + H_{DA} = 4\,H_{AB}$

$= 4\dfrac{I}{\sqrt{2}\,\pi L} = \dfrac{2\sqrt{2}\,I}{\pi L}\,[AT/m]$

• 회로중심에서의 자속밀도 :

$B = \mu_0 H_0 = \mu_0 \dfrac{2\sqrt{2}\,I}{\pi L} = \dfrac{2\sqrt{2}}{\pi}\mu_0 \dfrac{I}{L}\,[Wb/m^2]$

08 간격에 비해서 충분히 넓은 평행판 콘덴서의 판 사이에 비유전율 ϵ_s인 유전체를 채우고 외부에서 판에 수직방향으로 전계 E_0를 가할 때 분극전하에 의한 전계의 세기는 몇 [V/m]인가?

① $\dfrac{\epsilon_s + 1}{\epsilon_s} \times E_0$ 　② $\dfrac{\epsilon_s - 1}{\epsilon_s} \times E_0$

③ $\dfrac{\epsilon_s}{\epsilon_s + 1} \times E_0$ 　④ $\dfrac{\epsilon_s}{\epsilon_s - 1} \times E_0$

해설 분극의 세기는

$P = \sigma = D(1 - \dfrac{1}{\epsilon_s}) = \dfrac{\epsilon_s - 1}{\epsilon_s}\epsilon_0 E_0$,

(σ : 분극의전하)

$\therefore E = \dfrac{\sigma}{\epsilon_0} = \dfrac{\epsilon_s - 1}{\epsilon_s}E_0\,[V/m]$

09 자기인덕턴스가 20[mH]인 코일에 0.2[s] 동안 전류가 100[A]로 변할 때 코일에 유기되는 기전력[V]은 얼마인가?

① 10　　　　② 20

③ 30　　　　④ 40

해설 코일에 유기되는 기전력은

$e = L\dfrac{di}{dt} = 20 \times 10^{-3} \times \dfrac{100}{0.2} = 10\,[V]$

10 자성체에서 자기 감자력은?

① 자화의 세기(J)에 비례한다.

② 감자율(N)에 반비례한다.

③ 자계(H)에 반비례한다.

④ 투자율(μ)에 비례한다.

해설 감자력(H')은 자화의 세기(J) 비례하고 자성체의 형태에 따라서 결정된다.

$H' = \dfrac{NJ}{\mu_0} \propto J$ (자화의 세기에 비례)

11 다음 중 기자력(Magnetomotive Force)에 대한 설명으로 옳지 않은 것은?

① 전기회로의 기전력에 대응한다.

② 코일에 전류를 흘렸을 때 전류밀도와 코일의 권수의 곱의 크기와 같다.

③ 자기회로의 자기저항과 자속의 곱과 동일하다.

④ SI단위는 암페어[A]이다.

해설 기자력 : $F = NI\,[AT]$

정답　**08** ②　**09** ①　**10** ①　**11** ②

12 환상 솔레노이드 내의 철심 내부의 자계의 세기는 몇 [AT/m]인가?(단, N은 코일 권선 수, R은 환상철심의 평균반지름, I는 코일에 흐르는 전류이다.)

① NI　　　　　　② $\dfrac{NI}{2\pi R}$

③ $\dfrac{NI}{2R}$　　　　④ $\dfrac{NI}{4\pi R}$

해설 환상 솔레노이드 내의 철심 내부의 자계의 세기는,

$$\oint_c H\,dl = H2\pi R = NI$$

$$\therefore H = \frac{NI}{2\pi R}\ [AT/m]$$

13 도체 표면에서 전계 $E = E_x a_x + E_y a_y + E_z a_z$ [V/m]이고, 도체면과 법선방향인 미소길이 $dL = dx\,a_x + dy\,a_y + dz\,a_z$[m]일 때 성립되는 식은?

① $E_x\,dx = E_y\,dy$　　② $E_y\,dz = E_z\,dy$

③ $E_x\,dy = E_y\,dz$　　④ $E_y\,dy = E_z\,dz$

해설 전기력선의 방정식

$$\frac{dx}{E_x} = \frac{dy}{E_y} = \frac{dz}{E_z}$$

14 진공 중에서 빛의 속도와 일치하는 전자파의 속도를 얻기 위한 조건은?

① $\epsilon_s = \mu_s = 0$

② $\epsilon_s = 0,\ \mu_s = 1$

③ $\epsilon_s = \mu_s = 1$

④ ϵ_s 와 μ_s 는 관계가 없다.

해설 $v = \dfrac{1}{\sqrt{\epsilon_0 \mu_0}} = 3\times 10^8\,[m/s] = C(광속)$

매질 중에서 전자파의 속도는

$v = \lambda f = \dfrac{1}{\sqrt{\epsilon\mu}} = \dfrac{1}{\sqrt{\epsilon_0\mu_0}} \times \dfrac{1}{\sqrt{\epsilon_s\mu_s}}$ 에서,

$$= \frac{C}{\sqrt{\epsilon_s\mu_s}}\ [m/s]$$

$\epsilon_s = \mu_s = 1$일 때, $3\times 10^8\,[m/s]$의 전파속도(C)가 된다.

15 N회 감긴 원통 코일의 단면적이 S[m^2]이고 길이가 l[m]이다. 이 코일의 권수를 반으로 줄이고 인덕턴스는 일정하게 유지하려면 어떻게 하면 되는가?

① 길이를 $\dfrac{1}{4}$로 한다.

② 단면적을 2배로 한다.

③ 전류의 세기를 2배로 한다.

④ 전류의 세기를 4배로 한다.

해설 코일의 권수를 반($\dfrac{1}{2}$)으로 줄이면, 단면적 S는 4배, 길이는 $\dfrac{1}{4}$ 배로 해야 인덕턴스(L)는 일정하다.

$$L = \frac{\mu S N^2}{l}\ [H]$$

16 진공 중에 반지름이 4[cm]인 도체구 A와 내외 반지름이 5[cm] 및 10[cm]인 도체구 B를 동심(同心)으로 놓고 도체구 A에 $Q_A = 4\times 10^{-10}\,[C]$인 전하를 대전시키고 도체구 B의 전하를 0으로 했을 때 도체구 A의 전위는 약 몇 [V]인가?

① 15　　　　　　② 30

③ 46　　　　　　④ 54

해설 동심 도체구에서 도체구 A의 전하를 Q_A, 도체구 B의 전하를 0으로 할 때 도체구 A의 전위는,

정답　**12** ②　**13** ②　**14** ③　**15** ①　**16** ④

$$V_A = \frac{Q_A}{4\pi\epsilon_0}\left(\frac{1}{a} - \frac{1}{b} + \frac{1}{c}\right)$$
$$= \frac{4\times 10^{-10}}{4\pi\epsilon_0}\left(\frac{1}{4\times 10^{-2}} - \frac{1}{5\times 10^{-2}}\right.$$
$$\left. + \frac{1}{10\times 10^{-2}}\right)$$
$$= 54\,[V]$$

17 그림과 같이 반지름 a[m]의 한번 감긴 원형 코일이 균일한 자속밀도 B[Wb/m^2]인 자계에 놓여 있다. 지금 코일 면을 자계와 나란하게 전류 I[A]를 흘리면 원형코일이 자계로부터 받는 회전 모멘트는 몇 [N・m/rad]인가?

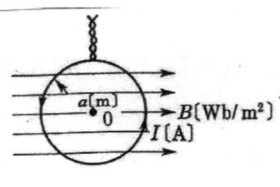

① $2\pi aBI$ ② πaBI

③ $2\pi a^2 BI$ ④ $\pi a^2 BI$

해설 회전모멘트
$$T = NBIS\cos\theta = BI\pi a^2\,[N\cdot m/rad]$$
$$(N=1,\ \cos 0° = 1,\ S = \pi a^2)$$

18 철심이 있는 평균 반지름 15[cm]인 환상솔레노이드 코일에 5[A]가 흐를 때 내부자계의 세기가 1600[AT/m]가 되려면 코일의 권수는 약 몇 회 정도인가?

① 150   ② 180

③ 300   ④ 360

해설 환상솔레노이드 내부 자계의 세기는,
$$H = \frac{NI}{2\pi r}\ \text{에서},$$
$$N = \frac{2\pi \times 15 \times 10^{-2} \times 1600}{5} = 301.59\,[\text{회}]$$

19 전계 E[V/m], 자계 H[A/m]의 전자계가 평면파를 이루고 자유공간으로 전파될 때, 단위시간당 전력밀도는 몇 [W/m^2]인가?

① $\frac{1}{2}EH$ ② $\frac{1}{2}E^2 H$

③ $E^2 H$ ④ EH

해설 전력밀도는,
$$P = Wv = \epsilon E^2 \frac{1}{\sqrt{\epsilon\mu}} = \mu H^2 \frac{1}{\sqrt{\epsilon\mu}}$$
$$= EH\,[W/m^2]$$
(W : 에너지밀도 $[J/m^3]$, v : 전파속도 $[m/s]$,
$\epsilon E^2 = \mu H^2$)

20 자석의 세기 0.2[Wb], 길이 10[cm]인 막대자석의 중심에서 60도의 각을 가지며 40[cm]만큼 떨어진 점 A의 자위는 몇 [A]인가?

① 1.97×10^3 ② 3.96×10^3

③ 7.92×10^3 ④ 9.58×10^3

해설 자위는,
$$U = \frac{M\cos\theta}{4\pi\mu_0 r^2} = \frac{ml\cos\theta}{4\pi\mu_0 r^2}\,[AT]$$
$$= 6.33 \times 10^4 \times \frac{0.2 \times 10 \times 10^{-2} \times \cos 60°}{(40 \times 10^{-2})^2}$$
$$= 3.96 \times 10^3\,[A]\ (\text{m : 자극의 세기[Wb]},$$
l : 길이[m], r : 자극으로부터 거리[m])

제2과목 : 전력공학

21 다음 중 켈빈(Kelvin)의 법칙이 적용되는 경우는?

① 전력 손실량을 축소시키고자 하는 경우
② 전압 강하를 감소시키고자 하는 경우
③ 부하 배분의 균형을 얻고자 하는 경우
④ 경제적인 전선의 굵기를 선정하고자 하는 경우

정답 **17** ④   **18** ③   **19** ④   **20** ②   **21** ④

해설 Still식 : 경제적인 송전 전압 결정하는 식

22 수전단을 단락한 경우 송전단에서 본 임피던스가 300[Ω]이고, 수전단을 개방한 경우 송전단에서 본 어드미턴스가 1.875×10^{-3} [℧]일 때 송전선의 특성임피던스는 약 몇 [Ω]인가?

① 200
② 300
③ 400
④ 500

해설 $Z_0 = \sqrt{\dfrac{Z}{Y}} = \sqrt{\dfrac{300}{1.875 \times 10^{-3}}} = 400[\Omega]$

23 송전선로의 건설비와 전압과의 관계를 나타낸 것은?

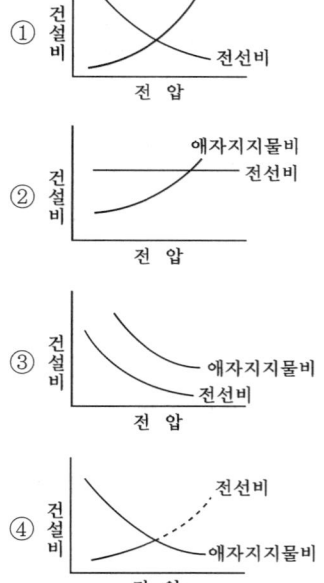

해설 전압이 상승하게 되면 전선 비용은 감소하지만 애자 지지물비는 증가

24 수변전설비에서 1차측에 설치하는 차단기의 용량은 어느 것에 의하여 정하는가?

① 변압기 용량
② 수전계약용량
③ 공급측 단락용량
④ 부하설비용량

해설 차단용량 〉 단락용량으로 선정해야 한다.

25 탑각의 접지와 관련이다. 접지봉으로써 희망하는 접지저항치까지 줄일 수 없을 때 사용하는 것은?

① 고강지선
② 매설지선
③ 크로스본드선
④ 차폐선

26 다음 중 영상변류기를 사용하는 계전기는?

① 과전류 계전기
② 저전압 계전기
③ 지락과전류 계전기
④ 과전압 계전기

해설

• 지락 과전류 계전기 : ZCT + GR
• 과전압 계전기 : PT + OVR
• 부족 전압 계전기 : PT + UVR
• 과전류 계전기 : CT + OCR

27 가공송전선로에서 선간거리를 도체 반지름으로 나눈 값($\dfrac{D}{r}$)이 클수록 인덕턴스와 정전용량은 어떻게 되는가?

① 인덕턴스와 정전용량이 모두 작아진다.
② 인덕턴스와 정전용량이 모두 커진다.
③ 인덕턴스는 커지나, 정전용량은 작아진다.
④ 인덕턴스는 작아지나, 정전용량은 커진다.

해설

• $L = 0.05 + 0.4605\log_{10}\dfrac{D}{r}[mH/km]$

• $C_w = \dfrac{0.02413}{\log_{10}\dfrac{D}{r}}[\mu F/km]$

정답 **22** ③ **23** ① **24** ③ **25** ② **26** ③ **27** ③

28 직접 접지 방식에서 변압기에 단절연이 가능한 이유는?

① 고장전류가 크므로

② 지락전류가 저역률이므로

③ 중성점 전위가 낮으므로

④ 보호계전기의 동작이 확실하므로

29 3상 전원에 접속된 Δ 결선의 콘덴서를 Y 결선으로 바꾸면 진상 용량은 어떻게 되는가?

① $\sqrt{3}$ 배로 된다.　　② $\frac{1}{3}$ 로 된다.

③ 3배로 된다.　　④ $\frac{1}{\sqrt{3}}$ 로 된다.

해설

그림 (a)에서 $P_\triangle = 3 \times 2\pi f C V^2 [VA]$

그림 (b)에서 $P_Y = 2\pi f C V^2 [VA]$

$\therefore P_Y = \frac{1}{3} P_\triangle$

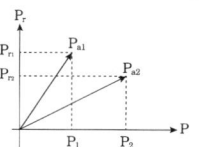

(a)　　　　(b)

30 30000[kW]의 전력을 50[km] 떨어진 지점에 송전하는데 필요한 전압은 약 몇 [kV] 정도인가?(단, Still의 식에 의하여 산정한다.)

① 22　　　　② 23

③ 66　　　　④ 100

해설 Still식,

$$[kV] = 5.5\sqrt{0.6l + \frac{P}{100}} = 5.5\sqrt{0.6 \times 50 + \frac{30,000}{100}}$$
$$= 99.91[kV]$$

31 송전선 보호범위 내의 모든 사고에 대하여 고장점의 위치에 관계없이 선로 양단을 쉽고 확실하게 동시에 고속으로 차단하기 위한 계전방식은?

① 회로선택 계전방식

② 과전류 계전방식

③ 방향거리(Directive Distance) 계전방식

④ 표시선(Pilot Wire) 계전방식

32 불평형 부하의 역률은?

① $\dfrac{\text{유효전력}}{\text{각 상의 피상전력의 산술합}}$

② $\dfrac{\text{무효전력}}{\text{각 상의 피상전력의 산술합}}$

③ $\dfrac{\text{무효전력}}{\text{각 상의 피상전력의 백터합}}$

④ $\dfrac{\text{유효전력}}{\text{각 상의 피상전력의 백터합}}$

해설 불평형 부하에서는 각각의 피상전력은 위상이 각각 다르기 때문에 백터의 합으로 나타낸다.

$$P_a = P_{a1} + P_{a2} = \sqrt{(P_1 + P_2)^2 + (P_{r1} + P_{r2})^2}$$

$\therefore$ 역률$(\cos\theta) = \dfrac{P}{P_a}$

33 송전선로의 코로나 임계전압이 높아지는 경우는?

① 기압이 낮아지는 경우

② 전선의 지름이 큰 경우

③ 온도가 높아지는 경우

④ 상대공기밀도가 작은 경우

정답　28 ③　29 ②　30 ④　31 ④　32 ④　33 ②

해설

$$E_0 = 24.3 m_0 m_1 \delta \cdot d \cdot \log_{10}\frac{D}{r}[kV]$$

$$\delta = \frac{0.386 \cdot b}{273 + t}$$

34 한류 리액터의 사용 목적은?

① 누설전류의 제한

② 단락전류의 제한

③ 접지전류의 제한

④ 이상전압 발생의 방지

35 다음 중 고압 배전계통의 구성 순서로 알맞은 것은?

① 배전변전소 ⇒ 간선 ⇒ 분기선 ⇒ 급전선

② 배전변전소 ⇒ 급전선 ⇒ 간선 ⇒ 분기선

③ 배전변전소 ⇒ 간선 ⇒ 급전선 ⇒ 분기선

④ 배전변전소 ⇒ 급전선 ⇒ 분기선 ⇒ 간선

36 전선 지지점의 고저차가 없을 경우 경간 300[m]에서 이도 9[m]인 송전 선로가 있다. 지금 이 이도를 11[m]로 증가시키고자 할 경우 경간에 더 늘려야 할 전선의 길이는 약 몇 [cm]인가?

① 25 　　　　② 30

③ 35 　　　　④ 40

해설 늘려야 할 전선의 길이

$$(L) = L_{11} - L_9 = 300 + \frac{8 \times 11^2}{3 \times 300} - \left(300 + \frac{8 \times 9^2}{3 \times 300}\right)$$
$$= 0.35[m] = 35[cm]$$

$$L = S + \frac{8D^2}{3S}[m]$$

37 애자가 갖추어야 할 구비조건으로 옳은 것은?

① 온도가 급변에 잘 견디고 습기도 잘 흡수하여야 한다.

② 지지물에 전선을 지지할 수 있는 충분한 기계적 강도를 갖추어야 한다.

③ 비, 눈, 안개 등에 대해서도 충분한 절연저항을 가지며, 누설전류가 많아야 한다.

④ 선로전압에는 충분한 절연내력을 가지며, 이상전압에는 절연내력이 매우 작아야 한다.

해설
· 절연 내력이 크고 누설전류는 적을 것
· 온도급변에 견디고 습기를 흡수하지 말 것
· 전기적, 기계적 특성의 열화가 적을 것
· 비, 눈, 안개 등에 필요한 표면저항을 갖출 것(정전 용량이 적을 것)

38 다음 중 전동기 등 기계 기구류 내의 전로의 절연 불량으로 인한 감전 사고를 방지하기 위한 방법으로 거리가 먼 것은?

① 외함 접지　　　② 저전압 사용

③ 퓨즈 설치　　　④ 누전차단기 설치

해설 퓨즈 : 단락보호용(감전 사고와는 무관)

39 다음 중 수차의 특유속도를 나타내는 식은? (단, N : 정격 회전수[rpm], H : 유차낙차[m], P : 유효낙차[m]에서의 최대출력 [kW]이다.)

① $N \times \dfrac{\sqrt{P}}{H^{\frac{5}{4}}}$ 　　② $N \times \dfrac{\sqrt[3]{P}}{H^{\frac{1}{4}}}$

③ $N \times \dfrac{P}{H^{\frac{3}{2}}}$ 　　④ $N \times \dfrac{P}{H^{\frac{1}{4}}}$

40 수력발전소에서 사용되는 수차 중 15[m] 이하의 저낙차에 적합하여 조력발전용으로 알맞은 수차는?

정답 　34 ② 　35 ② 　36 ③ 　37 ② 　38 ③ 　39 ① 　40 ④

① 카플란수차　　② 펠톤수차

③ 프란시스수차　　④ 튜블러수차

제3과목 : 전기기기

41 다음 전력용 반도체 중에서 가장 높은 전압용으로 개발되어 사용되고 있는 반도체 소자는?

① LASCR　　② IGBT

③ GTO　　④ BJT

42 직류 분권전동기가 있다. 그 출력이 9[kW]일 때, 단자전압은 220[V], 입력전류는 51.5[A], 계자전류는 1.5[A], 회전속도는 1500[rpm]이었다. 이때의 발생 토크[kg·m]와 효율[%]은?(단, 전기자 저항은 0.1[Ω]이다.)

① 5.85[kg·m], 94.8[%]

② 6.98[kg·m], 79.4[%]

③ 36.74[kg·m], 79.4[%]

④ 57.33[kg·m], 94.8[%]

[해설]

· 발생토크

$$(T) = 0.975\frac{P}{N} = 0.975 \times \frac{10750}{1500}$$
$$= 6.99[kg \cdot m]$$

· 기계적 출력

$$(P) = E_c \cdot I_a = 215 \times 50 = 10750[W]$$

· 전기자 역기전력

$$(E_c) = V - I_a R_a = 220 - 50 \times 0.1 = 215[V]$$

· 효율

$$(\eta) = \frac{출력}{입력} \times 100 = \frac{P}{VI} = \frac{9 \times 10^3}{220 \times 51.5}$$
$$= 79.44[\%]$$

43 5[kVA]의 단상 변압기 3대를 △결선하여 급전하고 있는 경우 1대가 소손되어 나머지 2대로 급전하게 되었다. 2대의 변압기로 과부하를 10[%]까지 견딜 수 있다고 하면 2대가 분담할 수 있는 최대 부하는 약 몇 [kVA]인가?

① 5　　② 8.6

③ 9.5　　④ 15

[해설]

· V결선시 전력$(P_V) = \sqrt{3} P_a = 5\sqrt{3}[kVA]$

· 과부하 10[%]일 때 분담할 수 있는 최대 부하
$(P) = P_V \times 1.1 = 5\sqrt{3} \times 1.1 = 9.53[kVA]$

44 유도전동기의 제동법 중 유도전동기를 전원에 접속한 상태에서 동기속도 이상의 속도로 운전하여 유도 발전기로 동작시킴으로써 그 발생 전력을 전원으로 변환하면서 제동하는 방법은?

① 발전제동　　② 회생제동

③ 역상제동　　④ 단상제동

45 다음 중 DC 서보 모터의 기계적 시정수를 나타낸 것은?(단, R은 권선의 저항, J는 관성모멘트, K_e는 서보 유기 전압 정수, K_f는 서보 모터의 도체 정수이다.)

① $\dfrac{K_e K_f}{JR}$　　② $\dfrac{JR}{K_e K_f}$

③ $\dfrac{K_e R}{JK_f}$　　④ $\dfrac{JK_f}{K_e R}$

46 변압기에 철손을 알 수 있는 시험은?

① 유도시험　　② 단락시험

③ 부하시험　　④ 무부하시험

[정답] **41** ③　**42** ②　**43** ③　**44** ②　**45** ②　**46** ④

[해설]
- 무부하(개방회로)시험 : 철손, 무부하전류, 히스테리시스손, 와류손, 여자어드미턴스
- 단락시험 : 동손, 임피던스와트, 임피던스전압

47 보통 농형에 비하여 2중 농형 전동기의 특징인 것은?

① 최대 토크가 크다. ② 손실이 적다.

③ 기동 토크가 크다. ④ 슬립이 크다.

48 병렬 운전 중의 A, B 두 동기발전기 중에서 A발전기의 여자를 B기보다 강하게 하면 A 발전기는?

① 90° 앞선 전류가 흐른다.

② 90° 뒤진 전류가 흐른다.

③ 동기화 전류가 흐른다.

④ 부하 전류가 증가한다.

[해설]
- 여자가 강한(기전력이 높은) 발전기 : 90° 뒤진 전류가 흐른다.
- 여자가 약한(기전력이 낮은) 발전기 : 90° 앞선 전류가 흐른다.

49 인가전압과 여자가 일정한 동기전동기에서 전기자 저항과 동기 리액턴스가 같으면 최대출력을 내는 부하각은 몇 도[°]인가?

① 30°   ② 45°

③ 60°   ④ 90°

[해설] 부하각$(\beta) = \tan^{-1}\dfrac{X}{R} = \tan^{-1}\dfrac{1}{1} = 45°$

최대출력은 위상차 (δ)와 부하각 (β)이 같을 때 최대 출력을 낸다. δ : 단자전압[V]와 역기전력[E]와 위상차

50 4극 3상 유도전동기가 있다. 총 슬롯수는 48이고 매극매상 슬롯에 분포하고 코일 간격은 극 간격의 75[%]의 단절권으로 하면 권선 계수는 얼마인가?

① 약 0.986   ② 약 0.927

③ 약 0.895   ④ 약 0.887

[해설] 권선계수

$(K_w) = K_d \times K_p = 0.958 \times 0.924 = 0.885$

- 분포권계수

$$(K_d) = \frac{\sin\dfrac{\pi}{2m}}{q\sin\dfrac{\pi}{2mq}} = \frac{\sin\dfrac{180°}{2\times3}}{4\times\sin\dfrac{180°}{2\times3\times4}}$$

$= 0.958$

- 단절권계수

$(K_p) = \sin\dfrac{\beta\pi}{2} = \sin\dfrac{0.75\times180°}{2} = 0.924$

매극매상당 슬롯수$(q) = \dfrac{\text{총슬롯수}}{\text{상수}\times\text{극수}} = \dfrac{48}{3\times4} = 4$

51 4극, 중권, 총도체수 500, 1극의 자속수가 0.01[Wb]인 직류 발전기가 100[V]의 기전력을 발생시키는데 필요한 회전수는 몇 [rpm]인가?

① 1000   ② 1200

③ 1600   ④ 2000

[해설] $E = \dfrac{P\phi ZN}{60a}[V]$에서,

$N = \dfrac{100\times60\times4}{4\times0.01\times500} = 1200[rpm]$

(파권 : a=2, 중권 : a=p)

52 1차 전압 100[V], 2차 전압 200[V], 선로 출력 50[kVA]인 단권변압기의 자기 용량은 몇 [kVA]인가?

① 25   ② 50

③ 250   ④ 500

[정답] 47 ③   48 ②   49 ②   50 ④   51 ②   52 ①

해설

$$\frac{\text{자기용량}}{\text{부하용량}} = \frac{V_h - V_l}{V_h},$$

$$\therefore \text{자기용량} = \frac{200-100}{200} \times 50 = 25[kVA]$$

53 동기기에서 동기 리액턴스가 커지면 동작 특성이 어떻게 되는가?

① 전압 변동률이 커지고 병렬운전 시 동기화력 이 커진다.

② 전압 변동률이 커지고 병렬운전 시 동기화력 이 작아진다.

③ 전압 변동률이 적어지고 지속단락 전류도 감소한다.

④ 전압 변동률이 적어지고 지속단락 전류는 증가한다.

해설 동기 리액턴스가 커지면 단자전압 (V_n)이 감소, $\varepsilon = \dfrac{V_0 - V_n}{V_n}$ 에서 전압 변동률 (ε)이 커지고, 동기화력(P_s) $= \dfrac{E_1^2}{2x_s}sin\delta$ 에서 동기리액턴스에 반비례 하므로, 동기화력은 감소한다.

54 전부하시에 전류가 0.88[A], 역률 89[%], 속도 7000[rpm], 60[Hz], 115[V]인 2극 단상 직권 전동기가 있다. 회전자와 직권 계자 권선의 실효 저항의 합은 58[Ω]이다. 이 전동기의 기계손을 10[W]라고 하면 전부하시에 부하에 전달되는 토크는 약 얼마인가? (단, 여기서 계자의 자속은 정현파 변화를 한다고 하고 브러시는 중성축에 놓여 있다.)

① 49[g · m] ② 4.9[g · m]

③ 48[N · m] ④ 4.8[N · m]

해설 토크

$$(T) = 0.975\frac{P}{N}[kg \cdot m] = 0.975 \times \frac{35.2}{7000} \times 10^3$$
$$= 4.9[g \cdot m]$$
$$P = VIcos\theta - I^2(R_s + R_f) - P_i$$
$$= 115 \times 0.88 \times 0.89 - 0.88^2 \times 58 - 10 = 35.2[W]$$

55 정격 6600[V]인 3상 동기 발전기가 정격출력 (역률 = 1)으로 운전할 때 전압 변동률이 12[%] 였다. 여자와 회전수를 조정하지 않은 상태로 무부하 운전하는 경우 단자전압[V]은?

① 7842 ② 7392

③ 6943 ④ 6433

해설 전압변동률(ε) $= \dfrac{V_0 - V_n}{V_n} \times 100[\%]$

무부하전압
$$(V_0) = (1+\varepsilon) \cdot V_n = (1+0.12) \times 6600$$
$$= 7392[V]$$

56 유도 전동기의 여자전류는 극수가 많아지면 정격전류에 대한 비율이 어떻게 되는가?

① 적어진다.

② 원칙적으로 변화하지 않는다.

③ 거의 변화하지 않는다.

④ 커진다.

57 단권 변압기에서 W_2 권선에 흐르는 전류 의 크기[A]는?

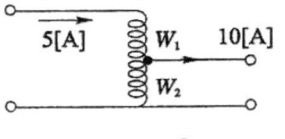

① 5 ② 10

③ 15 ④ 20

해설 W_2에 흐르는 전류
$$(I) = I_2 - I_1 = 10 - 5 = 5[V]$$

정답 53 ② 54 ② 55 ② 56 ④ 57 ①

여기서, I_2는 부하전류, W_1에 흐르는 1차전류 I_1, 그 방향이 I_1과 반대

58 자여식 인버터의 출력 전압의 제어법에 주로 사용되는 방식은?

① 펄스폭 방식

② 펄스 주파수 변조 방식

③ 펄스폭 변조방식

④ 혼합 변조 방식

59 3상 직권 정류자 전동기에 중간(직렬)변압기가 쓰이고 있는 이유가 아닌 것은?

① 정류자 전압의 조정

② 회전자 상수의 감소

③ 경부하 때 속도의 이상 상승 방지

④ 실효 권수비 선정 조정

[해설] 중간(직렬)변압기의 사용 목적
• 철심을 포화시켜서 속도의 상승을 억제
• 회전자 전압을 정류 작용에 맞는 값으로 선정
• 권수비를 바꾸어서 전동기의 특성을 조정

60 변압기의 기름 중 아크 방전에 의하여 가장 많이 발생하는 가스는?

① 수소   ② 일산화탄소

③ 아세틸렌   ④ 산소

제4과목 : 회로이론 및 제어공학

61 $\dfrac{dx(t)}{dt} = Ax(t) + Bu(t), \; A = \begin{bmatrix} 0 & 1 \\ -3 & 4 \end{bmatrix},$

$B = \begin{bmatrix} 1 \\ 1 \end{bmatrix}$ 인 상태방정식에 대한 특성방정식을 구하면?

① $x^2 - 4s - 3 = 0$ ② $x^2 - 4s + 3 = 0$

③ $x^2 + 4s + 3 = 0$ ④ $x^2 + 4s - 3 = 0$

[해설] 특성방정식 $|SI - A| = 0$

$|sI - A| = \begin{bmatrix} s & 0 \\ 0 & s \end{bmatrix} - \begin{bmatrix} 0 & 1 \\ -3 & 4 \end{bmatrix} = \begin{bmatrix} s & -1 \\ 3 & s-4 \end{bmatrix}$

$\therefore |sI - A| = \begin{bmatrix} s & -1 \\ 3 & s-4 \end{bmatrix} = 0 \; \therefore s^2 - 4s + 3 = 0$

62 논리식 $\overline{A + \overline{B}\,\overline{C}}$와 같은 논리식은?

① $\overline{\overline{A + BC}}$ ② $\overline{A(B + C)}$

③ $\overline{A \cdot B + C}$ ④ $\overline{A} \cdot B + C$

[해설] 드모르간의 정리 $\overline{A \cdot (B + C)} = \overline{A} + \overline{B} \cdot \overline{C}$

63 그림과 같은 보드 위상선도를 갖는 회로망은 어떤 보상기로 사용될 수 있는가?

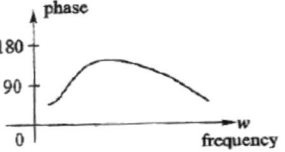

① 진상 보상기

② 지상 보상기

③ 지상 진상 보상기

④ 진상 지상 보상기

64 근궤적 $G(s)H(s) = \dfrac{k(s-2)(s-3)}{s^2(s+1)(s+2)(s+4)}$

에서 점근선의 교차점은 얼마인가?

① -6 ② -4

③ 6 ④ 4

[해설] 점근선의 교차점

$(\sigma) = \dfrac{\sum GH극점 - \sum GH영점}{P - Z}$

$= \dfrac{(-1-2-4) - (2+3)}{5-2} = -4$

[정답] 58 ③   59 ②   60 ①   61 ②   62 ②   63 ①   64 ②

65 특성방정식 $s^2 + Ks + 2K - 1 = 0$인 계가 안정 될 K의 범위는?

① $K > 0$
② $K > \dfrac{1}{2}$

③ $K < \dfrac{1}{2}$
④ $0 < K < \dfrac{1}{2}$

해설

$$\begin{array}{c|cc} s^2 & 1 & (2K-1) \\ s^1 & K & 0 \\ s^0 & (2K-1) & \end{array}$$

제1열 요소의 부호변화가 없어야 안정하므로,

$K > 0, \ 2K - 1 > 0, \quad \therefore K > \dfrac{1}{2}$

66 $R(z) = \dfrac{(1 - e^{-aT})z}{(z-1)(z - e^{-aT})}$ 의 역변환은?

① $1 - e^{-akT}$
② $1 + e^{-akT}$

③ te^{-aT}
④ te^{aT}

해설

$$R(z) = \frac{(1 - e^{-aT})}{(z-1)(z - e^{-aT})}$$
$$= \frac{z(z - e^{-aT}) - z(z-1)}{(z-1)(z - e^{-aT})} = \frac{z}{z-1} - \frac{z}{z - e^{-aT}}$$
$$\therefore \ r(t) = 1 - e^{-aT}$$

67 그림과 같은 회로의 전달함수 $\dfrac{E_0(s)}{E_i(s)}$ 는?

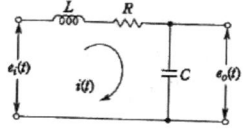

① $\dfrac{s}{LCs^2 + RCs + 1}$
② $\dfrac{1}{LCs^2 + RCs + 1}$

③ $\dfrac{Ls}{LCs^2 + RCs + 1}$
④ $\dfrac{Cs}{LCs^2 + RCs + 1}$

해설

$e_i(t)$
$$= L\frac{di(t)}{dt} + Ri(t) + \frac{1}{C}\int i(t)dt \xrightarrow{\mathcal{L}} E_i(s)$$
$$= (LS + R + \frac{1}{Cs})I(s)$$

$$e_0(t) = \frac{1}{C}\int i(t)dt \xrightarrow{\mathcal{L}} E_0(s) = \frac{1}{Cs}I(s)$$

$$\therefore \ G(s) = \frac{E_0(s)}{E_i(s)} = \frac{\dfrac{1}{Cs}}{Ls + R + \dfrac{1}{Cs}}$$

$$= \frac{1}{LCs^2 + RCs + 1}$$

68 그림과 같은 파형의 라플라스 변환은?

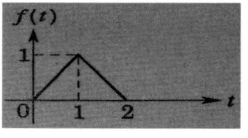

① $1 - 2e^{-s} + e^{-2s}$

② $s(1 - 2e^{-s} + e^{-2s})$

③ $\dfrac{1}{s}(1 - 2e^{-s} + e^{-2s})$

④ $\dfrac{1}{s^2}(1 - 2e^{-s} + e^{-2s})$

해설 구간 $0 \le t \le 1$에서 $f_1(t) = t$이고, 구간 $1 \le t \le 2$에서 $f_2(t) = 2 - t$이므로

$$\mathcal{L}[f(t)] = \int_0^1 te^{-st}dt + \int_1^2 (2-t)e^{-st}dt$$
$$= [t \cdot (-\frac{1}{s}) \cdot e^{-st}|_0^1 + \frac{1}{s}\int_0^1 e^{-st}dt$$
$$+ [(2-t) \cdot (-\frac{1}{s}) \cdot e^{-st}|_1^2 - \frac{1}{s}\int_1^2 e^{-st} \cdot dt$$
$$= -\frac{1}{s}e^{-s} - \frac{1}{s^2}e^{-s} + \frac{1}{s^2} + \frac{1}{s}e^{-s} + \frac{e^{-2s}}{s^2} - \frac{e^{-s}}{s^2}$$
$$= \frac{1}{s^2}(1 - 2e^{-s} + e^{-2s})$$

69 ω가 0에서 ∞까지 변화하였을 때 $G(j\omega)$의 크기와 위상각을 극좌표에 그린 것으로 이 궤적을 표시하는 선도는?

정답 **65** ② **66** ① **67** ② **68** ④ **69** ②

① 근궤적도　　　② 나이퀴스트선도
③ 니콜스선도　　　④ 보드선도

70 제어계 전달함수의 극값(pole)이 그림과 같을 때 이 계의 고유 각주파수 ω_n는?

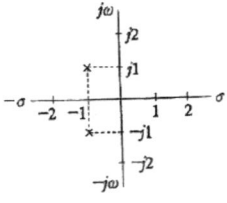

① $\dfrac{1}{\sqrt{2}}$　　　　② $\dfrac{1}{2}$

③ $\sqrt{2}$　　　　④ $\sqrt{3}$

해설 특성방정식 $(s+1-j1)(s+1+j1)=0$
$s^2+2s+2=0$, $s^2+2\delta\omega_n s+\omega_n^2=0$와 비교해서,
$\omega_n^2=2$,　∴ $\omega_n=\sqrt{2}$ 가 된다.

71 기준 입력과 주궤환량과의 차로서, 제어계의 동작을 일으키는 원인이 되는 신호는?

① 조작 신호　　　② 동작 신호
③ 주궤환 신호　　　④ 기준 입력 신호

72 다음의 신호 흐름 선도에서 $\dfrac{C}{R}$는?

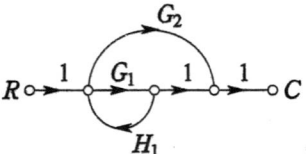

① $\dfrac{G_1+G_2}{1-G_1H_1}$　　　② $\dfrac{G_1G_2}{1-G_1H_1}$

③ $\dfrac{G_1+G_2}{1+G_1H_1}$　　　④ $\dfrac{G_1G_2}{1+G_1H_1}$

해설

$$G_{(s)}=\frac{\sum_{k=1}^{\infty}G_k\Delta_k}{\Delta}=\frac{G_1+G_2}{1-G_1H_1}$$

$\Delta=1-\sum l_1+\sum l_2-\sum l_3+\cdots\cdots$

$\sum l_1=G_1H_1$

$k=1,\ G_1\Delta_1=G_1$

$k=2,\ G_2\Delta_2=G_2$

73 분포 정수회로에서 선로정수가 R, L, C, G 이고 무왜형 조건이 RC=GL과 같은 관계가 성립될 때 선로의 특성 임피던스 Z_0는?(단, 선로의 단위길이당 저항을 R, 인덕턴스를 L, 정전용량을 C, 누설컨덕턴스를 G라 한다.)

① $Z_0=\sqrt{CL}$　　　② $Z_0=\dfrac{1}{\sqrt{CL}}$

③ $Z_0=\sqrt{RG}$　　　④ $Z_0=\sqrt{\dfrac{L}{C}}$

74 직류를 공급하는 R – C 직렬회로에서 회로의 시정수 값은?

① $\dfrac{R}{C}$[sec]　　　② $\dfrac{C}{R}$[sec]

③ $\dfrac{1}{RC}$[sec]　　　④ RC[sec]

75 다음 그림은 전압이 10[V]인 전원장치에 가변저항과 전열기를 연결한 회로이다. 가변저항이 5[Ω]일 때 회로에 흐르는 전류는 1[A]이다. 가변저항을 15[Ω]으로 바꾸고 전열기를 4초 동안 사용할 경우 전열기에서 소비되는 전력[W]은 얼마인가?(단, 전원장치의 전압과 전열기의 저항은 일정하다.)

정답　70 ③　71 ②　72 ①　73 ④　74 ④　75 ①

376 • Part 2. 전기기사 기출문제

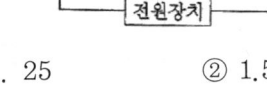

① 1. 25 ② 1.5

③ 1.88 ④ 2.0

해설
- 전체저항(R)은 가변저항과 전열기저항(R_H)의 합이다.

$$R = \frac{V}{I} = \frac{10}{1} = 10[\Omega] = \text{가변저항} + R_H$$

$$\therefore R_H = 5[\Omega] \text{이다.}$$

- 가변저항을 15[Ω]으로 바꿀 때 전열기 소비전력(P_H)는

$$P_H = I^2 \cdot R_H = 0.5^2 \times 5 = 1.25[W]$$

$$I = \frac{V}{R} = \frac{V}{\text{가변저항} + \text{전열기저항}} = \frac{10}{15+5}$$

$$= 0.5[A]$$

76 전류원이 내부저항에 관하여 맞는 것은?

① 전류공급을 받는 회로의 구동점 임피던스와 같아야 한다.

② 클수록 이상적이다.

③ 경우에 따라 다르다.

④ 작을수록 이상적이다.

해설 이상적인 전압원은 내부저항은 0, 이상적인 전류원은 내부저항이 ∞이다.

77 대칭 5상 교류 성형결선에서 선간전압과 상전압 간의 위상차는 몇 도인가?

① 27° ② 36°

③ 54° ④ 72°

해설

$$\theta = \frac{\pi}{2}\left(1 - \frac{2}{n}\right) = \frac{180}{2}\left(1 - \frac{2}{5}\right) = 54°$$

78 어떤 콘덴서를 300[V]로 충전하는데 9[J]의 에너지가 필요하였다. 이 콘덴서의 정전용량은 몇 [μF]인가?

① 100 ② 200

③ 300 ④ 400

해설 $W_c = \dfrac{1}{2}CV^2[J]$에서,

$$C = \frac{2 \times 9}{300^2} \times 10^6 = 200[\mu F]$$

79 평형 3상 회로에서 그림과 같이 변류기를 접속하고 전류계를 연결하였을 때, A_2에 흐르는 전류는 약 몇 [A]인가?

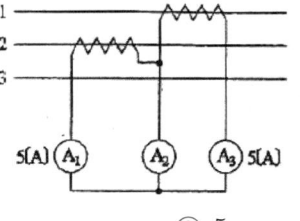
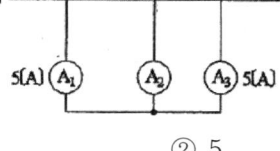

① 0 ② 5

③ 8.66 ④ 10

해설

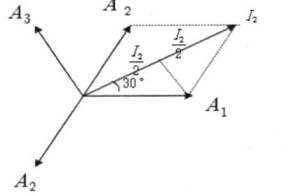

$$\cos 30° = \frac{\frac{I_2}{2}}{I_1} = \frac{I_2}{2I_1}$$

A_2에 흐르는 전류

$$(I_2) = 2I_1 \cos 30° = 2 \times 5 \times \frac{\sqrt{3}}{2} = 8.66[A]$$

정답 76 ② 77 ③ 78 ② 79 ③

80 임피던스 $Z(s)$가 $Z(s) = \dfrac{s+20}{s^2+5RLs+1}$으로 주어지는 2단자회로에 직류 전류원 10[A]를 가할 때 이 회로의 단자전압 [V]은?

① 20
② 40
③ 200
④ 400

해설 직류(DC)이므로,
$s = 0,\ Z(0) = 20[\Omega],\quad \therefore E = 10 \times 20 = 200[V]$

제5과목 : 전기 설비 기술기준 및 판단 기준

81 특고압 가공전선로의 전선으로 케이블을 사용하는 경우의 시설로 옳지 않은 방법은?

① 케이블은 조가용선의 행거에 의하여 시설한다.
② 케이블은 조가용선에 접촉시키고 비닐테이프 등을 30[㎝] 이상의 간격으로 감아 붙인다.
③ 조가용선은 단면적 22[㎟] 이상의 아연도강 연선 또는 동등 이상의 세기 및 굵기의 연선을 사용한다.
④ 조가용선 및 게이블의 피복에 사용한 금속체에는 제3종 접지공사를 한다.

해설 금속테이프를 감는 경우에는 20[㎝] 이하의 간격으로 나선상으로 할 것

82 전기울타리의 시설에 관한 내용 중 틀린 것은?

① 수목과의 이격 거리는 30[cm] 이상일 것
② 전선은 지름이 2[mm] 이상의 경동선일 것
③ 전선과 이를 지지하는 기둥 사이의 이격거리는 2[cm] 이상일 것
④ 전기울타리용 전원장치에 전기를 공급하는 전로의 사용 전압은 250[V] 이하일 것

해설 전선과 이를 지지하는 기둥과의 이격거리 : 2.5[㎝] 이상

83 제3종 접지 공사 및 특별 제3종 접지 공사의 접지선에 다심 코드 또는 다심 캡타이어 케이블의 일심을 사용하는 경우의 접지선의 최소 굵기는 몇 [mm^2]인가?

① 0.75
② 1.5
③ 6
④ 10

해설 다심코드 및 다심캡타이어 케이블의 일심 이외의 가용성이 있는 연동연선 : 1.5[㎟] 이상

84 사용전압 22.9[kV] 특고압 가공전선과 저고압 가공전선 등 또는 이들의 지지물이나 지주 사이의 이격 거리는 최소 몇 [m] 이상이어야 하는가?(단, 특고압 가공전선이 저고압 가공전선과 제1차 접근상태일 경우이다.)

① 1.5
② 2
③ 2.5
④ 3

해설 특고압 가공전선과 저고압 가공전선등의 접근 또는 교차
㉠ 60[kV] 이하 : 2[m] 이상
㉡ 60[kV] 넘는 경우 : $2+0.12n[m]$ 이상
$n = \dfrac{\text{주어진전압}[kV] - 60}{10}$ (절상)

85 전력보안 가공 통신선을 횡단보도교의 위에 시설하는 경우에는 그 노면상 몇 [m] 이상의 높이에 시설하여야 하는가?

① 3
② 3.5
③ 4
④ 4.5

정답 **80** ③ **81** ② **82** ③ **83** ① **84** ② **85** ①

해설 전력보안 가공통신선의 높이(이상)

시설 장소		가 공 통신선[m]
도로(차도) 위	일반적인 경우	5
	교통에 지장을 안 주는 경우	4.5
철도 횡단(레일면상)		6.5
횡단 보도교 위(노면상)		3
기타의 장소(도로, 철도, 횡단보도교 이외의 장소)		3.5

86 과전류 차단기로서 저압 전로에 사용하는 400[A] 퓨즈를 수평으로 붙여서 시험할 때 정격 전류의 1.6배 및 2배의 전류를 통하는 경우 각각 몇 분 안에 용단되어야 하는가?

① 60분, 4분   ② 120분, 6분

③ 120분, 8분   ④ 180분, 10분

해설

정격전류의 구분	시 간 [분]	
	정격전류의 1.6배의 전류를 통한 경우	정격전류의 2배의 전류를 통한 경우
30[A] 이하	60	2
30[A] 초과 60[A] 이하	60	4
60[A] 초과 100[A] 이하	120	6
100[A] 초과 200[A] 이하	120	8
200[A] 초과 400[A] 이하	180	10
400[A] 초과 600[A] 이하	240	12
600[A] 초과	240	20

• 정격전류의 1.1배에 견디어야 한다.

87 전기욕기의 시설에서 전기욕기용 전원장치로부터 욕탕 안의 전극까지의 전선 상호간 및 전선과 대지 사이의 절연저항 값은 몇 [MΩ] 이상이어야 하는가?

① 0.1   ② 0.2

③ 0.3   ④ 0.4

88 직류식 전기철도에서 배류선은 상승부분 중 지표상 몇 [m] 미만의 부분에 대하여는 절연 전선 캡타이어 케이블 또는 케이블을 사용하고, 사람이 접촉할 우려가 없고 또한 손상을 받을 우려가 없도록 시설하여야 하는가?

① 2.0   ② 2.5

③ 3.0   ④ 3.5

89 인가가 많이 연접되어 있는 장소에 시설하는 가공전선로의 구성재 중 고압 가공전선로의 지지물 또는 가섭선에 적용하는 풍압하중에 대한 설명으로 옳은 것은?

① 갑종 풍압하중의 1.5배를 적용시켜야 한다.

② 을종 풍압하중의 2배를 적용시켜야 한다.

③ 병종 풍압하중을 적용시킬 수 있다.

④ 갑종 풍압하중과 을종 풍압하중 중 큰 것만 적용시킨다.

해설 병종 풍압하중 : 저압 또는 고압 가공전선로의 지지물 또는 가섭선

90 사용전압 66[kV] 가공전선과 6[kV] 가공전선을 동일 지지물에 시설하는 경우, 특고압 가공 전선은 케이블인 경우를 제외하고는 단면적이 몇 [㎟]인 경동연선 또는 이와 동등이상의 세기 및 굵기의 연선이어야 하는가?

① 22   ② 38

③ 55   ④ 100

정답 86 ④   87 ①   88 ②   89 ③   90 ③

해설 특고압 가공전선과 저고압 가공전선의 병가
- 35[kV] 이하 : 1.2[m] 이상, 연선 사용
- 35[kV] 넘고 100[kV] 미만 : 2[m] 이상, 인장강도 21.67[kN] 이상의 연선 또는 단면적이 55[㎟] 이상인 경동연선

91 가공전선로의 지지물에 시설하는 지선의 시설 기준에 대한 설명 중 알맞은 것은?

① 지선의 안전율은 3.0 이상이어야 한다.
② 연선을 사용할 경우에는 소선(素線) 3가닥 이상이어야 한다.
③ 지중의 부분 및 지표상 20[㎝]까지의 부분에는 내식성이 있는 것 또는 아연도금을 한다.
④ 도로를 횡단하여 시설하는 지선의 높이는 지표상 4[m] 이상으로 하여야 한다.

해설 지선의 시설 기준
- 안전율 : 2.5 이상
- 최저 인장 하중 : 4.31[kN]
- 2.6[㎜] 이상의 금속선을 3조 이상 꼬아서 사용
- 지중 및 지표상 30[㎝]까지의 부분은 아연도금 철봉 등을 사용
- 도로를 횡단하여 시설하는 지선의 높이는 지표상 5[m] 이상

92 엘리베이터 등의 승강로 내에 시설되는 저압 옥내배선에 사용되는 전압의 최대한도는?

① 250[V] 미만
② 300[V] 미만
③ 400[V] 미만
④ 600[V] 미만

93 특고압 가공전선로의 전로와 저압 전로를 변압기에 의하여 결합하는 경우는 제2종 접지공사에 사용하는 연동 접지선 굵기는 최소 몇 [㎟] 이상인가?

① 0.75
② 2.5
③ 6
④ 8

해설 각종 접지 공사의 접지선의 굵기

접지공사의 종류	접지선의 굵기
제1종 접지공사	공칭단면적 6[㎟]
제2종 접지공사	• 공칭단면적 16[㎟] 이상의 연동선 • 고압전로와 저압전로를 변압기에 의해 결합하는 경우 6[㎟] 이상의 연동선 • 25[kV] 이하인 특고압 가공전선로(중성선 다중접지식으로서, 고저압 혼촉시 2초 이내동작하는 자동차단장치가 있는 경우)와 저압전로를 변압기로 결합하는 경우에는 공칭단면적 6[㎟] 이상의 연동선
제3종 접지공사 및 특별 제3종 접지공사	공칭단면적 2.5[㎟] 이상의 연동선

94 특고압 가공전선로의 지지물 중 전선로의 지지물 양쪽의 경간의 차가 큰 곳에 사용하는 철탑은?

① 내장형 철탑
② 인류형 철탑
③ 보강형 철탑
④ 각도형 철탑

95 뱅크용량이 10000[kVA] 이상인 특고압 변압기의 내부고장이 발생하면 어떤 보호장치를 설치하여야 하는가?

① 자동차단장치
② 경보장치
③ 표시장치
④ 경보 및 자동차단장치

정답 91 ② 92 ③ 93 ③ 94 ① 95 ①

해설 특고압용의 변압기에는 그 내부에 고장이 생겼을 경우에 보호하는 장치

뱅크 용량의 구분	동작 조건	장치의 종류
5,000[kVA] 이상 10,000[kVA] 미만	변압기 내부 고장	자동 차단 장치 또는 경보장치
10,000[kVA] 이상	변압기 내부 고장	자동 차단 장치
타냉식 변압기	냉각 장치에 고장이 생긴 경우 또는 변압기의 온도가 현저하게 상승한 경우	경보 장치

96 2차측 개방전압이 7[kV] 이하인 절연변압기를 사용하고 절연 변압기의 1차측 전로를 자동적으로 차단하는 보호장치를 시설한 경우의 전격살충기는 전격격자가 지표상 또는 마루 위 몇 [m] 이상의 높이에 설치하여야 하는가?

① 1.5 ② 1.8
③ 2.5 ④ 3.5

97 태양전지 발전소에 시설하는 태양전지 모듈 시설에 대한 설명 중 틀린 것은?

① 충전부분은 노출되지 아니하도록 시설할 것
② 태양전지 모듈에 접속하는 부하측 전로에는 그 접속점에 멀리하여 개폐기를 시설할 것
③ 전선은 공칭 단면적 2.5[㎟] 이상의 연동선 또는 동등 이상의 세기 및 굵기일 것
④ 태양전지 모듈을 병렬로 접속하는 전로에는 전로를 보호하는 과전류차단기 등을 시설할 것

해설 접속점에 근접하여 개폐기 및 기타 이와 유사한 기구를 시설할 것

98 합성수지관 공사에 의한 저압 옥내배선 시설방법에 대한 설명 중 틀린 것은?

① 관의 지지점 간의 거리는 1.2[m] 이하로 할 것
② 박스 기타의 부속품을 습기가 많은 장소에 시설하는 경우에는 방습 방치로 할 것
③ 사용 전선은 절연전선일 것
④ 합성수지관 안에는 전선의 접속점이 없도록 할 것

해설 관의 지지점 간의 거리 : 1.5[m] 이하

99 저압 옥측전선로의 시설로 잘못된 것은?

① 철골주 조영물에 버스덕트공사로 시설
② 합성수지관공사로 시설
③ 목조 조영물에 금속관공사로 시설
④ 전개된 장소에 애자사용공사로 시설

해설 저압 옥측, 옥외 배선 시설에서, 금속관 · 버스덕트 · 케이블공사는 목조이외에 조영물에 한하여 시설, 애자공사는 전개된 장소, 그 외의 합성수지관 공사가 있다.

100 저압 전로에서 그 전로에 지락이 생겼을 경우 0.5초 이내에 자동적으로 전로를 차단하는 자동차단기의 정격감도 전류를 100[mA]로 하여 설치하고자 하는데, 이때 제3종 접지공사의 저항값은 몇 [Ω] 이하로 하여야 하는가?(단, 전기적 위험도가 높은 장소이다.)

① 150 ② 200
③ 300 ④ 500

해설 정격감도전류[A] × 접지저항값[Ω] = 15[V]
∴ $100 \times 10^{-3} \times R = 15[V]$, $R = 150[\Omega]$

정답 96 ② 97 ② 98 ① 99 ③ 100 ①

국가기술자격검정 필기시험문제

2011년도 기사 제3회 필기시험(기사)

자격종목 및 등급(선택분야)	종목코드	시험시간	문제지형별	수검번호	성명
전기기사		2시간 30분	A		

※ 시험문제지는 답안카드와 같이 반드시 제출하여야 합니다.

제1과목 : 전기자기학

01 200[V], 30[W]인 백열전구와 200[V], 60[W]인 백열전구를 직렬로 접속하고, 200[V]의 전압을 인가하였을 때 어느 전구가 더 어두운가?(단, 전구의 밝기는 소비전력에 비례한다.)

① 둘 다 같다.
② 30[W] 전구가 60[W] 전구보다 더 어둡다.
③ 60[W] 전구가 30[W] 전구보다 더 어둡다.
④ 비교할 수 없다.

해설
30[W]의 백열전구의 저항 :
$$R_1 = \frac{V^2}{P_1} = \frac{200^2}{30} = 1333.33 \, [\Omega]$$
60[W]의 백열전구의 저항 :
$$R_2 = \frac{V^2}{P_2} = \frac{200^2}{60} = 666.67 \, [\Omega]$$
직렬로 접속하므로, 흐르는 전류는 일정하다.
그러므로 소비전력$(P) = I^2R$에서, 저항 값이 적은 60[W]의 백열전구가 더 어둡다.

02 쌍극자의 중심을 좌표 원점으로 하여 쌍극자 모멘트 방향을 x축, 이와 직각 방향을 y축으로 할 때 원점에서 같은 거리 r만큼 떨어진 검의 y방향의 전계의 세기가 가장 작은 점은 x축과 몇 도의 각을 이룰 때인가?

① 0°
② 30°
③ 60°
④ 90°

해설 전계의 세기는,
$$E = \frac{M}{4\pi \epsilon_0 r^3} \sqrt{1 + 3\cos^2\theta} \, [V/m] 에서, \theta = 0° 일 때$$
최대, $\theta = 90°$일 때가 최소가 된다.

03 어떤 막대꼴 철심이 있다. 단면적이 0.5 $[m^2]$, 길이가 0.8[m], 비투자율이 20이다. 이 철심의 자기저항 [AT/Wb]은?

① 6.37×10^4
② 4.45×10^4
③ 3.37×10^4
④ 1.76×10^4

해설 자기저항
$$R_m = \frac{l}{\mu_0 \mu_s S} = \frac{0.8}{4\pi \times 10^{-7} \times 20 \times 0.5}$$
$$= 6.37 \times 10^4 \, [AT/Wb]$$

04 대전도체 내부의 전위는?

① 진공 중의 유전율과 같다.
② 항상 0이다.
③ 도체표면 전위와 동일하다.
④ 대지전압과 전하의 곱으로 표시한다.

해설 도체의 성질
· 도체 표면은 등전위면이다(내부는 동일하다).
· 도체 표면에만 전하가 분포한다(도체 내부에는 존재하지 않는다).
· 도체 내부의 전계 세기는 0이다.

정답 01 ③ 02 ④ 03 ① 04 ③

- 전계의 세기는 도체표면에 항상 수직이다.
- 도체표면에서 전하밀도는 곡률이 클수록 높다.

05 B−H곡선을 자세히 관찰하면 매끈한 곡선이 아니라 B가 계단적으로 증가 또는 감소함을 알 수 있다. 이러한 현상을 무엇이라 하는가?

① 퀴리점(Curie Point)

② 자기여자효과(Magnetic After Effect)

③ 자왜현상(Magneto−striction)

④ 바크하우젠 효과(Barkhausen Effect)

06 반지름 a, b($a < b$)인 동심 원통전극 사이에 고유저항 ρ의 물질이 충만되어 있을 때 단위 길이당 저항은?

① $2\pi \rho \ln \dfrac{b}{a}$

② $2a\rho$

③ $\dfrac{\rho}{2\pi \ln \dfrac{b}{a}}$

④ $\dfrac{\rho}{2\pi} \ln \dfrac{b}{a}$

해설 동심원통에서 정전용량은,

$$C = \frac{2\pi \epsilon}{\ln \dfrac{b}{a}} \ [F]$$

$\therefore RC = \rho\epsilon$ 에서,

$$R = \frac{\rho\epsilon}{C} = \frac{\rho\epsilon}{\dfrac{2\pi\epsilon}{\ln \dfrac{b}{a}}} = \frac{\rho}{2\pi} \ln \frac{b}{a} \ [\Omega]$$

07 내부장치 또는 공간을 물질로 포위시켜 외부 자계의 영향을 차폐시키는 방식을 자기차폐라 한다. 다음 중 자기차폐에 가장 좋은 것은?

① 강자성체 중에서 비투자율이 큰 물질

② 강자성체 중에서 비투자율이 작은 물질

③ 비투자율이 1보다 작은 역자성체

④ 비투자율이 관계없이 물질의 두께에만 관계되므로 되도록 두꺼운 물질

해설 자기차폐(Magnetic Shielding) : 투자율이 큰 강자성체를 사용하여 외부자계의 영향을 작게 하는 자기적인 차단

08 전기력선의 설명 중 틀린 것은?

① 전기력선의 방향은 그 점의 전계의 방향과 일치하며 밀도는 그 점에서 전계의 크기와 같다.

② 전기력선은 부전하에서 시작해서 정전하에서 그친다.

③ 단위 전하에서는 $1/\epsilon_0$개의 전기력선이 출입한다.

④ 전기력선은 전위가 높은 점에서 낮은 점으로 향한다.

해설 전기력선은 +전하(정전하)에서 출발하여 −전하(부전하)에서 멈추거나 무한원까지 퍼져나간다(전위는 높은 곳에서 낮은 곳으로 향함).

09 유전율이 10인 유전체를 5[V/m]인 전계 내에 놓으면 유전체의 표면전하밀도는 몇 [C/m^2]인가?(단, 유전체의 표면과 전계는 직각이다.)

① 0.5

② 1.0

③ 50

④ 250

해설 유전체의 표면전하밀도 (σ')는 분극의 세기(P)와 같다.

$$\sigma' = P = \chi E = (\epsilon - \epsilon_0) E$$
$$= (10 - 8.855 \times 10^{-12}) \times 5 = 50 \ [V]$$

10 지름 10[cm]의 원형코일 1[A]의 전류를 흘릴 때 코일 중심의 자계를 1000[A/m]로 하려면 코일을 몇 회 감으면 되는가?

① 50

② 100

③ 150

④ 200

정답 05 ④ 06 ④ 07 ① 08 ② 09 ③ 10 ②

해설 원형코일의 중심에서 자계는,

$H_0 = \dfrac{NI}{2a}$ 에서,

$N = \dfrac{2 \times \dfrac{10 \times 10^{-2} \times 1000}{2}}{1} = 100$ [회]

(N : 코일권수, a : 반지름[m])

11 접지된 구도체와 점전하 간에 작용하는 힘은?

① 항상 흡인력이다.

② 항상 반발력이다.

③ 조건적 흡인력이다.

④ 조건적 반발력이다.

해설 접지 된 구도체에는 항상 점전하(Q)와는 반대극성인 전하(Q')이 유도되므로 흡인력이 항상 작용한다. ($Q' = -\dfrac{a}{d}Q$)

12 진공 중에서 빛의 속도와 일치하는 전자파의 전파속도를 얻기 위한 조건으로 맞는 것은?

① $\epsilon_s = 0,\ \mu_s = 0$ ② $\epsilon_s = 0,\ \mu_s = 1$

③ $\epsilon_s = 1,\ \mu_s = 0$ ④ $\epsilon_s = 1,\ \mu_s = 1$

해설 $v = \dfrac{1}{\sqrt{\epsilon_0 \mu_0}} = 3 \times 10^8\ [m/s] = C(광속)$

매질 중에서의 전파속도는,

$v = \lambda f = \dfrac{1}{\sqrt{\epsilon \mu}} = \dfrac{1}{\sqrt{\epsilon_0 \mu_0}} \times \dfrac{1}{\sqrt{\epsilon_s \mu_s}}$ 에서,

$= \dfrac{C}{\sqrt{\epsilon_s \mu_s}}\ [m/s]$

$\epsilon_s = \mu_s = 1$ 일 때, $3 \times 10^8\ [m/s]$의 전파속도(v)가 된다.

13 변의 길이가 각각 a[m], b[m]인 그림과 같은 직사각형 도체가 X축 방향으로 v[m/s]의 속도로 움직이고 있다. 이때 자속밀도는 X-Y평면에 수직이고 어느 곳에서든지 크기가 일정한 B[Wb/m^2]이다. 이 도체의 저항을 R[Ω]이라고 할 때 흐르는 전류는 몇 [A]인가?

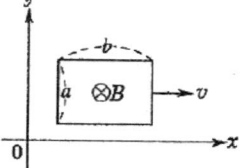

① 0

② $\dfrac{Babv}{R}$

③ $\dfrac{Bv}{R}$

④ $\dfrac{2Bav}{R}$

해설 그림처럼 직사각형도체에서 전자유도에 의한 유도기전력은, $e = -n\dfrac{d\phi}{dt}$, ($\dfrac{d\phi}{dt} = 0$ 이 되어서 유기기전력(e) = 0이 된다.)

직사각형 코일 내의 쇄교자속은 시간적 변화가 없이 항상 일정하다.

14 페러데이 법칙에서 유도기전력 e[V]를 옳게 표현한 것은?

① $e = -N\dfrac{d\phi}{dt}$,

② $e = N\phi$

③ $e = 2\pi N\phi$

④ $e = -\dfrac{1}{N}\dfrac{d\phi}{dt}$

해설 페러데이 법칙은 기전력의 크기를 결정하고, 렌츠의 법칙에서는 기전력의 방향(-)을 결정하는 식이다.

유도기전력 $e = -N\dfrac{d\phi}{dt} = -L\dfrac{di}{dt}\ [V]$

15 15[A]의 무한장 직선 전류로부터 50[cm]떨어진 P점의 자계의 세기는 약 몇 [AT/m]인가?

정답 11 ① 12 ④ 13 ① 14 ① 15 ②

384 • Part 2. 전기기사 기출문제

① 1.56   ② 2.39

③ 4.78   ④ 9.55

해설 무한장 직선 전류에 의한 자계의 세기는,

$$H = \frac{I}{2\pi r} = \frac{15}{2\pi \times 50 \times 10^{-2}} = 4.77 \, [AT/m]$$

16 다음 식 중 옳지 않은 것은?

① $V_p = \int_p^\infty E \, dl$

② $E = -\,grad \, V$

③ $grad \, V = i\dfrac{\partial V}{\partial x} + j\dfrac{\partial V}{\partial y} + k\dfrac{\partial V}{\partial z}$

④ $\oint_s E \, ds = Q$

해설 Gauss의 법칙

$$\oint_s \mathrm{E} \cdot n \, ds = \frac{Q}{\epsilon_0}$$

17 간격 d[m]의 평행판 도체에 V[kV]의 전위차를 주었을 때 음극 도체판을 초속도 0으로 출발한 전자 e[C]이 양극 도체판에 도달할 때의 속도는 몇 [m/s]인가?(단, m[kg]은 전자의 질량이다.)

① $\sqrt{\dfrac{eV}{m}}$ ② $\sqrt{\dfrac{2eV}{m}}$

③ $\sqrt{\dfrac{eV}{2m}}$ ④ $\dfrac{2eV}{m}$

18 비투자율은?(단, μ_0는 진공 중의 투자율, χ_m은 자화율이다.)

① $1 + \dfrac{\chi_m}{\mu_0}$ ② $\mu_0(1+\chi_m)$

③ $\dfrac{1}{1+\chi_m}$ ④ $\dfrac{1}{1-\chi_m}$

해설 자화의 세기와 자계의 세기,

$$J = \chi_m H = (\mu - \mu_0)H = \mu_0(\mu_s - 1)H \, [Wb/m^2]$$

그러므로, $\chi_m H = \mu_0(\mu_s - 1)H$

$$\therefore \text{비투자율}(\mu_s) = 1 + \frac{\chi_m}{\mu_0}$$

19 변위전류와 관계가 가장 깊은 것은?

① 반도체   ② 유전체

③ 자성체   ④ 도체

해설 변위전류(i_d) : 진공 또는 유전체내에서 전속 밀도의 시간적 변화에 의해서 발생하는 전류를 말한다.

20 3개의 콘덴서 $C_1 = 1 \, [\mu F]$, $C_2 = 2 \, [\mu F]$, $C_3 = 3 \, [\mu F]$를 직렬 연결하여 600[V]의 전압을 가할 때, C_1양단 사이에 걸리는 전압은 약 몇 [V]인가?

① 55   ② 164

③ 327   ④ 382

해설 콘덴서를 직렬 연결했으므로 전하량(Q)는 동일하다. 그러므로 각 콘덴서에 걸리는 전압 비는

$$V_1 : V_2 : V_3 = \frac{1}{1} : \frac{1}{2} : \frac{1}{3} = 6 : 3 : 2$$

(V=V₁+V₂+V₃=600[V])

$$\therefore V_1 = \frac{6}{11}V = \frac{6}{11} \times 600 = 327.27 \, [V]$$

제2과목 : 전력공학

21 전선에 전류가 흐르면 열이 발생한다. 이 경우 관계되는 법칙은?

① 패러데이 법칙   ② 쿨롱의 법칙

③ 옴의 법칙   ④ 줄의 법칙

정답   16 ④   17 ②   18 ①   19 ②   20 ③   21 ④

해설 줄의 법칙

$$H = 0.24\,Pt = 0.24\,I^2Rt = 0.24\frac{V^2}{R}t\ [cal]$$

22 송전계통의 안정도를 향상시키기 위한 방법이 아닌 것은?

① 계통의 직렬리액턴스를 감소시킨다.

② 속응 여자 방식을 채용한다.

③ 여러 개의 계통으로 계통을 분리시킨다.

④ 중간 조상 방식을 채택한다.

해설 전력계통의 안정도 향상 대책

- 계통의 직렬리액턴스를 적게 한다.
- 속응 여자 방식을 채용한다.
- 고장(지락)전류를 줄이고, 고장구간을 신속하게 차단한다.
- 중간조상방식을 채용한다.
- 고장 시 발전기 입·출력의 불평형을 작게 하여야 한다.

23 부하역률이 $\cos\theta$인 경우의 배전선로의 전력손실은 같은 크기의 부하전력으로 역률이 1인 경우의 전력손실에 비하여 몇 배인가?

① $\dfrac{1}{\cos^2\theta}$

② $\dfrac{1}{\cos\theta}$

③ $\cos\theta$

④ $\cos^2\theta$

해설

전력 손실 : $P_l = \dfrac{P^2R}{V^2\cos^2\theta} \propto \dfrac{1}{\cos^2\theta}$

$\therefore \dfrac{P_{l\cos\theta}}{P_{l1.0}} = \dfrac{1}{\cos^2\theta}$

24 철탑의 탑각 접지저항이 커지면 우려되는 것으로 옳은 것은?

① 뇌의 직격

② 역섬락

③ 가공지선의 차폐각 증가

④ 코로나 증가

해설 역섬락을 방지하기 위해서는 철탑의 탑각 접지저항을 작게 해야 하는데 이를 작게 하기 위해서 설치하는 것이 매설지선이다.

25 다음 중 그 값이 1 이상인 것은?

① 부등률

② 부하율

③ 수용률

④ 전압강하율

해설

$$부등률 = \frac{개개의\ 최대수용\ 전력의\ 합}{합성\ 최대수용\ 전력} \geq 1$$

26 수전단 전력원의 방정식이 $P_r^2 + (Q+400)^2 = 250000$으로 표현되는 전력계통에서 무부하시 수전단 전압을 일정하게 유지하는데 필요한 조상기의 종류와 조상용량으로 알맞은 것은?

① 진상 무효 전력 100

② 지상 무효 전력 100

③ 진상 무효 전력 200

④ 지상 무효 전력 200

해설 무부하시 수전단 전압을 일정하게 유지하기 위해서는 피상 전력이 불변해야 한다.

$P_a^2 = P^2 + P_r^2\ [VA]$에서, 무부하시는 유효전력(P)

$= 0$ 이다. $500^2 = 0 + (Q_r + 400)^2$

$\therefore\ Q_r = 100$의 지상무효 전력이 필요하다.

27 차단은 쉽게 가능하나 재점호가 발생하기 쉬운 차단은 어느 것인가?

① R-L 회로 차단

② 단락 전류 차단

③ L회로 차단

④ C 회로 차단

정답 **22** ③ **23** ① **24** ② **25** ① **26** ② **27** ④

해설 재점호 : 아크가 재기전압에 의해서 극간에 다시 발생하는 것으로서, 재점호 전류는 콘덴서(C)에 의한 진상전류에 의해서 발생

28 그림과 같이 3300[V], 비접지식 배전선로에 접속된 주상 변압기의 1차와 2차간에 고저압 혼촉고장이 발생하였을 경우, X표시한 부분의 대지전위는 몇 [V]인가?(단, 접지 저항은 20[Ω], 접지저항에 흐르는 지락전류는 5[A]이다.)

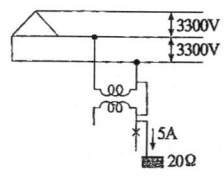

① $\dfrac{3300}{\sqrt{3}}$ ② $3300\sqrt{3}$

③ 3300 ④ 100

해설 $E = I_g\,R = 5 \times 20 = 100\,[V]$

29 1상의 대지정전용량 C[F], 주파수 f[Hz]인 3상 송전선의 소호리액터 공진탭의 리액턴스는 몇 [Ω] 인가?(단, 소호리액터를 접속시키는 변압기의 리액턴스는 $X_t[\Omega]$이다.)

① $\dfrac{1}{3\omega C} + \dfrac{X_t}{3}$ ② $\dfrac{1}{3\omega C} - \dfrac{X_t}{3}$

③ $\dfrac{1}{3\omega C} + 3X_t$ ④ $\dfrac{1}{3\omega C} - 3X_t$

해설 $\omega L = \dfrac{1}{3\omega C} - \dfrac{X_t}{3}\ [\Omega]$

30 동기 조상기와 전력용 콘덴서를 비교할 때 전력용 콘덴서의 장점으로 맞는 것은?

① 진상과 지상의 전류 공용이다.

② 전압조정이 연속적이다.

③ 송전선의 시충전에 이용 가능하다.

④ 단락고장이 일어나도 고장전류가 흐르지 않는다.

해설 동기조상기에 비해서 단락 고장이 생겨도 고장 전류는 흐르지 않는다.

31 단로기에 대한 설명으로 적합하지 않는 것은?

① 소호장치가 있어 아크를 소멸시킨다.

② 무부하 및 여자전류의 개폐에 사용된다.

③ 배전용 단로기는 보통 디스컨넥팅바로 개폐한다.

④ 회로의 분리 또는 계통의 접속 변경 시 사용한다.

해설 단로기(DS)는 소호장치가 없어서 아크를 소멸시킬 능력이나 부하전류 및 고장전류 등과 같은 대전류를 개폐할 수 없다.

32 피뢰기의 충격 방전 개시 전압은 무엇으로 표시하는가?

① 직류 전압의 크기   ② 충격파의 평균치

③ 충격파의 최대치   ④ 충격파의 실효치

해설 충격 방전 개시전압 : 충격 전압으로 인해 방전 전류가 흐르기 시작할 때 도달 할 수 있는 최고의 전압값(충격파의 최대값)

33 송전선의 중성점을 접지하는 이유가 아닌 것은?

① 코로나를 방지한다.

② 기기의 절연 강도를 낮출 수 있다.

③ 이상전압을 방지한다.

④ 지락 사고선을 선택 차단한다.

정답 **28** ④   **29** ②   **30** ④   **31** ①   **32** ③   **33** ①

해설 송전선의 중성점을 접지하는 목적
- 이상전압의 발생의 방지
- 1선 지락 사고 시에 건전상의 전압 상승 억제, 기기의 절연 절감
- 각종 보호계전기의 동작 확실
- 소호리액터 계통에서 1선 지락 사고 시에 아크 소멸

34 배전계통에서 전력용 콘덴서를 설치하는 목적으로 가장 타당한 것은?

① 전력 손실 감소

② 개폐기의 차단 능력 증대

③ 고장시 영상전류 감소

④ 변압기 손실 감소

해설 배전계통에서 저력용 콘덴서를 설치하는 목적
- 전력손실을 역률의 제곱에 반비례해서 감소
- 전압강하의 감소
- 변압기, 개폐기 등의 소호 용량의 감소
- 송전 용량의 증가

35 송전계통에서 절연협조의 기본이 되는 사항은?

① 애자의 섬락전압

② 권선의 절연내력

③ 피뢰기의 제한전압

④ 변압기 부싱의 섬락전압

36 중거리 및 장거리 송전선로에서 페란티 효과의 발생 원인으로 볼 수 있는 것은?

① 선로의 누설컨덕턴스

② 선로의 누설전류

③ 선로의 정전용량

④ 선로의 인덕턴스

해설 페란티 현상 : 무부하 시에 선로의 정전용량에 의해서 수전단 전압이 송전단 전압보다 높아지는 현상(선로의 정전용량으로 인해서)

37 단상 2선식 배전선로의 송전단 전압 및 역률이 각각 400[V], 0.9이고 수전단 전압 및 역률이 각각 380[V], 0.8일 때, 전력손실은 몇 [W]인가?(단, 부하전류는 10[A]이다.)

① 560

② 640

③ 820

④ 2000

해설 전력손실(P_l)=송전단전력(P_s)−수전단전력(P_r)
$=3600-3040=560\,[W]$

$P_s = V_s I\cos\theta_s = 400\times10\times0.9 = 3600\,[W]$

$P_r = V_r I\cos\theta_r = 380\times10\times0.8 = 3040\,[W]$

38 그림과 같은 유황곡선을 가진 수력지점에서 최대사용수량 OC로 1년간 계속 발전하는데 필요한 저수지의 용량은?

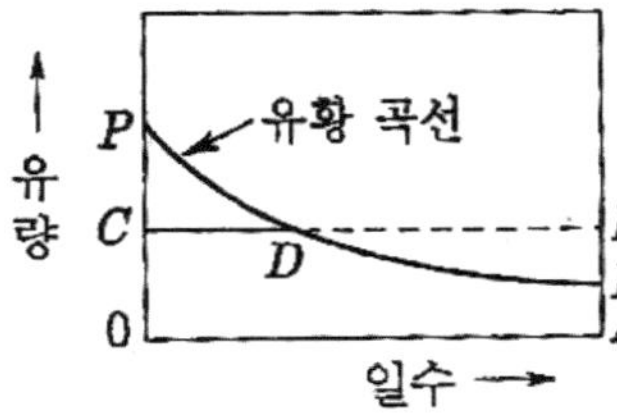

① 면적 OCPBA

② 면적 OCDBA

③ 면적 DEB

④ 면적 PCD

해설 1년간 계속 발전할 최대사용수량이 OC이므로, 부족수량은 면적 BDE에 상당한 수량이므로 이 수량에 해당되는 면적만큼 저수하면 된다.

39 유효낙차 100[m], 최대사용수량 20$[m^3/\sec]$, 수차효율 70[%]인 수력발전소의 연간 발전전력량은 약 몇 [kWh] 전도되는가?(단, 발전기의 효율은 85[%]라고 한다.)

① 2.5×10^7

② 5×10^7

③ 10×10^7

④ 20×10^7

정답 34 ① 35 ③ 36 ③ 37 ① 38 ③ 39 ③

해설 • 연간 발전전력량은,

$W = 9.8\,QH\eta_t\eta_g \times 365 \times 24\,[kWh]$
$= 9.8 \times 20 \times 100 \times 0.7 \times 0.85 \times 365 \times 24$
$= 10.2 \times 10^7\,[kWh]$

40 화력발전소의 기본 사이클 순서가 옳은 것은?

① 급수펌프→ 보일러→ 과열기→ 터빈→ 복수기→ 다시 급수펌프로

② 과열기→ 보일러→ 복수기→ 터빈→ 급수펌프→ 축열기→ 다시 과열기로

③ 급수펌프→ 보일러→ 터빈→ 과열기→ 복수기→ 다시 급수펌프로

④ 보일러→ 급수펌프→ 과열기→ 복수기→ 금수펌프→ 다시 보일러로

해설

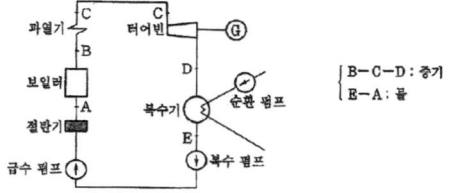

그림은 실제 기력 발전소에 사용되는 기본 사이클의 순서이다.

제3과목 : 전기기기

41 부하전류가 100[A]일 대 회전속도 1000[rpm]으로 10[$kg \cdot m$]의 토크를 발생하는 직류 직권 전동기가 60[A]의 부하전류로 감소되었을 때의 토크는 몇 [$kg \cdot m$]인가?

① 3.6 ② 5.6
③ 7.6 ④ 9.6

해설 토크(T)$= K\phi I_a\,[N \cdot m]$에서, 직류직권전동기에서는

전기자전류(I_a)=계자전류(I_f)=부하전류(I)는 같다.

즉, $I_a = I_f = I \propto \phi, \quad T' = K'I^2 \propto I^2$

$T_1 : T_2 = I_1^2 : I_2^2, \quad \therefore T_2 = (\dfrac{I_2}{I_1})^2 T_1$

$= (\dfrac{60}{100})^2 \times 10 = 3.6\,[kg \cdot m]$

42 3상 유도전동기의 기계적 출력 P[kW], 회전수 N[rpm]인 전동기의 토크 [$kg \cdot m$]는?

① $716\dfrac{P}{N}$ ② $956\dfrac{P}{N}$

③ $975\dfrac{P}{N}$ ④ $0.01625\dfrac{P}{N}$

해설

토크$(T) = \dfrac{1}{9.8}\dfrac{P}{\omega} = \dfrac{1}{9.8}\dfrac{P}{\omega} = \dfrac{1}{9.8}\dfrac{P \times 10^3}{2\pi\dfrac{N}{60}}$

$= 975\dfrac{P}{N}\,[kg \cdot m]$

43 주파수 50[Hz], 슬립 0.2 인 경우의 회전자 속도가 600[rpm]일 때 유도전동기의 극수는 몇 극인가?

① 6 ② 8
③ 12 ④ 16

해설 $P = \dfrac{120f}{N_s} = \dfrac{120 \times 50}{750} = 8\,[극]$

$N = (1-s)N_s$에서, $N_s = \dfrac{600}{1-0.2} = 750\,[rpm]$

44 4극, 60[Hz]인 3상 유도전동기가 있다. 1725[rpm]으로 회전하고 있을 때, 2차 기전력의 주파수[Hz]는?

① 10 ② 7.5
③ 5 ④ 2.5

정답 40 ① 41 ① 42 ③ 43 ② 44 ④

해설 $f_2 = sf_1 = 0.0417 \times 60 = 2.5 \; [Hz]$

$$슬립(s) = \frac{N_s - N}{N_s} = \frac{1800 - 1725}{1800} = 0.0417$$

$$동기속도(N_s) = \frac{120f}{P} = \frac{120 \times 60}{4} = 1800 \, [rpm]$$

45 어떤 변압기의 1차 환산 임피던스 $Z_{12} = 484 \, [\Omega]$이고 이것을 2차로 환산하면 $Z_{21} = 1 \, [\Omega]$이다. 2차 전압이 400[V]이면 1차 전압[V]은?

① 8800
② 6000
③ 3000
④ 1500

해설 $E_1 = aE_2 = 22 \times 400 = 8800 \; [V]$

$$Z_{12} = a^2 Z_{21} \text{에서}, \; a = \sqrt{\frac{Z_{12}}{Z_{21}}} = \sqrt{\frac{484}{1}} = 22$$

46 동기전동기의 위상특성곡선에서 공급전압 및 부하를 일정하게 유지하면서 여자(계자) 전류(勵磁電流)를 변화시키면?

① 속도가 변한다.
② 토크(Torque)가 변한다.
③ 전기자 전류가 변하고 역률이 변한다.
④ 별다른 변화가 없다.

해설

위상 특선 곡선 : 그림처럼 여자전류와 전기자 전류와의 관계를 표시한 것(단자전압과 부하전류를 일정한 상태에서 여자전류를 변화)
① 과여자(계자전류 > $\cos\theta = 1$) : 앞선 전기자 전류
② 부족여자(계자전류 < $\cos\theta = 1$) : 뒤진 전기자 전류

47 3상 동기발전기에서 그림과 같이 1상의 권선을 서로 똑같은 2조로 나누어서 그 1조의 권선전압을 E[V], 각 권선의 전류를 I[A]라 하고 지그재그 △형으로 결선하는 경우 선간전압과 선전류는?

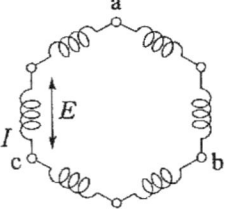

① 선간전압 : 3E, 선전류 : I
② 선간전압 : $\sqrt{3}\,E$, 선전류 : 2I
③ 선간전압 : E, 선전류 : 2I
④ 선간전압 : $\sqrt{3}\,E$, 선전류 : $\sqrt{3}\,I$

해설

선간전압 $= \sqrt{3}\,E \; [V]$
선전류 $= \sqrt{3}\,I \; [A]$

48 직류발전기를 병렬운전 할 때 균일한 직류 기는?

① 직권발전기, 분권발전기
② 분권발전기, 복권발전기
③ 직권발전기, 복권발전기
④ 분권발전기, 단극발전기

해설 균압 모선(직류발전기의 안정된 병렬운전을 하기 위해 사용)

정답 **45** ① **46** ③ **47** ④ **48** ③

390 · Part 2. 전기기사 기출문제

필요한 발전기 : 직권발전기, 평복권발전기, 과복권발전기

필요 없는 발전기 : 분권발전기, 차동복권발전기, 부족복권발전기

49 직류 분권전동기의 정격전압이 300[V], 전부하 전기자 전류 50[A], 전기자저항 0.2[Ω]이다. 이 전동기의 기동전류를 전부하 전류의 120[%]로 제한하기 위한 기동 저항 값은 몇 [Ω]인가?

① 3.5 　　　② 4.8

③ 5.0 　　　④ 5.5

해설 $V = I_s(R_a + R_s)$

∴ 기동저항$(R_s) = \dfrac{V}{I_s} - R_a = \dfrac{300}{60} - 0.2 = 4.8$ [Ω]

기동전류$(I_s) = 1.2 \times$ 정격전류$(I_n) = 1.2 \times 50$
$= 60$ [A]

50 단상변압기의 병렬운전조건에 대한 설명 중 잘못된 것은?(단, r과 x는 각 변압기의 저항과 리액턴스를 나타낸다.)

① 각 변압기의 극성이 일치할 것

② 각 변압기의 권수비가 같고 1차 및 2차 정격전압이 같을 것

③ 각 변압기의 백분율 임피던스 강하가 같을 것

④ 각 변압기의 저항과 임피던스의 비는 $\dfrac{x}{r}$일 것

해설 단상변압기의 병렬운전 조건
- 권수비(정격전압)가 같을 것
- 극성이 같을 것
- %Z 강하가 같을 것
- 저항과 리액턴스의 비가 같을 것

51 유도전동기가 회전자속도 n[rpm]으로 회전할 때, 회전자 전류에 의해 생기는 회전자계는 고정자의 회전자계 속도 n_s와 어떤 관계인가?

① n_s와 같다. 　　　② n_s보다 적다.

③ n_s보다 크다. 　　　④ n_s속도이다.

해설
- 고정자에 의한 속도는,
$$n = (1-s)n_s$$
- 회전자에 의해 생긴 회전자계의 회전속도는
$$n_r = \frac{120f}{P} = \frac{120\,s\,f}{P} = s\,n_s$$

∴ 고정자에 대한 회전자계의 속도는,

$n'_r = n_r + n = s\,n_s + (1-s)\,n_s = n_s$ 가 된다.

52 일정 전압 및 일정 파형에서 주파수가 상승하면 변압기 철손은 어떻게 변하는가?

① 증가한다.

② 감소한다.

③ 불변이다.

④ 증가와 감소를 반복한다.

해설 철손 = 와류손 + 히스테리시스손

와류손$(P_e) = kE^2$,

히스테리시스손$(P_h) = k\dfrac{E^2}{f}$ 에서,

주파수가 상승하면, 와류손은 관계없고, 히스테리시스손은 감소되어 철손이 감소한다.

53 3상 서보전동기에 평형 2상 전압을 가하여 동작시킬 때의 속도-토크 특성곡선에서 최대 토크가 발생하는 슬립 s의 범위로 가장 적당한 것은?

① $0.05 < s < 0.2$ 　　　② $0.2 < s < 0.8$

③ $0.8 < s < 1$ 　　　④ $1 < s < 2$

54 반도체 사이리스터에 의한 제어는 어느 것을 변화시키는 것인가?

① 전류 　　　② 주파수

③ 토크 　　　④ 위상각

정답 49 ②　 50 ④　 51 ①　 52 ②　 53 ②　 54 ④

해설 위상각을 제어하는 반도체는 사이리스터이다.

55 동기발전기를 병렬 운전하는데 필요하지 않은 것은?

① 기전력의 용량이 같을 것
② 기전력의 주파수가 같을 것
③ 기전력의 위상이 같을 것
④ 기전력의 크기가 같을 것

해설 동기발전기의 병렬운전
- 기전력의 위상이 같을 것
- 기전력의 크기가 같을 것
- 기전력의 주파수가 같을 것
- 기전력의 파형이 같을 것
- 상회전 방향이 같을 것

56 변압기의 %저항 강하와 %누설리액턴스 강하가 3[%]와 4[%]이다. 부하의 역률이 지상 60[%]일 때 이 변압기의 전압 변동률[%]은?

① 4.8
② 4
③ 5
④ 1.4

해설
- 전압변동률$(\epsilon) = p\cos\theta + q\sin\theta$
$= 3 \times 0.6 + 4 \times 0.8 = 5$ [%]

57 동기발전기의 전부하 포화곡선은 그림 중 어느 것인가?(단, V는 단자전압, I_f는 여자전류이다.)

① ㉠
② ㉡
③ ㉢
④ ㉣

해설
㉠ 무부하 포화곡선
㉡ 단락곡선
㉣ 외부특성곡선

58 유도전동기의 부하는 증가시키면 역률은?

① 좋아진다.
② 나빠진다.
③ 변함이 없다.
④ 1이 된다.

해설 2차 측 부하를 증가시키면 유효분 전류가 증가되어 1차 측에서 본 역률은 좋아지게 된다.(무부하 전류는 역률이 매우 낮다.)

59 역기전력 100[V], 회전수 800[rpm], 토크 1.6[$kg \cdot m$]인 직류전동기의 전기자 전류는 약 몇 [A]인가?

① 6.0
② 9.0
③ 13.0
④ 15.0

해설

토크$(T) = 0.975\dfrac{P}{N} = 0.975\dfrac{E_cI_a}{N}$ [$kg \cdot m$]

$\therefore$ 전기자전류$(I_a) = \dfrac{1.6 \times 800}{0.975 \times 100} = 13.13$ [A]

60 다음과 같은 반도체 정류기 중에서 역방향 내전압이 가장 큰 것은?

① 실리콘 정류기
② 게르마늄 정류기
③ 셀렌 정류기
④ 아산화동 정류기

정답 55 ① 56 ③ 57 ③ 58 ① 59 ③ 60 ①

제4과목 : 회로이론 및 제어공학

61 R=20[Ω], L=0.1[H]의 직렬회로에 60[Hz], 115[V]의 교류 전압이 인가되어 있다. 인덕턴스에 축적되는 자기에너지의 평균값은 약 몇 [J]인가?

① 0.14   ② 0.36

③ 0.75   ④ 1.45

해설 $W_L = \dfrac{1}{2}LI^2 = \dfrac{1}{2} \times 0.1 \times 2.69^2 = 0.36 \,[J]$

$I = \dfrac{E}{Z} = \dfrac{E}{\sqrt{R^2 + (\omega L)^2}}$

$= \dfrac{115}{\sqrt{20^2 + (2\pi \times 60 \times 0.1)^2}} = 2.69\,[A]$

62 그림과 같은 (a), (b)회로가 서로 역회로의 관계가 있으려면 C[μF]의 값은?

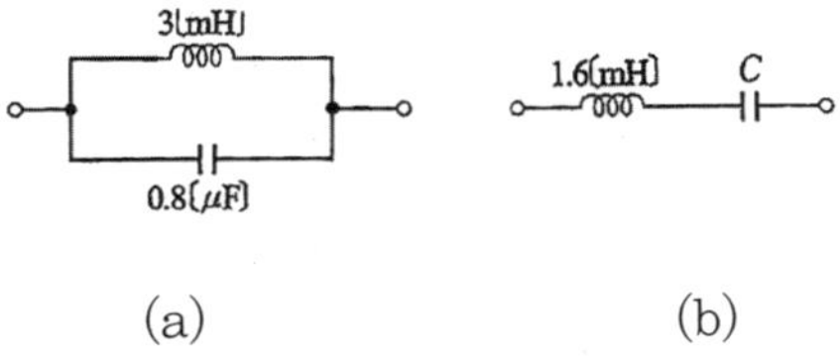

      (a)   (b)

① 0.9   ② 1.2

③ 1.5   ④ 1.8

해설 $\dfrac{L_2}{C_1} = \dfrac{L_1}{C_2}$ 에서,

$\therefore C_2 = \dfrac{L_1}{L_2}C_1 = \dfrac{3}{1.6} \times 0.8 = 1.5\,[\mu F]$

63 R=30[Ω], L=0.127[H]의 직렬회로에 $v = 100\sqrt{2}\sin 100\pi t\,[V]$의 전압이 인가되었을 때 이 회로의 역률은 약 얼마인가?

① 0.2   ② 0.4

③ 0.6   ④ 0.8

해설 R−L직렬회로에서 역률은,

$\cos = \dfrac{R}{Z} = \dfrac{R}{\sqrt{R^2 + X^2}} = \dfrac{30}{\sqrt{30^2 + 39.9^2}}$

$= 0.6\,[\Omega]$

$X_L = \omega L = 100\pi \times 0.127 = 39.9\,[\Omega]$

64 분포정수 선로에서 무왜형 조건이 성립하면 어떻게 되는가?

① 감쇠량은 주파수에 비례한다.

② 전파속도가 최대로 된다.

③ 감쇠량이 최소로 된다.

④ 위상정수가 주파수에 관계없이 일정하다.

해설 무왜형 조건은, $RC = GL$에서, 감쇠량$(\alpha) = \sqrt{RG}$라는 무왜형 조건이 성립하면, 감쇠량이 최소가 된다.

65 삼각파의 최대치가 1 이라면 실효치, 평균치는 각각 얼마인가?

① $V = \dfrac{1}{\sqrt{2}}$, $V_{av} = \dfrac{1}{\sqrt{3}}$

② $V = \dfrac{1}{\sqrt{3}}$, $V_{av} = \dfrac{1}{2}$

③ $V = \dfrac{1}{\sqrt{2}}$, $V_{av} = \dfrac{1}{2}$

④ $V = \dfrac{1}{\sqrt{3}}$, $V_{av} = \dfrac{1}{3}$

해설

파형	실효값	평균값	파형률	파고율
정현파	$\dfrac{V_m}{\sqrt{2}}$	$\dfrac{2V_m}{\pi}$	$\dfrac{\pi}{2\sqrt{2}} = 1.11$	$\sqrt{2} = 1.414$
전파정류파	$\dfrac{V_m}{\sqrt{2}}$	$\dfrac{2V_m}{\pi}$	$\dfrac{\pi}{2\sqrt{2}} = 1.11$	$\sqrt{2} = 1.414$
반파정류파	$\dfrac{V_m}{2}$	$\dfrac{V_m}{\pi}$	$\dfrac{\pi}{2} = 1.571$	2

정답   **61** ②   **62** ③   **63** ③   **64** ③   **65** ②

삼각파	$\dfrac{V_m}{\sqrt{3}}$	$\dfrac{V_m}{2}$	$\dfrac{2}{\sqrt{3}}=1.155$	$\sqrt{3}=1.732$
구형파	V_m	V_m	1	1
맥동파	$\dfrac{V_m}{\sqrt{2}}$	$\dfrac{V_m}{2}$	$\sqrt{2}$	$\sqrt{2}$

66 3상 불평형 전압을 V_a, V_b, V_c라고 할 때 역상 전압 V_2는 얼마인가?

① $V_2 = \dfrac{1}{3}(V_a + V_b + V_c)$

② $V_2 = \dfrac{1}{3}(V_a + a^2 V_b + a V_c)$

③ $V_2 = \dfrac{1}{3}(V_a + a V_b + a^2 V_c)$

④ $V_2 = \dfrac{1}{3}(V_a + a^2 V_b + V_c)$

67 어떤 회로에서 전압과 전류가 각각
$e = 50\sin(\omega t + \theta)\ [V]$, $i = 4\sin(\omega t + \theta - 30°)$
[A] 일 때 무효전력[Var]은 얼마인가?

① 100 ② 86.6

③ 70.7 ④ 50

해설

• 무효전력 $(P_r) = \dfrac{50}{\sqrt{2}} \times \dfrac{4}{\sqrt{2}} \sin 30°$
$= 50\,[Var]$

$\left(P_r = \displaystyle\sum_{n}^{\infty} V_n I_n \sin(\theta_1 - \theta_2)\,[Var]\right)$

68 다음과 같은 Z파라미터로 표시되는 4단자 망의 1-1 단자 간에 4[A], 2-2 단자 간에 1[A]의 정전류원을 연결하였을 때의 1-1 단자간의 전압 V_1과 2-2간의 전압 V_2가 바르게 구하여진 것은?(단, Z파라미터 단위는 [Ω]이다.)

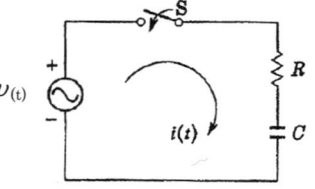

① $V_1 = 18[V]$, $V_2 = 12[V]$

② $V_1 = 18[V]$, $V_2 = 24[V]$

③ $V_1 = 36[V]$, $V_2 = 24[V]$

④ $V_1 = 24[V]$, $V_2 = 36[V]$

해설 $\begin{bmatrix} V_1 \\ V_2 \end{bmatrix} = \begin{bmatrix} Z_{11} & Z_{12} \\ Z_{21} & Z_{22} \end{bmatrix} \begin{bmatrix} I_1 \\ I_2 \end{bmatrix} = \begin{bmatrix} 8 & 4 \\ 4 & 8 \end{bmatrix} \begin{bmatrix} 4 \\ 1 \end{bmatrix} = \begin{bmatrix} 36 \\ 24 \end{bmatrix}$

69 다음 회로에서 입력을 $v(t)$, 출력을 $i(t)$로 했을 때의 입출력 전달 함수는?(단, 스위치 S는 t=0 순간에 회로 전압을 공급한다.)

① $\dfrac{I(s)}{V(s)} = \dfrac{s}{R\left(s + \dfrac{1}{RC}\right)}$

② $\dfrac{I(s)}{V(s)} = \dfrac{1}{RC\left(s + \dfrac{1}{RC}\right)}$

③ $\dfrac{I(s)}{V(s)} = \dfrac{s}{RCs + 1}$

④ $\dfrac{I(s)}{V(s)} = \dfrac{RCs}{RCs + 1}$

해설 $v(t) = Ri(t) + \dfrac{1}{C}\displaystyle\int i(t)\,dt$, $\mathcal{L}$ 변환하면,

$V(s) = RI(s) + \dfrac{1}{Cs}I(s) = \left(R + \dfrac{1}{Cs}\right)I(s)$

정답 **66** ② **67** ④ **68** ③ **69** ①

∴ 전달함수

$$= \frac{I(s)}{V(s)} = \frac{1}{R + \frac{1}{Cs}} = \frac{s}{R(s + \frac{1}{RC})}$$

70 조절부의 동작에 의한 분류 중 제어계의 오차가 검출될 때 오차가 변화하는 속도에 비례하여 조작량을 조절하는 동작으로 오차가 커지는 것을 미연에 방지하는 제어 동작은 무엇인가?

① 비례동작제어

② 미분동작제어

③ 적분동작제어

④ 온-오프(ON-OFF)제어

해설

종류		특징
P 제어	비례 동작	• 정상오차를 수반 • 잔류편차 발생
I 제어	적분 동작	잔류편차 제거
D 제어	미분 동작	오차가 커지는 것을 미리 방지
PI 제어	비례적분 동작	• 잔류편차 제거 • 제어결과가 진동적으로 될 수 있다
PD 제어	비례미분 동작	응답 속응성의 개선
PID 제어	비례적분 미분동작	• 잔류편차 제거 • 응답의 오버슈트 감소 • 응단 속응성의 개선

71 s평면의 우반면에 3개의 극점이 있고, 2개의 영점이 있다. 이때 다음과 같은 설명 중 어느 나이퀴스트 선도일 때 시스템이 안정한가?

① (-1, j0) 점을 반 시계방향으로 1번 감쌌다.

② (-1, j0) 점을 시계방향으로 1번 감쌌다.

③ (-1, j0) 점을 반 시계방향으로 5번 감쌌다.

④ (-1, j0) 점을 시계방향으로 5번 감쌌다.

해설 GH평면상의 (-1, j0) 점을 왼쪽으로 1회 일주하여야 안정하다.(반 시계방향)

72 보드 선도에서 이득 여유는 어떻게 구하는가?

① 크기 선도에서 0~20[dB] 사이에 있는 크기 선도의 길이이다.

② 위상 선도가 0° 축과 교차되는 점에 대응되는 [dB]값의 크기이다.

③ 위상 선도가 -180° 축과 교차 되는 점에 대응되는 이득의 크기 [dB]값이다.

④ 크기 선도에서 -20~20[dB] 사이에 있는 크기 [dB]값이다.

해설 이득 여유 : 위상 선도가 -180° 선을 끊는 점에 대응하는(부호를 바꾼) 이득의 크기(g_m)을 말한다.

73 다음 연산 증폭기의 출력은?

① $X_3 = -a_1 X_1 - a_2 X_2$

② $X_3 = a_1 X_1 + a_2 X_2$

③ $X_3 = (a_1 + a_2)(X_1 + X_2)$

④ $X_3 = -(a_1 - a_2)(X_1 + X_2)$

해설 $X_3 = -a_1 X_1 - a_2 X_2$

74 폐루프 전달함수 $C(s)/R(s)$가 다음과 같은 2차 제어계에 대한 설명 중 잘못된 것은?

$$\frac{C(s)}{R(s)} = \frac{\omega_n^2}{s^2 + 2\delta\omega_n s + \omega_n^2}$$

정답 70 ② 71 ① 72 ③ 73 ① 74 ④

① 이 폐루프계의 특성방정식은
$s^2 + 2\delta\omega_n s + \omega_n^2 = 0$ 이다.

② 이 계는 일 때 부족 제동된 상태에 있게 된다.

③ 최대 오버슈트는 $e^{-\pi\delta/\sqrt{1-\delta^2}}$ 이다.

④ δ값을 작게 할수록 제동은 많이 걸리게 되니 비교 안정도는 향상된다.

해설 제동계수(δ)의 값이 작을수록 제동이 적게 걸려 있다.(감쇠율(δ)의 값이 작아질수록 출력응답은 진동이 심해진다.)

75 $G(s) \cdot H(s)$가 다음과 같이 주어지는 계에서 근궤적 점근선의 실수축과의 교차점은?

$$G(s)\,H(s) = \frac{K(s+1)}{s(s+3)(s-4)}$$

① 0　　　　　　② 1
③ 3　　　　　　④ -4

해설
교차점$(\sigma) = \dfrac{\sum GH극 - \sum GH영}{P - Z}$
$= \dfrac{(-3+4) - (-1)}{3-1} = 1$
P : 극점의 개수, Z : 영점의 개수

76 특성방정식이 $s^5 + 3s^4 + 2s^3 + 2s^2 + 3s + 1 = 0$ 인 경우 불안정 근의 수는?

① 0　　　　　　② 1
③ 2　　　　　　④ 3

해설 $s^5 + 3s^4 + 2s^3 + 2s^2 + 3s + 1 = 0$
루드의 방식으로

$$
\begin{array}{c|ccc}
s^5 & 1 & 2 & 3 \\
s^4 & 3 & 2 & 1 \\
s^3 & \frac{4}{3} & \frac{8}{3} & \\
s^2 & -4 & 1 & \\
s^1 & 3 & & \\
s^0 & 1 & &
\end{array}
$$

제1열 요소의 부호(-)가 두 번 변화했으므로 불안정근의 수는 2개이다.

77 $\mathcal{L}^{-1}\left(\dfrac{1}{s^2 + 2s + 5}\right)$의 값은?

① $e^{-t}\sin 2t$　　　　② $e^{-t}\sin t$
③ $\dfrac{1}{2}e^{-t}\sin 2t$　　　④ $\dfrac{1}{2}e^{-t}\sin t$

해설
$$\mathcal{L}^{-1}\left(\frac{1}{s^2 + 2s + 5}\right) = \mathcal{L}^{-1}\frac{1}{(s+1)^2 + 2^2}$$
$$= \mathcal{L}^{-1}\frac{\frac{1}{2} \times 2}{(s+1)^2 + 2^2} = \frac{1}{2}e^{-t}\sin 2t$$

78 z-변환함수 $z/(z - e^{-aT})$에 대응되는 라플라스 변환함수는?

① $\dfrac{1}{(s+a)^2}$　　　② $\dfrac{1}{(1 - e^{-Ts})}$
③ $\dfrac{a}{s(s+a)}$　　　④ $\dfrac{1}{(s+a)}$

해설

f(t)	F(s)	F(z)
$\delta(t)$	1	1
u(t)	$\dfrac{1}{s}$	$\dfrac{z}{z-1}$
t	$\dfrac{1}{s^2}$	$\dfrac{Tz}{(z-1)^2}$
e^{-at}	$\dfrac{1}{s+a}$	$\dfrac{z}{z - e^{-at}}$

79 그림과 같은 신호 흐름 선도에서 $\dfrac{C}{R}$의 값은?

정답 75 ②　76 ③　77 ③　78 ④　79 ③

396 · Part 2. 전기기사 기출문제

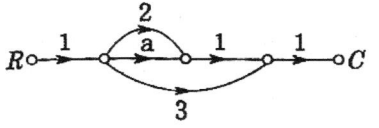

① a+2　　　　② a+3

③ a+5　　　　④ a+6

해설 메이슨 정리

$$G(s) = \frac{\sum_{k=1}^{\infty} G_k \triangle_k}{\triangle} = \frac{a+2+3}{1-0} = a+5$$

$$\triangle = 1 - \sum l_1 + \sum l_2 - \sum l_3 + \cdots$$

$\sum l_1$: 루프가 없으므로 = 0,

$k=1$, $G_1 \triangle_1 = a$

$k=2$, $G_2 \triangle_2 = 2$

$k=3$, $G_3 \triangle_3 = 3$

80 $A = \begin{bmatrix} 0 & 1 \\ -3 & -2 \end{bmatrix}$, $B = \begin{bmatrix} 4 \\ 5 \end{bmatrix}$인 상태방정식

$\dfrac{dx}{dt} = Ax + Br$에서 제어계의 특성방정식은?

① $s^2 + 4s + 3 = 0$　　② $s^2 + 3s + 2 = 0$

③ $s^2 + 3s + 4 = 0$　　④ $s^2 + 2s + 3 = 0$

해설 특성 방정식

$|sI - A| = 0$,

$$[sI - A] = \begin{bmatrix} s & 0 \\ 0 & s \end{bmatrix} - \begin{bmatrix} 0 & 1 \\ -3 & -2 \end{bmatrix} = \begin{bmatrix} s & -1 \\ 3 & s+2 \end{bmatrix}$$

$$\therefore |sI - A| = \begin{vmatrix} s & -1 \\ 3 & s+2 \end{vmatrix} = s(s+2) + 3$$

$$= s^2 + 2s + 3 = 0$$

제5과목 : 전기설비기술기준 및 판단기준

81 154[kV] 특고압 가공전선로를 시가지에 경동연선으로 시설할 경우 단면적은 몇 [mm^2] 이상을 사용하여야 하는가?

① 100　　　　② 150

③ 200　　　　④ 250

해설 시가지 등에서 특고가공전선로의 시설

㉠ 전선의 굵기

　• 사용전압100[kV] 미만 : 인장강도 21.67[kN] 이상의연선 또는 55[mm^2] 이상의 경동연선

　• 사용전압100[kV] 이상 : 인장강도 58.84[kN] 이상의 연선 또는 150[mm^2] 이상의 경동연선

㉡ 전선의 지표상 높이

　• 35[kV] 이하 : 10[m] 이상 (특고절연전선 : 8[m])

　• 35[kV] 넘는 경우 : 10[m]에 10[kV] 넘는 또는 그 단수마다 12[cm] 더한 값 이상 10+0.12n [m] 이상

82 제2종 접지공사에 사용되는 접지선을 사람이 접촉할 우려가 있으며, 철주 기타의 금속체를 따라서 시설하는 경우에는 접지극을 철주의 밑면으로부터 30[cm] 이상의 깊이에 매설하는 경우 이외에는 접지극을 지중에서 그 금속체로부터 몇 [cm] 이상 떼어 매설하여야 하는가?

① 50　　　　② 75

③ 100　　　④ 125

해설 제1종, 제2종 접지공사의 시설기준

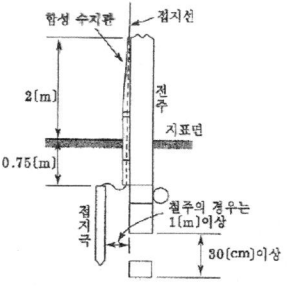

그림에서처럼 접지선을 철주, 기타의 금속체에 연결하여 시설하는 경우, 접지극을 지중에서 그 금속체로부터 1[m] 이상 이격

정답 80 ④　81 ②　82 ③

2011년도 기사 제3회 필기시험(기사) • **397**

83 관등회로의 사용전압이 400[V] 미만 또는 방전등용 변압기의 2차 단락전류나 관등회로의 동작전류가 몇 [mA] 이하로 방전등을 시설하는 경우에 접지공사를 생략할 수 있는가?

① 25   ② 50
③ 75   ④ 100

84 전선 기타의 가섭선(架涉線) 주위에 두께 6[mm], 비중 0.9의 빙설이 부착된 상태에서 을종풍압하중은 구성재의 수직 투영면적 1 $[m^2]$당 몇 [Pa]을 기초로 하여 계산하는가? (단, 다도체를 구성하는 전선이 아니라고 한다.)

① 333[Pa]   ② 372[Pa]
③ 588[Pa]   ④ 666[Pa]

해설 을종풍압하중은 갑종풍압하중의 $\frac{1}{2}$을 기초로 해서 단도체는 372[Pa](다도체 : 333[Pa])

85 고압 가공인입선이 케이블 이외의 것으로서 그 아래에 위험표시를 하였다면 전선의 지표상 높이는 몇 [m]까지로 감할 수 있는가?

① 2.5[m]   ② 3.5[m]
③ 4.5[m]   ④ 5.5[m]

해설 고압가공인입선의 지표상의 높이 : 5[m] 이상 (단, 인입선에 한하여 그 아래에 위험 표시를 하였다면, 3.5[m]까지 감할 수 있다.)

86 설계하중 900[kg]인 철근 콘크리트주의 길이가 16[m]라 한다. 이 지지물을 지반이 연약한 곳 이외의 곳에서 안전율을 고려하지 않고 시설하려고 한다면 땅에 묻히는 깊이는 몇 [m] 이상으로 하여야 하는가?

① 2.0   ② 2.3
③ 2.5   ④ 2.8

해설 가공전선로 지지물의 기초의 안전율

전장 설계 하중	6.8[kN] 이하	6.8[kN] 초과 ~ 9.8[kN] 이하	9.8[kN] 초과 ~ 14.72[kN] 이하
15[m] 이하	전장×1/6 [m] 이상	전장×1/6 +0.3[m] 이상	–
15[m] 초과	2.5[m] 이상	2.8[m] 이상	–
16[m] 초과 ~ 20[m] 이하	2.8[m] 이상	–	–
15[m] 초과 ~ 18[m] 이하	–	–	3[m] 이상
13[m] 초과	–	–	3.2[m] 이상

설계하중이 900[kg]이므로 [kN]으로 고치면,
∴ $900 \times 9.8 \times 10^{-3} = 8.82 [kN]$이므로,
2.8[m] 이상 땅에 묻힌다.

87 보안상 특히 필요한 경우 선로의 길이가 몇 [km] 이상의 고압가공 전선로에는 휴대용 또는 이동용의 전력보안 통신용 전화설비를 시설하여야 하는가?

① 5   ② 10
③ 25   ④ 50

해설 전력보안 통신용 전화설비의 시설 : 특고압 가공 전선로 및 길이 5[km] 이상의 고압가공전선로

88 옥내에 시설하는 저압 접촉전선 공사법이 아닌 것은?

정답 83 ②   84 ②   85 ②   86 ④   87 ①   88 ③

① 점검할 수 있는 은폐된 장소의 애자사용 공사

② 버스덕트 공사

③ 금속몰드 공사

④ 절연 트롤리 공사

해설 옥내에 시설하는 저압 접촉전선 공사

이동 기중기, 자동 소제기 등의 저압접촉전선은 전개된 장소 또는 점검할 수 있는 은폐장소에 애자사용 공사, 버스덕트 공사 또는 절연 트롤리 공사에 한한다.

89 옥내배선의 사용전압이 200[V]인 경우에 이를 금속관공사에 의하여 시설하려고 한다. 다음 중 옥내배선의 시설로서 옳은 것은?

① 전선은 경동선으로 지름 4[mm]의 단선을 사용하였다.

② 전선은 옥외용 비닐절연전선을 사용하였다.

③ 콘크리트에 매설하는 전선관의 두께는 1.0[mm]를 사용하였다.

④ 금속관에는 제3종 접지공사를 하였다.

해설 금속관 공사

• 절연전선(OW 제외) 사용, 단, 동 10[mm^2](Al 16 [mm^2]) 이하는 단선 사용.

• 콘크리트 매설 : 1.2[mm] 이상, 기타 1.0[mm] 이상

• 400[V] 이하 : 제3종 접지공사, 400[V] 넘는 경우 : 특별 제3종 접지공사

90 가공 전선로에 사용하는 지지물의 강도 계산에 적용하는 병종풍압하중은 갑종풍압하중의 몇 [%]를 기초로 하여 계산한 것인가?

① 30   ② 50

③ 80   ④ 110

해설 병종풍압하중은 갑종풍압하중의 $\frac{1}{2}$을 기초 (50[%]).

91 시가지에 시설되어 있는 가공 직류 전차선의 장선에는 가공 직류 전차선간 및 가공 직류 전차선으로부터 60[cm] 이내의 부분 이외에 접지공사를 할 때, 몇 종 접지공사를 하여야 하는가?

① 제1종 접지공사

② 제2종 접지공사

③ 제3종 접지공사

④ 특별 제3종 접지공사

92 최대 사용전압이 1차 22000[V], 2차 6600 [V]의 권선으로서 중성점 비접지식 전로에 접속하는 변압기의 특고압 측의 절연내력 시험전압은 몇 [V]인가?

① 44000   ② 33000

③ 27500   ④ 24000

해설

• 7000[V] 이하 비접지식 : 시험전압=최대사용 전압 ×1.5배(최저시험전압 : 500[V])

• 7000[V] 초과 비접지식 : 시험전압=최대사용 전압 ×1.25배(최저시험전압 : 10500[V])

∴시험전압 = $22000 \times 1.25 = 27500[V]$

93 특고압 전선로의 철탑의 가장 높은 곳에 220[V]용 항공 장애등을 설치하였다. 이 등기구의 금속제 외함은 몇 종 접지공사를 하여야 하는가?

① 제1종 접지공사

② 제2종 접지공사

③ 제3종 접지공사

④ 특별 제3종 접지공사

해설 특고압 가공전선로의 지지물에 저압의 기계 기구를 시설하는 경우 기계기구의 금속제 외함 : 제1종 접지공사

정답 **89** ④   **90** ②   **91** ③   **92** ③   **93** ①

94 옥내에 시설하는 고압의 이동전선의 종류는?

① $150[mm^2]$ 연동선

② 비닐 캡타이어 케이블

③ 고압용 캡타이어 케이블

④ 강심알루미늄 연선

95 특고압 가공전선이 저압 가공전선 등과 제2차 접근상태로 시설되는 경우에 특고압 가공 전선로는 어떤 보안공사에 의하여야 하는가?

① 고압 보안공사

② 제1종 특고압 보안공사

③ 제2종 특고압 보안공사

④ 제3종 특고압 보안공사

해설 특고압 가공전선과 저고압 가공전선 등의 접근 또는 교차

㉠ 저압 또는 고압의 가공전선이나 전차선과 제2차 접근상태로 시설되는 경우 : 제2종 특고압 보안공사

㉡ 저압 또는 고압의 가공전선이나 전차선과 제1차 접근상태로 시설되는 경우 : 제3종 특고압 보안공사

96 100[kV] 미만의 특고압 가공전선로의 지지물로 B종 철주를 사용하여 경간을 300[m]로 하고자 하는 경우, 전선으로 사용되는 경동연선의 최소 단면적은 몇 $[mm^2]$ 이상이어야 하는가?

① 38

② 55

③ 100

④ 150

해설 특고압 가공전선로의 경간 제한

지지물의 종류	전선의 굵기 / 경간		
	고압	지름 5[mm] 이상	단면적 $22[mm^2]$ 이상
	특고압	단면적 $22[mm^2]$ 이상	단면적 $55[mm^2]$ 이상
A종 철주 또는 A종 철근 콘크리트주		150[m] 이하	300[m] 이하
B종 철주 또는 B종 철근 콘크리트주		250[m] 이하	500[m] 이하
철탑		600[m] 이하	600[m] 이하

97 옥내에 시설하는 전동기에는 소손될 우려가 있는 과전류가 생겼을 때 자동적으로 이를 저지하거나 경보하는 장치를 시설하여야 하나, 전원 측 전로에 시설하는 과전류 차단기의 정격전류가 몇 [A] 이하이면 생략 가능한가?

① 10

② 15

③ 20

④ 30

해설 전동기의 과부하 보호 장치의 시설

단상 전동기를 15[A] 분기회로에 접속한 경우(배선용 차단기는 20[A] 이하), 0.2[kW] 이하의 전동기

98 가요전선관 공사에 의한 저압 옥내배선 시설과 맞지 않은 것은?

① 옥외용 비닐전선을 제외한 절연전선을 사용한다.

② 제1종 금속제 가요전선과의 두께는 0.8[mm] 이상으로 한다.

정답 94 ③   95 ③   96 ②   97 ②   98 ④

③ 중량물의 압력 또는 기계적 충격을 받을 우려가 없도록 시설한다.

④ 전선은 연선을 사용하나 단면적 10[mm^2] 이상인 경우에는 단선을 사용한다.

[해설]
• 가요전선관은 2종 금속제 가요전선관일 것
• 전선은 연선일 것. 다만, 단면적 10[mm^2] 이상인 경우에는 단선을 사용할 수 있다.

99 과전류가 생긴 경우 자동적으로 전로로부터 차단하는 장치를 하여야 하는 전력용 커패시터의 뱅크용량[kVA]은?

① 500[kVA] 초과 15000[kVA] 미만

② 500[kVA] 초과 20000[kVA] 미만

③ 50[kVA] 초과 15000[kVA] 미만

④ 50[kVA] 초과 10000[kVA] 미만

[해설] 조상설비에는 그 내부에 고장이 생긴 경우에 보호하는 장치를 표와 같이 시설할 것

설비 종별	뱅크 용량의 구분	자동적으로 전로로부터 차단하는 장치
전력용 커패시터 및 분로 리액터	500[kVA] 초과 15,000[kVA] 미만	내부에 고장이 생긴 경우 과전류가 생긴 경우
	15,000[kVA] 이상	내부에 고장이 생긴 경우 과전류가 생긴 경우 과전압이 생긴 경우
조상기	15,000[kVA] 이상	내부에 고장이 생긴 경우

100 사용전압 220[V]의 애자사용공사에서 전선의 지지점 간의 거리는 최대 몇 [m]인가?(단, 전개된 장소로서 전선을 조영재의 윗면에 따라 붙일 경우이다.)

① 1.5 ② 2

③ 3.5 ④ 4

[해설] 애자사용공사 지지점 간의 간격은 2[m] 이하일 것

[정답] 99 ① 100 ②

국가기술자격검정 필기시험문제

2012년도 기사 제1회 필기시험(기사)

자격종목 및 등급(선택분야)	종목코드	시험시간	문제지형별	수검번호	성명
전기기사		2시간 30분	A		

※ 시험문제지는 답안카드와 같이 반드시 제출하여야 합니다.

제1과목 : 전기자기학

01 30[V/m]의 전계 내의 80[V] 되는 점에서 1[C]의 전하를 전계방향으로 80[cm] 이동한 경우, 그 점의 전위[V]는?

① 9[V] ② 24[V]
③ 30[V] ④ 56[V]

해설

$$V_{BA} = V_B - V_A$$
$$= -\int_A^B \mathbf{E}\,dl = -\int_0^{0.8} 30\,dl = -30\left[l\,\Big|_0^{0.8}\right] = -24\,[V]$$
$$V_A = 80\,[V]$$
$$\therefore V_B = V_{BA} - V_A = -24 + 80 = 56\,[V]$$

02 표면 부근에 집중해서 전류가 흐르는 현상을 표피효과라 하는데 표피효과에 대한 설명으로 잘못된 것은?

① 도체에 교류가 흐르면 표면에서부터 중심으로 들어갈수록 전류밀도가 작아진다.
② 표피효과는 고주파일수록 심하다.
③ 표피효과는 도체의 전도도가 클수록 심하다.
④ 표피효과는 도체의 투자율이 작을수록 심하다.

해설 **표피효과** : 전류의 주파수가 증가할수록 도체내부의 전류 밀도는 지수 함수적으로 감소되는 현상
$$\delta = \sqrt{\frac{2}{\omega\sigma\mu}} = \sqrt{\frac{1}{\pi f \sigma \mu}}\,[m]$$
단, σ : 도전율[℧/m], μ : 투자율($4\pi \times 10^{-7}$[H/m]),

δ : 표피두께(침투깊이)

위식에서, 주파수, 도전율, 투자율이 높을수록 표피두께(δ)는 감소하므로, 표피효과는 증대되어 실효저항은 증가하게 된다.

03 비유전율 $\epsilon_s = 2.2$, 교유저항 $\rho = 10^{11}$[Ω · m]인 유전체를 넣은 콘덴서의 용량이 200[μF]이었다. 여기서 500[kV] 전압을 가하였을 때 누설전류는 약 몇 [A]인가?

① 4.2[A] ② 5.1[A]
③ 51.3[A] ④ 61.0[A]

해설 누설전류 : $I = \dfrac{V}{R} = \dfrac{500 \times 10^3}{9740.5} = 51.33\,[A]$

$RC = \rho\epsilon$에서,
$$R = \frac{\rho\,\epsilon}{C} = \frac{10^{11} \times 8.855 \times 10^{-12} \times 2.2}{200 \times 10^{-6}}$$
$$= 9740.5\,[\Omega]$$

04 동일한 금속 도선의 두 점 간에 온도차를 주고 고온쪽에서 저온쪽으로 전류를 흘리면, 줄열 이외에 도선 속에서 열이 발생하거나 흡수가 일어나는 현상을 지칭하는 것은?

① 지벡효과 ② 톰슨효과
③ 펠티에효과 ④ 볼타효과

해설
- **지벡효과** : 두 종류의 금속 접속면에 온도차가 발생하면 기전력이 생기는 효과
- **펠티에효과** : 두 종류의 금속 접속면에 전류를 흘리면 접속점에서 열의 흡수, 발생이 나타나는 효과

정답 **01** ④ **02** ④ **03** ③ **04** ②

05 강자성체의 세 가지 특성에 포함되지 않는 것은?

① 와전류 특성 　② 히스테리시스 특성

③ 고투자율 특성 　④ 포화 특성

해설 강자성체의 세 가지 특성

㉠ 자구가 존재(고투자율) 　㉡ 히스테리시스 현상
㉢ 자기포화특성이 있다.

06 그림과 같은 회로에서 스위치를 최초 A에 연결하여 일정전류 I_0[A]를 흘린 다음, 스위치를 급히 B로 전환할 때 저항 R[Ω]에는 1[s]간에 얼마만한 열량[cal]이 발생하는가?

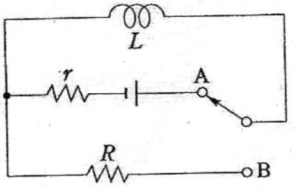

① $\dfrac{1}{8.4} L I_0^2$ 　② $\dfrac{1}{4.2} L I_0^2$

③ $\dfrac{1}{2} L I_0^2$ 　④ $L I_0^2$

해설 L에 축적되는 에너지(W)=

$\dfrac{1}{2} L I_0^2 [J] = \dfrac{1}{4.2} \dfrac{1}{2} L I_0^2 [cal]$

$= \dfrac{1}{8.4} L I_0^2 [cal], \quad (1[J] = \dfrac{1}{4.2} [cal])$

07 그림과 같이 반지름 a[m]인 원형단면을 가지고 중심 간격이 d[m]인 평행왕복도선의 단위길이당 자기인덕턴스 [H/m]는?(단, 도체는 공기 중에 있고 d≫a로 한다.)

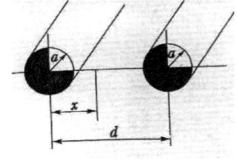

① $L = \dfrac{\mu_0}{\pi} \ln \dfrac{a}{d} + \dfrac{\mu}{4\pi} [H/m]$

② $L = \dfrac{\mu_0}{\pi} \ln \dfrac{a}{d} + \dfrac{\mu}{2\pi} [H/m]$

③ $L = \dfrac{\mu_0}{\pi} \ln \dfrac{d}{a} + \dfrac{\mu}{4\pi} [H/m]$

④ $L = \dfrac{\mu_0}{\pi} \ln \dfrac{d}{a} + \dfrac{\mu}{2\pi} [H/m]$

해설 평행 두도선 사이의 인덕턴스(평행 왕복도체)

• 각도체의 내부에 자기 인덕턴스 :

$$L_i = \dfrac{\mu}{8\pi} [H/m]$$

• 선간의 자기 인덕턴스 : $L_e = \dfrac{\mu_0}{\pi} \ln \dfrac{d}{a} [H/m]$

∴평행왕복도선의 단위길이당 자기 인덕턴스(전인덕턴스)는

$$L = L_e + 2L_i = \dfrac{\mu_0}{\pi} \ln \dfrac{d}{a} + \dfrac{\mu}{4\pi} [H/m]$$

08 자유공간 중에서 $x = -2, y = 4 [m]$를 통과하고, z축과 평행인 무한장 직선도체에 +z축 방향으로 직류전류 I[A]가 흐를 때 점(2, 4, 0)[m]에서의 자계 H[A/m]는?

① $\dfrac{I}{4\pi} a_y$ 　② $-\dfrac{I}{4\pi} a_y$

③ $-\dfrac{I}{8\pi} a_y$ 　④ $\dfrac{I}{8\pi} a_y$

해설

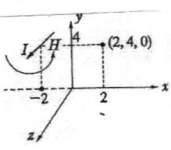

무한장 직선도체에서의 자계의 크기는

$H = \dfrac{I}{2\pi r} = \dfrac{I}{2\pi (2+2)} = \dfrac{I}{8\pi} [AT/m]$ 에서 자계의 방향은 +y축방향

정답　**05** ①　**06** ①　**07** ③　**08** ④

(암페어의 오른나사 법칙)이므로,

$$\therefore H = \frac{I}{8\pi} a_y \ [A/m]$$

09 평등자계와 직각방향으로 일정한 속도로 발사된 전자의 원운동에 관한 설명 중 옳은 것은?

① 플레밍의 오른손법칙에 의한 로렌츠의 힘과 원심력의 평형 원운동이다.

② 원의 반지름은 전자의 발사속도와 전계의 세기의 곱에 반비례한다.

③ 전자의 원운동 주기는 전자의 발사 속도와 관계되지 않는다.

④ 전자의 원운동 주파수는 전자의 질량에 비례한다.

해설 전자의 원운동 : 평등자계 내에서 전자가 수직으로 운동하면 전자의 운동은 전류의 방향과 반대방향이 된다. 플레밍의 왼손법칙에 의해서 전자는 운동방향과 직각으로 힘을 받아서 원운동을 한다.
그러므로 전자의 원운동주기(T)는 전자의 발사속도(v)와는 관계 없다.

- 회전반경$(r) = \dfrac{mv}{qB} \ [m]$

- 각속도$(\omega) = \dfrac{qB}{m} \ [rad/sec]$

- 주기$(T) = \dfrac{2\pi m}{qB} \ [sec]$

10 환상 철심에 권수 1000회의 A코일과 권수 N회의 B코일이 감겨져 있다. A코일의 자기인덕턴스가 100[mH]이고, 두 코일 사이의 상호 인덕턴스가 20[mH], 결합계수가 1일 때, B코일의 권수 N은?

① 100회   ② 200회

③ 300회   ④ 400회

해설 상호인덕턴스 $(M) = \dfrac{N_B}{N_A} L_A = \dfrac{N_A}{N_B} L_B$ 에서,

$$N_B = \frac{N_A}{L_A} M = \frac{1000}{100} \times 20 = 200 \ 회 \ (결합계수가 \ 1$$

일 때 : 누설자속이 없는 경우)

11 매질이 완전 유전체인 경우의 전자 파동 방정식을 표시하는 것은?

① $\nabla^2 E = \epsilon\mu \dfrac{\partial E}{\partial t}, \ \nabla^2 H = k\mu \dfrac{\partial H}{\partial t}$

② $\nabla^2 E = \epsilon\mu \dfrac{\partial^2 E}{\partial t^2}, \ \nabla^2 H = \epsilon\mu \dfrac{\partial^2 H}{\partial t^2}$

③ $\nabla^2 E = \epsilon\mu \dfrac{\partial^2 E}{\partial t^2}, \ \nabla^2 H = k\mu \dfrac{\partial^2 H}{\partial t^2}$

④ $\nabla^2 E = \epsilon\mu \dfrac{\partial E}{\partial t}, \ \nabla^2 H = \epsilon\mu \dfrac{\partial H}{\partial t}$

해설 전자계의 파동방정식

- 전계 : $\nabla^2 E = \epsilon\mu \dfrac{\partial^2 E}{\partial t^2}$

- 자계 : $\nabla^2 H = \epsilon\mu \dfrac{\partial^2 H}{\partial t^2}$

12 변위전류에 의하여 전자파가 발생되었을 때 전자파의 위상은?

① 변위전류보다 90° 늦다.

② 변위전류보다 90° 빠르다.

③ 변위전류보다 30° 빠르다.

④ 변위전류보다 30° 늦다.

해설 $i = \dfrac{\partial D}{\partial t} = \epsilon \dfrac{\partial E}{\partial t},$

$\therefore i$ 는 E보다 위상이 90° 빠르다.

- 변위전류밀도

$$i_d = \frac{\partial D}{\partial t} = \epsilon \frac{\partial E}{\partial t} = \epsilon \frac{\partial}{\partial t} E_m \sin\omega t$$
$$= \omega\epsilon E_m \cos\omega t = \omega\epsilon E_m \sin(\omega t + 90°)$$

∴전파와 자파는 동위상이고, 전자파의 위상은 변위전류보다 90° 늦다.

정답 **09** ③   **10** ②   **11** ②   **12** ①

13 등자위면의 설명으로 잘못된 것은?

① 등자위면은 자력선과 직교한다.

② 자계 중에서 같은 자위의 점으로 이루어진 면이다.

③ 자계 중에 있는 물체의 표면은 항상 등자위 면이다.

④ 서로 다른 등자위면은 교차하지 않는다.

해설 자계 중에 어떤 물체를 놓는다고 그 표면이 항상 등자위면은 아니다.

14 비유전율 ϵ_s=6, 비투자율 μ_r=1, 도전율 σ=0 인 유전체 내에서의 전자파의 전파속도는 약 [m/s]인가?

① $1.22 \times 10^8 [\text{m/s}]$　② $1.22 \times 10^7 [\text{m/s}]$

③ $1.22 \times 10^6 [\text{m/s}]$　④ $1.22 \times 10^5 [\text{m/s}]$

해설 전자파의 전파속도는

$$v = \frac{1}{\sqrt{\epsilon\mu}} = \frac{1}{\sqrt{\epsilon_0\mu_0}} \cdot \frac{1}{\sqrt{\epsilon_s\mu_s}} = \frac{3\times10^8}{\sqrt{\epsilon_s\mu_s}} \ [m/s]$$

$$= \frac{3\times10^8}{\sqrt{6\times1}} = 1.22\times10^8 \ [m/s]$$

15 최대 전계 E_m=6[V/m]인 평면 전자파가 수중을 전파할 때 자계의 최대치는 약 몇 [AT/m]인가?(단, 물의 비유전율 ϵ_s=80, 비투자율 μ_s=1이다.)

① 0.071[AT/m]　② 0.142[AT/m]

③ 0.284[AT/m]　④ 0.426[AT/m]

해설 $\dfrac{E}{H} = \sqrt{\dfrac{\mu}{\epsilon}} = \sqrt{\dfrac{\mu_0}{\epsilon_0}} \cdot \sqrt{\dfrac{\mu_s}{\epsilon_s}} = 377\sqrt{\dfrac{1}{80}}$

$$\therefore H_m = \frac{\sqrt{80}}{377} \times E_m = \frac{\sqrt{80}}{377} \times 6 = 0.142 \ [AT/m]$$

16 자유공간에서 점 P(5, −2, 4)가 도체면상에 있으며, 이 점에서의 전계 $\text{E} = 6a_x - 2a_y + 3a_z$ [V/m]이다. 점 P에서의 면전하밀도 $\rho_s[\text{C/m}^2]$은?

① $-2\epsilon_0 [C/m^2]$　② $3\epsilon_0 [C/m^2]$

③ $6\epsilon_0 [C/m^2]$　④ $7\epsilon_0 [C/m^2]$

해설 도체표면에서 전계의 세기

$\text{E} = \dfrac{\rho_s}{\epsilon_0} \ [V/m]$ 에서,

$$\rho_s = \epsilon_0 \text{E} = \epsilon_0(6a_x - 2a_y + 3a_z)$$
$$= \epsilon_0\sqrt{6^2 + (-2)^2 + 3^2} = 7\epsilon_0 \ [C/m^2]$$

17 미분 방정식 형태로 나타낸 맥스웰의 전자계 기초 방정식에 해당되는 것은?

① $rot\text{E} = -\dfrac{\partial \text{B}}{\partial t}$, $rot\text{H} = i + \dfrac{\partial \text{D}}{\partial t}$, $div\text{D} = 0$, $div\text{B} = 0$

② $rot\text{E} = -\dfrac{\partial \text{B}}{\partial t}$, $rot\text{H} = i + \dfrac{\partial \text{D}}{\partial t}$, $div\text{D} = \rho$, $div\text{B} = 0$

③ $rot\text{E} = -\dfrac{\partial \text{B}}{\partial t}$, $rot\text{H} = i + \dfrac{\partial \text{D}}{\partial t}$, $div\text{D} = \rho$, $div\text{B} = \text{H}$

④ $rot\text{E} = -\dfrac{\partial \text{B}}{\partial t}$, $rot\text{H} = i$, $div\text{D} = 0$, $div\text{B} = 0$

해설 맥스웰의 전자계 기초 방정식

- $rot\text{E} = -\dfrac{\partial \text{B}}{\partial t}$ (파라데이 법칙)

- $rot\text{H} = i + \dfrac{\partial \text{D}}{\partial t}$ (암페어의 주회적분의 법칙)

- $div\text{D} = \rho$ (가우스의 법칙)

- $div\text{B} = 0$ (고립된 자하는 없다.)

정답 13 ③　14 ①　15 ②　16 ④　17 ②

18 공극(Air gap)이 있는 환상 솔레노이드에 권수는 1000회, 철심의 길이 l은 10[cm], 공극의 길이 l_g는 2[mm], 단면적은 3[cm²], 철심의 비투자율은 800, 전류는 10[A]라 했을 때, 이 솔레노이드의 자속은 약 몇 [Wb]인가?(단, 누설자속은 없다고 한다.)

① 3×10^{-2}[Wb]　　② 1.89×10^{-3}[Wb]

③ 1.77×10^{-3}[Wb]　　④ 2.89×10^{-3}[Wb]

해설 $F = NI = R_m \phi$ 에서,

∴자속 :

$\phi = \dfrac{NI}{R_m} = \dfrac{1000 \times 10}{563.67 \times 10^4} = 1.774 \times 10^{-3}[Wb]$

공극이 있는 경우의 합성저항

$R_m = R_0 + R_g = \dfrac{l_g}{\mu_0 S} + \dfrac{l}{\mu S} = \dfrac{1}{\mu_0 S}\left(l_g + \dfrac{l}{\mu_s}\right)$

$= \dfrac{1}{4\pi \times 10^{-7} \times 3 \times 10^{-4}}\left(2 \times 10^{-3} + \dfrac{10 \times 10^{-2}}{800}\right)$

$= 563.67 \times 10^4 [AT/Wb]$

19 내압 1000[V] 정전용량 1[μF], 내압 750[V] 정전용량 2[μF], 내압 500[V] 정전용량 5[μF]인 콘덴서 3개를 직렬로 접속하고 인가전압을 서서히 높이면 최초로 파괴되는 콘덴서는?

① 1[μF]　　　　② 2[μF]

③ 5[μF]　　　　④ 동시에 파괴된다.

해설 각각의 콘덴서의 전하량

$C_1 : Q_1 = C_1 V_1 = 1 \times 10^{-6} \times 1000 = 1 \times 10^{-3}[C]$

$C_2 : Q_2 = C_2 V_2 = 2 \times 10^{-6} \times 750 = 1.5 \times 10^{-3}[C]$

$C_3 : Q_3 = C_3 V_3 = 5 \times 10^{-6} \times 500 = 2.5 \times 10^{-3}[C]$

전하량(Q)가 가장 적은 콘덴서(C_1)가 제일 먼저 파괴된다.

20 반지름 a[m]의 원판형 전기 2중층의 중심축상 x[m]의 거리에 있는 점 P(+전하측)의 전위는?(단, 2중층의 세기는 M[C/m]이다.)

① $\dfrac{M}{\epsilon_0}\left(1 - \dfrac{x}{\sqrt{x^2 + a^2}}\right)$ [V]

② $\dfrac{M}{2\epsilon_0}\left(1 - \dfrac{x}{\sqrt{x^2 + a^2}}\right)$ [V]

③ $\dfrac{M}{\epsilon_0}\left(1 - \dfrac{a}{\sqrt{x^2 + a^2}}\right)$ [V]

④ $\dfrac{M}{2\epsilon_0}\left(1 - \dfrac{a}{\sqrt{x^2 + a^2}}\right)$ [V]

해설

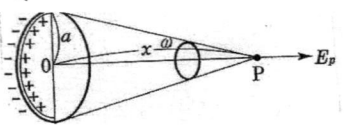

그림에서, 점 P의 전위(V_P)는

$V_P = \dfrac{M}{4\pi\epsilon_0}\omega$ [V]

P점에서 원판 도체를 본 입체각(ω)은

$\omega = 2\pi(1 - \cos\theta) = 2\pi\left(1 - \dfrac{x}{\sqrt{a^2 + x^2}}\right)$

$\therefore V_P = \dfrac{M}{4\pi\epsilon_0} \cdot 2\pi\left(1 - \dfrac{x}{\sqrt{a^2 + x^2}}\right)$

$= \dfrac{M}{2\epsilon_0}\left(1 - \dfrac{x}{\sqrt{a^2 + x^2}}\right)$ [V]

제2과목 : 전력공학

21 다음 중 개폐 서지의 이상전압을 감쇄 할 목적으로 설치하는 것은?

① 단로기　　　　② 차단기

③ 리액터　　　　④ 개폐저항기

해설 개폐서지 이상전압의 발생을 억제하기 위해서 개폐저항기를 설치한다.

22 중거리 송전선로의 T형 회로에서 전류 I_s는?(단, Z, Y는 선로의 직렬 임피던스와 병렬 어드미턴스이고, E_r은 수전단 전압, I_r은 수전단 전류이다.)

정답 **18** ③　**19** ①　**20** ②　**21** ④　**22** ①

① $I_r\left(1+\dfrac{ZY}{2}\right)+E_r Y$

② $E_r\left(1+\dfrac{ZY}{2}\right)+ZI_r\left(1+\dfrac{ZY}{4}\right)$

③ $E_r\left(1+\dfrac{ZY}{2}\right)+Z_r$

④ $I_r\left(1+\dfrac{ZY}{2}\right)+E_r Y\left(1+\dfrac{ZY}{4}\right)$

해설

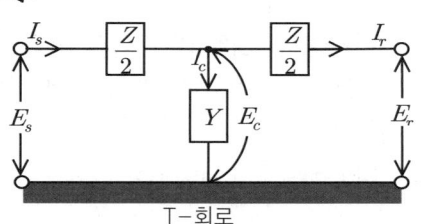

T-회로

$$E_s=\left(1+\dfrac{ZY}{2}\right)E_r+ZI_r\left(1+\dfrac{ZY}{4}\right)$$

$$I_s=YE_r+I_r\left(1+\dfrac{ZY}{4}\right)$$

23 화력발전소에서 증기 및 급수가 흐르는 순서는?

① 절탄기 → 보일러 → 과열기 → 터빈 → 복수기

② 보일러 → 절탄기 → 과열기 → 터빈 → 복수기

③ 보일러 → 과열기 → 절탄기 → 터빈 → 복수기

④ 절탄기 → 과열기 → 보일러 → 터빈 → 복수기

24 각 수용가의 수용설비용량이 50[kW], 100[kW], 80[kW], 60[kW], 150[kW]이며, 각각의 수용률이 0.6, 0.6, 0.5, 0.5, 0.4일 때 부하의 부등률이 1.3이라면 변압기 용량은 약 몇 [kVA]가 필요한가?(단, 평균 부하역률은 80[%]라고 한다.)

① 142[kVA]　　② 165[kVA]

③ 183[kVA]　　④ 212[kVA]

해설 변압기 용량[kVA]

$$=\dfrac{수용률 \times 설비용량}{부등률 \times 역률}$$

$$=\dfrac{0.6(50+100)+0.5\times(80+60)+0.4\times150}{1.3\times0.8}$$

$$=211.54[kVA]$$

25 Recloser(R), Sectionlizer(S), Fuse(F)의 보호협조에서 보호협조가 불가능한 배열은?(단, 왼쪽은 후비보호, 오른쪽은 전위보호 역할임)

① R-R-F　　② R-S

③ R-F　　④ S-F-R

해설 전원-R-S-부하

26 송전선로에 복도체를 사용하는 주된 이유는?

① 철탑의 하중을 평형시키기 위해서이다.

② 선로의 진동을 없애기 위해서이다.

③ 선로의 뇌격으로부터 보호하기 위해서이다.

④ 코로나를 방지하고 인덕턴스를 감소시키기 위해서이다.

27 고압 배전선로의 중간에 승압기를 설치하는 주목적은?

① 부하의 불평형 방지

② 말단의 전압강하 방지

③ 전력손실의 감소

④ 역률 개선

해설 승압기 2차 전압을 높여주기 때문에 말단에서 생기는 전압강하를 방지한다.

정답 **23** ①　**24** ④　**25** ④　**26** ④　**27** ②

28 전력계통의 주파수 변동의 원인 중 가장 큰 영향을 미치는 것은?

① 변압기의 탭 조정

② 스팀 터빈 발전기의 거버너 밸브 열고 닫기

③ 발전기의 자동전압조정기(AVR)의 동작

④ 송전선로에 병렬콘덴서의 투입

해설 스팀 터빈 발전기의 거버너 밸브를 조정하면 출력과 주파수가 변한다.

29 펌프의 양수량 $Q[m^3/\sec]$, 유효 양정 $H_u[m]$, 펌프의 효율 η_p, 전동기의 효율 η_m 일 때, 양수발전기의 출력[kW]은?

① $P = \dfrac{9.8Q^2H_u}{\eta_p\eta_m}$ ② $P = \dfrac{9.8Q^2H_u^2}{\eta_p\eta_m}$

③ $P = \dfrac{9.8QH_u}{\eta_p\eta_m}$ ④ $P = \dfrac{9.8^2QH_u}{\eta_p\eta_m}$

30 3상3선식에서 선간거리가 각각 50[cm], 60 [cm], 70[cm]인 경우 기하평균 선간거리는 몇 [cm]인가?

① 50.4 ② 59.4

③ 62.8 ④ 64.8

해설
$D_e = \sqrt[3]{D_1 \times D_2 \times D_3} = \sqrt[3]{50 \times 60 \times 70}$
$= 59.4[\text{cm}]$

31 1선 1[km]당의 코로나 손실 P[kW]를 나타내는 Peek식은?(단, δ : 상대공기밀도, D : 선간거리[cm], f : 주파수[Hz], E : 전선에 걸리는 대지전압[kV], E_0 : 코로나 임계 전압[kV]이다.)

① $P = \dfrac{241}{\delta}(f+25)\sqrt{\dfrac{d}{2D}}(E-E_0)^2 \times 10^{-5}$

② $P = \dfrac{241}{\delta}(f+25)\sqrt{\dfrac{2D}{d}}(E-E_0)^2 \times 10^{-5}$

③ $P = \dfrac{241}{\delta}(f+25)\sqrt{\dfrac{d}{2D}}(E-E_0)^2 \times 10^{-3}$

④ $P = \dfrac{241}{\delta}(f+25)\sqrt{\dfrac{2D}{d}}(E-E_0)^2 \times 10^{-3}$

32 전압강하율이 10[%]인 단거리 배전선로가 있다. 송전단의 전압이 100[V]일 때 수전단의 전압은 약 몇 [V]인가?

① 82[V] ② 91[V]

③ 98[V] ④ 108[V]

해설
$\varepsilon = \dfrac{V_s - V_r}{V_r} \times 100[\%]$

$V_r = \dfrac{V_s}{\varepsilon + 1} = \dfrac{100}{0.1 + 1} = 90.91[\text{V}]$

33 송전선로에서 1선 지락의 경우 지락전류가 가장 작은 중성점 접지방식은?

① 비접지방식

② 직접접지방식

③ 저항접지방식

④ 소호리액터접지방식

해설 지락전류 큰 순서
직접접지 〉 고저항접지 〉 비접지 〉 소호리액터 접지

34 수차를 돌리고 나온 물이 흡출관을 통과할 때 흡출관의 중심부에 진공상태를 형성하는 현상은?

① Racing ② Jumping

③ Hunting ④ Cavitation

정답 28 ② 29 ③ 30 ② 31 ① 32 ② 33 ④ 34 ④

408 • Part 2. 전기기사 기출문제

35 전원이 양단에 있는 환상선로의 단락보호에 사용되는 계전기는?

① 방향거리계전기   ② 부족전압계전기

③ 선택접지계전기   ④ 부족전류계전기

해설
- 전원이 2군데 이상 방사선로의 단락보호 : 방향단락계전기(DS)와 과전류계전기(OC)의 조합
- 전원이 2군데 이상 환상선로의 단락보호 : 방향거리계전기(DZ)

36 변전소에서 비접지 선로의 접지보호용으로 사용되는 계전기에 영상전류를 공급하는 것은?

① CT   ② GPT

③ ZCT   ④ PT

해설 영상전류는 영상변류기(ZCT)가 공급하고, 접지형계기용변압기(GPT)는 영상전압을 공급한다.

37 GIS(Gas Insulated Switch Gear)를 채용할 때, 다음 중 틀린 것은?

① 대기 절연을 이용한 것에 비하면 현저하게 소형화 할 수 있다.

② 신뢰성이 향상되고, 안정성이 높다.

③ 소음이 적고 환경 조화를 기할 수 있다.

④ 시설공사 방법은 복잡하나, 장비비가 저렴하다.

해설 감전사고 위험이 적고, 보수·점검이 용이하다.

38 단락점까지의 전선 한 가닥의 임피던스가 $Z=6+j8\,[\Omega]$(전원 포함), 단락 전의 단락점 전압이 22.9[kV]인 단상 2선식 전선로의 단락용량은 몇 [kVA]인가?(단, 부하전류는 무시한다.)

① 13110[kVA]   ② 26220[kVA]

③ 39330[kVA]   ④ 52440[kVA]

해설 $P_s = V_n I_s = 22.9 \times 1145 = 26220.5\,[\text{kVA}]$

$I_s = \dfrac{V}{Z_s} = \dfrac{22.9 \times 10^3}{2 \times \sqrt{6^2 + 8^2}} = 1145\,[\text{A}]$

39 직접접지방식이 초고압 송전선에 채용되는 이유 중 가장 적당한 것은?

① 지락고장시 병행 통신선에 유기되는 유도전압이 적기 때문에

② 지락시의 지락전류가 적으므로

③ 계통의 절연을 낮게 할 수 있으므로

④ 송전선의 안정도가 높으므로

해설 초고압송전계통에서 직접접지방식을 채용하는 가장 주된 이유는 절연비용을 낮추기 위해서이다.

40 무부하시의 충전전류 차단만이 가능한 것은?

① 진공차단기   ② 유입차단기

③ 단로기   ④ 자기차단기

해설 DS(단로기) : 여자전류, 무부하전류만 차단

제3과목 : 전기기기

41 유도전동기의 2차 여자제어법에 대한 설명으로 틀린 것은?

① 권선형 전동기에 한하여 이용된다.

② 동기속도의 이하로 광범위하게 제어할 수 있다.

③ 2차측에 슬립링을 부착하고 속도제어용 저항을 넣는다.

④ 역률을 개선할 수 있다.

정답   **35** ①   **36** ③   **37** ④   **38** ②   **39** ③   **40** ③   **41** ③

해설 2차 여자제어법 : 2차 주파수 sf와 같은 주파수의 전압의 크기에 따라서 속도를 제어하는 방법이다.

42 A, B 2대의 동기발전기를 병렬 운전할 때 B발전기의 여자전류를 증가시키면?

① B발전기의 역률 저하
② B발전기의 전류 감소
③ B발전기의 무효전류 감소
④ B발전기의 전력 증가

해설
• 유기 기전력이 높은 발전기는 지상전류가 흘러서 역률이 저하 (여자전류 증가)
• 유기 기전력이 낮은 발전기는 진상전류가 흘러서 역률이 상승 (여자전류 감소)

43 동기 각속도 w_0, 회전자 각속도 w인 유도전동기의 2차 효율은?

① $\dfrac{w_0}{w}$ ② $\dfrac{w}{w_0}$

③ $\dfrac{w_0-w}{w_0}$ ④ $\dfrac{w_0-w}{w}$

해설 2차효율$(\eta_2)=\dfrac{출력(P_0)}{2차 입력(P_2)}=\dfrac{wT}{w_0 T}=\dfrac{w}{w_0}$

44 동기전동기에 설치된 제동권선의 효과로 맞지 않는 것은?

① 송전선 불평형 단락시 이상전압 방지
② 과부하 내량의 증대
③ 기동 토크의 발생
④ 난조 방지

해설 제동권선의 효과
• 난조 방지
• 기동토크 발생
• 송전선의 불평형 단락시 이상전압 방지
• 불평형시 전류, 전압파형의 개선

45 정격이 5[kW], 100[V], 50[A], 1800[rpm]인 타여자 직류 발전기가 있다. 무부하시의 단자전압은?(단, 계자전압 50[V], 계자전류 5[A], 전기자 저항 0.2[Ω], 브러시의 전압강하는 2[V]이다.)

① 100[V]   ② 112[V]
③ 115[V]   ④ 120[V]

해설 무부하시 단자전압은 발전기의 유기 기전력과 같다.
$E=V+I_a R_a+e_b=100+50\times0.2+2=112[V]$

46 반도체 정류기에서 첨두 역방향 내전압이 가장 큰 것은?

① 셀렌 정류기   ② 게르마늄 정류기
③ 실리콘 정류기   ④ 아산화동 정류기

47 반도체 사이리스터로 속도 제어를 할 수 없는 것은?

① 정지형 레너드 제어   ② 일그너 제어
③ 초퍼 제어   ④ 인버터 제어

48 1차 전압 2200[V], 무부하 전류 0.088[A], 철손 110[W]인 단상 변압기의 자화 전류는 약 몇 [A]인가?

① 0.05   ② 0.038
③ 0.072   ④ 0.088

해설 철손전류$(I_i)=\dfrac{P_i}{V_1}=\dfrac{100}{2200}=0.05[A]$

자화전류$(I_\Phi)=\sqrt{I_o^2-I_i^2}=\sqrt{0.088^2-0.05^2}$
$=0.072[A]$

49 다음 중 VVVF 제어방식으로 가장 적당한 전동기는?

정답 42 ① 43 ② 44 ② 45 ② 46 ③ 47 ② 48 ③ 49 ②

① 동기 전동기 ② 유도 전동기
③ 직류 직권전동기 ④ 직류 분권전동기

[해설] 유도 전동기의 속도 제어법
㉠ 극수변환법 ㉡ 2차 여자법
㉢ 1차 전압 제어 ㉣ 2차 저항제어법
㉤ 전원주파수변환법(VVVF에 의한 속도 제어)

50 다음 권선법 중 직류기에서 주로 사용되는 것은?

① 폐로권, 환상권, 이층권
② 폐로권, 고상권, 이층권
③ 개로권, 환상권, 단층권
④ 개로권, 고상권, 이층권

[해설] 직류기의 전기자 권선법
• 폐로권과 개로권 중 : 폐로권
• 환상권과 고상권 중 : 고상권
• 단층권과 이층권 중 : 이층권
• 전절권과 단절권 중 : 단절권

51 보극이 없는 직류기에서 브러시를 부하에 따라 이동시키는 이유는?

① 공극 자속의 일그러짐을 없애기 위하여
② 유기 기전력을 없애기 위하여
③ 전기자 반작용의 감자분력을 없애기 위하여
④ 정류작용을 잘 되게 하기 위하여

[해설] 정류작용을 잘 되게 하기 위해서 브러시를 전기적 중성축으로 이동시킴

52 75[W] 정도 이하의 소출력 단상 직권정류자 전동기의 용도로 적합하지 않는 것은?

① 소형공구 ② 치과의료용
③ 믹서 ④ 공작기계

53 동기 조상기의 회전수는 무엇에 의하여 결정되는가?

① 효율 ② 역률
③ 토크 속도 ④ $N_s = \dfrac{120f}{p}$ 의 속도

[해설] 동기 조상기는 항상 동기속도로 회전한다.
$(N_s = \dfrac{120f}{p})$

54 대형 직류 전동기의 토크를 측정하는데 가장 적당한 방법은?

① 전기 동력계 ② 와전류 제동기
③ 프로니 브레이크법 ④ 앰플리다인

55 유도전동기와 직결된 전기동력계의 부하전류를 증가하면 유도전동기의 속도는?

① 증가한다.
② 감소한다.
③ 변함이 없다.
④ 동기 속도로 회전한다.

56 전기자 도체의 굵기, 권수가 모두 같을 때 단중 중권에 비해 단중 파권의 이점은?

① 전류는 커지며 저전압이 이루어진다.
② 전류는 적으나 저전압이 이루어진다.
③ 전류는 적으나 고전압이 이루어진다.
④ 전류가 커지며 고전압이 이루어진다.

57 돌극형 동기발전기에서 직축 동기 리액턴스를 X_d, 횡축 동기 리액턴스를 X_q라 할 때의 관계는?

① $X_d > X_q$ ② $X_d < X_q$
③ $X_d = X_q$ ④ $X_d \ll X_q$

[정답] 50 ② 51 ④ 52 ④ 53 ④ 54 ① 55 ② 56 ③ 57 ①

해설 돌극형(철극기) : $X_d > X_q$, 비철극기는 공극이 일정해서, $X_d = X_q = X_s$가 된다.

58 동일 용량의 변압기 두 대를 사용하여 11000[V]의 3상식 간선에서 440[V]의 2상 전력을 얻으려면 T좌 변압기의 권수비는 약 얼마로 해야 되는가?

① 28

② 30

③ 22

④ 25

해설 주좌 변압기의 권수비

$(a_M) = \dfrac{V_1}{V_2} = \dfrac{11000}{440} = 25$

T좌 변압기의 권수비

$(a_T) = \dfrac{\sqrt{3}}{2} \times a_M = \dfrac{\sqrt{3}}{2} \times 25 = 21.65$

59 정격이 같은 2대의 단상변압기 1000[kVA]의 임피던스 전압은 각각 8[%]와 7[%]이다. 이것을 병렬로 하면 몇 [kVA]의 부하를 걸 수가 있는가?

① 1865

② 1870

③ 1875

④ 1880

해설 $\dfrac{P_A}{Z_B} = \dfrac{P_B}{Z_A} = \dfrac{P_A + P_B}{Z_A + Z_B}$에서 임피던스가 작은 변압기, 즉 P_B가 큰 부하를 분담하게 되지만 자기용량까지만 분담한다. $\dfrac{P_A}{7} = \dfrac{P_B}{8} = \dfrac{P}{15}$

$\therefore P = \dfrac{15}{8} \times P_B = \dfrac{15}{8} \times 1000 = 1875[\text{kVA}]$

60 변압기 1차측 사용 탭이 6300[V]인 경우 2차측 전압이 110[V]였다면, 2차측 전압을 약 120[V]로 하기 위해서는 1차측의 탭을 몇 [V]로 선택해야 하는가?

① 6000

② 6300

③ 6600

④ 6900

해설 1차측의 탭

$(N_1) = \dfrac{E_1}{E_2} \times N_2 = \dfrac{6300}{120} \times 110 = 5775[\text{V}]$

(탭전압 : 5700, 6000, 6300, 6600, 6900)

제4과목 : 회로이론 및 제어공학

61 단자 a, b 간에 25[V]의 전압을 가할 때 5[A]의 전류가 흐른다. 저항 r_1, r_2에 흐르는 전류비가 1 : 3일 때 r_1, r_2의 값은?

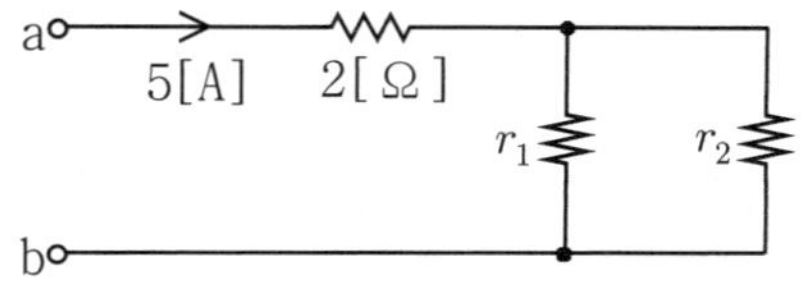

① $r_1 = 12[\Omega]$, $r_2 = 4[\Omega]$

② $r_1 = 4[\Omega]$, $r_2 = 12[\Omega]$

③ $r_1 = 6[\Omega]$, $r_2 = 2[\Omega]$

④ $r_1 = 2[\Omega]$, $r_2 = 6[\Omega]$

해설

$r_1 : r_2 = \dfrac{1}{1} : \dfrac{1}{3}$ (전류비이므로 반비례), $r_1 = 3r_2$

$V = I \cdot R, \quad 25 = 5\left(2 + \dfrac{r_1 \times r_2}{r_1 + r_2}\right)$

$\therefore r_1 = 3 \times 4 = 12[\Omega], r_2 = 4[\Omega]$

62 그림과 같은 파형의 파고율은?

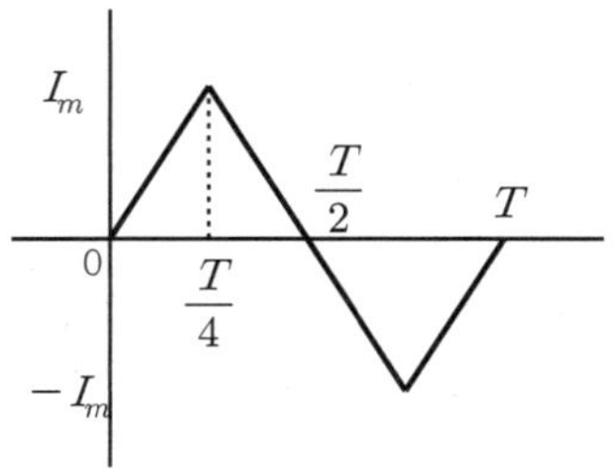

① $\dfrac{1}{\sqrt{3}}$

② $\dfrac{2}{\sqrt{3}}$

③ $\sqrt{2}$

④ $\sqrt{3}$

정답 **58** ③ **59** ③ **60** ① **61** ① **62** ④

해설

삼각파의 실효값 $= \dfrac{I_m}{\sqrt{3}}$

삼각파의 파고율 $= \dfrac{\text{최대값}}{\text{실효값}} = \dfrac{I_m}{\dfrac{1}{\sqrt{3}}I_m} = \sqrt{3}$

63 테브난 정리를 사용하여 그림 (a)의 회로를 그림 (b)와 같이 등가회로로 만들고자 할 때 V[V]와 R[Ω]의 값은?

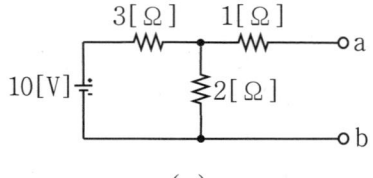

(a)

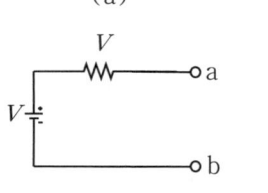

(b)

① $V = 5$[V], $R = 0.6$[Ω]

② $V = 2$[V], $R = 2$[Ω]

③ $V = 6$[V], $R = 2.2$[Ω]

④ $V = 4$[V], $R = 2.2$[Ω]

해설 ab에서 본 테브난 등가저항(전압원 단락) :

$R = 1 + \dfrac{3 \times 2}{3 + 2} = 2.2$[Ω]

ab에서 걸리는 단자전압 : $V = \dfrac{2}{3 + 2} \times 10 = 4$[V]

64 각상의 임피던스 $Z = 6 + j8$[Ω]인 평형 △부하에 선간 전압이 220[V]인 대칭 3상 전압을 가할 때 선전류는 약 몇 [A]인가?

① 11[A]

② 13.5[A]

③ 22[A]

④ 38.1[A]

해설

• $I_p = \dfrac{V_p}{Z} = \dfrac{220}{\sqrt{6^2 + 8^2}} = 22$[A]

• △결선일 때, 선전류$(I_l) = \sqrt{3}\,I_p = 22\sqrt{3}$[A]

65 저항이 40[Ω], 인덕턴스가 79.58[mH]인 $R-L$ 직렬회로에 $311\sin(377t + 30°)$[V]의 전압을 가할 때 전류의 순시값 [A]는 얼마인가?

① $4.4\angle -6.87°$[A]

② $4.4\angle -36.87°$[A]

③ $6.2\angle -6.87°$[A]

④ $6.2\angle -36.87°$[A]

해설 전류의 순시값 : $i(t) =$ 실효값$\angle$위상, 형식으로 나타내야 함으로

$X_L = \omega L = 377 \times 79.58 \times 10^{-3} = 30$[Ω]

$Z = R + j\omega L = 40 + j30$[Ω]

$\theta = \tan^{-1}\dfrac{\omega L}{R} = \tan^{-1}\dfrac{30}{40} = 36.87°$ 만큼

전류가 전압보다 뒤진다.

실효값$(I_e) = \dfrac{V_e}{Z} = \dfrac{\dfrac{311}{\sqrt{2}}}{\sqrt{30^2 + 40^2}} = 4.4\angle 30°$[A]

∴전류의 순시값 :

$i(t) = 4.4\angle 30° - 36.87° = 4.4\angle -6.87°$[A]

66 어떤 회로에서 유효전력 80[W], 무효전력 60[var]일 때 역률은?

① 0.8[%]

② 8[%]

③ 80[%]

④ 800[%]

해설 유효전력$(P) = 80$[W],

무효전력$(P_r) = 60$[var],

피상전력$(P_a) = \sqrt{80^2 + 60^2} = 100$[VA]

∴역률$(\cos\theta) = \dfrac{P}{P_a} \times 100 = \dfrac{80}{100} \times 100 = 80$[%]

정답 **63** ④ **64** ④ **65** ③ **66** ③

67 다음과 같은 T형 회로의 임피던스 파라미터 Z_{22}의 값은?

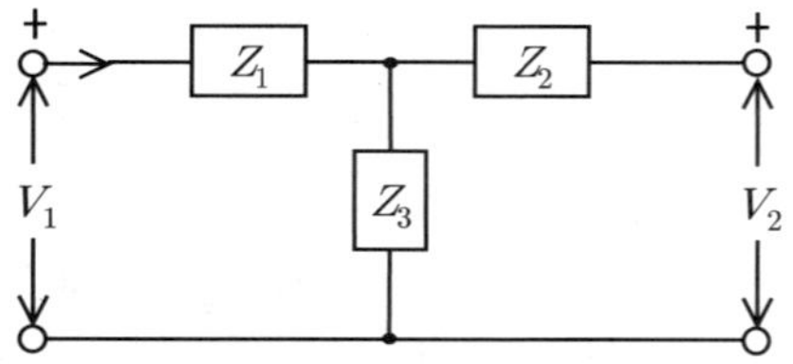

① Z_1 　　　② Z_3

③ $Z_1 + Z_3$ 　　　④ $Z_2 + Z_3$

해설

$$Z_{22} = \left. \frac{V_2}{I_2} \right|_{I_1 = 0} = \frac{I_2(Z_2 + Z_3)}{I_2} = Z_2 + Z_3$$

68 불평형 3상 전류가 $I_a = 16 + j2$[A], $I_b = -20 - j9$[A], $I_c = -2 + j10$[A]일 때 영상분 전류[A]는?

① $-2 + j$[A] 　　　② $-6 + j3$[A]

③ $-9 + j6$[A] 　　　④ $-18 + j9$[A]

해설 영상분 전류

$$(I_0) = \frac{1}{3}(I_a + I_b + I_c)$$
$$= \frac{1}{3}(16 + j2 - 20 - j9 - 2 + j10)$$
$$= -2 + j[A]$$

69 송전선로가 무손실 선로일 때 $L = 96$[mH]이고, $C = 0.6[\mu F]$이면 특성임피던스[Ω]는?

① 100[Ω] 　　　② 200[Ω]

③ 400[Ω] 　　　④ 500[Ω]

해설

$$Z_0 = \sqrt{\frac{Z}{Y}} = \sqrt{\frac{L}{C}} = \sqrt{\frac{96 \times 10^{-3}}{0.6 \times 10^{-6}}} = 400[Ω]$$

70 어떤 회로에 $100 + j20$[V]인 전압을 가할 때 $4 + j3$[A]인 전류가 흐른다면 이 회로의 임피던스[Ω]는?

① $18.4 - j8.8$[Ω] 　　② $27.3 - j15.2$[Ω]

③ $48.6 + j31.4$[Ω] 　　④ $65.7 - j54.3$[Ω]

해설

$$Z = \frac{V}{I} = \frac{100 + j20}{4 + j3} = \frac{(100 + j20)(4 - j3)}{(4 + j3)(4 - j3)}$$
$$= 18.4 - j8.8[Ω]$$

71 $G(j\omega)H(j\omega) = \dfrac{K}{(1 + 2j\omega)(1 + j\omega)}$ 의 이득 여유가 20[dB]일 때 K값은?(단, $\omega = 0$이다)

① $K = 0$ 　　　② $K = \dfrac{1}{10}$

③ $K = 1$ 　　　④ $K = 10$

해설 이득여유$(g_m) = 20 \log_{10} \left| \dfrac{1}{GH(j\omega)} \right|$[dB]

$= 20$[dB]에서

$$|GH(j\omega)| = \frac{1}{10} \cdots\cdots\cdots\cdots\cdots ①$$

$$G(j\omega)H(j\omega) = \left. \frac{K}{(1 + 2j\omega)(1 + j\omega)} \right|_{\omega = 0}$$
$$= K \cdots\cdots\cdots\cdots\cdots\cdots ②$$

①식과 ②식에서, $K = \dfrac{1}{10}$ 이 된다.

72 자동제어계의 기본적 구성에서 제어요소는 무엇으로 구성되는가?

① 비교부와 검출부 　② 검출부와 조작부

③ 검출부와 조절부 　④ 조절부와 조작부

73 그림과 같은 RC 회로에서 $RC \ll 1$인 경우 어떤 요소의 회로인가?

정답 **67** ④ **68** ① **69** ③ **70** ① **71** ② **72** ④ **73** ②

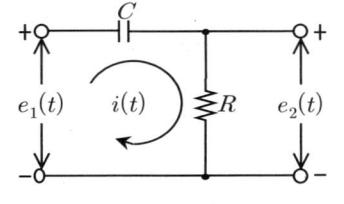

① 비례요소　　② 미분요소

③ 적분요소　　④ 추이요소

74 다음 설명 중 틀린 것은?

① 상태공간 해석법은 비선형·시변 시스템에 대해서도 사용 가능하다.

② 상태 방정식은 입력과 상태변수의 관계로 표현된다.

③ 상태변수는 시스템의 과거, 현재 그리고 미래 조건을 나타내는 척도로 이용된다.

④ 상태 방정식의 형태가 다르게 표현되면 시간 응답 또는 주파수 응답이 변한다.

75 그림과 같은 블록선도로 표시되는 제어계는?

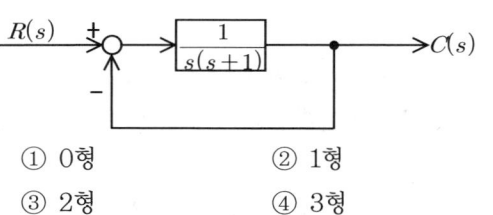

① 0형　　　　② 1형

③ 2형　　　　④ 3형

해설 제어계 형은 원점에서의 극점의 수를 의미한다.

$GH(s) = \dfrac{1}{s^n(s+a)}$ 에서는 n형 제어계라 한다.

$\therefore GH(s) = \dfrac{1}{s(s+1)}$ 이므로 1형 제어계이다.

76 루프 전달함수가 다음과 같은 제어계의 실수측 상의 근궤적 범위는?(단, $K > 0$)

$$G(s)H(s) = \frac{1}{s(s+1)(s+2)}$$

① $0 \sim -1$ 사이의 실수축상

② $-1 \sim -2$ 사이의 실수축상

③ $-2 \sim -\infty$ 사이의 실수축상

④ $0 \sim -1$, $-2 \sim -\infty$ 사이의 실수축상

77 서보모터의 특징으로 틀린 것은?

① 원칙적으로 정역전 운전이 가능하여야 한다.

② 저속이며 거침없이 운전이 가능하여야 한다.

③ 직류용은 없고 교류용만 있다.

④ 급가속, 급감속이 용이한 것이라야 한다.

해설 서보모터는 직류, 교류용이 다 있다.

78 나이퀴스트 선도에서의 임계점 $(-1, j0)$는 보드 선도에서 대응하는 이득[dB]과 위상은?

① $1, 0°$　　　　② $0, -90°$

③ $0, 180°$　　　④ $0, 90°$

해설
- 이득$(g) = 20\log_{10}|G(jw)| = 20\log_{10}|1| = 0[dB]$,
- 위상은 $\pm 180°$

79 그림과 같은 신호흐름선도에서 $\dfrac{C}{R}$를 구하면?

① $\dfrac{ab}{1+b-abc}$　　　② $\dfrac{ab}{1-b-abc}$

③ $\dfrac{ab}{1-b+abc}$　　　④ $\dfrac{ab}{1+b+abc}$

해설 $\triangle = 1 - \sum l_1 + \sum l_2 - \sum l_3 + \cdots\cdots$

$\sum l_1 = b + abc, k = 1, G_1\triangle_1 = ab$

정답　74 ④　　75 ②　　76 ④　　77 ③　　78 ③　　79 ②

메이슨의 정리, $G_{(s)} = \dfrac{\sum\limits_{k=1}^{\infty} G_k \triangle_k}{\triangle} = \dfrac{a^b}{1-b-abc}$

80 상태방정식 $\dot{x} = Ax(t) + Bu(t)$ 에서 $A = \begin{bmatrix} 0 & 1 \\ -2 & -3 \end{bmatrix}$ 인 시스템의 안정도는 어떠한가?

① 안정하다.　　　　② 불안정하다.
③ 임계안정하다.　　④ 판정불능

해설 특성방정식 $|sI-A| = 0$

$sI-A = \begin{bmatrix} s & 0 \\ 0 & s \end{bmatrix} - \begin{bmatrix} 0 & 1 \\ -2 & -3 \end{bmatrix} = \begin{bmatrix} s & -1 \\ 2 & s+3 \end{bmatrix}$

$\therefore |sI-A| = \begin{bmatrix} s & -1 \\ 2 & s+3 \end{bmatrix} = s(s+3)+2$

$= s^2 + 3s + 2 = 0$

$(s+1)(s+2) = 0$ 에서 $s = -1, -2$

특성방정식의 근이 좌반면에 존재하므로 안정하다.

제5과목 : 전기설비기술기준 및 판단기준

81 시가지에 시설하는 154[kV] 가공전선로에는 지락 또는 단락이 발생한 경우 몇 초 이내에 자동적으로 이를 전로로부터 차단하는 장치를 시설하여야 하는가?

① 1　　　　　　　② 2
③ 3　　　　　　　④ 5

해설 100[kV]를 넘는 경우는 1초 이내에 자동적으로 이를 전로로부터 차단하는 장치를 시설

82 버스 덕트 공사에 덕트를 조영재에 붙이는 경우 지지점 간의 거리는?

① 2[m] 이하　　　② 3[m] 이하
③ 4[m] 이하　　　④ 5[m] 이하

83 저압 옥내간선의 전원 측 전로에는 그 저압 옥내간선을 보호할 목적으로 어느 것을 시설하여야 하는가?

① 접지선　　　　　② 과전류 차단기
③ 방전 장치　　　　④ 단로기

84 가공 전선로에 사용하는 지지물의 강도 계산에 적용하는 풍압하중 중 병종 풍압하중은 갑종 풍압하중에 대한 얼마의 풍압을 기초로 하여 계산한 것인가?

① $\dfrac{1}{2}$　　　　　　② $\dfrac{1}{3}$

③ $\dfrac{2}{3}$　　　　　　④ $\dfrac{1}{4}$

85 제1종 특고압 보안공사에 의해서 시설하는 전선로의 지지물로 사용할 수 없는 것은?

① 철탑
② B종 철주
③ B종 철근 콘크리트주
④ A종 철근 콘크리트주

86 전기철도용 변전소 이외의 변전소의 주요 변압기에 계측장치가 꼭 필요하지 않은 것은?

① 전압　　　　　　② 전류
③ 주파수　　　　　④ 전력

해설 변전소에 시설해야하는 계측장치
• 주요변압기의 전압 및 전류 또는 전력
• 특고압용 변압기의 온도

정답　80 ①　81 ①　82 ②　83 ②　84 ①　85 ④　86 ③

416 • Part 2. 전기기사 기출문제

87 옥내에 시설되는 전동기가 소손될 우려가 있는 경우 과전류가 생겼을 때 자동으로 차단하거나 경보를 발생하는 장치를 시설하여야 한다. 이 규정에 적용되는 전동기 정격 출력의 최소 값은?

① 150[W] 초과　　② 200[W] 초과

③ 250[W] 초과　　④ 300[W] 초과

해설 0.2[kW] 이하의 전동기는 보호 장치를 생략할 수가 있다.

88 도로에 시설하는 가공 직류 전차선로의 경간은 몇 [m] 이하로 하여야 하는가?

① 30　　　　　　② 40

③ 50　　　　　　④ 60

89 폭연성 분진 또는 화약류의 분말이 전기설비가 발화원이 되어 폭발할 우려가 있는 곳의 저압 옥내 전기설비는 어느 공사에 의하는가?

① 캡타이어케이블공사

② 합성수지관 공사

③ 애자사용 공사

④ 금속관 공사

90 철주를 강관에 의하여 구성되는 사각형의 것일 때 갑종 풍압하중을 계산하려 한다. 수직 투영면적 1[㎡]에 대한 풍압하중은 몇 [Pa]를 기초하여 계산하는가?

① 588　　　　　② 882

③ 1117　　　　　④ 1255

91 사용전압이 35[kV] 이하인 특고압 가공전선과 가공 약전류 전선 등을 동일 지지물에 시설하는 경우, 특고압 가공 전선로는 어떤 종류의 보안공사로 하여야 하는가?

① 제1종 특고압 보안공사

② 제2종 특고압 보안공사

③ 제3종 특고압 보안공사

④ 고압 보안공사

해설 특고압 가공전선과 가공 약전류 전선이 사용전압 35[kV] 이하에 한하여 공가할 수 있고 전선로는 제2종 특고압 보안공사에 의한다.

92 고압 가공인입선의 높이는 그 아래에 위험 표시를 하였을 경우에 지표상 몇 [m]까지로 감할 수 있는가?

① 2.5　　　　　② 3

③ 3.5　　　　　④ 4

해설 고압가공인입선의 높이는 3.5[m]까지 감할 수 있다.(단, 전선아래쪽에 위험 표시를 한 경우)

93 변압기 1차측 3300[V], 2차측 220[V]의 변압기 전로의 절연내력시험 전압은 각각 몇 [V]에서 10분간 견디어야 하는가?

① 1차측 4950[V], 2차측 500[V]

② 1차측 4500[V], 2차측 400[V]

③ 1차측 4125[V], 2차측 500[V]

④ 1차측 3300[V], 2차측 400[V]

해설 최대사용전압이 7[kV] 이하에서는 시험 전압은 최대사용전압의 1.5배(최저 시험전압 500[V])

• 1차측 시험전압 = 3300 × 1.5 = 4950[V]

• 2차측 시험전압 = 220 × 1.5 = 330[V]이지만, 최저시험전압이 500[V]이다.

정답 87 ②　88 ④　89 ④　90 ③　91 ②　92 ③　93 ①

94 고압 지중전선이 지중 약전류전선 등과 접근하거나 교차하는 경우에 상호의 이격거리가 몇 [cm] 이하인 때에는 두 전선이 직접 접촉하지 아니하도록 조치하여야 하는가?

① 15   ② 20

③ 30   ④ 40

95 고압 가공전선이 케이블인 경우 가공전선과 안테나 사이의 이격거리는 몇 [cm] 이상인가?

① 40[cm]   ② 80[cm]

③ 120[cm]   ④ 160[cm]

해설 고압 가공전선이 안테나와 접근상태로 시설되는 경우 수평이격거리는 전선에 고압, 특고압절연전선일 경우 80[cm](케이블 : 40[cm] 이상)

96 옥내전로의 대지전압 제한에 관한 규정으로 주택의 전로인입구에 절연변압기를 사람이 쉽게 접촉할 우려가 없이 시설하는 경우 정격용량이 몇 [kVA] 이하일 때 인체보호용 누전차단기를 시설하지 않아도 되는가?

① 2   ② 3

③ 5   ④ 10

97 제2종 접지공사를 시설하여야 하는 것은?

① 특고압 계기용변압기의 2차측전로

② 변압기로 특고압선로에 결합되는 고압전로의 방전장치

③ 특고압가공전선이 도로 등과 교차하는 경우 시설하는 보호망

④ 특고압전로 또는 고압전로와 저압저로를 결합하는 변압기의 저압측 중성점

해설 ① E_1, ② E_1, ③ E_1

98 고압 가공전선로의 지지물에 첨가한 통신선을 횡단보도교 위에 시설하는 경우 그 노면상의 높이는 몇 [m] 이상으로 하여야 하는가?

① 3 이상   ② 3.5 이상

③ 5 이상   ④ 5.5 이상

해설 가공통신선의 높이(이상)

시설장소	가공 통신선	첨가통신선	
		고·저압	특고압
도로 횡단	5[m]	6[m]	6[m]
도로 횡단(교통에 지장이 없는 경우)	4.5[m]	5[m]	–
철도 횡단	6.5[m]	6.5[m]	6.5[m]
횡단 보도교 위	3[m]	3.5[m]	5[m]
횡단 보도교 위 (통신용 케이블 사용)	–	3[m]	4[m]
기타의 장소	3.5[m]	4[m]	5[m]

99 최대 사용전압 15[V]를 넘고 30[V] 이하인 소세력 회로에 사용하는 절연변압기의 2차 단락 전류 값이 제한을 받지 않을 경우는 2차측에 시설하는 과전류 차단기의 용량이 몇 [A] 이하일 경우인가?

① 0.5   ② 1.5

③ 3.0   ④ 5.0

해설 소세력 회로의 시설에서 아래표 이하의 값에서 과전류 차단기를 시설하는 경우는 제한을 받지 않는다.

소세력 회로의 최대 사용 전압의 구분	2차 단락 전류	과전류 차단기의 정격 전류
15[V] 이하	8[A]	5[A]
15[V]를 넘어 30[V] 이하	5[A]	3[A]
30[V]를 넘어 60[V] 이하	3[A]	1.5[A]

[정답] **94** ③   **95** ①   **96** ②   **97** ④   **98** ②   **99** ③

100 가공공동지선에 의한 제2종 접지공사에 있어 가공공동지선과 대지 간의 합성 전기 저항값은 몇 [m]를 지름으로 하는 지역마다 규정하는 접지 저항값을 가지는 것으로 하여야 하는가?

① 400

② 600

③ 800

④ 1000

해설 고압 또는 특고압과 저압의 혼촉에 의한 위험방지 시설

가공공동지선과 대지 간의 합성전기저항값은 지름 1[km]지역안마다 제2종 접지공사의 접지저항값을 가지는 것으로 하고 또한 각 접지선을 가공 공동지선으로부터 분리하였을 경우의 각 접지선과 대지 간의 전기저항값은 300[Ω] 이하

정답 **100** ④

국가기술자격검정 필기시험문제

2012년도 기사 제2회 필기시험(기사)

자격종목 및 등급(선택분야)	종목코드	시험시간	문제지형별	수검번호	성명
전기기사		2시간 30분	A		

※ 시험문제지는 답안카드와 같이 반드시 제출하여야 합니다.

제1과목 : 전기자기학

01 면전하 밀도가 $\rho_s[C/m^2]$인 무한히 넓은 도체판에서 r[m]만큼 떨어져 있는 점의 전계의 세기 [V/m]는?

① $\dfrac{\rho_s}{\epsilon_0}$ ② $\dfrac{\rho_s}{2\epsilon_0}$

③ $\dfrac{\rho_s}{4\pi\epsilon_0}$ ④ $\dfrac{\rho_s}{2r}$

해설 면전하밀도가 $\rho_s[C/m^2]$인 무한히 넓은 도체판에서 r[m]만큼 떨어져 있는 곳의 전속밀도(D)는 $\dfrac{\rho_s}{2}$가 된다. $D=\epsilon_0 E$에서,

∴ 전계의 세기 : $E=\dfrac{D}{\epsilon_0}=\dfrac{\rho_s}{2\epsilon_0}\ [V/m]$

02 환상철심에 권수 3000회의 A코일과 권수 200회인 B코일이 감겨져 있다. A코일의 자기 인덕턴스가 360[mH]일 때, A, B 두 코일의 상호 인덕턴스 [mH]는?(단, 결합계수는 1이다.)

① 16[mH]   ② 24[mH]

③ 36[mH]   ④ 72[mH]

해설 결합계수가 1이므로 상호인덕턴스(M)는

$M=\sqrt{L_1 L_2}=\sqrt{L_1(\dfrac{N_B}{N_A})^2 L_1}=\dfrac{N_B}{N_A}L_1$

$=\dfrac{200}{3000}\times 360=24\ [mH]$

$L=\dfrac{\mu S N^2}{l}\propto N^2,\ \ L_1 : L_2 = N_A^2 : N_B^2$ 에서,

$L_2 = (\dfrac{N_B}{N_A})^2 L_1$

03 2개의 길고 직선인 도체가 평행으로 그림과 같이 위치하고 있다. 각 도체에는 10[A]의 전류가 같은 방향으로 흐르고 있으며, 이격 거리는 0.2[m]일 때 오른쪽 도체의 단위 길이당 힘은?(단, a_x, a_z는 단위 벡터이다.)

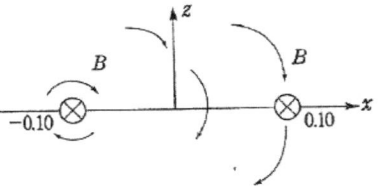

① $10^{-2}(-a_x)\ [N/m]$

② $10^{-4}(-a_x)\ [N/m]$

③ $10^{-2}(-a_z)\ [N/m]$

④ $10^{-4}(-a_z)\ [N/m]$

해설 평행도체에 작용하는 힘은

$F=\dfrac{\mu_0 I^2}{2\pi r}\ [N/m]=2\cdot\dfrac{I^2}{r}\times 10^{-7}\ [N/m]$

전류가 같은 방향으로 흐르므로 흡인력이 작용한다.

$r_0 = -a_x$

∴ $F=Fr_0 = 2\cdot\dfrac{10^2}{0.2}\times 10^{-7}\times(-a_x)$

$=10^{-4}(-a_x)\ [N/m]$

정답   **01** ②   **02** ②   **03** ②

04 무한이 넓은 두 장의 도체판을 d[m]의 간격으로 평행하게 놓은 후, 두 판 사이에 V[V]의 전압을 가한 경우 도체판의 단위 면적당 작용하는 힘은 몇 [N/m²]인가?

① $f = \epsilon_0 \dfrac{V^2}{d}$ ② $f = \dfrac{1}{2}\epsilon_0 \dfrac{V^2}{d}$

③ $f = \dfrac{1}{2}\epsilon_0 \left(\dfrac{V}{d}\right)^2$ ④ $f = \dfrac{1}{2}\dfrac{1}{\epsilon_0}\left(\dfrac{V}{d}\right)^2$

해설 도체판의 단위면적당 작용하는 힘은

$f = \dfrac{1}{2}DE = \dfrac{1}{2}\epsilon_0 E^2 = \dfrac{1}{2}\epsilon_0 \left(\dfrac{V}{d}\right)^2$

$= \dfrac{1}{2}\dfrac{D^2}{\epsilon_0} \ [N/m^2]$

05 그림과 같이 한 변의 길이가 l[m]인 정육각형 회로에 전류 I[A]가 흐르고 있을 때 중심 자계의 세기는 몇 [A/m]인가?

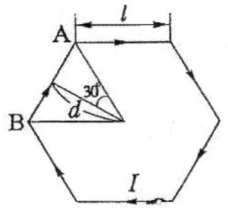

① $\dfrac{1}{2\sqrt{3}\,\pi l} \times I$ ② $\dfrac{2\sqrt{2}}{\pi l} \times I$

③ $\dfrac{\sqrt{3}}{\pi l} \times I$ ④ $\dfrac{\sqrt{3}}{2\pi l} \times I$

해설 그림을 확대하면 아래와 같게 된다.

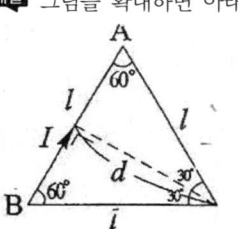

그러므로 정육각형 회로에서 한 변 AB에 대한 자계의 세기(H_{AB})는

$H_{AB} = \dfrac{I}{4\pi d}(\cos\theta_1 + \cos\theta_2) \ [A/m]$,

($\theta_1 = \theta_2 = 60°$이며,

$d = l\cos 30° = \dfrac{\sqrt{3}}{2}l$이다.)

$= \dfrac{I}{4\pi \times \dfrac{\sqrt{3}}{2}l}(\cos 60° + \cos 60°)$

$= \dfrac{\sqrt{3}\,I}{6\pi l} (\otimes$방향)

∴ 정6각형에 의한 자계의 세기(H)는?

$H = 6H_{AB} = \dfrac{\sqrt{3}\,I}{\pi l}$

(모두 같은 방향 $\otimes$이므로 중심의 자계는 6배이다.)

06 맥스웰의 전자방정식에 대한 의미를 설명한 것으로 잘못된 것은?

① 자계의 회전은 전류밀도와 같다.

② 전계의 회전은 자속밀도의 시간적 감소율과 같다.

③ 단위체적 당 발산 전속수는 단위체적 당 공간전하 밀도와 같다.

④ 자계는 발산하며, 자극은 단독으로 존재한다.

해설 맥스웰의 전자방정식에서 독립된 자극은 존재하지 않고, 항상 N과 S극이 존재함을 의미하는데, 즉 발산의 원천이 없기 때문에 자속선의 새로운 발생 및 소멸이 없는 연속성을 의미한다.

($\nabla \cdot B = div\,B = 0$)

07 강자성체의 자속밀도 B의 크기와 자화의 세기 J의 크기 사이에는 어떤 관계가 있는가?

① J는 B와 같다.

② J는 B보다 약간 작다.

③ J는 B보다 약간 크다.

④ J는 B보다 대단히 크다.

정답 04 ③ 05 ③ 06 ④ 07 ②

해설 $J = \chi H \, [Wb/m^2], \quad B = \mu_0 H + J$

$\therefore J = \dfrac{\mu_s - 1}{\mu_s} B$에서, 강자성체는 $\mu_s \gg 1$이므로

$\dfrac{\mu_s - 1}{\mu_s}$은 1보다 약간 적고, J는 B보다 약간 작다.

08 유전체에서 변위 전류를 발생하는 것은?

① 분극전하밀도의 공간적 변화
② 분극전하밀도의 시간적 변화
③ 전속밀도의 공간적 변화
④ 전속밀도의 시간적 변화

해설 유전체(진공) 내에서 전속밀도의 시간적 변화에 의하여 발생하는 전류를 변위전류라 한다.$\left(i_d = \dfrac{aD}{at}\right)$

09 정전에너지, 전속밀도 및 유전상수 ϵ_r의 관계에 대한 설명 중 옳지 않은 것은?

① 동일 전속밀도에서는 ϵ_r이 클수록 정전에너지는 작아진다.
② 동일 정전에너지에서는 ϵ_r이 클수록 전속밀도가 커진다.
③ 전속은 매질에 축적되는 에너지가 최대가 되도록 분포된다.
④ 굴절각이 큰 유전체는 ϵ_r이 크다.

해설 톰슨의 정리(Thomson) : 정전계에서는 에너지가 최소 상태로 분포된다.
(전속은 매질에 축적되는 에너지가 최소가 되도록 분포된다.)

10 전기쌍극자에 의한 등전위면을 극좌표로 나타내면?(단, k는 상수이다.)

① $r^2 = k \sin\theta$
② $r^2 = \sqrt{k \sin\theta}$
③ $r^2 = k \cos\theta$
④ $r^2 = \sqrt{k \cos\theta}$

해설 전기쌍극자에 의한 전위 V는 (등전위면이므로 전위 V는 일정)

$V = \dfrac{M\cos\theta}{4\pi\epsilon_0 r^2} \, [V]$에서,

$r^2 = \dfrac{M\cos\theta}{4\pi\epsilon_0 V} = k\cos\theta$이다.

11 그림과 같이 면적 S[m²]인 평행판 콘덴서의 극판 간에 판과 평행으로 두께 d₁[m], d₂[m], 유전율 ϵ_1[F/m], ϵ_2[F/m]의 유전체를 삽입하면 정전용량 [F]은?

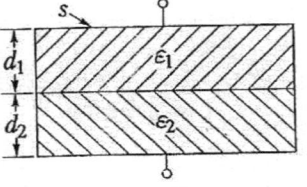

① $\dfrac{S}{\dfrac{d_1}{\epsilon_1} + \dfrac{d_2}{\epsilon_2}}$

② $\dfrac{S}{\dfrac{\epsilon_1}{d_1} + \dfrac{\epsilon_2}{d_2}}$

③ $\dfrac{S}{d_1\epsilon_1 + d_2\epsilon_2}$

④ $\dfrac{S}{d_1\epsilon_2 + d_2\epsilon_1}$

해설 유전율이 각각 ϵ_1, ϵ_2인 유전체의 정전용량은 C_1, C_2라 하면,
직렬접속이므로, 합성용량 C_s는

$C_s = \dfrac{C_1 C_2}{C_1 + C_2} = \dfrac{\epsilon_1 \epsilon_2 S}{\epsilon_2 d + \epsilon_1 d} = \dfrac{S}{\dfrac{d_1}{\epsilon_1} + \dfrac{d_2}{\epsilon_2}} \, [F]$이다.

12 그림에서 l=100[cm], S=10[cm²], μ_s=100, N=1000회인 회로에 전류 I=10[A]를 흘렸을 때 저축되는 에너지는 몇 [J]인가?

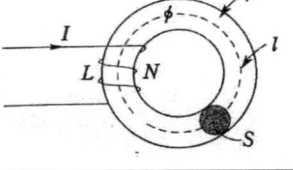

정답 **08** ④ **09** ③ **10** ③ **11** ① **12** ④

422 · Part 2. 전기기사 기출문제

① $2\pi \times 10^{-1}$ 　　② $2\pi \times 10^{-2}$

③ $2\pi \times 10^{-3}$ 　　④ 2π

해설

저축되는 에너지(W)=

$\dfrac{1}{2}LI^2 = \dfrac{1}{2} \times 4\pi \times 10^{-2} \times 10^2 = 2\pi\,[J]$

$L = \dfrac{\mu SN^2}{l}$

$\quad = \dfrac{4\pi \times 10^{-7} \times 100 \times 10 \times 10^{-4} \times 1000^2}{1}$

$\quad = 4\pi \times 10^{-2}\,[H]$

13 그림과 같이 평행판 콘덴서에 교류전원을 접속할 때 전류의 연속성에 대해서 성립하는 식은?(단, E : 전계, D : 전속밀도, ρ : 체적전하밀도, i : 전도전류밀도, B : 자속밀도, t : 시간이다.)

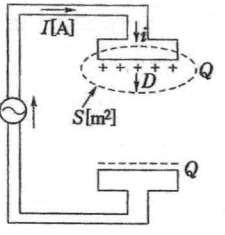

① $\nabla \cdot D = \rho$ 　　② $\nabla \times E = -\dfrac{\partial B}{\partial t}$

③ $\nabla \cdot (i + \dfrac{\partial D}{\partial t}) = 0$ 　④ $\nabla \cdot B = 0$

해설

• 벡터 A의 연속성의 물리적인 의미는
$div\,\mathrm{A} = \nabla \cdot \mathrm{A} = 0$

• 평행판 콘덴서 내에서 (내부는 유전체) 전류밀도 i는,

$i = i_c + i_d = i_c + \dfrac{\partial D}{\partial t}$

(i_c : 전도전류밀도, i_d=변위전류밀도)
전류의 연속성은 $div\,i = 0$,

$div\,i = div(i_c + \dfrac{\partial D}{\partial t}) = 0$

$\nabla \cdot i = \nabla \cdot (i_c + \dfrac{\partial D}{\partial t}) = 0$,

($\nabla \cdot \mathrm{B} = 0$: 자속의 연속성,
$\nabla \cdot \mathrm{D} = 0$: 전속의 연속성)

14 그림과 같이 비투자율이 μ_{s1}, μ_{s2}인 각각 다른 자성체를 접하여 놓고 θ_1을 입사각이라 하고, θ_2를 굴절각이라 한다. 경계면에 자하가 없는 경우 미소 폐곡면을 취하여 이곳에 출입하는 자속수를 구하면?

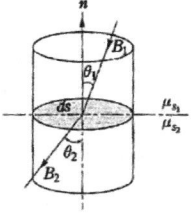

① $\displaystyle\int_l \mathrm{B} \cdot n\,dl = 0$

② $\displaystyle\int_s \mathrm{B} \cdot n\,dS = 0$

③ $\displaystyle\int_s \mathrm{B} \cdot dS = 0$

④ $\displaystyle\int_s \mathrm{B} \cdot n \sin\theta\,dS = 0$

해설 경계면에 자하가 없는 경우이므로 경계면에서의 자속은 연속이다.

$\nabla \cdot \mathrm{B} = div\,\mathrm{B} = 0, \left(\displaystyle\int_s \mathrm{B} \cdot n\,dS = 0 \right)$

15 평균길이 1[m], 권수 1000회의 솔레노이드 코일에 비투자율 1000의 철심을 넣고 자속밀도 1[Wb/m²]을 얻기 위해 코일에 흘려야 할 전류는 몇 [A]인가?

① $\dfrac{10}{4\pi}$ 　　　　② $\dfrac{100}{8\pi}$

③ $\dfrac{6\pi}{100}$ 　　　　④ $\dfrac{4\pi}{10}$

정답 　**13** ③ 　**14** ② 　**15** ①

[해설] 무한장 솔레노이드의 자계의 세기(H)는

$$H = n I = \frac{NI}{l} \,[AT/m]$$

단, n : 단위길이당 권선수, N : 총권선수

자속밀도 : $B = \mu H = \mu_0 \mu_s H \,[Wb/m^2]$

∴전류 :

$$I = \frac{Hl}{N} = \frac{Bl}{\mu_0 \mu_s H} = \frac{1 \times 1}{4\pi \times 10^{-7} \times 1000 \times 1000}$$

$$= \frac{10}{4\pi} \,[A]$$

16 전자파의 전파속도 [m/s]에 대한 설명 중 옳은 것은?

① 유전율이 비례한다.

② 유전율에 반비례한다.

③ 유전율과 투자율의 곱의 제곱근에 비례한다.

④ 유전율과 투자율의 곱의 제곱근에 반비례한다.

[해설] 전자파의 전파속도

$$v = \lambda f = \frac{1}{\sqrt{\epsilon \mu}} = \frac{1}{\sqrt{\epsilon_0 \mu_0}} \cdot \frac{1}{\sqrt{\epsilon_s \mu_s}}$$

$$= \frac{3 \times 10^8}{\sqrt{\epsilon_s \mu_s}} \,[m/s]$$

그러므로 유전율과 투자율의 곱의 제곱근에 반비례한다.

17 대전된 도체의 특징이 아닌 것은?

① 도체에 인가된 전하는 도체 표면에만 분포한다.

② 가우스법칙에 의해 내부에는 전하가 존재한다.

③ 전계는 도체 표면에 수직인 방향으로 진행된다.

④ 도체표면에서의 전하밀도는 곡률이 클수록 높다.

[해설] 도체의 전하분포 및 성질

㉠ 도체 내부의 전계세기는 0이다.(도체의 전위는 등전위이므로 전위경도(gradV)=0

∴E=-gradV에서 도체 내부의 전계세기=0이다.)

㉡ 전하는 도체 내부에 존재하지 않고 도체 표면에만 존재

㉢ 도체 표면의 전하밀도는 곡률이 클수록 높다(곡률반경이 작을수록 높다).

㉣ 도체표면과 내부의 전위는 등전위

㉤ 중공부에 전하가 없고, 대전도체라면 전하는 도체 외부의 표면에만 분포

㉥ 도체면에서의 전계의 세기는 도체 표면에 항상 수직

18 일반적으로 자구를 가지는 자성체는?

① 상자성체　　　　② 강자성체

③ 역자성체　　　　④ 비자성체

[해설] 자구(Magnetic Domain) : 자기모멘트가 서로 접근하여 원자 전체의 모멘트가 동일한 방향으로 정렬되는 작은 영역을 말하며, 강자성체에는 처음부터 자구가 존재한다.

19 패러데이의 법칙에 대한 설명으로 가장 알맞은 것은?

① 전자유도에 의하여 회로에 발생되는 기전력은 자속 쇄교수의 시간에 대한 증가율에 반비례한다.

② 전자유도에 의하여 회로에 발생되는 기전력은 자속의 변화를 방해하는 방향으로 기전력이 유도된다.

③ 정전유도에 의하여 회로에 발생하는 기자력은 자속의 변화방향으로 유도된다.

④ 전자유도에 의하여 회로에 발생하는 기전력은 자속 쇄교수의 시간 변화율에 비례한다.

[해설]

• 패러데이의 법칙(Faraday's Law : Neumann's Law)

유도기전력의 크기는 쇄쇄하는 자속의 시간적 변화율에 비례한다.

$$e = -\frac{d\Phi}{dt} = -N\frac{d\phi}{dt} \,[V] \,(\Phi : 쇄교자속수 = N\phi)$$

[정답]　16 ④　17 ②　18 ②　19 ④

- 렌츠의 법칙(Lenz's Law)

  전자유도에 의해서 발생하는 기전력은 자속변화를 방해하는 방향(−)으로 전류가 발생한다(기전력의 방향을 결정).

20 액체 유전체를 포함한 콘덴서 용량이 C[F]인 것에 V[V]의 전압을 가했을 경우에 흐르는 누설전류는 몇 [A]인가?(단, 유전체의 유전율은 ϵ, 고유저항은 $\rho[\Omega \cdot m]$이다.)

① $\dfrac{CV}{\rho\epsilon}$ ② $\dfrac{C}{\rho\epsilon V}$

③ $\dfrac{\rho\epsilon V}{C}$ ④ $\dfrac{\rho\epsilon}{CV}$

해설 누설전류$(I) = \dfrac{V}{R} = \dfrac{CV}{\rho\epsilon}$ [A]

$RC = \rho\epsilon$에서, $R = \dfrac{\rho\epsilon}{C}$

제2과목 : 전력공학

21 그림과 같은 전력계통에서 A점에 설치된 차단기의 단락용량은?(단, 각 기기의 %리액턴스는 발전기 G_1, G_2는 정격용량 15[MVA] 기준 각각 15[%]이고, 변압기는 정격용량 20[MVA] 기준 8[%], 송전선은 정격용량 10[MVA] 기준 11[%], 기타 정수는 무시한다.)

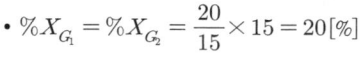

① 5[MVA]   ② 50[MVA]

③ 500[MVA]   ④ 5000[MVA]

해설 기준용량 = 20[MVA]

- $\%X_{G_1} = \%X_{G_2} = \dfrac{20}{15} \times 15 = 20[\%]$

- 발전기가 병렬접속이므로 : $\%X_G = \dfrac{20}{2} = 10[\%]$

- 변압기 : $\%X_T = 8[\%]$

- 송전선로 : $\%X_l = \dfrac{20}{10} \times 11 = 22[\%]$

- 고장지점의 합성 : $\%Z = 10 + 8 + 22 = 40[\%]$

$\therefore P_s = \dfrac{100}{\%Z} P_n = \dfrac{100}{40} \times 20 = 50[\text{MVA}]$

22 전력원선도에서 구할 수 없는 것은?

① 송 · 수전할 수 있는 최대 전력

② 필요한 전력을 보내기 위한 송 · 수전단 전압 간의 상차각

③ 선로 손실과 송전 효율

④ 과도극한전력

해설 원선도에서 알 수 있는 것

- 정태안정극한 전력
- 수전단 역률
- 조상용량

23 각 수용가의 수용률 및 수용가 사이의 부등률이 변화할 때 수용가군 총합의 부하율에 대한 설명으로 옳은 것은?

① 수용률에 비례하고 부등률에 반비례한다.

② 부등률에 비례하고 수용률에 반비례한다.

③ 부등률과 수용률에 모두 비례한다.

④ 부등률과 수용률에 모두 반비례한다.

해설

$\text{부하율} = \dfrac{\text{평균전력}}{\text{최대전력}} \times 100[\%]$

$= \dfrac{\text{평균전력} \times \text{부등률}}{\text{수용률} \times \text{설비용량}} \times 100[\%]$

24 직렬콘덴서를 선로에 삽입할 때의 이점이 아닌 것은?

정답 20 ①   21 ②   22 ④   23 ②   24 ④

① 선로의 인덕턴스를 보상한다.

② 수전단의 전압변동률을 줄인다.

③ 정태안정도를 증가한다.

④ 수전단의 역률을 개선한다.

해설 수전단의 역률을 개선하기 위해서는 병렬콘덴서를 설치한다.

25 송전선로에서 이상전압이 가장 크게 발생하기 쉬운 경우는?

① 무부하 송전선로를 폐로하는 경우

② 무부하 송전선로를 개로하는 경우

③ 부하 송전선로를 폐로하는 경우

④ 부하 송전선로를 개로하는 경우

해설 이상전압이 가장 큰 경우에는 무부하 송전선로의 충전전류를 차단할 때이다.

26 6.6[kV] 고압 배전선로(비접지 선로)에서 지락보호를 위하여 특별히 필요치 않은 것은?

① 과전류계전기(OCR)

② 선택접지계전기(SGR)

③ 영상변류기(ZCT)

④ 접지변압기(GPT)

해설 비접지 선로에서 지락사고를 검출할 때는, SGR+ZCT+GPT로 구성한다.

27 조상설비에 대한 설명으로 잘못된 것은?

① 송·수전단의 전압이 일정하게 유지되도록 하는 조정 역할을 한다.

② 역률의 개선으로 송전 손실을 경감시키는 역할을 한다.

③ 전력 계통 안정도 향상에 기여한다.

④ 이상전압으로부터 선로 및 기기의 보호능력을 가진다.

해설 이상전압으로부터 선로 및 기기를 보호하기 위해서는 피뢰기(LA) 설치

28 장거리 송전선로는 일반적으로 어떤 회로로 취급하여 회로를 해석하는가?

① 분산부하회로   ② 집중정수회로

③ 분포정수회로   ④ 특성임피던스회로

해설
- 단거리 선로 : 집중정수회로(R, L)
- 중거리 선로 : T형, π형회로(R, L, C)
- 장거리 선로 : 분포정수회로(R, L, C, G)

29 6.6[kV], 60[Hz], 3상3선식 비접지식에서 선로의 길이가 10[km]이고 1선의 대지정전용량이 0.005[μF/km]일 때 1선 지락 시의 고장전류 I_g[A]의 범위로 옳은 것은?

① $I_g < 1$ ② $1 \leq I_g < 2$

③ $2 \leq I_g < 3$ ④ $3 \leq I_g < 4$

해설

$I_g = 3\omega C_s E$

$\quad = 3 \times 2\pi \times 60 \times 0.005 \times 10^{-6} \times 10 \times \dfrac{6.6 \times 10^3}{\sqrt{3}}$

$\quad = 0.215[A]$

30 △결선의 3상3선식 배전선로가 있다. 1선이 지락 하는 경우 건전상의 전위 상승은 지락 전의 몇 배가 되는가?

① $\sqrt{3}$ ② 3

③ $3\sqrt{2}$ ④ $\dfrac{3}{2}$

해설 비접지방식에서 1선지락 사고 시 건전상의 전위 상승은 $\sqrt{3}$ 배로 증가

정답 25 ②   26 ①   27 ④   28 ③   29 ①   30 ①

426 · Part 2. 전기기사 기출문제

31 접지방식에 대한 설명 중 옳은 것은?

① 보호 계전기의 동작이 가장 확실하다.

② 고전압 송전방식으로 주로 채택되고 있다.

③ 장거리 송전에 적합하다.

④ V-V 결선이 가능하다.

해설 비접지 방식의 특성

- 저전압(33[kV] 이하), 단거리 선로에 적합하다.
- 1선지락전류가 적게 흘러서 유도장해는 적지만, 각종 보호 장치의 동작은 불확실하다(고·저압 혼촉시 저압선의 전위 상승이 작다).
- $\Delta-\Delta$접속으로 사용하는 방식인데, 갑자기 변압기 1대의 고장 시에는 V-V결선으로 계속 송전 가능하다.
- 1선지락사고 시에는 건전상의 전위상승이 $\sqrt{3}$ 배까지 상승한다.

32 3000[kW], 역률 80[%](늦음)의 부하에 전력을 공급하고 있는 변전소의 역률을 90[%]로 향상시키는데 필요한 전력용 콘덴서의 용량은?

① 약 600[kVA]   ② 약 700[kVA]

③ 약 800[kVA]   ④ 약 900[kVA]

해설

$$Q = P(\tan\theta_1 - \tan\theta_2) = 3000\left(\frac{0.6}{0.8} - \frac{\sqrt{1-0.9^2}}{0.9}\right)$$

$$\fallingdotseq 797[kVA]$$

33 1선의 저항이 10[Ω], 리액턴스가 15[Ω]인 3상 송전선이 있다. 수전단 전압 60[kV], 부하역률 0.8(lag), 부하전류 100[A]라고 할 때 송전단 전압은?

① 약 61[kV]   ② 약 63[kV]

③ 약 81[kV]   ④ 약 83[kV]

해설

$$V_s = V_r + \sqrt{3}\,I(R\cos\theta + X\sin\theta)$$
$$= 60 + \sqrt{3}\times100(10\times0.8 + 15\times0.6)\times10^{-3}$$
$$= 62.9[kV]$$

34 송전용량이 증가함에 따라 송전선의 단락 및 지락전류도 증가하여 계통에 여러 가지 장해요인이 되고 있는데 이들의 경감대책으로 적합하지 않은 것은?

① 계통의 전압을 높인다.

② 발전기와 변압기의 임피던스를 작게 한다.

③ 송전선 또는 모선 간에 한류리액터를 삽입한다.

④ 고장 시 모선 분리 방식을 채용한다.

해설

- 계통의 직류 연계
- 한류리액터(분로리액터, 직렬리액터 방식) 채용
- 고임피던스 기기들을 채용(발전기, 변압기)

35 송전선로의 고장전류의 계산에 영상 임피던스가 필요한 경우는?

① 3상 단락   ② 3선 단선

③ 1선 지락   ④ 선간 단락

해설

- 3상 단락 사고 시 : 정상분
- 1선 지락 사고 시 : 영상분, 정상분, 역상분
- 선간 단락 사고 시 : 정상분, 역상분

36 용량 30[MVA], 33/11[kV], $\Delta-Y$결선 변압기에 차동보호계전기가 설치되어 있다. 이 변압기로 30[MVA] 부하에 전력을 공급할 때 부하 측에 설치된 ㉠ CT의 결선방법과 ㉡ CT전류로 가장 적합한 것은?

정답 31 ④ 32 ③ 33 ② 34 ② 35 ③ 36 ④

① ㉠ Y결선, ㉡ 3.9[A]

② ㉠ Y결선, ㉡ 6.8[A]

③ ㉠ △결선, ㉡ 3.9[A]

④ ㉠ △결선, ㉡ 6.8[A]

해설 변류기(CT) 결선과 변압기결선은 반대로 한다. 즉, 변압기 2차측이 Y결선이면 CT결선은 △결선(△이면 Y로)으로 하여야 한다.

- $CT = \dfrac{I_1}{I_2} = \dfrac{2000}{5}$

- $I_n = \dfrac{30 \times 10^3}{\sqrt{3} \times 11} = 1574.59[A]$

  $I_1 = I_n(1.25 \sim 1.5) = 1574.59 \times (1.25 \sim 1.5)$

  $= 1968.24 \sim 2361.89$ [A]에서 CT 1차측정격은 2000[A]로 선정

- 변압기 2차측의 CT결선이 △결선이므로 선로에 흐르는 전류(I_l)은

  $I_l = \sqrt{3}\,I_2 = \sqrt{3} \times \dfrac{1}{CT} \times I_1$

  $= \sqrt{3} \times \dfrac{5}{2000} \times 1574.59$

  $= 6.82[A]$

  $I_2 = \dfrac{1}{CT}I_1$

37 유역면적이 4000[㎢]인 어떤 발전 지점이 있다. 유역내의 연강우량이 1400[mm]이고, 유출계수가 75[%] 라고 하면 그 지점을 통과하는 연평균 유량은?

① 약 121[m³/s] ② 약 133[m³/s]

③ 약 251[m³/s] ④ 약 150[m³/s]

해설

$$Q = \frac{b \times 10^{-3} \times A \times 1000^2 \times k}{365 \times 24 \times 60 \times 60}$$

$$= \frac{4000 \times 10^{-3} \times 1400 \times 1000^2 \times 0.75}{365 \times 24 \times 60 \times 60}$$

$$= 133.18[\text{m}^3/\text{s}]$$

38 고압고온을 채용한 기력발전소에서 채용되는 열사이클로 그림과 같은 장치선도의 열사이클은?

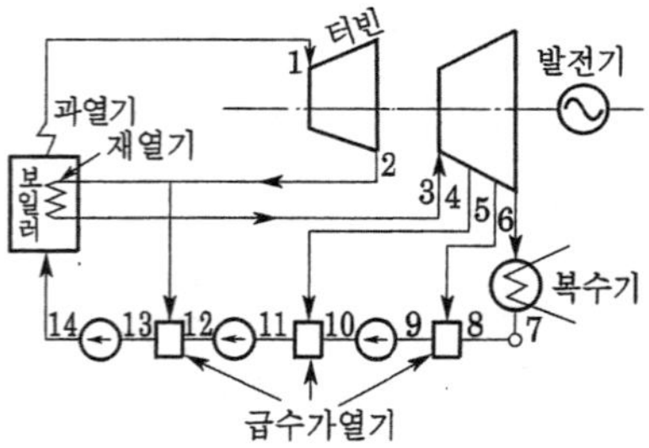

① 랭킹사이클 ② 재생사이클

③ 재열사이클 ④ 재열재생사이클

39 기저(基底)부하용으로 사용하기 적합한 발전방식은?

① 석탄 화력 ② 저수지식 수력

③ 양수식 수력 ④ 원자력

해설

- 기저부하용 : 원자력
- 중간부하용 : 복합화력
- 첨두부하용 : 양수식, 조정지식, 댐식수력

40 원자로에 사용되는 감속재가 구비하여야 할 조건으로 틀린 것은?

① 중성자 에너지를 빨리 감속시킬 수 있을 것

② 불필요한 중성자 흡수가 적을 것

③ 원자의 질량이 클 것

④ 감속능 및 감속비가 클 것

해설 원자의 질량이 가벼울 것(∵ 탄성산란의 효과를 크게 하기 위해서)

정답 37 ② **38** ④ **39** ④ **40** ③

제3과목 : 전기기기

41 사이리스터의 래칭(Latching)전류에 관한 설명으로 옳은 것은?

① 게이트를 개방한 상태에서 사이리스터 도통 상태를 유지하기 위한 최소 전류

② 게이트 전압을 인가한 후에 급히 제거한 상태에서 도통 상태가 유지되는 최소의 순 전류

③ 사이리스터의 게이트를 개방한 상태에서 전압이 상승하면 급히 증가하게 되는 순 전류

④ 사이리스터가 턴온하기 시작하는 전류

해설 래칭(latching)전류 : SCR을 턴온시키기 위한 최소의 순 전류

42 유도전동기의 2차측 저항을 2배로 하면 최대 토크는 몇 배로 되는가?

① 3배로 된다.　　② 2배로 된다.

③ 변하지 않는다.　④ 1/2로 된다.

해설

• 최대토크 : $T_m \propto \dfrac{V_m^2}{2x_2}$ (2차저항에 무관)

• 최대토크를 발생하는 슬립 $(s_m) = \pm \dfrac{r_2}{x_2}$ (2차저항에 비례한다)

∴ 최대토크의 크기는 불변, 최대토크를 발생시키는 슬립에는 2배가 된다.

43 3상 유도전동기가 경부하에서 운전 중 1선의 퓨즈가 잘못되어 용단되었을 때는?

① 속도가 증가하여 다른 선의 퓨즈도 용단된다.

② 속도가 늘어져서 다른 선의 퓨즈도 용단된다.

③ 전류가 감소하여 운전이 얼마동안 계속된다.

④ 속도가 증가하여 운전이 얼마동안 계속된다.

해설 전류가 약 2배로 증가되므로 열손실이 증가되고, 계속운전하면 과열 소손된다.

44 브러시레스 DC 서보 모터의 특징으로 틀린 것은?

① 단위 전류당 발생 토크가 크고 효율이 좋다.

② 토크 맥동이 작고, 안정된 제어가 용이하다.

③ 기계적 시간 상수가 크고 응답이 느리다.

④ 기계적 접점이 없고 신뢰성이 높다.

해설

㉠ 기동토크가 크다.

㉡ 회전자 및 관성모멘트가 작다.

㉢ 속응성이 좋다.

㉣ 기계적 응답이 좋다(시정수 짧다).

45 전기자반작용에 대한 설명으로 틀린 것은?

① 전기자 중성축이 이동하여 주자속이 증가하고 정류자편 사이의 전압이 상승한다.

② 전기자권선에 전류가 흘러서 생긴 기자력은 계자 기자력에 영향을 주어서 자속의 분포가 기울어진다.

③ 직류발전기에 미치는 영향으로는 중성축이 이동되고 정류자 편간의 불꽃 섬락이 일어난다.

④ 전기자 전류에 의한 자속이 계자자속에 영향을 미치게 하여 자속 분포를 변화시키는 것이다.

해설 전기자반작용 : 전기자권선에 흐르는 전류에 의한 자속이 계자에서 만든 주자속에 영향을 미치는 현상

• 주자속 감속

• 전기적 중성측 이동

　(발전기 : 회전방향, 전동기 : 회전역방향)

정답 41 ④　42 ③　43 ④　44 ③　45 ①

46 동기 전동기에서 감자작용을 할 때는 어떤 경우인가?

① 공급전압보다 앞선 전류가 흐를 때
② 공급전압보다 뒤진 전류가 흐를 때
③ 공급전압과 동상전류가 흐를 때
④ 공급전압에 상관없이 전류가 흐를 때

해설

분류	동기 발전기	동기 전동기
전압과 동상	교차 자화 작용	교차 자화 작용
진상 전류	증자 작용	감자 작용
지상 전류	감자 작용	증자 작용

47 2방향성 3단자 사이리스터는 어느 것인가?

① SCR   ② SSS
③ SCS   ④ TRIAC

해설

• 2극(단자) 소자 : DIAC, SSS, Diode
• 3극(단자) 소자 : SCR, LASCR, GTO, TRIAC
• 4극(단자) 소자 : SCS
• 역저지(단방향성) 소자 : SCR, LASCR, GTO
• 양방향성(쌍방향성) 소자 : DIAC, TRIAC, SSS

48 동기발전기의 병렬운전 중 여자 전류를 증가시키면 그 발전기는?

① 전압이 높아진다.   ② 출력이 커진다.
③ 역률이 좋아진다.   ④ 역률이 나빠진다.

해설

• 유기 기전력이 높은(여자전류) 발전기 : 지상전류가 흘러 역률 저하
• 유기 기전력이 낮은(여자전류) 발전기 : 진상전류가 흘러 역률 상승

49 다음 괄호 안에 알맞은 내용을 순서대로 나열한 것은?

사이리스터(Thyristor)에서는 게이트 전류가 흐르면 순방향의 저지상태에서 ( ) 상태로 된다. 게이트 전류를 가하여 도통 완료까지의 시간을 ( )시간 이라고 하나 이 시간이 길면 ( )시의 ( )이 많고 사이리스터 소자가 파괴되는 수가 있다.

① 온(On), 턴온(Turn on), 스위칭, 전력손실
② 온(On), 턴온(Turn on), 전력손실, 스위칭
③ 스위칭, 온(On), 턴온(Turn on), 전력손실
④ 턴온(Turn on), 스위칭, 온(On), 전력손실

50 터빈 발전기의 냉각을 수소냉각방식으로 하는 이유가 아닌 것은?

① 풍손이 공기 냉각시의 약 1/10로 줄어든다.
② 열전도율이 좋고 가스냉각기의 크기가 작아진다.
③ 절연물의 산화작용이 없으므로 절연열화가 작아서 수명이 길다.
④ 반폐형으로 하기 때문에 이물질의 침입이 없고 소음이 감소한다.

해설

• 전폐형으로 함으로써 불순물의 침입이 없고 운전 중 소음이 적게 된다.
• 코로나 발생전압이 높고, 절연물의 수명이 길어진다.
• 폭발예방을 위한 부속설비 비용이 증가한다.

51 변압기 결선방식 중 3상에서 6상으로 변환할 수 없는 것은?

① 환상 결선   ② 2중 3각 결선
③ 포크 결선   ④ 우드 브리지 결선

정답   46 ①   47 ④   48 ④   49 ①   50 ④   51 ④

해설

- 3상-2상간의 상수 변환 : 스코트 결선(T결선), 메이어 결선, 우드 브리지 결선
- 3상-6상간의 상수 변환 : 환상 결선, 2중 3각 결선, 2중 성형 결선, 대각 결선, 포크 결선

52 60[Hz] 6극 10[kW]인 유도전동기가 슬립 5[%]로 운전할 때 2차의 동손이 500[W]이다. 이 전동기의 전부하시의 토크[kg·m]는?

① 약 4.3 ② 약 8.5

③ 약 41.8 ④ 약 83.5

해설

$$T = 0.975 \times \frac{P}{N} = 0.975 \times \frac{10 \times 10^3}{1140}$$

$$= 8.55 [\text{kg} \cdot \text{m}]$$

회전속도(N) = $(1-s)N_s = (1-0.05) \times 1200$

$= 1140 [\text{rpm}]$

동기속도(N_s) = $\frac{120f}{P} = \frac{120 \times 60}{6} = 1200 [\text{rpm}]$

53 15[kW] 3상 유도전동기의 기계손이 350[W], 전부하시의 슬립이 3[%]이다. 전부하시의 2차 동손은 약 몇 [W]인가?

① 523 ② 475

③ 411 ④ 365

해설

$$2차동손 \left(P_{c_2} \right) = sP_2 = \frac{s}{1-s} \cdot P_0$$

$$= \frac{0.03}{1-0.03} \times 15350 = 474.74 [\text{W}]$$

기계적 출력(P_0) = 기계손 + 전동기출력(P)

$= 350 + 15 \times 10^3 = 15350 [\text{W}]$

54 변압기의 성층철심 강판 재료의 규소 함수량은 대략 몇 [%]인가?

① 8[%] ② 6[%]

③ 4[%] ④ 2[%]

해설

- 강판두께 : 0.3~0.35[mm],
- 규소 함유량 : 4~4.5[%]

55 유도 전동기의 2차 효율은?(단, s는 슬립이다.)

① $1/s$ ② s

③ $1-s$ ④ s^2

해설

$$2차 효율(\eta_2) = \frac{기계적 출력(P_0)}{2입력(P_2)}$$

$$= \frac{P_2(1-s)}{P_2} = 1 - s$$

56 3상 분권 정류자전동기인 슈라게 전동기의 특성은?

① 1차 권선을 회전자에 둔 3상 권선형 유도전동기

② 1차 권선을 고정자에 둔 3상 권선형 유도전동기

③ 1차 권선을 고정자에 둔 3상 농형 유도전동기

④ 1차 권선을 회전자에 둔 3상 농형 유도전동기

해설 1차 전선을 회전자 권선으로 2차 권선을 고정자 권선으로된 3상 권선형 유도전동기이다.

57 다음 괄호 안에 알맞은 내용은?

직류전동기의 회전속도가 위험한 상태가 되지 않으려면 직권 전동기는 (㉠) 상태로, 분권전동기는 (㉡) 상태가 되지 않도록 하여야 한다.

정답 52 ② 53 ② 54 ③ 55 ③ 56 ① 57 ①

① ㉠ 무부하, ㉡ 무여자

② ㉠ 무여자, ㉡ 무부하

③ ㉠ 무여자, ㉡ 경부하

④ ㉠ 무부하, ㉡ 경부하

해설

- 직권전동기에서, $N = K\dfrac{V - I_a(R_a + R_s)}{I}$ 가 되는데, 정격전압 무부하에서는 위험 속도가 된다.

- 분권전동기에서, $N = K\dfrac{V - I_a R_a}{\Phi}$ 가 되는데, 계자 회로가 끊어지면(무여자) 자속(Φ)가 0이 되어 전동기속도는 고속으로 되어 위험하게 된다.

58 단상 변압기에서 전부하의 2차 전압은 100[V]이고, 전압 변동률은 3[%]이다. 1차 단자 전압 [V]은?(단, 1차, 2차 권선비는 20 : 1 이다.)

① 1940　　② 2060

③ 2260　　④ 2360

해설

- 전압변동률(ϵ) = $\dfrac{V_{20} - V_{2n}}{V_{2n}} \times 100[\%]$에서,

  $V_{20} = (1 + \epsilon)V_{2n} = (1 + 0.03) \times 100 = 103[V]$

- 권선비(a) = $\dfrac{V_{10}}{V_{20}}$에서,

  $V_{10} = a \cdot V_{20} = 20 \times 103 = 2060[V]$

59 정격 5[kW], 100[V], 50[A], 1500[rpm]의 타여자 직류 발전기가 있다. 계자전압 50[V], 계자전류 5[A], 전기자 저항 0.2[Ω]이고 브러시에서 전압 강하는 2[V]이다. 무부하시와 정격부하시의 전압차는 몇 [V]인가?

① 12　　② 10

③ 8　　④ 6

해설 직류발전기의 유기 기전력

$(E) = V + I_a R_a + e_b = 200 + 50 \times 0.2 + 2 = 212$

[V]이며, 무부하시에는 유기 기전력(E)과 무부하 단자전압(V)이 같다.

∴ 무부하시와 정격부하시의 전압차

$(e) = E - V = 212 - 200 = 12[V]$

60 1차 전압 3300[V], 권수비가 30인 단상 변압기로 전등 부하에 20[A]를 공급할 때의 입력[kW]은?

① 2.2　　② 3.3

③ 6.6　　④ 9.9

해설

입력(P_1) = $V_1 I_1 \cos\theta = 3300 \times \dfrac{2}{3} \times 1 \times 10^{-3}$

$= 2.2[kW] (\because 전등부하 : \cos\theta = 1)$

권수비(a) = $\dfrac{V_1}{V_2} = \dfrac{I_2}{I_1}$에서,

1차전류(I_1) = $\dfrac{I_2}{a} = \dfrac{20}{30} = \dfrac{2}{3}[A]$

제4과목 : 회로이론 및 제어공학

61 어떤 제어계의 전달함수

$G(s) = \dfrac{s}{(s+2)(s^2+2s+2)}$ 에서 안정성을 판정하면?

① 안정하다.　　② 불안정하다.

③ 임계상태이다.　　④ 알 수 없다.

해설 특성방정식,

$(s+2)(s^2+2s+2) = 0 \Leftrightarrow s^3 + 4s^2 + 6s + 4 = 0$

정답 58 ②　59 ①　60 ①　61 ①

432 · Part 2. 전기기사 기출문제

$$
\begin{array}{c|cc}
s^3 & 1 & 6 \\
s^2 & 4 & 4 \\
s^1 & \dfrac{24-4}{4} & 0 \\
s^0 & 4 &
\end{array}
$$

∴ 제1열의 부호변화가 없으므로 안정하다.

62 상태방정식 $\dot{x}(t)=Ax(t)+Br(t)$인 제어계의 특성 방정식은?

① $|sI-B|=I$ ② $|sI-A|=I$

③ $|sI-B|=0$ ④ $|sI-A|=0$

63 $G(s)=\dfrac{s+2}{s^2+1}$의 극점과 영점은?

① $-2,\ -2$ ② $-j,\ -2$

③ $-2,\ j$ ④ $\pm j,\ -2$와 ∞

해설

• 영점 = 분자 = 0에서 구한 근
• 극점 = 분모 = 0에서 구한 근

$G(s)=\dfrac{s+2}{s^2+1}=\dfrac{s+2}{(s+j1)(s-j1)}$에서,

극점은 $\pm j1$, 영점은 -2, ∞가 된다.

64 그림과 같은 블록선도에 대한 등가 종합 전달함수(C/R)는?

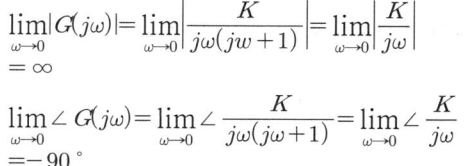

① $\dfrac{G_1G_2G_3}{1+G_1G_2+G_1G_2G_3}$ ② $\dfrac{G_1G_2G_3}{1+G_2G_2+G_1G_2G_3}$

③ $\dfrac{G_1G_2G_4}{1+G_1G_2+G_1G_2G_4}$ ④ $\dfrac{G_1G_2G_3}{1+G_2G_3+G_1G_2G_4}$

해설 G_3의 인출점을 뒤로 이동시키면 아래 블록선도가 된다.

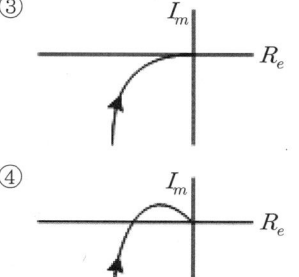

$$
\left\{\left(R-C\frac{G_4}{G_3}\right)G_1-C\right\}G_2G_3=C
$$

$$
\therefore G(s)=\frac{C}{R}=\frac{G_1G_2G_3}{1+G_2G_3+G_1G_2G_4}
$$

65 $G(j\omega)=\dfrac{K}{j\omega(j\omega+1)}$의 나이퀴스트 선도를 도시한 것은?(단, $K>0$ 이다.)

①
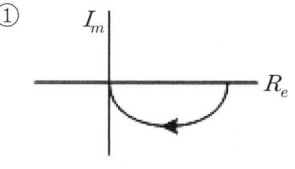

②
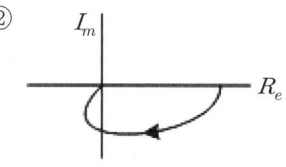

③

④

해설 주파수 전달함수 $G(j\omega)=\dfrac{K}{j\omega(j\omega+1)}$

$$
\lim_{\omega\to 0}|G(j\omega)|=\lim_{\omega\to 0}\left|\frac{K}{j\omega(j\omega+1)}\right|=\lim_{\omega\to 0}\left|\frac{K}{j\omega}\right|
$$
$$
=\infty
$$

$$
\lim_{\omega\to 0}\angle G(j\omega)=\lim_{\omega\to 0}\angle\frac{K}{j\omega(j\omega+1)}=\lim_{\omega\to 0}\angle\frac{K}{j\omega}
$$
$$
=-90°
$$

정답 62 ④ 63 ④ 64 ④ 65 ③

$$\lim_{\omega \to \infty} |G(j\omega)| = \lim_{\omega \to \infty} \left| \frac{K}{j\omega(j\omega+1)} \right| = \lim_{\omega \to \infty} \left| \frac{K}{(j\omega)^2} \right|$$
$$= 0$$

$$\lim_{\omega \to \infty} \angle G(j\omega) = \lim_{\omega \to \infty} \angle \frac{K}{j\omega(j\omega+1)} = \lim_{\omega \to \infty} \angle \frac{K}{(j\omega)^2}$$
$$= -180°$$

66 특성방정식 $s^2 + 2\delta\omega_n s + \omega_n^2 = 0$이 부족제동을 하기 위한 δ 값은?

① $\delta = 1$ ② $\delta < 1$

③ $\delta > 1$ ④ $\delta = 0$

[해설]
- $\delta > 1$: 과제동(비진동적)
- $\delta = 1$: 임계제동(임계상태)
- $\delta < 1$: 부족제동(감쇠진동적)
- $\delta = 0$: 무제동(무한진동적)

67 물체의 위치, 각도, 자세, 방향 등을 제어량으로 하고 목표 값의 임의의 변화에 추종하는 것과 같이 구성된 제어장치를 무엇이라고 하는가?

① 프로세서 제어   ② 서보기구

③ 자동조정   ④ 추종제어

68 폐루프 전달함수 $\dfrac{G(s)}{1 + G(s)H(s)}$ 의 극의 위치를 루프 전달함수 $G(s)H(s)$의 이득 상수 K의 함수로 나타내는 기법은?

① 근궤적법   ② 주파수 응답법

③ 보드 선도법   ④ Nyguist 판정법

[해설] 특성방정식, $1 + G(s)H(s) = 0$에서 근궤적은 K가 $0 \sim \infty$까지 변할 때, s평면상에 도시된다.

69 $F(s) = \dfrac{8}{s^3} + \dfrac{3}{s+2}$ 의 역라플라스 변환은?

① $(3t^2 + 3e^{-3t})u(t)$ ② $(4t^2 + 3e^{-2t})u(t)$

③ $(8t^2 - 3e^{2t})u(t)$ ④ $(8t^2 + 3e^{-2t})u(t)$

[해설]

$$\mathcal{L}^{-1}F(s) = f(t) = \mathcal{L}^{-1}\left(\frac{8}{s^3} + \frac{3}{s+2} \right)$$
$$= \mathcal{L}^{-1}\left(4 \times \frac{2!}{s^3} + \frac{3}{s+2} \right) = (4t^2 + 3e^{-2t})u(t)$$

70 다음 진리표의 논리소자는?

입 력		출 력
A	B	C
0	0	1
0	1	0
1	0	0
1	1	0

① NOR   ② OR

③ AND   ④ NAND

[해설] NOR gate

$$C = \overline{A+B} = \overline{A} \cdot \overline{B}$$

71 샘플러의 주기를 T라 할 때 s평면상의 모든 점은 식 $z = e^{sT}$에 의하여 z평면상에 사상된다. s평면의 좌반 평면상의 모든 점은 z평면상 단위원의 어느 부분으로 사상되는가?

① 내점   ② 외점

③ 원주상의 점   ④ z평면 전체

[해설] 특성방정식의 근의 위치가 s평면에서는 좌반면에, z평면상에는 단위원 내부에 존재하면 안정하고, s평면의 우반면에, z평면상에는 단위원 외부에 존재하게 되면 불안정하다(임계안정 : s평면은 허수축, z평면은 단위원주상).

[정답] 66 ②   67 ②   68 ①   69 ②   70 ①   71 ①

434 · Part 2. 전기기사 기출문제

72 그림에서 단자 ab에 나타나는 전압 V_{ab}는 몇 [V]인가?

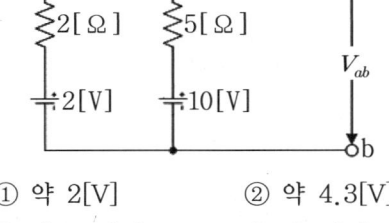

① 약 2[V] ② 약 4.3[V]
③ 약 5.6[V] ④ 약 8[V]

해설

$$V_{ab} = \frac{\dfrac{V_1}{Z_1} + \dfrac{V_2}{Z_2} + \cdots + \dfrac{V_n}{Z_n}}{\dfrac{1}{Z_1} + \dfrac{1}{Z_2} + \cdots + \dfrac{1}{Z_n}} = \frac{\dfrac{2}{2} + \dfrac{10}{5}}{\dfrac{1}{2} + \dfrac{1}{5}}$$

$$= 4.29[V]$$

73 그림과 같은 4단자망에서 정수 행렬은?

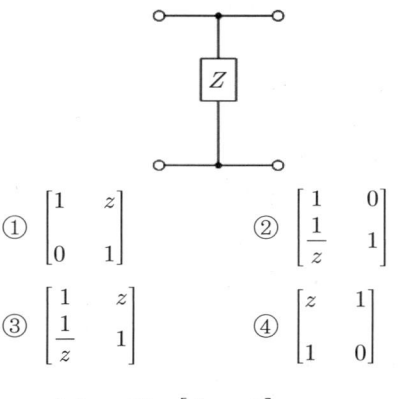

① $\begin{bmatrix} 1 & z \\ 0 & 1 \end{bmatrix}$ ② $\begin{bmatrix} 1 & 0 \\ \frac{1}{z} & 1 \end{bmatrix}$

③ $\begin{bmatrix} 1 & z \\ \frac{1}{z} & 1 \end{bmatrix}$ ④ $\begin{bmatrix} z & 1 \\ 1 & 0 \end{bmatrix}$

해설 $\begin{bmatrix} A & B \\ C & D \end{bmatrix} = \begin{bmatrix} 1 & 0 \\ \frac{1}{Z} & 1 \end{bmatrix}$

74 블록선도에서 $C(s) = R(s)$라면 전달함수 $G(s)$는?

$R(s) \longrightarrow \boxed{G(s)} \longrightarrow C(s)$

① 0 ② -1
③ ∞ ④ 1

해설 $G(s) = \dfrac{C(s)}{R(s)}$ 에서,

$C(s) = R(s)$ 이므로, $G(s) = 1$

75 다음 회로의 역회로는?(단, $K^2 = 2 \times 10^3$이다.)

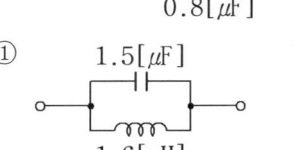

①

1.5[μF]

1.6[mH]

②

0.8[μF]

3[mH]

③   1.6[mH]

1.5[μF]

④   3[mH]

0.8[μF]

해설 $K^2 = \dfrac{L_1}{C_1} = \dfrac{L_2}{C_2}$ 에서

• $L_2 = K^2$ • $C_2 = 2 \times 10^3 \times 0.8 \times 10^{-6} \times 10^3$

  $= 1.6[mH]$

• $C_1 = \dfrac{L_1}{K^2} = \dfrac{3 \times 10^{-3}}{2 \times 10^3} \times 10^6 = 1.5[\mu F]$

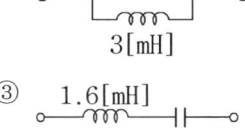

정답 **72** ② **73** ② **74** ④ **75** ③

76 선로의 임피던스 $Z = R + j\omega L[\Omega]$, 병렬 어드미턴스가 $Y = G + j\omega C[\mho]$일 때 선로의 저항 R과 콘덕턴스 G가 동시에 0이 되었을 때, 전파정수는?

① $j\omega\sqrt{LC}$
② $j\omega\sqrt{\dfrac{C}{L}}$
③ $j\omega\sqrt{L^2 C}$
④ $j\omega\sqrt{\dfrac{L}{C^2}}$

해설 전파정수
$(r) = \sqrt{Z \cdot Y} = \sqrt{(R+j\omega L)(G+j\omega C)} = j\omega\sqrt{LC}$
$(\because R = G = 0)$

77 저항 R, 인덕턴스 L, 콘덴서 C의 직렬회로에서 발생되는 과도현상이 진동이 되지 않을 조건은?

① $\left(\dfrac{R}{2L}\right)^2 - \dfrac{1}{LC} > 0$
② $\left(\dfrac{R}{2L}\right)^2 - \dfrac{1}{LC} < 0$
③ $\left(\dfrac{R}{2L}\right)^2 - \dfrac{1}{LC} = 0$
④ $\dfrac{R}{2L} - \dfrac{1}{LC} = 0$

해설
• $\left(\dfrac{R}{2L}\right)^2 - \dfrac{1}{LC} > 0$ (비진동적)
• $\left(\dfrac{R}{2L}\right)^2 - \dfrac{1}{LC} = 0$ (임계적)
• $\left(\dfrac{R}{2L}\right)^2 - \dfrac{1}{LC} < 0$ (진동적)

78 대칭 3상 4선식 전력계통이 있다. 단상 전력계 2개로 전력을 측정하였더니 각 전력계의 값이 각각 -301[W] 및 1327[W]이었다. 이때 역률은 약 얼마인가?

① 0.94
② 0.75
③ 0.62
④ 0.34

해설
2전력계법에서 역률($\cos\theta$)

$= \dfrac{P_1 + P_2}{2\sqrt{P_1^2 + P_2^2 - P_1 P_2}}$

$= \dfrac{-301 + 1327}{2\sqrt{301^2 + 1327^2 + 301 \times 1327}}$

$= 0.34$

79 RL 직렬회로에 $e = 20 + 100\sqrt{2}\sin\omega t + 40\sqrt{2}\sin(3\omega t + 60°) + 40\sqrt{2}\sin 5\omega t$ [V]인 전압을 가할 때 제5고조파 전류의 실효값은 몇 [A]인가?(단, $R = 4[\Omega]$, $\omega L = 1$ [Ω]이다.)

① 약 6.25
② 약 8.83
③ 약 12.5
④ 약 16.0

해설 제5고조파 전류의 실효값
$(I_5) = \dfrac{V_5}{Z_5} = \dfrac{40}{\sqrt{4^2 + 5^2}} = 6.25[A]$
$Z_5 = R + j5\omega L = 4 + j5[\Omega]$

80 회로에서 단자 a, b 사이에 교류전압 200 [V]를 가하였을 때 c, d 사이의 전위차는 몇 [V]인가?

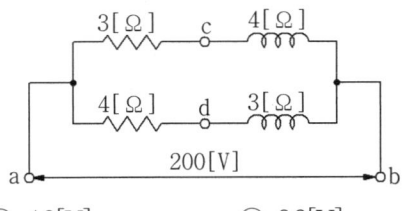

① 46[V]
② 96[V]
③ 56[V]
④ 76[V]

해설 c, d 사이의 전위차
$(V_{cd}) = |V_d - V_c| = |32(4-j3) - 24(3-j4)|$
$= 56[V]$

정답 76 ① 77 ① 78 ④ 79 ① 80 ③

c점에서의 전위(V_c) $= \dfrac{3}{3+j4} \times 200$

$= 24(3-j4)\,[\mathrm{V}]$

d점에서의 전위(V_d) $= \dfrac{4}{4+j3} \times 200$

$= 32(4-j3)\,[\mathrm{V}]$

제5과목 : 전기설비기술기준 및 판단기준

81 가공 전선로의 지지물 구성체가 강관으로 구성되는 철탑으로 할 경우 갑종 풍압하중은 몇 [Pa]의 풍압을 기초로 하여 계산한 것인가?(단, 단주는 제외하며 풍압은 구성재의 수직 투영면적 1[㎡]에 대한 풍압이다.)

① 588   ② 1117

③ 1255   ④ 2157

82 차량, 기타 중량물의 압력을 받을 우려가 없는 장소에 지중 전선을 직접 매설식에 의하여 매설하는 경우에는 매설 깊이를 몇 [㎝] 이상으로 하여야 하는가?

① 40   ② 60

③ 80   ④ 100

해설 중량물의 압력을 받을 우려가 있는 장소 : 1.2[m] 이상(없는 곳은 0.6[m])

83 백열전등 또는 방전등에 전기를 공급하는 옥내전로의 대지 전압은 몇 [V] 이하이야 하는가?

① 440   ② 380

③ 300   ④ 100

84 계기용변성기의 2차측 전로에 시설하는 접지공사는?

① 고압인 경우 제1종 접지공사

② 고압인 경우 제2종 접지공사

③ 특고압인 경우 제3종 접지공사

④ 특고압인 경우 제1종 접지공사

해설 고압은 제 3종, 특고압은 제1종 접지공사

85 저압 옥상전선로의 시설에 대한 설명으로 옳지 않은 것은?

① 전선과 옥상전선로를 시설하는 조영재와의 이격거리를 0.5[m]로 하였다.

② 전선은 상시 부는 바람 등에 의하여 식물에 접촉하지 않도록 시설하였다.

③ 전선은 절연 전선을 사용하였다.

④ 전선은 지름 2.6[mm]의 경동선을 사용하였다.

해설 저압 옥상전선로는 전개된 장소에 다음 각 호에 의하고 또한 위험의 우려가 없도록 시설하여 한다.
㉠ 전선은 인장강도 2.30[kN] 이상의 것 또는 2.6[mm] 이상의 경동선의 것
㉡ 전선은 절연전선일 것
㉢ 저압 옥상선로의 전선은 상시 부는 바람 등에 의하여 식물에 접촉하지 아니하도록 시설하여야 한다.

86 저압 옥내배선의 사용전선으로 적합하지 않은 것은?

① 단면적 2.5[㎟] 이상의 연동선

② 단면적 1[㎟] 이상의 미네럴인슈레이션 케이블

③ 사용전압 400[V] 미만인 경우 전광표시 장치에 사용한 단면적 0.75[㎟] 이상의 연동선

④ 사용전압 400[V] 미만인 경우 출퇴 표시등에 사용한 단면적 0.75[㎟] 이상의 다심 케이블

정답   81 ③   82 ②   83 ③   84 ④   85 ①   86 ③

해설 전광표시 장치 등에는 0.75[㎟] 이상인 다심 케이블 또는 다심 캡타이어 케이블

87 애자사용 공사에 의한 옥내배선에 사용되는 연동선의 최소 지름은 몇 [㎟]인가?

① 2.5 　　　　　 ② 4
③ 6 　　　　　　 ④ 8

88 직류 전기철도에 선택 배류기를 시설할 때 적합하지 않은 것은?

① 전기적 접점은 선택 배류기 회로를 개폐할 때 생기는 아크에 견디는 구조이어야 한다.
② 선택 배류기를 보호하기 위해 적정한 과전류 차단기를 시설하여야 한다.
③ 금속제 외함에는 제3종 접지공사를 하여야 한다.
④ 강제 배류기를 설치하여 전식에 의한 장해를 방지할 수 없는 경우 선택 배류기를 설치하여야 한다.

해설 배류 시설에는 선택 배류기를 사용할 것. 다만, 선택 배류기를 설치하여도 전식 작용에 의한 장해를 방지할 수 없을 경우 한하여 강제 배류기를 설치할 수 있다.

89 철탑의 강도 계산에 사용하는 이상 시 상정 하중의 종류가 아닌 것은?

① 수직하중 　　　　 ② 좌굴하중
③ 수평 횡하중 　　　 ④ 수평 종하중

해설 이상 시 상정하중 : 수직하중, 수평 횡하중, 수평 종하중

90 제3종 접지공사의 접지저항은 몇 [Ω] 이하로 유지하여야 하는가?

① 10 　　　　　 ② 50
③ 100 　　　　　 ④ 200

해설
- E_1 : 10[Ω] 이하
- E_2 : $R = \dfrac{150}{1선\ 지락전류}$
  (1초 이내 : 600, 1초 넘고 2초 이내 : 300)
- E_3 : 100[Ω] 이하
- E_{s3} : 10[Ω] 이하

91 220[V] 저압전로의 절연저항은 몇 [㏁] 이상이어야 하는가?

① 0.1 　　　　　 ② 0.2
③ 0.3 　　　　　 ④ 0.4

해설 저압 전로의 절연 저항 하한값

전로의 사용전압의 구분		절연 저항값
400[V] 미만	대지 전압이 150[V] 이하인 경우	0.1[㏁]
	대지 전압이 150[V] 초과 300[V] 이하인 경우	0.2[㏁]
	대지 전압이 300[V] 초과 400[V] 미만인 경우	0.3[㏁]
400[V] 이상		0.4[㏁]

대지 전압 : 접지식 전로는 전선과 대지사이의 전압, 비접지식 전로는 전선간의 전압

92 가공 전선로의 지지물에 시설하는 지선의 시설기준에 대한 설명 중 옳은 것은?

① 지선의 안전율은 2.5 이상일 것
② 연선을 사용하는 경우 소선 4가닥 이상의 연선일 것
③ 지중 부분 및 지표상 100[㎝]까지의 부분은 철봉을 사용할 것
④ 도로를 횡단하여 시설하는 지선의 높이는 지표상 4.5[m] 이상으로 할 것

정답　87 ③　88 ④　89 ②　90 ③　91 ②　92 ①

438 · Part 2. 전기기사 기출문제

해설 지선의 시설기준

㉠ 안전율 : 2.5 이상

㉡ 2.6[mm] 이상의 금속선을 3조 이상 꼬아서 사용

㉢ 지중 및 지표상 30[cm]까지의 부분은 아연도금 철봉 등을 사용

㉣ 도로를 횡단하여 시설하는 지선의 높이는 지표상 5[m] 이상으로 하여야 한다. 다만, 기술상 부득이한 경우로서 교통에 지장을 초래할 우려가 없는 경우에는 지표상 4.5[m] 이상, 보도의 경우에는 2.5[m] 이상으로 할 수 있다.

93 저압 옥내간선에서 분기하여 전기사용기계기구에 이르는 저압 옥내전로에서 저압 옥내간선과의 분기점에서 전선의 길이가 몇 [m] 이하인 곳에 개폐기 및 과전류 차단기를 설치하야 하는가?

① 3
② 4
③ 5
④ 6

94 과전류차단기로 시설하는 퓨즈 중 고압전로에 사용하는 포장 퓨즈는 2배의 정격전류시 몇 분 안에 용단되어야 하는가?

① 2
② 30
③ 60
④ 120

해설 고압용 포장 퓨즈와 비포장 퓨즈의 규정

㉠ 포장 퓨즈 : 1.3배의 전류에 견디고, 2배의 전류에는 120분 안에 용단

㉡ 비포장 퓨즈 : 1.25배의 전류에 견디고, 2배의 전류에는 2분 안에 용단

95 태양전지 발전소에 시설하는 태양전지 모듈, 전선 및 개폐기, 기타 기구의 시설에 관한 설명 중 틀린 것은?

① 충전부분은 노출되지 아니하도록 시설할 것

② 태양전지 모듈에 접속하는 부하측 전로에는 그 접속점에 근접하여 개폐기 또는 부하전류를 개폐할 수 있는 기구를 시설할 것

③ 전선은 공칭단면적 1.5[mm²] 이상의 연동선 또는 이와 동등 이상의 세기 및 굵기의 것일 것

④ 태양전지 모듈을 병렬 접속하는 전로에는 전로를 보호하는 과전류 차단기를 시설할 것

해설 전선 : 공칭단면적 2.5[mm²] 이상의 연동선

96 발전소에 시설하여야 하는 계측장치가 아닌 것은?

① 발전기의 전압 및 전류

② 주요 변압기의 역률

③ 발전기의 고정자 온도

④ 특고압용 변압기의 온도

해설 역률 계측장치는 설치하지 않아도 된다.

97 중성선 다중 접지식으로서 전로에 지락이 생겼을 때에 2초 이내에 자동적으로 이를 전로로부터 차단하는 장치가 되어 있는 사용전압 22900[V]인 특고압 가공전선과 식물과의 이격 거리는 몇 [m] 이상이어야 하는가?

① 1.2
② 1.5
③ 2
④ 2.5

해설 25[kV] 이하 중성점다중접지식 특고압 가공전선과 식물과의 이격거리 : 1.5[m] 이상. 단, 사용전압 15[kV] 이하 인 경우 : 1.2[m] 이상

98 금속 덕트 공사에 의한 저압 옥내배선 시설에 적합하지 않은 것은?

① 저압 옥내배선의 사용전압이 400[V] 미만인 경우에는 덕트에 제3종 접지공사를 한다.

정답 93 ①　94 ④　95 ③　96 ②　97 ②　98 ③

② 금속 덕트에 넣은 전선의 단면적의 합계가 덕트의 내부 단면적의 20[%] 이하가 되도록 한다.

③ 금속 덕트는 두께 1.0[mm] 이상인 철판으로 제작하고 덕트 상호 간에 완전하게 접속한다.

④ 덕트를 조영재에 붙이는 경우 덕트 지지점간의 거리를 3[m] 이하로 견고하게 붙인다.

해설 덕트는 폭이 5[㎝]를 넘고 두께가 1.2[mm] 이상일 것

99 변전소에서 154[㎸]급으로 변압기를 옥외에 시설할 때 취급자 이외의 사람이 들어가지 않도록 시설하는 울타리는 울타리의 높이와 울타리에서 충전부분까지의 거리의 합계를 몇 [m] 이상으로 하여야 하는가?

① 5   ② 5.5

③ 6   ④ 6.5

해설 특고압 기계기구의 시설(울타리·담 등의 높이와 충전부분까지의 거리합계)

• 35[㎸] 이하 : 5[m] 이상
• 35[㎸] 넘고 160[㎸] 이하 : 6[m] 이상
• 160[㎸] 넘는 경우 : $6+0.12n$[m] 이상

100 옥내 방전등 공사에 대한 설명으로 알맞지 않은 것은?

① 관등회로의 사용전압이 400[V] 이상인 경우에는 방전등용 변압기를 사용할 것

② 습기가 많은 곳에 시설하는 경우에는 적절한 방습장치를 할 것

③ 관등회로의 사용전압이 400[V] 이상의 저압인 경우는 특별 제3종 접지공사를 할 것

④ 관등회로의 사용전압이 고압이고 관등회로의 동작전류가 10[A]를 넘는 경우는 제1종 접지공사를 할 것

해설 관등회로의 동작전류가 1[A] 넘는 경우 : 제1종 접지공사

정답   99 ③   100 ④

국가기술자격검정 필기시험문제

2012년도 기사 제3회 필기시험(기사)

자격종목 및 등급(선택분야)	종목코드	시험시간	문제지형별	수검번호	성명
전기기사		2시간 30분	A		

※ 시험문제지는 답안카드와 같이 반드시 제출하여야 합니다.

제1과목 : 전기자기학

01 유전체에서의 변위 전류에 대한 설명으로 옳은 것은?

① 유전체의 굴절률이 2배가 되면 변위 전류의 크기도 2배가 된다.

② 변위 전류의 크기는 투자율의 값에 비례한다.

③ 변위 전류는 자계를 발생시킨다.

④ 전속 밀도의 공간적 변화가 변위 전류를 발생시킨다.

해설 변위전류 : 시간적으로 변화하는 전속밀도에 의한 전류로서 전도전류와 마찬가지로 그 주위에 자계를 발생시킨다.

02 그림과 같은 정방형관 단면의 격자점 ⑥의 전위를 반복법으로 구하면 약 몇 [V]가 되는가?

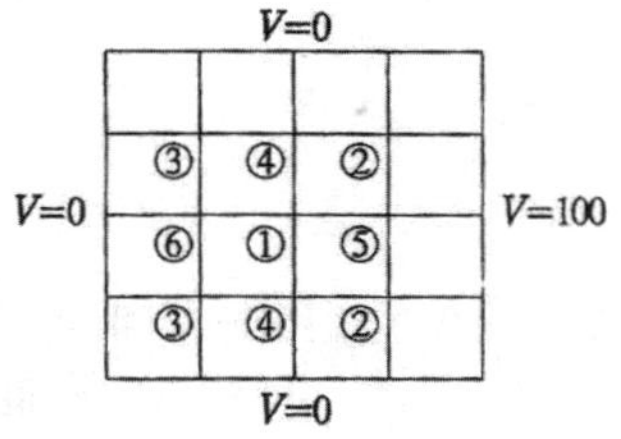

① 6.3[V]

② 9.4[V]

③ 18.8[V]

④ 53.2[V]

해설 라플라스 근사식에 의해서,

$$V_0 = \frac{1}{4}(V_1 + V_2 + V_3 + V_4)$$

정방형관 단면의 격자점 ① 의 전위(V_1)는,

$$V_1 = \frac{1}{4}(100+0+0+0) = 25\,[V]$$

③의 전위(V_3)는

$$V_3 = \frac{1}{4}(25+0+0+0) = 6.25\,[V]$$

∴⑥의 전위(V_6)는

$$V_6 = \frac{1}{4}(V_1 + V_3 + V_5 + 0)$$
$$= \frac{1}{4}(25+6.25+6.25+0) = 9.4\,[V]$$

03 정현파 자속의 주파수를 3배로 높이면 유기 기전력은?

① 3배로 감소

② 2배로 증가

③ 3배로 감소

④ 3배로 증가

해설 유기 기전력 :
$$e = -\omega N\phi_m \sin(\omega t - \pi) = -2\pi f N\phi_m \sin(\omega t - \pi) \propto f$$
그러므로 정현파 자속의 주파수를 3배로 높이면 유기 기전력도 3배로 증가

04 무한장 솔레노이드에 전류가 흐를 때 발생되는 자계에 관한 설명으로 옳은 것은?

① 외부와 내부 자계의 세기는 같다.

② 내부 자계의 세기는 0이다.

③ 외부 자계는 평등 자계이다.

정답 01 ③ 02 ② 03 ④ 04 ④

④ 내부 자계는 평등 자계이다.

해설 무한장 솔레노이드의 내부의 자계는 위치에 관계없이 평등자계이다.
$H_i = nI [AT/m]$ (무한장 솔레노이드의 외부자계 : 0[AT/m])

05 진공 중에 있는 대전 도체구의 표면전하밀도가 σ[C/m²], 전위가 V[V]일 때 도체 표면의 법선방향(바깥쪽)을 n이라 할 때 성립되는 관계식은?

① $\dfrac{\partial V}{\partial n} = -\sigma$ ② $\dfrac{\partial V}{\partial n} = -\dfrac{\sigma}{\epsilon_0}$

③ $\dfrac{\partial V}{\partial n} = -\dfrac{2\sigma}{\epsilon_0}$ ④ $\dfrac{\partial V}{\partial n} = -\dfrac{\sigma}{2\epsilon_0}$

해설

$E = -\dfrac{\partial V}{\partial n} = -grad\,V$

(표면전하밀도 σ일 때, $E = \dfrac{\sigma}{\epsilon_0}$)

$\therefore \dfrac{\partial V}{\partial n} = -E = -\dfrac{\sigma}{\epsilon_0}$

06 2개의 전기회로 간의 상호 인덕턴스를 구하는데 사용하는 방법은?

① 가우스의 법칙
② 플레밍의 오른손 법칙
③ 노이만의 공식
④ 스테판–볼쯔만의 법칙

해설 노이만의 정리

상호인덕턴스(M_{21}) $= \dfrac{\mu}{4\pi} \oint_{c2} \oint_{c1} \dfrac{dl_1 \cdot dl_2}{r}$

07 그림과 같이 직각 코일이 $B = 0.05\dfrac{a_x + a_y}{\sqrt{2}}$[T]인 자계에 위치하고 있다. 코일에 5[A] 전류가 흐를 때 z축에서의 토크 [N·m]는?

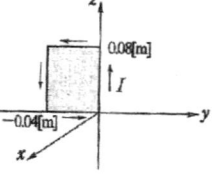

① $2.66 \times 10^{-4} a_x\,[N \cdot m]$
② $5.66 \times 10^{-4} a_x\,[N \cdot m]$
③ $2.66 \times 10^{-4} a_z\,[N \cdot m]$
④ $5.66 \times 10^{-4} a_z\,[N \cdot m]$

해설 z축상의 전류도체가 받는 힘(F)은
$F = (I \times B)l$, $I = 5a_z$,
$B = \dfrac{0.05}{\sqrt{2}}(a_x + a_y)\,[T]$
$I \times B = 5 \times \dfrac{0.05}{\sqrt{2}}(a_z \times a_x + a_z \times a_y)$
$= \dfrac{0.25}{\sqrt{2}}(a_y - a_x)$
$F = (I \times B)l$
$= \dfrac{0.25}{\sqrt{2}} \times 0.08(-a_x + a_y)$
$= 0.01414(-a_x + a_y)\,[N]$
$\therefore$ z축에서의 토크(T)는
$T = r \times F$
$= 5.656 \times 10^{-4}(-a_y \times a_x + a_y \times a_y)$
$= 5.66 \times 10^{-4} a_z\,[N \cdot m]$
($r = 0.04 a_y$)

08 정전계에 주어진 전하분포에 의하여 발생되는 전계의 세기를 구하려고 할 때 적당하지 않은 방법은?

① 쿨롱의 법칙을 이용하여 구한다.
② 전위를 이용하여 구한다.

정답 **05** ② **06** ③ **07** ④ **08** ④

③ 가우스법칙을 이용하여 구한다.

④ 비오-사바르의 법칙에 의하여 구한다.

해설 비오-사바르의 법칙

$$dH = \frac{Idl\sin\theta}{4\pi r^2} \ [AT/m]$$

(자계의 세기를 구하는데 사용)

09 그림과 같은 원형 코일이 2개 있다. A의 권선수는 1회, 반지름 1[m], B의 권선수는 2회, 반지름은 2[m]이다. A와 B의 코일중심을 겹쳐 두면 중심에서의 자속이 A만 있을 때의 2배가 된다. A와 B의 전류비 $\dfrac{I_B}{I_A}$는?

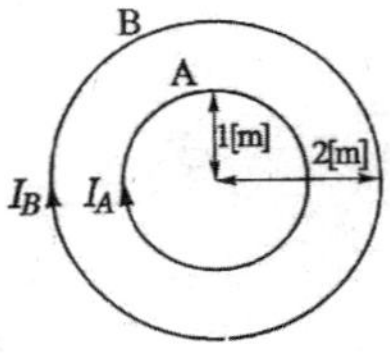

① $\dfrac{1}{2}$ ② 1

③ 2   ④ 4

해설

원형 코일 중심의 자계(H)$= \dfrac{I}{2a} \ [AT/m]$

A코일의 자계(H_A)$= \dfrac{I_A}{2\times 1} \ [AT/m]$

B코일의 자계(H_B)$= \dfrac{2I_B}{2\times 2} \ [AT/m]$

(B의 권선수는 2회)

문제에서 A와 B의 코일 중심을 겹쳐 두면 중심에서의 자속이 A만 있을 때의 2배가 된다고 했으므로,

$$\frac{I_A}{2\times 1}\times 2 = \frac{I_A}{2\times 1} + \frac{2I_B}{2\times 2},$$

$I_A = \dfrac{I_A}{2} + \dfrac{I_B}{2}$ 에서, $I_A = I_B$

$$\therefore \frac{I_B}{I_A} = 1$$

10 반지름 a, b인 두 구상 도체 전극이 도전율 k인 매질 속에 중심 거리 r만큼 떨어져 놓여있다. 양 전극 간의 저항은?(단, r≫a, b이다.)

① $4\pi k\left(\dfrac{1}{a}+\dfrac{1}{b}\right)$ ② $4\pi k\left(\dfrac{1}{a}-\dfrac{1}{b}\right)$

③ $\dfrac{1}{4\pi k}\left(\dfrac{1}{a}+\dfrac{1}{b}\right)$ ④ $\dfrac{1}{4\pi k}\left(\dfrac{1}{a}-\dfrac{1}{b}\right)$

해설 $RC = \rho\epsilon$

$$\therefore R = \frac{\rho\epsilon}{C} = \frac{\rho\epsilon}{\dfrac{4\pi\epsilon}{\dfrac{1}{a}-\dfrac{1}{b}}} = \frac{\rho}{4\pi}\left(\frac{1}{a}+\frac{1}{b}\right)$$

$$= \frac{1}{4\pi k}\left(\frac{1}{a}+\frac{1}{b}\right) \ [\Omega]$$

구도체 a, b 사이의 정전용량(C)은,

$$C = \frac{Q}{V_a - V_b} = \frac{4\pi\epsilon}{\dfrac{1}{a}+\dfrac{1}{b}} \ [F]$$

11 Q=0.15[C]으로 대전하고 있는 큰 도체구에 그 반경이 큰 구의 $\dfrac{1}{2}$인 작은 도체구를 접촉했다가 떼면, 작은 도체구가 얻는 전하[C]는 얼마로 되는가?

① 0.01[C]   ② 0.05[C]

③ 0.1[C]   ④ 0.2[C]

해설 도체구를 접촉한 후의 A도체의 전하량(Q_1), 도체구를 접촉한 후의 B도체의 전하량(Q_2), 도체구 접촉 전에 A도체의 전하량(Q)

∴전체전하량(총전하량) Q=Q_1+Q_2

두 도체구를 접속하면 전위는 서로 같다.

$$V = \frac{Q_1}{4\pi\epsilon_0 r_1} = \frac{Q_2}{4\pi\epsilon_0 r_2},$$

$$\therefore Q_2 = \frac{r_2}{r_1}Q_1 = \frac{r_2}{r_1}(Q-Q_2) = \frac{1}{2}(Q-Q_2)$$

$$= 0.05 \ [C]$$

정답 09 ② 10 ③ 11 ②

12 인덕턴스의 단위와 같지 않은 것은?(여기서, [Wb] : 자속의 단위, [A] : 전류의 단위, [V] : 전압의 단위, [J] : 에너지의 단위, [s] : 시간의 단위이다.)

① $\left[\dfrac{J}{A} \cdot \dfrac{1}{s}\right]$　　② $\left[\dfrac{V}{A} \cdot s\right]$

③ $\left[\dfrac{Wb}{A}\right]$　　④ $\left[\dfrac{J}{A^2}\right]$

해설 $e = -L\dfrac{di}{dt} = -N\dfrac{d\phi}{dt}$

$V = H\dfrac{A}{s} = \dfrac{Wb}{s}$

$\therefore H = \dfrac{Wb}{A} = \dfrac{V}{A}s = \dfrac{VAs}{A^2} = \dfrac{J}{A^2}$

13 공기 중에 놓인 지름 1[m]의 구도체에 줄수 있는 최대전하는 몇 [C]인가?(단, 공기의 절연내력은 3000[kV/m]이다.)

① 1.67×10^{-5}　　② 2.65×10^{-5}

③ 3.33×10^{-5}　　④ 8.33×10^{-5}

해설 $E = \dfrac{Q}{4\pi\epsilon_0 r^2} = 9 \times 10^9 \dfrac{Q}{r^2}[V/m]$

$\therefore Q = \dfrac{E r^2}{9 \times 10^9} = \dfrac{3000 \times 10^3 \times 0.5^2}{9 \times 10^9}$

$= 8.33 \times 10^{-5}[C]$

14 매질 1은 나일론 (비유전율 ϵ_s=4)이고, 매질 2는 진공일 때 전속밀도 D가 경계면에서 각각 θ_1, θ_2의 각을 이룰 때 θ_2=30°라 하면 θ_1의 값은?

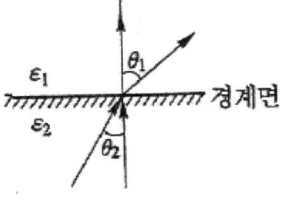

① $\tan^{-1}\dfrac{4}{\sqrt{3}}$　　② $\tan^{-1}\dfrac{\sqrt{3}}{4}$

③ $\tan^{-1}\dfrac{\sqrt{3}}{2}$　　④ $\tan^{-1}\dfrac{2}{\sqrt{3}}$

해설 유전체 경계면의 경계조건

• 전계(E)의 접선(수평)성분은 경계면에 대해서 양측에서 서로 같다.

$E_1\sin\theta_1 = E_2\sin\theta_2$

• 전속밀도(D)의 법선(수직)성분은 경계면에 대해서 양측에서 서로 같다.

$D_1\cos\theta_1 = D_2\cos\theta_2$

$D_1 = \epsilon_1 E_1$, $D_2 = \epsilon_2 E_2$

$\dfrac{\tan\theta_1}{\tan\theta_2} = \dfrac{4}{1}$ 에서 , $\tan\theta_1 = \dfrac{4}{\sqrt{3}}$

$\therefore \theta = \tan^{-1}\dfrac{4}{\sqrt{3}}$

15 물질의 자화 현상은?

① 전자의 자전　　② 전자의 공전

③ 전자의 이동　　④ 분자의 이동

해설 물질의 자화현상은 원자 내의 핵과 전자의 운동으로 인한 미소전류, 즉 핵 주위에 회전하는 전자의 궤도 운동과 궤도 전자 및 핵의 자전운동이다.

16 공기 중의 두 점전하 사이에 작용하는 힘이 5[N]이었다. 두 전하 간에 유전체를 넣었더니 힘이 2[N]으로 되었다면 유전체의 비유전율 [F/m]은 얼마인가?

① 1　　② 2.5

③ 5　　④ 7.5

해설 쿨롱의 법칙(F)$= \dfrac{Q_1 Q_2}{4\pi\epsilon r^2}[N] \propto \dfrac{1}{\epsilon}$

$F_1 : F_2 = \dfrac{1}{\epsilon_1} : \dfrac{1}{\epsilon_2}$ 에서, $F_1 : F_2 = \epsilon_2 : \epsilon_1$

$5 : 2 = \epsilon_2 : \epsilon_0$, $\epsilon_2 = \dfrac{5}{2}\epsilon_0$

$\epsilon_2 = \epsilon_0\epsilon_s = \dfrac{5}{2}\epsilon_0$ 에서, $\therefore \epsilon_s = 2.5[F/m]$

정답 **12** ①　**13** ④　**14** ①　**15** ①　**16** ②

17 전계 $e = \sqrt{2}\, E_e \sin\omega\left(t - \dfrac{x}{c}\right)$ [V/m]의 평면 전자파가 있다. 진공 중에서 자계의 실효값은 몇 [A/m]은?

① $0.707 \times 10^{-3} E_e$ ② $1.44 \times 10^{-3} E_e$

③ $2.65 \times 10^{-3} E_e$ ④ $5.37 \times 10^{-3} E_e$

[해설] 진공 중에서

$$\frac{E_e}{H_e} = \sqrt{\frac{\mu_0}{\epsilon_0}} = \sqrt{\frac{4\pi \times 10^{-7}}{8.855 \times 10^{-12}}} = 377\,[\Omega]$$

$$\therefore H_e = \frac{1}{377} \times E_e = 2.65 \times 10^{-3} E_e \,[A/m]$$

18 자장 $B = 3a_x - 5a_y - 6a_z\,[Wb/m^2]$ 내에서 점전하 0.3[C]이 속도 $v = 4a_x - 2a_y - 3a_z$[m/s]로 움직일 때 이 점전하에 작용하는 힘의 크기는 몇 [N]이 되는가?

① 6.22[N] ② 7.22[N]

③ 8.22[N] ④ 9.22[N]

[해설] $F = (v \times B)q$

$$v \times B = \begin{vmatrix} a_x & a_y & a_z \\ 4 & -2 & -3 \\ 3 & -5 & -6 \end{vmatrix} = -3a_x + 15a_y - 14a_z$$

$F = 0.3(-3a_x + 15a_y - 14a_z)$

$\therefore$ 힘의 크기(F)=

$0.3 \times \sqrt{3^2 + 15^2 + 14^2} = 6.22\,[N]$

19 자기 모멘트 9.8×10^{-5}[Wb·m]의 막대자석을 지구자계의 수평 성분 12.5[AT/m]의 곳에서 지자기 자오면으로부터 90°회전시키는데 필요한 일은 몇 [J]인가?

① 1.23×10^{-3} ② 1.03×10^{-5}

③ 9.23×10^{-3} ④ 9.03×10^{-5}

[해설] 지구 자계가 막대자석을 각 θ만큼 회전시키는데 필요한 일(W)은,

$$W = \int_0^\theta T d\theta = \int_0^\theta MH\sin\theta\, d\theta$$

$$= MH(1 - \cos\theta)$$

$$= 9.8 \times 10^{-5} \times 12.5\,(1 - \cos 90°)$$

(회전력(T)$= MH\sin\theta$)$= 1.23 \times 10^{-3}\,[J]$

20 공극(air gap)이 δ[m]인 강자성체로 된 환상 영구 자석에서 성립하는 식은?(단, l[m]은 영구자석의 길이이며 $l \gg \delta$이고, 자속밀도와 자계의 세기를 각각 B[Wb/m²], H[AT/m]라 한다.)

① $\dfrac{B}{H} = -\dfrac{l\mu_0}{\delta}$ ② $\dfrac{B}{H} = -\dfrac{\delta\mu_0}{l}$

③ $\dfrac{H}{B} = -\dfrac{l\mu_0}{\delta}$ ④ $\dfrac{H}{B} = \dfrac{\delta\mu_0}{l}$

[해설] $F = 0 = \dfrac{B}{\mu_0}\delta + Hl$

$$\therefore \frac{B}{H} = -\frac{\mu_0 l}{\delta}$$

(단, 영구자석의 외부 기자력(F)=0이다.)

제2과목 : 전력공학

21 배전용 변전소의 주변압기로 주로 사용되는 것은?

① 단권 변압기 ② 3권선 변압기

③ 체강 변압기 ④ 체승 변압기

[해설]
• 배전변전소의 주변압기 : 체강변압기
• 송전변전소 : 체승변압기

22 최소 동작전류값 이상이면 일정한 시간에 동작하는 한시 특성을 갖는 계전기는?

① 정한시 계전기

② 반한시 계전기

[정답] **17** ③ **18** ① **19** ① **20** ① **21** ③ **22** ①

③ 순한시 계전기

④ 반한시성 정한시 계전기

해설

• 순한시 특성 : 최소 동작 전류 이상의 전류가 흐르면 즉시 동작하는 특성

• 반한시 특성 : 동작 전류가 커질수록 동작 시간이 짧게 되는 특성

• 정한시 특성 : 최소 동작전류값 이상이면 동작 전류의 크기에 관계없이 일정한 시간에 동작하는 특성

• 반한시 정한시 특성 : 동작전류가 적은 동안에는 동작 전류가 커질수록 동작 시간이 짧게 되고 어떤 전류 이상이면 동작 전류의 크기에 관계없이 일정한 시간에 동작하는 특성

23 500[kVA]의 단상 변압기 상용 3대(결선 Δ
—Δ), 예비 1대를 갖는 변전소가 있다. 부하의 증가로 인하여 예비 변압기까지 동원해서 사용한다면 응할 수 있는 최대 부하[kVA]는?

① 약 2000[kVA] ② 약 1730[kVA]

③ 약 1500[kVA] ④ 약 830[kVA]

해설 V결선으로 2뱅크(4대)

$P_V = \sqrt{3}\,P_a \times 2뱅크 = \sqrt{3} \times 500 \times 2$
$= 1732\,[kVA]$

24 각각 다른 2개의 전력계통을 연락선(Tie line)을 통하여 상호 연계하면 여러 가지 장점이 있는데, 계통 운용상 이득이 아닌 것은?

① 전력의 융통으로 설비용량이 저감된다.

② 배후 전력이 커져 단락전류가 감소한다.

③ 경제적인 발전력 배분이 가능하다.

④ 안정된 주파수 유지가 가능하다.

해설 전력계통을 상호연계할 때 장 · 단점

㉠ 장점

• 계통 전체로서는 신뢰도가 증가된다.

• 전력의 융통으로 설비용량의 절감

• 건설비 및 운전경비를 절감되므로 경제급전이 용이

• 부하 변동의 영향이 작아져서 안정된 주파수 유지

㉡ 단점

• 연계설비를 신설

• 사고시 타계통으로 고장이 파급 확대

• 병렬 회로수가 많아짐으로써, 단락전류의 증가로 통신선의 전자유도장해가 커짐

25 그림과 같은 수전단 전력원선도에서 직선 OL은 지상 역률 $\cos\theta$인 부하직선을 나타낸다. 다음 설명 중 옳지 않은 것은?(단, C점은 원선도의 중심점이다.)

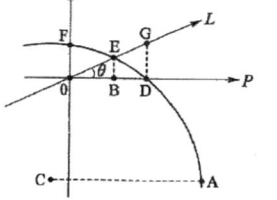

① A점은 이론상의 극한 수전 전력을 표시한다.

② B점은 부하역률이 1일 때의 수전전력을 표시한다.

③ G점은 전압조정을 위하여 진상 무효전력이 필요하다.

④ F점은 전력이 0이므로 역률조정이 필요 없다.

해설 무부하 상태에서 일정 전압을 유지할려면 OF에 해당하는 지상무효전력을 공급하여야 하며, 정전압 송 · 수전 방식에서의 운전점은 항상 원선도의 원주상에 존재한다.

26 일반 회로정수가 A, B, C, D이고 송전단 상 전압이 E_s인 경우 무부하시 송전단의 충전 전류(송전단 전류)는?

정답 **23** ② **24** ② **25** ④ **26** ④

① CE_s 　　　　② ACE_s

③ $\dfrac{A}{C}E_s$ 　　　　④ $\dfrac{C}{A}E_s$

해설 $E_s = AE_r + BI_r,\ I_s = CE_r + DI_r$

무부하시($I_r=0$), $E_s = AE_r,\ E_r = \dfrac{E_s}{A}$

∴무부하 충전전류 : $I_{s0} = CE_r = \dfrac{C}{A}E_s$

27 3상 동기발전기 단자에서의 고장 전류 계산 시 영상전류 I_0, 정상전류 I_1 및 역상전류 I_2가 같은 경우는?

① 1선 지락 고장　　② 2선 지락 고장

③ 선간 단락 고장　　④ 3상 단락 고장

해설 고장별 대칭분 및 전류상태
• 1선 지락사고 : 영상분, 정상분, 역상분이 존재
　($I_0 = I_1 = I_2 \neq 0$)
• 선간 단락사고 : 한 선에는 정상분, 다른 한 선에는 역상분이 존재($I_0 = 0,\ I_1 = -I_2 \neq 0$)
• 3상 단락사고 : 정상분만 존재
　($I_1 \neq 0,\ I_0 = I_2 = 0$)

28 어떤 공장의 수용설비 용량이 1800[kW], 수용률은 55[%] 평균 부하역률은 90[%]라 한다. 이 공장의 수전설비는 몇 [kVA]로 하면 되는가?

① 900[kVA]　　　② 990[kVA]

③ 1100[kVA]　　　④ 1800[kVA]

해설 수전설비용량[kVA]
$$= \frac{\text{수용률} \times \text{설비용량}}{\text{부등률} \times \text{역률}} = \frac{0.55 \times 1800}{0.9}$$
$$= 1100\ [kVA]$$

29 송전선로에서 가공지선을 설치하는 목적이 아닌 것은?

① 뇌(雷)의 직격을 받을 경우 송전선 보호

② 유도에 의한 송전선의 고전위 방지

③ 통신선에 대한 차폐효과 증진

④ 철탑의 접지저항 경감

해설 매설지선 : 철탑의 접지저항을 경감시키기 위해서 설치(역섬락 방지)

30 송전선로에 매설지선을 설치하는 목적으로 알맞은 것은?

① 직격뢰로부터 송전선을 차폐보호하기 위하여

② 철탑 기초의 강도를 보강하기 위하여

③ 현수애자 1연의 전압 분담을 균일화하기 위하여

④ 철탑으로부터 송전선로로의 역섬락을 방지하기 위하여

31 그림과 같은 단거리 배전선로의 송전단 전압 및 역률은 각각 6600[V], 0.9이고 수전단 전압 및 역률이 각각 6100[V], 0.8일 때 회로에 흐르는 전류 I[A]는?(단, r=10[Ω], x=20[Ω]이라고 한다.)

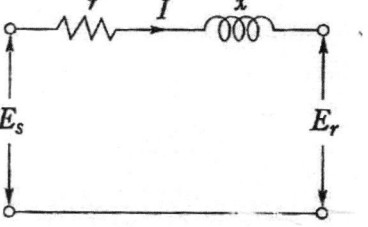

① 96[A]　　　　② 106[A]

③ 120[A]　　　　④ 126[A]

해설
• 송전단 전력 : $P_s = V_s I \cos\theta_s\ [W]$,
• 수전단 전력 : $P_r = V_r I \cos\theta_r\ [W]$

정답 27 ① 　28 ③ 　29 ④ 　30 ④ 　31 ②

∴ 전력 손실 :

$$P_l = P_s - P_r = I(V_s\cos\theta_s - V_r\cos\theta_r) = I^2 r\,[W]$$

$$I = \frac{V_s\cos\theta_s - V_r\cos\theta_r}{r} = \frac{6600\times0.9 - 6100\times0.8}{10}$$

$$= 106\,[V]$$

32 수전용 변전설비의 1차측 차단기의 용량은 주로 어느 것에 의해서 정해지는가?

① 수전계약 용량
② 부하설비의 용량
③ 공급측 전원의 단락용량
④ 수전전력의 역률과 부하율

해설 1차측 차단기의 용량은 그 점에 있어서의 단락 용량에 의해서 결정한다.
(차단기의 차단용량 〉 단락용량)

33 계통의 안정도 증진대책이 아닌 것은?

① 발전기나 변압기의 리액턴스를 작게 한다.
② 선로의 회선수를 감소시킨다.
③ 중간 조상 방식을 채용한다.
④ 고속도 재폐로 방식을 채용한다.

해설 전력계통의 안정도 향상 대책
• 계통의 직렬리액턴스를 적게 한다.
• 속응여자방식을 채용
• 고장(지락)전류를 줄이고, 고장 구간을 신속하게 차단
• 중간조상방식을 채용
• 고장시 발전기 입·출력의 불평형을 작게

34 송전전력, 송전거리, 전선로의 전력손실이 일정하고 같은 재료의 전선을 사용한 경우 단상 2선식에 대한 3상 3선식의 1선당의 전력비는 얼마인가?

① 0.7
② 1.0
③ 1.15
④ 1.33

해설 $\dfrac{P_3}{P_1} = \dfrac{\dfrac{\sqrt{3}\,VI\cos\theta}{3}}{\dfrac{VI\cos\theta}{2}} = \dfrac{2}{\sqrt{3}} = 1.15$

35 부하전력 및 역률이 같을 때 전압을 n배 승압하면 ㉠ 전압 강하와 ㉡ 전력손실은 각각 어떻게 되는가?

① ㉠ $\dfrac{1}{n}$, ㉡ $\dfrac{1}{n^2}$ ② ㉠ $\dfrac{1}{n^2}$, ㉡ $\dfrac{1}{n}$

③ ㉠ $\dfrac{1}{n}$, ㉡ $\dfrac{1}{n}$ ④ ㉠ $\dfrac{1}{n^2}$, ㉡ $\dfrac{1}{n^2}$

해설
• 전압강하[V]
$$e = IR\,[V]$$
전압을 n배 승압하면, 전류는 $\dfrac{1}{n}$ 배로 감소
$$\therefore e' = \frac{1}{n}IR = \frac{1}{n}\,e$$
• 전력손실
$$P_l = \frac{P^2 R}{V^2\cos^2\theta}$$
$$\therefore P_l' = \frac{P^2 R}{(nV)^2\cos^2\theta} = \frac{1}{n^2}\frac{P^2 R}{V^2\cos^2\theta} = \frac{1}{n^2}\,P_l$$

36 송전선에 직렬 콘덴서를 설치하는 경우 많은 이점이 있는 반면, 이상 현상도 일어날 수 있다. 직렬 콘덴서를 설치하였을 때 타당하지 않은 것은?

① 선로 중에서 일어나는 전압 강하는 감소시킨다.
② 송전전력의 증가를 꾀할 수 있다.
③ 부하역률이 좋을수록 설치효과가 크다.
④ 단락사고가 발생하는 경우 직렬 공진을 일으킬 우려가 있다.

정답 **32** ③ **33** ② **34** ③ **35** ① **36** ③

해설 직렬콘덴서를 설치하는 경우의 장·단점

㉠ 장점
- 유도리액턴스를 보상하고 전압강하를 감소
- 최대송전전력이 증대하고, 정태안정도가 증대
- 수전단의 전압변동률을 경감
- 부하 역률이 나쁠수록 설치효과가 크다.
- 용량이 작아서 설비비가 저렴

㉡ 단점
- 단락시 콘덴서 양단에 고전압이 걸린다.
- 무부하 변압기에 직렬 콘덴서를 투입하는 경우에는 선로 전류가 증대
- 고압 배전선에 설치하는 경우에 자기여자 현상이 발생
- 과보상이 되면 동기기에 난조가 생겨서 동기탈조

37 전선의 굵기가 동일하고 완전히 연가되어 있는 3상 1회선 송전선의 대지정전용량을 옳게 나타낸 것은?(단, r[m] : 도체의 반지름, D[m] : 도체의 등가선간거리, h[m] : 도체의 평균 지상 높이이다.)

① $\dfrac{0.02413}{\log_{10}\dfrac{8\,h^3}{r\,D^2}}$ ② $\dfrac{0.2413}{\log_{10}\dfrac{8\,h^3}{r\,D^2}}$

③ $\dfrac{0.02413}{\log_{10}\dfrac{4\,h^3}{r\,D^2}}$ ④ $\dfrac{0.2413}{\log_{10}\dfrac{4\,h^3}{r\,D^2}}$

해설 1상 1회선 : $C_s = \dfrac{0.02413}{\log_{10}\dfrac{4\,h^2}{rD}}\;[\mu F/km]$

38 전력선 a의 충전 전압을 E, 통신선 b의 대지 정전 용량을 C_b, a–b 사이의 상호 정전 용량을 C_{ab}라고 하면 통신선 b의 정전 유도 전압 E_s는?

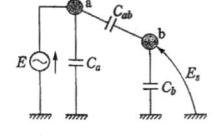

① $\dfrac{C_{ab}+C_b}{C_b}E$ ② $\dfrac{C_{ab}+C_b}{C_{ab}}E$

③ $\dfrac{C_b}{C_{ab}+C_b}E$ ④ $\dfrac{C_{ab}}{C_{ab}+C_b}E$

해설

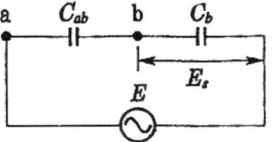

$$E_s = \frac{C_{ab}}{C_{ab}+C_b}E$$

39 기력발전소의 열사이클 중 가장 기본적인 것으로 두 개의 등압변화와 두 개의 단열변화로 되는 열사이클은?

① 재생 사이클   ② 랭킨 사이클
③ 재열 사이클   ④ 재생재열사이클

해설 랭킨사이클의 취하는 급수 및 증기의 순환 과정 (두개의 등압변화와 두 개의 단열변화)
보일러(등압가열) → 터빈(단열팽창) → 복수기(등압냉각) → 급수펌프(단열압축)

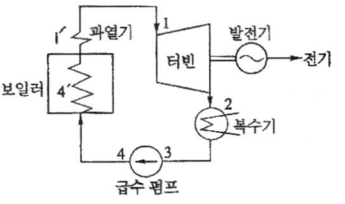

40 유효낙차 150[m], 출력 20,000[kW], 회전수 375[rpm]인 수차의 특유속도는 약 몇 [rpm]인가?

① 100[rpm]   ② 150[rpm]
③ 200[rpm]   ④ 250[rpm]

정답 37 ①   38 ④   39 ②   40 ①

해설 특유속도 :

$$N_s = \frac{P^{\frac{1}{2}}}{H^{\frac{5}{4}}} N = \frac{20000^{\frac{1}{2}}}{150^{\frac{5}{4}}} \times 375 = 101.03 \, [rpm]$$

제3과목 : 전기기기

41 3상 유도전동기의 특성에서 비례추이 하지 않는 것은?

① 출력 ② 1차 전류
③ 역률 ④ 2차 전류

해설

• 비례추이 하지 않는 것 : 출력, 효율, 2차 동손
• 비례추이 할 수 있는 것 : 1차 전류, 2차 전류, 동기 와트, 역률

42 권수가 같은 2대의 단상 변압기로 3상 전압을 2상으로 변압하기 위하여 스코트 결선을 할 때 T좌 변압기의 권수는 전권수의 어느 점에서 택해야 하는가?

① $\frac{1}{\sqrt{2}}$ ② $\frac{1}{\sqrt{3}}$
③ $\frac{\sqrt{3}}{2}$ ④ $\frac{2}{\sqrt{3}}$

해설 T좌 변압기는 1차 전선이 주좌 변압기와 같다면 $\frac{\sqrt{3}}{2}$ 지점에서 인출한다.

a_M : 주좌 변압기의 권수비, a_T : T좌 변압기의 권수비

$$\therefore a_T = \frac{\sqrt{3}}{2} a_M$$

43 3상 유도 전동기의 회전방향은 이 전동기에서 발생되는 회전 자계의 회전 방향과 어떤 관계가 있는가?

① 아무 관계도 없다.
② 회전 자계의 회전 방향으로 회전한다.
③ 회전 자계의 반대 방향으로 회전한다.
④ 부하 조건에 따라 정해진다.

해설 3상 유도 전동기에 3상 교류 전압을 인가하면, 회전자는 회전 자계 방향으로 회전한다(자계발생이 없다면 회전력은 생기지 않는다).

44 변압기 2대를 사용하여 V결선으로 3상 변압하는 경우 변압기 이용률은 얼마인가?

① 47.6[%] ② 57.8[%]
③ 66.6[%] ④ 86.6[%]

해설

• 출력비
$$= \frac{P_V}{P_3} = \frac{\sqrt{3} \, P_1}{3 \, P_1} = \frac{1}{\sqrt{3}} = 0.577 = 57.7 \, [\%]$$

• 이용률
$$= \frac{V결선시 출력}{2대의 정격용량} = \frac{\sqrt{3} \, P_1}{2P_1} = \frac{\sqrt{3}}{2} = 0.866$$
$$= 86.6 \, [\%]$$

45 직류발전기를 병렬운전 할 때 균압모선이 필요한 직류기는?

① 직권발전기, 분권발전기
② 직권발전기, 복권발전기
③ 복권발전기, 분권발전기
④ 분권발전기, 단극발전기

해설 균압모선 : 직류발전기를 안정하게 병렬 운전하기 위해서 설치

• 균압모선이 필요한 직류발전기 : 직권발전기, 복권발전기(평복권, 과복권)
• 균압모선이 필요없는 직류발전기 : 분권발전기, 차동복권발전기, 부족복권발전기

정답 41 ① 42 ③ 43 ② 44 ④ 45 ②

46 3상 유도 전동기에서 2차측 저항을 2배로 하면 그 최대 토크는 몇 배로 되는가?

① $\dfrac{1}{2}$ ② $\sqrt{2}$ 배

③ 2배 ④ 불변

해설 최대토크$(T_m) \propto \dfrac{V^2}{2x^2}$, 최대토크를 발생하는

슬립$(s_m) \fallingdotseq \pm \dfrac{r_2}{x_2}$

그러므로 최대토크는 2차 저항에는 관계없고, 최대토크를 발생하는 슬립은 2차 저항에 비례

47 어떤 수차용 교류 발전기의 단락비가 1.2이다. 이 발전기의 %동기임피던스는?

① 0.12 ② 0.25

③ 0.52 ④ 0.83

해설 단락비$(K_s)=\dfrac{1}{\%Z}$, $\%Z=\dfrac{1}{K_s}=\dfrac{1}{1.2}=0.83$

48 Y결선한 변압기의 2차측에 다이오드 6개로 3상 전파의 정류회로를 구성하고 저항R을 걸었을 때의 3상 전파직류전류의 평균치 I[A]는?(단, E는 교류측의 선간전압이다.)

① $\dfrac{6\sqrt{2}}{2\pi}\dfrac{E}{R}$ ② $\dfrac{3\sqrt{6}}{2\pi}\dfrac{E}{R}$

③ $\dfrac{3\sqrt{6}}{\pi}\dfrac{E}{R}$ ④ $\dfrac{6\sqrt{2}}{\pi}\dfrac{E}{R}$

해설
• 3상 전파 정류의 평균값(E_{do})

$=\dfrac{3\sqrt{6}}{2\pi}\times\dfrac{V_l}{\sqrt{3}}\times 2=\dfrac{3\sqrt{2}}{\pi}V_l$

• 3상 반파 정류의 평균값$(E_{do})=\dfrac{3\sqrt{6}}{2\pi}\times V_P$

∴3상 전파 직류 전류의 평균치(I_{do})

$=\dfrac{E_{do}}{R}=\dfrac{6\sqrt{2}}{2\pi}\dfrac{E}{R}\,[A]$

단, V_P : 상전압, V_l : 선간전압($V_l=E$)

49 전동기 기동시 1차 각상의 권선에 정격전압의 $1/\sqrt{3}$ 전압이 가해지고, 기동 전류는 전 전압 기동을 한 경우보다 1/3이 되는 기동법은?

① 전전압 기동법 ② Y—△ 기동법

③ 기동보상기법 ④ 기동저항기 기동법

해설
• Y결선 : $I_Y=\dfrac{V/\sqrt{3}}{Z}\,[A]$

• △결선 : $I_\Delta=\dfrac{\sqrt{3}\,V}{Z}\,[A]$

$\dfrac{I_Y}{I_\Delta}=\dfrac{\dfrac{V/\sqrt{3}}{Z}}{\dfrac{\sqrt{3}\,V}{Z}}=\dfrac{1}{3}$

Y—△ 기동법은 정격전압을 $\dfrac{1}{\sqrt{3}}$ 배, 권선 내의 전류는 $\dfrac{1}{3}$ 이 되어서 기동한다.

50 권선형 유도전동기의 전부하 운전시 슬립이 4[%]이고 2차 정격전압이 150[V]이면 2차 유도기전력은 몇 [V]인가?

① 9 ② 8

③ 7 ④ 6

해설 $E_{2s}=s\,E_2=0.04\times 150=6\,[V]$

E_2 : 전동기 정지시 2차 유도 기전력,

E_{2s} : 슬립 s로 회전시 2차 유도 기전력

51 단자 전압 220[V]에서 전기자 전류 30[A]가 흐르는 직권 전동기의 회전수는 500[rpm]이다. 전기자 전류 20[A]일 때의 회전수는 약 몇 [rpm]인가?(단, 전기자 저항과 계자권선의 저항의 합은 0.8[Ω]이고 자기 포화와 전기자 반작용은 무시한다.)

정답 **46** ④ **47** ④ **48** ① **49** ② **50** ④ **51** ④

① 620   ② 680

③ 720   ④ 780

해설 자기포화가 없는 경우의 직권전동기에서는

$E_c = k\phi n = kI_a n$

$k = \dfrac{E_{c1}}{I_{a1}\,n_1} = \dfrac{196}{30 \times 500} = 0.013$

$\therefore n_2 = \dfrac{E_{c2}}{k\,I_{a2}} = \dfrac{204}{0.013 \times 20} = 784.62\,[rpm]$

역기전력$(E_c) = V - I_a(R_a + R_s)$

$E_{c1} = 220 - 30 \times 0.8 = 196\,[V]$

$E_{c2} = 220 - 20 \times 0.8 = 204\,[V]$

---

52 다음 중 권선형 유도 전동기의 기동법은 어느 것인가?

① 분상기동법   ② 2차 저항기동법

③ 콘덴서기동법   ④ 반발 기동법

해설 비례추이의 특성을 이용(2차 저항기동법)하여 속도-토크 특성을 변화시켜 가면서 기동하는 방식

---

53 1차 전압 2200[V], 무부하 전류 0.088[A]인 변압기의 철손이 110[W]이었다. 자화 전류는 약 몇 [A]인가?

① 0.055[A]   ② 0.038[A]

③ 0.072[A]   ④ 0.088[A]

해설 무부하전류 :

$I_0 = \sqrt{I_\phi^2 + I_i^2}$ 에서,

자화전류$(I_\phi) = \sqrt{0.088^2 - 0.05^2} = 0.072\,[A]$

철손전류 : $I_i = \dfrac{P_i}{V_1} = \dfrac{110}{2200} = 0.05\,[A]$

---

54 단상 직권 정류자 전동기에 있어서의 보상 권선의 효과로 틀린 것은?

① 전동기의 역률을 개선하기 위한 것이다.

② 전기자(電機子) 기자력을 상쇄시킨다.

③ 누설(Leakage) 리액턴스가 적어진다.

④ 제동효과가 있다.

해설 보상권선은 전기자 반작용을 상쇄하기 위해서 설치하는 것이고(전기자 기자력을 없애도록 한 것), 제동효과와는 상관없다.

---

55 동기 발전기 단절권의 특징이 아닌 것은?

① 고조파를 제거해서 기전력의 파형이 좋아진다.

② 코일 단이 짧게 되므로 재료가 절약된다.

③ 전절권에 비해 합성 유기 기전력이 증가한다.

④ 코일 간격이 극 간격보다 작다.

해설 코일변이 전기각 $180°$의 슬롯에 감긴 것을 전절권, 자극 피치보다 적게 감긴 것을 단절권이라 한다. 전절권에 비해서 합성 유기 기전력이 감소한다.

장점

• 고조파를 제거하여 기전력의 파형을 좋게 한다.

• 코일 끝 부분의 길이가 단축되어 기계 전체의 길이는 축소된다.

• 구리의 양은 적게 든다.

---

56 동기발전기의 회전자 둘레를 2배로 하면 회전자 주변속도는 몇 배가 되는가?

① 1   ② 2

③ 4   ④ 8

해설 회전자 주변속도 $(v) = \pi D n_s\,[m/s] \propto \pi D$ 에서, 회전자 둘레(πD)를 2배로 하면, 회전자의 주변 속도도 2배가 된다.

---

57 실리콘 정류 소자(SCR)와 관계없는 것은?

① 교류 부하에서만 제어가 가능하다.

② 아크가 생기지 않으므로 열의 발생이 적다.

③ 턴온(TURN ON) 시키기 위해서 필요한 최소의 순전류를 래칭(Latching)전류라 한다.

④ 게이트 신호를 인가할 때부터 도통할 때까지의 시간이 짧다.

정답   52 ②   53 ③   54 ④   55 ③   56 ②   57 ①

해설 SCR : 교류, 직류 부하에 제어하는 데만 사용 (가변 직류 전압을 얻기 위해서는 컨버터 및 직류초퍼 회로)

58 다음 중 DC 서보모터의 제어 기능에 속하지 않는 것은?

① 역률제어 기능 ② 전류제어 기능
③ 속도제어 기능 ④ 위치제어 기능

해설 직류(DC)에는 보통 역률제어라는 개념이 없다.

59 돌극(突極)형 동기발전기의 특성이 아닌 것은?

① 직축 리액턴스 및 횡축 리액턴스의 값이 다르다.
② 내부 유기 기전력과 관계없는 토크가 존재한다.
③ 최대출력의 출력각이 90°이다.
④ 리액션 토크가 존재한다.

해설
• 비돌극기의 최대출력의 출력각 : 90°
• 돌극기의 최대출력의 출력각 : 60° 전후

60 200[kVA]의 단상 변압기가 있다. 철손 1.6[kW], 전 부하 동손 3.2[kW]이다. 이 변압기의 최고 효율은 어느 정도의 전부하에서 생기는가?

① $\frac{1}{2}$ ② $\frac{1}{4}$
③ $\frac{1}{\sqrt{2}}$ ④ 1

해설 변압기의 최고효율 조건 : $P_i = m^2 P_c$

$$\therefore m = \sqrt{\frac{P_i}{P_c}} = \sqrt{\frac{1.6}{3.2}} = \frac{1}{\sqrt{2}}$$

제4과목 : 회로이론 및 제어공학

61 어떤 함수 $f(t)$를 비정현파의 푸리에 급수에 의한 전개를 옳게 나타낸 것은?

① $\sum_{n=1}^{\infty} a_n \sin n\omega t + \sum_{n=1}^{\infty} b_n \sin n\omega t$

② $\sum_{n=1}^{\infty} a_n \sin n\omega t + \sum_{n=1}^{\infty} b_n \cos n\omega t$

③ $a_0 + \sum_{n=1}^{\infty} a_n \cos n\omega t + \sum_{n=1}^{\infty} b_n \cos n\omega t$

④ $a_0 + \sum_{n=1}^{\infty} a_n \cos n\omega t + \sum_{n=1}^{\infty} b_n \sin n\omega t$

해설 푸리에 급수에 의한 전개(비정현파=직류분+기본파+여러 개의 고조파)

$$f(t) = a_0 + \sum_{n=1}^{\infty} a_n \cos n\omega t + \sum_{n=1}^{\infty} b_n \sin n\omega t$$

62 내부 임피던스가 $0.3 + j2\,[\Omega]$인 발전기에 임피던스가 $1.7 + j3\,[\Omega]$인 선로를 연결하여 부하에 전력을 공급한다. 부하 임피던스가 몇 [Ω]일 때 최대 전력이 전달되겠는가?

① $2\,[\Omega]$ ② $2 - j5\,[\Omega]$
③ $\sqrt{29}\,[\Omega]$ ④ $2 + j5\,[\Omega]$

해설 최대전력 전달 조건, 부하임피던스(Z_L)=내부 임피던스($\overline{Z_i}$)
내부임피던스 :
$Z_i = 0.3 + j2 + 1.7 + j3 = 2 + j5\,[\Omega]$
$\therefore$부하임피던스 : $Z_L = \overline{Z_i} = 2 - j5\,[\Omega]$

63 그림의 회로에서 스위치 S를 닫을 때의 충전 전류 $i(t)$[A]는 얼마인가?(단, 콘덴서에 초기 충전전하는 없다.)

정답 58 ① 59 ③ 60 ③ 61 ④ 62 ② 63 ①

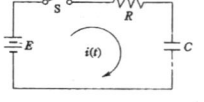

① $\dfrac{E}{R}e^{-\frac{1}{CR}t}$ ② $\dfrac{E}{R}e^{\frac{R}{C}t}$

③ $\dfrac{E}{R}e^{-\frac{C}{R}t}$ ④ $\dfrac{E}{R}e^{\frac{1}{CR}t}$

해설 스위치 S를 닫을 때 충전전류 $i(t)$는,

$E = Ri(t) + \dfrac{1}{C}\displaystyle\int i(t)\,dt$, $\mathcal{L}$ 변환하면,

$\dfrac{E}{s} = RI(s) + \dfrac{I(s)}{Cs} + \dfrac{i^{-1}(0)}{Cs}$ 에서 콘덴서의 초기

충전전하($i^{-1}(0)$)가 없다고 했으므로

$\dfrac{E}{s} = \left(R + \dfrac{1}{Cs}\right)I(s)$,

$I(s) = \dfrac{E}{s\left(R + \dfrac{1}{Cs}\right)} = \dfrac{E/R}{s + \dfrac{1}{RC}}$

$\therefore i(t) = \mathcal{L}^{-1}I(s) = \dfrac{E}{R}e^{-\frac{1}{RC}t}\,[A]$

64 무왜형(無歪形) 선로를 설명한 것 중 옳은 것은?

① 특성 임피던스가 주파수의 함수이다.

② 감쇠정수는 0이다.

③ LR=CG의 관계가 있다.

④ 위상속도 v는 주파수에 관계가 없다.

해설 위상(전파)속도 :

$v = \lambda f = \dfrac{2\pi}{\beta}f = \dfrac{\omega}{\beta} = \dfrac{1}{\sqrt{LC}}\,[m/s]$

그러므로 위상속도(v)는 주파수(f)에 관계가 없다.

65 그림과 같은 파형의 순시값은?

① $v = 100\sqrt{2}\sin\omega t$

② $v = 100\sqrt{2}\cos\omega t$

③ $v = 100\sin\left(\omega t + \dfrac{\pi}{6}\right)$

④ $v = 100\sin\left(\omega t - \dfrac{\pi}{6}\right)$

해설

$v = V_m\sin\omega t\,[V]$보다 위상은 $\dfrac{\pi}{6}$만큼 앞선다.

$\therefore v = 100\sin\left(\omega t + \dfrac{\pi}{6}\right)\,[V]$

66 스위치 S를 열었을 때 전류계의 지시는 10[A]였다. 스위치 S를 닫았을 때 전류계의 지시는 몇 [A]인가?

① 8[A]   ② 10[A]

③ 12[A]   ④ 15[A]

해설

• 스위치 S를 열었을 때

  $V = IR = 10\left(\dfrac{3\times 6}{3+6} + 4\right) = 60\,[V]$

• 스위치 S를 닫았을 때 전류계의 지시는

  $I' = \dfrac{V}{R'} = \dfrac{60}{\dfrac{3\times 6}{3+6} + \dfrac{4\times 12}{4+12}} = 12\,[A]$

정답   64 ④   65 ③   66 ③

67 그림과 같은 회로의 a, b 단자 간의 전압은?

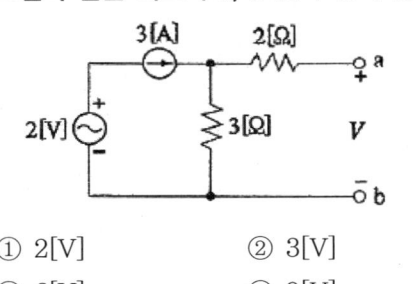

① 2[V]　　　　② 3[V]

③ 6[V]　　　　④ 9[V]

해설 그림에서 전압원 2[V]와 전류원 3[A]가 직렬접속이므로 전압원은 단락되고 전류원만 동작한다.

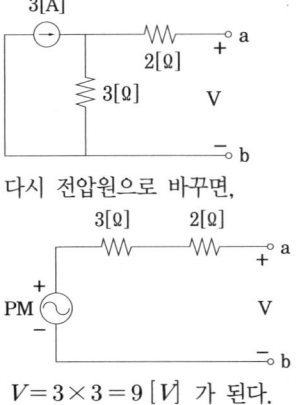

다시 전압원으로 바꾸면,

$V = 3 \times 3 = 9\,[V]$ 가 된다.

68 L형 4단자 회로망에서 4단자 상수가 $A = \dfrac{15}{4}$, $D=1$이고 영상 임피던스 $Z_{02} = \dfrac{12}{5}\,[\Omega]$일 때 영상 임피던스 Z_{01}은 몇 [Ω]인가?

① 8[Ω]　　　　② 9[Ω]

③ 10[Ω]　　　　④ 11[Ω]

해설 $Z_{01} \cdot Z_{02} = \dfrac{B}{C}$, $\quad \dfrac{Z_{01}}{Z_{02}} = \dfrac{A}{D}$

$\therefore Z_{01} = \dfrac{A}{D} Z_{02} = \dfrac{\frac{15}{4}}{1} \times \dfrac{12}{5} = 9\,[\Omega]$

69 2단자 임피던스 함수 $Z(s) = \dfrac{(s+1)(s+2)}{(s+3)(s+4)}$ 일 때 극점(pole)은?

① $-1, \ -2$　　　　② $-3, \ -4$

③ $-1, \ -2, \ -3, \ -4$　　④ $-1, \ -3$

해설
- 극점 : 분모=0일 때, s=−3, −4
- 영점 : 분자=0일 때, s=−1, −2

70 다음 함수의 역라플라스 변환은?

$$I(s) = \frac{2s+3}{(s+1)(s+2)}$$

① $e^{-t} + e^{-2t}$　　　　② $e^{-t} - e^{-2t}$

③ $e^{-t} - 2e^{-2t}$　　　　④ $e^{-t} + 2e^{-2t}$

해설

$I(s) = \dfrac{2s+3}{(s+1)(s+2)} = \dfrac{A}{s+1} + \dfrac{B}{s+2}$
$= \dfrac{1}{s+1} + \dfrac{1}{s+2}$

$A = \lim_{s \to -1} \dfrac{2s+3}{s+2} = 1$

$B = \lim_{s \to -2} \dfrac{2s+3}{s+1} = 1$

$\therefore i(t) = \mathcal{L}^{-1} I(s) = \mathcal{L}^{-1}\left(\dfrac{1}{s+1} + \dfrac{1}{s+2} \right)$
$= e^{-t} + e^{-2t}\,[A]$

71 다음의 신호선도를 메이슨의 공식을 이용하여 전달함수를 구하고자 한다. 이 신호선도에서 루프(Loop)는 몇 개인가?

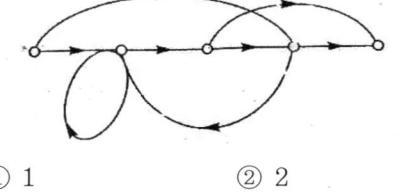

① 1　　　　② 2

③ 3　　　　④ 4

정답　**67** ④　　**68** ②　　**69** ②　　**70** ①　　**71** ②

72 $G(j\omega) = \dfrac{K}{j\omega(j\omega+1)}$ 의 나이퀴스트 선도는?

(단, K > 0이다.)

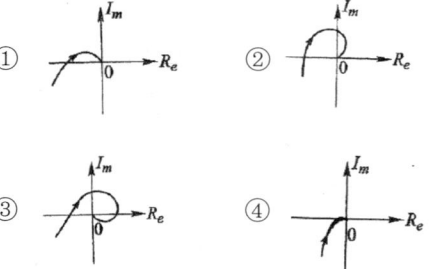

74 다음 논리회로의 출력은?

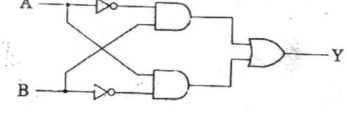

① $Y = A\,\overline{B} + \overline{A}\,B$　② $Y = \overline{A}\,\overline{B} + \overline{A}\,B$

③ $Y = A\,\overline{B} + \overline{A}\,\overline{B}$　④ $Y = \overline{A} + \overline{B}$

해설 $Y = \overline{A}B + A\overline{B} = A \oplus B$ (Exclusive OR회로)

75 그림과 같은 신호흐름 선도에서 전달함수 $\dfrac{C}{R}$는?

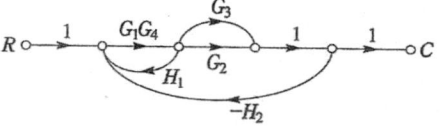

① $\dfrac{G_1 G_4 (G_2 + G_3)}{1 + G_1 G_4 H_1 + G_1 G_4 (G_2 + G_3) H_2}$

② $\dfrac{G_1 G_4 (G_2 + G_3)}{1 - G_1 G_4 H_1 + G_1 G_4 (G_2 + G_3) H_2}$

③ $\dfrac{G_1 G_2 + G_3 G_4}{1 + G_1 G_3 G_4 H_2 + G_1 G_2 H_1}$

④ $\dfrac{G_1 G_2 - G_3 G_4}{1 - G_1 G_2 H_1 + G_1 G_3 G_4 H_2}$

해설 $G(j\omega) = \dfrac{K}{j\omega(j\omega+1)}$ 의 나이키스트 선도를

표현하면

$\displaystyle\lim_{\omega \to 0} |G(j\omega)| = \lim_{\omega \to 0} \left| \dfrac{K}{j\omega(j\omega+1)} \right| = \lim_{\omega \to 0} \left| \dfrac{K}{j\omega} \right|$

$= \infty$

$\displaystyle\lim_{\omega \to 0} \angle\, G(j\omega) = \lim_{\omega \to 0} \angle\, \dfrac{K}{j\omega(j\omega+1)} = \lim_{\omega \to 0} \angle\, \dfrac{K}{j\omega}$

$= -90°$

$\displaystyle\lim_{\omega \to \infty} |G(j\omega)| = \lim_{\omega \to \infty} \left| \dfrac{K}{j\omega(j\omega+1)} \right| = \lim_{\omega \to \infty} \left| \dfrac{K}{(j\omega)^2} \right|$

$= 0$

$\displaystyle\lim_{\omega \to \infty} \angle\, G(j\omega) = \lim_{\omega \to \infty} \angle\, \dfrac{K}{j\omega(j\omega+1)} = \lim_{\omega \to \infty} \angle\, \dfrac{K}{(j\omega)^2}$

$= -180°$

73 다음 쌍곡선 함수의 라플라스 변환은?

$$f(t) = \sinh at$$

① $\dfrac{s}{s^2 - a}$　② $\dfrac{s}{s^2 + a}$

③ $\dfrac{a}{s^2 + a^2}$　④ $\dfrac{a}{s^2 - a^2}$

해설

• 쌍곡선 정현파 함수 : $\mathcal{L}\, \sinh at = \dfrac{a}{s^2 - a^2}$

• 쌍곡선 여현파 함수 : $\mathcal{L}\, \cosh at = \dfrac{s}{s^2 - a^2}$

해설 Mason의 정리

$G(s) = \dfrac{\displaystyle\sum_{k=1}^{\infty} G_k \triangle_k}{\triangle}$

$= \dfrac{G_1 G_2 G_4 + G_1 G_3 G_4}{1 - G_1 G_4 H_1 + G_1 G_2 G_4 H_2 + G_1 G_3 G_4 H_2}$

$= \dfrac{G_1 G_2 G_4 + G_1 G_3 G_4}{1 - G_1 G_4 H_1 + G_1 G_4 (G_2 + G_3) H_2}$

$\triangle = 1 - \sum l_1 + \sum l_2 - \sum l_3 + \cdots$

$\sum l_1 = G_1 G_4 H_1 - G_1 G_2 G_4 H_2 - G_1 G_3 G_4 H_2$

$K = 1,\ G_1 \triangle_1 = G_1 G_2 G_4$

$K = 2,\ G_2 \triangle_2 = G_1 G_3 G_4$

정답　**72** ④　**73** ④　**74** ①　**75** ②

456 • Part 2. 전기기사 기출문제

76 샘플러의 주기를 T라 할 때, s-평면상의 모든 점은 식 $z = e^{sT}$에 의하여 z-평면상에 사상된다. s-평면의 좌반평면상의 모든 점은 z-평면상 단위원의 어느 부분으로 사상되는가?

① 내점
② 외점
③ 원주상의 점
④ z-평면 전체

해설 특성방정식의 안정도 판별법

계의 안정도	근의 위치	
	s평면상	z평면상
안정	좌반면	단위원 내부
불안정	우반면	단위원 외부
임계안정	허수축	단위 원주상

77 다음 전달함수 중 적분 요소에 해당되는 것은?

① 전위차계
② 인덕턴스회로
③ RC 직렬회로
④ LR 직렬회로

해설

$e_i(t) = R\,i(t) + \dfrac{1}{C}\displaystyle\int i(t)\,dt$, $\mathcal{L}$ 변환하면,

$E_i(s) = (R + \dfrac{1}{Cs})I(s)$

$e_0(t) = \dfrac{1}{C}\displaystyle\int i(t)\,dt$, $\mathcal{L}$ 변환하면,

$E(s) = \dfrac{1}{Cs}I(s)$

$\therefore G(s) = \dfrac{E_0(s)}{E_i(s)} = \dfrac{\dfrac{1}{Cs}}{R + \dfrac{1}{Cs}} = \dfrac{1}{RCs+1}$

$= \dfrac{1}{Ts+1}\ (T = RC)$

78 개루프 전달함수 $G(s)H(s) = \dfrac{K}{s(s+3)^2}$의 이탈점에 해당되는 것은?

① -2.5
② -2
③ -1
④ -0.5

해설 이계의 특성 방정식은

$1 + G(s)H(s) = 1 + \dfrac{K}{s(s+3)^2} = 0$

$s(s+3)^2 + K = 0$ 식을 K에 관해서 고치면,

$K = -s(s+3)^2 = -s(s^2 + 6s + 9)$
$= -s^3 - 6s^2 - 9s$

$\therefore \dfrac{dK}{ds} = \dfrac{d}{ds}(-s^3 - 6s^2 - 9s) = -3s^2 - 12s - 9$
$= 0$

$s^2 + 4s + 3 = 0$, $s = -1$, $s = -3$,이 이탈점이 된다.(분지점)

79 특성방정식 $s^3 + 34.5\,s^2 + 7500\,s + 7500K = 0$로 표시되는 계통이 안정되려면 K의 범위는?

① $0 < K < 34.5$
② $K < 0$
③ $K > 34.5$
④ $0 < K < 69$

해설 $s^3 + 34.5\,s^2 + 7500\,s + 7500K = 0$

s^3	1	7500
s^2	34.5	7500K
s^1	$\dfrac{34.5 \times 7500 - 7500K}{34.5}$	0
s^0	7500K	

여기서, $7500K > 0$, $K > 0$

$\dfrac{34.5 \times 7500 - 7500K}{34.5} > 0$, $K < 34.5$

$\therefore 0 < K < 34.5$

정답 76 ① 77 ③ 78 ③ 79 ①

80 Routh 안정도 판별법에 의한 방법 중 불안 정한 제어계의 특성 방정식은?

① $s^3 + 2s^2 + 3s + 4 = 0$

② $s^3 + s^2 + 5s + 4 = 0$

③ $s^3 + 4s^2 + 5s + 2 = 0$

④ $s^3 + 3s^2 + 2s + 8 = 0$

해설 $s^3 + 3s^2 + 2s + 8 = 0$

$$
\begin{array}{c|cc}
s^3 & 1 & 2 \\
s^2 & 3 & 8 \\
s^1 & -\dfrac{2}{3} & 0 \\
s^0 & 8 &
\end{array}
$$

제1열 요소에 부호변화(−)가 있으므로 불안정하고 근 의 개수는 2개이다.

제5과목 : 전기설비 기술기준 및 판단기준

81 가공 전선로의 지지물에 지선을 시설하려고 한다. 이 지선의 기준으로 옳은 것은?

① 소선 지름 : 2.0[mm], 안전율 : 2.5, 허용 인장하중 : 2.11[kN]

② 소선 지름 : 2.6[mm], 안전율 : 2.5, 허용 인장하중 : 4.31[kN]

③ 소선 지름 : 1.6[mm], 안전율 : 2.0, 허용 인장하중 : 4.31[kN]

④ 소선 지름 : 2.6[mm], 안전율 : 1.5, 허용 인장하중 : 3.21[kN]

해설 지선의 시설
- 지선의 안전율은 2.5(목주 및 A종 지지물 1.5) 이상, 최저 인장하중은 4.31[kN]으로 한다.
- 소선 3가닥 이상의 연선일 것
- 소선은 지름 2.6[mm] 이상의 금속선을 사용한 것일 것
- 지중부분 및 지표상 30[cm]까지의 부분에는 내식성 있는 것 또는 아연도금을 한 철봉 사용

82 전기철도에서 가공 교류절연귀선의 시설은 어느 경우에 준하여 시설하여야 하는가?

① 고압 가공전선　　② 가공 약전류전선

③ 저압 가공전선　　④ 특고압 가공전선

해설 가공 교류절연 귀선의 시설기준은 고압가공전선 에 준하여 시설

83 가공 전선로의 지지물에 취급자가 오르고 내리는 데 사용하는 발판 볼트 등은 지표 상 몇 [m] 미만에 시설하여서는 아니 되는 가?

① 1.2　　　　　② 1.8

③ 2.2　　　　　④ 2.5

84 특고압 가공 전선로의 지지물 양쪽의 경간 의 차가 큰 곳에 사용되는 철탑은?

① 내장형 철탑　　② 인류형 철탑

③ 각도형 철탑　　④ 보강형 철탑

해설 철탑의 종류
- 직선형 : 수평각도 3° 이하 직선 부분에 사용(내장형, 보강형 제외)
- 각도형 : 수평각도 3° 넘는 곳에 사용
- 인류형 : 전가섭선을 인류하는 곳에 사용
- 내장형 : 전선로 지지물의 양쪽의 경간차가 큰 곳에 사용
- 보강형 : 전선로의 직선 부분을 보강하기 위해 사용

85 최대 사용 전압이 6600[V]인 3상 유도 전동 기의 권선과 대지 사이의 절연내력 시험전 압은 최대 사용전압의 몇 배인가?

① 1.75　　　　　② 1.0

③ 1.25　　　　　④ 1.5

정답　**80** ④　**81** ②　**82** ①　**83** ②　**84** ①　**85** ④

해설 회전기의 절연내력시험

종류		시험 전압	시험 방법
회전기	발전기·전동기·조상기, 기타 회전기 (회전변류기를제외한다.)	최대사용전압 7000[V] 이하	최대사용전압의 1.5배의 전압 (500[V] 미만으로 되는 경우에는 500[V])	권선과 대지간에 연속하여 10분간 가한다.
		최대사용전압 7000[V] 초과	최대 사용 전압의 1.25배의 전압 (10,500[V] 미만으로 되는 경우에는 10,500[V])	
	회전 변류기		직류측의 최대 사용 전압의 1배의 교류전압 (500[V] 미만으로 되는 경우에는 500[V]	

86 욕실 등 인체가 물에 젖이 있는 상태에서 물을 사용하는 장소에 콘센트를 시설하는 경우에 적합한 누전차단기는?

① 정격감도전류 15[mA] 이하, 동작시간 0.03초 이하의 전압 동작형 누전 차단기

② 정격감도전류 15[mA] 이하, 동작시간 0.03초 이하의 전류 동작형 누전 차단기

③ 정격감도전류 15[mA] 이하, 동작시간 0.3초 이하의 전압 동작형 누전 차단기

④ 정격감도전류 15[mA] 이하, 동작시간 0.3초 이하의 전류 동작형 누전 차단기

해설 욕실 등 인체가 물에 젖어있는 상태에서 물을 사용하는 장소에 콘센트를 시설하는 경우 전기용품 안전관리법의 적용을 받는 인체보호용 누전차단기(정격감도전류 15[mA] 이하, 동작시간 0.03초 이하의 전류동작형)

87 접지공사에 관한 내용 중 옳지 않은 것은?

① 특별 제3종 접지공사를 하여야 하는 금속체와 대지간의 전기저항치가 10[Ω] 이하인 경우에는 특별 제3종 접지공사를 한 것으로 본다.

② 지중에 매설되어 있고 대지와의 전기저항치가 3[Ω] 이하의 값을 유지하고 있는 금속제 수도관로는 접지공사의 접지극으로 사용할 수 있다.

③ 접지선을 철주 기타의 금속체를 따라서 시설하는 경우 접지극을 철주의 밑면으로부터 30[cm] 이상의 깊이에 매설하는 경우 이외에는 접지극을 지중에서 그 금속체로부터 1[m] 이상 떼어 매설한다.

④ 대지와의 사이에 전기저항치가 2[Ω] 이하인 건물의 철골 기타의 금속제는 이를 비접지식 고압전로에 시설하는 기계기구의 철대에 실시하는 제3종 접지공사의 접지극으로 사용할 수 있다.

해설 대지와의 사이에 전기저항값이 2[Ω] 이하인 값을 유지하는 건물의 철골 기타의 금속제는 이를 비접지식 고압전로에 시설하는 기계기구의 철대 또는 금속제 외함에 실시하는 제1종 접지공사와 비접지식 고압전로와 저압전로를 결합한 변압기의 저압전로에 시설하는 제2종 접지공사의 접지극으로 사용할 수 있다.

88 수소냉각식의 발전기·조상기 또는 이에 부속하는 수소 냉각장치에 시설하는 계측 장치에 해당되지 않는 것은?

① 수소의 순도가 85[%] 이하로 저하한 경우의 경보 장치

② 수소의 압력을 계측하는 장치

③ 수소의 도입량과 방출량을 계측하는 장치

④ 수소의 온도를 계측하는 장치

정답 86 ② 87 ④ 88 ③

해설 수소 냉각식 발전기·조상기 또는 이에 부속하는 수소 냉각 장치의 시설 기준

- 발전기 또는 조상기는 기밀 구조의 것이고, 또한 수소가 대기압에서 폭발하는 경우 생기는 압력에 견디는 강도를 가질 것
- 발전기축의 밀봉부에는 질소 가스를 봉입할 수 있는 장치와 발전기 축의 밀봉부로부터 누설한 수소 가스를 안전하게 외부에 방출할 수 있는 장치를 시설할 것
- 발전기, 조상기 안의 수소 순도가 85[%] 이하로 저하한 경우 경보장치를 시설할 것
- 발전기, 조상기 안의 수소의 압력을 계측하는 장치 및 그 압력이 현저히 변동할 경우에 이를 경보하는 장치를 시설할 것

89 저압 연접 인입선은 인입선에서 분기하는 점으로부터 몇 [m]를 초과하는 지역에 미치지 아니하도록 시설하여야 하는가?

① 10[m] ② 20[m]
③ 100[m] ④ 200[m]

해설 저압 연접 인입선은 저압인입선의 규정 외에 다음에 의하여 시설할 것

- 인입선에서 분기하는 점으로부터 100[m]를 넘지 않는 지역이어야 한다.
- 폭 5[m]를 초과하는 도로를 횡단하지 말 것
- 옥내를 통과하지 아니할 것

90 발전소에서 계측장치를 시설하지 않아도 되는 것은?

① 발전기 베어링 및 고정자의 온도
② 특고압용 변압기의 온도
③ 증기터빈에 접속하는 발전기의 역률
④ 주요 변압기의 전압 및 전류 또는 전력

해설 발전소에서 계측장치

- 발전기·연료전지 또는 태양전지 모듈의 전압 및 전류 또는 전력

- 발전기의 베어링 및 고정자의 온도
- 발전기·진동의 진폭
- 주요 변압기의 전압 및 전류 또는 전력
- 특고압용 변압기의 온도

91 사용전압이 300[V]인 지중전선이 지중약전류 전선과 접근 또는 교차할 때 상호간에 내화성 격벽을 설치한다면 상호 간의 이격거리는 몇 [cm] 이하인 경우인가?

① 30 ② 50
③ 60 ④ 100

해설 지중전선과 지중약전류 전선 등 또는 관과의 접근 또는 교차

㉠ 지중 전선이 지중약전류 전선등과 접근하거나 교차 시에는 다음과 같은 이격거리 이하인 때 에는 견고한 내화성의 격벽을 시설하여야 한다.
  - 저·고압의 지중전선 : 30[cm] 이하
  - 특고압 : 60[cm] 이하

㉡ 특고압 지중전선이 가연성이나 유독성의 유체(流體)를 내포하는 관과 접근하거나 교체하는 경우에 상호간의 이격거리 1[m] 이하(25[kV] 이하 다중 접지방식 : 50[cm] 이하)

㉢ 지중전선이 상호간의 이격거리 : 저압, 고압, 특고압의 지중전선이 접근 교차하는 경우에는 다음과 같이 시설
  - 저압이나 고압의 지중전선과 특고지중전선의 이격거리 30[cm] 이상
  - 저압지중선 또는 고압지중선 상호간은 15[cm] 이상

92 의료용 접지센터, 의료용 콘센트 및 의료용 접지단자는 특별한 경우 이외에는 의료실 바닥 위 몇 [cm] 이상의 높이에 시설하여야 하는가?

① 30 ② 40
③ 60 ④ 80

정답 89 ③ 90 ③ 91 ① 92 ④

해설 각 의료실에는 의료용 접지센터, 의료용 접지단자 및 의료용 콘센터를 시설해야 하며, 의료실 바닥위 80[cm] 이상의 높이로 시설하고, 플러그 등의 접속상태의 확인이 용이하도록 시설하며, 플러그가 쉽게 빠지지 않도록 잠금형을 사용

93 전력보안 가공 통신선 시설시 통신선은 조가용 선으로 조가 하여야하는데 지름 몇 [mm] 경동선을 사용하는 경우에는 그러하지 않아도 되는가?(단, 케이블을 제외한다.)

① 1.2 　　　　② 2.0
③ 2.6 　　　　④ 3.2

해설 전력보안 가공통신선 시설
• 통신선은 조가용선으로 조가한다(단, 인장강도 2.30[kN] 이상의 것 또는 지름 2.6[mm] 이상의 경동선등의 사용시는 예외).
• 조가용선은 금속으로 된 연선일 것
• 조가용선은 고저압 가공전선이 안전율을 적용하여 시설

94 가공전선로의 지지물에 하중이 가해지는 경우에 그 하중을 받는 지지물의 기초 안전율은 몇 이상이어야 하는가?

① 0.5 　　　　② 1
③ 1.5 　　　　④ 2

해설 가공전선로의 지지물의 기초안전율은 2 이상(단, 이상시 상정하중은 철탑인 경우는 1.33)

95 사용전압이 440[V]이며 사람이 접촉할 우려가 있는 장소에 옥내배선을 케이블공사로 시공하는 경우 전선의 피복에 사용하는 금속체에는 몇 종 접지공사를 하여야 하는가?

① 특별 제3종 접지공사
② 제2종 접지공사
③ 제3종 접지공사
④ 제1종 접지공사

해설
• 사용전압 400[V] 미만 : 제3종 접지공사
• 사용전압 400[V] 이상 : 특별 제3종 접지공사(단, 사람이 접촉할 우려가 없는 경우에는 제3종 접지공사)

96 특고압 가공 전선과 가공약전류 전선 사이에 사용하는 보호망에 있어서 보호망을 구성하는 금속선의 상호 간격[m]은 얼마 이하로 시설하여야 하는가?

① 0.5 　　　　② 1.0
③ 1.5 　　　　④ 2.0

해설 보호망을 구성하는 금속선의 상호간격은 1.5[m] 이하로 시설

97 고압가공인입선의 전선으로는 지름이 몇 [mm] 이상의 경동선의 고압 절연전선을 사용하는가?

① 1.6 　　　　② 2.6
③ 3.5 　　　　④ 5.0

해설
• 저압가공인입선 : 2.6[mm] 이상의 경동선 사용(단, 경간이 15[m] 이하인 경우 2.0[mm])
• 고압가공인입선 : 5.0[mm] 이상의 경동선 사용

98 고압 및 특고압의 전로에 전연내력 시험을 하는 경우 시험 전압을 연속해서 얼마 동안 가하는가?

① 10초 　　　　② 2분
③ 6분 　　　　④ 10분

정답 93 ③　94 ④　95 ①　96 ③　97 ④　98 ④

99 정격전류가 15[A]를 넘고 20[A] 이하인 배선용차단기로 보호되는 저압 옥내전로의 콘센트는 정격전류가 몇 [A] 이하인 것을 사용하여야 하는가?

① 15   ② 20
③ 30   ④ 50

해설 정격전류가 15[A]를 초과하고 20[A] 이하인 배선용차단기로 보호되는 저압옥내 전로의 정격전류가 20[A] 이하일 것

100 특고압전로와 저압전로를 결합한 변압기에 실시한 제2종 접지공사의 저항 값은 몇 [Ω] 이하로 하여야 하는가?(단, 전로에 지락이 생겼을 때 1초 이내에 차단하는 장치가 되어 있으며, 1선 지락전류는 6[A]이다.)

① 10   ② 20
③ 25   ④ 30

해설 제2종 접지공사에서 5[Ω] 미만이 되어도 5[Ω]으로 본다. 또한 특고압은 중성점 다중접지식이 아닌 경우 10[Ω]을 초과해도 10[Ω] 이하로 한다.
$R = \dfrac{600}{I} = \dfrac{600}{6} = 100[\Omega]$이지만, 10[Ω]으로 한다.

정답 **99** ②   **100** ①

국가기술자격검정 필기시험문제

2013년도 기사 제1회 필기시험(기사)

자격종목 및 등급(선택분야)	종목코드	시험시간	문제지형별	수검번호	성명
전기기사		**2시간 30분**	**A**		

※ 시험문제지는 답안카드와 같이 반드시 제출하여야 합니다.

제1과목 : 전기자기학

01 자성체 경계면에 전류가 없을 때의 경계조건으로 틀린 것은?

① 전속밀도 D의 법선성분 $D_{1N} = D_{2N} = \dfrac{\mu_2}{\mu_1}$

② 자속밀도 B의 법선성분 $B_{1N} = B_{2N}$

③ 자계 H의 접선성분 $H_{1T} = H_{2T}$

④ 경계면에서의 자력선의 굴절 $\dfrac{\tan\theta_1}{\tan\theta_2} = \dfrac{\mu_1}{\mu_2}$

해설
• 전속밀도 D의 법선성분의 연속성
  $D_1\cos\theta_1 = D_2\cos\theta_2 : D_{1N} = D_{2N}$
• 자속밀도 B의 법선성분의 연속성
  $B_1\cos\theta_1 = B_2\cos\theta_2 : B_{1N} = B_{2N}$
• 자계세기 H의 접선성분의 연속성
  $H_1\sin\theta_1 = H_2\sin\theta_2 : H_{1T} = H_{2T}$
• 자력선의 굴절각
  $\dfrac{\tan\theta_1}{\tan\theta_2} = \dfrac{\mu_1}{\mu_2}$

02 전위가 V_A인 A점에서 Q[C]의 전하를 전계와 반대 방향으로 l[m] 이동시킨 점 P의 전위[V]는?(단, 전계 E는 일정하다고 가정한다.)

① $V_P = V_A - El$　　② $V_P = V_A + El$

③ $V_P = V_A - EQ$　　④ $V_P = V_A + EQ$

해설 전하 Q[C]의 전하를 전계와 반대방향으로 l[m] 이동시켰으므로 점 P의 전위는 전위차 V_{pA}만큼 높아지므로 ∴점 P의 전위 :
$$V_P = V_A + V_{PA} = V_A + El \ [V]$$
여기서, 전위차(V_{pA})$= El \ [V]$이다.

03 다음 중 스토크스(Stokes)의 정리는?

① $\displaystyle\oint H \cdot dS = \iint_S (\nabla \cdot H) \cdot dS$

② $\displaystyle\int B \cdot dS = \int_s (\nabla \times H) \cdot dS$

③ $\displaystyle\oint_c H \cdot dS = \int (\nabla \cdot H) \cdot L$

④ $\displaystyle\oint_c H \cdot dL = \int_s (\nabla \times H) \cdot dS$

해설 스토크스(Stokes)의 정리
$$\oint_c H \cdot dL = \int_s (\nabla \times H) \cdot dS$$
$$= \int_s^0 rot H \cdot dS$$

어떤 벡터의 폐곡선에 따른 선적분은 그 벡터의 회전을 폐곡선이 만드는 면적에 대해서 면적 적분한 것과 같다.

04 $\nabla \cdot i = 0$에 대한 설명이 아닌 것은?

① 도체 내에 흐르는 전류는 연속이다.
② 도체 내에 흐르는 전류는 일정하다.
③ 단위시간당 전하의 변화가 없다.
④ 도체 내에 전류가 흐르지 않는다.

정답　**01** ①　**02** ②　**03** ④　**04** ④

해설 $\nabla \cdot i = div\,i = -\dfrac{\partial \rho}{\partial t}$

정상전류가 흐를 때 전하의 축적 또는 소멸이 없다.

$\dfrac{\partial \rho}{\partial t} = 0$, 즉 $div\,i = 0$이다.

---

05 1[kV]로 충전된 어떤 콘덴서의 정전에너지가 1[J]일 때, 이 콘덴서의 크기는 몇 [μF]인가?

① 2[μF]　　　　② 4[μF]
③ 6[μF]　　　　④ 8[μF]

해설 $W = \dfrac{1}{2}CV^2 = \dfrac{1}{2}QV = \dfrac{1}{2}\dfrac{Q^2}{C}$ [J]에서,

$C = \dfrac{2W}{V^2} = \dfrac{2 \times 1}{(1 \times 10^3)^2} \times 10^6 = 2$ [μF]

---

06 전기쌍극자에 의한 전계의 세기는 쌍극자로부터의 거리 r에 대해서 어떠한가?

① r에 반비례한다.　　② r^2에 반비례한다.
③ r^3에 반비례한다.　　④ r^4에 반비례한다.

해설

- 전기쌍극자에 의한 전위 : $V = \dfrac{M\cos\theta}{4\pi\epsilon_0 r^2}$ [V]

- 전기쌍극자에 의한 전계의 세기 :

$E = \dfrac{M\sqrt{1 + 3\cos^2\theta}}{4\pi\epsilon_0 r^3}$ [V/m]

---

07 자기유도계수 L의 계산방법이 아닌 것은? (단, N : 권수, ϕ : 자속, I : 전류, A : 벡터 포텐샬, i : 전류밀도, B : 자속밀도, H : 자계의 세기이다.)

① $L = \dfrac{N\phi}{I}$　　　　② $L = \dfrac{\displaystyle\int_v A \cdot i\,dv}{I^2}$

③ $L = \dfrac{\displaystyle\int_v B \cdot H\,dv}{I^2}$　　④ $L = \dfrac{\displaystyle\int_v A \cdot i\,dv}{I}$

해설 $W = \dfrac{1}{2}\displaystyle\int_v B \cdot H\,dv = \dfrac{1}{2}\int_v A \cdot i\,dv$

$W = \dfrac{1}{2}LI^2$ [J]에서, $L = \dfrac{2W}{I^2} = \dfrac{\displaystyle\int_v A \cdot i\,dv}{I^2}$

$L = \dfrac{2W}{I^2} = \dfrac{\displaystyle\int_v B \cdot H\,dv}{I^2}$

---

08 전위함수가 $V = 2x + 5yz + 3$일 때, 점(2, 1, 0)에서의 전계의 세기는?

① $-2i - 5j - 3k$　　② $i + 2j + 3k$
③ $-2i - 3k$　　　　④ $4i + 3k$

해설 전계의 세기

$E = -grad\,V = -\left(\dfrac{\partial}{\partial x}i + \dfrac{\partial}{\partial y}j + \dfrac{\partial}{\partial z}k\right) \cdot V$

$= -\left(\dfrac{\partial}{\partial x}i + \dfrac{\partial}{\partial y}j + \dfrac{\partial}{\partial z}k\right)(2x + 5yz + 3)$

$= -(2i + 5zj + 5yk)$

$\therefore |E|_{x=2,\,y=1,\,z=0} = -(2i + 5zj + 5yk)$

$= -2i - 5k$

---

09 다음 중 금속에서의 침투깊이(Skin Depth)에 대한 설명으로 옳은 것은?

① 같은 금속을 사용할 경우 전자파의 주파수를 증가시키면 침투깊이가 증가한다.
② 같은 주파수의 전자파를 사용할 경우 전도율이 높은 금속을 사용하면 침투깊이가 감소한다.
③ 같은 주파수의 전자파를 사용할 경우 투자율 값이 작은 금속을 사용하면 침투깊이가 감소한다.
④ 같은 금속을 사용할 경우 어떤 전자파를 사용하더라도 침투깊이는 변하지 않는다.

정답　**05** ①　　**06** ③　　**07** ④　　**08** ③　　**09** ②

해설 $\delta = \sqrt{\dfrac{2}{\omega\sigma\mu}} = \sqrt{\dfrac{1}{\pi f\sigma\mu}}\ [m]$

주파수, 도전율, 투자율이 클수록 침투깊이는 작아진다.(표피효과는 심해진다)

10 진공 중에 선전하 밀도 $+\lambda[C/m]$의 무한장 직선전하 A와 $-\lambda[C/m]$의 무한장 직선전하 B가 d[m]의 거리에 평행으로 놓여 있을 때, A에서 거리 d/3[m]되는 점의 전계의 크기는 몇 [V/m]인가?

① $\dfrac{3\lambda}{4\pi\epsilon_0 d}$ ② $\dfrac{9\lambda}{4\pi\epsilon_0 d}$

③ $\dfrac{3\lambda}{8\pi\epsilon_0 d}$ ④ $\dfrac{9\lambda}{8\pi\epsilon_0 d}$

해설

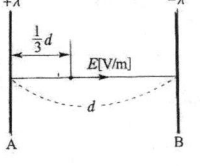

$E = E_1 + E_2 = \dfrac{\lambda_1}{2\pi\epsilon_0 r_1} + \dfrac{\lambda_2}{2\pi\epsilon_0 r_2}$

$= \dfrac{\lambda}{2\pi\epsilon_0}\left(\dfrac{1}{\frac{1}{3}d} + \dfrac{1}{\frac{2}{3}d}\right),\ [\lambda_1 = \lambda_2 = \lambda]$

$= \dfrac{9\lambda}{4\pi\epsilon_0 d}\ [V/m]$

11 환상 철심에 감은 코일에 5[A]의 전류를 흘려 2000[AT]의 기자력을 생기게 하려면 코일의 권수(회)는 얼마로 하여야 하는가?

① 10000   ② 500

③ 400   ④ 250

해설 $F = NI\,[AT]$

$\therefore N = \dfrac{F}{I} = \dfrac{2000}{5} = 400\ [회]$

12 Z축의 정방향(+방향)으로 $10\pi\,a_z$ [A]가 흐를 때 이 전류로부터 5[m]지점에 발생되는 자계의 세기 H[A/m]는?

① $H = -a_z$ ② $H = a_\phi$

③ $H = \dfrac{1}{2}a_\phi$ ④ $H = -a_\phi$

해설 Z축의 전류(I)=10π[A]에서 5[m] 지점에 발생되는 자계의 세기

$H = \dfrac{I}{2\pi r} = \dfrac{10\pi}{2\pi\times 5} = 1\ [A/m]$

여기서, 원통좌표계를 생각해서 자계H의 방향은 암페어 오른나사의 법칙에 의해서 a_ϕ 방향이다.

$\therefore H = a_\phi[A/m]$

13 그림과 같은 공심 토로이드 코일의 권선수를 N배하면 인덕턴스는 몇 배 되는가?

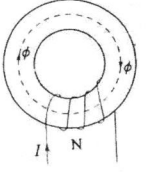

① N^{-2} ② N^{-1}

③ N   ④ N^2

해설 $L = \dfrac{N\phi}{I} = \dfrac{\mu S N^2}{l}$

14 그림과 같이 단면적이 균일한 환상철심에 권수 N_1인 A코일과 권수 N_2인 B코일이 있을 때 A코일의 자기인덕턴스가 $L_1[H]$라면 두 코일의 상호인덕턴스 M은 몇 [H]인가?(단, 누설자속은 0이라고 한다.)

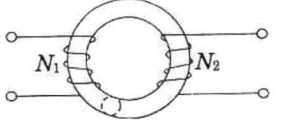

정답 **10** ② **11** ③ **12** ② **13** ④ **14** ④

① $\dfrac{L_1 N_1}{N_2}$ ② $\dfrac{N_2}{L_1 N_1}$

③ $\dfrac{N_1}{L_1 N_2}$ ④ $\dfrac{L_1 N_2}{N_1}$

해설

• 자기인덕턴스(L_1)$=\dfrac{N_1^2}{L_1}$ $[H]$

• 상호인덕턴스(M)$=\dfrac{N_1 N_2}{R}$ $[H]$

$$R=\dfrac{N_1^2}{L_1}=\dfrac{N_1 N_2}{M}$$

$$\therefore M=\dfrac{L_1}{N_1}N_2 \ [H]$$

15 그림과 같은 전기 쌍극자에서 P점의 전계의 세기는 몇 $[V/m]$인가?

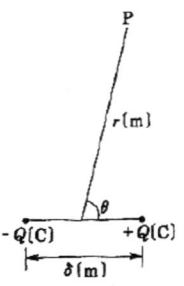

① $a_r \dfrac{Q\delta}{2\pi\epsilon_0 r^3}\cos\theta + a_\theta \dfrac{Q\delta}{4\pi\epsilon_0 r^3}\sin\theta$

② $a_r \dfrac{Q\delta}{4\pi\epsilon_0 r^3}\sin\theta + a_\theta \dfrac{Q\delta}{4\pi\epsilon_0 r^3}\cos\theta$

③ $a_r \dfrac{Q\delta}{2\pi\epsilon_0 r^3}\sin\theta + a_\theta \dfrac{Q\delta}{4\pi\epsilon_0 r^3}\cos\theta$

④ $a_r \dfrac{Q\delta}{4\pi\epsilon_0 r^2}\omega + a_\theta \dfrac{Q\delta}{4\pi\epsilon_0 r^2}(1-\omega)$

해설

$$E=-\nabla \cdot V$$
$$=-(\dfrac{\partial V}{\partial r}a_r + \dfrac{1}{r}\dfrac{\partial V}{\partial\theta}a_\theta + \dfrac{1}{r\sin\theta}\dfrac{\partial V}{\partial\phi}a_\phi)$$

전기쌍극자에서 점 P의 전위(V)

$$=\dfrac{M}{4\pi\epsilon_0 r^2}\cos\theta \ [V],$$

쌍극자모멘트$(M)=Q\delta \ [C\cdot m]$

$$=[-\dfrac{2M\cos\theta}{4\pi\epsilon_0 r^3}a_r + \dfrac{1}{r}\dfrac{(-M\sin\theta)}{4\pi\epsilon_0 r^2}a_\theta + 0]$$

$$=\dfrac{2M\cos\theta}{4\pi\epsilon_0 r^3}a_r + \dfrac{M\sin\theta}{4\pi\epsilon_0 r^3}a_\theta$$

$$=\dfrac{Q\delta}{2\pi\epsilon_0 r^3}\cos\theta\,a_r + \dfrac{Q\delta}{4\pi\epsilon_0 r^3}\sin\theta\,a_\theta \ [V/m]$$

16 그림과 같은 모양의 자화곡선을 나타내는 자성체 막대를 충분히 강한 평등자계 중에서 매분 3000회 회전시킬 때 자성체는 단위 체적당 매초 약 몇 $[kcal]$의 열이 발생하는가?(단, $B_r = 2 \ [Wb/m^2]$, $H_L = 500 \ [AT/m]$, $B=\mu H$에서 μ는 일정하지 않음)

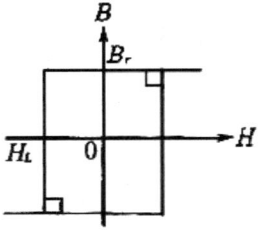

① 11.7   ② 47.6

③ 70.2   ④ 200

해설 히스테리시스 곡선의 면적=체적당 전력(전력손실)

$$4B_r H_r = 4\times 2 \times 500 = 4000 \ [W/m^3]$$

$$\therefore H=0.24\times 4000\times\dfrac{3000}{60}\times 10^{-3}=48 \ [kcal]$$

(철심이 한번 자화함에 따라서 발생되는 전력손실)

17 정전용량 C[F]인 평행판 공기콘덴서에 전극 간격의 $\dfrac{1}{2}$ 두께인 유리판을 전극에 평행하게 넣으면 이때의 정전용량은 몇 $[F]$인가?(단, 유리의 비유전률은 ϵ_s라 한다.)

정답   15 ①   16 ②   17 ①

466 • Part 2. 전기기사 기출문제

① $\dfrac{2\epsilon_s C}{1+\epsilon_s}$　　　② $\dfrac{\epsilon_s C}{1+\epsilon_s}$

③ $\dfrac{(1+\epsilon_s)C}{2\epsilon_s}$　　　④ $\dfrac{3C}{1+\dfrac{1}{\epsilon_s}}$

해설 극판간 공극의 두께 $\dfrac{1}{2}$ 상당의 유리판을 넣는 경우 2개의 콘덴서가 직렬 접속된 것과 같다.

• 공기부분의 정전용량(C_1)=$\dfrac{\epsilon_0 S}{d/2}=\dfrac{2\epsilon_0 S}{d}\,[F]$

• 유리판 부분의 정전용량(C_2)=$\dfrac{\epsilon S}{d/2}=\dfrac{2\epsilon S}{d}\,[F]$

∴ 정전용량(C_0)=

$\dfrac{1}{\dfrac{1}{C_1}+\dfrac{1}{C_2}}=\dfrac{1}{\dfrac{d}{2S}\left(\dfrac{1}{\epsilon_0}+\dfrac{1}{\epsilon}\right)}=\dfrac{2\epsilon_0 S}{d}\cdot\dfrac{1}{1+\dfrac{\epsilon_0}{\epsilon}}$

$=\dfrac{2\epsilon_s C}{1+\epsilon_s}\,[F]$

(단, C : 평행판 공기 콘덴서의 정전용량=$\dfrac{\epsilon_0 S}{d}[F]$)

18 압전기 현상에서 분극이 응력에 수직한 방향으로 발생하는 현상은?

① 종효과　　　② 횡효과

③ 역효과　　　④ 직접효과

해설
• 종효과 : 결정에 가한 기계적 응력과 전기분극이 동일 방향으로 발생
• 횡효과 : 수직 방향으로 발생하는 경우

19 반지름 2[mm]의 2개의 무한한 긴 원통 도체가 중심 간격 2[m]로 진공 중에 평행하게 놓여 있을 때 1[km]당의 정전용량은 약 몇 [μF]인가?

① $1\times10^{-3}[\mu F]$　　② $2\times10^{-3}[\mu F]$

③ $4\times10^{-3}[\mu F]$　　④ $6\times10^{-3}[\mu F]$

해설

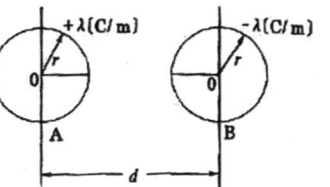

2개의 무한히 긴 원통 도체 A, B 간의 정전용량은

$C_{AB}=\dfrac{\pi\epsilon_0}{\ln\dfrac{d-r}{r}}\,[F/m]$에서,

$d\gg r$일 때, $\ln\dfrac{d-r}{r}\fallingdotseq\ln\dfrac{d}{r}$

∴ $C_{AB}=\dfrac{\pi\epsilon_0}{\ln\dfrac{d}{r}}=\dfrac{\pi\times8.855\times10^{-12}}{\ln\dfrac{2}{2\times10^{-3}}}\times10^3$

$=4\times10^{-9}[F]=4\times10^{-3}[\mu F]$

20 어떤 막대 철심이 있다. 단면적이 0.4[m²]이고, 길이가 0.8[m], 비투자율이 20이다. 이 철심의 자기 저항은 몇 [AT/Wb]인가?

① 3.86×10^{-4}　　② 7.96×10^{-4}

③ 3.86×10^{-4}　　④ 7.96×10^{-4}

해설
$R_m=\dfrac{l}{\mu S}=\dfrac{l}{\mu_0\mu_s S}=\dfrac{0.8}{4\pi\times10^{-7}\times20\times0.4}$
$=7.96\times10^4\,[AT/Wb]$

제2과목 : 전력공학

21 현수애자 4개를 1련으로 한 66[kV] 송전선로가 있다. 현수애자 1개의 절연저항이 2000[MΩ]이라면, 표준경간을 200[m]로 할 때 1[km]당의 누설 컨덕턴스는[℧]는?

① 0.63×10^{-9}　　② 0.93×10^{-9}

③ 1.23×10^{-9}　　④ 1.53×10^{-9}

정답 18 ②　19 ③　20 ②　21 ①

해설 현수애자 1개의 절연저항이 2000[MΩ]이므로, 현수애자의 전체 절연저항

$(r) = 2000 \times 10^6 \times 4 = 8 \times 10^9 [\Omega]$,

$R = 8 \times 10^9 \times \dfrac{200}{1000} = 1.6 \times 10^9 [\Omega]$

$\therefore$ 누설컨덕턴스$(G) = \dfrac{1}{R} = \dfrac{1}{1.6} \times 10^{-9}$

$= 0.625 \times 10^{-9} [\mho]$

22 연가를 해도 효과가 없는 것은?

① 직렬공진의 방지

② 통신선의 유도장해 감소

③ 대지정전용량의 감소

④ 선로정수의 평형

23 단락 보호용 계전기의 범주에 가장 적합한 것은?

① 한시 계전기   ② 탈조 보호 계전기

③ 과전류 계전기   ④ 주파수 계전기

24 감속재의 온도 계수란?

① 감속재의 시간에 대한 온도 상승률

② 반응에 아무런 영향을 주지 않는 계수

③ 감속재의 온도 1[℃] 변화에 대한 반응도의 변화

④ 열중성자로에서 양(+)의 값을 갖는 계수

25 반지름이 1.2[cm]인 전선 1선을 왕로로 하고 대지를 귀로로 하는 경우 왕복회로의 총 인덕턴스는 약 몇 [mH/km]인가?(단, 등가대지면의 깊이는 600[m]이다.)

① 2.4025[mH/km]   ② 2.3525[mH/km]

③ 2.2639[mH/km]   ④ 2.2139[mH/km]

해설 대지귀로 왕복선로의 가산한 총 인덕턴스는

$Le = \left(1 + 2\log_e \dfrac{2He}{r}\right) \times 10^{-7} [H/m]$

$= 0.1 + 0.4605 \log_{10} \dfrac{2He}{r} [mH/km]$

$= 0.1 + 0.4605 \log_{10} \dfrac{2 \times 600 \times 10^2}{1.2}$

$= 2.4025 [mH/km]$

26 개폐장치 중에서 고장전류의 차단능력이 없는 것은?

① 진공차단기   ② 유입개폐기

③ 리클로저   ④ 전력퓨즈

27 동기조상기(A)와 전력용콘덴서(B)를 비교한 것으로 옳은 것은?

① 조정 : (A)는 계단적, (B)는 연속적

② 전력손실 : (A)가 (B)보다 적음

③ 무효전력 : (A)는 진상·지상 양용, (B)는 진상용

④ 시송전 : (A)는 불가능, (B)는 가능

28 직류송전방식에 비하여 교류송전방식의 가장 큰 이점은?

① 선로의 리액턴스에 의한 전압강하가 없으므로 장거리 송전에 유리하다.

② 변압이 쉬워 고압송전에 유리하다.

③ 같은 절연에서 송전전력이 크게 된다.

④ 지중송전의 경우, 충전전류와 유전체손을 고려하지 않아도 된다.

29 송전선로에서 이상전압이 가장 크게 발생하기 쉬운 경우는?

① 무부하 송전선로를 폐로하는 경우

② 무부하 송전선로를 개로하는 경우

정답   **22** ③   **23** ③   **24** ③   **25** ①   **26** ②   **27** ③   **28** ②   **29** ②

③ 부하 송전선로를 폐로하는 경우

④ 부하 송전선로를 개로하는 경우

30 3상용 차단기의 정격 차단용량은?

① $\sqrt{3}$ ×정격전압×정격차단전류

② $\sqrt{3}$ ×정격전압×정격전류

③ 3×정격전압×정격차단전류

④ 3×정격전압×정격전류

31 그림과 같은 회로에 있어서의 합성 4단자 정수에서 B_0의 값은?

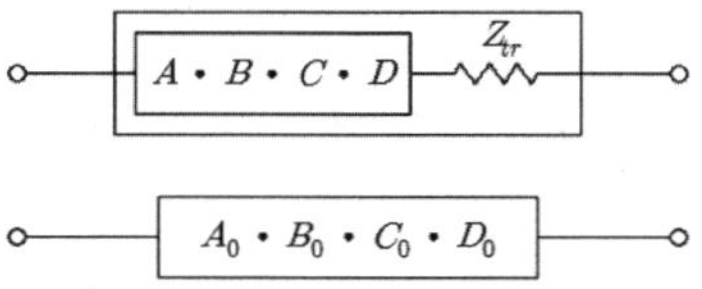

① $B_0 = B + Z_{tr}$ ② $B_0 = A + BZ_{tr}$

③ $B_0 = C + DZ_{tr}$ ④ $B_0 = B + AZ_{tr}$

해설

$$\begin{bmatrix} A_0 & B_0 \\ C_0 & D_0 \end{bmatrix} = \begin{bmatrix} A & B \\ C & D \end{bmatrix} \cdot \begin{bmatrix} 1 & Z_{tr} \\ 0 & 1 \end{bmatrix} = \begin{bmatrix} A & AZ_{tr} + B \\ C & CZ_{tr} + D \end{bmatrix}$$

32 다음 중 동작 시간에 따른 보호 계전기의 분류와 그 설명으로 틀린 것은?

① 순한시 계전기는 설정된 최소 작동 전류 이상의 전류가 흐르면 즉시 작동하는 것으로 한도를 넘은 양과는 관계가 없다.

② 정한시 계전기는 설정된 값 이상의 전류가 흘렀을 때 작동 전류의 크기와는 관계없이 항상 일정한 시간 후에 작동하는 계전기이다.

③ 반한시 계전기는 작동시간이 전류값의 크기에 따라 변하는 것으로 전류값이 클수록 느리게 동작하고 반대로 전류값이 작아질수록 빠르게 작동하는 계전기이다.

④ 반한시성 정한시 계전기는 어느 전류값까지는 반한시성이지만 그 이상이 되면 정한시로 작동하는 계전기이다.

33 배전선로에서 사고범위의 확대를 방지하기 위한 대칙으로 적당하지 않은 것은?

① 배전계통의 루프화

② 선택접지계전방식 채택

③ 구분개폐기 설치

④ 선로용 콘덴서 설치

34 수전단을 단락한 경우 송전단에서 본 임피던스는 300[Ω]이고 수전단을 개방한 경우에는 1200[Ω]이었다. 이 선로의 특성임피던스는?

① 600[Ω]   ② 900[Ω]

③ 1200[Ω]   ④ 1500[Ω]

해설 $Z_o = \sqrt{\dfrac{Z}{Y}} = \sqrt{\dfrac{L}{C}} = \sqrt{Z_{ss} \cdot Z_{so}}$ [Ω]

$= \sqrt{300 \times 1200} = 600$[Ω]

35 전력계통에서 인터록(Inter Lock)의 설명으로 알맞은 것은?

① 부하 통전 시 단로기를 열 수 있다.

② 차단기가 열려 있어야 단로기를 닫을 수 있다.

③ 차단기가 닫혀 있어야 단로기를 열 수 있다.

④ 차단기의 접점과 단로기의 접점이 기계적으로 연결되어 있다.

36 수차의 조속기가 너무 예민하면 어떤 현상이 발생되는가?

정답 **30** ①   **31** ④   **32** ③   **33** ④   **34** ①   **35** ②   **36** ④

① 전압변동이 작게 된다.

② 수압상승률이 크게 된다.

③ 속도변동률이 작게 된다.

④ 탈조를 일으키게 된다.

해설 수차의 조속기가 예민하면 난조를 일으키기 쉬우며 난조를 방지하기 위해서는 발전기의 관성모멘트가 크든지, 또는 자극에 제동권선을 설치하여 난조를 방지할 수 있다.

37 연간 전력량이 E[kWh]이고, 연간 최대전력이 W[kW]인 연부하율은 몇 [%]인가?

① $\dfrac{E}{W} \times 100$ ② $\dfrac{W}{E} \times 100$

③ $\dfrac{8760\,W}{E} \times 100$ ④ $\dfrac{E}{8760\,W} \times 100$

38 발전기 출력 P_G[kW], 연료 소비량 B[kg], 연료의 발열량 H[kcal/kg]일 때 이 화력발전의 열효율은 몇 [%]인가?

① $\dfrac{980 P_G}{H \cdot B} \times 100$ ② $\dfrac{980 HB}{P_G} \times 100$

③ $\dfrac{860 HB}{P_G} \times 100$ ④ $\dfrac{860 P_G}{H \cdot B} \times 100$

39 전력계통의 안정도 향상 대책으로 옳지 않은 것은?

① 전압변동을 크게 한다.

② 고속도 재폐로 방식을 채용한다.

③ 계통의 직렬 리액턴스를 낮게 한다.

④ 고속도 차단 방식을 채용한다.

40 부하전력, 선로길이 및 선로손실이 동일할 경우 전선동량이 가장 적은 방식은?

① 3상 3선식   ② 3상 4선식

③ 단상 3선식   ④ 단상 2선식

제3과목 : 전기기기

41 동기기의 권선법 중 기전력의 파형이 좋게 되는 권선법은?

① 단절권, 분포권   ② 단절권, 집중권

③ 전절권, 집중권   ④ 전절권, 2중권

42 3상 유도전동기에서 2차측 저항을 2배로 하면 그 최대 토크는 어떻게 되는가?

① 2배로 된다.   ② $\dfrac{1}{2}$로 줄어든다.

③ $\sqrt{2}$ 배가 된다.   ④ 변하지 않는다.

해설 3상 유도전동기에서 2차측 저항에 대한 최대 토크는 변하지 않는다.

43 동기 전동기에서 전기자 반작용을 설명한 것 중 옳은 것은?

① 공급전압보다 앞선 전류는 감자작용을 한다.

② 공급전압보다 뒤진 전류는 감자작용을 한다.

③ 공급전압보다 앞선 전류는 교차자화작용을 한다.

④ 공급전압보다 뒤진 전류는 교차자화작용을 한다.

해설 동기전동기의 전기자반작용(단자전압기준)
• 지상전류(뒤진) : 증자작용
• 전압과 동상 : 교차자화 작용

44 단상 유도전동기 중 콘덴서 기동형 전동기의 특성은?

① 회전 자계는 타원형이다.

② 기동 전류가 크다.

③ 기동 회전력이 작다.

④ 분상 기동형의 일종이다.

정답 **37** ③   **38** ④   **39** ①   **40** ②   **41** ①   **42** ④   **43** ①   **44** ④

45 변압기에 사용하는 절연유가 갖추어야 할 성질이 아닌 것은?

① 절연내력이 클 것

② 인화점이 높을 것

③ 유동성이 풍부하고 비열이 커서 냉각효과가 클 것

④ 응고점이 높을 것

46 원통형 회전자(비철극기)를 가진 동기발전기는 부하각 δ가 몇 도[°]일 때 최대출력을 낼 수 있는가?

① 0[°] ② 30[°]

③ 60[°] ④ 90[°]

47 농형 유도전동기에 주로 사용되는 속도제어법은?

① 2차 저항제어법

② 극수 변환법

③ 종속 접속법

④ 2차 여자제어법

48 단상 변압기에 있어서 부하역률 80[%]의 지상 역률에서 전압변동률 4[%]이고, 부하역률 100[%]에서 전압변동률 3[%]라고 한다. 이 변압기의 퍼센트 리액턴스는 약 몇 [%]인가?

① 2.8 ② 3.0

③ 3.3 ④ 3.6

해설 부하역류 100[%]에서

$\varepsilon = P\cos\theta + q\sin\theta = P = 3[\%]$이고,

$4[\%] = 3 \times 0.8 + q \times 0.6$

$\therefore q = 2.67[\%]$

49 다음 전동기 중 역률이 가장 좋은 전동기는?

① 동기 전동기

② 반발 기동 전동기

③ 농형 유도 전동기

④ 교류 정류자 전동기

50 스테핑 모터의 속도-토크 특성에 관한 설명 중 틀린 것은?

① 무부하 상태에서 이 값보다 빠른 입력 펄스 주파수에서는 기동시킬 수가 없게 되는 주파수를 최대 자기동주파수라 한다.

② 탈출(풀 아웃)토크와 인입(풀 인) 토크에 의해 둘러 쌓인 영역을 슬루(Slew)영역이라 한다.

③ 슬루영역에서는 펄스레이트를 변화시켜도 오동작이나 공진을 일으키지 않는 안정한 영역이다.

④ 무부하시 이 주파수 이상의 펄스를 인가하여도 모터가 응답할 수 없는 것을 최대 응답주파수라 한다.

51 직류발전기의 유기 기전력이 230[V], 극수가 4, 정류자 편수가 162인 정류자 편간 평균 전압은 약 몇 [V]인가?(단, 권선법은 중권이다.)

① 5.68 ② 6.28

③ 9.42 ④ 10.2

해설 $(e_{sa}) = \dfrac{PE}{K} = \dfrac{4 \times 230}{162} = 5.68[V]$

여기서, K : 정류자편수, P : 극수, E : 유기 기전력[V]

정답 **45** ④ **46** ④ **47** ② **48** ① **49** ① **50** ③ **51** ①

52 무부하의 장거리 송전선로에 동기발전기를 접속하는 경우, 송전선로의 자기여자현상을 방지하기 위해서 동기조상기를 사용하였다. 이때 동기조상기의 계자전류를 어떻게 하여야 하는가?

① 계자전류를 0으로 한다.
② 부족여자로 한다.
③ 과여자로 한다.
④ 역률이 1인 상태에서 일정하게 한다.

해설 자기여자 현상 방지법
• 수전단에 접속된 동기조상기에서 부족여자로 송전선에서 지상(뒤진) 전류를 취하게 되면 충전전류가 그만큼 감소된다.
• 발전기를 2대 또는 3대를 모선에 병렬로 접속

53 6600/210[V]인 단상변압기 3대를 △−Y로 결선하여 1상 18[kW] 전열기의 전원으로 사용하다가 이것을 △−△로 결선했을 때, 이 전열기의 소비전력[kW]은 얼마인가?

① 31.2 　　　 ② 10.4
③ 2.0 　　　 ④ 6.0

해설 소비전력$(P_l)' = \dfrac{1}{3}P_l = \dfrac{1}{3} \times 18 = 6[\text{kW}]$

54 직류 발전기의 병렬 운전에서 부하 분담의 방법은?

① 계자전류와 무관하다.
② 계자전류를 증가하면 부하분담은 증가한다.
③ 계자전류를 감소하면 부하분담은 증가한다.
④ 계자전류를 증가하면 부하분담은 감소한다.

해설 계자전류(I_f)가 증가되면 유기 기전력(E)이 증가되어 전기자전류(I_a)가 증가하여, 부하 분담이 증가한다.

55 정류 회로에서 상의 수를 크게 했을 경우 옳은 것은?

① 맥동 주파수와 맥동률이 증가한다.
② 맥동률과 맥동 주파수가 감소한다.
③ 맥동 주파수는 증가하고 맥동률은 감소한다.
④ 맥동률과 주파수는 감소하나 출력이 증가한다.

56 3150/210[V]의 단상변압기 고압측에 100[V]의 전압을 가하면 가극성 및 감극성일 때에 전압계 지시는 각각 몇 [V]인가?

① 가극성 : 106.7, 감극성 : 93.3
② 가극성 : 93.3, 감극성 : 106.7
③ 가극성 : 126.7, 감극성 : 96.3
④ 가극성 : 96.3, 감극성 : 126.7

해설 저압측$(V_2) = \dfrac{1}{a} \times V_1$(고압측)

$= \dfrac{210}{3150} \times 100 = 6.7[\text{V}]$

가극성$= V_1 + V_2 = 100 + 6.7 = 106.7[\text{V}]$
감극성$= V_1 - V_2 = 100 - 6.7 = 93.3[\text{V}]$

57 단상 변압기가 전부하시 2차 전압은 115[V]이고, 전압변동률은 2[%]일 때 1차 단자전압은 몇 [V]인가?(단, 권선비는 20 : 1이다.)

① 2356[V] 　　　 ② 2346[V]
③ 2336[V] 　　　 ④ 2326[V]

해설

$\varepsilon = \dfrac{V_{2o} - V_{2n}}{V_{2n}} \times 100[\%]$

$= \dfrac{a V_{2o} - a V_{2n}}{a V_{2n}} \times 100[\%] = \dfrac{V_{1o} - V_{1n}}{V_{1n}} \times 100[\%]$

$= \left(\dfrac{V_{1o}}{V_{1n}} - 1 \right) \times 100[\%]$

여기서, V_{1o} : 2차에 정격부하를 걸었을 때 1차에 필요한 전압

$V_{1o} = V_{1n} \left(1 + \dfrac{\varepsilon}{100} \right) = a \cdot V_{2n} \left(1 + \dfrac{\varepsilon}{100} \right)$

$= 20 \times 115 \left(1 + \dfrac{2}{100} \right) = 2346[\text{V}]$

정답 **52** ② 　 **53** ④ 　 **54** ② 　 **55** ③ 　 **56** ① 　 **57** ②

58 직류 발전기를 전동기로 사용하고자 한다. 이 발전기의 정격 전압 120[V], 정격 전류 40[A], 전기자 저항 0.15[Ω]이며, 전부하일 때 발전기와 같은 속도로 회전시키려면 단자 전압은 몇 [V]를 공급하여야 하는가?(단, 전기자 반작용 및 여자 전류는 무시한다.)

① 114[V]　　② 126[V]
③ 132[V]　　④ 138[V]

해설
• 발전기 경우 :
　$E = V + I_a R_a = 120 + 40 \times 0.15 = 126[V]$
• 전동기 경우 :
　$V = E + I_a R_a$에서 회전수가 같으므로, E=126[V]
　∴ V=126+40×0.15=132[V]

59 유도 전동기에서 권선형 회전자에 비해 농형 회전자의 특성이 아닌 것은?

① 구조가 간단하고 효율이 좋다.
② 견고하고 보수가 용이하다.
③ 대용량에서 기동이 용이하다.
④ 중, 소형 전동기에 사용된다.

60 제9차 고조파에 의한 기자력의 회전방향 및 속도는 기본파 회전 자계와 비교할 때 다음 중 적당한 것은?

① 기본파와 역방향이고 9배의 속도
② 기본파와 역방향이고 1/9배의 속도
③ 회전자계를 방생하지 않는다.
④ 기본파와 동방향이고 9배의 속도

해설 3n+1 고조파 : 기본파와 동위상
　　　3n−1 고조파 : 기본파와 역(반대)위상
　　　3n 고조파 : 회전자계를 발생하지 않는다.
∴ 제9차 고조파는 3n고조파이므로, 기본파에 대해서 영상이므로서 회전자계를 발생하지 않는다.

제4과목 : 회로이론 및 제어공학

61 RL 직렬회로에 직류전압 5[V]를 t=0에서 인가하였더니 i(t)=50(1−$e^{-20 \times 10^{-3}t}$)[mA](t≥0)이었다. 이 회로의 저항을 처음 값의 2배로 하면 시정수는 얼마가 되겠는가?

① 10[msec]
② 40[msec]
③ 5[sec]
④ 25[sec]

해설 시정수$(\tau) = \dfrac{L}{R}$[sec]

$= \dfrac{1}{20 \times 10^{-5}} \times 10^{-3} = 50$[sec], $\tau \propto \dfrac{1}{R}$ 이므로

∴시정수$(\tau) = \dfrac{50}{2} = 25$[sec]

62 저항 R과 리액턴스 X를 병렬로 연결할 때의 역률은?

① $\dfrac{X}{\sqrt{R^2+X^2}}$　　② $\dfrac{R}{\sqrt{R^2+X^2}}$

③ $\dfrac{1/X}{\sqrt{R^2+X^2}}$　　④ $\dfrac{1/R}{\sqrt{R^2+X^2}}$

63 회로망 출력단자 a−b에서 바라본 등가 임피던스는?(단, V_1=6[V], V_2=3[V], I_1=10[A], R_1=15[Ω], R_2=10[Ω], L=2[H], $jw = s$이다.)

정답 **58** ③　**59** ③　**60** ③　**61** ④　**62** ①　**63** ④

① $\dfrac{1}{s+3}$　　　　② $s+15$

③ $\dfrac{3}{s+2}$　　　　④ $2s+6$

[해설]

$$Z(s) = Ls + \frac{R_1 \times R_2}{R_1 + R_2} = 2s + \frac{15 \times 10}{15 + 10} = 2s + 6$$

64 각 상의 임피던스가 R+jX[Ω]인 것을 Y 결선으로 한 평형 3상 부하에 선간전압 E[V]를 가하면 선전류는 몇 [A]가 되는가?

① $\dfrac{E}{\sqrt{2(R^2 + X^2)}}$　　② $\dfrac{\sqrt{2}\,E}{\sqrt{R^2 + X^2}}$

③ $\dfrac{\sqrt{3}\,E}{\sqrt{R^2 + X^2}}$　　④ $\dfrac{E}{\sqrt{3(R^2 + X^2)}}$

[해설] Y결선이므로,

$$I_l = I_p = \frac{E/\sqrt{3}}{\sqrt{R^2 + X^2}} = \frac{E}{\sqrt{3(R^2 + X^2)}} \,[\mathrm{A}]$$

65 그림의 전기회로에서 전달함수 $\dfrac{E_2(s)}{E_1(s)}$는?

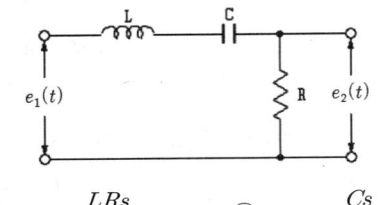

① $\dfrac{LRs}{LCs^2 + RCs + 1}$　　② $\dfrac{Cs}{LCs^2 + RCs + 1}$

③ $\dfrac{RCs}{LCs^2 + RCs + 1}$　　④ $\dfrac{LRCs}{LCs^2 + RCs + 1}$

[해설]

$$e_1(t) = L \cdot \frac{di(t)}{dt} + \frac{1}{C}\int i(t)dt + Ri(t) \overset{\mathcal{L}}{\Rightarrow} E_1(s)$$

$$= \left(Ls + \frac{1}{Cs} + R\right)I(s)$$

$$e_2(t) = R \cdot i(t) \overset{\mathcal{L}}{\Rightarrow} E_2(s) = R \cdot I(s)$$

$$\therefore G(s) = \frac{E_2(s)}{E_1(s)} = \frac{R \cdot I(s)}{\left(Ls + \dfrac{1}{Cs} + R\right)I(s)}$$

$$= \frac{RCs}{LCs^2 + RCs + 1}$$

66 다음 파형의 라플라스 변환은?

① $\dfrac{E}{Ts}e^{-Ts}$　　　② $-\dfrac{E}{Ts}e^{-Ts}$

③ $-\dfrac{E}{Ts^2}e^{-Ts}$　　④ $\dfrac{E}{Ts^2}e^{-Ts}$

[해설]

$$f(t) = -\frac{E}{T}t \cdot u(t - T)$$

$$F(s) = -\frac{E}{Ts^2} \cdot e^{-Ts}$$

67 그림과 같은 회로에서 a-b 사이의 전위차 [V]는?

① 10[V]　　　　② 8[V]

③ 6[V]　　　　④ 4[V]

[해설]

$$Vab = \frac{\displaystyle\sum_{K=1}^{\infty} \frac{V_K}{Z_K}}{\displaystyle\sum_{K=1}^{\infty} \frac{1}{Z_K}} = \frac{\dfrac{V_1}{Z_1} + \dfrac{V_2}{Z_2} + \cdots + \dfrac{V_n}{Z_n}}{\dfrac{1}{Z_1} + \dfrac{1}{Z_2} + \cdots + \dfrac{1}{Z_n}}$$

[정답] 　**64** ④　　**65** ③　　**66** ③　　**67** ②

474 · Part 2. 전기기사 기출문제

$$= \frac{\dfrac{5}{30} + \dfrac{10}{10} + \dfrac{5}{30}}{\dfrac{1}{30} + \dfrac{1}{10} + \dfrac{1}{30}} = 8[\text{V}]$$

68 파형이 톱니파일 경우 파형률은?

① 1.155　　　　② 1.732

③ 1.414　　　　④ 0.577

69 다음에서 $f_e(t)$는 우함수, $f_o(t)$는 기함수를 나타낸다. 주기함수 $f(t) = f_e(t) + f_o(t)$에 대한 다음의 서술 중 바르지 못한 것은?

① $f_e(t) = f_e(-t)$

② $f_o(t) = \dfrac{1}{2}[f(t) - f(-t)]$

③ $f_o(t) = -f_o(-t)$

④ $f_e(t) = \dfrac{1}{2}[f(t) - f(-t)]$

해설

$f_e(t) = f_e(-t),\ f_o(t) = -f_o(-t),$
$f(t) = f_e(t) + f_o(t)$이므로

$\dfrac{1}{2}[f(t) + f(-t)]$

$= \dfrac{1}{2}[f_e(t) + f_o(t) + f_e(-t) + f_o(-t)]$

$= \dfrac{1}{2}[f_e(t) + f_o(t) + f_o(t) - f_o(t)] = f_e(t)$

$\dfrac{1}{2}[f(t) - f(-t)]$

$= \dfrac{1}{2}[f_e(t) + f_o(t) - f_e(-t) - f_e(-t)]$

$= \dfrac{1}{2}[f_e(t) + f_o(t) - f_e(t) + f_o(t)] = f_o(t)$

70 그림과 같은 π형 회로에서 4단자 정수 B 는?

① $1 + \dfrac{Z_2}{Z_3}$　　　　② Z_2

③ $\dfrac{Z_1 + Z_2 + Z_3}{Z_1 Z_3}$　　　　④ $1 + \dfrac{Z_2}{Z_1}$

해설

$$\begin{bmatrix} A & B \\ C & D \end{bmatrix} = \begin{bmatrix} 1 & 0 \\ \dfrac{1}{Z_1} & 1 \end{bmatrix} \begin{bmatrix} 1 & Z_2 \\ 0 & 1 \end{bmatrix} \begin{bmatrix} 1 & 0 \\ \dfrac{1}{Z_3} & 1 \end{bmatrix}$$

$$= \begin{bmatrix} 1 + \dfrac{Z_2}{Z_3} & Z_2 \\ \dfrac{1}{Z_1} + \dfrac{1}{Z_3}\left(1 + \dfrac{Z_2}{Z_1}\right) & 1 + \dfrac{Z_2}{Z_1} \end{bmatrix}$$

71 자동제어의 분류에서 제어량의 종류에 의한 분류가 아닌 것은?

① 서보 기구

② 추치 제어

③ 프로세스 제어

④ 자동조정

72 그림과 같은 회로망은 어떤 보상기로 사용 될 수 있는가?(단, $1 \langle R_1 C$인 경우로 한다.)

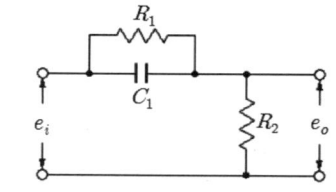

① 지연 보상기　　　② 지·진상 보상기

③ 지상 보상기　　　④ 진상보상기

정답 68 ①　69 ④　70 ②　71 ②　72 ④

73 미분방정식이 $\dfrac{di(t)}{dt} + 2i(t) = 1$일 때 i(t)는?
(단, $t = 0$에서 $i(0)=0$이다).

① $\dfrac{1}{2}(1+e^{-t})$ ② $\dfrac{1}{2}(1-e^{-2t})$

③ $\dfrac{1}{2}(1+e^{t})$ ④ $\dfrac{1}{2}(1-e^{2t})$

해설 $\dfrac{di(t)}{dt} + 2 \cdot i(t) = 1$에서 라플라스 변환하면

$sI(s) - i(o) + 2I(s) = \dfrac{1}{s}$에서 $i(o) = 0$이므로,

$(s+2)I(s) = \dfrac{1}{s}$

$I(s) = \dfrac{1}{s(s+2)}$에서,

$i(t) = \mathcal{L}^{-1}I(s) = \mathcal{L}^{-1}\dfrac{1}{s(s+2)}$

$= \mathcal{L}^{-1}\left(\dfrac{A}{s} + \dfrac{B}{s+2}\right)$

$= \mathcal{L}^{-1}\dfrac{1}{2}\left(\dfrac{1}{s} - \dfrac{1}{s+2}\right) = \dfrac{1}{2}(1-e^{-2t})$

$A = \lim_{s \to 0}\dfrac{1}{s+2} = \dfrac{1}{2}$

$B = \lim_{s \to -2}\dfrac{1}{s} = -\dfrac{1}{2}$

74 다음 블록선도에서 $\dfrac{C}{R}$는?

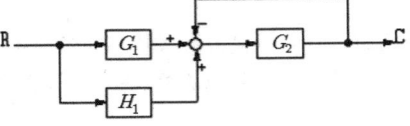

① $\dfrac{H}{1+G_1 G_2}$ ② $\dfrac{G_2(G_1+H_1)}{1+G_2}$

③ $\dfrac{1+G_2}{G_2(G_1+H_1)}$ ④ $\dfrac{G_1 G_2}{1+G_1 G_2 H_1}$

해설 $(R \cdot G_1 + R \cdot H_1 - C) \cdot G_2 = C$

$R \cdot (G_1 G_2 + G_2 H_1) = C \cdot (1+G_2)$

$\therefore G(s) = \dfrac{C}{R} = \dfrac{G_1 G_2 + G_2 H_1}{1+G_2} = \dfrac{G_2(G_1+H_1)}{1+G_2}$

75 2차계의 주파수 응답과 시간 응답간의 관계 중 잘못된 것은?

① 안정된 제어계에서 높은 대역폭은 큰 공진 첨두값과 대응된다.

② 최대 오버슈트와 공진 첨두값은 ζ(감쇠율) 만의 함수로 나타낼 수 있다.

③ ω_n(고유주파수) 일정시 ζ(감쇠율)가 증가하 면 상승 시간과 대역폭을 증가한다.

④ 대역폭은 영 주파수 이득보다 3[dB] 떨어지 는 주파수로 정의된다.

76 전달함수 $G(s) = \dfrac{1}{s(s+10)}$에 $\omega=0.1$인 정 현파 입력을 주었을 때 보드선도의 이득은?

① $-40[dB]$ ② $-20[dB]$

③ $0[dB]$ ④ $20[dB]$

해설 이득

$g[dB] = 20\log_{10}[G(j\omega)] = 20\log_{10}[1] = 0[dB]$

$G(j\omega) = \dfrac{1}{j\omega(j\omega+10)}\bigg|_{\omega=0.1} = \dfrac{1}{j0.1(j0.1+10)}$

$|G(j\omega)| = \dfrac{1}{0.1\sqrt{0.1^2+10^2}} \fallingdotseq 1$

77 $s^3 + 11s^2 + 2s + 40 = 0$에는 양의 실수부를 갖 는 근은 몇 개 있는가?

① 0 ② 1

③ 2 ④ 3

해설 루드–훌비쯔의 안정판별법

s^3	1	2
s^2	11	40
s^1	-1.64	
s^0	40	

부호변화가 2번 있으므로 불안정 근의 수는 2개이다.(양 의 실수부=정의 실수부=오른쪽평면=불안정 근의 수)

정답 73 ② 74 ② 75 ③ 76 ③ 77 ③

78 제어량을 어떤 일정한 목표값으로 유지하는 것을 목적으로 하는 제어법은?

① 추종제어　　　② 비율제어

③ 프로그램제어　④ 정치제어

79 계의 특성상 감쇠계수가 크면 위상여유가 크고, 감쇠성이 강하여 (A)는(은) 좋으나 (B)는(은) 나쁘다. A, B를 바르게 묶은 것은?

① 안정도, 응답성　② 응답성, 이득여유

③ 오프셋, 안정도　④ 이득여유, 안정도

80 Z 변환법을 사용한 샘플치 제어계가 안정되려면 1+GH(Z)=0의 근의 위치는?

① Z평면의 좌반면에 존재하여야 한다.

② Z평면의 우반면에 존재하여야 한다.

③ |Z|=1인 단위 원내에 존재하여야 한다.

④ |Z|=1인 단위 원밖에 존재하여야 한다.

제5과목 : 전기설비기술기준 및 판단기준

81 가공 케이블 시설 시 고압 가공전선에 케이블을 사용하는 경우 조가용선은 단면적이 몇 [㎟] 이상인 아연도 강연선이어야 하는가?

① 8　　　② 14

③ 22　　④ 30

82 옥내에 시설하는 전동기가 과전류로 소손될 우려가 있을 경우 자동적으로 이를 저지하거나 경보하는 장치를 하여야 한다. 정격출력이 몇 [kW] 이하인 전동기에는 이와 같은 과부하 보호장치를 시설하지 않아도 되는가?

① 0.2　　② 0.75

③ 3　　　④ 5

83 특고압 가공전선로의 경간은 지지물이 철탑인 경우 몇 [m] 이하이어야 하는가?(단, 단주가 아닌 경우이다.)

① 400　　② 500

③ 600　　④ 700

84 옥내에 시설하는 저압전선으로 나전선을 사용할 수 없는 공사는?

① 전개된 곳의 애자 사용 공사

② 금속 덕트 공사

③ 버스 덕트 공사

④ 라이팅 덕트 공사

해설 나전선을 사용할 수 있는 시설

• 애자사용공사에 의한 전개된 장소에 시설

• 버스덕트나 라이팅덕트공사에 의한 시설

• 접촉전선의 시설

85 3300[V] 고압 가공전선을 교통이 번잡한 도로를 횡단하여 시설하는 경우 지표상 높이를 몇 [m] 이상으로 하여야 하는가?

① 5.0　　② 5.5

③ 6.0　　④ 6.5

86 154[kV] 가공전선로를 시가지에 시설하는 경우 특고압 가공전선에 지락 또는 단락이 생기면 몇 초 이내에 자동적으로 이를 전로로부터 차단하는 장치를 시설하는가?

① 1　　　② 2

③ 3　　　④ 5

정답 **78** ④ **79** ① **80** ③ **81** ③ **82** ① **83** ③ **84** ② **85** ③ **86** ①

87 특고압은 전선로에 사용하는 애자장치에 대한 갑종 풍압 하중은 그 구성재의 수직투명 면적 1[㎡]에 대한 풍압하중을 몇 Pa를 기초로 하여 계산한 것인가?

① 592
② 668
③ 946
④ 1039

88 440[V]의 저압 배선을 사람의 접촉 우려가 없는 경우에 금속관 공사를 하였을 때 금속관에는 어떤 접지 공사를 해야 하는가?

① 제1종
② 제2종
③ 제3종
④ 특별 제3종

해설 400[V] 미만은 제3종 접지공사, 400[V] 이상은 특별 제3종 접지공사이지만, 사람이 접촉할 우려가 없도록 시설할 경우에는 제3종 접지공사를 한다.

89 정격전류 35[A]인 과전류 차단기로 보호되는 저압 옥내 전로에 사용되는 연동선의 굵기[㎡]는?(단, 분기점에서 하나의 소켓 또는 하나의 콘센트 등에 이르는 부분의 전선은 제외한다.)

① 2.5
② 4.0
③ 6.0
④ 10

해설

저압 옥내전로의 종류	저압 옥내배선의 굵기	하나의 나사접속기, 하나의 소켓 또는 하나의 콘센트에서 그 분기점에 이르는 부분의 전선의 굵기
정격전류가 15[A] 이하인 과전류차단기로 보호되는 것	단면적 2.5[㎡](미네럴인슈레이션 케이블에 있어서는 단면적 1[㎡])	
정격전류가 15[A]를 초과하고 20[A] 이하인 배선용 차단기로 보호되는 것	단면적 2.5[㎡](미네럴인슈레이션 케이블에 있어서는 단면적 1[㎡])	
정격전류가 15[A]를 초과하고 20[A] 이하인 과전류 차단기 (배선용 차단기를 제외한다)로 보호되는 것	단면적 4[㎡](미네럴인슈레이션 케이블에 있어서는 단면적 1.5[㎡])	단면적 2.5[㎡](미네럴인슈레이션 케이블에 있어서는 단면적 1[㎡])
정격전류 20[A]를 초과하고 30[A] 이하인 과전류 차단기로 보호되는 것	단면적 6[㎡](미네럴인슈레이션 케이블에 있어서는 단면적 2.5[㎡])	
정격전류 30[A]를 초과하고 40[A] 이하인 과전류 차단기로 보호되는 것	단면적 10[㎡](미네럴인슈레이션 케이블에 있어서는 단면적 6[㎡])	단면적 4[㎡](미네럴인슈레이션 케이블에 있어서는 단면적 1.5[㎡])
정격전류가 40[A]를 초과하고 50[A] 이하인 과전류 차단기로 보호되는 것	단면적 16[㎡](미네럴인슈레이션 케이블에 있어서는 단면적 10[㎡])	

90 사용전압이 22.9[kV]인 가공전선과 그 지지물사이의 이격거리는 일반적으로 몇 [cm] 이상이어야 하는가?

① 5
② 10
③ 15
④ 20

정답 87 ④   88 ③   89 ④   90 ④

91 고압 또는 특고압과 저압의 혼촉에 의한 위험방지시설로 가공공동지선을 설치하여 2 이상의 시설 장소에 제2종 접지공사를 할 때, 가공공동지선은 지름 몇 [mm] 이상의 경동선을 사용하여야 하는가?

① 1.5 　　　　② 2
③ 3.5 　　　　④ 4

92 저압 가공전선 또는 고압 가공전선이 건조물과 접근상태로 시설되는 경우 상부 조영재 옆쪽과의 이격거리는 각각 몇 [m]인가?

① 저압 : 1.2[m], 고압 : 1.2[m]
② 저압 : 1.2[m], 고압 : 1.5[m]
③ 저압 : 1.5[m], 고압 : 1.5[m]
④ 저압 : 1.5[m], 고압 : 2.0[m]

해설 상부조영재 위쪽 : 2[m] 이상, 옆쪽 또는 아래쪽 : 1.2[m] 이상, 기타조영재 : 1.2[m] 이상

93 점검할 수 없는 은폐된 장소로 400[V] 미만의 건조한 장소의 옥내배선 공사로 알맞은 것은?

① 금속 덕트 공사　　② 플로어 덕트 공사
③ 라이팅 덕트 공사　④ 버스 덕트 공사

94 최대사용전압이 154[kV]인 중성점 직접접지식 전로의 절연내력 시험전압은 몇 [V]인가?

① 110880 　　　② 141680
③ 169400 　　　④ 192500

해설 시험전압은 최대사용전압의 0.72배이므로 시험전압=154000×0.72=110880[V]

95 특고압 가공전선로 및 선로길이 몇 [km] 이상의 고압 가공전선로에는 보안상 특히 필요한 경우에 가공 전선로의 적당한 곳에서 통화할 수 있도록 휴대용 또는 이동용의 전력보안 통신용 전화설비를 시설하여야 하는가?

① 2 　　　　② 3
③ 5 　　　　④ 7

96 25[kV] 이하의 특고압 가공전선로가 상호 간 접근 또는 교차하는 경우 사용전선이 양쪽 모두 나전선인 경우 이격거리는 얼마 이상이어야 하는가?

① 1.0[m] 　　　② 1.2[m]
③ 1.5[m] 　　　④ 1.75[m]

97 저압 가공인입선 시설시 사용할 수 없는 전선은?

① 절연전선, 다심형 전선, 케이블
② 경간 20[m] 이하인 경우 지름 2[mm] 이상의 인입용 비닐절연전선
③ 지름 2.6[mm] 이상의 인입용 비닐절연전선
④ 사람 접촉우려가 없도록 시설하는 경우 옥외용 비닐절연전선

해설 경간이 15[m] 이하인 경우는 인장강도 1.25[kN] 이상의 것 또는 지름 2[mm] 이상의 인입용 비닐절연전선일 것.

98 발전소 또는 변전소로부터 다른 발전소 또는 변전소를 거치지 아니하고 전차선로에 이르는 전선을 무엇이라 하는가?

① 급전선
② 전기철도용 급전선
③ 급전선로
④ 전기철도용 급전선로

정답 **91** ④ 　**92** ① 　**93** ② 　**94** ① 　**95** ③ 　**96** ③ 　**97** ② 　**98** ②

99 변전소의 주요 변압기에 시설하지 않아도 되는 계측장치는?

① 역률   ② 전압

③ 전력   ④ 전류

해설 변전소의 계측장치
- 주요변압기의 전압, 전류, 전력
- 특고용 변압기의 온도

100 직류 귀선의 궤도 근접 부분이 금속제 지중관로와 1[km] 안에 접근하는 경우 금속제 지중관로에 대한 전식작용의 장해를 방지하기 위한 귀선의 시설방법으로 옳은 것은?

① 귀선은 정극성으로 할 것

② 귀선의 궤도 근접 부분에 1년간의 평균 전류가 통할 때에 생기는 전위치는 그 구간안의 어느 2점 사이에서도 2[V] 이하일 것

③ 귀선용 레일은 특수한 곳 이외에는 길이 50[m] 이상이 되도록 연속하여 용접할 것

④ 귀선용 레일의 이음매의 저항을 합친 값은 그 구간의 레일 자체의 저항의 30% 이하로 유지할 것

정답 99 ①   100 ②

국가기술자격검정 필기시험문제

2013년도 기사 제2회 필기시험(기사)

자격종목 및 등급(선택분야)	종목코드	시험시간	문제지형별	수검번호	성명
전기기사		**2시간 30분**	**A**		

※ 시험문제지는 답안카드와 같이 반드시 제출하여야 합니다.

제1과목 : 전기자기학

01 무한평면도체에서 d[m]의 거리에 있는 반경 a[m]의 구도체와 평면도체 사이의 정전용량은 몇 [F]인가?(단, a ≪ d이다.)

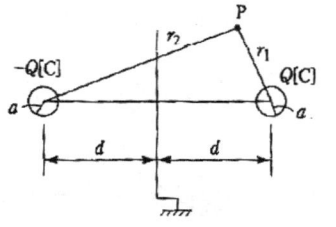

① $\dfrac{\pi \epsilon}{\dfrac{1}{a} - \dfrac{1}{2d}}$
② $\dfrac{1}{4\pi\epsilon}(a - 2d)$

③ $\dfrac{1}{4\pi\epsilon}\left(\dfrac{1}{a} - \dfrac{1}{2d}\right)$
④ $\dfrac{4\pi\epsilon}{\dfrac{1}{a} - \dfrac{1}{2d}}$

해설 구도체와 평면도체 사이의 정전용량은

$$C = \frac{Q}{V'} = \frac{Q}{\dfrac{Q}{4\pi\epsilon}\left(\dfrac{1}{a} - \dfrac{1}{2d}\right)} = \frac{4\pi\epsilon}{\dfrac{1}{a} - \dfrac{1}{2d}} \, [F] \text{ 이다.}$$

• 두 도체에 의한 P점의 전위는

$$V_P = \frac{Q}{4\pi\epsilon}\left(\frac{1}{r_1} - \frac{1}{r_2}\right) \, [V] \text{에서,}$$

• 두 구도체의 전위를 각각 V_A, V_B라 하면,

$$V_A = \frac{Q}{4\pi\epsilon}\left(\frac{1}{a} - \frac{1}{2d - a}\right),$$

$$V_B = \frac{Q}{4\pi\epsilon}\left(\frac{1}{2d - a} - \frac{1}{a}\right)$$

∴ 두 구도체의 전위차 V_{AB}는,

$$V_{AB} = V_A - V_B$$
$$= \frac{Q}{4\pi\epsilon}\left(\frac{1}{a} - \frac{1}{2d-a}\right) - \frac{Q}{4\pi\epsilon}\left(\frac{1}{2d-a} - \frac{1}{a}\right)$$
$$= \frac{Q}{2\pi\epsilon}\left(\frac{1}{a} - \frac{1}{2d-a}\right) \fallingdotseq \frac{Q}{2\pi\epsilon}\left(\frac{1}{a} - \frac{1}{2d}\right)$$
$$(\text{단}, d \gg a)$$

• 구도체와 평면도체 사이의 전위차 V'는

$$V' = \frac{V_{AB}}{2} = \frac{Q}{4\pi\epsilon}\left(\frac{1}{a} - \frac{1}{2d}\right) \, [V]$$

02 그림과 같이 전류가 흐르는 반원형 도선이 평면 Z=0 상에 놓여 있다. 이 도선이 자속밀도 $B = 0.8a_x - 0.7a_y + a_z \, [Wb/m^2]$인 균일자계 내에 놓여 있을 때 도선의 직선 부분에 작용하는 힘은 몇 [N]인가?

① $4a_x + 3.2a_z$
② $4a_x - 3.2a_z$

③ $5a_x - 3.5a_z$
④ $-5a_x + 3.5a_z$

해설 도선의 직선부분(길이 l[m])에 작용하는 힘은
$$F = F'l = (50a_x - 40a_z) \times 8 \times 10^{-2}$$
$$= 4a_x - 3.2a_z \text{ 이다.}$$

• 단위길이당 작용하는 힘
$$F' = I \times B = 50a_y \times (0.8a_x - 0.7a_y + a_z)$$
$$= 40a_y \times a_x - 35a_y \times a_y + 50a_y \times a_z$$
$$= 50a_x - 40a_z,$$
$$(\text{단}, a_y \times a_x = -a_z, \; a_y \times a_y = 0, \; a_y \times a_z = a_x)$$

정답 **01** ④ **02** ②

03 평면 도체로부터 수직거리 a[m]인 곳에 점 전하 Q[C]가 있다. Q와 평면도체 사이에 작용하는 힘은 몇 [N]인가?(단, 평면도체 오른 편을 유전율 ϵ의 공간이라 한다.)

① $-\dfrac{Q^2}{16\pi\epsilon a^2}$ ② $-\dfrac{Q^2}{8\pi\epsilon a^2}$

③ $-\dfrac{Q^2}{4\pi\epsilon a^2}$ ④ $-\dfrac{Q^2}{2\pi\epsilon a^2}$

해설

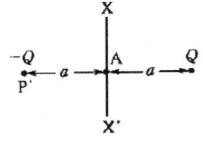

그림에서처럼, 점전하 +Q[C]과 평면도체 사이에 작용하는 힘 F[N]은 영상전하 −Q[C]와의 작용력[N]이다.

$$\therefore F = \frac{Q\cdot(-Q)}{4\pi\epsilon(2a^2)} = -\frac{Q^2}{16\pi\epsilon a^2}\,[N] \quad (흡인력)$$

04 그림과 같이 권수 50회이고 전류 1[mA]가 흐르고 있는 직사각형 코일이 0.1[Wb/m²]의 평등자계 내에 자계와 30°로 기울여 놓았을 때 이 코일의 회전력 [N·m]은?(단, a=10[cm], b=15[cm]이다.)

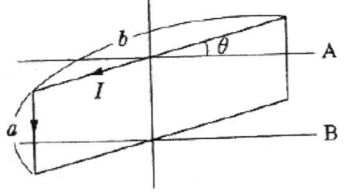

① 3.74×10^{-5} ② 6.49×10^{-5}

③ 7.48×10^{-5} ④ 11.22×10^{-5}

해설 회전력$(T)=NBIS\cos\theta$
$$= 50\times0.1\times1\times10^{-3}\times(10\times15)\times10^{-4}\times\cos30°$$
$$= 6.495\times10^{-5}\,[N\cdot m]$$

05 무한히 넓은 도체 평면판에 면밀도 $\sigma[C/m^2]$의 전하가 분포되어 있는 경우 전력선은 면(面)에 수직으로 나와 평행하게 발산한다. 이 평면의 전계의 세기는 몇 [V/m]인가?

① $\dfrac{\sigma}{\epsilon_0}$ ② $\dfrac{\sigma}{2\epsilon_0}$

③ $\dfrac{\sigma}{2\pi\epsilon_0}$ ④ $\dfrac{\sigma}{4\pi\epsilon_0}$

해설

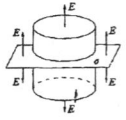

무한평면 전하에서의 전계는 수직으로만 발산하므로, 원통면을 가우스표면으로 보고, $\displaystyle\oint_s EdS = \frac{Q}{\epsilon_0}$

$$E\times2S = \frac{\sigma S}{\epsilon_0}, \quad \therefore E = \frac{\sigma}{2\epsilon_0}$$

06 그림과 같이 정전용량이 C_0[F]가 되는 평행판 공기콘덴서에 판면적의 1/2 되는 공간에 비유전률이 ϵ_s인 유전체를 채웠을 때 정전용량은 몇 [F]인가?

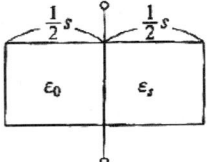

① $\dfrac{1}{2}(1+\epsilon_s)C_0$ ② $(1+\epsilon_s)C_0$

③ $\dfrac{2}{3}(1+\epsilon_s)C_0$ ④ C_0

해설 유전체를 채우기전의 정전용량은
$$C_0 = \frac{\epsilon_0 S}{d}\,[F]$$

• 그림처럼 비유전률ϵ_s인 유전체를 채웠을 때의 정전용량은

정답 03 ①   04 ②   05 ②   06 ①

$$C_1 = \frac{\epsilon_0 \frac{1}{2} S}{d} = \frac{1}{2} C_0 \ [F],$$

$$C_2 = \frac{\epsilon_0 \epsilon_s \frac{1}{2} S}{d} = \frac{1}{2} \epsilon_s C_0 \ [F]$$

병렬접속이 되므로

$$\therefore \ C = C_1 + C_2 = \frac{1}{2} C_0 + \frac{1}{2} \epsilon_s C_0$$

$$= \frac{1}{2} (1 + \epsilon_s) C_0 \ [F] \text{이다.}$$

07 비투자율 μ_s=800, 원형 단면적이 S=10 [cm²], 평균 자로 길이 l=8π×10⁻² [m]의 환상철심에 600회의 코일을 감고 이것에 1[A]의 전류를 흘리면 내부의 자속은 몇 [Wb]인가?

① 1.2×10^{-3}　　② 1.2×10^{-5}
③ 2.4×10^{-3}　　④ 2.4×10^{-5}

해설

$$\phi = \frac{\mu_0 \mu_s S N I}{l}$$

$$= \frac{4\pi \times 10^{-7} \times 800 \times 10 \times 10^{-4} \times 600 \times 1}{8\pi \times 10^{-2}}$$

$$= 2.4 \times 10^{-3} \ [Wb]$$

08 자화의 세기로 정의할 수 있는 것은?

① 단위면적당 자위밀도
② 단위체적당 자기모멘트
③ 자력선 밀도
④ 자화선 밀도

해설 자화의 세기(J)= $\frac{M}{V}$ (단위체적당 자기모멘트)

$J = \frac{m}{S}$ (단위면적당의 자극의 세기)

09 전하 q[C]이 공기 중의 자계 H[AT/m]에 수직 방향으로 v[m/s] 속도로 돌입하였을 때 받는 힘은 몇 [N]인가?

① $\frac{qH}{\mu_0 v}$　　② $\frac{1}{\mu_0} q v H$
③ $q v H$　　④ $\mu_0 q v H$

해설 자계에 놓인 운동전하가 받는 힘은(수직방향이므로, $\theta = 90°$)
$F = q v B \sin\theta = q v \mu_0 H \ [N]$이다.

10 면적이 S[m²]이고 극간의 거리가 d[m]인 평행판 콘덴서에 비유전률 ϵ_s의 유전체를 채울 때 정전용량은 몇 [F]인가?(단, 진공의 유전률은 ϵ_0이다.)

① $\frac{2\epsilon_0 \epsilon_s S}{d}$　　② $\frac{\epsilon_0 \epsilon_s S}{\pi d}$
③ $\frac{\epsilon_0 \epsilon_s S}{d}$　　④ $\frac{2\pi \epsilon_0 \epsilon_s S}{d}$

해설 $C = \frac{Q}{V} = \frac{\sigma S}{E d} = \frac{\sigma S}{\frac{\sigma}{\epsilon_0 \epsilon_s} d} = \frac{\epsilon_0 \epsilon_s S}{d} \ [F]$

11 변위 전류와 가장 관계가 깊은 것은?

① 반도체　　② 유전체
③ 자성체　　④ 도체

해설 변위전류란 유전체(진공)내에서 전속밀도의 시간적 변화에 의해서 발생되는 전류이다.

12 압전기 현상에서 분극이 응력과 같은 방향으로 발생하는 현상을 무슨 효과라 하는가?

① 종효과　　② 횡효과
③ 역효과　　④ 간접효과

정답 07 ③　08 ②　09 ④　10 ③　11 ②　12 ①

해설
- 종효과 : 결정에 가한 기계적 응력과 전기분극이 동일한 방향으로 발생
- 횡효과 : 수직방향으로 발생하는 경우

13 정전류가 흐르고 있는 무한 직선도체로부터 수직으로 0.1[m]만큼 떨어진 점의 자계의 크기가 100[A/m]이면 0.4[m]만큼 떨어진 점의 자계의 크기[A/m]는?

① 10
② 25
③ 50
④ 100

해설 $H = \dfrac{I}{2\pi r}[A/m] \propto \dfrac{1}{r}$

$100 : H' = \dfrac{1}{0.1} : \dfrac{1}{0.4}$

$\therefore H' = \dfrac{0.1}{0.4} \times 100 = 25\,[A/m]$

14 공극을 가진 환상솔레노이드에서 총 권수 N회, 철심의 투자율 μ[H/m], 단면적 S[m²], 길이 l[m]이고 공극의 길이가 δ[m]일 때 공극부에 자속밀도 B[Wb/m²]을 얻기 위해서는 몇 [A]의 전류를 흘려야 하는가?

① $\dfrac{N}{B}\left(\dfrac{l}{\mu} + \dfrac{\delta}{\mu_0}\right)$
② $\dfrac{N}{B}\left(\dfrac{l}{\mu_0} + \dfrac{\delta}{\mu}\right)$

③ $\dfrac{B}{N}\left(\dfrac{l}{\mu} + \dfrac{\delta}{\mu_0}\right)$
④ $\dfrac{N}{B}\left(\dfrac{l}{\mu_0} + \dfrac{\delta}{\mu}\right)$

해설 $\phi = BS, \quad \phi = \dfrac{NI}{R_m}$

$BS = \dfrac{NI}{R_m}$

$\therefore I = \dfrac{BS}{N}R_m = \dfrac{BS}{N}\left(\dfrac{\delta}{\mu_0 S} + \dfrac{l}{\mu S}\right) = \dfrac{B}{N}\left(\dfrac{\delta}{\mu_0} + \dfrac{l}{\mu}\right)$

15 전선의 체적을 동일하게 유지하면서 2배의 길이로 늘였을 때 저항은 어떻게 되는가?

① $\dfrac{1}{2}$로 줄어준다.
② 동일하다.

③ 2배로 증가한다.
④ 4배로 증가한다.

해설 전선의 체적을 동일하게 유지한 상태에서 길이를 2배로 하면 단면적은 $\dfrac{1}{2}$배

$R = \rho\dfrac{l}{S}\,[\Omega]$

$\therefore R' = \rho\dfrac{l'}{S'} = \rho\dfrac{2l}{\dfrac{1}{2}S} = \rho\dfrac{4l}{S} = 4R$

16 자화율(Magnetic Susceptibility) χ는 상자성체에서 일반적으로 어떤 값을 갖는가?

① $\chi = 0$
② $\chi = 1$

③ $\chi < 0$
④ $\chi > 0$

해설
상자성체($\chi > 0,\ \mu_s \geq 1$)
반자성체($\chi < 0,\ \mu_s < 1$)
강자성체($\chi \gg 0,\ \mu_s \gg 1$)

17 유전체에 대한 경계조건에 대한 설명이 옳지 않은 것은?

① 표면전하 밀도란 구속전하의 표면밀도를 말하는 것이다.
② 완전 유전체 내에서는 자유전하는 존재하지 않는다.
③ 경계면에 외부전하가 있으면, 유전체의 내부와 외부의 전하는 평형되지 않는다.
④ 특수한 경우를 제외하고 경계면에서 표면전하 밀도는 영(zero)이다.

해설 표면전하밀도 = 분극전하의 표면밀도

정답 **13** ② **14** ③ **15** ④ **16** ④ **17** ①

484 · Part 2. 전기기사 기출문제

18 반지름 a[m]이고, N=1회의 원형코일에 I[A]의 전류가 흐를 때 그 코일의 중심점에서의 자계의 세기[AT/m]는?

① $\dfrac{I}{2\pi a}$ ② $\dfrac{I}{4\pi a}$

③ $\dfrac{I}{2a}$ ④ $\dfrac{I}{4a}$

해설 원형코일의 중심점에서의 자계의 세기는

$$H = \frac{NI}{2a}\,[AT/m] = \frac{I}{2a}\,[AT/m]$$

19 균일하게 원형단면을 흐르는 전류 I[A]에 의한, 반지름 a[m], 길이 l[m], 비투자율 μ_s인 원통도체의 내부 인덕턴스는 몇 [H] 인가?

① $\dfrac{1}{2}\times 10^{-7}\mu_s l$ ② $10^{-7}\mu_s l$

③ $2\times 10^{-7}\mu_s l$ ④ $\dfrac{1}{2a}\times 10^{-7}\mu_s l$

해설 원통(형)도체의 내부 인덕턴스는

$$L_i = \frac{\mu}{8\pi}\,l = \frac{\mu_0\mu_s}{8\pi}\,l = \frac{4\pi\times 10^{-7}}{8\pi}\times \mu_s l$$
$$= \frac{1}{2}\times 10^{-7}\times \mu_s l\,[H]$$

20 자계의 벡터퍼텐셜을 A[Wb/m]라 할 때 도체 주위에서 자계 B[Wb/m²]가 시간적으로 변화하면 도체에 생기는 전계의 세기 E[V/m]은?

① $E = -\dfrac{\partial A}{\partial t}$ ② $rot\,E = -\dfrac{\partial A}{\partial t}$

③ $E = rot\,A$ ④ $rot\,E = \dfrac{\partial B}{\partial t}$

해설 $B = \nabla\times A$,

$$\nabla\times E = -\frac{\partial B}{\partial t} = -\frac{\partial}{\partial t}(\nabla\times A) = \nabla\times(-\frac{\partial A}{\partial t})$$
$$\therefore E = -\frac{\partial A}{\partial t}$$

제2과목 : 전력 공학

21 표피효과에 대한 설명으로 옳은 것은?

① 표피효과는 주파수에 비례한다.

② 표피효과는 전선의 단면적에 반비례한다.

③ 표피효과는 전선의 비투자율에 반비례한다.

④ 표피효과는 전선의 도전률에 반비례한다.

22 보일러에서 흡수 열량이 가장 큰 곳은?

① 절탄기 ② 수냉벽

③ 과열기 ④ 공기예열기

23 다음 중 전력원선도에서 알 수 없는 것은?

① 전력 ② 조상기 용량

③ 손실 ④ 코로나 손실

24 배전선로의 주상변압기에서 고압측−저압측에 주로 사용되는 보호장치의 조합으로 적합한 것은?

① 고압측 : 프라이머리 컷아웃 스위치, 저압측 : 캐치홀더

② 고압측 : 캐치홀더, 저압측 : 프라이머리 컷아웃 스위치

③ 고압측 : 리클로저, 저압측 : 라인퓨즈

④ 고압측 : 라인퓨즈, 저압측 : 리클로저

25 송전계통의 한 부분이 그림에서와 같이 3상 변압기로 1차측은 △로, 2차측은 Y로 중성점이 접지되어 있을 경우, 1차측에 흐르는 영상전류는?

정답 18 ③ 19 ① 20 ① 21 ① 22 ② 23 ④ 24 ① 25 ④

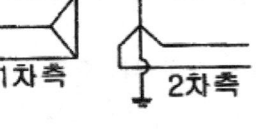

① 1차측 변압기 내부와 1차측 선로에서 반드시 0이다.
② 1차측 선로에서 ∞이다.
③ 1차측 변압기 내부에서는 반드시 0이다.
④ 1차측 선로에서 반드시 0이다.

26 조정지 용량 100000[㎥], 유효낙차 100[m]인 수력발전소가 있다. 조정지의 전 용량을 사용하여 발생될 수 있는 전력량은 약 몇 [kWh]인가?(단, 수차 및 발전기의 종합효율을 75%로 하고 유효낙차는 거의 일정하다고 본다.)

① 20417
② 25248
③ 30448
④ 42540

해설

전력량$[kWh] = P \times t[kWh]$

$= 735 \times 10^5 \times \dfrac{1}{60 \times 60}$

$= 20416.67[kWh]$

$P_g = 9.8QH\eta = 9.8 \times 100000 \times 100 \times 0.75$

$= 735 \times 10^5[kW]$

27 저압 뱅킹 배선방식에서 캐스케이딩이란 무엇인가?

① 변압기의 전압 배분을 자동으로 하는 것
② 수전단 전압이 송전단 전압보다 높아지는 현상
③ 저압선에 고장이 생기면 건전한 변압기의 일부 또는 전부가 차단되는 현상
④ 전압 동요가 일어나면 연쇄적으로 파동치는 현상

28 공기차단기(ABB)의 공기 압력은 일반적으로 몇 [kg/㎠] 정도 되는가?

① 5~10
② 15~30
③ 30~45
④ 45~55

29 송전선로의 일반회로정수가 A=0.7, C=j1.95×10⁻³, D=0.9라 하면 B의 값은 약 얼마인가?

① j90
② −j90
③ j190
④ −j190

해설

$AC - BD = 1$

$\therefore B = \dfrac{AD - 1}{C} = \dfrac{0.7 \times 0.9 - 1}{j1.95 \times 10^{-3}} = j189.74$

30 정격전압 66[kV]인 3상3선식 송전선로에서 1선의 리액턴스가 15[Ω]일 때 이를 100[MVA]기준으로 환산한 %리액턴스는?

① 17.2
② 34.4
③ 51.6
④ 68.8

해설 $\%X = \dfrac{PX}{10V^2} = \dfrac{100 \times 10^3 \times 15}{10 \times 66^2} = 34.4[\%]$

31 공장이나 빌딩에 200[V] 전압을 400[V]로 승압하여 배전을 할 때, 400[V] 배전과 관계없는 것은?

① 전선 등 재료의 절감
② 전압변동률의 감소
③ 배선의 전력손실 경감
④ 변압기 용량의 절감

정답 **26** ① **27** ③ **28** ② **29** ③ **30** ② **31** ④

32 변압기 보호용 비율차동계전기를 사용하여 △−Y결선의 변압기를 보호하려고 한다. 이 때 변압기 1, 2차측에 설치하는 변류기의 결선 방식은?(단, 위상 보정기능이 없는 경우이다.)

① △ − △　　② △ − Y
③ Y − △　　④ Y − Y

33 송전계통의 안정도 향상 대책이 아닌 것은?

① 계통의 직렬 리액턴스를 증가시킨다.
② 전압 변동을 적게 한다.
③ 고장시간, 고장전류를 적게 한다.
④ 고속도 재폐로 방식을 채용한다.

34 부하역률이 0.6인 경우, 전력용 콘덴서를 병렬로 접속하여 합성역률을 0.9로 개선하면 전원측 선로의 전력손실은 처음 것의 약 몇 %로 감소되는가?

① 38.5　　② 44.4
③ 56.6　　④ 62.8

해설

$P_l \propto \dfrac{1}{\cos\theta}$ 이므로,

$\dfrac{P_{l0.9}}{P_{l0.6}} = \left(\dfrac{0.6}{0.9}\right)^2 \times 100 = 44.4[\%]$

35 부하의 불평형으로 인하여 발생하는 각 상별 불평형 전압을 평형되게 하고 선로손실을 경감시킬 목적으로 밸런서가 사용된다. 다음 중 이 밸런서의 설치가 가장 필요한 배전 방식은?

① 단상 2선식　　② 3상 3선식
③ 단상 3선식　　④ 3상 4선식

36 원자로의 감속재가 구비하여야 할 사항으로 적합하지 않은 것은?

① 원자량이 큰 원소일 것
② 중성자의 흡수 단면적이 적을 것
③ 중성자와의 충돌 확률이 높을 것
④ 감속비가 클 것

37 다음 중 모선보호용 계전기로 사용하면 가장 유리한 것은?

① 재폐로계전기　　② 과전류계전기
③ 역상계전기　　④ 거리계전기

38 송전선의 전압변동률을 나타내는 식

$\dfrac{V_{R1} - V_{R2}}{V_{R2}} \times 100[\%]$ 에서 V_{R1} 은 무엇인가?

① 부하 시 수전단 전압
② 무부하 시 수전단 전압
③ 부하 시 송전단 전압
④ 무부하 시 송전단 전압

39 단도체 대신 같은 단면적의 복도체를 사용할 때 옳은 것은?

① 인덕턴스가 증가한다.
② 코로나 개시전압이 높아진다.
③ 선로의 작용정전용량이 감소한다.
④ 전선 표면의 전위경도를 증가시킨다.

40 송배전선로의 고장전류 계산에서 영상 임피던스가 필요한 경우는?

① 3상 단락 계산　　② 선간 단락 계산
③ 1선 지락 계산　　④ 3선 단선 계산

정답　32 ③　33 ①　34 ②　35 ③　36 ①　37 ④　38 ②　39 ②　40 ③

제3과목 : 전기기기

41 3상 동기발전기의 매극 매상의 슬롯수를 3이라 할 때 분포권 계수는?

① $6\sin\dfrac{\pi}{18}$ ② $3\sin\dfrac{\pi}{36}$

③ $\dfrac{1}{6\sin\dfrac{\pi}{18}}$ ④ $\dfrac{1}{12\sin\dfrac{\pi}{36}}$

해설

$$분포권\ 계수(K_d) = \frac{\sin\dfrac{\pi}{2m}}{q\sin\dfrac{\pi}{2mq}} = \frac{\sin\dfrac{\pi}{6}}{3\sin\dfrac{\pi}{18}}$$

$$= \frac{1}{6\sin\dfrac{\pi}{18}}$$

42 1차 Y, 2차 △로 결선하고 1차에 선간전압 3300[V]를 가하였을 때에 무부하 2차 선간전압은 몇 [V]인가?(단, 전압비는 30 : 1 이다.)

① 110 ② 190.5

③ 330.5 ④ 380.5

해설 $V_2 = \sqrt{3} \times \dfrac{V_1}{a} = \sqrt{3} \times \dfrac{3300}{30} = 190.5[V]$

43 권수비 a=6600/220, 60[Hz], 변압기의 철심 단면적 0.02[㎡], 최대자속밀도 1.2[Wb/㎡] 일 때 1차 유기 기전력은 약 몇 [V]인가?

① 1407 ② 3521

③ 42198 ④ 49814

해설

$E = 4.44f\phi N_1 = 4.44 \times 60 \times 1.2 \times 0.02 \times 6600$
$\quad = 42197.76[V]$

44 단상 유도전압조정기에서 1차 전원전압을 V_1이라 하고, 2차의 유도전압을 E_2라고 할 때 부하 단자전압을 연속적으로 가변할 수 있는 조정 범위는?

① $0 \sim V_1$까지

② $V_1 + E_2$까지

③ $V_1 - E_2$까지

④ $V_1 + E_2$에서 $V_1 - E_2$까지

45 10[kVA], 2000/100[V], 변압기에서 1차에 환산한 등가임피던스가 6.2+j7[Ω]일 때 % 리액턴스 강하는?

① 2.75 ② 1.75

③ 0.75 ④ 0.55

해설 $q = \dfrac{I_{1n} \cdot x}{V_{1n}} \times 100 = \dfrac{5 \times 7}{2000} \times 100 = 1.75[\%]$

$I_{1n} = \dfrac{10 \times 10^3}{2000} = 5[A]$

46 3상 권선형 유도전동기의 전부하 슬립이 4[%], 2차 1상의 저항이 0.3[Ω]이다. 이 유도전동기의 기동 토크를 전부하 토크와 같도록 하기 위해 외부에서 2차에 삽입해야 할 저항의 크기는 몇 [Ω]인가?

① 2.8 ② 3.5

③ 4.8 ④ 7.2

해설 기동시 $s' = 1$에서 전부하 토크를 발생시킬 때 필요한 저항 R은

$\dfrac{r_2}{s} = \dfrac{r_2 + R}{s'}, \quad \dfrac{0.3}{0.04} = \dfrac{0.3 + R}{1}$에서, $R = 7.2[\Omega]$

정답 41 ③ 42 ② 43 ③ 44 ④ 45 ② 46 ④

47 1차 및 2차 정격전압이 같은 2대의 변압기가 있다. 그 용량 및 임피던스 강하가 A변압기는 5kVA, 3%, B변압기는 20kVA, 2%일 때 이것을 병렬 운전하는 경우 부하를 분담하는 비(A : B)는?

① 1 : 4　　　　　② 1 : 6

③ 2 : 3　　　　　④ 3 : 2

해설 정격용량을 $(kVA)_A$, $(kVA)_B$. 부하분담을 $(kVA)_a$, $(kVA)_b$라 할 때

$$m = \frac{(kVA)_A}{(kVA)_B} = \frac{5}{20} = \frac{1}{4}$$

∴ 부하분담비,

$$\frac{(kVA)_a}{(kVA)_b} = m \times \frac{\%I_B Z_b}{\%I_A Z_a} = \frac{1}{4} \times \frac{2}{3} = \frac{1}{6}$$

48 브러시의 위치를 이동시켜 회전방향을 역회전시킬 수 있는 단상 유도전동기는?

① 반발 기동형 전동기

② 세이딩코일형 전동기

③ 분상기동형 전동기

④ 콘덴서 전동기

49 직류 발전기에서 섬락이 생기는 가장 큰 원인은?

① 장시간 운전　　② 부하의 급변

③ 경부하 운전　　④ 회전속도 저하

50 단상반파 정류회로에서 실효치 E와 직류 평균치 E_{d0}와의 관계식으로 옳은 것은?

① $E_{d0} = 0.90E\,[V]$　　② $E_{d0} = 0.81E\,[V]$

③ $E_{d0} = 0.67E\,[V]$　　④ $E_{d0} = 0.45E\,[V]$

51 유도 전동기로 동기 전동기를 기동하는 경우, 유도 전동기의 극수는 동기기의 그것보다 2극 적은 것을 사용한다. 옳은 이유는? (단, s는 슬립이며 N_s는 동기속도이다.)

① 같은 극수로는 유도기는 동기 속도보다 sN_s 만큼 늦으므로

② 같은 극수로는 유도기는 동기 속도보다 $(1-s)N_s$ 만큼 늦으므로

③ 같은 극수로는 유도기는 동기 속도보다 sN_s 만큼 빠르므로

④ 같은 극수로는 유도기는 동기 속도보다 $(1-s)N_s$ 만큼 빠르므로

52 직류 전동기에서 정출력 가변속도의 용도에 적합한 속도제어법은?

① 일그너제어　　② 계자제어

③ 저항제어　　　④ 전압제어

53 속도 특성곡선 및 토크 특성곡선을 나타낸 전동기는?

① 직류 분권전동기　　② 직류 직권전동기

③ 직류 복권전동기　　④ 타여자 전동기

54 사이클로 컨버터(Cyclo Converter)란?

① 실리콘 양방향성 소자이다.

② 제어정류기를 사용한 주파수 변환기이다.

③ 직류 제어소자이다.

④ 전류 제어소자이다.

정답　**47** ②　**48** ①　**49** ②　**50** ④　**51** ①　**52** ②　**53** ②　**54** ②

55 포화하고 있지 않은 직류발전기의 회전수가 4배로 증가되었을 때 기전력을 전과 같은 값으로 하려면 여자를 속도 변화 전에 얼마로 하여야 하는가?

① $\dfrac{1}{2}$ ② $\dfrac{1}{3}$

③ $\dfrac{1}{4}$ ④ $\dfrac{1}{8}$

해설
$E = K\phi N$에서, N이 4배로 증가하면 ϕ는 $\dfrac{1}{4}$배가 되어야 E가 일정하다.

56 다음 중 3상 권선형 유도 전동기의 기동법은?

① 2차 저항법   ② 전전압 기동법
③ 기동 보상기법   ④ Y-△ 기동법

57 동기 리액턴스 $X_s=10[\Omega]$ 전기자 저항 r_a $=0.1[\Omega]$인 Y결선 3상 동기발전기가 있다. 1상의 단자전압은 V=4000[V]이고 유기 기전력 E=6400[V]이다. 부하각 $\delta=30°$라고 하면 발전기의 3상 출력[kW]은 약 얼마인가?

① 1250   ② 2830
③ 3840   ④ 4650

해설 1상 출력
$P = \dfrac{EV}{X_s}\sin\delta = \dfrac{6400 \times 4000}{10} \times \sin30° \times 10^{-3}$
$= 1280[kW]$
∴3상 출력 = $3 \times P = 3 \times 1280 = 3840[kW]$

58 다음 그림은 어떤 전동기의 1차측 결선도인가?

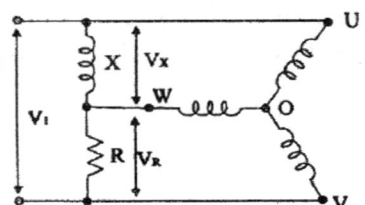

① 모노사이클릭형 전동기
② 반발 유도전동기
③ 콘덴서 전동기
④ 반발기동형 단상 유도전동기

59 직류 직권 전동기가 전차용에 사용되는 이유는?

① 속도가 클 때 토크가 크다.
② 토크가 클 때 속도가 적다.
③ 기동토크가 크고 속도는 불변이다.
④ 토크는 일정하고 속도는 전류에 비례한다.

60 10000[kVA], 6000[V], 60[Hz], 24극, 단락비 1.2인 3상 동기발전기의 동기 임피던스 [Ω]는?

① 1   ② 3
③ 10   ④ 30

해설 %동기임피던스$(Z_s') = \dfrac{1}{K_s} = \dfrac{1}{1.2}$

∴동기임피던스
$(Z_s) = \dfrac{Z_s' E_n}{I_n} = \dfrac{\dfrac{1}{1.2} \times \dfrac{6000}{\sqrt{3}}}{962.25} = 3[\Omega]$
$I_n = \dfrac{10000 \times 10^3}{\sqrt{3} \times 6000} = 962.25[A]$

정답   **55** ③   **56** ①   **57** ③   **58** ①   **59** ②   **60** ②

제4과목 : 회로이론 및 제어 공학

61 시간 지정이 있는 특수한 시스템이 미분 방정식 $\frac{d}{dt}y(t)+y(t)=x(t-T)$로 표시될 때 이 시스템의 함수는?

① $e^{-t}+e$
② $e^{-sT}+\frac{1}{s}$
③ $\frac{e^{-sT}}{s(s+1)}$
④ $\frac{e^{-sT}}{s+1}$

해설 $\frac{d}{dt}y(t)+y(t)=x(t-T)$를 라플라스 변환하면

$sY(s)+Y(s)=e^{-Ts}$

$Y(s)(s+1)=e^{-Ts}$ ∴ $Y(s)=\frac{e^{-Ts}}{s+1}$

62 일정 입력에 대해 잔류 편차가 있는 제어계는?

① 비례 제어계
② 적분 제어계
③ 비례 적분 제어계
④ 비례 적분 미분 제어계

63 그림과 같은 논리회로에서 출력 F의 값은?

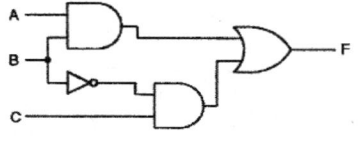

① A
② $\overline{ABC}$
③ $AB+\overline{B}C$
④ $(A+B)C$

해설 $F=A\cdot B+\overline{B}\cdot C$

64 그림과 같은 요소는 제어계의 어떤 요소인가?

① 적분요소
② 미분요소
③ 1차 지연요소
④ 1차 지연 미분요소

해설 $G(s)=\frac{E_0(s)}{E_i(s)}=\frac{RCs}{1+RCs}=\frac{Ts}{1+Ts}$이 되는데 이 값을 1차 지연요소를 포함한 미분요소라 한다.

65 개루프 전달함수가 다음과 같은 계에서 단위속도 입력에 대한 정상 편차는?

$$G(s)=\frac{10}{s(s+1)(s+2)}$$

① 0.2
② 0.25
③ 0.33
④ 0.5

해설

$e_{ssv}=\frac{1}{\lim\limits_{s\to 0}sG(s)}=\frac{1}{\lim\limits_{s\to 0}s\frac{10}{s(s+1)(s+2)}}$

$=\frac{1}{5}$

66 보상기 $G_c(s)=\frac{1+\alpha Ts}{1+Ts}$가 진상 보상기가 되기 위한 조건은?

① $\alpha=0$
② $\alpha=1$
③ $\alpha<1$
④ $\alpha>1$

67 다음 안정도 판별법 중 G(s)H(s)의 극점과 영점이 우반평면에 있을 경우 판정 불가능한 방법은?

① Routh-Hurwitz판별법
② Bode 선도
③ Nyquist 판별법
④ 근궤적법

정답 61 ④ 62 ① 63 ③ 64 ④ 65 ① 66 ④ 67 ②

68 $G(s)H(s) = \dfrac{K_1}{(T_1 s + 1)(T_2 s + 1)}$ 의 개루프 전달함수에 대한 Nyquist 안정도 판별에 대한 설명으로 옳은 것은?

① K_1, T_1 및 T_2의 값에 대하여 조건부 안정

② K_1, T_1 및 T_2의 값에 관계없이 안정

③ K_1값에 대하여 조건부 안정

④ K_1, T_1 및 T_2의 모든 양의 값에 대하여 안정

69 그림의 회로에서 출력전압 V_o는 입력전압 V_i와 비교할 때 위상 변화는?

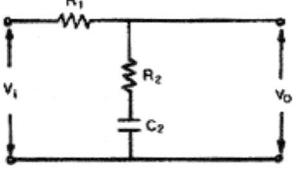

① 위상이 뒤진다.

② 위상이 앞선다.

③ 동상이다.

④ 낮은 주파수에서는 위상이 뒤떨어지고 높은 주파수에서는 앞선다.

70 개루프 전달함수 $G(s)H(s) = \dfrac{K}{s(s+3)^2}$ 의 이탈점에 해당되는 것은?

① 1 ② -1

③ 2 ④ -2

해설 특성방정식

$1 + GH = 0$, $1 + \dfrac{K}{s(s+3)^2} = 0$,

$\dfrac{s(s+3)^2 + K}{s(s+3)^3} = 0$

$\therefore s^3 + 6s^2 + 9s + K = 0$ ·················· ①

①식에서, $K = -(s^3 + 6s^2 + 9s)$ ·············· ②

②식을 s에 관해서 미분하면,

$\dfrac{dK}{ds} = 0$, $\dfrac{d}{ds}[-(s^3 + 6s^2 + 9s)] = 0$

$3s^2 + 12s + 9 = 0$

$\therefore s^2 + 4s + 3 = 0$, 이탈점은 $s = -1, -3$ 이 된다.

71 RLC직렬회로에서 전원 전압을 V라 하고, L, C에 걸리는 전압을 각각 V_L 및 V_C라면 선택도 Q는?

① $\dfrac{CR}{L}$ ② $\dfrac{CL}{R}$

③ $\dfrac{V}{V_L}$ ④ $\dfrac{V_C}{V}$

해설

$Q = \dfrac{V_L}{V} = \dfrac{V_C}{V} = \dfrac{\omega_r L}{R} = \dfrac{1}{\omega_r CR} = \dfrac{1}{R}\sqrt{\dfrac{L}{C}}$

72 전원의 내부 임피던스가 순저항 R과 리액턴스 X로 구성되고 외부에 부하저항 R_L을 연결하여 최대전력을 전달하려면 R_L의 값은?

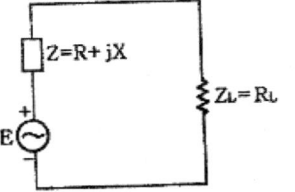

① $R_L = \sqrt{R^2 + X^2}$ ② $R_L = \sqrt{R^2 + X^2}$

③ $R_L = R$ ④ $R_L = R + X$

해설 최대전력 전달조건 :
내부임피던스(Z)=부하임피던스(Z_L)

즉, $Z_L = \overline{Z}$이 된다.

$\therefore R_L = \sqrt{R^2 + X^2}$

정답 68 ④ 69 ① 70 ② 71 ④ 72 ①

73 그림과 같은 회로와 쌍대(Dual)가 될 수 있는 회로는?

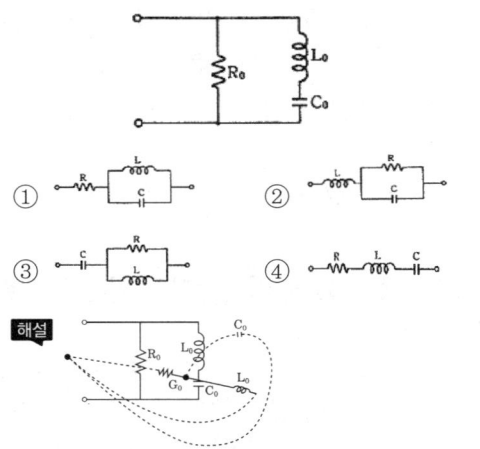

① $V_a = 4[V]$, $I_a = \dfrac{11}{8}[A]$

② $V_a = 5[V]$, $I_a = \dfrac{5}{4}[A]$

③ $V_a = 2[V]$, $I_a = \dfrac{13}{8}[A]$

④ $V_a = 3[V]$, $I_a = \dfrac{3}{2}[A]$

해설

$$V_a = \frac{4}{8+4} \times 15 = 5[V], \quad I_a = \frac{15}{8+4} = \frac{5}{4}[A]$$

76 역률각이 45°인 3상 평형부하에 상순이 a–b–c이고 Y결선된 회로에 $V_a = 220[V]$인 상전압을 가하니 $I_a = 10[A]$의 전류가 흘렀다. 전력계의 지시값[W]은?

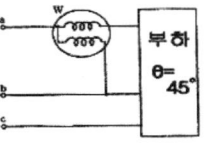

① 1555.63[W] ② 2694.44[W]

③ 3047.19[W] ④ 3680.67[W]

해설 선간전압과 부하전류는 3상에서 30°의 위상차가 발생하지만 상전압과 부하전류는 동상이다.
$W = V_a I_a \cos 45° = 220 \times 10 \times 0.707$
$= 1555.63[W]$

74 그림과 같은 π형 회로에 있어서 어드미턴스 파라미터 중 Y_{21}은 어느 것인가?

① Y_a ② $-Y_a$

③ $Y_a + Y_b$ ④ $Y_b + Y_c$

해설

$$Y_{21} = \frac{I_2}{V_1}\bigg|_{V_2=0} = \frac{-Y_b V_1}{V_1} = -Y_b[\mho]$$
$$I_1 = (Y_a + Y_b)V_1$$
$$\therefore I_2 = \frac{Y_b}{Y_a + Y_b}(-I_1) = -Y_b V_1$$

77 저항 R[Ω] 3개를 Y로 접속한 회로에 전압 200[V]의 3상 교류전원을 인가 시 선전류가 10[A]라면 이 3개의 저항을 △로 접속하고 동일전원을 인가 시 선전류는 몇 [A]인가?

① 10[A] ② $10\sqrt{3}[A]$

③ 30[A] ④ $30\sqrt{3}[A]$

해설

• Y결선인 경우 : $I_l = L_p$, $V_l = \sqrt{3}\,V_p$

• △결선인 경우 : $V_l = V_p$, $I_l = \sqrt{3}\,L_p$

75 그림의 회로에서 절점전압 V_a와 지로전류 I_a의 크기는?

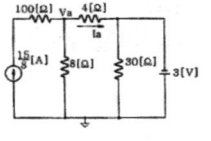

정답 **73** ① **74** ② **75** ② **76** ① **77** ③

$$I_Y = \frac{V_p}{R} = \frac{200}{\sqrt{3}\,R}[A]$$

$$I_\Delta = \sqrt{3}\,\overline{I_p} = \sqrt{3} \times \frac{200}{R}[A]$$

$$\frac{I_\Delta}{I_Y} = \frac{\sqrt{3}\,\dfrac{200}{R}}{\dfrac{200}{\sqrt{3}\,R}} = 3$$

$$\therefore I_\Delta = 3I_Y = 3 \times 10 = 30[A]$$

78 선로의 단위길이당 분포 인덕턴스, 저항, 정전용량, 누설 컨덕턴스를 각각 R, L, C, G라 하면 전파정수는?

① $\dfrac{\sqrt{(R+jwL)}}{(G+jwC}$

② $\sqrt{(R+jwL)(G+jwC)}$

③ $\sqrt{\dfrac{(R+jwL)}{(G+jwC)}}$

④ $\sqrt{\dfrac{(G+jwC)}{(R+jwL)}}$

79 그림의 RL 직렬회로에서 스위치를 닫은 후 몇 초 후에 회로의 전류가 10[㎃]가 되는가?

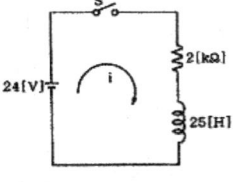

① 0.011[sec]　　② 0.016[sec]

③ 0.022[sec]　　④ 0.031[sec]

해설 $i(t) = \dfrac{E}{R}(1 - e^{-\frac{R}{L}t})[A]$에서,

$$10 \times 10^{-3} = \frac{24}{2 \times 10^3}(1 - e^{-\frac{2 \times 10^3}{25}t})$$

$=> e^{-80t} = 0.17$, 양변에 $\log_e$를 곱하면

$$\log_e e^{-80t} = \log_e 0.17 \qquad \therefore t = 0.022[sec]$$

80 전류의 대칭분을 I_0, I_1, I_2 유기 기전력 및 단자전압의 대칭분을 E_a, E_b, E_c 및 V_0, V_1, V_2라 할 때 3상 교류발전기의 기본식 중 정상분 V_1값은?(단, Z_0, Z_1, Z_2는 영상, 정상, 역상 임피던스이다.)

① $-Z_0 I_0$　　② $-Z_2 I_2$

③ $E_a - Z_1 I_1$　　④ $E_b - Z_2 I_2$

제5과목 : 전기설비기술기준 및 판단기준

81 사용전압 35[kV]인 특고압 가공전선로에 특고압 절연전선을 사용한 경우 전선의 지표상 높이는 최소 몇 [m] 이상이어야 하는가?

① 13.72　　② 12.04

③ 10　　④ 8

해설
• 35[kV] 이하 : 10[m](절연전선 8[m]) 이상
• 35[kV] 넘는 것 : 10+0.12n

82 전압 구분에서 고압에 해당되는 것은?

① 직류는 750[V]를, 교류는 600[V]를 초과하고 7[kV] 이하인 것

② 직류는 600[V]를, 교류는 750[V]를 초과하고 7[kV] 이하인 것

③ 직류는 750[V]를, 교류는 600[V]를 초과하고 9[kV] 이하인 것

④ 직류는 600[V]를, 교류는 750[V]를 초과하고 9[kV] 이하인 것

83 금속 덕트 공사에 의한 저압 옥내배선에서, 금속덕트에 넣은 전선의 단면적의 합계는 덕트 내부 단면적의 얼마 이하이어야 하는가?

정답　**78** ②　**79** ③　**80** ③　**81** ④　**82** ①　**83** ①

494 • Part 2. 전기기사 기출문제

① 20[%] 이하   ② 30[%] 이하

③ 40[%] 이하   ④ 50[%] 이하

84 출퇴표시등 회로에 전기를 공급하기 위한 변압기는 1차측 전로의 대지전압과 2차측 전로의 사용전압이 각각 몇 [V] 이하인 절연 변압기이어야 하는가?

① 대지전압 : 150[V], 사용전압 : 30[V]

② 대지전압 : 150[V], 사용전압 : 60[V]

③ 대지전압 : 300[V], 사용전압 : 30[V]

④ 대지전압 : 300[V], 사용전압 : 60[V]

85 고압 가공전선로의 가공지선으로 나경동선을 사용하는 경우의 지름은 몇 [mm] 이상이어야 하는가?

① 3.2   ② 4.0

③ 5.5   ④ 6.0

86 최대사용전압 154[kV] 중성점 직접 접지식 전로에 시험전압을 전로와 대지 사이 몇 [kV]를 연속으로 10분간 가하여 절연내력을 시험하였을 때 이에 견디어야 하는가?

① 231   ② 192.5

③ 141.68   ④ 110.88

> **해설** 시험전압=154×0.72=110.88[kV]

87 일정용량 이상의 특고압용 변압기에 내부고장이 생겼을 경우, 자동적으로 이를 전로로부터 자동차단하는 장치 또는 경보장치를 시설해야 하는 뱅크 용량은?

① 1000[kVA] 이상, 5000[kVA] 미만

② 5000[kVA] 이상, 10000[kVA] 미만

③ 10000[kVA] 이상, 15000[kVA] 미만

④ 15000[kVA] 이상, 20000[kVA] 미만

88 제3종 접지공사에 사용되는 접지선의 굵기는 공칭 단면적 몇 [mm²] 이상의 연동선을 사용하여야 하는가?

① 0.75   ② 2.5

③ 6   ④ 18

89 시가지에 시설하는 통신선은 특고압 가공전선로의 지지물에 시설하여서는 아니 된다. 그러나 통신선이 절연전선과 동등 이상의 절연효력이 있고 인장강도 5.26[kN] 이상의 것 또는 지름 몇 [mm] 이상의 절연전선 또는 광섬유 케이블인 것이면 시설이 가능한가?

① 4   ② 4.5

③ 5   ④ 5.5

90 무대, 무대마루 밑, 오케스트라 박스, 영사실 기타 사람이나 무대 도구가 접촉할 우려가 있는 곳에 시설하는 저압 옥내배선 · 전구선 또는 이동전선은 사용전압이 몇 [V] 미만이어야 하는가?

① 60   ② 110

③ 220   ④ 400

91 전기욕기에 전기를 공급하는 전원장치는 전기욕기용으로 내장되어 있는 2차측 전로의 사용전압을 몇 [V] 이하로 한정하고 있는가?

① 6   ② 10

③ 12   ④ 15

92 플로어 덕트공사에 의한 저압 옥내배선 공사에 적합하지 않은 것은?

① 사용전압 400[V] 미만일 것

② 덕트의 끝 부분은 막을 것

정답 **84** ④   **85** ②   **86** ④   **87** ②   **88** ②   **89** ①   **90** ④   **91** ②   **92** ④

③ 제3종 접지공사를 할 것

④ 옥외용 비닐절연전선을 사용할 것

93 가공 방식에 의하여 시설하는 직류식 전기 철도용 전차선로는 사용전압이 직류 고압인 경우 어느 곳에 시설하여야 하는가?

① 전차선 높이가 5m 이상인 경우 사람이 쉽게 출입할 수 없는 전용 부지 안에 시설

② 사람이 쉽게 출입할 수 있는 전용 부지 안에 시설

③ 전기철도의 전용 부지 안에 시설

④ 교통이 빈번하지 않은 시가지 외에 시설

94 고압 가공전선으로 경동선 또는 내열 동합금선을 사용할 때 그 안전율은 최소 얼마 이상이 되는 이도로 시설하여야 하는가?

① 2.0　　　　② 2.2

③ 2.5　　　　④ 3.3

95 철탑의 강도계산에 사용하는 이상 시 상정 하중이 가하여지는 경우의 그 이상 시 상정 하중에 대한 철탑의 기초에 대한 안전율은 얼마 이상이어야 하는가?

① 1.2　　　　② 1.33

③ 1.5　　　　④ 2

해설 가공전선로 지지물의 기초 안전율은 2(이상 시 상정하중에 대한 철탑의 경우는 1.33) 이상

96 저압 가공지선 또는 고압 가공전선이 도로를 횡단할 때 지표상의 높이는 몇 [m] 이상으로 하여야 하는가?(단, 농로 기타 교통이 번잡하지 않은 도로 및 횡단보도교는 제외한다.)

① 4　　　　② 5

③ 6　　　　④ 7

해설 저·고압 가공전선의 높이

• 도로횡단 : 지표상 6[m] 이상

• 철도횡단 : 레일면상 6.5[m] 이상

• 횡단보도교위에 시설·저압 : 3.5[m](절연전선, 케이블 : 3[m] 이상)

• 일반장소 : 지표상 5[m](저압으로 교통에 지장이 없을 때 3[m]) 이상

97 저압 옥측전선로의 공사에서 목조 조영물에 시설이 가능한 공사는?

① 금속피복을 한 케이블 공사

② 합성수지관 공사

③ 금속관 공사

④ 버스덕트 공사

98 판단기준 용어에서 "제2차 접근상태"란 가공전선이 다른 시설물과 접근하는 경우에 그 가공전선이 다른 시설물의 위쪽 또는 옆쪽에서 수평거리로 몇 [m] 미만인 곳에 시설되는 상태를 말하는가?

① 2　　　　② 3

③ 4　　　　④ 5

99 가공전선로의 지지물에 취급자가 오르고 내리는데 사용하는 발판 볼트 등은 원칙적으로는 지표상 몇 [m] 미만에 시설하여서는 아니 되는가?

① 1.2　　　　② 1.5

③ 1.8　　　　④ 2.0

정답 **93** ①　**94** ②　**95** ②　**96** ③　**97** ②　**98** ②　**99** ③

100 다음 전선로에 대한 설명으로 옳은 것은?

① 발전소 · 변전소 · 개폐소, 이에 준하는 곳,
전기사용장소 상호간 전선 및 이를 지지하
거나 수용하는 시설물

② 발전소 · 변전소 · 개폐소, 이에 준하는 곳,
전기사용장소 상호 간 전선 및 전차선을 지
지 하거나 수용하는 시설물

③ 통상의 사용 상태에서 전기가 통하고 있는
전선

④ 통상의 사용 상태에서 전기를 절연한 전선

정답 **100** ①

국가기술자격검정 필기시험문제

2013년도 기사 제3회 필기시험(기사)

자격종목 및 등급(선택분야)	종목코드	시험시간	문제지형별	수검번호	성명
전기기사		2시간 30분	A		

※ 시험문제지는 답안카드와 같이 반드시 제출하여야 합니다.

제1과목 : 전기자기학

01 전류가 흐르는 도선을 자계 안에 놓으면, 이 도선에 힘이 작용한다. 평등 자계의 진공 중에 놓여 있는 직선 전류 도선이 받는 힘에 대하여 옳은 것은?

① 전류의 세기에 반비례한다.

② 도선의 길이에 비례한다.

③ 자계의 세기에 반비례한다.

④ 전류와 자계의 방향이 이루는 각 $\tan\theta$에 비례한다.

해설 직선도선이 받는 힘(F)=
$IBl\sin\theta = I\mu_0 Hl\sin\theta \ [N]$

02 반지름 a[m]인 반원형 전류 I[A]에 의한 중심에서의 자계의 세기는 몇 [AT/m]인가?

① $\dfrac{I}{4a}$

② $\dfrac{I}{4a}$

③ $\dfrac{I}{2a}$

④ $\dfrac{2I}{a}$

해설 반원형 전류에 의한 중심에서의 자계의 세기는
(원형전류의 $\dfrac{1}{2}$)

$H = \dfrac{I}{2a} \times \dfrac{1}{2} = \dfrac{I}{4a} \ [AT/m]$

03 전계 E[V/m], 자계 H[AT/m]의 전자계가 평면파를 이루고 자유공간으로 전파될 때 진행방향에 수직되는 단위면적을 단위시간에 통과하는 에너지는 몇 [W/m²]인가?

① EH^2

② EH

③ $\dfrac{1}{2}EH^2$

④ $\dfrac{1}{2}EH$

해설 포인팅(poynting)벡터
$P = E \times H = EH\sin\theta \ [W/m^2]$, E와 H의 수직되는 단위면적을 단위시간에 통과하는 에너지는, P=EH $[W/m^2]$

04 환상철심에 권수 100회인 A코일과 권수 400회인 B코일이 있을 때 A의 자기인덕턴스가 4[H]라면 두 코일의 상호인덕턴스는 몇 [H]인가?

① 16

② 12

③ 8

④ 4

해설 상호인덕턴스 :

$M = \sqrt{L_1 L_2} = \sqrt{L_1 \times (\dfrac{N_2}{N_1})^2 L_1} = L_1 \times \dfrac{N_2}{N_1}$
$= 4 \times \dfrac{400}{100} = 16 \ [mH]$

$L = \dfrac{\mu S N^2}{l} \propto N^2$, $L_1 : L_2 = N_1^2 : N_2^2$ 에서,

$L_2 = (\dfrac{N_2}{N_1})^2 L_1$

정답 **01** ② **02** ① **03** ② **04** ①

05 한 변의 길이가 500[mm]인 정사각형 평형 평판 2장이 10[mm] 간격으로 놓여 있고 그림과 같이 유전율이 다른 2개의 유전체로 채워진 경우 합성용량은 약 몇 [pF]인가?

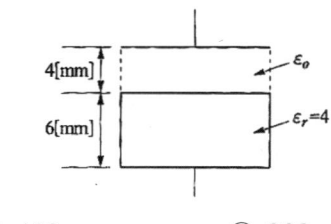

① 402

② 922

③ 2028

④ 4228

해설 유전율이 ϵ_0, ϵ_s인 유전체의 정전용량을 각각 C_1, C_2

$$C_1 = \frac{\epsilon_0 S}{d_1} = \frac{8.855 \times 10^{-12} \times 0.5 \times 0.5}{4 \times 10^{-3}} \times 10^{12}$$
$$= 553.44 \,[pF]$$

$$C_2 = \frac{\epsilon_0 \epsilon_s S}{d_2}$$
$$= \frac{8.855 \times 10^{-12} \times 4 \times 0.5 \times 0.5}{6 \times 10^{-3}} \times 10^{12}$$
$$= 1475.83 \,[pF]$$

그러므로 직렬접속이므로 합성정전용량은

$$\therefore \ C = \frac{C_1 \times C_2}{C_1 + C_2} = \frac{553.44 \times 1475.83}{553.44 + 1475.83}$$
$$= 402.5 \,[pF]$$

06 정전용량(C_i)과 내압($V_{i\,max}$)이 다른 콘덴서를 여러 개 직렬로 연결하고 그 직렬회로 양단에 직류전압을 인가할 때 가장 먼저 절연이 파괴되는 콘덴서는?

① 정전용량이 가장 작은 콘덴서

② 최대 충전 전하량이 가장 작은 콘덴서

③ 내압이 가장 작은 콘덴서

④ 배분전압이 가장 큰 콘덴서

해설 최대충전전하량이 가장 작은 콘덴서가 제일 먼저 절연파괴 된다.
($Q = C_1 V_1 = C_2 V_2$)

07 자기회로에 대한 설명으로 틀린 것은?

① 전기회로의 정전용량에 해당되는 것은 없다.

② 자기저항에는 전기저항의 줄 손실에 해당되는 손실이 있다.

③ 기자력과 자속은 변화가 비직선성을 갖고 있다.

④ 누설자속은 전기회로의 누설전류에 비하여 대체로 많다.

해설 전기회로는 전류가 흘러서 줄열이 발생해서 줄손실(I^2R, 동손)이 생기고, 자기회로에서는 자속이 흘러서 자속에 의한 동손은 생기지 않지만 철손은 생긴다.

08 자계의 벡터 포텐셜을 A[Wb/m]라 할 때 도체 주위에서 자계 B[Wb/m²]가 시간적으로 변화하면 도체에 생기는 전계의 세기 E[V/m]는?

① $E = -\dfrac{\partial A}{\partial t}$

② $rot E = -\dfrac{\partial A}{\partial t}$

③ $E = rot B$

④ $rot E = -\dfrac{\partial B}{\partial t}$

해설 $B = \nabla \times A$

$$\nabla \times E = -\frac{\partial B}{\partial t} = -\frac{\partial}{\partial t}(\nabla \times A) = \nabla \times (-\frac{\partial A}{\partial t})$$

$$\therefore E = -\frac{\partial A}{\partial t}$$

09 철도궤도간 거리가 1.5[m]이며 궤도는 서로 절연되어 있다. 열차가 매시 60[km]의 속도로 달리면서 차축이 지구자계의 수직분력 $B = 0.15 \times 10^{-4}$[Wb/m²]을 절단할 때 두 궤도 사이에 발생하는 기전력은 몇 [V]인가?

정답 **05** ①   **06** ②   **07** ②   **08** ①   **09** ③

① 1.75×10^{-4} ② 2.75×10^{-4}

③ 3.75×10^{-4} ④ 4.75×10^{-4}

해설 기전력

$e = Blv\sin\theta$
$= 0.15 \times 10^{-4} \times 1.5 \times 16.67 \times \sin 90°$
$= 3.75 \times 10^{-4} \ [V]$

$v[m/s] = \dfrac{60 \times 10^3}{3600} = 16.67 \ [m/s]$

10 선전하밀도가 λ[C/m]로 균일한 무한 직선 도선의 전하로부터 거리가 r[m]인 점의 전계의 세기(E)는 몇 [V/m]인가?

① $E = \dfrac{1}{4\pi\epsilon_0} \dfrac{\lambda}{r^2}$ ② $E = \dfrac{1}{2\pi\epsilon_0} \dfrac{\lambda}{r^2}$

③ $E = \dfrac{1}{2\pi\epsilon_0} \dfrac{\lambda}{r}$ ④ $E = \dfrac{1}{4\pi\epsilon_0} \dfrac{\lambda}{r}$

해설

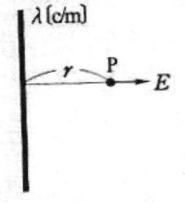

선전하밀도가 λ[C/m]로 균일한 무한 직선도선의 전하로부터 거리 r[m]인 점의 전계의 세기는

$E = \dfrac{1}{2\pi\epsilon_0} \dfrac{\lambda}{r} \ [V/m]$

11 판자석의 세기가 0.01[Wb/m], 반지름이 5[cm]인 원형 자석판이 있다. 자석의 중심에서 축상 10[cm]인 점에서의 자위의 세기는 몇 [AT]인가?

① 100 ② 175

③ 370 ④ 420

해설

$U = \dfrac{\phi_m \omega}{4\pi\mu_0} = \dfrac{\phi_m}{4\pi\mu_0} 2\pi(1-\cos\theta)$

$\quad = \dfrac{\phi_m}{4\pi\mu_0} 2\pi\left(1 - \dfrac{x}{\sqrt{a^2+x^2}}\right)$

$\quad = \dfrac{\phi_m}{2\mu_0}\left(1 - \dfrac{x}{\sqrt{a^2+x^2}}\right)$

$\quad = \dfrac{0.01}{2 \times 4\pi \times 10^{-7}}\left(1 - \dfrac{10}{\sqrt{5^2+10^2}}\right)$

$\quad = 420.06 \ [AT]$

12 무한 평면도체에서 r[m] 떨어진 곳에 ρ[C/m]의 전하분포를 갖는 직선도체를 놓았을 때 직선도체가 받는 힘의 크기[N/m]는? (단, 공간의 유전율은 ϵ_0이다.)

① $\dfrac{\rho^2}{\epsilon_0 r}$ ② $\dfrac{\rho^2}{\pi\epsilon_0 r}$

③ $\dfrac{\rho^2}{2\pi\epsilon_0 r}$ ④ $\dfrac{\rho^2}{4\pi\epsilon_0 r}$

해설

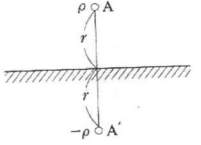

지상에서 r[m] 떨어진 곳과 같은 깊이에 −ρ[C/m]의 영상도선을 평행 배선한 것이므로, 직선 도체에서의 전계는, $E = \dfrac{\rho}{2\pi\epsilon_0(2r)} \ [V/m]$가 된다.

∴ 직선도체가 받는 단위길이당의 힘의 크기는

$F = \rho E = \dfrac{\rho^2}{4\pi\epsilon_0 r} \ [V/m]$

13 같은 길이의 도선으로 M회와 N회 감은 원형 동심 코일에 각각 같은 전류를 흘릴 때 M회 감은 코일의 중심 자계는 N회 감은 코일의 몇 배인가?

정답 10 ③ 11 ④ 12 ④ 13 ④

500 • Part 2. 전기기사 기출문제

① $\dfrac{M}{N}$ ② $\dfrac{M^2}{N}$

③ $\dfrac{M}{N^2}$ ④ $\dfrac{M^2}{N^2}$

해설 반지름 a[m]인 원형코일에 전류 I[A], 권수 N회일 때 코일 중심의 자계의 세기는

$H_0 = \dfrac{NI}{2a} \ [AT/m]$,

$H_M = \dfrac{MI}{2a_M} \ [AT/m]$, $H_N = \dfrac{NI}{2a_N} \ [AT/m]$

$l = M(2\pi a_M)$ 에서, $a_M = \dfrac{l}{2\pi M}$

$l = N(2\pi a_N)$ 에서, $a_N = \dfrac{l}{2\pi N}$

$\therefore \ \dfrac{H_M}{H_N} = \dfrac{\dfrac{MI}{2\dfrac{l}{2\pi M}}}{\dfrac{NI}{2\dfrac{l}{2\pi N}}} = \dfrac{M^2}{N^2}$

14 패러데이 법칙에서 유도기전력 e[V]를 옳게 표현한 것은?

① $e = -\dfrac{1}{N}\dfrac{d\phi}{dt}$ ② $e = -\dfrac{1}{N^2}\dfrac{d\phi}{dt}$

③ $e = -N\dfrac{d\phi}{dt}$ ④ $e = -N^2\dfrac{d\phi}{dt}$

해설 패러데이 법칙
유도기전력의 크기는 폐회로에 쇄교하는 자속의 시간적 변화율에 비례한다(또는 노이만 법칙).

$e = -\dfrac{d\Phi}{dt} = -N\dfrac{d\phi}{dt} \ [V]$, $(\Phi = N\phi)$

15 2개의 폐회로 C_1, C_2에서 상호 유도계수를 구하는 노이만(Neumann)의 식으로 옳은 것은?(단, μ : 투자율, ϵ : 유전율, r_{12} : 두 미소 부분간의 거리, dl_1, dl_2 : 각 회로상에 취한 미소 부분이다.)

① $\dfrac{\mu}{\pi} \oint_{c_1} \oint_{c_2} \dfrac{dl_1 \times dl_2}{r_{12}}$

② $\dfrac{\mu}{2\pi} \oint_{c_1} \oint_{c_2} \dfrac{dl_1 \cdot dl_2}{r_{12}}$

③ $\dfrac{\epsilon\mu}{\pi} \oint_{c_1} \oint_{c_2} \dfrac{dl_1 \times dl_2}{r_{12}}$

④ $\dfrac{\mu}{4\pi} \oint_{c_1} \oint_{c_2} \dfrac{dl_1 \cdot dl_2}{r_{12}}$

해설

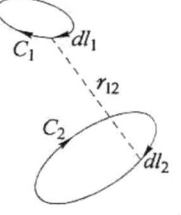

그림에서 C_1에 흐르는 전류를 I_1, ds_2 부분에 생기는 벡터퍼텐셜 A_1은

$A_1 = \dfrac{\mu}{4\pi} \oint_{c_1} \dfrac{I_1}{r_1} dl_1$, C_2와 쇄교하는 자속을 ϕ_{21}

$\phi_{21} = \oint_{c_2} A_1 \, dl_2 = \dfrac{\mu I_1}{4\pi} \oint_{c_2} \oint_{c_1} \dfrac{I}{r} dl_1 dl_2$

$\therefore \ M_{21} = \dfrac{\mu}{4\pi} \oint_{c_1} \oint_{c_2} \dfrac{dl_1 dl_2}{r_{12}}$

16 반지름 a[m]인 도체구에 전하 Q[C]를 주었다. 도체구를 둘러싸고 있는 유전체의 유전율이 ϵ_s인 경우 경계면에 나타나는 분극 전하는 몇 [C/m²]인가?

① $\dfrac{Q}{4\pi a^2}(1 - \epsilon_s)$ ② $\dfrac{Q}{4\pi a^2}(\epsilon_s - 1)$

③ $\dfrac{Q}{4\pi a^2}(1 - \dfrac{1}{\epsilon_s})$ ④ $\dfrac{Q}{4\pi a^2}(\dfrac{1}{\epsilon_s} - 1)$

해설

$D = \epsilon_0 E + P \ [C/m^2]$, $D = \epsilon E = \epsilon_0 \epsilon_s E$

정답   **14** ③   **15** ④   **16** ③

$$\therefore P = D - \epsilon_0 E = \epsilon_0 \epsilon_s E - \epsilon_0 E = \epsilon E \left(1 - \frac{1}{\epsilon_s}\right)$$

$$= \frac{Q}{4\pi a^2}\left(1 - \frac{1}{\epsilon_s}\right) [C/m^2]$$

17 그림에서 I[A]의 전류가 반지름 a[m]의 무한히 긴 원주도체를 축에 대하여 대칭으로 흐를 때 원주외부의 자계 H를 구한 값은?

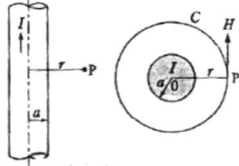

① $H = \dfrac{I}{4\pi r} [AT/m]$　② $H = \dfrac{I}{4\pi r^2} [AT/m]$

③ $H = \dfrac{I}{2\pi r} [AT/m]$　④ $H = \dfrac{I}{2\pi r^2} [AT/m]$

해설

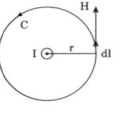

• 암페어 주회적분의 법칙 : 무한 직선도체에 전류 I가 흐를 때 거리 r[m] 떨어진 점의 자계의 세기는 항상 일정하므로,

$$\oint_c H dl = \oint_c H dl = 2\pi r H = I \text{ 에서,}$$

자계의 세기는 $\therefore H = \dfrac{I}{2\pi r} [AT/m]$

18 500[AT/m]의 자계 중에 어떤 자극을 놓았을 때 5×10^3[N]의 힘이 작용했을 때의 자극의 세기는 몇 [Wb]인가?

① 10　　　　　② 20

③ 30　　　　　④ 40

해설 $F = mH$

$$\therefore m = \frac{F}{H} = \frac{5 \times 10^3}{500} = 10 [Wb]$$

19 그림과 같이 점 O를 중심으로 반지름 a[m]의 도체구 1과 내반지름 b[m], 외반지름 c[m]의 도체구 2가 있다. 이 도체계에서 전위계수 P_{11}[1/F]에 해당되는 것은?

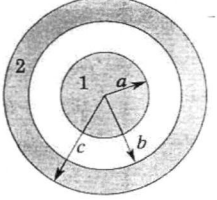

① $\dfrac{1}{4\pi\epsilon}\dfrac{1}{a}$　　　② $\dfrac{1}{4\pi\epsilon}\left(\dfrac{1}{a} - \dfrac{1}{b}\right)$

③ $\dfrac{1}{4\pi\epsilon}\left(\dfrac{1}{b} - \dfrac{1}{c}\right)$　④ $\dfrac{1}{4\pi\epsilon}\left(\dfrac{1}{a} - \dfrac{1}{b} + \dfrac{1}{c}\right)$

해설

$$V_1 = -\int_\infty^c E dr - \int_b^a E dr$$

$$= \frac{Q}{4\pi\epsilon}\left(\frac{1}{a} - \frac{1}{b} + \frac{1}{c}\right) [V]$$

$$V_1 = P_{11}Q_1 + P_{12}Q_2$$
$$V_2 = P_{21}Q_1 + P_{22}Q_2$$

• $Q_1 = 1, Q_2 = 0, \quad V_1 = P_{11}, \quad V_2 = P_{21}$

• $Q_1 = 0, Q_2 = 1, \quad V_2 = P_{22}, \quad V_1 = P_{12}$

내구에 $Q_1 = 1$을 줄 때 외구에는 -1, $+1$의 전하가 내외에 유기되므로

$$\therefore V_1 = P_{11} = \frac{Q}{4\pi\epsilon}\left(\frac{1}{a} - \frac{1}{b} + \frac{1}{c}\right) [1/F]$$

$$V_2 = P_{21} = \frac{1}{4\pi\epsilon} [1/F]$$

또한 외구에 $Q_2 = 1$을 줄 때는

$$V_2 = P_{22} = \frac{1}{4\pi\epsilon c} [1/F]$$

20 그림과 같은 콘덴서 C[F]에 교번전압 $V_s \sin\omega t$[V]를 가했을 때 콘덴서 내의 변위전류 [A]는?

정답　**17** ③　**18** ①　**19** ④　**20** ④

502 • Part 2. 전기기사 기출문제

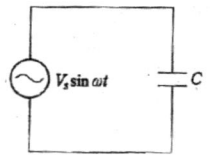

① $\dfrac{V_s}{\omega C}\cos\omega t$ ② $\omega C V_s \tan\omega t$

③ $\omega C V_s \sin\omega t$ ④ $\omega C V_s \cos\omega t$

해설 변위전류$(I_d)=i_d \cdot S$

$=\dfrac{\epsilon}{d}\omega S V_s \cos\omega t = \omega C V_s \cos\omega t \ [A]$

변위전류밀도$(i_d)=\dfrac{\partial D}{\partial t}$

$=\epsilon\dfrac{\partial E}{\partial t}=\epsilon\dfrac{\partial}{\partial t}\dfrac{v}{d}=\dfrac{\epsilon}{d}\dfrac{\partial v}{\partial t}$

$=\dfrac{\epsilon}{d}\dfrac{\partial}{\partial t}V_m\sin\omega t$

$=\dfrac{\epsilon}{d}\omega V_s\cos\omega t \ [A/m^2]$

제2과목 : 전력공학

21 전력계통의 전압조정설비에 대한 특징으로 옳지 않은 것은?

① 병렬콘덴서는 진상능력만을 가지며 병렬리액터는 진상능력이 없다.

② 동기조상기는 조정의 단계가 불연속적이나 직렬 콘덴서 및 병렬리액터는 연속적이다.

③ 동기조상기는 무효전력의 공급과 흡수가 모두 가능하여 진상 및 지상용량을 갖는다.

④ 병렬리액터는 장거리 초고압송전선 또는 지중선계통의 충전용량 보상용으로 주요 발·변전소에 설치된다.

해설 동기조상기의 전압조정은 진상으로부터 지상까지 조정의 단계는 연속적이지만 직렬콘덴서, 분로리액터 등은 불연속적이다.

22 전등만으로 구성된 수용가를 두 군으로 나누어 각 군에 변압기 1개씩을 설치하며 각 군의 수용가의 총 설비 용량을 각각 30[kW], 50[kW]라 한다. 각 수용가의 수용률을 0.6, 수용가간 부등률을 1.2, 변압기군의 부등률을 1.30이라고 하면 고압 간선에 대한 최대 부하는 약 몇 [kW]인가?(단, 간선의 역률은 100[%]이다.)

① 15   ② 22

③ 31   ④ 35

해설

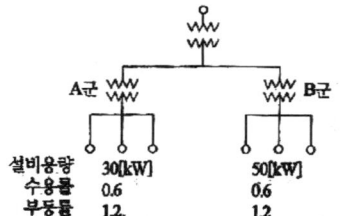

설비용량	30[kW]	50[kW]
수용률	0.6	0.6
부등률	1.2	1.2

그림에서 변압기 상호간의 부등률 : 1.3

• A군 합성 최대전력

$=\dfrac{\text{최대전력의합}}{\text{부등률}}=\dfrac{0.6\times30}{1.2}=15 \ [kW]$

• B군 합성 최대전력 $=\dfrac{0.6\times50}{1.2}=25 \ [kW]$

∴고압간선에 대한 최대 부하

$=\dfrac{15+25}{1.3}=30.77 \ [kW]$

23 다음 중 송전선로에 사용되는 애자의 특성이 나빠지는 원인으로 볼 수 없는 것은?

① 애자 각 부분의 열팽창의 상이

② 전선 상호 간의 유도장해

③ 누설전류에 의한 편열

④ 시멘트의 화학팽창 및 동결팽창

해설 전선 상호 간의 유도장해는 애자의 특성이 나빠지는 원인이 아니다.

정답 21 ② 22 ③ 23 ②

24 다음 중 부하 전류의 차단에 사용되지 않는 것은?

① ABB   ② OCB

③ VCB   ④ DS

> **해설** 단로기(DS)는 소호장치가 없고, 아크소멸능력이 없어서 고장전류나 부하전류 차단 능력은 없다.

25 송전선에 코로나가 발생하면 전선이 부식된다. 무엇에 의하여 부식되는가?

① 산소   ② 오존

③ 수소   ④ 질소

> **해설** 코로나의 화학 작용으로 오존(O_3) 및 산화질소(NO) 발생해 수분과 혼합하여 초산(HNO_3)이 되어서 전선 부식이 된다.

26 4단자 정수가 A, B, C, D 인 송전선로의 등가 π회로를 그림과 같이 하면 Z_1의 값은?

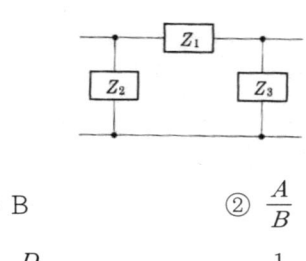

① B   ② $\dfrac{A}{B}$

③ $\dfrac{D}{B}$ ④ $\dfrac{1}{B}$

> **해설**
> $$\begin{bmatrix} A & B \\ C & D \end{bmatrix} = \begin{bmatrix} 1 & Z_1 \\ 0 & 1 \end{bmatrix}\begin{bmatrix} 1 & 0 \\ \dfrac{1}{Z_3} & 1 \end{bmatrix}$$
> $$= \begin{bmatrix} 1+\dfrac{Z_1}{Z_3} & Z_1 \\ \dfrac{1}{Z_2}+\dfrac{1}{Z_3}\left(1+\dfrac{Z_1}{Z_2}\right) & 1+\dfrac{Z_1}{Z_2} \end{bmatrix}$$

27 통신선과 병행인 60[Hz]의 3상 1회선 송전선에서 1선 지락으로 110[A]의 영상 전류가 흐르고 있을 때 통신선에 유기되는 전자 유도전압은 약 몇 [V]인가?(단, 영상전류는 송전선 전체에 걸쳐 같은 크기이고, 통신선과 송전선의 상호 인덕턴스는 0.05[mH/km], 양 선로의 평행 길이는 55[km]이다.)

① 252[V]   ② 293[V]

③ 342[V]   ④ 365[V]

> **해설** $E_m = -j\omega M l\, 3I_0 = -j\omega M l\,(I_a+I_b+I_c)$
> $= -j2\pi\times 60\times 0.05\times 10^{-3}\times 55\times 3\times 110$
> $= -j342.12\ [V]$
> 여기서, (−) 유도전압의 크기와는 상관 없다.

28 공통 중성선 다중 접지방식의 배전선로에서 Recloser(R), Sectionalizer(S), Line fuse (F)의 보호협조가 가장 적합한 배열은?(단, 왼쪽은 후비보호 역할이다.)

① S − F − R   ② S − R − F

③ F − S − R   ④ R − S − F

> **해설** 전원−리클로저−섹셔널라이저−부하
> 섹셔널라이저(S)는 고장전류를 차단할 능력은 없고, 리클로저(R)와 직렬로 조합해서 항상 리클로저(R) 후단에 설치하는 것으로서, 무전압 상태가 되면 미리 무전압 상태의 횟수가 정해져 있는 상태에 도달하면, 선로의 무전압 상태에서 선로를 개방하여 고장구간을 분리시키는 역할을 한다.

29 3상3선식 선로에서 수전단전압이 6600[V], 역률 80[%](지상), 정격전류 50[A]의 3상 평형부하가 연결되어 있다. 선로임피던스 R=3[Ω], X=4[Ω]인 경우 이때의 송전단전압은 약 몇 [V]인가?

① 7543   ② 7037

③ 7016   ④ 6852

정답   24 ④   25 ②   26 ①   27 ③   28 ④   29 ③

해설 $e = V_s - V_r = \sqrt{3}\,I(R\cos\theta + X\sin\theta)$

$\therefore V_s = 6600 + \sqrt{3} \times 50(3 \times 0.8 + 4 \times 0.6)$
$= 7015.69\,[V]$

30 송전전력, 송전거리, 전선의 비중 및 전력손실률이 일정하다고 하면 전선의 단면적 A[mm²]와 송전전압 V[kV]와의 관계로 옳은 것은?

① $A \propto V$
② $A \propto V^2$
③ $A \propto \dfrac{1}{V^2}$
④ $A \propto \sqrt{V}$

해설

• 전력손실 : $P_l = 3I^2R = \dfrac{P^2 \rho l}{V^2\cos^2\theta\,A}\,[W]$

• 전력손실률 : $k = \dfrac{P_l}{P} = \dfrac{P \rho l}{V^2\cos^2\theta\,A}$ 에서

$\therefore A = \dfrac{P \rho l}{k V^2\cos^2\theta} \propto \dfrac{1}{V^2}$

31 모선 보호에 사용되는 계전방식이 아닌 것은?

① 선택접지 계전방식
② 방향거리 계전방식
③ 위상 비교방식
④ 전류차동 보호방식

해설 모선 보호에 사용되는 계전방식의 종류
• 전류차동 보호방식
• 전압차동 보호방식
• 위상비교방식
• 환상모선 보호방식
• 방향거리 계전방식

32 단도체 방식과 비교하여 복도체 방식의 송전선로를 설명한 것으로 옳지 않은 것은?

① 전선의 인덕턴스가 감소하고, 정전용량이 증가된다.
② 선로의 송전용량이 증가된다.
③ 계통의 안정도를 증진시킨다.
④ 전선 표면의 전위경도가 저감되어 코로나 임계전압을 낮출 수 있다.

해설 복(다=n)도체를 사용하면 인덕턴스(L)은 감소하고 정전용량(C)은 증가되어 송전용량이 증가되어, 전선 표면의 전위경도를 감소시켜 코로나 임계전압을 높이므로 코로나 손실을 줄일 수 있다.

33 저압 배전선의 배전 방식 중 배전 설비가 단순하고, 공급 능력이 최대인 경제적 배분 방식이며, 국내에서 220/380[V] 승압 방식으로 채택된 방식은?

① 단상 2선식
② 단상 3선식
③ 3상 3선식
④ 3상 4선식

해설
• 송전선로의 공급방식 : 3상3선식
• 배전선로의 공급방식 : 3상4선식

34 정격전압이 66[kV]인 3상3선식 송전선로에서 1선의 리액턴스가 17[Ω]일 때, 이를 100[MVA] 기준으로 환산한 %리액턴스는 약 얼마인가?

① 35
② 39
③ 45
④ 49

해설
$\%X = \dfrac{PX}{10\,V^2} = \dfrac{100 \times 10^3 \times 17}{10 \times 66^2} = 39.02\,[\%]$

35 전력선과 통신선간의 상호 정전용량 및 상호 인덕턴스에 의해 발생되는 유도장해로 옳은 것은?

정답 **30** ③ **31** ① **32** ④ **33** ④ **34** ② **35** ①

① 정전유도장해 및 전자유도장해

② 전력유도장해 및 정전유도장해

③ 정전유도장해 및 고주파유도장해

④ 전자유도장해 및 고조파유도장해

해설
- 정전유도장해 : 전력선과 통신선 사이의 상호정전용량의 불평형으로 영상전압 유기
- 전자유도장해 : 전력선과 통신선 사이의 상호인덕턴스에 의한 기유도(영상전류) 전류가 흐름

36 피뢰기가 구비하여야 할 조건으로 거리가 먼 것은?

① 충격방전 개시전압이 낮을 것

② 상용주파 방전 개시전압이 낮을 것

③ 제한전압이 낮을 것

④ 속류의 차단능력이 클 것

해설 피뢰기의 구비조건
- 충격 방전 개시전압은 낮을 것
- 상용주파 방전 개시전압은 회로전압보다 충분히 높아야 한다.
- 방전, 속류 차단의 반복 동작에 대한 장시간 사용에도 충분히 견딜 것
- 방전내량은 크고, 제한 전압은 낮아야 한다.
- 시간 지연이 적을 것

37 지중 전선로가 가공 전선로에 비해 장점에 해당하는 것이 아닌 것은?

① 경과지 확보가 가공 전선로에 비해 쉽다.

② 다회선 설치가 가공 전선로에 비해 쉽다.

③ 외부 기상 여건 등의 영향을 받지 않는다.

④ 송전용량이 가공 전선로에 비해 크다.

해설 지중 전선로 공사
- 도시 미관이 중요시 되는 지역
- 수용밀도가 현저히 높은 지역

- 보안상 제한조건 등으로 가공전선로의 건설이 불가한 지역
- 뇌·풍수해 등에 의한 사고에 대해서 높은 신뢰도를 요구하는 지역
- 같은 굵기의 도체로는 가공전선로 비해서는 송전용량은 작고 건설비용은 비싸다.

38 주변압기 등에서 발생하는 제5고조파를 줄이는 방법으로 옳은 것은?

① 전력용 콘덴서에 직렬리액터를 접속한다.

② 변압기 2차측에 분로리액터를 연결한다.

③ 모선에 방전코일을 연결한다.

④ 모선에 공심 리액터를 연결한다.

해설 전력용 콘덴서와 직렬로 리액터를 접속하면 제5고조파 제거 및 파형 개선

39 화력발전소에서 절탄기의 용도는?

① 보일러에 공급되는 급수를 예열한다.

② 포화증기를 과열한다.

③ 연소용 공기를 예열한다.

④ 석탄을 건조한다.

해설
- 포화증기과열 : 과열기
- 연소용 공기 예열 : 공기예열기

40 조압수조(Surge Tank)의 설치 목적이 아닌 것은?

① 유량을 조절한다.

② 부하의 변동시 생기는 수격작용을 흡수한다.

③ 수격압이 압력 수로에 미치는 것을 방지한다.

④ 흡출관의 보호를 취한다.

[정답] 36 ② 37 ④ 38 ① 39 ① 40 ④

해설

- 조압수조(Surge Tank) : 수조에 부하가 급격히 변화했을 때 생기는 수격작용을 흡수하여 압력 수로를 보호(수압관 보호)
- 흡출관의 사용 목적 : 낙차를 늘리기 위하여 사용(낙차를 유효하게 이용)

제3과목 : 전기기기

41 어느 변압기의 무유도 전부하의 효율은 97[%], 전압변동률은 2[%]라 한다. 최대 효율[%]은?

① 약 93　　　　　② 약 95

③ 약 97　　　　　④ 약 99

해설

- $\eta = \dfrac{P}{P+P_i+P_c} \times 100\ [\%]$, 무유도 전부하 출력 (P)=1

$\therefore P_i + P_c = \dfrac{1}{\eta} - 1 = \dfrac{1}{0.97} - 1 = 0.03$

- 전압변동률(ϵ) $= \dfrac{V_0-V_n}{V_n} = \dfrac{IR}{V_n} = \dfrac{I^2R}{V_nI} = \dfrac{P_c}{P}$

무유도전부하출력(P)=1이므로, $\therefore \epsilon = P_c = 0.02$

$P_i + P_c = 0.03$ 에서,

$P_i = 0.03 - P_c = 0.03 - 0.02 = 0.01$

- 최대효율조건(m부하일 경우)

$P_i = m^2 P_c$

$\therefore m = \sqrt{\dfrac{P_i}{P_c}} = \sqrt{\dfrac{0.01}{0.02}} = 0.707$

그러므로 무유도 부하의 최대효율은

$\eta_{max} = \dfrac{mP}{mP+2P_i} \times 100$

$= \dfrac{0707 \times 1}{0.707 \times 1 + 2 \times 0.01} \times 100 = 97.25[\%]$ 이다.

42 동기발전기의 무부하 포화곡선은 그림 중 어느 것인가?(단, V는 단자전압, I_f는 여자전류이다.)

① ㉠　　　　　② ㉡

③ ㉢　　　　　④ ㉣

해설

㉠ 무부하 포화곡선　　㉡ 단락곡선

㉢ 전부하 포화곡선　　㉣ 외부특성곡선

43 변압기의 1차측을 Y결선, 2차측을 △결선으로 한 경우 1차와 2차간 전압의 위상변위는?

① 0°　　　　　② 30°

③ 45°　　　　　④ 60°

해설 V_l : 선간전압, V_p : 상전압

- Y결선 : $V_l = \sqrt{3}\ V_p \angle 30°$
- △결선 : $V_l = V_p \angle 0°$

그러므로 1차와 2차간 전압의 위상 변위 각은 30°이다.

44 단상반파 정류 회로의 직류전압이 220[V]일 때 정류기의 역방향 첨두전압은 약 몇 [V]인가?

① 691　　　　　② 628

③ 536　　　　　④ 314

해설 단상반파정류회로의 역방향 첨두전압(PIV : Peak Inverse Voltage), 반파 평균전압 :

$E_d = \dfrac{\sqrt{2}}{\pi}E$ (전파 : $\dfrac{2\sqrt{2}}{\pi}E$)

$\therefore PIV = \sqrt{2}E = \pi E_d = \pi \times 220 = 691.15\ [V]$

정답　**41** ③　**42** ①　**43** ②　**44** ①

2013년도 기사 제3회 필기시험(기사) · **507**

45 3상 유도전동기의 기계적 출력 P[kW], 회전수 N[rpm]인 전동기의 토크[kg·m]는?

① $0.46\dfrac{P}{N}$　　　② $0.855\dfrac{P}{N}$

③ $975\dfrac{P}{N}$　　　④ $1050\dfrac{P}{N}$

해설 토크

$$\tau = \frac{P}{9.8\omega} = \frac{1}{9.8}\frac{P\times 10^3}{2\pi \times \dfrac{N}{60}} = 975\frac{P}{N}\,[kg\cdot m]$$

46 3상 직권 정류자전동기에 중간 변압기를 사용하는 이유로 적당하지 않은 것은?

① 중간 변압기를 이용하여 속도 상승을 억제할 수 있다.

② 중간 변압기를 사용하여 누설 리액턴스를 감소할 수 있다.

③ 회전자 전압을 정류작용에 맞는 값으로 선정할 수 있다.

④ 중간 변압기의 권수비를 바꾸어 전동기 특성을 조정할 수 있다.

해설 3상직권정류자 전동기에 중간 변압기를 사용하는 이유
- 중간 변압기의 권수비만 바꾸어도 전동기의 특성을 조정할 수 있다.
- 경부하시에는 직권특성이라서 속도가 매우 상승하게 되지만, 중간변압기를 사용하면 그 철심을 포화하도록 할 수 있어서 그 속도 상승을 억제할 수 있다.
- 전원 전압의 크기에는 상관없이 정류에 알맞은 회전자의 전압을 선정할 수 있다.

47 3상 동기 발전기의 매극 매상의 슬롯수가 3일 때 분포권계수는?

① $6\sin\dfrac{\pi}{18}$　　　② $3\sin\dfrac{\pi}{9}$

③ $\dfrac{1}{6\sin\dfrac{\pi}{18}}$　　　④ $\dfrac{1}{3\sin\dfrac{\pi}{18}}$

해설 분포권 계수

$$k_d = \frac{\sin\dfrac{n\pi}{2m}}{q\sin\dfrac{n\pi}{2mq}} = \frac{\sin\dfrac{\pi}{2\times 3}}{3\sin\dfrac{\pi}{2\times 3\times 3}} = \frac{1}{6\sin\dfrac{\pi}{18}}$$

여기서, n차 고조파(n)=1, 상수(m)=3, 매극, 매상의 슬롯수(q)=3

48 4극, 3상 유도전동기가 있다. 총 슬롯수는 48이고 매극매상 슬롯에 분포하고 코일 간격은 극간격의 75[%]의 단절권으로 하면 권선계수는 얼마인가?

① 약 0.986　　　② 약 0.960

③ 약 0.924　　　④ 약 0.887

해설
- 권선계수

$$k_\omega = k_d \times k_p = 0.958 \times 0.924 = 0.8852$$

- 분포권계수

$$k_d = \frac{\sin\dfrac{\pi}{2m}}{q\sin\dfrac{\pi}{2mq}} = \frac{\sin\dfrac{\pi}{2\times 3}}{4\sin\dfrac{\pi}{2\times 3\times 4}} = 0.958$$

매극매상당 슬롯수

$$q = \frac{\text{총슬롯수}}{\text{상수}\times\text{극수}} = \frac{48}{3\times 4} = 4$$

- 단절권 계수

$$k_p = \sin\frac{\beta\pi}{2} = \sin\frac{0.75\times\pi}{2} = 0.924$$

49 직류 분권발전기의 전기자 권선을 단중 중권으로 감으면?

① 브러시 수는 극수와 같아야 한다.

② 균압선이 필요 없다.

③ 높은 전압, 작은 전류에 적당하다.

④ 병렬 회로수는 항상 2이다.

정답　**45** ③　**46** ②　**47** ③　**48** ④　**49** ①

508 · Part 2. 전기기사 기출문제

해설 전기자 권선을 단중 중권과 단중 파권의 비교

항목	단중 중권	단중 파권
병렬회로수	극수와 같다(a=p)	항상 2(a=2)
균압 접속	4극 이상이면 균압 접속할 것	균압 접속 필요 없다
브러시 수	극수와 같다.	2개로 가능하나, 극수만큼의 브러시를 둘 수 있다.
전기자 도체의 굵기, 권수, 극수가 같을 때	저전압, 대전류를 얻는다	고전압, 저전류를 얻는다

50 다음은 스텝 모터(Step Motor)의 장점을 나열한 것이다. 틀린 것은?

① 피드백 루프가 필요 없이 오픈 루프로 손쉽게 속도 및 위치제어를 할 수 있다.

② 디지털 신호를 직접 제어할 수 있으므로 컴퓨터 등 다른 디지털 기기와 인터페이스가 쉽다.

③ 가속, 감속이 용이하며 정·역전 및 변속이 쉽다.

④ 위치제어를 할 때 각도 오차가 크고 누적된다.

해설
• 스텝모터 : 구동펄스가 들어올 때마다 일정한 각도로 회전하는 모터를 말한다.
• 위치제어를 할 때 각도 오차가 적고 누적은 안 된다.
• 별도의 D/A, A/D의 컨버터가 필요 없다.
• 유지보수의 필요성이 거의 없다.

51 출력 7.5[kW]의 3상 유도전동기가 전부하 운전에서 2차 저항손이 200[W]일 때, 슬립은 약 몇 [%]인가?

① 8.8
② 3.8
③ 2.6
④ 2.2

해설 $s = \dfrac{P_{c2}}{P_2} \times 100 = \dfrac{0.2}{7.7} \times 100 = 2.6\,[\%]$

$P_2 = P_0 + P_{c2} = 7.5 + 0.2 = 7.7\,[kW]$

52 비례추이를 하는 전동기는?

① 단상 유도전동기
② 권선형 유도전동기
③ 동기 전동기
④ 정류자 전동기

해설 권선형 유도전동기에서 토크는 그대로 유지하면서 저항에 비례해서 속도(slip)가 이동되는 현상을 비례추이라 한다.

53 유도전동기의 안정 운전의 조건은?(단, T_m : 전동기 토크, T_L : 부하 토크, n : 회전수)

① $\dfrac{dT_m}{dn} < \dfrac{dT_L}{dn}$
② $\dfrac{dT_m}{dn} = \dfrac{dT_L^2}{dn}$

③ $\dfrac{dT_m}{dn} > \dfrac{dT_L}{dn}$
④ $\dfrac{dT_m}{dn} \neq \dfrac{dT_L^2}{dn}$

해설 유도 전동기의 안정운전의 조건은,

$\dfrac{dT_m}{dn} < \dfrac{dT_L}{dn}$

불안정운전의 조건은, $\dfrac{dT_m}{dn} > \dfrac{dT_L}{dn}$

54 부하전류가 크지 않을 때 직류 직권전동기 발생 토크는?(단, 자기회로가 불포화인 경우이다.)

① 전류의 제곱에 반비례한다.
② 전류에 반비례한다.
③ 전류에 비례한다.
④ 전류의 제곱에 비례한다.

해설 토크 : $T = k\phi I_a\,[N \cdot m]$, 직권 전동기일 때는 $I_a = I_f = I \propto \phi$

여기서, I_a : 전기자 전류, I_f : 계자 전류, I : 부하 전류

∴ $T = k'\,I^2 \propto I^2$

정답 50 ④　51 ③　52 ②　53 ①　54 ④

55 부하전류가 100[A]일 때 회전속도 1000[rpm]으로 10[kg·m]의 토크를 발생하는 직류 직권전동기가 80[A]의 부하전류로 감소되었을 때의 토크는 몇 [kg·m]인가?

① 2.5　　　　② 3.6

③ 4.9　　　　④ 6.4

해설 토크 : $T=k\phi I_a\,[N\cdot m]$, 직권 전동기일 때는 $I_a=I_f=I\propto\phi$

여기서, I_a : 전기자 전류, I_f : 계자 전류, I : 부하 전류

$T=k'I^2\propto I^2$, $T_1:T_2=I_1^2:I_2^2$

$\therefore T_2=(\dfrac{I_2}{I_1})^2\times T_1=(\dfrac{80}{100})^2\times 10$

$=6.4\,[kg\cdot m]$

56 직류 분권전동기의 공급 전압의 극성을 반대로 하면 회전방향은?

① 변하지 않는다.　　② 반대로 된다.

③ 회전하지 않는다.　④ 발전기로 된다.

해설 직류분권 전동기의 공급전압의 극성을 반대로 하면 계자전류와 전기자전류의 방향이 동시에 반대가 되므로 회전방향은 변하지 않는다.

57 전력 변환 기기가 아닌 것은?

① 변압기　　　　② 정류기

③ 유도전동기　　④ 인버터

해설 유도전동기란 전기적 에너지를 기계적(운동)에너지로 바꾸는 기계이다.

58 단상 단권변압기 3대를 Y결선으로 해서 3상 전압 3000[V]를 300[V] 승압하여 3300[V]로 하고, 150[kVA]를 송전하려고 한다. 이 경우에 단상 단권변압기의 저전압측 전압, 승압 전압 및 Y결선의 자기용량은 얼마인가?

① 3000[V], 300[V], 13.62[kVA]

② 3000[V], 300[V], 4.54[kVA]

③ 1732[V], 173.2[V], 13.62[kVA]

④ 1732[V], 173.2[V], 4.54[kVA]

해설

• 저전압측 전압 : $V_l=\dfrac{3000}{\sqrt 3}=1732.1\,[V]$

• 승압 전압 :

$e=\dfrac{1}{\sqrt 3}(V_h-V_l)=\dfrac{300}{\sqrt 3}=173.2\,[V]$

• $\dfrac{\text{자기용량}}{\text{부하용량}}=\dfrac{V_h-V_l}{V_h}$

$\therefore$ 자기용량 $=\dfrac{300}{3300}\times 150=13.64\,[kVA]$

59 부하 급변시 부하각과 부하 속도가 진동하는 난조 현상을 일으키는 원인이 아닌 것은?

① 원동기의 조속기 감도가 너무 예민한 경우

② 자속의 분포가 기울어져 자속의 크기가 감소한 경우

③ 전기자 회로의 저항이 너무 큰 경우

④ 원동기의 토크에 고조파가 포함된 경우

해설

난조 발생 원인

• 원동기의 조속기 감도가 너무 예민한 경우

• 원동기의 토크에 고조파 성분이 포함된 경우

• 전기자 회로의 저항이 너무 큰 경우

• 부하가 맥동할 경우

난조 방지법

• 조속기 감도를 알맞게 조정

• 회전부에 플라이휠의 효과로 방지(부하가 맥동할 경우와 동일)

• 저항을 작게 하거나, 리액턴스를 삽입할 것

• 제동권선으로서 난조방지(동기전동기)

60 정격속도로 회전하고 있는 무부하의 분권발전기가 있다. 계자저항 40[Ω], 계자전류 3[A], 전기자 저항이 2[Ω]일 때 유기 기전력[V]은?

정답 **55** ④　**56** ①　**57** ③　**58** ③　**59** ②　**60** ①

① 126   ② 132

③ 156   ④ 185

해설 유기 기전력 :

$E = V + I_a R_a$ 에서, $I_a = I + I_f$ 에서

무부하이므로 $(I_a = I_f)$

$= V + I_f R_a = 120 + 3 \times 2 = 126 \, [V]$

단자전압(V)은 계자회로의 전압강하와 같다.

$V = I_f R_f = 3 \times 40 = 120 \, [V]$

제4과목 : 회로이론 및 제어공학

61 3상 $\triangle$부하에서 각 선전류를 I_a, I_b, I_c라 하면 전류의 영상분은?(단, 회로는 평형 상태임)

① ∞ ② $\dfrac{1}{3}$

③ 1   ④ 0

해설 영상분전류$(I_0) = \dfrac{1}{3}(I_a + I_b + I_c)$에서 3상 $\triangle$부하에서 회로는 평형상태이므로 $\therefore I_0 = 0$이 된다.

62 1[km]당의 인덕턴스 30[mH], 정전용량 0.007[μF]의 선로가 있을 때 무손실 선로라고 가정한 경우의 위상속도 [km/sec]는?

① 약 6.9×10^3 ② 약 6.9×10^4

③ 약 6.9×10^2 ④ 약 6.9×10^5

해설

$v = \dfrac{1}{\sqrt{LC}} = \dfrac{1}{\sqrt{30 \times 10^{-3} \times 0.007 \times 10^{-6}}}$

$= 6.9 \times 10^4 \, [km/\text{sec}]$

63 직렬 저항 2[Ω], 병렬 저항 1.5[Ω]인 무한 제형 회로(Infinite Ladder)의 입력저항(등가 2단자망의 저항)의 값은 약 얼마인가?

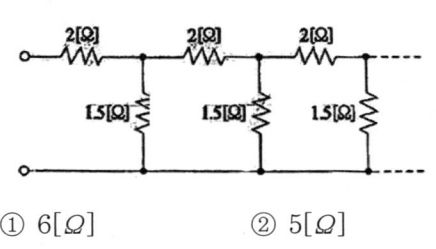

① 6[Ω]   ② 5[Ω]

③ 3[Ω]   ④ 4[Ω]

해설

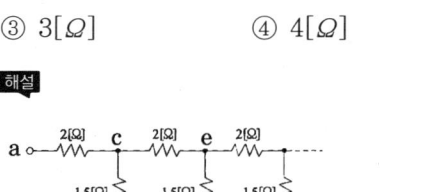

$R_{ef} = \dfrac{3.5 \times 1.5}{3.5 + 1.5} = 1.05 \, [\Omega],$

$R_{cd} = \dfrac{(2 + 1.05) \times 1.5}{(2 + 1.05) + 1.5} = 1 \, [\Omega]$

$\therefore R_{ab} = 2 + 1 = 3 \, [\Omega]$

64 다음 결합 회로의 4단자 정수 A, B, C, D 파라미터 행렬은?

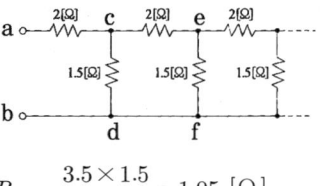

① $\begin{bmatrix} A & B \\ C & D \end{bmatrix} = \begin{bmatrix} n & 0 \\ 0 & \dfrac{1}{n} \end{bmatrix}$ ② $\begin{bmatrix} A & B \\ C & D \end{bmatrix} = \begin{bmatrix} 1 & n \\ \dfrac{1}{n} & 0 \end{bmatrix}$

③ $\begin{bmatrix} A & B \\ C & D \end{bmatrix} = \begin{bmatrix} 0 & n \\ \dfrac{1}{n} & 1 \end{bmatrix}$ ④ $\begin{bmatrix} A & B \\ C & D \end{bmatrix} = \begin{bmatrix} 1 & 0 \\ \dfrac{1}{n} & 0 \\ 0 & n \end{bmatrix}$

해설

$V_1 : V_2 = n : 1, \ n V_2 = V_1$

$\therefore \dfrac{V_1}{V_2} = n = \dfrac{I_2}{I_1} = \dfrac{N_1}{N_2}$

정답   **61** ④   **62** ②   **63** ③   **64** ①

$$V_1 = n V_2 + 0 I_2, \quad I_1 = 0 V_2 + \frac{1}{n} I_2$$

$$\begin{bmatrix} A & B \\ C & D \end{bmatrix} = \begin{bmatrix} n & 0 \\ 0 & \dfrac{1}{n} \end{bmatrix}$$

65 RL 직렬회로에서 시정수가 0.04[sec], 저항이 15.8[Ω]일 때 코일의 인덕턴스 [mH]는?

① 395[mH]　　② 2.53[mH]

③ 12.6[mH]　　④ 632[mH]

해설 시정수 :

$\tau = \dfrac{L}{R}$ [sec],

$\therefore L = \tau R = 0.04 \times 15.8 = 0.632\,[H] \times 10^3$
$= 632\,[mH]$

66 △결선된 대칭 3상 부하가 있다. 역률이 0.8(지상)이고, 전 소비전력이 1800[W]이다. 한 상의 선로저항이 0.5[Ω]이고, 발생하는 전선로 손실이 50[W]이면 부하단자 전압은?

① 440[V]　　② 402[V]

③ 324[V]　　④ 225[V]

해설

$P = \sqrt{3}\, V I \cos\theta\,[W]$,

$\therefore V = \dfrac{P}{\sqrt{3}\, I \cos\theta} = \dfrac{1800}{\sqrt{3} \times 5.77 \times 0.8} = 225\,[V]$

$P_l = 3 I^2 R\,[W]$, $I = \sqrt{\dfrac{P_l}{3R}} = \sqrt{\dfrac{50}{3 \times 0.5}}$
$= 5.77\,[A]$

67 그림의 정전용량 C[F]를 충전한 후 스위치 S를 닫아 이것을 방전하는 경우의 과도 전류는?(단, 회로에는 저항이 없다.)

① 불변의 진동전류

② 감쇠하는 전류

③ 감쇠하는 진동전류

④ 일정치까지 증가한 후 감쇠하는 전류

해설 회로에는 저항이 없으므로 전력 손실은 없고 L과 C의 에너지는 불변이므로 불변의 진동전류가 흐른다. (주파수와 크기가 변함없다.)

68 $e = 200\sqrt{2}\,\sin\omega t + 100\sqrt{2}\,\sin3\omega t + 50\sqrt{2}\,\sin5\omega t\,[V]$인 전압을 RL 직렬회로에 가할 때에 제3고조파 전류의 실효값 [A]은?(단, R=8[Ω], ωL=2[Ω]이다.)

① 10[A]　　② 14[A]

③ 20[A]　　④ 28[A]

해설 $I = \dfrac{V_3}{Z_3} = \dfrac{100}{\sqrt{8^2 + 6^2}} = 10\,[A]$

$Z_3 = R + j3\omega L = 8 + j3 \times 2 = 8 + j6\,[\Omega]$

69 시간영역에서의 제어계 설계에 주로 사용되는 방법은?

① Bode 선도법　　② 근궤적법

③ Nyquist 선도법　　④ Nichols 선도법

해설
- 시간영역에서의 제어계 설계에 사용되는 것은 근궤적법이 있다.
- 주파수 영역에서 선형계, 자동제어계에 사용되는 것은 나이퀴스트 선도법, 보드 선도법, 니콜스 선도법이 있다.

정답 65 ④　66 ④　67 ①　68 ①　69 ②

70 다음과 같은 전류의 초기값 $i(0_+)$은?

$$I(s) = \frac{12}{2s(s+6)}$$

① 6   ② 2

③ 1   ④ 0

해설 초기값의 정리,

$$\lim_{t \to 0} i(t) = \lim_{s \to \infty} s\,I(s) = \lim_{s \to \infty} s \frac{12}{2s(s+6)} = 0$$

71 다음과 같은 궤환 제어계가 안정하기 위한 K의 범위는?

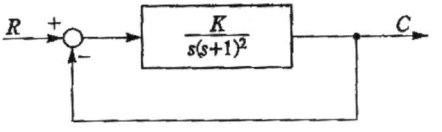

① K > 0   ② K > 1

③ 0 < K < 1   ④ 0 < K < 2

해설 특성방정식

$$1 + GH = 0, \quad 1 + \frac{K}{s(s+1)^2} = 0$$

$\therefore s^3 + 2s^2 + s + K = 0$ 루드 수열에 의한 안정도 판별법

$$
\begin{array}{c|cc}
s^3 & 1 & 1 \\
s^2 & 2 & K \\
s^1 & \dfrac{2-K}{2} & 0 \\
s^0 & K &
\end{array}
$$

제1열 요소의 부호 변화가 없어야 안정하므로

$$\frac{2-K}{2} > 0, \quad K > 0, \qquad \therefore 0 < K < 2$$

72 어떤 회로에 $E = 100 + j50\,[V]$인 전압을 가했더니 $I = 3 + j4\,[A]$ 인 전류가 흘렀다면 이 회로의 소비전력[W]은?

① 300   ② 500

③ 700   ④ 900

해설

$$P_a = E \cdot \bar{I} = (100 + j50)(3 - j4)$$
$$= 500 - j250\,[VA]$$

$\therefore$ 유효전력 : P=500[W], 무효전력 : P_r=250[Var]

73 $\overline{A}\,B\,C + \overline{A}\,B\,\overline{C} + A\,\overline{B}\,\overline{C} + A\,B\,\overline{C} + \overline{A}\,\overline{B}\,C$ $+ \overline{A}\,\overline{B}\,\overline{C}$의 논리식을 간략화하면?

① $A + A\,C$ ② A+C

③ $\overline{A} + A\,\overline{B}$ ④ $\overline{A} + A\,\overline{C}$

해설

$$\overline{A}\,B\,C + \overline{A}\,B\,\overline{C} + A\,\overline{B}\,\overline{C} + A\,B\,\overline{C} + \overline{A}\,\overline{B}\,C$$
$$+ \overline{A}\,\overline{B}\,\overline{C}$$
$$= \overline{A}B(C + \overline{C}) + A\,\overline{C}(\overline{B} + B) + \overline{A}\overline{B}(C + \overline{C})$$
$$= \overline{A}\,B + A\,\overline{C} + \overline{A}\,\overline{B} = \overline{A}(B + \overline{B}) + A\,\overline{C}$$
$$= \overline{A} + A\,\overline{C} = \overline{A} + \overline{C}$$

74 다음 시스템의 전달함수(C/R)는?

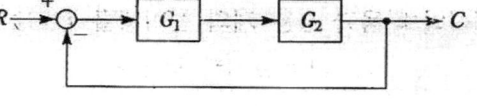

① $\dfrac{C}{R} = \dfrac{G_1 G_2}{1 + G_1 G_2}$ ② $\dfrac{C}{R} = \dfrac{G_1 G_2}{1 - G_1 G_2}$

③ $\dfrac{C}{R} = \dfrac{1 + G_1 G_2}{G_1 G_2}$ ④ $\dfrac{C}{R} = \dfrac{1 - G_1 G_2}{G_1 G_2}$

해설 $(R - C)\,G_1 G_2 = C$

$$R\,G_1 G_2 = C(1 + G_1 G_2)$$

$$\therefore G(s) = \frac{C}{R} = \frac{G_1 G_2}{1 + G_1 G_2}$$

75 특성 방정식 $s^3 + 9s^2 + 20s + K = 0$에서 허수축과 교차하는 점 s는?

① $s = \pm j\sqrt{20}$ ② $s = \pm j\sqrt{30}$

③ $s = \pm j\sqrt{40}$ ④ $s = \pm j\sqrt{50}$

정답   **70** ④   **71** ④   **72** ②   **73** ④   **74** ①   **75** ①

해설 $s^3 + 9s^2 + 20s + K = 0$

루드 수열에 의한 표

s^3	1	20
s^2	9	K
s^1	$\dfrac{180-K}{9}$	0
s^0	K	

K의 임계값은 s^1의 제1요소를 0으로 놓고 구한다.

$\dfrac{180-K}{9} = 0$, $K = 180$.

즉, 허수축과 교차하는 주파수 ω는 보조 방정식

$9s^2 + K = 0$에서, $9s^2 + 180 = 0$

∴교차하는 점 s는, $s = \pm j\sqrt{20}$

76 Nyquist 선도에서 얻을 수 있는 자료 중 틀린 것은?

① 계통의 안정도 개선법을 알 수 있다.
② 상태 안정도를 알 수 있다.
③ 정상 오차를 알 수 있다.
④ 절대 안정도를 알 수 있다.

해설 나이퀴스트 판별법

• 시스템의 주파수 영역에 대한 응답정보를 제공한다.
• 절대 안정도에 관한 정보는 루드-훌비쯔 판별법에서 제공한다.

77 제어계의 과도응답에서 감쇠비란?

① 제2 오버슈트를 최대 오버슈트로 나눈 값이다.
② 최대 오버슈트를 제2 오버슈트로 나눈 값이다.
③ 제2 오버슈트와 최대 오버슈트를 곱한 값이다.
④ 제2 오버슈트와 최대 오버슈트를 더한 값이다.

해설

감쇠비 $= \dfrac{\text{제2오버슈트}}{\text{최대오버슈트}}$

(과도응답의 소멸되는 속도를 나타내는양)

78 적분시간 4[sec], 비례감도가 4인 비례적분 동작을 하는 제어계에 동작신호 $Z(t) = 2t$를 주었을 때 이 시스템의 조작량은?

① $t^2 + 8t$
② $t^2 + 4t$
③ $t^2 - 8t$
④ $t^2 - 4t$

해설 비례적분동작(PI제어)

• 조작량 $y(t) = k_p \left(z(t) + \dfrac{1}{T_i} \displaystyle\int z(t)\,dt \right)$

$Y(s) = K_P \left(1 + \dfrac{1}{T_i s} \right) Z(s)$

• 전달함수 : $G(s) = \dfrac{Y(s)}{Z(s)} = K_P \left(1 + \dfrac{1}{T_i s} \right)$

∴조작량

$y(t) = 4 \left(2t + \dfrac{1}{4} \displaystyle\int 2t\,dt \right) = 8t + \displaystyle\int 2t\,dt$

$= 8t + 2 \times \dfrac{1}{2} t^2 = t^2 + 8t$

79 상태 방정식이 다음과 같은 계의 천이행렬 $\phi(t)$는 어떻게 표시되는가?

$$\dot{x}(t) = Ax(t) + Bu(t)$$

① $\mathcal{L}^{-1}[(sI-A)]$
② $\mathcal{L}^{-1}[(sI-A)^{-1}]$
③ $\mathcal{L}^{-1}[(sI-B)]$
④ $\mathcal{L}^{-1}[(sI-B)^{-1}]$

해설

천이행렬 : $\phi(t) = \mathcal{L}^{-1}[sI-A]^{-1}$
특성방정식 : $|sI-A| = 0$

80 $Y(z) = \dfrac{2z}{(z-1)(z-2)}$의 함수를 z역변환하면?

① $y(t) = -2u(t) - 2u(2t)$
② $y(t) = -2u(t) + 2u(2t)$
③ $y(t) = -3\delta(t) - 3\delta(2t)$
④ $y(t) = -3\delta(t) + 3\delta(2t)$

정답 76 ③ 77 ① 78 ① 79 ② 80 ②

해설 $\dfrac{Y(z)}{z} = \dfrac{2z}{(z-1)(z-2)} = \dfrac{A}{z-1} + \dfrac{B}{z-2}$

$A = \lim_{z \to 1} \dfrac{2}{z-2} = -2$, $B = \lim_{z \to 2} \dfrac{2}{z-1} = 2$

$Y(z) = \dfrac{-2z}{z-1} + \dfrac{2z}{z-2}$

$\therefore Z^{-1}Y(z) = y(t) = -2u(t) + 2u(2t)$

제5과목 : 전기설비기술기준 및 판단기준

81 수소냉각식 발전기안의 수소 순도가 몇 [%] 이하로 저하한 경우에 이를 경보하는 장치를 시설해야 하는가?

① 65 ② 75

③ 85 ④ 95

해설 발전기 또는 조상기 안의 수소순도가 85[%] 이하로 저하할 경우에는 이를 경보하는 장치를 시설할 것

82 특고압 가공전선로를 제2종 특고압 보안공사에 의해서 시설할 수 있는 경우는?

① 특고압 가공전선이 가공 약전류전선 등과 제1차 접근상태로 시설되는 경우

② 특고압 가공전선이 가공 약전류전선의 위쪽에서 교차하여 시설되는 경우

③ 특고압 가공전선이 도로 등과 제1차 접근상태로 시설되는 경우

④ 특고압 가공전선이 철도 등과 제1차 접근상태로 시설되는 경우

해설 특고가공전선과 가공약전류 전선과의 공가
• 특고선로는 제2종 특고보안공사에 의하여 시설할 것
• 특고선은 약전류전선의 위쪽으로 하고 별도의 완금류에 시설할 것
• 전선은 케이블 또는 55[mm²] 이상의 경동연선
• 이격 거리는 2[m] 이상(케이블은 50[cm]까지 감할 수 있다.)

• 수직배선은 통신선(약전류전선)의 상부 2[m]로부터 최하부까지 케이블 사용
• 사용전압이 35[kV]를 넘는 경우는 공가할 수 없다.

83 태양전지 발전소에 시설하는 태양전지 모듈, 전선 및 개폐기의 시설에 대한 설명으로 잘못된 것은?

① 태양전지 모듈이 접속하는 부하측 전로에는 개폐기를 시설할 것

② 옥측에 시설하는 경우 금속관공사, 합성수지관공사, 애자사용공사로 배선할 것

③ 태양전지 모듈을 병렬로 접속하는 전로에 과전류차단기를 시설할 것

④ 전선은 공칭단면적 2.5[mm²] 이상의 연동선을 사용할 것

해설 태양전지모듈 등의 시설
• 충전부분은 노출되지 아니하도록 시설할 것
• 태양전지모듈에 접속하는 부하측의 전로에는 그 접속점에 근접하여 개폐기 기타 이와 유사한 기구를 시설할 것
• 태양전지모듈을 병렬로 접속하는 전로에는 그 전로에 단락이 생긴 경우에 전로를 보호하는 과전류 차단기 기타의 기구를 시설할 것
• 전선은 공칭단면적 2.5[mm²] 이상의 연동선일 것
• 옥내, 옥측 또는 옥외에 시설하는 경우, 합성수지관 공사, 금속관 공사, 가요전선관 공사 또는 케이블 공사로 시설할 것

84 고압 가공전선과 가공 약전류 전선을 동일 지지물에 시설하는 경우에 전선 상호간의 최소 이격거리는 일반적으로 몇 [m] 이상이어야 하는가?(단, 고압 가공전선은 절연전선이라고 한다.)

① 0.75 ② 1.0

③ 1.2 ④ 1.5

정답 81 ③ 82 ② 83 ② 84 ④

해설 저고압 가공전선과 가공약전류전선 등의 공가 가공전선을 가공약전류 전선 위로 별개의 완금류에 시설한다.

이격거리 : 저압가공전선은 75[cm] 이상
(고압 : 1.5[m] 이상)

85 고압 가공전선로의 지지물에 시설하는 통신선 또는 이에 직접 접속하는 가공통신선을 횡단보도교의 위에 시설하는 경우, 그 노면상 최소 몇 [m] 이상의 높이로 시설하면 되는가?

① 3.5   ② 4
③ 4.5   ④ 5

해설 가공통신선의 높이(이상)

시설 장소	가공 통신선	첨가 통신선	
		고 · 저압	특고압
도로 횡단	5[m]	6[m]	6[m]
도로 횡단(교통에 지장이 없는 경우)	4.5[m]	5[m]	–
철도 횡단	6.5[m]	6.5[m]	6.5[m]
횡단 보도교 위	3[m]	3.5[m]	5[m]
횡단 보도교 위(통신용 케이블을 사용)	–	3[m]	4[m]
기타의 장소	3.5[m]	4[m]	5[m]

86 제1종 특고압 보안공사 전선로의 지지물로 사용하지 않는 것은?

① A종 철근 콘크리트주
② B종 철근 콘크리트주
③ 철탑
④ B종 철주

해설 제1종 특고압 보안공사 전선로의 지지물로는 목주와 A종 철주 또는 A종 철근 콘크리트주는 사용할 수 없다.

87 금속관 공사에 의한 저압 옥내배선 시설에 대한 설명으로 잘못된 것은?

① 인입용 비닐절연전선을 사용했다.
② 옥외용 비닐절연전선을 사용했다.
③ 짧고 가는 금속관에 연선을 사용했다.
④ 단면적 10[mm^2] 이하의 단선을 사용했다.

해설 금속관 공사
• 전선은 절연전선일 것 (OW 제외)
• 단면적 10[mm^2] 이하에 한하여 단선 사용(Al 16[mm^2])
• 관외 두께는 콘크리트에 매설하는 것은 1.2[mm] 이상 기타의 것은 1[mm] 이상
• 400[V] 이하는 제3종 접지공사, 400[V] 넘는 것은 특별 제3종 접지공사(단, 사람이 접촉할 우려가 없도록 시설할 경우는 제3종 접지공사)

88 사용전압 480[V]인 저압 옥내배선으로 절연전선을 애자사용공사에 의해서 점검할 수 있는 은폐장소에 시설하는 경우, 전선 상호간의 간격은 몇 [cm] 이상이어야 하는가?

① 6   ② 20
③ 40   ④ 60

해설 애자사용공사
• 절연전선을 사용할 것(OW, DV 제외)
• 이격거리

전압		전선과 조영재와의 이격 거리	전선 상호간의 간격	전선 지지점간의 거리	
				조영 재의 윗면 또는 옆면	조영 재에 따라 시설 하지 않는 경우
저압	400[V] 미만	2.5[cm] 이상	6[cm] 이상	2[m] 이하	–

정답 85 ① 86 ① 87 ② 88 ①

516 · Part 2. 전기기사 기출문제

| 저압 | 400[V] 이상 | 건조한 장소 | 2.5 [cm] 이상 | 6[cm] 이상 | 2[m] 이하 | 6[m] 이하 |
| | | 기타의 장소 | 4.5 [cm] 이상 | | | |

전선의 종류	이격거리(이상)
나전선	1.5[m]
특고압절연전선	1.0[m]
케이블 (한쪽이 케이블이고 다른 한쪽이 케이블이거나 특고압 절연전선)	0.5[m]

89 사용전압이 380[V]인 옥내배선을 애자사용 공사로 시설할 때 전선과 조영재사이의 이격거리는 몇 [cm] 이상이어야 하는가?

① 2　　　　　　② 2.5
③ 4.5　　　　　④ 6

90 전선 기타의 가섭선 주위에 두께 6[mm], 비중 0.9의 빙설이 부착된 상태에서 수직투영면적 1[m²]당 다도체를 구성하는 전선의 을종 풍압하중은 몇 [Pa]을 적용하는가?

① 333　　　　　② 38
③ 60　　　　　　④ 68

해설 수직투영면적 372[Pa](다도체 : 333[Pa])

91 중성선 다중접지식의 것으로서 전로에 지락이 생겼을 때 2초 이내에 자동적으로 이를 전로로부터 차단하는 장치가 되어 있는 22.9[kV] 특고압 가공전선과 다른 특고압 가공전선과 접근하는 경우 이격거리는 몇 [m] 이상으로 하여야 하는가?(단, 양쪽이 나전선인 경우이다.)

① 0.5　　　　　② 1.0
③ 1.5　　　　　④ 2.0

해설 15[kV] 초과 25[kV] 이하인 특고가공전선로의 시설 중성선 다중접지식의 것으로서 전로에 지락이 생겼을 때에 2초 이내에 자동적으로 이를 전로로부터 차단하는 장치가 되어 있는 것에 한한다.

92 발전기의 용량에 관계없이 자동적으로 이를 전로로부터 차단하는 장치를 시설하여야 하는 경우는?

① 베어링의 과열
② 과전류 인입
③ 압유 제어장치의 전원전압
④ 발전기 내부고장

해설 발전기에는 다음의 경우에 전로로부터 자동차단하는 장치를 시설한다.
• 발전기에 과전류가 생긴 경우
• 용량이 500[kVA] 이상인 발전기를 구동하는 수차 압유 장치의 유압이 현저히 저하하는 경우
• 용량이 10,000[kVA] 이상인 발전기의 내부에 고장이 생긴 경우
• 용량이 2000[kVA] 이상인 수차 발전기의 스러스트 베어링의 온도가 현저히 상승한 경우
• 정격 출력이 10,000[kW]를 넘는 증기 터빈에 있어서 그의 스러스트 베어링이 현저하게 마모되거나 그의 온도가 현저히 상승한 경우

93 직류식 전기철도에서 배류선의 상승 부분 중 지표상 몇 [m] 미만의 부분에 대하여는 절연전선, 캡타이어케이블 또는 케이블을 사용하고 사람이 접촉할 우려가 없도록 시설하여야 하는가?

① 1.5　　　　　② 2.0
③ 2.5　　　　　④ 3.0

정답 89 ②　90 ①　91 ③　92 ②　93 ③

해설

- 배류접속
  - 배류시설에는 선택 배류기를 사용할 것
  - 배류선
- 배류선은 가공으로 하거나 지중에 매설하여 시설할 것
- 배류선은 케이블인 경우 이외에는 4[mm] 경동선 이상의 것을 사용할 것
- 배류선의 상승 부분 중 지표상 2.5[m] 미만의 부분은 절연전선(OW 제외), 캡타이어 케이블 또는 케이블을 사용하고 사람이 접촉할 우려가 없도록 시설할 것

94 다음 중 지중전선로의 전선으로 사용되는 것은?

① 절연전선　　　② 강심알루미늄선

③ 나경동선　　　④ 케이블

해설 지중전선로의 시설 기준

- 전선은 케이블을 사용하고, 직접매설식, 관로식, 암거식에 의하여 시설한다.
- 지중전선로를 직접매설식에 의하여 시설하는 경우에 차량, 기타 중량물의 압력을 받을 우려가 있는 장소에서 1.2[m] 이상, 기타의 장소는 60[cm] 이상의 길이에 콘크리트제의 견고한 관 또는 트라프에 넣어 시설할 것
- 방호장치의 금속제 부분(케이블을 지지하는 금구류를 제외) · 금속제의 전선 접속함 및 지중전선의 피복으로 사용하는 금속체에는 제3종 접지공사를 하여야 한다.

95 관 · 암거 · 기타 지중전선을 넣은 방호장치의 금속제 부분 및 지중전선의 피복으로 사용하는 금속체에는 제 몇 종 접지공사를 하여야 하는가?(단, 금속제 부분에는 케이블을 지지하는 금구류를 제외한다.)

① 제1종 접지공사

② 제2종 접지공사

③ 제3종 접지공사

④ 특별 제3종 접지공사

96 백열전등 및 방전등에 전기를 공급하는 옥내 전로의 대지전압 제한값은 몇 [V] 이하인가?

① 100　　　② 110

③ 220　　　④ 300

해설

- 옥내 전로의 대지전압의 제한
  - 주택 옥내 전로 : 대지전압 300[V] 이하
  - 주택 옥내 전로
- 사용전압 400[V] 미만일 것(대지전압 300[V] 이하)
- 전로 입구에는 인체보호용 누전차단기를 설치할 것
- 백열 전등의 전구소켓은 키나 그 밖의 점멸 기구가 없는 것일 것
- 정격 소비 전력 3[kW] 이상의 기계기구는 전기를 공급하기 위한 전로에 전용의 개폐기나 과전류 차단기를 시설할 것

97 터널 내에 교류 220[V]의 애자사용 공사를 시설하려 한다. 노면으로부터 몇 [m] 이상의 높이에 전선을 시설해야 하는가?

① 2　　　② 2.5

③ 3　　　④ 4

해설 터널 안 전선로

- 지압전선
  - 절연전선으로 인장강도 2.30[kN] 이상의 것 또는 2.6[mm] 이상의 경동선 사용하고 애자사용 공사에 의하고 레일면 또는 노면상 2.5[m] 이상의 높이로 유지할 것
  - 합성 수지관 공사, 금속관 공사, 가요전선관 공사, 케이블 공사에 의할 것
- 고압전선
  - 전선을 케이블 공사일 것
  - 애자사용공사시 고압 · 특고압 절연전선이고 인장강도 5.26[kN] 이상의 것 또는 4[mm] 이상의 경동선으로 노면상 3[m] 이상의 높이에 시설할 것

정답　94 ④　95 ③　96 ④　97 ②

98 길이 16[m], 설계하중 8.2[kN]의 철근콘크리트주를 지반이 튼튼한 곳에 시설하는 경우 지지물 기초의 안전율과 무관하려면 땅에 묻는 깊이를 몇 [m] 이상으로 하여야 하는가?

① 2.0 ② 2.5
③ 2.8 ④ 3.2

해설 가공전선로 지지물의 기초안전율
가공전선로 지지물의 기초안전율 2(이상 시 상정하중에 대한 철탑의 경우는 1.33) 이상으로 하여야 한다.
다만, 다음과 같이 시설하는 경우는 예외로 한다.

전장　　　실계하중	6.8[kN] 이하	6.8[kN] 초과 ~ 9.8[kN] 이하	9.8[kN] 초과 ~ 14.72[kN] 이하
15[m] 이하	전장×1/6 [m] 이상	전장×1/6 +0.3[m] 이상	–
15[m] 초과	2.5[m] 이상	2.8[m] 이상	–
16[m] 초과~20[m] 이하	2.8[m] 이상	–	–
15[m] 초과~ 18[m] 이하	–	–	3[m] 이상
18[m] 초과	–	–	3.2[m] 이상

99 고압 전로의 중성선에 시설하는 접지선의 최소 굵기 [mm^2]는?

① 10 ② 16
③ 25 ④ 35

해설 전로의 중성선에 시설하는 접지선
• 저압전로의 중성선 : 공칭단면적 6[mm^2] 이상의 연동선 이상
• 고압전로의 중성선 : 공칭단면적 16[mm^2] 이상의 연동선 이상

100 154[kV] 변전소의 울타리·담 등의 높이와 울타리·담 등으로부터 충전부분까지의 거리의 합계는 몇 [m] 이상이어야 하는가?

① 4.5 ② 5
③ 6 ④ 6.2

해설 울타리·담 등의 높이
사용전압 35[kV] 이하 5[m] 이상
사용전압 35[kV] 초과 160[kV] 이하 6[m] 이상
사용전압 160[kV] 초과 6+0.12n[m] 이상
$$n = \frac{주어진전압[kV]-160}{10},$$
단수계산에서 소수점 이하는 절상한다.

정답 98 ③ 99 ② 100 ③

국가기술자격검정 필기시험문제

2014년도 기사 제1회 필기시험(기사)

자격종목 및 등급(선택분야)	종목코드	시험시간	문제지형별	수검번호	성명
전기기사		**2시간 30분**	**A**		

※ 시험문제지는 답안카드와 같이 반드시 제출하여야 합니다.

제1과목 : 전기자기학

01 그림과 같이 균일하게 도선을 감은 권수 N, 단면적 S[m²], 평균길이 l[m]인 공심의 환상솔레노이드에 I[A]의 전류를 흘렸을 때 자기인덕턴스 L[H]의 값은?

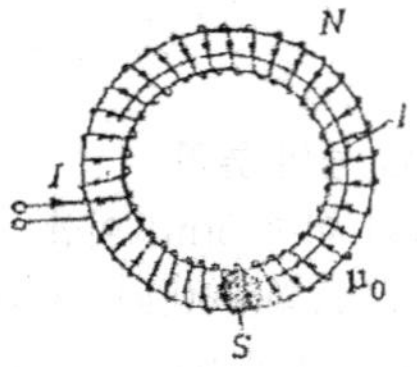

① $L = \dfrac{4\pi N^2 S}{l} \times 10^{-5}$

② $L = \dfrac{4\pi N^2 S}{l} \times 10^{-6}$

③ $L = \dfrac{4\pi N^2 S}{l} \times 10^{-7}$

④ $L = \dfrac{4\pi N^2 S}{l} \times 10^{-8}$

해설 $LI = N\phi$

$\therefore L = \dfrac{N\phi}{I} = \dfrac{N^2}{R_m} = \dfrac{\mu S N^2}{l} = \dfrac{4\pi N^2 S}{l} \times 10^{-7} [H]$

02 방송국 안테나 출력이 w[W]이고 이로부터 진공 중에 r[m] 떨어진 점에서 자계의 세기의 실효치 H는 몇 [A/m]인가?

① $\dfrac{1}{r}\sqrt{\dfrac{W}{377\pi}}$

② $\dfrac{1}{2r}\sqrt{\dfrac{W}{377\pi}}$

③ $\dfrac{1}{2r}\sqrt{\dfrac{W}{188\pi}}$

④ $\dfrac{1}{r}\sqrt{\dfrac{2W}{377\pi}}$

해설 파동 임피던스

$Z_0 = \dfrac{E}{H} = \sqrt{\dfrac{\mu}{\epsilon}} = 377 \ [\Omega]$

$P = E \times H[W/m^2]$에서,

$W = 377 H^2 \times 4\pi r^2$

$\therefore H = \dfrac{1}{2r}\sqrt{\dfrac{W}{377\pi}} \ [A/m]$

03 반지름 a[m], 단위 길이당 권수 N, 전류 I[A]인 무한 솔레노이드 내부 자계의 세기 [A/m]는?

① NI

② $\dfrac{NI}{2\pi a}$

③ $\dfrac{2\pi N^2 I}{a}$

④ $\dfrac{aNI}{2\pi}$

04 다음 설명 중 옳지 않은 것은?

① 전류가 흐르고 있는 금속선에 있어서 임의 두 점간의 전위차는 전류에 비례한다.

② 저항의 단위는 옴(Ω)을 사용한다.

③ 금속선의 저항 R은 길이 l에 반비례한다.

④ 저항률(ρ)의 역수를 도전율이라고 한다.

해설 $R = \rho\dfrac{l}{S} \ [\Omega] \propto l$

정답 01 ③ 02 ② 03 ① 04 ③

05 전기 쌍극자에 대한 설명 중 옳은 것은?

① 반경 방향의 전계성분은 거리의 제곱에 반비례

② 전체 전계의 세기는 거리의 3승에 반비례

③ 전위는 거리에 반비례

④ 전위는 거리의 3승에 반비례

해설 전기 쌍극자

• P점의 전위 :

$$V_p = \frac{Ql}{4\pi\epsilon_0 r^2}\cos\theta = \frac{M}{4\pi\epsilon_0 r^2}\cos\theta \ [V]$$

전기 쌍극자 모멘트 : $Ql\,[C\cdot m]$

• P점의 전계 :

$$E_p = \frac{M}{4\pi\epsilon_0 r^3}\sqrt{1+3\cos^2\theta}\ [V/m]$$

06 단면적 S, 길이 l, 투자율 μ 인 자성체의 자기회로에 권선을 N 회 감아서 I의 전류를 흐르게 할 때 자속은?

① $\dfrac{\mu SI}{Nl}$ ② $\dfrac{\mu NI}{Sl}$

③ $\dfrac{NIl}{\mu S}$ ④ $\dfrac{\mu SNI}{l}$

해설 $\phi = \dfrac{F}{R_m} = \dfrac{NI}{R_m} = \dfrac{\mu SNI}{l}\ [Wb]$

07 대지면에 높이 h로 평행하게 가설된 매우 긴 선전하가 지면으로부터 받는 힘은?

① h^2에 비례한다. ② h^2에 반비례한다.

③ h에 비례한다. ④ h에 반비례한다.

해설 무한 평면상도체와 선전하밀도

• 선전하 밀도 λ인 직선도체가 평면도체에 의해 단위 길이당 받는 힘, 점 P에서 합성전계는

$$E = E_+ + E_- = \frac{\lambda}{2\pi\epsilon_0 h} + \frac{\lambda}{2\pi\epsilon_0 h} = \frac{\lambda}{\pi\epsilon_0 h}\ [V/m]$$

• 직선도체에서의 전계는

$$E = \frac{\lambda}{2\pi\epsilon_0 (2h)}\ [V/m]$$

$$\therefore F = \lambda E = \lambda\frac{\lambda}{2\pi\epsilon_0 (2h)} = \frac{\lambda^2}{4\pi\epsilon_0 h}\ [N/m] \propto \frac{1}{h}$$

08 자기인덕턴스 L_1, L_2와 상호인덕턴스 M 사이의 결합계수는?(단, 단위는 H이다.)

① $\dfrac{M}{\sqrt{L_1 L_2}}$ ② $\dfrac{M}{L_1 L_2}$

③ $\dfrac{\sqrt{L_1 L_2}}{M}$ ④ $\dfrac{L_1 L_2}{M}$

해설 $M = k\sqrt{L_1 L_2}$ 에서, $\therefore k = \dfrac{M}{\sqrt{L_1 L_2}}$

09 공기 중에 있는 지름 2[m]의 구도체에 줄 수 있는 최대 전하는 약 몇 [C]인가?(단, 공기의 절연내력은 3000[kV/m]이다.)

① 5.3×10^{-4} ② 3.33×10^{-4}

③ 2.65×10^{-4} ④ 1.67×10^{-4}

해설

$$E = \frac{Q}{4\pi\epsilon_0 r^2}\ [V/m]\ ,\ 3000\times 10^3 = 9\times 10^9 \frac{Q}{1^2}$$

$$\therefore Q = 3.33\times 10^{-4}\ [C]$$

10 전속밀도가 $D = e^{-2y}(a_x \sin 2x + a_y \cos 2x)$ $[C/m^2]$일 때 전속의 단위체적당 발산량 $[C/m^3]$은?

① $2e^{-2y}\cos 2x$

② $4e^{-2y}\cos 2x$

③ 0

④ $2e^{-2y}(\sin 2x + \cos 2x)$

해설

$$div\,D = \nabla \cdot D = \frac{\partial D_x}{\partial x} + \frac{\partial D_y}{\partial y} + \frac{\partial D_Z}{\partial z} = 0$$

$$(div\,D = \rho)$$

정답 **05** ② **06** ④ **07** ④ **08** ① **09** ② **10** ③

11 무한장 직선형 도선에 I[A]의 전류가 흐를 경우 도선으로부터 R[m] 떨어진 점의 자속밀도 B[Wb/m²]는?

① $B = \dfrac{\mu I}{2\pi R}$ ② $B = \dfrac{I}{2\pi \mu R}$

③ $B = \dfrac{I}{4\pi \mu R}$ ④ $B = \dfrac{\mu I}{4\pi R}$

해설 무한장 직선 전류에 의한 자계의 세기

$H = \dfrac{I}{2\pi R} \, [AT/m]$

∴ 자속밀도 : $B = \mu H = \dfrac{\mu I}{2\pi R} \, [Wb/m^2]$

12 평행판 콘덴서의 극판 사이에 유전율이 각 각 ε_1, ε_2 인 두 유전체를 반씩 채우고 극판 사이에 일정한 전압을 걸어줄 때 매질 (1), (2) 내의 전계의 세기 E_1, E_2 사이에 성립하는 관계로 옳은 것은?

① $E_2 = 4E_1$ ② $E_2 = 2E1$

③ $E_2 = \dfrac{E_1}{4}$ ④ $E_2 = E_1$

해설 $\epsilon_1 E_1 = \epsilon_2 E_2$, $\epsilon_1 E_1 = 4\epsilon_1 E_2$

∴ $E_2 = \dfrac{1}{4} E_1$

13 자기 감자율 N=2.5×10⁻³, 비투자율 μ_s=100의 막대형 자성체를 자계의 세기 H=500 [AT/m]의 평등자계 내에 놓았을 때 자화의 세기는 약 몇 [Wb/m²]인가?

① 4.98×10^{-2} ② $6.25 \times 10-2$

③ 7.82×10^{-2} ④ 8.72×10^{-2}

해설 자화의 세기는

$J = \dfrac{\mu_0(\mu_s - 1)}{1 + N(\mu_s - 1)} H_0 \, [Wb/m^2]$

(H_0 : 외부자계, N: 감자률)

$= \dfrac{4\pi \times 10^{-7}(100-1)}{1 + 2.5 \times 10^{-3}(100-1)} \times 500$

$= 4.99 \times 10^{-2} \, [Wb/m^2]$

14 $x < 0$ 영역에는 자유공간, $x > 0$ 영역에는 비유전율 $\epsilon_s = 2$ 인 유전체가 있다. 자유공간에서 전계 $E = 10\,a_x$가 경계면에 수직으로 입사한 경우 유전체 내의 전속밀도는?

① $5\epsilon_0 a_x$ ② $10\epsilon_0 a_x$

③ $15\epsilon_0 a_x$ ④ $20\epsilon_0 a_x$

해설 $D_1 = D_2$

$\epsilon_1 E_1 = \epsilon_2 E_2 = \epsilon_0 \epsilon_s E = 10\epsilon_0 a_x$

15 정전계와 정자계의 대응관계가 성립되는 것은?

① $div\, D = \rho_v \rightarrow div\, B = \rho_m$

② $\nabla^2 V = -\dfrac{\rho_v}{\epsilon_0} \rightarrow \nabla^2 A = -\dfrac{i}{\mu_0}$

③ $W = \dfrac{1}{2} C V^2 \rightarrow W = \dfrac{1}{2} L I^2$

④ $F = 9 \times 10^9 \dfrac{Q_1 Q_2}{r^2} a_r$

$\rightarrow 6.33 \times 10^{-4} \dfrac{m_1 m_2}{r^2} a_r$

해설

- $div\, D = \rho_v$, $div\, B = 0$

- $\nabla^2 V = -\dfrac{\rho_v}{\epsilon_0}$, $\nabla^2 H = i(=J)$

- $rot\, E = -\dfrac{\partial B}{\partial t} = -\mu \dfrac{\partial H}{\partial t}$

- $rot\, H = i(=J) + \dfrac{\partial D}{\partial t} = kE + \epsilon \dfrac{\partial E}{\partial t}$

정답   **11** ①   **12** ③   **13** ①   **14** ②   **15** ③

$$i(=J)=\frac{E}{\rho}=kE\,[A/m^2]$$

- $rot A=\nabla\times A=B$

16 다음 괄호 안에 들어갈 내용으로 옳은 것은?

전기 쌍극자에 의해 발생하는 전위의 크기는 전기 쌍극자 중심으로부터 거리의 (㉮)에 반비례하고, 자기 쌍극자에 의해 발생하는 자계의 크기는 자기 쌍극자 중심으로부터 거리의 (㉯)에 반비례한다.

① ㉮ 제곱, ㉯ 제곱
② ㉮ 제곱, ㉯ 세제곱
③ ㉮ 세제곱, ㉯ 제곱
④ ㉮ 세제곱, ㉯ 세제곱

해설 전기 쌍극자

전위 : $V=\dfrac{M}{4\pi\epsilon_0 r^2}\cos\theta\,[V]$

전계 : $E=\dfrac{M}{4\pi\epsilon_0 r^3}\sqrt{1+3\cos^2\theta}\,\,[V/m]$

자위 : $U=\dfrac{M}{4\pi\mu_0 r^2}\cos\theta\,[AT]$

자계 : $H=\dfrac{M}{4\pi\mu_0 r^3}\sqrt{1+3\cos^2\theta}\,\,[AT/m]$

17 평면도체 표면에서 d [m] 거리에 점전하 Q [C]이 있을 때 이 전하를 무한원점까지 운반하는데 필요한 일[J]은?

① $\dfrac{Q^2}{4\pi\epsilon_0 d}$

② $\dfrac{Q^2}{8\pi\epsilon_0 d}$

③ $\dfrac{Q^2}{16\pi\epsilon_0 d}$

④ $\dfrac{Q^2}{32\pi\epsilon_0 d}$

해설

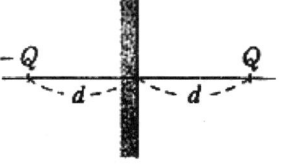

운반하는데 필요한 일은,

$$W=\int_d^\infty F\,dr=\frac{Q^2}{16\pi\epsilon_0}\int_d^\infty \frac{1}{d^2}\,dr$$

$$=\frac{Q^2}{16\pi\epsilon_0}\Big[-\frac{1}{d}\Big|_d^\infty\Big]=\frac{Q^2}{16\pi\epsilon_0 d}\,[J]$$

작용력(F)$=\dfrac{-Q^2}{4\pi\epsilon_0(2d)^2}$

$$=-\frac{Q^2}{16\pi\epsilon_0 d^2}\,[N]\,(흡인력)$$

18 손실유전체(일반매질)에서의 고유임피던스는?

① $\sqrt{\dfrac{\dfrac{\sigma}{\omega\epsilon}}{1-j\dfrac{\sigma}{2\omega\epsilon}}}$

② $\sqrt{1-j\dfrac{\sigma}{2\omega\epsilon}}$

③ $\sqrt{\dfrac{\dfrac{\sigma}{\omega\epsilon}}{1-j\dfrac{\sigma}{\omega\epsilon}}}$

④ $\sqrt{\dfrac{\dfrac{\mu}{\epsilon}}{1-j\dfrac{\sigma}{\omega\epsilon}}}$

해설 매질내의 평면파(도전성이 무시될 수 있는 유전체내의 평면파)

실효유전율(ϵ_e)에서 매질의 도전성이 없는 경우는 $\sigma=0$이므로 $\epsilon_e=\epsilon$ 이 되어 완전유전체, 즉 완전 절연체가 되어 전도전류가 흐르지 않으므로 전자파의 손실이 없게된다.(여기서, $\dfrac{\partial}{\partial t}=j\omega$ 변화일 때)

$$rot H=(\sigma+j\omega\epsilon)E=j\omega\epsilon(1+\frac{\sigma}{j\omega\epsilon})E$$

$$\therefore Z_0=\frac{E}{H}=\sqrt{\frac{\mu}{\epsilon}}=\sqrt{\frac{\dfrac{\mu}{\epsilon}}{1-j\dfrac{\sigma}{\omega\epsilon}}}\,[\Omega]$$

정답 16 ② 17 ③ 18 ④

19 와전류손(Eddy Current Loss)에 대한 설명으로 옳은 것은?

① 도전율이 클수록 작다.

② 주파수에 비례한다.

③ 최대자속밀도의 1.6승에 비례한다.

④ 주파수의 제곱에 비례한다.

해설

- 히스테리시스손 : $P_h = \delta_h f B_m^2 \ [W/kg]$ (변압기 철심으로 열간압연규소 강판 사용 시는 $k f B_m^{1.6}$)
- 와류손 : $P_e = \delta_e (t f k_f B_m)^2 \ [W/kg]$

여기서, δ_h : 히스테리시스손의 정수

δ_e : 재료에 의한 정수, f : 주파수[Hz]

B_m : 자속밀도의 최대값[Wb/m^2]

t : 철판의 두께[m]

k_f : 파형률

($V = k_1 f B_m$, $B_m = k_2 \dfrac{V}{f}$, $P_e = k_2 f^2 B_m^2$ 에서,

인가전압 V가 일정할 때 P_e는 f에 관계없다.)

20 간격에 비해서 충분히 넓은 평행판 콘덴서의 판 사이에 비유전율 ϵ_s인 유전체를 채우고 외부에서 판에 수직방향으로 전계 E$_0$를 가할 때 분극전하에 의한 전계의 세기는 몇 [V/m]인가?

① $\dfrac{\epsilon_s + 1}{\epsilon_s} \times E_0$ ② $\dfrac{\epsilon_s}{\epsilon_s + 1} \times E_0$

③ $\dfrac{\epsilon_s - 1}{\epsilon_s} \times E_0$ ④ $\dfrac{\epsilon_s}{\epsilon_s - 1} \times E_0$

해설 분극의 세기는,

$$P = \sigma = D(1 - \frac{1}{\epsilon_s}) = \frac{\epsilon_s - 1}{\epsilon_s} \epsilon_0 E$$

(σ : 분극의 전하)

$$\therefore E = \frac{\sigma}{\epsilon_0} = \frac{\epsilon_s - 1}{\epsilon_s} E_0 \ [V/m]$$

제2과목 : 전력공학

21 직렬 콘덴서를 선로에 삽입할 때의 이점이 아닌 것은?

① 선로의 인덕턴스를 보상한다.

② 수전단의 전압강하를 줄인다.

③ 정태안정도를 증가한다.

④ 송전단의 역률을 개선한다.

해설 직렬콘덴서를 선로에 삽입할 때

㉠ 장점

- 장거리 선로의 유도리액턴스를 보상하고 전압강하를 감소한다.
- 최대 송전전력과 정태안전도가 증대된다.
- 부하변동에 따른 수전단의 전압변동률을 경감시킨다.
- 부하의 역률이 나쁠수록 설치효과가 크다.
- 동기 조상기에 비해서 용량이 적어서 설비비는 저렴하다.

㉡ 단점

- 단락사고가 발생할 경우에는 직렬공진을 일으킬 우려가 있다.
- 단락사고 시에는 콘덴서 양단에 고전압이 발생한다.
- 과보상이 될 경우에는 동기기에 난조를 일으키거나 동기탈조가 생긴다.
- 변압기가 무부하 될 때에 직렬콘덴서를 투입하면 선로전류가 증대하게 된다.
- 고압배전선에 설치될 때는 자기여자현상이 일어날 수가 있다.

22 배전선로의 배전 변압기 탭을 선정함에 있어 틀린 것은?

① 중부하시 탭 변경점 직전의 저압선 말단 수용가의 전압을 허용 전압변동의 하한보다 저하시키지 않아야 한다.

② 중부하시 탭 변경점 직후 변압기에 접속된 수용가 전압을 허용 전압변동의 상한보다 초과시키지 않아야 한다.

정답 19 ④   20 ③   21 ④   22 ④

524 · Part 2. 전기기사 기출문제

③ 경부하시 변전소 송전 전압을 저하 시 최초의 탭 변경점 직전의 저압선 말단 수용가의 전압을 허용전압 변동의 하한보다 저하시키지 않아야 한다.

④ 경부하시 탭 변경점 직후의 변압기에 접속된 전압을 허용 전압 변동의 하한보다 초과하지 않아야 한다.

[해설] 경부하시 최초의 탭 변경점 직전의 저압선 말단 수용가의 전압을 허용전압변동의 하한보다 저하시키지 말 것

23 배전선의 전력손실 경감 대책이 아닌 것은?

① 피더(Feeder)수를 줄인다.

② 역률을 개선한다.

③ 배전전압을 높인다.

④ 부하의 불평형을 방지한다.

[해설] $P_l = 3I^2R = \dfrac{P^2R}{V^2\cos^2\theta}$

변전소마다 Feeder수는 제한되어 있으며 Feeder를 줄이고 늘린다고 전력손실의 경감대책은 될 수가 없다.

24 파동임피던스 $Z_1 = 500[\Omega]$, $Z_2 = 300[\Omega]$인 두 무손실 선로 사이에 그림과 같이 저항 R을 접속하였다. 제1선로에서 구형파가 진행하여 왔을 때 무반사로 하기 위한 R의 값은 몇 $[\Omega]$인가?

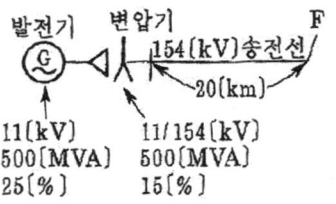

① 100 ② 200
③ 300 ④ 500

[해설] Z_1에서 입사파가 진행할 때 반사파전압 E_1은

$E_1 = \dfrac{(Z_2 + R) - Z_1}{Z_1 + (Z_2 + R)} \times E,$

무반사조건이 $E = 0$이다.

$(Z_2 + R) - Z_1 = 0$

$\therefore R = Z_1 - Z_2 = 500 - 300 = 200[\Omega]$

25 그림의 F점에서 3상 단락고장이 생겼다. 발전기 쪽에서 본 3상 단락전류는 몇 [kA]인가?(단, 154[kV] 송전선의 리액턴스는 1000[MVA]를 기준으로 하여 2[%/km]이다.)

발전기 변압기 F

154[kV] 송전선

20[km]

11[kV] 11/154[kV]
500[MVA] 500[MVA]
25[%] 15[%]

① 43.7 ② 47.7
③ 53.7 ④ 59.7

[해설]

발전기 쪽에서 본 3상단락전류 $(I_s) = \dfrac{100}{\%Z}I_n$

$= \dfrac{100}{120} \times \dfrac{1000 \times 10^3}{\sqrt{3} \times 11} \times 10^{-3} = 43.7[kA]$

(기준용량) 1000[MVA]일 때,

$\%Z_G = \dfrac{1000}{500} \times 25 = 50[\%]$,

$\%Z_t = \dfrac{1000}{500} \times 15 = 30[\%]$, $\%Z_l = 2 \times 20 = 40[\%]$,

이므로, $\%Z = 50 + 30 + 40 = 120[\%]$가 된다.

26 1차변전소에서 가장 유리한 3권선 변압기 결선은?

① $\triangle - Y - Y$ ② $Y - \triangle - \triangle$
③ $Y - Y - \triangle$ ④ $\triangle - Y - \triangle$

[정답] 23 ① 24 ② 25 ① 26 ③

27 다음 중 환상선로의 단락보호에 주로 사용하는 계전방식은?

① 비율차동 계전방식 ② 방향거리 계전방식
③ 과전류 계전방식 ④ 선택접지 계전방식

해설

• 전원이 2군데 이상 환상선로의 단락보호 : 방향거리 계전기(DZ)
• 전원이 2군데 이상 방사선로의 단락보호 : 방향단락 계전기(DS)와 과전류 계전기(OC)를 조합

28 각 전력계통을 연계할 경우의 장점으로 틀린 것은?

① 각 전력계통의 신뢰도가 증가한다.
② 경제급전이 용이하다.
③ 단락용량이 작아진다.
④ 주파수의 변화가 작아진다.

해설 전력계통의 연계방식

㉠ 장점
• 각 전력계통의 신뢰도가 증가된다.
• 전력 계통의 융통으로 설비용량은 절감된다.
• 부하변동의 영향이 적어져서 주파수가 안정된다.
• 운전경비가 절감되므로 경제 급전이 용이하다.

㉡ 단점
• 상호 연결할 수 있는 연계설비를 신설해야 한다.
• 고장이 발생할 경우에는 타 계통으로 고장파급이 확대될 우려가 있다.
• 병렬 회로 수가 많아지게 되므로 단락전류는 증가되어 통신선의 전자유도장해가 커진다(%Z가 작아지게 되므로 단락용량은 증대).

29 최대수용전력이 45×10^3[kW]인 공장의 어느 하루의 소비전력량이 480×10^3[kWh]라고 한다. 하루의 부하율은 몇 [%]인가?

① 22.2 ② 33.3
③ 44.4 ④ 66.6

해설

$$부하율 = \frac{평균전력}{최대수용전력} \times 100$$

$$= \frac{\dfrac{480 \times 10^3}{24}}{45 \times 10^3} \times 100 = 44.44 [\%]$$

30 유효접지계통에서 피뢰기의 정격전압을 결정하는데 가장 중요한 요소는?

① 선로 애자련의 충격섬락전압
② 내부 이상전압 중 과도이상전압의 크기
③ 유도뢰의 전압의 크기
④ 1선 지락고장시 건전상의 대지전위

해설 피뢰기의 정격 전압은 속류 차단이 되는 교류의 최고전압(지속성 이상전압)으로서, 결정하는 데 가장 중요한요소는, $V = \alpha \beta V_m [V]$, 여기서, α : 접지계수, β : 유도계수, V_m=공칭전압

31 3상3선식 송전선로가 소도체 2개의 복도체 방식으로 되어 있을 때 소도체의 지름 8[cm], 소도체 간격36[cm], 등가선간거리 120[cm]인 경우에 복도체 1[km]의 인덕턴스는 약 몇 [mH]인가?

① 0.4855 ② 0.5255
③ 0.6975 ④ 0.9265

해설

$$L_n = \frac{0.05}{n} + 0.4605\log\frac{D}{\sqrt[n]{rs^{n-1}}} [mH/km],$$

소도체가 2개이므로($n = 2$),

$$= \frac{0.05}{2} + 0.4605\log\frac{120}{\sqrt{4 \times 36}}$$

$$= 0.4855 [mH/km]$$

32 154[kV]송전계통의 뇌에 대한 보호에서 절연강도의 순서가 가장 경제적이고 합리적인 것은?

정답 **27** ② **28** ③ **29** ③ **30** ④ **31** ① **32** ①

① 피뢰기→변압기코일→기기부싱→결합콘
덴서→선로애자

② 변압기코일→결합콘덴서→피뢰기→선로
애자→기기부싱

③ 결합콘덴서→기기부싱→선로애자→변압
기코일→피뢰기

④ 기기부싱→결합콘덴서→변압기코일→피
뢰기→선로애자

33 다음 중 가공 송전선에 사용하는 애자련 중 전압부담이 가장 큰 것은?

① 전선에 가장 가까운 것

② 중앙에 있는 것

③ 철탑에 가장 가까운 것

④ 철탑에서 $\frac{1}{3}$ 지점의것

[해설] 가공송전선로에 사용되는 애자련 중에서 전압분담이 최소가 되는 곳은 철탑에서 가장 가까운 곳이 되며, 보통 1개련 애자인 경우는 철탑에서 두 번째 가까운 곳, 10개의 현수애자일 경우는 철탑에서 3번째 가까운 곳으로 본다.

34 부하전류 차단이 불가능한 전력개폐장치는?

① 진공차단기　　　② 유입차단기

③ 단로기　　　　　④ 가스차단기

[해설] 단로기는 소호장치가 없고, 아크 소멸능력이 없어서 고장전류나 부하전류를 차단할 수는 없고, 점검 및 수리할 때나 기기를 전로에서 개방할 때 또는 모선의 접속변경에 사용

35 송배전 전선로에서 전선의 진동으로 인하여 전선이 단선 되는 것을 방지하기 위한 설비는?

① 오프셋　　　　　② 크램프

③ 댐퍼　　　　　　④ 초호환

[해설]
• 오프셋(Off Set) : 전선간의 단락사고 방지
• 소호환(Arcing Ring) : 애자련의 보호 및 전압분담을 균일하게 하기 위해서(초호환)
• 소호각(Arcing Horn) : 이상전압 발생 시에 애자의 파손방지를 위해서(초호각)

36 화력 발전소에서 재열기의 사용 목적은?

① 공기를 가열한다.　② 급수를 가열한다.

③ 증기를 가열한다.　④ 석탄을 건조한다.

[해설]
• 절탄기 : 보일러 급수를 가열하기 위한 장치
• 공기예열기 : 절탄기에서 나온 연소가스의 열을 회수하여 공기를 예열하고, 연소의 효율을 높여서 보일러효율을 높이기 위한 장치
• 탈기기 : 급수 중에 산소를 제거하기 위함(용해산소 분리의 목적)(기계적 방법)
• 디액티베이터(Deactivator) : 산소를 흡수 제거시키는 장치(화학적 방법)

37 송전선로의 안정도 향상 대책과 관계가 없는 것은?

① 속응 여자방식 채용　② 재폐로 방식의 채용

③ 리액턴스 감소　　　④ 역률의 신속한 조정

[해설] 송전선로의 안정도 향상대책
• 계통의 직렬 리액턴스를 작게 할 것
• 전압 변동률을 작게 할 것
• 중간 조상방식을 채용할 것
• 고장(지락)전류를 줄이고 고장구간을 신속하게 차단할 것
• 고장시 발전기 입·출력의 불평형을 작게 할 것
(송전가능 전력$(P) = \frac{E_s E_r}{X} sin\delta$에서 계통의 직렬 리액턴스(X)를 감소해야 안정도가 향상)

[정답] 33 ①　34 ③　35 ③　36 ③　37 ④

38 그림과 같은 3상 무부하 교류발전기에서 a상이 지락된 경우 지락전류는 어떻게 나타내는가?

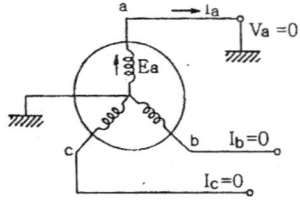

① $\dfrac{E_a}{Z_0 + Z_1 + Z_2}$ ② $\dfrac{2E_a}{Z_0 + Z_1 + Z_2}$

③ $\dfrac{3E_a}{Z_0 + Z_1 + Z_2}$ ④ $\dfrac{\sqrt{3}\,E_a}{Z_0 + Z_1 + Z_2}$

해설 a상에 지락(접지)사고가 나면, $V_a=0$, $I_b=I_c=0$으로 된다. 전류의 대칭분을 구하면,

$\dot{I}_0 = \dot{I}_1 = \dot{I}_2 = \dfrac{1}{3}\dot{I}_a$로 되어 1선지락 사고 시에 대칭분 전류는 영상, 정상, 역상전류가 같다.

$\dot{V}_a = \dot{V}_0 + \dot{V}_1 + \dot{V}_2 = 0$ 에서

$-\dot{I}_0 \dot{Z}_0 + \dot{E}_a - I_1 Z_1 - I_2 Z_2 = 0$

$\dot{E}_a - \dot{I}_0(\dot{Z}_0 + \dot{Z}_1 + \dot{Z}_2) = 0$에서, $\dot{I}_0 = \dfrac{\dot{E}_a}{\dot{Z}_0 + \dot{Z}_1 + \dot{Z}_2}$

$\therefore \dot{I}_a = \dot{I}_0 + \dot{I}_1 + \dot{I}_2 = 3\dot{I}_0 = \dfrac{3\dot{E}_a}{\dot{Z}_0 + \dot{Z}_1 + \dot{Z}_2}$

39 원자력발전소에서 비등수형 원자로에 대한 설명으로 틀린 것은?

① 연료로 농축 우라늄을 사용한다.
② 감속재로 헬륨 액체금속을 사용한다.
③ 냉각재로 경수를 사용한다.
④ 물을 원자로 내에서 직접 비등시킨다.

해설 비등수형 원자로(BWR)는 가압수형 원자로(PWR)와 같이 저농축 우라늄을 연료로 사용하고, 감속재 및 냉각재로서는 물을 사용하는 것이며, 원자로의 노 내에서 물을 비등시켜 증기로서 뽑아내도록 한다.

40 배전계통에서 부등률이란?

① $\dfrac{최대수용전력}{부하설비용량}$

② $\dfrac{부하의\ 평균전력의\ 합}{부하설비의최대전력}$

③ $\dfrac{최대부하시의\ 설비용량}{정격용량}$

④ $\dfrac{각\ 수용가의\ 최대수용전력의\ 합}{합성최대수용전력}$

제3과목 : 전기기기

41 동기전동기에 설치된 제동권선의 효과는?

① 정지시간의 단축 ② 출력전압의 증가
③ 기동토크의 발생 ④ 과부하 내량의 증가

해설 제동권선(Damping Winding)의 역할 : 자극면에 제동권선을 설치하여 난조방지에 쓰인다.
• 난조방지
• 기동시 유도전동기의 농형으로서 기동토크를 발생
• 불평형 부하시 전류, 전압의 파형을 개선
• 송전선로 불평형 단락시에 생기는 이상전압을 방지

42 동기 조상기의 계자를 과여자로 해서 운전할 경우 틀린 것은?

① 콘덴서를 작용한다.
② 위상이 뒤진 전류가 흐른다.
③ 송전선의 역률을 좋게 한다.
④ 송전선의 전압강하를 감소시킨다.

해설 동기조상기의 계자(여자)를 부족 여자로 운전하면 뒤진 전류가 흘러서 리액터 역할을 하여 무부하장거리송전선로에 흐르는 충전 전류에 의하여 발전기의 자기여자작용으로 발생하는 단자전압의 이상전압상승을 방지하며, 과여자로 운전하면 앞선 전류가 흘러서 콘덴서 역할을 하여 부하의 뒤진 전류를 보상해서 송전선로의 역률을 양호하게 하고, 전압강하를 보상하게 된다.

정답 **38** ③ **39** ② **40** ④ **41** ③ **42** ②

43 3상 유도전동기에서 회전력과 단자 전압의 관계는?

① 단자 전압과 무관하다.

② 단자 전압에 비례한다.

③ 단자 전압의 2승에 비례한다.

④ 단자 전압의 2승에 반비례한다.

해설

$$T = k \frac{sE^2 r_2}{r_2^2 + (sx_2)^2} = kV^2 \text{ 에서,}$$

또한 $s = k \frac{1}{V^2}$ 이 된다.

44 3상 유도전동기의 슬립이 S < 0인 경우를 설명한 것으로 틀린 것은?

① 동기속도 이상이다.

② 유도발전기로 사용된다.

③ 유도전동기 단독으로 동작이 가능하다.

④ 속도를 증가시키면 출력이 증가한다.

해설 유도전동기의 동작특성에서 슬립(slip)영역은 유도전동기의 동작범위(슬립범위) : 0 < s < 1 유도 제동기의 동작범위(슬립범위) : s > 1 유도 발전기의 동작범위(슬립범위) : s < 0

45 정류회로에서 평활회로를 사용하는 이유는?

① 출력전압의 맥류분을 감소하기 위해

② 출력전압의 크기를 증가시키기 위해

③ 정류전압의 직류분을 감소하기 위해

④ 정류전압을 2배로 하기 위해

해설 평활회로(Smoothing circuit) : 교류(AC)를 직류(DC)로 변환하는 장치인 정류 회로에서 변환된 직류는 완전한 직류가 아닌 맥류이므로, 이 정류회로에서 얻은 맥류의 맥동을 줄여서, 완전하게 직류로 바꾸어주는 여러 과정을 거치는데 사용되는 회로를 말한다.

46 단권변압기의 설명으로 틀린 것은?

① 1차권선과 2차권선의 일부가 공통으로 사용한다.

② 분로권선과 직렬권선으로 구분한다.

③ 누설자속이 없기 때문에 전압변동률이 작다.

④ 3상에는 사용할 수 없고 단상으로만 사용한다.

해설 단권변압기의 특징

㉠ 중량이 가볍다.

㉡ 전압 변동률이 작다.

㉢ 동손이 감소하므로 효율이 높다.(분로권선에는 1차와 2차의 차에 해당되는 전류가 흐르므로 동손이 적고, 여자 전류 및 철손도 적어서 효율이 좋다.)

㉣ 변압비가 1에 가까우므로 용량이 커진다.

㉤ 1차측의 이상 전압이 2차측에 영향을 끼친다.

㉥ 누설임피던스가 작기 때문에 단락전류가 증가된다.

㉦ 1차와 2차와의 전압비가 1에 가까울수록 단권변압기를 사용하는 것이 경제적이다.

• 단권변압기는 1차권선의 일부가 2차권선과 공용으로 되어 있다. 1차, 2차에 공통인 권선을 분로권선, 공통이 아닌 권선을 직렬권선이라 한다.
단권변압기의 크기를 나타내는 용량은 직렬권선 또는 분로권선에 걸리는 전압과 그 권선을 흐르는 전류의 곱과 같으며, 이것을 자기용량이라 한다.
반면에 1차측 또는 2차측의 전압과 선로전류의 곱을 선로용량이라 부른다.

47 다음 직류전동기 중에서 속도 변동률이 가장 큰 것은?

① 직권전동기

② 분권전동기

③ 차동복권전동기

④ 가동복권전동기

해설 속도변동률이 큰 순서 : 직권전동기→가동복권→분권전동기→차동복권

정답 **43** ③ **44** ③ **45** ① **46** ④ **47** ① **48** ④

2014년도 기사 제1회 필기시험(기사) • **529**

48 3상 직권 정류자 전동기에서 중간 변압기를 사용하는 주된 이유는?

① 발생 토크를 증가시키기 위해

② 역회전 방지를 위해

③ 직권특성을 얻기 위해

④ 경부하시 급속한 속도상승 억제를 위해

해설 3상 직권 정류자 전동기의 고정자 권선과 회전자 권선 사이에 직렬로 접속되는 것이 중간변압기인데 그 사용 목적은

• 중간변압기의 권수비를 바꾸어 전동기의 특성을 조정할 수 있다.

• 전원전압의 크기에 상관없이 정류에 알맞은 회전자 전압을 선택할 수 있다.

• 경부하(직권특성이므로) 시에는 속도가 매우 상승하지만, 중간변압기를 사용해서 그 철심을 포화시키면 그 속도상승을 억제시킬 수 있다.

49 1차측 권수가 1500인 변압기의 2차측에 16 [Ω]의 저항을 접속하니 1차 측에서는 8[Ω]으로 환산되었다. 2차측 권수는?

① 약 67   ② 약 87

③ 약 107   ④ 약 207

해설

$a = \dfrac{V_1}{V_2} = \dfrac{I_2}{I_1} = \dfrac{N_1}{N_2}$ 에서,

$\therefore N_2 = \dfrac{N_1}{a} = \dfrac{1500}{10\sqrt{5}} = 67.08$회

$R_1 = a^2 R_2$ 에서,

$a = \sqrt{\dfrac{R_2}{R_1}} = \sqrt{\dfrac{8 \times 10^3}{16}} = 10\sqrt{5}$

50 우리나라 발전소에 설치되어 3상 교류를 발생하는 발전기는?

① 동기 발전기   ② 분권 발전기

③ 직권 발전기   ④ 복권 발전기

51 220[V], 10[A], 전기자 저항이 1[Ω], 회전수가 1800[rpm]인 전동기의 역기전력은 몇 [V]인가?

① 90   ② 140

③ 175   ④ 210

해설 $E = V - I_a R_a = 220 - 10 \times 1 = 210$[V]

52 스텝 모터에 대한 설명 중 틀린 것은?

① 가속과 감속이 용이하다.

② 정 역전 및 변속이 용이하다.

③ 위치제어 시 각도 오차가 작다.

④ 브러시 등 부품수가 많아 유지보수의 필요성이 크다.

해설 스텝 모터(step motor) : 회전자와 고정자가 있고, 회전자와 고정자에 각각 50, 48개의 치가 있다.

㉠ 장점

• 디지털 신호형태로 직접 제어하므로 마이크로프로세스에 접속이 용이하고 회전 오차 각이 누적되지 않는다.

• 펄스 수에 따라서 정확한 회전각을 제어할 수 있다.

• 정지할 때 큰 유지(정지)토크가 있다.

• 초 저속으로 높은 토크운전을 할 수 있다.

• 궤환소자(Encoder, Potentio Motor)가 불필요하기 때문에 제어가 쉽다.

㉡ 단점

• 관성부하에 약하여 큰 부하가 걸리면 탈조현상이 일어나기 쉽다.

• 특정주파수에서 진동, 공진현상이 발생할 수 있다.

• 무게에 비해서 출력이 약하다(출력중량비가 적다).

• 직류모터에 비해서 효율이 떨어진다.

53 다이오드를 사용한 정류회로에서 다이오드를 여러 개 직렬로 연결하면?

① 고조파전류를 감소시킬 수 있다.

② 출력전압의 맥동률을 감소시킬 수 있다.

정답 48 ④   49 ①   50 ①   51 ④   52 ④   53 ③

③ 입력전압을 증가시킬 수 있다.

④ 부하전류를 증가시킬 수 있다.

해설 정류회로에서 다이오드를 직렬로 추가 연결하면 과전압방지, 병렬로 추가 연결하면 과전류를 방지한다.

---

54 계자저항 50[Ω], 계자전류 2[A], 전기저항 3[Ω]인, 분권발전기가 무부하로 정격속도로 회전할 때 유기 기전력[V]은?

① 106　　　　② 112

③ 115　　　　④ 120

해설

$E = V + I_a R_a = V + I_f R_a = 100 + 2 \times 3 = 106[V]$

무부하이므로 $I_a = I_f$ 가 된다.

단자전압 V는 계자회로의 전압강하와 같다.

$V = I_f R_f = 2 \times 50 = 100[V]$

---

55 △결선 변압기의 한 대가 고장으로 제거되어 V결선으로 전력을 공급할 때. 고장전 전력에 대하여 몇 [%]의 전력을 공급할 수 있는가?

① 81.6　　　　② 75.0

③ 66.7　　　　④ 57.7

해설

- 출력비 $= \dfrac{\sqrt{3} P}{3P} = \dfrac{\sqrt{3}}{3} = 0.577$

- 이용률 $= \dfrac{\sqrt{3} P}{2P} = \dfrac{\sqrt{3}}{2} = 0.866$

---

56 직류분권 전동기의 공급전압이 V[V], 전기자전류 I$_a$[A], 전기자 저항R$_a$[Ω], 회전수 N[rpm]일 때 발생토크는 몇 [kg・m]인가?

① $\dfrac{30}{9.8}\left(\dfrac{VI_a - I_a^2 R_a}{\pi N}\right)$　　② $\dfrac{30}{9.8}\left(\dfrac{V - I_a R_a}{\pi N}\right)$

③ $30\left(\dfrac{VI_a - I_a^2 R_a}{\pi N}\right)$　　④ $\dfrac{1}{9.8}\left(\dfrac{V - I_a R_a}{2\pi N}\right)$

해설

$T = \dfrac{EI_a}{2\pi n}[N \cdot m] = \dfrac{1}{9.8} \cdot \dfrac{EI_a}{2\pi n}[kg \cdot m]$ 에서,

$\therefore T = \dfrac{30}{9.8}\left(\dfrac{VI_a - I_a^2 R_a}{\pi N}\right)[kg \cdot m]$

직류분권전동기, $E = V - I_a R_a$,

$1[N \cdot m] = 9.8[kg \cdot m]$

---

57 동기전동기의 V특성곡선(위상특성곡선)에서 무부하 곡선은?

① A　　　　② B

③ C　　　　④ D

해설 동기전동기는 계자(여자)전류를 가감함으로서 전기자전류의 크기와 위상을 조절할 수 있는데. 계자전류(I_f)를 증가시키면 앞선 역률(진상전류), 계자전류(I_f)를 감소시키면 뒤진 역률(지상전류)를 공급한다. 그러므로 계자전류를 증가시키면 역률은 앞서게 되고 전기자전류는 증가한다. 부하가 클수록 V곡선은 위로 이동하게 된다.

---

58 권선형 유도전동기의 기동법에 대한 설명 중 틀린 것은?

① 기동시 2차 회로의 저항을 크게 하면 기동시에 큰 토크를 얻을 수 있다.

② 기동시 2차 회로의 저항을 크게 하면 기동시에 기동전류를 억제할 수 있다.

③ 2차 권선의 저항을 크게 하면 속도상승에 따라 외부저항이 증가한다.

정답　**54** ①　**55** ④　**56** ①　**57** ①　**58** ③

④ 2차 권선의 저항을 크게 하면 운전상태의 특성이 나빠진다.

[해설] 권선형 유도전동기 : 회전자 권선의 저항이 증가하게 되어서 기동시의 과대한 전류를 제한할 수 있다. 그 위에 기동 토크가 증가되어서 기동특성이 좋아진다. 2차 회로에 기동저항을 접속하면, 기동 시에 2차 회로에 적당한 저항을 갖게 하여 필요한 기동 토크를 얻고, 기동전류를 억제하고 상승에 따라 외부저항을 점차로 감소하여 최후에 슬립링에서 단락하여 양호한 운전상태의 특성을 얻는다. 2차 저항이 증가하면 토크 곡선 등이 슬립이 증가하는 방향으로 2차 저항이 비례해서 이동한다. 즉, 같은 토크에서 2차 저항과 슬립은 비례한다. 2차 저항을 크게 하면 기동전류는 감소하고 기동토크는 증가하는데, 최대토크의 크기는 항상 일정하고, 다만 최대토크를 발생하는 슬립점이 2차 저항에 비례해서 이동하므로, 최대토크는 2차 저항과 무관하다.

59 유도전동기의 부하를 증가시켰을 때 옳지 않는 것은?

① 속도는 감소한다.
② 1차 부하전류는 감소한다.
③ 슬립은 증가한다.
④ 2차 유도기전력은 증가한다.

[해설] 3상유도전동기(誘導電動機, Induction Motor)
기동토크와 전 부하토크가 평형되는 상태에서 일정한 속도로 회전한다.
즉, 부하가 증가하면 속도는 감소하게 되는데, 기동토크 와 전 부하토크가 같아질 때까지 속도는 떨어진다. 그러므로 속도가 감소(슬립 s는 증가)하면 유도전동기의 2차 전류(회전자)는 증가, 유도전동기 1차 전류(고정자)도 증가(=여자전류+1차 부하전류) 1차 부하전류는 2차 전류에 비례한다.
회전자의 속도(슬립s는 감소)가 증가할수록 회전자 측의 유기 기전력은 감소, 회전자권선의 임피던스는 작아진다.

60 평형 3상전류를 측정하려고 60/5[A]의 변류기 2대를 그림과 같이 접속했더니 전류계에 2.5[A]가 흘렀다. 1차 전류는 몇 [A]인가?

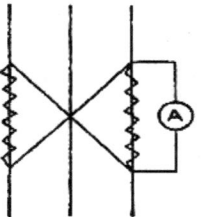

① 5
② $5\sqrt{3}$
③ 10
④ $10\sqrt{3}$

[해설]
$$I_1 = CT \times \frac{1}{\sqrt{3}} \times \text{ⓐ} = \frac{60}{5} \times \frac{1}{\sqrt{3}} \times 2.5$$
$$= 10\sqrt{3}\,[A]$$

제4과목 : 회로이론 및 제어공학

61 단위계단 입력신호에 대한 과도응답은?

① 임펄스 응답
② 인디셜 응답
③ 노멀 응답
④ 램프 응답

[해설]
• 임펄스 응답=하중 함수
• 인디셜 응답=단위 계단응답
• 경사(램프) 응답=램프함수(시간)

62 자동제어의 분류에서 엘리베이터의 자동제어에 해당하는 제어는?

① 추종제어
② 프로그램제어
③ 정치제어
④ 비율제어

[정답] 59 ② 60 ④ 61 ② 62 ②

532 · Part 2. 전기기사 기출문제

해설

- 추종(추치)제어 : 임의로 변화하는 목표값을 추종하는 제어
- 프로그램제어 : 미리 정해진 프로그램에 따라 제어량을 변화시키는 목적으로 사용되는 제어
- 정치제어 : 목표값이 시간에 대하여 변화하지 않는 제어
- 비율제어 : 목표값이 다른 양과 비율 관계를 가지고 변화하는 경우의 제어

63 그림과 같은 RC회로의 단위 계단전압을 가하면 출력전압은?

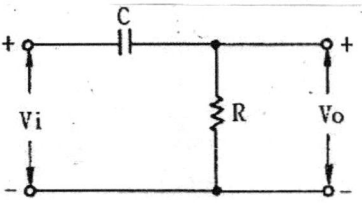

① 아무 전압도 나타나지 않는다.
② 처음부터 계단전압이 나타난다.
③ 계단전압에서 지수적으로 감쇠한다.
④ 0부터 상승하여 계단전압에 이른다.

해설

$$G(s) = \frac{V_0(s)}{V_i(s)} = \frac{1}{RCs+1}$$ 에서,

입력이 계단함수이므로 $V_i(s) = \frac{1}{s}$

$$V_0(s) = \frac{1}{RCs+1} \cdot V_i(s) = \frac{1}{RCs+1} \cdot \frac{1}{s}$$

$$= \frac{\frac{1}{RC}}{s(s+\frac{1}{RC})}$$

$$= \frac{1}{s} - \frac{1}{s+\frac{1}{RC}}$$

$$\therefore v_0(t) = \mathcal{L}^{-1}[V_0(s)] = 1 - e^{-\frac{1}{RC}t}$$

결과 식에서 출력전압은 0부터 상승하여 계단전압에 이르게 된다.

64 그림과 같은 블록선도에서 C(s)/R(s)의 값은?

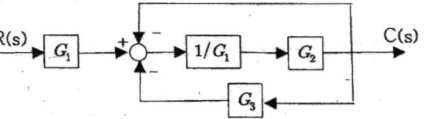

① $\dfrac{G_2}{G_1 - G_2 - G_3}$ ② $\dfrac{G_2}{G_1 - G_2 - G_2 G_3}$

③ $\dfrac{G_1}{G_1 + G_2 + G_2 G_3}$ ④ $\dfrac{G_1 G_2}{G_1 + G_2 + G_2 G_3}$

해설

$$(R(s)G_1 - C(s) - C(s)G_3) \cdot \frac{1}{G_1} \cdot G_2$$
$$= C(s)$$
$$R(s)G_2 = (1 + \frac{G_2}{G_1} + \frac{G_2 G_3}{G_1})C(s)$$
$$\therefore G(s) = \frac{C(s)}{R(s)} = \frac{G_2}{1 + \frac{G_2}{G_1} + \frac{G_2 G_3}{G_1}}$$
$$= \frac{G_1 G_2}{G_1 + G_2 + G_2 G_3}$$

65 Routh 안정도 판별법에 의한 방법 중 불안정한 제어계의 특성 방정식은?

① $s^3 + 2s^2 + 3s + 4 = 0$
② $s^3 + s^2 + 5s + 4 = 0$
③ $s^3 + 4s^2 + 5s + 2 = 0$
④ $s^3 + 3s^2 + 2s + 10 = 0$

해설 Routh 안정도 판별법 : $s^3 + 3s^2 + 2s + 10 = 0$

s^3	1	2
s^2	3	10
s^1	$\dfrac{6-10}{3}$	
s^0	10	

s^1의 제1열 요소의 부호가 다르므로 이 제어계는 불안정하고 불안정근의 수는 2개이다.

정답 63 ④ 64 ④ 65 ④

66 다음 중 Z변환함수 $\dfrac{3z}{(z-e^{-3t})}$에 대응되는 라플라스 변환함수는?

① $\dfrac{1}{(s+3)}$ ② $\dfrac{3}{(s-3)}$

③ $\dfrac{1}{(s-3)}$ ④ $\dfrac{3}{(s+3)}$

해설

f(t)	F(s)	F(z)
$\delta(t)$	1	1
$u(t)$	$\dfrac{1}{s}$	$\dfrac{z}{z-1}$
t	$\dfrac{1}{s^2}$	$\dfrac{Tz}{(z-1)^2}$
e^{-at}	$\dfrac{1}{s+a}$	$\dfrac{z}{z-e^{-at}}$

z 변환함수인 $\dfrac{3z}{z-e^{-3t}}$ 와 대응되는

라플라스 변환함수는 $\dfrac{3}{s+3}=3e^{-3t}$ 로 된다.

67 이득이 K인 시스템의 근궤적을 그리고자 한다. 다음 중 잘못된 것은?

① 근궤적의 가지수는 극(pole)의 수와 같다.

② 근궤적은 K=0일 때 극에서 출발하고 K=∞ 일 때 영점에 도착한다.

③ 실수측에서 이득 K가 최대가 되게 하는 점이 이탈점이 될 수 있다.

④ 근궤적은 실수측에 대칭이다.

해설

- 근궤적은 G(s)H(s)의 극에서 출발하여 영점에서 끝나므로 근궤적의 개수는 Z와 P 중 큰 것과 같다. 근궤적의 개수는 특성방정식의 차수와 일치한다.
- 특성방정식의 근은 실근 또는 공액복소근을 가지므로 근궤적은 실수측에 대칭이다.
- 점근선은 반드시 실수축상에서만 교차한다.

- G(s)H(s)의 실수축과 실영점으로부터 실수축이 분할될 때 어느 구간에서 오른쪽으로 실수축상의 극과 영점을 헤아려 갈 때 만일 총수가 홀수이면 그 구간에 근궤적이 존재하고, 짝수이면 존재하지 않는다.

68 다음과 같은 진리표를 갖는 회로의 종류는?

입력		출력
A	B	
0	0	0
0	1	1
1	0	1
1	1	0

① AND ② NAND

③ NOR ④ EX-OR

69 어떤 제어계에 단위 계단입력을 가하였더니 출력이 $1-e^{-2t}$로 나타났다. 이 계의 전달함수는?

① $\dfrac{1}{s+2}$ ② $\dfrac{2}{s+2}$

③ $\dfrac{1}{s(s+2)}$ ④ $\dfrac{2}{s(s+2)}$

해설 전달함수 $G(s)=\dfrac{C(s)}{R(s)}=\dfrac{\dfrac{2}{s(s+2)}}{\dfrac{1}{s}}=\dfrac{2}{s+2}$

단위 계단입력이므로 $r(t)=u(t)$ 를 라플라스 변환하면, $R(s)=\dfrac{1}{s}$ 이다.

출력 $C(t)=1-e^{-2t}$를 변환하면,

$C(s)=\dfrac{1}{s}-\dfrac{1}{s+2}=\dfrac{2}{s(s+2)}$ 가 된다.

70 다음 과도응답에 관한 설명 중 틀린 것은?

① 지연시간은 응답이 최초의 목표값의 50[%]가 되는데 소요되는 시간이다.

② 백분율 오버슈터는 최종 목표값과 최대 오버슈터와의 비를 %로 나타낸 것이다.

[정답] 66 ④ 67 ① 68 ④ 69 ② 70 ③

③ 감쇠비는 최종 목표값과 최대 오버슈트와의 비를 나타낸 것이다.

④ 응답시간은 응답이 요구하는 오차 이내로 정착되는데 거리는 시간이다.

해설

- 감쇠비(Decay ratio) : 과도응답의 소멸되는 속도를 나타낸 양

$$감쇠비 = \frac{제2오버슈터}{최대 오버슈터}$$

- 입상시간(Rise time) : 응답이 희망값의 $10 \sim 90$ [%]까지 도달하는데 요하는 시간(상승시간)

71 RLC 직렬회로에 $e = 170\cos\left(120t + \frac{\pi}{6}\right)[V]$를 인가할 때 $i = 8.5\cos\left(120 - \frac{\pi}{6}\right)[A]$가 흐를 경우 소비되는 전력은 약 몇 [W] 인가?

① 361 ② 623
③ 720 ④ 1445

해설

$$P = \sum_{n=1}^{\infty} V_n I_n \cos(\theta_1 - \theta_2)[W]$$
$$= \frac{170}{\sqrt{2}} \times \frac{8.5}{\sqrt{2}} cos\left(\frac{\pi}{6} + \frac{\pi}{6}\right) = 361.25[W]$$

72 그림과 같은 회로에서 저항 0.2[Ω]에 흐르는 전류는 몇 [A]인가?

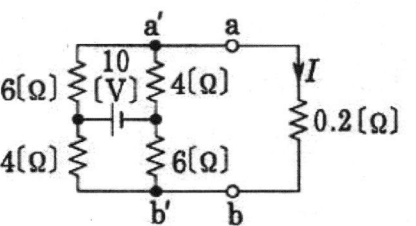

① 0.4 ② −0.4
③ 0.2 ④ −0.2

해설

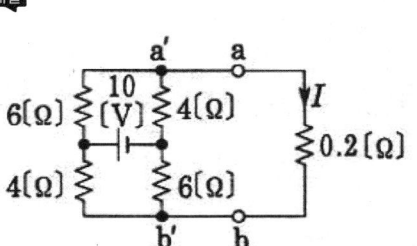

위 그림에서 전압원 10[V]를 단락시키고 테브난 등가 저항값(R_T)을 구하면

$$R_T = \frac{6 \times 4}{6+4} \times \frac{4 \times 6}{4+6} = 4.8[\Omega]$$

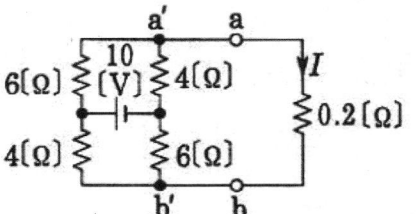

$$V_a = \frac{6}{6+4} \times 10 = 6[V], \ V_b = \frac{4}{4+6} \times 6 = 4[V]$$
$$\therefore V_T = 6 - 4 = 2[V]$$

위 그림에서 $I = \dfrac{V_T}{R_T + 0.2} = \dfrac{2}{4.8 + 0.2} = 0.4[A]$가 된다.

73 분포정수 선로에서 위상정수를 β[rad/m]라 할 때 파장은?

① $2\pi\beta$ ② $\dfrac{2\pi}{\beta}$

③ $4\pi\beta$ ④ $\dfrac{4\pi}{\beta}$

해설

- 파장$(\lambda) = \dfrac{2\pi}{\beta}$ [m], 위상정수$(\beta) = \dfrac{\omega}{v}[rad/m]$,

  전파속도$(v) = \lambda f = \dfrac{2\pi f}{\beta}[m/s]$

74 어떤 2단자 회로에 단위 임펄스 전압을 가할 때 $2e^{-t}+3e^{-2t}$[A]의 전류가 흘렀다. 이를 회로로 구성하면?(단, 각 소자의 단위는 기본단위로 한다.)

①

②

③

④

해설

$v(t) = \delta(t) \Rightarrow \mathcal{L}, \ V(s) = 1$

$i(t) = 2e^{-t}+3e^{-2t} \Rightarrow \mathcal{L}, \ I(s) = \dfrac{2}{s+1}+\dfrac{3}{s+2}$

$\therefore Z(s) = \dfrac{V(s)}{I(s)} = \dfrac{1}{\dfrac{2}{s+1}+\dfrac{3}{s+2}}$

$= \dfrac{1}{\dfrac{1}{\dfrac{s}{2}+\dfrac{1}{2}}+\dfrac{1}{\dfrac{s}{3}+\dfrac{2}{3}}}$

75 $f(t) = 3t^2$의 라플라스 변환은?

① $\dfrac{3}{s^3}$ ② $\dfrac{3}{s^2}$

③ $\dfrac{6}{s^3}$ ④ $\dfrac{6}{s^2}$

해설 $\mathcal{L} f(t) = F(s) = 3 \cdot \dfrac{2!}{s^{2+1}} = \dfrac{6}{s^3}$

76 RLC 직렬 공진회로에서 제3고조파의 공진주파수 f[Hz]는?

① $\dfrac{1}{2\pi\sqrt{LC}}$

② $\dfrac{1}{3\pi\sqrt{LC}}$

③ $\dfrac{1}{6\pi\sqrt{LC}}$

④ $\dfrac{1}{9\pi\sqrt{LC}}$

해설 직렬공진조건 $\omega L = \dfrac{1}{\omega C}$, $2\pi f L = \dfrac{1}{2\pi f C}$ 에서 제3고조파의 공진주파수는

$2\pi 3 f L = \dfrac{1}{2\pi 3 f C}, \ \therefore f = \dfrac{1}{6\pi\sqrt{LC}}$[Hz]

77 세 변의 저항 $R_a=R_b=R_c=15$[Ω]인 Y결선 회로가 있다. 이것과 등가인 △결선 회로의 각 변의 저항[Ω]은?

① 135   ② 45
③ 15   ④ 5

해설 임피던스의 값이 평형3상인 경우 : △결선에서 Y결선으로 변환 할 경우는 $\dfrac{1}{3}$ 배

Y결선에서 △결선으로 변환할 경우는 3배로 된다.

$\therefore$ 15×3=45[Ω]

78 모든 초기값을 0으로 할 때, 입력에 대한 출력의 비는?

① 전달함수   ② 충격함수
③ 경사함수   ④ 포물선함수

해설 전달함수 : 미분방정식을 라플라스 변환 한 후에 모든 초기값을 0으로 하고 출력의 라플라스 변환과 입력의 라플라스 변환 비를 말한다.

정답 74 ③   75 ③   76 ③   77 ②   78 ①

79 그림과 같은 T형 회로에서 4단자정수 중 D 값은?

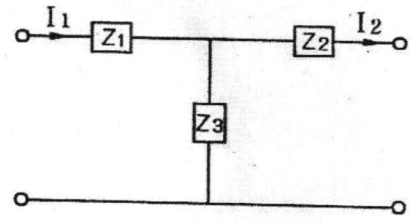

① $1 + \dfrac{Z_1}{Z_3}$

② $\dfrac{Z_1 Z_2}{Z_3} + Z_2 + Z_1$

③ $\dfrac{1}{Z_3}$

④ $1 + \dfrac{Z_2}{Z_3}$

[해설]

$$\begin{pmatrix} A & B \\ C & D \end{pmatrix} = \begin{pmatrix} 1 & Z_1 \\ 0 & 1 \end{pmatrix} \begin{pmatrix} 1 & 0 \\ \dfrac{1}{Z_3} & 1 \end{pmatrix} \begin{pmatrix} 1 & Z_2 \\ 0 & 1 \end{pmatrix} = \begin{pmatrix} 1 + \dfrac{Z_1}{Z_3} & Z_1 \\ \dfrac{1}{Z_3} & 1 \end{pmatrix} \begin{pmatrix} 1 & Z_2 \\ 0 & 1 \end{pmatrix}$$

$$= \begin{pmatrix} 1 + \dfrac{Z_1}{Z_3} & Z_2\left(1 + \dfrac{Z_1}{Z_3}\right) + Z_1 \\ \dfrac{1}{Z_3} & 1 + \dfrac{Z_2}{Z_3} \end{pmatrix}$$

80 다음과 같은 회로에서 t=0⁺에서 스위치 K를 닫았다. $i_1(0^+)$, $i_2(0^+)$는 얼마인가?(단, C의 초기전압과 L의 초기전류는 0이다.)

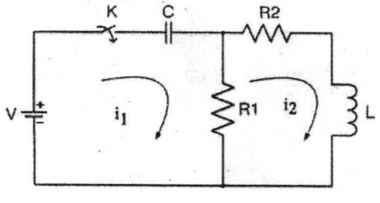

① $i_1(0^+) = 0$ $i_2(0^+) = V/R_2$

② $i_1(0^+) = V/R_1$ $i_2(0^+) = 0$

③ $i_1(0^+) = 0$ $i_2(0^+) = 0$

④ $i_1(0^+) = V/R_1$ $i_2(0^+) = V/R_2$

[해설]

- $t = 0^+ \begin{cases} L = 개방(\infty) \\ C = 단락(0) \end{cases}$

  $\therefore i_1(0^+) = \dfrac{V}{R_1}$, $i_2(0^+) = 0$

- $t = \infty \begin{cases} L = 단락(0) \\ C = 개방(\infty) \end{cases}$

제5과목 : 전기설비기술기준 및 판단기준

81 고압 지중 케이블로서 직접 매설식에 의하여 콘크리트제, 기타 견고한 관 또는 트라프에 넣지 않고 부설할 수 있는 케이블은?

① 고무외장 케이블

② 클로로플렌외장 케이블

③ 콤바인덕트 케이블

④ 미네럴인슈레이션 케이블

[해설] 지중전선을 견고한 트라프 기타 방호물에 넣지 아니하여도 되는 경우

- 저압 또는 고압의 지중전선을 차량 기타 중량물의 압력을 받을 우려가 없는 경우에 그 위를 견고한 판 또는 몰드로 덮어 시설하는 경우
- 저압 또는 고압의 지중전선에 콤바인덕트 케이블 또는 개장(鎧裝)한 케이블을 사용하여 시설하는 경우
- 특고압 지중전선은 위 규정하는 개장한 케이블을 사용하고 또한 견고한 판 또는 몰드로 지중 전선의 위와 옆을 덮어 시설하는 경우
- 지중 전선에 파이프형 압력 케이블을 사용하고 또한 지중 전선의 위를 견고한 판 또는 몰드 등으로 덮어 시설하는 경우

82 대지로부터 절연을 하는 것이 기술상 곤란하여 절연을 하지 않아도 되는 것은?

① 항공장애등

② 전기로

③ 옥외조명등

④ 에어콘

[해설] 대지로부터 절연하는 것이 기술상 곤란한 것 : 전기로, 전해로, 전기 욕기, 전기보일러

[정답] 79 ④ 80 ② 81 ③ 82 ②

83 과전류차단기로 저압전로에 사용하는 퓨즈를 수평으로 붙인 경우 이 퓨즈는 정격전류의 몇 배의 전류에 견딜 수 있어야 하는가?

① 1.1
② 1.25
③ 1.6
④ 2

해설
- 과전류 차단기로 저압 전로에 사용하는 퓨즈는 수평으로 붙인 경우에 정격전류의 1.1배에 견딜 것
- 과전류 차단기로 저압 전로에 사용하는 배선용 차단기는 정격전류의 1배의 전류로 자동적으로 동작하지 아니할 것

84 가공전선로의 지지물에 사용하는 지선의 시설과 관련하여 다음 중 옳지 않은 것은?

① 지선의 안전율은 2.5 이상, 허용 인장하중의 최저는 3.31[kN]으로 할 것
② 지선에 연선을 사용하는 경우 소선(素線) 3가닥 이상의 연선일 것
③ 지선에 연선을 사용하는 경우 소선의 지름이 2.6[mm] 이상의 금속선을 사용한 것일 것
④ 가공전선로의 지지물로 사용하는 철탑은 지선을 사용하여 그 강도를 분담시키지 않을 것

해설 지선의 설치조건
- 안전율 : 목주, A종지지물은 1.5 이상, B종인 경우는 2.5 이상
- 최저허용 인장하중 : 4.31[kN](이상)
- 3조 이상의 연선인 소선을 사용할 것
- 2.6[mm] 이상의 금속선 또는 2.0[mm] 이상의 아연도금 강연선
- 지중부분 및 지표상 30[cm]까지 아연도금 철봉을 사용하고 근가를 시설할 것

85 옥내배선의 사용전압이 220[V]인 경우 금속관 공사의 기술기준으로 옳은 것은?

① 금속관과 접속부분의 나사는 3턱 이상으로 나사결합을 하였다.
② 전선은 옥외용 비닐절연전선을 사용하였다.
③ 콘크리트에 매설하는 전선관의 두께는 1.0 [mm]를 사용하였다.
④ 금속관에는 제3종 접지공사를 하였다.

해설
- 전선은 절연전선(OW제외)으로 연선을 사용할 것 (다만, 공칭단면적 10[mm²](AL 16) 이하인 경우는 단선을 사용할 수 있다.)
- 관의 두께는 콘크리트에 매설하는 것은 1.2[mm] 이상, 기타의 것은 1.0[mm] 이상
- 금속관과 접속부분의 나사는 5턱 이상으로 할 것
- 사용전압이 400[V] 미만인 경우는 제3종 접지공사, 400[V] 이상인 경우는 특별 제3종 접지공사를 할 것. 다만, 사람이 접촉할 우려가 없도록 하는 경우는 제3종 접지공사에 의할 수 있다.

86 백열전등 또는 방전등에 전기를 공급하는 옥내전로의 대지전압은 몇 [V] 이하인가?

① 120
② 150
③ 200
④ 300

해설 백열전등 또는 방전등에 전기를 공급하는 옥내전로 대지전압은 300[V] 이하이어야 한다.

87 가공전선로의 지지물 중 지선을 사용하여 그 강도를 분담시켜서는 안 되는 것은?

① 철탑
② 목주
③ 철주
④ 철근콘크리트주

해설 가공전선로의 지지물로서 사용하는 철탑은 지선을 사용하여 그 강도를 분담시켜서는 안 된다(단, 임시 사용 일 경우는 6개월 이내는 예외로 본다).

정답 83 ① 84 ① 85 ④ 86 ④ 87 ①

538 · Part 2. 전기기사 기출문제

88 사용전압이 60[kV] 이하인 특고압 가공 전선로는 상시정전유도작용(常侍靜電誘導作用)에 의한 통신상의 장해가 없도록 시설하기 위하여 전화선로의 길이 12[km]마다 유도전류는 몇 [μF]를 넘지 않도록 하여야 하는가?

① 1   ② 2
③ 3   ④ 5

해설 60[kV]를 넘는 경우는 전화 선로의 길이 40[km]마다 유도 전류가 3[μA] 이하가 되도록 한다.

89 수소냉각식 발전기 및 이에 부속하는 수소냉각장치에 관한 시설이 잘못된 것은?

① 발전기는 기밀구조의 것이고 또한 수소가 대기압에서 폭발하는 경우에 생기는 압력에 견디는 강도를 가지는 것일 것
② 발전기안의 수소의 순도가 70[%] 이하로 저하한 경우에 이를 경보하는 장치를 시설할 것
③ 발전기안의 수소의 온도를 계측하는 장치를 시설할 것
④ 발전기안의 수소의 압력을 계측하는 장치 및 그 압력이 현저히 변동한 경우에 이를 경보하는 장치를 시설 할 것

해설 발전기, 조상기 안의 수소순도가 85[%] 이하로 저하한 경우 경보장치를 시설할 것

90 옥내 저압배선을 가요전선관 공사에 의해 시공하고자 할 때 전선을 단선으로 사용한다면 그 단면적은 최대 몇 [mm^2] 이하이어야 하는가?

① 2.5   ② 4
③ 6   ④ 10

해설
• 전선은 절연전선(OW 제외)으로 연선을 사용할 것 관안에서 접속점이 없도록 시설하고 가요전선관은 2종 금속제 가요전선관일 것(다만, 공칭단면적 10[mm^2](Al 16) 이하인 경우는 단선을 사용할 수 있다.)

91 고압인입선을 다음과 같이 시설하였다. 기술기준에 맞지 않는 것은?

① 고압 가공인입선 아래에 위험표시를 하고 지표상 3.5[m]의 높이에 설치하였다.
② 1.5[m]떨어진 다른 수용가에 고압 연접인입선을 시설하였다.
③ 횡단 보도교 위에 시설하는 경우 케이블을 사용하여 노면상에서 3.5[m]의 높이에 시설하였다.
④ 전선을 5[mm]경동선과 동등한 세기의 고압 절연전선을 사용하였다.

해설 고압 인입선의 시설기준
• 전선은 케이블 또는 5[mm] 이상의 경동선을 사용
• 고압 가공전선의 높이
  – 지표상 : 5[m] 이상(단, 전선 아래쪽에 위험 표시를 할 경우는 3.5[m]까지 감할 수 있다.)
  – 도로를 횡단하는 경우 : 노면상 6[m] 이상
  – 철도, 궤도를 횡단하는 경우 : 레일면상 6.5[m] 이상
• 고압 연접인입선은 시설해서는 안 된다.

92 저압 옥내배선용 전선으로 적합한 것은?

① 단면적이 0.8[mm^2] 이상의 미네럴인슈레이션 케이블
② 단면적이 1.0[mm^2] 이상의 미네럴인슈레이션 케이블
③ 단면적이 1.5[mm^2] 이상의 연동선
④ 단면적이 2.0[mm^2] 이상의 연동선

[정답] **88** ②   **89** ②   **90** ④   **91** ②   **92** ②

해설 저압 옥내배선은 단면적이 2.5[mm²] 이상의 연동선, 단면적이 1[mm²] 이상의 MI케이블이어야 한다.

93 소맥분, 전분, 유황 등의 가연성 분진이 존재하는 공장에 전기설비가 발화원이 되어 폭발할 우려가 있는 곳의 저압옥내배선에 적합하지 못한 공사는?(단, 각종 전선관공사 시 관의 두께는 모두 기준에 적합한 것을 사용한다.)

① 합성수지관 공사　② 금속관 공사

③ 가요전선관 공사　④ 케이블 공사

해설 소맥분, 전분, 유황과 같이 가연성의 먼지로 공중에 떠다니는 상태에서 착화 시 폭발 위험이 있는 곳(폭연성 분진 제외)의 저압 옥내 전기 설비의 공사는 2[mm] 이상의 합성수지관, 금속관, 케이블 공사를 한다.

94 풀용 수중조명등에서 절연변압기 2차측 전로의 사용전압이 30[V] 이하인 경우 접지공사의 종류는?

① 제1종 접지　② 제2종 접지

③ 제3종 접지　④ 특별 제3종 접지

해설 풀용 수중조명등의 시설에서 절연변압기는 2차측 전로의 사용전압이 30[V] 이하인 경우에는 1차권선과 2차권선 사이에 금속제의 혼촉 방지판을 설치하여야 하며 또한 이를 제1종 접지공사를 할 것

95 정격전류 20[A]인 배선용 차단기로 보호되는 저압옥내 전로에 접속할 수 있는 콘센트 정격전류는 최대 몇 [A]인가?

① 15　　　② 20

③ 22　　　④ 25

해설 저압 옥내 전로에 접속하는 콘센트, 나사 접속기 및 소켓

저압옥내 전로의 종류	콘센트	나사접속기 또는 소켓
정격전류가 15[A] 이하인 과전류차단기로 보호되는 것	정격전류가 15[A] 이하인 것	나사형소켓으로서 공칭지름이 39[mm] 이하인 것이나 나사형 이외의 소켓 또는 공칭지름이 39[mm] 이하인 나사 접속기
정격전류가 15[A]를 초과하고 20[A] 이하인 배선용 차단기로 보호되는 것	정격전류가 20[A] 이하인 것	
정격전류가 15[A]를 초과하고 20[A] 이하인 과전류차단기(배선용 차단기를 제외한다)로 보호되는 것	정격전류가 20[A]인 것 (정격전류가 20[A] 미만의 꽂임 플러그가 접속될 수 있는 것은 제외한다.)	할로겐 전구용의 소켓이나 할로겐 전구용 이외의 백열전등용·방전등용의 소켓으로서 공칭지름이 39[mm]인 것 또는 공칭지름이 39[mm]인 나사접속기
정격전류가 20[A]를 초과하고 30[A] 이하인 과전류차단기로 보호되는 것	정격전류가 20[A] 이상 30[A] 이하의 것 (정격전류가 20[A] 미만의 꽂임 플러그가 접속될 수 있는 것은 제외한다.)	
정격전류가 30[A]를 초과하고 40[A] 이하인 과전류차단기로 보호되는 것	정격전류가 30[A] 이상 40[A] 이하인 것	
정격전류가 40[A]를 초과하고 50[A] 이하인 과전류차단기로 보호되는 것	정격전류가 40[A] 이상 50[A] 이하인 것	

정답 93 ③　94 ①　95 ②

540 · Part 2. 전기기사 기출문제

96 특고압 가공전선로의 지지물로 사용하는 B
종 철주, B종 철근 콘크리트주 또는 철탑의
종류에서 전선로 지지물의 양쪽 경간의 차
가 큰 곳에 사용하는 것은?

① 각도형 　　　　② 인류형
③ 내장형 　　　　④ 보강형

해설

- 직선형 : 수평각도 3°이하 직선부분에 사용하는
  것(내장 및 보강형은 제외)
- 각도형 : 수평각도 3°를 넘는 곳에 사용
- 인류형 : 전가섭선을 인류하는 곳에 사용한 것
- 내장형 : 전선로의 경간차가 큰 곳에 사용
- 보강형 : 전선로 직선부분을 보강하기 위해 사용

97 저압의 옥측배선을 시설 장소에 따라 시공
할 때 적절하지 못한 것은?

① 버스덕트 공사를 철골조로 된 공장 건물에
　기설
② 합성수지관 공사를 목조로 된 건축물에 시설
③ 금속몰드 공사를 목조로 된 건축물에 시설
④ 애자사용 공사를 전개된 장소에 있는 공장
　건물에 시설

해설 저압옥측(옥외)배선의 공사방법은 애자사용 공
사, 합성수지관 공사, 금속관 공사, 가요전선관 공사,
케이블 공사, 버스덕트 공사

98 마그네슘 분말이 존재하는 장소에 따라서
전기설비가 발화원이 되어 폭발할 우려가
있는 곳에서의 저압옥내 전기설비 공사는?

① 캡타이어 케이블 　　② 합성수지관 공사
③ 애자사용 공사 　　　④ 금속관 공사

해설 폭연진 분진(마그네슘, 알루미늄, 티탄, 지르코늄
등의 먼지가 쌓여 있는 상태에서 불이 붙었을 때에 폭발할
우려가 있는 것으로 화약류도 이에 포함됨)이 많은 장소의
공사방법은 금속관 공사 및 케이블 공사로 시설할 것

99 최대사용전압이 69[kV]인 중성점 비접지식
전로의 절연내력 시험전압은 몇 [kV]인가?

① 63.48 　　　　② 75.9
③ 86.25 　　　　④ 103.5

해설 고압 및 특고압 전로의 절연내력 시험전압

- 최대사용전압이 60,000[V] 초과하는 중성점 비접
  지식전로 최대사용전압의 1.25배의 전압
- 최대사용전압이 60,000[V] 초과하는 중성점 접지
  식전로 최대사용전압의 1.1배의 전압(75,000[V]
  미만인 경우는 75,000[V])
- 최대사용전압이 60,000[V] 초과하는 중성점 직접
  접지식전로 최대사용 전압의 0.72배의 전압
∴ 절연내력시험전압=69×1.25=86.25[kV]

100 식물재배용 전기온상에 사용하는 전열 장
치에 대한 설명으로 틀린 것은?

① 전로의 대지전압은 300[V] 이하
② 발열선은 90[℃]가 넘지 않도록 시설할 것
③ 발열선의 지지점간 거리는 1.0[m] 이하일 것
④ 발열선과 조영재사이의 이격거리 2.5[cm]
　이상일 것

해설 전기 온상 등의 시설

식물의 재배 또는 양잠, 부화, 육추 등의 용도로 사용
하는 전열 장치로 다음에 의하여 시설할 것

- 전로의 대지전압은 300[V] 이하일 것
- 발열선은 그 온도가 80[℃]를 넘지 않도록 할 것
- 발열선을 공중에 시설 하는 경우는 발열선을 애자로
  전개된 곳에 시설하고 발열선 상호간격은 3[cm](함
  안에 시설하는 경우는 2[cm]) 이상, 발열선과 조영재
  와의 이격거리는 2.5[cm] 이상, 발열선을 함 안에
  시설하는 경우 발열선과 함의 구성재와는 1[cm] 이상
  일 것
- 발열선의 지지점 간의 거리는 1[m] 이하일 것

정답 96 ③ 　97 ③ 　98 ④ 　99 ③ 　100 ②

국가기술자격검정 필기시험문제

2014년도 기사 제2회 필기시험(기사)

자격종목 및 등급(선택분야)	종목코드	시험시간	문제지형별	수검번호	성명
전기기사		**2시간 30분**	**A**		

※ 시험문제지는 답안카드와 같이 반드시 제출하여야 합니다.

제1과목 : 전기자기학

01 반지름이 0.01[m]인 구도체를 접지시키고 중심으로부터 0.1[m]의 거리에 10[μC]의 점전하를 놓았다. 구도체에 유도된 총 전하량은 몇 [μC]인가?

① 0 　　　　 ② −1
③ −10 　　　 ④ 10

해설 $Q' = -\dfrac{a}{r}Q = -\dfrac{0.01}{0.1} \times 10 = -1\ [\mu C]$

02 그림과 같은 손실 유전체에서 전원의 양극 사이에 채워진 동축케이블의 전력손실은 몇 [W]인가?(단, 모든 단위는 MKS 유리화 단위이며, σ는 매질의 도전율[S/m]이라 한다.)

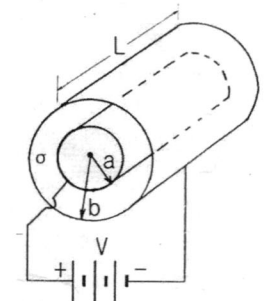

① $\dfrac{\pi\sigma V^2 L}{2\ln\dfrac{b}{a}}$ 　　　 ② $\dfrac{\pi\sigma V^2 L}{\ln\dfrac{b}{a}}$

③ $\dfrac{2\pi\sigma V^2 L}{\ln\dfrac{b}{a}}$ 　　　 ④ $\dfrac{4\pi\sigma V^2 L}{\ln\dfrac{b}{a}}$

해설 $b > a$, σ : 매질의 도전율[S/m], Q전하를 주면, 동축케이블에 의한 전계와 전위

$E = \dfrac{Q}{\epsilon S} = \dfrac{\lambda l}{2\pi r l \epsilon} = \dfrac{\lambda}{2\pi\epsilon r}\ [V/m]$에서,

$V = -\displaystyle\int_b^a E\,dr = \dfrac{\lambda}{2\pi\epsilon}\ln\dfrac{b}{a}\ [V]$에서,

Q전하를 주면, σ : 매질의 도전율[S/m],

$E = \dfrac{Q}{2\pi\sigma r}\ [V/m]$, 　$V = \dfrac{Q}{2\pi\sigma}\ln\dfrac{b}{a}\ [V]$가 된다.

$C_0 = \dfrac{Q}{V} = \dfrac{2\pi\sigma}{\ln\dfrac{b}{a}}\ [F/m]$ 에서,

길이가 L[m]라 할 때 정전용량은,

$C = C_0 \cdot L = \dfrac{2\pi\sigma L}{\ln\dfrac{b}{a}}\ [F]$,

$\therefore$ 전력손실 $= C \cdot V^2 = \dfrac{2\pi\sigma V^2 L}{\ln\dfrac{b}{a}}\ [W]$

03 어떤 공간의 비유전율은 2이고, 전위 $V(x,y) = \dfrac{1}{x} + 2xy^2$이라고 할 때 점 $(\dfrac{1}{2}, 2)$에서의 전하밀도 ρ는 약 몇 [pC/m^3]인가?

① −20 　　　　 ② −40
③ −160 　　　 ④ −320

정답 01 ② 　 02 ③ 　 03 ④

해설 Poisson의 방정식

$$\nabla^2 V = -\frac{\rho}{\epsilon}$$

$$\frac{\partial^2 V}{\partial x^2} + \frac{\partial^2 V}{\partial y^2} + \frac{\partial^2 V}{\partial z^2} = -\frac{\rho}{\epsilon}$$

$$\rho = -\epsilon(18) = -18\epsilon_0 \epsilon_s$$

$$= -18 \times 8.855 \times 10^{-12} \times 2 = 320 \times 10^{-12} [C/m^3]$$

$$= 320 \ [pC/m^3]$$

04 자기인덕턴스 L [H]인 코일에 I [A]의 전류를 흘렸을 때 코일에 축적되는 에너지 W[J]와 전류 I [A] 사이의 관계를 그래프로 표시하면 어떤 모양이 되는가?

① 포물선   ② 직선

③ 원   ④ 타원

해설 $W = \frac{1}{2} L I^2 \, [J]$, W와 I 사이의 그래프는 포물선이다.
콘덴서와 전위차와 축적되는 에너지와의 관계도 포물선이다. ($W = \frac{1}{2} C V^2 \, [J]$)

05 전기력선의 성질로서 틀린 것은?

① 전하가 없는 곳에서 전기력선은 발생, 소멸이 없다.

② 전기력선은 그 자신만으로 폐곡선이 되는 일은 없다.

③ 전기력선은 등전위면과 수직이다.

④ 전기력선은 도체내부에 존재한다.

해설 전기력선의 일반성질
- 전기력선은 정(+)전하에서 부(−)전하로 들어간다.
- 전기력선은 전위가 높은 점에서 낮은 점으로 향한다. ($E = -grad V$)
- 전기력선은 그 자신만으로 폐곡선을 이루지 못한다. ($\nabla \times E = 0$)

- 전기력선은 전하가 없는 곳에서 연속적이다. 발생, 소멸이 없다. ($\nabla \cdot E = 0$)
- 전기력선은 등전위면(도체표면)과 수직으로 만난다. (직교)
- 전기력선은 전계가 0이 아닌 이상 교차하는 일은 없다.
- 전기력선은 도체내부에서는 0이다. (전기력선은 없다)
- 전기력선은 접선방향이 전계의 방향이다.
- 전기력선은 단위전하에 $\frac{1}{\epsilon_0}$ [개]와 전기력선이 출입한다. ($\frac{1}{\epsilon_0} = 36\pi \times 10^9$ [개])
- 무한원점에 있는 전하까지 고려하면 전하의 총량은 항상 0이다.
- 두 개의 전기력선은 서로 교차하지 않는다.
- 전기력선은 도체 표면에서 수직으로 출입한다.
- 전기력선은 무한원점에서 끝나거나 오는 것이 있다.

06 구도체에 50[μC]의 전하가 있다. 이때의 전위가 10[V]이면 도체의 정전용량은 몇 [μF]인가?

① 3   ② 4

③ 5   ④ 6

해설 $Q = CV \, [C]$, $\therefore C = \frac{Q}{V} = \frac{50}{10} = 5 \ [\mu F]$

07 내부장치 또는 공간을 물질로 포위시켜 외부 자계의 영향을 차폐시키는 방식을 자기차폐라 한다. 다음 중 자기차폐에 가장 좋은 것은?

① 강자성체 중에서 비투자율이 큰 물질

② 강자성체 중에서 비투자율이 작은 물질

③ 비투자율이 1보다 작은 역자성체

④ 비투자율에 관계없이 물질의 두께에만 관계되므로 되도록 두꺼운 물질

정답   **04** ①   **05** ④   **06** ③   **07** ①

해설 투자율이 큰 자성체의 중공구를 평등 자계 안에 놓으면 자속은 대부분 자성체 내부로만 통과하기 때문에 내부공간의 자계는 외부자계에 비해서 매우 작아지는 현상을 자기차폐라 한다.

- 자기차폐 : 불완전한 차폐로서 자성체로서는 주위에 있는 자기력선을 끌어 모을수 있는 있으나 완전히는 모을 수 없다.
- 정전차폐 : 완전한 차폐로서, 정전계에서 전기력선은 도체를 통과하지 못한다.

08 정전용량 0.06 [μF]의 평행판 공기콘덴서가 있다. 전극판 간격의 $\frac{1}{2}$ 두께의 유리판을 전극에 평행하게 넣으면 공기 부분의 정전용량과 유리판 부분의 정전용량을 직렬로 접속한 콘덴서가 된다. 유리의 비유전율을 ϵ_s=5라 할 때 새로운 콘덴서의 정전용량은 몇 [μF]인가?

① 0.01　　　　② 0.05
③ 0.1　　　　④ 0.5

해설

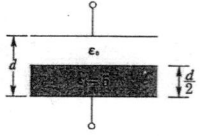
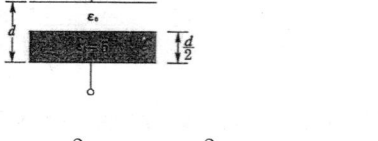

$$C = \frac{2}{1+\frac{1}{\epsilon_s}} C_0 = \frac{2}{1+\frac{1}{5}} \times 0.06 = 0.1 \, [\mu F]$$

09 무한장 솔레노이드의 외부 자계에 대한 설명 중 옳은 것은?

① 솔레노이드 내부의 자계와 같은 자계가 존재한다.

② $\frac{1}{2\pi}$의 배수가 되는 자계가 존재한다.

③ 솔레노이드 외부에는 자계가 존재하지 않는다.

④ 권회수에 비례하는 자계가 존재한다.

해설 무한장 솔레노이드

내부자계 : $H_i = \frac{NI}{l} = nI \, [AT/m]$, 단, n : 단위 길이당 권수

외부자계 : $H_e = 0$

10 공기콘덴서의 고정 전극판 A와 가동 전극판 B간의 간격이 d = 1[mm]이고 전계는 극면 간에서만 균등하다고 하면 정전용량은 몇 [μF]인가?(단, 전극판의 상대되는 부분의 면적은 S[m^2]라 한다.)

① $\frac{S}{9\pi}$　　　　② $\frac{S}{18\pi}$

③ $\frac{S}{36\pi}$　　　　④ $\frac{S}{72\pi}$

해설

$$C = 2 \times \frac{\epsilon_0 S}{d} = 2 \times \frac{S}{1 \times 10^{-3} \times 36\pi \times 10^9}$$

$$= \frac{S}{18\pi \times 10^6} = \frac{S}{18\pi} \, [\mu F]$$

11 단면적 4[cm^2]의 철심에 6×10^{-4} [Wb]의 자속을 통하게 하려면 2800[AT/m]의 자계가 필요하다. 이 철심의 비투자율은?

① 43　　　　② 75
③ 324　　　　④ 426

해설 $\phi = BS = \mu_0 \mu_s HS \, [Wb]$에서,

$$\therefore \mu_s = \frac{6 \times 10^{-4}}{4\pi \times 10^{-7} \times 2800 \times 4 \times 10^{-4}} = 426.31$$

정답　**08** ③　**09** ③　**10** ②　**11** ④

544 · Part 2. 전기기사 기출문제

12 자속밀도 10[Wb/m²] 자계 중에 10[cm] 도체를 자계와 30°의 각도로 30[m/s]로 움직일 때, 도체에 유기되는 기전력은 몇 [V]인가?

① 15
② $15\sqrt{3}$
③ 1500
④ $1500\sqrt{3}$

해설
$e = Blv\sin\theta = 10 \times 0.1 \times 30 \times \sin 30°$
$= 15 [V]$

13 진공 중에서 e[C]의 전하가 B[Wb/m²]의 자계 안에서 자계와 수직방향으로 v [m/s]의 속도로 움직일 때 받는 힘 [N]은?

① $\dfrac{evB}{\mu_0}$
② $\mu_0 evB$
③ evB
④ $\dfrac{eB}{v}$

해설 회전입자에 로렌츠(Lorentz)의 힘이 작용한다.
$F = e(v \times B) [N]$

14 두 유전체의 경계면에 대한 설명 중 옳은 것은?

① 두 유전체의 경계면에 전계가 수직으로 입사하면 두 유전체 내의 전계의 세기는 같다.
② 유전율이 작은 쪽에서 큰 쪽으로 전계가 입사할 때 입사각은 굴절각보다 크다.
③ 경계면에서 정전력은 전계가 경계면에 수직으로 입사할 때 유전율이 큰 쪽에서 작은 쪽으로 작용한다.
④ 유전율이 큰 쪽에서 작은 쪽으로 전계가 경계면에 수직으로 입사할 때 유전율이 작은 쪽의 전계의 세기가 작아진다.

해설
- 전계가 경계면에 수직으로 입사하면 두 유전체의 전계의 세기는 불연속($E_1 \neq E_2$)이다.
- 유전체에 작용하는 힘의 방향은 유전율이 큰 쪽에서 작은 쪽으로 향한다.
- 유전율이 작은 쪽에서 전계가 입사할 때 입사각은 굴절각보다 작다.
- 전계나 전속밀도가 경계면에 수직으로 입사하면 굴절하지 않는다.
- 전계가 ϵ_1의 영역에서 ϵ_2의 영역으로 입사될 때 ϵ_2에서 전계 강도가 더 커진다.
  ($\epsilon_1 > \epsilon_2$)

15 규소강판과 같은 자심재료의 히스테리시스 곡선의 특징은?

① 히스테리시스 곡선의 면적이 적은 것이 좋다.
② 보자력이 큰 것이 좋다.
③ 보자력과 잔류자기가 모두 큰 것이 좋다.
④ 히스테리시스 곡선의 면적이 큰 것이 좋다.

해설 전자석의 재료는 잔류자기가 크고 보자력이 작아야 하는데, 보자력과 히스테리시스 곡선의 면적이 모두 작다. 그러나 영구자석의 재료로는 보자력 및 자속밀도가 다 커야 한다.(교류기의 철심재료로는 보자력 및 잔류자속밀도가 작아서, 히스테리시스손이 작아야 좋다.)

16 전자계에 대한 맥스웰의 기본 이론이 아닌 것은?

① 전하에서 전속선이 발산된다.
② 고립된 자극은 존재하지 않는다.
③ 변위전류는 자계를 발생하지 않는다.
④ 자계의 시간적 변화에 따라 전계의 회전이 생긴다.

해설
- 전도전류와 변위전류는 자계를 발생시킨다.
- 단 자극은 존재하지 않는다. ($div B = 0$)

정답 **12** ① **13** ③ **14** ③ **15** ① **16** ③

17 맥스웰의 방정식과 연관이 없는 것은?

① 패러데이 법칙 ② 쿨롱의 법칙
③ 스토크의 법칙 ④ 가우스 정리

해설

• 맥스웰의 기본방정식

$rot E = \nabla \times E = -\dfrac{\partial B}{\partial t}$ (패러데이 법칙의 미분형)

$rot H = \nabla \times H = i + \dfrac{\partial D}{\partial t}$ (암페어 주회법칙의 미분형)

$div D = \rho$ (가우스정리의 미분형)

$div B = \nabla \cdot B = 0$ (단독자극이 존재하지 않기 때문에 자속의 발산은 0인 것을 나타내고 있다. 자계의 비발산성, 자계의 회전성, 자계의 연속성을 의미한다.)

• 옴의법칙의 미분형 : $i = \dfrac{E}{\rho} = kE\,[A/m^2]$

전류의 연속방정식 : $\nabla \cdot i = -\dfrac{\partial \rho}{\partial t}$ (맥스웰의 전자방정식은 아니다.)

18 전자파가 유전율과 투자율이 각각 ϵ_1 과 μ_1 인 매질에서 ϵ_2와 μ_2인 매질에 수직으로 입사할 경우, 입사전계 E_1과 입사자계 H_1에 비하여 투과전계 E_2와 투과자계 H_2의 크기는 각각 어떻게 되는가?

(단, $\sqrt{\dfrac{\mu_1}{\epsilon_1}} > \sqrt{\dfrac{\mu_2}{\epsilon_2}}$ 이다.)

① E_2, H_2 모두 E_1, H_1에 비하여 크다.
② E_2, H_2 모두 E_1, H_1에 비하여 적다.
③ E_2는 E_1에 비하여 크고, H_2는 H_1에 비하여 적다.
④ E_2는 E_1에 비하여 적고, H_2는 H_1에 비하여 크다.

해설 전계의 투과계수 = $\dfrac{E_2}{E_1} = \dfrac{2\sqrt{\dfrac{\mu_2}{\epsilon_2}}}{\sqrt{\dfrac{\mu_1}{\epsilon_1}} + \sqrt{\dfrac{\mu_2}{\epsilon_2}}}$

자계의 투과계수 = $\dfrac{H_2}{H_1} = \dfrac{2\sqrt{\dfrac{\mu_1}{\epsilon_1}}}{\sqrt{\dfrac{\mu_1}{\epsilon_1}} + \sqrt{\dfrac{\mu_2}{\epsilon_2}}}$ 로 나타난다.

$\sqrt{\dfrac{\mu_1}{\epsilon_1}} > \sqrt{\dfrac{\mu_2}{\epsilon_2}}$ 이므로,

즉, $E_1 > E_2$, $H_2 > H_1$이다.

19 자유공간에서 정육각형의 꼭짓점에 동량, 동질의 점전하 Q가 각각 놓여 있을 때 정육각형 한 변의 길이가 a라 하면 정육각형 중심의 전계의 세기는?

① $\dfrac{Q}{4\pi\epsilon_0 a^2}$ ② $\dfrac{3Q}{2\pi\epsilon_0 a^2}$

③ $6Q$ ④ 0

해설 정육각형은 2개의 점점하가 3쌍으로 맞서 있고, 각 쌍의 중심 전계의 세기는 크기는 같고 방향은 정반대가 되므로 0이 되고, 그러므로 합성 전계의 세기도 0이 된다.

20 전류 $I[A]$가 흐르고 있는 무한 직선 도체로부터 r[m]만큼 떨어진 점의 자계의 크기는 2r[m]만큼 떨어진 점의 자계의 크기의 몇 배인가?

① 0.5   ② 1
③ 2   ④ 4

해설 자계의 세기 : $H = \dfrac{I}{2\pi r} \propto \dfrac{1}{r}$, 즉 거리에 반비례하므로, 2배가 된다.

정답 17 ② 18 ④ 19 ④ 20 ③

제2과목 : 전력공학

21 3상용 차단기의 용량은 그 차단기의 정격전압과 정격차단 전류와의 곱을 몇 배한 것인가?

① $\dfrac{1}{\sqrt{2}}$ ② $\dfrac{1}{\sqrt{3}}$

③ $\sqrt{2}$ ④ $\sqrt{3}$

해설 $P_s = \sqrt{3}\,V_n I_s\,[VA]$

22 ACSR은 동일한 길이에서 동일한 전기저항을 갖는 경동연선에 비하여 어떠한가?

① 바깥지름은 크고 중량은 작다.

② 바깥지름은 작고 중량은 크다.

③ 바깥지름과 중량이 모두 크다.

④ 바깥지름과 중량이 모두 작다.

23 화력발전소에서 재열기로 가열하는 것은?

① 석탄   ② 급수

③ 공기   ④ 증기

24 보일러에서 절탄기의 용도는?

① 증기를 과열한다.

② 공기를 예열한다.

③ 보일러 급수를 데운다.

④ 석탄을 건조한다.

25 변전소, 발전소 등에 설치하는 피뢰기에 대한 설명 중 틀린 것은?

① 정격전압은 상용주파 정현파 전압의 최고 한도를 규정한 순시값이다.

② 피뢰기의 직렬갭은 일반적으로 저항으로 되어 있다.

③ 방전전류는 뇌충격전류의 파고값으로 표시한다.

④ 속류란 방전현상이 실질적으로 끝난 후에도 전력계통에서 피뢰기에 공급되어 흐르는 전류를 말한다.

해설 정격전압 : 피뢰기 방전 후 피뢰기 단자 간에 잔류하는 전압

26 전력선과 통신선 사이에 차폐선을 설치하여, 각 선 사이의 상호 임피던스를 각각 Z_{12}, Z_{1S}, Z_{2S}라 하고 차폐선 자기 임피던스를 Z_S라 할 때, 차폐선을 설치함으로써 유도 전압이 줄게 됨을 나타내는 차폐선의 차폐계수는?(단, Z_{12}는 전력선과 통신선과의 상호임피던스, Z_{1S}는 전력선과 차폐선과의 상호임피던스, Z_{2S}는 통신선과 차폐선과의 상호임피던스이다.)

① $\left|1-\dfrac{Z_s Z_{12}}{Z_{1s} Z_{2s}}\right|$ ② $\left|1-\dfrac{Z_s Z_{2s}}{Z_s Z_{12}}\right|$

③ $\left|1-\dfrac{Z_{1s} Z_{12}}{Z_s Z_{2s}}\right|$ ④ $\left|1-\dfrac{Z_s Z_{2s}}{Z_{12} Z_{1s}}\right|$

27 그림과 같은 66[kV] 선로의 송전전력이 20000[kW], 역률이 0.8(lag)일 때 a상에 완전 지락사고가 발생하였다. 지락 계전기 DG에 흐르는 전류는 약 몇 [A]인가?(단, 부하의 정상, 역상임피던스 및 기타 정수는 무시한다.)

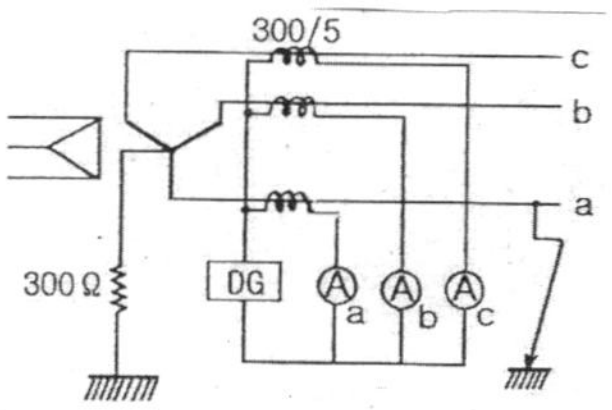

정답 21 ④ 22 ① 23 ④ 24 ③ 25 ① 26 ② 27 ①

① 2.1   ② 2.9
③ 3.7   ④ 5.5

해설

지락전류$(I_G) = \dfrac{E}{Z} = \dfrac{66 \times 10^3 / \sqrt{3}}{300} = 127.02[A]$

∴ 지락계전기 DG에 흐르는 전류는

$I_g = \dfrac{1}{CT} \times I_G = \dfrac{5}{300} \times 127.02 = 2.117[A]$

28 전력설비의 수용률을 나타낸 것으로 옳은 것은?

① 수용률 $= \dfrac{\text{평균전력}[kW]}{\text{부하설비용량}[kW]} \times 100[\%]$

② 수용률 $= \dfrac{\text{부하설비용량}[kW]}{\text{평균전력}[kW]} \times 100[\%]$

③ 수용률 $= \dfrac{\text{최대수용전력}[kW]}{\text{부하설비용량}[kW]} \times 100[\%]$

④ 수용률 $= \dfrac{\text{부하설비용량}[kW]}{\text{최대수용전력}[kW]} \times 100[\%]$

29 직류 송전 방식에 관한 설명 중 잘못된 것은?

① 교류보다 실효값이 적어 절연계급을 낮출 수 있다.
② 교류방식보다는 안정도가 떨어진다.
③ 직류계통과 연계시 교류계통의 차단용량이 작아진다.
④ 교류방식처럼 송전손실이 없어 송전효율이 좋아진다.

해설 같은 절연에서 직류송전은 최대값이 실효값이 안정도 한계가 없으므로 송전용량을 전류용량의 한도까지 높일 수 있다.

30 정격전압 6600[V], Y결선, 3상 발전기의 중성점을 1선 지락 시 지락전류를 100[A]로 제한하는 저항기로 접지하려고 한다. 저항기의 저항 값은 약 몇 [Ω]인가?

① 44   ② 41
③ 38   ④ 35

해설 $R = \dfrac{E}{I} = \dfrac{6600 / \sqrt{3}}{100} = 38.1[\Omega]$

31 변전소에서 지락사고의 경우 사용되는 계전기에 영상전류를 공급하기 위하여 설치하는 것은?

① PT   ② ZCT
③ GPT   ④ CT

해설 영상변류기(ZCT) : 지락사고가 생겼을 때 흐르는 영상전류를 검출하여 지락계전기(GR)를 동작시켜서 사고를 예방

32 송·배전 계통에서의 안정도 향상 대책이 아닌 것은?

① 병렬 회선수 증가
② 병렬 콘덴서 설치
③ 속응여자방식 채용
④ 기기의 리액턴스 감소

해설 전력 계통의 안정도 향상대책

㉠ 계통의 직렬 리액턴스를 적게 한다.
  • 선로의 병렬 회로수를 늘린다.
  • 복도체 사용
㉡ 전압변동을 적게 한다.
  • 속응여자 방식채용
  • 전력계통을 연계
  • 발전기의 단락비를 크게 한다.
㉢ 중간조상방식을 채용한다.
㉣ 고장전류를 줄이고 고장구간을 신속하게 차단시킨다.
  • 고속재폐로 방식을 채택

정답 28 ③   29 ②   30 ③   31 ②   32 ②

548 · Part 2. 전기기사 기출문제

ⓜ 고장시 발전기입·출력의 불평형을 작게 한다.
  • 조속기 동작을 빠르게 한다.

33 다중접지 3상 4선식 배전선로에서 고압측(1차측) 중성선과 저압측(2차측) 중성선을 전기적으로 연결하는 목적은?

① 저압측의 단락사고를 검출하기 위하여
② 저압측의 지락사고를 검출하기 위하여
③ 주상변압기의 중성선측 부싱을 생략하기 위하여
④ 고저압 혼촉시 수용가에 침입하는 상승전압을 억제하기 위하여

34 전력용 콘덴서와 비교할 때 동기조상기의 특징에 해당되는 것은?

① 전력손실이 적다.
② 진상전류 이외에 지상전류도 취할 수 있다.
③ 단락고장이 발생하여도 고장전류를 공급하지 않는다.
④ 필요에 따라 용량을 계단적으로 변경할 수 있다.

해설 동기 조상기 : 무부하로 운전되는 동기전동기로 역률을 개선하는 것
• 경(輕)부하 시에는 부족여자로 운전하며 뒤진(지상)전류를 취하여 지상역률로 사용, 중(重)부하 시에는 과여자로 운전하며 앞선(진상)전류를 취하여 진상역률로 사용한다.
• 전압조정은 연속적(지상에서 진상까지)
• 선로의 시충전이 가능하다.

35 파동 임피던스가 300[Ω]인 가공 송전선 1[km] 당의 인덕턴스[mH/km]는?(단, 저항과 누설컨덕턴스(Leakage-conductance)는 무시한다.)

① 1.0
② 1.2
③ 1.5
④ 1.8

해설 파동임피던스$(Z_0) = \sqrt{\dfrac{L}{C}}$

전파속도$(V) = \dfrac{1}{\sqrt{LC}}$

$\therefore \dfrac{Z_0}{V} = \sqrt{\dfrac{\dfrac{L}{C}}{\dfrac{1}{LC}}} = L$에서

$L = \dfrac{300}{3 \times 10^5} = 1.0[mH/km]$

36 전력계통 설비인 차단기와 단로기는 전기적 및 기계적으로 인터록을 설치하여 연계하여 운전하고 있다. 인터록(Interlock)의 설명으로 알맞은 것은?

① 부하 통전시 단로기를 열 수 있다.
② 차단기가 열려 있어야 단로기를 닫을 수 있다.
③ 차단기가 닫혀 있어야 단로기를 열 수 있다.
④ 부하 투입 시에는 차단기를 우선 투입한 후 단로기를 투입한다.

해설 인터록(Interlock)장치는 단로기(DS)에는 소호장치가 없어서 부하 통전시에는 부하전류를 개폐 할 수 없기 때문에 반드시 단로기는 차단기(CB)가 열려 있어야만 열고 닫을 수 있도록 한 것이다.

37 가공전선로에 사용되는 전선의 구비조건으로 틀린 것은?

① 도전율이 높아야 한다.
② 기계적 강도가 커야 한다.
③ 전압강하가 적어야 한다.
④ 허용전류가 적어야 한다.

정답 33 ④ 34 ② 35 ① 36 ② 37 ④

[해설] 전선의 구비조건

• 도전율이 클 것
• 유연성(가요성)이 클 것
• 내구성이 있을 것
• 기계적 강도가 클 것
• 비중(중량)이 작을 것

38 지락 고장 시 문제가 되는 유도장해로서 전력선과 통신선의 상호 인덕턴스에 의해 발생하는 장해 현상은?

① 정전유도   ② 전자유도
③ 고조파유도   ④ 전파유도

[해설]

• 전자유도 : 상호인덕턴스에 의한 기유도(영상) 전류가 흘러 유도기전력이 발생되어 통신선에 장해를 주는 현상
• 정전유도 : 상호정전용량이 불평형이 되면서 통신선로에 유도전압(영상전압)이 유기되어 통신선의 장해를 주는 현상

39 한류리액터를 사용하는 가장 큰 목적은?

① 충전전류의 제한   ② 접지전류의 제한
③ 누설전류의 제한   ④ 단락전류의 제한

40 그림과 같이 각 도체와 연피간의 정전용량이 C_0, 각 도체간의 정전용량이 C_m인 3상 케이블의 도체 1조당의 작용 정전용량은?

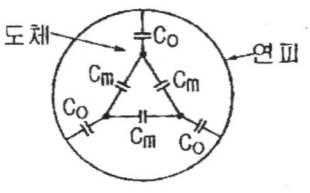

① C_0+C_m ② $3C_0+3C_m$
③ $3C_0+C_m$ ④ C_0+3C_m

[해설] 1상2선식인 경우 : $C_w= C_s+2C_m(C_w$: 작용정전용량, C_s : 대지, C_m : 선간)

제3과목 : 전기기기

41 그림과 같은 단상브리지 정류회로(혼합브리지)에서 직류 평균전압[V]은?(단, E는 교류측 실효치전압, α는 점호제어각이다.)

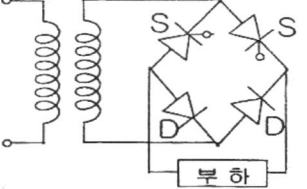

① $\dfrac{2\sqrt{2}\,E}{\pi}\left(\dfrac{1+\cos\alpha}{2}\right)$

② $\dfrac{\sqrt{2}\,E}{\pi}\left(\dfrac{1+\cos\alpha}{2}\right)$

③ $\dfrac{2\sqrt{2}\,E}{\pi}\left(\dfrac{1-\cos\alpha}{2}\right)$

④ $\dfrac{\sqrt{2}\,E}{\pi}\left(\dfrac{1-\cos\alpha}{2}\right)$

[해설]

직류평균전압$(E_{do})=\dfrac{1}{\pi}\displaystyle\int_{\alpha}^{\pi}\sqrt{2}\,E\sin\theta d\theta$

$=\dfrac{\sqrt{2}\,E}{\pi}(1+\cos\alpha)=\dfrac{2\sqrt{2}\,E}{\pi}\left(\dfrac{1+\cos\alpha}{2}\right)$

(반파일 경우 : $\dfrac{\sqrt{2}\,E}{\pi}\left(\dfrac{1+\cos\alpha}{2}\right)$)

42 정격출력 5[kW], 정격전압 100[V]의 직류 분권전동기를 전기동력계로 사용하여 시험하였더니 전기동력계의 저울이 5[kg]을 나타내었다. 이때 전동기의 출력[kW]은 약 얼마인가?(단, 동력계의 암(Arm) 길이는 0.6[m], 전동기의 회전수는 1500[rpm]으로 한다.)

[정답] 38 ②   39 ④   40 ④   41 ①   42 ③

① 3.69   ② 3.81

③ 4.62   ④ 4.87

해설

전동기출력(P)$=9.8\omega \cdot \tau = 9.8 \times 2\pi \dfrac{N}{60} \times \tau [W]$

$= \dfrac{1}{975} \times N \times \tau [kW] = \dfrac{1}{975} \times 1500 \times 3$

$= 4.62[kW]$

전동기토크$(\tau) = WL[kg \cdot m]$

43 1차 전압 6000[V], 권수비 20인 단상 변압기로 전등부하에 10[A]를 공급할 때의 입력[kW]은?(단, 변압기의 손실은 무시한다.)

① 2   ② 3

③ 4   ④ 5

해설

입력(P$_1$)$=V_1 I_1 \cos\theta$

$=6000 \times \dfrac{1}{2} \times 1 = 3000[W] = 3[kW]$

a$= \dfrac{V_1}{V_2} = \dfrac{I_2}{I_1} = \dfrac{N_1}{N_2}$ 에서, $I_1 = \dfrac{I_2}{a} = \dfrac{10}{20} = \dfrac{1}{2}[A]$ 전등부하에서는 $\cos\theta = 1$이 된다.

44 직류 직권전동기가 있다. 공급전압이 100[V], 전기자 전류가 4[A]일 때 회전속도는 1500[rpm]이다. 여기서 공급전압을 80[V]로 낮추었을 때 같은 전기자전류에 대하여 회전속도[rpm]는 얼마로 되는가?(단, 전기자 권선 및 계자 권선의 전 저항은 0.5[Ω]이다.)

① 986   ② 1042

③ 1125   ④ 1194

해설 직류 직권 전동기의 회전속도(N)는

$N = \dfrac{V - I_a R_a}{K\Phi} (n = \dfrac{N}{60}, k_1 = \dfrac{K}{60})$

$1500 = \dfrac{100 - 4 \times 0.5}{K\Phi} = \dfrac{98}{K\Phi}, \quad \therefore K\Phi = \dfrac{98}{1500}$

공급전압이 80[V]일 때의 회전속도(N')는 I_a와 I_f가 정수이므로,

$\therefore N' = \dfrac{V' - I_a R_a}{K\Phi} = \dfrac{80 - 4 \times 0.5}{\dfrac{98}{1500}}$

$= 1193.88[rpm]$

45 부하의 역률이 0.6일 때 전압 변동률이 최대로 되는 변압기가 있다. 역률 1.0일 때의 전압 변동률이 3[%]라고 하면 역률 0.8에서의 전압 변동률은 몇 [%]인가?

① 4.4   ② 4.6

③ 4.8   ④ 5.0

해설 전압 변동률 ϵ_{max}는 부하역률이 $\cos\phi_m$일 때 이므로,

$\cos\phi_m = \dfrac{p}{\sqrt{p^2 + q^2}} = 0.6$

$\dfrac{3}{\sqrt{3^2 + q^2}} = 0.6, \quad \therefore q = 4[\%]$

부하역률이 0.8일 때의 전압변동률은

$\therefore \epsilon_{0.8} = p\cos\phi + q\sin\phi = 3 \times 0.8 + 4 \times 0.6$

$= 4.8[\%]$

(최대 전압 변동률 ϵ_{max}는

$\epsilon_{max} = \sqrt{p^2 + q^2} = \sqrt{3^2 + 4^2} = 5[\%]$)

46 1차 전압 V$_1$, 2차 전압 V$_2$인 단권변압기를 Y결선했을 때, 등가용량과 부하용량의 비는?(단, V$_1$ 〉 V$_2$이다.)

① $\dfrac{V_1 - V_2}{\sqrt{3}\, V_1}$ ② $\dfrac{V_1 - V_2}{V_1}$

③ $\dfrac{\sqrt{3}\,(V_1 - V_2)}{2 V_1}$ ④ $\dfrac{V_1^2 - V_2^2}{\sqrt{3}\, V_1 V_2}$

정답   **43** ②   **44** ④   **45** ③   **46** ②

해설

㉠ 단권변압기

$$\frac{자기용량}{부하용량}$$

$$= \frac{직렬권선부분의 전류 \times 승압(강압)된 전압}{출력}$$

$$= \frac{V_h - V_l}{V_h} = 1 - \frac{1}{a}$$

㉡ 단권변압기의 3상결선

• Y결선인 경우, $\dfrac{자기용량}{부하용량} = 1 - \dfrac{V_l}{V_h}$

• △결선인 경우, $\dfrac{자기용량}{부하용량} = \dfrac{V_h^2 - V_l^2}{\sqrt{3}\,V_h V_l}$

• V결선인 경우, $\dfrac{자기용량}{부하용량} = \dfrac{2}{\sqrt{3}}\left(1 - \dfrac{V_l}{V_h}\right)$

• 변연장 △결선,

$$\frac{자기용량}{부하용량} = -\frac{\sqrt{3}}{2}\left(\frac{V_l}{V_h}\right) + \sqrt{1 - \frac{1}{4}\left(\frac{V_l}{V_h}\right)^2}$$

V_h : 고압측전압(V_1), V_1 : 저압측전압(V_2)

---

47 병렬 운전 중의 A, B 두 동기발전기 중에서 A 발전기의 여자를 B 발전기보다 강하게 하였을 경우 B기 발전기는?

① 90° 앞선 전류가 흐른다.

② 90° 뒤진 전류가 흐른다.

③ 동기화 전류가 흐른다.

④ 부하 전류가 증가한다.

해설 여자를 강하게 한 발전기는 90° 뒤진 전류가 흐르고, 여자를 약하게 한 발전기는 90° 앞선 전류가 흐른다.

---

48 단상 직권 정류자 전동기에서 주자속의 최대치를 ϕ_m, 자극수를 P, 전기자 병렬 회로수를 a, 전기자 전 도체수를 Z, 전기자의 속도를 N[rpm]이라 하면 속도 기전력의 실효값 E_r[V]은?(단, 주자속은 정현파이다.)

① $E_r = \sqrt{2}\,\dfrac{P}{a}\,Z\dfrac{N}{60}\phi_m$

② $E_r = \dfrac{1}{\sqrt{2}}\,\dfrac{P}{a}\,ZN\phi_m$

③ $E_r = \dfrac{P}{a}\,Z\dfrac{N}{60}\phi_m$

④ $E_r = \dfrac{1}{\sqrt{2}}\,\dfrac{P}{a}\,Z\dfrac{N}{60}\phi_m$

---

49 수백[Hz]~20000[Hz] 정도의 고주파 발전기에 쓰이는 회전자형은?

① 농형   ② 유도자형

③ 회전전기자형   ④ 회전계자형

해설 고주파발전기(高周波發電機 High Frequency Generator)

높은 주파수를 발생하는 회전전기기계로서, 회전자가 회전하면서 코일을 통과하는 자기력선속(磁氣力線束)이 변화하여 코일에 고주파 전압이 발생한다.

주파수 200[Hz] 이하인 경우에는 보통의 동기발전기(同期發電機)를 사용하고, 주파수가 높아지면 유도자형(誘導子型) 고주파발전기를 사용한다. 특수한 고속 전동기의 전원용으로는 100~500[Hz], 고주파 전기용으로는 1000~3000[Hz], 장파의 통신용에는 500~수십만[Hz]의 고주파발전기를 사용한다.(비상발전기가 필요한 곳이면 어느 곳이나 사용할 수 있다.)

• 극히 짧은 시간에 높은 온도로 할 수 있다.

• 온도조절이 자유롭다.

• 용융 금속이 전자력으로 교반되며, 진공 용해도 가능하다.

• 용해 손실이 극히 적다.

---

50 동기전동기의 위상특성곡선(V곡선)에 대한 설명으로 옳은 것은?

① 공급전압 V와 부하가 일정할 때 계자전류의 변화에 대한 전기자 전류의 변화를 나타낸 곡선

정답   **47** ①   **48** ④   **49** ②   **50** ①

② 출력을 일정하게 유지할 때 계자전류와 전기자 전류의 관계

③ 계자전류를 일정하게 유지할 때 전기자 전류와 출력 사이의 관계

④ 역률을 일정하게 유지할 때 계자전류와 전기자 전류의 관계

해설 위상특성곡선(V곡선) : 일정출력에서 유기 기전력(E) 또는 계자전류(I_f)를 변화시킬 때 E 또는 I_f와 전기자전류(I_a)의 관계를 나타낸 곡선을 말한다.
그림과 같이 계자전류를 가감하여 전기자전류의 크기와 위상을 조정 할 수 있으며, 부하가 클수록 위상특성곡선은 위로 이동하게 된다.

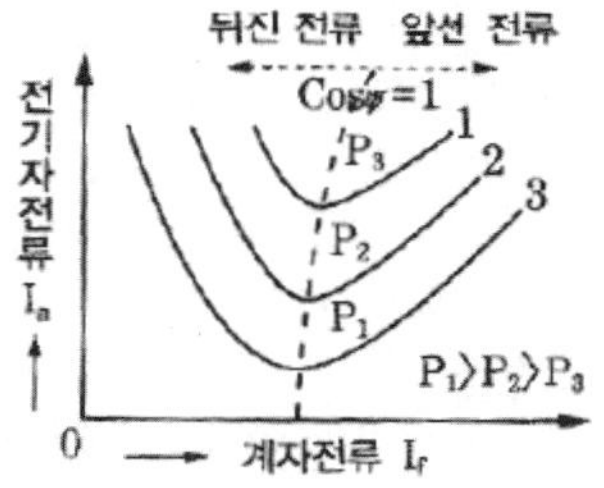

51 직류기의 정류작용에 관한 설명으로 틀린 것은?

① 리액턴스 전압을 상쇄시키기 위해 보극을 둔다.

② 정류작용은 직선정류가 되도록 한다.

③ 보상권선은 정류작용에 큰 도움이 된다.

④ 보상권선이 있으면 보극은 필요 없다.

해설

• **보상권선** : 자극편에 슬롯을 만들어, 전기자권선과 직렬로 전기자 전류방향과 반대로 되게 권선하여 부하 변동시에 전기자반작용자속을 보상권선의 자속으로 상쇄시킨다.

• **보극** : 주자속 사이의 중성점에 소자극을 설치한 것으로 전기자전류에 따라 필요한 정류 전압을 리액턴스 전압이 상쇄되어 정류가 잘되고 중성점의 이동을 막을 수 있다.(단, 보상권선을 사용 할 경우에는 브러시를 기하학적 중성축에 놓는다.)

52 어느 변압기의 무유도 전부하의 효율이 96[%], 그 전압변동률은 3[%]이다. 이 변압기의 최대효율[%]은?

① 약 96.3 ② 약 97.1

③ 약 98.4 ④ 약 99.2

해설 무유도부하일 때 최대효율(무유도 전부하 출력을 1이라 할 때)

$$\eta_m = \frac{mP}{mP + 2 \times P_i} \times 100$$

$$= \frac{0.63 \times 1}{0.63 \times 1 + 2 \times 0.012} \times 100 = 96.33[\%]$$

무유도 전부하 효율이 96[%]라고 했으므로

$$\eta = \frac{P}{P + P_i + P_c} \times 100[\%],$$

$$0.96 = \frac{1}{1 + P_i + P_c} 에서 P_i + P_c = 0.042$$

역률이 1일 때 전압변동률(ϵ)은 전부하 동손의 정격 출력에 대한 비이다.

$$(\%R = \frac{I_n R}{V_n} \times 100 = \frac{I_n^2 R}{V_n I_n} \times 100 = \frac{P_c}{P} \times 100[\%])$$

$$\therefore \epsilon = P_c = 0.03$$

$P_i + P_c = 0.042$ 에서, $P_i = 0.042 - P_c$
$= 0.042 - 0.03 = 0.012$

m부하일 때 최대효율조건

$$P_i = m^2 P_c, \quad \therefore m = \sqrt{\frac{P_i}{P_c}} = \sqrt{\frac{0.012}{0.03}} = 0.63$$

53 동기전동기의 위상특성곡선을 나타낸 것은?(단, P를 출력, I_f를 계자전류, I_a를 전기자 전류, $\cos\phi$를 역률로 한다.)

① $I_f - I_a$ 곡선, P는 일정

② $P - I_a$ 곡선, I_f는 일정

정답 51 ④ 52 ① 53 ④

③ P-I_f 곡선, I_a는 일정

④ I_f-I_a 곡선, $\cos\phi$는 일정

해설 출력(P)이 일정한 상태에서 유기 기전력(E) 또는 계자전류(I_f)를 변화시킬 때 E또는 I_f와 전기자전류(I_a)의 관계를 나타낸 V곡선이다.

54 단상 유도전압조정기의 2차 전압이 100±30[V]이고, 직렬 권선의 전류가 6[A]인 경우 정격용량은 몇 [VA]인가?

① 780
② 420
③ 312
④ 180

해설
단상유도 전압조정기의 정격용량

$$[VA]=\frac{\text{승압전압}}{\text{고압측전압}}\times\text{부하용량}$$

$$=\frac{30}{130}\times130\times6=180[VA]$$

55 유도전동기에 게르게스(Gorges)현상이 생기는 슬립은 대략 얼마인가?

① 0.25
② 0.50
③ 0.70
④ 0.80

해설 게르게스(Gorges)현상 : 3상권선형 유도전동기의 2차회로 중 1개가 단선 된 경우에 슬립 s=0.5부근에서 더 이상 가속되지 않는 현상
∴ 유도전동기에 게르게스 현상이 생기는 슬립은 대략 0.5이다.

56 교류 타코미터(AC tachometer)의 제어 권선전압 e(t)와 회전각 θ의 관계는?

① $\theta\propto e(t)$
② $\frac{d\theta}{dt}\propto e(t)$
③ $\theta \cdot e(t)$ = 일정
④ $\frac{d\theta}{dt}\cdot e(t)$ = 일정

해설 교류 타코미터의 권선전압 e(t)는 회전각 θ에 비례한다.

$$e(t)\propto\frac{d\theta}{dt}$$

57 3상 유도전동기에서 회전자가 슬립 s로 회전하고 있을 때 2차 유기전압 E_{2s} 및 2차 주파수 f_{2s}와 s와의 관계는?(단, E_2는 회전자가 정지하고 있을 때 2차 유기 기전력이며 f_1은 1차 주파수이다.)

① $E_{2s}=sE_2$, $f_{2s}=sf_1$

② $E_{2s}=sE_2$, $f_{2s}=\frac{f_1}{s}$

③ $E_{2s}=\frac{E_2}{s}$, $f_{2s}=\frac{f_1}{s}$

④ $E_{2s}=(1-s)E_2$, $f_{2s}=(1-s)f_1$

해설 유도전동기의 회전자슬립이 s로 회전할 때 2차 주파수를 f_2[Hz], 2차측 유기전압을 $E_2^{'}$[V]라 할 때 $E_2^{'}=sE_2$, $f_2=sf_1$ (f_1 : 1차주파수)

58 600[rpm]으로 회전하는 타여자 발전기가 있다. 이때 유기 기전력은 150[V], 여자전류는 5[A]이다. 이 발전기를 800[rpm]으로 회전하여 180[V]의 유기 기전력을 얻으려면 여자전류는 몇 [A]로 하여야 하는가?(단, 자기회로의 포화현상은 무시한다.)

① 3.2
② 3.7
③ 4.5
④ 5.2

해설 E=kI_fN, $k=\frac{E}{I_fN}=\frac{150}{5\times600}=\frac{1}{20}$

$$\therefore I_f^{'}=\frac{E^{'}}{kN^{'}}=\frac{180}{\frac{1}{20}\times800}=4.5[A]$$

정답 **54** ④ **55** ② **56** ② **57** ① **58** ③

59 유도전동기의 동작원리로 옳은 것은?

① 전자유도와 플레밍의 왼손법칙

② 전자유도와 플레밍의 오른손법칙

③ 정전유도와 플레밍의 왼손법칙

④ 정전유도와 플레밍의 오른손법칙

60 변압기의 결선방식에 대한 설명으로 틀린 것은?

① $\Delta-\Delta$결선에서 1상분의 고장이 나면 나머지 2대로써 V결선 운전이 가능하다.

② Y－Y결선에서 1차, 2차 모두 중성점을 접지할 수 있으며, 고압의 경우 이상전압을 감소시킬 수 있다.

③ Y－Y결선에서 중성점을 접지하면 제5고조파 전류가 흘러 통신선에 유도장해를 일으킨다.

④ Y－Δ결선에서 1상에 고장이 생기면 전원공급이 불가능해진다.

해설 Y－Y결선에서는 제3고조파 여자전류의 통로가 없어 유도기전력이 제3고조파를 함유하여 중성점을 접지하면 통신선에 유도장해를 준다.

제4과목 : 회로이론 및 제어공학

61 근궤적이 s평면의 $j\omega$축과 교차할 때 폐루프의 제어계는?

① 안정하다.   ② 불안정하다.

③ 임계상태이다.   ④ 알 수 없다.

해설 근궤적의 성질

• 근궤적은 G(s)H(s)의 극점(pole)에서 출발하여 영점(zero)에서 끝난다.

• 근궤적의 가지수는 특성방정식의 차수와 같다.

• 근궤적은 실수축에 관해서만 대칭이다.

• 근궤적은 근 s에 관해서만 점근선을 가진다.

• 점근선은 실수축에서만 교차한다.

∴ 근궤적이 허수축($j\omega$)과 교차할 때는 특성근의 실수부 크기가 0일 때와 같다. 특성근의 실수부가 0이면 임계상태(안정)가 된다.

62 $G(s)H(s)=\dfrac{K}{s(s+1)(s+4)}$의 K≥0에서의 분지점(Break Away Point)은?

① -2.867 ② 2.867

③ -0.467 ④ 0.467

해설 1+G(s)H(s)=0에서, $1+\dfrac{k}{s(s+1)(s+4)}=0$

s(s+1)(s+4)+k=0

$k=-s(s+1)(s+4)=-s^3-5s^2-4s$

위의 식을 s에 관해 미분하면

$$\frac{dk}{ds}=0, \quad \frac{d}{ds}(-s^3-5s^2-4s)=0$$

$$s_{1,2}=\frac{10\pm\sqrt{10^2+4(-3)(-4)}}{2\times(-3)} \text{에서}$$

$s_1=-2.8685$, $s_2=-0.4648$의 값을 구할 수 있는데, K≥0에 대한 실수축상의 구간은 0～-1, 4～-∞이므로, $s_1=-2.8685$는 근궤적점이 될 수 없으므로 버리고, 분지점은 $s_2=-0.4648$이 된다.

63 그림의 회로와 동일한 논리 소자는?

해설 X, Y 신호가 들어오면 T_r 이 동작하여 출력D가 소멸된다. 그러므로 회로는 NOR회로이다.

정답 59 ① 60 ③ 61 ③ 62 ③ 63 ①

64 그림과 같은 RLC 회로에서 입력전압 $e_i(t)$, 출력 전류가 $i(t)$인 경우 이 회로의 전달함수 $I(s)/E_i(s)$는?(단, 모든 초기조건은 0이다.)

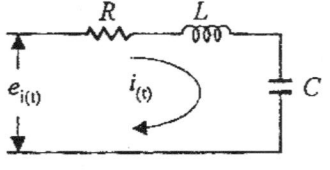

① $\dfrac{Cs}{RCs^2 + LCs + 1}$ ② $\dfrac{1}{RCs^2 + LCs + 1}$

③ $\dfrac{Cs}{LCs^2 + RCs + 1}$ ④ $\dfrac{1}{LCs^2 + RCs + 1}$

> **해설**
>
> $$e_i(t) = Ri(t) + L\frac{di(t)}{dt} + \frac{1}{C}\int i(t)dt$$
>
> 라플라스 변환하면
>
> $$E_i(s) = RI(s) + LsI(s) + \frac{I(s)}{Cs}$$
>
> $$= (R + Ls + \frac{1}{Cs})I(s)$$
>
> $$\therefore \frac{I(s)}{E_i(s)} = \frac{1}{R + Ls + \frac{1}{Cs}} = \frac{Cs}{LCs^2 + RCs + 1}$$

65 아래의 선호흐름선도의 이득 (Y_6/Y_1)의 분자에 해당하는 값은?

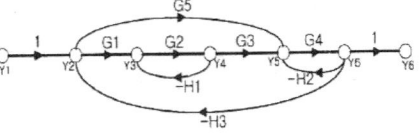

① G1G2G3G4+G4G5

② G1G2G3G4+G4G5+G2H1

③ G1G2G3G4H3+G2H1+G4H2

④ G1G2G3G4+G4G5+G2G4G5H1

> **해설**
>
> *Mason*의 정리
>
> $$G(s) = \frac{\sum_{k=1}^{\infty} G_k \triangle_k}{\triangle}$$
>
> $$\triangle = 1 - \sum l_1 + \sum l_2 - \sum l_3 + + +$$
>
> $$\sum l_1 = -G2H1 - G4H2 - G1G2G3G4H3$$
>
> $$\sum l_2 = G2G4H1H2$$
>
> $k=1$, 첫번째 전향경로 : $G_1\triangle_1 = G1G2G3G4$
>
> $k=2$, 두번째 전향경로
>
> $: G_2\triangle_2 = G5G4(1 + G2H1)$
>
> $$\therefore G(s) = \frac{Y_6}{Y_1}$$
>
> $$= \frac{G1G2G3G4 + G4G5(1 + G2H1)}{1 + G2H1 + G4H2 + G1G2G3G4H3}$$

66 2차 제어계에서 공진주파수(ω_m)와 고유주파수 (ω_n), 감쇠비(α) 사이의 관계로 옳은 것은?

① $\omega_m = \omega_n\sqrt{1 - \alpha^2}$ ② $\omega_m = \omega_n\sqrt{1 + \alpha^2}$

③ $\omega_m = \omega_n\sqrt{1 - 2\alpha^2}$ ④ $\omega_m = \omega_n\sqrt{1 + 2\alpha^2}$

> **해설** 2차계 전달함수M(s)는 (여기서, M_P : 공진 첨두 값, M_0 : 영주파수에서의 이득(s=0), ω_p : 공진주파수, ω_n : 고유주파수, δ : 제동비)
>
> $$M(s) = \frac{C(s)}{R(s)} = \frac{\omega_n^2}{s^2 + 2\delta\omega_n s + \omega_n^2}$$ 식을 주파수 전달
>
> 함수로 치환하면,
>
> $M(j\omega) =$
>
> $$\frac{C(j\omega)}{R(j\omega)} = \frac{1}{1 + j2\delta\frac{\omega}{\omega_n} - (\frac{\omega}{\omega_n})^2},$$
>
> 여기서, $u = \dfrac{\omega}{\omega_n}$ 라 두고, $|M(j\omega)|$는
>
> $$|M(j\omega)| = M = \frac{1}{[(1 - u^2)^2 + (2\delta u)^2]^{1/2}}$$
>
> $M(j\omega)$의 위상각 ϕ_m은
>
> $$\phi_m = -\tan^{-1}\frac{2\delta u}{1 - u} \text{ 가 된다.}$$

정답 **64** ③   **65** ④   **66** ③

공진주파수 ω_p는 M을 u에 관해서 미분하면 구할 수 있는데,

$$\frac{dM}{du}$$

$$=-\frac{1}{2}(u^4-2u^2+1+4\delta^2u^2)^{-\frac{3}{2}}(4u^3-4u+8u\delta^2)$$

$= 0$ 에서

$$4u^3-4u+8u\delta^2=0, \quad u_p=\frac{\omega_p}{\omega_n}=\sqrt{1-2\delta^2}$$

$\therefore$ 공진주파수 $\omega_p=\omega_n\sqrt{1-2\delta^2}$ 이 된다.

위식에서 $1-2\delta^2\geq 0$ 에 대해서 유효하기 때문에, 제동비(δ)≤ 0.707의 값을 가지는데, $\delta > 0.707$에 대해서는 ω 와 M 곡선 상에서는 공진정점(첨두값) M_P는 나타나지 않으며, δ가 0.707보다 크면 모든 $\omega(>0)$에 대해서 M의 값은 M_0보다 작은 값을 가진다.

$\therefore$ 공진첨두값(M_P)=

$$\frac{1}{[(1-(1-2\delta^2))^2+4\delta^2(1-2\delta^2)]^{1/2}}=\frac{1}{2\delta\sqrt{1-\delta^2}}$$

67 다음 제어량 중에서 추종제어와 관계없는 것은?

① 위치   ② 방위

③ 유량   ④ 자세

해설 추종(서보)제어 : 기계적 변위를 제어량으로 해서 목표값의 임의의 변화에 추종하는 제어계. 물체의 위치, 방위, 자세등(미사일 발사대, 추적용 레이더, 비행기 선박 등의 방향제어계. 여기서, 유량은 프로세스(공정)제어이다.)

68 보드선도상의 안정조건을 옳게 나타낸 것은?(단, g_m은 이득여유, ϕ_m은 위상여유)

① $g_m > 0, \phi_m > 0$ ② $g_m < 0, \phi_m < 0$

③ $g_m < 0, \phi_m > 0$ ④ $g_m > 0, \phi_m < 0$

해설 보드선도상 안정조건은 위상여유(ϕ_m)와 이득여유(g_m)가 정의 값을 갖을 때이며, 반대일 경우는 불안정하며, 안정한계에서는 위상여유(ϕ_m)와 이득여유(g_m) 모두가 0이다.

69 다음의 미분방정식으로 표시되는 시스템의 계수 행렬 A는 어떻게 표시되는가?

$$\frac{d^2c(t)}{dt^2}+5\frac{dc(t)}{dt}+3c(t)=r(t)$$

① $\begin{bmatrix} -5 & -3 \\ 0 & 1 \end{bmatrix}$ ② $\begin{bmatrix} -3 & -5 \\ 0 & 1 \end{bmatrix}$

③ $\begin{bmatrix} 0 & 1 \\ -3 & -5 \end{bmatrix}$ ④ $\begin{bmatrix} 0 & 1 \\ -5 & -3 \end{bmatrix}$

해설 put, $x_1(t)=c(t)$

$\qquad\qquad x_2(t)=\dot{c}(t)=\dot{x}_1(t)$

$x_2(t)=\dot{c}(t)=\dot{x}_1(t)=0x_1(t)+x_2(t)$

$\ddot{c}(t)+5\dot{c}(t)+3c(t)=r(t)$,

$\ddot{c}(t)=\dot{x}_2(t)=-x_1(t)-5x_2(t)+r(t)$

$$\begin{bmatrix} \dot{x}_1(t) \\ \dot{x}_2(t) \end{bmatrix}=\begin{bmatrix} 0 & 1 \\ -3 & -5 \end{bmatrix}\begin{bmatrix} x_1(t) \\ x_2(t) \end{bmatrix}+\begin{bmatrix} 0 \\ 1 \end{bmatrix}r(t)$$

$\therefore A=\begin{bmatrix} 0 & 1 \\ -3 & -5 \end{bmatrix}$

70 그림과 같은 RC회로에서 $RC \ll 1$인 경우 어떤 요소의 회로인가?

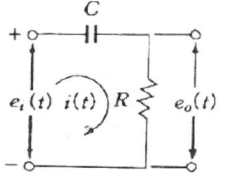

① 비례요소   ② 미분요소

③ 적분요소   ④ 2차 지연요소

해설 $RC \ll 1$에서는 전달함수

$G(s)=\dfrac{RCs}{RCs+1}\fallingdotseq RCs$ 가 되므로 미분요소가 된다.

71 4단자 정수 A, B, C, D 로 출력측을 개방시켰을 때 입력측에서 본 구동점 임피던스 $Z_{11}=\dfrac{V_1}{I_1}\bigg|_{I_2=0}$ 를 표시한 것 중 옳은 것은?

[정답] 67 ③   68 ①   69 ③   70 ②   71 ①

① $Z_{11} = \dfrac{A}{C}$ ② $Z_{11} = \dfrac{B}{D}$

③ $Z_{11} = \dfrac{A}{B}$ ④ $Z_{11} = \dfrac{B}{C}$

해설

$\begin{bmatrix} V_1 \\ V_2 \end{bmatrix} = \begin{vmatrix} Z_{11} & Z_{12} \\ Z_{21} & Z_{22} \end{vmatrix} \begin{bmatrix} I_1 \\ I_2 \end{bmatrix}$ $\triangle Z = Z_{11}Z_{22} - Z_{12}Z_{21}$,

$\triangle Y = Y_{11}Y_{22} - Y_{12}Y_{21}$, $\triangle F = AD - BC$

$Z_{11} = \dfrac{V_1}{I_1}\bigg|_{I_2 = O} = \dfrac{Y_{22}}{\triangle Y} = \dfrac{A}{C}$

$Z_{12} = \dfrac{V_1}{I_2}\bigg|_{I_1 = 0} = \dfrac{-Y_{12}}{\triangle Y} = -\dfrac{\triangle F}{C}$

$Z_{21} = \dfrac{V_2}{I_1}\bigg|_{I_2 = 0} = \dfrac{-Y_{21}}{\triangle Y} = -\dfrac{1}{C}$

$Z_{22} = \dfrac{V_2}{I_2}\bigg|_{I_1 = 0} = \dfrac{Y_{11}}{\triangle Y} = \dfrac{D}{C}$

72 직렬로 유도 결합된 회로이다. 단자 a-b에서 본 등가 임피던스 Z_{ab}를 나타낸 식은?

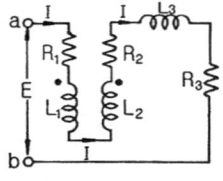

① $R_1 + R_2 + R_3 + j\omega(L_1 + L_2 - 2M)$

② $R_1 + R_2 + j\omega(L_1 + L_2 + 2M)$

③ $R_1 + R_2 + R_3 + j\omega(L_1 + L_2 + L_3 + 2M)$

④ $R_1 + R_2 + R_3 + j\omega(L_1 + L_2 + L_3 - 2M)$

해설

$Z_{ab} = R_1 + R_2 + R_3 + j\omega(L_1 + L_2 - 2M + L_3)$

73 RC 지역 여파기 회로의 전달함수 $G(j\omega)$에서 $\omega = \dfrac{1}{RC}$인 경우 $|G(j\omega)|$의 값은?

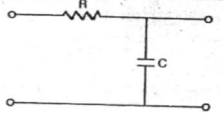

① 1 ② $\dfrac{1}{\sqrt{2}}$

③ $\dfrac{1}{\sqrt{3}}$ ④ $\dfrac{1}{2}$

해설 $v_1(t) = Ri(t) + \dfrac{1}{C}\int i(t)dt$

$\xrightarrow{\mathcal{L}} V_1(s) = (R + \dfrac{1}{Cs})I(s)$

$v_2(t) = \dfrac{1}{C}\int i(t)dt$

$\xrightarrow{\mathcal{L}} V_2(s) = \dfrac{1}{Cs}I(s)$

$G(s) = \dfrac{V_2(s)}{V_1(s)} = \dfrac{\dfrac{1}{Cs}}{R + \dfrac{1}{Cs}} = \dfrac{1}{RCs + 1}$

$\xrightarrow{} s = j\omega$를 대입하면, $G(j\omega) = \dfrac{1}{j\omega CR + 1}$

$\therefore |G(j\omega)| = \dfrac{1}{\sqrt{1 + (\omega CR)^2}}\bigg|_{\omega = \frac{1}{RC}} = \dfrac{1}{\sqrt{2}}$

74 분포정수회로에 직류를 흘릴 때 특성 임피던스는?(단, 단위 길이당의 직렬 임피던스 $Z = R + j\omega[\Omega]$, 병렬 어드미턴스 $Y = G + j\omega C[\mho]$이다.)

① $\sqrt{\dfrac{L}{C}}$ ② $\sqrt{\dfrac{L}{R}}$

③ $\sqrt{\dfrac{G}{C}}$ ④ $\sqrt{\dfrac{R}{G}}$

해설 $Z_0 = \sqrt{\dfrac{Z}{Y}} = \sqrt{\dfrac{R + j\omega L}{G + j\omega C}}$ 에서

직류(DC)를 흘릴 때이므로

$\therefore Z_0 = \sqrt{\dfrac{R}{G}}$ 이 된다.

정답 **72** ④ **73** ② **74** ④

75 다음 회로에서 전압 V를 가하니 20[A]의 전류가 흘렀다고 한다. 이 회로의 역률은?

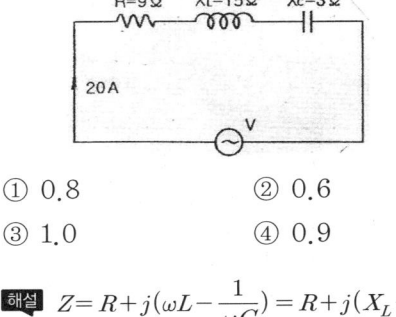

① 0.8　　　　　② 0.6
③ 1.0　　　　　④ 0.9

해설 $Z = R + j(\omega L - \dfrac{1}{\omega C}) = R + j(X_L - X_C)$
$= 9 + j(15-3) = 9 + j12[\Omega]$
$\therefore \cos\theta = \dfrac{R}{Z} = \dfrac{9}{\sqrt{9^2 + 12^2}} = 0.6$

76 대칭 좌표법에서 대칭분을 각 상전압으로 표시한 것 중 틀린 것은?

① $E_0 = \dfrac{1}{3}(E_a + E_b + E_c)$

② $E_1 = \dfrac{1}{3}(E_a + aE_b + a^2 E_c)$

③ $E_2 = \dfrac{1}{3}(E_a + a^2 E_b + aE_c)$

④ $E_3 = \dfrac{1}{3}(E_a^2 + E_b^2 + E_c^2)$

해설 영상분(E_0), 정상분(E_1), 역상분(E_2)만으로 대칭분으로 나타낸다.

77 그림과 같은 π형 4단자 회로의 어드미턴스 파라미터 중 Y₂₂는?

```
1 ○──[Y_B]──○ 2
     │         │
   [Y_A]     [Y_C]
     │         │
1'○──┴─────────┴──○ 2'
```

① $Y_{22} = Y_A + Y_C$　　② $Y_{22} = Y_B$
③ $Y_{22} = Y_A$　　　　④ $Y_{22} = Y_B + Y_C$

해설
$$Y_{22} = \dfrac{I_2}{V_2}\Big|_{V_1=0} = \dfrac{(Y_B + Y_C)V_2}{V_2} = Y_B + Y_C$$

78 $\dfrac{d^2 x(t)}{dt^2} + 2\dfrac{dx(t)}{dt} + x(t) = 1$에서 $x(t)$는 얼마인가?(단, $x(0) = x'(0) = 0$이다.)

① $te^{-t} - e^t$　　　　② $e^{-t} + e^{-t}$
③ $1 - te^{-t} - e^{-t}$　　④ $1 + te^{-t} + e^{-t}$

해설
$\dfrac{d^2 x(t)}{dt^2} + 2\dfrac{dx(t)}{dt} + x(t) = 1$을 $\mathcal{L}$ 변환하면,
(단, $x(0) = x'(0) = 0$이다.)
$s^2 X(s) + 2sX(s) + X(s) = \dfrac{1}{s}$,
$X(s)(s^2 + 2s + 1) = \dfrac{1}{s}$
$X(s) = \dfrac{1}{s(s+1)^2}$ 에서,
$\mathcal{L}^{-1} X(s) = x(t)$
$= \mathcal{L}^{-1}(\dfrac{A}{s} + \dfrac{B}{(s+1)^2} + \dfrac{C}{s+1})$
$A = \lim_{s \to 0} \dfrac{1}{(s+1)^2} = 1$
$B = \lim_{s \to -1} \dfrac{1}{s} = -1$
$C = \lim_{s \to -1} \dfrac{d}{ds}\dfrac{1}{s} = -1$
$= \mathcal{L}^{-1}(\dfrac{A}{s} + \dfrac{B}{(s+1)^2} + \dfrac{C}{s+1})$
$= \mathcal{L}^{-1}(\dfrac{1}{s} - \dfrac{1}{(s+1)^2} - \dfrac{1}{s+1})$
$= 1 - te^{-t} - e^{-t}$

79 $\cos t \cdot \sin t$의 라플라스 변환은?

정답　**75** ②　**76** ④　**77** ④　**78** ③　**79** (정답 없음)

① $\dfrac{1}{8s} - \dfrac{1}{8} \cdot \dfrac{s}{s^2+16}$ ② $\dfrac{1}{8s} - \dfrac{1}{8} \cdot \dfrac{4s}{s^2+16}$

③ $\dfrac{1}{4s} - \dfrac{1}{4} \cdot \dfrac{s}{s^2+4}$ ④ $\dfrac{1}{4s} - \dfrac{1}{4} \cdot \dfrac{4s}{s^2+4}$

해설

$\mathcal{L} \cos t \cdot \sin t = \mathcal{L} \dfrac{1}{2} \sin 2t = \dfrac{1}{2} \cdot \dfrac{2}{s^2+2^2}$

$= \dfrac{1}{s^2+4}$

80 다음 왜형파 전류의 왜형률은 약 얼마인가?

$$i = 30\sin\omega t + 10\cos 3\omega t + 5\sin 5\omega t \,[\text{A}]$$

① 0.46 ② 0.26

③ 0.53 ④ 0.37

해설

왜형률 $= \dfrac{\text{전고조파의 실효값}}{\text{기본파의 실효값}}$

$= \dfrac{\sqrt{(\frac{10}{\sqrt{2}})^2 + (\frac{5}{\sqrt{2}})^2}}{\frac{30}{\sqrt{2}}} = 0.37$

제5과목 : 전기설비기술기준 및 판단기준

81 특고압 가공전선로에 사용하는 철탑 중에서 전선로의 지지물 양쪽의 경간의 차가 큰 곳에 사용하는 철탑의 종류는?

① 각도형 ② 인류형

③ 보강형 ④ 내장형

해설

- 직선형 : 수평각도 3° 이하 직선 부분에 사용(내장형, 보강형은 제외)
- 각도형 : 수평각도 3°를 넘는 곳에 사용
- 인류형 : 전가섭선을 인류 하는 곳에 사용
- 내장형 : 전선로의 양쪽의 경간차가 큰 곳에 사용
- 보강형 : 전선로의 직선부분을 보강하기 위해 사용

82 합성수지몰드공사에 의한 저압 옥내배선의 시설방법으로 옳지 않은 것은?

① 합성수지몰드는 홈의 폭 및 깊이가 3.5cm 이하의 것 이어야 한다.

② 전선은 옥외용 비닐절연전선을 제외한 절연 전선이어야 한다.

③ 합성수지몰드 상호간 및 합성수지몰드와 박스 기타의 부속품과는 전선이 노출되지 않도록 접속한다.

④ 합성수지몰드 안에는 접속점을 1개소까지 허용한다.

해설

- 합성수지몰드는 홈의 폭 및 깊이가 3.5cm 이하의 것. 다만, 사람이 쉽게 접촉할 우려가 없도록 하는 경우는 폭을 5[cm] 이하로 할 것(두께는 1.2[mm] 이상)
- 절연전선(OW제외)을 몰드 안에는 접속점이 없도록 시설할 것

83 전력보안 통신용 전화설비의 시설장소로 틀린 것은?

① 동일 수계에 속하고 보안상 긴급연락의 필요가 있는 수력발전소 상호간

② 동일 전력계통에 속하고 보안상 긴급연락의 필요가 있는 발전소 및 개폐소 상호간

③ 2 이상의 급전소 상호간과 이들을 총합 운용하는 급전소간

④ 원격감시제어가 되지 않는 발전소와 변전소간

해설 전력보안 통신용 전화설비의 시설 장소

- 원격감시제어가 되지 않는 발·변전소, 발·변전제어소, 개폐소 기술원 주재소, 급전소 사이
- 2 이상의 급전소 상호간과 이들의 총합 운용하는 급전소간
- 총합 운용하는 급전소로서 서로 연계가 다른 전력계통에 속하는 것의 상호간

정답 80 ④ 81 ④ 82 ④ 83 ④

해설 의료장소의 절연변압기의 시설기준(내선규정 4153-3)

전원측에 이중 또는 강화 절연을 한 의료설비용 절연변압기를 다음과 같이 시설한다.

- 의료용 단상(3상) 절연변압기의 2차측 정격전압은 교류 250[V] 이하, 정격출력 3 ~ 10[kVA]
- 의료 IT계통의 절연저항은 계측, 지시하는 절연 감시 장치를 시설, 50[kΩ] 이하시는 음향설비로 경보
- 의료 IT계통의 누설전류를 계측, 지시하는 절연 감시를 시설, 5[mA] 이상 시 음향설비로 경보

• 동일 전력계통의 발전소, 변전소, 발·변전 제어소 및 개폐소 상호간
• 수력설비 중 필요한 곳 및 양수소, 강수량 관측소와 수력 발전소간
• 동일 수계의 수력발전소 상호간
• 발변전소 등과 긴급 연락의 필요가 있는 기상대, 측후소, 소방서 및 방사선 감시 계측 시설물 등의 사이

84 교량 위에 시설하는 조명용 저압 가공전선로에 사용되는 경동선의 최소 굵기는 몇 [mm]인가?

① 1.6
② 2.0
③ 2.6
④ 3.2

해설 교량에 시설하는 전선로

- 저압전선로 : 교량의 노면상 5[m] 이상의 높이에 시설하며, 전선에 케이블을 사용하던가, 2.6[mm] 이상의 경동선의 절연전선을 사용하며, 전선과 조영재 사이의 이격거리는 전선이 케이블인 경우 이외에는 30[cm] 이상일 것
- 고압전선로 : 교량의 노면상 5[m] 이상의 높이에 시설하며, 전선에 케이블을 사용할 것. 전선과 조영재 사이의 이격거리는 전선이 케이블을 사용한 경우 30[cm] 이상, 케이블이외의 경우는 60[cm] 이상일 것

85 다음 중 국내의 전압 종별이 아닌 것은?

① 저압
② 고압
③ 특고압
④ 초고압

86 의료장소의 안전을 위한 의료용 절연변압기에 대한 다음 설명 중 옳은 것은?

① 2차측 정격전압은 교류 300[V] 이하이다.
② 2차측 정격전압은 직류 250[V] 이하이다.
③ 정격출력은 5[kVA] 이하이다.
④ 정격출력은 10[kVA] 이하이다.

87 제1종 접지공사의 접지선에 대한 설명으로 옳은 것은?

① 고장 시 흐르는 전류를 안전하게 통할 수 있는 것을 사용하여야 한다.
② 연동선만을 사용하여야 한다.
③ 피뢰기의 접지선으로는 캡타이어케이블을 사용한다.
④ 접지선의 단면적은 16[mm²] 이상이어야 한다.

해설

- 접지선의 굵기 : E_1 : 공칭단면적 6[mm²] 이상의 연동선(이동하는 곳 : 8[mm²])
  E_2 : 공칭단면적 16[mm²] 이상의 연동선, 특고전로와 저압전로를 변압기에 의하여 결합하는 경우 공칭단면적 6[mm²]
  (이동하는 곳 : 8[mm²])
  E_3, E_{s3} : 공칭단면적 2.5[mm²] 이상의 연동선(이동하는 곳 : 다심코드 및 다심 캡타이어케이블의 일심은 0.75[mm²], 이외의 가요성이 있는 연동연선은 1.25[mm²])
- 접지선은 정한규격의 연동선 또는 이와 동등이상의 세기 및 굵기로서 쉽게 부식하지 아니하는 금속선으로서 고장 시 흐르는 전류를 안전하게 통할 수 있는 것을 사용할 것

정답 84 ③ 85 ④ 86 ④ 87 ①

88 사용전압이 35000[V] 이하인 특고압 가공 전선과 가공약전류 전선을 동일 지지물에 시설하는 경우 특고압 가공 전선로의 보안 공사로 적합한 것은?

① 고압 보안공사
② 제1종 특고압 보안공사
③ 제2종 특고압 보안공사
④ 제3종 특고압 보안공사

해설 35[kV] 이하인 특고 가공 전선과 가공 약전류 전선의 공가(35[kV] 넘는 것은 공가할 수 없다.)
- 특고선로는 제2종 특고 보안공사에 의하여 시설할 것
- 특고선은 약전선위로 하고 별도의 완금류에 시설할 것
- 사용전선은 케이블 또는 55[mm²] 이상의 경동연선일 것
- 이격거리는 2[m] 이상(케이블 사용시는 50[cm]까지 감할 수 있다.)
- 수직배선은 통신선(약전류 전선)의 상부 2[m]로부터 최하부까지는 케이블을 사용할 것
- 특고선에 케이블을 사용한 것 외에는 통신선은 금속제의 전기적 차폐층을 가지는 통신용 케이블일 것
- 특고의 접지선은 케이블 또는 절연전선을 사용하고 접지선과 접지극은 특고선, 통신선은 각각 별개로 시설할 것

89 특고압 가공전선로의 전선으로 케이블을 사용하는 경우의 시설로서 옳지 않은 것은?

① 케이블은 조가용선에 행거에 의하여 시설한다.
② 케이블은 조가용선에 접촉시키고 비닐테이프 등을 30[cm] 이상의 간격으로 감아 붙인다.
③ 조가용선은 단면적 22[mm²]의 아연도강연선 또는 인장강도 13.93[kN] 이상의 연선을 사용한다.
④ 조가용선 및 케이블의 피복에 사용하는 금속체에는 제3종 접지공사를 한다.

해설 특고압 가공 전선로는 그 전선에 케이블을 사용하는 경우
① 케이블은 조가용선에 행거에 의하여 시설 할 것 행거의 간격은 50[cm] 이하
② 케이블은 조가용선에 접촉시키고 비닐테이프 등을 20[cm] 이하의 간격으로 감아 붙일 것
③ 조가용선은 인장강도 13.93[kN] 이상의 연선 또는 단면적 22[mm²]의 아연도강연선 이상의 것
④ 조가용선 및 케이블의 피복에 사용하는 금속체에는 제3종 접지공사를 할 것(단, 조가용선을 절연전선 사용시 예외)

90 고압 옥내배선을 할 수 있는 공사 방법은?

① 합성수지관공사 ② 금속관공사
③ 금속몰드공사 ④ 케이블공사

해설 고압 옥내 배선의 시설방법
- 애자사용공사(건조한 장소로서 전개된 장소일 것)
- 케이블공사
- 케이블 트레이 공사

91 가공 전선로의 지지물에 하중이 가하여지는 경우에 그 하중을 받는 지지물의 기초 안전율은 얼마 이상이어야 하는가?(단, 이상 시 상정하중은 무관)

① 1.5 ② 2.0
③ 2.5 ④ 3.0

해설 가공전선로 지지물의 기초 안전율 2(이상시 상정하중에 대한 철탑의 경우는 1.33) 이상으로 하여야 한다.

92 금속제 외함을 갖는 저압의 기계기구로서 사람이 쉽게 접촉되어 위험의 우려가 있는 곳에 시설하는 전로에 지락이 생겼을 때 자동적으로 전로를 차단하는 장치를 설치하여야 한다. 사용전압은 몇 [V]인가?

정답 88 ③ 89 ② 90 ④ 91 ② 92 ②

562 · Part 2. 전기기사 기출문제

① 30   ② 60

③ 100   ④ 150

해설 금속제 외함을 가지는 60[V]를 넘는 저압기계기구로서 사람이 쉽게 접촉할 우려가 있는 곳은 전로에 지기가 생겼을 때 자동 차단하는 장치를 설치

93 전극식 온천용 승온기 시설에서 적합하지 않은 것은?

① 승온기의 사용전압은 400[V] 미만일 것

② 전동기 전원공급용 변압기는 300[V] 미만의 절연변압기를 사용할 것

③ 절연변압기 외함에는 제3종 접지공사를 할 것

④ 승온기 및 차폐장치의 외함은 절연성 및 내수성이 있는 견고한 것일 것

해설 전극식 온천용 승온기의 시설

① 승온기의 사용전압은 400[V] 미만일 것

② 승온기 또는 이에 부속하는 급수펌프에 직결하는 전동기에 전기를 공급하기 위하여는 사용전압이 400[V] 미만인 절연변압기를 사용하여야 할 것

③ 절연변압기 외함은 제3종 접지공사를 할 것

④ 승온기 및 차폐장치의 외함은 내수성 및 절연성이 있는 견고한 것일 것

⑤ 차폐장치의 전극에는 제1종 접지공사를 할 것

94 전기부식방지시설에서 전원장치를 사용하는 경우 적합한 것은?

① 전기부식방지회로의 사용전압은 교류 60[V] 이하일 것

② 지중에 매설하는 양극(+)의 매설깊이는 50[cm] 이상일 것

③ 수중에 시설하는 양극(+)과 그 주위 1[m]이내의 전위차는 10[V]를 넘지 말 것

④ 지표 또는 수중에서 1[m] 간격의 임의의 2점간의 전위차는 7[V]를 넘지 말 것

해설 전기 부식방지 시설

① 전기부식방지회로(전원장치로부터 양극 및 피방식체까지의 전로)의 사용전압은 직류 60[V] 이하일 것

② 지중에 매설하는 양극(+)의 매설깊이는 75[cm] 이상일 것

③ 수중에 시설하는 양극(+)과 그 주위 1[m] 이내의 거리에 있는 임의점과의 사이의 전위차는 10[V]를 넘지 아니할 것

④ 지표 또는 수중에서 1[m] 간격을 갖는 임의의 2점 간의 전위차는 5[V] 이내일 것

95 사용 전압이 400[V] 미만이고 옥내 배선을 시공한 후 점검할 수 없는 은폐 장소이며, 건조된 장소일 때 공사 방법으로 가장 옳은 것은?

① 플로어 덕트 공사

② 버스 덕트 공사

③ 합성수지 몰드 공사

④ 금속 덕트 공사

해설

사용 전압의 구분 시설장소 구분		400[V] 미만	400[V] 이상
전개된 장소	건조된 장소	애자사용, 합성수지몰드, 금속몰드, 금속덕트, 버스덕트, 라이팅덕트공사	애자사용, 금속덕트, 버스덕트공사
	기타의 장소	애자사용, 버스덕트공사	애자사용공사
점검할 수 있는 은폐장소	건조된 장소	애자사용, 합성수지몰드, 금속몰드, 금속덕트, 버스덕트, 셀룰러덕트, 라이팅덕트, 평형보호층공사	애자사용, 금속덕트, 버스덕트공사

정답 93 ②   94 ③   95 ①

점검할 수 있는 은폐장소	기타의 장소	애자사용공사	애자사용공사
점검할 수 없는 은폐장소	건조된 장소	플로어 덕트공사, 셀룰러 덕트공사	

96 다음 괄호 안에 들어갈 내용으로 알맞은 것은?

> 발전기, 변압기, 조상기, 모선 또는 이를 지지하는 애자는 ( )에 의하여 생기는 기계적 충격에 견디는 것이어야 한다.

① 정격전류　　　　② 단락전류
③ 과부하전류　　　④ 최대사용전류

해설 발전기, 변압기, 조상기, 계기용변성기, 모선 및 이를 지지하는 애자는 단락전류에 의하여 생기는 기계적 충격에 견디는 것이어야 한다.

97 발전소 · 변전소를 산지에 시설할 경우 절토면 최하단부에서 발전 및 변전설비까지 최소 이격거리는 보안울타리, 외곽도로, 수림대를 포함하여 몇 [m] 이상 되어야 하는가?

① 3　　　　　　　② 4
③ 5　　　　　　　④ 6

해설 발전소 등의 부지의 시설조건 : 전기설비의 부지의 안정성 확보 및 설비 보호를 위하여 발전소 · 변전소 · 개폐소를 산지에 시설할 경우에는 풍수해, 산사태, 낙석 등으로부터 안전을 확보할 수 있도록 다음 각호에 의하여 시설하여야 한다.
1. 부지조성을 위해 산지를 전용할 경우에는 전용하고자 하는 산지의 평균경사도가 25도 이하여야 하며, 산지전용면적 중 산지전용으로 발생되는 절 · 성토 경사면의 면적이 100분의 50을 초과해서는 아니 된다.

2. 산지전용 후 발생하는 절 · 성토면의 수직높이는 15[m] 이하로 한다. 다만, 345[kV]급 이상 변전소로서 불가피하게 절 · 성토면 수직높이가 15[m] 초과되는 장대비탈면이 발생할 경우에는 절 · 성토면의 안정성에 대한 전문용역기관(토질 및 기초와 구조분야 전문기술사를 보유한 엔지니어링 활동주체로 등록된 업체)의 검토 결과에 따라 용수, 배수, 법면보호 및 낙석방지 등 안전대책을 수립한 후 시행하여야 한다.
3. 산지전용 후 발생하는 절토면 최하단부에서 발전 및 변전설비까지의 최소 이격거리는 보안울타리, 외곽도로, 수림대 등을 포함하여 6[m] 이상이 되어야 한다. 다만, 옥내변전소와 옹벽, 낙석 방지망 등 안전대책을 수립한 시설의 경우에는 예외로 한다.(제21조의 2항 신설)

98 345[kV]의 가공전선과 154[kV] 가공전선과의 이격거리는 최소 몇 [m] 이상이어야 하는가?

① 4.4　　　　　　② 5
③ 5.48　　　　　　④ 6

해설 특별고압가공전선상호간의 접근 또는 교차
1. 특별고압가공전선로는 제3종 특별고압 보안공사에 의할 것
2. 표에서 정한 값 이상일 것

사용전압구분	이격거리
35[kV] 이하	2[m](전선이 특별고압 절연전선 인 경우 1[m], 케이블인 경우 50[cm])
35[kV] 초과 60[kV] 이하	2[m]
60[kV] 초과	2[m]에 사용전압 60[kV]를 초과하는 10[kV] 또는 그 단수마다 12[cm]를 더한 값

60[kV] 초과이므로
2+0.12n=2+0.12×29=5.48[m] 이상
$n = \dfrac{345-60}{10} = 28.5 \rightarrow$ 절상하면 29단이 된다.

정답 96 ②　97 ④　98 ③

564 · Part 2. 전기기사 기출문제

99 일반 주택의 저압 옥내배선을 점검한 결과 시공이 잘못된 것은?

① 욕실의 전등으로 방습형 형광등이 시설되어 있다.

② 단상 3선식 인입개폐기의 중성선에 동판이 접속되어 있다.

③ 합성수지관의 지지점간의 거리가 2[m]로 되어 있다.

④ 금속관 공사로 시공된 곳에는 HIV전선이 사용되었다.

해설 합성수지관의 지지점 간의 거리는 1.5[m] 이하

100 22900/220[V], 30[kVA] 변압기로 단상 2선식으로 공급되는 옥내배선에서 절연부분의 전선에서 대지로 누설하는 전류의 최대한도는?

① 약 75[mA]   ② 약 68[mA]

③ 약 35[mA]   ④ 약 136[mA]

해설 허용누설전류는 최대공급전류의 1/2000을 넘지 말 것

누설전류 = 최대공급전류 $\times \dfrac{1}{1000}$

$= \dfrac{30 \times 10^3}{220} \times \dfrac{1}{1000} \times 10^3$

$= 136.37[mA]$

정답 **99** ③   **100** ④

국가기술자격검정 필기시험문제

2014년도 기사 제3회 필기시험(기사)

자격종목 및 등급(선택분야)	종목코드	시험시간	문제지형별	수검번호	성명
전기기사		**2시간 30분**	**A**		

※ 시험문제지는 답안카드와 같이 반드시 제출하여야 합니다.

제1과목 : 전기자기학

01 비투자율 μ_s는 역자성체에서 다음 중 어느 값을 갖는가?

① $\mu_s = 1$ ② $\mu_{s<1}$

③ $\mu_s > 1$ ④ $\mu_s = 0$

해설
- 상(常)자성체($\chi > 0$) : 자성체가 되었다가 외부의 자기장이 없어지면 자성도 사라지는 물질($\mu_s \geq 1$)
- 강(强)자성체($\chi \gg 0$) : 외부자기장에 대해 자기장의 방향으로 강한자력을 나타내며, 외부자력이 없어져도 자성을 잃지 않는 물질($\mu_s \gg 1$)
- 반(反)자성체($\chi < 0$) : 외부의 자기장에 대해 반대방향으로 자기장을 나타내는 물질($\mu_s < 1$). 여기서, χ : 자화율이다.

02 단면적 S, 평균 반지름 r, 권선수 N인 환상솔레노이드에 누설자속이 없는 경우, 자기인덕턴스의 크기는?

① 권선수의 제곱에 비례하고 단면적에 반비례한다.
② 권선수 및 단면적에 비례한다.
③ 권선수의 제곱 및 단면적에 비례한다.
④ 권선수의 제곱 및 평균 반지름에 비례한다.

해설 $L = \dfrac{\mu S N^2}{l} = \dfrac{\mu S N^2}{2\pi r} [H] \propto S, N^2$

03 한 변의 길이가 l[m]인 정육각형 회로에 I[A]가 흐르고 있을 때 그 정육각형 중심의 자계의 세기는 몇 [A/m]인가?

① $\dfrac{I}{2\pi l}$ ② $\dfrac{2\sqrt{2}\,I}{\pi l}$

③ $\dfrac{\sqrt{3}\,I}{\pi l}$ ④ $\dfrac{\sqrt{2}\,I}{2\pi l}$

해설
- 정사각형에 의한 중심자계의 세기는
$$H_0 = \frac{2\sqrt{2}\,I}{\pi l} [AT/m]$$
- 정육각형 코일에 의한 중심자계의 세기는
$$H_0 = \frac{\sqrt{3}\,I}{\pi l} [AT/m]$$

04 반지름 a[m]의 반구형 도체를 대지표면에 그림과 같이 묻었을 때 접지저항 R[Ω]은? (단, ρ[Ω · m]는 대지의 고유저항이다.)

① $\dfrac{\rho}{2\pi a}$ ② $\dfrac{\rho}{4\pi a}$

③ $2\pi a\rho$ ④ $4\pi a\rho$

해설 $RC = \rho\epsilon$에서 반구의 정전용량은,
$$C = \frac{4\pi\epsilon a}{2} = 2\pi\epsilon a[F]$$
$$\therefore R = \frac{\rho\epsilon}{C} = \frac{\rho\epsilon}{2\pi\epsilon a} = \frac{\rho}{2\pi a} [\Omega]$$

정답   **01** ②   **02** ③   **03** ③   **04** ①

05 유전체 내의 전속밀도를 정하는 원천은?

① 유전체의 유전율이다.

② 분극 전하만이다.

③ 진전하만이다.

④ 진전하와 분극 전하이다.

해설 가우스정리의 미분형

$div D = \rho$에서 유전체중의 전속밀도의 발산은 진전하 밀도(ρ)에만 의해서 좌우된다.

06 히스테리시스 곡선의 기울기는 다음의 어떤 값에 해당하는가?

① 투자율　　　　② 유전율

③ 자화율　　　　④ 감자율

해설 히스테리시스 곡선

• 횡축 : 자계(H)

• 종축 : 자속밀도(B)

• 잔류자기(잔류자속밀도 : B_r) : 곡선과 종축이 만나는 점

• 보자력(H_c) : 곡선이 횡축과 만나는 점

07 공기 중 방사성 원소 플루토늄(Pu)에서 나오는 한 개의 α입자가 정지하기까지 1.5× 10^5쌍의 정·부 이온을 만든다. 전리상자에 매초 4×10^{10}개의 α선이 들어올 때, 이 전리상자에 흐르는 포화전류의 크기는 몇 A인가?(단, 이온 1개의 전하는 1.6×10^{-19}[C]이다.)

① 4.8×10^{-3}　　② 4.8×10^{-4}

③ 9.6×10^{-3}　　④ 9.6×10^{-4}

해설

$$I = \frac{Q}{t} = \frac{6.4 \times 10^{-9} \times 1.5 \times 10^5}{1} = 9.6 \times 10^{-4} [A]$$

$$Q = 1.6 \times 10^{-19} \times 4 \times 10^{10} = 6.4 \times 10^{-9} [C]$$

08 자기 인덕턴스 L₁, L₂와 상호 인덕턴스 M일 때, 일반적인 자기 결합 상태에서 결합계수 k는?

① k < 0　　　　② 0 < k < 1

③ k > 1　　　　④ k=0

해설 상호인덕턴스와 결합계수

$M = k\sqrt{L_1 L_2}\ [H]$ 에서 일반적인 자기결합 상태에서의 결합계수는, $0 < k < 1$가 된다.

09 반지름 a[m]인 원통 도체에 전류 I[A]가 균일하게 분포되어 흐르고 있을 때의 도체 내부의 자계의 세기는 몇 [A/m]인가?(단, 중심으로부터의 거리는 r[m]라 한다.)

① $\dfrac{Ir}{\pi a^2}$　　　　② $\dfrac{Ir}{2\pi a}$

③ $\dfrac{Ir}{2\pi a^2}$　　　④ $\dfrac{Ir}{4\pi a^2}$

해설

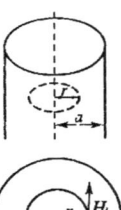

그림에서 $2\pi r \cdot H_i = I \times \dfrac{\pi r^2}{\pi a^2}$

$\therefore H_i = \dfrac{Ir}{2\pi a^2}\ [AT/m]$

10 와전류에 대한 설명으로 틀린 것은?

① 도체 내부를 통하는 자속이 없으면 와전류가 생기지 않는다.

정답 **05** ③　**06** ①　**07** ④　**08** ②　**09** ③　**10** ②

② 도체내부를 통하는 자속이 변화하지 않아도 전류의 회전이 발생하여 전류밀도가 균일하지 않다.

③ 패러데이의 전자유도 법칙에 의해 철심이 교번 자속을 통할 때 줄(Joule)열 손실이 크다.

④ 교류기기는 와전류가 매우 크기 때문에 저감 대책으로 얇은 철판(규소강판)을 겹쳐서 사용한다.

해설 렌츠의 법칙(Lenz's Law) : 유도 기전력은 결합되는 자속의 변화에 반대하려는 방향으로 폐회로에 전류를 흐르게 한다.

---

11 체적 전하밀도 $\rho[\text{C/m}^3]$로 $V[\text{m}^3]$의 체적에 걸쳐서 분포되어 있는 전하분포에 의한 전위를 구하는 식은?(단, r은 중심으로부터의 거리이다.)

① $\dfrac{1}{4\pi\epsilon_0} \iiint_v \dfrac{\rho}{r^2} dv\,[V]$

② $\dfrac{1}{4\pi\epsilon_0} \iiint_v \dfrac{\rho}{r} dv\,[V]$

③ $\dfrac{1}{2\pi\epsilon_0} \iiint_v \dfrac{\rho}{r^2} dv\,[V]$

④ $\dfrac{1}{2\pi\epsilon_0} \iiint_v \dfrac{\rho}{r} dv\,[V]$

해설 체적전하밀도 : $\rho_v = \dfrac{dQ}{dv}$ $\therefore Q = \int_v \rho_v\, dv$

에서

$$V = \iiint_v \dfrac{\rho}{4\pi\epsilon_0 r} dv = \dfrac{1}{4\pi\epsilon_0} \iiint_v \dfrac{\rho}{r} dv\ [V]$$

---

12 정전용량이 C_0 [μF]인 평행판 공기콘덴서 판의 면적 $\dfrac{2}{3}$S에 비유전율 ϵ_s인 에보나이트 판을 삽입하면 콘덴서의 정전용량은 몇 [μF] 인가?

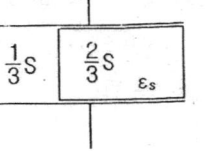

① $\dfrac{1}{2}\epsilon_s C_0$

② $\dfrac{3}{1+2\epsilon_s} C_0$

③ $\dfrac{1+\epsilon_s}{3} C_0$

④ $\dfrac{1+2\epsilon_s}{3} C_0$

해설

$$C_1 = \dfrac{\epsilon_0(\frac{1}{3}S)}{d} = \dfrac{1}{3} C_0\ [F]$$

$$C_2 = \dfrac{\epsilon_0\epsilon_s(\frac{2}{3}S)}{d} = \dfrac{2}{3}\epsilon_s C_0\ [F]$$

$\therefore C_1$과 C_2는 병렬접속이므로,

$$C_p = C_1 + C_2 = \dfrac{1+2\epsilon_s}{3} C_0$$

---

13 전속밀도 D, 전계의 세기 E, 분극의 세기 P 사이의 관계식은?

① $P = D + \epsilon_0 E$

② $P = D - \epsilon_0 E$

③ $P = D(1 - \epsilon_0) E$

④ $P = \epsilon_0(D - E)$

해설 전계$(E) = \dfrac{\sigma - \sigma_p}{\epsilon_0} = \dfrac{D - P}{\epsilon_0}$ $[V/m]$,

$D = \epsilon_0 E + P\ [C/m^2]$

$\therefore$ 분극의 세기는

$P = D - \epsilon_0 E = \epsilon_0\epsilon_s E - \epsilon_0 E$

$= \epsilon_0(\epsilon_s - 1)E\ [C/m^2]$

---

14 유전율 ϵ, 투자율 μ인 매질 내에서 전자파의 속도[m/s]는?

① $\sqrt{\dfrac{\mu}{\epsilon}}$

② $\sqrt{\mu\epsilon}$

③ $\sqrt{\dfrac{\epsilon}{\mu}}$

④ $\dfrac{3 \times 10^8}{\sqrt{\epsilon_s \mu_s}}$

정답 **11** ② **12** ④ **13** ② **14** ④

$$v = \frac{1}{\sqrt{\epsilon\mu}} = \frac{1}{\sqrt{\epsilon_0\mu_0}} \frac{1}{\sqrt{\epsilon_s\mu_s}} = \frac{3\times10^8}{\sqrt{\epsilon_s\mu_s}} \ [m/s]$$

15 대전된 도체의 표면 전하밀도는 도체 표면의 모양에 따라 어떻게 되는가?

① 곡률 반지름이 크면 커진다.

② 곡률 반지름이 크면 작아진다.

③ 표면 모양에 관계없다.

④ 평면일 때 가장 크다.

해설 대전도체 표면의 전하밀도는 곡률이 크면 커지고 곡률반경은 작을수록 크게 된다.

16 내압이 1[kV]이고 용량이 각각 0.01[μF], 0.02[μF], 0.04[μF]인 콘덴서를 직렬로 연결했을 때 전체 콘덴서의 내압은 몇 [V]인가?

① 1750   ② 2000

③ 3500   ④ 4000

해설 최초로 파괴되는 콘덴서는 $0.01[\mu F]$이므로, 이 콘덴서를 기준하여 전압을 인가하면 된다.

$$V_1 : V_2 : V_3 = \frac{1}{0.01} : \frac{1}{0.02} : \frac{1}{0.04} = 4 : 2 : 1$$

$$V_1 = \frac{4}{7} V \text{ 에서,}$$

$$\therefore V = \frac{7}{4} V_1 = \frac{7}{4} \times 1 \times 10^3 = 1750 \ [V]$$

17 전자파에서 전계 E와 자계 H의 비(E/H)는? (단, μ_s, ϵ_s는 각각 공간의 비투자율, 비유전율이다.)

① $377\sqrt{\dfrac{\epsilon_s}{\mu_s}}$ ② $377\sqrt{\dfrac{\mu_s}{\epsilon_s}}$

③ $\dfrac{1}{377}\sqrt{\dfrac{\epsilon_s}{\mu_s}}$ ④ $\dfrac{1}{377}\sqrt{\dfrac{\mu_s}{\epsilon_s}}$

해설 파동(고유)임피던스

$$Z_0 = \frac{E}{H} = \sqrt{\frac{\mu}{\epsilon}} = 120\pi\sqrt{\frac{\mu_s}{\epsilon_s}} = 377\sqrt{\frac{\mu_s}{\epsilon_s}} \ [\Omega]$$

18 2개의 소자석 A, B의 세기가 서로 같고 길이의 비는 1 : 2이다. 그림과 같이 두 자석을 일직선상에 놓고 그 사이에 A, B의 중심으로부터 r_1, r_2 거리에 있는 점 P에 작은 자침을 놓았을 때 자침이 자석의 영향을 받지 않았다고 한다. r_1 : r_2는 얼마인가?

① $1 : \sqrt[3]{2}$ ② $\sqrt[3]{2} : 1$

③ $1 : \sqrt[3]{4}$ ④ $\sqrt[3]{4} : 1$

해설 $r_1^3 : r_2^3 = 1 : 2$ 에서, $r_1 : r_2 = 1 : \sqrt[3]{2}$ 가 된다.

19 진공 중에서 점(0, 1)[m] 되는 곳에 -2×10^{-9}[C] 점전하가 있을 때 점(2, 0) [m]에 있는 1[C]에 작용하는 힘[N]은?

① $-\dfrac{36}{5\sqrt{5}}a_x + \dfrac{18}{5\sqrt{5}}a_y$

② $-\dfrac{18}{5\sqrt{5}}a_x + \dfrac{36}{5\sqrt{5}}a_y$

③ $-\dfrac{36}{5\sqrt{5}}a_x + \dfrac{18}{3\sqrt{5}}a_y$

④ $-\dfrac{36}{5\sqrt{5}}a_x + \dfrac{18}{5\sqrt{5}}a_y$

해설

$$r = (2-0)a_x + (0-1)a_y = 2a_x - a_y,$$
$$r = \sqrt{2^2 + (-1)^2} = \sqrt{5} \ [m]$$
$$\therefore r_0 = \frac{1}{\sqrt{5}}(2a_x - a_y)$$

정답   15 ②   16 ①   17 ②   18 ①   19 ①

$$F = 9 \times 10^9 \times \frac{Q}{r^2}$$

$$= 9 \times 10^9 \times \frac{-2 \times 10^{-9} \times 1}{(\sqrt{5})^2} \times \frac{1}{\sqrt{5}}(2a_x - a_y)$$

$$= -\frac{36}{5\sqrt{5}}a_x + \frac{18}{5\sqrt{5}}a_y \ [N]$$

20 정전계에 대한 설명으로 옳은 것은?

① 전계에너지가 항상 ∞인 전기장을 의미한다.

② 전계에너지가 항상 0인 전기장을 의미한다.

③ 전계에너지가 최소로 되는 전하분포의 전계를 의미한다.

④ 전계에너지가 최대로 되는 전하분포의 전계를 의미한다.

해설 정전계
- 정전계에서의 선적분은 적분경로에 관계없이 항상 0이다.
- 정전계에서는 정전 에너지가 최소인 분포이다.
- 정전계에서는 도체 내에서의 전계의 세기는 0이다.

제2과목 : 전력 공학

21 1대의 주상변압기에 부하 1과 부하 2가 병렬로 접속되어 있을 경우 주상변압기에 걸리는 피상전력[kVA]은?

부하 1	유효전력 P_1 [kW], 역률(늦음) $\cos\theta_1$
부하 2	유효전력 P_2 [kW], 역률(늦음) $\cos\theta_2$

① $\dfrac{P_1}{\cos\theta_1} + \dfrac{P_2}{\cos\theta_2}$

② $\sqrt{(\dfrac{P_1}{\cos\theta_1})^2 + (\dfrac{P_2}{\cos\theta_2})^2}$

③ $\sqrt{(P_1+P_2)^2 + (P_1\tan\theta_1 + P_2\tan\theta_2)^2}$

④ $\sqrt{(\dfrac{P_1}{\sin\theta_1})^2 + (\dfrac{P_2}{\sin\theta_2})^2}$

해설

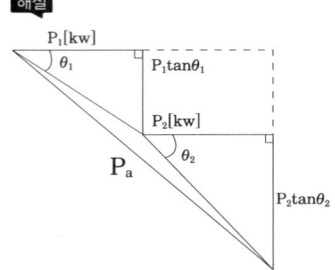

$$P_a = \sqrt{(P_1+P_2)^2 + (P_1\tan\theta_1 + P_2\tan\theta_2)^2}$$

22 송전선로의 송전특성이 아닌 것은?

① 단거리 송전선로에서는 누설 컨덕턴스, 정전용량을 무시해도 된다.

② 중거리 송전선로는 T회로 π회로 해석을 사용한다.

③ 100km가 넘는 송전선로는 근사계산식을 사용한다.

④ 장거리 송전선로의 해석은 특성임피던스와 전파정수를 사용한다.

해설 100[km]넘는 송전선로는 장거리 선로로 취급하므로 R, L, C, G를 다 적용한다.

23 저압 단상 3선식 배전 방식의 가장 큰 단점은?

① 절연이 곤란하다.

② 전압의 불평형이 생기기 쉽다.

③ 설비 이용률이 나쁘다.

④ 2종류의 전압을 얻을 수 있다.

해설 단상3선식 배전방식은 외선과 중성선 사이에 각종 단상부하가 걸리므로 전압의 불평형이 생기기 쉬운 단점이 있다. 그것을 방지하기위해서 저압 밸런스를 설치한다.

정답 20 ③ 21 ③ 22 ③ 23 ②

570 · Part 2. 전기기사 기출문제

24 가공전선로의 경간 200[m], 전선의 자체무게 2[kg/m], 인장하중 5000[kg], 안전율 2인 경우, 전선의 이도는 몇 [m]인가?

① 2
② 4
③ 6
④ 8

[해설] $D = \dfrac{WS^2}{8\,T} = \dfrac{2 \times 200^2}{8 \times \dfrac{5000}{2}} = 4\,[m]$

25 3상 3선식 송전선로에서 각 선의 대지 정전용량이 0.5096[μF]이고, 선간 정전용량이 0.1295[μF]일 때, 1선의 작용정전용량은 약 몇 [μF]인가?

① 0.6
② 0.9
③ 1.2
④ 1.8

[해설]
$C_w = C_s + 3\,C_m = 0.5096 + 3 \times 0.1295$
$= 0.898\,[\mu F]$

26 전선의 지지점의 높이가 15[m], 이도가 2.7[m], 경간이 300[m]일 때 전선의 지표상으로부터의 평균높이[m]는?

① 14.2
② 13.2
③ 12.2
④ 11.2

[해설] $h = h' - \dfrac{2}{3}d = 15 - \dfrac{2}{3} \times 2.7 = 13.2\,[m]$

27 수조에 대한 설명 중 틀린 것은?

① 수로 내의 수위의 이상 상승을 방지한다.
② 수로식 발전소의 수로 처음 부분과 수압관 아래 부분에 설치한다.
③ 수로에서 유입하는 물속의 토사를 침전시켜서 배사문으로 배사하고 부유물을 제거한다.

④ 상 수조는 최대사용수량의 1~2분 정도의 조정용량을 가질 필요가 있다.

[해설] 수조(head tank) : 무압수로와 연결하는 접속부에 설치되는 못
- 수로내의 수위 상승을 억제한다.
- 유량의 과부족을 조정한다.(최대 사용수량의 1 ~ 3분정도의 량)
- 유하토사의 최종적으로 침전이 되는 곳.

28 중거리 송전선로의 T형 회로에서 송전단 전류 I_s는?(단, Z, Y는 선로의 직렬 임피던스와 병렬 어드미턴스이고, E_r 은 수전단 전압, I_r 은 수전단 전류이다.)

① $I_r(1 + \dfrac{ZY}{2}) + E_r Y$

② $E_r(1 + \dfrac{ZY}{2}) + Z I_r(1 + \dfrac{ZY}{4})$

③ $E_r(1 + \dfrac{ZY}{2}) + Z I_r$

④ $I_r(1 + \dfrac{ZY}{2}) + E_r Y(1 + \dfrac{ZY}{4})$

[해설]

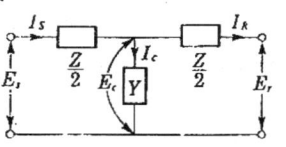

$\begin{bmatrix} A & B \\ C & D \end{bmatrix} = \begin{bmatrix} 1 & \dfrac{Z}{2} \\ 0 & 1 \end{bmatrix} \begin{bmatrix} 1 & 0 \\ Y & 1 \end{bmatrix} \begin{bmatrix} 1 & \dfrac{Z}{2} \\ 0 & 1 \end{bmatrix}$

$= \begin{bmatrix} 1 + \dfrac{ZY}{2} & \dfrac{Z}{2} \\ Y & 1 \end{bmatrix} \begin{bmatrix} 1 & \dfrac{Z}{2} \\ 0 & 1 \end{bmatrix}$

$= \begin{bmatrix} 1 + \dfrac{ZY}{2} & Z(1 + \dfrac{ZY}{4}) \\ Y & 1 + \dfrac{ZY}{2} \end{bmatrix}$

$\therefore E_s = (1 + \dfrac{ZY}{2})E_r + Z(1 + \dfrac{ZY}{4})I_r$

$I_s = Y E_r + (1 + \dfrac{ZY}{2})I_r$

[정답] **24** ② **25** ② **26** ② **27** ② **28** ①

29 단로기에 대한 설명으로 틀린 것은?

① 소호장치가 있어 아크를 소멸시킨다.
② 무부하 및 여자전류의 개폐에 사용된다.
③ 배전용 단로기는 보통 디스컨넥팅바로 개폐한다.
④ 회로의 분리 또는 계통의 접속 변경시 사용한다.

해설 단로기(DS) : 소호장치가 없어서, 아크를 소멸시킬 수 없다.

30 차단기에서 고속도 재폐로의 목적은?

① 안정도 향상
② 발전기 보호
③ 변압기 보호
④ 고장전류 억제

해설 전력계통의 안정도향상대책을 위해서 고속재폐로 방식을 채택한다.

31 3상 배전선로의 말단에 지상역률 80[%], 160[kW]인 평형 3상 부하가 있다. 부하점에 전력용 콘덴서를 접속하여 선로 손실을 최소가 되게 하려면 전력용 콘덴서의 필요한 용량[kVA]은?(단, 부하단 전압은 변하지 않는 것으로 한다.)

① 100
② 120
③ 160
④ 200

해설 선로손실이 최소가 될려면 역률이 1이 될 때이다. 즉, 무효전력만큼의 콘덴서 용량이 필요하게 되므로, 이때 필요한 콘덴서용량 120[kVA]를 설치하면 된다.

32 화력발전소에서 매일 최대출력 100000 [kW], 부하율 90[%]로 60일간 연속 운전할 때 필요한 석탄량은 약 몇 [t]인가?(단, 사이클 효율은 40[%], 보일러 효율은 85[%], 발전기 효율은 98[%]로 하고 석탄의 발열량은 5500[kcal/kg]이라 한다.)

① 60820
② 61820
③ 62820
④ 63820

해설 $\eta = \dfrac{860 \, W}{mH}$ 에서,

$$m = \frac{860 \times 0.9 \times 100,000 \times 60 \times 24}{0.4 \times 0.85 \times 0.98 \times 5500} \times 10^{-3}$$
$$= 60818.5 \, [ton]$$

33 부하설비용량 600[kW], 부등률 1.2, 수용률 60[%]일 때의 합성최대수용전력은 몇 [kW]인가?

① 240
② 300
③ 432
④ 833

해설

$$부등률 = \frac{각각의 \, 최대전력의 \, 합}{합성최대수용전력}$$
(항상 1보다 크거나 같다.)

$\therefore$ 합성최대수용전력 $= \dfrac{0.6 \times 600}{1.2} = 300[kW]$

34 저압 네트워크 배전방식의 장점이 아닌 것은?

① 인축의 접지사고가 적어진다.
② 부하 증가시 적응성이 양호하다.
③ 무정전 공급이 가능하다.
④ 전압변동이 적다.

해설 저압네트워크 배전방식(배전방식 중에서 공급신뢰도가 가장 높다.)
㉠ 장점
• 부하증가에 대한 적응성이 크다.
• 전압변동률이 적다.
• 변전소의 수와 전력손실을 감소시킬 수 있다.
• 기기의 이용률을 향상시켜 효율적인 운전이 가능하다.
㉡ 단점
• 인축에 대한 접촉사고가 많다.
• 건설비용이 비싸다.

정답 **29** ① **30** ① **31** ② **32** ① **33** ② **34** ①

572 • Part 2. 전기기사 기출문제

전기기사 · 산업기사 필기시험문제

35 발전기나 주변압기의 내부고장에 대한 보호용으로 가장 적합한 것은?

① 온도계전기　　　② 과전류계전기

③ 비율차동계전기　④ 과전압계전기

36 송전선로에 복도체를 사용하는 주된 목적은?

① 코로나 발생을 감소시키기 위하여

② 인덕턴스를 증가시키기 위하여

③ 정전용량을 감소시키기 위하여

④ 전선 표면의 전위경도를 증가시키기 위하여

해설 코로나방지 및 코로나 손실을 줄이기 위해

37 유도장해를 경감시키기 위한 전력선측의 대책으로 틀린 것은?

① 고저항 접지방식을 채용한다.

② 송전선과 통신선 사이에 차폐선을 설치한다.

③ 고속도 차단방식을 채택한다.

④ 중성점 전압을 상승시킨다.

해설 중성점에 잔류전압을 적도록 한다.

38 송전계통의 안정도 증진방법으로 틀린 것은?

① 직렬리액턴스를 작게 한다.

② 중간 조상방식을 채용한다.

③ 계통을 연계한다.

④ 원동기의 조속기 작동을 느리게 한다.

해설
- 조속기(Governor) 동작을 빠르게 한다.
- 고장(지락)전류를 줄이고 고장구간을 신속하게 차단시킨다.
- 속응여자 방식을 채용한다.

39 송전선에의 뇌격에 대한 차폐 등으로 가선하는 가공지선에 대한 설명 중 옳은 것은?

① 차폐각은 보통 15~30° 정도로 하고 있다.

② 차폐각이 클수록 벼락에 대한 차폐효과가 크다.

③ 가공지선을 2선으로 하면 차폐각이 적어진다.

④ 가공지선으로는 연동선을 주로 사용한다.

해설 가공지선은 직격뇌에 대한 차폐효과를 위해서 설치하는데 차폐각이 작을수록 보호율이 높고 건설비는 비싸진다(가공지선은 ACSR을 사용).

40 송전선로에서 지락보호계전기의 동작이 가장 확실한 접지 방식은?

① 직접접지식　　　② 저항접지식

③ 소호리액터접지식　④ 리액터접지식

해설 직접접지방식은 각종보호계전기의 동작은 가장 확실하지만 송전계통의 과도 안정도는 나쁘다.

제3과목 : 전기기기

41 4극, 중권 직류전동기의 전기자 전도체수 160, 1극당 자속수 0.01[Wb], 부하전류 100[A]일 때 발생 토크[N · m]는?

① 36.2　　　② 34.8

③ 25.5　　　④ 23.4

해설 발생토크는 (중권 : a=p)

$$\tau[N \cdot m] = \frac{p\phi ZI_a}{2\pi a} = \frac{4 \times 0.01 \times 160 \times 100}{2\pi \times 4}$$
$$= 25.46 [N \cdot m]$$
$$(\tau[kg \cdot m] = \frac{[N \cdot m]}{9.8})$$

42 슬립 6[%]인 유도전동기의 2차측 효율[%]은?

정답　35 ③　36 ①　37 ④　38 ④　39 ③　40 ①　41 ③　42 ①

2014년도 기사 제3회 필기시험(기사) · **573**

① 94   ② 84

③ 90   ④ 88

해설
$$\eta_2 = \frac{P}{P_2} = \frac{(1-s)P_2}{P_2} = (1-s) \times 100 \, [\%]$$
$$= \frac{N}{N_s} \times 100 \, [\%]$$
$$= (1-0.06) \times 100 = 94 \, [\%]$$

43 SCR에 대한 설명으로 틀린 것은?

① 게이트 전류로 통전전압을 가변시킨다.

② 주전류를 차단하려면 게이트 전압을 (0) 또는 (−)로 해야 한다.

③ 게이트 전류의 위상각으로 통전 전류의 평균 값을 제어시킬 수 있다.

④ 대전류 제어 정류용으로 이용된다.

해설 SCR : 게이트 전류(I_G)로 통전전압을 가변시키는데 게이트에 (+)의 트리거 펄스가 인가되면 통전상태로 되어 정류작용이 개시되고, 일단 통전이 시작되면 게이트전류를 차단해도 주전류(애노드)는 차단되지 않고, 이를 차단하려면 애노드 전압을 (0) 또는 (−)로 해야한다. 브레이크 오버(Break Over)전압은 게이트 바이어스 전압은 역으로 증가함에 따라서 감소된다.

44 제어 정류기 중 특정 고조파를 제거할 수 있는 방법은?

① 대칭각 제어기법

② 소호각 제어기법

③ 대칭 호소각 제어기법

④ 펄스폭 변조 제어기법

해설 펄스폭 변조(PWM : Pulse Width Modulation) : 표본화된 펄스의 진폭은 일정하고 그 펄스폭이 전송하고자하는 신호에 따라 변화시키는 변조방식, 인버터 출력 주파수 범위가 광범위하다.

45 직류발전기의 특성곡선 중 상호 관계가 옳지 않은 것은?

① 무부하포화곡선 : 계자전류와 단자전압

② 외부특성곡선 : 부하전류와 단자전압

③ 부하특성곡선 : 계자전류와 단자전압

④ 내부특성곡선 : 부하전류와 단자전압

해설 직류 발전기의 특성곡선
E : 유기 기전력[V], V : 단자전압[V],
I_a : 전기자전류[A], I : 부하전류[A],
I_f : 계자전류[A], n : 속도(rpm)

구분	횡축	종축	조건
무부하 포화곡선	I_f	V(=E)	n=일정, I=0
외부 특성곡선	I	V	n=일정, R_f=일정
내부 특성곡선	I	E	n=일정, R_f=일정
부하 특성곡선	I_f	V	n=일정, I=일정
계자 조정곡선	I	I_f	n=일정, V=일정

46 2[kVA], 3000/100[V]의 단상변압기의 철손이 200[W]이면 1차에 환산한 여자 컨덕턴스[℧]?

① 66.6×10^{-3} ② 22.2×10^{-6}

③ 22×10^{-2} ④ 2×10^{-6}

해설
$$g_0 = \frac{P_i}{(V_1')^2} = \frac{200}{3000^2} = 22.2 \times 10^{-6} [℧]$$

47 고주파 발전기의 특징이 아닌 것은?

① 상용전원보다 낮은 주파수의 회전 발전기이다.

② 극수가 많은 동기발전기를 고속으로 회전시켜서 고주파 전압을 얻는 구조이다.

③ 유도자형은 회전자 구조가 견고하여 고속에서도 견딘다.

④ 상용 주파수 보다 높은 주파수의 전력을 발생하는 동기 발전기이다.

정답 43 ②   44 ④   45 ④   46 ②   47 ①

해설 고주파발전기 : 고주파 유도가열용 등의 전원이 되는 고주파(1~20[kHz]인 전력을 발생하는 동기 발전기)로서, 고주파 전압을 얻기 때문에 구조는 튼튼하고, 극수를 많이 할 수 있는 구조인 유도자형 동기기를 많이 사용한다.

48 단상 유도전동기의 기동방법 중 기동 토크가 가장 큰 것은?

① 반발 기동형   ② 분상 기동형
③ 세이딩 코일형   ④ 콘덴서 분상 기동형

해설 단상유도전동기의 기동토크가 큰 것부터 나열하면, 반발 기동형→반발 유도형→콘덴서 기동형→분상 기동형→세이딩 코일형→모노사이클릭형

49 풍력 발전기로 이용되는 유도 발전기의 단점이 아닌 것은?

① 병렬로 접속되는 동기기에서 여자전류를 취해야 한다.
② 공극의 치수가 작기 때문에 운전 시 주의해야 한다.
③ 효율이 낮다.
④ 역률이 높다.

해설
• 동기발전기에 비해 기계적인 특성이 우수하며, 싸이리스터를 이용할 경우 제어가 간단하고 시스템의 하드웨어를 최소화 할 수 있어 경제적으로 유리하다.
• 풍력발전시스템(농형유도 발전기)
계통선과 연계운전을 할 경우 여자전류를 계통에서 공급받아야 하기 때문에 역률이 저하되고 단독으로 사용할 경우 고정자에 병렬로 여자용 콘덴서를 부착하여 운전해야 하는데 이때 부하에 따라 전압과 주파수가 변동하므로 안정된 전원으로서의 사용이 곤란하다.

50 30[kVA], 3300/200[V], 60[Hz]의 3상 변압기 2차측에 3상 단락이 생겼을 경우 단락전류는 약 몇 [A]인가?(단, %임피던스 전압은 3[%]이다.)

① 2250   ② 2620
③ 2730   ④ 2886

해설

$$I_s = \frac{100}{\%Z} I_n = \frac{100}{3} \times \frac{30 \times 10^3}{\sqrt{3} \times 200} = 2886.75 \, [A]$$

51 회전계자형 동기발전기에 대한 설명으로 틀린 것은?

① 전기자권선은 전압이 높고 결선이 복잡하다.
② 대용량의 경우에도 전류는 작다.
③ 계자회로는 직류의 저압회로이며 소요전력도 적다.
④ 계자극은 기계적으로 튼튼하게 만들기 쉽다.

해설 회전계자형을 사용하는 이유
• 전기자 권선은 전압이 높고 결선이 복잡하며, 대용량이면 전류도 커진다.(3상권선의 경우에는 4개의 도선을 인출하여야 한다.)
• 계자회로는 직류의 저압회로이므로 소요동력도 작다.(인출 도선은 2개만 있어도 됨)
• 계자극은 기계적으로 튼튼하게 만드는데 편리하다.
• 고장시의 과도 안정도를 높이기 위하여 회전자의 관성을 크게 하는데 쉽다.

52 변압기의 보호에 사용되지 않는 것은?

① 비율차동계전기   ② 임피던스계전기
③ 과전류계전기   ④ 온도계전기

해설
• 변압기보호에 사용되는 계전기 : 과전류계전기, 비율차동계전기, 부흐홀쯔계전기, 압력계전기, 지락방향계전기

정답 48 ①   49 ④   50 ④   51 ②   52 ②

- 임피던스계전기 : 거리계전기로서 입력되는 전압과 전류의 위상각에 무관하게 그 크기의 비에 비례하는 절대치에 대하여 동작하는 계전기

53 10[kVA], 2000/100[V] 변압기 1차 환산등가 임피던스가 6.2 + j7[Ω]일 때 %임피던스 강하[%]는?

① 약 9.4 ② 약 8.35
③ 약 6.75 ④ 약 2.3

해설

$$\%Z = \frac{I_{1n}Z}{V_{1n}} \times 100 = \frac{5 \times 9.35}{2000} \times 100 = 2.34\,[\%]$$

$$I_{1n} = \frac{P_{1n}}{V_{1n}} = \frac{10 \times 10^3}{2000} = 5\,[A]$$

$$Z = \sqrt{6.2^2 + 7^2} = 9.35\,[\Omega]$$

54 정류자형 주파수변환기의 특성이 아닌 것은?

① 유도전동기의 2차 여자용 교류여자기로 사용된다.
② 회전자는 정류자와 3개의 슬립링으로 구성되어 있다.
③ 정류자 위에는 한 개의 자극마다 전기각 π/3간격으로 3조의 브러시로 구성되어 있다.
④ 회전자는 3상 회전변류기의 전기자와 거의 같은 구조이다.

해설 정류자형 주파수변환기의 특성

- 3차권선을 설치하여 1차권선과 조정권선을 회전자에 2차권선을 고정자에 설치.
- 3개의 슬립링은 회전자 권선을 3등분한 점에 각각 접속 되었다.
- 용량이 큰 것은 정류작용을 좋게 하기 위해 보상권선과 보극권선을 고정자에 설치한다.
- 정류자 위에는 1개의 자극마다 전기각 $\frac{2}{3}\pi$간격으로 3조의 브러시로 구성되어 있다.

55 동기 발전기의 병렬 운전에 필요한 조건이 아닌 것은?

① 기전력의 크기가 같을 것
② 기전력의 위상이 같을 것
③ 기전력의 주파수가 같을 것
④ 기전력의 용량이 같을 것

해설 동기 발전기의 병렬 운전 조건

- 기전력의 위상이 같을 것
- 기전력의 크기가 같을 것
- 기전력의 주파수가 같을 것
- 기전력의 파형이 같을 것
- 상회전 방향이 같을 것

56 직류발전기의 단자전압을 조정하려면 어느 것을 조정하여야 하는가?

① 기동저항 ② 계자저항
③ 방전저항 ④ 전기자저항

57 전력용 변압기에서 1차에 정현파 전압을 인가하였을 때, 2차에 정현파 전압이 유기되기 위해서는 1차에 흘러들어 가는 여자전류는 기본파 전류외에 주로 몇 고조파 전류가 포함되는가?

① 제 2고조파 ② 제 3고조파
③ 제 4고조파 ④ 제 5고조파

해설 일반적으로 자기포화 및 히스테리시스 현상이 있으므로 여자전류에는 제3고조파가 가장 많이 포함된다.

58 변압기 온도상승 시험을 하는데 가장 좋은 방법은?

① 충격전압시험 ② 단락시험
③ 반환부하법 ④ 무부하시험

정답 53 ④ 54 ③ 55 ④ 56 ② 57 ② 58 ③

해설

- 단락시험법(폐회로시험) : 임피던스전압과 전력을 측정하여 임피던스, 동손, %저항강하, %리액턴스 강하, 전압변동률을 산출하는 시험
- 반환 부하법 : 온도시험을 하는 가장 좋은 방법 (전력소비가 적고 철손과 동손만 공급)
- 개방회로시험 : 무부하전류, 히스테리시스손, 와류손

59 50[Hz], 6극, 200[V], 10[kW]의 3상 유도 전동기가 960[rpm]으로 회전하고 있을 때의 2차 주파수(Hz)는?

① 2   ② 4

③ 6   ④ 8

해설 $f_2 = s\,f_1 = 0.04 \times 50 = 2\ [Hz]$

$s = \dfrac{N_s - N}{N_s} = \dfrac{1000 - 960}{1000} = 0.04$

$N_s = \dfrac{120f}{P} = \dfrac{120 \times 50}{6} = 1000\ [rpm]$

60 부하에 관계없이 변압기에 흐르는 전류로서 자속만을 만드는 전류는?

① 1차전류   ② 철손전류

③ 여자전류   ④ 자화전류

제4과목 : 회로이론 및 제어공학

61 다음과 같은 시스템의 전달함수를 미분 방정식의 형태로 나타낸 것은?

$$G(s) = \frac{Y(s)}{X(s)} = \frac{3}{(s+1)(s-2)}$$

① $\dfrac{d^2}{dt^2}x(t) + \dfrac{d}{dt}x(t) - 2x(t) = 3y(t)$

② $\dfrac{d^2}{dt^2}y(t) + \dfrac{d}{dt}y(t) - 2y(t) = 3x(t)$

③ $\dfrac{d^2}{dt^2}y(t) - \dfrac{d}{dt}y(t) - 2y(t) = 3x(t)$

④ $\dfrac{d^2}{dt^2}y(t) + \dfrac{d}{dt}y(t) + 2y(t) = 3x(t)$

해설

$G(s) = \dfrac{Y(s)}{X(s)} = \dfrac{3}{(s+1)(s-2)} = \dfrac{3}{s^2 - s - 2}$

$Y(s)(s^2 - s - 2) = 3\,X(s)$

$\dfrac{d^2}{dt^2}y(t) - \dfrac{d}{dt}y(t) - 2y(t) = 3x(t)$

62 단위계단함수의 라플라스변환과 z변환함수는?

① $\dfrac{1}{s}$, $\dfrac{1}{z-1}$ ② s , $\dfrac{z}{z-1}$

③ $\dfrac{1}{s}$, $\dfrac{z-1}{z}$ ④ $\dfrac{1}{s}$, $\dfrac{z}{z-1}$

해설

$\lim_{t \to 0} e(t) = \lim_{s \to \infty} E(z)$		
$f(t)$	$F(s)$	$F(z)$
$\delta(t)$	1	1
$u(t)$	$\dfrac{1}{s}$	$\dfrac{z}{z-1}$
t	$\dfrac{1}{s^2}$	$\dfrac{Tz}{(z-1)^2}$
e^{-at}	$\dfrac{1}{s+a}$	$\dfrac{z}{z - e^{-at}}$

63 자동제어계의 2차계 과도 응답에서 응답이 최초로 정상값의 50[%]에 도달하는데 요하는 시간은 무엇인가?

① 상승 시간   ② 지연 시간

③ 응답 시간   ④ 정정 시간

64 다음과 같은 블록선도의 등가합성 전달함수는?

정답   **59** ①   **60** ④   **61** ③   **62** ④   **63** ②   **64** ④

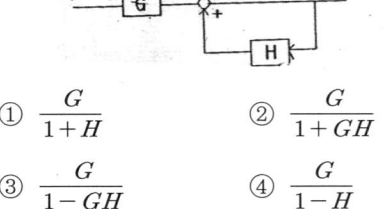

① $\dfrac{G}{1+H}$ ② $\dfrac{G}{1+GH}$

③ $\dfrac{G}{1-GH}$ ④ $\dfrac{G}{1-H}$

[해설] $RG+CH=C$ 에서, $RG=C(1-H)$

$\therefore G(s)=\dfrac{C}{R}=\dfrac{G}{1-H}$

65 다음 진리표의 논리소자는?

입력		출력
A	B	C
0	0	1
0	1	0
1	0	0
1	1	0

① OR   ② NOR

③ NOT   ④ NAND

66 단위 피드백 제어계에서 개루프 전달함수 G(s)가 다음과 같이 주어지는 계의 단위계단 입력에 대한 정상 편차는?

$$G(s)=\dfrac{6}{(s+1)(s+3)}$$

① $\dfrac{1}{2}$ ② $\dfrac{1}{3}$

③ $\dfrac{1}{4}$ ④ $\dfrac{1}{6}$

[해설] 정상상태편차

$e_{ss}=\lim\limits_{s\to 0}\dfrac{s}{1+G(s)}R(s)=\lim\limits_{s\to 0}s\dfrac{R(s)}{1+G(s)}$

$=\lim\limits_{s\to 0}s\dfrac{\dfrac{1}{s}}{1+G(s)}, \quad R(s)=\dfrac{1}{s}$

$=\dfrac{1}{1+\lim\limits_{s\to 0}G(s)}=\dfrac{1}{1+\lim\limits_{s\to 0}\dfrac{6}{(s+1)(s+3)}}=\dfrac{1}{3}$

67 다음과 같은 특성방정식의 근궤적 가지수는?

$$s(s+1)(s+2)+K(s+3)=0$$

① 6   ② 5

③ 4   ④ 3

[해설] 근궤적의 가지수는 영점(Z)과 극점(P) 중에 큰 것과 일치한다. 또한 근궤적의 개수는 특성방정식의 차수와 같다.

68 $\dfrac{d^2x}{dt^2}+\dfrac{dx}{dt}+2x=2u$의 상태변수를 $x_1=x$, $x_2=\dfrac{dx}{dt}$라 할 때, 시스템 매트릭스(System Matrix)는?

① $\begin{bmatrix}0 & 1\\ 1 & 1\end{bmatrix}$ ② $\begin{bmatrix}0 & 1\\ 2 & 1\end{bmatrix}$

③ $\begin{bmatrix}0 & 1\\ -2 & -1\end{bmatrix}$ ④ $\begin{bmatrix}0\\ 1\end{bmatrix}$

[해설] $x_1=x$

$x_2=\dfrac{dx}{dt}=\dot{x}=\dot{x_1}$

$\dot{x_1}=0\,x_1+x_2 \cdots\cdots$ ①

$\dfrac{d^2x}{dt^2}+\dfrac{dx}{dt}+2x=2u$

$\ddot{x}+\dot{x}+2x=2u$

$\ddot{x}=-2x-\dot{x}+2u$

$\dot{x_2}=-2x_1-x_2+2u \cdots\cdots$ ②

$\therefore$ ①과 ②식에서,

$\begin{bmatrix}\dot{x_1}\\ \dot{x_2}\end{bmatrix}=\begin{bmatrix}0 & 1\\ -2 & -1\end{bmatrix}\begin{bmatrix}x_1\\ x_2\end{bmatrix}+\begin{bmatrix}0\\ 2\end{bmatrix}u$

$\therefore A=\begin{bmatrix}0 & 1\\ -2 & -1\end{bmatrix}$

[정답] 65 ②   66 ②   67 ④   68 ③

578 · Part 2. 전기기사 기출문제

69 Nyquist 선도로부터 결정된 이득여유는 4~12[db], 위상여유가 30~40°일 때 이 제어계는?

① 불안정

② 임계안정

③ 인디셜응답 시간이 지날수록 진동은 확대

④ 안정

해설 나이퀴스트(Nyquist)안정계에 요구되는 여유는,
이득여유(GM) : 4 ~ 12[dB]
위상여유(PM) : 30~60°

70 계통방정식이 $J\dfrac{d\omega}{dt}+f\omega=\tau(t)$로 표시되는 시스템의 시정수는?(단, J는 관성 모멘트, f는 마찰 제동계수, ω는 각속도, τ는 회전력이다.)

① $\dfrac{f}{J}$

② $\dfrac{J}{f}$

③ $-\dfrac{J}{f}$

④ $-f\cdot J$

해설 $Js\omega(s)+f\omega(s)=T(s)$
$\mathcal{L}\,\tau=T(s)$
$G(s)=\dfrac{\omega(s)}{T(s)}=\dfrac{1}{Js+f}=\dfrac{1}{\dfrac{J}{f}s+1}=\dfrac{1}{Ts+1}$

$\therefore T=\dfrac{J}{f}$ [sec]

71 2개의 교류전압 $v_1=141\sin(120\pi t-30°)$ $[V]$와 $v_2=150\cos(120\pi t-30°)[V]$의 위상차를 시간으로 표시하면 몇 초인가?

① $\dfrac{1}{60}$

② $\dfrac{1}{120}$

③ $\dfrac{1}{240}$

④ $\dfrac{1}{360}$

해설
$v_2=150\cos(120\pi t-30°)$
$\quad=150\sin(120\pi t-30°+90°)$
$\quad=150\sin(120\pi t+60°)$에서,

위상차 : $\theta=-30°-60°=-90°=\dfrac{\pi}{2}$.

$\omega t=\theta$, $t=\dfrac{\theta}{2\pi f}=\dfrac{\dfrac{\pi}{2}}{120\pi}=\dfrac{1}{240}$ $[s]$

72 평형 3상 △결선 부하의 각 상의 임피던스가 $Z=8+j6[\Omega]$인 회로에 대칭 3상 전원 전압 100[V]를 가할 때 무효율과 무효전력[Var]은?

① 무효율 : 0.6, 무효전력 : 1800

② 무효율 : 0.6, 무효전력 : 2400

③ 무효율 : 0.8, 무효전력 : 1800

④ 무효율 : 0.8, 무효전력 : 2400

해설 $Z=8+j6[\Omega]$
무효율 : $\sin\theta=\dfrac{X}{Z}=\dfrac{6}{10}=0.6$

$\quad I=\dfrac{V}{Z}=\dfrac{10}{100}=10[A]$

무효전력 :
$P_r=3\,I^2X=3\times10^2\times6=1800\,[Var]$

73 구동점 임피던스(Driving Point Impedance) 함수에 있어서 극점(pole)은?

① 단락회로 상태를 의미한다.

② 개방회로 상태를 의미한다.

③ 아무런 상태도 아니다.

④ 전류가 많이 흐르는 상태를 의미한다.

해설 $Z(s)=0$인 경우는 임피던스가 0이므로 회로를 단락한 상태(영점 : 분자=0)
$Z(s)=\infty$가 되는 경우이며 이때는 회로를 개방한 상태(극점 : 분모=0)

정답 69 ④　70 ②　71 ③　72 ①　73 ②

74 $f(t)$와 $\dfrac{df}{dt}$는 라플라스 변환이 가능하며 $\mathcal{L}\,[f(t)]$를 $F(s)$라고 할 때 최종값 정리는?

① $\displaystyle\lim_{s\to 0}F(s)$ ② $\displaystyle\lim_{s\to\infty}sF(s)$

③ $\displaystyle\lim_{s\to\infty}F(s)$ ④ $\displaystyle\lim_{s\to 0}sF(s)$

해설
- 최종값정리 : $\displaystyle\lim_{t\to\infty}f(t)=\lim_{s\to 0}sF(s)$
- 초기값정리 : $\displaystyle\lim_{t\to 0}f(t)=\lim_{s\to\infty}sF(s)$

75 회로에서 스위치 S를 닫을 때, 이 회로의 시정수는?

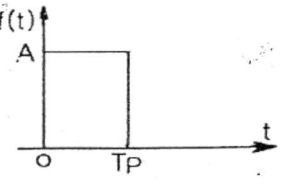

① $\dfrac{L}{R_1+R_2}$ ② $\dfrac{-L}{R_1+R_2}$

③ $\dfrac{R_1+R_2}{L}$ ④ $-\dfrac{R_1+R_2}{L}$

해설 $i(t)=\dfrac{E}{R}\left(1-e^{-\frac{R}{L}t}\right)[A]$ 에서, R_1과 R_2가 직렬연결이므로,

$\therefore i(t)=\dfrac{E}{R_1+R_2}\,e^{-\frac{R_1+R_2}{L}t}\,[A]$

시정수 $=\dfrac{L}{R_1+R_2}\,[s]$

76 다음 왜형파 전압과 전류에 의한 전력은 몇 [W]인가?(단, 전압의 단위는 [V], 전류의 단위는 [A]이다.)

$v=100\sin(\omega t+30°)$
$\quad-50\sin(3\omega t+60°)+25\sin 5\omega t$

$i=20\sin(\omega t-30°)+15\sin(3\omega t+30°)$
$\quad+10\cos(5\omega t-60°)$

① 933.0   ② 566.9

③ 420.0   ④ 283.5

해설 $P=\displaystyle\sum_{n=1}^{\infty}V_n I_n\cos(\theta_1-\theta_2)$ 식에서,

$i=20\sin(\omega t-30°)+15\sin(3\omega t+30°)$
$\quad+10\sin(5\omega t-60°+90°)$
$=20\sin(\omega t-30°)+15\sin(3\omega t+30°)$
$\quad+10\sin(5\omega t+30°)$

$\therefore P=\dfrac{100}{\sqrt{2}}\times\dfrac{20}{\sqrt{2}}\cos(30°+30°)-\dfrac{50}{\sqrt{2}}$
$\times\dfrac{15}{\sqrt{2}}\cos(60°-30°)+\dfrac{25}{\sqrt{2}}$
$\times\dfrac{10}{\sqrt{2}}\cos(-30°)=283.5\,[W]$

77 공간적으로 서로 $\dfrac{2\pi}{n}$[rad]의 각도를 두고 배치한 n개의 코일에 대칭 n상 교류를 흘리면 그 중심에 생기는 회전자계의 모양은?

① 원형 회전자계   ② 타원형 회전자계
③ 원통형 회전자계   ④ 원추형 회전자계

해설
- 3상 대칭 : 원형 회전자계
- 3상 비대칭 : 타원 회전자계
- 2상 대칭 : 회전자계 없다.

78 계단함수의 주파수 연속 스펙트럼은?

$$f(t)$$

① $AT_P\left|\dfrac{\cos(\omega T_P/2)}{\omega T_P/2}\right|$ ② $AT_P|\sin(\omega T_P/2)|$

③ $AT_P\left|\dfrac{\sin(\omega T_P/2)}{\omega T_P/2}\right|$ ④ $\left|\dfrac{\sin(\omega T_P/2)}{\omega T_P/2}\right|$

정답 **74** ④ **75** ① **76** ④ **77** ① **78** ③

해설

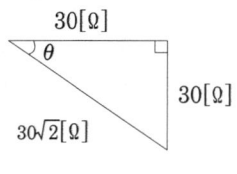

$$F(\omega) = (\int_{-\frac{T_P}{2}}^{\frac{T_P}{2}} (Ae^{-j\omega t} dt)\, e^{-j\frac{\omega T_P}{2}}$$

$$= \frac{2A}{\omega}\sin\frac{\omega T_P}{2} = AT_P \frac{\sin\frac{\omega T_P}{2}}{\frac{\omega T_P}{2}}$$

79 무한장 평행 2선 선로에 주파수 4 [MHz]의 전압을 가하였을 때 전압의 위상정수는 약 몇 [rad/m]인가?(단, 여기서 전파속도는 3×10^8 [m/sec]로 한다.)

① 0.0734   ② 0.0838

③ 0.0934   ④ 0.0634

해설

$$\beta = \frac{2\pi f}{v} = \frac{2\pi \times 4 \times 10^6}{3 \times 10^8} = 0.0837\,[rad/sec]$$

80 R=30 [Ω], L=79.6 [mH]의 RL 직렬회로에 60[Hz]의 교류를 가할 때 과도현상이 발생하지 않으려면 전압은 어떤 위상에서 가해야 하는가?

① 23°   ② 30°

③ 45°   ④ 60°

해설

30[Ω]

θ

30[Ω]

30√2 [Ω]

$$Z = R + j\omega L = 30 + j30\,[\Omega]$$

$$\omega L = 2\pi \times 60 \times 79.6 \times 10^{-3} = 30\,[\Omega]$$

위상 : $\tan\theta = \dfrac{30}{30} = 1$, $\therefore \theta = \tan^{-1} 1 = 45°$

제5과목 : 전기설비기술기준 및 판단기준

81 고압 가공인입선이 케이블 이외의 것으로서 그 전선의 아래쪽에 위험표시를 하였다면 전선의 지표상 높이는 몇 m까지로 할 수 있는가?

① 2.5   ② 3.5

③ 4.5   ④ 5.5

해설 고압인입선의 시설

• 전선은 케이블또는 5[mm] 이상의 경동선 사용
• 고압 가공 인입선의 높이(이상)

시설장소	높이
도로횡단	노면상 6[m]
철도, 궤도를 횡단	레일면상 6.5[m]
기타	지표상 5[m] 전선아래쪽에 위험 표시를 할 경우 3.5[m]까지

82 주택의 전로 인입구에 누전차단기를 시설하지 않는 경우 옥내 전로의 대지전압은 최대 몇 [V]까지 가능한가?

① 100   ② 150

③ 250   ④ 300

해설 주택 옥내전로(전기기계 기구 내의 전로를 제외)의 대지전압은 300[V] 이하일 때는 누전차단기를 시설해야하며 다만, 대지전압 150[V] 이하의 전로인 경우에는 시설하지 않는 수가 있다.

정답 79 ②   80 ③   81 ②   82 ②

83 최대 사용전압이 66[kV]인 중성점 비접지식 전로에 접속하는 유도전압조정기의 절연내력 시험전압은 몇 [V]인가?

① 47520   ② 72600

③ 82500   ④ 99000

해설 회전기 및 정류기의 절연내력 시험

종류		시험전압	시험방법
회전기	발전기·전동기·조상기, 기타 회전기(회전변류기 제외)	최대사용전압 7000[V] 이하	최대사용전압의 1.5배의 전압(500[V] 미만으로 되는 경우에는 500[V])	권선과 대지간에 연속하여 10분간 가한다.
		최대사용전압 7000[V] 초과	최대사용전압의 1.25배의 전압(10,500[V] 미만으로 되는 경우에는 10,500[V])	
	회전변류기		직류측의 최대사용전압의 1배의 교류전압(500[V] 미만으로 되는 경우에는 500[V])	

∴ 절연내력시험전압 $= 66 \times 10^3 \times 1.25 = 82500 \, [V]$

84 뱅크용량이 20000[kVA]인 전력용 커패시터에 자동적으로 전로로부터 차단하는 보호장치를 하려고 한다. 반드시 시설하여야 할 보호장치가 아닌 것은?

① 내부에 고장이 생긴 경우에 동작하는 장치
② 절연유의 압력이 변화할 때 동작하는 장치
③ 과전류가 생긴 경우에 동작하는 장치
④ 과전압이 생긴 경우에 동작하는 장치

해설 조상설비의 보호장치

설비종별	뱅크용량의 구분	자동적으로 전로로부터 차단하는 장치
전력용 커패시터 및 분로리액터	500[kVA] 초과 15,000[kVA] 미만	내부에 고장이 생긴 경우에 동작하는 장치 또는 과전류가 생긴 경우에 동작하는 장치
	15,000[kVA] 이상	내부에 고장이 생긴 경우에 동작하는 장치 또는 과전류가 생긴 경우에 동작하는 장치 또는 과전압이 생긴 경우에 동작하는 장치
조상기 (調相機)	15,000[kVA] 이상	내부에 고장이 생긴 경우에 동작하는 장치

85 강색 철도의 전차선을 시설할 때 강색 차선이 경동선인 경우 몇 [mm] 이상의 굵기인가?

① 4   ② 7

③ 10   ④ 12

해설 강색철도
- 강색차선의 굵기 : 지름 7[mm] 이상의 경동선
- 레일면상 4[m] 이상

86 가반형의 용접전극을 사용하는 아크 용접장치의 시설에 대한 설명으로 옳은 것은?

① 용접변압기의 1차측 전로의 대지전압은 600[V] 이하일 것
② 용접변압기의 1차측 전로에는 리액터를 시설할 것
③ 용접변압기는 절연변압기일 것
④ 피용접재 또는 이와 전기적으로 접속되는 받침대·정반 등의 금속체에는 제2종 접지공사를 할 것

정답 83 ③   84 ②   85 ②   86 ③

582 · Part 2. 전기기사 기출문제

해설 가반형의 용접전극을 사용하는 아크 용접장치의 시설

- 용접변압기는 절연변압기일 것
- 1차 대지전압 : 300[V] 이하
- 용접변압기에서 전극 사이는 용접용 케이블 0.6/1[kV]EP고무절연 클로로프렌 캡타이어 케이블 사용할 것
- 피용접재 또는 이와 전기적으로 접속되는 받침대·정반 등의 금속체에는 제3종 접지공사를 할 것

해설

지지물 종류	표준 경간	저·고 압보안 공사	1종 특고보 안공사	2·3종 특고보 안공사
목주 A종	150	100	×	100
B종	250	150	150	200
철탑	600	400	400	400

87 옥내에 시설하는 전동기가 소손되는 것을 방지하기 위한 과부하 보호장치를 하지 않아도 되는 것은?

① 정격출력이 4[kW]이며 취급자가 감시할 수 없는 경우

② 정격출력이 0.2[kW] 이하인 경우

③ 전동기가 소손할 수 있는 과전류가 생길 우려가 있는 경우

④ 정격출력이 10[kW] 이상인 경우

해설 옥내에 시설하는 전동기 과부하 보호장치의 시설

- 0.2[kW]를 넘는 전동기를 사용할 경우
- 배선용차단기 20[A]넘는 경우(단상전동기를 15[A] 분기회로 넘는 곳에 접속한 경우)

88 제1종 특고압 보안공사를 필요로 하는 가공전선로의 지지물로 사용할 수 있는 것은?

① A종 철근콘크리트주

② B종 철근콘크리트주

③ A종 철주

④ 목주

89 다음의 옥내배선에서 나전선을 사용할 수 없는 곳은?

① 접촉 전선의 시설

② 라이팅 덕트 공사에 의한 시설

③ 합성수지관 공사에 의한 시설

④ 버스 덕트 공사에 의한 시설

해설 옥내배선에 나전선을 사용할 수 있는 경우

- 애자사용공사에 의하여 전개된 장소에 시설하는 경우로 전기로용전선, 전선의 피복절연물이 부식하는 장소의 전선, 취급자 이외의 자가 출입할 수 없도록 설비한 장소의 전선
- 버스덕트나 라이팅 덕트공사에 의한 시설
- 접촉전선의 시설

90 지중전선로에 사용하는 지중함의 시설기준으로 옳지 않은 것은?

① 폭발우려가 있고 크기가 1[m³] 이상인 것에는 밀폐하도록 할 것

② 뚜껑은 시설자 이외의 자가 쉽게 열 수 없도록 할 것

③ 지중함 내부의 고인 물을 제거할 수 있는 구조일 것

④ 견고하여 차량 기타 중량물의 압력에 견딜 수 있을 것

정답 87 ② 88 ② 89 ③ 90 ①

해설 폭발성 또는 연소성의 가스가 침입할 우려가 있는 곳에 시설하는 지중함으로서 그 크기가 $1[m^3]$ 이상인 것에는 통풍장치 기타 가스를 방산시키기 위한 적당히 장치할 것

91 25[kV] 이하인 특고압 가공전선로가 상호 접근 또는 교차하는 경우 사용전선이 양쪽 모두 케이블인 경우 이격거리는 몇 [m] 이상인가?

① 0.25   ② 0.5

③ 0.75   ④ 1.0

해설 특고압 가공전선 상호간의 접근또는 교차
특고압 가공전선이 다른 특고압 가공전선과 접근상태로 시설되거나 교차하여 시설되는 경우
* 위쪽 또는 옆쪽에 시설되는 특고압 가공전선로는 제3종 특고압 보안공사로 시설할 것.
* 특고압 가공전선과 다른 특고압 가공전선 사이의 이격거리(이상)

사용전선의 구분	이격거리
35[kV] 이하	• 특고압 가공전선에 케이블을 사용하고 다른 특고압 가공전선에 특고압 절연전선 또는 케이블을 사용하는 경우 : 0.5[m] • 각각의 특고압 : 가공전선에 특고압 절연전선을 사용하는 경우 : 1[m]
60[kV] 이하	2[m]
60[kV] 초과	• 이격거리 : 2+0.12n [m] • 단수(n)=$\dfrac{\text{주어진전압}[kV]-60}{10}$ 에서, 단수계산에서 소수점 이하는 절상할 것

92 22[kV]의 특고압 가공전선로의 전선을 특고압 절연전선으로 시가지에 시설할 경우, 전선의 지표상의 높이는 최소 몇 [m] 이상인가?

① 8   ② 10

③ 12   ④ 14

해설 시가지등에서 특고가공전선로의 시설,
전선의 지표상높이
* 35[kV] 이하 : 10[m](특고절연전선 : 8[m]) 이상
* 35[kV] 초과 : 10[m]에 35[kV]를 넘는 10[kV] 또는 그 단수마다 12[cm]를 더한 값

93 수력발전소의 발전기 내부에 고장이 발생하였을 때 자동적으로 전로로부터 차단하는 장치를 시설하여야 하는 발전기 용량은 몇 [kVA] 이상인가?

① 3000   ② 5000

③ 8000   ④ 10000

해설 발전기의 보호 장치

기기의 종류	용량	사고의종류	보호장치
발전기	원자력 발전소의 비상용 예비 발전기를 제외한 모든 발전기	과전류	자동 차단 장치
	500[kVA] 이상	유압, 각 제어 장치 전원 전압의 현저한 저하	자동 차단 장치
	2000[kVA] 이상	수차 베어링 가열	자동 차단 장치
	10000[kVA] 이상	내부고장	자동 차단 장치
	10000[kW] 초과	증기 터빈 베어링의 마모, 과열	자동 차단 장치
특별 고압 변압기	5000[kVA] 이상 10000[kVA] 미만	변압기의 내부고장	경보 장치또는 자동 차단 장치
	10000[kVA] 이상	변압기의 내부고장	자동 차단 장치
	타냉식 변압기	냉각 장치 고장	경보 장치

정답 **91** ②   **92** ①   **93** ④

94 지중 전선로를 직접 매설식에 의하여 시설하는 경우에 차량 및 기타 중량물의 압력을 받을 우려가 있는 장소의 매설 깊이는 몇 [m] 이상인가?

① 1.0
② 1.2
③ 1.5
④ 1.8

해설
• 중량을 받는 지역 : 1.2[m] 이상 매설
• 기타 : 60[cm] 이상 매설

95 발전소 · 변전소 · 개폐소, 이에 준하는 곳, 전기사용장소 상호간의 전선 및 이를 지지하거나 수용하는 시설물을 무엇이라 하는가?

① 급전소
② 송전선로
③ 전선로
④ 개폐소

96 다음 설명의 괄호 안에 알맞은 내용은?

> 고압 가공전선이 다른 고압 가공전선과 접근상태로 시설되거나 교차하여 시설되는 경우에 고압 가공전선 상호 간의 이격거리는 ( ) 이상, 하나의 고압 가공전선과 다른 고압 가공전선로의 지지물 사이의 이격거리는 ( ) 이상일 것

① 80[cm], 50[cm]
② 80[cm], 60[cm]
③ 60[cm], 30[cm]
④ 40[cm], 30[cm]

97 전압을 구분하는 경우 교류에서 저압은 몇 [V] 이하인가?

① 380
② 440
③ 600
④ 700

해설 전압의 종별
• 저압 : 직류는 750[V] 이하, 교류는 600[V] 이하일 것
• 고압 : 저압의 범위를 넘고 7000[V] 이하일 것
• 특고압 : 7000[V] 넘는 것일 것

98 저압 옥내배선의 플로어 덕트 공사시 덕트는 제 몇 종 접지공사를 하여야 하는가?

① 제1종
② 제2종
③ 제3종
④ 특별 3종

99 저압 또는 고압의 지중전선이 지중약전류 전선 등과 교차하는 경우 몇 [cm] 이하일 때에 내화성의 격벽을 설치하여야 하는가?

① 90
② 60
③ 30
④ 10

해설 지중전선과 지중약전류 전선 등 또는 관과의 접근 또는 교차
• 저 · 고압의 지중전선 : 30[cm] 이하
• 특고압 : 60[cm] 이하

100 154[kV] 특고압 가공전선로를 시가지에 경동연선으로 시설할 경우 단면적은 몇 [mm²] 이상인가?

① 100
② 150
③ 200
④ 250

해설 시가지 등에서 특고 가공전선로의 시설
전선은 케이블인 경우 이외에는 다음에 의할 것
• 100[kV] 미만 : 55[mm²] 이상의 경동연선 또는 인장강도 21.67[kN] 이상의 연선
• 100[kV] 이상 : 150[mm²] 이상의 경동연선 또는 인장강도 58.84[kN] 이상의 연선

정답 **94** ② **95** ③ **96** ② **97** ③ **98** ③ **99** ③ **100** ②

국가기술자격검정 필기시험문제

2015년도 기사 제1회 필기시험(기사)

자격종목 및 등급(선택분야)	종목코드	시험시간	문제지형별	수검번호	성명
전기기사		**2시간 30분**	**B**		

※ 시험문제지는 답안카드와 같이 반드시 제출하여야 합니다.

제1과목 : 전기자기학

01 진공 중에 있는 반지를 a[m]인 도체구의 정전용량[F]은?

① $4\pi\epsilon_0 a$　　　　② $2\pi\epsilon_0 a$

③ $a\epsilon_0 a$　　　　④ a

해설 $C = \dfrac{Q}{V} = \dfrac{Q}{\dfrac{Q}{4\pi\epsilon_0 a}} = 4\pi\epsilon_0 a[F]$

02 평행판 콘덴서의 극간 전압이 일정한 상태에서 극간에 공기가 있을 때의 흡인력을 F_1, 극판 사이에 극판 간격의 $\dfrac{2}{3}$두께의 유리판($\epsilon_r = 10$)을 삽입할 때의 흡인력을 F_2라 하면 $\dfrac{F_2}{F_1}$는?

① 0.6　　　　② 0.8

③ 1.5　　　　④ 2.5

해설
• 전압이 일정한 상태이므로

$W_0 = \dfrac{1}{2} C_0 V^2$, 　$W = \dfrac{1}{2} C V^2$

$\therefore \dfrac{F_2}{F_1} = \dfrac{W}{W_0} = \dfrac{\dfrac{1}{2} C V^2}{\dfrac{1}{2} C_0 V^2} = \dfrac{C}{C_0}$

① 공기 콘덴서인 경우 정전용량 C_0는,

$C_0 = \dfrac{\epsilon_s s}{d} [F]$

② 공극에 유리판을 넣은 경우 정전용량 C는

$C = \dfrac{1}{\dfrac{1}{\dfrac{\epsilon_0 S}{d-t}} + \dfrac{1}{\dfrac{\epsilon_0 \epsilon_s S}{t}}} = \dfrac{S}{\dfrac{d-t}{\epsilon_0} + \dfrac{t}{\epsilon_0 \epsilon_s}}$

여기서,

$\dfrac{C}{C_0} = \dfrac{S/(\dfrac{d-t}{\epsilon_0} + \dfrac{t}{\epsilon_0 \epsilon_s})}{\dfrac{\epsilon_0 S}{d}} = \dfrac{Sd}{\epsilon_0 S(\dfrac{d-t}{\epsilon_0} + \dfrac{t}{\epsilon_0 \epsilon_s})}$

$= \dfrac{\epsilon_s d}{\epsilon_s(d-t) + t}$

그러므로,

$\dfrac{F_2}{F_1} = \dfrac{C}{C_0} = \dfrac{\epsilon_s d}{\epsilon_s(d-t)+t} = \dfrac{10d}{10(d - \dfrac{2}{3} d) + \dfrac{2}{3} d}$

$= \dfrac{30}{12} = 2.5$

• 만약 전하량이 일정한 상태라면,

$W_0 = \dfrac{Q^2}{2C_0}$, 　$W = \dfrac{Q^2}{2C}$

$\therefore \dfrac{F_2}{F_1} = \dfrac{W}{W_0} = \dfrac{\dfrac{Q^2}{2C}}{\dfrac{Q^2}{2C_0}} = \dfrac{C_0}{C} = \dfrac{1}{2.5}$

정답 **01** ①　**02** ④

586·Part 2. 전기기사 기출문제

03 $Ql = \pm 200\pi\epsilon_0 \times 10^3$[C · m]인 전기쌍극자에서 l 과 r의 사이 각이 $\frac{\pi}{3}$이고 $r = 1[m]$인 점의 전위[V]는?

① $50\pi \times 10^4$　　② 50×10^3

③ 25×10^3　　④ $5\pi \times 10^4$

해설
$$V = \frac{M\cos\theta}{4\pi\epsilon_0 r^2} = \frac{Q\delta\cos\theta}{4\pi\epsilon_0 r^2}$$
$$= \frac{200\pi\epsilon_0 \times 10^3}{4\pi\epsilon_0 \times 1^2} \times \cos 60°$$
$$= 25 \times 10^3 [V]$$

04 균일한 지속밀도 B중에 자기모멘트 m의 자석(관성모멘트 I)이 있다. 이 자석을 미소 진동시켰을 때의 주기는?

① $\frac{1}{2\pi}\sqrt{\frac{I}{mB}}$　　② $\frac{1}{2\pi}\sqrt{\frac{mB}{I}}$

③ $2\pi\sqrt{\frac{I}{mB}}$　　④ $2\pi\sqrt{\frac{mB}{I}}$

05 와전류와 관련된 설명으로 틀린 것은?

① 단위체적당 와류손의 단위는 $[W/m^3]$이다.

② 와전류는 교번자속의 주파수와 최대자속밀도에 비례한다.

③ 와전류손은 히스테리시스손과 함께 철손이다.

④ 와전류손을 감소시키기 위하여 성층철심을 사용한다.

해설 와전류는 도체 내부에 국부적으로 흐르게 되는 맴돌이 전류로서, 자속의 변화를 방해하기 위해서 역자속을 만드는 전류이며($rot\, i = -k\frac{\partial B}{\partial t}$),

또한, 와전류의 방향은 자속의 수직되는 면을 회전한다.

와전류손실($(We) \propto f^2 B_m^2$, 즉 교번자속의 주파수와 최대자속밀도에 제곱에 비례하게 된다.

06 자계의 벡터포텐셜을 A라 할 때 자계의 변화에 의하여 생기는 전계의 세기 E는?

① $E = rot\, A$　　② $rot\, E = A$

③ $E = -\frac{\partial A}{\partial t}$　　④ $rot\, E = -\frac{\partial A}{\partial t}$

해설 $B = \nabla \times A$, 　$\nabla \times E = \frac{\partial B}{\partial t}$ 에서,

$$\nabla \times E = -\frac{\partial B}{\partial t} = -\frac{\partial}{\partial t}(\nabla \times A) = \nabla \times (-\frac{\partial A}{\partial t})$$

$$\therefore E = -\frac{\partial A}{\partial t}$$

07 회로에서 단자 a−b간에 V의 전위차를 인가할 때 C_1의 에너지는?

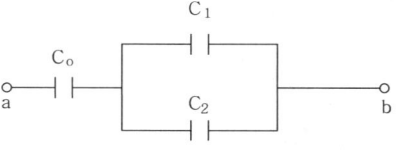

① $\frac{C_1^2 V^2}{2}\left(\frac{C_1 + C_2}{C_0 + C_1 + C_2}\right)^2$

② $\frac{C_1 V^2}{2}\left(\frac{C_0}{C_0 + C_1 + C_2}\right)^2$

③ $\frac{C_1 V^2}{2}\frac{C_0(C_1 + C_2)}{(C_0 + C_1 + C_2)^2}$

④ $\frac{C_1 V^2}{2}\frac{C_0^2 C_2}{(C_0 + C_1 + C_2)^2}$

해설 C_1양단에 걸리는 전위차는

$$V_1 = \frac{C_0}{C_0 + C_1 + C_2} V$$

a와b사이 합성정전용량 C는

$$C = \frac{C_0(C_1 + C_2)}{C_0 + C_1 + C_2} [F]$$

C_1의 에너지는

[정답] **03** ③　**04** ③　**05** ②　**06** ③　**07** ②

$$W_1 = \frac{1}{2} C_1 V_1^2 = \frac{1}{2} C_1 \left(\frac{C_0}{C_0 + C_1 + C_2} V \right)^2$$
$$= \frac{C_1 V^2}{2} \left(\frac{C_0}{C_0 + C_1 + C_2} \right)^2 [J]$$

08 유전율 ϵ_1, ϵ_2인 두 유전체 경계면에서 전계가 경계면에 수직일 때 경계면에 작용하는 힘은 몇 [N/㎡] 인가?(단, $\epsilon_1 > \epsilon_2$이다)

① $\left(\dfrac{1}{\epsilon_1} + \dfrac{1}{\epsilon_2} \right) D$ ② $2 \left(\dfrac{1}{\epsilon_1^2} + \dfrac{1}{\epsilon_2^2} \right) D^2$

③ $\dfrac{1}{2} \left(\dfrac{1}{\epsilon_2} - \dfrac{1}{\epsilon_1} \right) D$ ④ $\dfrac{1}{2} \left(\dfrac{1}{\epsilon_2} - \dfrac{1}{\epsilon_1} \right) D^2$

해설

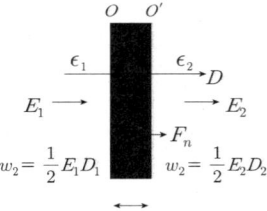

유전율이 ϵ_1, ϵ_2인 두 유전체가 그림처럼 경계면을 이루고 있을 때 경계면 O에서 수직으로 전계가 가해져서 힘 F_n을 받아서 면 O가 Δx만큼 변위하여 면 O'이 되었을 경우에 빗금 친 부분은 ϵ_2에서 ϵ_1으로 ($\epsilon_1 > \epsilon_2$), 즉 에너지밀도가 w_2에서 w_1으로 변화될 때 에너지의 총 변화량 Δw는
$\Delta w = (w_1 - w_2) \Delta x \, S \; [J] \; (\; S : 경계면의 \; 면적[㎡])$
가상변위의 정리에 의해서 구한 힘 F_n은

$$F_n = -\frac{\Delta w}{\Delta x} = -(w_1 - w_2) S = (w_2 - w_1) S [N]$$

그러므로, 단위면적당 작용하는 힘 f_n은

$$f_n = w_2 - w_1 = \frac{1}{2} E_2 D_2 - \frac{1}{2} E_1 D_1 [N/m^2] \; 이다.$$

그러나 문제에서 두유전체의 경계면에 전계가 수직으로 입사할 때 경계면에 작용하는 힘이므로 $(D_1 = D_2)$

$$\therefore f_n = \frac{1}{2} (E_2 - E_1) D = \frac{1}{2} \left(\frac{1}{\epsilon_2} - \frac{1}{\epsilon_1} \right) D^2 [N/m^2]$$

이다.

09 투자율을 μ라 하고 공기 중의 투자율 μ_0와 비투자율 μ_s의 관계에서 $\mu_s = \dfrac{\mu}{\mu_0} = 1 + \dfrac{\chi}{\mu_0}$로 표현된다. 이에 대한 설명으로 알맞은 것은?(단, χ는 자화율이다)

① $\chi > 0$인 경우 역자성체

② $\chi < 0$인 경우 상자성체

③ $\mu_s > 1$인 경우 비자성체

④ $\mu_s < 1$인 경우 역자성체

해설 $\chi(자화율) = \mu_0 (\mu_s - 1) [H/m]$

• $\chi > 0 (상자성체)(\mu_s \geq 1)$

• $\chi < 0 (상자성체)(\mu_s < 1)$

• $\chi \gg 0 (상자성체)(\mu_s \gg 1)$

10 반지름이 5[mm]인 구리선에 10[A]의 전류가 흐르고 있을 때 단위시간당 구리선의 단면을 통과하는 전자의 개수는?(단, 전자의 전하량 $e = 1.602 \times 10^{-19} [C]$이다)

① 6.24×10^{17} ② 6.24×10^{19}

③ 1.28×10^{21} ④ 1.28×10^{23}

해설 전자의 개수(N)

$$= \frac{10}{1.602 \times 10^{-19}} = 6.24 \times 10^{19} [개]$$

11 60[Hz]의 교류 발전기의 회전자가 자속밀도 0.15[$Wb/㎡$]의 자기장 내에서 회전하고 있다. 만일 코일의 면적이 $2 \times 10^{-2} [㎡]$일 때 유도기전력의 최대값 $E_m = 220 [V]$가 되려면 코일을 약 몇 번 감아야 하는가?(단, $\omega = 2\pi f = 377 [rad/\sec]$이다)

① 195회   ② 220회

③ 395회   ④ 440회

해설 t초 후의 코일과 쇄교하는 자속은
$\phi = \phi_m \sin \omega t$

정답 **08** ④   **09** ④   **10** ②   **11** ①

588 · Part 2. 전기기사 기출문제

이때 유기 기전력은

$$e = -N\frac{d\phi}{dt} = -N\frac{d}{dt}(\phi_m \sin\omega t)$$

$$= -N\phi_m\omega\cos\omega t = N\phi_m\omega\sin\left(\omega t - \frac{\pi}{2}\right)$$

가 되어서 자속보다 $\frac{\pi}{2}$ 만큼 뒤진다.

그러므로 최대유기기전력은,

$E_m = N\phi_m\omega$ 에서,

$$\therefore N = \frac{220}{0.15 \times 2 \times 10^{-2} \times 377} = 194.52[회]$$

12 전속밀도에 대한 설명으로 가장 옳은 것은?

① 전속은 스칼라량이기 때문에 전속밀도도 스칼라량이다.

② 전속밀도는 전계의 세기의 방향과 반대 방향이다.

③ 전속밀도는 유전체 내에 분극의 세기와 같다.

④ 전속밀도는 유전체와 관계없이 크기는 일정하다.

해설 전하 $Q[C]$에서 나오는 선속을 전속이라 하며 매질에 관계없이 Q개의 전속수가 나오며 전기력선의 수($N = \frac{Q}{\epsilon_0}[개]$)는 매질에 따라서 그 값이 달라지고 전속수($Q[C]$)는 매질에 관계없이 일정하게 나온다.

• 전속밀도 ($D = \frac{Q}{S}[C/m^2]$(단위면적당 전속의 개수))

• 진공 중에 점전하 $Q[C]$, 거리 r[m]떨어진 구면상에서의 전속밀도

$$D = \frac{Q}{S} = \frac{Q}{4\pi r^2}[C/m^2] = \epsilon_0 E[C/m^2]$$

13 [Ω · sec]와 같은 단위는?

① [F]

② [F/m]

③ [H]

④ [H/m]

14 무한장 선로에 균일하게 전하가 분포된 경우 선로로부터 r[m] 떨어진 P점에서의 전계의 세기 E[V/m]는 얼마인가?(단, 선전하 밀도는 $\rho_L[C/m]$이다)

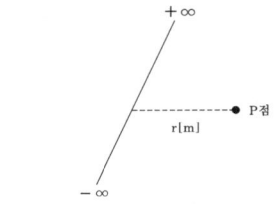

① $E = \frac{\rho_L}{4\pi\epsilon_0 r}$

② $E = \frac{\rho_L}{4\pi\epsilon_0 r^2}$

③ $E = \frac{\rho_L}{2\pi\epsilon_0 r}$

④ $E = \frac{\rho_L}{2\pi\epsilon_0 r^2}$

해설 Gauss의 정리 : $\int_s E \cdot n\,dS = \frac{Q}{\epsilon_0}$

$$E \times 2\pi r \times 1 = \frac{\rho_L \times 1}{\epsilon_0}$$

$$\therefore E = \frac{\rho_L}{2\pi\epsilon_0 r}[V/m]$$

15 0.2[C]의 점전하가 전계 $E = 5a_y + a_z[V/m]$ 및 자속밀도 $B = 2a_y + 5a_z[Wb/m^2]$ 내로 속도 $v = 2a_x + 3a_y[m/s]$로 이동할 때 점전하에 작용하는 힘 F[N]은?(단, a_x, a_y, a_z는 단위 벡터이다)

① $2a_x - a_y + 3a_z$

② $3a_x - a_y + a_z$

③ $a_x + a_y - 2a_z$

④ $5a_x + a_y - 3a_z$

해설 $F = q(E + v \times B)$

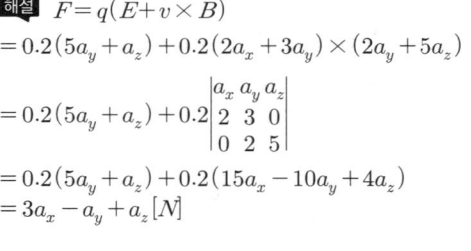

$$= 0.2(5a_y + a_z) + 0.2(2a_x + 3a_y) \times (2a_y + 5a_z)$$

$$= 0.2(5a_y + a_z) + 0.2\begin{vmatrix} a_x & a_y & a_z \\ 2 & 3 & 0 \\ 0 & 2 & 5 \end{vmatrix}$$

$$= 0.2(5a_y + a_z) + 0.2(15a_x - 10a_y + 4a_z)$$

$$= 3a_x - a_y + a_z[N]$$

정답 12 ④   13 ③   14 ③   15 ②

16 무한장 직선도체가 있다. 이 도체로부터 수직으로 0.1[m] 떨어진 점의 자계의 세기가 180[AT/m]이다. 이 도체로부터 수직으로 0.3[m] 떨어진 점의 자계의 세기 [AT/m]는?

① 20   ② 60

③ 180   ④ 540

해설
• 무한직선전류에 의한 자계의 세기는

$$H = \frac{I}{2\pi r} \ [AT/m]$$

$$I = H \cdot 2\pi r = 180 \times 2\pi \times 0.1 = 36\pi \ [A]$$

$$\therefore H' = \frac{I}{2\pi r'} = \frac{36\pi}{2\pi \times 0.3} = 60 \ [AT/m]$$

17 자계의 세기 $H = xy a_y - xz a_z$[A/m]일 때 점 [2, 3, 5]에서 전류밀도는 몇 [A/㎡] 인가?

① $3a_x + 5a_y$ ② $3a_y + 5a_z$

③ $5a_x + 3a_y$ ④ $5a_y + 3a_x$

해설 전류밀도는

$$i = rot\,H = \nabla \times H = \begin{vmatrix} i & j & k \\ \frac{\partial}{\partial x} & \frac{\partial}{\partial y} & \frac{\partial}{\partial z} \\ H_x & H_y & H_z \end{vmatrix} = \begin{vmatrix} i & j & k \\ \frac{\partial}{\partial x} & \frac{\partial}{\partial y} & \frac{\partial}{\partial z} \\ 0 & xy & xz \end{vmatrix}$$

$$= jz + ky = 5a_y + 3a_z$$

18 공기 중에서 x방향으로 진행하는 전자파가 있다. $E_y = 3 \times 10^{-2} \sin\omega(x - vt)$[V/m], $E_z = 4 \times 10^{-2} \sin\omega(x - vt)$[V/m]일 때 포인팅 벡터의 크기$[W/m^2]$는?

① $6.63 \times 10^{-6} \sin^2\omega(x - vt)$

② $6.63 \times 10^{-6} \cos^2\omega(x - vt)$

③ $6.63 \times 10^{-4} \sin\omega(x - vt)$

④ $6.63 \times 10^{-4} \cos\omega(x - vt)$

해설

$$E = \sqrt{E_y^2 + E_z^2} = \sqrt{3^2 + 4^2} \times 10^{-2} \sin\omega(x - vt)$$
$$= 5 \times 10^{-2} \sin\omega(x - vt)$$

$$H = \frac{\sqrt{\epsilon_0}}{\sqrt{\mu_0}} E = \frac{E}{C\mu_0} = \frac{E}{3 \times 10^8 \times 4\pi \times 10^{-7}}$$
$$= \frac{E}{377} = 2.653 \times 10^{-3} E$$

$$= 2.653 \times 10^{-3} \times 5 \times 10^{-2} \sin\omega(x - vt)$$
$$= 1.3265 \times 10^{-4} \sin\omega(x - vt)$$

포인팅벡터의 크기는 E와 H가 직교하므로,

$$\therefore P = EH = 6.633 \times 10^{-6} \sin^2\omega(x - vt)$$
$$[W/m^2]$$

19 진공 중에 +20$[\mu C]$과 −3.2$[\mu C]$인 2개의 점전하가 1.2[m]간격으로 놓여 있을 때 두 전하 사이에 작용하는 힘[N]과 작용력은 어떻게 되는가?

① 0.2[N] 반발력   ② 0.2[N] 흡인력

③ 0.4[N] 반발력   ④ 0.4[N] 흡인력

해설 $F = \dfrac{Q_1 Q_2}{4\pi\epsilon_0 r^2}$

$$= 9 \times 10^9 \frac{20 \times 10^{-6} \times (-3.2 \times 10^{-6})}{1.2^2}$$
$$= -0.4[N], \text{흡인력}$$

20 내부도체의 반지름이 a[m]이고, 외부도체의 내 반지름이 b[m], 외반지름이 c[m]인 동축 케이블의 단위 길이당 자기 인덕턴스는 몇 [H/m] 인가?

① $\dfrac{\mu_0}{2\pi} \ln \dfrac{b}{a}$ ② $\dfrac{\mu_0}{\pi} \ln \dfrac{b}{a}$

③ $\dfrac{2\pi}{\mu_0} \ln \dfrac{b}{a}$ ④ $\dfrac{\pi}{\mu_0} \ln \dfrac{b}{a}$

해설 $\phi = \displaystyle\int_a^b d\phi = \int_a^b \frac{\mu_0 I}{2\pi r} dr = \frac{\mu_0 I}{2\pi} \int_a^b \frac{1}{r} dr$

$$\left(d\phi = B dr = \mu_0 \frac{I}{2\pi r} dr\right)$$

정답   **16** ②   **17** ④   **18** ①   **19** ④   **20** ①

$$= \frac{\mu_0 I}{2\pi} \ln \frac{b}{a}$$

$$\therefore L = \frac{\phi}{I} = \frac{\mu_0}{2\pi} \ln \frac{b}{a} \, [H/m]$$

제2과목 : 전력공학

21 피뢰기의 직렬 갭(gap)의 작용으로 가장 옳은 것은?

① 이상전압의 진행파를 증가시킨다.

② 사용주파수의 전류를 방전시킨다.

③ 이상전압이 내습하면 뇌전류를 방전하고, 상용주파수의 속류를 차단하는 역할을 한다.

④ 뇌전류 방전 시의 전위상승을 억제하여 절연파괴를 방지한다.

해설
• 피뢰기=직렬 갭+특성요소
특성요소 : 저항체로 구성되어 있으며, 속류를 방전시키는 역할.

22 정전용량 0.01$[\mu F/km]$, 길이 173.2[km], 선간전압 60[kV], 주파수 60[Hz]인 3상 송전선로의 충전전류는 약 몇 [A] 인가?

① 6.3 ② 12.5
③ 22.6 ④ 37.2

해설
$$I_c = \omega C_w E = 2\pi f C_w E$$
$$= 2\pi \times 60 \times 0.01 \times 10^{-6} \times 173.2 \times \frac{60 \times 10^3}{\sqrt{3}}$$
$$= 22.62 [A]$$

23 다중접지 3상 4선식 배전선로에서 고압측(1차측) 중성선과 저압측(2차측) 중성선을 전기적으로 연결 하는 목적은?

① 저압측의 단락 사고를 검출하기 위함.

② 저압측의 접지 사고를 검출하기 위함.

③ 주상 변압기의 중성선측 부싱을 생략하기 위함.

④ 고저압 혼촉 시 수용가에 침입하는 상승전압을 억제하기 위함.

24 배전계통에서 전력용 콘덴서를 설치하는 목적으로 가장 타당한 것은?

① 배전선의 전력손실 감소

② 전압강하 증대

③ 고장 시 영상전류 감소

④ 변압기 여유율 감소

해설
• 정전축전기(Static Condenser)의 설치목적
  ㉠ 전력손실의 감소
  ㉡ 전압강하의 감소
  ㉢ 송전용량의 증대
  ㉣ 유도리액턴스(부하리액턴스에 비해서 작은 값) 보상용으로 사용해서 전압강하를 줄일 수 있다. 계통의 역률은 개선시킬 정도는 못되지만 선로의 정태안정도는 증가 시킬 수 있다.

25 66[kV] 송전선로에서 3상 단락고장이 발생하였을 경우 고장점에서 본 등가 정상임피던스가 자기용량(40[MVA]) 기준으로 20[%]일 경우 고장전류는 정격전류의 몇 배가 되는가?

① 2 ② 4
③ 5 ④ 8

해설 $I_s = \dfrac{100}{\%Z} I_n = \dfrac{100}{20} I_n = 5I_n [A]$

정답 21 ③ 22 ③ 23 ④ 24 ① 25 ③

26 전력선에 의한 통신선로의 전자유도장해 발생요인은 주로 무엇 때문인가?

① 지락사고 시 영상전류가 커지기 때문에

② 전력선의 전압이 통신선로보다 높기 때문에

③ 통신선에 피뢰기를 설치하였기 때문에

④ 전력선과 통신선로 사이의 상호인덕턴스가 감소하였기 때문에

> **해설**
> • 정전유도장해 : 양측사이의 상호정전용량이 불평형이 되면서 영상전압이 유기되어 통신기기에 유도전류가 흐르면서 생기는 장해를 말한다.
> • 전자유도장해 : 양측사이의 상호인덕턴스에 의해서 영상(기유도)전류가 흘러서 유도기전력이 발생되어 통신선에 장해를 주는 현상을 말한다.

27 역률 개선용 콘덴서를 부하와 병렬로 연결하고자 한다. △결선방식과 Y결선방식을 비교하면 콘덴서의 정전용량[μF]의 크기는 어떠한가?

① △결선방식과 Y결선방식은 동일하다.

② Y결선방식이 △결선방식의 $\frac{1}{2}$이다.

③ △결선방식이 Y결선방식의 $\frac{1}{3}$이다.

④ Y결선방식이 △결선방식의 $\frac{1}{\sqrt{3}}$이다.

> **해설**
> $$P_\triangle = 3 \times 2\pi f C_\triangle V^2 [VA], \ C_\triangle = \frac{P_\triangle}{3 \times 2\pi f V^2}$$
> $$P_Y = 2\pi f C_Y V^2 [VA], \ C_Y = \frac{P_Y}{2\pi f V^2}$$
> $$C_\triangle : C_Y = \frac{1}{3} : 1$$
> $$\therefore C_\triangle = \frac{1}{3} C_Y$$

28 송전단 전압이 66[kV], 수전단 전압이 60[kV]인 송전선로에서 수전단의 부하를 끊을 경우에 수전단 전압이 63[kV]가 되었다면 전압변동률은 몇 [%]가 되는가?

① 4.5   ② 4.8

③ 5.0   ④ 10.0

> **해설**
> $$\epsilon = \frac{V_{r0} - V_r}{V_r} \times 100 = \frac{63 - 60}{60} \times 100 = 5[\%]$$

29 전력계통의 전압을 조정하는 가장 보편적인 방법은?

① 발전기의 유효전력 조정

② 부하의 유효전력 조정

③ 계통의 주파수 조정

④ 계통의 무효전력 조정

30 송전계통의 안정도를 향상시키는 방법이 아닌 것은?

① 직렬리액턴스를 증가시킨다.

② 전압변동을 적게 한다.

③ 중간 조상방식을 채용한다.

④ 고장전류를 줄이고, 고장구간을 신속히 차단한다.

> **해설**
> • 전력계통의 안정도 향상 대책
> ㉠ 계통의 직렬리액턴스를 적게 한다.
> ㉡ 전압변동을 적게 한다.
> ㉢ 중간 조상방식을 채용한다.
> ㉣ 고장(지락)전류를 줄이고 고장 구간은 신속하게 차단시킨다.
> ㉤ 고장 시 발전기 입·출력의 불평형을 작게 하여야 한다.

정답   **26** ①   **27** ③   **28** ③   **29** ④   **30** ①

31 %임피던스에 대한 설명으로 틀린 것은?

① 단위를 갖지 않는다.

② 절대량이 아닌 기준량에 대한 비를 나타낸 것이다.

③ 기기 용량의 크기와 관계없이 일정한 범위의 값을 갖는다.

④ 변압기나 동기기의 내부 임피던스에만 사용할 수 있다.

해설 변압기나 동기기의 내부 임피던스 뿐 만아니라, 선로의 임피던스를 기준 %Z로 환산해서 사용한다.

$$(\%Z = \frac{PZ}{10V^2} = \frac{I_n Z}{E} \times 100[\%])$$

32 3000[kW], 역률75[%](늦음)의 부하에 전력을 공급하고 있는 변전소에 콘덴서를 설치하여 역률을 93[%]로 향상시키고자한다. 필요한 전력용 콘덴서의 용량은 약 몇 [kVA]인가?

① 1460   ② 1540

③ 1620   ④ 1730

해설 $Q = P(\tan\theta_1 - \tan\theta_2)[kVA]$

$$= 3000(\frac{\sqrt{1-0.75^2}}{0.75} - \frac{\sqrt{1-0.93^2}}{0.93})$$

$$= 1460[kVA]$$

33 폐쇄 배전반을 사용하는 주된 이유는 무엇인가?

① 보수의 편리   ② 사람에 대한 안전

③ 기기의 안전   ④ 사고파급 방지

해설 폐쇄 배전반을 사용하는 주된 이유로는 사람의 감전사고 위험으로부터 안정성을 향상시키고 설비 전체를 축소화하는 것에 있다.

34 3상 송전선로의 각 상의 대지 정전용량을 C_a, C_b, C_c라 할 때, 중성점 비접지 시의 중성점과 대지 간의 전압은?(단, E는 상전압이다)

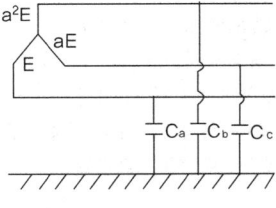

① $(C_a + C_b + C_c)E$

② $\dfrac{\sqrt{C_a C_b + C_b C_c + C_c C_a}}{C_a + C_b + C_c}E$

③ $\dfrac{\sqrt{C_a(C_a - C_b) + C_b(C_b - C_c) + C_c(C_c - C_a)}}{C_a + C_b + C_c}E$

④ $\dfrac{\sqrt{C_a(C_b - C_c) + C_b(C_c - C_a) + C_c(C_a - C_b)}}{C_a + C_b + C_c}E$

해설

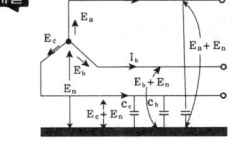

그림에서 각선의 전류는

$I_a = j\omega C_a(E_a + E_n)$

$I_b = j\omega C_b(E_b + E_n)$

$I_c = j\omega C_c(E_c + E_n)$

$\therefore I_a + I_b + I_c = 0$ 이므로

$j\omega C_a(E_a + E_n) + j\omega C_b(E_b + E_n) + j\omega C_c(E_c + E_n)$

$= 0$

$$E_n = \frac{C_a E + C_b(-\frac{1}{2} - j\frac{\sqrt{3}}{2})E + C_c(-\frac{1}{2} + j\frac{\sqrt{3}}{2})E}{C_a + C_b + C_c}$$

E_n을 절대 값으로 나타내면,

$$\therefore E_n = \frac{\sqrt{(C_a - \frac{1}{2}C_b - \frac{1}{2}C_c)^2 + (-\frac{\sqrt{3}}{2}C_b + \frac{\sqrt{3}}{2}C_c)^2}}{C_a + C_b + C_c} \times E$$

$$= \frac{\sqrt{C_a(C_a - C_b) + C_b(C_b - C_c) + C_c(C_c + C_a)}}{C_a + C_b + C_c} \times E$$

정답 31 ④   32 ①   33 ②   34 ③

35 조압수조의 설치 목적은?

① 조속기의 보호 　② 수차의 보호

③ 여수의 처리 　④ 수압관의 보호

해설 조압수조(Surge Tank) : 압력수로와 수압관을 접속하는 장소에 자유수면을 가진 수조로서 부하가 급격히 변할 때 생기는 수격작용을 흡수하고 수차의 사용 유량 변동에 의한 서징(Surging) 작용을 흡수하기 위해 설치함을 목적으로 한다.(흡출관보호)

36 선로고장 발생 시 고장전류를 차단할 수 없어 리클로저와 같이 차단 기능이 있는 후비 보호 장치와 직렬로 설치되어야 하는 장치는?

① 배선용차단기 　② 유입개폐기

③ 컷아웃 스위치 　④ 섹셔널라이저

37 망상(Network)배전방식의 장점이 아닌 것은?

① 전압변동이 적다.

② 인축의 접지사고가 적어진다.

③ 부하의 증가에 대한 융통성이 크다.

④ 무정전 공급이 가능하다.

해설 네트워크(망상) 배전방식의 장·단점

• 장점
　㉠ 부하증가에 대한 융통성이 크다.
　㉡ 전압 변동률이 적다.
　㉢ 변전소의 수를 줄일 수 있다.
　㉣ 기기의 이용률을 향상시켜 효율적인운전이 가능하다.
　㉤ 전력손실을 감소시킬 수 있다.
　㉥ 배전선로의 신뢰도가 높다.
• 단점
　㉠ 인축에 대한 접촉사고가 많다.
　㉡ 건설비가 비싸다.

38 임피던스 Z_1, Z_2 및 Z_3를 그림과 같이 접속한 선로의 A쪽에서 전압파 E가 진행해 왔을 때 접속점 B에서 무반사로 되기 위한 조건은?

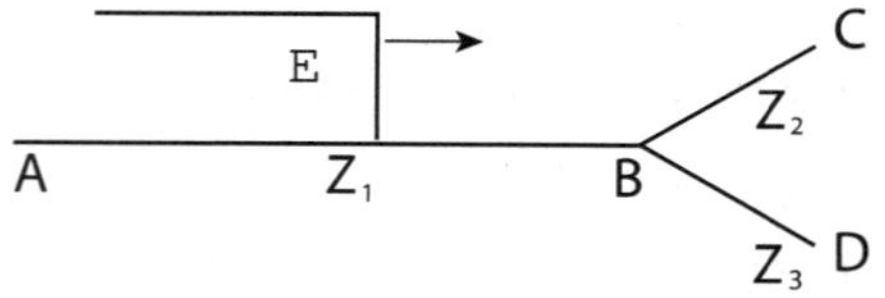

① $Z_1 = Z_2 + Z_3$　② $\dfrac{1}{Z_3} = \dfrac{1}{Z_1} + \dfrac{1}{Z_2}$

③ $\dfrac{1}{Z_1} = \dfrac{1}{Z_2} + \dfrac{1}{Z_3}$　④ $\dfrac{1}{Z_2} = \dfrac{1}{Z_1} + \dfrac{1}{Z_3}$

해설 반사계수$= \dfrac{Z_B - Z_A}{Z_A + Z_B}$에서 무반사 조건이

$Z_A = Z_B$이므로,

$(Z_2 Z_3 - Z_1(Z_2 + Z_3) = 0,\ \ Z_1 = \dfrac{Z_2 Z_3}{Z_2 + Z_3})$

$Z_1 = \dfrac{1}{\dfrac{1}{Z_2} + \dfrac{1}{Z_3}}$　$\therefore\ \dfrac{1}{Z_1} = \dfrac{1}{Z_2} + \dfrac{1}{Z_3}$

39 원자로의 냉각재가 갖추어야 할 조건이 아닌 것은?

① 열용량이 적을 것

② 중성자의 흡수가 적을 것

③ 열전도율 및 열전달 계수가 클 것

④ 방사능을 띠기 어려울 것

해설 원자로의 냉각제가 갖추어야 할 조건
　㉠ 중성자의 흡수가 적을 것
　㉡ 비열 및 열전도율이 클 것
　㉢ 방사능을 띠기 어려울 것

정답 35 ④　36 ④　37 ②　38 ③　39 ①

40 접지봉으로 탑각의 접지저항 값을 희망하는 접지저항 값까지 줄일 수 없을 때 사용하는 것은?

① 가공지선　　　② 매설지선

③ 크로스본드선　④ 차폐선

[해설] 크로스본드 접지(Cross Bonding System) : 케이블 접지방식의 하나로서 시스의 절연지점에서 본드선에 의해서 다른 상으로 연락 접속하고 3상분을 연가시킨 후에 접지하는 방식에 쓰이는 크로스 본드선은 시스(연피)손을 방지하는데 사용한다.

제3과목 : 전기기기

41 전압변동률이 작은 동기 발전기는?

① 동기 리액턴스가 크다.

② 전기자 반작용이 크다.

③ 단락비가 크다.

④ 자기여자작용이 크다.

[해설] 전압변동률과 단락비는 반비례하므로 전압변동률이 작은 발전기는 동기 임피던스(리액턴스)가 작아져서, 과부하 내량이 크고, 안정도가 좋다.
즉, 전기자 반작용이 작고 단락비가 큰 기계가 되어 중량이 커지고, 철손이 증가하고 값은 비싸다.

42 단상 변압기에서 전부하의 2차 저압은 100[V]이고, 전압 변동률은 4[%]이다. 1차 단자 전압[V]은?(단 1차, 2차 권선비 20 : 1이다)

① 1920　　　② 2080

③ 2160　　　④ 2260

[해설] $\epsilon = \dfrac{V_{20} - V_{2n}}{V_{2n}} \times 100[\%]$

$0.04 = \dfrac{V_{2o}}{100} - 1$

$V_{2o} = 104[V]$

$a = \dfrac{V_{10}}{V_{20}}$ 에서,

$\therefore V_{10} = a\,V_{20} = 20 \times 104 = 2080[V]$

43 농형 유도전동기에 주로 사용되는 속도 제어법은?

① 극수 제어법　　② 2차여자 제어법

③ 2차저항 제어법　④ 종속 제어법

[해설]
• 농형유도전동기의 속도 제어법
① 극수제어법　② 주파수제어법　③ 전원전압 제어법(바꾸는 방법)

• 권선형 유도전동기의 속도 제어법
① 2차저항을 제어하는 방법　② 2차 여자법

44 게이트 조작에 의해 부하전류 이상으로 유지 전류를 높일 수 있어 게이트의 턴온, 턴오프가 가능한 사이리스터는?

① SCR　　　② GTO

③ LASCR　　④ TRIAC

[해설] GTO(Gate Turn Off) : 게이트에 역방향 전류를 흐르게 해서 턴온, 턴오프 할 수 있는 기능을 가진 반도체 소자이다.

45 3상 농형 유도전동기를 전전압 기동할 때의 토크는 전부하시의 $1/\sqrt{2}$ 배이다. 기동보상기로 전압의 $1/\sqrt{3}$ 로 기동하면 토크는 전부하 토크의 몇 배가 되는가?(단, 주파수는 일정)

① $\dfrac{\sqrt{3}}{2}$ 배　　　② $\dfrac{1}{\sqrt{3}}$ 배

③ $\dfrac{2}{\sqrt{3}}$ 배　　　④ $\dfrac{1}{3\sqrt{2}}$ 배

[정답]　**40** ②　**41** ③　**42** ②　**43** ①　**44** ②　**45** ④

해설 • 3상 유도전동기의 토크

$$T = k_0 \frac{s E_s^2 r_2}{r_2 + (s x_2)^2} \propto V^2$$

$$\frac{T'}{T} = \left(\frac{V'}{V}\right)^2$$

$$\therefore T' = \left(\frac{V'}{V}\right)^2 T = \left(\frac{\frac{1}{\sqrt{3}} V}{V}\right)^2 \times \frac{1}{\sqrt{2}} T$$

$$= \frac{1}{3\sqrt{2}} T$$

46 다음 그림과 같이 단상변압기를 단권변압기로 사용한다면 출력단자의 전압[V]은?(단, V_{1n}[V]를 1차 정격전압이라 하고, V_{2n}[V]를 2차 정격전압이라 한다)

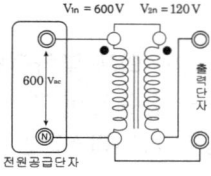

① 600   ② 120
③ 480   ④ 720

해설
• 변압기 결선이 감극성이므로 출력 단자의 전압은
$$\therefore V = V_1 - V_2 = 600 - 120 = 480[V]$$
$$a = \frac{V_{1n}}{V_{2n}}$$
$$V_2 = \frac{1}{a} V_1 = \frac{120}{600} \times 600 = 120[V]$$

47 동기기의 전기자권선이 매극 매상당 슬롯수가 4, 상수가 3인 권선의 분포계수는 얼마인가?(단, sin7.5°=0.1305, sin15°=0.2588, sin22.5°=0.3827, sin30°=0.5이다)

① 0.487   ② 0.844
③ 0.866   ④ 0.958

해설 • 분포권계수는($q = 4$, $m = 3$, $n = 1$)

$$K_d = \frac{\sin \frac{n\pi}{2m}}{q \sin \frac{n\pi}{2mq}} = \frac{\sin \frac{\pi}{2 \times 3}}{4 \sin \frac{\pi}{2 \times 3 \times 4}} = \frac{\sin 30°}{4 \sin 7.5°}$$

$$= \frac{0.5}{4 \times 0.1305} = 0.958$$

48 직류 전동기의 제동법 중 동일 제동법이 아닌 것은?

① 회전자의 운동에너지를 전기에너지로 변환한다.
② 전기에너지를 저항에서 열에너지로 소비시켜 제동시킨다.
③ 복권 전동기는 직권 계자 권선의 접속을 반대로 한다.
④ 전원의 극성을 바꾼다.

해설 직류직권전동기는 전기자 권선과 계자권선이 직렬연결이므로 전원의 극성을 반대로 하면 전기자 전류와 여자 전류의 방향이 모두 반대가 되므로 회전 방향은 변하지 않는다.

49 정격이 10[HP], 200[V] 인 직류 분권전동기가 있다. 전부하 전류는 46[A], 전기자저항은 0.25[Ω], 계자저항은 100[Ω]이며, 브러시 접촉에 의한 전압강하는 2[V], 철손과 마찰손을 합쳐 380[W]이다. 표유부하손을 정격출력의 1[%]라 한다면 이 전동기의 효율[%]은?(단, 1[HP] = 746[W]이다)

① 84.5   ② 82.5
③ 80.2   ④ 78.5

해설 $E = V - I_a R_a = 200 - 44 \times 0.25 = 189[V]$
$I_a = I - I_f = 46 - 2 = 44[A]$
$I_f = \frac{V}{R_f} = \frac{200}{100} = 2[A]$
기계적 출력 : $P_m = E I_a = 189 \times 44 = 8316[W]$

정답 46 ③   47 ④   48 ④   49 ①

포유부하손을 정격출력의 1[%] 이므로,

$$P_e = 10 \times 746 \times \frac{1}{100} = 74.6 [W]$$

동손 :

$$P_c = I_a^2 R_a + I_f^2 R_f = 44^2 \times 0.25 + 2^2 \times 100$$
$$= 884 [W]$$

$$\therefore P = P_m - (P_i + P_c + P_e)$$
$$= 8316 - (380 + 884 + 74.6) = 6977.4 [W]$$

그러므로, 전동기효율은,

$$\eta = \frac{P}{P + P_i + P_c} \times 100 = \frac{6977.4}{6977.4 + 380 + 884} \times 100$$
$$= 84.66 [\%]$$

50 자동제어장치에 쓰이는 서보모터(Servo Motor)의 특성을 나타내는 것 중 틀린 것은?

① 빈번한 시동, 정지, 역전 등의 가혹한 상태에 견디도록 견고하고, 큰 돌입 전류에 견딜 것

② 시동 토크는 크나, 회전부의 관성 모멘트가 작고 전기적 시정수가 짧을 것

③ 발생 토크는 입력신호(入力信號)에 비례하고 그 비가 클 것

④ 직류 서보 모터에 비하여 교류 서보 모터의 시동 토크가 매우 클 것

해설 직류서보모터는 기동토크가 크고, 회전수 선정이 쉽고, 대용량 제작이 용이하며, 속응성을 높이기 위해서 일반전동기에 비하여 전기자는 가늘고 길게 하며, 공극의 자속밀도를 크게 한 것으로 자동제어 장치에 사용되는 특수직류기이다.

51 역률이 가장 좋은 전동기는?

① 농형유도전동기　　② 반발기동전동기
③ 동기전동기　　　　④ 교류정류자전동기

52 3상 유도전동기의 2차 입력 P_2, 슬립이 s 일 때의 2차 동손 P_{c2} 은?

① $P_{c2} = P_2 / s$
② $P_{c2} = s P_2$
③ $P_{c2} = s^2 P_2$
④ $P_{c2} = (1-s) P_2$

53 저항 부하인 사이리스터 단상 반파 정류기로 위상 제어를 할 경우 점호각을 0°에서 60°로 하면 다른 조건이 동일한 경우 출력 평균전압은 몇 배가 되는가?

① $\frac{3}{4}$
② $\frac{4}{3}$
③ $\frac{3}{2}$
④ $\frac{2}{3}$

해설

- 단상반파 : $E_d = \frac{\sqrt{2} E}{2\pi}(1 + \cos\alpha)$

- 단상전파 : $E_d = \frac{\sqrt{2} E}{\pi}(1 + \cos\alpha)$

단, α 는 점호각이다.

① $\alpha = 0°$: $E_{d0} = \frac{\sqrt{2}}{2\pi} V(1 + \cos 0°) = \frac{\sqrt{2} V}{\pi}$

② $\alpha = 60°$:

$$E_{d60} = \frac{\sqrt{2}}{2\pi} V(1 + \cos 60°) = \frac{3\sqrt{2} V}{4\pi}$$

$$\therefore \frac{E_{d60}}{E_{d0}} = \frac{\frac{3\sqrt{2}}{4\pi} V}{\frac{\sqrt{2} V}{\pi}} = \frac{3}{4}$$

54 유도전동기의 2차 여자 시에 2차주파수와 같은 주파수의 전압 E_C를 2차에 가한 경우 옳은 것은?(단, sE_2는 유도기의 2차 유도기 전력이다)

① E_C를 sE_2와 반대위상으로 가하면 속도는 증가한다.

② E_C를 sE_2보다 90°위상을 빠르게 가하면 역률은 개선된다.

정답　**50** ④　**51** ③　**52** ②　**53** ①　**54** ②

③ E_C를 sE_2와 같은 위상으로 $E_C < sE_2$의 크기로 가하면 속도는 증가한다.

④ E_C를 sE_2와 같은 위상으로 $E_C = sE_2$의 크기로 가하면 동기속도이상으로 회전한다.

55 3상 동기발전기를 병렬운전 시키는 경우 고려하지 않아도 되는 조건은?

① 기전력의 파형이 같을 것

② 기전력의 주파수가 같을 것

③ 회전수가 같을 것

④ 기전력의 크기가 같을 것

해설 동기발전기의 병렬운전조건

㉠ 기전력의 위상의 같을 것

㉡ 기전력의 크기가 같을 것

㉢ 기전력의 주파수가 같을 것

㉣ 기전력의 파형이 같을 것

㉤ 상회전 방향이 같을 것

56 10[kVA], 2000/100[V] 변압기에서 1차에 환산한 등가 임피던스는 6.2+j7[Ω]이다. 이 변압기의 퍼센트 리액턴스 강하는?

① 3.5   ② 0.175

③ 0.35   ④ 1.75

해설

• $q = \dfrac{I_{1n} x}{V_{1n}} \times 100 = \dfrac{5 \times 7}{2000} \times 100 = 1.75\,[\%]$

$I_{1n} = \dfrac{P}{V_{1n}} = \dfrac{10 \times 10^3}{2000} = 5\,[A]$

• $\%X = \dfrac{PX}{10\,V^2} = \dfrac{10 \times 7}{10 \times 2^2} = 1.75\,[\%]$

57 병렬운전을 하고 있는 두 대의 3상 동기발전기 사이에 무효순환전류가 흐르는 경우는?

① 여자전류의 변화   ② 부하의 증가

③ 부하의 감소   ④ 원동기 출력변화

해설 동기 발전기의 병렬 운전조건

㉠ 기전력의 위상이 같지 않을 때는 동기화 전류가 흐른다.

㉡ 기전력의 크기가 같지 않을 때는 무효 순환 전류가 흐른다.

㉢ 기전력의 주파수가 같지 않을 때는 동기화 전류가 교대로 주기적으로 흐른다.

㉣ 기전력의 파형이 같지 않을 때는 고조파 무효 순환 전류가 흐른다.

58 전부하 전류 1[A], 역률 85[%], 속도 7500[rpm]이고 전압과 주파수가 100[V], 60[Hz]인 2극 단상 직권 정류자 전동기가 있다. 전기자와 직권 계자 권선의 실효저항의 합이 40[Ω]이라 할 때 전부하 시 속도기전력[V]은?(단, 계자자속은 정현적으로 변하며 브러시는 중성축에 위치하고 철손은 무시한다)

① 34   ② 45

③ 53   ④ 64

해설

• 전부하시 속도 기전력은

$E_s = \dfrac{P}{I} = \dfrac{45}{1} = 45\,[V]$

$P = VI\cos\theta - I^2(R_s + R_f)$

$= 100 \times 1 \times 0.85 - 1^2 \times 40 = 45\,[W]$

59 유도전동기의속도제어법 중 제항제어와 관계가 없는 것은?

정답 55 ③ 56 ④ 57 ① 58 ② 59 ①

① 농형유도전동기

② 비례추이

③ 속도제어가 간단하고 원활함

④ 속도조정범위가 작음

해설 저항제어법의 장·단점(권선형 유도전동기에 쓰이는 속도 제어법)

㉠ 장점

• 기동용 저항기 겸용

• 구조가 간단하여 제어조작이 용이

• 내구성이 풍부함

㉡ 단점

• 운전효율이 나쁨

• 부하에 대한 속도 변동이 큼

• 부하가 적을 경우 광범위한 속도 조정이 곤란

• 제어용 저항이 커야하므로 가격이 비싸다.

60 변압기 여자회로의 어드미턴스 $Y_0[\mho]$ 를 구하면?(단, I_0 는 여자전류, I_i 는 철손전류, I_ϕ 는 자화전류, g_0 는 콘덕턴스, V_1 는 인가전압이다)

① $\dfrac{I_0}{V_1}$　　　　② $\dfrac{I_i}{V_1}$

③ $\dfrac{I_\phi}{V_1}$　　　　④ $\dfrac{g_0}{V_1}$

해설 변압기 여자회로의 어드미턴스는

$$Y_0 = \dfrac{I_0}{V_1} \ [\mho]$$

제4과목 : 회로이론 및 제어공학

61 $f(t) = \sin t \cdot \cos t$ 를 라플라스 변환하면?

① $\dfrac{1}{s^2 + 1^2}$　　　② $\dfrac{1}{s^2 + 2^2}$

③ $\dfrac{1}{(s+2)^2}$　　　④ $\dfrac{1}{(s+4)^2}$

해설 $\mathcal{L} f(t) = \mathcal{L} \sin t \cdot \cos t$

$= \dfrac{1}{2} \mathcal{L} \sin 2t = \dfrac{1}{2} \dfrac{2}{s^2 + 2^2} = \dfrac{1}{s^2 + 2^2}$

62 자동제어계의 기본적 구성에서 제어요소는 무엇으로 구성되는가?

① 비교부와 검출부　　② 검출부와 조작부

③ 검출부와 조절부　　④ 조절부와 조작부

해설

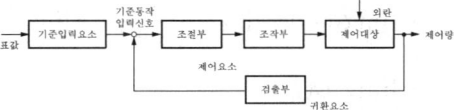

그림에서 보면, 제어요소는 조절부와 조작부로 구성되어 있고, 검출부, 명령처리부, 조절부, 표시경보부를 총칭해서는 제어부라 한다.

63 응답이 최종값의 10[%]에서 90[%]까지 되는데 요하는 시간은?

① 상승시간(Rising Time)

② 지연시간(Delay Time)

③ 응답시간(Response Time)

④ 정정시간(Setting Time)

해설

• 지연시간 : 응답이 최초의 희망(정상)값의 50[%] 진행되는데 요하는 시간

• 응답시간 : 응답이 요구하는 오차 이내로 정착되는데 요하는 시간

• 정정시간 : 응답의 최종값의 허용범위가 5~10[%] 내에 안정되기까지 요하는 시간

64 $G(j\omega) = \dfrac{K}{j\omega(j\omega + 1)}$ 의 나이퀴스트 선도는? (단, K > 0이다)

정답 60 ①　61 ②　62 ④　63 ①　64 ④

2015년도 기사 제1회 필기시험(기사) · **599**

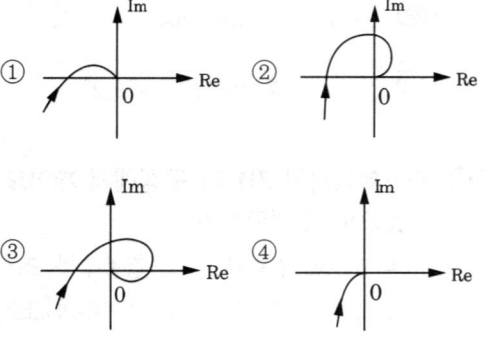

해설

- $\lim_{\omega \to 0} |G(j\omega)| = \lim_{\omega \to 0} \left| \dfrac{K}{j\omega(j\omega+1)} \right| = \lim_{\omega \to 0} \left| \dfrac{K}{j\omega} \right| = \infty$

- $\lim_{\omega \to 0} \angle\, G(j\omega) = \lim_{\omega \to 0} \angle\, \dfrac{K}{j\omega(j\omega+1)}$

  $= \lim_{\omega \to 0} \angle\, \dfrac{K}{j\omega} = -90°$

- $\lim_{\omega \to \infty} |G(j\omega)| = \lim_{\omega \to \infty} \left| \dfrac{K}{j\omega(j\omega+1)} \right| = \lim_{\omega \to \infty} \left| \dfrac{K}{(j\omega)^2} \right| = 0$

- $\lim_{\omega \to \infty} \angle\, G(j\omega) = \lim_{\omega \to \infty} \angle\, \dfrac{K}{j\omega(j\omega+1)}$

  $= \lim_{\omega \to \infty} \angle\, \dfrac{K}{(j\omega)^2} = -180°$

65 $G(s)H(s) = \dfrac{K}{s(s+4)(s+5)}$ 에서 근궤적의

개수는?

① 1   ② 2

③ 3   ④ 4

해설 근궤적의 개수

N : 근궤적의 개수

z : $G(s)H(s)$의 유한 0점(Finite Zero)의 개수

p : $G(s)H(s)$의 유한 극점(Finite Pole)의 개수

라고 할 때, 근궤적의 수 N은 z와 p중에서 큰수와

같다.

즉, z > p이면 N=z, z < p이면 N=p 근궤적은

$G(s)H(s)$의 극에서 출발하여 0점에서 끝나므로

근궤적의 개수는 z와 p중 큰것과 일치, 또한 근궤

적의 개수는 특성방정식의 차수와 같다.

66 다음과 같은 계전기회로는 어떤 회로인가?

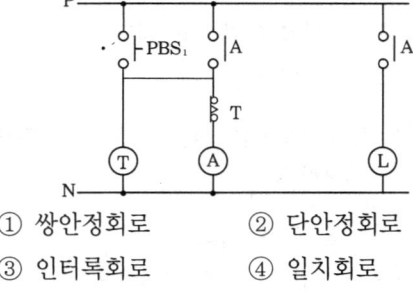

① 쌍안정회로   ② 단안정회로

③ 인터록회로   ④ 일치회로

67 그림과 같은 RC회로에서 전압 $v_i(t)$를 입력으로 하고 전압 $v_0(t)$를 출력으로 할 때 이에 맞는 신호흐름 선도는?(단, 전달함수의 초기값은 0이다)

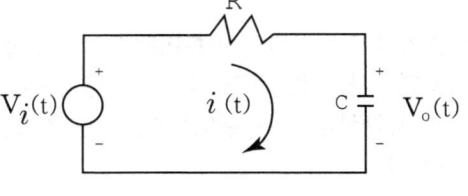

①

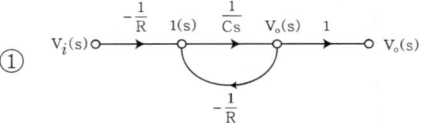

②

③

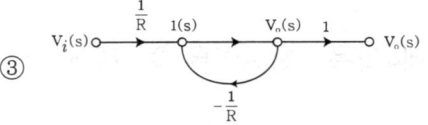

④

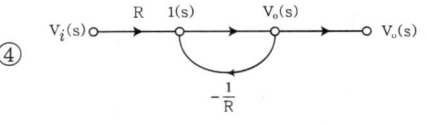

정답   **65** ③   **66** ②   **67** ③

600 · Part 2. 전기기사 기출문제

해설 $\dfrac{1}{R}\{v_i(t)-v_0(t)\}=i(t)$

$v_0(t)=\dfrac{1}{Cs}i(t)$

두식을 $\mathcal{L}$ 변환하면

$I(s)=\dfrac{1}{R}V_i(s)-\dfrac{1}{R}V_0(s)$ ……①

$V_0(s)=\dfrac{1}{Cs}I(s)$ ……②

① 식을 그리면

$E_i \circ\!\!\longrightarrow\!\!\overset{I}{}$

$\dfrac{1}{R}\qquad -\dfrac{1}{R}$

② 식을 그리면

$\overset{\tfrac{1}{Cs}}{I \circ\!\!\longrightarrow\!\!\circ E_0}$

① 식과 ② 식 그림들을 합성하면

$E_1 \circ\!\!\longrightarrow\!\!\overset{\tfrac{1}{Cs}}{}\!\!\longrightarrow\!\!\circ E_0$

$\dfrac{1}{R}\quad I\quad -\dfrac{1}{R}$

68 다음 중 $f(t)=e^{-at}$의 z변환은?

① $\dfrac{1}{z-e^{-at}}$

② $\dfrac{1}{z+e^{-at}}$

③ $\dfrac{z}{z-e^{-at}}$

④ $\dfrac{z}{z+e^{-at}}$

해설

시간 함수	라플라스 변환	z변환
초기값 정리	$\lim\limits_{t\to 0}e(t)=\lim\limits_{s\to\infty}sE(s)$	$\lim\limits_{t\to 0}e(t)=\lim\limits_{s\to\infty}E(z)$
최종값 정리	$\lim\limits_{t\to\infty}e(t)=\lim\limits_{s\to 0}sE(s)$	$\lim\limits_{t\to\infty}e(t)=\lim\limits_{z\to 1}(1-\tfrac{1}{z})$ $E(z)$
$f(t)$	$F(s)$	$F(z)$
$\delta(t)$	1	1
$u(t)$	$\dfrac{1}{s}$	$\dfrac{z}{z-1}$

시간 함수	라플라스 변환	z변환
t	$\dfrac{1}{s^2}$	$\dfrac{Tz}{(z-1)^2}=\dfrac{z}{(z-1)^2}$
$e^{\pm at}$	$\dfrac{1}{s\mp a}$	$\dfrac{z}{z-e^{\pm aT}}=\dfrac{z}{z-e^{\pm a}}$
$te^{\pm at}u(t)$	$\dfrac{1}{(s\mp a)^2}$	$\dfrac{ze^{\pm aT}T}{(z-e^{\pm aT})^2}=\dfrac{ze^{\pm a}}{(z-e^{\pm a})}$
$(1-e^{\pm at})$	$\dfrac{\mp a}{s(s\mp a)}$	$\dfrac{(1-e^{\pm aT})z}{(z-1)(z-e^{\pm aT})}$

69 다음은 시스템의 블록선도이다. 이 시스템이 안정한 시스템이 되기 위한 K의 범위는?

$V_{in}\xrightarrow{+}\bigcirc\!\!\to\boxed{\dfrac{1}{(S+1)}}\to\boxed{\dfrac{1}{(S+2)}}\to\boxed{\dfrac{1}{(S+3)}}\to V_{out}$

$\boxed{k}$

① $-6<K<60$

② $0<K<60$

③ $-1<K<3$

④ $0<K<3$

해설

$G(s)=\dfrac{V_{out}}{V_{in}}=\dfrac{\dfrac{1}{(s+1)(s+2)(s+3)}}{1+\dfrac{K}{(s+1)(s+2)(s+3)}}$

$1+GH=0$ 에서,

$1+\dfrac{K}{(s+1)(s+2)(s+3)}=0$

$s^3+6s^2+11s+6+K=0$ 에서,

s^3	1	11
s^2	6	$(6+K)$
s	$\dfrac{66-(6+K)}{6}$	0
s^0	$(6+K)$	

$\dfrac{66-(6+K)}{6}>0$ 에서, $K<60$

$6+K>0$ 에서, $K>-6$

$\therefore -6<K<60$

정답 68 ③ 69 ①

70 다음의 블록선도와 같은 것은?

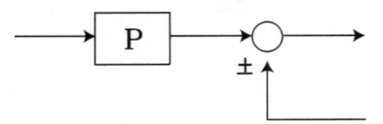

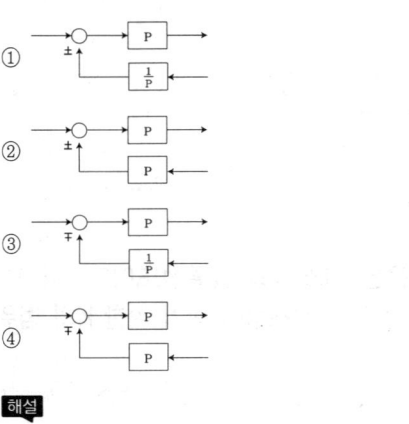

해설

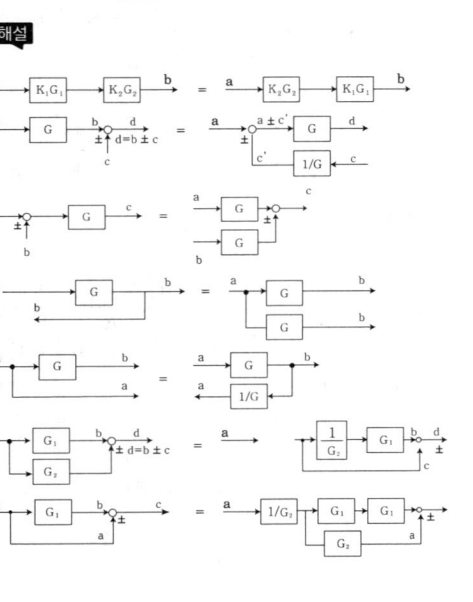

71 2전력계법으로 평형 3상 전력을 측정하였더니 한쪽의 지시가 500[W], 다른 한쪽의 지시가 1500[W]이었다. 피상전력은 약 몇 [VA]인가?

① 2000 ② 2310

③ 2646 ④ 2771

해설

$$P_a = 2\sqrt{P_1^2 + P_2^2 - P_1 P_2}$$
$$= 2\sqrt{500^2 + 1500^2 - 500 \times 1500} = 2645.8\,[VA]$$

72 그림과 같은 단위 계단 함수는?

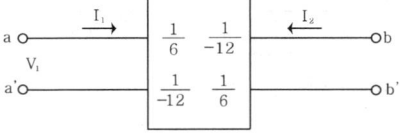

① $u(t)$ ② $u(t-a)$

③ $u(a-t)$ ④ $-u(t-a)$

73 어떤 2단자쌍 회로망의 Y 파라미터가 그림과 같다. a–a′ 단자간에 $V_1 = 36\,[V]$, b–b′ 단자 간에 $V_2 = 24\,[V]$의 정전압원을 연결하였을 때 I_1, I_2 값은?(단, Y 파라미터의 단위는 [℧]이다)

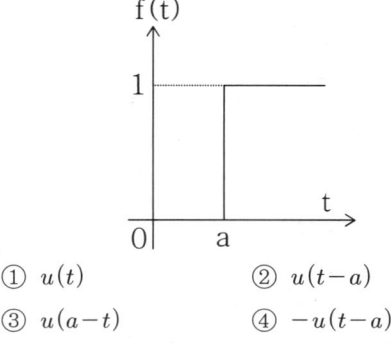

① $I_1 = 4[A]$, $I_2 = 5[A]$

② $I_1 = 5[A]$, $I_2 = 4[A]$

③ $I_1 = 1[A]$, $I_2 = 4[A]$

④ $I_1 = 4[A]$, $I_2 = 1[A]$

해설 Y파라미터

$$\begin{bmatrix} I_1 \\ I_2 \end{bmatrix} = \begin{bmatrix} Y_{11} & Y_{12} \\ Y_{21} & Y_{22} \end{bmatrix} \begin{bmatrix} V_1 \\ V_2 \end{bmatrix} = \begin{bmatrix} \dfrac{1}{6} & -\dfrac{1}{12} \\ -\dfrac{1}{12} & \dfrac{1}{6} \end{bmatrix} \begin{bmatrix} 36 \\ 24 \end{bmatrix}$$
$$= \begin{bmatrix} 6-2 \\ -3+4 \end{bmatrix} = \begin{bmatrix} 4 \\ 1 \end{bmatrix}$$

정답 70 ① 71 ③ 72 ② 73 ④

74 3상 불평형 전압에서 역상전압 50[V], 정상전압 250[V] 및 영상전압 20[V]이면, 전압 불평형률은 몇 [%]인가?

① 10   ② 15

③ 20   ④ 25

> **해설** 불평형률 $= \dfrac{\text{역상전압}}{\text{정상전압}} \times 100 = \dfrac{50}{250} \times 100$
> $= 20\%$

75 위상정수가 $\dfrac{\pi}{8}[rad/m]$인 선로의 1[MHz]에 대한 전파속도는 몇 [m/s]인가?

① 1.6×10^7 ② 3.2×10^7

③ 5.0×10^7 ④ 8.0×10^7

> **해설** $v = \dfrac{\omega}{\beta} = \dfrac{2\pi \times 1 \times 10^6}{\dfrac{\pi}{8}} = 1.6 \times 10^7 [m/s]$

76 자기 인덕턴스 0.1[H] 인 코일에 실효값 100[V], 60[Hz], 위상각 0°인 전압을 가했을 때 흐르는 전류의 실효값은 약 몇 [A]인가?

① 1.25   ② 2.24

③ 2.65   ④ 3.41

> **해설** $I_e = \dfrac{V}{X_L} = \dfrac{V}{\omega L} = \dfrac{100}{2\pi \times 60 \times 0.1} = 2.65[A]$

77 권수가 2000[회]이고, 저항이 $12[\Omega]$인 솔레노이드에 전류 10[A]를 흘릴 때, 자속이 $6 \times 10^{-2}[Wb]$가 발생하였다. 이 회로의 시정수[sec]는?

① 1   ② 0.1

③ 0.01   ④ 0.001

> **해설** 시정수(T)=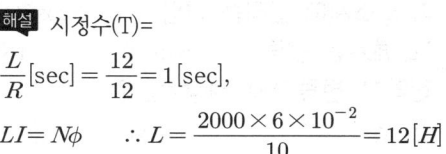
> $\dfrac{L}{R}[sec] = \dfrac{12}{12} = 1[sec],$
> $LI = N\phi \quad \therefore L = \dfrac{2000 \times 6 \times 10^{-2}}{10} = 12[H]$

78 다음과 같은 왜형파의 실효값(V)은?

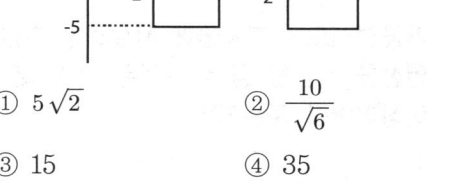

① $5\sqrt{2}$ ② $\dfrac{10}{\sqrt{6}}$

③ 15   ④ 35

> **해설** $V_e = \sqrt{\dfrac{1}{\pi}[\displaystyle\int_0^{\frac{\pi}{2}} (\dfrac{5t}{\frac{\pi}{2}})^2 dt + \int_{\frac{\pi}{2}}^{\pi} (-5)^2 dt]}$
>
> $= \sqrt{\dfrac{1}{\pi}[\displaystyle\int_0^{\frac{\pi}{2}} \dfrac{10^2}{\pi^2} t^2 dt + 25 \int_{\frac{\pi}{2}}^{\pi} dt]}$
>
> $= \sqrt{\dfrac{1}{\pi}[\dfrac{10^2}{\pi^2} (\dfrac{1}{3} t^3 \Big|_0^{\frac{\pi}{2}}) + 25 (t \Big|_{\frac{\pi}{2}}^{\pi})]}$
>
> $= \sqrt{\dfrac{10^2}{\pi^3}[\dfrac{1}{3}(\dfrac{\pi}{2})^3 + \dfrac{25}{\pi}(\pi - \dfrac{\pi}{2})]}$
>
> $= \sqrt{\dfrac{10^2}{24} + \dfrac{25}{2}} = \dfrac{10}{\sqrt{6}} = 4.0824 [V]$

79 대칭 n 상에서 선전류와 상전류 사이의 위상차[rad]는?

① $\dfrac{n}{2}\left(1 - \dfrac{\pi}{2}\right)$ ② $\dfrac{\pi}{2}\left(1 - \dfrac{n}{2}\right)$

③ $2\left(1 - \dfrac{\pi}{n}\right)$ ④ $\dfrac{\pi}{2}\left(1 - \dfrac{2}{n}\right)$

정답   74 ③   75 ①   76 ③   77 ①   78 ②   79 ④

80 어느 소자에 걸리는 전압은 $v=3\cos 3t\,[V]$이고, 흐르는 전류 $i=-2\sin(3t-10°)[A]$이다. 전압과 전류간의 위상차는?

① 10° ② 30°

③ 70° ④ 100°

> **해설** $v=3\cos 3t=3\sin(3t+90°)[V]$
> $i=-2\sin(3t+10°)=2\sin(3t-10°)[A]$
> $\therefore \theta=90°-(-10°)=100°$

제5과목 : 전기설비기술기준 및 판단기준

81 가공전선로의 지지물에 시설하는 지선으로 연선을 사용할 경우 소선은 최소 몇 가닥 이상이어야 하는가?

① 3 ② 5

③ 7 ④ 9

> **해설** 지선의 설치조건
> ㉠ 안전율 : 목주, A종 : 1.5 이상
> B종 : 2.5 이상
> ㉡ 인장하중은 4.31[kN] 이상, 3조 이상의 연선인 소선사용
> ㉢ 2.6[mm] 이상 금속선 또는 2.0[mm] 이상의 아연도금 강연선 사용
> ㉣ 지중부분 및 지표상 30[cm]까지 아연도금 철봉을 사용하고 지선근가를 설치한다.

82 교류 전차선과 식물사이의 이격 거리는 몇 [m] 이상인가?

① 1.0 ② 1.5

③ 2.0 ④ 2.5

83 가공전선로의 지지물에 하중이 가해지는 경우에 그 하중을 받는 지지물의 기초 안전율은 특별한 경우를 제외하고 최소 얼마 이상인가?

① 1.5 ② 2

③ 2.5 ④ 3

> **해설** 가공전선로 지지물의 기초 안전율 2(이상시 상정하중에 대한 철탑의 경우는 1.33)이상으로 하여야 한다.

84 옥내 저압전선으로 나전선의 사용이 기본적으로 허용되지 않는 것은?

① 애자사용 공사의 전기로용 전선

② 유희용 전차에 전기 공급을 위한 접촉 전선

③ 제분 공장의 전선

④ 애자사용 공사의 전선 피복 절연물이 부식하는 장소에 시설하는 전선

> **해설**
> • 옥내에 시설하는 저압전선은 다음의 경우를 제외하고 나전선을 사용할 수 없다.
> ㉠ 애자사용 공사에 의하여 전개된 장소에 시설하는 경우로 전기로용 전선, 전선의 피복 절연물이 부식하는 장소의 전선, 취급자 이외의 자가 출입할 수 없도록 설비한 장소의 전선
> ㉡ 버스덕트나 라이팅덕트 공사에 의한 시설
> ㉢ 접촉 전선의 시설

85 지중전선로를 직접 매설식에 의하여 시설할 때, 중량물의 압력을 받을 우려가 있는 장소에 지중전선을 견고한 트라프 기타 방호물에 넣지 않고도 부설 할 수 있는 케이블은?

① 염화비닐 절연 케이블

② 폴리에틸렌 외장 케이블

③ 콤바인덕트 케이블

④ 알루미늄피 케이블

정답 80 ④ 81 ① 82 ③ 83 ② 84 ③ 85 ③

해설 저압 또는 고압 지중전선에는 콤바인덕트 케이블을 시설

86 광산 기타 갱도안의 시설에서 고압 배선은 케이블을 사용하고 금속제의 전선 접속함 및 케이블 피복에 사용하는 금속제의 접지공사는 제 몇 종 접지공사인가?

① 제1종 접지공사

② 제2종 접지공사

③ 제3종 접지공사

④ 특별 제3종 접지공사

87 22.9[kV]의 가공 전선로를 시가지에 시설하는 경우 전선의 지표상 높이는 최소 몇 [m] 이상인가?(단, 전선은 특고압 절연전선을 사용한다)

① 6   ② 7

③ 8   ④ 10

해설
• 특고가공전선로의 시가지 시설에서 전선의 굵기 및 지표상 높이
100[kV] 미만 : 55[㎟] 이상
100[kV] 이상 : 150[㎟] 이상
• 35[kV] 이하 : 10[m](절연전선 : 8[m]) 이상
• 35[kV]넘는 것 : 10+0.12n[m] 이상
$n = \dfrac{\text{주어진전압}[kV]-35}{10}$ 에서 소수점은 절상할 것

88 사용전압 60[kV] 이하의 특고압 가공전선로에서 유도장해를 방지하기 위하여 전화선로의 길이 12[km]마다 유도전류가 몇 [μA]를 넘지 않아야 하는가?

① 1   ② 2

③ 3   ④ 5

해설
• 60[kV]넘는 경우는 전화선로의 길이 40[km]마다 유도전류가 3[μA] 이하가 되도록 한다.

89 특고압 가공전선로에서 발생하는 극저주파 전계는 지표상 1[m]에서 전계가 몇 [kV/m] 이하가 되도록 시설해야 하는가?

① 3.5   ② 2.5

③ 1.5   ④ 0.5

해설 특별고압 가공 전선로는 지표상 1[m]에서 전계강도가 3.5[kV/m] 이하, 자계강도가 83.3[μT](833 mG 이하) 이하가 되도록 시설 하는 등, 정전유도 및 전자유도 작용에 의하여 사람에게 위험을 줄 우려가 없도록 시설하여야 한다.

90 내부고장이 발생하는 경우를 대비하여 자동차단장치 또는 경보장치를 시설하여야 하는 특고압용 변압기의 뱅크 용량의 구분으로 알맞은 것은?

① 5000[kVA] 미만

② 5000[kVA] 이상 10000[kVA] 미만

③ 10000[kVA] 이상

④ 10000[kVA] 이상 15000[kVA] 미만

91 가공 전선로의 지지물에 지선을 시설하려고 한다. 이 지선의 기준으로 옳은 것은?

① 소선 지름 2.0[mm], 안전율 : 2.5, 허용 인장하중 : 2.11[kN]

② 소선 지름 2.6[mm], 안전율 : 2.5, 허용 인장하중 : 4.31[kN]

③ 소선 지름 1.6[mm], 안전율 : 2.0, 허용 인장하중 : 4.31[kN]

④ 소선 지름 2.6[mm], 안전율 : 1.5, 허용 인장하중 : 3.21[kN]

정답 86 ①   87 ③   88 ②   89 ①   90 ②   91 ②

92 중성점 직접접지식 전로에 연결되는 최대사용전압이 69[kV] 인 전로의 절연내력 시험전압은 최대사용전압의 몇 배인가?

① 1.25
② 0.92
③ 0.72
④ 1.5

해설 고압 및 특고압 전로의 절연내력 시험전압

㉠ 최대사용전압 7[kV] 이하 : 최대사용전압의 1.5배의 전압

㉡ 최대사용전압 7[kV] 초과 25[kV] 이하인 중성점 접지식 전로 : 최대사용전압의 0.92배의 전압

㉢ 최대사용전압 7[kV] 초과 60[kV] 이하 전로 : 최대사용전압의 1.25배의 전압(10,500[V] 미만 → 10,500[V]

㉣ 최대사용전압 60[kV] 초과 중성점 비접지식 전로 : 최대사용전압의 1.25배의 전압

㉤ 최대사용전압 60[kV] 초과 중성점 접지식 전로 : 최대사용 전압의 1.1배의 전압(75,000[V] 미만 → 75,000[V])

㉥ 최대사용전압 60[kV] 초과 중성점 직접접지식 전로 : 최대사용전압의 0.72배의 전압

㉦ 최대 사용전압이 170[kV] 초과 중성점 직접 접지식 전로로서 그 중성점이 직접접지 되어 있는 발전소 또는 변전소 혹은 이에 준하는 장소에 시설하는 것 : 최대사용전압의 0.64배의 전압

93 지지물이 A종 철근 콘크리트주일 때 고압 가공전선로의 경간은 몇 [m] 이하인가?

① 150
② 250
③ 400
④ 600

해설

지지물 종류	표준 경간	저·고압 보안공사	1종 특고 보안공사	2·3종 특고 보안공사
목주 A종	150	100	×	100
B종	250	150	150	200
철탑	600	400	400	400

94 저압 옥내배선 합성수지관 공사 시 연선이 아닌 경우 사용할 수 있는 전선의 최대 단면적은 몇 [mm²] 인가?(단, 알루미늄선은 제외한다)

① 4
② 6
③ 10
④ 16

해설 전선은 절연전선(OW 제외)일 것, 다만, 단소한 관에 넣은 것, 또는 공칭 단면적 $10[mm^2](Al\,16[mm^2])$ 이하의 것은 단선으로 사용 할 수 있다.

95 태양전지모듈에 사용하는 연동선의 최소 단면적[mm²]은?

① 1.5
② 2.5
③ 4.0
④ 6.0

해설 태양전지모듈에 사용하는 전선은 공칭단면적 $2.5[mm^2]$ 이상의 연동선일 것

96 전력보안 통신설비 시설시 가공전선로로부터 가장 주의하여야 하는 것은?

① 전선의 굵기
② 단락전류에 의한 기계적 충격
③ 전자유도작용
④ 와류손

97 접지공사의 종류가 아닌 것은?

① 특고압 계기용변성기의 2차측 전로에 제1종 접지공사를 하였다.
② 특고압전로와 저압전로를 결합하는 변압기의 저압측 중성점에 제 3종 접지공사를 하였다.
③ 고압전로와 저압전로를 결합하는 변압기의 저압측 중성점에 제2종 접지공사를 하였다.
④ 고압 계기용변성기의 2차측 전로에 제3종 접지공사를 하였다.

정답 92 ③ 93 ① 94 ③ 95 ② 96 ③ 97 ②

[해설] 특고압 계기용변성기 2차측은 제1종 접지공사, 고압 계기용변성기 2차측은 제3종 접지공사.

98 사무실 건물의 조명설비에 사용되는 백열전등 또는 방전등에 전기를 공급하는 옥내전로의 대지전압은 몇 [V] 이하인가?

① 250   ② 300
③ 350   ④ 400

99 제1종 접지공사 또는 제2종 접지공사에 사용하는 접지선을 사람이 접촉할 우려가 있는 곳에 시설하는 기준으로 틀린 것은?

① 접지극은 지하 75[cm] 이상으로 하되 동결 깊이를 감안하여 매설한다.
② 접지선은 절연전선(옥외용 비닐절연전선 제외), 캡타이어케이블 또는 케이블(통신용 케이블 제외)을 사용한다.
③ 접지선의 지하 60[cm]로부터 지표상 2[m]까지의 부분은 합성수지관 등으로 덮어야 한다.
④ 접지선을 시설한 지지물에는 피뢰침용 지선을 시설하지 않아야 한다.

[해설] 접지선은 지하 75[cm]로부터 지표상 2[m]까지는 전기용품 안전관리법의 적용을 받는 합성수지관(콤바인덕트관 제외) 또는 동등이상의 절연 효력 및 강도를 가지는 몰드로 덮어야 한다.

100 고압 및 특고압 전로 중 전로에 지락이 생긴 경우에 자동적으로 전로를 차단하는 장치를 하지 않아도 되는 곳은?

① 발전소·변전소 또는 이에 준하는 곳의 인출구
② 수전점에서 수전하는 전기를 모두 그 수전점에 속하는 수전장소에서 변성하여 사용하는 경우
③ 다른 전기사업자로부터 공급을 받는 수전점
④ 단권변압기를 제외한 배전용 변압기의 시설 장소

[해설] 고압 또는 특고압의 경우 지락차단 장치의 시설 기준
㉠ 발·변전소 또는 이에 준하는 곳의 인출구
㉡ 다른 전기사업자로부터 공급 받는 수전점
㉢ 배전용 변압기의 시설 장소

[정답] 98 ②   99 ③   100 ②

국가기술자격검정 필기시험문제

2015년도 기사 제2회 필기시험(기사)

자격종목 및 등급(선택분야)	종목코드	시험시간	문제지형별	수검번호	성명
전기기사		**2시간 30분**	**A**		

※ 시험문제지는 답안카드와 같이 반드시 제출하여야 합니다.

제1과목 : 전기자기학

01 영구자석에 관한 설명으로 틀린 것은?

① 한 번 자화된 다음에는 자기를 영구적으로 보존하는 자석이다.

② 보자력이 클수록 자계가 강한 영구자석이 된다.

③ 잔류 자속밀도가 클수록 자계가 강한 영구작성이 된다.

④ 자석재료로 폐회로를 만들면 강한 영구자석이 된다.

> **해설**
> • 영구자석의 재료는 잔류자기와 보자력이 커야한다. 외부자계에 대하여 잔류자속이 쉽게 사라지면 안 되고, 외부에서 큰 자계를 가해야 자화되어 영구자석이 된다. (텅스텐 강, 코발트 강)
> • 전자석(일시자석)의 재료는 잔류자기가 크고, 보자력은 작아야 한다. 즉, 히스테리시스 곡선과 보자력의 면적이 모두 작다.

02 그림과 같은 단극 유도장치에서 자속 밀도 $B[T]$로 균일하게 반지름 a[m]인 원통형 영구자석 중심축 주위를 각속도 ω[rad/s]로 회전하고 있다. 이 때 브러시(접촉자)에서 인출되어 저항 $R[\Omega]$에 흐르는 전류는 몇 A 인가?

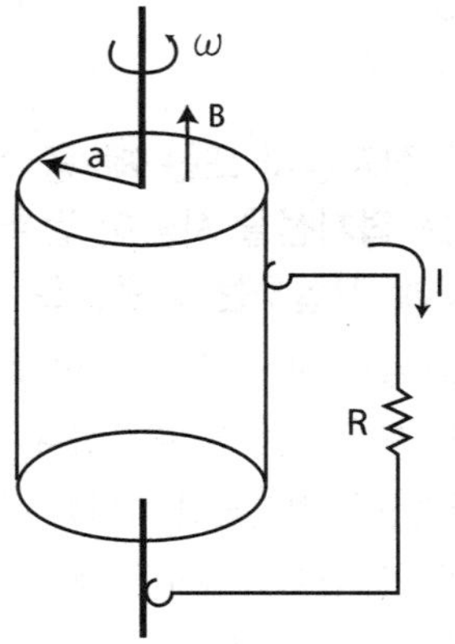

① $\dfrac{aB\omega}{R}$ ② $\dfrac{a^2B\omega}{R}$

③ $\dfrac{aB\omega}{2R}$ ④ $\dfrac{a^2B\omega}{2R}$

> **해설** 그림과 같은 원통형 영구자석에서 도체의 중심에서 r[m]거리에 있는 반지름의 미소길이를 $dr[m]$라 할 때 속도는 $\omega r[m/s]$ 가 된다. 이때 발생하는 기전력 de[V]는 $de = vBdr = \omega rBdr\,[V]$
>
> 도체 중심에서 저항 단자 사이에 발생하는 기전력 e[V]는
>
> $$e = \int_0^a de = \omega B \int_0^a rdr = \omega B \left(\frac{1}{2} r^2 \Big|_0^a \right)$$
>
> $$= \frac{\omega Ba^2}{2}\,[V]$$
>
> $$\therefore I = \frac{e}{R} = \frac{\omega Ba^2}{2R}\,[A]$$

> **정답** **01** ④ **02** ④

608 · Part 2. 전기기사 기출문제

03 수직 편파는?

① 전계가 대지에 대해서 수직면에 있는 전자파
② 전계가 대지에 대해서 수평면에 있는 전자파
③ 자계가 대지에 대해서 수직면에 있는 전자파
④ 자계가 대지에 대해서 수평면에 있는 전자파

해설

• 수직전(편)파 : 전계가 대지에 대해서 수직면(입사면에 수평)에 있는 전자파를 말한다.
• 수평전(편)파 : 전계가 대지에 대해서 수평면(입사면에 수직)에 있는 전자파를 말한다.

04 유전율 ϵ 전계의 세기 E인 유전체의 단위체적에 축적되는 에너지는?

① $\dfrac{E}{2\epsilon}$ ② $\dfrac{\epsilon E}{2}$

③ $\dfrac{\epsilon E^2}{2}$ ④ $\dfrac{\epsilon^2 E^2}{2}$

해설 $W = \dfrac{1}{2}ED = \dfrac{1}{2}\epsilon E^2 = \dfrac{D^2}{2\epsilon}[J/m^3]$

단, E : 전계 [V/m], D : 전속밀도 [C/m²], ε : 유전율 [F/m]

05 평면 전자파에서 전계의 세기가 $E = 5\sin\omega(t - \dfrac{x}{v})[\mu V/m]$인 공기 중에서 자계의 세기는 몇 $[\mu A/m]$인가?

① $-\dfrac{5\omega}{v}\cos\omega(t - \dfrac{x}{v})$

② $5\omega\cos\omega(t - \dfrac{x}{v})$

③ $4.8 \times 10^2\sin\omega(t - \dfrac{x}{v})$

④ $1.3 \times 10^{-2}\sin\omega(t - \dfrac{x}{v})$

해설 공기 중이므로, $Z_0 = \dfrac{E}{H} = \sqrt{\dfrac{\mu}{\epsilon}}$ 에서,

$\therefore H = \sqrt{\dfrac{\mu_0}{\epsilon_0}}E = \dfrac{1}{377}E = 1.3 \times 10^{-2}$
$\sin\omega(t - \dfrac{x}{v})[\mu A/m]$

06 내구의 반지름이 a[m], 외구의 내반지름이 b[m]인 동심 구형 콘덴서의 내구의 반지름과 외구의 내반지름을 각각 $2a$[m], $2b$[m]로 증가시키면 이 동심구형 콘덴서의 정전용량은 몇 배로 되는가?

① 1 ② 2
③ 3 ④ 4

해설

• 동심구에 $\pm Q[C]$ 전하를 줄 때 전위차는,
$V = \dfrac{Q}{4\pi\epsilon_0}(\dfrac{1}{a} - \dfrac{1}{b})$ $(b > a)$

• 동심구의 정전용량 C[F]는,
$C = \dfrac{C}{V} = \dfrac{4\pi\epsilon_0}{\dfrac{1}{a} - \dfrac{1}{b}} = \dfrac{4\pi\epsilon_0 ab}{b - a}[F]$

• 내구의 반지름과 외구의 내반지름을 각각 $2a$[m], $2b$[m]로 증가시키므로,
$C' = \dfrac{4\pi\epsilon_0 \times 2a \times 2b}{2b - 2a} = 2C$ 가 된다.

07 비유전율이 10인 유전체를 5[V/m]인 전계 내에 놓으면 유전체의 표면전하밀도는 몇 $[C/m^2]$인가?(단, 유전체의 표면과 전계는 직각이다)

① $35\epsilon_0$ ② $45\epsilon_0$
③ $55\epsilon_0$ ④ $65\epsilon_0$

해설 유전체의 표면전하밀도
$= \epsilon_0(\epsilon_s - 1)E = \epsilon_0(10 - 1) \times 5 = 45\epsilon_0[C/m^2]$

정답 03 ① 04 ③ 05 ④ 06 ② 07 ②

08 내경의 반지름이 1[mm], 외경의 반지름이 3[mm]인 동축 케이블의 단위 길이당 인덕턴스는 약 몇 [μH/m]인가?(단, 이때 $\mu_r=1$이며, 내부 인덕턴스는 무시한다)

① 0.12   ② 0.22

③ 0.32   ④ 0.42

해설 내도체의 반지름을 a[m], 외도체의 반지름을 b[m], 외반지름이 c[m]인 동축케이블의 단위 길이당 자기인덕턴스는 [H/m],

$$H=\frac{I}{2\pi r}, \quad d\phi=Bdr=\frac{\mu_0 I}{2\pi r}dr$$

$$\phi=\int_a^b d\phi=\frac{\mu_0 I}{2\pi}\int_a^b \frac{1}{r}dr=\frac{\mu_0 I}{2\pi}\ln\frac{b}{a}$$

$$\therefore L=\frac{\phi}{I}=\frac{\mu_0}{2\pi}\ln\frac{b}{a}\,[H/m]$$
$$=\frac{4\pi\times10^{-7}}{2\pi}\ln\frac{3}{1}\times10^6=0.22\,[\mu H/m]$$

09 길이 $l[m]$, 단면적의 반지름 a[m]인 원통이 길이 방향으로 균일하게 자화되어 자화의 세기가 $J[Wb/m^2]$인 경우, 원통 양단에서의 전자극의 세기 $m[Wb]$은?

① J ② $2\pi J$

③ $\pi a^2 J$ ④ $\dfrac{J}{\pi a^2}$

해설 길이 $l[m]$, 단면적의 지름 d[m], 자화의 세기를 $J[Wb/m^2]$일 때 전자극의세기 $m[Wb]$는,

$J=\dfrac{m}{S}$ 에서, $m=J\cdot S=J\dfrac{\pi d^2}{4}[Wb]$ 가 된다.

문제에서는 단면적을 반지름 a[m]로 제시하였으므로, $\therefore m=\pi a^2 J[Wb]$가 된다.

10 그림과 같은 동축원통의 왕복 전류회로가 있다. 도체 단면에 고르게 퍼진 일정 크기의 전류가 내부도체로 흘러 들어가고 외부도체로 흘러나올 때 전류에 의하여 생기는 자계에 대하여 틀린 것은?

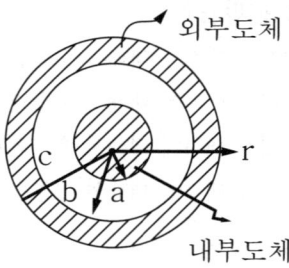

① 외부 공간 (r〉c)의 자계는 영(0)이다.

② 내부도체 내(r〈a)에 생기는 자계의 크기는 중심으로부터 거리에 비례한다.

③ 외부 도체 내 (b〈r〈c)에 생기는 자계의 크기는 중심으로부터 거리에 관계없이 일정하다.

④ 두 도체사이(내부공간)(a〈r〈b)에 생기는 자계의 크기는 중심으로부터 거리에 반비례한다.

해설

㉠ 외부도체 외의 공간(r〉c)인 점의 자계는
$$H\cdot 2\pi r=I-I=0 \quad \therefore H=0[A/m]$$

㉡ 내부도체 내 (r〈a)에 생기는 자계는 반지름 r내에 흐르는 전류, 즉, 쇄교전류를 I_r)
$$I_r=\frac{\pi r^2}{\pi a^2}I=\frac{r^2}{a^2}I$$이므로,

주회적분의 법칙에서,
$$H\cdot 2\pi r=I_r$$
$$\therefore H=\frac{I_r}{2\pi r}=\frac{1}{2\pi r}\cdot\frac{r^2}{a^2}I=\frac{rI}{2\pi a^2}[A/m]$$

㉢ 외부도체 내 (b〈r〈c)에 생기는 자계는
$$H\cdot 2\pi r=I-\frac{\pi r^2-\pi b^2}{\pi c^2-\pi b^2}\cdot I=(1-\frac{r^2-b^2}{c^2-b^2})I$$
$$\therefore H=\frac{I}{2\pi r}(1-\frac{r^2-b^2}{c^2-b^2})[A/m]$$

㉣ 두 도체사이(내부공간)(a〈r〈b)에 생기는 자계는
$$H\cdot 2\pi r=I \quad \therefore H=\frac{I}{2\pi r}[A/m]$$

정답 08 ②   09 ③   10 ③

11 반경 r_1, r_2인 동심구가 있다. 반경 r_1, r_2인 구 껍질에 각각 $+Q_1, +Q_2$ 의 전하가 분포되어있는 경우 $r_1 \leq r \leq r_2$에서의 전위는?

① $\dfrac{1}{4\pi\epsilon_0}\left(\dfrac{Q_1+Q_2}{r}\right)$ ② $\dfrac{1}{4\pi\epsilon_0}\left(\dfrac{Q_1}{r_1}+\dfrac{Q_2}{r_2}\right)$

③ $\dfrac{1}{4\pi\epsilon_0}\left(\dfrac{Q_2}{r}+\dfrac{Q_1}{r_2}\right)$ ④ $\dfrac{1}{4\pi\epsilon_0}\left(\dfrac{Q_1}{r}+\dfrac{Q_2}{r_2}\right)$

해설 $r_1 \leq r \leq r_2$ 에서의 전위는

$$V= \frac{1}{4\pi\epsilon_0}\left(\frac{Q_1}{r}+\frac{Q_2}{r_2}\right)$$

12 자기쌍극자에 의한 자위 U[A]에 해당되는 것은?(단, 자기쌍극자의 자기모멘트는 M $[Wb \cdot m]$, 쌍극자의 중심으로부터의 거리는 r[m], 쌍극자의 정방향과의 각도는 θ라 한다)

① $6.33\times10^4\times\dfrac{M\sin\theta}{r^3}$

② $6.33\times10^4\times\dfrac{M\sin\theta}{r^2}$

③ $6.33\times10^4\times\dfrac{M\cos\theta}{r^3}$

④ $6.33\times10^4\times\dfrac{M\cos\theta}{r^2}$

해설 자기쌍극자의 자위는

$$U= \frac{M\cos\theta}{4\pi\mu_0 r^2} = 6.33\times10^4\times\frac{M\cos\theta}{r^2}[AT]$$

자기쌍극자의 자계의 세기는

$$H= \sqrt{H_r^2+H_0^2} = \frac{M}{4\pi\mu_0 r^3}\sqrt{1+3\cos^2\theta}\,[AT/m]$$

13 다음 중 틀린 것은?

① 도체의 전류밀도 J는 가해진 전기장 E에 비례하여 온도변화와 무관하게 항상 일정하다.

② 도전율의 변화는 원자구조, 불순도 및 온도에 의하여 설명이 가능하다.

③ 전기저항은 도체의 재질, 형상, 온도에 따라 결정되는 상수이다.

④ 고유저항의 단위는 $[\Omega\cdot m]$이다.

해설 $J= nev = ne\mu E = KE\,[A/m^2]$

$J= KE = -K\,grad\,V\,[A/m^2]$

단, J : 전류밀도 $[A/m^2]$, n : 전자밀도 $[개/m^3]$, μ : 전자의 이동도 $[m^2/V\cdot s]$

K : 전기전도율 $[\mho/m]$, E : 도체내의 전계 $[V/m]$

일반적으로 전류밀도가 증가하면 온도가 상승한다.

14 반경 a인 구도체에 $-Q$의 전하를 주고 구도체의 중심 O에서 $10a$ 되는 점 P에 $10Q$의 점전하를 놓았을 때, 직선 OP위의 점 중에서 전위가 0이 되는 지점과 구도체의 중심 O와의 거리는?

① $\dfrac{a}{5}$ ② $\dfrac{a}{2}$

③ a ④ $2a$

해설 $V= \dfrac{-Q}{4\pi\epsilon_0 a}[V]$, $V'= \dfrac{10Q}{4\pi\epsilon_0 10a} = \dfrac{Q}{4\pi\epsilon_0 a}$

∴ 직선 OP위의 점 중에서 전위가 0이 되는 지점과 구도체의 중심 O와의 거리는 a가 된다.

15 다음 (   )안의 ㉠과 ㉡에 들어갈 알맞은 내용은?

> 도체의 전기전도는 도전율로 나타내는데 이는 도체 내의 자유전하밀도에 (㉠)하고, 자유전하의 이동도에 (㉡)한다.

① ㉠ 비례   ㉡ 비례

② ㉠ 반비례   ㉡ 반비례

③ ㉠ 비례   ㉡ 반비례

④ ㉠ 반비례   ㉡ 비례

정답 11 ④ 12 ④ 13. ① 14 ③ 15 ①

해설 선전하밀도

$$(\rho_l) = \lambda = \frac{dQ}{dt} \quad \therefore \ Q = \int_l \lambda \, dl = \lambda \cdot l$$

도체의저항 $(R) = \rho \dfrac{l}{S} = \dfrac{l}{KS} [\Omega]$

단, ρ : 고유저항, K : 도전율

16 평면도체 표면에서 d[m]의 거리에 점전하 Q[C]가 있을 때 이 전하를 무한원까지 운반하는데 필요한 일은 몇 [J]인가?

① $\dfrac{Q^2}{4\pi\epsilon_0 d}$ ② $\dfrac{Q^2}{8\pi\epsilon_0 d}$

③ $\dfrac{Q^2}{12\pi\epsilon_0 d}$ ④ $\dfrac{Q^2}{16\pi\epsilon_0 d}$

해설

필요한 일은,

$$W = \int_d^\infty F \cdot dr = \frac{Q^2}{16\pi\epsilon_0} \int_d^\infty \frac{1}{d^2} dr$$

$$= \frac{Q^2}{16\pi\epsilon_0} \left[-\frac{1}{d} \Big|_d^\infty \right] = \frac{Q^2}{16\pi\epsilon_0 d} [J]$$

작용력 : $F = \dfrac{-Q^2}{4\pi\epsilon_0 (2d)^2} = -\dfrac{Q^2}{16\pi\epsilon_0 d^2} [N]$, 흡인력이 작용한다.

17 자극의 세기가 $8 \times 10^{-6} [Wb]$, 길이가 3[cm]인 막대자석을 120[AT/m]의 평등자계 내에 자력선과 30°의 각도로 놓으면, 이 막대자석이 받는 회전력은 몇 [N·m] 인가?

① 3.02×10^{-5} ② 3.02×10^{-4}

③ 1.44×10^{-5} ④ 1.44×10^{-4}

해설 자계 중의 자석에 작용하는 토크는
$$T_\theta = MH\sin\theta = mlH\sin\theta [N \cdot m]$$
$$= 8 \times 10^{-6} \times 3 \times 10^{-2} \times 120 \times \sin 30°$$
$$= 1.44 \times 10^{-5} [N \cdot m]$$

18 원점에서 점(−2, 1, 2)로 향하는 단위벡터를 a_1이라 할 때 $y = 0$인 평면에 평행이고 a_1에 수직인 단위벡터 a_2는?

① $a_2 = \pm \left(\dfrac{1}{\sqrt{2}} a_x + \dfrac{1}{\sqrt{2}} a_z \right)$

② $a_2 = \pm \left(\dfrac{1}{\sqrt{2}} a_x - \dfrac{1}{\sqrt{2}} a_y \right)$

③ $a_2 = \pm \left(\dfrac{1}{\sqrt{2}} a_z + \dfrac{1}{\sqrt{2}} a_y \right)$

④ $a_2 = \pm \left(\dfrac{1}{\sqrt{2}} a_y - \dfrac{1}{\sqrt{2}} a_z \right)$

해설 $a_1 = -2a_x + 2a_z$에서 크기는
$$|a_1| = \sqrt{(-2)^2 + 2^2} = 2\sqrt{2}$$
$\therefore \ a_1$에 수직인 단위벡터 a_2는
$$a_2 = \pm \left(\frac{1}{\sqrt{2}} a_x + \frac{1}{\sqrt{2}} a_z \right)$$

19 두 개의 자극판이 놓여 있을 때 자계의 세기 H[AT/m], 자속밀도 B[Wb/m^2], 투자율 μ [H/m]인 곳의 자계의 에너지 밀도[J/m³]는?

① $\dfrac{H^2}{2\mu}$ ② $\dfrac{1}{2}\mu H^2$

③ $\dfrac{\mu H}{2}$ ④ $\dfrac{1}{2} B^2 H$

해설 자계의 에너지 밀도는 자성체 단위체적당 저장되는 에너지이므로,
$$W = \frac{1}{2} BH = \frac{1}{2} \mu H^2 = \frac{B^2}{2\mu} [J/m^3]$$

20 다음 중 식이 틀린 것은?

① 발산의 정리 : $\displaystyle\int_s E \cdot ds = \int_v div E \, dv$

② Poisson의 방정식 : $\nabla^2 V = \dfrac{\epsilon}{\rho}$

③ Gauss의 정리 : $div D = \rho$

④ Laplace의 방정식 : $\nabla^2 V = 0$

정답 **16** ④ **17** ③ **18** ① **19** ② **20** ②

612 · Part 2. 전기기사 기출문제

해설
- 푸아송(Poisson)의 방정식 :

$$div\,E = \nabla \cdot E = -\nabla^2 \cdot V = \frac{\rho}{\epsilon_0}$$

- 라플라스(Laplace)의 방정식 : $\nabla^2 V = 0$

제2과목 : 전력공학

21 수력발전소를 건설할 때 낙차를 취하는 방법으로 적합하지 않은 것은?

① 수로식　　　　② 댐식

③ 유역변경식　　④ 역조정지식

해설 역조정지식 발전소 : 첨두부하용 발전소에서 물을 방출해서 저수하여 하류로 일정하게 흘러 보내기 위한 조정지를 역조정지라 하고 여기에 설치하는 발전소를 말한다.

22 서지파가 파동 임피던스 Z_1의 선로 측에서 파동 임피던스 Z_2의 선로 측으로 진행할 때 반사계수 β는?

① $\beta = \dfrac{Z_2 - Z_1}{Z_1 + Z_2}$　　② $\beta = \dfrac{2Z_2}{Z_1 + Z_2}$

③ $\beta = \dfrac{Z_1 - Z_2}{Z_1 + Z_2}$　　④ $\beta = \dfrac{2Z_1}{Z_1 + Z_2}$

해설 반사계수 $(\beta) = \dfrac{Z_2 - Z_1}{Z_1 + Z_2}$,

투과계수 $(\gamma) = \dfrac{2Z_2}{Z_1 + Z_2}$

23 전력용 콘덴서를 변전소에 설치할 때 직렬리액터를 설치하고자 한다. 직렬리액터의 용량을 결정하는 식은?(단, f_0는 전원의 기본 주파수, C는 역률개선용 콘덴서의 용량, L은 직렬리액터의 용량이다)

① $2\pi f_0 L = \dfrac{1}{2\pi f_0 C}$

② $2\pi (3f_0) L = \dfrac{1}{2\pi (3f_0) C}$

③ $2\pi (5f_0) L = \dfrac{1}{2\pi (5f_0) C}$

④ $2\pi (7f_0) L = \dfrac{1}{2\pi (7f_0) C}$

해설 직렬리액터 : 제5고조파제거 및 파형개선

$$\omega L = \frac{1}{\omega C}$$

$2\pi f_0 L = \dfrac{1}{2\pi f_0 C}$에서 f_0대신 $5f_0$를 대입하면

$$\therefore 2\pi (5f_0) L = \frac{1}{2\pi (5f_0) C}$$

24 Y결선된 발전기에서 3상 단락사고가 발생한 경우 전류에 관한 식 중 옳은 것은?(단, Z_0, Z_1, Z_2 는 영상, 정상, 역상 임피던스이다)

① $I_a + I_b + I_c = I_0$　　② $I_a = \dfrac{E_a}{Z_0}$

③ $I_b = \dfrac{a^2 E_a}{Z_0}$　　④ $I_c = \dfrac{a E_a}{Z_0}$

해설

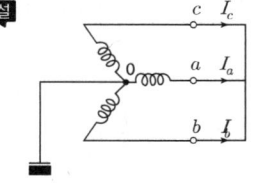

그림처럼 3상 단락고장 시에는 $I_a + I_b + I_c = 0$, $V_a = V_b = V_c = 0$ 이므로, (정상분만 존재)

$$I_a = I_0 + I_1 + I_2 = \frac{E_a}{Z_1}$$

$$I_b = I_0 + a^2 I_1 + a I_2 = a^2 I_1 = \frac{a^2 E_a}{Z_1}$$

$$I_c = I_0 + a I_1 + a^2 I_2 = a I_1 = \frac{a^2 E_a}{Z_1}$$

정답 21 ④　22 ①　23 ③　24 ③

25 중거리 송전선로의 π형 회로에서 송전단 전류 I_s는?(단, Z, Y는 선로의 직렬임피던스와 병렬 어드미턴스이고, E_r, I_r은 수전단 전압과 전류이다)

① $(1 + \dfrac{ZY}{2})E_r + ZI_r$

② $(1 + \dfrac{ZY}{2})E_r + Z(1 + \dfrac{ZY}{4})I_r$

③ $(1 + \dfrac{ZY}{2})I_r + YE_r$

④ $(1 + \dfrac{ZY}{2})I_r + Y(1 + \dfrac{ZY}{4})E_r$

해설 π형 회로 4단자 정수로 나타내면

$E_s = A \cdot E_r + B \cdot I_r$

$I_s = C \cdot E_r + D \cdot I_r$

$\begin{bmatrix} E_s \\ I_s \end{bmatrix} = \begin{bmatrix} A & B \\ C & D \end{bmatrix} \begin{bmatrix} E_r \\ I_r \end{bmatrix}$

$= \begin{bmatrix} 1 + \dfrac{Z \cdot Y}{2} & Z \\ Y(1 + \dfrac{Z \cdot Y}{4}) & 1 + \dfrac{Z \cdot Y}{2} \end{bmatrix} \cdot \begin{bmatrix} E_r \\ I_r \end{bmatrix}$

$\begin{bmatrix} A & B \\ C & D \end{bmatrix} = \begin{bmatrix} 1 & 0 \\ \dfrac{Y}{2} & 1 \end{bmatrix} \cdot \begin{bmatrix} 1 & Z \\ 0 & 1 \end{bmatrix} \cdot \begin{bmatrix} 1 & 0 \\ \dfrac{Y}{2} & 1 \end{bmatrix}$

$= \begin{bmatrix} 1 + \dfrac{Z \cdot Y}{2} & Z \\ Y(1 + \dfrac{Z \cdot Y}{4}) & 1 + \dfrac{Z \cdot Y}{2} \end{bmatrix}$

$\therefore E_s = (1 + \dfrac{Z \cdot Y}{2}) \cdot E_r + Z \cdot I_r$

$I_s = Y(1 + \dfrac{Z \cdot Y}{4})E_r + (1 + \dfrac{Z \cdot Y}{2})I_r$

26 일반적인 비접지 3상 송전선로의 1선 지락 고장 발생 시 각 상의 전압은 어떻게 되는가?

① 고장 상의 전압은 떨어지고, 나머지 두 상의 전압은 변동되지 않는다.

② 고장 상의 전압은 떨어지고, 나머지 두 상의 전압은 상승한다.

③ 고장 상의 전압은 떨어지고, 나머지 상의 전압도 떨어진다.

④ 고장 상의 전압이 상승한다.

해설 △결선의 비접지 선로에서 1선 지락 고장이 발생할 때, 고장상의 전압은 떨어지게 되고, 건전상인 나머지 두상의 전압은 상전압에서 선간전압으로 전위가 상승하게 된다.

27 3상 송전선로의 전압이 66000[V], 주파수가 60[Hz], 길이가 10[km], 1선당 정전용량이 0.3464[$\mu F/km$]인 무부하 충전전류는 약 몇 [A] 인가?

① 40 ② 45

③ 50 ④ 55

해설 $I_c = \omega C_s E = 2\pi f C_s E = 2\pi \times 60 \times 0.3464$
$\times 10^{-6} \times 10 \times \dfrac{66000}{\sqrt{3}} = 49.79[A]$

28 발전 전력량 E[kWh], 연료 소비량 W[kg], 연료의 발열량 C[kcal/kg]인 화력발전소의 열효율 η[%]는?

① $\dfrac{860E}{WC} \times 100$ ② $\dfrac{E}{WC} \times 100$

③ $\dfrac{E}{860WC} \times 100$ ④ $\dfrac{9.8E}{WC} \times 100$

정답 25 ④   26 ②   27 ③   28 ①

29 그림과 같은 선로의 등가선간거리는 몇 m인가?

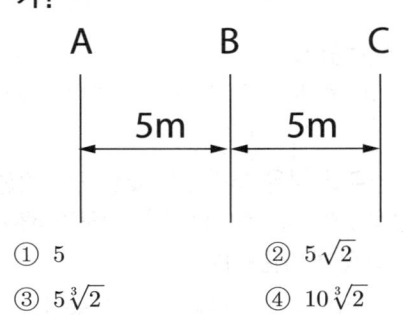

① 5

② $5\sqrt{2}$

③ $5\sqrt[3]{2}$

④ $10\sqrt[3]{2}$

해설 등가선간거리 $(D_e) = \sqrt[3]{2}\,D = \sqrt[3]{2} \times 5[m]$

30 선택지락계전기의 용도를 옳게 설명한 것은?

① 단일 회선에서 지락고장 회선의 선택차단

② 단일 회선에서 지락전류의 방향 선택 차단

③ 병행 2회선에서 지락고장 회선의 선택 차단

④ 병행 2회선에서 지락고장의 지속시간 선택 차단

해설 선택지락 계전기(SGR : Selective Ground Relay) : 동일모선 2개 이상의 피더(Feeder)를 가진 비접지 계통에서 지락사고에 대한 차단에 사용되는 계전기 (병행 2회선의 지락사고 시에 동작)

31 송전선로에서 고조파 제거 방법이 아닌 것은?

① 변압기를 △결선 한다.

② 유도전압 조정장치를 설치한다.

③ 무효전력 보상장치를 설치한다.

④ 능동형 필터를 설치한다.

해설 유도전압조정기 : 전압조정을 ±5~10[%]로 할 수 있는 전압조정기이다.

32 보일러 급수 중의 염류 등이 굳어서 내벽에 부착되어 보일러 열전도와 물의 순환을 방해하며 내면의 수관벽을 과열시켜 파열을 일으키게 하는 원인이 되는 것은?

① 스케일

② 부식

③ 포밍

④ 캐리오버

해설
• 스케일(Scale) : 보일러 급수 중에 포함되어 있는 염류가 보일러 물이 증발함에 따라 그 농도가 증가되어 용해도가 작은 것부터 차례로 침전하여 보일러의 내벽에 부착되는 것
• 포밍(Forming) : 기력발전소에서 급수 중에 불순물인 칼슘, 마그네슘, 나트륨의 염류 등이 포함되어 있는 것(프라이밍)
• 캐리오버(Carry Over) : 보일러에서 발생된 스팀이 주 증기관(앵글밸브)을 통해서 외부로 나가는데 이때 본체안 수면에 있는 물도 증기와 함께 나가는 현상

33 초고압용 차단기에서 개폐저항기를 사용하는 이유 중 가장 타당한 것은?

① 차단전류의 역률개선

② 차단전류감소

③ 차단속도 증진

④ 개폐서지 이상전압 억제

해설 초고압용 차단기를 개폐 할 때는 재점호로 인한 개폐서지 이상전압(SOV)이 발생하게 되는데, 이것을 낮추고 또한 절연내력을 높이기 위해서 차단기 접촉자 간에 병렬 임피던스로서 저항을 사용한다.

34 선로에 따라 균일하게 부하가 분포된 선로의 전력손실은 이들 부하가 선로의 말단에 집중적으로 접속되어 있을 때 보다 어떻게 되는가?

① 2배로 된다.

② 3배로 된다.

③ $\frac{1}{2}$ 배로 된다.

④ $\frac{1}{3}$ 배로 된다.

정답 **29** ③ **30** ③ **31** ② **32** ① **33** ④ **34** ④

해설

- $\dfrac{\text{분포부하의 전압강하}}{\text{집중부하의 전압강하}} = \dfrac{\frac{1}{2}IR}{IR} = \dfrac{1}{2}$

- $\dfrac{\text{균등부하의 전력손실}}{\text{단일부하의 전력손실}} = \dfrac{\frac{1}{3}I^2R}{I^2R} = \dfrac{1}{3}$

35 이상전압의 파고치를 저감시켜 기기를 보호하기 위하여 설치하는 것은?

① 리액터

② 피뢰기

③ 아킹 호온(Arcing Horn)

④ 아모 로드(Armour Rod)

해설

- 리액터(Reactor) : 교류전류의 급격한 변화에 대해서 큰 저항을 나타내는 전기기기로서 철심에 코일을 감은 것이다.
- 아머 로드 : 전선을 보강하여 진동을 방지한다.
- 아킹 호온(소호각) : 애자련을 보호

36 경간 200[m]의 지지점이 수평인 가공 전선로가 있다. 전선 1[m]의 하중은 2[kg], 풍압하중은 없는 것으로 하고 전선의 인장하중은 4000[kg], 안전율 2.2로 하면 이도는 몇 [m]인가?

① 4.7

② 5.0

③ 5.5

④ 6.2

해설 $D = \dfrac{WS^2}{8T} = \dfrac{2 \times 200^2}{8 \times \frac{4000}{2.2}} = 5.5[m]$

37 전기 공급 시 사람의 감전, 전기 기계류의 손상을 방지하기 위한 시설물이 아닌 것은?

① 보호용 개폐기

② 축전지

③ 과전류 차단기

④ 누전 차단기

해설 축전지(Battery) : 전기를 화학에너지로 모아 두었다가 필요할 때 다시 전기로 만들어 쓰는 장치

38 같은 선로와 같은 부하에서 교류 단상 3선식은 단상 2선식에 비하여 전압강하와 배전효율은 어떻게 되는가?

① 전압강하는 적고, 배전효율은 높다.

② 전압강하는 크고, 배전효율은 낮다.

③ 전압강하는 적고, 배전효율은 낮다.

④ 전압강하는 크고, 배전효율은 높다.

39 송배전 계통에 발생하는 이상전압의 내부적 원인이 아닌 것은?

① 선로의 개폐

② 직격뢰

③ 아크 접지

④ 선로의 이상 상태

해설 외부적인 이상전압 : 유도뢰, 직격뢰

40 고장 즉시 동작하는 특성을 갖는 계전기는?

① 순시 계전기

② 정한시 계전기

③ 반한시 계전기

④ 반한시성 정한시 계전기

해설

- 순한시 계전기 : 최소 동작전류 이상의 전류가 흐르면 즉시 동작
- 정한시 계전기 : 동작 전류 크기에는 상관없이 항상 정해진 일정한 시간에서 동작
- 반한시 계전기 : 동작전류가 커질수록 동작시간이 짧게 되는 특성을 가진 계전기
- 반한시 정한시 계전기 : 어느 한계까지는 반한시성이고, 그 이상에서는 정한시성 특성을 가진 계전기

정답 35 ② 36 ③ 37 ② 38 ① 39 ② 40 ①

전기기사 · 산업기사 필기시험문제

제3과목 : 전기기기

41 정류기 설계 조건이 아닌 것은?

① 출력 전압 직류 평활성
② 출력 전압 최소 고조파 함유율
③ 입력 역률 1 유지
④ 전력계통 연계성

해설 정류기를 설계할 때에는 전압변동 및 최대 단락전류, 교류측 고조파 직류측 왜형파의 전압 및 전류, 출력 전압의 최소 고조파 함유율 및 직류 평활성 등을 고려해서 변압기와의 긴밀한 협조에 의해서 제작할 것

42 반도체 소자 중 3단자 사이리스터가 아닌 것은?

① SCS
② SCR
③ GTO
④ TRIAC

해설
• 사이리스터 : pnpn 구조로 된 스위칭 소자의 총칭을 말하며, pn 접합을 3개 이상 내장하고 3단자를 가진 구조
• SCS : 단방향성 4단자(1방향성 4단자)
• SCR : 단방향성 사이리스터(1방향성 3단자)
• GTO : 역저지 3단자 사이리스터
• TRIAC : 양방향성 3단자 사이리스터(2방향성 3단자)

43 유도전동기에서 크라우링(Crawling)현상으로 맞는 것은?

① 기동 시 회전자의 슬롯 수 및 권선법이 적당하지 않은 경우 정격속도보다 낮은 속도에서 안정운전이 되는 현상
② 기동 시 회전자의 슬롯 수 및 권선법이 적당하지 않은 경우 정격속도보다 높은 속도에서 안정운전이 되는 현상
③ 회전자 3상중 1상이 단선된 경우 정격속도의 50[%] 속도에서 안정운전이 되는 현상
④ 회전자 3상중 1상이 단락된 경우 정격속도보다 높은 속도에서 안정운전이 되는 현상

해설 크로우링 현상 : 농형 유도 전동기에서 고정자와 회전자의 슬롯수가 적당하지 않은 경우에 발생하는 현상으로, 유도 전동기의 공극이 일정하지 않거나 계자에 고조파가 유기될 때 전동기가 정격속도에 이르지 못하고, 정격속도 이전의 낮은 속도에서 안정되어 버리는 현상(소음이 생긴다.)으로서, 방지대책으로는 슬롯을 사구(Skew Slot)를 채용한다.

44 동기발전기의 전기자 권선은 기전력의 파형을 개선하는 방법으로 분포권과 단절권을 쓴다. 분포계수를 나타내는 식은?(단, q는 매극매상단의 슬롯 수, m은 상수, α는 슬롯의 간격)

① $\dfrac{sin\,q\alpha}{q\,sin\dfrac{\alpha}{2}}$

② $\dfrac{sin\dfrac{\pi}{2m}}{q\,sin\dfrac{\pi}{2mq}}$

③ $\dfrac{cos\dfrac{\pi}{2m}}{q\,cos\dfrac{\pi}{2mq}}$

④ $\dfrac{cos\,q\alpha}{q\,cos\dfrac{\alpha}{2}}$

45 특수전동기에 대한 설명 중 틀린 것은?

① 릴럭턴스 동기전동기는 릴럭턴스토크에 의해 동기속도로 회전한다.
② 히스테리시스전동기의 고정자는 유도전동기 고정자와 동일하다.
③ 스테퍼전동기 또는 스텝모터는 피드백 없이 정밀 위치 제어가 가능하다.
④ 선형 유도전동기의 동기속도는 극수에 비례한다.

정답 41 ④ 42 ① 43 ① 44 ② 45 ④

2015년도 기사 제2회 필기시험(기사) · **617**

해설 동기속도 : $N_s = \dfrac{120f}{P}[rpm] \propto \dfrac{1}{P}$

46 동기 전동기에 관한 설명 중 틀린 것은?

① 기동 토크가 작다.

② 유도 전동기에 비해 효율이 양호하다.

③ 여자기가 필요하다.

④ 역률을 조정할 수 없다.

해설 동기 전동기에서 위상 특성 곡선(V곡선)이 나타낸 공급전압 V 및 출력 P_2를 일정한 상태로 두고 여자전류만 변화시킬 경우에 전기자 전류의 크기와 역률이 달라진다.

과여자(I_f : 증가) : 앞선 전류, 부족여자(I_f : 감소) : 뒤진 전류. 즉, 동기 전동기는 역률을 조정할 수 있다.

47 60[kW], 4극, 전기자 도체의 수 300개, 중권으로 결선된 직류 발전기가 있다. 매극당 자속은 0.05[Wb]이고 회전속도는 1200[rpm]이다. 이 직류 발전기가 전부하에 전력을 공급할 때 직렬로 연결된 전기자 도체에 흐르는 전류[A]는?

① 32
② 42
③ 50
④ 57

해설

$E = \dfrac{P\phi ZN}{60a} = \dfrac{4 \times 0.05 \times 300 \times 1200}{60 \times 4} = 300[V]$

중권에서 병렬 회로수 a는 P와 같다. $(a = P)$

a : 브러시간 병렬회로수

i_a : 병렬회로에 흐르는 전류

$P = E \cdot I_a$ 에서, $I_a = \dfrac{60 \times 10^3}{300} = 200[A]$

$\therefore i_a = \dfrac{I_a}{P} = \dfrac{200}{4} = 50[A]$

48 전압이 일정한 모선에 접속되어 역률 100[%]로 운전하고 있는 동기전동기의 여자전류를 증가 시키면 역률과 전기자전류는 어떻게 되는가?

① 뒤진 역률이 되고 전기자 전류는 증가한다.

② 뒤진 역률이 되고 전기자 전류는 감소한다.

③ 앞선 역률이 되고 전기자 전류는 증가한다.

④ 앞선 역률이 되고 전기자 전류는 감소한다.

해설 그림에서처럼 위상특성곡선(V곡선)은 여자전류가 증가하게 되면 앞선 역률이 되고, 전기자 전류도 증가한다.

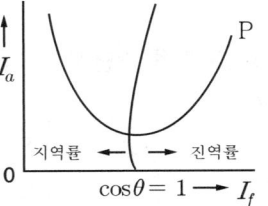

49 2차로 환산한 임피던스가 각각 0.03+j0.02 [Ω], 0.02+0.03[Ω]인 단상변압기 2대를 병렬로 운전시킬 때 분담 전류는?

① 크기는 같으나 위상이 다르다.

② 크기와 위상이 같다.

③ 크기는 다르나 위상이 같다.

④ 크기와 위상이 다르다.

해설 임피던스의 크기는 같지만, 유효문과 무효분이 각각 다르기 때문에 위상은 다르다.

50 주파수가 일정한 3상 유도전동기의 전원전압이 80[%]로 감소하였다면, 토크는?(단, 회전수는 일정하다고 가정한다)

① 64[%]로 감소
② 80[%]로 감소
③ 89[%]로 감소
④ 변화 없음

정답 46 ④ 47 ③ 48 ③ 49 ① 50 ①

해설 토크는, $\tau = K\dfrac{sE^2 r_2}{r_2^2 + (sX_2)^2}$ 에서, 회전수가 일

정할 경우 토크는 단자전압 제곱에 비례한다.

$\therefore \tau \propto V^2$　$(0.8)^2 = 0.64$

즉, 64[%]로 감소한다.

51 직류전동기의 역기전력이 220[V], 분당 회전수가 1200[rpm]일 때에 토크가 15[kg · m]가 발생한다면 전기자전류는 몇 [A] 인가?

① 54　　　　　　② 67

③ 84　　　　　　④ 96

해설 $P = EI = 9.8\omega\tau = 9.8 \times 2\pi \times \dfrac{N}{60} \times \tau$

$\therefore I = \dfrac{9.8 \times 2\pi \times \dfrac{1200}{60} \times 15}{220} = 83.92[A]$

52 와류손이 200[W]인 3300/210[V], 60[Hz]용 단상 변압기를 50[Hz], 3000[V]의 전원에 사용하면 이 변압기의 와류손은 약 몇 [W]로 되는가?

① 85.4　　　　　② 124.2

③ 165.3　　　　　④ 248.5

해설 변압기 철손은 히스테리시스손과 와류손이 있다.

히스테리시스손 : $P_h = \delta_h f B_m^2 [W/kg]$

와류손 : $P_e = \delta_e (t f k_f B_m)^2 [W/kg]$

단, δ_h : 히스테리시스손, δ_e : 재료에 의한 정수,

f : 주파수[Hz]

B_m^2 : 자속밀도의 최대값$[Wb/m^2]$,

t : 철판의 두께 $[m]$, k_f : 파형률

$E \propto f B_m$　$\therefore B_m = \dfrac{E}{f}$

$P_e = \delta_e (f B_m t)^2 = k \cdot f^2 \cdot B_m^2$

$\quad = k(\dfrac{50}{60})^2 \times (\dfrac{3000}{3300})^2 / (\dfrac{50}{60})^2 = k(\dfrac{3000}{3300})^2$

와류손은 주파수와는 관계없고 전압의 제곱에 비례하므로,

50[Hz]를 사용할 때의 와류손은

$P_e' = (\dfrac{3000}{3300})^2 \times 200 = 165.3[W]$

53 유도전동기로 동기전동기를 기동하는 경우, 유도전동기의 극수는 동기전동기의 극수보다 2극 적은 것을 사용한다. 그 이유는?(단, s는 슬립, Ns는 동기속도이다)

① 같은 극수일 경우 유도기는 동기속도보다 sNs만큼 늦으므로

② 같은 극수일 경우 유도기는 동기속도보다 (1−s)만큼 늦으므로

③ 같은 극수일 경우 유도기는 동기속도보다 s만큼 빠르므로

④ 같은 극수일 경우 유도기는 동기속도보다 (1−s)만큼 빠르므로

해설 유도전동기의 회전속도는,

$N = (1-s)N_s$ 이고, 슬립 : $s = \dfrac{N_s - N}{N_s}$

동기속도는, $N_s = \dfrac{120f}{P} = sN_s + (1-s)N_s$가 되어, 회전속도(N)보다 sN_s만큼 떨어진다.

54 히스테리시스손과 관계가 없는 것은?

① 최대 자속밀도

② 철심의 재료

③ 회전수

④ 철심용 규소강판의 두께

해설 와류손 : $P_e = \delta_e (t f k_f B_m)^2 [W/kg]$에서 두께 (t)제곱에 비례한다.

정답 51 ③　52 ③　53 ①　54 ④

55 3대의 단상변압기를 △ − Y로 결선하고 1차 단자전압 V_1, 1차 전류 I_1 이라 하면 2차 단자전압 V_2와 2차 전류 I_2의 값은?(단, 권수비는 a 이고, 저항, 리액턴스, 여자전류는 무시한다)

① $V_2 = \sqrt{3}\dfrac{V_1}{a}, \quad I_2 = \sqrt{3}\,aI_1$

② $V_2 = V_1, \quad I_2 = \dfrac{a}{\sqrt{3}}I_1$

③ $V_2 = \sqrt{3}\dfrac{V_1}{a}, \quad I_2 = \dfrac{a}{\sqrt{3}}I_1$

④ $V_2 = \dfrac{V_1}{a}, \quad I_2 = I_1$

해설 저항, 리액턴스, 여자전류는 무시하고 권수비는 a 일 때 2차 상전압은 $V_2' = \dfrac{V_1}{a}$, 단상변압기를 △ − Y로 결선하므로, 2차는 Y결선 이므로, 선간(단자) 전압 V_2는 $V_2 = \sqrt{3}\,V_2' = \sqrt{3}\dfrac{V_1}{a}$ 이 된다.
또한 1차 출력과 2차 출력은 같게 되므로,
$P_1 = P_2$
$\sqrt{3}\,V_1 I_1 = \sqrt{3}\,V_2 I_2$
$\therefore I_2 = \dfrac{V_1}{V_2}I_1 = \dfrac{a}{\sqrt{3}}I_1$ 이 된다.

56 2대의 동기 발전기가 병렬 운전하고 있을 때 동기화 전류가 흐르는 경우는?

① 기전력 크기에 차가 있을 때
② 기전력의 위상에 차가 있을 때
③ 기전력의 파형에 차가 있을 때
④ 부하분담에 차가 있을 때

해설
• 기전력의 크기가 같지 않은 경우 : 무효순환 전류가 흐른다.
• 기전력의 위상이 다른 경우 : 동기화 전류가 흐른다.

• 기전력의 주파수가 다른 경우 : 동기화 전류가 교대로 주기적으로 흐른다(난조의 원인).
• 기전력의 파형이 같지 않은 경우 : 고조파 무효순환 전류가 흐른다.

57 5[kVA], 3300/210[V], 단상변압기의 단락 시험에서 임피던스 전압 120[V], 동손 150 $[W]$라 하면 퍼센트 저항강하는 몇 [%]인가?

① 2 ② 3
③ 4 ④ 5

해설 $P = \dfrac{I_{1n} \cdot r}{V_{1n}} \times 100[\%] = \dfrac{I_{1n}^2 \times r}{V_{1n} \times I_{1n}} \times 100$
$= \dfrac{P_c}{P_a} \times 100 = \dfrac{150}{5 \times 10^3} \times 100 = 3[\%]$

58 50[Hz]로 설계된 3상 유도전동기를 60[Hz]에 사용하는 경우 단자전압을 110[%]로 높일 때 일어나는 현상이 아닌 것은?

① 철손불변
② 여자전류감소
③ 출력이 일정하면 유효전류 감소
④ 온도상승 증가

해설
• 철손은 $fB^2 \propto f(\dfrac{V}{f})^2 = \dfrac{V^2}{f} = \dfrac{1.1^2}{1.2} = 1$ 불변
• 여자전류는 $I_0 \propto \dfrac{V}{f} = \dfrac{1.1}{1.2} = 0.9$ 배로 감소
• 유효전류는 $I_w \propto \dfrac{1}{V} = \dfrac{1}{1.1} = 0.9$배로 감소
• 온도상승은, 여자전류가 감소, 철손은 불변, 유효전류는 감소해서 손실은 일정하거나 다소 감소하지만, 속도는 증가되어서 냉각효과가 증가됨으로 온도상승은 떨어지게 된다.

정답 55 ③ 56 ② 57 ② 58 ④

59 직류 직권전동기를 교류용으로 사용하기 위한 대책이 아닌 것은?

① 자계는 성층 철심, 원통형 고정자 적용
② 계자는 권선수 감소, 전기자 권선수 증대
③ 보상 권선 설치, 브러시 접촉저항 증대
④ 정류자편 감소, 전기자 크기 감소

해설
- 계자극의 자속이 정현적으로 교번하므로 철손을 감소시키기 위해서 전기자 및 계자 부분까지 성층철심으로 한다.
- 전기자 및 계자 권선의 리액턴스 강하 때문에 역률이 매우 낮아지고, 출력이 저하하게 되는데, 계자 권선의 권수를 작게 하여 인덕턴스를 작게 한다.(주 자속을 줄임) 이에 따른 토크감소를 보충하기 위해서 전기자 권선수를 크게 한다. 따라서 동일한 정격의 직류기에 비하면 전기자는 커지고, 정류자편의 수도 많아지게 된다.
- 전기자 권선수를 크게 하면 전기자 반작용이 커져서 정류가 곤란해지고, 전기자 리액턴스 강하가 커져서 역률에 따라 출력이 저하되는데, 이 대책으로 보상권선을 설치한다.
- 전기자 코일과 정류자편 사이의 고저항 도선을 접속하여 단락전류를 제한한다.

60 1000[kW], 500[V]의 직류 발전기가 있다. 회전수 246[rpm], 슬롯수 192, 각 슬롯내의 도체수 6, 극수는 12 이다. 전부하에서의 자속 수[Wb]는?(단, 전기자 저항은 0.006[Ω]이고, 전기자 권선은 단중 중권이다)

① 0.502
② 0.305
③ 0.2065
④ 0.1084

해설 $E = \dfrac{P\phi ZN}{60a}$ 에서,

$\phi = \dfrac{512 \times 60 \times 12}{12 \times 1152 \times 246} = 0.1084[Wb]$

전부하전류 : $I = \dfrac{6000 \times 10^3}{500} = 2000[A]$

$E = V + I_a R_a = 500 + 2000 \times 0.006 = 512[V]$

전도체수 :
$Z = $ 슬롯수 $\times$ 1개 슬롯 도체수 $= 192 \times 6 = 1152$
단중 중권이므로, $a = P = 12$

제4과목 : 회로이론 및 제어공학

61 $F(s) = \dfrac{2s+15}{s^3+s^2+3s}$ 일 때 $f(t)$의 최종값은?

① 15
② 5
③ 3
④ 2

해설 최종값의 정리 :

$\lim_{t \to \infty} f(t) = \lim_{s \to 0} s \cdot F(s) = \lim_{s \to 0} s \cdot \dfrac{2s+15}{s(s^2+s+3)}$

$= 5$

62 RL 직렬회로에서 시정수가 0.03[sec], 저항이 14.7[Ω] 일 때, 코일의 인덕턴스[mH]는?

① 441
② 362
③ 17.6
④ 2.53

해설 시정수 : $\tau = \dfrac{L}{R}$ [sec]

$\therefore L = 0.03 \times 14.7 \times 10^3 = 441[mH]$

63 정현파 교류 전압의 실효값에 어떠한 수를 곱하면 평균값을 얻을 수 있는가?

① $\dfrac{2\sqrt{2}}{\pi}$
② $\dfrac{\sqrt{3}}{2}$
③ $\dfrac{2}{\sqrt{3}}$
④ $\dfrac{\pi}{2\sqrt{2}}$

정답 59 ④ 60 ④ 61 ② 62 ① 63 ①

해설

- 정현파 전압의 실효값 : $V_e = \dfrac{\text{최대값}(V_m)}{\sqrt{2}}$

- 정현파 전압의 평균값 :

$$V_{av} = \frac{2}{\pi} V_m = \frac{2}{\pi} \sqrt{2}\, V_e$$

$\left(\text{실효값} = \dfrac{\pi}{2\sqrt{2}} \times \text{평균값}\right)$

64 반파 대칭의 왜형파에 포함되는 고조파는?

① 제2고조파   ② 제4고조파

③ 제5고조파   ④ 제6고조파

65 전류 $\sqrt{2}\,I\sin(\omega t + \theta)\,[A]$와 기전력 $\sqrt{2}\,V\cos(\omega t - \varnothing)\,[V]$ 사이의 위상차는?

① $\dfrac{\pi}{2} - (\phi - \theta)$ ② $\dfrac{\pi}{2} - (\phi + \theta)$

③ $\dfrac{\pi}{2} + (\phi + \theta)$ ④ $\dfrac{\pi}{2} + (\phi - \theta)$

해설 기전력 $= \sqrt{2}\,V\cos(\omega t - \phi)$
$$= \sqrt{2}\,V\sin\left(\omega t - \phi + \frac{\pi}{2}\right)[V]$$

$\therefore$ 위상차$(\theta) = \theta - \left(-\phi + \dfrac{\pi}{2}\right) = \dfrac{\pi}{2} - (\varnothing + \theta)$

66 그림 (a)와 (b)의 회로가 등가 회로가 되기 위한 전류원 I[A]와 임피던스 Z[Ω]의 값은?

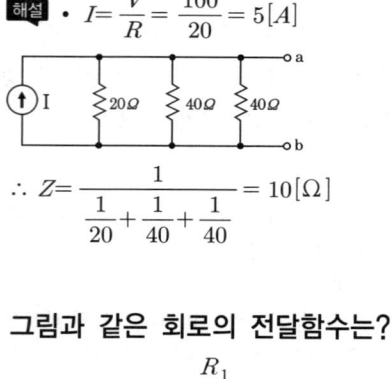

(a)

(b)

① 5[A], 10[Ω]   ② 2.5[A], 10[Ω]

③ 5[A], 20[Ω]   ④ 2.5[A], 20[Ω]

해설 • $I = \dfrac{V}{R} = \dfrac{100}{20} = 5[A]$

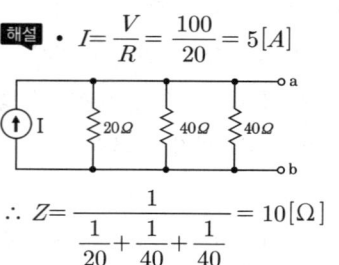

$\therefore Z = \dfrac{1}{\dfrac{1}{20} + \dfrac{1}{40} + \dfrac{1}{40}} = 10[\Omega]$

67 그림과 같은 회로의 전달함수는?

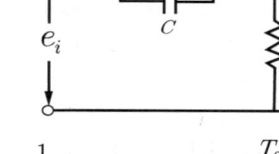

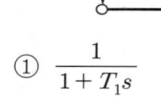

① $\dfrac{1}{1 + T_1 s}$ ② $\dfrac{T_2(1 + T_1 s)}{1 + T_1 T_2 s}$

③ $\dfrac{1 + T_1 s}{1 + T_2 s}$ ④ $\dfrac{T_2(1 + T_1 s)}{T_1(1 + T_2 s)}$

해설 • C, R_1의 병렬회로의 합성 임피던스는

$$Z(s) = \frac{R_1 \cdot \dfrac{1}{Cs}}{R_1 + \dfrac{1}{Cs}} = \frac{R_1}{R_1 Cs + 1}$$

$$E_i(s) = \left(\frac{R_1}{R_1 Cs + 1} + R_2\right) \cdot I(s)$$

$$E_o(s) = R_2 \cdot I(s)$$

$$\therefore G(s) = \frac{E_o(s)}{E_i(s)} = \frac{R_2}{\dfrac{R_1}{R_1 Cs + 1} + R_2}$$

$$= \frac{R_2 + R_1 R_2 Cs}{R_1 + R_2 + R_1 R_2 Cs} = \frac{T_2(1 + T_1 s)}{1 + T_1 T_2 s}$$

정답   **64** ③   **65** ②   **66** ①   **67** ②

68 $R[\Omega]$의 저항 3개를 Y로 접속한 것을 선간전 압 200[V]의 3상 교류 전원에 연결할 때 선 전류가 10[A] 흐른다면, 이 3개의 저항을 △ 로 접속하고 동일 전원에 연결하면 선전류 는 몇 [A]인가?

① 30   ② 25

③ 20   ④ $\dfrac{20}{\sqrt{3}}$

해설

- Y결선일 때의 선전류 : $I_Y = \dfrac{\dfrac{V}{\sqrt{3}}}{R} = 10[A]$

- △결선일 때의 선전류 : $I_\triangle = \sqrt{3} \cdot \dfrac{V}{R}$

$$\dfrac{I_\triangle}{I_Y} = \dfrac{\dfrac{\sqrt{3}\,V}{R}}{\dfrac{V}{\sqrt{3}\,R}} = 3$$

∴ △결선일 때의 선전류 :
$I_\triangle = 3I_Y = 3 \times 10 = 30[A]$

69 전원 측 저항 1[kΩ], 부하저항 10[Ω]일 때, 이것에 변압비 n : 1의 이상변압기를 사용하 여 정합을 취하려 한다. n의 값으로 옳은 것은?

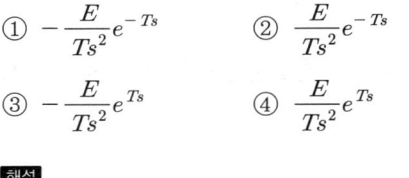

① 1   ② 10
③ 100   ④ 1000

해설

- 변압비 : $n = \dfrac{V_1}{V_2} = \dfrac{I_2}{I_1} = \dfrac{N_1}{N_2}$

$R_1 = n^2 R_2$ 에서,

∴ $n = \sqrt{\dfrac{R_1}{R_2}} = \sqrt{\dfrac{1 \times 10^3}{10}} = 10$

70 다음 파형의 라플라스 변환은?

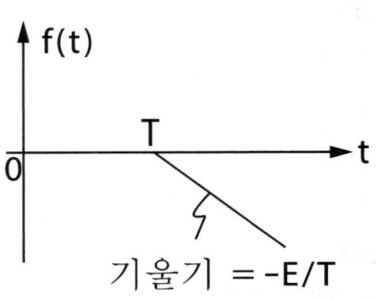
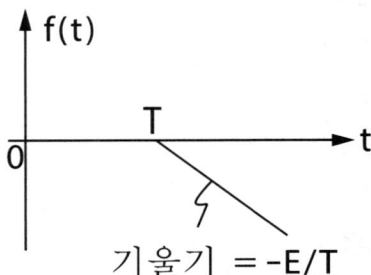

① $-\dfrac{E}{Ts^2}e^{-Ts}$ ② $\dfrac{E}{Ts^2}e^{-Ts}$

③ $-\dfrac{E}{Ts^2}e^{Ts}$ ④ $\dfrac{E}{Ts^2}e^{Ts}$

해설

- $f(t) = t \cdot u(t-1)$,
  $\mathcal{L} f(t) = F(s) = \dfrac{1}{s^2}e^{-s}$

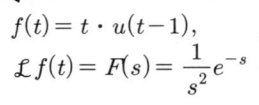

- $f(t) = (t-1) \cdot u(t-1)$,
  $\mathcal{L} f(t) = F(s) = \dfrac{1}{s^2}e^{-s}$

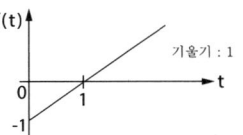

- $f(t) = -\dfrac{E}{T}t \cdot u(t-T)$,
  $\mathcal{L} f(t) = F(s) = -\dfrac{E}{Ts^2}e^{-Ts}$

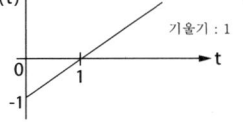

정답   **68** ①   **69** ②   **70** ①

71 특성방정식 중 안정될 필요조건을 갖춘 것은?

① $s^4 + 3s^2 + 10s + 10 = 0$

② $s^3 + s^2 - 5s + 10 = 0$

③ $s^3 + 2s^2 + 4s - 1 = 0$

④ $s^3 + 9s^2 + 20s + 12 = 0$

해설 ① 번 s^3항이 없고, ②,③번 항은 부호가 다르고, ④번 항이 안정될 필요조건이다.

72 그림의 신호흐름선도에서 $\dfrac{C}{R}$를 구하면?

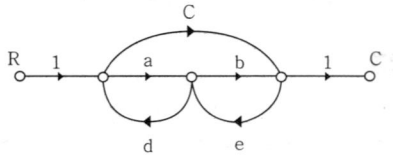

① $\dfrac{ab+c}{1-(ad+be)-cde}$

② $\dfrac{ab+c}{1+(ad+be)-cde}$

③ $\dfrac{ab+c}{1-(ad+be)}$

④ $\dfrac{ab+c}{1+(ad+be)}$

해설 Mason의 정리

$$G(s) = \frac{\sum_{K=1}^{\infty} G_K \Delta_K}{\Delta} = \frac{ab+c}{1-ad-be-cde}$$
$$= \frac{ab+c}{1-(ad+be)-cde}$$

$\Delta = 1 - \Sigma l_1 + \Sigma l_2 - \Sigma l_3 + \cdots$

$\Sigma l_1 = ad + bc + cde$ $K=1, G_1 \Delta_1 = ab$

$K=2, G_2 \Delta_2 = c$

73 2차계의 감쇠비 δ가 $\delta > 1$ 이면 어떤 경우인가?

① 비 제동 ② 과 제동

③ 부족 제동 ④ 발산

해설 • $\delta < 1$: 부족제동, • $\delta = 1$: 임계제동,
• $\delta = 0$: 무제동 • $\delta > 1$: 과제동

74 주파수 전달함수 $G(s) = s$인 미분요소가 있을 때 이 시스템의 벡터궤적은?

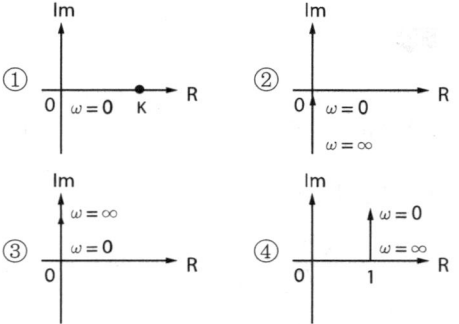

해설

• ① 비례요소 : $G(s) = K$

• ② 적분요소 : $G(s) = \dfrac{1}{s}$

• ③ 미분요소 : $G(s) = s$

• ④ 비례미분요소 : $G(s) = 1 + Ts$

• ⑤ 1차 지연요소 : $G(s) = \dfrac{1}{1+Ts}$

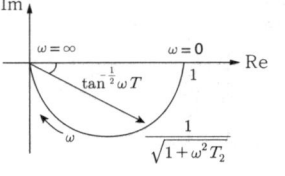

75 특성방정식 P(s)가 다음과 같이 주어지는 계가 있다. 이 계가 안정되기 위한 K와 T의 관계로 맞는 것은?(단, K와 T는 양의 실수이다)

정답 71 ④ 72 ① 73 ② 74 ③ 75 ③

$$P(s) = 2s^3 + 3s^2 + (1+5KT)s + 5K = 0$$

① $K > T$ ② $15KT > 10K$

③ $3 + 15KT > 10K$ ④ $3 - 15KT > 10K$

해설 • $2s^3 + 3s^2 + (1+5KT)s + 5K = 0$

s^3	2	$(1+5KT)$
s^2	3	$5K$
s^1	$\dfrac{3(1+5KT)-10K}{3}$	
s^0	$5K$	

$\therefore \dfrac{3(1+5KT)-10K}{3} > 0, \quad 5K > 0$

$3(1+5KT) - 10K > 0$

$\therefore 3 + 15KT > 10K$

76 제어계의 입력이 단위계단 신호일 때 출력 응답은?

① 임펄스응답   ② 인디셜응답

③ 노멀응답   ④ 램프응답

해설

• 인디셜응답 = 단위계단응답

• 임펄스응답 = 하중함수

• 램프응답 = 경사응답

77 다음의 연산증폭기 회로에서 출력전압 V_0를 나타내는 식은?(단, V_i는 입력신호이다)

① $V_0 = -12 \dfrac{dV_i}{dt}$ ② $V_0 = -8 \dfrac{dV_i}{dt}$

③ $V_0 = -0.5 \dfrac{dV_i}{dt}$ ④ $V_0 = -\dfrac{1}{8} \dfrac{dV_i}{dt}$

해설 • $i_1 = C \dfrac{dV_i}{dt}, \qquad i_2 = -\dfrac{V_0}{R}$

$i_1 = i_2$ 가 되므로,

$C \dfrac{dV_i}{dt} = -\dfrac{V_0}{R}$

$\therefore V_0 = -RC \dfrac{dV_i}{dt} = -12 \dfrac{dV_i}{dt}$

78 자동제어계의 과도응답의 설명으로 틀린 것은?

① 지연시간은 최종값의 50[%]에 도달하는 시간이다.

② 정정시간은 응답의 최종값의 허용범위가 ±5[%]내에 안정되기까지 요하는 시간이다.

③ 백분율 오버슈트 $= \dfrac{\text{최대오버슈트}}{\text{최종목표값}} \times 100$

④ 상승시간은 최종값의 10[%]에서 100[%]까지 도달하는데 요하는 시간이다.

해설

• 상승시간(Rise Time)은 희망값(최종값)의 10[%]에서 90[%]까지 도달하는데 요하는 시간을 말한다.

79 z 변환법을 사용한 샘플치 제어계가 안정되려면 $1 + G(z)H(z) = 0$의 근의 위치는?

① z 평면의 좌반면에 존재하여야 한다.

② z 평면의 우반면에 존재하여야 한다.

③ $|z| = 1$ 인 단위원 안쪽에 존재하여야 한다.

④ $|z| = 1$ 인 단위원 바깥쪽에 존재하여야 한다.

해설 • s 평면의 좌반면은 z 평면의 원점을 중심으로 한 단위원 내부에 사상(안정)

80 $f(t) = Ke^{-at}$의 z변환은?

정답   76 ②   77 ①   78 ④   79 ③   80 ①

① $\dfrac{Kz}{z-e^{-at}}$ ② $\dfrac{Kz}{z+e^{-at}}$

③ $\dfrac{z}{z-Ke^{-at}}$ ④ $\dfrac{z}{z+Ke^{-at}}$

해설

$\lim\limits_{t\to 0}e(t)=\lim\limits_{s\to\infty}E(z)$		
$f(t)$	$F(s)$	$F(z)$
$\delta(t)$	$f(t)$	$f(t)$
$u(t)$	1	1
t	$\dfrac{1}{s^2}$	$\dfrac{Tz}{(z-1)^2}$
e^{-at}	$\dfrac{1}{s+a}$	$\dfrac{z}{z-e^{-at}}$

$f(t)=k\cdot e^{-at},\quad \pounds\, f(t)=F(s)=k\cdot\dfrac{1}{s+a}$

$Z[\dfrac{K}{s+a}]=K\dfrac{z}{z-e^{-at}}$

제5과목 : 전기설비기술기준 및 판단기준

81 사람이 상시 통행하는 터널 안의 배선을 애자사용 공사에 의하여 시설하는 경우 설치 높이는 노면 상 몇 [m] 이상 인가?

① 1.5 ② 2

③ 2.5 ④ 3

해설 사람이 상시 통행하는 터널안의 배선의 시설에서, 애자사용공사에 의하고 노면 상 2.5[m] 이상의 높이에 시설 할 것

82 "고압 또는 특별고압의 기계기구, 모선 등을 옥외에 시설하는 발전소, 변전소, 개폐소 또는 이에 준하는 곳에 시설하는 울타리, 담 등의 높이는 (㉠)m 이상으로 하고, 지표면과 울타리 담 등의 하단사이의 간격은 (㉡) cm 이하로 하여야 한다"에서 ㉠, ㉡에 알맞은 것은?

① ㉠ 3 ㉡ 15 ② ㉠ 2 ㉡ 15

③ ㉠ 3 ㉡ 25 ④ ㉠ 2 ㉡ 25

83 교류전차선과 식물사이의 이격 거리는?

① 1[m] 이상 ② 2[m] 이상

③ 3[m] 이상 ④ 4[m] 이상

해설 교류식 전기철도에서 전차선과 식물사이의 이격 거리는 2[m] 이상일 것

84 저압 가공전선과 고압 가공전선을 동일 지지물에 병가 하는 경우, 고압가공전선에 케이블을 사용하면 그 케이블과 저압 가공전선의 최소 이격 거리는 몇 [cm]인가?

① 30 ② 50

③ 70 ④ 90

해설 저·고압 가공전선 등의 병가
① 저압가공전선을 고압가공전선의 아래로 하고 별개의 완금류에 시설할 것
② 저압가공전선과 고압가공전선 사이의 이격 거리는 50[cm] 이상 (단, 고압가공 전선이 케이블을 사용할 경우는 30[cm] 이상)일 것

85 강관으로 구성된 철탑의 갑종풍압하중은 수직 투영면적 1$[m^2]$에 대한 풍압을 기초로 하여 계산한 값이 몇 [Pa]인가?

① 1255 ② 1340

③ 1560 ④ 2060

86 사용전압이 25[kV] 이하의 특고압 가공 전선로에는 전화선로의 길이가 12[km]마다 유도전류가 몇 [μA]를 넘지 않아야 하는가?

① 1.5 ② 2

③ 2.5 ④ 3

정답 81 ③ 82 ② 83 ② 84 ① 85 ① 86 ②

626 · Part 2. 전기기사 기출문제

해설

• 유도장해방지

① 사용전압이 60[kV] 이하인 경우는 전화선로의 길이 12[km]마다 유도전류가 2[μA] 이하

② 사용전압이 60[kV]넘는 경우는 전화선로의 길이 40[km]마다 유도전류가 3[μA] 이하일 것

87 케이블 트레이의 시설에 대한 설명으로 틀린 것은?

① 안전율은 1.5 이상으로 하여야 한다.

② 비금속제 케이블 트레이는 난연성 재료의 것이어야 한다.

③ 저압옥내배선의 사용전압이 400[V] 미만인 경우에는 금속제 트레이에 제3종 접지공사를 하여야한다.

④ 저압옥내배선의 사용전압이 400[V] 이상인 경우에는 급속제 트레이에 제1종 접지공사를 하여야한다.

해설 400[V] 미만인 경우에는 금속제 트레이에 제3종 접지공사, 사용전압이 400[V] 이상인 경우에는 특별 제3종 접지공사를 할 것

88 사용전압이 22.9[kV]의 가공전선이 철도를 횡단하는 경우, 전선의 레일면상의 높이는 몇 [m] 이상 인가?

① 5
② 5.5
③ 6
④ 6.5

해설 특고압 가공전선의 높이

① 35[kV] 이하 : 도로횡단 6[m], 철도횡단 6.5[m], 일반장소 5[m] 이상

② 35[kV]넘고 160[kV] 이하 : 6[m](산지등은 5[m], 철도등은 6.5[m], 횡단보도교 위에 시설하는 경우에 케이블 일 때는 5[m]) 이상

③ 160[kV]넘는 것 : 6[m]에 160[kV]넘는 10[kV] 또는 그 단수마다 12[cm] 더한 값 이상

89 22.9 [kV] 3상 4선식 다중 접지방식의 지중 전선로의 절연내력시험을 직류로 할 경우 시험전압은 몇 [V]인가?

① 16448
② 21068
③ 32796
④ 42136

해설 최대사용 전압이 7000[V] 초과 25000[V] 이하인 중성점 접지식(중성선 다중 접지하는 것에 한한다.)의 절연 내력시험 전압은 최대사용 전압의 0.92배의 전압. 직류로 절연내력 시험을 할 경우에는 교류시험 전압의 2배로서 연속하여 10분간 견딜 것

∴ 시험전압 = $22900 \times 0.92 \times 2 = 42136[V]$

90 발전소, 변전소, 개폐소 또는 이에 준하는 곳에 설치하는 배전반 시설에 법규상 확보할 사항이 아닌 것은?

① 방호장치

② 통로를 시설

③ 기기 조작에 필요한 공간

④ 공기 여과장치

해설 제 61조[배전반 시설]

㉠ 발전소, 변전소, 개폐소 또는 이에 주하는 곳에 시설하는 배전반에 붙이는 기구 및 전선(관에 넣은 전선 및 개장한 케이블은 제외)은 점검할 수 있도록 시설하여야 한다.

㉡ ㉠항의 배전반에 고압용 또는 특별 고압용의 기구 또는 전선을 시설하는 경우에는 취급자에게 위험이 미치지 아니하도록 적당한 방호장치 또는 통로를 시설 하여야 하며, 기기조작에 필요한 공간을 확보하여야 한다.

㉢ 전기사용 장소의 배전반 및 분전반에 시설하는 기구 및 전선은 쉽게 점검 할 수 있도록 하고 다음 각 호와 같이 시설하여야 한다.

　1. 노출된 충전부가 있는 배전반 및 분전반은 취급자 이외의 사람이 쉽게 출입할 수 없는 장소에 설치할 것

정답 87 ④　88 ④　89 ④　90 ④

2. 한 개의 분전반에는 한 가지 전원 (1회선의 간선)만 공급하여야 한다.
   다만, 안전 확보가 충분하도록 격벽을 설치하고 사용전압을 쉽게 식별 할 수 있도록 그 회로의 과전류 차단기 가까운 곳에 그 사용·전압을 표시하는 경우에는 그러하지 아니한다.
3. 주택용 분전반의 구조는 충전부에 직접 접촉할 우려가 없어야 하며, 점검이 용이한 구조이어야 한다.

91 전체의 길이가 16[m]이고 설계하중이 6.8[kN] 초과 9.8[kN] 이하인 철근 콘크리트 주를 논, 기타 지반이 연약한 곳 이외의 곳에 시설할 때, 묻히는 깊이를 2.5[m] 보다 몇 [cm] 가산하여 시설하는 경우에는 기초의 안전율에 대한 고려 없이 시설하여도 되는가?

① 10   ② 20
③ 30   ④ 40

해설 철근 콘크리트 주로서 그 전체의 길이가 14[m] 이상 20[m] 이하이고, 설계하중이 6.8[kN] 초과 9.8[kN] 이하의 것을 논이나 그 밖의 지반이 연약한 곳 이외에 시설하는 경우 그 묻히는 길이는 2.5[m] 보다 30[cm] 가산하여 시설하는 경우에는 기초의 안전율에 대한 고려 없이 시설할 수 있다.

92 옥내에서 시설하는 관등회로의 사용전압이 1[kV]를 초과하는 방전등으로써 방전관에 네온방전관을 사용한 관등회로의 배선은?

① MI케이블공사   ② 금속관공사
③ 합성수지관공사   ④ 애자사용공사

해설
• 네온방전등의 시설
관등회로의 전압이 1000[V]가 넘는 네온방전관은 옥측 또는 옥외 방전등공사에 준하고 사람이 접촉할 우려가 없도록 하고 다음과 같이 시설할 것

① 방전등용 변압기 : 누설변압기로서 2차 최대 전압이 15,000[V], 2차 최대단락 전류 50[mA] 이하이고, 외함은 제3종 접지공사를 할 것.
② 관등회로의 배선
   1. 배선은 애자사용 공사
   2. 전선의 지지점간의 거리는 1[m] 이하
   3. 전선 상호간의 간격은 60[cm] 이상
③ 네온 방전등용 변압기는 네온 변압기 일 것

93 발 · 변전소의 주요 변압기에 시설하지 않아도 되는 계측 장치는?

① 역률계   ② 전압계
③ 전력계   ④ 전류계

해설 발 · 변전소의 계측장치
① 발전소의 계측장치 시설
   ㉠ 발전기 · 연료전지 또는 태양전지 모듈의 전압 및 전류 또는 전력
   ㉡ 발전기의 베어링 및 고정자의 온도
   ㉢ 발전기의 진동의 진폭
   ㉣ 주요 변압기의 전압 및 전류 또는 전력
   ㉤ 특고압 변압기의 온도
② 변전소의 계측장치 시설
   ㉠ 주요 변압기의 전압 및 전류 또는 전력
   ㉡ 특고압용 변압기의 온도

94 특별 제3종 접지공사를 시공한 저압 전로에 지기가 생겼을 때 0.5초 이내에 자동적으로 전로를 차단하는 장치가 설치되었다면 접지저항 값은 몇 [Ω] 이하로 하여야 하는가? (단, 물기가 있는 장소로써 자동 차단기의 정격 감도전류는 300[mA]이다)

① 10   ② 50
③ 150   ④ 500

해설 제3종 및 특별 제3종 접지공사에서 접지저항값의 상한값

정답 91 ③   92 ④   93 ①   94 ②

628 • Part 2. 전기기사 기출문제

정격감도전류	접지저항치	
	물기 있는 장소, 전기적 위험도가 높은 장소	그 외 다른 장소
30[mA]	500[Ω]	500[Ω]
50[mA]	300[Ω]	500[Ω]
100[mA]	150[Ω]	500[Ω]
200[mA]	75[Ω]	250[Ω]
300[mA]	50[Ω]	166[Ω]
500[mA]	30[Ω]	100[Ω]

95 사용전압이 400[V] 미만인 경우의 저압 보안공사에 전선으로 경동선을 사용할 경우 지름은 몇 [mm] 이상 인가?

① 2.6 ② 3.5
③ 4.0 ④ 5.0

해설

- 저압보안공사
  ① 전선의 굵기 : 전선은 케이블인 경우 이외에는 인장강도 8.01[kN] 이상의 것 또는 지름이 5[mm](사용전압이 400[V] 미만인 경우는 4[mm]) 이상의 경동선
- 고압보안공사
  ① 전선의 굵기 : 전선은 케이블인 경우 이외에는 인장강도 8.01[kN] 이상의 것 또는 지름이 5[mm] 이상의 경동선

96 345[kV] 가공전선로를 제 1종 특고압 보안공사에 의하여 시설하는 경우에 사용하는 전선은 인장강도 77.47[kN] 이상의 연선 또는 단면적 몇 [mm²] 이상의 경동연선 이어야 하는가?

① 100 ② 125
③ 150 ④ 200

해설 제1종 특고압 보안공사
① 전선 : 케이블인 경우 이외에는 아래와 같다.
- 100[kV] 미만 : 55[mm²] 이상의 경동연선 또는 인장강도 21.67[kN] 이상의 연선
- 100[kV] 이상 300[kV] 미만 : 150[mm²] 이상의 경동연선 또는 인장강도 58.84[kN] 이상의 연선
- 300[kV] 이상 : 200[mm²] 이상의 경동연선 또는 인장강도 77.47[kN] 이상의 연선

97 시가지에 특고압 가공전선로의 지지물에 시설할 수 없는 통신선은?

① 지름이 4[mm]의 절연전선
② 첨가통신용 제 1종 케이블
③ 광섬유 케이블
④ CN/CV 케이블

해설 CN/CV 케이블은 22.9[kV-Y] 계통에서의 수전설비 인입선으로 사용하는 케이블이다.

98 옥내의 저압전선으로 애자사용 공사에 의하여 전개된 곳에 나전선의 사용이 허용되지 않는 경우는?

① 전기로용 전선
② 취급자 이외의 자가 출입할 수 없도록 설비한 장소에 시설하는 전선
③ 제분공장의 전선
④ 전선의 피복 절연물이 부식하는 장소에 시설하는 전선

해설

- 옥내에 시설하는 저압전선은 다음의 경우를 제외하고 나전선을 사용하여서는 아니 된다.
  ㉠ 애자 사용공사에 의하여 전개된 장소에 시설하는 경우로 전기로용 전선, 전선의 피복 절연물이 부식하는 장소의 전선, 취급자 이외의 자가 출입할 수 없도록 설비한 장소에 시설하는 전선

정답 95 ③ 96 ④ 97 ④ 98 ③

2015년도 기사 제2회 필기시험(기사) · **629**

ⓛ 버스덕트나 라이팅 덕트공사에 의한 시설
ⓒ 접촉전선의 시설

99 KS C IEC 60364에서 전원의 한 점을 직접 접지하고, 설비의 노출 도전성 부분을 전원 계통의 접지극과 별도로 전기적으로 독립하여 접지하는 방식은?

① TT 계통　　　② TN-C 계통
③ TN-S 계통　　④ TN-CS 계통

해설

• TT 계통 (TT system) : 전원의 한 점을 직접접지하고 설비의 노출 도전성 부분을 전원계통의 접지극과는 전기적으로 독립한 접지극에 접지하는 접지계통

• TN 계통 (TN system) : 전원의 한 점을 직접접지하고 설비의 노출 도전성 부분을 보호선 (PE)을 이용하여 전원의 한 점에 접속하는 접지계통. TN계통은 중성선 및 보호선의 배치에 따라, TN-S 계통, TN-CS 계통, TN-C 계통이 있다.

100 제2종 접지공사의 접지저항값을 $\frac{150}{I}[\Omega]$ 으로 정하고 있는데, 이 때 I 에 해당되는 것은?

① 변압기의 고압측 또는 특고압측 전로의 1선 지락전류의 암페어 수
② 변압기의 고압측 또는 특고압측 전로의 단락 사고 시 고장전류의 암페어 수
③ 변압기의 1차측과 2차측의 혼촉에 의한 단락전류의 암페어 수
④ 변압기의 1차와 2차에 해당되는 전류의 합

정답　99 ①　100 ①

국가기술자격검정 필기시험문제

2015년도 기사 제3회 필기시험(기사)

자격종목 및 등급(선택분야)	종목코드	시험시간	문제지형별	수검번호	성명
전기기사		**2시간 30분**	**B**		

※ 시험문제지는 답안카드와 같이 반드시 제출하여야 합니다.

제1과목 : 전기자기학

01 패러데이 법칙에 대한 설명으로 가장 적합한 것은?

① 정전유도에 의해 회로에 발생하는 기자력은 자속의 변화 방향으로 유도된다.

② 정전유도에 의해 회로에 발생하는 기자력 자속 쇄교수의 시간에 대한 증가율에 비례한다.

③ 전자유도에 의해 회로에 발생하는 되는 기전력은 자속의 변화를 방해하는 반대 방향으로 기전력이 유도된다.

④ 전자유도에 회로에 발생되는 기전력은 자속 쇄교수의 시간에 대한 변화율에 비례한다.

해설

- 페러데이의 전자유도법칙은 전자유도에서 회로에 발생하는 기전력 e[V]는 쇄교좌속 $\phi[Wb]$가 시간적으로 변화하는 비율과 같다.

$$e = -N\frac{d\phi}{dt}[V]$$

02 반지름 a, $b(b>a)$[m]의 동심 구도체 사이에 유전율 $\epsilon[F/m]$의 유전체가 채워졌을 때의 정전용량은 몇 [F] 인가?

① $\dfrac{\pi\epsilon}{\ln(b/a)}$

② $\dfrac{\ln(b/a)}{\pi\epsilon}$

③ $\dfrac{4\pi\epsilon ab}{b-a}$

④ $\dfrac{1}{4\pi\epsilon}\dfrac{a-b}{ab}$

해설

그림처럼 내구에 $+Q[C]$, 외구에 $-Q[C]$을 준 경우 내외도체사이의 전위차는 $V = \dfrac{Q}{4\pi\epsilon}\left(\dfrac{1}{a}-\dfrac{1}{b}\right)[V]$이므로

정전용량은

$$\therefore C = \frac{Q}{V} = \frac{4\pi\epsilon}{\dfrac{1}{a}-\dfrac{1}{b}} = \frac{4\pi\epsilon ab}{b-a}$$

03 맥스웰 전자방정식 중 페러데이 법칙에서 유도된 식은?(단, D : 전속밀도, ρ_v : 공간전하밀도, B : 자속밀도, E : 전계의 세기, J : 전류밀도, H : 자계의 세기이다)

① $div\, D = \rho_v$

② $div\, B = 0$

③ $\nabla \times H = J + \dfrac{\partial D}{\partial t}$

④ $\nabla \times E = -\dfrac{\partial B}{\partial t}$

정답 **01** ④ **02** ③ **03** ④

해설

- 페러데이 - 노이만 전자유도법칙에 의해서 일반화된 맥스웰의 전자 방정식의 형은

$$rot\,E = \nabla \times E = -\frac{\partial B}{\partial t}$$

04 특성임피던스가 각각 η_1, η_2 인 두 매질의 경계면에 전자파가 수직으로 입사할 때 전계가 무반사로 되기 위한 가장 알맞은 조건은?

① $\eta_2 = 0$ ② $\eta_1 = 0$

③ $\eta_1 = \eta_2$ ④ $\eta_1 \cdot \eta_2 = 1$

05 전기력선의 성질에 대한 설명 중 옳은 것은?

① 전기력선은 도체 표면과 직교한다.

② 전기력은 전위가 낮은 점에서 높은 점으로 향한다.

③ 전기력선은 도체 내부에 존재할 수 있다.

④ 전기력선은 등전위면과 평행하다.

해설 전기력선의 일반 성질

㉠ 전기력선은 정(+)전하에서 부(−)전하로 들어간다.

㉡ 전기력선은 전위가 높은 점에서 낮은 점으로 향한다($E = -grad\,V\,[V/m]$).

㉢ 전기력선은 그 자신만으로 폐곡선을 이루지 못한다 ($\nabla \times E = 0$).

㉣ 전기력선은 전하가 없는 곳에서 연속이다.(발생, 소멸이 없다), ($\nabla \cdot E = 0$)

㉤ 전기력선은 등전위면(도체표면)과 수직으로 만난다 (직교).

㉥ 전기력선은 전계가 0이 아닌 이상 교차하는 일이 없다.

㉦ 전기력선은 도체내부에서 0이다(전기력선이 없다).

㉧ 전기력선은 접선방향이 전계의 방향이다.

㉨ 전기력선은 단위전하에 $\dfrac{1}{\epsilon_0}$(개)의 전기력선이 출입한다($\dfrac{1}{\epsilon_0} = 36\pi \times 10^9$).

㉪ 무한 원점에 있는 전하까지 고려하면 전하의 총량은 항상 0이다.

㉫ 2개의 전기력선은 서로 교차하지 않는다.

㉬ 전기력선은 도체 표면에서 수직으로 출입한다.

㉭ 전기력선은 무한 원점에서 끝나거나 오는 것이 있다.

06 반지름 a[m]의 원형 단면을 가진 도선에 전도전류 $i_c = I_m \sin 2\pi ft\,[A]$가 흐를 때 변위전류밀도의 최대값 J_d는 몇 $[A/m^2]$가 되는가? (단, 도전율은 σ [S/m]이고, 비유전율은 ϵ_r 이다)

① $\dfrac{f\epsilon_r I_c}{18\pi \times 10^9\,\sigma\,a^2}$ ② $\dfrac{f\epsilon_r I_c}{9\pi \times 10^9\,\sigma\,a^2}$

③ $\dfrac{f\epsilon_r I_c}{4\pi \times 10^9\,\sigma\,a^2}$ ④ $\dfrac{\epsilon_r I_c}{4\pi f \times 10^9\,\sigma\,a^2}$

해설 변위 전류밀도

$$i_d = \frac{\partial D}{\partial t} = \frac{\partial \epsilon E}{\partial t} = j\omega\epsilon E\,[A/m^2]$$

$$i_d = k \cdot E\,[A/m^2]$$

$$I_c = KSE = \sigma SE \text{ 에서 } E = \frac{I_c}{\sigma S}$$

∴ 변위 전류밀도의 최대값

$$J_d = \omega\epsilon E = 2\pi f\epsilon_0\epsilon_r \cdot \frac{I_c}{\sigma S}$$

$$= \frac{f\epsilon_r I_c}{18\pi \times 10^9 \times \sigma \times a^2}\,[A/m^2]$$

07 자속밀도가 $0.3\,[Wb/m^2]$인 평등자계 내에 $5[A]$의 전류가 흐르고 있는 길이 $2[m]$인 직선도체를 자계의 방향에 대하여 $60°$의 각도로 놓았을 때 이도체가 받는 힘은 약 몇 $[N]$인가?

① 1.3   ② 2.6

③ 4.7   ④ 5.2

정답   **04** ③   **05** ①   **06** ①   **07** ②

해설

$$F = IBl \sin\theta = 5 \times 0.3 \times 2 \times \sin60° = 2.6[N]$$

08 무한 평면도체로부터 거리 $a[m]$인 곳에 점전하 $Q[C]$가 있을 때 도체 표면에 유도되는 최대 전하 밀도는 몇 $[C/m^2]$인가?

① $\dfrac{Q}{2\pi\epsilon_0 a^2}$ ② $\dfrac{Q}{4\pi a^2}$

③ $-\dfrac{Q}{2\pi a^2}$ ④ $\dfrac{Q}{4\pi\epsilon_0 a^2}$

해설 무한평면 도체로부터 기준원점으로부터 $x[m]$인 곳에 유도되는 전하밀도 $[C/m^2]$은?

$$\sigma = -D - \epsilon_0 E = -\frac{Q \cdot a}{2\pi(a^2 + x^2)^{3/2}}[C/m^2] \text{ 이다.}$$

그러므로 면밀도가 최대인 점의 전하밀도는

$$\sigma_{max} = \sigma\Big|_{x=0} = \frac{Q}{2\pi a^2}[C/m^2]$$

$$\left(\text{최소}: \sigma_{min} = \sigma\Big|_{x=\infty} = 0\right)$$

그림은 정전유도 전하밀도를 나타낸 것이다.

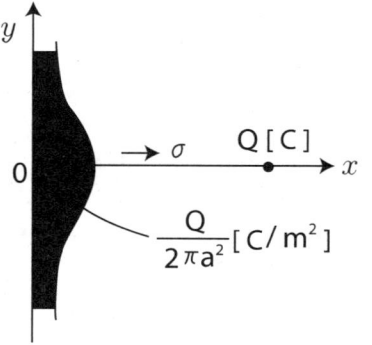

09 2[C]의 점전하가 전계 $E = 2a_x + a_y - 4a_z[V/m]$ 및 자계 $B = -2a_x + 2a_y - a_z[Wb/m^2]$ 내에서 속도 $v = 4a_x - a_y - 2a_z[m/s]$로 운전하고 있을 때 점전하에 작용하는 힘 F는 몇 [N]인가?

① $-14a_x + 18a_y + 6a_z$

② $14a_x - 18a_y - 6a_z$

③ $-14a_x + 18a_y + 4a_z$

④ $14a_x + 18a_y + 4a_z$

해설

$$F = q(E + v \times B)$$

$$= 2(2a_x + a_y - 4a_z) + 2(4a_x - a_y - 2a_z) \times (-2a_x + 2a_y - a_z)$$

$$= 2(2a_x + a_y - 4a_z) + 2\begin{vmatrix} a_x & a_y & a_z \\ 4 & -1 & -2 \\ -2 & -2 & -1 \end{vmatrix}$$

$$= 2(2a_x + a_y - 4a_z) + 2(5a_x + 8a_y + 6a_z)$$

$$= 2(7a_x + 9a_y + 2a_z) = 14a_x + 18a_y + 4a_z$$

10 비투자율 350인 환상철심 중의 평균 자계의 세기가 $280[AT/m]$일 때 자화의 세기는 약 몇 $[Wb/m^2]$인가?

① 0.12 ② 0.15

③ 0.18 ④ 0.21

해설

$$J = \mu_0(\mu_s - 1) \cdot H$$
$$= 4\pi \times 10^{-7}(350 - 1) \times 280 = 0.12[Wb/m^2]$$

11 $Q[C]$의 전하를 가진 반지름 $a[m]$의 도체구를 유전율 $\epsilon[F/m]$의 기름 탱크로부터 공기 중으로 빼내는데 요하는 에너지는 몇 [J]인가?

① $\dfrac{Q^2}{8\pi\epsilon_0 a}\left(1 - \dfrac{1}{\epsilon_s}\right)$ ② $\dfrac{Q^2}{4\pi\epsilon_0 a}\left(1 - \dfrac{1}{\epsilon_s}\right)$

③ $\dfrac{Q^2}{8\pi\epsilon_0 a}(\epsilon_s - 1)$ ④ $\dfrac{Q^2}{4\pi\epsilon_0 a}(\epsilon_s - 1)$

해설

• 공기 중의 도체구의 정전용량은 $C = 4\pi\epsilon_0 a[F]$

• 기름탱크의 도체구의 정전용량은
$$C' = 4\pi\epsilon a[F] = 4\pi\epsilon_0\epsilon_s a[F]$$

정답 08 ③ 09 ④ 10 ① 11 ①

$\therefore$ 공기 중으로 빼내는데 요하는 에너지는

$$W = \frac{Q^2}{2C} - \frac{Q^2}{2C'} = \frac{Q^2}{8\pi\epsilon_o a}\left(1 - \frac{1}{\epsilon_s}\right)$$

12 다음 설명 중 옳은 것은?

① 자계 내의 자속밀도는 벡터포텐셜을 폐로선
적분하여 구할 수 있다.

② 벡터포텐셜은 거리에 반비례하며 전류의 방
향과 같다.

③ 자속은 벡터포텐셜의 curl을 취하면 구할
수 있다.

④ 스칼라포텐셜은 정전계와 정자계에서 모두
정의되나 벡터포텐셜은 정전계에서만 정의
된다.

13 한 변의 저항이 R_0인 그림과 같은 무한히 긴 회로에서 AB간의 합성저항은 어떻게 되는가?

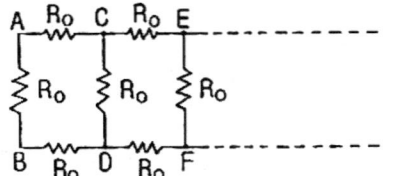

① $(\sqrt{2}-1)R_0$　　② $(\sqrt{3}-1)R_0$

③ $\dfrac{2}{3}R_0$　　④ $\dfrac{3}{4}R_0$

해설

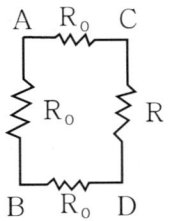

그림에서 CD 우측에 바라본 합성저항을 R이라고 하
고, 그 때 AB사이의 합성저항 R_{AB}는

$$R_{AB} = \frac{R_0(2R_0+R)}{R_0+(2R_0+R)} = \frac{2R_o^2+R_0R}{3R_o+R}$$

그런데 $R_{AB} = R$ 이 되므로, $\dfrac{2R_o^2+R_0R}{3R_0+R} = R$

$3R_0R+R^2 = 2R_0^2+R_0R,$

$R^2+3R_0R-R_0R-2R_0^2 = 0$

$\therefore R^2+2R_0R-2R_0^2 = 0$

$$R = \frac{-2R_0 \pm \sqrt{(2R_0)^2-4\cdot1\cdot(-2R_0^2)}}{2\times1}$$

$$= (-1\pm\sqrt{3})R_0$$

$R > 0$ 하므로, $R = (\sqrt{3}-1)R_0$ 가 된다.

14 평면 전자파가 유전율 ϵ, 투자율 μ인 유전체 내를 전파한다. 전계의 세기가

$E = E_m \sin\omega\left(t - \dfrac{x}{v}\right)[V/m]$라면 자계의 세기 $H[AT/m]$는?

① $\sqrt{\epsilon\mu}\, E_m\sin\omega\left(t-\dfrac{x}{v}\right)$

② $\sqrt{\dfrac{\epsilon}{\mu}}\, E_m\cos\omega\left(t-\dfrac{x}{v}\right)$

③ $\sqrt{\dfrac{\epsilon}{\mu}}\, E_m\sin\omega\left(t-\dfrac{x}{v}\right)$

④ $\sqrt{\dfrac{\mu}{\epsilon}}\, E_m\cos\omega\left(t-\dfrac{x}{v}\right)$

해설 자유공간에서 고유임피던스는

$$Z_0 = \frac{E}{H} = \sqrt{\frac{\mu}{\epsilon}}$$

$$\therefore H = \sqrt{\frac{\epsilon}{\mu}}\, E = \sqrt{\frac{\epsilon}{\mu}}\, E_m\sin\omega\left(t-\frac{x}{v}\right)$$

15 높은 전압이나, 낙뢰를 맞는 자동차 안에는 승객이 안전한 이유가 아닌 것은?

정답 12 ②　13 ②　14 ③　15 ④

① 도전성 용기 내부의 장은 외부 전하나 자장이 정지 상태에서 영(ZERO)이다.

② 도전성 내부 벽에는 음(−) 전하가 이동하여 외부에 같은 크기의 양(+)전하를 준다.

③ 도전성인 용기라도 속빈 경우에 그 내부에는 전기장이 존재하지 않는다.

④ 표면의 도전성 코팅이나 프레임 사이에 도체의 연결이 필요 없기 때문이다.

16 유도 기전력의 크기는 폐회로에 쇄교하는 자속의 시간적 변화율에 비례하는 정량적인 법칙은?

① 노이만의 법칙

② 가우스의 법칙

③ 암페어의 주회적분법칙

④ 플레밍의 오른손 법칙

해설

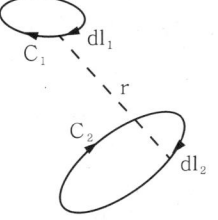

그림과 같이 2개의 회로 C_1과 C_2가 있을 때 각 회로 상에서 취한 미소 부분을 dl_1, dl_2, 두 미소 부분간의 거리를 r이다. C_1과 C_2 회로와의 상호 인덕턴스 M_{21}을 구하는 방법이 노이만의 법칙이다.

회로 C_1에 흐르는 전류를 I_1, ds_2부분에 생기는 벡터 페텐셜 A_1은

$A_1 = \dfrac{\mu}{4\pi} \oint_{C_1} \dfrac{I_1}{r_1} dl_1$, 회로 C_2 와 쇄교하는 자속

ϕ_{21}은

$\phi_{21} = \oint_{C_2} A_1 dl_2 = \dfrac{\mu I_1}{4\pi} \oint_{C_2} \oint_{C_1} dl_1 \cdot dl_2$

$M_{21} = \dfrac{\mu}{4\pi} \oint_{C_2} \oint_{C_1} \dfrac{dl_1 \cdot dl_2}{r}$에서 dl_1 과 dl_2 와의 각을 θ라 하면

$\therefore M_{21} = \dfrac{\mu}{4\pi} \oint_{C_2} \oint_{C_1} \dfrac{\cos\theta \, dl_1 \cdot dl_2}{r}$

$= \dfrac{\mu}{4\pi} \oint_{C_2} \oint_{C_1} \dfrac{dl_1 \cdot dl_2}{r}$ 가 된다.

17 전계 $E[V/m]$가 두유전체의 경계면에 평행으로 작용하는 경우 경계면의 단위면적당 작용하는 힘은 몇 $[N/m^2]$ 인가?(단, ϵ_1, ϵ_2는 두 유전체의 유전율이다)

① $f = \dfrac{1}{2} E^2 (\epsilon_1 - \epsilon_2)$

② $f = E^2 (\epsilon_1 - \epsilon_2)$

③ $f = \dfrac{1}{2E^2} (\epsilon_1 - \epsilon_2)$

④ $f = \dfrac{1}{E^2} (\epsilon_1 - \epsilon_2)$

해설

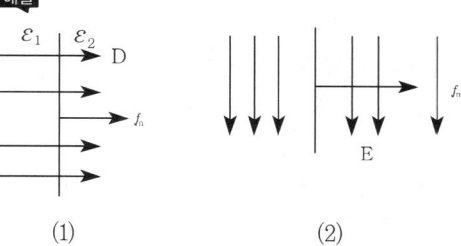

(1) 전계가 경계면에 수직으로 입사 할 경우

$(\epsilon_1 > \epsilon_2) \ (D_1 = D_2)$

$f_n = \dfrac{1}{2} (E_2 - E_2) \cdot D = \dfrac{1}{2} \left(\dfrac{1}{\epsilon_2} - \dfrac{1}{\epsilon_1} \right) D^2 [N/m^2]$

(2) 전계가 경계면에 평행으로 작용 할 경우

$f_n = \dfrac{1}{2} (E_1 D_1 - E_2 D_2) = \dfrac{1}{2} (\epsilon_1 - \epsilon_2) E^2 [N/m^2]$

(1), (2) 모두 유전율이 큰 쪽에서 유전율이 작은 쪽으로 끌려들어가는 맥스웰 응력이 작용한다.

정답 16 ① 17 ①

18 지름 2[mm], 길이 25[m] 인 동선의 내부 인덕턴스는 몇 $[\mu H]$인가?

① 1.25　　　　　② 2.5

③ 5.0　　　　　④ 25

해설 반지름 $a[m]$인 원통도체(투자율 $\mu[H/m]$)의 길이가 $l[m]$일 때 내부인덕턴스$[H]$는

$$W = \frac{1}{2}L_i I^2[J], \quad W = \frac{\mu}{16\pi}I^2 l\,[J]$$

$\frac{1}{2}L_i \cdot I^2 = \frac{\mu}{16\pi}I^2 l\,[J]$에서 내부 인덕턴스 L_i는

$$L_i = \frac{\mu l}{8\pi}[H]$$ 가 된다.

즉 단면적에는 관계없고, 도체의 재질(투자율)에 따라 결정 된다.

여기서, 동선인 경우는 $\mu = \mu_0 = 4\pi \times 10^{-7}[H/m]$ 이다.

$$\therefore L_i = \frac{\mu_0 l}{8\pi} = \frac{4\pi \times 10^{-7} \times 25}{8\pi}$$
$$= 1.25 \times 10^{-6}[H] = 1.25[\mu H]$$

19 아래의 그림과 같은 자기회로에서 A부분에만 코일을 감아서 전류를 인가할 때의 자기저항과 B부분에만 코일을 감아서 전류를 인가할 때의 자기저항$[AT/Wb]$을 각각 구하면 어떻게 되는가?(단, 자기저항 $R_1 = 3[AT/Wb]$, $R_2 = 1[AT/Wb]$, $R_3 = 2[AT/Wb]$ 이다)

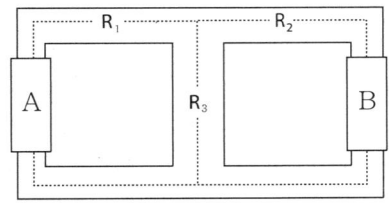

① $R_A = 2.20$, $R_B = 3.67$

② $R_A = 3.67$, $R_B = 2.20$

③ $R_A = 1.43$, $R_B = 2.83$

④ $R_A = 2.20$, $R_B = 1.43$

해설
- A 부분의 자기저항 $[AT/Wb]$은

$$R_A = R_1 + \frac{R_2 \times R_3}{R_2 + R_3} = 3 + \frac{1 \times 2}{1 + 2} = 3.67[AT/Wb]$$

- B 부분의 자기저항 $[AT/Wb]$은

$$R_B = R_2 + \frac{R_1 \times R_3}{R_1 + R_3} = 1 + \frac{3 \times 2}{3 + 2} = 2.2[AT/Wb]$$

20 $5000[\mu F]$의 콘덴서를 $60[V]$로 충전시켰을 때 콘덴서에 축적되는 에너지는 몇 $[J]$인가?

① 5　　　　　② 9

③ 45　　　　　④ 90

해설

$$W = \frac{1}{2}CV^2 = \frac{1}{2} \times 5000 \times 10^{-6} \times 60^2 = 9[J]$$

제2과목 : 전력공학

21 기력발전소 내의 보조기 중 예비기를 가장 필요로 하는 것은?

① 미분탄송입기　　② 급수펌프

③ 강제통풍기　　　④ 급탄기

해설 급수펌프는 급수를 보일러에 보내기 위해서 사용되며, 랭킨사이클에서 등적단열압축 과정이 행해지는 기기이다.

22 유량의 크기를 구분할 때 갈수량이란?

① 하천의 수위 중에서 1년을 통하여 355일간 이보다 내려가지 않는 수위

② 하천의 수위 중에서 1년을 통하여 275일간 이보다 내려가지 않는 수위

③ 하천의 수위 중에서 1년을 통하여 185일간 이보다 내려가지 않는 수위

정답 18 ①　19 ②　20 ②　21 ②　22 ①

④ 하천의 수위 중에서 1년을 통하여 95일간
이보다 내려가지 않는 수위

해설
- 홍수량 : 3~5년에 한 번씩 발생하는 출수의 유량 및 수위
- 고수량 : 매년 한두 번 발생하는 출수의 유량 및 수위
- 풍수량 : 1년을 통하여 95일은 이보다 내려가지 않는 유량 및 수위(3개월 유량 및 수위)
- 평수량 : 1년을 통하여 185일은 이보다 내려가지 않는 유량 및 수위(6개월 유량 및 수위)
- 저수량 : 1년을 통하여 275일은 이보다 내려가지 않는 유량 및 수위(9개월 유량 및 수위)
- 갈수량 : 1년을 통하여 355일은 이보다 내려가지 않는 유량 및 수위

23 송전선로에서 변압기의 유기 기전력에 의해 발생하는 고조파중 제 3고조파를 제거하기 위한 방법으로 가장 적당한 것은?

① 변압기를 △결선한다.
② 동기조상기를 설치한다.
③ 직렬 리액터를 설치한다.
④ 전력용 콘덴서를 설치한다.

24 전압 $V_1[kV]$에 대한 %리액턴스 값이 X_{p1}이고, 전압 $V_2[kV]$의 값이 X_{p2}일 때, 이들 사이의 관계로 옳은 것은?

① $X_{p1} = \dfrac{V_1^2}{V_2} X_{p2}$ ② $X_{p1} = \dfrac{V_2}{V_1^2} X_{p2}$

③ $X_{p1} = \left(\dfrac{V_2}{V_1}\right)^2 X_{p2}$ ④ $X_{p1} = \left(\dfrac{V_1}{V_2}\right)^2 X_{p2}$

해설 $\%X = \dfrac{P \cdot X}{10 \cdot V^2} \propto \dfrac{1}{V^2}$

$$\frac{X_{p1}}{X_{p2}} = \frac{\dfrac{1}{V_1^2}}{\dfrac{1}{V_2^2}} = \left(\frac{V_2}{V_1}\right)^2$$

$$\therefore X_{p1} = \left(\frac{V_2}{V_1}\right)^2 X_{p2}$$

25 22.9[kV-Y] 가공배전선로에서 주 공급선로의 정전사고 시 예비전원 선로로 자동 전환되는 개폐장치는?

① 기중부하 개폐기
② 고장구간 자동 개폐기
③ 자동선로 구분 개폐기
④ 자동부하 전환 개폐기

26 보호계전기의 반한시·정한시 특성은?

① 동작전류가 커질수록 동작시간이 짧게 되는 특성
② 최소 동작전류 이상의 전류가 흐르면 즉시 동작하는 특성
③ 동작전류의 크기에 관계없이 일정한 시간에 동작하는 특성
④ 동작전류가 적은 동안에는 동작전류가 커질수록 동작시간이 짧아지고 어떤 전류 이상이 되면 동작전류의 크기에 관계없이 일정한 시간에서 동작하는 특성

27 송전계통의 안정도를 증진시키는 방법이 아닌 것은?

① 속응 여자방식을 채용한다.
② 고속도 재폐로 방식을 채용한다.
③ 발전기나 변압기의 리액턴스를 크게 한다.
④ 고장전류를 줄이고 고속도 차단방식을 채용한다.

정답   23 ①   24 ③   25 ④   26 ④   27 ③

해설 안정도 향상(증진)대책

㉠ 계통의 직렬리액턴스(X)를 작게 한다(선로의 병행 회선수를 늘리거나 복도체 방식 사용).
㉡ 전압변동률을 작게 한다(속응 여자방식 채용, 계통을 연계).
㉢ 중간조상 방식을 채용한다.
㉣ 고장전류를 줄이고 고장구간을 신속하게 차단한다(적당한 중성점 접지방식을 채용하여 지락전류를 줄인다. 고속도 계전기 및 차단기 채용, 고속도 재폐로 방식 채용).
㉤ 고장시 발전기 입 · 출력의 불평형을 작게 한다(조속기의 동작을 빠르게 한다.).

28 송전계통의 중성점을 직접 접지할 경우 관계가 없는 것은?

① 과도안정도 증진
② 계전기 동작 확실
③ 기기의 절연수준 저감
④ 단절연 변압기 사용가능

해설 중성점 직접접지 방식의 장 · 단점

㉠ 장점
• 1선 지락 고장시 건전상 대지전압 상승이 거의 없다(기기의 절연수준 저하).
• 개폐서지의 값을 저하 시킬 수 있으므로 피뢰기 책무경감이나 피뢰기 효과를 증대 시킬 수 있다.
• 중성점은 고장 시에도 거의 영전위로 유지되어서 변압기의 단절연(Graded Insulation)이 가능하다(경제적).
• 1선지락 고장 시에도 1상이 단락상태로 되어 지락전류가 크므로 지락계전기 동작이 확실해 진다.

㉡ 단점
• 송전계통에서 1선 지락 시 인접통신선의 유도장해가 가장 크다.
• 송전계통의 과도 안정도가 나쁘다.
• 1선지락 전류가 크기 때문에 기기에 대한 충격이 커서 애자련 파손 및 전선용단 등의 손상을 준다.
• 1선 지락 전류가 크기 때문에 대용량 차단기가 필요하다.

29 송전선로의 수전단을 단락한 경우 송전단에서 본 임피던스가 $300[\Omega]$이고 수전단을 개방한 경우에 $900[\Omega]$일 때 이 선로의 특성임피던스 $Z_0[\Omega]$는 약 얼마인가?

① 490
② 500
③ 510
④ 520

해설 $Z_0 = \sqrt{\dfrac{Z}{Y}} = \sqrt{\dfrac{L}{C}} = \sqrt{Z_{ss} \cdot Z_{s0}}[\Omega]$
$= \sqrt{300 \times 900} = 520[\Omega]$

30 제 5고조파 전류의 억제를 위해 전력용 콘덴서에 직렬로 삽입하는 유도 리액턴스의 값으로 적당한 것은?

① 전력용 콘덴서 용량의 약 6[%] 정도
② 전력용 콘덴서 용량의 약 12[%] 정도
③ 전력용 콘덴서 용량의 약 18[%] 정도
④ 전력용 콘덴서 용량의 약 24[%] 정도

해설 직렬리액턴스의 값은
이론적 = 전력용 콘덴서 × 4[%]
실제적 = 전력용 콘덴서 × 6[%] 정도 이다.

31 각 수용가의 수용률 및 수용가 사이의 부등률이 변화할 때 수용가군 총합의 부하율에 대한 설명으로 옳은 것은?

① 수용률에 비례하고 부등률에 반비례한다.
② 부등률에 비례하고 수용률에 반비례한다.
③ 부등률과 수용률에 모두 반비례한다.
④ 부등률과 수용률에 모두 비례한다.

해설
• 부하율 $= \dfrac{평균전력}{최대전력} = \dfrac{평균전력}{\dfrac{최대전력의 합}{부등률}}$
$= \dfrac{부등률 \times 평균전력}{수용률 \times 설비용량}$

정답 **28** ① **29** ④ **30** ① **31** ②

- 수용률 $= \dfrac{\text{최대전력}}{\text{설비용량}}$

- 부등률 $= \dfrac{\text{각부하의 최대전력의 합}}{\text{합성최대전력}} \geq 1$

32 송전단전압이 3.4[kV], 수전단 전압이 3[kV]인 배전선로에서 수전단의 부하를 끊은 경우의 수전단 전압이 3.2[kV]로 되었다면 이때의 전압변동률은 약 몇 [%]인가?

① 5.88   ② 6.25

③ 6.67   ④ 11.76

해설

- 전압변동률 $(\epsilon) = \dfrac{V_{r0} - V_r}{V_r} \times 100\,[\%]$

 $= \dfrac{3.2 - 3}{3} \times 100 = 6.67\,[\%]$

33 전력계통에서 무효전력을 조정하는 조상설비 중 전력용 콘덴서를 동기조상기와 비교할 때 옳은 것은?

① 전력손실이 크다

② 지상 무효전력분을 공급할 수 있다.

③ 전압조정을 계단적으로 밖에 못한다.

④ 송전선로를 시송전할 때 선로를 충전할 수 있다.

해설

- 전력 콘덴서 : 진상 무효전력, 시충전 불가능, 조정은 계단적

- 동기조상기 : 진상, 지상 무효전력을 모두 얻을 수 있다. 시충전 가능, 조정은 연속적

34 송전선로의 코로나 방지에 가장 효과적인 방법은?

① 전선의 높이를 가급적 낮게 한다.

② 코로나 임계전압을 낮게 한다.

③ 선로의 절연을 강화한다.

④ 복도체를 사용한다.

해설 코로나 발생 방지대책

㉠ 전선의 지름을 크게 할 것(중공도선 사용)

㉡ 복도체를 사용할 것

㉢ 가선금구 개량 및 전선 표면의 금구를 손상하지 말 것

35 일반적으로 화력발전소에서 적용하고 있는 열사이클 중 가장 열효율이 좋은 것은?

① 재생사이클   ② 랭킨사이클

③ 재열사이클   ④ 재생재열사이클

36 한류 리액터를 사용하는 가장 큰 목적은?

① 충전전류의 제한   ② 접지전류의 제한

③ 누설전류의 제한   ④ 단락전류의 제한

해설

㉠ 분로(병렬)리액터 : 페란티 효과 방지

㉡ 직렬리액터 : 제5고조파 제거 및 파형개선

㉢ 소호리액터 : 1선지락 시 아크전류를 완전소멸 시키기 위해서

㉣ 한류리액터 : 단락사고 시의 단락전류를 제한하기 위해서

37 송전계통의 절연협조에 있어 절연레벨을 가장 낮게 잡고 있는 기기는?

① 차단기   ② 피뢰기

③ 단로기   ④ 변압기

38 송전계통에서 절연 협조의 기본이 되는 것은?

정답   32 ③   33 ③   34 ④   35 ④   36 ④   37 ②   38 ③

① 애자의 섬락전압
② 권선의 절연내력
③ 피뢰기의 제한전압
④ 변압기 부싱의 섬락전압

39 154[kV] 송전선로에서 송전거리가 154[km] 라 할 때 송전용량 계수법에 의한 송전용량은 몇 $[kW]$인가?(단, 송전용량 계수는 1200으로 한다)

① 61600   ② 92400

③ 123200   ④ 184800

해설

송전용량$(P) = k \dfrac{V^2}{l} [kW]$

k: 용량계수, l: 송전거리$[km]$, V: 송전전압$[kV]$

$\therefore P = 1200 \times \dfrac{154^2}{154} = 184800 [kW]$

40 22.9[kV] Y결선된 자가용 수전설비의 계기 용변압기의 2차측 정격전압은 몇 [V]인가?

① 110   ② 190

③ $110\sqrt{3}$ ④ $190\sqrt{3}$

해설 $PT = \dfrac{V_1}{V_2}$ 에서, 계기용변압기의 2차측 정격전압은 $V_2 = 110 [V]$ 이다.

제3과목 : 전기기기

41 단상변압기의 1차 전압 E_1, 2차 저항 r_1, 2차 저항 r_2, 1차 누설리액턴스 x_1, 2차 누설리액턴스 x_2, 권수비 a라고 하면 2차 권선을 단락했을 때의 1차 단락 전류는?

① $I_{1s} = E_1 / \sqrt{(r_1 + a^2 r_2)^2 + (x_1 + a^2 x_2)^2}$

② $I_{1s} = E_1 / a \sqrt{(r_1 + a^2 r_2)^2 + (x_1 + a^2 x_2)^2}$

③ $I_{1s} = E_1 / \sqrt{(r_1 + r_2/a^2)^2 + (x_1/a^2 + x_2)^2}$

④ $I_{1s} = a E_1 / \sqrt{(r_1/a^2 + r_2)^2 + (x_1/a^2 + x_2)^2}$

해설

• 1차 단락전류는

$I_{1s} = \dfrac{E}{Z_1} = \dfrac{E_1}{\sqrt{(r_1 + a^2 r_2)^2 + (x_1 + a^2 x_2)^2}}$

• 1차측에서의 임피던스 저항

$Z_1 = \sqrt{(r_1 + a^2 r_2)^2 + (x_1 + a^2 x_2)^2}$

1차로 환산한 2차 저항을 $r_2' = a^2 r_2$ 1차로 환산한 2차 리액턴스를 $x_2' = a^2 x_2$

42 그림과 같이 $180°$ 도통형 인버터의 상태일 때 u 상과 v상의 상전압 및 u–v 선간전압은?

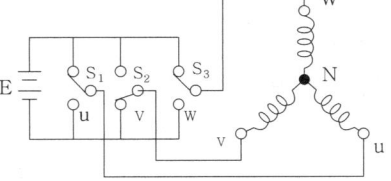

① $\dfrac{1}{3}E, \left(-\dfrac{2}{3}E\right), E$ ② $\dfrac{2}{3}E, \dfrac{1}{3}E, \dfrac{1}{3}E$

③ $\dfrac{1}{2}E, \dfrac{1}{2}E, E$ ④ $\dfrac{1}{3}E, \dfrac{2}{3}E, \dfrac{1}{3}E$

해설

• u–v 선간전압은 : $E[V]$

• u 상의 상전압 : $\dfrac{1}{3}E[V]$

• v 상의 상전압 : $\dfrac{1}{3}E - E = -\dfrac{2}{3}E$

정답   39 ④   40 ①   41 ①   42 ①

43 그림은 동기발전기의 구동 개념도이다. 그림에서 2를 발전기라 할 때 3의 명칭으로 적합한 것은?

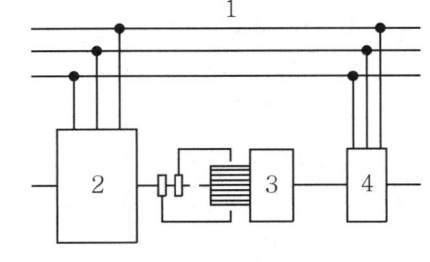

① 전동기   ② 여자기

③ 원동기   ④ 제동기

해설

• 여자기 : 계자권선에 여자전류를 공급하기 위한 별개의 발전기를 말한다.

44 극수 6, 회전수 1200[rpm]의 교류발전기와 병렬 운전하는 극수 8의 교류발전기의 회전수[rpm]은?

① 600   ② 750

③ 900   ④ 1200

해설

• $N = \dfrac{120f}{P} \propto \dfrac{1}{P}$

$\dfrac{N'}{N} = \dfrac{P}{P'}$ 이므로

$\therefore N' = \dfrac{P}{P'} \cdot N = \dfrac{6}{8} \times 1200 = 900[rpm]$

45 3상 동기발전기에서 그림과 같이 1상의 권선을 서로 똑같은 2조로 나눠서 그 1조의 권선전압을 E[V], 각 권선의 전류를 I[A]라 하고 지그재그 Y형(Zigzag Star)으로 결선하는 경우 선간전압, 선전류 및 피상전력은?

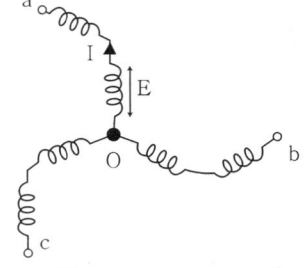

① $3E, \ I, \ \sqrt{3} \times 3E \times I = 5.2EI$

② $\sqrt{3}\,E, \ 2I, \ \sqrt{3} \times \sqrt{3}\,E \times 2I = 6EI$

③ $E, \ 2\sqrt{3}\,I, \ \sqrt{3} \times E \times 2\sqrt{3}\,I = 6EI$

④ $\sqrt{3}\,E, \ \sqrt{3}\,I, \ \sqrt{3} \times \sqrt{3}\,E \times \sqrt{3}\,I = 5.2EI$

해설

• 선간전압 : $3E[V]$
• 선전류 : $I[A]$
• 피상전력 :
$P_a = \sqrt{3}\,VI = \sqrt{3} \times 3E \times I = 5.2EI[VA]$

46 동기발전기에서 동기속도와 극수와의 관계를 표시한 것은?(단, N : 동기속도, P : 극수이다)

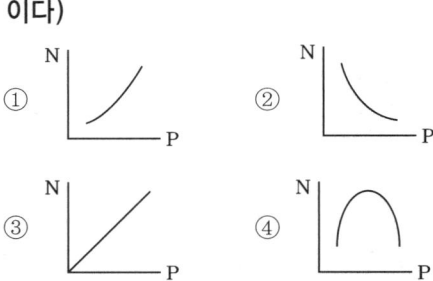

해설 $N = \dfrac{120f}{P} \propto \dfrac{1}{P}$

동기속도는 극수에 반비례 하므로 쌍곡선이 된다.

47 4극, 60[Hz]의 회전변류기가 있는데 회전전기자형이다. 이 회전 변류기의 회전방향과 회전속도는 다음 중 어느 것인가?

정답   **43** ②   **44** ③   **45** ①   **46** ②   **47** ③

① 회전자계의 방향으로 1800[rpm] 속도로 회전한다.

② 회전자계의 방향으로 1800[rpm] 이하의 속도로 회전한다.

③ 회전자계의 방향과 반대방향으로 1800[rpm] 속도로 회전한다.

④ 회전자계의 방향과 반대방향으로 1800[rpm] 이상의 속도로 회전한다.

해설 $N_s = \dfrac{120f}{P} = \dfrac{120}{4} \times 60 = 1800[rpm]$

즉 회전자계의 방향과는 반대방향으로 1800[rpm]속도로 회전한다.

(회전변류기 : 동기전동기와 직류발전기를 이용해서 교류를 직류로, 직류를 교류로 변환시키는 기계)

48 변압기 단락시험에서 변압기의 임피던스 전압이란?

① 여자 전류가 흐를 때의 2차측 단자 전압

② 정격 전류가 흐를 때의 2차측 단자 전압

③ 2차 단락 전류가 흐를 때의 변압기 내의 전압강하

④ 정격 전류가 흐를 때의 변압기 내의 전압강하

해설
• 변압기의 임피던스 전압 : 변압기의 2차를 단락 했을 때 단락전류 I_{1s}과 1차 정격전류 I_{1n}이 같게 되는 1차 전압을 말하며, 변압기의 누설 임피던스와 정격전류의 곱인 전압강하를 의미한다.

49 정격전압 100[V], 정격전류 50[A]인 분권 발전기의 유기 기전력은 몇 [V] 인가?(단, 전기자 저항 0.2[Ω], 계자전류 및 전기자 반작용은 무시한다)

① 110   ② 120

③ 125   ④ 127.5

해설 유기 기전력은
$E = V + I_a R_a = 100 + 50 \times 0.2 = 110[V]$

50 권선형 유도전동기 2대를 직렬종속으로 운전하는 경우 그 동기속도는 어떤 전동기의 속도와 같은가?

① 두 전동기 중 적은 극수를 갖는 전동기

② 두 전동기 중 많은 극수를 갖는 전동기

③ 두 전동기의 극수의 합과 같은 극수를 갖는 전동기

④ 두 전동기의 극수의 차와 같은 극수를 갖는 전동기

해설

• 직렬종속법 : $N = \dfrac{120f}{P_1 + P_2}[rpm]$

• 차동종속법 : $N = \dfrac{120f}{P_1 - P_2}[rpm]$

• 병렬종속법 : $N = \dfrac{2 \times 120f}{P_1 \pm P_2}[rpm]$

51 사이리스터를 이용한 교류전압 크기 제어방식은?

① 정지 레오나드 방식

② 초퍼방식

③ 위상제어방식

④ TRC방식

52 전체 도체수는 100, 단중 중권이며 자극수는 4, 자속수는 극당 0.628[Wb]인 직류 분권전동기가 있다. 이 전동기의 부하 시 전기자에 5[A]가 흐르고 있었다면, 이때의 토크 [N·m]는?

① 12.5   ② 25

③ 50   ④ 100

정답 48 ④   49 ①   50 ③   51 ③   52 ③

해설

$$T = \frac{P\phi ZI_a}{2\pi a}[N \cdot m] = \frac{4 \times 0.628 \times 100 \times 5}{2\pi \times 4}$$
$$= 50[N \cdot m]$$

(중권 : $a = P = 4$), $(1[kg \cdot m] = 9.8[N \cdot m])$

53 변압기에서 콘서베이터의 용도는?

① 통풍장치　　　② 변압유의 열화방지

③ 강제순환　　　④ 코로나 방지

해설 콘서베이터(conservator)의 설치목적

변압기의 부하변동에 따라서 호흡작용에 의한 변압기유의 팽창과 수축이 콘서베이터 상부에서 발생하므로 높은 온도의 변압기유가 직접 공기와 접촉하는 것을 방지하여 변압기유의 열화를 방지하는 것이다.

54 3상 농형 유도전동기의 기동방법으로 틀린 것은?

① Y-△ 기동

② 2차 저항에 의한 기동

③ 전전압 기동

④ 리액터 기동

해설

• 3상 농형 유도 전동기의 기동법
  - 전전압 기동법($5[kW]$ 이하)
  - Y-△ 기동법($5\sim15[kW]$정도)
  - 기동보상기법($15[kW]$이상)
  - 리액터 기동법(기동전류를 제한할 때)
• 2차 저항에 의한 기동법은 권선형 유도전동기의 기동방식이다.

55 스테핑모터에 대한 설명 중 틀린 것은?

① 회전속도는 스테핑 주파수에 반비례한다.

② 총 회전각도는 스텝각과 스텝수의 곱이다.

③ 분해능은 스텝각에 반비례한다.

④ 펄스구동방식의 전동기이다.

해설

• 스테핑 모터의 회전속도는 펄스신호의 주파수(펄스속도)에 정확히 비례한다.
• 스테핑모터(Stepping Motor)의 장·단점

• 장점
  - 회전각 오차가 스텝마다 누적 되지 않는다.
  - 회전각을 검출하기 위한 feedback이 불필요 하므로 제어계가 간단하다.
  - 기동 및 정지 응답성이 우수하므로 서보모터로서 사용가능
  - 슬리브부분이 없어서 Brush교환 같은 보수가 필요 없으므로 신뢰성이 높다.
• 단점
  - 어느 주파수에서 진동, 공진현상이 발생하기 쉽고, 관성이 있는 부하에 약하다.
  - 고속운전 시 탈조하기가 쉽다.

56 전기철도에 가장 적합한 직류전동기는?

① 분권전동기

② 직권전동기

③ 복권전동기

④ 자여자분권전동기

57 3상용 전원을 이용하여 2상 전압을 얻고자 할 때 사용하는 결선 방법은?

① Scott결선　　　② Fork결선

③ 환상결선　　　④ 2중 3각 결선

해설

• 3상 - 2상간의 상수 변환
  ① 스코트(Scott) 결선 (T결선) ② 메이어 결선
  ③ 우드브리지 결선
• 3상 - 6상간의 상수 변환
  ① 환상 결선 ② 2중 3각 결선 ③ 2중 성형결선
  ④ 대각 결선 ⑤ 포크(Fork) 결선

정답　53 ②　54 ②　55 ①　56 ②　57 ①

58 직류 분권발전기를 서서히 단락상태로 하면 어떤 상태로 되는가?

① 과전류로 소손된다.

② 과전압이 된다.

③ 소전류가 흐른다.

④ 운전이 정지된다.

해설

• 직류분권발전기는 단자전압이 강하하게 되면 계자 전류가 감소하여 전압변동이 심하게 된다. 또한 부하전류가 증가하면 전기자저항강화와 전기자 반작용에 의한 감자현상으로 단자전압이 떨어지고 부하전류는 어느값 이상으로 증가되면 단자전압은 급격히 떨어지고 작은 단락전류(소전류)가 흐른다.

59 권선형 유도전동기와 직류 분권전동기와의 유사한 점으로 가장 옳은 것은?

① 정류자가 있고, 저항으로 속도조정을 할 수 있다.

② 속도 변동률이 크고, 토크가 전류에 비례한다.

③ 속도 가변이 용이하며, 기동토크가 기동전류에 비례한다.

④ 속도변동률이 적고, 저항으로 속도조정을 할 수 있다.

해설 권선형 유도전동기와 직류분권 전동기의 유사한 점은 속도변동률이 작고, 저항으로 속도조정이 된다.

60 동기 발전기에서 전기자 권선과 계자 권선이 모두 고정 되고 유도자가 회전하는 것은?

① 수차 발전기 　　② 고주파 발전기

③ 터빈 발전기 　　④ 엔진 발전기

제4과목 : 회로이론 및 제어공학

61 전달함수의 크기가 주파수 0에서 최대값을 갖는 저역통과 필터가 있다. 최대값의 70.7[%] 또는 –3[dB]로 되는 크기가지의 주파수로 정의되는 것은?

① 공진주파수 　　② 첨두공진점

③ 대역폭 　　　　④ 분리도

해설 대역폭은 크기가 $0.707M_0$ 또는 $(20\log_{10}M_0 - 3)$ $[dB]$에서 주파수로 정의한다. 대역폭이 넓으면 넓을수록 응답속도가 빠르다(M_0 : 영 주파수에서의 이득).

62 어떤 제어계의 전달함수

$$G(s) = \frac{s}{(s+2)(s^2+2s+2)}$$ 에서 안정성을 판정하면?

① 임계상태 　　② 불안정

③ 안정 　　　　④ 알 수 없다.

해설 전달함수에서 분모=0 가 특성방정식이 된다.

$$(s+2)(s^2+2s+2)=0$$

$$s^3+4s^2+6s+4=0$$

s^3	1	6
s^2	4	4
s^1	5	
s^0	4	

$$s^1 = \frac{24-4}{4} = 5$$

제 1열요소의 부호변화가 없으므로 안정하다.

63 그림과 같은 신호흐름선도에서 $C(s)/R(s)$의 값은?

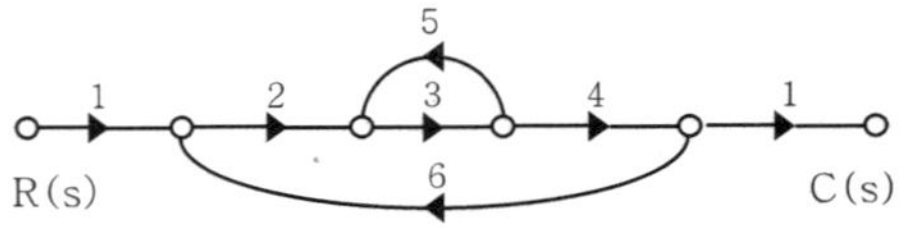

정답 58 ③ 　 59 ④ 　 60 ② 　 61 ③ 　 62 ③ 　 63 ②

① $-\dfrac{24}{159}$ ② $-\dfrac{12}{79}$

③ $\dfrac{24}{65}$ ④ $\dfrac{24}{159}$

해설 • Mason의 정리

$$G(s) = \frac{\sum_{k=1}^{\infty} G_k \triangle_k}{\triangle} = \frac{24}{1-159} = -\frac{12}{79}$$

$$\triangle = 1 - \sum l_1 + \sum l_2 - \sum l_3 + \cdots$$

$$\sum l_1 = 5 \times 3 + 2 \times 3 \times 4 \times 6 = 159$$

$$k=1, \ G_1 \triangle_1 = 1 \times 2 \times 3 \times 4 = 24$$

64 $G(s) = \dfrac{K}{s}$인 적분요소의 보드선도에서 이 득곡선의 1decade당 기울기는 몇 [dB]인 가?

① 10   ② 20

③ 10   ④ −20

해설

• $G(s) = \dfrac{K}{s}, \quad G(j\omega) = \dfrac{K}{j\omega}$

$$g[dB] = 20\log|G(j\omega)| = 20\log\left|\frac{K}{\omega}\right|$$
$$= 20\log K - 20\log\omega \, [dB]$$

$\omega = 0.1$일 때, $g[dB] = 20\log K + 20 \, [dB]$

$\omega = 1$일 때, $g[dB] = 20\log K \, [dB]$

$\omega = 10$일 때, $g[dB] = 20\log K - 20 \, [dB]$

$\therefore -20[dB]$의 기울기를 가지며, 위상각

$\theta = \angle \dfrac{K}{j\omega} = -90\,°$이다.

65 자동제어계에서 과도응답 중 최종값의 10[%]에서 90[%]에 도달하는데 걸리는 시간은?

① 정정시간(Setting Time)

② 지연시간(Delay Time)

③ 상승시간(Rising Time)

④ 응답시간(Response Time)

해설

• 응답시간(Response Time) : 응답이 요구하는 오차 이내로 정착되는데 요하는 시간이다.

• 지연시간(Delay Time) : 응답이 최초로 목표값의 50[%]가 되는데 요하는 시간이다.

• 정정시간(Setting Time) : 응답의 최종값의 허용범 위가 5~10[%]내에 안정되기까지 요하는 시간이다.

66 연산증폭기의 성질에 관한 설명으로 틀린 것은?

① 전압 이득이 매우 크다.

② 입력 임피던스가 매우 작다.

③ 전력 이득이 매우 크다.

④ 출력 임피던스가 매우 작다.

해설

• 연산증폭기의 특징
  ① 입력임피던스가 매우 크다.
  ② 출력임피던스는 매우 작다.
  ③ 증폭도(전압이득)가 매우 크다.
  ④ +, − 두 개의 전원이 필요하다.

67 다음 중 온도를 전압으로 변화시키는 요소는?

① 차동변압기   ② 열전대

③ 측온저항   ④ 광전지

해설

• 변위 → 전압 : 차동변압기, 전위차계, 포텐셔미터
• 온도 → 전압 : 열전대
• 온도 → 임피던스 : 측온저항
• 광 → 전압 : 광전지, 광전다이오드
• 광 → 임피던스 : 광전관, 광전도 셀, 광전 트랜지스터
• 변위 → 압력 : 노즐플래퍼, 유압분사관, 스프링
• 압력 → 변위 : 벨로스, 타이어프램, 스프링

정답   64 ④   65 ③   66 ②   67 ②

- 변위 → 임피던스 : 가변저항기, 용량형 변환기, 가변저항 스프링
- 방사선 → 임피던스 : GM관, 전리함
- 전압 → 변위 : 전자석, 전자코일

68 다음 블록선도의 전달함수는?

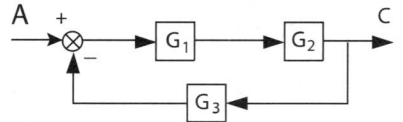

① $\dfrac{G_1 G_2}{1 - G_1 G_2 G_3}$　　② $\dfrac{G_1 G_2}{1 + G_1 G_2 G_3}$

③ $\dfrac{G_1}{1 - G_1 G_2 G_3}$　　④ $\dfrac{G_2}{1 + G_1 G_2 G_3}$

해설 $G(s) = \dfrac{C}{A} = \dfrac{G_1 G_2}{1 + G_1 G_2 G_3}$

69 $e(t)$의 z변환을 $E(z)$라 했을 때 $e(t)$의 초기값은?

① $\lim\limits_{z \to 0} z E(z)$　　② $\lim\limits_{z \to 0} E(z)$

③ $\lim\limits_{z \to \infty} z E(z)$　　④ $\lim\limits_{z \to \infty} E(z)$

해설 • z변환의 초기치 정리와 최종치의 정리

항 목	초기값 정리	최종값 정리
z변환	$e(0) = \lim\limits_{z \to \infty} E(z)$	$e(\infty) = \lim\limits_{z \to 1}\left(1 - \dfrac{1}{z}\right) E(z)$
라플라스 변환	$e(0) = \lim\limits_{s \to \infty} s E(s)$	$e(\infty) = \lim\limits_{s \to 0} s E(s)$

70 특성방정식이 $s^4 + s^3 + 2s^2 + 3s + 2 = 0$인 경우 불안정한 근의 수는?

① 0개　　② 1개

③ 2개　　④ 3개

해설 • $s^4 + s^3 + 2s^2 + 3s + 2 = 0$

$$
\begin{array}{c|ccc}
s^4 & 1 & 2 & 2 \\
s^3 & 1 & 3 & \\
s^2 & -1 & 2 & \\
s^1 & 5 & & \\
s^0 & 2 & &
\end{array}
$$

제 1열 요소의 부호변화가 2번 있으므로 계는 우반평면에 2개의 근을 갖는 불안정한 계이다.

71 3상 불평형 전압을 V_a, V_b, V_c라고 할 때 역상 전압 V_2는?

① $V_2 = \dfrac{1}{3}(V_a + V_b + V_c)$

② $V_2 = \dfrac{1}{3}(V_a + a V_b + a^2 V_c)$

③ $V_2 = \dfrac{1}{3}(V_a + a^2 V_b + V_c)$

④ $V_2 = \dfrac{1}{3}(V_a + a^2 V_b + a V_c)$

72 단위 길이당 인덕턴스 및 커패시턴스가 각각 L 및 C 일 때 전송선로의 특성임피던스는?

① $\sqrt{\dfrac{L}{C}}$　　② $\sqrt{\dfrac{C}{L}}$

③ $\dfrac{L}{C}$　　④ $\dfrac{C}{L}$

해설 • $Z_0 = \sqrt{\dfrac{Z}{Y}} = \sqrt{\dfrac{R + j\omega L}{G + j\omega C}}$ 에서 무손실선로 $(R = G = 0)$ 이므로

$$\therefore Z_0 = \sqrt{\dfrac{L}{C}} \text{ 이 된다.}$$

73 그림과 같은 회로에서 주파수 60[Hz], 교류 전압 200[V]의 전원이 인가되었다. R의 전력손실을 L=0인 때의 1/2로 하면 L의 크기는 약 몇 [H] 인가?(단, R=600[Ω]이다)

정답　68 ②　69 ④　70 ③　71 ④　72 ①　73 ②

646 • Part 2. 전기기사 기출문제

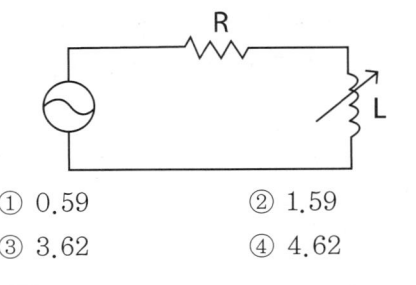

① 0.59   ② 1.59

③ 3.62   ④ 4.62

해설

• 전력손실은

$$P_l = I^2 R = \left(\frac{V}{\sqrt{R^2 + (\omega L)^2}} \right)^2 \cdot R = \frac{V^2 \cdot R}{R^2 + (\omega L)^2}$$

R의 전력손실을 L=0일 때의 $\frac{1}{2}$로 하면

$$\frac{V^2}{R} \cdot \frac{1}{2} = \frac{V^2}{R^2 + (\omega L)^2} \cdot R$$

$$2R^2 = R^2 + (\omega L)^2$$

$$\therefore L = \frac{R}{\omega} = \frac{R}{2\pi f} = \frac{600}{2\pi \times 60} = 1.59 [H]$$

74 다음 함수의 라플라스 역변환은?

$$I(s) = \frac{2s + 3}{(s+1)(s+2)}$$

① $e^{-t} - e^{-2t}$ ② $e^t - e^{-2t}$

③ $e^{-t} + e^{-2t}$ ④ $e^t + e^{-2t}$

해설

$$I(s) = \frac{2s+3}{(s+1)(s+2)} = \frac{A}{s+1} + \frac{B}{s+2}$$

$$= \frac{1}{s+1} + \frac{1}{s+2}$$

$$A = \lim_{s \to -1} \frac{2s+3}{s+2} = 1$$

$$B = \lim_{s \to -2} \frac{2s+3}{s+1} = 1$$

$$\therefore i(t) = \mathcal{L}^{-1} I(s) = \mathcal{L}^{-1} \left[\frac{1}{s+1} + \frac{1}{s+2} \right]$$

$$= e^{-t} + e^{-2t}$$

75 평형 3상 회로에서 그림과 같이 변류기에 접속하고 전류계를 연결하였을 때, A2에 흐르는 전류[A]는?

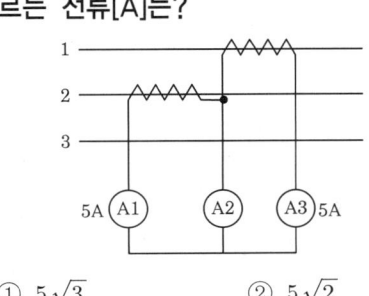

① $5\sqrt{3}$ ② $5\sqrt{2}$

③ 5   ④ 0

해설

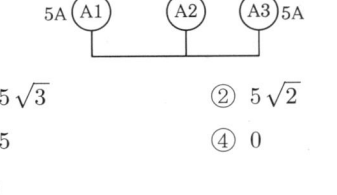

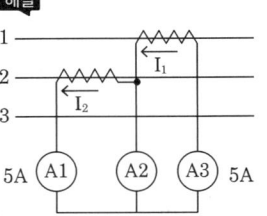

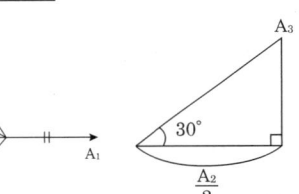

$$\cos 30° = \frac{\frac{A_2}{2}}{A_3}$$

$$\therefore A_2 = 2A_3 \cos 30° = 2 \times 5 \times \frac{\sqrt{3}}{2} = 5\sqrt{3} [A]$$

76 그림과 같은 전기회로의 전달함수는?(단, $e_i(t)$ 입력전압, $e_0(t)$ 출력전압이다)

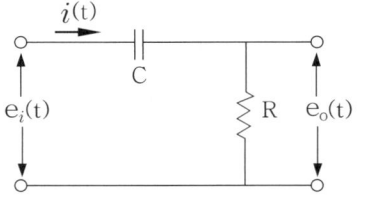

정답   74 ③   75 ①   76 ④

① $\dfrac{1+CRs}{CR}$ ② $\dfrac{1+CRs}{CRs}$

③ $\dfrac{CR}{1+CRs}$ ④ $\dfrac{CRs}{1+CRs}$

해설

$$e_i(t) = Ri(t) + \frac{1}{C}\int_o^t i(t)dt$$

$$e_0(t) = Ri(t)$$

라플라스 변환을 하면

$$E_i(s) = RI(s) + \frac{1}{Cs}I(s)$$

$$E_0(s) = RI(s)$$

그러므로 전달함수는

$$G(s) = \frac{E_0(s)}{E_i(s)} = \frac{RI(s)}{\left(R + \frac{1}{Cs}\right)I(s)} = \frac{RCs}{RCs+1}$$

77 $v = 3 + 5\sqrt{2}\sin\omega t + 10\sqrt{2}\sin\left(3\omega t - \dfrac{\pi}{3}\right)[V]$

의 실효값[V]은?

① 9.6 ② 10.6

③ 11.6 ④ 12.6

해설 실효값은 $V_e = \sqrt{3^2 + 5^2 + 10^2} = 11.58[V]$

78 RL직렬회로에서 R=20[Ω], L=40[mH] 이다. 이 회로의 시정수[sec]는?

① 2 ② 2×10^{-3}

③ $\dfrac{1}{2}$ ④ $\dfrac{1}{2} \times 10^{-3}$

해설 • RL직렬회로의 시정수는

$$\tau = \frac{L}{R} = \frac{40 \times 10^{-3}}{20} = 2 \times 10^{-3}[\text{sec}]$$

79 $0.1[\mu F]$의 콘덴서에 주파수 1[kHz], 최대전압 2000[V]를 인가할 때 전류의 순시값[A]은?

① $4.446\sin(\omega t + 90°)$

② $4.446\cos(\omega t - 90°)$

③ $1.256\sin(\omega t + 90°)$

④ $1.256\cos(\omega t - 90°)$

해설

• C만의 회로에서는 전류는 전압보다 위상이 90° 만큼 앞선다.

$$\therefore i(t) = I_m \sin(\omega t + 90°)$$
$$= 1.256\sin(\omega t + 90°)[A]$$

$$I_m = \frac{V_m}{X_c} = \omega C V_m = 2\pi \times 1 \times 10^3 \times 0.1$$
$$\times 10^{-6} \times 2000 = 1.256[A]$$

80 그림과 같은 직류회로에서 저항 R[Ω]의 값은?

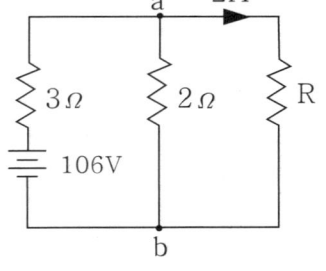

① 10 ② 20

③ 30 ④ 40

해설 • $I = \dfrac{106}{3 + \dfrac{2R}{2+R}}[A]$

$$\therefore 2 = \frac{2}{2+R} \times I$$
$$= \frac{2}{2+R} \times \frac{106}{3 + \dfrac{2R}{2+R}}$$

$$\therefore R = 20[\Omega]$$

정답 77 ③ 78 ② 79 ③ 80 ②

제5과목 : 전기설비기술기준 및 판단기준

81 시가지에 시설하는 특고압 가공전선로용 지지물로 사용될 수 없는 것은?(단, 사용전압이 170[kV] 이하의 전선로인 경우이다)

① 철근콘크리트주   ② 목주

③ 철탑   ④ 철주

해설 시가지등에서 특고가공전선로의 시설에서 지지물에는 철주, 철근콘크리트주, 철탑 등을 사용한다.

82 고압 및 특고압 전로의 절연내력시험을 하는 경우 시험전압을 연속하여 몇 분간 가하여 견디어야 하는가?

① 1   ② 3

③ 5   ④ 10

83 의료장소에서 전기설비 시설로 적합하지 않는 것은?

① 그룹 0 장소는 TN 또는 TT 접지 계통 적용

② 의료 IT 계통의 분전반은 의료장소의 내부 혹은 가까운 외부에 설치

③ 그룹 1 또는 그룹 2 의료장소의 수술 등, 내시경 조명등은 정전 시 0.5초 이내 비상전원 공급

④ 의료 IT 계통의 누설전류 계측 시 10[mA]에 도달하면 표시 및 경보하도록 시설

해설 의료장소 전기설비의 시설

㉠ 의료 IT계통의 절연저항을 계측, 지시하는 절연감시장치를 설치하여 절연저항이 50[$k\Omega$]까지 감소하면 표시설비 및 음향설비로 경보를 발하도록 할 것

㉡ 의료 IT계통의 누설전류를 계측, 지시하는 절연감시장치를 설치하는 경우에는 누설전류가 5[mA]에 도달하면 표시설비 및 음향설비를 발하도록 할 것

㉢ ㉠, ㉡ 의 표시설비 및 음향설비를 적절한 장소에 배치하여 의료진에 의하여 지속적으로 감시될 수 있도록 할 것

㉣ 표시설비는 의료 IT계통이 정상일때는 녹색으로 표시되고, 의료 IT계통의 절연저항 또는 누설전류가 ㉠, ㉡에 규정된 값에 도달 할 때는 황색 또는 적색으로 표시되도록 할 것. 또한 각 표시들은 정지시키거나 차단시키는 것이 불가능한 구조일 것(그룹 0 : TT계통 또는 TN계통, 그룹 1 : TT계통 또는 TN계통)

84 전력용 콘덴서 또는 분로리액터의 내부에 고장 또는 과전류 및 과전압이 생긴 경우에 자동적으로 동작하여 전로로부터 자동차단하는 장치를 시설해야 하는 뱅크 용량은?

① 500[kVA]를 넘고 7,500[kVA] 미만

② 7,500[kVA]를 넘고 10,000[kVA] 미만

③ 10,000[kVA]를 넘고 15,000[kVA] 미만

④ 15,000[kVA] 이상

해설 조상설비의 보호 장치

기기의 종류	용 량	사고의 종류	보호 장치
전력용 커패시터 및 분로리액터	500[kVA]를 넘고 15,000[kVA] 미만	내부 고장 또는 과전류	자동 차단 장치
	15,000[kVA] 이상	내부 고장·과전류·과전압	자동 차단 장치
조상기	15,000[kVA] 이상	내부고장	자동 차단 장치

85 가공전선로의 지지물로 볼 수 없는 것은?

① 철주   ② 지선

③ 철탑   ④ 철근콘크리트주

정답   81 ②   82 ④   83 ④   84 ④   85 ②

86 전로(電路)와 대지 간 절연내력시험을 하고자 할 때 전로의 종류와 그에 따른 시험전압의 내용으로 옳은 것은?

① 7000[V] 이하 - 2배

② 60000[V] 초과 중성점 비접지 - 1.5배

③ 60000[V] 초과 중성점 접지 - 1.1배

④ 170000[V] 초과 중성점 직접접지 - 0.72배

해설 전선로 / 기구 등의 절연내력

최대 사용 전압	시험 전압	최저 시험 전압
7,000[V] 이하	1.5배	500[V]
7,000[V] 초과 25,000[V] 이하 중성점 다중 접지방식	0.92배	
7,000[V] 초과 비접지식 모든 전압	1.25배	10,500[V]
60,000[V] 초과 중성점 접지식	1.1배	75,000[V]
60,000[V] 초과 중성점 직접 접지식	0.72배	
170,000[V] 넘는 중성점 직접 접지식 구내에만 적용	0.64배	

※ 345[kVA]에서 중성점 직접 접지식 피뢰기 설치 시 ×0.72

345[kVA]에서 중성점 직접 집지식 피뢰기 미설치 ×0.64

87 특고압을 직접 저압으로 변성하는 변압기를 시설하여서는 안 되는 것은?

① 교류식 전기철도용 신호회로에 전기를 공급하기 위한 변압기

② 1차전압이 22.9[kV]이고, 1차측과 2차측 권선이 혼촉한 경우에 자동적으로 전로로부터 차단되는 차단기가 설치된 변압기

③ 1차전압이 66[kV]의 변압기로서 1차측과 2차측 권선사이에 제2종 접지공사를 한 금속제 혼촉방지판이 있는 변압기

④ 1차전압이 22[kV]이고, △결선된 비접지 변압기로서 2차측 부하설비가 항상 일정하게 유지되는 변압기

해설 특고압을 직접 저압으로 변성하는 변압기의 시설

㉠ 전기로 등 큰 전류를 소비하기 위한 변압기

㉡ 발전소, 변전소, 개폐소 등에 시설하는 소내용 변압기

㉢ 25[kV] 이하 중성점 다중 접지식 특고압 전선로에 접속하는 변압기

㉣ 교류 전기 철도 신호 회로용 변압기

㉤ 특고와 저압 혼촉한 경우 자동 차단 장치가 있는 사용전압 35[kV] 이하의 변압기

㉥ 특고와 저압 권선간에 제2종 접지 공사를 한 혼촉 방지판이 부착되어 있는 사용전압 100[kV] 이하의 변압기

88 고압이상의 전압조정기 내장권선을 이상전압으로부터 보호하기 위하여 특히 필요한 경우에는 그 권선에 제 몇 종 접지공사를 하여야 하는가?

① 제1종 접지공사

② 제2종 접지공사

③ 제3종 접지공사

④ 특별 제3종 접지공사

89 제1종 특고압 보안공사로 시설하는 전선로의 지지물로 사용할 수 없는 것은?

① 철탑

② B종 철주

③ B종 철근콘크리트주

④ 목주

정답 **86** ③ **87** ④ **88** ① **89** ④

해설 제1종 특고압 보안공사의 지지물로는 목주와 A종 철주 또는 철근 콘크리트 주는 사용할 수 없다.

90 가공전선로의 지지물에 시설하는 지선으로 연선을 사용할 경우, 소선(素線)은 몇 가닥 이상이어야 하는가?

① 2 ② 3
③ 5 ④ 9

해설 지선의 설치 조건
- 안전율 : 목주, A종지지물은 1.5 이상, B종의 경우는 2.5 이상
- 인장하중 : 4.31[kN] 이상
- 3조 이상의 연선인 소선을 사용
- 2.6[mm] 이상의 금속선 또는 2.0[mm] 이상 아연도금 강연선 사용
- 지중부분 및 지표상 30[cm]까지 아연도금 철봉을 사용하고 근가로 시설할 것

91 교류전기철도에서는 단상부하를 사용하기 때문에 전압불평형이 발생하기 쉽다. 이때 전압불평형으로 인하여 전력기계 기구에 장해가 발생하게 되는데 다음 중 장해가 발생하지 않는 기기는?

① 발전기 ② 조상설비
③ 변압기 ④ 계기용 변성기

92 가로등, 경기장, 공장 등의 일반조명을 위하여 시설하는 고압 방전등의 효율은 몇 $[lm/W]$ 이상 인가?

① 10 ② 30
③ 50 ④ 70

93 단상 2선식 220[V]로 공급하는 간선의 굵기를 결정할 때 근거가 되는 전류의 최소값은 몇 [A]인가?(단, 수용률 100[%], 전등 부하의 합계 5[A], 한 대의 정격전류 10[A]인 전열기 2대, 정격전류 40[A]인 전동기 1대이다)

① 55 ② 65
③ 75 ④ 130

해설 $I_a = 40 \times 1.25 + 5 + 10 \times 2 = 75[A]$

94 철재 물탱크에서 전기부식방지 시설을 하였다. 수중에 시설하는 양극과 그 주위 1[m]안에 있는 점과의 전위차는 몇 [V] 미만이며, 사용전압은 직류 몇 [V] 이하이어야 하는가?

① 전위차 : 5, 전압 : 30
② 전위차 : 10, 전압 : 60
③ 전위차 : 15, 전압 : 90
④ 전위차 : 20, 전압 : 90

해설 전기 부식방지 시설
- 전기부식 방지회로의 사용전압 : 직류 60[V] 이하
- 양극의 매설길이 : 지중에 매설시 75[cm] 이상일 것
- 전위차 : 수중에 시설하는 양극과 그 주위 1[m] 이내의 거리에 있는 임의점과 사이의 전위차는 10[V]를 넘지 아니 할 것

95 저·고압 가공전선과 가공약전류 전선 등을 동일 지지물에 시설하는 경우로 틀린 것은?

① 가공전선을 가공약전류 전선 등의 위로하고 별개의 완금류에 시설할 것
② 전선로의 지지물로 사용하는 목주의 풍압하중에 대한 안전율은 1.5 이상일 것

정답 90 ② 91 ④ 92 ④ 93 ③ 94 ② 95 ③

2015년도 기사 제3회 필기시험(기사) · **651**

③ 가공전선과 가공약전류 전선 등 사이의 이격 거리는 저압과 고압 모두 75[cm] 이상일 것

④ 가공전선이 가공약전류 전선에 대하여 유도 작용에 의한 통신상의 장해를 줄 우려가 있는 경우에는 가공전선을 적당한 거리에서 연가 할 것

해설 저·고압 가공전선과 가공약전류 전선의 공가
㉠ 전선로의 지지물로서 사용하는 목주의 풍압하중에 대한 안전율은 1.5 이상일 것
㉡ 이격거리(이상)

시설 방법	저 압	고 압
정상 시	75[cm]	1.5[m]
전선에 케이블을 사용하고, 약전선에 통신 케이블 또는 절연전선 이상의 절연 효력이 있는 것을 사용하는 경우	30[cm]	50[cm]
가공약전류전선로 등의 관리자의 승낙 시	60[cm]	1[m]

96 가공전선로의 지지물에 시설하는 통신선 또는 이에 직접 접속하는 가공통신선의 높이에 대한 설명으로 적합한 것은?

① 도로를 횡단하는 경우에는 지표상 5[m] 이상

② 철도 또는 궤도를 횡단하는 경우에는 레일면상 6.5[m] 이상

③ 횡단보도교 위에 시설하는 경우에는 그 노면상 3.5[m] 이상

④ 도로를 횡단하며 교통에 지장이 없는 경우에는 4.5[m] 이상

해설 가공 통신선 및 첨가 통신선의 높이(이상)

시설 장소	가공 통신선
도로 횡단	5[m]
도로 횡단(교통에 지장이 없는 경우)	4.5[m]
철도 횡단	6.5[m]
횡단 보도교 위	3[m]
기타의 장소	3.5[m]

97 동일 지지물에 저압 가공전선(다중접지된 중성선은 제외)과 고압 가공전선을 시설하는 경우 저압 가공전선은?

① 고압 가공전선의 위로 하고 동일 완금류에 시설

② 고압 가공전선과 나란하게 하고 동일 완금류에 시설

③ 고압 가공전선의 아래로 하고 별개의 완금류에 시설

④ 고압 가공전선과 나란하게 하고 별개의 완금류에 시설

해설 저·고압 가공전선 등의 병가
㉠ 고압 가공전선을 고압 가공전선의 아래로 하고 별개의 완금류에 시설할 것
㉡ 저압 가공전선과 고압 가공전선 사이의 이격 거리는 50[cm] 이상일 것 (단, 고압 가공전선이 케이블인 경우 이격 거리는 30[cm] 이상)

98 지중 전선로를 직접 매설식에 의하여 차량 기타 중량물의 압력을 받을 우려가 있는 장소에 시설 하는 경우 그 깊이는 몇 [m] 이상인가?

① 1   ② 1.2
③ 1.5   ④ 2

정답 **96** ②   **97** ③   **98** ②

652 · Part 2. 전기기사 기출문제

해설 기타장소는 0.6[m] 이상

99 440[V]를 사용하는 전로의 절연저항은 몇 [$M\Omega$] 이상 인가?

① 0.1 ② 0.2

③ 0.3 ④ 0.4

해설 저압 전로의 절연저항 값(이상)

전로의 사용전압의 구분		절연저항값
400[V] 미만	대지 전압이 150[V] 이하인 경우	0.1[MΩ]
	대지 전압이 150[V] 초과 300[V] 이하인 경우 (전압측 전선과 중성선 또는 대지간의 절연 저항)	0.2[MΩ]
	사용 전압이 300[V] 초과 400[V] 미만인 경우	0.3[MΩ]
400[V] 이상		0.4[MΩ]

[비고] 대지 전압 : 접지식 전로는 전선과 대지간의 전압, 비접지식 전로는 전선간의 전압

100 옥내에 시설하는 전동기에 과부하 보호장치의 시설을 생략할 수 없는 경우는?

① 정격출력이 0.75[kW]인 전동기

② 타인이 출입할 수 없고 전동기가 소손할 정도의 과전류가 생길 우려가 없는 경우

③ 전동기가 단상의 것으로 전원 측 전로에 시설하는 배선용 차단기의 정격전류가 20[A] 이하인 경우

④ 전동기를 운전 중 상시 취급자가 감시 할 수 있는 위치에 시설한 경우

해설 전동기 과부하 보호장치의 시설

0.2[kW]를 넘는 옥내에 시설하는 전동기에는 소손할 우려가 있는 과전류가 생긴 경우 자동적으로 이를 저지하거나 경보하는 장치를 할 것

아래의 경우는 보호장치를 생략할 수 있다.

㉠ 전동기 운전 중 상시감시자가 감시할 수 있는 위치에 시설한 경우

㉡ 전동기의 구조상(부하의 성질상) 과전류가 생길 우려가 없는 경우

㉢ 단상 전동기를 15[A]분기회로에 접속한 경우 (배선용 차단기는 20[A]이다)

㉣ 0.2[kW] 이하의 전동기

정답 99 ④   100 ①

국가기술자격검정 필기시험문제

2016년도 기사 제1회 필기시험(기사)

자격종목 및 등급(선택분야)	종목코드	시험시간	문제지형별	수검번호	성명
전기기사		2시간 30분	A		

※ 시험문제지는 답안카드와 같이 반드시 제출하여야 합니다.

제1과목 : 전기자기학

01 송전선의 전류가 0.01초 사이에 10[kA]변화될 때, 이 송전선에 나란한 통신선에 유도되는 유도전압은 몇 [V]인가?(단, 송전선과 통신선 간의 상호유도계수는 0.3[mH]이다)

① 30
② 3×10^2
③ 3×10^3
④ 3×10^4

해설 $e(t) = M\dfrac{di(t)}{dt} = 0.3 \times 10^{-3} \times \dfrac{10 \times 10^3}{0.01}$
$= 300[V]$

02 전류가 흐르고 있는 도체와 직각방향으로 자계를 가하게 되면 도체 측면에 정·부의 전하가 생기는 것을 무슨 효과라고 하는가?

① 톰슨(Thomson) 효과
② 펠티에(Peltier) 효과
③ 제벡(Seebeck) 효과
④ 홀(Hall) 효과

해설
• 제베크 효과 : 이종금속의 폐회로 접합점의 온도차에 의한 기전력 발생 → 열전대
• 펠티에 효과 : 이종금속의 폐회로에 전류가 흐르면 접합점에서 열의 흡수, 발생이 일어나는 현상 → 전자냉동

• 핀치 효과 : 유동도체에 강전류가 흐를 때 만드는 자계와 전류 간의 수축력 작용
• 홀 효과 : 전류가 흐르는 도체 내부 횡방향으로 힘을 받아 도체 측면에 (+), (−) 전하가 대전되는 현상
• 스트레치 효과 : 자유로이 구부릴 수 있는 직사각형의 도선에 전류를 흘리면, 평행 도선에 전류가 반대로 도선 상호 간에 반발력이 작용하여 원의 형태로 되는 현상

03 극판 간격 d[m], 면적 $S[m^2]$, 유전율 $\epsilon[F/m]$이고, 정전 용량이 $C[F]$인 평행판 콘덴서에 $v = V_m \sin\omega t[V]$의 전압을 가할 때의 변위전류[A]는?

① $\omega C V_m \cos\omega t$
② $C V_m \sin\omega t$
③ $- C V_m \sin\omega t$
④ $-\omega C V_m \cos\omega t$

해설
• 변위전류밀도
$$i_d = \frac{I}{S} = \epsilon_0 \frac{\partial E}{\partial t} = \frac{\partial D}{\partial t}[A/m^2]$$
• 변위전류
$$i_D = i_d \, S = \frac{\partial D}{\partial t} S = S \frac{\partial \epsilon E}{\partial t} = \epsilon S \frac{\partial}{\partial t}\left(\frac{v}{d}\right)$$
$$= \frac{\epsilon S}{d}\frac{\partial}{\partial t}(V_m \sin\omega t) = \omega \frac{\epsilon S}{d} V_m \cos\omega t[A] \text{에}$$
서 $C = \dfrac{\epsilon S}{d}[F]$ 이므로,
$$\therefore i_D = \omega C V_m \cos\omega t = \omega C V_m \sin(\omega t + 90°)[A]$$

정답 **01** ② **02** ④ **03** ①

654 • Part 2. 전기기사 기출문제

04 인덕턴스가 20[mH]인 코일에 흐르는 전류가 0.2초 동안에 2[A]가 변화했다면 자기유도현상에 의해 코일에 유기되는 기전력은 몇[V]인가?

① 0.1 ② 0.2
③ 0.3 ④ 0.4

해설 $e(t) = L\dfrac{di(t)}{dt} = 20 \times 10^{-3} \times \dfrac{2}{0.2} = 0.2 [V]$

05 한변의 길이가 ℓ[m]인 정삼각형 회로에 전류 I[A]가 흐르고 있을 때 삼각형 중심에서의 자계의 세기[AT/m]는?

① $\dfrac{\sqrt{2}\,I}{3\pi l}$ ② $\dfrac{9\,I}{\pi l}$

③ $\dfrac{2\sqrt{2}\,I}{3\pi l}$ ④ $\dfrac{9\,I}{2\pi l}$

해설

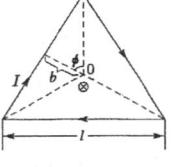

한변의 전류에 의한 자계는

$H_1 = \dfrac{I}{4\pi b}(\sin\phi_1 + \sin\phi_2) = \dfrac{I}{4\pi b}\sin\phi \times 2$

$= \dfrac{I}{2\pi b} \times \dfrac{\sqrt{3}}{2}$

$= \dfrac{\sqrt{3}\,I}{4\pi b}[AT/m]$

∴ 삼각형 중심에서의 자계의 세기

$H = 3H_1 = 3\dfrac{\sqrt{3}\,I}{4\pi b} = \dfrac{3\sqrt{3}}{4}\dfrac{I}{\pi b}$

$(\tan 30° = \dfrac{b}{\frac{l}{2}}$ 에서, $b = \dfrac{l}{2}\tan 30° = \dfrac{\sqrt{3}\,l}{6})$

$= \dfrac{3\sqrt{3}}{4} \times \dfrac{I}{\pi(\frac{\sqrt{3}\,l}{6})} = \dfrac{9I}{2\pi l}[AT/m]$

06 변위전류밀도와 관계없는 것은?

① 전계의 세기 ② 유전율
③ 자계의 세기 ④ 전속밀도

07 벡터 $A = 5e^{-r}\cos\phi\,a_r - 5\cos\phi\,a_z$ 가 원통좌표계로 주어졌다. 점 $(2, \dfrac{3\pi}{2}, 0)$에서의 $\nabla \times A$ 를 구하였다. a_z방향의 계수는?

① 2.5 ② -2.5
③ 0.34 ④ -0.34

해설 $\nabla \times A = \dfrac{1}{r}\begin{vmatrix} a_r & ra_\phi & a_z \\ \frac{\partial}{\partial r} & \frac{\partial}{\partial \phi} & \frac{\partial}{\partial z} \\ A_r & rA_\phi & A_z \end{vmatrix}$

$= (\dfrac{1}{r}\dfrac{\partial A_z}{\partial \phi} - \dfrac{\partial A_\phi}{\partial z})a_r + (\dfrac{\partial A_r}{\partial z} - \dfrac{\partial A_z}{\partial r})a_\phi$
$+ (\dfrac{1}{r}\dfrac{\partial(rA_\phi)}{\partial r} - \dfrac{1}{r}\dfrac{\partial H_r}{\partial \phi})a_z$

$A = 5e^{-r}\cos\phi\,a_r - 5\cos\phi\,a_z$

$(2, \dfrac{3\pi}{2}, 0), \quad (r, \phi, z)$

$= (-\dfrac{5}{2}\sin\dfrac{3\pi}{2} - 0)a_r + (0 - 0)a_\phi$
$+ (\dfrac{1}{r}\times 0 - \dfrac{1}{2}5e^{-2}\sin\dfrac{3\pi}{2})a_z$

$= 2.5a_r - 0.338a_z$

08 대지면 높이 h[m]로 평행하게 가설된 매우 긴 선전하(선전하 밀도 $\lambda[C/m]$가 지면으로부터 받는 힘[N/m]은?

① h에 비례한다. ② h에 반비례한다.
③ h^2에 비례한다. ④ h^2에 반비례한다.

해설 대지면 높이 h[m]와 같은 길이에 선전하 밀도 $-\lambda[C/m]$인 영상전하를 고려하여 선전하 간에 작용하는 힘은

$f = -\lambda E = -\lambda \times \dfrac{\lambda}{2\pi\epsilon_0(2h)} = -\dfrac{\lambda^2}{4\pi\epsilon_0 h} \propto \dfrac{1}{h}$

정답 **04** ② **05** ④ **06** ③ **07** ④ **08** ②

09 비투자율 800, 원형단면적 10[㎠], 평균자로의 길이 30[cm]인 환상철심에 600회의 권선을 감은 코일이 있다. 여기에 1[A]의 전류가 흐를 때 코일 내에 생기는 자속은 약 몇 [Wb]인가?

① 1×10^{-3} ② 1×10^{-4}

③ 2×10^{-3} ④ 2×10^{-4}

해설 $\phi = \dfrac{\mu_0 \mu_s S N I}{l}$

$= \dfrac{4\pi \times 10^{-7} \times 800 \times 10 \times 10^{-4} \times 600 \times 1}{0.3}$

$= 2.01 \times 10^{-2} [Wb]$

10 내부저항이 r[Ω]인 전지 M개를 병렬로 연결 했을 때, 전지로부터 최대 전력을 공급받기 위한 부하저항[Ω]은?

① $\dfrac{r}{M}$ ② Mr

③ r ④ $M^2 r$

해설 최대전력을 공급받기 위해서는 내부저항=부하저항일 때 이므로 부하저항$= \dfrac{r}{M} [\Omega]$

11 서로 멀리 떨어져 있는 두 도체를 각각 $V_1[V]$, $V_2[V]$ $(V_1 > V_2)$의 전위로 충전한 후 가느다란 도선으로 연결하였을 때 그 도선에 흐르는 전하 $Q[C]$는?(단, C_1, C_2 는 두 도체의 정전용량이다)

① $\dfrac{C_1 C_2 (V_1 - V_2)}{C_1 + C_2}$ ② $\dfrac{2 C_1 C_2 (V_1 - V_2)}{C_1 + C_2}$

③ $\dfrac{C_1 C_2 (V_1 - V_2)}{2(C_1 + C_2)}$ ④ $\dfrac{2(C_1 V_1 - C_2 V_2)}{C_1 C_2}$

해설 처음 두 도체의 전하를 각각 Q_1, $Q_2[C]$, 가느다란 도선으로 연결하였을 때의 전하를 각각 Q_1', Q_2'[C]라고 두면

$Q_1 + Q_2 = C_1 V_1 + C_2 V_2 = Q_1' + Q_2' = C_1 V + C_2 V[C]$

공통전위는 $V = \dfrac{C_1 V_1 + C_2 V_2}{C_1 + C_2} [V]$

∴ 도체에 흐르는 전하량

$Q = Q_1 - Q_1' = C_1 V_1 - C_1 V = C_2 V - C_2 V_2$

$= C_2 \times \dfrac{C_1 V_1 + C_2 V_2}{C_1 + C_2} - C_2 V_2$

$= \dfrac{C_1 C_2}{C_1 + C_2} (V_1 + V_2)[C]$

12 자속밀도가 10[Wb/㎡]인 자계 내에 길이 4[cm]인 도체를 자계와 직각으로 놓고 0.4초 동안 1[㎡]씩 균일하게 이동하였을 때 발생하는 기전력은 몇 [V]인가?

① 1   ② 2

③ 3   ④ 4

해설 $e = B l v \sin\theta = 10 \times 0.04 \times \dfrac{1}{0.4} \times \sin 90°$

$= 1[V]$

13 반지름이 3[m]인 구에 공간전하밀도가 1[C/㎥] 분포 되어 있을 경우 구의 중심으로부터 1[m]인 곳의 전위는 몇 [V]인가?

① $\dfrac{1}{2\epsilon_0}$ ② $\dfrac{1}{3\epsilon_0}$

③ $\dfrac{1}{4\epsilon_0}$ ④ $\dfrac{1}{5\epsilon_0}$

14 한 변의 길이가 3[m]인 정삼각형의 회로에 2[A]의 전류가 흐를 때 정삼각형의 중심에서 자계의 크기는 몇 [AT/m]인가?

① $\dfrac{1}{\pi}$ ② $\dfrac{2}{\pi}$

③ $\dfrac{3}{\pi}$ ④ $\dfrac{4}{\pi}$

정답 09 ③   10 ①   11 ①   12 ①   13 ②   14 ③

해설 (5)번 해설을 참조 하세요.

$$H = \frac{9I}{2\pi l} = \frac{9 \times 2}{2\pi \times 3} = \frac{3}{\pi} [AT/m]$$

15 전선을 균일하게 2배의 길이로 당겨 늘였을 때 전선의 체적이 불변이라면 저항은 몇 배가 되는가?

① 2   ② 4

③ 6   ④ 8

해설 $R = \rho \dfrac{l}{S}$

$$R' = \rho \frac{l'}{S'} = \rho \frac{2l}{\frac{S}{2}} = 4\rho \frac{l}{S} = 4R$$

16 반지름 a[m]인 구대칭 전하에 의한 구내·외의 전계의 세기에 해당되는 것은?

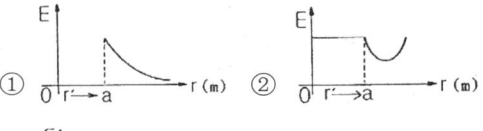

해설 구대칭 전하에 의한 전계 내부에서는

$E = \dfrac{rQ}{4\pi\epsilon_0 a^3} [V/m]$이므로 거리($r$)에 비례,

외부에서는 $E = \dfrac{Q}{4\pi\epsilon_0 r^2} [V/m]$이므로 거리($r$)의

제곱에 반비례한다.

17 무한히 넓은 평면 자성체 앞 a[m]거리의 경계면에 평행하게 무한히 긴 직선 전류 I[A]가 흐를 때, 단위 길이당 작용력은 몇 [N/m]인가?

① $\dfrac{\mu_0}{4\pi a}\left(\dfrac{\mu+\mu_0}{\mu-\mu_0}\right)I^2$ ② $\dfrac{\mu_0}{2\pi a}\left(\dfrac{\mu+\mu_0}{\mu-\mu_0}\right)I^2$

③ $\dfrac{\mu_0}{4\pi a}\left(\dfrac{\mu-\mu_0}{\mu+\mu_0}\right)I^2$ ④ $\dfrac{\mu_0}{2\pi a}\left(\dfrac{\mu-\mu_0}{\mu+\mu_0}\right)I^2$

해설

평행도선 단위 길이당 작용하는 힘

$$F = \frac{\mu_0 I_1 I_2}{2\pi r} = \frac{2 I_1 I_2}{r} \times 10^{-7} [N/m]$$

$$F = \frac{\mu_0 I I'}{2\pi r} = \frac{\mu_0}{2\pi \times 2a}\left(\frac{\mu-\mu_0}{\mu+\mu_0}\right)I^2 = \frac{\mu_0}{4\pi a}\left(\frac{\mu-\mu_0}{\mu+\mu_0}\right)I^2 [N/m]$$

$$\left(I' = \frac{\mu-\mu_0}{\mu+\mu_0} I\right)$$

18 전기 쌍극자에 대한 설명으로 틀린 것은?

① 전계의 세기는 거리의 세제곱에 반비례한다.

② 전계의 세기는 주위 매질에 따라 달라진다.

③ 전계의 세기는 쌍극자 모멘트에 비례한다.

④ 쌍극자의 전위는 거리에 반비례한다.

해설 전기 쌍극자에 의한 전위 :

$$V_P = \frac{M}{4\pi\epsilon_0 r^2} \cos\theta [V]$$

전기 쌍극자에 의한 전계 :

$$E_P = \frac{M}{4\pi\epsilon_0}\left(\sqrt{1+3\cos^2\theta}\right) [V/m]$$

전기 쌍극자 모멘트 : $M = Ql [C \cdot m]$

19 그림과 같이 공기 중에서 무한평면도체의 표면으로부터 2[m]인 곳에 점전하 4[C]가 있다. 전하가 받는 힘은 몇 [N]인가?

정답   **15** ②   **16** ④   **17** ③   **18** ④   **19** ②

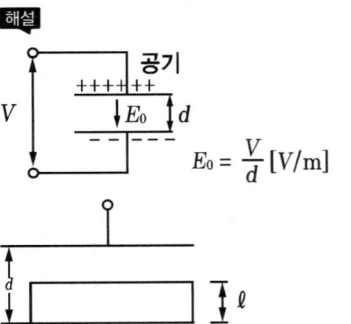

① 3×10^9 ② 9×10^9

③ 1.2×10^{10} ④ 3.6×10^{10}

해설 전하가 받는 힘

$$F = \frac{-QQ}{4\pi\epsilon_0 (2r)^2} = -\frac{Q^2}{16\pi\epsilon_0 r^2} [N]$$

$$= -\frac{4^2}{16\pi\epsilon_0 2^2} = -\frac{1}{4\pi\epsilon_0} = -9 \times 10^9 [N]$$

20 판 간격이 d인 평행판 공기콘덴서 중에 두께가 t이고, 비유전율이 ϵ_s인 유전체를 삽입하였을 경우에 공기의 절연파괴를 발생하지 않고 가할 수 있는 판 간의 전위차는?(단, 유전체가 없을 때 가할 수 있는 전압을 V라 하고 공기의 절연내력은 E_0라 한다.)

① $V(1 - \frac{t}{\epsilon_s d})$ ② $\frac{Vt}{d}(1 - \frac{1}{\epsilon_s})$

③ $V(1 + \frac{t}{\epsilon_s d})$ ④ $V[1 - \frac{t}{d}(1 - \frac{1}{\epsilon_s})]$

해설

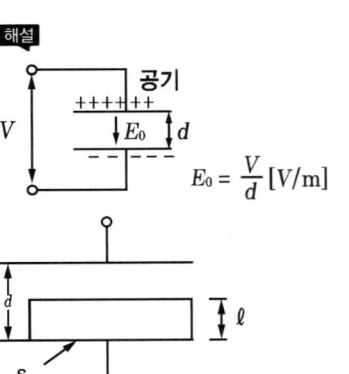

$$E_0 = \frac{V}{d} [V/m]$$

$$V = E_0(d-t) + \frac{E_0}{\epsilon_s} t = \frac{V}{d}(d-t) + \frac{\frac{V}{d}}{\epsilon_s} t$$

$$= V(1 - \frac{t}{d} + \frac{t}{d\epsilon_s})$$

$$= V\left\{1 - \frac{t}{d}(1 - \frac{1}{\epsilon_s})\right\} [V]$$

제2과목 : 전력공학

21 150[kVA]단상변압기 3대를 $\triangle - \triangle$결선으로 사용하다가 1대의 고장으로 $V - V$결선하여 사용하면 약 몇 [kVA]부하까지 걸 수 있겠는가?

① 200   ② 220

③ 240   ④ 260

해설 $P_V = \sqrt{3} P_a = \sqrt{3} \times 150 = 260 [kVA]$

22 송전계통의 안정도를 증진시키는 방법이 아닌 것은?

① 전압변동을 적게 한다.

② 제동저항기를 설치한다.

③ 직렬 리액턴스를 크게 한다.

④ 중간조상기 방식을 채용한다.

해설 전력계통의 안정도 향상대책

㉠ 직렬 리액턴스를 적게 한다.

㉡ 전압 변동률을 적게 한다.

㉢ 중간조상방식을 채택한다.

㉣ 고장전류를 줄이고 고장구간을 신속히 차단시킨다.

㉤ 고장시 발전기 입·출력의 불평형을 작게 하여야 한다.

23 연간 전력량이 E[kWh]이고 연간 최대전력이 W[kW]인 연부하율은 몇 [%]인가?

정답   **20** ④   **21** ④   **22** ③   **23** ④

658 · Part 2. 전기기사 기출문제

① $\dfrac{E}{W} \times 100$ 　② $\dfrac{\sqrt{3}\,E}{W} \times 100$

③ $\dfrac{8760\,W}{E} \times 100$ 　④ $\dfrac{E}{8760\,W} \times 100$

해설

연부하율 $= \dfrac{\text{연간전력량}/(365 \times 24)}{\text{연간최대전력}} \times 100$

$= \dfrac{E}{8760\,W} \times 100[\%]$

24 차단기 정격 차단시간은?

① 고장발생부터 소호까지 시간

② 가동접촉자 시동부터 소호까지의 시간

③ 트립코일 여자부터 소호까지 시간

④ 가동접촉자 개구부터 소호까지의 시간

해설

- 정격차단시간 : 트립코일 여자로부터 소호까지의 시간
- 차단기 차단시간 : 개극시간과 아크시간을 합친 것으로 3~8사이클

25 3상 결선 변압기의 단상 운전에 의한 소손방지 목적으로 설치하는 계전기는?

① 단락 계전기 　② 결상 계전기

③ 지락 계전기 　④ 과전압 계전기

해설

- 단락계전기 : 단락사고 검출을 목적
- 지락계전기 : 지락사고 검출을 목적
- 과전압계전기 : 전압의 크기가 일정 이상으로 되었을 때 동작
- 결상계전기 : 기기 또는 회로를 보호하기 위하여 결상 상태를 검출하여 차단 또는 경보

26 인터록(Interlock)의 기능에 대한 설명으로 맞는 것은?

① 조작자의 의중에 따라 개폐되어야 한다.

② 차단기가 열려 있어야 단로기를 닫을 수 있다.

③ 차단기가 닫혀 있어야 단로기를 닫을 수 있다.

④ 차단기와 단로기를 별도로 닫고 열 수 있어야 한다.

해설 단로기는 소호장치가 없어서 부하전류를 개폐할 수 없으므로 차단기가 열려 있어야 단로기는 열고 닫을 수 있도록 인터록 장치를 두어 부하전류가 흐르고 있을 때에는 열 수 없도록 해야 한다.

27 그림과 같은 22[kV] 3상 3선식 전선로의 P점에 단락이 발생하였다면 3상 단락전류는 약 몇 [A]인가?(단, %리액턴스는 8[%]이며 저항분은 무시한다)

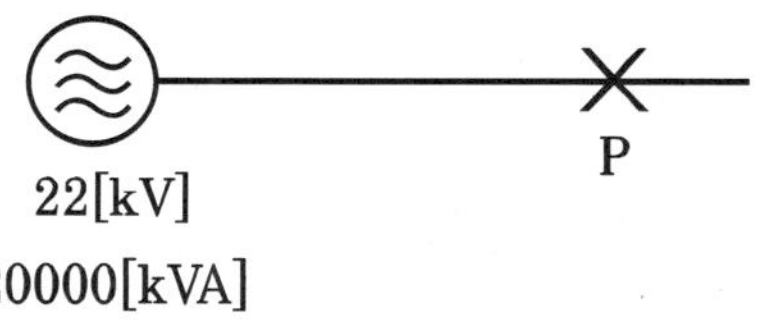

① 6561 　② 8560

③ 11364 　④ 12684

해설

$I_s = \dfrac{100}{\%z}I_n = \dfrac{100}{8} \times \dfrac{20000}{\sqrt{3} \times 22} = 6560.8[A]$

28 전력계통에서 내부 이상전압의 크기가 가장 큰 경우는?

① 유도성 소전류 차단 시

② 수차발전기의 부하 차단 시

③ 무부하 선로 충전전류 차단 시

④ 송전선로의 부하 차단기 투입 시

정답　24 ③　25 ②　26 ②　27 ②　28 ③

29 화력발전소에서 재열기의 목적은?

① 급수 예열 ② 석탄 건조

③ 공기 예열 ④ 증기 예열

해설

- 절탄기 : 보일러급수를 가열하기 위한 장치
- 재열기 : 증기를 가열
- 공기예열기 : 절탄기를 나온 연소가스의 열을 회수하여 공기를 예열
- 탈기기 : 급수 중의 공기를 제거

30 송전선로의 각 상전압이 평형 되어 있을 때 3상 1회선 송전선의 작용정전용량$[\mu F/km]$을 옳게 나타낸 것은?(단, r은 도체의 반지름[m], D는 도체의 등가선간거리[m]이다)

① $\dfrac{0.02413}{\log_{10}\dfrac{D}{r}}$

② $\dfrac{0.2413}{\log_{10}\dfrac{D}{r}}$

③ $\dfrac{0.02413}{\log_{10}\dfrac{D^2}{r}}$

④ $\dfrac{0.2413}{\log_{10}\dfrac{D^2}{r}}$

31 플리커 경감을 위한 전력 공급측의 방안이 아닌 것은?

① 공급 전압을 낮춘다.

② 전용 변압기로 공급한다.

③ 단독 공급 계통을 구성한다.

④ 단락 용량이 큰 계통에서 공급한다.

해설 플리커 현상 경감 대책

㉠ 전원측

- 전용 계통으로 공급
- 전용 변압기로 공급
- 공급전압을 승압
- 단락 용량이 큰 계통에 공급

㉡ 수용가측

- 리액터 보상방법
- 전압강하 보상방법
- 무효전력 흡수방법

32 송전선로에서 송전전력, 거리, 전력손실율과 전선의 밀도가 일정하다고 할 때, 전선 단면적 $A[mm^2]$는 전압 $V[V]$와 어떤 관계에 있는가?

① V에 비례한다.

② V^2에 비례한다.

③ $\dfrac{1}{V}$에 비례한다.

④ $\dfrac{1}{V^2}$에 비례한다.

해설

- 전력손실율

$K = \dfrac{P_l}{P} = \dfrac{P\rho\,l}{V^2\cos^2\theta\,A}$ 에서,

$A = \dfrac{P\rho\,l}{K\,V^2\cos^2\theta} \propto \dfrac{1}{V^2}$

- 전력손실

$P_l = \dfrac{P^2 R}{V^2\cos^2\theta} = \dfrac{P^2\rho\,l}{V^2\cos^2\theta\,A}\,[W]$

33 동기조상기에 관한 설명으로 틀린 것은?

① 동기 전동기의 V특성을 이용하는 설비이다.

② 동기 전동기를 부족여자로 하여 컨덕터로 사용한다.

③ 동기 전동기를 과여자로 하여 콘덴서로 사용한다.

④ 송전계통의 전압을 일정하게 유지하기 위한 설비이다.

해설

- 경부하 시에는 부족여자로 운전하여 뒤진 전류를 취하여 지상역률로 사용한다.(L작용)
- 중부하 시에는 과여자로 운전하여 앞선 전류를 취하여 진상 역률로 사용한다.(C작용)

정답 29 ④ 30 ① 31 ① 32 ④ 33 ②

660 · Part 2. 전기기사 기출문제

34 비등수형 원자로의 특색이 아닌 것은?

① 열교환기가 필요하다.

② 기포에 의한 자기 제어성이 있다.

③ 방사능 때문에 증기는 완전히 기수분리를 해야 한다.

④ 순환펌프로서는 급수펌프뿐이므로 펌프동력이 작다.

해설 비등수로 원자로의 특색

㉠ 열교환기가 필요없다.

㉡ 증기발생기가 필요없다.

㉢ 증기는 기수분리, 급수는 양질의 것이어야 한다.

㉣ 소내동력은 적어도 된다.

㉤ 펌프 동력이 작다.

㉥ 출력 변동에 대한 출력 특성은 가압수형에 비해 떨어진다.

㉦ 증기가 직접 터빈에 들어가기 때문에 철저한 누출방지를 해야한다.

35 그림과 같은 단거리 배전 선로의 송전단 전압이 6600[V], 역률은 0.9이고, 수전단 전압은 6100[V], 역률 0.8일 때 회로에 흐르는 전류 I[A]는?(단, E_s 및 E_r은 송·수전단 대지전압이며, r=20[Ω], x=10[Ω]이다)

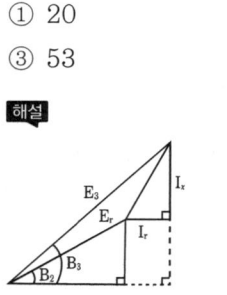

① 20

② 35

③ 53

④ 65

해설

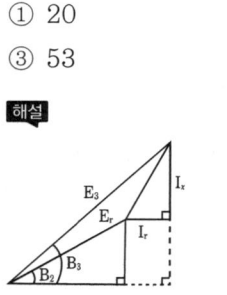

$E_s \cos\theta_s = E_r \cos\theta_r + Ir$

$I = \dfrac{E_s \cos\theta_s - E_r \cos\theta_r}{r}$

$= \dfrac{6600 \times 0.9 - 6100 \times 0.8}{20} = 53[A]$

36 피뢰기의 제한전압이란?

① 충격파의 방전개시전압

② 상용주파수의 방전개시전압

③ 전류가 흐르고 있을 때의 단자전압

④ 피뢰기 동작 중 단자전압의 파고값

37 단락용량 5000[MVA]인 모선의 전압이 154[kV]라면 등가 모선임피던스는 약 몇 [Ω]인가?

① 2.54

② 4.74

③ 6.34

④ 8.24

해설

$P_s = \dfrac{V^2}{Z}$ 에서, $Z = \dfrac{154^2}{5000} = 4.74[\Omega]$

38 피뢰기가 그 역할을 잘하기 위하여 구비되어야 할 조건으로 틀린 것은?

① 속류를 차단할 것

② 내구력이 높을 것

③ 충격방전 개시전압이 낮을 것

④ 제한전압은 피뢰기의 정격전압과 같게 할 것

해설 피뢰기의 구비조건

㉠ 충격방전 개시전압이 낮을 것

㉡ 속류 차단능력이 클 것

㉢ 방전내량이 크고 제한전압은 낮을 것

㉣ 상용주파 방전개시전압이 높을 것

㉤ 제한전압 〈 정격전압

정답 34 ①   35 ③   36 ④   37 ②   38 ④

39 저압배전선로에 대한 설명으로 틀린 것은?

① 저압 뱅킹 방식은 전압변동을 경감할 수 있다.

② 밸런서(Balancer)는 단상 2선식에 필요하다.

③ 배전선로의 부하율이 F일 때 손실계수는 F와 F^2의 중간 값이다.

④ 수용률이란 최대수용전력을 설비용량으로 나눈 값을 퍼센트로 나타낸 것이다.

해설 밸런서는 단상 3선식에 필요하다.

40 그림과 같은 전력계통의 154[kV] 송전선로에서 고장 지락 임피던스 Z_{gf}를 통하여 1선 지락 고장이 발생되었을 때 고장점에서 본 영상 %임피던스는?(단, 그림에 표시한 임피던스는 모두 동일용량, 100[MVA]기준으로 환산한 %임피던스임)

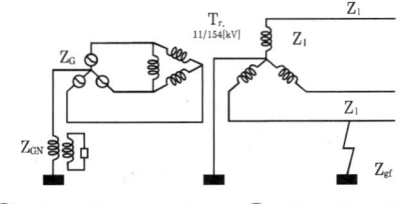

① $Z_0 = Z_l + Z_t + Z_G$ ② $Z_0 = Z_l + Z_t + Z_{gf}$

③ $Z_0 = Z_l + Z_t + 3Z_{gf}$ ④ $Z_0 = Z_l + Z_t + 3Z_{gf}$

해설

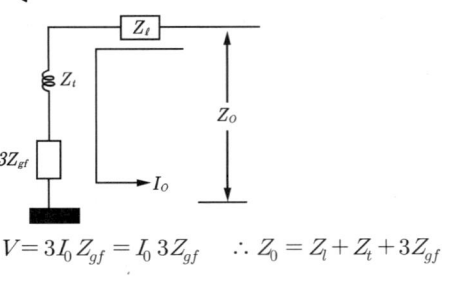

$V = 3I_0 Z_{gf} = I_0\, 3Z_{gf}$ $\therefore Z_0 = Z_l + Z_t + 3Z_{gf}$

제3과목 : 전기기기

41 정전압 계통에 접속된 동기발전기의 여자를 약하게 하면?

① 출력이 감소한다.

② 전압이 강하한다.

③ 앞선 무효전류가 증가한다.

④ 뒤진 무효전류가 증가한다.

해설 동기발전기의 여자전류를 증가시키게 되면, 역률은 저하되고, 전류는 증가, 무효전력도 증가되지만, 전력은 불변이 된다. 무효순환전류가 흐르게 되어 역률은 변하지만 유효전력의 분담은 바꿀 수 없다. 여자전류를 약하게 하면 진상(앞선)무효전류가 흐르고 그 증자 작용에 의하여 기전력은 높아진다.

42 다이오드를 사용하는 정류회로에서 과대한 부하전류로 인하여 다이오드가 소손될 우려가 있을 때 가장 적절한 조치는 어느 것인가?

① 다이오드를 병렬로 추가한다.

② 다이오드를 직렬로 추가한다.

③ 다이오드 양단에 적당한 값의 저항을 추가한다.

④ 다이오드 양단에 적당한 값의 콘덴서를 추가한다.

해설

• 과부하 전류로부터 다이오드를 보호하려면 다이오드를 병렬로 연결한다.

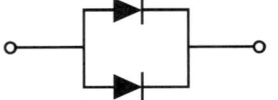

• 과전압으로부터 다이오드를 보호하려면 다이오드를 직렬로 연결한다.

정답 39 ② 40 ③ 41 ③ 42 ①

43 직류 발전기의 외부 특성곡선에서 나타나는 관계로 옳은 것은?

① 계자전류와 단자전압
② 계자전류와 부하전류
③ 부하전류와 단자전압
④ 부하전류와 유기기전력

해설 직류발전기의 특성곡선 : 유기기전력(E), 단자전압(V), 전기자전류(I_n), 부하전류(I), 계자전류(I_f), 속도(n) 등의 상호관계를 표시한 곡선

구분	횡축	종축	조건	
무부하 포화곡선	I_f	$V(=E)$	$n=$일정	$I=0$
외부특성 곡선	I	V	$n=$일정	$R_f=$일정
내부특성 곡선	I	E	$n=$일정	$R_f=$일정
부하특성 곡선	I_f	V	$n=$일정	$I=$일정
계자조정 곡선	I	I_f	$n=$일정	$V=$일정

44 직류기의 전기자 반작용에 의한 영향이 아닌 것은?

① 자속이 감소하므로 유기기전력이 감소한다.
② 발전기의 경우 회전방향으로 기하학적 중성축이 형성된다.
③ 전동기의 경우 회전방향과 반대방향으로 기하학적 중성축이 형성된다.
④ 브러시에 의해 단락된 코일에는 기전력이 발생하므로 브러시 사이의 유기기전력이 증가한다.

해설 전기자 반작용 : 전기자 전류에 의해서 기전력이 영향을 받아서 주자극의 자속분포가 변화하는데 이런 전기자 전류에 의한 작용을 말한다.

ⓐ 전기자 기자력 : 브러시를 기계적 중성축에서 $\alpha[rad]$만큼 이동했을 때, 감자 기자력은

$$AT_d = \frac{2\alpha}{\pi}\frac{Z}{2P}\frac{1}{2}\frac{I_a}{2a}[AT/극], 교차기자력은,$$

$$AT_c = \frac{\beta}{\pi}\frac{Z}{2P}\frac{1}{2}\frac{I_a}{2a}[AT/극]$$

ⓑ 전기자 반작용에 따른 현상
 • 발전기 : 회전방향과 같은 방향으로 전기적 중성축이 이동한다.
 • 전동기 : 회전방향과 반대 방향으로 전기적 중성축이 이동한다.
 • 주자속이 감소한다.
 • 정류자편 사이의 전압이 고르지 못하게 되어 국부적으로 전압이 높아진다.(Flashover전압)

ⓒ 보상권선

45 어떤 정류기의 부하 전압이 2000[V]이고 맥동률이 3[%]이면 교류분의 진폭[V]은?

① 20　　　　　② 30
③ 50　　　　　④ 60

해설

$$맥동률 = \frac{직류전압에 포함된 교류전압}{직류전압}\times 100$$

$$= \frac{\triangle E}{E_d}\times 100[\%]$$

$$\therefore 교류분의 진폭(\triangle E) = 0.03\times 2000 = 60[V]$$

46 3상 3300[V], 100[kVA]의 동기발전기의 정격전류는 약 몇 [A]인가?

① 17.5　　　　② 25
③ 30.3　　　　④ 33.3

해설 $P = \sqrt{3}\ VI[VA]$에서, $I = \dfrac{100\times 10^3}{\sqrt{3}\times 3300}$

$$= 17.5[A]$$

정답 　43 ③　44 ④　45 ④　46 ①

47 4극 3상 유도 전동기가 있다. 전원전압 200 [V]로 전부하를 걸었을 때 전류는 21.5[A]이다. 이 전동기의 출력은 약 몇 [W]인가?(단, 전부하 역률 86[%], 효율 85[%]이다)

① 5029　　　　② 5444

③ 5820　　　　④ 6103

해설 전동기 효율은

$\eta = \dfrac{출력}{입력} \times 100[\%]$에서

∴ 전동기의 출력

$P = \eta \sqrt{3}\ VI\cos\theta = 0.85 \times \sqrt{3} \times 200$

$\qquad\qquad \times 21.5 \times 0.86 = 5444.2[W]$

48 변압비 3000/100[V]인 단상변압기 2대의 고압측을 그림과 같이 직렬로 3300[V] 전원에 연결하고, 저압측에 각각 5[Ω], 7[Ω]의 저항을 접속하였을 때, 고압측의 단자전압 E_1은 약 몇 [V]인가?

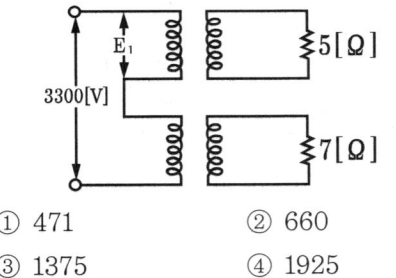

① 471　　　　② 660

③ 1375　　　　④ 1925

해설 $E_1 = \dfrac{Z_1}{Z_1 + Z_2}E = \dfrac{5}{5+7} \times 3300 = 1375[V]$,

$E_2 = \dfrac{Z_2}{Z_1 + Z_2}E = \dfrac{7}{5+7} \times 3300 = 1925[V]$

49 교류기에서 유기기전력의 특정 고조파분을 제거하고 또 권선을 절약하기 위하여 자주 사용되는 권선법은?

① 전절권　　　　② 분포권

③ 집중권　　　　④ 단절권

해설 직류기에서 주로 사용되는 권선으로는 폐로권, 고상권, 이층권이며, 동기기에는 전부 단절권을 채용하는데 이는 고조파를 제거하여 기전력의 파형을 좋게 하고, 코일 끝 부분의 길이가 단축되어 기계 전체 길이가 축소되어 동의 양이 적게 든다. 코일 간격이 극 간격과 같은 것은 전절권, 극 간격보다 작은 것은 단절권이라 한다.

50 12극의 3상 동기발전기가 있다. 기계각 15° 에 대응하는 전기각은?

① 30　　　　② 45

③ 60　　　　④ 90

해설 $\left(전기각 = \dfrac{P}{2} \times 180°\right)$

∴ 전기각 = $\dfrac{극수}{2} \times$ 기계각 = $\dfrac{12}{2} \times 15° = 90°$

51 4극, 60[Hz]의 유도전동기가 슬립 5[%]로 전부하 운전하고 있을 때 2차 권선의 손실이 94.25[W]라고 하면 토크는 약 몇[N·m]인가?

① 1.02　　　　② 2.04

③ 10.0　　　　④ 20.0

해설

$T = \dfrac{P_2}{\omega} = \dfrac{P_2}{2\pi \dfrac{N_s}{60}} = \dfrac{1885}{2\pi \times \dfrac{1800}{60}} = 10[\text{N} \cdot \text{m}]$

$N_s = \dfrac{120f}{P} = \dfrac{120 \times 60}{4} = 1800[rpm]$

$P_2 = \dfrac{P_{c2}}{s} = \dfrac{94.25}{0.05} = 1885[W]$

정답 47 ②　48 ③　49 ④　50 ④　51 ③

664 · Part 2. 전기기사 기출문제

52 단상 변압기에 정현파 유기기전력을 유기하기 위한 여자전류의 파형은?

① 정현파
② 삼각파
③ 왜형파
④ 구형파

해설 변압기 철심은 자기포화와 히스테리시스현상으로 인하여 여자전류의 제3고조파가 가장 많이 포함된 홀수 고조파를 포함하는 첨두(왜형)파이다.

53 회전형 전동기와 선형 전동기(Linear Motor)를 비교한 설명 중 틀린 것은?

① 선형의 경우 회전형에 비해 공극의 크기가 작다.
② 선형의 경우 직접적으로 직선운동을 얻을 수 있다.
③ 선형의 경우 회전형에 비해 부하관성의 영향이 크다.
④ 선형의 경우 전원의 상 순서를 바꾸어 이동 방향을 변경한다.

54 변압기의 전일 효율이 최대가 되는 조건은?

① 하루 중의 무부하손의 합 = 하루 중의 부하손의 합
② 하루 중의 무부하손의 합 〈 하루 중의 부하손의 합
③ 하루 중의 무부하손의 합 〉 하루 중의 부하손의 합
④ 하루 중의 무부하손의 합 = 2×하루 중의 부하손의 합

55 유도전동기를 정격상태로 사용 중, 전압이 10[%] 상승하면 다음과 같은 특성의 변화가 있다. 틀린 것은?(단, 부하는 일정 토크라고 가정한다)

① 슬립이 작아진다.
② 효율이 떨어진다.
③ 속도가 감소한다.
④ 히스테리시스손과 와류손이 증가한다.

해설 유도전동기에서 속도는 전압에 비례한다.

56 대칭 3상 권선에 평행 3상 교류가 흐르는 경우, 회전 자계의 설명으로 틀린 것은?

① 발생 회전 자계 방향 변경 가능
② 발생 회전 자계는 전류와 같은 주기
③ 발생 회전 자계 속도는 동기 속도보다 늦음
④ 발생 회전 자계 세기는 각 코일 최대 자계의 1.5배

해설 회전 자계 속도는 동기 속도와 동일한 속도로 회전한다.

57 직류기 권선법에 대한 설명으로 틀린 것은?

① 단중 파권은 균압환이 필요하다.
② 단중 중권의 병렬 회로 수는 극수와 같다.
③ 저전류·고전압 출력은 파권이 유리하다.
④ 단중 파권의 유기전압은 단중 중권의 $\frac{P}{2}$ 이다.

해설 내부 병렬회로 수는 단중 중권에서는 a=p, 단중 파권에서는 a=2, 균압환은 중권에서만 필요하다. 단중 파권으로 하면 단중 중권의 $\frac{P}{2}$배의 유기전압이 발생한다.

58 스테핑 모터의 일반적인 특징으로 틀린 것은?

① 기동·정지 특성은 나쁘다.
② 회전각은 입력 펄스 주파수에 비례한다.

정답 **52** ③　**53** ①　**54** ①　**55** ③　**56** ③　**57** ①　**58** ①

③ 회전 속도는 입력 펄스 주파수에 비례한다.

④ 고속 응답이 좋고, 고출력의 운전이 가능하다.

해설 스테핑 모터의 장·단점

㉠ 장점

- 회전각은 입력 펄스 수에 비례한다.
- 회전속도는 입력 펄스 주파수에 비례하고 광범위한 변속이 가능하다.
- 한 스텝 당의 각도 오차가 적고, 오차는 누적되지 않는다.
- 기동, 정지, 정·역회전의 응답성이 좋고, 고출력의 운전이 가능하다.
- 모터의 축을 부하에 직결한 상태로 초 저속으로 동기 운전이 가능하다.
- 피드백 기능이 불필요하며, 제어가 간단(펄스 입력으로 모든 루프로 제어가 가능)하다.
- 자기유지력이 있어서 브레이크를 사용하지 않아도 정지 위치를 유지할 수 있다.

㉡ 단점

- 고속회전이 곤란하다.
- 저속 회전 시에는 진동이 발생한다.
- 크기에 비해서 토크가 작다.
- 크기가 크고 무겁다.
- 과부하 시에 난조(탈조)현상을 일으키며, 동기가 되지 않을 수도 있다.

59 철손 1.6[kW], 전부하동손 2.4[kW]인 변압기에는 약 몇 % 부하에서 효율이 최대로 되는가?

① 82

② 95

③ 97

④ 100

해설 최대효율조건 : (철손=동손)

$P_i = m^2 P_c$

$\therefore m = \sqrt{\dfrac{P_i}{P_c}} = \sqrt{\dfrac{16}{24}} = 0.816 = 82\,[\%]$

60 동기 발전기의 제동권선의 주요 작용은?

① 제동작용

② 난조방지작용

③ 시동권선작용

④ 자려작용(自勵作用)

해설 보상권선 전기자 반작용 방지하는 작용을 제동권선은 난조방지작용을 한다.

제4과목 : 회로이론 및 제어공학

61 제어오차가 검출될 때 오차가 변화하는 속도에 비례하여 조작량을 조절하는 동작으로 오차가 커지는 것을 사전에 방지하는 제어동작은?

① 미분동작제어

② 비례동작제어

③ 적분동작제어

④ ON-OFF 제어

해설

종류		특징
P	비례동작	• 정상오차를 수반 • 잔류편차 발생 • 사이클링 방지
I	적분동작	• 잔류편차 제거
D	미분동작	• 오차가 커지는 것을 미리 방지 • 단독으로는 사용하지 않음
PI	비례적분 동작	• 잔류편차 제거 • 뒤진 회로의 특성 • 제어결과가 진동 적으로 될 수 있다.
PD	비례미분 동작	• 응답 속응성의 개선 • 앞선 회로의 특성
PID	비례적분 미분동작	• 잔류편차 제거 • 응답의 오버슈터 감소 • 응답 속응성의 개선 • 뒤진-앞선 회로의 특성과 같음

정답 **59** ① **60** ② **61** ①

666 • Part 2. 전기기사 기출문제

62 다음과 같은 상태방정식으로 표현되는 제어계에 대한 설명으로 틀린 것은?

$$\dot{x} = \begin{bmatrix} 0 & 1 \\ -2 & -3 \end{bmatrix} x + \begin{bmatrix} 1 & 1 \\ 0 & -2 \end{bmatrix} u$$

① 2차 제어계이다.

② x는 (2×1)의 벡터이다.

③ 특성방정식은 $(s+1)(s+2)=0$이다.

④ 제어계는 부족제동(Under damped)된 상태에 있다.

해설 특성방정식, $|sI - A| = 0$

$$\begin{bmatrix} s & 0 \\ 0 & s \end{bmatrix} - \begin{bmatrix} 0 & 1 \\ -2 & -3 \end{bmatrix} = \begin{bmatrix} s & -1 \\ 2 & s+3 \end{bmatrix} = 0$$

$\therefore s(s+3) + 2 = 0$

$s^2 + 3s + 2 = 0$

$s^2 + 2\delta\omega_n s + \omega_n^2 = 0$

$2\delta\omega_n = 3, \ \omega_n^2 = 2$

$\therefore \delta = \dfrac{3}{2\sqrt{2}} > 1$ 과제동이 된다.

63 벡터 궤적이 다음과 같이 표시되는 요소는?

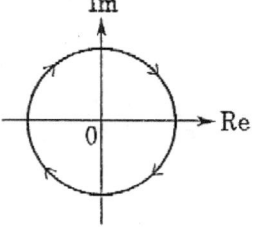

① 비례요소   ② 1차 지연요소

③ 2차 지연요소   ④ 부동작 시간요소

해설

$G(s) = e^{-Ls}$

$G(j\omega) = e^{-j\omega L} = \cos\omega L - j\sin\omega L$

$|G(j\omega)| = \sqrt{(\cos\omega L)^2 + (\sin\omega L)^2} = 1$

$\angle G(j\omega) = \tan^{-1}\dfrac{-\sin\omega L}{\cos\omega L} = -\omega L$

그러므로, $|G(j\omega)| = 1$, $\angle G(j\omega)$는 ω의 증가에 따라 $(-)$방향으로 회전하게 되므로 벡터궤적은 그림처럼 된다.

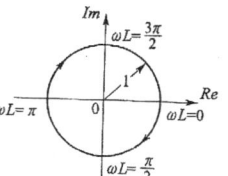

64 그림과 같은 이산치계의 z변환 전달함수 $\dfrac{C(z)}{R(z)}$ 를 구하면?(단, $Z\left[\dfrac{1}{s+a}\right] = \dfrac{z}{z - e^{-aT}}$ 임)

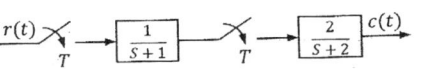

① $\dfrac{2z}{z - e^{-T}} - \dfrac{2z}{z - e^{-2T}}$

② $\dfrac{2z^2}{(z - e^{-T})(z - e^{-2T})}$

③ $\dfrac{2z}{z - e^{-2T}} - \dfrac{2z}{z - e^{-T}}$

④ $\dfrac{2z}{(z - e^{-T})(z - e^{-2T})}$

해설 $C(z) = G_1(z) G_2(z) R(z)$

$\therefore G(z) = \dfrac{C(z)}{R(z)} = G_1(z) G_2(z)$

$= Z\left[\dfrac{1}{s+a}\right] Z\left[\dfrac{2}{s+2}\right] = \dfrac{z}{z - e^{-T}} \times \dfrac{2z}{z - e^{-2T}}$

$= \dfrac{2z^2}{(z - e^{-T})(z - e^{-2T})}$

65 다음의 논리 회로를 간단히 하면?

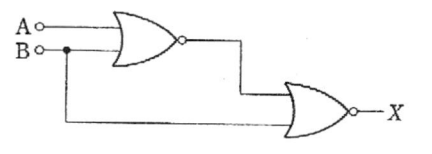

정답 62 ④   63 ④   64 ②   65 ②

① $X = AB$ 　　② $X = A\,\overline{B}$

③ $X = \overline{A}\,B$　　④ $X = \overline{AB}$

해설

$X = \overline{\overline{A+B}+B} = (A+B)\cdot\overline{B} = B\,\overline{B}+A\overline{B} = A\,\overline{B}$

66 그림과 같은 신호 흐름 선도에서 C(s)/R(s)의 값은?

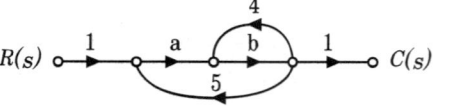

① $\dfrac{ab}{1-4b-5ab}$ 　　② $\dfrac{ab}{1+4b-5ab}$

③ $\dfrac{ab}{1-4b+5ab}$ 　　④ $\dfrac{ab}{1+4b+5ab}$

해설 $G(s) = \dfrac{\displaystyle\sum_{K=1}^{\infty} G_K \triangle_K}{\triangle} = \dfrac{ab}{1-4b-5ab}$

$\triangle = 1 - \sum l_1 + \sum l_2 - \sum l_3 + \cdots$

$\sum l_1 = 4b + 5ab$

$K = 1,\ G_1 \triangle_1 = ab$

67 단위계단 입력에 대한 응답특성이

$c(t) = 1 - e^{-\frac{1}{T}t}$ 로 나타나는 제어계는?

① 비례제어계　　② 적분제어계

③ 1차지연제어계　　④ 2차지연제어계

해설 1차지연제어계의 과도응답

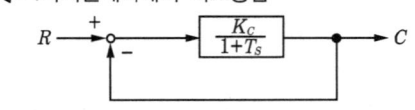

그림에서 자동제어계의 폐회로 전달함수

$G(s) = \dfrac{C(s)}{R(s)} = \dfrac{\dfrac{K_c}{1+Ts}}{1+\dfrac{K_c}{1+Ts}} = \dfrac{K_c}{Ts+K_c+1}$

$= \dfrac{\dfrac{K_c}{K_c+1}}{\dfrac{Ts}{K_c+1}+\dfrac{K_c+1}{K_c+1}} = \dfrac{K}{\tau s+1}$

단, $K = \dfrac{K_c}{K_c+1}$, $\tau = \dfrac{T}{K_c+1}$ 의 형으로 표시되

는 계를 1차계라고 한다.

1차 제어계의 단위계단입력에 대한 응답(인디셜 응답)

$G(s) = \dfrac{C(s)}{R(s)} = \dfrac{K}{\tau s+1}$

$\therefore C(s) = \dfrac{K}{\tau s+1}R(s) = \dfrac{K}{\tau s+1}\cdot\dfrac{1}{s}$

역 라플라스 변환하면

$c(t) = \mathcal{L}^{-1}C(s) = K(1-e^{-\frac{1}{\tau}t})$

여기서 k는 이득, 1차계에서 응답 특성의 지표가 되는 시정수는 τ이다. 시정수 τ는 t=0에서의 단위계단응답의 미분 값의 역수를 말한다.

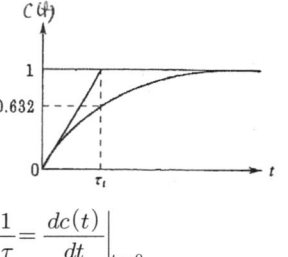

$\dfrac{1}{\tau} = \dfrac{dc(t)}{dt}\Big|_{t=0}$

68 $G(s)H(s) = \dfrac{K(s+1)}{s^2(s+2)(s+3)}$에서 근궤적의 수는?

① 1　　　　② 2

③ 3　　　　④ 4

해설 근궤적의 수 (N)은 근의 개수 (P)와 영점의 개수 (Z)에서 큰 개수를 말한다. 영점 (Z)의 개수는 1개 극점(P)의 개수는 4개이므로 근궤적의 수는 4개이다.

정답 66 ①　67 ③　68 ④

69 주파수 응답에 의한 위치제어계의 설계에서 계통의 안정도 척도와 관계가 적은 것은?

① 공진치 ② 위상여유

③ 이득여유 ④ 고유주파수

해설 고유주파수(절점주파수) : 2차 지연요소의 보드선도에서 이득곡선의 두 점근선이 만나는 점의 주파수

70 나이퀴스트(Nyquist) 선도에서의 임계점 $(-1, j0)$에 대응하는 보드선도에서의 이득과 위상은?

① 10[dB], $0°$ ② 0[dB], $-90°$

③ 0[dB], $90°$ ④ 0[dB], $-180°$

71 평행 3상 △결선 회로에서 선간전압(E_l)과 상전압(E_p)의 관계로 옳은 것은?

① $E_l = \sqrt{3}\, E_p$ ② $E_l = 3E_p$

③ $E_l = E_p$ ④ $E_l = \dfrac{1}{\sqrt{3}} E_p$

해설 △결선 회로에서 선간전압(E_l)과 상전압(E_p)은 같다.

72 정격전압에서 1[kW]의 전력을 소비하는 저항에 정격의 80[%]의 전압을 가할 때 전력[W]은?

① 320 ② 540

③ 640 ④ 860

해설 $P = \dfrac{V^2}{R} [W] \propto V^2$

$\therefore P' = (\dfrac{V'}{V})^2 P = (\dfrac{0.8\,V}{V})^2 \times 1 \times 10^3 = 640[W]$

73 그림처럼 t=0에서 스위치 S를 닫았다. 콘덴서에서 충전된 초기전압 $V_c(0)$가 1[V]이었다면 전류 $i(t)$를 변환한 값 $I(s)$는?

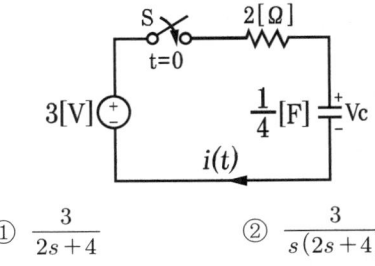

① $\dfrac{3}{2s+4}$ ② $\dfrac{3}{s(2s+4)}$

③ $\dfrac{2}{s(s+2)}$ ④ $\dfrac{1}{s+2}$

해설 $v = R\,i(t) + \dfrac{1}{C}\int i(t)\,dt$를 라플라스 변환하면,

$\dfrac{V}{s} = R\,I(s) + \dfrac{I(s)}{Cs} + \dfrac{i^{-1}(0)}{Cs}$ $(i^{-1}(0)$

$= Q = C\,V_C(0))$

$= R\,I(s) + \dfrac{I(s)}{Cs} + \dfrac{V_C(0)}{s}$

$\dfrac{3}{s} - \dfrac{1}{s} = (2 + \dfrac{4}{s})I(s)$

$\therefore I(s) = \dfrac{2}{s(2 + \dfrac{4}{s})} = \dfrac{2}{2s+4} = \dfrac{1}{s+2}$

74 그림과 같은 회로에서 i_x는 몇 [A]인가?

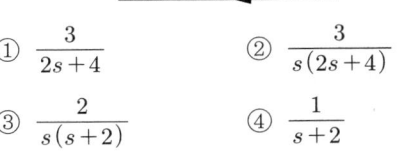

① 3.2 ② 2.6

③ 2.0 ④ 1.4

정답 69 ④ 70 ④ 71 ③ 72 ③ 73 ④ 74 ④

해설 중첩의 원리

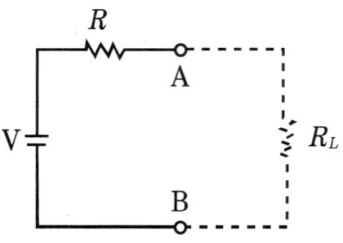

(a)　　　　　(b)

- 전류원 개방(a)

$i_x' = \dfrac{10 - 2i_x'}{2+1}$　　$\therefore i_x' = 2[A]$

- 전압원 단락(b)

$i_x'' + 3 = \dfrac{v - 2i_x''}{1}$　······ ㉠

$i_x'' = \dfrac{0 - v}{2}$ ······ ㉡

㉠ 식과 ㉡ 식에서, $i_x'' = -0.6[A]$

$\therefore i_x = i_x' + i_x'' = 2 - 0.6 = 1.4[A]$

---

75 그림과 같이 전압 V와 저항 R로 구성되는 회로 단자 $A-B$ 간에 적당한 저항 R_L을 접속하여 R_L에서 소비되는 전력을 최대로 하게 했다. 이 때 R_L에서 소비되는 전력 P는?

① $\dfrac{V^2}{4R}$　　　　② $\dfrac{V^2}{2R}$

③ R　　　　　④ 2R

해설 최대전력 전송조건 : $R_L = R$

$P = I^2 R_L = \left(\dfrac{V}{R+R_L}\right)^2 R_L = \left(\dfrac{V}{R+R}\right)R$

$\quad = \dfrac{V^2}{4R}[W]$

---

76 다음의 T형 4단자망 회로에서 ABCD 파라미터 사이의 성질 중 성립되는 대칭조건은?

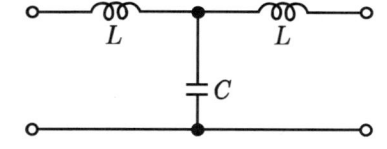

① A=D　　　　② A=C

③ B=C　　　　④ B=A

해설
$\begin{bmatrix} A & B \\ C & D \end{bmatrix} = \begin{bmatrix} 1 & j\omega L \\ 0 & 1 \end{bmatrix} \begin{bmatrix} 1 & 0 \\ j\omega C & 1 \end{bmatrix} \begin{bmatrix} 1 & j\omega L \\ 0 & 1 \end{bmatrix}$

$= \begin{bmatrix} 1 - \omega^2 LC & j\omega LC^2 - \omega^2 LC \\ j\omega C & 1 - \omega^2 LC \end{bmatrix}$

$\therefore A = D$

---

77 분포정수 회로에서 선로의 특성임피던스를 Z_0, 전파정수를 γ 라고 할 때 무한장 선로에 있어서 송전단에서 본 직렬리액턴스는?

① $\dfrac{Z_0}{\gamma}$　　　　② $\sqrt{\gamma Z_0}$

③ γZ_0　　　　④ $\dfrac{\gamma}{Z_0}$

해설 $Z_0 = \sqrt{\dfrac{Z}{Y}}$, $\gamma = \sqrt{ZY}$ 에서

$\therefore Z_0\, \gamma = \sqrt{\dfrac{Z}{Y}} \cdot \sqrt{ZY} = Z$

---

78 그림의 RLC 직병렬회로를 등가 병렬회로로 바꿀 경우, 저항과 리액턴스는 각각 몇 [Ω]인가?

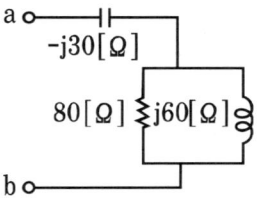

정답　**75** ①　**76** ①　**77** ③　**78** ④

① 46.23, j87.67

② 46.23, j107.15

③ 31.25, j87.67

④ 31.25, j107.15

해설 합성 임피던스는,

$$Z = -j30 + \frac{80 \times j60}{80 + j60} = 28.8 + j8.4 [\Omega]$$

어드미턴스는,

$$Y = \frac{1}{Z} = \frac{1}{28.8 + j8.4} = \frac{4}{125} - j\frac{7}{150} [\Omega]$$

이때 저항과 리액턴스는

$$R = \frac{1}{G} = \frac{1}{\frac{4}{125}} = 31.25 [\Omega],$$

$$X_L = j\frac{1}{B_L} = j\frac{1}{\frac{7}{750}} = j107.14 [\Omega]$$

79 $F(s) = \dfrac{5s + 3}{s(s+1)}$ 일 때, $f(t)$의 정상값은?

① 5 ② 3

③ 1 ④ 0

해설

$$\lim_{t \to \infty} f(t) = \lim_{s \to 0} s\,F(s) = \lim_{s \to 0} s\,\frac{5s + 3}{s(s+1)} = 3$$

80 선간전압이 200[V], 선전류가 $10\sqrt{3}$[A], 부하역률이 80[%]인 평형 3상 회로의 무효전력[Var]은?

① 3600 ② 3000

③ 2400 ④ 1800

해설

$$P_r = \sqrt{3}\,VI\sin\theta = \sqrt{3} \times 200 \times 10\sqrt{3} \times 0.8$$
$$= 3600 [Var]$$

제5과목 : 전기설비기술기준 및 판단기준

81 동일 지지물에 고압 가공전선과 저압 가공전선을 병가할 경우 일반적으로 양 전선간의 이격거리는 몇 [cm] 이상인가?

① 50 ② 60

③ 70 ④ 80

해설 저압 가공전선과 고압 가공전선 사이의 이격거리는 50[cm] 이상 일 것.(단, 고압 가공전선이 케이블인 경우는 30[cm] 이상)

82 전압의 종별에서 교류 600[V]는 무엇으로 분류하는가?

① 저압 ② 고압

③ 특고압 ④ 초고압

해설 전압의 종별

• 저압 : DC는 750[V] 이하, AC는 600[V] 이하

• 고압 : 저압의 범위를 넘고 7000[V] 이하

• 특고압 : 7000[V]를 넘는 것

83 전로에 시설하는 고압용 기계기구의 철대 및 금속제 외함에는 제 몇 종 접지공사를 하여야 하는가?

① 제1종 접지공사

② 제2종 접지공사

③ 제3종 접지공사

④ 특별 제3종 접지공사

해설 기계기구의 철대 및 외함의 접지

기계기구의 구분	접지공사의 종류
400[V] 미만의 저압용	제3종 접지공사
400[V] 이상의 저압용	특별 제3종 접지공사
고압 및 특고압용	제1종 접지공사

정답 79 ② 80 ① 81 ① 82 ① 83 ①

84 저압 옥상 전선로의 시설에 대한 설명으로 틀린 것은?

① 전선은 절연 전선을 사용한다.

② 전선은 지름 2.6[mm] 이상의 경동선을 사용한다.

③ 전선과 옥상 전선로를 시설하는 조영재와의 이격거리를 0.5[m]로 한다.

④ 전선은 상시 부는 바람 등에 의하여 식물에 접촉하지 않도록 시설한다.

해설 저압 옥상 가공전선로의 시설

㉠ 전선은 인장강도 2.30[kN] 이상의 것, 지름 2.6[mm]의 경동선 또는 절연전선을 사용한다.

㉡ 전선은 조영재에 견고하게 붙인 지지주 또는 지지대에 절연성·난연성 및 내수성이 있는 애자를 사용하여 지지하고 또한 그 지지점 간의 거리는 15[m] 이하여야 한다.

㉢ 전선과 저압 옥상전선로를 시설하는 조영재와의 이격거리는 2[m] (전선이 고압, 특고압 절연전선 또는 케이블 인 경우에는 1[m]) 이상이어야 한다.

㉣ 전선이 케이블인 저압 옥상전선로는 전개된 장소에서 조영재 사이의 이격거리를 1[m] 이상으로 시설할 수 있다.

㉤ 저압 옥상전선로의 전선이 저압, 고압, 특고압 옥측전선·약전류 전선·안테나 등과 접근 하거나 교차하는 경우에 이들 사이의 이격거리는 1[m] 이상, 이외에 저압 옥상전선로의 전선이 다른 시설물과 접근하거나 교차하는 경우에 이들 사이의 이격거리는 60[cm] 이상이어야 한다.

㉥ 전선은 상시 부는 바람 등에 의하여 식물에 접촉하지 않도록 한다.

85 저압 및 고압 가공전선의 높이에 대한 기준으로 틀린 것은?

① 철도를 횡단하는 경우는 레일면상 6.5[m] 이상이다.

② 횡단 보도교 위에 시설하는 저압의 경우는 그 노면 상에서 3[m] 이상이다.

③ 횡단 보도교 위에 시설하는 고압의 경우는 그 노면 상에서 3.5[m] 이상이다.

④ 다리의 하부, 기타 이와 유사한 장소에 시설하는 저압의 전기철도용 급전선은 지표상 3.5[m]까지로 감할 수 있다.

해설 저·고압 가공전선의 최소 높이

㉠ 도로를 횡단하는 경우 : 지표상 6[m] 이상

㉡ 철도를 횡단하는 경우 : 레일면상 6.5[m] 이상

㉢ 횡단보도교 위에 시설(저압) : 노면상 3.5[m] 이상 (절연전선, 케이블 : 3[m])

㉣ 일반장소 : 지표상 5[m] 이상 (저압으로 교통에 지장이 없는 경우 : 4[m])

86 35[kV] 기계 기구, 모선 등을 옥외에 시설하는 경우 변전소의 구내에 취급자 이외의 사람이 들어가지 않도록 울타리를 시설하는 경우에 울타리의 높이와 울타리로부터 충전 부분까지 거리의 합계는 몇 [m]인가?

① 5 ② 6

③ 7 ④ 8

해설 특고압용 기계 기구의 울타리 시설(이상)

사용전압의 구분	울타리의 높이와 울타리로부터 충전 부분까지 거리의 합계 또는 지표상의 높이
35,000[V] 이하	5[m]
35,000[V]를 넘고, 160,000[V] 이하	6[m]
160,000[V]를 넘는 것	6[m]에 160,000[V]를 넘는 10,000[V] 또는 그 단수마다 12[cm]를 더한 값

정답 **84** ③ **85** ② **86** ①

87 최대사용전압이 22900[V]인 3상4선식 중성선 다중접지식 전로와 대지 사이의 절연내력 시험전압은 몇[V]인가?

① 21068   ② 25229
③ 28752   ④ 32510

해설 최대사용전압이 7,000[V] 초과 25,000[V] 이하인 중성점 접지식 전로와 대지 사이의 절연내력 시험전압은 최대 사용전압의 0.92배의 전압
∴ 시험전압=22900×0.92=21,068[V]

88 터널 등에 시설하는 사용전압이 220[V]인 저압의 전구선으로 편조 고무코드를 사용하는 경우 단면적은 몇[㎟] 이상 인가?

① 0.5   ② 0.75
③ 1.0   ④ 1.25

해설 터널들의 전구선 또는 이동전선의 시설
㉠ 사용전압이 400[V] 미만인 전구선 또는 이동전선
 • 전구선 : 단면적 0.75[㎟] 이상의 300/300[V] 편조 고무코드 또는 0.6/1[kV] EP 고무 절연 클로로프렌 캡타이어 케이블일 것
 • 이동전선 : 비닐코드, 캡타이어 케이블 일 것
㉡ 사용전압이 400[V] 이상인 저압 이동전선 : 1종 캡타이어 케이블 및 비닐 캡타이어 케이블 이외의 캡타이어 케이블로써 단면적 0.75[㎟] 이상일 것

89 고압 가공전선과 건조물의 상부 조영재와의 옆쪽 이격거리는 몇 [m] 이상인가?(단, 전선에 사람이 쉽게 접촉할 우려가 있고 케이블이 아닌 경우이다.)

① 1.0   ② 1.3
③ 1.5   ④ 2.0

해설 고압 가공전선과 건조물의 조영재 사이의 이격거리(이상)

건조물의 조영재의 구분	이격거리	비고
상부조영재(지붕·차양·옷 말리는 곳, 기타 사람이 올라갈 우려가 있는 조영재를 말한다.)	위쪽 : 2[m]	전선이 케이블 인 경우는 1[m]
	옆쪽 또는 아래쪽 : 1.2[m]	전선에 사람이 쉽게 접촉할 우려가 없는 경우 : 80[cm] 케이블인 경우 : 40[cm]
기타의 조영재	1.2[m]	전선에 사람이 쉽게 접촉할 우려가 없는 경우 : 80[cm] 케이블인 경우 : 40[cm]

90 특고압용 제2종 보안 장치 또는 이에 준하는 보안 장치 등이 되어 있지 않은 25[kV] 이하인 특고압 가공 전선로의 지지물에 시설하는 통신선 또는 이에 직접 접속하는 통신선으로 사용할 수 있는 것은?

① 광섬유 케이블
② CN/CV 케이블
③ 캡타이어 케이블
④ 지름 2.6[mm] 이상의 절연 전선

해설 전력 보안 가공전선의 시설에서 가공전선로의 지지물에 시설하는 가공통신선에 직접 접속하는 통신선은 광섬유 케이블이어야 한다.

91 765[kV] 가공전선 시설 시 2차 접근 상태에서 건조물을 시설하는 경우 건조물 상부와 가공전선 사이의 수직거리는 몇 [m] 이상인가?(단, 전선의 높이가 최저상태로 사람이 올라갈 우려가 있는 개소를 말한다)

① 15   ② 20
③ 25   ④ 28

정답   87 ①   88 ②   89 ②   90 ①   91 ④

해설 특고압 가공전선과 건조물 등의 접근 또는 교차 사용전압이 400[kV] 이상의 특고압 가공전선과 건조물 사이의 수평거리는 그 건조물의 화재로 인한 전선의 손상 등에 의하여 전기사업에 관련된 전기의 원활한 공급에 지장을 줄 우려가 없도록 3[m] 이상 이격하여야 한다. 다만, 다음 각 호의 조건을 모두 충족하는 경우에는 예외로 한다.

㉠ 가공전선과 건조물 상부와의 수직거리가 28[m] 이상일 것
㉡ 사람이 거주하는 주택이 아닌 건조물로써 그 지붕이 불연성의 재료일 것
㉢ 폭연성 분진, 가연성 가스, 인화성 물질, 석유류, 화약류 등 위험물질을 다루는 건조물이 아닐 것
㉣ 건조물 상부 기준으로 제17조1항의 규정에 따른 전계 및 자계 허용기준 이하일 것
㉤ 특고압 가공전선은 제7조 및 제33조의 규정에 따라 전선의 단선 및 지지물 도괴의 우려가 없도록 시설할 것

92 정격전류 20[A]와 40[A]인 전동기와 정격전류 10[A]인 전열기 5대에 전기를 공급하는 단상 220[V] 저압 옥내간선이 있다. 몇 [A] 이상의 허용 전류가 있는 전선을 사용하여야 하는가?

① 100   ② 116
③ 125   ④ 132

해설
• 전동기 등의 정격전류합계가 50[A] 이하인 경우
$$\therefore I_a \geq \sum I_M \times 1.25 + \sum (I_H + I_L)$$
• 전동기 등의 정격전류합계가 50[A] 초과인 경우
$$\therefore I_a \geq \sum I_M \times 1.1 + \sum (I_H + I_L)$$
$$I_a = (20+40) \times 1.1 + 10 \times 5 = 116[A]$$

93 의료 장소에서 인접하는 의료장소와의 바닥면적 합계가 몇 [㎡] 이하인 경우 기준접지 바를 공용으로 할 수 있는가?

① 30   ② 50
③ 80   ④ 100

해설 접지설비란 접지극, 접지도체, 기준접지 바, 보호도체, 등전위 본딩 도체를 말한다.

㉠ 의료장소마다 그 내부 또는 근처에 기준접지 바를 설치할 것. 다만 인접하는 의료장소와의 바닥면적 합계가 50[㎡] 이하인 경우에는 기준접지 바를 공용할 수 있음
㉡ 의료장소 내에서 사용하는 모든 전기설비 및 의료용 전기기기의 노출 도전부는 보호도체에 의하여 기준접지 바에 각각 접속되도록 할 것
㉢ 콘센트 및 접지단자의 보호도체는 기준접지 바에 직접 접속할 것(내선규정)

94 배선공사 중 전선이 반드시 절연전선이 아니라도 상관없는 공사방법은?

① 금속관공사   ② 합성수지관공사
③ 버스덕트공사   ④ 플로어덕트공사

해설 옥내에 시설하는 저압전선은 아래의 경우를 제외하고는 나전선을 사용할 수 없다.

㉠ 애자사용공사에 의하여 전개된 장소에 시설하는 경우로 전기로용 전선, 전선의 피복 절연물이 부식하는 장소의 전선, 취급자 이외의 자가 출입할 수 없도록 설비한 장소의 전선
㉡ 버스 덕트나 라이팅 덕트 공사에 의한 시설
㉢ 접촉전선의 시설

95 폭발성 또는 연소성의 가스가 침입할 우려가 있는 것에 시설하는 지중전선로의 지중함은 그 크기가 최소 몇 [㎥] 이상인 경우에는 통풍장치 기타 가스를 방산시키기 위한 적당한 장치를 시설하여야 하는가?

① 1   ② 3
③ 5   ④ 10

정답 92 ②   93 ②   94 ③   95 ①

96 사용 전압이 특고압인 전기집진장치에 전원을 공급하기 위해 케이블을 사람이 접촉할 우려가 없도록 시설하는 경우 케이블의 피복에 사용하는 금속체는 몇 종 접지공사로 할 수 있는가?

① 제1종 접지공사
② 제2종 접지공사
③ 제3종 접지공사
④ 특별 제3종 접지공사

해설 특고압의 전기집진장치 등의 시설에서 케이블을 넣는 방호장치의 금속제 부분에는 제1종 접지공사를 시설 할 것(단, 사람이 접촉할 우려가 없도록 시설하는 경우는 제3종 접지공사로 할 것)

97 가공 전선로의 지지물에 시설하는 지선의 안전율은 일반적인 경우 얼마 이상이어야 하는가?

① 2.0
② 2.2
③ 2.5
④ 2.7

98 고 · 저압 혼촉에 의한 위험을 방지하려고 시행하는 제2종 접지공사에 대한 기준으로 틀린 것은?

① 제2종 접지공사는 변압기의 시설장소마다 시행하여야 한다.
② 토지의 상황에 의하여 접지저항 값을 얻기 어려운 경우, 가공 접지선을 사용하여 접지극을 100[m]까지 떼어놓을 수 있다.
③ 가공 공동지선을 설치하여 접지공사를 하는 경우, 각 변압기를 중심으로 지름 400[m] 이내의 지역에 접지를 하여야 한다.
④ 저압 전로의 사용전압이 300[V] 이하인 경우, 그 접지공사를 중성점에 하기 어려우면 저압측 1단자에 시행할 수 있다.

해설 고압 또는 특고압과 저압의 혼촉에 의한 위험방지 시설

㉠ 고압전로 또는 특고압 전로와 저압전로를 결합하는 변압기의 저압측 중성점에는 제2종 접지공사를 하여야 하며, 접지공사는 변압기의 시설장소마다 시행하여야 한다.
㉡ 토지의 상황에 의하여 변압기의 시설장소에서 접지저항 값을 얻기 어려운 경우에 인장강도 5.26 [kN] 이상 또는 지름 4[mm] 이상의 가공지선을 저압 가공 전선에 관한 규정에 준하여 시설할 때는 변압기의 시설장소로부터 200[m]까지 떼어 놓을 수 있다.

99 저압 가공전선로의 지지물에 시설하는 통신선 또는 이에 직접 접속하는 가공 통신선이 도로를 횡단하는 경우, 일반적으로 지표상 몇 [m] 이상의 높이로 시설하여야 하는가?

① 6.0
② 4.0
③ 5.0
④ 3.0

해설 저 · 고압 가공전선의 최소높이

㉠ 도로횡단 : 지표상 6[m] 이상
㉡ 철도횡단 : 레일면상 6.5[m] 이상
㉢ 횡단 보도교 위에 시설하는 경우(저압) : 노면상 3.5[m] 이상, 절연전선, 케이블을 사용하는 경우 3[m] 이상
㉣ 일반장소 : 지표상 5[m](저압으로 교통에 지장이 없는 경우 4[m] 이상)

100 사용전압이 22.9[kV]인 특고압 가공전선이 도로를 횡단하는 경우, 지표상 높이는 최소 몇 [m] 이상인가?

① 4.5
② 5
③ 5.5
④ 6

해설 특고압 가공전선의 높이(이상)

㉠ 35[kV] 이하 : 도로 횡단 6[m], 철도횡단 6.5[m], 일반장소 5[m]
㉡ 35[kV] 넘고 160[kV] 이하 : 6[m](산지 등은 5[m], 철도 등은 6.5[m], 횡단보도교 위에 시설하는 경우로서 케이블인 경우는 5[m])
㉢ 160[kV] 넘는 것 : 6[m]에 160[kV] 넘는 10[kV] 또는 그 단수마다 12[cm]를 더한 값

정답 96 ③ 97 ③ 98 ② 99 ① 100 ④

국가기술자격검정 필기시험문제

2016년도 기사 제2회 필기시험(기사)

자격종목 및 등급(선택분야)	종목코드	시험시간	문제지형별	수검번호	성명
전기기사		2시간 30분	A		

※ 시험문제지는 답안카드와 같이 반드시 제출하여야 합니다.

제1과목 : 전기자기학

01 자기모멘트 9.8×10^{-6} [Wb·m]의 막대자석을 지구자계의 수평성분 10.5 [AT/m]인 곳에서 지자기 자오면으로부터 90°회전시키는데 필요한 일은 약 몇 [J]인가?

① 1.03×10^{-3} ② 1.03×10^{-5}

③ 9.03×10^{-3} ④ 9.03×10^{-5}

해설

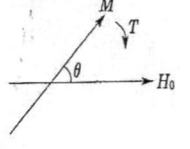

그림처럼 자기모멘트 M[Wb·m]의 자침을 연직축의 주위로 회전할 수 있도록 수평으로 놓고 이것을 지자기의 수평분력 H_0의 방향에서 θ의 위치로 회전시키는데 필요한 일[J]은,
· 자계가 지침에 작용하는 회전력 T [N·m]는
$T = MH_0 \sin\theta$ [N·m]
이 회전각을 이기면서 $\theta = 0$ 에서 θ 까지 회전시키는데 필요한 일[J]은

$$W = -\int_{\theta}^{0} T d\theta = -\int_{\theta}^{0} MH_0 \sin\theta$$

$$= -MH_0 [\cos\theta \,|_{\theta}^{0}] = MH_0 (1 - \cos\theta)\,[J]$$

$\therefore W = MH_0 (1 - \cos\theta)$
$\quad = 9.8 \times 10^{-5} \times 10.5 (1 - \cos 90°)$
$\quad = 1.029 \times 10^{-3} [J]$

02 두 종류의 유전율 (ϵ_1, ϵ_2)을 가진 유전체 경계면에 진전하가 존재하지 않을 때 성립하는 경계조건을 옳게 나타낸 것은?(단, θ_1, θ_2는 각각 유전체 경계면의 법선벡터와 E_1, E_2가 이루는 각이다)

① $E_1 \sin\theta_1 = E_2 \sin\theta_2$,

　　$D_1 \sin\theta_1 = D_2 \sin\theta_2$, $\dfrac{\tan\theta_1}{\tan\theta_2} = \dfrac{\epsilon_2}{\epsilon_1}$

② $E_1 \cos\theta_1 = E_2 \cos\theta_2$,

　　$D_1 \sin\theta_1 = D_2 \sin\theta_2$, $\dfrac{\tan\theta_1}{\tan\theta_2} = \dfrac{\epsilon_2}{\epsilon_1}$

③ $E_1 \sin\theta_1 = E_2 \sin\theta_2$,

　　$D_1 \cos\theta_1 = D_2 \cos\theta_2$, $\dfrac{\tan\theta_1}{\tan\theta_2} = \dfrac{\epsilon_1}{\epsilon_2}$

④ $E_1 \cos\theta_1 = E_2 \cos\theta_2$,

　　$D_1 \cos\theta_1 = D_2 \cos\theta_2$, $\dfrac{\tan\theta_1}{\tan\theta_2} = \dfrac{\epsilon_1}{\epsilon_2}$

해설 경계면에 진전하가 없을 경우
㉠ 전계의 접선(수평)성분은 경계면에 대해서 양측에서 서로 같다.($E_{1t} = E_{2t}$)
　$E_1 \sin\theta_1 = E_2 \sin\theta_2$
㉡ 전속밀도(D) 이법선(수직)성분은 경계면에 대해서 양측에서 서로 같다.($D_{1n} = D_{2n}$)
　$D_1 \cos\theta_1 = D_2 \cos\theta_2$
㉢ 경계면에서의 두 점간의 전위차는 같고, 입사각과 굴절각인 tan 값이 유전율(ϵ)비와 같다.
　$\epsilon_1 \tan\theta_2 = \epsilon_2 \tan\theta_1$

정답 **01** ① **02** ③

676 · Part 2. 전기기사 기출문제

03 무한히 넓은 두 장의 평면판 도체를 간격 $d[m]$로 평행하게 배치하고 각각의 평면판에 면전하밀도 $\pm \sigma [C/m^2]$로 분포되어 있는 경우 전기력선은 면에 수직으로 나와 평행하게 발산한다. 이 평면판 내부 전계의 세기는 몇 $[V/m]$인가?

① $\dfrac{\sigma}{\epsilon_0}$ ② $\dfrac{\sigma}{2\epsilon_0}$

③ $\dfrac{\sigma}{2\pi\epsilon_0}$ ④ $\dfrac{\sigma}{4\pi\epsilon_0}$

해설 도체 표면전하밀도 $\sigma [C/m^2]$일 때 공기중의 전계의 세기는

$$E = \frac{D}{\epsilon_0} = \frac{\sigma}{\epsilon_0} [V/m]$$

(∵ 전속밀도는 대전된 도체의 표면 전하밀도와 같다. ($D = \sigma [C/m^2]$))

04 단면적 $S[m^2]$, 단위길이 당 권수가 $n_0 [회/m]$인 무한히 긴 솔레노이드의 자기인덕턴스 $[H/m]$를 구하면?

① $\mu S n_0$ ② $\mu S n_0^2$

③ $\mu S^2 n_0$ ④ $\mu S^2 n_0^2$

해설 무한히 긴 솔레노이드의 단위 길이 당 자기인덕턴스는,

$$L = \frac{n_0 \phi}{I} = \frac{n_0 \mu H S}{\frac{H}{n_0}} = \mu S n_0^2 [H/m]$$

05 평행판 콘덴서에 어떤 유전체를 넣었을 때 전속밀도가 $4.8 \times 10^{-7} [C/m^2]$이고 단위 체적당 정전에너지가 $5.3 \times 10^{-3} [J/m^3]$이었다. 이 유전체의 유전율은 몇 $[F/m]$인가?

① 1.15×10^{-11} ② 2.17×10^{-11}

③ 3.19×10^{-11} ④ 4.21×10^{-11}

해설 $W = \dfrac{1}{2} ED = \dfrac{\epsilon E^2}{2} = \dfrac{D^2}{2\epsilon} [J/m^3]$

$$\therefore \epsilon = \frac{D^2}{2W} = \frac{(4.8 \times 10^{-7})^2}{2 \times 5.3 \times 10^{-3}} = 2.17 \times 10^{-11} [J/m^3]$$

06 자유공간 중에 $x=2$, $z=4$ 인 무한장 직선상에 $\rho_L [C/m]$인 균일한 선전하가 있다. 점 $(0,0,4)$의 전계 $E[V/m]$는?

① $E = \dfrac{-\rho_L}{4\pi\epsilon_0} a_x$ ② $E = \dfrac{\rho_L}{4\pi\epsilon_0} a_x$

③ $E = \dfrac{-\rho_L}{2\pi\epsilon_0} a_x$ ④ $E = \dfrac{\rho_L}{2\pi\epsilon_0} a_x$

07 전자파의 특성에 대한 설명으로 틀린 것은?

① 전자파의 속도는 주파수와 무관하다.

② 전파 E_x를 고유임피던스로 나누면 자파 H_y가 된다.

③ 전파 E_x와 자파 H_y의 진동방향은 진행 방향에 수평인 종파이다.

④ 매질이 도전성을 갖지 않으면 전파 E_x와 자파 H_y는 동위상이 된다.

해설 평면 전자파는 E 와 H 가 수직이므로 이것을 벡터로 표시하면

$$P = E \times H [W/m^2]$$

이 벡터를 포인팅(Pointing)벡터라 하며, 이 방향은 진행방향과 평행이다.

08 전위 $V = 3xy + z + 4$일 때 전계 E는?

① $i3x + j3y + k$ ② $-i3y + j3x + k$

③ $i3x - j3y - k$ ④ $-i3y - j3x - k$

해설

$$E = -grad V = -\nabla V = -\left(\frac{\partial V}{\partial x} i + \frac{\partial V}{\partial y} j + \frac{\partial V}{\partial z} k \right)$$

정답   **03** ①   **04** ②   **05** ②   **06** ①   **07** ③   **08** ④

$$=-\left\{\frac{\partial}{\partial x}(3xy+z+4)i+\frac{\partial}{\partial y}(3xy+z+4)j\right.$$
$$\left.+\frac{\partial}{\partial z}(3xy+z+4)k\right\}$$
$$=-3yi-3xj-k$$

09 쌍극자모멘트가 M[C·m]인 전기 쌍극자에서 점 P의 전계는 $\theta=\frac{\pi}{2}$에서 어떻게 되는가?(단, θ는 전기 쌍극자의 중심에서 축 방향과 점 P를 잇는 선분의 사이 각이다)

① 0   ② 최소
③ 최대   ④ $-\infty$

해설 전기 쌍극자의 전위 $V=\dfrac{M}{4\pi\epsilon_0 r^2}\cos\theta\,[V]$

전기 쌍극자의 전계
$$E=\frac{M}{4\pi\epsilon_0 r^3}\sqrt{1+3\cos^2\theta}\,[V/m]$$

전계는 $\theta=0°$일 때가 최대이고, $\theta=90°$일 때가 최소가 된다.

10 감자력이 0인 것은?

① 구자성체
② 환상 철심
③ 타원 자성체
④ 굵고 짧은 막대 자성체

해설 감자력은 $H'=\dfrac{N}{\mu_0}J\propto J$, 자화의 세기에 비례한다. 이때 비례상수를 감자율이라 한다.
감자율이 0이 되려면 잘려진 극이 존재하지 않아야 하는데, 환상솔레노이드(Toroid)가 무단(無端)철심이므로 감자력이 없기 때문에 감자율이 0이 된다. 가늘고 긴 막대의 자성체가 자계와 평형으로 놓여 있으면 감자율이 거의 0에 가깝다.(구의 감자율은 $\dfrac{1}{3}$이다.)

11 그림과 같이 반지름이 10[cm]인 반원과 그 양단으로부터 직선으로 된 도선에 10[A]의 전류가 흐를 때, 중심 O에서의 자계의 세기와 방향은?

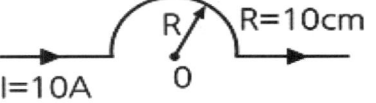

① 2.5[AT/m], 방향 ⊙
② 25[AT/m], 방향 ⊙
③ 2.5[AT/m], 방향 ⊗
④ 25[AT/m], 방향 ⊗

해설

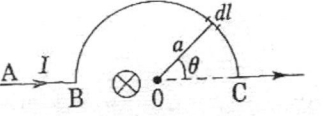

그림처럼 반원과 두 개의 반 무한장 직선 도선에 전류 I [A]가 흐를 때 반원의 중심 자계의 세기 [AT/m]는
$$H=\int_0^\pi dH=\frac{Ia}{4\pi a^2}\int_0^\pi dH=\frac{Ia}{4\pi a^2}[\theta]\Big|_0^\pi=\frac{I}{4a}\,[AT/m]$$
$$\therefore H=\frac{I}{4a}=\frac{10}{4\times 10\times 10^{-2}}=25\,[AT/m]$$

12 W_1과 W_2의 에너지를 갖는 두 콘덴서를 병렬 연결한 경우의 총 에너지 W와의 관계로 옳은 것은?(단, $W_1 \neq W_2$이다)

① $W_1+W_2=W$ ② $W_1+W_2>W$
③ $W_1-W_2=W$ ④ $W_1+W_2<W$

해설 전위가 다르게 충전된 콘덴서를 병렬로 접속하면 전위차가 같아지도록 높은 전위 콘덴서의 전하가 낮은 전위 콘덴서 쪽으로 이동하며, 이에 따른 전하의 이동(전류)으로 도선에서 전력소모가 발생한다.

정답 **09** ②   **10** ②   **11** ④   **12** ②

13 한 변이 L[m]되는 정사각형의 도선회로에 전류 I[A]가 흐르고 있을 때 회로중심에서의 자속밀도는 몇 $[Wb/m^2]$인가?

① $\dfrac{2\sqrt{2}}{\pi}\mu_0\dfrac{L}{I}$ ② $\dfrac{\sqrt{2}}{\pi}\mu_0\dfrac{I}{L}$

③ $\dfrac{2\sqrt{2}}{\pi}\mu_0\dfrac{I}{L}$ ④ $\dfrac{4\sqrt{2}}{\pi}\mu_0\dfrac{L}{I}$

해설

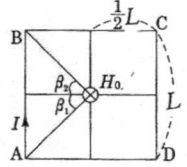

그림처럼 한변 AB에 대한 중심점 자계의 세기는

$H_{AB}=\dfrac{I}{4\pi a}(\sin\beta_1+\sin\beta_2)$에서,

$a=\dfrac{L}{2}$, $\sin\beta_1=\sin\beta_2=\sin45°=\dfrac{1}{\sqrt{2}}$

$H_{AB}=\dfrac{I}{4\pi(\dfrac{L}{2})}\times2\times\dfrac{1}{\sqrt{2}}=\dfrac{I}{\sqrt{2}\,\pi L}\,[AT/m]$

$\therefore H_0=H_{AB}+H_{BC}+H_{CD}+H_{DA}=4H_{AB}$

$=4\times\dfrac{I}{\sqrt{2}\,\pi L}=\dfrac{2\sqrt{2}\,I}{\pi L}[AT/m]$

회로 중심에서의 자속밀도는

$B=\mu_0H=\dfrac{2\sqrt{2}}{\pi}\mu_0\dfrac{I}{L}\,[Wb/m^2]$이다.

14 그림과 같은 원통상 도선 한 가닥이 유전율 $\epsilon[F/m]$인 매질 내에 지상 $h[m]$ 높이로 지면과 나란히 가선되어 있을 때 대지와 도선간의 단위 길이당 정전용량 $[F/m]$은?

① $\dfrac{2\pi\epsilon}{\sinh^{-1}\dfrac{h}{a}}$ ② $\dfrac{\pi\epsilon}{\sinh^{-1}\dfrac{h}{a}}$

③ $\dfrac{2\pi\epsilon}{\cosh^{-1}\dfrac{h}{a}}$ ④ $\dfrac{\pi\epsilon}{\cosh^{-1}\dfrac{h}{a}}$

15 환상 철심에 권선수 20인 A코일과 권선수 80인 B코일의 자기인덕턴스가 5 [mH]라면 두 코일의 상호인덕턴스는 몇 [mH]인가? (단, 누설자속은 없는 것으로 본다.)

① 20 ② 1.25

③ 0.8 ④ 0.05

해설 자기인덕턴스 : $L_1=\dfrac{N_1^2}{R}\,[H]$

상호인덕턴스 : $M=\dfrac{N_1N_2}{R}\,[H]$

위 두식에서 R을 없애면

$\dfrac{N_1^2}{L_1}=\dfrac{N_1N_2}{M}$

$\therefore M=\dfrac{N_2}{N_1}L_1=\dfrac{80}{20}\times5=20\,[mH]$

16 자기회로에서 키르히호프의 법칙에 대한 설명으로 옳은 것은?

① 임의의 결합점으로 유입하는 자속의 대수합은 0이다.

② 임의의 폐자로에서 자속과 기자력의 대수합은 0이다.

③ 임의의 폐자로에서 자기저항과 기자력의 대수합은 0이다.

④ 임의의 폐자로에서 각 부의 자기저항과 자속의 대수합은 0이다.

정답 **13** ③ **14** ③ **15** ① **16** ①

해설 $\sum_i F_i = \sum_j \phi_j R_j$

하나의 폐자기회로에 대하여 각 분로의 자속과 자기저항을 곱한 것의 대수합은 폐자기회로에 작용하는 기자력의 대수합과 같다.

17 다음 식 중에서 틀린 것은?

① 가우스의 정리 : $div D = \rho$

② 포아송의 방정식 : $\nabla^2 V = \dfrac{\rho}{\epsilon}$

③ 라플라스의 방정식 : $\nabla^2 V = 0$

④ 발산의 정리 : $\oint_s A\,ds = \int_v div A\,ds$

해설 포아송의 방정식

$div E = \nabla E = -\nabla^2 V = \dfrac{\rho}{\epsilon_0}$

18 표피효과에 대한 설명으로 옳은 것은?

① 주파수가 높을수록 침투깊이가 얇아진다.

② 투자율이 크면 표피효과가 적게 나타난다.

③ 표피효과에 따른 표피저항은 단면적에 비례한다.

④ 도전율이 큰 도체에는 표피효과가 적게 나타난다.

해설 표피효과 : 도체에 전류가 흐르면 중심의 쇄교자속이 많아져 역기전력이 커지므로 표면에 전류가 밀집되는 현상

표면전류밀도의 침투깊이(두께)

$\delta = \sqrt{\dfrac{2}{\omega \sigma \mu}} = \sqrt{\dfrac{1}{\pi f \sigma \mu}}\ [m]$

단, σ : 도전율 $[\mho/m]$,

μ : 투자율 : $4\pi \times 10^{-7}[H/m]$,δ : 표피두께

즉, 주파수, 도전율, 투자율이 높을수록 표피(침투)두께 δ는 감소해서 표피효과는 증대된다.

19 패러데이 관에 대한 설명으로 틀린 것은?

① 관내의 전속수는 일정하다.

② 관의밀도는 전속밀도와 같다.

③ 진전하가 없는 점에서 불연속이다.

④ 관 양단에 양(+), 음(−)의 단위전하가 있다.

해설 패러데이(단위전하에 의한 전속선 다발) : 단위전하 $Q[C]$에서 나오는 전속선의 관을 말한다.(패러데이 관은 $div D = \rho$에 의해서 정전하에서 나와 부전하에서 끝난다.)

- 패러데이관 양단에서는 정부의 단위전하가 존재한다.
- 패러데이관의 밀도=전속밀도
- 패러데이관의 수=전속선 수
- 패러데이관 내의 전속수는 일정
- 진전하가 없는 점에서 패러데이관은 연속이다.
- 단위 전위차마다 $\dfrac{1}{2}$ $[J]$의 에너지를 보유한다.

20 압전효과를 이용하지 않은 것은?

① 수정발전기 ② 마이크로폰

③ 초음파발생기 ④ 자속계

해설 압전효과 : 압력을 가하게 되면 전기분극이 발생하는 현상으로 기계적인 압력을 가하면 전압이 발생되고 전압을 가하게 되면 기계적인 변형이 발생된다. 수정시계진동자(발진기), 초음파탐지기(발생기), 마이크로폰, 스피커, 압력 및 가속도 센서 등이 압전효과에 의한 제품들이다.

제2과목 : 전력공학

21 3상3선식 송전선로의 선간거리가 각각 50 [cm], 60 [cm], 70 [cm]인 경우 기하학적 평균거리 약 몇 [cm]인가?

① 50.4 ② 59.4

③ 62.8 ④ 64.8

정답 17 ② 18 ① 19 ③ 20 ④ 21 ②

해설 기하학적 평균선간거리

$$D_e = \sqrt[3]{D_1 D_2 D_3} = \sqrt[3]{50 \times 60 \times 70} = 59.44\,[cm]$$

22 송전계통에서 자동재폐로 방식의 장점이 아닌 것은?

① 신뢰도 향상
② 공급 지장시간의 단축
③ 보호계전방식의 단순화
④ 고장상의 고속도 차단, 고속도 재투입

해설 자동재폐로 방식의 장점

㉠ 송전선로의 고장구간을 고속도 차단, 고속도가 재투입된다.
㉡ 계통의 자동복구로 운전원의 조작 복구보다 신속, 정확하다.
㉢ 계통의 과도안정도를 향상 시킬 수 있고, 송전용량이 증대한다.
㉣ 기기나 선로의 과부하를 감소시킨다.

23 수력발전소에서 흡출관을 사용하는 목적은?

① 압력을 줄인다.
② 유효낙차를 늘린다.
③ 속도 변동률을 작게 한다.
④ 물의 유선을 일정하게 한다.

해설 흡출관 : 반동수차의 출구에서부터 방수로 수면까지 연결하는 관으로 러너 방수면 사이의 낙차를 유효하게 이용하는 것이 목적이다.

24 초고압용 차단기에 개폐저항기를 사용하는 주된 이유는?

① 차단속도 증진
② 차단전류 감소
③ 이상전압 억제
④ 부하설비 증대

해설 개폐저항기 : 효과적으로 개폐서지(SOV) 이상의 전압발생을 억제하기 위해서 사용한다.

25 송전단 전압이 66 [kV]이고, 수전단 전압이 62[kV] 로 송전 중이던 선로에서 부하가 급격히 감소하여 수전단 전압이 63.5[kV] 가 되었다. 전압강하율은 약 몇 [%]인가?

① 2.28
② 3.94
③ 6.06
④ 6.45

해설

$$\epsilon = \frac{V_s - V_r}{V_r} \times 100 = \frac{66 - 63.5}{63.5} \times 100 = 3.94\,[\%]$$

26 이상전압에 대한 방호장치가 아닌 것은?

① 피뢰기
② 가공지선
③ 방전코일
④ 서지흡수기

해설 방전장치 : 개로상태가 될 경우 잔류전하에 의한 위험을 방지하기 위한 것.(인체보호)

27 154[kV] 송전선로의 전압을 345[kV]로 승압하고 같은 손실률로 송전한다고 가정하면 송전전력은 승압전의 약 몇 배 정도인가?

① 2
② 3
③ 4
④ 5

해설 송전전력은 승압된 전압비의 제곱에 비례한다.

$$P = \left(\frac{345}{154}\right)^2 = 5.02$$

28 초고압 송전선로에 단도체 대신 복도체를 사용할 경우 틀린 것은?

① 전선의 작용 인덕턴스를 감소시킨다.
② 전선의 작용 정전용량을 증가시킨다.
③ 전선 표면의 전위경도를 저감시킨다.
④ 전선의 코로나 임계전압을 저감시킨다.

정답 **22** ③ **23** ② **24** ③ **25** ② **26** ③ **27** ④ **28** ④

[해설] 복도체를 사용할 경우의 장·단점

㉠ 장점
- 인덕턴스는 감소하고, 정전용량은 증가되어 송전용량이 증가된다.(초고압 송전선로에 적합)
- 전선표면의 전위경도를 감소시켜 코로나 임계전압을 높여서 코로나 손실을 줄이고 안정도 향상을 가져온다.
- 같은 전류용량에 대해서는 단도체보다 단면적을 적게 할 수 있다.

㉡ 단점
- 꼬임현상 및 소도체 사이의 충돌현상이 발생한다.
- 단락 시 모든 소도체에는 동일 방향으로 대전류가 흐르게 되어 흡입력이 작용한다.
- 건설비가 증가한다.

29 그림과 같이 정수가 서로 같은 평행 2회선 송전선로의 4단자 정수 중 B에 해당되는 것은?

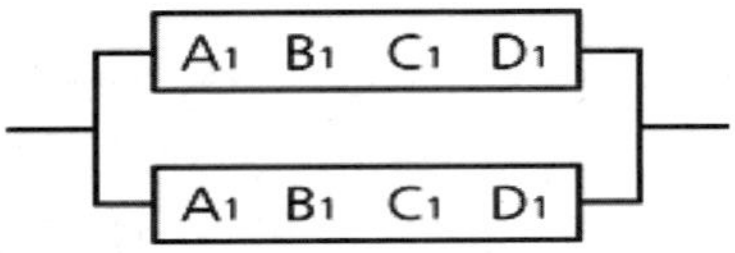

① $4B_1$
② $2B_1$
③ $\dfrac{1}{2}B_1$
④ $\dfrac{1}{4}B_1$

[해설] 평행 2회선 송전선로의 4단자 정수

$A = A_1, \ B = \dfrac{1}{2}B_1, \ C = 2C_1, \ D = D_1$

30 송전계통에서 1선 지락 시 유도장해가 가장 적은 중성점 접지방식은?

① 비접지방식
② 저항접지방식
③ 직접접지방식
④ 소호리액터 접지방식

[해설] 소호리액터 접지방식 : 단선사고 시 직렬 공진전류가 흘러서 이상전압 발생은 가장 크지만(직접접지방식은 가장 낮다)지락전류가 최소가 되어서 통신선의 유도장해는 가장 적다.
- 1선 지락전류가 큰 순서 : 직접접지 > 저항접지 > 비접지 > 소호리액터

31 송전전압 154[kV] 2회선 선로가 있다. 선로 길이가 240[km]이고 선로의 작용 정전용량이 0.02[$\mu F/km$]라고 한다. 이것을 자기여자를 일으키지 않고 충전하기 위해서는 최소한 몇 [MVA] 이상의 발전기를 이용하여야 하는가?(단, 주파수는 60[Hz]이다)

① 78
② 86
③ 89
④ 95

[해설] $P_c = 2\pi f C V^2 \times$ 2회선

$= 2\pi \times 60 \times 0.02 \times 10^{-6} \times 240 \times (154 \times 10^3)^2$
$\times 2 \times 10^{-6} = 85.79$[MVA]

32 방향성을 갖지 않는 계전기는?

① 전력계전기
② 과전류계전기
③ 비율차동계전기
④ 선택지락계전기

[해설] 방향성을 갖지 않는 계전기 : 지락계전기, 과전류계전기, 거리계전기

33 22.9[kV-Y] 3상 4선식 중성선 다중 접지계통의 특성에 대한 내용으로 틀린 것은?

① 1선 지락사고 시 1상 단락전류에 해당하는 큰 전류가 흐른다.
② 전원의 중성점과 주상변압기의 1차 및 2차를 공통의 중성선으로 연결하여 접지한다.
③ 각 상에 접속된 부하가 불평형일 때도 불완전 1선 지락고장의 검출감도가 상당히 예민하다.

[정답] **29** ③ **30** ④ **31** ② **32** ② **33** ③

682 · Part 2. 전기기사 기출문제

④ 고저압 혼촉사고 시에는 중성선에 막대한 전위상승을 일으켜 수용가에 위험을 줄 우려가 있다.

34 선로 전압강하 보상기(LDC)에 대한 설명으로 옳은 것은?

① 승압기로 저하된 전압을 보상하는 것
② 분로리액터로 전압 상승을 억제하는 것
③ 선로의 전압 강하를 고려하여 모선 전압을 조정하는 것
④ 직렬콘덴서로 선로의 리액턴스를 보상하는 것

해설 선로전압강하 보상기 : 선로의 전압강하를 고려하여 모선전압을 조정하는 것

35 송전선로의 현수애자련 연면 섬락과 가장 관계가 먼 것은?

① 댐퍼
② 철탑 접지 저항
③ 현수 애자련의 개수
④ 현수 애자련의 소손

해설 댐퍼 : 전선의 진동 방지

36 각 전력계통을 연계선으로 상호연결하면 여러 가지 장점이 있다. 틀린 것은?

① 경계급전이 용이하다.
② 주파수의 변화가 작아진다.
③ 각 전력계통의 신뢰도가 증가한다.
④ 배후전력(Back power)이 크기 때문에 고장이 적으며 그 영향의 범위가 작아진다.

해설 전력계통을 연계할 때 장·단점
㉠ 장점
  • 각 전력계통의 신뢰도가 증가한다.

• 건설비 및 운전경비가 절감되므로 경제급전이 용이하다.
• 부하변동의 영향이 작아져서 주파수 유지가 안정적이다.
• 전력의 융통으로 설비용량이 절감된다.
• 첨두부하가 시간적으로 달라서 부하율이 향상된다.
㉡ 단점
• 연계설비를 신설해야 한다.
• 사고시 타 계통으로 고장이 파급·확대될 우려가 있다.
• 병렬 회로수가 많아지므로 단락전류가 증대하고 통신선의 전자유도 장해가 커진다.
• 연계시키면 %Z가 작아져서 단락용량은 증대된다.

37 유효낙차 100[m], 최대사용수량 $20[m^3/s]$인 발전소의 최대 출력은 약 몇 [kW]인가? (단, 수차 및 발전기의 합성효율은 85[%] 라 한다.)

① 14160
② 16660
③ 24990
④ 33320

해설 $P = 9.8\,QH\eta_g\,\eta_t\,[kW]$
$= 9.8 \times 20 \times 100 \times 0.85 = 16660\,[kW]$

38 3상3선식 송전선로에서 연가의 효과가 아닌 것은?

① 작용정전용량의 감소
② 각 상의 임피던스 평형
③ 통신선의 유도장해 감소
④ 직렬공진의 방지

해설 연가의 효과
㉠ 선로정수의 평형
㉡ 통신선의 유도장해 감수
㉢ 각 상의 임피던스의 평형
㉣ 소호리액터 접지 시 직렬공진의 방지

정답 34 ③ 35 ① 36 ④ 37 ② 38 ①

39 각 수용가의 수용설비용량이 50[kW], 100[kW], 80[kW], 60[kW], 150[kW]이며, 각각의 수용률이 0.6, 0.6, 0.5, 0.5, 0.4일 때 부하의 부등률이 1.3이라면 변압기 용량은 약 몇 [kVA]가 필요한가?(단, 평균 부하역률은 80[%]라고 한다)

① 142　　　　② 165
③ 183　　　　④ 212

해설

$$변압기용량[kVA] = \frac{수용률 \times 설비용량}{부등률 \times 역률 \times 효율}$$

$$= \frac{0.6(50+100) + 0.5(80+60) + 0.4 \times 150}{1.3 \times 0.8}$$

$$= 211.5 [kVA]$$

40 그림과 같은 주상변압기 2차측 접지공사의 목적은?

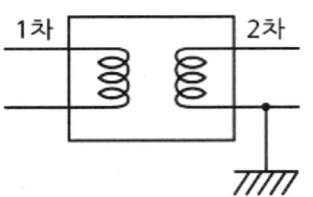

① 1차측 과전류 억제
② 2차측 과전류 억제
③ 1차측 전압상승 억제
④ 2차측 전압상승 억제

해설 주상변압기의 2차측 접지공사는 1차측과 2차측의 혼촉에 의한 2차측 전압 상승을 억제하기 위한 것으로서 고전압에 의한 사고를 방지해준다.

제3과목 : 전기기기

41 계자 권선이 전기자에 병렬로만 연결된 직류기는?

① 분권기　　　　② 직권기
③ 복권기　　　　④ 타여자기

해설

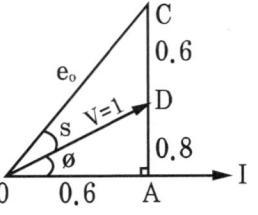

그림처럼 계자 권선이 전기자 권선에 병렬로만 연결된 직류기를 분권이라 한다.

42 정격출력 10000[kVA], 정격전압 6600[V], 정격역률 0.6인 3상 동기 발전기가 있다. 동기 리액턴스 0.6[pu]인 경우의 전압 변동률[%]은?

① 21　　　　② 31
③ 40　　　　④ 52

해설 단위법(Per-unit)으로 1상의 벡터도를 그려보면

- $OA = 1 \times \cos\phi = 0.6$
- $AD = 1 \times \sin\phi = \sqrt{1 - \cos^2\phi} = 0.8$
- $AC = AD + CD = 0.8 + 0.6 = 1.4$

$OC = \sqrt{OA^2 + AC^2} = \sqrt{0.6^2 + 1.4^2} = 1.52$

$\therefore \epsilon = \frac{1.52 - 1}{1} = 0.52 = 52 [\%]$

정답　**39** ④　**40** ④　**41** ①　**42** ④

684 · Part 2. 전기기사 기출문제

43 직류 분권 발전기에 대한 설명으로 옳은 것은?

① 단자전압이 강하하면 계자전류가 증가한다.

② 부하에 의한 전압의 변동이 타여자발전기에 비하여 크다.

③ 타여자발전기의 경우보다 외부특성 곡선이 상향(上向)으로 된다.

④ 분권권선의 접속방법에 관계없이 자기여자로 전압을 올릴 수가 있다.

해설 직류 분권 발전기의 특성

㉠ 단자전압이 강하하면 계자전류가 감소하여 전압은 더 떨어지게 되므로 타여자발전기에 비해 전압강하는 크게 된다.

㉡ 부하전류가 증가하면 전기자 저항강하와 전기자 반작용에 의한 감자현상으로 단자전압은 떨어지고 부하전류가 어느 값 이상 증가하게 되면 단자전압은 급격히 떨어져서 매우 작은 단락전류만 흐르게 된다.

㉢ 역회전을 시키면 잔류자기에 의한 기전력의 극성이 반대로 되고, 분권회로의 여자전류가 반대로 흘러서 잔류자기를 소멸시키므로 발전불능 상태가 된다.

44 3상 유도전압 조정기의 동작원리 중 가장 적당한 것은?

① 두 전류 사이에 작용하는 힘이다.

② 교번자계의 전자유도작용을 이용한다.

③ 충전된 두 물체 사이에 작용하는 힘이다.

④ 회전자계에 의한 유도작용을 이용하여 2차 전압의 위상전압 조정에 따라 변화한다.

해설 3상 유도전압 조정기의 동작원리

㉠ 회전자의 위치에 관계없이 크기는 일정하지만 회전자의 위치(θ)에 따라 위상(α)이 다르다.

㉡ 자장이 생겨서 1차, 2차에 각각 E_1, E_2의 전압이 유도된다.

㉢ 1차에 3상을 가하게 되면 여자전류가 흐른다.

㉣ 2차측을 구속하고 1차측에 전압을 공급하면 2차 권선에는 기전력이 유기되어 이 2차권선의 각상단자를 각각 1차측 각상단자에 적당하게 접속하면 3상 전압이 조정된다.

㉤ $P = \sqrt{3}\, E_2 I_2 \times 10^{-3} \, [kVA]$

45 정격용량 100[kVA]인 단상 변압기 3대를 △–△결선하여 300[kVA]의 3상 출력을 얻고 있다. 한 상에 고장이 발생하여 결선을 V결선으로 하는 경우 a) 뱅크용량[kVA], b) 변압기의 출력[kVA]은?

① a) 253, b) 126.5

② a) 200, b) 100

③ a) 173, b) 86.6

④ a) 152, b) 75.6

해설

a) V결선시

뱅크용량$[kVA] = \sqrt{3}\, P_a = \sqrt{3} \times 100$

$= 173.21 \, [kVA]$

b) V결선시 이용률이 0.866이므로

각 변압기의 출력 [kVA]$= 0.866 \times 100$

$= 86.6 \, [kVA]$

46 직류기의 전기자 반작용 결과가 아닌 것은?

① 주자속이 감소한다.

② 전기적 중성축이 이동한다.

③ 주자속에 영향을 미치지 않는다.

④ 정류자편 사이의 전압이 불균일하게 된다.

해설 전기자 반작용에 따르는 현상

㉠ 주자속이 감소한다.

㉡ 전기적 중성축이 이동한다.

(발전기 : 회전방향, 전동기 : 회전방향과 반대방향)

㉢ 정류자편 사이의 전압이 불균일하게 되어 국부적으로 전압이 높아진다.(Flashover현상)

정답 43 ② 44 ④ 45 ③ 46 ③

47 자극수 p, 파권, 전기자도체수 z인 직류발전기를 N[rpm] 의 회전속도로 무부하운전 할 때 기전력이 E[V]이다. 1극당 주자속 [Wb]은?

① $\dfrac{120\,E}{p\,z\,N}$ 　　② $\dfrac{120\,z}{p\,EN}$

③ $\dfrac{120\,z\,N}{p\,E}$ 　　④ $\dfrac{120\,p\,z}{EN}$

해설 $E = \dfrac{p\phi z N}{60\,a}$, (파권 : $a = 2$)

$\therefore \phi = \dfrac{120\,E}{p\,z\,N}\ [Wb]$

48 동기 발전기의 단락비를 계산하는데 필요한 시험은?

① 부하 시험과 돌발 단락시험
② 단상 단락 시험과 3상 단락 시험
③ 무부하 포화 시험과 3상 단락시험
④ 정상, 역상, 영상 리액턴스의 측정시험

해설

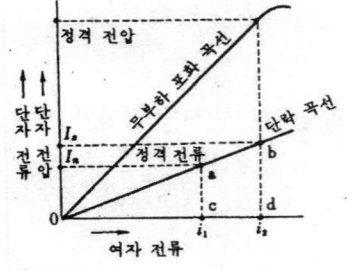

그림에서 단락비는

$$K_s = \frac{od}{oc} = \frac{i_2}{i_1} = \frac{I_s}{I_n} = \frac{V_n/\sqrt{3}}{I_n\,Z_n} = \frac{1}{Z_s'}$$

$\therefore$ %동기임피던스

$$Z_s' = \frac{Z_s\,I_n}{E_n}\times 100\,[\%],$$

단, E_n : 정격상전압[V], V_n : 정격단자전압[V],
I_s : 3상단락전류[A], I_n : 정격전류[A]

49 SCR에 관한 설명으로 틀린 것은?

① 3단자 소자이다.
② 스위칭 소자이다.
③ 직류 전압만을 제어한다.
④ 적은 게이트 신호로 대 전력을 제어한다.

해설 SCR의 특징

㉠ 1방향성 3단자 소자이면서, 스위칭 소자이다.
㉡ 적은 게이트 신호로 대 전력을 제어한다.
㉢ 전류제어 장치이다.
㉣ 이온이 소멸되는 시간이 짧다.
㉤ 게이트 전류의 위상각으로 통전전류의 평균값을 제어시킬 수 있다.
　※ 직류 전압을 직접 제어하는 것은 초퍼형 인버터이다.

50 3상 유도전동기의 기동법 중 $Y-\triangle$ 기동 법으로 기동 시 1차 권선의 각 상에 가해지는 전압은 기동 시 및 운전 시 각각 정격전압의 몇 배가 가해지는가?

① $1,\ \dfrac{1}{\sqrt{3}}$ 　　② $\dfrac{1}{\sqrt{3}},\ 1$

③ $\sqrt{3},\ \dfrac{1}{\sqrt{3}}$ 　　④ $\dfrac{1}{\sqrt{3}},\ \sqrt{3}$

해설 $Y-\triangle$ 기동 법에서 Y로 기동 시에는 정격전압의 $\dfrac{1}{\sqrt{3}}$ 배로, $\triangle$결선으로 운전 시에는 1배로 가해진다.

51 유도전동기의 최대토크를 발생하는 슬립을 s_t, 최대출력을 발생하는 슬립을 s_p라 하면 대소 관계는?

① $s_p = s_t$ 　　② $s_p > s_t$
③ $s_p < s_t$ 　　④ 일정치 않다.

해설 최대토크를 발생하는 슬립

$$s_t = \frac{r_2'}{\sqrt{r_1^2 + (x_1 + x_2')^2}} \fallingdotseq \frac{r_2'}{x_2'} = \frac{r_2}{x_2}$$

정답 **47** ① **48** ③ **49** ③ **50** ② **51** ③

최대출력을 발생하는 슬립

$$s_p = \frac{r_2{}'}{r_2{}' + \sqrt{(r_1+r_2{}')^2 + (x_1+x_2{}')^2}} \fallingdotseq \frac{r_2{}'}{r_2{}' + z}$$

$$\therefore \frac{r_2{}'}{r_2{}' + z} < \frac{r_2{}'}{x_2{}'}, \quad \text{즉}, \ s_p < s_t \ \text{가 된다.}$$

52 단권변압기 2대를 V결선하여 선로 전압 3000[V]를 3300[V]로 승압하여 300[kVA]의 부하에 전력을 공급하려고 한다. 단권변압기 1대의 자기용량은 약 [kVA]인가?

① 9.09　　　　② 15.72

③ 21.72　　　　④ 31.50

해설 단권변압기 1대일 경우,

$$\frac{\text{자기용량}}{\text{부하용량}} = \frac{V_h - V_l}{V_h}$$

단권변압기 2대를 V결선하는 경우이므로 ,

$$\frac{\text{자기용량}}{\text{부하용량}} = \frac{V_h - V_l}{\sqrt{3}\,V_h} \ \text{에서}$$

$$\therefore \text{자기용량}[kVA] = \frac{3300-3000}{\sqrt{3} \times 3300} \times 300$$
$$= 15.75[kVA]$$

53 단상 전파정류에서 공급전압이 E일 때 무부하 직류 전압의 평균값은?(단, 브리지 다이오드를 사용한 전파 정류회로이다.)

① 0.90E　　　　② 0.45E

③ 0.75E　　　　④ 1.17E

해설 무유도 부하인 경우

㉠ 반파정류

$$E_d = \frac{1}{2\pi}\int_{\alpha}^{\pi} \sqrt{2}\,E\sin\theta\,d\theta = \frac{1+\cos\alpha}{\sqrt{2}\,\pi}E[V]$$

$$\alpha = 0 \ \text{일 때}, \ \therefore E_d = \frac{\sqrt{2}}{\pi}E = 0.45\,E[V]$$

㉡ 전파정류

$$E_d = \frac{\sqrt{2}\,(1+\cos\alpha)}{\pi}E[V]$$

$$\alpha = 0 \ \text{일 때}, \ \therefore E_d = \frac{2\sqrt{2}}{\pi}E = 0.90E[V]$$

54 3상 권선형 유도 전동기의 토크 속도 곡선이 비례추이 한다는 것은 그 곡선이 무엇에 비례해서 이동하는 것을 말하는가?

① 슬립　　　　② 회전수

③ 2차저항　　　　④ 공급 전압의 크기

해설 비례추이

$$\frac{r_2}{s_m} = \frac{r_2 + R_s}{s_t}$$

㉠ 2차 저항 $r_2{}'$를 변화해도 최대토크는 변하지 않는다.

㉡ 2차 저항 $r_2{}'$를 크게 하면 최대슬립 s_m도 커진다.

㉢ 2차 저항 $r_2{}'$를 크게 하면 기동전류는 감소하고, 기동토크는 증가한다.

55 평형 3상회로의 전류를 측정하기 위해서 변류비 200 : 5의 변류기를 그림과 같이 접속하였더니 전류계의 지시가 1.5[A]이었다. 1차 전류는 몇 [A]인가?

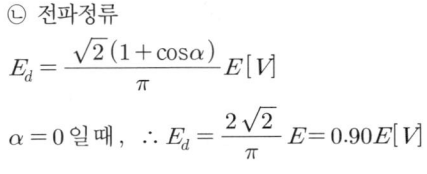

① 60　　　　② $60\sqrt{3}$

③ 30　　　　④ $30\sqrt{3}$

해설 변류비, $CT = \dfrac{I_1}{I_2}$ 에서

$$\therefore I_1 = CT \times I_2 = \frac{200}{5} \times 1.5 = 60[A]$$

정답　52 ②　53 ①　54 ③　55 ①

56 동기 조상기의 구조상 특이점이 아닌 것은?

① 고정자는 수차발전기와 같다.

② 계자 코일이나 자극이 대단히 크다.

③ 안정 운전용 제동 권선이 설치된다.

④ 전동기 축은 동력을 전달하는 관계로 비교적 굵다.

57 정격 200[V], 10[kW] 직류 분권발전기의 전압변동률은 몇 [%]인가?(단, 전기자 및 분권 계자 저항은 각각 0.1[Ω], 100[Ω]이다)

① 2.6   ② 3.0

③ 3.6   ④ 4.5

해설 전압변동률은

$$\epsilon = \frac{I_a R_a}{V} \times 100\,[\%] = \frac{52 \times 0.1}{200} \times 100 = 2.6\,[\%]$$

$$I_a = I + I_f = \frac{10 \times 10^3}{200} + \frac{200}{100} = 52\,[A]$$

※ 발전기 기전력

$$E = V + I_a R_a = 200 + 52 \times 0.1 = 205.2\,[V]$$

$$\therefore \epsilon = \frac{205.2 - 200}{200} \times 100 = 2.6\,[\%]$$

58 VVVF(Variable Voltage Variable Frequency) 는 어떤 전동기의 속도 제어에 사용 되는가?

① 동기전동기   ② 유도전동기

③ 직류 복권 전동기   ④ 직류 타여자 전동기

59 그림은 단상 직권 정류자 전동기의 개념도 이다. C를 무엇이라고 하는가?

① 제어권선   ② 보상권선

③ 보극권선   ④ 단층권선

해설 단상 직권 정류자 전동기의 보상권선은 직류 직 권 전동기와 달리 전기자 반작용으로 생기는 필요 없 는 자속을 상쇄하도록 하여 무효전력의 증가에 따른 역률 저하를 방지하는데 사용한다.

60 3300/200[V], 10[kVA] 단상변압기의 2차 를 단락하여 1차측에 300[V]를 가하니 2차에 120[A]의 전류가 흘렀다. 이 변압기의 임피던 스전압 및 %임피던스 강하는 약 얼마인가?

① 125[V], 3.8[%]

② 125[V], 3.5[%]

③ 200[V], 4.0[%]

④ 200[V], 4.2[%]

해설 임피던스 전압은

$$V_s = I_{1n} Z_{21} = 3.03 \times 41.27 = 125.05\,[V]$$

1차 정격전류 : $I_{1n} = \dfrac{P}{V_1} = \dfrac{10 \times 10^3}{3300} = 3.03\,[A]$

2차를 1차로 환산한 등가 누설임피던스는

$$Z_{21} = \frac{V_s{'}}{I_{1s}} = \frac{300}{7.27} = 41.27\,[\Omega]$$

1차 단락전류 : $I_{1s} = \dfrac{I_{2s}}{a} = \dfrac{200}{3300} \times 120 = 7.27\,[A]$

%임피던스 강하는

$$\%Z = \frac{V_s}{V_{1n}} \times 100 = \frac{125.05}{3300} \times 100 = 3.79\,[\%]$$

제4과목 : 회로이론 및 제어공학

61 Nyquist 판정법의 설명으로 틀린 것은?

① 안정성을 판정하는 동시에 안정도를 제시해 준다.

정답   **56** ④   **57** ①   **58** ②   **59** ②   **60** ①   **61** ③

② 계의 안정도를 개선하는 방법에 대한 정보를 제시해 준다

③ Nyquist 선도는 제어계의 오차 응답에 관한 정보를 준다.

④ Routh-Hurwitz 판정법과 같이 계의 안정여부를 직접 판정해 준다.

[해설] Nyquist선도는 제어계의 주파수 응답에 관한 정보를 준다.

62 그림의 신호 흐름 선도에서 $\frac{y_2}{y_1}$ 은?

① $\dfrac{a^3}{1-3ab}$　　② $\dfrac{a^3}{(1-ab)^3}$

③ $\dfrac{a^3}{(1-3ab+ab)}$　　④ $\dfrac{a^3}{1-3ab+2ab}$

[해설] 메이슨(Mason)의 정리

$$G(s) = \frac{\sum_{k=1}^{\infty} G_k \triangle_k}{\triangle} = \frac{a^3}{1-3ab+3a^2b^2-a^3b^3}$$
$$= \frac{a^3}{(1-ab)^3}$$

$$\triangle = 1 - \sum l_1 + \sum l_2 - \sum l_3 + \cdots\cdots$$

$$\sum l_1 = ab + ab + ab = 3ab$$

$$\sum l_2 = (ab)^2 + (ab)^2 + (ab)^2 = 3a^2b^2$$

$$\sum l_3 = a^3b^3$$

$$k = 1, \ G_1\triangle_1 = a^3$$

63 폐루프 시스템의 특징으로 틀린 것은?

① 정확성이 증가한다.

② 감쇠폭이 증가한다.

③ 발진을 일으키고 불안정한 상태로 되어갈 가능성이 있다.

④ 계의 특성변화에 대한 입력 대 출력비의 감도가 증가한다.

[해설] 폐회로 제어계(Closed loop control system) 또는 궤환 제어계라고도 하며, 입력과 출력을 비교하는 장치가 필수적이다.

64 2차 제어계 G(s)H(s)의 나이퀴스트 선도의 특징이 아닌 것은?

① 이득여유는 ∞이다.

② 교차량 |GH|＝0이다.

③ 모두 불안정한 제어계이다.

④ 부의 실축과 교차하지 않는다.

[해설] 2차제어계 G(s)H(s)의 나이퀴스트(Niquist) 선도의 특징이 모두 불안정한 제어계는 아니다.

65 다음과 같은 상태방정식의 고유값 λ_1 과 λ_2 는?

$$\begin{bmatrix} \dot{x}_1 \\ \dot{x}_2 \end{bmatrix} = \begin{bmatrix} 1 & -2 \\ -3 & 2 \end{bmatrix} \begin{bmatrix} x_1 \\ x_2 \end{bmatrix} + \begin{bmatrix} 2 & -3 \\ -4 & 3 \end{bmatrix} \begin{bmatrix} r_1 \\ r_2 \end{bmatrix}$$

① 4, -1　　② -4, 1

③ 6, -1　　④ -6, 1

[해설] 특성방정식, $|sI-A|=0$, $A = \begin{bmatrix} 1 & -2 \\ -3 & 2 \end{bmatrix}$

$$|sI-A| = \begin{bmatrix} s & 0 \\ 0 & s \end{bmatrix} - \begin{bmatrix} 1 & -2 \\ -3 & 2 \end{bmatrix} = \begin{bmatrix} s-1 & 2 \\ 3 & s-2 \end{bmatrix}$$

$$|sI-A| = \begin{vmatrix} s-1 & 2 \\ 3 & s-2 \end{vmatrix} = 0$$

$$(s-1)(s+2) - 6 = 0$$

$$(s-4)(s+1) = 0$$

$$\therefore s = 4, -1$$

66 단위계단 함수 u(t)를 z변환하면?

① 1　　② $\dfrac{1}{z}$

③ 0　　④ $\dfrac{z}{(z-1)}$

[정답] 62 ③　63 ④　64 ③　65 ①　66 ④

해설

시간함수	라플라스변환	z변환
초기값 정리	$\lim\limits_{t \to 0} e(t)$ $= \lim\limits_{s \to \infty} s E(s)$	$\lim\limits_{t \to 0} e(t) = \lim\limits_{z \to \infty} E(z)$
최종값 정리	$\lim\limits_{t \to \infty} e(t)$ $= \lim\limits_{s \to 0} s E(s)$	$\lim\limits_{t \to \infty} e(t) = \lim\limits_{z \to 1} (1 - \frac{1}{z}) E(z)$
$f(t)$	F(s)	F(z)
$\delta(t)$	1	1
$u(t)$	$\dfrac{1}{s}$	$\dfrac{z}{z-1}$
t	$\dfrac{1}{s^2}$	$\dfrac{Tz}{(z-1)^2} = \dfrac{z}{(z-1)^2}$
$e^{\pm at}$	$\dfrac{1}{s \mp a}$	$\dfrac{z}{z - e^{\pm aT}} = \dfrac{z}{z - e^{\pm a}}$
$te^{\pm at} u(t)$	$\dfrac{1}{(s \mp a)^2}$	$\dfrac{ze^{\pm aT}T}{(z - e^{\pm aT})^2} = \dfrac{ze^{\pm a}}{(z - e^{\pm a})^2}$
$(1-e^{\pm at})$ $u(t)$	$\dfrac{\mp a}{s(s \mp a)}$	$\dfrac{(1-e^{\pm aT})z}{(z-1)(z - e^{\pm aT})}$

67 그림과 같은 블록선도로 표시되는 제어계는 무슨 형인가?

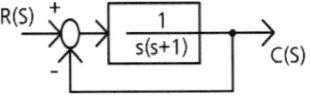

① 0   ② 1

③ 2   ④ 3

해설 제어시스템의 형은 다음과 같이 나타낸다.

$$\lim_{s \to 0} G(s)H(s) = \frac{k}{s^l}$$

㉠ 0형의 제어시스템 : l=0인 제어시스템

㉡ 1형의 제어시스템 : l=1인 제어시스템

㉢ 2형의 제어시스템 : l=2인 제어시스템

∴ $G(s)H(s) = \dfrac{1}{s(s+1)}$ 에서 분모 s의 차수가 1

이므로 1형 제어시스템이다.

68 제어기에서 미분제어의 특성으로 가장 적합한 것은?

① 대역폭이 감소한다.

② 제동을 감소시킨다.

③ 작동오차의 변화율에 반응하여 동작한다.

④ 정상상태의 오차를 줄이는 효과를 갖는다.

해설 미분(D)제어는 오차가 커지는 것을 미리 방지한다.

69 다음의 설명 중 틀린 것은?

① 최소 위상 함수는 양의 위상 여유이면 안정하다.

② 이득 교차 주파수는 진폭비가 1이 되는 주파수이다.

③ 최소 위상 함수는 위상 여유가 0이면 임계안정하다.

④ 최소 위상 함수의 상태안정도는 위상각의 증가와 함께 작아진다.

해설 s평면의 우반평면에 극점이나 영점을 갖지 않는 전달함수를 최소 위상함수라 하며, 이 최소 위상함수의 상대 안정도는 위상각의 증가와 함께 높아진다.

70 다음 논리회로의 출력 X는?

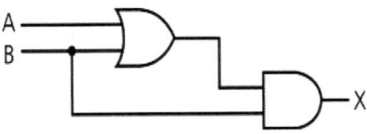

① A   ② B

③ A + B   ④ A · B

해설 X=(A+B) · B = A · B+B · B = A · B+B
= B(A+1) = B

정답   67 ②   68 ③   69 ④   70 ②

71 $v = 100\sqrt{2}\sin\left(\omega t + \dfrac{\pi}{3}\right)[V]$를 복소수로 나타 내면?

① $25 + j25\sqrt{3}$ ② $50 + j25\sqrt{3}$

③ $25 + j50\sqrt{3}$ ④ $50 + j50\sqrt{3}$

해설 복소수

$= 100 \angle \dfrac{\pi}{3} = 100(\cos 60° + j\sin 60°)$

$= 50 + j50\sqrt{3}\ [V]$

72 인덕턴스 0.5[H], 저항 2[Ω]의 직렬회로에 30[V]의 직류전압을 급히 가했을 때 스위치를 닫은 후 0.1초 후의 전류의 순시값 $i[A]$와 회로의 시정수 $\tau[s]$는?

① $i = 4.95, \tau = 0.25$ ② $i = 12.75, \tau = 0.35$

③ $i = 5.95, \tau = 0.45$ ④ $i = 5.95, \tau = 0.25$

해설 전류의 순시값

$i(t) = \dfrac{E}{R}(1 - e^{-\frac{R}{L}t}) = \dfrac{30}{2}(1 - e^{-\frac{2}{0.5} \times 0.1})$
$= 4.95\ [A]$

시정수

$\tau = \dfrac{L}{R}[s] = \dfrac{0.5}{2} = 0.25\ [s]$

73 다음 회로의 4단자 정수는?

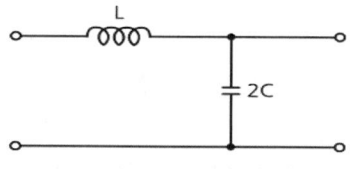

① $A = 1 + 2\omega^2 LC,\ B = j2\omega C,\ C = j\omega L,\ D = 0$

② $A = 1 - 2\omega^2 LC,\ B = j\omega L,\ C = j2\omega C,\ D = 1$

③ $A = 2\omega^2 LC,\ B = j\omega L,\ C = j2\omega C,\ D = 1$

④ $A = 2\omega^2 LC,\ B = j2\omega C,\ C = j\omega L,\ D = 0$

해설

$\begin{bmatrix} A\ B \\ C\ D \end{bmatrix} = \begin{bmatrix} 1 & j\omega L \\ 0 & 1 \end{bmatrix}\begin{bmatrix} 1 & 0 \\ j2\omega C & 1 \end{bmatrix} = \begin{bmatrix} 1 - 2\omega^2 LC & j\omega L \\ j2\omega C & 1 \end{bmatrix}$

74 전압의 순시값이 다음과 같을 때 실효값은 약 몇 V인가?

$$v = 3 + 10\sqrt{2}\sin\omega t + 5\sqrt{2}\sin(3\omega t - 30°)[V]$$

① 11.6 ② 13.2

③ 16.4 ④ 20.1

해설 실효값 : $V_e = \sqrt{3^2 + 10^2 + 5^2} = 11.58\ [V]$

75 한 상의 임피던스가 $6 + j8[\Omega]$인 △ 부하에 대칭 선간전압 200[V]를 인가할 때 3상 전력 [W]은?

① 2400 ② 4160

③ 7200 ④ 10800

해설 $P = 3I_p^2 R = 3 \times 20^2 \times 6 = 7200\ [W]$

$I_p = \dfrac{V_p}{Z} = \dfrac{200}{\sqrt{6^2 + 8^2}} = 20\ [A]$

76 그림과 같이 $r = 1[\Omega]$인 저항을 무한히 연결할 때 a-b에서의 합성저항은?

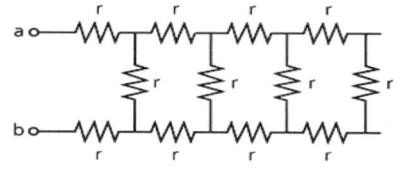

① $1 + \sqrt{3}$ ② $\sqrt{3}$

③ $1 + \sqrt{2}$ ④ ∞

해설 그림을 등가회로로 그려보면

정답 71 ④ 72 ① 73 ② 74 ① 75 ③ 76 ①

2016년도 기사 제2회 필기시험(기사) · **691**

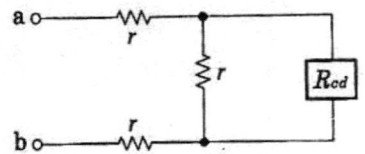

ab사이의 합성저항은 $R_{ab} = 2r + \dfrac{r \cdot R_{cd}}{r + R_{cd}}$

$R_{ab} = R_{cd}$가 되므로

$R_{ab}(r + R_{ab}) = 2r(r + R_{ab}) + rR_{ab}$

$rR_{ab} + R_{ab}^2 = 2r^2 + 2rR_{ab} + rR_{ab}$

여기서, $r = 1[\Omega]$을 대입하면

$R_{ab}^2 - 2R_{ab} - 2 = 0$

$R_{ab} > 0$

$\therefore R_{ab} = 1 + \sqrt{3}\,[\Omega]$

77 3상 불평형 전압에서 역상전압이 35[V]이고, 정상전압이 100[V], 영상전압이 10[V]라 할 때, 전압의 불평형률은?

① 0.10　　　　② 0.25

③ 0.35　　　　④ 0.45

해설 불평형률 $= \dfrac{역상분}{정상분} \times 100[\%]$

$\therefore$ 전압불평형률 $= \dfrac{35}{100} = 0.35$

78 분포정수회로에서 선로의 단위 길이당 저항을 $100[\Omega]$, 인덕턴스를 $200[mH]$, 누설 컨덕턴스를 $0.5[\mho]$라 할 때 일그러짐이 없는 조건을 만족하기 위한 정전용량은 몇 $[\mu F]$인가?

① 0.001　　　　② 0.1

③ 10　　　　　④ 1000

해설 RC=GL

$\therefore C = \dfrac{GL}{R} = \dfrac{0.5 \times 200 \times 10^{-3}}{100} \times 10^6 = 1000[\mu F]$

79 $f(t) = u(t-a) - u(t-b)$의 라플라스 변환 $F(s)$는?

① $\dfrac{1}{s^2}(e^{-as} - e^{-bs})$　　② $\dfrac{1}{s}(e^{-as} - e^{-bs})$

③ $\dfrac{1}{s^2}(e^{as} + e^{bs})$　　④ $\dfrac{1}{s}(e^{as} + e^{bs})$

해설 $\mathcal{L}\,f(t) = F(s) = \mathcal{L}\,[u(t-a) - u(t-b)]$

$= \dfrac{1}{s}e^{-as} - \dfrac{1}{s}e^{-bs} = \dfrac{1}{s}(e^{-as} - e^{-bs})$

80 4단자 정수 A, B, C, D 중에서 어드미턴스 차원을 가진 정수는?

① A　　　　② B

③ C　　　　④ D

해설 4단자정수(F행렬)

$\begin{bmatrix} V_1 \\ I_1 \end{bmatrix} = \begin{bmatrix} A & B \\ C & D \end{bmatrix} \begin{bmatrix} V_2 \\ I_2 \end{bmatrix}$

$A = \left.\dfrac{V_1}{V_2}\right|_{I_2=0}$: 출력을 개방했을 때 전압 이득

$B = \left.\dfrac{V_1}{I_2}\right|_{V_2=0}$: 출력을 단락했을 때 전달 임피던스(Z)

$C = \left.\dfrac{I_1}{V_2}\right|_{I_2=0}$: 출력을 개방했을 때 전달 어드미턴스(Y)

$D = \left.\dfrac{I_1}{I_2}\right|_{V_2=0}$: 출력을 단락했을 때 전류 이득

제5과목 : 전기설비기술기준 및 판단기준

81 가공 약전류 전선을 사용전압이 22.9[kV]인 특고압 가공전선과 동일 지지물에 공가하고자 할 때 가공전선으로 경동연선을 사용한다면 단면적이 몇 $[mm^2]$ 이상인가?

① 22　　　　② 38

③ 50　　　　④ 55

정답 　77 ③　　78 ④　　79 ②　　80 ③　　81 ④

해설 특고 가공전선과 가공약전류 전선과의 공가
㉠ 특고선로는 제2종 특고 보안공사로 시설할 것
㉡ 가공전선은 케이블 또는 단면적 $55[mm^2]$ 이상의 경동연선(인장강도 21.67[kN] 이상)
㉢ 특고선은 약전선위로 시설하고 별도의 완금류에 시설할 것
㉣ 이격거리는 2[m] 이상(케이블은 50[cm]까지 감할 수 있음
㉤ 수직배선은 통신선(약전류전선)의 상부 2[m]로부터 최하부까지 케이블을 사용함

82 고압 계기용 변성기의 2차측 전로의 접지 공사는?

① 제1종 접지 공사
② 제2종 접지 공사
③ 제3종 접지 공사
④ 특별 제3종 접지 공사

해설 고압 계기용 변성기의 2차측 전로에는 제3종 접지공사를, 특고압 계기용 변성기의 2차측 전로에는 제1종 접지공사를 할 것

83 발전소·변전소 또는 이에 준하는 곳의 특고압 전로에 대한 접속상태를 모의모선의 사용 또는 기타의 방법으로 표시하여야 하는데, 그 표시의 의무가 없는 것은?

① 전선로의 회선수가 3회선 이하로서 복모선
② 전선로의 회선수가 2회선 이하로서 복모선
③ 전선로의 회선수가 3회선 이하로서 단일모선
④ 전선로의 회선수가 2회선 이하로서 단일모선

해설 특고전로의 상 및 접속상태의 표시
발·변전소, 개폐소 등에 있어서는 보수의 편의를 도모하고 오조작, 오접속을 방지하기 위하여 특고압 전로에는 다음의 시설이 필요하다.
㉠ 보기 쉬운 곳에 상별 표시를 한다.

㉡ 접속 상태를 모의모선 등으로 표시한다. 다만, 단모선으로 회선수가 2 이하의 간단한 것은 예외로 한다.

84 ACSR 전선을 사용전압 직류 1500[V]의 가공 급전선으로 사용할 경우 안전율은 얼마 이상이 되는 이도로 시설하여야 하는가?

① 2.0
② 2.1
③ 2.2
④ 2.5

해설 고압가공전선은 케이블인 경우를 제외하고 그 안전율이 경동선 또는 내열동 합금선에서는 2.2 이상, 기타 전선에서는 2.5 이상 되는 안전율로 시설하여야 한다.

85 154[kV] 가공전선과 가공 약전류 전선이 교차하는 경우에 시설하는 보호망을 구성하는 금속선 중 가공 전선의 바로 아래에 시설되는 것 이외의 다른 부분에 시설되는 금속선은 지름 몇 [mm] 이상의 아연도 철선이어야 하는가?

① 2.6
② 3.2
③ 4.0
④ 5.0

해설 지름 4[mm] 이상의 아연도 철선을 사용할 것

86 사용전압이 161[kV]인 가공 전선로를 시가지 내에 시설할 때 전선의 지표상 높이는 몇 [m] 이상이어야 하는가?

① 8.65
② 9.56
③ 10.47
④ 11.56

해설 특고 가공전선로의 시가지 시설
㉠ 지표상높이 35[kV] 이하 10[m](절연전선 8[m] 이상)
㉡ 35[kV] 넘는 것 10[m]에 35[kV]를 넘는 1만[V] 또는 그 단수마다 12[cm]를 더한 값으로 한다.
∴ 지표상 높이 $= 10 + 0.12n = 10 + 0.12 \times 13$
$= 11.56[m]$

[정답] **82** ③ **83** ④ **84** ④ **85** ③ **86** ④

$$n = \frac{161-35}{10} = 12.6 \xrightarrow{\text{절상하면}} 13\,\text{단}$$

87 특고압 가공전선이 삭도와 제2차 접근 상태로 시설할 경우에 특고압 가공전선로의 보안공사는?

① 고압 보안공사
② 제1종 특고압 보안공사
③ 제2종 특고압 보안공사
④ 제3종 특고압 보안공사

해설

- 특고압 가공전선이 삭도와 제1차 접근상태로 시설
  : 제3종 특고압 보안공사
- 특고압 가공전선이 삭도와 제2차 접근상태로 시설
  : 제2종 특고압 보안공사

88 갑종 풍압하중을 계산할 때 강관에 의하여 구성된 철탑에서 구성재의 수직 투영면적 $1[\text{m}^2]$에 대한 풍압하중은 몇 [Pa]를 기초로 하여 계산한 것인가?(단, 단주는 제외한다.)

① 588
② 1117
③ 1255
④ 2157

해설

목주	588[Pa]
철주원형의것	588[Pa]
철주삼각형(마름모형)의것	1412[Pa]
철주 강관에의하여 구성되는 4각형의것	1117[Pa]
철근콘크리트주 원형의것	588[Pa]
철근콘크리트주 기타의것	882[Pa]
철탑 강관으로 구성되는 것(단주제외)	1255[Pa]
철탑 기타의것	2157[Pa]
철탑 단주 원형의것	588[Pa]
철탑 단주 기타의것	1117[Pa]

89 설계하중이 6.8[kN]인 철근 콘크리트주의 길이가 17[m]라 한다. 이 지지물을 지반이 연약한 곳 이외의 곳에서 안전율을 고려하지 않고 시설하려고 하면 땅에 묻히는 깊이는 몇 [m] 이상으로 하여야 하는가?

① 2.0
② 2.3
③ 2.5
④ 2.8

해설 가공전선로 지지물의 기초안전율

가공전선로 지지물의 기초안전율은 2(이상 시 상정하중에 대한 철탑의 경우는 1.33) 이상으로 하여야 한다. 다만, 다음과 같이 시설하는 경우는 예외로 한다.

설계하중 전장	6.8[kN] 이하	6.8[kN] 초과 ~ 9.8[kN] 이하	9.8[kN] 초과 ~ 14.72[kN] 이하
15[m] 이하	전장 ×1/6[m] 이상	전장 ×1/6+0.3[m] 이상	–
15[m] 초과	2.5[m] 이상	2.8[m] 이상	–
16[m] 초과~ 20[m] 이하	2.8[m] 이상	–	–
15[m] 초과~ 18[m] 이하	–	–	3[m] 이상
18[m] 초과	–	–	3.2[m] 이상

90 특고압 가공전선로에서 발생하는 극 저주파 전자계는 자계의 경우 지표상 1 [m]에서 측정 시 몇 $[\mu T]$ 이하인가?

① 28.0
② 46.5
③ 70.0
④ 83.3

정답 87 ③ 88 ③ 89 ④ 90 ④

694 · Part 2. 전기기사 기출문제

해설 특고압 가공전선로에서 발생하는 극저주파 전자계는 1[m]에서 전계가 3.5[kV/m] 이하, 자계가 83.3[μT] 이하가 되도록 시설하는 등 상시 정전유도 및 전자유도 작용에 의하여 사람에게 위험을 줄 우려가 없도록 시설하여야 한다. 다만, 논밭, 산림 그밖에 사람의 왕래가 적은 곳에서 사람에게 위험을 줄 우려가 없도록 시설하는 경우에는 그러하지 아니하다.

91 전로를 대지로부터 반드시 절연하여야 하는 것은?

① 시험용 변압기
② 저압 가공전선로의 접지측 전선
③ 전로의 중성점에 접지공사를 하는 경우의 접지점
④ 계기용 변성기의 2차측 전로에 접지공사를 하는 경우의 접지점

해설 전로는 다음 각 호의 부분 이외에는 대지로부터 절연할 것
㉠ 저압전로에 접지공사를 하는 경우의 접지점
㉡ 전로의 중성점에 접지공사를 하는 경우의 접지점
㉢ 계기용 변성기의 2차측 전로에 접지공사를 하는 경우의 접지점
㉣ 저압 가공전선의 특별고압 가공전선과 동일 지지물이 시설되는 부분에 접지공사를 하는 경우의 접지점
㉤ 중성점이 접지된 특별고압 가공전선로의 중선선에 다중접지를 하는 경우의 접지점
㉥ 소구경관(小口經管), (박스포함)에 접지공사를 하는 경우의 접지점
㉦ 저압전로와 사용전압이 300[V] 이하의 저압전로를 결합하는 변압기의 2차측 전로에 접지공사를 하는 경우의 접지점
㉧ 시험용 변압기, 전력선 반송용 결합리액터, 전기울타리용 전원장치, 엑스선 발생장치, 전기부식 방지용 양극, 단선식 전기철도의 귀선 등 전로의 일부를 대지로부터 절연하지 아니하고 전기를 사용하는 것이 부득이한 경우

92 저압 전로 중 전선 상호간 및 전로와 대지 사이의 절연저항 값은 대지전압이 150[V] 초과 300[V] 이하인 경우에 몇 [MΩ]이 되어야 하는가?

① 0.1
② 0.2
③ 0.3
④ 0.4

해설 전로의 절연저항
㉠ 누설전류 : 허용누설전류는 최대공급전류의 1/2000을 넘지 않도록 한다.
㉡ 절연저항(이상)
대지전압 150[V] 이하 : 0.1[MΩ]
대지전압 300[V] 이하 : 0.2[MΩ]
대지전압 300[V] 초과 400[V] 미만 : 0.3[MΩ]
대지전압 400[V] 이상 : 0.4[MΩ]

93 가공전선과 첨가 통신선과의 시공방법으로 틀린 것은?

① 통신선은 가공전선의 아래에 시설할 것
② 통신선과 고압 가공전선 사이의 이격거리는 60[cm] 이상일 것
③ 통신선과 특고압 가공전선로가 다중 접지한 중성선 사이의 이격거리는 1.2[m] 이상일 것
④ 통신선은 특고압 가공전선로의 지지물에 시설하는 기계기구에 부속되는 전선과 접촉할 우려가 없도록 지지물 또는 완금류에 견고하게 시설할 것

해설 가공전선과 첨가 통신선의 이격거리
㉠ 가공전선과 중선선사이의 이격거리 : 60[cm] (저압 가공전선이 절연전선 또는 케이블인 경우 30[cm] 이상)
㉡ 통신선과 고압 가공전선사이의 이격거리 : 60[cm] (고압 가공전선이 케이블인 경우 30[cm]) 이상
㉢ 통신선과 특고 가공전선사이의 이격거리 : 1.2[m] (22.9[kV−Y] 중성선 다중접지한 경우 75[cm]) 이상

정답 91 ② 92 ② 93 ③

94 배류 시설에 대한 설명으로 옳은 것은?

① 배류 시설에는 영상 변류기를 사용하여 전식 작용에 의한 장해를 방지한다.

② 배류선을 귀선에 접속하는 위치는 귀선용 레일의 저항이 증가되는 곳으로 한다.

③ 배류 회로는 배류선과 금속제 지중 관로 및 귀선과의 접속점을 제외하고 대지와 단락시킨다.

④ 배류 시설은 다른 금속제 지중 관로 및 귀선용 레일에 대한 전식 작용에 의한 장해를 현저히 증가시킬 우려가 없도록 시설한다.

해설 직류귀선과 지중관로는 전기적으로 접속하여서는 아니 된다. 다만, 직류귀선을 시설하여도 계속 금속제 지중관로에 대하여 전식작용에 의한 장해를 줄 우려가 있는 경우에 다음 각 호에 의하여 시설할 때에는 그러하지 아니하다.

㉠ 배류시설은 다름 금속제 지중관로 및 귀선용 레일의 전식작용에 의한 장해를 현저히 증가시킬 우려가 없도록 시설할 것

㉡ 배류시설에는 선택배류기를 사용할 것, 다만, 선택배류기를 설치하여도 전식 작용에 의한 장해를 방지할 수 없을 경우에 한하여 강제 배류기를 설치할 수 있다.

㉢ 배류선을 귀선에 접속하는 위치는 귀선용 레일의 전위분포를 현저히 악화시키지 아니하도록 하고 또한 전기철도의 자동신호 장치의 기능에 장해가 생기지 아니하도록 정할 것

㉣ 배류회로는 배류선과 금속제 지중관로 및 귀선과의 접속점을 제외하고 대지로부터 절연할 것

95 일반주택 및 아파트 각 호실의 현관등은 몇 분 이내에 소등 되도록 타임스위치를 시설해야 하는가?

① 3
② 4
③ 5
④ 6

해설 조명용 백열전등은 다음과 같은 타임스위치를 시설하여야 한다.

㉠ 호텔 또는 여관 각 객실 입구 등은 1분 이내 소등되는 것

㉡ 일반주택 및 아파트 각 호실의 현관 등은 3분 이내 소등되는 것

96 전기 울타리의 시설에 사용되는 전선은 지름 몇 [mm] 이상의 경동선인가?

① 2.0
② 2.6
③ 3.2
④ 4.0

해설 전기울타리의 시설

㉠ 사용전선은 인장강도 1.38[kN] 이상의 것 또는 지름 2[mm] 이상의 경동선

㉡ 전선의 지지기둥의 이격거리는 2.5[cm] 이상

㉢ 전선과 다른 시설물 또는 수목과의 이격거리는 30[cm] 이상

㉣ 전원장치의 사용전압은 250[V] 이하, 전용개폐기를 시설할 것

97 애자 사용 공사에 의한 저압 옥내배선 시 전선 상호간의 간격은 몇 [cm] 이상인가?

① 2
② 4
③ 6
④ 8

해설 애자사용공사

㉠ 전선 상호간의 간격은 6[cm] 이상

㉡ 전선과 조영재와의 이격거리
400[V] 미만 : 2.5[cm] 이상
400[V] 이상 : 4.5[cm] 이상

㉢ 전선의 지지점간의 거리
조영재 옆면, 윗면 : 2[m] 이하
400[V] 이상의 조영재 아랫면 : 6[m] 이하

[정답] **94** ④ **95** ① **96** ① **97** ③

98 철도 또는 궤도를 횡단하는 저고압 가공전선의 높이는 레일면상 몇 [m] 이상인가?

① 5.5　　　　② 6.5
③ 7.5　　　　④ 8.5

해설 저고압 가공전선의 높이
㉠ 도로를 횡단하는 경우 : 지표상 6[m] 이상
㉡ 철도를 횡단하는 경우 : 레일면상 6.5[m] 이상
㉢ 횡단보도교위에 시설하는 경우 : 저압은 3.5[m]
　　(절연전선 또는 케이블사용 : 3[m] 이상)
㉣ 일반장소 : 지표상 5[m]
　　(저압으로 교통에 지장이 없는 경우 4[m] 이상)

99 지중 전선로는 기설 지중 약전류 전선로에 대하여 다음의 어느 것에 의하여 통신상의 장해를 주지 아니하도록 기설 약전류 전선로로부터 충분히 이격시키는가?

① 충전전류 또는 표피작용
② 누설전류 또는 유도작용
③ 충전전류 또는 유도작용
④ 누설전류 또는 표피작용

해설 지중 약전류 전선에의 유도장해의 방지
지중 전선로는 기설 지중 약전류 전선로에 대하여 누설전류 또는 유도작용에 의하여 통신상의 장해를 주지 아니하도록 기설 약전류 전선로로부터 충분히 이격시키거나 기타 적당한 방법으로 시설하여야 한다.

100 발전소의 계측요소가 아닌 것은?

① 발전기의 고정자 온도
② 저압용 변압기의 온도
③ 발전기의 전압 및 전류
④ 주요 변압기의 전류 및 전압

해설 발·변전소의 계측장치(요소)
㉠ 발전기·연료전지 또는 태양전지모듈의 전압 및 전류 또는 전력
㉡ 발전기의 베어링 및 고정자의 온도
㉢ 발전기 진동의 진폭
㉣ 주요 변압기의 전압 및 전류 또는 전력
㉤ 특고압용 변압기의 온도

정답　**98** ②　　**99** ②　　**100** ②

국가기술자격검정 필기시험문제

2016년도 기사 제3회 필기시험(기사)

자격종목 및 등급(선택분야)	종목코드	시험시간	문제지형별	수검번호	성명
전기기사		2시간 30분	B		

※ 시험문제지는 답안카드와 같이 반드시 제출하여야 합니다.

제1과목 : 전기자기학

01 선전하밀도 $\rho[C/m]$를 갖는 코일이 반원형의 형태를 취할 때, 반원의 중심에서 전계의 세기를 구하면 몇 [V/m]인가?(단, 반지름은 $r[m]$이다)

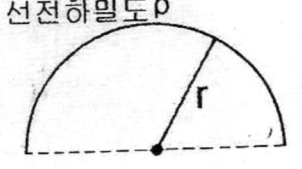

① $\dfrac{\rho}{8\pi\epsilon_0 r^3}$ ② $\dfrac{\rho}{4\pi\epsilon_0 r}$

③ $\dfrac{\rho}{4\pi\epsilon_0 r^2}$ ④ $\dfrac{\rho}{2\pi\epsilon_0 r}$

해설

$dl = r\,d\theta$

$dQ = \rho\,dl = \rho r\,d\theta$

$dE_0 = 2\,dE\sin\theta, \quad dE = \dfrac{dQ}{4\pi\epsilon_0 r^2}$

$= \dfrac{\rho r\,d\theta}{4\pi\epsilon_0 r^2} = \dfrac{\rho\,d\theta}{4\pi\epsilon_0 r}$

$\therefore E = \displaystyle\int_0^{\frac{\pi}{2}} dE_0 = \int_0^{\frac{\pi}{2}} 2\,dE\sin\theta$

$= \dfrac{\rho}{2\pi\epsilon_0 r}\displaystyle\int_0^{\frac{\pi}{2}}\sin\theta\,d\theta$

$= \dfrac{\rho}{2\pi\epsilon_0 r}\left[-\cos\theta\Big|_0^{\frac{\pi}{2}}\right] = \dfrac{\rho}{2\pi\epsilon_0 r}\,[V/m]$

02 베이클라이트 중의 전속밀도가 $D[C/m^2]$일 때의 분극의 세기는 몇 $[C/m^2]$인가?(단, 베이클라이트의 비유전율은 ϵ_r이다)

① $D(\epsilon_r - 1)$ ② $D(1 + \dfrac{1}{\epsilon_r})$

③ $D(1 - \dfrac{1}{\epsilon_r})$ ④ $D(\epsilon_r + 1)$

해설 $P = D - \epsilon_0 E = D - \epsilon_0\left(\dfrac{D}{\epsilon}\right)$

$= D - \dfrac{D}{\epsilon_r} = D\left(1 - \dfrac{1}{\epsilon_r}\right)[C/m^2]$

03 다음의 관계식 중 성립할 수 없는 것은?(단, μ는 투자율, μ_0는 진공의 투자율, χ는 자화율, J는 자화의 세기이다)

① $\mu = \mu_0 + \chi$ ② $J = \chi B$

③ $\mu_s = 1 + \dfrac{\chi}{\mu_0}$ ④ $B = \mu H$

정답 **01** ④ **02** ③ **03** ②

해설

- $J = \chi H [\text{Wb/m}^2]$
- $\mu = \mu_0 + \chi$
- $\mu_s = \dfrac{\mu}{\mu_0} = 1 + \dfrac{\chi}{\mu_0}$
- $B = \mu_0 H + J = \mu_0 H + \chi H = (\mu_0 + \chi) H$
  $= \mu_0 \mu_s H = \mu H [\text{Wb/m}^2]$

04 진공중의 자계 $10[AT/m]$인 점에 $5 \times 10^{-3}[Wb]$의 자극을 놓으면 그 자극에 작용하는 힘[N]은?

① 5×10^{-2} ② 5×10^{-3}

③ 2.5×10^{-2} ④ 2.5×10^{-3}

해설 $F = mH = 5 \times 10^{-3} \times 10 = 5 \times 10^{-2}[N]$

05 원점에 $+1[C]$, 점$(2, 0)$에 $-2[C]$의 점전하가 있을 때 전계의 세기가 0인 점은?

① $(-3 - 2\sqrt{3}, 0)$ ② $(-3 + 2\sqrt{3}, 0)$

③ $(-2 - 2\sqrt{2}, 0)$ ④ $(-2 + 2\sqrt{2}, 0)$

해설

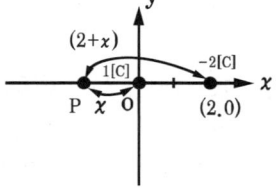

전계의 세기가 0인 점은 두 전하의 부호가 다를 때에는 전하의 절대 값이 작은 쪽의 외측에 존재하기 때문에 그림처럼 절대 값이 작은 쪽의 외측 $x[m]$인 점 P가 전계의 세기가 0이 되는 점이 된다.

$E = \dfrac{1}{4\pi\epsilon_0} \left\{ \dfrac{1}{x^2} - \dfrac{2}{(2+x)^2} \right\} = 0$

$\dfrac{1}{x^2} = \dfrac{2}{(2+x)^2}$, $2x^2 = (2+x)^2$, $\sqrt{2}\,x = 2 + x$

$(\sqrt{2} - 1)x = 2$, $\therefore x = \dfrac{2}{\sqrt{2} - 1} = 2 + 2\sqrt{2}$

즉, $P = (-2 - 2\sqrt{2}, 0)$

06 손실 유전체에서 전자파에 관한 전파정수 γ로서 옳은 것은?

① $j\omega\sqrt{\mu\epsilon}\sqrt{j\dfrac{\sigma}{\omega\epsilon}}$

② $j\omega\sqrt{\mu\epsilon}\sqrt{1 - j\dfrac{\sigma}{2\omega\epsilon}}$

③ $j\omega\sqrt{\mu\epsilon}\sqrt{1 - j\dfrac{\sigma}{\omega\epsilon}}$

④ $j\omega\sqrt{\mu\epsilon}\sqrt{1 - j\dfrac{\omega\epsilon}{\sigma}}$

해설 도전성이 무시될 수 없는 매질 즉, $\sigma \neq 0$인 경우는 손실이 없으므로 전계만을 고려한 파동방정식에서

$\nabla^2 E = -\omega^2 \epsilon \mu (1 + \dfrac{\sigma}{j\omega\epsilon}) E = j\omega\epsilon\mu(\sigma + j\omega\epsilon) E$
$= \gamma^2 E$

에서 전파정수 γ 는

$\therefore \gamma = \pm \sqrt{j\omega\mu(\sigma - j\omega\mu\epsilon)} = j\omega\sqrt{\epsilon\mu}\sqrt{1 + \dfrac{\sigma}{j\omega\epsilon}}$

07 진공 중에서 $+q[C]$과 $-q[C]$의 점전하가 미소거리 $a[m]$만큼 떨어져 있을 때 이 쌍극자가 P점에 만드는 전계 [V/m]와 전위[V]의 크기는?

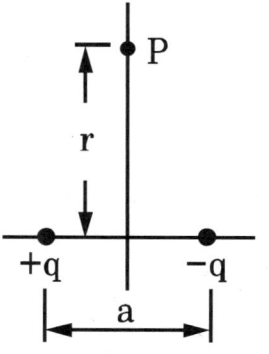

정답 04 ① 05 ③ 06 ③ 07 ②

① $E = \dfrac{qa}{4\pi\epsilon_0 r^2}, \quad V = 0$

② $E = \dfrac{qa}{4\pi\epsilon_0 r^3}, \quad V = 0$

③ $E = \dfrac{qa}{4\pi\epsilon_0 r^2}, \quad V = \dfrac{qa}{4\pi\epsilon_0 r}$

④ $E = \dfrac{qa}{4\pi\epsilon_0 r^3}, \quad V = \dfrac{qa}{4\pi\epsilon_0 r^2}$

해설

• 전기쌍극자에 의한 P점의 전위는

$V = \dfrac{M\cos\theta}{4\pi\epsilon_0 r^2}[V]$이므로, $\theta = 90°$를 대입하면

$\therefore V = 0[V]$

• 전기쌍극자에 의한 P점에 만드는 전계는

$E = -\nabla V = -\left(\dfrac{\partial V}{\partial r}a_r + \dfrac{1}{r}\dfrac{\partial V}{\partial\theta}a_\theta + \dfrac{1}{r\sin\theta}\dfrac{\partial V}{\partial\phi}a_\phi\right)$

$= -\left\{\dfrac{-2M\cos\theta}{4\pi\epsilon_0 r^3}a_r + \dfrac{1}{r}\dfrac{(-M\sin\theta)}{4\pi\epsilon_0 r^2}a_\theta + 0\right\}$

$= \dfrac{2M\cos\theta}{4\pi\epsilon_0 r^3}a_r + \dfrac{M\sin\theta}{4\pi\epsilon_0 r^3}a_\theta$

쌍극자 모멘트 : $M = q \cdot a[C \cdot m]$라 하면,

$E = a_r\dfrac{-qa}{4\pi\epsilon_0 r^3}\cos\theta + a_\theta\dfrac{qa}{4\pi\epsilon_0 r^3}\sin\theta\,[V/m]$

$\theta = 90°$를 대입하면

$\therefore E = \dfrac{qa}{4\pi\epsilon_0 r^3}\,[V/m]$

08 반지름 $a[m]$인 원형코일에 전류 $I[A]$가 흘렀을 때 코일 중심에서 자계의 세기$[AT/m]$는?

① $\dfrac{I}{4\pi a}$

② $\dfrac{I}{2\pi a}$

③ $\dfrac{I}{4a}$

④ $\dfrac{I}{2a}$

해설

• 비오-사바르의 법칙 : $dH = \dfrac{Idl\sin\theta}{4\pi r^2}[AT/m]$

$H_0 = \oint dH = \int_0^{2\pi a}\dfrac{Idl\sin\theta}{4\pi a^2} = \int_0^{2\pi a}\dfrac{Idl}{4\pi a^2}$

$= \dfrac{I}{4\pi a^2}\int_0^{2\pi a}dl = \dfrac{I}{2a}[AT/m]$

※ 원형전류 자계의 계산

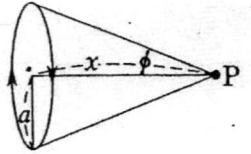

$H_x = \dfrac{I}{2a}\sin^3\phi = \dfrac{a^2 I}{2(a^2+x^2)^{3/2}}[AT/m]$

중심에서는 $x = 0$이므로
코일 중심의 자계의 세기는

$H_0 = \dfrac{I}{2a}[AT/m]$

09 전계와 자계의 관계에서 고유임피던스는?

① $\sqrt{\epsilon\mu}$

② $\sqrt{\dfrac{\mu}{\epsilon}}$

③ $\sqrt{\dfrac{\epsilon}{\mu}}$

④ $\dfrac{1}{\sqrt{\epsilon\mu}}$

해설 고유(파동)임피던스는

$Z_0 = \dfrac{E}{H} = \sqrt{\dfrac{\mu}{\epsilon}} = 377\sqrt{\dfrac{\mu_s}{\epsilon_s}}[\Omega]$

10 쌍극자 모멘트가 $M[C \cdot m]$인 전기 쌍극자에 의한 임의의 점 P에서의 전계의 크기는 전기 쌍극자의 중심에서 축 방향과 점 P를 잇는 선분 사이의 각이 얼마일 때 최대가 되는가?

① 0

② $\dfrac{\pi}{2}$

③ $\dfrac{\pi}{3}$

④ $\dfrac{\pi}{4}$

해설 $E = \dfrac{M}{4\pi\epsilon_0 r^3}\sqrt{1+3\cos^2\theta}$ 에서 점 P에서의

전계의 크기는
$\theta = 0°$ 일 때 최대이고, $\theta = 90°$일 때 최소가 된다.

정답 08 ④ 09 ② 10 ①

11 자성체의 자화의 세기 $J=8[kA/m]$, 자화율 $\chi_m=0.02$일 때 자속밀도는 약 몇 [T]인가?

① 7000　　　　　② 7500

③ 8000　　　　　④ 8500

해설　$B=\mu_0 H+J=\mu_0\dfrac{J}{\chi_m}+J$

$=4\pi\times10^{-7}\times\dfrac{8\times10^3}{0.02}+8\times10^3=8000.5[J]$

12 그림과 같은 평행판 콘덴서에 극판 면적이 $S[m^2]$, 진전하밀도를 $\sigma[C/m^2]$, 유전율이 각각 $\epsilon_1=4$, $\epsilon_2=2$인 유전체를 채우고 a, b 양단에 $V[V]$의 전압을 인가할 때 ϵ_1,ϵ_2인 유전체내부의 전계의 세기 E_1,E_2 와의 관계식은?

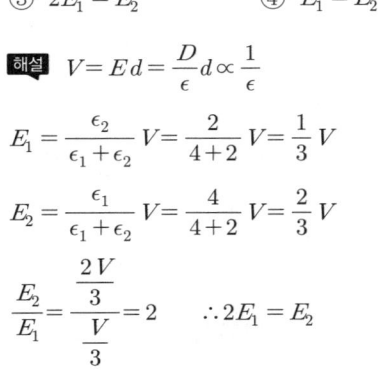

① $E_1=2E_2$　　　　② $E_1=4E_2$

③ $2E_1=E_2$　　　　④ $E_1=E_2$

해설　$V=Ed=\dfrac{D}{\epsilon}d\propto\dfrac{1}{\epsilon}$

$E_1=\dfrac{\epsilon_2}{\epsilon_1+\epsilon_2}V=\dfrac{2}{4+2}V=\dfrac{1}{3}V$

$E_2=\dfrac{\epsilon_1}{\epsilon_1+\epsilon_2}V=\dfrac{4}{4+2}V=\dfrac{2}{3}V$

$\dfrac{E_2}{E_1}=\dfrac{\dfrac{2V}{3}}{\dfrac{V}{3}}=2$　　∴$2E_1=E_2$

13 자성체 $3\times4\times20[cm^3]$가 자속밀도 $B=130[nT]$로 자화되었을 때 자기 모멘트가 $48[A\cdot m^2]$이었다면 자화의 세기(M)는 몇 [A/m]인가?

① 10^4　　　　　② 10^5

③ 2×10^4　　　④ 2×10^5

해설　$v=3\times4\times20\times10^{-6}[m^3]=Sl$

$B=130\times10^{-3}[T]$

$M=48[A\cdot m]=ml=JSl$

$\therefore J=\dfrac{M}{Sl}=\dfrac{M}{v}=\dfrac{48}{3\times4\times20\times10^{-6}}=2\times10^5[A/m]$

14 반지름 2[mm], 간격 1[m]의 평행왕복 도선이 있다. 도체 간에 전압 6[kV]를 가했을 때 단위길이 당 작용하는 힘은 몇 [N/m]인가?

① 8.06×10^{-5}　　② 8.06×10^{-6}

③ 6.87×10^{-5}　　④ 6.87×10^{-6}

해설

$C=\dfrac{\pi\epsilon_0}{\ln\dfrac{d}{r}}[F/m],\ W=\dfrac{1}{2}CV^2$

$=\dfrac{1}{2}\left(\dfrac{\pi\epsilon_0}{\ln\dfrac{d}{r}}\right)V^2[J/m]$

$F=\dfrac{\partial W}{\partial d}=\dfrac{1}{2}\dfrac{-\dfrac{1}{d/r}\dfrac{1}{r}\pi\epsilon_0 V^2}{(\ln\dfrac{d}{r})^2}$

$=-\dfrac{\pi\epsilon_0 V^2}{2d(\ln\dfrac{d}{r})^2}[N/m]$

그러므로 단위길이 당 작용하는 힘은

$F=\dfrac{\pi\epsilon_0 V^2}{2d(\ln\dfrac{d}{r})^2}=\dfrac{\pi\epsilon_0(6\times10^3)^2}{2\times1\times(\ln\dfrac{1}{2\times10^{-3}})^2}$

$=1.30\times10^{-5}[N/m]$

15 자계와 전류계의 대응으로 틀린 것은?

① 자속 ↔ 전류

② 기자력 ↔ 기전력

③ 투자율 ↔ 유전율

④ 자계의 세기 ↔ 전계의 세기

정답　**11** ③　　**12** ③　　**13** ④　　**14** 정답 없음　　**15** ③

해설 전류계의 대응

자기회로	전기회로
자속 $\phi[Wb]$	전류 $I[A]$
자계 $H[A/m]$	전계 $E[V/m]$
기자력 $F[AT]$	기전력 $U[V]$
자속밀도 $B[Wb/m^2]$	전류밀도 $i[A/m^2]$
투자율 $\mu[H/m]$	도전율 $k[\mho/m]$
자기저항 $R_m[AT/Wb]$	전기저항 $R[\Omega]$

16 반지름이 $a[m]$이고, 단위길이에 대한 권수가 n인 무한정 솔레노이드의 단위길이 당 자기인덕턴스는 몇 [H/m]인가?

① $\mu\pi a^2 n^2$
② $\mu\pi a n$
③ $\dfrac{an}{2\mu\pi}$
④ $4\mu\pi a^2 n^2$

해설

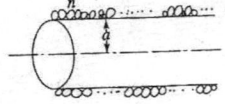

그림처럼 1[m]당 권선수 n, 반지름 $a[m]$의 무한장 솔레노이드에 전류 $I[A]$가 흐를 때 자계는 $H = nI$, 이때 자속은

$$\phi = \int B\,dS = \mu H\pi a^2 = \mu n I\pi a^2$$

$$\therefore L = \frac{n\phi}{I} = \mu\pi a^2 n^2 [H/m]$$

17 도전율 σ, 투자율 μ인 도체에 교류 전류가 흐를 때 표피효과의 영향에 대한 설명으로 옳은 것은?

① σ가 클수록 작아진다.
② μ가 클수록 작아진다.
③ μ_s가 클수록 작아진다.
④ 주파수가 높을수록 커진다.

해설 표피효과의 깊이는

$$\delta = \sqrt{\frac{2}{\omega\sigma\mu}} = \sqrt{\frac{1}{\pi f \sigma\mu}} \text{ 에서}$$

f, σ, μ 가 클수록 δ가 작게 되므로 표피효과는 심해진다.

18 철심부의 평균길이가 l_2, 공극의 길이가 l_1, 단면적이 S인 자기회로이다. 자속밀도를 $B[Wb/m^2]$로 하기위한 기자력[AT]은?

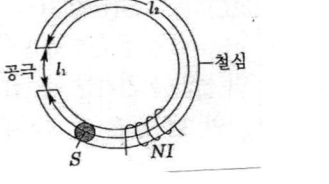

① $\dfrac{\mu_0}{B}(l_1 + \dfrac{\mu_s}{l_2})$
② $\dfrac{B}{\mu_0}(l_2 + \dfrac{l_1}{\mu_s})$
③ $\dfrac{\mu_0}{B}(l_2 + \dfrac{\mu_s}{l_1})$
④ $\dfrac{B}{\mu_0}(l_1 + \dfrac{l_2}{\mu_s})$

해설 공극의 자기저항을 R_1, 철심부의 자기저항을 R_2, R_1과 R_2는 직렬접속이므로 합성자기저항은

$$R_1 + R_2 = \frac{l_1}{\mu_0 S} + \frac{l_2}{\mu S} [AT/Wb]$$

이때 기자력은

$$F = NI = R\phi = RBS = (\frac{l_1}{\mu_0 S} + \frac{l_2}{\mu S})BS$$

$$= \frac{B}{\mu_0}(l_1 + \frac{l_2}{\mu_s})[AT]$$

19 비투자율 μ_s는 역자성체에서 다음 중 어느 값을 갖는가?

① $\mu_s = 0$
② $\mu_s < 1$
③ $\mu_s > 1$
④ $\mu_s = 1$

정답 **16** ① **17** ④ **18** ④ **19** ②

해설
- 강자성체 : $\mu_s \gg 1$
- 반(역)자성체 : $\mu_s < 1$
- 상자성체 : $\mu_s \geqq 1$

20 유전율이 ϵ_1, ϵ_2인 유전체 경계면에 수직으로 전계가 작용할 때 단위면적에 작용하는 수직력은?

① $2(\frac{1}{\epsilon_2} - \frac{1}{\epsilon_1})E^2$ ② $2(\frac{1}{\epsilon_2} - \frac{1}{\epsilon_1})D^2$

③ $\frac{1}{2}(\frac{1}{\epsilon_2} - \frac{1}{\epsilon_1})E^2$ ④ $\frac{1}{2}(\frac{1}{\epsilon_2} - \frac{1}{\epsilon_1})D^2$

해설
- 전계가 경계면에 수직으로 작용

$$f_n = \frac{1}{2}(E_2 - E_1) = \frac{1}{2}(\frac{1}{\epsilon_2} - \frac{1}{\epsilon_1})D^2 [N/m^2]$$

- 전계가 경계면에 수평행으로 작용

$$f_n = \frac{1}{2}(E_1 D_1 - E_2 D_2) = \frac{1}{2}(\epsilon_1 - \epsilon_2)E^2 [N/m^2]$$

모두 유전율이 큰 쪽에서 유전율이 작은 쪽으로 끌려 들어가는 맥스웰 응력이 작용한다.

제2과목 : 전력공학

21 수전단의 전력원 방정식이 $P_r^2 + (Q_r + 400)^2$ $= 250000$으로 표현되는 전력계통에서 가능한 한 최대로 공급할 수 있는 부하전력(P_r)과 이때 전압을 일정하게 유지하는데 필요한 무효전력(Q_r)은 각각 얼마인가?

① $P_r = 500, Q_r = -400$

② $P_r = 400, Q_r = 500$

③ $P_r = 300, Q_r = 100$

④ $P_r = 200, Q_r = -300$

해설 피상전력 : P_a, 유효전력 : P, 무효전력 : P_r

$P_a = P + P_r$ $\therefore P_a^2 = P^2 + P_r^2$

그러므로 문제에서는 부하(유효)전력을 P_r, 무효전력은 Q_r로 각각 주어져 있어서,

$$P_r^2 + (Q_r + 400)^2 = 250000$$

최대로 공급 하려면 무효전력이 0이 될 때이므로 $Q_r = -400$, $P_r = 500$이다.

22 중성점 직접 접지방식에 대한 설명으로 틀린 것은?

① 계통의 과도 안정도가 나쁘다.

② 변압기의 단절연(段絕緣)이 가능하다.

③ 1선 지락 시 건전상의 전압은 거의 상승하지 않는다.

④ 1선 지락전류가 적어 차단기의 차단능력이 감소된다.

해설 중성점 직접접지 방식의 장·단점
㉠ 장점
- 1선 지락사고 시에 건전상의 대지전압은 거의 상승하지 않는다.
- 피뢰기의 책무 경감이나 효과를 증진시킬 수 있다.
- 변압기 선정 시 단절연이 가능하다.
- 보호계전기의 동작이 확실하다.

㉡ 단점
- 송전계통에서 인접통신선의 유도장해가 가장 크다.
- 송전계통의 과도안정도가 나쁘다.
- 기기에 대한 충격이 커서 고장 점의 애자련 파손 등의 손상을 준다.
- 차단기가 처리해야 할 전류가 크므로 대용량 차단기가 필요하다.(1선 지락전류가 크기 때문에)

23 보호계전기의 보호방식 중 표시선 계전방식이 아닌 것은?

① 방향 비교 방식   ② 위상 비교 방식

③ 전압 방향 방식   ④ 전류 순환 방식

정답   **20** ④   **21** ①   **22** ④   **23** ②

해설

㉠ 표시선 계전방식의 종류
- 방향 비교방식 : 전류 순환방식, 전압 방향방식
- 전압 방향방식
- 전류 순환방식
- 전송 트립(Trip)방식

㉡ 전력선 반송보호방식
- 고속도거리+기타방식
- 방향 비교방식
- 위상 비교방식

24 전력선에 영상전류가 흐를 때 통신선로에 발생되는 유도장해는?

① 고조파유도장해　　② 전력유도장해
③ 전자유도장해　　　④ 정전유도장해

해설
- 전자유도장해 : 상호인덕턴스에 의한 영상(기유도) 전류가 흘러 유도기전력이 발생되어 통신선에 장해를 주는 현상
- 정전유도장해 : 상호정전용량이 불평형이 되어서 통신선로에 영상전압이 유도되어 통신기기에 유도전류가 흐르므로 장해를 주는 현상

25 그림과 같이 부하가 균일한 밀도로 도중에서 분기되어 선로전류가 송전단에 이를수록 직선적으로 증가할 경우 선로의 전압강하는, 이 송전단 전류와 같은 전류의 부하가 선로의 말단에만 집중되어 있을 경우의 전압강하보다 어떻게 되는가?(단, 부하역률은 모두 같다고 한다)

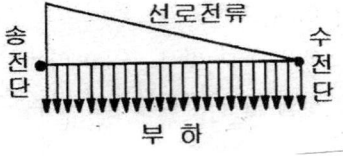

① $\dfrac{1}{3}$　　　　　　　② $\dfrac{1}{2}$

③ 1　　　　　　　　④ 2

해설 $\dfrac{\text{분포부하의 전압강하}}{\text{집중부하의 전압강하}} = \dfrac{\frac{1}{2}IR}{IR} = \dfrac{1}{2}$

26 송전거리, 전력, 손실률 및 역률이 일정하다면 전선의 굵기는?

① 전류에 비례한다.
② 전류에 반비례한다.
③ 전압의 제곱에 비례한다.
④ 전압의 제곱에 반비례한다.

해설 전력손실은

$$P_l = \frac{P^2 R}{V^2 \cos^2\theta} = \frac{P^2}{V^2 \cos^2\theta} \rho \frac{l}{S}$$

$$\therefore S = \frac{P^2 \rho l}{P_l V^2 \cos^2\theta} \propto \frac{1}{V^2}$$

27 차단기의 차단능력이 가장 가벼운 것은?

① 중성점 직접접지계통의 지락전류 차단
② 중성점 저항접지계통의 지락전류 차단
③ 송전선로의 단락사고 시의 단락사고 차단
④ 중성점을 소호리액터로 접지한 장거리 송전선로의 지락전류 차단

해설 고장전류가 가장 적게 흐르는 소호리액터 접지방식에서 지락(충전)전류 등을 차단할 때이다.

28 송전선로에서 1선 지락 시에 건전상의 전압상승이 가장 적은 접지방식은?

① 비접지방식
② 직접접지방식
③ 저항접지방식
④ 소호리액터 접지방식

정답 24 ③　25 ②　26 ④　27 ④　28 ②

해설 1선 지락 시에 건전상의 전압상승이 가장 적은 접지방식은 직접접지방식이고 가장 큰 접지방식은 소호리액터 접지방식이다.

29 변압기의 결선 중에서 1차에 제3고조파가 있을 때 2차에 제3고조파 전압이 외부로 나타나는 결선은?

① $Y-Y$ ② $Y-\triangle$

③ $\triangle-Y$ ④ $\triangle-\triangle$

해설 $\triangle$결선에서는 제3고조파가 변압기 내로 순환전류가 되어 소멸 되지만, Y결선에서는 2차 측에도 나타나게 된다.

30 3상 3선식의 전선소요량에 대한 3상 4선식의 전선 소요량의 비는 얼마인가?(단, 배전거리, 배전전력 및 전력손실은 같고, 4선식의 중성선의 굵기는 외선의 굵기와 같으며, 외선과 중성선 간의 전압은 3선식의 선간전압과 같다)

① $\dfrac{4}{9}$ ② $\dfrac{2}{3}$

③ $\dfrac{3}{4}$ ④ $\dfrac{1}{3}$

해설 $\dfrac{w_{g4}}{w_{g3}} = \dfrac{4\sigma\, S_4\, l_4}{3\sigma\, S_3\, l_3} = \dfrac{4\,S_4}{3\,S_3} = \dfrac{4}{3} \times \dfrac{1}{3} = \dfrac{4}{9}$

• $P_3 = P_4$

$\sqrt{3}\, V_3\, I_3 \cos\theta = 3E_4\, I_4 \cos\theta$

$\therefore \dfrac{I_4}{I_3} = \dfrac{\sqrt{3}}{3}$

• $P_{l3} = P_{l4}$

$3I_3^2 R_3 = 3I_4^2 R_4$

$\therefore \dfrac{R_3}{R_4} = (\dfrac{I_4}{I_3})^2 = (\dfrac{\sqrt{3}}{3})^2 = \dfrac{1}{3} = \dfrac{S_4}{S_3}$ $(\because R \propto \dfrac{1}{S})$

31 한류리액터의 사용 목적은?

① 누설전류의 제한

② 단락전류의 제한

③ 접지전류의 제한

④ 이상전압 발생의 방지

해설 한류리액터 : 선로에 직렬로 설치된 리액터로 단락 사고 시 발전기가 전기자 반작용이 일어나기 전 큰 돌발 단락전류가 흐르는데 이것을 제한하기 위해 설치

32 배전선로의 손실을 경감하기 위한 대책으로 적절하지 않은 것은?

① 누전차단기 설치

② 배전전압의 승압

③ 전력용 콘덴서 설치

④ 전류밀도의 감소와 평형

해설 누전차단기 : 감전, 화재 및 기구손상 등을 방지하기 위해서 설치

33 동일 모선에 2개 이상의 급전선(Feeder)을 가진 비접지 배전계통에서 지락사고에 대한 보호계전기는?

① OCR   ② OVR

③ SGR   ④ DFR

해설

• SGR(선택지락 계전기) : 병행 2회선 송전선로의 지락사고차단에 사용

• OCR(과전류 계전기) : 과부하 및 외부단락 사고 시 과전류로부터 기기를 보호

• OVR(과전압 계전기) : 전로에 전압이 정정값 이상일 때 동작

• DFR(차동계전기) : 전압과 전류의 비가 예정값 이하가 되면 동작

정답   **29** ①   **30** ①   **31** ②   **32** ①   **33** ③

34 컴퓨터에 의한 전력조류 계산에서 슬랙(Slack) 모선의 지정 값은?(단, 슬랙 모선을 기준모선으로 한다)

① 유효전력과 무효전력

② 모선 전압의 크기와 유효전력

③ 모선 전압의 크기와 무효전력

④ 모선 전압의 크기와 모선전압의 위상각

해설 조류조정의 구체적인 방법
㉠ 발전소의 유효·무효전력의 조정
㉡ 발·변전소 및 송전선로의 접속변경
㉢ 조상설비의 무효전력조정

35 단상 변압기 3대를 △결선으로 운전하던 중 1대의 고장으로 V결선한 경우, V결선과 △결선의 출력 비는 약 몇 [%]인가?

① 52.2 ② 57.7

③ 66.7 ④ 86.6

해설 • 이용률 $= \dfrac{V결선시 출력}{2대의 정격용량}$

$\qquad = \dfrac{\sqrt{3}}{2} = 0.866 \Rightarrow 86.6[\%]$

• 출력비 $= \dfrac{V결선시 출력}{△결선시 출력}$

$\qquad = \dfrac{\sqrt{3}\,VI}{3\,VI} = \dfrac{1}{\sqrt{3}} = 0.577 \Rightarrow 57.7[\%]$

36 댐의 부속설비가 아닌 것은?

① 수로 ② 수조

③ 취수구 ④ 흡출관

해설 흡출관 : 반동수차의 출구에서부터 방수로 수면까지 연결하는 관으로 러너와 방수면 사이의 낙차를 유효하게 이용하기 위한 목적

37 발전기의 단락비가 작은 경우의 현상으로 옳은 것은?

① 단락전류가 커진다.

② 안정도가 높아진다.

③ 전압변동률이 커진다.

④ 선로를 충전할 수 있는 용량이 증가한다.

해설 단락비가 큰 발전기(철 기계)
㉠ 전압변동률(전기자반작용)이 적다.
㉡ 선로 충전용량 및 과부하 내량과 부피가 커진다.
㉢ 안정도가 높아진다.
㉣ 효율이 나쁘고 값은 비싸다.

38 중거리 송전선로의 특성은 무슨 회로로 다루어야 하는가?

① R, L 집중정수회로

② R, L, C 집중정수회로

③ 분포정수회로

④ 특성임피던스회로

해설
• 단거리 송전선로 : R, L 집중정수회로
• 중거리 송전선로 : R, L, C 집중정수회로
• 장거리 송전선로 : R, L, C, G 분포정수회로

39 전력용 콘덴서의 사용전압을 2배로 증가시키고자 한다. 이때 정전용량을 변화시켜 동일 용량[kVar]으로 유지하려면 승압 전의 정전용량보다 어떻게 변화하면 되는가?

① 4배로 증가 ② 2배로 증가

③ $\dfrac{1}{2}$로 감소 ④ $\dfrac{1}{4}$로 감소

해설 $P_c = 2\pi f C V^2$

$P_c' = 2\pi f C' V'^2$

$P_c = P_c', \quad 2\pi f C V^2 = 2\pi f C' V'^2$

$\therefore C' = \left(\dfrac{V}{V'}\right)^2 C = \left(\dfrac{V}{2V}\right)^2 C = \dfrac{1}{4} C$

정답 **34** ③ **35** ② **36** ④ **37** ③ **38** ② **39** ④

40 통신선과 평행인 주파수 60[Hz]의 3상 1회선 송전선이 있다. 1선 지락 때문에 영상전류가 100[A]로 흐르고 있다면 통신선에 유도되는 전자유도전압은 약 몇 [V]인가?(단, 영상전류는 전 전선에 걸쳐서 같으며, 송전선과 통신선과의 상호 인덕턴스는 0.06[mH/km], 그 평행 길이는 40[km]이다)

① 156.6   ② 162.8

③ 230.2   ④ 271.4

해설 $E_m = -j\omega Ml\,3I_0 = -j\omega Ml(I_a + I_b + I_c)$
$$= -j2\pi f\,Ml\,3I_0$$
$$= -j2\pi \times 60 \times 0.06 \times 10^{-3} \times 40 \times 3 \times 100$$
$$= -j271.43[A]$$

제3과목 : 전기기기

41 3단자 사이리스터가 아닌 것은?

① SCR   ② GTO

③ SCS   ④ TRIAC

해설
- SCR : 1방향성 3단자
- SCS : 1방향성 4단자
- TRIAC : 2방향성 3단자
- SSS : 2방향성 2단자
- GTO : 2방향성 3단자

42 슬롯 수 36의 고정자 철심이 있다. 여기에 3상 4극의 2층권으로 권선할 때 매극 매상의 슬롯수와 코일수는?

① 3과 18   ② 9와 36

③ 3과 36   ④ 8과 18

해설
- 매상 슬롯수 $= \dfrac{\text{총 슬롯수}}{\text{상수} \times \text{극수}} = \dfrac{36}{3 \times 4} = 3$

- 코일수 $= \dfrac{\text{총 슬롯수} \times m}{2} = \dfrac{36 \times 2}{2} = 36$

   ($m = $코일 총 수)

43 상수 m, 매극 매상당 슬롯수 q인 동기발전기에서 n차 고조파분에 대한 분포계수는?

① $(q\sin\dfrac{n\pi}{mq})/(\sin\dfrac{n\pi}{m})$

② $(\sin\dfrac{n\pi}{m})/(q\sin\dfrac{n\pi}{mq})$

③ $(\sin\dfrac{\pi}{2m})/(q\sin\dfrac{n\pi}{2mq})$

④ $(\sin\dfrac{n\pi}{2m})/(q\sin\dfrac{n\pi}{2mq})$

44 유도전동기 1극의 자속 및 2차 도체에 흐르는 전류와 토크의 관계는?

① 토크는 1극의 자속과 2차 유효전류의 곱에 비례한다.

② 토크는 1극의 자속과 2차 유효전류의 제곱에 비례한다.

③ 토크는 1극의 자속과 2차 유효전류의 곱에 반비례한다.

④ 토크는 1극의 자속과 2차 유효전류의 제곱에 반비례한다.

해설 토크
$T \propto k\phi I_2, \quad \phi \propto V_1$ 또는 $I_2 \propto V_1$
$\therefore T \propto k\,V_1^2$

45 3000[V]의 단상 배전선 전압을 3300[V]로 승압하는 단권변압기의 자기용량은 약 몇 [kVA]인가?(단, 여기서 부하용량은 100[kVA] 이다)

① 2.1   ② 5.3

③ 7.4   ④ 9.1

정답   **40** ④   **41** ③   **42** ③   **43** ④   **44** ①   **45** ④

해설 $\dfrac{\text{자기용량}}{\text{부하용량}} = \dfrac{V_h - V_l}{V_h}$

$\therefore$ 자기용량 $= \dfrac{3300 - 3000}{3300} \times 100 = 9.09[\text{kVA}]$

46 직류 분권 발전기가 병렬운전을 하기 위해서 발전기 용량 P와 정격전압 V의 조건은?

① P와 V 모두 달라도 된다.

② P는 같고, V 는 달라도 된다.

③ P와 V 모두 같아야 된다.

④ P는 달라도 V는 같아야 된다.

해설 직류발전기의 병렬운전조건

㉠ 정격전압(V) 및 극성이 같을 것

㉡ 외부특성곡선이 어느 정도의 수하특성일 것

㉢ 용량(P)이 다를 경우 %부하전류로 나타낸 외부특성곡선이 거의 일치할 것

47 비철극형 3상 동기발전기의 동기 리액턴스 $X_s = 10[\Omega]$, 유도기전력 $E = 6000[V]$, 단자전압 $V = 5000[V]$, 부하각 $\delta = 30\degree$ 일 때 출력은 몇 [kW]인가?(단, 전기자 권선저항은 무시한다)

① 1500

② 3500

③ 4500

④ 5500

해설

$P = 3 \times \dfrac{EV}{X_s} \sin\delta = 3 \times \dfrac{6000 \times 5000}{10} \sin 30\degree$
$\times 10^{-3} = 4500[kW]$

48 권선형 유도 전동기의 2차권선의 전압 sE_2 와 같은 위상의 전압 E_c를 공급하고 있다. E_c를 점점 크게 하면 유도전동기의 회전방향과 속도는 어떻게 변하는가?

① 속도는 회전자계와 같은 방향으로 동기속도까지만 상승한다.

② 속도는 회전자계와 반대 방향으로 동기속도까지만 상승한다.

③ 속도는 회전자계와 같은 방향으로 동기속도 이상으로 회전할 수 있다.

④ 속도는 회전자계와 반대 방향으로 동기속도 이상으로 회전할 수 있다.

해설 권선형 유도전동기의 2차 여자법에 의한 속도제어에서 슬립 주파수의 전압을 2차 유기전압과 같은 방향으로 가하면 속도가 상승하고 반대방향으로 가하면 속도는 감소한다.

49 3상 유도전동기 원선도에서 역률[%]을 표시하는 것은?

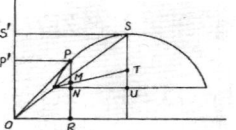

① $\dfrac{\overline{OS'}}{OS} \times 100$

② $\dfrac{\overline{SS'}}{OS} \times 100$

③ $\dfrac{\overline{OP'}}{OP} \times 100$

④ $\dfrac{\overline{OS}}{OP} \times 100$

해설 역률 $= \dfrac{\overline{OP'}}{OP} \times 100[\%]$

50 정격 출력이 7.5[kW]인 3상 유도 전동기가 전부하 운전에서 2차 저항손이 300[W]이다. 슬립은 약 몇 [%]인가?

① 3.85

② 4.61

③ 7.51

④ 9.42

해설 $P_2 = P + P_{c2} = 7.5 + 0.3 = 7.8[kW]$

슬립 s는

$P_{c2} = sP_2$에서

$\therefore s = \dfrac{P_{c2}}{P_2} \times 100 = \dfrac{0.3}{7.8} \times 100 = 3.85[\%]$

정답 **46** ④ **47** ③ **48** ③ **49** ③ **50** ①

51 권선형 유도 전동기 기동 시 2차 측에 저항을 넣는 이유는?

① 회전수 감소

② 기동전류 증대

③ 기동 토크 감소

④ 기동전류 감소와 기동 토크 증대

해설 기동저항을 접속하면 기동 시에 2차측 회로에 적당한 저항 값을 갖게 되므로 기동토크를 얻고, 기동전류는 감소되어 상승에 따라서 외부저항을 점점 감소시켜 최후에는 슬립링에서 단락하여 양호한 운전 특성을 갖게 된다.

52 변압기에서 철손을 구할 수 있는 시험은?

① 유도시험

② 단락시험

③ 부하시험

④ 무부하시험

해설

• 단락시험법은 임피던스전압과 전력을 측정하여 임피던스, 동손, %저항강하, %리액턴스강하, 전압변동률을 산출한다.

• 개방회로(무부하)시험은 무부하전류, 히스테리시스손, 와류손을 산출한다.

여기서, 철손은 철이 지니고 있는 히스테리시스손과 와전류손을 합한 것이다.

53 6극 직류발전기의 정류자 편수가 132, 유기기전력이 210[V], 직렬도체수가 132개이고 중권이다. 정류자 편간 전압은 약 몇 [V]인가?

① 4

② 9.5

③ 12

④ 16

해설 $e_{sa} = \dfrac{pE}{k} = \dfrac{6 \times 210}{132} = 9.5[V]$

e_{sa} : 정류자 편간 전압

E : 유기기전력

k : 정류자 편수

p : 극수

54 주파수 60[Hz], 슬립 0.2인 경우 회전자 속도가 720[rpm]일 때 유도 전동기의 극수는?

① 4

② 6

③ 8

④ 12

해설 $N_s = \dfrac{120f}{p}$ 에서,

$p = \dfrac{120f}{N_s} = \dfrac{120 \times 60}{900} = 8[극]$

$N = (1-s)N_s$ 에서, $N_s = \dfrac{720}{1-0.2} = 900[rpm]$

55 단상 변압기를 병렬 운전할 경우 부하 전류의 분담은?

① 용량에 비례하고 누설 임피던스에 비례

② 용량에 비례하고 누설 임피던스에 반비례

③ 용량에 반비례하고 누설 리액턴스에 비례

④ 용량에 반비례하고 누설 리액턴스의 제곱에 비례

해설 각 변압기의 임피던스가 정격용량에는 반비례하므로 각 변압기는 그 용량에 비례해서 부하전류를 분담하게 된다. 또한 부하분담은 내부임피던스(퍼센트강하)에는 반비례하여 분담한다.

56 유도 전동기의 1차 전압 변화에 의한 속도제어 시 SCR을 사용하여 변화시키는 것은?

① 토크

② 전류

③ 주파수

④ 위상각

해설 1차 측에 SCR을 접속하고 전압이 1[Hz]주기마다 위상각이 변하는 것에 의해 전압을 변화시키는 방법인데 2차 저항에서 손실이 크기 때문에 효율이 나쁘다.

정답 **51** ④ **52** ④ **53** ② **54** ③ **55** ② **56** ④

57 단락비가 큰 동기기에 대한 설명으로 옳은 것은?

① 안정도가 높다.

② 기계가 소형이다.

③ 전압변동률이 크다.

④ 전기자 반작용이 크다.

해설 단락비가 큰 기계를 철기계(작은 기계는 동기계) 라 하며 단락비가 큰 동기기는 전기자 반작용이 적고 (동기 임피던스가 적으므로), 계자 자속이 크며 기전 력을 유도하는데 필요한 계자 전류가 커진다. 기계의 중량이 무겁고(부피가 커짐), 값이 비싸고, 철손, 기계 손 등의 고정손이 커져 효율은 나쁘지만 전압변동률이 양호(작고), 과부하 내량은 크며, 송전선로의 충전용 량이 커지고 안정도가 높다.

58 동기 전동기의 기동법 중 자기동법(Self-st arting method)에서 계자권선을 저항을 통해서 단락시키는 이유는?

① 기동이 쉽다.

② 기동 권선으로 이용한다.

③ 고전압의 유도를 방지한다.

④ 전기자 반작용을 방지한다.

해설 기동 시에 계자권선에는 고전압이 유기되어 절 연을 파괴하므로 방전저항을 접속하여 단락상태에서 기동한다. 이때 계자권선은 일종의 단상 2차 권선으로 서 토크를 발생하기 때문에 계자권선의 저항값에 3~ 7배에 해당하는 방전저항을 사용한다.

59 직류발전기의 전기자 반작용의 영향이 아닌 것은?

① 주자속이 증가한다.

② 전기적 중성축이 이동한다.

③ 정류작용에 악영향을 준다.

④ 정류자편 사이의 전압이 불균형하게 된다.

해설 전기자 반작용의 영향

㉠ 전기자 중성축을 이동시킨다.(발전기 : 회전방향, 전동기 : 회전자 반대방향)

㉡ 주자속을 감소시켜 부하 시 전압강하의 원인이 된다.

㉢ 정류자 편 사이에 고르지 못한 국부적인 전압이 상 승한다.(Flashover현상)

60 변압기 운전에 있어 효율이 최대가 되는 부 하가 전 부하의 75[%]였다고 하면, 전 부하 에서의 철손과 동손의 비는?

① 4 : 3　　　　② 9 : 16

③ 10 : 15　　　④ 18 : 30

해설 효율이 최대가 되는 조건은 $P_i = P_c$ 이고, 이때 부하율을 m이라 하면

$$P_i = m^2 P_c = (0.75)^2 P_c = \frac{9}{16} P_c$$

$$\therefore P_i : P_c = 9 : 16$$

제4과목 : 회로이론 및 제어공학

61 $\mathcal{L}^{-1}\left[\dfrac{s}{(s+1)^2}\right]$는?

① $e^t - te^{-t}$　　　② $e^{-t} - te^{-t}$

③ $e^{-t} + te^{-t}$　　④ $e^{-t} + 2te^{-t}$

해설

$$\mathcal{L}^{-1}\left[\frac{s}{(s+1)^2}\right] = \mathcal{L}^{-1}\left[\frac{A}{(s+1)^2} + \frac{B}{s+1}\right]$$

$$A = \lim_{s \to -1} s = -1$$

$$B = \lim_{s \to -1} \frac{d}{ds} s = 1$$

$$= \mathcal{L}^{-1}\left[\frac{-1}{(s+1)^2} + \frac{1}{s+1}\right] = -te^{-t} + e^{-t}$$

62 그림의 블록선도에서 K에 대한 폐루프 전달 함수 $T = \dfrac{C(s)}{R(s)}$의 감도 S_K^T는?

정답 57 ①　58 ③　59 ③　60 ②　61 ②　62 ④

710 · Part 2. 전기기사 기출문제

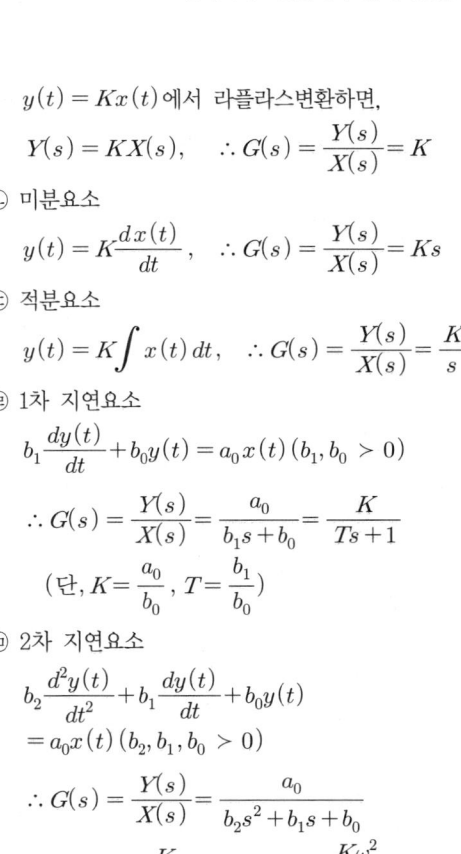

① -1　　　　② -0.5

③ 0.5　　　　④ 1

해설 전달함수는

$$T = \frac{C(s)}{R(s)} = \frac{KG}{1 + KG\frac{1}{K}} = \frac{KG}{1 + G}$$

감도 $S_K^T = \frac{K}{T}\frac{\partial T}{\partial K} = \frac{K}{\frac{KG}{1+KG}}\frac{\partial}{\partial K}\frac{KG}{1+G}$

$$= \frac{1+G}{G}\frac{G}{1+G} = 1$$

63 전달함수 $G(s) = \dfrac{C(s)}{R(s)} = \dfrac{1}{(s+a)^2}$ 인 제어계의 임펄스응답 $c(t)$는?

① e^{-at}　　　　② $1 - e^{-at}$

③ te^{-at}　　　　④ $\dfrac{1}{2}t^2$

해설 $r(t) = \delta(t)$

$\mathcal{L}\,r(t) = R(s) = 1$

$G(s) = \dfrac{C(s)}{R(s)} = \dfrac{1}{(s+a)^2}$

$C(s) = \dfrac{1}{(s+a)^2}R(s) = \dfrac{1}{(s+a)^2}1$

$\therefore c(t) = \mathcal{L}^{-1}C(s) = te^{-t}$

64 비례요소를 나타내는 전달함수는?

① $G(s) = K$　　　　② $G(s) = Ks$

③ $G(s) = \dfrac{K}{s}$　　　　④ $G(s) = \dfrac{K}{Ts+1}$

해설 제어요소의 전달함수

㉠ 비례요소 : 입력신호 $x(t)$, 출력신호 $y(t)$, K : 이 득정수

$y(t) = Kx(t)$에서 라플라스변환하면,

$$Y(s) = KX(s), \quad \therefore G(s) = \frac{Y(s)}{X(s)} = K$$

㉡ 미분요소

$$y(t) = K\frac{dx(t)}{dt}, \quad \therefore G(s) = \frac{Y(s)}{X(s)} = Ks$$

㉢ 적분요소

$$y(t) = K\int x(t)\,dt, \quad \therefore G(s) = \frac{Y(s)}{X(s)} = \frac{K}{s}$$

㉣ 1차 지연요소

$$b_1\frac{dy(t)}{dt} + b_0 y(t) = a_0 x(t)\,(b_1, b_0 > 0)$$

$$\therefore G(s) = \frac{Y(s)}{X(s)} = \frac{a_0}{b_1 s + b_0} = \frac{K}{Ts+1}$$

$$\left(\text{단}, K = \frac{a_0}{b_0}, T = \frac{b_1}{b_0}\right)$$

㉤ 2차 지연요소

$$b_2\frac{d^2 y(t)}{dt^2} + b_1\frac{dy(t)}{dt} + b_0 y(t)$$
$$= a_0 x(t)\,(b_2, b_1, b_0 > 0)$$

$$\therefore G(s) = \frac{Y(s)}{X(s)} = \frac{a_0}{b_2 s^2 + b_1 s + b_0}$$

$$= \frac{K}{1 + 2\delta Ts + T^2 s^2} = \frac{K\omega_n^2}{s^2 + 2\delta\omega_n s + \omega_n^2}$$

$$\left(\text{단}, K = \frac{a_0}{b_0}, T^2 = \frac{b_2}{b_0}, 2\delta T = \frac{b_1}{b_0}\right)$$

또는 $\omega_n^2 = T$)

65 $G(s)H(s) = \dfrac{K(s+1)}{s^2(s+2)(s+3)}$ 에서 점근선의 교차점을 구하면?

① $-\dfrac{5}{6}$　　　　② $-\dfrac{1}{5}$

③ $-\dfrac{4}{3}$　　　　④ $-\dfrac{1}{3}$

해설 점근선의 교차점

$$\sigma = \frac{\sum GH\text{의 극점의 근} - \sum GH\text{의 영점의 근}}{GH\text{의 극점수} - GH\text{의 영점의 수}}$$

$$= \frac{-2-3-(-1)}{4-1} = -\frac{4}{3}$$

정답 63 ③　64 ①　65 ③

2016년도 기사 제3회 필기시험(기사) • **711**

66 $F(s) = s^3 + 4s^2 + 2s + K = 0$에서 시스템이 안정하기 위한 K의 범위는?

① $0 < K < 8$ ② $-8 < K < 0$

③ $1 < K < 8$ ④ $-1 < K < 8$

해설 $s^3 + 4s^2 + 2s + K = 0$

루드의 표

s^3	1	2
s^2	4	K
s^1	$\dfrac{8-K}{4}$	
s^0	K	

제1열에 부호 변화가 없어야 안정하므로

$K > 0$, $\dfrac{8-K}{4} > 0$

$\therefore 0 < K < 8$

67 근궤적에 대한 설명 중 옳은 것은?

① 점근선은 허수축에서만 교차한다.

② 근궤적이 허수축을 끊는 K의 값은 일정하다.

③ 근궤적은 절대 안정도 및 상대 안정도와 관계가 없다.

④ 근궤적의 개수는 극점의 수와 영점의 수중에서 큰 것과 일치한다.

해설 근궤적의 성질

㉠ 특성방정식의 근이 실근 또는 공액 복소근을 가지므로 근궤적은 실축에 대하여 대칭이며 점근선은 실수축 상에서만 교차한다.

㉡ K : 이득상수, $K = \dfrac{1}{|G(s)H(s)|}$

㉢ 근궤적은 극(P)점에서 출발하여 영점(Z)에서 끝난다.

㉣ 근궤적의 개수는 영점(Z)과 극점(P) 중에 큰 것과 일치한다. 또는 근궤적의 개수는 특성방정식의 차수와 같다.

68 단위 피드백제어계의 개루프 전달함수가 $G(s) = \dfrac{1}{(s+1)(s+2)}$일 때 단위 계단입력에 대한 정상편차는?

① $\dfrac{1}{3}$ ② $\dfrac{2}{3}$

③ 1 ④ $\dfrac{4}{3}$

해설 정상상태 편차

$e_{ss} = \lim_{s \to 0} s \dfrac{R(s)}{1+G(s)}$ 에서, $R(s) = \dfrac{1}{s}$

$\therefore e_{ss} = \lim_{s \to 0} \dfrac{s}{1+G(s)} \dfrac{1}{s} = \dfrac{1}{1 + \lim_{s \to 0} G(s)}$

$= \dfrac{1}{1 + \lim_{s \to 0} \dfrac{1}{(s+1)(s+2)}} = \dfrac{2}{3}$

69 다음의 전달함수 중에서 극점이 $-1 \pm j2$, 영점이 -2인 것은?

① $\dfrac{s+2}{(s+1)^2+4}$ ② $\dfrac{s-2}{(s+1)^2+4}$

③ $\dfrac{s+2}{(s-1)^2+4}$ ④ $\dfrac{s-2}{(s-1)^2+4}$

해설

• 극점 : $s = -1 + j2$, $s = -1 - j2$

• 영점 : $s = -2$

$\therefore G(s) = \dfrac{P(s)}{q(s)} = \dfrac{s+2}{(s+1-j2)(s+1+j2)}$

$= \dfrac{s+2}{(s+1)^2+4}$

70 다음의 논리 회로를 간단히 하면?

① $\overline{A} + B$ ② $A + \overline{B}$

③ $\overline{A} + \overline{B}$ ④ $A + B$

정답 66 ① 67 ④ 68 ② 69 ① 70 ②

해설 $X = \overline{\overline{AB} \cdot B} = AB + \overline{B} = AB + \overline{B}(1+A)$
$= AB + \overline{B} + A\overline{B} = \overline{B} + A(B + \overline{B}) = A + \overline{B}$

71 그림의 사다리꼴 회로에서 부하전압 V_L의 크기는 몇 [V]인가?

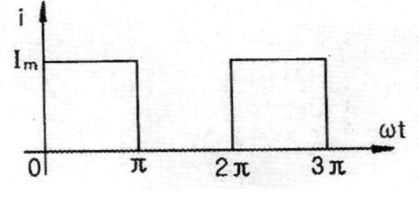

① 3.0
② 3.25
③ 4.0
④ 4.15

해설

그림에서, $I_1 = \dfrac{24}{10+10} = 1.25[A]$

$I_2 = \dfrac{1.2}{2} = 0.6[A], \qquad I_3 = \dfrac{0.6}{2} = 0.3[A]$

$\therefore V_L = I_3 \times 10 = 0.3 \times 10 = 3[V]$

72 전압비 10^6을 데시벨 [dB]로 나타내면?

① 20
② 60
③ 100
④ 120

해설 이득은

$g[dB] = 20\log_{10}|G(j\omega)| = 20\log_{10}|10^6| = 120[dB]$

73 그림과 같은 파형의 파고율은?

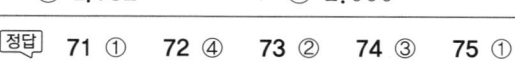

① 0.707
② 1.414
③ 1.732
④ 2.000

해설 • 맥동파의 실효값 : $V_e = \dfrac{V_m}{\sqrt{2}} = 0.707\,V_m$

(최대값)

평균값 : $V_{av} = \dfrac{1}{2}\,V_m$

파형률 $= \dfrac{\text{실효값}}{\text{평균값}} = \sqrt{2}$

파고율 $= \dfrac{\text{최대값}}{\text{실효값}} = \sqrt{2}$

74 그림과 같은 직류 전압의 라플라스 변환을 구하면?

① $\dfrac{E}{s-1}$
② $\dfrac{E}{s+1}$
③ $\dfrac{E}{s}$
④ $\dfrac{E}{s^2}$

해설 $f(t) = Eu(t)$

$\mathcal{L}f(t) = F(s) = \dfrac{E}{s}$

75 구동점 임피던스 함수에 있어서 극점(Pole)은?

① 개방 회로 상태를 의미한다.
② 단락 회로 상태를 의미한다.
③ 아무 상태도 아니다.
④ 전류가 많이 흐르는 상태를 의미한다.

정답 71 ① 72 ④ 73 ② 74 ③ 75 ①

해설 구동점 임피던스

$$Z(s) = \frac{a_0 + a_1 s + a_2 s^2 + \cdots + a_{2n} s^{2n}}{b_1 s + b_2 s^2 + b_3 s^3 + \cdots + b_{2n-1} s^{2n-1}}$$

㉠ 영점(분자=0) : $Z(s) = 0$이 되는 s의 근으로서 단락회로 상태를 의미한다.

㉡ 극점(분모=0) : $Z(s) = \infty$이 되는 s의 근으로서 개방회로 상태를 의미한다.

76 전하보존의 법칙(Conservation of charge) 과 가장 관계가 있는 것은?

① 키르히호프의 전류법칙

② 키르히호프의 전압법칙

③ 옴의 법칙

④ 렌츠의 법칙

77 $i = 3t^2 + 2t[A]$의 전류가 도선을 30초간 흘렀을 때 통과한 전체 전기량[Ah]은?

① 4.25　　　　② 6.75

③ 7.75　　　　④ 8.25

해설 $Q = \int_0^t i\, dt = \int_0^{30} (3t^2 + 2t)\, dt = [t^3 + t^2]_0^{30}$

$= 27900[As] \div 3600 = 7.75[Ah]$

78 인덕턴스 $L = 20[mH]$인 코일에 실효값 $E = 50[V]$, 주파수 $f = 60[Hz]$인 정현파 전압을 인가했을 때 코일에 축적되는 평균 자기에너지는 약 몇 [J]인가?

① 6.3　　　　② 4.4

③ 0.63　　　　④ 0.44

해설

$$W_L = \frac{1}{2} L I^2 = \frac{1}{2} L \left(\frac{E}{\omega L}\right)^2$$

$$= \frac{1}{2} \times 20 \times 10^{-3} \times \left(\frac{50}{2\pi \times 60 \times 20 \times 10^{-3}}\right)^2$$

$$= 0.44[J]$$

79 전송선로의 특성 임피던스가 $100[\Omega]$이고, 부하저항이 $400[\Omega]$일 때 전압 정재파비 S는 얼마인가?

① 0.25　　　　② 0.6

③ 1.67　　　　④ 4.0

해설 정재파비는

$$S = \frac{1 + |\rho|}{1 - |\rho|} = \frac{1 + |0.6|}{1 - |0.6|} = 4$$

반사계수는 $\rho = \dfrac{Z_L - Z_0}{Z_L + Z_0} = \dfrac{400 - 100}{400 + 100} = 0.6$

80 상전압이 120[V]인 평형 3상 Y결선의 전원에 Y결선 부하를 도선으로 연결하였다. 도선의 임피던스는 $1 + j[\Omega]$이고 부하의 임피던스는 $20 + j10[\Omega]$이다. 이때 부하에 걸리는 전압은 약 몇 [V]인가?

① $64.18 \angle -25.4°$　　② $101.62 \angle 0°$

③ $113.14 \angle -1.1°$　　④ $118.42 \angle -30°$

해설 도선의 임피던스는 $Z_1 = 1 + j[\Omega]$

부하의 임피던스는 $Z_2 = 20 + j10[\Omega]$

이때 부하에 걸리는 전압은

$$V_2 = \frac{20 + j10}{(1 + j) + (20 + j10)} \times 120 = 113.19[V]$$

정답 76 ①　77 ③　78 ④　79 ②　80 ③

714 • Part 2. 전기기사 기출문제

제5과목 : 전기설비기술기준 및 판단기준

81 특고압 가공전선이 도로 · 횡단보도교 · 철도 또는 궤도와 제1차 접근상태로 시설되는 경우 특고압 가공전선로는 제 몇 종 보안공사에 의하여야 하는가?

① 제1종 특고압 보안공사
② 제2종 특고압 보안공사
③ 제3종 특고압 보안공사
④ 제4종 특고압 보안공사

해설
• 제1차 접근상태로 시설 : 제3종 특고 보안공사
• 제2차 접근상태로 시설(35[kV] 이하) : 제2종 특고 보안공사
• 35[kV] 초과 170[kV] 미만 : 제1종 특고 보안공사

82 직류 귀선은 궤도 근접부분이 금속제 지중관로에 접근하거나 교차하는 경우에 전기부식 방지를 위한 상호 이격거리는 몇 [m] 이상이어야 하는가?

① 1.0　　　　② 1.5
③ 2.5　　　　④ 3.0

해설 직류귀선은 전기부식 방지를 위하여 대지로부터 절연하여야 하며, 금속제 지중관로와 접근하거나 교차하는 경우에 상호 이격거리는 1[m] 이상 하는 것이 원칙이다.

83 철탑의 강도계산에 사용하는 이상 시 상정하중이 가하여지는 경우의 그 이상 시 상정하중에 대한 철탑의 기초에 대한 안전율은 얼마 이상이어야 하는가?

① 1.2　　　　② 1.33
③ 1.5　　　　④ 2.5

해설 가공전선로 지지물의 기초 안전율2(이상 시 상정하중에 대한 철탑의 경우는 1.33) 이상으로 하여야 한다.

84 전기울타리의 시설에 관한 규정 중 틀린 것은?

① 전선과 수목사이의 이격거리는 50[cm] 이상이어야 한다.
② 전기울타리는 사람이 쉽게 출입하지 아니하는 곳에 시설하여야 한다.
③ 전선은 인장강도 1.38[kN] 이상의 것 또는 지름 2[mm] 이상의 경동선이어야 한다.
④ 전기울타리용 전원 장치에 전기를 공급하는 전로의 사용전압은 250[V] 이하이어야 한다.

해설
• 전선과 다른 시설물 또는 수목과의 이격거리는 30[cm] 이상
• 전선의 지지기둥의 이격거리는 2.5[cm] 이상

85 수소 냉각식 발전기 또는 이에 부속하는 수소 냉각 장치에 관한 시설 기준으로 틀린 것은?

① 발전기 안의 수소의 온도를 계측하는 장치를 시설할 것
② 조상기 안의 수소의 압력 계측 장치 및 압력 변동에 대한 경보 장치를 시설할 것
③ 발전기 안의 수소의 순도가 70[%] 이하로 저하할 경우에 경보하는 장치를 시설할 것
④ 발전기는 기밀 구조의 것이고 또한 수소가 대기압에서 폭발하는 경우에 생기는 압력에 견디는 강도를 가지는 것일 것

정답 81 ③　82 ①　83 ②　84 ③　85 ③

해설 발전기, 조상기 안의 수소 순도가 85[%] 이하로 저하할 경우 경보 장치를 시설할 것

86 가공전선로의 지지물에 시설하는 지선의 시방세목을 설명한 것 중 옳은 것은?

① 안전율이 1.2 이상일 것

② 허용 인장 하중의 최저는 5.26[kN]으로 할 것

③ 소선은 지름 1.6[mm] 이상인 금속선을 사용할 것

④ 지선에 연선을 사용할 경우 소선 3가닥 이상의 연선일 것

해설 지선의 시설기준

㉠ 안전율은 목주 A종 지지물인 경우 : 1.5 이상
　　B종의 경우 : 2.5 이상

㉡ 최저 인장하중 : 4.31[kN] 이상

㉢ 3조 이상의 연선인 소선을 사용할 것

㉣ 2.6[mm] 이상의 금속선 또는 2.0[mm] 이상의 아연도금 강연선 사용

㉤ 지중부분 및 지표상 30[cm]까지 아연도금 철봉을 사용하고 근가로 시설할 것

87 사용 전압 22.9[kV]인 가공 전선과 지지물의 이격거리는 일반적으로 몇 [cm] 이상이어야 하는가?

① 5　　　　　　② 10

③ 15　　　　　　④ 20

해설 특고 가공전선과 지지물 등의 이격거리(이상)

사용 전압의 구분	이격 거리(cm)
15000[V] 미만	15
15000[V] 이상 25000[V] 미만	20
25000[V] 이상 35000[V] 미만	25

사용 전압의 구분	이격 거리(cm)
35000[V] 이상 50000[V] 미만	30
50000[V] 이상 60000[V] 미만	35
60000[V] 이상 70000[V] 미만	40
70000[V] 이상 80000[V] 미만	45
80000[V] 이상 130000[V] 미만	65
130000[V] 이상 160000[V] 미만	90
160000[V] 이상 200000[V] 미만	110
200000[V] 이상 230000[V] 미만	130
230000[V] 이상	160

88 시가지 내에 시설하는 154[kV] 가공 전선로에 지락 또는 단락이 생겼을 때 몇 초 안에 자동적으로 이를 전로로부터 차단하는 장치를 시설하여야 하는가?

① 1　　　　　　② 3

③ 5　　　　　　④ 10

해설 특고 가공전선로의 시가지의 시설(사용전압이 170[kV] 이하)에서 지지물에 위험표시를 하고 100[kV]를 넘는 것은 지기발생 또는 단락 시 1초 안에 동작하는 자동차단장치를 시설할 것

89 가요전선관 공사에 대한 설명 중 틀린 것은?

① 가요전선관 안에서는 전선의 접속점이 없어야 한다.

② 1종 금속제 가요전선관의 두께는 1.2[mm] 이상이어야 한다.

정답 86 ④　87 ④　88 ①　89 ②

③ 가요전선관 내에 수용되는 전선은 연선이어야 하며 단면적 10[mm^2] 이하는 무방하다.

④ 가요전선관 내에 수용되는 전선은 옥외용 비닐 절연전선을 제외하고는 절연전선이어야 한다.

해설 1종 금속제 가요전관의 두께는 0.8[mm] 이상일 것

90 태양전지 발전소에 시설하는 태양전지 모듈, 전선 및 개폐기의 시설에 대한 설명으로 틀린 것은?

① 전선은 공칭단면적 2.5[mm^2] 이상의 연동선을 사용할 것

② 태양전지 모듈에 접속하는 부하측 전로에는 개폐기를 시설할 것

③ 태양전지 모듈을 병렬로 접속하는 전로에 과전류차단기를 시설할 것

④ 옥측에 시설하는 경우 금속관 공사, 합성수지 공사, 애자사용 공사로 배선할 것

해설 태양전지 모듈 등의 전선시설
㉠ 전선은 공칭단면적 2.5[mm^2] 이상의 연동선일 것
㉡ 옥내에 시설 : 합성수지관, 금속관, 가요전선관 공사, 케이블 공사
㉢ 옥측 또는 옥외에 시설 : 합성수지관, 금속관, 가요전선관공사, 케이블공사

91 옥내에 시설하는 관등회로의 사용전압이 1000 [V]를 초과하는 방전등공사에 사용되는 네온변압기 외함의 접지공사로 옳은 것은?

① 제1종 접지공사

② 제2종 접지공사

③ 제3종 접지공사

④ 특별 제3종 접지공사

해설 관등회로의 전압이 1000[V]가 넘는 네온방전관의 방전등용 변압기는 누설변압기로서 2차 전압이 15000[V] 이하로 2차 단락 전류 50[mA] 이하이고 네온변압기 외함은 제3종 접지공사를 한다.

92 주택 등 저압 수용 장소에서 고정 전기설비에 TN-C-S 접지방식으로 접지공사 시 중성선 겸용 보호도체(PEN)를 알루미늄으로 사용할 경우 단면적은 몇 [mm^2] 이상이어야 하는가?

① 2.5   ② 6

③ 10   ④ 16

해설 중성선 겸용보호도체(PEN)는 고정설비에만 사용할 수 있고, 그 단면적은 도체의 재질이 구리는 10[mm^2] 이상, 알루미늄은 16[mm^2] 이상 이어야하며, 그 계통의 최고전압에 대하여 절연시켜야 한다.

93 가공전선로에 사용하는 지지물의 강도 계산에 적용하는 갑종풍압하중을 계산할 때 구성재의 수직 투영면적 1[m^2]에 대한 풍압 값 [Pa]의 기준으로 틀린 것은?

① 목주 : 588

② 원형 목주 : 588

③ 원형 철근콘크리트주 : 1038

④ 강관으로 구성된 철탑(단주는 제외) : 1255

해설 원형 철근콘크리트주 : 588[Pa]

94 주택의 옥내를 통과하여 그 주택 이외의 장소에 전기를 공급하기 위한 옥내배선을 공사하는 방법이다. 사람이 접촉할 우려가 없는 은폐된 장소에서 시행하는 공사 종류가 아닌 것은?(단, 주택의 옥내전로의 대지전압은 300[V]이다)

정답 **90** ④   **91** ③   **92** ④   **93** ③   **94** ③

① 금속관 공사　　② 케이블 공사
③ 금속덕트 공사　　④ 합성수지관 공사

해설 주택의 옥내를 통과하여 그 주택이외의 장소에 전기를 공급하기 위한 옥내배선은 사람이 접촉할 우려가 없는 은폐된 장소에 합성수지관 공사, 금속관 공사 또는 케이블 공사에 의하여 시설할 것

95 발전소, 변전소, 개폐소의 시설부지조성을 위해 산지를 전용할 경우에 전용하고자 하는 산지의 평균 경사도는 몇 도 이하이어야 하는가?

① 10　　　　　② 15
③ 20　　　　　④ 25

해설 전용하고자 하는 산지의 평균 경사도가 25도 이하일 것

96 통신선과 저압 가공전선 또는 특고압 가공전선로의 다중 접지를 한 중성선 사이의 이격거리는 몇 [cm]인가?

① 15　　　　　② 30
③ 60　　　　　④ 90

해설 가공전선과 첨가 통신선과의 이격거리
통신선과 저압 가공전선 또는 특별고압 가공전선로의 다중접지를 한 중성선 사이의 이격거리는 60[cm] 이상일 것

97 전기방식시설의 전기방식 회로의 전선 중 지중에 시설하는 것으로 틀린 것은?

① 전선은 공칭단면적 $4.0[mm^2]$의 연동선 또는 그 이상의 세기 및 굵기의 것일 것
② 양극에 부속하는 전선은 공칭단면적 2.5 $[mm^2]$ 이상의 연동선 또는 그 이상의 세기 및 굵기의 것을 사용할 수 있을 것

③ 전선을 직접 매설식에 의하여 시설하는 경우 차량 기타의 중량물의 압력을 받을 우려가 없는 것에 매설깊이를 1.2[m] 이상으로 할 것
④ 입장부분의 전선 중 깊이 60[cm] 미만인 부분은 사람이 접촉할 우려가 없고 또한 손상을 받을 우려가 없도록 적당한 방호장치를 할 것

해설 전기부식 방지회로의 전선 중 지중 시설 시 직접매설 시 매설깊이는 차량 기타 중량물의 압력을 받을 우려가 있는 곳 : 1.2[m] 이상,
기타의 곳 : 30[cm] 이상

98 고압 가공전선이 안테나와 접근상태로 시설하는 경우에 가공전선과 안테나 사이의 수평 이격거리는 최소 몇 [cm] 이상이어야 하는가?(단, 가공전선으로는 케이블을 사용하지 않는다고 한다)

① 60　　　　　② 80
③ 100　　　　④ 120

해설 저·고압 가공전선과 안테나의 접근 또는 교차
㉠ 저압 : 60[cm](전선이 고압, 특고 절연전선 또는 케이블인 경우 30[cm] 이상)
㉡ 고압 : 80[cm](전선이 케이블인 경우 40[cm] 이상)

99 유도장해의 방지를 위한 규정으로 사용전압 60[kV] 이하인 가공 전선로의 유도전류는 전화선로의 길이 12[km]마다 몇 $[\mu A]$를 넘지 않도록 하여야 하는가?

① 1　　　　　② 2
③ 3　　　　　④ 4

정답　**95** ④　**96** ③　**97** ③　**98** ②　**99** ②

해설 유도장해 방지

㉠ 사용전압이 60[kV] 이하인 경우는 전화선로의 길이 12[km]마다 유도전류가 2[μA] 이하가 되도록 한다.

㉡ 60[kV]를 넘는 경우는 전화선로의 길이 40[km]마다 유도전류가 3[μA] 이하가 되도록 한다.

100 전동기의 절연내력시험은 권선과 대지 간에 계속하여 시험전압을 가할 경우, 최소 몇 분간은 견디어야 하는가?

① 5   ② 10

③ 20   ④ 30

해설 회전기 및 정류기 등의 절연내력은 시험전압과 시험방법으로 연속 10분간 가하여 절연내력 시험을 하였을 때 견딜 것

정답 **100** ②

MEMO

Part 3

전기산업기사 기출문제

2009년 전기산업기사(1∼3회)
2010년 전기산업기사(1∼3회)
2011년 전기산업기사(1∼3회)
2012년 전기산업기사(1∼3회)
2013년 전기산업기사(1∼3회)
2014년 전기산업기사(1∼3회)
2015년 전기산업기사(1∼3회)
2016년 전기산업기사(1∼3회)

국가기술자격검정 필기시험문제

2009년도 산업기사 제1회 필기시험(산업기사)

자격종목 및 등급(선택분야)	종목코드	시험시간	문제지형별	수검번호	성명
전기산업기사		2시간 30분	A		

※ 시험문제지는 답안카드와 같이 반드시 제출하여야 합니다.

제1과목 : 전기자기학

01 그림과 같은 유전속 분포에서 ϵ_1과 ϵ_2 사이의 관계는?

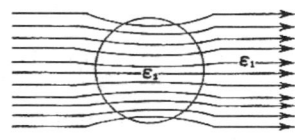

① $\epsilon_1 = \epsilon_2$　　　② $\epsilon_1 > \epsilon_2$

③ $\epsilon_1 < \epsilon_2$　　　④ $\epsilon_1 = \epsilon_2 = 0$

해설 $\epsilon_1 > \epsilon_2$ (전속선은 유전율이 큰 쪽으로 모인다.)

02 자유공간에서 주파수 5[MHz]의 파장은 몇 [m]인가?

① 5[m]　　　② 15[m]

③ 60[m]　　　④ 100[m]

해설 $V = \lambda f\,[m/sec]$, λ : 전파의 파장[m], f : 주파수[Hz], v : 전파속도[m/sec]

$$\therefore \lambda = \frac{v}{f} = \frac{3 \times 10^8}{5 \times 10^6} = 60\,[m]$$

03 합성수지의 절연체에 5×10^3[V/m]의 전계를 가했을 때, 이때의 전속밀도를 구하면 약 몇 [C/m²]이 되는가?(단, 이 절연체의 비유전률은 10으로 한다.)

① $1.1 \times 10^{-4}[C/m^2]$　　② $2.2 \times 10^{-5}[C/m^2]$

③ $3.3 \times 10^{-6}[C/m^2]$　　④ $4.4 \times 10^{-7}[C/m^2]$

해설

$$D = \epsilon E = \epsilon_0 \epsilon_s E = 8.855 \times 10^{-12} \times 10 \times 5 \times 10^3$$
$$= 4.4 \times 10^{-7}[C/m^2]$$

04 그림과 같이 반지름 2[m], 권수 100회인 원형 코일에 전류 1.5[A]가 흐른다면 중심점 0의 자계의 세기는 몇 [AT/m]인가?

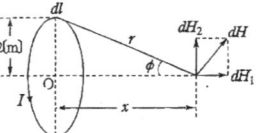

① 30[AT/m]　　　② 37.5[AT/m]

③ 75[AT/m]　　　④ 105[AT/m]

해설 원형코일의 중심점에서의 자계의 세기는

$$H_0 = \frac{NI}{2a} = \frac{100 \times 1.5}{2 \times 2} = 37.5[\text{AT/m}]$$

05 플레밍의 왼손법칙(Fleming's Left Hand Rule)에서 왼손의 엄지, 인지, 중지의 방향에 해당되지 않는 것은?

① 전압　　　② 전류

③ 자속밀도　　　④ 힘

해설 플레밍의 왼손법칙 : 엄지 = 힘의 방향, 인지 = 자속의 방향, 중지 = 전류의 방향

정답 01 ③　02 ③　03 ④　04 ②　05 ①

06 전류 I[A]가 반지름 a[m]의 원주를 균일하게 흐를 때 원주 내부의 중심에서 r[m] 떨어진 원주 내부 점의 자계의 세기는 몇 [AT/m]인가?

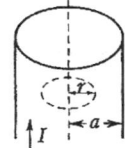

① $\dfrac{Ir}{2\pi a^2}$ [AT/m]   ② $\dfrac{Ir}{2\pi a}$ [AT/m]

③ $\dfrac{Ir}{\pi a^2}$ [AT/m]   ④ $\dfrac{Ir}{\pi a}$ [AT/m]

해설 원통내부에서의 자계의 세기는

$$H_i = \frac{Ir}{2\pi r} \ [\text{AT/m}]$$

원통 내부에는 전류(I)가 균일하게 흐른다고 보고, 내부전류(I_r)은 원통이 단면적에 비례하므로

$$I : I_r = \pi a^2 : \pi r^2$$

$$I_r = \frac{\pi r^2}{\pi a^2} I = \frac{r^2}{a^2} I$$

$$\therefore \ H_i = \frac{1}{2\pi r} \cdot \frac{r^2}{a^2} I = \frac{rI}{2\pi a^2} \ [\text{AT/m}]$$

07 그림과 같이 진공 중에 서로 평행인 무한 길이 두 직선도선 A, B가 d[m]가 떨어져 있다. A, B의 선전하 밀도를 각각 λ_1[C/m], λ_2[C/m]라 할 때, A로부터 $\dfrac{d}{3}$[m]인 점의 전계의 세기가 0이었다면 λ_1과 λ_2의 관계는?

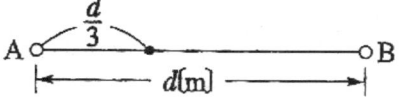

① $\lambda_2 = \dfrac{1}{2}\lambda_1$ ② $\lambda_2 = 2\lambda_1$

③ $\lambda_2 = 3\lambda_1$ ④ $\lambda_2 = 9\lambda_1$

해설 선전하밀도에 의한 전계의 세기는,

$E = \dfrac{\lambda}{2\pi \epsilon_0 r}$ [V/m]인데, λ_1과 λ_2,

A로부터 $\dfrac{d}{3}$ [m]

인점의 전계의 세기가 0이므로,

$$\frac{\lambda_1}{2\pi \epsilon_0 \left(\frac{d}{3}\right)} = \frac{\lambda_2}{2\pi \epsilon_0 \left(\frac{2d}{3}\right)} \ \text{에서, } \lambda_2 = 2\lambda_1 \text{이 된다.}$$

08 고유저항 ρ[Ω·m], 한 변의 길이가 r[m]인 정육면체의 저항[Ω]은?

① $\dfrac{\rho}{\pi r}$ ② $\dfrac{\pi r^2}{\sqrt{\rho}}$

③ $\dfrac{\rho}{r}$ ④ $\sqrt{\dfrac{2\pi r^2}{\rho}}$

해설 정육면체의 저항은

$$R = \rho \cdot \frac{\ell}{S} [\Omega] = \rho \cdot \frac{r}{r^2} = \frac{\rho}{r} [\Omega]$$

(정육면체의 한 변의 길이가 r[m]이므로 $S = r^2 [m^2]$, $\ell = r$ 을 대입한다.)

09 다음 중 전자석의 재료로서 적당한 것은?

① 잔류자기(B_r)는 크고, 보자력(H_C)은 작아야 한다.

② 잔류자기(B_r)와 보자력(H_C)이 모두 커야 한다.

③ 잔류자기(B_r)와 보자력(H_C)아 모두 작아야 한다.

④ 잔류자기(B_r)는 작고, 보자력(H_C)은 커야 한다.

해설

• 영구자석 : 잔류자기(B_r) 및 보자력(H_C)이 모두 클 것

• 전자석 : 잔류자기(B_r)는 크고, 보자력(H_C)은 작은 것 (히스테리시스 곡선의 면적이 적을 것)

정답 06 ①   07 ②   08 ③   09 ①

10 다음 물질 중 반자성체는?

① 백금   ② 구리

③ 니켈   ④ 알루미늄

해설

- 상자성체 : Al, Mn, Pt, W, Sn, O_2, H_2
- 반자성체 : Ag, Cu, Bi, H_2O
- 강자성체 : Fe, Ni, Co
- 역자성체 : Bi, C, Si, Ag, Pb

11 반지름 a, b(b > a)[m]인 동심원통 전극 사이에 도전율 σ[s/m]의 손실유전체를 채우면 단위길이당의 저항은 몇 [Ω/m]인가?

① $\dfrac{1}{2\pi\sigma}\ln\dfrac{b}{a}$ [Ω/m]   ② $\dfrac{1}{4\pi\sigma}\ln\dfrac{b}{a}$ [Ω/m]

③ $\dfrac{1}{\pi\sigma}\ln\dfrac{b}{a}$ [Ω/m]   ④ $\dfrac{2\pi}{\sigma}\ln\dfrac{b}{a}$ [Ω/m]

해설 $RC = \rho\epsilon$

$$\therefore R = \frac{\rho\epsilon}{C} = \frac{\epsilon}{\sigma C} = \frac{\epsilon}{\dfrac{2\pi\epsilon\sigma}{\ln\dfrac{b}{a}}} = \frac{1}{2\pi\sigma}\ln\frac{b}{a} \ \ [\text{Ω/m}]$$

12 두 종류의 금속으로 된 폐회로에 전류를 흘리면 양 접속점에서 한 쪽은 온도가 올라가고 다른 쪽은 온도가 내려가는 현상은?

① 볼타(Volta) 효과

② 펠티에(Peltier) 효과

③ 톰슨(Thomson) 효과

④ 지벡(Seebeck) 효과

해설

- 펠티에 효과 : 이중금속의 폐회로에 전류가 흐르면 접합점에서 열의 흡수, 발생이 일어나는 현상(전자냉동)
- 톰슨 효과 : 같은 종류 금속의 폐회로에 전류가 흐르면 접합점에서 열의 흡수, 발생이 일어나는 현상
- 지벡 효과 : 이중금속의 폐회로 접합점의 온도차에 의해 기전력이 발생(열전대)

13 자장 중에서 도선에 발생되는 유기 기전력의 방향은 어떤 법칙에 의하여 설명되는가?

① 페러데이(Faraday)의 법칙

② 앙페르(Ampere)의 오른나사 법칙

③ 렌츠(Lenz)의 법칙

④ 가우스(Gauss)의 법칙

해설

- 렌츠의 법칙 : 유기 기전력의 방향을 결정
- 패러데이 법칙 : 유기 기전력의 크기를 결정

$$\left(e = -N\frac{d\phi}{dt}\right)$$

14 진공 중의 MKS 유리화 단위계에서 정전하 간의 정전력 $F = \dfrac{Q_1 Q_2}{\alpha_0 R^2}$[N], 자하 간의 자기력 $F = \dfrac{m_1 m_2}{\beta_0 R^2}$[N] 및 전류와 자계 간의 전자력 $F = \dfrac{m Il \sin\theta}{\gamma_0 R^2}$[N]이다. 상수 α_0, β_0, γ_0 상호 간의 관계식 $\dfrac{\gamma_0^2}{\alpha_0 \beta_0}$의 값은?

① 3×10^8 ② 3×10^{10}

③ 9×10^{16} ④ 9×10^{20}

해설

- 정전하간의 정전력 :

$$F = \frac{Q_1 Q_2}{4\pi\epsilon_0 R^2} \ [N]\text{이므로}, \ \alpha_0 = 4\pi\epsilon_0$$

- 자하간의 자기력 :

$$F = \frac{m_1 m_2}{4\pi\epsilon_0 R^2} \ [N]\text{이므로}, \ \beta_0 = 4\pi\mu_0$$

- 전류와 자계간의 전자력 :

$$F = IBl\sin\theta \ [N]\text{에서}, \ \text{자속밀도}(B) = \frac{m}{4\pi R^2},$$

$$F = \frac{m Il}{4\pi R^2}\sin\theta \ \text{이므로}, \ r_0 = 4\pi$$

정답   **10** ②   **11** ①   **12** ②   **13** ③   **14** ③

$$\therefore \frac{\gamma_0^2}{\alpha_0 \beta_0} = \frac{(4\pi)^2}{4\pi\epsilon_0 \times 4\pi\mu_0}$$

$$= \frac{(4\pi)^2}{(4\pi)^2(8.855 \times 10^{-12} \times 4\pi \times 10^{-7})} = 9 \times 10^{16}$$

15 평균반지름 10[cm]의 환상솔레노이드에 5[A]에 전류가 흐를 때 내부자계가 1600[AT/m]이었다. 권수는 약 얼마인가?

① 180회   ② 190회

③ 200회   ④ 210회

해설 환상 솔레노이드의 내부자계의 세기는

$H = \dfrac{NI}{2\pi r}$ 에서

$N = \dfrac{1600 \times 2\pi \times 0.1}{5} = 201.06$(회)

16 공기 중에서 12[Wb/㎥]인 평등자계 내에 길이 80[cm]인 도선을 자계에 대하여 30°의 각을 이루는 위치에 두었을 때 24[N]의 힘을 받았다면 도선에 흐르는 전류는 몇 [A]인가?

① 2[A]   ② 3[A]

③ 4[A]   ④ 5[A]

해설

$F = IBl \sin\theta \, [N]$

$\therefore I = \dfrac{24}{12 \times 0.8 \times \sin 30°} = 5 \, [A]$

17 내구의 반지름 10[cm], 외구의 반지름 20[cm]인 동심 도체구의 정전용량은 약 몇 [pF]인가?

① 16[pF]   ② 18[pF]

③ 20[pF]   ④ 22[pF]

해설 동심구의 정전용량은

$$C = \frac{4\pi\epsilon_0 ab}{b-a} = \frac{\dfrac{1}{9 \times 10^9} \times 0.1 \times 0.2}{0.2 - 0.1}$$

$$= 2.22 \times 10^{-11}[\text{F}] = 22.2[\text{pF}]$$

18 솔레노이드의 자기인덕턴스는 권수 N과 어떤 관계를 갖는가?

① N에 비례   ② $\sqrt{N}$에 비례

③ N^2에 비례   ④ $\sqrt{N}$에 반비례

해설 $LI = N\phi$

$$\therefore L = \frac{N \cdot \dfrac{NI}{R_m}}{I} = \frac{N^2}{R_m} = \frac{\mu S N^2}{\ell} \propto N^2$$

19 $A = -i7 - j$, $B = -i3 - j4$의 두 벡터가 이루는 각도는?

① 30°   ② 45°

③ 60°   ④ 90°

해설 $\mathbf{A} \cdot \mathbf{B} = |A||B|\cos\theta$ 에서,

$$\cos\theta = \frac{\mathbf{A} \cdot \mathbf{B}}{|A||B|} = \frac{A_x B_x + A_y B_y}{\sqrt{A^2}\sqrt{B^2}}$$

$$= \frac{(-7) \times (-3) + (-1) \times (-4)}{\sqrt{(-7)^2 + (-1)^2}\sqrt{(-3)^2 + (-4)^2}} = \frac{1}{\sqrt{2}}$$

$$\therefore \theta = \cos^{-1}\frac{1}{\sqrt{2}} = 45°$$

20 진공 중에 반경 2[cm]인 도체구 A와 내외반경이 4[cm] 및 5[cm]인 도체구 B를 동심으로 놓고 도체구 A에 $Q_A = 2 \times 10^{-10}$[C]의 전하를 대전시키고 도체구 B의 전하는 0[C]으로 했을 때 도체구 A의 전위는 몇 [V]인가?

① 36[V]   ② 45[V]

③ 81[V]   ④ 90[V]

정답   **15** ③   **16** ④   **17** ④   **18** ③   **19** ②   **20** ③

해설

$$V = \frac{Q}{4\pi\epsilon_0}\left(\frac{1}{a} - \frac{1}{b} + \frac{1}{c}\right)$$
$$= \frac{2\times10^{-10}}{4\pi\epsilon_0}\left(\frac{1}{0.02} - \frac{1}{0.04} + \frac{1}{0.05}\right) = 81[V]$$

제2과목 : 전력공학

21 초고압용 차단기에 사용되는 개폐저항기의 목적은?

① 차단속도 증진

② 개폐서어지 이상전압 억제

③ 차단전류 감소

④ 차단전류의 역률개선

22 다음 중 전력계통의 안정도 향상대책으로 볼 수 없는 것은?

① 직렬콘덴서 설치

② 병렬콘덴서 설치

③ 중간 개폐소 설치

④ 고속차단, 재폐로 방식 채용

해설 병렬콘덴서 설치 : 역률 개선용

23 그림과 같이 임피던스 Z_1, Z_2 및 Z_3인 송전선이 접속된 선로의 A쪽에서 전압파 E가 진행해 왔을 때 접속점B에서 무반사로 되기 위한 조건은?

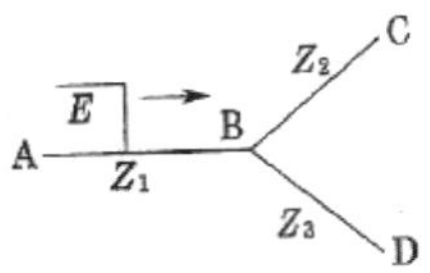

① $Z_1 = Z_2 \times Z_3$

② $Z_1 = Z_2 + Z_3$

③ $\dfrac{1}{Z_1} = \dfrac{1}{Z_2} \times \dfrac{1}{Z_3}$

④ $\dfrac{1}{Z_1} = \dfrac{1}{Z_2} + \dfrac{1}{Z_3}$

해설 반사계수 $= \dfrac{Z_B - Z_A}{Z_A - Z_B}$ 에서,

$Z_A = Z_1$, $Z_B = \dfrac{1}{\dfrac{1}{Z_2} + \dfrac{1}{Z_3}}$ 이라 한다.

무반사 조건 : $Z_A = Z_B$

$\therefore Z_1 = \dfrac{1}{\dfrac{1}{Z_2} + \dfrac{1}{Z_3}}$ 에서, $\dfrac{1}{Z_1} = \dfrac{1}{Z_2} + \dfrac{1}{Z_3}$

24 다음 중 보호계전기가 구비하여야 할 조건으로 거리가 먼 것은?

① 동작이 정확하고 감도가 예민할 것

② 열적, 기계적 강도가 클 것

③ 조정 범위가 좁고 조정이 쉬울 것

④ 고장상태를 신속하게 선택할 것

25 전력용 퓨즈는 주로 어떤 전류의 차단 목적으로 사용하는가?

① 충전전류

② 부하전류

③ 단락전류

④ 지락전류

26 다음 중 원방감시제어(SCADA)의 기능과 관계가 먼 것은?

① 원격제어기능

② 원격측정기능

③ 부하조정기능

④ 자동기록기능

해설 SCADA의 제어기능 : 원방감시기능, 경보발생기능, 타시스템과 연계 가능

27 송전선로의 연가하는 주된 목적은?

① 페란티효과의 방지

② 직격뢰의 방지

③ 선로정수의 평형

④ 유도뢰의 방지

정답 21 ② 22 ② 23 ④ 24 ③ 25 ③ 26 ③ 27 ③

28 송전선로에서 4단자 정수 A, B, C, D 사이의 관계는?

① BC−AD=1   ② AC−BD=1

③ AB−CD=1   ④ AD−BC=1

29 송전선로의 중성점을 접지하는 주된 목적은?

① 동량의 절약   ② 송전용량의 증가

③ 전압강하의 감소   ④ 이상전압의 억제

30 가공 전선로의 진동을 방지하기 위한 방법으로 옳지 않은 것은?

① 토쇼널 댐퍼(Torsional Damper)의 설치

② 스프링 피스톤 댐퍼와 같은 진동 제지권을 설치

③ 경동선을 ACSR로 교환

④ 클램프나 전선 접촉기등을 가벼운 것으로 바꾸고 클램프 부근에 적당히 전선을 첨가

해설 지름에 비하여 중량이 가벼운 중공전선이나 강심알루미늄연선(ACSR)은 진동의 원인

31 그림에서 계기 Ⓜ이 지시하는 것은?

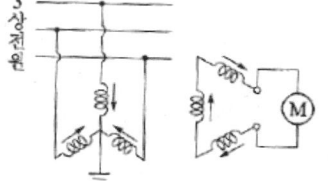

① 정상전류   ② 영상전압

③ 역상전압   ④ 정상전압

해설 $V_0 + V_0 + V_0 = 3V_0$이 나타난다.

32 전력이 같고 단면적과 긍장이 같을 때 전압변동률 [%]은?

① 전압에 비례한다.

② 전압의 제곱에 비례한다.

③ 전압에 반비례한다.

④ 전압의 제곱에 반비례한다.

해설
$$\epsilon = \frac{v_S - v_r}{v_r} \times 100[\%]$$
$$= \frac{P}{v^2}(R + X\tan\theta) \propto \frac{1}{v^2}$$
$$e = v_S - v_r = \sqrt{3}\,I(R\cos\theta X\sin\theta)[v]$$
$$P = \sqrt{3}\,VI\cos\theta[W]$$

33 송전계통에서 이상전압의 방지대책으로 볼 수 없는 것은?

① 철탑 접지저항의 저감

② 가고 송전선로의 피뢰용으로서의 가공지선에 뇌차폐

③ 기기 보호용으로서의 피뢰기 설치

④ 복도체 방식 채택

34 배전 전압을 $\sqrt{3}$ 배로 하면 동일한 전력 손실률로 보낼 수 있는 전력은 몇 배가 되는가?

① $\sqrt{3}$ ② $\frac{3}{2}$

③ 3   ④ $2\sqrt{3}$

해설 전력은 전압제곱에 비례함
$$P' = \left(\frac{V'}{V}\right)^2 \cdot P = 3P \text{가 된다.}$$

정답   **28** ④   **29** ④   **30** ③   **31** ②   **32** ④   **33** ④   **34** ③

35 용량 25000[kVA], 임피던스 10[%]인 3상 변압기가 2차측에서 3상 단락되었을 때 단락용량은 몇 [MVA]인가?

① 225[MVA] ② 250[MVA]

③ 275[MVA] ④ 433[MVA]

해설

$$단락용량 P_s = \frac{100}{\%Z}P_n = \frac{100}{10} \times 25 = 250[MVA]$$

36 30일간의 최대 수용전력이 200[kW], 소비전력량이 72,000[kWh]일 때 월부하율은 몇 [%]인가?

① 30[%] ② 40[%]

③ 50[%] ④ 60[%]

해설 $$부하율 = \frac{평균전력}{최대수용전력} \times 100[\%]$$

$$= \frac{\dfrac{72000}{30(일) \times 24(시간)}}{200} \times 100 = 50[\%]$$

37 전압 66000[V], 주파수 60[Hz], 길이 7[km], 1회선의 3상 지중전선로에서 3상무부하충전용량은 약 몇 [kVA]인가?(단, 케이블의 심선 1선 1[km]의 정전용량은 $0.4[\mu F/km]$라 한다.)

① 2560[kVA] ② 4600[kVA]

③ 7970[kVA] ④ 13800[kVA]

해설 $P_c = 2\pi f C V^2$
$= 2\pi \times 60 \times 0.4 \times 10^{-6} \times 66000^2 \times 10^{-3}$
$= 4598.09[kVA]$

38 전선의 장력이 1500[kgf]일 때, 지선에 걸리는 장력은 몇 [kgf]인가?

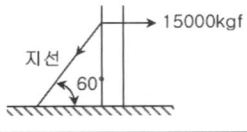

① 750[kgf] ② $750\sqrt{3}$[kgf]

③ 3000[kgf] ④ $\dfrac{3000}{\sqrt{3}}$[kgf]

해설

$$\cos\theta = \frac{T}{T_0}에서,$$

지선에 걸리는 장력 $T_0 = \dfrac{1500}{\cos 60°} = 3000[kgf]$

39 공기의 파열 극한 전위 경도는 정현파 교류의 실효치로 약 몇 [kV/cm]인가?

① 21[kV/cm] ② 25[kV/cm]

③ 30[kV/cm] ④ 33[kV/cm]

해설 직류(DC) : 30[kV/cm]

40 유역면적 $550[km^2]$인 어떤 하천의 1년간 강수량이 1500[mm]이다. 증발침투등의 손실을 30[%]라고 하면 1년을 통하여 평균적으로 흐른 유량은 약 몇 $[m^3/s]$이겠는가?

① $18.3[m^3/s]$ ② $21.3[m^3/s]$

③ $24.2[m^3/s]$ ④ $26.2[m^3/s]$

해설 $Q = \dfrac{b \times 10^{-3} \times A \times 1000^2 \times K}{365 \times 24 \times 60 \times 60}$

$= \dfrac{1500 \times 10^{-3} \times 550 \times 1000^2}{365 \times 24 \times 60 \times 60} \times (1 - 0.3)$

$= 18.31[m^3/s]$

제3과목 : 전기기기

41 PWM인버터에서 나타나는 고조파의 영향이 아닌 것은?

① 손실

② 기계적인 마찰과 관성

③ 소음과 진동

④ 토크맥동

정답 35 ② 36 ③ 37 ② 38 ③ 39 ① 40 ① 41 ②

728 • Part 3. 전기산업기사 기출문제

42 동기 발전기의 병렬운전에 필요한 조건이 아닌 것은?

① 기전력의 주파수가 같을 것

② 기전력의 위상이 같을 것

③ 임피던스 및 상회전 방향과 각변위가 같을 것

④ 기전력의 크기가 같을 것

해설 동기 발전기의 병렬운전 조건
- 기전력의 파형이 같을 것
- 기전력의 주파수가 같을 것
- 기전력의 위상이 같을 것
- 기전력의 크기가 같을 것
- 상회전 방향이 같을 것

43 다음 중 유도전동기의 속도 제어법이 아닌 것은?

① 2차 저항법   ② 2차 여자법

③ 1차 저항법   ④ 주파수 제어법

해설
- 농형 유도전동기의 속도 제어법 : 주파수변환제어법, 극수변환법, 전압변환법
- 권선형 유도전동기의 속도 제어법 : 2차 저항제어법, 2차여자법

44 3상 유도 전동기에서 비례추이를 하지 않는 것은?

① 효율   ② 역률

③ 1차 전류   ④ 동기와트

해설 비례추이를 할 수 없는 것 : 효율, 출력, 2차 동손

45 3상 권선형 유도전동가의 속도 제어를 위해서 2차 여자법을 사용하고자 할 때 그 방법은?

① 1차 권선에 가해주는 전압과 동일한 전압을 회전자에 가한다.

② 직류 전압을 3상일괄해서 회전자에 가한다.

③ 회전자 기전력과 같은 주파수의 전압을 회전자에 가한다.

④ 회전자에 저항을 넣어 그 값을 변화시킨다.

해설 2차 여자법 : 유도전동기의 회전자권선에 2차 기전력(SE_2)과 같은 주파수의 전압(E_2)를 슬립링을 통하여 공급해서 속도를 제어하는 방법

46 변압기에서 생기는 와류손은 철심두께와 어떤 관계가 있는가?

① 철심 두께의 $\frac{1}{2}$승에 비례

② 철심 두께에 비례

③ 철심 두께의 2승에 비례

④ 철심 두께의 3승에 비례

해설 와류손(P_e) $= K_e(t \cdot f \cdot K_f \cdot B_m)^2$,
여기서 t : 철심두께[mm],
K_e : 재료에 따른 상수

47 전압 정류의 역할을 하는것은?

① 보극   ② 탄소

③ 보상권선   ④ 리액턴스 코일

해설 저항정류 : 탄소브러시

48 전기자 저항이 0.4[Ω]이며, 단자전압이 200[V], 부하전류 46[A], 계자 전류 4[A]인 직류 분권발전기의 유기 기전력은 몇 [V]인가?

① 180[V]   ② 220[V]

③ 225[V]   ④ 240[V]

해설 유기기전력 $E = V = (I + I_f)R_a$
$= 200 + (46 + 4) \times 0.4 = 220[V]$

정답   42 ③   43 ③   44 ①   45 ③   46 ③   47 ①   48 ②

49 부하전류가 50[A]일 때, 단자전압이 100[V]인 직류 직권 발전기의 부하전류가 70[A]로 되면 단자전압은 몇 [V]가 되겠는가?(단, 전기자 저항 및 직권계자 권선의 저항은 각각 0.1[Ω]이고, 전기자 반작용과 브러시의 접촉저항 및 자기포화는 모두 무시한다.)

① 110[V]　　　　② 114[V]

③ 140[V]　　　　④ 154[V]

해설
- 직권 발전기의 유기 기전력
  $(E) = V + I_a \cdot (R_a + R_s)$ 여기서,
  I_a : 전기자전류, I : 부하전류, V : 단자전압,
  R_a : 전기자저항, R_s : 직권계자저항
  ∴ $I = 50[A]$일 때의 유기기전력을 E_{50}
  $E_{50} = 100 + 50 \cdot (0.1 + 0.1) = 110[V]$
  직권발전기에서는 유기 기전력의 크기는 부하전류에 비례한다.
  ∴ 부하전류 $(I) = 70[A]$일 때의 유기 기전력을 E_{70}
  $\dfrac{E_{70}}{E_{50}} = \dfrac{70}{50} = 1.4$ 에서
  $E_{70} = 1.4 \times E_{50} = 1.4 \times 110 = 154[V]$
  이때의 단자전압
  $(V_{70}) = E_{70} - I \cdot (R_a + R_s)$
  $= 154 - 70 \cdot (0.1 + 0.1) = 140[V]$이다.

50 정격전압100[V], 전기자 전류 50[A]일 때 1500[rpm]인 직류 분권 전동기의 무부하 속도는 약 몇 [rpm]인가?(단, 전기자 저항은 0.1[Ω]이고, 전기자 반작용은 무시한다.)

① 1382[rpm]　　　　② 1421[rpm]

③ 1579[rpm]　　　　④ 1623[rpm]

해설 전기자 반작용을 무시하면,
$E = k\phi N (\phi$는 일정$) \propto N$
$I_a = 50[A]$일 때 역기전력 $E_C = V - I_a R$
$= 100 - 50 \times 0.1 = 95[V]$

$I_a = 0[A]$일 때 역기전력 $E_{C0} = 100[V]$
∴ $E_{C0} : E_0 = N_0 : N$
$100 : 95 = N_0 : 1500$　∴ $N_0 = 1578.95[rpm]$

51 변압기의 개방시험으로 측정할 수 없는 것은?

① 무부하 전류　　　② 철손

③ 여자 어드미턴스　④ 임피던스 전압

52 변압기의 철손을 알 수 있는 시험은?

① 부하 시험　　　② 무부하 시험

③ 단락 시험　　　④ 유도 시험

해설
- 무부하(개방회로)시험 : 무부하전류, 와류손, 철손, 여자어드미턴스
- 단락시험 : 동손, 임피던스전압, 임피던스와트

53 단상 유도전압 조정기와 3상 유도전압조정기의 비교 설명으로 옳지 않은 것은?

① 모두 회전자와 고정자가 있으며 한편에 1차 권선을 다른 편에 2차 권선을 둔다.

② 모두 입력전압과 이에 대응한 출력 전압 사이에 위상차가 있다.

③ 단상 유도전압 조정기는 단락 권선이 필요하나 3상에는 필요 없다.

④ 모두 회전자의 회전각에 따라 조정된다.

54 다음 중 동기 전동기의 난조 방지에 가장 유효한 방법은?

① 자극수를 적게 한다.

② 회전자의 관성을 크게 한다.

③ 자극면에 제동권선을 설치한다.

④ 동기리액턴스 x_x를 작게 하고 동기화력을 크게 한다.

정답　49 ③　50 ③　51 ④　52 ②　53 ②　54 ③

730 · Part 3. 전기산업기사 기출문제

55 리액터 기동방식에 리액터 대신에 저항기를 사용한 것으로서 전동기의 전원측에 직렬로 저항을 접속하고, 전원 전압을 낮게 감압하여 기동한 후 서서히 저항을 감소시켜 가속하고, 전속도에 도달하면 이를 단락하는 방법에 해당되는 것은?

① 직입 기동방식
② Y-△ 기동
③ 1차 저항 기동방식
④ 기동보상기에 의한 기동

56 변압기의 원리는?

① 전자유도 작용을 이용
② 정전유도 작용을 이용
③ 자기유도 작용을 이용
④ 플레밍의 오른손 법칙을 이용

57 다음 전동력 응용기기에서 GD^2의 값이 적은 것이 바람직한 장치는?

① 압연기　　　② 엘리베이터
③ 송풍기　　　④ 냉동기

58 동기기의 안정도 증진법은 다음 중 어느 것인가?

① 동기화 리액턴스를 작게 할 것
② 회전자의 플라이휠 효과를 작게 할 것
③ 역상, 영상 임피던스를 작게 할 것
④ 단락비를 작게 할 것

해설
• 회전자의 플라이휠 효과를 크게 할 것
• 정상 임피던스는 작게. 영상, 역상 임피던스는 크게.
• 단락비를 크게 할 것
• 발전기의 조속기 동작을 신속히 할 것
• 속응 여자방식 채용

59 전압 변동률이 작은 동기 발전기는?

① 전기자 반작용이 크다.
② 동기 리액턴스가 크다.
③ 단락비가 크다.
④ 값이 싸다.

60 직류 분권 발전기에서 무부하포화곡선이 $940 I_f = (33 + I_f)\,V$ 인 식으로 주어졌을 때 계자권선의 저항이 10[Ω]이다. 이때의 정상(頂上)전압[V]은 얼마인가?

① 280[V]　　② 310[V]
③ 610[V]　　④ 720[V]

해설

$940 I_f = (33 + I_f)\,V$에서,

$$V = \frac{940 \cdot I_f}{33 + I_f} = \frac{940 \times \dfrac{V}{10}}{33 + \dfrac{V}{10}} \text{에서, } V = 610[V]$$

$$I_f = \frac{V}{R_f} = \frac{V}{10}[A]$$

제4과목 : 회로 이론

61 코일의 권수 $N = 1000$, 저항 $R = 20[\Omega]$이다. 전류 $I = 10[A]$를 흘릴 때 자속 $\phi = 3 \times 10^{-2}$ $[Wb]$이다. 이 회로의 시정수[s]는?

① 0.15[s]　　② 0.4[s]
③ 3.0[s]　　④ 4.0[s]

해설

• 시정수$(\tau) = \dfrac{L}{R} = \dfrac{3}{20} = 0.15[s]$

$L I = N\phi$에서, $L = \dfrac{1000 \times 3 \times 10^{-2}}{10} = 3[H]$

정답　55 ③　56 ①　57 ②　58 ①　59 ③　60 ③　61 ①

62 그림과 같은 파형의 교류 전압 v와 전류 i간의 등가 역률은?(단, $v = V_m \sin\omega t[V]$,

$i = I_m\left(\sin\omega t - \dfrac{1}{\sqrt{3}}\sin3\omega t\right)[A]$이다.)

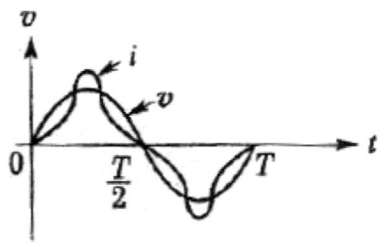

① $\dfrac{\sqrt{3}}{2}$ ② $\dfrac{\sqrt{4}}{2}$

③ 0.8 ④ 0.9

해설

• 유효전력 $(P) = \displaystyle\sum_{n=1}^{\infty} V_n \cdot I_n \cdot \cos(\theta_1 - \theta_2)$

$= \dfrac{V_m}{\sqrt{2}} \times \dfrac{I_m}{\sqrt{2}} \times \cos0° = \dfrac{1}{2}V_mI_m[W]$

• 피상전력 $(P_a) = V_e \cdot I_e = \dfrac{V_m}{\sqrt{2}} \times \dfrac{\sqrt{2}}{\sqrt{3}}I_m$

$= \dfrac{1}{\sqrt{3}}V_mI_m[VA]$

$V_e = \dfrac{V_m}{\sqrt{2}}, \quad I_e = \sqrt{\left(\dfrac{I_m}{\sqrt{2}}\right)^2 + \left(\dfrac{I_m}{\sqrt{2}\cdot\sqrt{3}}\right)^2}$

$= \dfrac{I_m}{\sqrt{2}} \cdot \sqrt{1 + \left(\dfrac{1}{\sqrt{3}}\right)^2} = \dfrac{\sqrt{2}}{\sqrt{3}} \cdot I_m$

$\therefore \cos\theta = \dfrac{P}{P_a} = \dfrac{\dfrac{1}{2} \cdot V_m \cdot I_m}{\dfrac{1}{\sqrt{3}} \cdot V_m \cdot I_m} = \dfrac{\sqrt{3}}{2}$

63 $R = 10[\Omega]$, $L = 0.045[H]$의 직렬 회로에 실효값 140[V], 주파수 25[Hz]의 정현파 교류전압을 가했을 때 임피던스[Ω]의 크기는 약 얼마인가?

① 17.25[Ω] ② 15.31[Ω]

③ 12.25[Ω] ④ 10.41[Ω]

해설 $Z = R + j\omega L = 10 + j2\pi \times 25 \times 0.045$

$= 10 + j7.07[\Omega]$

$\therefore Z = \sqrt{10^2 + 7.07^2} = 12.25[\Omega]$

64 $R = 40[\Omega]$, $L = 80[mH]$의 코일이 있다. 이 코일에 100[V], 60[Hz]의 전압을 가할 때에 소비되는 전력[W]은?

① 200[W] ② 160[W]

③ 120[W] ④ 100[W]

해설

$P = I^2 \cdot R = \dfrac{V^2 \cdot R}{R^2 + X^2} = \dfrac{100^2 \times 40}{40^2 + 30^2} = 160[W]$

$X = \omega L = 2\pi \times 60 \times 80 \times 10^{-3} = 30[\Omega]$

65 $R-C$ 직렬 회로의 과도상태현상에 관한 설명 중 옳게 표현된 것은?

① 과도 전류값은 RC값에 상관이 없다.

② RC 값이 클수록 회로의 과도값도 빨리 사라진다.

③ RC 값이 클수록 과도 전류값은 천천히 사라진다.

④ $\dfrac{1}{RC}$의 값이 클수록 과도 전류값은 천천히 사라진다.

해설 시정수 값이 클수록 과도현상은 오래 지속되므로 과도전류의 값은 천천히 사라진다.

정답 **62** ① **63** ③ **64** ② **65** ③

732 · Part 3. 전기산업기사 기출문제

66 그림에서 저항 R이 접속되고 여기에 3상 평형 전압 V가 가해져 있다. 지금 ×표의 곳에서 1선이 단선되었다고 하면 소비 전력은 처음의 몇 배로 되는가?

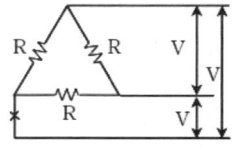

① 1.0
② 0.7
③ 0.5
④ 0.25

해설

- 단선 전 소비전력 $(P_\triangle) = 3 \cdot \dfrac{V^2}{R}$

- 단선 후 소비전류 $(P_1) = \dfrac{V^2}{R_0} = \dfrac{V^2}{\frac{2}{3}R} = \dfrac{3V^2}{2R}$

  합성저항 $(R_0) = \dfrac{R \times 2R}{R+2R} = \dfrac{2}{3}R$

$\therefore \dfrac{P_1}{P_\triangle} = \dfrac{\frac{3V^2}{2R}}{3 \cdot \frac{V^2}{R}} = \dfrac{1}{2}$

67 다음과 같은 회로가 정저항 회로로 되기 위해서는 $C[\mu F]$를 얼마로 하면 좋은가?(단, $R=10[\Omega]$, $L=100[mH]$이다.)

① $1[\mu F]$
② $10[\mu F]$
③ $100[\mu F]$
④ $1000[\mu F]$

해설

$R^2 = \dfrac{L}{C}$에서, $C = \dfrac{100 \times 10^{-3}}{10^2} \times 10^6$

$= 1000[\mu F]$

68 한 상의 임피던스 $Z=6+j8[\Omega]$인 평형 Y부하에 평형 3상 전압 200[V]를 인가할 때 무효전력[Var]은 약 얼마인가?

① 1330[Var]
② 1848[Var]
③ 2381[Var]
④ 3200[Var]

해설

$P_r = 3I^2 \cdot X = 3 \cdot \dfrac{V_P^2 \cdot X}{R^2 + X^2}$

$= 3 \cdot \dfrac{\left(\dfrac{200}{\sqrt{3}}\right)^2 \times 8}{6^2 + 8^2} = 3200[Var]$

69 어떤 정현파 교류전압의 실효값이 314[V]일 때 평균값[V]은 약 얼마인가?

① 142[V]
② 283[V]
③ 365[V]
④ 382[V]

해설

$평균값[V_{av}] = \dfrac{2}{\pi} \cdot V_m = \dfrac{2\sqrt{2}}{\pi} V_e$

$= \dfrac{2\sqrt{2}}{\pi} \times 314 = 282.7[V]$

70 $Z=8+j6[\Omega]$인 평형 Y부하에 선간 전압이 200[V]인 대칭 3상 전압을 가할 때 선전류는 약 몇 [A]인가?

① 0.08[A]
② 11.5[A]
③ 17.8[A]
④ 19.5[A]

해설 Y결선이므로, 선전류

$(I_l) = 상전류(I_P) = \dfrac{V_P}{Z} = \dfrac{\dfrac{200}{\sqrt{3}}}{\sqrt{8^2 + 6^2}} = 11.5[A]$

정답 **66** ③ **67** ④ **68** ④ **69** ② **70** ②

71 비정현파에 있어서 정현 대칭의 조건은?

① $f(t) = f(-t)$
② $f(t) = -f(t)$
③ $f(t) = -f(-t)$
④ $f(t) = -f(t + \frac{T}{2})$

72 이상적인 전압원과 전류원의 내부저항[Ω]은 각각 얼마인가?

① 전압원과 전류원의 내부저항은 모두 0이다.
② 전압원의 내부저항은 ∞이고, 전류원의 내부저항은 0이다.
③ 전압원과 전류원의 내부저항은 모두 ∞이다.
④ 전압원의 내부저항은 0고, 전류원의 내부저항은 ∞다.

73 회로에서 저항 0.5[Ω]에 걸리는 전압[V]은?

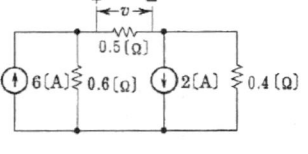

① 0.62[V]
② 0.93[V]
③ 1.47[V]
④ 1.68[V]

해설

· 중첩의 원리에서, ① 전류원(6[A])가 동작할 때,

$$I_1 = \frac{0.6}{0.6 + (0.5 + 0.4)} \times 6 = 2.4[A]$$

· 중첩의 원리에서, ② 전류원(2[A])가 동작할 때,

$$I_2 = \frac{0.4}{0.4 + (0.5 + 0.6)} \times 2 = 0.53[A]$$

$$\therefore I = I_1 + I_2 = 2.4 + 0.53 = 2.93[A],$$

이때 0.5[Ω]에 걸리는 전압[V]

$$= I \times 0.5 = 2.93 \times 0.5 = 1.47[V]$$

74 그림과 같은 4단자 회로의 4단자 정수 중 D의 값은?

① $1 - \omega^2 LC$
② $j\omega L(2 - \omega^2 LC)$
③ $j\omega C$
④ $j\omega L$

해설

$$\begin{bmatrix} A & B \\ C & D \end{bmatrix} = \begin{bmatrix} 1 & j\omega L \\ 0 & 1 \end{bmatrix} \begin{bmatrix} 1 & 0 \\ j\omega C & 1 \end{bmatrix} \begin{bmatrix} 1 & j\omega L \\ 0 & 1 \end{bmatrix}$$

$$= \begin{bmatrix} 1 - \omega^2 LC & j\omega L(2 - \omega^2 LC) \\ j\omega C & 1 - \omega^2 LC \end{bmatrix}$$

75 어떤 회로망의 4단자 정수가 $A = 8$, $B = j2$, $D = 3 + j2$이면 이 회로망의 C는 얼마인가?

① $2 + j3$
② $3 + j3$
③ $24 + j14$
④ $8 - j11.5$

해설

$AD - BC = 1$에서,

$$C = \frac{8 \cdot (3 + j2) - 1}{j2} = 8 - j11.5$$

76 비정현파 $v = 100\sin(\omega t + \frac{\pi}{18}) + 50\sin(3\omega t + \frac{\pi}{3}) + 25\sin(5\omega t + \frac{7\pi}{18})[V]$인 경우 실효치 전압[V]은?

① 71[V]
② 81[V]
③ 91[V]
④ 101[V]

해설

실효치전압(V_e)

$$= \sqrt{\left(\frac{100}{\sqrt{2}}\right)^2 + \left(\frac{50}{\sqrt{2}}\right)^2 + \left(\frac{25}{\sqrt{2}}\right)^2} = 81[V]$$

정답 71 ③ 72 ④ 73 ③ 74 ① 75 ④ 76 ②

77 그림과 같은 단위 계단함수는?

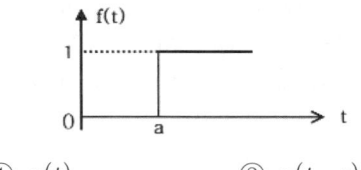

① $u(t)$ ② $u(t-a)$

③ $u(a-t)$ ④ $-u(t-a)$

78 $f(t) = \dfrac{d}{dt}\cos\omega t$를 라플라스 변환하면?

① $\dfrac{\omega^2}{s^2+\omega^2}$ ② $\dfrac{-s^2}{s^2+\omega^2}$

③ $\dfrac{s}{s^2+\omega^2}$ ④ $-\dfrac{\omega^2}{s^2+\omega^2}$

해설 실미분의 정리에 의해서,

$\mathcal{L}\dfrac{d}{dt}\cos\omega t = s \cdot \dfrac{s}{s^2+\omega^2} - 1 = -\dfrac{\omega^2}{s^2+\omega^2}$

79 그림과 같은 회로에서 인가 전압에 의한 전류 i를 입력, V_0를 출력이라 할 때 전달 함수는?(단, 초기조건은 0이다.)

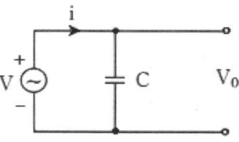
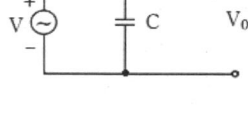

① $\dfrac{1}{Cs}$ ② Cs

③ $\dfrac{1}{1+Cs}$ ④ $1+Cs$

해설

$V_0 = \dfrac{1}{Cs}\cdot I(s)$ $\therefore G(s) = \dfrac{V_0(s)}{I(s)} = \dfrac{1}{Cs}$

80 $F(s) = \dfrac{2}{(s+1)(s+3)}$의 역 Laplace 변환은?

① $e^{-t} - e^{-3t}$ ② $e^t - e^{3t}$

③ $e^{-t} - e^{3t}$ ④ $e^t - e^{-3t}$

해설

$\mathcal{L}^{-1}F(s) = f(t) = \mathcal{L}^{-1}\dfrac{2}{(s+1)(s+3)}$

$= \mathcal{L}\left(\dfrac{A}{s+1} + \dfrac{B}{s+3}\right) = \mathcal{L}^{-1}\left(\dfrac{1}{s+1} - \dfrac{1}{s+3}\right)$

$= e^{-t} - e^{-3t}$

$A = \lim_{s=-1}\dfrac{2}{s+3} = 1$

$B = \lim_{s=-3}\dfrac{2}{s+1} = -1$

제5과목 : 전기설비기술기준 및 판단기준

81 시가지에 시설하는 154[kV] 가공전선로를 도로와 제1차 접근상태로 시설하는 경우, 전선과 도로와의 이격거리는 몇 [m] 이상이어야 하는가?

① 4.4[m] ② 4.8[m]

③ 5.2[m] ④ 5.6[m]

해설 $3 + 0.15n = 3 + 0.15 \times 12 = 4.8[m]$ 이상

$n = \dfrac{154-35}{10} = 11.9$ 소수점 이하는 절상해야 함으로, $n = 12$단이 된다.

82 그림은 전력선 반송통신용 결합장치의 보안장치이다. 그림에서 DR은 무엇인가?

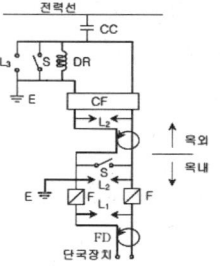

① 접지형 개폐기 ② 결합 필터

③ 방전갭 ④ 배류선륜

정답 77 ② 78 ④ 79 ① 80 ① 81 ② 82 ④

83 가요전선관 공사에 있어서 저압 옥내배선 시설에 맞지 않는 것은?

① 전선은 절연전선일 것
② 가요전선관 안에는 전선에 접속점이 없을 것
③ 1종 금속제 가요전선관의 두께는 0.8[mm] 이상일 것
④ 일반적으로 가요전선관은 3종 금속제 가요전선관일 것

해설 전선관은 제2종 금속제 가요전선관일 것

84 옥내배선의 사용전압이 200[V]인 경우에 이를 금속관공사에 의하여 시설하려고 한다. 다음 중 옥내배선의 시설로서 옳은 것은?

① 전선은 경동선으로 지름 4[mm]의 단선을 사용하였다.
② 전선은 옥외용 비닐절연전선을 사용하였다.
③ 콘크리트에 매설하는 전선관의 두께는 1.0 [mm]를 사용하였다.
④ 금속관에는 제3종 접지공사를 하였다.

해설
• 400[V] 미만 : 제3종 접지공사
• 400[V] 이상 : 특별 제3종 접지공사

85 저압 연접 인입선은 인입선에서 분기하는 점으로부터 몇 [m]를 초과하는 지역에 미치지 아니하도록 시설하여야 하는가?

① 10[m]　　　② 20[m]
③ 100[m]　　　④ 200[m]

해설 저압 연접 인입선의 시설기준
• 분기하는 곳으로부터 반경 100[m]를 넘지 말 것
• 폭 5[m]를 넘는 도로를 횡단하지 말 것
• 옥내를 관통하지 말 것

86 1차 22900[V], 2차 3300[V]의 변압기를 옥외에 시설할 때 구내에 취급자 이외의 사람이 들어가지 아니하도록 울타리를 시설하려고 한다. 이때 울타리의 높이는 몇 [m] 이상으로 하여야 하는가?

① 2[m]　　　② 3[m]
③ 4[m]　　　④ 5[m]

87 다음 중 "지중 관로"에 포함되지 않는 것은?

① 지중 광섬유 케이블 선로
② 지중 약전류 전선로
③ 지중 전선로
④ 지중 레일 선로

88 3상 4선식 22.9[kV] 중성점 다중접지 전로의 절연내력 시험전압은 최대 사용전압의 몇 배의 전압인가?

① 0.64배　　　② 0.72배
③ 0.92배　　　④ 1.25배

89 강제 배류기의 시설기준에 대한 설명으로 옳지 않은 것은?

① 귀선에서는 강제 배류기를 거쳐 금속제 지중 관로로 통하는 전류를 저지하는 구조로 할 것
② 강제 배류기를 보호하기 위하여 적정한 과전류 차단기를 시설할 것
③ 강제 배류기용 전원장치의 변압기는 절연변압기를 시설하고 1, 2차 측 전로에는 개폐기 및 과전류차단기를 각 극에 시설한 것일 것
④ 강제 배류기는 제3종 접지공사를 한 금속제 외함 기타 견고한 함에 넣어 시설하거나 사람이 접촉할 우려가 없도록 시설할 것

정답　83 ④　84 ④　85 ③　86 ①　87 ④　88 ③　89 ③

736 · Part 3. 전기산업기사 기출문제

[해설] 1차 측 전로에는 개폐기 및 과전류차단기를 각 극에 시설(과전류차단기는 다선식전로의 중성극을 제외)

90 접지공사의 특례와 관련하여 특별 제3종 접지공사를 하여야 하는 금속체와 대지간의 전기저항치가 몇 [Ω] 이하인 경우에는 특별 제3종 접지공사를 한 것으로 보는가?

① 3[Ω]
② 10[Ω]
③ 50[Ω]
④ 100[Ω]

[해설] 금속체와 대지간의 전기저항치가 100[Ω] 이하인 경우에는 제3종 접지공사를 한 것으로, 10[Ω] 이하인 경우에는 특별 제3종 접지공사를 한 것으로 본다.

91 특고압 가공전선이 저고압 가공전선 등과 제2차 접근상태로 시설되는 경우 사용전압이 35[kV] 이하인 특고압 가공전선과 저고압 가공전선 등 사이에 무엇을 시설하는 경우에 특고압 가공전선로를 제2종 특고압 보안공사에 의하지 아니하여도 되는가?(단, 애자장치에 관한 부분에 한한다.)

① 접지설비
② 보호망
③ 차폐장치
④ 전류제한장치

92 전선 기타의 가섭선 주위에 두께 6[mm], 비중 0.9의 빙설이 부착된 상태에서 을종풍압하중은 구성재의 수직 투영면적 1[m^2]당 몇 [Pa]을 기초로 하여 계산하는가?

① 333[Pa]
② 372[Pa]
③ 588[Pa]
④ 666[Pa]

[해설] 을종 풍압하중 : 전선 기타의 가섭선 주위에 두께 6[mm], 비중 0.9의 빙설이 부착된 상태에서 수직 투영면적 372[Pa] (다도체를 구성하는 전선은 333[Pa])

93 특고압 가공전선과 가공약전류 전선사이에 시설하는 보호망에서 보호망을 구성하는 금속선 상호간의 간격은 가로 및 세로를 각각 몇 [m] 이하로 시설하여야 하는가?

① 0.75[m]
② 1.0[m]
③ 1.25[m]
④ 1.5[m]

94 수소 냉각식의 발전기 · 조상기에서 발전기 안 또는 조상기안의 수소의 순도가 몇 [%] 이하로 저하한 경우에 이를 경보하는 장치를 시설하여야 하는가?

① 15[%]
② 85[%]
③ 125[%]
④ 230[%]

95 옥내에 시설하는 전동기에는 전동기가 소손될 우려가 있는 과전류가 생겼을 때 자동적으로 이를 저지하거나 이를 경보하는 장치를 하여야 하는데, 단상 전동기인 경우 전원측 전로에 시설하는 과전류차단기의 정격전류가 몇 [A] 이하이면 이 과부하 보호 장치를 시설하지 않아도 되는가?(단, 단상 전동기는 KS C 4204(2003)의 표준정격의 것을 말한다.)

① 10[A]
② 15[A]
③ 30[A]
④ 50[A]

[해설]
• 단상 전동기를 15[A] 분기 회로에 접속한 경우(배선용 차단기는 20[A] 이하)
• 0.2[kW] 이하의 전동기

96 정격 전류 30[A]의 전동기 1대와 정격 전류 5[A]의 전열기 2대에 공급하는 저압 옥내 간선을 보호할 과전류 차단기의 정격 전류의 최대값은 몇 [A]인가?

① 40[A]
② 70[A]
③ 100[A]
④ 120[A]

[정답] 90 ② 91 ② 92 ② 93 ④ 94 ② 95 ② 96 ③

해설 전동기 등의 정격 전류 합계의 3배에 다른 전기 사용 기계 기구의 정격 전류 합계를 가산한 값 이하인 정격 전류를 갖는 과전류 차단기를 사용한다.

$$\therefore I_f = 30 \times 3 + 5 \times 2 = 100[A]$$

97 3.3[kV] 고압 가공전선로를 교통이 번잡한 도로를 횡단하여 시설하는 경우에는 지표상 높이를 몇 [m] 이상으로 하여야 하는가?

① 5.0[m] 　　② 5.5[m]
③ 6.0[m] 　　④ 6.5[m]

해설 저고압 가공전선의 높이
- 도로 횡단 : 지표상 6[m] 이상
- 철도 및 궤도횡단 : 레일면상 6.5[m] 이상
- 횡단보도교위 : 저압은 노면상 3.5[m] 이상(절연전선 : 3[m])
- 일반장소 : 지표상 5[m] 이상(단, 절연전선, 케이블을 사용하고, 교통에 지장이 없도록 하여 옥외조명용에 공급 : 4[m]까지 감할 수 있다.)

98 옥내에 시설하는 관등회로의 사용전압이 1000[V]를 넘는 방전등공사에 사용되는 네온변압기 외함의 접지공사로 알맞은 것은?

① 제1종 접지공사
② 제2종 접지공사
③ 제3종 접지공사
④ 특별 제3종 접지공사

해설 네온 변압기 외함은 제3종 접지공사

99 사용전압이 60[kV] 이하인 특고압 가공 전선로는 상시정전 유도작용에 의한 통신상의 장해가 없도록 시설하기 위하여 전화선로의 길이 12[km]마다 유도전류는 몇 [μA]를 넘지 않도록 하여야 하는가?

① 1[μA] 　　② 2[μA]
③ 3[μA] 　　④ 5[μA]

해설 사용 전압이 60[kV]를 넘는 경우에는 전화 선로의 길이 40[km]마다 유도 전류가 3[μA]를 넘지 아니할 것

100 저압의 전선로 중 절연 부분의 전선과 대지간 및 전선의 심선 상호간의 절연저항에 대한 기준으로 옳은 것은?

① 사용전압에 대한 누성전류가 최대 공급전류의 $\dfrac{1}{1200}$을 넘지 않아야 한다.

② 사용전압에 대한 누설전류가 최대 공급전류의 $\dfrac{1}{2000}$을 넘지 않아야 한다.

③ 사용전압에 대한 누설전류가 부하전류의 $\dfrac{1}{1200}$을 넘지 않아야 한다.

④ 사용전압에 대한 누설전류가 부하전류의 $\dfrac{1}{2000}$을 넘지 않아야 한다.

[정답]　**97** ③　　**98** ③　　**99** ②　　**100** ②

국가기술자격검정 필기시험문제

2009년도 산업기사 제2회 필기시험(산업기사)

자격종목 및 등급(선택분야)	종목코드	시험시간	문제지형별	수검번호	성명
전기산업기사		2시간 30분	A		

※ 시험문제지는 답안카드와 같이 반드시 제출하여야 합니다.

제1과목 : 전기자기학

01 지름이 40[mm]이 원형 종이관에 일정하게 2000회의 코일이 감겨 있는 솔레노이드의 인덕턴스는 몇 [mH]인가?(단, 솔레노이드의 길이는 50[cm], 투자율은 μ_0라고 한다.)

① 1.26[mH] ② 12.6[mH]

③ 126[mH] ④ 1260[mH]

해설 문제에서 반지름보다는 길이가 훨씬 긴 상태이므로 무한장 솔레노이드를 본다.

무한장 솔레노이드의 인덕턴스는

$L = \mu \pi a^2 n^2 \ell [H]$

$\quad = \mu_0 \times \pi \times 20 \times 10^{-3} \times 4000^2 \times 0.5 = 0.0126[H]$

$\quad = 12.6[mH]$

반지름 (a) $= \dfrac{D}{2} = \dfrac{40 \times 10^{-3}}{2} = 20 \times 10^{-3}[m]$

단위길이당 권수(m) $= \dfrac{2000}{0.5} = 4000(회)$

$\mu_0 = 4\pi \times 10^{-7}$

02 자속의 연속성을 나타내는 식은?

① $B = \mu H$ ② $\nabla \cdot B = 0$

③ $\nabla \cdot B = \rho$ ④ $\nabla \cdot B = -\mu H$

해설 $\nabla \cdot B = div B = 0$

03 접지 도체구와 점전하 간에 작용하는 힘은?

① 항상 반발력이다.

② 조건적 반발력이다.

③ 항상 흡인력이다.

④ 조건적 흡인력이다.

해설 접지도체구는 항상 점전하 Q[C]과는 반대 극성의 전하가 유도되므로 항상 흡인력이 작용한다.

$\left(Q' = -\dfrac{a}{d}Q\right)$

04 정전계 내에 도체가 존재하는 경우에 대한 설명으로 다음 중 옳지 않은 것은?

① 도체의 표면은 등전위면이다.

② 도체 내부에는 전계가 존재하지 않는다.

③ 도체 내부의 유도전계는 외부전계와 크기는 같다.

④ 도체에 전하를 대전시킬 수 없어 전하는 모두 도체 표면에만 존재한다.

해설 도체의 전하분포 및 성질

- 도체 내부의 전계의 세기는 0이다(도체의 전위는 등전위 이므로 전위경도(grad V)=0.
  ∴ $E = -grad\,V$에서 도체 내부의 전계의 세기=0)
- 전하는 도체 내부에 존재하지 않고 도체 표면에만 존재.
- 도체 표면의 전하밀도는 곡률이 클수록 높다(곡률 반경이 작을수록 높다).
- 도체 표면과 내부의 전위는 등전위(표면은 등전위면).
- 중공부에 전하가 없고 대전도체라면 전하는 도체 외부의 표면에만 분포
- 도체 표면에서의 전계의 세기는 도체 표면에 항상 수직

정답 01 ② 02 ② 03 ③ 04 ④

05 표피효과(Skin Effect)에 관한 설명으로 옳지 않는 것은?

① 도체에 교류가 흐르면 전류밀도는 표면에 가까울수록 커진다.

② 고주파일수록 심하지 않아 실효저항이 감소한다.

③ 고주파일수록 현저하게 나타난다.

④ 내부 도체는 전도에 거의 관여하지 않으므로 외견상 단면적이 감소하여 저항이 커진 것 같은 현상이다.

해설 표피효과(침투깊이)

$\delta = \sqrt{\dfrac{2}{\omega\sigma\mu}} = \sqrt{\dfrac{1}{\pi f\sigma\mu}}$, σ : 도전율, μ : 투자율.

주파수, 도전율, 투자율이 높을수록 표피두께(δ)가 감소하므로, 표피효과는 증대되어서 도체의 실효저항은 증가.

06 환상 솔레노이드 코일에 흐르는 전류가 2[A]일 때 자로의 자속이 3×10^{-2}[Wb]이었다고 한다. 코일이 권수를 500회라 하면, 이 코일의 자기 인덕턴스는 몇 [H]인가?(단, 코일의 전류와 자로의 자속과는 정비례하는 것으로 한다.)

① 3.0[H]   ② 5.5[H]

③ 6.0[H]   ④ 7.5[H]

해설 $L = \dfrac{N\phi}{I} = \dfrac{500 \times 3 \times 10^{-2}}{2} = 7.5$ [H]

07 폐곡면을 통하여 나가는 전력선의 총수는 그 내부에 있는 점전하의 대수합의 몇 배와 같은가?

① $\dfrac{1}{\epsilon_0}$ ② $\dfrac{1}{\pi\epsilon_0}$

③ $\dfrac{1}{2\pi\epsilon_0}$ ④ $\dfrac{1}{4\pi\epsilon_0}$

해설 가우스의 정리

$\displaystyle\int_s Eds = \dfrac{1}{\epsilon_0}\sum_{i=0}^{\infty} Q_i$, $\therefore N = ES = \dfrac{Q}{\epsilon_0}$

08 전속밀도는 시간적 변화율을 무엇이라 하는가?

① 전계의 세기   ② 변위전류밀도

③ 에너지밀도   ④ 유전율

해설

변위전류(i_d) : 전속밀도의 시간적변화

변위전류밀도(i_d) : $\dfrac{\partial D}{\partial t}$ [A/m]

09 균등자장 H_0 중에 비투자율 μ_s, 반지름 a의 자성체구를 놓았을 때 자화의 세기가 M이였다면 자성체 구의 내부자계의 세기는?

① $-\dfrac{M}{2}$ ② $-\dfrac{M}{3}$

③ $\dfrac{M}{2}$ ④ $\dfrac{M}{3}$

해설 Z축의 방향으로 균일하게 자화된 $M = Mk$ 인 자성체구로 보고, 구내부의 스칼라 자기 포텐셜 ϕ는 Laplace의 경계조건을 만족하므로, M은 r 및 θ의 함수이다.

$\phi = \dfrac{1}{3} Mr\cos\theta = \dfrac{1}{3} Mz$

$\therefore H = -grad\phi = -\nabla\phi$

$= -(\dfrac{\partial}{\partial x}i + \dfrac{\partial}{\partial y}j + \dfrac{\partial}{\partial z}k)(\dfrac{1}{3}Mz) = -\dfrac{1}{3}Mk$

따라서 자계 H는 자화의 세기와 방향이 반대이다(-k).

$\therefore H = -\dfrac{M}{3}$

10 1[μF]의 콘덴서를 30[kV]로 충전하여 200[Ω]의 저항에 연결하면 저항에서 소모되는 에너지는 몇 [J]인가?

① 450[J]   ② 900[J]

③ 1350[J]   ④ 1800[J]

정답 05 ②   06 ④   07 ①   08 ②   09 ②   10 ①

해설 콘덴서에 충전된 에너지는

$$W = \frac{1}{2}CV^2 = \frac{1}{2} \times 1 \times 10^{-6} \times (30 \times 10^3)^2 = 450[J]$$

11 서로 같은 방향으로 전류가 흐르고 있는 평행한 두 도선 사이에는 어떤 힘이 작용하는가?

① 서로 미는 힘

② 서로 당기는 힘

③ 회전하는 힘

④ 하나는 밀고, 하나는 당기는 힘

해설 평행도선의 단위 길이당 작용하는 힘은

$$F = \frac{\mu_0 I_1 I_2}{2\pi r} = \frac{2 I_1 I_2}{r} \times 10^{-7}[\text{N/m}]$$

여기서 전류 I_1, I_2의 방향이 같으면 흡인력, 반대방향이면 반발력이 작용한다(플레밍의 왼손법칙).

12 100[kW]의 전력이 안테나에서 사방으로 균일하게 방사될 때 안테나에서 1[km]의 거리에 있는 전계의 실효값은 약 몇 [V/m]인가?

① 1.73[V/m]

② 2.45[V/m]

③ 3.68[V/m]

④ 6.21[V/m]

해설 $P = E \times H = E_e H_e$

전계의 실효값(E_e)

$$= \frac{P}{H_e} = \frac{7.96 \times 10^{-3}}{2.655 \times 10^{-3} E_e},$$

$$\therefore E_e = \sqrt{3} = 1.73 \, [V/m]$$

단위 면적당전력(P)

$$= \frac{P_s}{S} = \frac{P_s}{4\pi r^2} = \frac{100 \times 10^3}{4\pi \times (1 \times 10^3)^2}$$

$$= 7.96 \times 10^{-3} [W/m^2]$$

$$H_e = \sqrt{\frac{\epsilon_0}{\mu_0}} E_e = \sqrt{\frac{8.855 \times 10^{-12}}{4\pi \times 10^{-7}}} E_e$$

$$= 2.655 \times 10^{-3} E_e \, [A/m]$$

13 전자석의 흡인력은 공극의 자속밀도를 B 라할 때 다음의 어느 것에 비례하는가?

① $B^{1.6}$

② B^2

③ B^3

④ B^4

해설

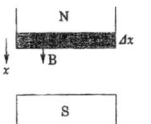

그림에서 N극의 자성체를 $\triangle x$만큼 움직이면 에너지는 $\triangle W$ 만큼 증가한다.

(가상변위의 원리에 의해서)(N극에는 강자성체)

$$\triangle W = \frac{B^2}{2\mu} \triangle x S - \frac{B^2}{\mu_0} \triangle x S$$

$$F_x = -\frac{\triangle W}{\triangle x} = \left(\frac{B^2}{2\mu_0} - \frac{B^2}{2\mu} \right) S \,[N],$$

$$\frac{B^2}{2\mu_0} \gg \frac{B^2}{2\mu}$$ 이 된다.(강자성체 : $\mu_0 \ll \mu$)

$$\therefore F_x = \frac{B^2}{2\mu_0} S \,[N] \text{(흡인력), 또한 S극의 강자성체에}$$

서도 같은 크기의 흡인력 작용

14 그림과 같이 전속밀도 $D=1[C/m^2]$ 중에 ϵ_s $=5$인 유전체가 놓여 있어서 균일하게 분극이 생겼다면 분극도 P는 몇 $[C/m^2]$인가?

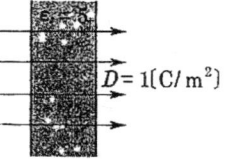

① $0.3[C/m^2]$

② $0.5[C/m^2]$

③ $0.8[C/m^2]$

④ $1.0[C/m^2]$

해설 $D = \epsilon_0 E + P$ 에서,

$$P = D - \epsilon_0 E = D\left(1 - \frac{1}{\epsilon_s}\right) = 1\left(1 - \frac{1}{5}\right)$$

$$= 0.8[C/m^2]$$

정답 **11** ② **12** ① **13** ② **14** ③

15 비유전율이 3인 유전체 내의 한 점의 전장이 3×10^5[V/m]일 때, 이 점의 분극의 세기는 몇 [C/m^2]인가?

① 1.77×10^{-6}[C/m^2] ② 5.31×10^{-6}[C/m^2]

③ 7.08×10^{-6}[C/m^2] ④ 8.85×10^{-6}[C/m^2]

해설

$$P = \epsilon_0(\epsilon_s - 1)E = 2\epsilon_0 E$$
$$= 2 \times 8.855 \times 10^{-12} \times 3 \times 10^5$$
$$= 5.31 \times 10^{-6}[C/m^2]$$

16 그림과 같이 반지름 a[m]인 원의 임의의 두 점 A, B(각도 θ) 사이에 전류 I[A]가 흐른다. 원의 중심 0에서의 자계의 세기[AT/m]는?

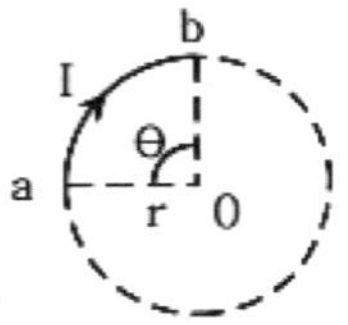

① $\dfrac{I\theta}{4\pi a^2}$ ② $\dfrac{I\theta}{4\pi a}$

③ $\dfrac{I\theta}{2\pi a^2}$ ④ $\dfrac{I\theta}{2\pi a}$

해설 비오-사바르 법칙

$$H = \int_0^\theta dH = \int_0^\theta \frac{Idl}{4\pi a^2} = \int_0^\theta \frac{Ia}{4\pi a^2} d\theta$$
$$= \frac{I}{4\pi a}[\theta]_0^\theta = \frac{I\theta}{4\pi a}[AT/m]$$

17 그림과 같이 평행한 2개의 무한 직선 도선에 전류가 I, $2I$인 전류가 흐른다. 두 도선 사이의 점 P에서 자계의 세기가 0이다. 이때 $\dfrac{a}{b}$는?

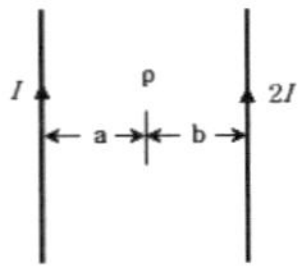

① 4   ② 2

③ $\dfrac{1}{2}$ ④ $\dfrac{1}{4}$

해설 평행한 두 개의 무한직선도선에 전류가 I, 2I인데, 자계의 방향은 서로 반대이므로 크기가 같다면 H=0가 된다.

I[A]도선에 자계의 세기 :

$$H_I = \frac{I}{2\pi a}[AT/m](\otimes 방향)$$

2I[A]도선에 자계의 세기 :

$$H_{2I} = \frac{2I}{2\pi b}[AT/m](\odot 방향)$$

$$\therefore H_I = H_{2I}, \quad \frac{I}{2\pi a} = \frac{2I}{2\pi b} \quad \therefore \frac{a}{b} = \frac{1}{2}$$

18 표면전하밀도 $\rho_s > 0$인 도체 표면상의 한 점의 전속밀도가 $D = 4a_x - 5a_y - 2a_z$[C/m^2]일 때 ρ_s는 몇 [C/m^2]인가?

① $2\sqrt{3}$[C/m^2]   ② $2\sqrt{5}$[C/m^2]

③ $3\sqrt{3}$[C/m^2]   ④ $3\sqrt{5}$[C/m^2]

해설

$$D = \rho_s = \sqrt{4^2 + (-5)^2 + 2^2} = 3\sqrt{5}[C/m^2]$$

19 정전용량 5[μF]인 콘덴서를 200[V]로 충전하여 자기인덕턴스 20[mH], 저항 0[Ω]인 코일을 통해 방전할 때 생기는 주파수 f는 약 몇 [Hz]이며, 코일에 축적되는 에너지 W는 몇 [J]인가?

① $f = 500$[Hz], $W = 0.1$[J]

② $f = 50$[Hz], $W = 1$[J]

③ $f = 500$[Hz], $W = 1$[J]

④ $f = 5000$[Hz], $W = 0.1$[J]

해설

$$\bullet \; f = \frac{1}{2\pi\sqrt{LC}} = \frac{1}{2\pi\sqrt{20 \times 10^{-3} \times 5 \times 10^{-6}}}$$
$$= 503.29[Hz]$$

정답 **15** ② **16** ② **17** ③ **18** ④ **19** ①

$$\bullet \ W = \frac{1}{2}CV^2 = \frac{1}{2} \times 5 \times 10^{-6} \times 200^2 = 0.1 \ [J]$$

20 길이 1[cm]마다 권수가 50인 무한장 솔레노이드에 500[mA]인 전류를 흘릴 때 내부의 자계는 몇 [AT/m]인가?

① 1250[AT/m]　　② 2500[AT/m]

③ 12500[AT/m]　　④ 25000[AT/m]

해설 $H = n_0 I$ [AT/m], n_0 : 단위길이당 권수 [H/m],

$$\therefore \ H = \frac{50}{1 \times 10^{-2}} \times 500 \times 10^{-3} = 2500[\text{AT/m}]$$

제2과목 : 전력공학

21 임피던스 Z_1, Z_2 및 Z_3을 그림과 같이 접속한 선로의 A쪽에서 전압파 E가 진행해 왔을 때 접속점 B에서 무반사로 되기 위한 조건은?

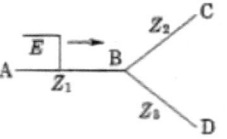

① $Z_1 = Z_2 + Z_3$

② $\frac{1}{Z_1} = \frac{1}{Z_2} - \frac{1}{Z_3}$

③ $\frac{1}{Z_1} = \frac{1}{Z_2} + \frac{1}{Z_3}$

④ $\frac{1}{Z_1} = -\frac{1}{Z_2} - \frac{1}{Z_3}$

해설 $Z_A = Z_1$, $Z_B = \dfrac{1}{\dfrac{1}{Z_2} + \dfrac{1}{Z_3}}$,

반사계수 $= \dfrac{Z_B - Z_A}{Z_B + Z_A}$에서,

무반사는 $Z_A = Z_B$이다.

$$\therefore \ Z_1 = \frac{1}{\dfrac{1}{Z_2} + \dfrac{1}{Z_3}}$$에서, $\dfrac{1}{Z_1} = \dfrac{1}{Z_2} + \dfrac{1}{Z_3}$

22 일반적인 경우 그 값이 1 이상인 것은?

① 수용률　　　　② 전압강하율

③ 부하율　　　　④ 부등률

23 전력계통의 안정도 향상대책으로 옳지 않은 것은?

① 계통의 직렬리액턴스를 낮게 한다.

② 고속도 재폐로방식을 채용한다.

③ 지락전류를 크게 하기 위하여 직접접지방식을 채용한다.

④ 고속도 차단방식을 채용한다.

해설
- 중성점 접지방식을 채택해서 계통에 주는 충격을 적게(지락전류억제)
- 고장중의 발전기 돌입전류의 불평형률을 적게

24 정사각형으로 배치된 4도체 송전선이 있다. 소도체의 반지름이 1[cm]이고, 한 변의 길이가 32[cm]일 때 소도체 간의 기하학적 평균거리는 몇 [cm]인가?

① $32 \times 2^{\frac{1}{3}} [cm]$　　② $32 \times 2^{\frac{1}{4}} [cm]$

③ $32 \times 2^{\frac{1}{5}} [cm]$　　④ $32 \times 2^{\frac{1}{6}} [cm]$

25 일반적으로 전선 1가닥의 단위길이당의 작용 정전용량 $C_\omega [\mu F/km]$이 $C_\omega = \dfrac{0.02413 \epsilon_s}{\log_{10} \dfrac{D}{r}} [\mu F/km]$로 표시되는 경우, 여기서 D는 무엇을 나타내는가?

① 전선의 반지름[m]　② 선간거리[m]

③ 전선지름[m]　　　④ 선간거리$\times \dfrac{1}{2}$[m]

정답 20 ②　21 ③　22 ④　23 ③　24 ④　25 ②

26 변압기의 기계적 보호계전기인 부흐홀쯔계전기의 설치위치로 알맞은 것은?

① 유면 위의 탱크 내
② 컨서베이터 내부
③ 변압기의 고압측 부싱
④ 주탱크와 컨서베이터를 연결하는 파이프의 도중

27 6600[V]로 수전하는 자가용 전기설비가 있다. 수전점에서 계산한 3상단락 용량은 90[MVA]인데 이곳에 시설한 차단기의 최소정격차단전류[kA]로 가장 적당한 것은?

① 2[kA]
② 8[kA]
③ 12[kA]
④ 14[kA]

해설 최소정격차단전류가 단락전류보다 커야 고장전류를 안전하게 차단할 수 있다.

$$I_s = \frac{P_s}{\sqrt{3}\,V_n} = \frac{90 \times 10^6}{\sqrt{3} \times 6600} \times 10^{-3} = 7.87[kA]$$

28 발전기의 단락비가 적어질 경우에 일어나는 현상 중 옳은 것은?

① 발전기가 대형으로 된다.
② 관성정수가 커진다.
③ 전압변동률이 커진다.
④ 안정도가 향상된다.

해설
• 동기임피던스가 커진다.
• 출력이 작다.
• 과부하 내량이 적고 안정도가 낮다.
• 전기자 반작용 크다.
• 자기여자현상이 크다.

29 송전선로의 안정도 향상 대책이 아닌 것은?

① 병행 다회선이나 복도체 방식 채용
② 속응여자방식 채용
③ 계통의 직렬리액턴스 증가
④ 고속도 차단기 이용

해설 계통의 직렬리액턴스 감소(복도체 방식)

30 다음 중 지락전류의 크기가 최소인 중성점 접지방식은?

① 비접지
② 소호리액터접지
③ 직접접지
④ 고저항접지

해설 지락전류큰순서 : 직접접지 〉 고저항접지 〉 비접지 〉 소호리액터접지

31 불평형 부하에서 역률은 어떻게 표현하는가?

① $\dfrac{\text{유효전력}}{\text{각상의 피상전력의 산술합}}$

② $\dfrac{\text{유효전력}}{\text{각상의 피상전력의 벡터합}}$

③ $\dfrac{\text{무효전력}}{\text{각상의 피상전력의 산술합}}$

④ $\dfrac{\text{무효전력}}{\text{각상의 피상전력의 벡터합}}$

32 역률(늦음) 80[%], 10[kVA]의 부하를 가지는 주상변압기의 2차측에 2[kVA]의 전력용 콘덴서를 접속하면 주상변압기에 걸리는 부하는 약 몇 [kVA]가 되겠는가?

① 8[kVA]
② 8.5[kVA]
③ 9[kVA]
④ 9.5[kVA]

정답 **26** ④   **27** ②   **28** ③   **29** ③   **30** ②   **31** ②   **32** ③

744 · Part 3. 전기산업기사 기출문제

해설

- 부하의 유효전력 $P = P_a \cos\theta = 10 \times 0.8$
  $= 8[kW]$
- 부하의 무효전력 $P_r = P_a \sin\theta = 10 \times 0.6$
  $= 6[kVar]$
- $2[kVA]$의 전력용콘덴서를 접속했을 때
  무효전력$(P_r{}') = 6 - 2 = 4[kVar]$

∴콘덴서 접속 후 피상전력

$$(P_a{}') = \sqrt{8^2 + 4^2} = 8.94[kVA]$$

33 코로나의 방지대책으로 적당하지 않은 것은?

① 복도체를 사용한다.
② 가선금구를 개량한다.
③ 전선의 바깥지름을 크게 한다.
④ 선간거리를 감소시킨다.

해설

코로나 임계전압$(E_o) = 24.3 \, m_0 \, m_1 \, \delta \, d \log_{10} \dfrac{D}{r}[kV]$

34 중성점이 직접접지 된 6600[V], 3상발전기의 1단자가 접지되었을 경우 예상되는 지락전류의 크기는 약 몇 [A]인가?(단, 발전기의 임피던스 $Z_0 = 0.2 + j0.6[\Omega]$, $Z_1 = 0.1 + j4.5[\Omega]$, $Z_2 = 0.5 + j1.4[\Omega]$이다.)

① 1578[A]
② 1678[A]
③ 1745[A]
④ 3023[A]

해설 지락전류 $I_g = 3 \times I_0 = 3 \times \dfrac{E}{Z_0 + Z_1 + Z_2}$

$$= 3 \times \dfrac{\dfrac{6600}{\sqrt{3}}}{0.2 + j0.6 + 0.1 + j4.5 + 0.5 + j1.4}$$
$$= 1745.53[A]$$

35 수전 설비의 운영에 있어서 인터록(Interlock)의 설명으로 옳은 것은?

① 차단기가 열려 있어야만 단로기를 닫을 수 있다.
② 차단기가 닫혀 있어야만 단로기를 닫을 수 있다.
③ 차단기가 열려 있으면 단로기가 닫히고, 단로기가 열려 있으면 차단기가 닫힌다.
④ 차단기가 접점과 단로기의 접점이 기계적으로 연결되어 있다.

36 변류기 개방시 2차측을 단락하는 이유는?

① 2차측 절연 보호
② 2차측 과전류 보호
③ 측정오차방지
④ 1차측 과전류 방지

해설 CT2차측을 개방하면 2차권선에 높은 전압이 유기되어 절연파괴를 가져오기 때문이다.

37 중성점접지방식 중 비접지방식을 직접접지방식과 비교한 것으로 옳지 않은 것은?

① 지락전류가 적다.
② 보호계전기 동작이 확실하다.
③ 1선지락 시 통신선 유도장해가 적다.
④ 과도안정도 크다.

해설 보호계전기 동작이 불확실하다.

38 정격용량 20000[kVA], 임피던스 8[%]인 3상 변압기가 2차 측에서 3상 단락되었을 때 단락용량은 몇[MVA]인가?

① 160[MVA]
② 200[MVA]
③ 250[MVA]
④ 320[MVA]

해설

단락용량 $P_s = \dfrac{100}{\%Z} P_n = \dfrac{100}{8} \times 20 = 250[MVA]$

정답 33 ④ 34 ③ 35 ① 36 ① 37 ② 38 ③

39 화력발전소에서 재열기의 목적은?

① 공기의 예열 ② 급수의 예열

③ 증기의 재열 ④ 배출가스의 재열

40 열중성 흡수 단면적이 가장 큰 것은?

① $_{94}Pu^{239}$ ② $_{92}U^{235}$

③ $_{92}U^{238}$ ④ $_{92}U^{233}$

> **해설**
> • $_{94}Pu^{239} = 1029$, • $_{92}U^{235} = 687$,
> • $_{92}U^{238} = 583$, • $_{92}U^{239} = 2.75$

제3과목 : 전기기기

41 권선형 유도전동기에서 2차 저항을 변화시켜서 속도제어를 할 경우 최대 토크는?

① 항상 일정하다.

② 2차 저항에만 비례한다.

③ 최대 토크가 생기는 점의 슬립에 비례한다.

④ 최대 토크가 생기는 점의 슬립에 반비례한다.

> **해설**
> 최대토크$(T_m) \propto \dfrac{V^2}{2x_2}$,
>
> 최대토크를 발생하는 슬립$(S_m) = \pm \dfrac{r_2}{x_2}$ 에서
>
> 최대토크는 2차저항(r_2)과 슬립(s)에 관계없이 일정

42 3상 유도전동기의 전원주파수를 변화하여 속도를 제어하는 경우 전동기의 출력과 P와 주파수 f와의 관계는?

① $P \propto f$ ② $P \propto \dfrac{1}{f}$

③ $P \propto f^2$ ④ P는 f에 무관

> **해설**
> 출력$(P) = 2\pi n T \propto n$,
> $n = (1-s)n_s = (1-s)\dfrac{2f}{p} \propto f$
> $\therefore P \propto n \propto f$

43 변압기유(油)의 요구 특성이 아닌 것은?

① 인화점이 높을 것 ② 응고점이 낮을 것

③ 점도가 클 것 ④ 절연내력이 클 것

> **해설**
> • 점도가 낮고 비열이 커서 냉각효과가 클 것
> • 열전도율이 클 것
> • 열팽창계수가 작고 증발로 인한 감소량이 적을 것
> • 화학작용을 일으키지 않을 것

44 불평형 전압 상태에서 3상 유도전동기를 운전하면 토크와 입력은 어떻게 되는가?

① 토크가 감소하고 입력도 감소한다.

② 토크는 감소하고 입력은 증가한다.

③ 토크는 증가하고 입력은 감소한다.

④ 토크가 증가하고 입력은 증가한다.

> **해설** 불평형 전압상태에서는 부하전류는 증가, 토크는 감소한다.

45 10[kVA], 2000/100[V]변압기에서 1차로 환산한 등가 임피던스는 $6.2 + j7[\Omega]$이다. 변압기의 %리액턴스 강하는 얼마인가?

① 0.75[%] ② 1.75[%]

③ 3.0[%] ④ 6.0[%]

> **해설**
> $$I_{1n} = \frac{P}{V_{1n}} = \frac{10 \times 10^3}{2000} = 5[A]$$
> %리액턴스강하$(q) = \dfrac{I_{1n}X}{V_{1n}} \times 100$
> $$= \frac{5 \times 7}{2000} \times 100 = 1.75[\%]$$

정답 39 ③ 40 ① 41 ① 42 ① 43 ③ 44 ② 45 ②

46 단상 직권정류자전동기의 기본형이 아닌 것은?

① 직권형　　　　② 보상직권형
③ 유도보상직권형　④ 톰슨형

해설
• 단상반발전동기 : 톰슨전동기, 테리전동기, 아트킨손형 전동기

47 2대의 단권 변압기를 사용해서 V결선 하면 2대의 자기 용량은?

① $\dfrac{3상부하용량}{\sqrt{3}} \times \dfrac{승압전압}{고압측전압}$

② $2 \times \dfrac{3상부하용량}{\sqrt{3}} \times \dfrac{승압전압}{고압측전압}$

③ $3 \times \dfrac{3상부하용량}{\sqrt{3}} \times \dfrac{승압전압}{고압측전압}$

④ $2 \times \dfrac{3상부하용량}{3} \times \dfrac{승압전압}{고압측전압}$

해설 $\dfrac{자가용량}{부하용량} = \dfrac{2}{\sqrt{3}} \dfrac{V_h - V_l}{V_h}$

48 직류기의 손실 중 기계손에 속하는 것은?

① 브러시의 전기손　② 와전류손
③ 풍손　　　　　　　④ 전기자권선동손

해설 기계손 : 풍손, 브러시 마찰손, 베어링 마찰손

49 병렬운전을 하고 있는 3상 동기 발전기에 동기화 전류가 흐르는 경우는 어느 때인가?

① 부하가 증가할 때
② 여자전류를 변화시킬 때
③ 부하가 감소할 때
④ 원동기의 출력이 변화할 때

해설 동기발전기 병렬운전 조건

병렬운전조건	다른경우
기전력의 크기가 같을 것	무효 순환 전류
기전력의 위상이 같을 것	동기화 전류
기전력의 주파수가 같을 것	동기화 전류
기전력의 파형이 같을 것	고주파 무효 순환 전류

동기화 전류가 흐르는 것은 두 발전기 사이의 유기 기전력의 위상이 변할 때이다.
(원동기의 출력이 변할 때)

50 동기 발전기의 단자 부근에서 단락이 일어났다고 할 때 단락전류에 대한 설명으로 옳은 것은?

① 서서히 증가한다.
② 발전기는 즉시 정지한다.
③ 일정한 큰 전류가 흐른다.
④ 처음은 큰 전류가 흐르나 점차로 감소한다.

해설 초기에는 막대한 과도전류가 흐르고 그 이후에는 전기자반작용이 나타나서 단락전류는 서서히 감소한다.

51 직류전동기의 공급전압을 V[V], 자속을 ϕ [Wb], 전기자전류를 I_a[A], 전기자저항을 R_a [Ω]속도를 N[rpm]이라 할 때 속도의 관계식은 어떻게 되는가?(단, k는 상수이다)

① $N = k\dfrac{V + R_a I_a}{\phi}$　② $N = k\dfrac{V - R_a I_a}{\phi}$

③ $N = k\dfrac{\phi}{V + R_a I_a}$　④ $N = k\dfrac{\phi}{V - R_a I_a}$

해설
직류전동기의 역기전력(E_c)
$= V - I_a R_a = p\phi n \dfrac{Z}{a}[V]$
$\therefore n = \dfrac{a}{pz} \times \dfrac{V - I_a R_a}{\phi}$ 에서
$N = K\dfrac{V - I_a R_a}{\phi}[rpm]$ 가 된다.

정답 46 ④　47 ②　48 ③　49 ④　50 ④　51 ②

52 다음 중 부하의 변화에 대하여 속도 변동이 가장 큰 직류 전동기는?

① 분권전동기　　② 차동 복권 전동기

③ 가동 복권 전동기　④ 직권전동기

해설 직권전동기는 전기자 및 계자권선은 직렬 $(I=I_a=I_f)$로 되어 있다.
부하전류 I의 증감에 따라 자속 ϕ도 변한다.
R_a, R_s를 무시하면
속도$(n)=k\dfrac{V}{\phi}$에서 $n\propto\dfrac{1}{\phi}\propto\dfrac{1}{I}$가 되어 부하변화에 따라서 전동기의 속도변동이 크다.

53 회전 변류기의 직류측의 전압을 변경하려면 슬립링에 가해지는 교류측 전압을 변화 시킨다 그 방법이 아닌 것은?

① 직렬리액턴스에 의한 방법

② 유도전압조정기에 의한 방법

③ 분류저항 삽입에 의한 방법

④ 부하시 전압조정 변압기에 의한 방법

해설 동기승압기를 사용하는 방법

54 동기 전동기에서 난조를 일으키는 원인이 아닌 것은?

① 회전자의 관성이 작다.

② 원동기의 토크에 고조파 토크를 포함하는 경우이다.

③ 전기자 회로의 저항이 크다.

④ 원동기의 조속기의 감도가 너무 예민하다.

55 운전 코일과 기동 코일로 구성된 단상 유도 전동기의 내부에 설치되어 있으며 일정한 속도에 도달하면 기동권선을 전원으로부터 분리하는 기능을 가지고 있는 스위치는?

① 리미트 스위치　　② 원심력 스위치

③ 캄 스위치　　　　④ 셀렉트 스위치

56 단상유도전압 조정기 2차전압이 100 ± 30 [V]이고, 직렬권선의 전류(2차전류)가 5[A]인 경우의 정격출력은 몇 [kVA]인가?

① 0.1[kVA]　　② 0.15[kVA]

③ 0.26[kVA]　④ 0.45[kVA]

해설
$$정격출력(P)=\frac{승압전압}{고압측전압}\times부하용량$$
$$=\frac{30}{130}\times130\times5\times10^{-3}=0.15[kVA]$$

57 3상 반파정류회로에서 직류전압의 파형은 전원 전압의 주파수의 몇 배의 교류분을 포함하는가?

① 1　　　　② 2

③ 3　　　　④ 6

해설

정류 종류	단상 반파	단상 전파	3상 반파	3상 전파
맥동률(%)	121	48	17.7	4.04
정류 효율	40.5	81.1	96.7	99.8
맥동 주파수	f	2f	3f	6f

58 단상 유도 전압 조정기에 대한 설명 중 옳지 않은 것은?

① 전압, 위상의 변화가 없다.

② 회전 자계에 의한 유도 작용을 한다.

③ 교번 자계의 전자 유도 작용을 이용한다.

④ 무단으로 스무드(Smooth)하게 전압이 조정 된다.

해설 회전자계에 의한 유도작용은 3상 유도전압조정기이다.

정답　52 ④　53 ③　54 ①　55 ②　56 ②　57 ③　58 ②

59 1000[kW], 500[V]의 분권 발전기가 있다. 회전수240[rpm]이며 슬롯수 192, 슬롯내부 도체수 6, 자극수가 12일 때 전부하시의 자속수[Wb]는 약 얼마인가?(단, 전기자 저항은 0.006[Ω]이고, 단중 중권이다.)

① 0.001[Wb]   ② 0.11[Wb]

③ 0.185[Wb]   ④ 1.85[Wb]

해설

• 유기 기전력(E)$= \dfrac{p\phi ZN}{60a}$에서

단중중권이므로 $a = p$이다.

$\therefore \phi = \dfrac{60E}{ZN} = \dfrac{60 \times 512}{1152 \times 240} = 0.111[Wb]$

• $E = V - I_a R_a = 500 + 2000 \times 0.006 = 512[V]$

전부하전류$(I) = \dfrac{P}{V} = \dfrac{1000 \times 10^3}{500} = 2000[A]$

전도체수$(Z) = $ 슬롯수$\times 1$슬롯의도체수
$= 192 \times 6 = 1152$

60 4극, 60[Hz]의 3상 동기발전기가 있다. 회전자의 주변속도를 240[m/s]로 하려면 회전자의 지름을 약 몇 [m]로 하여야 하는가?

① 0.03[m]   ② 1.91[m]

③ 2.5[m]   ④ 3.2[m]

해설

• 회전자의 주변속도$(v) = \pi D \dfrac{N_s}{60}[m/s]$,

$N_s = \dfrac{120f}{P} = 1800[rpm]$

$\therefore D = \dfrac{60v}{\pi N_s} = \dfrac{60 \times 240}{\pi \times 1800} = 2.55[m]$

제4과목 : 회로이론

61 다음과 같은 회로에서의 t=0인 순간에 스위치를 닫았다. 이 순간에 인덕턴스L에 걸리는 전압은?(단, L의 초기전류는 0이다.)

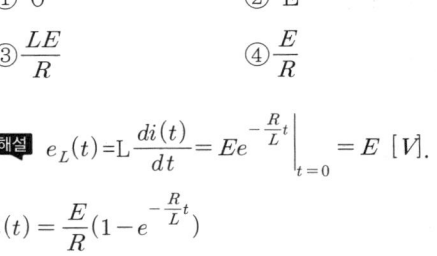

① 0   ② E

③ $\dfrac{LE}{R}$ ④ $\dfrac{E}{R}$

해설 $e_L(t) = L\dfrac{di(t)}{dt} = Ee^{-\frac{R}{L}t}\Big|_{t=0} = E[V]$,

$i(t) = \dfrac{E}{R}(1 - e^{-\frac{R}{L}t})$

62 다음과 같은 회로에서 a, b양단의 전압은 몇 [V]인가?

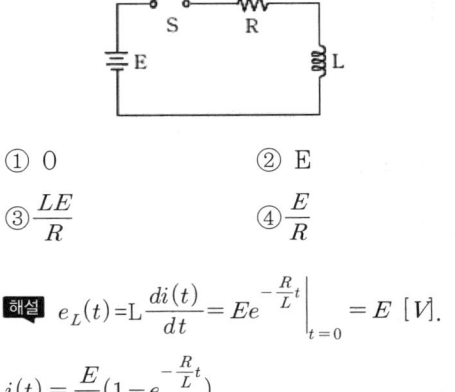

① 1[V]   ② 2[V]

③ 2.5[V]   ④ 3.5[V]

해설

$V_a = \dfrac{1}{1+2} \times 6 = 2[V]$, $V_b = \dfrac{4}{4+2} \times 6 = 4[V]$

$\therefore V_{ab} = 4 - 2 = 2[V]$

63 R[Ω]의 3개의 저항을 전압의 3상 교류선간에 그림과 같이 접속할 때 선전류[A]는 얼마인가?

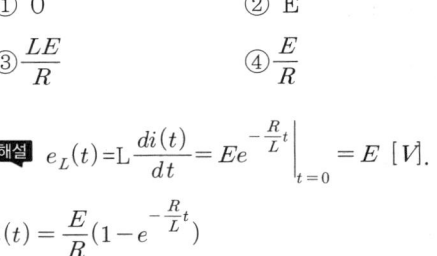

① $\dfrac{V}{\sqrt{3}R}$ ② $\dfrac{\sqrt{3}\,V}{R}$

③ $\dfrac{V}{3R}$ ④ $\dfrac{3V}{R}$

정답   59 ②   60 ③   61 ②   62 ②   63 ②

해설 Δ결선이므로, $I_l = \sqrt{3}\,I_p = \sqrt{3}\,\dfrac{V}{R}[A]$

64 대칭 6상 기전력의 선간 전압과 상기전력의 위상차는?

① 120° ② 60°

③ 30° ④ 15°

해설 $\theta = \dfrac{\pi}{2}\left(1 - \dfrac{2}{n}\right) = \dfrac{180}{2}\left(1 - \dfrac{2}{6}\right) = 60°$

65 어느 회로에서 전압과 전류의 실효값이 각각 60[V], 10[A]이고 역률이 0.8일 때 무효전력은 몇 [Var]인가?

① 360[Var] ② 300[Var]

③ 200[Var] ④ 100[Var]

해설
피상전력(P_a)=VI=60×10=600[VA]
무효전력(P_r)=$P_a\sin\theta$=600×0.6=360[Var]

66 다음과 같은 회로의 구동점 임피던스는?
(단, ω는 회로의 각주파수이다.)

① $2 + j\omega$

② $\dfrac{2\omega^2 + j4\omega}{3}$

③ $\dfrac{\omega^2 + j8\omega}{4 + \omega^2}$

④ $\dfrac{2\omega^2 + j4\omega}{4 + \omega^2}$

해설
$Z(s) = \dfrac{2 \times s}{2 + s}$에서, $Z(jw) = \dfrac{j2\omega}{2 + j\omega} = \dfrac{2\omega^2 + j4\omega}{4 + \omega^2}$

67 어떤 회로에서 $i = 10\sin\left(314t - \dfrac{\pi}{6}\right)[A]$의 전류가 흐른다. 이를 복소수로 표시하면?

① 6.12−j3.54[A] ② 17.32−j5[A]

③ 3.54−j6.12[A] ④ 5−j17.32[A]

해설 복소수=실효값 ∠ 위상

$\therefore \text{I} = \dfrac{10}{\sqrt{2}} \angle -\dfrac{\pi}{6} = \dfrac{10}{\sqrt{2}}\left(\cos\dfrac{\pi}{6} - j\sin\dfrac{\pi}{6}\right)$

$\quad = 6.12 - j3.54[A]$

68 정전용량 C만의 회로에서 100[V], 60[Hz]의 교류를 가했을 때 60[mA]의 전류가 흐른다면 C는 몇 [μF]인가?

① 5.26[μF] ② 4.32[μF]

③ 3.59[μF] ④ 1.59[μF]

해설

$\text{X}_c = \dfrac{V}{I} = \dfrac{100}{60 \times 10^{-3}} = 1.67 \times 10^3[\Omega]$,

$X_c = \dfrac{1}{\omega C}$에서,

$\therefore C = \dfrac{1}{2\pi \times 60 \times 1.67 \times 10^3} \times 10^6 = 1.59[\mu F]$

69 어떤 교류의 평균값이 566[V]일 때 실효값은 몇 [V]인가?

① $\dfrac{\pi 566}{\sqrt{2}}[V]$ ② $\dfrac{566}{2\pi}[V]$

③ $\dfrac{566}{2}$ ④ $\dfrac{\pi 566}{2\sqrt{2}}[V]$

해설

평균값(V_{av}) = $\dfrac{2}{\pi}V_m = \dfrac{2\sqrt{2}}{\pi}V_e$에서,

실효값(V_e) = $\dfrac{\pi}{2\sqrt{2}} \times 566 = 628.67[V]$

정답 **64** ② **65** ① **66** ④ **67** ① **68** ④ **69** ④

70 저항 $R_1[\Omega]$, $R_2[\Omega]$ 및 인덕턴스 L[H]이 직렬로 연결되어 있는 회로의 시정수[S]는?

① $-\dfrac{R_1+R_2}{L}$ 　　② $\dfrac{R_1+R_2}{L}$

③ $-\dfrac{L}{R_1+R_2}$ 　　④ $\dfrac{L}{R_1+R_2}$

해설 시정수$(\tau)=\dfrac{L}{R}=\dfrac{L}{R_1+R_2}$ [s]

71 기본파의 30[%]인 제3고조파와 기본파의 20[%]인 제5고조파를 포함하는 전압파의 왜형률은 약 얼마인가?

① 0.21 　　② 0.33
③ 0.36 　　④ 0.42

해설

왜형률$=\dfrac{\text{각고조파의 실효값의 합}}{\text{기본파의 실효값}}$

$=\sqrt{0.3^2+0.2^2}=0.36$

72 2개의 코일 a, b가 있다. 2개를 직렬로 접속하였더니 합성 인덕턴스가 119[mH]이었고, 극성을 반대로 접속하였더니 합성 인덕턴스가 11[mH]이었다. 코일 a의 자기 인덕턴스가 20[mH]라면 결합계수 K는 얼마인가?

① 0.6 　　② 0.7
③ 0.8 　　④ 0.9

해설

직렬접속$(L)=L_a+L_b+2M=119[mH]$ ·················①
병렬접속$(L')=L_a+L_b-2M=11[mH]$ ·················②
①-② 하면 4M=108 ∴ M=27[mH], ①식에서,
$20+L_b+2\times27=119[mH]$, $L_b=45[mH]$

$M=k\sqrt{L_aL_b}$ 에서, ∴ $k=\dfrac{27}{\sqrt{20\times45}}=0.9$

73 A, B, C, D 4단자 정수의 관계를 올바르게 나타낸 것은?

① AD+BD=1 　　② AB−CD=1
③ AB+CD=1 　　④ AD−BC=1

74 다음과 같은 회로에서 출력전압의 위상은 입력전압보다 어떠한가?

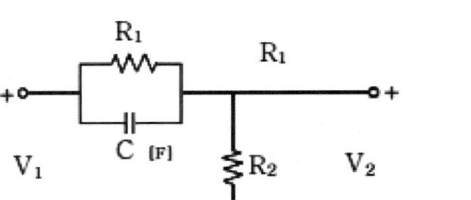

① 같다. 　　② 앞선다.
③ 뒤진다. 　　④ 전압과 관계없다.

해설

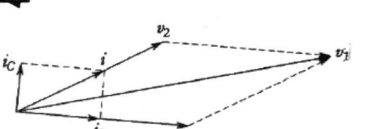

R_1과 C에 전압강하를 e_1, R_1에 흐르는 전류를 i_R, C에 흐르는 전류를 i_c라 할 때, 그림에서 출력전압(v_2)는 입력전압(v_1)보다 위상이 앞선다.

75 8[Ω]인 저항과 6[Ω]의 용량 리액턴스 직렬 회로에 E=28−j4[V]인 전압을 가했을 때 흐르는 전류는 몇 [A]인가?

① 3.5−j0.5[A] 　　② 2.48+j1.36[A]
③ 2.8−j0.4[A] 　　④ 5.3+j2.21[A]

해설 $I=\dfrac{E}{Z}=\dfrac{28-j4}{8-j6}=2.48+j1.36[A]$

정답 70 ④ 71 ③ 72 ④ 73 ④ 74 ② 75 ②

76 위상정수 β=10[rad/km], 위상속도 v=20[m/s]일 때 각주파수 ω는 몇 [rad/s]인가?

① 0.1[rad/s] ② 0.2[rad/s]
③ 14.1[rad/s] ④ 200[rad/s]

해설

$v = \lambda f = \dfrac{2\pi}{\beta}f = \dfrac{\omega}{\beta}$에서, $\omega = v\beta = 20 \times \dfrac{10}{1 \times 10^3}$

$= 0.2[rad/s]$

77 대칭 3상 Y결선에서 선간전압이 $100\sqrt{3}$ [V]이고 각상의 임피던스 Z=30+j40[Ω] 의 평형부하일 때 선전류는 몇 [A]인가?

① 2[A] ② $2\sqrt{3}$[A]
③ 5[A] ④ $5\sqrt{3}$[A]

해설 Y결선에서, $I_l = I_p$이므로,

$I_l = I_p = \dfrac{V_P}{Z} = \dfrac{100}{\sqrt{30^2 + 40^2}} = 2[A]$

78 테브난의 정리를 사용하여 다음의 (a)회로를 (b)와 같은 등가회로로 바꾸려 한다. V[V]와 R[Ω]의 값은?

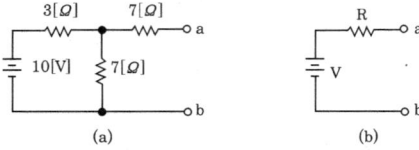

① 7[V], 9.1[Ω] ② 10[V], 9.1[Ω]
③ 7[V], 6.5[Ω] ④ 10[V], 6.5[Ω]

해설

테브난의 등가저항(R)$= \dfrac{3 \times 7}{3+7} + 7 = 9.1[\Omega]$,

여기서, 전압원은 단락시키고,
전류원은 개방시킨다.

∴ ab단자 사이에 걸리는 전압(V)

$= \dfrac{7}{3+7} \times 10 = 7[V]$

79 $\cos\omega t$의 라플라스 변환은?

① $\dfrac{s}{s^2+\omega^2}$ ② $\dfrac{-s}{s^2+\omega^2}$

③ $\dfrac{\omega}{s^2+\omega^2}$ ④ $\dfrac{\omega}{s^2-\omega^2}$

80 다음과 같은 전기회로의 입력을 e_i, 출력을 e_o라고 할 때 전달함수는?(단, $T = \dfrac{L}{R}$이다.)

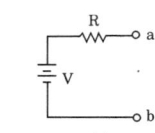

① Ts+1 ② Ts²+1
③ $\dfrac{1}{Ts+1}$ ④ $\dfrac{Ts}{Ts+1}$

해설

$E_i(s) = (R+Ls)I(s)$, $E_o(s) = LsI(s)$

$\therefore G(s) = \dfrac{E_0(s)}{E_i(s)} = \dfrac{Ls}{R+Ls} = \dfrac{\dfrac{L}{R}s}{1+\dfrac{L}{R}s}$

$= \dfrac{Ts}{1+Ts}$

제5과목 : 전기설비기술기준및판단기준

81 전압의 종별을 구분할 때 직류에서의 고압의 범위는?

① 600[V]를 넘고 6.6[kV] 이하인 것
② 750[V]를 넘고 7[kV] 이하인 것
③ 600[V]를 넘고 7[kV] 이하인 것
④ 750[V]를 넘고 6.6[kV] 이하인 것

해설 저압 : 직류750[V] 이하, 교류600[V] 이하, 특고압 : 7[kV] 넘는 경우

정답 76 ② 77 ① 78 ① 79 ① 80 ④ 81 ②

82 35[kV]의 특고압 가공전선과 가공약전류전선을 동일 지지물에 시설하는 경우 특고압 가공 전선로는 몇 종 특고압 보안공사에 의하여야 하는가?

① 제1종
② 제2종
③ 제3종
④ 특별 제3종

해설 35[kV] 이하 공가는 그 전선로에 제2종 특고압 보안공사에 의할 것

83 다음 중 전선로의 종류에 속하지 않는 것은?

① 산간 전선로
② 수상 전선로
③ 물밑 전선로
④ 터널 안 전선로

84 저압 옥내 배선에 미네럴인슈레이션 케이블을 사용하는 경우 단면적은 몇 [mm²] 이상이어야 하는가?

① 0.75[mm²]
② 1.0[mm²]
③ 1.2[mm²]
④ 1.25[mm²]

85 사용전압이 400[V] 미만인 가공전선은 케이블이나 절연전선인 경우를 제외하고 인장강도가 3.43[kN] 이상인 것 또는 지름이 몇 [mm] 이상의 경동선이어야 하는가?

① 1.2[mm]
② 2.6[mm]
③ 3.2[mm]
④ 4.0[mm]

해설 저고압가공 전선의 굵기 및 종류

전 압	조 건	전선의 굵기 및 인장강도
400[V] 미만	절연전선	인장강도 2.3[kN] 이상의 것 또는 지름 2.6[mm] 이상의 경동선
	절연전선 이외	인장강도 3.43[kN] 이상의 것 또는 지름 3.2[mm] 이상의 경동선
400[V] 이상저압 또는 고압	시가지에 시설	인장강도 8.01[kN] 이상의 것 또는 지름 5[mm] 이상의 경동선
	시가지 외에 시설	인장강도 5.26[kN] 이상의 것 또는 지름 4[mm] 이상의 경동선

단, 400[V] 이상의 저압가공전선에는 DV 및 다심형 전선을 사용할 수 없다.

86 다음중 전력보안 통신용 전화설비를 하여야 하는 곳의 기준으로 옳은 것은?

① 2 이상의 급전소 상호간과 이들을 총합운용하는 급전소간
② 3 이상의 급전소 상호간과 이들을 총합운용하는 급전소간
③ 원격감시제어가 되는 발전소
④ 원격감시제어가 되는 변전소

87 특고압 가공전선로의 시설에 대한 내용 중 옳지 않은 것은?

① 특고압 가공전선을 지지하는 애자장치는 2련 이상의 현수애자 또는 장간애자를 사용한다.
② A종 철주를 지지물로 사용하는 경우의 경간은 75[m] 이하이다.
③ 사용전압이 100[kV]를 초과하는 특고압 가공전선은 지락 또는 단락이 생겼을 때에는 1초 이내에 자동적으로 이를 전로로부터 차단하는 장치를 시설한다.
④ 전선으로 케이블을 사용하는 경우 조가용선에 행거를 사용하며, 행거의 간격은 1[m] 이하로 시설한다.

해설 행거의 간격 : 50[cm] 이하

88 지중전선로를 직접 매설식에 의하여 차량 기타 중량물의 압력을 받을 우려가 있는 장소에 시설할 경우에는 그 매설 깊이를 최소 몇 [m] 이상으로 하여야 하는가?

① 1.0[m]
② 1.2[m]
③ 1.5[m]
④ 1.8[m]

정답 82 ② 83 ① 84 ② 85 ③ 86 ① 87 ④ 88 ②

해설 기타장소 : 0.6[m] 이상

89 교류 전차선과 식물 사이의 이격거리는 몇 [m] 이상이어야 하는가?

① 1.0[m] ② 1.5[m]
③ 2.0[m] ④ 2.5[m]

90 정류기의 전로로 대지전압이 220[V]라고 한다. 이 전로의 절연저항값에 대하여 바르게 설명한 것은?

① 0.1[MΩ] 이상으로 유지하여야 한다.
② 0.1[MΩ] 이하로 유지하여야 한다.
③ 0.2[MΩ] 이상으로 유지하여야 한다.
④ 0.2[MΩ] 이하로 유지하여야 한다.

해설 저압전로의절연저항(이상)

전로의 사용전압의 구분		절연저항값
400[V] 미만	대지전압이 150[V] 이하인 경우	0.1[MΩ]
	대지전압이 150[V] 초과 300[V] 이하인 경우	0.2[MΩ]
	대지전압이 300[V] 초과 400[V] 미만인 경우	0.3[MΩ]
400[V] 이상		0.4[MΩ]

[비고]대지전압 : 접지식전로는 전선과 대지 사이의 전압, 비접지식전로는 전선 간의 전압

91 고압용 개폐기, 차단기, 피뢰기 기타 이와 유사한 기구로서 동작시에 아크가 생기는 것은 목재의 벽 또는 천장, 기타의 가연성 물질로부터 몇 [m] 이상 떼어놓아야 하는가?

① 0.5[m] ② 1.0[m]
③ 2.0[m] ④ 3.0[m]

해설 고압용 : 1[m] 이상, 특고압용 : 2[m] 이상

92 일반주택 및 아파트 각호실의 현관등과 같은 조명용 백열전등을 설치할 때에는 타임스위치를 시설하여야 한다. 몇 분 이내에 소등되는 것이어야 하는가?

① 1분 ② 3분
③ 5분 ④ 7분

해설 호텔, 여관 각객실 입구 등 : 1분 이내

93 옥내에 시설하는 저압 전선에 나전선을 사용할 수 있는 경우는 다음 중 어느 것인가?

① 금속덕트공사에 의하여 시설하는 경우
② 버스덕트공사에 의하여 시설하는 경우
③ 합성수지관공사에 의하여 시설하는 경우
④ 플로어덕트공사에 의하여 시설하는 경우

해설 나전선을 사용할 수 있는 공사 : 버스덕트공사, 라이팅덕트공사

94 사용전압이 저압인 전로에서 정전이 어려운 경우등 절연저항 측정이 곤란한 경우에는 누설전류를 몇 [mA] 이하로 유지하여야 하는가?

① 0.1[mA] ② 1.0[mA]
③ 10[mA] ④ 100[mA]

해설 절연저항측정이 곤란한 경우에는 누설전류를 1[mA] 이하로 유지

95 사용전압이 몇 [kV] 이상의 변압기를 설치하는 곳에는 절연유의 구외 유출 및 지하침투를 방지하기 위하여 절연유 유출 방지설비를 하여야 하는가?

① 10[kV] ② 20[kV]
③ 100[kV] ④ 300[kV]

[정답] 89 ③ 90 ③ 91 ② 92 ② 93 ② 94 ② 95 ③

96 345[kV]의 가공전선로를 평지에 건설하는 경우 전선의 지표상 높이는 최소 몇 [m] 이상이어야 하는가?

① 7.58[m]　　　② 7.95[m]
③ 8.28[m]　　　④ 8.85[m]

해설 특고압 가공전선로의 높이는 160[kV] 이하에서는 일반장소는 6[m](산지 등 사람이 쉽게 들어갈 수 없는 장소 5[m]) 이상, 160[kV] 넘는 경우는 6+0.12n[m] 이상이므로,

∴ 6+0.12n=6+0.12×19=8.28[m] 이상

$n = \dfrac{345-160}{10} = 18.5 \rightarrow$ 절상, 19단

97 전압조정기의 내장권선을 이상전압으로부터 보호하기 위하여 특히 필요한 경우에는 그 권선에 몇종 접지공사를 하여야 하는가?

① 제1종　　　② 제2종
③ 제3종　　　④ 특별 제3종

98 옥내에 시설하는 고압의 이동전선의 종류로 알맞은 것은?

① 600[V]비닐절연전선
② 비닐 캡타이어 케이블
③ 600[V]고무절연전선
④ 고압용의 캡타이어 케이블

99 제2종 접지공사에 사용하는 접지선을 사람이 접촉할 우려가 있는 곳에 시설하는 경우, 접지선의 어느 부분을 합성수지관 또는 이와 동등 이상의 절연효력 및 강도를 가지는 몰드로 덮어야하는가?

① 지하 30[cm]로부터 지표상 2[m]까지
② 지하 50[cm]로부터 지표상 1.2[m]까지
③ 지하 60[cm]로부터 지표상 1.8[m]까지
④ 지하 75[cm]로부터 지표상 2[m]까지

100 철도·궤도 또는 자동차도 전용터널안의 전선로를 시설할 때 저압 전선은 인장강도가 몇 [kN] 이상의 절연전선을 사용하여야 하는가?

① 1.38[kN]　　　② 2.30[kN]
③ 2.46[kN]　　　④ 5.26[kN]

해설 저압터널안전선로의 전선굵기는 인장강도 2.3[kN] 이상의 절연전선 또는 2.6[mm] 이상의 경동선의 절연전선 사용

정답 96 ③　97 ①　98 ④　99 ④　100 ②

국가기술자격검정 필기시험문제

2009년도 산업기사 제3회 필기시험(산업기사)

자격종목 및 등급(선택분야)	종목코드	시험시간	문제지형별	수검번호	성명
전기산업기사		2시간 30분	A		

※ 시험문제지는 답안카드와 같이 반드시 제출하여야 합니다.

제1과목 : 전기자기학

01 어떤 코일의 인덕턴스를 측정하였더니 4[H]이고, 여기에 직류 전류 I[A]를 흘려주니 이 코일에 축적된 에너지가 10[J]이였다면 전류 I 는 몇 [A]인가?

① 0.5[A]　　　　② $\sqrt{5}$[A]
③ 5[A]　　　　　④ 25[A]

해설 $W = \dfrac{1}{2}LI^2$ [J]에서,

$I = \sqrt{\dfrac{2 \times 10}{4}} = \sqrt{5}$ [A]

02 25[℃]에서 저항이 10[Ω]인 코일이 있다. 70[℃]에서 코일의 저항[Ω]은?(단, 25[℃]에서 코일의 저항온도 계수는 0.004이다.)

① 10[Ω]　　　　② 10.6[Ω]
③ 11.2[Ω]　　　④ 11.8[Ω]

해설

$R_T = R_t[1 + \alpha_t(T-t)], \ \alpha_t = \dfrac{\alpha_0}{1+\alpha_0 t}$ 에서,

$\alpha_{25} = \dfrac{\dfrac{1}{234.5}}{1 + \dfrac{1}{234.5} \times 25} = 0.004$

$\therefore R_{70} = 10[1 + 0.004(70-25)] = 11.8$ [Ω]

03 고전압이 가해진 유전체 중에 공기의 기포가 있으면 유전체 중의 기포는 절연에 영향을 준다. 절연은 유전체의 유전율에 대하여 어떠한가?

① 유전율이 클수록 절연은 향상된다.
② 유전율이 작을수록 절연은 나빠진다.
③ 유전율에는 무관계하다.
④ 유전율이 클수록 절연은 나빠진다.

해설 기포 내에 있어서 전계의 세기는

$E_i = \dfrac{3\epsilon_1}{2\epsilon_1 + \epsilon_2} E = \dfrac{3\epsilon_s}{2\epsilon_s + 1} E$

유전체의 유전율이 크면 기포 내부의 전계의 세기(전기력선의 밀도)는 커지게 되어서 절연은 나빠지게 된다.

04 송전선의 전류가 0.01초간에 10[kA] 변화할 때 송전선과 평행한 통신선에 유도되는 전압은?(단, 송전선과 통신선 간의 상호 유도계수는 0.3[mH]이다.)

① 3[V]　　　　　② 300[V]
③ 3000[V]　　　④ 300000[V]

해설

$e = M\dfrac{di}{dt} = 0.3 \times 10^{-3} \times \dfrac{10 \times 10^3}{0.01} = 300$[V]

정답 　**01** ②　　**02** ④　　**03** ④　　**04** ②

756 • Part 3. 전기산업기사 기출문제

05 다음 중 벡터에 대한 계산식으로 틀린 것은?

① $i \cdot i = j \cdot j = k \cdot k = 0$

② $i \cdot j = j \cdot k = k \cdot i = 0$

③ $A \cdot B = AB\cos\theta$

④ $i \times i = j \times j = k \times k = 0$

> **해설**
> • $A \cdot B = AB\cos\theta$
> • $A \times B = AB\sin\theta$
> • $\theta = 0°$ 이므로, $\cos 0° = 1$이다.
> $i \cdot i = j \cdot j = k \cdot k = 1$

06 100[MHz]의 전자파의 파장은 몇 [m]인가?

① 0.3[m]　　　　② 0.6[m]

③ 3[m]　　　　④ 6[m]

> **해설** $v = \lambda \cdot f$에서,
> v : 전파속도(진공중 : 3×10^8[m/s])
> $\therefore \lambda = \dfrac{v}{f} = \dfrac{3 \times 10^8}{100 \times 10^6} = 3$ [m]

07 다음 중 전기력선의 일반적인 성질로 옳지 않은 것은?

① 전기력선은 부전하에서 시작하여 정전하에 서 그친다.

② 전기력선은 그 자신만으로 폐곡선이 되는 일은 없다.

③ 전기력선은 전위가 높은 점에서 낮은 점으로 향한다.

④ 도체 내부에는 전기력선이 없다.

> **해설** 전기력선의 일반성질
> • 전기력선은 정(+)전하에서 부(−)전하로 들어간다.
> • 전기력선은 전위가 높은점에서 낮은점으로 향한다 ($E = -\, grad\, V$).
> • 전기력선은 그 자신만으로 폐곡선을 이루지 못한다 ($\nabla \times E = 0$).

• 전기력선은 전하가 없는 곳에서 연속이다. 발생 · 소멸이 없다($\nabla \cdot E = 0$).

• 전기력선은 등전위면(도체표면)과 수직으로 만난 다(직교).

• 전기력선은 전계가 0이 아닌 이상 교차하는 일은 없다.

• 전기력선은 도체내부에서는 0이다(전기력선이 없다).

• 전기력선은 접선방향이 전계의 방향이다.

• 전기력선은 단위전하에 $\dfrac{1}{\epsilon_0}$개와 전기력선이 출입 한다($\dfrac{1}{\epsilon_0} = 36\pi \times 10^9$[개]).

• 무한원점에 있는 전하까지 고려하면 전하의 총량은 항상 0이다.

• 2개의 전기력선은 서로 교차하지 않는다.

• 전기력선은 도체 표면에서 수직으로 출입한다.

• 전기력선은 무한원점에서 끝나거나 오는 것이 있다.

08 다음 중 변위전류에 대한 설명으로 옳은 것은?

① 자석 내에 자장의 변화에 의해서 생긴 전류

② 도체 중에 전자의 이동에서 생긴 전류

③ 초전도체 중에 자장을 방해하는 전류

④ 유전체 중에 전속밀도의 시간적 변화에 의한 전류

> **해설** 변위전류 : 전속밀도의 시간적변화 $\left(i_d = \dfrac{\partial D}{\partial t}\right)$

09 펠티에 효과에 관한 공식 또는 설명으로 틀린 것은?(단, H는 열량, P는 펠티에 계수, I는 전류, t는 시간이다.)

① $H = P\displaystyle\int_0^t Idt$[cal]

② 펠티에 효과는 지벡효과와 반대의 효과이다.

③ 반도체와 금속을 결합시켜 전자냉동 등에 응용한다.

④ 펠티에 효과란 동일한 금속이라도 그 도체 중의 2점간에 온도차가 있으면 전류를 흘림으 로써 열의 발생 또는 흡수가 생긴다는 것이다.

정답 05 ①　06 ③　07 ①　08 ④　09 ④

해설 펠티에 효과 : 이종금속의 폐회로에 전류가 흐르면 접합점에서 열의 흡수, 발생이 일어나는 현상(전자냉동)

10 저항 24[Ω]의 코일을 지나는 자속이 $0.3\cos 800t$ [Wb]일 때 코일에 흐르는 전류의 최대값은?

① 10[A] ② 20[A]
③ 30[A] ④ 40[A]

해설

$$e = \frac{d\phi}{dt} = \frac{d}{dt}\phi_m\cos\omega t = -\omega\phi_m\sin\omega t$$
$$= E_m\sin\omega t\,[V]\,\text{가 된다.}$$
$\phi = \phi_m\cos\omega t$일 때
∴ 최대전류(I_m)
$$= \frac{E_m}{R} = \frac{\omega\phi_m}{24} = \frac{800\times 0.3}{24} = 10\,[A]$$

11 어떤 막대 철심이 있다. 단면적이 0.4[m²]이고, 길이가 0.8[m], 비투자율이 20이다. 이 철심의 자기 저항은 약 몇 [AT/Wb]인가?

① $3.86\times 10^4[\text{AT/Wb}]$
② $3.86\times 10^5[\text{AT/Wb}]$
③ $7.96\times 10^4[\text{AT/Wb}]$
④ $7.96\times 10^5[\text{AT/Wb}]$

해설

$$R_m = \frac{\ell}{\mu s} = \frac{\ell}{\mu_0\mu_s s} = \frac{0.8}{4\pi\times 10^{-7}\times 20\times 0.4}$$
$$= 7.96\times 10^4[\text{AT/Wb}]$$

12 같은 양, 같은 부호의 전하가 어느 거리만큼 떨어져 있을 때, 전하사이의 중점에 있어서의 전계[V/m]의 세기는?

① 0 ② ∞
③ 9×10^9 ④ $\dfrac{1}{9\times 10^9}$

해설

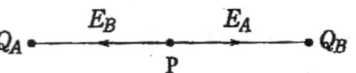

그림에서 보면 같은 양, 같은 부호의 전하이므로 전계의 크기는 같고 방향이 반대이므로 이 두 전하 사이의 중점에 있어서의 전계의 세기는 0이다.

$$\left(E = \frac{Q}{4\pi\epsilon_0 r^2}[\text{V/m}]\right)$$

13 내압과 용량이 각각 200[V] 5[μF], 300[V] 4[μF], 400[V] 3[μF], 500[V] 3[μF]인 4개의 콘덴서를 직렬 연결하고 양단에 직류 전압을 가하여 전압을 서서히 상승시키면 최초로 파괴되는 콘덴서는?(단, 콘덴서의 재질이나 형태는 동일하다.)

① 200[V] 5[μF] ② 300[V] 4[μF]
③ 400[V] 3[μF] ④ 500[V] 3[μF]

해설

$$Q_1 = C_1 V_1 = 5\times 10^{-6}\times 200 = 1\times 10^{-3}\,[C]$$
$$Q_2 = C_2 V_2 = 4\times 10^{-6}\times 300 = 1.2\times 10^{-3}\,[C]$$
$$Q_3 = C_3 V_3 = 3\times 10^{-6}\times 400 = 1.2\times 10^{-3}\,[C]$$
$$Q_4 = C_4 V_4 = 3\times 10^{-6}\times 500 = 1.5\times 10^{-3}\,[C]$$

에서, 콘덴서의 전하 용량값이 작을수록 빨리 파괴되므로, 문제에서 전하용량이 큰 순서는 $Q_4 > Q_3 = Q_2 > Q_1$ 순서가 되는데, 그러므로 전하용량이 가장 적은 200[V], 5[μF]의 콘덴서가 최초로 파괴된다.

14 전류의 세기가 I[A], 반지름 r[m]인 원형 선전류 중심에 m[Wb]인 가상 점자극을 둘 때 원형 선전류가 받는 힘은 몇 [N]인가?

① $\dfrac{mI}{2r}[\text{N}]$ ② $\dfrac{mI}{2\pi r}[\text{N}]$
③ $\dfrac{mI^2}{2\pi r}[\text{N}]$ ④ $\dfrac{mI}{2r^2}[\text{N}]$

정답 10 ① 11 ④ 12 ① 13 ① 14 ①

해설 원형 전류의 중심의 자계는

$H = \dfrac{I}{2r}$[AT/m]에서, 원형 선전류가 받는 힘은

$\therefore F = m \cdot H = \dfrac{mI}{2r}$[N]

15 평행판콘덴서의 면적이 $S\,[m^2]$, 양단의 극판 잔격이 d[m]일 때 비유전률 ϵ_s인 유전체를 채우면 정전용량[F]은?(단, 진공중의 유전율은 ϵ_0이다.)

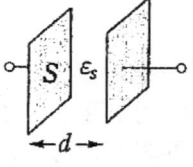

① $\dfrac{\epsilon_0 S}{4\pi\epsilon_0 d}$

② $\dfrac{4\pi\epsilon_0 \epsilon_s}{Sd}$

③ $\dfrac{\epsilon_0 \epsilon_s S}{d}$

④ $\dfrac{\epsilon_s S}{\epsilon_0 d}$

해설 평행판콘덴서의 정전용량은

$C = \dfrac{\epsilon s}{d} = \dfrac{\epsilon_0 \epsilon_s S}{d}$

16 공기 중에서 무한 평면 도체 표면 아래의 1[m] 떨어진 곳에 1[C]의 점전하가 있다. 전하가 받는 힘의 크기는 몇 [N]인가?

① 9×10^9[N]

② $\dfrac{9}{2} \times 10^9$[N]

③ $\dfrac{9}{4} \times 10^9$[N]

④ $\dfrac{9}{16} \times 10^9$[N]

해설

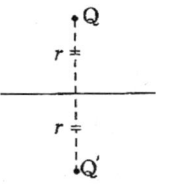

무한평면도체 표면 아래의 1[m] 떨어진 점전하 Q[C]이 받는 힘은 그림에 의한 전기영상법으로

$F = \dfrac{Q \cdot Q'}{4\pi\epsilon_0 (2r)^2} = \dfrac{Q^2}{16\pi\epsilon_0 r^2} = \dfrac{1}{4} \times 9 \times 10^9 \times \dfrac{1}{1^2}$

$= \dfrac{9}{4} \times 10^9$[N]

17 평행판콘덴서의 극간 거리를 $\dfrac{1}{2}$로 줄이면 콘덴서 용량은 처음 값에 비해 어떻게 되는가?

① $\dfrac{1}{2}$이 된다.

② $\dfrac{1}{4}$이 된다.

③ 2배가 된다.

④ 4배가 된다.

해설 $C = \dfrac{\epsilon S}{d}$[F]

$\therefore C' = \dfrac{\epsilon S}{d'} = \dfrac{\epsilon S}{\frac{d}{2}} = \dfrac{2\epsilon S}{d} = 2C$ 가 된다.

18 일반적으로 자구(Magnetic Domain)를 가지는 자성체는?

① 유전체

② 강자성체

③ 역자성체

④ 비자성체

해설 자구 : 자기모멘트가 서로 접근하여 원자 전체의 모멘트가 동일한 방법으로 정렬하고 있는 작은 영역 (강자성체에는 처음부터 자구가 존재)

19 서로 결합된 2개의 코일은 직렬로 연결하면 합성 자기 인덕턴스가 20[mH]이고, 한쪽 코일의 연결을 반대로 하면 8[mH]가 되었다. 두 코일의 상호인덕턴스는?

① 3[mH]

② 6[mH]

③ 14[mH]

④ 28[mH]

정답 **15** ③ **16** ③ **17** ③ **18** ② **19** ①

해설

- 같은 방향으로 직렬 연결 :
$$L = L_a + L_b + 2M \cdots\cdots ①$$
- 반대 방향으로 직렬 연결 :
$$L' = L_a + L_b - 2M \cdots\cdots ②$$

① － ② 하면,

$20 = L_a + L_b + 2M$

$-)\ 8 = L_a + L_b - 2M$

$$\therefore M = \frac{20 - 8}{4} = 3\,[mH]$$

20 대전도체의 성질 중 옳지 않은 것은?

① 도체 표면의 전하 밀도를 $\sigma\,[C/m^2]$이라 하면 표면상의 전계는 $E = \dfrac{\sigma}{\epsilon_0}\,[\text{V/m}]$이다.

② 도체 표면상의 전계는 면에 대해서 수평이다.

③ 도체 내부의 전계는 0이다.

④ 도체는 등전위이고, 그의 표면은 등전위면이다.

해설 도체의 전하분포 및 성질

㉠ 도체 내부의 전계세기는 0이다. (도체의 전위는 등전위이므로 전위경도 $grad\,V = 0$,
∴ $E = -grad\,V$에서 도체내부의 전계세기 = 0)

㉡ 전하는 도체 내부에 존재하지 않고 도체표면에만 존재

㉢ 도체표면의 전하밀도는 곡률이 클수록 높다.(곡률반경이 작을수록 높다)

㉣ 도체표면과 내부의 전위는 등전위(표면은 등전위면)

㉤ 중공부에 전하가 없고 대전도체라면 전하는 도체외부의 표면에만 분포.

㉥ 도체면에서의 전계의 세기는 도체표면에 항상 수직.

제2과목 : 전력공학

21 전선로에 댐퍼(Damper)를 사용하는 목적은?

① 전선의 진동방지

② 전력손실 격감

③ 낙뢰의 내습방지

④ 많은 전력을 보내기 위하여

해설 댐퍼 : 전선의 진동 방지용

22 일반적으로 수용가 상호간, 배전 변압기 상호간, 급전선 상호간 또는 변전소 상호간에서 각개의 최대부하는 그 발생 시각이 약간씩 다르다. 따라서 각개의 최대 수요전력의 합계는 그군의 총합 최대 수요 전력보다도 큰 것이 보통이다. 이 최대 전력의 발생 시각 또는 발생 시기의 분산을 나타내는 지표는?

① 제일효율 　　② 부등률

③ 부하율 　　④ 수용률

해설

- 부등률 : 최대 전력의 발생시각, 시기의 분산을 나타내는 지표
- 수용률 : 수요에 대한 상정할 경우
- 부하율 : 설비를 얼마나 유효하게 이용하고 있는 정도

23 그림과 같이 송전선이 4도체인 경우 소선 상호 간의 기하학적 평균 거리는?

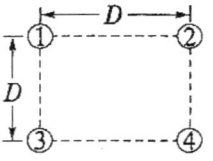

① $\sqrt[3]{2}\,D$ 　　② $\sqrt[4]{2}\,D$

③ $\sqrt[6]{2}\,D$ 　　④ $\sqrt[8]{2}\,D$

정답　20 ②　21 ①　22 ②　23 ③

760 · Part 3. 전기산업기사 기출문제

해설 기하학적 평균거리(등가선간거리)는,

$$D_e = \sqrt[6]{D D \sqrt{2} \, D D D \sqrt{2} \, D} = \sqrt[6]{2} \, D$$

24 그림과 같이 정수가 서로 같은 평행 2회선에서 일반회로정수 C_0는 얼마인가?(단, 그림에서 좌측은 송전단, 우측은 수전단이다.)

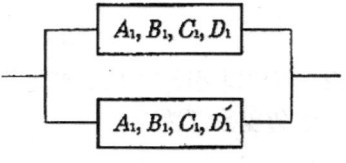

① $\dfrac{C_1}{4}$

② $\dfrac{C_1}{2}$

③ $2C_1$

④ $4C_1$

해설

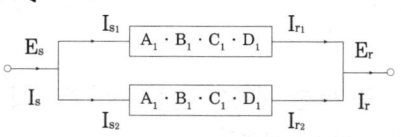

$E_s = A_1 E_r + B_1 I_{r1} \cdots\cdots$ ①

$E_s = A_1 E_r + B_1 I_{r2} \cdots\cdots$ ②

①+②, $2E_s = 2A_1 E_r + B_1(I_{r1} + I_{r2})$,

$I_r = I_{r1} + I_{r2}$ 이므로,

$\therefore E_s = A_1 E_r + \dfrac{B_1}{2} I_r \cdots\cdots$ ⑤

$I_{s1} = C_1 E_r + D_1 I_{r1} \cdots\cdots$ ③

$I_{s2} = C_1 E_r + D_1 I_{r2} \cdots\cdots$ ④

③+④ , $(I_{s1} + I_{s2}) = 2C_1 E_r + D_1(I_{r1} + I_{r2})$,

$I_s = I_{s1} + I_{s2}$ 이므로,

$\therefore I_s = 2C_1 E_r + D_1 I_r \cdots\cdots$ ⑥

⑤, ⑥식을 1회선 송전선로와 비교해보면,

$A = A_1,\ B = \dfrac{1}{2} B_1,\ C = 2C_1,\ D = D_1$ 이 된다.

25 다음 중 연가(Transposition)의 효과로 거리가 먼 것은?

① 직렬공진의 방지

② 선로정수의 평형

③ 대지정전용량의 감소

④ 통신선의 유도장해의 감소

26 전력계통에서 변압기의 유기 기전력이 발생할 때 나타나는 고조파 중 제3고조파 및 제5고조파를 각각 제거시키는 방법으로 다음 중 가장 적절한 것은?

① 제3고조파 및 제5고조파 모두 직렬리액터를 설치하여 제거할 수 있다.

② 변압기 결선 방식으로는 고조파를 제거할 수는 없다.

③ 제3고조파는 전력용 콘덴서를 설치하여 제거하고 제5고조파는 직렬리액터를 설치하여 제거한다.

④ 변압기 △결선 방식으로 제3고조파를 제거하고, 제5고조파는 직렬리액터를 설치하여 제거한다.

해설

• 직렬리액터 : 제5고조파 제거 및 파형 개선

• 변압기 △결선 방식 : 제3고조파 제거

27 설비 용량이 각각 75[kW], 80[kW], 85[kW]의 부하 설비가 있다. 수용률이 60[%]라면 최대 수요 전력은?

① 96[kW]

② 144[kW]

③ 240[kW]

④ 400[kW]

해설 수용률 $= \dfrac{\text{최대수용전력}}{\text{설비용량}} \times 100$ [%]

$\therefore$ 최대수용전력 $= 0.6(75+80+85) = 144$[kW]

정답 24 ③　25 ③　26 ④　27 ②

28 전극의 어느 일부분의 전위경도가 커져서 공기와의 절연이 파괴되어 생기는 현상은?

① 페란티 현상　　　② 코로나 현상
③ 카르노 현상　　　④ 보어 현상

해설 코로나 현상 : 코로나 임계전압 이상이 되면, 전선주위의 전장의 세기가 강해져서, 전선표면에 공기 절연이 부분적으로 파괴되어 빛과 낮은 소리를 내는 현상

29 전력계통에서의 안정도란 주어진 운전 조건 하에서 계통이 안정하게 운전을 계속할 수 있는 가의 능력을 말한다. 다음 중 안정도의 구분에 포함되지 않는 것은?

① 동태 안정도　　　② 과도 안정도
③ 정태 안정도　　　④ 동기 안정도

해설 안정도
㉠ 정태안정도(Static Stability) : 발전기가 탈조하지 않고 안정적으로 운용 할 수 있는 정도로서, 송전계통의 불변 또는 서서히 변하는 부하에 대해서도 계속적으로 송전 할 수 있는 극한 전력을 정태 안정 극한 전력이라 한다.
㉡ 과도안정도(Tramsient Stability) : 계통에 급격한 변화가 생겨도 발전기가 탈조하지 않고 다시 안정적인 운용 상태를 회복할 수 있는 정도
㉢ 동태 안정도(Dynamic Stability) : 동기기의 여자전류를 제어할 경우의 정태 안정도를 동태 안정도라 하며, 자동 전압 조정기와 같은 자동장치를 갖는 경우의 안정도를 말하기로 한다.

30 최근 GIS 설비에서 사용되고 있는 소호능력과 차단능력이 우수한 SF_6 가스를 이용한 차단기는?

① 공기차단기　　　② 자기차단기
③ 가스차단기　　　④ 진공차단기

해설 가스차단기(GCB) : 소호매질로는 SF_6(육불활성 가스)을 사용한다.

31 다음 중 고압 수전 설비를 구성하는 기기로 볼 수 없는 것은?

① 변압기　　　　　② 배전용 차단기
③ 과전류 계전기　　④ 복수기

해설 복수기는 수전 설비가 아닌 발전설비로서, 증기 터빈에서 배출되는 증기를 물로 냉각하여 복수하기 위한 장치

32 철탑으로부터의 전선의 오프셋을 주는 이유로 가장 알맞은 것은?

① 불평형 전압의 유도방지
② 지락사고 방지
③ 전선의 진동방지
④ 상하 전선의 접촉방지

해설 오프셋 : 전선도약으로 인한 상간 단락사고 방지

33 다음 중 송전 계통의 안정도를 증진시키는 방법이 아닌 것은?

① 전압 변동을 적게 한다.
② 직렬 리액턴스를 크게 한다.
③ 제동 저항기를 설치한다.
④ 고속 재폐로 방식을 채용한다.

해설 전력계통의 안정도 향상대책
• 계통의 직렬리액턴스를 적게 한다.
• 속응여자 방식을 채용한다.
• 고장(지락)전류를 줄이고, 고장구간을 신속하게 차단시킨다.
• 중간조상방식을 채용한다.
• 고장시 발전기 입, 출력의 불평형을 작게 하여야 한다.

34 가공전선로에 사용하는 현수 애자련이 10개라고 할 때 다음 중 전압 부담이 최소인 것은?

정답　28 ②　29 ④　30 ③　31 ④　32 ④　33 ②　34 ①

① 전선에서 8번째 애자

② 전선에서 5번째 애자

③ 전선에서 3번째 애자

④ 전선에서 1번째 애자

해설 가공 송전 선로에 사용되는 애자련 중에서 전압 분담이 최소가 되는 곳(철탑에서 1/3지점에 있는 애자) 철탑에서 가장 가까운 곳이 되며, 보통 1개련 애자인 경우는 철탑에서 두 번째 가까운 곳, 10개의 현수애자 일 경우는 철탑에서 3번째 가까운 곳으로 본다.

35 중성점 접지방식 중 소호리액터 접지방식에서 공진조건 $\omega L = \dfrac{1}{3\omega C} - \dfrac{x_t}{3}$ 에서 x_t는?

① 선로 임피던스　　② 변압기 임피던스

③ 발전기 임피던스　④ 부하설비 임피던스

해설 변압기 한 상당 임피던스 : x_t

$$\omega L = \frac{1}{3\omega C} - \frac{x_t}{3} \ [\Omega]$$

36 역률 80[%] 5000[kVA]의 부하를 역률 90 [%]로 개선하고자 한다. 이 경우 필요한 콘덴서의 용량은?

① 820[kVA]　　② 1080[kVA]

③ 1350[kVA]　　④ 2160[kVA]

해설

$$Q = P(\tan\theta_1 - \tan\theta_2)$$
$$= 5000 \times 0.8 \left(\frac{0.6}{0.8} - \frac{\sqrt{1-0.9^2}}{0.9} \right)$$
$$= 1062.71 \ [kVA]$$

37 어느 변전소에서 합성 임피던스가 0.4[%] (10000[kVA] 기준)인 곳에 시설할 차단기의 소요 차단 용량은?

① 8250[MVA]　　② 400[MVA]

③ 2,500[MVA]　④ 4,000[MVA]

해설 $P_s = \dfrac{100}{\%Z} P_n = \dfrac{100}{0.4} \times 10 = 2500 \ [MVA]$

38 다음 중 수차 발전기가 난조를 일으키는 원인은?

① 발전기의 관성 모멘트가 크다.

② 발전기의 자극에 제동 권선이 있다.

③ 수차의 속도 변동률이 적다.

④ 수차의 조속기가 예민이다.

해설

㉠ 수차 발전기의 난조를 일으키는 원인
- 수차의 조속기 감도 너무 예민할 경우
- 전기자 회로의 저항이 클 경우
- 원동기의 토크에 고조파 토크가 포함된 경우
- 부하가 맥동할 때

㉡ 난조방지
- 발전기의 관성모멘트를 크게
- 자극에 제동권선을 적당하게

39 다음 중 열사이클의 효율을 올리는 방법과 거리가 먼 것은?

① 과열증기 사용　　② 저압저온 이용

③ 진공도 향상　　④ 재생사이클 채용

해설 열사이클의 효율 향상대책
- 재생, 재열 사이클 채용
- 복합사이클 발전의 채용
- 복수기의 진공도를 향상
- 증기의 압력과 온도를 높인다.
- 열병합 발전설비 채용
- 연도가스의 온도를 낮춘다.
- 단위기들의 용량을 크게 할 것

정답　35 ②　36 ②　37 ③　38 ④　39 ②

40 원자로에서 카드뮴 봉(Rod)에 대한 설명으로 옳은 것은?

① 생체차폐를 한다.

② 냉각재로 사용된다.

③ 감속재로 사용된다.

④ 핵분열 연쇄반응을 제어한다.

해설 제어봉 : 원자로 내에 핵분열시 연쇄반응을 제어하고 증배율을 변화시키기 위해서 노심에 삽입해서 넣었다 뺐다 하는 것으로서 붕소(B), 카드뮴(cd), 하프늄(Hf) 등과 같이 중성자의 흡수단면적이 큰 재료로써 제작된다.

제3과목 : 전기기기

41 다음 중 SCR에 관한 설명으로 옳은 것은?

① 증폭기능을 갖는 1방향성 3단자 소자이다.

② 정류기능을 갖는 1방향성 3단자 소자이다.

③ 제어기능을 갖는 양방향성 3단자 소자이다.

④ 스위치기능을 갖는 양방향성 3단자 소자이다.

해설 SCR의 특징

• 정류기능을 갖는 단일방향성 3단자 소자이다.
• 게이트 신호를 인가할 때부터 도통때까지 시간이 짧다.
• 열용량이 적어서 고온 및 과전압에 약하다.
• 전류가 흐를 때 양극의 전압강하가 작다.
• 아크가 발생하지 않아서 열의 발생이 적다.
• 역률각 이하에서는 제어가 안 된다.

42 다음 중 직류 전동기의 속도 제어법이 아닌 것은?

① 계자 제어법   ② 전압 제어법

③ 저항 제어법   ④ 주파수 제어법

해설 직류 전동기의 속도제어법

$N = K' \dfrac{E_c}{\phi} = K' \dfrac{V - I_a R_a}{\phi} [rpm]$ 에서, 전압제어, 계자제어(ϕ), 저항제어(R_a), 그러나 직류기에서는 주파수와 상관이 없다.

43 어떤 주상 변압기가 4/5 부하일 때, 최대 효율이 된다고 한다. 전부하에 있어서의 철손과 동손의 비 P_c/P_i는 약 얼마인가?

① 0.64   ② 1.56

③ 1.64   ④ 2.56

해설 최대효율 조건은, 철손 = 동손일 때이므로

$P_i = m^2 P_c = (\dfrac{4}{5})^2 P_c = \dfrac{16}{25} P_c$

$\therefore \dfrac{P_c}{P_i} = \dfrac{25}{16} = 1.56$

44 운전 중인 유도 전동기의 등가회로에서 기계적 출력을 나타내는 것은?

① 2차 회로저항(r_2)   ② 부하저항(r)

③ 2차 임피던스(Z_2)   ④ 2차 유기전압(E_2)

해설 기계적 출력(P_0)은 부하저항 중의 소비전력이므로, 부하저항은

$r = (\dfrac{1-s}{s}) r_2' $ 로 나타낸다.

45 수은 정류기의 역호를 방지하기 위해 운전상 주의할 사항으로 틀린 것은?

① 과도한 부하 전류를 피한다.

② 진공도를 항상 양호하게 유지한다.

③ 철제 수은 정류기는 양극 바로 앞에 그리드를 설치한다.

④ 냉각 장치에 유의하고 과열되면 급히 냉각시킨다.

해설 역호 : 수은 정류기에서 정류기의 밸브 작용이 상실되는 현상

㉠ 역호발생의 원인
• 내부잔존 가스의 압력상승
• 전류, 전압의 과대
• 양극재료의 불량
• 양극의 수은 물방울의 부착

정답 40 ④   41 ②   42 ④   43 ②   44 ②   45 ④

- 양극 표면의 불순물의 부착
- 증기 밀도의 과대
- 화성의 불충분
ⓒ 역호를 방지하기 위한 방법
- 정류기를 과부하 되지 않도록 한 것
- 진공도를 충분히 높게 할 것
- 냉각장치의 과냉, 과열을 피할 것
- 양극에 직접 수은 증기가 부착되지 않도록 할 것
- 양극의 바로 앞에 그리드를 설치해서 이것에 부 (−) 전위로 하면 역호를 저지한다.

46 직류 분권발전기가 있다. 극수 6, 전기자도체 총수 400, 각 자극의 자속은 0.01[Wb]이고, 그 회전수가 600[rpm]일 때 전기자에 유기되는 기전력은 몇 [V]인가?(단, 전기자 권선은 파권이다.)

① 40[V]　　　　② 120[V]
③ 160[V]　　　　④ 240[V]

해설

$$E = \frac{p\phi ZN}{60a} = \frac{6 \times 0.01 \times 400 \times 600}{60 \times 2} = 120\ [V]$$

파권 : a=2

47 다음 중 무부하 특성곡선이 존재하지 않는 발전기는?

① 직류 직권 발전기
② 직류 분권 발전기
③ 직류 차동복권 발전기
④ 직류 가동복권 발전기

해설 무부하 특성곡선 : 계자전류(I_f)와 전압(V)과의 관계곡선으로서 직류직권발전기에서는 전기자와 계자권선이 직렬로 접속되어 있으므로, $I=I_f=I_a$가 된다. 직류 직권 발전기에서는 무부하에서 계자전류(I_f)=0 이 되어서 발전할 수 없으므로 무부하 특성곡선은 존재 할 수 없다.

48 브러시를 이동하여 회전 속도를 제어하는 전동기는?

① 반발 전동기
② 직류직권 전동기
③ 단상직권 전동기
④ 반발기동형 단상유도 전동기

해설 반발전동기 : 브러시를 이동해서, 기동, 정지, 속도제어가 가능하다.

49 동기발전기에 관한 다음 설명 중 옳지 않은 것은?

① 단락비가 크면 동기임피던스가 적다.
② 단락비가 크면 공극이 크고 철이 많이 소요된다.
③ 단락비를 적게 하기 위해서 분포권과 단절권을 사용한다.
④ 전압강하가 감소되어 전압변동률이 좋다.

해설 동기발전기의 전기자 권선은 분포권과 단절권을 사용하는 주된 이유는 고조파를 제거해서 기전력의 파형을 개선하는 것이기 때문에 단락비와는 관계가 없다.

50 동기발전기의 외부특성곡선에서 부하전류가 일정한 경우 전압 변동률이 가장 적게 되는 역률은?(단, 부하는 유도성 부하이다.)

① 0　　　　② 0.6
③ 0.8　　　　④ 1

해설 역률이 1일 때 전압변동률이 가장 적게 된다.

51 동기발전기를 모선에 연결하기 전에 동기검정기로 모선의 값과 동기발전기의 값들이 일치하는 지를 확인하려고 한다. 동기검정기로 알 수 없는 것은?

① 주파수　　　　② 상회전 방향
③ 전류　　　　④ 전압의 크기

정답 **46** ②　**47** ①　**48** ①　**49** ③　**50** ④　**51** ③

2009년도 산업기사 제3회 필기시험(산업기사) · **765**

해설 동기검정기 : 동기발전기를 모선에 연결하기 전에 병렬운전 조건이 맞는지를 확인하는데 사용되며, 전압의 크기, 주파수 및 위상의 일치 여부를 확인한다.

52 3상 유도 전동기의 출력이 10[kW], 슬립이 5[%]일 때 2차 동손은?

① 0.426[kW]   ② 0.526[kW]

③ 0.626[kW]   ④ 0.726[kW]

해설

2차 입력 : $P_2 = \dfrac{P}{1-s} = \dfrac{10}{1-0.05} = 10.526\,[kW]$

$\therefore$ 2차 동손 : $P_{c2} = s P_2 = 0.05 \times 10.526$
$= 0.526\,[kW]$

53 단상 브리지 정류 회로에서 저항 부하에 인가되는 전압이 200[V]이면 전원 전압은 약 몇 [V]인가?(단, 정류기에서의 전압강하는 무시한다.)

① 50[V]   ② 112[V]

③ 222[V]   ④ 340[V]

해설 단상 브리지 정류,

$E_d = \dfrac{2\sqrt{2}}{\pi} E = 0.9E$ 에서,

$E = \dfrac{E_d}{0.9} = \dfrac{200}{0.9} = 222.22\,[V]$

54 60[Hz], 4[극], 정격속도 1720[rpm]의 권선형 3상 유도 전동기가 있다. 전부하 운전 중에 2차 회로의 저항을 4배로 하면 속도는 약 몇 [rpm]으로 되는가?

① 약 962[rpm]   ② 약 1215[rpm]

③ 약 1483[rpm]   ④ 약 1656[rpm]

해설

$\dfrac{r_2}{s_1} = \dfrac{R}{s_2} = \dfrac{4r_2}{s_2}$ 에서,

$s_2 = \dfrac{4r_2}{r_2} s_1 = 4 \times 0.044 = 0.176$

$s_1 = \dfrac{N_s - N}{N_s} = \dfrac{1800 - 1720}{1800} = 0.044$

$N_s = \dfrac{120f}{p} = \dfrac{120 \times 60}{4} = 1800\,[rpm]$

$\therefore N_2 = (1 - s_2) N_s = (1 - 0.176) \times 1800$
$= 1483.2\,[rpm]$

55 단상 변압기 3대를 △-Y로 결선했을 때의 1차, 2차의 전압 위상차는?

① 0°   ② 30°

③ 60°   ④ 90°

해설

• △결선 : 선간전압(V_l)과 상전압(V_p)은 크기와 위상은 같다.
  $V_l = V_p \angle 0°$

• Y결선 : 선간전압(V_l)은 상전압(V_p)보다 크기는 $\sqrt{3}$ 배, 위상은 30° 만큼 앞선다.
  $V_l = \sqrt{3}\,V_p \angle 30°$

56 내철형 3상 변압기를 단상 변압기로 사용할 수 없는 이유로 가장 옳은 것은?

① 1차, 2차 간의 각변위가 있기 때문에

② 각 권선마다의 독립된 자기 회로가 있기 때문에

③ 각 권선마다의 독립된 자기 회로가 없기 때문에

④ 각 권선이 만든 자속이 $\dfrac{3\pi}{2}$ 위상차가 있기 때문에

정답   **52** ②   **53** ③   **54** ③   **55** ②   **56** ③

766 • Part 3. 전기산업기사 기출문제

해설 내철형 3상 변압기 : 각 권선마다 독립된 자기회로가 없기 때문에 단상으로 사용할 수 없다(외철형 3상 변압기 : 각상마다 독립된 자기회로가 있다).

57 직류기의 전기자 권선법 중 파권의 이점은?

① 효율이 크게 좋아진다.

② 전류가 증가된다.

③ 전압이 높아진다.

④ 출력이 증가한다.

해설

항목	단중 중권 (병렬권선)	단중파권 (직렬권선)
전기자의 병렬 회로수(a)	$p(mp)$, p : 극수	2(2m), m : 다중도
용도	저전압, 대전류용	고전압, 소전류용
브러시 수(b)	P	2
균압접속	4극 이상 필요하다	필요없다

58 직류기의 전기자에 사용되는 전기자 권선법은?

① 개로권

② 환상권

③ 2층권

④ 단층권

해설 직류기의 전기자 권선법
- 개로권과 폐로권 : 폐로권 사용
- 환상권과 고상권 : 고상권 사용
- 단층권과 이층권 : 이층권 사용

59 정전압 계통에 접속된 동기 발전기는 그 여자를 약하게 하면?

① 출력이 감소한다.

② 전압이 강하된다.

③ 뒤진 무효 전류가 증가한다.

④ 앞선 무효 전류가 증가한다.

해설 동기발전기 2대를 병렬운전 할 때, A기의 여자를 약하게 하면 유기 기전력 저하되어 진상 무효전류가 흐르므로 역률이 개선되고, 반대로 B기에는 지상 무효전류가 흐르므로 역률이 떨어진다.

60 3상 권선형 유도 전동기의 회전자에 슬립 주파수의 전압을 공급하여 속도를 변화시키는 방법은?

① 교류 여자 제어법

② 1차 저항법

③ 주파수 변환법

④ 2차 여자 제어법

해설 2차 여자 제어법 : 2차 주파수 sf와 같은 주파수의 전압 E_c을 발생시켜 슬립링을 통해서 회전자 권선에 보내고, $I_2 = \dfrac{sE_2 \pm E_c}{r_2}$에서 정토크 부하일 경우에는 I_2와 r_2가 일정하고, E_c의 크기에 따라서 s가 변하기 때문에 속도가 변하게 되는 방법을 말한다.

제4과목 : 회로이론

61 무손실 분포정수 선로에서 인덕턴스가 $1[\mu H/m]$이고, 정전 용량이 400[pF/m]일 때 특성 임피던스는 몇 [Ω]인가?

① 25[Ω]

② 30[Ω]

③ 40[Ω]

④ 50[Ω]

해설 $Z_0 = \sqrt{\dfrac{Z}{Y}} = \sqrt{\dfrac{R+j\omega L}{G+j\omega C}}$ 에서, 무손실 선로에서는, R=G=0이다.

$$\therefore Z_0 = \sqrt{\dfrac{L}{C}} = \sqrt{\dfrac{1 \times 10^{-6}}{400 \times 10^{-12}}} = 50 \,[\Omega]$$

62 실효값이 100[V], 주파수가 50[Hz]인 교류 전압을 저항 100[Ω], 용량이 $10[\mu F]$인 RC 직렬회로에 가했을 때 역률은 약 얼마인가?

① 0.3

② 0.5

③ 0.6

④ 0.8

정답 57 ③ 58 ③ 59 ④ 60 ④ 61 ④ 62 ①

해설

$$\cos\theta = \frac{R}{Z} = \frac{R}{\sqrt{R^2 + X_C^2}} = \frac{100}{\sqrt{100^2 + 318^2}} = 0.3$$

$$X_C = \frac{1}{\omega C} = \frac{1}{2\pi \times 50 \times 10 \times 10^{-6}} = 318\,[\Omega]$$

63 v=141sin377t[V]인 정현파 전압의 주파수는 약 몇 [Hz]인가?

① 40[Hz] ② 50[Hz]

③ 60[Hz] ④ 120[Hz]

해설 $\omega = 377 = 2\pi f$, $f = \dfrac{377}{2\pi} = 60\,[Hz]$

64 $i = 3\sqrt{2}\sin(377t - 30°)$ [A]의 평균값은 약 몇 [A]인가?

① 5.4[A] ② 4.35[A]

③ 2.7[A] ④ 1.35[A]

해설 $I_{av} = \dfrac{2}{\pi} I_m = \dfrac{2}{\pi} \times 3\sqrt{2} = 2.7\,[A]$

65 다음과 같은 회로에서 2[Ω] 양단에 걸리는 전압은 몇 [V]인가?

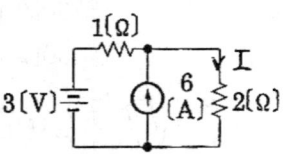

① 2[V] ② 4[V]

③ 5[V] ④ 6[V]

해설 중첩의 원리

• 전압원만 존재할 때(전류원은 개방)

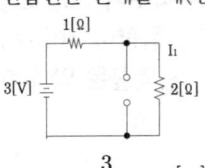

$$\therefore I_1 = \frac{3}{1+2} = 1\,[A]$$

• 전류원만 존재할 때(전압원은 단락)

$$\therefore I_2 = \frac{1}{1+2} \times 6 = 2\,[A]$$

저항2[Ω] 쪽으로 흐르는 전류의 방향이 일치하므로,

$$I = I_1 + I_2 = 1 + 2 = 3\,[A]$$

$$\therefore V = IR = 3 \times 2 = 6\,[V]$$

66 R=15[Ω], X_L=12[Ω], X_C=30[Ω]이 병렬로 접속된 회로에 120[V]의 교류 전압을 가하면 전원에 흐르는 전류는 몇 [A]인가?

① 5[A] ② 7[A]

③ 10[A] ④ 22[A]

해설

병렬로 접속된 회로이므로,

• $I_R = \dfrac{V}{R} = \dfrac{120}{15} = 8\,[A]$

• $I_L = \dfrac{V}{jX_L} = \dfrac{120}{j12} = -j10\,[A]$

• $I_C = \dfrac{V}{-jX_C} = \dfrac{120}{-j30} = j4\,[A]$

$$\therefore I = I_R + I_L + I_C = 8 - j10 + j4$$
$$= 8 - j6 = 10\,[A]$$가 된다.

67 대칭 3상 Y부하에서 각 상의 임피던스가 Z=3+j4[Ω]이고 부하전류가 20[A]일 때 피상전력은 얼마인가?

① 1800[VA] ② 2000[VA]

③ 2400[VA] ④ 2800[VA]

정답 63 ③ 64 ③ 65 ④ 66 ③ 67 ②

해설 피상전력

$$P_a = VI = I^2 Z\,[VA] = 20^2 \times 5 = 2000\,[A]$$

$$Z = \sqrt{3^2 + 4^2} = 5\,[\Omega]$$

68 어떤 회로에 흐르는 전류가 $i = 5 + 14.1\sin\omega t$ 인 경우 실효값은 약 몇 [A]인가?

① 11.2[A] ② 12.5[A]

③ 14.4[A] ④ 16.1[A]

해설 비정현파의 실효값은,

$$I_e = \sqrt{I_0^2 + I_1^2 + I_2^2 + \cdots I_n^2} = \sqrt{5^2 + \left(\frac{14.1}{\sqrt{2}}\right)^2}$$

$$= 11.15\,[A]$$

69 그림과 같은 회로가 정저항 회로가 되기 위한 R[Ω]의 값은 얼마인가?

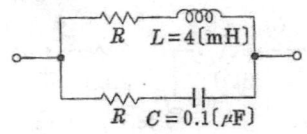

① 200[Ω] ② 2[Ω]

③ $2 \times 10^{-2}[\Omega]$ ④ $2 \times 10^{-4}[\Omega]$

해설 정저항조건,

$$R^2 = \frac{L}{C}\,\text{에서},\ \ R = \sqrt{\frac{4 \times 10^{-3}}{0.1 \times 10^{-6}}} = 200\,[\Omega]$$

70 R-L-C 직렬 회로에서 공진시의 전류는 공급 전압에 대하여 어떤 위상차를 갖는가?

① 0도 ② 90도

③ 180도 ④ 270도

해설 직렬공진시($\omega L = \frac{1}{\omega C}$)에는 전압[V]과 전류(I)는 동위상이 되고 전류는 최대가 된다.

71 4단자 정수 A, B, C, D 중에서 전압 이득의 차원을 가지는 것은?

① A ② B

③ C ④ D

해설

$$V_1 = AV_2 + BI_2$$

$$I_1 = CV_2 + DI_2$$

$$A = \left.\frac{V_1}{V_2}\right|_{I_2 = 0} : \text{개방, 전압이득}$$

$$B = \left.\frac{V_1}{I_2}\right|_{V_2 = 0} : \text{단락, 전달임피던스}[\Omega]$$

$$C = \left.\frac{I_1}{V_2}\right|_{I_2 = 0} : \text{개방, 전달어드미턴스}[\mho]$$

$$D = \left.\frac{I_1}{I_2}\right|_{V_2 = 0} : \text{단락, 전류이득}$$

72 저항 5[Ω], 인덕턴스 10[H]의 직렬회로에 기전력 20[V]를 인가하는데 스위치를 닫고 나서 2[sec] 후의 전류는 약 몇 [A]인가?

① 0.25[A] ② 2.53[A]

③ 5.32[A] ④ 10.02[A]

해설

$$i = \frac{E}{R}\left(1 - e^{-\frac{R}{L}t}\right) = \frac{20}{5}\left(1 - e^{-\frac{5}{10} \times 2}\right) = 2.53\,[A]$$

73 3상 불평형 전압에서 역상 전압이 50[V]이고 정상전압이 200[V], 영상 전압이 10[V]라고 할 때 전압의 불평형률은?

① 1[%] ② 5[%]]

③ 25[%] ④ 50[%]

해설 전압불평형률

$$= \frac{\text{역상전압}}{\text{정상전압}} \times 100 = \frac{50}{200} \times 100 = 25\,[\%]$$

[정답] **68** ① **69** ① **70** ① **71** ① **72** ② **73** ③

74 100[V] 전원에 1[kW]의 선풍기를 접속하니 12[A]의 전류가 흘렀다. 선풍기의 무효율은 약 몇 [%]인가?

① 50[%] ② 55[%]]
③ 83[%] ④ 91[%]

해설
$$\sin\theta = \sqrt{1-\cos^2\theta} = \sqrt{1-0.83^2} = 0.55 = 55[\%]$$
$$\cos\theta = \frac{P}{P_a} = \frac{1\times 10^3}{100\times 12} = 0.83$$

75 R-L 직렬 회로에 $v = 10 + 141.4\sin\omega t + 70.7\sin(3\omega t + 60°)$[V]인 전압을 가할 때 제3 고조파 전류의 실효값은 약 몇 [A]인가?(단, R=8[Ω], ωL=2[Ω]이다.)

① 1[A] ② 3[A]
③ 5[A] ④ 7[A]

해설 $I_3 = \dfrac{V_3}{Z_3} = \dfrac{70.7/\sqrt{2}}{10} = 5\,[A]$
$$Z_3 = \sqrt{R^2 + (3\omega L)^2} = \sqrt{8^2 + (3\times 2)^2} = 10\,[\Omega]$$

76 다음의 회로에서 전류 I_2는 몇 [A]인가?

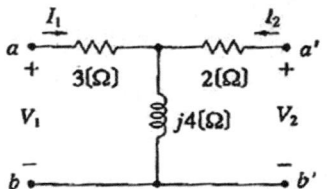

① 1[A] ② 2[A]
③ 3[A] ④ 5[A]

해설 전류원 기준으로 좌우의 저항값이 동일하기 때문에 각각 5[A]씩 나누어 흐르게 된다.

77 RL 직렬회로에 직류전압을 가했을 때 흐르는 전류가 정상전류 $I = \dfrac{V}{R}$의 70[%]에 도달하는 데 요하는 시간은?(단, τ는 시정수이다.)

① t = 0.7τ ② t = 1.1τ
③ t = 1.2τ ④ t = 1.4τ

해설
$$i(t) = \frac{E}{R}(1-e^{-\frac{R}{L}t}),\ 0.7I = I(1-e^{-\frac{t}{\tau}}),$$
$$e^{-\frac{t}{\tau}} = 1-0.7 = 0.3$$
양변에 $\log_e$를 곱하면, $\log_e e^{-\frac{t}{\tau}} = \log_e 0.3$
$$\therefore t = -\tau\log_e 0.3 = 1.2\tau$$

78 다음의 4단자 회로에서 단자 ab에서 본 구동점 임피던스 Z_{11}는 몇 [Ω]인가?

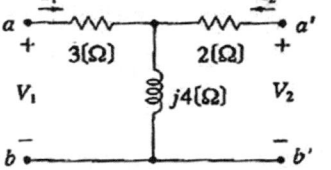

① 2 + j4[Ω] ② 2 − j4[Ω]
③ 3 + j4[Ω] ④ 3 − j4[Ω]

해설 $V_1 = Z_{11}I_1 + Z_{12}I_2$
$V_2 = Z_{21}I_1 + Z_{22}I_2$
$$\therefore Z_{11} = \frac{V_1}{I_1}\bigg|_{I_2=0} = \frac{V_1}{\frac{V_1}{3+j4}} = 3+j4\ [\Omega]$$

79 $F(s) = \dfrac{s}{(s+1)(s+2)}$일 때 $f(t)$를 구하면?

① $1-2e^{-2t}+e^{-t}$ ② $e^{-2t}-2e^{-t}$
③ $2e^{-2t}+e^{-t}$ ④ $2e^{-2t}-e^{-t}$

정답 **74** ②　**75** ③　**76** ④　**77** ③　**78** ③　**79** ④

770 · Part 3. 전기산업기사 기출문제

해설

$$\mathcal{L}^{-1}F(s) = \mathcal{L}^{-1}\frac{s}{(s+1)(s+2)}$$
$$= \mathcal{L}^{-1}(\frac{A}{s+1}+\frac{B}{s+2})$$
$$A = \lim_{s \to -1}\frac{s}{s+2} = -1$$
$$B = \lim_{s \to -2}\frac{s}{s+1} = 2$$
$$\therefore \mathcal{L}^{-1}F(s) = f(t) = \mathcal{L}^{-1}(\frac{-1}{s+1}+\frac{2}{s+2})$$
$$= -e^{-t}+2e^{-2t}$$

80 f(t) = te^{at}의 라플라스 변환은?

① $\dfrac{1}{s-a}$　　　　② $\dfrac{1}{(s-a)^2}$

③ $-\dfrac{1}{s-a}$　　　④ $-\dfrac{1}{(s-a)^2}$

해설 복소추이의 정리
$$\mathcal{L}e^{\pm at}f(t) = F(s \mp a)$$
$$\therefore \mathcal{L}te^{at} = \frac{1}{(s-a)^2}$$

제5과목 : 전기설비기술기준 및 판단기준

81 애자사용 공사를 습기가 많은 장소에 시설하는 경우 전선과 조영재 사이의 이격거리는 몇 [cm] 이상이어야 하는가?(단, 사용전압은 440[V]인 경우이다.)

① 2.0[cm]　　　　② 2.5[cm]

③ 4.5[cm]　　　　④ 6.0[cm]

해설 애자사용공사
- 절연전선 사용할 것
- 전선 상호간의 간격 : 6[cm] 이상
- 전선과 조영재와의 이격거리
  400[V] 미만 : 2.5[cm] 이상
  400[V] 이상 : 4.5[cm] 이상(건조한 곳 : 2.5[cm] 이상)

- 지지점간의 거리
  조영재 윗면, 옆면 : 2[m] 이하
  400[V] 이상의 조영재 아래면 : 6[m] 이하

82 사용전압이 저압인 전로에서 전선과 대지간의 전압이 100[V]인 경우, 전로의 절연저항은 몇 [MΩ] 이상이어야 하는가?

① 0.1[MΩ]　　　　② 0.2[MΩ]

③ 0.4[MΩ]　　　　④ 0.5[MΩ]

해설 전압 전로의 절연 저항값(이상)

전로의 사용전압의 구분		절연 저항값
400[V] 미만	대지 전압이 150[V] 이하인 경우	0.1[MΩ]
	대지 전압이 150[V] 초과 300[V] 이하인 경우	0.2[MΩ]
	사용 전압이 300[V] 초과 400[V] 미만인 경우	0.3[MΩ]
400[V] 이상		0.4[MΩ]

(비고) 대지전압 : 접지식 전로는 전선과 대지간의 전압, 비접지식 전로는 전선간의 전압

83 금속제 지중 관로에 대하여 전식 작용에 의한 장해를 줄 우려가 있어 배류 시설에 선택 배류기를 사용하였다. 이때 선택 배류기를 보호할 목적으로 시설하여야 하는 것은?

① 과전류 차단기　　② 과전압 계전기

③ 유입 개폐기　　　④ 피뢰기

해설 선택 배류기 시설
- 선택 배류기를 보호하기 위하여 적정한 과전류 차단기를 시설 할 것
- 선택 배류기를 제3종 접지공사를 한 금속제 외함이나 기타 견고한 함에 넣어 사람이 접촉할 우려가 없도록 시설할 것

정답 　**80** ②　**81** ③　**82** ①　**83** ①

84 사용전압이 35[kV] 이하인 특고압 가공전선과 가공약전류전선을 동일 지지물에 시설하는 경우 특고압 가공 전선로의 보안공사로 적합한 것은?

① 고압 보안공사

② 제1종 특고압 보안공사

③ 제2종 특고압 보안공사

④ 제3종 특고압 보안공사

해설 특고가공전선과 가공약전류 전선과의 공가

㉠ 35[kV] 이하인 특고가공전선과 가공약전류 전선의 공가는 다음에 의한다.
- 특고선로는 제2종 특고보안 공사에 의하여 시설 할 것
- 특고선을 약전선의 위로 하고 별도의 완금류에 시설할 것
- 전선 : 케이블 또는 55[mm^2] 이상의 경동연선
- 이격거리 : 2[m] 이상, (케이블은 50[cm]까지 감할 수 있다.)
- 수직배선은 통신선(약전류전선의 상부 2[m]로부터 최하부까지 케이블을 사용한다.

㉡ 사용전압이 35[kV] 넘는 것은 공가 할 수 없다.

85 고압 및 특고압 전로의 절연내력시험에서 전로와 대지간에 시험전압을 인가할 때 몇 분간 견디어야 하는가?

① 1분   ② 5분

③ 10분   ④ 15분

해설 • 전로의 절연저항 및 절연내력

① 사용전압이 저압인 전로에서 정전이 어려운 경우 등 절연저항 측정이 곤란한 경우에는 누설전류를 1[mA] 이하로 유지하여야만 한다.

② 고압 및 특고압전로의 절연내력 시험 전압은 전로와 대지간에 연속하여 10분간 가하여 절연내력을 시험했을 때 견뎌야 한다. 다만, 전선에 케이블을 사용하는 교류전로로서 시험전압 2배의 직류전압을 전로와 대지간에 연속으로 10분간 가하여 절연내력을 시험 하였을때 이에 견디는 것은 그러하지 아니하다.

86 일반적으로 저압 가공전선로와 기설 가공약전류전선로가 병행하는 경우에는 유도작용에 의한 통신상의 장해가 생기지 않도록 전선과 기설 약전류 전선간의 이격거리는 몇 [m] 이상으로 하여야 하는가?(단, 저압 가공전선은 케이블이 아니다.)

① 2[m]   ② 3[m]

③ 4[m]   ④ 5[m]

87 시가지에서 저압 가공전선로를 도로에 따라 시설할 경우 지표상의 최저 높이는 몇 [m] 이상이어야 하는가?

① 4.5[m]   ② 5.0[m]

③ 5.5[m]   ④ 6.0[m]

해설 저고압 가공전선의 높이

설치장소		가공전선의 높이
도로횡단		지표상 6[m] 이상
철도 또는 궤도 횡단		레일면상 6.5[m] 이상
횡단보도교 위	저압	노면상 3.5[m] 이상, 단, 절연전선의 경우 3[m] 이상
	고압	노면상 3.5[m] 이상
일반장소 (그 외 장소)		지표상 5[m] 이상. 단, 절연전선 또는 케이블을 사용하여 교통에 지장이 없도록 하여 옥외조명용에 공급하는 경우 4[m]까지 감할 수 있다.

88 전압이 22.9[kV]인 중성점 접지식 전로로서 중성선이 있고 그 중성선을 다중접지하는 경우 절연내력 시험전압은 최대 사용전압의 몇 배로 하는가?

① 0.72배   ② 0.92배

③ 1.1배   ④ 1.25배

정답 84 ③   85 ③   86 ①   87 ②   88 ②

해설 고압 및 특고압 전로의 절연 내력 시험 전압

전로의 종류	시험 전압
1. 최대 사용 전압이 7,000[V] 이하인 전로	최대 사용 전압의 1.5배 전압
2. 최대사용 전압이 7,000[V] 초과 25,000[V] 이하인 중성점 접지식 전로(중성선을 가지는 것으로서 그 중성선을 다중 접지하는 것에 한한다)	최대 사용 전압의 0.92배 전압
3. 최대 사용 전압이 7,000[V] 초과 60,000[V] 이하인 전로 (2란의 것을 제외한다.)	최대 사용 전압의 1.25배 전압 (10,500[V] 미만으로 되는 경우는 10,500[V])
4. 최대 사용 전압이 60,000[V] 초과 중성점 비접지식 전로(전위 변성기를 사용하여 접지하는 것을 포함한다.)	최대 사용 전압의 1.25배 전압
5. 최대 사용 전압이 60,000[V] 초과 중성점 접지식 전로(전위 변성기를 사용하여 접지하는 것 및 6란과 7란의 것을 제외한다.)	최대 사용 전압의 1.1배의 전압 (75,000[V] 미만으로 되는 경우에는 75,000[V])
6. 최대 사용 전압이 60,000[V] 초과 중성점 직접 접지식 전로 (7란의 것을 제외한다.)	최대 사용 전압의 0.72배 전압
7. 최대 사용 전압이 17만 볼트 초과 중성점 직접 접지식 전로로서 그 중성점이 직접 접지되어 있는 발전소 또는 변전소 혹은 이에 준하는 장소에 시설하는 것	최대 사용 전압의 0.64배 전압

전로에 케이블을 사용하는 경우에는 직류로 시험할 수 있으며, 시험전압은 교류의 경우의 2배

89 60[kV] 송전선로의 송전선과 수목과의 최소 이격거리는?

① 1.5[m] ② 2.0[m]
③ 2.5[m] ④ 3.0[m]

해설 특고압 가공전선과 식물의 이격거리
- 60[kV] 이하 : 2[m] 이상
- 60[kV] 초과 : $2+0.12n$[m] 이상

90 전력보안통신 설비인 무선통신용 안테나를 지지하는 목주는 풍압하중에 대한 안전율이 얼마 이상이어야 하는가?

① 1.0 ② 1.2
③ 1.5 ④ 2.0

해설
- 목주의 안전율 : 1.5 이상
- 철주, 철근콘트리트주 또는 철탑의 기초안전율 : 1.5 이상

91 22.9[kV] 중성선 다중접지 계통에서 각 접지선을 중성선으로부터 분리하였을 경우의 1[km] 마다의 중성선과 대지사이의 합성 전기저항값은 몇 [Ω] 이하이어야 하는가?(단, 전로에 지락이 생겼을 때에 2초 이내에 자동적으로 전로로부터 차단하는 장치가 되어 있다고 한다.)

① 15[Ω] ② 50[Ω]
③ 100[Ω] ④ 150[Ω]

해설 25[kV] 이하인 특고압 가공전선로의 시설
각 접지선을 중성선으로부터 분리하였을 경우의 각 접지점의 대지 전기저항치가 1[km]마다의 중성선과 대지사이의 합성 전기 저항값(이하)

사용전압	각접지점의 대지전기 저항 값	1[km]마다의 합성 전기저항 값
15[kV] 이하	300[Ω]	30[Ω]
15[kV] 초과 25[kV] 이하	150[Ω]	15[Ω]

정답 89 ② 90 ③ 91 ①

92 저압 옥내 간선은 특별한 경우를 제외하고 다음 중 어느 것에 의하여 그 굵기가 결정되는가?

① 변압기 용량 ② 전기 방식
③ 부하의 종류 ④ 허용전류

해설 전기사용 기계 기구의 정격전류의 합계 이상인 허용 전류가 있는 전선을 사용

93 154[kV]의 옥외 변전소에 있어서 울타리의 높이와 울타리에서 충전부분까지 거리의 합계는 몇 [m] 이상이어야 하는가?

① 5[m] ② 6[m]
③ 7[m] ④ 8[m]

해설 특고압용 기계 기구의 시설에서 울타리 담 등의 높이와 울타리 담 등으로부터 충전부분까지의 거리합계는
- 사용전압 35[kV] 이하 : 5[m] 이상
- 사용전압 160[kV] 이하 : 6[m] 이상
- 사용전압 160[kV] 초과 : 6+0.12n[m] 이상

$n = \dfrac{주어진전압[kV] - 160}{10}$ 에서 소수점 이하는 절상할 것

94 폭연성 분진 또는 화약류의 분말이 존재하는 곳의 저압 옥내 배선은 어느 공사에 의하는가?

① 애자 사용 공사 또는 가요 전선관 공사
② 캡타이어 케이블 공사
③ 합성 수지관 공사
④ 금속관 공사 또는 케이블 공사

해설 금속관공사, 케이블공사(캡타이어 케이블 제외)에 의해야 하며, 금속관 공사를 하는 경우 관상호 및 관과 박스 등은 5턱 이상의 나사 조임으로 접속한다.

95 금속관 공사에 관한 사항이다. 일반적으로 콘크리트에 매설하는 금속관의 두께는 몇 [mm] 이상 되는 것을 사용하여야 하는가?

① 1.0[mm] ② 1.2[mm]
③ 2.0[mm] ④ 2.5[mm]

해설 금속관 공사
- 관의 두께
  콘크리트에 매설하는 경우 : 1.2[mm] 이상
  기타의 경우 : 1.0[mm] 이상, 단, 이음매가 없는 길이 4[m] 이하인 것을 건조하고 전개된 곳에 시설하는 경우 : 0.5[mm] 이상
- 전선 : 절연전선(OW제외)일 것, 다만, 단소한관에 넣은 것 또는 공칭 단면전 10[mm²]($Al\ 16[mm^2]$) 이하 것을 사용할 때는 단선으로 사용 할 수 있다.

96 전기부식방지 시설을 할 때 전기부식방지용 전원 장치로부터 양극 및 피방식체까지의 전로에 사용되는 전압은 직류 몇 [V] 이하이어야 하는가?

① 20[V] ② 40[V]
③ 60[V] ④ 80[V]

해설 전기부식 방지시설
지중 또는 수중에 시설되는 금속체의 부식을 방지하기 위하여 지중 또는 수중에 시설하는 양극과 금속체간에 방식 전류를 통하는 시설로 다음과 같이 한다.
- 전기부식 방지회로의 사용전압 : 직류 60[V] 이하
- 양극의 매설깊이 : 지중에 매설시 75[cm] 이상일 것
- 수중에 시설하는 양극과 그 주위 1[m] 안의 임의의 점과의 전위차는 10[V]를 넘지 아니할 것, 지표 또는 수중에서 1[m] 간격을 갖는 임의의 2점간의 전위차는 5[V] 이내이어야 할 것
- 전기부식 방지회로의 전선중 지중에 시설시 : 공칭 단면적 4.0[mm²]의 연동선 이상의 것(단, 양극에 부속하는 전선 : 공칭단면적 2.5[mm²]의 연동선 이상의 것)

정답 92 ④ 93 ② 94 ④ 95 ② 96 ③

97 인가가 많이 연접되어 있는 장소에 시설하는 가공 전선로의 구성재에 병종풍압하중을 적용할 수 없는 경우는?

① 저압 또는 고압 가공전선로의 지지물

② 저압 또는 고압 가공전선로의 가섭선

③ 사용 전압이 35[kV] 이하에 특고압 절연 전선 또는 케이블을 사용하는 특고압 가공 전선로의 지지물

④ 사용전압이 35[kV] 이상인 특고압 가공 전 선로에 사용하는 케이블 및 조가용선

해설 병종풍압하중의 적용 : 사용전압 35[kV] 이하인 특고압 가공전선로에 사용하는 특고압 절연전선이나 케이블 및 이를 조가하는 금속선

98 최대 사용 전압 22.9[kV]인 가공 전선과 지 지물과의 이격 거리는 일반적으로 몇 [cm] 이상이어야 하는가?

① 5[cm]　　　　② 10[cm]

③ 15[cm]　　　　④ 20[cm]

해설 특고압 가공전선과 지지물 등의 이격거리(이상) 특고압 가공전선(케이블은 제외한다)과 그 지지물, 완 금류, 지주 또는 지선 사이의 이격거리는 표에서 정한 값 이상이어야 한다. 기술상 부득이한 경우에 위험의 우려가 없도록 시설한 때에는 표에서 정한 값의 0.8배 까지 감할 수 있다.　　　　　[단위 : cm]

사용전압	이격거리	사용전압	이격거리
15[kv]	15	70[kV] 이상 80[kV] 미만	45
15[kV] 이상 25[kV] 미만	20	80[kV] 이상 130[kV] 미만	65
25[kV] 이상 35[kV] 미만	25	130[kV] 이상 160[kV] 미만	90
35[kV] 이상 50[kV] 미만	30	160[kV] 이상 200[kV] 미만	110
50[kV] 이상 60[kV] 미만	35	200[kV] 이상 230[kV] 미만	130
60[kV] 이상 70[kV] 미만	40	230[kV] 이상	160

99 최대사용전압이 1차 22000[V], 2차 6600[V] 의 권선으로서 중성점 비접지식 전로에 접속 하는 변압기의 특고압측 절연내력 시험전압 은 몇 [V]인가?

① 24000[V]　　　　② 27500[V]

③ 33000[V]　　　　④ 44000[V]

해설 변압기 전로의 절연내력 시험(10분간 시험한다)

접지방식	최대사용 전압	시험전압 (최대사용 전압 배수)	최저시험전압
비 접 지	7 [kV] 이하	1.5배	500[V]
	7 [kV] 초과	1.25배	10,500[V]
중성점 다중접지식	25 [kV] 이하	0.92배	500[V]
중성점 접지	60[kV] 초과	1.1배	75,000[V]
중성점 직접접지	60 [k] 초과 170[kV] 이하	0.72배	
	170[kV] 초과	0.64배	

시험전압=22000×1.25=27500[V]

100 380[V] 3상 저압 전동기를 사용하는 공장 에 있어서 전동기의 외함 접지는?

① 특별 제3종 접지공사

② 제3종 접지공사

③ 제2종 접지공사

④ 제1종 접지공사

해설 기계 기구의 철대 및 외함의 접지

• 400[V] 미만 : 제3종 접지공사

• 400[V] 이상의 저압용 : 특별 제3종 접지공사

• 고압용 및 특고압용 : 제1종 접지공사

정답 97 ④　　98 ④　　99 ②　　100 ②

국가기술자격검정 필기시험문제

2010년도 산업기사 제1회 필기시험(산업기사)

자격종목 및 등급(선택분야)	종목코드	시험시간	문제지형별	수검번호	성명
전기산업기사		**2시간 30분**	**A**		

※ 시험문제지는 답안카드와 같이 반드시 제출하여야 합니다.

제1과목 : 전기자기학

01 권수 500회이고 자기인덕턴스가 0.05[H]인 코일이 있을 때 여기에 전류 5[A]를 흘리면 자속 쇄교수는 몇 [Wb]인가?

① 0.15[Wb] ② 0.25[Wb]
③ 15[Wb] ④ 25[Wb]

해설 쇄교 자속수 :
$\Phi = N\phi = LI = 0.05 \times 5 = 0.25 \ [Wb]$

02 그림에서 2[μF]의 콘덴서에 축적되는 에너지[J]는?

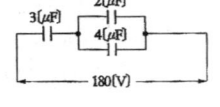

① $3.6 \times 10^{-3} \ [J]$ ② $4.2 \times 10^{-3} \ [J]$
③ $3.6 \times 10^{-2} \ [J]$ ④ $4.2 \times 10^{-4} \ [J]$

해설 콘덴서에 축적되는 에너지는(2[μF])
$W = \frac{1}{2} C V^2 = \frac{1}{2} \times 2 \times 10^{-6} \times 60^2$
$= 3.6 \times 10^{-3} \ [J]$
2[μF]의 콘덴서에 걸리는 전압V는
$V = \frac{3}{3 + (2+4)} \times 180 = 60 \ [V]$

03 $\epsilon_1 > \epsilon_2$인 두 유전체의 경계면에 전계가 수직일 때 작용하는 힘의 방향은?

① 전계의 방향
② 전속 밀도의 방향
③ ϵ_1의 유전체에서 ϵ_2의 유전체 방향
④ ϵ_2의 유전체에서 ϵ_1의 유전체 방향

해설 전계가 경계면에 수직인 경우(전속밀도의 수직성분이 같으므로)

$\theta_1 = \theta_2 = 0°$, $D_1 = D_2 = D$, 경계조건 :
$\epsilon_1 > \epsilon_2$, 유전율이 큰 쪽에서 작은 쪽으로 힘이 작용하므로, 즉, ϵ_1의 유전체에서 ϵ_2의 유전체 방향이다. ($E_1 < E_2$, $f_1 < f_2$)

04 전기력선의 성질에 대한 설명으로 옳지 않은 것은?

① 전기력선의 방향은 그 점의 전계의 방향과 일치하며, 밀도는 그 점에서의 전계의 크기와 같다.
② 전기력선은 부전하에서 시작하여 정전하에서 그친다.
③ 단위전하에서는 $\frac{1}{\epsilon_0}$개의 전기력선이 출입한다.
④ 전기력선은 전위가 높은 점에서 낮은 점으로 향한다.

정답 01 ② 02 ① 03 ③ 04 ②

해설 전기력선은 정(+)전하에서 부(−)전하로 들어간다.

05 비투자율 $\mu_r = 4$인 자성체 내에서 주파수 1[GHz]인 전자기파의 파장[m]은?

① 0.1[m]   ② 0.15[m]

③ 0.25[m]   ④ 0.4[m]

해설 전자파의 전파속도,

$$v = \frac{1}{\sqrt{\epsilon\mu}} = \frac{1}{\sqrt{\epsilon_0\epsilon_r\mu_0\mu_r}} = \frac{1}{\sqrt{\epsilon_0\mu_0}}\frac{1}{\sqrt{\epsilon_r\mu_r}}$$
$$= 3\times10^8 \times \frac{1}{\sqrt{1\times4}} = 1.5\times10^8\ [m/s]$$

$$\therefore \text{파장}(\lambda) = \frac{v}{f} = \frac{1.5\times10^8}{1\times10^9} = 0.15\ [m]$$

06 진공 중에 미소 선전류 $I \cdot dl$에 기인된 r[m] 떨어진 점 P에 생기는 자계 dH[A/m]를 나타내는 식은?

① $dH = \dfrac{I \times a_r}{4\pi\,r^2}\,dl\ [A/m]$

② $dH = \dfrac{a_r \times I}{8\pi\,\mu_0 r^2}\,dl\ [A/m]$

③ $dH = \dfrac{I \times a_r}{4\pi\,\mu_0 r^2}\,dl\ [A/m]$

④ $dH = \dfrac{a_r \times I}{8\pi\,r^2}\,dl\ [A/m]$

해설 비오–사바르 법칙

$$dH = \frac{Idl}{4\pi\,r^2}\sin\theta = \frac{Idl}{4\pi\,r^3}\times r$$

$$\therefore dH = \frac{Idl}{4\pi\,r^2}\times a_r = \frac{I\times a_r}{4\pi\,r^2}\,dl\ [A/m]$$

07 투자율이 서로 다른 두 자성체의 경계면에서 굴절각에 대한 설명으로 옳은 것은?

① 투자율에 비례한다.

② 투자율에 반비례한다.

③ 투자율에 관계없이 일정하다.

④ 비투자율과 자속에 비례한다.

해설 자성체의 굴절의 법칙 : $\dfrac{\tan\theta_1}{\tan\theta_2} = \dfrac{\mu_1}{\mu_2}$ (굴절각은

투자율에 비례)

08 무한장 직선전하로부터 수직거리 ρ[m]되는 점에서 전계의 세기는?

① ρ에 반비례   ② ρ에 비례

③ ρ^2에 비례   ④ ρ^2에 반비례

해설 무한장 직선전하에 의한 전계의 세기

$$E = \frac{\lambda}{2\pi\,\epsilon_0\rho} \propto \frac{1}{\rho}$$

09 등전위면(equipotential surface)에 대한 설명으로 옳은 것은?

① 전기력선은 등전위면과 평행하게 지나간다.

② 전하를 갖고 등전위면에 따라 이동하면 일이 생긴다.

③ 다른 전위의 등전위면은 서로 교차한다.

④ 점전하가 만드는 전계의 등전위면은 동심구면이다.

해설 등전위면의 특징
- 등전위면은 폐곡면으로 이루어진다.
- 전기력선은 항상 등전위면과 직교한다(상호수직으로 교차).
- 서로 다른 2개의 등전위면은 서로 교차하지 않는다.
- 도체 표면은 등전위면이고, 도체내부에는 전계가 없다.

정답   05 ②   06 ①   07 ①   08 ①   09 ④

- 점전하 Q[C]에서 r[m] 떨어진 점의 전위는 $V = \dfrac{Q}{4\pi\epsilon_0 r}$ $[V]$이므로 등전위면은 반지름 r[m] 의 동심구면이고 무수히 많게 된다.
- 등전위면을 따라 전하 Q를 운반할 때 그 면상에서는 전위가 같으므로 이때의 일은 0이다.

10 진공 중에서 $8\pi\,[Wb]$의 자하(磁荷)로부터 발산되는 총자력선의 수는?

① 10^7개   ② 2×10^7개

③ $8\pi\times10^7$개   ④ $\dfrac{10^7}{8\pi}$개

해설 진공 중에서 m[Wb]의 자하로부터 발산되는 총자력선의 수는 $\Phi = \dfrac{m}{\mu_0} = \dfrac{8\pi}{4\pi\times10^{-7}} = 2\times10^7$ 개

11 무한길이의 직선 도체에 전하가 균일하게 분포되어 있다. 이 직선 도체로부터 l인 거리에 있는 점의 전계의 세기는?

① l에 비례한다.   ② l에 반비례한다.

③ l^2에 비례한다.   ④ l^2에 반비례한다.

해설 무한장 직선도체의 전계의 세기는 $E = \dfrac{\lambda}{2\pi\epsilon_0 l}$ $[V/m] \propto \dfrac{1}{l}$

12 전자계에서 전파속도와 관계없는 것은?

① 도전율   ② 유전율

③ 비투자율   ④ 주파수

해설 전자파와 전파속도 $v = \dfrac{1}{\sqrt{\epsilon\mu}}$ $[m/s]$, $v = \lambda f$ 즉, 전파속도는 유전율 (ϵ), 투자율(μ), 주파수(f), 파장(λ)에 관계있다.

13 내반경 a[m], 외반경 b[m], 길이 l[m]인 동축케이블의 내원통 도체와 외원통 도체 간에 유전율 ϵ[F/m], 도전율 σ[S/m], 인 손실 유전체를 채웠을 때 양 원통 간의 저항[Ω]을 나타내는 식은?

① $R = \dfrac{0.16\sigma}{\epsilon l}\ln\dfrac{b}{a}$ $[\Omega]$

② $R = \dfrac{0.08}{\sigma l}\ln\dfrac{b}{a}$ $[\Omega]$

③ $R = \dfrac{0.32}{\sigma l}\ln\dfrac{b}{a}$ $[\Omega]$

④ $R = \dfrac{0.16}{\sigma l}\ln\dfrac{b}{a}$ $[\Omega]$

해설 그림처럼 동축케이블의 정전용량은

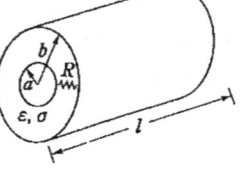

$$C = \dfrac{2\pi\epsilon_0 l}{\ln\dfrac{b}{a}}\ [F], \qquad RC = \rho\epsilon = \dfrac{\epsilon}{\sigma}$$

$$\therefore R = \dfrac{\epsilon}{\sigma C} = \dfrac{\epsilon}{\sigma}\times\dfrac{\ln\dfrac{b}{a}}{2\pi\epsilon l} = \dfrac{0.16}{\sigma l}\ln\dfrac{b}{a}\ [\Omega]$$

14 전류 2π[A]가 흐르고 있는 무한 직선도체로부터 2[m]만큼 떨어진 자유공간 내 점 P점의 자속 밀도의 세기 [Wb/m²]는?

① $\dfrac{\mu_0}{8}$ ② $\dfrac{\mu_0}{4}$

③ $\dfrac{\mu_0}{2}$ ④ μ_0

해설 $B = \mu H = \dfrac{\mu_0 I}{2\pi r} = \dfrac{\mu_0\times2\pi}{2\pi\times2} = \dfrac{\mu_0}{2}$ $[Wb/m^2]$

정답 **10** ②   **11** ②   **12** ①   **13** ④   **14** ③

15 그림과 같이 균일한 자계의 세기 H[AT/m]내에 자극의 세기가 $+m$[Wb], 길이 l[m]인 막대자석을 그 중심 주위에 회전할 수 있도록 놓는다. 이때 자석과 자계의 방향이 이룬각을 θ라고 하면 자석이 받는 회전력[$N \cdot m$]은?

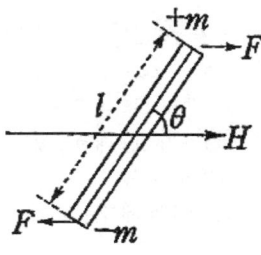

① $m\,Hl\cos\theta$ ② $m\,Hl\sin\theta$

③ $2m\,Hl\cos\theta$ ④ $2m\,Hl\tan\theta$

 해설

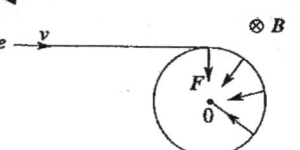

그림에서 자석의 축방향으로 직각인 수직방향의 분력은
$$F' = F\sin\theta = m\,H\sin\theta$$
∴ 자석이 받는 회전력 :

$$T = 2F'\frac{l}{2} = m\,Hl\sin\theta = MH\sin\theta \ [N \cdot m]$$

16 Q[C]의 전하를 가진 반지름 a[m]의 도체구를 비유전율 ϵ_s인 기름탱크에서 공기중으로 꺼내는데 필요한 에너지 [J]는?

① $\dfrac{Q^2}{8\pi\epsilon_0 a}\left(1-\dfrac{1}{\epsilon_s}\right)$ ② $\dfrac{Q^2}{4\pi\epsilon_0 a}\left(1-\dfrac{1}{\epsilon_s}\right)$

③ $\dfrac{Q^2}{\pi\epsilon_0 a}\left(1-\dfrac{1}{\epsilon_s}\right)$ ④ $\dfrac{Q^2}{8\pi\epsilon_0 a}\left(1-\dfrac{1}{\epsilon_0}\right)$

해설 공기 중으로 꺼내는데 필요한 에너지는

$$W = \frac{Q^2}{2\,C} - \frac{Q^2}{2\,C'} = \frac{Q^2}{2\times 4\pi\epsilon_0 a} - \frac{Q^2}{2\times 4\pi\epsilon_0\epsilon_s a}$$
$$= \frac{Q^2}{8\pi\epsilon_0 a}\left(1-\frac{1}{\epsilon_s}\right)\ [J]$$

여기서, C : 공기중 구의 정전용량 $=4\pi\epsilon_0 a \ [F]$
C' : 기름중 구의 정전용량 $=4\pi\epsilon a = 4\pi\epsilon_0\epsilon_s a \ [F]$

17 v[m/s]의 속도로 전자가 B[Wb/m²]의 평등 자계에 직각으로 들어가면 원운동을 한다. 이때의 각속도 $\omega[rad/s]$와 주기 T[sec]에 해당하는 것은?(단, 전자의 질량은 m, 전자의 전하는 e이다.)

① $\omega = \dfrac{m}{e\,B}$, $T = \dfrac{e\,B}{2\pi\,m}$

② $\omega = \dfrac{e\,B}{m}$, $T = \dfrac{2\pi\,m}{e\,B}$

③ $\omega = \dfrac{m\,v}{e\,B}$, $T = \dfrac{2\pi\,B}{m\,v}$

④ $\omega = \dfrac{e\,m}{B}$, $T = \dfrac{2\pi\,m}{B\,v}$

해설

그림에서 자계내의 운동전하에 작용하는 힘은
$$F = qv \times B,\ \ B = \mu_0 H$$
$$F = e(v \times \mu_0 H) \ (벡터로 표시),\ \ F = ev\mu_0 H \ (크기로 표시)$$
e : 전자의 전하량, 전자의 운동방향은 끊임없이 바뀌지만 B에 직각으로 작용하는 것은 변함없다. 그래서 전자는 자계내에서 원운동을 계속한다. m : 전자의 질량, r : 궤도의 반지름, F_0 : 원심력, 여기서, 운동전하에 작용하는 힘과 원심력은 평형이다.
$$F = F_0$$

정답 **15** ② **16** ① **17** ②

$\mu_0 e v H = \dfrac{m v^2}{r}$ 에서,

$r = \dfrac{m v^2}{\mu_0 e v H} = \dfrac{m v}{e B} \ [m]$

- 각속도는

$\omega = \dfrac{v}{r} = \dfrac{e B v}{m} = \dfrac{e B}{m} \ [rad/sec]$

- 주기는

$T = \dfrac{2\pi}{\omega} = \dfrac{2\pi m}{e B} \ [sec]$

18 자체 인덕턴스가 100[mH]인 코일에 전류가 흘러 20[J]의 에너지가 축적되었다. 이때 흐르는 전류 [A]는?

① 2[A] ② 10[A]

③ 20[A] ④ 50[A]

해설 $W = \dfrac{1}{2} L I^2 \ [J]$

$I = \sqrt{\dfrac{2 W}{L}} = \sqrt{\dfrac{2 \times 20}{100 \times 10^{-3}}} = 20 \ [A]$

19 비유전율 9인 유전체 중에 1[cm]의 거리를 두고 1[μC]과 2[μC]의 두 점전하가 있을 때 서로 작용하는 힘[N]은?

① 18[N] ② 20[N]

③ 180[N] ④ 200[N]

해설

$F = \dfrac{Q_1 Q_2}{4\pi \epsilon_0 \epsilon_s r^2} = 9 \times 10^9 \times \dfrac{1 \times 10^{-6} \times 2 \times 10^{-6}}{9 \times (1 \times 10^{-2})^2}$

$= 20 \ [N]$

20 평형상태에서 도체의 전하분포의 전계에 관한 성질로 옳지 않은 것은?

① 도체 내부에는 전계가 0이 아니다.

② 대전된 도체의 전하는 도체 표면에만 존재한다.

③ 대전된 도체 표면은 동일 전위에 있다.

④ 대전된 도체 표면의 각 점의 전기력선은 표면에 수직이다.

해설 도체의 전하분포 및 성질

- 도체 내부의 전계 세기는 0이다.
- 전하는 도체 내부에 존재하지 않고 도체 표면에만 존재
- 도체 표면의 전하밀도는 곡률이 클수록 높다(곡률 반경이 작을수록 높다).
- 도체 표면과 내부의 전위는 등전위(표면은 등전위면)
- 중공부에 전하가 없고, 대전도체라면 전하는 도체 외부의 표면에만 분포
- 도체면에서의 전계의 세기는 도체 표면에 항상 수직

제2과목 : 전력공학

21 피뢰기의 구조는?

① 특성 요소와 소호 리액터

② 특성 요소와 콘덴서

③ 소호 리액터와 콘덴서

④ 특성 요소와 직렬 갭

22 공기 차단기에 비해 SF$_6$ 가스 차단기의 특징으로 볼 수 없는 것은?

① 같은 압력에서 공기의 2~3배 정도의 절연 내력이 있다.

② 차단 시 폭발음이 없다.

③ 소전류 차단 시 이상전압이 높다.

④ 아크에 SF$_6$ 가스는 분해되지 않고 무독성이다.

해설

- 소전류 차단 시에는 안정한 차단이 된다.
- 소호능력은 공기의 약100~200배 정도
- 근거리 고장 등 가혹한 재기전압에 대해서도 성능이 우수하다.

정답 18 ③ 19 ② 20 ① 21 ④ 22 ③

780 · Part 3. 전기산업기사 기출문제

23 그림과 같은 저압배전선이 있다. FA, AB, BC 간의 저항은 각각 0.1[Ω], 0.1[Ω], 0.2 [Ω]이고, A, B, C점에 전등(역률 100%)부하가 각각 5[A], 15[A], 10[A]가 걸려 있다. 지금 급전점 F의 전압을 105[V]라 하면 C점의 전압[V]은?(단, 선로의 리액턴스는 무시한다.)

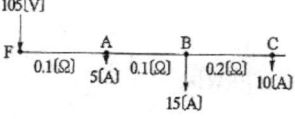

① 102.5[V]　　　② 100.5[V]

③ 97.5[V]　　　④ 95.5[V]

해설

A점(V_A) = 105−(5+15+10)×0.1=102[V]

B점(V_B) = 102−(15+10)×0.1=99.5[V]

C점(V_C) = 99.5−(10×0.2)=97.5[V]

24 동일 굵기의 전선으로 된 3상 3선식 2회선 송전선이 있다. A회선의 전류는 100[A], B회선의 전류는 50[A]이고 선로 손실은 합계 50[kW]이다. 개폐기를 닫아서 두 회선을 병렬로 사용하여 합계 150[A]의 전류를 통하도록 하려면 선로 손실[kW]은?

① 40[kW]　　　② 45[kW]

③ 50[kW]　　　④ 55[kW]

해설

• 두회선을 병렬로 사용하면 동일한 전선, 동일한 전류가 흐르게 된다

선로손실(P_l) = $2I^2R = 2 \times 75^2 \times 4 \times 10^{-3}$
= $45[kW]$

• A회선, B회선의 선로손실에서 저항R을 구하면

$I_A^2R + I_B^2R = 50 \times 10^3[W]$

$100^2R + 50^2R = 50 \times 10^3$에서, $R = 4(\Omega)$
동일한 전류가 흐르므로,

$I_A = I_B = \dfrac{150}{2} = 75[A] = I$가 된다.

25 송전선로에서 코로나 임계전압이 높아지는 경우는?

① 온도가 높아지는 경우

② 상대공기밀도가 작을 경우

③ 전선의 지름이 큰 경우

④ 기압이 낮은 경우

해설

코로나 임계전압(E_0) = $24.3m_0m_1\delta d\log_{10}\dfrac{D}{r}[kV]$

여기서, 상대공기밀도(δ) = $\dfrac{0.386b}{273+t}$,

b : 기압[mmHg], t : 온도[℃], m_0 : 전선표면계수, m_1 : 기후에 관한계수, D : 선간거리[m], r : 전선의 반지름[m]

26 한류 리액터의 사용 목적은?

① 충전 전류의 제한　② 단락 전류의 제한

③ 누설 전류의 제한　④ 접지 전류의 제한

해설

• 직렬리액터 : 제5고조파 제거 및 파형 개선
• 분로(병렬)리액터 : 페란티 현상 방지
• 소호리액터 : 지락(접지)전류의 제한

27 가공 송전선의 인덕턴스가 1.3[mH/km]이고, 정전용량이 0.009[μF/km]일 때 파동 임피던스는 약 몇 [Ω]인가?

① 350[Ω]　　　② 380[Ω]

③ 400[Ω]　　　④ 420[Ω]

해설

$Z_0 = \sqrt{\dfrac{Z}{Y}} = \sqrt{\dfrac{L}{C}} = \sqrt{\dfrac{1.3 \times 10^{-3}}{0.009 \times 10^{-6}}}$
= $380.06(\Omega)$

정답　**23** ③　**24** ②　**25** ③　**26** ②　**27** ②

28 345[kV] 송전 계통의 절연 협조에서 충격 절연 내력의 크기순으로 적합한 것은?

① 선로애자 > 차단기 > 변압기 > 피뢰기

② 선로애자 > 변압기 > 차단기 > 피뢰기

③ 변압기 > 차단기 > 선로애자 > 피뢰기

④ 변압기 > 선로애자 > 차단기 > 피뢰기

29 전력용 퓨즈를 차단기와 비교할 때 옳지 않은 것은?

① 소형, 경량이다.

② 고속도 차단을 할 수 없다.

③ 큰 차단 용량을 갖는다.

④ 보수가 간단하다.

해설 고속도 차단 할 수 있고 가격이 싸다.

30 송전선로에서 매설지선의 설치 목적으로 가장 알맞은 것은?

① 코로나 전압의 감소

② 역섬락 방지

③ 철탑 기초의 강도 보강

④ 절연강도의 증가

해설 매설지선 : 뇌해 방지 및 역섬락 방지

31 전력 원선도의 ㉠가로축과 ㉡세로축이 나타내는 것은?

① ㉠ 최대전력, ㉡ 피상전력

② ㉠ 유효전력, ㉡ 무효전력

③ ㉠ 조상용량, ㉡ 송전손실

④ ㉠ 송전효율, ㉡ 코로나손실

32 설비용량 및 수용률이 표와 같은 수용가가 있다. 수용가 상호간에 부등률을 1.1로 할 때 합성최대전력[kW]은?

수용가	설비용량[kW]	수용률[%]
A	160	50
B	150	60
C	100	50

① 150[kW]　　② 200[kW]

③ 220[kW]　　④ 242[kW]

해설

$$합성최대전력[kW] = \frac{수용률 \times 설비용량}{부등률}$$

$$= \frac{0.5 \times 160 + 0.6 \times 150 + 0.5 \times 100}{1.1} = 200[kW]$$

33 조상설비와 거리가 먼 것은?

① 분로리액터　　② 상순표시기

③ 전력용콘덴서　　④ 동기조상기

해설 상순 표시기 : 공급전원의 상순을 표시하는 계측기

34 전원이 양단에 있는 방사상 송전선로의 단락보호에 사용되는 계전기의 조합 방식은?

① 방향 거리 계전기와 과전압 계전기의 조합

② 방향 단락 계전기와 과전류 계전기의 조합

③ 선택 접지 계전기와 과전류 계전기의 조합

④ 부족 전류 계전기와 과전압 계전기의 조합

해설

• 전원이 2군데 이상 방사선로의 단락보호 : 방향 단락 계조기(DS)와 과전류 계전기(OC)를 조합

• 전원이 2군데 이상 환상선로의 단락보호 : 방향거리 계전기(DZ)

35 154/22.9[kV], 40[MVA], 3상 변압기의 %리액턴스가 14[%]라면 고압측으로 환산한 리액턴스는 약 몇 [Ω]인가?

① 63[Ω]　　② 73[Ω]

③ 83[Ω]　　④ 93[Ω]

정답 28 ①　29 ②　30 ②　31 ②　32 ②　33 ②　34 ②　35 ③

해설 $\%Z = \dfrac{PZ}{10V^2}[\%]$, $Z = \dfrac{14 \times 10 \times 154^2}{40 \times 10^3}$
$= 83.006[\Omega]$

36 설비용량 800 [kW], 부등률 1.2 수용률 60 [%]일 때, 변전 시설 용량은 최저 몇 [kVA] 이상이어야 하는가?(단, 역률은 90[%] 이상 유지되어야 한다고 한다.)

① 450[kVA] ② 500[kVA]
③ 550[kVA] ④ 600[kVA]

해설 변전시설용량[KVA] $= \dfrac{수용률 \times 설비용량}{부등률 \times 역률}$
$= \dfrac{0.6 \times 800}{1.2 \times 0.9} = 444.44[kVA]$

37 저항 10[Ω], 리액턴스 15[Ω]인 3상 송전선이 있다. 수전단 전압 60[kV], 부하역률 0.8(늦음), 전류 100[A]라 한다. 이때 송전단전압은 약 몇 [kV]인가?

① 36[kV] ② 63[kV]
③ 109[kV] ④ 120[kV]

해설
$e = V_s - V_r = \sqrt{3}\,I(R\cos\theta + X\sin\theta)[V]$에서
$V_s = 60 + \sqrt{3} \times 100(10 \times 0.8 + 15 \times 0.6) \times 10^{-3}$
$= 62.944[kV]$

38 증기 터빈의 팽창 도중에서 증기를 추출하는 형태의 터빈은?

① 복수 터빈 ② 배압 터빈
③ 추기 터빈 ④ 배기 터빈

39 흡출관이 필요하지 않은 수차는?

① 사류 수차 ② 카플란 수차
③ 프란시스 수차 ④ 펠톤 수차

해설 펠톤 수차는 충동수차인 연고로 흡출관이 필요없다.

40 원자력 발전의 특징으로 적절하지 않은 것은?

① 처음에는 과잉량의 핵연료를 넣고 그 후에는 조금씩 보급하면 되므로 연료의 수송기지와 저장 시설이 크게 필요하지 않다.
② 핵연료의 허용온도와 열전달특성 등에 의해서 증발 조건이 결정되므로 비교적 저온, 저압의 증기로 운전된다.
③ 핵분열 생성물에 의한 방사선 장해와 방사선 폐기물이 발생하므로 방사선측정기, 폐기물 처리장치 등이 필요하다.
④ 기력발전보다 발전소 건설비가 낮아 발전원가 면에서 유리하다.

해설 건설비는 많이 들지만 연료비는 적게 든다.

제3과목 : 전기기기

41 동기 발전기의 기전력의 파형을 정현파로 하기 위해 채용되는 방법이 아닌 것은?

① 매극매상의 슬롯수 q를 작게 한다.
② 반폐 슬롯을 사용한다.
③ 단절권 및 분포권으로 한다.
④ 공극의 길이를 크게 한다.

해설 고조파 기전력을 소거하는 방법
㉠ 매극매상의 슬롯수(q)를 크게 한다.
㉡ 전기자 철심을 스큐 철심으로 한다.
㉢ 부정수 슬롯권을 채용한다.
㉣ Y결선을 한다.

정답 36 ① 37 ② 38 ③ 39 ④ 40 ④ 41 ①

42 동기 전동기를 부족여자로 운전하면 어떠한 작용을 하는가?

① 충전 전류가 흐른다. ② 콘덴서 작용을 한다.
③ 뒤진 전류가 흐른다. ④ 뒤진 전류를 보상한다.

해설
• 과여자로 운전 : 앞선(충전)전류가 흘러서 콘덴서로 작용한다.
• 부족여자로 운전 : 뒤진(단락)전류가 흘러서 리액터로 작용한다.

43 직류 분권 발전기의 브러시를 중성축에서 회전방향 쪽으로 이동하면 전압은?

① 상승한다. ② 급격히 상승한다.
③ 변화하지 않는다. ④ 감소한다.

해설 브러시로 단락되는 코일에는 단락전류가 흐르게 되어 불꽃이 생겨서, 합성기전력도 (+), (−)로 상쇄가 되어서 감소한다.

44 브러시 홀더(brush holder)는 브러시를 정류자면의 적당한 위치에서 스프링에 의하여 항상 일정한 압력으로 정류자 면에 접촉하여야 한다. 가장 적당한 압력은?

① $1\sim2[\text{kg/cm}^2]$
② $0.5\sim1[\text{kg/cm}^2]$
③ $0.15\sim0.25[\text{kg/cm}^2]$
④ $0.01\sim0.15[\text{kg/cm}^2]$

해설 압력 : $0.1\sim0.2[\text{kg/cm}^2]$
단, 전동이 많은 기계(전차용, 크레인) : $0.3\sim0.45$ $[\text{kg/cm}^2]$

45 3상 전원에서 2상 전압을 얻고자 할 때 다음 결선 중 맞는 것은?

① 포크 결선 ② 환상 결선
③ Scott 결선 ④ 대각 결선

해설 3상–2상간의 상수변환 : 스코트 결선(T), 메이어 결선, 우드브리지결선

46 유도 전동기의 고정자 철심(규소 강판)의 두께는 보통 몇 [mm]인가?

① $0.25\sim0.35$ ② $0.35\sim0.5$
③ $0.5\sim0.7$ ④ $0.7\sim0.85$

해설 고정자 : 두께 $0.35[\text{mm}]$ or $0.5[\text{mm}]$의 규소 강판으로 자속이 통과

47 병렬운전 중인 A, B 두 동기 발전기 중 A발전기의 여자를 B발전기 보다 강하게 하면 A발전기는?

① 부하 전류가 증가한다.
② $90°$지상 전류가 흐른다.
③ 동기화 전류가 흐른다.
④ $90°$진상 전류가 흐른다.

해설 A기의 전압이 B기의 전압보다 높게 되면 A기로부터 B기로 전류가 흐르는데(I_C),

$$I_c = \frac{E_A - E_B}{j2x_s} = -j\frac{E_A - E_B}{2x_s}[A]$$

즉, A기에는 전압보다 90도 늦은 전류가 흐른다.

48 직류기에서 양호한 정류를 얻을 수 있는 조건이 아닌 것은?

① 전기자 코일의 인덕턴스를 작게 한다.
② 정류주기를 크게 한다.
③ 자속 분포를 줄이고 자기적으로 포화시킨다.
④ 브러시의 접촉저항을 작게 한다.

해설
• 저항정류로서 접촉저항이 큰 탄소 브러시 사용
• 단절권 채용으로 자기 인덕턴스를 작게
• 전압 정류로서 보극설치

정답 **42** ③ **43** ④ **44** ③ **45** ③ **46** ② **47** ② **48** ④

49 그림과 같이 단상 전파 정류 회로(단상 중앙 탭 사용)에서 피크 역전압(PIV)[V]은?

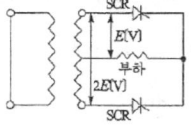

① $\sqrt{2}\,E$

② $2\sqrt{2}\,E$

③ $\dfrac{\sqrt{2}}{\pi}E$

④ $\dfrac{2\sqrt{2}}{\pi}E$

해설

• 단상 반파 정류회로의 피크 역전압(PIV)
$= \sqrt{2}\,E = \pi E_d$

• 단상 전파 정류회로의 피크 역전압(PIV)
$= 2\sqrt{2}\,E = \pi E_d$

50 2대의 변압기로 V결선하여 3상 변압하는 경우 변압기 이용률 [%]은?

① 57.8

② 66.6

③ 86.6

④ 100

해설 출력비 $= \dfrac{1}{\sqrt{3}} = 0.577$

51 비돌극형 동기 발전기의 단자전압(1상)을 V, 유도 기전력(1상)을 E, 동기 리액턴스(1상)을 X_s, 부하각을 δ라 하면 1상의 출력[W]은 약 얼마인가?

① $\dfrac{EV}{X_s}\cos\delta$

② $\dfrac{EV}{X_s}\sin\delta$

③ $\dfrac{E^2 V}{X_s}\sin\delta$

④ $\dfrac{EV^2}{X_s}\cos\delta$

52 권수비가 1 : 3인 변압기(이상적인 변압기)를 사용하여 교류 100[V]의 입력을 가했을 때 전파 정류하면 출력 전압[V]의 평균치는 얼마인가?

① 300

② $300\sqrt{2}$

③ $\dfrac{300\sqrt{2}}{\pi}$

④ $\dfrac{600\sqrt{2}}{\pi}$

해설 $E_d = \dfrac{2\sqrt{2}\,E}{\pi} = \dfrac{2\sqrt{3}}{\pi} \times 300 = \dfrac{600\sqrt{2}}{\pi}$ [V]

53 전기자 총 도체수 500, 6극, 중권의 직류전동기가 있다. 전기자 전 전류가 100[A]일 때의 발생 토크[kg·m]는 약 얼마인가?(단, 1극당 자속수는 0.01[Wb]이다.)

① 8.12

② 9.54

③ 10.25

④ 11.58

해설

토크$(T) = \dfrac{P\phi Z I_a}{2\pi a} = \dfrac{6 \times 0.01 \times 500 \times 100}{2\pi \times 6}$
$= 79.58[N \cdot m]$
(중권 : a=P)

$\therefore\ T[kg \cdot m] = \dfrac{79.58}{9.8} = 8.12[kg \cdot m]$

54 3상 유도전동기의 운전 중 전압이 80[%]로 떨어지면 부하회전력은 몇 [%] 정도로 되는가?

① 94

② 80

③ 72

④ 64

해설

기동토크$(T) \propto V^2$이므로,
$T : T' = V^2 : (0.8V)^2$에서 $T' = 0.64T$가 된다.

55 단상 유도 전동기와 3상 유도 전동기를 비교했을 때 단상 유도 전동기에 해당되는 것은?

① 역률, 효율이 좋다.

② 중량이 작아진다.

③ 기동장치가 필요하다.

④ 대용량이다.

정답 49 ② 50 ③ 51 ② 52 ④ 53 ① 54 ④ 55 ③

해설 단상유도전동기는 기동시(s=1)에서 기동토크가 0이 되어서 기동 할 수 없으므로 기동장치가 필요하다.

56 교류 전압제어기를 전원과 부하회로에 연결된 조광기에 교류 실효전압을 변화시켜서 사용할 수 있는 소자 중 가장 적합한 것은?

① 파워 트랜지스터(Power Transister)

② 트라이액(Triac)

③ 모스 에프이티(MOS−FET)

④ 다이오드(Diode)

57 정격 출력 20[kW], 정격 전압 100[V], 정격 회전 속도 1500[rpm]의 직류 직권 발전기가 있다. 정격 상태로 운전하고 있을 때 속도를 1300[rpm]으로 떨어뜨리고 전과 같은 부하 전류를 흘렸을 때 단자 전압은 몇 [V]가 되겠는가?(단, 전기자 저항은 0.05[Ω]이다)

① 68.5   ② 79

③ 85.3   ④ 95.4

해설 유기기전력 $(E) = \dfrac{P\phi Zn}{a} \propto n$ 이다.

부하전류 $(I) = \dfrac{P}{V} = \dfrac{20 \times 10^3}{100} = 200[A]$

유기기전력 $(E) = V + I_a R_a$
$= 100 + 200 \times 0.05 = 110[V]$

$E : E' = 1500 : 1300$, $E' = \dfrac{1300}{1500} \times 100$
$= 95.33[V]$

속도변경 후의 단자전압 $(V) = E' - I_a R_a$
$= 95.33 - 200 \times 0.05 = 85.33[V]$

58 단상 및 3상 유도전압 조정기에 관하여 옳게 설명한 것은?

① 단락 권선은 단상 및 3상 유도전압 조정기 모두 필요하다.

② 3상 유도전압 조정기에는 단락 권선이 필요 없다.

③ 3상 유도전압 조정기의 1차와 2차 전압은 동상이다.

④ 단상 유도전압 조정기의 기전력은 회전 자계에 의해서 유도된다.

해설 단상유도 전압조정기에는 단락권선이 필요하지만, 3상유도 전압권선에는 필요없다.

59 6극, 200[V], 10[kW]의 3상 유도전동기가 960[rpm]으로 회전하고 있을 때의 회전자 기전력의 주파수는?(단, 전원의 주파수는 60[Hz]이다.)

① 12[Hz]   ② 8[Hz]

③ 6[Hz]   ④ 4[Hz]

해설

• 회전자 기전력의 주파수 $(f') = sf = 0.2 \times 60$
$= 12[Hz]$

슬립 $(s) = \dfrac{N_s - N}{N_s} = \dfrac{1200 - 960}{1200} = 0.2$

동기속도 $(N_s) = \dfrac{120f}{P} = \dfrac{120 \times 60}{6} = 1200[rpm]$

60 100[kVA]의 단상변압기가 역률 80[%]에서 전부하 효율이 95[%]이면 역률 50[%]의 전부하에서의 효율은 약 몇 [%]인가?

① 84   ② 88

③ 92   ④ 96

해설

$\eta = \dfrac{P}{P + P_i + P_c} \times 100(\%) = \dfrac{P}{P + P_i + I_2^2 r}$
$= \dfrac{P}{P + P_l} \times 100[\%]$

$0.95 = \dfrac{100 \times 0.8}{100 \times 0.8 + P_l}$ $\therefore P_l = 4.21[kw]$

역률50%에서 전부하 효율은

$\eta_{0.5} = \dfrac{100 \times 0.5}{100 \times 0.5 + 4.21} \times 100 = 92.23[\%]$

정답 56 ②   57 ③   58 ②   59 ①   60 ③

786 · Part 3. 전기산업기사 기출문제

제4과목 : 회로이론

61 3상 불평형 전압을 V_a, V_b, V_c라고 할 때 정상전압은?(단, $a= -\frac{1}{2}+j\frac{\sqrt{3}}{2}$ 이다.)

① $\frac{1}{3}(V_a+aV_b+a^2V_c)$

② $\frac{1}{3}(V_a+a^2V_b+aV_c)$

③ $\frac{1}{3}(V_a+a^2V_b+V_c)$

④ $\frac{1}{3}(V_a+V_b+V_c)$

62 Y결선의 전원에서 각 상전압이 220[V]일 때 선간 전압은?

① 127[V]　　　　② 220[V]

③ 311[V]　　　　④ 381[V]

해설

Y결선 : 선간전압$(V_l) = \sqrt{3} \times$ 상전압(V_p)
$= \sqrt{3} \times 220(V)$

63 다음과 같은 4단자망의 4단자 정수 중 D의 값은?

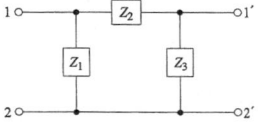

① Z_2

② $1+\frac{Z_2}{Z_1}$

③ $1+\frac{Z_2}{Z_3}$

④ $1+Z_2Z_3$

해설 $\begin{bmatrix} A & B \\ C & D \end{bmatrix} = \begin{bmatrix} 1 & 0 \\ \frac{1}{Z_1} & 1 \end{bmatrix}\begin{bmatrix} 1 & Z_2 \\ 0 & 1 \end{bmatrix}\begin{bmatrix} 1 & 0 \\ \frac{1}{Z_3} & 1 \end{bmatrix}$

$= \begin{bmatrix} 1+\frac{Z_2}{Z_3} & Z_2 \\ \frac{Z_1+Z_2+Z_3}{Z_1 Z_3} & 1+\frac{Z_2}{Z_1} \end{bmatrix}$

64 전압의 순시값이 $3+10\sqrt{2}\sin\omega t$[V]일 때 실효값은?

① 10.4[V]　　　　② 11.6[V]

③ 12.5[V]　　　　④ 16.2[V]

해설 실효값$(Ve) = \sqrt{3^2+10^2} = 10.4(V)$

65 다음의 회로가 정저항 회로가 되기 위한 L[H]의 값은?

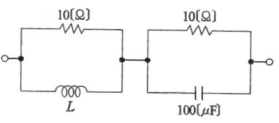

① 1[H]　　　　② 0.1[H]

③ 0.01[H]　　　　④ 0.001[H]

해설 정저항 조건

$R = \sqrt{\frac{L}{C}}$ 에서, $L = R^2 C = 10^2 \times 100 \times 10^{-6}$
$= 0.01(H)$

66 다음 괄호 안에 들어갈 내용으로 가장 적합한 것은?

> 3상 3선식에서는 회로의 평형, 불평형 또는 부하의 Δ, Y에 불구하고 세 선전류의 합은 0이므로 선전류의 (　)은 0이다.

① 정상분　　　　② 역상분

③ 영상분　　　　④ 평형분

정답　61 ①　62 ④　63 ②　64 ①　65 ③　66 ③

67 2전력계법을 써서 대칭 평형 3상 전력을 측정하였더니 각 전력계가 500[W], 300[W]를 지시하였다면 전 전력은?

① 200[W]   ② 300[W]

③ 500[W]   ④ 800[W]

해설 전전력(W) $= P_1 + P_2 = 500 + 300 = 800 [W]$

68 다음과 같은 회로에서 저항 2.6[Ω]에 흐르는 전류 [A]는?

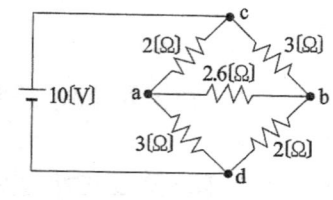

① 0.1[A]   ② 0.2[A]

③ 0.4[A]   ④ 0.8[A]

해설

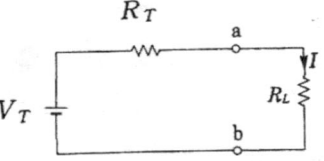

• 테브난등가저항(R_T)(전압원 단락)
$$= \frac{2 \times 3}{2+3} \times 2 = 2.4 (\Omega)$$

• $V_a = \frac{2}{2+3} \times 10 = 4 (V)$,

$V_b = \frac{3}{3+2} \times 10 = 6 (V)$

$V_T = V_b - V_a = 6 - 4 = 2 (V)$

$I = \frac{V_T}{R_T + R_L} = \frac{2}{2.4 + 2.6} = 0.4 (A)$

69 정현파 교류전압의 파고율은?

① 0.91   ② 1.11

③ 1.41   ④ 1.73

해설

파 형	구형파	3각파	정현파	전파 정류	반파 정류
파형률	1.0	1.15	1.11	1.11	1.57
파고율	1.0	1.732	1.414	1.414	2.0

70 24[Ω] 저항에 미지의 저항 R_x를 직렬로 접속한 후 전압을 가했을 때 24[Ω] 양단의 전압이 72[V]이고 저항 R_x양단의 전압이 45[V]이면 저항 R_x는?

① 20[Ω]   ② 15[Ω]

③ 10[Ω]   ④ 8[Ω]

해설

$R_x(\Omega)$에 걸리는 전압$(V_x) = \dfrac{R_x}{24 + R_x} \times V$

$= \dfrac{R_x}{24 + R_x} \times 117 = 45(V), \therefore R_x = 15(\Omega)$

여기서, V=72+45=117(V)

71 다음 회로에서 S를 닫은 후 t=2초일 때 회로에 흐르는 전류는 약 몇 [A]인가?

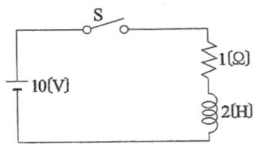

① 3.7[A]   ② 4.6[A]

③ 5.2[A]   ④ 6.3[A]

해설

$i(t) = \dfrac{E}{R}(1 - e^{-\frac{R}{L}t}) = \dfrac{10}{1}(1 - e^{-\frac{1}{2} \times 2})$
$= 6.32[A]$

정답   **67** ④   **68** ③   **69** ③   **70** ②   **71** ④

72 10[kVA]의 변압기 2대로 공급할 수 있는 최대 3상 전력은 약 몇 [kVA]인가?(단, 결선은 V결선이다.)

① 20[kVA] ② 17.3[kVA]

③ 10[kVA] ④ 8.7[kVA]

해설 $P_V = \sqrt{3}\,P_a[kVA] = 10\sqrt{3}\,[kVA]$

73 주기적인 구형파 신호의 구성은?

① 직류성분만으로 구성된다.

② 기본파 성분만으로 구성된다.

③ 고조파 성분만으로 구성된다.

④ 직류 성분, 기본파 성분, 무수히 많은 고조파 성분으로 구성된다.

74 R-L 직렬회로에서 V=10+100$\sqrt{2}$sinωt+100$\sqrt{2}$sin(3ωt)[V]인 전압을 가할 때 제 3고조파전류의 실효값[A]은?(단, R=8[Ω], ωL=2[Ω]이다.)

① 10[A] ② 5[A]

③ 3[A] ④ 1[A]

해설 $I_3 = \dfrac{E_3}{Z_3} = \dfrac{100}{\sqrt{8^2+6^2}} = 10(A)$

$Z_3 = R + j3wL = 8 + j6\,(\Omega)$

75 어떤 부하에 100sin($100\pi t + \dfrac{\pi}{6}$)[V]의 전압을 가했을 때 흐르는 전류가 10cos($100\pi t - \dfrac{\pi}{3}$)[A]이었다면 이 부하의 소비 전력은?

① 250[W] ② 433[W]

③ 500[W] ④ 866[W]

해설

$i(t) = 10\cos\left(100\pi t - \dfrac{\pi}{3}\right)$

$= 10\sin\left(100\pi t + \dfrac{\pi}{6}\right)[A]$

$P = \displaystyle\sum_{n=1}^{\infty} V_n I_n \cos(\theta_1 - \theta_2)$

$= \dfrac{100}{\sqrt{2}} \times \dfrac{10}{\sqrt{2}} \cos\left(\dfrac{\pi}{6} - \dfrac{\pi}{6}\right) = 500[W]$

76 비정현파의 전압이 $3 + 10\sqrt{2}\sin\omega t + 5\sqrt{2}\sin3\omega t$ 3[V]일 때 실효치[V]는?

① 11.5[V] ② 10.5[V]

③ 9.5[V] ④ 8.5[V]

해설 실효치$(Ve) = \sqrt{3^2 + 10^2 + 5^2} = 11.58[V]$

77 3상 불평형 전압에서 영상전압이 140[V]이고 정상전압이 600[V], 역상 전압이 280[V]이면 전압의 불평형률은?

① 0.67 ② 0.47

③ 0.23 ④ 0.12

해설

전압불평형률 $= \dfrac{\text{역상전압}(V_2)}{\text{정상전압}(V_1)} \times 100[\%]$

$= \dfrac{280}{600} = 0.47$

78 평형 3상 유도전동기의 출력이 10[HP], 선간전압 200[V], 효율 90[%], 역률 85[%]일 때, 이 전동기에 유입되는 선전류는 약 몇 [A]인가?(단, 1[HP]=746[W]이다.)

① 40[A] ② 28[A]

③ 20[A] ④ 14[A]

정답 72 ② 73 ④ 74 ① 75 ③ 76 ① 77 ② 78 ②

해설

전동기효율$(\eta_m) = \dfrac{P_o}{P_i} = \dfrac{P_o}{\sqrt{3}\,VI\cos\theta}$ 에서,

$I = \dfrac{10\times746}{0.9\times\sqrt{3}\times200\times0.85} = 28.15[A]$

79 f(t) = sint + 2cost를 라플라스 변환하면?

① $\dfrac{2s}{s^2+1}$ ② $\dfrac{2s+1}{(s+1)^2}$

③ $\dfrac{2s+1}{s^2+1}$ ④ $\dfrac{2s}{(s+1)^2}$

해설

$\mathcal{L}f(t) = F(s) = \dfrac{1}{s^2+1^2} + 2\dfrac{s}{s^2+1^2} = \dfrac{2s+1}{s^2+1}$

80 $F(s) = \dfrac{2}{(s+1)(s+3)}$ 의 역라플라스 변환은?

① $e^{-t} - e^{-3t}$ ② $e^{-t} - e^{3t}$

③ $e^t - e^{3t}$ ④ $e^t - e^{-3t}$

해설

$\mathcal{L}^{-1}F(s) = f(t) = \mathcal{L}^{-1}\dfrac{2}{(s+1)(s+3)}$

$= \mathcal{L}^{-1}\left(\dfrac{A}{s+1} + \dfrac{B}{s+3}\right)$

$= \mathcal{L}^{-1}\left(\dfrac{1}{s+1} - \dfrac{1}{s+3}\right) = e^{-t} - e^{-3t}$

$A = \lim_{s\to-1}\dfrac{2}{s+3} = 1$

$B = \lim_{s\to-3}\dfrac{2}{s+1} = -1$

제5과목 : 전기설비기술기준 및 판단기준

81 사용전압이 35[kV] 이하인 특고압 가공전선과 가공 약전류 전선 등을 동일 지지물에 시설하는 경우, 특고압 가공 전선로는 어떤 종류의 보안공사로 하여야 하는가?

① 제1종 특고압 보안공사

② 제2종 특고압 보안공사

③ 제3종 특고압 보안공사

④ 고압 보안공사

해설 사용전압 35[kV] 이하인 공가는 제2종 특고압 보안공사

82 수소 냉각식의 발전기에서 발전기안의 수소의 순도가 얼마 이하로 되면 경보하는 장치를 시설해야 하는가?

① 70[%] ② 85[%]

③ 90[%] ④ 95[%]

83 가공전선로의 지지물에 시설하는 지선의 시방세목을 설명한 것 중 옳은 것은?

① 안전율은 1.2 이상일 것

② 허용 인장하중의 최저는 5.26[kN]으로 할 것

③ 소선은 지름 1.6[mm] 이상인 금속선을 사용할 것

④ 지선에 연선을 사용할 경우 소선 3가닥 이상의 연선일 것

해설 안전율 : 1.5 이상, 최저 허용인장하중 : 4.31[kN], 2.6[mm] 이상의 금속선 3조 이상 꼬아서 사용한 것, 지중 및 지표상 30[cm]까지의 부분에는 아연도금철봉등 사용할 것

84 발전소에 시설하는 계측 장치 중 주요 변압기의 계측장치로 알맞은 것은?

① 전압 및 전류 또는 전력

② 전압 및 유온 또는 주파수

③ 전압 및 전류 또는 전력품질

④ 전압 및 전류 또는 온도

해설 주요 변압기의 전압 및 전류 또는 전력

정답 79 ③ 80 ① 81 ② 82 ② 83 ④ 84 ①

790 · Part 3. 전기산업기사 기출문제

85 사용전압이 22.9[kV]인 가공전선이 삭도와 제1차 접근상태로 시설되는 경우, 가공전선과 삭도 또는 삭도용 지주 사이의 이격거리는 최소 몇 [m] 이상으로 하여야 하는가?

① 0.5[m] ② 1[m]
③ 2[m] ④ 2.12[m]

[해설] 특고압가공전선과 삭도의 접근 또는 교차할 때 이격거리(이상)

사용전압	전선종류	이격거리
35[kV] 이하	표준	2[m]
	특고압절연전선 사용	1[m]
	케이블	0.5[m]
35[kV] 초과 60[kV] 이하		2[m]
60[kV] 넘는 경우		2+0.12n[m]

86 특고압 가공전선이 저고압 가공전선과 제1차 접근상태로 시설하는 경우, 66[kV] 특고압 가공전선과 저고압 가공전선 사이의 이격거리는 몇 [m] 이상이어야 하는가?

① 2.0[m] ② 2.12[m]
③ 2.2[m] ④ 2.5[m]

[해설] 특고압 가공전선과 저고압 가공전선 등의 접근 또는 교차할 때 이격거리(이상)

사용전압 구분	이격거리
60[kV] 이하	2[m]
60[kV] 초과	2+0.12n[m]

$\therefore 2+0.12n = 2+0.12 \times 1 = 2.12$[m] 이상

$n = \dfrac{66-60}{10} = 0.6 \xrightarrow{\text{절상}} 1$단

87 고압 가공전선과 저압 가공전선을 동일 지지물에 시설하는 경우 고압 가공전선에 케이블을 사용하면 그 케이블과 저압 가공전선의 이격거리는 최소 몇 [cm] 이상으로 할 수 있는가?

① 30[cm] ② 50[cm]
③ 75[cm] ④ 100[cm]

[해설] 가공전선의 병가 시설시 이격 거리

전압	표준	고압에 케이블 사용	특고압에 케이블사용 및 저고압에 절연전선 또는 케이블
저 고압병가	0.5[m] 이상	0.3[m] 이상	–
35[kV] 이하	1.2[m] 이상	–	0.5[m] 이상
35[kV] 초과 60[kV] 이하	2[m] 이상	–	1[m] 이상

88 애자 사용 공사에 의한 고압 옥내 배선 등의 시설에서 사용되는 연동선의 공칭 단면적은 몇 [mm²] 이상인가?

① 6.0 ② 10
③ 16 ④ 25

89 저압 가공전선 상호간을 접근 또는 교차하여 시설하는 경우 전선 상호간 이격거리 및 하나의 저압 가공전선과 다른 저압 가공전선로의 지지물 사이의 이격거리는 각각 몇 [cm] 이상이어야 하는가?(단, 어느 한 쪽의 전선이 고압 절연전선, 특고압 절연전선 또는 케이블이 아닌 경우이다.)

① 전선 상호간 : 30[cm],
   전선과 지지물간 : 30[cm]
② 전선 상호간 : 30[cm],
   전선과 지지물간 : 60[cm]
③ 전선 상호간 : 60[cm],
   전선과 지지물간 : 30[cm]
④ 전선 상호간 : 60[cm],
   전선과 지지물간 : 60[cm]

[정답] 85 ② 86 ② 87 ① 88 ① 89 ③

해설 가공전선 상호 간 접근 또는 교차하여 시설하는 경우 전선상호 간 이격거리(이상)

구분	저압가공전선		고압가공전선	
	일반	고압절연 전선 또는 케이블	일반	케이블
저압가공 전선	0.6[m]	0.3[m]	0.8[m]	0.4[m]
저압가공 전선로의 지지물	0.3[m]	–	0.6[m]	0.3[m]
고압전차선	–	–	1.2[m]	–
고압가공 전선	–	–	0.8[m]	0.4[m]
고압가공 전선로의 지지물	–	–	0.6[m]	0.3[m]

90 전선의 단면적이 38[mm²]인 경동연선을 사용하고 지지물로는 B종 철주 또는 B종 철근 콘크리트주를 사용하는 특고압 가공 전선로를 제3종 특고압 보안공사에 의하여 시설하는 경우의 경간은 몇 [m] 이하이어야 하는가?

① 100[m] ② 150[m]
③ 200[m] ④ 250[m]

해설

지지물의 종류	표준경간	저·고압 보안공사	1종 특고압 보안공사	2·3종 특고압 보안공사
목주, A종	150	100	×	100
B종	250	150	150	200
철탑	600	400	400	400

91 사용전압이 400[V]를 넘는 저압 옥내배선을 애자사용공사에 의하여 시설하는 경우 전선의 지지점간의 거리는 몇 [m] 이하이어야 하는가?(단, 전선을 조영재의 윗면 또는 옆면에 따라 붙이지 않은 경우이다.)

① 2.0[m] ② 4.0[m]
③ 4.5[m] ④ 6.0[m]

해설 애자사용공사 시설기준

전압	전선과조영재와의 이격거리		전선상 호간격	전선지지점 간의거리	
				조영 재의 상면 또는 측면	조영 재에 따라 시설 하지 않는 경우
400 [V] 미만	2.5[cm] 이상		6[cm] 이상	2[m] 이하	–
400 [V] 이상 저압	건조한 장소	2.5[cm] 이상			
	기타의 장소	4.5[cm] 이상			6[m] 이하

92 최대 사용 전압이 6600[V]인 3상 유도 전동기의 권선과 대지 사이의 절연 내력 시험 전압은?

① 7260[V] ② 7920[V]
③ 8250[V] ④ 9900[V]

해설 시험전압=최대 사용전압 7000[V] 이하 일 때 1.5배(최저 시험전압 500[V]), 7000[V] 넘을 경우 1.25배(최저시험 전압 10500[V])
∴ 시험전압 = 6600 × 1.5 = 9900[V]

정답 90 ③ 91 ④ 92 ④

93 나전선의 사용제한에 관한 사항으로 옥내에 시설하는 저압전선으로 나전선을 사용할 수 없는 경우는?

① 금속덕트공사에 의하여 시설하는 경우

② 버스덕트공사에 의하여 시설하는 경우

③ 애자사용공사에 의하여 전개된 곳에 전기로 용 전선을 시설하는 경우

④ 라이팅덕트공사에 의하여 시설하는 경우

해설 나전선을 사용할수 없는 공사 : 금속관, 합성수지관, 합성수지몰드, 금속덕트공사

94 6600[V], 3상3선식 고압가공 전선로의 전선에 고압 절연전선을 사용한 전선연장이 180[km]로 되어 있다. 이 전로에 결합된 변압기의 저압측 제2종 접지공사의 접지저항 값은 몇 [Ω] 이하로 하여야 하는가?(단, 이 전로에는 고저압 혼촉시에 2초 이내에 자동 차단하는 장치가 없다.)

① 25
② 40
③ 50
④ 75

해설

접지저항값$(R) = \dfrac{150}{I_1} = \dfrac{150}{3} = 50(\Omega)$

1선지락전류$(I_1) = 1 + \dfrac{\dfrac{V}{3}L - 100}{150}$

$= 1 + \dfrac{\dfrac{6}{3} \times 180 - 100}{150} = 3[A]$

여기서, V : 공칭전압을 1.1로 나눈값, L : 동일모선에 접속되는 고압전로(케이블 제외)의 전선연장(km단위), I_1이 절상해도 2 미만인 경우에는 2로 한다.

95 전력 보안 가공통신선이 철도의 궤도를 횡단하는 경우에는 레일면상 몇 [m] 이상에 시설하여야 하는가?

① 5.0[m]
② 5.5[m]
③ 6.0[m]
④ 6.5[m]

해설 가공통신선의 높이(이상)

시설장소	가공통신선
도로 횡단	5[m]
도로 횡단(교통에지장이없을경우)	4.5[m]
철도 횡단	6.5[m]
횡단 보도교 위시설	3[m]
기타장소	3.5[m]

96 금속제 수도관로를 접지공사의 접지극으로 사용하는 경우에 대한 사항이다. 괄호에 들어갈 수치로 알맞은 것은?

> 접지선과 금속제 수도관로의 접속은 안지름 (㉠)[mm] 이상인 금속제 수도관의 부분 또는 이로부터 분기한 안지름(㉡)[mm] 미만인 금속제 수도관의 그 분기점으로부터 5[m] 이내의 부분에서 할 것. 다만, 금속제 수도관로와 대지 간의 전기저항치가 (㉢) [Ω] 이하인 경우에는 분기점으로부터의 거리는 5[m]를 넘을 수 있다.

① ㉠ 75, ㉡ 75, ㉢ 2

② ㉠ 75, ㉡ 50, ㉢ 2

③ ㉠ 50, ㉡ 75, ㉢ 4

④ ㉠ 50, ㉡ 50, ㉢ 4

97 철탑의 강도계산에 사용하는 이상시 상정하중에 대한 철탑의 기초에 대한 안전율은 얼마 이상이어야 하는가?

① 0.9
② 1.33
③ 1.83
④ 2.25

정답 **93** ① **94** ③ **95** ③ **96** ① **97** ②

해설 가공 전선로 지지물의 기초 안전율은 2 이상(단, 이상시 상정 하중은 철탑인 경우는 1.33)이다.

98 빙설의 정도에 따라 풍압하중을 적용하도록 규정하고 있는 내용 중 옳은 것은?

① 빙설이 많은 지방에서는 고온계절에는 갑종 풍압하중, 저온계절에는 을종 풍압하중을 적용한다.

② 빙설이 많은 지방에서는 고온계절에는 을종 풍압하중, 저온계절에는 갑종 풍압하중을 적용한다.

③ 빙설이 적은 지방에서는 고온계절에는 갑종 풍압하중, 저온계절에는 을종 풍압하중을 적용한다.

④ 빙설이 적은 지방에서는 고온계절에는 을종 풍압하중, 저온계절에는 갑종 풍압하중을 적용한다.

99 석유류를 저장하는 장소의 저압 옥내 전기 설비에 사용할 수 없는 배선 공사방법은?

① 합성수지관공사　② 케이블공사
③ 금속관공사　　　④ 애자사용공사

100 특고압을 직접 저압으로 변성하는 변압기의 시설기준으로 적합하지 않은 것은?

① 전기로 등 전류가 큰 전기를 소비하기 위한 변압기

② 광산에서 물을 양수하기 위한 양수기용 변압기

③ 발전소·변전소·개폐소 또는 이에 준하는 곳의 소내용 변압기

④ 교류식 전기철도용 신호회로에 전기를 공급하기 위한 변압기

해설
• 25[kV] 이하 중성선 다중접지식 전로에 접속
• 특고압과 저압 혼촉시 자동차단 장치가 있는 사용전압 35[kV] 이하
• 특고압과 저압권선간에 제2종 접지공사를 한 혼촉 방지판이 부착되어 있는 사용전압 100[kV] 이하(접지저항값 10[Ω] 이하)

정답 **98** ① **99** ④ **100** ②

794 · Part 3. 전기산업기사 기출문제

국가기술자격검정 필기시험문제

2010년도 산업기사 제2회 필기시험(산업기사)

자격종목 및 등급(선택분야)	종목코드	시험시간	문제지형별	수검번호	성명
전기산업기사		2시간 30분	A		

※ 시험문제지는 답안카드와 같이 반드시 제출하여야 합니다.

제1과목 : 전기자기학

01 Q와 −Q로 대전된 두 도체 n과 r 사이의 전위차를 전위 계수로 표시하면?

① $(P_{nn} - 2P_{nr} + P_{rr})Q$

② $(P_{nn} + 2P_{nr} + P_{rr})Q$

③ $(P_{nn} + P_{nr} + P_{rr})Q$

④ $(P_{nn} - P_{nr} + P_{rr})Q$

[해설] $V_1 = P_{nn}Q_1 + P_{nr}Q_2$
$V_2 = P_{rn}Q_1 + P_{rr}Q_2$

$Q_1 = +Q, \quad Q_2 = -Q$ 를 대입하면,

$V_1 = P_{nn}Q - P_{nr}Q$
$V_2 = P_{rn}Q - P_{rr}Q$

∴ 전위차 : $V = V_1 - V_2 = (P_{nn} - 2P_{nr} + P_{rr})Q$

02 진공 중에서 폐곡면을 통하여 나가는 전력선의 총 수는 그 내부에 있는 점전하의 대수적 합의 몇 배가 되는가?

① ϵ_0

② $\dfrac{1}{\epsilon_0}$

③ ϵ_0^2

④ 1

[해설] 가우스의 정리

$N = \int_s E ds = \dfrac{1}{\epsilon_0} \sum_{n=1}^{\infty} Q_n, \quad N = ES = \dfrac{Q}{\epsilon_0}$

(진공중의 폐곡면에서 나오는 전 전기력선 수는 폐곡면 내에 있는 전 전하량의 $\dfrac{1}{\epsilon_0}$ 배와 같다.)

03 공심 솔레노이드의 내부 자계의 세기가 800[AT/m]일 때, 자속밀도[Wb/m²]는 약 얼마인가?

① $1 \times 10^{-3}\,[Wb/m^2]$ ② $1 \times 10^{-4}\,[Wb/m^2]$

③ $1 \times 10^{-5}\,[Wb/m^2]$ ④ $1 \times 10^{-6}\,[Wb/m^2]$

[해설] 공심솔레노이드 :

$B = \mu_0 H = 4\pi \times 10^{-7} \times 800$
$= 1 \times 10^{-3}\,[Wb/m^2]$

04 액체 유전체를 넣은 콘데서의 용량이 30 $[\mu F]$이다. 여기에 500[V]의 전압을 가했을 때 누설전류는 약 얼마인가?(단, 고유저항 ρ는 $10^{11}[\Omega \cdot m]$, 비유전율 ϵ_s는 2.2이다.)

① 5.1[mA] ② 7.7[mA]

③ 10.2[mA] ④ 15.4[mA]

[해설] 누설전류는

$I = \dfrac{V}{R} = \dfrac{CV}{\rho\epsilon} = \dfrac{CV}{\rho\epsilon_0\epsilon_s}$

$= \dfrac{30 \times 10^{-6} \times 500}{10^{11} \times 8.855 \times 10^{-12} \times 2.2} \times 10^3 = 7.7\,[mA]$

$RC = \rho\epsilon$에서, $R = \dfrac{\rho\epsilon}{C}$

[정답] 01 ① 02 ② 03 ① 04 ②

05 평행판 콘덴서에서 전극판 사이의 거리를 $\frac{1}{2}$로 줄이면 콘덴서의 용량은 처음 값에 대하여 어떻게 되는가?

① $\frac{1}{2}$로 감소한다.　② $\frac{1}{4}$로 감소한다.

③ 2배로 증가한다.　④ 4배로 증가한다.

해설 $C = \epsilon \dfrac{S}{d} \, [F]$

$$C' = \epsilon \frac{S}{d'} = \epsilon \frac{S}{\frac{d}{2}} = 2\epsilon \frac{S}{d} = 2\,C \,[F]$$

06 진공 중에 무한장 직선전하가 단위 길이 당 $\lambda\,[C/m]$가 분포되어 있을 때 전하의 중심축에서 $r\,[m]$ 떨어진 점의 전계의 크기는?

① 거리의 제곱에 비례한다.

② 거리의 제곱에 반비례한다.

③ 거리에 비례한다.

④ 거리에 반비례한다.

해설 무한장 직선전하에 의한 전계는

$$E = \frac{\lambda}{2\pi\epsilon_0 r} \propto \frac{1}{r}$$

07 전계 $E\,[V/m]$ 및 자계 $H\,[AT/m]$의 에너지가 자유공간 사이를 $C\,[m/s]$의 속도로 전파될 때 단위시간에 단위면적을 지나는 에너지 $[W/m^2]$는?

① $\frac{1}{2}EH$　　　② EH

③ EH^2　　　④ E^2H

해설 단위면적을 지나는 에너지(포인팅Vector)

$$P = E \times H = EH \,[Wb/m^2]$$

08 자유공간 내의 전자파의 진행에서 전계와 자계의 시간적인 위상 관계는?

① 위상이 서로 같다.

② 전계가 자계보다 90도 빠르다.

③ 전계가 자계보다 90도 늦다.

④ 전계가 자계보다 45도 빠르다.

해설 전자파 : 전파(전계)와 자파(자계)는 항상 90도로서 서로 직교하고, 같은 위상으로 진행하고, 전파와 자파는 항상 공존하므로 전자파라고 한다.

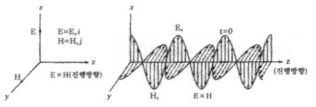

(평면파의 전파와 자파의 상호관계)

09 자유공간에서 특성 임피던스 $\sqrt{\dfrac{\mu_0}{\epsilon_0}}$ 의 값은?

① $100\pi\,[\Omega]$　　　② $120\pi\,[\Omega]$

③ $\dfrac{1}{100\pi}$　　　④ $\dfrac{1}{120\pi}$

해설 특성 임피던스

$$Z_0 = \frac{E}{H} = \sqrt{\frac{\mu_0}{\epsilon_0}} = \sqrt{\frac{4\pi \times 10^{-7}}{\frac{1}{36\pi \times 10^9}}} = 120\pi \,[\Omega]$$

10 유전율 $\epsilon_1\,[F/m]$, $\epsilon_2\,[F/m]$인 두 종류의 유전체가 무한평면을 경계로 접해있다. 유전체에서 경계면으로부터 $r\,[m]$만큼 떨어진 점전하 $Q\,[C]$가 있을 경우, 점전하와 유전체 $\epsilon_2\,[F/m]$ 사이에 작용하는 힘$[N]$은?

① $\dfrac{Q^2}{4\pi\epsilon_1 r^2}\dfrac{\epsilon_1 - \epsilon_2}{\epsilon_1 + \epsilon_2}\,[N]$　② $\dfrac{Q}{4\pi\epsilon_1 r}\dfrac{\epsilon_1 - \epsilon_2}{\epsilon_1 + \epsilon_2}\,[N]$

③ $\dfrac{Q^2}{16\pi\epsilon_1 r^2}\dfrac{\epsilon_1 - \epsilon_2}{\epsilon_1 + \epsilon_2}\,[N]$　④ $\dfrac{Q}{16\pi\epsilon_1 r}\dfrac{\epsilon_1 - \epsilon_2}{\epsilon_1 + \epsilon_2}\,[N]$

해설 점전하 $Q\,[C]$와 유전체 ϵ_2 사이에 작용하는 힘은 유전체 ϵ_1 중에서 점전하 $Q\,[C]$와 영상전하 $Q'\,[C]$ 사이에 작용하는 힘이 서로 같다. 즉, 전공간이 ϵ_1의 유전체로 되었을 경우의 Q에 대한 영상전하 Q'는

정답 **05** ③　**06** ④　**07** ②　**08** ①　**09** ②　**10** ③

$$Q' = \frac{\epsilon_1 - \epsilon_2}{\epsilon_1 + \epsilon_2} Q$$

∴ 점전하 Q[C]이 받는 힘은

$$F = \frac{QQ'}{4\pi\epsilon_1 (2r)^2} = \frac{Q^2}{16\pi\epsilon_1 r^2} \frac{\epsilon_1 - \epsilon_2}{\epsilon_1 + \epsilon_2} \ [N]$$

11 서로 멀리 떨어져 있는 두 도체를 각각 V_1, $V_2(V_1 > V_2)$의 전위로 충전한 후 가느 다란 도선으로 연결하였을 때 그 도선을 흐 르는 전하 Q[C]는?(단, C_1, C_2 두 도체의 정 전용량이라 한다.)

① $\dfrac{C_1^2}{C_1 + C_2}(V_1 - V_2)$

② $\dfrac{(C_1 + C_2)^2}{C_1 C_2}(V_1 - V_2)$

③ $\dfrac{C_1 C_2}{C_1 + C_2}(V_1 - V_2)$

④ $\dfrac{1}{2}\left(\dfrac{C_1 C_2}{C_1 + C_2}\right)(V_1 - V_2)$

해설 처음 두도체의 전하를 각각 Q_1, Q_2 [C], 가느 다란 도선으로 연결하였을 때
($V_1 = V_2 = V$)의 전하를 Q_1', Q_2' [C]라 하면,
$C_1 V_1 + C_2 V_2 = Q_1 + Q_2 = Q_1' + Q_2'$
$= C_1 V + C_2 V$ [C]

공통전위 : $V = \dfrac{C_1 V_1 + C_2 V_2}{C_1 + C_2}$ [V]

그러므로 도선을 흐르는 전하Q[C]는
$Q = Q_1 - Q_1' = C_1 V_1 - C_1 V$

$\quad = C_1 V_1 + C_1 \dfrac{C_1 V_1 + C_2 V_2}{C_1 + C_2}$

$\quad = \dfrac{C_1 C_2}{C_1 + C_2}(V_1 - V_2)$ [C]

12 감자력은?

① 자속에 비례한다.
② 자화의 세기에 비례한다.

③ 자극의 세기에 반비례한다.
④ 자계의 세기에 반비례한다.

해설 평등자계(H_0) 중에 상자성체를 놓고 자성체의 단면에 +m과 −m의 자극을 갖도록 자화되었을 때, 자성체 내부에는 H_0와 반대방향으로 자극 ±m에 의 한 자계 H'가 생긴다.
이때 자성체 내부에서의 자계는 $H = H_0 - H'$이 되 고, 이 H'를 감자력이라 한다(J=자화의 세기).

$$H' = \frac{N}{\mu_0} J \propto J$$

13 $[\Omega \cdot m]$와 같은 단위는?

① F ② F/m
③ H ④ H/m

해설 유기 기전력은

$$e = -N \frac{d\phi}{dt} = -N \frac{d\phi}{dt} \cdot \frac{di}{dt} = -L \frac{di}{dt} \ [V]$$

$$[V] = [H] \cdot \left[\frac{A}{\sec}\right],$$

$$[H] = \left[\frac{V}{A} \cdot \sec\right] = [\Omega \cdot \sec]$$

14 넓이 4[m²], 간격 1[m]의 진공 평행판 콘덴 서에 1[C]의 전하를 충전하는 경우 평행판 사이의 힘[N]은?

① $\dfrac{1}{4\epsilon_0}$ [N] ② $\dfrac{1}{8\epsilon_0}$ [N]

③ $\dfrac{1}{16\epsilon_0}$ [N] ④ $\dfrac{1}{32\epsilon_0}$ [N]

해설
• 평행판 전극 도체에 단위 면적당 작용하는 힘은,
$$f = \frac{1}{2} DE = \frac{1}{2}\epsilon_0 E^2 = \frac{1}{2}\frac{D^2}{\epsilon_0} = \frac{1}{2}\frac{\sigma^2}{\epsilon_0} [N/m^2]$$

• 평행판 사이에 작용하는 힘은,
$$F = fS = \frac{\sigma^2}{2\epsilon_0} S = \frac{1}{2\epsilon_0}\left(\frac{Q}{S}\right)^2 S = \frac{1}{2\epsilon_0}\frac{Q^2}{S}$$

$$= \frac{1}{2\epsilon_0} \times \frac{1}{4} = \frac{1}{8\epsilon_0} \ [N]$$

정답 **11** ③ **12** ② **13** ③ **14** ②

15 평면도체 표면에서 d[m]인 거리에 점전하 Q[C]가 있다. 이 전하를 무한원점까지 운반하는데 요하는 일[J]은?

① $\dfrac{Q}{8\pi\epsilon_0\,d}\,[J]$ ② $\dfrac{Q^2}{8\pi\epsilon_0\,d^2}\,[J]$

③ $\dfrac{Q^2}{16\pi\epsilon_0\,d}\,[J]$ ④ $\dfrac{Q}{16\pi\epsilon_0\,d^2}\,[J]$

해설

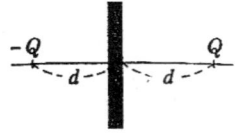

요하는 일은

$$W=\int_d^\infty F\,dr=\frac{Q^2}{16\pi\epsilon_0}\int_d^\infty\frac{1}{d^2}\,dr$$

$$=\frac{Q^2}{16\pi\epsilon_0}\Big[-\frac{1}{d}\Big|_d^\infty\Big]=\frac{Q^2}{16\pi\epsilon_0\,d}\ [J]$$

작용력 : $F=\dfrac{-Q^2}{4\pi\epsilon_0(2d)^2}=-\dfrac{Q^2}{16\pi\epsilon_0\,d^2}\ [N]$(흡인력)

16 표피효과에 관한 설명으로 옳지 않은 것은?

① 도체에 교류가 흐르면 표면으로부터 중심으로 들어갈수록 전류밀도가 작아진다.

② 고주파일수록, 도체의 전도도 및 투자율이 클수록 심하다.

③ 도체 내부는 전류의 전도에 거의 관여하지 않으므로 전기저항이 증가하는 요인이 된다.

④ 도체 내의 전류 또는 자속의 분포는 표면에서의 깊이에 대하여 지수 함수적으로 증가된다.

해설 표피효과(침투깊이)

$$\delta=\sqrt{\frac{2}{\omega\sigma\mu}}=\sqrt{\frac{1}{\pi f\sigma\mu}}\ [m],$$

여기서, σ : 도전율, μ : 투자율, f : 주파수

∴주파수(f)가 높을수록, 도전율(σ)이 높을수록, 투자율(μ)이 높을수록 표피(침투)두께(δ)는 감소되어 표피효과는 증대되어 도체의 실효저항이 증가된다. (도체내부의 전류밀도가 지수 함수적으로 감소)

17 유전체 콘덴서에 전압을 인가할 때 발생하는 현상으로 옳지 않은 것은?

① 속박전하의 변위가 분극전하로 나타난다.

② 유전체면에 나타나는 분극전하 면밀도와 분극의 세기는 같다.

③ 유전체 콘덴서는 공기콘덴서에 비하여 전계의 세기는 작아지고 정전용량은 커진다.

④ 단위면적당의 전기 쌍극자모멘트가 분극의 세기이다.

해설

• 단위면적당의 분극전하량

$$P=\frac{Q}{S}\ \text{(P : 분극의세기)}$$

• 단위체적당의 전기 쌍극자 모멘트

$$P=\frac{M}{V}$$

18 20[℃]에서 저항 온도계수가 0.004인 동선의 저항이 100[Ω]이었다. 이 동선의 온도가 80[℃]일 때 저항은?

① 24[Ω] ② 48[Ω]

③ 72[Ω] ④ 124[Ω]

해설 $R_T=R_t[1+\alpha_t(T-t)]$ 에서,

∴ $R_{80}=R_{20}[1+\alpha_{20}(80-20)]$

$=100(1+0.004\times60)=124\ [\Omega]$

정답 **15** ③ **16** ④ **17** ④ **18** ④

19 2[Wb/m²]인 평등자계 속에 자계와 직각방향으로 놓인 길이 30[cm]인 도선을 자계와 30° 각도의 방향으로 30[m/sec]의 속도로 이동할 때, 도체 양단에 유기되는 기전력은?

① 3[V] ② 9[V]

③ 30[V] ④ 90[V]

해설
$e = Blv\sin\theta$
$= 2 \times 0.3 \times 30 \times \sin30° = 9\ [V]$

20 자계의 세기가 800[AT/m]이고, 자속밀도가 0.2[Wb/m²]인 재질의 투자율[H/m]은?

① $2.5 \times 10^{-3}\ [H/m]$ ② $4 \times 10^{-3}\ [H/m]$

③ $2.5 \times 10^{-4}\ [H/m]$ ④ $4 \times 10^{-4}\ [H/m]$

해설 $B = \mu H$ 에서,

$\mu = \dfrac{0.2}{800} = 2.5 \times 10^{-4}\ [H/m]$

제2과목 : 전력공학

21 피뢰기의 구비조건으로 틀린 것은?

① 충격 방전 개시 전압이 높을 것

② 상용 주파 방전 개시 전압이 높을 것

③ 속류의 차단능력이 충분할 것

④ 방전 내량이 크고, 제한 전압이 낮을 것

해설 충격 방전 개시전압이 낮을 것

22 가공 배전선로의 부하 분기점에 설치하여 선로고장 발생시 선로의 타 보호기기와 협조하여 고장구간을 신속하게 개방하는 개폐장치는?

① 고장구간 자동 개폐기

② 자동선로 구분 개폐기

③ 자동부하 전환 개폐기

④ 기중부하 개폐기

해설
• 자동부하 전환 개폐기(ALTS : Automatic Load Transfer Switch) : 주전원이 정전되면 자동적으로 예비전원 쪽으로 절체되어 전력을 계속 공급하는 기능을 가진 개폐기이다.
• 자동구간 자동 개폐기(ASS : Auto Section Switch) : 수용가의 고장으로 인해서 배전선로에서 고장이 파급되는 것을 방지하기 위해서 설치한 개폐기이다.
• 섹셔널라이저(자동선로 구분 개폐기) = 자동구간 개폐기

23 3상 동기발전기의 고장전류를 계산할 때, 영상전류 I_0, 정상전류 I_1 및 역상전류 I_2가 같은 경우는 어느 사고로 볼 수 있는가?

① 선간지락 ② 1선지락

③ 2선단락 ④ 3상단락

24 3상3선식 복도체방식의 송전선로를 3상3선식 단도체방식 송전선로와 비교한 것으로 알맞은 것은?(단, 단도체의 단면적은 복도체 방식의 소선의 단면적의 합과 같은 것으로 한다.)

① 전선의 인덕턴스는 증가하고, 정전용량은 감소한다.

② 전선의 인덕턴스와 정전용량은 모두 증가한다.

③ 전선의 인덕턴스는 감소하고, 정전용량은 증가한다.

④ 전선의 인덕턴스와 정전용량은 모두 감소한다.

해설 복도체는 단도체에 비해서 등가 반지름이 증가하므로, 인덕턴스는 감소하고 정전용량은 증가되어 송전용량이 증대된다.

정답 **19** ② **20** ③ **21** ① **22** ② **23** ② **24** ③

25 뒤진 역률 80[%], 1000[kW]의 3상 부하가 있다. 이것에 콘덴서를 설치하여 역률을 95[%]로 개선하려면 콘덴서의 용량은 약 몇 [kVA]인가?

① 240[kVA]　　② 420[kVA]

③ 630[kVA]　　④ 950[kVA]

해설

$Q = P(\tan\theta_1 - \tan\theta_2)$

$\doteqdot 1000(\dfrac{0.6}{0.8} - \dfrac{\sqrt{1-0.95^2}}{0.95}) - 421.32[kVA]$

26 전선 a, b, c가 일직선으로 배치되어 있다. a와 b, b와 c 사이의 거리가 각각 5[m]일 때 이 선로의 등가 선간 거리는 약 몇 [m]인가?

① 5[m]　　② 6.3[m]

③ 6.7[m]　　④ 10[m]

해설

$D_e = \sqrt[3]{D \cdot D \cdot 2D} = \sqrt[3]{2} \cdot D = \sqrt[3]{2} \times 5[m]$

27 소호 리액터 접지에 대한 설명으로 잘못된 것은?

① 선택지락계전기의 작동이 쉽다.

② 과도안정도가 높다.

③ 전자유도장해가 경감한다.

④ 지락전류가 작다.

해설 1선지락전류가 제일 적은 방식이므로, 선택지락 계전기의 동작이 잘 안 된다.

28 배전선로의 접지 목적과 거리가 먼 것은?

① 고장전류의 크기 억제

② 혼촉, 누전, 접촉에 의한 위험 방지

③ 이상전압의 억제, 대지전압 저하시켜 보호 장치작동 확실

④ 피뢰기 등의 뇌해 방지 설비의 보호 효과 향상

29 3상이고 표준전압 3[kV], 600[kW]를 역률 0.85로 수전하는 공장의 수전회로에 시설하는 계기용 변류기의 변류비로 적당한 것은?(단, 변류기의 2차 전류는 5[A]이다.)

① 5　　② 10

③ 20　　④ 40

해설 $CT = \dfrac{I_1}{I_2} = \dfrac{40}{5}$,

$I_1 = I_n \times (1.25 \sim 1.5)$

$= \dfrac{600}{\sqrt{3} \times 3 \times 0.85} \times (1.25 \sim 1.5)$

$= 33.96 \sim 40.75[A]$에서,

40[A]를 선정한다.

30 선로의 특성 임피던스에 대한 설명으로 알맞은 것은?

① 선로의 길이에 비례한다.

② 선로의 길이에 반비례한다.

③ 선로의 길이에 관계없이 일정하다.

④ 선로의 길이보다 부하에 따라 변화한다.

해설

선로의 특성 임피던스$(Z_o) = \sqrt{\dfrac{Z}{Y}} = \sqrt{\dfrac{L}{C}}$

$= \sqrt{Z_{ss} \times Z_{so}}[\Omega]$에서 길이와 상관없다.

31 수전용 변전설비의 1차측에 설치하는 차단기의 용량은 어느 것에 의하여 정하는가?

① 수전전력과 부하율

② 수전계약용량

③ 공급측 전원의 단락용량

④ 부하설비용량

해설 차단기의 용량은 단락용량 보다 커야하고, 공급 측 전원의 단락용량에 의해서 정해진다.

$(P_s = \dfrac{100}{\%Z}P_n)$

정답 25 ②　26 ②　27 ①　28 ①　29 ④　30 ③　31 ③

32 저압 뱅킹 배전방식에서 캐스케이딩 현상이란?

① 전압 동요가 적은 현상

② 변압기의 부하 배분이 불균일한 현상

③ 저압선이나 변압기에 고장이 생기면 자동적으로 고장이 제거되는 현상

④ 저압선의 고장에 의하여 건전한 변압기의 일부 또는 전부가 차단되는 현상

33 전선 지지점에 고저차가 없는 경간 300[m]인 송전선로가 있다. 이도를 8[m]로 유지할 경우 지지점 간의 전선 길이는 약 몇 [m]인가?

① 300.1[m] ② 300.3[m]

③ 300.6[m] ④ 300.9[m]

해설

전선길이$(L) = S + \dfrac{8D^2}{3S} = 300 + \dfrac{8 \times 8^2}{3 \times 300}$
$= 300.57[m]$

34 소호환(Arcing Ring)의 설치 목적은?

① 애자연의 보호

② 클램프의 보호

③ 이상전압 발생의 방지

④ 코로나손의 방지

해설

• 소호환(Arcing Ring) : 애자련의 보호

• 소호각(Arcing Horn) : 애자련의 전압분포 개선

35 장거리 송전 선로의 특성은 어떤 회로로 다루는 것이 가장 알맞은가?

① 분산 부하 회로 ② 집중정수 회로

③ 분포 정수 회로 ④ 특성 임피던스 회로

36 배전선로에서 손실계수 H와 부하율 F 사이에 성립하는 것은?(단, 부하율 F≤1이다.)

① $H \geq F^2$ ② $H \leq 0$

③ $H = F$ ④ $H \geq F$

해설 손실계수(H)와 부하율(F)와 관계, $0 \leq F^2 \leq H \leq F \leq 1$

37 수소냉각 발전기에 대한 설명 중 잘못된 것은?

① 풍손이 감소하고 발전기 효율이 상승한다.

② 수소는 공기보다 코로나 발생전압이 낮다.

③ 수소는 열전도가 크고 냉각효과가 높다.

④ 발전기는 전폐형으로 습기의 침입이 적다.

해설 코로나 전압이 높아서 코로나의 발생이 적다, 수소와 공기가 혼합 시 폭발 우려가 있다.

38 수용가측에서 부하의 무효전력 변동분을 흡수하여 플리커의 발생을 방지하는 대책으로 거리가 먼 것은?

① 부스터 방식

② 동기조상기와 리액터 방식

③ 사이리스터 이용 콘덴서 개폐방식

④ 사이리스터용 리액터 방식

해설 부스터방식 : 전압강하 보상하는 방법

39 유효낙차가 40[%] 저하되면 수차의 효율이 20[%] 저하된다고 할 경우 이때의 출력은 원래의 약 몇 [%]인가?(단, 안내 날개의 열림은 불변인 것으로 한다.)

① 37.2[%] ② 48.0[%]

③ 52.7[%] ④ 63.7[%]

정답 32 ④ 33 ③ 34 ① 35 ③ 36 ① 37 ② 38 ① 39 ①

[해설]

$$출력(P) = 9.8QH\eta[kW] \propto QH\eta \propto H^{\frac{3}{2}}\eta$$

$$유량(Q) = \sqrt{2gH} \propto H^{\frac{1}{2}},$$

$$\therefore \frac{P'}{P} = \left(\frac{H'}{H}\right)^{\frac{3}{2}} \times \frac{\eta'}{\eta} = \left(\frac{0.6H}{H}\right)^{\frac{3}{2}} \times \frac{0.8\eta}{\eta}$$

$$= 0.372$$

40 화력 발전소의 재열기(Reheater)의 목적은?

① 급수를 가열한다. ② 석탄을 건조한다.

③ 공기를 예열한다. ④ 증기를 가열한다.

제3과목 : 전기기기

41 2개의 사이리스터로 단상전파정류를 하여 90[V]의 직류 전압을 얻는데 필요한 최대 첨두 역전압은 약 얼마인가?

① 141[V]　　② 283[V]

③ 365[V]　　④ 400[V]

[해설]

최대 첨두역전압(PIV)

$= \pi \times E_d = \pi \times 90 = 282.74[V]$

42 변압기의 단락시험과 관련 없는 것은?

① 권선의 저항　　② 임피던스 전압

③ 임피던스 와트　　④ 여자어드미턴스

[해설] 여자어드미턴스 : 무부하(개방)시험

43 선박의 전기추진용 전동기의 속도제어에 가장 알맞은 것은?

① 주파수 변화에 의한 제어

② 극수 변환에 의한 제어

③ 1차 회전에 의한 제어

④ 2차 저항에 의한 제어

[해설] 주파수 변화에 의한 제어 : 선박의 전기 추진용 전동기, 포터모터의 속도제어

44 정격 전압이 120[V]인 직류 분권 발전기가 있다. 전압 변동률이 5[%]인 경우 무부하 단자전압은?

① 114[V]　　② 126[V]

③ 132[V]　　④ 138[V]

[해설]

$$전압변동률(\epsilon) = \frac{V_0 - V_n}{V_n} \times 100[\%] 에서,$$

$$V_o = (\epsilon + 1)V_n = (0.05 + 1) \times 120 = 126[V]$$

45 10극, 3상 유도전동기가 있다. 회전자는 3상이고 정지 시의 2차 1상의 전압이 150[V]이다. 이 회전자를 회전자계와 반대방향으로 400[rpm] 회전시키면 2차 전압은?(단, 1차 전원 주파수는 50[Hz]이다)

① 150　　② 200[V]

③ 25[V]　　④ 300[V]

[해설]

$$2차전압 \ (E_{2s}) = sE_2 = 1.667 \times 150 = 250.05[V]$$

$$슬립(s) = \frac{N_s - N}{N_s} = \frac{600 - (-400)}{600} = 1.667$$

$$N_s = \frac{120f}{P} = \frac{120 \times 5}{10} = 600[rpm]$$

46 변압기에서 권수가 2배가 되면 유기 기전력은 몇 배가 되는가?

① $\frac{1}{2}$　　② 1

③ 2　　④ 4

[정답] 40 ④　41 ②　42 ④　43 ①　44 ②　45 ③　46 ③

802 · Part 3. 전기산업기사 기출문제

해설 유기 기전력$(E_1) = 4.44fw\phi_m$에서, $E \propto w$이므로, 권수가 2배가 되면, 유기 기전력도 2배가 된다.

47 3상 동기 발전기에 무부하 전압보다 90°도 늦은 전기자 전류가 흐를 때 전기자 반작용은?

① 교차자화작용을 한다.

② 자기여자작용을 한다.

③ 감자작용을 한다.

④ 증자작용을 한다.

48 동기전동기에 관한 설명으로 잘못된 것은?

① 제동권선이 필요하다.

② 난조가 발생하기 쉽다.

③ 여자기가 필요하다.

④ 역률을 조정할 수 없다.

해설 동기전동기는 속도는 불변이고, 지상에서 진상까지 역률 조정하며 기동토크가 적다.

49 200±100[V], 5[kVA]인 3상 유도전압조정기의 직렬권선의 전류는?

① 약 28.9[A]

② 약 50.1[A]

③ 약 57.8[A]

④ 약 16.7[A]

해설

3상 유도전압조정기의 정격 출력(P)

$= \sqrt{3}\,E_2 I_2 [VA]$에서,

E_2 : 조정전압$[V]$,

I_2 : 직렬 권선에 흐르는 정격 2차 전류

$\therefore I_2 = \dfrac{5 \times 10^3}{\sqrt{3} \times 100} = 28.87[A]$

50 3상 동기 발전기의 여자 전류가 5[A]일 때 1상의 유기 기전력은 440[V]이고, 3상 단락 전류는 20[A]이다. 이 발전기의 동기 임피던스는?

① 17[Ω]

② 20[Ω]

③ 22[Ω]

④ 25[Ω]

해설

단락전류$(I_s) = \dfrac{E}{Z_s}[A]$에서,

Z_s : 동기임피던스(Ω), E : 정격 상전압$[V]$

$\therefore Z_s = \dfrac{E}{I_s} = \dfrac{440}{20} = 22[\Omega]$

51 2차 권선이 무부하 상태에서 변압기 여자 전류의 실효값을 결정하는 요소로 바르게 연결 된 것은?

① 1차 권선 자기 인덕턴스, 1차 단자 전압 실효값

② 1차 권선 자기 인덕턴스, 2차 유기 기전력

③ 2차 권선 자기 인덕턴스, 입력 전압 실효값

④ 2차 권선 자기 인덕턴스, 2차 유기 기전력

해설 무부하 상태(변압기 1차 전류는 여자전류)

$\therefore$ 여자전류$(I_0) = \dfrac{V_1}{\omega L_1}[A]$

52 다음 기기 중 공장에서 역률을 개선하려고 할 때 쓰이는 기기가 아닌 것은?

① 동기조상기

② 콘덴서용 직렬리액터

③ 전력용 콘덴서

④ 회전변류기

해설 회전변류기 : 교류전력을 직류전력으로 바꾸는 회전기

정답 **47** ③ **48** ③ **49** ① **50** ③ **51** ① **52** ④

53 전기자 도체의 굵기, 권수 및 극수가 같을 때 소전류, 고전압을 얻을 수 있는 권선법은?

① 단중 중권   ② 단중 파권
③ 균압 접속   ④ 개로권

해설 단중 중권 : 저전압 대전류

54 부하변동이 심한 부하에 직권 전동기를 사용할 때 전기자 반작용을 감소시키기 위해서 설치하는 것은?

① 계자권선   ② 보상권선
③ 브러시   ④ 균압선

해설 보극 : 정류작용개선용

55 3상 유도 전동기의 원선도 작성에 필요한 기본량을 구하기 위한 시험이 아닌 것은?

① 충격 전압 시험   ② 저항 측정 시험
③ 무부하 시험   ④ 구속 시험

56 전동기에서 회전력이 작용하는 방향으로 맞는 것은?

① 인덕턴스가 증가하는 방향
② 자기저항이 증가하는 방향
③ 시스템의 에너지가 증가하는 방향
④ 전류가 증가하는 방향

57 3상 직권 정류자 전동기의 중간 변압기는 고정자 권선과 회전자 권선 사이에 직렬로 접속되는데 이 중간 변압기를 사용하는 중요한 이유는?

① 경부하시 속도의 급상승 방지를 위하여
② 주파수 변동으로 속도를 조정하기 위하여

③ 회전자 상수를 감소하기 위하여
④ 역회전을 방지하기 위하여

해설 경부하시 속도는 급상승하므로 중간변압기를 사용해서 그 속도를 제한

58 220[V] 3상 유도전동기의 전부하 슬립이 4[%]이다. 공급전압이 10[%] 저하된 경우의 전부하 슬립은?

① 4[%]   ② 5[%]
③ 6[%]   ④ 7[%]

해설

슬립$(s') = (\dfrac{V}{V'})^2 \times s = (\dfrac{V}{0.9V})^2 \times 0.04$
$= 0.049$

59 어떤 유도전동기가 부하시 슬립(S) 5[%]에서 한상당 10[A]의 전류를 흘리고 있다. 한 상에 대한 회전자 유효저항이 0.1[Ω]일 때 3상 회전자 출력은?

① 190[W]   ② 570[W]
③ 620[W]   ④ 780[W]

해설

3상 회전자 출력$(P) = 3I_1^2 R = 3 \times 10^2 \times 1.9$
$= 570[W]$

$R = \dfrac{1-s}{s}r_2 = \dfrac{1-0.05}{0.05} \times 0.1 = 1.9[\Omega]$

60 직류 전동기의 정출력 제어를 위한 속도 제어법은?

① 워드 레오너드 제어법
② 전압 제어법
③ 계자 제어법
④ 전기자 저항 제어법

정답 53 ②   54 ②   55 ①   56 ①   57 ①   58 ②   59 ②   60 ③

804 • Part 3. 전기산업기사 기출문제

제4과목 : 회로이론

61 저항 30[Ω], 용량성 리액턴스 40[Ω]의 병렬회로에 120[V]의 정현파 교류전압을 가할 때 전체 전류는?

① 3[A]　　　　　② 4[A]
③ 5[A]　　　　　④ 6[A]

해설

$I = I_R + jI_c = 4 + j3 = \sqrt{4^2 + 3^2} = 5[A]$

저항에 흐르는 전류$(I_R) = \dfrac{E}{R} = \dfrac{120}{30} = 4[A]$

용량성리액턴스에 흐르는 전류$(I_c) = \dfrac{E}{X_c}$

$= \dfrac{120}{40} = 3[A]$

62 어떤 회로망의 4단자 정수가 A=8, B=j2, D=3+j2이면 이 회로망의 C는?

① 2+j3　　　　　② 3+j3
③ 24+j14　　　　④ 8-j11.5

해설

$AD - BC = 1$, $C = \dfrac{AD - 1}{B} = \dfrac{8(3 + j2) - 1}{j2}$
$= 8 - j11.5$

63 그림의 회로에서 단자 a, b에 걸리는 전압 V_{ab}는 몇 [V]인가?

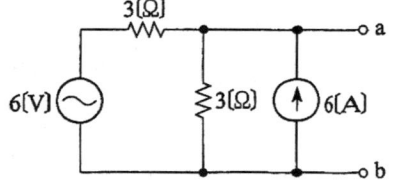

① 12　　　　　② 18
③ 24　　　　　④ 36

해설

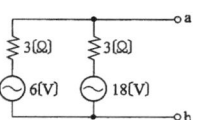

전류원 6[A]을 전압원으로 변환시키고,
밀만의 정리로 풀면

$\therefore V_{ab} = \dfrac{\displaystyle\sum_{n=1}^{\infty} \dfrac{V_n}{Z_n}}{\displaystyle\sum_{n=1}^{\infty} \dfrac{1}{Z_n}} = \dfrac{\dfrac{6}{3} + \dfrac{18}{3}}{\dfrac{1}{3} + \dfrac{1}{3}} = 12[V]$

64 R=50[Ω], L=200[mH]의 직렬 회로에 주파수 f=50[Hz]의 교류에 대한 역률은?

① 82.3[%]　　　　② 72.3[%]
③ 62.3[%]　　　　④ 52.3[%]

해설

$\cos\theta = \dfrac{R}{Z} = \dfrac{R}{\sqrt{R^2 + (\omega L)^2}} = \dfrac{50}{\sqrt{50^2 + 62.83^2}}$
$= 0.623$

$\omega L = 2\pi \times 50 \times 200 \times 10^{-3} = 62.83[\Omega]$

65 어떤 회로 소자에 e=125sin377t[V]를 가했을 때 전류 i=25sin377t[A]가 흐른다면 이 회로 소자는?

① 다이오드　　　　② 순저항
③ 유도 리액턴스　　④ 용량 리액턴스

66 최대치 100[V], 주파수 60[Hz]인 정현파 전압이 t=0에서 순시치가 50[V]이고 이 순간에 전압이 감소하고 있을 경우의 정현파의 순시치 식은?

① 100sin(120πt+45°)
② 100sin(120πt+135°)
③ 100sin(120πt+150°)
④ 100sin(120πt+30°)

정답　61 ③　62 ④　63 ①　64 ③　65 ②　66 ③

[해설]

e(t) 감소부분 그래프

$e(t) = 100\sin(120\pi t + 150°)[V]$

---

67 선간전압 200[V], 부하 임피던스 24+j7[Ω]인 3상 Y결선의 3상 유효전력은?

① 192[W] ② 512[W]
③ 1536[W] ④ 4608[W]

[해설]

3상 유효 전력$(P) = 3I_p^2 R = 3 \times 4.62^2 \times 24$
$= 1536.8[W]$
Y결선에서는 선전류(I_l)와 상전류(I_p)가 같다.

$\therefore$ 상전류$(I_p) = \dfrac{V_p}{Z} = \dfrac{\frac{200}{\sqrt{3}}}{25} = 4.62[A]$

$Z = 24 + j7 = \sqrt{24^2 + 7^2} = 25[\Omega]$

---

68 대칭 6상 전원이 있다. 환상결선으로 권선에 120[A]의 전류를 흘린다고 하면 선전류는?

① 60[A] ② 90[A]
③ 120[A] ④ 150[A]

[해설] $I_l = 2I_p \sin\dfrac{\pi}{n} = 2 \times 120 \times \sin\dfrac{\pi}{6} = 120[A]$

---

69 다음의 회로가 정저항 회로로 되기 위한 C의 값은?

100[Ω], 100[Ω], 40[mH], C 회로도

① 4[μF] ② 6[μF]
③ 8[μF] ④ 10[μF]

[해설]

$R = \sqrt{\dfrac{L}{C}}$ 에서, $C = \dfrac{L}{R^2} = \dfrac{40 \times 10^{-3}}{100^2} \times 10^6$
$= 4[\mu F]$

---

70 대칭 3상 Y부하에서 각 상의 임피던스가 3+j4[Ω]이고 부하 전류가 20[A]일 때 이 부하에서 소비되는 전 전력은?

① 1400[W] ② 1600[W]
③ 1800[W] ④ 3600[W]

[해설] $P = 3I_p^2 R = 3 \times 20^2 \times 3 = 3600[W]$

---

71 두 코일의 자기 인덕턴스가 L_1[H], L_2[H]이고 상호 인덕턴스가 M일 때 결합계수 k는?

① $\dfrac{\sqrt{L_1 L_2}}{M}$ ② $\dfrac{M}{\sqrt{L_1 L_2}}$
③ $\dfrac{M^2}{L_1 L_2}$ ④ $\dfrac{L_1 L_2}{M^2}$

[해설] $M = k\sqrt{L_1 L_2}$ 에서 $k = \dfrac{M}{\sqrt{L_1 L_2}}$

---

72 다음과 같은 브리지 회로가 평형이 되기 위한 Z의 값은?

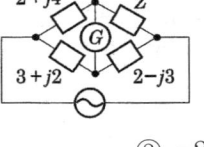

① 2+j4 ② -2+j4
③ 4+j2 ④ 4-j2

[해설]

$(2+j4)(2-j3) = Z(3+j2)$
$\therefore Z = \dfrac{(2+j4)(2-j3)}{3+j2} = 4 - j2[\Omega]$

[정답] 67 ③ 68 ③ 69 ① 70 ④ 71 ② 72 ④

806 · Part 3. 전기산업기사 기출문제

73 기본파의 40[%]인 제3고조파와 30[%]인 제5고조파를 포함하는 전압파의 왜형률은?

① 0.9   ② 0.7

③ 0.3   ④ 0.5

해설 왜형률 $= \dfrac{\sqrt{V_3^2+V_5^2}}{V_1} = \sqrt{0.4^2+0.3^2} = 0.5$

74 전송선로에서 무손실일 때 L=96[mH], C=0.6[μF]이면 특성 임피던스는?

① 10[Ω]   ② 40[Ω]

③ 100[Ω]   ④ 400[Ω]

해설 $Z_o = \sqrt{\dfrac{L}{C}} = \sqrt{\dfrac{96\times10^{-3}}{0.6\times10^{-6}}} = 400[\Omega]$

75 어떤 회로에서 유효전력 80[W], 무효전력 60[Var]일 때 역률은?

① 50[%]   ② 70[%]

③ 80[%]   ④ 90[%]

해설

$P_a = P + jP_r = \sqrt{80^2+60^2} = 100[VA]$

$\therefore \cos\theta = \dfrac{P}{P_a} = \dfrac{80}{100}\times100 = 80[\%]$

76 △결선된 저항부하를 Y결선으로 바꾸면 소비전력은?(단, 저항과 선간전압은 일정하다.)

① 3배   ② 9배

③ $\dfrac{1}{9}$ 배   ④ $\dfrac{1}{3}$ 배

해설

△결선 : $P_\triangle = 3I^2R = 3\dfrac{V^2}{R}[W]$,

Y결선 : $P_Y = 3(\dfrac{\frac{V}{\sqrt{3}}}{R})^2 R = \dfrac{V^2}{R}[W]$

$\dfrac{P_Y}{P_\triangle} = \dfrac{1}{3}$ 에서, $\therefore P_Y = \dfrac{1}{3}P_\triangle$

77 다음 함수 F(s)$= \dfrac{5s+3}{s(s+1)}$의 역라플라스 변환은?

① $2+3e^{-t}$ ② $3+2e^{-t}$

③ $3-2e^{-t}$ ④ $2-3e^{-t}$

해설

$\mathcal{L}^{-1}F(s) = f(t) = \mathcal{L}^{-1}\dfrac{5s+3}{s(s+1)}$

$= \mathcal{L}^{-1}[\dfrac{A}{s}+\dfrac{B}{s+1}] = \mathcal{L}^{-1}[\dfrac{3}{s}+\dfrac{2}{s+1}]$

$= 3+2e^{-t}$

$A = \lim_{s\to0}\dfrac{5s+3}{s+1} = 3, B = \lim_{s\to-1}\dfrac{5s+3}{s} = 2$

78 다음과 같은 RC회로망에서 입력전압을 $e_i(t)$, 출력전압을 $e_o(t)$라 할 때 이 요소의 전달 함수는?(단, R=100[kΩ], C=10[μF]이고 초기 조건은 0이다.)

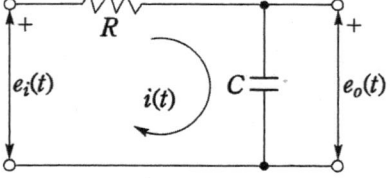

① $\dfrac{1}{s+1}$ ② $\dfrac{10}{s+1}$

③ $\dfrac{1}{10s+1}$ ④ $\dfrac{10}{10s+1}$

해설

$e_i(t) = Ri(t) + \dfrac{1}{C}\int i(t)dt$를

라플라스 변환하면 $E_{i(s)} = (R+\dfrac{1}{Cs})I_{(s)}$

$e_{o(t)} = \dfrac{1}{C}\int i(t)dt$를

라플라스 변환하면 $E_{o(s)} = \dfrac{1}{Cs}I(s)$

정답   **73** ④   **74** ④   **75** ③   **76** ④   **77** ②   **78** ①

$$\therefore G(s) = \frac{E_o(s)}{E_i(s)} = \frac{\frac{1}{Cs}}{R + \frac{1}{Cs}}$$

$$= \frac{1}{RCs + 1} = \frac{1}{100 \times 10^3 \times 10 \times 10^{-6} \times s + 1}$$

$$= \frac{1}{s + 1}$$

79 그림과 같은 R-L-C 회로망에서 입력 전압을 $e_i(t)$, 출력량을 전류 i(t)로 할 때, 이 요소의 전달 함수는 어느 것인가?

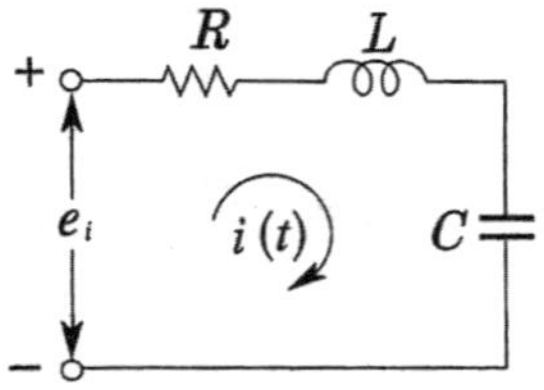

① $\dfrac{Rs}{LCs^2 + RCs + 1}$　② $\dfrac{RLs}{LCs^2 + RCs + 1}$

③ $\dfrac{Ls}{LCs^2 + RCs + 1}$　④ $\dfrac{Cs}{LCs^2 + RCs + 1}$

해설

$e_i(t) = Ri(t) + L\dfrac{di(t)}{dt} + \dfrac{1}{C}\displaystyle\int i(t)dt$를

라플라스 변환하면 $E_i(s) = (R + Ls + \dfrac{1}{Cs})I(s)$

$\therefore G(s) = \dfrac{I(s)}{E_i(s)} = \dfrac{Cs}{LCs^2 + RCs + 1}$

80 f(t)=$3t^2$의 라플라스 변환은?

① $\dfrac{3}{s^2}$　　　② $\dfrac{3}{s^3}$

③ $\dfrac{6}{s^2}$　　　④ $\dfrac{6}{s^3}$

해설 $\mathcal{L}\, 3t^2 = 3\dfrac{2!}{s^{2+1}} = \dfrac{6}{s^3}$

제5과목 : 전기설비 기술기준 및 판단기준

81 저압 전로에서 그 전로에 지락이 생긴 경우에 0.5초 이내에 자동적으로 전로를 차단하는 장치를 시설하는 경우, 특별 제3종 접지 공사의 접지저항 값은 자동 차단기의 정격 감도 전류가 30[mA]일 때 몇 [Ω] 이하로 하여야 하는가?

① 75　　　　② 150

③ 300　　　④ 500

해설

정격감도 전류[mA]	접지저항치[Ω]	
	물기 있는 장소, 전기적 위험도 높은 장소	그 외 다른 장소
30	500	500
50	300	500
100	150	500
200	75	250
300	50	166
500	30	100

82 특고압 가공전선과 지지물, 완금류, 지주 또는 지선 사이의 이격거리는 사용전압 15000 [V] 미만인 경우 일반적으로 몇 [cm] 이상이어야 하는가?

① 15　　　　② 20

③ 50　　　　④ 80

해설 특고 가공전선과 그 지지물, 완금류, 지주 또는 지선사이의 이격거리(이상)
(단, 기술상 부득이한 경우 위험이 없도록 시설할 때에는 0.8배까지 감할 수 있다.)

사용 전압의 구분	이격거리
15[kV] 미만	15[cm]
15[kV] 이상 25[kV] 미만	20[cm]
25[kV] 이상 35[kV] 미만	25[cm]

정답　**79** ④　**80** ④　**81** ④　**82** ①

808 • Part 3. 전기산업기사 기출문제

35[kV] 이상 50[kV] 미만	30[cm]
50[kV] 이상 60[kV] 미만	35[cm]
60[kV] 이상 70[kV] 미만	40[cm]
70[kV] 이상 80[kV] 미만	45[cm]
80[kV] 이상 130[kV] 미만	65[cm]
130[kV] 이상 160[kV] 미만	90[cm]
160[kV] 이상 200[kV] 미만	110[cm]
200[kV] 이상 230[kV] 미만	130[cm]
230[kV] 이상	160[cm]

83 도로 등의 전열장치 시설에 맞지 않는 것은?

① 발열선의 전기공급은 전로의 대지전압 300[V] 이하일 것

② 콘크리트 기타 견고한 내열성이 있는 것 안에 시설할 것

③ 발열선은 그 온도가 80[℃]를 넘지 않도록 시설할 것

④ 발열선은 다른 약전류 전선 등에 자기적인 장애를 줄 것

해설 발열선은 다른 전기 설비 약전류 전선등 또는 수관, 가스관이나 이와 유사한 것에 전기적, 자기적 또는 열적인 장해를 주지 아니하도록 시설할 것

84 사용전압이 440[V]인 이동기중기용 접촉전선을 애자사용 공사에 의하여 옥내의 전개된 장소에 시설하는 경우 사용하는 전선으로 옳은 것은?

① 인장강도가 3.44[kN] 이상인 것 또는 지름 2.6[mm]의 경동선으로 단면적이 8[mm²] 이상인 것

② 인장강도가 3.44[kN] 이상인 것 또는 지름 3.2[mm]의 경동선으로 단면적이 18[mm²] 이상인 것

③ 인장강도가 11.2[kN] 이상인 것 또는 지름 6[mm]의 경동선으로 단면적이 28[mm²] 이상인 것

④ 인장강도가 11.2[kN] 이상인 것 또는 지름 8[mm]의 경동선으로 단면적이 18[mm²] 이상인 것

해설 400[V] 이하의 경우는 인장강도 3.44[kN] 이상인 것 또는 지름 3.2[mm]의 경동선으로 단면적이 8[mm²] 이상일 것

85 전기울타리 시설에 대한 설명으로 알맞은 것은?

① 전기울타리는 사람이 쉽게 출입할 수 있는 곳에 시설할 것

② 전기울타리용 전원장치에 전기를 공급하는 전로의 사용전압을 600[V] 미만일 것

③ 전선과 이를 지지하는 기둥 사이의 이격거리는 2.5[cm] 이상일 것

④ 전선과 수목 사이의 이격거리는 40[cm] 이상일 것

해설 전기울타리 시설기준

• 사용전선 : 인장강도 1.38[kN] 이상의 것 또는 2[mm] 이상의 경동선

• 전선과 기둥 사이의 이격거리 : 2.5[cm] 이상

• 전선과 다른 시설물 또는 수목과의 이격거리 : 30[cm] 이상

• 전원장치의 사용전압 : 250[V] 이하

• 사람이 쉽게 출입하지 아니한 곳에 시설할 것

• 전용개폐기 설치할 것

86 금속관공사에서 절연 부싱을 사용하는 가장 주된 목적은?

① 관의 끝이 터지는 것을 방지

② 관의 단구에서 조영재의 접촉방지

③ 관내 해충 및 이물질 출입 방지

④ 관의 단구에서 전선 피복의 손상방지

정답 83 ④ 84 ③ 85 ③ 86 ④

87 저압 또는 고압의 가공 전선로와 기설 가공 약전류 전선로가 병행할 때 유도작용에 의한 통신상의 장해가 생기지 않도록 전선과 기설 약전류 전선 간의 이격거리는 몇 [m] 이상이어야 하는가?(단, 전기철도용 급전선과 단선식 전화선로는 제외한다.)

① 2
② 3
③ 4
④ 6

88 일반 주택 및 아파트 각 호실의 현관등으로 백열전등을 설치할 때에는 타임스위치를 설치하여 몇 분 이내에 소등되는 것이어야 하는가?

① 1
② 2
③ 3
④ 5

해설 호텔, 여관 각 객실입구는 1분 이내 소등

89 정격전류가 15[A]를 넘고 20[A] 이하인 배선용 차단기로 보호되는 저압 옥내전로의 콘센트는 정격전류가 몇 [A] 이하인 것은 사용하여야 하는가?

① 15
② 20
③ 30
④ 50

해설 정격전류가 15[A]를 넘고 20[A] 이하의 배선용 차단기에 접속하는 콘센트의 정격 전류는 20[A] 이하를 사용한다.

90 사람이 접촉할 우려가 있는 제1종 또는 제2종 접지공사에서 지하 75[cm]로부터 지표상 2[m]까지의 접지선은 사람이 접촉우려가 없도록 하기 위하여 어느 것을 사용하여 보호하는가?

① 두께 1[mm] 이상의 콤바인덕트관
② 두께 2[mm] 이상의 합성 수지관
③ 피막의 두께가 균일한 비닐포장지
④ 이음 부분이 없는 플로어 덕트

해설 지하 75[cm]로부터 지표상 2[m]까지의 부분은 합성수지관(두께 2[mm] 미만의 합성 수지제 전선관 및 난연성이 없는 콤바인덕트관을 제외한다.) 이상의 절연효력 및 강도를 가지는 몰드로 덮을 것

91 시가지에 시설되어 있는 가공 직류 전차선의 장선에는 가공 직류 전차선간 및 가공 직류 전차선으로부터 60[cm] 이내의 부분 이외에 접지공사를 할 때, 몇 종 접지공사를 하여야 하는가?

① 제1종 접지공사
② 제2종 접지공사
③ 제3종 접지공사
④ 특별 제3종 접지공사

92 무선용 안테나 등을 지지하는 철탑의 기초 안전율은 얼마 이상이어야 하는가?

① 1.0
② 1.5
③ 2.0
④ 2.5

93 지중전선로를 직접 매설식에 의하여 시설할 때, 중량물의 압력을 받을 우려가 있는 장소에 지중전선을 견고한 트라프 기타 방호물에 넣지 않고도 부설할 수 있는 케이블은?

① 염화비닐 절연 케이블
② 폴리에틸렌 외장 케이블
③ 콤바인 덕트 케이블
④ 알루미늄피 케이블

정답 **87** ① **88** ③ **89** ② **90** ② **91** ③ **92** ② **93** ③

810 · Part 3. 전기산업기사 기출문제

94 고압과 저압전로를 결합하는 변압기 저압측의 중성점에는 제2종 접지공사를 변압기의 시설장소마다 하여야 하나 부득이 하여 가공공동지선을 설치하여 공통의 접지공사로 하는 경우 각 변압기를 중심으로 하는 지름 몇 [m] 이내의 지역에 시설하여야 하는가?

① 400   ② 500
③ 600   ④ 800

95 중성점 직접 접지식으로서 최대 사용 전압이 161000[V]인 변압기 권선의 절연 내력 시험 전압은 몇 [V]인가?

① 103040   ② 115920
③ 148120   ④ 177100

해설 변압기전로의 절연 내력 시험전압은 60[kV]넘고 170[kV] 이하인 중성점 직접접지인 경우는 0.72배이므로, 시험전압 = 161000×0.72=115920[V]

96 시가지에 시설하는 특고압 가공전선로의 지지물이 철탑이고 전선이 수평으로 2 이상 있는 경우에 전선 상호 간의 간격이 4[m] 미만인 때에는 특고압 가공 전선로의 경간은 몇 [m] 이하이어야 하는가?

① 100   ② 150
③ 200   ④ 250

해설 시가지 등에서 특고압 가공전선로의 시설(이하)

지지물의 종류	경 간
A종 철주 또는 A종 철근 콘크리트주	75[m]
B종 철주 또는 B종 철근 콘크리트주	150[m]

지지물의 종류	경 간
철 탑	400[m] (단주인 경우에는 300[m]) 다만, 전선이 수평으로 2 이상 있는 경우에 전선 상호 간의 간격이 4[m] 미만인 때에는 250[m])

97 옥내 관등회로의 사용전압이 1000[V]를 넘는 네온 방전등 공사로 적합하지 않은 것은?

① 애자 사용공사에 의한 전선 상호 간의 간격은 10[cm] 이상일 것
② 관등회로의 배선은 전개된 장소 또는 점검할 수 있는 은폐된 장소에 시설할 것
③ 네온변압기 외함에는 제3종 접지공사를 할 것
④ 애자 사용공사에 의한 전선의 지지점 간의 거리는 1[m] 이하일 것

해설 전선상호 간의 간격 : 6[cm] 이상, 전선은 네온전선일 것

98 특고압 가공전선로를 가공 케이블로 시설하는 경우 잘못된 것은?

① 조가용선에 행거의 간격은 1[m]로 시설하였다.
② 조가용선 및 케이블의 피복에 사용하는 금속체에는 제3종 접지공사를 하였다.
③ 조가용선은 단면적 22[mm²]의 아연도강연선을 사용하였다.
④ 조가용선에 접촉시켜 금속테이프를 간격 20[cm] 이하의 간격을 유지시켜 나선형으로 감아 붙였다.

해설 행거의 간격 : 50[cm] 이하

[정답] 94 ①   95 ②   96 ④   97 ①   98 ①

99 뱅크용량이 20,000[kVA]인 전력용 커패시터에 자동적으로 전로로부터 차단하는 보호장치를 하려고 한다. 반드시 시설하여야 할 보호장치가 아닌 것은?

① 내부에 고장이 생긴 경우에 동작하는 장치
② 절연유의 압력이 변화할 때 동작하는 장치
③ 과전류가 생긴 경우에 동작하는 장치
④ 과전압이 생긴 경우에 동작하는 장치

해설 조상설비에는 그 내부에 고장이 생긴 경우에 보호하는 장치를 시설할 것

설비종별	뱅크용량의 구분	자동적으로 전로로부터 차단하는 장치
전력용 커패시터 및 분로리액터	500[kVA] 초과 15,000[kVA] 미만	• 내부에 고장이 생긴 경우 • 과전류가 생긴 경우
	15,000[kVA] 이상	• 내부에 고장이 생긴 경우 • 과전류가 생긴 경우 • 과전압이 생긴 경우
조상기	15,000[kVA] 이상	내부에 고장이 생긴 경우

100 가공전선로의 지지물로서 길이 9[m], 설계하중이 6.8[kN] 하인 철근 콘크리트주를 시설할 때 땅에 묻히는 깊이는 몇 [m] 이상으로 하여야 하는가?

① 1.2
② 1.5
③ 2
④ 2.5

해설

설계하중 전장	6.8[kN] 이하	6.8[kN] 초과~9.8[kN] 이하	9.8[kN] 초과~14.72[kN] 이하
15[m] 이하	전장× 1/6 이상	전장×1/6+ 0.3[m] 이상	–
15[m] 초과	2.5[m] 이상	2.8[m] 이상	–
16[m] 초과~ 20[m] 이하	2.8[m] 이상	–	–
15[m] 초과~ 18[m] 이하	–	–	3[m] 이상
18[m] 초과	–	–	3.2[m] 이상

$$\therefore 9 \times \frac{1}{6} = 1.5[m] \text{ 이상}$$

정답 99 ② 100 ②

812 • Part 3. 전기산업기사 기출문제

국가기술자격검정 필기시험문제

2010년도 산업기사 제3회 필기시험(산업기사)

자격종목 및 등급(선택분야)	종목코드	시험시간	문제지형별	수검번호	성명
전기산업기사		**2시간 30분**	**A**		

※ 시험문제지는 답안카드와 같이 반드시 제출하여야 합니다.

제1과목 : 전기자기학

01 10[μF]의 콘덴서를 100[V]로 충전한 것을 단락시켜 0.1[ms]에 방전시켰다고 하면 평균전력은 몇 [W]인가?

① 450[W]　　　　② 500[W]
③ 550[W]　　　　④ 600[W]

해설 $W = Pt$ [J]

$$\therefore P = \frac{W}{t} = \frac{\frac{1}{2}CV^2}{t} = \frac{\frac{1}{2} \times 10 \times 10^{-6} \times 100^2}{0.1 \times 10^{-3}}$$
$$= 500 \,[W]$$

02 그림의 (a)의 인덕턴스에 전류가 그림 (b)와 같이 흐를 때 2초에서 6초 사이의 인덕턴스 전압 V_L [V]은?

(a)　　　　(b)

① 0　　　　　　② 5
③ 10　　　　　 ④ −5

해설 2초에서 6초 사이에는 전류의 변화가 없으므로,

$V_L = 0$ [V]이다($V_L = -L\dfrac{di}{dt}$).

03 주파수가 100[MHz]인 전자파가 비투자율 μ_r=1, 비유전율 ϵ_r=36인 물질 속에서 전파할 경우 파장 [m]은?(단, 감쇠정수 α= 0 이다.)

① 0.5[m]　　　　② 1[m]
③ 1.5[m]　　　　④ 2[m]

해설 파장은

$$\lambda = \frac{v}{f} = \frac{0.5 \times 10^8}{100 \times 10^6} = 0.5 \,[m] \text{이다.}$$

$$v = \frac{1}{\sqrt{\epsilon\mu}} = \frac{3 \times 10^8}{\sqrt{\epsilon_r \mu_r}} = \frac{3 \times 10^8}{\sqrt{36 \times 1}}$$
$$= 0.5 \times 10^8 \,[m/s]$$

04 쌍극자 자기 모멘트 이용하면 자화율과 절대 온도의 관계는 어떠한가?

① 항상 같다.　　　② 비례한다.
③ 반비례한다.　　④ 관계가 없다.

해설

$\chi = \dfrac{c}{T-\theta}$ (χ : 자화율, c : 퀴리상수,
θ : 퀴리온도, T : 절대온도)

$$\therefore \chi \propto \frac{1}{T}$$

정답　**01** ②　　**02** ①　　**03** ①　　**04** ③

05 6.28[A]가 흐르는 무한장 직선도선상에서 1[m] 떨어진 점의 자계의 세기 [A/m]는?

① 0.5[A/m]　　② 1[A/m]

③ 2[A/m]　　④ 3[A/m]

해설 무한장 직선전류에 의한 자계의 세기는

$$H = \frac{I}{2\pi r}\,[AT/m] = \frac{6.28}{2\pi \times 1} = 1\,[AT/m]$$

06 평면도체 표면에서 d[m]의 거리에 점전하 Q[C]가 있을 때 이 전하를 무한원까지 운반하는데 요하는 일 [J]은?

① $\dfrac{Q^2}{4\pi\epsilon_0 d}\,[J]$　　② $\dfrac{Q^2}{8\pi\epsilon_0 d}\,[J]$

③ $\dfrac{Q^2}{16\pi\epsilon_0 d}\,[J]$　　④ $\dfrac{Q^2}{32\pi\epsilon_0 d}\,[J]$

해설

요하는 일은

$$W = \int_d^\infty F\,dr = \frac{Q^2}{16\pi\epsilon_0}\int_d^\infty \frac{1}{d^2}\,dr$$
$$= \frac{Q^2}{16\pi\epsilon_0}[-\frac{1}{d}\Big|_d^\infty] = \frac{Q^2}{16\pi\epsilon_0 d}\,[J]$$

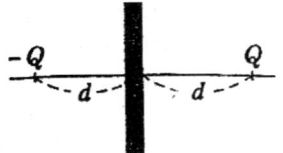

작용력 : $F = \dfrac{-Q^2}{4\pi\epsilon_0(2d)^2} = \dfrac{-Q^2}{16\pi\epsilon_0 d^2}\,[N]$ (흡인력)

07 암페어의 주회적분의 법칙은 직접적으로 다음의 어느 관계를 표시하는가?

① 전하와 전계　　② 전류와 인덕턴스

③ 전류와 자계　　④ 전하와 전위

해설 암페어의 주회적분의 법칙

$\oint H \cdot dl = I$ (임의의 폐곡선에 대한 자계의 선적분은 이 폐곡선을 관통하는 전류와 같다.)

08 전자파의 진행 방향은?

① 전계 E의 방향과 같다.

② 자계 H의 방향과 같다.

③ $E \times H$의 방향과 같다.

④ $\nabla \times E$의 방향과 같다.

해설 전자파의 성질

• 전자파는 전계(전파)와 자계(자파)가 동시에 존재한다.

• 수평전파는 대지에 대해서 전계가 수평면에 있는 전자파

• 수직전파는 대지에 대해서 전계가 수직면에 있는 전자파

• TEM(횡전자파)파는 전계와 자계가 전파의 진행방향과 수직으로 존재한다.

• 포인팅 벡터 정리, P = E×H에서, 포인팅 벡터의 방향과 전자파의 진행 방향은 같다.

09 그림과 같이 길이 l_1[m], 폭 l_2[m]인 직사각 코일이 자속밀도 B[Wb/m²]인 평등 자계 내에 코일면의 법선이 자계의 방향과 각으로 놓여 있다. 코일에 흐르는 전류가 I[A]이면 코일에 작용하는 회전력은 몇 [N·m]인가?(단, 코일의 권수는 n이다.)

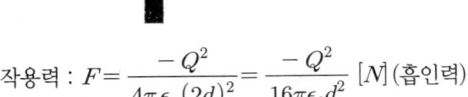

① $nBIl_1l_2\sin\theta$　　② $nBIl_1l_2\cos\theta$

③ $nBI^2l_1l_2\sin\theta$　　④ $nBI^2l_1l_2\cos\theta$

정답 **05** ② **06** ③ **07** ③ **08** ③ **09** ①

해설

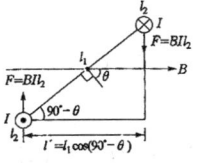

l_1의 두 코일변은 동일축상이므로 힘의 크기는 같고, 방향은 반대이므로, 힘의 합성은 0이 되어 회전력이 없다. l_2의 두 코일변은 그림처럼 $F = BIl_2$가 작용하며,

직사각형 코일이 받는 회전력은

$T = Fl' = Fl_1 \cos(90° - \theta)$
$= BIl_2 l_1 \sin\theta \ [N \cdot m]$

코일의 권수를 n이라 했으므로

$\therefore T' = nBIl_1 l_2 \sin\theta \ [N \cdot m]$

10 한 금속에서 전류의 흐름으로 인한 온도 구배부분의 줄열 이외의 발열 또는 흡열에 관한 현상은?

① 펠티에 효과(Peltier Effect)

② 볼타 법칙(Volta Law)

③ 지벡 효과(Seebeck Effect)

④ 톰슨 효과(Thomson Effect)

해설

- 펠티에 효과 : 두 종류의 금속 접속면에 전류를 흘리게 되면 그 접속 점에서 열의 흡수, 발생이 일어나는 효과
- 지벡 효과 : 두 종류의 금속 접속면에 온도차가 생겨서 기전력이 발생하는 효과

11 무한히 넓은 평행판 콘덴서에서 두 평행판 사이의 간격이 d[m]일 때 단위 면적당 두 평행판 사이의 정전용량[F/m²]은?(단 매질은 공기이다.)

① $\dfrac{1}{4\pi\epsilon_0 d} \ [F/m^2]$　② $\dfrac{4\pi\epsilon_0}{d} \ [F/m^2]$

③ $\dfrac{\epsilon_0}{d} \ [F/m^2]$　④ $\dfrac{\epsilon_0}{d^2} \ [F/m^2]$

해설 두평행판 도체에 면전하밀도 $\pm\sigma[C/m^2]$, 전속밀도 $D = \sigma$이다.

두 극판 간의 전위차 : $V = Ed = \dfrac{\sigma}{\epsilon_0} d$

전계의 세기 : $E = \dfrac{D}{\epsilon_0} = \dfrac{\sigma}{\epsilon_0}$

$\therefore$ 단위면적당 두 평행판 사이의 정전용량은

$C = \dfrac{\sigma}{V} = \dfrac{\epsilon_0}{d} \ [F/m^2]$

12 구의 입체각은 몇 스테라디안[sr : steradian]인가?

① $\pi \ [sr]$　　　② $2\pi \ [sr]$

③ $4\pi \ [sr]$　　　④ $8\pi \ [sr]$

해설 전구면의 입체각

$\omega = \dfrac{4\pi r^2}{r^2} = 4\pi \ [sr]$ (반구면$= 2\pi[sr]$)

13 유전체 중의 전계의 세기를 E, 유전률을 ϵ이라 하면 전기 변위는?

① $\dfrac{1}{2}\epsilon E^2$　　　② $\dfrac{E}{\epsilon}$

③ ϵE^2　　　④ ϵE

14 정전용량이 C인 콘덴서에서 극판사이의 비유전율이 2인 유전체를 제거하고 공기로 채운 경우 그 때의 용량을 C₀라고 하면, C와 C₀의 관계는?

① $C = 2C_0$　　　② $C = 4C_0$

③ $C = \dfrac{C_0}{4}$　　　④ $\dfrac{C_0}{2}$

해설

$C_0 = \dfrac{\epsilon_0 S}{d}, \qquad C = \dfrac{\epsilon_0 \epsilon_s S}{d}$

$\therefore C = \dfrac{\epsilon_0 \epsilon_s S}{d} = \epsilon_s C_0 = 2C_0$

15 투자율이 다른 두 자성체의 경계면에서 굴절각과 입사각의 관계가 옳은 것은?(단, μ : 투자율, θ_1 : 입사각, θ_2 : 굴절각)

① $\dfrac{\sin\theta_1}{\sin\theta_2}=\dfrac{\mu_1}{\mu_2}$ ② $\dfrac{\tan\theta_2}{\tan\theta_1}=\dfrac{\mu_1}{\mu_2}$

③ $\dfrac{\cos\theta_1}{\cos\theta_2}=\dfrac{\mu_1}{\mu_2}$ ④ $\dfrac{\tan\theta_1}{\tan\theta_2}=\dfrac{\mu_1}{\mu_2}$

해설 자성체의 경계면에서 완전 경계 조건
자계의 접선(수평)성분과, 자속밀도의 법선(수직)성분이 같고, 입사각과 굴절각의 tan값의 비는 투자율의 비와 같다(경계면상 두 점 간의 자위차는 같다).
$H_1\sin\theta_1 = H_2\sin\theta_2$, $B_1\cos\theta_1 = B_2\cos\theta_2$
(연속성)
$\therefore \dfrac{\tan\theta_1}{\tan\theta_2}=\dfrac{\mu_1}{\mu_2}$

16 2개의 자력선이 동일한 방향으로 흐르면 자계의 강도는 1개의 자기력선에 비하여 어떻게 되는가?

① 더 약해진다.
② 주기적으로 약해졌다 또는 강해졌다.
③ 더 강해진다.
④ 강해졌다가 약해진다.

해설 자계의 강도(H)는 (=자력선 밀도) 1개의 자력선보다는 동일한 방향으로 2개의 자력선이 흐르게 되면 자력선 밀도는 증가하게 되어 자계의 강도도 더 강해진다.

17 공기 중에 10[cm] 떨어져 평행으로 놓여진 2개의 무한히 긴 도선에 왕복전류가 흐를 때 단위길이당 0.04[N]의 힘이 작용한다면 이때 흐르는 전류는 약 몇 [A]인가?

① 58[A] ② 62[A]
③ 83[A] ④ 141[A]

해설 $F=\dfrac{2I_1I_2}{r}\times 10^{-7}\,[N]\,(I_1=I_2=I)$

$\therefore I=\sqrt{\dfrac{1}{2}\times 0.04\times 0.1\times 10^7}=141.42\,[A]$

18 기전력 V[V], 내부저항 r[Ω]인 전지에 전열기를 연결했을 때 전열기의 발열을 최대로 낼 수 있는 최대전력[W]은?

① $\dfrac{V^2}{2r}\,[W]$ ② $\dfrac{V^2}{4r}\,[W]$

③ $\dfrac{2V^2}{r}\,[W]$ ④ $\dfrac{4V^2}{r}\,[W]$

해설 최대전력조건, 전지의 내부저항과 전열기의 저항이 같을 때이다.
∴전열기의 발열을 최대로 낼 수 있는 최대전력은
$P=I^2r=(\dfrac{V}{2r})^2 r=\dfrac{V^2}{4r}\,[W]$

19 거리 r에 반비례하는 전계의 크기를 주는 대전체는?

① 점전하 ② 선전하
③ 구전하 ④ 무한평등전하

해설

• 점전하에 의한 전계의 크기 : $E=\dfrac{Q}{4\pi\epsilon_0 r^2}$

• 선전하에 의한 전계의 크기 : $E=\dfrac{\lambda}{2\pi\epsilon_0 r}$

• 구전하에 의한 전계의 크기 : $E=\dfrac{Q}{4\pi\epsilon_0 r^2}$

• 무한평면전하에 의한 전계의 크기 : $E=\dfrac{\sigma}{2\epsilon_0}$

정답 **15** ④ **16** ③ **17** ④ **18** ② **19** ②

20 지름 10[cm]인 원형코일 중심에서의 자계가 1000[A/m]이다. 원형코일이 100회 감겨있을 때, 전류는 몇 [A]인가?

① 1[A] ② 2[A]
③ 3[A] ④ 5[A]

해설 원형코일 중심에서의 자계의 세기는

$$H = \frac{NI}{2a} \text{ 에서, } \quad I = \frac{2 \times \frac{0.1}{2} \times 1000}{100} = 1\,[A]$$

제2과목 : 전력공학

21 송전선로의 코로나 발생을 방지하는 대책으로 가장 효과적인 방법은?

① 전선의 선간거리를 증가시킨다.
② 선로의 대지절연을 강화한다.
③ 철탑의 접지저항을 낮게 한다.
④ 전선을 굵게 하거나 복도체를 사용한다.

해설 코로나 발생 방지 대책
- 전선 직경을 크게 한다.
- 복(다 = n)도체를 사용한다.
- 가선금구를 개량한다.
- 가선시에 전선의 표면금구를 손상시키지 말 것

22 중성점 저항 접지방식의 병행 2회선 송전선로의 지락 사고 차단에 사용되는 계전기는?

① 선택 접지 계전기 ② 거리 계전기
③ 과전류 계전기 ④ 역상 계전기

해설 선택지락(접지) 계전기(SGR) : 병행 2회선 송전선로의 지락 사고 시 지락된 선로를 선택하여 차단하는 계전기이다.

23 송전선로의 단락 보호 계전 방식이 아닌 것은?

① 과전류 계전 방식
② 방향 단락 계전 방식
③ 거리 계전 방식
④ 과전압 계전 방식

해설 과전압 계전기 : 발전기 등이 무부하가 되었을 때 과전압 보호 및 비접지 계통에서 배전선로를 보호 (일정 값 이상의 전압이 걸렸을 때 동작하는 계전기)

24 3상3선식 송전선을 연가할 경우 일반적으로 전체 선로길이의 몇 배수로 등분해서 연가 하는가?

① 2 ② 3
③ 4 ④ 5

해설
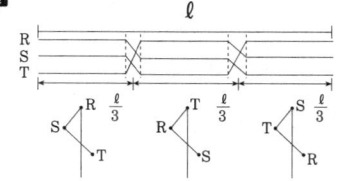

3상에서 선로 정수를 평형시키려면 전체 선로 길이(l)의 3배수로 하여 연가시켜야 한다.

25 비접지식 송전선로에서 1선 지락 고장이 생겼을 경우 지락 점에 흐르는 전류는?

① 직류 전류이다.
② 고장 지점의 영상전압보다 90도 빠른 전류이다.
③ 고장 지점의 영상전압보다 90도 늦은 전류이다.
④ 고장 지점의 영상전압과 동상의 전류이다.

해설 지락전류는 전압보다 90° 빠른(앞선)전류가 흐른다.
$I_g = j3\omega C_s E\,[A]$
E : 상전압
C_s : 대지정전용량

정답 20 ① 21 ④ 22 ① 23 ④ 24 ② 25 ②

26 피뢰기의 제한전압이란?

① 상용주파수의 방전개시전압

② 충격파의 방전개시전압

③ 충격방전 종료 후 전력계통으로부터 피뢰기에 상용주파수 전류가 흐르고 있는 동안의 피뢰기 단자전압

④ 충격방전전류가 흐르고 있는 동안의 피뢰기의 단자전압의 파고값

해설 제한 전압 : 충격파 전류가 흐르고 있을 때의 피뢰기 단자 전압 또는 방전 중의 단자전압의 파고 값을 말한다.

27 1선당 저항 5[Ω], 리액턴스가 6[Ω]인 3상 4선식 배전선로의 말단(수전단)에 역률(지상) 0.8인 4800[kW]의 3상 평형부하가 접속되어 있을 경우 수전단의 전압이 20[kV]라면 이 선로의 전압강하 [V]는 약 얼마인가?

① 1316[V]　　　② 1824[V]

③ 2280[V]　　　④ 3160[V]

해설

$$P = \frac{eV}{R + X\tan\theta} \ [W] \text{에서,}$$

$$e = \frac{4800 \times 10^3}{20 \times 10^3}\left(5 + 6 \times \frac{0.6}{0.8}\right) = 2280 \ [V]$$

28 설비 용량의 합계가 3[kW]인 주택에서 최대 수요 전력이 2.1[kW]일 때의 수용률은?

① 51[%]　　　② 58[%]

③ 63[%]　　　④ 70[%]

해설

$$\text{수용률} = \frac{\text{최대수용전력}}{\text{설비용량}} \times 100 \ [\%]$$

$$= \frac{2.1}{3} \times 100 = 70 \ [\%]$$

29 430[mm²]의 ACSR(반지름 r = 14.6[mm])이 그림과 같이 배치되어 완전 연가된 송전선로가 있다. 인덕턴스는 약 얼마 정도 인가?(단, 지표상의 높이는 이도의 영향을 고려한 것이다.)

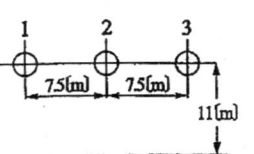

① 1.34[mH/km]　　　② 1.39[mH/km]

③ 1.44[mH/km]　　　④ 1.49[mH/km]

해설 $L = 0.05 + 0.4605\log_{10}\dfrac{D_e}{r} \ [mH/km]$

$$= 0.05 + 0.4605\log_{10}\frac{9.45 \times 10^3}{14.6}$$

$$= 1.34 \ [mH/km]$$

등가 반지름 : $D_e = \sqrt[3]{2}\,D = \sqrt[3]{2} \times 7.5 = 9.45 \ [m]$

30 전등 부하에 공급하고 있는 그림 A, D와 같은 단상 2선식 저압 배전 간선이 있다. A, B, C, D의 각 점의 부하전류 및 각 부하 점의 거리는 그림에 표시한 바와 같다. 이 저압 간선 중의 한 점 F에서 공급되는 것으로 하고 FA 및 FD 간의 전압강하를 동일하게 하는 F점의 위치를 구하면?(단, 직선의 굵기는 AD 간을 전부 같게 하고, 또 전선의 리액턴스를 무시한다.)

① B에서 C방향으로 80[cm]인 지점

② B에서 C방향으로 90[cm]인 지점

③ B에서 C방향으로 100[cm]인 지점

④ B에서 C방향으로 110[cm]인 지점

정답 26 ④　27 ③　28 ④　29 ①　30 ④

818 • Part 3. 전기산업기사 기출문제

해설

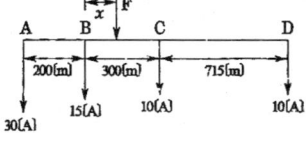

전선의 굵기는 AD간 전부 같고, FA 및 FD 간의 전압 강하를 동일하게 하는 F점의 위치는,

$R = \rho \dfrac{l}{S} \, [\Omega] \propto l$ 이다. 그림에서, $e_{FA} = e_{FD}$

$I_{FB}R_{FB} + I_{BA}R_{BA} = I_{FC}R_{FC} + I_{CD}R_{CD}$

$(15+30)x + 30 \times 200$
$= (10+10)(300-x) + 10 \times 715$

$\therefore x = 110 \, [m]$

즉, B에서 C방향으로 110[m]인 지점이다.

31 소호리액터의 탭이 공진점을 벗어나고 있는 정도를 나타내는데 합조도라는 용어가 사용된다. 합조도가 정(+)이 되는 상태를 나타낸 것은?

① $\omega L > \dfrac{1}{3\omega C_s}$　　② $\omega L < \dfrac{1}{3\omega C_s}$

③ $\omega L = \dfrac{1}{3\omega C_s}$　　④ $\omega L > \dfrac{1}{3\omega^2 C_s}$

해설 합조도 : $P = \dfrac{I - I_c}{I_c} \times 100 \, [\%]$,

I : 소호리액터의 사용탭전류[A], I_c : 전대지 충전전류[A]

- $\omega L < \dfrac{1}{3\omega C_s} \, (I > I_c)$: 과보상, 합조조 : +

- $\omega L = \dfrac{1}{3\omega C_s} \, (I = I_c)$: 완전공진, 합조도 : 0

- $\omega L > \dfrac{1}{3\omega C_s} \, (I < I_c)$: 부족보상, 합조도 : −

32 송전선로에서 역섬락이 생기기 가장 쉬운 경우는?

① 선로 손실이 큰 경우
② 코로나 현상이 발생한 경우
③ 선로정수가 균일하지 않을 경우
④ 철탑의 탑각 접지 저항이 큰 경우

해설 역섬락 : 철탑의 접지저항이 크면 철탑의 전위가 높아져 철탑에서 송전선에 섬락을 일으키는 것을 말하며, 역섬락를 방지하기 위해서 철탑의 탑각 접지저항을 충분히 작게 해야 한다.

33 차단기에서 " $O - t_1 - CO - t_2 - CO$ "의 표기로 나타내는 것은?(단, O : 차단 동작, t_1, t_2 : 시간 간격, C : 투입동작, CO : 투입 직후 차단)

① 차단기 동작 책무　② 차단기 재폐로 계수
③ 차단기 속류 주기　④ 차단기 무전압 시간

해설 차단기의 표준 동작책무

- 일반차단기
  갑호 $O - 1분 - CO - 3분 - CO$
  을호 $CO - 15초 - CO$
- 고속도 재투입용 차단기
  $O - t초 - CO - 1분 - CO$

여기서, O(open) : 차단동작, C(close) : 투입동작, CO : 투입동작에 계속하여 차단동작, t : 임의 시간 (sec)

34 단락 전류를 제한하기 위하여 사용되는 것은?

① 현수 애자　　　② 사이리스터
③ 한류 리액터　　④ 직렬 콘덴서

해설 한류 리액터 : 선로에 직렬로 설치한 리액터로서 단락전류를 제한하기 위해서 설치한다.

정답 31 ②　32 ④　33 ①　34 ③

35 송전선로의 안정도 향상 대책으로 볼 수 없는 것은?

① 속응여자방식을 채용한다.

② 재폐로방식이나 복도체방식을 채용한다.

③ 단락비가 작은 발전기를 사용한다.

④ 고속차단기를 사용한다.

해설 전력계통의 안정도 향상대책
- 계통의 직렬 리액턴스를 적게 한다(직렬콘데덴서 설치, 병렬회로수 늘림, 복도체 사용).
- 전압변동률을 적게 한다(전력계통연계, 단락비크게, 속응여자방식 채용).
- 중간 조상방식을 채용한다(동기조상기 사용).
- 고장전류를 줄이고, 고장 구간을 신속하게 차단시킨다(고속재폐로 방식, 고속동작형을 채택해서 발전기의 부담을 적게, 중성점접지방식).
- 고장시 발전기 입 출력의 불평형을 작게 하여야 한다(조속기 동작을 빠르게).

36 총단면적이 같은 경우 단도체와 비교해 볼 때 복도체의 이점으로 옳지 않은 것은?

① 정전용량이 증가한다.

② 안정도가 증가한다.

③ 송전전력이 증가한다.

④ 코로나 임계전압이 낮아진다.

해설 복도체를 사용할 경우 이점
- 선로의 인덕턴스(L)는 감소하고 정전용량(C)은 증가되어 송전용량이 증가된다.
- 전선표면의 전위경도를 감소시켜 코로나 임계(개시)전압은 높이므로 코로나 손실을 줄일 수 있다.
- 안정도 향상을 가져오기 때문에 초고압송전선로에 적합하다.

37 조상설비라고 볼 수 없는 것은?

① 단권 변압기   ② 분로 리액터

③ 전력용 콘덴서   ④ 동기 조상기

해설 조상 설비 : 무효 전략을 제어하고 역률을 조정해서 송전선로의 손실 경감을 주목적으로 한다(동기조상기, 전력용 콘덴서, 분로 리액터).

38 적산 유량곡선상의 임의의 점에서 그은 절선의 기울기는 그 점에서 해당하는 일자에 있어서의 무엇을 표시하는가?

① 하천유량   ② 적산 유량

③ 하천수위   ④ 사용 유량

해설 적산유량 곡선상의 임의의 점에서 그은 절선의 기울기는 그 점에서의 $\dfrac{d}{dt}\displaystyle\int Qdt$이므로, Q는 하천의 유량을 누적한다.

39 화력발전소의 기본 사이클이다. 그 순서가 올바른 것은?

① 급수펌프→과열기→터빈→보일러→복수기→다시 급수펌프로

② 급수펌프→보일러→과열기→터빈→복수기→다시 급수펌프로

③ 보일러→과열기→복수기→터빈→급수펌프→축열기→다시 과열기로

④ 보일러→급수펌프→과열기→복수기→급수퍼프→다시 보일러로

해설 그림은 실제 기력발전소에 쓰이는 기본 사이클 도이다.

B−C−D : 증기
E−A : 물

정답 **35** ③ **36** ④ **37** ① **38** ① **39** ②

820 · Part 3. 전기산업기사 기출문제

40 원자로에서 독작용을 올바르게 설명한 것은?

① 열중성자가 독성을 받는 것을 말한다.

② 방사성 물질이 생체에 유해작용을 하는 것을 말한다.

③ 열중성자 이용률이 저하되고 반응도가 감소되는 작용을 말한다.

④ $_{54}X_e^{135}$와 $_{62}Sm^{149}$가 인체에 독성을 주는 작용을 말한다.

해설 독작용(Poisoning) : 핵분열시 생성물질이 축적되는데, 이 생성물 중에서 열중성자의 흡수 단면적이 큰 것도 포함되는데 이것이 원자로의 반응도를 저하시키는 작용을 말하고, 열중성자의 흡수단면적이 큰 핵분열 생성물질을 독물질(Poison)이라 한다.

제3과목 : 전기기기

41 순저항 부하를 갖은 3상 반파 위상제어 정류회로에서 출력 전류가 연속이 되는 점호각 a의 범위는?

① $a \leq 30°$ ② $a > 30°$

③ $a \leq 60°$ ④ $a > 60°$

42 3상 유도 전압 조정기의 특징이 아닌 것은?

① 1차 권선은 회전자에 감고 2차 권선은 고정자에 감는다.

② 두 권선은 2극 또는 4극을 감는다.

③ 입력 전압과 출력 전압의 위상이 같다.

④ 분로 권선에 회전자계가 발생한다.

해설

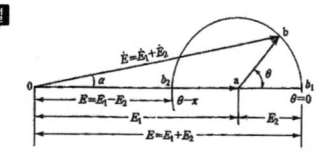

그림에서 보면 3상 유도 전압 조정기의 입력전압(E_1)과 출력전압(E) 사이에는 위상차 α가 생긴 것을 알 수 있다.

43 정류자형 주파수변환기의 설명 중 틀린 것은?

① 유도전동기를 2차여자법으로 속도제어 하는데 사용하지만 유도기의 역률을 개선할 수는 없다.

② 회전자는 3상 회전변류기의 전기자와 거의 같은 구조이며 정류자와 3개의 슬립링이 있다.

③ 소용량이고 가장 간단한 것은 회전자만으로 고정자는 없다.

④ 외부에서 회전력을 공급하는데 회전방향과 속도에 따라 다양한 주파수를 얻을 수 있는 전기기계이다.

해설 정류자형 주파수 변환기를 동일 전원에 슬립 s로 운전하는 권선형 유도 전동기와 조합하면 유도 전동기를 2차 여자법으로 속도제어와 유도기의 역률을 개선할 수 있다.

44 정격단자 전압 V_n, 무부하 단자전압 V_0일 때 동기 발전기의 전압변동률 [%]는?

① $\dfrac{V_n - V_0}{V_n} \times 100$ ② $\dfrac{V_n - V_0}{V_0} \times 100$

③ $\dfrac{V_0 - V_n}{V_n} \times 100$ ④ $\dfrac{V_0 - V_n}{V_0} \times 100$

해설 전압변동률(ϵ) $= \dfrac{V_0 - V_n}{V_n} \times 100 [\%]$

정답 40 ③   41 ①   42 ③   43 ①   44 ③

45 SCR을 사용한 단상 브리지 정류 회로에 의하여 실효값 200[V]의 교류전압을 정류할 경우 직류 출력 전압은?(단, 제어각은 30°이다.)

① 87.6[V] ② 120.5[V]
③ 155.9[V] ④ 173.2[V]

해설 SCR을 사용한 전파 정류

- 부하가 저항 부하 : $E_{d0} = \dfrac{\sqrt{2}\,V}{\pi}(1+\cos\alpha)$

- 부하가 유도 부하 : $E_{d0} = \dfrac{2\sqrt{2}\,V}{\pi}\cos\alpha$

그러므로 유도 부하인 경우를 보고,

$\therefore E_{d0} = \dfrac{2\sqrt{2}\,V}{\pi}\cos\alpha = \dfrac{2\sqrt{2}\times200}{\pi}\times\cos30°$
$= 155.94\,[V]$

46 유도 전동기의 원선도를 작성하는데 필요한 시험은?

① 부하 시험
② 충격 전압 시험
③ 사용주파 가압 시험
④ 무부하 시험

해설 원선도를 작성하는데 필요한 시험 : 무부하 시험, 저항 측정 시험, 구속 시험

47 직류기의 전기자 반작용을 방지하기 위한 가장 좋은 방법은?

① 균압환 설치   ② 공극의 증가
③ 보상권선 설치 ④ 탄소 브러시 사용

해설
- 직류기의 전기자 반작용을 방지하기 위해서 : 보상권선 설치
- 양호한 정류를 얻기 위해서 : 전압 정류로는 보극 설치, 저항 정류로는 탄소 브러시를 사용한다.

48 변압기 철심의 구조가 아닌 것은?

① 동심 원통형   ② 외철형
③ 권철심형   ④ 내철형

해설 변압기 철심의 구조 : 내철형, 외철형, 권철심형

49 동기기의 전기자 저항을 r[Ω], 반작용 리액턴스를 X_a [Ω], 누설 리액턴스를 X_L[Ω] 이라고 하면 동기 임피던스는 어떻게 표시되는가?

① $r+j\dfrac{X_L}{X_a}$ ② $r+jX_L$

③ $r+jX_a$ ④ $r+j(X_a+X_L)$

해설 동기 임피던스의 표시는 전기자저항에 동기 리액턴스의 합으로 나타낸다.
동기 리액턴스 : $X_s = X_a + X_L$ [Ω]
∴ 동기 임피던스 :
$Z_s = r + jX_s = r + j(X_a + X_L)$ [Ω]
X_a : 전기자 반작용 리액턴스, X_L : 누설 리액턴스

50 60[Hz], 6극의 권선형 유도전동기의 2차 유기전압이 정지시에 1000[V]라 한다. 슬립 3[%]일 때의 2차 전압은?

① 10[V]   ② 20[V]
③ 30[V]   ④ 60[V]

해설 $E_{2s} = sE_2 = 0.03 \times 1000 = 30$ [V]
E_{2s} : 슬립 s로 회전시의 2차 유도기전력, E_2 : 정지시의 2차 유도기전력

51 다음 시험 중 변압기의 절연 내력 시험을 하기 위한 것은?(A : 온도 상승 시험, B : 유도 시험, C : 가압 시험, D : 단락 시험, E : 충격 전압 시험, F : 권선 저항 측정 시험)

① B, C, E   ② A, B, E
③ B, E, F   ④ D, E, F

[정답] 45 ③ 46 ④ 47 ③ 48 ① 49 ④ 50 ③ 51 ①

822 · Part 3. 전기산업기사 기출문제

해설
- 변압기의 절연내력 시험 : 유도 시험, 가압 시험, 충격 전압 시험
- 권선 저항 측정 시험, 단락 시험, 무부하 시험 : 법 압기 등가 회로 작성시 필요한 시험(변압기의 전기 적 특성을 알아보는 시험)

52 변압기의 전기적 특성을 알아보는데 편리한 시험 중 회로의 정수를 구하는 방법에 필요 없는 것은?

① 저항 측정 시험　　② 무부하 시험
③ 절연 내력 시험　　④ 단락 시험

53 직류 분권전동기의 단자전압과 계자 전류를 일정하게 하고 2배의 속도로 2배의 토크를 발생하는데 필요한 전력은 처음 전력의 몇 배인가?

① 불변　　　　　　② 2배
③ 4배　　　　　　④ 8배

해설 출력 : $P = \omega T = 2\pi \dfrac{N}{60} T \propto NT$

$P : P' = NT : 2N2T$

$\therefore P' = 4P$

54 2000/100[V]변압기의 1차 임피던스가 Z[Ω]이면 2차로 환산한 임피던스[Ω]는?

① $\dfrac{Z}{400}$　　　　② $\dfrac{Z}{100}$

③ 100Z　　　　　④ 400Z

해설 1차 임피던스를 2차로 환산한 임피던스는

$Z_2 = \dfrac{Z}{a^2} = \dfrac{Z}{20^2} = \dfrac{Z}{400}$

권수비 : $a = \dfrac{V_1}{V_2} = \dfrac{2000}{100} = 20$

55 3상 동기발전기에서 그림과 같이 1상의 권선을 서로 똑같은 2조로 나누어서 그 1조의 권선 전압을 E[V], 각 권선의 전류를 I[A]라 하고 2중 Y형(Double Star)으로 결선한 경우 선간 전압[V], 선전류[A], 피상전력[VA]은?

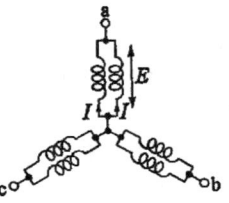

① $3E,\ I,\ 5.19EI$

② $\sqrt{3}\,E,\ 2I,\ 6EI$

③ $E,\ 2\sqrt{3}\,I,\ 6EI$

④ $\sqrt{3}\,E,\ \sqrt{3}\,I,\ 5.19EI$

해설
- 3상피상전력 :
$P_a = \sqrt{3}\ V_l I_l = \sqrt{3} \times \sqrt{3}\,E \times 2I = 6EI\,[VA]$
- Y결선이므로, 선간전압 :
$V_l = \sqrt{3} \times 상전압(E)$
- 또한 코일 2개가 병렬 접속이므로 그때 선전류 :
$I_l = 2I$가 된다.

56 동기 전동기의 특징이 아닌 것은?

① 항상 역률 1로 운전할 수 있다.
② 여자를 약하게 하면 진상 역률의 전류를 흘린다.
③ 저속도용은 일반적으로 유도 전동기에 비해 효율이 좋다.
④ 기동 토크가 작다.

해설 동기전동기를 부족여자로 운전하면 리액터 작용으로 지상전류를 흘리고 과여자로 운전하면 콘덴서 작용으로 진상전류를 흘린다.

정답　52 ③　53 ③　54 ①　55 ②　56 ②

57 권선형 유도전동기의 기동법은?

① 기동보상기법

② 2차 저항에 의한 기동법

③ 전전압기동법

④ Y-△ 기동법

해설 2차 저항에 의한 기동법 : 권선형 유도전동기의 2차회로에 가변저항기를 접속해서 비례추이 원리로 기동하는 법으로서 기동 시 기동 토크는 큰 반면에 기동전류를 억제하는 기동법이다.

58 단상 직권 정류자 전동기의 전압정류 개선법에 도움이 되지 않는 것은?

① 보상권선   ② 보극설치

③ 저저항리이드   ④ 고저항브러시

59 직류기의 효율이 최대가 되는 경우는?

① 와류손 = 히스테리시스손

② 기계손 = 전기자동손

③ 전부하동손 = 철손

④ 고정손 = 부하손

해설 효율이 최대 되는 조건 : 고정손=부하손
∴ $m^2 P_c = P_i$ (m : 부하율, P_c : 전부하동손, P_i : 철손)

60 출력 3[kW], 1500[rpm]인 전동기의 토크 [$kg \cdot m$]는?

① 1.95   ② 2.12

③ 2.90   ④ 3.82

해설 토크

$$T = 0.975 \frac{P}{N} = 0.975 \times \frac{3 \times 10^3}{1500} = 1.95 \ [kg \cdot m]$$

제4과목 : 회로이론

61 다음 회로의 양 단자에서 테브난의 정리에 의한 등가 회로로 변환할 경우 전원 전압과 저항은?

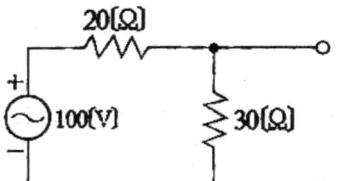

① 60[V], 12[Ω]   ② 60[V], 15[Ω]

③ 50[V], 15[Ω]   ④ 50[V], 50[Ω]

해설

• 양단에서 전원측으로 바라본저항(R_T)은 전압원 (100[V])을 단락시키고 구하므로,

$$R_T = \frac{20 \times 30}{20 + 30} = 12[\Omega]$$

• 양단30[Ω]에 걸리는 전압(V_T)는

$$V_T = \frac{30}{20 + 30} \times 100 = 60 \ [V]$$

62 단상 전력계 2개로 평형3상 부하의 전력을 측정하였더니 각각 200[W]와 400[W]를 나타내었다면 이때 부하역률은 약 얼마인가?

① 1   ② 0.866

③ 0.707   ④ 0.5

해설 2전력계법의 부하역률은,

$$\cos\theta = \frac{P_1 + P_2}{2\sqrt{P_1^2 + P_2^2 - P_1 P_2}}$$

$$= \frac{200 + 400}{2\sqrt{200^2 + 400^2 - 200 \times 400}} = 0.866$$

정답   57 ②   58 ③   59 ④   60 ①   61 ①   62 ②

824 · Part 3. 전기산업기사 기출문제

63 다음과 같은 회로에서 단자 a, b 사이의 합성 저항[Ω]은?

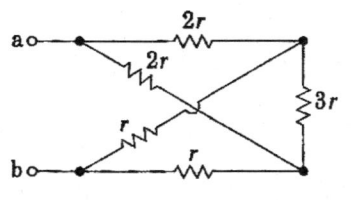

① r

② $\dfrac{3}{2}r$

③ $\dfrac{1}{2}r$

④ $3r$

해설 b단자를 잡고 그림을 정리해보면,

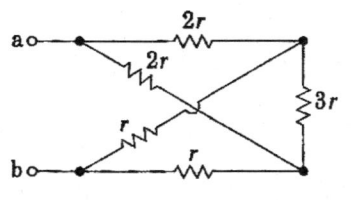

$2r \cdot r = r \cdot 2r$이 되어 브리지 평형상태이므로 $3r$을 무시한다.

∴ 합성저항 : $R_{ab} = \dfrac{2r+r}{2} = \dfrac{3}{2}r$ [Ω]

64 어떤 교류 전압의 기본파가 100[V]이고 제3고조파가 기본파의 4[%], 제5고조파가 기본파의 3[%]이었다면 이 전압의 왜형률은?

① 12[%]

② 10[%]

③ 7[%]

④ 5[%]

해설 왜형률 $= \dfrac{\text{각고조파의 실효값의 합}}{\text{기본파의 실효값}}$

$= \sqrt{(\dfrac{4}{100})^2 + (\dfrac{3}{100})^2} = 0.05 = 5$ [%]

65 이상적인 전압원과 전류원의 내부저항은?

① 전압원과 전류원의 내부저항은 모두 0이다.

② 전압원의 내부저항은 ∞이고, 전류원의 내부저항은 0이다.

③ 전압원과 전류원의 내부저항은 모두 ∞이다.

④ 전압원의 내부저항은 0이고, 전류원의 내부저항은 ∞이다.

해설 이상적인 (정)전압원은 내부저항 적을수록, 이상적인 (정)전류원은 내부저항이 클수록 좋다.

66 다음과 같은 회로가 정저항 회로로 되기 위한 C의 값은?(단, R=10[Ω], L=100[mH]이다.)

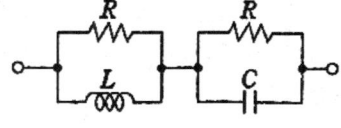

① 1[μF]

② 10[μF]

③ 100[μF]

④ 1000[μF]

해설 정저항 조건은

$R^2 = \dfrac{L}{C}$에서, $C = \dfrac{100 \times 10^{-9}}{10^2} \times 10^6$

$= 1000$ [μF]

67 다음이 설명하는 것으로 알맞은 것은?

여러 개의 전압원과 전류원이 동시에 존재하는 회로망에서 회로전류는 각 전압원이나 전류원이 각각 단독으로 인가될 때 흐르는 전류를 합한 것과 같다.

① 노오튼의 정리

② 중첩의 원리

③ 키르히호프의 법칙

④ 테브난의 정리

68 교류전압 100[V], 전류 20[A]로서 1.2[kW]의 전력을 소비하는 회로의 리액턴스는?

① 3[Ω]

② 4[Ω]

③ 6[Ω]

④ 8[Ω]

정답 63 ② 64 ④ 65 ④ 66 ④ 67 ② 68 ②

해설

- 피상전력 :
$$P_a = VI = I^2 Z \, [VA] = 100 \times 20 \times 10^{-3}$$
$$= 2 \, [kVA]$$

- 유효전력 : $P = VI\cos\theta = I^2 R \, [W]$

- 무효전력 : $P_r = VI\sin\theta = I^2 X \, [Var]$에서,

$$\therefore X = \frac{P_r}{I^2} = \frac{1.6 \times 10^3}{20^2} = 4 \, [\Omega]$$

$$P_r = \sqrt{P_a^2 - P^2} = \sqrt{2^2 - 1.2^2} = 1.6 \, [kVar]$$

---

69 저항 40[Ω], 임피던스 50[Ω]의 직렬 유도 부하에서 100[V]가 인가될 때 소비되는 무효전력은?

① 120[Var]　　　　② 160[Var]

③ 200[Var]　　　　④ 250[Var]

해설 무효전력 : $P_r = I^2 X = 2^2 \times 30 = 120 \, [Var]$

$$I = \frac{E}{Z} = \frac{100}{50} = 2 \, [A]$$

$Z = R + jX$ 에서, $X = \sqrt{50^2 - 40^2} = 30 \, [\Omega]$

---

70 $i = 2 + 5\sin(100t + 30°) + 10\sin(200t - 10°)$

와 파형이 동일하나 기본파의 위상이 20° 늦은 비정현 전류파의 순시값 i'를 나타내는 식은?

① $i' = 2 + 5\sin(100t + 10°)$
$\quad + 10\sin(200t - 30°)$

② $i' = 2 + 5\sin(100t + 10°)$
$\quad + 10\sin(200t + 30°)$

③ $i' = 2 + 5\sin(100t + 10°)$
$\quad + 10\sin(200t + 50°)$

④ $i' = 2 + 5\sin(100t + 10°)$
$\quad + 10\sin(200t - 50°)$

해설 기본파의 위상에 20°씩 늦다고 했으므로(직류와는 위상이 상관없다.)

2고조파는 2배가 된다.

$\therefore i' = 2 + 5\sin(100t + 30° - 20°)$
$+ 10\sin(200t - 10° - 40°)$
$= 2 + 5\sin(100t + 10°) + 10\sin(200t - 50°)$

---

71 어떤 교류 전압의 평균값이 382[V]일 때 실효값은 약 얼마인가?

① 390[V]　　　　② 424[V]

③ 540[V]　　　　④ 614[V]

해설 평균값$(V_{av}) = \dfrac{2}{\pi} \times$ 최대값(V_m)

최대값 $= \dfrac{\pi}{2} \times$ 평균값 $= \dfrac{\pi}{2} \times 382 = 600.04 \, [V]$

$\therefore$ 실효값$(V_e) = \dfrac{V_m}{\sqrt{2}} = \dfrac{600.04}{\sqrt{2}} = 424.3 \, [V]$

---

72 저항 8[Ω]과 용량리액턴스 X_c[Ω]가 직렬로 접속된 회로에 100[V], 60[Hz]의 교류를 가하니 10[A]의 전류가 흐른다면 이때 X_c의 값은?

① 10[Ω]　　　　② 8[Ω]

③ 6[Ω]　　　　　④ 4[Ω]

해설 $I = \dfrac{E}{Z} = \dfrac{E}{\sqrt{R^2 + X_c^2}} \, [A]$

$$10 = \frac{100}{\sqrt{8^2 + X_c^2}} \qquad \therefore X_c = 6 \, [\Omega]$$

---

73 한 상의 임피던스가 30 + j10[Ω]인 Y결선 부하에 대칭 3상 선간 전압 200[V]를 가할 때 전 소비전력은?

① 1600[W]　　　　② 1700[W]

③ 1800[W]　　　　④ 1900[W]

해설 전 소비전력은

$P = 3 I_p^2 R = 3 \times 5.16^2 \times 20 = 1597.54 \, [W]$

Y결선이므로 상전류는 선전류와 같다.

$$I_p = \frac{V_p}{Z} = \frac{200/\sqrt{3}}{\sqrt{20^2 + 10^2}} = 5.16 \, [A]$$

정답　**69** ①　　**70** ④　　**71** ②　　**72** ③　　**73** ①

74 전원과 부하가 모두 △결선된 3상 평형 회로에서 전원 전압이 200[V], 부하 임피던스가 6 + j8[Ω]인 경우 선전류는?

① 20[A]

② $\dfrac{20}{\sqrt{3}}$ [A]

③ $20\sqrt{3}$ [A]

④ $10\sqrt{3}$ [A]

해설 △결선이므로,

선전류$(I_l) = \sqrt{3}$ 상전류$(I_p) = 20\sqrt{3}$ [A]

$I_p = \dfrac{V_p}{Z} = \dfrac{200}{\sqrt{6^2+8^2}} = 20$ [A]

75 스위치 S를 닫을 때의 전류 $i(t)$는?

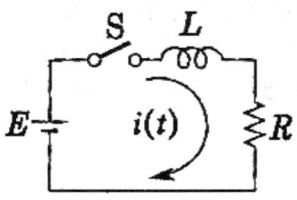

① $\dfrac{E}{R} e^{-\frac{R}{L}t}$ [A]

② $\dfrac{E}{R}(1-e^{-\frac{R}{L}t})$ [A]

③ $\dfrac{E}{R} e^{-\frac{L}{R}t}$ [A]

④ $\dfrac{E}{R}(1-e^{-\frac{L}{R}t})$ [A]

해설 스위치 S를 닫을 때 방정식은

$E = Ri(t) + L\dfrac{di(t)}{dt}$ 에서, $\mathcal{L}$ 변환을 하면,

$\dfrac{E}{s} = RI(s) + LsI(s) + Li(0)$,

초기값 : $i(0) = 0$

$\dfrac{E}{s} = (R+Ls)I(s)$

$I(s) = \dfrac{E/L}{s(s+\frac{R}{L})} = \dfrac{A}{s} + \dfrac{B}{s+\frac{R}{L}}$

$A = \lim_{s\to 0}\dfrac{E/L}{s+\frac{R}{L}} = \dfrac{E}{R}$

$B = \lim_{s\to -\frac{R}{L}}\dfrac{E/L}{s} = -\dfrac{E}{R}$

$I(s) = \dfrac{E}{R}\left(\dfrac{1}{s} - \dfrac{1}{s+\frac{R}{L}}\right)$

$\therefore i(t) = \mathcal{L}^{-1}I(s) = \dfrac{E}{R}(1-e^{-\frac{R}{L}t})$ [A]

76 다음과 같은 회로에서 L=50[mH], R = 20[kΩ]인 경우 회로의 시정수는?

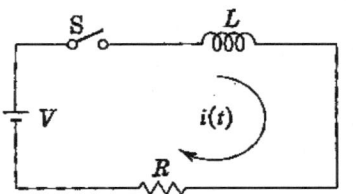

① $4.0[\mu s]$

② $3.5[\mu s]$

③ $3.0[\mu s]$

④ $2.5[\mu s]$

해설 R-L직렬회로에서 시정수는,

$\tau = \dfrac{L}{R}$ [sec] $= \dfrac{50\times 10^{-3}}{20\times 10^3}\times 10^6 = 2.5$ [μsec]

77 다음 회로에서 E=40[V]일 때 정상 전류는?

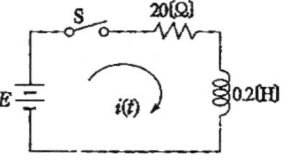

① 0.5[A]

② 1[A]

③ 2[A]

④ 4[A]

해설 $i(t) = \dfrac{E}{R}(1-e^{-\frac{R}{L}t})$ [A]에서, 정상전류는

$I = \dfrac{E}{R} = \dfrac{40}{20} = 2$ [A]

정답 **74** ③ **75** ② **76** ④ **77** ③

2010년도 산업기사 제3회 필기시험(산업기사) · **827**

78 다음과 같은 회로에서 1[Ω] 저항 양단에 걸리는 전압은?

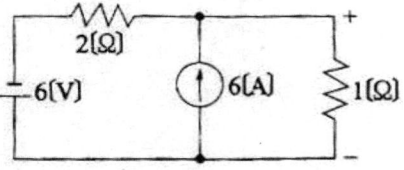

① 2[V]   ② 3[V]

③ 4[V]   ④ 6[V]

해설 중첩의 원리

- 전압원(6[V])만 동작(전류원은 개방)

$$I_1 = \frac{6}{2+1} = 2\,[A]$$

- 전류원(6[A])만 동작(전압원은 단락)

$$I_2 = \frac{2}{1+2} \times 6 = 4\,[A]$$

∴ 1[Ω]에 흐르는 전류는(전압원전류는 방향이 반대)

$$I = -I_1 + I_2 = -2 + 4 = 2\,[A]$$

$$\therefore V = I \times 1 = 2 \times 1 = 2\,[V]$$

79 다음 회로에서 10[Ω]의 저항에 흐르는 전류는?

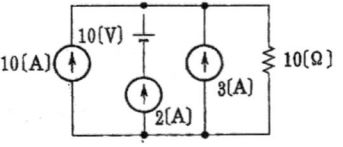

① 20[A]   ② 15[A]

③ 10[A]   ④ 8[A]

해설 중첩의 원리

전압원(10[V])와 전류원(2[A])이 직렬 접속이므로 전류원만 동작

(전압원은 단락)

∴ I =10+2+3=15[A]

80 $f(t) = 3u(t) + 2e^{-t}$인 시간함수를 라플라스 변환한 것은?

① $\dfrac{s+3}{s(s+1)}$ ② $\dfrac{5s+3}{s(s+1)}$

③ $\dfrac{3s}{s^2+1}$ ④ $\dfrac{5s+1}{(s+1)s^2}$

해설 $\mathcal{L}f(t) = \mathcal{L}\left(3u(t) + 2e^{-t}\right)$

$$\therefore F(s) = \frac{3}{s} + 2\frac{1}{s+1} = \frac{5s+3}{s(s+1)}$$

제5과목 : 전기설비기술기준 및 판단기준

81 저압 가공전선으로 케이블을 사용하는 경우이다. 케이블은 조가용선에 행거로 시설하고 이때 사용전압이 고압인 때에는 행거의 간격을 몇 [cm] 이하로 시설하여야 하는가?

① 30   ② 50

③ 75   ④ 100

해설 가공케이블의 시설

가공전선에 케이블을 사용하는 경우에는 다음과 같이 시설한다.

- 케이블은 조가용선에 행거로 시설하여, 고압인 때에는 그 행거의 간격을 50[cm] 이하로 시설한다 (특고압 : 50[cm] 이하).
  - 조가(弔架)용선 : 고압, 특고압 가공전선로에 사용하는 특고압 절연전선이나 케이블 및 이를 조가할 금속선
- 조가용선은 인장강도 5.93[kN] 이상의 것 또는 단면적 22[mm²]의 아연도 철연선 이상의 것을 사용한다(특고압 : 13.93[kN] 이상의 연선).
- 조가용선 및 케이블의 피복에 사용하는 금속체에는 제3종 접지공사를 한다(단, 조가용선을 절연전선 사용시 예외).
- 조가용선을 케이블에 접속시켜 금속테이프를 감는 경우에는 20[cm] 이하의 간격으로 나선형으로 시설한다.

정답   **78** ①   **79** ②   **80** ②   **81** ②

828 · Part 3. 전기산업기사 기출문제

전기기사 · 산업기사 필기시험문제

(가공케이블의 시설)

82 사용전압이 220[V]인 경우 애자사용 공사에서 전선과 조영재 사이의 이격거리는 몇 [cm] 이상이어야 하는가?

① 2.5 ② 4.5

③ 6.0 ④ 8.0

해설 애자 사용공사
- 전선 상호 산격 : 6[cm] 이상
- 조영재와의 이격거리
  400[V] 미만 : 2.5[cm] 이상
  400[V] 이상 : 4.5[cm] 이상(건조한 곳 : 2.5[cm])
- 지지점간의 거리
  조영재 옆 면, 윗 면 : 2[m] 이하
  400[V] 이상 조영재 아래면(조영재에 따라 시설하지 않는 경우) : 6[m] 이하

83 시가지내에 시설하는 154[kV] 가공 전선로에 지락 또는 단락이 생겼을 때 몇 초 안에 자동적으로 이를 전로로부터 차단하는 장치를 시설하여야 하는가?

① 1 ② 3

③ 5 ④ 10

해설 시가지등에서 사용전압이 100[kV]를 초과하는 특고압 가공전선로에 지락 또는 단락이 생겼을 때는 1초 이내에 자동적으로 이를 전로로부터 차단하는 장치를 시설하여아 한다.

84 다음 중 전기부식방지를 위한 귀선의 시설 방법에 대한 설명으로 옳지 않은 것은?

① 귀선은 부극성으로 할 것

② 이음매 하나의 저항은 그 레일의 길이 5[m]의 저항에 상당한 값 이하일 것

③ 귀선용 레일은 특수한 곳 이외에는 길이 30[m] 이상이 되도록 연속하여 용접할 것

④ 단면적 38[mm²] 이상, 길이 60[cm] 이상의 연동 연선을 사용한 본드 2개 이상을 용접함으로써 레일 용접에 갈음할 수 있다.

해설 전기부식방지를 위한 귀선의 시설
귀선용 레일을 특수한 곳 이외에는 길이 30[m] 이상이 되도록 연속하여 용접할 것. 다만, 단면적 115[mm²] 이상, 길이 60[cm] 이상의 연동 연선을 사용한 본드 2개 이상을 용접하거나 볼트로 조여 붙임으로써 레일 용접에 갈음할 수 있다.

85 애자사용 공사에 의한 고압옥내배선을 시설하고자 한다. 다음 중 잘못된 내용은?

① 저압 옥내배선과 쉽게 식별되도록 시설한다.

② 전선은 공칭단면적 6[mm²] 이상의 연동선을 사용한다.

③ 전선 상호간의 간격은 8[cm] 이상이어야 한다.

④ 전선과 조영재 사이의 이격거리는 4[cm] 이상이어야 한다.

해설 애자사용 공사에 의한 고압옥내배선 등의 시설
- 전선은 공칭단면적 6[mm²] 이상의 연동선 또는 이와 동등 이상의 세기 및 굵기의 고압절연전선 또는 특고압 절연전선 및 이하용 고압절연전선일 것
- 전선의 지지점간의 거리는 6[m] 이하일 것(다만, 전선을 조영재 면을 따라 붙일 경우 : 2[m] 이하)
- 전선 상호 간의 간격은 8[cm] 이상
- 전선과 조영재 사이의 이격거리는 5[cm] 이상
- 애자는 절연성, 난연성, 내수성일 것
- 고압옥내배선은 저압옥내배선과 쉽게 식별되도록 시설할 것

정답 82 ① 83 ① 84 ④ 85 ④

2010년도 산업기사 제3회 필기시험(산업기사) · **829**

86 다음 중 플로어 덕트 공사에 의한 저압옥내 배선 공사에 적합하지 않은 것은?

① 사용전압 400[V] 미만일 것

② 덕트의 끝 부분은 막을 것

③ 제3종 접지공사를 할 것

④ 옥외용 비닐절연전선을 사용할 것

해설 플로어덕트 공사
- 전선은 절연전선을 사용하고(OW 제외), 전선은 연선으로 한다(단, 공칭단면적 10[mm²](Al : 16[mm²]) 이하의 것은 단선으로 사용할 수 있다).
- 덕트안에는 접속점이 없도록 하고, 덕트 및 기타의 부속품을 2[mm] 이상의 강판으로 아연도금을 하거나 에나멜로 피복한 것일 것(전기적으로 완전하게 접속)
- 덕트는 제3종 접지공사를 할 것
- 덕트의 끝부분은 막을 것

87 사용저압이 35[kV] 이하인 특고압 가공전선이 건조물과 제2차 접근상태로 시설되는 경우에 특고압 가공전선로는 제 몇 종 특고압 보안공사를 하여야 하는가?

① 제1종 특고압 보안공사

② 제2종 특고압 보안공사

③ 제3종 특고압 보안공사

④ 제4종 특고압 보안공사

해설 특고압 가공전선과 전조물의 접근
- 제1차 접근 상태 : 제3종 특고압 보안공사
- 제2차 접근 상태
  35[kV] 이하 : 제2종 특고압 보안공사
  35[kV] 초과 400[kV] 미만 : 제1종 특고압 보안공사

88 다음 중 발전소의 계측요소가 아닌 것은?

① 발전기의 전압 및 전류

② 발전기의 고정자 온도

③ 저압용 변압기의 온도

④ 변압기의 전류 및 전력

해설 발전소의 계측 장치
- 발전기, 연료전지 또는 태양 전지 모듈의 전압 및 전류 또는 전력
- 발전기의 베어링 및 고정자의 온도
- 발전기 진동의 진폭
- 주요 변압기의 전압 및 전류 또는 전력
- 특고압용 변압기의 온도

89 고압 보안공사에서 지지물로 A종 철근콘크리트주를 사용할 때 경간은 몇 [m] 이하이어야 하는가?

① 75

② 100

③ 150

④ 200

해설 경간 [m] 이하

지지물의종류	표준경간	저 · 고압보안공사	1종특고압보안공사	2 · 3종특고압보안공사	특고압시가지
목주, A종	150	100	×	100	75
B종	250	150	150	200	150
철탑	600	400	400	400	400

90 철탑의 강도계산에 사용하는 이상시 상정하중을 계산하는데 사용되는 것은?

① 미진에 의한 요동과 철구조물의 인장하중

② 풍압이 전선로에 직각방향으로 가하여 지는 경우의 하중

③ 이상전압이 전선로에 내습하였을 때 생기는 경우의 하중

④ 뇌가 철탑에 가하여졌을 경우의 충격하중

해설 이상시 상정하중 : 풍압이 전선로에 직각방향으로 가하여지는 경우의 하중과 전선로의 방향으로 경우의 하중으로서 철탑의 강도 계산에 사용된다.

정답 **86** ④ **87** ② **88** ③ **89** ② **90** ②

830 · Part 3. 전기산업기사 기출문제

91 사용전압이 저압인 전로에서 정전이 어려운 경우 등 절연저항 측정이 곤란한 경우에 누설전류는 몇 [mA] 이하로 유지하여야 하는가?

① 1
② 2
③ 3
④ 5

해설 사용전압이 저압인 전로에서 정전이 어려운 경우 등 절연저항 측정이 곤란한 경우에는 누설전류를 1[mA] 이하로 유지하여야 한다.

92 특고압 전선로에 접속하는 배전용 변압기를 시설하는 경우에 특고압 전선에 특고압 절연전선 또는 케이블을 사용하였다면 변압기의 1차 전압은 몇 [kV] 이하이어야 하는가? (단, 발전소, 변전소, 개폐소, 이외의 곳)

① 20
② 35
③ 50
④ 70

해설 특고압 배전용변압기의 시설
• 특고압 전선에 특고압 절연전선 또는 케이블을 사용할 것
• 1차 전압은 35[kV] 이하, 2차 측은 저압 또는 고압일 것
• 특고압 측에는 개폐기 및 과전류 차단기를 시설할 것

93 지중 전선로에 있어서 폭발성 가스가 침입할 우려가 있는 장소에 시설하는 지중함은 크기가 몇 [m^3] 이상일 때 가스를 방산시키기 위한 장치를 시설하여야 하는가?

① 0.25
② 0.5
③ 0.75
④ 1.0

94 다음 중 전력 보안통신용 전화 설비를 시설하지 않아도 되는 곳은?

① 원격감시 제어가 되지 않는 발전소
② 원격감시 제어가 되지 않는 변전소
③ 2 이상의 발전소 상호간
④ 2 이상의 급전소 상호간

해설 전력 보안 통신용 전화 설비의 시설 장소
• 원격감시 제어가 되지 않는 발, 변전소, 발, 변전제어소, 개폐소 기술원 주재소, 급전소 사이
• 2 이상의 급전선 상호간과 이들을 총합운용하는 급전소간
• 총합운용 급전소로서 서로 연계가 다른 계통에 속하는 것의 상호간
• 수력설비 중 필요한 곳 및 양수소, 강수량 관측소와 수력발전소간
• 동일수계의 수력 발전소 상호간
• 동일전력계통의 발전소, 변전소, 발, 변전제어소 및 개폐소 상호간
• 발, 변전소 등과 긴급연락의 필요가 있는 기상대, 측후소, 소방서 및 방사선 감시 계측 시설물 등의 사이

95 지중 전선로를 직접 매설에 의아여 시설하는 경우 매설 깊이는 차량 기타 중량물의 압력을 받을 우려가 있는 장소에서는 몇 [m] 이상으로 시설하여야 하는가?

① 0.6
② 1.2
③ 2.4
④ 4.0

해설 직접매설식으로 시공할 경우 매설 깊이는 중량물의 압력이 있는 곳은 1.2[m] 이상
(기타 : 0.6[m] 이상)

96 동일 지지물에 저고압의 가공전선을 병가할 때 전선 간의 이격거리는 몇 [cm] 이상이어야 하는가?

① 50
② 60
③ 80
④ 100

정답 **91** ① **92** ② **93** ④ **94** ③ **95** ② **96** ①

해설 가공전선 등의 병가

전압	표준	고압에 케이블 사용	특고압에 케이블 사용 및 저고압에 절연전선 또는 케이블 사용
저·고압 병가	0.5[m] 이상	0.3[m] 이상	–
35[kV] 이하	1.2[m] 이상	–	0.5[m] 이상
35[kV] 초과 60[kV] 이하	2[m] 이상	–	1[m] 이상

60[kV]를 초과하는 경우 : 2+0.12n [m] 이상(특고압에 케이블 사용 시 : 1+0.12n)

$$단수(n) = \frac{주어진전압[kV] - 60}{10}$$

계산식에서 소수점 이하는 절상할 것

97 다음 중 가연성 분진에 전기설비가 발화원이 되어 폭발할 우려가 있는 곳에 시공할 수 있는 저압 옥내 배선공사는?

① 버스덕트 공사　② 라이팅덕트 공사
③ 가요전선관 공사　④ 금속관 공사

해설 가연성 분진에 전기설비가 발화원이 되어 폭발할 우려가 있는 곳에 시공할 수 있는 저압 옥내전기설비는 금속관 공사 또는 케이블 공사, 합성수지관 공사(두께 2[mm] 미만의 합성수지관 및 콤바인 덕트관을 사용시 제외)에 의할 것

98 연료전지 및 태양전지 모듈의 절연내력시험을 하는 경우 충전부분과 대지 사이에 어느 정도의 시험전압을 인가하여야 하는가?(단, 연속하여 10분간 가하여 견디는 것이어야 한다.)

① 최대 사용 전압의 1.5배의 직류 전압 또는 1.25배의 교류 전압

② 최대 사용 전압의 1.25배의 직류 전압 또는 1.25배의 교류 전압

③ 최대 사용 전압의 1.5배의 직류 전압 또는 1배의 교류 전압

④ 최대 사용 전압의 1.25배의 직류 전압 또는 1배의 교류 전압

해설 연료전지 및 태양 전지 모듈은 최대 사용 전압의 1.5배의 직류전압 또는 1배의 교류전압(500[V] 미만일 때는 500[V])을 충전부분과 대지 사이에 연속하여 10분간 가하여 절연내력을 시험하였을 때에 견딜 것

99 사람이 접촉할 우려가 있는 제1종 또는 제2종 접지 공사의 지하 75[cm]로부터 지표상 2[m]까지의 접지선은 사람의 접촉 우려가 없도록 하기 위하여 접지선은 다음 중 어느 것을 사용하여 보호하여야 하는가?

① 금속관　　　　② 합성수지관
③ 셀룰러덕트　　④ 플로어덕트

해설 접지선의 지하 75[cm]로부터 지표상 2[m]까지의 부분은 합성수지관(두께 2[mm] 미만의 합성수지제 전선관 및 난연성이 없는 콤바인덕트관을 제외) 또는 이와 동등 이상의 절연효력 및 강도를 가지는 몰드로 덮을 것

100 옥내에 시설하는 고압의 이동전선의 종류는?

① 150[mm²] 연동선
② 비닐 캡타이어 케이블
③ 고압용 캡타이어 케이블
④ 강심알루미늄 연선

해설 옥내에 시설하는 고압의 이동전선은 고압용의 캡타이어 케이블일 것

정답　97 ④　98 ③　99 ②　100 ③

국가기술자격검정 필기시험문제

2011년도 산업기사 제1회 필기시험(산업기사)

자격종목 및 등급(선택분야)	종목코드	시험시간	문제지형별	수검번호	성명
전기산업기사		2시간 30분	A		

※ 시험문제지는 답안카드와 같이 반드시 제출하여야 합니다.

제1과목 : 전기자기학

01 전계와 자계의 관계식으로 옳은 것은?

① $\sqrt{\epsilon}\,H = \sqrt{\mu}\,E$ ② $\sqrt{\epsilon\mu} = EH$

③ $\sqrt{\mu}\,H = \sqrt{\epsilon}\,E$ ④ $\epsilon\mu = EH$

해설 고유임피던스 $= \dfrac{E}{H} = \sqrt{\dfrac{\mu}{\epsilon}}$ $[\Omega]$

$\therefore \sqrt{\mu}\,H = \sqrt{\epsilon}\,E$

02 다음 식 중 포인팅 벡터를 나타낸 식과 단위를 바르게 표현한 것은?

① $\vec{E} \times \vec{B}, [W/m^2]$ ② $\vec{E} \times \vec{H}, [W/m^2]$

③ $\vec{E} \times \vec{B}, [W/m^3]$ ④ $\vec{E} \times \vec{H}, [W/m^3]$

해설 포인팅 벡터(방사 벡터)

$P = \vec{E} \times \vec{H} = EH\sin\theta\,[W/m^2]$

(진행 방향에 수직되는 단위 면적을 단위 시간에 통과하는 에너지)

03 투자율이 μ이고, 감자율이 N인 자성체를 평등자계 H_0 중에 놓았을 때, 이 자성체의 자화의 세기 J를 구하면?

① $\dfrac{\mu_0(\mu_s+1)}{1+\mu(\mu_s+1)}\,H_0$ ② $\dfrac{\mu_0\mu_s}{1+N(\mu_s+1)}\,H_0$

③ $\dfrac{\mu_0\mu_s}{1+N(\mu_s-1)}\,H_0$ ④ $\dfrac{\mu_0(\mu_s-1)}{1+N(\mu_s-1)}\,H_0$

해설 감자력 H'는 자화의 세기 J에 비례하며 또한 자성체의 형태에 따라 결정된다.

감자력$(H') = \dfrac{NJ}{\mu_0}$ (N : 감자율),

자성체의 내부자계(H) $= H_0 - H'$

$= H_0 - \dfrac{NJ}{\mu_0}\,[A/m]$,

여기서, H_0 : 외부자계,

H' : 자화 $(-m, +m)$에 의한 자계(감자력)

자화의 세기(J) $= \chi_m H$에서, $H = \dfrac{J}{\chi_m}$

$\therefore \dfrac{J}{\chi_m} = H_0 - \dfrac{NJ}{\mu_0}$, $J\left(\dfrac{1}{\chi_m} - \dfrac{N}{\mu_0}\right) = H_0$

$J = \dfrac{\chi_m\mu_0}{\mu_0+N\chi_m}\,H_0$ 에서,

$\chi_m = \mu_0(\mu_s-1)$ 를 대입하면

$\therefore J = \dfrac{\mu_0(\mu_s-1)}{1+N(\mu_s-1)}\,H_0\,[AT/m^2]$

04 평등자계 H_0 내에서 얇은 철판을 자계와 수직으로 놓았을 때 철판 내부의 자계의 세기를 H_i는?(단, 철의 비투자율은 μ_s, 자화율은 χ이다.)

① $H_i = H_0$ ② $H_i = \chi H_0$

③ $H_i = \mu_s H_0$ ④ $H_i = \dfrac{H_0}{\mu_s}$

정답 **01** ③ **02** ② **03** ④ **04** ④

05 자계의 세기 1500[AT/m]되는 자속밀도가 2.8[Wb/m^2]이다. 이 공간의 비투자율은 약 얼마인가?

① 1.86×10^{-3} ② 1.86×10^{-2}

③ 1.48×10^3 ④ 1.48×10^2

해설

$$B = \mu H = \mu_0 \mu_s H \, [Wb/m^2]$$

$$\therefore \mu_s = \frac{B}{\mu_0 H} = \frac{2.8}{4\pi \times 10^{-7} \times 1500}$$

$$= 1.485 \times 10^3$$

06 무한장 직선도체에 선전하밀도 λ[C/m]의 전하가 분포되어 있는 경우 직선도체를 축으로하는 반지름 r의 원통면 상의 전계는 몇 [V/m]인가?

① $E = \frac{1}{4\pi\epsilon_0} \times \frac{\lambda}{r}$ ② $E = \frac{1}{2\pi\epsilon_0} \times \frac{\lambda}{r^2}$

③ $E = \frac{1}{4\pi\epsilon_0} \times \frac{\lambda}{r^2}$ ④ $E = \frac{1}{2\pi\epsilon_0} \times \frac{\lambda}{r}$

해설

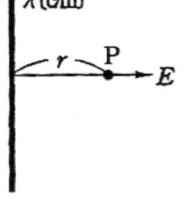

선전하 밀도가 λ[C/m]로 균일한 무한직선도선의 전하로부터 거리가 r[m]인

점의 전계의 세기는, $E = \frac{1}{2\pi\epsilon_0} \frac{\lambda}{r} \, [V/m]$

07 전하 Q_1, Q_2 간의 작용력이 F_1일 때 근처에 전하 Q_3을 놓을 경우 Q_1과 Q_2 사이의 전기력을 F_2라 하면?

① $F_1 = F_2$

② $F_1 < F_2$

③ $F_1 > F_2$

④ Q_3의 크기에 따라 다르다.

해설 쿨롱의 힘 : 전하 Q_1, Q_2 사이에 작용하는 전기력 $F = \frac{1}{4\pi\epsilon} \frac{Q_1 Q_2}{r^2} \, [N]$이므로, 부근에 Q_3전하가 있어도 그의 영향을 받지 않는다($F_1 = F_2$).

08 어떤 코일에 흐르는 건류가 0.01초 동안에 일정하게 50[A]로부터 10[A]로 바뀔 때에 20[V]의 기전력이 발생한다면 자기인덕턴스는 몇 [mH]인가?

① 5 ② 7

③ 9 ④ 12

해설

$$e = L \frac{di}{dt} , \quad \therefore L = \frac{e}{\frac{di}{dt}} = 20 \times \frac{20}{\frac{50 - 10}{0.01}} \times 10^3$$

$$= 5 \, [mH]$$

09 패러데이관의 설명 중 틀린 것은?

① +1[C]의 진전하에 −1[C]의 진전하로 끝나는 1개의 관으로 가정한다.

② 관의 양끝에는 정, 부의 단위 진전하가 있다.

③ 관의 밀도는 전속밀도와 동일하다.

④ 관속에 있는 전속수는 진전하가 있으면 일정하고 연속이다.

해설 패러데이관(단위전하에 의한 전속선 다발)의 특성 : 단위전하 Q[C]에서 나오는 전속선의 관을 말한다.

• 패러데이관의 밀도 = 전속밀도
• 패러데이관의 수 = 전속선 수
• 패러데이관의 내의 전속수는 일정
• 진전하가 없는 점에서는 패러데이관은 연속이다.

정답 05 ③ 06 ④ 07 ① 08 ① 09 ④

- 패러데이관 양단에는 정, 부의 단위 전하가 존재한다.
- 단위 전위자마다 $\frac{1}{2}[J]$의 에너지를 보유한다.

10 정전차폐와 자기차폐를 비교하였을 때 옳은 것은?

① 정전차폐가 자기차폐에 비교하여 완전하다.
② 정전차폐가 자기차폐에 비교하여 불완전하다.
③ 두 차폐방법은 모두 완전하다.
④ 두 차폐방법은 모두 불완전하다.

해설

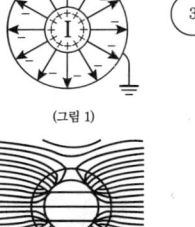

(그림 1)

(그림 2)

정전차폐 : (그림 1)처럼 도체 2를 접지하면 도체 1과 도체3사이에는 정전현상이 완전히 차단된 상태(도체를 사용해서 외부전계의 영향을 완전히 차단)
자기차폐 : (그림 2)처럼 투자율이 큰 자성체를 사용하여 외부자계의 영향을 작게하는 자기적인 차단(자계에서는 투자율이 ∞인 자성체는 존재할 수가 없으므로 완전히 차단은 불가능)
∴ 정전차폐가 자기차폐에 비교하여 완전하다.

11 자장 중에서 도선에 발생되는 유기 기전력의 방향은 어떤 법칙에 의하여 설명되는가?

① 패러데이(Faraday)의 법칙
② 앙페르(Ampere)의 오른나사 법칙
③ 렌츠(Lenz)의 법칙
④ 가우스(Gauss)의 법칙

해설
- 렌츠의 법칙 : 기전력의 방향을 결정한다.(−)
- 패러데이의 법칙 : 기전력의 크기를 결정한다.

$$\therefore 유도기전력(e) = -\frac{d\Phi}{dt} = -N\frac{d\phi}{dt}\ [V]$$

12 대전도체의 내부전위는?

① 항상 0이다.
② 표면전위와 같다.
③ 대지전압과 전하의 곱으로 표현된다.
④ 공기의 유전율과 같다.

해설 대전도체의 내부전위와 표면전위는 같다. (대전도체 내부는 전계가 없으므로 전위차는 발생하지 않는다. 도체는 등전위이다.)

13 다음 물질 중에서 비유전율이 가장 큰 것은?

① 운모   ② 유리
③ 증류수   ④ 고무

해설 고무 : 3, 운모 : 5.5~6.6, 유리 : 5.4~99, 물 : 80.7

14 평면도체 표면에서 d의 거리에 점전하 Q가 있을 때 이 전하를 무한원점까지 운반하는 데 요하는 일을 구하면 몇 [J]인가?

① $\dfrac{Q^2}{4\pi\epsilon_0 d}$ ② $\dfrac{Q^2}{8\pi\epsilon_0 d}$

③ $\dfrac{Q^2}{16\pi\epsilon_0 d}$ ④ $\dfrac{Q^2}{32\pi\epsilon_0 d}$

해설

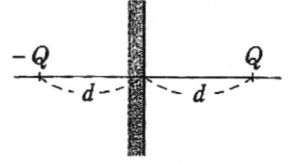

정답 10 ① 11 ③ 12 ② 13 ③ 14 ③

운반하는데 요하는 일은,

$$W = \int_d^\infty F\,dr = \frac{Q^2}{16\pi\epsilon_0}\int_d^\infty \frac{1}{d^2}\,dr$$

$$= \frac{Q^2}{16\pi\epsilon_0}\left[-\frac{1}{d}\Big|_d^\infty\right] = \frac{Q^2}{16\pi\epsilon_0 d}\ [J]$$

$$\text{작용력}\,(F) = \frac{-Q^2}{4\pi\epsilon_0(2d)^2}$$

$$= \frac{-Q^2}{16\pi\epsilon_0 d^2}\ [N](\text{흡인력})$$

15 무한장 솔레노이드에 전류가 흐를 때 발생되는 자장에 관한 설명 중 옳은 것은?

① 내부 자장은 평등자장이다.

② 외부와 내부 자장의 세기는 같다.

③ 외부 자장은 평등자장이다.

④ 내부 자장의 세기는 0이다.

해설

• 무한장 솔레노이드의 내부자계는 위치에 상관없이 평등자계이다($H_i = nI\,[AT/m]$).

• 무한장 솔레노이드의 외부자계는 0이다.
  ($H_0 = 0\,[AT/m]$)

16 히스테리시스손은 주파수 및 최대자속밀도와 어떤 관계가 있는가?

① 주파수와 최대자속밀도에 비례한다.

② 주파수에 비례하고 최대자속밀도의 1.6승에 비례한다.

③ 주파수와 최대자속밀도에 반비례한다.

④ 주파수에 반비례하고 최대자속밀도의 1.6승에 비례한다.

해설 히스테리시스손(P_h)$= \eta f B_m^{1.6}\,[J/m^3]$ 에서, f 에 비례하고, 최대자속밀도인 B_m의 1.6승에 비례

17 평등 전계내에서 5[C]의 전하를 30[cm] 이동시키는데 120[J]의 일이 소요되었다. 전계의 세기는 몇 [V/m]인가?

① 24

② 36

③ 80

④ 160

해설 • 일=힘×거리이므로, $W = F \times l = qE \cdot l$

$$\therefore E = \frac{W}{ql} = \frac{120}{5 \times 30 \times 10^{-2}} = 80\,[V/m]$$

18 극판의 면적이 50[cm^2], 극판 사이의 간격이 1[mm], 극판 사이의 매질이 비유전율 5인 평행판 콘덴서의 정전용량은 약 몇 [pF]인가?

① 220

② 22

③ 250

④ 25

해설 평행판 콘덴서의 정전용량은,

$$C = \frac{\epsilon_0\epsilon_s S}{d}$$

$$= \frac{8.855 \times 10^{-12} \times 5 \times 50 \times 10^{-4}}{1 \times 10^{-3}} \times 10^{12}$$

$$= 221\,[pF]$$

19 평행판콘덴서의 극판사이가 진공일 때의 용량을 C_0, 비유전율 ϵ_s의 유전체를 채웠을 때의 용량을 C라 할 때, 이들의 관계식은?

① $\dfrac{C}{C_0} = \dfrac{1}{\epsilon_0\epsilon_s}$

② $\dfrac{C}{C_0} = \dfrac{1}{\epsilon_s}$

③ $\dfrac{C}{C_0} = \epsilon_0\epsilon_s$

④ $\dfrac{C}{C_0} = \epsilon_s$

해설

• 평행판콘덴서의 극판 사이가 진공일 때의 정전용량은 : $C_0 = \dfrac{\epsilon_0 S}{d}\,[F]$

• 극판 사이에 비유전율(ϵ_s)을 채웠을 때의 정전용량은 : $C = \dfrac{\epsilon_0\epsilon_s S}{d} = \epsilon_s C_0$

$$\therefore \frac{C}{C_0} = \epsilon_s$$

정답 15 ① 16 ② 17 ③ 18 ① 19 ④

836 · Part 3. 전기산업기사 기출문제

20 점전하 +Q의 무한 평면도체에 대한 영상전하는?

① +Q
② −Q
③ +2Q
④ −2Q

해설

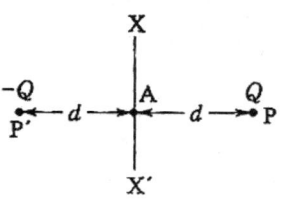

전기 영상법 : 그림처럼 점 P에 점전하 Q가 있을 때, 도체면에 대칭인 영상점 P'에 크기는 점전하와 같고 부호만 반대인 영상전하 −Q가 있다고 가정하고 해석하는 법

제2과목 : 전력공학

21 철탑의 탑각 접지저항이 커지면 가장 크게 우려되는 문제점은?

① 역섬락 발생
② 코로나 증가
③ 정전 유도
④ 차폐각 증가

22 배전선로의 전기방식 중 전선의 중량(전선비용)이 가장 적게 소요되는 전기방식은? (단, 배전전압, 거리, 전력 및 선로손실 등은 같다고 한다.)

① 단상 2선식
② 단상 3선식
③ 3상 3선식
④ 3상 4선식

해설

• 단상 2선식 : 100[%]
• 단상 3선식 : 37.5[%]
• 3상 3선식 : 75[%]
• 3상 4선식 : 33.3[%]

23 연가를 하는 주된 목적으로 옳은 것은?

① 선로정수의 평형
② 유도뢰의 방지
③ 계전기의 확실한 동작이 필요
④ 전선의 절약

해설 연가의 목적 : 선로정수의 평형, 유도장해 감소, 직렬공진 방지

24 차단기의 정격차단 시간의 표준이 아닌 것은?

① 3[Hz]
② 5[Hz]
③ 8[Hz]
④ 10[Hz]

25 선간거리가 2D[m]이고 선로 도선의 지름이 d[m]인 선로의 정전용량은 몇 [μF/km]인가?

① $\dfrac{0.02413}{\log_{10}\dfrac{4D}{d}}$
② $\dfrac{0.02413}{\log_{10}\dfrac{2D}{d}}$

③ $\dfrac{0.02413}{\log_{10}\dfrac{D}{d}}$
④ $\dfrac{0.2413}{\log_{10}\dfrac{4D}{d}}$

해설

$$C_w = \frac{0.02413}{\log_{10}\dfrac{D}{r}} = \frac{0.02413}{\log_{10}\dfrac{2D}{\dfrac{d}{2}}}$$

$$= \frac{0.02413}{\log_{10}\dfrac{4D}{d}}[\mu F/km]$$

26 가공 송전선에 사용되는 애자 1연 중 전압부담이 최대인 애자는?

① 철탑에 제일 가까운 애자
② 전선에 제일 가까운 애자
③ 중앙에 있는 애자
④ 철탑과 애자연 중앙의 그 중간에 있는 애자

정답 20 ② 21 ① 22 ④ 23 ① 24 ④ 25 ① 26 ②

27 직접 접지 방식에 대한 설명 중 옳지 않은 것은?

① 이상전압 발생의 우려가 거의 없다.

② 계통의 절연수준이 낮아지므로 경제적이다.

③ 변압기의 단절연이 가능하다.

④ 보호계전기가 신속히 작동하므로 과도안정도가 좋다.

> **해설** 직접접지방식의 특징
>
> ㉠ 장점
> - 1선지락 시 건전상의 대지전위는 거의 상승하지 않는다.
> - 피뢰기의 효과가 증진된다.
> - 계전기의 동작이 확실하다.
>
> ㉡ 단점
> - 송전계통의 과도안정도가 나쁘다.
> - 통신선의 유도장해 크다.
> - 지락전류가 커서 기기에 큰 영향을 주어 손상케 되며, 대용량차단기가 필요하다.

28 소호각(Arcing Horn)의 사용 목적은?

① 클램프의 보호

② 전선의 진동 방지

③ 애자의 보호

④ 이상전압의 발생 방지

> **해설**
> - 소호각 : 섬락으로부터 애자련의 보호
> - 소호환(Arcing Ring) : 애자련의 전압분포 개선

29 다음 설명 중 옳지 않은 것은?

① 직류송전에서는 무효전력을 보낼 수 없다.

② 선로의 정상 및 역상임피던스는 같다.

③ 계통을 연계하면 통신선에 대한 유도장해가 감소된다.

④ 장간애자는 2련 또는 3련으로 사용할 수 있다.

> **해설** 계통을 연계하면 %임피던스가 감소되어 단락전류가 증가되어 통신선의 유도장해는 증가

30 전압 3300/105-0-105[V]의 단상 3선식 변압기에 60[A], 60[%] 및 50[A], 80[%]의 불평형, 늦은 역률 부하를 걸었을 때 총 유효전력은 약 몇 [kW]인가?

① 5 ② 8

③ 11 ④ 14

> **해설**
> $$P_1 = V_1 I_1 \cos\theta_1 = 105 \times 60 \times 0.6 \times 10^{-3}$$
> $$= 3.78[kW]$$
> $$P_2 = V_2 I_2 \cos\theta_2 = 105 \times 50 \times 0.8 \times 10^{-3}$$
> $$= 4.2[kW]$$
> $$\therefore P = P_1 + P_2 = 3.78 + 4.2 = 7.98[kW]$$

31 전선의 손실계수 H와 부하율 F와의 관계는?

① $0 \leq F^2 \leq H \leq F \leq 1$

② $0 \leq H^2 \leq F \leq H \leq 1$

③ $0 \leq H \leq F^2 \leq F \leq 1$

④ $0 \leq F \leq H^2 \leq H \leq 1$

32 선로의 커패시턴스와 무관한 것은?

① 중성점 잔류전압

② 발전기 자기여자현상

③ 개폐서지

④ 전자유도

> **해설** 전자유도는 전력선과 통신선 사이의 상호인덕턴스에 의해서 발생
> 전자유도전압(E_m) $= -j\omega Ml(I_a + I_b + I_c)$
> $= -j\omega Ml \cdot 3I_0[V]$

정답 27 ④ 28 ③ 29 ③ 30 ② 31 ① 32 ④

838 · Part 3. 전기산업기사 기출문제

33 3상 3선식 선로에서 각 선의 대지 정전 용량이 $C_s[F]$, 선간 정전 용량이 $C_m[F]$일 때, 1선의 작용 정전 용량은 몇 [F]인가?

① $2C_s + C_m$ ② $C_s + 2C_m$

③ $3C_s + C_m$ ④ $C_s + 3C_m$

해설
• 3상 3선식(1회선) : $C_w = C_s + 3C_m$
• 단상2선식 : $C_w = C_s + 2C_m$

34 자가용 변전소의 1차측 차단기의 용량을 결정할 때 가장 밀접한 관계가 있는 것은?

① 부하설비 용량
② 공급측의 전기설비용량
③ 부하의 부하율
④ 수전계약 용량

해설 단락용량$(P_s) = \dfrac{100}{\%Z} P_n$

여기서, 차단기의 차단용량 〉 계통의 단락용량
P_n : 기준용량(공급측의 전기설비 용량)

35 단상 교류회로에 3150/210[V]의 승압기를 80[kW], 역률 0.8인 부하에 접속하여 전압을 상승시키는 경우 약 몇 [kVA]의 승압기를 사용하여야 적당한가?(단, 전원전압은 2900[V]이다.)

① 3.6[kVA] ② 5.5[kVA]

③ 6.8[kVA] ④ 10[0]

해설

$w = \dfrac{E_2}{V_2} W[kVA] = \dfrac{210}{3093.33} \times \dfrac{80}{0.8} = 6.79[kVA]$

$V_2 = V_1(1 + \dfrac{E_2}{E_1}) = 2900(1 + \dfrac{210}{3150})$
$= 3093.33[V]$

36 200[V], 10[kVA]인 3상 유도전동기가 있다. 어느 날의 부하실적은 1일의 사용전력량 72[kWh], 1일의 최대전력이 9[kW], 최대부하일 때의 전류가 35[A]이었다. 1일의 부하율과 최대 공급전력일 때의 역률은 몇 [%]인가?

① 부하율 : 31.3, 역률 : 74.2
② 부하율 : 33.3, 역률 : 74.2
③ 부하율 : 31.3, 역률 : 82.5
④ 부하율 : 33.3, 역률 : 82.5

해설

• 부하율 $= \dfrac{\text{평균전력}}{\text{최대전력}} \times 100[\%]$

$= \dfrac{\frac{72}{24}}{9} \times 100 = 33.33[\%]$

• $P = \sqrt{3}\, VI\cos\theta\,[W]$에서,

역률$(\cos\theta) = \dfrac{9 \times 10^3}{\sqrt{3} \times 200 \times 35} \times 100$
$= 74.23[\%]$

37 저항 10[Ω], 리액턴스 15[Ω]인 3상 송전선로가 있다. 수전단 전압 60[kV], 부하역률 0.8[lag], 전류 100[A]라 할 때 송전단 전압은?

① 약 33[kV] ② 약 42[kV]

③ 약 58[kV] ④ 약 63[kV]

해설 $e = V_s - V_r = \sqrt{3}\, I(R\cos\theta + X\sin\theta)$

$\therefore V_s = 60 + \sqrt{3} \times 100(10 \times 0.8 + 15 \times 0.6)$
$\times 10^{-3} = 62.94[kV]$

38 발전소 원동기로 이용되는 가스터빈의 특징을 증기터빈과 내연기관에 비교하였을 때 옳은 것은?

정답 **33** ④ **34** ② **35** ③ **36** ② **37** ④ **38** ②

① 평균효율이 증기터빈에 비하여 대단히 낮다.

② 기동시간이 짧고 조작이 간단하므로 첨두부하 발전에 적당하다.

③ 냉각수가 비교적 많이 든다.

④ 설비가 복잡하며, 건설비 및 유지비가 많고 보수가 어렵다.

해설 가스터빈은 소형 경량으로 건설비가 싸고 유지비가 적게들고 냉각수가 많이 들지 않는다.

39 저수지의 이용 수심이 클 때 사용하면 유리한 조압수조는?

① 차동조압수조　　② 단동조압수조

③ 수실조압수조　　④ 제수공조압수조

40 그림과 같은 열사이클의 명칭은?

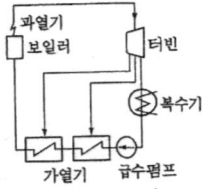

① 랭킨사이클　　② 재생사이클

③ 재열사이클　　④ 재생재열사이클

제3과목 : 전기기기

41 200[kVA]의 단상 변기가 있다. 철손이 1.6[kW]이고, 전부하 동손이 2.4[kW]이다. 변압기의 역률이 0.8일 때 전부하 시의 효율 [%]은 약 얼마인가?

① 96.6　　② 97.6

③ 98.6　　④ 99.6

해설

전부하시 효율$(\eta) = \dfrac{P}{P + P_i + P_c} \times 100[\%]$

$= \dfrac{200 \times 0.8}{200 \times 0.8 + 1.6 + 2.4} \times 100 = 97.56[\%]$

42 유도 전동기의 회전력 발생 요소 중 제곱에 비례하는 요소는?

① 슬립　　② 2차 권선저항

③ 2차 임피던스　　④ 2차 기전력

해설 토크$(T) = K_0 \cdot \dfrac{s E_2^2 r_2}{r_2^2 + (sx_2)^2} \propto E_2^2$

여기서, s : 슬립, r_2 : 2차 권선저항, E_2 : 2차 기전력

43 단상 전파 정류 회로에서 교류 전압 $v = 628\sin 315t[V]$, 부하저항 20[Ω]일 때 직류측 전압의 평균값[V]은?

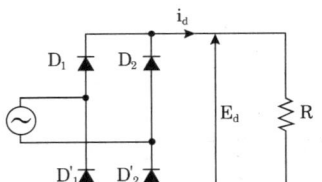

① 약 200　　② 약 400

③ 약 600　　④ 약 800

해설

직류측 전압의 평균값$(E_d) = \dfrac{2\sqrt{2}}{\pi}E = 0.9E$

$= 0.9 \times 444.06 = 399.65[V]$

실효값$(E) = \dfrac{E_m}{\sqrt{2}} = \dfrac{628}{\sqrt{2}} = 444.06[V]$

44 Δ결선 변압기의 한 대가 고장으로 제거되어 V결선으로 공급할 때 공급할 수 있는 전력은 고장 전 전력에 대하여 몇 [%]인가?

[정답] 39 ③　40 ②　41 ②　42 ④　43 ②　44 ①

840 · Part 3. 전기산업기사 기출문제

① 57.7   ② 66.7

③ 75.0   ④ 86.6

해설

• 이용률 $= \dfrac{\sqrt{3}}{2} = 0.866$,

• 출력비 $= \dfrac{1}{\sqrt{3}} = 0.577$

45 22[kW] 3상 유도전동기 1대를 운전하기 위해서 2대의 단상변압기를 사용한다. 이 변압기의 용량은?(단, 피상효율은 0.75이다.)

① 29.3[kV]   ② 16.9[kV]

③ 12.4[kV]   ④ 9.78[kV]

해설 2대의 단상 변압기로 V결선하여야 3상 유도전동기를 운전할 수 있다.

$P_V = \sqrt{3}\, P_a [kVA]$

$\therefore \; P_a[kVA] = \dfrac{P_V}{\sqrt{3}} = \dfrac{\frac{22}{0.75}}{\sqrt{3}} = 16.94[kVA]$

46 직류기에서 양호한 정류를 얻는 조건이 아닌 것은?

① 정류 주기를 크게 한다.

② 전기자 코일의 인덕턴스를 작게 한다.

③ 평균 리액턴스 전압을 브러시 접촉면 저항강하보다 크게 한다.

④ 브러시의 접촉 저항을 크게 한다.

해설 $e_L(t) = L\dfrac{di(t)}{dt}$ 이므로, 리액턴스 전압은 정류를 해치는 가장 큰 원인이다.

47 직류발전기의 정류시간에 비례하는 요소를 바르게 나타낸 것은?

① $v_c - \delta$ ② $b - \delta$

③ $\delta - b$ ④ $b + \delta$

해설 정류주기 $(T_c) = \dfrac{b - \delta}{V_c}[s]$

여기서, $T_c \propto (b - \delta)$

48 다음 중 변압기의 절연내력 시험법이 아닌 것은?

① 단락시험

② 가압시험

③ 오일의 절연파괴 전압시험

④ 충격전압시험

해설 단락시험 : 변압기의 동손, 임피던스 와트, 임피던스 전압을 구하는 시험

49 3상 유도전동기의 특성 중 비례추이를 할 수 없는 것은?

① 동기속도   ② 2차 전류

③ 1차 전류   ④ 역률

해설

• 비례추이 할 수 없는 것 : 동기속도, 2차 동손, 기계적 출력, 효율, 저항

• 비례추이 할 수 있는 것 : 토크, 역률, 1차 전류, 2차 전류

50 부흐홀쯔 계전기는 주로 어느 기기를 보호하는데 사용하는가?

① 변압기   ② 발전기

③ 동기전동기   ④ 회전변류기

해설 부흐홀쯔 계전기 : 변압기의 내부고장을 검출하는 계전기

51 단상 반발전동기의 종류가 아닌 것은?

① 아트킨손형   ② 톰슨형

③ 테리형   ④ 유도자형

정답   **45** ②   **46** ③   **47** ②   **48** ①   **49** ①   **50** ①   **51** ④

해설 단상직권정류자 전동기 : 직권형, 보상직권형, 유도보상직권형

52
3150/210[V] 5[kVA]의 단상변압기가 있다. 2차를 개방하고 정격 1차 전압을 가할 때의 입력은 60[W], 2차를 단락하고 여기에 정격 1차 전류가 흐르도록 1차 측에 저전압을 가했을 때의 입력은 120[W]이었다. 역률 100[%]에서의 전부하 효율[%]은?

① 약 96.5   ② 약 95.5

③ 약 86.5   ④ 약 70.7

해설

$$전부하효율(\eta) = \frac{P}{P+P_i+P_c} \times 100$$

$$= \frac{5 \times 10^3 \times 1}{5 \times 10^3 \times 1 + 60 + 120} \times 100 = 96.53[\%]$$

• 2차 개방 : 정격 1차 전압을 가할 때의 입력
$(P_i) = 60[W]$: 철손

• 2차 단락 : 정격 1차 전류가 흐르도록 저전압을 가했을 때의 입력$(P_c) = 120[W]$: 동손

53
동기 전동기의 공급 전압, 주파수 및 부하를 일정하게 유지하고 여자 전류만을 변화시키면?

① 출력이 변화한다.

② 토크가 변화한다.

③ 각속도가 변화한다.

④ 부하각이 변화한다.

해설 동기 전동기의 출력$(P) = \frac{EV}{x_s}\sin\delta$에서 E가

커지면 부하각(δ)가 감소 E가 감소하면 부하각 (δ)가 증가하므로, 여자전류가 변화하면 부하각 (δ)는 변화된다.

54
동기 발전기의 전기자 권선을 분포권으로 하는 이유는 다음 중 어느 것인가?

① 권선의 누설 리액턴스가 증가한다.

② 분포권은 집중권에 비하여 합성 유기 기전력이 증가한다.

③ 기전력의 고조파가 감소하여 파형이 좋아진다.

④ 난조를 방지한다.

해설 분포권의 장점

• 권선의 누설리액턴스가 감소

• 전기자 권선에 의한 열을 고르게 분포시켜서 과열 방지

• 집중권에 비해서 유기 기전력이 감소되는 단점

55
직류 분권 전동기 운전중 계자 권선의 저항이 증가할 때 회전속도는?

① 일정하다.   ② 감소한다.

③ 증가한다.   ④ 관계없다.

해설 회전속도$(n) = K \cdot \frac{V-I_aR_a}{\phi}$에서 자속$(\phi)$

가 감소[여자전류(I_f) 감소]하면 회전속도 (n)가 증

가. $[I_f = \frac{V}{R_f}$에서, 권선 저항(R_f)가 증가하면 계자

전류(I_f)는 감소]

56
직류분권 발전기의 무부하 포화곡선이

$V = \frac{940I_f}{33+I_f}$ 이고, I_f는 계자전류[A], V는 무

부하 전압[V]으로 주어질 때 계자 회로의 저항이 20[Ω]이면 몇 [V]의 전압이 유기되는가?

① 140   ② 160

③ 280   ④ 300

정답 52 ①   53 ④   54 ③   55 ③   56 ③

842 • Part 3. 전기산업기사 기출문제

해설

$$V = \frac{940 I_f}{33 + I_f} = \frac{940 \times \frac{V}{20}}{33 + \frac{V}{20}} = \frac{47V}{33 + \frac{V}{20}}$$

$$\therefore V = 280\,[V]$$

• 계자권선의 저항(R_f)가 20[Ω], $V = I_f R_f\,[A]$

$$\therefore I_f = \frac{V}{20}\,[A]$$

57 50[Hz] 12극의 3상 유도 전동기가 정격 전압으로 정격출력 10[HP]를 발생하며 회전하고 있다. 이때의 회전수는 약 몇 [rpm]인가?(단, 회전자 동손은 350[W], 회전자 입력은 출력과 회전자 동손과의 합이다.)

① 468　　　　　② 478

③ 485　　　　　④ 500

해설

회전속도(N) $= (1-s) \cdot N_s = 0.955 \times 500$

$= 477.59\,[rpm]$

• 2차 입력

$(P_2) = P + P_{c2} = 10 \times 746 + 350 = 7810\,[W]$

• 2차효율

$(\eta_2) = \dfrac{P}{P_2} \times 100 = (1-s) = \dfrac{10 \times 746}{7810} = 0.955$

• 동기속도

$(N_s) = \dfrac{120 \cdot f}{P} = \dfrac{120 \times 5}{12} = 500\,[rpm]$

58 병렬 운전을 하고 있는 2대의 3상 동기 발전기 사이에 무효 순환 전류가 흐르는 경우는?

① 여자 전류의 변화　② 부하의 증가

③ 부하의 감소　　　④ 원동기의 출력변화

해설 여자전류가 변하면 유기 기전력의 크기가 변해서 무효순환전류가 흐른다.

59 전기자 반작용이 직류발전기에 영향을 주는 것을 설명한 것으로 틀린 것은?

① 전기자 중성축을 이동시킨다.

② 자속을 감소시켜 부하시 전압강하의 원인이 된다.

③ 정류자 편간전압이 불균일하게 되어 섬락의 원인이 된다.

④ 전류의 파형은 찌그러지나 출력에는 변화가 없다.

해설 전기자 반작용으로 주자속이 감속, 출력도 감소된다.

60 동기 전동기의 자기동법에서 계자권선을 단락하는 이유는?

① 고전압이 유도된다.

② 전기자 반작용을 방지한다.

③ 기동권선으로 이용한다.

④ 기동이 쉽다.

해설 계자권선 내에 고압이 유도되어 절연파괴될 우려가 있어서, 계자권선은 외부저항을 통해 단락하고 기동해야 한다.

제4과목 : 회로이론

61 20[kVA] 변압기 2대로 공급할 수 있는 최대 3상 전력[kVA]은?

① 20　　　　　② 17.3

③ 24.64　　　　④ 34.64

해설

V 결선 출력(P_v) $= \sqrt{3}\,P_a = \sqrt{3}\,P_a$

$= \sqrt{3} \times 20\,[kVA]$

정답　**57** ②　**58** ①　**59** ④　**60** ①　**61** ④

62 대칭 좌표법에 관한 설명 중 잘못된 것은?

① 대칭 좌표법은 일반적인 비대칭 3상 교류회로의 계산에도 이용된다.

② 대칭 3상 전압의 영상분과 역상분은 0이고, 정상분만 남는다.

③ 비대칭 3상 교류회로는 영상분, 역상분 및 정상분의 3성분으로 해석한다.

④ 비대칭 3상 회로의 접지식 회로에는 영상분이 존재하지 않는다.

해설

• 중성점 접지 방식 : 영상분 존재
• 중성점 비접지 방식 : 영상분 존재하지 않는다.

63 교류회로에서 역률이란 무엇인가?

① 전압과 전류의 위상차의 정현

② 전압과 전류의 위상차의 여현

③ 임피던스와 리액턴스의 위상각의 여현

④ 임피던스와 저항의 위상차의 정현

64 $i = 2t^2 + 8t[A]$로 표시되는 전류를 도선에 3[sec] 동안 흘렀을 때 통과한 전 전기량은 몇 [C]인가?

① 18   ② 48

③ 54   ④ 61

해설

$$Q = \int_0^t dq(t) = \int_0^t i(t)dt = \int_0^3 (2t^2 + 8t)dt$$
$$= \left(\frac{2}{3} \cdot t^3 + 4t^2 \Big|_2^3 \right) = 54[C]$$

65 상호 인덕턴스 100[mH]인 회로의 1차 코일에 3[A]의 전류가 0.3초 동안에 18[A]로 변화할 때 2차유도 기전력[V]는?

① 5   ② 6

③ 7   ④ 8

해설

$$e_2(t) = M \cdot \frac{di_1(t)}{dt} = 100 \times 10^{-3} \times \frac{18 - 3}{0.3}$$
$$= 5[V]$$

66 그림에서 절점 B의 전위[V]는?

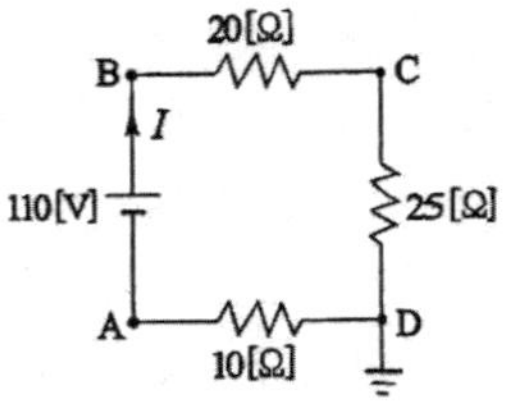

① 130   ② 110

③ 100   ④ 90

해설

• 전류$(I) = \dfrac{V}{R} = \dfrac{110}{20 + 25 + 10} = 2[A]$

• B점과 C점 사이의 전압 강하 :
$e_{BC} = 2 \times 20 = 40[V]$

• C점과 D점 사이의 전압 강하 :
$e_{CD} = 2 \times 25 = 50[V]$

• D점과 A점 사이의 전압 강하 :
$e_{DA} = -2 \times 10 = -20[V]$

D점에 접지가 있으므로 이곳의 전위를 기준 (0[V])
∴ B의 전위 : $e_{BD} = e_{BC} + e_{CD} = 40 + 50 = 90[V]$

67 그림과 같이 L형 회로의 영상 임피던스 Z_{02}를 구하면?

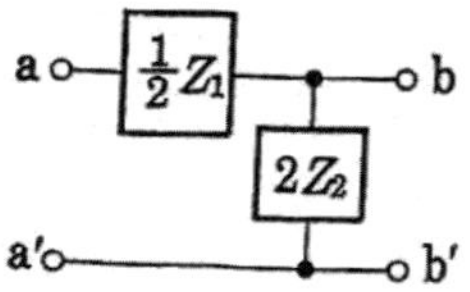

정답 **62** ④   **63** ②   **64** ③   **65** ①   **66** ④   **67** ①

844 • Part 3. 전기산업기사 기출문제

① $\sqrt{\dfrac{Z_1 Z_2}{(1+\dfrac{Z_1}{4Z_2})}}$　　② $\sqrt{Z_1 Z_2(1+\dfrac{Z_1}{4Z_2})}$

③ $\sqrt{\dfrac{Z_1}{4Z_2}}$　　④ $\sqrt{1+\dfrac{Z_1}{4Z_2}}$

해설 $Z_{02}=\sqrt{\dfrac{DB}{CA}}=\sqrt{\dfrac{Z_1 \cdot Z_2}{1+\dfrac{Z_1}{4Z_2}}}$

$\begin{bmatrix} A & B \\ C & D \end{bmatrix}=\begin{bmatrix} 1 & \dfrac{Z_1}{2} \\ 0 & 1 \end{bmatrix}\begin{bmatrix} 1 & 0 \\ \dfrac{1}{2Z_2} & 1 \end{bmatrix}=\begin{bmatrix} 1+\dfrac{Z_1}{4Z_2} & \dfrac{Z_1}{2} \\ \dfrac{1}{2Z_2} & 1 \end{bmatrix}$

68 한 상의 직렬임피던스가 R=6[Ω], $X_L=8[\Omega]$ 인 Δ결선 평형 부하가 있다. 여기에 선간전압 100[V]인 대칭 3상 교류전압을 가하면 선전류는 몇 [A]인가?

① $\dfrac{10\sqrt{3}}{3}$　　② $3\sqrt{3}$

③ 10　　④ $10\sqrt{3}$

해설 Δ결선 시
- 선전류$(I_l)=\sqrt{3}\,I_p=10\sqrt{3}[A]$
- 상전류$(I_p)=\dfrac{V_p}{Z}=\dfrac{100}{\sqrt{6^2+8^2}}=10[A]$
- $Z=6+j8[\Omega]$

69 회로에서 a, b 간의 합성 인덕턴스 $L_0[H]$의 값은?(단, M[H]은 L_1, L_2코일 사이의 상호 인덕턴스이다.)

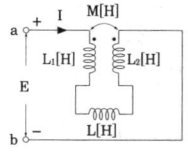

① L_1+L_2+L　　② L_1+L_2-2M+L

③ L_1+L_2+2M+L　　④ L_1+L_2-M+L

해설 L_1과 L_2의 결합이 차동 결합이므로 $L_0=L_1+L_2-2M+L$이 된다.

70 그림과 같은 비정현파의 실효값[V]은?

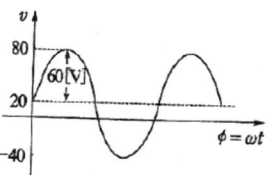

① 46.90　　② 51.61

③ 59.04　　④ 80

해설

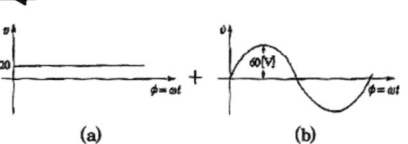

그림 (a)는 크기가 20[V]인 직류 전압과 그림 (b)는 최대값이 50[V]인 정현파로서 합이다.

∴ $v_{(t)}=20+60\sin\omega t[V]$에서

실효값$(V_e)=\sqrt{20^2+(\dfrac{60}{\sqrt{2}})^2}=46.90[V]$

71 $e_1=30\sqrt{2}\sin\omega t[V]$, $e_2=40\sqrt{2}\cos(\omega t-\dfrac{\pi}{6})$ [V]일 때, e_1+e_2의 실효값은 몇 [V]인가?

① 50　　② 70

③ $10\sqrt{7}$　　④ $10\sqrt{37}$

해설 $e_1(t)=30\sqrt{2}\sin\omega t[V]$

$e_2(t)=40\sqrt{2}\cos(\omega t-\dfrac{\pi}{6})$

$=40\sqrt{2}\sin(\omega t+\dfrac{\pi}{3})[V]$

실효값$(E_1)=30\angle 0°=30(\cos0°+j\sin0°)$
$=30[V]$

정답 68 ④　69 ②　70 ①　71 ④

실효값$(E_2) = 40 \angle 60°$

$= 40(\cos 60° + j\sin 60°) = 20 + j20\sqrt{3}\,[V]$

$\therefore\ E = E_1 + E_2 = 50 + j20\sqrt{3}\,[V]$,

크기$(E) = \sqrt{50^2 + (20\sqrt{3})^2} = 10\sqrt{37}\,[V]$

72 그림과 같은 파형의 파고율은 얼마인가?

① 1   ② 1.414

③ 1.732   ④ 2.449

해설

• 실효값$(V_e) = \dfrac{V_m}{\sqrt{2}}$

• 평균값$(V_{av}) = \dfrac{V_m}{2}$

• 파고율 = $\dfrac{\text{최대값}}{\text{실효값}} = \sqrt{2}$

• 파형률 = $\dfrac{\text{실효값}}{\text{평균값}} = \sqrt{2}$

73 1상의 임피던스 $Z_p = 12 + j9\,[\Omega]$인 평형 Δ부하에 평형 3상 전압 208[V]가 인가되어 있다. 이 회로의 피상전력[VA]은 약 얼마인가?

① 8653   ② 7640

③ 6672   ④ 5340

해설

$P_a = 3I^2 Z = 3 \cdot \left(\dfrac{V_P}{\sqrt{R^2 + X^2}}\right)^2 \cdot Z$

$= \dfrac{3V_p^2 \cdot Z}{R^2 + X^2} = \dfrac{3 \times 208^2 \times \sqrt{12^2 + 9^2}}{12^2 + 9^2}$

$= 8652.8\,[VA]$

74 그림과 같은 회로에서 저항 R_4에 소비되는 전력은 약 몇 [W]인가?

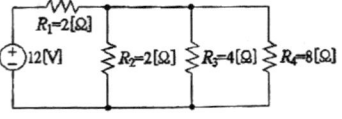

① 2.38   ② 4.76

③ 9.52   ④ 29.2

해설

• R_2, R_3, R_4의 합성저항$(R_p) = \dfrac{1}{\dfrac{1}{2} + \dfrac{1}{4} + \dfrac{1}{8}}$

$= 1.14\,[\Omega]$

R_p에 걸리는 전압$(V_p) = \dfrac{1.14}{2 + 1.14} \times 12 = 4.36\,[V]$

$\therefore\ R_4$에 소비되는 전력

$(P) = \dfrac{V_p^2}{R_4} = \dfrac{4.36^2}{8} = 2.38\,[W]$

75 자계 코일의 권수 N=1000, 코일의 내부저항 R[Ω]으로 전류 I=10[A]를 통했을 때의 자속 $\Phi = 2 \times 10^{-2}\,[Wb]$이다. 이때 이 회로의 시정수가 0.1[s]라면 저항 R은 몇 [Ω]인가?

① 0.2   ② $\dfrac{1}{20}$

③ 2   ④ 20

해설   시정수$(T) = \dfrac{L}{R}$에서,

$R = \dfrac{L}{T} = \dfrac{2}{0.1} = 20\,[\Omega]$

$LI = N\phi,\quad L = \dfrac{1000 \times 2 \times 10^{-2}}{10} = 2\,[H]$

76 그림과 같은 T회로에서 임피던스 정수는 각각 얼마인가?

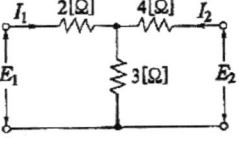

정답   72 ②   73 ①   74 ①   75 ④   76 ①

① $Z_{11} = 5[\Omega]$, $Z_{21} = 3[\Omega]$,
$Z_{22} = 7[\Omega]$, $Z_{12} = 3[\Omega]$

② $Z_{11} = 7[\Omega]$, $Z_{21} = 5[\Omega]$,
$Z_{22} = 3[\Omega]$, $Z_{12} = 5[\Omega]$

③ $Z_{11} = 3[\Omega]$, $Z_{21} = 7[\Omega]$,
$Z_{22} = 3[\Omega]$, $Z_{12} = 5[\Omega]$

④ $Z_{11} = 5[\Omega]$, $Z_{21} = 7[\Omega]$,
$Z_{22} = 3[\Omega]$, $Z_{12} = 7[\Omega]$

해설

• $Z_{11} = \dfrac{E_1}{I_1}\bigg|_{I_2=0} = \dfrac{I_1 \cdot (2+3)}{I_1} = 5[\Omega]$

• $Z_{12} = \dfrac{E_1}{I_2}\bigg|_{I_1=0} = \dfrac{I_2 \cdot 3}{I_2} = 3[\Omega]$

• $Z_{21} = \dfrac{E_2}{I_1}\bigg|_{I_2=0} = \dfrac{I_1 \cdot 3}{I_1} = 3[\Omega]$

• $Z_{22} = \dfrac{E_2}{I_2}\bigg|_{I_1=0} = \dfrac{I_2 \cdot (3+4)}{I_2} = 7[\Omega]$

77 그림과 같이 단상 전력계법을 이용하여 스위치를 P_1에 연결하여 측정하였더니 300 [W]이고 스위치를 P_2에 연결하여 측정하였더니 600[W]이었다. 이 3상 부하의 역률은?

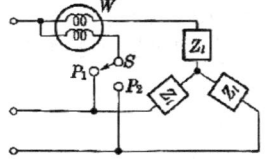

① 0.577

② 0.637

③ 0.707

④ 0.866

해설

$\dfrac{P_2}{P_1} = n = 2$, $\cos\theta = \dfrac{1+n}{2\sqrt{1-n+n^2}}$

$= \dfrac{1}{\sqrt{1+3\left(\dfrac{1-n}{1+n}\right)^2}} = \dfrac{1}{\sqrt{1+3\left(\dfrac{1-2}{1+2}\right)^2}} = 0.866$

78 $f(t) = u(t-a) - u(t-b)$ 식으로 표시되는 4 각파의 라플라스변환은?

① $\dfrac{1}{s}(e^{-as} - e^{-bs})$

② $\dfrac{1}{s}(e^{as} + e^{bs})$

③ $\dfrac{1}{s^2}(e^{-as} - e^{-bs})$

④ $\dfrac{1}{s^2}(e^{as} + e^{bs})$

해설

$\pounds f(t) = F(s) = \dfrac{1}{s}e^{-as} - \dfrac{1}{s}e^{-bs}$

$= \dfrac{1}{s}(e^{-as} - e^{-bs})$

79 그림과 같은 R–C 회로에서 입력을 $v_1(t)[V]$, 출력을 $v_0(t)[V]$라 할 때의 전달함수는?(단, T=RC이다)

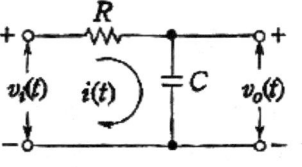

① $\dfrac{1}{Ts+1}$

② $\dfrac{1}{Ts+2}$

③ $\dfrac{2}{Ts+3}$

④ $\dfrac{1}{Ts+3}$

해설

$v_i(t) = R_i(t) = R_i(t) + \dfrac{1}{C}\int i(t)dt \xrightarrow{\pounds}$

$V_i(s) = (R + \dfrac{1}{Cs})I(s)$

$v_0(t) = \dfrac{1}{C}\int i(t)dt \xrightarrow{\pounds} V_0(s) = \dfrac{1}{Cs} \cdot I(s)$

$\therefore G(s) = \dfrac{V_0(s)}{V_i(s)} = \dfrac{\dfrac{1}{Cs}}{R + \dfrac{1}{Cs}} = \dfrac{1}{RCs+1}$

$= \dfrac{1}{Ts+1}$

정답 77 ④ 78 ① 79 ①

80 그림과 같은 궤환 회로의 종합 전달함수는?

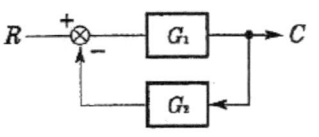

① $\dfrac{1}{G_1} + \dfrac{1}{G_2}$ ② $\dfrac{G_1}{1 - G_1 G_2}$

③ $\dfrac{G_1}{1 + G_1 G_2}$ ④ $\dfrac{G_1 G_2}{1 + G_1 G_2}$

해설
$(R - C \cdot G_2) \cdot G_1 = C$
$RG_1 - CG_1 G_2 = C$
$\therefore\ G(s) = \dfrac{C}{R} = \dfrac{G_1}{1 + G_1 G_2}$

제5과목 : 전기설비 기술 기준 및 판단 기준

81 허용전류 60[A]인 옥내저압간선에 간선 보호용 과전류차단기가 시설되어 있다. 이 과전류차단기에 전동기 부하를 접속할 때 최대 몇 [A]까지 접속이 가능한가?

① 120 ② 150
③ 180 ④ 200

해설 전동기등에만 일 경우 부하측 전선의 허용전류를 2.5배한 값 이하에서 정한다.
$I_f = 60 \times 2.5 = 150[A]$

82 가공 전선로의 지지물에 시설하는 지선의 설치기준으로 옳은 것은?

① 지선의 안전율은 1.2 이상일 것
② 연선을 사용할 경우에는 소선 3가닥 이상의 연선일 것
③ 소선은 지름 1.2[mm] 이상인 금속선일 것
④ 허용 인장하중의 최저는 2.15[kN]으로 할 것

해설 지선의 시설 기준
· 안전율 : 2.5 이상
· 2.6[mm] 이상의 금속선을 3조 이상 꼬아서 사용할 것
· 최저 인장 하중 : 4.31[kN]
· 지중 및 지표상 30[cm]까지의 부분은 아연도금 철봉 등을 사용할 것

83 접지공사에서 접지선을 지하 0.75[m]에서 지표상 2[m]까지의 부분을 보호하기 위한 보호물로 적합한 것은?

① 합성수지관 ② 후광전선관
③ 케이블 트레이 ④ 케이블 덕트

84 사용전압이 170[kV]을 초과하는 특고압 가공전선로를 시가지에 시설하는 경우 전선의 단면적은 몇 [mm²] 이상의 강심알루미늄 또는 이와 동등 이상의 인장강도 및 내 아크 성능을 가지는 연선을 사용하여야 하는가?

① 22 ② 55
③ 150 ④ 240

85 발전기 · 변압기 · 조상기 · 계기용 변성기 · 모선 또는 이를 지지하는 애자는 어떤 전류에 의여 생기는 기계적 충격에 견디는 것이어야 하는가?

① 지상전류 ② 유도전류
③ 충전전류 ④ 단락전류

86 특고압 가공전선로의 지지물로서 직선형의 철탑을 연속하여 사용하는 부분에는 몇 기 이하마다 내장 애자장치가 되어 있는 철탑 또는 이와 동등 이상의 강도를 가지는 철탑 1기를 시설하여야 하는가?

정답 **80** ③ **81** ② **82** ② **83** ① **84** ④ **85** ④ **86** ②

848 · Part 3. 전기산업기사 기출문제

① 5   ② 10

③ 15   ④ 20

해설 직선부분은 10기 이하마다 내장애자장치가 되어 있는 철탑 1기를 사용할 것

87 관·암거 기타 지중전선을 넣은 방호장치의 금속제 부분 및 지중전선의 피복으로 사용하는 금속체에는 제 몇 종 접지공사를 하여야 하는가?(단, 금속제 부분에는 케이블을 지지하는 금구류를 제외한다.)

① 제1종 접지공사

② 제2종 접지공사

③ 제3종 접지공사

④ 특별 제3종 접지공사

88 고압 가공전선이 안테나와 접근상태로 시설하는 경우, 가공전선과 안테나와의 이격거리는 고압 가공전선으로 사용되는 전선이 케이블이 아니라면 몇 [cm] 이상으로 이격시켜야 하는가?

① 60   ② 80

③ 100   ④ 120

해설 저·고압 가공 전선과 안테나의 접근 또는 교차에서 저압은 0.6[m](고압, 특고절연, 케이블 : 0.3[m]) 이상 고압은 0.8[m](케이블 : 0.4[m]) 이상

89 동일 지지물에 저압가공전선(다중접지된 중성선은 제외)과 고압가공전선을 시설하는 경우 저압 가공전선은?

① 고압 가공전선의 위로 하고 동일 완금류에 시설

② 고압 가공전선과 나란하게 하고 동일 완금류에 시설

③ 고압 가공전선의 아래로 하고 별개의 완금류에 시설

④ 고압 가공전선과 나란하게 하고 별개의 완금류에 시설

90 전기부식방지를 위한 귀선의 시설 방법에 해당되지 않는 것은?

① 귀선은 부극성으로 할 것

② 이음매 하나의 저항은 그 궤조의 길이 5[m]의 저항에 상당하는 값 이하일 것

③ 특수한 곳을 제외하고 궤도는 길이 30[m] 이상이 되도록 연속하여 용접할 것

④ 용접용 본드는 단면적 22[mm²] 이상, 길이 60[cm] 이상의 연동 연선일 것

해설 용접용 본드는 단면적 115[mm²] 이상, 길이 60[cm] 이상의 연동 연선

91 아파트 세대 욕실에 "비데용 콘센트"를 시설하고자 한다. 다음의 시설 방법 중 적합하지 않는 것은?

① 콘센트를 시설하는 경우에는 인체감전보호용 누전차단기로 보호된 전로에 접속할 것

② 습기가 많은 곳에 시설하는 배선기구는 방습장치를 시설할 것

③ 저압용 콘센트는 접지극이 없는 것을 사용할 것

④ 충전 부분이 노출되지 않을 것

해설 욕실등에는 물이 젖어 있는 상태이므로 저압 콘센트는 접지극이 있는 것을 사용

92 저압 옥내배선의 사용 전압이 220[V]인 출퇴표시등 회로를 금속관 공사에 의하여 시공하였다. 여기에 사용되는 배선은 지름 몇 [mm²] 이상의 연동선을 사용하여야 하는가?

정답 87 ③   88 ②   89 ③   90 ④   91 ③   92 ①

① 1.5   ② 2.0
③ 5.0   ④ 5.5

93 345[kV] 변전소의 충전 부분에서 5.98[m] 거리에 울타리를 설치할 경우 울타리 최소 높이는 몇 [m]인가?

① 2.1   ② 2.3
③ 2.5   ④ 2.7

해설 발전소등의 울타리·담등의 시설(충전부분까지의 거리합계)
• 35[kV] 이하 : 5[m] 이상
• 35[kV] 넘고 160[kV] 이하 : 6[m] 이상
• 160[kV] 넘는 경우 : 6+0.12n[m] 이상
$6+0.12n = 6+0.12 \times 19 = 8.28[m]$
$n = \dfrac{345-160}{10} = 18.5 \xrightarrow{절상} 19단$
∴ $8.28 = x + 5.98$, $x = 2.3[m]$

94 방직공장의 구내 도로에 220[V] 조명등용 가공전선로를 시설하고자 한다. 전선로의 경간은 몇 [m] 이하이어야 하는가?

① 20   ② 30
③ 40   ④ 50

95 내부깊이 150[mm] 이하의 사다리형 케이블 트레이 안에 다심 제어용 케이블만을 넣는 경우 혹은 이들 케이블을 함께 넣는 경우에는 모든 케이블의 단면적의 합계는 케이블 트레이의 내부 단면적의 몇 [%] 이하로 하여야 하는가?

① 30   ② 40
③ 50   ④ 60

96 고압 옥상 전선로의 전선이 다른 시설물과 접근하거나 교차하는 경우에는 고압 옥상 전선로의 전선과 이들 사이의 이격거리는 몇 [cm] 이상이어야 하는가?

① 30   ② 40
③ 50   ④ 60

97 고·저압의 혼촉에 의한 위험을 방지하기 위하여 저압측 중성점에 제2종 접지공사를 변압기의 시설장소마다 시행하여야 한다. 그러나 토지의 상황에 따라 규정의 접지저항 값을 얻기 어려운 경우에는 변압기의 시설장소로부터 몇 [m]까지 떼어서 시설할 수 있는가?

① 75   ② 100
③ 200   ④ 300

98 저압 옥내 배선을 금속관 공사에 의하여 시설하는 경우에 대한 설명 중 옳은 것은?

① 전선에 옥외용 비닐 절연 전선을 사용하여야 한다.
② 전선은 굵기에 관계없이 연선을 사용하여야 한다.
③ 콘크리트에 매설하는 금속관의 두께는 1.2 [mm] 이상이어야 한다.
④ 옥내 배선의 사용 전압이 교류 600[V] 이하인 경우 관에는 제3종 접지공사를 하여야 한다.

정답 **93** ②   **94** ②   **95** ③   **96** ④   **97** ③   **98** ③

99 최대 사용 전압이 23000[V]인 중성점 비접지식 전로의 절연내력 시험전압은 몇 [V]인가?

① 16560
② 21160
③ 25300
④ 28750

해설 7000[V] 넘고 60[kV] 이하인 중성점 비접지식은 최대사용 전압의 1.25배(최저시험전압 10500[V])
시험전압 $= 23000 \times 1.25 = 28750[V]$

100 발전소 또는 변전소에 준하는 시설에 관한 내용 중 틀린 것은?

① 고압 가공전선과 금속제의 울타리, 담 등이 교차하는 경우 금속제의 울타리, 담 등에는 제1종 접지공사를 하여야 한다.
② 상용전원으로 쓰이는 축전지에는 자동차단장치를 시설하지 않아야 한다.
③ 발전기 또는 변전소의 특별고압 전로에는 보기 쉬운 곳에 상별 표시를 하여야 한다.
④ 사용 전압이 100[kV] 이상의 변압기를 설치하는 곳에는 절연유 유출 방지설비를 하여야 한다.

해설 상용전원으로 쓰이는 축전지에는 과전류가 생겼을 경우에 자동적으로 이를 전로로부터 차단하는 장치를 시설할 것

정답 99 ④   100 ②

국가기술자격검정 필기시험문제

2011년도 산업기사 제2회 필기시험(산업기사)

자격종목 및 등급(선택분야)	종목코드	시험시간	문제지형별	수검번호	성명
전기산업기사		**2시간 30분**	**A**		

※ 시험문제지는 답안카드와 같이 반드시 제출하여야 합니다.

제1과목 : 전기자기학

01 공심 환상철심에서 코일의 권회수 500회, 단면적 $6[m^2]$, 평균 반지름 15[cm], 코일에 흐르는 전류를 4[A]라 하면 철심 중심에서의 자계의 세기는 약 몇 [AT/m]인가?

① 1061   ② 1325

③ 1821   ④ 2122

해설

$$H = \frac{NI}{2\pi a} = \frac{500 \times 4}{2\pi \times 15 \times 10^{-2}} = 2122.1 \ [AT/m]$$

02 시간적으로 변화하지 않는 보존적인 전계가 비회전성(非回傳性)이라는 의미를 내타낸 식은?

① $\nabla \cdot E = 0$ ② $\nabla \cdot E = \infty$

③ $\nabla \times E = 0$ ④ $\nabla^2 E = 0$

해설 시간적으로 변화하지 않는 보존적인 전계의 조건

미분형 : $rot E = \nabla \times E = 0$ (비회전성)

적분형 : $\oint_c E \, dl = 0$

03 전하 $\dfrac{1}{\sqrt{\epsilon_0 \mu_0}}$[m/sec]의 값은?

① 1×10^8 ② 2×10^8

③ 3×10^8 ④ 4×10^8

해설

$$v = \frac{1}{\sqrt{\epsilon_0 \mu_0}} = \frac{1}{\sqrt{8.855 \times 10^{-12} \times 4\pi \times 10^{-7}}}$$
$$= 3 \times 10^8 \ [m/sec]$$

04 일정 전압이 가해져 있는 콘덴서에 비유전율 ϵ_s인 유전체를 채웠을 때 일어나는 현상은?

① 극판간의 전계가 ϵ_s배가 된다.

② 극판간의 전계가 ϵ_s^2배가 된다.

③ 극판간의 전하량이 ϵ_s배가 된다.

④ 극판간의 전하량이 $\dfrac{1}{\epsilon_s}$배가 된다.

해설 일정전압을 (V = 일정) 가하면, 전계의 세기 ($E = \dfrac{V}{d}$)는 변하지 않는다.

$Q = CV \ [C] \propto C \propto \epsilon$, 즉 전하량은 ϵ_s배가 된다. (전압이 일정한 상태에서 충전 된 후에 Q가 일정하면, 전계의 세기는 $\dfrac{1}{\epsilon_s}$배)

05 전기력선의 성질이 아닌 것은?

① 전기력선은 도체 내부에 존재한다.

② 전기력선은 등전위면인 도체 표면과 수직으로 출입한다.

③ 전기력선은 그 자신만으로 폐곡선이 되는 일이 없다.

정답 **01** ④   **02** ③   **03** ③   **04** ③   **05** ①

852 · Part 3. 전기산업기사 기출문제

④ 1[C]의 단위전하에는 $\dfrac{1}{\epsilon_0}$ 개의 전기력선이 출입한다.

해설 전기력선의 성질
- 전기력선은 정전하(+)에서 부전하(−)로 들어간다.
- 전기력선은 전위가 높은 점에서 낮은 점으로 향한다($E=-grad\,V$).
- 전기력선은 그 자신만으로 폐곡선을 이루지 못한다($\nabla\times E=0$).
- 전기력선은 전하가 없는 것에서는 연속이다. 발생, 소멸이 없다($\nabla\cdot E=0$).
- 전기력선은 등전위면(도체표면)과 수직으로 만난다(직교).
- 전기력선은 전계가 0이 아닌 이상 교차하는 일이 없다.
- 전기력선은 도체 내부에서 0이다(전기력선이 없다).
- 전기력선은 접선방향이 전계의 방향이다.
- 전기력선은 단위 전하에 $\dfrac{1}{\epsilon_0}$ 개의 전기력선이 출입한다($\dfrac{1}{\epsilon_0}=36\pi\times10^9$ 개).
- 무한원점에 있는 전하까지 고려하면 전하의 총량은 항상 0이다.
- 2개의 전기력선은 서로 교차하지 않는다.
- 전기력선은 도체 표면에서 수직으로 출입한다.
- 전기력선은 무한 원점에서 끝나거나 오는 것이 있다.

06 영구자석의 재료로 사용되는 철에 요구되는 사항으로 다음 중 가장 적절한 것은?
① 잔류자속밀도는 작고 보자력이 커야 한다.
② 잔류자속밀도는 크고 보자력이 작아야 한다.
③ 잔류자속밀도와 보자력이 모두 커야 한다.
④ 잔류자속밀도는 커야 하나, 보자력은 0이어야 한다.

해설
- 영구자석의 재료로는 잔류자속밀도(B_r)와 보자력(H_c)이 모두 커야 한다.

- 전자석의 재료로는 잔류자속밀도(B_r)는 크고, 보자력(H_c)은 작아야 한다.

07 자속 밀도 B[Wb/m^2]인 자계를 속도 v [m/s]로 운동하는 길이 dl[m]의 도선에 유기되는 기전력 [V]은?
① $v\times B$
② $(v\times B)\cdot dl$
③ $(v\cdot B)$
④ $(v\cdot B)\times dl$

해설 플레밍의 오른손 법칙에 의한 유도기전력은
$e=(v\times B)\cdot dl$
크기는 $e=Blv\sin\theta\,[V]$가 된다.

08 그림과 같이 유전율이 ϵ_1,ϵ_2인 두 유전체의 경계면에 중심을 둔 반지름 a[m]인 도체구의 정전용량은?

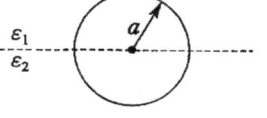

① $4\pi a(\epsilon_1+\epsilon_2)$
② $2\pi a(\epsilon_1+\epsilon_2)$
③ $\dfrac{\epsilon_1+\epsilon_2}{2\pi a}$
④ $\dfrac{\epsilon_1+\epsilon_2}{4\pi a}$

해설 유전율 ϵ_1인 유전체에 내부도체의 전위는,
$$V_a=-\int_0^a E\,dl=-\int_0^a\frac{Q}{4\pi\epsilon_1 r^2}\,dr$$
$$=\frac{Q}{4\pi\epsilon_1 a}\,[V]$$
그림에서, ϵ_1인 반구의 정전용량 : $2\pi\epsilon_1 a\,[F]$
ϵ_2인 반구의 정전용량 : $2\pi\epsilon_2 a\,[F]$
∴ 도체구의 정전용량 :
$C=2\pi\epsilon_1 a+2\pi\epsilon_2 a=2\pi a(\epsilon_1+\epsilon_2)\,[F]$

09 한 변의 길이가 a[m]인 정육각형의 각 정점에 각각 Q[C]의 전하를 놓았을 때 정육각형의 중심 O의 전계의 세기는 몇 [V/m]인가?

정답 **06** ③ **07** ② **08** ② **09** ①

① 0

② $\dfrac{Q}{2\pi\epsilon_0 a}$

③ $\dfrac{Q}{4\pi\epsilon_0 a}$

④ $\dfrac{Q}{8\pi\epsilon_0 a}$

해설

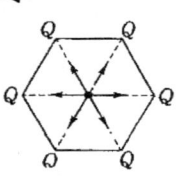

그림에서처럼 2개의 점전하 Q[C]이 3쌍으로 마주 있고, 각 쌍의 중심 전계의 세기는 크기가 같고 방향이 반대이므로 0이 되므로 정육각형의 중심에 있어서 합성전계의 세기도 0이 된다.

10 정전계에 대한 설명으로 가장 적합한 것은?

① 전계에너지가 최대로 되는 전하분포의 전계이다.

② 전계에너지와 무관한 전하분포의 전계이다.

③ 전계에너지가 최소로 되는 전하분포의 전계이다.

④ 전계에너지가 일정하게 유지되는 전하분포의 전계이다.

해설 정전계 : 전계에너지가 최소로 되는 전하 분포의 전계이다.
(전계 : 전장, 전기장. 즉, 전기력이 미치는 공간)

11 전자석의 흡인력은 공극(Air Gap)의 자속밀도를 B라 할 때 다음의 어느 것에 비례하는가?

① B

② $B^{0.5}$

③ $B^{1.6}$

④ $B^{2.0}$

해설 그림에서 N극의 강자성체를 dx만큼 움직일 경우의 에너지의 증가(dW)는

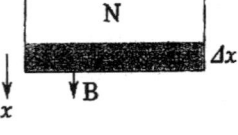

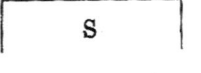

$$dW = \frac{B^2}{2\mu}\,dx\,S - \frac{B^2}{2\mu_0}\,dx\,S$$

$$\therefore F_x = -\frac{dW}{dx} = \left(\frac{B^2}{2\mu_0} - \frac{B^2}{2\mu}\right)S\,[N]$$

위식에서 $\dfrac{B^2}{2\mu_0} \gg \dfrac{B^2}{2\mu}$ (강자성체 : $\mu_0 \ll \mu$)

$\therefore F_x = \dfrac{B^2}{2\mu_0}\,S\,[N]$ (흡인력)(S극도 같은 크기의 흡인력이 작용)

12 공기콘덴서를 어느 전압으로 충전한 다음 전극 간에 유전체를 넣어 정전용량을 2배로 하였다면 축적되는 에너지는 어떻게 되는가?

① $\dfrac{1}{4}$로 된다.

② $\dfrac{1}{2}$로 된다.

③ $\sqrt{2}$배로 된다.

④ 2배로 된다.

해설 전하량 Q는 변함이 없으므로, 콘덴서 내에 축적되는 에너지는, $W = \dfrac{Q^2}{2C}\,[J] \propto \dfrac{1}{C} = \dfrac{1}{2}$ 배로 한다.

13 반지름 a[m]인 도체구에 전하 Q[C]을 주었을 때, 구 중심에서 r[m] 떨어진 구 밖 ($r > a$)의 한 점의 전속밀도 D[C/m^2]는?

① $\dfrac{Q}{4\pi a^2}$

② $\dfrac{Q}{4\pi r^2}$

③ $\dfrac{Q}{4\pi\epsilon a^2}$

④ $\dfrac{Q}{4\pi\epsilon r^2}$

정답 **10** ③ **11** ④ **12** ② **13** ②

해설

$$\int_s E \cdot dS = \int_s E_n\, dS = E_n \int_s dS = E_n 4\pi r^2$$
$$= \frac{Q}{\epsilon}$$

$\therefore$ 전속밀도 : $D_n = \epsilon E_n = \dfrac{Q}{4\pi r^2} = D\ [C/m^2]$

14 액체 유전체를 넣은 콘덴서의 용량이 20 $[\mu F]$이다. 여기에 500[kV]의 전압을 가하면 누설전류는 몇 [A]인가?(단, 비유전율 $\epsilon_s = 2.2$, 고유저항 $\rho = 10^{11}[\Omega \cdot m]$이다.)

① 4.2　　　　　　② 5.13

③ 54.5　　　　　　④ 61

해설 누설전류

$$I = \frac{V}{R} = \frac{CV}{\rho \epsilon} = \frac{CV}{\rho \epsilon_0 \epsilon_s}$$
$$= \frac{20 \times 10^{-6} \times 500 \times 10^3}{10^{11} \times 8.855 \times 10^{-12} \times 2.2} = 5.13\ [A]$$

15 역자성체 내에서 비투자율 μ_s는?

① $\mu_s \gg 1$　　　　② $\mu_s > 1$

③ $\mu_s < 1$　　　　④ $\mu_s = 1$

해설 역자성체 : $\mu_s < 1$, 상자성체 : $\mu_s > 1$, 강자성체 : $\mu_s \gg 1$

16 전계 및 자계가 z방향의 성분을 갖지 않고 동일한 전계와 자계를 합한 면이 z축에 수직이 되는 파를 무엇이라 하는가?

① 직선파　　　　　② 전자파

③ 굴절파　　　　　④ 평면파

해설 **평면파** : 진행파의 진행방향에 수직이 되는 파로서, 무한평면 내에서는 진행파의 크기 및 위상이 같은 파

17 진공 중에서 자기 쌍극자의 축과 θ의 각을 이루고, 자기 쌍극자 중심에서 r[m] 떨어진 점의 자계의 세기를 설명한 것 중 맞는 것은?

① 자극의 세기 m에 반비례한다.

② r^3에 반비례한다.

③ $\sin\theta$에 반비례한다.

④ 두 점 자극의 잇는 거리에 반비례한다.

해설 자기쌍극자 중심에서 r[m] 떨어진 점의 자계의 세기는, $H = \dfrac{m}{4\pi \mu_0 r^3}\sqrt{1+3\cos^2\theta}\ [AT/m]$

18 권수 600, 단면적 100$[cm^2]$의 공심 코일에 전류 1[A]를 흘릴 때 자계가 1.28[AT/m]이었다. 자기인덕턴스는 몇 [H]인가?

① 9.65×10^{-5}　　② 8.05×10^{-6}

③ 6.28×10^{-8}　　④ 0.64×10^{-8}

해설

$$L = \frac{N\phi}{I} = \frac{NBS}{I} = \frac{N\mu_0 HS}{I}$$
$$= \frac{600 \times 4\pi \times 10^{-7} \times 1.28 \times 100 \times 10^{-4}}{1}$$
$$= 9.65 \times 10^{-6}\ [H]$$

19 전자계에서 맥스웰의 기본 이론이 아닌 것은?

① 고립된 자극이 존재한다.

② 전하에서 전속선이 발산된다.

③ 전도 전류와 변위 전류는 자계를 발생한다.

④ 자계의 시간적 변화에 따라 자계의 회전이 생긴다.

해설 전자계에서 맥스웰의 기본 이론 자계의 시간적 변화에 따라 전계의 회전이 생긴다.
(단, 고립된 자극은 존재하지 않는다, divB = 0)

[정답] **14** ②　**15** ③　**16** ④　**17** ②　**18** ①　**19** ①, ④

2011년도 산업기사 제2회 필기시험(산업기사) · **855**

20 내부 원통의 반지름 a[m], 외부 원통의 안지름이 b[m], 길이 l[m]인 동축원통 도체 간에 도전율 k[℧/m]인 물질을 채워놓고 내외 원통 도체 간에 전압 V[V]를 걸었을 때에 전류는 몇 [A]인가?

① $\dfrac{\pi l\,Vk}{\ln\left(\dfrac{b}{a}\right)}$

② $\dfrac{2\pi l\,Vk}{\ln\left(\dfrac{b}{a}\right)}$

③ $\dfrac{4\pi l\,Vk}{\ln\left(\dfrac{b}{a}\right)}$

④ $\dfrac{\pi l\,Vk}{2\ln\left(\dfrac{b}{a}\right)}$

해설 $I=\dfrac{V}{R}=\dfrac{2\pi l\,Vk}{\ln\dfrac{b}{a}}$ [A]

동축원통 도체 간의 정전용량 : $C=\dfrac{2\pi\epsilon l}{\ln\dfrac{b}{a}}$ [F]

$RC=\rho\epsilon=\dfrac{\epsilon}{k}$, $R=\dfrac{\epsilon}{kC}=\dfrac{\ln\dfrac{b}{a}}{2\pi kl}$ [Ω]

제2과목 : 전력 공학

21 차단기와 차단기의 소호 매질이 틀리게 결합된 것은 어느 것인가?

① 공기차단기–압축공기
② 가스차단기–냉매
③ 자기차단기–전자력
④ 유입차단기–절연유

해설
• 가스차단기(GCB) : SF_6
• 진공차단기(VCB) : 고진공

22 3상 1회선 전선로에서 대지정전용량을 C_s [F/m], 선간정전용량을 $C_m[F/m]$이라 할 때, 작용정전용량 $C_n[F/m]$은?

① C_s+C_m

② C_s+2C_m

③ C_s+3C_m

④ $2C_s+C_m$

해설 1상 1회선 : $C_w=C_s+2C_m$

23 전력원선도에서 구할 수 없는 것은?

① 조상용량
② 송전손실
③ 정태안정 극한전력
④ 과도안정 극한전력

해설 전력원선도에서 구할 수 없는 것 : 과도안정 극한전력, 코로나 손실

24 다음 중 전력계통에서 인터록(Interlock)의 설명으로 적합한 것은?

① 차단기가 열려 있어야만 단로기를 닫을 수 있다.
② 차단기가 닫혀 있어야만 단로기를 닫을 수 있다.
③ 차단기의 접점과 단로기의 접점이 동시에 투입할 수 있다.
④ 차단기와 단로기는 각각 열리고 닫힌다.

해설 부하전류가 흐를 경우에 단로기를 열 수 없도록 하는 것을 인터록이라고 한다.

25 피뢰기의 제한전압이란?

① 상용주파전압에 대한 피뢰기의 충격방전 개시전압
② 충격파 침입 시 피뢰기의 충격방전 개시전압
③ 피뢰기가 충격파 방전 종류 후 언제나 속류를 확실히 차단할 수 있는 상용주파 최대전압
④ 충격파 전류가 흐르고 있을 때의 피뢰기 단자전압

해설 피뢰기 제한 전업은 피뢰기 동작 중에 계속 걸리는 단자전압의 파고값

정답 **20** ② **21** ② **22** ③ **23** ④ **24** ① **25** ④

856 • Part 3. 전기산업기사 기출문제

26 송전선의 전압변동률의 식은 $\dfrac{V_{R1}-V_{R2}}{V_{R2}}\times$ $100[\%]$로 표현한다. 이 식에서 V_{R1}은 무엇인가?

① 무부하시 송전단전압

② 부하시 송전단전압

③ 무부하시 수전단전압

④ 부하시 수전단전압

27 등가 송전선로의 정전용량 $C=0.008[\mu F/km]$, 선로길이 $l=100[km]$, 대지전압 $E=37000$ $[V]$이고 주파수 $f=60[Hz]$일 때, 충전전류는 약 몇 [A]인가?

① 11.2   ② 6.7

③ 0.635   ④ 0.426

해설

$I_c=\omega CE=2\pi f CE$
$\quad=2\pi\times60\times0.008\times10^{-6}\times100\times37000$
$\quad=11.15[A]$

28 다음 중 조상(調相) 설비에 해당되지 않는 것은?

① 분로 리액터   ② 동기 조상기

③ 상순(相順)표시기   ④ 진상 콘덴서

29 송전서에 낙뢰가 가해져서 애자에 섬락이 생기면 아크가 생겨 애자가 손상되는 경우가 있다. 이것을 방지하기 위하여 사용되는 것은?

① 댐퍼(Damper)

② 아모로드(Armour Rod)

③ 가공지선

④ 아킹혼(Arcing Horn)

30 다음 중 가스차단기(GCB)의 보호장치가 아닌 것은?

① 가스압력계   ② 가스밀도검출계

③ 조작압력계   ④ 가스성분표시계

31 1상의 대지 정전용량이 $0.5[\mu F]$이고 주파수 60[Hz]의 3상 송전선 소호 리액터의 인덕턴스는 몇 [H]인가?

① 2.69   ② 3.69

③ 4.69   ④ 5.69

해설

$\omega L=\dfrac{1}{3\omega C_s}$ 에서,

$L=\dfrac{1}{3\times(2\pi\times60)^2\times0.5\times10^{-6}}=4.696[H]$

32 그림에서와 같이 부하가 균일한 밀도로 도중에서 분기되어 선로전류가 송전단에 이를수록 직선적으로 증가할 경우 선로 말단의 전압강하는 이 송전단 전류와 같은 전류의 부하가 선로의 말단에만 집중되어 있을 경우의 전압강하 보다 대략 어떻게 되는가? (단, 부하역률은 모두 같다고 한다.)

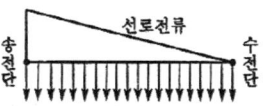

① $\dfrac{1}{3}$로 된다.   ② $\dfrac{1}{2}$로 된다.

③ 동일하다.   ④ $\dfrac{1}{4}$로 된다.

해설

전압강하	전력손실
말단 집중부하 IR	I^2R
균등 분포부하 $\dfrac{1}{2}IR$	$\dfrac{1}{3}I^2R$

정답 **26** ③ **27** ① **28** ③ **29** ④ **30** ④ **31** ③ **32** ②

33 수전단전압 66[kV], 전류 100[A], 선로저항 10[Ω], 선로리액턴스 15[Ω]인 3상 단거리 송전선로의 전압강하율은 몇 [%]인가?(단, 수전단의 역률은 0.8이다.)

① 2.57   ② 3.25

③ 3.74   ④ 4.46

[해설]

$$\varepsilon = \frac{V_s - V_r}{V_r} \times 100 = \frac{e}{V_r} \times 100$$
$$= \frac{2944.49}{66 \times 10^3} \times 100 = 4.46[\%]$$
$$e = V_s - V_r = \sqrt{3}\,I(R\cos\theta + X\sin\theta)$$
$$= \sqrt{3} \times 100 \times (10 \times 0.8 + 15 \times 0.6) = 2944.49[V]$$

34 어떤 고층건물의 총 부하 설비전력이 400 [kW], 수용률 0.5일 때 이 건물의 변전시설 용량의 최저값은 몇 [kVA]인가?(단, 부하의 역률은 0.8이다.)

① 150   ② 200

③ 250   ④ 300

[해설]

$$변전시설용량 \geq \frac{수용률 \times 설비용량}{부등률 \times 역률}[kVA]$$
$$\geq \frac{0.5 \times 400}{0.8} \geq 250[kVA]$$

35 선로 정수를 전체적으로 평행되게 만들어서 근접 통신선에 대한 유도 장해를 줄일 수 있는 방법은?

① 연가를 한다.

② 딥(dip)을 준다.

③ 복도체를 사용한다.

④ 소호 리액터 접지를 한다.

36 지중 케이블에서 고장점을 찾는 방법이 아닌 것은?

① 머리 루프(Murray Loop)시험기에 의한 방법

② 메거(Megger)에 의한 측정 방법

③ 임피던스 브리지법

④ 펄스에 의한 측정법

[해설] 메거 : 절연저항을 측정

37 주상변압기의 1차측 전압이 일정할 경우 2차측 부하가 변하면, 주상변압기의 동손과 철손은 어떻게 되는가?

① 동손과 철손이 모두 변한다.

② 동손과 철손은 모두 변하지 않는다.

③ 동손은 변하고 철손은 일정하다.

④ 동손은 일정하고 철손이 변한다.

[해설]

• 동손 : 부하에 따라 동손 크기가 변한다.
  $(P_c = I^2 R[W])$

• 철손 : 부하에 관계없이 1차 전압만 인가되면 발생하는 손실(히스테리시스손+와류손)

38 철탑에서의 차폐각에 대한 설명 중 옳은 것은?

① 차폐각이 클수록 보호 효율이 크다.

② 차폐각이 작을수록 건설비가 비싸다.

③ 가공지선이 높을수록 차폐각이 크다.

④ 차폐각은 보통 90° 이상이다.

39 출력 20[kW]의 전동기로 총양정 10[m], 펌프 효율 0.75일 때 양수량은 몇 [m³/min]인가?

① 9.18   ② 9.85

③ 10.31   ④ 15.5

[정답] 33 ④   34 ③   35 ①   36 ②   37 ③   38 ②   39 ①

858 • Part 3. 전기산업기사 기출문제

[해설]

펌프용 전동기$(P) = \dfrac{QH}{6.12\eta}[kW]$에서,

$Q = \dfrac{20 \times 6.12 \times 0.75}{10} = 9.18[m^3/min]$

40 수력발전소에서 서보 모터(Server-motor)의 작용으로 옳게 설명한 것은?

① 축받이 기름을 보내는 특수 전동펌프이다.

② 안내날개를 조절하는 장치이다.

③ 전기식 조속기용 특수 전동기이다.

④ 수압관 하부의 압력조정장치이다.

제3과목 : 전기기기

41 정격 150[kVA], 철손 1[kW], 전부하 동손이 4[kW]인 단상 변압기의 최대 효율[%]과 최대 효율시의 부하[kVA]는?(단, 부하역률은 1이다)

① 96.8[%], 125[kVA]

② 97.4[%], 75[kVA]

③ 97[%], 50[kVA]

④ 97.2[%], 100[kVA]

[해설]

• 최대효율$(\eta_m) = \dfrac{mP}{mP + P_i + m^2 P_c} \times 100[\%]$

$= \dfrac{0.5 \times 150 \times 1}{0.5 \times 150 \times 1 + 1 + 0.5^2 \times 4} \times 100[\%]$

$= 97.4[\%]$

• 변압기 최대효율 조건, $P_i = m^2 P_c$에서,

$m = \sqrt{\dfrac{P_i}{P_c}} = \sqrt{\dfrac{1}{4}} = 0.5$

• 최대효율시의 부하

$[kVA] = 0.5 \times 150 = 75[kVA]$

42 특수 동기기에 대한 설명 중 잘못 연결된 것은?

① 반작용 전동기 : 역률이 좋다.

② 유도 동기 전동기 : 기동 토크와 인입 토크가 크다.

③ 동기 주파수 변환기 : 조작이 간편하고 효율이 좋다.

④ 정현파 발전기 : 부하에 관계없이 정현파 기전력을 발생한다.

[해설] 반작용 전동기 : 출력은 작고 역률은 낮지만 구조가 간단하여 각종 측정 장치용(전기시계)

43 반파 정류회로에서 직류전압 300[V]를 얻는데 필요한 변압기 2차 상전압은 약 몇 [V]인가?(단, 부하는 순저항, 변압기내 전압강하를 무시하면 정류기 내의 전압강하는 5[V]로 한다.)

① 68

② 113

③ 333

④ 455

[해설]

반파정류회로의 직류전압$(E_d) = 0.45E - e[V]$

$\therefore E = \dfrac{E_d + e}{0.45} = \dfrac{200 + 5}{0.45} = 455.56[V]$

44 백분율 저항강하 2[%], 백분율 리액턴스강하 3[%]인 변압기가 있다. 역률(지역률) 80[%]인 경우의 전압 변동률[%]은?

① 1.4

② 3.4

③ 4.4

④ 5.4

[해설]

전압변동률$(\varepsilon) = p\cos\theta + q\sin\theta$

$= 2 \times 0.8 + 3 \times 0.6 = 3.4[\%]$

[정답] 40 ② 41 ② 42 ① 43 ④ 44 ②

45 3상 유도 전동기에서 s=1일 때의 2차 유기 기전력을 $E_2[V]$, 2차 1상의 리액턴스를 $x_2[\Omega]$, 저항을 $r_2[\Omega]$, 슬립을 s, 비례상수를 K_0라고 하면 토크는?

① $K_0 \dfrac{E_2^2}{r_2^2 + x_2^2}$ 　② $K_0 \dfrac{sE_2^2 r_2}{r_2^2 + sx_2^2}$

③ $K_0 \dfrac{E_2^2 r_2}{r_2^2 + (sx_2)^2}$ ④ $K_0 \dfrac{sE_2^2 r_2}{r_2^2 + (sx_2)^2}$

해설 토크$(\tau) = K_0 \dfrac{sE_2^2 r_2}{r_2^2 + (sx_2)^2} [N \cdot m]$

46 권선형 3상 유도전동기가 있다. 2차 회로는 Y로 접속하고 2차 각 상의 저항은 0.3[Ω]이 며 1차, 3차 리액턴스의 합은 2차측에서 보아 1.5[Ω]이라 한다. 기동시에 최대 토크를 발생하기 위해서 삽입하여야 할 저항 [Ω]은 얼마인가?(단, 1차 각 상의 저항은 무시한다.)

① 1.2 　　② 1.5

③ 2 　　④ 2.2

해설 1차 각상의 저항을 무시하므로, $r_1 = 0$

$R_s' = \sqrt{r_1^2 + (x_1 + x_2')^2} - r_2'$
$= \sqrt{(x_1 + x_2')^2} - r_2'$

$x_1' + x_2 = 1.5[\Omega]$, $r_2 = 0.3[\Omega]$ 이므로

$\therefore R_s = \sqrt{1.5^2 - 0.3} = 1.2[\Omega]$

47 유도전동기의 특성에서 토크 τ와 2차 입력 P_2, 동기속도 N_s의 관계는?

① 토크는 2차 입력에 비례하고, 동기속도에 반비례 한다.

② 토크는 2차 입력과 동기속도의 곱에 비례 한다.

③ 토크는 2차 입력에 반비례하고, 동기속도에 비례한다.

④ 토크는 2차 입력의 자승에 비례하고, 동기 속도의 자승에 반비례한다.

해설
2차입력$(P_2) = 2\pi N_s \tau$에서,

토크$(\tau) = \dfrac{P_2}{2\pi N_s} \propto \dfrac{P_2}{N_s}$

48 변압기 철심에서 자속변화에 의하여 발생하는 손실은?

① 와전류 손실 　② 표유 부하손실

③ 히스테리시스 손실 ④ 누설 리액턴스 손실

49 부하가 변하면 심하게 속도가 변하는 직류 전동기는?

① 직권 전동기 　② 분권 전동기

③ 차동 복권 전동기 ④ 가동 복권 전동기

해설
• 직권 전동기의 회전속도(N)

$= k_1 \dfrac{V - I_a(R_a + R_s)}{I_a} = k_1 \dfrac{V - I_a(R_a + R_s)}{I_a}$

$\propto k_2 \dfrac{V}{I_a} [rps]$

즉, 부하전류가 변화하면 속도가 현저하게 변하는 특성을 가진다.

50 직류 분권 발전기를 병렬로 운전하는 경우 발전기용량 P와 정격전압 V의 값은?

① P와 V 모두 같아야 한다.

② P는 임의, V는 같아야 한다.

③ P는 같고, V는 임의이다.

④ P와 V 모두 임의이다.

정답 **45** ④ **46** ① **47** ① **48** ① **49** ① **50** ②

해설 직류 발전기의 병렬 운전 조건
- 전압의 크기와 극성이 같을 것
- 외부 특성 곡선이 어느 정도 수하 특성일 것
- 각 발전기의 부하 전류를 그 정격 전류의 백분율로 표시한 외부 특성 곡선이 거의 같을 것(정격전압은 같아야 되지만, 용량은 상관 없다.)

51 직류기의 보상권선은?

① 계자와 병렬로 연결
② 계자와 직렬로 연결
③ 전기자와 병렬로 연결
④ 전기자와 직렬로 연결

해설 직류기의 보상권선은 전기자 권선과 직렬로 접속하고 전기자 전류와 반대방향으로 전류를 흐르게 해서 전기자 반작용을 상쇄시킨다.

52 다음 중 역률이 가장 좋은 전동기는?

① 단상 유도 전동기　② 3상 유도 전동기
③ 동기 전동기　　　④ 반발 전동기

해설 동기 전동기는 항상 역률 1로 운전할 수 있다.

53 직류 분권 발전기를 역회전하면?

① 발전되지 않는다.
② 정회전 때와 마찬가지다.
③ 과대전압이 유기된다.
④ 섬락이 일어난다.

54 직류 발전기의 보극에 관한 설명 중 틀린 것은?

① 보극의 계자권선은 전기자권선과 직렬로 접속한다.
② 보극의 극성은 주자극의 극성을 회전방향으로 옮겨 놓은 것과 같은 극성이다.

③ 보극의 수는 주자극과 동일한 수이지만 어떤 경우에는 주자극의 수보다 적은 것도 있다.
④ 보극에 의한 자속은 전기자전류에 비례하여 변화한다.

해설 발전기 : 보극의 극성은 주자극의 극성을 회전방향으로 옮겨 놓은 것과 반대 극성

55 변압기 2대로 출력 P[kW], 역률 cosθ의 3상 유도전동기에 V결선 변압기로 전력을 공급할 때 변압기 1대의 최소용량[kVA]은?

① $\dfrac{P}{3\cos\theta}$　　　② $\dfrac{P}{\sqrt{3}\,\cos\theta}$

③ $\dfrac{3P}{\cos\theta}$　　　④ $\dfrac{\sqrt{3}\,P}{\cos\theta}$

해설

V결선 시 전력$(P_V) = \sqrt{3}\ VI\cos\theta\,[W]$
$= \sqrt{3}\,P_a\cos\theta\,[kW]$

변압기 1대의 최소용량[kVA] $\therefore P_a = \dfrac{P_V}{\sqrt{3}\,\cos\theta}$

56 권선형 유도전동기에서 2차 저항을 변화시켜서 속도제어를 하는 경우 최대 토크는?

① 항상 일정하다.
② 2차 저항에만 비례한다.
③ 최대 토크가 생기는 점의 슬립에 비례한다.
④ 최대 토크가 생기는 점의 슬립에 반비례한다.

해설 최대토크$(T_m) = K_0 \dfrac{E_2^2}{2x_2}\,[N \cdot m]$, 1차권선의 저항$(r_1)$을 무시하고 최대토크를 발생하는 슬립$(s_m)$
$= \dfrac{r_2}{x_2}$

$\therefore$ 2차저항의 크기를 변화시키면 최대토크(T_m)은 변하지 않고, 최대토크를 발생하는 슬립점이 2차 저항에 비례해서 이동한다.

정답　**51** ④　**52** ③　**53** ①　**54** ②　**55** ②　**56** ①

57 3상 동기 발전기에서 권선 피치와 자극 피치의 비를 $\frac{13}{15}$의 단절권으로 하였을 때의 단절권 계수는?

① $\sin\frac{13}{15}\pi$　　　　② $\sin\frac{13}{30}\pi$

③ $\sin\frac{15}{26}\pi$　　　　④ $\sin\frac{15}{13}\pi$

해설

단절권 계수$(K_s) = \sin\dfrac{\beta\pi}{2} = \sin\left(\dfrac{13}{15} \times \dfrac{\pi}{2}\right)$

$= \sin\dfrac{13}{30}\pi \left(\beta = \dfrac{\text{권선피치}}{\text{자극피치}}\right)$

58 그림에서 밀리암페어계의 지시[mA]를 구하면 얼마인가?(단, 밀리암페어계는 가동 코일형이고, 정류기의 저항은 무시한다.)

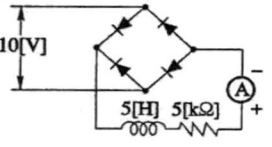

① 9　　　　　　② 6.4

③ 4.5　　　　　④ 1.8

해설

• 전류지시값$(I_d) = \dfrac{E_d}{R} = \dfrac{9}{5 \times 10^3} \times 10^3$

　$= 1.8[mA]$

• 직류전압$(E_d) = \dfrac{2\sqrt{2}}{\pi}E = 0.9E = 0.9 \times 10$

　$= 9[V]$

　(직류는 리액턴스에 관계없다.)

59 사이리스터에서의 래칭 전류에 관한 설명으로 옳은 것은?

① 게이트를 개방한 상태에서 사이리스터 도통상태를 유지하기 위한 최소의 순전류

② 게이트 전압을 인가한 후에 급히 제거한 상태에서 도통상태가 유지되는 최소의 순전류

③ 사이리스터의 게이트를 개방한 상태에서 전압을 상승하면 급히 증가하게 되는 순전류

④ 사이리스터가 턴온하기 시작하는 순전류

해설 래칭전류 : SCR이 ON 되기 위한 최소의 전류

60 단상 주상변압기의 2차측(105[V] 단자)에 1[Ω]의 저항을 접속하고, 1차측에 900[V]를 가하여 1차 전류가 1[A]라면, 1차측 탭 전압[V]은?(단, 변압기의 내부 임피던스는 무시한다.)

① 3350　　　　② 3250

③ 3150　　　　④ 3050

해설

• 1차측 탭전압$(V_T) = aV_2 = 30 \times 105 = 3150[V]$

1차측 저항(R_1)과 2차측 저항(R_2)에서,

$R_1 = a^2 R_2 = a^2 R_2 = a^2 \times 1 = a^2[\Omega]$

$\therefore I_1 = \dfrac{V_1}{R_1} = \dfrac{900}{a^2} = 1[A]$, $\therefore a = 30$(권선비)

제4과목 : 회로이론

61 ϕ가 0에서 π까지는 $i = 20[A]$, π에서 2π까지는 $i = 0[A]$인 파형을 푸리에 급수로 전개할 때 a_0는?

① 5　　　　　　② 7.07

③ 10　　　　　④ 14.14

정답 **57** ②　**58** ④　**59** ④　**60** ③　**61** ③

해설

$$a_0 = \frac{1}{T}\int_0^T f(t)dt = \frac{1}{2\pi}\int_0^\pi 20 d\phi = \frac{20}{2\pi}\times\pi$$
$$= 10[V]$$

62 다음과 같은 회로에서 정 K형 저역 여파기 (Filter)에 해당되는 것은?(단, 인덕턴스는 L, 커패시턴스는 C이다.)

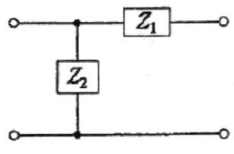

① Z_1이 L, Z_2가 C인 경우

② Z_1이 C, Z_2가 L인 경우

③ Z_1, Z_2 모두가 C인 경우

④ Z_1, Z_2 모두가 L인 경우

해설

• 정K형 저역 여파기 : $Z_1 = L$, $Z_2 = C$

• 정K형 고역 여파기 : $Z_1 = C$, $Z_2 = L$

63 RC 직렬 회로의 과도현상에 관한 설명 중 옳게 표현된 것은?

① 과도 전류값은 RC값에 상관이 없다.

② RC 값이 클수록 과도 전류값은 빨리 사라진다.

③ RC 값이 클수록 과도 전류값은 천천히 사라진다.

④ $\frac{1}{RC}$ 값이 클수록 과도 전류값은 천천히 사라진다.

해설 시정수의 값이 크면 클수록 과도현성이 오래 지속되는데, 과도 전류의 값이 천천히 사라진다.

64 테브난의 정리와 쌍대 관계에 있는 정리는?

① 보상의 정리　　② 노튼의 정리

③ 중첩의 정리　　④ 밀만의 정리

65 구형파의 파고율은 얼마인가?

① 1.0　　　　　② 1.414

③ 1.732　　　　④ 2.0

해설

항목	구형파	3각파	정현파	정류파 (전파)	정류파 (반파)
파형률	1.0	1.15	1.11	1.11	1.57
파고율	1.0	1.732	1.414	1.414	2.0

66 코일에 단상 100[V]의 전압을 가하면 30[A]의 전류가 흐르고 1.8[kW]의 전력을 소비한다고 한다. 이 코일과 병렬로 콘덴서를 접속하여 회로의 합성 역률을 100[%]로 하기 위한 용량 리액턴스는 대략 몇 [Ω]이어야 하는가?

① 1.2　　　　　② 2.6

③ 3.2　　　　　④ 4.2

해설

$$P_r = \frac{V^2}{X_c}\text{에서} \quad X_c = \frac{V^2}{P_r} = \frac{100^2}{2.4\times 10^3} = 4.17[\Omega]$$
$$P_a = VI = 100\times 30\times 10^{-3} = 3[kVA]$$
$$\therefore P_r = \sqrt{P_a^2 - P^2} = \sqrt{3^2 - 1.8^2} = 2.4[kVar]$$

67 그림과 같은 회로에서 $e_0[V]$의 위상은 $e_1[V]$ 보다 어떻게 되는가?

① 앞선다.　　　　② 뒤진다.

③ 동상이다.　　　④ 90° 앞선다.

정답 **62** ①　**63** ③　**64** ②　**65** ①　**66** ④　**67** ②

해설 $e_0 = i \cdot R = \dfrac{e_i}{R+j\omega L}R = \dfrac{e_i(R-j\omega L)}{R^2+\omega^2 L^2}R$

에서 e_0는 e_i보다 $(-j)$만큼 뒤진다.

전류$(i) = \dfrac{e_i}{R+j\omega L}[A]$

68 L형 4단자 회로망에서 4단자 정수가 $A = \dfrac{15}{3}$, $D = 1$이고, 영상 임피던스 Z_{02}가 $\dfrac{12}{5}[\Omega]$일 때, 영상 임피던스 $Z_{01}[\Omega]$의 값은 얼마인가?

① 12   ② 9

③ 8   ④ 6

해설

$\dfrac{Z_{01}}{Z_{02}} = \dfrac{A}{D}$에서 $Z_{01} = \dfrac{A}{D}Z_{02} = \dfrac{\frac{15}{4}}{1} \times \dfrac{12}{5} = 9[\Omega]$

69 상순이 abc인 3상 회로에 있어서 대칭분 전압이 $V_0 = -8+j3[V]$, $V_1 = 6-j8[V]$, $V_2 = 8+j12[V]$일 때 a상의 전압 $V_a[V]$는?

① 6+j7   ② 8+j12

③ 6+j14   ④ 16+j4

해설

$V_a = V_0 + V_1 + V_2 = -8+j3+6-j8+8+j12$
$\quad = 6+j7[V]$

70 그림에서 $e(t) = E_m\cos\omega t$의 전원전압을 인가했을 때 인덕턴스 L에 축적되는 에너지[J]는?

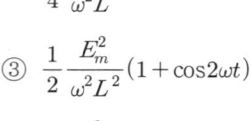

① $\dfrac{1}{2}\dfrac{E_m^2}{\omega^2 L^2}(1+\cos\omega t)$

② $\dfrac{1}{4}\dfrac{E_m^2}{\omega^2 L}(1-\cos\omega t)$

③ $\dfrac{1}{2}\dfrac{E_m^2}{\omega^2 L^2}(1+\cos 2\omega t)$

④ $\dfrac{1}{4}\dfrac{E_m^2}{\omega^2 L}(1-\cos 2\omega t)$

해설

$W_L = \dfrac{1}{2}LI^2 = \dfrac{1}{2}L\left(\dfrac{E_m}{\omega L}\sin\omega t\right)^2$
$\quad = \dfrac{E_m^2}{4\omega^2 L}(1-\cos 2\omega t)[J]$

$i_L(t) = \dfrac{1}{L}\int e(t)dt = \dfrac{1}{L}\int E_m\cos\omega t \cdot dt$
$\quad = \dfrac{E_m}{\omega L}\sin\omega t[A]$

71 그림과 같은 평형 3상 Y결선에서 각 상이 8[Ω]의 저항과 6[Ω]의 리액턴스가 직렬로 접속된 부하에 선간전압 $100\sqrt{3}[V]$가 공급되었다. 이때 선전류는 몇 [A]인가?

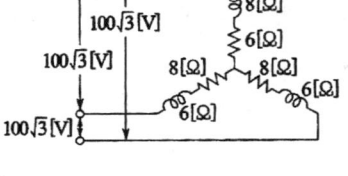

① 5   ② 10

③ 15   ④ 20

해설

- Y결선 : $I_l = I_P = \dfrac{V_P}{Z} = \dfrac{100}{\sqrt{8^2+6^2}} = 10[A]$

- $V_P = \dfrac{V_l}{\sqrt{3}} = 100[V]$

[정답]   68 ②   69 ①   70 ④   71 ②

72 정전용량 C만의 회로에서 100[V], 60[Hz]의 교류를 가했을 때 60[mA]의 전류가 흐른다면 C는 몇 [μF]인가?

① 5.26[μF]　　② 4.32[μF]

③ 3.59[μF]　　④ 1.59[μF]

해설

$I = \dfrac{V}{X_C}[A]$ 에서 $X_C = \dfrac{V}{I} = \dfrac{100}{60 \times 10^{-3}}$

$= 1.67 \times 10^3 [\Omega]$

$\therefore X_C = \dfrac{1}{\omega C}$, $C = \dfrac{1}{2\pi \times 60 \times 1.67 \times 10^3} \times 10^6$

$= 1.59 [\mu F]$

73 어떤 사인파 교류전압의 평균값이 191[V]이면 최대값은 약 몇 [V]인가?

① 150　　② 250

③ 300　　④ 400

해설

정현파 평균값$(V_{av}) = \dfrac{2}{\pi} V_m$,

$V_m = \dfrac{\pi}{2} \times 191 = 299.87 [V]$

74 회로에서 저항 15[Ω]에 흐르는 전류는 몇 [A]인가?

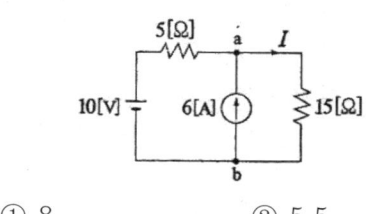

① 8　　② 5.5

③ 2　　④ 0.5

해설

· 전압원(10[V])가 존재 : $I_1 = \dfrac{10}{5+15} = 0.5[A]$ (전류원 개방)

· 전류원(6[A])가 존재 : $I_2 = \dfrac{5}{5+15} \times 6 = 1.5[A]$

(전압원 단락)

중첩의 원리에 의해서 $I = I_1 + I_2 = 0.5 + 1.5 = 2[A]$

75 불평형 3상전류 $I_a = 10 + j2[A]$, $I_b = -20 - j24[A]$, $I_c = -5 + j10[A]$일 때의 영상전류 I_0 값은 얼마인가?

① 15+J2[A]　　② −5−j4[A]

③ −15−j12[A]　　④ −45−j36

해설

영상전류$(I_0) = \dfrac{1}{3}(I_a + I_b + I_c)$

$= \dfrac{1}{3}(10 + j2 - 20 - j24 - 5 + j10) = -5 - j4[A]$

76 대칭 좌표법에서 사용되는 용어 중 3상에 공통된 성분을 표시하는 것은?

① 공통분　　② 정상분

③ 역상분　　④ 영상분

77 $F(s) = \dfrac{5s+8}{5s^2+4s}$일 때 $f(t)$의 최종값은?

① 1　　② 2

③ 3　　④ 4

해설

최종값의 정리 $= \lim_{s \to 0} s F(s) = \lim_{s \to 0} s \dfrac{5s+8}{5s^2+4s}$

$= \lim_{s \to 0} s \dfrac{5s+8}{s(5s+4)} = 2$

78 그림과 같은 회로에서 인가 전압에 의한 전류 i를 입력, V_0를 출력이라 할 때 전달 함수는?(단, 초기조건은 모두 0이다.)

정답　72 ④　73 ③　74 ③　75 ②　76 ④　77 ②　78 ①

① $\dfrac{1}{Cs}$　　　② Cs

③ $\dfrac{1}{1+Cs}$　　　④ $1+Cs$

해설 $V_0(t) = \dfrac{1}{C}\displaystyle\int i(t)dt \xrightarrow{\mathcal{L}} V_0(s) = \dfrac{1}{Cs}I(s)$

$\therefore G(s) = \dfrac{V_0(s)}{I(s)} = \dfrac{1}{Cs}$

79 라플라스 변환함수 $\dfrac{1}{s(s+1)}$ 에 대한 역라플라스 변환은?

① $1+e^{-t}$　　　② $1-e^{-t}$

③ $\dfrac{1}{1-e^{-t}}$　　　④ $\dfrac{1}{1+e^{-t}}$

해설

$\mathcal{L}^{-1}F(s) = \mathcal{L}^{-1}\dfrac{1}{s(s+1)} = \mathcal{L}^{-1}(\dfrac{A}{s} + \dfrac{B}{s+1})$

$= \mathcal{L}^{-1}(\dfrac{1}{s} - \dfrac{1}{s+1}) = 1-e^{-t}$

$A = \lim_{s \to 0}\dfrac{1}{s+1} = 1$

$B = \lim_{s \to -1}\dfrac{1}{s} = -1$

80 어떤 제어계의 임펄스 응답이 sin$t$일 때, 이 계의 전달함수를 구하면?

① $\dfrac{1}{s+1}$　　　② $\dfrac{1}{s^2+1}$

③ $\dfrac{s}{s+1}$　　　④ $\dfrac{s}{s^2+1}$

해설 $c(t) = \sin t \xrightarrow{\mathcal{L}} C(s) = \dfrac{1}{s^2+1}$

$r(t) = \delta(t) \xrightarrow{\mathcal{L}} R(s) = 1$

$\therefore G(s) = \dfrac{C(s)}{R(s)} = \dfrac{\frac{1}{s^2+1}}{1} = \dfrac{1}{s^2+1}$

제5과목 : 전기 설비 기술기준 및 판단 기준

81 백열전등 또는 방전등에 전기를 공급하는 옥내 전선로의 대지 전압의 최대값은 일반적으로 몇 [V]인가?

① 150　　　② 300

③ 400　　　④ 600

82 뱅크용량이 20000[kVA]인 전력용 커패시터에 자동적으로 전로로부터 차단하는 보호장치를 하려고 한다. 반드시 시설하여야 할 보호장치가 아닌 것은?

① 내부에 고장이 생긴 경우에 동작하는 장치

② 절연유의 압력이 변화할 때 동작하는 장치

③ 과전류가 생긴 경우에 동작하는 장치

④ 과전압이 생긴 경우에 동작하는 장치

해설 조상 설비에는 그 내부에 고장이 생긴 경우에 보호하는 장치

설비종별	뱅크 용량의 구분	자동적으로 전로로부터 차단하는 장치
전력용 커패시터 및 분로리액터	500[kVA] 초과 15,000[kVA] 미만	• 내부에 고장이 생긴 경우 • 과전류가 생긴 경우
	15,000[kVA] 이상	• 내부에 고장이 생긴 경우 • 과전류가 생긴 경우 • 과전압이 생긴 경우
조상기	15,000[kVA] 이상	• 내부에 고장이 생긴 경우

정답 79 ②　80 ②　81 ②　82 ②

83 고압 가공전선로의 지지물로 철탑을 사용하는 경우 최대 경간은 몇 [m]인가?

① 150   ② 200

③ 250   ④ 600

해설 고압 가공전선로 경간의 제한

지지물의 종류	고압	지름 5[mm] 이상	단면적 22[mm²] 이상
	특고압	단면적 22[mm²] 이상	단면적 55[mm²] 이상
목주·A종 철주 또는 A종 철근콘크리트주	150[m] 이하		300[m] 이하
B종 철주 또는 B종 철근 콘크리트주	250[m] 이하		500[m] 이하
철 탑	600[m] 이하		600[m] 이하

표 제목: 전선의 굵기 / 경간

84 고압 절연전선을 사용한 6600[V] 배전선이 안테나와 접근상태로 시설되는 경우 그 이격거리는 몇 [cm] 이상이어야 하는가?

① 60   ② 80

③ 100   ④ 120

해설 저고압 가공전선과 안테나의 접근 또는 교차
- 저압 : 0.6[m](고압절연, 케이블 : 0.3[m]) 이상
- 고압 : 0.8[m](케이블 : 0.4[m]) 이상

85 관등 회로란 무엇인가?

① 분기점으로부터 안정기까지의 전로

② 스위치로부터 방전등까지의 전로

③ 스위치로부터 안정기까지의 전로

④ 방전등용 안정기로부터 방전관까지의 전로

86 변압기의 고압측 전로와의 혼촉에 의하여 저압 전로의 대지 전압이 150[V]를 넘는 경우에 2초 이내에 고압 전로를 자동 차단하는 장치가 되어 있는 6600/220[V] 배전선로에 있어서 1선 지락 전류가 2[A]이면 1선 지락 전류가 2[A]이면 제2종 접지저항 값의 최대는 얼마인가?

① 50[Ω]   ② 75[Ω]

③ 150[Ω]   ④ 300[Ω]

해설 제2종 접지 저항값(R_g) $= \dfrac{150}{I}$ 에서 1초 이내 자동차단 장치가 되어 있으면 600[V], 1초 넘고 2초 이내면 300[V]

$$\therefore R_g = \frac{300}{I} = \frac{300}{2} = 150[\Omega]$$

87 345[kV]의 가공송전로를 평지에 건설하는 경우 전선의 지표상 높이는 최소 몇 [m] 이상이어야 하는가?

① 7.58   ② 7.95

③ 8.28   ④ 8.85

해설 특고압 가공전선의 높이(이상)

전압의 범위	일반 장소	도로 횡단	철도 또는 궤도횡단	횡단보도교
35[kV] 이하	5[m]	6[m]	6.5[m]	4[m] (특고압 절연전선 또는 케이블 사용)
35[kV] 초과 160[kV] 이하	6[m]	6[m]	6.5[m]	5[m](케이블 사용)
	산지 등 사람이 쉽게 들어갈 수 없는 장소 : 5[m] 이상			
160[kV] 초과	일반장소	6+0.12n[m] 이상		
	철도 또는 궤도횡단	6.5+0.12n[m] 이상		
	산지등 사람이 쉽게 들어갈수 없는 장소	5+0.12n[m] 이상		

정답 **83** ④ **84** ② **85** ④ **86** ③ **87** ③

• 일반장소 : $6 + 0.12n = 6 + 0.12 \times 19 = 8.28[m]$

$$n = \frac{345 - 160}{10} = 18.5 \xrightarrow{\text{절상}} 19단$$

88 케이블 트레이 공사에 사용하는 케이블 트레이에 적합하지 않은 것은?

① 케이블 트레이의 안전율은 1.5 이상이어야 한다.

② 지지대는 트레이 자체 하중과 포설된 케이블 하중을 충분히 견딜 수 있는 강도를 가져야 한다.

③ 전선의 피복 등을 손상시킬 돌기 등이 없이 매끈하여야 한다.

④ 금속재의 것은 내식성 재료의 것으로 하지 않아도 된다.

해설 금속재의 것은 적절한 방식처리를 한 것이거나 내식성 재료

89 금속 덕트 공사에 의한 저압 옥내배선 공사 시설 기준에 적합하지 않는 것은?

① 금속 덕트에 넣은 전선의 단면적의 합계가 덕트의 내부 단면적의 20[%] 이하가 되게 하였다.

② 덕트 상호 및 덕트와 금속관과는 전기적으로 완전하게 접속했다.

③ 덕트를 조영재에 붙이는 경우 덕트의 지지점 간의 거리를 4[m] 이하로 견고하게 붙였다.

④ 저압 옥내 배선의 사용 전압이 400[V] 미만인 경우 덕트에는 제3종 접지공사를 하였다.

해설 덕트의 지지점간 거리를 3[m] 이하

90 수소냉각식 발전기안의 수소 순도가 몇 [%] 이하로 저하한 경우에 이를 경보하는 장치를 시설해야 하는가?

① 65   ② 75

③ 85   ④ 95

91 저압 옥내배선용 전선의 굵기는 연동선을 사용할 때 일반적으로 몇 [mm²] 이상의 것을 사용하여야 하는가?

① 2.5   ② 1

③ 1.5   ④ 0.75

해설 저압 옥내 배선의 사용 전선은 $2.5[\text{mm}^2]$ 연동선 이상($1[\text{mm}^2]$ 이상의 MI cable)

92 특고압 가공전선이 도로, 횡단보도교, 철도, 또는 궤도와 제1차 접근 상태로 시설되는 경우 특고압 가공전선로는 제 몇 종 보안공사에 의하여야 하는가?

① 제1종 특고압 보안공사

② 제2조 특고압 보안공사

③ 제3종 특고압 보안공사

④ 제4종 특고압 보안공사

해설 특고압 가공 전선이 건조물 등과 제1차 접근 상태인 경우는 제3종 특고 보안공사

93 직류식 전기철도에서 가공으로 시설하는 배류선은 케이블인 경우 이외에는 지름 몇 [mm]의 경동선이나 이와 동등 이상의 세기 및 굵기의 것이어야 하는가?

① 2.0   ② 2.5

③ 3.5   ④ 4.0

해설 배류선 : 케이블인 경우 이외에는 지름 4[mm] 이상의 경동선

정답   88 ④   89 ③   90 ③   91 ①   92 ③   93 ④

94 전력보안 가공통신선(광섬유 케이블은 제외)을 조가할 경우 조가용 선은?

① 금속으로 된 단선

② 알루미늄으로 된 단선

③ 강심 알루미늄 연선

④ 금속선으로 된 연선

해설 조가용 선은 금속으로 된 연선일 것

95 사용 전압이 154[kV]인 가공 송전선의 시설에서 전선과 식물과의 이격거리는 일반적인 경우에 몇 [m] 이상으로 하여야 하는가?

① 2.8

② 3.2

③ 3.6

④ 4.2

해설 특고압 가공 전선과 식물과의 이격 거리

• 60[kV] 이하 : 2[m] 이상

• 60[kV] 넘는 경우 : 2+0.12n[m] 이상

∴ 이격거리 = $2+0.12n = 2+0.12 \times 10 = 3.2[m]$

$$n = \frac{154-60}{10} = 9.4 \xrightarrow{\text{절상}} 10단$$

96 전기부식방식 시설은 지표 또는 수중에서 1[m] 간격의 임의의 2점간의 전위차가 몇 [V]를 넘으면 안 되는가?

① 5

② 10

③ 25

④ 30

해설 전기 방식 시설은 직류 60[V] 이하를 사용하면 수중에 시설하는 양극과 그 주위 1[m] 안에 있는 점과의 전위차는 10[V] 이하, 1[m] 간격을 갖는 임의의 2점간의 전위차는 5[V] 이하이어야 한다.

97 고압 지중전선이 지중 약전류전선 등과 접근하여 이격거리가 몇 [cm] 이하인 때에는 양 전선 사이에 견고한 내화성의 격벽을 설치하는 경우 이외에는 지중전선을 견고한 불연성 또는 난연성의 관에 넣어 그 관이 지중 약전류전선 등과 직접 접촉되지 않도록 하여야 하는가?

① 15

② 20

③ 25

④ 30

98 사용전압이 400[V] 미만인 저압 가공전선은 지름 몇 [mm] 이상의 절연전선이어야 하는가?

① 3.2

② 3.6

③ 4.0

④ 5.0

99 다음 중 지선의 시설 목적으로 적절하지 않는 것은?

① 유도장해를 방지하기 위하여

② 지지물의 강도를 보강하기 위하여

③ 전선로의 안전성을 증가시키기 위하여

④ 불평형 장력을 줄이기 위하여

해설 유도장해를 방지하기 위해서는 차폐선을 설치

100 154[kVA] 옥외 변전소의 울타리 최소 높이는 몇 [m]인가?

① 2.0

② 2.5

③ 3.0

④ 3.5

해설 울타리, 담 등의 높이는 2[m] 이상으로 하고 지표면과 울타리, 담 등의 하단 사이의 간격은 15[cm] 이하로 할 것

정답 94 ④ 95 ② 96 ① 97 ④ 98 ① 99 ① 100 ①

국가기술자격검정 필기시험문제

2011년도 산업기사 제3회 필기시험(산업기사)

자격종목 및 등급(선택분야)	종목코드	시험시간	문제지형별	수검번호	성명
전기산업기사		2시간 30분	A		

※ 시험문제지는 답안카드와 같이 반드시 제출하여야 합니다.

제1과목 : 전기자기학

01 전기기계기구의 자심재료로 규소강판을 사용하는 이유는?

① 동손을 줄이기 위해

② 와전류손을 줄이기 위해

③ 히스테리시스손을 줄이기 위해

④ 제작을 쉽게 하기 위하여

> **해설**
> • 규소강판을 사용하는 이유 : 히스테리시스손을 줄이기 위해
> • 성층철심을 사용하는 이유 : 와류손을 줄이기 위해

02 정전용량이 1[μF], 2[μF]인 콘덴서에 각각 2×10^{-4}[C] 및 3×10^{-4}[C]의 전하를 주고 극성을 같게 하여 병렬로 접속할 때 콘덴서에 축적된 에너지는 약 몇 [J]인가?

① 0.042 ② 0.063

③ 0.084 ④ 0.126

> **해설** 병렬로 접속할 때 콘덴서에 축적된 에너지는,
> $$W = \frac{Q^2}{2C} = \frac{(5 \times 10^{-4})^2}{2 \times 3 \times 10^{-6}} = 0.042 \,[J]$$
> $$Q = Q_1 + Q_2 = 2 \times 10^{-4} + 3 \times 10^{-4}$$
> $$= 5 \times 10^{-4} \,[C]$$
> $$C = C_1 + C_2 = 1 \times 10^{-6} + 2 \times 10^{-6}$$
> $$= 3 \times 10^{-6} \,[F]$$

03 비투자율 μ_s, 길이 l인 철심에 권수 N인 환상 솔레노이드 코일이 있다. 이 철심에 길이 l_1인 미소 공극을 만들었을 때 공극 자계 세기 H_A와 철심 자계 세기 H_F의 비($\frac{H_F}{H_A}$)는?

① μ_s

② $\frac{1}{\mu_s}$

③ $\frac{\mu_s(l-l_1)}{l_1}$

④ $\frac{l_1}{\mu_s(l-l_1)}$

> **해설** 공극부분의 자속밀도와 철심 내부의 자속밀도는 같다(공극에 있어서 자속의 퍼짐이 없다고 보고).
> 공극부분의 자계세기 $(H_A) = \frac{B}{\mu_0}$, 철심부분의 자계
> 세기 $(H_F) = \frac{B}{\mu} = \frac{B}{\mu_0 \mu_s}$
> $$\therefore \frac{H_F}{H_A} = \frac{1}{\mu_s}$$

04 그림과 같이 전류 I[A]가 흐르는 반지름 a[m]의 원형 코일의 중심으로부터 x[m]인 점 P의 자계의 세기는 몇 [AT/m]인가?(단, θ는 각 APO라 한다.)

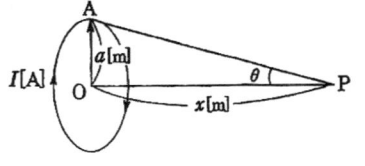

정답 **01** ③ **02** ① **03** ② **04** ①

870 • Part 3. 전기산업기사 기출문제

① $\dfrac{I}{2a}\sin^3\theta$ ② $\dfrac{I}{2a}\cos^3\theta$

③ $\dfrac{I}{2a}\sin^2\theta$ ④ $\dfrac{I}{2a}\cos^2\theta$

해설

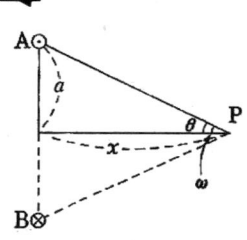

원형 전류(I)에 의한 원형 코일의 중심으로부터 x[m]인 점 P의 자계세기는,

$$H_x = -\frac{\partial U}{\partial x} = \frac{a^2 I}{2(a^2+x^2)^{3/2}}$$
$$= \frac{I}{2a}\sin^3\theta \ [AT/m]$$

그림에서 점 P에서 코일 AB를 바라본 입체각 ω는,
$\omega = 2\pi(1-\cos\theta)$
자위 :

$$U = \frac{I}{4\pi}\omega = \frac{I}{4\pi}2\pi(1-\cos\theta)$$
$$= \frac{I}{2}(1-\frac{x}{\sqrt{a^2+x^2}})\ [AT]$$

05 유전체에서 변위전류를 발생하는 것은?

① 분극전하밀도의 시간적 변화

② 분극전하밀도의 공간적 변화

③ 자속밀도의 시간적 변화

④ 전속밀도의 시간적 변화

해설 변위전류 : $i_d = \dfrac{\partial D}{\partial t}\ [A/mm^2]$,   시간적으로 변화하고 있는 전속밀도에 의한 전류를 의미한다.

06 두 개의 똑같은 작은 도체구를 접촉하여 대전시킨 후 1[m] 거리에 떼어 놓았더니 작은 도체구는 서로 $9\times10^{-3}[N]$의 힘으로 반발했다. 각 전하는 몇 [C]인가?

① 10^{-8} ② 10^{-6}

③ 10^{-4} ④ 10^{-2}

해설 쿨롱의 법칙,

$F = 9\times10^9\dfrac{Q_1 Q_2}{r^2}\ [N]$에서, 2개의 똑같은 작은도체구 $(Q_1 = Q_2)$

$\therefore Q = \sqrt{\dfrac{9\times10^{-3}\times1^2}{9\times10^9}} = 10^{-6}\ [C]$

07 강자성체의 자화에 관한 설명으로 틀린 것은?

① 강자성체의 자화의 세기는 자계의 세기에 비례한다.

② 강자성체의 자계를 변화시키면 히스테리시스 현상이 나타난다.

③ 강자성체의 히스테리시스손은 히스테리시스 곡선의 면적과 같다.

④ 강자성체의 자속밀도 B는 자계의 세기 H에 비례하지 않는다.

해설

$J = \chi H = (\mu-\mu_0)H = \mu_0(\mu_s-1)H[Wb/m^2]$,
J: 자화의 세기, H: 자계의 세기
강자성체 이외에는 자화의 세기와 자계의 세기가 비례한다(일반 자성체).
강자성체에서는 일정한 범위가 지나면, 자계의 세기를 증가시켜도, 자화의 세기는 더 이상 증가하지 않고 거의 일정하게 된다.

08 전기력선의 기본성질을 설명한 것 중 옳지 않은 것은?

정답 **05** ④ **06** ② **07** ① **08** ①

① 전기력선의 방향은 그 점의 전계의 방향과 일치한다.

② 전기력선은 전위가 높은 곳에서 낮은 곳으로 향한다.

③ 전기력선은 그 자신만으로도 폐곡선이 된다.

④ 전기력선은 전계의 세기가 0인 곳을 제외하고는 등전위면과 직교한다.

해설 전기력선의 성질

- 전기력선은 정전하(+)에서 부전하(−)로 들어간다.
- 전기력선은 전위가 높은 점에서 낮은 점으로 향한다($E = -grad\,V$).
- 전기력선은 그 자신만으로 폐곡선을 이루지 못한다($\nabla \times E = 0$).
- 전기력선은 전하가 없는 것에서는 연속이다. 발생, 소멸이 없다($\nabla \cdot E = 0$).
- 전기력선은 등전위면(도체 표면)과 수직으로 만난다(직교).
- 전기력선은 전계가 0이 아닌 이상 교차하는 일이 없다.
- 전기력선은 도체 내부에서 0이다(전기력선이 없다).
- 전기력선은 접선방향이 전계의 방향이다.
- 전기력선은 단위 전하에 $\dfrac{1}{\epsilon_0}$개의 전기력선이 출입한다($\dfrac{1}{\epsilon_0} = 36\pi \times 10^9$개).
- 무한원점에 있는 전하까지 고려하면 전하의 총량은 항상 0이다.
- 2개의 전기력선은 서로 교차하지 않는다.
- 전기력선은 도체 표면에서 수직으로 출입한다.
- 전기력선은 무한 원점에서 끝나거나 오는 것이 있다.

09 축이 무한히 길고 반지름이 a[m]인 원주 내에 전하가 축대칭이며, 축 방향으로 균일하게 분포되어 있을 경우, 반지름 r($>$a)[m]되는 동심 원통면상 외부의 일점 P의 전계의 세기는 몇 [V/m]인가?(단, 원주의 단위 길이당의 전하를 λ[C/m]라 한다.)

① $\dfrac{\lambda}{\epsilon_0}$ ② $\dfrac{\lambda}{2\pi\epsilon_0}$

③ $\dfrac{\lambda}{\pi a}$ ④ $\dfrac{\lambda}{2\pi\epsilon_0 r}$

해설

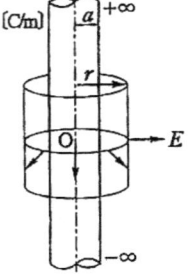

반지름 r($>$a)[m]되는 원주외부에서의 전계의 세기는,

$$E = \frac{\lambda}{2\pi\epsilon_0 r} \ [V/m]$$

원주표면에서의 전계의 세기(r=a)는,

$$E_a = \frac{\lambda}{2\pi\epsilon_0 a} \ [V/m]$$

10 공기 중에 고립하고 있는 지름 3[cm]의 구 도체의 전위를 몇 [kV] 이상으로 하면 구 표면의 공기가 절연파괴되는가?(단, 공기의 절연 내력은 3[kV/mm]라 한다.)

① 15   ② 30

③ 45   ④ 60

해설 $V = \dfrac{Q}{4\pi\epsilon_0 r} \ [V]$, G : 구의 표면에 있어서의 전위경도

$$G = E = \frac{Q}{4\pi\epsilon_0 r^2} \ [V/m]$$

$$\therefore V \geq Gr = 3 \times 10^6 \ [V/m] \times \frac{3 \times 10^{-2}}{2} \times 10^3$$

$$= 45 \ [kV]$$

가 되므로, 45[kV] 이상이 되면 구의 표면에 절연이 파괴된다.

정답 **09** ④ **10** ③

872 · Part 3. 전기산업기사 기출문제

11 회로가 닫혀 있는 코일 1과 개방된 코일 2가 그림과 같이 평등자계와 직각방향으로 서로 나란한 코일면을 유지하고 있을 때 평등자계의 자속이 일정한 비율로 감소하는 경우 다음 설명 중 옳은 것은?

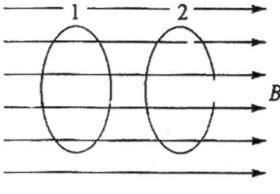

① 유기 기전력은 두 코일에 모두 유기된다.
② 유기 기전력은 개방된 코일 2에만 유기된다.
③ 두 코일에 같은 줄열이 발생한다.
④ 줄열은 어느 쪽도 발생하지 않는다.

해설 변압기 코일로 보고, 철심에 자속이 변하면(문제 : 감소)하는 경우에 코일 1은 단락된 상태가 되어 전류가 많이 흐르고, 코일 2는 개방(무부하)상태가 되어서 고전압이 유기되어, 유기 기전력은 두 코일 모두에 유기한다.

12 유전율 ϵ, 투자율 μ인 매질 중을 주파수 f[Hz]의 전자기파가 전파되어 나갈 때의 파장은 몇 [m]인가?

① $f\sqrt{\epsilon\mu}$

② $\dfrac{1}{f\sqrt{\epsilon\mu}}$

③ $\dfrac{f}{\sqrt{\epsilon\mu}}$

④ $\dfrac{\sqrt{\epsilon\mu}}{f}$

해설 파장은,

$$\lambda = \frac{v}{f} = \frac{\frac{1}{\sqrt{\epsilon\mu}}}{f} = \frac{1}{f\sqrt{\epsilon\mu}}\ [m]$$

(전자파의 전파속도 : $v = \dfrac{1}{\sqrt{\epsilon\mu}}$

$= \dfrac{1}{\sqrt{\epsilon_0\mu_0}}\dfrac{1}{\sqrt{\epsilon_s\mu_s}}\ [m/s]$)

13 반지름 10[cm]인 도체구 A에 9[C]의 전하가 분포되어 있다. 이 도체구에 반지름 5[cm]인 도체구 B를 접촉시켰을 때 도체구 B로 이동한 전하는 몇 [C]인가?

① 3 ② 9
③ 18 ④ 24

해설 도체구 접촉 전 A도체의 전하량(총 전하량),
$Q = Q_1 + Q_2\ [C]$
여기서, Q_1 : 도체구 접촉 후 A도체의 전하량.
Q_2 : 도체구 접촉 후 B도체의 전하량.
두 도체구를 접속시키면 전위는 같게 된다.
$(V_1 = V_2 = V)$

$$V = \frac{Q_1}{4\pi\epsilon_0 r_1} = \frac{Q}{4\pi\epsilon_0 r_2}\ ,\ \ Q_2 = \frac{r_2}{r_1}Q_1$$

$$= \frac{r_2}{r_1}(Q - Q_2)\ \text{에서},$$

$$Q_2 = \frac{5}{10}(9 - Q_2)\ ,\ \ \therefore Q_2 = 3\ [C]$$

14 평행판 콘덴서의 판 사이에 비유전율 ϵ_s의 유전체를 삽입하였을 때의 정전용량은 진공일 때보다 어떻게 되는가?

① ϵ_s배로 증가 ② $\pi\epsilon_s$배로 증가

③ $\dfrac{1}{\epsilon_s}$로 감소 ④ (ϵ_s+1)배로 증가

해설 판 사이에 비유전율 ϵ_s인 유전체를 삽입하였을 때의 정전용량은, $C_2 = \dfrac{\epsilon S}{d} = \dfrac{\epsilon_0\epsilon_s S}{d}\ [F]$

진공일 때의 정전용량 : $C_1 = \dfrac{\epsilon_0 S}{d}\ [F]$이다.

$\therefore C_2 = \epsilon_s C_1$

15 비투자율 $\mu_s = 4$인 자성체 내에서 주파수 1[GHz]인 전자기파의 파장[m]은?

① 0.1 ② 0.15
③ 0.25 ④ 0.4

정답 11 ① 12 ② 13 ① 14 ① 15 ②

해설 파장은,

$$\lambda = \frac{v}{f} = \frac{\frac{1}{\sqrt{\epsilon\mu}}}{f} = \frac{1}{f\sqrt{\epsilon\mu}} = \frac{1}{\sqrt{\epsilon_0\mu_0}\sqrt{\epsilon_s\mu_s}}$$

$$= \frac{3\times10^8}{f\sqrt{\epsilon_s\mu_s}}$$

$$= \frac{3\times10^8}{1\times10^9\times\sqrt{1\times4}} = 0.15\,[m]$$

16 전계 $E = i3x^2 + j2xy^2 + kx^2yz$의 $div\,E$는 얼마인가?

① $-i6x + jxy + kx^2y$ ② $i6x + j6xy + kx^2y$

③ $-6x - 6xy - x^2y$ ④ $6x + 4xy + x^2y$

해설

$$div\,E = \nabla \cdot E$$
$$= (i\frac{\partial}{\partial x} + j\frac{\partial}{\partial y} + k\frac{\partial}{\partial z})(iE_x + jE_y + kE_z)$$
$$= \frac{\partial E_x}{\partial x} + \frac{\partial E_y}{\partial y} + \frac{\partial E_z}{\partial z}$$
$$= \frac{\partial}{\partial x}(3x^2) + \frac{\partial}{\partial y}(2xy^2) + \frac{\partial}{\partial z}(x^2yz)$$
$$= 6x + 4xy + x^2y$$

17 전위계수에 대한 설명 중 틀린 것은?

① 도체주위의 매질에 따라 정해지는 상수이다.

② 도체의 크기와는 관계가 없다.

③ 전위계수는 도체 상호간의 배치 상태에 따라 정해지는 상수이다.

④ 전위계수의 단위는 [1/F]이다.

해설 전위계수 : 도체의 크기, 도체 상호간의 배치상태 및 도체 주위의 매질에 따라 정해지는 상수이다. (전위, 전하와는 관계없다.)

18 고유저항 $\rho[\Omega \cdot m]$, 한 변의 길이가 r[m]인 정육면체의 저항[Ω]은?

① $\frac{\rho}{\pi r}$ ② $\frac{\pi r^2}{\sqrt{\rho}}$

③ $\frac{\rho}{r}$ ④ $\sqrt{\frac{2\pi r^2}{\rho}}$

해설 $R = \rho\frac{l}{A}\,[\Omega] = \rho\frac{r}{r^2} = \frac{\rho}{r}\,[\Omega]$

(한 변의 길이가 r[m]인
정육면체의 면적$(A) = r^2$, $l = r$을 대입)

19 자기회로에서 단면적, 길이, 투자율을 모두 $\frac{1}{2}$로 하면 자기저항은 어떻게 되는가?

① $\frac{1}{2}$로 된다. ② 2배로 된다.

③ 4배로 된다. ④ 8배로 된다.

해설 자기저항 : $R_m = \frac{l}{\mu S} = \frac{l}{\mu_0\mu_s S}\,[AT/Wb]$

단면적(S), 길이(l), 투자율(μ)을 모두 $\frac{1}{2}$배로 할 경우 자기저항은,

$$R_m' = \frac{l'}{\mu' S'} = \frac{\frac{1}{2}l}{\frac{1}{2}\mu\frac{1}{2}S} = 2\frac{l}{\mu S}$$
$$= 2R_m\,[AT/Wb]$$

20 그림과 같은 회로 C에 전류 I[A]가 흐를 때 c의 미소 부분 dl에 의하여 거리 r만큼 떨어진 P점에서의 자계의 세기 dH[AT/m]는? (단, θ는 dl과 거리 r이 이루는 각이다.)

정답 **16** ④ **17** ② **18** ③ **19** ② **20** ③

874 · Part 3. 전기산업기사 기출문제

① $\dfrac{Idl\sin\theta}{4\pi r}$ ② $\dfrac{Idl\sin\theta}{r^2}$

③ $\dfrac{Idl\sin\theta}{4\pi r^2}$ ④ $\dfrac{4\pi Idl\sin\theta}{r^2}$

해설 비오-사바르 법칙

$$dH = \dfrac{Idl\sin\theta}{4\pi r^2}\,[AT/m]$$

제2과목 : 전력공학

21 정상적으로 운전하고 있는 전력계통에서 서서히 부하를 조금씩 증가했을 경우 안정 운전을 지속할 수 있는가 하는 능력을 무엇이라 하는가?

① 동태 안정도   ② 정태 안정도

③ 고유 과도 안정도   ④ 동적 과도 안정도

해설

- 정태 안정도 : 발전기가 탈조하지 않고 안정적으로 운동할 수 있는 정도를 말하며, 송전계통의 불변 또는 서서히 변하는 부하에 대해서도 계속적으로 송전할 수 있는 능력이다.
- 과도 안정도 : 계통에 급격한 변화가 생겨도 발전기가 탈조하지 않고 다시 안정적인 운용상태를 회복할 수 있는 정도이다.
- 동태 안정도 : 동기기의 여자전류를 제어할 경우의 안정도로써 자동전압조정기(AVR) 또는 조속기 등과 같은 자동장치를 갖는 경우의 안정도이다.

22 송전전력, 송전거리, 전선의 비중 및 전력손실률이 일정하다고 할 때, 전선의 단면적, A[mm^2]와 송전전압 V[kV]의 관계로 옳은 것은?

① $A \propto V$ ② $A \propto \sqrt{V}$

③ $A \propto \dfrac{1}{V^2}$ ④ $A \propto V^2$

해설 전력손실 : $P_l = \dfrac{P^2 R}{V^2\cos^2\theta} = \dfrac{P^2\rho l}{V^2\cos^2\theta\,A}$ 에서,

$$\therefore \text{단면적} : A = \dfrac{P^2\rho l}{P_l\,V^2\cos^2\theta} \propto \dfrac{1}{V^2}$$

23 선로정수를 전체적으로 평형이 되게 하고 근접 통신선에 대한 유도 장해를 줄일 수 있는 방법은?

① 딥(dip)을 준다.

② 연가를 한다.

③ 복도체를 사용한다.

④ 소호 리액터접지를 한다.

해설 연가 : 선로정수의 평형을 위하여 각선의 인덕턴스와 정전용량을 같게 하여 전기적 불평형을 제거하고 통신선 유도장해 감소를 주목적으로 한다(직렬공진방지).

24 같은 전력을 수송하는 배전선로에서 다른 조건은 현 상태로 유지하고 역률만을 개선할 때의 효과로 기대하기 어려운 것은?

① 배전선의 손실 저감

② 설비용량의 여유증가

③ 전압강하의 경감

④ 고조파의 경감

해설 역률 개선 시 효과

- 전력손실의 경감
- 전압강하의 경감
- 설비용량의 여유 증가
- 전력요금의 감소

25 부하의 선간전압 3300[V], 피상전력 330 [kVA], 역률 0.7인 3상부하가 있다. 부하의 역률을 0.85로 개선하는데 필요한 전력용 콘덴서의 용량은 약 몇 [kVA]인가?

정답 21 ② 22 ③ 23 ② 24 ④ 25 ④

① 63   ② 73

③ 83   ④ 93

해설 $Q = P(\tan\theta_1 - \tan\theta_2)[kVA]$

$= 330 \times 0.7 (\dfrac{\sqrt{1-0.7^2}}{0.7} - \dfrac{\sqrt{1-0.85^2}}{0.85})$

$= 92.5[kVA]$

26 소호리액터 접지계통에서 리액터의 탭을 완전 공진상태에서 약간 벗어나도록 하는 이유는?

① 전력손실을 줄이기 위하여

② 선로의 리액턴스분을 감소시키기 위하여

③ 접지 계전기의 동작을 확실하게 하기 위하여

④ 직렬공진에 의한 이상전압의 발생을 방지하기 위하여

해설 직렬공진에 의한 이상전압의 발생을 방지하기 위해서 약 10[%] 정도의 과보상을 한다.

27 수전단 전압66000[V], 전류 200[A], 선로저항 10[Ω], 선로리액턴스 15[Ω]인 3상 단거리 송전선로의 전압강하율은 약 몇 [%]인가?(단, 수전단 역률은 0.8이다.)

① 7.83   ② 8.92

③ 9.01   ④ 9.45

해설 전압강하율

$\epsilon = \dfrac{V_s - V_r}{V_r} \times 100 \, [\%] = \dfrac{5888.97}{66000} \times 100$

$= 8.92 \, [\%]$

$e = V_s - V_r = \sqrt{3} I(R\cos\theta + X\sin\theta) \, [V]$

$= \sqrt{3} \times 200(10 \times 0.8 + 15 \times 0.6) = 5888.97 \, [V]$

28 차단기와 차단기의 소호 매질로서 연결이 잘못된 것은?

① 공기 차단기 – 압축 공기

② 가스 차단기 – SF_6가스

③ 진공 차단기 – 전자력

④ 유입 차단기 – 절연유

해설 진공 차단기(VCB) : 고진공, 자기 차단기(MBB) : 전자력

29 설비 A가 150[kW], 수용률 0.5, 설비 B가 250[kW], 수용률 0.8일 때 합성최대전력이 235[kW]이면 부등률은 약 얼마인가?

① 1.10   ② 1.13

③ 1.17   ④ 1.22

해설 부등률 $= \dfrac{\text{각각의 최대전력의 합}}{\text{합성 최대수용전력}}$

$= \dfrac{0.5 \times 150 + 0.8 \times 250}{235} = 1.17$

30 반지름 15[mm]의 ACSR로 구성된 완전 연가 된 3상 1회선 송전 선로가 있다. 각 상간의 등가선간 거리가 3000[mm]라고 할 때, 이 선로의 [km]당 작용 인덕턴스는 몇 [mH/km]인가?

① 1.43   ② 1.11

③ 0.65   ④ 0.33

해설 $L = 0.05 + 0.4605\log_{10}\dfrac{D}{r} \, [mH/km]$

$= 0.05 + 0.4605\log_{10}\dfrac{3000}{15} = 1.11 \, [mH/km]$

31 송전계통에서 이상전압의 방지대책으로 볼 수 없는 것은?

① 철탑 접지저항의 저감

② 가공 송전선로의 피뢰용으로서의 가공지선에 의한 뇌차폐

③ 기기 보호용으로서의 피뢰기 설치

④ 복도체 방식 채택

정답 **26** ④   **27** ②   **28** ③   **29** ③   **30** ②   **31** ④

876 · Part 3. 전기산업기사 기출문제

해설 복도체 방식 : 선로의 인덕턴스(L)는 감소하고, 정전용량(C)은 증가되어 송전용량이 증가되며, 전선 표면의 전위경도를 감소시켜 코로나 임계전압을 높이므로 코로나 손실을 줄일 수 있다.

32 수전용 변전설비의 1차 측에 설치하는 차단기의 용량은 어느 것에 의하여 정하는가?

① 수전전력과 부하율

② 수전계약용량

③ 공급측 전원의 단락용량

④ 부하설비용량

해설 차단기의 차단용량은 고장 점까지의 %Z와 공급측 전원의 설비용량인 P_n에 의해서 결정된다.

즉, $P_s = \dfrac{100}{\%Z} P_n \propto P_n$

차단기의 차단용량은 단락용량보다 커야 한다.

33 그림과 같은 단상 3선식 배전선로에서 100[V], 100[W] 전등을 AN간에 병렬로 5등, BN간에 병렬로 4등이 연결되어 운전하던 중 중성선이 단선되었다. 이때 AN간의 부하전압 V_{AN}은 몇 [V]인가?(단, 선로는 저항뿐이고, 부하까지 1선당 2.5[Ω]이다.)

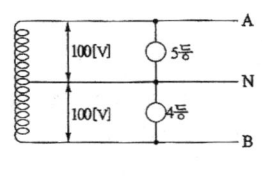

① 80

② 100

③ 120

④ 140

해설

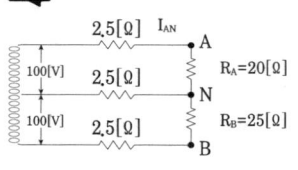

AN간 저항 : $R_A = \dfrac{V^2}{P_A} = \dfrac{100^2}{100 \times 5} = 20\,[\Omega]$

BN간 저항 : $R_B = \dfrac{V^2}{P_B} = \dfrac{100^2}{100 \times 4} = 25\,[\Omega]$

AN 사이의 부하전류 :

$I_{AN} = \dfrac{200}{2.5 + 20 + 25 + 2.5} = 4\,[A]$

$\therefore V_{AN} = I_{AN} \times R_A = 4 \times 20 = 80\,[V]$

34 그림과 같은 수전단 전력원선도가 있다. 부하직선을 참고하여 다음 중 전압조정을 위한 조상설비가 없어도 정전압운전이 가능한 부하전력은 대략 어느 정도일 때인가?

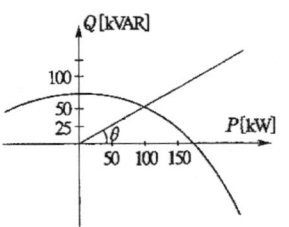

① 무부하일 때　　② 50[kW]일 때

③ 100[kW]일 때　④ 150[kW]일 때

해설

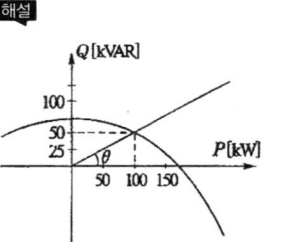

정전압운전이 가능하다는 것은 송전단전압(V_s), 수전단전압(V_r)이 모두 일정하다는 것이므로, 전력원선도의 반경은 이 일정, 즉 송수전전력은 항상 전력 원선도의 원주상에 존재해야 하므로, 전압조정을 위한 조상설비가 없어도 정전압운전이 가능한 부하전력은 그림에서 점선으로 만나는 지점, 대략 유효전력(P)은 100[kW], 무효전력(Q)은 50[kVar]가 된다.

정답 32 ③　33 ①　34 ③

35 송전선에 댐퍼(Damper)를 설치하는 주된 목적은?

① 전선의 진동방지　② 전자유도 감소
③ 코로나의 방지　　④ 현수애자의 경사 방지

해설 댐퍼를 달아서 전선의 진동을 방지하는 방법
- 토셔널 댐퍼
- 베이츠 댐퍼
- 스톡브리지 댐퍼(아머로드 : 전선 지지점 근처의 전선을 보강하는 방법)

36 반한시성 과전류 계전기의 전류-시간 특성에 대한 설명 중 옳은 것은?

① 계전기 동작시간은 전류 값의 크기와 비례한다.
② 계전기 동작시간은 전류의 크기와 관계없이 일정하다.
③ 계전기 동작시간은 전류 값의 크기와 반비례한다.
④ 계전기 동작시간은 전류 값의 크기의 제곱에 비례한다.

해설
- 순한시 계전기 : 최소동작전류 이상의 전류가 흐르면 즉시 동작
- 정한시 계전기 : 동작전류의 크기와는 상관없이 항상 정해진 일정한 시간에서 동작
- 반한시 계전기 : 설정 값 이상으로 증가함에 따라 동작시간이 감소. 즉, 고장전류의 크기에 반비례해서 동작(동작전류가 커질수록 동작시간이 짧게 되는 특성)
- 반한시-정한시 계전기 : 어느 한계까지는 반한시성이고, 그 이상에서는 정한시성 특성을 가지고 동작

37 다음 중 통신선에 대한 유도장해가 가장 큰 배전계통의 접지방식은?

① 소호리액터접지　② 저항접지
③ 비접지　　　　　④ 직접접지

해설 유도장해가 가장 큰 배전계통의 접지방식은 직접접지 방식이고, 가장 작은 접지방식은 소호리액터 접지방식이다.

38 보일러에서 흡수열량이 가장 큰 것은?

① 수냉벽　　　　　② 보일러 수관
③ 과열기　　　　　④ 절탄기

39 수력발전소의 댐 설계 및 저수지 용량 등을 결정하는데 가장 적합하게 사용되는 것은?

① 유량도　　　　　② 유량곡선
③ 수위-유량곡선　④ 적산유량곡선

해설 적산유량곡선 : 가로축은 일수, 세로축은 적산유량을 그린 곡선으로서 수력발전소의 댐 설계 및 저수지 용량 등을 결정하는 데 사용

40 다음 중 경수감속 냉각형 원자로에 속하는 것은?

① 비등수형 원자로
② 고속증식로
③ 열중성자로
④ 흑연감속 가스 냉각로

해설 경수감속 경수 냉각로 : 가압수형 원자로(PWR), 비등수형 원자로(BWR)

제3과목 : 전기기기

41 변압기에 사용되는 절연유의 성질이 아닌 것은?

① 절연내력이 클 것
② 인화점이 낮을 것
③ 비열이 커서 냉각효과가 클 것

[정답] 35 ①　36 ③　37 ④　38 ①　39 ④　40 ①　41 ②

④ 절연재료와 접촉해도 화학작용을 미치지 않을 것

해설 변압기 절연유의 구비 조건
- 인화점이 높고(130[℃] 이상), 응고점이 낮을 것 (−30[℃] 이하)
- 비열이 커서 냉각효과가 크고, 점도는 낮을 것(유동성이 풍부)
- 절연저항 및 절연내력이 클 것(30[kV]/2.5[mm] 이상)
- 절연재료와 접촉 시 화학작용을 일으키지 않을 것
- 고온에서도 석출물이 생기거나 산화하지 않을 것
- 열팽창계수는 작고, 증발로 인한 감소가 적을 것
- 열전도율은 클 것

42 반도체 사이리스터에 의한 제어는 어느 것을 변화시키는 것인가?

① 주파수　　　　② 전류
③ 위상각　　　　④ 최대값

해설 반도체 사이리스터에 의한 제어 : 정류전압에 의한 위상각을 제어

43 3상 동기발전기의 매극 매상의 슬롯수를 3이라고 하면 분포계수는?

① $\sin\dfrac{2}{3}\pi$

② $\sin\dfrac{3}{2}\pi$

③ $6\sin\dfrac{\pi}{18}$

④ $\dfrac{1}{6\sin\dfrac{\pi}{18}}$

해설

분포권계수 : $k_d = \dfrac{\sin\dfrac{n\pi}{2m}}{q\sin\dfrac{n\pi}{2mq}}$

고조파차수(n=1) : 별도 명시가 없으므로, 기본파인 n=1 상수(m=3)

$\therefore k_d = \dfrac{\sin\dfrac{\pi}{2\times3}}{3\sin\dfrac{\pi}{2\times3\times3}} = \dfrac{1}{6\sin\dfrac{\pi}{18}}$

44 다음에서 게이트에 의한 턴온(Turn-on)을 이용하지 않는 소자는?

① DIAC　　　　② SCR
③ GTO　　　　④ TRIAC

해설 DIAC은 게이트에 의한 턴온(Turn-on)을 이용하지 않고, 전류가 유지전류 이하가 되면 턴-오프 된다.

45 병렬운전을 하고 있는 두 대의 3상 동기발전기 사이에 무효순환전류가 흐르는 것은 두 발전기 사이의 기전력이 어떠할 때인가?

① 기전력의 위상이 다를 때
② 기전력의 파형이 다를 때
③ 기전력의 주파수가 다를 때
④ 기전력의 크기가 다를 때

해설

병렬운전 조건	병렬운전 조건이 다를 때
기전력의 위상이 같은 것	동기화 전류가 흐른다.
기전력의 크기가 같은 것	무효순환 전류가 흐른다.
기전력의 주파수가 같은 것	동기화 전류가 흐른다.
기전력의 파형이 같은 것	고주파 무효순환 전류가 흐른다.

46 슬립 6[%]인 유도전동기의 2차측 효율[%]은?

① 94　　　　② 84
③ 90　　　　④ 88

해설 2차측 효율,

$\eta_2 = \dfrac{출력(P)}{2차측\ 입력(P_2)} \times 100\ [\%]$

$= \dfrac{(1-s)P_2}{P_2} \times 100 = (1-s) \times 100$

$= (1-0.06) \times 100 = 94\ [\%]$

정답 42 ③　43 ④　44 ①　45 ④　46 ①

47 동기기의 안정도 증진법 중 옳은 것은?

① 동기화 리액턴스를 작게 할 것

② 회전자의 플라이휠 효과를 작게 할 것

③ 역상, 영상 임피던스를 작게 할 것

④ 단락비를 작게 할 것

해설 동기기의 안정도 증진법
- 동기화 리액턴스를 작게 할 것
- 회전자의 플라이휠 효과를 크게 할 것
- 정상 임피던스는 적게, 영상, 역상 임피던스는 크게 할 것
- 단락비를 크게 할 것
- 속응여자 방식을 채용할 것
- 발전기의 조속기 동작을 신속하게 할 것

48 3상 유도전동기에 직결된 펌프가 있다. 펌프 출력은 80[kW], 효율 74.6[%], 전동기의 효율과 역률은 각각 94[%], 90[%]라고 하면 전동기의 입력은 약 몇 [kVA]인가?

① 95.74

② 104.4

③ 121.1

④ 126.7

해설

전동기효율$(\eta_m) = \dfrac{전동기출력}{전동기입력} \times 100\,[\%]$

펌프효율$(\eta_p) = \dfrac{펌프효율}{펌프입력} \times 100\,[\%]$

펌프입력＝전동기출력$= \dfrac{P_0}{\eta_p} = \dfrac{80}{0.746} = 107.24\,[kW]$

전동기입력$= \dfrac{전동기출력}{\eta_p} = \dfrac{107.24}{0.94}$

$= 114.09\,[kW]$

$\therefore$ 전동기의 입력$[kVA] = \dfrac{전동기입력[kW]}{\cos\theta}$

$= \dfrac{114.09}{0.9} = 126.77\,[kVA]$

49 다음 유도전동기 기동법 중 권선형 유도전동기에 가장 적합한 기동법은?

① $Y-\triangle$기동법

② 기동보상기법

③ 전전압기동법

④ 2차저항법

해설 2차저항기동법 : 권선형 유도전동기의 2차 회로에 가변저항(R_s)을 접속해서 비례추이 원리를 이용해서, 기동시에 큰 기동토크를 얻을 수 있는 기동전류를 억제하는 기동법이다. $\dfrac{r_2}{S_m} = \dfrac{r_2 + R_s}{S_t}$ (단, S_m : 최대 토크시 슬립, S_t : 기동시 슬립(정지시 : S_t=1), r_2 : 2차 권선의 저항, R_s : 2차 외부회로의 저항)

50 유도전동기의 특성에 관한 설명으로 옳은 것은?

① 최대토크는 2차 저항과 반비례한다.

② 최대토크는 슬립과 반비례한다.

③ 발생토크는 전압의 2승에 반비례한다.

④ 발생토크는 전압의 2승에 비례한다.

해설

토크 : $T = k_0 \dfrac{s E_2^2 r_2}{r_2 + (s x_2)^2} \propto E^2$

최대토크 : $T_m = k_0 \dfrac{E_2^2}{2\,x_2}\,[N \cdot m]$

51 권선형 유도전동기 2대를 직렬종속으로 운전하는 경우의 속도는?

① 두 전동기 극수의 합을 극수로 하는 전동기의 동기속도이다.

② 두 전동기 중 큰 극수를 갖는 전동기의 동기속도이다.

③ 두 전동기 중 적은 극수를 갖는 전동기의 동기속도이다.

④ 두 전동기 극수의 차를 극수로 하는 전동기의 동기속도이다.

정답 **47** ① **48** ④ **49** ④ **50** ④ **51** ①

880 · Part 3. 전기산업기사 기출문제

해설 권선형 유도전동기 2대를 직렬종속으로 운전하는 경우의 속도는, 두 전동기 극수의 합 $(P_1 + P_2)$을 극수로 하는 전동기의 동기속도이다.

(직렬종속법 : $N = \dfrac{120f}{P_1 + P_2}$ $[rpm]$,

P_1 : M_1의 극수, P_2 : M_2의 극수)

---

52 전기자 지름 0.2[m]의 직류 발전기가 출력 28[kW]의 출력에서 900[rpm]으로 회전하고 있을 때 전기자 주변속도는 약 몇 [m/sec]인가?

① 9.42   ② 10.96

③ 16.74   ④ 21.85

해설 전기자 주변속도 :

$v = \pi D \dfrac{N}{60} = \pi \times 0.2 \times \dfrac{900}{60} = 9.42 \ [m/\sec]$

---

53 내분권 가동복권발전기의 단자전압[V]는 얼마인가?(단, $\Phi_s[Wb]$: 직권계자권선에 의한 자속, $\Phi_f[Wb]$: 분권계자의 자속, $R_a[\Omega]$: 전기자권선 저항, $R_s[\Omega]$: 직권계자권선 저항, $I_a[A]$: 전기자 전류, $I[A]$: 부하전류, n[rps] : 속도, $k = \dfrac{PZ}{a}$이고, 자기회로의 포화현상과 전기자반작용은 무시한다.)

① $V = k(\Phi_f + \Phi_s)n - I_a R_a - I R_s \ [V]$

② $V = k(\Phi_f - \Phi_s)n - I_a R_a - I R_s \ [V]$

③ $V = k(\Phi_f + \Phi_s)n - I_a(R_a - R_s) \ [V]$

④ $V = k(\Phi_f - \Phi_s)n - I_a(R_a - R_s) \ [V]$

해설

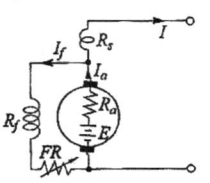

내분권 복권발전기

- 가동복권발전기 : $\Phi = \Phi_f + \Phi_s$

(차동복권 : $\Phi = \Phi_f - \Phi_s$)

부하전류(I)=전기자전류(I_a)−계자전류(I_f)

∴ 단자전압 : $V = E - I_a R_a - I R_s$

$= \dfrac{P\Phi Zn}{a} - I_a R_a - I R_s$

$= k(\Phi_f + \Phi_s)n - I_a R_a - I R_s \ [V]$

---

54 용량 P[kVA]인 동일 정격의 단상변압기 4대로 낼 수 있는 3상 최대 출력용량은?

① 3P   ② $\sqrt{3}$ P

③ 4P   ④ $2\sqrt{3}$ P

해설 단상변압기 4대로 낼 수 있는 3상 최대 출력용량은 V결선 2[bank]로 운영할 때이다.

$P = \sqrt{3} P_a \times 2 = \sqrt{3} \times P \times 2 [kVA]$

---

55 직류 분권전동기와 권선형 유도전동기와의 유사한 점은?

① 토크가 전압에 비례하며 속도 변동률이 크다.

② 기동 토크가 기동 전류에 비례하며 속도가 변하지 않는다.

③ 저항으로 속도조정이 되며 속도 변동률이 작다.

④ 정류자가 있으며 저항으로 속도조정이 가능하다.

해설 직류 분권전동기의 속도제어에는 직렬 저항 제어법, 권선형 유도전동기의 속도제어는 2차 저항 제어법이므로, 저항으로 속도를 조정한다.

정답   52 ①   53 ①   54 ④   55 ③

56 3상 교류 발전기의 기전력에 대하여 $\frac{\pi}{2}[rad]$ 뒤진 전기자 전류가 흐르면 전기자반작용은?

① 횡축 반작용을 한다.

② 교차 자화작용을 한다.

③ 증자작용을 한다.

④ 감자작용을 한다.

해설 전기자반작용

분류	동기 발전기	동기 전동기
전압과 동상	교차 자화작용	교차 자화작용
진상전류	증자작용	감자작용
지상전류	감자작용	증자작용

57 권수비 10 : 1인 동일정격 3대의 단상 변압기를 $Y-\triangle$로 결선하여 2차 단자에 200[V], 75[kVA]의 평형부하를 걸었을 때 각 변압기의 1차 권선의 전류[A] 및 1차 선간전압[V]은?(단, 여자전류와 임피던스는 무시한다.)

① 21.6[A], 2000[V]

② 12.5[A], 2000[V]

③ 21.6[A], 3464[V]

④ 12.5[A], 3464[V]

해설 3대의 단상 변압기 2차 측의 상전류는,

$$I_2 = \frac{P}{3\,V_2} = \frac{75 \times 10^3}{3 \times 200} = 125\ [A]$$

권수비 : $a = \dfrac{V_1}{V_2} = \dfrac{I_2}{I_1} = \dfrac{n_1}{n_2}$

$n_1 : n_2 = 10 : 1$ 에서, $\dfrac{n_1}{n_2} = 10 = a$

∴ 1차 권선의 전류는(Y결선이므로, 선전류=상전류)

$$I_1 = \frac{1}{a}I_2 = \frac{1}{10} \times 125 = 12.5\ [A]$$

1차 선간전압은
(Y결선이므로. 선간전압= $\sqrt{3} \times$ 상전압)

$a = \dfrac{V_1}{V_2}$ 에서,

$V_1 = a\,V_2 = a \times \sqrt{3}\ V_2 = 10 \times \sqrt{3} \times 200$
$= 3464.1\ [V]$

58 변압기유 열화방지 방법 중 틀린 것은?

① 개방형 콘서베이터   ② 수소봉입방식

③ 밀봉방식   ④ 흡착제방식

해설 변압기유의 열화방지로 수소는 폭발성 때문에 전기기기의 냉각제로는 사용 불가하다.

59 정류자형 주파수 변환기의 구조에 관한 설명 중 틀린 것은?

① 소용량의 것으로 가장 간단한 것은 회전자만 있고 고정자는 없다.

② 회전자는 3상 회전변류기의 전기자와 거의 같은 구조이며 정류자와 3개의 슬립링이 있다.

③ 자기회로의 자기저항을 감소시키기 위해 성층 철심만으로 권선이 없는 고정자를 설치한 것도 있다.

④ 용량이 큰 것은 정류작용을 좋게 하기 위해 회전자에 보상권선과 보극권선을 설치한 것도 있다.

해설 정류자형 주파수 변환기 : 정류작용을 좋게 하기 위해서 대용량의 전동기를 제작하기가 어렵고, 고정자에 보상권선, 보극권선을 설치해도 100[kV]가 한계이다.

60 스테핑 모터의 설명 중 틀린 것은?

① 가속, 감속이 용이하며 정, 역전 변속이 쉽다.

② 위치제어를 할 때 각도오차가 적고 누적되지 않는다.

정답 **56** ④　**57** ④　**58** ②　**59** ④　**60** ③

③ 정지하고 있을 때 그 위치를 유지해주는 토크가 작다.

④ 브러시, 슬립링 등이 없고 부품수가 적다.

해설 스테핑 모터(Stepping Motor) : 입력펄스 신호에 대해 여자 조건이 변할 때마다 일정 각도로 회전하는 모터이다.

㉠ 장점
- 가속, 감속이 용이하며, 기동, 정지, 정, 역회전의 변속이 쉽다.
- 위치제어를 할 때 각도 오차가 적고, 오차는 누적되지 않는다.
- 정지하고 있을 때 그 위치를 유지해 주는 토크가 크다.
- 펄스파로 구동되므로 브러시가 없고, 유지보수의 필요성이 적다.
- 회전속도가 가변하고, 저속부터 고속까지 광범위한 속도제어가 가능하다(주파수에 비례).
- 디지털 신호등의 펄스입력에 오픈루프(open-loop-control)로 손 쉽게 속도 및 위치 제어가 가능하고 시스템 구성 회로가 간단하다(피드백 루프는 필요 없다).

㉡ 단점
- 브레이크 등을 사용하지 않아서 정지위치가 한정 된다.
- 대용량 기기 제작이 어렵다.
- 오버슈트 및 진동에 문제가 발생한다.
- 서버모터에 비해서 효율이 나쁘다.
- 마찰부하에 대해서는 위치오차가 크게 된다.
- 관성이 큰 부하에는 적용하기가 부적합하다.

제4과목 : 회로이론

61 $i = 100 + 50\sqrt{2}\sin\omega t + 20\sqrt{2}\sin\left(3\omega t + \dfrac{\pi}{6}\right)[A]$

로 표시되는 비정현파 전류의 실효값[A]는 약 얼마인가?

① 20
② 50
③ 114
④ 150

해설 비정현파 전류의 실효값 : 직류분, 기본파, 각고조파의 제곱합의 제곱근

$$\therefore I_e = \sqrt{100^2 + 50^2 + 20^2} = 113.58[A]$$

62 전원이 Y결선, 부하가 △결선된 3상 대칭 회로가 있다. 전원의 상전압이 220[V]이고 전원의 상전류가 10[A]일 경우, 부하 한 상의 임피던스[Ω]는?

① 66
② $22\sqrt{3}$
③ 22
④ $\dfrac{22}{\sqrt{3}}$

해설

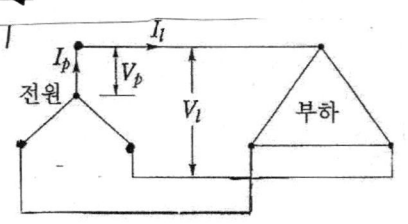

그림처럼 전원이 Y결선, 부하가 △결선이므로,
- 전원의 선간전압(V_l) = 부하의 상전압(V_p)
  부하 한 상에 인가되는 상전압은,
  $V_p = 220\sqrt{3}$ [V]이다.
- 전원의 상전류(I_p) = 부하의 선전류(I_l)

  부하의 상전류(I_p) = $\dfrac{I_l}{\sqrt{3}} = \dfrac{10}{\sqrt{3}}$ [A]

∴부하 한 상의 임피던스

$(Z_p) = \dfrac{V_p}{I_p} = \dfrac{220\sqrt{3}}{\dfrac{10}{\sqrt{3}}} = 66$ [Ω]

63 불평형 3상 전류 $I_a = 18 + j3$[A], $I_b = -25 - j7$[A], $I_c = -5 + j10$[A]일 때, 영상전류 I_0[A]는?

① $-12 - j6$
② $2 - j6.24$
③ $6 - j3$
④ $-4 + j2$

[정답] **61** ③ **62** ① **63** ④

[해설] 영상전류

$$I_0 = \frac{1}{3}(I_a + I_b + I_c)$$
$$= \frac{1}{3}(18 + j3 - 25 - j7 - 5 + j10) = -4 + j2\,[A]$$

64 주파수 f[Hz], 단상 교류전압 V[V]의 전원에 저항 R[Ω], 인덕턴스 L[H]의 코일을 접속한 회로가 있을 때, L을 가감해서 R의 전력을 L = 0일 때의 $\frac{1}{5}$로 하면 L[H]의 크기는?

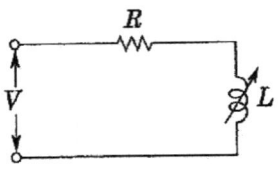

① $\dfrac{R^2}{2\pi f}$ ② $\pi f R^2$

③ $\dfrac{R}{\pi f}$ ④ $\dfrac{R}{2\pi f}$

[해설] R-L직렬회로에서 전력은,

$$P = I^2 R = (\frac{V}{\sqrt{R^2 + (\omega L)^2}})^2\,[W]에서,$$

$$L = 0일\ 때\ 전력은\ P = \frac{V^2}{R}\,[W],$$

$$\frac{V^2}{R} \times \frac{1}{5} = (\frac{V}{\sqrt{R^2 + (\omega L)^2}})^2 R에서,$$

$$\therefore L = \frac{2R}{\omega} = \frac{R}{\pi f}\,[H]$$

65 다상 교류회로 설명 중 잘못된 것은?(단, n = 상수)

① 평형 3상 교류에서 △결선의 상전류는 선전류의 $\frac{1}{\sqrt{3}}$과 같다.

② n상 전력 $P = \dfrac{1}{2\sin\dfrac{\pi}{n}} V_l I_l \cos\theta$이다.

③ 성형결선에서 선간전압과 상전압과의 위상 차는 $\dfrac{\pi}{2}(1 - \dfrac{2}{n})[rad]$이다.

④ 비대칭 다상교류가 만드는 회전 자기장은 타원회전 자기장이다.

[해설] n상 전력 $(P) = \dfrac{n}{2\sin\dfrac{\pi}{n}} V_l I_l \cos\theta\,[W]$

66 그림과 같은 회로가 정저항 회로가 되려면 L은 몇 [H]이어야 하는가?(단, R = 20[Ω], C = 200[μF])

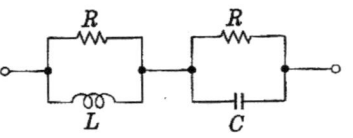

① 0.08 ② 0.8

③ 1 ④ 4

[해설] 정저항 조건은, $R = \sqrt{\dfrac{L}{C}}$

$$\therefore L = R^2 C = 20^2 \times 200 \times 10^{-6} = 0.08\,[H]$$

67 대칭 3상 교류에서 각 상의 전압이 $v_a[V]$, $v_b[V]$, $v_c[V]$일 때 3상 전압의 합은?

① 0[V] ② $0.3v_a[V]$

③ $0.5v_a[V]$ ④ $3v_a[V]$

[해설]
3상 전압의 합(a상 기준) = $v_a + v_b + v_c$
$= v_a + a^2 v_a + a v_a = 0$

68 다음 회로에서 $V_1 = 3[V]$, $R_1 = 1[k\Omega]$, $R_2 = 2[k\Omega]$일 때 등가회로로 변환한 회로의 합성 저항 $R_{th}[k\Omega]$와 등가전압 $V_{eq}[V]$는 각각 얼마인가?

[정답] **64** ③ **65** ② **66** ① **67** ① **68** ②

884 · Part 3. 전기산업기사 기출문제

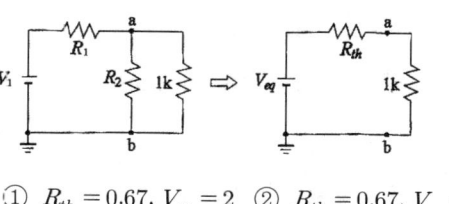

① $R_{th} = 0.67, V_{eq} = 2$ ② $R_{th} = 0.67, V_{eq} = 4$

③ $R_{th} = 3, V_{eq} = 2$ ④ $R_{th} = 4, V_{eq} = 4$

해설 테브난의 정리

ab단자에서 회로 측을 바라본 저항(전압원 : 단락, 전류원 : 개방)

$$R_{th} = \frac{R_1 R_2}{R_1 + R_2} = \frac{1 \times 10^3 \times 2 \times 10^3}{(1+2) \times 10^3} \times 10^{-3}$$
$$= 0.67 \, [k\Omega]$$

ab 단자의 등가전압

$$V_{eq} = \frac{R_2}{R_1 + R_2} V_1 = \frac{2}{1+2} \times 6 = 4 \, [V]$$

69 그림에서 전류계는 0.4[A], 전압계 V_1은 3[V], V_2는 4[V]를 지시했다. 저항 R_3의 값 [Ω]은?(단, 전류계 및 전압계의 내부저항은 무시한다.)

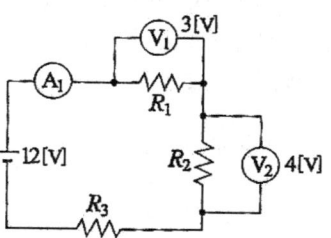

① 5 ② 11

③ 12.5 ④ 13.7

해설 전류계 A_1의 지시 값을 I[A]라 할 경우,

$V = IR_1 + IR_2 + IR_3 = V_1 + V_2 + IR_3$

$12 = 3 + 4 + 0.4R_3$

$\therefore R_3 = \dfrac{5}{0.4} = 12.5 \, [\Omega]$

70 그림에서 4단자 회로 정수 A, B, C, D 중 출력 단자 3, 4가 개방되었을 때의 $\dfrac{V_1}{V_2}$인 A의 값은?

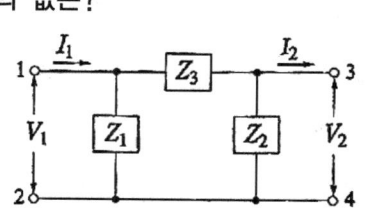

① $1 + \dfrac{Z_2}{Z_1}$ ② $\dfrac{Z_1 + Z_2 + Z_3}{Z_1 Z_3}$

③ $1 + \dfrac{Z_2}{Z_3}$ ④ $1 + \dfrac{Z_3}{Z_2}$

해설 4단자 정수,

$V_1 = A V_2 + B I_2, \quad I_1 = C V_2 + D I_2$ 에서,

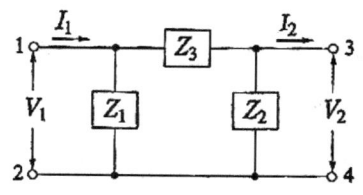

을 구해서 대입하면

$$\therefore A = \frac{V_1}{V_2} \bigg|_{I_2 = 0} = \frac{V_1}{\dfrac{Z_2}{Z_2 + Z_3} V_1} = 1 + \frac{Z_3}{Z_2}$$

그림에서, $V_2 = \dfrac{Z_2}{Z_2 + Z_3} V_1$

71 $R = 10[\Omega]$, $L = 5[\mu H]$인 RL직렬회로와 $C = 100$ [pF]인 콘덴서가 병렬로 연결된 회로에서 공진 시 공진임피던스[kΩ]는?

① 0.2 ② 0.5

③ 5 ④ 200

정답 69 ③ 70 ④ 71 ③

2011년도 산업기사 제3회 필기시험(산업기사) · **885**

해설

$$Y = \frac{1}{R + j\omega L} + j\omega C$$

$$= \frac{R}{R^2 + (\omega L)^2} + j\left(\omega C - \frac{\omega L}{R^2 + (\omega L)^2}\right)$$

공진조건, $\omega C = \dfrac{\omega L}{R^2 + (\omega L)^2}$

∴ 공진 시 공진임피던스는,

$$Z = \frac{1}{Y} = \frac{R^2 + (\omega L)^2}{R} = \frac{L}{RC}$$

$$= \frac{5 \times 10^{-6}}{10 \times 100 \times 10^{-12}} \times 10^{-3} = 5\,[k\Omega]$$

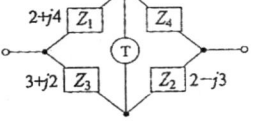

72 다음과 같은 브리지 회로가 평형이 되기 위한 Z_4의 값은?

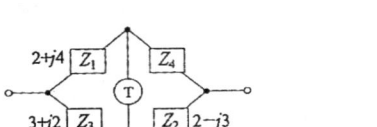

① $2+j4$ ② $-2+j4$

③ $4+j2$ ④ $4-j2$

해설 $(2+j4) \cdot (2-j3) = Z_4(3+j2)$

$$\therefore Z_4 = \frac{(2+j4) \cdot (2-j3)}{3+j2} = 4-j2$$

73 $8+j6[\Omega]$인 평형 Y부하에 선간전압 200[V]인 대칭 3상 전압을 가할 때 선전류는 약 몇 [A]인가?

① 20   ② 11.5

③ 7.5   ④ 5.5

해설 Y결선에서는 선전류(I_l) = 상전류(I_p), 상전압

$$(V_p) = \frac{\text{선간전압}(V_l)}{\sqrt{3}}$$

상전류$(I_p) = \dfrac{V_p}{Z} = \dfrac{200/\sqrt{3}}{\sqrt{8^2 + 6^2}} = 11.55\,[A]$

∴ 선전류(I_l)=상전류(I_p)=11.55[A]

74 $Z_1 = 3 + j10[\Omega]$, $Z_2 = 3 - j2[\Omega]$인 두 임피던스를 직렬로 연결하고 양단에 $100\angle 0°\,[V]$의 전압을 가했을 때 $\dot{Z_1}$, $\dot{Z_2}$에 걸리는 전압 V_1, $V_2[V]$는 각각 얼마인가?

① $V_1 = 98+j36$, $V_2 = 2+j36$

② $V_1 = 98-j36$, $V_2 = 2+j36$

③ $V_1 = 98+j36$, $V_2 = 2-j36$

④ $V_1 = 98-j36$, $V_2 = 2-j36$

해설

$$V_1 = \frac{Z_1}{Z_1 + Z_2}\,V = \frac{3+j10}{(3+j10)+(3-j2)} \times 100$$

$$= 98 + j36\,[V]$$

$$V_2 = \frac{Z_2}{Z_1 + Z_2}\,V = \frac{3-j2}{(3+j10)+(3-j2)} \times 100$$

$$= 2 - j36\,[V]$$

75 그림과 같이 10[Ω]의 저항에 감은 비가 10 : 1의 결합회로를 연결했을 때 4단자 정수 A, B, C, D는?

① A=1, B=10, C=0, D=10

② A=10, B=0, C=1, D=$\dfrac{1}{10}$

③ A=10, B=1, C=0, D=$\dfrac{1}{10}$

④ A=10, B=1, C=1, D=10

해설

$$\begin{bmatrix} A & B \\ C & D \end{bmatrix} = \begin{bmatrix} 1 & 10 \\ 0 & 1 \end{bmatrix} \begin{bmatrix} 10 & 0 \\ 0 & \frac{1}{10} \end{bmatrix} = \begin{bmatrix} 10 & 1 \\ 0 & \frac{1}{10} \end{bmatrix}$$

정답   **72** ④   **73** ②   **74** ③   **75** ③

$$V_1 : V_2 = 10 : 1, \quad \frac{V_1}{V_2} = 10 = \frac{I_2}{I_1}$$

$$V_1 = 10\,V_2 + 0\,I_2$$

$$I_1 = 0\,V_2 + \frac{1}{10}\,I_2$$

$$\therefore \begin{bmatrix} A & B \\ C & D \end{bmatrix} = \begin{bmatrix} 10 & 0 \\ 0 & \dfrac{1}{10} \end{bmatrix}$$

76 전달함수 응답식 $C(s) = G(s) \cdot R(s)$ 에서 입력함수를 단위펄스 $\delta(t)$ 로 가할 때 계의 응답은?

① $C(s) = G(s) \cdot \delta(t)$

② $C(s) = \dfrac{G(s)}{\delta(t)}$

③ $C(s) = \dfrac{G(s)}{s}$

④ $C(s) = G(s)$

해설 입력이 단위임펄스이므로,

$r(t) = \delta(t),\ \mathcal{L}\,r(t) = R(s) = 1$

$\therefore C(s) = G(s) \cdot 1 = G(s)$

77 RC회로의 입력단자에 계단전압을 인가하면 출력전압은?

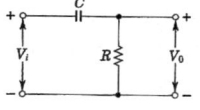

① 0부터 지수적으로 증가한다.

② 처음에는 입력과 같이 변했다가 지수적으로 감쇠한다.

③ 같은 모양의 계단 전압이 나타난다.

④ 아무 것도 나타나지 않는다.

해설 $i(t) = \dfrac{V}{R}\,e^{-\frac{1}{RC}t}$ 에서, 출력전압은

$V_0 = i(t)\,R = V e^{-\frac{1}{RC}t}$ 이므로,

처음에는 입력과 같이 변했다가 지수적으로 감쇠한다.

78 그림과 같은 톱니파의 라플라스 변환은?

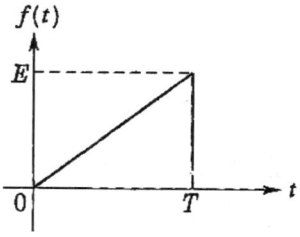

① $\dfrac{E}{Ts}(1 - e^{-Ts})$

② $\dfrac{E}{Ts^2}(1 - e^{-Ts})$

③ $\dfrac{E}{Ts}(1 - e^{-Ts} - Tse^{-Ts})$

④ $\dfrac{E}{Ts^2}(1 - e^{-Ts} - Tse^{-Ts})$

해설

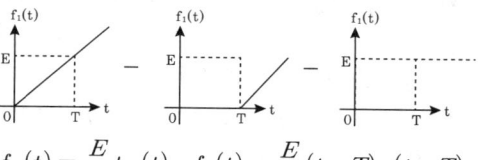

$f_1(t) = \dfrac{E}{T}\,t\,u(t),\ \ f_2(t) = \dfrac{E}{T}(t-T)\,u(t-T),$

$f_3(t) = E\,u(t-T)$

$f(t) = \dfrac{E}{T}\,t\,u(t) - \dfrac{E}{T}(t-T)\,u(t-T)$

$\quad - E\,u(t-T)$

$\mathcal{L}$ 변환하면,

$\therefore F(s) = \dfrac{E}{Ts^2} - \dfrac{E}{Ts^2}\,e^{-Ts} - \dfrac{E}{s}\,e^{-Ts}$

$\quad = \dfrac{E}{Ts^2}[1 - (Ts+1)e^{-Ts}]$

79 $10t^3$ 의 라플라스 변환은?

① $\dfrac{60}{s^4}$

② $\dfrac{30}{s^4}$

③ $\dfrac{10}{s^4}$

④ $\dfrac{80}{s^4}$

정답 76 ④ 77 ② 78 ④ 79 ①

해설 $\mathcal{L}\,10t^3 = 10\dfrac{3\,!}{s^{3+1}} = \dfrac{60}{s^4}$

80 어떤 제어계의 출력이 $C(s) = \dfrac{5}{s(s^2+s+2)}$ 로 주어질 때 출력의 시간함수 c(t)의 정상값은?

① 5
② 2
③ $\dfrac{2}{5}$
④ $\dfrac{5}{2}$

해설 정상값 = 최종값의 정리

$\lim_{t\to\infty} C(t) = \lim_{s\to 0} s\,C(s) = \lim_{s\to 0} s\dfrac{5}{s(s^2+s+2)}$
$= \dfrac{5}{2}$

제5과목 : 전기설비기술기준 및 판단기준

81 3상 380[V] 모터에 전원을 공급하는 저압전로의 전선상호간 및 전로와 대지 사이의 절연저항 값은 몇 [MΩ] 이상이 되어야 하는가?

① 0.1
② 0.2
③ 0.3
④ 0.4

해설 저압 전로의 절연 저항 값(이상)

전로의 사용전압의 구분		절연 저항값
400[V] 미만	대지 전압 150[V] 이하인 경우	0.1[MΩ]
	대지 전압이 150[V] 초과 300[V] 이하인 경우	0.2[MΩ]
	사용 전압이 300[V] 초과 400[V] 미만인 경우	0.3[MΩ]
400[V] 이상		0.4[MΩ]

[비고] 대지 전압 : 접지식 전로는 전선과 대지 사이의 전압, 비접지식 전로는 전선간의 전압

82 전격살충기는 전격격자가 지표상 또는 마루 위 몇 [m] 이상 되도록 시설하여야 하는가?

① 1.5[m]
② 2[m]
③ 2.8[m]
④ 3.5[m]

해설 전격살충기는 전격격자가 지표상 또는 마루 위 3.5[m] 이상(단, 2차측 개방전압이 7000[V] 이하인 경우 1.8[m] 이상)

83 특고압 지중전선이 가연성이나 유독성의 유체(流體)를 내포하는 관과 접근하기 때문에 상호간에 견고한 내화성 격벽을 시설하였다. 상호 간의 이격거리가 몇 [m] 이하인 경우인가?

① 0.4
② 0.6
③ 0.8
④ 1.0

해설 지중전선과 지중약전류 전선 등 또는 관과의 근접 또는 교차
㉠ 지중전선이 지중약전류 전선등과 접근하거나 교차 시에는 다음과 같은 이격거리 이하일 때에는 견고한 내화성 격벽을 시설하여야 한다.
　• 저, 고압의 지중전선 : 30[cm] 이하
　• 특고압 : 60[cm] 이하
㉡ 특고압 지중전선이 가연성이나 유독성의 유체를 내포하는 관과 접근하거나 교차하는 경우에 상호 간의 이격거리가 1[m] 이하(단, 25[kV] 이하 다중접지 방식 : 50[cm] 이하)인 때에는 지중전선과 관 사이에 견고한 내화성의 격벽을 시설한다.
㉢ 지중전선 상호간의 이격거리
　• 저압이나 고압의 지중전선과 특고지중전선의 이격거리 : 30[cm] 이상
　• 저압지중선 또는 고압지중선 상호 간의 이격거리 : 15[cm] 이상

84 습기 있는 장소에서 사용전압이 440[V]인 경우의 애자사용 공사 시 전선과 조영재 사이의 이격거리는 최소 몇 [cm] 이상이어야 하는가?

정답 **80** ④　**81** ③　**82** ④　**83** ④　**84** ②

888 · Part 3. 전기산업기사 기출문제

① 2.5   ② 4.5

③ 6   ④ 8

[해설] 애자사용공사(전선은 절연전선일 것)

전압		전선과 조영재와의 이격 거리	전선 상호 간의 간격	전선 지지점 간의 거리	
				조영재의 윗면 또는 옆면	조영재의 아래면
저압	400[V] 미만	2.5[cm] 이상	6[cm] 이상	2[m] 이하	6[m] 이하
	400[V] 이상	건조한 장소 2.5[cm] 이상			
		기타의 장소 4.5[cm] 이상			

85 저압 가공 인입선의 시설에 대한 설명으로 틀린 것은?

① 전선은 절연전선, 다심형 전선 또는 케이블 일 것

② 전선은 지름 1.6[mm]의 경동선 또는 이와 동등 이상의 세기 및 굵기일 것

③ 전선의 높이는 철도 및 궤도를 횡단하는 경우에는 레일면상 6.5[m] 이상일 것

④ 전선의 높이는 횡단보도교의 위에 시설하는 경우에는 노면상 3[m] 이상일 것

[해설] 저압 인입선의 시설

저압 가공 인입선은 건조물과 접근, 저압 가공선의 상호접근교차, 다른 시설물과 접근 교차, 식물과의 이격 거리를 제외하고 다음과 같이 시설할 것

- 전선의 굵기 : 케이블인 경우 이외에는 인장강도 2.30[kN] 이상의 것 또는 지름 2.6[mm] 이상의 인입용 비닐 절연전선(DV)일 것(다만, 경간이 15[m] 이하 : 인장강도 1.25[kN] 이상의 것 또는 지름 20.[mm] 이상의 DV일 것)

- 전선 : 절연전선, 케이블, 다심형 전선일 것
- 옥외용 비닐 절연전선(OW)인 경우에는 사람이 접촉할 우려가 없도록 시설할 것
- 전선의 높이(이상)

시설장소	높이
일반도로 횡단	노면상 5[m]
교통에 지장이 없는 도로 횡단	노면상 3[m]
철도, 궤도 횡단	레일면상 6.5[m]
횡단보도교 위에 가설	노면상 3[m]
위 시설 이외 장소	지표상 4[m]
일반장소 중, 기술상 부득이하고 교통에 지장이 없는 경우	지표상 2.5[m]

86 가공전선로에 사용하는 지지물의 강도 계산 시 구성재의 수직 투영면적 1[m^2]에 대한 풍압을 기초로 적용하는 갑종풍압하중 값의 기준이 잘못된 것은?

① 목주 : 588[Pa]

② 원형 철주 : 588[Pa]

③ 철근콘크리트주 : 1117[Pa]

④ 강관으로 구성된 철탑 : 1255[Pa]

[해설] 철근 콘크리트주

원형 : 588[Pa], 기타의 것 : 822[Pa]

87 제2종 접지공사에서 접지선의 굵기는 연동선인 경우 몇 [mm^2] 이상인가?

① 1.25   ② 6

③ 8   ④ 16

[해설]

접지공사의 종류	접지선의 굵기 및 접지 저항 값(이하)
제1종 접지공사	공칭단면적 6[mm^2] 이상의 연동선(10[Ω])

[정답] 85 ②   86 ③   87 ④

제2종 접지공사	• 공칭단면적 16[mm^2] 이상의 연동선 ($\dfrac{150}{1선\ 지락전류}$[Ω], 1초 이내 : 600, 1초 넘고 2초 이내 : 300) • 고압전로와 저압전로를 변압기에 의 해 결합하는 경우 6[mm^2] 이상의 연동선 • 25[kV] 이하인 특고압 가공전선로 (중성선 다중접지식으로서, 고저압 혼 촉 시 2초 이내 동작하는 자동차단장치 가 있는 경우)와 저압전로를 변압기로 결합하는 경우에는 공칭단면적 6[mm^2] 이상의 연동선
제3종 접지공사 및 특별 제3종 접지공사	공칭단면적 2.5[mm^2] 이상의 연동선 (E_3 : 100[Ω], E_{s3} : 10[Ω])

88 사용전압이 25000[V] 이하의 특고압 가공 전선로에는 전화선로의 길이 12[km]마다 유도전류가 몇 [μA]를 넘지 아니하도록 아 여야 하는가?

① 1.5
② 2
③ 2.5
④ 3

해설
- 사용전압 60[kV] 이하 : 전화선로의 길이 12[km] 마다 유도전류가 2[μA]를 넘지 아니하도록 할 것
- 사용전압 60[kV] 초과 : 전화선로의 길이 40[km] 마다 유도전류가 3[μA]를 넘지 아니하도록 할 것

89 강제 배류기의 시설기준에 대한 설명으로 옳지 않은 것은?

① 귀선에서는 강제 배류기를 거쳐 금속제 지중 관로로 통하는 전류를 저지하는 구조로 할 것
② 강제 배류기를 보호하기 위하여 적정한 과전 류 차단기를 시설할 것

③ 강제 배류기용 전원장치의 변압기는 절연변압 기를 시설하고, 1, 2차 측 전로에는 개폐기 및 과전류 차단기를 각 극에 시설한 것일 것
④ 강제 배류기는 제3종 접지공사를 한 금속을 제외한 기타 견고한 함에 넣어 시설하거나 사람이 접촉할 우려가 없도록 시설할 것

해설 1차 측 전로에는 개폐기 및 과전류 차단기를 각 극에 시설할 것

90 가공 전선로의 지지물에 하중이 가해지는 경우에 그 하중을 받는 지지물 기초의 안전 율은 일반적인 경우에 얼마 이상이어야 하 는가?

① 1.5
② 2.0
③ 2.5
④ 3.0

해설 가공 전선로의 지지물에 하중이 가해지는 경우에 그 하중을 받는 지지물 기초의 안전율은 2 이상(단, 이상 시 상정하중에 대한 철탑의 기초에 대하여는 1.33)이어야 한다.

91 중성선 다중접지한 22.9[kV] 3상4선식 가 공전선로를 건조물의 옆쪽 또는 아래쪽에 접근 상태로 시설하는 경우 가공 나전선과 건조물의 최소 이격거리[m]는?

① 1.2
② 1.5
③ 2.0
④ 2.5

해설 15[kV] 초과 25[kV] 이하인 특고가공 전선로 (25[kV] 이하 중성선 다중접지 제외)
특고압가공 전선이 건조물과 접근하는 경우의 이격거 리(이상)

건조물의 조영재	접근형태	전선의 종류	이격거리
상부 조영재	위쪽	나전선	3[m]
		특고압 절연전선	2.5[m]
		케이블	1.2[m]

정답 88 ②   89 ③   90 ②   91 ②

상부 조영재	옆쪽 또는 아래쪽	나전선	1.5[m]
		특고압 절연전선	1.0[m]
		케이블	0.5[m]
기타의 조영재		나전선	1.5[m]
		특고압 절연전선	1.0[m]
		케이블	0.5[m]

92 관, 암거 기타 지중전선을 넣은 금속제 방호 장치의 금속제 부분, 금속제의 전선 접속함 및 지중전선의 피복으로 사용하는 금속제에 시행하는 접지공사의 종류는?

① 제1종 접지공사

② 제2종 접지공사

③ 제3종 접지공사

④ 특별 제3종 접지공사

93 출퇴표시등 제어회로의 배선을 금속 덕트 공사에 의하여 시설하고자 한다. 절연피복을 포함한 전선의 총면적은 덕트 내부 단면적의 몇 [%]까지 할 수 있는가?

① 20   ② 30

③ 40   ④ 50

해설 금속덕트에 넣는 전선의 단면적의 합계는 덕트 내부 단면적의 20[%](전광표시장치, 출퇴근표시등, 제어회로 등의 배전선만을 넣은 경우에는 50[%]) 이하일 것

94 최대 사용전압이 6600[V]인 3상 유도전동 기의 권선과 대지 사이의 절연내력 시험전 압은 몇 [V]인가?

① 7260   ② 7920

③ 8250   ④ 9900

해설 회전기 및 정류기의 절연내력

종류		시험 전압	시험 방법
회전기	발전기, 전동기, 조상기, 기타 회전기	최대사용전압 7000[V] 이하	최대사용전압의 1.5배 (최저 500[V])	권선과 대지 사이에 연속하여 10분간
		최대사용전압 7000[V] 초과	최대사용전압의 1.25배 (최저 10500[V])	
	회전 변류기		직류측의 최대사용전압의 1배의 교류전압(최저 500[V])	

절연내력 시험전압 : $6600 \times 1.5 = 9900[V]$

95 지중에 매설된 금속제 수도관로는 각종 접 지공사의 접지극으로 사용할 수 있다. 다음 중에서 접지극으로 사용할 수 없는 것은?

① 안지름 75[mm] 이상이고 전기저항값이 3 [Ω] 이하인 것

② 안지름 75[mm] 이상이고 전기저항값이 2 [Ω] 이하인 것

③ 안지름 75[mm]에서 분기한 안지름 50 [mm]의 수도관으로 길이가 6[m]이고, 전기 저항 값이 3[Ω] 이하인 것

④ 안지름 75[mm]에서 분기한 안지름 30[mm]의 수도관으로 길이가 5[m] 이내 이고, 전기 저항값이 3[Ω] 이하인 것

해설 수도관 등의 접지극

• 지중에 매설되어 있고 대지와의 전기저항 값이 3 [Ω] 이하 값을 유지하고 있는 금속제 수도 관로는 각종 접지공사(E_1, E_2, E_3, E_{s3})의 접지극으로 사용할 수 있다.

정답 92 ③   93 ④   94 ④   95 ③

- 접지선과 수도관의 접속은 안지름 75[mm] 이상의 수도관의 부분 또는 이로부터 분기한 안지름 75[mm] 미만인 수도관의 그 분기점으로부터 5[m] 이내의 부분에서 할 것, 그러나 수도관의 전기 저항 값이 2[Ω] 이하인 경우에는 어느 곳에서나 접속할 수 있다.

96 과전류차단기로 시설하는 퓨즈 중 고압전로에 사용하는 비포장 퓨즈는 정격전류의 최대 몇 배의 전류에 견디어야 하는가?

① 1.1 ② 1.25
③ 1.5 ④ 2

해설 고압 및 특고압전로 중의 과전류차단기의 시설
- 고압전로에 사용하는 포장퓨즈(고압전류제한 퓨즈 등)는 정격전류 1.3배에 견디고, 2배의 전류에 120분 안에 용단될 것
- 고압전로에 사용하는 비포장퓨즈는 정격전류의 1.25배에 견디고, 2배의 전류에 2분 안에 용단될 것

97 전로의 중성점을 접지하는 목적으로 볼 수 없는 것은?

① 전로의 보호 장치의 확실한 동작의 확보
② 부하전류의 일부를 대지로 방류하여 전선 절약
③ 이상전압의 억제
④ 대지전압의 저하

해설 전로의 중성점을 접지하는 것은 전로의 보호장치의 확실한 동작의 확보와 이상전압의 억제 및 대지전압의 저하를 위해서 접지한다.

98 분기회로의 시설에서 저압 옥내간선과의 분기점에서 전선의 길이가 몇 [m] 이하인 곳에 개폐기 및 과전류 차단기를 시설하여야 하는가?

① 3 ② 4
③ 5 ④ 6

해설 분기회로의 시설에서 과전류차단기의 시설기준
- 저압옥내 간선과의 분기점에서 전선의 길이가 3[m] 이하인 곳에 개폐기 및 과전류차단기를 시설
- 정격전류의 35[%] 이상 55[%] 미만 : 8[m] 이하
- 정격전류의 55[%] 이상 : 3[m]를 초과할 수 있다 (제한 없음).

99 가공전선로 지지물에 시설하는 통신선으로 적합하지 아니한 것은?

① 통신선은 가공지선의 아래에 시설할 것
② 통신선과 저압 가공전선 사이의 이격거리는 60[cm] 이상일 것
③ 통신선과 고압 가공전선 사이의 이격거리는 60[cm] 이상일 것
④ 통신선과 특고압 가공전선 사이의 이격거리는 1.0[m] 이상일 것

해설 가공전선과 첨가 통신선의 이격거리
- 가공전선과 중성선 사이의 이격거리 : 60[cm] 이상 (저압가공전선이 절연전선 또는 케이블 : 30[cm] 이상)
- 통신선과 고압가공전선 사이의 이격거리 : 60[cm] 이상(고압가공전선이 케이블 : 30[cm] 이상)
- 통신선과 특고가공전선 사이의 이격거리 : 1.2[m] 이상(단, 22.9[kV-Y]인 경우 : 75[cm] 이상)

100 수소냉각식의 발전기, 조상기에 부속하는 수소 냉각장치에서 필요 없는 장치는?

① 수소의 순도 저하를 경보하는 장치
② 수소의 압력을 계측하는 장치
③ 수소의 온도를 계측하는 장치
④ 수소의 유량을 계측하는 장치

해설 수소냉각식 발전기 등의 시설
- 수소의 압력을 계측하는 장치
- 누설한 수소가스를 안전하게 외부로 방출하는 장치
- 수소순도의 저하를 경보하는 장치
- 수소의 온도를 계측하는 장치

정답 96 ② 97 ② 98 ① 99 ④ 100 ④

국가기술자격검정 필기시험문제

2012년도 산업기사 제1회 필기시험(산업기사)

자격종목 및 등급(선택분야)	종목코드	시험시간	문제지형별	수검번호	성명
전기산업기사		2시간 30분	A		

※ 시험문제지는 답안카드와 같이 반드시 제출하여야 합니다.

제1과목 : 전기자기학

01 면적이 S[m²], 극판 간격이 d[m], 유전율이 ϵ[F/m]인 평행판 콘덴서에 V[V]의 전압이 가해졌을 때 축적되는 전하 Q[C]는?

① $\dfrac{\epsilon_0 S}{d} V$ ② $\dfrac{\epsilon_0}{d S} V$

③ $\dfrac{\epsilon S}{d} V$ ④ $\dfrac{d S}{\epsilon} V$

[해설]

축적되는 전하 : $Q = CV = \dfrac{\epsilon S}{d} V [C]$

평행판 콘덴서의 정전용량 : $C = \dfrac{\epsilon S}{d} [F]$

02 다음 설명 중 영전위로 볼 수 없는 것은?

① 가상 음전하가 존재하는 무한원점
② 전지의 음극
③ 지구의 대지
④ 전계내의 대전도체

[해설] 전계 내의 대전 도체에는 양(+), 음(−) 전하가 모두 존재하기 때문에 영전위로 볼 수 없다.

03 정현파 자속의 주파수를 3배로 높일 때 유기 기전력은 어떻게 변화하는가?

① 3배로 감소   ② 3배로 증가
③ 9배로 감소   ④ 9배로 증가

[해설]

$e = -\omega N \phi_m \sin(\omega t - 180°)$
$\quad = -2\pi f N \phi_m \sin(\omega t - 180°) \propto f$

그러므로 주파수(f)를 3배 높이면 유기 기전력(e)도 3배로 높아진다.

04 전하 q[C]가 진공 중의 자계 H[AT/m]에 수직방향으로 v[m/s]의 속도로 움직일 때 받는 힘은 몇 [N]인가?(단, μ_0는 진공의 투자율이다.)

① $\dfrac{qH}{\mu_0 v}$ ② qvH

③ $\dfrac{qvH}{\mu_0}$ ④ $\mu_0 qvH$

[해설] 자계 내에서 운동전하가 받는 힘(F)은
$F = qvB\sin\theta = qv\mu_0 H\sin\theta \,[N]$에서
수직방향($\theta = 90°$)이므로
$\therefore F = qv\mu_0 H\,[N]$

05 다음 조건 중 틀린 것은?(단, χ_m : 비자화율, μ_r : 비투자율이다.)

① 물질은 χ_m 또는 μ_r의 값에 따라 역자성체, 상자성체, 강자성체 등으로 구분한다.
② $\chi_m > 0$, $\mu_r > 1$이면 상자성체
③ $\chi_m < 0$, $\mu_r < 1$이면 역자성체
④ $\mu_r \ll 1$이면 강자성체

[정답]   **01** ③   **02** ④   **03** ②   **04** ④   **05** ④

해설

- $\chi > 0$, $\mu_s \geq 1$: 상자성체
- $\chi < 0$, $\mu_s < 1$: 반자성체
- $\chi_m \gg 0$, $\mu_s \gg 1$: 강자성체

(χ : 자화율, χ_m : 비자화율, μ_r : 비투자율(μ_s))

06 변위전류밀도를 나타낸 식은?(단, Φ는 자속, D는 전속밀도, B는 자속밀도, $N\Phi$는 자속 쇄교수이다.)

① $i = \dfrac{d(N\Phi)}{dt}$　　② $i = \dfrac{d\Phi}{dt}$

③ $i = \dfrac{dD}{dt}$　　④ $i = \dfrac{dB}{dt}$

해설 변위전류밀도 : $i_d = \dfrac{dD}{dt} \, [A/m]$: 전속밀도에 의한 시간적 변화

07 전원에 연결한 코일에 10[A]가 흐르고 있다. 지금 순간적으로 전원을 분리하고 코일에 저항을 연결하였을 때 저항에서 24[cal]의 열량이 발생하였다. 코일의 자기 인덕턴스는 몇 [H]인가?

① 0.1[H]　　② 0.5[H]

③ 2[H]　　④ 24[H]

해설 코일에 축적되는 에너지는

$W = \dfrac{1}{2} L I^2 \, [J]$ 에서,

$L = \dfrac{2W}{I^2} = \dfrac{2 \times 24 \times 4.2}{10^2} = 2.02 \, [H]$

(1[cal]=4.2[J])

08 어느 철심에 도선을 250회 감고 여기에 2[A]의 전류를 흘릴 때 발생하는 자속이 0.02[Wb]이었다. 이 코일의 자기인덕턴스는 몇 [H]인가?

① 1.05　　② 1.25

③ 2.5　　④ $\sqrt{2}\,\pi$

해설 $L I = N\phi$

- 쇄교자속수(Φ) $= N\phi = L I$

$\therefore L = \dfrac{N\phi}{I} = \dfrac{250 \times 0.02}{2} = 2.5 \, [H]$

09 다음 중 맥스웰의 전자 방정식이 아닌 것은?

① $\nabla \times H = i + \dfrac{\partial D}{\partial t}$　　② $\nabla \times E = -\dfrac{\partial H}{\partial t}$

③ $\nabla \cdot D = \rho$　　④ $\nabla \cdot i = -\dfrac{\partial \rho}{\partial t}$

해설 맥스웰의 전자방정식

$rot E = \nabla \times E = -\dfrac{\partial B}{\partial t}$

10 기자력의 단위는?

① [V]　　② [Wb]

③ [AT]　　④ [N]

해설

- [Wb] : 자속의 단위
- [AT] : 기자력의 단위(F=NI)
- [N] : 힘의 단위

11 도체의 길이 l[m], 단면적 S[m^2]의 저항 $R = \rho \dfrac{l}{S}$[Ω]으로 표현되는데 여기서 ρ의 역수를 무엇이라고 하는가?

① 저항률　　② 고유저항

③ 도전율　　④ 비례상수

해설 저항률(ρ) $= \dfrac{1}{도전율(\sigma)}$

정답　06 ③　07 ③　08 ③　09 ②　10 ③　11 ③

12 무한 평면 도체로부터 a[m]의 거리에 점전하 Q[C]가 있을 때 이 점전하와 평면 도체 간의 작용력은 몇 [N]인가?

① $\dfrac{Q^2}{2\pi\epsilon a^2}$ ② $-\dfrac{Q^2}{4\pi\epsilon a^2}$

③ $\dfrac{Q^2}{8\pi\epsilon a^2}$ ④ $-\dfrac{Q^2}{16\pi\epsilon a^2}$

해설 점전하 Q[C]가 있을 때 무한 평면도체 간의 작용력은

$$F = \frac{Q \cdot (-Q)}{4\pi\epsilon (2a)^2} = \frac{-Q^2}{16\pi\epsilon a^2}\ [N]$$

여기서, 영상전하(−Q), (−)는 흡인력이다.

13 점 (−2, 1, 5)[m]와 점(1, 3, −1)[m]에 각각 위치해 있는 점전하 1[μC]과 4[μC]에 의해 발생된 전위장 내에 저장된 정전 에너지는 약 몇 [mJ]인가?

① 2.57 ② 5.14

③ 7.71 ④ 10.28

해설 전위장 내에 저장된 정전에너지는

$$W = \frac{1}{2}QV = \frac{1}{2}(Q_1 V_1 + Q_2 V_2)$$
$$= \frac{1}{2}\left(Q_1 \frac{Q_2}{4\pi\epsilon_0 r} + Q_2 \frac{Q_1}{4\pi\epsilon_0 r}\right) = \frac{Q_1 Q_2}{4\pi\epsilon_0 r}$$
$$= 9 \times 10^9 \times \frac{Q_1 Q_2}{r}$$
$$= 9 \times 10^9 \times \frac{1 \times 10^{-6} \times 4 \times 10^{-6}}{7}$$
$$= 5.14 \times 10^{-3}\ [J] = 5.14\ [mJ]$$

• 두 점 간의 거리(r)
$$= \sqrt{(1+2)^2 + (3-1)^2 + (-1-5)^2} = 7\ [m]$$

14 유전률이 각각 ϵ_1, ϵ_2인 두 유전체가 접해 있다. 각 유전체 중의 전계 및 전속밀도가 각각 E₁, D₁ 및 E₂, D₂이고, 경계면에 대한 입사각 및 굴절각이 θ_1, θ_2일 때 경계조건으로 옳은 것은?

① $\dfrac{\sin\theta_2}{\sin\theta_1} = \dfrac{E_2}{E_1}$

② $\dfrac{\cos\theta_2}{\cos\theta_1} = \dfrac{D_2}{D_1}$

③ $\dfrac{\tan\theta_2}{\tan\theta_1} = \dfrac{\epsilon_2}{\epsilon_1}$

④ $\tan\theta_2 - \tan\theta_1 = \epsilon_1\epsilon_2$

해설
• 전속밀도의 법선(수직)성분이 서로 같다.
$$D_1\cos\theta_1 = D_2\cos\theta_2$$
• 전계의 접선(수평)성분이 서로 같다.
$$E_1\sin\theta_1 = E_2\sin\theta_2$$
• 경계면상의 두점간의 전위차는 같고(V₁=V₂), 입사각과 굴절각인 tan값이 유전율(ϵ)비와 같다.
$$\frac{\tan\theta_1}{\epsilon_1} = \frac{\tan\theta_2}{\epsilon_2}$$
$$\therefore \frac{\tan\theta_1}{\tan\theta_2} = \frac{\epsilon_1}{\epsilon_2}\ (\epsilon_1 > \epsilon_2 \text{이면},\ \theta_1 > \theta_2 \text{이다.})$$

15 도체 2를 Q[C]으로 대전된 도체 1에 접속하면 도체 2가 얻는 전하는 몇 [C]이 되는지를 전위계수로 표시하면?(단, P₁₁, P₁₂, P₂₁, P₂₂는 전위계수이다.)

① $\dfrac{P_{11} - P_{12}}{P_{11} - 2P_{12} + P_{22}}Q$

② $-\dfrac{P_{11} - P_{12}}{P_{11} - 2P_{12} + P_{22}}Q$

③ $\dfrac{P_{11} - P_{12}}{P_{11} + 2P_{12} + P_{22}}Q$

④ $-\dfrac{P_{11} - P_{12}}{P_{11} + 2P_{12} + P_{22}}Q$

해설
$$V_1 = P_{11}Q_1 + P_{21}Q_2$$
$$V_2 = P_{21}Q_1 + P_{22}Q_2$$
$$P_{12} = P_{21},\ Q_1 = Q - Q_2$$

정답 12 ④ 13 ② 14 ③ 15 ①

- 도체 1에 도체 2가 접속되면 두 도체의 전위는 서로 같다($V_1 = V_2$).

$$P_{11}(Q - Q_2) + P_{12}Q_2 = P_{21}(Q - Q_2) + P_{22}Q_2$$

$$\therefore Q_2 = \frac{P_{11} - P_{12}}{P_{11} - 2P_{12} + P_{22}} Q \, [C]$$

16 그림과 같이 +q[C/m]로 대전된 두 도선이 d[m]의 간격으로 평행하게 가설되었을 때, 이 두 도선 간에서 전계가 최소가 되는 점은?

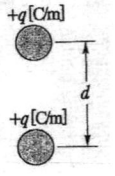

① $\dfrac{d}{3}$지점

② $\dfrac{d}{2}$지점

③ $\dfrac{2}{3}d$지점

④ $\dfrac{3}{5}d$지점

해설

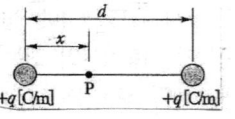

그림에서 임의의 점 P의 전계의 세기는

$$E = \frac{q}{2\pi\epsilon_0 x} - \frac{q}{2\pi\epsilon_0 (d-x)}$$

$$= \frac{q}{2\pi\epsilon_0}\left(\frac{1}{x} - \frac{1}{d-x}\right) [V/m]$$

두 도선 간에서 전계가 최소가 되기 위해서는,

$\dfrac{\partial E}{\partial x} = 0$이므로

$$\frac{\partial E}{\partial x} = \frac{\partial}{\partial x} \frac{q}{2\pi\epsilon_0}\left(\frac{1}{x} - \frac{1}{d-x}\right)$$

$$= \frac{q}{2\pi\epsilon_0}\left(-\frac{1}{x^2} + \frac{1}{(d-x)^2}\right) = 0$$

$$-\frac{1}{x^2} + \frac{1}{(d-x)^2} = 0, \quad x^2 = (d-x)^2$$

$\therefore x = \dfrac{d}{2}$ (즉, 전하가 같기 때문에 두 도선 중간에서 전계의 세기는 최소)

17 한 변의 길이가 10[m] 되는 정방형 회로에 100[A]의 전류가 흐를 때 회로 중심부의 자계의 세기는 약 몇 [A/m]인가?

① 5[A/m]

② 9[A/m]

③ 16[A/m]

④ 21[A/m]

해설

그림에서 중심부의 자계의 세기는

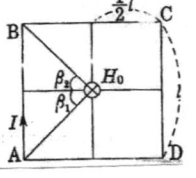

$$H_0 = H_{AB} + H_{BC} + H_{CD} + H_{DA} = 4 \cdot H_{AB}$$

$$= 4\frac{I}{\sqrt{2}\,\pi l} = 4\frac{100}{\sqrt{2}\,\pi \times 10} = 9 \, [A/m]$$

한 변 AB의 중심점의 자계의 세기는

$$H_{AB} = \frac{I}{4\pi a}(\sin\beta_1 + \sin\beta_2)$$

$$a = \frac{l}{2}, \quad \beta_1 = \beta_2 = 45°$$

$$= \frac{I}{4\pi \times \frac{l}{2}}\left(2 \times \frac{1}{\sqrt{2}}\right) = \frac{I}{\sqrt{2}\,\pi l} \, [A/m]$$

18 반지름 a[m]인 전선을 지상 h[m] 높이에 지면에 나란하게 가설했을 때의 단위길이당 자기 유도계수 L[H/m]은?(단, 도선의 투자율은 μ[H/m]이다.)

① $\dfrac{\mu}{4\pi} + \dfrac{\mu_0}{2\pi}\ln\dfrac{2h}{a}$

② $\dfrac{\mu}{4\pi} + \dfrac{\mu_0}{\pi}\ln\dfrac{2h}{a}$

③ $\dfrac{\mu}{8\pi} + \dfrac{\mu_0}{2\pi}\ln\dfrac{2h}{a}$

④ $\dfrac{\mu}{8\pi} + \dfrac{\mu_0}{\pi}\ln\dfrac{2h}{a}$

정답 16 ② 17 ② 18 ③

해설

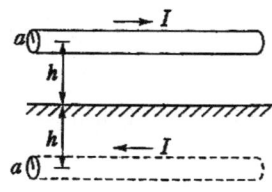

그림에서 전선을 지상 h[m] 높이에 지면에 나란하게 가설하면 지면에 대칭적으로 전선의 전류(I)와 영상전류(−I)가 흐르게 되어 평행 왕복도체의 자기 인덕턴스와 같게 되므로, 평행 왕복 도체의 단위길이당 자기 유도계수는 $L=\dfrac{\mu}{8\pi}+\dfrac{\mu_0}{2\pi}\ln\dfrac{d}{a}$

여기서, d=2h가 되므로,

$\therefore\ L=\dfrac{\mu}{8\pi}+\dfrac{\mu_0}{2\pi}\ln\dfrac{2h}{a}$ [H]가 된다.

19 전류 I[A]가 반지름 a[m]의 원주를 균일하게 흐를 때 원주 내부의 중심에서 r[m] 떨어진 원주 내부 점의 자계의 세기는 몇 [AT/m]인가?

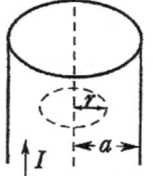

① $\dfrac{Ir}{2\pi a^2}$ [AT/m] ② $\dfrac{Ir}{2\pi a}$ [AT/m]

③ $\dfrac{Ir}{\pi a^2}$ [AT/m] ④ $\dfrac{Ir}{\pi a}$ [AT/m]

해설 • 원통(주) 내부점의 자계의 세기는

$H_i=\dfrac{I_i}{2\pi r}$, 여기서 I_i : 원통내부의 전류, 원통내부의 전류(I_i)는 원통 단면적에 비례

$I:I_i=\pi a^2:\pi r^2$에서 $I_i=\dfrac{r^2}{a^2}I$

$\therefore H_i=\dfrac{I_i}{2\pi r}=\dfrac{\dfrac{r^2}{a^2}I}{2\pi r}=\dfrac{rI}{2\pi a^2}$ [AT/m]

20 전하 Q[C]으로 대전된 반지름 a[m]의 구도체가 반지름 r[m]로 비유전율 ϵ_s의 동심구 유전체로 둘러싸여 있을 때 이 구도체의 정전용량 [F]은?(단, a⟨r이라 한다.)

① $\dfrac{1}{4\pi\epsilon_0\,[\dfrac{1}{r}+\dfrac{1}{\epsilon_s}(\dfrac{1}{a}-\dfrac{1}{r})]}$

② $\dfrac{1}{4\pi\epsilon_0+[\dfrac{1}{r}+\dfrac{1}{\epsilon_s}(\dfrac{1}{a}+\dfrac{1}{r})]}$

③ $\dfrac{4\pi\epsilon_0}{\dfrac{1}{r}+\dfrac{1}{\epsilon_s}(\dfrac{1}{a}-\dfrac{1}{r})}$

④ $\dfrac{\dfrac{1}{r}+\dfrac{1}{\epsilon_s}(\dfrac{1}{a}-\dfrac{1}{r})}{4\pi\epsilon_0}$

해설 구도체의 정전용량은 $C=\dfrac{Q}{V}$ [F]

구도체의 전위는

$V=-\displaystyle\int_\infty^r E_2\,dr-\int_r^a E_1\,dr$

$=-\dfrac{Q}{4\pi\epsilon_0}\displaystyle\int_\infty^r\dfrac{1}{r^2}\,dr-\dfrac{Q}{4\pi\epsilon_0\epsilon_s}\int_r^a\dfrac{1}{r^2}\,dr$

$=\dfrac{Q}{4\pi\epsilon_0 r}+\dfrac{Q}{4\pi\epsilon_0\epsilon_s}(\dfrac{1}{a}-\dfrac{1}{r})$

$=\dfrac{Q}{4\pi\epsilon_0}[\dfrac{1}{r}+\dfrac{1}{\epsilon_s}(\dfrac{1}{a}-\dfrac{1}{r})]$ [V]

$\therefore C=\dfrac{Q}{\dfrac{Q}{4\pi\epsilon_0}[\dfrac{1}{r}+\dfrac{1}{\epsilon_s}(\dfrac{1}{a}-\dfrac{1}{r})]}$

$=\dfrac{4\pi\epsilon_0}{\dfrac{1}{r}+\dfrac{1}{\epsilon_s}(\dfrac{1}{a}-\dfrac{1}{r})}$ [F]

정답 19 ① 20 ③

제2과목 : 전력공학

21 가공전선을 단도체식으로 하는 것보다 같은 단면적의 복도체식으로 하였을 경우 옳지 않은 것은?

① 전선의 인덕턴스가 감소한다.
② 전선의 정전용량이 감소된다.
③ 코로나 손실이 적어진다.
④ 송전용량이 증가한다.

22 전력용 콘덴서에 직렬로 콘덴서 용량의 5[%] 정도의 유도 리액턴스를 삽입하는 목적은?

① 제3고조파를 제거시키기 위하여
② 제5고조파를 제거시키기 위하여
③ 이상전압의 발생을 방지하기 위하여
④ 정전용량을 조절하기 위하여

23 연간 최대전류 200[A], 배전거리 10[km]의 말단에 집중 부하를 가진 6.6[kV], 3상 3선식 배전선이 있다. 이 선로의 연간 손실 전력량은 약 몇 [MWh] 정도인가?(단, 부하율 (F) = 0.6, 손실계수 (H) = $0.3F + 0.7F^2$이고, 전선의 저항은 0.25[Ω/km]이다.)

① 685 ② 1135
③ 1585 ④ 1825

> **해설**
> 연간손실전력량 = $H \cdot P \cdot t = H \times 3I_m^2 R \cdot t$
> $= 0.432 \times 3 \times 200^2 \times 0.25 \times 10 \times 365 \times 24 \times 10^{-6}$
> $= 1135.296$[MWh]
> $H = 0.3F + 0.7F^2 = 0.3 \times 0.6 + 0.7 \times 0.6^2$
> $= 0.432$

24 SF_6 가스차단기의 설명으로 적절하지 않는 것은?

① SF_6가스는 절연내력이 공기보다 크다.
② 개폐시의 소음이 작다.
③ 근거리 고장 등 가혹한 재기전압에 대해서 우수하다.
④ 아크에 의해 SF_6가스는 분해되어 유독가스를 발생시킨다.

> **해설** SF_6의 특징은 무색, 무취, 무독, 불활성 기체이다.

25 저압 뱅킹 방식에 대한 설명 중 맞지 않는 것은?

① 전압동요가 적다.
② 캐스케이딩 현상에 의해 고장확대가 축소된다.
③ 부하증가에 대해 융통성이 좋다.
④ 고장 보호 방식이 적당할 때 공급 신뢰도는 향상된다.

> **해설** 캐스케이딩현상은 고장이 확대되는 원인이다.

26 수전 용량에 비해 첨두부하가 커지면 부하율은 그에 따라 어떻게 되는가?

① 높아진다.
② 낮아진다.
③ 변하지 않고 일정하다.
④ 부하의 종류에 따라 달라진다.

> **해설** 첨두부하가 커지면, 최대전력이 증가하므로 부하율이 낮아진다.

27 단상 2선식 배전선로에서 대지정전용량을 C_s, 선간정전용량을 C_m이라 할 때 작용 정전용량은?

① $C_s + C_m$ ② $C_s + 2C_m$
③ $2C_s + C_m$ ④ $C_s + 3C_m$

정답 21 ② 22 ② 23 ② 24 ④ 25 ② 26 ② 27 ②

28 수전단에 관련된 다음 사항 중 틀린 것은?

① 경부하시 수전단에 설치된 동기조상기는 부족여자로 운전

② 중부하시 수전단에 설치된 동기조상기는 부족여자로 운전

③ 중부하시 수전단에 전력 콘덴서를 투입

④ 시충전시 수전단 전압이 송전단보다 높게 됨

해설 중(重)부하시는 과여자로 운전하여 콘덴서로 동작시켜 역률을 개선하다.

29 전원이 양단에 있는 방사상 송전선로의 단락보호에 사용되는 계전기의 조합 방식은?

① 방향거리계전기와 과전압계전기의 조합

② 방향단락계전기와 과전류계전기의 조합

③ 선택접지계전기와 과전류계전기의 조합

④ 부족전류계전기와 과전압계전기의 조합

해설
• 전원이 2군데 이상 방사상선로의 단락보호 : 방향 단락계전기(DS)와 과전류계전기(OC)의 조합
• 전원이 2군데 이상 환상선로의 단락보호 : 방향거 리계전기(DZ)

30 케이블의 전력손실과 관계가 없는 것은?

① 도체의 저항손　② 유전체손

③ 연피손　④ 철손

해설 철손은 철심에 의해서 발생하는 손실이다.

31 3상3선식에서 일정한 거리에 일정한 전력을 송전할 경우 전로에서의 저항손은?

① 선간전압에 비례한다.

② 선간전압에 반비례한다.

③ 선간전압의 2승에 비례한다.

④ 선간전압의 2승에 반비례한다.

해설 전력손실 $(P_l) = \dfrac{P^2 \cdot R}{V^2 \cdot \cos^2\theta}$ 에서, $P_l \propto \dfrac{1}{V^2}$

32 연가의 효과로 볼 수 없는 것은?

① 선로 정수의 평형

② 대지 정전용량의 감소

③ 통신선의 유도 장해의 감소

④ 직렬 공진의 방지

해설 연가의 효과
• 선로정수의 평형
• 유도 장해의 감소
• 임피던스의 평형
• 소호리액터 접지에서는 직렬공진의 방지

33 부하의 밸런스가 필요로 하는 배전 방식은?

① 3상 3선식　② 3상 4선식

③ 단상 2선식　④ 단상 3선식

34 다음 중 배전 선로에 사용되는 개폐기의 종류와 그 특성의 연결이 바르지 못한 것은?

① 컷아웃스위치(COS) − 주된 용도로는 주상 변압기의 고장이 배전선로에 파급되는 것을 방지하고 변압기의 과부하 소손을 예방하고 자 사용한다.

② 부하 개폐기 − 고장 전류와 같은 대전류는 차단할 수 없지만 평상 운전시의 부하전류 는 개폐할 수 있다.

③ 리클로저(Recloser) − 선로에 고장이 발생 하였을 때 고장 전류를 검출하여 지정된 시 간 내에 고속 차단하고 자동 재폐로 동작을 수행하여 고장 구간을 분리하거나 재송전하 는 장치이다.

정답 28 ②　29 ②　30 ④　31 ④　32 ②　33 ④　34 ④

2012년도 산업기사 제1회 필기시험(산업기사) • **899**

④ 섹셔널라이저(Sectionalizer) – 고장 발생 시 신속히 고장 전류를 차단하여 사고를 국부적으로 분리시키는 것으로 후비 보호 장치와 직렬로 설치하여야 한다.

해설 섹셔널라이저는 고장전류 차단 능력은 없고 리클로저와 직렬로 조합해서 사용한다.

35 송전거리 50[km], 송전전력 5000[kW]일 때의 still식에 의한 송전전압은 대략 몇 [kV] 정도가 적당한가?

① 10 ② 30
③ 50 ④ 70

해설

경제적인 송전 전압$(kV) = 5.5 \sqrt{0.6l + \dfrac{P}{100}}$

$= 5.5 \sqrt{0.6 \times 50 + \dfrac{5000}{100}} = 49.19[kV]$

36 단락점까지의 한 선의 임피던스 $Z = 3 + j4$ [Ω](전원포함), 단락전의 단락점 전압이 3450 [V]인 단상 2선식 전선로의 단락용량은 약 몇 [kVA]인가?(단, 부하전류는 무시한다.)

① 540 ② 650
③ 840 ④ 1190

해설

$P_s = V_n I_s = 3450 \times 345 \times 10^{-3} = 1190.25[kVA]$

$I_s = \dfrac{V}{Z} = \dfrac{3450}{2\sqrt{3^2 + 4^2}} = 345[A]$

37 가공 선로에서 이도를 D라 하면 전선의 실제 길이는 경간 S보다 얼마나 차이가 나는가?

① $\dfrac{5D}{8S}$ ② $\dfrac{3D^2}{8S}$
③ $\dfrac{9D}{8S^2}$ ④ $\dfrac{8D^2}{3S}$

해설 전선실제길이$(L) = S + \dfrac{8D^2}{3S}$ 에서,

$L - S = \dfrac{8D^2}{3S}$ 이다.

38 소호리액터 접지방식에 대한 설명 중 옳지 못한 것은?

① 전자유도장해가 경감된다.
② 지락 중에도 계속 송전이 가능하다.
③ 지락전류가 적다.
④ 선택지락계전기의 동작이 용이하다.

해설 소호리액터 접지방식은 1선 지락전류가 최소가 되므로 선택지락 계전기의 동작이 용이하지 않다.

39 유량을 구분할 때 매년 1~2회 발생하는 출수의 유량을 나타내는 것은?

① 홍수량 ② 풍수량
③ 고수량 ④ 갈수량

해설

- 갈수량 : 1년 365일 중 355일은 이것보다 내려가지 않는 유량
- 저수량 : 1년 365일 중 275일은 이것보다 내려가지 않는 유량
- 평수량 : 1년 365일 중 185일은 이것보다 내려가지 않는 유량
- 풍수량 : 1년 365일 중 95일은 이것보다 내려가지 않는 유량
- 고수량 : 매년 1~2호 생기는 출수의 유량
- 홍수량 : 3~4년에 한 번 생기는 출수의 유량

정답 35 ③ 36 ④ 37 ④ 38 ④ 39 ③

40 어떤 수력발전소의 수압관에서 분출되는 물의 속도와 직접적인 관련이 없는 것은?

① 수면에서의 연직거리 ② 관의 경사

③ 관의 길이 ④ 유량

해설 $H_v = \dfrac{V^2}{2g}$ 에서, $v = \sqrt{2gH_v}$ [m/s]

제3과목 : 전기기기

41 단상 전파 제어 정류 회로에서 순저항 부하일 때의 평균 출력 전압은?(단, V_m은 인가 전압의 최대값이고 점호각은 α이다.)

① $\dfrac{V_m}{\pi}(1+\cos\alpha)$ ② $\dfrac{V_m}{\pi}(1+\sin\alpha)$

③ $\dfrac{2V_m}{\pi}(1+\cos\alpha)$ ④ $\dfrac{2V_m}{\pi}(1+\sin\alpha)$

해설

- SCR의 반파정류$(E_d) = \dfrac{\sqrt{2}E}{2\pi}(1+\cos\alpha)$,

  전파정류$(E_d) = \dfrac{\sqrt{2}E}{\pi}(1+\cos\alpha)$

  $= \dfrac{V_m}{\pi}(1+\cos\alpha)$

- 다이오드의 반파정류$(E_d) = \dfrac{\sqrt{2}E}{2\pi} = 0.45E$,

  전파정류$(E_d) = \dfrac{\sqrt{2}E}{\pi} = 0.9E$

42 동기 전동기를 부족여자로 운전하면 어떠한 작용을 하는가?

① 충전전류가 흐른다.

② 콘덴서 작용을 한다.

③ 뒤진 전류가 흐른다.

④ 뒤진 전류를 보상한다.

해설
- 과여자로 운전 : 앞선 전류가 흘러 콘덴서로 작용
- 부족자로 운전 : 뒤진 전류가 흘러 리액터로 작용

43 단상 유도 전압 조정기의 1차 권선과 2차 권선의 축 사이의 각도를 α라 하고, 양 권선의 축이 일치할 때 2차 권선의 유기 전압을 E_2, 전원전압을 V_1, 부하 측의 전압을 V_2라고 하면 임의의 각 α일 때 V_2를 나타내는 식은?

① $V_2 = V_1 + E_2\cos\alpha$ ② $V_2 = V_1 - E_2\cos\alpha$

③ $V_2 = V_2 + E_2\cos\alpha$ ④ $V_2 = V_2 - E_2\cos\alpha$

44 75[W] 정도 이하의 소형 공구, 영사기, 치과 의료용 등에 사용되고 만능 전동기라고도 하는 정류자 전동기는?

① 단상 직권 정류자 전동기

② 단상 반발 정류자 전동기

③ 3상 직권 정류자 전동기

④ 단상 분권 정류자 전동기

45 변압기 철심으로 갖추어야 할 성질로 맞지 않는 것은?

① 투자율이 클 것

② 전기 저항이 작을 것

③ 히스테리시스 계수가 작을 것

④ 성층 철심으로 할 것

해설 전기 저항이 커야 한다.

46 주상변압기에서 보통 동손과 철손의 비는 (a)이고 최대효율이 되기 위해서는 동손과 철손의 비는 (b)이다. 괄호 안에 알맞은 것은?

① $a = 1:1, b = 1:1$ ② $a = 2:1, b = 1:1$

③ $a = 1:1, b = 2:1$ ④ $a = 3:1, b = 1:1$

정답 **40** ③ **41** ① **42** ③ **43** ① **44** ① **45** ② **46** ②

해설
- 변압기의 최대효율 조건은 동손=철손
- 주상변압기의 동손과 철손의 비 $\Rightarrow P_c : P_i = 2 : 1$

47 SCR의 애노드 전류가 10[A]일 때 게이트 전류를 1/2로 줄이면 애노드 전류는 몇 [A]인가?

① 20   ② 10
③ 5   ④ 2

해설 게이트전류를 감소시켜도 부하전류(주전류)의 크기는 변함이 없다.

48 직류 발전기에서 양호한 정류를 얻는 조건이 아닌 것은?

① 보극을 마련한다.
② 보상권선을 마련한다.
③ 브러쉬의 접촉저항을 적게 한다.
④ 정류를 받는 코일의 자기인덕턴스를 적게 한다.

해설
- 리액턴스의 전압을 작게 한다.
- 저항정류로서 접촉저항이 큰 탄소 브러쉬를 사용한다.

49 철극형(凸극형) 발전기의 특징은?

① 자극편 부분의 공극이 크다.
② 회전이 빨라진다.
③ 자극편 부분의 자기저항은 크고 그 밖의 부분에서는 자기저항이 현저히 낮다.
④ 전기자 반작용 자속수가 역률의 영향을 받는다.

해설
- 최대출력은 부하각 60°에서 생긴다.
- 직축 및 횡축 리액턴스의 값이 서로 다르다.
- 풍손이 원통형에 비해서 크다.
- 수차와 같은 저속기에 사용한다.
- 전기자 반작용 및 자속수가 역률의 영향을 받는다.

50 단상 전파정류회로에서 맥동률은?

① 약 0.17   ② 약 0.34
③ 약 0.48   ④ 약 0.96

해설
- 맥동률 $= \dfrac{교류분}{직류분} \times 100$

$$= \sqrt{\frac{실효값^2 - 평균값^2}{평균값^2}} \times 100[\%]$$

- 단상 반파의 맥동률 = 121[%]
- 3상 반파의 맥동률 = 17.7[%]
- 단상 전파의 맥동률 = 48[%]
- 3상 전파의 맥동률 = 4.04[%]

51 6300/210[V], 20[kVA] 단상변기 1차 저항과 리액턴스가 각각 15.2[Ω]과 21.6[Ω], 2차 저항과 리액턴스가 각각 0.019[Ω]과 0.028[Ω]이다. 백분율 임피던스[%]는?

① 약 1.86   ② 약 2.87
③ 약 3.86   ④ 약 4.86

해설
- $\%Z = \dfrac{I_n \times Z}{E} \times 100 = \dfrac{3.175 \times 56.864}{6300} \times 100$

$= 2.866[\%]$

- $I_n = \dfrac{20 \times 10^3}{6300} = 3.175[A]$

- 권수비$(a) = \dfrac{6300}{210} = 30$

정답   47 ②   48 ③   49 ④   50 ③   51 ②

- 1차측으로 환상한 임피던스(Z_1)

$$= \sqrt{(r_1 + a^2 r_2)^2 + (x_1 + a^2 x_2)^2}$$
$$= \sqrt{(15.2 + 30^2 \times 0.019)^2 + (21.6 + 30^2 \times 0.028)^2}$$
$$= 56.864 [\Omega]$$

52 50[Hz] 4극 15[kW]의 3상 유도전동기가 있다. 전부하시의 회전수가 1450[rpm]이라면 토크는 몇 [kg · m]인가?

① 약 68.52
② 약 88.65
③ 약 98.68
④ 약 10.07

해설

$$T = 0.975 \times \frac{P}{N}[\text{kg} \cdot \text{m}]$$

$$= 0.975 \times \frac{15 \times 10^3}{1450} = 10.09[\text{kg} \cdot \text{m}]$$

53 1차 권선수 N_1, 2차 권선수 N_2, 1차 권선계수 $k\omega_1$, 2차 권선계수 $k\omega_2$인 유도전동기가 슬립 s로 운전하는 경우 전압 비는?

① $\dfrac{k\omega_1 N_1}{k\omega_2 N_2}$
② $\dfrac{k\omega_2 N_2}{k\omega_1 N_1}$
③ $\dfrac{k\omega_1 N_1}{s k\omega_2 N_2}$
④ $\dfrac{s k\omega_1 N_1}{k\omega_2 N_2}$

해설 $\dfrac{E_1}{E_2'} = \dfrac{a}{s} = \dfrac{k\omega_1 N_1}{s k\omega_2 N_2}$

54 3상 서보모터에 평형 2상 전압을 가하여 동작시킬 때의 속도–토크 특성곡선에서 최대 토크가 발생할 슬립 s는?

① $0.05 < s < 0.2$
② $0.2 < s < 0.8$
③ $0.8 < s < 1$
④ $1 < s < 2$

55 직류 분권전동기 기동 시 계자 저항기의 저항 값은?

① 최대로 해 둔다.
② 0(영)으로 해 둔다.
③ 중간으로 해 둔다.
④ 1/3로 해 둔다.

해설 토크(T) = $K\Phi I_a$,

회전속도(N) = $K \times \dfrac{V - I_a R_a}{\Phi}$에서 기동 시에 계자 저항값을 최소로 하여 계자전류를 크게(Φ크게)하면, 기동토크가 크게 되어 속도는 저속

56 3상 유도전동기의 속도제어법이 아닌 것은?

① 1차 주파수제어
② 2차 저항제어
③ 극수변환법
④ 1차 여자제어

해설 유도전동기의 속도제어법
- 농형유도전동기 : 주파수변환법, 극수변환법, 전원 전압변환법
- 권선형유도전동기 : 2차 저항제어법, 2차 여자법

57 3상 6극 슬롯수 54의 동기 발전기가 있다. 어떤 전기자코일의 두 변이 제1슬롯과 제8 슬롯에 들어 있다면 기본파에 단절권 계수는 약 얼마인가?

① 0.6983
② 0.7848
③ 0.8749
④ 0.9397

해설

단절권 계수(K_p) = $\sin \dfrac{1}{2}\beta\pi = \sin \dfrac{1}{2} \times \dfrac{9}{7} \times \pi$
$= 0.9397$

$\beta = \dfrac{\text{코일간격}}{\text{극간격}} = \dfrac{7}{9}$

극간격 = $\dfrac{\text{총슬롯수}}{\text{극수}} = \dfrac{s}{p} = \dfrac{54}{6} = 9$

코일간격 = $8 - 1 = 7$

정답 52 ④　53 ③　54 ②　55 ②　56 ④　57 ④

58 동기기의 안정도를 증진시키는 방법은?

① 속응여자방식을 채용한다.

② 역상 임피던스를 작게 한다.

③ 회전분의 플라이휠 효과를 작게 한다.

④ 단락비를 작게 한다.

해설 동기기의 안정도를 증진시키는 방법
- 동기화 리액턴스 작게
- 속응여자방식 채용
- 단락비 크게
- 조속기동작을 신속히
- 회전자의 플라이휠 효과 크게
- 정상임피던스 적게, 영상, 역상 임피던스 크게

59 20[kVA]의 단상변압기가 역률 1일 때 전부하 효율이 97[%]이다. 3/4 부하일 때 변압기는 최고 효율을 나타낸다. 전부하에서 철손(P_i)과 동손(P_c)은 각각 몇 [W]인가?

① $P_i = 222, P_c = 396$ ② $P_i = 232, P_c = 386$

③ $P_i = 242, P_c = 376$ ④ $P_i = 252, P_c = 356$

해설

최대 효율조건은 $P_i = m^2 P_c = \left(\dfrac{3}{4}\right)^2 P_c = 0.5625 P_c$

전부하효율$(\eta) = \dfrac{P}{P + P_i + P_c} \times 100$

$= \dfrac{P}{P + 0.5625 P_c + P_c} \times 100 [\%]$

$0.97 = \dfrac{20 \times 10^3 \times 1}{20 \times 10^3 \times 1 + 1.5625 P_c}$ 에서,

$P_c = 395.88 [W], \ P_i = 222.68 [W]$

60 전기자 저항이 0.05[Ω]인 직류 분권발전기가 있다. 회전수가 1000[rpm]이고 단자전압이 220[V]일 때 전기자전류 100[A]이다. 분권발전기를 전동기로 사용하여 그 단자전압 및 전기자전류가 위의 값과 똑같을 경우 그 회전수[rpm]는 약 얼마인가?

① 약 1046.5 ② 약 977.8

③ 약 977.3 ④ 약 955.6

해설

발전기의 유기 기전력$(E) = V + I_a R_a$

$= 220 + 100 \times 0.05 = 225 [A]$

$E = K\Phi N, \ K\Phi = \dfrac{E}{N} = \dfrac{225}{1000} = 0.225$

전동기로 사용하면 단자전압 및 전기자 전류는 같다.

역기전력$(E_c) = V - I_a R_a = K\Phi N$ 에서

$\therefore N = \dfrac{V - I_a R_a}{K\Phi} = \dfrac{220 - 100 \times 0.05}{0.225}$

$= 955.56 [rpm]$

제4과목 : 회로이론

61 리액턴스 함수가 $Z(\lambda) = \dfrac{3\lambda}{\lambda^2 + 15}$ 로 표시되는 리액턴스 2단자망은?

①

②

③

④

정답 58 ① 59 ① 60 ④ 61 ①

904 · Part 3. 전기산업기사 기출문제

해설 $Z(\lambda)$를 $Z(s)$로 치환하면

$$Z(s) = \frac{3s}{s^2+15} = \frac{1}{\frac{1}{3}s + \frac{5}{s}} \quad \text{과} \quad Z(s) = \frac{1}{\frac{1}{Ls} + Cs}$$

를 비교해서 구하면

$L = \frac{1}{5}$[H], $C = \frac{1}{3}$[F]가 된다.

62 평형3상 무유도 저항 부하가 3상 4선식 회로에 접속되어 있을 때 단상 전력계를 그림과 같이 접속했더니 그 지시값이 W[W]이었다. 이 부하의 전력[W]은?(단, 정현파 교류이다.)

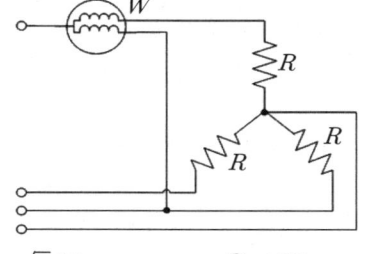

① $\sqrt{2}\,W$ ② $2W$

③ $\sqrt{3}\,W$ ④ $3W$

해설

$W = V_{12}I_1 \cos\theta' = VI(\cos 30° + \theta)$
$= VI(\cos 30° \cos\theta - \sin 30° \sin\theta)$
$= \frac{\sqrt{3}}{2} VI$
($\because R$만의 회로이므로 $\cos\theta = 1$, $\sin\theta = 0$)

$\therefore VI = \frac{2}{\sqrt{3}} W$

$\therefore$ 부하전력$(P) = \sqrt{3}\, VI\cos\theta = 2W$

63 그림과 같은 회로에서 부하 R_L에서 소비되는 최대전력은 몇 [W]인가?

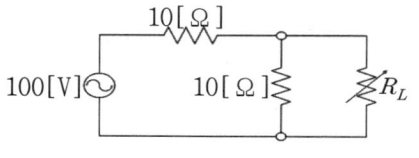

① 50   ② 125

③ 250   ④ 500

해설 $P_m = \frac{E_g}{4R_g} = \frac{50^2}{4 \times 5} = 125$[W]

ab 사이 전압$(E_g) = \frac{10}{10+10} \times 100 = 50$[V],

내부저항=부하저항, $(R_g = \frac{10}{2} = 5[\Omega])$

64 비접지 3상 Y부하의 각 선에 흐르는 비대칭 각 선전류를 I_a, I_b, I_c라 할 때 선전류의 영상분 I_0은?

① $I_a + I_b$ ② $I_a + I_b + I_c$

③ $\frac{1}{3}(I_a - I_b - I_c)$ ④ 0

해설 비접지 3상 Y부하는 중성선이 없기에 영상분전류는 존재하지 않는다(접지선, 중성선에만 흐른다).

65 파고율이 2가 되는 파형은?

① 정현파   ② 톱니파

③ 사각파   ④ 정류파(정현반파)

해설

	구형파	3각파	정현파	정류파 (전파)	정류파 (반파)
파형율	1.0	1.15	1.11	1.11	1.57
파고율	1.0	1.732	1.414	1.414	2.0

66 RL 직렬회로에 V인 직류 전압원을 갑자기 연결하였을 때 $t = 0_+$인 순간, 이 회로에 흐르는 회로전류에 대하여 바르게 표현된 것은?

① 이 회로에는 전류가 흐르지 않는다.

② 이 회로에는 $\frac{V}{R}$ 크기의 전류가 흐른다.

③ 이 회로에는 무한대의 전류가 흐른다.

④ 이 회로에는 $\frac{V}{(R+jwL)}$의 전류가 흐른다.

정답 62 ②   63 ②   64 ④   65 ④   66 ①

해설 $i(t) = \dfrac{V}{R}\left(1 - e^{-\frac{R}{L}t}\right)$ 에서, $t = 0_+$ 인 순간에는 $i(0) = 0$이 된다.

67 그림과 같은 교류 브리지가 평형상태에 있다. $L[\mathrm{H}]$의 값은 얼마인가?

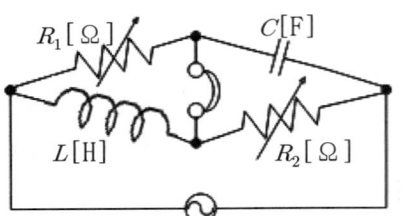

① $L = \dfrac{R_1 R_2}{C}$ ② $L = \dfrac{C}{R_1 R_2}$

③ $L = R_1 R_2 C$ ④ $L = \dfrac{R_2}{R_1 C}$

해설 브리지 평형조건에서,

$R_1 \cdot R_2 = j\omega L \times \dfrac{1}{j\omega C}$ $\therefore L = R_1 R_2 C$

68 2개의 전력계로 평형 3상 부하의 전력을 측정하였더니 한쪽의 지시치가 다른 쪽 전력계의 지시치보다 3배였다면 부하역률은 약 얼마인가?

① 0.37   ② 0.57

③ 0.76   ④ 0.86

해설

$\cos\theta = \dfrac{P_1 + P_2}{2\sqrt{P_1^2 + P_2^2 - P_1 P_2}}\Bigg|_{P_1 = 3P_2}$

$= \dfrac{3P_2 + P_2}{2\sqrt{(3P_2)^2 + P_2^2 - 3P_2 P_2}} = 0.76$

69 그림과 같은 회로의 2단자 임피던스 $Z(s)$?
(단, $s = j\omega$이다.)

```
   1[H]        1[H]
 ┌──████──┐  ┌──████──┐
─┤        ├──┤        ├─
 └──┤├────┘  └──┤├────┘
   1[F]        1[F]
```

① $\dfrac{1}{s^2 + 1}$ ② $\dfrac{s}{s^2 + 1}$

③ $\dfrac{2s}{s^2 + 1}$ ④ $\dfrac{3s}{s^2 + 1}$

해설 $Z(s) = \dfrac{s \times \dfrac{1}{s}}{s + \dfrac{1}{s}} \times 2 = \dfrac{2s}{s^2 + 1}$

70 반파 및 정현대칭의 왜형파의 푸리에 급수에서 옳게 표현된 것은?(단, $f(t) = a_0 + \displaystyle\sum_{n=1}^{\infty} a_n \cos n\omega t + \sum_{n=1}^{\infty} b_n \sin n\omega t$임)

① a_n의 우수항만 존재한다.

② a_n의 기수항만 존재한다.

③ b_n의 우수항만 존재한다.

④ b_n의 기수항만 존재한다.

71 3상 불평형 전압을 V_a, V_b, V_c라고 할 때 정상전압은?(단, $a = -\dfrac{1}{2} + j\dfrac{\sqrt{3}}{2}$ 이다.)

① $\dfrac{1}{3}\left(V_a + aV_b + a^2 V_c\right)$ ② $\dfrac{1}{3}\left(V_a + a^2 V_b + aV_c\right)$

③ $\dfrac{1}{3}\left(V_a + a^2 V_b + V_c\right)$ ④ $\dfrac{1}{3}\left(V_a + V_b + V_c\right)$

해설

- 영상 전압(V_0) $= \dfrac{1}{3}\left(V_a + V_b + V_c\right)$

- 정상 전압(V_1) $= \dfrac{1}{3}\left(V_a + aV_b + a^2 V_c\right)$

- 영상 전압(V_2) $= \dfrac{1}{3}\left(V_a + a^2 V_b + aV_c\right)$

정답   67 ③   68 ③   69 ③   70 ④   71 ①

72 평형 3상 부하에 전력을 공급할 때 선전류 값이 20[A]이고 부하의 소비전력이 4[kW]이다. 이 부하의 등가 Y회로에 대한 각 상의 저항은 약 몇 [Ω]인가?

① 3.3[Ω] ② 5.7[Ω]
③ 7.2[Ω] ④ 10[Ω]

해설 Y결선은 선전류(I_l)와 상전류(I_p)가 같다.

$P = 3I^2R$[W]에서, $R = \dfrac{4 \times 10^3}{3 \times 20^2} = 3.33$[Ω]

73 다음과 같은 회로에서 입력전압의 실효치가 12[V]의 정현파일 때 전류 I[A]는?

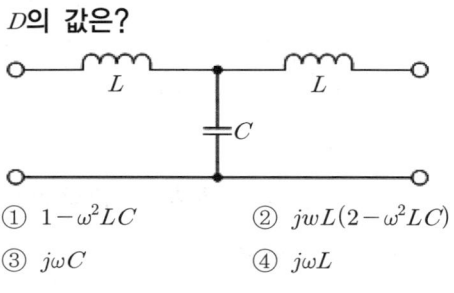

① $3 - j4$[A] ② $3 + j4$[A]
③ $4 - j3$[A] ④ $6 + j10$[A]

해설 $I = I_R + I_L = 3 - j4$[A]

$I_R = \dfrac{12}{4} = 3$[A] $I_L = \dfrac{12}{j3} = -j4$[A]

74 그림과 같은 4단자 회로의 4단자 정수 중 D의 값은?

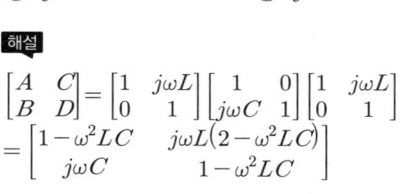

① $1 - \omega^2 LC$ ② $jwL(2 - \omega^2 LC)$
③ $j\omega C$ ④ $j\omega L$

해설

$\begin{bmatrix} A & C \\ B & D \end{bmatrix} = \begin{bmatrix} 1 & j\omega L \\ 0 & 1 \end{bmatrix}\begin{bmatrix} 1 & 0 \\ j\omega C & 1 \end{bmatrix}\begin{bmatrix} 1 & j\omega L \\ 0 & 1 \end{bmatrix}$

$= \begin{bmatrix} 1 - \omega^2 LC & j\omega L(2 - \omega^2 LC) \\ j\omega C & 1 - \omega^2 LC \end{bmatrix}$

75 자동차 축전지의 무부하 전압을 측정하니 13.5[V]를 지시하였다. 이때 정격이 12[V], 55[W]인 자동차 전구를 연결하여 축전지의 단자전압을 측정하니 12[V]를 지시하였다. 축전지의 내부저항은 약 몇 [Ω]인가?

① 0.33[Ω] ② 0.45[Ω]
③ 2.62[Ω] ④ 3.31[Ω]

해설

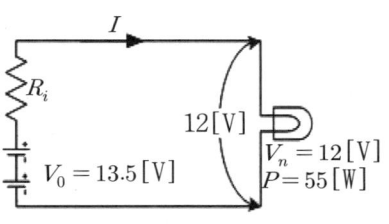

• 전구의 저항(R_L) = $\dfrac{V_n^2}{P} = \dfrac{12^2}{55} = 2.62$[Ω]

• 전구연결 후의 단자전압(V) = $IR_L = 12$[V]

$\therefore I = \dfrac{12}{2.62} = 4.58$[A]

$\therefore$ 축전지 내부의 전압강하(e) = $I \cdot R_i = 13.5 - 12$
$= 1.5$[V]

$\therefore$ 축전지 내부의 저항(R_i) = $\dfrac{1.5}{4.58} = 0.328$[Ω]

76 $t = 3$[ms]에서 최대치 5[V]에 도달하는 60[Hz]의 정현파 전압 $e(t)$를 시간함수로 표시하면 어떻게 되는가?

① $e = 5\sin(376.8t + 25.2°)$[V]
② $e = 5\sin(376.8t + 35.2°)$[V]
③ $e = 5\sqrt{2}\sin(376.8t + 25.2°)$[V]
④ $e = 5\sqrt{2}\sin(376.8t + 25.2°)$[V]

해설 순시값 $e(t) = E_m\sin(\omega t + \theta)$에서 ωt는 [rad],

1[rad] = $\dfrac{180°}{\pi}$ ($\pi \fallingdotseq 3.14$),

$t = 3$[ms]에서 최대치 5[V]에 도달한다고 했으므로, $\omega t + \theta = 90°$가 된다.

정답 **72** ① **73** ① **74** ① **75** ① **76** ①

$$2\pi \times 60 \times 3 \times 10^{-3} \times \frac{180°}{\pi} + \theta = 90° \text{ 에서}$$

θ를 구하면 $25.23°$가 된다.

$$\therefore e = 5\sin(376.8t + 25.2°)\,[\text{V}]$$

77 그림과 같은 회로에서 $t=0$의 스위치 S를 닫을 때 전류 $i(t)$의 라플라스 변환 $I(s)$는? (단, $V_c(0)=1[\text{V}]$ 이다.)

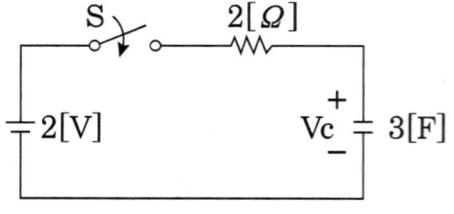

① $\dfrac{3s}{6s+1}$ ② $\dfrac{3}{6s+1}$

③ $\dfrac{6}{6s+1}$ ④ $\dfrac{-s}{6s+1}$

[해설] $i(t) = \dfrac{V}{R} \cdot e^{-\frac{1}{RC}t}$ 에서,

$$i_{(t)} = \frac{V - V_c(0)}{R} e^{-\frac{1}{RC}t} = \frac{2-1}{2} e^{-\frac{1}{6}t} = \frac{1}{2} e^{-\frac{1}{6}t}$$

에서, $\mathcal{L}\,i(t) = I(s) = \dfrac{1}{2} \times \dfrac{1}{s + \dfrac{1}{6}} = \dfrac{3}{6s+1}\,[\text{A}]$

78 다음 회로에서 전압비 전달함수 $\dfrac{V_2(s)}{V_1(s)}$ 는 어떻게 되는가?

① $\dfrac{R_1 + R_2 + R_1R_2Cs}{R_2 + R_1R_2Cs}$

② $\dfrac{R_1R_2Cs + R_2}{R_1R_2Cs + R_1 + R_2}$

③ $\dfrac{R_1Cs + R_2}{R_2 + R_1R_2Cs}$

④ $\dfrac{R_1R_2Cs}{R_1R_2Cs + R_1 + R_2}$

[해설]

$$V_1(s) = \left(\frac{R_1}{1 + R_1Cs} + R_2\right)I(s)$$

$$V_2(s) = R_2 I(s)$$

$$\therefore G(s) = \frac{V_2(s)}{V_1(s)} = \frac{R_2}{\dfrac{R_1}{1 + R_1Cs} + R_2}$$

$$= \frac{R_1R_2Cs + R_2}{R_1R_2Cs + R_1 + R_2}$$

79 $\dfrac{s\sin\theta + \omega\cos\theta}{s^2 + \omega^2}$ 의 역라플라스 변환을 구하면 어떻게 되는가?

① $\sin(\omega t - \theta)$ ② $\sin(\omega t + \theta)$

③ $\cos(\omega t - \theta)$ ④ $\cos(\omega t + \theta)$

[해설] $\mathcal{L}^{-1}\dfrac{s\sin\theta + \omega\cos\theta}{s^2 + w^2}$

$$= \mathcal{L}^{-1}\left(\frac{s}{s^2 + w^2} \cdot \sin\theta + \frac{\omega}{s^2 + w^2} \cdot \cos\theta\right)$$

$$= \sin\omega t \cdot \cos\theta + \cos\omega t \cdot \sin\theta$$

$$= \sin(\omega t + \theta)$$

80 $F(s) = \dfrac{s}{s^2 + \pi^2} \cdot e^{-2s}$ 함수를 시간추이정리에 의해서 역변환하면?

① $\sin\pi(t-2) \cdot u(t-2)$

② $\sin\pi(t+a) \cdot u(t+a)$

③ $\cos\pi(t-2) \cdot u(t-2)$

④ $\cos\pi(t+a) \cdot u(t+a)$

[정답] **77** ② **78** ② **79** ② **80** ③

908 · Part 3. 전기산업기사 기출문제

해설 $\mathcal{L}^{-1}F(s) = f(t) = \cos\pi(t-2) \cdot u(t-2)$

제5과목 : 전기설비기술기준 및 판단기준

81 변전소에 울타리 · 담 등을 시설할 때, 사용전압이 345[kV]이면 울타리 · 담 등의 높이와 울타리 · 담 등으로부터 충전부분까지의 거리의 합계는 몇 [m] 이상으로 하여야 하는가?

① 6.48   ② 8.16

③ 8.40   ④ 8.28

해설 특고압용 기계기구의 시설
울타리 · 담 등의 높이와 울타리 · 담등으로부터 충전부분까지의 거리합계
- 35[kV] 이하 : 5[m] 이상
- 35[kV] 넘고 160[kV] 이하 : 6[m] 이상
- 160[kV] 초과 : $6+0.12n$[m]에서,

$$n = \frac{345-160}{10} = 18.5(절상) \Rightarrow 19단$$

$$\therefore 6+0.12 \times 19 = 8.28[m] \ 이상$$

82 다음 중 농사용 저압 가공전선로의 시설 기준으로 옳지 않은 것은?

① 사용전압이 저압일 것

② 저압 가공 전선의 인장강도는 1.38[kN] 이상일 것

③ 저압 가공 전선의 지표상 높이는 3.5[m] 이상일 것

④ 전선로의 경간은 40[m] 이하일 것

해설 농사용은 목주말구 지름은 9[cm] 이상, 저압가공전선로의 경간은 30[m] 이하일 것

83 옥내에 시설하는 전기시설물에 대한 내용 중 틀린 것은?

① 백열전등 또는 방전등에 전기를 공급하는 옥내전로의 대지전압은 300[V] 이하이어야 한다.

② 정격 소비전력 5[kW] 이상의 전기기계기구는 그 전로의 옥내배선과 직접 접속할 수 있다.

③ 옥내에 시설하는 저압용의 배선기구는 그 충전부분이 노출하지 않도록 시설하여야 한다.

④ 저압 옥내배선의 사용전선은 단면적 2.5[mm²] 이상의 연동선이어야 한다.

해설 정격소비전력 3[kW] 이상의 전기기계기구에는 전용개폐기 및 과전류차단기를 시설하고, 그 전로의 옥내배선과 직접접속하거나 적정용량의 전용 콘센트를 시설할 것

84 특고압 가공전선과 지지물, 완금류, 지주 또는 지선 사이의 이격거리는 사용전압 15[kV] 미만인 경우 일반적으로 몇 [cm] 이상이어야 하는가?

① 15   ② 20

③ 30   ④ 35

해설 특고압 가공전선과 지지물 등의 이격거리(단, 기술상 부득이한 경우에 위험의 우려가 없도록 시설할 경우는 아래표의 값의 0.8배까지 감한다.)

단위[cm]

사용전압	이격거리	사용전압	이격거리
15[kV] 미만	15	70[kV] 이상 80[kV] 미만	45
15[kV] 이상 25[kV] 미만	20	80[kV] 이상 130[kV] 미만	65
25[kV] 이상 35[kV] 미만	25	130[kV] 이상 160[kV] 미만	90

정답 81 ④ 82 ④ 83 ② 84 ①

35[kV] 이상 50[kV] 미만	30	160[kV] 이상 200[kV] 미만	110
50[kV] 이상 60[kV] 미만	35	200[kV] 이상 230[kV] 미만	130
60[kV] 이상 70[kV] 미만	40	230[kV] 이상	160

85 전기철도에서 직류 귀선의 비절연 부분에 대한 전식 방지를 위한 귀선의 극성은 어떻게 해야 하는가?

① 감극성으로 한다.　② 가극성으로 한다.
③ 부극성으로 한다.　④ 정극성으로 한다.

86 저압 옥상전선로의 전선과 식물 사이의 이격거리는 일반적으로 어떻게 규정하고 있는가?

① 20[cm] 이상 이격거리를 두어야 한다.
② 30[cm] 이상 이격거리를 두어야 한다.
③ 특별한 규정이 없다.
④ 바람 등에 의하여 접촉하지 않도록 한다.

87 154[kV]의 특고압 가공전선을 사람이 쉽게 들어갈 수 없는 산지(山地) 등에 시설하는 경우 지표상의 높이는 몇 [m] 이상으로 하여야 하는가?

① 4　　　　　　② 5
③ 6.5　　　　　④ 8

해설 특고압 가공전선의 지표상(철도 또는 궤도를 횡단하는 경우에는 레일면상, 횡단보도교를 횡단하는 경우에는 그 노면상)의 높이(이상)

전압의 범위	일반 장소	도로 횡단	철도 또는 궤도 횡단	횡단보도교
35[kV] 이하	5[m]	6[m]	6.5[m]	4[m] (특고압절연전선 또는 케이블 사용)

35[kV] 초과 160[kV] 이하	6[m]	6[m]	6.5[m]	5[m](케이블 사용)
	산지 등에서 사람이 쉽게 들어갈 수 없는 장소 : 5[m]			
160[kV] 초과	6 + 0.12n	6 + 0.12n	6.5 + 0.12n	
	산지 등에서 사람이 쉽게 들어갈 수 없는 장소 : 5 + 0.12n			

88 특고압 가공전선로에 사용하는 철탑 종류 중 전선로 지지물의 양측 경간의 차가 큰 곳에 사용하는 철탑은?

① 각도형 철탑　　　② 인류형 철탑
③ 보강형 철탑　　　④ 내장형 철탑

해설
• 직선형 : 전선로의 지선부분에 사용(3° 이하의 수평각도)
• 각도형 : 전선로 중에 3° 넘는 수평 각도를 이루는 곳에 사용
• 인류형 : 전가섭선을 인류하는 곳에 사용
• 내장형 : 전선로의 지지물 양쪽의 경간의 차가 큰 곳에 사용
• 보강형 : 전선로의 직선부분에 그 보강을 위해서 사용

89 사람이 상시 통행하는 터널 내 저압전선로의 애자 사용 공사 시 노면상 최소 높이는?

① 2.0[m]　　　　② 2.2[m]
③ 2.5[m]　　　　④ 3.0[m]

해설
• 저압 : 2.6[mm] 이상의 경동선, 노면상 2.5[m] 이상
• 고압 : 4[mm] 이상의 경동선, 노면상 3[m] 이상

90 66[kV] 특고압 가공전선로를 케이블을 사용하여 시가지에 시설하려고 한다. 애자장치는 50[%] 충격섬락전압의 값이 다른 부분을 지지하는 애자장치의 몇 [%] 이상으로 되어야 하는가?

① 100　　　　　② 115
③ 110　　　　　④ 105

정답 85 ③　86 ④　87 ②　88 ④　89 ③　90 ③

해설 시가지 등에서 특고압 가공전선로의 시설
애자 장치는 50[%] 충격 섬락 전압의 값이 타부분 애자 장치값의 110[%](사용전압이 130[kV]를 넘는 경우는 105[%]) 이상인 것을 사용

91 중성선 다중접지식의 것으로 전로에 지락이 생겼을 때에 2초 이내에 자동적으로 이를 전로로부터 차단하는 장치가 되어 있는 22.9[kV] 가공전선로를 상부 조영재의 위쪽에서 접근상태로 시설하는 경우, 가공전선과 건조물과 이격거리는 몇 [m] 이상이어야 하는가?(단, 전선으로는 나전선을 사용한다고 한다)

① 1.2 ② 1.5
③ 2.5 ④ 3.0

해설 특고압 가공전선과 건조물과 접근하는 경우에 이격거리(이상)

건조물의 조영재	접근형태	전선의 종류	이격거리
상 부 조영제	위쪽	나전선	3.0[m]
		특고압 절연전선	2.5[m]
		케이블	1.2[m]
	옆쪽 또는 아래쪽	나전선	1.5[m]
		특고압 절연전선	1.0[m]
		케이블	0.5[m]
기 타 조영재		나전선	1.5[m]
		특고압 절연전선	1.0[m]
		케이블	0.5[m]

92 저압 가공선이 다른 저압 가공전선과 접근 상태로 시설 되거나 교차하여 시설되는 경우에 저압 가공전선 상호 간의 이격거리는 몇 [cm] 이상이어야 하는가?(단, 한 쪽의 전선이 고압 절연전선이라고 한다)

① 30 ② 60
③ 80 ④ 100

해설 저·고압전선 상호 간에 접근 또는 교차할 때 이격거리(이상)

구 분	저압 가공전선		고압 가공전선	
	일 반	고압 절연전선 또는 케이블	일 반	케이블
저압가공 전선	0.6[m]	0.3[m]	0.8[m]	0.4[m]
저압가공 전선로의 지지물	0.3[m]	–	0.6[m]	0.3[m]
고압 전차선	–	–	1.2[m]	–
고압가공 전선	–	–	0.8[m]	0.4[m]
고압가공 전선로의 지지물	–	–	0.6[m]	0.3[m]

93 케이블 공사로 저압 옥내배선을 시설하려고 한다. 켑타이어 케이블을 사용하여 조영재의 아랫면에 따라 붙이고자 할 때 전선의 지지점간의 거리는 몇 [m] 이하로 하여야 하는가?

① 1 ② 2
③ 3 ④ 5

해설 전선을 조영재의 아래면 또는 옆면을 따라 붙이는 경우 케이블의 지지점 간 거리는 2[m](사람이 접촉할 우려가 없는 곳에서 수직으로 붙이는 경우 : 6[m] 이하, 켑타이어 케이블은 1[m] 이하)

정답 91 ④   92 ①   93 ①

94 특고압 가공전선이 삭도와 제2차 접근상태로 시설할 경우 특고압 가공전선로는 어느 보안공사를 하여야 하는가?

① 고압 보안공사

② 제1종 특고압 보안공사

③ 제2종 특고압 보안공사

④ 제3종 특고압 보안공사

해설
- 1차 접근 상태로 시설 : 제3종 특고압 보안공사
- 2차 접근 상태로 시설 : 제2종 특고압 보안공사

95 발전소에서 계측장치를 시설하지 않아도 되는 것은?

① 발전기의 전압, 전류 및 전력

② 발전기의 베어링 및 고정자 온도

③ 특고압 모선의 전압, 전류 및 전력

④ 특고압용 변압기의 온도

해설 주요 변압기의 전압 및 전류 또는 전력

96 특고압 가공전선이 케이블인 경우에 통신선이 절연전선과 동등 이상의 절연효력이 있을 때 통신선과 특고압 가공전선과의 이격거리는 몇 [cm] 이상인가?

① 30   ② 60

③ 75   ④ 90

해설 가공 전선로의 지지물에 공가하는 통신선은 전력선 가공 전선 밑에 시설하고 가공 전선과의 이격거리(이상)

전선의 전압	전력선의 종류	통신선의 종류	이격 거리
저압 및 중성선	나선	나선, 절연전선, 케이블	60[cm]
	절연 전선, 케이블	절연 전선, 케이블	30[cm]
고압	나선, 절연 전선	나선, 절연전선, 케이블	60[cm]
고압	케이블	절연 전선, 케이블	30[cm]
특별고압	나선, 절연 전선	나선, 절연전선, 케이블	120[cm]
	케이블	절연 전선, 케이블	30[cm]
22.9[kV-Y]	나선, 절연 전선	나선, 절연전선, 케이블	75[cm]

97 폭연성 분진 또는 화약류의 분말이 존재하는 곳의 저압 옥내배선은 어느 공사에 의하는가?

① 애자사용 공사 또는 가요전선관 공사

② 캡타이어 케이블 공사

③ 합성수지관 공사

④ 금속관 공사

해설 폭연성 분진, 화약류 분말이 존재하는 곳은 금속관 또는 케이블공사(단, 캡타이어 케이블은 제외)

98 특고압 가공전선로부터 공급을 받는 수용장소의 인입구에 시설하는 피뢰기의 접지공사는?

① 제1종 접지공사

② 제2종 접지공사

③ 제3종 접지공사

④ 특별 제3종 접지공사

해설 피뢰기 접지 공사 : 제1종 접지공사

정답 94 ③   95 ③   96 ①   97 ④   98 ①

99 최대 사용전압이 380[V]인 3상 유도전동기의 절연내력은 몇 [V]의 시험전압에 견디어야 하는가?

① 475   ② 500

③ 570   ④ 760

해설 회전기(회전 변류기 제외) 및 정류기의 절연내력 시험전압은 최대 사용전압 7000[V] 이하일 때는 최대 사용전압의 1.5배(최저시험 전압은 500[V]), 7000[V] 초과할 때는 최대 사용전압의 1.25배(최저시험 전압은 10500[V])

∴ 시험전압 $= 380 \times 1.5 = 570$[V]

100 66[kV] 특고압 가공전선로를 시가지에 설치할 때, 전선의 인장강도 21.67[kN] 이상의 연선 또는 단면적 최소 몇 [mm²] 이상의 경동 연선 또는 이와 동등 이상의 세기 및 굵기의 연선을 사용해야 하는가?

① 30   ② 38

③ 50   ④ 55

해설 특고압 가공전선의 굵기 및 종류

시가지	100[kV] 미만	55[mm²] 이상의 경동연선
	100[kV] 이상	150[mm²] 이상의 경동연선
시가지 외		22[mm²] 이상의 경동연선 ※22.9[kV-Y]에서는 시가지내·외 : 22[mm²] 이상의 경동연선 사용

정답 99 ③ 100 ④

2012년도 산업기사 제1회 필기시험(산업기사) · **913**

국가기술자격검정 필기시험문제

2012년도 산업기사 제2회 필기시험(산업기사)

자격종목 및 등급(선택분야)	종목코드	시험시간	문제지형별	수검번호	성명
전기산업기사		**2시간 30분**	**A**		

※ 시험문제지는 답안카드와 같이 반드시 제출하여야 합니다.

제1과목 : 전기자기학

01 그림과 같이 영역 y ≤ 0은 완전 도체로 위치해 있고, 영역 y ≥ 0은 완전 유전체로 위치해 있을 때, 만일 경계 무한 평면의 도체 면상에 면전하 밀도 ρ_s=2[nC/m²]가 분포되어 있다면 P점 (−4, 1, −5)[m]의 전계의 세기는?

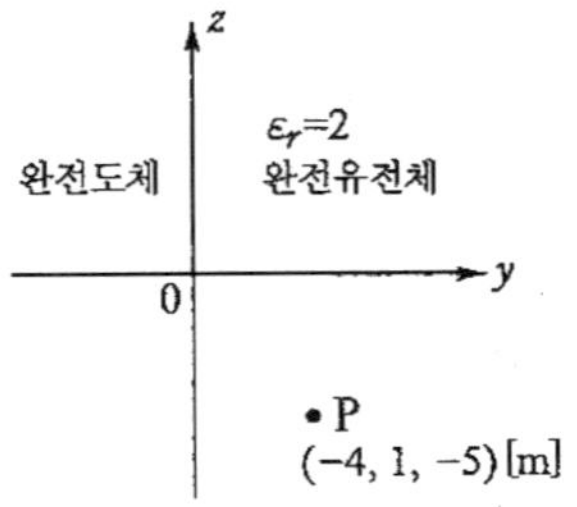

① $18\pi a_y\ [V/m]$
② $36\pi a_y\ [V/m]$
③ $-54\pi a_y\ [V/m]$
④ $72\pi a_y\ [V/m]$

해설

- 완전 도체일 경우에 전하는 z축 면상에만 균일하게 분포한다.
- 전기력선은 도체 외부의 수직 방향인 유전체 내부로 들어간다(a_y).
- 유전체 내부는 평등 전계이므로 어느 점이나 전계의 세기는 일정하다.
  전계의 세기는,

$$E=\frac{\rho_s}{\epsilon}=\frac{\rho_s}{\epsilon_0\epsilon_s}=36\pi\times10^{-9}\times\frac{2\times10^9}{2}$$
$$=36\pi\ [V/m]$$

∴전계의 세기를 벡터로 표시하면,
$E= Ea_y = 36\pi\,a_y\ [V/m]$이다.

$$\left(\frac{1}{4\pi\,\epsilon_0}=9\times10^9,\ \frac{1}{\epsilon_0}=36\pi\times10^9,\right.$$
$$\left.\rho_s=2\times10^{-9}\ [C/m^2]\right)$$

02 환상솔레노이드의 자기 인덕턴스에서 코일 권수를 5배로 하였다면 인덕턴스의 값은?

① 변함이 없다.
② 5배 증가한다.
③ 10배 증가한다.
④ 25배 증가한다.

해설 $L=\dfrac{N\phi}{I}=\dfrac{N^2}{R_m}=\dfrac{\mu\,A\,N^2}{l}\ [H]\propto N^2$

그러므로 코일 권수를 5배 하면 인덕턴스는 25배로 증가된다.

03 도체의 단면적이 5[m²]인 곳을 3초 동안에 30[C]의 전하가 통과하였다면 이때의 전류는?

① 5[A]
② 10[A]
③ 30[A]
④ 90[A]

해설 전류(I)$=\dfrac{d\,Q}{dt}=\dfrac{30}{3}=10\ [A]$

04 극판면적 10[cm²], 간격 1[mm] 평행판 콘덴서에 비유전율이 3인 유전체를 채웠을 때 전압 100[V]를 가하면 축적되는 에너지는 약 몇 [J]인가?

정답 01 ② 02 ④ 03 ② 04 ①

① $1.32 \times 10^{-7} [J]$ ② $1.32 \times 10^{-9} [J]$

③ $2.64 \times 10^{-7} [J]$ ④ $2.64 \times 10^{-9} [J]$

해설 축적되는 에너지는

$$W = \frac{1}{2} C V^2 [J] = \frac{1}{2} \times 2.6565 \times 10^{-11} \times 100^2$$
$$= 1.33 \times 10^{-7} [J]$$

$$C = \frac{\epsilon S}{d} = \frac{\epsilon_0 \epsilon_s S}{d}$$
$$= 8.855 \times 10^{-12} \times \frac{3 \times 10 \times 10^{-4}}{1 \times 10^{-3}}$$
$$= 2.6565 \times 10^{-11} [F]$$

05 전류의 세기가 I[A], 반지름 r[m]인 원형 선전류 중심에 m[Wb]인 가상 점자극을 둘 때 원형 선전류가 받는 힘은?

① $\dfrac{m I}{2\pi r} [N]$ ② $\dfrac{m I}{2 r} [N]$

③ $\dfrac{m I^2}{2\pi r} [N]$ ④ $\dfrac{m I}{2\pi r^2} [N]$

해설 원형 선전류가 받는 힘은

$$F = m H = \frac{m I}{2 r} [N]$$

반지름 r[m]인 원형 선전류 중심의 자계의 세기(H_0)는

$$H_0 = \frac{I}{2 r} [AT/m]$$

06 전계 E[V/m] 및 자계 H[A/m]의 에너지가 자유공간 중을 v[m/s]의 속도로 전파될 때 단위시간에 단위 면적을 지나는 에너지는?

① $P = \dfrac{1}{2} E H [W/m^2]$

② $P = E H [W/m^2]$

③ $P = 377 E H [W/m^2]$

④ $P = \dfrac{E H}{377} [W/m^2]$

해설 포인팅벡터=단위시간에 단위면적당 에너지(전력)

$$P = E \times H = E H [W/m^2]$$

07 비유전율 ϵ_s=5인 등방유전체인 한 점에서 전계의 세기 E=10^4[V/m]일 때 이 점에서의 분극율은?

① $\dfrac{10^{-5}}{9\pi} [F/m]$ ② $\dfrac{10^{-7}}{9\pi} [F/m]$

③ $\dfrac{10^{-9}}{9\pi} [F/m]$ ④ $\dfrac{10^{-12}}{9\pi} [F/m]$

해설 분극율 :

$$\chi = \frac{P}{E} = \epsilon_0 (\epsilon_s - 1) = \frac{1}{36\pi \times 10^9} (5 - 1)$$
$$= \frac{10^{-9}}{9\pi} [F/m]$$

(분극의 세기 : $P = \epsilon_0 (\epsilon_s - 1) E$,

$\epsilon_0 = \dfrac{1}{36\pi \times 10^9} = \dfrac{10^7}{4\pi C^2}$,

C(빛의 속도) $= 3 \times 10^8 [m/s]$)

08 직류 500[V] 절연저항계로 절연저항을 측정하니 2[MΩ]이 되었다면 누설전류는?

① $25 [\mu A]$ ② $250 [\mu A]$

③ $1000 [\mu A]$ ④ $1250 [\mu A]$

해설 누설전류

$$I_i = \frac{E}{R_g} = \frac{500}{2 \times 10^6} = 250 \times 10^{-6} [A] = 250 [\mu A]$$

09 진공 중에서 대전도체의 표면전하밀도가 σ [C/m^2]이라면 표면 전계는?

① $E = \dfrac{\sigma}{\epsilon_0}$ ② $E = \dfrac{\sigma}{2\epsilon_0}$

③ $E = \dfrac{\sigma}{2\pi \epsilon_0}$ ④ $E = \dfrac{\sigma}{4\pi r^2}$

해설 표면 전하밀도(σ)에서 나오는 전기력선의 밀도는 $\dfrac{\sigma}{\epsilon_0}$ [개/m^2]=$\dfrac{\sigma}{\epsilon_0}$ [V/m]이다. 그러므로 반지름 a[m]인 도체구에서의 표면의 전계 세기는 $\dfrac{\sigma}{\epsilon_0}$ [V/m]가 된다.

정답 **05** ②   **06** ②   **07** ③   **08** ②   **09** ①

10 자기 인덕턴스가 50[H]인 회로에 20[A]의 전류가 흐르고 있을 때 축적된 전자 에너지는 몇 [J]인가?

① 10[J]　　　　② 100[J]

③ 1000[J]　　　④ 10000[J]

해설 축적된 전자 에너지는

$$W = \frac{1}{2}LI^2 \,[J] = \frac{1}{2} \times 50 \times 20^2 = 10000 \,[J]$$

11 같은 평등 자계 중의 자계와 수직방향으로 전류 도선을 놓으면 N, S극이 만드는 자계와 전류에 의한 자계와의 상호작용에 의하여 자계의 합성이 이루어지고 전류도선은 힘을 받는다. 이러한 힘을 무엇이라 하는가?

① 전자력　　　　② 기전력

③ 기자력　　　　④ 전계력

해설 전자력(Electromagnetic Force) : N, S극의 자계 내에서 전류가 흐를 때 도체가 받는 힘

12 2개의 자기인덕턴스를 직렬로 접속하여 합성 인덕턴스를 측정하였더니 75[mH]가 되었고, 한 쪽의 인덕턴스를 반대로 접속하여 측정하니 25[mH] 되었다면 두 코일의 상호 인덕턴스 [mH]는?

① 12.5[mH]　　　② 45[mH]

③ 50[mH]　　　　④ 90[mH]

해설 $L = L_1 + L_2 + 2M = 75 \,[mH] \cdots\cdots\cdots$ ①

$L' = L_1 + L_2 - 2M = 25 \,[mH] \cdots\cdots\cdots$ ②

①-② 하면, M=12.5 [mH]

13 무한장 직선 도체에 선전하밀도 λ[C/m]의 전하가 분포되어 있는 경우, 이 직선 도체를 축으로 하는 반지름 r[m]의 원통면상의 전계는?

① $\frac{\lambda}{2\pi\epsilon_0 r^2} \,[V/m]$　　　② $\frac{\lambda}{2\pi\epsilon_0 r} \,[V/m]$

③ $\frac{\lambda}{4\pi\epsilon_0 r^2} \,[V/m]$　　　④ $\frac{\lambda}{4\pi\epsilon_0 r} \,[V/m]$

14 공기 중에서 E[V/m]의 전계를 i_d[A/m²]의 변위전류로 흐르게 하고자 한다. 이때 주파수 f[Hz]는?

① $f = \frac{i_d}{2\pi\epsilon E} \,[Hz]$　　② $f = \frac{i_d}{4\pi\epsilon E} \,[Hz]$

③ $f = \frac{\epsilon i_d}{2\pi^2 E} \,[Hz]$　　④ $f = \frac{i_d E}{4\pi^2 \epsilon} \,[Hz]$

해설 변위 전류밀도

$$i_d = \frac{\partial D}{\partial t} = \frac{\partial}{\partial t} \frac{\epsilon V_m}{d} \sin\omega t = \frac{\omega\epsilon V_m}{d}\cos\omega t$$
$$= \omega\epsilon E \cos\omega t \,[A/m^2]$$
$$|i_d| = \omega\epsilon E = 2\pi f\epsilon E \,[A/m]$$
$$\therefore f = \frac{i_d}{2\pi\epsilon E} \,[Hz]$$

15 비유전율 81이고, 비투자율 1인 물속에 전자파의 파동 임피던스는 약 몇 [Ω]인가?

① 9[Ω]　　　　② 27[Ω]

③ 33[Ω]　　　　④ 42[Ω]

해설 파동(고유)임피던스

$$Z_0 = \frac{E}{H} = \sqrt{\frac{\mu}{\epsilon}} = \sqrt{\frac{\mu_0}{\epsilon_0}}\sqrt{\frac{\mu_s}{\epsilon_s}}$$
$$= \sqrt{\frac{4\pi \times 10^{-7}}{8.855 \times 10^{-12}}}\sqrt{\frac{\mu_s}{\epsilon_s}}$$
$$= 377\sqrt{\frac{1}{81}} = 41.89 \,[\Omega]$$

16 평행판 콘덴서의 두 극판 면적을 3배로 하고 간격을 반으로 줄이면 정전 용량은 처음의 몇 배가 되는가?

① 1.5배　　　　② 4.5배

③ 6배　　　　　④ 9배

정답 10 ④　11 ①　12 ①　13 ②　14 ①　15 ④　16 ③

916 · Part 3. 전기산업기사 기출문제

해설 평행판 콘덴서의 정전용량 : $C = \dfrac{\epsilon_0 S}{d}$ $[F]$

면적 S_1, 간격 d_1일 때의 정전용량 :

$$C_1 = \frac{\epsilon_0 S_1}{d_1} \ [F]$$

문제에서는 $S = 3S_1$, $d = \dfrac{1}{2}d_1$ 이므로,

$$\therefore C = \frac{\epsilon_0 S}{d} = \frac{\epsilon_0 \, 3S_1}{\frac{1}{2}d_1} = 6\frac{\epsilon_0 S_1}{d_1} = 6C_1$$

17 원점 주위의 전류밀도가 $J = \dfrac{2}{r}a_r[\text{A/m}^2]$의 분포를 가질 때 반지름 5[cm]의 구면을 지나는 전전류는?

① 0.1π [A] 　　② 0.2π [A]

③ 0.3π [A] 　　④ 0.4π [A]

해설 구면을 지나는 전전류는

$$I = \oint_s J \, dS = \oint_s \frac{2}{r} a_r \, dS$$

$$\xrightarrow{(a_r = 1)} = \frac{2}{r}\oint_s dS = \frac{2}{r}S$$

$$= \frac{2}{r} \times 4\pi r^2 = 8\pi r = 8\pi \times 0.05 = 0.4\pi \ [A]$$

18 원점에 점전하 Q[C]이 있을 때 원점을 제외한 모든 점에서 $\nabla \cdot D$의 값은?

① ∞ 　　② 0

③ 1 　　④ ϵ_0

해설 $div D = \nabla \cdot D = 0$(전하가 없는 곳)

19 내압이 1[kV]이고, 용량이 각각 0.01[μF], 0.02[μF], 0.05[μF]인 콘덴서를 직렬로 연결했을 때의 전체내압은?

① 1500[V] 　　② 1600[V]

③ 1700[V] 　　④ 1800[V]

해설 콘덴서의 용량이 적을수록 인가되는 전압은 높다. 즉, 내압이 동일하다면 용량이 제일 적은 것이 먼저 파괴되므로, 최초의 파괴되는 콘덴서인 0.01[μF]을 기준한다.

$$Q = C_1 V_1 = C_2 V_2 = C_3 V_3, \quad Q = CV, \quad V \propto \frac{1}{C}$$

$$V_1 : V_2 : V_3 = \frac{1}{0.01} : \frac{1}{0.02} : \frac{1}{0.03} = 10 : 5 : 2$$

그러므로 0.01[μF]에 인가되는 전압을 V_1으로, 전체전압 V라 할 때,

$$V_1 = \frac{10}{10 + 5 + 2}V$$

$$\therefore V = \frac{17}{10}V_1 = \frac{17}{10} \times 1 \times 10^3 = 1700[V]$$이다.

20 전기력선 밀도를 이용하여 주로 대칭 정전계의 세기를 구하기 위하여 이용되는 법칙은?

① 패러데이의 법칙 　② 가우스의 법칙

③ 쿨롱의 법칙 　　④ 톰슨의 법칙

해설
- 패러데이의 법칙 : 전자유도 법칙에 의해서 기전력을 구한다.
- 쿨롱의 법칙 : 두 점 전하 사이에서 작용하는 힘을 구한다.
- 톰슨의 법칙 : 전계 내에서의 최소에너지를 구한다.

제2과목 : 전력 공학

21 재폐로 차단기에 대한 설명으로 가장 옳은 것은?

① 배전선로용은 고장구간을 고속 차단하여 제거한 후 다시 수동조작에 의해 배전이 되도록 설계한 것이다.

정답 17 ④　18 ②　19 ③　20 ②　21 ④

② 재폐로 계전기와 함께 설치하여 계전기가 고장을 검출하여 이를 차단기에 통보, 차단하도록 된 것이다.

③ 3상 재폐로 차단기는 1상의 차단이 가능하고 무전압 시간을 약 20~30초로 정하여 재폐로 하도록 되어 있다.

④ 송전선로의 고장구간을 고속 차단하고 재송전하는 조작을 자동적으로 시행하는 재폐로 차단장치를 장비한 자동차단기이다.

22 송전선로의 매설지선의 가장 중요한 설치목적은?

① 뇌해방지   ② 코로나 전압감소

③ 구조물 보호   ④ 절연강도 증가

해설 매설지선은 뇌해방지 및 역섬락방지

23 어떤 발전소의 발전기가 13.2[kV], 용량 9.3[MVA], 동기임피던스 94[%]일 때, 임피던스는 몇 [Ω]인가?

① 9.8[$\varOmega$]   ② 12.8[$\varOmega$]

③ 17.6[$\varOmega$]   ④ 22.4[$\varOmega$]

해설

$\%Z = \dfrac{PZ}{10V^2}[\%]$에서,

$Z = \dfrac{94 \times 10 \times 13.2^2}{9.3 \times 10^3} = 17.61[\Omega]$

24 위상 비교 반송 방식에 대한 설명으로 맞는 것은?

① 일단에서의 전압과 타단에서의 전압의 위상각을 비교한다.

② 일단에서 유입하는 전류와 타단에서 유출하는 전류의 위상각을 비교한다.

③ 일단에서 유입하는 전류와 타단에서의 전압의 위상각을 비교한다.

④ 일단에서의 전압과 타단에서 유출되는 전류의 위상각을 비교한다.

25 지중선 계통을 가공선 계통에 비교하였을 때 옳은 것은?

① 인덕턴스, 정전용량이 모두 크다.

② 인덕턴스, 정전용량이 모두 적다.

③ 인덕턴스는 적고, 정전용량은 크다.

④ 인덕턴스는 크고, 정전용량은 적다.

26 공기차단기에 비해 SF_6 가스차단기의 특징으로 볼 수 없는 것은?

① 같은 압력에서 공기의 2~3배 정도의 절연내력이 있다.

② 밀폐된 구조이므로 소음이 없다.

③ 소전류 차단 시 이상전압이 높다.

④ 아크에 SF_6가스는 분해되지 않고 무독성이다.

해설

• 이상전압 발생이 적다.

• 근거리고장 등 가혹한 재기전압에 대해서도 성능이 우수

• 소전류 차단에도 안정된 차단기능

27 전력계통의 주파수가 기준치보다 증가하는 경우 어떻게 하는 것이 타당한가?

① 발전출력[kW]을 증가시켜야 한다.

② 발전출력[kW]을 감소시켜야 한다.

③ 무효전력[kVar]을 증가시켜야 한다.

④ 무효전력[kVar]을 감소시켜야 한다.

해설

• 발전기출력(유효) 감소 : 계통의 주파수가 감소

• 발전기출력(유효) 증가 : 계통의 주파수가 상승

[정답] 22 ①   23 ③   24 ②   25 ③   26 ③   27 ②

918 · Part 3. 전기산업기사 기출문제

28 가공전선로의 선로정수에 대한 설명 중 틀린 내용은?

① 송배전선로는 저항, 인덕턴스, 정전용량, 누설컨덕턴스라는 4개의 정수로 이루어진다.

② 선로정수를 평형시키기 위해서는 연가를 하지 않는다.

③ 장거리 송전선로에 대해서는 분포정수회로로 취급한다.

④ 도체와 도체 사이 또는 도체와 대지 사이에는 정전용량이 존재한다.

29 송전선로의 저항은 R, 리액턴스를 X라 하면 다음의 어느 식이 성립하는가?

① $R \geq X$ ② $R < X$

③ $R = X$ ④ $R > X$

30 지락보호계전기의 동작이 가장 확실한 송전계통방식은?

① 고저항접지식 ② 비접지식

③ 소호리액터접지식 ④ 직접접지식

31 공칭전압 154[kV]에 대한 250[mm] 현수애자의 연결 개수는 대략 몇 개 정도인가?

① 5~6 ② 9~10

③ 14~15 ④ 19~23

32 부하가 P[kW]이고, 그의 역률이 $\cos\theta_1$인 것을 $\cos\theta_2$로 개선하기 위한 전력용 콘덴서의 용량[kVA]은?

① $P(\tan\theta_1 - \tan\theta_2)$ ② $P\left(\dfrac{\cos\theta_1}{\sin\theta_1} - \dfrac{\cos\theta_2}{\sin\theta_2}\right)$

③ $\dfrac{P}{(\tan\theta_1 - \tan\theta_2)}$ ④ $\dfrac{P}{(\cos\theta_1 - \cos\theta_2)}$

33 전압이 정정치 이하로 되었을 때 동작하는 것으로서 단락시 고장 검출용으로도 사용되는 계전기는?

① 재폐로 계전기 ② 역상 계전기

③ 부족 전류 계전기 ④ 부족 전압 계전기

34 일정 거리를 동일전선으로 송전할 때 송전전력은 송전전압의 대략 몇 승에 비례하는가?

① 2 ② $\dfrac{1}{2}$

③ 1 ④ $\dfrac{1}{3}$

해설
송전전력은 송전전압 제곱에 비례한다. ($P \propto V^2$)

35 과전류 계전기(OCR)의 탭(tap) 값을 옳게 설명한 것은?

① 계전기의 최소 동작전류

② 계전기의 최대 부하전류

③ 계전기의 동작시한

④ 변류기의 권수비

해설 과전류 계전기의 탭값은 최소동작전류값에 의해서 정정한다.

36 3상 Y결선된 발전기가 무부하 상태로 운전 중 3상 단락고장이 발생하였을 때 나타나는 현상으로 적합하지 않은 것은?

① 영상분 전류는 흐르지 않는다.

② 역상분 전류는 흐르지 않는다.

③ 정상분 전류는 영상분 및 역상분 임피던스에 무관하고 정상분 임피던스에 반비례한다.

④ 3상 단락전류는 정상분 전류의 3배가 흐른다.

정답 28 ② 29 ② 30 ④ 31 ② 32 ① 33 ④ 34 ① 35 ① 36 ④

해설
- 1선지락 사고 시 : 영상분, 정상분, 역상분
- 선간단락 사고 시 : 정상분, 역상분
- 3상단락 사고 시 : 정상분

37 일반적인 경우 그 값이 1 이상인 것은?

① 부등률　　　　② 전압강하율

③ 부하율　　　　④ 수용률

38 3상 3선식 송전선에서 1선의 저항이 15[Ω], 리액턴스는 20[Ω]이고 수전단의 선간전압은 30[kV], 부하역률이 0.8인 경우 전압강하율을 10[%]라 하면, 이 송전선로로는 몇 [kW]까지 수전할 수 있는가?

① 2500[kW]　　② 2750[kW]

③ 3000[kW]　　④ 3250[kW]

해설
$\varepsilon = \dfrac{P}{V^2}(R + X\tan\theta)$ 에서,

$P = \dfrac{\varepsilon V^2}{R + \tan\theta} = \dfrac{0.1 \times (30 \times 10^3)^2}{15 + 20 \times \dfrac{0.6}{0.8}} \times 10^{-3}$

$\quad = 3000 [kW]$

39 유효저수량 200,000[㎥], 평균유효낙차 100[m], 발전기출력 7,500[kW]이다. 1대를 운전할 경우 약 몇 시간 정도 발전할 수 있는가?(단, 발전기 및 수차의 합성효율은 85[%]이다.)

① 4　　　　　② 5

③ 6　　　　　④ 7

해설
전력량$(W) = P \times T [kWh]$

$\quad = 9.8 \times \dfrac{V}{3600} \times H \cdot \eta_t \cdot \eta_g [kWh]$

$\quad = 9.8 \times \dfrac{200000}{3600} \times 100 \times 0.85$

$\quad = 46277.78 [kWh]$에서,

$\therefore T = \dfrac{W}{P} = \dfrac{46277.78}{7500} = 6.17 [시간]$

40 수관식 보일러의 장점에 속하지 않는 것은?

① 수관의 지름이 적어지고 고압에 견딜 수 있다.

② 드럼안의 순환이 좋으며 증기발생이 빠르다.

③ 용량을 크게 할 수 있고 과열기를 설치하기 쉽다.

④ 구조가 간단하고 증발량이 크다.

해설 구조가 복잡하고 운전비용이 비싸다.

제3과목 : 전기기기

41 1차 전압 3300[V], 권수비 50인 단상 변압기가 순저항 부하에 10[A]를 공급할 때의 입력[kW]은?

① 0.66　　　　② 1.25

③ 2.43　　　　④ 2.82

해설 입력$(P_1) = V_1 \cdot I_1 = 3300 \times 0.2 \times 10^{-3}$

$\quad = 0.66 [kW]$

$I_1 = \dfrac{1}{a} I_2 = \dfrac{10}{50} = 0.2 [A]$

42 직류발전기의 전기자에 대한 설명 중 잘못된 것은?

① 전기자 권선은 대전류인 경우 평각동선을 사용한다.

② 전기자 권선은 소전류인 경우 연동환선을 사용한다.

③ 소형기에는 반폐 슬롯을 사용한다.

④ 중형 및 대형기에는 가지형 슬롯을 사용한다.

정답 37 ①　38 ③　39 ③　40 ④　41 ①　42 ④

해설
- 개방 슬롯 : 중형 및 대형기에 적용
- 반폐 슬롯 : 소형기 및 고속도기기에 적용

43 3상 동기발전기를 병렬 운전하는 도중 여자 전류를 증가시킨 발전기에서는 어떤 현상이 생기는가?

① 무효전류가 감소한다.

② 역률이 나빠진다.

③ 전압이 높아진다.

④ 출력이 커진다.

44 단상 전파정류로 직류 450[V]를 얻는데 필요한 변압기 2차 권선의 전압은 몇 [V]인가?

① 525   ② 500

③ 475   ④ 465

해설 전파정류$(E_d) = 0.9E$

$\therefore E = \dfrac{450}{0.9} = 500[V]$

45 동기발전기의 병렬운전 조건에서 같지 않아도 되는 것은?

① 주파수   ② 용량

③ 위상   ④ 기전력

해설 동기발전기의 병렬 운전 조건
- 기전력의 크기가 같을 것
- 기전력의 위상이 같을 것
- 기전력의 주파수가 같을 것
- 기전력의 파형이 같을 것
- 상회전 방향이 같을 것

46 유도전동기의 2차 동손(P_c), 2차 입력(P_2), 슬립(s)일 때의 관계식으로 옳은 것은?

① $P_2 P_c s = 1$ ② $s = P_2 P_c$

③ $s = \dfrac{P_2}{P_c}$ ④ $P_c = s P_2$

47 변압기 단락시험에서 계산 할 수 있는 것은?

① 백분율 전압강하, 백분율 리액턴스강하

② 백분율 저항강하, 백분율 리액턴스강하

③ 백분율 전압강하, 여자 어드미턴스

④ 백분율 리액턴스 강하, 여자 어드미턴스

해설 변압기 단락 시험에서 구할 수 있는 것
- 백분율 전압강하
- 백분율 리액턴스강하
- 권선의 누설 리액턴스
- 권선의 임피던스
- 권선의 저항

48 전압 380[V]에서의 기동 토크가 전부하 토크의 186[%]인 3상 유도전동기가 있다. 기동 토크가 100[%]되는 부하에 대해서는 기동 보상기로 전압을 약 몇 [V] 공급하면 되는가?

① 280   ② 270

③ 290   ④ 300

해설 기동토크는 전압의 제곱에 비례

$T_1 : T_2 = V_1^2 : V_2^2$

$\therefore V_2 = \sqrt{\dfrac{T_2}{T_1}} \times V_1 = \sqrt{\dfrac{100}{186}} \times 380$

$= 278.63[V]$

49 직권 전동기의 전기자 전류가 30[A]일 때 210[kg·m]의 토크를 발생한다. 전기자 전류가 90[A]로 되면 토크는 몇 [kg·m]로 되는가?(단, 자기포화는 무시한다.)

① 1625   ② 1758

③ 1890   ④ 1935

정답 **43** ②   **44** ②   **45** ②   **46** ④   **47** ②   **48** ①   **49** ③

해설 직권전동기 ($I = I_a = I_f$)에서 자기포화를 무시하면, $I_f \propto \phi$

토크(T) $= k\phi I_a$가 $T = kI^2$이 되어 $\therefore T \propto I^2$

$210 : T' = 30^2 : 90^2$

$\therefore T' = (\frac{90}{30})^2 \times 210 = 1890[kg \cdot m]$

50 다음 동기기 중 슬립링을 사용하지 않는 기기는?

① 동기발전기
② 동기전동기
③ 유도자형 고주파발전기
④ 고정자 회전기동형 동기전동기

해설 유도자형 발전기에는 슬립링이 없다.

51 3상 유도전동기의 2차 저항을 m배로 하면 동일하게 m배로 되는 것은?

① 역률
② 전류
③ 슬립
④ 토크

해설 $\frac{r_2}{s_m} = \frac{r_2 + R_s}{s_t}$

여기서, s_m : 최대토크 시 슬립,

s_t : 기동 시 슬립, r_2 : 2차저항권선의 저항

R_s : 2차외부회로 저항, $r_2 + R_s$: 2차회로저항

$\therefore$ 2차 회로 저항 $(r_2 + R_s)$와 슬립(s_t)는 비례

52 3상 유도전동기 원선도 작성에 필요한 기본량이 아닌 것은?

① 저항측정
② 단락시험
③ 무부하시험
④ 구속시험

53 내철형 3상 변압기를 단상 변압기로 사용할 수 없는 이유는?

① 1차, 2차간의 각 변위가 있기 때문에
② 각 권선마다의 독립된 자기 회로가 있기 때문에
③ 각 권선마다의 독립된 자기 회로가 없기 때문에
④ 각 권선이 만든 자속이 $\frac{3\pi}{2}$ 위상차가 있기 때문에

해설 내철형 3상변압기는 각 권선마다 독립된 자기회로가 없기 때문에 각 권선은 단상으로 사용할 수 없다.

54 단상변압기 3대를 $Y-\Delta$결선해서 3상 20000[V]를 3000[V]로 내려서 3000[kW], 역률 80[%]의 부하에 전력을 공급할 때 변압기 1대의 정격용량 [kVA]은?

① 1250
② 1767
③ 2500
④ 3750

해설

변압기 1대의 용량$[kVA] = \frac{P[kW]}{3 \times \cos\theta} = \frac{3000}{3 \times 0.8}$

$= 1250[kVA]$

55 440/13200[V] 단상변압기의 2차 전류가 3.3[A] 이면 1차 출력은 약 몇 [kVA]인가?

① 22
② 33
③ 44
④ 62

해설 2차출력 = 1차입력(손실무시)= $V_2 I_2$

$= 13200 \times 3.3 \times 10^{-3} = 43.56[kVA]$

56 전압이나 전류의 제어가 불가능한 소자는?

① IGBT
② SCR
③ GTO
④ Diode

해설 다이오드 : 전압 및 전류제어가 불가능

[정답] **50** ③ **51** ③ **52** ② **53** ③ **54** ① **55** ③ **56** ④

922 • Part 3. 전기산업기사 기출문제

57 직류 직권 전동기를 정격전압에서 전부하 전류 50[A]로 운전할 때, 부하토크가 1/2로 감소하면 그 부하전류는 약 몇 [A]인가?(단, 자기포화는 무시한다.)

① 20 ② 25

③ 30 ④ 35

해설

$T : \dfrac{T}{2} = 50^2 : I^2$에서,

$I = \sqrt{\dfrac{\dfrac{1}{2}T}{T}} \times 50 = 37.36[A]$

58 60[Hz], 12극, 회전자 외경 2[m]의 동기발 전기에 있어서 자극면의 주변속도 [m/s]는 약 얼마인가?

① 34 ② 43

③ 59 ④ 62

해설

$v = \pi D \dfrac{N_s}{60} = \pi \times 2 \times \dfrac{600}{60} = 62.83[m/s]$

$N_s = \dfrac{120f}{P} = \dfrac{120 \times 60}{12} = 600[rpm]$

59 정격전압 6000[V], 용량 5000[kVA]의 3 상 동기발전기에서 여자전류가 200[A]일 때 무부하 단자 전압이 6000[V], 단락전류 는 500[A]이었다. 동기 리액턴스는 약 몇 [Ω]인가?

① 8.65 ② 7.26

③ 6.93 ④ 5.77

해설

$X_s = \dfrac{E}{I_s} = \dfrac{6000/\sqrt{3}}{500} = 6.93[\Omega]$

단락전류$(I_s) = \dfrac{E}{Z_s}[A]$

60 직류기의 다중 중권 권선법에서 전기자 병 렬회로수(a)와 극수(p)와의 관계는?(단, 다 중도는 m 이다.)

① a=2 ② a=2m

③ a=p ④ a=mp

해설 전기자 병렬 회로수(a)

• 중권(병렬권) : a=mp

• 파권(직렬권) : 2(a=2m)

여기서, p : 극수, m : 다중도

제4과목 : 회로이론

61 a가 상수, t⟩0일 때 $f(t) = e^{at}$의 라플라스 변 환은?

① $\dfrac{1}{s-a}$ ② $\dfrac{1}{s+a}$

③ $\dfrac{1}{s^2-a^2}$ ④ $\dfrac{1}{s^2+a^2}$

62 다음 미분방정식으로 표시되는 계에 대한 전달함수를 구하면?(단, x(t)는 입력, y(t)는 출력을 나타낸다.)

$$\dfrac{d^2y(t)}{dt^2} + 3\dfrac{dy(t)}{dt} + 2y(t) = x(t) + \dfrac{dx(t)}{dt}$$

① $\dfrac{s+1}{s^2+3s+2}$ ② $\dfrac{s-1}{s^2+3s+2}$

③ $\dfrac{s+1}{s^2-3s+2}$ ④ $\dfrac{s-1}{s^2-3s+2}$

해설

$s^2 Y(s) + 3s\, Y(s) + 2\, Y(s) = X(s) + s\, X(s)$

$Y(s)(s^2 + 3s + 2) = X(s)(s+1)$

$\therefore G(s) = \dfrac{Y(s)}{X(s)} = \dfrac{s+1}{s^2+3s+2}$

정답 **57** ④ **58** ④ **59** ③ **60** ④ **61** ① **62** ①

63 3상 불평형 회로의 전압에서 불평형률[%]은?

① $\dfrac{\text{영상전압}}{\text{정상전압}} \times 100[\%]$

② $\dfrac{\text{정상전압}}{\text{역상전압}} \times 100[\%]$

③ $\dfrac{\text{정상전압}}{\text{영상전압}} \times 100[\%]$

④ $\dfrac{\text{역상전압}}{\text{정상전압}} \times 100[\%]$

64 분류기를 사용하여 전류를 측정하는 경우 전류계의 내부저항이 0.12[Ω], 분류기의 저항이 0.03[Ω]이면 그 배율은?

① 6   ② 5

③ 4   ④ 3

해설

분류기의 배율$(m) = \dfrac{I}{I_a} = 1 + \dfrac{R_a}{R_s} = 1 + \dfrac{0.12}{0.03} = 5$

65 RL 직렬회로에서 시정수의 값이 클수록 과도현상의 소멸되는 시간에 대한 설명으로 옳은 것은?

① 짧아진다.

② 과도기가 없어진다.

③ 길어진다.

④ 변화가 없다.

해설 시정수의 값이 클수록 과도현상은 오래 지속된다.

66 60[Hz], 100[V]의 교류전압을 어떤 콘덴서에 인가하니 1[A]의 전류가 흘렀다. 이 콘덴서의 정전용량[μF]은?

① 약 377[μF]   ② 약 265[μF]

③ 약 26.5[μF]   ④ 약 2.65[μF]

해설

$I = \dfrac{E}{X_c}$에서 $X_c = \dfrac{E}{I} = \dfrac{100}{1} = 100[\Omega] = \dfrac{1}{\omega C}$

$\therefore C = \dfrac{1}{2\pi \times 60 \times 100} \times 10^6 = 26.5[\mu F]$

67 비정현파의 성분을 가장 적합하게 나타낸 것은?

① 직류분 + 고조파

② 교류분 + 고조파

③ 직류분 + 기본파 + 고조파

④ 교류분 + 기본파 + 고조파

68 $R = 100[\Omega]$, $L = \dfrac{1}{\pi}[H]$, $C = \dfrac{100}{4\pi}[pF]$가 직렬로 연결되어 공진할 경우 이 공진회로의 전압확대율 Q는?

① 2×10^3 ② 2×10^4

③ 3×10^3 ④ 3×10^4

해설

$Q = \dfrac{1}{R}\sqrt{\dfrac{L}{C}} = \dfrac{1}{100}\sqrt{\dfrac{\dfrac{1}{\pi}}{\dfrac{100}{4\pi} \times 10^{-12}}} = 2 \times 10^3$

69 그림과 같은 이상적인 변압기로 구성된 4단자 회로에서 정수 A와 C는 어떻게 되는가?

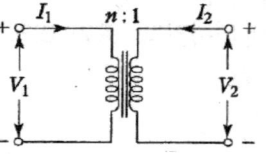

① $A = 0$, $C = n$

② $A = 0$, $C = \dfrac{1}{n}$

③ $A = n$, $C = 0$

④ $A = \dfrac{1}{n}$, $C = 0$

정답 **63** ④   **64** ②   **65** ③   **66** ③   **67** ③   **68** ①   **69** ③

해설

$V_1 : V_2 = n : 1$에서, $V_1 = n V_2$, $\therefore \dfrac{V_1}{V_2} = n = \dfrac{I_2}{I_1}$

$\therefore V_1 = n V_2 + 0 I_2$

$I_1 = 0 V_2 + \dfrac{1}{n} I_2$ $\quad \therefore \begin{bmatrix} A & B \\ C & D \end{bmatrix} = \begin{bmatrix} n & 0 \\ 1 & \dfrac{1}{n} \end{bmatrix}$

70 3상 회로에 △결선된 평형 순저항 부하를 사용하는 경우 선간전압 220[V], 상전류가 7.33[A]라면 1상의 부하저항은 약 몇 [Ω]인가?

① 80[$\varOmega$] ② 60[$\varOmega$]
③ 45[$\varOmega$] ④ 30[$\varOmega$]

해설 △결선 ($V_l = V_p$)

$Z = \dfrac{V_p}{I_p} = \dfrac{220}{7.33} = 30[\varOmega]$

71 대칭 n상 환상결선에서 선전류와 환상전류 사이의 위상차는 어떻게 되는가?

① $\dfrac{\pi}{2}\left(1 - \dfrac{2}{n}\right)$ ② $2\left(1 - \dfrac{2}{n}\right)$
③ $\dfrac{n}{2}\left(1 - \dfrac{\pi}{2}\right)$ ④ $\dfrac{\pi}{2}\left(1 - \dfrac{n}{2}\right)$

해설 대칭 n상에서 선전류는 환상 전류(상전류)보다 $\dfrac{\pi}{2}\left(1 - \dfrac{2}{n}\right)[rad]$만큼 위상이 뒤진다.

72 다음 그림에서 $V_1 = 24[V]$일 때 $V_0[V]$의 값은?

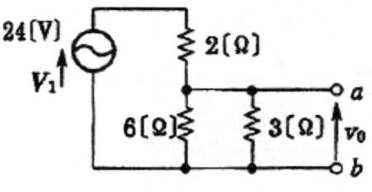

① 8 ② 12
③ 16 ④ 24

해설 ab 사이의 합성저항$(R_{ab}) = \dfrac{6 \times 3}{6 + 3} = 2[\varOmega]$

$\therefore V_0 = \dfrac{2}{2+2} \times 24 = 12[V]$

73 그림과 같은 회로의 임피던스 파라미터는?

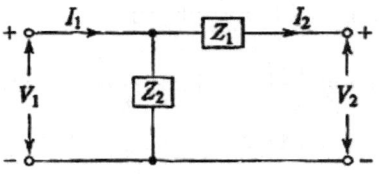

① $Z_{11} = Z_1 + Z_2, \ Z_{12} = Z_1, \ Z_{21} = Z_1, \ Z_{22} = Z_1$

② $Z_{11} = Z_1, \ Z_{12} = Z_2, \ Z_{21} = -Z_1, \ Z_{22} = Z_2$

③ $Z_{11} = Z_2, \ Z_{12} = -Z_2, \ Z_{21} = -Z_2,$
$Z_{22} = Z_1 + Z_2$

④ $Z_{11} = Z_2, \ Z_{12} = Z_1 + Z_2, \ Z_{21} = Z_1 + Z_2,$
$Z_{22} = Z_1$

해설

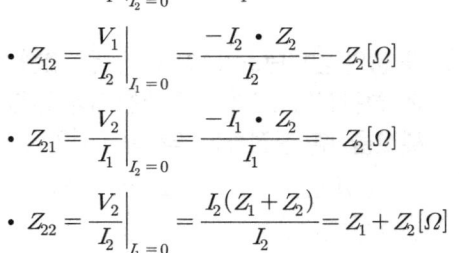

- $Z_{11} = \left.\dfrac{V_1}{I_1}\right|_{I_2 = 0} = \dfrac{I_1 \cdot Z_2}{I_1} = Z_2[\varOmega]$

- $Z_{12} = \left.\dfrac{V_1}{I_2}\right|_{I_1 = 0} = \dfrac{-I_2 \cdot Z_2}{I_2} = -Z_2[\varOmega]$

- $Z_{21} = \left.\dfrac{V_2}{I_1}\right|_{I_2 = 0} = \dfrac{-I_1 \cdot Z_2}{I_1} = -Z_2[\varOmega]$

- $Z_{22} = \left.\dfrac{V_2}{I_2}\right|_{I_1 = 0} = \dfrac{I_2(Z_1 + Z_2)}{I_2} = Z_1 + Z_2[\varOmega]$

정답 70 ④ 71 ① 72 ② 73 ③

74 다음과 같은 파형을 푸리에 급수로 전개하면?

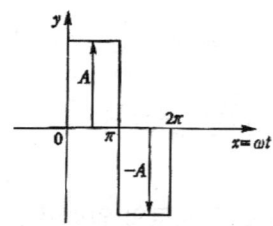

① $y = \dfrac{A}{\pi} + \dfrac{\sin 2x}{2} + \dfrac{\sin 4x}{4} + \cdots$

② $y = \dfrac{4A}{\pi}\left(\sin\alpha\sin x + \dfrac{1}{9}\sin 3\alpha \sin 3x + \cdots\right)$

③ $y = \dfrac{4A}{\pi}\left(\sin x + \dfrac{1}{3}\sin 3x + \dfrac{1}{5}\sin 5x + \cdots\right)$

④ $y = \dfrac{4}{\pi}\left(\dfrac{\cos 2x}{1.3} + \dfrac{\cos 4x}{3.5} + \dfrac{\cos 6x}{5.7} + \cdots\right)$

해설 반파 및 정현대칭파이므로, $a_0 = b_n = 0$ 이고 sin항의 기수차만 존재

75 전류가 전압에 비례한다는 것을 가장 잘 나타낸 것은?

① 테브난의 정리　　② 상반의 정리

③ 밀만의 정리　　④ 중첩의 원리

76 각 상의 임피던스가 $Z = 6 + j8$인 평형 Y부하에 선간전압 220[V]인 대칭 3상 전압이 가해졌을 때 선전류는 약 몇 [A]인가?

① 11.7[A]　　② 12.7[A]

③ 13.7[A]　　④ 14.7[A]

해설 Y결선이므로(선전류=상전류)

선전류(I_l)=상전류$(I_p) = \dfrac{V_p}{Z} = \dfrac{220/\sqrt{3}}{\sqrt{6^2 + 8^2}}$

$= 12.7[A]$

77 어느 저항에 $v_1 = 220\sqrt{2}\,\sin(2\pi \cdot 60t - 30°)$ [V]와 $v_2 = 100\sqrt{2}\,\sin(3 \cdot 2\pi \cdot 60t - 30°)[V]$의 전압이 각각 걸릴 때 올바른 것은?

① v_1이 v_2보다 위상이 15° 앞선다.

② v_1이 v_2보다 위상이 15° 뒤진다.

③ v_1이 v_2보다 위상이 75° 앞선다.

④ v_1과 v_2의 위상관계는 의미가 없다.

해설 주파수가 서로 다른 전압과 전류 사이에는 전력이 전혀 발생하지 않는다.

78 RL 직렬회로에 $v = 150\sqrt{2}\cos\omega t + 100\sqrt{2}$ $\sin 3\omega t + 25\sqrt{2}\sin 5\omega t[V]$의 전압을 가하였다. 이때 제3고조파성분 전류의 실효치[A]는?(단, $R = 5[\Omega]$, $\omega L = 4[\Omega]$)

① 약 7.69[A]　　② 약 10.88[A]

③ 약 15.62[A]　　④ 약 22.08[A]

해설

제3고조파 성분 전류의 실효치 $(I_3) = \dfrac{V_3}{Z_3}$

$= \dfrac{100}{\sqrt{5^2 + 12^2}} = 7.69[A]$

$Z_3 = R + j3\omega L = 5 + j12[\Omega]$

79 일정 전압의 직류 전원에 저항 R을 접속하고 전류를 흘릴 때, 이 전류값을 20[%] 증가시키기 위해서는 저항값은 얼마로 하여야 하는가?

① 1.25R　　② 1.20R

③ 0.83R　　④ 0.80R

해설 $R = \dfrac{V}{I}$에서 전압이 일정하므로,

$R' = \dfrac{V}{I'} = \dfrac{V}{1.2I} = 0.83R$

정답　**74** ③　**75** ①　**76** ②　**77** ④　**78** ①　**79** ③

926 · Part 3. 전기산업기사 기출문제

80 $V = 50\sqrt{3} - j50[V]$, $I = 15\sqrt{3} + j15[A]$일 때, 유효전력 P[W]와 무효전력 $P_r[Var]$은 각각 얼마인가?

① $P = 3000$, $P_r = 1500$

② $P = 1500$, $P_r = 1500\sqrt{3}$

③ $P = 750$, $P_r = 750\sqrt{3}$

④ $P = 22500$, $P_r = 1500\sqrt{3}$

해설

$P_a = V \cdot \overline{I} = (50\sqrt{3} - j50) \times (15\sqrt{3} - j15)$
$= 1500 - j1500\sqrt{3}[VA]$

제5과목 : 전기 설비 기술기준 및 판단 기준

81 다음 괄호에 들어갈 적당한 것은?

> 지중 전선로는 기설 지중 약전류 전선로에 대하여 (ⓐ) 또는 (ⓑ)에 의하여 통신상의 장해를 주지 않도록 기설 약전류 전선으로부터 충분히 이격시키거나 기타 적당한 방법으로 시설하여야 한다.

① ⓐ 정전용량, ⓑ 표피작용

② ⓐ 정전용량, ⓑ 유도작용

③ ⓐ 누설전류, ⓑ 표피작용

④ ⓐ 누설전류, ⓑ 유도작용

82 전선의 접속법을 열거한 것 중 잘못 설명한 것은?

① 전선의 세기를 30[%] 이상 감소시키지 않는다.

② 접속 부분은 절연 전선의 절연물과 동등 이상의 절연 효력이 있도록 충분히 피복한다.

③ 접속 부분은 접속관, 기타의 기구를 사용한다.

④ 알루미늄 도체의 전선과 동도체의 전선을 접속할 때에는 전기적 부식이 생기지 않도록 한다.

해설 전선의 세기를 20[%] 이상 감소시키지 말 것

83 인입용 비닐절연전선을 사용한 저압 가공전선은 횡단보도교 위에 시설하는 경우 노면상의 높이는 몇 [m] 이상으로 하여야 하는가?

① 3 ② 3.5

③ 4 ④ 4.5

해설 저압가공인입선의 시설기준(전선높이)
- 도로횡단 : 노면상 5[m](기술상 부득이한 경우에 교통에 지장이 없을 때 : 3[m]) 이상
- 철도 또는 궤도 횡단 : 레일면상 6.5[m] 이상
- 횡단 보도교 위 시설 : 노면상 3[m] 이상

84 사용전압이 22900[V]인 특고압 가공전선이 건조물 등과 접근상태로 시설되는 경우 지지물로 A종 철근 콘크리트주를 사용하면 그 경간은 몇 [m] 이하이어야 하는가?(단, 중성선 다중접지식으로 전로에 단락이 생겼을 때 2초 이내에 자동적으로 이를 전로로부터 차단하는 장치가 되어 있는 경우)

① 100 ② 150

③ 200 ④ 250

해설 25[kV] 이하인 특고압 가공전선로(중성선다중접지식으로 전로에 지기가 생겼을 때에 2초 이내에 자동적으로 이를 전로로부터 차단하는 장치가 되었다.) 경간

지지물의 종류	경간
목주, A종 철주 또는 A종 컬근 콘크리트	100[m]
B종 철주 또는 B종 철근 콘크리트	150[m]
철탑	400[m]

정답 80 ② 81 ④ 82 ① 83 ① 84 ①

2012년도 산업기사 제2회 필기시험(산업기사) · **927**

85 고압 보안공사에서 지지물의 A종 철주인 경우 경간은 몇 [m] 이하인가?

① 100 ② 150
③ 250 ④ 400

해설 가공전선로의 경간

지지물 종류	표준 경간	저·고압 보안 공사	1종 특고압 보안 공사	2·3종 특고압 보안 공사	특고압 시가지
목주, A종	150	100	X	100	75
B종	250	150	150	200	150
철탑	600	400	400	400	400

86 케이블 트레이공사에 사용하는 케이블 트레이에 적합하지 않은 것은?

① 금속재의 것은 적절한 방식처리를 하거나 내식성 재료의 것이어야 한다.
② 비금속재 케이블 트레이는 난연성 재료가 아니어도 된다.
③ 케이블 트레이가 방화구획의 벽 등을 관통하는 경우에는 개구부에 연소방지 시설을 하여야 한다.
④ 금속제 케이블 트레이 계통은 기계적 또는 전기적으로 완전하게 접속하여야 한다.

해설 케이블트레이에는 금속제 또는 불연성 재료로 제작된 유닛 사용

87 전기울타리 시설에 대한 설명으로 옳지 않은 것은?

① 사람이 쉽게 출입하지 아니하는 곳에 시설할 것
② 전선과 이를 지지하는 기둥 사이의 이격거리는 2.5[cm] 이상일 것

③ 전기울타리용 전원장치에 전기를 공급하는 전로의 사용전압은 250[V] 이하일 것
④ 전선과 다른 시설물 또는 수목 사이의 이격거리는 20[cm] 이상일 것

해설
• 전선과 다른 공작물 또는 수목과의 이격거리 : 30[cm] 이상
• 인장강도 1.38[kN] 이상의 것 또는 지름 2[mm] 이상의 경동선 사용

88 특고압 전선로에 접속하는 배전용 변압기를 시설하는 경우에 대한 설명으로 틀린 것은?

① 변압기의 2차 전압이 고압인 경우에는 저압측에 개폐기를 시설한다.
② 특고압 전선으로 특고압 절연전선 또는 케이블을 사용한다.
③ 변압기의 특고압측에 개폐기 및 과전류차단기를 시설한다.
④ 변압기의 1차 전압은 35[kV] 이하, 2차 전압은 저압 또는 고압이어야 한다.

해설 특고압측에는 개폐기 및 과전류차단기를 시설

89 고압 가공전선로에 사용하는 지름 몇 [mm] 이상의 나경동선을 사용하여야 하는가?

① 2.6 ② 3.0
③ 4.0 ④ 5.0

해설
• 고압 가공전선로의 가공지선 : 4[mm] 이상의 나경동선
• 특고압 가공전선로의 가공지선 : 5[mm] 이상의 나경동선

정답 85 ① 86 ② 87 ④ 88 ① 89 ③

90 지중전선이 지중약전류 전선 등과 접근하거나 교차하는 경우에 상호 간의 이격거리가 저압 또는 고압의 지중 전선이 몇 [cm] 이하일 때, 지중 전선과 지중약전류 전선 사이에 견고한 내화성의 격벽(隔壁)을 설치하여야 하는가?

① 10[cm]　　　② 20[cm]
③ 30[cm]　　　④ 60[cm]

91 태양전지 발전소에 시설하는 태양전지 모듈, 전선 및 개폐기 기타 기구의 시설방법으로 적합하지 않은 것은?

① 충전부분은 노출되지 아니하도록 시설할 것
② 태양전지 모듈에 전선을 접속하는 경우에는 접속점에 장력이 가해지도록 할 것
③ 옥내에 시설하는 경우에는 금속관공사, 가요전선관공사로 할 것
④ 태양전지 모듈의 지지물은 진동과 충격에 안전한 구조이어야 할 것

해설 접속점에는 장력이 가해지지 않도록 시설

92 중성점 비접지식 고압전로(케이블을 사용하는 전로)에서 제2종 접지공사의 접지저항값을 결정하는 1선 지락전류의 계산식은?(단, V는 전로의 공칭전압[kV]을 1.1로 나눈 전압, L는 동일모선에 접속되는 고압전로의 선로연장 [km]이다.)

① $1 + \dfrac{\dfrac{V}{2}L' - 1}{3}$　　　② $1 + \dfrac{\dfrac{V}{3}L' - 1}{2}$

③ $\dfrac{\dfrac{V}{3}L - 1}{2}$　　　④ $1 + \dfrac{\dfrac{V}{3}L - 1}{4}$

해설 접지공사의 접지저항값을 결정하는 1선 지락전류의 계산식

• 전선에 케이블 이외의 것을 사용하는 전로

$$I_1 = 1 + \frac{\dfrac{V}{3}L - 100}{150}$$

우변의 제2항의 값은 소수점 이하는 절상한다. I_1이 2 미만으로 되는 경우에는 2로 한다.

• 전선에 케이블을 사용하는 전로

$$I_1 = 1 + \frac{\dfrac{V}{3}L' - 1}{2}$$

우변의 제2항의 값은 소수점 이하는 절상한다. I_1이 2 미만으로 되는 경우에는 2로 한다.

• 전선에 케이블 이외의 것을 사용하는 전로와 전선에 케이블을 사용하는 전로로 되어 있는 전로

$$I_1 = 1 + \frac{\dfrac{V}{3}L - 100}{150} + \frac{\dfrac{V}{3}L' - 1}{2}$$

여기서, I_1 : 1선 지락전류[A]

V : 공칭전압을 1.1로 나눈 전압[kV]

L : 동일모선에 접속되는 고압전로(케이블 사용 제외)의 전선연장[km]

L' : 동일모선에 접속되는 고압전로(케이블 사용에 한한다)의 선로연장[km]

93 옥내에 시설하는 조명용 전등의 점멸장치에 대한 설명으로 틀린 것은?

① 가정용 전등은 등기구마다 점멸이 가능하도록 한다.
② 국부조명설비는 그 조명대상에 따라 점멸할 수 있도록 시설한다.
③ 공장, 사무실 등에 시설하는 전체 조명용 전등은 부분조명이 가능하도록 등기구수 6개 이내의 전등군으로 구분하여 전등군마다 점멸이 가능하도록 한다.
④ 광 천장 조명 또는 간접조명을 위하여 전등을 격등회로로 시설하는 경우에는 10개의 전등군으로 구분하여 점멸이 가능하도록 한다.

정답　**90** ③　　**91** ②　　**92** ②　　**93** ④

해설 점멸장치와 타임스위치등의 시설 기준에서, 부분조명이 가능하도록 전등군을 구분하여 점멸이 가능하도록 한다(판단기준 제 177조, 개정전 등기구수 6개 이내의 전등군으로 되어 있다).

94 금속제 지중 관로에 대하여 전식 작용에 의한 장해를 줄 우려가 있어 배류 시설에 사용되는 선택 배류기를 보호할 목적으로 시설하여야 하는 것은?

① 과전류 차단기   ② 과전압 계전기
③ 유입 개폐기   ④ 피뢰기

해설 선택배류기를 보호하기 위해서 적정한 과전류 차단기를 사용

95 제1종 금속 가요전선관의 두께는 몇 [mm] 이상인가?

① 0.8   ② 1.0
③ 1.2   ④ 1.6

해설 제1종 금속제 가요전선관의 두께 : 0.8[mm] 이상

96 특고압 가공전선과 가공약전류 전선 사이에 시설하는 보호망에서 보호망을 구성하는 금속선 상호간의 간격은 가로 및 세로를 각각 몇 [m] 이하로 시설하여야 하는가?

① 0.75[m]   ② 1.0[m]
③ 1.25[m]   ④ 1.5[m]

해설 보호망을 구성하는 금속선의 상호간격은 1.5[m] 이하(보호망은 제1종 접지공사)

97 철도 또는 궤도를 횡단하는 저고압 가공전선의 높이는 레일면상 몇 [m] 이상이어야 하는가?

① 5.5   ② 6.5
③ 7.5   ④ 8.5

98 발전소에서 사용하는 차단기의 압축공기장치의 공기압축기는 최고 사용압력 몇 배의 수압을 연속하여 10분간 가하였을 때 견디고 새지 않아야 하는가?

① 1.2배   ② 1.25배
③ 1.5배   ④ 1.55배

해설 압축공기 장치는 최고 사용 압력의 1.5배의 수압을 계속해서 10분간 시험

99 다음 중 전선 접속 방법이 잘못된 것은?

① 알루미늄과 동을 사용하는 전선을 접속하는 경우에는 접속 부분에 전기적 부식이 생기지 않아야 한다.
② 공칭단면적 10[mm²] 미만인 캡타이어 케이블 상호간을 접속하는 경우에는 접속함을 사용할 수 없다.
③ 절연전선 상호 간을 접속하는 경우에는 접속 부분을 절연 효력이 있는 것으로 충분히 피복하여야 한다.
④ 나전선 상호 간의 접속인 경우에는 전선의 세기를 20[%] 이상 감소시키지 않아야 한다.

해설 코드상호, 캡타이어 케이블 상호 또는 이들 상호 간의 접속은 코드접속기, 접속함 및 기타기구를 사용하여야만 한다. 다만, 단면적 10[mm²] 이상의 캡타이어 케이블 상호를 접속할 경우는 기구를 사용하지 않을 수 있다.

정답   **94** ①   **95** ①   **96** ④   **97** ②   **98** ③   **99** ②

100 전력보안통신 설비인 무선통신용 안테나를 지지하는 목주는 풍압하중에 대한 안전율이 얼마 이상이어야 하는가?

① 1.0 ② 1.2

③ 1.5 ④ 2.0

정답 100 ③

국가기술자격검정 필기시험문제

2012년도 산업기사 제3회 필기시험(산업기사)

자격종목 및 등급(선택분야)	종목코드	시험시간	문제지형별	수검번호	성명
전기산업기사		**2시간 30분**	**A**		

※ 시험문제지는 답안카드와 같이 반드시 제출하여야 합니다.

제1과목 : 전기자기학

01 자기인덕턴스가 L_1, L_2이고 상호인덕턴스가 M인 두 코일을 직렬로 연결하여 합성인덕턴스 L을 얻었을 때, 다음 중 항상 양의 값을 갖는 것만 골라 묶은 것은?

① L_1, L_2, M

② L_1, L_2, L

③ M, L

④ 항상 양의 값을 갖는 것은 없다.

> **해설** 자기인덕턴스 L_1, L_2, 합성인덕턴스 L, 항상 양 (+)의 값을 갖는다.
> $L=L_1+L_2\pm2M$
> 자속이 같은 방향이면 양(+), 반대 방향이면 부(−)의 값을 갖는다.

02 자기인덕턴스 50[mH]의 회로에 흐르는 전류가 매초 100[A]의 비율로 감소할 때 자기유도기전력[V]은?

① 5×10^{-4}[mV]

② 5[V]

③ 40[V]

④ 200[V]

> **해설** 자기유도기전력은,
> $$e = L\frac{di}{dt} = 50\times10^{-3}\times\frac{100}{1} = 5\ [V]$$

03 전자계의 대한 맥스웰(Maxwell)의 기본 이론으로 옳지 않은 것은?

① 고립된 자극이 존재한다.

② 전하에서 전속선이 발산된다.

③ 전도 전류와 변위 전류는 자계의 회전을 발생시킨다.

④ 자속 밀도의 시간적 변화에 따라 전계의 회전이 생긴다.

> **해설** divB=0(고립된 자극은 존재하지 않는다)

04 열전대는 무슨 효과를 이용한 것인가?

① 압전효과

② 제벡효과

③ 홀효과

④ 가우스효과

> **해설**
> • 지벡효과 : 두 종류의 금속 접속면에 온도차가 발행하면 기전력이 생기는 효과
> • 압전효과 : 전기적인 에너지를 기계적인 에너지로 변형시키고, 기계적인 에너지를 전기적인 에너지로 변형시키는 현상
> • 홀효과 : 고체에 자기장과 수직인 전류가 흐를 때, 그 고체 내부에 횡단 방향의 전기장이 생성되는 현상

05 두 자성체 경계면에서 정자계가 만족하는 것은?

① 자속밀도의 접선성분이 같다.

② 자속은 투자율이 작은 자성체에 모인다.

③ 양측 경계면상의 두 점 간의 자위차가 같다.

④ 자계의 법선성분이 같다.

정답   01 ②   02 ②   03 ①   04 ②   05 ③

932 • Part 3. 전기산업기사 기출문제

해설 자계의 접선(수평) 성분과 자속밀도의 법선(수직) 성분이 같고, 입사각과 굴절각의 tan값의 비는 유전율의 비와 같다.
(경계면상의 두 점 간의 자위차는 같다)

06 다음 설명 중 옳은 것은?

① 완전 도체가 아닌 일정한 고유저항을 가진 대지상에 대지와 나란히 높이 h인 곳에 가선된 전류 I가 흐르는 원통상 도선의 영상전류는 방향이 반대인 $-I$이고, 땅속 h보다 얕은 곳에 대지면과 나란히 흐르는 영상전류이다.

② 접지 구도체의 외부에 있는 점전하에 기인된 접지 구도체상 유도전하의 영상전하는 2개 있다.

③ 두 유전체가 무한 평면으로 경계면을 이루고 접해있을 때 한 유전체 내에 있는 점전하 Q의 영상전하는, 경계면과 Q간 거리의 연장선상 반대편 등거리에 1개 있다.

④ 절연 도체구의 외부에 점전하가 있을 때 절연 도체구에 유도된 전하에 관한 영상 전하는 2개 있다.

해설 절연도체구의 외부에 점전하 (Q)가 있을 때 절연도체구에 유도된 전하에 관한 영상전하는 2개가 있다.

제1영상전하 $Q' = -\dfrac{a}{d}Q$

제2영상전하 $Q'' = \dfrac{a}{d}Q$

07 강자성체의 자속 밀도 B의 크기와 자화의 세기 J의 크기 사이에는 어떤 관계가 있는가?

① J가 B보다 약간 크다.

② J는 B보다 대단히 크다.

③ J는 B보다 약간 작다.

④ J는 B와 똑같다.

해설 $J = \chi H \ [Wb/m^2], \ B = \mu_0 H + J$

$\therefore J = \dfrac{\mu_s - 1}{\mu_s} B$ 에서, 강자성체는 $\mu_s \gg 1$이므로,

$\dfrac{\mu_s - 1}{\mu_s}$ 은 1보다 약간 적고, J는 B보다 약간 작다.

08 자화율 χ와 비투자율 μ_s의 관계에서 상자성체로 판단할 수 있는 것은?

① $\chi > 0, \ \mu_s < 1$ ② $\chi < 0, \ \mu_s > 1$

③ $\chi > 0, \ \mu_s > 1$ ④ $\chi < 0, \ \mu_s < 1$

해설
- $\chi > 0, \ \mu_s \geq 1$: 상자성체
- $\chi < 0, \ \mu_s < 1$: 반자성체
- $\chi \gg 0, \ \mu_s \gg 1$: 강자성체
  (χ : 자화율 , μ_s : 비투자율)

09 대전 도체 내부의 전위에 대한 설명으로 옳은 것은?

① 내부에는 전기력선이 없으므로 전위는 무한대의 값을 갖는다.

② 내부의 전위와 표면전위는 같다. 즉, 도체는 등전위이다.

③ 내부의 전위는 항상 대지전위와 같다.

④ 내부에는 전계가 없으므로 0 전위이다.

해설 도체의 전하분포 및 성질
- 도체 내부의 전계세기는 0이다(도체의 전위는 등전위이므로 전위경도 (gradV)=0, $E = -grad V$ 에서 도체 내부의 전계세기 = 0이다).
- 전하는 도체 내부에 존재하지 않고 도체표면에만 존재
- 도체표면의 전하밀도는 곡률이 클수록 높다(곡률반경이 작을수록 높다).

정답 06 ④   07 ③   08 ③   09 ②

2012년도 산업기사 제3회 필기시험(산업기사) **• 933**

- 도체표면과 내부의 전위는 등전위(표면은 등전위면)
- 중공부에 전하가 없고, 대전도체자면 전하는 도체 외부의 표면에만 분포
- 도체면에서의 전계의 세기는 도체표면에 항상 수직

10 유전율이 각각 ϵ_1, ϵ_2인 두 유전체가 접해있는 경우 전기력선의 방향을 그림과 같이 표시할 때 $\epsilon_1 > \epsilon_2$이면 θ_1과 θ_2의 관계는?

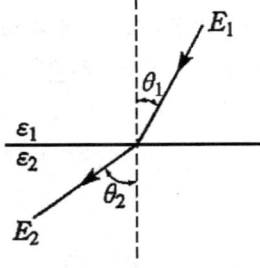

① $\theta_1 = \theta_2$

② $\theta_1 < \theta_2$

③ $\theta_1 > \theta_2$

④ 전력선의 방형에 따라 $\theta_1 > \theta_2$ 혹은 $\theta_1 < \theta_2$

해설

- 전속밀도의 법선(수직) 성분이 서로 같다.
  $D_1\cos\theta_1 = D_2\cos\theta_2$
- 전계의 접선(수평) 성분이 서로 같다.
  $E_1\sin\theta_1 = E_2\sin\theta_2$
- 경계면상의 두 점 간의 전위차는 같고 ($V_1 = V_2$), 입사각과 굴절각인 tan값이 유전율(ϵ)비와 같다.
  $$\frac{\tan\theta_1}{\epsilon_1} = \frac{\tan\theta_2}{\epsilon_2}$$
  $$\therefore \frac{\tan\theta_1}{\tan\theta_2} = \frac{\epsilon_1}{\epsilon_2}(\epsilon_1 > \epsilon_2 \text{이면}, \ \theta_1 > \theta_2 \text{이다.})$$

11 2개의 자하 m_1, m_2 사이에 작용되는 쿨롱의 법칙으로서 자하 간의 자기력에 대한 설명으로 옳지 않은 것은?

① 두 자하가 동일 극성이면 반발력이 작용한다.

② 두 자하가 서로 다른 극성이면 흡인력이 작용한다.

③ 두 자하의 거리에 반비례한다.

④ 두 자하의 곱에 비례한다.

해설 쿨롱의 법칙 : 두 자하 간에 작용하는 작용력은 거리의 제곱에 반비례 $F = \dfrac{m_1 m_2}{4\pi\mu_0 r^2}\ [N]$

12 그립과 같이 진공내의 A, B, C 각 점에 $Q_A = 4 \times 10^{-6}\ [C]$, $Q_B = 2 \times 10^{-6}\ [C]$, $Q_C = 5 \times 10^{-6}\ [C]$의 점전하가 일직선상에 놓여 있을 때 B점에 작용하는 힘은 몇 [N]인가?

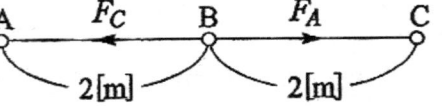

① 0.8×10^{-2} ② 1.2×10^{-2}

③ 1.8×10^{-2} ④ 2.4×10^{-2}

해설 B점에 작용하는 힘(F)은, (F_A와 F_C의 합성력)
$F = F_A - F_C = 1.8 \times 10^{-2} - 1 \times 10^{-2}$
$= 0.8 \times 10^{-2}\ [N]$이다.

- 점전하 A가 B점에 작용하는 힘은,
$F_A = \dfrac{1}{4\pi\epsilon_0}\dfrac{Q_A Q_B}{r^2}$
$= 9 \times 10^9 \times \dfrac{4 \times 10^{-6} \times 2 \times 10^{-6}}{2^2}$
$= 1.8 \times 10^{-2}\ [N]$

- 점전하 C가 B점에 작용하는 힘은
$F_C = \dfrac{1}{4\pi\epsilon_0}\dfrac{Q_C Q_B}{r^2}$
$= 9 \times 10^9 \times \dfrac{5 \times 10^{-6} \times 2 \times 10^{-6}}{2^2} = 1 \times 10^{-2}\ [N]$

정답 **10** ③   **11** ③   **12** ①

13 반지름 a[m]되는 도선의 1[m]당 내부 자기 인덕턴스는 몇 [H/m]인가?

① $\dfrac{\mu}{8\pi}$ 　　② $\dfrac{\mu}{4\pi}$

③ $\dfrac{\mu a}{8\pi}$ 　　④ $\dfrac{\mu a}{4\pi}$

해설 단위길이당 자계에너지는

$W = \dfrac{\mu I^2}{16\pi}\ [J/m]$ 에서,

내부자기인덕턴스 :

$L_i = \dfrac{2W}{I^2} = \dfrac{2}{I^2} \cdot \dfrac{\mu I^2}{16\pi} = \dfrac{\mu}{8\pi}\ [H/m]$

14 평행판 공기콘덴서의 극판 사이에 비유전율 ϵ_s의 유전체를 채운 경우 동일 전위차에 대한 극판 간의 전하량 $Q[C]$는?

① ϵ_s배로 증가 　　② $\dfrac{1}{\epsilon_s}$로 감소

③ $\pi\epsilon_s$ 배로 증가 　　④ 불변

해설
• 극판 사이에 진공일 경우의 전하량은

$Q_0 = C_0 V\ [C]$, $C_0 = \dfrac{\epsilon_0 S}{d}\ [F]$

• 극판 사이에 비유전율 ϵ_s로 채웠을 경우의 전하량은 $Q = CV = \epsilon_s C_0 V = \epsilon_s Q_0$

$C = \dfrac{\epsilon_0 \epsilon_s}{d} = \epsilon_s C_0\ [F]$

그러므로 ϵ_s배만큼 증가한다.

15 유전율 $\epsilon_1[F/m], \epsilon_2[F/m]$인 두 종류의 유전체가 무한평면을 경계로 접해 있다. 유전체에서 경계면으로부터 r[m]만큼 떨어진 점 P에 점전하 Q[C]가 있을 경우, 점전하와 유전체 $\epsilon_2[F/m]$사이에 작용하는 힘[N]은?

① $\dfrac{Q^2}{4\pi\epsilon_1 r^2}\dfrac{\epsilon_1 - \epsilon_2}{\epsilon_1 + \epsilon_2}\ [N]$

② $\dfrac{Q}{4\pi\epsilon_1 r}\dfrac{\epsilon_1 - \epsilon_2}{\epsilon_1 + \epsilon_2}\ [N]$

③ $\dfrac{Q}{16\pi\epsilon_1 r}\dfrac{\epsilon_1 - \epsilon_2}{\epsilon_1 + \epsilon_2}\ [N]$

④ $\dfrac{Q^2}{16\pi\epsilon_1 r^2}\dfrac{\epsilon_1 - \epsilon_2}{\epsilon_1 + \epsilon_2}\ [N]$

해설
• 점 P에 점전하(Q)와 유전체 (ϵ_2) 사이에 작용하는 힘(N)은 유전체(ϵ_1) 중에서 점전하 (Q)와 영상전하 (Q')사이에 작용하는 힘과 같다.
(전공간이 ϵ_1의 유전체로 되었을 경우와 Q에 대한 영상전하를 Q' 이라 하면 $Q' = \dfrac{\epsilon_1 - \epsilon_2}{\epsilon_1 + \epsilon_2}Q$이다)

$\therefore F = \dfrac{QQ'}{4\pi\epsilon_1(2r)^2} = \dfrac{Q}{16\pi\epsilon_1 r^2}\dfrac{\epsilon_1 - \epsilon_2}{\epsilon_1 + \epsilon_2}Q$

$= \dfrac{Q^2}{16\pi\epsilon_1 r^2}\dfrac{\epsilon_1 - \epsilon_2}{\epsilon_1 + \epsilon_2}\ [N]$

16 전압 V로 충전된 용량 C의 콘덴서에 용량 2C의 콘덴서를 병렬 연결한 후의 단자 전압 [V]은?

① 3V 　　② 2V

③ $\dfrac{V}{2}$ 　　④ $\dfrac{V}{3}$

해설 충전전하량(Q) = CV[C]
콘덴서가 병렬접속 : C_P = C + 2C = 3C
그러므로 병렬 연결한 후의 단자전압은

$V_P = \dfrac{Q}{C_P} = \dfrac{CV}{3C} = \dfrac{V}{3}\ [V]$

정답 **13** ① **14** ① **15** ④ **16** ④

17 무한 평면도체에서 h[m]의 높이에 반지름 a[m]($a \ll h$)의 도선을 도체에 평행하게 가설하였을 때 도체에 대한 도선의 정전용량은 몇 [F/m]인가?

① $\dfrac{\pi \epsilon_0}{\ln \dfrac{h}{a}}$ ② $\dfrac{2\pi \epsilon_0}{\ln \dfrac{2h}{a}}$

③ $\dfrac{\pi \epsilon_0}{\ln \dfrac{2h}{a}}$ ④ $\dfrac{2\pi \epsilon_0}{\ln \dfrac{h}{a}}$

해설

그림은 무한평면도체에서 h[m]의 높이에 반지름 a[m]($a \ll h$)의 도선에 +q[c/m]전하를 지니고 있다면, 도체에 h[m]아래에 −q[c/m]의 전하를 지닌 반지름 a[m]인 도선이 있다고 보고, 이때의 정전용량은,

$C = \dfrac{2\pi \epsilon_0}{\ln \dfrac{2h}{a}} \ [F/m]$이다.

18 자기회로단면적 4[cm²]의 철심에 6×10^{-4}[Wb]의 자속을 통하게 하려면 2800[AT/m]의 자계가 필요하다. 이 철심의 비투자율은?

① 12[H/m] ② 43[H/m]
③ 75[H/m] ④ 426[H/m]

해설 $\phi = BS = \mu HS = \mu_0 \mu_s HS \ [Wb]$에서,

$\therefore \mu_s = \dfrac{\phi}{\mu_0 HS} = \dfrac{6 \times 10^{-4}}{4\pi \times 10^{-7} \times 2800 \times 4 \times 10^{-4}}$
$= 426.52 \ [H/m]$

19 두 도체 A와 B에서 도체 A에는 +Q[C], 도체 B에는 −Q[C]의 전하를 줄 때 도체 A, B 간의 전위차를 V_{AB}라 하면 성립되는 식은?(단, 두 도체 사이의 정전용량은 C이다.)

① $Q = \sqrt{C} \ V_{AB}^2$ ② $Q = \sqrt{C} \ V_{AB}$
③ $Q = C^2 V_{AB}$ ④ $Q = C V_{AB}$

해설 두 도체 A와 B에서, 도체A에는 +Q(C), 도체B에는 −Q(C)의 전하를 줄 때 AB 간의 전위차는

$V_{AB} = \dfrac{Q}{C} \ [V]$

$\therefore Q = C V_{AB} \ [C]$(C : 두도체 사이의 정전용량)

20 도전성을 가진 매질 내의 평면파에서 전송계수 γ를 표현한 것으로 알맞은 것은?

① $\gamma = \alpha + j\beta$ ② $\gamma = \alpha - j\beta$
③ $\gamma = j\alpha + \beta$ ④ $\gamma = j\alpha - \beta$

해설 전송계수 : $\gamma = \alpha + j\beta$(α : 감쇠정수, β : 위상정수)

제2과목 : 전력공학

21 파동 임피던스가 Z_1= 400[Ω]인 선로의 종단에 파동 임피던스가 Z_2 = 1200[Ω]인 변압기가 접속되어 있다. 지금 선로로부터 파고 e_1=1000[kV]의 전압이 진입하였다. 접속점에서 전압의 투과파는?

① 500[kV] ② 1000[kV]
③ 1500[kV] ④ 2000[kV]

해설 투과파전압

$e_3 = \gamma e_1 = \dfrac{2Z_2}{Z_2 + Z_1} e_1 = \dfrac{2 \times 1200}{1200 + 400} \times 1000$
$= 1500 \ [kV]$A

22 코로나 방지에 가장 효과적인 방법은?

① 선간거리를 증가시킨다.
② 전선의 높이를 가급적 낮게 한다.
③ 전선 표면의 전위경도를 높인다.
④ 전선의 바깥지름을 크게 한다.

정답 **17** ② **18** ④ **19** ④ **20** ① **21** ③ **22** ④

해설 코로나 방지대책

- 전선의 직경(바깥지름)을 크게 한다.
- 복(다=n)도체를 사용한다.
- 가선금구를 개량한다.

23 수전 용량에 비해 첨두 부하가 커지면 부하율은 그에 따라 어떻게 되는가?

① 높아진다.

② 낮아진다.

③ 변하지 않고 일정하다.

④ 부하의 종류에 따라 달라진다.

해설 $부하율 = \dfrac{평균전력}{최대전력} \times 100\,[\%]$ 에서 첨두부하가 커지면 최대 전력이 증가하므로 부하율은 낮아진다.

24 송전선용 표준철탑 설계의 경우 일반적으로 가장 큰 하중은?

① 빙설

② 애자, 전선의 중량

③ 풍압

④ 전선의 인장강도

25 플리커 예방을 위한 수용가 측의 대책이 아닌 것은?

① 공급 전압을 승압한다.

② 전원계통에 리액터분을 보상한다.

③ 전압 강하를 보상한다.

④ 부하의 무효전력 변동분을 흡수한다.

해설 플리커 예방 대책

㉠ 전력공급측에서 대책
- 공급전압을 승압한다.
- 전용변압기로 공급
- 전용계통으로 공급
- 단락용량이 큰 계통에서 공급한다.

㉡ 수용가측에서 대책
- 전압 강하를 보상한다.
- 전원계통에 리액터분을 보상한다.
- 부하의 무효전력 변동분을 흡수한다.
- 플리커에 의한 부하전류의 변동분을 억제한다.

26 가공전선로에 대한 지중전선로의 장점으로 옳은 것은?

① 건설비가 싸다.

② 송전용량이 많다.

③ 인축에 대한 안전성이 높으며 환경조화를 이룰 수 있다.

④ 사고 복구에 효율적이다.

해설 지중전선로는 건설비용이 고가, 건설공기가 장기간, 동일루트(route)에 의한 다회선 가능(도심지역 적합)

27 반지름 r[m]이고 소도체 간격 a인 2도체 송전선로에서 등가선간거리가 D[m]로 배치되고 완전 연가된 경우 인덕턴스는 몇 [mH/km]인가?

① $L = 0.4605\log_{10}\dfrac{D}{\sqrt{ra^2}} + 0.025$

② $L = 0.4605\log_{10}\dfrac{D}{\sqrt{ra}} + 0.025$

③ $L = 0.4605\log_{10}\dfrac{D}{\sqrt{ra}} + 0.05$

④ $L = 0.4605\log_{10}\dfrac{D}{\sqrt{ra^2}} + 0.05$

해설 n도체 인덕턴스

$$L_n = \frac{0.05}{n} + 0.4605\log_{10}\frac{D}{\sqrt[n]{rs^{n-1}}}\ [mH/km]$$

$$\therefore n = 2$$

$$L = \frac{0.05}{2} + 0.4605\log_{10}\frac{D}{\sqrt{ra}}\ [mH/km]$$

정답 23 ② 24 ③ 25 ① 26 ③ 27 ②

28 3상 3선식 소호 리액터 접지 방식에서 1선의 대지 정전 용량을 C[uF], 상전압 E[kV], 주파수 f[Hz]라 하면, 소호 리액터의 용량은 몇 [kVA]인가?

① $\pi f\, CE^2 \times 10^{-3}$ ② $2\pi f\, CE^2 \times 10^{-3}$

③ $3\pi f\, CE^2 \times 10^{-3}$ ④ $6\pi f\, CE^2 \times 10^{-3}$

해설

$P_c = 2\pi f\, C V^2 = 2\pi f\, 3 C E^2$
$= 2\pi f\, 3C \times 10^{-6} \times (E \times 10^3)^2 \times 10^{-3}$
$= 6\pi f\, CE^2 \times 10^{-3} \,[kVA]$
(V : 선간전압, E : 상전압)

29 다음 중 1상당의 용량 200[kVA]의 콘덴서에 제5고조파를 억제하기 위하여 직렬리액터를 설치하고자 한다. 기본파 기준으로 직렬리액터의 용량[kVA]으로 가장 알맞은 것은?

① 6[kVA]   ② 12[kVA]

③ 18[kVA]   ④ 25[kVA]

해설

이론적 : 콘덴서용량 × 4[%]
실제적 : 콘덴서용량 × 6[%]
∴ 직렬리액터의 용량 = 200×0.06 = 12[kVA]

30 전력 계통의 주파수가 기준값보다 증가하는 경우 어떻게 하는 것이 가장 타당한가?

① 발전 출력[kW]을 감소시켜야 한다.
② 발전 출력[kW]을 증가시켜야 한다.
③ 무효 전력[kVar]을 감소시켜야 한다.
④ 무효 전력[kVar]을 증가시켜야 한다.

해설

• 발전 출력(유효전력) 증가 : 계통의 주파수를 기준값보다 증가
• 발전 출력(유효전력) 감소 : 계통의 주파수를 기준값보다 감소

(지상 무효 전력증가 : 수전단 전압감소, 진상 무효 전력 증가 : 수전단 전압 증가)

31 피뢰기의 정격 전압이란?

① 상용주파수의 방전개시전압
② 속류를 차단할 수 있는 최고의 교류전압
③ 방전을 개시할 때 단자전압의 순시값
④ 충격방전전류를 통하고 있을 때 단자전압

32 고장점에서 구한 전 임피던스를 Z[Ω], 고장점의 상전압을 E[V]라 하면 3상 단락전류 [A]는?

① $\dfrac{E}{Z}$ ② $\dfrac{ZE}{\sqrt{3}}$

③ $\dfrac{\sqrt{3}\,E}{Z}$ ④ $\dfrac{3E}{Z}$

해설 3상 단락전류 : $I_s = \dfrac{E}{Z}\,[A]$

33 콘덴서형 계기용변압기의 특징에 속하지 않은 것은?

① 권선형에 비해 오차가 적고 특성이 좋다.
② 절연의 신뢰도가 권선형에 비해 크다.
③ 고압 회로용의 경우는 권선형에 비해 소형 경량이다.
④ 전력선 반송용 결합콘덴서와 공용할 수 있다.

해설 콘덴서형 계기용 변압기(CPD)의 특징

• 전자형에 비해 오차가 많고 특성이 나쁘다.
• 권선형에 비해 소형 경량이다.
• 절연의 신뢰도가 권선형에 비해 크다.
• 전력선 반송용 결합콘덴서와 공용할 수 있다.

34 전력 원선도의 가로축과 세로축은 각각 어느 것을 나타내는가?

정답 28 ④   29 ②   30 ①   31 ②   32 ①   33 ①   34 ④

① 전압과 전류

② 전압과 역률

③ 전류와 유효전력

④ 유효전력과 무효전력

해설
- 횡축(가로축) : 유효전력(P)
- 종축(세로축) : 무효전력(Q)

35 1선 지락시 건전상의 전압상승이 가장 적은 중성점 접지방식은?

① 직접 접지방식

② 비접지방식

③ 저항 접지방식

④ 소호리액터 접지방식

해설 전압상승이 적은 순서 : 직접접지방식 → 저항접지방식 → 비접지방식 → 소호리액터 접지방식

36 전력용 콘덴서 회로에 방전코일을 설치하는 주된 목적은?

① 합성역률의 개선

② 전압의 파형 개선

③ 콘덴서의 등가용량 증대

④ 전원 개방시 잔류 전하를 방전시켜 인체의 위험방지

37 변전소에서 사용되는 조상설비 중 전력 손실이 출력의 최대 0.6[%] 이하이며 지상용으로 사용되는 조상설비는?

① 전력용 콘덴서　　② 분로 리액터

③ 동기 조상기　　④ 유도 전압 조정기

해설
- 조상설비와 비교해서, 동기조상기(지상, 진상 겸용)는 최대 1.5~2.5[%], 전력용 콘덴서(진상 전용)는 0.3[%] 이하, 분로리액터(지상 전용)는 0.6[%] 이하이다.

38 전력선 1선의 대지 전압을 E, 통신선의 대지 정전 용량을 C_b, 전력선과 통신선 사이의 상호 정전 용량을 C_{ab}라고 하면 통신선의 정전 유도 전압은?

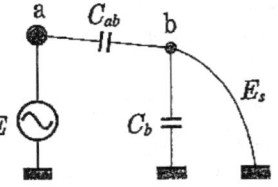

① $\dfrac{C_{ab}+C_b}{C_b}E$　　② $\dfrac{C_{ab}+C_b}{C_{ab}}E$

③ $\dfrac{C_{ab}}{C_{ab}+C_b}E$　　④ $\dfrac{C_b}{C_{ab}+C_b}E$

해설

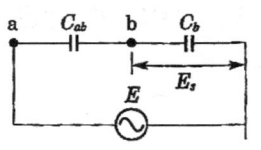

$$E_s = \frac{C_{ab}}{C_{ab}+C_b}E$$

39 화력 발전소에서 증기 및 급수가 흐르는 순서는?

① 보일러 → 과열기 → 절탄기 → 터빈 → 복수기

② 보일러 → 절탄기 → 과열기 → 터빈 → 복수기

정답　35 ①　　36 ④　　37 ②　　38 ③　　39 ③

③ 절탄기 → 보일러 → 과열기 → 터빈 →
　복수기

④ 절탄기 → 과열기 → 보일러 → 터빈 →
　복수기

해설

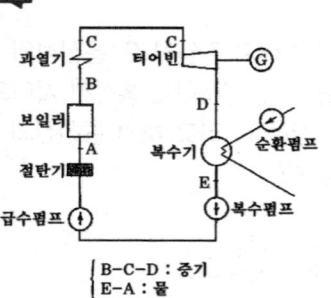

B-C-D : 증기
E-A : 물

그림은 실제 기력발전소에 쓰이는 기본 사이클이다.
증기 및 급수가 흐르는 순서는
절탄기 → 보일러 → 과열기 → 터빈 → 복수기 → 복수
펌프 → 급수펌프 → 절탄기이다.

40 출력 20,000[kW]의 화력발전소가 부하율
80[%]로 운전할 때 1일의 석탄소비량은 약
몇 ton인가?(단, 보일러 효율 80[%], 터빈
의 열 사이클 효율 35[%], 터빈효율 85[%],
발전기 효율 76[%], 석탄의 발열량은 5500
[kcal/kg]이다.)

① 272
② 293
③ 312
④ 333

해설

$\eta = \dfrac{860\,W}{m\,H}$ 에서,

$m = \dfrac{860 \times 384000}{0.18 \times 5500} \times 10^{-3} = 333.56\,[V]$

• 1일 전력량(W)
　$= Pt \times$ 부하율 $= 20000 \times 24 \times 0.8$
　$= 384000\,[kWh]$

• 종합 효율(η)$= 0.8 \times 0.35 \times 0.85 \times 0.76 = 0.18$

제3과목 : 전기기기

41 3상 유도전동기 기동특성에서 기동토크 τ_s
가 부하토크 τ_c보다 약간 클 때 가속토크로
작용하는 것은?(단, 전동기 토크는 τ이다.)

① $\tau_c - \tau$
② $\tau - \tau_c$
③ $\tau - \tau_s$
④ $\tau_s - \tau$

해설

• $\tau - \tau_c > 0$: 가속 토크

• $\tau - \tau_c < 0$: 감속 토크

• $\tau - \tau_c = 0$: 일정 속도로 유지 작용(τ : 전동기토
크, τ_c : 부하토크, τ_s : 기동토크)

42 전부하에 있어 철손과 동손의 비율이 1 : 2
인 변압기에서 효율이 최고인 부하는 전부
하의 약 몇 [%]인가?

① 50
② 60
③ 70
④ 80

해설 최고 효율(최대) 조건(철손=동손)

$P_i = m^2 P_c$

$\therefore m = \sqrt{\dfrac{P_i}{P_c}} = \sqrt{\dfrac{1}{2}} = 0.707 = 70.7\,[\%]$

43 전류가 불연속인 경우 전원전압 220[V]인
단상 전파정류 회로에서 점호각 $\alpha = 90°$일
때의 직류 평균전압은 약 몇 [V]인가?

① 45
② 84
③ 90
④ 99

해설

• 단상 반파 정류 : $E_d = \dfrac{\sqrt{2}\,E}{2\pi}(1 + \cos\alpha)\,[V]$

• 단상 전파 정류 :

$E_d = \dfrac{\sqrt{2}\,E}{\pi}(1 + \cos\alpha)$

$= \dfrac{\sqrt{2}}{\pi} \times 220(1 + \cos 90°) = 99.03\,[V]$

정답 **40** ④　**41** ②　**42** ③　**43** ④

940 · Part 3. 전기산업기사 기출문제

44 다음에서 동기전동기와 거의 같은 구조는?

① 직류전동기　　　② 유도전동기

③ 정류자전동기　　④ 동기발전기

해설 동기전동기와 동기발전기(교류발전기)는 거의 같은 구조로 되어 있다.

45 △결선 변압기의 한 대가 고장으로 제거되어 V결선으로 공급할 때 공급할 수 있는 전력은 고장 전 전력에 대하여 몇 [%]인가?

① 86.6　　　　　② 75.0

③ 66.7　　　　　④ 57.7

해설

• 출력비 $= \dfrac{P_V}{P_\triangle} = \dfrac{\sqrt{3}\,P_1}{3P_1} = \dfrac{1}{\sqrt{3}} = 0.577$
　$= 57.7\,[\%]$

• 이용률 $= \dfrac{\sqrt{3}\,P_1}{2P_1} = \dfrac{\sqrt{3}}{2} = 0.866 = 86.6\,[\%]$

(V결선에는 변압기 2대를 사용하므로, 정격 출력의 합은 2VI=2P$_1$)

46 유도전동기의 속도제어 방식으로 적합하지 않은 것은?

① 2차 여자제어　　② 2차 저항제어

③ 1차 저항제어　　④ 1차 주파수제어

해설 유도전동기의 속도제어 방식
• 농형 유도전동기 : 주파수 변환 방법, 극수 변환 방법, 전원 전압 변환 방법
• 권선형 유도전동기 : 2차 여자제어법, 2차 저항제어법

47 선박의 전기추진용 전동기의 속도제어에 가장 알맞은 것은?

① 주파수 변화에 의한 제어

② 극수 변환에 의한 제어

③ 1차 회전에 의한 제어

④ 2차 저항에 의한 제어

해설 주파수 변환에 의한 제어법 : 포터모터의 속도제어, 선박의 전기추진용 전동기

48 동기기의 전기자 저항을 r, 반작용 리액턴스를 x_a, 누설 리액턴스를 x_l이라 하면 동기임피던스는?

① $\sqrt{r^2 + \left(\dfrac{x_a}{x_l}\right)^2}$　　② $\sqrt{r^2 + x_l^2}$

③ $\sqrt{r^2 + x_a^2}$　　　　④ $\sqrt{r^2 + (x_a + x_l)^2}$

해설 동기임피던스
$Z_s = r + jx_s = r + j(x_a + x_l)$
$= \sqrt{r^2 + (x_a + x_l)^2}\ [\Omega]$
동기리액턴스 : $x_s = x_a + x_l\ [\Omega]$

49 교류전동기에서 브러시 이동으로 속도변화가 편리한 전동기는?

① 시라게 전동기　　② 농형 전동기

③ 동기 전동기　　　④ 2중 농형 전동기

해설 시라게 전동기 : 브러시를 반대방향으로 이동하여 속도를 조정한다.

50 단상 유도전동기의 기동 토크가 큰 순서로 되어 있는 것은?

① 반발기동, 분상기동, 콘덴서기동

② 분상기동, 반발기동, 콘덴서기동

③ 반발기동, 콘덴서기동, 분상기동

④ 콘덴서기동, 분상기동, 반발기동

해설 기동토크가 큰 순서
반발기동형(펌프) 〉 콘덴서기동형(냉장고) 〉 분상기동형(복사기) 〉 셰이딩코일형(플레이어, 레코더)

정답　44 ④　45 ④　46 ③　47 ①　48 ④　49 ①　50 ③

51 용량 1[kVA], 3000/200[V]의 단상 변압기를 단권 변압기로 결선해서 3000/3200[V]의 승압기로 사용할 때 그 부하 용량[kVA]은?

① 16   ② 15

③ 1.5   ④ 0.6

해설 $\dfrac{부하용량}{자기용량} = \dfrac{V_h}{V_h - V_l}$

$\therefore 부하용량 = \dfrac{V_h}{V_h - V_l} 자기용량$

$= \dfrac{3200}{3200 - 3000} \times 1 = 16\,[kVA]$

52 변압기의 임피던스 전압이란 정격부하를 걸었을 때 변압기 내부에서 일어나는 임피던스에 의한 전압 강하분이 정격 전압의 몇 [%]가 강하되는가의 백분율[%]이다. 다음 어느 시험에서 구할 수 있는가?

① 무부하시험   ② 단락시험

③ 온도시험   ④ 내전압시험

해설 변압기 시험 방법
- 무부하(개방) 시험에서 구할 수 있는 것 : 무부하전류, 히스테리시스손, 와류손, 철손, 여자어드미턴스
- 단락시험에서 구할 수 있는 것 : 동손, 임피던스 전압, 임피던스 와트

53 순저항 부하를 갖는 3상 반파 위상제어 정류회로에서 출력전류가 연속이 되는 점호각 a의 범위는?

① a ≤ 30°   ② a 〉30°

③ a ≤ 60°   ④ a 〉60°

54 동기전동기의 기동법으로 옳은 것은?

① 직류초퍼법, 기동전동기법

② 자기동법, 기동전동기법

③ 자기동법, 직류초퍼법

④ 계자제어법, 저항제어법

해설 동기전동기의 기동법 : 자기동법, 기동전동기법 (동기전동기는 동기속도 이외의 속도에서는 토크를 발생할 수 없다(기동시토크=0)).

55 3상 권선형 유도전동기에서 토크 τ, 1차 전류 I_1, 역률 $\cos\theta$, 2차 동손 P_{2c}, 효율 η, 출력 P_0라 할 때 비례추이하는 량으로 조합된 것은?

① I_1, $\cos\theta$, P_0 ② τ, P_{2c}, P_0

③ P_{2c}, η, P_0 ④ τ, I_1, $\cos\theta$

해설
- 비례추이를 할 수 있는 것 : 1차 전류, 2차 전류, 토크, 역률
- 비례추이를 할 수 없는 것 : 2차 동손, 효율, 동기속도, 기계적 출력, 동기속도

56 직류기에서 양호한 정류를 얻는 조건을 옳게 설명한 것은?

① 정류 주기를 짧게 한다.

② 전기자 코일의 인덕턴스를 작게 한다.

③ 평균 리액턴스 전압을 브러시 접촉 저항에 의한 전압 강하보다 크게 한다.

④ 브러시의 접촉저항을 작게 한다.

해설 양호한 정류를 얻는 조건
- 단절권 채용으로 전기자 코일의 인덕턴스를 작게 한다.
- 고속을 피하기 위해서 정류주기를 길게 한다.
- 리액턴스 전압을 작게 한다($e_L = L\dfrac{2I_c}{T_c}$).
- 전압 정류로서 보극을 설치한다.
- 저항 정류로서 탄소 브러시를 사용한다.

정답 51 ①   52 ②   53 ①   54 ②   55 ④   56 ②

942 • Part 3. 전기산업기사 기출문제

57 교류 단상직권전동기의 구조를 설명하는 것 중 옳은 것은?

① 역률 개선을 위해 고정자와 회전자의 자로를 성층 철심으로 한다.

② 정류 개선을 위해 강계자 약전기자형으로 한다.

③ 전기자 반작용을 줄이기 위해 약계자 강전기자형으로 한다.

④ 역률 및 정류 개선을 위해 약계자 강전기자형으로 한다.

해설 교류 단상 직권전동기의 구조
- 정류개선을 위해서 브러시는 접촉저항이 큰 저항정류로 한다.
- 전기자 반작용을 감소시키기 위해서 보상권선을 설치한다.
- 역률 및 정류를 개선하기 위해서 약계자 강전기자형으로 한다.
- 철손을 감소시키기 위해서 전기자 및 계자는 성층 철심을 사용하고 원통형 회전자로 한다.

58 절연유를 충만시킨 외함 내에 변압기를 수용하고, 오일의 대류작용에 의하여 철심 및 권선에 발생한 열을 외함에 전달하여, 외함의 방산이나 대류에 의하여 열을 대기로 방산시키는 변압기의 냉각방식은?

① 유입송유식   ② 유입수냉식

③ 유입풍냉식   ④ 유입자냉식

해설
- 유입자냉식(OA) : 오일의 대류작용에 의해 발생된 열을 외기중으로 방산시키는 냉각 방식
- 유입풍냉식(FA) : 유입변압기에 방열기를 부착하여 송풍기에 의해서 강제 통풍시켜 냉각 효과를 증대시킨 냉각 방식
- 유입수냉식(OW) : 상부기름에 냉각관을 두어서 이곳에 냉각수를 순환시켜 냉각하는 방식

- 유입송유식(FOA, FOW) : 외함 내에 있는 가열된 기름을 순환펌프에 의해 외부의 수냉식, 풍냉식 냉각기에 의해 냉각시켜 다시 외함 내에 유입시키는 방식

59 터빈발전기의 냉각을 수소 냉각방식으로 하는 이유가 아닌 것은?

① 풍손이 공기냉각시의 약 1/10로 줄어든다.

② 동일기계일 때 공기냉각시 보다 정격 출력이 약 25[%] 증가한다.

③ 수분, 먼지 등이 없어 코로나에 의한 손상이 없다.

④ 비열은 공기의 약 10배이고 열전도율은 약 15배로 된다.

해설 수소냉각방식의 발전기(가스 냉각 방식 : 대형 고속기)

㉠ 장점
- 공기에 비해 대류율은 1.3배(운전 중에 소음이 적다.)
- 비중은 공기의 약 7[%] 정도로 가볍고, 풍손은 공기의 약 1/10로 감소
- 비열이 공기의 약 14배로 열전도성이 좋다.
- 공기냉각 발전기에 비해서 출력은 25[%] 정도로 증가한다.
- 코로나 발생전압이 높고, 절연물의 수명이 길다.

㉡ 단점
- 폭발할 우려가 많다(공기와 혼합시).
- 폭발 예방을 위한 설비비가 증가

60 용량 40[kVA], 3200/200[V]인 3상 변압기 2차측에 3상 단락이 생겼을 경우 단락전류는 약 몇 [A]인가?(단, %임피던스 전압은 4[%]이다.)

① 1887   ② 2887

③ 3243   ④ 3558

해설 2차측에 3상 단락이 생겼을 때 단락전류는

$$I_s = \frac{100}{\%Z} I_n = \frac{100}{4} \times \frac{40 \times 10^3}{\sqrt{3} \times 200} = 2886.75 \, [A]$$

정답   57 ④   58 ④   59 ④   60 ②

제4과목 : 회로이론

61 $e^{j\frac{2}{3}\pi}$ 와 같은 것은?

① $-\frac{1}{2}-j\frac{\sqrt{3}}{2}$　　② $\frac{1}{2}-j\frac{\sqrt{3}}{2}$

③ $-\frac{1}{2}+j\frac{\sqrt{3}}{2}$　　④ $\cos\frac{2}{3}\pi+\sin\frac{2}{3}\pi$

해설

$$e^{j\frac{2}{3}\pi}=\cos 120°+j\sin 120°=-\frac{1}{2}+j\frac{\sqrt{3}}{2}$$

62 기본파의 30[%]인 제3고조파와 기본파의 20[%]인 제5고조파를 포함하는 전압파의 왜형률은 약 얼마인가?

① 0.21　　　　② 0.33

③ 0.36　　　　④ 0.42

해설

$$왜형률 = \frac{각고조파의\ 실효값의\ 합}{기본파의\ 실효값}$$
$$= \sqrt{(\frac{30}{100})^2+(\frac{20}{100})^2}=0.36$$

63 $i=15\sin(\omega t-\frac{\pi}{6})$[A]로 표시되는 전류보다 위상이 60° 지연되고, 최대치가 200[V]인 전압 v를 식으로 나타낸 것은?

① $v=200\sin(\omega t-\frac{\pi}{2})$

② $v=200\sin(\omega t+\frac{\pi}{2})$

③ $v=200\sin(\omega t-\frac{\pi}{6})$

④ $v=200\sin(\omega t+\frac{\pi}{6})$

해설 순시값

$$v=V_m\sin(\omega t+\theta)=200\sin(\omega t-\frac{\pi}{6}-\frac{\pi}{3})\ 전압$$
$$=200\sin(\omega t-\frac{\pi}{2})\ [V]$$

전압이 전류보다 위상이 60°($\frac{\pi}{3}$)만큼 지연

64 4단자 정수를 구하는 식으로 틀린 것은?

① $A=(\frac{V_1}{V_2})_{I_2=0}$　　② $B=(\frac{V_2}{I_2})_{V_1=0}$

③ $C=(\frac{I_1}{V_2})_{I_2=0}$　　④ $D=(\frac{I_1}{I_2})_{V_2=0}$

해설

$$V_1=AV_2+BI_2,\quad I_1=CV_2+DI_2,$$
$$B=\frac{V_1}{I_2}\bigg|_{V_2=0}$$

65 다음 회로해석의 설명 중에서 옳지 않은 것은?

① 전기회로는 특정 목적을 달성하기 위하여 상호 연결된 회로소자들의 집합이다.

② 옴의 법칙과 같은 소자법칙은 회로가 어떻게 구성되는지에 따라 각 개별 소자에서 단자 전압과 전류를 관계 지어준다.

③ 키르히호프의 법칙은 회로의 연결 법칙으로서 전하 불변 및 에너지 불변으로부터 유래되었다.

④ 일반적으로 전압–전류특성에 의하여 회로의 형태를 알 수 있는 것이며, 특히 다이오드와 트랜지스터는 선형적으로 해설할 수 있다.

해설 다이오드와 트랜지스터의 전압–전류특성은 비선형이다.

정답　**61** ③　　**62** ③　　**63** ①　　**64** ②　　**65** ④

944 • Part 3. 전기산업기사 기출문제

66 R-L직렬회로에 $i = I_1 \sin\omega t + I_3 \sin 3\omega t$ [A]인 전류를 흘리는데 필요한 단자전압 e[V]는?

① $(R\sin\omega t + \omega L\cos\omega t)I_1$
$+ (R\sin 3\omega t + 3\omega L\cos 3\omega t)I_3$

② $(R\sin\omega t + \omega L\cos 3\omega t)I_1$
$+ (R\sin 3\omega t + 3\omega L\cos 3\omega t)I_3$

③ $(R\sin 3\omega t + \omega L\cos\omega t)I_1$
$+ (R\sin\omega t + 3\omega L\cos 3\omega t)I_3$

④ $(R\sin 3\omega t + \omega L\cos 3\omega t)I_1$
$+ (R\sin\omega t + 3\omega L\cos\omega t)I_3$

해설 $i_1 = I_1 \sin\omega t$, $i_3 = I_3 \sin 3\omega t$
전압의 실효값을,

$E_1 = \dfrac{I_1}{\sqrt{2}}(R + j\omega L)$, $\theta_1 = \tan^{-1}\dfrac{\omega L}{R}$,

$E_3 = \dfrac{I_3}{\sqrt{2}}(R + j3\omega L)$, $\theta = \tan^{-1}\dfrac{3\omega L}{R}$,

$e_1 = \sqrt{2}\,E_1 \sin(\omega t + \theta_1)$
$= I_1 \sqrt{R^2 + (\omega L)^2}\,\sin(\omega t + \theta_1)$

$e_3 = \sqrt{2}\,E_3 \sin(3\omega t + \theta_3)$
$= I_3 \sqrt{R^2 + (3\omega L)^2}\,\sin(3\omega t + \theta_3)$

$(a\sin x + b\cos x = \sqrt{a^2 + b^2}\,\sin(x + \theta)$,
단, $\theta = \tan^{-1}\dfrac{b}{a})$

$e_1 = I_1(R\sin\omega t + \omega L\cos\omega t)$

$e_3 = I_3(R\sin 3\omega t + 3\omega L\cos 3\omega t)$

$e = e_1 + e_3 = I_1(R\sin\omega t + \omega L\cos\omega t)$
$+ I_3(R\sin 3\omega t + 3\omega L\cos 3\omega t)$ [V]

67 3상 유도전동기의 출력이 3.5[kW], 선간전압이 220[V], 효율 80[%], 역률 85[%]일 때 전동기의 선전류는?

① 약 9.2[A]　　② 약 10.3[A]
③ 약 11.4[A]　　④ 약 13.5[A]

해설 전동기효율

$\eta_m = \dfrac{P_0}{P_i} = \dfrac{P_0}{\sqrt{3}\,VI\cos\theta}$ 에서,

$\therefore I = \dfrac{3.5 \times 10^3}{0.8 \times \sqrt{3} \times 220 \times 0.85} = 13.51$ [A]

68 다음은 과도현상에 관한 내용이다. 틀린 것은?

① RL직렬회로의 시정수는 $\dfrac{L}{R}$ [s]이다.

② RC직렬회로에서 V_0로 충전된 콘덴서를 방전시킬 경우 t=RC에서의 콘덴서 단자전압은 $0.632\,V_0$이다.

③ 정현파 교류회로에서는 전원을 넣을 때의 위상을 조절함으로써 과도현상의 영향을 제거할 수 있다.

④ 전원이 직류 기전력인 때에도 회로의 전류가 정현파로 되는 경우가 있다.

해설 RC직렬회로에서 V_0로 충전된 콘덴서를 방전시킬 경우 단자 전압은

$V = \dfrac{V}{R}\,e^{-\frac{1}{RC}t} = V_0 e^{-\frac{1}{RC}t}$, $t = RC$이므로,

$\therefore V = V_0 e^{-1} = 0.368\,V_0$ 가 된다.

69 그림의 회로가 주파수에 관계없이 일정한 임피던스를 갖도록 C[μF]의 값을 구하면?

① 20　　② 10
③ 2.45　　④ 0.24

정답 66 ①　67 ④　68 ②　69 ①

해설 정저항 회로 : 주파수에 관계없이 일정한 임피던스를 갖는 것

$R^2 = \dfrac{L}{C}$ 에서, $C = \dfrac{2 \times 10^{-3}}{10^2} \times 10^6 = 20 \, [\mu F]$

---

70 2단자 임피던스함수가

$Z(s) = \dfrac{s(s+1)}{(s+2)(s+3)}$ 일 때 회로의 단락 상태를 나타내는 점은?

① −1, 0   ② 0, 1

③ −2, −3   ④ 2, 3

해설 단락상태는 Z(s)가 0이 되는 영점(s=0). 개방상태는 Z(s)가 ∞가 되는 극점(s=0)
즉, Z(s)=0이 되려면 분자=0이므로, s=0, −1이 된다.

---

71 어느 회로에 전압 $V = 6\cos(4t + 30^\circ)$[V]를 가했다. 이 전원의 주파수 [Hz]는?

① 2   ② 4

③ 2π ④ $\dfrac{2}{\pi}$

해설 $\omega = 4$ 이므로, $2\pi f = 4$ $\therefore f = \dfrac{2}{\pi} \, [Hz]$

---

72 전압 $v = 20\sin 20t + 30\sin 30t$이고 전류가 $i = 30\sin 20t + 20\sin 30t$이면 소비 전력 [W]은?

① 1200[W]   ② 600[W]

③ 400[W]   ④ 300[W]

해설 비정현파의 유효전력 :

$P = \displaystyle\sum_{n=1}^{\infty} V_n I_n \cos(\theta_1 - \theta_2) \, [W]$

$\therefore P = \dfrac{20}{\sqrt{2}} \times \dfrac{30}{\sqrt{2}} \cos 0^\circ$

$+ \dfrac{30}{\sqrt{2}} \times \dfrac{20}{\sqrt{2}} \cos 0^\circ = 600 \, [W]$

---

73 그림과 같은 회로의 a-b 간에 20[V]의 전압을 가할 때 5[A]의 전류가 흐른다. r_1 및 r_2에 흐르는 전류의 비를 1 : 2로 하려면 r_1 및 r_2는 각각 몇 [Ω]인가?

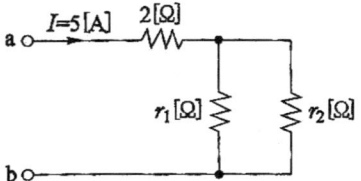

① $r_1 = 2$, $r_2 = 4$ ② $r_1 = 4$, $r_2 = 2$

③ $r_1 = 3$, $r_2 = 6$ ④ $r_1 = 6$, $r_2 = 3$

해설 r_1 및 r_2의 전류비가 1 : 2이므로,

$r_1 : r_2 = \dfrac{1}{1} : \dfrac{1}{2}$ 에서, $r_1 = 2r_2$

$V = IR = I\left(2 + \dfrac{r_1 r_2}{r_1 + r_2}\right)$

$20 = 5\left(2 + \dfrac{2r_2^2}{2r_2 + r_2}\right)$ 에서,

$r_2 = 3 \, [\Omega]$, $r_1 = 6 \, [\Omega]$이 된다.

---

74 그림의 회로에서 스위치 S를 갑자기 닫은 후 회로에 흐르는 전류$i(t)$의 시정수는?(단, C에 초기 전하는 없었다.)

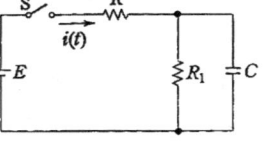

① $\dfrac{R + R_1}{R R_1 C}$ ② $\dfrac{C}{R R_1 + R_1}$

③ $\dfrac{R R_1 C}{R + R_1}$ ④ $(R R_1 + R_1) C$

해설 시정수 : $\tau = R_0 C = \dfrac{R R_1}{R + R_1} C$ [sec]

정답 70 ①   71 ④   72 ②   73 ④   74 ③

75 대칭 6상 전원이 있다. 환상결선으로 권선에 120[A]의 전류를 흘린다고 하면 선전류는 몇 [A]인가?

① 60[A} ② 90[A]
③ 120[A] ④ 150[A]

해설 $I_l = 2I_p \sin \dfrac{\pi}{n} = 2 \times 120 \sin \dfrac{\pi}{6} = 120 \ [A]$

76 그림의 회로에서 단자 a-b에 나타나는 전압은 몇 [V]인가?

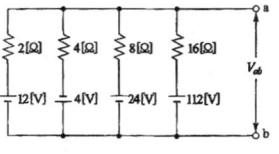

① 10[V] ② 12[V]
③ 14[V] ④ 16[V]

해설 밀만의 정리

$$V_{ab} = \frac{\displaystyle\sum_{n=1}^{\infty} \frac{E_n}{Z_n}}{\displaystyle\sum_{n=1}^{\infty} \frac{1}{Z_n}} = \frac{\dfrac{12}{2} - \dfrac{4}{4} + \dfrac{24}{8} + \dfrac{112}{16}}{\dfrac{1}{2} + \dfrac{1}{4} + \dfrac{1}{8} + \dfrac{1}{16}}$$
$$= 16 \ [V]$$

77 임피던스가 $Z(s) = \dfrac{4s+2}{s}$ 로 표시되는 2단자 회로는?(단, $s = j\omega$이다.)

① $4[\Omega]$ $\frac{1}{2}[H]$
② $4[\Omega]$ $\frac{1}{2}[F]$
③ $\frac{1}{2}[\Omega]$ $4[H]$
④ $\frac{1}{2}[\Omega]$ $4[H]$

해설 $Z(s) = \dfrac{4s+2}{s} = 4 + \dfrac{2}{s}$ 에서 직렬 접속이므로 s가 없는 값은 저항(R)이고, $\dfrac{1}{Cs}$ 의 값에 해당하는 것이 $\dfrac{2}{s}$ 이므로, $C = \dfrac{1}{2}$[F]가 된다.

78 회로에서 스위치 K는 닫혀진 상태에 있었다. t=0에서 K를 열었을 때 다음 서술 중 잘못 된 것은?

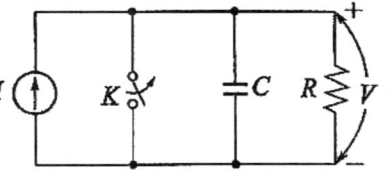

① t≧0에 대한 회로방정식은 $C\dfrac{dV}{dt} + \dfrac{V}{R} = I$ 이다.

② $V(0^+) = 0$이다.

③ $\dfrac{dV}{dt}\Big|_{t=0^+} = 0$이다.

④ V의 정상값 $V_{ss} = RI$이다.

해설

• K가 개로되기 전에는 전류가 흐르지 않는다. 그러므로 V의 초기조건 $V(0^+) = 0$이 된다.

• $V(t) = IR(1 - e^{-\frac{1}{RC}t})$이므로 $\dfrac{dV}{dt}\Big|_{t=0^+} \neq 0$ 이 된다.

79 출력이 $F(s) = \dfrac{3s+2}{s(s^2+2s+6)}$ 로 표시되는 제어계가 있다. 이 계의 시간함수 f(t)의 정상값은?

① 3 ② 2
③ $\dfrac{1}{3}$ ④ $\dfrac{1}{6}$

해설 • 정상값(최종값의 정리)은
$$\lim_{t \to \infty} f(t) = \lim_{s \to 0} s\, F(s) = \lim_{s \to 0} s \frac{3s+2}{s(s^2+2s+6)}$$
$$= \frac{1}{3}$$

정답 75 ③ 76 ④ 77 ② 78 ③ 79 ③

80 $f(t) = \sin t \cos t$를 라플라스 변환하면?

① $\dfrac{1}{s^2+2}$ ② $\dfrac{1}{s^2+4}$

③ $\dfrac{1}{(s+2)^2}$ ④ $\dfrac{1}{(s+4)^2}$

해설 $\sin t \cos t$는 삼각함수의 가법의 정리에 의해서,

$\sin t \cos t = \dfrac{1}{2}\sin 2t$

$\mathcal{L} \sin t \cos t = \dfrac{1}{2}\mathcal{L}\sin 2t = \dfrac{1}{2}\dfrac{2}{s^2+2^2} = \dfrac{1}{s^2+4}$

제5과목 : 전기설비 기술기준 및 판단기준

81 아크용접장치의 시설 기준으로 옳지 않은 것은?

① 용접변압기는 절연변압기일 것

② 용접변압기의 1차측 전로의 대지전압은 400[V] 이하일 것

③ 용접변압기 1차측 전로에는 용접변압기에 가까운 곳에 쉽게 개폐할 수 있는 개폐기를 시설할 것

④ 피용접재 또는 이와 전기적으로 접속되는 받침대 · 정반 등의 금속체에는 제3종 접지공사를 할 것

해설 용접변압기의 1차측 전로의 대지전압은 300[V] 이하일 것

82 고압 또는 특고압 가공전선과 금속제 울타리 · 담 등이 교차하는 경우에 금속제의 울타리 · 담 등에는 교차점과 좌, 우로 45[m] 이내의 개소에 몇 종 접지공사를 하는가?

① 제1종 접지공사

② 제2종 접지공사

③ 제3종 접지공사

④ 특별 제3종 접지공사

해설 금속제의 울타리 · 담 등에는 교차점과 좌, 우로 45[m] 이내의 개소에 제1종 접지공사(다만, 토지의 상황에 따라서 제1종 접지저항값을 얻기 어려운 경우 : 제3종 접지공사)

83 저압 가공전선이 안테나와 접근상태로 시설되는 경우 가공전선과 안테나 사이의 이격거리는 저압인 경우 몇 [cm] 이상이어야 하는가?

① 40   ② 60

③ 80   ④ 100

해설 저고압 가공전선이 안테나와 접근 또는 교차(이상)

사용 전압 부분	공작물의 종류	저압[m]	고압[m]
안테나	일반적인 경우	0.6	0.8
	고압절연전선	0.3	0.8
	케이블	0.3	0.4

84 전력보안 통신설비의 보안 장치 중에서 특고압용 배류 중계 코일을 시설하는 경우 선로측 코일과 대지와의 사이의 절연내력은 몇 [V]의 시험전압으로 연속하여 1분간 견디어야 하는가?

① AC 600   ② AC 6000

③ AC 300   ④ AC 3000

해설 특고압용 배류 중계코일의 선로측 코일과 옥내측 코일 사이 및 선로측 코일과 대지 사이의 절연내력은 교류 6000[V]의 시험 전압으로 연속하여 1분간 견딜 것

정답 **80** ②   **81** ②   **82** ①   **83** ②   **84** ②

85 사용전압이 380[V]인 저압 보안공사에 사용되는 경동선은 그 지름이 최소 몇 [mm] 이상의 것을 사용하여야 하는가?

① 2.0
② 2.6
③ 4.0
④ 5.0

해설 저압 보안 공사
- 전선 굵기 : 케이블인 경우 이외에는 인장강도 8.01[kN] 이상의 것 또는 지름 5[mm](사용전압 400[V] 미만인 경우 : 4[mm] 이상의 경동선)
- 목주시설 : 풍압하중에 대한 안전율은 1.5 이상일 것 목주의 굵기는 말구지름 12[cm] 이상일 것

86 농사용 저압 가공전선로 시설에 대한 설명으로 옳지 않은 것은?

① 목주의 말구 지름은 9[cm] 이상일 것
② 지름 2[mm] 이상의 경동선일 것
③ 지표상 3.5[m] 이상일 것
④ 전선로의 경간은 50[m] 이하일 것

해설 농사용 저압 가공전선로의 시설
- 사용전압은 저압이고, 전선은 인장강도 1.38[kN] 이상의 것 또는 지름 2[mm] 이상의 경동선 또는 이와동등 이상의 세기 및 굵기의 것
- 저압 가공전선의 지표상 높이는 3.5[m] 이상일 것 (다만, 저압 가공전선을 사람이 쉽게 출입하지 아니한 곳에는 3[m]까지 감함)
- 목주의 굵기는 말구지름이 9[cm] 이상일 것
- 전선로의 경간은 30[m] 이하일 것
- 다른 전선로에 접속하는 곳 가까이에 그 저압가공 전선로 전용의 개폐기 및 과전류 차단기를 각극에 시설할 것

87 수상 전선로를 시설하는 경우에 대한 설명으로 알맞은 것은?

① 사용 전압이 고압인 경우에는 클로로프렌 캡타이어 케이블을 사용한다.

② 가공 전선로의 전선과 접속하는 경우, 접속점이 육상에 있는 경우에는 지표상 4[m] 이상의 높이로 지지물에 견고하게 붙인다.

③ 가공 전선로의 전선과 접속하는 경우, 접속점이 수면상에 있는 경우, 사용 전압이 고압인 경우에는 수면상 5[m] 이상의 높이로 지지물에 견고하게 붙인다.

④ 고압 수상 전선로에 지락이 생길 때를 대비하여 전로를 수동으로 차단하는 장치를 시설한다.

해설 수상전선로의 시설
㉠ 사용전압은 저압 또는 고압에 한한다.
- 저압 : 클로로프렌 캡타이어 케이블
- 고압 : 캡타이어 케이블
㉡ 수상전선로의 전선과 가공전선로의 접속점 높이
- 육상에 접속점이 있는 경우 : 지표상 5[m] 이상
- 수면상에 접속점이 있는 경우 : 저압 4[m] 이상, 고압 5[m] 이상

88 옥내에 시설하는 관등회로의 사용전압이 12000[V]인 방전등 공사시의 네온 변압기 외함에는 몇 종 접지공사를 해야 하는가?

① 제1종
② 제2종
③ 제3종
④ 특별 제3종

해설 옥내 방전등 공사 및 네온 방전등 공사
㉠ 네온 방전등의 시설
관등회로의 전압이 1000[V]가 넘는 네온 방전관은 옥측 또는 옥외 방전등 공사에 준하고 사람이 접촉할 우려가 없도록 하고 다음과 같이 시설할 것(전선은 네온 전선일 것)
- 방전등용 변압기 : 누설 변압기로서 2차 최대전압이 15,000[V] 이하로, 2차 최대 단락 전류 50[mA] 이하이고, 네온 변압기 외함은 제3종 접지공사
- 관등회로의 배선 : 애자사용 공사, 전선의 지지점 간의 거리 : 1[m] 이하, 전선상호 간의 간격 : 6[cm] 이상

정답 85 ③　86 ④　87 ③　88 ③

89 옥내의 저압전선으로 나전선 사용이 허용되지 않는 경우는?

① 라이팅덕트 공사에 의하여 시설하는 경우
② 버스덕트 공사에 의하여 시설하는 경우
③ 애자사용 공사에 의하여 전개된 곳에 시설하는 경우
④ 금속관 공사에 의하여 시설하는 경우

해설
• 나전선을 사용할 수 있는 공사 : 버스덕트 공사, 라이팅덕트 공사, 애자사용 공사에 의한 전개된 곳(전기로용 전선, 전선의 피복절연물이 부식하는 장소)
• 나전선을 사용할 수 없는 공사 : 금속관 공사, 금속덕트 공사, 합성수지관 공사, 합성수지몰드 공사

90 고압 가공전선로에 사용하는 가공지선으로 나경동선을 사용할 때의 최소 굵기[mm]는?

① 3.2　　　　② 3.5
③ 4.0　　　　④ 5.0

해설
• 고압 가공전선로에 사용되는 가공지선 : 4[mm] 이상의 나경동선
• 특고압 가공전선로에 사용되는 가공지선 : 5[mm] 이상의 나경동선

91 과전류차단기로 시설하는 퓨즈 중 고압전로에 사용하는 포장 퓨즈는 정격전류의 몇 배에 견디어야 하는가?(단, 퓨즈 이외의 과전류 차단기와 조합하여 하나의 과전류 차단기로 사용하는 것을 제외한다.)

① 1.1　　　　② 1.3
③ 1.5　　　　④ 1.7

해설
• 고압포장 퓨즈 : 1.3배의 전류에는 견디고, 2배의 전류에서는 120분 안에 용단

• 고압비포장 퓨즈 : 1.25배의 전류에는 견디고, 2배의 전류에서는 2분 안에 용단

92 강색 철도의 전차선은 지름 몇 [mm]의 경동선 또는 이와 동등 이상의 세기 및 굵기의 것이어야 하는가?

① 5　　　　② 7
③ 10　　　　④ 15

해설 강색철도
• 강색차선은 지름 7[mm]의 경동선 또는 이와 동등 이상의 세기 및 굵기일 것
• 강색차선은 레일면상의 높이는 4[m] 이상일 것 (다만, 터널 안, 교량 아래 등에 시설할 경우에는 3.5[m] 이상)

93 사용전압 161[kV]의 가공전선이 건조물과 제1차 접근상태로 시설되는 경우 가공전선과 건조물사이의 이격거리는 몇 [m] 이상인가?

① 4.25　　　　② 4.65
③ 4.95　　　　④ 5.45

해설 특고가공전선이 도로, 철도 등과 1차 접근 상태로 시설되는 경우
• 35[kV] 이하 : 3[m] 이상
• 35[kV] 초과 : 3+0.15n[m] 이상
　(10[kV]마다 15[cm] 가산)
$n = \dfrac{161-35}{10} = 12.6 \xrightarrow{절상} 13단$
∴이격거리=3+0.15×13=4.95[m] 이상

94 발전소에 시설하지 않아도 되는 계측 장치는?

① 발전기의 전압 및 전류 또는 전력
② 발전기의 베어링 및 고정자의 온도
③ 발전기의 회전수 및 주파수
④ 특고압용 변압기의 온도

정답　89 ④　　90 ③　　91 ②　　92 ②　　93 ③　　94 ③

해설 주요 변압기의 전압 및 전류 또는 전력

95 동기발전기를 사용하는 전력계통에 시설하여야 하는 장치는?

① 비상 조속기
② 동기검정장치
③ 분로 리액터
④ 절연유 유출방지설비

해설 동기발전기를 시설하는 경우에는 동기검정장치를 시설

96 폭연성 분진 또는 화약류의 분말이 존재하는 곳의 저압 옥내배선은 어느 공사에 의하는가?

① 애자사용 공사
② 캡타이어 케이블 공사
③ 합성수지관 공사
④ 금속관 공사

해설 폭연성 분진 : 금속관 공사 또는 케이블 공사(캡타이어 케이블은 제외)

97 154[kV] 전선로를 제1종 특고압 보안공사로 시설할 때 경동연선의 최소 굵기는 몇 [mm²]이어야 하는가?

① 55
② 100
③ 150
④ 200

해설 제1종 특고압 보안공사의 전선굵기
• 100[kV] 미만 : 단면적 55[mm²] 이상의 경동연선
• 300[kV] 미만 : 단면적 150[mm²] 이상의 경동연선
• 300[kV] 이상 : 단면적 200[mm²] 이상의 경동연선

98 지선을 사용하여 그 강도를 분담시켜서는 아니 되는 가공전선로 지지물은?

① 목주
② 철주
③ 철근 콘크리트주
④ 철탑

해설 철탑은 지선을 사용하여 그 강도를 분담시켜서는 아니 된다(단, 임시사용으로 6개월 이내는 예외).

99 저압 옥내배선의 사용전압이 400[V] 미만인 경우 버스 덕트 공사는 몇 종 접지공사를 하여야 하는가?

① 제1종
② 제2종
③ 제3종
④ 특별 제3종

해설
• 400[V] 미만인 경우에는 덕트에 제3종 접지공사
• 400[V] 이상인 경우에는 덕트에 특별 제3종 접지공사(다만, 사람이 접촉할 우려가 없도록 시설할 경우 : 제3종 접지공사)

100 고압 가공전선과 식물과의 이격거리에 대한 기준으로 가장 적절한 것은?

① 고압 가공전선의 주위에 보호망으로 이격시킨다.
② 식물과의 접촉에 대비하여 차폐선을 시설하도록 한다.
③ 고압 가공전선을 절연전선으로 사용하고 주변의 식물을 제거시키도록 한다.
④ 식물에 접촉하지 아니하도록 시설하여야 한다.

해설 저·고압 가공전선과 식물과의 이격거리 : 바람에 의해 접촉하지 아니하도록 시설할 것

정답 95 ② 96 ④ 97 ③ 98 ④ 99 ③ 100 ④

국가기술자격검정 필기시험문제

2013년도 산업기사 제1회 필기시험(산업기사)

자격종목 및 등급(선택분야)	종목코드	시험시간	문제지형별	수검번호	성명
전기산업기사		**2시간 30분**	**A**		

※ 시험문제지는 답안카드와 같이 반드시 제출하여야 합니다.

제1과목 : 전기자기학

01 길이 l[m]인 도선으로 원형코일을 만들어 일정한 전류를 흘릴 때, M회 감았을 때의 중심 자계는 N회 감았을 때의 중심자계의 몇 배 인가?

① $(\dfrac{M}{N})^2$　　　　② $(\dfrac{N}{M})^2$

③ $\dfrac{N}{M}$　　　　　　④ $\dfrac{M}{N}$

> **해설** 반지름 a[m]인 원형코일에 전류 I[A], 권수 N회일 때 코일 중심의 자계의 세기는
>
> $H_N = \dfrac{N \cdot I}{2a_N} = \dfrac{\pi N^2 I}{l}, \quad a_N = \dfrac{l}{2\pi N}$ (전체 길이는
>
> 동일하므로, $l = M(2\pi a_M) = N(2\pi a_N)$)
>
> $H_M = \dfrac{M \cdot I}{2a_M} = \dfrac{\pi M^2 I}{l}, \quad a_M = \dfrac{l}{2\pi M}$
>
> $\dfrac{H_M}{H_N} = \dfrac{\dfrac{\pi M^2 I}{l}}{\dfrac{\pi N^2 I}{l}} = \dfrac{M^2}{N^2} \quad \therefore H_M = (\dfrac{M}{N})^2 \times H_N$

02 그림과 같이 공기 중에서 1[m]의 거리를 사이에 둔 2점 A, B에 각각 3×10^{-4}[Wb]와 -3×10^{-4}[Wb]의 점자극을 두었다. 이때 점 P에 단위 정(+)자극을 두었을 때 이 극에 작용하는 힘의 합력은 약 몇 [N]인가?(단, $m(\overline{AP}) = m(\overline{BP}), \ m(\angle APB) = 90°$ 이다)

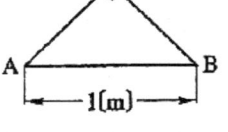

① 0　　　　　　② 18.9

③ 37.9　　　　　④ 53.7

> **해설**
>
>
>
>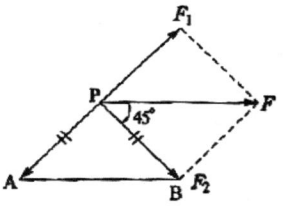
>
> $F = \dfrac{m_1 m_2}{4\pi\mu_0 r^2} = 6.33 \times 10^4 \times \dfrac{m_1 m_2}{r^2}$[N],
>
> $\overline{AP} = \overline{BP} = \dfrac{1}{\sqrt{2}}$,
>
> $F_1 = 6.33 \times 10^4 \times \dfrac{1 \times 3 \times 10^{-4}}{(\dfrac{1}{\sqrt{2}})^2} = 37.98$[N]
>
> $F_2 = 6.33 \times 10^4 \times \dfrac{1 \times (-3) \times 10^{-4}}{(\dfrac{1}{\sqrt{2}})^2} = -37.98$[N]
>
> $F = 2F_1 \cos 45 = 2 \times 37.98 \times \dfrac{1}{\sqrt{2}} = 53.71$[N]

정답 01 ①　　02 ④

952 · Part 3. 전기산업기사 기출문제

03 비투자율 (μ_s), 자속밀도 B인 자계 중에 있는 m[Wb]의 점자극이 받는 힘[N]은?

① $\dfrac{mB}{\mu_0}$ ② $\dfrac{mB}{\mu_0\mu_s}$

③ $\dfrac{mB}{\mu_s}$ ④ $\dfrac{\mu_0\mu_s}{mB}$

해설 점자극이 받는 힘

$$F = mH = m \times \frac{B}{\mu_0\mu_s} [N]$$

• 자속밀도(B)$= \mu H = \mu_0\mu_s H$ 에서, $H = \dfrac{B}{\mu_0\mu_s}$

04 용량계수와 유도계수에 대한 성질 중에서 틀린 것은?

① $q_{11}, q_{22}, q_{33}, \cdots q_{nn} > 0$, 일반적으로 $q_{rr} > 0$
② q_{12}, q_{13} 등 ≤ 0, 일반적으로 $q_{rs} \leq 0$
③ $q_{11} \geq (q_{21} + q_{31} + \cdots + q_{n1})$
④ $q_{rs} = q_{sr}$

해설

• 용량계수$= q_{11}, q_{22}, \cdots q_{rr}, q_{ss}$ (자기정전용량)
• 유도계수$= q_{12}, q_{21} \cdots q_{rs}, q_{sr}$ (상호정전용량)
• $q_{rs} = q_{sr}$(대칭성)
• $q_{rr} \geq -(q_{12} + q_{13} + \cdots + q_{1r})$, $q_{12}, q_{13}, q_{14} \leq 0$
• $q_{11} = -q_{21}$의 의미는 도체 1이 도체 2 속에 포함되어 있다.

05 도체 표면의 전류 밀도가 커지고 도체중심으로 갈수록 전류 밀도가 작아지는 효과는?

① 표피효과 ② 홀효과
③ 펠티에효과 ④ 제벡효과

해설 표피두께(침투깊이)

$\delta = \sqrt{\dfrac{2}{\pi\sigma\mu}} = \sqrt{\dfrac{1}{\pi f\sigma\mu}} [m]$, σ : 도전율[℧/m],
μ(투자율)$= 4\pi \times 10^{-7} [H/m]$

주파수, 도전율, 투자율이 클수록 침투깊이는 작아진다(표피효과는 심해진다).

06 도체가 관통하는 자속이 변하든가 또는 자속과 도체가 상대적으로 운동하여 도체 내의 자속이 시간적 변화를 일으키면 이 변화를 막기 위하여 도체 내에 국부적으로 형성되는 임의의 폐회로를 따라 전류가 유기되는데 이 전류를 무엇이라 하는가?

① 히스테리시스전류 ② 와전류
③ 변위전류 ④ 과도전류

해설 와전류 : 도체 내에 국부적으로 형성되어 흐르는 맴돌이 전류로서 자속의 변화를 방해하기 위한 역자속을 만드는 전류인데 이 전류는 자속의 수직되는 면을 회전하게 된다($rot\, i = -k\dfrac{\partial B}{\partial t}$).

07 그림과 같은 정전용량이 C_0[F]되는 평행판 공기콘덴서의 판면적의 $\dfrac{2}{3}$ 되는 공간에 비유전율 ϵ_s인 유전체를 채우면 공기콘덴서의 정전용량은 몇 [F]인가?

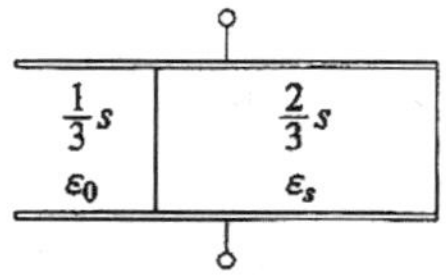

① $\dfrac{2\epsilon_s}{3} C_0$ ② $\dfrac{3}{1 + 2\epsilon_s} C_0$

③ $\dfrac{1 + \epsilon_s}{3} C_0$ ④ $\dfrac{1 + 2\epsilon_s}{3} C_0$

해설 공기중의 정전용량(C_0)$= \dfrac{\epsilon_0 S}{d}$ [F]

$$C_1 = \frac{\epsilon_0 (\frac{1}{3}S)}{d} = \frac{1}{3} C_0,$$

$$C_2 = \frac{\epsilon_0 \epsilon_s (\frac{2}{3}S)}{d} = \frac{2}{3} \epsilon_s C_0$$

정답 **03** ② **04** ③ **05** ① **06** ② **07** ④

병렬접속이 되므로, $C_0 = C_1 + C_2 = \dfrac{1+2\epsilon_s}{3}C_0$[F] 가 된다.

08 대전된 구도체를 반지름이 2배가 되는 대전이 되지 않은 구도체에 가는 도선으로 연결할 때 원래의 에너지에 대해 손실된 에너지의 비율은 얼마가 되는가?(단, 구도체는 충분히 떨어져 있다고 한다.)

① $\dfrac{1}{2}$　　　　② $\dfrac{1}{3}$

③ $\dfrac{2}{3}$　　　　④ $\dfrac{2}{5}$

해설 가는 도선으로 연결 전후의 에너지를 각각 W, W'이라 하면

$$W = \frac{Q^2}{2C}[J], \quad W' = \frac{Q^2}{2(C+2C)} = \frac{Q^2}{6C}[J]$$

• 대전된 도체구의 정전용량은
$$C = 4\pi\epsilon_0 a[F]$$

• 대전되지 않은 구도체의 정전용량은
$$C' = 4\pi\epsilon_0 a' = 4\pi\epsilon_0(2a) = 2C[F]$$

∴ 손실된 에너지의 비율

$$= \frac{W-W'}{W} = 1 - \frac{W'}{W} = 1 - \frac{\dfrac{Q^2}{6C}}{\dfrac{Q^2}{2C}} = 1 - \frac{1}{3} = \frac{2}{3}$$

09 다음 중 맥스웰의 전자 방정식으로 옳지 않은 것은?

① $rot\,H = i + \dfrac{\partial D}{\partial t}$　　② $rot\,E = -\dfrac{\partial B}{\partial t}$

③ $div\,B = \phi$　　　　④ $div\,D = \rho$

해설
• 맥스웰의 전자 방정식
$$rot\,E = -\frac{\partial B}{\partial t}, \quad rot\,H = i + \frac{\partial D}{\partial t}$$
• 보조방정식
$$div\,D = \rho, \quad div\,B = 0$$

10 자속의 연속성을 나타내는 식은?

① $B = \mu H$　　　　② $\nabla \cdot B = 0$

③ $\nabla \cdot B = \rho$　　④ $\nabla \cdot B = -\mu H$

해설 $\nabla \cdot B = div\,B = 0$

11 1.2[kW]의 전열기를 45분간 사용할 때 발생한 열량[kcal]은?

① 471　　　　② 572

③ 673　　　　④ 774

해설 전력량(W)$= P \times t = 1.2 \times \dfrac{45}{60} = 0.9[kWh]$

∴발생한 열량(H)
$= 0.9 \times 860 = 774$[kcal], (1[kWh]=860[kcal])

12 자유공간을 통과하는 전자파의 전파속도 v는?(단, ϵ_0 : 자유공간의 유전율, μ_0 : 자유공간의 투자율)

① $\sqrt{\dfrac{\epsilon_0}{\mu_0}}$　　　② $\sqrt{\epsilon_0\mu_0}$

③ $\sqrt{\dfrac{\mu_0}{\epsilon_0}}$　　　④ $\dfrac{1}{\sqrt{\epsilon_0\mu_0}}$

해설 전자파의 전파속도는
$$v = \frac{1}{\sqrt{\epsilon_0\mu_0}}[m/s]$$

13 공기 중에서 1[V/m]의 크기를 가진 정현파 전계에 대한 변위전류 1[A/m²]를 흐르게 하기 위해서는 이 전계의 주파수가 몇 [MHz]가 되어야 하는가?

① 1500[MHz]　　② 1800[MHz]

③ 15000[MHz]　　④ 18000[MHz]

정답 08 ③　09 ③　10 ②　11 ④　12 ④　13 ④

해설 변위전류$(i_d)=2\pi f c E$ 에서,

$$f=\frac{i_d}{2\pi\epsilon E}=\frac{1}{2\pi\times 8.855\times 10^{-12}\times 1}\times 10^{-6}$$
$$=17973[MHz]$$

14 간격 50[cm]인 평행 도체판 사이에 10[Ω/m]인 물질을 채웠을 때 단위면적당의 저항은 몇 [Ω]인가?

① 1[Ω]   ② 5[Ω]

③ 10[Ω]   ④ 15[Ω]

해설 단위면적당의 저항(R)$=\rho\dfrac{l}{S}=10\times 0.5=5[Ω]$

15 자계 내에서 도선에 전류를 흘려보낼 때, 도선을 자계에 대해 60도의 각으로 놓았을 때 작용하는 힘은 30도의 각으로 놓았을 때 작용하는 힘의 몇 배인가?

① 2   ② $\sqrt{2}$

③ $\sqrt{3}$ ④ 4

해설 도체에 작용하는 힘(F)$=IBl\sin\theta\propto\sin\theta$이므로,

$$F_1:F_2=\sin 30°:\sin 60°$$
$$\therefore F_2=\frac{\sin 60°}{\sin 30°}\times F_1=\sqrt{3}\,F_1$$

16 중공도체의 중공부에 전하를 놓지 않으면 외부에서 준 전하는 외부 표면에만 분포한다. 이때 도체 내의 전계는 몇 [V/m]가 되는가?

① 0   ② 4π

③ ∞ ④ $\dfrac{1}{4\pi\epsilon_0}$

해설

• 도체 외의 전계(E′)$=\dfrac{Q}{4\pi\epsilon_0 r^2}\,(r>b)$

• 도체 내의 전계(E)$=0$

17 비유전율이 2.4인 유전체 내의 전계의 세기가 100[mV/m]이다. 유전체에 저축되는 단위체적당 정전에너지는 몇 [J/m³]인가?

① 1.06×10^{-13} ② 1.77×10^{-13}

③ 2.32×10^{-13} ④ 2.32×10^{-11}

해설
단위체적당 정전에너지(W)

$$=\frac{1}{2}ED=\frac{1}{2}\epsilon E^2=\frac{1}{2}\epsilon_0\epsilon_s E^2[J/m^3]$$

$$=\frac{1}{2}\times 8.855\times 10^{-12}\times 2.4\times (100\times 10^{-3})^2$$

$$=1.0626\times 10^{-13}[J/m^3]$$

18 일반적으로 자구(Magnetic Domain)를 가지는 자성체는?

① 강자성체   ② 유전체

③ 역자성체   ④ 비자성체

해설 자구 : 자기모멘트가 서로 접근하여 원자 전체의 모멘트가 동일한 방향으로 정렬하고 있는 작은 영역으로서 강자성체에는 처음부터 그 자구는 존재한다.

19 환상 철심에 감은 코일에 5[A]의 전류를 흘리면 2000[AT]의 기자력이 생긴다면 코일의 권수는 얼마로 하여야 하는가?

① 10000   ② 5000

③ 400   ④ 250

해설 기자력(F)=NI에서, $N=\dfrac{F}{I}=\dfrac{2000}{5}=400$회

20 그림과 같이 도체구 내부 공동의 중심에 점전하 Q[C]가 있을 때 이 도체구의 외부로 발산되어 나오는 전기력선의 수는 몇 개인가?(단, 도체내외의 공간은 진공이라 한다.)

정답 **14** ② **15** ③ **16** ① **17** ① **18** ① **19** ③ **20** ②

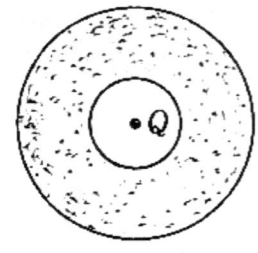

① 4π ② $\dfrac{Q}{\epsilon_0}$

③ Q ④ $\epsilon_0 Q$

해설 점전하 Q[C]의 전하로부터 발산되어 나오는 전기력선의 수는 가우스 정리에 의해서

$\displaystyle\int_s E \cdot ds = \dfrac{Q}{\epsilon_0}$ 유전체의 경우에는 $\dfrac{Q}{\epsilon_0 \epsilon_s}$ 가 되어 그의 수는 감소한다.

제2과목 : 전력공학

21 차단기의 소호재료가 아닌 것은?

① 수소   ② 기름

③ 공기   ④ SF_6

22 3상 배전선로의 전압강하율을 나타내는 식이 아닌 것은?(단, V_s : 송전단 전압, V_r : 수전단 전압, I : 전부하전류, P : 부하전력, Q : 무효전력이다.)

① $\dfrac{\sqrt{3} I}{V_r}(R\cos\theta + X\sin\theta) \times 100\%$

② $\dfrac{PR + QX}{V_r^2} \times 100\%$

③ $\dfrac{V_s - V_r}{V_r} \times 100\%$

④ $\dfrac{V_r}{V_s} \times 100\%$

23 송전단 전압을 V_s, 수전단 전압을 V_r, 선로의 직렬 리액턴스를 X라 할 때 이 선로에서 최대 송전전력은?(단, 선로 저항은 무시한다.)

① $\dfrac{V_s V_r}{X}$ ② $\dfrac{V_s^2 - V_r^2}{X}$

③ $\dfrac{V_s V_r}{X^2}$ ④ $\dfrac{V_s^2 V_r^2}{X}$

24 전선의 굵기가 균일하고 부하가 균등하게 분산 분포되어 있는 배전선로의 전력손실은 전체 부하가 송전단으로부터 전체 전선로 길이의 어느 지점에 집중되어 있을 경우의 손실과 같은가?

① $\dfrac{3}{4}$ ② $\dfrac{2}{3}$

③ $\dfrac{1}{3}$ ④ $\dfrac{1}{2}$

해설

$$\dfrac{P_l'}{P_l} = \dfrac{\text{균등부하의 전력손실}}{\text{단일부하의 전력손실}} = \dfrac{\frac{1}{3}I^2 \cdot R}{I^2 \cdot R} = \dfrac{1}{3}$$

25 선로의 전압을 25[kV]에서 50[kV]로 승압할 경우, 공급 전력을 동일하게 취급하면 공급전력은 승압전의 (㉠)배로 되고, 선로손실은 승압 전의 (㉡)배로 된다(단, 동일 조건에서 공급 전력과 선로 손실률을 동일하게 취급함).

① ㉠ $\dfrac{1}{4}$, ㉡ 2

② ㉠ $\dfrac{1}{4}$, ㉡ 4

③ ㉠ 2, ㉡ $\dfrac{1}{4}$

④ ㉠ 4, ㉡ $\dfrac{1}{4}$

정답   21 ①   22 ④   23 ①   24 ③   25 ④

해설

- 공급전력 $= \left(\dfrac{50}{25}\right)^2 = 4$[배]

- 선로손실 $= \dfrac{1}{\left(\dfrac{50}{25}\right)^2} = \dfrac{1}{4}$[배]

26 전력 퓨즈(Power Fuse)의 특성이 아닌 것은?

① 현저한 한류특성이 있다.

② 부하전류를 안전하게 차단한다.

③ 소형이고 경량이다.

④ 릴레이나 변성기가 불필요하다.

27 발전기의 자기여자현상을 방지하기 위한 대책으로 적합하지 않은 것은?

① 단락비를 크게 한다.

② 포화율을 작게 한다.

③ 선로의 충전전압을 높게 한다.

④ 발전기 정격전압을 높게 한다.

28 차단기에서 "$O-t_1-CO-t_2-CO$"의 표기로 나타내는 것은?(단, O : 차단동작, t_1, t_2 : 시간간격, C : 투입동작, CO : 투입직후차단)

① 차단기 동작 책무

② 차단기 재폐로 계수

③ 차단기 속류 주기

④ 차단기 무전압 시간

29 화력발전소에서 탈기기의 설치 목적으로 가장 타당한 것은?

① 급수 중의 용해 산소의 분리

② 급수의 습증기 건조

③ 연료 중의 공기 제거

④ 염류 및 부유물질 제거

30 3상의 같은 전원에 접속하는 경우, △결선의 콘덴서를 Y결선으로 바꾸어 연결하면 진상용량은?

① $\sqrt{3}$ 배의 진상용량이 된다.

② 3배의 진상용량이 된다.

③ $\dfrac{1}{\sqrt{3}}$ 의 진상용량이 된다.

④ $\dfrac{1}{3}$ 의 진상용량이 된다.

해설 $P_Y = 2\pi f C_Y V^2$[VA],

$P_\triangle = 3 \times 2\pi f C_\triangle V^2$[VA]

$C_Y = \dfrac{P_Y}{2\pi f V^2}$, $C_\triangle = \dfrac{P_\triangle}{3 \times 2\pi f V^2}$

$C_\triangle : C_Y = \dfrac{1}{3} : 1$ $\therefore C_\triangle = \dfrac{1}{3} C_Y$

31 수력발전소의 조압 수조(서지 탱크) 설치 목적은?

① 수차 보호

② 흡출관 보호

③ 수격작용 흡수

④ 조속기 보호

32 전압이 일정값 이하로 되었을 때 동작하는 것으로서 단락시 고장 검출용으로도 사용되는 계전기는?

① 재폐로 계전기

② 역상 계전기

③ 부족 전류 계전기

④ 부족 전압 계전기

정답 26 ② 27 ④ 28 ① 29 ① 30 ④ 31 ③ 32 ④

33 전력계통의 전압조정과 무관한 것은?

① 변압기

② 발전기의 전압조정장치

③ MOF

④ 동기 조상기

34 송배전 선로의 도중에 직렬로 삽입하여 선로의 유도성 리액턴스를 보상함으로서 선로 정수 그 자체를 변화시켜서 선로의 전압강하를 감소시키는 직렬콘덴서 방식의 특성에 대한 설명으로 옳은 것은?

① 최대 송전전력이 감소하고 정태 안정도가 감소된다.

② 부하의 변동에 따른 수전단의 전압변동률은 증대된다.

③ 장거리 선로의 유도 리액턴스를 보상하고 전압강하를 감소시킨다.

④ 송 · 수 양단의 전달 임피던스가 증가하고 안정 극한 전력이 감소한다.

35 배전반 및 분전반의 설치장소로 가장 적당한 곳은?

① 벽장 내부

② 화장실 내부

③ 노출된 장소

④ 출입구 신발장 내부

36 배전선로의 접지 목적과 거리가 먼 것은?

① 고장전류의 크기 억제

② 고저압 혼촉, 누전, 접촉에 의한 위험 방지

③ 이상전압의 억제, 대지전압을 저하시켜 보호 장치 작동 확실

④ 피뢰기 등의 뇌해 방지 설비의 보호 효과 향상

37 철탑의 탑각 접지저항이 커질 때 생기는 문제점은?

① 속류 발생

② 역섬락 발생

③ 코로나 증가

④ 가공지선의 차폐각 증가

38 전선 양측의 지지점의 높이가 동일할 경우 전선의 단위길이당 중량을 W[kg], 수평장력을 T[kg], 경간을 S[m], 전선의 이도를 D[m]라 할 때 저선의 실제길이 L[m]를 계산하는 식은?

① $L = S + \dfrac{8S^2}{3D}$

② $L = S + \dfrac{8D^2}{3S}$

③ $L = S + \dfrac{3S^2}{8D}$

④ $L = S + \dfrac{3D^2}{8S}$

39 22.9[KV-Y] 배전 선로의 보호 협조기기가 아닌 것은?

① 컷아웃 스위치

② 인터럽터 스위치

③ 리클로저

④ 섹셔널라이저

40 뒤진 역률 80[%], 1000[kW]의 3상 부하가 있다. 여기에 콘덴서를 설치하여 역률을 95[%]로 개선하려면 콘덴서의 용량[kVA]은?

① 328[kVA]

② 421[kVA]

③ 765[kVA]

④ 951[kVA]

정답 **33** ③ **34** ③ **35** ③ **36** ① **37** ② **38** ② **39** ② **40** ②

해설

$$Q = P(\tan\theta_1 - \tan\theta_2)$$

$$= 1000\left(\frac{0.6}{0.8} - \frac{\sqrt{1-0.95^2}}{0.95}\right) = 422[\text{kVA}]$$

제2과목 : 전기기기

41 정격출력 p[kW], 회전수 N[rpm]인 전동기의 토크[kg·m]는?

① $0.975\dfrac{P}{N}$ ② $1.026\dfrac{P}{N}$

③ $975\dfrac{P}{N}$ ④ $1026\dfrac{P}{N}$

해설 $P = 9.8\omega T \times 10^{-3}[\text{kW}]$, $\omega = 2\pi\dfrac{N}{60}$

$$T = \frac{60 \times 10^3}{2\pi \times 9.8} \cdot \frac{P}{N} = 975\frac{P}{N}[\text{kg·m}]$$

42 트랜지스터에 비해 스위칭 속도가 매우 빠른 이점이 있는 반면에 용량이 적어서 비교적 저전력용에 주로 사용되는 전력용 반도체 소자는?

① SCR   ② GTO
③ IGBT   ④ MOSFET

43 변압기에 사용하는 절연유의 성질이 아닌 것은?

① 절연 내력이 클 것
② 인화점이 높을 것
③ 점도가 클 것
④ 냉각효과가 클 것

해설

• 절연내력 및 냉각효과 클 것
• 인화점이 높고, 응고점 낮고, 점도가 낮을 것
• 화학작용을 잘 일으키지 않을 것

44 단권변압기의 3상 결선에서 △결선인 경우, 1차측 선간전압 V_1, 2차측 선간전압 V_2 일 때 단권변압기의 자기용량/부하용량은? (단, $V_1 > V_2$인 경우이다.)

① $\dfrac{V_1 - V_2}{V_1}$ ② $\dfrac{V_1^2 - V_2^2}{\sqrt{3}\,V_1 V_2}$

③ $\dfrac{\sqrt{3}\,(V_1^2 - V_2^2)}{V_1 V_2}$ ④ $\dfrac{V_1 - V_2}{\sqrt{3}\,V_1}$

45 75[W] 이하의 소 출력으로 소형 공구, 영사기, 치과의료용 등에 널리 이용되는 전동기는?

① 단상 반발 전동기
② 3상 직권정류자 전동기
③ 영구자석 스텝전동기
④ 단상 직권정류자 전동기

46 직류발전기의 구조가 아닌 것은?

① 계자 권선
② 전기자 권선
③ 내철형 철심
④ 전기자 철심

47 3상 유도전동기의 원선도 작성시 필요한 시험이 아닌 것은?

① 슬립 측정
② 무부하 시험
③ 구속 시험
④ 고정자권선의 저항 측정

해설 원선도작성에 필요한 시험 : 무부하 시험, 구속 시험, 권선저항측정

정답 41 ③   42 ④   43 ③   44 ②   45 ④   46 ③   47 ①

48 주파수 60[Hz], 슬립 3[%], 회전수 1164 [rpm]인 유도전동기의 극수는?

① 4   ② 6

③ 8   ④ 10

해설 $N_s = \dfrac{N}{1-S} = \dfrac{1164}{1-0.03} = 1200[rpm]$

$\therefore P = \dfrac{120 \cdot f}{N_s} = \dfrac{120 \times 60}{1200} = 6[극]$

49 4극 60[Hz]의 3상 동기발전기가 있다. 회전자의 주변속도를 200[m/s] 이하로 하려면 회전자의 최대 직경을 약 몇 [m]로 하여야 하는가?

① 1.5   ② 1.8

③ 2.1   ④ 2.8

해설 회전자 주변속도$(V) = \pi D \cdot \dfrac{N_s}{60}[m/s]$

최대 직경$(D) = \dfrac{60 \cdot V}{\pi \cdot N_s} = \dfrac{60 \times 200}{\pi \times 1800} = 2.12[m]$

$N_s = \dfrac{120f}{P} = \dfrac{120 \times 60}{4} = 1800[rpm]$

50 동기전동기에서 제동권선의 역할에 해당되지 않는 것은?

① 기동 토크를 발생한다.

② 난조 방지작용을 한다.

③ 전기자반작용을 방지한다.

④ 급격한 부하의 변화로 인한 속도의 요동을 방지한다.

51 유도전동기에서 부하를 증가시킬 때 일어나는 현상에 관한 설명 중 틀린 것은?(단, n_s : 회전자계의 속도, n : 회전자의 속도이다.)

① 상대속도$(n_s - n)$ 증가

② 2차 전류 증가

③ 토크 증가

④ 속도 증가

해설 부하를 증가시키면 속도는 감소한다.

52 비철극(원통)형 회전자 동기발전기에서 동기리액턴스 값이 2배가 되면 발전기의 출력은?

① 1/2로 줄어든다.

② 1배이다.

③ 2배로 증가한다.

④ 4배로 증가한다.

해설

$P = \dfrac{EV}{x_s} sin\delta$에서, $P \propto \dfrac{1}{x_s} = \dfrac{1}{2}$ 배로 줄어든다.

(V : 단자전압(1상), E : 유도기전력(1상), x_s : 동기리액턴스, δ : 부하각)

53 직류 전동기의 실측효율을 측정하는 방법이 아닌 것은?

① 보조 발전기를 사용하는 방법

② 프로니 브레이크를 사용하는 방법

③ 전기 동력계를 사용하는 방법

④ 블론델법을 사용하는 방법

54 2극 단상 60[HZ]인 릴럭턴스(Reluctance) 전동기가 있다. 실효치 2[A]의 정현파 전류가 흐를 때 발생 토크의 최대값[Nm]은?(단, 직축(Ld) 및 횡축(Lq) 인덕턴스는 $L_d = 2L_q = 200$[mH]이다.)

① 0.1   ② 0.5

③ 1.0   ④ 1.5

정답   **48** ②   **49** ③   **50** ③   **51** ④   **52** ①   **53** ④   **54** ①

해설

$$T_m = \frac{1}{\delta} I_m^2 (L_d - L_q) \sin 2\delta$$
$$= \frac{1}{8} \times (2\sqrt{2})^2 \times (200-100)^2 \times 10^{-3} \times 1$$
$$= 0.1 [N \cdot m]$$

여기서, 릴럭턴스전동기의 최대토크값(T_m)은 $2\delta = 90°$일 때 생긴다.

55 동일 정격의 3상 동기발전기 2대를 무부하로 병렬 운전하고 있을 때 두 발전기의 기전력 사이에 30°의 위상차가 있으면 한 발전기에서 다른 발전기에 공급되는 유효전력은 몇 [kW]인가?(단, 각 발전기의(1상의) 기전력 1000[V], 동기 리액턴스는 4[Ω]이고, 전기자 저항은 무시한다.)

① 62.5
② $62.5 \times \sqrt{3}$
③ 125.5
④ $125.5 \times \sqrt{3}$

해설

$$P = \frac{E^2}{2x_s} \sin\delta = \frac{1000^2}{2 \times 4} \times \sin 30° \times 10^{-3}$$
$$= 62.5 [kW]$$

56 3상 유도전동기의 슬립과 토크의 관계에서 최대 토크를 T_m, 최대 토크를 발생하는 슬립을 S_t, 2차 저항이 R_2일 때의 관계는?

① $T_m \propto R_2, s_t =$ 일정
② $T_m \propto R_2, s_t \propto R_2$
③ $T_m =$ 일정, $s_t \propto R_2$
④ $T_m \propto \frac{1}{R_2}, s_t \propto R_2$

해설 최대 토크 T_m, 즉 동기와트 P_{2m}은,

$$P_{2m} = \frac{m_1 \cdot V_1^2}{2\left[r_1 \pm \sqrt{r_1^2 + (x_1 + x_2')^2}\right]}$$

P_{2m}을 발생하는 슬립 S_t는

$$S_t = \pm \frac{r_2'}{\sqrt{r_1^2 + (x_1 + x_2')^2}}, \text{ 그러므로 } P_{2m}$$

즉, 최대토크 T_m은 r_2'에 관계없이 일정하고, P_{2m}을 발생하는 슬립 S_t는 r_2'에 비례한다.

57 50[kW], 610[V], 1200[rpm]의 직류 분권전동기가 있다. 70[%] 부하일 때 부하전류는 100[A], 회전 속도는 1240[rpm]이다. 전기자 발생 토크[kg·m]는?(단, 전기자 저항은 0.1[Ω]이고, 계자 전류는 전기자 전류에 비해 현저히 작다.)

① 약 39.3
② 약 40.6
③ 약 47.17
④ 약 48.75

해설

전동기 출력 $(P) = EI_a = (V - I_a R_a) \cdot I_a$
$= (610 - 100 \times 0.1) \times 100 = 60,000 [W]$

$$T = \frac{P}{w} [N \cdot m] = \frac{1}{9.8} \cdot \frac{P}{2\pi \frac{N}{60}} [kg \cdot m]$$

$$= 0.975 \times \frac{60000}{1240} = 47.17 [kg \cdot m]$$

58 변압기 온도시험을 하는 데 가장 좋은 방법은?

① 반환 부하법
② 실 부하법
③ 단락 시험법
④ 내전압 시험법

59 변압기 결선방법 중 3상 전원을 이용하여 2상 전압을 얻고자 할 때 사용할 결선 방법은?

① Fork 결선
② Scott 결선
③ 환상 결선
④ 2중 3각 결선

60 동기 발전기의 전기자 권선법 중 집중권에 비해 분포권의 장점에 해당되는 것은?

① 기전력의 파형이 좋아진다.
② 난조를 방지할 수 있다.
③ 권선의 리액턴스가 커진다.
④ 합성유도기전력이 높아진다.

정답 55 ① 56 ③ 57 ③ 58 ① 59 ② 60 ①

제4과목 : 회로 이론

61 다음과 같이 변환시 $R_1 + R_2 + R_3$의 값은[Ω]은?(단, $R_{ab} = 2[\Omega]$, $R_{bc} = 4[\Omega]$, $R_{ca} = 6[\Omega]$이다.)

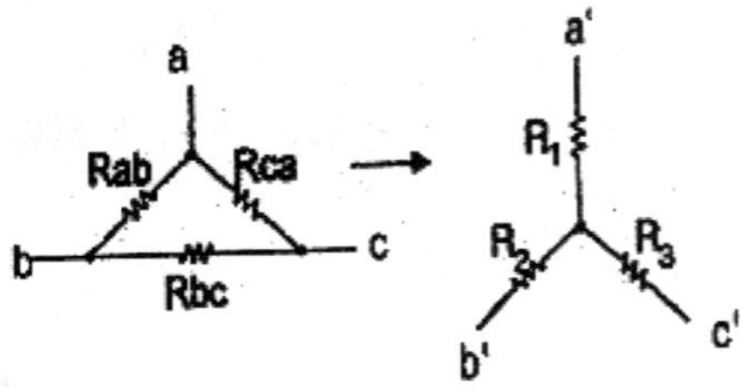

① 1.57[Ω] 　② 2.67[Ω]

③ 3.67[Ω] 　④ 4.87[Ω]

해설

$$R_1 = \frac{R_{ab} \times R_{ca}}{R_{ab} + R_{bc} + R_{ca}} = \frac{2 \times 6}{2 + 4 + 6} = 1[\Omega]$$

$$R_2 = \frac{R_{bc} \times R_{ab}}{R_{ab} + R_{bc} + R_{ca}} = \frac{4 \times 2}{2 + 4 + 6} = 0.67[\Omega]$$

$$R_3 = \frac{R_{ca} \times R_{bc}}{R_{ab} + R_{bc} + R_{ca}} = \frac{6 \times 4}{2 + 4 + 6} = 2[\Omega]$$

$$\therefore R_1 + R_2 + R_3 = 1 + 0.67 + 2 = 3.67[\Omega]$$

62 그림과 같은 회로에서 t=0일 때 스위치 K를 닫을 때 과도전류 $i(t)$는 어떻게 표시되는가?

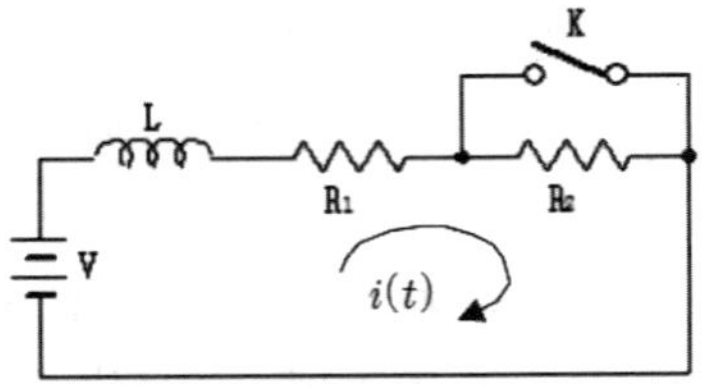

① $i(t) = \dfrac{V}{R_1}\left(1 - \dfrac{R_2}{R_1 + R_2}e^{-\frac{R_1}{L}t}\right)$

② $i(t) = \dfrac{V}{R_1 + R_2}\left(1 + \dfrac{R_2}{R_1}e^{-\frac{(R_1 + R_2)}{L}t}\right)$

③ $i(t) = \dfrac{V}{R_1}\left(1 + \dfrac{R_2}{R_1}e^{-\frac{R_2}{L}t}\right)$

④ $i(t) = \dfrac{R_1 V}{R_2 + R_1}\left(1 + \dfrac{R_1}{R_1 + R_2}e^{-\frac{(R_1 + R_2)}{L}t}\right)$

해설

$$V = L\frac{di(t)}{dt} + R_1 i(t)$$

$$I = \frac{V}{R_1}, \quad i(t) = Ae^{-\frac{R_1}{L}t}$$

$$\therefore i(t) = \frac{V}{R_1} + Ae^{-\frac{R_1}{L}t}$$

$$t = 0, \quad i(0) = \frac{V}{R_1 + R_2}$$

$$\frac{V}{R_1 + R_2} = \frac{V}{R_1} + A, \quad A = \frac{V}{R_1 + R_2} - \frac{V}{R_1}$$

$$= \frac{-R_2 V}{R_1(R_1 + R_2)}$$

$$\therefore i(t) = \frac{V}{R_1} - \frac{R_2 V}{R_1(R_1 + R_2)}e^{-\frac{R_1}{L}t}$$

$$= \frac{V}{R_1}\left(1 - \frac{R_2}{R_1 + R_2}e^{-\frac{R_1}{L}t}\right)[A]$$

63 그림과 같은 4단자 회로망에서 어드미턴스 파라미터 $Y_{12}[\mho]$는?

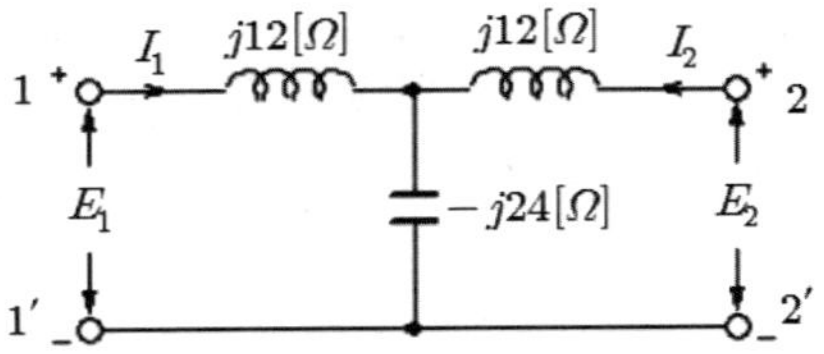

① $-j\dfrac{1}{12}$ 　② $-j\dfrac{1}{18}$

③ $-j\dfrac{1}{24}$ 　④ $j\dfrac{1}{24}$

정답 61 ③   62 ①   63 ②

962 • Part 3. 전기산업기사 기출문제

해설 $Y_{12} = \dfrac{I_1}{E_2}\bigg|_{E_1=0} = \dfrac{\dfrac{E_2}{j18}}{E_2} = \dfrac{1}{j18} = -j\dfrac{1}{18}[\mho]$

$I_2 = \dfrac{E_2}{j12 + \dfrac{j12 \times (-j24)}{j12 - j24}} = \dfrac{E_2}{j36}[A]$

$I_1 = \dfrac{-j24}{j12 - j24} \times \dfrac{E_2}{j36} = \dfrac{E_2}{j18}[A]$

64 테브난의 정리를 이용하여 그림 (a)의 회로를 (b)와 같은 등가회로로 만들려고 할 때 V와 R의 값은?

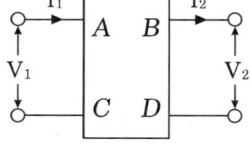

(a)

(b)

① $V = 12[V]$, $R = 3[\Omega]$

② $V = 20[V]$, $R = 3[\Omega]$

③ $V = 12[V]$, $R = 10[\Omega]$

④ $V = 20[V]$, $R = 10[\Omega]$

해설

$R = 0.6 + \dfrac{4 \times 6}{4+6} = 3[\Omega]$, $V = \dfrac{6}{4+6} \times 20 = 12[V]$

65 저항 $R_1 = 10[\Omega]$과 $R_2 = 40[\Omega]$이 직렬로 접속된 회로에 100[V], 60[Hz]인 정현파 교류 전압을 인가할 때, 이 회로에 흐르는 전류로 옳은 것은?

① $\sqrt{2}\,sin377t[A]$　　② $2\sqrt{2}\,sin377t[A]$

③ $\sqrt{2}\,sin422t[A]$　　④ $2\sqrt{2}\,sin422t[A]$

해설 $i(t) = I_m \sin wt$에서

$I_m = \dfrac{V_m}{R_1 + R_2} = \dfrac{100\sqrt{2}}{10+40} = 2\sqrt{2}[A]$

$w = 2\pi f = 2\pi \times 60 = 376.99$

$\therefore i(t) = 2\sqrt{2}\,sin377t[A]$

66 다음 중 옳지 않은 것은?

① 역률 $= \dfrac{유효전력}{피상전력}$

② 파형률 $= \dfrac{실효값}{평균값}$

③ 파고율 $= \dfrac{실효값}{최대값}$

④ 왜형률 $= \dfrac{전 고조파의 실효값}{기본파의 실효값}$

해설 파고율 $= \dfrac{최대값}{실효값}$

67 그림과 같은 4단자 회로망에서 출력측을 개방하니 $V_1 = 12[V]$, $I_1 = 2[A]$, $V_2 = 4[V]$이고 출력측을 단락하니 $V_1 = 16[V]$, $I_1 = 4[A]$, $I_2 = 2[A]$이었다 4단자 정수 A, B, C, D는 얼마인가?

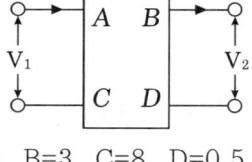

① A=2, B=3, C=8, D=0.5

② A=0.5, B=2, C=3, D=8

③ A=8, B=0.5, C=2, D=3

④ A=3, B=8, C=0.5, D=2

해설

$A = \dfrac{V_1}{V_2}\bigg|_{I_2=0} = \dfrac{12}{4} = 3$, $B = \dfrac{V_1}{I_2}\bigg|_{V_2=0} = \dfrac{16}{2} = 8$

정답　**64** ①　**65** ②　**66** ③　**67** ④

$$C = \frac{I_1}{V_2}\bigg|_{I_2=0} = \frac{2}{4} = 0.5, \quad D = \frac{I_1}{I_2}\bigg|_{V_2=0} = \frac{4}{2} = 2$$

68 대칭 3상 전압을 그림과 같은 평형 부하에 가할 때 부하의 역률은 얼마인가?(단, $R = 9[\Omega]$, $\frac{1}{wC} = 4[\Omega]$이다.)

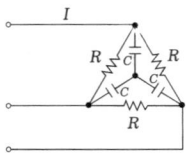

① 0.4   ② 0.6

③ 0.8   ④ 1.0

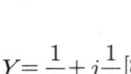

$$Y = \frac{1}{3} + j\frac{1}{4}[\mho] \qquad \therefore \cos\theta = \frac{\dfrac{1}{3}}{\dfrac{5}{12}} = \frac{12}{15} = 0.8$$

69 두 점 사이에는 20[C]의 전하를 옮기는데 80[J]의 에너지가 필요하다면 두 점 사이의 전압은?

① 2[V]   ② 3[V]

③ 4[V]   ④ 5[V]

해설 $W = Q \cdot V [J]$
$$\therefore V = \frac{80}{20} = 4[V]$$

70 대칭 3상전압을 공급한 3상 유도전동기에서 각 계기의 지시는 다음과 같다. 유도전동기의 역률은 얼마인가?(단, $W_1 = 1.2[kW]$, $W_2 = 1.8[kW]$, V=200[V], A=10[A]이다.)

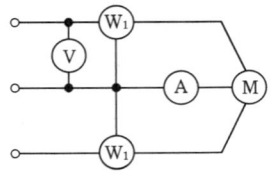

① 0.70   ② 0.76

③ 0.80   ④ 0.87

해설
$$P = W_1 + W_2 = 1.2 + 1.8 = 3[kW]$$
$$P_a = \sqrt{3}\,VI = \sqrt{3} \times 200 \times 10 \times 10^{-3}$$
$$= 3.5[kVA]$$
$$\therefore \cos\theta = \frac{P}{P_a} = \frac{3}{3.5} = 0.866$$

71 비정현파에서 정현 대칭의 조건은 어느 것인가?

① $f(t) = f(-t)$ ② $f(t) = -f(-t)$

③ $f(t) = -f(t)$ ④ $f(t) = -f\left(t + \dfrac{T}{2}\right)$

72 그림과 같은 회로의 합성 인덕턴스는?

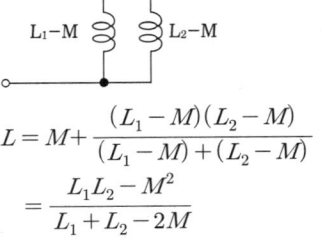

① $\dfrac{L_1 L_2 - M^2}{L_1 + L_2 - 2M}$ ② $\dfrac{L_1 L_2 + M^2}{L_1 + L_2 - 2M}$

③ $\dfrac{L_1 L_2 - M^2}{L_1 + L_2 + 2M}$ ④ $\dfrac{L_1 L_2 + M^2}{L_1 + L_2 + 2M}$

해설 합성 인덕턴스

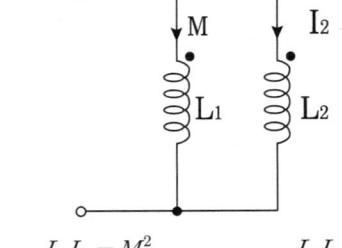

$$L = M + \frac{(L_1 - M)(L_2 - M)}{(L_1 - M) + (L_2 - M)}$$
$$= \frac{L_1 L_2 - M^2}{L_1 + L_2 - 2M}$$

정답   **68** ③   **69** ③   **70** ④   **71** ②   **72** ①

73 코일에 단상 100[V]의 전압을 가하면 30[A]의 전류가 흐르고 1.8[kW]의 전력을 소비한다고 한다. 이 코일과 병렬로 콘덴서를 접속하여 회로의 합성 역률을 100[%]로 하기 위한 용량 리액턴스[Ω]는?

① 약 4.2[Ω]   ② 약 6.8[Ω]

③ 약 8.4[Ω]   ④ 약 10.6[Ω]

해설

$P_a = VI = 100 \times 30 = 3000[VA]$
$P = 1.8[kW]$

$P_r = \sqrt{P_a^2 - P^2} = \sqrt{3000^2 - (1.8 \times 10^3)^2}$
$\quad = 2400[Var]$

$P_r = \dfrac{V^2}{X_c}$ 에서, $X_c = \dfrac{100^2}{2400} = 4.17[\Omega]$

74 100[V] 전압에 대하여 늦은 역률 0.8로서 10[A]의 전류가 흐르는 부하와 앞선 역률 0.8로서 20[A]의 전류가 흐르는 부하가 병렬로 연결되어 있다. 전 전류에 대한 역률은 약 얼마인가?

① 0.66   ② 0.76

③ 0.87   ④ 0.97

해설 $I_1 = 10(0.8 - j0.6) = 8 - j6[A]$
$I_2 = 20(0.8 + j0.6) = 16 + j12[A]$
$I = I_1 + I_2 = 8 - j6 + 16 + j12 = 24 + j6[A]$
$\therefore \cos\theta = \dfrac{I_R}{I} = \dfrac{24}{\sqrt{24^2 + 6^2}} = 0.97$

75 두 코일이 있다. 한 코일의 전류가 매초 40[A]의 비율로 변화할 때 다른 코일에는 20[V]의 기전력이 발생하였다면 두 코일의 상호인덕턴스는 몇 [H]인가?

① 0.2[H]   ② 0.5[H]

③ 1.0[H]   ④ 2.0[H]

해설 $e(t) = M\dfrac{di(t)}{dt}$

$M = \dfrac{e(t)}{\dfrac{di(t)}{dt}} = \dfrac{20}{\dfrac{40}{1}} = 0.5[H]$

76 3상 불평형 전압에서 영상전압이 150[V]이고 정상전압이 600[V], 역상전압이 300[V]이면 전압의 불평형률[%]은?

① 60[%]   ② 50[%]

③ 40[%]   ④ 30[%]

해설

불평형률 $= \dfrac{\text{역상분}}{\text{정상분}} \times 100 = \dfrac{300}{600} \times 100$
$= 50[\%]$

77 $t\sin\omega t$의 라플라스 변환은?

① $\dfrac{\omega}{(s^2 + \omega^2)^2}$ ② $\dfrac{\omega s}{(s^2 + \omega^2)^2}$

③ $\dfrac{\omega^2}{(s^2 + \omega^2)^2}$ ④ $\dfrac{2\omega s}{(s^2 + \omega^2)^2}$

해설

$\mathcal{L}\, t\sin\omega t = (-1)^1 \dfrac{d^1}{ds^1} \dfrac{\omega}{s^2 + \omega^2}$
$= (-1)\dfrac{\omega'(s^2 + \omega^2) - \omega(s^2 + \omega^2)'}{(s^2 + \omega^2)^2}$
$= \dfrac{2\omega s}{(s^2 + \omega^2)^2}$

78 $\dfrac{2s + 3}{s^2 + 3s + 2}$의 라플라스 함수의 역변환의 값은?

① $e^{-t} + e^{-2t}$ ② $e^{-t} - e^{-2t}$

③ $-e^{-t} - e^{-2t}$ ④ $e^t + e^{2t}$

정답 **73** ①   **74** ④   **75** ②   **76** ②   **77** ④   **78** ①

해설

$$\mathcal{L}^{-1}\frac{2s+3}{s^2+3s+2} = \mathcal{L}^{-1}\frac{2s+3}{(s+2)(s+1)}$$

$$= \mathcal{L}^{-1}\left[\frac{A}{s+2}+\frac{B}{s+1}\right] = \mathcal{L}^{-1}\left[\frac{1}{s+2}+\frac{1}{s+1}\right]$$

$$= e^{-t}+e^{-2t}$$

$$A = \lim_{s \to -2}\frac{2s+3}{s+1} = 1$$

$$B = \lim_{s \to -1}\frac{2s+3}{s+2} = 1$$

79 RLC직렬회로에서 t=0에서 교류전압

$e = E_m\sin(\omega t+\theta)$를 가할 때 $R^2-4\dfrac{L}{C}>0$이

면 이 회로는?

① 진동적이다.　　② 비진동적이다.
③ 임계진동적이다.　④ 비감쇠진동이다.

80 전압 $e = 5+10\sqrt{2}\,sin\omega t+10\sqrt{2}\,sin3\omega t[\mathrm{V}]$
일 때 실효값은?

① 7.07[V]　　② 10[V]
③ 15[V]　　　④ 20[V]

해설 실효값$(V_e) = \sqrt{5^2+10^2+10^2} = 15[V]$

제5과목 : 전기설비기술기준 및 판단기준

81 특고압 가공 전선로를 제3종 특고압 보안공
사에 의하여 시설하는 경우는?

① 건조물과 제1차 접근상태로 시설되는 경우
② 건조물과 제2차 접근상태로 시설되는 경우
③ 도로 등과 교차하여 시설하는 경우
④ 가공 약전류선과 공가하여 시설하는 경우

82 가공 전선로의 지지물에 시설하는 지선의
안전율은 일반적인 경우 얼마 이상이어야
하는가?

① 1.8　　　　② 2.0
③ 2.2　　　　④ 2.5

83 제1종 또는 제2종 접지공사에 사용하는 접
지선을 사람이 접촉할 우려가 있는 곳에 시
설하는 경우에 합성수지관 또는 이와 동등
이상의 절연효력 및 강도를 가지는 몰드로
접지선을 덮어야 하는가?

① 지하 30cm로부터 지표상 1.5m까지의 부분
② 지하 50cm로부터 지표상 1.8m까지의 부분
③ 지하 90cm로부터 지표상 2.5m까지의 부분
④ 지하 75cm로부터 지표상 2.0m까지의 부분

84 400[V] 미만의 저압용 계기용변성기에 있
어서 그 철심에서 몇 종 접지공사를 하여야
하는가?

① 특별 제3종 접지공사
② 제1종 접지공사
③ 제2종 접지공사
④ 제3종 접지공사

85 저압 접촉전선을 절연 트롤리 공사에 의하
여 시설하는 경우에 대한 기준으로 옳지 않
은 것은?(단, 기계기구에 시설하는 경우가
아닌 것으로 한다.)

① 절연 트롤리선은 사람이 쉽게 접할 우려가
없도록 시설할 것
② 절연 트롤리선의 개구부는 아래 또는 옆으로
향하여 시설할 것
③ 절연 트롤리선의 끝 부분은 충전 부분이 노
출되는 구조일 것
④ 절연 트롤리선은 각 지지점에서 견고하게
시설하는 것 이외에 그 양쪽 끝을 내장 인류
장치에 의하여 견고하게 인류할 것

정답　79 ②　80 ③　81 ①　82 ④　83 ④　84 ④　85 ③

966 · Part 3. 전기산업기사 기출문제

86 철도·궤도 또는 자동차도의 전용터널 안의 터널내 전선로의 시설방법으로 틀린 것은?

① 저압전선으로 지름 2.0[mm]의 경동선을 사용하였다.

② 고압전선은 케이블공사로 하였다.

③ 저압전선을 애자사용공사에 의하여 시설하고 이를 레일면상 또는 노면상 2.5[m] 이상으로 하였다.

④ 저압전선을 가요전선관공사에 의하여 시설하였다.

해설 터널안 전선로에서 저압전선로는 2.6[mm] 이상의 경동선 사용

87 강색 철도의 시설에 대한 설명으로 틀린 것은?

① 강색 차선은 지름 7[mm]의 경동선을 사용한다.

② 강색 차선의 레일면상 높이는 3[m] 이상으로 한다.

③ 강색 차선과 대지사이의 절연저항 사용전압에 대한 누설 전류가 궤도의 연장 1[km]마다 10[mA]를 넘지 않는다.

④ 레일에 접속하는 전선은 레일 사이 및 레일의 바깥쪽 30[cm] 안에 시설하는 것 이외에는 대지로부터 절연한다.

해설 강색 차선의 굵기는 지름 7[mm]의 경동선 이상 사용, 레일면상의 높이는 4[m] 이상

88 345[kV] 옥외 변전소에 울타리 높이와 울타리에서 충전부분까지 거리[m]의 합계는?

① 6.48　　　　② 8.16

③ 8.40　　　　④ 8.28

해설 160[kV] 넘는 경우 :

$6 + 0.12n = 6 + 0.12 \times 19 = 8.28[m]$

$n = \dfrac{345 - 160}{10} = 18.5$ 에서 절상하면 19단

89 고압 가공전선이 교류 전차선과 교차하는 경우, 고압 가공전선으로 케이블을 사용하는 경우 이외에는 단면적 몇 [mm²] 이상의 경동연선을 사용하여야 하는가?

① 14　　　　② 22

③ 30　　　　④ 38

90 고압 옥내배선이 다른 고압 옥내배선과 접근하거나 교차하는 경우 상호 간의 이격거리는 최소 몇 [cm] 이상이어야 하는가?

① 10　　　　② 15

③ 20　　　　④ 25

91 가공 전선로에 사용하는 지지물의 강도계산에 적용하는 갑종 풍압하중을 계산할 때 구성재의 수직 투영면적 1[m²]에 대한 풍압의 기준이 잘못된 것은?

① 목주 : 588[Pa]

② 원형 철주 : 588[Pa]

③ 원형 철근콘크리트주 : 822[Pa]

④ 강관으로 구성(단주는 제외)된 철탑 : 1255[Pa]

해설 원형 철근콘크리트주 : 588[Pa]

92 금속덕트 공사에 의한 저압 옥내배선에서, 금속덕트에 넣은 전선의 단면적의 합계는 덕트 내부 단면적의 몇 [%] 이하이어야 하는가?

① 20　　　　② 30

③ 40　　　　④ 50

정답　86 ①　87 ②　88 ④　89 ④　90 ②　91 ③　92 ①

93 가공 전선로의 지지물에 시설하는 통신선은 가공 전선과의 이격거리를 몇 [cm] 이상 유지하여야 하는가?(단, 가공전선은 고압으로 케이블을 사용한다.)

① 30 　　　　　② 45

③ 60 　　　　　④ 75

94 주상변압기 전로의 절연내력을 시험할 때 최대 사용전압이 23000V인 권선으로서 중성점 접지식 전로(중성선을 가지는 것으로서 그 중성선에 다중접지를 한 것)에 접속하는 것의 시험전압은?

① 16560[V] 　　　② 21160[V]

③ 25300[V] 　　　④ 28750[V]

해설 시험전압 $= 23000 \times 0.92 = 21160[V]$

95 교류식 전기철도의 전차선과 식물 사이의 이격거리는 몇 [m] 이상이어야 하는가?

① 1 　　　　　② 1.5

③ 2 　　　　　④ 2.5

96 아파트 세대 욕실에 '비데용 콘센트'를 시설하고자 한다. 다음의 시설방법 중 적합하지 않은 것은?

① 충전 부분이 노출되지 않을 것

② 배선기구에 방습장치를 시설할 것

③ 저압용 콘센트는 접지극이 없는 것을 사용할 것

④ 인체감전보호용 누전차단기가 부착된 것을 사용할 것

97 저압 및 고압 가공전선의 최소 높이는 도로를 횡단하는 경우와 철도를 횡단하는 경우에 각각 몇 [m] 이상이어야 하는가?

① 도로 : 지표상 6[m],
　철도 : 레일면상 6.5[m]

② 도로 : 지표상 6[m], 철도 : 레일면상 6[m]

③ 도로 : 지표상 5[m],
　철도 : 레일면상 6.5[m]

④ 도로 : 지표상 5[m], 철도 : 레일면상 6[m]

98 유희용 전차에 전기를 공급하는 전로의 사용전압이 교류인 경우 몇 [V] 이하이어야 하는가?

① 20 　　　　　② 40

③ 60 　　　　　④ 100

99 빙설이 적고 인가가 밀집된 도시에 시설하는 고압 가공전선로 설계에 사용하는 풍압하중은?

① 갑종 풍압하중

② 을종 풍압하중

③ 병종 풍압하중

④ 갑종 풍압하중과 을종 풍압하중을 각 설비에 따라 혼용

100 저압 옥내배선 버스덕트공사에서 지지점 간의 거리 [m]는?(단, 취급자만이 출입하는 곳에서 수직으로 붙이는 경우)

① 3 　　　　　② 5

③ 6 　　　　　④ 8

해설 버스덕트공사에서 덕트를 조영재에 붙이는 경우에는 덕트의 지지점 간의 거리 : 3[m] 이하(수직인 경우 6[m])

정답 93 ① 　 94 ② 　 95 ③ 　 96 ③ 　 97 ① 　 98 ② 　 99 ③ 　 100 ③

국가기술자격검정 필기시험문제

2013년도 산업기사 제2회 필기시험(산업기사)

자격종목 및 등급(선택분야)	종목코드	시험시간	문제지형별	수검번호	성명
전기산업기사		2시간 30분	A		

※ 시험문제지는 답안카드와 같이 반드시 제출하여야 합니다.

제1과목 : 전기자기학

01 자계 B의 안에 놓여 있는 전류 I의 회로 C가 받는 힘 F의 식으로 옳은 것은?(단, dl은 미소변위이다.)

① $F = \oint_c (Idl) \times B$

② $F = \oint_c (IB) \times dl$

③ $F = \oint_c (I^2 dl) \cdot B$

④ $F = \oint_c (-I^2 B) \cdot dl$

해설 자속밀도 B[Wb/m²], 길이 l[m]의 도선에 전류 I[A]가 흐를 때 작용하는 힘은 $F = IBl \sin\theta [N]$, $dF = Idl \times B[N]$

∴ $F = \oint_c dF = \oint_c (Idl) \times B[N]$가 된다.

02 다음 식들 중 옳지 못한 것은?

① 라플라스(Laplace)의 방정식 $\nabla^2 V = 0$

② 발산정리 $\oint_s A ds = \int_v div A dv$

③ 포아송(poisson's)의 방정식 $\nabla^2 V = \dfrac{\rho}{\epsilon_0}$

④ 가우스(Gauss)의 정리 $div D = \rho$

해설 포아송의 방정식(전위와 공간전하 밀도의 관계)

$\nabla^2 V = -\dfrac{\rho}{\epsilon_0}$

03 전위분포가 $V = 2x^2 + 3y^2 + z^2 [V]$의 식으로 표시되는 공간의 전하밀도 ρ는 얼마인가?

① $12\epsilon_0 [C/m^3]$

② $-12\epsilon_0 [C/m^3]$

③ $12\epsilon_0 [C/cm^3]$

④ $-12\epsilon_0 [C/cm^3]$

해설 포아송의 방정식 $\nabla^2 V = -\dfrac{\rho}{\epsilon_0}$

전위 $V = 2x^2 + 3y^2 + z^2 [V]$이므로

$\nabla^2 V = \dfrac{\partial^2 V}{\partial x^2} + \dfrac{\partial^2 V}{\partial y^2} + \dfrac{\partial^2 V}{\partial z^2} = 4 + 6 + 2 = -\dfrac{\rho}{\epsilon_0}$

∴ $\rho = -12\epsilon_0 [C/m^3]$

ρ : 공간 전하밀도 $[C/m^3]$

04 자기인덕턴스가 10[H]인 코일에 3[A]의 전류가 흐를 때 코일에 축적된 자계에너지는 몇 [J]인가?

① 30

② 45

③ 60

④ 90

해설 $W = \dfrac{1}{2} LI^2 = \dfrac{1}{2} \times 10 \times 3^2 = 45[J]$

05 진공 중에서 10^{-6}[C]과 10^{-7}[C]의 2개의 점전하가 50[cm]의 거리에 있을 때 작용하는 힘은 몇 [N]인가?

① 3.6×10^{-3}

② 1.8×10^{-3}

③ 4×10^{-13}

④ 0.25×10^{-13}

정답 01 ① 02 ③ 03 ② 04 ② 05 ①

해설

쿨롱의 법칙$(F) = 9 \times 10^9 \times \dfrac{Q_1 Q_2}{r^2}$

$= 9 \times 10^9 \times \dfrac{10^{-6} \times 10^{-7}}{0.5^2} = 3.6 \times 10^{-3}[N]$

06 강자성체에서 자구의 크기에 대한 설명으로 가장 옳은 것은?

① 역자성체를 제외한 다른 자성체에서는 모두 같다.

② 원자나 분자의 질량에 따라 달라진다.

③ 물질의 종류에 관계없이 크기가 모두 같다.

④ 물질의 종류 및 상태에 따라 다르다.

해설 자구란 자기모멘트가 서로 접근하여 원자 전체의 모멘트가 동일한 방향으로 정렬하고 있는 작은 영역으로서 강자성체에는 처음부터 그 자구가 존재한다 (물질의 종류 및 상태에 따라 다르다).

07 투자율과 유전율로 이루어진 식 $\dfrac{1}{\sqrt{\mu\epsilon}}$ 의 단위는?

① [F/H] ② [m/s]

③ [Ω] ④ [A/m²]

해설 전자파속도$(v) = \dfrac{1}{\sqrt{\epsilon\mu}} \ [m/\sec]$

08 판자석의 세기가 P[Wb/m]되는 판자석을 보는 입체각 ω인 점의 자위는 몇 [A]인가?

① $\dfrac{P}{4\pi\mu_0\omega}$ ② $\dfrac{P\omega}{4\pi\mu_0}$

③ $\dfrac{P}{2\pi\mu_0\omega}$ ④ $\dfrac{P\omega}{2\pi\mu_0}$

해설

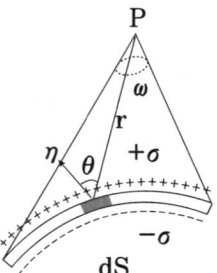

그림에서 소자석의 미소면적(dS)에 대한 P점의 자위는 $dU = \dfrac{1}{4\pi\mu_0} \cdot \dfrac{PdS\cos\theta}{r^2}[A]$

판자석 전체에 의한 자위는

$U = \dfrac{P}{4\pi\mu_0} \displaystyle\int_s \dfrac{dS\cos\theta}{r^2} = \dfrac{P\omega}{4\pi\mu_0}[A]$

(여기서, 판 전체면적 S가 P점과의 이루는 입체각 $\omega = \displaystyle\int_s \dfrac{dS\cos\theta}{r^2}$ 가 된다.)

09 평행한 2개의 도선에 전류가 서로 반대방향으로 흐를 때 두 도선 사이에서의 자계강도는 1개의 도선일 때보다 어떠한가?

① 더 약해진다.

② 주기적으로 약해졌다 또는 강해졌다 한다.

③ 더 강해진다.

④ 강해졌다가 약해진다.

해설 1개의 자력선 밀도보다는 서로 반대방향으로 2개의 자력선이 흐를 때는 자력선 밀도는 감소해서 자계강도는 더 약해진다(자력선 밀도=자계강도(H)).

10 강자성체의 자속밀도 B의 크기와 자화의 세기 J의 크기 사이의 관계로 옳은 것은?

① J는 B보다 크다.

② J는 B보다 작다.

③ J는 B와 그 값이 같다.

④ J는 B에 투자율을 더한 값과 같다.

정답 **06** ④ **07** ② **08** ② **09** ① **10** ②

970 · Part 3. 전기산업기사 기출문제

해설

$J= \dfrac{\mu_s-1}{\mu_s}B = (1-\dfrac{1}{\mu_s})B$ 에서 $(1-\dfrac{1}{\mu_s})$ 은

(강자성체 : $\mu_s \gg 1$), 1보다 약간 작으므로 J도 B보다 작다.

11 500[AT/m]의 자계 중에 어떤 자극을 놓았을 때 3×10^3[N]의 힘이 작용했다면 이때의 자극의 세기는 몇 [Wb]인가?

① 2[Wb]　　　　　　② 3[Wb]

③ 5[Wb]　　　　　　④ 6[Wb]

해설 F=mH에서 $\therefore m = \dfrac{F}{H} = \dfrac{3\times10^3}{500} = 6[Wb]$

12 자유공간에서 특성 임피던스 $\sqrt{\dfrac{\mu_0}{\epsilon_0}}$ 의 값은?

① $\dfrac{1}{110\pi}[\varOmega]$　　　　② $\dfrac{1}{120\pi}[\varOmega]$

③ $110\pi[\varOmega]$　　　　　④ $120\pi[\varOmega]$

해설

특성임피던스$(Z_0) = \dfrac{E}{H} = \sqrt{\dfrac{\mu_0}{\epsilon_0}} = \sqrt{\dfrac{4\pi\times10^{-7}}{\dfrac{1}{36\pi\times10^9}}}$

$= 120\pi[\varOmega]$

13 점 P(1, 2, 3)[m]와 Q(2, 0, 5)[m]에 각각 4×10^{-5}[C]과 -2×10^{-4}[C]의 점전하가 있을 때, 점 P에 작용하는 힘은 몇 [N]인가?

① $\dfrac{8}{3}(i-2j+2k)$　　② $\dfrac{8}{3}(-i-2j+2k)$

③ $\dfrac{3}{8}(i+2j+2k)$　　④ $\dfrac{3}{8}(2i+j-2k)$

해설 P점에 작용하는 힘은

$P = \dfrac{1}{4\pi\epsilon_0} \cdot \dfrac{Q_1 Q_2}{r^2}r_0$

$= 9\times10^9 \times \dfrac{4\times10^{-5}\times(-2\times10^{-4})}{(1-2)^2+(2-0)^2+(3-5)^2}$

$\times \dfrac{(1-2)i+(2-0)j+(3-5)k}{\sqrt{(1-2)^2+(2-0)^2+(3-5)^2}}$

$= \dfrac{8}{3}(i-2j+2k)$

14 반지름 a[m]인 원통도체가 있다. 이 원통도체의 길이가 l[m]일 때 내부 인덕턴스는 몇 [H]인가?(단, 원통도체의 투자율은 μ[H/m]이다.)

① $\dfrac{\mu a}{4\pi}$　　　　　　② $\dfrac{\mu l}{4\pi}$

③ $\dfrac{\mu l}{8\pi}$　　　　　　④ $\dfrac{\mu a}{8\pi}$

해설

• 동축케이블(원통도체)의 단위길이당 내부인덕턴스는

$L_i = \dfrac{2W}{I^2} = \dfrac{2}{I^2}\times\dfrac{\mu I^2}{16\pi} = \dfrac{\mu}{8\pi}[H/m]$.

(단위길이당 자계에너지(W)$= \dfrac{\mu I^2}{16\pi}[J/m]$)

$\therefore$원통도체 길이가 l[m]일 때의 내부인덕턴스는

$L_i = \dfrac{\mu l}{8\pi}[H]$

15 공기 중에서 반지름 a[m], 도선의 중심축간 거리 d[m]인 평행 도선 간의 정전용량은 몇 [F/m]인가?

① $\dfrac{2\pi\epsilon_0}{\log_e \dfrac{a}{d}}$　　　　② $\dfrac{4\pi\epsilon_0}{\log_e \dfrac{a}{d}}$

③ $\dfrac{2\pi\epsilon_0}{\log_e \dfrac{d}{a}}$　　　　④ $\dfrac{\pi\epsilon_0}{\log_e \dfrac{d}{a}}$

정답 **11** ④　**12** ④　**13** ①　**14** ③　**15** ④

2013년도 산업기사 제2회 필기시험(산업기사) **· 971**

해설 평행원통도체 사이의 정전용량은($d \gg a$)

$$C = \frac{\pi\epsilon_0}{\ln \dfrac{d}{a}} = \frac{\pi\epsilon_0}{\log_e \dfrac{d}{a}} = \frac{1.027 \times 10^{-11}}{\log_{10} \dfrac{d}{a}}[F/m]$$

$$= \frac{0.01207}{\log_{10} \dfrac{d}{a}}[\mu F/km]$$

16 공기 중에서 무한 평면 도체 표면 아래의 1[m] 떨어진 곳에 1[C]의 점전하가 있다. 전하가 받는 힘의 크기는?

① 9×10^9[N]　　　② $\dfrac{9}{2} \times 10^9$[N]

③ $\dfrac{9}{4} \times 10^9$[N]　　④ $\dfrac{9}{16} \times 10^9$[N]

해설

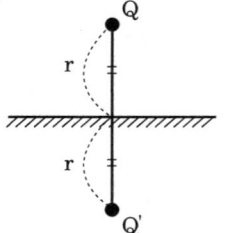

전기 영상법에 의해 무한평면 도체에서 1[m] 떨어진 점전하 Q[C]이 받는 힘은

$$F = \frac{1}{4\pi\epsilon_0} \frac{QQ'}{(2r)^2} = \frac{Q^2}{16\pi\epsilon_0 r^2}$$

$$= \frac{1}{4} \times 9 \times 10^9 \times \frac{1}{1^2} = \frac{9}{4} \times 10^9 [N],$$

$$\left(\frac{1}{4\pi\epsilon_0} = 9 \times 10^9\right)$$

17 유전체 내의 정전 에너지식으로 옳지 않은 것은?

① $\dfrac{1}{2}ED\ [J/m^3]$　　② $\dfrac{1}{2}\dfrac{D^2}{\epsilon}\ [J/m^3]$

③ $\dfrac{1}{2}\epsilon D\ [J/m^3]$　　④ $\dfrac{1}{2}\epsilon E^2\ [J/m^3]$

해설

유전체 내의 정전에너지(W)$= \dfrac{1}{2}ED = \dfrac{1}{2}\epsilon E^2$

$$= \frac{1}{2}\frac{D^2}{\epsilon}[J/m^3]$$

여기서, $D = \epsilon E$,　$E = \dfrac{D}{\epsilon}$

18 진공 중에서 어떤 대전체의 전속이 Q이었다. 이 대전체를 비유전율 2.2인 유전체 속에 넣었을 경우의 전속은?

① Q　　　　　　② ϵQ

③ 2.2Q　　　　④ 0

해설 폐곡면에서 나오는 전전속선의 수는 폐곡면 내에 있는 전전하량과 같으므로, 유전체의 가우스정리에서 $\oint D \cdot n \, dS = Q$ 로서, 유전율에 관계없이 항상 Q(개)이다(전기력선의수는 $\dfrac{Q}{\epsilon}$로 유전율에 반비례, 전속수는 유전율에 관계없이 항상 Q개이다).

19 하나의 금속에서 전류의 흐름으로 인한 온도 구배부분의 줄열 이외의 발열 또는 흡열에 관한 현상은?

① 펠티에 효과(Peltier Effect)
② 볼타 법칙(Volta Law)
③ 지벡 효과(Seebeck Effect)
④ 톰슨 효과(Thomson Effect)

해설
• 펠티에 효과 : 두 종류의 금속 접속면에 전류를 흘릴 때 그 접속점에서 열의 흡수, 발생하는 효과
• 지벡 효과 : 두 종류의 금속 접속면에 온도차가 있을 때 기전력이 발생하는 효과

정답 **16** ③　**17** ③　**18** ①　**19** ④

20 유전율이 각각 ϵ_1, ϵ_2인 두 유전체가 접해 있다. 각 유전체 중의 전계 및 전속밀도가 각각 E_1, D_1 및 E_2, D_2이고, 경계면에 대한 입사각 및 굴절각이 θ_1, θ_2일 때 경계조건으로 옳은 것은?

① $\dfrac{\sin\theta_2}{\sin\theta_1} = \dfrac{\epsilon_2}{\epsilon_1}$ ② $\dfrac{\cos\theta_2}{\cos\theta_1} = \dfrac{D_2}{D_1}$

③ $\dfrac{\tan\theta_2}{\tan\theta_1} = \dfrac{\epsilon_2}{\epsilon_1}$ ④ $\dfrac{\cot\theta_2}{\cot\theta_1} = \dfrac{E_2}{E_1}$

해설

- 전계의 접선(수평)성분은 경계면에 대해서 같다.
  $E_1\sin\theta_1 = E_2\sin\theta_2$
- 전속밀도(D)의 법선(수직)성분은 경계면에 대해서 같다.
  $D_1\cos\theta_1 = D_2\cos\theta_2$
- 경계면상의 두 점 간의 전위차는 같고($V_1 = V_2$), 입사각과 굴절각인 tan 값이 유전율(ϵ)비와 같다.
  $\dfrac{E_1\sin\theta_1}{D_1\cos\theta_1} = \dfrac{E_2\sin\theta_2}{D_2\cos\theta_2}$, $\dfrac{E_1\sin\theta_1}{\epsilon E_1\cos\theta_1} = \dfrac{E_2\sin\theta_2}{\epsilon E_2\cos\theta_2}$
  $\therefore \dfrac{\tan\theta_2}{\tan\theta_1} = \dfrac{\epsilon_2}{\epsilon_1}$ ($\epsilon_1 > \epsilon_2$이면, $\theta_1 > \theta_2$이다.)

제2과목 : 전력공학

21 가공전선로의 작용 인덕턴스를 L[H], 작용 정전용량을 C[F], 사용전원의 주파수를 f[Hz]라 할 때 선로의 특성 임피던스는?(단, 저항과 누설컨덕턴스는 무시한다.)

① $\sqrt{\dfrac{C}{L}}$ ② $\sqrt{\dfrac{L}{C}}$

③ $\sqrt{LC}$ ④ $2\pi fL - \dfrac{1}{2\pi fC}$

22 중성점 비접지 방식이 이용되는 송전선은?

① 20~30[kV] 정도의 단거리 송전선
② 40~50[kV] 정도의 중거리 송전선
③ 80~100[kV] 정도의 장거리 송전선
④ 140~160[kV] 정도의 장거리 송전선

23 중성점 저항 접지방식의 병행 2회선 송전선로의 지락사고 차단에 사용되는 계전기는?

① 선택접지 계전기   ② 거리 계전기
③ 과전류 계전기   ④ 역상 계전기

24 주상변압기 1차측 전압이 일정할 경우, 2차측 부하가 증가하면 주상변압기의 동손과 철손은 어떻게 되는가?

① 동손은 감소하고 철손은 증가한다.
② 동손은 증가하고 철손은 감소한다.
③ 동손은 증가하고 철손은 일정하다.
④ 동손과 철손이 모두 일정하다.

25 풍압이 P[kg/m²]이고 빙설이 적은 지방에서 지름이 d[mm]인 전선 1[m]가 받는 풍압하중은 표면계수를 k라고 할 때 몇 [kg/m]가 되는가?

① $\dfrac{Pk(d+12)}{1000}$ ② $\dfrac{Pk(d+6)}{1000}$

③ $\dfrac{Pkd}{1000}$ ④ $\dfrac{Pkd^2}{1000}$

26 다음 중 3상 차단기의 정격차단용량으로 알맞은 것은?

① 정격전압×정격차단전류
② $\sqrt{3}$×정격전압×정격차단전류
③ 3×정격전압×정격차단전류
④ $3\sqrt{3}$×정격전압×정격차단전류

[정답] **20** ③   **21** ②   **22** ①   **23** ①   **24** ③   **25** ③   **26** ②

27 배전선로의 전기적 특성 중 그 값이 1 이상인 것은?

① 부등률   ② 전압강하율

③ 부하율   ④ 수용률

28 단상 2선식 계통에서 단락점까지 전선 한 가닥의 임피던스가 6+j8[Ω](전원 포함), 단락전의 단락점 전압이 3300[V]일 때 단상 전선로의 단락 용량은 약 몇 [kVA]인가? (단, 부하전류는 무시한다.)

① 455   ② 500

③ 545   ④ 600

해설 단상 2선식이고 한 가닥의 임피던스가 주어져 있으므로

$$P_s = V \cdot I_s = 3300 \times 165 \times 10^{-3} = 544.5[\text{kVA}]$$

$$I_s = \frac{V}{Z} = \frac{3300}{2 \times \sqrt{6^2 + 8^2}} = 165[\text{A}]$$

29 전선 a, b, c가 일직선으로 배치되어 있다. a와 b와 c 사이의 거리가 각각 5[m]일 때 이 선로의 등가선간 거리는 몇 [m]인가?

① 5   ② 10

③ $5\sqrt[3]{2}$ ④ $5\sqrt{2}$

해설 $D_e = \sqrt[3]{5 \times 5 \times 10} = 5 \cdot \sqrt[3]{2}\,[\text{m}]$

30 충전된 콘덴서의 에너지에 의해 트립되는 방식으로 정류기, 콘덴서 등으로 구성되어 있는 차단기의 트립방식은?

① 과전류 트립방식   ② 직류전압 트립방식

③ 콘덴서 트립방식   ④ 부족전압 트립방식

31 소호리액터 접지방식에서 사용되는 탭의 크기로 일반적인 것은?

① 과보상   ② 부족보상

③ (−)보상   ④ 직렬공진

32 다음 중 송전선의 1선지락 시 선로에 흐르는 전류를 바르게 나타낸 것은?

① 영상전류만 흐른다.

② 영상전류 및 정상전류만 흐른다.

③ 영상전류 및 역상전류만 흐른다.

④ 영상전류, 정상전류 및 역상전류가 흐른다.

33 기력발전소에서 과잉공기가 많아질 때의 현상으로 적당하지 않은 것은?

① 노 내의 온도가 저하된다.

② 배기가스가 증가된다.

③ 연도손실이 커진다.

④ 불완전 연소로 매연이 발생한다.

34 불평형 부하에서 역률은 어떻게 표현되는가?

① $\dfrac{\text{유효전력}}{\text{각 상의 피상전력의 산술 합}}$

② $\dfrac{\text{유효전력}}{\text{각 상의 피상전력의 벡터 합}}$

③ $\dfrac{\text{무효전력}}{\text{각 상의 피상전력의 산술 합}}$

④ $\dfrac{\text{무효전력}}{\text{각 상의 피상전력의 벡터 합}}$

35 역률 0.8, 출력 360[kW]인 3상 평형유도 부하가 3상 배전선로에 접속되어 있다. 부하단의 수전전압이 6000[V], 배전선의 1조의 저항 및 리액턴스가 각각 5[Ω], 4[Ω]라고 하면 송전단전압은 몇 [V]인가?

① 6120   ② 6277

③ 6300   ④ 6480

정답   27 ①   28 ③   29 ③   30 ③   31 ①   32 ④   33 ④   34 ②   35 ④

974 • Part 3. 전기산업기사 기출문제

해설

$$V_s = V_r + \sqrt{3}\,I(Rcos\theta + sin\theta)$$
$$= 6000 + \sqrt{3} \times 43.3(5 \times 0.8 + 4 \times 0.6)$$
$$= 6479.99[V]$$

$$I = \frac{360 \times 10^3}{\sqrt{3} \times 6000 \times 0.8} = 43.3[A]$$

36 초호각(Acring Horn)의 역할은?

① 풍압을 조정한다.

② 차단기의 단락강도를 높인다.

③ 송전효율을 높인다.

④ 애자의 파손을 방지한다.

37 단상 2선식과 3상 3선식의 부하전력, 전압을 같게 하였을때 단상 2선식의 선로전류를 100[%]로 보았을 경우, 3상 3선식의 선로 전류는?

① 38[%]   ② 48[%]

③ 58[%]   ④ 68[%]

해설 $P_1 = P_3$

$$V_1 I_1 cos\theta = \sqrt{3}\ V_3 I_3 cos\theta$$

$$\therefore\ \frac{I_3}{I_1} = \frac{1}{\sqrt{3}} = 0.577,\ \ 57.7[\%]$$

38 154[kV] 송전선로에 10개의 현수애자가 연결되어 있다. 다음 중 전압부담이 가장 적은 것은?

① 철탑에 가장 가까운 것

② 철탑에서 3번째에 있는 것

③ 전선에서 가장 가까운 것

④ 전선에서 3번째에 있는 것

39 154[kV] 송전선로에서 송전거리가 154[km]라 할 때 송전용량 계수법에 의한 송전용량은 몇 [kW]인가?(단, 송전용량계수는 1200으로 한다.)

① 61600   ② 92400

③ 123200   ④ 184800

해설 송전용량계수법

$$R_R = K \cdot \frac{V_R^2}{l} = 1200 \times \frac{154^2}{154}$$
$$= 184800[kW]$$

40 1선의 대지정전용량이 C인 3상 1회선 송전선로의 1단에 소호리액터를 설치할 때 그 인덕턴스는?

① $\dfrac{1}{3\omega^2 C}$ ② $\dfrac{1}{\omega C}$

③ $\dfrac{1}{\omega^2 C}$ ④ $\dfrac{1}{3\omega C}$

해설 $\omega L = \dfrac{1}{3\omega C_s} - \dfrac{x_t}{3}$ 에서, x_t는 변압기 1상당 리액턴스[Ω]인데 주어지지 않으면 0으로 본다.

$$\therefore\ L = \frac{1}{3\omega^2 C_s}$$

제3과목 : 전기기기

41 6극 3상 유도전동기가 있다. 회전자도 3상이며 회전자정지시의 1상이 전압은 200[V]이다. 전부하시의 속도가 1152[rpm]이면 2차 1상의 전압은 몇 [V]인가?(단, 1차 주파수는 60[Hz]이다.)

① 8.0   ② 8.3

③ 11.5   ④ 23.0

해설

2차1상의전압$(E_{2s}) = s E_2 = 0.04 \times 200 = 8[V]$

정답   36 ④   37 ③   38 ②   39 ④   40 ①   41 ①

$$s = \frac{N_s - N_n}{N_s} = \frac{1200 - 1152}{1200} = 0.04$$

$$N_s = \frac{120f}{P} = \frac{120 \times 60}{6} = 1200[\text{rpm}]$$

42 SCR에 대한 설명으로 옳은 것은?

① 턴온을 위해 게이트 펄스가 필요하다.

② 게이트 펄스를 지속적으로 공급해야 턴온 상태를 유지할 수 있다.

③ 양방향성의 3단 소자이다.

④ 양방향성의 3층 구조이다.

43 다음중 인버터(Inverter)의 설명으로 바르게 나타낸 것은?

① 직류를 교류로 변환

② 교류를 교류로 변환

③ 직류를 직류로 변환

④ 교류를 직류로 변환

44 동기발전기에 관한 다음 설명 중 옳지 않은 것은?

① 단락비가 크면 동기임피던스가 적다.

② 단락비가 크면 공극이 크고 철이 많이 소요 된다.

③ 단락비를 적게 하기 위해서 분포권 단절권을 사용한다.

④ 전압강하가 감소되어 전압변동률이 좋다.

45 와류손이 3[kW]인 3300/110[V], 60[Hz]용 단상 변압기를 50[Hz], 3000[V]의 전원에 사용하면 이변압기의 와류손은 약 몇 [kW] 로 되는가?

① 1.7 ② 2.1

③ 2.3 ④ 2.5

해설 와류손은 전압의 제곱에 비례(주파수와 무관)

$$\therefore \ P_e' = \left(\frac{V}{V}\right)^2 \cdot P_e = \left(\frac{3000}{3300}\right)^2 \times 3$$
$$= 2.48[\text{kW}]$$

46 440/13200[V], 단상 변압기의 2차 전류가 4.5[A]이면 1차 출력은 약 몇 [kVA]인가?

① 50.4 ② 59.4

③ 62.4 ④ 65.4

해설

$$P_1 = V_1 \cdot I_1 = 440 \times \frac{I_2}{a}$$
$$= 440 \times 30 \times 4.5 \times 10^{-3} = 59.4[\text{kVA}]$$

47 전기철도에 주로 사용되는 직류전동기는?

① 직권 전동기 ② 타여자 전동기

③ 자여자 분권전동기 ④ 가동 본권전동기

48 220[V] 50[Hz], 8극 15[kW]의 3상 유도전 동기에서 전부 하회전수가 720[rpm]이면 이 전동기의 2차 동손은 몇 [W]인가?

① 435 ② 537

③ 625 ④ 723

해설 $P_{c2} = sP_2 = 0.04 \times 15.625 \times 10^3 = 625[\text{W}]$

$$P_2 = \frac{P}{1-s} = \frac{15}{1-0.04} = 15.625[\text{kW}]$$

$$s = \frac{N_s - N_n}{N_s} = \frac{750 - 720}{750} = 0.04,$$

$$N_s = \frac{120f}{P} = \frac{120 \times 50}{8} = 750[\text{rpm}]$$

49 전압비가 무부하에서는 33 : 1, 정격부하에 서는 33.6 : 1인 변압기의 전압변동률[%]은?

① 약 1.5 ② 약 1.8

③ 약 2.0 ④ 약 2.2

정답 **42** ① **43** ① **44** ③ **45** ④ **46** ② **47** ① **48** ③ **49** ②

해설

전압변동률$(\epsilon) = \dfrac{V_{20} - V_{2n}}{V_{2n}} \times 100$

$= \dfrac{\dfrac{V_1}{33} - \dfrac{V_1}{33.6}}{\dfrac{V_1}{33.6}} \times 100 = 1.82[\%]$

$\dfrac{V_1}{V_{20}} = 33$에서 $V_{20} = \dfrac{V_1}{33}$,

$\dfrac{V_1}{V_{2n}} = 33.6$에서 $V_{2n} = \dfrac{V_1}{33.6}$

50 변압기의 전일효율을 최대로 하기 위한 조건은?

① 전부하 시간이 짧을수록 무부하손을 적게 한다.

② 전부하 시간이 짧을수록 철손을 크게 한다.

③ 부하시간에 관계없이 전부하 동손과 철손을 같게 한다.

④ 전부하 시간이 길수록 철손을 적게 한다.

51 동기 발전기의 단락비나 동기 임피던스를 산출하는데 필요한 특성곡선은?

① 단상단락곡선과 3상 단락곡선

② 무부하포화곡선과 3상 단락곡선

③ 부하포화곡선과 3상 단락곡선

④ 무부하포화곡선과 외부특성곡선

52 3상 유도전동기의 전전압 기동토크는 전부하시의 1.8배이다. 전전압의 2/3으로 기동할 때 기동토크는 전부하시보다 약 몇 [%] 감소하는가?

① 80 ② 70

③ 60 ④ 40

해설 $T \propto V^2$, $T' \propto T \times \left(\dfrac{V_1'}{V_1}\right)^2$

$\therefore T' = 1.8T \times \left(\dfrac{2}{3}\right)^2 = 0.8T$

53 전기자를 고정자로 하고 계자극을 회전자로 한 전기기계는?

① 직류 발전기 ② 동기 발전기

③ 유도 발전기 ④ 회전 변류기

54 변압기의 내부고장 보호에 쓰이는 계전기로서 가장 적당한 것은?

① 과전류 계전기 ② 역상 계전기

③ 접지 계전기 ④ 브흐홀쯔 계전기

55 직류전동기의 속도제어법 중 정지 워드 레오나드 방식에 관한 설명으로 틀린 것은?

① 광범위한 속도제어가 가능하다.

② 정토크 가변속도의 용도에 적합하다.

③ 제철용압연기, 엘리베이터 등에 사용된다.

④ 직권전동기의 저항제어와 조합하여 사용한다.

56 3상 동기발전기에서 그림과 같이 1상의 권선을 서로 똑같은 2조로 나누어서 그 1조의 권선전압을 E[V], 각 권선의 전류를 I[A]라 하고 2중 △형(double delta)으로 결선하는 경우 선간전압과 선전류 및 피상 전력은?

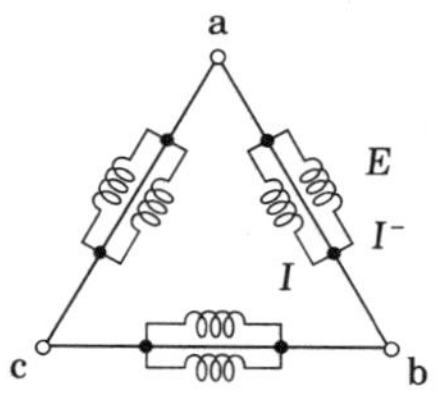

정답 **50** ① **51** ② **52** ① **53** ② **54** ④ **55** ④ **56** ③

① 3E, I, 5.19EI

② $\sqrt{3}$ E, 2I, 6EI

③ E, $2\sqrt{3}$ I, 6EI

④ $\sqrt{3}$ E, $\sqrt{3}$ I, 5.19EI

해설
△결선에서는 선간전압(V_l)과
상전압(V_p)은 같고,
선전류(I_l)는 $\sqrt{3}\times$상전류(I_p)가 된다.
 문제에서는 2중△결선이므로 $2I$가 되므로,
$\therefore I_l = \sqrt{3}\times I_p = \sqrt{3}\times 2I = 2\sqrt{3}\,I[A]$
피상전력(P_a) $= \sqrt{3}\,V_l I_l = \sqrt{3}\times E\times 2\sqrt{3}\,I$
$= 6EI[VA]$

57 권선형 유도전동기에 한하여 이용되고 있는 속도제어법은?

① 1차 전압제어법, 2차 저항제어법

② 1차 주파수제어법, 1차 전압제어법

③ 2차 여자제어법, 2차 저항제어법

④ 2차 여자제어법, 극수변환법

58 직류기에서 양호한 정류를 얻을수 있는 조건이 아닌 것은?

① 전기자 코일의 인덕턴스를 작게 한다.

② 정류주기를 크게 한다.

③ 자속 분포를 줄이고 자기적으로 포화시킨다.

④ 브러시의 접촉저항을 작게 한다.

59 저전압 대전류에 가장 적합한 브러시 재료는?

① 금속 흑연질   ② 전기 흑연질

③ 탄소질   ④ 금속질

60 스테핑 모터의 특징을 설명한 것으로 옳지 않은 것은?

① 위치제어를 할 때 각도오차가 적고 누적되지 않는다.

② 속도제어 범위가 좁으며 초저속에서 토크가 크다.

③ 정지하고 있을 때 그 위치를 유지해주는 토크가 크다.

④ 가속, 감속이 용이하며 정·역전 및 변속이 쉽다.

제4과목 : 회로이론

61 다음과 같은 Y결선 회로와 등가인 △결선 회로의 A, B, C 값은 몇 [Ω]인가?

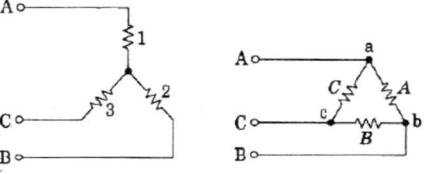

① $A = 11$, $B = \dfrac{11}{2}$, $C = \dfrac{11}{3}$

② $A = \dfrac{7}{3}$, $B = 7$, $C = \dfrac{7}{2}$

③ $A = \dfrac{11}{3}$, $B = 11$, $C = \dfrac{11}{2}$

④ $A = 7$, $B = \dfrac{7}{2}$, $C = \dfrac{7}{3}$

해설 $A = \dfrac{1\times 2 + 2\times 3 + 3\times 1}{3} = \dfrac{11}{3}$

$B = \dfrac{1\times 2 + 2\times 3 + 3\times 1}{1} = 11$

$C = \dfrac{1\times 2 + 2\times 3 + 3\times 1}{2} = \dfrac{11}{2}$

정답   57 ③   58 ④   59 ①   60 ②   61 ③

62 부하저항 $R_L[\Omega]$이 전원의 내부저항 $R_o[\Omega]$의 3배가 되면 부하저항 R_L에서 소비되는 전력 $P_L[W]$은 최대 전송전력 $P_m[W]$의 몇 배인가?

① 0.89배   ② 0.75배

③ 0.5배   ④ 0.3배

해설

$$P_L = I^2 R_L = \left(\frac{V_g}{R_0 + R_L}\right)^2, \; R_L$$

$$= \left(\frac{V_g}{R_0 + 3R_0}\right)^2 \times 3R_0 = \frac{3V_g^2}{16 \cdot R_0}$$

$$P_m = \frac{V_g^2}{4R_0}, \quad \therefore \frac{P_L}{P_m} = \frac{\dfrac{3V_g^2}{16R_0}}{\dfrac{V_g^2}{4R_0}} = \frac{12}{16} = 0.75[배]$$

63 다음과 같은 회로에서 t=0인 순간에 스위치 S를 닫았다. 이 순간에 인덕턴스 L에 걸리는 전압은?(단, L의 초기 전류는 0이다.)

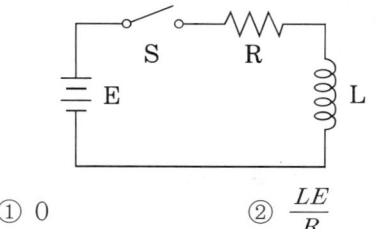

① 0   ② $\dfrac{LE}{R}$

③ E   ④ $\dfrac{E}{R}$

해설

$$e_L(t) = L\frac{di(t)}{dt} = L\frac{d}{dt}\frac{E}{R}(1 - e^{-\frac{R}{L}t})$$

$$= L \cdot \left(-\frac{E}{R}\right) \cdot \left(-\frac{R}{L}\right)e^{-\frac{R}{L}t} = E \cdot e^{-\frac{R}{L}t}[V]$$

$$i(t) = \frac{E}{R}(1 - e^{-\frac{R}{L}t})$$

$$\therefore e_L(t) = E \cdot e^{-\frac{R}{L}t}\Big|_{t=0} = E[V]$$

64 라플라스 함수 $F(s) = \dfrac{A}{\alpha + s}$ 이라 하면 이의 라플라스 역변환은?

① ae^{At} ② Ae^{at}

③ ae^{-At} ④ Ae^{-at}

해설 $\mathcal{L}^{-1}F(s) = f(t) = \mathcal{L}^{-1}\dfrac{A}{\alpha + s} = A \cdot e^{-\alpha t}$

65 파고율이 2이고 파형률이 1.57인 파형은?

① 구형파   ② 정현반파

③ 삼각파   ④ 정현파

66 RL직렬회로에서 시정수의 값이 클수록 과도 현상이 소멸되는 시간은 어떻게 변화하는가?

① 길어진다.

② 짧아진다.

③ 관계없다.

④ 과도기가 없어진다.

67 e^{jwt}의 라플라스 변환은?

① $\dfrac{1}{s - jw}$ ② $\dfrac{1}{s + jw}$

③ $\dfrac{1}{s^2 + w^2}$ ④ $\dfrac{w}{s^2 + w^2}$

68 그림과 같은 회로의 컨덕턴스 G_2에 흐르는 전류는 몇 [A]인가?

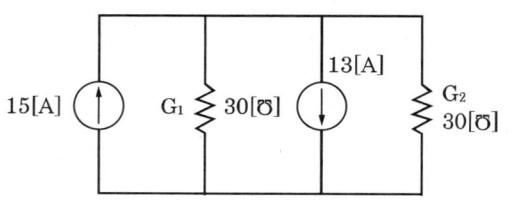

정답   **62** ②   **63** ③   **64** ④   **65** ②   **66** ①   **67** ①   **68** ②

① 3   ② 5

③ 10   ④ 15

해설 $I_2 = \dfrac{G_2}{G_1 + G_2} \times I = \dfrac{15}{30 + 15} \times 15 = 5[A]$

69 2단자 임피던스 함수 $Z(s) = \dfrac{(s+2)(s+3)}{(s+4)(s+5)}$

일 때 극점(pole)은?

① $-2, -3$ ② $-3, -4$

③ $-2, -4$ ④ $-4, -5$

해설 영점은 분자=0, 극점은 분모=0이므로 극점은
s=−4, −5이다.

70 다음 중 LC직렬회로의 공진 조건으로 옳은
것은?

① $\dfrac{1}{\omega L} = \omega C + R$

② 직류 전원을 가할 때

③ $\omega L = \omega C$

④ $\omega L = \dfrac{1}{\omega C}$

71 RL직렬회로에 $V_R = 100[V]$이고, $V_L = 173$
[V]이다. X 전압이 $v = \sqrt{2}\, V sin\omega t$[V]일 때
리액턴스 양단전압의 순시값 V_L[V]은?

① $173\sqrt{2}\, sin(\omega t + 60°)$

② $173\sqrt{2}\, sin(\omega t + 30°)$

③ $173\sqrt{2}\, sin(\omega t - 60°)$

④ $173\sqrt{2}\, sin(\omega t - 30°)$

해설

$V_L(t) = 173\sqrt{2}\, sin(\omega t + \theta)$
$= 173\sqrt{2}\, sin(\omega t + 60°)$

$\theta = \tan^{-1}\dfrac{173}{100} = 60°$

72 그림의 R−L−C직렬회로에서 입력을 전압
$e_i(t)$, 출력을 전류 i(t)로 할 때 이 계의 전달
함수는?

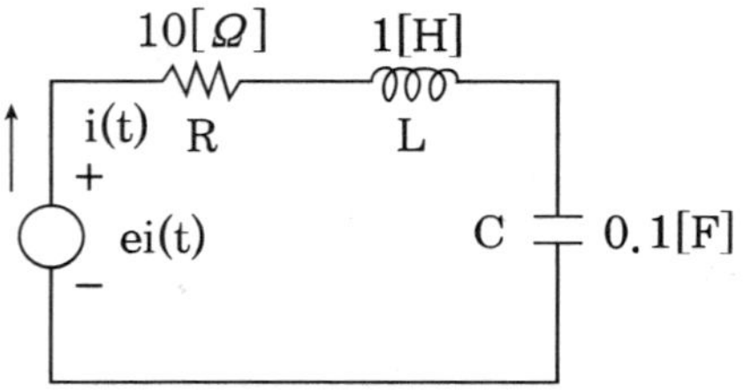

① $\dfrac{s}{s^2 + 10s + 10}$ ② $\dfrac{10s}{s^2 + 10s + 10}$

③ $\dfrac{s}{s^2 + s + 1}$ ④ $\dfrac{10s}{s^2 + s + 1}$

해설 $e_i(t) = Ri(t) + L\dfrac{di(d)}{dt} + \dfrac{1}{C}\int i(t)at$

$E_i(s) = (R + Ls + \dfrac{1}{Cs})I(s)$

$\therefore\ G(s) = \dfrac{I(s)}{E_i(s)} = \dfrac{1}{R + Ls + \dfrac{1}{Cs}}$

$= \dfrac{Cs}{LCs^2 + RCs + 1} = \dfrac{0.1s}{0.1s^2 + s + 1}$

$= \dfrac{s}{s^2 + 10s + 1}$

73 그림과 같은 톱니파형의 실효값은?

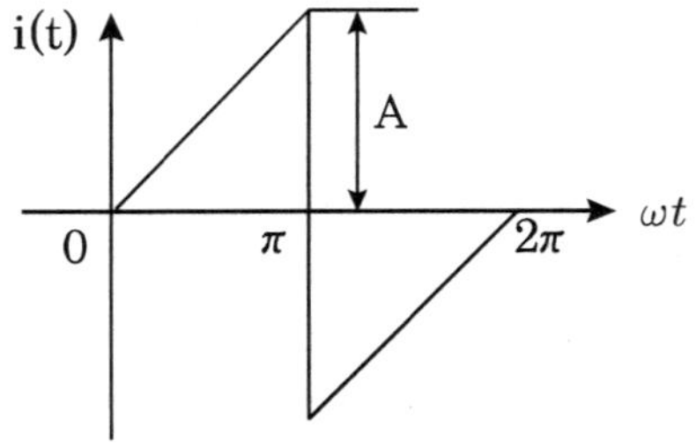

① $\dfrac{A}{\sqrt{3}}$ ② $\dfrac{A}{\sqrt{2}}$

③ $\dfrac{A}{3}$ ④ $\dfrac{A}{2}$

정답   69 ④   70 ④   71 ①   72 ①   73 ①

980 · Part 3. 전기산업기사 기출문제

해설

$$실효값(I_e) = \sqrt{\frac{1}{\pi} \int_0^\pi i(t)^2 \cdot d(\omega t)}$$

$$= \sqrt{\frac{1}{\pi} \int_0^\pi (\frac{A}{\pi}\omega t)^2 d(\omega t)} = \frac{A}{\sqrt{3}}$$

74 임피던스가 $Z(s) = \dfrac{s+30}{s^2 + 2RLs + 1}$ [Ω]으로 주어지는 2단자 회로에 직류 전류원 3[A]를 가할 때, 이 회로의 단자전압[V]은?(단, s= $j\omega$이다.)

① 30[V]　　　　② 90[V]

③ 300[V]　　　　④ 900[V]

해설 직류(DC)이므로, S=0, $Z(0) = 30[Ω]$
∴ 단자전압$(E) = I_0 \cdot Z(0) = 3 \times 30 = 90[V]$

75 그림과 같이 선형저항 R_1과 이상 전압원 V_2 와의 직렬접속된 회로에서 V−i 특성을 나타 낸 것은?

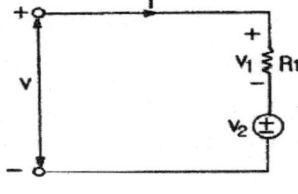

①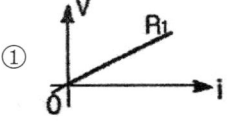

②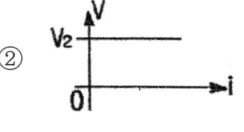

③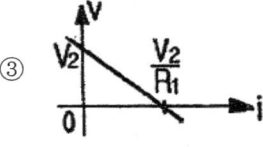

④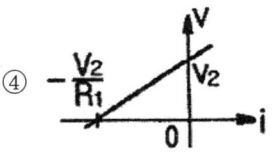

해설 $V = V_2 + i \cdot R_1$

$V=0, \ i = -\dfrac{V_2}{R_1}, \ i=0, \ V = V_2$

76 Y결선 전원에서 각 상전압이 100[V]일 때 선간전압[V]은?

① 150　　　　② 170

③ 173　　　　④ 179

해설

Y결선일때 선간전압
$= \sqrt{3} \times$상전압$=100\sqrt{3}$ [V]

77 두 벡터의 값이 $A_1 = 20(\cos\frac{\pi}{3} + j\sin\frac{\pi}{3})$이 고, $A_2 = 5(\cos\frac{\pi}{6} + j\sin\frac{\pi}{6})$일 때 $\dfrac{A_1}{A_2}$의 값 은?

① $10(\cos\frac{\pi}{6} + j\sin\frac{\pi}{6})$　② $10(\cos\frac{\pi}{3} + j\sin\frac{\pi}{3})$

③ $4(\cos\frac{\pi}{6} + j\sin\frac{\pi}{6})$　④ $4(\cos\frac{\pi}{3} + j\sin\frac{\pi}{3})$

해설

$$\frac{A_1}{A_2} = \frac{20 \angle \dfrac{\pi}{3}}{5 \angle \dfrac{\pi}{6}} = 4 \angle \frac{\pi}{6} = 4(\cos\frac{\pi}{6} + j\sin\frac{\pi}{6})$$

정답 **74** ②　**75** ④　**76** ③　**77** ③

78 그림과 같은 회로에서 지로전류 I_L[A]과 I_C [A]가 크기는 같고 90°의 위상차를 이루는 조건은?

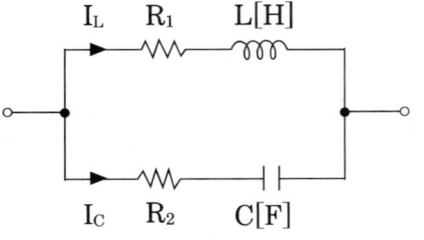

① $R_1 = R_2$, $R_2 = \dfrac{1}{\omega C}$

② $R_1 = \dfrac{1}{\omega C}$, $R_2 = \omega L$

③ $R_1 = \omega L$, $R_2 = -\dfrac{1}{\omega C}$

④ $R_1 = -\omega L$, $R_2 = \dfrac{1}{\omega L}$

79 그림과 같은 불평형 Y형 회로에 평형 3상 전압을 가할 경우 중성점의 전위 V_n[V]는? (단, Y_1, Y_2, Y_3는 각 상의 어드미턴스 [℧] 이고, Z_1, Z_2, Z_3는 각 어드미턴스에 대한 임피던스[Ω]이다.)

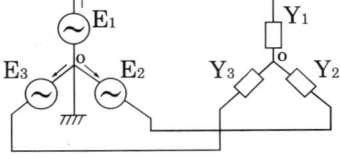

① $\dfrac{E_1 + E_2 + E_3}{Z_1 + Z_2 + Z_3}$

② $\dfrac{Z_1 E_1 + Z_2 E_2 + Z_3 E_3}{Z_1 + Z_2 + Z_3}$

③ $\dfrac{E_1 + E_2 + E_3}{Y_1 + Y_2 + Y_3}$

④ $\dfrac{Y_1 E_1 + Y_2 E_2 + Y_3 E_3}{Y_1 + Y_2 + Y_3}$

80 푸리에 급수에서 직류항은?

① 우함수이다.

② 기함수이다.

③ 우함수+기함수이다.

④ 우함수×기함수이다.

제5과목 : 전기설비기술기준 및 판단기준

81 저압 가공인입선에 사용하지 않는 전선은?

① 나전선   ② 절연전선

③ 다심형 전선   ④ 케이블

82 케이블을 지지하기 위하여 사용하는 금속제 케이블 트레이의 종류가 아닌 것은?

① 통풍밀폐형   ② 통풍채널형

③ 바닥밀폐형   ④ 사다리형

> **해설** 케이블 트레이 공사의 종류 : 사다리형, 통풍채널형, 바닥밀폐형

83 옥내 저압 간선 시설에서 전동기 등의 정격전류 합계가 50[A] 이하인 경우에는 그 정격전류 합계의 몇 배 이상의 허용전류가 있는 전선을 사용하여야 하는가?

① 0.8   ② 1.1

③ 1.25   ④ 1.5

> **해설**
> • 전동기 정격전류합계 50[A] 이하 : 전동기등의 정격전류의 합계×1.25배
> • 전동기 정격전류합계 50[A] 넘는 경우 : 전동기등의 정격전류의 합계×1.1배

정답   **78** ②   **79** ④   **80** ①   **81** ①   **82** ①   **83** ③

84 가공 전화선에 고압 가공전선을 접근하여 시설하는 경우, 이격거리는 최소 몇 [cm] 이상이어야 하는가?(단, 가공전선으로는 절연전선을 사용한다고 한다.)

① 60
② 80
③ 100
④ 120

85 저압 가공전선과 식물이 상호 접촉되지 않도록 이격시키는 기준으로 옳은 것은?

① 이격거리는 최소 50[cm] 이상 떨어져 시설하여야 한다.
② 상시 불고 있는 바람 등에 의하여 식물에 접촉하지 않도록 시설하여야 한다.
③ 저압 가공전선은 반드시 방호구에 넣어 시설하여야 한다.
④ 트리와이어(Tree Wire)를 사용하여 시설하여야 한다.

86 풀용 수중조명 등에 전기를 공급하기 위하여 1차측 120[V], 2차측 30[V]의 절연 변압기를 사용하였다. 절연 변압기의 2차측 전로의 접지에 대한 방법으로 옳은 것은?

① 제1종 접지공사로 접지한다.
② 제2종 접지공사로 접지한다.
③ 특별 제3종 접지공사로 접지한다.
④ 접지하지 않는다.

87 고압전로와 비접지식의 저압전로를 결합하는 변압기로 그 고압권선과 저압권선 간에 금속제의 혼촉방지판이 있고 그 혼촉방지판에 제2종 접지공사를 한 것에 접촉하는 저압전선을 옥외로 시설하는 경우로 옳지 않은 것은?

① 저압 옥상전선로의 전선은 케이블이어야 한다.
② 저압 가공전선과 고압의 가공전선은 동일 지지물에 시설하지 않아야 한다.
③ 저압 전선은 2구내에만 시설한다.
④ 저압 가공전선로의 전선은 케이블이어야 한다.

88 옥내 고압용 이동전선의 시설방법으로 옳은 것은?

① 전선은 MI케이블을 사용하였다.
② 다선식 선로의 중성선에 과전류차단기를 시설하였다.
③ 이동전선과 전기사용기계기구와는 해체가 쉽게 되도록 느슨하게 접속하였다.
④ 전로에 지락이 생겼을 때에 자동적으로 전로를 차단하는 장치를 시설하였다.

89 특고압 가공전선이 다른 특고압 가공전선과 접근상태로 시설되거나 교차하는 경우에 양쪽이 특고압 절연전선으로 시설할 경우 이격거리는 몇 [m] 이상인가?

① 0.8
② 1.0
③ 1.2
④ 1.6

90 고압 옥내배선의 시설 공사로 할 수 있는 것은?

① 금속관 공사
② 케이블 공사
③ 합성수지관 공사
④ 버스덕트 공사

91 저압 가공전선이 상부 조영재 위쪽에서 접근하는 경우 전선과 상부 조영재간의 이격거리[m]는 얼마 이상이어야 하는가?(단, 특고압 절연전선 또는 케이블인 경우이다.)

① 0.8
② 1.0
③ 1.2
④ 2.0

정답   84 ②   85 ②   86 ④   87 ③   88 ④   89 ②   90 ②   91 ②

해설
- 상부조영재 위쪽 : 2[m](전선이 고압, 특고압 절연 전선 또는 케이블 : 1[m]) 이상
- 상부조영재 옆쪽 또는 아래쪽 : 1.2[m](전선에 사람이 접촉할 우려가 없을 경우 : 80[cm], 고압, 특고압(기타의조영재) 절연전선 또는 케이블 : 40[cm]) 이상

92 냉각장치에 고장이 생긴 경우 특고압용 변압기의 보호 장치는?

① 경보장치
② 과전류측정장치
③ 온도측정장치
④ 자동차단장치

93 중성선 다중접지식의 것으로 전로에 지락이 생긴 경우에 2초 안에 자동적으로 이를 차단하는 장치를 가지는 22.9[kV] 특고압 가공전선로에서 각 접지점의 대지 전기저항 값이 300[Ω] 이하이며, 1[km] 마다의 중성선과 대지간의 합성전기 저항값은 몇 [Ω] 이하이어야 하는가?

① 10
② 15
③ 20
④ 30

94 다도체 가공전선의 을종 풍압하중은 수직 투명면적 1[m²]당 몇 Pa을 기초로 하여 계산하는가?(단, 전선 기타의 가섭선 주위에 두께 6[mm], 비중 0.9의 빙설이 부착한 상태임)

① 333
② 372
③ 588
④ 666

95 지상에 전선로를 시설하는 규정에 대한 내용으로 설명이 잘못된 것은?

① 1구내에서만 시설하는 전선로의 전부 또는 일부로 시설하는 경우에 사용한다.

② 사용전선은 케이블 또는 클로로프렌 캡타이어 케이블을 사용한다.
③ 전선이 케이블인 경우는 철근 콘트리트제의 견고한 개거 또는 트라프에 넣어야 한다.
④ 캡타이어 케이블을 사용하는 경우 전선 도중에 접속점을 제공하는 장치를 시설한다.

96 고압 가공전선으로 ACSR선을 사용할 때의 안전율은 얼마 이상이 되는 이도(弛度)로 시설하여야 하는가?

① 2.2
② 2.5
③ 3
④ 3.5

해설 경동선 및 내열동합금선 : 2.2, 기타 : 2.5 이상

97 다심 코드 및 다심 캡타이어케이블의 일심 이외의 가요성이 있는 연동연선으로 제3종 접지공사시 접지선의 단면적은 몇 [mm²] 이상이어야 하는가?

① 0.75
② 1.25
③ 6
④ 10

해설 다심코드 또는 다심캡타이어 케이블의 일심 : 0.75[mm²] 이상

98 전로에 설치하는 고압용 기계기구의 철대 및 외함에 설치하여야 할 접지공사는?

① 제1종 접지
② 제2종 접지
③ 제3종 접지
④ 특별 제3종 접지

정답   92 ①   93 ②   94 ①   95 ④   96 ②   97 ②   98 ①

984 · Part 3. 전기산업기사 기출문제

99 피뢰기 설치기준으로 옳지 않은 것은?

① 발전소·변전소 또는 이에 준하는 장소의 가공전선의 인입구 및 인출구
② 가공전선로와 특고압 전선로가 접속되는 곳
③ 가공전선로에 접속한 1차측 전압이 35[kV] 이하인 배전용 변압기의 고압측 및 특고압측
④ 고압 및 특고압 가공전선로로부터 공급 받는 수용장소의 인입구

해설 가공전선과 지중전선이 접속되는 곳

100 "지중관로"에 대한 정의로 가장 옳은 것은?

① 지중전선로·지중 약전류 전선로와 지중매설지선 등을 말한다.
② 지중전선로·지중 약전류 전선로와 복합케이블선로·기타 이와 유사한 것 및 이들에 부속되는 지중함을 말한다.
③ 지중전선로·지중 약전류 전선로·지중에 시설하는 수관 및 가스관과 지중매설지선을 말한다.
④ 지중전선로·지중 약전류 전선로·지중 광섬유 케이블선로·지중에 시설하는 수관 및 가스관과 기타 이와 유사한 것 및 이들에 부속하는 지중함 등을 말한다.

정답 99 ② 100 ④

국가기술자격검정 필기시험문제

2013년도 산업기사 제3회 필기시험(산업기사)

자격종목 및 등급(선택분야)	종목코드	시험시간	문제지형별	수검번호	성명
전기산업기사		2시간 30분	A		

※ 시험문제지는 답안카드와 같이 반드시 제출하여야 합니다.

제1과목 : 전기자기학

01 두 자성체 경계면에서 정자계가 만족하는 것은?

① 자계의 법선성분이 같다.

② 자속밀도의 접선성분이 같다.

③ 경계면상의 두 점 간의 자위차가 같다.

④ 자속은 투자율이 작은 자성체에 모인다.

> **해설** 두 자성체 경계면에서의 정자계
> • 자계의 접선(수평)성분은 같다.
> $$H_1\sin\theta_1 = H_2\sin\theta_2$$
> • 자속밀도의 법선(수직)성분은 같다.
> $$B_1\cos\theta_1 = B_2\cos\theta_2$$
> • 경계면상의 두 점 간의 자위차는 같다.
> • 자속은 투자율이 높은 쪽으로 모여드는 성질이 있다.

02 무한평면의 표면을 가진 비유전율 ϵ_s인 유전체의 표면전방의 공기 중 d[m] 지점에 놓인 점 전하 Q[C]에 작용하는 힘은 몇 [N] 인가?

① $-9\times10^9\times\dfrac{Q^2(\epsilon_s-1)}{d^2(\epsilon_s+1)}$

② $-9\times10^9\times\dfrac{Q^2(\epsilon_s+1)}{d^2(\epsilon_s-1)}$

③ $-2.25\times10^9\times\dfrac{Q^2(\epsilon_s-1)}{d^2(\epsilon_s+1)}$

④ $-2.25\times10^9\times\dfrac{Q^2(\epsilon_s+1)}{d^2(\epsilon_s-1)}$

> **해설** 전기영상법에 의한 작용하는 힘(영상력)은
> $$F = -\frac{1}{16\pi d^2}\cdot\frac{\epsilon_2-\epsilon_1}{\epsilon_1(\epsilon_2+\epsilon_1)}Q^2$$
> $$= -\frac{1}{16\pi\epsilon_0 d^2}\cdot\frac{(\epsilon_s-1)}{(\epsilon_s+1)}Q^2$$
> $$= -2.25\times10^9\times\frac{Q^2(\epsilon_s-1)}{d^2(\epsilon_s+1)}[N]$$

03 무한 평면 도체로부터 a[m] 떨어진 곳에 점 전하 Q[C]이 있을 때 이 무한 평면도체 표면에 유도되는 면밀도가 최대인 점의 전하밀도는 몇 [C/m²]인가?

① $-\dfrac{Q}{2\pi a^2}$

② $-\dfrac{Q}{\pi\epsilon_0 a}$

③ $-\dfrac{Q}{4\pi a^2}$

④ $-\dfrac{Q}{4\pi a}$

> **해설**
>
>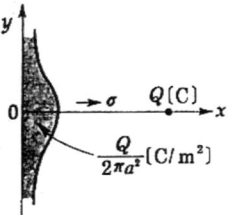
>
> 그림처럼 무한평면 도체상의 기준 원점으로부터 x[m]되는 곳의 전하밀도[C/m²]는

[정답] 01 ③ 02 ③ 03 ①

986 · Part 3. 전기산업기사 기출문제

$$\sigma = -D - \epsilon_0 E = -\frac{Q \cdot a}{2\pi(a^2 + x^2)^{3/2}} \ [C/m^2]$$

여기서, 도체표면의 최대 전하밀도 σ_{max}는 도체표면의 전하밀도 σ값에서 $x = 0$일 때이다.

$$\therefore \sigma_{max} = \sigma|_{x=0} = -\frac{Q}{2\pi a^2} \ [C/m^2]$$

04 그림과 같이 진공 중에 자극면적이 2[cm²], 간격이 0.1[cm]인 자성체 내에서 포화 자속밀도가 2[Wb/m²]일 때 두 자극면 사이에 작용하는 힘의 크기는 약 몇 [N]인가?

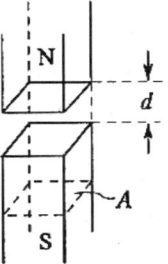

① 53

② 106

③ 159

④ 318

해설 $F = \dfrac{B^2 S}{2\mu_0} = \dfrac{2^2 \times 2 \times 10^{-4}}{2 \times 4\pi \times 10^{-7}} = 318.31 \ [N]$

05 공기 중에서 반지름 a[m], 도선의 중심축간 거리 d[m]인 평행도선 사이의 단위길이당 정전용량은 몇 [F/m]인가?(단, d≫a 이다.)

① $\dfrac{\pi\epsilon_0}{\log_{10}\dfrac{d}{a}}$

② $\dfrac{12.07 \times 10^{-12}}{\log_{10}\dfrac{d}{a}}$

③ $\dfrac{24.16 \times 10^{-12}}{\log_{10}\dfrac{d}{a}}$

④ $\dfrac{2\pi\epsilon_0}{\log_{10}\dfrac{d}{a}}$

해설 평행원통도체 사이의 정전용량은

$$C = \frac{\lambda}{V} = \frac{\pi\epsilon_0}{\ln\dfrac{d-a}{a}} \ [F/m],$$

여기서, $d \gg a$ 이므로 $C = \dfrac{\pi\epsilon_0}{\ln\dfrac{d}{a}} \ [F/m]$

ln(자연대수) 대신에 log(상용대수)를 취하면

$$C = \frac{\pi\epsilon_0}{\ln\dfrac{d}{a}} = \frac{\pi\epsilon_0 \log_{10} e}{\log_{10}\dfrac{d}{a}}$$

$$= \frac{12.07 \times 10^{-12}}{\log_{10}\dfrac{d}{a}} \ [F/m]$$

06 전자유도작용에서 벡터퍼텐셜을 A[Wb/m]라 할 때 유도되는 전계 E는 몇 [V/m]인가?

① $-\displaystyle\int \mathrm{A}\, dt$

② $\displaystyle\int \mathrm{A}\, dt$

③ $-\dfrac{\partial \mathrm{A}}{\partial t}$

④ $\dfrac{\partial \mathrm{A}}{\partial t}$

해설 유도되는 전계는

$$\mathrm{E} = -\frac{\partial \mathrm{A}}{\partial t}$$

07 전압 V로 충전된 용량 C의 콘덴서에 용량 2C의 콘덴서를 병렬 연결한 후의 단자전압은?

① V

② 2V

③ $\dfrac{V}{2}$

④ $\dfrac{V}{3}$

해설 콘덴서를 병렬접속은(저항의 직렬접속과 같다.)

$$C_0 = C + 2C = 3C \ (Q = C \ V)$$

콘덴서를 병렬연결 후

전위차$(V_0) = \dfrac{Q}{C_0} = \dfrac{CV}{3C} = \dfrac{V}{3}$이다.

정답 **04** ④ **05** ② **06** ③ **07** ④

08 유전율이 서로 다른 두 종류의 경계면에 전속과 전기력선이 수직으로 도달할 때 다음 설명 중 옳지 않은 것은?

① 전계의 세기는 연속이다.
② 전속밀도는 불변이다.
③ 전속과 전기력선은 굴절하지 않는다.
④ 전속선은 유전율이 큰 유전체 중으로 모이려는 성질이 있다.

해설
㉠ 경계면에 수직입사 할 때
  • 전속 및 전기력선은 굴절하지 않고 직진한다.
  • 전속밀도는 연속(일정)이다.
    즉, 전속밀도(D)는 불변(연속)이다.
  • 전계는 불연속이다.
    즉, 전계의 세기는 크기가 같지 않다(불연속).
  • 전속선은 유전율이 큰 유전체 쪽으로 모이려는 경향이 있다.
㉡ 경계면에 평행 입사할 때
  • 전속 및 전기력선은 굴절하지 않고 직진한다.
  • 전속밀도는 불연속이다.
  • 전계는 연속(일정)이다.

09 지표면에 대지로 향하는 300[V/m]의 전계가 있다면 지표면의 전하밀도의 크기는 몇 [C/m²]인가?

① 1.33×10^{-9}
② 2.66×10^{-9}
③ 1.33×10^{-7}
④ 2.66×10^{-7}

해설 전계의 세기 $E = \dfrac{\sigma}{\epsilon_0}$ 에서,

$\sigma = \epsilon_0 E = 8.855 \times 10^{-12} \times 300$
$\quad = 2.66 \times 10^{-9} [C/m^2]$

10 코일에 있어서 자기인덕턴스는 다음 중 어떤 매질의 상수에 비례하는가?

① 저항률
② 유전율
③ 투자율
④ 도전율

해설 원형코일에 있어서 자기인덕턴스는

$L = \dfrac{N\phi}{I} = \dfrac{\pi a \mu N^2}{2} [H]$, $L \propto$ 투자율(μ),
코일의권수(N^2)

11 등전위면을 따라 전하 Q[C]을 운반하는데 필요한 일은?

① 전하의 크기에 따라 변한다.
② 전위의 크기에 따라 변한다.
③ 등전위면과 전기력선에 의하여 결정된다.
④ 항상 0이다.

해설 미소길이에 대한 필요한 일은 $dW = qE \cdot dl$
$= qE\cos\theta \, dl [J]$에서, 전계와 등전위면(dl)은 90°의 각을 항상 이루고 있으므로, 일은 0이다.

12 유전율이 각각 ϵ_1, ϵ_2인 두 유전체가 접해 있는 경우, 경계면에서 전속선의 방향이 그림과 같이 될 때 $\epsilon_1 > \epsilon_2$ 이면 입사각과 굴절각은?

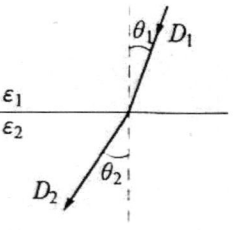

① $\theta_1 = \theta_2$이다.
② $\theta_1 > \theta_2$이다.
③ $\theta_1 < \theta_2$이다.
④ $\theta_1 + \theta_2 = 90°$이다.

해설 경계면상의 두 점 간의 전위차는 같고, 입사각 θ_1과 굴절각 θ_2인 tan값이 유전율 ϵ에 비례하므로,
$\dfrac{\tan\theta_1}{\tan\theta_2} = \dfrac{\epsilon_1}{\epsilon_2}$ 에서,
$\epsilon_1 > \epsilon_2$이므로 $\theta_1 > \theta_2$ 가 된다.

정답 08 ① 09 ② 10 ③ 11 ④ 12 ②

13 길이가 50[cm], 단면의 반지름이 1[cm]인 원형의 가늘고 긴 공심 단층 원형 솔레노이드가 있다. 이 코일의 자기인덕턴스를 10[mH]로 하려면 권수는 약 몇 회인가?(단, 비투자율은 1이며, 솔레노이드 측면의 누설 자속은 없다.)

① 3560   ② 3820
③ 4300   ④ 5760

해설 $L = \dfrac{\mu S N^2}{l}[H]$에서,

$$N = \sqrt{\dfrac{L l}{\mu S}} = \sqrt{\dfrac{10 \times 10^{-3} \times 0.5}{4\pi \times 10^{-7} \times \pi \times (1 \times 10^{-2})^2}}$$
$$= 3558.81 [회]$$

14 인접 영구 자기 쌍극자가 크기는 같으나 방향이 서로 반대 방향으로 배열된 자성체를 어떤 자성체라 하는가?

① 반자성체   ② 반강자성체
③ 강자성체   ④ 상자성체

해설
- 강자성체 : 인접 영구자기 쌍극자가 크기는 같고 방향이 동일방향으로 배열된 자성체
- 상자성체 : 인접 영구자기 쌍극자가 크기는 같고 방향이 규칙성이 없게 배열된 자성체
- 반자성체 : 인접 영구 자기쌍극자가 없는 자성체
- 반강자성체 : 인접영구 자기쌍극자가 크기는 같고, 배열이 서로 반대인 자성체

15 비투자율 μ_s, 자속밀도 B[Wb/m]의 자계 중에 있는 m[Wb]의 자극이 받는 힘은 몇 [N] 인가?

① m · B   ② $\dfrac{m \cdot B}{\mu_0}$
③ $\dfrac{m \cdot B}{\mu_s}$ ④ $\dfrac{m \cdot B}{\mu_0 \mu_s}$

해설 자계 중에 있는 m[Wb]의 자극이 받는 힘은

$F = m H[N], \quad H = \dfrac{B}{\mu_0 \mu_s}[A/m]$에서,

$\therefore F = \dfrac{B m}{\mu_0 \mu_s}[N]$

16 전하 q[C]이 공기 중의 자계 H[AT/m] 내에서 자계와 수직방향으로 v[m/s]의 속도로 움직일 때 받는 힘은 몇 [N]인가?

① $\mu_0 q v H$ ② $\dfrac{q v H}{\mu_0}$
③ $q v H$ ④ $\dfrac{q H}{\mu_0 v}$

해설 자계 내에 놓여진 운동전하가 받는 힘은(수직방향 : $\theta = 90°$)
$F = q v B \sin\theta = q v \mu_0 H \sin\theta[N]$에서 $\theta = 90°$
$F = q v \mu_0 H[N]$이다.

17 히스테리시스 곡선(Hysteresis Loop)에 대한 설명 중 틀린 것은?

① 자화의 경력이 있을 때나 없을 때나 곡선은 항상 같다.
② Y축(세로축)은 자속밀도이다.
③ 자화력이 0일 때 남아 있는 자기가 잔류자기 이다.
④ 잔류자기를 상쇄시키려면 역방향의 자화력을 가해야 한다.

해설

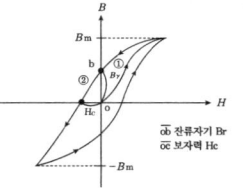

그림에서 자화경력이 없는 경우 : 곡선 ①의 자화곡선 특성

정답   **13** ①   **14** ②   **15** ④   **16** ①   **17** ①

자화경력이 있는 경우 : 곡선 ②의 자기이력곡선(히스테리시스 곡선) 특성

그러므로 자화경력에 따라서 곡선이 서로 다르다.

18 액체 유전체를 넣은 콘덴서의 용량이 20[μF]이다. 여기에 500[V]의 전압을 가했을 때의 누설전류는 몇 [mA]인가?(단, 고유저항 $\rho=10^{11}[\Omega \cdot m]$, 비유전율 $\epsilon_s=2.2$이다.)

① 4.1　　　　② 4.5
③ 5.1　　　　④ 5.6

해설

누설전류(I) $= \dfrac{V}{R} = \dfrac{CV}{\rho\epsilon} = \dfrac{CV}{\rho\epsilon_0\epsilon_s}$

$= \dfrac{20\times10^{-6}\times500}{10^{11}\times8.855\times10^{-12}\times2.2}\times10^3 = 5.13[mA]$

$RC = \rho\epsilon$ 에서 $R = \dfrac{\rho\epsilon}{C}$

19 자기인덕턴스가 각각 L₁, L₂인 두 코일을 서로 간섭이 없도록 병렬로 연결했을 때 그 합성 인덕턴스는?

① $L_1 + L_2$　　　　② $L_1 \cdot L_2$
③ $\dfrac{L_1 + L_2}{L_1 \cdot L_2}$　　　　④ $\dfrac{L_1 \cdot L_2}{L_1 + L_2}$

해설

• 병렬접속 : 분모의 M의 부호는 가극성이면 (−), 감극성이면 (+)이다.

합성인덕턴스(L) $= \dfrac{L_1 L_2 - M^2}{L_1 + L_2 \pm 2M}$

• 서로 간섭이 없도록 병렬로 연결했을 때(M=0)

$\therefore L = \dfrac{L_1 L_2}{L_1 + L_2}$

20 100[kW]의 전력이 안테나에서 사방으로 균일하게 방사될 때 안테나에서 1[km]의 거리에 있는 전계의 실효값은 약 몇 [V/m]인가?

① 1.73　　　　② 2.45
③ 3.68　　　　④ 6.21

해설

단위면적당 전력(P) $= \dfrac{P_s}{S} = \dfrac{P_s}{4\pi r^2}$

$= \dfrac{100\times10^3}{4\pi\times(1\times10^3)^2} = 7.96\times10^{-3}[W/m^2]$

$H_e = \sqrt{\dfrac{\epsilon_0}{\mu_0}}\, E_e = \sqrt{\dfrac{8.855\times10^{-12}}{4\pi\times10^{-7}}}\, E_e$

$= 2.654\times10^{-3}E_e[A/m]$

$P = H_e E_e$ 에서 $7.96\times10^{-3} = 2.654\times10^{-3}E_e^2$

$\therefore E_e = \sqrt{3} = 1.732[V/m]$

제2과목 : 전력공학

21 송전선로에 근접한 통신선에 유도장해가 발생한다. 정전유도의 원인과 관계가 있는 것은?

① 역상전압　　　　② 영상전압
③ 역상전류　　　　④ 정상전류

해설

• 정전유도장해 : 전력선과 통신선 사이의 상호정전 용량의 불평형으로 영상전압 유기
• 전자유도장해 : 전력선과 통신선 사이의 상호인덕턴스에 의한 기유도(영상전류) 전류가 흐름
$(E_m = -j\omega Ml \times 3I_0$
$= -j\omega Ml \times (I_a + I_b + I_c)[V])$

22 △결선의 3상 3선식 배전선로가 있다. 1선이 지락하는 경우 건전상의 전위상승은 지락전의 몇 배인가?

① $\dfrac{\sqrt{3}}{2}$　　　　② 1
③ $\sqrt{2}$　　　　④ $\sqrt{3}$

정답 **18** ③　**19** ④　**20** ①　**21** ②　**22** ④

990 · Part 3. 전기산업기사 기출문제

해설 비접지 방식에서 1선 지락 시 건전상의 전위상승 (대지전압)은 지락되기 전 전압의 $\sqrt{3}$ 배까지 크게 된다.

23 차단기 개방시 재점호가 일어나기 쉬운 경우는?

① 1선 지락 전류인 경우
② 3상 단락 전류인 경우
③ 무부하 변압기의 여자전류인 경우
④ 무부하 충전전류인 경우

해설 재점호 전류는 C에 의해서 발생하는데(진상전류), 전류가 0인 점에서 아크가 소호된 후에 차단점에서 다시 아크를 일으키는 현상으로서, 무부하 충전전류를 차단할 때 일어나기가 쉽다.

24 페란티 현상이 발생하는 주된 원인은?

① 선로의 저항
② 선로의 인덕턴스
③ 선로의 정전용량
④ 선로의 누설콘덕턴스

해설 페란티 현상 : 무부하일 때 송전선로의 정전용량에 의해서 수전단 전압이 송전단 전압보다 높아지는 형상, 분로 리액터 및 동기조상기의 지상용량으로 방지

25 다음 중 전력선반송 보호계전방식의 장점이 아닌 것은?

① 저주파 반송전류를 중첩시켜 사용하므로 계통의 신뢰도가 높아진다.
② 고장 구간의 선택이 확실하다.
③ 동작이 예민하다.
④ 고장점이나 계통의 여하에 불구하고 선택차단개소를 동시에 고속도 차단할 수 있다.

해설 전력선 반송(전화) 계전 방식 : 결합콘덴서로 송전선에 연락하는 것으로, 반송파를 전송하는 계전방식으로 송전계통보호에 널리 사용하며, 장치가 간단하고, 고장의 선택성이 뛰어나며 계전기의 성능저하는 생기지 않고 동작은 예민하다.
(반송파의 주파수 범위 : 30~300[kHz]의 높은 주파수)

26 3상용 차단기의 정격 차단 용량은?

① $\frac{1}{\sqrt{3}}$(정격전압)×(정격차단전류)

② $\frac{1}{\sqrt{3}}$(정격전압)×(정격전류)

③ $\sqrt{3}$(정격전압)×(정격전류)

④ $\sqrt{3}$(정격전압)×(정격차단전류)

해설 정격차단용량$(P_s) = \sqrt{3}\, VI_s\,[VA]$

27 배전선로에서 사용하는 전압 조정 방법이 아닌 것은?

① 승압기 사용   ② 저전압계전기 사용
③ 병렬콘덴서 사용   ④ 주상변압기 탭 전환

해설 배전선로의 전압조정방법
• 승압기(고정) 설치 : 단상승압기, 3상V결선, 3상 △결선 승압기(선로 말단의 전압강하 보상)
• 선로 전압강하 보상기 : 선로 전압강하를 고려하여 모선전압을 조정
• 주상 변압기의 탭 변환 조정 : 배전선의 전압조정
• 병렬콘덴서 : 주로 역률개선용으로 사용하지만, 동시에 전압조정의 효과가 어느 정도 있다.

28 송전선로에서 역섬락을 방지하는 유효한 방법은?

① 가공지선을 설치한다.
② 소호각을 설치한다.
③ 탑각 접지 저항을 작게 한다.
④ 피뢰기를 설치한다.

정답 23 ④   24 ③   25 ①   26 ④   27 ②   28 ③

해설
- 가공지선 설치 : 낙뢰에 대한 차폐
- 소호각(Arcing Horn) : 섬락사고시에 애자련의 보호
- 소호환(Arcing Ring) : 애자련의 전압분담 평준화
- 매설지선 : 탑각 접지저항을 충분히 작게 해서 역섬락을 방지
- 피뢰기 : 이상전압이 내습했을 때 대지로 방전시키고 그 속류를 차단(기기의 절연보호)

29 다음 중 부하 전류의 차단 능력이 없는 것은?

① 부하개폐기(LBS) ② 유입차단기(OCB)
③ 진공차단기(VCB) ④ 단로기(DS)

해설 단로기(DS) : 소호장치가 없고, 아크 소멸능력이 없어서 고장전류나 부하전류를 개폐할 수 없다.

30 선로 길이 100[km], 송전단 전압 154[kV], 수전단 전압 140[kV]의 3상 3선식 정전압송전선에서 선로정수는 저항 0.315[Ω/km], 리액턴스 1.035[Ω/km]라고 할 때 수전단 3상 전력 원선도의 반경을 [MVA]단위로 표시하면 약 얼마인가?

① 200[MVA] ② 300[MVA]
③ 450[MVA] ④ 600[MVA]

해설 전력원선도의 반경은

$$\rho = \frac{E_s E_r}{B} = \frac{154 \times 140}{108.19} \fallingdotseq 200[MVA]$$
$$B = Z = \sqrt{0.315^2 + 1.035^2} \times 100 = 108.19[\Omega]$$

31 충전전류는 일반적으로 어떤 전류인가?

① 앞선전류   ② 뒤진전류
③ 유효전류   ④ 누설전류

해설
- 충전(진상)전류=앞선전류(전압보다 전류가 $\frac{\pi}{2}$ 앞선다.)
- 단락전류=뒤진전류

32 단거리 3상 3선식 송전선에서 전선의 중량은 전압이나 역률에 어떠한 관계에 있는가?

① 비례   ② 반비례
③ 제곱에 비례   ④ 제곱에 반비례

해설 전력손실$(P_l) = \frac{P^2 R}{V^2 \cos^2\theta} = \frac{P^2 \rho l}{V^2 \cos^2\theta A}$ 에서,

$$A = \frac{P^2 \rho l}{P_l V^2 \cos^2\theta}$$

∴ 전선의 중량(W)= $A l$
$$= \frac{P^2 \rho l^2}{P_l V^2 \cos^2\theta} \propto \frac{1}{V^2 \cos^2\theta}$$

33 철탑의 사용목적에 의한 분류에서 송전선로 전부의 전선을 끌어당겨서 고정시킬 수 있도록 설계한 철탑으로 D형 철탑이라고도 하는 것은?

① 내장보강철탑   ② 각도철탑
③ 억류지지철탑   ④ 직선철탑

해설
- 내장보강철탑 : 선로의 보강용으로 사용되는 철탑으로서, 직선철탑이 여러 기로 연결될 때에는 10기마다 1기의 비율로 세워가는 철탑
- 각도철탑 : 수평각도 3°가 넘는 장소에 설치하는 철탑
- 직선철탑 : 직선부분 및 수평각도 3° 이내의 장소에 사용할 수 있는 철탑
- 억류(deadend)

정답 29 ④ 30 ① 31 ① 32 ④ 33 ③

34 그림과 같이 D[m]의 간격으로 반지름 r[m]의 두 전선 a, b가 평행하게 가선되어 있다고 한다. 작용인덕턴스 L[mH/km]의 표현으로 알맞은 것은?

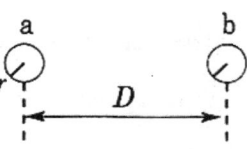

① $L = 0.05 + 0.4605 \log_{10}(rD) \, [mH/km]$

② $L = 0.05 + 0.4605 \log_{10} \dfrac{r}{D} \, [mH/km]$

③ $L = 0.05 + 0.4605 \log_{10} \dfrac{D}{r} \, [mH/km]$

④ $L = 0.05 + 0.4605 \log_{10} \dfrac{1}{rD} \, [mH/km]$

해설 단도체의 작용인덕턴스

$L = 0.05 + 0.4605 \log_{10} \dfrac{D}{r} \, [mH/km]$

35 콘덴서 3개를 선간전압 6600[V], 주파수 60[Hz]의 선로에 △로 접속하여 60[kVA]가 되게 하려면 필요한 콘덴서 1개의 정전용량은 약 얼마인가?

① 약 1.2[μF]   ② 약 3.6[μF]

③ 약 7.2[μF]   ④ 약 72[μF]

해설 △결선 : $P_c = 3 \times 2\pi f C V^2 [VA]$

콘덴서 1개의 정전용량 :

$C = \dfrac{P_c}{3 \times 2\pi f V^2} = \dfrac{60 \times 10^3}{3 \times 2\pi \times 60 \times 6600^2} \times 10^6$

$= 1.218[\mu F]$

36 A, B 및 C상의 전류를 각각 I_a, I_b, I_c 라 할 때, $I_x = \dfrac{1}{3}(I_a + aI_b + a^2 I_c)$ 이고, $a = -\dfrac{1}{2} + j\dfrac{\sqrt{3}}{2}$ 이다. I_x는 어떤 전류인가?

① 정상전류   ② 역상전류

③ 영상전류   ④ 무효전류

해설 대칭좌표법의 대칭분전류

• 영상분 전류 : $I_0 = \dfrac{1}{3}(I_a + I_b + I_c)$

• 정상분 전류 : $I_1 = \dfrac{1}{3}(I_a + aI_b + a^2 I_c)$

• 역상분 전류 : $I_2 = \dfrac{1}{3}(I_a + a^2 I_b + aI_c)$

37 공칭단면적 200[mm²], 전선무게 1.838[kg/m], 전선의 외경 18.5[mm]인 경동연선을 경간 200[m]로 가설하는 경우의 이도는 약 몇 [m]인가?(단, 경동연선의 전단 인장하중은 7910[kg], 빙설하중은 0.416[kg/m], 풍압하중은 1.525[kg/m], 안전율은 2.0이다.)

① 3.44[m]   ② 3.78[m]

③ 4.28[m]   ④ 4.78[m]

해설 이도(D) $= \dfrac{WS^2}{8T} = \dfrac{2.72 \times 200^2}{8 \times \dfrac{7910}{2}} = 3.44[m]$

전선하중(W) $= \sqrt{W_w^2 + (W_c + W_i)^2}$

$= \sqrt{1.525^2 + (1.838 + 0.416)^2} = 2.72[kg/m]$

38 저항 2[Ω], 유도리액턴스 10[Ω]의 단상 2선식 배전선로의 전압강하를 보상하기 위하여 부하단에 용량리액턴스 5[Ω]의 콘덴서를 삽입하였을 때 부하단 전압은 몇 [V] 인가?(단, 전원 전압은 7000[V], 부하전류 200[A], 역률은 0.8(뒤짐)이다.)

① 6080   ② 7000

③ 7080   ④ 8120

해설 $e = V_s - V_r = I(R\cos\theta + X\sin\theta)[V]$

$X = X_l - X_c = 10 - 5 = 5[\Omega]$

정답 34 ③   35 ①   36 ①   37 ①   38 ①

$$\therefore V_r = V_s - I(R\cos\theta + X\sin\theta)$$
$$= 7000 - 200(2 \times 0.8 + 5 \times 0.6) = 6080[V]$$

39 ㉠～㉣의 괄호 안에 들어갈 알맞은 내용은?

> 화력발전소의 (㉠)은 발생 (㉡)을 열량으로 환산한 값과 이것을 발생하기 위하여 소비된 (㉢)의 보유열량 (㉣)를 말한다.

① ㉠ 손실율 ㉡ 발열량 ㉢ 물 ㉣ 차
② ㉠ 열효율 ㉡ 전력량 ㉢ 연료 ㉣ 비
③ ㉠ 발전량 ㉡ 증기량 ㉢ 연료 ㉣ 결과
④ ㉠ 연료수비율 ㉡ 증기량 ㉢ 물 ㉣ 차

해설 화력발전소의 열효율
$$= \frac{발생전력량을\ 열량으로\ 환산한\ 값}{소비된\ 연료의\ 보유열량}$$

40 다음 중 특유속도가 가장 작은 수치는?

① 프로펠러 수차 ② 프란시스 수차
③ 펠턴 수차 ④ 카플란 수차

해설 특유속도가 작은 순서 : 펠턴 수차 → 프란시스 수차 → 사류 수차 → 프로펠러(카플란) 수차

제3과목 : 전기기기

41 균압선을 설치하여 병렬 운전하는 발전기는?

① 타여자 발전기 ② 분권 발전기
③ 복권 발전기 ④ 동기기

해설 복권(직권)발전기는 직권계자 권선이 있으므로 균압선 없이는 안정된 병렬 운전을 할 수 없다. G_1, G_2의 직권계자권선을 굵은 도선으로 접속해서 양쪽에 직권계자 권선은 이 도선과 모선 사이에 병렬이 되어서, G_1, G_2의 직권계자 권선의 전류는 항상 2등분이 되어서 병렬운전을 안정하도록 하는 이 도선을 균압선이라 한다.

42 직류 분권전동기의 운전 중 계자저항기의 저항을 증가하면 속도는 어떻게 되는가?

① 변하지 않는다. ② 증가한다.
③ 감소한다. ④ 정지한다.

해설 직류 분권전동기의 계자저항 R_f을 증가하면, 여자전류($I_f = \frac{V}{R_f}$)는 감소하고, 계자자속 ϕ도 감소한다. $n = K\frac{V - I_a R_a}{\phi}$ 이므로 속도는 증가한다.

43 용량 2[kVA], 3000/100[V]의 단상변압기를 단권변압기로 연결해서 승압기로 사용할 때, 1차측에 3000[V]를 가할 경우 부하용량은 몇 [kVA]인가?

① 16 ② 32
③ 50 ④ 62

해설
$$부하용량 = \frac{V_h}{V_h - V_l} \times 자기용량$$
$$= \frac{3100}{3100 - 3000} \times 2 = 62[kVA]$$

44 변압기 등가회로 작성에 필요하지 않은 시험은?

① 무부하시험 ② 단락시험
③ 반환부하시험 ④ 저항측정시험

해설 반환부하시험은 변압기 온도 상승 시험에 필요하고, 변압기 등가회로 작성에 필요한 시험으로는, 저항측정시험, 무부하시험(철손), 단락시험(동손)이 있다.

45 3상 동기발전기의 전기자 권선을 Y결선으로 하는 이유 중 △결선과 비교할 때 장점이 아닌 것은?

정답 39 ② 40 ③ 41 ③ 42 ② 43 ④ 44 ③ 45 ①

994 · Part 3. 전기산업기사 기출문제

① 출력을 더욱 증대할 수 있다.

② 권선의 코로나 현상이 적다.

③ 고조파 순환전류가 흐르지 않는다.

④ 권선의 보호 및 이상전압의 방지 대책이 용이하다.

해설 3상 동기발전기의 전기자 권선을 Y결선으로 하는 이유

- 제3고조파 등에 의한 순환전류가 흐르지 않는다.
- Y결선은 중성점을 이용하여 접지보호계전기를 동작시키는데 용이하다(이상전압의 방지대책 용이).
- 단자전압이 같을 경우 Δ결선에 비해서 선간전압이 $\frac{1}{\sqrt{3}}$로 낮기 때문에 코일의 코로나, 열화 등이 감소된다.

46 75[kVA], 6000/200[V]의 단상변압기의 %임피던스 강하가 4[%]이다. 1차 단락전류 [A]는?

① 512.5

② 412.5

③ 312.5

④ 212.5

해설

$$I_s = \frac{100}{\%Z} \times I_n = \frac{100}{4} \times \frac{75 \times 10^3}{6000} = 312.5[A]$$

47 3상 유도전동기의 원선도 작성에 필요한 기본량이 아닌 것은?

① 저항 측정

② 슬립 측정

③ 구속 시험

④ 무부하 시험

해설

- 3상 유도전동기의 원선도 작성에 필요한 시험 : 저항측정, 구속시험, 무부하시험
- 3상 유도전동기의 원선도에서 구할 수 있는 것 : 전부하 전류, 효율, 역률, 토크, 슬립, 최대출력/정격출력

48 단상 반파 정류로 직류 전압 50[V]를 얻으려고 한다. 다이오드의 최대 역전압(PIV)은 약 몇 [V]인가?

① 111

② 141.4

③ 157

④ 314

해설 단상반파 정류회로에서 다이오드의 최대역전압은

$$\text{PIV} = \sqrt{2}\,E = \pi E_d = \pi \times 50 = 157.1[V]$$

단, 반파평균전압$\left(E_d = \frac{\sqrt{2}\,E}{\pi}\right)$

49 변압기 내부 고장 검출용으로 쓰이는 계전기는?

① 비율차동계전기

② 거리계전기

③ 과전류계전기

④ 방향단락계전기

해설 비율차동계전기 : 같은 상의 양측 단자 사이에 흐르는 전류의 차로서 동작하는 계전기로서 상간단락, 접지가 생겼을 때에 전류의 변화로 동작하는 것으로서 변압기 내부 고장 검출용에 사용되는 계전기(RDfR)

50 직류기에서 전기자 반작용을 방지하기 위한 보상권선의 전류방향은?

① 전기자 전류의 방향과 같다.

② 전기자 전류의 방향과 반대이다.

③ 계자 전류의 방향과 같다.

④ 계자 전류의 방향과 반대이다.

해설 보상권선 : 자극편에 슬롯을 만들고, 전기자 권선과 같은 권선을 하고 전기자 전류와 반대 방향으로 전류를 통하여 전기자의 기자력을 없애도록 한 것(전기자 반작용 방지, 보상권선 권선 사용시 브러시를 기하학적 중성축에 놓는다.)

정답 46 ③ 47 ② 48 ③ 49 ① 50 ②

51 경부하로 회전 중인 3상 농형 유도전동기에서 전원의 3선 중 1선이 개방되면 3상 전동기는?

① 개방시 바로 정지한다.

② 속도가 급상승한다.

③ 회전을 계속한다.

④ 일정시간 회전 후 정지한다.

해설 경부하로 회전 중인 3상 농형 유도전동기에서 전원 3선 중에 1선이 개방되면, 단상 전동기로 되는데, 경부하에서는 회전은 어느 정도 계속되지만 부하전류는 증가, 중(重)부하일 경우에는 전동기는 정지되어 대전류가 흘러서 전동기가 소손된다.

52 단자전압 100[V], 전기자 전류 10[A], 전기자 회로 저항 1[Ω], 회전수 1800[rpm]으로 전부하 운전하고 있는 직류 전동기의 토크는 약 몇 [kg · m]인가?

① 0.049

② 0.49

③ 49

④ 490

해설 $P = 2\pi n T = E_c I_a$에서

전동기토크(T)$= \dfrac{E_c I_a}{2\pi n} = \dfrac{90 \times 10}{2\pi \times \dfrac{1800}{60}}$

$= 4.775[N \cdot m]$

역기전력 : $E_c = V - I_a R_a = 100 - 10 \times 1 = 90[V]$

단위가 [kg · m]이므로,

$\therefore$ 전동기 토크(T)$= \dfrac{4.775}{9.8} = 0.487[kg \cdot m]$이다.

53 정격부하를 걸고 16.3[kg · m]의 토크를 발생하며, 1200[rpm]으로 회전하는 어떤 직류 분권전동기의 역기전력이 100[V]일 때 전기자 전류는 약 몇 [A]인가?

① 100

② 150

③ 175

④ 200

해설

전동기토크(T)$= 0.975\dfrac{P}{N}[kg \cdot m] (P = E_c I_a)$

$T = 0.975\dfrac{E_c I_a}{N}[kg \cdot m]$

$16.3 = 0.975 \times \dfrac{100 \times I_a}{1200}$ 에서,

전기자전류$(I_a) = 200.62[A]$

54 동기기에서 동기 임피던스 값과 실용상 같은 것은?(단, 전기자 저항은 무시한다.)

① 전기자 누설 리액턴스

② 동기 리액턴스

③ 유도 리액턴스

④ 등가 리액턴스

해설 동기기의 동기 임피던스 $Z_s = r + jx[\Omega]$에서, 전기자 저항r은 동기 리액턴스 x_s에 비해서 매우 적으므로 무시하면, $Z_s \fallingdotseq x_s$가 된다(동기리액턴스=전기자 반작용 리액턴스(x_a)+전기자 누설 리액턴스(x_l)).

55 3상 유도전동기의 공급 전압이 일정하고, 주파수가 정격값보다 수 [%] 감소할 때 다음 현상 중 옳지 않은 것은?

① 동기속도가 감소한다.

② 누설 리액턴스가 증가한다.

③ 철손이 약간 증가한다.

④ 역률이 나빠진다.

해설 누설리액턴스 $x_l = 2\pi f L$에서 주파수f가 감소하면 누설리액턴스는 감소된다.

정답 **51** ③ **52** ② **53** ④ **54** ② **55** ②

56 동기발전기의 자기여자 방지법이 아닌 것은?

① 발전기 2대 또는 3대를 병렬로 모선에 접속한다.
② 수전단에 동기조상기를 접속한다.
③ 송전선로의 수전단에 변압기를 접속한다.
④ 발전기의 단락비를 적게 한다.

해설

㉠ 발전기의 자기여자 현상 : 충전전류는 발전기의 전압보다 위상이 약 90°가 앞서기 때문에 발전기를 충전할 경우(무부하 송전선에 발전기로 투입해서 운전할 경우) 발전기의 여자회로를 개방하여 발전기를 송전선로에 접속하더라도 순식간에 발전기의 전압이 상승하게 되는 현상
㉡ 자기여자 방지법
  • 장거리 고압 송전선을 무부하로 충전하는 발전기는 전기자 반작용이 작고, 단락비가 큰 발전기를 사용
  • 발전기를 2대 또는 3대를 병렬로 모선에 접속
  • 송전선로의 수전단에 변압기를 접속
  • 수전단에 리액턴스를 병렬접속
  • 수전단에 동기조상기를 접속하고, 부족여자로 운전해서, 송전선에 지상전류를 취하면 충전전류를 그만큼 감소시키는 것이 된다.

57 직류기에서 전기자 반작용이란 전기자 권선에 흐르는 전류로 인하여 생긴 자속이 무엇에 영향을 주는 현상인가?

① 모든 부분에 영향을 주는 현상
② 계자극에 영향을 주는 현상
③ 감자 작용만을 하는 현상
④ 편자 작용만을 하는 현상

해설

㉠ 전기자 반작용(Armature Reaction)
  전기자 권선 내에 전류가 흐르면 그 암페어 회수에 의한 기자력이 계자에서 만든 주자속에 영향이 미치는 현상(중성점 이동, 출력 파형이 변형)
㉡ 전기자 반작용의 영향
  • 주 자속의 감소
  • 정류자 편간에 불꽃 섬락으로 정류 불량이 생긴다.
  • 전기적 중성축의 이동
㉢ 발전기 : 회전방향으로 이동
㉣ 전동기 : 회전반대방향으로 이동

58 2대의 동기발전기가 병렬운전하고 있을 때 동기화 전류가 흐르는 경우는?

① 기전력의 크기에 차가 있을 때
② 기전력의 위상에 차가 있을 때
③ 부하분담에 차가 있을 때
④ 기전력의 파형에 차가 있을 때

해설

병렬운전 조건	조건이 다를경우
기전력의 위상이 같을 것	동기화 전류가 흐른다(유효전류).
기전력의 크기가 같을 것	무효 순환 전류가 흐른다.
기전력의 주파수가 같을 것	동기화 전류가 주기적으로 흐른다.
기전력의 파형이 같을 것	고조파 무효 순환 전류가 흐른다.

59 △결선 변압기의 1대가 고장으로 제거되어 V결선으로 할 때 공급할 수 있는 전력은 고장전 전력의 몇 [%]인가?

① 81.6 　　　　② 75.0
③ 66.7 　　　　④ 57.7

정답 56 ④　57 ②　58 ②　59 ④

해설 V결선

이용률$=\dfrac{\sqrt{3}\,V_2 I_2}{2\,V_2 I_2}=\dfrac{\sqrt{3}}{2}=0.866=86.6[\%]$

출력비(전력)$=\dfrac{P_V}{P_3}=\dfrac{\sqrt{3}\,VI}{3\,VI}=\dfrac{1}{\sqrt{3}}=0.577$

$=57.7[\%]$

60 전압비 3300/110[V], 1차 누설 임피던스 $Z_1=12+j13[\Omega]$, 2차 누설 임피던스 $Z_2=0.015+j0.013[\Omega]$인 변압기가 있다. 1차로 환산된 등가임피던스[Ω]는?

① 25.5+j24.7 ② 25.5+j22.7

③ 24.7+j25.5 ④ 22.7+j25.5

해설 2차를 1차로 환산한 등가 임피던스

$Z_{21}=Z_1{}'=Z_1+a^2 Z_2$
$=12+j13+30^2\times(0.015+j0.013)$
$=25.5+j24.7[\Omega]$

권수비(a)$=\dfrac{V_1}{V_2}=\dfrac{3300}{110}=30$

제4과목 : 회로이론

61 $i=20\sqrt{2}\sin\left(377t-\dfrac{\pi}{6}\right)$[A]인 파형의 주파수는 몇 [Hz]인가?

① 50 ② 60

③ 70 ④ 80

해설 $\omega=2\pi f$ 이므로,

$377=2\pi f$ $\therefore f=\dfrac{377}{2\pi}=60[Hz]$

62 변압비 $\dfrac{n_1}{n_2}=30$인 단상 변압기 3개를 1차 Δ 결선, 2차 Y결선 하고 1차 선간에 3000[V]를 가했을 때 무부하 2차 선간전압[V]은?

① $\dfrac{100}{\sqrt{3}}$ ② $\dfrac{190}{\sqrt{3}}$

③ 100 ④ $100\sqrt{3}$

해설 2차 Y결선이므로 2차 선간전압

$V_2=\sqrt{3}\,E_2=100\sqrt{3}\,[V]$

$a=\dfrac{E_1}{E_2}$ 에서, $E_2=\dfrac{E_1}{a}=\dfrac{3000}{30}=100[V]$

63 다음과 같은 회로에서 4단자 정수는 어떻게 되는가?

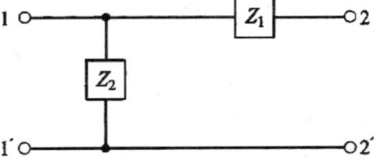

① $A=1,\ B=\dfrac{1}{2},\ C=Z_1,\ D=1+\dfrac{Z_2}{Z_3}$

② $A=0,\ B=\dfrac{1}{Z_2},\ C=Z_3,\ D=2+\dfrac{Z_2}{Z_3}$

③ $A=1,\ B=Z_1,\ C=\dfrac{1}{Z_2},\ D=1+\dfrac{Z_1}{Z_2}$

④ $A=1,\ B=\dfrac{1}{Z_2},\ C=\dfrac{Z_3}{Z_2+Z_3},\ D=Z_2+Z_3$

해설

$\begin{bmatrix} A & B \\ C & D \end{bmatrix}=\begin{bmatrix} 1 & 0 \\ \dfrac{1}{Z_2} & 1 \end{bmatrix}\begin{bmatrix} 1 & Z_1 \\ 0 & 1 \end{bmatrix}=\begin{bmatrix} 1 & Z_1 \\ \dfrac{1}{Z_2} & \dfrac{Z_1}{Z_2}+1 \end{bmatrix}$

64 어떤 회로의 전압 E, 전류 I일 때 $P_a=\overline{E}I$ $=P+jP_r$ 에서 $P_r>0$이다. 이 회로는 어떤 부하인가?(단, $\overline{E}$는 E의 공액복소수이다.)

① 용량성 ② 무유도성

③ 유도성 ④ 정저항

정답 60 ① 61 ② 62 ④ 63 ③ 64 ①

998 · Part 3. 전기산업기사 기출문제

해설

$P_a = \overline{E}I = P \mp jP_r$, $(- : 유도성, + : 용량성)$

$P_a = E\overline{I} = P \pm jP_r$, $(- : 용량성, + : 유도성)$

65 그림과 같은 회로에서 15[Ω]에 흐르는 전류는 몇 [A]인가?

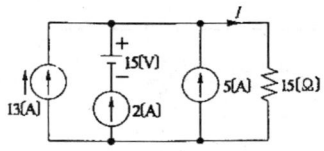

① 4[A] ② 8[A]

③ 10[A] ④ 20[A]

해설 전압원 15[V]와 전류원 2[A]는 직렬 접속이면 전압원 15[V]는 단락된다.

그림에서 15[Ω]에 흐르는 전류는

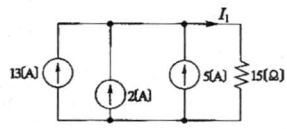

I=13+2+5=20[A]

66 그림과 같은 회로에서 스위치 S를 t=0에서 닫았을 때 $(V_L)_{t=0} = 100[V]$이다.

$(\frac{di}{dt})_{t=0} = 400[A/sec]$이다. L의 값은 몇 [H]인가?

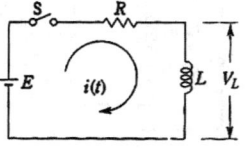

① 0.1 ② 0.5

③ 0.25 ④ 7.5

해설 $V_L = L\frac{di}{dt}$ 에서, $L = \frac{100}{400} = 0.25[H]$

67 그림과 같은 회로에 교류전압 $E = 100 \angle 0°$ [V]를 인가할 때 전전류 I는 몇 [A]인가?

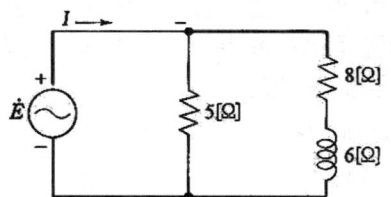

① $6 + j28$ ② $6 - j28$

③ $28 + j6$ ④ $28 - j6$

해설

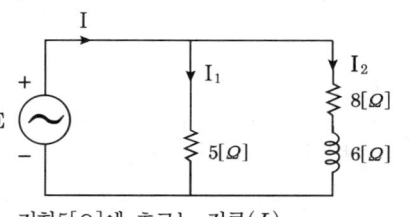

• 저항5[Ω]에 흐르는 전류(I_1)

$I_1 = \frac{E}{R} = \frac{100}{5} = 20[A]$

• R-L 직렬회로에 흐르는 전류(I_2)

$I_2 = \frac{100}{8 + j6} = \frac{100(8 - j6)}{(8 + j6)(8 - j6)} = 8 - j6[A]$

∴ $I = I_1 + I_2 = 20 + 8 - j6 = 28 - j6[A]$

68 교류의 파형률이란?

① $\frac{최대값}{실효값}$ ② $\frac{실효값}{최대값}$

③ $\frac{평균값}{실효값}$ ④ $\frac{실효값}{평균값}$

해설

• 파고율 $= \frac{최대값}{실효값}$

• 파형률 $= \frac{실효값}{평균값}$

정답 65 ④ 66 ③ 67 ④ 68 ④

69 내부저항이 15[kΩ]이고 최대눈금이 150[V]인 전압계와 내부저항이 10[kΩ]이고 최대눈금이 150[V]인 전압계가 있다. 두 전압계를 직렬 접속하여 측정하면 최대 몇 [V] 까지 측정할 수 있는가?

① 200 ② 250
③ 300 ④ 375

해설 그림에서 내부 저항값이 큰 쪽에서 최대전압을 측정할 수 있다.

$$150 = \frac{15}{15+10} V, \quad \therefore V = 250[V]$$

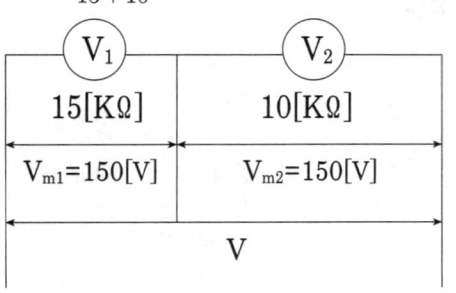

70 다음 회로에서 정저항 회로가 되기 위해서는 $\frac{1}{\omega C}$ 의 값은 몇 [Ω]이면 되는가?

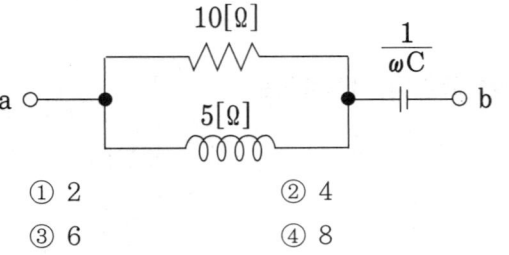

① 2 ② 4
③ 6 ④ 8

해설 정저항 회로가 되기 위해서는 합성임피던스의 값에서 허수부=0이다.

$$합성임피던스(Z) = \frac{10 \times j5}{10 + j5} - jX_c$$
$$= 2 + j(4 - X_c)$$

허수부=0, $4 - jX_c = 0$에서 $\therefore X_c = \frac{1}{\omega C} = 4[\Omega]$

71 그림에서 4단자망의 개방 순방향 전달 임피던스 Z_{21}[Ω]과 단락 순방향 전달 어드미턴스 Y_{21}[℧]은?

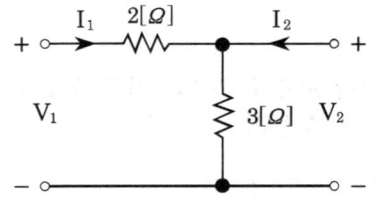

① $Z_{21} = 5$, $Y_{21} = -\frac{1}{2}$

② $Z_{21} = 3$, $Y_{21} = -\frac{1}{3}$

③ $Z_{21} = 3$, $Y_{21} = -\frac{1}{2}$

④ $Z_{21} = 5$, $Y_{21} = -\frac{5}{6}$

해설

- $Z_{21} = \left.\frac{V_2}{I_1}\right|_{I_2=0} = \frac{3I_1}{I_1} = 3[\Omega]$

- $Y_{21} = \left.\frac{I_2}{V_1}\right|_{V_2=0} = \frac{I_2}{-2I_2} = -\frac{1}{2}[\text{℧}]$

72 그림과 같이 접속된 회로의 단자 a, b에서 본 등가임피던스는 어떻게 표현되는가?(단, M[H]은 두 코일 L_1, L_2 사이의 상호인덕턴스이다.)

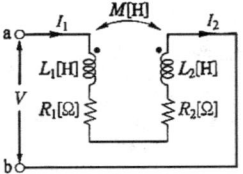

① $R_1 + R_2 + j\omega(L_1 + L_2)$

② $R_1 + R_2 + j\omega(L_1 - L_2)$

③ $R_1 + R_2 + j\omega(L_1 + L_2 + 2M)$

④ $R_1 + R_2 + j\omega(L_1 + L_2 - 2M)$

정답 **69** ② **70** ② **71** ③ **72** ④

1000 · Part 3. 전기산업기사 기출문제

해설 전류가 L_1에서는 I_1과 점(•)방향이 일치, L_2에서는 (•)방향과 전류는 반대방향이다.

$$\therefore L = R_1 + R_2 + j\omega(L_1 + L_2 - 2M)$$

73 그림과 같은 RC 직렬회로에 비정현파 전압 $v = 20 + 220\sqrt{2}\sin 120\pi t + 40\sqrt{2}\sin 360\pi t$[V]를 가할 때 제3고조파 전류 i_3[A]는 약 얼마인가?

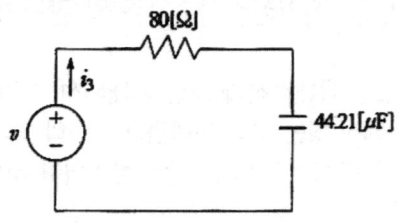

① $0.49\sin(360\pi t - 14.04°)$

② $0.49\sqrt{2}\sin(360\pi t - 14.04°)$

③ $0.49\sin(360\pi t + 14.04°)$

④ $0.49\sqrt{2}\sin(360\pi t + 14.04°)$

해설 제3고조파 전류는

$$I_3 = \frac{V_3}{Z_3} = \frac{40}{\sqrt{80^2 + 20^2}} = 0.485[A]$$

$$Z_3 = R - j\frac{1}{3\omega C} = 80 - j\frac{1}{360\pi \times 44.21 \times 10^{-6}}$$
$$= 80 - j20[\Omega]$$

위상$(\tan\theta) = \dfrac{\dfrac{1}{3\omega C}}{R}$ 에서, $\theta = \tan^{-1}\dfrac{20}{80} = 14.04°$

$\therefore$ 제3고조파 전류,

$$i_3 = 0.485\sqrt{2}\sin(360\pi t + 14.04°)[A]$$

74 불평형 3상 전류가 $I_a = 15 + j2[A]$, $I_b = -20 - j14[A]$, $I_c = -3 + j10[A]$일 때의 영상전류 I_0는?

① $2.85 + j0.36[A]$

② $-2.67 - j0.67[A]$

③ $1.57 - j3.25[A]$

④ $12.67 + j2[A]$

해설
$$I_0 = \frac{1}{3}(I_a + I_b + I_c)$$
$$= \frac{1}{3}(15 + j2 - 20 - j14 - 3 + j10)$$
$$= -2.67 - j0.67[A]$$

75 RLC 직렬회로에서 t=0에서 교류전압 $e = E_m\sin(\omega t + \theta)$를 가할 때 $R^2 - 4\dfrac{L}{C} > 0$이면 이 회로는?

① 진동적이다.

② 비진동적이다.

③ 임계적이다.

④ 비감쇠진동이다.

해설
- $R^2 - 4\dfrac{L}{C} > 0$: 비진동적

- $R^2 - 4\dfrac{L}{C} = 0$: 임계적

- $R^2 - 4\dfrac{L}{C} < 0$: 진동적

76 6상 성형 상전압이 200[V]일 때 선간전압 [V]은?

① 200

② 150

③ 100

④ 50

해설 $V_l = 2V_p\sin\dfrac{\pi}{n} = 2V_p\sin\dfrac{\pi}{6} = V_p = 200[V]$

77 $G(s) = \dfrac{s+1}{s^2 + 3s + 2}$의 특성방정식의 근의 값은?

① -2, 3

② 1, 2

③ -2, -1

④ 1, -3

해설 특성방정식은 전달함수에서 분포=0
$s^2 + 3s + 2 = 0$, $(s+1)(s+2) = 0$에서, $s = -1, -2$

정답 **73** ④ **74** ② **75** ② **76** ① **77** ③

78 1[mV]의 입력을 가했을 때 100[mV]의 출력이 나오는 4단자 회로의 이득[dB]은?

① 40　　　　② 30

③ 20　　　　④ 10

해설

$$이득(g) = 20\log_{10}|G(j\omega)|[dB] = 20\log_{10}\left|\frac{100}{1}\right|$$
$$= 40[dB]$$

79 $e^{-at}\cos\omega t$의 라플라스 변환은?

① $\dfrac{s-a}{(s-a)^2+\omega^2}$　　② $\dfrac{s+a}{(s+a)^2+\omega^2}$

③ $\dfrac{s+a}{(s^2+\omega^2)^2}$　　④ $\dfrac{s-a}{(s^2-\omega^2)^2}$

해설 복소추이 정리에 의해서,
$$\mathcal{L}\, e^{\mp at} \cdot f(t) = F(s\pm a)$$
$$\mathcal{L}\, e^{-at}\cos\omega t = \frac{s+a}{(s+a)^2+\omega^2}$$

80 다음 그림과 같은 전기회로의 입력을 e_i, 출력을 e_0라고 할 때 전달함수는?

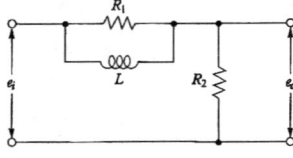

① $\dfrac{R_2(1+R_1Ls)}{R_1+R_2+R_1R_2Ls}$

② $\dfrac{1+R_2Ls}{1+(R_1+R_2)Ls}$

③ $\dfrac{R_2(R_1+Ls)}{R_1R_2+R_1Ls+R_2Ls}$

④ $\dfrac{R_2+\dfrac{1}{Ls}}{R_1+R_2+\dfrac{1}{Ls}}$

해설

$$E_i(s) = \left(R_2 + \frac{R_1Ls}{R_1+Ls}\right)I(s), \ E_0(s) = R_2 I(s)$$

$$\therefore G(s) = \frac{E_0(s)}{E_i(s)} = \frac{R_2}{R_2 + \dfrac{RLs}{R_1+Ls}}$$

$$= \frac{R_2(R_1+Ls)}{R_1R_2+R_1Ls+R_2Ls}$$

제5과목 : 전기설비기술기준 및 판단기준

81 특고압 옥내배선과 저압 옥내배선·관등회로의 배선 또는 고압 옥내전선 사이의 이격거리는 일반적으로 몇 [cm] 이상이어야 하는가?

① 15　　　　② 30

③ 45　　　　④ 60

해설 특고압 옥내 전기설비의 시설

• 전선은 케이블일 것, 사용전압은 100[kV] 이하(다만, 케이블 트레이공사 : 35[kV])

• 관 기타의 케이블을 넣는 방호장치의 금속제 부분은 제1종접지공사를 할 것

• 특고압 옥내배선과 저압옥내배선, 관등회로의배선 또는 고압옥내전선 사이의 이격거리는 60[cm] 이상

82 특고압으로 가설할 수 없는 전선로는?

① 지중 전선로　　② 옥상 전선로

③ 가공 전선로　　④ 수중 전선로

해설 특고압 옥상 전선로는 시설하여서는 아니 된다.

83 특고압 지중전선과 고압 지중전선이 서로 교차하며, 각각의 지중전선을 견고한 난연성의 관에 넣어 시설하는 경우, 지중함 내 이외의 곳에서 상호 간의 이격거리는 몇 [cm] 이하로 시설하여도 되는가?

① 30　　　　② 60

③ 100　　　　④ 120

정답 **78** ①　**79** ②　**80** ③　**81** ④　**82** ②　**83** ①

1002 • Part 3. 전기산업기사 기출문제

해설

㉠ 지중전선 상호간의 이격거리 : 저압, 고압, 특고압의 지중전선이 접근 교차하는 경우에 다음과 같이 시설한다.
- 저압 지중선 또는 고압 지중선 상호간 : 15[cm] 이상
- 저압이나 고압의 지중전선과 특고지중선의 이격거리 : 30[cm] 이상

㉡ 특고압 지중전선과 저압이나 고압의 지중전선에 있어서 30[cm] 이하의 경우에는 지중전선을 견고한 난연성의 관에 넣어 시설한다(지중전선이나 다른 지중전선과 접근하거나 교차하는 경우에 지중함 내 이외의 곳에서 상호간의 거리가 저압과 고압 지중전선에 있어서는 15[cm] 이하).

84 고압옥내배선의 공사법이 아닌 것은?

① 애자사용 공사　　② 케이블 공사

③ 금속관 공사　　　④ 케이블 트레이 공사

해설 고압옥내배선의 공사방법
- 애자사용 공사(건조한 장소로서 전개된 장소)
- 케이블 공사
- 케이블 트레이 공사

85 전로에 시설하는 고압용 기계기구의 철대 및 금속제 외함의 접지공사는?

① 제1종　　　　　② 제2종

③ 제3종　　　　　④ 특별 제3종

해설 기계기구의 철대 및 금속제 외함의 접지

기계기구의 구분	접지공사
400[V] 미만의 저압용의 것	제3종 접지공사
400[V] 이상의 저압용의 것	특별 제3종 접지공사
고압용 또는 특고압용의 것	제1종 접지공사

86 동작시에 아크가 생기는 고압용 개폐기는 목재로부터 몇 [m] 이상 떼어 놓아야 하는가?

① 1　　　　　　　② 1.2

③ 1.5　　　　　　④ 2

해설 • 고압용 : 1[m] 이상, • 특고압 : 2[m] 이상

87 일반 주택의 저압 옥내배선을 점검하였더니 다음과 같이 시공되어 있었다. 잘못 시공된 것은?

① 욕실의 전등으로 방습 형광등이 시설되어 있다.

② 단상 3선식 인입개폐기의 중성선에 동판이 접속되어 있었다.

③ 합성수지관공사의 관의 지지점 간의 거리가 2[m]로 되어 있었다.

④ 금속관공사로 시공하였고 절연전선을 사용하였다.

해설 합성수지관공사의 관의 지지점 간의 거리는 1.5[m] 이하로 시설

88 저압의 옥측배선 또는 옥외배선 시설로 잘못된 것은?

① 400[V] 이상 저압의 전개된 장소에 애자사용 공사로 시설

② 합성수지관 또는 금속관 공사, 가요전선관 공사로 시설

③ 400[V] 이상 저압의 점검 가능한 은폐장소에 버스덕트 공사로 시설

④ 옥내전로의 분기점에서 10[m] 이상인 저압의 옥측배선 또는 옥외배선의 개폐기를 옥내 전로용과 겸용으로 시설

정답　84 ③　　85 ①　　86 ①　　87 ③　　88 ④

해설 저압의 옥측배선 또는 옥외배선의 개폐기 및 과전류 차단기는 옥내전로용의 것과 겸용하지 아니할 것 (다만, 그 배선의 길이가 옥내전로의 분기점으로부터 8[m] 이하인 경우에 옥내전로용의 과전류 차단기의 정격전류가 15[A] 배선용 차단기는 20[A] 이하인 경우에는 그러하지 아니하다.)

89 고압 가공전선로의 지지물이 B종 철주인 경우, 경간은 몇 [m] 이하이어야 하는가?
① 150
② 200
③ 250
④ 300

해설 [m] 이하

지지물 종류	표준 경간	저·고압 보안 공사	1종 특고압 보안 공사	2·3종 특고압 보안 공사	특고압 시가지
목주, A종	150	100	×	100	75
B종	250	150	150	200	150
철탑	600	400	400	400	400

90 고압 보안공사 시에 지지물로 A종 철근 콘크리트주를 사용할 경우 경간은 몇 [m] 이하이어야 하는가?
① 50
② 100
③ 150
④ 400

91 직류 귀선의 궤도 근접 부분이 금속제 지중 관로와 1[km]안에 접근하는 경우에는 지중 관로에 대한 어떤 장해를 방지하기 위한 조치를 취하여야 하는가?
① 전파에 의한 장해
② 전류누설에 의한 장해
③ 전식작용에 의한 장해
④ 토양붕괴에 의한 장해

해설
직류식 전기철도의 전기부식방지를 위한 귀선의 시설
직류 귀선의 궤도 근접부분이 금속제 지중관로와 1[km] 안에 접근하는 경우는 금속제 지중 관로에 대한 전식작용에 의한 장해를 방지하기 위하여 다음과 같이 시설한다.
• 귀선은 부극성(負極性)으로 한다.
• 귀선용 레일의 이음매 저항의 합은 그 구간 레일 자체의 저항의 20[%] 이하로 유지하고, 또한 하나의 이음매 저항은 그 레일의 길이 5[m]의 저항에 상당한 값 이하일 것
• 귀선용 레일은 길이 30[m] 이상이 되도록 용접하거나 길이 60[cm], 단면적 115[mm^2] 이상의 연동연선을 사용한 본드 2 이상은 용접에 의하여 붙인다.

92 전기설비 기준에서 사용되는 용어의 정의에 대한 설명으로 옳지 않은 것은?
① 접속설비란 공용 전력계통으로부터 특정 분산형전원 설치자의 전기설비에 이르기까지의 전선로와 이에 부속하는 개폐장치, 모선 및 기타 관련 설비를 말한다.
② 제1차 접근상태란 가공 전선이 다른 시설물과 접근하는 경우에 다른 시설물의 위쪽 또는 옆쪽에서 수평거리로 3[m] 미만인 곳에 시설되는 상태를 말한다.
③ 계통연계란 분산형전원을 송전사업자나 배전사업자의 전력계통에 접속하는 것을 말한다.
④ 단독운전이란 전력계통의 일부가 전력계통의 전원과 전기적으로 분리된 상태에서 분산형전원에 의해서만 가압되는 상태를 말한다.

해설
• 제2차 접근상태의 범위는 3[m] 미만인 곳에 시설
• 제1차 접근상태는 제2차 접근상태의 범위(3[m] 미만) 안에 시설되는 것은 제외

정답 89 ③ 90 ② 91 ③ 92 ②

1004 · Part 3. 전기산업기사 기출문제

93 다음 중 전로의 중성점 접지의 목적으로 거리가 먼 것은?

① 대지전압의 저하
② 이상전압의 억제
③ 손실전력의 감소
④ 보호장치의 확실한 동작의 확보

해설 전로의 중성점 접지
- 보호장치의 확실한 동작 확보
- 이상전압의 억제
- 대지전압의 저하
- 접지선은 16[mm²] 이상의 연동선의 세기 및 굵기

94 고압 가공 전선을 ACSR선으로 쓸 때 안전율은 몇 이상의 이도로 시설하여야 하는가?

① 2.0   ② 2.2
③ 2.5   ④ 3.0

해설 고압 가공전선의 안전율은 경동선 및 내열동합금선은 2.2 이상, 기타전선은 2.5 이상

95 발전소에 시설하여야 하는 계측장치가 계측할 대상이 아닌 것은?

① 발전기·연료전지의 전압 및 전류
② 발전기의 베어링 및 고정자 온도
③ 고압용 변압기의 온도
④ 주요 변압기의 전압 및 전류

해설
- 발전기의 전압 및 전류 또는 전력
- 특고압용 변압기의 온도

96 케이블을 사용하지 않은 154[kV] 가공송전선과 식물과의 최소 이격거리는 몇 [m]인가?

① 2.8   ② 3.2
③ 3.8   ④ 4.2

해설 특고압 가공전선과 식물과의 이격거리
- 60[kV] 이하 : 2[m] 이상
- 60[kV] 초과 : 2+0.12n[m] 이상

$n = \dfrac{154-60}{10} = 9.4$, 절상하면 10단

∴ 이격거리=2+0.12n=2+0.12×10=3.2[m] 이상

97 전로에 시설하는 기계기구 중에서 외함 접지 공사를 생략할 수 없는 경우는?

① 사용전압이 직류 300[V] 또는 교류 대지전압이 150[V] 이하인 기계기구를 건조한 곳에 시설하는 경우
② 철대 또는 외함의 주위에 절연대를 시설하는 경우
③ 전기용품안전 관리법의 적용을 받는 2중 절연의 구조로 되어 있는 기계기구를 시설하는 경우
④ 정격 감도 전류 20[mA], 동작 시간이 0.5초인 전류 동작형의 인체 감전 보호용 누전차단기를 시설하는 경우

해설 물기가 있는 장소 외에 장소에 시설하는 저압용 개별 기계기구에 전기를 공급하는 전로에 인체감전 보호용 누전차단기를 시설하는 경우에는 외함접지를 생략할 수 있다.
(정격감도 전류 30[mA] 이하, 동작시간이 0.03초 이하의 전류 동작형에 한한다.)

98 22.9[kV]의 특고압 가공전선로를 시가지에 시설할 경우 지표상의 최저 높이는 몇 [m]이어야 하는가?(단, 전선은 특고압 절연전선이다.)

① 4   ② 5
③ 6   ④ 8

정답 **93** ③ **94** ③ **95** ③ **96** ② **97** ④ **98** ④

해설 특고압 가공전선로의 시가지 시설 기준
- 35[kV] 이하 : 10[m] 이상
  (특고압 절연전선 : 8[m])
- 35[kV] 넘는 경우 : 10+0.12n[m] 이상

  (단, $n = \dfrac{주어진전압[kV] - 35}{10}$

  소수점 이하는 절상)

99 전력보안 가공 통신선을 횡단보도교 위에 시설하는 경우, 그 노면상 높이는 몇 [m] 이상으로 하여야 하는가?

① 3.0 ② 3.5
③ 4.0 ④ 4.5

해설 전력보안 가공통신선의 높이(이상)

시설 장소		가공 통신선 [m]	가공전선로의 지지물에 시설	
			고·저압 [m]	특고압 [m]
도로 (차도) 위	일반적인 경우	5	6	6
	교통에 지장을 안 주는 경우	4.5	5	–
철도 횡단(레일면 상)		6.5	6.5	6.5
횡단 보도교 위(노면상)		3	3.5	5
횡단 보도교 위(통신용 케이블을 사용)		–	3	4
기타의 장소(도로, 철도, 횡단 보도교 이외의 장소)		3.5	4	5

100 440[V] 옥내 배선에 연결된 전동기 회로의 절연저항의 최소값은 얼마인가?

① 0.1[MΩ] ② 0.2[MΩ]
③ 0.4[MΩ] ④ 1[MΩ]

해설 저압전로의 절연저항값(이상)

전로의 사용전압의 구분		절연 저항값
400[V] 미만	대지 전압이 150[V] 이하인 경우	0.1[MΩ]
	대지 전압이 150[V] 초과 300[V] 이하인 경우	0.2[MΩ]
	사용 전압이 300[V] 초과 400[V] 미만인 경우	0.3[MΩ]
400[V] 이상		0.4[MΩ]

[비고] 대지전압 : 접지식 전로 : 전선과 대지 사이의 전압, 비접지식 전로 : 전선 간의 전압

정답 99 ① 100 ③

국가기술자격검정 필기시험문제

2014년도 산업기사 제1회 필기시험(산업기사)

				수검번호	성명
자격종목 및 등급(선택분야) **전기산업기사**	종목코드	시험시간 **2시간 30분**	문제지형별 **A**		

※ 시험문제지는 답안카드와 같이 반드시 제출하여야 합니다.

제1과목 : 전기자기학

01 다음 식에서 관계없는 것은?

$$\oint_c H dl = \int_s J ds = \int_s (\nabla \times H) ds = I$$

① 맥스웰의 방정식
② 암페어의 주회법칙
③ 스토크스(stokes)의 정리
④ 패러데이 법칙

해설 $rot H = i$는 맥스웰 전자 제1기본식이다. (전도전류에 의한 발생자계의 관계)
암페어 주회적분의 법칙에서,

$$\oint_c H dl = \int_s rot H ds = \int_s (\nabla \times H) ds = I$$
$$= \int_s i ds [A]$$

∴ $rot H = i$가 된다.
(변위전류 i_c가 존재 할 경우 :

$rot H = i_c + \dfrac{\partial D}{\partial t} [A/m^2]$이다.)

• $rot E = -\dfrac{\partial B}{\partial t}$ 는 맥스웰 전자 제2기본식이다.

(전자유도에 의해 발생된 도체내의 전계를 나타낸 식)

$$e = -\frac{d\phi}{dt} = -\frac{d}{dt}\int_s B ds = -e' = -\left(-\oint_c E dl\right)$$
$$= \oint_c E dl = \oint_s rot E ds [V]$$

∴ $rot E = -\dfrac{\partial B}{\partial t}$ 가 성립된다.

02 10^6 [cal]의 열량은 몇 [kWh] 정도의 전력량에 상당한가?

① 0.06 ② 1.16
③ 2.27 ④ 4.17

해설 $1[kWh] = 860[kcal]$, $10^6[cal] = 10^3[kcal]$

∴ 전력량 $= \dfrac{10^3}{860} = 1.16 [kWh]$

03 진공 중에 있는 반지름 a[m]이 도체구의 표면전하밀도가 σ[C/m²]일 때 도체구 표면의 전계의 세기는 몇 [V/m]인가?

① $\dfrac{\sigma}{\epsilon_0}$ ② $\dfrac{\sigma}{2\epsilon_0}$

③ $\dfrac{\sigma^2}{2\epsilon_0}$ ④ $\dfrac{\epsilon_0 \sigma^2}{2}$

해설 전하밀도 $\sigma[C/m^2]$에서 나오는 전기력선 밀도는 $\dfrac{\sigma}{\epsilon_0}$ [개/m^2] $= \dfrac{\sigma}{\epsilon_0}$ [V/m] 가 된다. 반지름 a[m]인 도체구에서도 역시 표면 전계의 세기는 $\dfrac{\sigma}{\epsilon_0}$ [V/m]이다.

04 다음 설명 중 틀린 것은?

① 저항의 역수는 컨덕턴스이다.
② 저항률의 역수는 도전율이다.
③ 도체의 저항은 온도가 올라가면 그 값이 증가한다.
④ 저항률의 단위는 [Ω /m²]이다.

정답 **01** ④ **02** ② **03** ① **04** ④

2014년도 산업기사 제1회 필기시험(산업기사) • **1007**

해설 저항률의 단위는 $[\Omega \cdot m]$이다.

05 다음 중 전자유도 현상의 응용이 아닌 것은?

① 발전기   ② 전동기

③ 전자석   ④ 변압기

06 속도 v[m/s] 되는 전자가 자속밀도 B [Wb/m²]인 평등자계 중에 자계와 수직으로 입사했을 때 전자궤도의 반지름 r은 몇 [m]인가?

① $\dfrac{e\,v}{m\,B}$ ② $\dfrac{m\,B}{e\,v}$

③ $\dfrac{e\,B}{m\,v}$ ④ $\dfrac{m\,v}{e\,B}$

해설 • 자계내의 운동전하에 작용하는 힘은, 전하 q가 자속밀도B인 평등자계 내를 이것과 θ의 방향으로 속도 v를 가지고 이동할 때, 이 전하에 전자력 F는,
$F = gv \times \text{B})[N]$, $F = Bqv\sin\theta[N]$, $B = \mu_0 H$
이며,
전자의 전하량은 e라 하면,
$F = e(v \times \mu_0 H)$ (벡터)
$F = \mu_0 e v H$ (크기)
전자의 질량을 m, 궤도의 반지름을 r라고 하면 F와 원심력과 평형하므로,
$F = \mu_0 e v H = \dfrac{m v^2}{r}$
$\therefore r = \dfrac{m v}{e \mu_0 H} = \dfrac{m v}{e B}$ [m],

• 주기는 : $T = \dfrac{2\pi r}{v} = \dfrac{2\pi m}{e B}$ [s].

07 $\epsilon_1 > \epsilon_2$ 인 두 유전체의 경계면에 전계가 수직일 때 경계면에 작용하는 힘의 방향은?

① 전계의 방향

② 전속밀도의 방향

③ ϵ_1의 유전체에서 ϵ_2의 유전체 방향

④ ϵ_2의 유전체에서 ϵ_1의 유전체 방향

해설 $\epsilon_1 > \epsilon_2$이면, $\theta_1 > \theta_2$이면,
$\epsilon_1 < \epsilon_2$이면, $\theta_1 < \theta_2$,
즉, 유전율이 큰 유전체가 작은 유전체 쪽으로 끌려 들어가는 힘(인장응력)을 받는데 이 힘을 맥스웰(Maxwell)의 응력이라 한다(유전율이 큰 쪽에서 작은 쪽으로 힘이 작용한다).
• 전계가 경계면에 수직이므로 $D_1 = D_2 = D$ 이다.
(유전체 경계면에서 전계 또는 전속밀도는 유전율이 큰 쪽으로 크게 굴절한다.)

08 비투자율 μ_s인 철심이 든 환상 솔레노이드의 권수가 N회, 평균 지름이 d[m], 철심의 단면적이 A[m²]라 할 때 솔레노이드에 I[A]의 전류가 흐르면, 자속[Wb]은?

① $\dfrac{2\pi \times 10^{-7} \mu_s N I A}{d}$ ② $\dfrac{4\pi \times 10^{-7} \mu_s N I A}{d}$

③ $\dfrac{2 \times 10^{-7} \mu_s N I A}{d}$ ④ $\dfrac{4 \times 10^{-7} \mu_s N I A}{d}$

해설 $\phi = \dfrac{NI}{R_m} = \dfrac{NI}{\dfrac{l}{\mu A}} = \dfrac{\mu A N I}{l} = \dfrac{\mu_0 \mu_s A N I}{l}$

$= \dfrac{4\pi \times 10^{-7} M_s N I A}{2\pi \dfrac{d}{2}} = \dfrac{4 \times 10^{-7} \mu_s N I A}{d}$ [Wb]

09 액체 유전체를 넣은 콘덴서의 용량이 30 [μF]이다. 여기에 500[V]의 전압을 가했을 때 누설전류는 약 얼마인가?(단, 고유저항 ρ는 10^{11} [$\Omega \cdot m$], 비유전율 ϵ_s는 2.20이다.)

① 5.1[mA]   ② 7.7[mA]

③ 10.2[mA]   ④ 15.4[mA]

정답   **05** ③   **06** ④   **07** ③   **08** ④   **09** ②

[해설]

$RC = \rho\epsilon$,

$R = \dfrac{\rho\,\epsilon_0\epsilon_s}{C} = \dfrac{10^{11} \times 8.855 \times 10^{-12} \times 2.2}{30 \times 10^{-6}}$

$= 64936.67\ [\Omega]$

$\therefore I = \dfrac{V}{R} = \dfrac{500}{64936.67} \times 10^3 = 7.7\ [mA]$

10 동심구형 콘덴서의 내외 반지름을 각각 2배로 증가시켜서 처음의 정전용량과 같게 하려면 유전체의 비유전율은 처음의 유전체에 비하여 어떻게 하면 되는가?

① 1배로 한다.　　② 2배로 한다.

③ $\dfrac{1}{2}$로 줄인다.　　④ $\dfrac{1}{4}$로 줄인다.

[해설] 반지름 a, b (b > a)동심구의 내구 외구 사이의 전위차는,

$V_{ab} = -\int_b^a E\,dr = \dfrac{Q}{4\pi\epsilon}\left(\dfrac{1}{a} - \dfrac{1}{b}\right)\ [V]$

$C = \dfrac{Q}{V_{ab}} = \dfrac{4\pi\epsilon}{\dfrac{1}{a} - \dfrac{1}{b}} = \dfrac{4\pi\epsilon ab}{b-a}\ [F]$

$C' = \dfrac{4\pi\epsilon a'b'}{b'-a'} = \dfrac{4\pi\epsilon 2a2b}{2b-2a} = 2 \cdot \dfrac{4\pi\epsilon ab}{b-a} = 2C$

$\therefore C = \dfrac{1}{2}\,C'$

11 2 [cm]의 간격을 가진 선간전압 6600[V]인 두 개의 평행도선에 2000[A]의 전류가 흐를 때 도선 1[m]마다 작용하는 힘은 몇 [N/m]인가?

① 20　　② 30

③ 40　　④ 50

[해설] 평행 두 도선의 단위 길이당 작용하는 힘은,

$F = \dfrac{\mu_0 I_1 I_2}{2\pi r} = \dfrac{2I_1 I_2}{r} \times 10^{-7}\ [N/m]$

$= \dfrac{2 \times 2000^2}{2 \times 10^{-2}} \times 10^{-7} = 40\ [N/m]$

12 전계 E [V/m] 및 자계 H [AT/m]의 에너지가 자유공간 사이를 C [m/s]의 속도로 전파될 때 단위시간에 단위 면적을 지나는 에너지[W/m²]는?

① $\dfrac{1}{2}\,EH$　　② EH

③ EH^2　　④ $E^2 H$

[해설] 포인팅 벡터

$P = E \times H = EH\ [W/m^2]$

13 코일로 감겨진 환상 자기회로에서 철심의 투자율을 μ [H/m]라 하고 자기회로의 길이를 l[m]라 할 때 그 자기회로의 일부에 미소 공극 l_g [m]를 만들면 회로의 자기저항은 이전의 약 몇 배 정도 되는가?

① $1 + \dfrac{\mu l_g}{\mu_0 l}$　　② $1 + \dfrac{\mu l}{\mu_0 l_g}$

③ $\dfrac{\mu l_g}{\mu_0 l}$　　④ $\dfrac{\mu l}{\mu_0 l_g}$

[해설] 단, $l \gg l_g$ 일 때,

자기저항 : $R_m = \dfrac{l}{\mu S}\ [AT/Wb]$,

μ : 투자율, S : 철심의 단면적,

l_g : 미소전극, $l - l_g \fallingdotseq l$: 철심의 길이,

이때의 자기저항 :

$R_m' = \dfrac{l_g}{\mu_0 S} + \dfrac{l}{\mu S} = \dfrac{l}{\mu S}\left(1 + \dfrac{\mu l_g}{\mu_0 l}\right)$

$\therefore \dfrac{R_m'}{R_m} = \dfrac{\dfrac{l_g}{\mu_0 S} + \dfrac{l}{\mu S}}{\dfrac{l}{\mu S}} = 1 + \dfrac{\mu l_g}{\mu_0 l}$

14 C=5 [μF]인 평행판 콘덴서에 5 [V]인 전압을 걸어 줄 때 콘덴서에 축적되는 에너지는 몇 [J]인가?

[정답]　**10** ③　**11** ③　**12** ②　**13** ①　**14** ①

① 6.25×10^{-5} ② 6.25×10^{-3}

③ 1.25×10^{-5} ④ 1.25×10^{-3}

해설

$$W = \frac{1}{2}CV^2 = \frac{1}{2} \times 5 \times 10^{-6} \times 5^2$$
$$= 6.25 \times 10^{-5} \, [J]$$

15 변위전류에 대해 설명이 옳지 않은 것은?

① 전도전류이든 변위전류이든 모두 전자 이동이다.

② 유전율이 무한히 크면 전하의 변위를 일으킨다.

③ 변위전류는 유전체 내에 유전속 밀도의 시간적 변화에 비례한다.

④ 유전율이 무한대이면 내부 전계는 항상 0(zero)이다.

해설 변위전류 : 전도전자나 구속전자의 이동에 의하지 않는 전류

16 정전용량이 4[μF], 5[μF], 6[μF]이고, 각각의 내압이 순서대로 500[V], 450[V], 350[V]인 콘덴서 3개를 직렬로 연결하고 전압을 서서히 증가시키면 콘덴서의 상태는 어떻게 되겠는가?(단, 유전체의 재질이나 두께는 같다.)

① 동시에 모두 파괴 된다.

② 4μF가 가장 먼저 파괴된다.

③ 5μF가 가장 먼저 파괴된다.

④ 6μF가 가장 먼저 파괴된다.

해설 $V_1 : V_2 : V_3 = \frac{1}{4} : \frac{1}{5} : \frac{1}{6} = 30 : 24 : 20$

$V_1 + V_2 + V_3 = 500 + 450 + 350 = 1300 \, [V] = V$

$V_1 = \frac{30}{74}V = \frac{30}{74} \times 1300 = 527.03 \, [V]$

$V_2 = \frac{24}{74} \times 1300 = 421.62 \, [V]$

$V_3 = \frac{20}{74} \times 1300 = 351.35 \, [V]$

∴ 4[μF]콘덴서에 걸리는 전압이 527.03 [V]이므로 가장먼저 파괴 된다.

이때의 전압 $V_1{'}$는,

$$V' = \frac{74}{30} \times V_1 = \frac{74}{30} \times 500 = 1233.33 \, [V]$$

17 그림과 같이 AB = BC = 1[m]일 때 A와 B에 동일한 +1[μC] 이 있는 경우 C점의 전위는 몇 [V]인가?

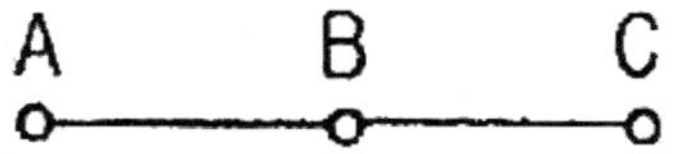

A   B   C

○————————○————————○

① 6.25×10^3 ② 8.75×10^3

③ 12.5×10^3 ④ 13.5×10^3

해설 C점의 전위는,

$$V_c = 9 \times 10^9 \times \frac{1 \times 10^{-6}}{1} + 9 \times 10^9 \times \frac{1 \times 10^{-6}}{2}$$
$$= 9 \times 10^3 \times \frac{3}{2} = 13.5 \times 10^3 \, [V]$$

18 히스테리시스 손실과 히스테리시스 곡선과의 관계는?

① 히스테리시스 곡선의 면적이 클수록 히스테리시스 손실이 적다.

② 히스테리시스 곡선의 면적이 작을수록 히스테리시스 손실이 적다.

③ 히스테리시스 곡선의 잔류자기 값이 클수록 히스테리시스 손실이 적다.

④ 히스테리시스 곡선의 보자력이 값이 클수록 히스테리시스 손실이 적다.

해설 단위 체적당 히스테리시스 손은 주파수와 히스테리시스 손의 면적에 비례하므로 히스테리시스손 곡선의 면적이 작을수록 히스테리시스 손실이 적다.

정답 **15** ①   **16** ②   **17** ④   **18** ②

19 구(球)의 전하가 5×10^{-6}[C]에서 3[m] 떨어진 점에서 전위를 구하면 몇 [V]인가?(단, $\epsilon_s = 1$이다.)

① 10×10^3 ② 15×10^3

③ 20×10^3 ④ 25×10^3

해설

$$V = \frac{Q}{4\pi\epsilon r} = 9 \times 10^9 \cdot \frac{5 \times 10^{-6}}{1 \times 3} = 15 \times 10^3 [V]$$

20 강유전체에 대한 설명 중 옳지 않은 것은?

① 티탄산 바륨과 인산칼륨은 강유전체에 속한다.

② 강유전체의 결정에 힘을 가하면 분극을 생기게 하여 전압이 나타난다.

③ 강유전체에 생기는 전압의 변화와 고유진동수의 관계를 이용하여 발전기, 마이크로폰 등에 이용되고 있다.

④ 강유전체에 전압을 가하면 변형이 생기고 내부에만 정·부의 전하가 생긴다.

해설 외부에서 전압을 가하지 않아도 스스로 정, 부의 전하가 생겨서 전기 분극 현상이 나타나며 외부 전계에 대해서는 강한 분극 히스테리시스 곡선을 나타내며, 전기장으로 분극의 방향은 바꿀 수 있다(만약 전기장이 제거되면, 그 방향의 분극은 그대로 존재한다).

제2과목 : 전력공학

21 공기 예열기를 설치하는 효과로 볼 수 없는 것은?

① 화로의 온도가 높아져 보일러의 증발량이 증가한다.

② 매연의 발생이 적어진다.

③ 보일러 효율이 높아진다.

④ 연소율이 감소한다.

해설 공기 예열기 : 절탄기를 통해서 나온 연소가스의 열을 회수하여 공기를 예열하고, 이것을 화로로 보내어 연소효율을 높여서 보일러 효율을 높이기 위한 장치

22 장거리 송전선에서 단위길이당 임피던스 $Z = R + j\omega L[\Omega/km]$, 어드미턴스 $Y = G + j\omega C[\text{℧}/km]$라 할 때 저항과 누설 컨덕턴스를 무시하는 경우 특성임피던스의 값은?

① $\sqrt{\dfrac{L}{C}}$ ② $\sqrt{\dfrac{C}{L}}$

③ $\dfrac{L}{C}$ ④ $\dfrac{C}{L}$

해설

$$특성임피던스(Z_0) = \sqrt{\frac{Z}{Y}} = \sqrt{\frac{R + j\omega L}{G + j\omega C}}$$
$$= \sqrt{\frac{L}{C}} [\Omega]$$

23 영상변류기를 사용하는 계전기는?

① 과전류계전기   ② 지락계전기

③ 차동계전기   ④ 과전압계전기

해설 영상변류기(ZCT) : 지중케이블 및 배전선로에 사용되는 것으로서 고감도 지락계전기가 접속되어 있는데, 이때 선로에 정상 및 역상전류가 흐르게 되는데, 철심 내에서는 자속을 만들지 않고 영상전류에 의해서만 자속이 만들어지므로 지락(접지)계전기에 사용한다.

24 62000[kW]의 전력을 60[km]떨어진 지점에 송전하려면 전압은 약 몇 [kV]로 하면 좋은가?(단, still식을 사용한다.)

① 66   ② 110

③ 140   ④ 154

해설 still식은 경제적인 송전전압을 결정하는 식으로서 $(l : [km], P : [kW])$

정답   **19** ②   **20** ④   **21** ④   **22** ①   **23** ②   **24** ③

$$[kV] = 5.5 \sqrt{0.6l + \frac{P}{100}}$$
$$= 5.5 \sqrt{0.6 \times 60 + \frac{62000}{100}} = 140.87 [kV]$$

25 계통 내의 각기기, 기구 및 애자 등의 상호간에 적정한 절연강도를 지니게 함으로서 계통 설계를 합리적으로 하는 것은?

① 기준충격절연강도 ② 절연협조
③ 절연계급선정 ④ 보호계전방식

해설 절연협조 : 계통 내의 각기기, 기구 및 애자 등의 상호 간에 적정한 절연강도를 지니게 함으로서 계통 설계를 합리적, 경제적으로 할 수 있게 한 것을 말한다.

26 그림과 같은 배전선로에서 부하의 급전 시와 차단 시에 조작방법 중 옳은 것은?

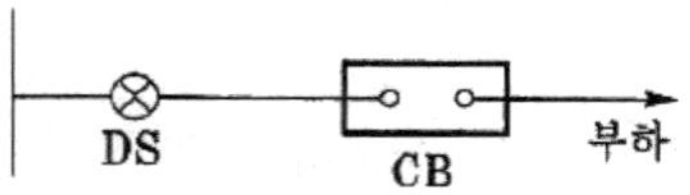

① 급전 시는 DS, CB 순이고, 차단 시는 CB, DS 순이다.
② 급전 시는 CB, DS 순이고, 차단 시는 DS, CB 순이다.
③ 급전 및 차단 시는 모두 DS, CB 순이다.
④ 급전 및 차단 시는 모두 CB, DS 순이다.

해설 차단기가 열려 있어야 단로기를 닫을 수 있다 (DS : 부하전류 차단능력이 없다.)
급전시 : DS→CB로, 차단시 : CB→DS 순이다.

27 옥내배선의 전압강하는 될 수 있는 대로 적게 해야 하지만 경제성을 고려하여 보통 다음 값 이하로 하고 있다. 옳은 것은?

① 인입선 1[%], 간선 1[%], 분기회로 2[%]
② 인입선 2[%], 간선 2[%], 분기회로 1[%]
③ 인입선 1[%], 간선 2[%], 분기회로 3[%]
④ 인입선 2[%], 간선 1[%], 분기회로 1[%]

28 페란티 현상이 생기는 주된 원인으로 알맞은 것은?

① 선로의 인덕턴스
② 선로의 정전용량
③ 선로의 누설컨덕턴스
④ 선로의 저항

해설
• 페란티 현상 : 무부하시 수전단전압이 송전단전압보다 높아지는 현상
• 원인 : 선로의 대지정전용량, 방지대책 : 분로리액터 설치

29 중성점 접지방식 중 1선 지락고장일 때 선로의 전압상승이 최대이고, 통신장해가 최소인 것은?

① 비접지방식
② 직접접지방식
③ 저항접지방식
④ 소호리액터접지방식

해설 소호리액터접지방식 : 단선시에 직렬공진전류가 흘러서 이상전압발생이 크게 되며, 지락전류는 가장 적게 흐르므로, 통신선의 유도장해는 최소가 된다.

30 부하역률이 $\cos\phi$인 배전선로의 저항 손실은 같은 크기의 부하전력에서 역률 1일 때 저항 손실의 몇 배인가?

① $\cos^2\phi$ ② $\cos\phi$
③ $\dfrac{1}{\cos\phi}$ ④ $\dfrac{1}{\cos^2\phi}$

해설 $P_l = 3I^2 R = \dfrac{P^2 R}{V^2 \cos^2\phi} \propto \dfrac{1}{\cos^2\phi}$

정답 25 ② 26 ① 27 ① 28 ② 29 ④ 30 ④

31 전력용 퓨즈에 대한 설명 중 틀린 것은?

① 정전용량이 크다.　② 차단용량이 크다.

③ 보수가 간단하다.　④ 가격이 저렴하다.

해설 전력퓨즈의 장·단점

㉠ 장점
- 가격이 저렴하다.
- 소형경량으로서 설치가 용이하다.
- 소형이면서도 차단용량이 크다.
- 고속차단
- 보수간단
- 밀폐형 퓨즈는 무음, 무방출이다.

㉡ 단점
- 재투입 불가
- 보호특성 일정
- 과도 전류로 인한 오·차단이 생길 수 있다.
- 손상열화의 우려가 잇다.
- 퓨즈 차단시 이상전압이 발생할 우려가 있다.

32 100[kVA]단상변압기 3대로 3상전력을 공급하던 중 변압기 1대가 고장 났을 때 공급가능 전력은 몇 [kVA]인가?

① 200　　　　② 100

③ 173　　　　④ 150

해설 변압기 1대고장시에는 V결선으로 운전 할 수 있으므로, $P_v = \sqrt{3}\,P_a = \sqrt{3} \times 100 = 173.21[kVA]$

33 변압기의 보호방식에서 차동계전기는 무엇에 의하여 동작하는가?

① 정상전류와 역상전류의 차로 동작한다.

② 정상전류와 영상전류의 차로 동작한다.

③ 전압과 전류의 배수의 차로 동작한다.

④ 1, 2차 전류의 차로 동작한다.

해설 차동계전기 : 변압기 보호구간에서 유입하는 전류(1차)와 유출하는 전류(2차)의 벡터 차에 의해서 검출하는 계전기를 말한다.

34 선간전압 3300[V], 피상전력330[kVA], 역률 0.7인 3상부하가 있다. 부하의 역률을 0.85로 개선하는데 필요한 전력용 콘덴서의 용량은 약 몇 [kVA]인가?

① 62　　　　② 72

③ 82　　　　④ 92

해설
$$Q = P(\tan\theta_1 - \tan\theta_2)$$
$$= 330 \times 0.7 \left(\frac{\sqrt{1-0.7^2}}{0.7} - \frac{\sqrt{1-0.85^2}}{0.85} \right)$$
$$= 92.52[kVA]$$

35 철탑에서 전선의 오프셋을 주는 이유로 옳은 것은?

① 불평형 전압의 유도방지

② 상하전선의 접촉방지

③ 전선의 진동방지

④ 지락사고 방지

해설 오프셋(off set) : 전선간의 단락사고 방지용

36 3상 송배전 선로의 공칭전압이란?

① 그 전선로를 대표하는 최고전압

② 그 전선로를 대표하는 평균전압

③ 그 전선로를 대표하는 선간전압

④ 그 전선로를 대표하는 상전압

해설 공칭전압 : 전부하 상태에서 그 선로를 대표하는 선간전압

37 무손실 송전선로에서 송전할 수 있는 송전용량은?(단, E_s : 송전단 전압, E_R : 수전단전압, δ : 부하각, X : 송전선로의 리액턴스, R : 송전선로의 저항, Y : 송전선로의 어드미턴스이다.)

① $\dfrac{E_s E_R}{X}\sin\delta$ 　　② $\dfrac{E_s E_R}{R}\sin\delta$

③ $\dfrac{E_s E_R}{Y}\cos\delta$ 　　④ $\dfrac{E_s E_R}{X}\cos\delta$

정답　**31** ①　**32** ③　**33** ④　**34** ④　**35** ②　**36** ③　**37** ①

38 부하측에 밸런스를 필요로 하는 배전방식은?

① 3상 3선식 ② 3상 4선식
③ 단상 2선식 ④ 단상 3선식

해설 저압밸런스
단상 3선식에서 부하의 불평형으로 양외선간의 전압 불평형이 발생되는데 이를 방지하기 위해서 설치한다.

39 345[kV]송전계통의 절연협조에서 충격절연내력의 크기순으로 나열한 것은?

① 선로애자 > 차단기 > 변압기 > 피뢰기
② 선로애자 > 변압기 > 차단기 > 피뢰기
③ 변압기 > 차단기 > 선로애자 > 피뢰기
④ 변압기 > 선로애자 > 차단기 > 피뢰기

해설 절연협조에서 기준충격절연강도 순서
선로애자 > 결합콘덴서 > 기기부싱 > 변압기 > 피뢰기

40 3상 66[kV]의 1회선 송전선로의 1선의 리액턴스가 11[Ω], 정격전류가 600[A]일 때 %리액턴스는?

① $\dfrac{10}{\sqrt{3}}$ ② $\dfrac{100}{\sqrt{3}}$
③ $10\sqrt{3}$ ④ $100\sqrt{3}$

해설

$$\%X = \frac{PX}{10\,V^2} = \frac{I_n X}{E} \times 100 = \frac{600 \times 11}{\dfrac{66 \times 10^3}{\sqrt{3}}} \times 100$$

$$= 10\sqrt{3}\,[\%]$$

제3과목 : 전기기기

41 제13차 고조파에 의한 회전자계의 회전방향과 속도를 기본파 회전자계와 비교할 때 옳은 것은?

① 기본파와 반대방향이고, 1/13의속도
② 기본파와 동일방향이고, 1/13의속도
③ 기본파와 동일방향이고, 13의속도
④ 기본파와 반대방향이고, 13의속도

해설 회전자계의 고조파차수(h)=2nm+1, 즉 3상의 경우는, 제7차, 13차, ⋯ 등은 기본파와 같은 방향의 회전 자계로 1/h (h : 고조파차수)의 속도로 회전하는 차동기 운전의 현상을, h=2nm−1, 즉 5, 11, 17차, ⋯ 등은 기본파와 반대방향의 1/h 의속도로 회전하는 비동기 토크가 된다. 여기서, m : 상수, n : 정의 정수 (제9차고조파는 회전자계를 발생하지 않는다.)

42 브러시 홀더(Brush Holder)는 브러시를 정류자면의 적당한 위치에서 스프링에 의하여 항상 일정한 압력으로 정류자면에 접촉하여야 한다. 가장 적당한 압력[kg/cm²]은?

① 0.01~0.15 ② 0.5~1
③ 0.15~0.25 ④ 1~2

해설 정류자면에 대한 브러시의 압력은
0.15 ~ 0.25[kg/cm²]로 한다.
(전차용전동기 : 0.4 ~ 0.5[kg/cm²])

43 3상 동기기의 제동권선을 사용하는 주 목적은?

① 출력이 증가한다. ② 효율이 증가한다.
③ 역률을 개선한다. ④ 난조를 방지한다.

정답 38 ④ 39 ① 40 ③ 41 ② 42 ③ 43 ④

해설 제동권선(Damping Winding)의 역할 : 자극면에 제동권선을 설치하여 난조방지에 쓰인다.

- 난조방지
- 기동시 유도전동기의 농형으로서 기동토크를 발생.
- 불평형 부하시 전류, 전압의 파형을 개선.
- 송전선로 불평형 단락시에 생기는 이상전압을 방지

44 동기발전기의 병렬운전에서 기전력의 위상이 다른 경우, 동기화력(P_s)를 나타낸 식은? (P : 수수전력, δ : 상차각이다)

① $P_s = \dfrac{dP}{d\delta}$ ② $P_s = \displaystyle\int P d\delta$

③ $P_s = P \times \cos\delta$ ④ $P_s = \dfrac{P}{\cos\delta}$

해설 동기화력 : 동기화전류 I_s에 의해서 상차각 δ_s의 변화를 원상으로 복구시키려는 힘

$$P_s = \frac{dP}{d\delta_s} = \frac{E_0^2}{2Z_s}\cos\delta_s \doteqdot \frac{E_0^2}{2x_s}\cos\delta_s [W/rad]$$

E$_0$=무부하 유도기전력[V], Z$_s$=동기임피던스[Ω]

45 220[V], 6극, 60[Hz], 10[kW]인 3상 유도전동기의 회전자1상의 저항은 0.1[Ω], 리액턴스0.5[Ω]이다. 정격전압을 가했을 때 슬립이 4[%]일 때 회전자 전류는 몇 [A]인가? (단, 고정자와 회전자는 △결선으로서 권수는 각각 300회와 150회이며, 각 권선계수는 같다.)

① 27 ② 36

③ 43 ④ 52

해설 회전자전류는

$$(I_2) = \frac{E_{2s}}{Z_{2s}} = \frac{sE_2}{\sqrt{r_2^2 + (sx_2)^2}}$$

$$= \frac{0.04 \times 110}{\sqrt{0.1^2 + (0.04 \times 0.5)^2}} = 43.15[A]$$

1,2차의 권선계수는 같다고 본다면.($k_{w1} = k_{w2}$)

권수비 $(a) = \dfrac{E_1}{E_2} = \dfrac{k_{w1} \cdot w_1}{k_{w2} \cdot w_2} = \dfrac{300}{150} = 2$

w_1, w_2 :1차, 2차의 1상당 권선수

2차 유도기전력 $(E_2) = \dfrac{E_2'}{a} \doteqdot \dfrac{V_1}{a} = \dfrac{220}{2}$ $= 110[V]$이다.

46 계자저항 100[Ω], 계자전류2[A], 전기자저항이 0.2[Ω]이고, 무부하 정격속도로 회전하고 있는 직류 분권발전기가 있다. 이때의 유기 기전력[V]은?

① 196.2 ② 200.4

③ 220.5 ④ 320.2

해설

$E = V + I_a R_a = V + I_f R_a = 200 + 2 \times 0.2$
$= 200.4[V]$
무부하이므로 $I_a = I_f$ 가 된다.
단자전압 V는 계자회로의 전압강하와 같다.
$V = I_f R_f = 2 \times 100 = 200[V]$

47 6극, 220[V]의 3상 유도전동기가 있다. 정격전압을 인가해서 기동시킬 때 기동토크는 전부하 토크의 220[%]이다. 기동토크를 전부하 토크의 1.5배로 하려면 기동전압[V]을 얼마로 하면 되는가?

① 163 ② 182

③ 200 ④ 220

해설

$150 : 220 = V_s^2 : 220^2, \ (\because I_s \propto V_1, \ T_s \propto V_1^2 \propto I_s^2)$

$\therefore V_s = \sqrt{\dfrac{150}{220}} \times 220 = 181.66[V]$

48 교류 전동기에서 브러시의 이동으로 속도변화가 가능한 것은?

① 농형전동기 ② 2중 농형 전동기

③ 동기 전동기 ④ 시라게 전동기

정답 **44** ① **45** ③ **46** ② **47** ② **48** ④

해설 시라게 전동기(Schrage Motor) : 3상 분권 정류자 전동기로서 브러시 이동으로 간단하게 속도제어를 할 수 있는 전동기이다.

49 변압기의 임피던스 와트와 임피던스 전압을 구하는 시험은?

① 충격전압시험　　② 부하시험

③ 무부하시험　　　④ 단락시험

해설 변압기 단락시험으로 임피던스 와트, 임피던스 전압 및 입력 전류를 측정하여 누설임피던스, 누설리액턴스, 권선의 저항을 산출하며, 무부하 시험으로 무부하 전류 및 전력을 측정하여 여자어드미턴스와 철손을 산출한다.
단락시험에서 정격전류를 흘릴 때 의 전압이 임피던스 전압, 이때의 입력이 임피던스 와트로 부하손을 나타낸다.

50 3상 유도전동기의 속도제어법이 아닌 것은?

① 1차 주파수제어　　② 2차 저항제어

③ 극수 변환법　　　④ 1차 여자제어

해설 유도전동기의 속도제어법
- 농형 유도전동기 : 극수 변환법, 주파수 바꾸는 방법, 전원 전압 바꾸는 방법
- 권선형 유도전동기 : 2차 저항제어법, 2차 여자법

51 직류기에서 공극을 사이에 두고 전기자와 함께 자기회로를 형성하는 것은?

① 계자　　　　② 슬롯

③ 정류자　　　④ 브러시

해설 직류기 3요소
- 전기자 : 원동기로 회전시켜 자속을 끊어 기전력을 유도하는 부분
- 계자 : 전기자가 쇄교하는 자속을 만들어 주는 부분

- 정류자 : 브러시와 접촉하여 유기 기전력을 정류시켜 직류로 바꾸어주는 부분

52 60[Hz], 12극의 동기전동기 회전자계의 주변속도[m/s]는?(단, 회전자계의 극 간격은 1[m]이다.)

① 10　　　　② 31.4

③ 120　　　④ 377

해설

$V = \pi D \dfrac{N_s}{60} [m/s]$에서,

πD는 회전자 둘레이므로
극간격이 $1[m]$이므로
회전자둘레 $(\pi D) = 12[m]$가 된다.

$N_s = \dfrac{120f}{P} = \dfrac{120 \times 60}{12} = 600[rpm]$

$\therefore V = 12 \times \dfrac{600}{60} = 120[m/s]$

53 4극, 60[Hz], 3상 권선형 유도전동기에서 전부하 회전수는 1600[rpm]이다. 동일토크로 회전수를 1200[rpm]으로 하려면 2차 회로에 몇 [Ω]의 외부 저항을 삽입하면 되는가?(단, 2차 회로는 Y결선이고, 각상의 저항은 r_2이다.)

① r_2　　　　② $2r_2$

③ $3r_2$　　　④ $4r_2$

해설 동일토크를 발생하기 위해서 삽입할 외부 저항 R_s는 비례추이로 구하면,

$\dfrac{r_2}{s_1} = \dfrac{r_2 + R_s}{s_2}$, $\dfrac{r_2}{0.111} = \dfrac{r_2 + R_s}{0.333}$ 에서,

$R_s = 2r_2$ 가 된다.

$s_1 = \dfrac{N_s - N_1}{N_s} = \dfrac{1800 - 1600}{1800} = 0.111$

$s_2 = \dfrac{N_s - N_2}{N_s} = \dfrac{1800 - 1200}{1800} = 0.333$

$N_s = \dfrac{120f}{P} = \dfrac{120 \times 60}{4} = 1800[rpm]$

[정답]　49 ④　　50 ④　　51 ①　　52 ③　　53 ②

54 3상 유도전동기의 원선도 작성시 필요치 않은 시험은?

① 저항 측정   ② 무부하 시험

③ 구속 시험   ④ 슬립 측정

해설 유도전동기의 원선도 작성시 필요한 시험
- 저항측정 시험
- 무부하 시험
- 구속 시험

55 3상 직권 정류자 전동기에 있어서 중간 변압기를 사용하는 주된 목적은?

① 역회전의 방지를 위하여

② 역회전을 하기 위하여

③ 권수비를 바꾸어서 전동기의 특성을 조정하기 위하여

④ 분권 특성을 얻기 위하여

해설 3상 직권 정류자 전동기의 중간변압기는 고정자 권선과 회전자 권선 사이에 직렬로 접속되며 이 직렬 변압기의 사용목적은 실효 권수비를 조정해서 전동기 특성을 조정할 수가 있다.
※ 사용이유
- 실효 권수비를 조정해서 전동기 특성을 조정할 수가 있다.
- 전원전압크기에 상관없이 정류에 알맞은 회전자 전압을 선택 할 수 있다.
- 직권특성이므로 경부하시에는 속도가 매우 상승하게 되지만, 중간변압기를 사용해서 속도 상승을 제한 할 수 있다.

56 동기 발전기의 안정도를 증진시키기 위하여 설계상 고려할 점으로서 틀린 것은?

① 속응 여자방식을 채용한다.

② 단락비를 작게 한다.

③ 회전부의 관성을 크게 한다.

④ 영상 및 역상 임피던스를 크게 한다.

해설 동기발전기의 안정도 증진법
- 동기화 리액턴스를 작게 할 것(영상, 역상 임피던스는 크게)
- 발전기의 조속기 동작을 신속히 할 것
- 속응 여자방식을 채택할 것
- 회전자의 플라이휠 효과를 크게 할 것(관성모멘트는 크게 할 것)
- 동기탈조 계전기를 사용할 것
- 단락비를 크게 할 것(동기 임피던스는 작게)

57 단상 반파 정류회로에서 변압기 2차 전압의 실효값을 E[V]라 할 때 직류 전류 평균값[A]은?(단, 정류기의 전압강하는 e[V], 부하저항은 R[Ω]이다.)

① $(\dfrac{\sqrt{2}}{\pi}E - e)/R$ ② $\dfrac{1}{2}\cdot\dfrac{E-e}{R}$

③ $\dfrac{2\sqrt{2}}{\pi}\cdot\dfrac{E}{R}$ ④ $\dfrac{\sqrt{2}}{\pi}\cdot\dfrac{E-e}{R}$

해설

직류 전압 평균값$(I_d) = \dfrac{E_d}{R} = \dfrac{E_{d0} - e_a}{R}$

$= \dfrac{\dfrac{\sqrt{2}}{\pi}E - e_a}{R} = \dfrac{0.45E - e_a}{R}[A]$

무전압 직류 전압(E_{d0})

$= \dfrac{1}{2\pi}\int_0^\pi \sqrt{2}E\sin\theta \cdot d\theta = \dfrac{\sqrt{2}}{\pi}E = 0.45E[V]$

$E_d = E_{d0} - e_a$ [V],

여기서, e_a=정류기내의 전압강하(아크전압강하)

E_d=직류전압 평균값, E=변압기 2차 상전압(실효값)[V], R=부하저항[Ω]

정답   54 ④   55 ③   56 ②   57 ①

58 단상 직권정류자 전동기의 설명으로 틀린 것은?

① 계자권선의 리액턴스 강하 때문에 계자권선 수를 적게 한다.

② 토크를 증가하기 위해 전기자권선수를 많게 한다.

③ 전기자 반작용을 감소하기위해 보상권선을 설치한다.

④ 변압기 기전력을 크게 하기 위해 브러시 접촉저항을 적게 한다.

해설 단상 직권 정류자 전동기는 변압기 기전력을 크게 하여 역률저하 및 정류 불량 등을 방지한다.

• 전기자 및 계자권선에서 생기는 리액턴스 강하 때문에 역률에 따라서 출력이 매우 저하한다. 그러므로 계자권선의 권수를 작게 해서 인덕턴스를 작게 한다.

• 전기자 권선수를 크게 하면 전기자 반작용이 커져서 정류가 힘들어지고 전기자 리액턴스 강하가 커져서 역률에 따라서 출력이 저하되므로, 그 대책으로 보상권선을 설치한다.

• 전기자 코일과 정류자편 사이에 고저항의 도선을 접속해서 단락전류를 제한한다.

• 계자극의 자속은 교번하므로, 철손을 줄이려고 전기자 및 계자부분까지는 성층철심으로 한다.

59 그림과 같은 동기발전기의 무부하 포화곡선에서 포화계수는?

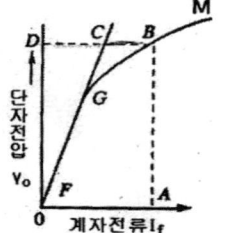

① $\overline{OA}/\overline{OG}$

② $\overline{OD}/\overline{DB}$

③ $\overline{BC}/\overline{CD}$

④ $\overline{CD}/\overline{CO}$

해설 포화율(Saturation Factor) : 동기발전기의 포화 정도를 의미하는데 식으로 표시하면(포화계수)

$$\therefore \sigma = \frac{\overline{BC}}{\overline{CD}}$$

60 단상 단권변압기 2대를 V결선으로 해서 3상 전압 3000[V]를 3300[V]로 승압하고, 150[kVA]를 송전하려고 한다. 이 경우 단상 단권변압기 1대분의 자기용량[kVA]은 약 얼마인가?

① 15.74   ② 13.62

③ 7.87   ④ 4.54

해설 단상 단권변압기 1대분의 자기용량은,

$eI_2 = 300 \times 26.24 \times 10^{-3} = 7.87[kVA]$ 가 된다.

V결선시는 선간전압과 권선전압은 같다.
이때 직렬권선의 기전력 e는
$$e = 3300 - 3000 = 300[V]$$
선전류(직렬권선의 전류)는
$$I_2 = \frac{150 \times 10^3}{\sqrt{3} \times 3300} = 26.24[A]$$

제4과목 : 회로이론

61 $F(s) = \dfrac{2s+3}{s^2+3s+2}$ 인 라플라스 함수를 시간 함수로 고치면 어떻게 되는가?

① $e^{-t} - 2e^{-2t}$ ② $e^{-t} + te^{-2t}$

③ $e^{-t} + e^{-2t}$ ④ $2t + e^{-t}$

해설

$$\mathcal{L}^{-1}F(s) = f(t) = \mathcal{L}^{-1}\frac{2s+3}{s^2+3s+2}$$
$$= \mathcal{L}^{-1}\frac{2s+3}{(s+1)(s+2)}$$
$$= \mathcal{L}^{-1}\left(\frac{A}{s+1} + \frac{B}{s+2}\right) = \mathcal{L}^{-1}\left(\frac{1}{s+1} + \frac{1}{s+2}\right)$$
$$= e^{-t} + e^{-2t}$$
$$A = \lim_{s \to -1}\frac{2s+3}{s+2} = 1, \quad B = \lim_{s \to -2}\frac{2s+3}{s+1} = 1$$

[정답] 58 ④   59 ③   60 ③   61 ③

62 대칭 3상 교류에서 각상의 전압이 v_a, v_b, v_c 일 때 3상 전압의 합은?

① 0
② $0.3v_a$
③ $0.5v_a$
④ $3v_a$

해설 대칭 3상 교류에서 3상 전압의 합은 0이다.
$v_a = v\angle 0°$, $v_b = v\angle 240°$, $v_c = v\angle 120°$ 에서
$v_a + v_b + v_c = v + v\angle 240° + v\angle 120° = 0$

63 $v_1 = 20\sqrt{2}\, sin\omega t\,[V]$, $v_2 = 50\sqrt{2}\, cos\left(\omega t - \dfrac{\pi}{6}\right)$

일 때, $v_1 + v_2$의 **실효값**$[V]$은?

① $\sqrt{1400}$
② $\sqrt{2400}$
③ $\sqrt{2900}$
④ $\sqrt{3900}$

해설

$v_1 = 20\sqrt{2}\, sin\omega t\,[V]$

$v_2 = 50\sqrt{2}\, cos\left(\omega t - \dfrac{\pi}{6}\right)[V]$

$\quad = 50\sqrt{2}\, sin\left(\omega t - \dfrac{\pi}{6} + \dfrac{\pi}{2}\right)$

$\quad = 50\sqrt{2}\, sin\left(\omega t + \dfrac{\pi}{3}\right)[V]$

$v_1 = 20\angle 0° = 20(cos0° + jsin0°) = 20[V]$

$v_2 = 50\angle 60° = 50(cos60° + jsin60°)$

$\quad = 25 + j25\sqrt{3}\,[V]$

$\therefore v_1 + v_2 = 20 + 25 + j25\sqrt{3}$

$= \sqrt{45^2 + (25\sqrt{3})^2} = \sqrt{3900}\,[V]$

64 어떤 회로의 단자 전압 및 전류의 순시값 이 $v = 220\sqrt{2}\, sin\left(377t + \dfrac{\pi}{4}\right)[V]$, $i = 5\sqrt{2}\, sin\left(377t + \dfrac{\pi}{3}\right)[A]$일 때, 복소 임피던스는 약 몇 $[\Omega]$인가?

① $42.5 - j11.4$
② $42.5 - j9$
③ $50 + j11.4$
④ $50 - j11.4$

해설

$Z = \dfrac{V}{I} = \dfrac{220\angle 45°}{5\angle 60°} = 44\angle -15°$

$= 44(cos15° - jsin15°)$

$= 42.5 - j11.4\,[\Omega]$

65 전원과 부하가 다같이 △결선된 3상 평형회로에서 전원전압이 200[V], 부하 한상의 임피던스가 6+j8[Ω]인 경우 선전류는 몇 [A]인가?

① 20
② $\dfrac{20}{\sqrt{3}}$
③ $20\sqrt{3}$
④ $40\sqrt{3}$

해설 △결선이므로,

선전류$(I_l) = \sqrt{3}\, I_p = 20\sqrt{3}\,[A]$ 가 된다.

상전류$(I_P) = \dfrac{V_P}{Z} = \dfrac{200}{6 + j8} = 20[A]$

선간전압(V_l) = 상전압(V_P)

66 단자전압의 각 대칭분 V_0, V_1, V_2가 0이 아니면서 서로 같게 되는 고장의 종류는?

① 1선지락
② 선간단락
③ 2선지락
④ 3선단락

해설 1선 지락사고시 : $I_0 = I_1 = I_2$,
2선 지락사고시 : $V_0 = V_1 = V_2$

67 그림과 같은 T형 회로의 영상 전달정수 θ는?

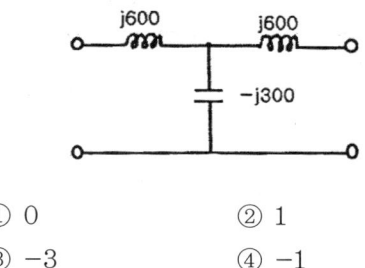

① 0
② 1
③ -3
④ -1

정답 62 ①　63 ④　64 ①　65 ③　66 ③　67 ①

해설

$$\begin{pmatrix} A\ B \\ C\ D \end{pmatrix} = \begin{pmatrix} 1 & j600 \\ 0 & 1 \end{pmatrix}\begin{pmatrix} 1 & 0 \\ \dfrac{1}{-j300} & 1 \end{pmatrix}\begin{pmatrix} 1 & j600 \\ 0 & 1 \end{pmatrix}$$

$$= \begin{pmatrix} -1 & j600 \\ \dfrac{1}{-j300} & 1 \end{pmatrix}\begin{pmatrix} 1 & j600 \\ 0 & 1 \end{pmatrix}$$

$$= \begin{pmatrix} -1 & 0 \\ \dfrac{1}{-j300} & -1 \end{pmatrix}$$

$$\theta = \log_e(\sqrt{AD} + \sqrt{BC}) = \log_e(\sqrt{1} + 0) = 0$$

68 어떤 회로에 $e = 50\sin\omega t\,[V]$를 인가 시 $i = 4\sin(\omega t - 30°)\,[A]$가 흘렀다면 유효전력은 몇 [W]인가?

① 173.2   ② 122.5

③ 86.6   ④ 61.2

해설

$$P = \sum_{n=1}^{\infty} V_n I_n \cos(\theta_1 - \theta_2)$$

$$= \frac{50}{\sqrt{2}} \times \frac{4}{\sqrt{2}} \cos(0° + 30°) = 50\sqrt{3}\,[W]$$

69 다음과 같은 전기회로의 입력을 e_i, 출력을 e_0 라고 할 때 전달함수는?(단, $T = \dfrac{L}{R}$ 이다.)

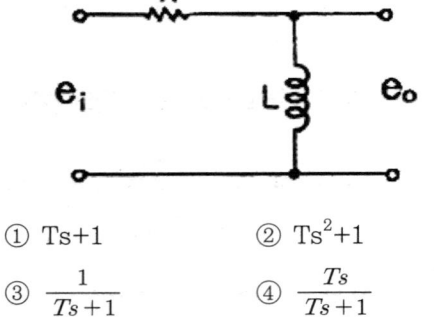

① $Ts+1$ ② Ts^2+1

③ $\dfrac{1}{Ts+1}$ ④ $\dfrac{Ts}{Ts+1}$

해설

$$e_i = Ri(t) + L\frac{di}{dt}, \quad \mathcal{L} \to E_i(s) = (R+Ls)I(s)$$

$$e_0 = L\frac{di}{dt}, \quad \mathcal{L} \to E_0(s) = Ls\,I(s)$$

$$\therefore G(s) = \frac{E_0}{E_i} = \frac{Ls}{R+Ls} = \frac{\dfrac{L}{R}s}{1 + \dfrac{L}{R}s} = \frac{Ts}{1+Ts}$$

70 RC회로의 입력단자에 계단전압을 인가하면 출력전압은?

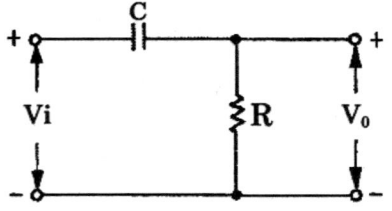

① 0부터 지수적으로 증가한다.

② 처음에는 입력과 같이 변했다가 지수적으로 감쇠한다.

③ 같은 모양의 계단전압이 나타난다.

④ 아무 것도 나타나지 않는다.

해설

$$G(s) = \frac{V_0(s)}{V_i(s)} = \frac{1}{RCs+1} \text{에서,}$$

입력이 계단함수이므로 $V_i(s) = \dfrac{1}{s}$

$$V_0(s) = \frac{1}{RCs+1} \cdot V_i(s) = \frac{1}{RCs+1} \cdot \frac{1}{s}$$

$$= \frac{\dfrac{1}{RC}}{s\left(s + \dfrac{1}{RC}\right)}$$

$$= \frac{1}{s} - \frac{1}{s + \dfrac{1}{RC}}$$

$$\therefore v_0(t) = \mathcal{L}^{-1}[V_0(s)] = 1 - e^{-\frac{1}{RC}t}$$

결과 식에서 출력전압은 0부터 상승하여 계단전압에 이르게 된다.

정답   68 ③   69 ④   70 ②

71 $Ri(t)+L\dfrac{di(t)}{dt}=E$ 에서 모든 초기값을 0으로 하였을 때의 $i(t)$의 값은?

① $\dfrac{E}{R}e^{-\frac{RL}{2}}$
② $\dfrac{E}{R}e^{-\frac{L}{R}t}$

③ $\dfrac{E}{R}(1-e^{-\frac{R}{L}t})$
④ $\dfrac{E}{R}(1-e^{-\frac{L}{R}t})$

해설 $Ri(t)+L\dfrac{di(t)}{dt}=E$ 에서 $\mathcal{L}$ 변환하면,

$$RI(s)+LsI(s)=\dfrac{E}{s}$$

$$I(s)=\dfrac{E}{s(Ls+R)}=\dfrac{\dfrac{E}{L}}{s\left(s+\dfrac{R}{L}\right)}$$

$$=\dfrac{A}{s}+\dfrac{B}{s+\dfrac{R}{L}}=\dfrac{E}{R}\left(\dfrac{1}{s}+\dfrac{1}{s+\dfrac{R}{L}}\right)$$

$$A=\lim_{s\to0}\dfrac{\dfrac{E}{L}}{s+\dfrac{R}{L}}=\dfrac{E}{R},\ \ B=\lim_{s\to-\frac{R}{L}}\dfrac{\dfrac{E}{L}}{s}=-\dfrac{E}{R}$$

$$\therefore i(t)=\mathcal{L}^{-1}I(s)=\mathcal{L}^{-1}\dfrac{E}{R}\left(\dfrac{1}{s}-\dfrac{1}{s+\dfrac{R}{L}}\right)$$

$$=\dfrac{E}{R}(1-e^{-\frac{R}{L}t})[A]$$

72 t=0에서 스위치 s를 닫았을 때 정상 전류값 [A]은?

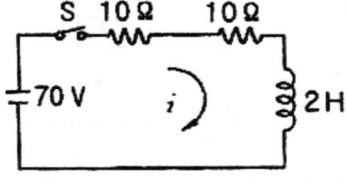

① 1
② 2.5
③ 3.5
④ 7

해설 $i(t)=\dfrac{E}{R}(1-e^{-\frac{R}{L}t})$ 식에서,

정상 전류값 $(I_0)=\dfrac{E}{R}=\dfrac{70}{10+10}=3.5[A]$

73 교류회로에서 역률이란 무엇인가?
① 전압과 전류의 위상차의 정현
② 전압과 전류의 위상차의 여현
③ 임피던스와 리액턴스의 위상차의 여현
④ 임피던스와 저항의 위상차의 정현

해설 역률 : 부하(負荷)가 사용하는 유효전력과 부하에 공급되는 피상전력에 대한 비율로서, 간단하게는 전압과 전류의 위상차인데 이때에 위상차가 없다면, $\cos0°=1$로 된다.

74 R[Ω]의 저항3개를 Y로 접속하고 이것을 선간전압 200[V]의 평형 3상 교류 전원에 연결할 때 선전류가 20[A]흘렀다. 이 3개의 저항을 △로 접속하고 동일 전원에 연결하였을 때의 선전류는 몇 [A]인가?

① 30
② 40
③ 50
④ 60

해설 Y결선일 때,

$$\text{선전류}(I_l)=\text{상전류}(I_P)=\dfrac{V_P}{R}=\dfrac{\dfrac{200}{\sqrt{3}}}{R}$$

$$=\dfrac{200}{\sqrt{3}\,R}=20[A]$$

$$\therefore R=\dfrac{10}{\sqrt{3}}[\Omega]$$

△결선일 때,

선전류$(I_l)=\sqrt{3}$ 상전류(I_P) 에서,

$$I_l=\sqrt{3}\,I_P=\sqrt{3}\times\dfrac{V_P}{R}=\sqrt{3}\times\dfrac{200}{\dfrac{10}{\sqrt{3}}}$$

$$=60[A]\ \text{가 된다.}$$

정답 71 ③ 72 ③ 73 ② 74 ④

75 비정현파에서 여현 대칭의 조건은 어느 것인가?

① $f(t) = f(-t)$ ② $f(t) = -f(-t)$

③ $f(t) = -f(t)$ ④ $f(t) = -f(t + \frac{T}{2})$

해설 여현대칭(우함수파)의 대칭조건 :
$f(t) = f(-t) = f(2\pi - t)$

76 그림과 같은 회로의 출력전압 $e_0(t)$의 위상은 입력전압 $e_i(t)$의 위상보다 어떻게 되는가?

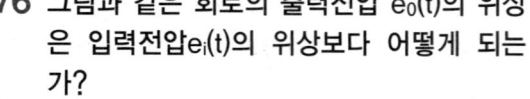
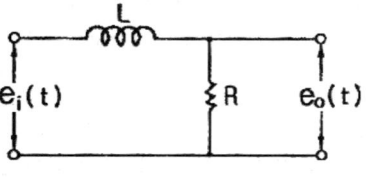

① 앞선다.
② 뒤진다.
③ 같다.
④ 앞설 수도 있고, 뒤질 수도 있다.

해설 그림에서처럼 출력전압 $e_0(t)$의 위상은 입력전압 $e_i(t)$의 위상보다 θ만큼 뒤진다.

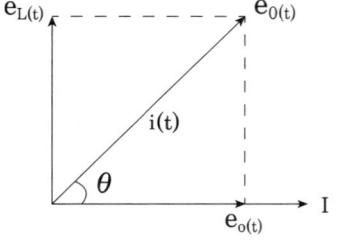

77 그림과 같은 회로의 합성 인덕턴스는?

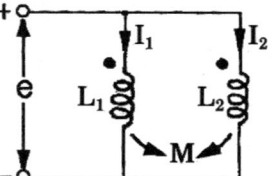

① $\dfrac{L_1 - M^2}{L_1 + L_2 - 2M}$ ② $\dfrac{L_2 - M^2}{L_1 + L_2 - 2M}$

③ $\dfrac{L_1 L_2 + M^2}{L_1 + L_2 - 2M}$ ④ $\dfrac{L_1 L_2 - M^2}{L_1 + L_2 - 2M}$

해설 그림은 병렬접속형의 등가회로로서 합성인덕턴스 L_0는

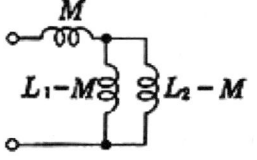

$$L_0 = M + \frac{(L_1 - M)(L_2 - M)}{(L_1 - M) + (L_2 - M)}$$
$$= \frac{L_1 L_2 - M^2}{L_1 + L_2 - 2M}$$

78 L형 4단자 회로망에서 R_1, R_2를 정합하기위한 Z_1은?(단, $R_2 > R_1$이다.)

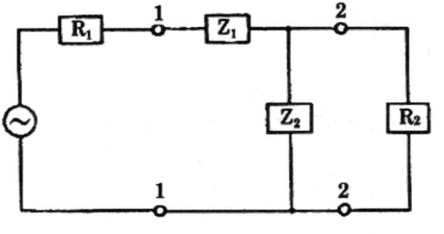

① $\pm j R_2 \sqrt{\dfrac{R_1}{R_2 - R_1}}$ ② $\pm j R_1 \sqrt{\dfrac{R_1}{R_2 - R_1}}$

③ $\pm j \sqrt{R_2(R_2 - R_1)}$ ④ $\pm j \sqrt{R_1(R_2 - R_1)}$

정답 **75** ① **76** ② **77** ④ **78** ④

1022 · Part 3. 전기산업기사 기출문제

해설 Z_1과 Z_2의 L형 4단자정수를 구하면,

$$A = 1 + \frac{Z_1}{Z_2}, \ B = Z_1, \ C = \frac{1}{Z_2}, \ D = 1$$

$$\therefore R_1 = Z_{01} = \sqrt{\frac{AB}{CD}} = \sqrt{\frac{(1 + \frac{Z_1}{Z_2})Z_1}{\frac{1}{Z_2}}}$$

$$= \sqrt{Z_1(Z_1 + Z_2)} \cdots\cdots\cdots\cdots\cdots ①$$

$$R_2 = Z_{01} = \sqrt{\frac{DB}{CA}} = \sqrt{\frac{Z_1}{\frac{1}{Z_2}(1 + \frac{Z_1}{Z_2})}}$$

$$= \sqrt{\frac{Z_1 Z_2^2}{Z_1 + Z_2}} \cdots\cdots\cdots\cdots\cdots ②$$

①식과 ②식에서 Z_1, Z_2를 구하면,

$$Z_1 = \pm j\sqrt{R_1(R_2 - R_1)},$$

$$Z_2 = \mp jR_2\sqrt{\frac{R_1}{R_2 - R_1}}$$

79 임피던스 궤적이 직선일 때 이의 역수인 어드미턴스 궤적은?

① 원점을 통하는 직선

② 원점을 통하지 않는 직선

③ 원점을 통하는 원

④ 원점을 통하지 않는 원

해설 직선궤적의 역 궤적은 원점을 통과하는 반원 (어드미턴스와 전류궤적은 똑같다.)

역궤적

• 원점을 지나는 직선의 역궤적은 원점을 지나는 직선이다.

• 원점을 지나지 않는 직선의 역궤적은 원점을 지나는 원이며, 그 역도 성립한다.

• 원점을 지나지 않는 원의 역궤적은 원점을 지나지 않는 원이며, 이때 두 원의 중심과 지름은 서로 역이 아니다.

80 3[μF]인 커패시턴스를 50[Ω]의 용량성 리액턴스로 사용하려면 정현파 교류의 주파수는 약 몇 [kHz]로 하면 되는가?

① 1.02　　② 1.04

③ 1.06　　④ 1.08

해설

$$X_c = \frac{1}{\omega C} = \frac{1}{2\pi f C}[\Omega]에서$$

$$f = \frac{1}{50 \times 2\pi \times 3 \times 10^{-6}} \times 10^{-3} = 1.06[kHz]$$

제5과목 : 전기설비기술기준 및 판단기준

81 765[kV] 특고압 가공전선이 건조물과 2차 접근상태로 있는 경우 전선 높이가 최저상태일 때 가공전선과 건조물 상부와의 수직거리는 몇 [m] 이상이어야 하는가?

① 20　　② 22

③ 25　　④ 28

해설 특고압 가공전선과 건조물 등의 접근 또는 교차 사용전압이 400 kV 이상의 특고압 가공전선과 건조물 사이의 수평거리는 그 건조물의 화재로 인한 그 전선의 손상 등에 의하여 전기사업에 관련된 전기의 원활한 공급에 지장을 줄 우려가 없도록 3 m 이상 이격하여야 한다. 다만, 다음 각 호의 조건을 모두 충족하는 경우에는 예외로 한다.

• 가공전선과 건조물 상부와의 수직거리가 28m 이상일 것

• 사람이 거주하는 주택이 아닌 건조물로서 그 지붕이 불연성의 재료일 것

• 폭연성 분진, 가연성 가스, 인화성물질, 석유류, 화약류 등 위험물질을 다루는 건조물이 아닐 것

• 건조물 상부 기준으로 제17조 제1항의 규정에 따른 전계 및 자계 허용기준 이하일 것

• 특고압 가공전선은 제7조 및 제33조의 규정에 따라 전선의 단선 및 지지물 도괴의 우려가 없도록 시설할 것

정답 **79** ③　　**80** ③　　**81** ④

2014년도 산업기사 제1회 필기시험(산업기사) · **1023**

82 고압 옥상전선로의 전선이 다른 시설물과 접근하거나 교차하는 경우 이들사이의 이격거리는 몇 [cm] 이상이어야 하는가?

① 30 　　　　② 60

③ 90 　　　　④ 120

> **해설** 고압옥상전선로의 시설기준
> • 전선은 케이블을 사용할 것
> • 다른시설물(가공전선 제외)과 접근하거나 교차하는 경우에는 고압 옥상전선로의 전선과 이들 사이의 이격거리는 60[cm] 이상일 것
> • 식물과는 접촉하지 아니할 것

83 고압가공전선이 상부 조영재의 위쪽으로 접근시의 가공전선과 조영재의 이격거리는 몇 [m] 이상이어야 하는가?

① 0.6 　　　　② 0.8

③ 1.2 　　　　④ 2.0

> **해설** 고압가공전선과 건조물의 조영재 사이의 이격거리(이상)

건조물의조영재구분	이격거리	비고
상부조영재 (지붕 · 차양 · 옷말리는 곳 기타 사람이 올라갈 우려가 있는 조영재)	위쪽 : 2[m]	케이블 : 1[m]
	옆쪽 또는 아래쪽 : 1.2[m]	• 사람이 접촉할우려가 없는 경우 : 80[cm] • 케이블 : 40[cm]
기타조영재	1.2[m]	• 사람이 접촉할우려가 없는 경우 : 80[cm] • 케이블 : 40[cm]

84 특고압 가공전선로의 중성선의 다중접지 시설에서 각 접지선을 중성선 으로부터 분리하였을 경우 각 접지점의 대지 전기 저항값은 몇 [Ω] 이하이어야 하는가?

① 100 　　　　② 150

③ 300 　　　　④ 500

> **해설** 25[kV] 이하인 특고압 가공전선로의 시설
> 특고압 가공전선로 중성선의 다중접지 및 중성선의 시설방법
> ㉠ 접지선의 굵기 : 공칭단면적 6[mm^2] 이상의 연동선일 것
> ㉡ 중성선은 저압가공전선로의 규정에 준하여 시설할 것
> ㉢ 다중 접지한 중성선은 저압전로의 접지측전선과 중성선을 공용할 수 있다.
> ㉣ 전선로를 접지한 곳 상호 간의 거리
> • 사용전압이 15[kV] 이하 : 300[m] 이하
> • 사용전압이 15[kV] 초과 25[kV] 이하 : 150[m] 이하
> ㉤ 각 접지선을 중성선으로부터 분리하였을 경우의 각 접지점의 대지 전기저항치가 1[km]마다의 중성선과 대지사이의 합성 전기 저항치(이하)

사용전압	각 접지점의 대지 전기저항 치	1[km]마다의 합성 전기저항 치
15[kV] 이하	300[Ω]	30[Ω]
15[kV] 초과 25[kV] 이하	150[Ω]	15[Ω]

85 고압가공전선이 가공 약전류 전선과 접근하는 경우 고압가공전선과 가공 약전류 전선 사이의 이격거리는 몇 [cm] 이상이어야 하는가?(단, 전선이 케이블인 경우이다.)

① 15 　　　　② 30

③ 40 　　　　④ 80

> **해설** 저 · 고압가공 전선과 가공 약전류 전선 등의 접근 또는 교차
> • 저압가공전선과 가공 약전류 전선사이의 이격거리 : 60[cm](저압가공전선이 고압, 특고압 절연전선 또는 케이블인 경우 : 30[cm]) 이상
> • 고압가공전선과 가공 약전류 전선사이의 이격거리 : 80[cm](전선이 케이블인 경우 : 40[cm]) 이상
> • 가공전선과 약전류 전선로 등의 지지물사이의 이격거리 : 저압 : 30[cm], 고압 : 60[cm](전선이 케이블인 경우 : 30[cm]) 이상

[정답] **82** ② 　**83** ④ 　**84** ③ 　**85** ③

86 발전기 · 전동기 · 조상기 · 기타 회전기(회전변류기 제외)의 절연내력 시험시 시험전압은 권선과 대지 사이에 연속하여 몇 분 이상 가하여야 하는가?

① 10
② 15
③ 20
④ 30

87 터널에 시설하는 사용전압이 400[V] 이상의 저압인 경우, 이동전선은 몇 [mm²] 이상의 0.6/1[kV] 고무절연 클로로프렌케이블이어야 하는가?

① 0.25
② 0.55
③ 0.75
④ 1.25

해설 터널 등의 전구선 또는 이동전선의 시설
㉠ 사용전압이 400[V] 미만인 전구선 또는 이동전선
• 전구선 : 단면적 0.75[mm²] 이상의 300/300[V] 편조 고무코드 또는 0.6/1[kV]EP고무절연 클로로프렌 캡타이어 케이블일 것
• 이동전선 : 비닐 코드, 캡타이어 케이블일 것
㉡ 사용전압이 400[V] 이상인 저압이동전선 : 1종 캡타이어 케이블 및 비닐 캡타이어 케이블 이외의 캡타이어 케이블로서 단면적 0.75[mm²] 이상일 것
㉢ 특고압의 이동 전선 : 터널 등에 시설할 수 없다.

88 저압 가공전선이 철도 또는 궤도를 횡단하는 경우에는 레일면상 높이가 몇 [m] 이상이어야 하는가?

① 5
② 5.5
③ 6
④ 6.5

해설 저 · 고압 가공전선의 최소 높이
• 도로를 횡단하는 경우 : 지표상 6[m] 이상
• 철도를 횡단하는 경우 : 레일면상 6.5[m] 이상
• 횡단보도교 위에 시설하는 경우
 저압 : 노면상 3.5[m](절연전선, 케이블사용 3[m]) 이상

• 일반장소 : 지표상 5[m](저압으로 교통에 지장이 없는 경우 4[m]) 이상

89 고압용 기계기구를 시설하여서는 안되는 경우는?

① 발전소, 변전소, 개폐소 또는 이에 준하는 곳에 시설하는 경우
② 시가지 외로서 지표상 3[m]인 경우
③ 공장 등의 구내에서 기계기구의 주위에 사람이 쉽게 접촉할 우려가 없도록 적당한 울타리를 설치하는 경우
④ 옥내에 설치한 기계 기구를 취급자 이외의 사람이 출입 할 수 없도록 설치한 곳에 시설하는 경우

해설 고압용 기계 기구의 시설
• 고압용 기계기구의 주위에 울타리 · 담 등을 시설하는 경우에는 특고압기계기구의 시설규정에 따른다.
• 기계 기구를 지표상 4.5[m](시가지외에서는 4[m]) 이상의 높이에 시설하고 또한 사람이 쉽게 접촉할 우려가 없도록 시설하는 경우
• 공장 등의 구내에서 기계 기구의 주위에 사람이 쉽게 접촉할 우려가 없도록 적당한 울타리를 설치하는 경우
• 옥내에 설치한 기계 기구를 취급자 이외의 사람이 출입할 수 없도록 설치한 곳에 시설하는 경우
• 기계 기구를 콘크리트제의 함 또는 제3종 접지공사를 한 금속제 함에 넣고 또한 충전부분이 노출하지 아니하도록 시설하는 경우
㉥ 충전부분이 노출하지 아니하는 기계 기구를 사람이 쉽게 접촉할 우려가 없도록 시설하는 경우

90 전철에서 직류귀선의 비절연 부분이 금속제 지중관로와 접근하거나 교차하는 경우 상호 전식방지를 위한 이격거리는?

① 0.5[m] 이상
② 1[m] 이상
③ 1.5[m] 이상
④ 2[m] 이상

정답 86 ① 87 ③ 88 ④ 89 ② 90 ②

해설 전기부식방지를 위한 이격거리

직류귀선은 궤도 근접부분이 금속제 지중관로와 접근하거나 교차하는 경우에는 상호 간의 이격거리는 1[m] 이상이어야 한다.

91 애자사용공사에 의한 고압 옥내배선의 시설에 사용되는 연동선의 단면적은 최소 몇 [mm^2]의 것을 사용하여야 하는가?

① 2.5 　　　　② 4

③ 6 　　　　　④ 10

해설 고압 옥내 배선의 시설

㉠ 시설방법 : 애자사용공사(건조한 장소로서 전개된 장소), 케이블공사, 케이블트레이공사

㉡ 애자사용공사

　• 전선 굵기 : 공칭단면적6[mm^2] 이상의 연동성으로 고압 및 특고압 절연전선 또는 인하용 절연전선사용

　• 지지점 간의 거리 : 6[m](조영재면을 따라 붙이는 경우 2[m]) 이상

　• 이격거리 : 전선 상호간격 : 8[cm] 이상. 전선과 조영재와 이격거리 : 5[cm] 이상

㉢ 케이블공사 : 케이블 공사는 저압옥내케이블공사에 준하고, 케이블을 넣는 방호 장치의 금속 부분은 제1종 접지 공사를 한다(단, 사람이 접촉 할 우려가 없는 경우 : 제3종).

㉣ 케이블 트레이공사 : 연피케이블, 알루미늄피 케이블등 난연성 케이블을 사용

　• 금속제 트레이 : 제1종 접지 공사

92 전로의 중성점을 접지하는 목적에 해당되지 않는 것은?

① 보호장치의 확실한 동작확보

② 부하전류의 일부를 대지로 흐르게 하여 전선 절약

③ 이상전압의 억제

④ 대지전압의 저하

해설 전로의 중성점 접지

전로의 보호 장치의 확실한 동작의 확보 또는 이상 전압의 억제 및 대지 전압의 저하를 위하여 전로의 중성점에 접지 공사를 한다.

93 특고압용 변압기로서 변압기 내부고장이 발생할 경우 경보장치를 시설하여야 하는 뱅크용량의 범위는?

① 1000[kVA] 이상 5000[kVA] 미만

② 5000[kVA] 이상 10000[kVA] 미만

③ 10000[kVA] 이상 15000[kVA] 미만

④ 15000[kVA] 이상 20000[kVA] 미만

해설 특별 고압용 변압기 및 발전기의 보호 장치

기기의 종류	용량	사고의 종류	보호장치
발전기	원자력발전소의 비상용 예비발전기 제외한 모든 발전기	과전류	자동차단장치
	500[kVA] 이상	유압, 각제어 장치전원 전압의 현저한 저하	자동차단장치
	2000[kVA] 이상	수차 베어링 과열	자동차단장치
	10000[kVA] 이상	내부고장	자동차단장치
	10000[kW] 이상	증기터빈 베어링의 마모, 과열	자동차단장치
특별 고압 변압기	5000[kVA] 이상 10000[kVA] 미만	변압기 내부고장	경보장치 또는 자동차단장치
	10000[kVA] 이상	변압기 내부고장	자동차단장치
	타냉식 변압기	냉각 장치 고장	경보장치

정답　**91** ③　　**92** ②　　**93** ②

1026 • Part 3. 전기산업기사 기출문제

94 154[kV]가공전선로를 제1종 특고압 보안공사에 의하여 시설하는 경우 사용전선은 인장강도 58.84[kN] 이상의 경동연선이어야 하는가?

① 35   ② 50

③ 95   ④ 150

해설 제1종 특고 보안 공사의 전선은 케이블인 경우 이외에는 아래의 규격 이상의 경동연선일 것
- 100[kV] 미만 : 55[mm²] 이상의 경동연선 또는 인장강도 21.67[kN] 이상의 연선
- 100[kV] 이상 300[kV] 미만 : 150[mm²] 이상의 경동연선 또는 인장강도 58.84[kN] 이상의 연선
- 300[kV] 이상 : 200[mm²] 이상의 경동연선 또는 인장강도 77.47[kN] 이상의 연선

95 동일지지물에 고압 가공전선과 저압 가공전선을 병가할 때 저압 가공전선의 위치는?

① 저압가공전선을 고압가공전선 위에 시설

② 저압가공전선을 고압가공전선 아래에 시설

③ 동일 완금류에 평행되게 시설

④ 별도의 규정이 없으므로 임의로 시설

해설 저고압 가공전선등의 병가
- 저압가공전선을 고압가공전선 아래로 하고 별개의 완금류에 시설할 것
- 저압가공전선과 고압가공전선사이의 이격거리는 50[cm] 이상일 것(단, 고압가공 전선이 케이블인 경우 이격거리는 30[cm] 이상)

96 시가지에 시설하는 특고압 가공전선로의 철탑의 경간은 몇 [m] 이하이어야 하는가?

① 250   ② 300

③ 350   ④ 400

해설 시가지 등에서 특고 가공 전선로의 시설
- 지지물에는 철주, 철근 콘크리트주, 철탑
- 경간

지지물의 종류	경간
A종 철주 또는 A종 철근 콘크리트주	75[m]
B종 철주 또는 B종 철근 콘크리트주	150[m]
철탑	400[m](단주인 경우에는 300[m])(전선이 수평으로 2 이상 있는 경우에 전선 상호간의 간격이 4[m] 미만인 때에는 250[m])

97 지중 전선로의 매설방법이 아닌 것은?

① 관로식   ② 인입식

③ 암거식   ④ 직접 매설식

해설 지중전선로 공사에는 케이블을 사용하며, 직접 매설식(전력케이블을 직접 지중에 매설하는 방식), 관로식(합성 수지관, 강관 등 관재(파이프)를 사용하여 관로를 구성 한 후 케이블을 부설하는방식), 암거식에 의하여 시설한다.

98 지중전선로를 직접 매설식에 의하여 시설하는 경우, 차량 기타 중량물의 압력을 받을 우려가 있는 장소의 매설 깊이는 최소 몇 [cm] 이상이면 되는가?

① 120   ② 150

③ 180   ④ 200

해설 지중전선로를 직접 매설식에 의하여 시설하는 경우, 차량 기타 중량물의 압력을 받을 우려가 있는 장소에서 1.2[m] 이상, 기타의 장소는60[cm] 이상의 깊이에 콘크리트제의 견고한 관 또는 트라프에 넣어 시설하여야 한다.

정답 **94** ④   **95** ②   **96** ④   **97** ②   **98** ①

99 전기욕기용 전원장치의 금속제 외함 및 전선을 넣는 금속관에는 제 몇 종 접지공사를 하여야 하는가?

① 제1종 ② 제2종

③ 제3종 ④ 특별 제3종

해설 전기욕기의 시설
- 전기욕기용 전원 장치 : 내장되어 있는 전원 변압기의 2차측 전로의 사용 전압은 10[V] 이하. 전로의 대지전압300[V] 이하
- 전기 욕기용 전원장치의 금속제 외함 : 제3종 접지공사
- 욕탕 안의 전극간의 거리 : 1[m] 이상
- 전기욕기용 전원장치로부터 욕탕안의 전극까지의 전선 상호간 및 전선과 대지사이의 절연저항 : 0.1 [$M\Omega$] 이상
- 전원변압기로부터 욕탕 전극까지의 배선은 공칭단면적 2.5[mm^2] 연동선 이상일 것

100 전력보안통신용 전화설비를 시설하지 않아도 되는 경우는?

① 수력설비의 강수량 관측소와 수력발전소간

② 동일 수계에 속한 수력발전소 상호간

③ 발전제어소와 기상대

④ 휴대용 전화설비를 갖춘 22.9[kV] 변전소와 기술원 주재소

해설 전력 보안 통신용 전화설비의 시설장소
- 원격 감시 제어되지 않는 발·변전소, 발·변전제어소, 개폐소 기술원 주재소, 급전소 사이
- 2 이상의 급전소 상호간과 이들을 총합 운용하는 급전소간
- 총합운용 급전소로서 서로 연계가 다른 전력계통에 속하는 것의 상호간
- 수력설비 중 필요한 곳 및 양수소, 강수량 관측소와 수력발전소간
- 동일 수계의 수력발전소 상호간
- 동일 전력 계통의 발전소, 변전소, 발·변전 제어소 및 개폐소 상호간
- 발·변전소등과 긴급 연락의 필요가 있는 기상대, 측후소, 소방서 및 방사선 감시선 감시 계측 시설물 등의 사이

정답 99 ③ 100 ④

1028 · Part 3. 전기산업기사 기출문제

국가기술자격검정 필기시험문제

2014년도 산업기사 제2회 필기시험(산업기사)

	수검번호	성명

자격종목 및 등급(선택분야)	종목코드	시험시간	문제지형별		
전기산업기사		2시간 30분	A		

※ 시험문제지는 답안카드와 같이 반드시 제출하여야 합니다.

제1과목 : 전기자기학

01 접지 구도체와 점전하 사이에 작용하는 힘은?

① 항상 반발력이다.

② 항상 흡인력이다.

③ 조건적 반발력이다.

④ 조건적 흡인력이다.

해설 접지구 도체는 항상 점전하와는 반대인 극성의 전하가 유도되기 때문에 항상 흡인력이 작용한다.

02 전계 내에서 폐회로를 따라 전하를 일주시킬 때 전계가 행하는 일은 몇 [J] 인가?

① ∞

② π

③ 1

④ 0

해설 전계의 주회적분과 에너지와의 관계.

$$\oint_c Q E dl = Q \oint_c E dl = 0$$

폐회로를 따라 전하를 일주시킬 때 전계가 하는 일은 항상 0이다(에너지 보존적).

03 유전율 ϵ [F/m]인 유전체 중에서 전하가 Q [C], 전위가 V[V], 반지름 a[m]인 도체구가 갖는 에너지는 몇 [J]인가?

① $\frac{1}{2} \pi \epsilon a V^2$

② $\pi \epsilon a V^2$

③ $2\pi \epsilon a V^2$

④ $4\pi \epsilon a V^2$

해설 반지름 a[m]인 도체구의 정전용량은

$C = 4\pi \epsilon a$ [F]

$\therefore W = \frac{1}{2} C V^2 = \frac{1}{2} 4\pi \epsilon a V^2 = 2\pi \epsilon a V^2$ [J]

04 전류와 자계 사이의 힘의 효과를 이용한 것으로 자유로이 구부릴 수 있는 도선에 대전류를 통하면 도선 상호간에 반발력에 의하여 도선이 원을 형성하는데 이와 같은 현상은?

① 스트레치 효과

② 핀치효과

③ 홀효과

④ 스킨효과

해설

• 핀치효과(Pinch Effect) : 유동 도체에 강전류가 흐를 때 만드는 자계와 전류간 수축력작용

• 홀(Hall Effect) : 전류가 흐르는 도체 내부 횡방향으로 힘을 받아 도체 측면에 (+), (−)전하가 대전되는 현상

05 다음 중 사람의 눈이 색을 다르게 느끼는 것은 빛의 어떤 특성이 다르기 때문인가?

① 굴절률

② 속도

③ 편광방향

④ 파장

06 역자성체 내에서 비투자율 μ_s는?

정답 **01** ② **02** ④ **03** ③ **04** ① **05** ④ **06** ③

2014년도 산업기사 제2회 필기시험(산업기사) • **1029**

① $\mu_s \gg 1$ ② $\mu > 1$

③ $\mu_s < 1$ ④ $\mu_s = 1$

해설

- $\chi > 0$ (상자성체) : $\mu_s \geq 1$
- $\chi < 0$ (반자성체) : $\mu_s < 1$
- $\chi \gg 0$ (강자성체) : $\mu_s \gg 1$

07 두 벡터 $A = A_x i + 2j$, $B = 3i - 3j - k$가 서로 직교하려면 A_x의 값은?

① 0 ② 2

③ $\dfrac{1}{2}$ ④ -2

해설 $A \perp B$가 되기 위해서는, $A \cdot B = 0$,
$i \cdot i = j \cdot j = k \cdot k = 1$,
$i \cdot j = j \cdot k = k \cdot i = 0$
$3A_x - 6 = 0$, $\therefore A_x = 2$

08 두 평행 왕복 도선 사이의 도선 외부의 자기 인덕턴스는 몇 [H/m] 인가?(단, r은 도선의 반지름, D는 두 왕복 도선사이의 거리이다.)

① $\dfrac{\mu_0}{4\pi} \ln \dfrac{D}{r}$ ② $\dfrac{\mu_0}{2\pi} \ln \dfrac{D}{r}$

③ $\dfrac{\mu_0}{\pi} \ln \dfrac{r}{D}$ ④ $\dfrac{\mu_0}{\pi} \ln \dfrac{D}{r}$

해설 두평행 왕복 도선사이의 자기인덕턴스는,

$L = \dfrac{\mu_0}{4\pi}\left(4\ln\dfrac{D}{r} + \mu\right)$ $[H/m]$ $(D \gg r)$에서,

내부인덕턴스를 무시하고, 도선외부의 자기인덕턴스는,

$L = \dfrac{\mu_0}{\pi} \ln \dfrac{D}{r}$ $[H/m]$

09 전하 8π [C]이 8 [m/s]의 속도로 진공 중을 직선운동 하고 있다면, 이 운동 방향에 대하여 각도 [θ]이고, 거리 4 [m] 떨어진 점의 자계의 세기는 몇 [A/m]인가?

① $\cos\theta$ ② $\dfrac{1}{2\sin\theta}$

③ $\sin\theta$ ④ $2\sin\theta$

해설

$dH = \dfrac{Idl}{4\pi r^2}\sin\theta = \dfrac{\dfrac{dq}{dt}dl}{4\pi r^2}\sin\theta = \dfrac{qv}{4\pi r^2}\sin\theta$

$= \dfrac{8\pi \times 8}{4\pi \times 4^2}\sin\theta = \sin\theta \ [A/m]$

10 10 [mH] 인덕턴스 2개가 있다. 결합계수를 0.1로부터 0.9까지 변화시킬 수 있다면 이 것을 직렬 접속시켜 얻을 수 있는 합성인덕 턴스의 최대값과 최소값의 비는?

① 9 : 1 ② 13 : 1

③ 16 : 1 ④ 19 : 1

해설 $M = k\sqrt{L_1 L_2}$ 에서, 결합계수 $k=0.9$일 때, 최대값과 최소값의 비가 크므로,
$k = 0.9$, $M = 0.9\sqrt{10 \times 10} = 9 \ [mH]$
$L_{\max} = L_1 + L_2 + 2M = 10 + 10 + 2 \times 9$
$= 38 \ [mH]$
$L_{\min} = L_1 + L_2 - 2M = 10 + 10 - 2 \times 9$
$= 2 \ [mH]$
$\therefore L_{\max} : L_{\min} = 38 : 2 = 19 : 1$

11 그림과 같이 내외 도체의 반지름이 a, b 인 동축선(케이블)의 도체 사이에 유전율이 ϵ 인 유전체가 채워져 있는 경우 동축선의 단 위 길이당 정전용량은?

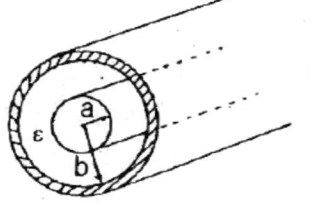

정답 07 ② 08 ④ 09 ③ 10 ④ 11 ③

① $\epsilon \log_e \dfrac{b}{a}$에 비례한다.

② $\dfrac{1}{\epsilon} \log_{10} \dfrac{b}{a}$에 비례한다.

③ $\dfrac{\epsilon}{\log_e \dfrac{b}{a}}$에 비례한다.

④ $\dfrac{\epsilon b}{a}$에 비례한다.

해설 내외간의 전위차,

$$V_{ab} = -\int_b^a E\,dr = -\frac{\lambda}{2\pi\epsilon}\int_b^a \frac{1}{r}\,dr = -\frac{\lambda}{2\pi\epsilon}\ln r\Big|_a^b$$

$$= \frac{\lambda}{2\pi\epsilon}\ln r\Big|_a^b$$

$$= \frac{\lambda}{2\pi\epsilon}\ln \frac{b}{a}\ [V],\ \lambda : 선전하밀도\ [C/m]$$

∴ 동축선의 단위길이당 정전용량은,

$$C = \frac{\lambda}{V_{ab}} = \frac{2\pi\epsilon}{\ln\dfrac{b}{a}}\ [F/m]$$

12 진공 중에서 어떤 대전체의 전속이 Q 이었다. 이 대전체를 비유전율 2.2 인 유전체 속에 넣었을 경우의 전속은?

① Q

② $\dfrac{2.2Q}{\epsilon}$

③ $\dfrac{Q}{2.2\epsilon}$

④ $2.2Q$

해설 전기력선수는 $\dfrac{Q}{\epsilon}$로 유전율에 반비례하나 전속수는 유전체의 Gauss법칙에서, $\oint D \cdot n\,ds = Q$로 유전율에 관계없이 항상 Q개 이다.

13 단면적이 같은 자기회로가 있다. 철심의 투자율을 μ라 하고 철심회로의 길이를 l이라 한다. 지금 그 일부에 미소공극 l_0을 만들었을 때 자기회로의 자기저항은 공극이 없을 때의 약 몇 배인가?

① $1 + \dfrac{\mu l}{\mu_0 l_0}$

② $1 + \dfrac{\mu l_0}{\mu_0 l}$

③ $1 + \dfrac{\mu_0 l}{\mu l_0}$

④ $1 + \dfrac{\mu_0 l_0}{\mu l}$

해설 단, $l \gg l_0$, 투자율이 μ 인 자기저항 :

$$R_m = \frac{l}{\mu S}\ [AT/Wb],$$

여기서, μ : 투자율, S : 철심단면적, l_0 : 미소공극, $l - l_0 \fallingdotseq l$: 철심길이, 이때의 자기저항은,

$$R_m{}' = \frac{l_0}{\mu_0 S} + \frac{l}{\mu S} = \frac{l}{\mu S}\left(1 + \frac{\mu l_0}{\mu_0 l}\right)$$

$$\therefore \frac{R_m{}'}{R_m} = \frac{\dfrac{l}{\mu S}\left(1 + \dfrac{\mu l_0}{\mu_0 l}\right)}{\dfrac{l}{\mu S}} = 1 + \frac{\mu l_0}{\mu_0 l}$$

14 다음의 맥스웰 방정식 중 틀린 것은?

① $rot\,H = i + \dfrac{\partial D}{\partial t}$

② $rot\,E = -\dfrac{\partial H}{\partial t}$

③ $div\,B = 0$

④ $div\,D = \rho$

해설 패러데이 법칙

$$rot\,E = -\frac{\partial B}{\partial t} = -\mu \frac{\partial H}{\partial t}$$

15 반지름 1 [m]의 원형 코일에 1 [A]의 전류가 흐를 때 중심점의 자계의 세기는 몇 [AT/m]인가?

① $\dfrac{1}{4}$

② $\dfrac{1}{2}$

③ 1

④ 2

해설 $H_0 = \dfrac{I}{2a} = \dfrac{1}{2 \times 1} = \dfrac{1}{2}\ [AT/m]$

16 자유공간 중의 전위계에서 $V = 5(x^2 + 2y^2 - 3z^2)$일 때 점 P(2, 0, −3)에서의 전하밀도 ρ의 값은?

정답 12 ① 13 ② 14 ② 15 ② 16 ①

① 0   ② 2

③ 7   ④ 9

해설 • Poisson의 방정식, $\nabla^2 V = -\dfrac{\rho}{\epsilon_0}$

$$\frac{\partial^2 V}{\partial x^2} + \frac{\partial^2 V}{\partial y^2} + \frac{\partial^2}{\partial z^2} = 10 + 20 - 30 = -\frac{\rho}{\epsilon_0}$$

$$\therefore \rho = 0$$

17 면적 S [m²], 간격 d [m]인 평행판 콘덴서에 그림과 같이 두께 d_1, d_2 [m]이며 유전율 ϵ_1, ϵ_2 [F/m]인 두 유전체를 극판 간에 평행으로 채웠을 때 정전용량[F]은?

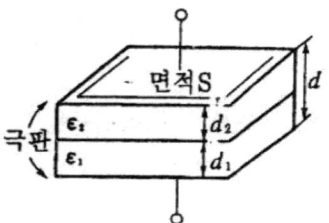

① $\dfrac{S}{\dfrac{d_1}{\epsilon_1} + \dfrac{d_2}{\epsilon_2}}$ ② $\dfrac{S^2}{\dfrac{d_1}{\epsilon_2} + \dfrac{d_2}{\epsilon_1}}$

③ $\dfrac{\epsilon_1 S}{d_1} + \dfrac{\epsilon_2 S}{d_2}$ ④ $\dfrac{\epsilon_1 \epsilon_2 S}{d}$

해설 유전율이 ϵ_1, ϵ_2 인 두유전체의 정전용량은 C_1, C_2일 때,

$$C_1 = \frac{\epsilon_1 S}{d_1} \, [F], \qquad C_2 = \frac{\epsilon_2 S}{d_2} \, [F]$$

직렬 합성 정전용량은,

$$C = \frac{C_1 C_2}{C_1 + C_2} = \frac{\dfrac{\epsilon_1 \epsilon_2 S^2}{d_1 d_2}}{\dfrac{\epsilon_1 S}{d_1} + \dfrac{\epsilon_2 S}{d_2}} = \frac{\epsilon_1 \epsilon_2 S}{\epsilon_2 d_1 + \epsilon_1 d_2}$$

$$= \frac{S}{\dfrac{d_1}{\epsilon_1} + \dfrac{d_2}{\epsilon_2}} \, [F]$$

18 지면에 평행으로 높이 h [m]에 가설된 반지름 a [m]인 가공 직선 도체의 대지간 정전용량은 몇 [F/m] 인가?(단, h ≫ a 이다.)

① $\dfrac{\pi \epsilon_0}{\ln \dfrac{2h}{a}}$ ② $\dfrac{2\pi \epsilon_0}{\ln \dfrac{2h}{a}}$

③ $\dfrac{\pi \epsilon_0}{\ln \dfrac{a}{2h}}$ ④ $\dfrac{2\pi \epsilon_0}{\ln \dfrac{a}{2h}}$

해설 전기 영상법으로, 지면아래 h[m] 되는 곳에 가상도체를 생각해서

$\pm \lambda \, [C/m]$ 의 전하를 주고 두도체 사이의 전위차는

$$V = -\int_{2h-a}^{a} \frac{\lambda}{2\pi \epsilon_0 x} \, dx = \frac{\lambda}{2\pi \epsilon_0} \ln \frac{2h-a}{a}$$

$$\xrightarrow{h \gg a} \frac{\lambda}{2\pi \epsilon_0} \ln \frac{2h}{a} \, [V]$$

∴ 단위길이당 정전용량은,

$$C = \frac{\lambda}{V} = \frac{\lambda}{\dfrac{\lambda}{2\pi\epsilon_0} \ln \dfrac{2h}{a}} = \frac{2\pi \epsilon_0}{\ln \dfrac{2h}{a}} \, [F/m]$$

19 무한 평면에 일정한 전류가 표면에 한 방향으로 흐르고 있다. 평면으로부터 위로 r만큼 떨어진 점과 아래로 2r만큼 떨어진 점과의 자계의 비 및 서로의 방향은?

① 1, 반대 방향   ② $\sqrt{2}$, 같은 방향

③ 2, 반대 방향   ④ 4, 같은 방향

해설 $H = \dfrac{I}{2\pi r} \, [AT/m]$, 위로 r[m] 떨어진 점과 아래로 2r[m] 떨어진 점과의 자계의 비는 1이고, 방향은 반대 방향이 된다.

20 지름 20 [cm]의 구리로 만든 반구의 볼에 물을 채우고 그 중에 지름 10 [cm]의 구를 띄운다. 이때에 양구가 동심구라면 양구간의 저항[Ω]은 약 얼마인가?(단, 물의 도전율은 10^{-3}[℧/m]이고 물은 충만되어 있다.)

정답 17 ①   18 ②   19 ①   20 ②

① 159　　② 1590
③ 2800　　④ 2850

[해설] 반구의 저항은,

$$R = \frac{\rho}{2\pi a}\,[\Omega] = \frac{1}{2\pi \times 0.1 \times 10^{-3}} = 1591.55\,[\Omega]$$

제 2 과목 : 전력공학

21 가공 송전선에 사용되는 애자 1연 중 전압부담이 최대인 애자는?

① 철탑에 제일 가까운 애자
② 전선에 제일 가까운 애자
③ 중앙에 있는 애자
④ 전선으로부터 1/4 지점에 있는 애자

[해설] 가공송전선로에 사용되는 애자련 중에서 전압분담이 최소가 되는 곳은 철탑에서 가장 가까운 곳 이되며, 보통 1개련 애자인 경우는 철탑에서 두 번째 가까운 곳, 10개의 현수 애자 일 경우는 철탑에서 3번째 가까운 곳으로 본다.
그러므로 애자 1연 중 전압부담이 최대인 애자는 전선에서 제일 가까운 애자가 된다.

22 다음은 무엇을 결정할 때 사용되는 식인가?(단, l은 송전거리[km]이고, P는 송전전력[kW]이다.)

$$5.5\sqrt{0.6l + \frac{P}{100}}$$

① 송전전압
② 송전선의 굵기
③ 역률개선 시 콘덴서의 용량
④ 발전소의 발전전압

[해설] Still 식으로서 경제적인 송전전압을 결정하는 식이다.

23 출력 20[kW]의 전동기로서 총양정 10[m], 펌프효율 0.75일 때 양수량은 몇 [m³/min]인가?

① 9.18　　② 9.85
③ 10.31　　④ 11.02

[해설]

$$P = \frac{kQH}{6.12\eta}\,[kW]\text{에서,}$$

$$Q = \frac{20 \times 6.12 \times 0.7}{10} = 9.18[m^3/min]$$

24 취수구에 제수문을 설치하는 목적은?

① 모래를 배제한다.　② 홍수위를 낮춘다.
③ 유량을 조절한다.　④ 낙차를 높인다.

25 원자로 내에서 발생한 열에너지를 외부로 끄집어 내기위한 열매체를 무엇이라고 하는가?

① 반사체　　② 감속재
③ 냉각재　　④ 제어봉

26 선로의 단락보호용으로 사용되는 계전기는?

① 접지계전기　　② 역상계전기
③ 재폐로계전기　　④ 거리 계전기

[해설] 거리계전기(ZR) : 선로의 단락보호나 계통의 활선사고 검출용으로 사용

27 연가를 하는 주된 목적에 해당 되는 것은?

① 선로정수를 평형 시키기 위하여
② 단락사고를 방지하기 위하여
③ 대전력을 수송하기 위하여
④ 페란티현상을 줄이기 위하여

[정답] 21 ②　22 ①　23 ①　24 ③　25 ③　26 ④　27 ①

해설 연가 : 선로정수를 평형시켜서 전기적불평형을 제거하고 통신선의 유도장해를 주목적으로 사용

28 선로 임피던스 Z, 송수전단 양쪽에 어드미턴스 Y 인 π형 회로의 4단자 정수에서 B의 값은?

① Y

② Z

③ $1 + \dfrac{ZY}{2}$

④ $Y\left(1 + \dfrac{ZY}{4}\right)$

해설 π형 회로

$$V_s = \left(1 + \frac{ZY}{2}\right) V_r + Z I_r$$

$$I_s = Y\left(1 + \frac{ZY}{4}\right) V_r + \left(1 + \frac{ZY}{2}\right) I_r$$

$$A = \left(1 + \frac{ZY}{2}\right), \quad B = Z, \quad C = Y\left(1 + \frac{ZY}{4}\right),$$

$$D = \left(1 + \frac{ZY}{2}\right)$$

29 수전단 전압이 송전단 전압보다 높아지는 현상을 무엇이라 하는가?

① 옵티마 현상

② 자기 여자 현상

③ 페란티 현상

④ 동기화 현상

30 자가용 변전소의 1차측 차단기의 용량을 결정할 때 가장 밀접한 관계가 있는 것은?

① 부하설비 용량

② 공급측의 단락 용량

③ 부하의 부하율

④ 수전계약 용량

31 3상3선식에서 전선의 선간거리가 각각 1[m], 2[m], 4[m] 로 삼각형으로 배치되어 있을 때 등가선간거리는 몇 [m]인가?

① 1

② 2

③ 3

④ 4

해설
등가선간거리$(D_e) = \sqrt[3]{D_1 D_2 D_3}$
$= \sqrt[3]{1 \times 2 \times 4} = 2[m]$

32 송전단 전압 161[kV], 수전단 전압 154 [kV], 상차각 45°, 리액턴스 14.14 [Ω]일 때, 선로손실을 무시하면 전송전력은 약 몇 [MW]인가?

① 1753

② 1518

③ 1240

④ 877

해설

$$P_s = \frac{V_s V_r}{X} \sin\delta = \frac{161 \times 154}{14.14} \sin 45°$$
$$= 1240[MW]$$

33 다음 중 SF₆ 가스 차단기의 특징이 아닌 것은?

① 밀폐구조로 소음이 작다.

② 근거리 고장 등 가혹한 재기 전압에 대해서도 우수하다.

③ 아크에 의한 SF₆가스가 분해되며 유독가스를 발생시킨다.

④ SF₆가스의 소호능력은 공기의 100~200 배이다.

해설 지극히 안정도가 높은 화합물로서 불활성, 불연, 무색, 무취, 무해한 가스이다.

34 전압이 일정값 이하로 되었을 때 동작하는 것으로서 단락시 고장 검출용으로도 사용되는 계전기는?

① OVR

② OVGR

③ NSR

④ UVR

정답 **28** ② **29** ③ **30** ② **31** ② **32** ③ **33** ③ **34** ④

35 송전계통의 중성점을 직접 접지하는 목적과 관계없는 것은?

① 고장 전류 크기의 억제
② 이상전압 발생의 방지
③ 보호계전기의 신속 정확한 동작
④ 전선로 및 기기의 절연레벨을 경감

해설 중성점접지의 목적
- 여러 가지 원인에 의한 이상전압 발생을 방지한다.
- 보호계전기의 동작을 확실하게 한다.
- 건전상의 전위상승 억제시키고, 선로 및 기기의 절연레벨을 경감시킨다.
- 소호 리액터 방식에서는 1선지락시 아크를 빨리 소멸시킨다.

36 송전선로에 근접한 통신선에 유도장해가 발생하였다. 전자유도의 원인은?

① 역상전압   ② 정상전압
③ 정상전류   ④ 영상전류

해설
- 정전유도현상 : 전력선과 통신선사이의 상호정전용량이 불평형 되면서 통신선로에 영상전압이 유기되어 통신기기에 장해를 주는 현상
- 전자유도현상 : 상호 인덕턴스에 의해서 영상전류가 흘러서 통신선에 장해를 주는 현상

37 옥내배선의 보호방법이 아닌 것은?

① 과전류 보호   ② 지락 보호
③ 전압강하 보호   ④ 절연접지 보호

38 송전선로에 복도체를 사용하는 가장 주된 목적은?

① 건설비를 절감하기 위하여
② 진동을 방지하기 위하여
③ 전선의 이도를 주기 위하여
④ 코로나를 방지하기 위하여

해설 가공송전선로에서 인덕턴스는 감소하고, 정전용량이 증가되어 송전용량이 증가되고, 전선표면의 전위경도를 감소시켜 코로나 임계전압을 높여 주므로서 코로나 발생을 방지한다.

39 일반적으로 수용가 상호간, 배전변압기 상호간, 급전선 상호간 또는 변전소 상호 간에서 각각의 최대부하는 그 발생 시각이 약간씩 다르다. 따라서 각각의 최대수요 전력의 합계는 그 군의 종합 최대수요전력보다도 큰 것이 보통이다. 이 최대전력의 발생시각 또는 발생시기의 분산을 나타내는 지표는?

① 전일효율   ② 부등률
③ 부하율   ④ 수용율

40 배전선로 개폐기중 반드시 차단기능이 있는 후비 보조 장치와 직렬로 설치하여 고장구간을 분리시키는 개폐기는?

① 컷아웃 스위치   ② 부하개폐기
③ 리클로저   ④ 섹셔널 라이저

해설 리클로저는 회로를 자동적으로 차단과 투입을하는 차단기의 일종이며, 변전소 쪽에 설치하고, 후비 보조 장치와 직렬로 설치하여 고장구간을 분리시키는 개폐기는 섹셔널 라이저로 사고전류가 흐르는 것을 카운터 할 수 있고, 부하 쪽에 설치한다.

제3과목 : 전기기기

41 단락비가 큰 동기기는?

① 안정도가 높다.
② 전압변동률이 크다.
③ 기계가 소형이다.
④ 전기자 반작용이 크다.

정답 35 ① 36 ④ 37 ③ 38 ④ 39 ② 40 ④ 41 ①

해설 단락비가 큰 기계(철기계)
- 전압 변동률이 작다.
- 과부하내량이 커서 안정도가 높다.
- 선로의 충전용량이 크다.
- 효율이 나쁘다(기계치수가 커서 철손, 기계손, 풍손이 큼).
- 계자속 및 계자전류가 크고, 전기자 권선의수가 적다.

42 $E_1 = 2000[V]$, $E_2 = 100[V]$의 **변압기에서**
$r_1 = 0.2[\Omega]$, $r_2 = 0.0005[\Omega]$, $x_1 = 2[\Omega]$,
$x_2 = 0.005[\Omega]$**이다. 권수비** a**는?**

① 60   ② 30
③ 20   ④ 10

해설 $\dfrac{E_1}{E_2} = a$, $\dfrac{r_1}{r_2} = \dfrac{x_1}{x_2} = a^2$

$a = \dfrac{2000}{100} = \sqrt{\dfrac{0.2}{0.0005}} = \sqrt{\dfrac{2}{0.005}} = 20$

43 **용량이 150[kVA]의 단상 변압기의 철손이 1[kW], 전부하 동손이 4[kW]이다. 이 변압기의 최대효율은 몇 [kVA]에서 나타나는가?**

① 50   ② 75
③ 100   ④ 150

해설 변압기 최대효율(η_m) 조건은
철손=동손 이므로, $m^2 P_c = P_i$

$m = \sqrt{\dfrac{P_i}{P_c}} = \sqrt{\dfrac{1}{4}} = \dfrac{1}{2}$

$\dfrac{1}{2}$ 부하시에 최대효율이 되므로,

∴ $150 \times \dfrac{1}{2} = 75[kVA]$가 된다.

44 **단상 교류 정류자 전동기의 직권형에 가장 적합한 부하는?**

① 치과의료용   ② 펌프용
③ 송풍기용   ④ 공작기계용

해설 단상 직권 정류자 전동기(단상 직권 전동기) : 교류, 직류 양용에 사용됨으로 교·직 양용 전동기 또는 만능 전동기라 부르며 가정용 미싱기, 믹서기, 소형전동공구용, 영사기, 치과 의료용 등에 사용

45 **동기 조상기를 부족여자로 사용하면?**

① 리액터로 작용
② 저항손의 보상
③ 일반 부하의 뒤진 전류를 보상
④ 콘덴서로 작용

해설 동기 조상기를 과여자로 운전하면 선로에는 앞선 전류가 흘러서 콘덴서 작용으로 부하의 뒤진 전류를 보상하여 역률을 양호하게 하고, 전압강하를 보상하며, 부족여자로 운전하면 뒤진 전류가 흘러서 리액터작용으로 단자전압의 이상상승을 어느 정도는 방지하는 역할을 한다.

46 **동기 발전기의 병렬운전조건에서 같지 않아도 되는 것은?**

① 기전력   ② 위상
③ 주파수   ④ 용량

해설 동기 발전기의 병렬운전조건
- 기전력의 위상이 같을 것
- 기전력의 크기가 같을 것
- 기전력의 주파수가 같을 것
- 기전력의 파형이 같을 것
- 상회전 방향이 같을 것

정답 42 ③   43 ②   44 ①   45 ①   46 ④

47 명판(Name Plate)에 정격전압 220[V], 정격전류 14.4[A] 출력 3.7[kW]로 기재되어 있는 3상 유도전동기가 있다. 이 전동기의 역률을 84[%]라 할 때 이 전동기의 효율[%]은?

① 78.25　　　② 78.84
③ 79.15　　　④ 80.27

해설

$$\eta = \frac{P_0}{P_i} \times 100[\%]$$
$$= \frac{3.7 \times 10^3}{\sqrt{3} \times 220 \times 14.4 \times 0.84} \times 100 = 80.27[\%]$$

48 직류 분권전동기의 운전 중 계자 저항기의 저항을 증가하면 속도는 어떻게 되는가?

① 변하지 않는다.　　② 증가한다.
③ 감소한다.　　　　④ 정지한다.

해설 직류 분권전동기의 기동시 계자전류는 큰 것이 좋다. $\tau = K\phi I_a$, $I_f = \frac{V}{R_f + R_{FR}}$, 기동토크를 크게 하려면 자속을 크게 해놓는 것이 좋으므로 여자전류가 클수록 좋다. 따라서 계자권선과 직렬로 되어 있는 계자저항(R_{FR})을 0으로 한다. 운전 중에 계자저항기의 저항을 증가하는 것은 계자코일과 직렬로 접속되어 있는 속도 조정기의 저항을 증가 시킨다는 것이므로, 여자전류는 감소함으로 계자속도도 감소함으로 동일한 역기전력이 발생토록 하기 위해서는 속도를 증가 시켜야 한다.

49 사이리스터 특성에 대한 설명 중 틀린 것은?

① 하나의 스위치 작용을 하는 반도체이다.
② pn접합을 여러개 적당히 결합한 전력용 스위치이다.
③ 사이리스터를 턴온시키기 위해 필요한 최소의 순방향 전류를 래칭전류라 한다.
④ 유지전류는 래칭전류보다 크다.

해설 사이리스터(Thyristor) : 전력용 반도체 소자를 총칭하는 것으로 기본소자는 Diode, SCR과 같은 단방향 제어소자와 DIAC, TRIAC 같은 쌍방향 제어소자가 있다.

• 유지전류(Holding Current) : SCR의 ON 상태를 유지하기 위한 최소한의 양극전류를 말하는데, ON 상태에 있는 SCR의 Gate 회로를 개방하고 양극전류를 줄여가게 되면, 어떤 전류부터 OFF 상태로 이동해서 더 이상 전류가 흐르지 않게 되는 이때의 전류를 유지 전류라 한다.

• 래칭전류(Latching Current) : SCR이 OFF 상태에서 ON 상태로 전환이 되고, 트리거 신호가 제거된 직후에 SCR을 ON 상태로 유지하는데 필요로 한 최소한의 양극전류를 말한다. 래칭전류는 릴레이가 동작할 수 있는 최소한의 전류를, 유지전류는 릴레이가 동작하고 있는 상태에서 전류를 점점 줄였을 때 릴레이가 동작하지 않게 되는 바로 직전의 전류를 의미 하는데, 그러므로 유지전류는 래칭전류 보다 항상 작다.

50 단상 유도전동기의 기동방법 중 기동토크가 가장 큰 것은?

① 반발 기동형　　② 반발 유도형
③ 콘덴서 기동형　　④ 분상 기동형

해설 기동토크 큰 순서 : 반발 기동형 → 반발 유도형 → 콘덴서 기동형 → 분상 기동형 → 세이딩 코일형 → 모노사이클릭형

51 [보기]의 설명에서 괄호(㉠~㉢)에 알맞은 말은?

[보기]
권선형 유도전동기에서 2차 저항을 증가 시키면 기동 전류는 (㉠)하고 기동토크는 (㉡) 하며, 2차회로의 역률이(㉢)되고 최대토크는 일정하다

정답 47 ④　48 ②　49 ④　50 ①　51 ①

2014년도 산업기사 제2회 필기시험(산업기사)·**1037**

① ㉠ 감소, ㉡ 증가, ㉢ 좋아지게
② ㉠ 감소, ㉡ 감소, ㉢ 좋아지게
③ ㉠ 감소, ㉡ 증가, ㉢ 나빠지게
④ ㉠ 증가, ㉡ 감소, ㉢ 나빠지게

52 직류 분권전동기의 공급 전압의 극성을 반대로 하면 회전 방향은 어떻게 되는가?

① 변하지 않는다.　　② 반대로 된다.
③ 발전기로 된다.　　④ 회전하지 않는다.

해설 직류 분권전동기의 공급 전압의 극성을 반대로 하면, 계자전류와 전기자전류의 방향이 동시에 반대로 되므로 회전방향은 변하지 않는다.

53 전기자를 고정자로 하고, 계자극을 회전자로 한 회전계자형으로 가장 많이 사용되는 것은?

① 직류발전기　　② 회전변류기
③ 동기발전기　　④ 유도발전기

해설 동기 발전기는 회전계자형으로 되어 있다.

54 출력이 20[kW]인 직류발전기의 효율이 80[%]이면 손실[kW]은 얼마인가?

① 1　　② 2
③ 5　　④ 8

해설 규약효율(η)

직류전동기효율(η_m) $= \dfrac{입력-손실}{입력} \times 100[\%]$

직류발전기효율(η_g) $= \dfrac{출력}{출력+손실} \times 100[\%]$

$0.8 = \dfrac{20}{20+손실}$

$\therefore$ 전손실(P_l) $= \dfrac{20}{0.8} - 20 = 5[kW]$

55 다음 중 반자성 특성을 갖는 자성체는?

① 규소강판　　② 초전도체
③ 페리자성체　　④ 네오디뮴자석

해설 반자성체(反磁性體, Diamagnetic Substance) : 반자성을 보이는 물질로 외부 자기장에 의해서 자기장과 반대 방향으로 자화되는 물질을 말한다. 금속과 산소를 제외한 기체, 수소, 물, 유리, 납, 구리, 아연, 탄소, 비스무트, 등

56 권선형 유도전동기에서 비례추이를 할 수 없는 것은?

① 회전력　　② 1차 전류
③ 2차 전류　　④ 출력

해설
• 비례추이 할 수 있는 것 : 토크, 1차 입력, 1차 전류, 2차 전류, 역률, 동기 와트
• 비례추이 할 수 없는 것 : 출력, 효율, 2차 동손

57 직류분권발전기의 무부하 포화곡선이 $V = \dfrac{950 I_f}{30+I_f}$ 이고, I_f는 계자전류[A], V는 무부하 전압[V]으로 주어질 때 계자회로의 저항이 25[Ω]이면 몇 [V]의 전압이 유기되는가?

① 200　　② 250
③ 280　　④ 300

해설 계자회로의 저항이 25[Ω]이므로,

$V = I_f \times 25$ 에서 $I_f = \dfrac{V}{25}[A]$

$V = \dfrac{950 I_f}{30+I_f} = \dfrac{950 \times \dfrac{V}{25}}{30+\dfrac{V}{25}}$ 에서, V=200[V]이다.

정답 **52** ①　**53** ③　**54** ③　**55** ②　**56** ④　**57** ①

58 10[kVA], 2000/380[V]의 변압기 1차 환산 등가 임피던스가 3+j4[Ω]이다. %임피던스 강하는 몇 [%]인가?

① 0.75 　　　　② 1.0

③ 1.25 　　　　④ 1.5

해설

$$\text{\%저항강하(p)}=\frac{I_{1n}\cdot r}{V_{1n}}\times100=\frac{5\times3}{2000}\times100$$
$$=0.75[\%]$$

$$I_{1n}=\frac{P_1}{V_{1n}}=\frac{10\times10^3}{2000}=5[A]$$

$$\text{\%리액턴스강하(q)}=\frac{I_{1n}\cdot x}{V_{1n}}\times100=\frac{5\times4}{2000}\times100$$
$$=1[\%]$$

$$\text{\%임피던스 강하(z)}=\sqrt{p^2+q^2}=\sqrt{0.75^2+1^2}$$
$$=1.25[\%]$$

59 단상 전파 제어 정류 회로에서 순저항 부하 일 때의 평균 출력 전압은?(단. V_m은 인가 전압의 최대값이고 점호각은 α이다.)

① $\dfrac{V_m}{\pi}(1+\cos\alpha)$ 　　② $\dfrac{V_m}{\pi}(1+\tan\alpha)$

③ $\dfrac{2V_m}{\pi}(1+\cos\alpha)$ 　　④ $\dfrac{2V_m}{\pi}(1+\tan\alpha)$

해설

단상 반파의 출력전압의 평균값(E_d)

$$=\frac{\sqrt{2}\,V}{2\pi}(1+\cos\alpha)=\frac{V_m}{2\pi}(1+\cos\alpha)$$

단상 전파의 출력전압의 평균값 (E_d)

$$=\frac{\sqrt{2}\,V}{\pi}(1+\cos\alpha)=\frac{V_m}{\pi}(1+\cos\alpha)$$

V : 실효값, V_m : 최대값

60 전력용 MOSFET와 전력용 BJT에 대한 설명 중 틀린 것은?

① 전력용 BJT는 전압제어소자로 온 상태를 유지하는데 거의 무시할 만큼의 전류가 필요로 된다.

② 전력용 MOSFET는 비교적 스위칭 시간이 짧아 높은 스위칭 주파수로 사용할 수 있다.

③ 전력용 BJT는 일반적으로 턴온 상태에서의 전압강하가 전력용 MOSFET보다 작아 전력 손실이 적다.

④ 전력용 MOSFET는 온 오프 제어가 가능한 소자이다.

해설

- MOSFET(Metal Oxide Semiconductor Field Effect Transistor)
  (전계효과 트랜지스터) : 게이트, 드레인, 소스, 바디 4개 단자로 구성되어 있다.
  게이트에 전압을 인가했을 때, 생성되는 채널이 전자 혹은 정공에 따라 MOS의 타입이 결정되며, 전압 제어방식으로 입력전압으로 출력 전류를 제어하는 특성으로, 용도로는 스위치, 증폭을 위해 사용 한다. 특징으로는 가격이 비싸며, 드라이브가 쉽고, 스위칭 속도는 매우 빠르며, 낮은 전압에서는 Ron 저항이 낮아 효율이 높지만, 높은 전압에서는 Ron 저항이 증가하여 효율이 나빠진다. 저전력으로 동작 속도가 빠르다. 또한 On/Off 상태를 유지하기 위해서는 제어전압 필요하다.
- BJT(Bipolar Junction Transistor) : 전자와 정공이 전류 흐름에 관여(=Bipolar)하며, NPN, PNP 두개의 타입과 베이스, 이미터, 콜렉터 3개의 단자로 구성되어있고, 용도로는 스위치(on/off), 증폭(Amplifier)을 위해 사용한다.
  특징으로는, 가격이 저렴하며, 고전압, 고전류 일 때 효율이 높다.
  드라이브가 힘들고(전류구동) 스위칭 속도가 느리다. 회로 구성이 복잡하여 동작 속도가 느리고, 베이스의 전류를 제어해서 BJT를 on/off한다.
  단점으로는 on 상태를 유지하는 전류가 필요하며, 구동 전력(Drive Power)이 크다.
- ∴ BJT와 비교할 때 MOSFET의 구동전력은 매우 작다.

정답 　58 ③　　59 ①　　60 ①

- 장점 : 구동전류(Gate 전류)가 거의 흐르지 않기 때문에 전력 사용 효율이 소전력을 사용하는 것에서는 TR보다 좋고, 드레인 소스간 전압 강하가 BJT에 비해 적기 때문에 (순저항으로서 BJT의 절반 이하수준) 전력 이용률이 높다.
- 단점 : 직선 증폭작용이 BJT와 비교할 때 비선형이고 게이트 전압의 드라이브가 까다롭기 때문에 단순한 스위칭의 용도로는 적합하나 직선 증폭용으로는 부적합하다.

제4과목 : 회로 이론

61 3상회로의 영상분, 정상분, 역상분을 각각 I_0, I_1, I_2라 하고 선전류를 I_a, I_b, I_c라 할 때 I_b는?(단, $a = -\frac{1}{2} + j\frac{\sqrt{3}}{2}$ 이다.)

① $I_0 + I_1 + I_2$
② $\frac{1}{3}(I_0 + I_1 + I_2)$
③ $I_0 + a^2 I_1 + a I_2$
④ $\frac{1}{3}(I_0 + a I_1 + a^2 I_2)$

62 그림과 같은 회로에서 임피던스 파라미터 Z_{11}은?

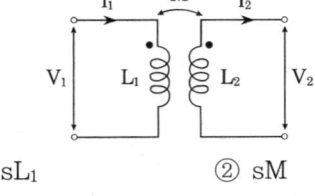

① sL_1
② sM
③ $sL_1 L_2$
④ sL_2

해설

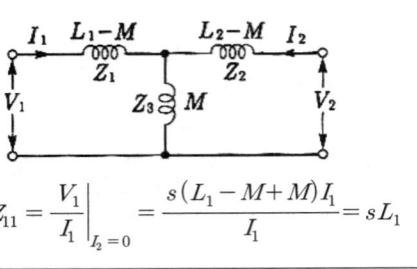

$$Z_{11} = \frac{V_1}{I_1}\bigg|_{I_2=0} = \frac{s(L_1 - M + M)I_1}{I_1} = sL_1$$

63 저항 4[Ω]과 유도 리액턴스 X_L[Ω]이 병렬로 접속된 회로에 12[V]의 교류전압을 가하니 5[A]의 전류가 흘렀다. 이 회로의 X_L(Ω)은?

① 8
② 6
③ 3
④ 1

해설

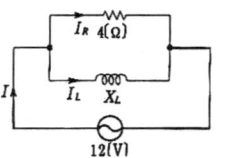

저항에 흐르는 전류(I_R) $= \frac{12}{4} = 3[A]$,

유도리액턴스에 흐르는 전류(I_L) $= \sqrt{I^2 - I_R^2}$
$= \sqrt{5^2 - 3^2} = 4[A]$

$\therefore X_L = \frac{12}{4} = 3[\Omega]$

64 어떤 회로에 흐르는 전류가 $i = 7 + 14.1 \sin\omega t$ [A]인 경우 실효값은 약 몇 [A] 인가?

① 11.2
② 12.2
③ 13.2
④ 14.2

해설 실효값(I_e) $= \sqrt{7^2 + (\frac{14.1}{\sqrt{2}})^2} = 12.18[A]$

65 그림과 같은 회로에서 공진시의 어드미턴스 [℧]는?

① $\frac{CR}{L}$
② $\frac{LC}{R}$
③ $\frac{C}{RL}$
④ $\frac{R}{LC}$

정답 61 ③ 62 ① 63 ③ 64 ② 65 ①

1040 · Part 3. 전기산업기사 기출문제

[해설] 합성 어드미턴스의 허수부가 0일 때 공진시 이므로

$$Y = Y_1 + Y_2 = \frac{1}{R+j\omega L} + j\omega C$$

$$= \frac{R}{R^2 + (\omega L)^2} + j(\omega C - \frac{\omega L}{R^2 + (\omega L)^2})$$

공진시의 어드미턴스$(Y) = \frac{R}{R^2 + \omega^2 L^2}$

공진조건에서, $\omega C = \frac{\omega L}{R^2 + \omega^2 L^2}$

$\therefore R^2 + \omega^2 L^2 = \frac{L}{C}$

$\therefore Y = \frac{R}{R^2 + \omega^2 L^2} = \frac{R}{\frac{L}{C}} = \frac{RC}{L}$

---

66 어떤 코일의 임피던스를 측정하고자 직류전압 100[V]를 가했더니 500[W]가 소비되고, 교류전압 150[V]를 가했더니 720[W]가 소비되었다. 코일의 저항[Ω]과 리액턴스[Ω]는 각각 얼마인가?

① R=20, X_L=15 ② R=15, X_L=20

③ R=25, X_L=20 ④ R=30, X_L=25

[해설] 직류(DC)일 경우 저항만 존재하므로,

$R = \frac{V^2}{P} = \frac{100^2}{500} = 20[\Omega]$

교류(AC)일 경우

$P = \frac{V^2 R}{R^2 + X^2}$, $720 = \frac{150^2 \times 20}{20^2 + X^2}$ 에서 X=15[Ω]

---

67 3상 유도전동기의 출력이 3.7[kW], 선간전압 200[V], 효율 90[%], 역률 80[%]일 때, 이 전동기에 유입되는 선전류는 약 몇 [A]인가?

① 8   ② 10

③ 12   ④ 15

[해설] $\eta = \frac{P_0}{P_i} \times 100[\%] = \frac{P_0}{\sqrt{3}\, VI\cos\theta}$

$\therefore I = \frac{3.7 \times 10^3}{0.9 \times \sqrt{3} \times 200 \times 0.8} = 14.83[A]$

---

68 그림과 같은 회로망에서 Z_1을 4단자 정수에 의해 표시하면 어떻게 되는가?

① $\frac{1}{C}$ ② $\frac{D-1}{C}$

③ $\frac{B-1}{C}$ ④ $\frac{A-1}{C}$

[해설]

$$\begin{bmatrix} A & B \\ C & D \end{bmatrix} = \begin{bmatrix} 1 & Z_1 \\ 0 & 1 \end{bmatrix}\begin{bmatrix} 1 & 0 \\ \frac{1}{Z_3} & 1 \end{bmatrix}\begin{bmatrix} 1 & Z_2 \\ 0 & 1 \end{bmatrix}$$

$$= \begin{bmatrix} 1 + \frac{Z_1}{Z_3} & \frac{Z_1 Z_2 + Z_2 Z_3 + Z_3 Z_1}{Z_3} \\ \frac{1}{Z_3} & 1 + \frac{Z_2}{Z_3} \end{bmatrix}$$

$A = 1 + \frac{Z_1}{Z_3}$ 와 $C = \frac{1}{Z_3}$ 에서,

$Z_1 = \frac{A-1}{C}$ 가 된다.

---

69 다음 용어 설명중 틀린 것은?

① 역률 $= \frac{유효전력}{피상전력}$

② 파형률 $= \frac{평균값}{실효값}$

③ 파고율 $= \frac{최대값}{실효값}$

④ 왜형률 $= \frac{전고조파의\ 실효값}{기본파의\ 실효값}$

[정답] **66** ① **67** ④ **68** ④ **69** ②

2014년도 산업기사 제2회 필기시험(산업기사) • **1041**

해설 파형률 $=\dfrac{\text{실효값}}{\text{평균값}}$

70 3대의 단상변압기를 △결선으로 하여 운전하던 중 변압기 1대가 고장으로 제거하여 V결선으로 한 경우 공급할 수 있는 전력은 고장전 전력의 몇 [%]인가?

① 57.7
② 50.0
③ 63.3
④ 67.7

해설

V결선시 변압기 이용률 $=\dfrac{\sqrt{3}\,VI\cos\theta}{2\,VI\cos\theta}=\dfrac{\sqrt{3}}{2}$

$=0.866$

△결선시 변압기 출력비 $=\dfrac{P_V}{P_\triangle}=\dfrac{\sqrt{3}\,VI\cos\theta}{3\,VI\cos\theta}$

$=\dfrac{1}{\sqrt{3}}=0.577$

71 1차 지연 요소의 전달함수는?

① K
② $\dfrac{K}{S}$
③ Ks
④ $\dfrac{K}{1+Ts}$

해설 비례해석 : k, 미분요소 : Ts, 적분요소 : $\dfrac{1}{Ts}$,

1차지연요소 : $\dfrac{K}{Ts+1}$

2처지연요소 :

$G(s)=\dfrac{a_0}{b_2 s^2+b_1 s+b_0}=\dfrac{K\omega_n^2}{s^2+2\zeta\omega_n s+\omega_n^2}$

$\left(\text{단},\ \dfrac{a_0}{b_0}=K,\ \dfrac{b_2}{b_0}=T^2,\ \dfrac{b_1}{b_0}=2\zeta T,\ \dfrac{1}{T}=\omega_n\right.$

$\zeta=$ 감쇠계수(제동비), $\omega_n=$ 고유주파수 $\left.\right)$

72 정상상태에서 시간 t=0 일 때 스위치 S를 열면 흐르는 전류 i는?

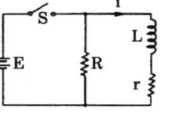

① $\dfrac{E}{R}e^{-\frac{R+r}{L}t}$
② $\dfrac{E}{r}e^{-\frac{R+r}{L}t}$
③ $\dfrac{E}{r}e^{-\frac{L}{R+r}t}$
④ $\dfrac{E}{R}e^{-\frac{L}{R+r}t}$

해설

$0=L\dfrac{di(t)}{dt}+(R+r)\,i(t)$

$0=LsI(s)-Li(0)+(R+r)I(s)$

$Li(0)=(Ls+R+r)I(s)$, 여기서, $i(0)=\dfrac{E}{r}$

$I(s)=\dfrac{i(0)}{s+\dfrac{R+r}{L}}=\dfrac{\dfrac{E}{r}}{s+\dfrac{R+r}{L}}$

$i(t)=\mathcal{L}^{-1}I(s)=\dfrac{E}{r}e^{-\frac{R+r}{L}t}\,[A]$

73 $f(t)=At^2$의 라플라스변환은?

① $\dfrac{A}{s^2}$
② $\dfrac{2A}{s^2}$
③ $\dfrac{A}{s^3}$
④ $\dfrac{2A}{s^3}$

해설 $\mathcal{L}\,At^2=A\dfrac{2}{s^3}$

74 RL 병렬회로의 합성 임피던스[Ω]는?(단, ω(rad/s)는 이 회로의 각 주파수이다.)

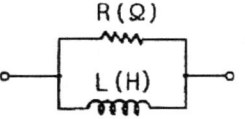

① $R\left(1+j\dfrac{\omega L}{R}\right)$
② $R\left(1-j\dfrac{1}{\omega L}\right)$
③ $\dfrac{R}{\left(1-j\dfrac{R}{\omega L}\right)}$
④ $\dfrac{R}{\left(1+j\dfrac{R}{\omega L}\right)}$

정답 **70** ① **71** ④ **72** ② **73** ④ **74** ③

해설

$$Z = \frac{1}{\frac{1}{R}+\frac{1}{j\omega L}} = \frac{j\omega LR}{j\omega L + R} = \frac{R}{1 - j\frac{R}{\omega L}}\,[\Omega]$$

75 3상 불평형 전압에서 영상전압이 150[V] 이고 정상전압이 500[V], 역상전압이 300[V] 이면 전압의 불평형률[%]는?

① 70   ② 60

③ 50   ④ 40

해설

$$전압의\ 불평형률 = \frac{역상전압}{정상전압} = \frac{V_2}{V_1} = \frac{300}{500}\times100$$
$$= 60[\%]$$

76 단자 a-b 30[V]의 전압을 가했을 때 전류 I는 3[A]가 흘렀다고 한다. 저항 r[Ω]은 얼마인가?

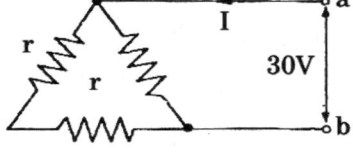

① 5   ② 10

③ 15   ④ 20

해설 $V = IR = I \times \frac{2}{3}r$ 에서,

$$30 = 3 \times \frac{2}{3}r \quad \therefore r = 15[\Omega]$$

77 어떤 회로에 $E = 200\angle\frac{\pi}{3}[V]$의 전압을 가하니 $I = 10\sqrt{3} + j10[A]$의 전류가 흘렀다. 이 회로의 무효전력[Var]은?

① 707   ② 1000

③ 1732   ④ 2000

해설 $E = 200\angle\frac{\pi}{3} = 100 + j100\sqrt{3}\,[V]$

$$\therefore P_a = E\,\bar{I} = (100 + j100\sqrt{3})(10\sqrt{3} - j10)$$
$$= 2000\sqrt{3} + j2000\,[VA]$$

78 어떤 제어계의 출력이 $C(s) = \frac{5}{s(s^2+s+2)}$ 로 주어질 때 출력의 시간함수 c(t)의 정상값은?

① 5   ② 2

③ $\frac{2}{5}$ ④ $\frac{5}{2}$

해설

$$\lim_{t\to\infty}c(t) = \lim_{s\to0}s\,C(s) = \lim_{s\to0}s\frac{5}{s(s^2+s+2)}$$
$$= \frac{5}{2}$$

79 그림과 같은 구형파의 라플라스 변환은?

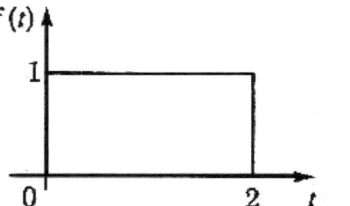

① $\frac{1}{s}(1 - e^{-s})$ ② $\frac{1}{s}(1 + e^{-s})$

③ $\frac{1}{s}(1 - e^{-2s})$ ④ $\frac{1}{s}(1 + e^{-2s})$

해설 $f(t) = u(t) - u(t-2)$

$$\mathcal{L}f(t) = F(s) = \frac{1}{s} - \frac{1}{s}e^{-2s} = \frac{1}{s}(1 - e^{-2s})$$

정답 75 ②   76 ③   77 ④   78 ④   79 ③

80 그림과 같은 회로에서 정전용량 C[F]를 충전한 후 스위치 S를 닫아서 이것을 방전할 때 과도전류는?(단, 회로에는 저항이 없다.)

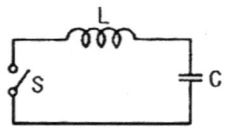

① 주파수가 다른 전류
② 크기가 일정하지 않은 전류
③ 증가 후 감쇠하는 전류
④ 불변의 진동전류

해설 회로에 저항성분이 없다고 했으므로 불변의 진동전류가 흐르게 된다.

제5과목 : 전기설비기술기준 및 판단기준

81 가요전선관 공사에 의한 저압 옥내배선으로 틀린 것은?

① 2종 금속제 가요전선관을 사용하였다.
② 사용전압이 380V이므로 가요전선관에 제3종 접지공사를 하였다.
③ 전선으로 옥외용 비닐 절연전선을 사용하였다.
④ 사용전압 440V에서 사람이 접촉할 우려가 없어 제3종 접지공사를 하였다.

해설 가요전선관공사
• 전선은 절연전선(OW 제외)을 사용하며, 연선일 것
  관안에서 접속점이 없도록 시설하고 가요전선관은 2종 금속제 가요 전선관일 것
• 1종 금속제 가요 전선관은 단면적이 2.5[mm²] 이상의 나연동선을 전장에 걸쳐 삽입 또는 첨가하여 양단에서 관과 전기적으로 완전하게 접속할 것
• 사용전압이 400[V] 미만인 관은 제3종 접지공사를 하고, 400[V] 이상인 경우는 특별 제3종 접지공사를 할 것. 다만, 사람이 접촉 할 우려가 없도록 시설할 경우는 제3종 접지공사를 할 것

82 저압 옥내배선을 합성수지관 공사에 의하여 실시하는 경우 사용할 수 있는 단선(동선)의 최대 단면적은 몇 [mm²]인가?

① 4   ② 6
③ 10   ④ 16

해설 합성수지관공사
• 전선은 절연전선(OW 제외)을 사용하며, 연선일 것
  합성수지관안에는 전선에 접속점이 없도록 할 것
• 단소한 관안에 넣은 것 또는 공칭단면적 10[mm²] (Al : 16[mm²]) 이하의 것은 단선으로 사용할 수 있다.
• 관 상호 및 관과 박스와는 관의 삽입깊이를 관 바깥지름의 1.2배(접착제를 사용 할 경우는 0.8배) 이상으로 견고하게 접속할 것
• 관의 지지점간의 거리는 1.5[m] 이하로 할 것

83 수소냉각식 발전기 및 이에 부속하는 수소냉각장치에 관한 시설기준 중 틀린 것은?

① 발전기안의 수소의 압력 계측장치 및 압력변동에 대한 경보장치를 시설할 것
② 발전기안의 수소 온도를 계측하는 장치를 시설 할 것
③ 발전기는 기밀구조이고 또한 수소가 대기압에서 폭발하는 경우에 생기는 압력에 견디는 강도를 가지는 것일 것
④ 발전기안의 수소의 순도가 70% 이하로 저하한 경우에 경보를 하는 장치를 시설할 것

해설 발전기, 조상기 안의 수소 순도가 85[%] 이하로 저하한 경우 경보장치를 시설할 것

84 시가지 등에서 특고압 가공전선로를 시설하는 경우 특고압 가공전선로용 지지물로 사용할 수 없는 것은?(단, 사용전압이 170[kV] 이하인 경우이다.)

① 철탑   ② 철근 콘크리트주
③ A종 철주   ④ 목주

정답 **80** ④   **81** ③   **82** ③   **83** ④   **84** ④

1044 • Part 3. 전기산업기사 기출문제

해설 시가지 등에서는 특고압 가공전선로를 시설할 경우에는 목주를 지지물로 사용할 수가 없다.

85 사용전압 220[V]인 경우에 애자사용공사에 의한 옥측 전선로를 시설할 때 전선과 조영재와의 이격거리는 몇 [cm] 이상이어야 하는가?

① 2.5 ② 4.5
③ 6 ④ 8

해설 저압 옥측 전선로의 시설 (애자사용 공사로 시설)

시설장소	전선 상호간의 간격(이상)		전선과 조영재사이의 이격거리(이상)	
	사용전압 400[V] 미만	사용전압 400[V] 이상	사용전압 400[V] 미만	사용전압 400[V] 이상
비나 이슬에 젖지 아니하는 장소	6 [cm]	6 [cm]	2.5 [cm]	2.5 [cm]
비나 이슬에 젖는 장소	6 [cm]	12 [cm]	2.5 [cm]	4.5 [cm]

86 발전소 등의 울타리 담 등을 시설할 때 사용전압이 154[kV]인 경우 울타리 담등의 높이와 울타리 담 등으로부터 충전부분까지의 거리의 합계는 몇 [m] 이상이어야 하는가?

① 5 ② 6
③ 8 ④ 10

해설 발·변전소, 개폐소등의 울타리, 담 등의 높이는 2[m] 이상으로 하고, 지표면과 울타리, 담 등의 하단 사이의 간격은 15[cm] 이하로 할 것
발·변전소 등의 울타리, 담 등의 높이와 울타리, 담 등으로부터 충전부분까지의 거리 합계는 다음 값 이상으로 할 것

35[kV] 이하 : 5[m], 35[kV] 초과160[kV] 이하 : 6[m] 160[kV] 초과 : 6[m]에 160[kV]를 초과하는10[kV] 또는 그 단수마다 12[cm]를 더한 값

87 저압 전로에 사용하는 80[A]퓨즈는 수평으로 붙일 경우 정격전류의 1.6배 전류에 몇 분안에 용단되어야 하는가?

① 60 ② 120
③ 180 ④ 240

해설 과전류 차단기로 저압전로에 사용하는 퓨즈는 수평으로 붙인 경우에 정격전류의 1.1배에 견딜 것

정격전류 구분	용단시간	
	정격전류의 1.6배	정격전류의 2배
30[A] 이하	60[분]	2[분]
30[A] 초과 60[A] 이하	60[분]	4[분]
60[A] 초과 100[A] 이하	120[분]	6[분]
100[A] 초과 200[A] 이하	120[분]	8[분]
200[A] 초과 400[A] 이하	180[분]	10[분]
400[A] 초과 600[A] 이하	240[분]	12[분]
600[A] 초과	240[분]	20[분]

88 사용전압 66[kV] 가공전선과 6[kV] 가공전선을 동일 지지물에 시설하는 경우, 특고압 가공전선은 케이블인 경우를 제외하고는 단면적이 몇 [mm²]인 경동연선 또는 이와 동등 이상의 세기 및 굵기의 연선이어야 하는가?

① 22 ② 38
③ 55 ④ 100

해설 35[kV]를 넘고 100[kV] 미만의 특고가공전선과 고·저압 병가시
• 특고선로에는 제2종 특고 보안공사를 할 것
• 특고선과 고·저압선의 이격거리는 2[m] 이상일 것(케이블 : 1[m])
• 특고선은 인장강도 21.67[kN] 이상의 연선 또는 55[mm²] 이상의 경동연선 또는 케이블
• 지지물은 철주, 철근 콘크리트주 또는 철탑일 것

정답 85 ① 86 ② 87 ② 88 ③

89 300[kHz]부터 3000[kHz]까지의 주파수대에서 전차선로에서 발생하는 전파의 허용한도 상대레벨의 준첨두 값[dB]은?

① 25.5 ② 32.5
③ 36.5 ④ 40.5

해설 전기철도 전파 장해방지(제251조)
- 전차선로는 무선설비의 기능에 계속적이고 또한 중대한 장해를 주는 전파가 생길 우려가 있는 경우에는 이를 방지하도록 시설하여야 한다.
- 제1항의 경우에 전차선로에서 발생하는 전파의 허용한도는 전차선의 직하로부터 전차선과 직각의 방향으로 10[m]떨어진 지점에서 방해파 측정기의 틀형 공중선의 면을 전차선로에 평행으로 하고 6회 이상 측정한 때에 각회의 측정값의 최대값의 평균값 (전차선의 직하로부터 전차선과 직각의 방향으로 10[m] 떨어진 지점에서 측정하기가 어려운 경우에는 임의의 지점에서 방해파 측정기의 틀형 공중선의 면을 전차선로에 평행으로 하고 6회 이상 측정한 경우 각 회의 측정값의 최대값의 평균값[그림])의 횡축에 표시한 이격거리에 따라 각각 그림의 종축에 표시한 값으로 보정한 값이 300[kHz]로부터 3000[kHz]까지의 주파수대에서 36.5[dB] (준첨두 값)일 것

90 가공 직류 전차선의 레일면상의 높이는 몇 [m] 이상이어야 하는가?

① 6.0 ② 5.5
③ 5.0 ④ 4.8

해설 가공 직류 전차선의 레일면상의 높이는 4.8[m] 이상, 전용의 부지 위에 시설될 때에는 4.4[m] 이상 터널안의 윗면, 교량의 아랫면 인 경우는 3.5[m], 광산 및 기타 갱도안의 윗면인 경우는 1.8[m] 이상일 것

91 옥내의 네온 방전등 공사에 대한 설명으로 틀린 것은?

① 방전등용 변압기는 네온변압기일 것
② 관등회로의 배선은 점검할 수 없는 은폐장소에 시설할 것
③ 관등회로의 배선은 애자사용 공사에 의하여 시설할 것
④ 방전등용 변압기의 외함에는 제3종 접지공사를 할 것

해설
- 관등회로의 배선은 전개된 장소 또는 점검할 수 있는 은폐장소에 시설할 것
- 관등회로의 배선은 애자사용공사로 하며, 전선의 지지점간의 거리는 1[m] 이하일 것

92 저압 가공전선과 고압 가공전선을 동일 지지물에 시설하는 경우 이격거리는 몇 [cm] 이상이어야 하는가?

① 50 ② 60
③ 70 ④ 80

해설 저 고압 가공전선의 병가 이격거리 : 50[cm] 이상일 것(단, 케이블 사용시 : 30[cm])

93 가반형의 용접전극을 사용하는 아크 용접장치를 시설할 때 용접변압기의 1차측 전로의 대지전압은 몇 [V] 이하이어야 하는가?

① 200 ② 250
③ 300 ④ 600

해설 아크용접장치의 시설
- 용접변압기는 절연변압기일 것
- 1차 대지전압은 300[V] 이하일 것
- 용접변압기에서 전극사이는 용접용 케이블, 0.6/1[kV]EP고무절연 클로로프렌 캡타이어 케이블을 사용한다.
- 피용접재 또는 이와 전기적으로 접속되는 받침대, 정반 등의 금속체에는 제3종 접지 공사를 할 것

정답 89 ③ 90 ④ 91 ② 92 ① 93 ③

1046 • Part 3. 전기산업기사 기출문제

94 과전류 차단기로 시설하는 퓨즈 중 고압 전로에 사용되는 포장퓨즈는 정격전류의 몇 배의 전류에 견디어야 하는가?

① 1.1　　　　② 1.2

③ 1.3　　　　④ 1.5

해설
- 고압전로에 사용하는 포장퓨즈(고압전류 제한퓨즈 등)는 정격 전류의 1.3배에 견디고 2배의 전류에 120[분] 안에 용단될 것
- 고압전로에 사용하는 비포장퓨즈는 정격 전류의 1.25배에 견디고 2배의 전류에 2[분] 안에 용단될 것

95 중성점 접지식 22.9[kV] 가공전선과 직류 1500[V] 전차선을 동일 지지물에 병가 할 때 상호간의 이격거리는 몇 [m] 이상인가?

① 1.0　　　　② 1.2

③ 1.5　　　　④ 2.0

해설 특별고압 가공전선과 저압 또는 고압 가공전선 사이의 이격거리는 1.2[m] 이상일 것
(다만, 특별고압 가공전선이 케이블로서 저압 가공전선이 절연전선이거나 케이블인 때 또는 고압 가공전선이 고압 절연전선, 특별고압 절연전선 또는 케이블인 때는 50[cm] 감할 수 있다.)

96 지선 시설에 관한 설명으로 틀린 것은?

① 철탑은 지선을 사용하여 그 강도를 분산시켜야한다.

② 지선의 안전율은 2.5 이상이어야 한다.

③ 지선에 연선을 사용할 경우 소선 3가닥 이상의 연선 이어야 한다.

④ 지선근가는 지선의 인장하중에 충분히 견디도록 시설하여야 한다.

해설 가공전선로의 지지물은 철탑 이외에는 지선(지지물의 강도를 보충할 목적으로 장력을 분담하는 목적으로 쓰는 금속선)을 사용하여 강도를 분담시킬 수 있다.

97 사용 전압 66[kV]의 가공전선을 시가지에 시설할 경우 전선의 지표상 최소 높이는 몇 [m]인가?

① 6.48　　　　② 8.36

③ 10.48　　　　④ 12.36

해설 특고압 가공전선로의 시가지 시설시 지표상의 높이
- 35[kV] 이하 : 10[m] 이상(절연전선 8[m])
- 35[kV] 넘는 경우 : 10[m]에 10[kV] 넘는 그 단수마다 0.12[m],

  즉, 10+0.12n[m] 이상,

  $n = \dfrac{주어진전압[kV]-35}{10}$ 에서 절상할 것

  $n = \dfrac{주어진전압[kV]-35}{10} = \dfrac{66-35}{10} = 3.1$ 에서

절상하면 4단이 된다.

∴ 10+0.12n=10+0.12×4=10.48[m]

98 가공전선 및 지지물에 관한 시설기준 중 틀린 것은?

① 가공전선은 다른 가공전선로, 전차선로, 가공 약전류 전선로 또는 가공 광섬유 케이블선로의 지지물을 사이에 두고 시설하지 말 것

② 가공전선의 분기는 그 전선의 지지점에서 할 것(단, 전선의 장력이 가하여지지 않도록 시설하는 경우는 제외)

③ 가공전선로의 지주물에는 승탑 및 승주를 할 수 없도록 발판 못 등을 시설하지 말 것

④ 가공전선로의 지지물로는 목주 철주 철근 콘크리트주 또는 철탑을 사용할 것

해설 지지물의 승탑 및 승주 방지 : 가공 전선로의 지지물에 취급자가 오르고 내리는데 사용하는 발판볼트 등을 지표상 1.8[m] 미만에 시설하여서는 안 된다.

정답　**94** ③　**95** ②　**96** ①　**97** ③　**98** ③

99 특고압 가공전선이 도로 등과 교차하여 도로 상부측에 시설할 경우에 보호망도 같이 시설하려고 한다. 보호망은 제 몇 종 접지공사로 하여야 하는가?

① 제1종 접지공사

② 제2종 접지공사

③ 제3종 접지공사

④ 특별 제3종 접지공사

해설 특고압 가공전선이 도로 등과 교차 하는 경우에 특고압 가공전선이 도로 등의 위에 시설되는 경우의 보호망은 제1종 접지공사를 한 금속체의 망상장치로 하고 견고하게 지지할 것

100 전기설비의 접지계통과 건축물의 피뢰설비 및 통신설비등의 접지극을 공용하는 통합 접지공사를 하는 경우 낙뢰등 과전압으로부터 전기설비를 보호하기 위하여 설치해야 하는 것은?

① 과전류차단기　　② 지락보호장치

③ 서지보호장치　　④ 개폐기

해설 서지보호장치(Surge Protective Device)

과도적인 과전압을 제한하고 서지전류를 분류하는 것을 목적으로 하는 장치를 말한다. 이 SPD장치는 50/60[Hz]의 교류에서 정격 1,000[V]까지의 전원에 접속하는 기기를 보호하기 위해 시설하는 것으로 서지전압을 제한하고 서지전류를 분류하기 위해 1개소 이상 비선형 소자를 내장하고 있는 장치를 말한다.

정답 99 ① 100 ③

국가기술자격검정 필기시험문제

2014년도 산업기사 제3회 필기시험(산업기사)

자격종목 및 등급(선택분야)	종목코드	시험시간	문제지형별	수검번호	성명
전기산업기사		**2시간 30분**	**A**		

※ 시험문제지는 답안카드와 같이 반드시 제출하여야 합니다.

제1과목 : 전기자기학

01 다음 중 변위전류에 관한 설명으로 가장 옳은 것은?

① 변위전류밀도는 전속밀도의 시간적 변화율이다.

② 자유공간에서 변위전류가 만드는 것은 전계이다.

③ 변위 전류는 도체와 가장 관계가 깊다.

④ 시간적으로 변위하지 않는 계에서도 변위전류는 흐른다.

해설 변위전류밀도

$$i_d = \frac{I_d}{S} = \frac{\frac{dQ}{dt}}{S} = \frac{\frac{d}{dt}DS}{S} = \frac{dD}{dt} = \epsilon \frac{dE}{dt} \ [A/m^2]$$

(전속밀도(D) $= \frac{Q}{S} [C/m^2]$)

즉, 변위 전류밀도는 전속밀도의 시간적 변화율을 의미한다.

02 비유전율 $\epsilon_s = 5$인 유전체 내의 분극률은 몇 [F/m] 인가?

① $\dfrac{10^{-8}}{9\pi}$

② $\dfrac{10^9}{9\pi}$

③ $\dfrac{10^{-9}}{9\pi}$

④ $\dfrac{10^8}{9\pi}$

해설 분극의 세기

$$P = \epsilon_0(\epsilon_s - 1)E$$

$$\therefore 분극률(\chi) = \frac{P}{E} = \epsilon_0(\epsilon_s - 1)$$

$$= \frac{1}{36\pi \times 10^9} \times (5-1) = \frac{10^{-9}}{9\pi} \ [F/m]$$

03 단면의 지름이 D[m], 권수가 n [회/m]인 무한장 솔레이노이드에 전류 I[A]를 흘렸을 때, 길이 l [m]에 대한 인덕턴스 L [H]는 얼마인가?

① $4\pi^2\mu_s nD^2 l \times 10^{-7}$

② $4\pi\mu_s n^2 Dl \times 10^{-7}$

③ $\pi^2\mu_s nD^2 l \times 10^{-7}$

④ $\pi^2\mu_s n^2 D^2 l \times 10^{-7}$

해설

$$L = \frac{N\phi}{I} = \frac{nl\,\mu HS}{\frac{Hl}{nl}} = \frac{(nl)^2\mu S}{l} = n^2 l\,\mu_0\mu_s S$$

$$= 4\pi \times 10^{-7} \times \mu_s n^2 l \times \frac{\pi D^2}{4}$$

$$= \pi^2\mu_s n^2 D^2 l \times 10^{-7} \ [H]$$

04 액체 유전체를 포함한 콘덴서 용량이 C [F]인 것에 V [V]의 전압을 가했을 경우에 흐르는 누설전류 [A]는?(단, 유전체의 유전율은 ε, 고유저항은 ρ라 한다.)

① $\dfrac{\rho\epsilon}{C}V$

② $\dfrac{C}{\rho\epsilon}V$

③ $\dfrac{\rho\epsilon}{C}V^2$

④ $\dfrac{\rho\epsilon}{CV}$

정답 **01** ① **02** ③ **03** ④ **04** ②

2014년도 산업기사 제3회 필기시험(산업기사) • **1049**

해설 $RC = \rho\epsilon$ 에서, $R = \dfrac{\rho\epsilon}{C}\ [\Omega]$

$$\therefore I = \dfrac{V}{R} = \dfrac{CV}{\rho\epsilon}\ [A]$$

05 전계 E [V/m] 및 자계 H [AT/m]의 전자계가 평면파를 이루고 공기 중을 3×10^8 [m/s]의 속도로 전파될 때 단위시간당 단위면적을 지나는 에너지는 몇 [W/m²]인가?

① EH
② $\sqrt{\epsilon\mu}\,EH$
③ $\dfrac{EH}{\sqrt{\epsilon\mu}}$
④ $\dfrac{1}{2}(\epsilon E^2 + \mu H^2)$

해설 전계 E와 자계 H가 공존하는 경우의 단위체적당 에너지가 존재한다.

$$W = \dfrac{1}{2}(\epsilon E^2 + \mu H^2)\ [J/m^3]$$

E, H의 전자계가 평면파를 이루고 $3\times10^8\,[m/s]$ 의 속도로 전파되면 진행방향에 수직되는 단위면적당 단위시간에 통과하는 에너지는 $(C = 3\times10^8\,[m/s])$

$$P = \dfrac{1}{2}(\epsilon E^2 + \mu H^2)\cdot C\ [W/m^2]\ \text{에서},$$

$$C = \dfrac{1}{\sqrt{\epsilon\mu}},\ E = \sqrt{\dfrac{\mu}{\epsilon}}\,H$$

$$P = \dfrac{1}{\sqrt{\epsilon\mu}}\Big[\dfrac{1}{2}\epsilon H(\sqrt{\dfrac{\mu}{\epsilon}}\,H) + \dfrac{1}{2}\epsilon H(\sqrt{\dfrac{\epsilon}{\mu}}\,E)\Big]$$

$$= EH\ [W/m^2]$$

$$\therefore P = E\times H\ [W/m^2]$$

06 반지름 $r = a[m]$인 원통 도선에 $I[A]$의 전류가 균일하게 흐를 때, 자계의 최대값 [AT/m]는?

① $\dfrac{I}{\pi a}$
② $\dfrac{I}{2\pi a}$
③ $\dfrac{I}{3\pi a}$
④ $\dfrac{I}{4\pi a}$

해설 무한장 직선도선에 전류가 흐를 때 이로부터 a[m]되는 점의 자계의 세기는

$$H = \dfrac{I}{2\pi a}\ [AT/m]$$

07 자속 $\phi[Wb]$가 $\phi_m\cos 2\pi ft\ [Wb]$로 변화할 때 이 자속과 쇄교하는 권수 N 회의 코일에 발생하는 기전력은 몇 [V]인가?

① $-\pi fN\phi_m\cos 2\pi ft$
② $\pi fN\phi_m\sin 2\pi ft$
③ $-2\pi fN\phi_m\cos 2\pi ft$
④ $2\pi fN\phi_m\sin 2\pi ft$

해설

$$e = -N\dfrac{d\phi}{dt} = -N\dfrac{d}{dt}\phi_m\cos 2\pi ft$$

$$= 2\pi fN\phi_m\sin 2\pi ft\ [V]$$

08 전류에 의한 자계의 발생 방향을 결정하는 법칙은?

① 비오사바르의 법칙
② 쿨롱의 법칙
③ 패러데이의 법칙
④ 암페어의 오른손 법칙

해설

- 암페어의 오른나사 법칙 : 전류에 의한 자계방향을 결정
- 비오사바르 법칙 : 자계내 전류도선이 만드는 자계
- 패러데이 법칙 : 전자유도에 의한 회로에 발생하는 기전력은 자속 쇄교수의 시간에 대한 감쇠율에 비례 $(e = -N\dfrac{d\phi}{dt}\,[V])$
- 쿨롱의 법칙 : 두 대전도체 사이에 작용하는 힘

09 대지면에서 높이 h[m]로 가선된 대단히 긴 평행도선의 선전하(선전하밀도 $\lambda[C/m]$)가 지면으로부터 받는 힘[N/m]은?

① h에 비례
② h²에 비례
③ h에 반비례
④ h²에 반비례

해설 선전하간에 작용력은

$$f = -\lambda\ E = -\lambda\dfrac{\lambda}{2\pi\epsilon_0(2h)} = \dfrac{-\lambda^2}{4\pi\epsilon_0 h} \propto \dfrac{1}{h}$$

여기서, h : 지상의 높이, $-\lambda$: 영상전하(선전하 밀도)

[정답] 05 ①   06 ②   07 ④   08 ④   09 ③

10 반지름 a [m]인 무한히 긴 원통형 도선 A, B가 중심사이의 거리 d[m]로 평행하게 배치되어있다. 도선 A, B에 각각 단위 길이마다 +Q [C/m], −Q[C/m]의 전하를 줄 때 두 도선 사이의 전위차는 몇 [V] 인가?

① $\dfrac{Q}{2\pi\epsilon_o}\ln\dfrac{d-a}{a}$ ② $\dfrac{Q}{2\pi\epsilon_o}\ln\dfrac{a}{d-a}$

③ $\dfrac{Q}{\pi\epsilon_o}\ln\dfrac{d-a}{a}$ ④ $\dfrac{Q}{\pi\epsilon_o}\ln\dfrac{a}{d-a}$

해설 A도체에 +Q[C/m], B도체에 −Q[C/m]의 전하를 주면 두 도체의 중심을 연결하는 선상의 점 P의 전계의 세기는 각각

$E_A=\dfrac{Q}{2\pi\epsilon_0 x}\ [V/m],$

$E_B=\dfrac{-Q}{2\pi\epsilon_0(d-x)}\ [V/m]$

전계의 방향은 도체 A쪽에서 B쪽으로 향하게 되므로 합성전계는,

$E=E_A+E_B=\dfrac{Q}{2\pi\epsilon_0 x}+\dfrac{Q}{2\pi\epsilon_0(d-x)}$

$=\dfrac{Q}{2\pi\epsilon_0}\left(\dfrac{1}{x}+\dfrac{1}{d-x}\right)\ [V/m]$

그러므로 도체 A, B 사이의 전위차는,

$V_{AB}=-\displaystyle\int_{d-a}^{a}E\,dx$

$=-\dfrac{Q}{2\pi\epsilon_0}\displaystyle\int_{d-a}^{a}\left(\dfrac{1}{x}+\dfrac{1}{d-x}\right)dx$

$=\dfrac{Q}{2\pi\epsilon_0}\left[\ln x\Big|_{a}^{d-a}-\ln(d-a)\Big|_{a}^{d-a}\right]$

$=\dfrac{Q}{2\pi\epsilon_0}\left(\ln\dfrac{d-a}{a}-\ln\dfrac{a}{d-a}\right)$

$=\dfrac{Q}{\pi\epsilon_0}\ln\dfrac{d-a}{a}\ [V]$

---

11 길이 20[cm], 단면의 반지름 10[cm]인 원통이 길이의 방향으로 균일하게 자화되어 자화의 세기가 200[Wb/m²]인 경우, 원통 양 단자에서의 전 자극의 세기는 몇 [Wb]인가?

① π ② 2π

③ 3π ④ 4π

해설 자화의 세기는, $J=\dfrac{m}{S}=\dfrac{m}{\pi r^2}\ [Wb/m^2]$

$\therefore m=J\pi r^2=200\times\pi\times 0.1^2=2\pi\ [Wb]$

12 유전률 $\epsilon_1\!>\!\epsilon_2$인 두 유전체 경계면에 전속이 수직일 때, 경계면상이 작용력은?

① ϵ_1의 유전체에서 ϵ_2의 유전체 방향

② ϵ_2의 유전체에서 ϵ_1의 유전체 방향

③ 전속밀도의 방향

④ 전속밀도의 반대 방향

해설 유전체 경계면에서 전계 및 전속밀도는 유전율이 큰 유전체에서 크게 굴절한다.

13 유도계수의 단위에 해당되는 것은?

① C/F ② V/C

③ V/m ④ C/V

14 비투자율 800의 환상철심으로 하여 권선 600회 감아서 환상솔레노이드를 만들었다. 이 솔레노이드의 평균반경이 20[cm]이고, 단면적이 10[㎠]이다. 이 권선에 전류 1 [A]를 흘리면 내부에 통하는 자속[Wb]은?

① 2.7×10^{-4} ② 4.8×10^{-4}

③ 6.8×10^{-4} ④ 9.6×10^{-4}

정답 **10** ③ **11** ② **12** ① **13** ④ **14** ②

해설 $\phi = BS = \mu HS = \mu_0 \mu_s \dfrac{NI}{\pi D} S$

$= 4\pi \times 10^{-7} \times 800 \times \dfrac{600 \times 1}{\pi \times 0.4} \times 10 \times 10^{-4}$

$= 4.8 \times 10^{-4} [Wb]$

15 1[m]의 간격을 가진 선간전압 66000[V]인 2개의 평행왕복 도선에 10[kA]의 전류 가 흐를 때 도선 1[m]마다 작용하는 힘의 크기는 몇 [N/m]인가?

① 1[N/m]
② 10[N/m]
③ 20[N/m]
④ 200[N/m]

해설 평행전류간의 작용력은

$F = \dfrac{\mu_0 I_1 I_2}{2\pi r} = \dfrac{2I_1 I_2}{r} \times 10^{-7}$

$= \dfrac{2 \times (10 \times 10^3)^2}{1} \times 10^{-7} = 20 \, [N/m]$

16 평면 전자파의 전계 E와 자계 H와의 관계식으로 알맞은 것은?

① $H = \sqrt{\dfrac{\epsilon}{\mu}} \, E$
② $H = \sqrt{\dfrac{\mu}{\epsilon}} \, E$
③ $H = \dfrac{\epsilon}{\mu} E$
④ $H = \dfrac{\mu}{\epsilon} E$

해설 특성임피던스는

$Z_0 = \dfrac{E}{H} = \sqrt{\dfrac{\mu}{\epsilon}}$, $\therefore H = \sqrt{\dfrac{\epsilon}{\mu}} \, E$

17 ㉠ $\Omega \cdot sec$, ㉡ sec/Ω과 같은 단위는?

① ㉠ H, ㉡ F
② ㉠ H/m, ㉡ F/m
③ ㉠ F, ㉡ H
④ ㉠ F/m, ㉡ H/m

18 자기회로의 자기저항에 대한 설명으로 옳지 않은 것은?

① 자기회로의 단면적에 반비례 한다.
② 자기회로의 길이에 반비례 한다.
③ 자성체의 비투자율에 반비례 한다.
④ 단위는 [AT/Wb]이다.

해설 자기저항은

$R_m = \dfrac{l}{\mu S} \propto l$, 자기회로의 길이에 비례한다.

19 공기 중에서 무한평면도체 표면 아래의 1[m] 떨어진 곳에 1[C]의 점전하가 있다. 전하가 받는 힘의 크기는 몇 [N]인가?

① 9×10^9
② $\dfrac{9}{2} \times 10^9$
③ $\dfrac{9}{4} \times 10^9$
④ $\dfrac{9}{16} \times 10^9$

해설 무한평면도체에서 1[m] 떨어진 곳에서 전하가 받는힘의 크기는, (전기 영상법에 의하여)

$F = \dfrac{Q Q'}{4\pi\epsilon_0 (2r)^2} = 9 \times 10^9 \times \dfrac{1}{4} = \dfrac{9}{4} \times 10^9 [N]$

20 Q_1[C]으로 대전된 용량 C_1[F]의 콘덴서에 용량 C_2[F]를 병렬 연결한 경우 C_2가 분배받는 전기량 Q_2[C]는?(단, V_1 [V]은 콘덴서 C_1이 Q_1으로 충전되었을 때 C_1의 양단 전압이다.)

① $Q_2 = \dfrac{C_1 + C_2}{C_2} V_1$
② $Q_2 = \dfrac{C_2}{C_1 + C_2} V_1$
③ $Q_2 = \dfrac{C_1 + C_2}{C_1} V_1$
④ $Q_2 = \dfrac{C_1 C_2}{C_1 + C_2} V_1$

정답 15 ③ 16 ① 17 ① 18 ② 19 ③ 20 ④

해설 합성용량은, $C = C_1 + C_2 \, [F]$

연결 후의 전위차는,

$$V = \frac{Q_1}{C_1 + C_2} \, [V], \quad Q_1 = C_1 V_1 \, [C]$$

C_2가 분배받는 전기량 Q_2는,

$$\therefore Q_2 = C_2 V = C_2 \frac{Q_1}{C_1 + C_2} = C_2 \frac{C_1 V_1}{C_1 + C_2}$$

$$= \frac{C_1 C_2}{C_1 + C_2} V_1 \, [C]$$

제2과목 : 전력공학

21 중거리 송전선로에서 T형 회로일 경우 4단자 정수 A는?

① $1 + \dfrac{ZY}{2}$　　　② $1 - \dfrac{ZY}{4}$

③ Z　　　　　　　　④ Y

해설

$$\begin{bmatrix} A & B \\ C & D \end{bmatrix} = \begin{bmatrix} 1 & \dfrac{Z}{2} \\ 0 & 1 \end{bmatrix} \begin{bmatrix} 1 & 0 \\ Y & 1 \end{bmatrix} \begin{bmatrix} 1 & \dfrac{Z}{2} \\ 0 & 1 \end{bmatrix}$$

$$= \begin{bmatrix} 1 + \dfrac{ZY}{2} & \dfrac{Z}{2} \\ Y & 1 \end{bmatrix} \begin{bmatrix} 1 & \dfrac{Z}{2} \\ 0 & 1 \end{bmatrix}$$

$$= \begin{bmatrix} 1 + \dfrac{ZY}{2} & Z\left(1 + \dfrac{ZY}{4}\right) \\ Y & 1 + \dfrac{ZY}{2} \end{bmatrix}$$

22 피뢰기의 제한전압이란?

① 상용주파전압에 대한 피뢰기의 충격방전 개시전압

② 충격파 침입 시 피뢰기의 충격방전 개시 전압

③ 피뢰기가 충격파 방전 종료 후 언제나 속류를 확실히 차단 할 수 있는 상용주파 최대전압

④ 충격파 전류가 흐르고 있을 때의 피뢰기 단자전압

23 가공 전선로의 전선 진동을 방지하기 위한 방법으로 틀린 것은?

① 토쇼널 댐퍼(Torsional Damper)의 설치

② 스프링 피스톤 댐퍼와 같은 진동 제지권을 설치

③ 경동선을 ACSR로 교환

④ 클램프나 전선 접촉기 등을 가벼운 것으로 바꾸고 클램프 부근에 적당히 전선을 첨가

해설 ACSR

강심알루미늄연선으로서 진동의 원인이 된다.

24 부하전류의 차단능력이 없는 것은?

① 공기 차단기　　　② 유입 차단기

③ 진공 차단기　　　④ 단로기

해설 단로기(DS)

소호장치가 없어서 부하전류의 차단능력이 없다.

25 송전단 전압이 3300[V], 수전단 전압은 3000[V]이다. 수전단의 부하를 차단한 경우, 수전단 전압이 3200[V]라면 이회로의 전압 변동률은 약 몇 [%]인가?

① 3.25　　　　　② 4.28

③ 5.67　　　　　④ 6.67

해설

$$\epsilon = \frac{V_s - V_r}{V_r} \times 100 = \frac{3200 - 3000}{3000} \times 100$$
$$= 6.67 \, [\%]$$

정답　21 ①　　22 ④　　23 ③　　24 ④　　25 ④

26 송전 선로의 절연 설계에 있어서 주된 결정 사항으로 옳지 않은 것은?

① 애자련의 개수

② 전선과 지지물과의 이격거리

③ 전선 굵기

④ 가공지선의 차폐각도

27 설비A가 150[kW], 수용률 0.5, 설비 B가 250[kW], 수용률 0.8일 때 합성최대전력이 235[kW]이면 부등률은 약 얼마인가?

① 1.10

② 1.13

③ 1.17

④ 1.22

해설

$$부등률 = \frac{개개의\ 최대전력의\ 합}{합성\ 대수용전력}$$
$$= \frac{0.5 \times 150 + 0.8 \times 250}{235} = 1.17$$

28 전력용 콘덴서에 직렬로 콘덴서 용량의 5[%] 정도의 유도 리액턴스를 삽입하는 목적은?

① 제3고조파 전류의 억제

② 제5고조파 전류의 억제

③ 이상전압의 발생방지

④ 정전용량의 조절

해설 직렬 리액턴스 : 제5고조파제거 및 파형개선

• 이론적 : 콘덴서용량의 4[%]

• 실제적 : 콘덴서용량의 6[%]

29 송전선로에서 매설지선을 사용하는 주된 목적은?

① 코로나 전압을 저감시키기 위하여

② 뇌해를 방지하기 위하여

③ 탑각 접지저항을 줄여서 섬락을 방지하기 위하여

④ 인축의 감전 사고를 막기 위하여

30 송전 선로에 가공지선을 설치하는 목적은?

① 코로나 방지

② 뇌에 대한 차폐

③ 선로 정수의 평행

④ 철탑지지

해설 가공지선(Over Head Ground Wire)효과

• 직격뇌에 대한 차폐

• 유도뢰에 대한 정전차폐

• 통신선에 대한 전자유도장해 경감

31 동일한 부하전력에 대하여 전압을 2배로 승압하면 전압강하, 전압강하율, 전력 손실률을 각각 어떻게 되는지 순서대로 나열한 것은?

① $\frac{1}{2}, \frac{1}{2}, \frac{1}{2}$

② $\frac{1}{2}, \frac{1}{2}, \frac{1}{4}$

③ $\frac{1}{2}, \frac{1}{4}, \frac{1}{4}$

④ $\frac{1}{4}, \frac{1}{4}, \frac{1}{4}$

해설 전압을 2배로 승압하면 전류는 $\frac{1}{2}$배로 된다.

• 전압강하(1ϕ) : $e = IR[V]$

$$e' = I'R = \frac{1}{2}IR = \frac{1}{2}e$$

• 전압강하율 : $\epsilon = \frac{V_s - V_r}{V_r} \times 100 = \frac{e}{V_r} = \frac{IR}{V_r}$

$$\epsilon' = \frac{I'R}{V_r'} = \frac{\frac{1}{2}IR}{2V_r} = \frac{1}{4}\epsilon$$

• 전력손실률 : $k = \frac{P_l}{P} = \frac{PR}{V^2\cos^2\theta}$

$$k' = \frac{PR}{V'^2\cos^2\theta} = \frac{PR}{4V^2\cos^2\theta} = \frac{1}{4}k$$

정답 26 ③ 27 ③ 28 ② 29 ③ 30 ② 31 ③

32 3상 수직배치인 선로에서 오프셋(Off Set)을 주는 이유는?

① 전선의 진동 억제 ② 단락 방지
③ 철탑의 중량 감소 ④ 전선의 풍압 감소

33 1차 전압 6000[V], 권수비 30인 단상 변압기로부터 부하에 20[A]를 공급할 때, 입력전력은 몇 [kW]인가?(단, 변압기손실은 무시하고, 부하역률은 1로 한다.)

① 2 ② 2.5
③ 3 ④ 4

[해설] $P_1 = V_1 I_1 = 6000 \times \dfrac{2}{3} \times 10^{-3} = 4[kW]$

$a = \dfrac{V_1}{V_2} = \dfrac{I_2}{I_1} = \dfrac{N_1}{N_2}, \quad I_1 = \dfrac{I_2}{a} = \dfrac{20}{30} = \dfrac{2}{3}[A]$

34 변압기의 손실 중, 철손의 감소 대책이 아닌 것은?

① 자속 밀도의 감소
② 고배향성 규소 강판 사용
③ 아몰퍼스 변압기의 채용
④ 권선의 단면적 증가

35 진상콘덴서에 2배의 교류전압을 가했을 때 충전용량은 어떻게 되는가?

① $\dfrac{1}{4}$로 된다. ② $\dfrac{1}{2}$로 된다.
③ 2배로 된다. ④ 4배로 된다.

[해설] $W = \dfrac{1}{2} C V^2 \propto V^2 = 2^2 = 4$

36 전력계통의 전압조정을 위한 방법으로 적당한 것은?

① 계통에 콘덴서 또는 병렬리액터 투입
② 발전기의 유효전력 조정
③ 부하의 유효전력 감소
④ 계통이 주파수 조정

37 수차의 특유속도 크기를 바르게 나열한 것은?

① 펠턴수차 〈 카플란수차 〈 프란시스수차
② 펠턴수차 〈프란시스수차 〈 카플란수차
③ 프란시스수차 〈 카플란수차 〈 펠턴수차
④ 카플란수차 〈 펠턴수차 〈 프란시스수차

38 보일러 급수 중에 포함되어 있는 산소 등에 의한 보일러 배관의 부식을 방지할 목적으로 사용되는 장치는?

① 공기 예열기 ② 탈기기
③ 급수 가열기 ④ 수위 경보기

39 정삼각형 배치의 선간거리가 5[m]이고 전선의 지름이 1[cm]인 3상 가공 송전선의 1선의 정전용량은 약 몇 [μF/km]인가?

① 0.008 ② 0.016
③ 0.024 ④ 0.032

[해설]

$C_\omega = \dfrac{0.02413}{\log_{10} \dfrac{D}{r}} = \dfrac{0.02413}{\log_{10} \dfrac{5}{0.5 \times 10^{-2}}}$

$= 8.04 \times 10^{-3}[\mu F/km]$

[정답] 32 ② 33 ④ 34 ④ 35 ④ 36 ① 37 ② 38 ② 39 ①

40 차단기가 전류를 차단할 때, 재점호가 일어나기 쉬운 차단 전류는?

① 동상전류 ② 지상전류
③ 진상전류 ④ 단락전류

제3과목 : 전기기기

41 전동력 응용기기에서 GD^2의 값이 적은 것이 바람직한 기기는?

① 압연기 ② 엘리베이터
③ 송풍기 ④ 냉동기

해설 엘리베이트용 전동기 : 기동토크는 커야 하고, 광범위한 부하제어가 되어야 하고, 기동전류와 전동기의 GD^2는 작아야 하고, 소음 및 속도와 회전력에는 맥동이 없을 것

42 3300/220[V], 10[kVA]의 단상 변압기의 2차를 단락하여 1차측에 300[V]를 가하니 2차에 120[A]가 흘렸다. 이변압기의 임피던스 전압[V]과 백분율 임피던스 강하[%]는?

① 125, 3.8 ② 200, 4
③ 125, 3.5 ④ 200, 4.2

해설
• 임피던스 전압은
$$V_s = I_{1n}Z_{21} = 3.03 \times 41.27 = 125.05\,[V]$$
1차정격전류 : $I_{1n} = \dfrac{P}{V_1} = \dfrac{10 \times 10^3}{3300} = 3.03\,[A]$

2차를 1차로 환산한 누설임피던스 :
$$Z_{21} = \frac{V_s'}{I_{1s}} = \frac{300}{7.27} = 41.27\,[\Omega]$$

1단락전류 : $I_{1s} = \dfrac{I_{2s}}{a} = \dfrac{200}{3300} \times 120 = 7.27\,[A]$

• 백분율 임피던스강하는,
$$\%Z = \frac{V_s}{V_{1n}} \times 100 = \frac{125.05}{3300} \times 100 = 3.79\,[\%]$$

43 직류 발전기에 있어서 계자 철심에 잔류자기가 없어도 발전되는 직류기는?

① 분권 발전기 ② 직권 발전기
③ 타여자 발전기 ④ 복권 발전기

해설 타여자 발전기는 외부에서 계자F에 직류전원을 공급하므로 계자철심에 잔류자기가 없어도 발전된다.

44 단상 및 3상 유도전압 조정기에 관하여 옳게 설명한 것은?

① 단락 권선은 단상 및 3상 유도전압 조정기 모두 필요하다.
② 3상 유도전압 조정기에는 단락 권선이 필요 없다.
③ 3상 유도전압 조정기의 1차와 2차 전압은 동상이다.
④ 단상 유도전압 조정기의 기전력은 회전자계에 의해서 유도된다.

해설 3상 유도전압 조정기 : 3상 유도전동기처럼 직렬 권선에 의한 기전력은 회전자계의 위치에 상관없이 항상 1차 부하전류에 의한 분로권선의 기자력에 의해서 소멸되기 때문에 단락권선은 필요 없고, 단상유도전압조정기에는 분로, 직렬 단락권선이 다 필요하다. 이때 단락권선은 1차권선과 수직으로 놓게 되는데 2차권선의 누설 리액턴스 전압강하를 방지하기 위함이다.

45 주파수 50[Hz], 슬립 0.2인 경우의 회전자 속도가 600[rpm] 일 때에 3상 유도 전동기의 극수는?

① 4 ② 8
③ 12 ④ 16

해설 $P = \dfrac{120\,f}{N_s} = \dfrac{120 \times 50}{750} = 8\,[\text{극}]$
$N = (1-s)N_s$,
$N_s = \dfrac{N}{1-s} = \dfrac{600}{1-0.2} = 750\,[rpm]$

정답 40 ③ 41 ② 42 ① 43 ③ 44 ② 45 ②

1056 · Part 3. 전기산업기사 기출문제

46 시라게 전동기의 특성과 가장 가까운 전동기는?

① 3상 평복권 정류자전동기
② 3상 복권 정류자전동기
③ 3상 직권 정류자전동기
④ 3상 분권 정류자전동기

해설 시라게 전동기(Schrage Moter)(정방기, 제지기 등)는 3상 분권 정류자 전동기이며, 정류자는 정속도 및 감속도 전동기이며, 브러시 간격을 조정하여 간단한 속도제어를 원활하게 전동기로서, 구조로서는 권선형 유도전동기는 보통 1차권선이 고정자이고 회전자가 2차이다. 이것을 역으로 하여 다시 회전자에 직류기의 전기자와 같이 3차권선을 설치하여 이것을 정류자에 접속한 전동기이다.

47 극수는 6회전수가 1200[rpm]인 교류발전기와 병렬 운전하는 극수가 8인 교류 발전기의 회전수[rpm]는?

① 1200
② 900
③ 750
④ 520

해설 $N_s = \dfrac{120f}{P}$, $f = \dfrac{1200 \times 6}{120} = 60 \,[Hz]$

$\therefore N_s = \dfrac{120f}{P'} = \dfrac{120 \times 60}{8} = 900 \,[rpm]$

48 10극인 직류 발전기의 전기자 도체수가 600, 단중 파권 이고 매극의 자속수가 0.01[Wb], 600 [rpm]일 때의 유도 기전력 [V]은?

① 150
② 200
③ 250
④ 300

해설 파권 이므로, a=2

$E = \dfrac{p\phi ZN}{60a} = \dfrac{10 \times 0.01 \times 600 \times 600}{60 \times 2} = 300\,[V]$

49 분로권선 및 직렬권선 1상에 유도되는 기전력을 각각 E_1, E_2[V]라 하고 회전자를 0°에서 180°까지 변화시킬 때 3상 유도전압조정기의 출력측 선간전압의 조정범위는?

① $(E_1 \pm E_2)/\sqrt{3}$
② $\sqrt{3}\,(E_1 \pm E_2)$
③ $(E_1 - E_2)$
④ $3(E_1 \pm E_2)$

해설 출력회로의 선간전압을 $\sqrt{3}\,(E_1 \pm E_2)$의 범위에 걸쳐 연속적으로 조정할 수 있다.

50 직류기에 탄소 브러시를 사용하는 주된 이유는?

① 고유저항이 작기 때문에
② 접촉저항이 작기 때문에
③ 접촉저항이 크기 때문에
④ 고유저항이 크기 때문에

51 정·역 운전을 할 수 없는 단상 유도 전동기는?

① 분상 기동형
② 세이딩 코일형
③ 반발 기동형
④ 콘덴서 기동형

해설 세이딩 코일형 : 돌극형 자극의 고정자와 농형회전자로 구성된 전동기로 자극에 슬롯을 만들어서 단락된 세이딩 코일을 끼워 넣은 구조로서 구조가 간단하지만 기동토크가 너무 작고, 효율과 역률이 떨어지고, 회전방향을 바꿀 수 없다.

52 변압기에 사용되는 절연유의 성질이 아닌 것은?

① 절연 내력이 클 것
② 인화점이 낮을 것
③ 비열이 커서 냉각효과가 클 것
④ 절연재료와 접촉해도 화학작용을 미치지 않을 것

정답   46 ④   47 ②   48 ④   49 ②   50 ③   51 ②   52 ②

해설 변압기의 절연유의 성질

- 절연내력이 클 것
- 인화점이 높고, 응고점이 낮을 것
- 점도는 낮고, 비열은 커서 냉각효과는 좋을 것
- 절연재료 및 금속에 화학작용을 일으키지 않을 것
- 저온에서도 석출물이 생기거나 산화하지 않을 것

53 일반적으로 전철이나 화학용과 같이 비교적 용량이 큰 수은 정류기 변압기의 2차측 결선 방식으로 쓰이는 것은?

① 6상 2중 성형
② 3상 반파
③ 3상 전파
④ 3상 크로스파

해설 3상 전원을 이용하여 6상 전압을 얻는 결선은, 대각결선, Fork결선, 환상결선, 2중 3각결선, 2중 성형결선, 용량이 큰 수은정류기용 변압기 2차측 결선은 6상 2중 성형결선이다.

54 직류기에서 전기자 반작용을 방지하기 위한 보상권선의 전류 방향은?

① 계자전류의 방향과 같다.
② 계자전류 방향과 반대이다.
③ 전기자 전류방향과 같다.
④ 전기자 전류방향과 반대이다.

해설 보상권선 : 자극편에 슬롯을 만들어 여기에 전기자 권선과 같은 권선을 하고 전기자전류와 반대방향으로 전류를 통하여 전기자의 기자력을 없애도록 한 것이다.

55 동기기의 과도 안정도를 증가시키는 방법이 아닌 것은?

① 속응 여자방식을 채용한다.
② 회전자의 플라이휠 효과를 크게 한다.
③ 동기화 리액턴스를 크게 한다.
④ 조속기의 동작을 신속히 한다.

해설 안정도 증진법

- 동기화 리액턴스를 작게 할 것
- 회전자의 플라이휠효과를 크게 할 것(관성모멘트를 크게)
- 속응여자 방식을 채용한다.
- 발전기의 조속기 동작을 신속히 할 것
- 동기 탈조계전기를 사용할 것
- 단락비를 크게 할 것

56 어떤 변압기의 단락시험에서 %저항강하 1.5[%]와 %리액턴스 강하 3[%]를 얻었다. 부하 역률이 80[%] 앞선 경우의 전압 변동률[%]은?

① −0.6
② 0.6
③ −3.0
④ 3.0

해설

$\epsilon = p\cos\theta - q\sin\theta = 1.5 \times 0.8 - 3 \times 0.6$
$= -0.6\ [\%]$

57 교류 발전기의 고조파 발생을 방지하는데 적합하지 않은 것은?

① 전기자 슬롯을 스큐 슬롯으로 한다.
② 전기자 권선의 결선을 Y형으로 한다.
③ 전기자 반작용을 작게 한다.
④ 전기자 권선을 전절권으로 감는다.

해설 코일피치가 극간격과 같은 것을 전절권, 극간격보다 작은 것을 단절권인데, 동기기에는 전부 단절권을 채용한다. 단절권으로 하면 고조파를 제거해서 기전력의 파형을 좋게 하고 코일단부가 단축되어서 기계 전체의 길이도 축소, 동량도 적게 드는 이점이 있다.

58 3상 동기기에서 제동권선의 주 목적은?

① 출력 개선
② 효율 개선
③ 역률 개선
④ 난조 방지

정답 **53** ① **54** ④ **55** ③ **56** ① **57** ④ **58** ④

해설 제동권선 : 난조를 방지하기 위해서 자극표면에 슬롯을 파서 여기에 저항이 작은 단락권선을 이용해서 제동권선을 설치

59 변압기 결선 방식에서 △−△결선 방식의 특성이 아닌 것은?

① 중성점 접지를 할 수 없다.

② 110[kV] 이상 되는 계통에서 많이 사용되고 있다.

③ 외부에 고조파 전압이 나오지 않으므로 통신장해의 염려가 없다.

④ 단상 변압기 3대 중 1대의 고장이 생겼을 때 2대로 V결선하여 송전할 수 있다.

해설 변압기의 △−△결선의 장·단점

㉠ 장점
- 제3고조파 전류가 △결선 내를 순환하므로 정현파 교류전압을 유기하여 기전력의 파형이 왜곡되지 않는다.
- 1상이 고장이 발생 되도 나머지 2대로 V결선 운전이 가능하다.
- 각 변압기의 상전류가 선전류의 $1/\sqrt{3}$ 이 되어 대전류에 적당하다.

㉡ 단점
- 중성점을 접지 할 수 없어서 지락사고 검출이 어렵다.
- 권수비가 다른 변압기를 결선할 경우 순환전류가 흐른다.
- 3상부하가 평형 되어도 각상의 임피던스가 다를 경우 변압기의 부하전류는 불평형이 된다.

60 유도전동기의 회전력 발생 요소 중 제곱에 비례하는 요소는?

① 슬립
② 2차 권선저항
③ 2차 임피던스
④ 2차 기전력

해설 $$T = k_0 \frac{s E_2^2 r_2}{r_2^2 + (s x_2)^2} \propto E_2^2$$

여기서, E_2 : 2차 유기 기전력[V], x_2 : 2차 1상의 리액턴스[Ω], r_2 : 2차 1상의 저항[Ω]

s : 슬립, k_0 : 비례상수.

제4과목 : 회로이론

61 정현파 교류 전압의 평균값은 최대값의 약 몇 [%]인가?

① 50.1
② 63.7
③ 70.7
④ 90.1

해설

$$\therefore 평균값 (V_{av}) = \frac{2}{\pi} 최대값 (V_m) = 0.637 V_m$$

62 그림과 같은 대칭 3상 Y결선 부하 Z=6+j8 [Ω]에 200[V]의 상전압이 공급될 때 선전류는 몇 [A]인가?

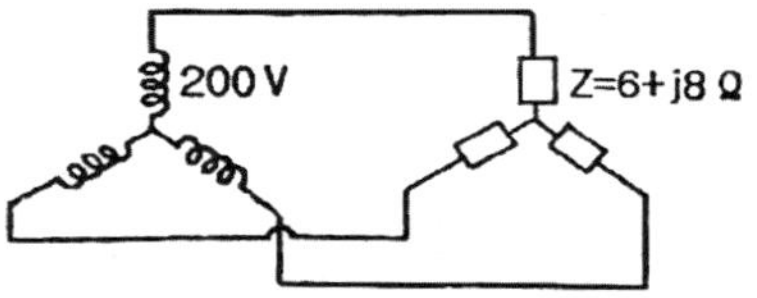

① 15
② 20
③ $15\sqrt{3}$
④ $20\sqrt{3}$

해설 Y결선 : I_l(선전류) $= I_p$(상전류)

$$I_l = I_p = \frac{V_p}{Z} = \frac{200}{\sqrt{6^2 + 8^2}} = 20 \, [A]$$

63 대칭 5상 회로의 선간전압과 상전압의 위상차는?

① 27°
② 36°
③ 54°
④ 72°

정답 59 ② 60 ④ 61 ② 62 ② 63 ③

해설 $\theta = \dfrac{\pi}{2}\left(1 - \dfrac{2}{n}\right) = \dfrac{\pi}{2}\left(1 - \dfrac{2}{5}\right) = 54°$

64 회로에서 단자 a–b 사이의 합성저항 R_{ab}는 몇 [Ω] 인가?(단, 저항의 크기는 r [Ω]이다.)

① $\dfrac{1}{3}r$ ② $\dfrac{1}{2}r$

③ r   ④ 2r

해설

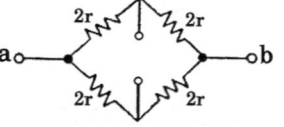

$2r \cdot 2r = 2r \cdot 2r$

$4r^2 = 4r^2$, 평형이므로 중성선은 그림처럼 개방이 된다.

$\therefore R_{ab} = \dfrac{4r}{2} = 2r\,[\Omega]$

65 R=4[Ω], $\omega L = 3[\Omega]$의 직렬회로에 $e = 100\sqrt{2}\sin\omega t + 50\sqrt{2}\sin 3\omega t\,[V]$를 가할 때 이 회로의 소비전력은 약 몇 [W]인가?

① 1414   ② 1514

③ 1703   ④ 1903

해설 $I_1 = \dfrac{V_1}{Z_1} = \dfrac{100}{\sqrt{4^2+3^2}} = 20\,[A]$

$I_3 = \dfrac{V_3}{Z_3} = \dfrac{50}{\sqrt{4^2+9^2}} = 5.08\,[A]$

$Z_3 = R + j3\omega L = 4 + j3 \times 3 = 4 + j9\,[\Omega]$

$I = \sqrt{20^2 + 5.08^2} = 20.64\,[A]$

$\therefore P = I^2 R = 20.64^2 \times 4 = 1704.04\,[W]$

66 전달함수에 대한 설명으로 틀린 것은?

① 어떤 계의 전달함수는 그 계에 대한 임펄스 응답의 라플라스 변환과 같다.

② 전달함수는 $\dfrac{출력 라플란스변환}{입력라플란스변환}$ 으로 정의 된다.

③ 전달함수가 s가 될 때 적분요소라 한다.

④ 어떤 계의 전달함수의 분모를 0으로 놓으면 이것이 곧 특정방정식이 된다.

해설 $G(s) = s$일 때는 미분요소이다.

67 $Z_1 = 2+j11[\Omega]$, $Z_2 = 4-j3[\Omega]$의 직렬회로에 교류전압 100[V]를 가할 때 회로에 흐르는 전류는 몇 [A]인가?

① 10   ② 8

③ 6   ④ 4

해설 $I = \dfrac{V}{Z} = \dfrac{100}{\sqrt{6^2+8^2}} = 10\,[A]$

$Z = Z_1 + Z_2 = 2 + j11 + 4 - j3 = 6 + j8\,[\Omega]$

68 $V_a = 3[V]$, $V_b = 2 - j3[V]$, $V_c = 4 + j3[V]$를 3상 불평형 전압이라고 할 때 영상전압[V]은?

① 0[V]   ② 3[V]

③ 9[V]   ④ 27[V]

해설 $V_0 = \dfrac{1}{3}(V_a + V_b + V_c)$

$= \dfrac{1}{3}(3 + 2 - j3 + 4 + j3) = 3\,[V]$

69 2전력계법에서 지시 P_1= 100[W], P_2= 200 [W]일 때 역률[%]은?

① 50.2   ② 70.7

③ 86.6   ④ 90.4

정답 64 ④ 65 ③ 66 ③ 67 ① 68 ② 69 ③

1060 · Part 3. 전기산업기사 기출문제

해설 2전력계법

$$P = P_1 + P_2$$

$$P_r = \sqrt{3}\,(P_1 - P_2)$$

$$P_a = \sqrt{P^2 + P_r^2} = 2\sqrt{P_1^2 + P_2^2 - P_1 P_2}$$

$$\therefore \cos\theta = \frac{P_1 + P_2}{2\sqrt{P_1^2 + P_2^2 - P_1 P_2}}$$

$$= \frac{100 + 200}{2\sqrt{100^2 + 200^2 - 100 \times 200}} \times 100$$

$$= 86.6\,[\%]$$

70 정전용량이 같은 콘덴서 2개를 병렬로 연결했을 때의 합성 정전용량은 직렬로 연결 했을 때의 몇 배인가?

① 2 　　　　　② 4
③ 6 　　　　　④ 8

해설

• 직렬접속 : $C_s = \dfrac{C}{2}$

• 병렬접속 : $C_P = 2C$

$$\therefore \frac{C_P}{C_s} = \frac{2C}{\dfrac{C}{2}} = 4\text{배}$$

71 그림과 같은 비정현파의 실효값(V)은?

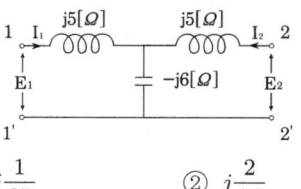

① 46.9 　　　　② 51.6
③ 56.6 　　　　④ 63.3

해설

그림 (a)는 크기가 20[V]인 직류 전압과 그림 (b)는 최대값이 50[V]인 정현파로서 합이다.

$\therefore v(t) = 20 + 60\sin\omega t\,[V]$에서

$$실효값(V_e) = \sqrt{20^2 + \left(\frac{60}{\sqrt{2}}\right)^2} = 46.90\,[V]$$

72 주기함수 $f(t)$의 푸리에 급수 전개식으로 옳은 것은?

① $f(t) = \displaystyle\sum_{n=1}^{\infty} a_n \sin n\omega t + \sum_{n=1}^{\infty} b_n \sin n\omega t$

② $f(t) = \displaystyle\sum_{n=2}^{\infty} a_n \sin n\omega t + \sum_{n=2}^{\infty} b_n \sin n\omega t$

③ $f(t) = a_0 + \displaystyle\sum_{n=1}^{\infty} a_n \sin n\omega t + \sum_{n=1}^{\infty} b_n \sin n\omega t$

④ $f(t) = \displaystyle\sum_{n=1}^{\infty} a_n \cos n\omega t + \sum_{n=1}^{\infty} b_n \cos n\omega t$

73 E=40+j30[V]의 전압을 가하면 I=30+j10[A]의 전류가 흐른다. 이 회로의 역률은?

① 0.465 　　　　② 0.567
③ 0.854 　　　　④ 0.949

해설

$$Z = \frac{E}{I} = \frac{40 + j30}{30 + j10} = \frac{(40 + j30)(30 - j10)}{(30 + j10)(30 - j10)}$$

$$= 1.5 + j0.5\,[\Omega]$$

$$\therefore \cos\theta = \frac{R}{Z} = \frac{1.5}{\sqrt{1.5^2 + 0.5^2}} = 0.949$$

74 그림과 같은 4단자 회로의 어드미턴스 파라미터 중 $Y_{11}(\Omega)$은?

① $-j\dfrac{1}{35}$ 　　　　② $j\dfrac{2}{35}$

③ $-j\dfrac{1}{33}$ 　　　　④ $j\dfrac{2}{33}$

정답 70 ② 　71 ① 　72 ③ 　73 ④ 　74 ①

해설 $Y_{11} = \dfrac{I_1}{V_1}\bigg|_{V_2=0} = \dfrac{I_1}{j35I_1} = -j\dfrac{1}{35}$ [℧]

$V_1 = I_1\left(j5 + \dfrac{j5(-j6)}{j5-j6}\right) = j35\,I_1$

75 4단자 회로에서 4단자 정수가 A=$\dfrac{15}{4}$, D=1

이고 영상임피던스 $Z_{02} = \dfrac{12}{5}$ [Ω]일 때 영상

임피던스 Z_{01}[Ω]은?

① 9 　　　　　② 6

③ 4 　　　　　④ 2

해설 $Z_{01}Z_{02} = \dfrac{B}{C}$, 　　$\dfrac{Z_{01}}{Z_{02}} = \dfrac{A}{D}$

$\therefore Z_{01} = \dfrac{A}{D}Z_{02} = \dfrac{\frac{15}{4}}{1} \times \dfrac{12}{5} = 9$ [Ω]

76 그림과 같은 회로에서 V−i 관계식은?

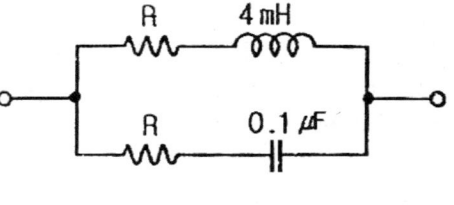

① $V = 0.8i$ 　　　② $V = i_s R_s - 2i$

③ $V = 2i$ 　　　④ $V = 3 + 0.2i$

해설 $V = \dfrac{2}{3+2} \times 2i = 0.8i$

77 그림과 같은 회로에서 스위치 S를 닫았을 때 시정수[sec]의 값은?(단, $L = 10[mH]$, $R = 20[\Omega]$이다)

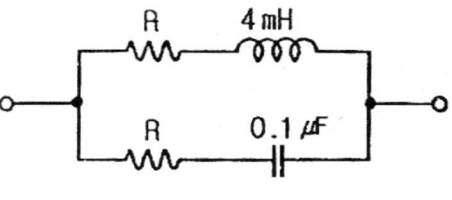

① 5×10^{-3} 　　　② 5×10^{-4}

③ 200 　　　　　④ 2000

해설

시정수(T)$= \dfrac{L}{R} = \dfrac{10 \times 10^{-3}}{20} = 5 \times 10^{-4}$ [sec]

78 다음과 같은 회로가 정저항 회로가 되기 위한 R[Ω]의 값은?

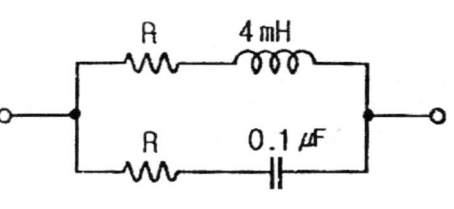

① 200 　　　　　② 2

③ 2×10^{-2} 　　　④ 2×10^{-4}

해설 정저항조건 : $R^2 = \dfrac{L}{C}$

$R = \sqrt{\dfrac{L}{C}} = \sqrt{\dfrac{4 \times 10^{-3}}{0.1 \times 10^{-6}}} = 200$ [Ω]

79 $i(t) = I_0 e^{st}$ [A]로 주어지는 전류가 콘덴서 C[F]에 흐르는 경우의 임피던스[Ω]는?

① $\dfrac{C}{s}$ 　　　　　② $\dfrac{1}{sC}$

③ C 　　　　　④ sC

해설 $Z(j\omega) = \dfrac{1}{j\omega C}$ [Ω] , $\therefore Z(s) = \dfrac{1}{sC}$ [Ω]

80 $f(t) = te^{-\alpha t}$의 라플라스 변환은?

① $\dfrac{2}{(s-\alpha)^2}$ 　　　② $\dfrac{1}{s(s-\alpha)}$

③ $\dfrac{1}{(s+\alpha)^2}$ 　　　④ $\dfrac{1}{s+\alpha}$

해설 $\mathcal{L}\, te^{-\alpha t} = \dfrac{1}{(s+\alpha)^2}$

정답 　75 ①　 76 ①　 77 ②　 78 ①　 79 ②　 80 ③

1062 · Part 3. 전기산업기사 기출문제

제5과목 : 전기설비기술기준 및 판단기준

81 지상에 설치한 380[V]용 저압 전동기의 금속제 외함에는 제 몇 종 접지공사를 하여야 하는가?

① 제1종 접지공사

② 제2종 접지공사

③ 제3종 접지공사

④ 특별 제3종 접지공사

해설 기계기구의철대 및 외함의접지

기계기구의구분	접지공사
400[V] 미만의 저압용의 것	제3종 접지공사
400[V] 이상의 저압용의 것	특별 제3종 접지공사
고압용 또는 특고압용의 것	제1종 접지공사

82 지중전선로에서 지중전선을 넣은 방호장치의 금속제부분. 금속제의 전선 접속함에 적합한 접지공사는?

① 제1종 접지공사

② 제2종 접지공사

③ 제3종 접지공사

④ 특별 제3종 접지공사

83 옥내에 시설하는 전동기에 과부하 보호장치의 시설을 생략할 수 없는 경우는?

① 전동기가 단상의 것으로 전원측 전로에 시설하는 과전류 차단기의 전류가 15[A] 이하인 경우

② 전동기가 단상의 것으로 전원측 전로에 시설하는 배선용 차단기의 정격전류가 20[A] 이하인 경우

③ 전동기 운전 중 취급자가 상시 감시 할 수 있는 위치에 시설하는 경우

④ 전동기의 정격출력이 0.75[kW] 인 전동기

해설 전동기의 정격출력이 0.2[kW] 이하 전동기는 과부하 보호장치를 생략할 수 있다.

84 고압 보안공사에 철탑을 지지물로 사용하는 경우 경간은 몇 [m] 이하이어야 하는가?

① 100

② 150

③ 400

④ 600

해설

지지물의 종류	표준경간	저·고압 보안공사	1종 특고 보안공사	2·3종 특고 보안공사
목주 A종	150	100	×	100
B종	250	150	150	200
철탑	600	400	400	400

85 고압 가공전선이 경동선인 경우 안전율은 얼마 이상이어야 하는가?

① 2.0

② 2.2

③ 2.5

④ 3.0

해설 경동선 및 내열동합금선 : 2.2, 기타 : 2.5.

86 220[V]용 유도전동기의 철대 및 금속제 외함에 적합한 접지공사는?

① 제1종 접지공사

② 제2종 접지공사

③ 제3종 접지공사

④ 특별 제3종 접지공사

정답 **81** ③ **82** ③ **83** ④ **84** ③ **85** ② **86** ③

87 전자계폐기의 조작회로 또는 초인벨·경보벨 등에 접속하는 전로로서 최대사용 전압이 60[V] 이하인 것으로 대지전압이 몇 [V] 이하인 강 전류 전기의 전송에 사용하는 전로와 변압기로 결합되는 것을 소세력 회로라 하는가?

① 100 　　　　② 150
③ 300 　　　　④ 440

88 임시 가공전선로의 철탑을 사용시 사용기간은?

① 1개월 이내 　　② 3개월 이내
③ 4개월 이내 　　④ 6개월 이내

89 특고압 가공선로의 지지물 중 전선로의 지지물 양쪽의 경간의 차가 큰 곳에 사용하는 철탑은?

① 내장형 철탑 　　② 인류형 철탑
③ 보강형 철탑 　　④ 각도형 철탑

해설 철탑의 종류
- 직선형 : 수평각도 3° 이하 직선 부분에 사용하는 것(내장형, 보강형 제외)
- 각도형 : 수평각도 3°를 넘는 곳에 사용
- 인류형 : 전가섭선을 인류하는 곳에 사용한 것
- 내장형 : 전선로의 경간차가 큰 곳에 사용
- 보강형 : 전선로 직선 부분을 보강하기 위해 사용

90 400[V] 미만의 저압 옥내배선을 할 때 점검할 수 없는 은폐 장소에 할 수 없는 배선공사는?

① 금속관 공사 　　② 합성수지관 공사
③ 금속몰드 공사 　　④ 플로어덕트 공사

해설 저압 옥내배선은 합성수지관, 금속관, 케이블 및 가요전선관공사로 시설할 경우 시설 장소에는 상관 없이 사용할 수 있다.(점검할 수 없는 은폐된 장소는 400[V] 미만 건조한 장소 : 플로어 덕트 또는 셀룰라 덕트 공사)

91 특고압 가공전선이 도로, 횡단보도교, 철도와 제1차 접근상태로 시설되는 경우 특고압 가공전선로는 제 몇 종 보안공사를 하여야 하는가?

① 제1종 특고압 보안공사
② 제2종 특고압 보안공사
③ 제3종 특고압 보안공사
④ 특별 제3종 특고압 보안공사

해설
- 특고압 가공전선이 제1차 접근상태 : 제3종 특고보안공사
- 제2차 접근상태(35[kV] 이하) : 제2종 특고보안공사
- 35[kV] 초과 170[kV] 미만 : 제1종 특고보안공사

92 전기욕기용 전원장치로부터 욕기안의 전극까지의 전선상호간 및 전선과 대지사이에 절연저항 값은 몇 [$M\Omega$] 이상이어야 하는가?

① 0.1 　　　　② 0.2
③ 0.3 　　　　④ 0.4

93 저압 연접인입선은 폭 몇 [m]를 초과하는 도로를 횡단하지 않아야 하는가?

① 5 　　　　② 6
③ 7 　　　　④ 8

해설 저압 연접 인입선의 시설
- 인입선으로부터 분기하는 점으로부터 100[m]를 넘지 않는 지역일 것
- 폭 5[m]를 넘는 도로를 횡단하지 말 것
- 옥내를 통과 하지 아니할 것

[정답] 87 ③ 　 88 ④ 　 89 ① 　 90 ③ 　 91 ③ 　 92 ① 　 93 ①

94 고압 및 특고압의 전로에 시설하는 피뢰기의 접지공사는?

① 특별 제3종 　② 제3종
③ 제2종 　④ 제1종

95 가공전선로에 사용하는 지지물의 강도 계산 시 구성재의 수직 투영면적1[m²]에 대한 풍압을 기초로 적용하는 갑종풍압하중 값의 기준이 잘못된 것은?

① 목주 : 500[P_a]
② 원형 철주 : 588[P_a]
③ 철근 콘크리트주 : 1117[P_a]
④ 강관으로 구성된 철탑 : 1255[P_a]

해설 철근콘크리트주
• 원형의 것 : 588[P_a]
• 기타의 것 : 882[P_a]

96 화약류 저장소의 전기설비의 시설기준으로 틀린 것은?

① 전로의 대지전압은 150[V] 이하일 것
② 전기기계기구는 전폐형의 것일 것
③ 전용 개폐기 및 과전류차단기는 화약류저장 밖에 설치할 것
④ 개폐기 또는 과전류차단기에서 화약류저장소의 인입구까지의 배선은 케이블을 사용할 것

해설 전로의 대지전압이 300[V] 이하일 것

97 제2차 접근상태를 바르게 설명한 것은?

① 가공전선이 전선의 절단 또는 지지물의 도괴 등이 되는 경우에 당해 전선이 다른 시설물에 접속될 우려가 있는 상태

② 가공전선이 다른 시설물과 접근하는 경우에 당해 가공 전선이 다른 시설물의 위쪽 또는 옆쪽에서 수평거리로 3[m] 미만인 곳에 시설되는 상태
③ 가공전선이 다른 시설물과 접근하는 경우에 가공전선을 다른 시설물과 수평되게 시설되는 상태
④ 가공선로에 제2종 접지공사를 하고 보호망으로 보호하여 인축의 감전 상태를 방지하도록 조치하는 상태

98 일반주택 및 아파트 각 호실의 현관 등은 몇 분 이내에 소등되는 타임스위치를 시설하여야 하는가?

① 1분 　② 3분
③ 5분 　④ 10분

해설 호텔 또는 여관 각 객실 입구 등은 1분 이내 소등되는 것

99 폭연성 분진 또는 화약류의 분말이 존재하는 곳의 저압옥내배선은 어느 공사에 의하는가?

① 애자 사용 공사 또는 가요 전선관 공사
② 캡타이어 케이블 공사
③ 합성 수지관 공사
④ 금속관 공사 또는 케이블 공사

정답 　94 ④ 　95 ③ 　96 ① 　97 ② 　98 ② 　99 ④

100 특고압 가공전선을 삭도와 제1차 접근상태로 시설되는 경우 최소 이격거리에 대한 설명 중 틀린 것은?

① 사용전압이 35[kV] 이하의 경우는 1.5[m] 이상

② 사용전압이 35[kV] 이하이고 특고압 절연선을 사용한 경우 1[m] 이상

③ 사용전압이 70[kV]인 경우 2.12[m] 이상

④ 사용전압이 35[kV] 초과하고 60[kV] 이하인 경우 2.0[m] 이상

해설 특고압 가공전선과 삭도의 접근 또는 교차

㉠ 특고 가공 전선로는 제3종 특고 보안공사에 의할 것

㉡ 이격거리

· 35[kV] 이하 : 2[m](절연전선인 경우 : 1[m], 케이블인 경우 : 0.5[m]) 이상

· 35[kV] 초과 60[kV] 이하 : 2[m] 이상

· 60[kV] 초과 : 2[m]에 10[kV] 또는 그 단수마다 12[cm] 더한 값

정답 **100** ①

1066 · Part 3. 전기산업기사 기출문제

국가기술자격검정 필기시험문제

2015년도 산업기사 제1회 필기시험(산업기사) ·				수검번호	성명
자격종목 및 등급(선택분야) **전기산업기사**	종목코드	시험시간 **2시간 30분**	문제지형별 **A**		

※ 시험문제지는 답안카드와 같이 반드시 제출하여야 합니다.

제1과목 : 전기자기학

01 $l_1 = \infty$, $l_2 = 1[m]$의 두 직선도선을 50[cm]의 간격으로 평행하게 놓고, l_1을 중심축으로 하여 l_2를 속도 100[m/s]로 회전시키면 l_2에 유기되는 전압은 몇 [V]인가?(단, l_2에 흐르는 전류는 $50[mA]$이다)

① 0   ② 5

③ 2×10^{-6} ④ 3×10^{-6}

해설

• 자계 내 운동도체에 유기되는 기전력,

$e = Blv\sin\theta = \mu_0 Hlv\sin\theta\,[V]$

l_1에 흐르는 전류에 의한 l_2점에서 자계의 세기는

$H_1 = \dfrac{I_1}{2\pi d}\,[A/m]$ 인데 l_2가 원 운동 할 때는 자계와 속도가 이루는 각이 $\theta = 0\degree$ 이거나 $\theta = 180\degree$ 가 되기 때문에 $\sin\theta = 0$,

$\therefore e = 0$ 즉, 전압이 유기되지 않는다.

02 무한길이의 직선 도체에 전하가 균일하게 분포되어 있다. 이 직선 도체로부터 l인 거리에 있는 점의 전계의 세기는?

① l 에 비례한다.   ② l 에 반비례한다.

③ l^2 에 비례한다.   ④ l^2 에 반비례한다.

해설 무한장 직선 전하에 의한 전계의 세기는

$E = \dfrac{\lambda}{2\pi\varepsilon_0 r} \propto \dfrac{1}{r}$

03 그림과 같은 자기회로에서 $R_1 = 0.1\,[AT/Wb]$, $R_2 = 0.2\,[AT/Wb]$, $R_3 = 0.3\,[AT/Wb]$이고 코일은 10회 감았다. 이 때 코일에 10[A]의 전류를 흘리면 $\overline{ACB}$ 간에 통과하는 자속 ϕ은 약 몇 [Wb] 인가?

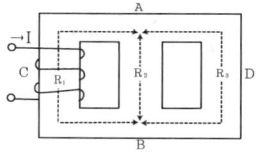

① 2.25×10^2 ② 4.55×10^2

③ 6.50×10^2 ④ 8.45×10^2

해설 합성저항은

$R = R_1 + \dfrac{R_2 R_3}{R_2 + R_3} = 0.1 + \dfrac{0.2 \times 0.3}{0.2 + 0.3}$
$= 0.22[AT/Wb]$

$\therefore \phi = \dfrac{NI}{R} = \dfrac{10 \times 10}{0.22} = 4.55 \times 10^2\,[Wb]$

04 W_1, W_2의 에너지를 갖는 두 콘덴서를 병렬로 연결하였을 때 경우 총 에너지 W에 대한 관계식으로 옳은 것은?(단, $W_1 \neq W_2$ 이다)

① $W_1 + W_2 > W$ ② $W_1 + W_2 < W$

③ $W_1 + W_2 = W$ ④ $W_1 - W_2 = W$

해설 전위가 다른 상태에서 충전된 콘덴서를 병렬로 연결하면 전위차가 같아지도록 높은 전위에서 낮은 전위 쪽의 콘덴서로 전하가 이동하므로 이때 전하의 이동(전류)으로 도선에서 전력소모가 발생하게 된다.

정답   **01** ①   **02** ②   **03** ②   **04** ①

05 정현파 자속으로 인해 기전력이 유기될 때 자속의 주파수가 3배로 증가하면 유기 기전력은 어떻게 되는가?

① 3배 증가　　　② 3배 감소

③ 9배 증가　　　④ 9배 감소

해설　$\phi = \phi_m \sin\omega t = \phi_m \sin 2\pi ft [Wb]$의 정현파에서,

$$e = -N\frac{d\phi}{dt} = -N\frac{d}{dt}\phi_m \sin 2\pi ft$$
$$= -2\pi fN\phi_m \cos 2\pi ft \propto f$$

06 $E = [(\sin x)a_x + (\cos x)a_y]e^{-y}[V/m]$인 전계가 자유공간 내에 존재한다. 공간 내의 모든 곳에서 전하밀도는 몇 $[C/m^3]$인가?

① $\sin x$　　　② $\cos x$

③ e^{-y}　　　④ 0

해설　$div E = \nabla \cdot E = \nabla^2 V = \dfrac{\rho}{\epsilon_0}$에서,

$$div E = \frac{\rho}{\epsilon_0}$$

$$\rho = \epsilon_0 \cdot div E = \epsilon_0 \left(\frac{\partial E_x}{\partial x} + \frac{\partial E_y}{\partial y} + \frac{\partial E_z}{\partial z}\right)$$
$$= \epsilon_0 \left(\frac{\partial}{\partial x}\sin x\, e^{-y} + \frac{\partial}{\partial y}\cos x\, e^{-y}\right) = 0$$

07 투자율이 다른 두 자성체의 경계면에서 굴절각과 입사각의 관계가 옳은 것은?(단, μ : 투자율. θ_1;입사각, θ_2 : 굴절각이다)

① $\dfrac{\sin\theta_1}{\sin\theta_2} = \dfrac{\mu_1}{\mu_2}$　　② $\dfrac{\tan\theta_2}{\tan\theta_1} = \dfrac{\mu_1}{\mu_2}$

③ $\dfrac{\cos\theta_1}{\cos\theta_2} = \dfrac{\mu_1}{\mu_2}$　　④ $\dfrac{\tan\theta_1}{\tan\theta_2} = \dfrac{\mu_1}{\mu_2}$

해설
- 자계세기의 접선성분의 연속성 :
$H_1 \sin\theta_1 = H_2 \sin\theta_2 (H_{1t} = H_{2t})$

- 자속밀도의 법선성분의 연속성 :
$B_1 \cos\theta_1 = B_2 \cos\theta_2 (B_{1n} = B_{2n})$
- 전속밀도의 법선성분의 연속성 :
$D_1 \cos\theta_1 = D_2 \cos\theta_2 (D_{1n} = D_{2n})$
- 굴절각 : $\dfrac{\tan\theta_1}{\tan\theta_2} = \dfrac{\mu_1}{\mu_2}$

08 전계의 세기를 주는 대전체 중 거리 r에 반비례하는 것은?

① 구전하에 의한 전계

② 점전하의 의한 전계

③ 선전하에 의한 전계

④ 전기쌍극자에 의한 전계

해설
- 구전하에 의한 전계의 세기 :
$$E = \frac{Q}{4\pi\epsilon_0 r^2}[V/m]$$

- 점전하의 의한 전계의 세기 : $E = \dfrac{Q}{4\pi\epsilon_0 r^2}[V/m]$

- 선전하의 의한 전계의 세기 : $E = \dfrac{Q}{2\pi\epsilon_0 r}[V/m]$

- 전기쌍극자에 의한 전계의 세기 :
$$E = \frac{M}{4\pi\epsilon_0 r^3}\sqrt{1 + 3\cos^2\theta}[V/m]$$

09 진공 중에 같은 전기량 + 1[C]의 대전체 두 개가 약 몇 [m] 떨어져 있을 때 각 대전체에 작용하는 반발력이 1[N]인가?

① 3.2×10^{-3}　　② 3.2×10^3

③ 9.5×10^{-4}　　④ 9.5×10^4

해설　• 쿨롱의 법칙

$F = 9 \times 10^9 \dfrac{Q_1 Q_2}{r^2}[N]$ 에서,

$1 = 9 \times 10^9 \dfrac{1 \times 1}{r^2}$,$(Q_1 = Q_2 = 1[C])$

$\therefore r = 9.5 \times 10^4 [m]$

정답　**05** ①　**06** ④　**07** ④　**08** ③　**09** ④

10 유전체에 가한 전계 $E[V/m]$와 분극의 세기 $P[C/m^2]$ 전속밀도 $D[C/m^2]$간의 관계식으로 옳은 것은?

① $P = \epsilon_0(\epsilon_s - 1)E$ ② $P = \epsilon_0(\epsilon_s + 1)E$

③ $P = \epsilon_0 E - P$ ④ $P = \epsilon_0 \epsilon_s E + P$

해설 전계 : $E = \dfrac{\sigma - \sigma_p}{\epsilon_0} = \dfrac{D - P}{\epsilon_0}[V/m]$

σ : 대전된 도체의 전하밀도 $[C/m^2]$, $(D = \sigma)$,
　전속밀도는 $D = \epsilon_0 E + P[C/m^2]$.

σ_p : 표면의 분극전하 $[C/m^2]$, $(P = \sigma_p)$

그러므로 분극의 세기는,

$P = D - \epsilon_0 E = \epsilon_0 \epsilon_s E - \epsilon_0 E = \epsilon_0(\epsilon_s - 1)E[C/m]$
　$= \chi E$

χ : 분극률 $[F/m]$

11 정전용량 $6[\mu F]$, 극간거리 $2[mm]$의 평행 평판 콘덴서에 $300[\mu C]$의 전하를 주었을 때 극판간의 전계는 몇 $[V/mm]$인가?

① 25 ② 50
③ 150 ④ 200

해설 극판간의 전계는,

$E = \dfrac{V}{d} = \dfrac{50}{2} = 25[V/mm]$.

$Q = CV$에서, $V = \dfrac{Q}{C} = \dfrac{300 \times 10^{-6}}{6 \times 10^{-6}} = 50[V]$

12 6.28[A]가 흐르는 무한장 직선 도선 상에서 1[m] 떨어진 점의 자계의 세기 [A/m]는?

① 0.5 ② 1
③ 2 ④ 3

해설 무한장 직선전류에 의한 자계의 세기는

$H = \dfrac{I}{2\pi r} = \dfrac{6.28}{2\pi \times 1} = 1[A/m]$

13 전자석의 재료(연철)로 적당한 것은?

① 잔류자속밀도가 크고, 보자력이 작아야 한다.
② 잔류자속밀도와 보자력이 모두 작아야 한다.
③ 잔류자속밀도와 보자력이 모두 커야 한다.
④ 잔류자속밀도가 작고, 보자력이 커야 한다.

해설
• 영구자석의 재료로는 잔류자기와 보자력이 커야 한다(잔류자속밀도 : B_r)(외부에 큰 자계를 가해야 자화되어 영구자석이 된다).
• 전자석의 재료는 잔류자기가 크고 보자력이 작아야 한다(보자력과 히스테리시스 곡선의 면적이 모두 작다).

14 두 자기인덕턴스를 직렬로 연결하여 두 코일이 만드는 자속이 동일 방향일 때 합성 인덕턴스를 측정하였더니 75[mH]가 되었고, 두 코일이 만드는 자속이 서로 반대인 경우에는 25[mH]가 되었다. 두 코일의 상호 인덕턴스 몇 [mH]인가?

① 12.5 ② 20.5
③ 25 ④ 30

해설 $L_+ = L_1 + L_2 + 2M = 75[mH]$
　　　$L_- = L_1 + L_2 - 2M = 25[mH]$

$\therefore M = \dfrac{L_+ - L_-}{4} = \dfrac{75 - 25}{4} = 12.5[mH]$

15 유전율 ϵ, 투자율 μ인 매질 중을 주파수 $f[Hz]$의 전자파가 전파되어 나갈 때의 파장은 몇 [m]인가?

① $f\sqrt{\epsilon\mu}$ ② $\dfrac{1}{f\sqrt{\epsilon\mu}}$

③ $\dfrac{f}{\sqrt{\epsilon\mu}}$ ④ $\dfrac{\sqrt{\epsilon\mu}}{f}$

해설 $\lambda = \dfrac{v}{f} = \dfrac{1}{f\sqrt{\epsilon\mu}}[m]$, $v = \dfrac{1}{\sqrt{\epsilon\mu}}[m/s]$

정답　**10** ①　**11** ①　**12** ②　**13** ①　**14** ①　**15** ②

16 공간도체 중의 정상 전류밀도를 i, 공간 전하밀도를 ρ라고 할 때 키르히호프의 전류법칙을 나타내는 것은?

① $i = 0$ ② $\mathrm{div}\ i = 0$

③ $i = \dfrac{\partial p}{\partial t}$ ④ $\mathrm{div}\ i = \infty$

해설 키르히호프의 전류법칙,

$$\sum I = 0 = \int_s i\, ds = \int_v div\, i\, dv$$

즉, $\mathrm{div}\ i = 0$, 전류의 연속성이다(단위체적당의 전류의 발산은 없다.).

17 반지름이 r_1인 가상구 표면에 $+Q$의 전하가 균일하게 분포되어 있는 경우, 가상구 내의 전위분포에 대한 설명으로 옳은 것은?

① $V = \dfrac{Q}{4\pi\epsilon_0 r_1}$ 로 반지름에 반비례하여 감소한다.

② $V = \dfrac{Q}{4\pi\epsilon_0 r_1}$ 로 일정하다.

③ $V = \dfrac{Q}{4\pi\epsilon_0 r_1^2}$ 로 반지름에 반비례하여 감소한다.

④ $V = \dfrac{Q}{4\pi\epsilon_0 r_1^2}$ 로 일정하다.

18 완전 유전체에서 경계조건을 설명한 것 중 맞는 것은?

① 전속밀도의 접선성분은 같다.

② 전계의 법선성분은 같다.

③ 경계면에 수직으로 입사한 전속은 굴절하지 않는다.

④ 유전율이 큰 유전체에서 유전율이 작은 유전체로 전계가 입사하는 경우 굴절각은 입사각보다 크다.

해설
- 유전체 경계면에서 전속이 수직일 때 전계 또는 전속밀도는 유전율이 큰 쪽으로 크게 굴절한다.
- 전기력선 밀도는 유전율이 크면 작고 그 반면 전속은 유전율이 큰 쪽으로 모인다.
- 전계가 경계면에 수직으로 입사하면, 두 유전체의 전계의 세기는 불연속($E_1 \neq E_2$)이다.
- 유전율이 작은 유전체에서 유전율이 큰 유전체로 전속이나 전기력선이 들어가면 굴절각이 크게 된다. ($\epsilon_1 > \epsilon_2$ 이면 $\theta_1 > \theta_2$ 가 된다.)

19 10[V]의 기전력을 유기시키려면 5초간 몇 [Wb]의 자속을 끊어야 하는가?

① 2 ② 10

③ 25 ④ 50

해설 $e = -N\dfrac{d\phi}{dt}$ 에서, $\phi = 10 \times 5 = 50\,[Wb]$

20 전계 $E = i3x^2 + j2xy^2 + kx^2yz$ 의 $\mathrm{div}\,E$는 얼마인가?

① $-i6x + jxy + kx^2y$

② $i6x + j6xy + kx^2y$

③ $-6x - 6xy - x^2y$

④ $6x + 4xy + x^2y$

해설
$$divE = \nabla \cdot E$$
$$= (i\frac{\partial}{\partial x} + j\frac{\partial}{\partial y} + k\frac{\partial}{\partial z}) \cdot (iE_x + jE_y + kE_z)$$
$$= \frac{\partial E_x}{\partial x} + \frac{\partial E_y}{\partial y} + \frac{\partial E_z}{\partial z}$$
$$= \frac{\partial}{\partial x}(3x^2) + \frac{\partial}{\partial y}(2xy^2) + \frac{\partial}{\partial z}(x^2yz)$$
$$= 6x + 4xy + x^2y$$

정답 **16** ② **17** ② **18** ③ **19** ④ **20** ④

제2과목 : 전력공학

21 어떤 건물에서 총 설비부하용량이 850 $[kW]$, 수용률이 60[%]이면 변압기 용량은 최소 몇 $[kVA]$로 해야 하는가?(단, 설비부하의 종합역률은 0.75이다)

① 740　　　　② 680

③ 650　　　　④ 500

[해설]

$$변압기용량[kVA] = \frac{수용률 \times 설비용량}{부등률 \times 역률}$$
$$= \frac{0.6 \times 850}{0.75} = 680[kVA]$$

22 선로 임피던스가 Z인 단상 단거리 송전선로의 4단자 정수는?

① A=Z, B=Z, C=0, D=1

② A=1, B=0, C=Z, D=1

③ A=1, B=Z, C=0, D=1

④ A=0, B=1, C=Z, D=0

[해설]

$$\begin{bmatrix} A & B \\ C & D \end{bmatrix} = \begin{bmatrix} 1 & Z \\ 0 & 1 \end{bmatrix}$$

23 저압 뱅킹 방식에 대한 설명으로 틀린 것은?

① 전압동요가 적다.

② 캐스케이딩 현상에 의해 고장확대가 축소된다.

③ 부하증가에 대해 융통성이 좋다.

④ 고장 보호방식이 적당할 때 공급 신뢰도가 향상된다.

[해설]

• 저압 뱅킹 방식 : 고압선에 접속한 두 대 이상의 변압기를 저압측에 병렬로 접속하는 방식

㉠ 캐스케이딩(Cascading)현상으로 고장이 광범위하게 파급될 우려가 있다.

㉡ 고장보호방법이 적당할 때 공급 신뢰도가 향상되며 플리커현상도 경감된다.(깜박임 : Light Flicker)

㉢ 전압강하 및 전력 손실이 경감된다.

㉣ 변압기 용량 및 저압선의 동량이 절감된다.

㉤ 부하증가에 대한 융통성이 좋다.

㉥ 캐스케이딩 현상이란 저압선의 고장으로 건전한 변압기의 일부 또는 전부가 차단되는 현상을 말한다.

24 낙차 350[m], 회전수 600[rpm]인 수차를 325[m]의 낙차에서 사용할 때의 회전수는 약 몇 [rpm]인가?

① 500　　　　② 560

③ 580　　　　④ 600

[해설]

• 낙차변화에 대한 특성

㉠ 회전수 : $\dfrac{N_2}{N_1} = \left(\dfrac{H_2}{H_1}\right)^{\frac{1}{2}}$

㉡ 유 량 : $\dfrac{Q_2}{Q_1} = \left(\dfrac{H_2}{H_1}\right)^{\frac{1}{2}}$

㉢ 출 력 : $\dfrac{P_2}{P_1} = \left(\dfrac{H_2}{H_1}\right)^{\frac{3}{2}}$

㉠ 식의 회전수 구하는 식에서,

$$\therefore N_2 = \left(\frac{H_2}{H_1}\right)^{\frac{1}{2}} \times N_1 = \left(\frac{325}{350}\right)^{\frac{1}{2}} \times 600$$
$$= 578.17[rpm]$$

25 유역면적 80$[km^2]$, 유효낙차 30[m], 연간강우량 1500[mm]의 수력발전소에서 그 강우량의 70[%]만 이용하면 연간 발전전력량은 몇 $[kWh]$인가?(단, 종합효율은 80[%]이다)

① 5.49×10^7　　　② 1.98×10^7

③ 5.49×10^6　　　④ 1.98×10^6

[정답] 21 ②　22 ③　23 ②　24 ③　25 ③

2015년도 산업기사 제1회 필기시험(산업기사) • **1071**

해설 연간발전전력량

$$[kWh] = Pt = 9.8 \times QH\eta \times 365 \times 24 [kWh]$$
$$= 9.8 \times 2.664 \times 30 \times 0.8 \times 365 \times 24$$
$$= 5.49 \times 10^6 [kWh]$$

$$Q[m^3/s] = \frac{80 \times 10^6 \times \frac{1500}{1000} \times 0.7}{365 \times 24 \times 60 \times 60} = 2.664[m^3/s]$$

26 동일 전력을 동일 선간전압, 동일 역률로 동일 거리에 보낼 때 사용하는 전선의 총중량이 같으면, 단상 2선식과 3상 3선식의 전력 손실비(3상 3선식/단상 2선식)는?

① $\dfrac{1}{3}$

② $\dfrac{1}{2}$

③ $\dfrac{3}{4}$

④ 1

해설 $\therefore \dfrac{P_{l3}}{P_{l1}} = \dfrac{3 I_3^2 R_3}{2 I_1^2 R_1} = \dfrac{3}{2} \times (\dfrac{1}{\sqrt{3}})^2 \times \dfrac{3}{2} = \dfrac{3}{4}$

$P_1 = P_3$, $V_1 I_1 \cos\theta = \sqrt{3} V_3 I_3 \cos\theta$

여기서, $V_1 = V_3$, $\cos\theta$ 는 같다.

$\therefore \dfrac{I_3}{I_1} = \dfrac{1}{\sqrt{3}}$

$P_{l1} = P_{l3}$, $2\sigma S_1 l_1 = 3\sigma S_3 l_3$

여기서, $l_1 = l_3$, σ 는 같다.

$\therefore \dfrac{S_1}{S_3} = \dfrac{3}{2} = \dfrac{R_3}{R_1} (R = \rho\dfrac{l}{S} \propto \dfrac{1}{S})$

27 송전선로의 단락보호계전방식이 아닌 것은?

① 과전류계전방식   ② 방향단락계전방식

③ 거리계전방식   ④ 과전압계전방식

해설
- 전원이 2군데 이상 환상선로의 단락보호 : 방향거리계전기(DZ)
- 전원이 2군데 이상 방사선로의 단락보호 : 방향단락계전기(DS)와 과전류계전기(OCR)를 조합

28 송전선로의 안정도 향상 대책이 아닌 것은?

① 병행 다회선이나 복도체 방식 채용

② 계통의 직렬리액턴스 증가

③ 속응 여자방식 채용

④ 고속도 차단기 이용

해설
- 송전선로의 안정도 향상대책
  - ㉠ 직렬리액턴스(X)를 감소시킬 것
  - ㉡ 전압변동을 작게
  - ㉢ 중간조상방식 채용
  - ㉣ 고장 전류를 줄이고 고장구간을 신속차단
  - ㉤ 고장 시 발전기 입·출력의 불평형을 작게

29 정정된 값 이상의 전류가 흘러 보호계전기가 동작할 때 동작 전류가 낮은 구간에서는 동작 전류의 증가에 따라, 동작 시간이 짧아지고, 그 이상이면 동작 전류의 크기에 관계없이 일정한 시간에서 동작하는 특성을 무슨 특성이라 하는가?

① 정한시 특성

② 반한시 특성

③ 순시 특성

④ 반한시성 정한시 특성

해설
- 계전기의 특성
  - ㉠ 순한시 특성 : 최소 동작전류이상이 전류가 흐르면 즉시 동작하는 특성
  - ㉡ 반한시 특성 : 동작전류가 커질수록 동작시간이 짧아지는 특성
  - ㉢ 정한시 특성 : 동작전류의 크기에 관계없이 일정한 시간에 동작하는 특성

정답 **26** ③ **27** ④ **28** ② **29** ④

1072 · Part 3. 전기산업기사 기출문제

30 양 지지점의 높이가 같은 전선의 이도를 구하는 식은?(단, 이도는 D[m], 수평장력은 T[kg], 전선의 무게는 W[kg/m], 경간은 S[m]이다)

① $D = \dfrac{WS^2}{8T}$

② $D = \dfrac{SW^2}{8T}$

③ $D = \dfrac{8WT}{S^2}$

④ $D = \dfrac{ST^2}{8W}$

31 원자력발전소와 화력발전소의 특성을 비교한 것 중 틀린 것은?

① 원자력발전소는 화력발전소의 보일러 대신 원자로와 열교환기를 사용한다.

② 원자력발전소의 건설비는 화력발전소에 비해 싸다.

③ 동일 출력일 경우 원자력발전소의 터빈이나 복수기가 화력발전소에 비하여 대형이다.

④ 원자력발전소는 방사능에 대한 차폐 시설물의 투자가 필요하다.

해설 원자력 발전소는 단위체적당 출력이 크기 때문에 같은 출력일 경우 소형화를 할 수 있지만, 단위출력당의 건설비는 비싸게 된다.

32 송전선로에서 역섬락을 방지하는 가장 유효한 방법은?

① 파뢰기를 설치한다.

② 가공지선을 설치한다.

③ 소호각을 설치한다.

④ 탑각 접지저항을 작게 한다.

해설 탑각 접지저항이 충분히 작지 않으면 가공지선을 통해서 직격뢰가 대지로 흐를 수 없게 될 때 철탑 정부로부터 송전선로로 방전하게 되는 것이 역섬락이며, 매설지선을 설치하는 것도 뇌해 방지 및 역섬락을 방지함을 목적으로 한다.

33 선로의 작용 정전용량 $0.008[\mu F/km]$ 선로길이 100[km], 전압 37000[V]이고 주파수 60[Hz]일 때 한 상에 흐르는 충전전류는 약 몇 [A]인가?

① 6.7

② 8.7

③ 11.2

④ 14.2

해설
$$I_c = \omega C_w E = 2\pi f C_w E$$
$$= 2\pi \times 60 \times 0.008 \times 10^{-6} \times 100 \times 37000$$
$$= 11.16[A]$$

34 차단기의 개폐에 의한 이상전압의 크기는 대부분의 경우 송전선 대지 전압의 최고 몇 배 정도인가?

① 2배

② 4배

③ 6배

④ 8배

해설 송전선로 차단기의 개폐 조작 시 이상전압의 크기는 차단기 성능에 따라 차이가 있지만 대부분은 송전선 대지 전압의 최고 3.5~4배 정도로 본다.

35 리클로저에 대한 설명으로 가장 옳은 것은?

① 배전선로용은 고장구간을 고속 차단하여 제거한 후 다시 수동조작에 의해 배전이 되도록 설계된 것이다.

② 재폐로계전기와 함께 설치하여 계전기가 고장을 검출하고 이를 차단기에 통보, 차단하도록 된 것이다.

③ 3상 재폐로 차단기는 1상의 차단이 가능하고 무전압 시간을 약 20~30초로 정하여 재폐로 하도록 되어 있다.

④ 배전선로의 고장구간을 고속 차단하고 재송전하는 조작을 자동적으로 시행하는 재폐로 차단장치를 장비한 자동차단기이다.

정답 **30** ① **31** ② **32** ④ **33** ③ **34** ② **35** ④

해설 리클로저(Recloser)는 회로의 차단과 투입 조작을 자동적으로 시행하는 재폐로 차단장치를 갖춘 차단기의 일종으로서 변전소 쪽에 설치해서 보호하는 장치이다.
변전소차단기 – 리클로저 – 섹쇼널라이저(Sectionalizer) – 라인퓨즈(Fuse)

36 뇌해 방지와 관계가 없는 것은?

① 매설지선　　　② 가공지선
③ 소호각　　　　④ 댐퍼

해설 댐퍼(Damper) : 전선 진동방지

37 우리나라의 특고압 배전방식으로 가장 많이 사용되고 있는 것은?

① 단상 2선식　　② 단상 3선식
③ 3상 3선식　　　④ 3상 4선식

해설
• 배전방식 : 3상 4선식
• 송전방식 : 3상 3선식

38 발전기의 정태 안정 극한전력이란?

① 부하가 서서히 증가할 때의 극한전력
② 부하가 갑자기 크게 변동할 때의 극한전력
③ 부하가 갑자기 사고가 났을 때의 극한전력
④ 부하가 변하지 않을 때의 극한전력

39 가공 송전선의 코로나를 고려할 때 표준상 태에서 공기의 절연내력이 파괴되는 최소 전위경도는 정현파 교류의 실효값으로 약 몇 $[kV/cm]$정도인가?

① 6　　　　　　② 11
③ 21　　　　　　④ 31

해설 공기의 절연이 파괴되는 전위의 기울기는 직류(DC) $30[kV/cm]$, 교류(AC) $21.1[kV/cm]$정도이다.

40 배전선로의 역률개선에 따른 효과로 적합하지 않는 것은?

① 전원 측 설비의 이용률 향상
② 선로절연에 요하는 비용 절감
③ 전압강하 감소
④ 선로의 전력손실 경감

해설
• 역률개선에 따른 효과
① 전력손실의 감소
② 전압강하의 감소
③ 변압기 측의 이용률 향상 및 소요용량 감소
④ 송전용량 증대

제3과목 : 전기기기

41 3상, 60[Hz] 전원에 의해 여자 되는 6극 권선형 유도전동기가 있다. 이 전동기가 1150 [rpm]으로 회전할 때 회전자 전류의 주파수는 몇 [Hz]인가?

① 1　　　　　　② 1.5
③ 2　　　　　　④ 2.5

해설 회전자 전류의 주파수는
$f_2 = sf_1 = 0.042 \times 60 = 2.52[Hz]$
슬립 : $s = \dfrac{N_s - N}{N_s} = \dfrac{1200 - 1150}{1200} = 0.042$
$N_s = \dfrac{120f}{P} = \dfrac{120 \times 60}{6} = 1200[rpm]$

42 직류 전동기의 역기전력에 대한 설명 중 틀린 것은?

정답　36 ④　37 ④　38 ①　39 ③　40 ②　41 ④　42 ③

1074 • Part 3. 전기산업기사 기출문제

① 역기전력이 증가할수록 전기자 전류는 감소한다.

② 역기전력은 속도에 비례한다.

③ 역기전력은 회전방향에 따라 크기가 다르다.

④ 부하가 걸려 있을 때에는 역기전력은 공급전압보다 크기가 작다.

해설 직류전동기의 역기전력은 회전속도에 비례하고, 계자자속에는 반비례한다.

역기전력은 전동기 회전 시 전기자 전류와 반대방향으로 발생하는 전압으로서 회전이 상승하면, 역기전력은 높아지고 전기자 전류는 감소하게 된다.

43 단자전압 220[V], 부하전류 50[A]인 분권 발전기의 유기 기전력[V]은?(단, 전기자 저항 0.2 [Ω], 계자전류 및 전기자 반작용은 무시한다)

① 210

② 225

③ 230

④ 250

해설 $E = V + I_a R_a = 220 + 50 \times 0.2 = 230[V]$
(계자전류 및 전기자 반작용은 무시)

44 스테핑모터의 여자방식이 아닌 것은?

① 2-4상 여자

② 1-2상 여자

③ 2상 여자

④ 1상 여자

해설 스테핑모터(Stepping Motor)

외부에서 직류(DC)전압 또는 전류를 모터의 각 상 단자에 스위칭 방식으로 입력시켜줌으로서 일정한 각도의 회전을 하는 모터로서, 4상 스테핑모터는 전기적으로 고정자 권선이 있는데 고정자 코일에 흐르는 전류를 여자전류라 한다. 이들 상에서 동시에 몇 개의 상에 여자전류를 흐르게 하는 여자방식에 의하여 결정된다. 4상 스테핑 모터의 여자 방식으로는 1상 여자, 1-2상 여자, 2상 여자의 3종류의 여자방식을 사용한다.

45 3상 유도전동기 원선도 작성에 필요한 시험이 아닌 것은?

① 저항측정

② 슬립측정

③ 무부하시험

④ 구속시험

해설 원선도 작성에 필요한 시험(변압기 특성시험)
㉠ 저항측정 ㉡ 무부하시험 ㉢ 구속시험

46 $\triangle - Y$ 결선의 3상 변압기군 A와 $Y - \triangle$ 결선의 3상 변압기군 B를 병렬로 사용할 때 A군 변압기 권수비가 30이라면 B군의 변압기 권수비는?

① 10

② 30

③ 60

④ 90

해설

A군 변압기의 권수비 : a_1

B군 변압기의 권수비 : a_2

1차, 2차의 유기 기전력 : E_1, E_2

1차, 2차의 선간 전압 : V_1, V_2

$$a_1 = \frac{E_1}{E_2} = \frac{V_1}{V_2/\sqrt{3}}, \qquad a_2 = \frac{E_1'}{E_2'} = \frac{V_1/\sqrt{3}}{V_2}$$

$$\therefore \frac{a_2}{a_1} = \frac{\dfrac{V_1/\sqrt{3}}{V_2}}{\dfrac{V_1}{V_2/\sqrt{3}}} = \frac{1}{3}$$

그러므로, B군의 변압기 권수비는

$$a_2 = \frac{1}{3}a_1 = \frac{1}{3} \times 30 = 10$$

47 3상 동기발전기의 매극·매상의 슬롯수를 3이라고 하면 분포계수는?

① $\sin\dfrac{2}{3}\pi$

② $\sin\dfrac{3}{2}\pi$

③ $6\sin\dfrac{\pi}{18}$

④ $\dfrac{1}{6\sin\dfrac{\pi}{18}}$

정답 **43** ③ **44** ① **45** ② **46** ① **47** ④

해설 분포권 계수 K_d 는

$$K_d = \frac{\sin\dfrac{n\pi}{2m}}{q\sin\dfrac{n\pi}{2mq}} \quad \text{(n차 고조파)}$$

q : 매극·매상의 슬롯수, m : 상수,
(n=1 , $q=3$, m=3)

$$\therefore K_d = \frac{\sin\dfrac{\pi}{2\times3}}{3\sin\dfrac{\pi}{2\times3\times3}} = -\frac{1}{6\sin\dfrac{\pi}{18}}$$

48 정격 6600/220[V]인 변압기의 1차 측에 6600[V]를 가하고 2차 측에 순저항 부하를 접속하였더니 1차에 2[A]의 전류가 흘렀다. 이 때 2차 출력[kVA]은?

① 19.8 ② 15.4
③ 13.2 ④ 9.7

해설 $a = \dfrac{V_1}{V_2} = \dfrac{I_2}{I_1} = \dfrac{N_1}{N_2}$

$V_2 = \dfrac{1}{a} V_1 = \dfrac{220}{6600} \times 6600 = 220[V]$

$I_2 = aI_1 = \dfrac{6600}{220} \times 2 = 60[A]$

$\therefore P_2 = V_2 I_2 = 220 \times 60 \times 10^{-3} = 13.2[kVA]$

49 동기발전기에서 기전력의 파형이 좋아지고 권선의 누설리액턴스를 감소시키기 위하여 채택한 권선법은?

① 집중권 ② 형권
③ 쇄권 ④ 분포권

해설
- 전절권 : 코일간격이 극 간격과 같은 것
- 단절권 : 코일간격이 극 간격보다 작은 것으로서 고조파를 제거해서 기전력의 파형을 좋게 하고 코일 단부가 짧으므로 동의 양이 적게 드는 이점으로 동기기에 사용된다.

- 집중권 : 1극 1상의 코일이 차지하는 슬롯수가 1개가 되는 권선
- 분포권 : 1극 1상의 코일이 2개 이상이 분포된 것으로서 기전력의 파형이 좋아지고, 누설리액턴스는 감소되고, 집중권에 비해서 합성 유기 기전력은 감소되고, 전기자권선에 의한 열을 고르게 분포시켜 줌으로서 과열방지의 이점이 있다.

50 3300[V] / 210[V], 5[kVA] 단상변압기의 퍼센트 저항강하 2.4[%] 퍼센트 리액턴스강하 1.8[%]이다. 임피던스 와트[W]는?

① 320 ② 240
③ 120 ④ 90

해설 $\%p = \dfrac{P_s}{P_n} \times 100[\%]$

그러므로, 임피던스 와트 :

$$P_s = \frac{\%p\,P_n}{100} = \frac{2.4 \times 5 \times 10^3}{100} = 120[W]$$

51 단상 유도전동기의 기동토크에 대한 사항으로 틀린 것은?

① 분상기동형의 기동토크는 125[%] 이상이다.
② 콘덴서기동형의 기동토크는 350[%] 이상이다.
③ 반발기동형의 기동토크는 300[%] 이상이다.
④ 세이딩코일형의 기동토크는 40~80[%] 이상이다.

해설 단상 유도전동기의 기동 토크
㉠ 분상기동형 : 100~250[%]
㉡ 콘덴서기동형 : 200~350[%]
㉢ 반발기동형 : 400~500[%]
㉣ 세이딩코일형 : 40~60[%]
㉤ 콘덴서기동콘덴서형 (팬, 펌프, 송풍기동) : 250~400[%]

정답 **48** ③ **49** ④ **50** ③ **51** ②

1076 · Part 3. 전기산업기사 기출문제

52 6극 직류발전기의 정류자 편수가 132, 단자 전압이 220[V], 직렬 도체수가 132개이고 중권이다. 정류자 편간전압은 몇 [V]인가?

① 5 ② 10
③ 20 ④ 30

해설 정류자 편간 전압은

$e_{sa} = \dfrac{PE}{K} = \dfrac{6 \times 220}{132} = 10[V]$

P : 극수, K : 정류자 편수, E : 유기 기전력

53 반도체 사이리스터에 의한 제어는 어느 것을 변화시키는 것인가?

① 주파수 ② 전류
③ 위상각 ④ 최대값

해설 반도체 사이리스터에 의한 제어는 정류전압의 위상각을 제어한다.

54 200[kW], 200[V]의 직류 분권발전기가 있다. 전기자 권선의 저항이 0.025 [Ω]일 때 전압변동률은 몇 [%]인가?

① 6.0 ② 12.5
③ 20.5 ④ 25.0

해설 $\epsilon = \dfrac{V_0 - V_n}{V_n} \times 100 = \dfrac{225 - 200}{200} \times 100$

$= 12.5[\%]$

무부하 단자전압은,

$V_0 = V_n + I_a R_a = 200 + \dfrac{200 \times 10^3}{200} \times 0.025$

$= 225[V]$

55 브러시의 위치를 바꾸어서 회전방향을 바꿀 수 있는 전기기계가 아닌 것은?

① 톰슨형 반발 전동기
② 3상 직권 정류자 전동기

③ 시라게 전동기
④ 정류자형 주파수 변환기

해설 정류자형 주파수 변환기 : 교류 정류자기의 하나로써 회전자에는 정류자와 슬립링을 가지고 있고, 고정자에는 보상권선 등을 갖고 있는데, 이 회전자로 전동기를 운전하면 슬립링 측의 주파수 f_1을 정류자 측 주파수 f_2로 변환 할 수 있고, 극수가 같은 유도전동기로 운전하게 되면 f_2는 그 유도 전동기의 2차 주파수와 같게 되고, 권선형 유도전동기의 속도제어 및 역률 개선을 할 수 있고, 유도 전동기의 속도제어 범위는 보통 동기속도의 상하 10~15[%] 정도로 본다.

56 변압기유가 갖추어야 할 조건으로 옳은 것은?

① 절연내력이 낮을 것
② 인화점이 높을 것
③ 비열이 적어 냉각효과가 클 것
④ 응고점이 높을 것

해설 변압기유가 갖추어야 할 조건
㉠ 절연내력이 클 것
㉡ 인화점이 높을 것
㉢ 응고점이 낮을 것
㉣ 점도는 낮고, 비열은 커서 냉각 효과가 클 것
㉤ 절연재료 및 금속에 화학반응을 일으키지 않을 것
㉥ 저온에서 석출물이 생기거나 산화하지 말 것

57 유도전동기의 슬립을 측정하려 한다. 다음 중 슬립의 측정법이 아닌 것은?

① 동력계법 ② 수화기법
③ 직류 밀리볼트계법 ④ 스트로보스코프법

해설
• 슬립측정법 : 회전계법, 수화기법, 직류밀리볼트계법, 스트로보스코프법
• 토크 측정 : 프로니브레이크법, 동력계법

정답 **52** ② **53** ③ **54** ② **55** ④ **56** ② **57** ①

58 극수 6, 회전수 1200[rpm]의 교류발전기와 병행 운전하는 극수 8의 교류발전기의 회전수는 몇 [rpm]이어야 하는가?

① 800   ② 900

③ 1050   ④ 1100

해설 $N_s = \dfrac{120f}{P}$, $f = \dfrac{1200 \times 6}{120} = 60[Hz]$

$\therefore N_s' = \dfrac{120f}{P'} = \dfrac{120 \times 60}{8} = 900[rpm]$

59 단상 반발전동기에 해당되지 않는 것은?

① 아트킨손 전동기   ② 슈라게 전동기

③ 데리 전동기   ④ 톰슨 전동기

해설 슈라게전동기 : 3상분권 정류자 전동기

60 3상 동기발전기에 평형 3상전류가 흐를 때 전기자 반작용은 이 전류가 기전력에 대하여 (A) 때 감자작용이 되고, (B) 때 증자작용이 된다. A, B의 적당한 것은?

① A : 90° 뒤질, B : 90° 앞설

② A : 90° 앞설, B : 90° 뒤질

③ A : 90° 뒤질, B : 동상일

④ A : 90° 동상일, B : 90° 앞설

해설 동기발전기의 특성
- 전기자 반작용
  - I_a가 E와 동상인 경우 : 교차자화작용(횡축반작용, 역률 : 1)
  - I_a가 E보다 $\dfrac{\pi}{2}$ 뒤지는 경우 : 감자작용(직축반작용, 뒤진역률 : 0)
  - I_a가 E보다 $\dfrac{\pi}{2}$ 앞서는 경우 : 증자작용(자화작용, 앞선역률 : 0)
  - I_a : 전기자전류 E : 유기 기전력

제4과목 : 회로이론

61 다음 회로에 대한 설명으로 옳은 것은?

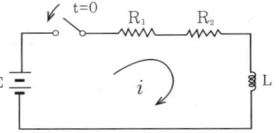

① 이 회로의 시정수는 $\dfrac{L}{R_1 + R_2}$ 이다.

② 이 회로의 특성근은 $\dfrac{R_1 + R_2}{L}$ 이다.

③ 정상전류값은 $\dfrac{E}{R_2}$ 이다.

④ 이 회로의 전류값은

$$i(t) = \dfrac{E}{R_1 + R_2}(1 - e^{-\frac{L}{R_1 + R_2}t}) \text{이다.}$$

해설 $E = (R_1 + R_2)i(t) + L\dfrac{di(t)}{dt}$

Laplace 변환하면,

$\dfrac{E}{s} = (R_1 + R_2)I(s) + LsI(s) - Li(0)$

$i(0) = 0$,

$I(s) = \dfrac{E/L}{s(s + \dfrac{R_1 + R_2}{L})} = \dfrac{A}{s} + \dfrac{B}{s + \dfrac{R_1 + R_2}{L}}$

$A = \lim\limits_{s \to 0} \dfrac{E/L}{s + \dfrac{R_1 R_2}{L}} = \dfrac{E}{R_1 + R_2}$

$B = \lim\limits_{s \to -\frac{R_1 + R_2}{L}} \dfrac{E/L}{s} = -\dfrac{E}{R_1 + R_2}$

$I(s) = \dfrac{\dfrac{E}{R_1 + R_2}}{s} - \dfrac{\dfrac{E}{R_1 + R_2}}{s + \dfrac{R_1 + R_2}{L}}$

$= \dfrac{E}{R_1 + R_2}(\dfrac{1}{s} - \dfrac{1}{s + \dfrac{R_1 + R_2}{L}})$

정답   58 ②   59 ②   60 ①   61 ①

1078 · Part 3. 전기산업기사 기출문제

$$\therefore i(t) = \mathcal{L}^{-1}I(s) = \frac{E}{R_1 + R_2}(1 - e^{-\frac{R_1 + R_2}{L}t})[A]$$

- 시정수(T)$= \dfrac{L}{R_1 + R_2}$ [sec]

- 특성근(s)$= -\dfrac{R_1 + R_2}{L}$

- 정상전류값$(I_0) = \dfrac{E}{R_1 + R_2}[A]$

62 그림과 같은 회로의 전달 함수는?(단, e_1은 입력, e_2은 출력이다)

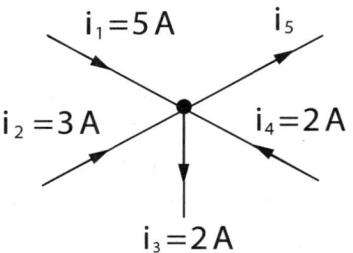

① $C_1 + C_2$

② $\dfrac{C_2}{C_1}$

③ $\dfrac{C_1}{C_1 + C_2}$

④ $\dfrac{C_2}{C_1 + C_2}$

해설 $e_1(t) = \dfrac{1}{C_1}\displaystyle\int i(t)\,dt + \dfrac{1}{C_2}\displaystyle\int i(t)\,dt$

$e_2(t) = \dfrac{1}{C_2}\displaystyle\int i(t)\,dt$

Laplace 변환하면,

$E_1(s) = (\dfrac{1}{C_1 s} + \dfrac{1}{C_2 s})I(s)$

$E_2(s) = \dfrac{1}{C_2 s}I(s)$

$\therefore G(s) = \dfrac{E_2(s)}{E_1(s)} = \dfrac{\dfrac{1}{C_2 s}}{\dfrac{1}{C_1 s} + \dfrac{1}{C_2 s}} = \dfrac{C_1}{C_1 + C_2}$

63 $Z = 8 + j6[\Omega]$인 평형 Y 부하에 선간전압 200[V]인 대칭 3상 전압을 가할 때 선전류는 약 몇 [A]인가?

① 20

② 11.5

③ 7.5

④ 5.5

해설 Y부하 : $I_l = I_p = \dfrac{V_p}{Z} = \dfrac{115.47}{10} = 11.55[A]$

단, V_p : 상전압, V_l : 선간전압, I_p : 상전류, I_l : 선전류

$Z = 8 + j6 = 10[\Omega]$

$V_p = \dfrac{V_l}{\sqrt{3}} = \dfrac{200}{\sqrt{3}} = 115.47[V]$

64 1상의 직렬 임피던스가 $R = 6[\Omega]$, $X_L = 8[\Omega]$인 △결선 평형 부하가 있다. 여기에 선간전압 100[V]인 대칭 3상 교류전압을 가하면 선전류는 몇 [A] 인가?

① $\dfrac{10\sqrt{3}}{3}$

② $3\sqrt{3}$

③ 10

④ $10\sqrt{3}$

해설 △결선 : $I_l = \sqrt{3}\,I_p = 10\sqrt{3}[A]$

$I_p = \dfrac{V_p}{Z} = \dfrac{100}{10} = 10[A]\,(V_p = V_l)$

$Z = 6 + j8 = \sqrt{6^2 + 8^2} = 10[\Omega]$

65 그림에서 전류 i_5 의 크기는?

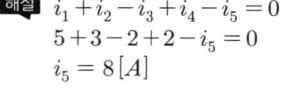

① 3[A]

② 5[A]

③ 8[A]

④ 12[A]

해설 $i_1 + i_2 - i_3 + i_4 - i_5 = 0$
$5 + 3 - 2 + 2 - i_5 = 0$
$i_5 = 8[A]$

정답 **62** ③ **63** ② **64** ④ **65** ③

66 역률이 60[%]이고 1상의 임피던스가 60 [Ω]인 유도부하를 △결선하고 여기에 병렬로 저항 20[Ω]을 Y결선으로 하여 3상 선간전압 200[V]를 가 할 때의 소비전력[W]은?

① 3200　　　② 3000

③ 2000　　　④ 1000

해설 $P = 3V_p I_p \cos\theta + 3\dfrac{V_p^2}{R}$

$= 3 \times 200 \times \dfrac{200}{60} \times 0.6 + 3\dfrac{(\frac{200}{\sqrt{3}})^2}{20} = 3200[W]$

67 그림과 같은 회로에서 a-b 양단간의 전압은 몇 [V]인가?

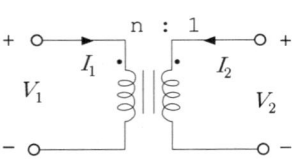

① 80　　　② 90

③ 120　　　④ 150

해설

$V_{ab} = \dfrac{j5 - j20}{j5 + j5 - j20} \times 100 = 150[V]$

68 그림과 같은 이상적인 변압기로 구성된 4단자회로에서 정수 A, B, C, D 중 A는?

① 1　　　② 0

③ n　　　④ $\dfrac{1}{n}$

해설 $V_1 : V_2 = n : 1$

$nV_2 = V_1, \quad \therefore \dfrac{V_1}{V_2} = n = \dfrac{I_2}{I_1}$

$V_1 = nV_2 + 0I_2$

$I_1 = 0V_2 + \dfrac{1}{n}I_2$

$\therefore \begin{bmatrix} A & B \\ C & D \end{bmatrix} = \begin{bmatrix} n & 0 \\ 0 & \dfrac{1}{n} \end{bmatrix}$

69 회로에서 각 계기들의 지시값은 다음과 같다. 전압계 Ⓥ는 240[V], 전류계 Ⓐ는 5[A], 전력계 Ⓦ는 720[W]이다. 이때 인덕턴스 L[H]은 얼마인가?(단, 전원주파수는 60[Hz]이다)

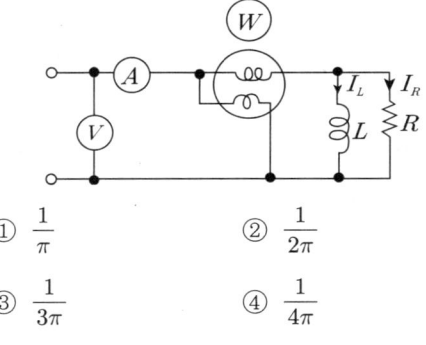

① $\dfrac{1}{\pi}$　　　② $\dfrac{1}{2\pi}$

③ $\dfrac{1}{3\pi}$　　　④ $\dfrac{1}{4\pi}$

해설 $P_r = \dfrac{V^2}{X_L}[Var], \quad X_L = \dfrac{240^2}{960} = 60[\Omega]$

$X_L = \omega L = 60[\Omega]$ 에서,

$\therefore L = \dfrac{60}{2\pi \times 60} = \dfrac{1}{2\pi}[H].$

$P_r = \sqrt{P_a^2 - P^2} = \sqrt{1200^2 - 720^2} = 960[Var]$

$P_a = VI = 240 \times 5 = 1200[VA]$

정답　**66** ①　**67** ④　**68** ③　**69** ②

70 구형파의 파형률(㉠)과 파고율(㉡)은?

① ㉠ 1, ㉡ 0   ② ㉠ 1.11, ㉡ 1.414

③ ㉠ 1, ㉡ 1   ④ ㉠ 1.57, ㉡ 2

해설

	구형파	삼각파	정현파	전파 정류	반파 정류
파형률	1.0	1.15	1.11	1.11	1.57
파고율	1.0	1.732	1.414	1.414	2.0

71 복소수 $I_1 = 10 \angle \tan^{-1}\dfrac{4}{3}$, $I_2 = 10 \angle \tan^{-1}\dfrac{3}{4}$ 일 때 $I = I_1 + I_2$ 는 얼마인가?

① $-2 + j2$ ② $14 + j14$

③ $14 + j4$ ④ $14 + j3$

해설

$I_1 = 10 \angle \tan^{-1}\dfrac{4}{3} = 10 \angle 53.1°$

$= 10(\cos 53.1° + j\sin 53.1°)$

$= 10(0.6 + j0.8) = 6 + j8 [A]$

$I_2 = 10 \angle \tan^{-1}\dfrac{3}{4} = 10 \angle 36.8°$

$= 10(\cos 36.8° + j\sin 36.8°)$

$= 10(0.8 + j0.6) = 8 + j6 [A]$

$\therefore I = I_1 + I_2 = 6 + j8 + 8 + j6 = 14 + j14 [A]$

72 $f(t) = u(t-a) - u(t-b)$의 라플라스 변환은?

① $\dfrac{1}{s}(e^{-as} - e^{-bs})$ ② $\dfrac{1}{s}(e^{as} + e^{bs})$

③ $\dfrac{1}{s^2}(e^{-as} - e^{-bs})$ ④ $\dfrac{1}{s^2}(e^{as} + e^{bs})$

해설 $\mathcal{L} f(t) = \mathcal{L}[u(t-a) - u(t-b)]$

$= \dfrac{1}{s}e^{-as} - \dfrac{1}{s}e^{-bs} = \dfrac{1}{s}(e^{-as} - e^{-bs})$

73 그림과 같은 4단자망의 영상 전달정수 θ는?

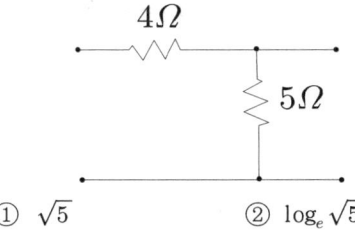

① $\sqrt{5}$ ② $\log_e \sqrt{5}$

③ $\log_e \dfrac{1}{\sqrt{5}}$ ④ $5\log_e \sqrt{5}$

해설 $\theta = \log_e(\sqrt{AD} + \sqrt{BC})$

$= \log_e\left(\sqrt{\dfrac{9}{5} \times 1} + \sqrt{4 \times \dfrac{1}{5}}\right) = \log_e \sqrt{5}$

$\begin{bmatrix} A & B \\ C & D \end{bmatrix} = \begin{bmatrix} 1 & 4 \\ 0 & 1 \end{bmatrix}\begin{bmatrix} 1 & 0 \\ \frac{1}{5} & 1 \end{bmatrix} = \begin{bmatrix} \frac{9}{5} & 4 \\ \frac{1}{5} & 1 \end{bmatrix}$

74 2전력계법으로 평형 3상 전력을 측정하였더니 각각의 전력계가 500[W], 300[W]를 지시하였다면 전 전력[W]는?

① 200   ② 300

③ 500   ④ 800

해설 $P = P_1 + P_2 = 500 + 300 = 800 [W]$

75 1000[Hz]인 정현파 교류에서 5[mH]인 유도 리액턴스와 같은 용량 리액턴스를 갖는 C의 값은 약 몇 [μF] 인가?

① 4.07   ② 5.07

③ 6.07   ④ 7.07

해설

$X_L = \omega L = 2\pi \times 1000 \times 5 \times 10^{-3} = 10\pi [\Omega]$

문제에서, $X_L = X_C$

$X_C = \dfrac{1}{\omega C} = 10\pi [\Omega]$

$\therefore C = \dfrac{1}{2\pi \times 1000 \times 10\pi} \times 10^6 = 5.07 [\mu F]$

정답 70 ③   71 ②   72 ①   73 ②   74 ④   75 ②

76 그림 (a)의 회로를 그림(b)와 같은 등가회로로 구성하고자 한다. 이 때 V 및 R의 값은?

① 6[V], 2[Ω] ② 6[V], 6[Ω]
③ 9[V], 2[Ω] ④ 9[V], 6[Ω]

해설 전압원은 단락시키고(전류원은 개방) a, b점에서 바라본 등가저항이 테브난 등가저항이 된다.

$$R = 0.8 + \frac{2 \times 3}{2+3} = 2[\Omega]$$

$$V = \frac{3}{2+3} \times 15 = 9[V]$$

77 모든 초기 값을 0으로 할 때, 출력과 입력의 비를 무엇이라 하는가?

① 전달함수 ② 충격함수
③ 경사함수 ④ 포물선함수

78 3상 평형 부하가 있다. 선간전압이 220[V], 역률이 0.8이고 소비전력이 10[kW]라면 선전류는 약 몇 [A]인가?

① 30 ② 32
③ 34 ④ 36

해설 $P = \sqrt{3}\, VI \cos\theta\,[W]$ 에서,

$$\therefore I = \frac{10 \times 10^3}{\sqrt{3} \times 200 \times 0.8} = 36.08[A]$$

79 그림과 같은 회로에서 S를 열었을 때 전류계는 10[A]를 지시하였다. S를 닫을 때 전류계의 지시는 몇 [A]인가?

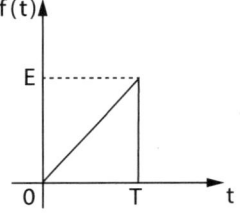

① 10 ② 12
③ 14 ④ 16

해설
• S를 열었을 때,

$$V = IR = 10 \times \left(\frac{3 \times 6}{3+6} + 4 \right) = 60[V]$$

• S를 닫을 때 전류계의 지시는

$$I' = \frac{V}{R'} = \frac{60}{\frac{3 \times 6}{3+6} + \frac{4 \times 12}{4+12}} = 12[A]$$

80 그림과 같은 파형의 라플라스 변환은?

① $\dfrac{E}{Ts}(1 - e^{-Ts})$

② $\dfrac{E}{Ts^2}(1 - e^{-Ts})$

③ $\dfrac{E}{Ts}(1 - e^{-Ts} - Ts\, e^{-Ts})$

④ $\dfrac{E}{Ts^2}(1 - e^{-Ts} - Ts\, e^{-Ts})$

해설

$$f(t) = \frac{E}{T} t u(t) - \frac{E}{T}(t-T)u(t-T) - Eu(t-T)$$

$$\pounds f(t) = F(s) = \frac{E}{Ts^2} - \frac{E}{Ts^2}e^{-Ts} - \frac{E}{s}e^{-Ts}$$

$$= \frac{E}{Ts^2}(1 - e^{-Ts} - Ts\, e^{-Ts})$$

$$= \frac{E}{Ts^2}[1 - (Ts+1)e^{-Ts}]$$

정답 **76** ③ **77** ① **78** ④ **79** ② **80** ④

제5과목 : 전기설비기술기준 및 판단기준

81 케이블 트레이 공사에 사용하는 케이블트레이의 최소 안전율은?

① 1.5   ② 1.8
③ 2.0   ④ 3.0

82 애자사용공사에 의한 저압 옥내배선을 시설할 때 전선 상호간의 간격은 몇 [cm] 이상이어야 하는가?

① 2   ② 4
③ 6   ④ 8

해설
• 애자사용공사
 ① 전선 상호간의 간격 : 6[cm] 이상
 ② 조영재와 이격거리
  • 400[V] 미만 : 2.5[cm] 이상
  • 400[V] 이상 : 4.5[cm] 이상
   (건조한 곳 : 2.5[cm])
 ③ 지지점간의 거리
  • 조영재 옆면 · 윗면 : 2[m] 이하
  • 400[V] 이상 조영재 아랫면 : 6[m] 이하

83 고압 가공전선에 케이블을 사용하는 경우의 조가용선 및 케이블의 피복에 사용하는 금속체에는 몇 종 접지공사를 하여야 하는가?

① 제 1종 접지공사
② 제 2종 접지공사
③ 제 3종 접지공사
④ 특별 제 3종 접지공사

84 소맥분, 전분 기타의 가연성 분진이 존재하는 곳의 저압 옥내배선으로 적합하지 않은 공사방법은?

① 케이블공사
② 두께 2mm 이상의 합성수지관공사
③ 금속관공사
④ 가요전선관 공사

해설
• 가연성 분진이 있는 장소에 공사방법
 ① 2[mm] 이상의 합성수지관공사
 ② 금속관 공사
 ③ 케이블 공사

85 가공전선로의 지지물에 하중이 가해지는 경우에 그 하중을 받는 지지물의기초의 안전율은 일반적인 경우 얼마 이상이어야 하는가?

① 1.2   ② 1.5
③ 1.8   ④ 2

해설 가공전선로 지지물의 기초 안전율 2(이상 시 상정 하중에 대한 철탑의 경우는 1.33) 이상으로 하여야 한다.

86 가공 전선로에 사용하는 지지물의 강도 계산에 적용하는 병종풍압하중은 갑종풍압하중의 몇 [%]를 기초로 하여 계산한 것인가?

① 30   ② 50
③ 80   ④ 110

87 66[kV]에 사용되는 변압기를 취급자 이외의 자가 들어가지 않도록 적당한 울타리 · 담 등을 설치하여 시설하는 경우 울타리 · 담 등의 높이와 울타리 · 담 등으로부터 충전부분까지의 거리는 합계는 최소 몇 [m]이상으로 하여야 하는가?

① 5   ② 6
③ 8   ④ 10

정답   81 ①   82 ③   83 ③   84 ④   85 ④   86 ②   87 ②

해설

• 특고압용 기계기구의 시설

  ① 기계기구의 주위에 울타리, 담 등을 시설하는 경우

  • 울타리, 담 등의 높이는 2[m] 이상으로 하고 지표면과 울타리, 담 등의 하단사이 간격은 15[cm] 이하로 할 것

  • 기계 기구를 지표상 5[m] 이상의 높이에 시설하고 충전부분의 지표상의 높이는 아래표 이상으로 할 것

사용전압의 구분	울타리의 높이와 울타리로부터 충전부분까지의 거리의 합계 또는 지표상의 높이
35[kV] 이하	5[m]
35[kV] 초과 160[kV] 이하	6[m]
160[kV] 초과	$6+0.12n$[m] $n = \dfrac{주어진\ 전압[kV] - 160}{10}$ 계산 값에서 소수점 이하는 절상할 것

88 "지중 관로"에 대한 정의로 옳은 것은?

① 지중 전선로, 지중 약전류 전선로와 지중 매설지선 등을 말한다.

② 지중 전선로, 지중 약전류 전선로와 복합 케이블 선로, 기타 이와 유사한 것 및 이들에 부속하는 지중함을 말한다.

③ 지중 전선로, 지중 약전류 전선로, 지중에 시설하는 수관 및 가스관과 지중 매설지선을 말한다.

④ 지중 전선로, 지중 약전류 전선로, 지중 광섬유 케이블선로, 지중에 시설하는 수관 및 가스관과 이와 유사한 것 및 이들에 부속하는 지중함 등을 말한다.

89 저압옥내배선에서 시행하는 공사 내용 중 틀린 것은?

① 합성수지몰드공사에서는 절연전선을 사용한다.

② 합성수지관 안에서는 접속점이 없어야 한다.

③ 가요전선관은 2종 금속제 가요전선관이어야 한다.

④ 사용전압이 400[V] 이상인 금속관에는 제3종 접지공사를 한다.

해설

• 400[V] 미만 : 제3종 접지공사

• 400[V] 이상 : 특별 제3종 접지공사

90 관, 암거 기타 지중전선을 넣은 방호장치의 금속제 부분 및 지중전선의 피복으로 사용하는 금속체에는 몇 종 접지공사를 하여야 하는가?

① 제1종 접지공사

② 제2종 접지공사

③ 제3종 접지공사

④ 특별 제3종 접지공사

91 345[kV]의 송전선을 사람이 쉽게 들어갈 수 없는 산지에 시설하는 경우 전선의 지표상 높이는 최소 몇 [m] 이상이어야 하는가?

① 7.28   ② 8.28

③ 7.85   ④ 8.85

해설 특고 가공전선의 높이(이상)

사용전압의 구분	전선의 지표상 높이
35[kV] 이하	도로횡단 : 6[m], 철도횡단 : 6.5[m], 일반장소 : 5[m]

정답 88 ④ 89 ④ 90 ③ 91 ①

1084 • Part 3. 전기산업기사 기출문제

사용전압 의 구분	전선의 지표상 높이
35[kV] 초과 160[kV] 이하	6[m] (산지등 : 5[m], 철도 : 6.5[m], 횡단보도교위에 시설하는 경우 케이블일 때 : 5[m])
160[kV] 초과	6+0.12n[m] 산지등 : 5+0.12n, 철도 : 6.5+0.12n $n = \dfrac{주어진 전압[kV] - 160}{10}$ 계산 값에서 소수점 이하는 절상할 것

$$\therefore 5 + 0.12n = 5 + 0.12 \times 19 = 7.28[m].$$
$$n = \frac{345 - 160}{10} = 18.5 \rightarrow 절상 19$$

92 전기설비기술기준에서 정하는 15[kV] 이상 25[kV] 미만인 특고압 가공전선과 그 지지물, 완금류, 지주 또는 지선사이의 이격거리는 몇 [cm] 이상이어야 하는가?

① 20 　　　　　② 25
③ 30 　　　　　④ 40

해설 특고 가공 전선과 그 지지지물, 완금류 지주 또는 지선 사이의 이격 거리는 다음과 같다. 다만 기술상 부득이한 경우 위험이 없도록 시설한 때에는 0.8배까지 감 할 수 있다.(이상)

사용 전압의 구분	이격 거리
15,000[V] 미만	15[cm]
15,000[V] 이상 25,000[V] 미만	20[cm]
25,000[V] 이상 35,000[V] 미만	25[cm]
35,000[V] 이상 50,000[V] 미만	30[cm]
50,000[V] 이상 60,000[V] 미만	35[cm]
60,000[V] 이상 70,000[V] 미만	40[cm]
70,000[V] 이상 80,000[V] 미만	45[cm]
80,000[V] 이상 130,000[V] 미만	65[cm]
130,000[V] 이상 160,000[V] 미만	90[cm]
160,000[V] 이상 200,000[V] 미만	110[cm]
200,000[V] 이상 230,000[V] 미만	130[cm]
230,000[V] 이상	160[cm]

93 철근 콘크리트주로서 전장이 15[m]이고, 설계하중이 7.8[kN]이다. 이 지지물을 논, 기타 지반이 약한 곳 이외에 기초안전율의 고려 없이 시설하는 경우에 그 묻히는 깊이는 기준보다 몇 [cm]를 가산하여 시설하여야 하는가?

① 10 　　　　　② 30
③ 50 　　　　　④ 70

해설

설계하중 전장	6.8[kN] 이하	9.8[kN] 이하	14.72[kN] 이하
15[m] 이하	전장×$\dfrac{1}{6}$ [m] 이상	전장×$\dfrac{1}{6}$ +0.3[m] 이상	–
15[m] 초과	2.5[m] 이상	2.8[m] 이상	–
16[m] 초과 20[m] 이하	2.8[m] 이상	–	–
15[m] 초과 18[m] 이하	–	–	3[m] 이상
18[m] 초과	–	–	3.2[m] 이상

94 방전등용 안정기로부터 방전관까지의 전로를 무엇이라 하는가?

① 가섭선 　　　　② 가공인입선
③ 관등회로 　　　④ 지중관로

95 저압전로에서 그 전로에 지락이 생겼을 경우 0.5초 이내에 자동적으로 전로를 차단하는 장치를 시설하는 경우에는 제 3종 접지공사의 접지저항 값을 몇 [Ω] 까지 허용할 수 있는가?(단, 자동차단기의 정격감도전류는 30[mA]이다)

정답 92 ① 　 93 ② 　 94 ③ 　 95 ④

① 10   ② 100

③ 300   ④ 500

해설 제 3 종 및 특별 제 3 종 접지 공사에서 접지 저항값의 상한값

정격감도 전류	접지저항치	
	물기 있는 장소, 전기적 위험도가 높은 장소	그 외 다른 장소
30[mA]	500[Ω]	500[Ω]
50[mA]	300[Ω]	500[Ω]
100[mA]	150[Ω]	500[Ω]
200[mA]	75[Ω]	250[Ω]
300[mA]	50[Ω]	166[Ω]
500[mA]	30[Ω]	100[Ω]

96 고압 지중케이블로서 직접 매설식에 의하여 콘크리트제의 길고 견고한 관 또는 트라프에 넣지 않고 부설할 수 있는 케이블은?

① 비닐외장케이블

② 고무외장케이블

③ 클로로프렌외장케이블

④ 콤바인덕트케이블

97 도로에 시설하는 가공 직류 전차 선로의 경간은 몇 [m] 이하인가?

① 30   ② 60

③ 80   ④ 100

98 전선의 접속법을 열거한 것 중 틀린 것은?

① 전선의 세기를 30[%] 이상 감소시키지 않는다.

② 절속 부분을 절연 전선의 절연물과 동등 이상의 절연 효력이 있도록 충분히 피복한다.

③ 접속 부분은 접속관, 기타의 기구를 사용한다.

④ 알루미늄 도체의 전선과 동 도체의 전선을 접속할 때에는 전기적 부식이 생기지 않도록 한다.

해설 전선의 세기를 20[%] 이상 감소시키지 않을 것

99 도로, 주차장 또는 조영물의 조영재에 고정하여 시설하는 전열장치의 발열선에 공급하는 전로의 대지전압은 몇 [V] 이하이어야 하는가?

① 30   ② 60

③ 220   ④ 300

100 전기 울타리의 시설에 관한 설명으로 틀린 것은?

① 전원장치에 전기를 공급하는 전로의 사용전압은 600[V] 이하이어야 한다.

② 사람이 쉽게 출입하지 아니하는 곳에 시설한다.

③ 전선은 지름 2[mm] 이상의 경동선을 사용한다.

④ 수목 사이의 이격거리는 30[cm] 이상이어야 한다.

해설 전기울타리의 시설

㉠ 사용전선의 굵기 : 인장강도 1.38[kN] 이상의 것 또는 2[mm] 이상의 경동선 사용

㉡ 전기 울타리용 전원 장치는 사람이나 가축에 위험이 없도록 하기 위해 충격파 전류를 단속적으로 반복해서 발생시킴

㉢ 전원 장치의 사용전압 : 250[V] 이하

㉣ 전선과 다른 시설물 또는 수목과의 이격거리 : 30[cm] 이상

㉤ 전선의 지지기둥의 이격거리 : 2.5[cm] 이상

㉥ 전용개폐기를 시설할 것

[정답] **96** ④   **97** ②   **98** ①   **99** ④   **100** ①

국가기술자격검정 필기시험문제

2015년도 산업기사 제2회 필기시험(산업기사)

자격종목 및 등급(선택분야)	종목코드	시험시간	문제지형별	수검번호	성명
전기산업기사		2시간 30분	B		

※ 시험문제지는 답안카드와 같이 반드시 제출하여야 합니다.

제1과목 : 전기자기학

01 자계 내에서 운동하는 대전입자의 작용에 대한 설명으로 틀린 것은?

① 대전입자의 운동방향으로 작용하므로 입자의 속도의 크기는 변하지 않는다.

② 가속도 벡터는 항상 속도 벡터와 직각이므로 입자의 운동에너지도 변화하지 않는다.

③ 정상자계는 운동하고 있는 대전입자에 에너지를 줄 수가 없다.

④ 자계 내 대전입자를 임의 방향의 운동 속도로 투입하면 $\cos\theta$에 비례한다.

해설 플레밍의 오른손 법칙에 의하여 작용력은.

$F = qv \times B = \mu_0 qv \times H[N]$

$\therefore F = \mu_0 qvH\sin\theta \ [N]$

02 2[cm]의 간격을 가진 두 평행도선에 1000 [A]의 전류가 흐를 때 도선 1[m]마다 작용하는 힘은 몇 [N/m]인가?

① 5 ② 10

③ 15 ④ 20

해설 $F = \dfrac{\mu_0 I_1 I_2}{2\pi r} = \dfrac{2 I_1 I_2}{r} \times 10^{-7} = \dfrac{2 I^2}{r} \times 10^{-7}$

$= \dfrac{2 \times 1000^2}{2 \times 10^{-2}} \times 10^{-7} = 10 \ [N/m]$

03 옴의 법칙에서 전류는?

① 저항에 반비례하고 전압에 비례한다.

② 저항에 반비례하고 전압에도 반비례한다.

③ 저항에 비례하고 전압에도 반비례한다.

④ 저항에 비례하고 전압에도 비례한다.

04 투자율 $\mu = \mu_0$, 굴절률 $n = 2$, 전도율 $\sigma = 0.5$의 특성을 갖는 매질내부의 한 점에서 전계가 $E = 10\cos(2\pi ft)a_x$ 로 주어질 경우 전도 전류밀도와 변위 전류밀도의 최대값의 크기가 같아지는 전계의 주파수 $f[GHz]$는?

① 1.75 ② 2.25

③ 5.75 ④ 10.25

해설 $f_c = \dfrac{\sigma}{2\pi\epsilon} = \dfrac{0.5}{2\pi \times \dfrac{10^{-9}}{36\pi}} \times \dfrac{1}{4} = 2.25 \ [GHz]$

05 접지된 무한히 넓은 평면도체로부터 $a[m]$떨어져 있는 공간에 $Q[C]$의 점전하가 놓여 있을 때 그림 P점의 전위는 몇 $[V]$인가?

① $\dfrac{Q}{8\epsilon_0 a}$ ② $\dfrac{Q}{6\epsilon_0 a}$

③ $\dfrac{3Q}{4\pi\epsilon_0 a}$ ④ $\dfrac{Q}{2\pi\epsilon_0 a}$

정답 **01** ④ **02** ② **03** ① **04** ② **05** ②

해설

$$V_P = \frac{Q}{4\pi\epsilon_0 r} = \frac{Q}{4\pi\epsilon_0 \frac{3}{2}a} = \frac{Q}{6\pi\epsilon_0 a}\,[V]\,\left(r = \frac{3}{2}a\right)$$

06 다음 물질 중 반자성체는?

① 구리   ② 백금

③ 니켈   ④ 알루미늄

해설

- 상자성체 : 알루미늄, 백금, 주석, 산소, 질소.
- 반자성체 : 비스무트, 안티몬, 실리콘, 구리, 은, 아연, 탄소.
- 강자성체 : 철, 니켈, 코발트, 텅스텐, 망간.

07 전계와 자계의 기본법칙에 대한 내용으로 틀린 것은?

① 암페어의 주회적분 법칙 :

$$\oint_c H \cdot dl = I + \int_s \frac{\partial D}{\partial t} \cdot dS$$

② 가우스의 정리 : $\oint_s B \cdot dS = 0$

③ 가우스의 정리 : $\oint_s D \cdot dS = \int_v \rho\, dv = 0$

④ 패러데이의 법칙 : $\oint_c D \cdot dl = -\int_s \frac{dH}{dt} dS$

해설

- 패러데이의 전자유도법칙

$$e = -\frac{d\Phi}{dt} = -N\frac{d\phi}{dt} = -L\frac{di}{dt}\,[V]\,(\Phi = N\phi)$$

- 패러데이법칙의 적분형

$$e = \oint_c E\,dl = -\frac{d}{dt}\int_s B\,dS = -\frac{d\phi}{dt}$$

- 패러데이법칙의 미분형

$$rot\,E = (\nabla \times E) = -\frac{\partial B}{\partial t}$$

08 반지름이 2[m], 3[m] 절연 도체구의 전위를 각각 5[V], 6[V]로 한 후 가는 도선으로 두 도체구를 연결하면 공통 전위는 몇 [V] 가 되는가?

① 5.2   ② 5.4

③ 5.6   ④ 5.8

해설

- 두 도체구를 연결하기 전의 전하는,

$$Q = Q_1 + Q_2 = 4\pi\epsilon_0 r_1 V_1 + 4\pi\epsilon_0 r_2 V_2$$
$$= 4\pi\epsilon_0 (r_1 V_1 + r_2 V_2)$$

- 두 도체구를 가는 도선으로 연결한 후의 전하는, (등전위가 된다)

$$Q' = Q_1' + Q_2' = 4\pi\epsilon_0 (r_1 + r_2) V$$

$$\therefore Q = Q'$$

$$4\pi\epsilon_0 (r_1 V_1 + r_2 V_2) = 4\pi\epsilon_0 (r_1 + r_2) V$$

$$V = \frac{4\pi\epsilon_0 (r_1 V_1 + r_2 V_2)}{4\pi\epsilon_0 (r_1 + r_2)} = \frac{2 \times 5 + 3 \times 6}{2 + 3} = 5.6\,[V]$$

09 $\epsilon_1 > \epsilon_2$인 두 유전체의 경계면에 전계가 수직으로 입사할 때 단위면적당 경계면에 작용하는 힘은?

① 힘 $f = \frac{1}{2}\left(\frac{1}{\epsilon_1} - \frac{1}{\epsilon_2}\right)D^2$이 ϵ_2에서 ϵ_1으로 작용한다.

② 힘 $f = \frac{1}{2}\left(\frac{1}{\epsilon_1} - \frac{1}{\epsilon_2}\right)E^2$이 ϵ_2에서 ϵ_1으로 작용한다.

③ 힘 $f = \frac{1}{2}\left(\frac{1}{\epsilon_2} - \frac{1}{\epsilon_1}\right)D^2$이 ϵ_1에서 ϵ_2으로 작용한다.

④ 힘 $f = \frac{1}{2}\left(\frac{1}{\epsilon_1} - \frac{1}{\epsilon_2}\right)E^2$이 ϵ_1에서 ϵ_2으로 작용한다.

정답   06 ①   07 ④   08 ③   09 ③

해설

그림처럼 유전율 ϵ_1, ϵ_2인 두 유전체가 경계면을 이루고 있을 때 경계면 0에 전계가 수직으로 가해져서 힘 F_n을 받아서 경계면 0가 $\triangle x$만큼 변위해서 $0'$가 되었다고 가정하면, ϵ_2에서 ϵ_1으로 에너지 밀도(w_2에서 w_1)는 변한다. 따라서 총에너지 변화량은,

$$\triangle W = (w_1 - w_2)\triangle x \cdot S[J] \ (S : 경계면의 면적)$$

가상변위의 정리에 의해서 힘을 구하면,

$$F_n = -\frac{\triangle W}{\triangle x}$$
$$= -(w_1 - w_2) \cdot S = (w_2 - w_1) \cdot S[N]$$

그러므로, 단위면적당 작용하는 힘은,

$$f_n = \omega_2 - \omega_1 = \frac{1}{2}(E_2 D_2 - E_1 D_1)[N/m^2] \ 문제에$$

서는 경계면에 전계가 수직으로 가해진다고 했으므로, $(D_1 = D_2)$

$$\therefore f_n = \frac{1}{2}(E_2 - E_1)D = \frac{1}{2}\left(\frac{1}{\epsilon_2} - \frac{1}{\epsilon_1}\right)D^2[N/m^2]$$

힘은 ϵ_1에서 ϵ_2로 작용한다.

---

10 전기쌍극자로부터 임의의 점의 거리가 r이라 할 때, 전계의 세기는 r과 어떤 관계에 있는가?

① $\dfrac{1}{r}$에 비례　　　② $\dfrac{1}{r^2}$에 비례

③ $\dfrac{1}{r^3}$에 비례　　　④ $\dfrac{1}{r^4}$에 비례

해설

• 전기쌍극자로부터 r [m] 만큼 떨어진 점의 전위는,
$$V = \frac{M}{4\pi\epsilon_0 r^2}\cos\theta\,[V]$$

• 전계의세기는,
$$E = \frac{M}{4\pi\epsilon_0 r^3}\sqrt{1 + 3\cos^2\theta}\,[V/m]$$

$$\therefore E \propto \frac{1}{r^3}$$

---

11 전기력선의 성질에 관한 설명으로 틀린 것은?

① 전기력선의 방향은 그 점의 전계의 방향과 같다.

② 전기력선은 전위가 높은 점에서 낮은 점으로 향한다.

③ 전하가 없는 곳에서도 전기력선의 발생, 소멸이 있다.

④ 전계가 0이 아닌 곳에서 2개의 전기력선은 교차하는 일이 없다.

해설 전기력선의 일반적인 성질

㉠ 전기력선은 정(+)전하에서 부(-)전하로 들어간다.

㉡ 전기력선은 전위가 높은 점에서 낮은 점으로 향한다($E = -grad\,V[V/m]$).

㉢ 전기력선은 그 자신만으로 폐곡선을 이루지 못한다($\triangle \times E = 0$).

㉣ 전기력선은 전하가 없는 곳에서 연속이다(발생, 소멸이 없다).($\triangle \cdot E = 0$)

㉤ 전기력선은 등전위면(도체표면)과 수직으로 만난다(직교한다).

㉥ 전기력선은 전계가 0이 아닌 이상 교차하는 일이 없다.

㉦ 전기력선은 도체내부에서 0이다(전기력선은 없다).

㉧ 전기력선은 접선방향이 전계의 방향이다.

정답 **10** ③　　**11** ③

ⓩ 전기력선은 단위전하에 $\dfrac{1}{\epsilon_0}$(개)의 전기력선이 출입

한다($\dfrac{1}{\epsilon_0}=36\pi\times10^9$).

ⓐ 무한원점에 있는 전하까지 고려하면 전하의 총량은 항상 0이다.

ⓒ 2개의 전기력선은 서로 교차하지 않는다.

ⓔ 전기력선은 도체 표면에서 수직으로 출입한다.

ⓓ 전기력선은 무한원점에서 끝나거나 오는 것이 있다.

12 전류와 자계 사이에 직접적인 관련이 없는 법칙은?

① 앙페르의 오른나사법칙

② 비오사바르의 법칙

③ 플레밍의 왼손법칙

④ 쿨롱의 법칙

해설 쿨롱의 법칙

$F=\dfrac{Q_1 Q_2}{4\pi\epsilon_0 r^2}=9\times10^9\dfrac{Q_1 Q_2}{r^2}\,[N]$

단, F : 두 대전체 사이에 작용하는 힘[N]

Q_1, Q_2 : 두 대전체가 갖는 전기량[C]

ϵ_0 : 진공중의 유전율[F/m]

r : 두 대전체 사이의 거리[m]

13 반지름 a[m]의 구 도체에 Q[C]의 전하가 주어졌을 때 구심에서 5a[m]되는 점의 전위는 몇 [V]인가?

① $\dfrac{Q}{4\pi\epsilon_0 a}$

② $\dfrac{Q}{4\pi\epsilon_0 a^2}$

③ $\dfrac{Q}{20\pi\epsilon_0 a}$

④ $\dfrac{Q}{20\pi\epsilon_0 a^2}$

해설 구 도체(구 대칭)전하는 구 밖에서 볼 때는 중심에 점전하로 볼 수 있다.

$V=\dfrac{Q}{4\pi\epsilon_0 5a}=\dfrac{Q}{20\pi\epsilon_0 a}\,[V]$

14 철심에 도선을 250회 감고 1.2[A]의 전류를 흘렸더니 1.5×10^{-3}[Wb] 의 자속이 생겼다. 자기저항[AT/Wb]은?

① 2×10^5

② 3×10^5

③ 4×10^5

④ 5×10^5

해설

$R_m=\dfrac{F}{\phi}=\dfrac{NI}{\phi}=\dfrac{250\times1.2}{1.5\times10^{-3}}=2\times10^5\,[AT/Wb]$

15 두 벡터 $A=2i+4j,\ B=6j-4k$가 이루는 각은 약 몇 °인가?

① 36

② 42

③ 50

④ 61

해설 $\cos\theta=\dfrac{A\cdot B}{|A||B|}=\dfrac{A_y B_y}{\sqrt{A^2}\cdot\sqrt{B^2}}$

$=\dfrac{4\times6}{\sqrt{2^2+4^2}\,\sqrt{6^2+(-4)^2}}=0.744$

$\therefore\theta=\cos^{-1}0.744=41.93\,°$

16 축이 무한히 길고 반지름이 a[m]인 원주 내에 전하가 축대칭이며, 축 방향으로 균일하게 분포되어 있을 경우, 반지름 $r(>a)$[m]되는 동심 원통면상 외부의 한 점 P의 전계의 세기는 몇 [V/m]인가?(단, 원주의 단위 길이당의 전하를 $\lambda[C/m]$라 한다)

① $\dfrac{\lambda}{\epsilon_0}$

② $\dfrac{\lambda}{2\pi\epsilon_0}$

③ $\dfrac{\lambda}{\pi a}$

④ $\dfrac{\lambda}{2\pi\epsilon_0 r}$

해설 $\displaystyle\iint_S E_n\cdot dS=\iint_S E\,dS=\dfrac{1}{\epsilon_0}\lambda$

$E\cdot2\pi r\cdot1=\dfrac{1}{\epsilon_0}\lambda$ $\quad\therefore E=\dfrac{\lambda}{2\pi\epsilon_0 r}\,[V/m]$

[정답] **12** ④ **13** ③ **14** ① **15** ② **16** ④

17 어느 철심에 도선을 250회 감고 여기에 4[A]의 전류를 흘릴 때 발생하는 자속이 0.02[Wb]이었다. 이 코일의 자기인덕턴스는 몇 [H]인가?

① 1.05
② 1.25
③ 2.5
④ $\sqrt{2}\,\pi$

해설 $LI = N\phi$

$\therefore L = \dfrac{250 \times 0.02}{4} = 1.25\,[H]$

18 전류분포가 벡터자기포텐셜 A[Wb/m]를 발생시킬 때 점(−1,2,5)[m]에서의 자속밀도 B[T]는?(단, $A = 2yz^2 a_x + y^2 x a_y + 4xyz a_z$ 이다)

① $20a_x - 40a_y + 30a_z$
② $20a_x + 40a_y - 30a_z$
③ $2a_x + 4a_y + 3a_z$
④ $-20a_x - 46a_z$

해설 $B = rotA = \triangle \times A = \begin{vmatrix} i & j & k \\ \frac{\partial}{\partial x} & \frac{\partial}{\partial y} & \frac{\partial}{\partial z} \\ 2yz^2 & y^2x & 4xyz \end{vmatrix}$

$= i\begin{vmatrix} \frac{\partial}{\partial y} & \frac{\partial}{\partial z} \\ y^2x & 4xyz \end{vmatrix} + j\begin{vmatrix} \frac{\partial}{\partial z} & \frac{\partial}{\partial x} \\ 4xyz & 2y^2z \end{vmatrix} + k\begin{vmatrix} \frac{\partial}{\partial x} & \frac{\partial}{\partial y} \\ 2yz^2 & y^2x \end{vmatrix}$

$= i(\frac{\partial}{\partial y}4xyz - \frac{\partial}{\partial z}y^2x) + j(\frac{\partial}{\partial z}2yz^2 - \frac{\partial}{\partial x}4xyz)$

$\quad + k(\frac{\partial}{\partial x}y^2x - \frac{\partial}{\partial y}2yz^2)$

$= i4xz + j(4yz - 4yz) + k(y^2 - 2z^2)$

$= i4xz + k(y^2 - 2z^2)$

$= -20i - 46k = -20a_x - 46a_z$

19 전하 Q_1, Q_2간의 전기력이 F_1이고 이 근처에 전하 Q_3를 놓았을 경우의 Q_1과 Q_2간의 전기력을 F_2라 하면 F_1과 F_2의 관계는 어떻게 되는가?

① $F_1 > F_2$
② $F_1 = F_2$
③ $F_1 < F_2$
④ Q_3의 크기에 따라 다르다.

해설 전하 Q_1과 Q_2사이에 작용하는 쿨롱의 힘은, $F = \dfrac{Q_1 Q_2}{4\pi \epsilon r^2}\,[N]$이므로 이식에서 보면, 전하량과 두 전하사이의 거리 및 주위의 유전율과 관계가 있지 전하 Q_3의 영향은 받지 않는다.

20 면적 $S[m^2]$평행한 평판 전극사이에 유전율이 $\epsilon_1[F/m]$, $\epsilon_2[F/m]$되는 두 종류의 유전체를 $\dfrac{d}{2}[m]$ 두께가 되도록 각각 넣으면 정전용량은 몇 [F]가 되는가?

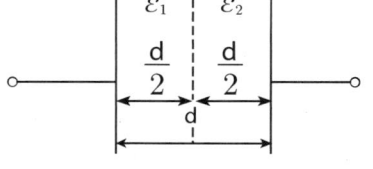

① $\dfrac{2S}{d(\epsilon_1 + \epsilon_2)}$
② $\dfrac{2\epsilon_1 \epsilon_2}{dS(\epsilon_1 + \epsilon_2)}$
③ $\dfrac{2S\epsilon_1 \epsilon_2}{d(\epsilon_1 + \epsilon_2)}$
④ $\dfrac{S\epsilon_1 \epsilon_2}{2d(\epsilon_1 + \epsilon_2)}$

해설

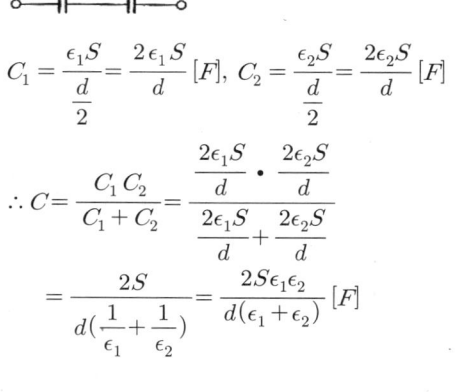

$C_1 = \dfrac{\epsilon_1 S}{\frac{d}{2}} = \dfrac{2\epsilon_1 S}{d}\,[F]$, $C_2 = \dfrac{\epsilon_2 S}{\frac{d}{2}} = \dfrac{2\epsilon_2 S}{d}\,[F]$

$\therefore C = \dfrac{C_1 C_2}{C_1 + C_2} = \dfrac{\frac{2\epsilon_1 S}{d} \cdot \frac{2\epsilon_2 S}{d}}{\frac{2\epsilon_1 S}{d} + \frac{2\epsilon_2 S}{d}}$

$= \dfrac{2S}{d(\frac{1}{\epsilon_1} + \frac{1}{\epsilon_2})} = \dfrac{2S\epsilon_1 \epsilon_2}{d(\epsilon_1 + \epsilon_2)}\,[F]$

정답 17 ② 18 ④ 19 ② 20 ③

제2과목 : 전력공학

21 전력계통의 안정도 향상대책으로 볼 수 없는 것은?

① 직렬콘덴서 설치

② 병렬콘덴서 설치

③ 중간 개폐소 설치

④ 고속차단, 재폐로방식 채용

해설
- 전력계통의 안정도 향상대책
  ① 계통의 직렬리액턴스를 적게 한다(직렬콘덴서에 의한 선로 리액턴스 보상).
  ② 전압변동을 적게 한다.
  ③ 중간조상방식을 채용한다.
  ④ 고장(지락)전류를 줄이고, 고장구간을 신속하게 차단시킨다.
  ⑤ 고장시 발전기입·출력의 불평형을 작게 한다.
- 병렬콘덴서 설치 : 역률개선용

22 60[Hz], 154[kV], 길이 200[km]인 3상 송전선로에서 대지정전용량 $C_s = 0.008\,[\mu F/m]$, 선간정전용량 $C_m = 0.0018\,[\mu F/m]$일 때 1선에 흐르는 충전전류는 약 몇 [A]인가?

① 68.9

② 78.9

③ 89.8

④ 97.6

해설

$I_c = \omega C_w E = 2\pi f\, C_w E$

$\quad = 2\pi \times 60 \times 0.0134 \times 10^{-6} \times 200 \times \dfrac{154 \times 10^3}{\sqrt{3}}$

$\quad = 89.83\,[A]$

$C_w = C_s + 3\,C_m = 0.008 + 3 \times 0.0018$

$\quad = 0.0134\,[\mu F/m]$

23 440[V] 공공시설의 옥내배선을 금속관공사로 시설하고자 한다. 금속관의 어떤 접지공사를 해야 하는가?

① 제1종 접지공사

② 제2종 접지공사

③ 제3종 접지공사

④ 특별 제3종접지공사

해설
- 400[V] 미만 : 제3종 접지공사.
- 400[V] 이상 : 특별 제3종 접지공사.

24 전원이 양단에 있는 방사상 송전선로에서 과전류 계전기와 조합하여 단락보호에 사용하는 계전기는?

① 선택지락계전기

② 방향단락계전기

③ 과전압계전기

④ 부족전류계전기

해설
- 전원이 2군데 이상 방사상 선로의 단락 보호 : 방향단락계전기(DS)와 과전류계전기(OCR)
- 전원이 2군데 이상 환상선로의 단락보호 : 방향거리계전기(DZ)

25 직류 송전방식이 교류 송전방식에 비하여 유리한 점이 아닌 것은?

① 선로의 절연이 유리하다.

② 통신선에 대한 유도잡음이 없다.

③ 표피효과에 대한 송전손실이 적다.

④ 정류가 필요 없고 승압 및 강압이 쉽다.

해설 직류 송전방식이 교류 송전방식에 비해서 장·단점
㉠ 장점
- 선로의 리액턴스가 없으므로 안정도가 높다.
- 유전체손과 충전용량이 없으므로 안정도가 높다.
- 비동기 연계가 가능하다.
- 단락전류가 적고, 임의의 크기의 교류계통을 연계 시킬수 있다.
- 코로나손 및 전력손실이 적다.
- 표피효과나 근접효과가 없어서 실효저항의 증대가 없다.

정답 21 ② 22 ③ 23 ④ 24 ② 25 ④

ⓛ 단점
- 직교 변환장치가 없다.
- 전압을 승압 및 강압하기가 불리하다.
- 고조파나 고주파 억제대책이 필요하다.
- 직류 차단기가 개발되어 있지 않다.

26 아킹혼의 설치목적은?

① 코로나손의 방지
② 이상전압 제한
③ 지지물의 보호
④ 섬락사고 시 애자의 보호

[해설]
- 아킹혼(Arcing Horn) : 섬락 시 애자를 보호하고 애자련의 전압부담을 균일하게 한다(소호각).
- 아킹링(Arcing Ring) : 이상전압 발생 시 애자의 파손을 방지한다(소호환).

27 송전선로에서 역섬락을 방지하려면?

① 가공지선을 설치한다.
② 피뢰기를 설치한다.
③ 탑각 접지저항을 적게 한다.
④ 소호각을 설치한다.

[해설] 역섬락 : 철탑의 접지저항이 크면 철탑의 전위가 매우 높게 되어 철탑에서 송전선에 섬락을 일으키는 현상으로서 역섬락을 방지하기 위해서는 철탑과 송전선과의 절연간격을 적절히 하고 철탑의 접지저항을 작게 해야 한다.

28 π형 회로의 일반회로 정수에서 B는 무엇을 의미하는가?

① 컨덕턴스   ② 리액턴스
③ 임피던스   ④ 어드미턴스

[해설] π형 회로

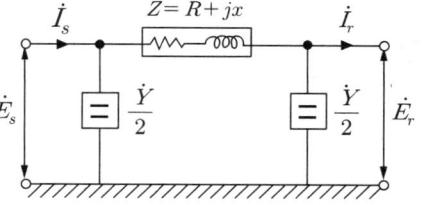

$$E_s = AE_r + BI_r$$
$$I_s = CE_r + DI_r$$

$$\begin{bmatrix} A & B \\ C & D \end{bmatrix} = \begin{bmatrix} 1 & 0 \\ \dfrac{Y}{2} & 1 \end{bmatrix} \begin{bmatrix} 1 & Z \\ 0 & 1 \end{bmatrix} \begin{bmatrix} 1 & 0 \\ \dfrac{Y}{2} & 1 \end{bmatrix}$$

$$= \begin{bmatrix} 1 & Z \\ \dfrac{Y}{2} & 1+\dfrac{ZY}{2} \end{bmatrix} \begin{bmatrix} 1 & 0 \\ \dfrac{Y}{2} & 1 \end{bmatrix}$$

$$= \begin{bmatrix} 1+\dfrac{ZY}{2} & Z \\ Y(1+\dfrac{ZY}{4}) & 1+\dfrac{ZY}{2} \end{bmatrix}$$

$$\therefore E_s = (1+\dfrac{ZY}{2})E_r + ZI_r$$
$$I_s = Y(1+\dfrac{ZY}{4})E_r + (1+\dfrac{ZY}{2})I_r$$

29 그림의 X부분에 흐르는 전류는 어떤 전류인가?

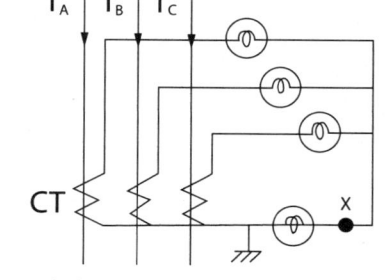

① b상전류   ② 정상전류
③ 역상전류   ④ 영상전류

[해설] 접지선에는 영상전류가 흐른다.

[정답]   26 ④   27 ③   28 ③   29 ④

30 소수력 발전의 장점이 아닌 것은?

① 국내 부존자원 활용

② 일단 건설 후에는 운영비가 저렴

③ 전력생산 외에 농업용수 공급, 홍수조절 기여

④ 양수발전과 같이 첨두부하에 대한 기여도가 많음

해설 소수력 발전의 장·단점

㉠ 장점
- 국내 부존자원 활용한 전력생산
- 일단건설 후에는 운영비가 저렴하다.
- 전력생산 외에 농업용수공급, 홍수조절기여
- 짧은 계획, 설계 및 시공기간, 낮은 투자비용
- 환경 친화적 에너지원

㉡ 단점
- 대 수력이나 양수발전과 같이 첨두부하에 대한 기여도가 적다.
- 초기 건설비 소요가 크고, 발전량이 강수량에 따라 변동이 많다.
- 출력이 기상과 계절의 영향을 받는다.
- 전체 투자비에 대한 조사 및 엔지니어링 비용의 비중이 크다.

31 피뢰기가 방전을 개시할 때 단자전압의 순시값을 방전개시전압이라 한다. 피뢰기 방전 중 단자전압의 파고값을 무슨 전압이라고 하는가?

① 뇌전압

② 상용주파교류전압

③ 제한전압

④ 충격절연강도전압

32 초고압 장거리 송전선로에 접속되는 1차 변전소에 병렬 리액터를 설치하는 목적은?

① 페란티효과 방지

② 코로나손실 경감

③ 전압강하 경감

④ 선로손실 경감

33 유효낙차 400[m]의 수력발전소에서 펠턴수차의 노즐에서 분출하는 물의 속도를 이론값의 0.95배로 한다면 물의 분출속도는 약 몇 [m/s]인가?

① 42.3

② 59.5

③ 62.6

④ 84.1

해설 노즐에서 분출하는 물의 속도는
$$v = \sqrt{2gH} = \sqrt{2 \times 9.8 \times 400} = 88.544[m/s]$$
$$\therefore v' = 88.544 \times 0.95 = 84.117[m/s]$$

34 조상설비가 있는 1차 변전소에서 주변압기로 주로 사용되는 변압기는?

① 승압용 변압기

② 단권 변압기

③ 단상 변압기

④ 3권선 변압기

해설 1차 변전소에서 $Y - Y - \triangle$ 결선의 3권선변압기의 안정권선($\triangle$)을 가지고 있는 대용량 고전압 변압기가 있다.
- 3차 권선(안정권선)의 설치목적
  ① 제3고조파 제거
  ② 조상설비의 설치
  ③ 소내용 전원공급

35 SF_6 가스차단기의 설명으로 틀린 것은?

① 밀폐구조이므로 개폐 시 소음이 적다.

② SF_6가스는 절연내력이 공기보다 크다.

③ 근거리 고장 등 가혹한 재기전압에 대해서 성능이 우수하다.

④ 아크에 의해 SF_6가스는 분해되어 유독가스를 발생시킨다.

해설 SF_6가스차단기의 특징

㉠ 밀폐구조이므로 개폐 시 소음이 없다.

㉡ 절연내력은 공기의 2 ~ 3배정도, 소호능력은 공기의 100 ~ 200배

[정답] **30** ④ **31** ③ **32** ① **33** ④ **34** ④ **35** ④

ⓒ 근거리 고장등 가혹한 재기전압에 대해서도 성능이 우수하다.

ⓔ 무색, 무취, 무해한 가스로서 유독가스는 발생되지 않는다.

36 그림과 같은 평형 3상 발전기가 있다. a상이 지락한 경우 지락전류는 어떻게 표현되는가?(단, Z_0 : 영상임피던스, Z_1 : 정상임피던스, Z_2 : 역상임피던스)

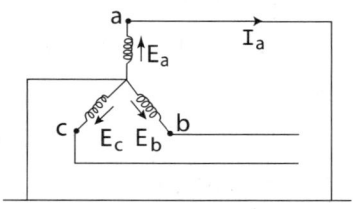

① $\dfrac{E_a}{Z_0 + Z_1 + Z_2}$

② $\dfrac{3E_a}{Z_0 + Z_1 + Z_2}$

③ $\dfrac{-Z_0 E_a}{Z_0 + Z_1 + Z_2}$

④ $\dfrac{2Z_2 E_a}{Z_1 + Z_2}$

해설 그림에서 a단자에서 1선 지락사고가 발생한 경우이므로

$V_a = 0$, $I_b = I_c = 0$

1선 지락 사고 시에 대칭분 전류는 영상분, 정상분, 역상분 전류와 같다.

$I_0 = I_1 = I_2 = \dfrac{1}{3} I_a$

$V_a = V_0 + V_1 + V_2 = -I_0 Z_0 + E_a - I_1 Z_1 - I_2 Z_2 = 0$

$E_a = I_0 (Z_0 + Z_1 + Z_2)$

$I_0 = \dfrac{E_a}{Z_0 + Z_1 + Z_2}$

∴ a선 지락전류 :

$I_a = I_0 + I_1 + I_2 = 3I_0 = \dfrac{3E_a}{Z_0 + Z_1 + Z_2} [A]$

37 변류기 개방 시 2차측을 단락하는 이유는?

① 2차측 절연 보호 ② 2차측 과전류 보호

③ 측정오차 방지 ④ 1차측 과전류 방지

해설 PT는 전원과 병렬 접속되고, CT는 회로와 직렬로 연결시키기 때문에 PT는 개방상태가 되어도 무관하고, CT는 2차측이 개방되면, 과부하전류로 인하여 소손이 되므로 CT를 점검할 때에는 반드시 2차측을 단락 시켜서 절연을 보호해야 한다.

38 그림과 같은 배전선이 있다. 부하에 급전 및 정전할 때 조작방법으로 옳은 것은?

6.6kV 모선

DS CB 부하

① 급전 및 정전할 때는 항상 DS, CB순으로 한다.

② 급전 및 정전할 때는 항상 CB, DS순으로 한다.

③ 급전시는 DS, CB순이고 정전시는 CB, DS 순이다.

④ 급전시는 CB, DS순이고 정전시는 DS, CB 순이다.

39 송전단의 전력원 방정식이 $P_s^2 + (Q_s - 300)^2 = 250000$인 전력계통에서 최대전송 가능한 유효전력은 얼마인가?

① 300 ② 400

③ 500 ④ 600

해설 최대전송을 하려면 무효전력이 0[Var]이 되어야 하므로,

$Q_s = 300 [kVA]$를 대입하면

$P_s^2 + (300 - 300)^2 = 250000$

∴ $P_s = 500$

정답 36 ② 37 ① 38 ③ 39 ③

2015년도 산업기사 제2회 필기시험(산업기사) • **1095**

40 3상 1회선과 대지간의 충전전류가 1[km]당 0.25[A]일 때 길이가 18[km]인 선로의 충전전류는 몇 [A]인가?

① 1.5
② 4.5
③ 13.5
④ 40.5

해설 $I_c = 0.25 \times 18 = 4.5[A]$

제3과목 : 전기기기

41 유도전동기의 2차 동손을 P_c, 2차 입력을 P_2, 슬립을 s라 할 때 이들 사이의 관계는?

① $s = P_c/P_2$
② $s = P_2/P_c$
③ $s = P_2 \cdot P_c$
④ $s = P_2 + P_c$

42 슬롯수 36의 고정자 철심이 있다. 여기에 3상 4극의 2층권을 시행할 때 매극 매상의 슬롯수와 총 코일수는?

① 3과 18
② 9와 36
③ 3과 36
④ 9와 18

해설
• 매극 매상의 슬롯수 :

$$q = \frac{\text{총 슬롯수}}{\text{상수} \times \text{극수}} = \frac{36}{3 \times 4} = 3$$

• 코일수 $= \dfrac{\text{총슬롯수} \times m}{2} = \dfrac{36 \times 2}{2} = 36$

(m : 코일총수)

43 단상 변압기 3대를 이용하여 3상 $\triangle - \triangle$, 결선을 했을 때 1차와 2차 전압의 각변위(위상차)는?

① 30°
② 60°
③ 120°
④ 180°

44 동기전동기의 진상전류에 의한 전기자반작용은 어떤 작용을 하는가?

① 횡축반작용
② 교차자화작용
③ 증자작용
④ 감자작용

해설 전기자반작용

① I_a가 V와 동상인 경우 : 교차자화작용

② I_a가 V보다 $\dfrac{\pi}{2}$만큼 뒤지는(지상전류) 경우 : 자화작용

③ I_a가 V보다 $\dfrac{\pi}{2}$만큼 앞서는(진상전류) 경우 : 감자작용

45 동기 주파수 변환기의 주파수 f_1및 f_2계통에 접속되는 양 극을 P_1, P_2라 하면 다음 어떤 관계가 성립되는가?

① $\dfrac{f_1}{f_2} = \dfrac{P_1}{P_2}$
② $\dfrac{f_1}{f_2} = P_2$
③ $\dfrac{f_1}{f_2} = \dfrac{P_2}{P_1}$
④ $\dfrac{f_1}{f_2} = P_1 \cdot P_2$

46 SCR의 특징이 아닌 것은?

① 아크가 생기지 않으므로 열의 발생이 적다.
② 열용량이 적어 고온에 약하다.
③ 전류가 흐르고 있을 때 양극의 전압강하가 작다.
④ 과전압에 강하다.

해설 SCR(실리콘 정류소자)의 특징

• 아크가 생기지 않으므로 열의 발생이 적다.
• 과전압에 약하다.
• 게이트에 신호를 인가할 때부터 도통할 때까지의 시간이 짧다.
• 전류가 흐르고 있을 때 양극의 전압강하는 순방향 1.5[V] 이하로 적다.
• 3단자 소자이며 직류전압만을 제어한다.
• 적은 게이트 신호로 대전력을 제어한다.

정답 40 ② 41 ① 42 ③ 43 ④ 44 ④ 45 ① 46 ④

47 변압기의 임피던스 전압이란?

① 정격전류 시 2차측 단자전압이다.

② 변압기의 1차를 단락, 1차에 1차 정격전류와 같은 전류를 흐르게 하는데 필요한 1차 전압 이다.

③ 변압기 내부임피던스와 정격전류와의 곱인 내부 전압강하이다.

④ 변압기의 2차를 단락, 2차에 2차 정격전류 와 같은 전류를 흐르게 하는데 필요한 2차 전압이다.

해설

• 임피던스전압(V_s) : 변압기의 2차를 단락했을 때 단락전류 I_{1s}를 1차 정격 I_{1n}과 같게 되는 1차 전압을 말하는데 이때의 입력은 임피던스 와트(P_s)이다.

$V_s = I_{1n} Z_{21} = I_{1n} \sqrt{(r_{21})^2 + (x_{21})^2} \, [V]$

단, $r_{21} = r_1 + a^2 r_2 [\Omega]$, $\quad x_{21} = x_1 + a^2 x_2 [\Omega]$

$P_s = I_{1n}^2 r_{21} = I_{1n}^2 (r_1 + a^2 r_2) \, [W]$

48 1차 전압 6900[V], 1차 권선 3000회, 권수 비 20의 변압기가 60[Hz]에 사용할 때 철심 의 최대자속[Wb]은?

① 0.76×10^{-4} ② 8.63×10^{-3}

③ 80×10^{-3} ④ 90×10^{-3}

해설 철심의 최대자속은,

$\phi_m = \dfrac{E_1}{4.44 f N_1} = \dfrac{6900}{4.44 \times 60 \times 3000}$

$= 8.63 \times 10^{-3} [Wb]$

49 입력전압이 220[V]일 때 3상 전파제어정류 회로에서 얻을 수 있는 직류 전압은 몇[V]인 가?(단, 최대전압은 점호각 $\alpha = 0$일 때이고, 3상에서 선간전압으로 본다)

① 152 ② 198

③ 297 ④ 317

해설 3상 전파제어정류회로의 직류전압은,

$E_{d0} = \dfrac{3\sqrt{2}\,E}{\pi} \cos\alpha = \dfrac{3\sqrt{2} \times 220}{\pi} = 297.3 \, [V]$

50 직류전동기의 회전수를 1/2로 줄이려면, 계 자자속을 몇 배로 하여야 하는가?(단, 전압 과 전류 등은 일정하다)

① 1 ② 2

③ 3 ④ 4

해설 $n = k\dfrac{V - I_a R_a}{\phi} \propto \dfrac{1}{\phi}$

$\therefore n = \dfrac{1}{2}$ 로 줄이려면 계자자속(ϕ)은 2배가 된다.

51 유도전동기 원선도에서 원의 지름은?(단, E 는 1차 전압, r은 1차로 환산한 저항, x를 1차로 환산한 누설리액턴스라 한다)

① rE에 비례 ② rxE에 비례

③ $\dfrac{E}{r}$에 비례 ④ $\dfrac{E}{x}$에 비례

해설 원선도의 지름 : 부하에 의해서 변화하는 전류벡 터의 궤적이 된다. 유도전동기는 일정값의 리액턴스와 부하에 의하여 변하는 저항($\dfrac{r_2'}{s}$)의 직렬회로이다. 그러 므로, 전압에는 비례하고 리액턴스에는 반비례한다.

52 동기발전기의 병렬운전 시 동기화력은 부하 각 δ와 어떠한 관계인가?

① $\tan\delta$에 비례 ② $\cos\delta$에 비례

③ $\sin\delta$에 반비례 ④ $\cos\delta$에 반비례

해설 동기화력은,

$P = \dfrac{E^2}{2Z_0} \cos\delta \propto \cos\delta$

정답 **47** ③ **48** ② **49** ③ **50** ② **51** ④ **52** ②

53 직류 분권전동기가 단자전압 215[V], 전기자 전류 50[A], 1500[rpm]으로 운전되고 있을 때 발생토크는 약 몇[N·m]인가?(단, 전기자 저항은 0.1[Ω]이다)

① 6.8　　　　② 33.2

③ 46.8　　　④ 66.9

해설 발생토크는,　$T = 0.975 \dfrac{P}{N}$ [kg·m]

$$T = \frac{EI_a}{\omega} = \frac{EI_a}{2\pi \dfrac{N}{60}} \text{[N·m]}$$

$$= \frac{210 \times 50}{2\pi \times \dfrac{1500}{60}} = 66.85 \text{[N·m]}$$

$$E = V - I_a R_a = 215 - 50 \times 0.1 = 210 [V]$$

54 3상 권선형 유도전동기의 2차 회로의 한상이 단선된 경우에 부하가 약간 커지면 슬립이 50[%]인 곳에서 운전이 되는 것을 무엇이라 하는가?

① 차동기 운전　　② 자기여자

③ 게르게스 현상　④ 난조

55 8극과 4극 2개의 유도전동기를 종속법에 의한 직렬 종속법으로 속도제어를 할 때, 전원주파수가 60[Hz]인 경우 무부하 속도[rpm]는?

① 600　　　　② 900

③ 1200　　　④ 1800

해설
• 유도전동기의 병렬 종속접속에서 그 무부하 속도는 각각 극수를 P_1, P_2라 할 때

• 직렬종속법 : $N = \dfrac{120f}{P_1 + P_2}$ [rpm]

• 차동종속법 : $N = \dfrac{120f}{P_1 - P_2}$ [rpm]

• 병렬종속법 : $N = \dfrac{2 \times 120f}{P_1 \pm P_2}$ [rpm]

$$\therefore N = \frac{120f}{P_1 + P_2} = \frac{120 \times 60}{8 + 4} = 600 [rpm]$$

56 어느 변압기의 1차 권수가 1500인 변압기의 2차측에 접속한 20[Ω]의 저항은 1차 측으로 환산했을 때 8[kΩ]으로 되었다고 한다. 이변압기의 2차 권수는?

① 400　　　　② 250

③ 150　　　　④ 75

해설 $R_{21} = R_1' = a^2 R_2$에서,

$$a = \sqrt{\frac{R_1'}{R_2}} = \sqrt{\frac{8 \times 10^3}{20}} = 20$$

$$\therefore a = \frac{N_1}{N_2} \text{에서},\ N_2 = \frac{N_1}{a} = \frac{1500}{20} = 75$$

57 전부하로 운전하고 있는 60[Hz], 4극 권선형 유도전동기의 전부하 속도는 1728[rpm], 2차 1상의 저항은 0.02[Ω]이다. 2차회로의 저항을 3배로 할 때의 회전수[rpm]는?

① 1264　　　② 1356

③ 1584　　　④ 1765

해설 $N_s = \dfrac{120f}{P} = \dfrac{120 \times 60}{4} = 1800 [rpm]$

$$s_1 = \frac{N_s - N}{N_s} = \frac{1800 - 1728}{1800} = 0.04$$

2차회로의 저항 r_2를 3배로 하면 비례추이의 원리에 의해서 슬립 s_2도 3배가 된다.

$$\frac{r_2}{s_1} = \frac{R}{s_2} = \frac{3r_2}{s_2}$$

$$s_2 = \frac{3r_2}{r_2} s_1 = 3 \times s_1 = 3 \times 0.04 = 0.12$$

$$\therefore N_2 = (1 - s_2)N_s = (1 - 0.12) \times 1800 = 1584 [rpm]$$

정답　**53** ④　**54** ③　**55** ①　**56** ④　**57** ③

58 2상 서보모터의 제어방식이 아닌 것은?

① 온도제어

② 전압제어

③ 위상제어

④ 전압 · 위상 혼합제어

59 3상 유도전동기를 급속하게 정지시킬 경우에 사용되는 제동법은?

① 발전 제동법   ② 회생 제동법

③ 마찰 제동법   ④ 역상 제동법

60 30[kW]의 3상 유도전동기에 전력을 공급할 때 2대의 단상변압기를 사용하는 경우 변압기의 용량[kVA]은?(단, 전동기의 역률과 효율은 각각 84[%], 86[%]이고 전동기 손실은 무시한다)

① 10   ② 20

③ 24   ④ 28

해설 변압기 1대의 출력을 P_a[kVA], 2대의 단상변압기로는 V결선으로 사용한다.

$$P_v = \sqrt{3}\, VI\cos\theta = \sqrt{3}\, P_a\cos\theta\,[kW]$$

전동기효율 : $\eta = \dfrac{P_0}{P_v} = \dfrac{P_0}{\sqrt{3}\, P_a\cos\theta}$

$$\therefore P_a = \frac{30}{\sqrt{3}\times 0.84 \times 0.86} = 24\,[kVA]$$

제4과목 : 회로이론

61 전달함수 $G(s) = \dfrac{20}{3+2s}$ 을 갖는 요소가 있다. 이 요소에 $\omega = 2[rad/sec]$인 정현파를 주었을 때 $|G(j\omega)|$을 구하면?

① 8   ② 6

③ 4   ④ 2

해설 $G(j\omega) = \dfrac{20}{3+j2\omega}$ 에서, $\omega = 2[rad/\sec]$을 대입하면, $G(j\omega) = \dfrac{20}{3+j4}$

$$\therefore |G(j\omega)| = \frac{20}{\sqrt{3^2+4^2}} = 4$$

62 다음 용어에 대한 설명으로 옳은 것은?

① 능동소자는 나머지 회로에 에너지를 공급하는 소자이며 그 값은 양과 음의 값을 갖는다.

② 종속전원은 회로 내의 다른 변수에 종속되어 전압 또는 전류를 공급하는 전원이다.

③ 선형소자는 중첩의 원리와 비례의 법칙을 만족할 수 있는 다이오드 등을 말한다.

④ 개방회로는 두 단자 사이에 흐르는 전류가 양 단자에 전압과 관계없이 무한대 값을 갖는다.

63 $\dfrac{dx(t)}{dt} + x(t) = 1$의 라플라스 변환 $X(s)$의 값은?(단, $x(0) = 0$이다)

① $s+1$ ② $s(s+1)$

③ $\dfrac{1}{s}(s+1)$ ④ $\dfrac{1}{s(s+1)}$

해설 $\dfrac{dx(t)}{dt} + x(t) = 1$을 라플라스 변환하면,

$$sX(s) - x(0) + X(s) = \frac{1}{s}$$

$x(0) = 0$이므로, $sX(s) + X(s) = \dfrac{1}{s}$

$$\therefore X(s) = \frac{1}{s(s+1)}$$

64 저항 $R = 60[\Omega]$과 유도리액턴스 $\omega L = 80[\Omega]$인 코일이 직렬로 연결된 회로에 200[V]의 전압을 인가할 때 전압과 전류의 위상차는?

정답   58 ①   59 ④   60 ③   61 ③   62 ②   63 ④   64 ③

① 48.17°   ② 50.23°

③ 53.13°   ④ 55.27°

해설 $I = \dfrac{V}{Z} = \dfrac{200}{60+j80} = \dfrac{200(60-j80)}{(60+j80)(60-j80)}$
$= 120 - j160\,[A]$

위상 : $\tan\theta = \dfrac{-160}{120} = \dfrac{-4}{3}$

$\therefore \theta = \tan^{-1}\dfrac{-4}{3} = -53.13°$

전압과 전류의 위상차는 53.13° 이다.

65 4단자 회로에서 4단자 정수를 A, B, C, D라 할 때 전달정수 θ는 어떻게 되는가?

① $\ln(\sqrt{AB} + \sqrt{BC})$

② $\ln(\sqrt{AB} - \sqrt{CD})$

③ $\ln(\sqrt{AD} + \sqrt{BC})$

④ $\ln(\sqrt{AD} - \sqrt{BC})$

66 다음 회로에서 $t = 0$일 때 스위치 K를 닫았다. $i_1(0_+)$, $i_2(0_+)$의 값은?(단, $t < 0$에서 C 전압과 L전압은 각각 0[V]이다)

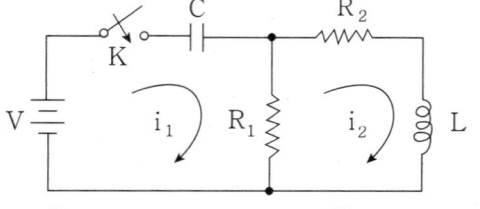

① $\dfrac{V}{R_1}$, 0   ② 0, $\dfrac{V}{R_2}$

③ 0, 0   ④ $-\dfrac{V}{R_1}$, 0

해설 $t = 0_+$에서는 C는 단락, L은 개방이 된다.
$t = \infty$에서는 C는 개방 L은 단락이 된다.

$\therefore i_1(0_+) = \dfrac{V}{R_1}$, $i_2(0_+) = 0$

67 시정수 τ를 갖는 RL 직렬회로에 직류전압을 가할 때 $t = 2\tau$되는 시간에 회로에 흐르는 전류는 최종값의 약 몇 [%]인가?

① 98   ② 95

③ 86   ④ 63

해설 $i(t) = \dfrac{E}{R}\left(1 - e^{-\frac{R}{L}t}\right) = I\left(1 - e^{-\frac{1}{\tau}t}\right) \xrightarrow{t = 2\tau}$

$= I\left(1 - e^{-\frac{1}{\tau}2\tau}\right) = 0.86I\,[A]$

68 반파대칭 및 정현대칭인 왜형파의 푸리에급수의 전개에서 옳게 표현된 것은?

$\left(\text{단, } f(t) = a_0 + \sum_{n=0}^{\infty} a_n \cos n\omega t + \sum_{n=0}^{\infty} b_n \sin n\omega t\text{임}\right)$

① a_n의 우수항만 존재한다.

② a_n의 기수항만 존재한다.

③ b_n의 우수항만 존재한다.

④ b_n의 기수항만 존재한다.

해설 $a_0 = 0$, $a_n = 0$, b_n항의 기수항만 존재(sin), 제3고조파 성분은 포함

$\therefore f(t) = b_1 \sin\omega t + b_3 \sin 3\omega t + b_5 \sin 5\omega t + \cdots$

69 전기량(전하)의 단위로 알맞은 것은?

① [C]   ② [mA]

③ [nW]   ④ [μF]

70 대칭 3상 Y결선 부하에서 각 상의 임피던스가 $16 + j12\,[\Omega]$이고, 부하전류 10[A]일 때, 이부하의 선간전압은 약 몇 [V]인가?

① 152.6   ② 229.1

③ 346.4   ④ 445.1

해설 Y결선이므로, 선간전압(V_l) = $\sqrt{3}\,V_p$(상전압)

$V_p = I_p Z = 10(16 + j12) = 10\sqrt{16^2 + 12^2} = 200\,[V]$

$\therefore V_l = \sqrt{3}\,V_p = 200\sqrt{3}\,[V]$

정답   **65** ③   **66** ①   **67** ③   **68** ④   **69** ①   **70** ③

71 3상 회로에 △결선된 평형 순저항 부하를 사용하는 경우 선간전압 220[V], 상전류가 7.33[A]라면 1상의 부하저항은 약 몇 [Ω]인가?

① 80 ② 60

③ 45 ④ 30

해설 △결선이므로, 선전류$(I_l) = \sqrt{3}\, I_p$(상전류)

∴ 1상의 부하저항은,

$$R = \frac{V_p}{I_p} = \frac{220}{7.33} = 30\,[\Omega]$$

72 어떤 소자가 60[Hz]에서 리액턴스 값이 10 [Ω]이었다. 이 소자를 인덕터 또는 커패시터라 할 때, 인덕턴스[mA]와 정전용량[μF]은 각각 얼마인가?

① 26.53[mH], 295.37[μF]

② 18.37[mH], 265.25[μF]

③ 18.37[mH], 295.37[μF]

④ 26.53[mH], 265.25[μF]

해설

• $X = X_L$에서, $X = \omega L\,[\Omega]$

∴ $L = \dfrac{X}{2\pi f} = \dfrac{10}{2\pi \times 60} \times 10^3 = 26.53\,[mH]$

• $X = X_C$에서, $X = \dfrac{1}{\omega C}\,[\Omega]$

∴ $C = \dfrac{1}{2\pi f X} = \dfrac{1}{2\pi \times 60 \times 10} \times 10^6 = 265.26\,[\mu F]$

73 그림과 같은 회로에서 입력을 $V_1(s)$, 출력을 $V_2(s)$라 할 때 전압비 전달함수는?

① $\dfrac{R_1}{R_1 C s + 1}$

② $\dfrac{R_2 + R_1 R_2 C s}{R_1 + R_2 + R_1 R_2 C s}$

③ $\dfrac{R_1 R_2\, s + R C s}{R_1 C s + R_1 R_2\, s^2 + C}$

④ $\dfrac{s + 1}{s + (R_1 + R_2) + R_1 R_2 C}$

해설 문제에서 R_1과 C의 합성임피던스 등가회로는 다음과 같다.

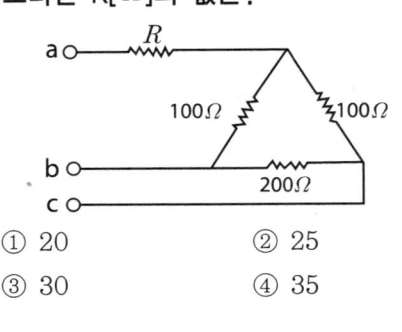

$Z(s) = \dfrac{R_1 \times \dfrac{1}{C s}}{R_1 + \dfrac{1}{C s}} = \dfrac{R_1}{1 + R_1 C s}$

$V_1(s) = \left(\dfrac{R_1}{1 + R_1 C s} + R_2\right) I(s)$

$V_2(s) = R_2 I(s)$

∴ $G(s) = \dfrac{V_2(s)}{V_1(s)} = \dfrac{R_2}{\dfrac{R_1}{1 + R_1 C s} + R_2}$

$= \dfrac{R_2 + R_1 R_2 C s}{R_1 + R_2 + R_1 R_2 C s}$

74 그림과 같은 순저항으로 된 회로에 대칭 3상 전압을 가했을 때 각선에 흐르는 전류가 같으려면 R[Ω]의 값은?

① 20 ② 25

③ 30 ④ 35

해설

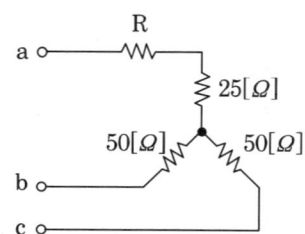

△결선된 저항을 Y결선된 저항으로 변환하면,

$$R_a = \frac{100 \times 100}{100 + 100 + 200} = 25\,[\Omega]$$

$$R_b = \frac{100 \times 200}{100 + 100 + 200} = 50\,[\Omega]$$

$$R_c = \frac{200 \times 100}{100 + 100 + 200} = 50\,[\Omega]$$

$$\therefore R + R_a = 50\,[\Omega]\text{에서}, \quad R = 50 - 25 = 25\,[\Omega]$$

75 $e_i(t) = Ri(t) + L\dfrac{di(t)}{dt} + \dfrac{1}{C}\displaystyle\int i(t)dt$ 에서 모든 초기값을 0으로 하고 라플라스 변환할 때 $I(s)$는?(단, $I(s)$, $E_i(s)$는 $i(t)$, $e_i(t)$의 라플라스 변환이다)

① $\dfrac{Cs}{LCs^2 + RCs + 1}$

② $\dfrac{1}{R + Ls + \dfrac{s}{C}} E_i(s)$

③ $\dfrac{1}{R + Ls + Cs^2} E_i(s)$

④ $\left(R + Ls + \dfrac{1}{Cs}\right) E_i(s)$

해설 $e_i(t) = Ri(t) + L\dfrac{di(t)}{dt} + \dfrac{1}{C}\displaystyle\int i(t)dt$ 에서

모든 초기값을 0으로 하고
라플라스 변환하면,

$$E_i(s) = RI(s) + LsI(s) + \frac{1}{Cs}I(s)$$

$$= \left(R + Ls + \frac{1}{Cs}\right)I(s)$$

$$\therefore I(s) = \frac{E_i(s)}{R + Ls + \dfrac{1}{Cs}}$$

$$= \frac{Cs}{LCs^2 + RCs + 1} E_i(s)$$

76 다음 회로에서 10[Ω]의 저항에 흐르는 전류는 몇 [A]인가?

① 1 ② 2
③ 4 ④ 5

해설 전압원과 전류원이 병렬 접속되면, 전류원은 개방되고 전압원만 동작한다.

$$I = \frac{10}{10} = 1[A]$$

77 3상4선식에서 중성선이 필요하지 않아서 중성선을 제거하여 3상3선식으로 하려고 한다. 이때 중성선의 조건식은 어떻게 되는가?(단, $I_a, I_b, I_c[A]$는 각상의 전류이다)

① $I_a + I_b + I_c = 1$ ② $I_a + I_b + I_c = \sqrt{3}$
③ $I_a + I_b + I_c = 3$ ④ $I_a + I_b + I_c = 0$

해설 중성선에 흐르는 전류는,

$I_N = I_a + I_b + I_c$ 인데, 중성선을 제거하면

$\therefore I_a + I_b + I_c = 0$ 이 된다.

78 어떤 코일에 흐르는 전류를 0.5[ms] 동안에 5[A]만큼 변화 시킬 때 20[V]의 전압이 발생한다. 이 코일의 자기 인덕턴스[mH]는?

① 2 ② 4
③ 6 ④ 8

정답 75 ① 76 ① 77 ④ 78 ①

1102 · Part 3. 전기산업기사 기출문제

해설 $e_L(t) = L\dfrac{di(t)}{dt}$ 에서,

$$L = \frac{e_L(t)}{\dfrac{di(t)}{dt}} = \frac{20}{\dfrac{5}{0.5 \times 10^{-3}}} \times 10^3 = 2\,[mH]$$

79 그림과 같이 저항 R=3[Ω]과 용량 리액턴스 $\dfrac{1}{\omega C}=4[\Omega]$인 콘덴서가 병렬로 연결된 회로에 100[V]의 교류 전압을 인가할 때, 합성 임피던스 Z[Ω]는?

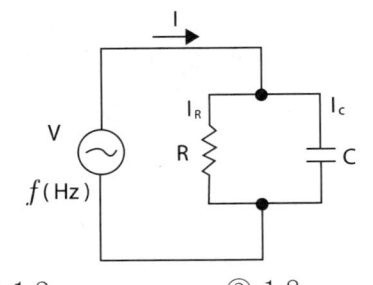

① 1.2   ② 1.8
③ 2.2   ④ 2.4

해설 $Z = \dfrac{1}{\dfrac{1}{R} + j\omega C} = \dfrac{1}{\dfrac{1}{3} + j\dfrac{1}{4}} = 2.4\,[\Omega]$

80 다음과 같은 π형 회로의 4단자 정수 중 D의 값은?

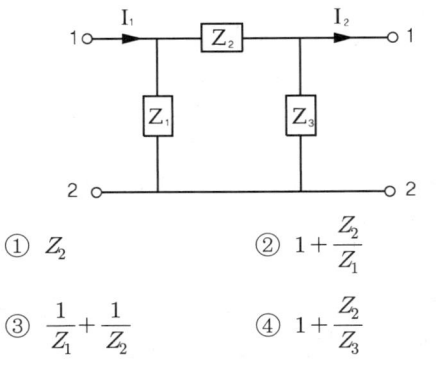

① Z_2 ② $1 + \dfrac{Z_2}{Z_1}$

③ $\dfrac{1}{Z_1} + \dfrac{1}{Z_2}$ ④ $1 + \dfrac{Z_2}{Z_3}$

해설
$$\begin{bmatrix} A & B \\ C & D \end{bmatrix} = \begin{bmatrix} 1 & 0 \\ \dfrac{1}{Z_1} & 1 \end{bmatrix} \begin{bmatrix} 1 & Z_2 \\ 0 & 1 \end{bmatrix} \begin{bmatrix} 1 & 0 \\ \dfrac{1}{Z_3} & 1 \end{bmatrix}$$

$$= \begin{bmatrix} 1 + \dfrac{Z_2}{Z_3} & Z_2 \\ \dfrac{1}{Z_1} + \dfrac{1}{Z_3}\left(1 + \dfrac{Z_2}{Z_1}\right) & 1 + \dfrac{Z_2}{Z_1} \end{bmatrix}$$

$A = 1 + \dfrac{Z_2}{Z_3}$, $\ B = Z_2$

$C = \dfrac{1}{Z_1} + \dfrac{1}{Z_3}\left(1 + \dfrac{Z_2}{Z_1}\right)$, $\ D = 1 + \dfrac{Z_2}{Z_1}$

제5과목 : 전기설비기술기준 및 판단기준

81 발전기의 용량에 관계없이 자동적으로 이를 전로로부터 차단하는 장치를 시설하여야 하는 경우는?

① 과전류 인입   ② 베어링 과열
③ 발전기 내부 고장   ④ 유압의 과팽창

해설
• 발전기에는 다음의 경우에 전로로부터 자동 차단장치를 시설한다.
① 발전기에 과전류가 생긴 경우
② 용량 500[kVA] 이상의 발전기를 구동하는 수차 압유 장치의 유압이 현저하게 저하하는 경우
③ 용량 2000[kVA] 이상의 수차 발전기의 스러스트 베어링 온도가 현저히 상승한 경우
④ 용량이 1만[kVA]를 넘는 발전기에 내부 고장이 생긴 경우
⑤ 정격 출력 1만[kW]를 넘는 증기 터빈의 스러스트 베어링이 현저하게 마모되거나 온도가 현저히 상승한 경우

82 건조한 장소에 시설하는 애자사용공사로서 사용전압이 440[V]인 경우 전선과 조영재와의 이격거리는 최소 몇 [cm] 이상이어야 하는가?

정답   79 ④   80 ②   81 ①   82 ①

① 2.5   ② 3.5

③ 4.5   ④ 5.5

해설 애자사용공사

① 전선 상호간의 간격 : 6[cm] 이상
② 조영재와의 이격거리
　400[V] 미만 : 2.5[cm] 이상
　400[V] 이상 : 4.5[cm] 이상(건조한곳 : 2.5[cm])
③ 지지점간의 거리
　조영재 옆면·윗면 : 2[m] 이하
　400[V] 이상의 조영재 아래면 : 6[cm] 이하

83 특고압 전로와 저압 전로를 결합하는 변압기 저압 측의 중성점에 제2종 접지공사를 토지의 상황 때문에 변압기의 시설장소마다 하기 어려워서 가공접지선으로 경동선을 사용한다면 그 최소 굵기는 몇 [mm]인가?

① 3.2   ② 4

③ 4.5   ④ 5

해설 토지의 상황에 의하여 변압기의 시설 장소에서 접지 저항값을 얻기 어려운 경우에 인장강도 5.26 [kN] 이상 또는 지름4[mm] 이상의 가공접지선

84 금속제 수도관로 또는 철골, 기타의 금속제를 접지극으로 사용한 제1종 또는 제2종 접지공사의 접지선 시설방법은 어느 것에 준하여 시설하여야 하는가?

① 애자 사용 공사   ② 금속 몰드 공사

③ 금속관 공사   ④ 케이블 공사

85 옥내에 시설하는 저압 전선으로 나전선을 사용 할 수 있는 배선공사는?

① 합성수지관 공사   ② 금속관 공사

③ 버스덕트 공사   ④ 플로어덕트 공사

해설

• 옥내에 시설하는 저압전선은 다음의 경우를 제외하고 나전선을 사용하여서는 안 된다.
　① 애자사용공사에 의하여 전개된 장소에 시설하는 경우로, 전기로용전선, 전선의 피복 절연물이 부식하는 장소의 전선 취급자 이외의 자가 출입 할 수 없도록 설비한 장소의 전선
　② 버스덕트 및 라이팅덕트 공사에 의한 시설
　③ 접촉 전선의 시설

86 중량물이 통과하는 장소에 비닐외장케이블을 직접 매설식으로 시설하는 경우 매설깊이는 몇 [m] 이상이어야 하는가?

① 0.8   ② 1.0

③ 1.2   ④ 1.5

해설 기타는 0.6[m] 이상

87 저압 옥내배선을 케이블트레이 공사로 시설하려고 한다. 틀린 것은?

① 저압케이블과 고압케이블은 동일 케이블 트레이 내에 시설하여서는 아니 된다.
② 케이블 트레이 내에서는 전선을 접속하여서는 아니 된다.
③ 수평으로 포설하는 케이블 이외의 케이블은 케이블트레이의 가로대에 견고하게 고정시킨다.
④ 절연전선을 금속관에 넣으면 케이블트레이 공사에 사용할 수 있다.

해설 케이블트레이 안에서 전선을 접속하는 경우에는 그 부분을 절연처리 해야 한다.

88 변압기로서 특고압과 결합되는 고압전로의 혼촉에 의한 위험방지 시설은?

정답 83 ②   84 ④   85 ③   86 ③   87 ②   88 ④

① 프라이머리 컷 아웃 스위치
② 제2종 접지공사
③ 퓨즈
④ 사용전압의 3배의 전압에서 방전하는 방전 장치

해설 특고압과 결합되는 고압전로의 혼촉에 의한 위험 방지 시설은 사용전압의 3배 이하에서 동작하는 정전 방전기를 설치한다(제1종 접지공사를 할 것).

89 전로에 절연원칙에 따라 반드시 절연하여야 하는 것은?

① 수용장소의 인입구 접지점
② 고압과 특별고압 및 저압과의 혼촉 위험 방지를 한 경우 접지점
③ 저압가공전선로의 접지측 전선
④ 시험용 변압기

해설 전로는 원칙적으로 대지로부터 절연하여야 한다. 다만, 다음의 경우에는 대지로부터 절연하지 않아도 된다.
• 추가 접지. 혼촉 방지, 피뢰기, 저압 기계 기구의 접지 공사를 하는 경우의 접지점
• MOF의 2차측 전로에 접지공사를 하는 경우의 접지점
• 저·특고압과 병가하는 부분에서 저압측을 접지한 경우의 접지점(2차측)
• 전로의 중성점을 접지하는 경우의 접지점
• 25[kV] 이하로서 다중 접지하는 경우의 접지점
• 전로의 일부를 대지로부터 절연하지 않고 전기를 사용하는 것 : 시험용 변압기, 전기울타리용 전원장치, 전력 반송용 결합리액터
• 대지로부터 절연하는 것이 기술상 곤란한 것 : 전기욕기, 전기로, 전기보일러, 전해로

90 22[kV] 전선로의 절연내력시험은 전로와 대지 간에 시험전압을 연속하여 몇 분간 가하여 시험 하게 되는가?

① 2
② 4
③ 8
④ 10

91 특고압 가공전선로에서 양측의 경간의 차가 큰 곳에 사용하는 철탑의 종류는?

① 내장형
② 직선형
③ 인류형
④ 보강형

해설 철탑의 종류
• 직선형 : 전선로의 직선 부분(3° 이하의 수평 각도 이루는 곳 포함)에 사용되는 것
• 각도형 : 전선로 중 수평각도 3°를 넘는 곳에 사용되는 것
• 인류형 : 전 가섭선을 인류하는 곳에 사용하는 것
• 내장형 : 전선로 지지물 양측의 경간차가 큰 곳에 사용하는 것
• 보강형 : 전선로 직선 부분을 보강하기 위하여 사용하는 것

92 345[kV] 가공 송전선로를 제1종 특고압 보안공사에 의할 때 사용되는 경동연선의 굵기는 몇 $[mm^2]$ 이상이어야 하는가?

① 150
② 200
③ 250
④ 300

해설 제1종 특고압 보안공사의 전선 굵기
케이블인 경우이외의 전선 규격은 다음과 같다.
㉠ 100[kV] 미만 : 55$[mm^2]$ 이상의 경동연선 또는 인장강도 21.67[kN] 이상의 연선
㉡ 100[kV] 이상 300[kV] 미만 : 150$[mm^2]$ 이상의 경동연선 또는 인장강도 58.84[kN] 이상의 연선
㉢ 300[kV] 이상 : 2000$[mm^2]$ 이상의 경동연선 또는 인장강도 77.47[kN] 이상의 연선

정답 89 ③ 90 ④ 91 ① 92 ②

93 한 수용장소의 인입선에서 분기하여 지지물을 거치지 않고 다른 수용 장소의 인입구에 이르는 부분의 전선을 무엇이라고 하는가?

① 가공인입선   ② 인입선
③ 연접인입선   ④ 옥측배선

94 옥외 백열전등의 인하선으로 공칭단면적 $2.5[mm^2]$ 이상의 연동선과 동등 이상의 세기 및 굵기의 절연전선을 사용해야 하는 지표상의 높이는 몇 [m] 미만인가?

① 2.5   ② 3
③ 3.5   ④ 4

해설 옥외 백열전등의 인하선은 지표상의 높이는 2.5[m] 미만

95 특고압 가공전선이 다른 특고압 가공전선과 교차하여 시설하는 경우는 제 몇 종 특고압 보안공사에 의하여야 하는가?

① 1종   ② 2종
③ 3종   ④ 4종

96 발전기, 변압기, 조상기, 모선 또는 이를 지지하는 애자는 단락전류에 의하여 생기는 어느 충격에 견디어야 하는가?

① 기계적 충격
② 철손에 의한 충격
③ 동손에 의한 충격
④ 표류부하손에 의한 충격

97 금속관공사에 의한 저압옥내배선 시설방법으로 틀린 것은?

① 전선은 절연전선일 것
② 전선은 연선일 것
③ 관의 두께는 콘크리트에 매설시 1.2[mm] 이상일 것
④ 사용전압이 400[V] 이상인 관에는 제3종 접지공사를 할 것

해설
• 사용전압이 400[V] 미만 : 제3종 접지공사
• 사용전압이 400[V] 이상 : 특별 제3종 접지공사

98 가공전선로의 지지물에 지선을 시설할 때 옳은 방법은?

① 지선의 안전율을 2.0으로 하였다.
② 소선은 최소 2가닥 이상의 연선을 사용하였다.
③ 지중의 부분 및 지표상 20[cm]까지의 부분은 아연도금 철봉 등 내부식성 재료를 사용하였다.
④ 도로를 횡단하는 곳의 지선의 높이는 지표상 5[m]로 하였다.

해설 지선의 설치조건
㉠ 안전율은 목주, A종 지지물의 경우 1.5 이상, B종 지지물의 경우 2.5 이상
㉡ 인장하중은 4.31[kN] 이상
㉢ 3조 이상의 연선인 소선을 사용
㉣ 2.6[mm] 이상의 금속선을 사용한 것일 것. 다만, 소선의 지름이 2[mm] 이상인 아연도 강연선으로서 소선의 인장강도가 $0.68[kN/mm^2]$ 이상인 것을 사용하는 경우에는 그러하지 아니하다.
㉤ 지중부분 및 지표상 30[cm]까지의 부분에는 내식성이 있는 것 또는 아연도금을 철봉을 사용하고 쉽게 부식하지 않는 근가에 견고하게 붙일 것

[정답] 93 ③   94 ①   95 ③   96 ①   97 ④   98 ④

1106 • Part 3. 전기산업기사 기출문제

ⓑ 지선의 높이
- 도로횡단 : 5[m] 이상
- 도로횡단 시 교통에 지장이 없는 경우 : 4.5[m] 이상
- 보도 : 2.5[m] 이상

99 방직공장의 구내 도로에 220[V] 조명등용 가공 전선로를 시설하고자 한다. 전선로의 경간은 몇 [m] 이하이어야 하는가?

① 20   ② 30

③ 40   ④ 50

해설 구내에 시설하는 저압 가공전선로의 경간은 30[m] 이하

100 교통신호등의 시설공사를 다음과 같이 하였을 때 틀린 것은?

① 전선은 450/750[V] 일반용 단심 비닐 절연 전선을 사용하였다.

② 신호등의 인하선은 지표상 2.5[m]로 하였다.

③ 사용전압을 300[V] 이하로 하였다.

④ 제어장치의 금속제 외함은 특별 제3종 접지 공사를 하였다.

해설 교통 신호등의 시설

㉠ 사용전압 : 300[V] 이하

㉡ 교통 신호등 회로의 배선

- 전선 : 케이블, 공칭단면적 $2.5[mm^2]$ 이상의 연동선 및 450/750[V] 일반용 단심 비닐 절연 전선

- 450/750[V]일반용 단심 비닐 절연 전선인 경우 : 인장강도 3.70[kN]의 금속선 또는 지름 4[mm]의 철선 2가닥 이상의 꼰 금속선에 매달 것

- 교통 신호등 회로의 인하선의 전선지표상 높이 : 2.5[cm] 이상

- 건조물 등 이외의 시설물과의 이격거리 : 60[cm](케이블 30[cm]) 이상

정답 99 ②   100 ④

국가기술자격검정 필기시험문제

2015년도 산업기사 제3회 필기시험(산업기사)

자격종목 및 등급(선택분야)	종목코드	시험시간	문제지형별	수검번호	성명
전기산업기사		**2시간 30분**	**A**		

※ 시험문제지는 답안카드와 같이 반드시 제출하여야 합니다.

제1과목 : 전기자기학

01 투자율 μ_1 및 μ_2인 두 자성체의 경계면에서 자력선의 굴절법칙을 나타낸 식은?

① $\dfrac{\mu_1}{\mu_2} = \dfrac{\sin\theta_1}{\sin\theta_2}$ ② $\dfrac{\mu_1}{\mu_2} = \dfrac{\sin\theta_2}{\sin\theta_1}$

③ $\dfrac{\mu_1}{\mu_2} = \dfrac{\tan\theta_1}{\tan\theta_2}$ ④ $\dfrac{\mu_1}{\mu_2} = \dfrac{\tan\theta_2}{\tan\theta_1}$

> **해설** 자성체 경계면에서의 경계조건
> $H_1\sin\theta_1 = H_2\sin\theta_2$
> $B_1\cos\theta_1 = B_2\cos\theta_2$
> $\dfrac{\tan\theta_1}{\tan\theta_2} = \dfrac{\mu_1}{\mu_2}$ (투자율이 다른 두자성체의 경계면에서
> 의 굴절각은 투자율에 비례)

02 100[MHz]의 전자파의 파장은?

① 0.3[m]   ② 0.6[m]

③ 3[m]   ④ 6[m]

> **해설** 전자파의 속도 : $v[m/s]$(자유공간에서는
> $v = 3\times10^8[m/s]$)
> 주파수 : $f[Hz]$, 일 때 전자파의 파장은
> $$\lambda = \frac{v}{f} = \frac{3\times10^8}{100\times10^6} = 3[m]$$

03 전자석에 사용하는 연철(Soft Iron)은 다음 어느 성질을 갖는가?

① 전류자기, 보자력이 모두 크다.

② 보자력이 크고, 잔류자기가 작다.

③ 보자력이 크고 히스테리시스 곡선의 면적이 적다.

④ 보자력과 히스테리시스 곡선의 면적이 모두 작다.

> **해설**
> • 교류기의 철심재료로는 잔류자속밀도(잔류자기) 및 보자력이 작아서, 히스테리시스손이 작아야 좋다.
> • 영구자석 재료로는 보자력 및 잔류자속밀도가 둘 다 커야 한다.
> • 전자석(일시자석)의 재료로는 잔류자속밀도가 크고, 보자력은 작아야 한다.
> 즉, 보자력과 히스테리 시스곡선의 면적이 모두 작다.

04 코로나 방전이 $3\times10^6[V/m]$에서 일어난다고 하면 반지름 10[cm]인 도체구에 저축할 수 있는 최대 전하량은 몇 [C]인가?

① 0.33×10^{-5} ② 0.72×10^{-6}

③ 0.84×10^{-7} ④ 0.98×10^{-8}

> **해설** $E = \dfrac{Q}{4\pi\epsilon_0 r^2}[V/m]$에서,
> $$3\times10^6 = \frac{Q}{4\pi\epsilon_0 \times 0.1^2}$$
> $\therefore Q = 0.33\times10^{-5}[C]$ 가 된다.

정답   **01** ③   **02** ③   **03** ④   **04** ①

1108 · Part 3. 전기산업기사 기출문제

05 반지름 a[m]의 도체구와 내외 반지름이 각각 b[m] 및 c[m]인 도체구가 동심으로 되어 있다. 두 도체구 사이에 비유전율 ϵ_s인 유전체를 채웠을 경우의 정전용량[F]은?

① $\dfrac{1}{9 \times 10^9} \cdot \dfrac{abc}{a-b+c}$

② $\dfrac{1}{9 \times 10^9} \cdot \dfrac{bc}{c-b}$

③ $\dfrac{\epsilon_s}{9 \times 10^9} \cdot \dfrac{ac}{c-a}$

④ $\dfrac{\epsilon_s}{9 \times 10^9} \cdot \dfrac{ab}{b-a}$

[해설]

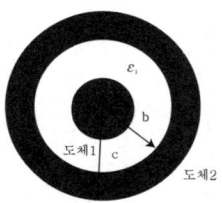

그림에서 전위는 : $V = \dfrac{Q}{4\pi\epsilon}\left(\dfrac{1}{a} - \dfrac{1}{b}\right) [V]$

∴ 정전용량은,

$$C = \dfrac{Q}{V} = \dfrac{Q}{\dfrac{Q}{4\pi\epsilon}\left(\dfrac{1}{a} - \dfrac{1}{b}\right)}$$

$$= \dfrac{4\pi\epsilon_0 \epsilon_s}{\dfrac{1}{a} - \dfrac{1}{b}} = \dfrac{\epsilon_s}{9 \times 10^9} \cdot \dfrac{ab}{b-a} [F]$$

06 한 변의 길이가 a[m]인 정육각형의 각 정점에 각각 $Q[C]$의 전하를 놓았을 때 정육각형의 중심 0의 전계의 세기는 몇 [V/m] 인가?

① 0

② $\dfrac{Q}{2\pi\epsilon_0 a}$

③ $\dfrac{Q}{4\pi\epsilon_0 a}$

④ $\dfrac{Q}{4\pi\epsilon_0 a}$

[해설] 한 변의 길이가 a[m]인 정육각형 ABCDEF의 각 정점에 각각 $Q[C]$의 전하를 놓을 때 정육각형 중심 0의 전위는,

$$V_0 = 6 \times \dfrac{Q}{4\pi\epsilon_0 a} = \dfrac{3Q}{2\pi\epsilon_0 a} [V]$$

이때 정육각형 중심 0에 있어서의 전계는 2개의 점전하가 3쌍으로 맞서 있게 되고, 각 쌍의 중심의 전계의 세기는 크기는 같지만 방향이 정반대가 되므로 0이 되고 또한 합성 전계의 세기도 0이 된다.

07 그림과 같이 판의 면적 $\dfrac{1}{3}S$, 두께 d와 판면적 $\dfrac{1}{3}S$, 두께 $\dfrac{1}{2}d$ 되는 유전체($\epsilon_s = 3$)를 끼웠을 경우의 정전용량은 처음의 몇 배인가?

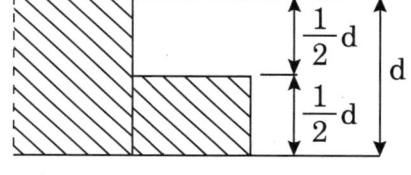

① $\dfrac{1}{6}$

② $\dfrac{5}{6}$

③ $\dfrac{11}{6}$

④ $\dfrac{13}{6}$

[해설]

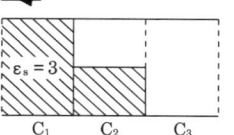

평행판 공기 콘덴서의 정정용량을 C_0, 각 부분의 정전용량은 C_1, C_2, C_3라 하면

$$C_1 = \dfrac{1}{3}\epsilon_s C_0 = \dfrac{1}{3} \times 3 \times C_0 = C_0$$

$$C_2 = \dfrac{1}{2} C_0$$

$$C_3 = \dfrac{1}{3} C_0$$

∴ $C = C_1 + C_2 + C_3 = C_0 + \dfrac{1}{2} C_0 + \dfrac{1}{3} C_0 = \dfrac{11}{6} C_0$

[정답] **05** ④ **06** ① **07** ③

08 반지름이 3[mm], 4[mm]인 2개의 절연도체 구에 각 5[V], 8[V]가 되도록 충전한 후 가는 도선으로 연결할 때 공통전위는 몇 [V]인가?

① 3.14 ② 4.27
③ 5.56 ④ 6.71

해설

- 두 도체구를 연결하기 전의 전하를 Q
$$Q = Q_1 + Q_2 = 4\pi\epsilon_0 r_1 V_1 + 4\pi\epsilon_0 r_2 V_2$$
$$= 4\pi\epsilon_0 (r_1 V_1 + r_2 V_2)$$

- 두 도체구를 연결한 후의 전하를 Q'(등전위가 된다.)
$$Q' = Q'_1 + Q'_2 = 4\pi\epsilon_0 r_1 V + 4\pi\epsilon_0 r_2 V$$
$$= 4\pi\epsilon_0 (r_1 + r_2) V$$
$\therefore Q = Q'$이므로
$$4\pi\epsilon_0 (r_1 V_1 + r_2 V_2) = 4\pi\epsilon_0 (r_1 + r_2) V$$
$$\therefore V = \frac{r_1 V_1 + r_2 V_2}{r_1 + r_2} = \frac{3 \times 5 + 4 \times 8}{3 + 4} = 6.71 [V]$$

09 금속도체의 저기저항은 일반적으로 온도와 어떤 관계인가?

① 전기저항은 온도의 변화에 무관하다.
② 전기저항은 온도의 변화에 대해 정특성을 갖는다.
③ 전기저항은 온도의 변화에 대해 부특성을 갖는다.
④ 금속도체의 종류에 따라 전기저항의 온도특성은 일관성이 없다.

해설 금속도체의 전기저항은 온도상승에 따라서 전기저항은 증가하지만, 탄소, 반도체 및 전해액 등의 저항은 감소하게 된다.

10 면적이 $S[m^2]$, 극사이의 거리가 d[m], 유전체의 비유전율이 ϵ_s인 평행 평판콘덴서의 정전용량은 몇 [F] 인가?

① $\frac{\epsilon_0 S}{d}$ ② $\frac{\epsilon_0 \epsilon_s S}{d}$
③ $\frac{\epsilon_0 d}{S}$ ④ $\frac{\epsilon_0 \epsilon_s d}{S}$

해설 정전용량 C는
$$C = \frac{Q}{V} = \frac{Q}{Ed} = \frac{\sigma S}{\frac{\sigma d}{\epsilon_0 \epsilon_s}} = \frac{\epsilon_0 \epsilon_s S}{d} [F]$$

11 위치함수로 주어지는 벡터량이 $E(x,y,z) = iE_x + jE_y + kE_z$ 이다. 나블라(∇)와의 내적 $\nabla \cdot E$ 와 같은 의미를 갖는 것은?

① $\frac{\partial E_x}{\partial x} + \frac{\partial E_y}{\partial y} + \frac{\partial E_z}{\partial z}$

② $i\frac{\partial E_x}{\partial x} + j\frac{\partial E_y}{\partial y} + k\frac{\partial E_z}{\partial z}$

③ $\int \frac{\partial E_x}{\partial x} + \int \frac{\partial E_y}{\partial y} + \int \frac{\partial E_z}{\partial z}$

④ $i\int \frac{\partial E_x}{\partial x} + j\int \frac{\partial E_y}{\partial y} + k\int \frac{\partial E_z}{\partial z}$

해설 $div E = \nabla \cdot E = \frac{\partial E_x}{\partial x} + \frac{\partial E_y}{\partial y} + \frac{\partial E_z}{\partial z} = \frac{\rho}{\epsilon_0}$

12 환상솔레노이드 코일에 흐르는 전류가 2[A]일 때 자로의 자속이 $10^{-2}[Wb]$였다고 한다. 코일의 권수를 500회라고 하면, 이 코일의 자기인덕턴스는 몇 [H]인가?(단, 코일의 전류와 자로의 자속과의 관계는 비례하는 것으로 보인다)

① 2.5 ② 3.5
③ 4.5 ④ 5.5

해설
$$L = \frac{N\phi}{I} = \frac{N\phi}{\frac{Hl}{N}} = \frac{N^2\phi}{Hl} = \frac{N^2\mu HS}{Hl} = \frac{\mu SN^2}{l} [H]$$
$$\therefore L = \frac{N\phi}{I} = \frac{500 \times 10^{-2}}{2} = 2.5 [H]$$

정답 **08** ④ **09** ② **10** ② **11** ① **12** ①

13 자계가 보존적인 경우를 나타내는 것은? (단, j는 공간상의 0이 아닌 전류 밀도를 의미한다)

① $\nabla \cdot B = 0$ ② $\nabla \cdot B = j$

③ $\nabla \cdot H = 0$ ④ $\nabla \cdot H = j$

해설 • 맥스웰의 기본방정식

- $rot\,H = \nabla \times H = J + \dfrac{\partial D}{\partial t}$ (암페어주회적분의 미분형)

- $rot\,E = \nabla \times H = -\dfrac{\partial B}{\partial t}$ (페러데이법칙의 미분형)

- $div\,D = \rho$, $div\,B = 0$

14 자기인덕턴스와 상호인덕턴스와의 관계에서 결합계수 k에 영향을 주지 않는 것은?

① 코일의 형상 ② 코일의 크기

③ 코일의 재질 ④ 코일의 상대위치

해설

- 자기인덕턴스 : 자기회로에 단위전류가 흐를 때의 자속 쇄교수로서 항상 +값이다.
- 상호인덕턴스 : 두 회로 사이에서 코일에 전류가 흐르면서 만든 자속으로서 같은 방향이면 +, 반대 방향이면 −값을 갖는다.
  그러므로, 결합계수(k)는 코일의 재질, 상대위치, 형상에 영향을 받게 된다.

15 전기저항 R과 정전용량 C, 고유저항 ρ 및 유전율 ϵ 사이의 관계로 옳은 것은?

① $RC = \rho\epsilon$ ② $R\rho = C\epsilon$

③ $C = R\rho\epsilon$ ④ $R = \epsilon\rho\epsilon$

해설 전기저항과 정전용량의 관계 $RC = \rho\epsilon$

16 두 종류의 금속 접합면에 전류를 흘리면 접속점에서 열의 흡수 또는 발생이 일어나는 현상은?

① 제벡효과 ② 펠티에효과

③ 톰슨효과 ④ 파이로효과

해설

- 제벡효과(Seebeck Effect) : 다른 두 종류의 금속선으로 된 폐회로의 두 접합점의 온도를 달리하였을 때, 열기전력이 발생하는 효과를 말한다(이때 전류는 열전류, 연결된 금속 루프는 열전대).
- 펠티에효과(Peltier Effect) : 두 종류의 금속으로 폐회로를 만들어 전류를 흘리면 금속선의 접속점에서 열이 흡수되거나 발생하는 현상을 말한다.
- 톰슨효과(Thomson Effect) : 같은 도선에 온도차가 있을 때 전류를 흘리면 열이 흡수, 발산되는 현상을 말한다.
- 파이로효과(Pyroelectric Effect) : 유전체 결정을 가열하면 한쪽 끝에 +, 다른 쪽 끝에는 −의 분극전하가 나타나게 되는 현상을 말한다.

17 $\phi = \phi_m \sin 2\pi ft\,[Wb]$일 때, 이 자속과 쇄교하는 권수 N회인 코일에 발생하는 기전력[V]은?

① $2\pi fN\phi_m \sin 2\pi ft$ ② $-2\pi fN\phi_m \sin 2\pi ft$

③ $2\pi fN\phi_m \cos 2\pi ft$ ④ $-2\pi fN\phi_m \cos 2\pi ft$

해설 $e = -N\dfrac{d\phi}{dt} = -N\dfrac{d}{dt}(\phi_m \sin 2\pi ft)$
$= -2\pi fN\phi_m \cos 2\pi ft\,[V]$

18 대기 중의 두 전극 사이에 있는 어떤 점의 전계의 세기가 E=3.5 [V/cm], 지면의 도전율이 $k = 10^{-4}\,[\mho/m]$ 일 때, 이점의 전류밀도 $[A/m^2]$는?

① 1.5×10^{-2} ② 2.5×10^{-2}

③ 3.5×10^{-2} ④ 4.5×10^{-2}

해설 전류밀도$[A/m^2]$는
$i = kE = 10^{-4} \times 3.5 \times 10^2 = 3.5 \times 10^{-2}\,[A/m^2]$

정답 13 ③ 14 ② 15 ① 16 ② 17 ④ 18 ③

19 맥스웰의 전자방정식 중 페러데이의 법칙에 의하여 유도된 방정식은?

① $\nabla \times E = -\dfrac{\partial B}{\partial t}$ ② $\nabla \times H = i_c + \dfrac{\partial D}{\partial t}$

③ $div\,D = \rho$ ④ $div\,B = 0$

해설 자속의 변화를 방해는 방향으로 기전력이 발생하는 전자유도현상의 벡터방정식으로 표시한 페러데이의 법칙에 의한 미분형은,

$rot\,E = \nabla \times E = -\dfrac{\partial B}{\partial t}$

20 동일한 두 도체를 같은 에너지 $W_1 = W_2$로 충전한 후에 이들을 병렬로 연결하였다. 총 에너지 W와의 관계로 옳은 것은?

① $W_1 + W_2 < W$ ② $W_1 + W_2 = W$

③ $W_1 + W_2 > W$ ④ $W_1 - W_2 = W$

해설

• 전위가 각각 다른 충전된 콘덴서로 병렬로 접속하면 전위차가 같아지도록 높은 전위의 콘덴서의 전하는 낮은 전위의 콘덴서 쪽으로 이동하게 되므로 이때 전하의 이동(전류)으로 도선에서는 전력소모가 발생한다.

제2과목 : 전력공학

21 비접지식 송전선로에서 1선 지락고장이 생겼을 경우 지락점에 흐르는 전류는?

① 직선성을 가진 직류이다.

② 고장 상의 전압과 동상의 전류이다.

③ 고장 상의 전압보다 90° 늦은 전류이다.

④ 고장 상이 전압보다 90° 빠른 전류이다.

해설 $I_g = \dfrac{E}{Z/3} = j3\omega CE\,[A]$

그러므로, 대지정전용량에 의해서 고장상의 전압보다 90° 앞선 전류이다.

22 송전선로의 저항은 R, 리액턴스를 X라 하면 성립하는 식은?

① $R \geq 2X$ ② $R < X$

③ $R = X$ ④ $R > X$

23 차단 시 재점호가 발생하기 쉬운 경우는?

① R-L회로의 차단 ② 단락전류의 차단

③ C회로의 차단 ④ L회로의 차단

해설 재점호는 C회로에서 발생한다.

24 배전방식으로 저압 네트워크방식이 적당한 경우는?

① 부하가 밀집되어 있는 시가지

② 바람 많은 어촌지역

③ 농촌지역

④ 화학공장

해설 저압네트워크 방식

㉠ 장점

• 부하밀도가 높고, 특히 무정전 전력 공급이 필요한 경우에 채용하며, 배전방식 중에서 공급신뢰도가 가장 높다.

• 부하증가에 대한 적응성이 가장 크다.

• 전압변동률이 적다.

• 변전소의 수와 전력 손실은 감소시킬 수 있다.

• 기기의 이용률을 향상시켜 효율적인 운전이 가능하다.

㉡ 단점

• 인축에 대한 접촉사고가 많다.

• 건설비가 비싸다.

25 장거리 송전선에서 단위 길이당 임피던스 $Z = r + j\omega L\,[\Omega/km]$, 어드미턴스 $Y = g + j\omega C$ $[\Omega/km]$라 할 때 저항과 누설 컨덕턴스를 무시하면 특성임피던스의 값은?

[정답] **19** ① **20** ② **21** ④ **22** ② **23** ③ **24** ① **25** ①

1112 · Part 3. 전기산업기사 기출문제

① $\sqrt{\dfrac{L}{C}}$ ② $\sqrt{\dfrac{C}{L}}$

③ $\dfrac{L}{C}$ ④ $\dfrac{C}{L}$

해설 $Z_0 = \sqrt{\dfrac{Z}{Y}} = \sqrt{\dfrac{r+j\omega L}{g+j\omega C}} = \sqrt{\dfrac{L}{C}}\ [\Omega]$

26 동일한 전압에서 동일한 전력을 송전할 때 역률을 0.7에서 0.95로 개선하면 전력손실은 개선 전에 비해 약 몇 [%] 인가?

① 80 ② 65

③ 54 ④ 40

해설 $P_l = \dfrac{P^2 R}{V^2 \cos^2\theta} \propto \dfrac{1}{\cos\theta}$

$\therefore \dfrac{P_{l0.95}}{P_{l0.7}} = \dfrac{\dfrac{1}{0.95^2}}{\dfrac{1}{0.7^2}} = \left(\dfrac{0.7}{0.95}\right)^2 = 0.543, \quad \therefore 54.3[\%]$

27 소호 원리에 따른 차단기의 종류 중에서 소호실에서 아크에 의한 절연유 분해가스의 흡부력(吸付力)을 이용하여 차단하는 것은?

① 유입차단기 ② 기중차단기

③ 자기차단기 ④ 가스차단기

해설 유입차단기(OCB)

28 뇌서지와 개폐서지의 파두장과 파미장에 대한 설명으로 옳은 것은?

① 파두장과 마피장이 모두 같다.

② 파두장은 같고 파미장이 다르다.

③ 파두장이 다르고 파미장은 같다.

④ 파투장과 파미장이 모두 다르다.

29 그림과 같이 반지름 r[m]인 세 개의 도체가 선간거리 D[m]로 수평배치 하였을 때 A도체의 인덕턴스는 몇 [mH/km] 인가?

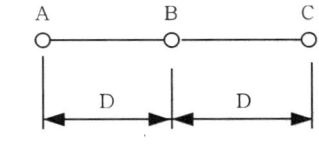

① $0.05 + 0.4605\log_{10}\dfrac{D}{r}$

② $0.05 + 0.4605\log_{10}\dfrac{2D}{r}$

③ $0.05 + 0.4605\log_{10}\dfrac{\sqrt[3]{2}\,D}{r}$

④ $0.05 + 0.4605\log_{10}\dfrac{\sqrt{2}\,D}{r}$

해설 $L = 0.05 + 0.4605\log_{10}\dfrac{\sqrt[3]{2}\,D}{r}\ [mH/km]$,

등가선간거리 : $D_e = \sqrt[3]{2}\,D\ [m]$.

30 배전선로의 전압강하의 정도를 나타내는 식이 아닌 것은?(단, E_s는 송전단전압, E_R은 수전단전압이다)

① $\dfrac{I}{E_R}(R\cos\theta + X\sin\theta) \times 100\,[\%]$

② $\dfrac{\sqrt{3}\,I}{E_R}(R\cos\theta + X\sin\theta) \times 100\,[\%]$

③ $\dfrac{E_S - E_R}{E_R} \times 100\,[\%]$

④ $\dfrac{E_S + E_R}{E_S} \times 100\,[\%]$

해설 전압강하율 : $\epsilon = \dfrac{E_S - E_R}{E_S} \times 100\,[\%]$

31 과전류계전기의 반한시 특성이란?

① 동작전류가 커질수록 동작시간이 짧아진다.

② 동작전류가 적을수록 동작시간이 짧아진다.

정답 26 ③ 27 ① 28 ④ 29 ③ 30 ④ 31 ①

③ 동작전류에 관계없이 동작시간은 일정하다.

④ 동작전류가 커질수록 동작시간이 길어진다.

32 콘덴서형 계기용변압기의 특징으로 틀린 것은?

① 권선형에 비해 오차가 적고 특성이 좋다.

② 절연의 신뢰도가 권선형에 비해 크다.

③ 전력선 반송용 결합콘덴서와 공용할 수 있다.

④ 고압 회로용의 경우는 권선형에 비해 소형 경량이다.

해설 콘덴서형 계기용 변압기(CPD)의 특징

㉠ 권선형에 비해 소형 경량이고 값이 싸다.

㉡ 절연의 신뢰도가 권선형에 비해 크다.

㉢ 전력선 반송용 결합 콘덴서와 공용할 수 있다.

㉣ 전자형에 비해 오차가 많고 특성이 나쁘다.

33 다음 사항 중 가공송전선로의 코로나손실과 관계가 없는 사항은?

① 전원주파수   ② 전선의 연가

③ 상대공기밀도   ④ 선간거리

해설 Peak식

$$P = \frac{241}{\delta}(f+25)\sqrt{\frac{d}{2D}}(E-E_0)^2 \times 10^{-5}$$
$$[kW/km/선]$$

δ : 상대공기밀도, f : 주파수, D : 선간거리,

d : 전선지름, E : 전선에 걸리는 대지전압,

E_0 : 코로나 임계전압.

34 유효낙차 50[m], 최대사용수량 20$[m^3/s]$, 수차효율 87[%], 발전기 효율 97[%]인 수력 발전소의 최대출력은 몇 $[kW]$ 인가?

① 7570   ② 8070

③ 8270   ④ 8570

해설 $P = 9.8QH\eta_t\eta_g[kW]$

$= 9.8 \times 20 \times 50 \times 0.87 \times 0.97 = 8270.22[kW]$

35 전선이 조영재에 접근할 때에나 조영재를 관통하는 경우에 사용되는 것은?

① 노브애자   ② 애관

③ 서비스캡   ④ 유니버설 커플링

36 3상 Y결선된 발전기가 무부하 상태로 운전 중 3상 단락고장이 발생하였을 때 나타나는 현상으로 틀린 것은?

① 영상분 전류는 흐르지 않는다.

② 역상분 전류는 흐르지 않는다.

③ 3상 단락전류는 정상분 전류의 3배가 흐른다.

④ 정상분 전류는 영상분 및 역상분 임피던스에 무관하고 정상분 임피던스에 반비례한다.

해설 3상단락고장 시에는 정상분만 존재한다.

37 출력 5000$[kW]$, 유효낙차 50[m]인 수차에서 안내날개의 개방상태나 효율의 변화 없이 일정할 때 유효낙차가 5[m] 줄었을 출력은 약 몇 $[kW]$인가?

① 4000   ② 4270

③ 4500   ④ 4740

해설 $\frac{P_2}{P_1} = \left(\frac{H_2}{H_1}\right)^{\frac{3}{2}}$

$\therefore P_2 = \left(\frac{H_2}{H_1}\right)^{\frac{3}{2}} P_1 = \left(\frac{45}{50}\right)^{\frac{3}{2}} \times 5000 = 4269.07[kW]$

38 동일전력을 수송할 때 다른 조건은 그대로 두고 역률을 개선한 경우의 효과로 옳지 않은 것은?

정답   32 ①   33 ②   34 ③   35 ②   36 ③   37 ②   38 ②

① 선로변압기 등의 저항손이 역률이 제곱에 반비례하여 감소한다.

② 변압기, 개폐기 등의 소요 용량은 역률에 비례하여 감소한다.

③ 선로의 송전용량이 그 허용전류에 의하여 제한 될 때는 선로의 송전 용량도 증가한다.

④ 전압 강하는 $1 + \frac{X}{R}\tan\varphi$에 비례하여 감소한다.

해설 $P_l = \frac{P^2 R}{V^2\cos^2\theta}\,[W]$

$e = V_s - V_r = I(R\cos\varphi + X\sin\varphi)$
$\quad = 1 + \frac{X}{R}\tan\varphi\,[V]$

39 주상변압기의 고압측 및 저압측에 설치되는 보호장치가 아닌 것은?

① 피뢰기
② 1차 컷아웃스위치
③ 캐치홀더
④ 케이블헤드

해설
• 고압측 : LA, COS
• 저압측 : 캐치홀더

40 송전선로에 낙뢰를 방지하기 위하여 설치하는 것은?

① 댐퍼
② 초호환
③ 가공지선
④ 애자

제3과목 : 전기기기

41 유도전동기 공극에 관한 설명으로 틀린 것은?

① 공극은 일반적으로 0.3~2.5[mm] 정도이다.

② 공극이 넓으면 여자 전류가 커지고 역률이 현저하게 떨어진다.

③ 공극이 좁으면 기계적으로 약간의 불평형이 생겨도 진동과 소음의 원인이 된다.

④ 공극이 좁으면 누설리액턴스가 증가하여 순간 최대전력이 증가하고 철손이 증가한다.

해설
• 유도전동기 공극의 자기저항은 철심에 비하여 매우 크다. 공극을 좁게 하지 않으면 여자전류가 많이 흘러서 전동기의 역률은 현저하게 떨어진다. 또한, 공극이 지나치게 좁게 되면 기계적으로 약간의 불평형이 생겨도 전동기의 진동과 소음의 원인이 된다. 공극이 너무 크게 되면 누설리액턴스가 증가하여 전동기의 순간최대 출력이(전력)이 감소하고 철손이 증가하므로 유도전동기의 용량에 따른 적당한 공극이 필요하다(공극은 일반적으로 0.3~2.5[mm]정도).

42 유도전동기로 직류발전기를 회전시킬 때 직류 발전기의 부하를 증가시키면 유도전동기의 속도는?

① 증가한다.

② 감소한다.

③ 변함이 없다.

④ 동기속도 이상으로 회전한다.

43 3상 유도전동기의 운전 중 전압을 80[%]로 낮추면 부하 회전력은 몇 [%]로 감소되는가?

① 94
② 80
③ 72
④ 64

해설

$T \propto K\phi I_2, \quad \phi \propto V_1$ 또는 $I_2 \propto V_1 \quad \therefore T \propto K V_1^2$

$\therefore \dfrac{T'}{T} = \dfrac{V_1'^2}{V_1^2} = \left(\dfrac{0.8\,V_1}{V_1}\right)^2 = 0.64, \quad \therefore 64\,[\%]$

정답 39 ④ 40 ③ 41 ④ 42 ② 43 ④

44 직류기의 권선법에 대한 설명 중 틀린 것은?

① 전기자 권선에 환상권은 거의 사용되지 않는다.

② 전기자 권선에는 고상권이 주로 이용되고 있다.

③ 정류를 양호하게 하기 위해 단절권이 이용된다.

④ 저전압 대전류 직류기에는 파권이 적당하며 고전압 직류기에는 중권이 적당하다.

해설 파권은 고전압 소전류, 중권은 저전압 대전류에 적당하다.

45 단상 직권정류자 전동기에 전기자 권선의 권수를 계자 권수에 비해 많게 하는 이유가 아닌 것은?

① 주자속을 작게 하고 토크를 증가하기 위하여

② 속도 기전력을 크게 하기 위하여

③ 변압기 기전력을 크게 하기 위하여

④ 역률저하를 방지하기 위하여

해설 변압기의 기전력을 크게 하면, 역률저하 및 정류 불량을 방지한다.

46 1방향성 4단자 사이리스터는?

① TRIAC   ② SCS

③ SCR   ④ SSS

해설
- TRIAC : 2방향성 3단자
- SCS : 1방향성 4단자
- SCR : 1방향성 3단자
- SSS : 2방향성 2단자

47 터빈 발전기 출력 1350[kVA], 2극, 3600[rpm], 11[kV]일 때 역률 80[%]에서 전부하 효율이 96[%]라 하면 이 때의 손실 전력[kW]은?

① 36.6   ② 45

③ 56.6   ④ 65

해설 발전기 효율

$$\eta_G = \frac{출력}{출력 + 손실} \times 100[\%]$$

$$0.96 = \frac{1350 \times 0.8}{1350 \times 0.8 + 손실}$$

$$\therefore 손실 = 45[kW]$$

48 3상 동기발전기를 병렬 운전하는 도중 여자 전류를 증가시킨 발전기에서 일어나는 형상은?

① 무효전류가 증가한다.

② 역률이 좋아진다.

③ 전압이 높아진다.

④ 출력이 커진다.

해설 여자전류를 증가 시키며, 역률저하, 전류증가, 무효전력증가, 전력은 불변한다, 또한 여자 전류를 증가시키면 무효순환전류가 흘러서 유효전력의 분담을 바꿀 수 없다.

49 중부하에서도 기동되도록 하고 회전계자형의 동기전동기에 고장자인 전기자 부분이 회전자의 주위를 회전할 수 있도록 2중 베어링의 구조를 가지고 있는 전동기는?

① 유도자형 전동기   ② 유도 동기 전동기

③ 초동기 전동기   ④ 반작용 전동기

해설 초동기전동기 : 회전계자형인 동기전동기에 고정자인 전기자 부분도 회전자의 주위를 회전 할 수 있도록 2중 베어링 구조로 되어 있는 전동기로서 부하를 건 상태에 운전하는 전동기이다.

정답   44 ④   45 ③   46 ②   47 ②   48 ①   49 ③

1116 · Part 3. 전기산업기사 기출문제

50 직류 타여자발전기의 부하전류와 전기자전류의 크기는?

① 부하전류가 전기자전류보다 크다.

② 전기자전류가 부하전류보다 크다.

③ 전기자전류와 부하전류가 같다.

④ 전기자전류와 부하전류는 항상 0이다.

해설 타여자 직류 발전기는 부하전류(I)와 전기자전류(I_a)가 서로 같다.

51 송전선로에 접속된 동기조상기의 설명으로 옳은 것은?

① 과여자로 해서 운전하면 앞선 전류가 흐르므로 리액터 역할을 한다.

② 과여자로 해서 운전하면 뒤진 전류가 흐르므로 콘덴서 역할을 한다.

③ 부족여자로 해서 운전하면 앞선 전류가 흐르므로 리액터 역할을 한다.

④ 부족여자로 해서 운전하면 송전선로의 자기여자 작용에 의한 전압상승을 방지한다.

해설 동기조상기

㉠ 과여자로해서 운전하면 앞선 전류가 흘러, 콘덴서로 작용하므로, 부하의 뒤진 전류를 보상하여 역률을 양호하게 하고 전압강하를 보상한다.

㉡ 부족여자로 운전하면 뒤진 전류가 흘러, 리액터로 작용하며, 무부하의 장거리 송전선로에 흐르는 충전전류에 의한 발전기의 자기 여자작용으로 일어나는 단자전압의 이상상승을 방지한다.

52 T-결선에 의하여 3300[V]의 3상으로부터 200[V] 40[kVA]의 전력을 얻는 경우 T좌변압기의 권수비는 약 얼마인가?

① 16.5

② 14.3

③ 11.7

④ 10.2

해설

• T좌변압기는 1차권선이 주좌 변압기와 같다면 $\dfrac{\sqrt{3}}{2}$ 지점에서 인출한다.

$$a_T = \frac{\sqrt{3}}{2} a_M = \frac{3300}{200} \times \frac{\sqrt{3}}{2} = 14.3$$

a_T : T좌 변압기의 권수비, a_M : 주좌 변압기의 권수비.

53 변압기의 병렬운전에서 1차 환산 누설임피던스가 $2+j3[\Omega]$과 $3+j2[\Omega]$일 때 변압기에 흐르는 부하 전류가 50[A]이면 순환전류[A]는?(단, 다른 정격은 모두 같다)

① 10

② 8

③ 5

④ 3

해설

$$I_c = \frac{|E_B - E_A|}{Z_A + Z_B} = \frac{|50(3+j2) - 50(2+j3)|}{(2+j3)+(3+j2)}$$

$$= \frac{-j250}{50} = -j5 = 5 \angle -90°[A]$$

54 고압 단상변압기의 %임피던스 강하 4[%], 2차 정격전류를 300[A]라 하면 정격전압의 2차 단락전류[A]는?(단, 변압기에서 전원측의 임피던스는 무시한다)

① 0.75

② 75

③ 1200

④ 7500

해설 $I_s = \dfrac{100}{\%Z} I_n = \dfrac{100}{4} \times 300 = 7500[A]$

55 단상 정류자 전동기에 보상권선을 사용하는 이유는?

① 정류개선

② 기동토크조절

③ 속도제어

④ 역률개선

해설 단상정류자 전동기에서 보상권선을 설치하면 역률을 개선하고, 변압기의 기전력이 작게 되어 정류작용을 개선 할 수 있다.

정답 50 ③   51 ④   52 ②   53 ③   54 ④   55 ④

56 반발전동기(Reaction Motor)의 특성에 대한 설명으로 옳은 것은?

① 분권특성이다.

② 기동 토크가 특히 큰 전동기이다.

③ 직권특성으로 부하 증가 시 속도가 상승한다.

④ 1/2 동기속도에서 정류가 양호하다.

해설 반발전동기는 기동전류는 낮고 기동토크는 매우 큰 전동기다.

57 직류 분권전동기 기동 시 계자 저항기의 저항값은?

① 최대로 해 둔다.　② 0(영)으로 해 둔다.

③ 중간으로 해 둔다.　④ 1/3로 해 둔다.

해설

• 직류분권전동기에서 계자전류를 감소시키면 회전 수는 증가한다.

$N = k\dfrac{V - I_a R_a}{\phi}$ [rpm], 계자전류(I_f)가 감소하면 자속(ϕ)가 감소하므로 속도(N)는 계자전류에 반비례해서 증가한다.

• $\tau = K\phi I_a$, $I_f = \dfrac{V}{R_f + R_{FR}}$ 에서 기동토크(τ)을 크게 하려면 자속(ϕ)을 크게 해놓은 것이 좋으므로 여자전류는 클수록 좋다. 그러므로 계자권선과 직렬로 연결된 계자저항(R_{FR})은 0으로 해둔다.

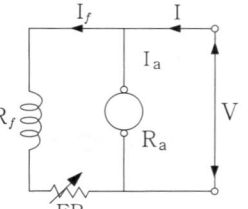

58 단상 전파 정류의 맥동률은?

① 0.17　　　　② 0.34

③ 0.48　　　　④ 0.86

해설 맥동률

단상반파 : 121[%], 단상전파 : 48[%],

3상반파 : 17[%], 3상전파 : 4[%]

59 3상 유도전동기의 원선도를 작성하는데 필요하지 않는 것은?

① 구속시험　　　② 무부하 시험

③ 슬립 측정　　　④ 저항 측정

해설 원선도 작서에 필요한 시험 : ① 저항측정 ② 무부하시험 ③ 구속시험(단락시험)

그러나 슬립은 원선도상에서 구할 수 있다.

60 5[kVA], 2000/200[V]의 단상변압기가 있다. 2차로 환산한 등가저항과 등가리액턴스는 각각 0.14[Ω], 0.16[Ω]이다. 이 변압기에 역률 0.8(뒤짐)의 정격 부하를 걸었을 때의 전압변동률[%]은?

① 0.026　　　② 0.26

③ 2.6　　　　④ 26

해설

• 2차로 환산한 등가저항 및 등가리액턴스를 r_{12}, x_{12}라 할 때 전압변동률[%]은

$$\epsilon = I_2 \times \dfrac{(r_{12}\cos\phi + x_{12}\sin\phi)}{V_2} \times 100 \, [\%],$$

$r_{12} = 0.14[\Omega]$, $x_{12} = 0.16[\Omega]$, $\cos\phi = 0.8$, $\sin\phi = 0.6$

$$I_2 = \dfrac{P}{V_2} = \dfrac{5 \times 10^3}{200} = 25\,[A]$$

$$\therefore \epsilon = 25 \times \dfrac{(0.14 \times 0.8 + 0.16 \times 0.6)}{200} \times 100 = 2.6\,[\%]$$

제4과목 : 회로이론

61 각 상의 임피던스 $Z = 6 + j8[\Omega]$인 평형 △부하에 선간전압이 220[V] 대칭 3상 전압을 가할 때의 선전류[A] 및 전전력[W]은?

정답 56 ②　57 ②　58 ③　59 ③　60 ③　61 ④

1118 · Part 3. 전기산업기사 기출문제

① 17[A], 5620[W] ② 25[A], 6570[W]

③ 27[A], 7180[W] ④ 38.1[A], 8712[W]

해설 △결선일 때는 선간전압과 상전압은 같고.
($V_l = V_p$)

선전류 $I_l = \sqrt{3}\,I_p$ 가된다.

$\therefore I_l = \sqrt{3}\,I_p = \sqrt{3} \times 22 = 38.11\,[A]$

상전류 : $I_p = \dfrac{V_p}{Z} = \dfrac{220}{\sqrt{6^2+8^2}} = 22\,[A]$

그리고 전전력은

$P = 3\dfrac{V_p^2\,R}{R^2+X^2} = 3 \times \dfrac{220^2 \times 6}{6^2+8^2} = 8712\,[W]$ 이다.

62 그림과 같은 회로에서 저항 R에 흐르는 전류 $I[A]$는?

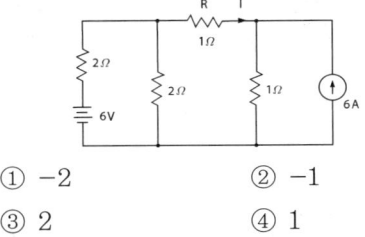

① -2

② -1

③ 2

④ 1

해설

㉠ 전압원만 동작(전류원을 개방)하면,

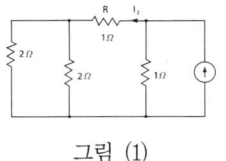

$I = \dfrac{6}{2+\dfrac{2}{2}} = 2\,[A]$, $\therefore I_1 = \dfrac{2}{2+2} \times 2 = 1\,[A]$

㉡ 전류원만 동작(전압원은 단락)하면, 그림(1)처럼 되고, 이것을 다시 요약하면

그림 (1)

그림(a)처럼 된다.

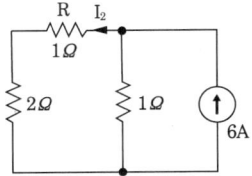

그림(a)

그림(a)에서, $I_2 = \dfrac{1}{1+2} \times 6 = 2\,[A]$,

$\therefore I = I_1 - I_2 = 1 - 2 = -1\,[A]$

63 회로에서 Z파라미터가 잘못 구하여진 것은?

① $Z_{11} = 8\,[\Omega]$

② $Z_{12} = 3\,[\Omega]$

③ $Z_{21} = 3\,[\Omega]$

④ $Z_{22} = 5\,[\Omega]$

해설

[Z]파라미터

$V_1 = Z_{11}I_1 + Z_{12}I_2$
$V_2 = Z_{21}I_1 + Z_{22}I_2$

그러므로

$V_1 = 5I_1 + 3(I_1 + I_2) = 8I_1 + 5I_2$
$V_2 = 3(I_2 + I_1) = 3I_1 + 3I_2$

$\therefore Z_{22} = 3\,[\Omega]$

64 RC 직렬회로의 과도현상에 대하여 옳게 설명한 것은?

① $\dfrac{1}{RC}$의 값이 클수록 과도 전류값은 천천히 사라진다.

정답 62 ② 63 ④ 64 ④

② RC 값이 클수록 과도 전류값은 빨리 사라진다.·

③ 과도 전류는 RC 값에 관계가 없다.

④ RC 값이 클수록 과도 전류값은 천천히 사라진다.

해설 회로의 시정수가 클수록 과도현상은 오랫동안 지속된다. 즉 RC 값이 크면 클수록 과도전류값은 천천히 사라진다.

65 20[mH]와 60[mH]의 두 인덕턴스가 병렬로 연결되어 있다. 합성인덕턴스의 값[mH]은? (단, 상호인덕턴스는 없는 것으로 한다)

① 15   ② 20

③ 50   ④ 75

해설 $L = \dfrac{L_1 \times L_2}{L_1 + L_2} = \dfrac{20 \times 60}{20 + 60} = 15 [mH]$

66 비정현파의 일그러짐의 정도를 표시하는 양으로서 왜형률이란?

① $\dfrac{\text{평균값}}{\text{실효값}}$

② $\dfrac{\text{실효값}}{\text{최대값}}$

③ $\dfrac{\text{고조파만의실효값}}{\text{기본파의실효값}}$

④ $\dfrac{\text{기본파의실효값}}{\text{고조파만의실효값}}$

67 리액턴스 함수가 $Z(s) = \dfrac{3s}{s^2 + 15}$ 로 표시되는 리액턴스 2단자망은?

①

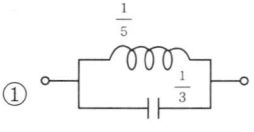

②

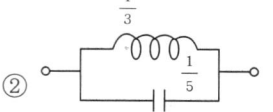

③

④

해설 $Z(s) = \dfrac{3s}{s^2 + 15} = \dfrac{1}{\dfrac{s^2 + 15}{3s}} = \dfrac{1}{\dfrac{s}{3} + \dfrac{5}{s}}$

그림에서 $Z(s) = \dfrac{1}{\dfrac{1}{Ls} + Cs}$ 두식을 비교해서 구하면,

$L = \dfrac{1}{5}, \ C = \dfrac{1}{3}$ 이 된다.

68 전압 100[V], 전류 15[A]로써 $1.2[kW]$의 전력을 소비하는 회로의 리액턴스는 약 몇 $[\Omega]$ 인가?

① 4   ② 6

③ 8   ④ 10

해설

• 피상전력 : $P_a = VI = 100 \times 15 = 1500 [VA]$

• 유효전력 : $P = 1.2 \times 10^3 [W]$

• 무효전력 :

$P_r = \sqrt{P_a^2 - P^2} = \sqrt{1500^2 - (1.2 \times 10^3)^2}$
$= 900 [Var]$

$P_r = I^2 X$ 에서, $X = \dfrac{900}{15^2} = 4 [\Omega]$

정답   65 ①   66 ③   67 ①   68 ①

1120 · Part 3. 전기산업기사 기출문제

69 $i = 10\sin\left(\omega t - \dfrac{\pi}{6}\right)[A]$로 표시되는 전류와 주파수는 같으나 위상이 $45°$ 앞서는 실효값 $100[V]$의 전압을 표시하는 식으로 옳은 것은?

① $100\sin\left(\omega t - \dfrac{\pi}{10}\right)$

② $100\sqrt{2}\sin\left(\omega t + \dfrac{\pi}{12}\right)$

③ $\dfrac{100}{\sqrt{2}}\sin\left(\omega t - \dfrac{5}{12}\pi\right)$

④ $100\sqrt{2}\sin\left(\omega t - \dfrac{\pi}{12}\right)$

해설 $e = 100\sqrt{2}\sin\left(\omega t - \dfrac{\pi}{6} + \dfrac{\pi}{4}\right)$
$= 100\sqrt{2}\sin\left(\omega t + \dfrac{\pi}{12}\right)[V]$

70 ㉠ $\mathcal{L}[\sin at]$ 및 ㉡ $\mathcal{L}[\cos\omega t]$를 구하면?

① ㉠ $\dfrac{a}{s+a}$ ㉡ $\dfrac{s}{s+\omega}$

② ㉠ $\dfrac{1}{s^2+a^2}$ ㉡ $\dfrac{s}{s+\omega}$

③ ㉠ $\dfrac{a}{s^2+a^2}$ ㉡ $\dfrac{s}{s^2+\omega^2}$

④ ㉠ $\dfrac{1}{s+a}$ ㉡ $\dfrac{1}{s-\omega}$

71 굵기가 일정한 도체에서 체적은 변하지 않고 지름을 $\dfrac{1}{n}$로 줄였다면 저항은?

① $\dfrac{1}{n^2}$로 된다. ② n배로 된다.

③ n^2배로 된다. ④ n^4배로 된다.

해설 $R = \rho\dfrac{l}{S} = \rho\dfrac{l}{\dfrac{\pi d^2}{4}} \propto \dfrac{l}{d^2}$

굵기가 일정한 도체에서 체적은 변하지 않고 지름을 $\dfrac{1}{n}$로 줄였기 때문에,

$\therefore R = \dfrac{n^2}{\left(\dfrac{1}{n}\right)^2} = n^4$ 배로 된다.

72 그림과 같은 회로에서 단자 a-b간의 전압 $V_{ab}[V]$는?

① $-j160$ ② $j160$
③ 40 ④ 80

해설 $V_{ab} = I_{ab} \times jX_L = -8 \times j20 = -j160[\Omega]$
$I_{ab} = \dfrac{-j8}{j20 - j4 - j8} \times 8 = -8[A]$

73 대칭 3상 전압이 있다. 1상의 Y결선 전압의 순시값이 다음과 같을 때 선간전압에 대한 상전압의 비율은?

$$e = 1000\sqrt{2}\sin\omega t + 500\sqrt{2}\sin(3\omega t + 20°)$$
$$+ 100\sqrt{2}\sin(5\omega t + 30°)[V]$$

① 약 55% ② 약 65%
③ 약 70% ④ 약 75%

해설 $\therefore \dfrac{V_p}{V_l} = \dfrac{1122.5}{1740.7} \times 100 = 64.5[\%]$

• 상전압(V_p)의 실효값
$V_p = \sqrt{V_1^2 + V_3^2 + V_5^2}$
$= \sqrt{1000^2 + 500^2 + 100^2} = 1122.5[V]$

정답 **69** ② **70** ③ **71** ④ **72** ① **73** ②

- 선간전압(V_l)에는 제 3고조파 성분이 존재하지 않으므로

$$V_l = \sqrt{3}\, V_p = \sqrt{3}\, \sqrt{V_1^2 + V_5^2}$$
$$= \sqrt{3} \times \sqrt{1000^2 + 100^2} = 1740.7\,[V]$$

74 그림과 같은 회로의 전압비 전달함수 $H(j\omega)$는?(단, 입력 $v(t)$는 정현파 교류전압이며, v_R은 출력이다)

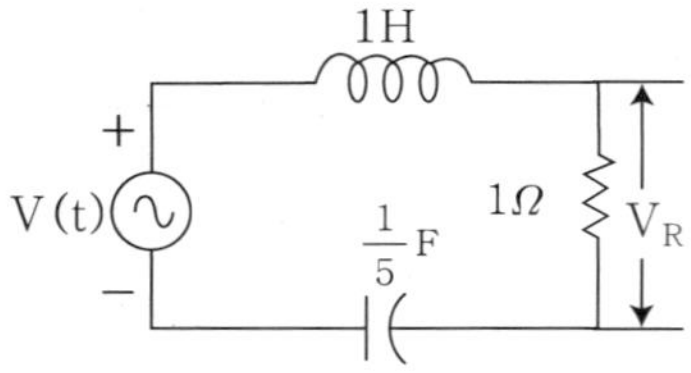

① $\dfrac{j\omega}{(5-\omega^2)+j\omega}$ ② $\dfrac{j\omega}{(5+\omega^2)+j\omega}$

③ $\dfrac{j\omega}{(5-\omega)^2+j\omega}$ ④ $\dfrac{j\omega}{(5+\omega)^2+j\omega}$

해설 $v(t) = L\dfrac{di(t)}{dt} + R\,i(t) + \dfrac{1}{C}\int i(t)\,dt$

$v_R = R\,i(t)$

라플라스변환 하면,

$$V(s) = (Ls + R + \dfrac{1}{Cs})I(s)$$

$$V_R(s) = R I(s)$$

$$H(s) = \dfrac{V_R(s)}{V(s)} = \dfrac{R I(s)}{(Ls + R + \dfrac{1}{Cs})I(s)}$$

$$= \dfrac{RCs}{LCs^2 + RCs + 1}$$

$$\therefore H(j\omega) = \dfrac{V_R(j\omega)}{V(j\omega)} = \dfrac{RC(j\omega)}{LC(j\omega)^2 + RC(j\omega) + 1}$$

$$= \dfrac{\dfrac{1}{5}j\omega}{\dfrac{1}{5}(j\omega)^2 + \dfrac{1}{5}j\omega + 1}$$

$$= \dfrac{j\omega}{-\omega^2 + j\omega + 5} = \dfrac{j\omega}{(5-\omega^2)+j\omega}$$

75 불평형 3상 전류가 $I_a = 15 + j2\,[A]$, $I_b = -20 - j14\,[A]$, $I_c = -3 + j10\,[A]$, 일 때 정상분 전류 $I\,[A]$는?

① $1.91 + j6.24$ ② $-2.67 - j0.67$

③ $15.7 - j3.57$ ④ $18.4 + j12.3$

해설

$$I_1 = \frac{1}{3}(I + aI_b + a^2 I_c)$$

$$= \frac{1}{3}\{15 + j2 + (-\frac{1}{2} + j\frac{\sqrt{3}}{2})(-20 - j14)$$

$$+ (-\frac{1}{2} - j\frac{\sqrt{3}}{2})(-3 + j10)\}$$

$$= 15.7 - j3.57\,[A]$$

76 그림과 같은 회로에서 a-b단자에서 본 합성저항은 몇 $[\Omega]$ 인가?

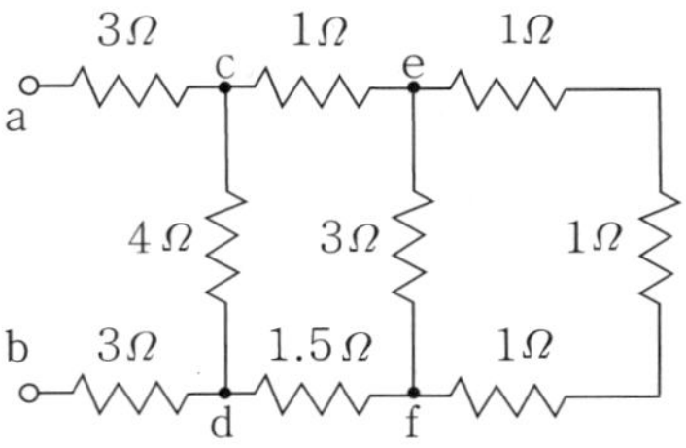

① 2 ② 4

③ 6 ④ 8

해설

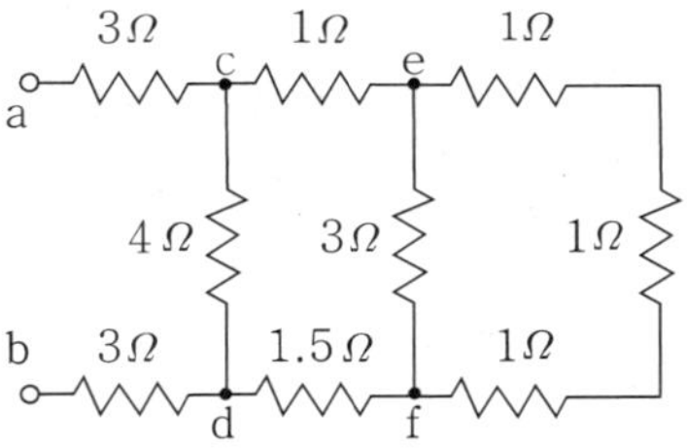

그림에서, $R_{ef} = \dfrac{3}{2} = 1.5\,[\Omega]$, cd 사이는

$R_{cd} = \dfrac{4}{2} = 2\,[\Omega]$, ab 사이는

$\therefore R_{ab} = 3 + 2 + 3 = 8\,[\Omega]$

정답 **74** ① **75** ③ **76** ④

1122 • Part 3. 전기산업기사 기출문제

77 부동작 시간(Dead Time) 요소의 전달 함수는?

① Ks

② $\dfrac{K}{s}$

③ Ke^{-Ls}

④ $\dfrac{K}{Ts+1}$

해설

① 비례요소 : $G(s) = \dfrac{Y(s)}{X(s)} = K$

② 미분요소 : $G(s) = \dfrac{Y(s)}{X(s)} = Ks$

③ 적분요소 : $G(s) = \dfrac{Y(s)}{X(s)} = \dfrac{K}{s}$

④ 1차지연요소 : $G(s) = \dfrac{I(s)}{E_i(s)} = \dfrac{K}{Ts+1}$

⑤ 2차지연요소 :

$G(s) = \dfrac{Y(s)}{X(s)} = \dfrac{K\omega_n^2}{s^2 + 2\delta\omega_n s + \omega_n^2}$

⑥ 부동작 시간요소 : $G(s) = \dfrac{Y(s)}{X(s)} = Ke^{-Ls}$

78 △결선된 저항부하를 Y결선으로 바꾸면 소비전력은?(단, 저항과 선간 전압은 일정하다)

① 3배로 된다.

② 9배로 된다.

③ $\dfrac{1}{9}$로 된다.

④ $\dfrac{1}{3}$로 된다.

해설

• △결선 : $I_\triangle = \dfrac{\sqrt{3}\,V}{R}\,[A]$

• Y결선 : $I_Y = \dfrac{V}{\sqrt{3}\,R}\,[A]$

$P_\triangle = I_\triangle^2 R = (\dfrac{\sqrt{3}\,V}{R})^2 R = \dfrac{3V^2}{R}$

$P_Y = I_Y^2 R = (\dfrac{V}{\sqrt{3}\,R})^2 R = \dfrac{V^2}{3R}$

$\dfrac{P_\triangle}{P_Y} = \dfrac{\dfrac{3V^2}{R}}{\dfrac{V^2}{3R}} = 9$

$\therefore P_Y = \dfrac{1}{9}P_\triangle$

79 저항 6[kΩ], 인덕턴스 90[mH], 커패시턴스 0.01 [μF]인 직렬회로에 $t=0$ 에서의 직류전압 100[V]를 가하였다. 흐르는 전류의 최대값(I_m)은 약 몇 [mA] 인가?

① 11.8

② 12.3

③ 14.7

④ 15.6

해설 $R^2 = 4\dfrac{L}{C}$

$(6 \times 10^3)^2 = 4 \times \dfrac{90 \times 10^{-3}}{0.01 \times 10^{-6}}$ 의 관계가 성립되므로 임계적이다.

이 경우 회로의 전류는

$i(t) = \dfrac{E}{L}te^{-\frac{R}{2L}t}$

따라서 전류가 최대로 되는 시간을 구하면,

$\dfrac{di(t)}{dt} = \dfrac{E}{L}e^{-\frac{R}{2L}t} - \dfrac{R}{2L} \cdot \dfrac{E}{L}te^{-\frac{R}{2L}t} = 0$

$\dfrac{E}{L}e^{-\frac{R}{2L}t}(1 - \dfrac{R}{2L}t) = 0$

$1 = \dfrac{R}{2L}t$

$\therefore t = \dfrac{2L}{R} = \dfrac{2 \times 90 \times 10^{-3}}{6 \times 10^3} \times 10^6 = 30[\mu s]$

그러므로, 전류의 최대값은

$i(t) = \dfrac{E}{L}te^{-\frac{R}{2L}t} = \dfrac{100}{90 \times 10^{-3}} \times 30 \times 10^{-6}$

$\times e^{-\frac{6 \times 10^3}{2 \times 90 \times 10^{-3}} \times 30 \times 10^{-6}} \times 10^3 = 12.3[mA]$

80 전압과 전류가 각각 $e = 141.4\sin(377t + \dfrac{\pi}{3})[V]$, $i = \sqrt{8}\sin(377t + \dfrac{\pi}{6})[A]$인 회로의 소비전력은 약 몇 [$W$] 인가?

① 100

② 173

③ 200

④ 344

정답 77 ③ 78 ③ 79 ② 80 ②

$$\begin{aligned}
\boxed{\text{해설}} \ P &= \sum_{n=1}^{\infty} V_n I_n \cos(\theta_1 - \theta_2) \\
&= \frac{141.4}{\sqrt{2}} \times \frac{\sqrt{8}}{\sqrt{2}} \cos\left(\frac{\pi}{3} - \frac{\pi}{6}\right) = 173.2 [W]
\end{aligned}$$

제5과목 : 전기설비기술기준 및 판단기준

81 조명용 전등을 설치할 때 타임스위치를 시설해야 할 곳은?

① 공장 ② 사무실

③ 병원 ④ 아파트 현관

해설

- 조명용 백열 전등은 다음과 같은 타임 스위치를 시설하여야 한다.
  ⊙ 호텔 또는 여관 각 객실 입구 등은 1분 이내 소등 되는 것
  ⓛ 일반주택 및 아파트 각 호실의 현관 등은 3분 이내 소등되는 것

82 345[kV] 특고압 가공전선로를 사람이 쉽게 들어갈 수 없는 산지에 시설할 때 지표상의 높이는 몇 [m] 이상인가?

① 7.28 ② 7.85

③ 8.28 ④ 9.28

해설 특고가공전선의 높이(이상)

⊙ 35[kV] 이하 : 도로횡단 6[m], 철도횡단 6.5[m], 일반장소 5[m]

ⓛ 160[kV] 이하 : 6[m](산지 등은 [5m], 철도 등은 6.5[m], 횡단보도교위에 시설하는 경우 케이블인 때는 5[m])

ⓒ 160[kV] 넘는 것 : 6+0.12n[m] 이상,
$n = \dfrac{주어진전압[kV]-160}{10}$ 에서 그 단수의 소수점은 절상한다.

문제에서는 사람이 쉽게 들어갈 수 없는 산지이므로, 160[kV] 넘는 경우로

$\therefore 5 + 0.12n = 5 + 0.12 \times 19 = 7.28 [m]$ 이상

$n = \dfrac{345-160}{10} = 18.5 \rightarrow 절상 19단$

83 다음(⊙), (ⓛ)에 알맞은 것은?

저압전로에서 그 전로에 지락이 생겼을 경우에(⊙)초 이내에 자동적으로 전로를 차단하는 장치는 시설하는 경우 제 3종 접지공사와 특별 제3종 접지공사의 접지저항 값은 자동 차단기의 (ⓛ)에 따라 달라진다.

① ⊙ 0.5 ⓛ 정격차단속도

② ⊙ 0.5 ⓛ 정격감도전류

③ ⊙ 1.0 ⓛ 정격차단속도

④ ⊙ 1.0 ⓛ 정격감도전류

84 시가지에 시설하는 154[kV] 가공전선로를 도로와 제 1차 접근상태로 시설하는 경우 전선과 도로와의 이격거리는 몇 [m] 이상이어야 하는가?

① 4.4 ② 4.8

③ 5.2 ④ 5.6

해설 특고가공전선과 건조물의 이격거리

⊙ 35[kV] 이하 : 3[m] 이상

ⓛ 35[kV] 넘는 것 : 3+0.15n [m] 이상,
$n = \dfrac{주어진전압[kV]-35}{10}$ 에 그 단수의 소수점은 절상한다.

$\therefore 3 + 0.15n = 3 + 0.15 \times 12 = 4.8 [m]$ 이상

$n = \dfrac{154-35}{10} = 11.9$ 절상하면 12단.

85 특고압 전로와 저압전로를 결합하는 변압기의 경우 혼촉에 의한 위험을 방지하기 위해 저압측의 중성점에 제 몇 종 접지공사를 하여야 하는가?

① 제1종 ② 제2종

③ 제3종 ④ 특별 제3종

[정답] 81 ④ 82 ① 83 ② 84 ② 85 ②

86 지중 또는 수중에 시설되어 있는 금속체의 부식을 방지하기 위해 전기부식회로의 사용 전압은 직류 몇 [V] 이하여야 하는가?

① 30
② 60
③ 90
④ 120

해설 전기부식방지회로의 사용전압은 직류 60[V] 이하.

87 22900[V]용 변압기의 금속제 외함에는 몇 종 접지공사를 하여야 하는가?

① 제1종 접지공사
② 제2종 접지공사
③ 제3종 접지공사
④ 특별 제3종 접지공사

해설 전로에 사설하는 기계기구의 철대, 금속제 외함에는 〈표〉처럼 접지공사를 하여야 한다.

기계기구의 구분	접지공사
400[V] 미만의 저압용	제3종 접지공사
400[V] 이상의 저압용	특별 제3종 접지공사
고압용 또는 특고압용	제1종 접지공사

88 가공전선로의 지지물로서 길이 9[m], 설계 하중이 6.8[kN] 이하인 철근 콘크리트주를 시설할 때 땅에 묻히는 깊이는 몇 [m] 이상 으로 하여야 하는가?

① 1.2
② 1.5
③ 2
④ 2.5

해설 가공전선로 지지물의 기초 안전율

설계하중 전장	6.8[kN] 이하	9.8[kN] 이하	14.72 [kN] 이하
15[m] 이하	전장 $\times \frac{1}{6}$ [m] 이상	전장 $\times \frac{1}{6} + 0.3$ [m] 이상	–

설계하중 전장	6.8[kN] 이하	9.8[kN] 이하	14.72 [kN] 이하
15[m] 초과	2.5[m] 이상	2.8[m] 이상	–
16[m] 초과 20[m] 이하	2.8[m] 이상	–	–
15[m] 초과 18[m] 이하	–	–	3[m] 이상
18[m] 초과	–	–	3.2[m] 이상

$$\therefore 9 \times \frac{1}{6} = 1.5[m] \, 이상$$

89 옥내에 시설하는 저압전선으로 나전선을 절 대로 사용할 수 없는 경우는?

① 금속 덕트 공사에 의하여 시설하는 경우
② 버스 덕트 공사에 의하여 시설하는 경우
③ 애자 사용 공사에 의하여 전개된 곳에 전기 로용 전선을 시설하는 경우
④ 유희용 전차에 전기를 공급하기 위하여 접촉 전선을 사용하는 경우

90 어느 공장에서 440[V] 전동기 배선을 사람 이 접촉할 우려가 있는 곳에 금속관으로 시 공하고자 한다. 이 금속관을 접지할 때 그 저항 값은 몇 [Ω] 이하로 하여야 하는가?

① 10
② 30
③ 50
④ 100

해설 기계기구의 접지

기계기구의 구분	접지공사
400[V] 미만의 저압용	제3종 접지공사
400[V] 이상의 저압용	특별 제3종 접지공사
고압용 또는 특고압용	·제1종 접지공사

정답 86 ② 87 ① 88 ② 89 ① 90 ①

∴ 특별 제3종 접지공사이므로 저항값은 10[Ω] 이하 이다.

91 과전류 차단기를 시설하여도 좋은 곳은 어느 것인가?

① 2종 접지 공사를 한 저압 가공 전선로의 접지측 전선
② 방전 장치를 시설한 고압측 전선
③ 접지 공사의 접지선
④ 다선식 전로의 중성선

해설 과전류차단기의 시설제한
㉠ 접지공사의 접지선
㉡ 다선식 전로의 중성선
㉢ 제2종 접지공사를 한 저압 가공전선로의 접지측 전선

92 지중선선로에 사용하는 지중함의 시설기준으로 적절하지 않는 것은?

① 견고하고 차량 기타 중량물의 압력에 견디는 구조일 것
② 안에 고인 물을 제거할 수 있는 구조로 되어 있을 것
③ 뚜껑은 시설자 이외의 자가 쉽게 열수 없도록 시설할 것
④ 조명 및 세척이 가능한 적당한 장치를 시설할 것

해설
• 폭발성 또는 연소성의 가스가 침입할 우려가 있는 곳에 시설하는 지중함으로서 그 크기가 1[m³]이상인 것에는 통풍장치 기타 가스를 방산시키기 위한 적당한 장치를 시설할 것
• 지중함에는 조명 시설은 필요치 않다.

93 최대사용전압이 3300[V]인 고압용 전동기가 있다. 이 전동기의 절연내력 시험전압은 몇 [V]인가?

① 3630
② 4125
③ 4290
④ 4950

해설 회전기 및 정류기의 절연내력 시험

종류		시험전압	시험방법
회전기	발전기·전동기·조상기, 기타 회전기(회전 변류기를 제외한다.)	최대사용전압 7000[V] 이하	최대사용 전압의 1.5배의 전압(500[V] 미만으로 되는 경우에는 500[V])	권선과 대지 간에 연속하여 10분간 가한다.
		최대 사용 전압 7000 [V] 초과	최대 사용 전압의 1.25배의 전압(10, 500[V] 미만으로 되는 경우에는 10,500[V])	
	회전 변류기		직류측의 최대 사용 전압의 1배의 교류 전압(500[V] 미만으로 되는 경우에는 500[V])	
정류기		최대사용전압이 60,000[V] 이하	직류측의 최대 사용 전압의 1배의 교류 전압(500[V] 미만으로 되는 경우에는 500[V])	충전부분과 외함 간에 연속하여 10분간 가한다.

정답 91 ② 92 ④ 93 ④

1126 · Part 3. 전기산업기사 기출문제

종류	시험전압	시험방법
정류기	최대사용전압 60,000[V] 초과	교류측의 최대 사용 전압의 1.1배의 교류 전압 또는 직류측의 최대사용전압의 1.1배의 직류전압	교류측 및 직류고전압측 단자와 대지 간에 연속하여 10분간 가한다.

$\therefore$ 절연내력 시험전압 $= 3300 \times 1.5 = 4950[V]$

94 인가에 인접한 주상변압기의 제2종 접지공사에 적합한 시공은?

① 접지극은 공칭단면적 2[mm^2] 연동선에 연결하여, 지하 75[cm] 이상의 깊이에 매설

② 접지극은 공칭단면적 16[mm^2] 연동선에 연결하여, 지하 60[cm] 이상의 깊이에 매설

③ 접지극은 공칭단면적 6[mm^2]연동선에 연결하여, 지하 60[cm] 이상의 깊이에 매설

④ 접지극은 공칭단면적 6[mm^2]연동선에 연결하여, 지하 75[cm] 이상의 깊이에 매설

해설 제1종 또는 제2종 접지공사의 시공

㉠ 접지극은 지하 75[cm] 이상의 깊이에 매설할 것

㉡ 접지선은 철주, 기타 금속체를 따라서 시설하는 경우에는 접지극을 철주의 밑면으로부터 30[cm] 이상 깊이에 매설하는 경우 이외에는 접지극을 지중에서 그 금속체로부터 1[m] 이상 이격할 것

㉢ 접지선에는 절연 전선 또는 케이블 사용(옥외용 비닐절연전선과 통신용케이블은 제외)할 것

㉣ 접지선은 지하 75[cm]부터 지표상 2[m]까지의 부분은 합성 수지관 등으로 덮을 것(전기용품 안전관리법의적용)

95 다음 중에서 목주, A종 철주 또는 A종 철근 콘크리트주를 전선로의 지지물로 사용할 수 없는 보안공사는?

① 고압 보안공사

② 제1종 특고압 보안공사

③ 제2종 특고압 보안공사

④ 제3종 특고압 보안공사

96 사용전압이 220[V]인 가공전선을 절연전선으로 사용하는 경우 최소 굵기는 몇 [mm]인가?

① 2   ② 2.6

③ 3.2   ④ 4

해설 저ㆍ고압 가공전선의 굵기 및 종류, 안전율

㉠ 저압가공전선은 나전선(중성선, 접지측전선), 절연전선, 다심형전선, 또는 케이블을 사용하고, 고압가공전선은 고압절연전선, 특고압 절연전선 또는 케이블을 사용한다.

㉡ 사용전압이 400[V] 미만인 저압 가공전선은 케이블인 경우를 제외하고는 인장강도 3.43[kN] 이상의 것 또는 지름 3.2[mm](전연전선인 경우는 인장강도 2.3[kN] 이상의 것 또는 지름 2.6[mm] 이상)의 경동선 이상의 것이어야 한다.

㉢ 사용전압이 400[V] 이상인 저압 가공전선 또는 고압 가공전선은 케이블인 경우 이외에는 시가지에 시설하는 것은 인장강도 8.01[kN] 이상의 것 또는 지름 5[mm] 이상의 경동선, 시가지 외에 시설하는 것은 인장강도 5.26[kN] 이상의 것 또는 지름 4[mm] 이상의 경동선이어야 한다.

㉣ 고압 가공 전선은 케이불인 경우를 제외하고는 경동선이나 내열 동합금선의 안전율은 2.2 이상, 기타 전선은 2.5 이상이 되는 이도(弛度)로 시설해야 한다.

정답 94 ④   95 ②   96 ②

97 고압 지중 케이블로서 직접 매설식에 의하여 견고한 트라프 기타 방호물에 넣지 않고 시설할 수 있는 케이블은?(단, 케이블을 개장(鎧裝)하지 않고 시설한 경우이다)

① 미네럴인슈레이션케이블

② 콤바인덕트케이블

③ 클로로프렌외장케이블

④ 고무외장케이블

해설 콤바인덕트(CD)케이블 : 트라프 기타 방호물에 넣지 않고 부설 할 수 있는 케이블

98 화약류 저장소에서의 전기설비 시설기준으로 틀린 것은?

① 전용개폐기 및 과전류차단기는 화약류 저장소이외의 곳에 둔다.

② 전기기계기구는 반폐형을 사용한다.

③ 전로의 대지전압은 300[V] 이하이어야 한다.

④ 케이블을 전기기계기구에 인입할 때에는 인입구에서 케이블이 손상될 우려가 없도록 시설하여야 한다.

해설 전기기계기구는 전폐형일 것

99 440[V]용 전동기의 외함을 접지할 때 접지저항값을 몇 [Ω]이하로 유지하여야 하는가?

① 10   ② 20

③ 30   ④ 100

해설 기계기구의 접지

기계기구의 구분	접지공사
400[V] 미만의 저압용	제3종 접지공사
400[V] 이상의 저압용	특별 제3종 접지공사
고압용 또는 특고압용	제1종 접지공사

∴ 특별 제3종 접지공사이므로 저항값은 10[Ω]이하이다.

100 피뢰기를 설치하지 않아도 되는 곳은?

① 발전소·변전소의 가공전선 인입구 및 인출구

② 가공전선로의 말구 부분

③ 가공전선로에 접속한 1차측 전압이 35[kV] 이하인 배전용변압기의 고압측 및 특고압측

④ 고압 및 특고압 가공전선로로부터 공급을 받는 수용장소의 인입구

해설 피뢰기의 시설

㉠ 발·변전소 또는 이에 준하는 장소의 가공 전선 인입구 및 인출구

㉡ 가공전선로에 접속하는 특고압 배전용 변압기의 고압측 및 특고압측

㉢ 고압 및 특고압 가공 전선로에서 공급받는 수용 장소의 인입구

㉣ 가공 전선로와 지중 전선로가 접속되는 곳

정답 97 ②   98 ②   99 ①   100 ②

국가기술자격검정 필기시험문제

2016년도 산업기사 제1회 필기시험(산업기사)

자격종목 및 등급(선택분야)	종목코드	시험시간	문제지형별	수검번호	성명
전기산업기사		**2시간 30분**	**B**		

※ 시험문제지는 답안카드와 같이 반드시 제출하여야 합니다.

제1과목 : 전기자기학

01 정전계에 대한 설명으로 옳은 것은?

① 전계 에너지가 최소로 되는 전하분포의 전계
이다.

② 전계 에너지가 최대로 되는 전하분포의 전계
이다.

③ 전계 에너지가 항상 0인 전기장을 말한다.

④ 전계 에너지가 항상 ∞인 전기장을 말한다.

해설 정전계란 전계 내의 전하는 그 자신의 에너지가 최소가 되는 전하분포를 가지는 전계가 형성되는 것을 말한다.

02 비투자율이 μ_r인 철제 무단 솔레노이드가 있다. 평균 자로의 길이를 l[m]라 할 때 솔레노이드에 공극(Air gap) l_0[m]를 만들어 자기저항을 원래의 2배로 하려면 얼마만한 공극을 만들면 되는가?(단, $\mu_r \gg 1$이고, 자기력을 일정하다고 한다)

① $l_0 = \dfrac{l}{2}$ ② $l_0 = \dfrac{l}{\mu_r}$

③ $l_0 = \dfrac{l}{2\mu_r}$ ④ $l_0 = 1 + \dfrac{l}{\mu_r}$

해설 • 공극 없는 전부 철심인 경우 자기저항

$R_m = \dfrac{l}{\mu A}$ 이고,

• 공극 l_0 가 존재하는 경우 자기저항

여기서, 철심부와 공극부 자기저항의 직렬접속이 되므로 ($l \gg l_0$ 인 경우), $R_m{}' = \dfrac{l - l_0}{\mu A} + \dfrac{l_0}{\mu_0 A}$,

$\therefore R_m{}' = \dfrac{l}{\mu A} + \dfrac{l_0}{\mu_0 A} = \dfrac{l}{\mu A}\left(1 + \dfrac{\mu l_0}{\mu_0 l}\right)$ 로 된다.

$\dfrac{R_m{}'}{R_m} = 1 + \dfrac{\mu}{\mu_0}\dfrac{l_0}{l} = 1 + \dfrac{\mu_0 \mu_r l_0}{\mu_0 l} = 1 + \dfrac{\mu_r l_0}{l}$

$2 = 1 + \dfrac{\mu_r l_0}{l}$ $\therefore l_0 = \dfrac{l}{\mu_r}$

03 자유공간에 있어서의 포인팅 벡터를 $P[W/m^2]$라 할 때, 전계의 세기 $E_e[V/m]$를 구하면?

① $377P$ ② $\dfrac{P}{377}$

③ $\sqrt{377P}$ ④ $\sqrt{\dfrac{P}{377}}$

해설 $P = E_e\, H\,[W/m^2]$

$Z_0 = \dfrac{E_e}{H_e} = \sqrt{\dfrac{\mu_0}{\epsilon_0}}, \qquad H_e = \dfrac{E_e}{\sqrt{\dfrac{\mu_0}{\epsilon_0}}} = \dfrac{E_e}{377}$

$P = \dfrac{E_e^2}{377} \qquad \therefore E_c = \sqrt{377P}\;[V/m]$

정답   01 ①   02 ②   03 ③

04 자속밀도 0.5[Wb/㎡]인 균일한 자장 내에 반지름 10[cm], 권수 1000회인 원형코일이 매분 1800 회전할 때 이 코일의 저항이 100[Ω]일 경우 이 코일에 흐르는 전류의 최대값은 약 몇 [A]인가?

① 14.4 ② 23.5
③ 29.6 ④ 43.2

해설 $I_m = \dfrac{E_m}{R} = \dfrac{2957.88}{100} = 29.58[A]$

$e = -n\dfrac{d\phi}{dt} = -n\dfrac{d}{dt}\phi_m \sin\omega t = -n\dfrac{d}{dt}BS\sin\omega t$

$= -n\omega BS\cos\omega t = -E_m\cos\omega t[V]$

$E_m = n\omega BS = n2\pi f BS$

$\quad = 1000 \times 2\pi \times \dfrac{1800}{60} \times 0.5 \times \pi \times 0.1^2$

$\quad = 2957.88[V]$

05 진공 중에 놓인 3[μC]의 점전하에서 3[m] 되는 점의 전계는 몇 [V/m]인가?

① 100 ② 1000
③ 300 ④ 3000

해설

$E = \dfrac{Q}{4\pi\epsilon_0 r^2} = 9 \times 10^9 \times \dfrac{3 \times 10^6}{3^2} = 3000[V/m]$

06 코일의 면적을 2배로 하고 자속밀도의 주파수를 2배로 높이면 유기기전력의 최대값은 어떻게 되는가?

① $\dfrac{1}{4}$로 된다. ② $\dfrac{1}{2}$로 된다.
③ 2배로 된다. ④ 4배로 된다.

해설

$e = -N\dfrac{d\phi}{dt} = -N\dfrac{d}{dt}\phi_m\sin\omega t = -2\pi f N\phi_m\cos\omega t$

$= -2\pi f NBS\cos\omega t[V]$

$\therefore e \propto f\,S = 4$ 배

07 반지름 a[m]의 구도체에 전하 Q[C]이 주어질 때 구도체 표면에 작용하는 정전응력[N/㎡]은?

① $\dfrac{Q^2}{64\pi^2\epsilon_0 a^4}$ ② $\dfrac{Q^2}{32\pi^2\epsilon_0 a^4}$
③ $\dfrac{Q^2}{16\pi^2\epsilon_0 a^4}$ ④ $\dfrac{Q^2}{8\pi^2\epsilon_0 a^4}$

해설 구도체 표면에 작용하는 정전응력

$F = \dfrac{1}{2}\dfrac{\sigma^2}{\epsilon_0} = \dfrac{1}{2}\epsilon_0 E^2 = \dfrac{1}{2}\epsilon_0\left(\dfrac{Q}{4\pi\epsilon_0 a^2}\right)^2$

$\quad = \dfrac{1}{2}\epsilon_0\left(\dfrac{Q^2}{16\pi^2\epsilon_0^2 a^4}\right)$

여기서, σ : 면전하밀도[C/m^2]

08 판자석의 세기가 P[Wb/m]되는 판자석을 보는 입체각 ω인 점의 자위는 몇 [A]인가?

① $\dfrac{P}{2\pi\mu_0\omega}$ ② $\dfrac{P\omega}{2\pi\mu_0}$
③ $\dfrac{P}{4\pi\mu_0\omega}$ ④ $\dfrac{P\omega}{4\pi\mu_0}$

해설

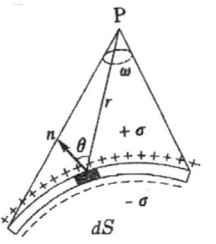

미소면적이 dS인 소자석에 의한 점 P의 자위

$du = \dfrac{1}{4\pi\mu_0}\dfrac{m\,dS}{r^2}\cos\theta = \dfrac{m}{4\pi\mu_0}\dfrac{dS\cos\theta}{r^2}[A]$이고,

판 전체에 의한 자위

$U = \displaystyle\int_S du = \dfrac{m}{4\pi\mu_0}\int_S \dfrac{dS\cos\omega t}{r^2}$ 여기서,

정답 **04** ③ **05** ④ **06** ④ **07** ② **08** ④

$\displaystyle\int_S \dfrac{dS\cos\theta}{r^2}$ 는 판 전체 S에 대한

점 P에서 보는 입체각 ω가 된다.

$\therefore U = \dfrac{m}{4\pi\mu_0}\omega\,[A]$ (문제에서 m=P)

09 전계와 자계의 위상 관계는?

① 위상이 서로 같다.

② 전계가 자계보다 90° 늦다.

③ 전계가 자계보다 90° 빠르다.

④ 전계가 자계보다 45° 빠르다.

해설 $Z_0 = \dfrac{E}{H} = \sqrt{\dfrac{\mu}{\epsilon}}$ 에서 $E = Z_0 H$이다. Z_0는 실수가 되므로 E와 H는 동위상이 된다. 전자파는 전계와 자계가 동시에 존재한다.(E : 전계의 세기, H : 자계의 세기)

10 우주선 중에 10^{20}[eV]의 정전에너지를 가진 하전입자가 있다고 할 때, 이 에너지는 약 몇 [J]인가?

① 2   ② 9

③ 16   ④ 91

해설 $1[eV] = 1.6\times10^{-19}[J]$이므로

$\therefore W = 10^{20}\times1.6\times10^{-19} = 16[J]$

11 전자 e[C]이 공기 중의 자계 H[AT/m] 내를 H에 수직방향으로 v[m/s]의 속도로 돌입하였을 때 받는 힘은 몇 [N]인가?

① $\mu_0 e v H$ ② $e v H$

③ $\dfrac{e H}{\epsilon_0 \mu_0}$ ④ $\dfrac{\epsilon_0 H}{\mu_0 v}$

해설 자계 내의 운동전하에 작용하는 힘,

$F = qv\times B$, $B = \mu_0 H$에서 전자의 전하량을 e라고 하면,

벡터로 표시하면 , $F = e(v\times\mu_0 H)$,

크기로 표시하면, $F = \mu_0 e v H$가 된다.

12 그림과 같이 +q[C/m]로 대전된 두 도선이 d[m]의 간격으로 평행하게 가설되었을 때, 이 두 도선 간에서 전계가 최소가 되는 점은?

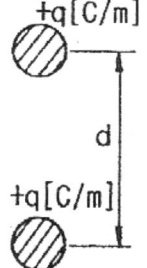

① $\dfrac{d}{4}$ 지점   ② $\dfrac{3}{4}d$ 지점

③ $\dfrac{d}{3}$ 지점   ④ $\dfrac{d}{2}$ 지점

해설 도선에서 x[m] 점P의 전계,

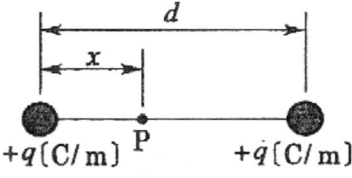

가우스 정리에 의해서

$E = \dfrac{q}{2\pi\epsilon_0 x} - \dfrac{q}{2\pi\epsilon_0(d-x)} = \dfrac{q}{2\pi\epsilon_0}\left(\dfrac{1}{x} - \dfrac{1}{d-x}\right)$

전계가 최소가 되기 위한 조건은, $\dfrac{\partial E}{\partial x} = 0$

$\dfrac{\partial E}{\partial x} = \dfrac{\partial}{\partial x}\dfrac{q}{2\pi\epsilon_0}\left(\dfrac{1}{x} - \dfrac{1}{d-x}\right)$

$= \dfrac{q}{2\pi\epsilon_0}\left(-\dfrac{1}{x^2} + \dfrac{1}{(d-x)^2}\right) = 0$

$\dfrac{1}{x^2} = \dfrac{1}{(d-x)^2}$, $x^2 = (d-x)^2$에서,

$\therefore x = \dfrac{d}{2}$

정답 09 ①   10 ③   11 ①   12 ④

13 그림과 같이 전류 I[A]가 흐르는 반지름 a[m]인 원형 코일의 중심으로부터 x[m]인 점 P의 자계의 세기는 몇 [AT/m]인가?(단, θ는 각 APO라 한다)

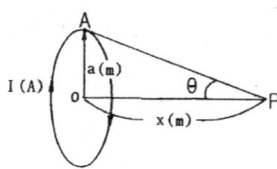

① $\dfrac{I}{2a}\cos^2\theta$　　　② $\dfrac{I}{2a}\sin^3\theta$

③ $\dfrac{I}{2a}\cos^3\theta$　　　④ $\dfrac{I}{2a}\sin^2\theta$

해설 • 점 P에서 코일을 바라보는 입체각
$\omega = 2\pi(1-\cos\phi)$

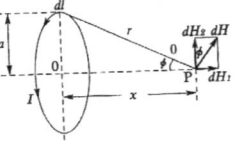

이때 자위,
$$U = \frac{I}{4\pi}\omega = \frac{I}{4\pi}2\pi(1-\cos\phi)$$
$$= \frac{I}{2}\left(1 - \frac{x}{\sqrt{a^2+x^2}}\right)[AT]$$

• 그림에서 원주상 미소부분인 dl[AT]에 의한 자계는 $\phi = \dfrac{\pi}{2}$인 경우이므로 비오-사바르 법칙에서, 값에 따라서 방향이 바뀌게 되어 dH_2의 총합은 0이다.
따라서 자계의 세기
$$H = \int dH_1 = \int_0^{2\pi a} dH\sin\phi = \frac{a^2 I}{2(a^2+x^2)^{\frac{3}{2}}}[AT/m]$$
이다.
$$\therefore H = \frac{a^2 I}{2(a^2+x^2)^{\frac{3}{2}}} = \frac{I}{2\sqrt{a^2+x^2}} \cdot \frac{a^2}{a^2+x^2}$$
$$= \frac{I}{2\sqrt{a^2+x^2}}\sin^2\phi = \frac{aI}{2a\sqrt{a^2+x^2}}\sin^2\phi$$
$$= \frac{I}{2a}\sin^3\phi[AT/m]$$로 된다.

원형코일 중심에서는 $x=0$
$H = \dfrac{I}{2a}[AT/m]$, 권수가 N이면
$H = \dfrac{NI}{2a}[AT/m]$가 된다.

14 $\epsilon_1 > \epsilon_2$의 유전체 경계면에 전계가 수직으로 입사할 때 경계면에 작용하는 힘과 방향에 대한 설명으로 옳은 것은?

① $f = \dfrac{1}{2}\left(\dfrac{1}{\epsilon_2} - \dfrac{1}{\epsilon_1}\right)D^2$의 힘이 ϵ_1에서 ϵ_2로 작용

② $f = \dfrac{1}{2}\left(\dfrac{1}{\epsilon_1} - \dfrac{1}{\epsilon_2}\right)E^2$의 힘이 ϵ_2에서 ϵ_1로 작용

③ $f = \dfrac{1}{2}(\epsilon_2 - \epsilon_1)E^2$의 힘이 ϵ_1에서 ϵ_2로 작용

④ $f = \dfrac{1}{2}(\epsilon_1 - \epsilon_2)D^2$의 힘이 ϵ_2에서 ϵ_1로 작용

해설

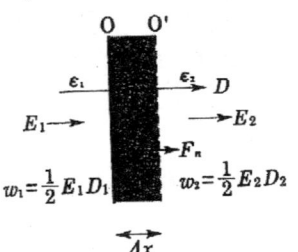

유전율 ϵ_1, ϵ_2의 유전체가 경계면을 이루고 있을 때, 경계면 0에 수직으로 전계가 가해져 힘 F_n을 받아서 경계면 0이 $\triangle x$만큼 이동하여 $0'$가 되었을 경우 빗금친 부분은 ϵ_2에서 ϵ_1으로 즉, 에너지밀도가 w_2에서 w_1으로 변환하여 에너지 총 변화량은
$\triangle W = (w_1 - w_2)\triangle x \cdot S[J]$이다.(단, S : 경계면의 면적)
그러므로 가상변위의 정리에 의한 힘
$$F_n = -\frac{\triangle W}{\triangle x} = -(w_1 - w_2)S = (w_2 - w_1)S[N]$$
단위 면적당 작용하는 힘
$$f_n = w_2 - w_1 = \frac{1}{2}E_2 D_2 - \frac{1}{2}E_1 D_1[N/m^2]$$

정답 **13** ②　　**14** ①

문제에서는 두 유전체의 경계면에 수직으로 입사할 때이므로, $(D_1 = D_2)$

$$f_n = \frac{1}{2}(E_2 - E_1)D = \frac{1}{2}\left(\frac{1}{\epsilon_2} - \frac{1}{\epsilon_1}\right)D^2 [N/m^2]$$가 된다.

- $f_n > 0$ 이 되려면 $\epsilon_1 > \epsilon_2$이 되어야 한다.

즉, 유전율이 큰 유전체가 유전율이 작은 유전체 쪽으로 끌려 들어가는 힘을 받는다(인장응력). 이 힘은 맥스웰(Maxwell)의 응력이 된다.

15 유전체 내의 전속 밀도에 관한 설명 중 옳은 것은?

① 진전하 만이다.
② 분극 전하 만이다.
③ 겉보기 전하 만이다.
④ 진전하와 분극 전하이다.

해설 가우스 정리의 미분형

$div D = \rho$이므로 유전체 중의 전속밀도의 발단은 진전하 밀도(ρ)에 의해서 좌우된다.

16 두께 d[m]인 판상 유전체의 양면 사이에 150[V]의 전압을 가하였을 때 내부에서의 전계가 $3 \times 10^4 [V/m]$이었다. 이 판상 유전체의 두께는 몇 [mm]인가?

① 2
② 5
③ 10
④ 20

해설 $d = \dfrac{V}{E} = \dfrac{150}{3 \times 10^4} \times 10^3 = 5[mm]$

17 점전하 $+Q$ 의 무한 평면도체에 대한 영상 전하는?

① $+Q$
② $-Q$
③ $+2Q$
④ $-2Q$

해설 무한평면에 의한 영상분은 크기가 같고 부호가 반대되어서 영상전하는 $-Q$이다.

18 반지름이 각각 a=0.2[m], b=0.5[m] 되는 동심구 간에 고유저항 $\rho = 2 \times 10^{12}[\Omega \cdot m]$ 비유전율 $\epsilon_s = 100$ 인 유전체를 채우고 내외 동심구 간에 150[V]의 전위차를 가할 때 유전체를 통하여 흐르는 누설전류는 몇 [A]인가?

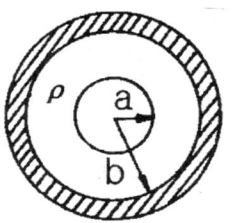

① 2.15×10^{-10}
② 3.14×10^{-10}
③ 5.31×10^{-10}
④ 6.13×10^{-10}

해설 내구의 반지름 a, 외구의 반지름이 b인 동심구 도체 간에 고유저항 ρ인 저항 물질이 채워져 있을 때 내외구간의 합성저항

$RC = \rho\epsilon$

$$R = \frac{\rho\epsilon}{C} = \frac{\rho\epsilon}{\dfrac{4\pi\epsilon}{\dfrac{1}{a} - \dfrac{1}{b}}} = \frac{\rho}{4\pi}\left(\frac{1}{a} - \frac{1}{b}\right)[\Omega]$$

$$= \frac{2 \times 10^{12}}{4\pi}\left(\frac{1}{0.2} - \frac{1}{0.5}\right) = 4.77 \times 10^{11}[\Omega]$$

$$\therefore I = \frac{V}{R} = \frac{150}{4.77 \times 10^{11}} = 3.14 \times 10^{-10}[A]$$

19 전위함수가 $V = x^2 + y^2 [V]$인 자유공간 내의 전하밀도는 몇 [C/㎥]인가?

① -12.5×10^{-12}
② -22.4×10^{-12}
③ -35.4×10^{-12}
④ -70.8×10^{-12}

해설 Poisson 방정식

$$\triangle^2 V = \frac{\partial^2 V}{\partial x^2} + \frac{\partial^2 V}{\partial y^2} + \frac{\partial^2 V}{\partial z^2} = -\frac{\rho}{\epsilon_0}$$

$$\triangle^2 V = 2 + 2 = -\frac{\rho}{\epsilon_0}$$

$$\therefore \rho = -4\epsilon_0 = -4 \times 8.855 \times 10^{-12}$$
$$= -35.4 \times 10^{-12}[C/m^3]$$

정답 15 ① 16 ② 17 ② 18 ② 19 ③

20 진공 중 1[C]의 전하에 대한 정의로 옳은 것은?(단, Q_1, Q_2는 전하이며, F는 작용력이다)

① $Q_1 = Q_2$, 거리 1[m], 작용력 $F = 9 \times 10^9 [N]$일 때이다.

② $Q_1 < Q_2$, 거리 1[m], 작용력 $F = 6 \times 10^4 [N]$일 때이다.

③ $Q_1 = Q_2$, 거리 1[m], 작용력 $F = 1[N]$일 때이다.

④ $Q_1 > Q_2$, 거리 1[m], 작용력 $F = 1[N]$일 때이다.

해설 $F = \dfrac{Q_1 Q_2}{4\pi\epsilon_0 r^2} = 9 \times 10^9 \dfrac{Q_1 Q_2}{r^2}$, $Q_1 = Q_2$,

진공 중에서 1[m] 떨어져 있을 때 작용하는 힘인 작용력, $F = 9 \times 10^9 [N]$일 때이다.

제2과목 : 전력공학

21 화력발전소에서 석탄 1[kg]으로 발생할 수 있는 전력량은 약 몇 [kWh]인가?(단, 석탄의 발열량은 5000[kcal/kg], 발전소의 효율은 40[%]이다.

① 2.0 ② 2.3
③ 4.7 ④ 5.8

해설 $\eta = \dfrac{860\,W}{mH} \times 100 [\%]$

$\therefore W = \dfrac{0.4 \times 1 \times 5000}{860} = 2.33 [\text{kWh}]$

22 송전거리, 전력, 손실률 및 역률이 일정하다면 전선의 굵기는?

① 전류에 비례한다.
② 전류에 반비례한다.
③ 전압의 제곱에 비례한다.
④ 전압의 제곱에 반비례한다.

해설 $P_l = \dfrac{P^2 R}{V^2 \cos^2\theta} = \dfrac{P^2 \rho l}{V^2 \cos^2\theta\, S}$ 에서,

$\therefore S = \dfrac{P^2 \rho l}{P_l\, V^2 \cos^2\theta} \propto \dfrac{1}{V^2}$

23 송전선로에서 연가를 하는 주된 목적은?

① 미관상 필요
② 직격뢰의 방지
③ 선로정수의 평형
④ 지지물의 높이를 낮추기 위하여

해설 연가의 주된 목적
㉠ 선로정수의 평형
㉡ 통신선의 유도 장해방지
㉢ 소호리액터 접지 시 직렬공진 방지

24 다음 송전선의 전압변동률 식에서 V_{R1}은 무엇을 의미하는가?

$$\epsilon = \frac{V_{R1} - V_{R2}}{V_{R2}} \times 100 [\%]$$

① 부하 시 송전단 전압
② 무부하 시 송전단 전압
③ 전부하 시 수전단 전압
④ 무부하 시 수전단 전압

25 부하에 따라 전압 변동이 심한 급전선을 가진 배전 변전소의 전압조정 장치로서 적당한 것은?

① 단권변압기 ② 주변압기 탭
③ 전력용 콘덴서 ④ 유도 전압조정기

정답 **20** ① **21** ② **22** ④ **23** ③ **24** ④ **25** ④

1134 • Part 3. 전기산업기사 기출문제

26 선로의 커패시턴스와 무관한 것은?

① 전자유도

② 개폐서지

③ 중성점 잔류전압

④ 발전기 자기여자현상

해설
- 정전유도 : 상호정전용량이 불평형이 되면서 통신 선로에 유도(영상)전압이 유기되어 통신기기에 유도전류가 흐르게 되어 장해가 생긴다.
- 전자유도 : 상호 인덕턴스에 의한 기유도(영상)전류가 흘러서 유도 기전력이 발생되어 통신선에 장해가 생긴다.

27 감전방지 대책으로 적합하지 않은 것은?

① 외함접지　　② 아크혼 설치

③ 2중 절연기기　　④ 누전차단기 설치

해설
- 소호각(Arcing horn) : 이상전압 발생 시 애자의 파손 방지
- 소호환(Arcing ring) : 애자련을 보호하며 애자련의 전압분담을 균일

28 100[kVA]인 단상변압기 3대를 △−△결선으로 사용하다가 1대의 고장으로 $V-V$결선으로 사용하면 약 몇 [kVA] 부하까지 사용할 수 있는가?

① 150　　② 173

③ 225　　④ 300

해설 $P_V = \sqrt{3}\, P_a = 100\sqrt{3}\,[\text{kVA}]$

29 우리나라 22.9[kV] 배전선로에 적용하는 피뢰기의 공칭 방전전류[A]는?

① 1500　　② 2500

③ 5000　　④ 10000

30 3상 1회선 송전 선로의 소호 리액터의 용량 [kVA]은?

① 선로 충전 용량과 같다.

② 선간 충전 용량의 1/2이다.

③ 3선 일괄의 대지 충전 용량과 같다.

④ 1선과 중성점 사이의 충전 용량과 같다.

해설 소호 리액터의 용량

$P_c = 2\pi f CV^2\,[VA] = 2\pi f CV^2 \times 10^{-3}\,[kVA]$

$= 2\pi f 3CE^2 \times 10^{-3}\,[kVA]$

(단, V : 선간전압[V], E : 상전압[V])

31 배전선에서 균등하게 분포된 부하일 경우 배전선 말단의 전압강하는 모든 부하가 배전선의 어느 지점에 집중되어 있을 때의 전압강화와 같은가?

① $\dfrac{1}{2}$　　② $\dfrac{1}{3}$

③ $\dfrac{2}{3}$　　④ $\dfrac{1}{5}$

해설 $\dfrac{분포부하의\ 전압강하}{집중부하의\ 전압강하} = \dfrac{\frac{1}{2}IR}{IR} = \dfrac{1}{2}$

$\dfrac{균등부하의\ 전력손실}{단일부하의\ 전력손실} = \dfrac{\frac{1}{3}I^2R}{I^2R} = \dfrac{1}{3}$

32 어떤 발전소의 유효 낙차가 100[m]이고, 최대 사용 수량이 10[㎥/s]일 경우 이 발전소의 이론적인 출력은 몇 [kW]인가?

① 4900　　② 9800

③ 10000　　④ 14700

해설
$P = 9.8QH\,[kW] = 9.8 \times 10 \times 100 = 9800\,[kW]$

단, $Q[m^3/\text{sec}]$, $H[m]$, $P[kW]$이다.

정답　**26** ①　**27** ②　**28** ②　**29** ②　**30** ③　**31** ①　**32** ②

33 1선 지락 시에 전위 상승이 가장 적은 접지 방식은?

① 직접 접지　　　　② 저항 접지

③ 리액터 접지　　　④ 소호 리액터 접지

해설 전위 상승이 적은 순서

직접 접지 → 저항 접지 → 비접지 → 소호 리액터 접지

34 총 부하설비가 160[kW], 수용률이 60[%], 부하역률이 80[%]인 수용가에 공급하기 위한 변압기 용량[kVA]은?

① 40　　　　　　② 80

③ 120　　　　　　④ 160

해설

$$변압기 \; 용량[kVA] = \frac{수용률 \times 설비용량}{부등률 \times 역률 \times 효율}$$

$$= \frac{0.6 \times 160}{0.8} = 120[kVA]$$

35 18~23개를 한 줄로 이어 단 표준현수애자를 사용하는 전압[kV]은?

① 23[kV]　　　　② 154[kV]

③ 345[kV]　　　④ 765[kV]

해설

- 22[kV] : 2개,　　　• 66[Kv] : 4개,
- 154[kV] : 9~11개,　• 345[kV] : 19~23개,
- 765[kV] : 30~40개

36 부하전류 및 단락전류를 모두 개폐할 수 있는 스위치는?

① 단로기　　　　② 차단기

③ 선로개폐기　　④ 전력퓨즈

37 직렬 콘덴서를 선로에 삽입할 때의 장점이 아닌 것은?

① 역률을 개선한다.

② 정태안정도를 증가한다.

③ 선로의 인덕턴스를 보상한다.

④ 수전단의 전압 변동률을 줄인다.

해설 직렬콘덴서는 유도 리액턴스만 상쇄시키는 것으로 전압강하는 줄일 수 있지만 계통의 역률은 개선시킬 수 없다.

㉠ 전력손실의 감소

㉡ 선로의 인덕턴스를 보상

㉢ 송전용량의 증대

㉣ 전압강하의 감소

38 우리나라 22.9[kV] 배전선로에서 가장 많이 사용하는 배전방식과 중성점 접지방식은?

① 3상 3선식 비접지

② 3상 4선식 비접지

③ 3상 3선식 다중접지

④ 3상 4선식 다중접지

39 전원으로부터 합성 임피던스가 0.5[%](15000 [kVA]기준)인 곳에 설치하는 차단기 용량은 몇 [MVA] 이상이어야 하는가?

① 2000　　　　② 2500

③ 3000　　　　④ 3500

해설 $P_s = \dfrac{100}{\%Z}P_n = \dfrac{100}{0.5} \times 15 = 3000[MVA]$

40 54[kV] 송전계통에서 3상 단락고장이 발생하였을 경우, 고장 점에서 본 등가 정상 임피던스가 100[MVA] 기준으로 25[%]라고 하면 단락용량은 몇 [MVA]인가?

[정답]　33 ①　34 ③　35 ③　36 ②　37 ①　38 ④　39 ③　40 ③

① 250   ② 300

③ 400   ④ 500

해설 $P_s = \dfrac{100}{\%Z} P_n = \dfrac{100}{25} \times 100 = 400[MVA]$

제3과목 : 전기기기

41 3단자 사이리스터가 아닌 것은?

① SCR   ② GTO

③ SCS   ④ TRIAC

해설 SCS : 1방향성 4단자

42 3상 유도 전동기로서 작용하기 위한 슬립 s의 범위는?

① $s \geq 1$ ② $0 < s < 1$

③ $-1 \leq s \leq 0$ ④ $s = 0$ 또는 $s = 1$

43 변압기유 열화방지 방법 중 틀린 것은?

① 밀봉방식   ② 흡착제방식

③ 수소봉입방식   ④ 개방형 콘서베이터

해설

㉠ 변압기유의 열화방지
- 콘서베이터
- 브리더
- 질소봉입

㉡ 변압기유의 열화 원인
- 온도상승
- 공기와 접촉

44 직류 분권전동기의 계자저항을 운전 중에 증가시키면?

① 전류는 일정   ② 속도는 감소

③ 속도는 일정   ④ 속도는 증가

해설 직류 분권전동기의 계자저항을 운전 중에 증가시킨다는 것은 계자코일과 직렬로 접속된 속도조정기의 저항을 증가시킨다는 의미이므로 공급전압을 이것으로 나눈 여자전류는 감소하므로 계자속도도 감소된다. 그래서 그 전과 같은 역기전력을 발생시키기 위해서는 회전속도가 증가되어야 한다.

45 비례추이와 관계가 있는 전동기는?

① 동기 전동기

② 정류자 전동기

③ 3상 농형 유도전동기

④ 3상 권선형 유도전동기

해설 비례추이를 이용하여 3상 권선형 유도전동기의 기동과 속도를 제어하며 이것을 2차 저항법이라고 한다.

46 단상 반파정류로 직류전압 150[V]를 얻으려고 한다. 최대 역전압(Peak Inverse Voltage)이 약 몇 [V] 이상의 다이오드를 사용하여야 하는가?(단, 정류회로 및 변압기의 전압강하는 무시한다)

① 150   ② 166

③ 333   ④ 471

해설

- 단상 전파 : 최대 역전압(PIV)$=2\sqrt{2}\,E$, 상전압 $(E) = \dfrac{\pi}{2\sqrt{2}}\,E_d$

- 단상 반파 : 최대 역전압(PIV)$=\sqrt{2}\,E$, 상전압 $(E) = \dfrac{\pi}{\sqrt{2}}\,E_d = \dfrac{\pi}{\sqrt{2}} \times 150 = 333.22[V]$

$\therefore PIV = \sqrt{2} \times 333.22 = 471.24[V]$

47 권선형 유도전동기에서 2차 저항을 변화시켜서 속도제어를 하는 경우 최대 토크는?

정답   41 ③   42 ②   43 ③   44 ④   45 ④   46 ④   47 ①

① 항상 일정하다.

② 2차 저항에만 비례한다.

③ 최대 토크가 생기는 점의 슬립에 비례한다.

④ 최대 토크가 생기는 점의 슬립에 반비례한다.

해설 $\dfrac{r_2}{s_m} = \dfrac{r_2 + R_s}{s_t}$ (비례추이)

㉠ 2차 저항 r_2'를 변화시켜도 최대토크는 변하지 않는다.

㉡ 2차 저항 r_2'를 크게 하면 s_m도 커진다.

㉢ 2차 저항 r_2'를 크게 하면 기동 전류는 감소, 기동 토크는 증가한다. 최대 토크를 내는 슬립만 2차 저항에 비례한다.

48 직류기에서 전기자 반작용이란 전기자 권선에 흐르는 전류로 인하여 생긴 자속이 무엇에 영향을 주는 현상인가?

① 감자 작용만을 하는 현상

② 편자 작용만을 하는 현상

③ 계자극에 영향을 주는 현상

④ 모든 부분에 영향을 주는 현상

해설 전기자 전류에 의한 기전력의 영향으로 주자극의 자속분포가 변화하게 되는데 이때 전기자 전류에 의한 자속이 계자 자속에 영향을 미치는 현상을 전기자 반작용이라 한다.

49 동기 전동기의 자기동법에서 계자권선을 단락하는 이유는?

① 기동이 쉽다.

② 기동권선으로 이용한다.

③ 고전압의 유도를 방지한다.

④ 전기자 반작용을 방지한다.

해설 동기 전동기의 자기기동에서 계자권선을 단락하는 이유는 고전압 유도에 의한 절연파괴의 위험을 방지하기 위함이다.

50 200[kVA]의 단상변압기가 있다. 철손이 1.6[kW]이고 전부하 동손이 2.5[kW]이다. 이 변압기의 역률이 0.8일 때 전부하 시의 효율은 약 몇 [%]인가?

① 96.5

② 97.0

③ 97.5

④ 98.0

해설 $\eta = \dfrac{VI\cos\theta}{VI\cos\theta + P_i + P_c} \times 100\,[\%]$

$= \dfrac{200 \times 0.8}{200 \times 0.8 + 1.6 + 2.5} \times 100 = 97.5\,[\%]$

51 3상 유도전동기의 동기속도는 주파수와 어떤 관계가 있는가?

① 비례한다.

② 반비례한다.

③ 자승에 비례한다.

④ 자승에 반비례한다.

해설 $N_s = \dfrac{120f}{P} \propto f$

52 동기기의 과도 안정도를 증가시키는 방법이 아닌 것은?

① 속응 여자 방식을 채용한다.

② 동기화 리액턴스를 크게 한다.

③ 동기 탈조 계전기를 크게 한다.

④ 발전기의 조속기 동작을 신속히 한다.

해설 동기기의 과도안정도 증진법

㉠ 동기화 리액턴스를 작게 한다.

㉡ 속응 여자 방식을 채용한다.

정답 **48** ③ **49** ③ **50** ③ **51** ① **52** ②

1138 • Part 3. 전기산업기사 기출문제

ⓒ 동기 탈조 계전기를 사용한다.
ⓔ 회전자의 플라이휠 효과를 크게 한다.
ⓜ 발전기의 조속기 동작을 신속히 한다.

53 스텝 모터(Step motor)의 장점이 아닌 것은?

① 가속, 감속이 용이하며 정·역전 및 변속이 쉽다.
② 위치 제어를 할 때 각도 오차가 있고 누적된다.
③ 피드백 루프가 필요 없어 오픈 루프로 손쉽게 속도 및 위치 제어를 할 수 있다.
④ 디지털 신호를 직접 제어할 수 있으므로 컴퓨터 등 다른 디지털 기기와 인터페이스가 쉽다.

해설 스텝 모터의 장·단점
㉠ 장점
• 회전각은 입력펄스 수에 비례한다.
• 회전속도는 입력펄스 주파수에 비례하고 광범위한 변속이 가능하다.
• 한 스텝 당의 각도 오차가 적고, 오차는 누적되지 않는다.
• 기동, 정지, 정·역회전의 응답성이 좋고, 고출력의 운전이 가능하다.
• 모터의 축을 부하에 직결한 상태로 초저속으로 동기운전이 가능하다.
• 피드백 기능이 불필요하며, 제어가 간단하다.(펄스입력으로 오픈루프로 제어가 가능)
• 자기 유지력이 있어서 브레이크를 사용하지 않아도 정지위치를 유지할 수 있다.
㉡ 단점
• 고속회전이 곤란하다.
• 저속회전 시에는 진동이 발생한다.
• 크기에 비해서 토크가 적다.
• 크기가 크고 무겁다.
• 과부하시에 난조(탈조)현상을 일으키며, 동기가 되지 않을 수가 있다.

54 직류발전기 중 무부하일 때보다 증가한 경우에 단자전압이 상승하는 발전기는?

① 직권발전기
② 분권발전기
③ 과복권발전기
④ 차동복권발전기

55 60[Hz], 4극 유도전동기의 슬립이 4[%]인 때의 회전수[rpm]는?

① 1728
② 1738
③ 1748
④ 1758

해설
$$N = (1-s)N_s = (1-0.04) \times 1800 = 1728[rpm]$$
$$N_s = \frac{120f}{P} = \frac{120 \times 60}{4} = 1800[rpm]$$

56 변압기의 전부하 동손이 270[W], 철손이 120[W]일 때 최고 효율로 운전하는 출력은 정격출력의 약 몇 [%]인가?

① 66.7
② 44.4
③ 33.3
④ 22.5

해설 최고효율조건
$$P_i = m^2 P_c$$
$$\therefore m = \sqrt{\frac{P_i}{P_c}} = \sqrt{\frac{120}{270}} = 0.667 = 66.7[\%]$$

57 역률 80[%](뒤짐)로 전부하 운전 중인 3상 100[kVA], 3000/200[V] 변압기의 저압측 선전류의 무효분은 몇 [A]인가?

① 100
② $80\sqrt{3}$
③ $100\sqrt{3}$
④ $500\sqrt{3}$

해설 저압측 선전류의 무효분
$$I_r = I_n \sin\theta = \frac{100 \times 10^3}{\sqrt{3} \times 200} \times 0.6 = 100\sqrt{3}[A]$$

정답 53 ② 54 ③ 55 ① 56 ① 57 ③

2016년도 산업기사 제1회 필기시험(산업기사) · **1139**

58 교류 정류자 전동기의 설명으로 틀린 것은?

① 정류 작용은 직류기와 같이 간단히 해결된다.

② 구조가 일반적으로 복잡하여 고장이 생기기 쉽다.

③ 기동토크가 크고 기동 장치가 필요 없는 경우가 많다.

④ 역률이 높은 편이며 연속적인 속도 제어가 가능하다.

해설 역률을 증가하고 정류작용을 개선하기 위해서는 약계자 강전기자형으로 해야 한다.

59 3상 교류 발전기의 기전력에 대하여 $\frac{\pi}{2}$[rad] 뒤진 전기자 전류가 흐르면 전기자 반작용은?

① 증자 작용을 한다.

② 감자 작용을 한다.

③ 횡축 반작용을 한다.

④ 교차 자화작용을 한다.

해설 동기기의 전기자 반작용

작용	동기발전기	동기전동기
교차자화작용 (횡축반작용)	I_a와 E와 동상인 경우(역률=1)	I_a가 V와 동상인 경우
감자작용 (직축 반작용)	I_a가 E보다 $\pi/2$ 뒤지는 경우 (뒤진 역률=0)	I_a가 V보다 $\pi/2$앞서는 경우
증자작용 (자화작용)	I_a가 E보다 $\pi/2$ 앞서는 경우 (앞선 역률=0)	I_a가 V보다 $\pi/2$뒤지는 경우

I_a=전기자전류, E=유기기전력, V=단자(공급)전압

60 직류 직권 전동기에서 토크 T와 회전수 N의 관계는?

① $T \propto N$ ② $T \propto N^2$

③ $T \propto \frac{1}{N}$ ④ $T \propto \frac{1}{N^2}$

해설 역기전력 E_c는 일정하고, 자기포화를 무시하면 회전수 N은,

$$n \propto \frac{E_c}{\phi} \propto \frac{1}{I_a} \quad (\because \phi = KI_a)$$

$$\therefore T \propto I_a^2 \propto (\frac{1}{N})^2$$

제4과목 : 회로이론

61 314[mH]의 자기 인덕턴스에 120[V], 60[Hz]의 교류 전압을 가하였을 때 흐르는 전류[A]는?

① 10 ② 8

③ 1 ④ 0.5

해설

$$I = \frac{E}{X_L} = \frac{E}{\omega L} = \frac{120}{2\pi \times 60 \times 314 \times 10^{-3}} = 1[A]$$

62 대칭 3상 전압이 a상 V_a[V], b상 $a^2 V_a$[V], c상 $a V_a$[V]일 때 a상을 기준으로 한 대칭분 전압 중 정상분 V_1[V]은 어떻게 표시되는가?(단, $a = -\frac{1}{2} + j\frac{\sqrt{3}}{2}$이다)

① 0 ② V_a

③ $a V_a$ ④ $a^2 V_a$

해설 $V_1 = \frac{1}{3}(V_a + a V_b + a^2 V_c)$

$= \frac{1}{3}(V_a + a^3 V_a + a^3 V_a) = V_a[V]$

[정답] **58** ① **59** ② **60** ④ **61** ③ **62** ②

1140 · Part 3. 전기산업기사 기출문제

63 $\dfrac{E_0(s)}{E_i(s)} = \dfrac{1}{s^2+3s+1}$의 전달함수를 미분방정

식으로 표시하면?(단, $\mathcal{L}^{-1}[E_0(s)] = e_0(t)$,

$\mathcal{L}^{-1}[E_i(s)] = e_i(t)$이다)

① $\dfrac{d^2}{dt^2}e_0(t) + 3\dfrac{d}{dt}e_0(t) + e_0(t) = e_i(t)$

② $\dfrac{d^2}{dt^2}e_i(t) + 3\dfrac{d}{dt}e_i(t) + e_i(t) = e_0(t)$

③ $\dfrac{d^2}{dt^2}e_i(t) + 3\dfrac{d}{dt}e_i(t) + \displaystyle\int e_i(t)dt = e_0(t)$

④ $\dfrac{d^2}{dt^2}e_0(t) + 3\dfrac{d}{dt}e_0(t) + \displaystyle\int e_0(t)dt = e_i(t)$

해설 $\dfrac{E_0(s)}{E_i(s)} = \dfrac{1}{s^2+3s+1}$에서

$E_0(s)(s^2+3s+1) = E_i(s)$의 값을 역 라플라스
(Laplace) 변환하면

$$\dfrac{d^2}{dt^2}e_0(t) + 3\dfrac{d}{dt}e_0(t) + e_0(t) = e_i(t)$$

64 한 쌍의 임피던스 Z=6+j8[Ω]인 평형 Y부하
에 평형 3상 전압 200[V]를 인가할 때 무효
전력은 약 몇 [Var]인가?

① 1330 ② 1848

③ 2381 ④ 3200

해설

$P_r = \sqrt{3}\,VI\sin\theta = \sqrt{3}\times 200\times\dfrac{20}{\sqrt{3}}\times 0.8$

$\quad = 3200[Var]$

Y결선이므로,

$I_l = I_p = \dfrac{E}{Z} = \dfrac{200/\sqrt{3}}{\sqrt{6^2+8^2}} = \dfrac{20}{\sqrt{3}}[A]$

$\left(\cos\theta = \dfrac{6}{10} = 0.6,\ \sin\theta = \dfrac{8}{10} = 0.8\right)$

65 $i(t) = \dfrac{4I_m}{\pi}\left(\sin\omega t + \dfrac{1}{3}\sin 3\omega t + \dfrac{1}{5}\sin 5\omega t + \cdots\right)$

로 표시하는 파형은?

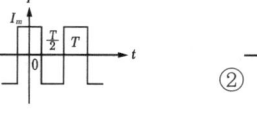 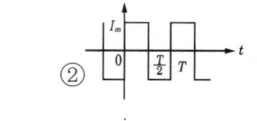

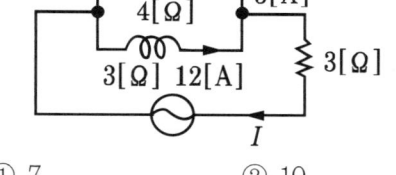

해설 $f(t) = a_0 + \displaystyle\sum_{n=1}^{\infty}a_n\cos n\omega t + \sum_{n=1}^{\infty}b_n\sin n\omega t$

에서 $a_0 = a_n = 0$, 기수차 항의 $b_n(\sin)$항만 존재하
므로 반파 및 정현대칭이다.

66 그림과 같은 회로에서 전류 I[A]는?

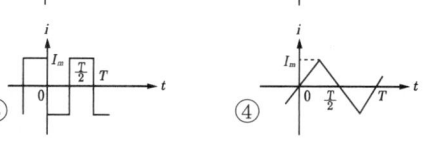

① 7 ② 10

③ 13 ④ 17

해설 $I = \sqrt{I_R^2 + I_L^2} = \sqrt{5^2 + 12^2} = 13[A]$

67 $F(s) = \dfrac{3s+10}{s^3+2s^2+5s}$일 때 $f(t)$의 최종값은?

① 0 ② 1

③ 2 ④ 3

해설 $\displaystyle\lim_{t\to\infty}f(t) = \lim_{s\to 0}sF(s)$

$= \displaystyle\lim_{s\to 0}s\dfrac{3s+10}{s^3+2s^2+5s} = \lim_{s\to 0}s\dfrac{3s+10}{s(s^2+2s+5)} = 2$

정답 **63** ① **64** ④ **65** ② **66** ③ **67** ③

68 회로의 3[Ω] 저항 양단에 걸리는 전압[V]
은?

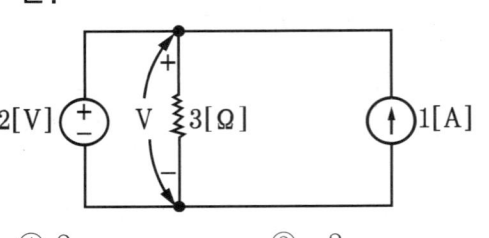

① 2   ② -2
③ 3   ④ -3

해설 중첩의 원리에서 전압원과 전류원이 병렬로 접
속되면, 전류원은 개방되어서 3[Ω]의 저항에는 전압
원 2[V]가 걸리게 된다.

69 20[kVA] 변압기 2대로 공급할 수 있는 최대
3상 전력은 약 몇 [kVA]인가?

① 17   ② 25
③ 35   ④ 40

해설 $P_V = \sqrt{3}\,P_a = 20\sqrt{3} = 34.6[kVA]$

70 정전용량 C만의 회로에서 100[V], 60[Hz]
의 교류를 가했을 때 60[mA]의 전류가 흐른
다면 C는 약 몇 [μF]인가?

① 5.26   ② 4.32
③ 3.59   ④ 1.59

해설 $I = \dfrac{E}{X_C} = \omega C E[A]$

$\therefore C = \dfrac{60 \times 10^{-3}}{2\pi \times 60 \times 100} \times 10^6 = 1.59[\mu F]$

71 RLC 회로망에서 입력을 $e_i(t)$, 출력을 $i(t)$
로 할 때, 이 회로의 전달 함수는?

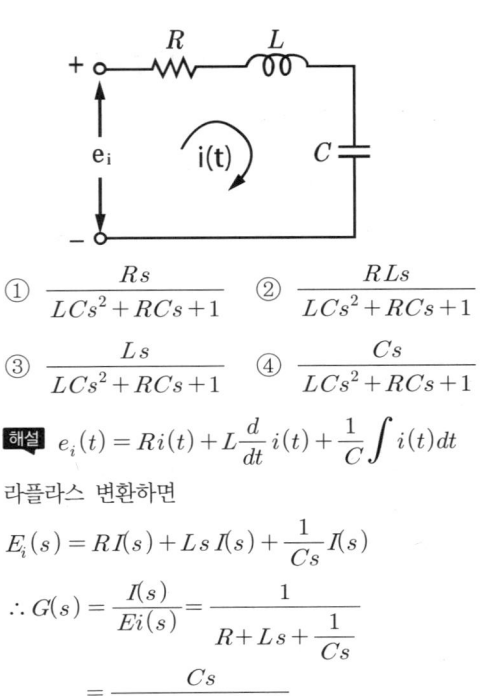

① $\dfrac{Rs}{LCs^2 + RCs + 1}$ ② $\dfrac{RLs}{LCs^2 + RCs + 1}$

③ $\dfrac{Ls}{LCs^2 + RCs + 1}$ ④ $\dfrac{Cs}{LCs^2 + RCs + 1}$

해설 $e_i(t) = Ri(t) + L\dfrac{d}{dt}i(t) + \dfrac{1}{C}\int i(t)dt$

라플라스 변환하면

$E_i(s) = RI(s) + Ls\,I(s) + \dfrac{1}{Cs}I(s)$

$\therefore G(s) = \dfrac{I(s)}{Ei(s)} = \dfrac{1}{R + Ls + \dfrac{1}{Cs}}$

$= \dfrac{Cs}{LCs^2 + RCs + 1}$

72 △결선된 부하를 Y결선으로 바꾸면 소비전
력은 어떻게 되겠는가?(단, 선간 전압은 일
정하다)

① 1/3로 된다.   ② 3배로 된다.
③ 1/9로 된다.   ④ 9배로 된다.

해설 △결선 : $P_\triangle = 3I^2R = 3\left(\dfrac{V}{R}\right)^2 R$

$= 3\dfrac{V^2}{R}[W]$

Y결선 : $P_Y = 3\dfrac{(V/\sqrt{3})^2}{R} = \dfrac{V^2}{R}$ (상전압=선간전

압/$\sqrt{3}$)

$\therefore P_Y = \dfrac{1}{3}P_\triangle$

정답 **68** ① **69** ③ **70** ④ **71** ④ **72** ①

1142 · Part 3. 전기산업기사 기출문제

73 $e = E_m \cos\left(100\pi t - \dfrac{\pi}{3}\right)[V]$ 와

$i = I_m \sin\left(100\pi t + \dfrac{\pi}{4}\right)[A]$의 위상차를 시간으로 타나내면 약 몇 초인가?

① 3.33×10^{-4} ② 4.33×10^{-4}

③ 6.33×10^{-4} ④ 8.33×10^{-4}

해설 $e = E_m \cos\left(100\pi t - \dfrac{\pi}{3}\right)[V]$를 sin으로 바꾸면,

$= E_m \sin\left(100\pi t - \dfrac{\pi}{3} + \dfrac{\pi}{2}\right)$

$= E_m \sin\left(100\pi t + \dfrac{\pi}{6}\right)[V]$

$i = I_m \sin\left(100\pi t + \dfrac{\pi}{4}\right)[A]$,

위상차 $= \dfrac{\pi}{6} - \dfrac{\pi}{4} = -\dfrac{\pi}{12} = \omega t$

$\therefore t = \dfrac{\pi}{12 \times 100\pi} = 8.33 \times 10^{-4}$[초]

74 그림과 같은 회로를 t=0에서 스위치 S를 닫았을 때 R[Ω]에 흐르는 전류 $i_R(t)[A]$는?

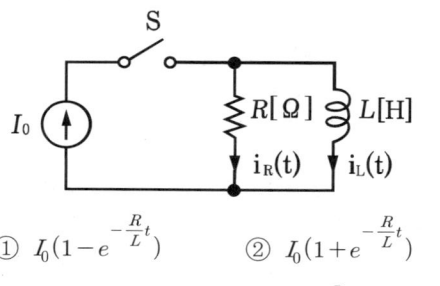

① $I_0\left(1 - e^{-\frac{R}{L}t}\right)$ ② $I_0\left(1 + e^{-\frac{R}{L}t}\right)$

③ I_0 ④ $I_0 e^{-\frac{R}{L}t}$

해설 $i(t) = \dfrac{E}{R} e^{-\frac{R}{L}t}[A]$

S를 닫고 R에 흐르는 전류 $i_R(t)$

$i(t) = I_0 e^{-\frac{R}{L}t}[A]$

75 그림과 같은 회로의 구동점 임피던스[Ω]는?

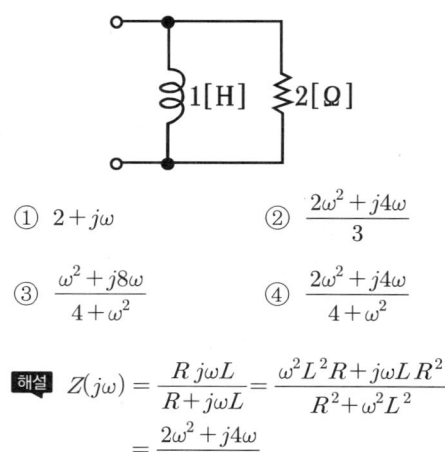

① $2 + j\omega$ ② $\dfrac{2\omega^2 + j4\omega}{3}$

③ $\dfrac{\omega^2 + j8\omega}{4 + \omega^2}$ ④ $\dfrac{2\omega^2 + j4\omega}{4 + \omega^2}$

해설 $Z(j\omega) = \dfrac{R\,j\omega L}{R + j\omega L} = \dfrac{\omega^2 L^2 R + j\omega L R^2}{R^2 + \omega^2 L^2}$

$= \dfrac{2\omega^2 + j4\omega}{R^2 + \omega^2}$

76 아래와 같은 비정현파 전압을 RL 직렬회로에 인가할 때에 제3 고조파 전류의 실효값 [A]은?(단, R=4[Ω], $\omega L = 1$[Ω]이다)

$$e = 100\sqrt{2}\,\sin\omega t + 75\sqrt{2}\,\sin 3\omega t + 20\sqrt{2}\,\sin 5\omega t\,[V]$$

① 4 ② 15

③ 20 ④ 75

해설 $I_3 = \dfrac{V_3}{Z_3} = \dfrac{75}{\sqrt{4^2 + 3^2}} = 15[A]$

$Z_3 = R + j3\omega L = 4 + j3[\Omega]$

77 T형 4단자 회로의 임피던스 파라미터 중 Z_{22}는?

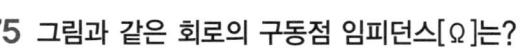

정답 73 ④ 74 ④ 75 ④ 76 ② 77 ②

① $Z_1 + Z_2$ ② $Z_2 + Z_3$

③ $Z_1 + Z_3$ ④ $-Z_2$

해설 $Z_{22} = \dfrac{V_2}{I_2}\bigg|_{I_1 = 0} = \dfrac{(Z_2 + Z_3)I_2}{I_2} = Z_2 + Z_3$

78 RLC 직렬회로에서 제 n고조파의 공진 주파수 $f[Hz]$는?

① $\dfrac{1}{2\pi\sqrt{LC}}$ ② $\dfrac{1}{2\pi\sqrt{nLC}}$

③ $\dfrac{1}{2\pi n\sqrt{LC}}$ ④ $\dfrac{1}{2\pi n^2\sqrt{LC}}$

해설 $n\omega L = \dfrac{1}{n\omega C}$

$n\,2\pi f L = \dfrac{1}{n\,2\pi f C} \quad \therefore f = \dfrac{1}{2\pi n\sqrt{LC}}[Hz]$

79 $\dfrac{1}{s+3}$ 을 역 라플라스 변환하면?

① e^{3t} ② e^{-3t}

③ $e^{\frac{t}{3}}$ ④ $e^{-\frac{t}{3}}$

해설 $\mathcal{L}^{-1}\dfrac{1}{s+3} = e^{-3t}$

80 선간전압 220[V], 역률 60[%]인 평형 3상 부하에서 소비전력 $P = 10[kW]$일 때 선전류는 약 몇 [A]인가?

① 25.3   ② 32.8

③ 43.7   ④ 53.6

해설 $P = \sqrt{3}\,VI\cos\theta[W]$

$\therefore I = \dfrac{10 \times 10^3}{\sqrt{3} \times 220 \times 0.6} = 43.74[A]$

제5과목 : 전기설비기술기준 및 판단기준

81 단락전류에 의하여 생기는 기계적 충격에 견디는 것을 요구하지 않는 것은?

① 애자   ② 변압기

③ 조상기   ④ 접지선

해설 발전기, 변압기, 조상기, 모선 또는 이를 지지하는 애자는 단락전류에 의해서 생기는 기계적 충격에 견디는 강도를 가질 것

82 시가지 등에서 특고압 가공전선로의 시설에 대한 내용 중 틀린 것은?

① A종 철주를 지지물로 사용하는 경우의 경간은 75[m] 이하이다.

② 사용전압이 170[kV] 이하인 전선로를 지지하는 애자장치는 2련 이상의 현수애자 또는 장간 애자를 사용한다.

③ 사용전압이 100[kV]를 초과하는 특고압 가공전선에 지락 또는 단락이 생겼을 때에는 1초 이내에 자동적으로 이를 차단하는 장치를 시설한다.

④ 사용전압이 170[kV] 이하인 전선로를 지지하는 애자장치는 50[%] 충격섬락전압 값이 그 전선의 근접한 다른 부분을 지지하는 애자장치 값의 100[%] 이상인 것을 사용한다.

해설 시가지 등에서 사용전압이 170[kV] 이하인 전선로의 시설에서 특고압 가공전선을 지지하는 애자장치는 50[%] 충격섬락전압 값이 그 전선의 근접한 다른 부분을 지지하는 애자 장치의 값의 110[%] (사용전압이 130[kV]를 넘는 경우는 105[%]) 이상인 것을 사용한다.

정답   78 ③   79 ②   80 ③   81 ④   82 ④

1144 • Part 3. 전기산업기사 기출문제

83 차단기에 사용하는 압축공기장치에 대한 설명 중 틀린 것은?

① 공기압축기를 통하는 관은 용접에 의한 잔류 응력이 생기지 않도록 할 것

② 주 공기탱크에는 사용압력 1.5배 이상, 3배 이하의 최고 눈금이 있는 압력계를 시설할 것

③ 공기압축기는 최고사용압력의 1.5배 수압을 연속으로 10분간 가하여 시험하였을 때 이에 견디고 새지 아니할 것

④ 공기탱크는 사용압력에서 공기의 보급이 없는 상태로 차단기의 투입 및 차단을 연속하여 3회 이상 할 수 있는 용량을 가질 것

해설 발·변전소, 개폐소 등에서 개폐기나 차단기에 사용하는 압축공기장치는 최고 사용압력 1.5배의 수압 또는 1.25배의 기압을 계속 10분간 가하여 견뎌야 하고, 공기탱크는 개폐기 및 차단기의 투입 및 차단을 1회 이상 할 수 있는 용량을 가져야 한다.

84 사용전압이 22900[V]인 가공전선이 건조물과 제2차 접근상태로 시설되는 경우에 이 특고압 가공전선로의 보안공사는 어떤 종류의 보안공사로 하여야 하는가?

① 고압 보안공사

② 제1종 특고압 보안공사

③ 제2종 특고압 보안공사

④ 제3종 특고압 보안공사

해설 특고압 가공전선이 건조물과 제1차, 제2차 접근상태로 시설되는 경우의 보안공사

㉠ 제1차 접근상태 : 제3종 특고압 보안공사

㉡ 제2차 접근상태 (35[kV] 이하) : 제2종 특고압 보안공사

㉢ 35[kV] 초과 170[kV] 미만 : 제1종 특고압 보안공사

85 저압 수상전선로에 사용되는 전선은?

① MI 케이블

② 알루미늄피 케이블

③ 클로로프렌시스 케이블

④ 클로로프렌 캡타이어 케이블

해설 수상전선로는 그 사용전압이 저압 또는 고압의 것에 한하여 전선은 저압의 경우 클로로프렌 캡타이어 케이블, 고압의 경우는 캡타이어 케이블을 사용한다.

86 특고압 계기용 변성기의 2차측 전로의 접지공사는?

① 제1종 접지공사

② 제2종 접지공사

③ 제3종 접지공사

④ 특별 제3종 접지공사

해설 고압 계기용 변성기의 2차측 전로는 제3종 접지공사, 특고압 계기용 변성기의 2차측 전로는 제1종 접지공사이다.

87 비접지식 고압전로에 접속되는 변압기의 외함에 실시하는 제1종 접지공사의 접지극으로 사용할 수 있는 건물 철골의 대지 전기저항은 몇 [Ω] 이하인가?

① 2 　　　　② 3

③ 5 　　　　④ 10

해설 대지와의 사이에 전기저항 값이 2[Ω] 이하인 값을 유지하는 건물의 철골 기타의 금속제는 이를 비접지식 고압전로에 시설하는 기계가구의 철대 또는 금속제 외함에 실시하는 제1종 접지공사나 비접지식 고압전로와 저압전로를 결합하는 변압기의 저압전로에서 시설하는 접지공사의 접지극으로 사용할 수 있다.

정답 83 ④ 　 84 ③ 　 85 ④ 　 86 ① 　 87 ①

88 사용전압이 380[V]인 저압전로의 전선 상호간의 절연저항은 몇 [MΩ] 이상이어야 하는가?

① 0.2　　　　② 0.3
③ 0.4　　　　④ 0.5

해설 저압전로의 절연저항 하한 값

전로의 사용전압의 구분		절연 저항값
400[V] 미만	대지전압이 150[V] 이하인 경우	0.1 [MΩ]
	대지전압이 150[V] 초과 300[V] 이하인 경우(전압측 전선과 중성선 또는 대지간의 절연저항)	0.2 [MΩ]
	사용전압이 300[V] 초과 400[V] 미만인경우	0.3 [MΩ]
400[V] 이상		0.4 [MΩ]

[비고] 대지전압 : 접지식 전로는 전선과 대지 간의 전압, 비접지식 전로는 전선 간의 전압

89 154[kV]용 변성기를 사람이 접촉할 우려가 없도록 시설하는 경우에 충전부분의 지표상의 높이는 최소 몇 [m] 이상이어야 하는가?

① 4　　　　② 5
③ 6　　　　④ 8

해설 특고압용 기계기구의 울타리 시설

사용전압의 구분	울타리의 높이와 울타리로부터 충전부분까지의 합계 또는 지표상의 높이
35,000[V] 이하	5[m]
35,000[V]를 넘고 160,000[V] 이하	6[m]
160,000[V]를 넘는 것	6[m]에 160,000[V]를 넘는 10,000[V] 또는 그 단수마다 12[cm]를 더한 값

90 평상시 개폐를 하지 않는 고압 진상용 콘덴서에 고압 컷아웃 스위치(C.O.S)를 설치하는 경우 옳은 것은?

① C.O.S에 단면적 6[㎟] 이상의 나동선을 직결한다.
② C.O.S에 단면적 10[㎟] 이상의 나동선을 직결한다.
③ C.O.S에 단면적 16[㎟] 이상의 나동선을 직결한다.
④ C.O.S에 단면적 25[㎟] 이상의 나동선을 직결한다.

91 345[kV] 가공전선로를 제1종 특고압 보안공사에 의하여 시설할 때 사용되는 경동연선의 굵기는 몇 [㎟] 이상이어야 하는가?

① 100　　　　② 125
③ 150　　　　④ 200

해설 제1종 특고압 보안공사 : 전선은 케이블인 경우 이외에는 다음에 의한다.
㉠ 100[kV] 미만 : 55[㎟] 이상의 경동연선 또는 인장강도 21.67[kN] 이상의 연선
㉡ 100[kV] 이상300[kV] 미만 : 150[㎟] 이상의 경동연선 또는 인장강도 58.84[kN] 이상의 연선
㉢ 300[kV] 이상 : 200[㎟] 이상의 경동연선 또는 인장강도 77.47[kN] 이상의 연선

92 옥내배선에서 나전선을 사용할 수 없는 것은?

① 전선의 피복 절연물이 부식하는 장소의 연선
② 취급자 이외의 자가 출입할 수 없도록 설비한 장소의 연선
③ 전용의 개폐기 및 과전류 차단기가 시설된 전기기계기구의 저압전선
④ 애자 사용공사에 의하여 전개된 장소에 시설하는 경우로 전기로용 전선

정답 **88** ②　**89** ③　**90** ①　**91** ④　**92** ③

1146 · Part 3. 전기산업기사 기출문제

해설 나전선의 사용제한

㉠ 애자 사용공사에 의하여 전개된 장소에 시설하는 경우로 전기로용 전선, 전선의 피복 절연물이 부식하는 장소의 전선, 취급자 이외의 자가 출입할 수 없도록 설비한 장소의 전선에만 사용한다.

㉡ 버스덕트나 라이팅 덕트 공사에 의한다.

㉢ 접촉전선의 시설에 사용한다.

93 전력보안 통신설비인 무선용 안테나 등을 지지하는 철주의 기초 안전율이 얼마 이상이어야 하는가?

① 1.3
② 1.5
③ 1.8
④ 2.0

해설 무선용 안테나 등을 지지하는 철탑 등의 시설

㉠ 목주는 풍압하중에 대한 안전율은 1.5 이상

㉡ 철주, 철근 콘크리트주 또는 철탑의 기초안전율은 1.5 이상

94 버스덕트 공사에 대한 설명 중 옳은 것은?

① 버스덕트 끝 부분을 개방할 것

② 덕트를 수직으로 붙이는 경우 지지점 간 거리는 12[m] 이하로 할 것

③ 덕트를 조영재에 붙이는 경우 덕트의 지지점 간의 거리는 6[m] 이하로 할 것

④ 저압 옥내배선의 사용전압이 400[V] 미만인 경우에는 덕트에 제3종 접지공사를 할 것

해설 버스덕트 공사의 시설 방법

㉠ 덕트를 조영재에 붙이는 경우에는 덕트의 지지점 간의 거리 : 3[m](수직인 경우 6[m]) 이하

㉡ 끝부분을 막고, 내부에 먼지가 침입하지 않도록 할 것

㉢ 400[V] 미만은 제3종 접지공사, 400[V] 이상은 특별 제3종 접지공사를 할 것

95 22.9[kV] 특고압으로 가공전선과 조영물이 아닌 다른 시설물이 교차하는 경우, 상호 간의 이격거리는 몇 [cm]까지 감할 수 있는가?(단, 전선은 케이블이다)

① 50
② 60
③ 100
④ 120

해설 특고압 절연전선 또는 케이블을 사용하는 전압이 35000[V] 이하의 특고압 가공전선과 다른 시설물 사이의 이격거리

다른 시설물의 구분	이격거리
조영물의 상부 조영재	상부 조영재의 위쪽은 2[m](전선이 케이블인 경우는 1.2[m]), 상부 조영재의 옆쪽 또는 아래쪽은 1[m](전선이 케이블인 경우는 50[cm])
조영물의 상부 조영재 이외의 부분 또는 조영물 이외의 시설물	1[m](전선이 케이블인 경우는 50[cm])

96 과전류차단기를 설치하지 않아야 할 곳은?

① 수용가의 인입선 부분

② 고압 배전선로의 인출장소

③ 직접 접지계통에 설치한 변압기의 접지선

④ 역률 조정용 고압 병렬콘덴서 뱅크의 분기선

97 가공전선로의 지지물에 시설하는 지선의 안전율과 허용인장하중의 최저값은?

① 안전율은 2.0 이상, 허용인장하중 최저값은 4[kN]

② 안전율은 2.5 이상, 허용인장하중 최저값은 4[kN]

정답 93 ② 94 ④ 95 ① 96 ③ 97 ④

③ 안전율은 2.0 이상, 허용인장하중 최저값은 4.4[kN]

④ 안전율은 2.5 이상, 허용인장하중 최저값은 4.31[kN]

해설 지선의 설치조건

㉠ 안전율은 목주, A종 지지물의 경우 1.5 이상, B종의 경우 2.5 이상

㉡ 허용인장하중 최저값은 4.31[kN]

㉢ 3조 이상의 연선인 소선을 사용

㉣ 2.6[mm] 이상의 금속선 또는 2.0[mm] 이상의 아연도금 강연선을 사용

㉤ 지중 부분 및 지표상 30[cm]까지 아연도금철봉을 사용하고 근가로 시설

98 저압 옥내배선에 사용되는 연동선의 굵기는 일반적인 경우 몇 [㎟] 이상이어야 하는가?

① 2

② 2.5

③ 4

④ 6

해설 저압옥내배선에 사용되는 전선의 굵기는 단면적 2.5[㎟] 연동선 이상, 1[㎟] 이상의 MI 케이블

99 지중전선로의 전선으로 적합한 것은?

① 케이블

② 동복강선

③ 절연전선

④ 나경동선

100 금속관 공사에 대한 기준으로 틀린 것은?

① 저압 옥내배선에 사용하는 전선으로 옥외용 비닐절연전선을 사용하였다.

② 저압 옥내배선의 금속관 안에는 전선에 접속점이 없도록 하였다.

③ 콘크리트에 매설하는 금속관의 두께는 1.2[mm]를 사용하였다.

④ 저압 옥내배선의 사용전압이 400[V] 이상인 관에는 특별 제3종 접지공사를 하였다.

해설 금속관 공사

㉠ 전선은 절연전선으로 연선일 것(단, 옥외용 비닐절연전선은 제외)

㉡ 금속관 안에는 전선의 접속점이 없도록 할 것

㉢ 관의 두께는 콘크리트에 매설하는 것은 1.2[mm] 이상, 기타의 것은 1[mm] 이상

㉣ 400[V] 미만은 제3종 접지공사, 400[V] 이상은 특별 제3종 접지공사(단, 사람이 접촉할 우려가 없도록 시설한 경우는 제3종 접지공사)를 할 것

정답 **98** ② **99** ① **100** ①

국가기술자격검정 필기시험문제

2016년도 산업기사 제2회 필기시험(산업기사)

자격종목 및 등급(선택분야)	종목코드	시험시간	문제지형별	수검번호	성명
전기산업기사		2시간 30분	B		

※ 시험문제지는 답안카드와 같이 반드시 제출하여야 합니다.

제1과목 : 전기자기학

01 $10^{-5}[Wb]$와 $1.2 \times 10^{-5}[Wb]$의 점자극을 공기 중에서 2[cm] 거리에 놓았을 때 극간에 작용하는 힘은 약 몇 [N]인가?

① 1.9×10^{-2} ② 1.9×10^{-3}

③ 3.8×10^{-2} ④ 3.8×10^{-3}

해설 $F = \dfrac{m_1 m_2}{4\pi\mu_0 r^2} = 6.33 \times 10^4 \times \dfrac{m_1 m_2}{r^2}$

$= 6.33 \times 10^4 \times \dfrac{10^{-5} 1.2 \times 10^{-5}}{0.02^2} \fallingdotseq 1.9 \times 10^{-2}[N]$

02 간격 d[m]로 평행한 무한히 넓은 2개의 도체판에 각각 단위면적마다 $+\sigma[C/m^2]$, $-\sigma[C/m^2]$의 전하가 대전되어 있을 때 두 도체 간의 전위차는 몇 [V]인가?

① 0   ② ∞

③ $\dfrac{\sigma}{\epsilon_0} d$ ④ $\dfrac{\sigma}{2\epsilon_0} d$

해설 전하밀도 $\sigma[C/m^2]$에서 나오는 전기력선 밀도는

$\dfrac{\sigma}{\epsilon_0}$ [개$/m^2$] $= \dfrac{\sigma}{\epsilon_0}$ [V/m](전계의 세기)가 된다.

두 도체간의 전위차는

$V = E \cdot d = \dfrac{\sigma}{\epsilon_0} d[V]$

03 비유전율 ϵ_s에 대한 설명으로 옳은 것은?

① ϵ_s의 단위는 [C/m]이다.

② ϵ_s는 항상 1보다 작은 값이다.

③ ϵ_s는 유전체의 종류에 따라 다르다.

④ 진공의 비유전율은 0이고, 공기의 비유전율은 1이다.

해설 유전율

$\epsilon = \epsilon_0 \epsilon_s [F/m]$

ϵ_0(진공 중의 유전율) $= 8.855 \times 10^{-12}[F/m]$

ϵ_s(비유전율)=매질의 유전율과 진공의 유전율의 비로서 유전체의 종류에 따라서 다르다.(공기의 비유전율 =1)

04 전자장에 대한 설명으로 틀린 것은?

① 대전된 입자에서 전기력선이 발산 또는 흡수한다.

② 전류(전하이동)는 순환형의 자기장을 이루고 있다.

③ 자석은 독립적으로 존재하지 않는다.

④ 운동하는 전자는 자기장으로부터 힘을 받지 않는다.

해설 동일 부호사이는 반발력, 다른 부호일 때는 흡인력이 작용한다.

정답   **01** ①   **02** ③   **03** ③   **04** ④

2016년도 산업기사 제2회 필기시험(산업기사) · **1149**

05 영구자석의 재료로 사용되는 철에 요구되는 사항으로 옳은 것은?

① 잔류 자속밀도는 작고 보자력이 커야 한다.

② 잔류 자속밀도와 보자력이 모두 커야 한다.

③ 잔류 자속밀도는 크고 보자력이 작아야 한다.

④ 잔류 자속밀도는 커야 하나, 보자력은 0이 어야 한다.

해설

- 영구자석의 재료조건
  잔류자기(B_r)도 크고, 보자력(H_c)도 클 것
- 전자석의 재료조건
  잔류자기(B_r)는 크고, 보자력(H_c)은 적을 것

06 온도가 20[℃]일 때 저항률의 온도계수가 가장 작은 금속은?

① 금　　　　　　② 철

③ 알루미늄　　　④ 백금

해설 저항률의 온도계수 값

- 백금 : 0.0038(은)
- 금 : 0.0037
- 구리 : 0.004
- 알루미늄 : 0.0043
- 몰리부텐 : 0.0046
- 니켈 : 0.0059
- 철 : 0.006

07 대전도체의 성질로 가장 알맞은 것은?

① 도체 내부에 정전에너지가 저축된다.

② 도체 표면의 정전응력은 $\frac{\sigma^2}{2\epsilon_0}[N/m^2]$이다.

③ 도체 표면의 전계의 세기는 $\frac{\sigma^2}{\epsilon_0}[V/m^2]$이다.

④ 도체의 내부전위와 도체 표면의 전위는 다르다.

해설

- 대전된 도체의 내부는 전기장의 세기가 0이다.
  (대전된 도체 내부에는 전하가 존재할 수 없고 반발력 때문에 도체 표면에만 전하가 존재)
- 도체표면과 내부의 전위는 등전위이다.

08 각종 전기기기에 접지하는 이유로 가장 옳은 것은?

① 편의상 대지는 전위가 영상 전위이기 때문이다.

② 대지는 습기가 있기 때문에 전류가 잘 흐르기 때문이다.

③ 영상전하로 생각하여 땅속은 음(−)전하이기 때문이다.

④ 지구의 정전용량이 커서 전위가 거의 일정하기 때문이다.

09 100[mH]의 자기 인덕턴스를 갖는 코일에 10[A]의 전류를 통할 때 축적되는 에너지는 몇 [J]인가?

① 1　　　　　　② 5

③ 50　　　　　④ 1000

해설 $W = \frac{1}{2}LI^2 = \frac{1}{2} \times 100 \times 10^{-3} \times 10^2 = 5[J]$

10 그림과 같이 도선에 전류 $I[A]$를 흘릴 때 도선의 바로 밑에 자침이 이 도선과 나란히 놓여 있다고 하면 자침의 N극의 회전력 방향은?

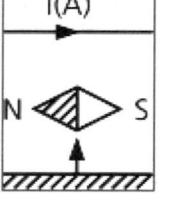

① 지면을 뚫고 나오는 방향이다.

② 지면을 뚫고 들어가는 방향이다.

③ 좌측에서 우측으로 향하는 방향이다.

④ 우측에서 좌측으로 향하는 방향이다.

정답 05 ② 06 ④ 07 ② 08 ④ 09 ② 10 ②

11 그림과 같이 영역 $y \leq 0$은 완전 도체로 위치해 있고, 영역 $y \geq 0$은 완전 유전체로 위치해 있을 때, 만약 경계 무한 평면의 도체면상에 면전하 밀도 $\rho_s = 2[nC/m^2]$가 분포되어 있다면 P점$(-4,1,-5)$[m]의 전계의 세기 [V/m]는?

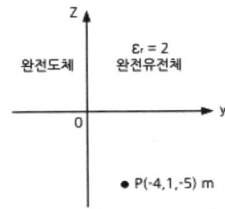

① $18\pi a_y$ ② $36\pi a_y$

③ $-54\pi a_y$ ④ $72\pi a_y$

해설 무한평면상 전하분포에 의한 임의의 점에서 전계는, $E = \dfrac{\rho_s}{\epsilon}$로 면전하 밀도에 비례하고, 유전율(매질)에 반비례하고, 거리에는 관계없이 평등자계

$$E = \frac{\rho_s}{\epsilon_0 \epsilon_s} a_y = \frac{2 \times 10^{-9}}{\dfrac{1}{4\pi \times 9 \times 10^9} \times 2} a_y = 36\pi a_y [V/m]$$

이다. 또 이 전계의 방향은 판에 수직 방향이다.

12 점전하 $Q[C]$에 의한 무한평면 도체의 영상전하는?

① $Q[C]$보다 작다.   ② $Q[C]$보다 크다.

③ $-Q[C]$와 같다.   ④ 0

해설

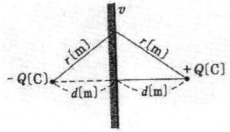

무한평면 도체에서의 전위는 0이다.
이 조건을 만족하기 위해서는 그림처럼 점전하 $Q[C]$에 의한 영상전하는 $-Q[C]$이 된다. 거리는 $+Q[C]$와 반대 방향으로 등거리가 된다.

13 두 자성체 경계면에서 정자계가 만족하는 것은?

① 자계의 법선성분이 같다.

② 자속밀도의 접선성분이 같다.

③ 자속은 투자율이 작은 자성체에 모인다.

④ 양측 경계면상의 두 점 간의 자위치가 같다.

해설

• 자속밀도(B)는 법선 성분이 같고$(B_{n1} = B_{n2})$, 자계의 세기(H)는 접선 성분이 같다. $(H_{t1} = H_{t2})$

14 공간 도체 내에서 자속이 시간적으로 변할 때 성립되는 식은?

① $rot E = \dfrac{\partial H}{\partial t}$ ② $rot E = -\dfrac{\partial B}{\partial t}$

③ $\text{div} E = -\dfrac{\partial B}{\partial t}$ ④ $\text{div} E = -\dfrac{\partial H}{\partial t}$

해설 멕스웰의 제2기본방정식으로 자계와 전계의 관계를 정략적으로 표시하는 식

$$rot E = \nabla \times E = -\frac{\partial B}{\partial t}$$

15 환상 솔레노이드 코일에 흐르는 전류가 2[A]일 때 자로의 자속이 $1 \times 10^{-2}[Wb]$라고 한다. 코일의 권수를 500회라 할 때 이 코일의 자기인덕턴스는 몇 [H]인가?

① 2.5   ② 3.5

③ 4.5   ④ 5.5

해설 $L I = N \phi$

$$\therefore L = \frac{500 \times 1 \times 10^{-2}}{2} = 2.5 [H]$$

16 자속밀도가 B인 곳에 전하 Q, 질량 m인 물체가 자속밀도 방향과 수직으로 입사한다. 속도를 2배로 증가시키면, 원운동의 주기는 몇 배가 되는가?

정답   **11** ②   **12** ③   **13** ④   **14** ②   **15** ①   **16** ②

2016년도 산업기사 제2회 필기시험(산업기사) • **1151**

① 1/2   ② 1

③ 2   ④ 4

해설 원운동의 주기

$$T = \frac{2\pi r}{v} = \frac{2\pi m}{eB}$$

$(evB = \frac{mv^2}{r}$ 에서 $r = \frac{mv}{eB}[m])$

∴ 원운동의 주기는 속도와 상관없다

17 표피 효과에 관한 설명으로 옳은 것은?

① 주파수가 낮을수록 침투깊이는 작아진다.

② 전도도가 작을수록 침투깊이는 작아진다.

③ 표피효과는 전계 혹은 전류가 도체 내부로 들어갈수록 지수·함수적으로 적어지는 현상이다.

④ 도체 내부의 전계의 세기가 도체 표면의 전계 세기의 1/2까지 감쇠되는 도체 표면에서 거리를 표피 두께라 한다.

해설 표피효과의 깊이는

$\delta = \sqrt{\frac{2}{\omega \sigma \mu}} = \sqrt{\frac{1}{\pi f \sigma \mu}}$ 식에서 f, σ, μ가 클수록 δ가 작게되어 표피효과가 심해진다. 표피효과의 영향으로 전기저항을 증가시킨다. 표면에 가해진 전류밀도 혹은 전기장의 37[%] 만큼 감소한 위치를 침투깊이(표피깊이)라고 한다.

18 대지 중의 두 전극사이에 있는 어떤 점의 전계의 세기가 6[V/cm], 지면의 도전율이 $10^{-4}[\mho/cm]$일 때 이 점의 전류밀도는 몇 $[A/cm^2]$인가?

① 6×10^{-4} ② 6×10^{-3}

③ 6×10^{-2} ④ 6×10^{-1}

해설 전류밀도

$i = kE = 10^{-4} \times 6 = 6 \times 10^{-4}[A/cm^2]$

19 진공 중에서 $1[\mu F]$의 정전용량을 갖는 구의 반지름은 몇 [km]인가?

① 0.9   ② 9

③ 90   ④ 900

해설 $C = 4\pi \epsilon_0 a$

$\therefore a = \frac{C}{4\pi \epsilon_0} = 9 \times 10^9 \times 1 \times 10^{-6} = 9 \times 10^3 [m]$
$= 9 [km]$

20 그림과 같은 환상철심에 A, B의 코일이 감겨있다. 전류 I가 120[A/s]로 변화할 때, 코일 A에 90[V], 코일 B에 40[V]의 기전력이 유도된 경우, 코일 A의 자기인덕턴스 $L_1[H]$와 상호인덕턴스 M[H]의 값은 얼마인가?

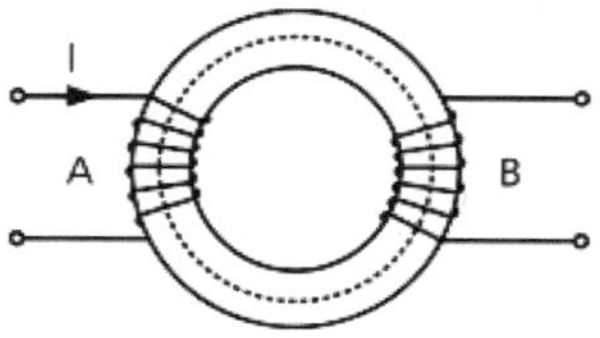

① $L_1 = 0.75$, $M = 0.33$

② $L_1 = 1.25$, $M = 0.7$

③ $L_1 = 1.75$, $M = 0.9$

④ $L_1 = 1.95$, $M = 1.1$

해설 $e_{LA} = L \frac{di_1}{dt}$

$\therefore L_1 = \frac{e_{LA}}{\frac{di_1}{dt}} = \frac{90}{120} = 0.75 [H]$

$e_{LB} = M \frac{di_1}{dt}$

$\therefore M = \frac{e_{LB}}{\frac{di_1}{dt}} = \frac{40}{120} = 0.33 [H]$

정답 17 ③   18 ①   19 ②   20 ①

1152 · Part 3. 전기산업기사 기출문제

제2과목 : 전력공학

21 그림과 같이 지지점 A, B, C에는 고저차가 없으며, 경간 AB와 BC 사이에 전선이 가설되어 그 이도가 12[cm]이었다. 지금 경간 AC의 중점이 지지점 B에서 전선이 떨어져서 전선의 이도가 D로 되었다면 D는 몇 [cm]인가?

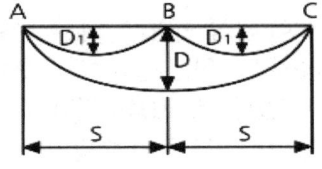

① 18　　　　　　② 24

③ 30　　　　　　④ 36

해설 $D = 2D_1 = 2 \times 12 = 24\,[cm]$

22 전력 원선도에서 알 수 없는 것은?

① 조상 용량　　　② 선로 손실

③ 송전단의 역률　④ 정태안정 극한 전력

해설 전력 원선도에서 알 수 있는 것
㉠ 정태안정 극한 전력(최대전력)
㉡ 조상용량
㉢ 수전단 역률
㉣ 선로손실과 송전효율
㉤ 송수전단 전압간의 상차각

23 3상 3선식 복도체 방식의 송전선로를 3상 3선식 단도체 방식 송전선로와 비교한 것으로 알맞은 것은?(단, 단도체의 단면적은 복도체 방식 소선의 단면적 합과 같은 것으로 한다.)

① 전선의 인덕턴스와 정전용량은 모두 감소한다.

② 전선의 인덕턴스와 정전용량은 모두 증가한다.

③ 전선의 인덕턴스는 증가하고, 정전용량은 감소한다.

④ 전선의 인덕턴스는 감소하고, 정전용량은 증가한다.

해설 복도체를 사용하면 단도체에 비해서 등가반지름이 증가되므로 인덕턴스는 감소하고 정전용량은 증가하여 안정도를 증진시키고 코로나 임계전압이 높아져서 코로나를 방지한다.

24 접촉자가 외기(外氣)로부터 격리되어 있어 아크에 의한 화재의 염려가 없으며 소형, 경량으로 구조가 간단하고 보수가 용이하며 진공 중의 아크 소호 능력을 이용하는 차단기는?

① 유입 차단기　　② 진공 차단기

③ 공기 차단기　　④ 가스 차단기

25 인입되는 전압이 정정값 이하로 되었을 때 동작하는 것으로서 단락 고장 검출 등에 사용되는 계전기는?

① 접지 계전기　　② 부족전압 계전기

③ 역전력 계전기　④ 과전압 계전기

26 배전선로용 퓨즈(Power fuse)는 주로 어떤 전류의 차단을 목적으로 사용하는가?

① 충전전류　　　　② 단락전류

③ 부하전류　　　　④ 과도전류

정답 21 ②　22 ③　23 ④　24 ②　25 ②　26 ②

27 그림과 같은 열사이클은?

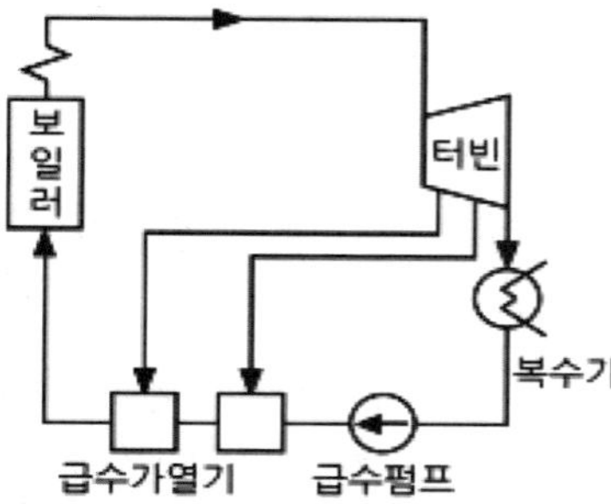

① 재생 사이클
② 재열 사이클
③ 카르노 사이클
④ 재생재열 사이클

28 설비용량 800[kW], 부등률 1.2, 수용률 60[%]일 때, 변전시설 용량은 최저 약 몇[kVA] 이상이어야 하는가?(단, 역률은 90[%] 이상 유지되어야 한다.)

① 450
② 500
③ 550
④ 600

해설

$$변전시설\ 용량[kVA] = \frac{수용률 \times 설비용량}{부등률 \times 역률}$$
$$= \frac{0.6 \times 800}{1.2 \times 0.9} = 444.44[kVA]$$

29 송배전 선로에서 내부 이상전압에 속하지 않는 것은?

① 개폐 이상전압
② 유도뢰에 의한 이상전압
③ 사고 시의 과도 이상전압
④ 계통 조작과 고장 시의 지속 이상전압

해설 외부이상전압
㉠ 직격뢰
㉡ 유도뢰
㉢ 타선과의 혼촉

30 유효낙차 75[m], 최대사용 수량 200$[m^3/s]$, 수차 및 발전기의 합성 효율이 70[%]인 수력 발전소의 최대 출력은 약 몇 [MW]인가?

① 102.9
② 157.3
③ 167.5
④ 177.8

해설 $P = 9.8\ QH\eta_t\eta_g\ [kW]$
$= 9.8 \times 200 \times 75 \times 0.7 \times 10^{-3} = 102.9[MW]$

31 200[kVA] 단상 변압기 3대를 △결선에 의하여 급전하고 있는 경우 1대의 변압기가 소손되어 V결선으로 사용하였다. 이때의 부하가 516[kVA]라고 하면 변압기는 약 몇 [%]의 과부하가 되는가?

① 119
② 129
③ 139
④ 149

해설 과부하율 $= \frac{516}{\sqrt{3} \times 200} \times 100 = 148.96[\%]$

32 터빈 발전기의 냉각방식에 있어서 수소냉각 방식을 채택하는 이유가 아닌 것은?

① 코로나에 의한 손실이 적다.
② 수소 압력의 변화로 출력을 변화시킬 수 있다.
③ 수소의 열전도율이 커서 발전기 내 온도 상승이 저하한다.
④ 수소 부족 시 공기와 혼합 사용이 가능하므로 경제적이다.

해설 수소냉각방식의 특징
㉠ 냉각효과가 좋으므로 용량이 증가하고 풍손이 감소한다.
㉡ 코로나가 수소 중에서는 발생하기가 어려워 권선의 수명이 길어지고 손실이 적다.
㉢ 수소는 열전도율이 높아서 냉각수는 증가한다.

정답 27 ① 28 ① 29 ② 30 ① 31 ④ 32 ④

1154 • Part 3. 전기산업기사 기출문제

② 수소는 공기와 혼합해서는 사용할 수 없다.

⑤ 수소의 순도와 압력을 일정하게 유지하기 위한 냉각 및 제어설비가 복잡하고 폭발할 위험이 높다.

⑥ 보수 시에 수소를 교환하는데 시간이 많이 걸린다.

33 고압 배전선로의 선간전압을 3300[V]에서 5700[V]로 승압하는 경우, 같은 전선으로 전력손실을 같게 한다면 약 몇 배의 전력 [kW]을 공급할 수 있는가?

① 1　　　　　　② 2

③ 3　　　　　　④ 4

해설 전력은 승압된 전압의 제곱에 비례

$$\therefore P = (\frac{5700}{3300})^2 = 3$$

34 송전방식에서 선간전압, 선로 전류, 역률이 일정할 때 3상 3선식·단상 2선식의 전선 1선당의 전력비는 약 몇 [%]인가?

① 87.5　　　　　② 94.7

③ 115.5　　　　④ 141.4

해설

$$\frac{P_3}{P_1} = \frac{\frac{\sqrt{3}\,V_3 I_3 \cos\theta}{3}}{\frac{V_1 I_1 \cos\theta}{2}} = \frac{2\sqrt{3}}{3} \times 100 = 115.5\,[\%]$$

35 중성점 접지방식에서 직접 접지 방식을 다른 접지방식과 비교하였을 때 그 설명으로 틀린 것은?

① 변압기의 저감·절연이 가능하다.

② 지락 고장 시의 이상 전압이 낮다.

③ 다중접지 사고로의 확대 가능성이 대단히 크다.

④ 보호 계전기의 동작이 확실하여 신뢰도가 높다.

해설 직접접지방식

㉠ 장점

• 지락전류가 크기 때문에 보호계전기의 동작이 확실하며 신뢰도가 높다.

• 다른 접지방식에 비해서 단선사고 및 접지고장 시 또한 개폐 시 이상전압의 상승이 가장 적다.

• 중성점의 이상전압이 낮기 때문에(절연 레벨의 경감) 변압기 선정 시 단절연(Graded Insulation)이 가능하다.

• 1선 지락 계전기의 동작이 확실하며 선택 차단을 할 수 있다.

• 피뢰기의 책무 경감이나 효과를 증진시킬 수 있다.

• 계통의 절연을 낮게 할 수 있으므로 초고압 송전 계통에 채용된다.

㉡ 단점

• 송전 계통에서 1선 지락고장 시 인접통신선의 유도장해가 가장 크다.

• 송전 계통의 과도 안정도가 나쁘다.

• 1선 지락전류가 크기 때문에 기기에 대한 충격이 커서 고장점에서 애자련의 파손 및 전선용단 등이 생기기 쉽다.

• 1선 지락전류가 크기 때문에 차단기가 처리해야 할 전류가 크므로 대용량 차단기가 필요하다.

36 서울과 같이 부하밀도가 큰 지역에서는 일반적으로 변전소의 수와 배전거리를 어떻게 결정하는 것이 좋은가?

① 변전소의 수를 감소하고 배전거리를 증가한다.

② 변전소의 수를 증가하고 배전거리를 감소한다.

③ 변전소의 수를 감소하고 배전거리도 감소한다.

④ 변전소의 수를 증가하고 배전거리도 증가한다.

정답　**33** ③　**34** ③　**35** ③　**36** ②

해설 부하밀도가 큰 지역에서는 일반적으로 변전소의 수를 증가시켜서 부하 담당의 용량을 줄이고 배전거리는 짧게 해야 전력손실을 줄일 수 있다.

37 어떤 가공선의 인덕턴스가 $1.6[mH/km]$이고, 정전용량이 $0.008[\mu F/km]$일 때 특성임피던스는 약 몇 $[\Omega]$인가?

① 128
② 224
③ 345
④ 447

해설
$$Z_0 = \sqrt{\frac{Z}{Y}} = \sqrt{\frac{L}{C}} = \sqrt{\frac{1.6 \times 10^{-3}}{0.008 \times 10^{-6}}}$$
$$= 447.21[\Omega]$$

38 소호리액터 접지방식에 대하여 틀린 것은?

① 지락 전류가 적다.
② 전자유도 장애를 경감할 수 있다.
③ 지락 중에도 송전이 계속 가능하다.
④ 선택지락 계전기의 동작이 용이하다.

해설 소호리액터 접지방식
㉠ 장점
  • 고장 발생 중에도 전력 공급이 가능하다(과도 안정도가 좋다).
  • 고장이 스스로 복구되는 경우도 있다.
  • 고장전류가 적으므로 유도장해가 작다.
㉡ 단점
  • 접지장치의 가격이 비싸다.
  • 고장검출이 어려우므로($I_g \approx 0$) 보호 장치의 동작이 불확실하다.
  • 단선 사고 시 직렬공진(최대전류)에 의한 이상전압이 최대로 발생한다.

39 단선식 전력선과 단선식 통신선이 그림과 같이 근접되었을 때, 통신선의 정전유도전압 E_0는?

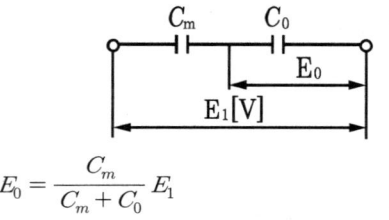

① $\dfrac{C_m}{C_0 + C_m} = E_1$
② $\dfrac{C_0 + C_m}{C_m} E_1$
③ $\dfrac{C_0}{C_0 + C_m} E_1$
④ $\dfrac{C_0 + C_m}{C_0} E_1$

해설

$$E_0 = \frac{C_m}{C_m + C_0} E_1$$

40 피뢰기의 제한전압이란?

① 피뢰기의 정격전압
② 상용주파 수의 방전개시 전압
③ 피뢰기 동작 중 단자전압의 파고치
④ 속류의 차단이 되는 최고의 교류전압

제3과목 : 전기기기

41 6600/210[V], 10[kVA] 단상 변압기의 퍼센트 저항강하는 1.2[%], 리액턴스 강하는 0.9[%]이다. 임피던스 전압 [V]은?

① 99
② 81
③ 65
④ 37

해설 여기서, %임피던스를 z라 하면,
$$z = \sqrt{p^2 + q^2} = \sqrt{1.2^2 + 0.9^2} = 1.5[\%]$$

정답 37 ④ 38 ④ 39 ① 40 ③ 41 ①

$z = \dfrac{V_s}{V_{1n}} \times 100 [\%]$ 에서

∴ 임피던스 전압은

$V_s = \dfrac{z \cdot V_{1n}}{100} = \dfrac{1.5 \times 6600}{100} = 99 [V]$

42 변압기 1차측 공급전압이 일정할 때, 1차 코일 권수를 4배로 하면 누설 리액턴스와 여자 전류 및 최대 자속은?(단, 자로는 포화상태가 되지 않는다)

① 누설 리액턴스=16 , 여자전류=$\dfrac{1}{4}$, 최대자

속=$\dfrac{1}{16}$

② 누설 리액턴스=16 , 여자전류=$\dfrac{1}{16}$, 최대자

속=$\dfrac{1}{4}$

③ 누설 리액턴스=$\dfrac{1}{16}$, 여자전류=4 , 최대자

속=16

④ 누설 리액턴스=16 , 여자전류=$\dfrac{1}{16}$, 최대자

속=4

해설

• $L\dfrac{di}{dt} = N\dfrac{d\phi}{dt}$ $L = \dfrac{N\phi}{I}$ (N:권수) 자속은,

$\phi = \dfrac{\mu A N I}{l}$

그러므로 누설리액턴스는,

$L = \dfrac{N\dfrac{\mu A N I}{l}}{I} = \dfrac{\mu A N^2}{l} \propto N^2 = 4^2 = 16$

• 코일에 전압을 인가하면,

$V_1 \fallingdotseq E_1 = 4.44 f w_1 \Phi_m [V]$

$\Phi_m = \dfrac{V_1}{4.44 f w_1}$, V_1과 f는 일정하고,

1차 코일 권수를 4배로 하면,

$4w_1$으로 했을때, 최대자속은 $\Phi'_m = \dfrac{V_1}{4.44 f 4 w_1}$

$= \dfrac{1}{4}\Phi_m$

• 자로는 포화상태가 되지 않으므로, 최대자속은 여 자전류와 권수 곱에 비례

즉, 기자력에 비례

$\Phi_m \propto I_0 w_1$, 권수를 $4w_1$일 때의 여자전류를 I'_0

$\dfrac{I'_0 4w_1}{I_0 w_1} = \dfrac{\Phi'_m}{\Phi_m} = \dfrac{1}{4}$

그러므로 최대자속은 $\dfrac{1}{4}$, 여자전류는 $\dfrac{1}{16}$배로 감소

된다.

43 2대의 같은 정격의 타여자 직류발전기가 있다. 그 정격은 출력 10[kW], 전압 100[V], 회전속도 1500[rpm]이다. 이 2대를 카프법에 의해서 반환 부하시험을 하니 전원에서 흐르는 전류는 22[A]이었다. 이 결과에서 발전기의 효율은 약 몇 [%]인가?(단, 각 기의 계자 저항손을 각각 200[W]라고 한다)

① 88.5 ② 87

③ 80.6 ④ 76

해설 • 발전기효율

$\eta_g = \dfrac{VI}{VI + \dfrac{1}{2} VI_0 + R_f I_f^2}$

$= \dfrac{10}{10 + \dfrac{1}{2} \times 2.2 + 0.2} \times 100$

$= 88.5[\%]$

2대의 전기자동손 + 기계손 + 철손 + 표유부하손

$= VI_0 = 100 \times 22 \times 10^{-3} = 2.2 [kW]$

각기의 계자저항손은,

$R_f I_f^2 = 200 [W] = 0.2 [kW]$

정답 **42** ② **43** ①

44 직류 전동기의 속도제어 방법에서 광범위한 속도제어가 가능하며, 운전 효율이 가장 좋은 방법은?

① 계자제어
② 전압제어
③ 직렬 저항제어
④ 병렬 저항제어

해설
- 계자제어 : 정출력 제어법
- 저항제어 : 정토크 가변속도(효율이 나쁨)
- 전압제어 : 전동기의 공급전압 V를 조정해서 광범위한 속도 제어가 가능하며, 손실이 거의 없는 것으로 제어법으로는 이상적이지만 설비비가 많이 드는 단점이 있다.

45 직류 전동기의 발전제동 시 사용하는 저항의 주된 용도는?

① 전압강하
② 전류의 감소
③ 전력의 소비
④ 전류의 방향전환

해설 저항기를 접속하여 두면 발전기로서의 출력은 저항에서 소비되고 회전체가 가지는 운동에너지를 흡수한다.

46 동기 발전기의 병렬운전에서 일치하지 않아도 되는 것은?

① 기전력의 크기
② 기전력의 위상
③ 기전력의 극성
④ 기전력의 주파수

해설 동기 발전기의 병렬운전 조건
㉠ 유기기전력의 크기가 같을 것
㉡ 유기기전력의 주파수가 같을 것
㉢ 유기기전력의 위상이 같을 것
㉣ 유기기전력의 파형이 같을 것
㉤ 상회전 방향이 같을 것

47 100[kVA], 6000/200[V], 60[Hz]이고 % 임피던스 강하 3[%]인 3상 변압기의 저압측에 3상 단락이 생겼을 경우의 단락전류는 약 몇 [A]인가?

① 5650
② 9623
③ 17000
④ 75000

해설

$$I_s = \frac{100}{\%z}I_n = \frac{100}{3} \times \frac{100 \times 10^3}{\sqrt{3} \times 200} = 9622.5\,[A]$$

48 코일피치와 자극피치의 비를 β라 하면 기본파 기전력에 대한 단절계수는?

① $\sin\beta\pi$
② $\cos\beta\pi$
③ $\sin\dfrac{\beta\pi}{2}$
④ $\cos\dfrac{\beta\pi}{2}$

해설
- 분포권 계수

$$k_d = \frac{\sin\dfrac{\pi}{2m}}{q\sin\dfrac{\pi}{2mq}}\,(기본파)$$

$$k_{dn} = \frac{\sin\dfrac{n\pi}{2m}}{q\sin\dfrac{n\pi}{2mq}}\,(n차고조파)$$

- 단절권 계수

$$k_p = \sin\frac{\beta\pi}{2}\,(기본파),\quad \beta = \frac{권선피치}{자극피치}$$

$$k_{pn} = \sin\frac{n\beta\pi}{2}\,(n차고조파)$$

49 구조가 회전 계자형으로 된 발전기는?

① 동기 발전기
② 직류 발전기
③ 유도 발전기
④ 분권 발전기

정답 44 ② 45 ③ 46 ③ 47 ② 48 ③ 49 ①

1158 • Part 3. 전기산업기사 기출문제

50 8극 60[Hz]의 유도 전동기가 부하를 연결하고 864[rpm]으로 회전할 때, 54.134[kg · m]의 토크를 발생 시 동기와트는 약 몇 [kW]인가?

① 48   ② 50

③ 52   ④ 54

해설 $P = 9.8 \times 2\pi \times \dfrac{N}{60} \times \tau$

$\quad\quad = 9.8 \times 2\pi \times \dfrac{864}{60} \times 54.134 \times 10^{-3}$

$\quad\quad = 47.957[\text{kW}]$

$\therefore P_2 = \dfrac{P}{1-s} = \dfrac{47.957}{1-0.04} = 49.97[kW]$

$s = \dfrac{N_s - N}{N_s} = \dfrac{900 - 864}{900} = 0.04$

$N_s = \dfrac{120f}{p} = \dfrac{120 \times 60}{8} = 900[rpm]$

$(P_2 = 1.026 N_s \tau = 1.026 \times 900 \times 54.134 \times 10^{-3}$
$\quad = 49.98[kW])$

51 화학공장에서 선로의 역률은 앞선 역률 0.7 이었다. 이 선로에 동기 조상기를 병렬로 결선해서 과여자로 하면 선로의 역률은 어떻게 되는가?

① 뒤진 역률이며 역률은 더욱 나빠진다.

② 뒤진 역률이며 역률은 더욱 좋아진다.

③ 앞선 역률이며 역률은 더욱 좋아진다.

④ 앞선 역률이며 역률은 더욱 나빠진다.

해설 동기조상기의 여자를 과여자로 운전하면 선로에는 앞선 전류가 흐르게 되어 진상콘덴서로 작용해서 뒤진 부하를 보상하고 송전선로의 역률을 양호하게 하며 또한 전압강하를 보상하게 된다.
만약에 여자를 부족여자로 운전하면 선로에는 뒤진 전류가 흘러서 리액터로 작용해 무부하의 장거리 송전선로에 흐르는 충전전류에 의하여 발전기의 자기여자 작용으로 일어나는 단자전압의 상승을 방지할 수 있다. 문제에서는 앞선 역률에다 과여자로 하면 앞선 역률이며 역률은 더 나빠지게 된다.

52 전기설비 운전 중 계기용 변류기(CT)의 고장 발생으로 변류기를 개방할 때 2차 측을 단락해야 하는 이유는?

① 2차 측의 절연보호

② 1차 측의 과전류 방지

③ 2차 측의 과전류 보호

④ 계기의 측정 오차 방지

해설 변류기(CT) 2차 측이 개방되면 변류기 1차 측의 부하전류 전부가 여자전류가 됨으로써 변류기 2차 측에 고압이 발생되어 변류기의 절연파괴를 가져온다.

53 유도 전동기에서 인가전압이 일정하고 주파수가 정격 값에서 감소할 때 나타나는 현상 중 틀린 것은?

① 철손이 증가한다.

② 효율이 나빠진다.

③ 동기 속도가 감소한다.

④ 누설 리액턴스가 증가한다.

해설 누설 리액턴스는 주파수에 비례한다.
$X_L = \omega L = 2\pi f L[\Omega] \propto f$

54 정격전압 200[V], 전기자 전류 100[A]일 때 1000[rpm]으로 회전하는 직류 분권전동기가 있다. 이 전동기의 무부하 속도는 약 몇 [rpm]인가?(단, 전기자 저항은 0.15[Ω], 전기자 반작용은 무시한다.)

① 981   ② 1081

③ 1100   ④ 1180

해설
• $I_a = 100[A]$ 일 때, 역기전력을
$E = V - I_a R_a = 200 - 100 \times 0.15 = 185[V]$
• $I_a = 0[A]$ 일 때, 역기전력을
$E = V = 200[V]$

정답   **50** ②   **51** ④   **52** ①   **53** ④   **54** ②

자속 ϕ는 일정하므로, $E \propto N$

그러므로 전기자전류 100[A]일 때 속도를 N, 무부하시 속도를 N_0

$$\therefore \frac{N}{N_0} = \frac{E}{E_0}$$

$$N_0 = \frac{E_0}{E} N = \frac{200}{185} \times 1000 = 1081.1 \, [rpm]$$

55 유도 전동기에서 여자전류는 극수가 많아지면 정격 전류에 대한 비율이 어떻게 변하는가?

① 커진다.　　　　② 불변이다.

③ 적어진다.　　　④ 반으로 줄어든다.

[해설] 유도전동기의 여자전류는 극수가 많아지면 정격전류에 대한 비율이 커진다. 유도전동기의 자기회로에는 갭이 있어서 정격전류에 대한 여자전류의 비율은 매우 크다.

여자전류의 값은 용량이 작은 것일수록 크고, 같은 용량의 전동기에서는 극수가 많을수록 크다.

56 단상 유도 전동기를 기동 토크가 큰 것부터 낮은 순서로 배열한 것은?

① 모노사이클릭형 → 반발 유도형 → 반발 기동형 → 콘덴서 기동형 → 분상 기동형

② 반발 기동형 → 반발 유도형 → 모노사이클릭형 → 콘덴서 기동형 → 분상 기동형

③ 반발 기동형 → 반발 유도형 → 콘덴서 기동형 → 분상 기동형 → 모노사이클릭형

④ 반발 기동형 → 분상 기동형 → 콘덴서 기동형 → 반발 유도형 → 모노사이클릭형

57 브러시를 이동하여 회전속도를 제어하는 전동기는?

① 반발 전동기

② 단상 직권 전동기

③ 직류 직권 전동기

④ 반발 기동형 단상 유도 전동기

58 일정한 부하에서 역률 1로 동기 전동기를 운전하는 중 여자를 약하게 하면 전기자 전류는?

① 진상전류가 되고 증가한다.

② 진상전류가 되고 감소한다.

③ 지상전류가 되고 증가한다.

④ 지상전류가 되고 감소한다.

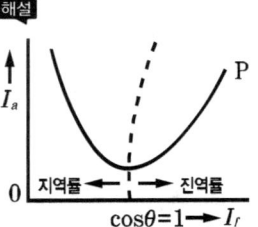

그림은 위상 특성 곡선(V곡선)인데 여자전류(I_f)를 증가(과여자)시키면 역률은 앞서고(진상전류) 전기자 전류(I_a)는 증가한다. 반대로 여자전류(I_f)를 감소(부족여자)시키면 역률은 뒤지고(진상전류), 전기자전류(I_a)는 증가하며, 부하가 클수록 V곡선은 위로 이동하게 된다.

59 4극 7.5[kW], 200[V], 60[Hz]인 3상 유도 전동기가 있다. 전부하에서의 2차 입력이 7950[W]이다. 이 경우의 2차 효율은 약 몇 [%]인가?(단, 기계손은 130[W]이다.)

① 92　　　　　② 94

③ 96　　　　　④ 98

[정답]　55 ①　　56 ③　　57 ①　　58 ③　　59 ③

1160 · Part 3. 전기산업기사 기출문제

해설

- 2차 효율은

$$\eta_2 = \frac{P_0}{P_2} \times 100 = \frac{7630}{7950} \times 100 = 96\,[\%]$$

- 2차 출력은

$$P_0 = P + P_m = 7.5 \times 10^3 + 130 = 7630\,[W]$$

- 2차 동손은

$$P_{c2} = P_2 - P_0 = 7950 - 7630 = 320\,[W]$$

- 슬립은

$$s = \frac{P_{c2}}{P_2} = \frac{320}{7950} = 0.04$$

60 직류기의 전기자 권선 중 중권 권선에서 뒤 피치가 앞피치보다 큰 경우를 무엇이라 하는가?

① 진권 ② 쇄권

③ 여권 ④ 장절권

제4과목 : 회로이론

61 다음 방정식에서 $\dfrac{X_3(s)}{X_1(s)}$ 를 구하면?

$$x_2(t) = \frac{d}{dt}x_1(t)$$
$$x_3(t) = x_2(t) + 3\int x_3(t)dt + 2\frac{d}{dt}x_2(t)$$
$$-2x_1(t)$$

① $\dfrac{s(2s^2 + s - 2)}{s - 3}$ ② $\dfrac{s(2s^2 - s - 2)}{s - 3}$

③ $\dfrac{2(s^2 + s + 2)}{s - 3}$ ④ $\dfrac{(2s^2 + s + 2)}{s - 3}$

해설 $x_2(t) = \dfrac{d}{dt}x_1(t)$ 를 $\mathcal{L}$ 변환하면

$X_2(s) = sX_1(s) \cdots\cdots \text{⊙}$

$$x_3(t) = x_2(t) + 3\int x_3(t)dt + 2\frac{d}{dt}x_2(t) - 2x_1(t)$$
를 $\mathcal{L}$ 변환하면

$$X_3(s) = X_2(s) - \frac{3}{s}X_3(s) + 2X_1(s) = X_2s(1 + 2s)$$
$\cdots\cdots\text{ⓛ}$

⊙식을 ⓛ식에 대입하면

$$X_3(s)(1 - \frac{3}{s}) + 2X_1(s) = sX_1(s)(1 + 2s)$$

$$X_3(s)(1 - \frac{3}{s}) = X_1(s)(2s^2 + s - 2)$$

$$\therefore \frac{X_3(s)}{X_1(s)} = \frac{s(2s^2 + s - 2)}{s - 3}$$

62 그림과 같이 높이가 1인 펄스의 라플라스 변환은?

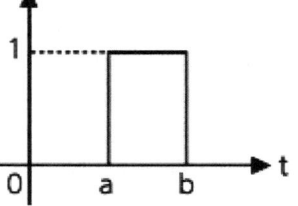

① $\dfrac{1}{s}(e^{-as} + e^{-bs})$

② $\dfrac{1}{a - b}(\dfrac{e^{-as} + e^{-bs}}{1})$

③ $\dfrac{1}{s}(e^{-as} - e^{-bs})$

④ $\dfrac{1}{a - b}(\dfrac{e^{-as} - e^{-bs}}{s})$

해설 $f(t) = 1 \cdot \{u(t - a) - u(t - b)\}$

$$\mathcal{L}f(t) = F(s) = \frac{1}{s}e^{-as} - \frac{1}{s}e^{-bs}$$

$$= \frac{1}{s}(e^{-as} - e^{-bs})$$

정답 60 ① 61 ① 62 ③

63 그림과 같은 회로의 전달함수는?(단, 초기 조건은 0이다)

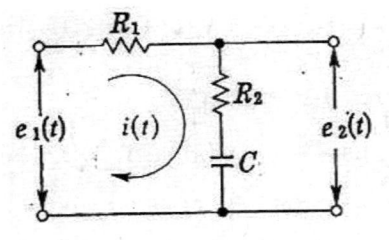

① $\dfrac{R_2 + Cs}{R_1 + R_2 + Cs}$　② $\dfrac{R_1 + R_2 + Cs}{R_1 + Cs}$

③ $\dfrac{R_2 Cs + 1}{R_2 Cs + R_1 Cs + 1}$　④ $\dfrac{R_1 Cs + R_2 Cs + 1}{R_2 Cs + 1}$

해설 $e_1(t) = (R_1 + R_2)i(t) + \dfrac{1}{C}\displaystyle\int i(t)dt$

$e_2(t) = R_2 i(t) + \dfrac{1}{C}\displaystyle\int i(t)dt$

$\mathcal{L}$ 변환하면,

$E_1(s) = (R_1 + R_2 + \dfrac{1}{Cs})I(s)$

$E_2(s) = (R_2 + \dfrac{1}{Cs})I(s)$

∴ 회로의 전달함수는,

$G(s) = \dfrac{E_2(s)}{E_1(s)} = \dfrac{(R_2 + \dfrac{1}{Cs})I(s)}{(R_1 + R_2 + \dfrac{1}{Cs})I(s)}$

$= \dfrac{R_2 Cs + 1}{R_2 Cs + R_1 Cs + 1}$

64 그림과 같은 반파 정현파의 실효값은?

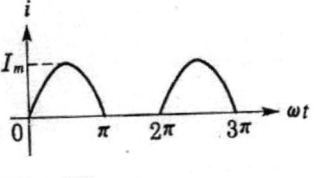

① $\dfrac{1}{\sqrt{2}}I_m$　② $\dfrac{2}{\pi}I_m$

③ $\dfrac{1}{\pi}I_m$　④ $\dfrac{1}{2}I_m$

해설 $i = I_m \sin\omega t$라 하고, 반파 정현파는 $\pi \sim 2\pi$일 때 $i = 0$이다.
실효값은,

$I_e = \sqrt{\dfrac{1}{T}\displaystyle\int_0^{2\pi} i^2 dt} = \sqrt{\dfrac{1}{2\pi}\displaystyle\int_0^{\pi} i^2 d(\omega t)}$

$= \sqrt{\dfrac{1}{2\pi}\displaystyle\int_0^{\pi} I_m^2 \sin^2\omega t\, d(\omega t)}$

$= \sqrt{\dfrac{I_m^2}{2\pi}\displaystyle\int_0^{\pi} (\dfrac{1 - \cos 2\omega t}{2}) d(\omega t)}$

$= \dfrac{1}{2}I_m$

65 비대칭 다상 교류가 만드는 회전자계는?

① 교번 자기장　② 타원형 회전자기장

③ 원형 회전자기장　④ 포물선 회전자기장

해설
• 3상 대칭 : 원형 회전자계
• 3상 비대칭 : 타원형 회전자계
• 대칭 2상 교류는 회전자계가 없다.

66 다음과 같은 회로의 전달함수 $\dfrac{E_0(s)}{I(s)}$는?

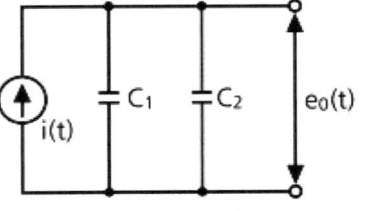

① $\dfrac{1}{s(C_1 + C_2)}$　② $\dfrac{C_1 C_2}{C_1 + C_2}$

③ $\dfrac{C_1}{s(C_1 + C_2)}$　④ $\dfrac{C_2}{s(C_1 + C_2)}$

[정답] **63** ③　**64** ④　**65** ②　**66** ①

해설 $i(t) = (C_1 + C_2) \dfrac{de_0(t)}{dt}$ 를 $\mathcal{L}$ 변환하면,

$I(s) = (C_1 + C_2) s\, E_0(s)$

전달함수는,

$\dfrac{E_0(s)}{I(s)} = \dfrac{1}{(C_1 + C_2)\, s}$

67 그림과 같은 L형 회로의 4단자 A, B, C, D 정수 중 A는?

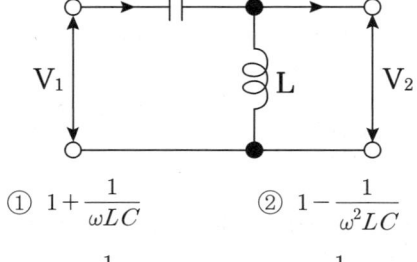

① $1 + \dfrac{1}{\omega LC}$ ② $1 - \dfrac{1}{\omega^2 LC}$

③ $1 + \dfrac{1}{j\omega L}$ ④ $\dfrac{1}{2\sqrt{LC}}$

해설

$\begin{bmatrix} A & B \\ C & D \end{bmatrix} = \begin{bmatrix} 1 & \dfrac{1}{j\omega C} \\ 0 & 1 \end{bmatrix} \begin{bmatrix} 1 & 0 \\ \dfrac{1}{j\omega L} & 1 \end{bmatrix}$

$= \begin{bmatrix} 1 - \dfrac{1}{\omega^2 LC} & \dfrac{1}{j\omega C} \\ \dfrac{1}{j\omega L} & 1 \end{bmatrix}$

68 다음 회로에서 I를 구하면 몇 A인가?

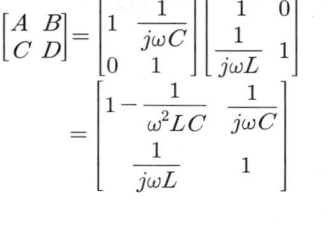

① 2   ② −2

③ −4   ④ 4

해설

• 전압원만 동작(전류원은 개방 시)

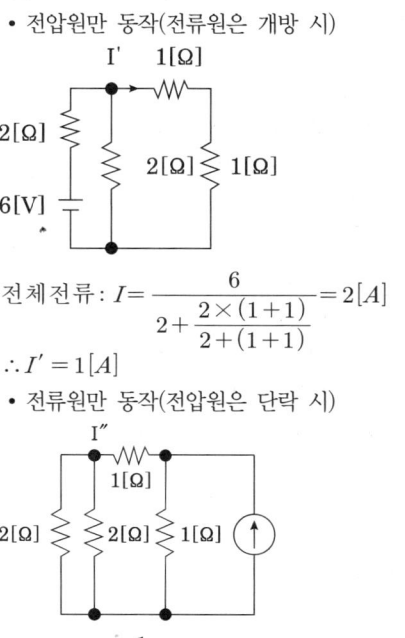

전체전류 : $I = \dfrac{6}{2 + \dfrac{2 \times (1+1)}{2 + (1+1)}} = 2[A]$

$\therefore I' = 1[A]$

• 전류원만 동작(전압원은 단락 시)

$I'' = \dfrac{1}{(1 + \dfrac{2 \times 2}{2+2}) + 1} \times 9 = 3[A]$

$\therefore$ 전전류 : $I = I' - I'' = 1 - 3 = -2[A]$

69 인덕턴스 L[H] 및 커패시턴스 C[F]를 직렬로 연결한 임피던스가 있다. 정저항 회로를 만들기 위하여 그림과 같이 L 및 C의 각각에 서로 같은 저항 R[Ω]을 병렬로 연결할 때 R[Ω]은 얼마인가?(단, L=4[mH], C=0.1[uF]이다.)

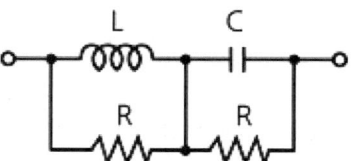

정답 **67** ② **68** ② **69** ②

① 100   ② 200

③ 2×10^{-5} ④ 0.2×10^{-2}

해설 그림에서 L의 임피던스를 Z_1, C의 임피던스를 Z_2라 두고, 이때 구동점 임피던스는

$$Z = \frac{RZ_1}{R+Z_1} + \frac{RZ_2}{R+Z_2}$$

$$= \frac{R\{Z_1(R+Z_2) + Z_2(R+Z_1)\}}{(R+Z_1)(R+Z_2)}$$

$$= \frac{R(Z_1R + Z_1Z_2 + Z_2R + Z_1Z_2)}{R^2 + Z_1R + Z_2R + Z_1Z_2}$$

$$= \frac{R(Z_1R + 2Z_1Z_2 + Z_2R)}{R^2 + Z_1R + Z_2R + Z_1Z_2}$$

정저항 회로 조건이 주파수에 무관하므로 Z를 주파수에 무관하게 되려면,

$$Z_1R + Z_2R + 2Z_1Z_2 = R^2 + Z_1R + Z_2R + Z_1Z_2$$

$$R^2 = Z_1Z_2 = j\omega L \times \frac{1}{j\omega C} = \frac{L}{C} \text{ 가 된다.}$$

$$\therefore R = \sqrt{\frac{L}{C}} = \sqrt{\frac{4 \times 10^{-3}}{0.1 \times 10^{-6}}} = 200\,[\Omega]$$

70 두 개의 회로망 N_1과 N_2가 있다. a–b단자, a'–b'단자 각각의 전압은 50[V], 30[V]이다. 또, 양단자에서 N_1, N_2를 본 임피던스가 15[Ω]과 25[Ω]이다. a–a', b–b'를 연결하면 이때 흐르는 전류는 몇 [A]인가?

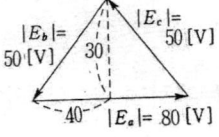

① 0.5   ② 1

③ 2   ④ 4

해설 두 개의 회로망 N_1과 N_2의 전압방향이 반대이므로,

$$I = \frac{V_1 + V_2}{Z_1 + Z_2} = \frac{50 + 30}{15 + 25} = 2\,[A]$$

71 다음과 같은 파형 v(t)를 단위계단 함수로 표시하면 어떻게 되는가?

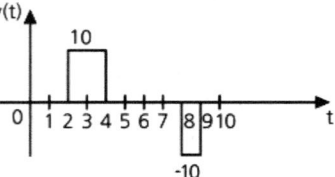

① $10u(t-2) + 10u(t-4) + 10u(t-8)$ $+ 10u(t-9)$

② $10u(t-2) - 10u(t-4) - 10u(t-8)$ $- 10u(t-9)$

③ $10u(t-2) - 10u(t-4) + 10u(t-8)$ $- 10u(t-9)$

④ $10u(t-2) - 10u(t-4) - 10u(t-8)$ $+ 10u(t-9)$

해설

$$v(t) = 10u(t-2) - 10u(t-4) - 10u(t-8)$$
$$+ 10u(t-9)$$

72 3상 회로의 선간전압이 각각 80[V], 50[V], 50[V]일 때 전압의 불평형률 [%]은?

① 39.6   ② 57.3

③ 73.6   ④ 86.7

해설

$$E_a = 80\,[V], \quad E_b = -40 - j30\,[V], \quad E_c = -40 + j30\,[V]$$

• 정상분 전압

$$E_1 = \frac{1}{3}(E_a + aE_b + a^2E_c)$$

$$= \frac{1}{3}\left\{ 80 + \left(-\frac{1}{2} + j\frac{\sqrt{3}}{2}\right)(-40 - j30) \right.$$

$$\left. + \left(-\frac{1}{2} - j\frac{\sqrt{3}}{2}\right)(-40 + j30) \right\}$$

$$= 57.32\,[V]$$

정답   70 ③   71 ④   72 ①

1164 · Part 3. 전기산업기사 기출문제

• 역상분 전압

$$E_2 = \frac{1}{3}(E_a + a^2 E_b + a E_c)$$

$$= \frac{1}{3}\left\{80 + \left(-\frac{1}{2} - j\frac{\sqrt{3}}{2}\right)(-40 - j30)\right.$$

$$\left. + \left(-\frac{1}{2} + j\frac{\sqrt{3}}{2}\right)(-40 + j30)\right\}$$

$$= 22.7\,[V]$$

$\therefore$ 전압의 불평형률 $= \dfrac{\text{역상분 전압}}{\text{정상분 전압}} \times 100\,[\%]$

$$= \frac{22.7}{57.32} \times 100 = 39.6\,[\%]$$

73 Y결선된 대칭 3상 회로에서 전원 한상의 전압이 $V_a = 220\sqrt{2}\sin\omega t\,[V]$일 때 선간전압의 실효값은 약 몇 [V]인가?

① 220   ② 310

③ 380   ④ 540

해설 Y결선이므로 선간전압 $= \sqrt{3} \times$ 상전압

$V_l = \sqrt{3} \times 220 = 381\,[V]$

$\left(\text{실효값} = \dfrac{\text{최대값}}{\sqrt{2}} = 220\,[V]\right)$

74 저항 R인 검류계 G에 그림과 같이 r_1인 저항을 병렬로, 또 r_2인 저항을 직렬로 접속하였을 때 A, B 단자 사이의 저항을 R과 같게 하고 또한 G에 흐르는 전류를 전 전류의 1/n로 하기 위한 $r_1[\Omega]$의 값은?

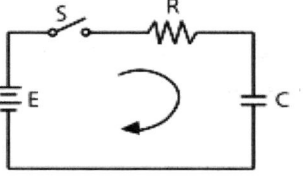

① $\dfrac{n-1}{R}$ ② $R\left(1 - \dfrac{1}{n}\right)$

③ $\dfrac{R}{n-1}$ ④ $R\left(1 + \dfrac{1}{n}\right)$

해설 전전류를 I[A], 검류계 G에 흐르는 전류를 I_G라 하면

$$I_G = \frac{r_1}{R + r_1} I \cdots\cdots \text{㉠}$$

문제에서 G에 흐르는 전류를 전 전류의 $\dfrac{1}{n}$로 하기위한 r_1의 값은

$$I_G = \frac{1}{n} I \cdots\cdots \text{㉡}$$

㉠=㉡, $\dfrac{r_1}{R + r_1} I = \dfrac{1}{n} I$

$$\therefore r_1 = \frac{R}{n-1}\,[\Omega]$$

$\left(\text{단, 보상용저항}: r_2 = R - \dfrac{R \cdot r_1}{R + r_1} = \dfrac{n-1}{n} R\right)$

75 저항 $R = 5000\,[\Omega]$, 정전용량 $C = 20\,[\mu F]$가 직렬로 접속된 회로에 일정전압 E=100[V]를 가하고 t=0에서 스위치를 넣을 때 콘덴서 단자전압 V[V]를 구하면?(단, t=0에서 콘덴서 전압은 0이다)

① $100(1 - e^{10t})$ ② $100e^{10t}$

③ $100(1 - e^{-10t})$ ④ $100e^{-10t}$

해설 $q = CE\left(1 - e^{-\frac{1}{RC}t}\right)[C]$

$\therefore v = \dfrac{q}{c} = E\left(1 - e^{-\frac{1}{RC}t}\right)$

$$= 100\left(1 - e^{-\frac{1}{5000 \times 20 \times 10^{-6}}t}\right)$$

$$= 100(1 - e^{-10t})\,[V]$$

정답   **73** ③   **74** ③   **75** ③

76 그림과 같이 T형 4단자 회로망의 A, B, C, D 파라미터 중 B값은?

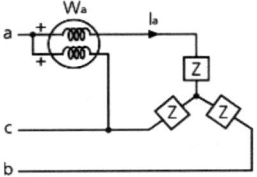

① $\dfrac{1}{Z_3}$ ② $1 + \dfrac{Z_1}{Z_3}$

③ $\dfrac{Z_3 + Z_2}{Z_3}$ ④ $\dfrac{Z_1 Z_2 + Z_2 Z_3 + Z_3 Z_1}{Z_3}$

해설
$$\begin{bmatrix} A & B \\ C & D \end{bmatrix} = \begin{bmatrix} 1 & Z_1 \\ 0 & 1 \end{bmatrix} \begin{bmatrix} 1 & 0 \\ \frac{1}{Z_3} & 1 \end{bmatrix} \begin{bmatrix} 1 & Z_2 \\ 0 & 1 \end{bmatrix}$$

$$= \begin{bmatrix} 1 + \dfrac{Z_1}{Z_3} & Z_2\left(1 + \dfrac{Z_1}{Z_3}\right) + Z_1 \\ \dfrac{1}{Z_3} & 1 + \dfrac{Z_2}{Z_3} \end{bmatrix}$$

$$\therefore B = Z_2\left(1 + \dfrac{Z_1}{Z_3}\right) + Z_1 = \dfrac{Z_1 Z_2 + Z_2 Z_3 + Z_3 Z_1}{Z_3}$$

77 휘스톤 브리지에서 R_L에 흐르는 전류(I)는 약 몇인가?

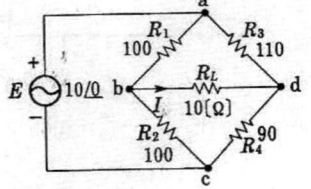

① 2.28   ② 4.57
③ 7.84   ④ 22.8

해설

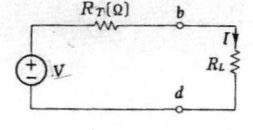

테브난 정리를 이용하여 b, d 개방
$$V_b = \frac{100}{100 + 100} \times 10 = 5\,[V]$$
$$V_d = \frac{110}{110 + 90} \times 10 = 4.5\,[V]$$
$$V = V_b - V_d = 5 - 4.5 = 0.5\,[V]$$
테브난 등가 저항(전압원 단락)
$$R_T = \frac{100 \times 100}{100 + 100} + \frac{110 \times 90}{110 + 90} = 99.5\,[\Omega]$$
$$\therefore I = \frac{V}{R_T + R_L} = \frac{0.5}{99.5 + 10} \times 10^3 = 4.57\,[mA]$$

78 그림은 상순이 a–b–c인 3상 대칭회로이다. 선간전압이 220[V]이고 부하 한상의 임피던스가 $100\angle 60°\,[\Omega]$일 때 전력계 W_a의 지시값 [W]은?

① 242   ② 386
③ 419   ④ 484

해설 전력계의 지시값을 W_a라 하면
전원 및 부하가 대칭이므로
$$V_{ab} = V_{bc} = V_{ca} = V, \quad I_a = I_b = I_c = I \ 일 때$$
소비전력은,
$$P = 2W = \sqrt{3}\,VI$$
$$\therefore W_a = \frac{\sqrt{3}}{2} VI = \frac{\sqrt{3}}{2} \times 220 \times \frac{220/\sqrt{3}}{100} = 242\,[W]$$

79 C[F]인 콘덴서에 q[C]의 전하를 충전하였더니 C의 양단 전압이 e[V]이었다. C에 저장된 에너지는 몇 [J]인가?

① qe ② Ce
③ $\dfrac{1}{2}Cq^2$ ④ $\dfrac{1}{2}Ce^2$

정답 **76** ④ **77** ② **78** ① **79** ④

80 비정현파에 있어서 정현 대칭의 조건은?

① $f(t) = f(-t)$ ② $f(t) = -f(t)$

③ $f(t) = -f(t+\pi)$ ④ $f(t) = -f(-t)$

해설

- 반파대칭 : $f(t) = -f\left(t + \dfrac{T}{2}\right)$
- 정현대칭 : $f(t) = -f(-t)$
- 여현대칭 : $f(t) = f(-t)$

제5과목 : 전기설비기술기준 및 판단기준

81 과전류 차단기를 시설할 수 있는 곳은?

① 접지 공사의 접지선

② 다선식 전로의 중성선

③ 단상 3선식 전로의 저압측 전선

④ 접지공사를 한 저압 가공전선로의 접지측 전선

해설 과전류 차단기의 시설제한

㉠ 접지공사의 접지선

㉡ 다선식 전로의 중성선

㉢ 제2종 접지공사를 한 저압 가공전선로의 접지측 전선

82 계통 연계하는 분산형 전원을 설치하는 경우에 이상 또는 고장 발생 시 자동적으로 분산형 전원을 전력계통으로부터 분리하기 위한 장치를 시설해야 하는 경우가 아닌 것은?

① 역률 저하 상태

② 단독 운전 상태

③ 분산형 전원의 이상 또는 고장

④ 연계한 전력 계통의 이상 또는 고장

해설 제11조(분리장치)

㉠ 접속점에는 접근이 용이하고 잠금이 가능하며 개방 상태로 육안으로 확인할 수 있는 분리장치를 설치 하여야 한다.

㉡ 분산형 전원이 특고압 한전계통에 연계되는 경우 ㉠항에 의한 분리장치는 연계용량에 관계없이 전압, 전류감시기능, 고장표시(FI; Fault Indication)기 능 등을 구비한 자동개폐기를 설치하여야 한다.

83 호텔 또는 여관 각 객실의 입구등을 설치할 경우 몇 분 이내에 소등되는 타임 스위치를 시설해야 하는가?

① 1   ② 2

③ 3   ④ 10

해설 일반주택 및 아파트 각 호실의 현관등은 3분 이 내 소등

84 특고압 가공 전선로의 지지물 양쪽의 경간의 차가 큰 곳에 사용되는 철탑은?

① 내장형 철탑   ② 인류형 철탑

③ 각도형 철탑   ④ 보강형 철탑

해설 특고압 가공전선로의 지지물로 사용하는 B종 철주, B종 철근콘크리트주 또는 철탑의 종류

㉠ 직선형 : 전선로의 직선부분(3도 이하인 수평 각도를 이루는 곳을 포함한다)에 사용하는 것. 다만, 내 장형 및 보강형에 속하는 것을 제외

㉡ 각도형 : 전선로 중 3도를 넘는 수평 각도를 이루는 곳에 사용하는 것

㉢ 인류형 : 전가섭선을 인류하는 곳에 사용하는 것

㉣ 내장형 : 전선로의 지지물 양쪽의 경간의 차가 큰 곳에 사용하는 것

㉤ 보강형 : 전선로의 직선 부분에 그 보강을 위하여 사용하는 것

85 고압 가공전선 상호간이 접근 또는 교차하여 시설되는 경우, 고압 가공전선 상호간의 이격거리는 몇 [cm] 이상이어야 하는가? (단, 고압 가공전선은 모두 케이블이 아니라고 한다)

정답   80 ④   81 ③   82 ①   83 ①   84 ①   85 ④

① 50   ② 60

③ 70   ④ 80

해설 고압 가공전선 상호간이 접근 또는 교차하여 시설되는 경우 고압가공전선 상호간의 이격거리 : 80[cm] 이상(단, 고압 가공전선 모두가 케이블인 경우는 40[cm] 이상)

86 전기설비 기술기준의 안전원칙에 관계없는 것은?

① 에너지 절약 등에 지장을 주지 아니하도록 할 것

② 사람이나 다른 물체에 위해 손상을 주지 않도록 할 것

③ 기기의 오동작에 의한 전기 공급에 지장을 주지 않도록 할 것

④ 다른 전기설비의 기능에 전기적 또는 자기적인 장해를 주지 아니하도록 할 것

87 철탑의 강도 계산에 사용하는 이상 시 상정하중의 종류가 아닌 것은?

① 수직하중   ② 좌굴하중

③ 수평 횡하중   ④ 수평 종하중

88 타냉식 특고압용 변압기에는 냉각장치에 고장이 생긴 경우를 대비하여 어떤 장치를 하여야 하는가?

① 경보장치   ② 속도 조정장치

③ 온도 시험 장치   ④ 냉매 흐름 장치

해설 특고압용 변압기의 보호장치

뱅크용량의 구분	동작조건	장치의 종류
5,000[kVA] 이상 10,000[kVA] 미만	변압기 내부고장	자동차단장치 또는 경보장치
10,000[kVA] 이상	변압기 내부고장	자동차단장치
타냉식변압기(변압기의 권선 및 철심을 직접 냉각시키기 위하여 봉입한 냉매를 강제 순환시키는 냉각방식을 말한다.)	냉각장치에 고장이 생긴 경우 또는 변압기의 온도가 현저히 상승한 경우	경보장치

89 저압 옥내배선에 사용하는 연동선의 최소 굵기는 몇 $[mm^2]$ 이상인가?

① 1.5   ② 2.5

③ 4.0   ④ 6.0

90 고압 가공전선이 철도를 횡단하는 경우, 레일면상에서 몇 [m] 이상으로 유지되어야 하는가?

① 5.5   ② 6

③ 6.5   ④ 7.0

해설 저고압 가공전선의 최소높이

㉠ 도로 횡단하는 경우 : 지표상 6[m] 이상

㉡ 철도를 횡단하는 경우 : 레일면상 6.5[m] 이상

㉢ 횡단보교 위에 시설하는 경우
 저압 : 3.5[m](절연전선, 케이블 : 3[m] 이상)

㉣ 일반장소 : 지표상 5[m](저압으로 교통에 지장이 없는 경우 : 4[m] 이상)

정답   86 ①   87 ②   88 ①   89 ②   90 ③

91 저압 옥내배선의 사용전압이 220[V]인 출퇴 표시등 회로를 금속관 공사에 의하여 시공하였다. 여기에 사용되는 배선은 단면적이 몇 $[mm^2]$ 이상의 연동선을 사용하여도 되는가?

① 1.5　　　　② 2.0

③ 2.5　　　　④ 3.0

92 가로등, 경기장, 공장, 아파트 단지 등의 일반조명을 위하여 시설하는 고압 방전등은 그 효율이 몇 $[lm/W]$이상의 것이어야 하는가?

① 30　　　　② 50

③ 70　　　　④ 100

93 전력보안 통신설비로 무선용 안테나등의 시설에 관한 설명으로 옳은 것은?

① 항상 가공전선로의 지지물에 시설한다.

② 피뢰침 설비가 불가능한 개소에 시설한다.

③ 접지와 공용으로 사용할 수 있도록 시설한다.

④ 전선로의 주위 상태를 감시할 목적으로 시설한다.

94 금속제 외함을 가진 저압의 기계기구로서 사람이 쉽게 접촉할 우려가 있는 곳에 시설하고 전기를 공급하는 전로에 지락이 생겼을 때에 자동적으로 차단하는 장치를 설치하여야 한다. 사용전압이 몇 [V]를 초과하는 기계기구의 경우인가?

① 252　　　　② 30

③ 50　　　　④ 60

95 특고압 가공전선이 건조물과 1차 접근상태로 시설되는 경우를 설명한 것 중 틀린 것은?

① 상부 조영재와 위쪽으로 접근 시 케이블을 사용하면 1.2[m] 이상 이격거리를 두어야 한다.

② 상부 조영재와 옆쪽으로 접근 시 특고압 절연전선을 사용하면 1.5[m] 이상 이격거리를 두어야 한다.

③ 상부 조영재와 아래쪽으로 접근 시 특고압 절연전선을 사용하면 1.5[m] 이상 이격거리를 두어야 한다.

④ 상부 조영재와 위쪽으로 접근 시 특고압 절연전선을 사용하면 2.0[m] 이상 이격거리를 두어야 한다.

해설 특고 가공전선이 건조물과 제1차 접근상태로 시설되는 경우
㉠ 특고가공전선로는 제3종 특고보안공사에 의할 것
㉡ 35[kV] 이하인 가공전선과 건조물의 조영재 사이의 이격거리
　• 상부 조영재 : 위쪽 2.5[m](케이블 : 1.2[m]) 이상 옆쪽, 아래쪽 1.5[m](사람이 접촉할 우려가 없을 때 : 1[m] 이상)
　• 기타 조영재 : 1.5[m](사람이 접촉할 우려가 없을 때 : 1[m] 이상)

96 특고압 가공전선이 삭도와 제2차 접근상태로 시설할 경우 특고압 가공전선로에 적용하는 보안공사는?

① 고압 보안공사

② 제1종 특고압 보안공사

③ 제2종 특고압 보안공사

④ 제3종 특고압 보안공사

정답　**91** ①　**92** ③　**93** ④　**94** ④　**95** ④　**96** ③

해설
- 삭도와 제1차 접근상태로 시설 : 제3종 특고압 보안 공사
- 삭도와 제2차 접근상태로 시설 : 제2종 특고압 보안공사

97 가공 전선로의 지지물에 취급자가 오르고 내리는데 사용하는 발판 볼트 등은 지표상 몇 [m] 미만에 시설하면 안 되는가?

① 1.2
② 1.8
③ 2.2
④ 2.5

98 합성수지관 공사 시 관 상호간 및 박스와의 접속은 관에 삽입하는 깊이를 관 바깥지름의 몇 배 이상으로 하여야 하는가?(단, 접착제를 사용하지 않는 경우이다.)

① 0.5
② 0.8
③ 1.2
④ 1.5

해설 합성수지관 공사
㉠ 전선은 절연전선일 것(OW 제외), 다만, 단소한관에 넣은 것 또는 공칭 단면적 $10[mm^2](Al\,16\,[mm^2])$ 이하 것을 사용 할 시는 단선으로 사용할 수 있음
㉡ 관상호 및 관과 박스와는 관의 삽입하는 깊이를 관 바깥지름의 1.2배(접착제를 사용하는 경우 0.8배) 이상
㉢ 관의 지지점간의 거리는 1.5[m] 이하

99 가반형의 용접전극을 사용하는 아크 용접장치의 용접 변압기 1차측 전로의 대지전압은 몇 [V] 이하이어야 하는가?

① 220
② 300
③ 380
④ 440

100 고저압 혼촉에 의한 위험방지 시설로 가공 공동지선을 설치하여 시설하는 경우에 각 접지선을 가공 공동지선으로부터 분리하였을 경우의 각 접지선과 대지간의 전기저항값은 몇 [Ω] 이하로 하여야 하는가?

① 75
② 150
③ 300
④ 600

해설 각 접지선을 가공 공동지선으로 분리하였을 경우에는 각 접지선과 대지간의 전기 저항값은 300[Ω] 이하로 할 것

정답 **97** ② **98** ③ **99** ② **100** ③

국가기술자격검정 필기시험문제

2016년도 산업기사 제3회 필기시험(산업기사)

자격종목 및 등급(선택분야)	종목코드	시험시간	문제지형별	수검번호	성명
전기산업기사		2시간 30분	B		

※ 시험문제지는 답안카드와 같이 반드시 제출하여야 합니다.

제1과목 : 전기자기학

01 환상철심을 감은 코일에 5[A]의 전류를 흘려 2000[AT]의 기자력을 발생시키고자 한다면, 코일의 권수는 몇 회로 하면 되는가?

① 100회
② 200회
③ 300회
④ 400회

해설 $F = NI$, ∴ $N = \dfrac{2000}{5} = 400$회

02 임의의 점의 전계가 $E = iE_x + jE_y + kE_z$로 표시되었을 때, $\dfrac{\partial E_x}{\partial x} + \dfrac{\partial E_y}{\partial y} + \dfrac{\partial E_z}{\partial z}$와 같은 의미를 갖는 것은?

① $\nabla \times E$
② $\nabla^2 E$
③ $\nabla \cdot E$
④ $grad\ |E|$

해설

$$\triangle \cdot E = (i\frac{\partial}{\partial x} + j\frac{\partial}{\partial y} + k\frac{\partial}{\partial z}) \cdot (iE_x + jE_y + kE_z)$$
$$= \frac{\partial E_x}{\partial x} + \frac{\partial E_y}{\partial y} + \frac{\partial E_z}{\partial z} = div\,E$$

03 도체의 저항에 관한 설명으로 옳은 것은?

① 도체의 단면적에 비례한다.
② 도체의 길이에 반비례한다.
③ 저항률이 클수록 저항은 작아진다.
④ 온도가 올라가면 저항값이 증가한다.

해설

• 도체의 저항은

$$R = \rho \frac{l}{S}\,[\Omega]$$

ρ : 고유저항[Ω/m · mm²]
l : 도선의 길이[m]
S : 단면적[mm²]

• 온도 변화에 대한 저항의 특성

$$R_T = R_t\{1 + \alpha_t(T - t)\}[\Omega]$$

여기서, $\alpha_t : t[℃]$일 때의 온도계수,

$\alpha_0 : 0[℃]$일 때의 온도계수$(= \dfrac{1}{234.5})$

$$\alpha_t = \frac{\alpha_0}{1 + \alpha_0 t}$$

그러므로, 온도가 올라가면 저항 값도 증가한다.

04 x축 상에서 x=1[m], 3[m], 4[m]인 각 점에 2[nC], 4[nC], 6[nC], 8[nC]의 점전하가 존재할 때 이들에 의하여 전계 내에 저장되는 정전에너지는 몇 [nJ]인가?

① 483
② 644
③ 725
④ 966

해설 중첩의 정리로 풀이하면

$$V_1 = \sum_i \frac{Q_i}{4\pi\epsilon_0 r_i} = \frac{1}{4\pi\epsilon_0}(\frac{4}{1} + \frac{6}{2} + \frac{8}{3}) \times 10^{-6}$$
$$= 87[kV]$$

정답 **01** ④　**02** ③　**03** ④　**04** ④

2016년도 산업기사 제3회 필기시험(산업기사) • **1171**

$$V_2 = \frac{1}{4\pi\epsilon_0}\left(\frac{2}{1} + \frac{6}{1} + \frac{8}{2}\right) \times 10^{-6} = 108\,[kV]$$

$$V_3 = \frac{1}{4\pi\epsilon_0}\left(\frac{2}{2} + \frac{4}{1} + \frac{8}{1}\right) \times 10^{-6} = 117\,[kV]$$

$$V_4 = \frac{1}{4\pi\epsilon_0}\left(\frac{2}{3} + \frac{4}{2} + \frac{6}{1}\right) \times 10^{-6} = 78\,[kV]$$

그러므로, 전체 축적에너지는

$$W = \sum \frac{1}{2}Q_i V_i = \frac{1}{2}(Q_1 V_1 + Q_2 V_2 + Q_3 V_3)$$
$$= \frac{1}{2}(2 \times 87 + 4 \times 108 + 6 \times 117 + 8 \times 78)$$
$$= 966\,[nJ]$$

05 진공 중에 $10^{-10}[C]$의 점전하가 있을 때 전하에서 2[m] 떨어진 점의 전계는 몇 [V/m]인가?

① 2.25×10^{-1} ② 4.50×10^{-1}

③ 2.25×10^{-2} ④ 4.50×10^{-2}

해설 $E = \dfrac{Q}{4\pi\epsilon_0 r^2} = 9 \times 10^9 \times \dfrac{10^{-10}}{2^2}$

$0.225\,[V/m] = 2.25 \times 10^{-1}\,[V/m]$

06 유전체 내의 전계 E와 분극의 세기 P의 관계식은?

① $P = \epsilon_0(\epsilon_s - 1)E$ ② $P = \epsilon_s(\epsilon_0 - 1)E$

③ $P = \epsilon_0(\epsilon_s + 1)E$ ④ $P = \epsilon_s(\epsilon_0 + 1)E$

해설 $E = \dfrac{\sigma - \sigma_0}{\epsilon_0} = \dfrac{D - P}{\epsilon_0}\,[V/m]$

$D = \epsilon_0 E + P = \epsilon_0 \epsilon_s E\,[C/m^2]$

$\therefore P = \epsilon_0(\epsilon_s - 1)E\,[C/m^2]$

07 일반적으로 도체를 관통하는 자속이 변화하거나 또는 자속과 도체가 상대적으로 운동하여 도체 내의 자속이 시간적으로 변화를 일으키면, 이 변화를 막기 위하여 도체 내에 국부적으로 형성되는 임의의 폐회로를 따라 전류가 유기되는데 이 전류를 무엇이라 하는가?

① 변위전류 ② 대칭전류

③ 와전류 ④ 도전전류

해설
- 변위전류 : 평행판 커패시터에 직류전원을 연결하면 평행판 커패시터에 전하가 최대로 들어갈 때까지 전류가 흐른다.(극히 짧은 시간) 전류를 흐르게 하는 전선이 커패시터에서 끊어져 있지만, 전하가 저장되는 동안 전류가 흐르는 것이 마치 회로를 통해 전류가 흐르는 것과 같고, 평행판 커패시터 사이에서는 전기장이 증가하며, 이 과정이 전류를 흐르게 하는 효과와 같아 이것을 변위전류라 한다.
- 대칭전류 : 교류 성분만을 표시하는 대칭 단락전류의 실효값을 말한다.
- 도전전류 : 외부 에너지에 의해 만들어진 전도전자의 흐름에 의한 물체 내 전하의 연속적인 운동

08 철심이 들어있는 환상코일이 있다. 1차 코일이 권선수 $N_1 = 100$회일 때 자기인덕턴스는 0.01[H]였다. 이 철심에 2차 코일 $N_2 = 200$회를 감았을 때 1차, 2차 코일의 상호인덕턴스는 몇 [H]인가?(단, 이 경우 결합계수 $k = 1$로 한다)

① 0.01 ② 0.02

③ 0.03 ④ 0.04

해설 자기저항을 R_m이라 할 때 자기 인덕턴스는,

$$L_1 = \frac{N_1^2}{R_m}, \qquad L_2 = \frac{N_2^2}{R_m}$$

상호 인덕턴스는,

$$M = \frac{N_1 N_2}{R_m}\,[H]\text{이다.}$$

$$R_m = \frac{N_1^2}{L_1} = \frac{N_1 N_2}{M}\,[H]$$

$$\therefore M = \frac{N_2}{N_1}L_1 = \frac{200}{100} \times 0.01 = 0.02\,[H]$$

정답 **05** ① **06** ① **07** ③ **08** ②

1172 • Part 3. 전기산업기사 기출문제

09 정전용량 5[μF]인 콘덴서를 200[V]로 충전하여 자기인덕턴스 20[mH], 저항 0[Ω]인 코일을 통해 방전할 때 생기는 전기진동 주파수는 약 몇 [Hz]인가?

① 50[Hz], 1[J] ② 500[Hz], 0.1[J]

③ 500[Hz], 1[J] ④ 5000[Hz], 0.1[J]

해설

• 방전할 때 생기는 전기 진동주파수는

$$f = \frac{1}{2\pi\sqrt{LC}} = \frac{1}{2\pi\sqrt{20 \times 10^{-3} \times 5 \times 10^{-6}}}$$
$$= 503.29[Hz]$$

• 코일에 축적되는 에너지는

$$W_L = \frac{1}{2}LI^2 = \frac{1}{2}L\left(\frac{E}{\omega L}\right)^2$$
$$= \frac{1}{2} \times 20 \times 10^{-3} \times \left(\frac{200}{2\pi \times 503.29 \times 20 \times 10^{-3}}\right)^2$$
$$= 0.1[J]$$

10 내압과 용량이 각각 200[V] 5[μF], 300[V] 4[μF], 400[V] 3[μF], 500[V] 3[μF]인 4개의 콘덴서를 직렬 연결하고 양단에 직류전압을 가하여 전압을 서서히 상승시키면 최초로 파괴되는 콘덴서는?(단, 콘덴서의 재질이나 형태는 동일하다)

① 200[V] 5[μF] ② 300[V] 4[μF]

③ 400[V] 3[μF] ④ 500[V] 3[μF]

해설

• 각 콘덴서에 걸리는 전압의 비는

$$V_1 : V_2 : V_3 : V_4 = \frac{1}{5} : \frac{1}{4} : \frac{1}{3} : \frac{1}{3} = 12 : 15 : 20 : 20$$

• 전체의 전압은

$$V = V_1 + V_2 + V_3 + V_4 = 200 + 300 + 400 + 500$$
$$= 1400[V]$$

$$\therefore V_1 = \frac{12}{67}V = \frac{12}{67} \times 1400 = 250.75[V]$$

$$V_2 = \frac{15}{67}V = \frac{15}{67} \times 1400 = 313.43[V]$$

$$V_3 = \frac{20}{67}V = \frac{20}{67} \times 1400 = 417.91[V]$$

$$V_4 = \frac{20}{67}V = \frac{20}{67} \times 1400 = 417.91[V]$$

따라서, 200[V], 5[μF] 콘덴서에 걸리는 전압이 250.75[V]이므로 제일 먼저 파괴되며, 이때 양단에 가해지는 전압은

$$V_1' = \frac{67}{12}V_1 = \frac{67}{12} \times 250.75 = 1116.67[V] 가 된다.$$

11 무한히 넓은 2개의 평행 도체판의 간격이 d[m]이며 그 전위차는 V[V]이다. 도체판의 단위면적에 작용하는 힘은 몇 [N/m²]인가?

① $\epsilon_0\left(\dfrac{V}{d}\right)^2$ ② $\dfrac{1}{2}\epsilon_0\left(\dfrac{V}{d}\right)^2$

③ $\dfrac{1}{2}\epsilon_0\left(\dfrac{V}{d}\right)$ ④ $\epsilon_0\left(\dfrac{V}{d}\right)$

해설 유전체 중의 도체표면에 작용하는 힘은

$$f = \frac{1}{2}\epsilon E^2 = \frac{1}{2}DE = \frac{1}{2}\sigma E^2 = \frac{\sigma^2}{2\epsilon}[N/m^2]$$

$$\therefore f = \frac{1}{2}\epsilon_0 E^2 = \frac{1}{2}\epsilon_0\left(\frac{V}{d}\right)^2 [N/m^2]$$

12 내경 a[m], 외경 b[m]인 동심구 콘덴서의 내구를 접지했을 때의 정전용량은 몇 [F]인가?

① $4\pi\epsilon_0\dfrac{b^2}{b-a}$ ② $4\pi\epsilon_0\dfrac{a^2}{b-a}$

③ $4\pi\epsilon_0\dfrac{ab}{b-a}$ ④ $4\pi\epsilon_0\dfrac{b-a}{ab}$

해설

• 동심구도체(외구접지 시)

$$C = \frac{Q}{V_{ab}} = \frac{4\pi\epsilon_0 ab}{b-a}[F]$$

• 동심구도체(내구접지 시)

$$C = \frac{4\pi\epsilon_0 ab}{b-a} + 4\pi\epsilon_0 b(독립구도체)$$

$$= 4\pi\epsilon_0\left(\frac{ab}{b-a} + b\right) = 4\pi\epsilon_0\frac{b^2}{b-a}[F]$$

정답 09 ② 10 ① 11 ② 12 ①

13 직류 500[V]절연저항계로 절연저항을 측정하니 2[$M\Omega$]가 되었다면 누설전류는 [μA]는?

① 25   ② 250

③ 1000   ④ 1250

해설 $I = \dfrac{V}{R} = \dfrac{500}{2 \times 10^6} \times 10^6 = 250[\mu A]$

14 평등 자계 내에 놓여 있는 전류가 흐르는 직선도선이 받는 힘에 대한 설명 중 틀린 것은?

① 힘은 전류에 비례한다.

② 힘은 자장의 세기에 비례한다.

③ 힘은 도선의 길이에 반비례한다.

④ 힘은 전류의 방향과 자장의 방향 사이각의 정현에 관계된다.

해설 $F = IBl \sin\theta = I\mu_0 Hl \sin\theta [N]$

15 그림과 같이 진공 중에 자극면적이 2[cm^2]간격이 0.1[cm]인 자성체 내에서 포화자속밀도가 2[Wb/m^2]일 때 두 자극면 사이에 작용하는 힘의 크기는 약 몇 [N]인가?

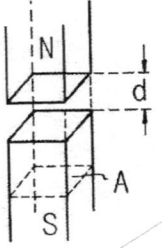

① 53   ② 106

③ 159   ④ 318

해설 $F = \dfrac{B^2 A}{2\mu_0} = \dfrac{2^2 \times 2 \times 10^{-4}}{2 \times 4\pi \times 10^{-7}} = 318.31[N]$

16 지름이 2[m]인 구도체의 표면전계가 5[kV/mm]일 때 이 구도체의 표면에서의 전위는 몇 [kV]인가?

① 1×10^3 ② 2×10^3

③ 5×10^3 ④ 1×10^4

해설 $V = Er = 5 \times 10^3 \times 1 = 5 \times 10^3 [kV]$

17 전류가 흐르고 있는 무한 직선도체로부터 2[m]만큼 떨어진 자유공간에 P점의 자계의 세기가 $\dfrac{4}{\pi}[AT/m]$일 때, 이 도체에 흐르는 전류는 몇 [A]인가?

① 2   ② 4

③ 8   ④ 16

해설 무한장 직선전류

$H_i = \dfrac{I_r}{2\pi a^2}(r \le a)[AT/m]$

$H_e = \dfrac{I}{2\pi r}(r \ge a)[AT/m]$

그러므로, $H_e = \dfrac{I}{2\pi r}$ 에서, $\dfrac{4}{\pi} = \dfrac{I}{2\pi \times 2}$

$\therefore I = 16[A]$

18 다음 내용은 어떤 법칙을 설명한 것인가?

> 유도 기전력의 크기는 코일 속을 쇄교하는 자속의 시간적 변화율에 비례한다.

① 쿨롱의 법칙   ② 가우스의 법칙

③ 맥스웰의 법칙   ④ 패러데이의 법칙

19 공기콘덴서의 극판 사이에 비유전율 ϵ_s의 유전체를 채운 경우, 동일 전위차에 대한 극판 간의 전하량은?

① $\dfrac{1}{\epsilon}$로 감소   ② ϵ_s배로 증가

③ $\pi\epsilon_s$배로 증가   ④ 불변

정답   **13** ②   **14** ③   **15** ④   **16** ③   **17** ④   **18** ④   **19** ②

해설

- $Q = CV = \epsilon_0 C_0 V = \epsilon_0 Q_0$ 가 되므로 ϵ_s 배로 증가한다.
- $Q = CV$에서 동일 전위차 일 때는 Q는 C에 비례, 용량 C는 유전율에 비례하므로, ϵ_s 배로 증가한다.

20 유전체 내에 흐르는 전도전류 i_σ와 변위전류 i_d를 갖게 하는 주파수를 임계주파수 f_c, 임의의 주파수를 f라 할 때 유전손실 $\tan\delta$는?

① $\dfrac{f_c}{2f}$ ② $\dfrac{f}{2f_c}$

③ $\dfrac{f_c}{f}$ ④ $\dfrac{f}{f_c}$

해설 유전체에서 도전율을 k, 유전율을 ϵ, 전압 $e = E_m \sin\omega t[V]$를 가한 부분의 면적을 $S[m^2]$, 길이를 $l[m]$라 할 때 이 부분의 저항은,

$R = \dfrac{l}{kS}[\Omega]$이 된다.

이때 전도전류는

$i_c = \dfrac{e}{R} = \dfrac{E_m \sin\omega t}{R} = \dfrac{kSE_m \sin\omega t}{l}[A]$

전계 $E = \dfrac{e}{l}$이고,

$D = \epsilon E = \epsilon \dfrac{e}{l} = \epsilon \dfrac{E_m \sin\omega t}{l}$

이때 변위전류는,

$i_d = S\dfrac{\partial D}{\partial t} = S\dfrac{\partial}{\partial t}(\dfrac{\epsilon E_m \sin\omega t}{l}) = \dfrac{S\omega\epsilon E_m}{l}\cos\omega t$

$= \dfrac{S\omega\epsilon E_m}{l}\sin(\omega t + \dfrac{\pi}{2})[A]$

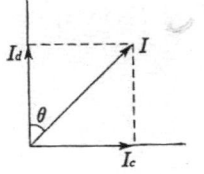

그림과 같은 벡터도에서 $\tan\theta$를 유전체 손실각이라 한다.

문제에서 $|i_c| = |i_d|$가 같아지는 주파수를 f_c라 했으므로,

$|i_c| = \dfrac{kSE_m}{l}$, $|i_d| = \dfrac{\omega\epsilon SE_m}{l}$

$\therefore |i_c| = |i_d|$

$\dfrac{kSE_m}{l} = \dfrac{2\pi f_c \epsilon SE_m}{l}$

$\therefore f_c = \dfrac{k}{2\pi\epsilon}[Hz]$

이때 $\tan\theta = \dfrac{|i_c|}{|i_d|} = \dfrac{k}{\omega\epsilon} = \dfrac{k}{2\pi f\epsilon} = \dfrac{f_c}{f}$가 된다.

제2과목 : 전력공학

21 송전선로에 충전전류가 흐르면 수전단 전압이 송전단 전압보다 높아지는 현상과 이 현상의 발생 원인으로 가장 옳은 것은?

① 페란티 효과, 선로의 인덕턴스 때문
② 페란티 효과, 선로의 정전용량 때문
③ 근접 효과, 선로의 인덕턴스 때문
④ 근접 효과, 선로의 정전용량 때문

해설 페란티 효과 : 선로의 정전용량으로 인해서 송전선로에 충전전류가 흘러서 수전단 전압이 송전단 전압보다 높아지는 현상

22 전력선에 의한 통신선로의 전자유도 장해의 발생 요인은 주로 무엇 때문인가?

① 영상전류가 흘러서
② 부하전류가 크므로
③ 상호 정전용량이 크므로
④ 전력선의 교차가 불충분하여

해설

- 정전유도 장해 : 상호 정전용량의 불평형이 되면서 통신선로에 유도전압(영상전압)이 유기되어 통신기기에 유도전류가 흐르게 되면서 생기는 장해

정답 **20** ③ **21** ② **22** ①

2016년도 산업기사 제3회 필기시험(산업기사) • **1175**

- 전자유도 장해 : 상호인덕턴스에 의한 기유도 전류 (영상전류)가 흘러 유기기전력이 발생되어 통신선에 장해를 주는 현상

23 취수구에 제수문을 설치하는 목적은?

① 유량을 조정한다.　② 모래를 배제한다.
③ 낙차를 높인다.　④ 홍수위를 낮춘다.

해설 제수문 : 취수구에 취수량을 조절하고 물의 유입을 단절하는 목적

24 양수량 $Q[m^3/s]$, 총 양정 $H[m]$, 펌프 효율 η인 경우 양수펌프용 전동기의 출력 $P[kW]$는?

① $k\dfrac{Q^2H^2}{\eta}$　　② $k\dfrac{Q^2H}{\eta}$

③ $k\dfrac{QH^2}{\eta}$　　④ $k\dfrac{QH}{\eta}$

해설 양수펌프용 전동기의 출력은

$P = \dfrac{9.8\,QH}{\eta}[kW]$ 에서, 비례상수 : $k = 9.8$

$\therefore P = k\dfrac{QH}{\eta}[kW]$

25 고압 수전설비를 구성하는 기기로 볼 수 없는 것은?

① 변압기　　② 변류기
③ 복수기　　④ 과전류 계전기

해설 복수기 : 터빈에서 배기되는 증기를 용기 내로 도입하여 물로 냉각하면 증기는 응결되고 용기내부는 진공이 되며, 증기를 저압까지 팽창시킬 수 있다. 이렇게 하면 전체의 열 낙차를 증가시키고, 증기터빈의 열효율을 높일 수 있는 목적으로 사용되는 설비이다.

26 공통 중성선 다중접지 3상 4선식 배전선로에서 고압측(1차측) 중성선과 저압측(2차측) 중성선을 전기적으로 연결하는 목적은?

① 저압측 단락사고를 검출하기 위함
② 저압측 접지사고를 검출하기 위함
③ 주상변압기의 중성선측 부싱(Bushing)을 생략하기 위함
④ 고저압 혼촉 시 수용가에 침입하는 상승전압을 억제하기 위함

해설 고 · 저압측 중성선을 전기적으로 연결하지 않으면, 고 · 저압 혼촉 시에 고압측 전압이 저압 측을 통해서 수용가에 침입하여 전압상승을 가져온다.

27 차단기의 정격차단에 대한 정의로써 옳은 것은?

① 고장 발생부터 소호까지의 시간
② 트립 코일 여자부터 소호까지의 시간
③ 가동접촉자 개극부터 소호까지의 시간
④ 가동접촉자 시동부터 소호까지의 시간

해설
- 정격차단시간 : 트립 코일 여자로부터 소호까지의 시간을 말한다.
- 차단시간 : 개극시간과 아크시간을 합친 것으로 3 ~8사이클을 말한다.

28 154/22.9[kV], 40[MVA] 3상변압기의 %리액턴스가 14[%]라면 고압측으로 환산한 리액터는 약 몇 [Ω]인가?

① 95　　② 83
③ 75　　④ 61

해설 $\%X = \dfrac{PX}{10\,V^2}[\%]$ 에서,

$X = \dfrac{14 \times 10 \times 154^2}{40 \times 10^3} = 83.01[\Omega]$

정답　23 ①　24 ④　25 ③　26 ④　27 ②　28 ②

29 보호계전기의 기본 기능이 아닌 것은?

① 확실성   ② 선택성

③ 유동성   ④ 신속성

해설 보호계전기의 기본기능

㉠ 확실성   ㉡ 선택성   ㉢ 신속성

㉣ 경제성   ㉤ 취급의 용이성

30 $6[kV]$급의 소내 전력 공급용 차단기로써 현재 가장 많이 채택하는 것은?

① OCB   ② GCB

③ VCB   ④ ABB

해설 진공차단기(VCB) : 고진공상태의 용기 속에서 대기의 수 배, 절연유의 2배 이상의 절연내력이 얻어지는 방식으로 공칭전압 $30[kV]$ 이하 급에서 사용된다.

31 수용가 총합의 부하율은 각 수용가의 수용률 및 수용가 사이의 부등률이 변화할 때 어떻게 변하는가?

① 부등률과 수용률에 비례한다.

② 부등률에 비례하고 수용률에 반비례한다.

③ 수용률에 비례하고 부등률에 반비례한다.

④ 부등률과 수용률에 반비례한다.

해설 • 부하율 $= \dfrac{평균전력}{최대수용전력}$

$= \dfrac{평균전력}{\dfrac{각 부하의 최대수용전력의 합}{부등률}}$

$= \dfrac{평균전력 \times 부등률}{수용률 \times 설비용량}$

부등률 $= \dfrac{각 부하의 최대수용전력의 합}{합성최대수용전력}$

수용률 $= \dfrac{최대수용전력}{설비용량}$

32 3상 3선식 3각형 배치의 송전선로가 있다. 선로가 연가되어 각 선간의 정전용량은 $0.007[\mu F/km]$, 각 선의 대지 정전용량은 $0.002[\mu F/km]$ 라고 하면 1선의 작용 정전용량은 몇 $[\mu F/km]$인가?

① 0.03   ② 0.023

③ 0.012   ④ 0.006

해설 $C_w = C_s + 3C_m = 0.002 + 3 \times 0.007$
$= 0.023[\mu F/km]$

33 3상 Y결선된 발전기가 무부하 상태로 운전 중 b상 및 c상에서 동시에 직접접지 고장이 발생하였을 때 나타나는 현상으로 틀린 것은?

① a상의 전류는 항상 0이다.

② 건전상의 a상 전압은 영상분 전압의 3배와 같다.

③ a상의 정상분 전압과 역상분 전압은 항상 같다.

④ 영상분 전류와 역상분 전류는 대칭성분 임피던스에 관계없이 항상 같다.

해설 2선 지락사고

㉠ a상의 전류 : $I_a = 0$

㉡ 영상, 정상, 역상분 전압이 모두 같다.
($V_0 = V_1 = V_2$)

㉢ 건전상 a상 전압은 : $V_a = V_0 + V_1 + V_2 = 3V_0$

㉣ b상 전압과 c상 전압은 0이다.
($V_b = V_c = 0$)

34 전선로에 댐퍼(Damper)를 사용하는 목적은?

① 전선의 진동 방지

② 전력손실 격감

③ 낙뢰의 내습 방지

④ 많은 전력을 보내기 위하여

정답   **29** ③   **30** ③   **31** ②   **32** ②   **33** ④   **34** ①

35 배전선로의 손실을 경감시키는 방법이 아닌 것은?

① 전압조정

② 역률개선

③ 다중접지방식 채용

④ 부하의 불평형 방지

해설 배전선로의 전력손실은

$$P_l = 3I^2R = 3\left(\frac{P}{\sqrt{3}\,V\cos\theta}\right)^2\rho\frac{l}{A} = \frac{P^2\rho l}{A\,V^2\cos\theta}\,[W]$$

여기서,

P : 부하전력$[W]$, ρ : 고유저항$[\Omega\cdot m]$, l : 배전 거리$[m]$

A : 전선단면적 : $[mm^2]$, V : 수전전압$[V]$, $\cos\theta$: 부하역률

36 최대 출력 350[MW], 평균부하율 80[%]로 운전되고 있는 화력 발전소의 10일간 중유 소비량이 $1.6\times10^7[L]$라고 하면 발전단에서의 열효율은 몇 [%]인가?(단, 중유의 열량은 $10000[kcal/L]$이다)

① 35.3

② 36.1

③ 37.8

④ 39.2

해설

$$\eta = \frac{860\,W}{mH} = \frac{350\times10^3\times0.8\times10\times24}{1.6\times10^7\times10000}\times100$$
$$= 36.12[\%]$$

37 전압과 역률이 일정할 때 전력을 몇 [%] 증 가시키면 전력 손실이 2배로 되는가?

① 32

② 41

③ 51

④ 61

해설 전력증가율 $= \dfrac{P'-P}{P}\times100[\%]$

$$= \frac{\sqrt{2}\,P-P}{P}\times100 = 41[\%]$$

$$P_l = \frac{P^2R}{V^2\cos^2\theta} \propto kP^2, \qquad \therefore P = \frac{1}{k}\sqrt{P_l}$$

전력손실이 2배일 경우 전력 : $P' = \sqrt{2}\,P$ 가 된다.

38 어느 발전소에서 합성 임피던스가 0.4[%] (10[MVA] 기준)인 장소에 설치하는 차단기의 차단용량은 몇 [MVA]인가?

① 10

② 250

③ 1000

④ 2500

해설 $P_s = \dfrac{100}{\%Z}P_n = \dfrac{100}{0.4}\times10 = 2500[MVA]$

39 주상변압기의 1차측 전압이 일정할 경우 2차측 부하가 변하면, 주상변압기의 동손과 철손은 어떻게 되는가?

① 동손과 철손이 모두 변한다.

② 동손은 일정하고 철손은 변하지 않는다.

④ 동손은 변하고 철손은 일정하다.

④ 동손과 철손이 모두 변하지 않는다.

해설 변압기 손실은 철손과 동손으로 구분되는데 철손(히스테리시스손+와류손)은 1차 전압이 인가되면 손실이 되고, 동손(I^2R)은 2차 부하전류가 흘러야 손실이 되므로 문제에서는 1차측 전압이 일정하고 2차측 부하가 변한다고 했으므로, 철손은 일정하고 동손은 변하게 된다.

40 3상 3선식 변압기 결선 방식이 아닌 것은?

① △결선

② V결선

③ T결선

④ Y결선

해설 변압기의 결선방법에서 3상에서 2상을 얻는 상변성은 스코트(T) 결선과 우드브리지 결선, 메이어 결선 등이 있다.

[정답] **35** ③   **36** ②   **37** ②   **38** ④   **39** ④   **40** ③

제3과목 : 전기기기

41 3상 동기 발전기를 병렬운전하는 경우 필요한 조건이 아닌 것은?

① 회전수가 같다.　② 상전압이 같다.

③ 발생전압이 같다.　④ 전압 파형이 같다.

[해설] 동기 발전기의 병렬운전 조건

㉠ 기전력의 크기가 같을 것

㉡ 기전력의 위상이 같을 것

㉢ 기전력의 주파수가 같을 것

㉣ 기전력의 파형이 같을 것

㉤ 상회전 방향이 같을 것

42 단상 유도전압 조정기의 1차 권선과 2차 권선의 축 사이의 각도를 α라 하고 양 권선의 축이 일치할 때 2차 권선의 유기 전압을 E_2, 전원 전압을 V_1, 부하측의 전압을 V_2라고 하면 임의의 각 α일 때의 V_2는?

① $V_2 = V_1 + E_2\cos\alpha$　② $V_2 = V_1 - E_2\cos\alpha$

③ $V_2 = V_1 + E_2\sin\alpha$　④ $V_2 = V_1 - E_2\sin\alpha$

[해설] $V_2 = V_1 + E_2\cos\alpha$에서 단상 유도전압 조정기의 1차 권선을 $0°$에서 $180°$까지 돌리면 $\cos\alpha$는 -1에서 1까지 변화 하므로, V_2'는 $V_1' + E_2$에서 $V_1 - E_2$까지 조정될 수 있다.

43 변압기의 절연유로서 갖추어야 할 조건이 아닌 것은?

① 비열이 커 냉각효과가 클 것

② 절연저항 및 절연 내력이 적을 것

③ 인화점이 높고 응고점이 낮을 것

④ 고온에서도 석출물이 생기거나 산화하지 않을 것

[해설] 변압기의 절연유 조건

㉠ 절연내력이 클 것

㉡ 인화점이 높고, 응고점이 낮을 것

㉢ 점도가 낮고, 비열이 커서 냉각효과가 클 것

㉣ 고온에서도 석출물이 생기거나 산화하지 않을 것

㉤ 절연재료 및 금속에 화학작용을 일으키지 않을 것

44 6극 60[Hz]의 3상 권선형 유도전동기가 1140[rpm]의 정격속도로 회전할 때, 1차측 단자를 전환해서 상회전 방향을 반대로 바꾸어 역전제동을 하는 경우 제동 토크를 전부하 토크와 같게 하기 위한 2차 삽입저항 R[Ω]은?(단, 회전자 1상의 저항은 0.005[Ω], Y결선이다)

① 0.19　　　② 0.27

③ 0.38　　　④ 0.5

[해설] 슬립은,

$$s = \frac{N_s - N}{N_s} = \frac{1200 - 1140}{1200} = 0.05$$

$$N_s = \frac{120f}{p} = \frac{120 \times 60}{6} = 1200[rpm]$$

역전제동을 할 때의 슬립은,

$$s' = \frac{N_s - (-N)}{N_s} = \frac{1200 - (-1140)}{1200} = 1.95$$

제동토크를 전 부하토크와 같게 하기 위한 2차 삽입저항 R[Ω]은,

$$\frac{r_2}{s} = \frac{r_2 + R}{s'}, \quad \frac{0.005}{0.05} = \frac{0.05 + R}{1.95}$$

$$\therefore R = 0.19[\Omega]$$

45 브러시리스 모터(BLDC)의 회전자 위치 검출을 위해 사용하는 것은?

① 홀(Hall) 소자　② 리니어 스케일

③ 회전형 엔코더　④ 회전형 디코더

[정답] 41 ①　42 ①　43 ②　44 ①　45 ①

해설 BLDC(Brushless DC electric motor) : 저소음의 AC 모터와 소형으로서 고출력인 DC 모터의 장점을 결합하여 만든 것으로서 영구자석으로 된 회전자와 권선으로 되어 있는 스테이터틀로 구성되어 영구자석 회전자와 전류가 인가된 권선으로부터 생성된 자기장에 의해서 전기에너지는 회전자를 회전시킴으로서 기계적 에너지로 변환된다. 모터의 회전체인 자석의 위치, 모터의 회전속도 및 회전각 등을 알려주는 홀센서가 장착되어 있다.

46 전기자저항이 0.04[Ω]인 직류 분권발전기가 있다. 단자전압 100[V], 회전속도 1000[rpm]일 때 전기자 전류는 50[A]라 한다. 이 발전기를 전동기로 사용할 때 전동기의 회전속도는 약 몇 [rpm]인가?(단, 전기자 반작용은 무시한다.)

① 759   ② 883
③ 894   ④ 961

해설 직류발전기의 유기기전력

$E = V + I_a R_a = K\phi N$

$K\phi = \dfrac{V + I_a R_a}{N} = \dfrac{100 + (50 \times 0.04)}{1000} = 0.102$

직류전동기의 역기전력

$E' = V - I_a R_a = K\phi N'$

$N' = \dfrac{V - I_a R_a}{K\phi} = \dfrac{100 - (50 \times 0.04)}{1.102}$

$= 960.78[rpm]$

47 유도 발전기에 대한 설명으로 틀린 것은?

① 공극이 크고 역률이 동기기에 비해 좋다.
② 병렬로 접속된 동기기에서 여자전류를 공급받아야 한다.
③ 농형 회전자를 사용할 수 있으므로 구조가 간단하고 가격이 싸다.
④ 선로에 단락이 생기면 여자가 없어지므로 동기기에 비해 단락전류가 적다.

해설 유도 발전기은 여자기로서 동기 발전기가 필요하며 동기기에 비해서 공극이 매우 작고 역률 및 효율이 나쁘다.

48 직류기의 전기자에 사용되지 않는 권선법은?

① 2층권   ② 고상권
③ 폐로권   ④ 단층권

해설 직류기에서 주로 사용되는 권선법은 폐로권, 고상권, 이층권이 사용되고, 단층권이나 환상권은 거의 사용되지 않는다.

49 직류 분권전동기의 정격 전압 200[V], 정격 전류 105[A], 전기자 저항 및 계자 회로의 저항이 각각 0.1[Ω] 및 40[Ω]이다. 기동 전류를 정격전류의 150[%]로 할 때의 기동 저항은 약 몇 [Ω]인가?

① 0.46   ② 0.92
③ 1.08   ④ 1.21

해설 $V = E + I_a(R_a + R_s)$

$R_a + R_s = \dfrac{V - E}{I_a} = \dfrac{200 - 0}{152.5} = 1.31[\Omega]$

$I_a = I - I_f = 157.5 - 5 = 152.5[A]$

기동전류는 정격전류의 150[%]이므로,

$I = 105 \times 1.5 = 157.5[A]$

$I_f = \dfrac{V}{R_f} = \dfrac{200}{40} = 5[A]$

50 동기발전기의 단락비를 계산하는데 필요한 시험의 종류는?

① 동기화 시험, 3상 단락시험
② 부하 포화시험, 동기화시험
③ 무부하 포화시험, 3상 단락시험
④ 전기자 반작용시험, 3상 단락시험

[정답] 46 ④   47 ①   48 ④   49 ④   50 ③

해설 단락시험에서는 동기임피던스, 동기리액턴스, 무부하시험에서는 철손, 기계손, 단락비를 계산하는 데는 무부하 포화시험과 3상 단락시험이 필요하다.

51 변압기에서 부하에 관계없이 자속만을 만드는 전류는?

① 철손전류　　　② 자화전류

③ 여자전류　　　④ 교차전류

52 변압기의 정격을 정의한 것 중 옳은 것은?

① 전부하의 경우 1차 단자전압을 정격 1차 전압이라 한다.

② 정격 2차 전압은 명판에 기재되어 이는 2차 권선의 단자 전압이다.

③ 정격 2차 전압을 2차 권선의 저항으로 나눈 것이 정격 2차 전류이다.

④ 2차 단자 간에서 얻을 수 있는 유효전력을 [kW]로 표시한 것이 정격출력이다.

53 저항부하를 갖는 단상 전파제어 정류기의 평균 출력 전압은?(단, α는 사이리스터의 점호각, V_m은 교류입력의 최대값이다.)

① $V_{dc} = \dfrac{V_m}{2\pi}(1+\cos\alpha)$

② $V_{dc} = \dfrac{V_m}{\pi}(1+\cos\alpha)$

③ $V_{dc} = \dfrac{V_m}{2\pi}(1-\cos\alpha)$

④ $V_{dc} = \dfrac{V_m}{\pi}(1-\cos\alpha)$

해설 $V_{dc} = \dfrac{\sqrt{2}\,V}{\pi}(1+\cos\alpha) = \dfrac{V_m}{\pi}(1+\cos\alpha)$

54 동기전동기의 V곡선(위상특성)에 대한 설명으로 틀린 것은?

① 횡축에 여자전류를 나타낸다.

② 종축에 전기자전류를 나타낸다.

③ V곡선의 최저점에는 역률이 0[%]이다.

④ 동일 출력에 대해서 여자가 약한 경우가 뒤진 역률이다.

해설 위상특성곡선(V) : 일정출력에서 유기기전력E (계자전류 I_f)를 변화시킬 때 E(I_f)와 전기자전류(I_a)와의 관계를 나타내는 곡선으로서 V곡선의 최저점에서는 역률($\cos\varphi$)이 1이 된다.

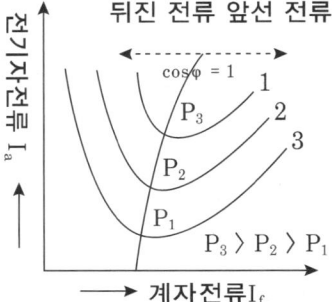

55 발전기의 종류 중 회전계자형으로 하는 것은?

① 동기 발전기　　　② 유도 발전기

③ 직류 복권발전기　④ 직류 타여자 발전기

해설 동기 발전기에는 회전계자형을 많이 사용하는데 회전계자형은 전기자를 고정자로, 계자극을 회전자로 한 것이다.

56 10[kW], 3상, 200[V] 유도전동기의 전부하 전류는 약 몇 [A]인가?(단, 효율 및 역률은 85[%]이다)

① 60　　　② 80

③ 40　　　④ 20

정답　**51** ②　**52** ②　**53** ②　**54** ③　**55** ①　**56** ③

해설 $P = \sqrt{3}\,VI\cos\theta\,\eta\,[W]$

$$\therefore I = \frac{10 \times 10^3}{\sqrt{3} \times 200 \times 0.85 \times 0.85} = 39.96[A]$$

57 단상 유도전동기에서 기동토크가 가장 큰 것은?

① 반발 기동형　　　② 분상 기동형

③ 콘덴서 기동형　　④ 셰이딩 코일형

해설 단상 유도전동기에서 기동토크가 큰 순서는 반발 기동형→반발 유도형→콘덴서 기동형→분상 기동형→셰이딩 코일형→모노 사이클릭형이다.

58 변압기 온도시험을 하는 데 가장 좋은 방법은?

① 실 부하법　　　　② 반환 부하법

③ 단락 시험법　　　④ 내전압 시험법

해설
- 실 부하법 : 전력손실이 크기 때문에 변압기 소 용량 이외에는 잘 적용되지 않는다.
- 반환 부하법 : 동일 정격의 변압기가 2대 이상 있을 때 채용되며 전력소비가 적고, 철손과 동손을 따로 공급하는 것으로서 현재 가장 많이 사용한다.(변압기 온도상승 시험방법)
- 단락 시험법 : 변압기 등가회로 작성 시 필요한 시험(권선저항측정, 무부하시험, 단락시험)의 한 방법으로서 변압기의 전압변동률 계산에 필요한 수치를 얻기 위한 시험
- 내전압 시험법 : 운전 중 계통에 발생할 수 있는 과도한 이상전압에 대한 변압기의 절연강도가 충분한가를 시험하는 방법

59 전기기기에 있어 와전류손(Eddy current loss)을 감소시키기 위한 방법은?

① 냉각압연

② 보상권선 설치

③ 교류전원을 사용

④ 규소강판을 성층하여 사용

해설 와전류손은 규소강판을 성층해서 사용하면 손실을 감소시킬 수 있다.

$P_e = \delta_e (t f k_f B_m)^2 \,[W/kg]$식에서 t^2에 비례함을 알 수 있다.

단, δ_e : 재료에 의한 정수, f : 주파수$[Hz]$, B_m : 자속밀도의 최대값$[Wb/m^2]$, t : 철판의 두께$[m]$, k_f : 파형률

60 동기발전기에서 전기자전류 I, 유기기전력과 전기자전류와의 위상각 θ라 하면 직축 반작용을 나타내는 성분은?

① $I\tan\theta$　　　　② $I\cot\theta$

③ $I\sin\theta$　　　　④ $I\cos\theta$

해설 $I\cos\theta$는 기전력과 같은 위상의 전류성분으로서 횡축 반작용을 나타내는 성분이며, $I\sin\theta$는 $\frac{\pi}{2}[rad]$ 만큼 위상이 앞서거나 뒤지기 때문에 직축 반작용을 나타내는 성분이 된다.

제4과목 : 회로이론

61 자동제어의 각 요소를 블록선도로 표시할 때 각 요소는 전달함수로 표시하고, 신호의 전달경로는 무엇으로 표시하는가?

① 전달함수　　　　② 단자

③ 화살표　　　　　④ 출력

62 $t = 0$에서 스위치 S를 닫을 때의 전류 $i(t)$는?

정답 57 ①　58 ②　59 ④　60 ③　61 ③　62 ③

1182 · Part 3. 전기산업기사 기출문제

① $0.01(1-e^{-t})$ ② $0.01(1+e^{-t})$

③ $0.01(1-e^{-100t})$ ④ $0.01(1+e^{-100t})$

해설 $t=0$에서 스위치 S를 닫을 때 전류

$$i(t)=\frac{E}{R}(1-e^{-\frac{R}{L}t})=\frac{10}{1\times 10^3}(1-e^{-\frac{1\times 10^3}{10}t})$$
$$=0.01(1-e^{-100t})[A]$$

63 [Var]는 무엇의 단위인가?

① 효율   ② 유효전력

③ 피상전력   ④ 무효전력

64 다음과 같은 4단자 회로에서 영상임피던스 [Ω]는?

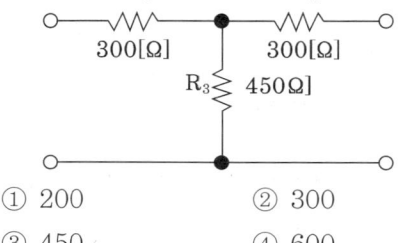

① 200   ② 300

③ 450   ④ 600

해설 대칭 T형 회로이므로, A=D가 된다.

$$Z_{01}=\sqrt{\frac{AB}{CD}}, \qquad Z_{02}=\sqrt{\frac{BD}{AC}}$$

$$\therefore Z_{01}=Z_{02}=Z_0=\sqrt{\frac{B}{C}}=\sqrt{\frac{800}{\frac{1}{450}}}=600[\Omega]$$

$$\begin{bmatrix} A & B \\ C & D \end{bmatrix}=\begin{bmatrix} 1 & 300 \\ 0 & 1 \end{bmatrix}\begin{bmatrix} 1 & 0 \\ \frac{1}{450} & 1 \end{bmatrix}\begin{bmatrix} 1 & 300 \\ 0 & 1 \end{bmatrix}$$

$$C=\frac{1}{450}, \;\; B=300(1+\frac{300}{450})+300=800$$

65 임피던스 $Z=15+j4[\Omega]$의 회로에 $I=5(2+j)$ [A]의 전류를 흘리는데 필요한 전압 $V[V]$는?

① $10(26+j23)$ ② $10(34+j23)$

③ $5(26+j23)$ ④ $5(34+j23)$

해설
$$V=IZ=5(2+j)(15+j4)=5(26+j23)[V]$$

66 $e_1=6\sqrt{2}\sin\omega t[V]$, $e_2=4\sqrt{2}\sin(\omega t-60°)$ [V]일 때, e_1-e_2의 실효값[V]은?

① $2\sqrt{2}$ ② 4

③ $2\sqrt{7}$ ④ $2\sqrt{13}$

해설 실효값
$$e_1=6\angle 0°=6(\cos 0°+j\sin 0°)=6[V]$$
$$e_2=4\angle -60°=4(\cos 60°-j\sin 60°)$$
$$=2-j2\sqrt{3}[V]$$
$$\therefore e_1-e_2=6-(2-j2\sqrt{3})=4+j2\sqrt{3}$$
$$=\sqrt{4^2+(2\sqrt{3})^2}=2\sqrt{7}[V]$$

67 다음 회로에서 4단자 정수 A, B, C, D 중 C의 값은?

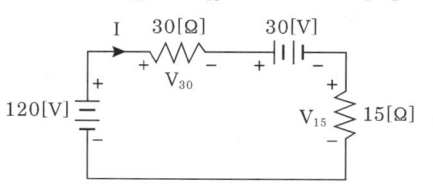

① 1 ② $j\omega L$

③ $j\omega C$ ④ $1+j\omega(L+C)$

해설
$$\begin{bmatrix} A & B \\ C & D \end{bmatrix}=\begin{bmatrix} 1 & j\omega L \\ 0 & 1 \end{bmatrix}\begin{bmatrix} 1 & 0 \\ j\omega C & 1 \end{bmatrix}$$
$$\therefore C=j\omega C$$

68 회로에서 V_{30}과 V_{15}는 각각 몇 [V]인가?

정답   63 ④   64 ④   65 ③   66 ③   67 ③   68 ①

① $V_{30} = 60,\ V_{15} = 30$

② $V_{30} = 80,\ V_{15} = 40$

③ $V_{30} = 90,\ V_{15} = 45$

④ $V_{30} = 120,\ V_{15} = 60$

해설

$$V_{30} = \frac{30}{30+15} \times (120-30) = 60[V]$$

$$V_{15} = \frac{15}{30+15} \times (120-30) = 30[V]$$

69 그림과 같은 비정현파의 주기함수에 대한 설명으로 틀린 것은?

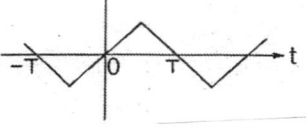

① 기함수파이다.

② 반파 대칭파이다.

③ 직류성분은 존재하지 않는다.

④ 홀수차의 정현항 계수는 0이다.

해설 반파 및 정현대칭 함수이다.

㉠ $f(t) = a_0 + \sum_{n=1}^{\infty} a_n \cos n\omega t + \sum_{n=1}^{\infty} b_n \sin n\omega t$ 에서 $a_0 = 0,\ a_n = 0,\ b_n$ 항은 sin항의 기수차항(홀수항의 정현성분)만 존재

㉡ $f(t) = -f(t+\pi),\ f(t) = -f(-t)$의 두 조건을 만족하는 기함수파

㉢ 왜형파에 제3고조파 성분이 포함

70 그림에서 $10[\Omega]$의 저항에 흐르는 전류는 몇 [A]인가?

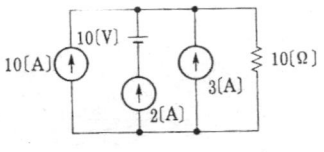

① 13　　② 14

③ 15　　④ 16

해설 중첩의 원리에서 전류원과 전압원이 직렬로 접속되면 전압원은 단락된다.

∴ $I = 10 + 2 + 3 = 15[A]$

71 3상 불평형 전압에서 불평형률은?

① $\dfrac{\text{영상전압}}{\text{정상전압}} \times 100[\%]$

② $\dfrac{\text{역상전압}}{\text{정상전압}} \times 100[\%]$

③ $\dfrac{\text{정상전압}}{\text{역상전압}} \times 100[\%]$

④ $\dfrac{\text{정상전압}}{\text{영상전압}} \times 100[\%]$

72 그림은 평형 3상 회로에서 운전하고 있는 유도전동기의 결선도이다. 각 계기의 지시가 $W_1 = 2.36[kW]$, $W_2 = 5.95[kW]$, $V = 200[V]$, $I = 30[A]$일 때, 이 유도 전동기의 역률은 약 몇 [%]인가?

① 80　　② 76

③ 70　　④ 66

해설

유효전력 $P = W_1 + W_2 = 2.36 + 5.95 = 8.31[kW]$

피상전력,

$P_a = \sqrt{3}\ VI = \sqrt{3} \times 200 \times 30 \times 10^{-3} = 10.39[kVA]$

∴ 전동기의 역률은,

$$\cos\theta = \frac{P}{P_a} \times 100 = \frac{8.31}{10.39} \times 100 = 79.98[\%]$$

정답 69 ④　70 ③　71 ②　72 ①

1184 • Part 3. 전기산업기사 기출문제

73 기본파의 30[%]인 제3고조파와 기본파의 20[%]인 제5고조파를 포함하는 전압파의 왜형률은?

① 0.21 ② 0.31
③ 0.36 ④ 0.42

해설 왜형률$(D) = \dfrac{\text{전고조파의 실효값}}{\text{기본파의 실효값}}$

$= \dfrac{\sqrt{I_2^2 + I_3^2 + \cdots + I_n^2}}{I_1} = \sqrt{(\dfrac{30}{100})^2 + (\dfrac{20}{100})^2} = 0.36$

74 코일의 권수 $N = 1000$회, 저항 $R = 10[\Omega]$이다. 전류 $I = 10[A]$를 흘릴 때 자속 $\phi = 3 \times 10^{-2}$ [Wb]이라면 이 회로의 시정수 [s]는?

① 0.3 ② 0.4
③ 3.0 ④ 4.0

해설 시정수

$T = \dfrac{L}{R} = \dfrac{3}{10} = 0.3[s]$

$LI = N\phi$에서, $L = \dfrac{1000 \times 3 \times 10^{-2}}{10} = 3[H]$

75 800[kW], 역률 80[%]의 부하가 있다. $\dfrac{1}{4}$시간 동안 소비되는 전력량[kWh]은?

① 800 ② 600
③ 400 ④ 200

해설 소비되는 전력량

$W = Pt = 800 \times \dfrac{1}{4} = 200[kWh]$

76 $f(t) = \dfrac{d}{dt}\cos\omega t$를 라플라스 변환하면?

① $\dfrac{\omega^2}{s^2 + \omega^2}$ ② $\dfrac{-s^2}{s^2 + \omega^2}$

③ $\dfrac{s}{s^2 + \omega^2}$ ④ $\dfrac{-\omega^2}{s^2 + \omega^2}$

해설
• 실미분의 정리

$\mathcal{L} \, L\dfrac{di(t)}{dt} = Ls\,I(s) - Li(0)$

$\mathcal{L}\dfrac{d}{dt}\cos\omega t = \mathcal{L} - \omega\sin\omega t = \dfrac{-\omega^2}{s^2 + \omega^2}$

77 3상 불평형 전압을 V_a, V_b, V_c라고 할 때 정상전압 [V]는?

① $\dfrac{1}{3}(V_a + aV_b + a^2 V_c)$

② $\dfrac{1}{3}(V_a + a^2 V_b + aV_c)$

③ $\dfrac{1}{3}(V_a + a^2 V_b + V_c)$

④ $\dfrac{1}{3}(V_a + V_b + V_c)$

해설

• 영상분 전압 $V_0 = \dfrac{1}{3}(V_a + V_b + V_c)$

• 정상분 전압 $V_1 = \dfrac{1}{3}(V_a + aV_b + a^2 V_c)$

• 역상분 전압 $V_2 = \dfrac{1}{3}(V_a + a^2 V_b + aV_c)$

78 평형 3상 Y결선 회로의 선간전압 V_l, 상전압 V_p, 선전류 I_l, 상전류가 I_p일 때 다음의 관련식 중 틀린 것은?(단, P_y는 3상 부하전력을 의미한다)

① $V_1 = \sqrt{3}\,V_p$ ② $I_l = I_p$
③ $P_y = \sqrt{3}\,V_l I_l \cos\theta$ ④ $P_y = \sqrt{3}\,V_p I_p \cos\theta$

해설
• 3상 Y결선 회로
선전류(I_l)=상전류(I_p)
선간전압(V_l) = $\sqrt{3}$ 상전압(V_p)
• 3상 부하전력
$P_y = \sqrt{3}\,V_p I_p \cos\theta = 3V_p I_p \cos\theta[W]$

정답 73 ③ 74 ① 75 ④ 76 ④ 77 ① 78 ④

79 그림과 같이 접속된 회로에 평형 3상 전압 $E[V]$를 가할 때의 전류 $I_1[A]$은?

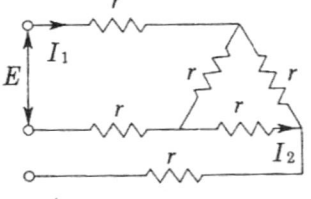

① $\dfrac{\sqrt{3}}{4E}$

② $\dfrac{4E}{\sqrt{3}}$

③ $\dfrac{4r}{\sqrt{3}\,E}$

④ $\dfrac{\sqrt{3}\,E}{4r}$

해설

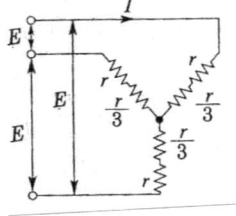

△결선에서 Y결선으로 환산하면 $\dfrac{r}{3}$이 된다.

선전류 $I_1 = \dfrac{E/\sqrt{3}}{r+\dfrac{r}{3}} = \dfrac{\sqrt{3}\,E}{4r}[A]$

상전류 $I_2 = \dfrac{I_1}{\sqrt{3}} = \dfrac{E}{4r}[A]$

80 그림과 같은 커패시터 C의 초기 전압이 $V(0)$일 때 라플라스 변환에 의하여 s함수로 표시된 등가회로로 옳은 것은?

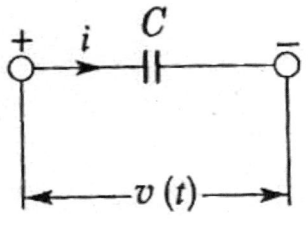

①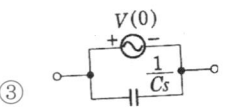

②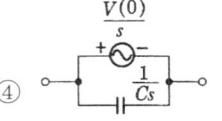

③

④

해설

- C에 걸리는 전압은

$$v(t) = \frac{1}{C}\int i(t)\,dt$$

위의 식을 라플라스 변환하면

$$V(s) = \frac{I(s)}{Cs} + \frac{i^{-1}(0)}{Cs},$$

$i^{-1}(0)$는 초기 충전전하이며,

$$i^{-1}(0) = Q(0) = C\,V(0), \quad V(0) = \frac{Q(0)}{C}$$

$$\therefore V(s) = \frac{I(s)}{Cs} + \frac{V(0)}{s}$$

제5과목 : 전기설비기술기준 및 판단기준

81 옥내배선의 사용전압이 220[V]인 경우 금속관공사의 기술기준으로 옳은 것은?

① 금속관에는 제3종 접지공사를 하였다.

② 전선은 옥외용 비닐 절연전선을 사용하였다.

③ 금속관과 접속부분의 나사는 3턱 이상으로 나사결합을 하였다.

④ 콘크리트에 매설하는 전선관의 두께는 1.0[mm]를 사용하였다.

정답 79 ④ 80 ② 81 ①

1186 · Part 3. 전기산업기사 기출문제

해설 금속관 공사의 기술기준

㉠ 전선은 절연전선(OW제외)으로 연선일 것 다만, 공칭단면적 $10[mm^2]$($Al\,16[mm^2]$) 이하인 것은 단선으로 사용할 수 있다.

㉡ 금속관 안에서는 전선의 접속점이 없도록 할 것(금속관과 접속 부분의 나사 수는 5턱 이상으로 나사를 결합할 것)

㉢ 관의 두께는 콘크리트에 매설하는 경우는 $1.2[mm]$ 이상, 기타는 $1.0[mm]$ 이상

㉣ 사용전압이 $400[V]$ 미만인 관은 제3종 접지공사를, $400[V]$ 이상인 관은 특별 제3종 접지공사를 할 것, 다만, 사람이 접촉할 우려가 없도록 시설하는 경우는 제3종 접지공사를 할 것

82 폭발성 또는 연소성의 가스가 침입할 우려가 있는 지중함에 그 크기가 몇 $[m^3]$ 이상의 것은 통풍장치 기타 가스를 방산시키기 위한 적당한 장치를 시설하여야 하는가?

① 0.9　　　　② 1.0

③ 1.5　　　　④ 2.0

83 차량, 기타 중량물의 압력을 받을 우려가 없는 장소에 지중 전선로를 직접 매설식에 의하여 매설하는 경우에는 매설 깊이를 몇 $[cm]$ 이상으로 하여야 하는가?

① 40　　　　② 60

③ 80　　　　④ 100

해설 지중전선로를 직접 매설식에 의하여 시설하는 경우에 차량, 기타 중량물의 압력을 받을 우려가 있는 장소에서는 $1.2[m]$ 이상, 기타의 장소는 $60[cm]$ 이상

84 전력용 커패시터의 용량 15000[kVA] 이상은 자동적으로 전로로부터 차단하는 장치가 필요하다. 그 사유로 틀린 것은?

① 과전류가 생긴 경우

② 과전압이 생긴 경우

③ 내부에 고장이 생긴 경우

④ 절연유의 압력이 변화하는 경우

해설 조상설비의 보호 장치

기기의 종류	용량	사고의 종류	보호 장치
전력용 커패시터 및 분로리액터	500[kVA] 이상 15,000[kVA] 미만	내부고장 또는 과전류	자동 차단 장치
	15,000[kVA] 이상	내부고장 과전류 과전압	자동 차단 장치
조상기	15,000 [kVA] 이상	내부고장	자동 차단 장치

85 고압 가공전선로의 지지물로 철탑을 사용한 경우 최대경간은 몇 [m] 이하이어야 하는가?

① 300　　　　② 400

③ 500　　　　④ 600

해설 지지물의 경간[m] 이하

지지물의 종류	표준경간	저·고압 보안공사	1종 특고 보안공사	2·3종 특고 보안공사
목주 A종	150	100	×	100
B종	250	150	150	200
철탑	600	400	400	400

86 무선용 안테나를 지지하는 목주의 풍압하중에 대한 안전율은?

① 1.2 이상　　② 1.5 이상

③ 2.0 이상　　④ 2.2 이상

정답 82 ②　83 ②　84 ④　85 ④　86 ②

해설
- 전력 보안 통신설비인 무선용 안테나 또는 반사판을 지지하는 목주, 철주, 철근 콘크리트주 또는 철탑은 다음 각 호에 의한다.
  - ㉠ 목주의 풍압하중에 대한 안전율은 1.5 이상
  - ㉡ 철주, 철근 콘크리트주 또는 철탑의 기초안전율은 1.5 이상
- 가공전선로의 목주 풍압하중
  - ㉠ 저압 안전율 : 1.2 이상
  - ㉡ 고압 안전율 : 1.3 이상
  - ㉢ 저·고압 보안공사 안전율 : 1.5 이상
  - ㉣ 특고압 가공전선로의 안전율 : 1.5 이상

87 목주, A종 철주 및 A종 철근 콘크리트주 지지물을 사용할 수 없는 보안공사는?

① 고압 보안공사

② 제1종 특고압 보안공사

③ 제2종 특고압 보안공사

④ 제3종 특고압 보안공사

해설 문제 85번 해설 참조

88 특고압 가공전선로의 지지물로 사용하는 목주의 풍압하중에 대한 안전율은 얼마 이상이어야 하는가?

① 1.2   ② 1.5

③ 2.0   ④ 2.5

89 전기집진장치에서 변압기로부터 정류기에 이르는 케이블을 넣는 방호장치의 금속제 부분 및 케이블의 피복에 사용되는 금속체에는 원칙적으로 몇 종 접지공사를 하여야 하는가?

① 제1종 접지공사

② 제2종 접지공사

③ 제3종 접지공사

④ 특별 제3종 접지공사

해설 특고압의 전기 집진장치에 사용되는 케이블을 넣는 방호장치의 금속제 부분 및 케이블 피복에 사용되는 금속체에는 원칙적으로 제1종 접지공사를 할 것

90 금속제 지중 관로에 대하여 전식 작용에 의한 장해를 줄 우려가 있어 배류 시설에 사용되는 선택 배류기를 보호할 목적으로 시설하여야 하는 것은?

① 피뢰기   ② 유입개폐기

③ 과전류 차단기   ④ 과전압 계전기

해설 선택 배류기를 보호하기 위해서 적당한 과전류 차단기를 시설할 것

91 진열장 안의 사용전압이 $400[V]$ 미만의 저압 옥내배선으로 외부에서 보기 쉬운 곳에 한하여 시설할 수 있는 전선은?(단, 진열장은 건조한 곳에 시설하고 또한 진열장 내부를 건조한 상태로 사용하는 경우이다.)

① 단면적이 $0.75[mm^2]$ 이상인 코드 또는 캡타이어 케이블

② 단면적이 $0.75[mm^2]$ 이상인 나전선 또는 캡타이어 케이블

③ 단면적이 $1.25[mm^2]$ 이상인 코드 또는 절연전선

④ 단면적이 $1.25[mm^2]$ 이상인 나전선 다심형전선

해설 진열장 안의 배선공사
㉠ 건조한 곳에 시설하고 $400[V]$ 미만은 외부에서 보기 쉬운 곳에 한하여 조영재에 접촉하여 시설 가능
㉡ 단면적이 $0.75[mm^2]$ 이상의 코드 또는 캡타이어 케이블을 조영재에 접촉하여 사용
㉢ 전선의 붙임점간의 거리는 $1[m]$ 이하

[정답] 87 ②   88 ②   89 ①   90 ③   91 ①

92 저압 옥내배선을 가요 전선관 공사에 의해 시공하고자 한다. 이 가요 전선관에 설치하는 전선으로 단선을 사용할 경우 그 단면적은 최대 몇 $[mm^2]$ 이하이어야 하는가?(단, 알루미늄은 제외한다)

① 2.5

② 4

③ 6

④ 10

해설 가요 전선관공사에 사용되는 전선은 절연전선(OW제외)을 사용하고 연선으로 한다. 다만, 공칭단면적 $10[mm^2]$($Al\, 16[mm^2]$) 이하의 것은 단선으로 사용할 수 있다.

93 ACSR을 사용한 고압 가공전선의 이도계산에 적용되는 안전율은?

① 2.0

② 2.2

③ 2.5

④ 3

해설 저·고압 가공전선의 안전율이 경동선 및 내열동 합금선은 2.2 이상, 기타의 전선은 2.5 이상

94 변압기의 고압측 전로의 1선 지락전류가 4[A]일 때, 일반적인 경우의 제2종 접지저항 값은 몇 [Ω] 이하로 유지되어야 하는가?

① 18.75

② 22.5

③ 37.5

④ 52.5

해설 $R = \dfrac{150}{I} = \dfrac{150}{4} = 37.5[\Omega]$

95 $KS\ C\ IEC\ 60364$에서 충전부 전체를 대지로부터 절연시키거나 한 점에 임피던스를 삽입하여 대지에 접속시키고, 전기기기의 노출 도전성 부분 단독 또는 일괄적으로 접지하거나 또는 계통접지로 접속하는 접지계통을 무엇이라 하는가?

① TT 계통

② IT 계통

③ $TN-C$ 계통

④ $TN-S$ 계통

해설
• TT계통 : 전원의 한 점을 직접 접지하고, 설비의 노출 도전성 부분을 전원계통의 접지극과 전기적으로 독립한 접지극에 접지하는 접지계통을 말한다.

• TN계통 : 전원의 한 점을 직접 접지하고 설비의 노출 도전성 부분을 보호선(PE)을 이용하여 전원의 한 점에 접속하는 접지계통을 말한다.
TN계통은 중성선(N) 및 보호선(PE)의 배치에 따라 $TN-S$계통, $TN-C-S$계통, $TN-C$계통으로 나뉜다.

96 전기공급 설비 및 전기사용 설비에서 변압기 절연유에 대한 설명으로 옳은 것은?

① 사용전압이 20000[V] 이상의 중성점 직접 접지식 전로에 접속하는 변압기를 설치하는 곳에는 절연유의 구외유출 및 지하침투를 방지하기 위한 설비를 갖추어야 한다.

② 사용전압이 25000[V] 이상의 중성점 직접 접지식 전로에 접속하는 변압기를 설치하는 곳에는 절연유의 구외유출 및 지하침투를 방지하기 위한 설비를 갖추어야 한다.

③ 사용전압이 100000[V] 이상의 중성점 직접 접지식 전로에 접속하는 변압기를 설치하는 곳에는 절연유의 구외유출 및 지하침투를 방지하기 위한 설비를 갖추어야 한다.

④ 사용전압이 150000[V] 이상의 중성점 직접 접지식 전로에 접속하는 변압기를 설치하는 곳에는 절연유의 구외유출 및 지하침투를 방지하기 위한 설비를 갖추어야 한다.

해설 절연유의 구외 유출방지 : 사용전압이 10만[V] 이상의 변압기를 설치하는 곳에는 절연유의 구외 유출 및 지하침투를 방지하기 위하여 절연유 유출방지 설비를 하여야 한다.

정답 92 ④ 93 ③ 94 ③ 95 ② 96 ③

97 발전기·변압기·조상기·계기용 변성기·모선 또는 이를 지지하는 애자는 어떤 전류에 의하여 생기는 기계적 충격에 견디는 것인가?

① 지상전류　　　② 유도전류
③ 충전전류　　　④ 단락전류

해설 발전기·변압기·조상기·모선 또는 이를 지지하는 애자는 단락 전류에 의하여 생기는 기계적 충격에 견디는 것이어야 한다.

98 저압전로에서 그 전로에 지락이 생겼을 경우 0.5초 이내에 자동적으로 전로를 차단하는 장치를 시설할 때 자동차단기의 정격감도 전류가 200[mA]이면 특별 제3종 접지공사의 저항 값은 몇 [Ω] 이하로 하여야 하는가?(단, 전기적 위험도가 높은 장소인 경우이다)

① 30　　　② 50
③ 75　　　④ 150

해설 제3종 및 특별 제3종 접지 공사에서 접지 저항 값(이하)

정격감도 전류	전기저항치	
	물기 있는 장소, 전기적 위험도가 높은 장소	그 외 다른 장소
30[mA]	500[Ω]	500[Ω]
50[mA]	300[Ω]	500[Ω]
100[mA]	150[Ω]	500[Ω]
200[mA]	75[Ω]	250[Ω]
300[mA]	50[Ω]	166[Ω]
500[mA]	30[Ω]	100[Ω]

99 화약류 저장소에 전기설비를 시설할 때의 사항으로 틀린 것은?

① 전로의 대지전압이 400[V] 이하여야 한다.
② 개폐기 및 과전류 차단기는 화약류 저장소 밖에 둔다.
③ 옥내배선은 금속관배선 또는 케이블배선에 의하여 시설한다.
④ 과전류 차단기에서 저장소 인입구까지의 배선에는 케이블을 사용한다.

해설
• 전로의 대지전압은 300[V] 이하일 것
• 전기기계기구는 전폐형일 것

100 네온 방전관을 사용한 사용전압 12000[V]인 방전등에 사용되는 네온 변압기 외함의 접지공사로서 옳은 것은?

① 제1종 접지공사
② 제2종 접지공사
③ 제3종 접지공사
④ 특별 제3종 접지공사

해설 네온 방전등용 변압기는 누설 변압기로서 2차 전압이 15000[V] 이하, 2차 단락전류 50[mA] 이하이고, 네온변압기 외함은 제3종 접지공사를 한다.

정답 **97** ④　**98** ③　**99** ①　**100** ③

1190 · Part 3. 전기산업기사 기출문제

Part **4**

기사 · 산업기사
최근기출문제

2017년 전기기사(1~3회)
2017년 전기산업기사(1~3회)

국가기술자격검정 필기시험문제

2017년도 기사 제1회 필기시험(기사)

자격종목 및 등급(선택분야)	종목코드	시험시간	문제지형별	수검번호	성명
전기기사		**2시간 30분**	**A**		

※ 시험문제지는 답안카드와 같이 반드시 제출하여야 합니다.

제1과목 : 전기자기학

01 자기회로에 관한 설명으로 옳은 것은?

① 자기회로의 자기저항은 자기회로의 단면적에 비례한다.

② 자기회로의 기자력은 자기저항과 자속의 곱과 같다.

③ 자기저항 R_{m1}과 R_{m2}을 직렬연결 시 합성 자기저항은 $\dfrac{1}{R_m} = \dfrac{1}{R_{m1}} + \dfrac{1}{R_{m2}}$이다.

④ 자기회로의 자기저항은 자기회로의 길이에 반비례한다.

해설

- 자기저항: $R_m = \dfrac{l}{\mu S}$
- 자기저항의 합성
  - → 직렬합성: $R = \displaystyle\sum_{i=1}^{n} R_{mi}$
  - → 병렬합성: $\dfrac{1}{R} = \displaystyle\sum_{i=1}^{n} \dfrac{1}{R_{mi}}$
- 자기회로의 키르히호프의 법칙
  - → $\displaystyle\sum_{i=1}^{n} \phi_i = 0$
  - → $\displaystyle\sum_{i=1}^{n} V_{mi} = \sum_{j=1}^{n} R_{mj} \phi_i$

02 면적이 $S[m^2]$인 금속판 2매를 d[m]가 되도록 공기 중에 나란하게 놓았을 때 두 도체 사이의 정전용량[F]은?

① $\dfrac{S}{d}\epsilon_0$

② $\dfrac{d}{S}\epsilon_0$

③ $\dfrac{d}{S^2}\epsilon_0$

④ $\dfrac{S^2}{d}\epsilon_0$

해설

$C = \dfrac{\epsilon S}{d}$에서 공기 중에 나란하게 놓았을 경우이므로

$\therefore C = \dfrac{\epsilon_0 S}{d}$[F]이 된다.

03 매질 1(ϵ_1)은 나일론(비유전율 $\epsilon_s = 4$)이고 매질 2(ϵ_2)는 진공일 때 전속밀도 D가 경계면에서 각각 θ_1, θ_2의 각을 이룰 때, $\theta_2 = 30°$라면 θ_1의 값은?

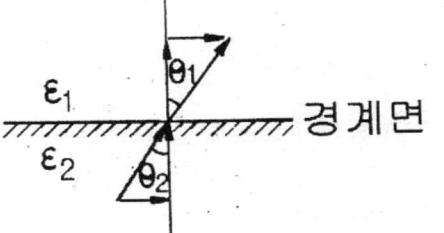

① $\tan^{-1}\dfrac{4}{\sqrt{3}}$

② $\tan^{-1}\dfrac{\sqrt{3}}{4}$

③ $\tan^{-1}\dfrac{\sqrt{3}}{2}$

④ $\tan^{-1}\dfrac{2}{\sqrt{3}}$

정답 **01** ② **02** ① **03** ①

해설

$$\frac{\varepsilon_1}{\varepsilon_2}=\frac{\tan\theta_1}{\tan\theta_2}$$

$$\therefore \tan\theta_1=\frac{\varepsilon_1}{\varepsilon_2}\tan\theta_2$$

$$=\frac{\varepsilon_0\cdot\varepsilon_{s1}}{\varepsilon_0}\tan\theta_2=4\tan30°=4\times\frac{1}{\sqrt{3}}$$

$$\therefore\theta_1=\tan^{-1}\frac{4}{\sqrt{3}}$$

04 옴의 법칙을 미분형태로 표시하면?(단, i는 전류밀도이고, ρ는 저항률, E는 전계이다)

① $i=\frac{1}{\rho}E$ ② $i=\rho E$

③ $i=\text{div}E$ ④ $i=\nabla\times E$

해설

$$dI=-\frac{dV}{R}=i\,ds$$

$$i=-\frac{dV}{R\,ds}\ \text{(−는 전위가 감소하는 쪽으로 전류가 흐름)}$$

$$R=\rho\frac{l}{S}\ ,\ RS=\rho l$$

$$i=\frac{dV}{R\,ds}=-\frac{dV}{\rho\,dl}\text{에서,}$$

$$\text{전위의 기울기}=\frac{dV}{dl}=-E$$

$$\therefore\ i=\frac{1}{\rho}E=kE$$

05 기계적인 변형력을 가할 때, 결정체의 표면에 전위차가 발생되는 현상은?

① 볼타 효과

② 전계 효과

③ 압전 효과

④ 파이로 효과

해설

- 볼타 효과 : 일정 온도에서 다수의 도체를 직렬로 접속시켰을 때 양단의 전위차는 인접한 각 도체의 전위차의 대수합과 같고 양단의 도체를 직접 접촉시켰을 때의 전위차와 같게 된다.
- 파이로 전기 : 전기석, 로셀염, 수정 등을 가열하면 표면에 분극전하가 나타나고 냉각하면 역전하로 대전되는 현상
- 압전기 효과 : 전기석, 로셀염, 수정 등에 압력을 가하면 대전되는 현상(압전기 역효과 : 반대로 전하를 대전하면 힘이 발생되는 현상)

06 0.2[μF]인 평행판 공기 콘덴서가 있다. 전극 간에 그 간격의 절반 두께의 유리판을 넣었다면 콘덴서의 용량은 약 몇 [μF]인가?(단, 유리의 비유전율은 10이다)

① 0.26   ② 0.36

③ 0.46   ④ 0.56

해설

$$C=\frac{2C_0}{1+\frac{1}{\varepsilon_s}}=\frac{2\times0.2}{1+\frac{1}{10}}=0.36[\mu F]$$

07 그림과 같이 반지름 a인 무한장 평행도체 A, B가 간격 d로 놓여 있고, 단위 길이 당 각각 +λ, −λ의 전하가 균일하게 분포되어 있다. A, B 도체간의 전위차[V]는? (단, d ≫ a이다)

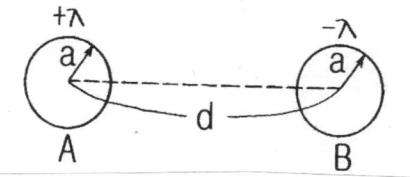

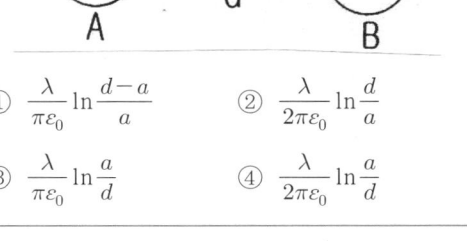

① $\frac{\lambda}{\pi\varepsilon_0}\ln\frac{d-a}{a}$ ② $\frac{\lambda}{2\pi\varepsilon_0}\ln\frac{d}{a}$

③ $\frac{\lambda}{\pi\varepsilon_0}\ln\frac{a}{d}$ ④ $\frac{\lambda}{2\pi\varepsilon_0}\ln\frac{a}{d}$

정답 04 ①   05 ③   06 ②   07 ①

해설

평행도체 A, B에 $\pm\lambda[C/m]$의 전하를 준 경우 두 도체 A, B 사이의 전위차[V]는

$$V=-\int_{d-a}^{a}E\,dr=-\int_{d-a}^{a}\frac{\lambda}{2\pi\varepsilon_0}\left(\frac{1}{r}+\frac{1}{d-r}\right)dr$$

$$=-\frac{\lambda}{2\pi\varepsilon_0}\int_{d-a}^{a}\left(\frac{1}{r}+\frac{1}{d-r}\right)dr$$

$$=\frac{\lambda}{\pi\varepsilon_0}\ln\frac{d-a}{a}[V]$$

08 반지름 a, b인 두 개의 구 형상 도체 전극이 도전율 k인 매질 속에 중심거리 r만큼 떨어져 있다. 양 전극 간의 저항은?(단, $r\gg a, b$ 이다.)

① $4\pi k\left(\frac{1}{a}+\frac{1}{b}\right)$ ② $4\pi k\left(\frac{1}{a}-\frac{1}{b}\right)$

③ $\frac{1}{4\pi k}\left(\frac{1}{a}+\frac{1}{b}\right)$ ④ $\frac{1}{4\pi k}\left(\frac{1}{a}-\frac{1}{b}\right)$

해설

반지름 a, b인 두 구 도체 사이의 정전용량은

$$C=\frac{Q}{V}=\frac{Q}{V_a-V_b}=\frac{4\pi\varepsilon_0}{\frac{1}{a}+\frac{1}{b}}[F]$$

$$\therefore R=\frac{\rho\varepsilon}{C}=\frac{\rho}{4\pi}\left(\frac{1}{a}+\frac{1}{b}\right)=\frac{1}{4\pi k}\left(\frac{1}{a}+\frac{1}{b}\right)[\Omega]$$

09 300회 감은 코일에 3[A]의 전류가 흐를 때의 기자력[AT]은?

① 10   ② 90

③ 100   ④ 900

해설

F=N I[AT]=300×3=900[AT]

10 한 변의 길이가 $\sqrt{2}$[m]인 정사각형의 4개 꼭짓점에 $+10^{-9}$[C]의 점전하가 각각 있을 때 이 사각형의 중심에서의 전위[V]는?

① 0   ② 18

③ 36   ④ 72

해설

그림처럼 되어 있을 때 중심에서의 전위[V]는

$$V=\frac{Q}{4\pi\varepsilon_0 a}=9\times10^9\times\frac{10^{-9}}{1}=9[V]$$

중심에서의 전위는 $\therefore V_0=4V=4\times9=36[V]$

11 면전하 밀도가 $\rho_s[C/m^2]$인 무한히 넓은 도체 판에서 R[m]만큼 떨어져 있는 점의 전계의 세기[V/m]는?

① $\frac{\rho_s}{\varepsilon_s}$ ② $\frac{\rho_s}{2\varepsilon_0}$

③ $\frac{\rho_s}{2R}$ ④ $\frac{\rho_S}{4\pi R^2}$

해설

그림처럼 무한평면에 가우스평면을 취하여 가우스정리를 적용하면 (거리와는 관계없다)

$$\oint E\cdot n\,ds=\frac{Q}{\varepsilon_0}=\frac{\sigma_s}{\varepsilon_0}, \quad E\cdot 2S=\frac{\sigma_s}{\varepsilon_0}$$

$$\therefore E=\frac{\sigma}{2\varepsilon_0}=\frac{\rho_s}{2\varepsilon_0}[V/m]$$가 된다.

12 길이가 1[mm]인 동선에 1[A]의 전류를 흘렸을 때 전자가 동선을 흐르는 데 걸리는 평균 시간은 약 몇 초인가?(단, 동선의 전자밀도는 1×10^{28}[개/m^3]이다)

① 3   ② 31

③ 314   ④ 3147

정답   08 ③   09 ④   10 ③   11 ②   12 ③

1194 • Part 4. 기사 · 산업기사 최근기출문제

해설

전류 $I = iS = nev \cdot s = ne \cdot \dfrac{l}{t}\pi r^2$

$\therefore\ t = \dfrac{n\,e\,l\,\pi r^2}{I}$

$= \dfrac{1\times10^{28}\times1.602\times10^{-19}\times1\times10^{-2}\times\pi\times(2.5\times10^{-3})^2}{1}$

$= 314.55[초]$

13 평행평판 공기콘덴서의 양극판에 $+\sigma\,[C/m^2]$, $-\sigma\,[C/m^2]$의 전하가 분포되어 있다. 이 두 전극 사이에 유전율 $\epsilon[F/m]$인 유전체를 삽입한 경우의 전계[V/m]는?(단, 유전체의 분극전하밀도를 $+\sigma'[C/m^2]$, $-\sigma'[C/m^2]$이라 한다)

① $\dfrac{\sigma}{\varepsilon_0}$ ② $\dfrac{\sigma+\sigma'}{\varepsilon_0}$

③ $\dfrac{\sigma}{\varepsilon_0}-\dfrac{\sigma'}{\varepsilon}$ ④ $\dfrac{\sigma-\sigma'}{\varepsilon_0}$

해설

$+\,\sigma\,(C/m^2)\quad -\,\sigma'(C/m^2)$

$E = \dfrac{\sigma}{\varepsilon} = \dfrac{\sigma-\sigma'}{\varepsilon_0}$

($\sigma-\sigma'$는 겉보기전하)

14 자계와 직각으로 놓인 도체에 I[A]의 전류를 흘릴 때 f[N]의 힘이 작용하였다. 이 도체를 v[V/m]의 속도로 자계와 직각으로 운동시킬 때의 기전력 e[V]는?

① $\dfrac{fv}{I^2}$ ② $\dfrac{fv}{I}$

③ $\dfrac{fv^2}{I}$ ④ $\dfrac{fv}{2I}$

해설

도체가 받는 힘은 (직각) $f = IBl$에서, $Bl = \dfrac{f}{I}$

$\therefore$ 유기기전력은 (직각)

$e = Blv = \dfrac{fv}{I}[V]$

15 구리로 만든 지름 20[cm]의 반구에 물을 채우고 지름 10[cm]의 구를 띄운다. 이때에 두 개의 구가 동심구라면 두 구 사이의 저항은 약 몇 [Ω]인가?(단, 물의 도전율은 10^{-3} [℧/m]이고 물이 충만하다)

① 1590   ② 2590

③ 2800   ④ 3180

해설

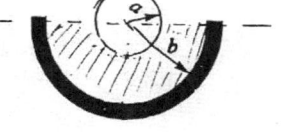

- a=5[cm]
- b=10[cm]

반구의 정전용량 $C = \dfrac{2\pi\varepsilon_0}{\dfrac{1}{a}-\dfrac{1}{b}}$

$\therefore\ R = \dfrac{\rho\varepsilon_0}{C} = \dfrac{\rho}{2\pi}\left(\dfrac{1}{a}-\dfrac{1}{b}\right) = \dfrac{1}{2\pi k}\left(\dfrac{1}{a}-\dfrac{1}{b}\right)$

$= \dfrac{1}{2\pi\times10^{-3}}\left(\dfrac{1}{5\times10^{-2}}-\dfrac{1}{10\times10^{-2}}\right)$

$= 1591.55[Ω]$

16 두 개의 콘덴서를 직렬접속하고 직류전압 인가 시 설명으로 옳지 않은 것은?

① 정전용량이 작은 콘덴서에 전압이 많이 걸린다.

② 합성 정전용량은 각 콘덴서의 정전용량의 합과 같다.

정답   13 ④   14 ②   15 ①   16 ②

③ 합성 정전용량은 각 콘덴서의 정전용량보다 작아진다.

④ 각 콘덴서의 두 전극에 정전유도에 의하여 정·부의 동일한 전하가 나타나고 전하량은 일정하다.

해설

두 개의 콘덴서를 직렬접속하면 합성 정전용량은 각 콘덴서의 정전용량의 합과 다르다.

17 전계 E[V/m], 자계 H[AT/m]의 전자계가 평면파를 이루고, 자유공간으로 단위시간에 전파될 때 단위면적당 전력밀도$[W/m^2]$의 크기는?

① EH^2 　　　② EH

③ $\dfrac{1}{2}EH^2$　　④ $\dfrac{1}{2}EH$

해설

평면전자파의 방정식에서 포인팅벡터 정리에서 평면전자파는 E와 H가 수직이므로, 벡터를 표시하면 P=E×H=EHsinθ=EH$[W/m^2]$가 되고 방향은 진행방향과 평행이다.

18 자기회로에서 철심의 투자율을 μ라 하고 회로의 길이를 l이라 할 때 그 회로의 일부에 미소공극 l_g를 만들면 회로의 자기저항은 처음의 몇 배인가?(단, $l_g \ll l$, 즉 $l-l_g \doteqdot l$이다)

① $1+\dfrac{\mu l_g}{\mu_0 l}$　　　② $1+\dfrac{\mu l}{\mu_0 l_g}$

③ $1+\dfrac{\mu_0 l_g}{\mu l}$　　　④ $1+\dfrac{\mu_0 l}{\mu l_g}$

해설

• 코일로 감겨진 자기회로의 단면적 A이고, 철심투자율이 μ일 때 공극이 없는 자기저항은 $R_{m1} = \dfrac{l}{\mu A}$

• 공극 l_g가 존재하는 경우 자기저항은 철심부와 공극부 자기저항은 직렬접속이 되므로 $(l-l_g \doteqdot l)$

$$R_{m2} = \frac{l-l_g}{\mu A} + \frac{l_g}{\mu_0 A}$$ 가 된다. $l_g \ll l$인 경우

$$R_{m2} = \frac{l}{\mu A} + \frac{l_g}{\mu_0 A} = \frac{l}{\mu A}(1+\frac{\mu l_g}{\mu_0 l})$$

$$\therefore \ \frac{R_{m2}}{R_{m1}} = 1 + \frac{\mu l_g}{\mu_0 l}$$

19 일반적인 전자계에서 성립되는 기본 방정식이 아닌 것은?(단, i는 전류밀도이고, ρ는 공간전하밀도이다)

① $\nabla \times H = i + \dfrac{\partial D}{\partial t}$　　② $\nabla \times E = -\dfrac{\partial B}{\partial t}$

③ $\nabla \cdot D = \rho$　　　④ $\nabla \cdot B = \mu H$

해설 자속의 연속성

$\nabla \cdot B = \text{div } B = 0$

20 폐회로에 유도되는 유도기전력에 관한 설명으로 옳은 것은?

① 유도기전력은 권선수의 제곱에 비례한다.

② 렌츠의 법칙은 유도기전력의 크기를 결정하는 법칙이다.

③ 자계가 일정한 공간 내에서 폐회로가 운동하여도 유도기전력이 유도된다.

④ 전계가 일정한 공간 내에서 폐회로가 운동하여도 유도기전력이 유도된다.

해설

• 패러데이 법칙 : 전자유도회로에 발생하는 유도기전력은 쇄교 자속 ϕ[Wb]가 시간적으로 변화하는 비율과 같다(크기).

$$e = -\frac{d\lambda}{dt} = -N\frac{d\phi}{dt} = -L\frac{di}{dt}\,[V]$$

정답　**17** ②　**18** ①　**19** ④　**20** ③

1196 • Part 4. 기사 · 산업기사 최근기출문제

- 렌츠의 법칙 : 자속방향과 기전력과의 관계에 관한 법칙(방향)

  ex) $\Phi = \phi_m \sin 2\pi f t [\text{Wb}]$

  $e = -N \dfrac{d\phi}{dt}$

  $= -N \dfrac{d}{dt} \phi_m \sin 2\pi f t = -2\pi f N \phi_m \cos 2\pi f t [\text{V}]$

제2과목 : 전력공학

21 송전용량이 증가함에 따라 송전선의 단락 및 지락전류도 증가하여 계통에 여러 가지 장해요인이 되고 있다. 이들의 경감대책으로 적합하지 않은 것은?

① 계통의 전압을 높인다.

② 고장 시 모선 분리 방식을 채용한다.

③ 발전기와 변압기의 임피던스를 작게 한다.

④ 송전선 또는 모선 간 한류리액터를 삽입한다.

22 피뢰기의 구비조건이 아닌 것은?

① 상용주파 방전 개시전압이 낮을 것

② 충격방전 개시전압이 낮을 것

③ 속류 차단능력이 클 것

④ 제한전압이 낮을 것

> **해설** 피뢰기의 구비조건
> ① 충격방전 개시전압이 낮을 것
> ② 상용주파 방전 개시전압은 높을 것
> ③ 방전내량이 크면서 제한전압은 낮을 것
> ④ 속류차단능력이 충분할 것

23 그림과 같은 회로의 일반 회로정수가 아닌 것은?

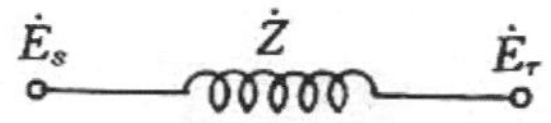

① B=Z+1   ② A=1

③ C=0   ④ D=1

> **해설** 임피던스의 직렬접속
> $$\begin{bmatrix} A & B \\ C & D \end{bmatrix} = \begin{bmatrix} 1 & Z \\ 0 & 1 \end{bmatrix}$$

24 영상 변류기를 사용하는 계전기는?

① 과전류 계전기

② 과전압 계전기

③ 부족전압 계전기

④ 선택지락 계전기

> **해설**
> 영상 변류기(ZCT) → 선택지락 계전기(SGR), 지락(접지) 계전기(GR)

25 증식비가 1보다 큰 원자로는?

① 경수로   ② 흑연로

③ 중수로   ④ 고속증식로

> **해설**
> 고속증식로의 증식비 : 1.1~1.4

26 코로나 현상에 대한 설명이 아닌 것은?

① 전선을 부식시킨다.

② 코로나 현상은 전력의 손실을 일으킨다.

③ 코로나 방전에 의하여 전파 장해가 일어난다.

④ 코로나 손실은 전원 주파수의 2/3제곱에 비례한다.

> **해설** Peek식(코로나 손실)
> $$P_c = \frac{241}{\delta}(f + 25)\sqrt{\frac{r}{D}}(E - E_0)^2$$
> $$\times 10^{-5}[\text{kW/km/1선}]$$

정답 21 ③   22 ①   23 ①   24 ④   25 ④   26 ④

27 어떤 화력 발전소의 증기조건이 고온원 540 [℃], 저온원 30[℃]일 때 이 온도간에서 움직이는 카르노 사이클의 이론 열효율[%]은?

① 85.2
② 80.5
③ 75.3
④ 62.7

해설
• 카르노 사이클 : 결정된 온도의 높고 낮은 두 열원 사이에서 움직이는 사이클 중에서 가장 높은 열효율을 나타내는 사이클이다.

$$\eta_c = 1 - \frac{Q_2}{Q_1} = 1 - \frac{T_2}{T_1} = (1 - \frac{303}{813}) \times 100$$

$$= 62.73[\%]$$

T_1(고열원의 온도)=540+273=813K

T_2(저열원의 온도)=30+273=303K

28 가공전선로에 사용하는 전선의 굵기를 결정할 때 고려할 사항이 아닌 것은?

① 절연저항
② 전압강하
③ 허용전류
④ 기계적 강도

29 그림과 같은 회로의 영상, 정상, 역상임피던스 Z_0, Z_1, Z_2는?

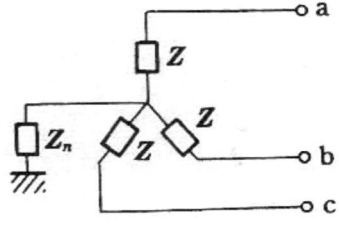

① $Z_0 = Z + 3Z_n, \ Z_1 = Z_2 = Z$
② $Z_0 = 3Z_n, \ Z_1 = Z, \ Z_2 = 3Z$
③ $Z_0 = 3Z + Z_n, \ Z_1 = 3Z, \ Z_2 = Z$
④ $Z_0 = Z + Z_n, \ Z_1 = Z_2 = Z + 3Z_n$

해설
• 영상임피던스 등가회로(중성점 임피던스는 $3Z_n$)

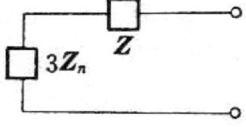

∴ $Z_0 = 3Z_n + Z$

• 정상(=역상)임피던스는 변압기와 선로가 정지 상태로 있다.

∴ $Z_1 = Z_2 = Z$

30 전력계통의 안정도 향상 방법이 아닌 것은?

① 선로 및 기기의 리액턴스를 낮게 한다.
② 고속도 재폐로 차단기를 채용한다.
③ 중성점 직접접지방식을 채용한다.
④ 고속도 SVR을 채용한다.

해설 안정도 향상 대책
① 선로의 직렬리액턴스를 작게 한다.
② 전압변동을 작게 한다(계통 연계 및 속응 여자방식을 채용).
③ 중간조상방식을 채용한다.
④ 고장전류를 줄이고 고장구간을 신속하게 차단한다 (적당한 중성점 접지방식을 채용해서 지락전류를 줄이고, 고속도계전기(재폐로), 고속도 차단기를 채용).
⑤ 고장 시 발전기 입·출력의 불평형을 작게, 조속기의 동작을 빠르게 한다.

정답 27 ④ 28 ① 29 ① 30 ③

31 부하전류가 흐르는 전로는 개폐할 수 없으나 기기의 점검이나 수리를 위하여 회로를 분리하거나, 계통의 접속을 바꾸는 데 사용하는 것은?

① 차단기
② 단로기
③ 전력용 퓨즈
④ 부하 개폐기

해설 단로기(DS)는 소호장치가 없고 아크소멸 능력이 없어서 고장전류나 부하전류의 개폐에는 사용할 수 없는 개폐기이다.

32 조상설비가 아닌 것은?

① 정지형 무효전력 보상장치
② 자동고장 구분 개폐기
③ 전력용 콘덴서
④ 분로리액터

해설 조상설비는 무효전력을 제어하고 역률을 조정하여 손실경감을 주목적으로 하며 종류에는 조상기, 전력용 콘덴서, 분로리액터 등이 있다.

33 송전선로의 중성점을 접지하는 목적이 아닌 것은?

① 송전 용량의 증가
② 과도 안정도의 증진
③ 이상 전압 발생의 억제
④ 보호 계전기의 신속, 확실한 동작

해설 중성점 접지방식의 목적
① 기타의 원인으로 생기는 이상전압 발생을 방지
② 건전상의 전위상승을 억제시키고 선로 및 기기의 절연을 절감
③ 보호계전기의 동작을 확실하게 함
④ 소호리액터 방식에서는 1선 지락 시 아크를 소멸시킴

34 다음 (가), (나), (다)에 들어갈 내용으로 옳은 것은?

원자력이란 일반적으로 무거운 원자핵이 핵분열하여 가벼운 핵으로 바뀌면서 발생하는 핵분열 에너지를 이용하는 것이고, (㉮)발전은 가벼운 원자핵을(과) (㉯)하여 무거운 핵으로 바뀌면서 (㉰) 전후의 질량 결손에 해당하는 방출 에너지를 이용하는 방식이다.

① ㉮ 원자핵융합 ㉯ 융합 ㉰ 결합
② ㉮ 핵결합 ㉯ 반응 ㉰ 융합
③ ㉮ 핵융합 ㉯ 융합 ㉰ 핵반응
④ ㉮ 핵반응 ㉯ 반응 ㉰ 결합

35 송전선로의 정상임피던스를 Z_1, 역상임피던스를 Z_2, 영상임피던스를 Z_0이라 할 때 옳은 것은?

① $Z_1 = Z_2 = Z_0$
② $Z_1 = Z_2 < Z_0$
③ $Z_1 > Z_2 = Z_0$
④ $Z_1 < Z_2 = Z_0$

해설
• 송전선로 : $Z_1 = Z_2 < Z_0$
• 변압기 : $Z_1 = Z_2 = Z_0$
• 동기기 : $Z_1 = Z_2,\ Z_0 = 0$

36 경간 200[m], 장력 1000[kg], 하중 2[kg/m]인 가공전선의 이도(dip)는 몇 [m]인가?

① 10
② 11
③ 12
④ 13

해설
$$D = \frac{WS^2}{8T} = \frac{2 \times 200^2}{8 \times 1000} = 10[\mathrm{m}]$$

정답 31 ② 32 ② 33 ① 34 ③ 35 ② 36 ①

37 보호계전기와 그 사용 목적이 잘못된 것은?

① 비율차동계전기 : 발전기 내부 단락 검출용

② 전압평형계전기 : 발전기 출력측 PT 퓨즈 단선에 의한 오작동 방지

③ 역상과전류계전기 : 발전기 부하불평형 회전자 과열소손

④ 과전압계전기 : 과부하 단락사고

> **해설** 과전압계전기(OVR)
> 전로의 전압이 정정값 이상일 때 동작하는 계전기

38 초고압 송전계통에 단권 변압기가 사용되는데 그 이유로 볼 수 없는 것은?

① 효율이 높다.

② 단락전류가 적다.

③ 전압변동률이 적다.

④ 자로가 단축되어 재료를 절약할 수 있다.

> **해설** 단권변압기의 특성
> ① 동손감소에 따른 효율이 높다.
> ② 누설 임피던스가 작아서 단락전류는 크다.
> ③ 전압변동률이 적다
> ④ 1차측의 이상전압이 2차측에 영향을 준다.
> ⑤ 중량이 가볍다.
> ⑥ 변압비가 1에 가까우면 용량은 커진다.

39 송배전 선로에서 선택지락계전기(SGR)의 용도는?

① 다회선에서 접지 고장 회선의 선택

② 단일 회선에서 접지 전류의 대소 선택

③ 단일 회선에서 접지 전류의 방향 선택

④ 단일 회선에서 접지 사고의 지속시간 선택

> **해설** 선택지락계전기(SGR)
> 병행2회선 송전선로에서 한쪽회선에 지락 또는 접지 고장이 발생하였을 경우에 이 고장회선만 검출하여 선택차단할 수 있는 계전기.

40 비접지식 송전선로에 있어서 1선 지락고장이 생겼을 경우에 지락점에 흐를 전류는?

① 직류 전류

② 고장상의 영상전압과 동상의 전류

③ 고장상의 영상전압보다 90도 빠른 전류

④ 고장상의 영상전압보다 90도 늦은 전류

> **해설**
> 비접지식 송전선로에 있어서 1선 지락고장이 생겼을 경우 지락점에 흐르는 전류는 고장상의 영상전압보다 90도 빠른 전류가 흐르고, 아크 지락 시, 아크전류와 전압의 위상차가 90도에 가까울수록 재점호의 발생률은 크다.

제3과목 : 전기기기

41 슬립 s_t에서 최대 토크를 발생하는 3상 유도전동기에 2차측 한 상의 저항을 r_2라 하면 최대 토크로 기동하기 위한 2차측 한 상에 외부로부터 가해 주어야 할 저항[Ω]은?

① $\dfrac{1-s_t}{s_t}r_2$ 　② $\dfrac{1+s_t}{s_t}r_2$

③ $\dfrac{r_2}{1-s_t}$ 　④ $\dfrac{r_2}{s_t}$

> **해설**
> s_s : 기동 시 슬립, r_{2s} : 기동 시 2차 저항에서, 저항을 접속하지 않을 경우의 것은 s_t, r_2라 하면
>
> $$\frac{r_2}{s_t}=\frac{s_{2s}}{s_s}$$
>
> 기동 시(s_s=1)에서 전부하 토크를 발생시키는 데 필요한 외부저항 R[Ω]은,
>
> $$\frac{r_2}{s_t}=\frac{r_2+R}{1}$$
>
> $$\therefore\ R=\frac{r_2}{s_t}-r_2=\frac{1-s_t}{s_t}r_2$$

정답　**37** ④　　**38** ②　　**39** ①　　**40** ③　　**41** ①

42 사이리스터에서 게이트 전류가 증가하면?

① 순방향 저지전압이 증가한다.

② 순방향 저지전압이 감소한다.

③ 역방향 저지전압이 증가한다.

④ 역방향 저지전압이 감소한다.

해설 사이리스터에서 게이트 전류(I_G)가 증가하면 순방향 브레이크 오버 전압은 감소한다. 게이트 전류 I_G=0일 때는 순방향 브레이크 오버 전압은 최대가 된다.

43 변압기의 규약 효율 산출에 필요한 기본요건이 아닌 것은?

① 파형은 정현파를 기준으로 한다.

② 별도의 지정이 없는 경우 역률은 100[%] 기준이다.

③ 부하손은 40[℃]를 기준으로 보정한 값을 사용한다.

④ 손실은 각 권선에 대한 부하손의 합과 무부하손의 합이다.

해설 변압기의 규약 효율은

$$\eta = \frac{출력}{출력 + 손실} \times 100 = \frac{입력 - 손실}{입력} \times 100[\%]$$

$$= \frac{V_2 I_2 \cos\theta_2}{V_2 I_2 \cos\theta_2 + P_i + I^2 r} \times 100[\%]$$

• 손실 = 부하손+무부하손

• 변압기의 동손은 부하전류 제곱에 비례 $(P_c = I^2 R)$

• 무부하 = 철손(히스테리시스손+와류손)

• 온도상승 = 주위온도 40[℃] 이하, 표준높이 1000[m] 이하에서 사용할 경우에 변압기 각 부의 측정온도와 주위온도와의 차를 말한다(히스테리시스손은 온도를 상승시킴).

44 극수가 24일 때, 전기각 180°에 해당되는 기계각은?

① 7.5° ② 15°

③ 22.5° ④ 30°

해설

$$전기각(\theta°) = 기하각(\alpha°) \times \frac{P}{2}$$

$$\therefore \alpha° = \frac{2}{P} \times \theta° = \frac{2}{24} \times 180° = 15°$$

45 단락비가 큰 동기기의 특징으로 옳은 것은?

① 안정도가 떨어진다.

② 전압변동률이 크다.

③ 선로 충전용량이 크다.

④ 단자 단락 시 단락 전류가 적게 흐른다.

해설 단락비가 큰 기계 특징

① 전압변동률이 작다.

② 과부하 내량이 커서 안정도가 좋다.

③ 선로충전용량이 크다.

④ 기계치수가 크고, 철손, 기계손 등 고정손과 동손이 커서 효율이 나쁘다.

⑤ 계자속 및 계자 전류가 크며 전기자권선의 권수가 적어서 철기계라 한다.

46 동기 발전기의 단자 부근에서 단락이 일어났다고 하면 단락전류는 어떻게 되는가?

① 전류가 계속 증가한다.

② 큰 전류가 증가와 감소를 반복한다.

③ 처음에는 큰 전류이나 점차 감소한다.

④ 일정한 큰 전류가 지속적으로 흐른다.

해설 평형3상 전압을 유기하는 동기 발전기의 단자 부근에 단락하면 단락 초기상태에서는 전기자 반작용이 순간적으로 나타날 수가 없기에 과도전류가 흐르고, 수초 후에는 감소하여 영구 단락전류값이 된다.

정답 **42** ② **43** ③ **44** ② **45** ③ **46** ③

47 유도 전동기의 안정 운전의 조건은?(단, T_m: 전동기 토크, T_L: 부하토크, n: 회전수)

① $\dfrac{dT_m}{dn} < \dfrac{dT_L}{dn}$ 　② $\dfrac{dT_m}{dn} = \dfrac{dT_L^2}{dn}$

③ $\dfrac{dT_m}{dn} > \dfrac{dT_L}{dn}$ 　④ $\dfrac{dT_m}{dn} \neq \dfrac{dT_L^2}{dn}$

해설

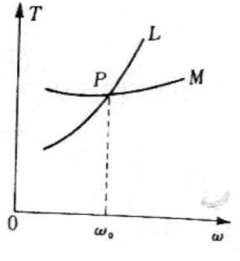

그림처럼 회전수 n이 증가할 때에는 부하 L의 토크가 전동기 M의 토크보다 커지고, n이 감소할 때에는 반대로 되어야 한다. 그러므로 P점이 전동기 M으로 부하를 안정하게 운전하게 된다. 그림에서 이 경우에는 $\dfrac{dT}{dn}$은 전동기와 부하의 속도특성곡선의 기울기를 나타내는데 $\dfrac{dT_m}{dn} < \dfrac{dT_L}{dn}$의 관계가 될 때 안정운전이 된다.

48 4극, 3상 동기기가 48개의 슬롯을 가진다. 전기자 권선 분포 계수 K_d를 구하면 약 얼마인가?

① 0.923　② 0.945
③ 0.957　④ 0.969

해설

분포계수는

$$K_d = \frac{\sin\dfrac{\pi}{2m}}{q\sin\dfrac{\pi}{2mq}} = \frac{\sin\dfrac{\pi}{2\times 3}}{4\times\sin\dfrac{\pi}{2\times 3\times 4}} = 0.957$$

n=1, 상수 m=3, q=4

49 직류기에 보극을 설치하는 목적은?

① 정류 개선
② 토크의 증가
③ 회전수 일정
④ 기동토크의 증가

해설

① 보극(정류극) : 주자극 사이의 중성점에 소자극을 설치한 것을 말하며 보극을 설치하게 되면 정류코일내의 유기되는 리액턴스 전압과 반대 방향으로 정류전압을 유기시켜 양호한 정류를 할 수 있다.
② 보극의 설치 목적
　• 정류자의 불꽃 방지
　• 정류기전력의 발생
　• 브러시 이동방지

50 변압기의 절연내력시험 방법이 아닌 것은?

① 가압시험　② 유도시험
③ 무부하시험　④ 충격전압시험

해설

① 변압기 절연내력시험 : 정격주파수의 고전압에 대한 절연의 안정여부를 확인하는 시험이다.
　• 내전압법(가압시험)
　• 유도시험
　• 충격전압시험
② 변압기 등가회로 작성에 필요한 시험
　• 무부하시험
　• 권선저항측정
　• 단락시험

51 직류 발전기의 병렬운전에 있어서 균압선을 붙이는 발전기는?

① 타여자 발전기
② 직권 발전기와 분권 발전기
③ 직권 발전기와 복권 발전기
④ 분권발전기와 복권 발전기

정답　47 ①　48 ③　49 ①　50 ③　51 ③

1202 • Part 4. 기사 · 산업기사 최근기출문제

해설 균압선(모선)(equalizing bus-bar)

복권 발전기는 직권계자 권선을 굵은 도선으로 연결하여 놓으면 양쪽 직권계자 권선은 이 도선과 모선사이에 병렬이 되므로 직권계자권선의 전류는 항상 2등분되어 안정하게 운전할 수 있는데 이 도선을 균압선이라 한다(직권 발전기의 외부특성곡선은 부하전류가 증가하면 단자전압이 상승하므로 안정한 병렬운전을 할 수 없으므로 균압선 사용).

52 분권 발전기의 회전 방향을 반대로 하면 일어나는 현상은?

① 전압이 유기된다.

② 발전기가 소손된다.

③ 잔류자기가 소멸된다.

④ 높은 전압이 발생한다.

해설 분권 발전기의 회전 방향을 역회전시키면 잔류자기에 의한 기전력의 극성이 반대로 되어서 분권회로의 여자전류가 반대로 흐르게 되어 잔류자기는 소멸되어 발전되지 않는다.

53 어떤 단상 변압기의 2차 무부하 전압이 240[V]이고, 정격 부하 시의 2차 단자 전압이 230[V]이다. 전압 변동률은 약 몇 [%]인가?

① 4.35

② 5.15

③ 6.65

④ 7.35

해설

$$\epsilon = \frac{V_{20} - V_{2n}}{V_{2n}} \times 100[\%] = \frac{240 - 230}{230} \times 100$$
$$= 4.35[\%]$$

• V_{20} : 2차 무부하전압,

• V_{2n} : 정격부하 시 2차 단자전압

54 단상 직권 정류자 전동기에서 보상권선과 저항도선의 작용을 설명한 것 중 틀린 것은?

① 보상권선은 역률을 좋게 한다.

② 보상권선은 변압기의 기전력을 크게 한다.

③ 보상권선은 전기자 반작용을 제거해 준다.

④ 저항도선은 변압기 기전력에 의한 단락전류를 작게 한다.

해설

보상권선을 설치하면 역률을 좋게 하며 변압기의 기전력을 작게 해서 정류작용을 개선시킨다.

55 일반적인 농형 유도전동기에 비하여 2중 농형 유도전동기의 특징으로 옳은 것은?

① 손실이 적다.

② 슬립이 크다.

③ 최대 토크가 크다.

④ 기동 토크가 크다.

해설 2중 농형 유도전동기는 일반적인 농형 유도 전동기에 비해서 기동전류는 적고 기동토크는 크지만 특성은 떨어지는 결점이 있다.

56 5[kVA], 3000/200[V]의 변압기의 단락시험에서 임피던스 전압 120[V], 동손 150[W]라 하면 %저항강하는 약 몇 [%]인가?

① 2

② 3

③ 4

④ 5

해설

$$P = \frac{I_{1n}r}{V_{1n}} \times 100 = \frac{P_{1n} \cdot r}{V_{1n} \cdot I_{1n}} \times 100$$
$$= \frac{P_s}{[kVA]} \times 100$$
$$= \frac{150}{5 \times 10^3} \times 100 = 3[\%]$$

정답 52 ③ 53 ① 54 ② 55 ④ 56 ②

57 그림과 같은 회로에서 전원전압의 실효치 200[V], 점호각 30°일 때 출력전압은 약 몇 [V]인가?

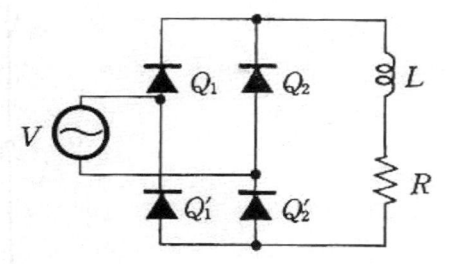

① 157.8   ② 168.0

③ 177.8   ④ 187.8

해설 점호각 30°일 때 부하 시 직류전압은

$$E_{da} = \frac{\sqrt{3}\,E}{\pi}(1+\cos\alpha) = \frac{\sqrt{3}\times 200}{\pi}(1+\cos 30°)$$
$$= 168[\text{V}]$$

58 원통형 회전자를 가진 동기발전기는 부하각 δ가 몇 도일 때 최대 출력을 낼 수 있는가?

① 0°   ② 30°

③ 60°   ④ 90°

해설 비돌극기(원통형 회전자)는 δ=90°일 때 최대출력이 된다(돌극형은 δ=60°부근이 최대 출력, 정격 운전시는 20°정도이다).

59 60[Hz]인 3상 8극 및 2극인 유도전동기를 차동종속으로 접속하여 운전할 때의 무부하 속도[rpm]는?

① 720   ② 900

③ 1000   ④ 1200

해설

차동접속: $N = \dfrac{120f}{P_1 - P_2} = \dfrac{120 \times 60}{8-2} = 1200[\text{rpm}]$

(직렬 접속: $N = \dfrac{120f}{P_1 + P_2}[\text{rpm}]$)

60 직류발전기의 유기기전력이 230[V], 극수가 4, 정류자 편수가 162인 정류자 편간 평균전압은 약 몇 [V]인가?

① 5.68   ② 6.28

③ 9.42   ④ 10.2

해설 정류자 편간 평균전압은

$$e_{sa} = \frac{p\,E}{K} = \frac{4 \times 230}{162} = 5.68[\text{V}]$$

K : 정류자 편수, p : 극수, E : 유기기전력

제4과목 : 회로이론 및 제어공학

61 G(s)H(s)=$\dfrac{2}{(s+1)(s+2)}$ 의 이득여유[dB]는?

① 20   ② −20

③ 0   ④ ∞

해설 이득여유는 허수부가 0일 때의 이득여유이므로 $\omega = 0$

$$G[\text{dB}] = 20\log_{10}|G(j\omega)H(j\omega)|$$
$$= 20\log\left|\frac{20}{(j\omega+1)(j\omega+2)}\right|$$
$$= 20\log\left|\frac{20}{(j\omega+1)(j\omega+2)}\right|_{\omega=0}$$
$$= 20\log|1| = 0[\text{dB}]$$

62 근궤적이 s평면의 $j\omega$축과 교차할 때 폐루프의 제어계는?

① 안정하다.   ② 알 수 없다.

③ 불안정하다.   ④ 임계상태이다.

해설

특성근의 실수부가 0이면 임계상태(임계안정)이다. 근궤적이 허수축($j\omega$)과 교차할 때는 특성근의 실수부 크기가 0일 때와 같다.

정답   **57** ②   **58** ④   **59** ④   **60** ①   **61** ③   **62** ④

63 다음과 같은 시스템에 단위계단입력 신호가 가해졌을 때 지연시간에 가장 가까운 값 [sec]은?

$$\frac{C(s)}{R(s)} = \frac{1}{s+1}$$

① 0.5   ② 0.7
③ 0.9   ④ 1.2

해설

$G(s) = \dfrac{C(s)}{R(s)} = \dfrac{1}{s+1}$ 에서, $C(s) = \dfrac{1}{s+1}R(s)$

$r(t) = u(t),\ R(s) = \dfrac{1}{s}$

$C(s) = \dfrac{1}{s+1} \times \dfrac{1}{s} = \dfrac{1}{s(s+1)}$

$\therefore\ C(t) = \mathcal{L}^{-1}C(s) = \mathcal{L}\left(\dfrac{A}{s} + \dfrac{B}{s+1}\right)$

$\qquad = \mathcal{L}^{-1}\left(\dfrac{1}{s} - \dfrac{1}{s+1}\right) = 1 - e^{-t}$

$A = \lim\limits_{s \to 0} \dfrac{1}{s+1} = 1$

$B = \lim\limits_{s \to -1} \dfrac{1}{s} = -1$

∴ 지연시간 응답이 최초로 희망값의 50[%]가 되는데 요하는 시간

$C(t) = 1 - e^{-t}$

$0.5 = 1 - e^{-t},\ e^{-t} = 0.5$

양변에 $\log_e$를 곱하면 $\log_e e^{-t} = \log_e 0.5$

∴ t= 0.69[sec]

64 그림과 같은 신호흐름 선도에서 전달함수 $\dfrac{Y(s)}{X(s)}$ 는 무엇인가?

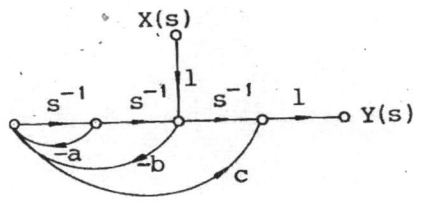

① $\dfrac{s+a}{s^2+as-b^2}$ ② $\dfrac{-bcs^2+s}{s^2+as+b}$

③ $\dfrac{-bcs^2+s+a}{s^2+as}$ ④ $\dfrac{-bcs^2+s+a}{s^2+as+b}$

해설 메이슨(Mason)의 정리

$$G(s) = \frac{\sum\limits_{k=1}^{\infty} G_k \triangle_k}{\triangle}$$

$\triangle = 1 - \sum \ell_1 + \sum \ell_2 - \sum \ell_3 + \cdots$

$\sum \ell_1$: 각각의 폐루프 이득의 합

$\sum \ell_2$: 서로 접하지 않는 2개 루프 이득의 곱의 합

$\sum \ell_3$: 서로 접하지 않는 3개 루프 이득의 곱의 합

       ⋮

G_k : k번째 전향경로의 이득

$\triangle_k$: k번째 전향경로와 접하지 않는 부분의 $\triangle$ 의 값

$\sum \ell_1 = -\dfrac{a}{s} - \dfrac{b}{s^2}$

k=1, $G_1 \triangle_1 = \dfrac{1}{s}$

k=2, $G_2 \triangle_2 = -bc$

$\therefore\ G(s) = \dfrac{\dfrac{1}{s} - bc}{1 + \dfrac{a}{s} + \dfrac{b}{s^2}} = \dfrac{\dfrac{1-bcs}{s}}{\dfrac{s^2+as+b}{s^2}}$

$\qquad = \dfrac{-bcs^2+s}{s^2+as+b}$

65 특성 방적식이 다음과 같다. 이를 z변환하여 z평면에 도시할 때 단위원 밖에 놓일 근은 몇 개인가?

$$(s+1)(s+2)(s-3)=0$$

① 0   ② 1
③ 2   ④ 3

정답   63 ②   64 ②   65 ②

해설 s평면의 허수축은 z평면상에서는 원점을 중심으로 한 반지름 1인 원에 사상되면 s평면의 우반평면은 z 평면상에서는 이 원의 외부에 사상되고 s평면의 좌반평면은 z평면상에서는 이 원의 내부에 사상된다.

66 다음 진리표의 논리소자는?

입력		출력
A	B	C
0	0	1
0	1	0
1	0	0
1	1	0

① OR ② NOR
③ NOT ④ NAND

해설 NOR 회로

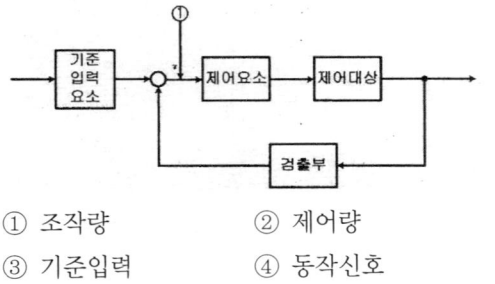

$$C = \overline{A + B}$$

67 그림에서 ①에 알맞은 신호 이름은?

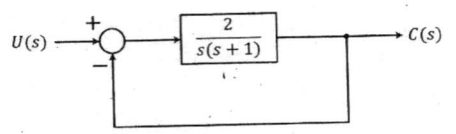

① 조작량 ② 제어량
③ 기준입력 ④ 동작신호

68 다음 단위궤환 제어계의 미분방정식은?

$U(s)$ → (+/−) → $\dfrac{2}{s(s+1)}$ → $C(s)$

① $\dfrac{d^2c(t)}{dt^2} + \dfrac{dc(t)}{dt} + c(t) = 2u(t)$

② $\dfrac{d^2c(t)}{dt^2} + \dfrac{dc(t)}{dt} + 2c(t) = u(t)$

③ $\dfrac{d^2c(t)}{dt^2} + \dfrac{dc(t)}{dt} + 2c(t) = 5u(t)$

④ $\dfrac{d^2c(t)}{dt^2} + \dfrac{dc(t)}{dt} + 2c(t) = 2u(t)$

해설

$$G(s) = \frac{C(s)}{U(s)} = \frac{\dfrac{2}{s(s+1)}}{1 + \dfrac{2}{s(s+1)}} = \frac{2}{s^2 + s + 2}$$

$$C(s)(s^2 + s + 2) = 2u(s)$$

$$\therefore \ \frac{d^2c(t)}{dt^2} + \frac{dc(t)}{dt} + 2c(t) = 2u(t)$$

69 드모르간의 정리를 나타낸 식은?

① $\overline{A + B} = A \cdot B$ ② $\overline{A + B} = \overline{A} + \overline{B}$
③ $\overline{A \cdot B} = \overline{A} \cdot \overline{B}$ ④ $\overline{A + B} = \overline{A} \cdot \overline{B}$

해설 드모르간(De-Morgan)의 정리
$$\overline{A + B} = \overline{A} \cdot \overline{B}, \ \overline{A \cdot B} = \overline{A} + \overline{B}$$

70 특성방정식 $s^3 + 2s^2 + (k+3)s + 10 = 0$에서 Routh 안정도 판별법으로 판별 시 안정하기 위한 k의 범위는?

① k > 2 ② k < 2
③ k > 1 ④ k < 1

해설
$$s^3 + 2s^2 + (k+3)s + 10 = 0$$
루드(Routh) 공식을 이용하면

s^3	1	(k+3)
s^2	2	10
s^1	$\dfrac{2(k+3) - 10}{2}$	0
s^0	10	

정답 66 ② 67 ④ 68 ④ 69 ④ 70 ①

제1열의 부호 변화가 없어야 안정하므로

$$\frac{2(k+3)-10}{2} > 0$$

$$\therefore k > 2$$

71 콘덴서 C[F]에 단위 임펄스의 전류원을 접속하여 동작시키면 콘덴서의 전압 $V_c(t)$는? (단, u(t)는 단위계단 함수이다)

① $V_c(t) = C$
② $V_c(t) = Cu(t)$

③ $V_c(t) = \dfrac{1}{C}$
④ $V_c(t) = \dfrac{1}{C}u(t)$

해설

$V_c(t) = \dfrac{1}{C}\displaystyle\int i(t)\,dt$, 단위임펄스의 전류원을 접속

하여 동작시키므로,

$V_c(t) = \dfrac{1}{C}\displaystyle\int \delta(t)\,dt$, $\quad \delta(t) = \dfrac{du(t)}{dt}$이다.

$\therefore V_c(t) = \dfrac{1}{C}\displaystyle\int \dfrac{du(t)}{dt}\,dt = \dfrac{1}{C}u(t)$

72 그림과 같은 구형파의 라플라스 변환은?

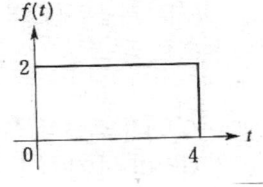

① $\dfrac{2}{s}(1-e^{4s})$
② $\dfrac{2}{s}(1-e^{-4s})$

③ $\dfrac{4}{s}(1-e^{4s})$
④ $\dfrac{4}{s}(1-e^{-4s})$

해설

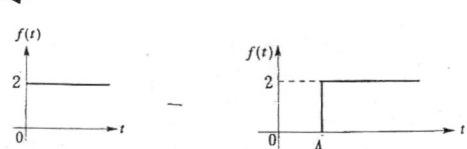

$f(t) = 2u(t) - 2u(t-4)$

$\therefore F(s) = \dfrac{2}{s} - \dfrac{2}{3}e^{-4s} = \dfrac{2}{s}(1-e^{-4s})$

73 $R_1 = R_2 = 100[\Omega]$이며 L_1=5[H]인 회로에서 시정수는 몇 [sec]인가?

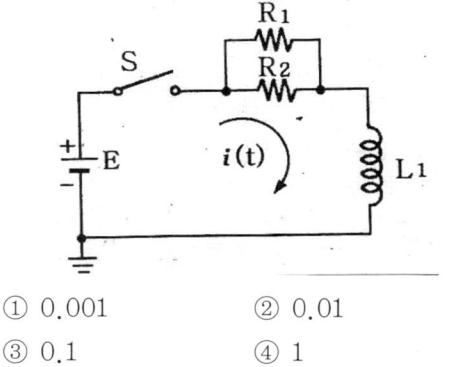

① 0.001
② 0.01

③ 0.1
④ 1

해설

R-L 회로에서 시정수는

$\tau = \dfrac{L}{R}[\sec] = \dfrac{5}{50} = 0.1[\sec]$

합성저항은 $R = \dfrac{R_1 \times R_2}{R_1 + R_2} = \dfrac{100}{2} = 50[\Omega]$

74 그림과 같은 파형의 파고율은?

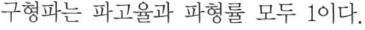

① 1
② 2

③ $\sqrt{2}$
④ $\sqrt{3}$

해설

구형파는 파고율과 파형률 모두 1이다.

정답 71 ④ 72 ② 73 ③ 74 ①

75 그림과 같은 회로의 구동점 임피던스 Z_{ab}는?

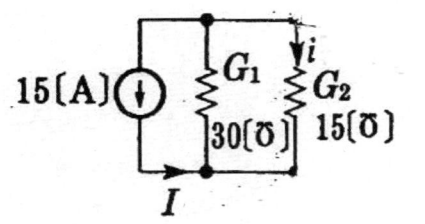

① $\dfrac{2(2s+1)}{2s^2+s+2}$ ② $\dfrac{2s+1}{2s^2+s+2}$

③ $\dfrac{2(2s-1)}{2s^2+s+2}$ ④ $\dfrac{2s^2+s+2}{2(2s+1)}$

해설

$$Z(s) = \frac{(1+2s)\times \dfrac{2}{s}}{1+2s+\dfrac{2}{s}} = \frac{2(2s+1)}{2s^2+s+2}$$

76 그림과 같은 회로의 콘덕턴스 G_2에 흐르는 전류i는 몇 [A]인가?

① -5 ② 5

③ -10 ④ 10

해설

$$i = \frac{G_2}{G_1+G_2}\times(-I) = \frac{15}{30+15}\times(-15) = -5[\text{A}]$$

77 다음 회로에서 절점 a와 절점 b의 전압이 같은 조건은?

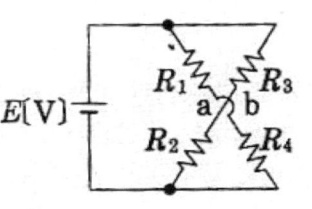

① $R_1 R_3 = R_2 R_4$ ② $R_1 R_2 = R_3 R_4$
③ $R_1 + R_3 = R_2 + R_4$ ④ $R_1 + R_2 = R_3 + R_4$

해설

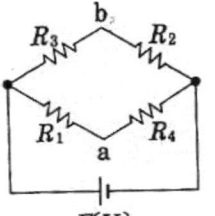

그림과 같이 만들고 절점 a와 절점 b의 전압이 같기 위해서는 브리지가 평형상태가 되면 된다.
$\therefore R_1 R_2 = R_3 R_4$

78 최대값이 10[V]인 정현파 전압이 있다. t=0 에서의 순시값이 5[V]이고 이 순간에 전압이 증가하고 있다. 주파수가 60[Hz]일 때, t=2[ms]에서의 전압의 순시값[V]은?

① $10\sin30°$ ② $10\sin43.2°$
③ $10\sin73.2°$ ④ $10\sin103.2°$

해설 $e(t) = E_m \sin(\omega t + \theta)$에서,
최대 10[V], t=0에서 순시값 5[V]이므로
(ωt는 $[rad]$, $1[rad] = \dfrac{180}{\pi}$)
$\therefore e(t) = 10\sin(\omega t + 30°) = 10\sin73.2°$
$\omega t = 2\pi\times60\times2\times10^{-3}\times\dfrac{180°}{\pi} = 43.2°$

정답 75 ① 76 ① 77 ② 78 ③

79 비접지 3상 Y회로에서 전류 $I_a = 15 + j2$[A], $I_b = -20 - j14$[A]일 경우 I_c 는?

① $5 + j12$

② $-5 + j12$

③ $5 - j12$

④ $-5 - j12$

해설

비접지 3상 Y회로이므로

$I_n = I_a + I_b + I_c = 0$

$15 + j2 - 20 - j14 + I_c = 0$

$\therefore \ I_c = 5 + j12$[A]

80 분포정수 전송회로에 대한 설명이 아닌 것은?

① $\dfrac{R}{L} = \dfrac{G}{C}$인 회로를 무왜형 회로라 한다.

② $R = G = 0$인 회로를 무손실 회로라 한다.

③ 무손실 회로와 무왜형 회로의 감쇠정수는 $\sqrt{RC}$이다.

④ 무손실 회로와 무왜형 회로에서의 위상속도는 $\dfrac{1}{\sqrt{LC}}$이다.

해설

- 무손실 회로에서의 감쇠정수 α=0
- 무왜형 회로에서의 감쇠정수 $\alpha = \sqrt{RG}$

제5과목 : 전기설비기술기준 및 판단기준

81 가섭선에 의하여 시설하는 안테나 주위에 경동연선을 사용한 고압 가공전선이 지나가고 있다면 수평 이격거리는 몇 [cm] 이상이어야 하는가?

① 40

② 60

③ 80

④ 100

해설 가공전선과 안테나사이의 이격거리

- 저압: 60[cm](전선이 고압, 특고 절연전선 또는 케이블인 경우 30[cm]) 이상
- 고압: 80[cm](전선이 케이블인 경우 40[cm]) 이상

82 과전류차단기로 저압전로에 사용하는 80[A] 퓨즈를 수평으로 붙이고, 정격전류의 1.6배 전류를 통한 경우에 몇 분 안에 용단되어야 하는가?(단, IEC 표준을 도입한 과전류차단기로 저압전로에 사용하는 퓨즈는 제외한다)

① 30분

② 60분

③ 120분

④ 180분

해설 과전류차단기로 저압전로에 사용하는 퓨즈는 수평으로 붙인 경우에 정격전류의 1.1배에 견디고 다음에 적합할 것

정격전류의 구분	용단시간	
	정격전류의 1.6배	정격전류의 2배
30[A] 이하	60분	2분
30[A] 초과 60[A] 이하	60분	4분
60[A] 초과 100[A] 이하	120분	6분
100[A] 초과 200[A] 이하	120분	8분
200[A] 초과 400[A] 이하	180분	10분
400[A] 초과 600[A] 이하	240분	12분
600[A] 초과	240분	20분

83 옥외용 비닐절연전선을 사용한 저압 가공전선이 횡단보도교 위에 시설되는 경우 그 전선의 노면상 높이는 몇 [m] 이상으로 하여야 하는가?

① 2.5

② 3.0

③ 3.5

④ 4.0

정답 79 ① 80 ③ 81 ③ 82 ③ 83 ②

해설 저·고압 가공 전선의 최소 높이
- 도로를 횡단하는 경우: 지표상 6[m] 이상
- 철도를 횡단하는 경우: 레일면상 6.5[m] 이상
- 횡단 보도교 위에 시설하는 경우
  저압: 노면상 3.5[m](절연 전선, 케이블 사용 경우 3[m])
- 일반 장소: 지표상 5[m](저압으로 교통에 지장이 없는 경우 4[m])

84 철도·궤도 또는 자동차도의 전용터널 안의 전선로의 시설방법으로 틀린 것은?

① 고압전선은 케이블 공사로 하였다.
② 저압전선을 가요전선관공사에 의하여 시설하였다.
③ 저압전선으로 지름 2.0[mm]의 경동선을 사용하였다.
④ 저압전선을 애자사용공사에 의하여 시설하고 이를 레일면상 또는 노면상 2.5[m] 이상의 높이로 유지하였다.

해설 철도, 자동차 전용터널 안의 전선로 시설방법
① 저압전선
- 2.6[mm] 이상의 경동선 사용할 것
- 애자 사용공사에 의하고 레일면 또는 2.5[m] 이상의 높이로 유지할 것
- 금속관, 케이블공사, 합성수지관, 가요전선관 공사에 의할 것
② 고압전선
- 전선을 케이블공사로 할 것
- 애자 사용 공사시 4.0[mm] 이상의 경동선으로 노면상 3[m] 이상의 높이에 시설할 것

85 전로에 400[V]를 넘는 기계기구를 시설하는 경우 기계기구의 철대 및 금속제 외함의 접지저항은 몇 [Ω] 이하인가?

① 10
② 30
③ 50
④ 100

해설 기계기구의 철대 및 외함의 접지

기계기구의 구분	접지 공사
400[V] 미만의 저압용의 것	제3종 접지 공사
400[V] 이상의 저압용의 것	특별 제3종 접지 공사
고압용 또는 특고압용의 것	제1종 접지 공사

특별 제3종 접지공사이므로 접지저항은 10[Ω] 이하, 제3종 접지공사는 100[Ω] 이하, 제1종 접지공사는 10[Ω] 이하.

86 고압의 계기용 변성기의 2차측 전로에는 몇 종 접지공사를 하여야 하는가?

① 제1종 접지공사
② 제2종 접지공사
③ 제3종 접지공사
④ 특별 제3종 접지고아

해설 계기용 변성기의 2차측 전로의 접지공사
- 고압 : 제3종 접지공사
- 특고압 : 제1종 접지공사

87 사람이 접촉할 우려가 있는 경우 고압가공 전선과 상부 조영재의 옆쪽에서의 이격거리는 몇 [m] 이상이어야 하는가?(단, 전선은 경동연선이라고 한다)

① 0.6
② 0.8
③ 1.0
④ 1.2

정답 **84** ③ **85** ① **86** ③ **87** ④

1210 · Part 4. 기사·산업기사 최근기출문제

해설 고압가공전선과 건조물의 조영재사이의 이격거리(이상)

건조물의 조영재의 구분	이격거리	비고
상부 조영재 (지붕·차양· 옷말리는 곳 기타 사람이 올라갈 우려가 있는 조영재를 말한다.)	위쪽: 2[m]	전선이 케이블인 경우 는 1[m]
	옆쪽 또는 아래쪽: 1.2[m]	·전선에 사람이 쉽게 접촉할 우려가 없는 경우: 80[cm] ·케이블인 경우: 40[cm]
기타의 조영재	1.2[m]	·전선에 사람이 쉽게 접촉할 우려가 없는 장소: 80[cm] ·케이블인 경우: 40[cm]

88 지중에 매설되어 있는 금속제 수도관로를 각종 접지공사의 접지극으로 사용하려면 대지와의 전기저항 값이 몇 [Ω] 이하의 값을 유지하여야 하는가?

① 1 ② 2

③ 3 ④ 5

해설 지중에 매설되어 있고 접지 저항값이 3[Ω] 이하의 금속제 수도만을 각종 접지공사의 접지극으로 사용할 수 있다(철골 접지: 2[Ω] 이하).

89 특고압 가공전선로에서 사용전압이 60[kV]를 넘는 경우, 전화선로의 길이 몇 [km]마다 유도전류가 3[μA]를 넘지 않도록 하여야 하는가?

① 12 ② 40

③ 80 ④ 100

해설 유도장해 방지
• 사용전압이 60[kV] 이하인 경우는 전화선로의 길이 12[km]마다 유도전류가 2[μA] 이하가 되도록 한다.

• 60[kV] 넘는 경우는 전화선로의 길이 40[km]마다 유도전류가 3[μA] 이하가 되도록 한다.

90 저압 옥내 간선 및 분기회로의 시설 규정 중 틀린 것은?

① 저압 옥내 간선의 전원측 전로에는 간선을 보호하는 과전류차단기를 시설하여야 한다.
② 간선보호용 과전류차단기는 옥내 간선의 허용전류를 초과하는 정격전류를 가져야 한다.
③ 간선으로 사용하는 전선은 전기사용기계기구의 정격전류 합계이상의 허용전류를 가져야 한다.
④ 저압 옥내 간선과 분기점에서 전선의 길이가 3[m] 이하인 곳에 개폐기 및 과전류차단기를 시설하여야 한다.

해설 과전류차단기는 저압 옥내 간선의 허용전류 이하인 정격전류의 것을 사용한다.

91 가공전선로의 지지물에 취급자가 오르고 내리는데 사용하는 발판 볼트 등은 지표상 몇 [m] 미만에 시설하여서는 아니 되는가?

① 1.2 ② 1.5

③ 1.8 ④ 2.0

92 옥내의 저압전선으로 나전선 사용이 허용되지 않는 경우는?

① 금속관 공사에 의하여 시설하는 경우
② 버스덕트 공사에 의하여 시설하는 경우
③ 라이팅덕트 공사에 의하여 시설하는 경우
④ 애자사용 공사에 의하여 전개된 곳에 전기로용 전선을 시설하는 경우

정답 88 ③ 89 ② 90 ② 91 ③ 92 ①

해설 나전선의 사용제한

① 애자사용공사에 의하여 전개된 장소에 시설하는 경우로 전기로용 전선, 전선의 피복 절연물이 부식하는 장소의 전선, 취급자 이외의 자가 출입할 수 없도록 설비한 장소의 전선

② 버스덕트나 라이팅 덕트공사에 의한 시설

③ 접촉전선의 시설

93 가공전선로의 지지물에 시설하는 지선으로 연선을 사용할 경우에는 소선이 최소 몇 가닥 이상이어야 하는가?

① 3   ② 4
③ 5   ④ 6

해설 지선의 설치조건
- 안전율은 목주 A종 지지물의 경우 1.5 이상, B종의 경우 2.5 이상이어야 한다.
- 최저 허용 인장하중 4.31[kN]이어야 한다.
- 3조 이상의 연선인 소선을 사용해야 한다.
- 2.6[mm] 이상의 금속선 또는 2.0[mm] 이상의 아연도금 강연선 사용한다.
- 지중부분 및 지표상 30[cm]까지 아연도금철봉을 사용하고 근가로 시설한다.

94 애자사용 공사를 습기가 많은 장소에 시설하는 경우 전선과 조영재 사이의 이격거리는 몇 [cm] 이상이어야 하는가?(단, 사용전압은 440[V]인 경우이다)

① 2.0   ② 2.5
③ 4.5   ④ 6.0

해설 저압옥내배선 시 애자사용공사
- 옥외용 및 인입용 비닐절연전선을 제외한 절연전선을 사용할 것
- 전선 상호간의 간격: 6[cm] 이상
- 전선과 조영재의 이격거리
  – 400[V] 미만: 2.5[cm] 이상

  – 400[V] 이상: 4.5[cm] 이상(건조한 곳: 2.5[cm])
- 지지점간의 거리
  – 조영재 옆면 · 윗면: 2[m] 이하
  – 400[V] 이상 조영재 아랫면: 6[m] 이하

95 조상기의 내부에 고장이 생긴 경우 자동적으로 전로에서부터 차단하는 장치는 조상기의 뱅크용량이 몇 [kVA] 이상이어야 시설하는가?

① 5000   ② 10000
③ 15000   ④ 20000

해설 조상설비의 보호장치

설비종별	뱅크용량의 구분	자동적으로 전로로부터 차단하는 장치
전력용 커패시터 및 분로리액터	500[kVA] 초과 15,000[kVA] 미만	내부에 고장이 생긴 경우에 동작하는 장치 또는 과전류가 생긴 경우에 동작하는 장치
	15,000[kVA] 이상	내부에 고장이 생긴 경우에 동작하는 장치 및 과전류가 생긴 경우에 동작하는 장치 또는 과전압이 생긴 경우에 동작하는 장치
조상기 (調相機)	15,000[kVA] 이상	내부에 고장이 생긴 경우에 동작하는 장치

96 발열선을 도로, 주차장 또는 조영물의 조영재에 고정시켜 시설하는 경우 발열선에 전기를 공급하는 전로의 대지전압은 몇 [V] 이하이어야 하는가?

① 100   ② 150
③ 200   ④ 300

정답 93 ①   94 ③   95 ③   96 ④

해설 도로, 주차장 또는 조영물의 조영재에 고정시설

① 전로의 대지전압: 300[V] 이하
② 발열선에 직접 접속하는 전선: MI케이블, 클로로프렌 외장 케이블
③ 발열선의 허용온도: 80[℃](도로, 옥외주차장: 120[℃] 이하)
④ 발열선의 접지
 • 400[V] 미만: 제3종 접지 공사
 • 400[V] 이상: 특별 제3종 접지 공사

97 직선형의 철탑을 사용한 특고압 가공 전선로가 연속하여 10기 이상 사용하는 부분에는 몇 기 이하마다 내장 애자장치가 되어 있는 철탑 1기를 시설하여야 하는가?

① 5
② 10
③ 15
④ 20

해설 특고압 가공 전선로 의 지지물로 직선형의 철탑을 계속하여 10기 이상 사용하는 부분에는 10기 이하마다 내장 애자 장치가 되어있는 철탑 1기를 시설해야 한다.

98 수소냉각식 발전기 등의 시설기준으로 틀린 것은?

① 발전기 안의 수소의 온도를 계측하는 장치를 시설할 것
② 수소를 통하는 관은 수소가 대기압에서 폭발하는 경우에 생기는 압력에 견디는 강도를 가질 것
③ 발전기 안의 수소의 순도가 95[%] 이하로 저하한 경우에 이를 경보하는 장치를 시설할 것
④ 발전기 안의 수소의 압력을 계측하는 장치 및 그 압력이 현저히 변동한 경우에 이를 경보하는 장치를 시설할 것

해설 수소냉각식 발전기 등의 시설

① 발전기 또는 조상기는 기밀구조일 것
② 질소가스를 봉입할 수 있는 장치와 누설한 수소가스를 안전하게 외부에 방출할 수 있는 장치를 시설할 것
③ 발전기, 조상기 안의 수소 순도가 85[%] 이하로 저하한 경우 경보장치를 시설할 것
④ 발전기, 조상기 안의 수소의 압력을 계측하는 장치 및 그 압력이 현저히 변동할 경우에 이를 경보하는 장치를 시설할 것

99 가공 직류 절연 귀선은 특별한 경우를 제외하고 어느 전선에 준하여 시설하여야 하는가?

① 저압가공전선
② 고압가공전선
③ 특고압 가공전선
④ 가공 약전류 전선

해설
• 가공 교류 절연 귀선은 고압가공전선에 준하여 시설하여야 한다.
• 가공 직류 절연 귀선은 저압가공전선에 준하여 시설하여야 한다.

100 터널 등에 시설하는 사용전압이 220[V]인 전구선이 0.6/1[kV] EP 고무 절연 클로로프렌 캡타이어 케이블일 경우 단면적은 최소 몇 $[mm^2]$ 이상이어야 하는가?

① 0.5
② 0.75
③ 1.25
④ 1.4

해설 터널 등에 시설하는 사용전압이 400[V] 미만인 저압의 전구선은 단면적 $0.75[mm^2]$ 이상의 300/300[V] 편조 고무 코드 또는 0.6/1[kV] EP 고무 절연 클로로프렌 캡타이어 케이블일 것

정답 97 ② 98 ③ 99 ① 100 ②

국가기술자격검정 필기시험문제

2017년도 기사 제2회 필기시험(기사)

자격종목 및 등급(선택분야)	종목코드	시험시간	문제지형별	수검번호	성명
전기기사		2시간 30분	A		

※ 시험문제지는 답안카드와 같이 반드시 제출하여야 합니다.

제1과목 : 전기자기학

01 서로 결합하고 있는 두 코일 C_1과 C_2의 자기 인덕턴스가 각각 L_{c1}, L_{c2}라고 한다. 이 둘을 직렬로 연결하여 합성인덕턴스의 값을 얻은 후, 두 코일 간 상호인덕턴스의 크기($|M|$)을 얻고자 한다. 직렬로 연결할 때, 두 코일간 자속이 서로 가해져서 보강되는 방향의 합성인덕턴스의 값이 L_1, 서로 상쇄되는 방향의 합성인덕턴스의 값이 L_2일 때, 다음 중 알맞은 식은?

① $L_1 < L_2$, $|M| = \dfrac{L_2 + L_1}{4}$

② $L_1 > L_2$, $|M| = \dfrac{L_1 + L_2}{4}$

③ $L_1 < L_2$, $|M| = \dfrac{L_2 - L_1}{4}$

④ $L_1 > L_2$, $|M| = \dfrac{L_1 - L_2}{4}$

해설
- 가해져서 보강되는 방향의 합성 인덕턴스 값,
$L_1 = L_1 + L_2 + 2M$
- 서로 상쇄되는 방향의 합성 인덕턴스 값,
$L_2 = L_1 + L_2 - 2M$
$\therefore L_1 > L_2$
- $L_1 = L_1 + L_2 + 2M$
$L_2 = L_1 + L_2 + 2M$

$\therefore |M| = \dfrac{L_1 - L_2}{4}$

02 그림과 같이 무한평면도체 앞 a[m] 거리에 점전하 Q가 있다. 점 0에서 x[m]인 P점의 전하밀도 $\sigma[C/m^2]$는?

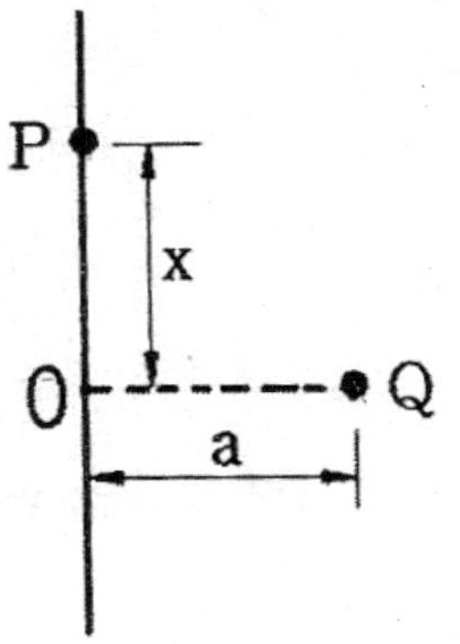

① $\dfrac{Q}{4\pi} \cdot \dfrac{a}{(a^2 + x^2)^{\frac{3}{2}}}$

② $\dfrac{Q}{2\pi} \cdot \dfrac{a}{(a^2 + x^2)^{\frac{3}{2}}}$

③ $\dfrac{Q}{4\pi} \cdot \dfrac{a}{(a^2 + x^2)^{\frac{2}{3}}}$

④ $\dfrac{Q}{2\pi} \cdot \dfrac{a}{(a^2 + x^2)^{\frac{2}{3}}}$

정답 **01** ④   **02** ②

해설 무한평면도체상의 기준 원점으로부터 x[m]인 P점의 전하밀도 $\sigma[C/m^2]$는

$$\sigma = -D - \epsilon_0 E = -\frac{Q}{2\pi} \cdot \frac{a}{(a^2+x^2)^{\frac{3}{2}}} [C/m^2]$$

또, $\sigma_{max} = |\sigma|_{x=0} = -\frac{Q}{2\pi a^2}\ [C/m^2]$

$\sigma_{min} = |\sigma|_{x=\infty} = 0$

그러므로 정전유도 전하밀도를 나타내면 그림처럼 된다.

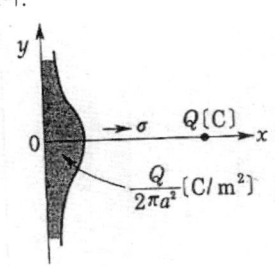

03 그림과 같이 직각 코일이 B = $0.05\dfrac{a_x + a_y}{\sqrt{2}}$ [T]인 자계에 위치하고 있다. 코일에 5[A] 전류가 흐를 때 z축에서의 토크는 약 몇 $[N \cdot m]$인가?

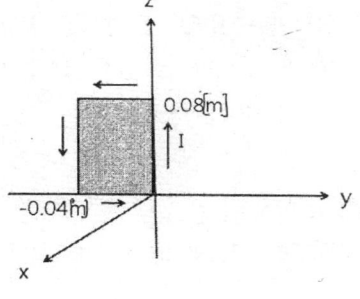

① $2.66 \times 10^{-4} a_x$ ② $5.66 \times 10^{-4} a_x$

③ $2.66 \times 10^{-4} a_z$ ④ $5.66 \times 10^{-4} a_z$

해설

$$I = 5a_z, \quad B = \frac{0.05}{\sqrt{2}}(a_z + a_y)$$

$$I \times B = 5a_z \times \frac{0.05}{\sqrt{2}}(a_z + a_y)$$

$$= 5 \times \frac{0.05}{\sqrt{2}}(a_z \times a_z + a_y \times a_y)$$

$$= 0.177(a_y - a_x)$$

Z축 상의 전류 도체가 받는 힘

$$F = (I \times B)\, l = 0.177(-a_x + a_y) \times 0.08$$

$$= 0.01416(-a_x + a_y)\,[N]$$

토크: $T = r \times F$이면, $r = 0.04 a_y$이므로

$$T = r \times F = 0.04 a_y \times 0.01416(-a_x + a_y)$$

$$= 5.66 \times 10^{-4}(-a_y \times a_x + a_y \times a_y)$$

$$= 5.66 \times 10^{-4} \cdot a_z\,[N \cdot m]$$

04 철심이 든 환상 솔레노이드의 권수는 500회, 평균 반지름은 10[cm], 철심의 단면적은 10[cm²], 비투자율 4000이다. 이 환상 솔레노이드에 2[A]의 전류를 흘릴 때 철심 내의 자속[Wb]은?

① 4×10^{-3} ② 4×10^{-4}

③ 8×10^{-3} ④ 8×10^{-4}

해설

$$\phi = \frac{NI}{R} = \frac{\mu_0 \mu_s SNI}{l} = \frac{\mu_0 \mu_s SNI}{2\pi r}$$

$$= \frac{4\pi \times 10^{-7} \times 4000 \times 10 \times 10^{-4} \times 500 \times 2}{2\pi \times 10 \times 10^{-2}}$$

$$= 8 \times 10^{-3}\,[Wb]$$

05 정전용량이 C_0인 평행판 공기콘덴서가 있다. 이것의 극판에 평행으로 판간격 d[m]의 $\dfrac{1}{2}$두께인 유리판을 삽입하였을 때의 정전용량 [F]은?(단, 유리판의 유전율은 $\epsilon[F/m]$이라 한다)

정답 03 ④ 04 ③ 05 ③

① $\dfrac{2C_0}{1+\dfrac{1}{\epsilon}}$ ② $\dfrac{C_0}{1+\dfrac{1}{\epsilon}}$

③ $\dfrac{2C_0}{1+\dfrac{\epsilon_0}{\epsilon}}$ ④ $\dfrac{C_0}{1+\dfrac{\epsilon}{\epsilon_0}}$

해설

• 공기 부분의 정전용량을 C_1

$$\therefore C_1 = \frac{\epsilon_0 S}{\frac{d}{2}} = \frac{2\epsilon_0 S}{d}[F]$$

• 유리판 부분의 정전용량을 C_2

$$\therefore C_2 = \frac{\epsilon S}{\frac{d}{2}} = \frac{2\epsilon S}{d}[F]$$

그러므로, 극판간 공극의 두께 $\dfrac{1}{2}$ 상당의 유리판을 넣는 경우의 정전용량을 C

$$\therefore C = \frac{1}{\frac{1}{C_1} + \frac{1}{C_2}} = \frac{1}{\frac{d}{2S}\left(\frac{1}{\epsilon_0} + \frac{1}{\epsilon}\right)}$$

$$= \frac{1}{\frac{d}{2\epsilon_0 S}\left(1 + \frac{\epsilon_0}{\epsilon}\right)} = \frac{2C_0}{1 + \frac{\epsilon_0}{\epsilon}} = \frac{2C_0}{1 + \frac{1}{\epsilon_s}}[F]$$

06 원통좌표계에서 전류밀도 $j = kr^2 a_z [A/m^2]$ 일 때 암페어의 법칙을 사용한 자계의 세기 H[AT/m]는?(단, K는 상수이다)

① $H = \dfrac{K}{4} r^4 a_\phi$ ② $H = \dfrac{K}{4} r^3 a_\phi$

③ $H = \dfrac{K}{4} r^4 a_z$ ④ $H = \dfrac{K}{4} r^3 a_z$

해설 원통좌표계에서 암페어의 법칙을 사용하여 자계의 세기 H를 구하면

$$rot H = \left(\frac{1}{r} \cdot \frac{\partial H_z}{\partial \phi} - \frac{\partial H_\phi}{\partial z}\right) \cdot a_r + \left(\frac{\partial H_r}{\partial z} - \frac{\partial H_z}{\partial r}\right) \cdot a_\phi$$

$$+ \left(\frac{1}{r} \frac{\partial (rH_\phi)}{\partial r} - \frac{1}{r} \frac{\partial H_r}{\partial \phi}\right) \cdot a_z = Kr^2 a_z,$$

$$\frac{1}{r} \frac{\partial (rH_\phi)}{\partial r} - \frac{1}{r} \frac{\partial H_r}{\partial \phi} = Kr^2$$

$$\therefore H = \frac{K}{4} r^3 a_\phi$$

07 막대자석 위쪽에 동축 도체 원판을 놓고 회로의 한 끝은 원판의 주변에 접촉시켜 회전하도록 해 놓은 그림과 같은 패러데이 원판 실험을 할 때 검류계에 전류가 흐르지 않는 경우는?

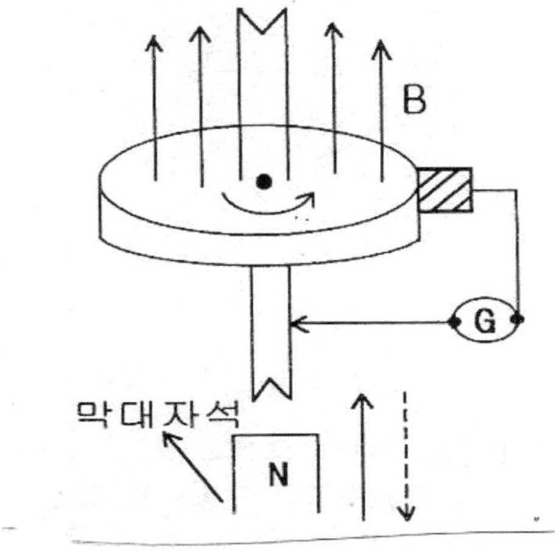

① 자석만을 일정한 방향으로 회전 시킬 때
② 원판만을 일정한 방향으로 회전시킬 때
③ 자석을 축 방향으로 전진시킨 후 후퇴시킬 때
④ 원판과 자석을 동시에 같은 방향, 같은 속도로 회전시킬 때

해설

• 패러데이 법칙 : 전자유도에서 회로에 발생하는 기전력 e[V]는 쇄교자속 ϕ[wb]가 시간적으로 변화하는 비율과 같다

$$e = -\frac{d\lambda}{dt} = -N\frac{d\phi}{dt} = -L\frac{di}{dt}[V]$$

• 렌츠의 법칙 : 자속방향과 유도기전력의 방향에 관한 법칙이다.

정답 **06** ② **07** ④

1216 • Part 4. 기사 · 산업기사 최근기출문제

08 최대 정전용량 C_0[F]인 그림과 같은 콘덴서의 정전용량이 각도에 비례하여 변화한다고 한다. 이 콘덴서를 전압 V[V]로 충전 했을 때 회전자에 작용하는 토크는?

① $\dfrac{C_0 V^2}{2}$ [N·m]

② $\dfrac{C_0^2 V}{2\pi}$ [N·m]

③ $\dfrac{C_0 V^2}{2\pi}$ [N·m]

④ $\dfrac{C_0 V^2}{\pi}$ [N·m]

해설

그림처럼 회전각도 θ일 때의 용량을 C_θ,

이때 에너지를 W_θ 라 할 때 $C_\theta = C_0 \dfrac{\theta}{\pi}$

$\therefore W_\theta = \dfrac{1}{2} C V^2 = \dfrac{1}{2} \cdot C_0 \dfrac{\theta}{\pi} V^2$ [J]

그러므로 회전력 T는

$T = \dfrac{\partial W_\theta}{\partial \theta} = \dfrac{\partial}{\partial \theta} \left(\dfrac{C_0 V^2}{2\pi} \cdot \theta \right) = \dfrac{C_0 V^2}{2\pi}$ [N·m]

$\therefore \theta$의 증가 방향으로 콘덴서 충전전압 제곱에 비례하는 회전력이 작용된다는 것을 알 수 있다.

09 점전하에 의한 전계의 세기[V/m]를 나타내는 식은?(단, r은 거리, Q는 전하량, λ는 선전하 밀도, σ는 표면전하밀도이다)

① $\dfrac{1}{4\pi\epsilon_0} \dfrac{Q}{r^2}$

② $\dfrac{1}{4\pi\epsilon_0} \dfrac{\sigma}{r^2}$

③ $\dfrac{1}{2\pi\epsilon_0} \dfrac{Q}{r^2}$

④ $\dfrac{1}{2\pi\epsilon_0} \dfrac{\sigma}{r^2}$

해설

① 전위 : 단위전하가 갖는 전기적 위치에너지

$V = \dfrac{Q}{4\pi\epsilon_0 r}$

② 전계의 세기 : 전계 중에 단위 점전하를 놓았을 때 작용하는 힘

• 점전하에 의한 전계 : $E = \dfrac{Q}{4\pi\epsilon_0 r^2}$

• 구전하에 의한 전계 : $E = \dfrac{Q}{4\pi\epsilon_0 r^2}$

• 선전하에 의한 전계 : $E = \dfrac{Q}{2\pi\epsilon_0 r}$

• 전기쌍극자에 의한 전계 :

$E = \dfrac{M\sqrt{1+3\cos^2\theta}}{4\pi\epsilon_0 r^3}$

10 벡터 포텐셜 $A = 3x^2 y\, a_x + 2x\, a_y - z^3 a_z$ [Wb/m] 일 때의 자계의 세기 H[A/m]는?(단, μ는 투자율이라 한다)

① $\dfrac{1}{\mu}(2-3x^2)\, a_y$

② $\dfrac{1}{\mu}(3-2x^2)\, a_y$

③ $\dfrac{1}{\mu}(2-3x^2)\, a_z$

④ $\dfrac{1}{\mu}(3-2x^2)\, a_z$

해설

$rot A = \nabla \times A = B = \mu H$에서

$rot A = \begin{vmatrix} i & j & k \\ \dfrac{\partial}{\partial x} & \dfrac{\partial}{\partial y} & \dfrac{\partial}{\partial z} \\ A_x & A_y & A_z \end{vmatrix} = \begin{vmatrix} a_x & a_y & a_z \\ \dfrac{\partial}{\partial x} & \dfrac{\partial}{\partial y} & \dfrac{\partial}{\partial z} \\ 3x^2 y & 2x & -z^3 \end{vmatrix}$

$= 2a_z - 3x^2 a_z = (2-3x^2)\, a_z = \mu H$

$\therefore H = \dfrac{1}{\mu}(2-3x^2)\, a_z$

11 유전율 ϵ, 투자율 μ인 매질에서의 전파 속도 v는?

① $\dfrac{1}{\sqrt{\epsilon\mu}}$

② $\sqrt{\epsilon\mu}$

③ $\sqrt{\dfrac{\epsilon}{\mu}}$

④ $\sqrt{\dfrac{\mu}{\epsilon}}$

해설 전자파의 속도

$v^2 = \dfrac{1}{\epsilon\mu}$ 에서 $v = \dfrac{1}{\sqrt{\epsilon\mu}}$ [m/s]

정답 08 ③ 09 ① 10 ③ 11 ①

12 전계 E[V/m], 전속밀도D[C/m^2], 유전율 $\epsilon = \epsilon_0 \epsilon_s$[F/m], 분극의 세기 P[$C/m^2$] 사이의 관계는?

① $P = D + \epsilon_0 E$ ② $P = D - \epsilon_0 E$

③ $P = \dfrac{D + E}{\epsilon_0}$ ④ $P = \dfrac{D - E}{\epsilon_0}$

해설

전계 E는

$$E = \frac{\sigma - \sigma_P}{\epsilon_0} = \frac{D - P}{\epsilon_0} \ [V/m]$$

전속밀도는 대전된 도체의 표면전하 밀도와 같다 ($D = \sigma[C/m^2]$)

$$\therefore \ P = D - \epsilon_0 E \ [C/m^2]$$

13 어떤 공간의 비유전율은 2이고, 전위 $V(x,y) = \dfrac{1}{x} + 2xy^2$이라고 할 때 점 ($\dfrac{1}{2}$, 2)에서의 전 하밀도 ρ는 약 몇 $[pC/m^3]$인가?

① -20 ② -40

③ -160 ④ -320

해설

$$\nabla^2 V = -\frac{\rho}{\epsilon} \text{(poission 방정식)}$$

$$\therefore \ \rho = -\epsilon(\nabla^2 V) = -\epsilon(18) = -\epsilon_0 \epsilon_s 18$$

$$= -18 \times 8.855 \times 10^{-12} \times 2$$

$$= 320 \times 10^{-12} [C/m^3] = 320 [pC/m^3]$$

14 내부도체 반지름이 10[mm], 외부도체의 내 반지름이 20[mm]인 동축케이블에서 내부 도체 표면에 전류 I가 흐르고, 얇은 외부도체 에 반대방향인 전류가 흐를 때 단위길이당 외부 인덕턴스는 약 몇 [H/m]인가?

① 0.28×10^{-7} ② 1.39×10^{-7}

③ 2.03×10^{-7} ④ 2.78×10^{-7}

해설

$$H = \frac{I}{2\pi r}, \qquad d\phi = B \cdot dr = \frac{\mu_0 I}{2\pi r} \cdot dr$$

$$\phi = \int_a^b d\phi = \frac{\mu_0 I}{2\pi r} \int_a^b \frac{1}{r} dr = \frac{\mu_0 I}{2\pi r} \ln \frac{b}{a}$$

$$\therefore \ L = \frac{\phi}{I} = \frac{\mu_0}{2\pi r} \ln \frac{b}{a} = \frac{4\pi \times 10^{-7}}{2\pi} \ln \frac{20}{10}$$

$$= 1.39 \times 10^{-7} \ [H/m]$$

15 그림과 같은 히스테리시스 루프를 가진 철심 이 강한 평등자계에 의해 매초 60[Hz]로 자화 할 경우 히스테리시스 손실은 몇 [W]인가? (단 철심의 체적은 20[cm^3], $B_r = 5[Wb/m^2]$, $H_c = 2[AT/m]$이다)

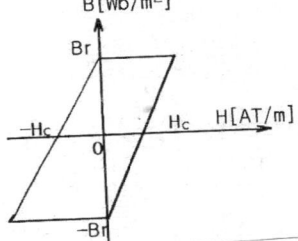

① 1.2×10^{-2} ② 2.4×10^{-2}

③ 3.6×10^{-2} ④ 4.8×10^{-2}

해설

$$W = 5 \times 2 \times 20 \times 10^{-6} \times 60 \times 4$$

$$= 0.048 [J/\sec] = 4.8 \times 10^{-2} [W]$$

16 그림과 같은 길이가 1[m]인 동축 원통 사이 의 정전용량[F/m]은?

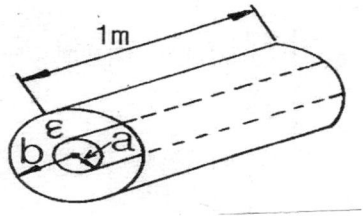

정답   **12** ②   **13** ④   **14** ②   **15** ④   **16** ③

① $C = \dfrac{2\pi}{\epsilon \ln \dfrac{b}{a}}$ ② $C = \dfrac{\epsilon}{2\pi \ln \dfrac{b}{a}}$

③ $C = \dfrac{2\pi\epsilon}{\ln \dfrac{b}{a}}$ ④ $C = \dfrac{2\pi\epsilon}{\ln \dfrac{a}{b}}$

해설

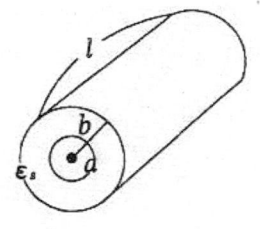

그림과 같은 동축 케이블에 유전체가 채워졌을 때의
정전용량은, 반지름 a, b (b>a)[m]인 동축 케이블 내
의 원통도체에 전하 Q[C]를 줄때, $E = \dfrac{Q}{2\pi\epsilon_0 r}$ [V/m],

이 때, 전위차

$V_{ab} = -\int_b^a E\, dr = \dfrac{Q}{2\pi\epsilon_0} \ln \dfrac{b}{a}$ [V]

$C_0 = \dfrac{Q}{V} = \dfrac{2\pi\epsilon_0}{\ln \dfrac{b}{a}}$ [F/m]

$\therefore C = C_0\, l = \dfrac{2\pi\epsilon}{\ln \dfrac{b}{a}} \cdot l$ [F]

17 자기회로에서 자기저항의 관계로 옳은 것은?

① 자기회로의 길이에 비례

② 자기회로의 단면적에 비례

③ 자성체의 비투자율에 비례

④ 자성체의 비투자율의 제곱에 비례

해설

$R_m = \rho \dfrac{l}{S} \propto l$

18 무한 평면에 일정한 전류가 표면에 한 방향
으로 흐르고 있다. 평면으로부터 r만큼 떨어
진 점과 2r 만큼 떨어진 점과의 자계의 비는
얼마인가?

① 1 ② $\sqrt{2}$

③ 2 ④ 4

해설 도체의 전류가 표면에만 흐르면 내부자계는 0
이다.

19 그림과 같은 정방형관 단면적의 격자점의
전위를 반복법으로 구하면 약 몇 [V]인가?

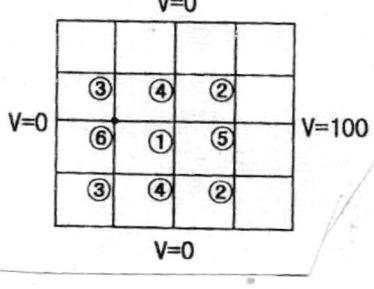

① 6.3 ② 9.4

③ 18.8 ④ 53.2

해설 라플라스 방정식의 차분근사해법(반복법)

$V_0 = \dfrac{1}{4}(V_1 + V_2 + V_3 + V_4)$,

한 점의 전위는 극히 인접한 4개의 등거리점의 전위의
평균값과 같다

①의 전위 : $V_1 = \dfrac{100 + 0 + 0 + 0}{4} = 25[V]$

③의 전위 : $V_3 = \dfrac{25 + 0 + 0 + 0}{4} = 6.2[V]$

그러므로 ⑥의 전위는

$V_6 = \dfrac{V_1 + V_2 + V_3 + 0}{4} = \dfrac{25 + 6.2 + 6.2 + 0}{4}$

$= 9.4[V]$

정답 **17** ① **18** ① **19** ②

20 유전율 $\epsilon = 8.855 \times 10^{-12}$[F/m]인 진공 중을 전자파가 전파할 때 진공 중의 투자율 [H/m]은?

① 7.58×10^{-5} ② 7.58×10^{-7}

③ 12.56×10^{-5} ④ 12.56×10^{-7}

[해설]

진공 중의 전자파 속도는

$$v = \frac{1}{\sqrt{\epsilon_0 \mu_0}} = 3 \times 10^8 [\text{m/s}]$$

$$\therefore \mu_0 = \frac{1}{\epsilon_0 v^2} = \frac{1}{8.855 \times (3 \times 10^8)^2}$$

$$= 12.56 \times 10^{-7} [H/m]$$

제2과목 : 전력공학

21 송전선로에서 사용하는 변압기 결선에 △결선이 포함되어 있는 이유는?

① 직류분의 제거   ② 제3고조파의 제거

③ 제5고조파의 제거   ④ 제7고조파의 제거

[해설] 제3고조파는 변압기의 △결선에 의하여 순환전류가 되어 소멸된다.

22 배전선로에 관한 설명으로 틀린 것은?

① 밸런서는 단상 2선식에 필요하다.

② 저압뱅킹방식은 전압변동을 경감할 수 있다.

③ 배전선로의 부하율이 F일 때 손실계수는 F와 F^2의 사이의 값이다.

④ 수용률이란 최대수용전력을 설비용량으로 나눈 값을 퍼센트로 나타낸다.

[해설]

밸런서는 단상 3선식에 필요하다.

23 교류송전방식과 비교하여 직류 송전방식의 설명이 아닌 것은?

① 전압변동률이 양호하고 무효전력에 기인하는 전력손실이 생기지 않는다.

② 안정도의 한계가 없으므로 송전용량을 높일 수 있다.

③ 전력변환기에서 고조파가 발생한다.

④ 고전압 대 전류의 차단이 용이하다.

[해설] 직류 송전 방식에 필요한 고전압 대 전류용의 직류차단기가 개발되어 있지 않다

24 송전계통의 한 부분이 그림과 같이 3상변기로 1차측은 △로, 2차측은 Y로 중성점이 접지되어 있을 경우, 1차측에 흐르는 영상전류는?

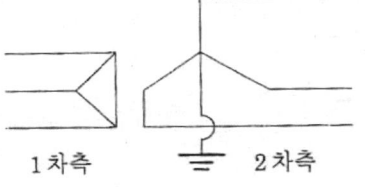

① 1차측 선로에서 ∞이다.

② 1차측 선로에서 반드시 0이다.

③ 1차측 변압기 내부에서는 반드시 0이다.

④ 1차측 변압기 내부와 1차측 선로에서 반드시 0이다.

[해설]

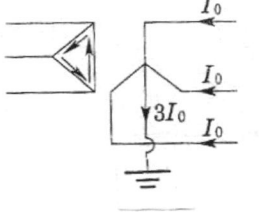

정답   20 ④   21 ②   22 ①   23 ④   24 ②

• 그림과 같이 중성점을 통하여 영상전류는 대지로 흐르며, 1차 변압기의 △권선에 대해서는 순환전류가 흐르지만 각상이 동위상이 되어서 △외부로 유출하지 못한다.

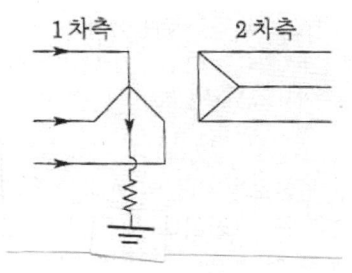

• 그림과 같이 변압기가 Y-△ 결선되었고, 1차측에 중성점이 접지되어 있을 경우에는 1차측 선로, 접지선 및 △회로 내부에 영상전류가 흐른다.

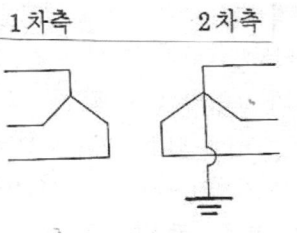

• 그림과 같이 변압기가 Y-Y로 결선되고, 1차측은 비접지, 2차측은 접지가 되었을 경우에는 1차 및 2차측 선로에 모두다 영상전류는 흐르지 못한다.

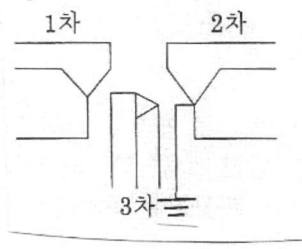

• 그림과 같은 3권선 변압기의 2차측에 1선 지락 사고가 생기는 1차에는 영상전류가 흐르지 못한다.

25 동기조상기와 전력용 콘덴서를 비교한 것을 옳은 것은?

① 시충전 : (A) 불가능, (B) 가능
② 전력손실 : (A) 작다, (B) 크다
③ 무효전력 조정 : (A) 계단적, (B) 연속적
④ 무효전력 : (A) 진상·지상용, (B) 진상용

해설

• 동기조상기: 무부하로 운전되는 동기전동기로 역률을 개선한다.
  과여자로 하면 선로에서 앞선 전류를 취하여 콘덴서로 작용(진상) 부족여자로 하면 뒤진 전류를 취하여 리액턴스로 작용(지상)한다
• 전력용 콘덴서 : 진상능력만으로 역률을 개선한다 (병렬콘덴서)

26 일반적으로 부하의 역률을 저하시키는 원인은?

① 전등의 과부하
② 선로의 충전전류
③ 유도전동기의 경부하 운전
④ 동기전동기의 중부하 운전

해설

일반적으로 경부하 시 진상 역률은 콘덴서의 과보상으로 인해 역률이 저하된다(페란티 현상 등).

27 전압 66000[V], 주파수 60[Hz], 길이 15[km], 심선 1선당 작용 정전용량 0.3587[μF/km]인 지중전선로의 3상 무부하 충전전류는 약 몇 [A]인가?(단, 정전용량 이외의 선로정수는 무시한다)

① 62.5 ② 68.2
③ 73.6 ④ 77.3

해설

$$I = 2\pi f C_w E$$
$$= 2\pi \times 60 \times 0.3587 \times 10^{-6} \times 15 \times \frac{66000}{\sqrt{3}}$$
$$= 77.3[A]$$

정답 **25** ④ **26** ③ **27** ④

28 3상 3선식 가공송전선로에서 한 선의 저항은 15[Ω] 리액턴스는 20[Ω]이고, 수전단 선간전압은 30[kV], 부하역률은 0.8(뒤짐)이다. 전압강하율을 10[%]라 하면, 이 송전선로는 몇 [kW]까지 수전할 수 있는가?

① 2500
② 3000
③ 3500
④ 4000

> **해설**
> $$P = \frac{\epsilon \cdot V^2}{R + X\tan\theta} = \frac{0.1 \times (30 \times 10^3)^2}{15 + 20 \times \dfrac{0.6}{0.8}} \times 10^{-3}$$
> $$= 3000\,[\text{kW}]$$

29 승압기에 의하여 전압 V_e에서 V_h로 승압할 때, 2차 정격전압 자기용량인 단상 승압기가 공급할 수 있는 부하용량은?

① $\dfrac{V_h}{e} \times W$
② $\dfrac{V_e}{e} \times W$
③ $\dfrac{V_e}{V_h - V_e} \times W$
④ $\dfrac{V_h - V_e}{V_e} \times W$

> **해설**
> 자기용량 $= \dfrac{\text{승압된 전압}}{\text{고압측 전압}} \times$ 부하용량
>
> ∴ 부하용량 $= \dfrac{\text{고압측 전압}}{\text{승압된 전압}} \times$ 자기용량
> $$= \frac{V_h}{e} \times W$$

30 수력발전소에서 사용되는 수차 중 15[m] 이하의 저낙차에 적합하여 조력발전용으로 알맞은 수차는?

① 카플란수차
② 펠톤수차
③ 프란시스수차
④ 튜블러수차

> **해설**
> • 원통수차(tubular type turbine)은 특히 저낙차용으로 용도가 넓고, 조력발전소 및 가역식으로는 양수식 발전소의 점프수차로 사용된다.
> • 프란시스 수차 : 중낙차용(30~400[m])
> • 프로펠러, 카플란 수차 : 저낙차용(45[m] 이하)
> • 펠톤수차 : 고낙차용(350[m] 이상)

31 가공송전선로를 가선할 때에는 하중조건과 온도조건을 고려하여 적당한 이도(dip)을 주도록 하여야 한다. 이도에 대한 설명으로 옳은 것은?

① 이도의 대·소는 지지물의 높이를 좌우한다.
② 전선을 가선할 때 전선을 팽팽하게 하는 것을 이도가 크다고 한다.
③ 이도가 작으면 전선이 좌우로 크게 흔들려서 다른 전선에 접촉하여 위험하게 된다.
④ 이도가 작으면 이에 비례하여 전선의 장력이 증가되며, 전선 상호간 꼬이게 된다.

> **해설** 이도의 특징
> • 전선을 팽팽하게 가설하면 이도는 작아진다.
> • 이도가 크게 되면 전선이 좌우로 크게 흔들린다.
> • 이도는 장력에 반비례 한다.

32 피뢰기가 방전을 개시할 때의 단자전압의 순시값을 방전 개시전압이라 한다. 방전 중 단자전압의 파고값을 무엇이라 하는가?

① 속류
② 제한전압
③ 기준충격 절연강도
④ 상용주파 허용단자전압

> **해설** 제한전압
> 피뢰기가 동작할 때 단자에 계속해서 남아있는 전압 (단자전압의 파고값)

정답 **28** ② **29** ① **30** ④ **31** ① **32** ②

33 가공지선의 설치 목적이 아닌 것은?

① 전압강하의 방지

② 직격뢰에 대한 차폐

③ 유도뢰에 대한 정전차폐

④ 통신선에 대한 전자유도 장해 경감

해설 가공지선(Over head ground wire)

송전선위에 나란히 가설된 전선으로, 각 철탑에 접지되어 있으면 유도뢰에 의한 선로피해를 줄일 수 있다 (뇌해 방지).

• 직격뢰에 대한 차폐

• 유도뢰에 대한 정전차폐효과

• 통신선에 대한 전자유도장해 경감 효과

34 송전단 전압을 V_s, 수전단 전압을 V_r, 선로의 리액턴스를 X라 할 때 정상 시의 최대 송전전력의 개략적인 값은?

① $\dfrac{V_s - V_r}{X}$ ② $\dfrac{V_s^2 - V_r^2}{X}$

③ $\dfrac{V_s(V_s - V_r)}{X}$ ④ $\dfrac{V_s V_r}{X}$

해설

• 송전전력 : $P_s = \dfrac{V_s V_r}{X}\sin\delta$

• 최대 송전전력 : $P_s = \dfrac{V_s V_r}{X}(\delta = 90°)$

35 차단기와 아크 소호원리가 바르지 않은 것은?

① OCB : 절연유에 분해 가스 흡부력 이용

② VCB : 공기중 냉각에 의한 아크 소호

③ ABB : 압축공기를 아크에 불어 넣어서 차단

④ MBB : 전자력을 이용하여 아크를 소호실내로 유도하여 냉각

해설 차단기 종류 및 소호원리

명 칭	약 어	소 호 원 리
유입 차단기	OCB	아크에 의해서 기름이 분해되어 발생된 가스가 아크냉각하며, 가스압과 기름이 아크를 폭발(blast)에 의해 소호하는 차단기
공기 차단기	ABB	강력한 압축 공기를 차단점에 불어서 아크를 급속히 소멸시키는 차단기
가스 차단기	GCB	지극히 안정도 높은 화합물인 SF_6가스를 사용하여 차단하는 차단기
자기 차단기	MBB	차단 전류에 의해서 형성되는 자계로 아크를 아크슈터(arc chute) 내로 밀어 넣어 아크 전압을 흘려서 차단하는 차단기
진공 차단기	ACB	고진공의 용기 속에서 진공의 절연성과 이온의 확산에 의한 소호 작용을 이용한 차단기
기중 차단기	ACB	차단 전류에 의해 만들어지는 자계에 의해서 아크를 구동하고, 아크슈터 내로 밀어 넣어 아크를 냉각이온 소멸을 행하여 전류를 차단하는 차단기

36 어떤 공장의 소모 전력이 100[kW]이며, 부하의 역률이 0.6일 때, 역률을 0.9로 개선하기 위한 전력용 콘덴서의 용량은 약 몇 [kVA]인가?

① 75 ② 80

③ 85 ④ 90

해설

$Q = P(\tan\theta_1 - \tan\theta_2)$

$= 100\left(\dfrac{0.8}{0.6} - \dfrac{\sqrt{1-0.9^2}}{0.9}\right) = 84.9[\text{kVA}]$

정답 33 ① 34 ④ 35 ② 36 ③

37 네트워크 배전방식의 설명으로 옳지 않은 것은?

① 전압 변동이 적다

② 배전 신뢰도가 높다

③ 전력 손실이 감소한다.

④ 인축의 접촉사고가 적어진다.

해설 네트워크 배전방식

① 배전 신뢰도가 높다.

② 전압 변동이 적다.

③ 전력 손실이 감소한다.

④ 적응성이 양호하다.

⑤ 기기의 이용률이 향상된다.

⑥ 변전소의 수를 줄일 수 있다.

⑦ 인축에 대한 접촉사고가 많아진다.

38 전력계통에서 사용되고 있는 GCB(Gas Circuit Breaker)용 가스는?

① N_2 가스   ② SF_6 가스

③ 아르곤 가스   ④ 네온 가스

해설 소호매질

① OCB : 절연유

② VCB : 고진공

③ ABB : 압축공기

④ MBB : 자기력

⑤ GCB : SF_6가스

39 어떤 화력발전소에서 과열기 출구의 증기압이 169[kg/cm²]이다. 이것은 약 몇 [atm]인가?

① 127.1   ② 163.6

③ 1650   ④ 12850

해설 표준기압 : 1[atm] = 760[mmHg]

= 1.033[kg/cm²]

= 14.7[Ib/cm²] = ([psi])

∴ $[atm] = \dfrac{169}{1.033} = 163.6\,[atm]$

40 수차 발전기에 제동권선을 설치하는 주된 목적은?

① 정지시간의 단축

② 회전력의 증가

③ 과부하내량의 증대

④ 발전기 안정도의 증진

해설

수차발전기에 제동권선을 설치하는 주된 목적은 발전기의 안정도 향상 대책이다.

발전기 안정도 향상대책

• 정태극한전력을 크게 한다(정상리액턴스는 작게).

• 난조방지(제동권선 설치, 플라이휠 효과 선정)한다.

• 단락비를 높게 한다.

제3과목 : 전기기기

41 일반적인 전동기에 비하여 리니어 전동기 (linear motor)의 장점이 아닌 것은?

① 구조가 간단하여 신뢰성이 높다.

② 마찰을 거치지 않고 추진력이 얻어진다.

③ 원심력에 의한 가속제한이 없고 고속을 쉽게 얻을 수 있다.

④ 기어, 벨트 등 동력 변환기구가 필요 없고 직접 원운동이 얻어진다.

해설

• 리니어 전동기 : 다이렉트로 직선 운동을 하는 모터의 총칭이며, 고속, 고가속 운동이 가능

[용도]

HDD, FDD의 헤드이송 장치, 프린터, 편직기, 재봉틀, 자동도어 컨베이어

[장점]

① 정밀도와 속도가 상당히 높다(높은 위치제어).

② 원심력에 의한 가속제한이 없고 고속을 쉽게 얻을 수 있다.

③ 마찰을 거치지 않고 추진력이 얻어진다.

정답 **37** ④   **38** ②   **39** ②   **40** ④   **41** ④

1224 • Part 4. 기사·산업기사 최근기출문제

④ 구조가 간단하고 신뢰성이 높다.

⑤ 수명이 길다.

⑥ 다이렉트인 직선운동이나 고속작동이 가능한 것 외에 백래쉬(back lash)가 없다.

- 백래시 : 기어나 커플링(coupling)의 오차의 정도를 나타내는 것으로서, 백래시 각도 범위를 제어할 수가 없으므로 작을수록 고정도 위치 결정이 용이하다.

[단점]

① 손실이 많아서 소비전력이 증가 한다

② 감속기가 없기 때문에 제동에 필요한 브레이크력이 커진다.

③ 값이 비싸다

42 3상 변압기를 병렬 운전하는 경우 불가능한 조합은?

① △ - Y 와 Y - △

② △ - △ 와 Y - Y

③ △ - Y 와 △ - Y

④ △ - Y 와 △ - △

해설

- 3상 변압기의 병렬운전

병렬 운전 가능	병렬 결선 불가능
△ - △ 와 △ - △	
Y - △ 와 Y - △	
Y - Y 와 Y - Y	△ - △ 와 △ - Y
△ - Y 와 △ - Y	△ - Y 와 Y - Y
△ - △ 와 Y - Y	
△ - Y 와 Y - △	

- 3상 변압기의 병렬결선이 불가능한 이유는 3개의 △결선과 Y결선 간에는 정격전압이 다르고, 30°의 위상변위가 생겨서 순환전류가 흐르기 때문이다.

43 직류 전동기에서 정속도(constant speed) 전동기라고 볼 수 있는 전동기는?

① 직권 전동기

② 타여자 전동기

③ 가동복권 전동기

④ 차동복권 전동기

해설 복권 전동기중 가동 복권기는 분권기보다 기동토크가 크다. 하지만 무부하 시 직권처럼 위험속도에는 이르지 않는 중간정도의 속도 특성을 갖는다(크레인, 엘리베이터, 공작기계).

44 교류정류자기에서 갭의 자속분포가 정현파로 $\phi_m = 0.14$[Wb], P = 2, a = 1, Z = 200, N = 1200[rpm]인 경우 브러시축이 자극 축과 30°라면 속도 기전력의 실효값 E_s는 약 몇 [V]인가?

① 160

② 400

③ 560

④ 800

해설

$$E_s = \frac{1}{\sqrt{2}} \; \frac{p}{a} \; Z \, n \, \phi_m \sin\rho$$

$$= \frac{1}{\sqrt{2}} \times \frac{2}{1} \times 200 \times \frac{1200}{60} \times 0.14 \times \sin30°$$

$$= 395.98[\text{V}]$$

(여기서, n[rps]이다)

45 직류 분권전동기를 무부하로 운전 중 계자 회로에 단선이 생긴 경우 발생하는 현상으로 옳은 것은?

① 역전한다.

② 즉시 정지한다.

③ 과속도로 되어 위험하다.

④ 무부하이므로 서서히 정지한다.

해설 직류분권 전동기를 분권계자 권선의 계자 조정기의 저항을 감소시키면 회전속도가 증가하므로 운전중에 계자회로가 단선되면 과속도로 되어 위험하다.

정답 42 ④ 43 ② 44 ② 45 ③

46 역률 0.85의 부하 350[kW]에 50[kW]를 소비하는 동기전동기를 병렬로 접속하여 합성부하의 역률을 0.95로 개선하려면 전동기의 진상 무효전력은 약 몇 [kVar]인가?

① 68　　　　　　② 72
③ 80　　　　　　④ 85

해설
• 역률 개선 전 무효전력 :
$$P_r = 350 \times \frac{\sqrt{1-0.85^2}}{0.85} = 216.91[\text{kVar}]$$
• 역률 개선 전 무효전력
$$P_r{}' = (350+50) \times \frac{\sqrt{1-0.95^2}}{0.95}$$
$$= 131.47[\text{kVar}]$$
∴ 전동기의 진상 무효전력 = 216.91−131.47
$$= 85.44[\text{kVar}]$$

47 3상 동기발전기의 단락곡선이 직선으로 되는 이유는?

① 전기자 반작용으로
② 무부하 상태이므로
③ 자기포화가 있으므로
④ 누설 리액턴스가 크므로

해설 3상 동기발전기는 전기자 반작용으로 인해서 단락곡선이 직선으로 된다.

48 직류 전동기의 규약효율을 나타낸 식으로 옳은 것은?

① $\dfrac{출력}{입력} \times 100[\%]$

② $\dfrac{입력}{입력 + 손실} \times 100[\%]$

③ $\dfrac{출력}{출력 + 손실} \times 100[\%]$

④ $\dfrac{입력 - 손실}{입력} \times 100[\%]$

해설
• 실측효율 $= \dfrac{출력}{입력} \times 100[\%]$

• 규약효율
→ 발전기 : $\eta_G = \dfrac{출력}{출력 + 손실} \times 100[\%]$
→ 전동기 : $\eta_M = \dfrac{입력 - 손실}{입력} \times 100[\%]$

49 단상 유도전동기의 기동방법 중 기동토크가 가장 큰 것은?

① 반발 기동형　　　② 분상 기동형
③ 셰이딩 코일형　　④ 콘덴서 분상 기동형

해설 기동토크가 큰 순서
반발기동형− 반발유도형−콘덴서기동형−분상기동형−셰이딩코일형−모노사이클릭형

50 직류기에서 정류코일의 자기인덕턴스를 L이라 할 때 정류코일의 전류가 정류주기 T_c 사이 I_c에서 $-I_c$로 변한다면 정류코일의 리액턴스 전압[V]의 평균값은?

① $L\dfrac{T_c}{2I_c}$　　　　② $L\dfrac{I_c}{2T_c}$

③ $L\dfrac{2I_c}{T_c}$　　　　④ $L\dfrac{I_c}{T_c}$

해설 전압 정류
보극을 설치하여 정류코일 내에 유기되는 리액턴스 전압과 반대 방향으로 정류 전압을 유기시켜 양호한 정류를 얻는 방법

리액턴스 전압 : $e_r = -L\dfrac{di}{dt}$

평균 리액턴스 전압 : $(e_r)_{mean} = -L\dfrac{2I_c}{T_c} = L\dfrac{I_a}{T_c}$

그러므로 전류의 변화가 I_c에서 $-I_c$로 변한다고 했으므로, $I_c - (-I_c) = 2I_c$

∴ $e_L = L\dfrac{di}{dt} = L\dfrac{2I_c}{T_c}[V]$

정답　46 ①　47 ①　48 ④　49 ①　50 ③

1226 • Part 4. 기사 · 산업기사 최근기출문제

51 직류를 다른 전압의 직류로 변환하는 전력 변환기기는?

① 초퍼
② 인버터
③ 사이클로 컨버터
④ 브리지형 인버터

해설

- 인버터(invertor) : 직류(DC)를 교류(AC)로 변환하는 장치
- 사이클로 컨버터(Cyclo converter) : 어떤 주파수의 교류를 직류로 변환하지 않고 그 주파수의 교류로 변환하는 직접 주파수 변환 장치

52 정격출력 5000[kVA], 정격전압 3.3[kV], 동기 임피던스가 매상 1.8[Ω]인 3상 동기발전기의 단락비는 약 얼마인가?

① 1.1
② 1.2
③ 1.3
④ 1.4

해설

- 단락비는

$$K_s = \frac{I_s}{I_n} = \frac{1058.48}{874.77} = 1.21$$

단락전류 : $I_s = \frac{E}{Z} = \frac{\dfrac{3.3 \times 10^3}{\sqrt{3}}}{1.8} = 1058.48[A]$

정격전류 :

$$I_n = \frac{P_n}{\sqrt{3}\,V_n} = \frac{5000}{\sqrt{3} \times 3.3} = 874.77[A]$$

53 주파수가 정격보다 3[%] 감소하고 동시에 전압이 정격보다 3[%] 상승된 전원에서 운전되는 변압기가 있다. 철손이 fB_m^2에 비례한다면 이 변압기 철손은 정격상태에 비하여 어떻게 달라지는가?(단, f : 주파수, B_m : 자속밀도 최대치이다)

① 약 8.7[%] 증가
② 약 8.7[%] 감소
③ 약 9.4[%] 증가
④ 약 9.4[%] 감소

해설

- 철손 : $P_i = kfB_m^2 = kf(k'\dfrac{V}{f})^2 \propto k\dfrac{V^2}{f}$

주파수가 정격보다 3[%]감소 : $f' = 0.97f$
전압이 정격보다 3[%]상승 : $V' = 1.03V$
이때의 철손을 P_i' 라고 하면

$$P_i' = k\frac{V'^2}{f'} = k\frac{(1.03V)^2}{0.97f^2} = 1.094P_i$$

즉, 철손은 약 9.4[%]가 증가 한다.

54 부흐홀츠 계전기에 대한 설명으로 틀린 것은?

① 오동작의 가능성이 많다.
② 전기적 신호로 동작한다.
③ 변압기의 보호에 사용된다.
④ 변압기의 주탱크와 콘서베이터를 연결하는 관 중에 설치한다.

해설 부흐홀츠 계전기

변압기 내부고장으로 발생하는 기름의 분해가스 증기 또는 유류를 이용하여 부저를 움직여 계전기의 접점을 닫는 것이므로 변압기의 주탱크와 콘서베이터와의 연결관 도중에 설치한다.

55 변압기에 있어서 부하와는 관계없이 자속만을 발생시키는 전류는?

① 1차 전류
② 자화 전류
③ 여자 전류
④ 철손 전류

정답 **51** ① **52** ② **53** ③ **54** ② **55** ②

56 정류회로에 사용되는 환류다이오드(free wheeling diode)에 대한 설명으로 틀린 것은?

① 순저항 부하의 경우 불필요하게 된다.
② 유도성 부하의 경우 불필요하게 된다.
③ 환류 다이오드 동작 시 부하출력 전압은 0[V]가 된다.
④ 유도성 부하의 경우 부하전류의 평활화에 유용하다.

해설 환류 다이오드의 용도
① 유도성 부하에 잘 사용된다.
② 유도성 부하의 경우 부하전류의 평활화를 꾀할 수 있다.
③ 저항(R)에서 소비되는 전력이 약간 증가된다.
④ 순저항 부하의 경우에는 불필요하다.
⑤ 환류 다이오드 동작 시 부하출력 전압은 0[V]이다.

57 동기기의 회전자에 의한 분류가 아닌 것은?

① 원통형　　　　② 유도자형
③ 회전계자형　　④ 회전 전기자형

해설 동기 발전기의 회전자에 의한 분류
① 회전 계자형 : 전기자를 고정자로 하고 계자극을 회전자로 할 것
② 회전 전기자형 : 계자극을 고정자로 한 것(특수용도 및 그긴 소용량에 적용)
③ 유도자형 : 계자극과 전기자를 함께 고정시키고 중앙에 유도자라고 하는 권선이 없는 회전자를 갖춘 것(수백~수만[Hz]정도의 고주파 발전기)

58 와전류 손실을 패러데이 법칙으로 설명한 과정 중 틀린 것은?

① 와전류가 철심으로 흘러 발열
② 유기전압 발생으로 철심으로 철심에 와전류가 흐름

③ 시변 자속으로 강자성체 철심에 유기전압 발생
④ 와전류 에너지 손실량은 전류 경로 크기에 반비례

해설
• 와전류에 의한 에너지 손실량은 철심안에 흐르는 전류경로의 크기에 비례한다.
• 실제적인 와류손은 적층 두께의 제곱에 비례하므로 경제적으로 가능한 얇게 만든다.

59 3상 직권 정류자 전동기에 중간(직렬) 변압기가 쓰이고 있는 이유가 아닌 것은?

① 원통형　　　　② 유도자형
③ 회전 계자형　　④ 회전 전기자형

해설 3상 직권 정류자 전동기에 중간(직렬) 변압기는 고정자 권선과 회전자 권선사이에 직렬로 접속되며 이 중간(직렬) 변압기가 쓰이고 있는 이유,
• 중간변압기의 권수비를 바꾸어 전동기의 특성을 조정할 수 있다
• 전원 전압의 크기에 관계없이 정류에 알맞은 회전자 전압을 선택할 수 있다
• 직권특성이므로 경부하시에 속도가 매우 상승하지만 중간변압기를 사용하여 그 철심을 포화하도록 하며 그 속도상승을 제한할 수 있다.

60 변압기의 무부하 시험 단락시험에서 구할 수 없는 것은?

① 철손　　　　② 동손
③ 절연내력　　④ 전압변동률

해설
• 단락 시험법 : 임피던스 전압과 입력전류를 측정하여, 임피던스 와트, 동손, % 저항강하(권선의 저항), % 리액턴스 강하(누설 리액턴스), %임피던스 강하(누설 임피던스) 및 전압변동률을 산출
• 무부하(개방)시험 : 무부하 전류, 히스테리시스손, 와류손, 여자어드미턴스 등.

정답　**56** ②　**57** ①　**58** ④　**59** ②　**60** ③

1228 • Part 4. 기사·산업기사 최근기출문제

제4과목 : 회로이론 및 제어공학

61 특성방정식의 모든 근이 s복소평면의 좌반 면에 있으면 이 계는 어떠한가?

① 안정　　　　② 준안정
③ 불안정　　　④ 조건부안정

해설
- 계의 안정조건은 모든 차수의 합이 존재하고, 각 계 수의 부호가 같아야 한다.
- 특성방정식의 근이 모두 s평면에 좌반부 즉, 부(−) 의 실수부를 가져야 안정하다.
  (s 평면의 좌반부 : 안정, s평면의 축상: 임계안정, s평면의 우반부: 불안정)

62 그림의 회로는 어느 게이트(gate)에 해당하 는가?

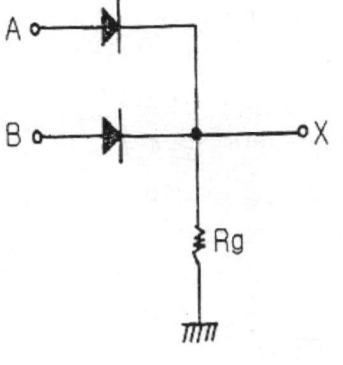

① OR　　　　② AND
③ NOT　　　④ NOR

해설

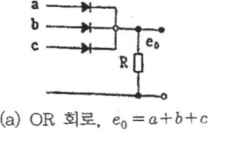

(a) OR 회로, $e_0 = a + b + c$

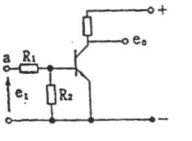

(b) AND 회로, $e_0 = a \cdot b \cdot c$

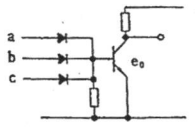

(c) NOT 회로, $e_0 = \bar{a}$

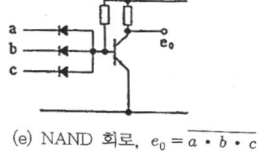

(d) NOR 회로, $e_0 = \overline{a + b + c}$

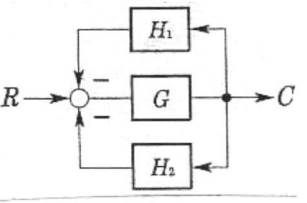

(e) NAND 회로, $e_0 = \overline{a \cdot b \cdot c}$

63 다음 블록선도의 전체 전달함수가 1이 되기 위한 조건은?

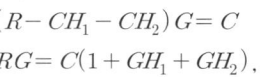

① $G = \dfrac{1}{1 - H_1 - H_2}$　② $G = \dfrac{1}{1 + H_1 + H_2}$

③ $G = \dfrac{-1}{1 - H_1 - H_2}$　④ $G = \dfrac{-1}{1 + H_1 + H_2}$

해설
$$(R - CH_1 - CH_2)G = C$$
$$RG = C(1 + GH_1 + GH_2),$$

정답　61 ①　62 ①　63 ①

전달함수는 ,

$$G(s) = \frac{C}{R} = \frac{G}{1 + GH_1 + GH_2} = 1 \text{에서}$$

$$G(1 - H_1 - H_2) = 1$$

$$\therefore \ G = \frac{1}{1 - H_1 - H_2}$$

64 다음의 특성방정식을 Routh- Hurwitz 방법으로 안정도를 판별하고자 한다. 이때 안정도를 판별하기 위하여 가장 잘 해석한 것은 어느 것인가?

$$q(s) = s^5 + 2s^4 + 2s^3 + 4s^2 + 11s + 10$$

① s평면의 우반면에 근은 없으나 불안정하다.

② s평면의 우반면에 근이 1개 존재하여 불안정하다.

③ s평면의 우반면에 근이 2개 존재하여 불안정하다.

④ s평면의 우반면에 근이 3개 존재하여 불안정하다.

해설

$$s^5 + 2s^4 + 2s^3 + 4s^2 + 11s + 10 = 0$$

s^5	1	2	11
s^4	2	4	10
s^3	$\frac{4-4}{2} = 0(\epsilon)$	6	0
s^2	$\frac{4\epsilon - 12}{\epsilon}$	10	
s^1	$\frac{6\left(\frac{4\epsilon - 12}{\epsilon}\right) - 10\epsilon}{\frac{4\epsilon - 12}{\epsilon}}$		
s^0	10		

제1열에 부호변화가 2번 바뀌었으므로 불안정하고 우반평면에 근이 2개 존재하므로 불안정한 계이다.

65 기준 입력과 주 궤환량과의 차로서, 제어계의 동작을 일으키는 원인이 되는 신호는?

① 조작 신호

② 동작 신호

③ 주궤환 신호

④ 기준 입력 신호

해설 자동제어계의 구성

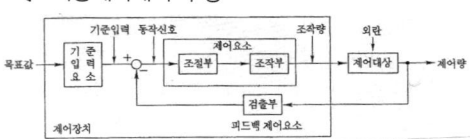

① 조작신호 : 제어요소에서 제어대상으로 인가되는 신호

② 동작신호 : 기준입력과 주궤환 신호와의 편차인 신호(제어동작을 일으키는 원인이 되는 신호)

③ 주궤환신호 : 동작신호를 얻기 위한 기준입력과 비교되는 신호(제어량의 함수 관계)

④ 기준입력신호 : 제어계를 동작시키는 기준으로서 목표값에 비례하는 신호입력

66 다음의 미분 방정식을 신호의 흐름 선도에 옳게 나타낸 것은?(단, $c(t) = X_1(t)$, $X_2(t) = \frac{d}{dt}X_1(t)$로 표시한다)

$$2\frac{dc(t)}{dt} + 5c(t) = r(t)$$

①

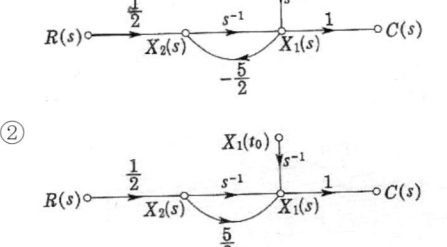

②

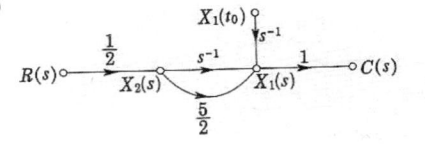

정답 64 ③ 65 ② 66 ①

1230 • Part 4. 기사 · 산업기사 최근기출문제

③

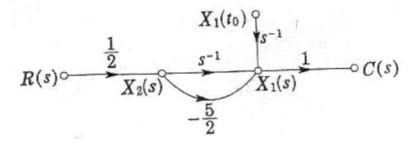

④

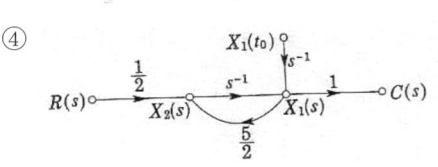

해설

$c(t) = x_1(t), \ x_2(t) = \dfrac{d}{dt}x_1(t)$

$\dfrac{d(t)}{dt} = \dfrac{dx_1(t)}{dt} = x_2(t)$ ····················· ①

$2\dfrac{dc(t)}{dt} + 5c(t) = r(t)$

$\dfrac{dc(t)}{dt} = -\dfrac{5}{2}c(t) + \dfrac{1}{2}r(t)$

$\therefore \ x_2(t) = -\dfrac{5}{2}x_1(t) + \dfrac{1}{2}r(t)$ ················· ②

①식에 $\displaystyle\int_0^t dt$ (적분)을 곱하면

$x_1(t) = \displaystyle\int_0^t x_2(t)dt + x_1(t_0)$ ···················· ③

②식과 ③식을 각각 라플라스 변환을 하면

$X_2(s) = -\dfrac{5}{2}X_1(s) + \dfrac{1}{2}R(s)$ ·················· ④

$X_1(s) = \dfrac{X_2(s)}{s} + \dfrac{x_1(t_0)}{s}$

$\quad\quad = s^{-1}X_2(s) + s^{-1}x_1(t_0)$ ·················· ⑤

④ 식을 신호흐름 선도로 변환하면 그림(a)가 된다.

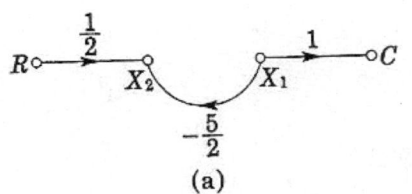

⑤ 식을 신호흐름 선도로 변환하면 그림(b)가 된다.

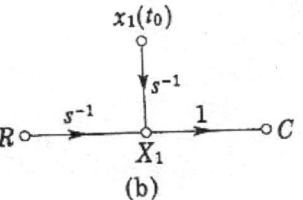

그림(a)와 그림(b)을 합성하면 그림(c)가 된다.

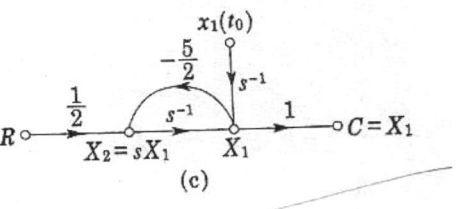

67 폐루프 전달함수 C(s)/R(s) 가 다음과 같은 2차 제어계에 대한 설명 중 틀린 것은?

$$\dfrac{C(s)}{R(s)} = \dfrac{\omega_n^2}{s^2 + 2\delta\omega_n s + \omega_n^2}$$

① 최대 오버슈트는 $e^{-\pi\delta/\sqrt{1-\delta^2}}$ 이다.

② 이 폐루프계의 특성방정식은

$s + 2\delta\omega_n s + \omega_n^2 = 0$이다.

③ 이 계는 $\delta = 0.1$일 때 부족 제동된 상태에 있게 된다.

④ δ값을 작게 할수록 제동은 많이 걸리게 되니 비교 안정도는 향상된다.

해설

① $\delta < 1$이면, $s_1, s_2 = -\delta\omega_n \pm j\omega_n\sqrt{1-\delta^2}$ 공액복소근을 가지므로 감쇠진동이 된다.

② $\delta = 1$이면 $s_1, s_2 = -\omega_n$같은 실근을 가지므로 임계상태가 된다.

③ $\delta > 1$이면, $s_1, s_2 = -\delta\omega_n \pm \omega_n\sqrt{\delta^2-1}$ 서로 다른 두 개의 부의 실근을 가지므로 비진동이 된다.

정답 **67** ④

④ $\delta=0$이면, $s_1, s_2 = \pm j\,\omega_n$ 순 공액허근을 가지므로 무한(완전)진동이 된다.

[$\delta \langle 1$:부족제동(감쇠진동), $\delta \rangle 1$: 과제동(비진동),
$\delta=1$: 임계진동(임계상태), $\delta=0$: 무제동(무한진동)]

68 3차인 이산치 시스템의 특성방정식의 근이 −0.3, −0.2, +0.5로 주어져 있다. 이 시스템의 안정도는?

① 이 시스템은 안정한 시스템이다.

② 이 시스템은 불안정한 시스템이다.

③ 이 시스템은 임계 안정한 시스템이다.

④ 위 정보로서는 이 시스템의 안정도를 알 수 없다.

해설 z변환의 정의

불연속 시스템을 나타내는 차분방정식이나 이산치 시스템인 경우에 z변환을 이용해서 해석한다.(라플라스 변환 : 연속시스템인 선형 상미분방정식을 해석하는 데 이용)

그러므로, 폐루프 전달함수의 모든 극점이 z평면상의 원점에 중심을 둔 단위원 내부(안쪽)에 위치해야 안정하다(−1과 1사이 값).

69 전달함수가 $G(s) = \dfrac{Y(s)}{X(s)} = \dfrac{1}{s^2(s+1)}$로 주어진 시스템의 단위 임펄스 응답은?

① $y(t) = 1 - t + e^{-t}$

② $y(t) = 1 + t + e^{-t}$

③ $y(t) = t - 1 + e^{-t}$

④ $y(t) = t - 1 - e^{-t}$

해설

입력 $x(t) = \delta(t)$, $\mathcal{L}\,x(t) = X(s) = 1$

$G(s) = \dfrac{Y(s)}{X(s)} = \dfrac{1}{s^2(s+1)}$ 에서 단위임펄스 응답은 $Y(s)$를 역라플라스 변환한 $y(t)$을 구한다.

$$Y(s) = \frac{1}{s^2(s+1)} X(s) = \frac{1}{s^2(s+1)}$$

$$= \frac{A}{s^2} + \frac{B}{s} + \frac{C}{s+1}$$

$$= \frac{1}{s^2} - \frac{1}{s} + \frac{1}{s+1}$$

$$A = \lim_{s \to 0} \frac{1}{s+1} = 1$$

$$B = \lim_{s \to 0} \frac{d}{ds} \frac{1}{s+1} = -1$$

$$C = \lim_{s \to -1} \frac{1}{s^2} = 1$$

$$\therefore \ y(t) = \mathcal{L}^{-1} Y(s) = \mathcal{L}^{-1} \left(\frac{1}{s^2} - \frac{1}{s} + \frac{1}{s+1} \right)$$

$$= t - 1 + e^{-t}$$

70 전달함수 $G(s)H(s) = \dfrac{Y(s)}{X(s)} = \dfrac{1}{s^2(s+1)}$ 일때 근궤적의 수는?

① 1   ② 2

③ 3   ④ 4

해설

근 궤적의 수(N)는 극점의 수(P)와 영점의 수(Z)에서, Z=1, P=3에서 영점과 극점의 수중에서 큰 값인 극점의 수 3이 근궤적의 수가 된다.

71 분포정수회로에서 직렬 임피던스를 Z, 병렬 어드미턴스를 Y라 할 때, 선로의 특성임피던스 Z_0는?

① ZY   ② $\sqrt{ZY}$

③ $\sqrt{\dfrac{Y}{Z}}$ ④ $\sqrt{\dfrac{Z}{Y}}$

해설

$$Z_0 = \sqrt{\frac{G}{Y}} \ [\Omega]$$

정답   68 ①   69 ③   70 ③   71 ④

1232 • Part 4. 기사·산업기사 최근기출문제

72 그림과 같은 파형의 전압 순시값은?

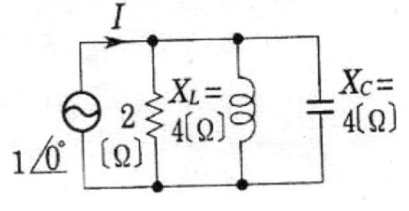

① $100\sin\left(\omega t+\dfrac{\pi}{6}\right)$

② $100\sqrt{2}\,\sin\left(\omega t+\dfrac{\pi}{6}\right)$

③ $100\sin\left(\omega t-\dfrac{\pi}{6}\right)$

④ $100\sqrt{2}\,\sin\left(\omega t-\dfrac{\pi}{6}\right)$

해설

그림에서 보면 $v=V_m\sin\omega t\,[V]$보다 위상은 $\dfrac{\pi}{6}$ 만큼 앞선다.

$\therefore\; V=100\sin\left(\omega t+\dfrac{\pi}{6}\right)\;[V]$

73 결선된 대칭 3상부하가 있다. 역률이 0.8(지상)이고 소비전력이 1800[W]이다. 선로의 저항 0.5[Ω]에서 발생하는 선로손실이 50[W]이면 부하단자 전압[V]은?

① 627 ② 525

③ 326 ④ 225

해설

$\triangle$결선: $P_\triangle=3I^2R[W]$에서,

$I=\sqrt{\dfrac{50}{3\times0.5}}=\dfrac{10}{\sqrt{3}}$

$P=\sqrt{3}\,VI\cos\theta\,[W]$에서,

$\therefore\; V=\dfrac{1800}{\sqrt{3}\times\dfrac{10}{\sqrt{3}}\times0.8}=225\,[V]$

74 그림과 같은 회로에서 전류 I[A]는?

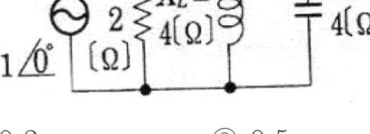

① 0.2 ② 0.5

③ 0.7 ④ 0.9

해설

$I=YE=\dfrac{1}{2}\times1=0.5[A]$

$Y=\dfrac{1}{R}+j\left(\dfrac{1}{X_C}+\dfrac{1}{X_L}\right)=\dfrac{1}{2}\,[\mho]$

75 다음과 같은 회로망에서 영상파라미터(영상 전달정수)는?

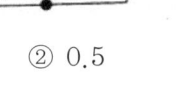

① 10 ② 2

③ 1 ④ 0

정답 72 ① 73 ④ 74 ② 75 ④

해설

영상파라미터는

$\theta = \cosh^{-1}\sqrt{AD} = \cosh^{-1}\sqrt{1 \times 1} = 0$

$\begin{bmatrix} A & B \\ C & D \end{bmatrix} = \begin{bmatrix} 1 & j600 \\ 0 & 1 \end{bmatrix} \begin{bmatrix} 1 & 0 \\ \dfrac{1}{-j300} & 1 \end{bmatrix} \begin{bmatrix} 1 & j600 \\ 0 & 1 \end{bmatrix}$

$= \begin{bmatrix} -1 & 0 \\ \dfrac{1}{-j300} & 1 \end{bmatrix}$

76 그림과 같은 회로에서 스위치 S를 닫았을 때, 과도분을 포함하지 않기 위한 R[Ω]은?

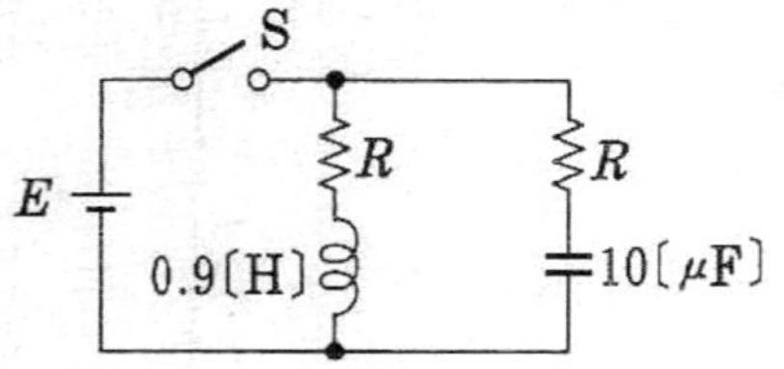

① 100　　　　　② 200
③ 300　　　　　④ 400

해설

과도분을 포함하지 않기 위한 R[Ω]은 정저항 조건을 만족하면 된다.

$R = \sqrt{\dfrac{L}{C}} = \sqrt{\dfrac{0.9}{10 \times 10^{-6}}} = 300\,[\Omega]$

77 $e(t) = 100\sqrt{2}\sin\omega t + 150\sqrt{2}\sin 3\omega t + 260\sqrt{2}\sin 5\omega t\,[V]$인 전압을 R-L직렬회로에 가할 대에 제5고조파 전류의 실효값은 약 몇 [A]인가?(단, R = 12[Ω], ωL = 1[Ω]이다)

① 10
② 15
③ 20
④ 25

해설

제5고조파 전류의 실효값은

$I_5 = \dfrac{V_5}{Z_5} = \dfrac{260}{\sqrt{12^2 + 5^2}} = 20\,[A]$

$Z_5 = R + j5\omega L = 12 + j5\,[\Omega]$

78 $F(s) = \dfrac{s+1}{s^2 + 2s}$로 주어졌을 때 F(s)의 역변환은?

① $\dfrac{1}{2}(1 + e^t)$

② $\dfrac{1}{2}(1 + e^{-2t})$

③ $\dfrac{1}{2}(1 - e^{-t})$

④ $\dfrac{1}{2}(1 - e^{-2t})$

해설

$F(s) = \dfrac{s+1}{s(s+2)} = \dfrac{A}{s} + \dfrac{B}{s+2} = \dfrac{1}{2}\left(\dfrac{1}{s} + \dfrac{1}{s+2}\right)$

$A = \lim_{s \to 0} \dfrac{s+1}{s+2} = \dfrac{1}{2}$

$B = \lim_{s \to -2} \dfrac{s+1}{s} = \dfrac{1}{2}$

$\therefore f(t) = \mathcal{L}^{-1}F(s) = \dfrac{1}{2}(1 + e^{-2t})$

79 E = 40 + j30[V]의 전압을 가하면 I = 30 + j10[A]의 전류가 흐르는 회로의 역률은?

① 0.949　　　　② 0.831
③ 0.764　　　　④ 0.651

해설

$P_a = E\,\bar{I} = (40 + j30)(30 - j10)$

$= 1500 + j500 = \sqrt{1500^2 + 500^2}$

$= 1581.14\,[VA]$

$\therefore \cos\theta = \dfrac{P}{P_a} = \dfrac{1500}{1581.14} = 0.949$

정답　**76** ③　**77** ③　**78** ②　**79** ①

1234 · Part 4. 기사·산업기사 최근기출문제

80 다음과 같은 회로의 공진 시 어드미턴스는?

① $\dfrac{RL}{C}$ ② $\dfrac{RC}{L}$

③ $\dfrac{L}{RC}$ ④ $\dfrac{R}{LC}$

해설

합성 어드미턴스는

$Y = Y_1 + Y_2 = \dfrac{1}{R+j\omega L}$

$\quad = \dfrac{R}{R^2+\omega^2 L^2} + j\left(\omega C - \dfrac{\omega L}{R^2+\omega^2 L^2}\right)$ 에서

공진 시 합성 어드미턴스의 허수부는 0이다.

$Y = \dfrac{R}{R^2+\omega^2 L^2}$

공진조건은, $\omega C - \dfrac{\omega L}{R^2+\omega^2 L^2} = 0$,

$R^2 + \omega^2 L^2 = \dfrac{L}{C}$

그러므로, 공진 시 어드미턴스는

$Y = \dfrac{R}{R^2+\omega^2 L^2} = \dfrac{R}{\dfrac{L}{C}} = \dfrac{RC}{L}\,[\mho]$

제5과목 : 전기설비기술기준 및 판단기준

81 사용전압이 고압인 전로의 전선으로 사용할 수 없는 케이블은?

① MI케이블

② 연피케이블

③ 비닐외장케이블

④ 폴리에틸렌외장케이블

해설

MI 케이블은 저압에만 사용할 수 있다.

82 제1종 접지공사의 접지선의 굵기는 공칭 단면적 몇 $[mm^2]$ 이상의 연동선이어야 하는가?

① 2.5   ② 4.0

③ 6.0   ④ 8.0

해설 접지선의 굵기

접지공사의 종류	접지선의 굵기
제1종 접지공사	공칭단면적 $6[mm^2]$ 이상의 연동선
제2종 접지공사	공칭단면적 $16[mm^2]$ 이상 연동선(고압전로 또는 제135조 제1항 및 제4항에 규정하는 특고압 가공전선로의 전로와 저압 전로를 변압기에 의하여 결합하는 경우에는 공칭단면적 $6[mm^2]$ 이상의 연동선)
제3종 접지공사 및 특별 제3종 접지공사	공칭단면적 $2.5[mm^2]$ 이상의 연동선

83 옥내배선의 사용 전압이 400[V] 미만일 대 전광표시 장치·출퇴 표시등 기타 이와 유사한 장치 또는 제어회로 등의 배선에 다심 케이블을 시설하는 경우 배선의 단면적은 몇 [mm²] 이상인가?

① 0.75   ② 1.5

③ 1   ④ 2.5

해설 저압 옥내 배선

① 굵기: 단면적 2.5[mm²] 이상의 연동선, 1[mm²] 이상의 MI케이블

② 400[V] 미만인 경우 전선의 굵기
   ㉠ 전광·출퇴표시 등 : 단면적 1.5[mm²] 이상의 연동선

정답 80 ②   81 ①   82 ③   83 ①

ⓛ 제어회로 : 0.75[mm²] 이상의 다심형·캡타이어 케이블

ⓒ 쇼윈도, 쇼케이스 배선 : 0.75[mm²] 이상의 코드, 캡타이어 케이블

84 고압 가공전선로의 지지물에 시설하는 통신선의 높이는 도로를 횡단하는 경우 교통에 지장을 줄 우려가 없다면 지표상 몇 [m]까지 감할 수 있는가?

① 4   ② 4.5
③ 5   ④ 6

해설 가공통신선의 높이

1. 도로(차도와 도로의 구별이 있는 도로는 차도) 위에 시설하는 경우에는 지표상 5[m] 이상, 다만, 교통에 지장을 줄 우려가 없는 경우에는 지표상 4.5[m]까지 감할 수 있다.
2. 철도의 궤도를 횡단하는 경우에는 레일면상 6.5[m] 이상
3. 횡단보도 교위에 시설하는 경우에는 노면상 3[m] 이상
4. 제1호로부터 제3호까지 이외의 경우에는 지표상 3.5[m] 이상

② 가공전선로의 지지물에 시설하는 통신선 또는 이에 직접 접속하는 가공 통신선의 높이는 다음 각 호에 따라야 한다.

1. 도로를 횡단하는 경우에는 지표상 6[m]이상, 다만 저압이나 고압의 가공전선로 지지물에 시설하는 통신선 또는 이에 직접 접속하는 가공통신선을 시설하는 경우에 교통에 지장을 줄 우려가 없을 때에는 지표상 5[m]까지 감할 수 있다.
2. 철도 또는 궤도를 횡단하는 경우에는 레일면상 6.5[m] 이상
3. 횡단보도교의 위에 시설하는 경우에는 노면상 5[m] 이상, 다만 아래 보기 중 1에 해당하는 경우에는 그러지 아니한다.
   가. 저압 또는 고압의 가공 전선로 지지물에 시설하는 통신선 또는 이에 직접 접속하는 가공통신선을 노면상 3.5[m](통신선이 절연전선과 동등 이상

의 절연효력이 있는 것인 경우에는 3[m] 이상으로 하는 경우)
   나. 특고압 전선로 지지물에 시설하는 통신선 또는 이에 직접 접속하는 가공통신선으로서 광섬유 케이블을 사용하는 것을 노면상 4[m] 이상으로 하는 경우

85 일반적으로 저압 옥내간선에서 분기하여 전기 사용기계기구에 이르는 저압 옥내 전로는 저압 옥내간선과의 분기점에서 전선의 길이가 몇 [m]이하인 곳에 개폐기 및 과전류 차단기를 시설하여야 하는가?

① 0.5   ② 1.0
③ 2.0   ④ 3.0

해설 저압 옥내 간선에서 분기하여 전기 사용 기계 기구에 이르는 전로(분기 회로)는 다음에 의하여 시설하여야 한다.

① 분기점에서 전선의 길이가 3[m] 이하인 곳에 개폐기 및 과전류 차단기를 시설할 것
② 분기점에서 개폐기 및 과전류 차단기까지 전선의 허용전류가 그 전선에 접속하는 저압 옥내간선을 보호하는 과전류 차단기의 정격전류의 55[%](분기점에서 개폐기 및 과전류 차단기까지의 전선의 길이가 8[m] 이하인 경우에는 35[%]) 이상일 경우에는 분기점에서 3[m]를 초과하는 곳에 시설할 수 있다.

86 전동기의 과부하 보호 장치의 시설에서 전원 측 전로에 시설한 배선용 차단기의 정격전류가 몇 [A] 이하의 것이면 이 전로에 접속하는 단상전동기에는 과부하보호 장치를 생략할 수 있는가?

① 15
② 20
③ 30
④ 50

정답 84 ③   85 ④   86 ②

1236 • Part 4. 기사·산업기사 최근기출문제

해설 전동기 과부하 보호 장치의 시설

0.2[kW]를 넘는 옥내에 시설하는 전동기에는 소손할 우려가 있는 과전류가 생긴 경우 자동적으로 이를 저지하거나 경보하는 장치를 하여야 한다. 단 다음의 경우에는 보호 장치를 생략 할 수 있다.

① 전동기 운전 중 상시 감시자가 감시할 수 있는 위치에 시설하는 경우

② 전동기의 구조상 또는 부하의 성질상 과전류가 생길 우려가 없는 것

③ 단상 전동기를 15[A] 분기 회로에 접속한 경우(배선용 차단기는 20[A] 이하)

④ 0.2[kW] 이하의 전동기

87 지중전선로를 직접 매설식에 의하여 차량 기타 중량물의 압력을 받을 우려가 있는 장소에 시설할 경우에는 그 매설 깊이를 최소 몇 [m] 이상으로 하여야 하는가?

① 1

② 1.2

③ 1.5

④ 1.8

해설 직접 매설식으로 지중 전선로를 시설하는 경우, 차량이나 기타 중량물의 압력을 받을 우려가 있는 장소에서 1.2[m] 이상, 기타의 장소는 60[cm] 이상

88 관·암거·기타 지중전선을 넣은 방호장치의 금속제 부분(케이블을 지지하는 금구류는 제외한다) 및 지중전선의 피복으로 사용하는 금속체는 몇 종 접지공사를 하여야 하는가?

① 제1종 접지공사

② 제2종 접지공사

③ 제3종 접지공사

④ 특별 제3종 접지공사

89 가공전선로의 지지물에 시설하는 지선에 관한 사항으로 옳은 것은?

① 소선은 지름 2.0[mm] 이상인 금속선을 사용한다.

② 도로를 횡단하여 시설하는 지선의 높이는 지표상 6.0[m] 이상이다.

③ 지선의 안전율은 1.2 이상이고 허용인장하중의 최저는 4.31[kN]으로 한다.

④ 지선에 연선을 사용할 경우에는 소선은 3가닥 이상의 연선을 사용한다.

해설

① 지선의 설치조건
  • 안전율 : 목주 A종 1.5 이상, B종은 2.5 이상
  • 최저허용인장하중 : 4.31[kN] 이상
  • 3조 이상의 연선 사용
  • 2.6[mm] 이상의 금속선 또는 2.0[mm] 이상의 아연도금 강연선 사용
  • 지중부분 및 지표상 30[cm]까지 아연도금 철봉을 사용하고 근가를 시설한다.

② 지선의 지표상 높이
  • 도로횡단 : 5[m] 이상
  • 도로횡단 시 교통에 지장이 없는 경우 : 4.5[m] 이상
  • 보도 : 2.5[m] 이상

90 최대사용전압이 3.3[kV]인 차단기 전로의 절연내력시험전압은 몇 [V]인가?

① 3,036

② 4,125

③ 4,950

④ 6,600

정답 87 ② 88 ③ 89 ④ 90 ③

해설 전선로의 절연내력 시험전압

최대 사용 전압	시험 전압	최저 시험 전압
7,000[V] 이하	1.5배	–
7,000[V] 초과 25,000[V] 이하 중성점 다중 접지식	0.92배	–
7,000[V] 초과 비접지식 모든 전압	1.25배	10,500[V]
60,000[V] 초과 중성점 접지식	1.1배	75,000[V]
60,000[V] 초과 중성점 직접 접지식	0.72배	–
170,000[V] 넘는 중성점 직접 접지식 구내에만 적용	0.64배	–

∴ 절연내력시험전압 = 3300 × 1.5 = 4,950[V]

91 154[kV]인 가공 송전선로를 제 1종 특고압 보안공사로 할 때 사용되는 경동연선의 굵기는 몇 $[mm^2]$ 이상이여야 하는가?

① 100
② 150
③ 200
④ 250

해설 제 1종 특고 보안공사의 전선은 케이블인 경우 이외에는 아래 규격 이상의 경동연선일 것
- 100[kV] 미만 : 55[mm^2] 이상
- 100[kV] 이상 300[kV] 미만 : 150[mm^2] 이상
- 300[kV] 이상 : 200[mm^2] 이상

92 사용전압이 22.9[kV]인 특고압 가공전선과 그 지지물 완금류·지주 또는 지선사의의 이격거리는 몇 [cm] 이상이어야 하는가?

① 15
② 20
③ 25
④ 30

해설 가공전선과 지지물등과의 이격거리(이상)

사용 전압 구분		이격거리
15,000[V] 미만	–	15[cm]
15,000[V] 이상	25,000[V] 미만	20[cm]
25,000[V] 이상	35,000[V] 미만	25[cm]
35,000[V] 이상	50,000[V] 미만	30[cm]
50,000[V] 이상	60,000[V] 미만	35[cm]
60,000[V] 이상	70,000[V] 미만	40[cm]
70,000[V] 이상	80,000[V] 미만	45[cm]
80,000[V] 이상	130,000[V] 미만	65[cm]
130,000[V] 이상	160,000[V] 미만	90[cm]
160,000[V] 이상	200,000[V] 미만	110[cm]

93 가로등, 경기장, 공장. 아파트 단지 등의 일반조명을 위하여 시설하는 고압방전등은 몇 [lm/W] 이상의 효율이어야 하는가?

① 30
② 50
③ 70
④ 100

94 건조한 장소로서 전개된 장소에 고압 옥내배선을 시설할 수 있는 공사방법은?

① 덕트 공사
② 금속관 공사
③ 애자사용 공사
④ 합성수지관 공사

해설 고압 옥내배선은 케이블 공사로 시설해야 한다. 다만, 건조하고 전개된 곳에 한하여 애자사용공사를 시설할 수 있다.

95 가반형(이동형)의 용접전극을 사용하는 아크용접장치를 시설할 때 용접변압기의 1차 측 전로의 대지전압은 몇 [V] 이하이어야 하는가?

① 200
② 250
③ 300
④ 600

정답 **91** ② **92** ② **93** ③ **94** ③ **95** ③

1238 · Part 4. 기사·산업기사 최근기출문제

해설 가반형의 용접전극을 사용하는 아크용접장치 시설
① 용접 변압기는 절연 변압기 일 것
② 1차 측 전로의 대지전압은 300[V] 이하
③ 용접 변압기에서 전극 사이는 용접용 케이블, 0.6/1[kV] EP 고무절연 클로로프렌 캡타이어 케이블 사용할 것
④ 피용접재나 이와 전기적으로 접속되는 받침대, 정반 등의 금속체에는 제3종 접지공사를 할 것

96 고압 가공전선에 케이블을 사용하는 경우 케이블을 조가용 선에 행거로 시설하고자 할 때 행거의 간격은 몇 [cm] 이하로 하여야 하는가?

① 30
② 50
③ 80
④ 100

해설 가공전선에 케이블을 사용할 경우의 시설
① 케이블은 조가용선에 행거를 시설하며, 고압일 때 행거의 간격은 50[cm] 이하
② 조가용선은 인장강도 5.93[kN] 이상의 것 또는 단면적 $22[mm^2]$의 아연도 철 연선 이상을 사용할 것
③ 조가용선 및 케이블의 피복에 사용하는 금속체에는 제3종 접지공사를 할 것

97 전기철도에서 배류시설에 강제배류기를 사용할 경우 시설방법에 대한 설명으로 틀린 것은?

① 강제배류기용 전원장치의 변압기는 절연 변압기일 것
② 강제 배류기를 보호하기 위하여 적정한 과전류 차단기를 시설할 것
③ 귀선에서 강제 배류기를 거쳐 금속제 지중관로로 통하는 전류를 저지하는 구조로 할 것
④ 강제 배류기는 제2종 접지공사를 한 금속제 외함 기타 견고한 함에 넣어 시설하거나 사람이 접촉할 우려가 없도록 시설할 것

해설 선택 배류기 시설에 의한 강제 배류기는 다음에 따라 시설할 것
① 귀선에서 강제 배류기를 거쳐 금속제 지중관로로 통하는 전류를 저지하는 구조로 할 것
② 강제 배류기를 보호하기 위하여 적정한 과전류차단기를 시설할 것
③ 강제 배류기는 제 3종 접지공사를 한 금속제 외함 기타 견고한 함에 넣어 시설하거나 사람이 접촉할 우려가 없도록 시설할 것
④ 강제 배류기용 전원장치는 아래 기준에 적합할 것
  • 절연 변압기를 이용할 것
  • 1차측 전로에는 개폐기 및 과전류 차단기를 각 극에 시설할 것

98 금속관 공사에서 절연 부싱을 사용하는 가장 주된 목적은?

① 관의 끝이 터지는 것을 방지
② 관내 해충 및 이물질 출입 방지
③ 관의 단구에서 조영재의 접촉 방지
④ 관의 단구에서 전선 피복의 손상 방지

99 사용전압이 35[kV] 이하인 특고압 가공전선과 가공 약전류 전선 등을 동일 지지물에 시설하는 경우, 특고압 가공전선로는 어떤 종류의 보안공사로 하여야 하는가?

① 고압보안공사
② 제1종 특고압 보안공사
③ 제2종 특고압 보안공사
④ 제3종 특고압 보안공사

해설 35[kV] 이하인 특고 가공전선과 가공 약전류 전선의 공가 시설
① 특고선로는 제2종 특고 보안공사에 의하여 시설할 것
② 특고선을 약전선의 위로 하고 별도의 완금류에 시설할 것

정답 **96** ② **97** ④ **98** ④ **99** ③

③ 전선 : 케이블 또는 $55[mm^2]$이상의 경동 연선

④ 이격거리 : 2[m] 이상(케이블은 50[cm]까지 감할 수 있다)

100 제3종 접지공사를 하여야 할 곳은?

① 고압용 변압기의 외함

② 고압의 계기용 변성기의 2차측 전로

③ 특고압 계기용 변성기의 2차측 전로

④ 특고압과 고압의 혼촉방지를 위한 방전장치

해설

• 고압용 변압기의 외함 : E_1

• 특고압 계기용 변성기의 2차측 전로: E_1

• 특고압과 고압의 혼촉방지 등에 의한 위험방지를 위한 방지시설(방전기) : E_1

정답 100 ②

1240 • Part 4. 기사 · 산업기사 최근기출문제

국가기술자격검정 필기시험문제

2017년도 기사 제3회 필기시험(기사)

자격종목 및 등급(선택분야)	종목코드	시험시간	문제지형별	수검번호	성명
전기기사		**2시간 30분**	**A**		

※ 시험문제지는 답안카드와 같이 반드시 제출하여야 합니다.

제1과목 : 전기자기학

01 변위전류와 가장 관계가 깊은 것은?

① 반도체 ② 유전체

③ 자성체 ④ 도체

> **해설**
> - 변위전류 : 유전체(공기)에 전속밀도의 시간적 변화에 의한 전류 $(J_d = \dfrac{dD}{dt})$
> - 전도전류 : 도체에 전장(기전력)을 가할 때 흐르는 전류$(J_c = \sigma E)$
> (변위전류, 전도전류도 자장을 발생)

02 다음 설명 중 옳은 것은?

① 무한 직선 도선에 흐르는 전류에 의한 도선 내부에서 자계의 크기는 도선의 반경에 비례한다.

② 무한 직선 도선에 흐르는 전류에 의한 도선 외부에서 자계의 크기는 도선의 중심과의 거리에 무관하다.

③ 무한장 솔레노이드 내부자계의 크기는 코일에 흐르는 전류의 크기에 비례한다.

④ 무한장 솔레노이드 내부자계의 크기는 단위 길이 당 권수의 제곱에 비례한다.

> **해설**
> 무한장 솔레노이드 내부자계의 세기는 평등하고 크기는 $H_i = nI$ (AT/m)이며, 외부자계의 세기는 누설자속이 없기 때문에 $H_e = 0$(AT/m)가 된다[단, n_0 : 단위 길이당 코일 권수(회/m)].

03 커패시터를 제조하는데 A, B, C, D와 같은 4가지의 유전 재료가 있다. 커패시터 내의 전계를 일정하게 하였을 때, 단위체적당 가장 큰 에너지 밀도를 나타내는 재료부터 순서대로 나열한 것은?(단, 유전 재료 A, B, C, D의 비유전율은 각각 ϵ_{rA}= 8, ϵ_{rB}= 10, ϵ_{rC}= 2, ϵ_{rD}=4이다)

① C > D > A > B

② B > A > D > C

③ D > A > C > B

④ A > B > D > C

> **해설**
> $$W = \frac{1}{2}CV^2 = \frac{1}{2} \times \frac{\epsilon_0 \epsilon_s S^2}{d}(Ed)^2$$
> $$= \frac{1}{2}\epsilon_0 \epsilon_s E^2 Sd\,[J]$$
> $$\therefore \ B > A > D > C$$

정답 01 ② 02 ③ 03 ②

04 투자율 μ(H/m), 자계의 세기 H(AT/m), 자속밀도 B(Wb/m^2)인 곳의 자계 에너지 밀도 (J/m^3)는?

① $\dfrac{B^2}{2\mu}$

② $\dfrac{H^2}{2\mu}$

③ $\dfrac{1}{2}\mu H$

④ BH

해설

자계 내에 저장되는 단위체적당의 자계 에너지밀도는 다음과 같다.

$$W_m = \int_0^B H \cdot dB [J/m^3]$$

(단, $B = \mu H [Wb/m^2]$에서, $\mu =$ 일정)

$$\therefore \ W_m = \int_0^B \mu H \cdot dH = \frac{1}{2}\mu H^2 = \frac{1}{2}BH$$

$$= \frac{B^2}{2\mu} [J/m^3]$$

05 전계 및 자계의 세기가 각각 E, H 일 때, 포인팅벡터 P의 표시로 옳은 것은?

① $P = \dfrac{1}{2}E \times H$

② $P = E \, rot \, H$

③ $P = E \times H$

④ $P = H \, rot \, E$

해설

평면 전자파가 갖는 에너지 밀도(J/m^3)는 $W = \sqrt{\epsilon\mu} \cdot EH$ 가 된다. 평면 전자파는 전계와 자계의 진동방향에 대하여 수직인 방향으로 속도($v = \dfrac{1}{\sqrt{\epsilon\mu}}[m/s]$)로 전파되기 때문에 진행방향에 수직인 단위면적을 단위시간에 통과하는 에너지는

$$P = W \cdot v = \sqrt{\epsilon\mu} \cdot EH \times \frac{1}{\sqrt{\epsilon\mu}} [J/s \cdot m^2]$$

$= EH[W/m^2]$, 평면 전자파는 E와 H가 수직이므로 이것을 벡터로 나타내면 $P = E \times H$(W/m^2), 이 벡터를 포인팅(Pointing) 벡터라 하며 이 방향은 진행방향과 평행이다.

06 인덕턴스의 단위(H)와 같지 않은 것은?

① $J/A \cdot s$

② $\Omega \cdot s$

③ Wb/A

④ J/A^2

해설

$$[H] = \frac{m^2 \cdot kg}{s^2 \cdot A^2} = \frac{J}{A^2} = \frac{Wb}{A} = \frac{V \cdot s}{A} = \frac{J/s \cdot s}{c/s}$$

$$= \frac{J s^2}{c^2} = \frac{m^2 \cdot kg}{c^2} = [\Omega \cdot s]$$

$$e(t) = -N\frac{d\phi}{dt} = -N\frac{d\phi}{dt} \cdot \frac{di}{dt} = -L\frac{di}{dt}[V]$$

$$[V] = [H \cdot \frac{A}{s}] \cdot [\frac{V}{A} \cdot s] = [\Omega \cdot s]$$

07 규소강판과 같은 자심재료의 히스테리시스 곡선의 특징은?

① 보자력이 큰 것이 좋다.

② 보자력과 잔류자기가 모두 큰 것이 좋다.

③ 히스테리시스 곡선의 면적이 큰 것이 좋다.

④ 히스테리시스 곡선의 면적이 작은 것이 좋다.

해설

규소(Si)강판은 연질자성재료로서 발전기, 변압기 등의 철심으로 사용되는데 전자석(일시적 자석)의 재료는 잔류자기가 크고 보자력이 작아야하므로, 보자력과 히스테리시스 곡선의 면적이 모두 작다. 단, 영구자석은 잔류자기와 보자력이 커야한다(텅스텐강, 코발트강).

08 자화의 세기 단위로 옳은 것은?

① AT/Wb

② AT/m^2

③ Wb $\cdot$ m

④ Wb/m^2

해설

$$J = \frac{dM}{dv} = \mu_0 (\mu_s - 1)H[Wb/m^2]$$

정답 **04** ①　**05** ③　**06** ①　**07** ①　**08** ④

1242 · Part 4. 기사 · 산업기사 최근기출문제

09 반지름 1[cm]인 원형코일에 전류 10[A]가 흐를 때, 코일의 중심에서 코일 면에 수직으로 $\sqrt{3}$[cm] 떨어진 점의 자계의 세기는 몇 [AT/m]인가?

① $\dfrac{1}{16} \times 10^3$ ② $\dfrac{3}{16} \times 10^3$

③ $\dfrac{5}{16} \times 10^3$ ④ $\dfrac{7}{16} \times 10^3$

해설

$$H = \frac{a^2 I}{2(a^2 + x^2)^{\frac{3}{2}}} \, [AT/m]$$

여기서, $a = 0.01[m]$, $x = \sqrt{3} \times 0.01[m]$

$$= \frac{0.01^2 \times 10}{2(0.01^2 + 0.017^2)^{\frac{3}{2}}} = \frac{1}{16} \times 10^3 [AT/m]$$

10 그림과 같은 유전속 분포가 이루어질 때 ϵ_1 과 ϵ_2의 크기 관계는?

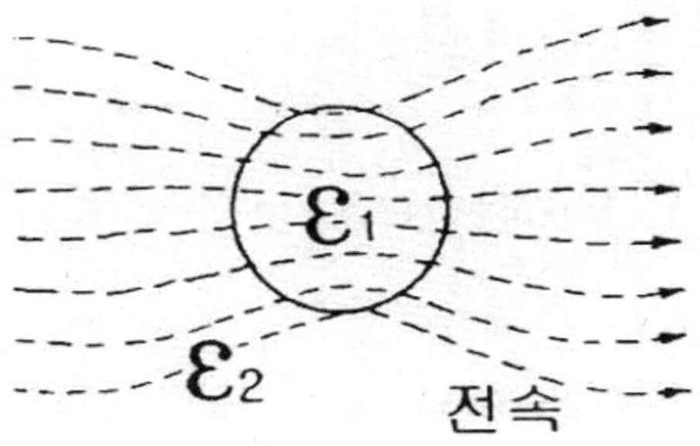

① $\epsilon_1 > \epsilon_2$

② $\epsilon_1 < \epsilon_2$

③ $\epsilon_1 = \epsilon_2$

④ $\epsilon_1 > 0, \ \epsilon_2 > 0$

해설

전속선은 유전율이 큰 쪽으로 모이므로, $\epsilon_1 > \epsilon_2$가 된다.

11 Poisson 및 Laplace 방정식을 유도하는데 관련이 없는 식은?

① $rot \, E = -\dfrac{\partial B}{\partial t}$ ② $E = -\, grad \, V$

③ $div \, D = \rho_v$ ④ $D = \rho E$

해설

- 전계의 세기: $E = -\, grad \, V = -\nabla V$
- 푸아송 및 라플라스 방정식:

$$div \, E = \nabla \cdot E = -\nabla^2 V = \frac{\rho}{\epsilon_0}$$

$$\nabla^2 \cdot V = 0$$
$$rot \, A = \nabla \times A = curl \, A$$

12 액체 유전체를 포함한 콘덴서 용량이 C[F]인 것에 V[V]의 전압을 가했을 경우에 흐르는 누설전류[A]는?(단, 유전체의 유전율은 ϵ[F/m], 고유저항은 ρ[Ω · m]이다)

① $\dfrac{\rho\epsilon}{CV}$ ② $\dfrac{C}{\rho\epsilon V}$

③ $\dfrac{CV}{\rho\epsilon}$ ④ $\dfrac{\rho\epsilon V}{C}$

해설

누설전류는 $I = \dfrac{V}{R} = \dfrac{V}{\dfrac{\rho\epsilon}{C}} = \dfrac{CV}{\rho\epsilon}$ [A]

$RC = \rho\epsilon$에서, $R = \dfrac{\rho\epsilon}{C}$

13 점전하에 의한 전위 함수가 $V = \dfrac{1}{x^2 + y^2}$[V] 일 때 grad V는?

① $-\dfrac{ix + jy}{(x^2 + y^2)^2}$ ② $-\dfrac{i2x + j2y}{(x^2 + y^2)^2}$

③ $-\dfrac{i2x}{(x^2 + y^2)^2}$ ④ $-\dfrac{j2y}{(x^2 + y^2)^2}$

정답   09 ①   10 ①   11 ①   12 ③   13 ②

해설

$$grad\, E = \nabla E = \left(i\frac{\partial}{\partial x} + j\frac{\partial}{\partial y} + k\frac{\partial}{\partial z}\right)\cdot\left(\frac{1}{x^2+y^2}\right)$$

$$= i\frac{-2x}{(x^2+y^2)^2} + j\frac{-2y}{(x^2+y^2)^2} = -\frac{i2x + j2y}{(x^2+y^2)^2}$$

14 평등자계 내에 전자가 수직으로 입사하였을 때 전자의 운동을 바르게 나타낸 것은?

① 구심력은 전자속도에 반비례한다.
② 원심력은 자계의 세기에 반비례한다.
③ 원운동을 하고 반지름은 자계의 세기에 비례 한다.
④ 원운동을 하고 반지름은 전자의 회전속도에 비례한다.

해설

플레밍의 왼손법칙에 의해서, 전자가 받는 힘은 운동 방향에 수직으로 입사하므로 전자의 운동은 원운동을 한다. 속도 $v(\mathrm{m/s})$를 가진 전자가 $\mathrm{B(Wb/m^2)}$인 평등 자계에 직각으로 돌입할 때 전자가 받는 힘은 $F = e(v \times B)$에서, 크기는 $F = evB$ 가 되고 이때 구심력은 $F_o = \dfrac{mv^2}{r}$이다.

$F_o = F$에서, $\dfrac{mv^2}{r} = evB$

$\therefore\ r = \dfrac{mv}{eB} \propto v$

15 공간 도체 내의 한 점에 있어서 자속이 시간 적으로 변화하는 경우에 성립하는 식은?

① $\nabla \times E = \dfrac{\partial H}{\partial t}$

② $\nabla \times E = -\dfrac{\partial H}{\partial t}$

③ $\nabla \times E = \dfrac{\partial B}{\partial t}$

④ $\nabla \times E = -\dfrac{\partial B}{\partial t}$

해설

- $rot\, E = \nabla \times E = -\dfrac{\partial B}{\partial t}$: 전자유도에 의해 발생된 도체내의 전계를 표시하는 식으로서 맥스웰 전자 제 2기본식이다.
- $rot\, H = i$: 전도전류에 의한 발생자계의 관계로서 맥스웰 전자 제 1기본식이다.
- $i = \dfrac{E}{\rho}kE[A/m^2]$: 옴의 법칙의 미분형(ρ : 체적 전하밀도, k : 도전율)

16 정전계 해석에 관한 설명으로 틀린 것은?

① 포아송 방정식은 가우스 정리의 미분형으로 구할 수 있다.
② 도체 표면에서의 전계의 세기는 표면에 대해 법선 방향을 갖는다.
③ 라플라스 방정식은 전극이나 도체의 형태에 관계없이 체적전하밀도가 0인 모든 점에서 $\nabla^2 V = 0$을 만족한다.
④ 라플라스 방정식은 비선형 방정식이다.

해설

라플라스 방정식은 선형, 비선형에 다 적용할 수 있는 방정식이다.

17 다이아몬드와 같은 단결정 물체에 전장을 가할 때 유도되는 분극은?

① 전자분극
② 이온분극과 배향분극
③ 전자분극과 이온분극
④ 전자분극, 이온분극, 배향분극

해설 전자분극

원자 내에서 전자가 분극하여 원자 밖에 대해서 전계 를 만들게 하는 것으로서, 단결정 매질에서 전자운과 핵의 상대적인 변위에 의해서 발생한다.

정답 14 ④ 15 ④ 16 ④ 17 ①

18 중심은 원점에 있고 반지름 $a[m]$인 원형선 도체가 $z=0$인 평면에 있다. 도체에 선전하 밀도 $\rho_L[C/m]$가 분포되어 있을 때 $z=b[m]$인 점에서 전계 $E[V/m]$는?(단, a_r, a_z는 원통좌표계에서 r및 z방향의 단위벡터이다)

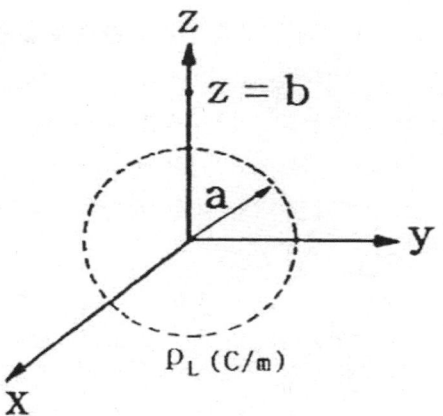

① $\dfrac{ab\rho_L}{2\pi\epsilon_o(a^2+b^2)}a_r$ ② $\dfrac{ab\rho_L}{4\pi\epsilon_o(a^2+b^2)}a_z$

③ $\dfrac{ab\rho_L}{2\epsilon_o(a^2+b^2)^{\frac{3}{2}}}a_z$ ④ $\dfrac{ab\rho_L}{4\epsilon_o(a^2+b^2)^{\frac{3}{2}}}a_z$

해설

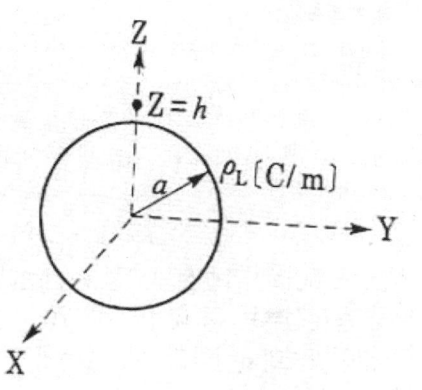

① 그림에서 균일 선전하에 의한 $Z=h$인 점에서 전위 V는(단, 주위공간의 유전율 : ϵ_o) h점의 전위 dV는 $dV=\dfrac{\rho_L\,dl}{4\pi\epsilon_o\sqrt{a^2+h^2}}$

$\therefore V=\displaystyle\int_0^{2\pi a}dV=\int_0^{2\pi a}\dfrac{\rho_L\,dl}{4\pi\epsilon_0\sqrt{a^2+h^2}}$

$=\dfrac{\rho_L}{4\pi\epsilon_0\sqrt{a^2+h^2}}\displaystyle\int_0^{2\pi a}dl$

$=\dfrac{\rho_L\,2\pi a}{4\pi\epsilon_0\sqrt{a^2+h^2}}=\dfrac{\rho_L\,a}{2\epsilon_0\sqrt{a^2+h^2}}\,[V]$

② $Z=0$인 평면에 반경 $r[m]$인 원주 상에 $\rho_L[C/m]$의 선전하 밀도가 진공 내에 존재할 때 $Z=a$점에서의 전계는, 그림에서 원형 선전하의 경우는 거리 R인 점전하 Q에 대한 전계방향능률 $\cos\theta$을 고려하면,

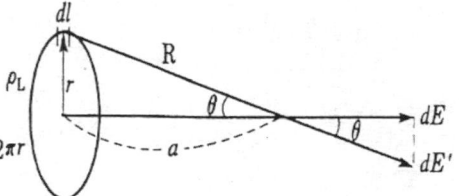

$E=\displaystyle\int_0^{2\pi r}dE'=\int_0^{2\pi r}dE\cos\theta$

$=\dfrac{Q}{4\pi\epsilon_0 r^2}\cos\theta\,(\cos\theta=2\pi r\cdot\rho_L)$

$=\dfrac{2\pi r\cdot\rho_L}{4\pi\epsilon_0\cdot r^2}\cdot\dfrac{a}{\sqrt{r^2+a^2}}=\dfrac{ra\rho_L}{2\epsilon_0(r^2+a^2)^{3/2}}\,[V/m]$

$\therefore E=Ea_z=\dfrac{ra\,\rho_L}{2\epsilon_0(r^2+a^2)^{\frac{3}{2}}}\,a_z[V/m]$

그러므로 문제에서는, $E=\dfrac{ab\,\rho_L}{2\epsilon_0(a^2+b^2)^{\frac{3}{2}}}\,a_z[V/m]$

이다.

정답 18 ③

19 $V=x^2[V]$로 주어지는 전위 분포일 때 $x=20[cm]$인 점의 전계는?

① $+x$ 방향으로 $40\ [V/m]$

② $-x$ 방향으로 $40[V/m]$

③ $+x$ 방향으로 $0.4[V/m]$

④ $-x$ 방향으로 $0.4[V/m]$

[해설]

$$E=-grad\,V=-\left(\frac{\partial}{\partial x}i+\frac{\partial}{\partial y}j+\frac{\partial}{\partial z}y\right)(x^2)$$
$$=-2x\,i[V/m]$$
$$\therefore E|_{x=0.2}=-2\times0.2\,i=-0.4\,i[V/m]$$

20 면적 $S[m^2]$, 간격 $d[m]$인 평행판 콘덴서에 전하 $Q[C]$를 충전하였을 때 정전 에너지 $W[J]$는?

① $W=\dfrac{dQ^2}{\epsilon S}$

② $W=\dfrac{dQ^2}{2\epsilon S}$

③ $W=\dfrac{dQ^2}{4\epsilon S}$

④ $W=\dfrac{dQ^2}{8\epsilon S}$

[해설]

$$W=\frac{1}{2}Q\cdot V=\frac{1}{2}C\cdot V^2=\frac{Q^2}{2C}[J],\ \ C=\frac{\epsilon S}{d}$$
$$\therefore\ W=\frac{Q^2}{2\cdot\dfrac{\epsilon S}{d}}=\frac{dQ^2}{2\epsilon S}[J]$$

제2과목 : 전력공학

21 초호각(Arcing horn)의 역할은?

① 풍압을 조절한다.

② 송전효율을 높인다.

③ 애자의 파손을 방지한다.

④ 고주파수의 섬락전압을 높인다.

[해설]

• 소(초)호각(arcing horn): 이상전압 발생 시 애자의 파손을 방지한다.

• 소(초)호환(arcing ring): 애자련을 보호하며 애자련의 전압분담을 균일하게 한다.

22 조속기의 폐쇄시간이 짧을수록 옳은 것은?

① 수격작용은 작아진다.

② 발전기의 전압상승률은 커진다.

③ 수차의 속도변동률은 작아진다.

④ 수압관 내의 수압상승률은 작아진다.

[해설]

조속기(governor): 출력증감에 상관없이 수차의 회전수는 일정하게 유지해야 하므로 출력 변화에 따라서 수차의 유량을 자동적으로 조정하는 장치를 말한다. 조속기의 폐쇄시간이 짧을수록 수차의 속도변동률도 작아지게 된다.

23 개폐서지의 이상전압을 감쇄할 목적으로 설치하는 것은?

① 단로기

② 차단기

③ 리액터

④ 개폐저항기

[해설] 개폐저항기

개폐서지(SOV)를 억제하기 위해서 설치한다. 즉, 차단기 개폐 시 재점호로 인한 개폐서지 이상전압이 발생하게 되는데, 이것을 낮추고 절연내력을 높일 수 있게 하기 위해서 차단기 접촉자간에 병렬임피던스로서 저항을 삽입한다.

24 22[kV], 60[Hz] 1회선의 3상 송전선에서 무부하 충전전류는 약 몇 [A]인가?(단, 송전선의 길이는 20[km]이고, 1선 1[km]당 정전용량은 $0.5[\mu F]$이다)

① 12

② 24

③ 36

④ 48

[정답] **19** ④ **20** ② **21** ③ **22** ③ **23** ④ **24** ④

해설

$$I_c = \omega CE = 2\pi \times 60 \times 0.5 \times 10^6 \times 20 \times \frac{22 \times 10^3}{\sqrt{3}}$$
$$= 47.88\,[A]$$

25 송전전력, 부하역률, 송전거리, 전력손실, 선간전압이 동일할 때 3상 3선식에 의한 소요 전선량은 단상 2선식의 몇 [%]인가?

① 50   ② 67

③ 75   ④ 87

해설

$$\frac{W_{g3}}{W_{g1}} = \frac{3\sigma S_3 l_3}{2 S_1 l_1} = \frac{3}{2} \times \frac{1}{2} = \frac{3}{4} = 0.75$$
$$\therefore 75\,[\%]$$

26 모선보호용 계전기로 사용하면 가장 유리한 것은?

① 거리 방향계전기   ② 역상계전기

③ 재폐로계전기   ④ 과전류계전기

해설 모선보호 계전 방식의 종류

① 전류차동 보호방식
② 전압차동 보호방식
③ 위상 비교방식
④ 환상 모선 보호방식
⑤ 거리 방향(방향거리) 계전방식

27 장거리 송전선로는 일반적으로 어떤 회로로 취급하여 회로를 해석하는가?

① 분포정수회로
② 분산부하회로
③ 집중정수회로
④ 특성임피던스회로

해설

• 단거리 송전선로(R, L만 취급): 집중정수회로
• 중거리 송전선로(R, L, C 취급): T형, π형 회로
• 장거리 송전선로(R ,L, C, G 취급): 분포정수회로

28 유도장해를 방지하기 위한 전력선측의 대책으로 틀린 것은?

① 차폐선을 설치한다.
② 고속도 차단기를 사용한다.
③ 중성점 전압을 가능한 높게 한다.
④ 중성점 접지에 고 저항을 넣어서 지락전류를 줄인다.

해설 전력선측의 대책

• 전력선과 통신선과의 거리를 크게 하여 상호 인덕턴스를 줄인다.
• 연가를 충분히 한다(중성점의 잔류전압을 적게).
• 케이블 사용
• 고주파 발생을 방지
• 소호리액터 사용(지락전류를 적게 하여 전자유도를 적게)
• 통신선과의 교차를 직각으로 한다.
• 차폐선 시설
• 고장회선의 고속도 차단

29 현수애자에 대한 설명으로 틀린 것은?

① 애자를 연결하는 방법에 따라 클래비스형과 볼소켓형이 있다.
② 큰 하중에 대하여는 2연 또는 3연으로 하여 사용할 수 있다.
③ 애자의 연결 개수를 가감함으로써 임의의 송전전압에 사용할 수 있다.
④ 2~4층의 갓 모양의 자기편을 시멘트로 접착하고 그 자기를 주철제 베이스로 지지한다.

해설

④는 핀 애자에 대한 설명

정답   **25** ③   **26** ①   **27** ①   **28** ③   **29** ④

30 그림과 같은 수전단 전압 3.3[kV], 역률 0.85(뒤짐)인 부하 300[kW]에 공급하는 선로가 있다. 이때 송전단 전압은 약 몇 [V]인가?

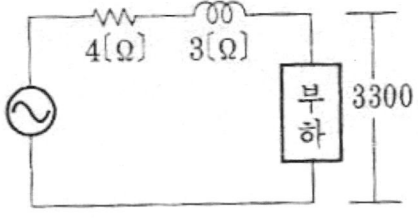

① 3430
② 3530
③ 3730
④ 3830

해설

$$e = V_s - V_r = I(R\cos\theta + X\sin\theta)[V]$$

$$\therefore V_s = 3300 +$$

$$\frac{300 \times 10^3}{3300 \times 0.85}(4 \times 0.85 + 3 \times \sqrt{1 - 0.85^2})$$

$$= 3830[V]$$

31 △−△결선된 3상 변압기를 사용한 비접지 방식의 선로가 있다. 이때 1선 지락 고장이 발생하면 다른 정상적인 2선의 대지전압은 지락 전의 몇 배까지 상승하는가?

① $\frac{\sqrt{3}}{2}$
② $\sqrt{3}$
③ $\sqrt{2}$
④ 1

해설

△ 결선은 비접지계통이므로 1선 지락 시 전위상승은 상전압에서 선간전압으로 올라가는데 대지전압의 $\sqrt{3}$ 배까지 상승한다.

32 증기의 엔탈피란?

① 증기 1[kg]의 잠열
② 증기 1[kg]의 현열
③ 증기 1[kg]의 보유열량
④ 증기 1[kg]의 증발열을 그 온도로 나눈 것

해설 엔탈피(enthalpy)

각 온도에 있어서 물 또는 증기의 보유열량의 뜻
①은 액화열
②는 기화열(증발열)
④번의 온도가 절대온도라면 포화증기의 엔트로피(entropy)가 된다.

33 전력용 콘덴서에 의하여 얻을 수 있는 전류는?

① 지상전류
② 진상전류
③ 동상전류
④ 영상전류

34 송전선로의 고장전류 계산에 영상 임피던스가 필요한 경우는?

① 1선 지락
② 3상 단락
③ 3선 단선
④ 선간 단락

해설

• 1선 지락(접지) 사고 시: 영상, 정상, 역상 전류가 다 같은 크기로 흐르므로 임피던스는 모두 존재한다(임피던스는 전류가 흐를 때만 존재).
• 선간단락 사고 시: 한 상에는 정상전류, 다른 한 상에는 역상전류가 흐른다.
• 3상 단락 사고 시: 정상분 전압과 정상분 전류만 존재한다($V_o = V_2 = I_o = I_2 = 0$).

35 배전용 변전소의 주변압기로 주로 사용되는 것은?

① 강압 변압기
② 체승 변압기
③ 단권 변압기
④ 3권선 변압기

해설

• 배전용 변전소 : 체강 변압기(강압용)
• 송전용 변전소 : 체승 변압기(승압용)

정답 **30** ④ **31** ② **32** ③ **33** ② **34** ① **35** ①

36 송전선로에 매설지선을 설치하는 주된 목적은?

① 철탑 기초의 강도를 보강하기 위하여
② 직격뢰로부터 송전선을 차폐보호하기 위하여
③ 현수애자 1연의 전압분담을 균일화하기 위하여
④ 철탑으로부터 송전선로의 역섬락을 방지하기 위하여

해설

철탑의 접지저항이 크면 철탑의 전위가 높아져 철탑에서 송전선에 섬락을 일으키는데, 이것을 역섬락이라고 하며 이것을 방지하기 위해서 매설지선을 설치한다(뇌해 방지).

37 4단자정수 A=D=0.8, B=j1.0 인 3상 송전선로에 송전단전압 160[kV]를 인가할 때 무부하 시 수전단 전압은 몇 [kV]인가?

① 154   ② 164
③ 180   ④ 200

해설

$V_s = AV_r + BI_r$, $I_s = CV_r + DI_r$

무부하 시 ($I_r = 0$) 수전단 전압은,

$V_r = \dfrac{V_s}{A} = \dfrac{160}{0.8} = 200[kV]$

38 부하 역률이 현저히 낮은 경우 발생하는 현상이 아닌 것은?

① 전기요금의 증가
② 유효전력의 증가
③ 전력 손실의 증가
④ 선로의 전압강하 증가

해설 부하역률이 현저히 낮은 경우
① 전력손실의 증가
② 선로의 전압강하 증가

③ 전원 측 설비용량의 증가
④ 전기요금의 증가

39 원자로의 감속재에 대한 설명으로 틀린 것은?

① 감속 능력이 클 것
② 원자 질량이 클 것
③ 사용재료로 경수를 사용
④ 고속 중성자를 열중성자로 바꾸는 작용

해설 감속재가 갖추어야 할 조건
• 중성자 흡수가 적고 탄성산란에 의해 감속되는 정도가 클 것
• 감속능(showing down power)과 감속비(moderating ratio)의 값이 클수록 우수하다.
• 원자의 질량은 작을 것(적은 원소)
• 감속 재료는 보통 경수, 중수, 흑연, 산화베릴륨.
• 충돌 후에 갖는 에너지의 평균차가 클 것

40 그림과 같은 3상 송전계통에서 송전단 전압은 3300[V]이다. 점 P에서 3상 단락사고가 발생했다면 발전기에 흐르는 단락전류는 약 몇 [A]인가?

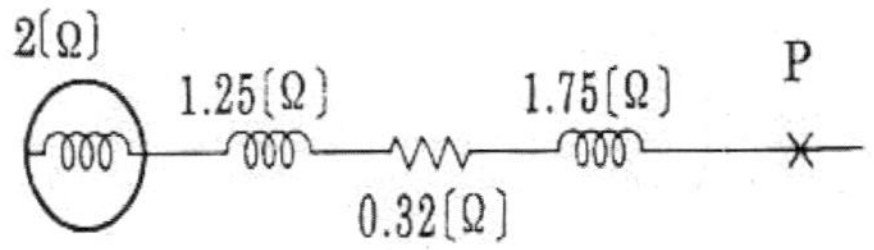

① 320   ② 330
③ 380   ④ 410

해설

$I_s = \dfrac{E}{Z} = \dfrac{3300/\sqrt{3}}{\sqrt{0.32^2 + 5^2}} = 380.27[A]$

$Z = R + jX = 0.32 + j(2 + 1.25 + 1.75)$
$\quad = 0.32 + j5[\Omega]$

정답 36 ④   37 ④   38 ②   39 ②   40 ③

제3과목 : 전기기기

41 변압기의 보호방식 중 비율차동계전기를 사용하는 경우는?

① 고조파 발생을 억제하기 위하여

② 과여자 전류를 억제하기 위하여

③ 과전압 발생을 억제하기 위하여

④ 변압기 상간 단락 보호를 위하여

해설 비율차동계전기

같은 상의 양측단자에 흐르는 전류의 차에 의해서 동작하는데 변압기의 상간 단락 보호 또는 접지(지락)가 발생했을 때 전류 변화로 인해 동작한다.

42 3상 유도기에서 출력의 변환 식으로 옳은 것은?

① $P_o = P_2 + P_{2c} = \dfrac{N}{N_s}P_2 = (2-s)P_2$

② $(1-s)P_2 = \dfrac{N}{N_s}P_2 = P_o - P_{2c} = P_o - sP_2$

③ $P_o = P_2 - P_{2c} = P_2 - sP_2 = \dfrac{N}{N_s}P_2$
$\qquad = (1-s)P_2$

④ $P_o = P_2 + P_{2c} = P_2 + sP_2 = \dfrac{N}{N_s}P_2$
$\qquad = (1+s)P_2$

해설

3상 유도기의 2차 효율은

$\eta_2 = \dfrac{P_o}{P_2} = (1-s) = \dfrac{N}{N_s}$ 이므로

$\therefore P_o = P_2 - P_{2c} = P_2 - sP_2 = \dfrac{N}{N_s}P_2$
$\qquad = (1-s)P_2$

43 비돌극형 동기발전기 한 상의 단자전압을 V, 유기기전력을 E, 동기리액턴스를 Xs, 부하각이 δ이고 전기자저항을 무시할 때 한 상의 최대출력[W]은?

① $\dfrac{EV}{Xs}$

② $\dfrac{3EV}{Xs}$

③ $\dfrac{E^2V}{Xs}\sin\delta$

④ $\dfrac{EV^2}{Xs}\sin\delta$

해설

비돌극기의 출력은 $P = \dfrac{EV}{Zs}\sin(\alpha+\delta) - \dfrac{V^2}{Zs}\sin\alpha$

여기서, 전기자저항(r_a)은

매우 작아서 무시하면 $Zs = Xs$, $\alpha = 0$이라보면

$\therefore P = \dfrac{EV}{Xs}\sin\delta[W]$,

비돌극기는 90°에서 출력이 최대가 되므로

$P_m = \dfrac{EV}{Xs}[W]$가 된다.

44 동기전동기에 대한 설명으로 옳은 것은?

① 기동 토크가 크다.

② 역률조정을 할 수 있다.

③ 가변속 전동기로서 다양하게 응용된다.

④ 공극이 매우 작아 설치 및 보수가 어렵다.

해설

전력계통에서 전압조정과 역률을 개선하기 위하여 송전계통에 무부하로 접속하는 동기전동기를 동기조상기라고 하며, 역률을 조정할 수 있다.

45 직류전동기의 속도제어 방법이 아닌 것은?

① 계자 제어법　　② 전압제어법

③ 주파수제어법　　④ 직렬저항제어법

해설 직류전동기의 속도제어법

• 계자 제어법

• 직렬저항법

• 전압제어법

정답 **41** ④　**42** ③　**43** ①　**44** ②　**45** ③

1250 • Part 4. 기사 · 산업기사 최근기출문제

46 60[Hz]의 3상 유도전동기를 동일전압으로 50[Hz]에 사용할 때 ⓐ 무부하전류, ⓑ 온도상승, ⓒ 속도는 어떻게 변하겠는가?

① ⓐ $\dfrac{60}{50}$으로 증가, ⓑ $\dfrac{60}{50}$으로 증가, ⓒ $\dfrac{50}{60}$으로 감소

② ⓐ $\dfrac{60}{50}$으로 증가, ⓑ $\dfrac{50}{60}$으로 감소, ⓒ $\dfrac{50}{60}$으로 감소

③ ⓐ $\dfrac{50}{60}$으로 감소, ⓑ $\dfrac{60}{50}$으로 증가, ⓒ $\dfrac{50}{60}$으로 감소

④ ⓐ $\dfrac{50}{60}$으로 감소, ⓑ $\dfrac{60}{50}$으로 증가, ⓒ $\dfrac{60}{50}$으로 증가

해설

자속은 $\dfrac{60}{50}$으로 증가하며, 여자전류가 증가하여 역률은 낮아지고, 온도는 상승한다. 속도는 $\dfrac{50}{60}$으로 감소한다.

47 보극이 없는 직류발전기에서 부하의 증가에 따라 브러시의 위치를 어떻게 해야 하는가?

① 그대로 둔다.
② 계자극의 중간에 놓는다.
③ 발전기의 회전방향으로 이동시킨다.
④ 발전기의 회전방향과 반대로 이동시킨다.

해설

보극은 정류작용을 개선시키는데 효과적인데, 보극이 없는 직류발전기에서 부하가 증가하게 되면 중성축의 위치가 전기자 반작용으로 인해 회전방향으로 이동하므로 발전기의 회전방향으로 브러시를 이동시킨다(브러시는 항상 기전력이 0인 도체에 접속되어 있는 정류자편에 접촉하도록 되어있다).

48 동기발전기의 안정도를 증진시키기 위한 대책이 아닌 것은?

① 속응 여자방식을 사용한다.
② 정상 임피던스를 작게 한다.
③ 역상·영상 임피던스를 작게 한다.
④ 회전자의 플라이 휠 효과를 크게 한다.

해설 동기기의 과도안정도 증진법
• 동기화 리액턴스를 작게 할 것
• 속응여자방식을 채용할 것
• 회전자의 플라이 휠 효과를 크게 할 것
• 발전기의 조속기 동작을 신속히 할 것
• 동기탈조계전기를 사용할 것
• 정상과도 리액턴스는 작게 하고, 단락비는 크게 할 것(역상임피던스는 크게)

49 반발기동형 단상유도전동기의 회전방향을 변경하려면?

① 전원의 2선을 바꾼다.
② 주권선의 2선을 바꾼다.
③ 브러시의 접속선을 바꾼다.
④ 브러시의 위치를 조정한다.

해설

반발기동형 단상 유도전동기의 회전방향을 변경하려면 브러시의 위치를 바꾸어 조정한다.

50 일반적인 변압기의 무부하손 중 효율에 가장 큰 영향을 미치는 것은?

① 와전류손
② 유전체손
③ 히스테리시스 손
④ 여자전류 저항손

정답 46 ① 47 ③ 48 ③ 49 ④ 50 ③

해설

규약효율은

$$\eta = \frac{출력}{출력+손실} \times 100 = \frac{입력-손실}{입력} \times 100$$

$$= \frac{V_2 I_2 \cos\theta_2}{V_2 I_2 \cos\theta_2 + P_i + I_2^2 r} \times 100$$

$$= \frac{VI\cos\theta}{VI\cos\theta + P_i + P_c} \times 100[\%]$$

변압기 손실에는 무부하손(철손)과 과부하손(동손)으로 구분되는데 변압기에서는 무부하손의 대부분이 와류손과 히스테리시스손 중에서 철손 중에는 히스테리시스손이 제일 많다.

51 농형 유도전동기에 주로 사용되는 속도제어법은?

① 극수 제어법 ② 종속 제어법

③ 2차 여자제어법 ④ 2차 저항제어법

해설

① 농형 유도전동기의 속도제어법
   - 주파수를 바꾸는 방법
   - 극수를 바꾸는 방법
   - 전원전압을 바꾸는 방법
② 권선형 유도전동기의 속도제어법
   - 2차 저항제어법
   - 2차 여자제어법

52 동기발전기의 단락비가 1.2일 때 %동기임피던스[p·u]는?

① 0.12 ② 0.25

③ 0.52 ④ 0.83

해설

$$단락비 = \frac{1}{동기임피던스[p \cdot u]}$$

$$K_s = \frac{1}{Z[p \cdot u]}에서,$$

$$\therefore Z[p \cdot u] = \frac{1}{1.2} = 0.833[p \cdot u]$$

53 3상 권선형 유도전동기에서 2차측 저항을 2배로 하면 그 최대토크는 어떻게 되는가?

① 불변이다.

② 2배 증가한다.

③ $\frac{1}{2}$ 로 감소한다.

④ $\sqrt{2}$ 배 증가한다.

해설

$$\frac{r_2}{s_m} = \frac{r_2 + R_s}{s_t}의 \ 비례추이에서,$$

① 2차 저항 $r_2{'}$를 변화해도 최대토크는 변하지 않는다.
② $r_2{'}$를 크게 하면 s_m도 커진다.
③ $r_2{'}$를 크게 하면 기동전류는 감소하고, 기동토크는 증가한다(최대토크를 내는 슬립만 2차 저항에 비례한다).

54 전기자 총 도체 수 152, 4극 파권 인 직류발전기가 전기자 전류를 100[A]로 할 때 매극당 감자기자력[AT/극]은 얼마인가?(단, 브러시의 이동각은 $10°$이다)

① 33.6 ② 52.8

③ 105.6 ④ 211.2

해설

- 매극당 감자기자력은,

$$AT_d = \frac{I_a Z}{2ap} \cdot \frac{2\alpha}{180} = \frac{100 \times 152}{2 \times 2 \times 4} \times \frac{2 \times 10}{180}$$

$$= 105.56[AT/극]$$

$(p=4, Z=152, a=2(파권), I_a=100(A)$

$\alpha = 10°)$

- 매극당 교차기자력은,

$$AT_c = \frac{I_a Z}{2ap} \cdot \frac{\beta}{180} = \frac{I_a Z}{2ap} \cdot \frac{(\pi - 2a)}{180}[AT/극]$$

정답 **51** ① **52** ④ **53** ① **54** ③

55 다음 ( ) 안에 옳은 내용을 순서대로 나열한 것은?

> SCR에서는 게이트 전류가 흐르면 순방향의 저지상태에서 ( )상태로 된다. 게이트 전류를 가하여 도통 완료까지의 시간을 ( )시간이라 하고 이 시간이 길면 ( )시의 ( )이 많고 소자가 파괴된다.

① 온(On), 턴온(Turn on), 스위칭, 전력손실
② 온(On), 턴온(Turn on), 전력손실, 스위칭
③ 스위칭, 온(On), 턴온(Turn on), 전력손실
④ 턴온(Turn on), 스위칭, 온(On), 전력손실

56 3000/200[V] 변압기의 1차 임피던스가 225[Ω]이면 2차 환산 임피던스는 약 몇 [Ω]인가?

① 1.0   ② 1.5
③ 2.1   ④ 2.8

> **해설**
> $a^2 = \dfrac{Z_1}{Z_2}$, $\therefore Z_2 = \dfrac{Z_1}{a^2} = \dfrac{225}{15^2} = 1[\Omega]$,
> $a = \dfrac{3000}{200} = 15$

57 60[Hz], 1328/230[V]의 단상변압기가 있다. 무부하전류 $I = 3\sin\omega t + 1.1\sin(3\omega t + a_3)[A]$ 이다. 지금 위와 똑같은 변압기 3대로 $Y-\triangle$ 결선하여 1차에 2300[V]의 평형전압을 걸고 2차를 무부하로 하면 $\triangle$회로를 순환하는 전류(실효치)는 약 몇 [A]인가?

① 0.77   ② 1.10
③ 4.48   ④ 6.35

> **해설**
> $\triangle$회로를 순환하는 전류(실효치)는
> $$I_2 = \frac{1}{\sqrt{2}} \times a \times I_1 = \frac{1}{\sqrt{2}} \times \frac{1328}{230} \times 1.1$$
> $$= 4.49[A]$$

58 정격전압, 정격주파수가 6600/220[V], 60[Hz], 와류손이 720[W]인 단상변압기가 있다. 이 변압기를 3300[V], 50[Hz]의 전원에 사용하는 경우 와류손은 약 몇 [W]인가?

① 120   ② 150
③ 180   ④ 200

> **해설**
> 와류손은 $P_e = \sigma_e(fB_m t)^2 = kf^2 B_m^2 [W]$에서,
> $E \propto fB_m$, $\therefore B_m = \dfrac{E}{f}$
> $\therefore P_e \propto k \cdot E^2$
> 즉, 와류손은 주파수와는 무관하고 전압의 제곱에 비례한다.
> $$\therefore P_e' = \left(\frac{V'}{V}\right)^2 P_e = \left(\frac{3300}{6600}\right)^2 \times 720 = 180(W)$$

59 다이오드 2개를 이용하여 전파정류를 하고, 순저항 부하에 전력을 공급하는 회로가 있다. 저항에 걸리는 직류분 전압이 90[V]라면 다이오드에 걸리는 최대 역전압[V]의 크기는?

① 90   ② 242.8
③ 254.5   ④ 282.8

> **해설**
> 첨두 역전압(PIV)
> $= \sqrt{2}E = \sqrt{2}\left(\dfrac{\pi}{\sqrt{2}}E_d + e_a\right)$
> $= \pi E_d = \pi \times 90 = 282.74[V]$

정답   55 ①   56 ①   57 ③   58 ③   59 ④

60 직류전동기의 전기자전류가 10[A]일 때 5[kg · m]의 토크가 발생하였다. 이 전동기의 계자속이 80[%]로 감소되고, 전기자전류가 12[A]로 되면 토크는 약 몇 [kg · m]인가?

① 5.2
② 4.8
③ 4.3
④ 3.9

해설

$$\tau = 0.975\frac{P}{N} = 0.975\frac{E_c I}{N} = K\phi I_a \ [\mathrm{kg \cdot m}]$$

$$\therefore \tau' = \left(\frac{\phi' I'}{\phi I}\right)\tau = \left(\frac{0.8\phi \times 12}{\phi \times 10}\right) \times 5$$
$$= 4.8[\mathrm{kg \cdot m}]$$

제4과목 : 회로이론 및 제어공학

61 다음 논리회로가 나타내는 식은?

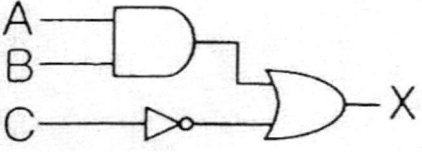

① $X = (A \cdot B) + \overline{C}$
② $X = (\overline{A \cdot B}) + C$
③ $X = (\overline{A + B}) \cdot C$
④ $X = (A + B) \cdot \overline{C}$

해설

$$X = A \cdot B + \overline{C}$$

62 특성 방정식 $s^5 + 2s^4 + 2s^3 + 3s^2 + 4s + 1$을 Routh–Hurwitz 판별법으로 분석한 결과로 옳은 것은?

① s−평면에 우반면에 근이 존재하지 않기 때문에 안정한 시스템이다.

② s−평면에 우반면에 근이 1개 존재하기 때문에 불안정한 시스템이다.

③ s−평면에 우반면에 근이 2개 존재하기 때문에 불안정한 시스템이다.

④ s−평면에 우반면에 근이 3개 존재하기 때문에 불안정한 시스템이다.

해설

$$s^5 + 2s^4 + 2s^3 + 3s^2 + 4s + 1 = 0$$

s^5	1	2	4
s^4	2	3	1
s^3	$\dfrac{4-3}{2}$	$\dfrac{8-1}{2}$	
s^2	-11	1	
s^1	3.55	0	
s^0	1		

그러므로 루드의 표 제1열의 부호가 2번 바뀌었으므로 s평면의 우반면에 근이 2개 존재한다.

63 다음 블록선도의 전달함수는?

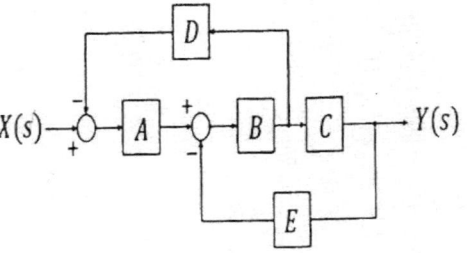

① $\dfrac{Y(s)}{X(s)} = \dfrac{ABC}{1 + BCD + ABE}$

② $\dfrac{Y(s)}{X(s)} = \dfrac{ABC}{1 + BCD + ABD}$

③ $\dfrac{Y(s)}{X(s)} = \dfrac{ABC}{1 + BCE + ABD}$

④ $\dfrac{Y(s)}{X(s)} = \dfrac{ABC}{1 + BCE + ABE}$

정답 **60** ② **61** ① **62** ③ **63** ③

해설

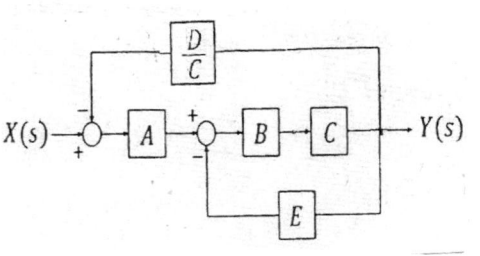

그림에서

$$\left\{\left(X(s) - \frac{D}{C}\,Y(s)\right)A - EY(s)\right\}BC = Y(s)$$

$$\left(AX(s) - \frac{AD}{C}\,Y(s) - EY(s)\right)BC = Y(s)$$

$$ABCX(s) = Y(s)(1 + BCE + ABD)$$

$$G(s) = \frac{Y(s)}{X(s)} = \frac{ABC}{1 + BCE + ABD}$$

64 제어기에서 적분제어의 영향으로 가장 적합한 것은?

① 대역폭이 증가한다.
② 응답 속응성을 개선시킨다.
③ 작동오차의 변화율에 반응하여 동작한다.
④ 정상상태의 오차를 줄이는 효과를 갖는다.

해설

- 비례제어(P) : 정상오차 수반, 잔류편차 발생
- 적분제어(I) : 잔류편차를 제거
- 미분제어(D) : 오차가 커지는 것을 미리 방지
- 비례적분제어(PI) : 잔류편차 제거, 제어결과가 진동적으로 될 수 있다.
- 비례미분제어(PD) : 응답 속응성의 개선
- 비례적분미분제어(PID) : 잔류편차 제거, 응답 속응성의 개선, 응답의 오버슈트 감소

65 $G(j\omega) = \dfrac{1}{j\omega T + 1}$의 크기와 위상각은?

① $G(j\omega) = \sqrt{\omega^2 T^2 + 1} \angle \tan^{-1}\omega T$

② $G(j\omega) = \sqrt{\omega^2 T^2 + 1} \angle -\tan^{-1}\omega T$

③ $G(j\omega) = \dfrac{1}{\sqrt{\omega^2 T^2 + 1}} \angle \tan^{-1}\omega T$

④ $G(j\omega) = \dfrac{1}{\sqrt{\omega^2 T^2 + 1}} \angle -\tan^{-1}\omega T$

해설

- 크기

$$|G(j\omega)| = \left|\frac{1}{j\omega T + 1}\right| = \frac{1}{\sqrt{\omega^2 T^2 + 1}}$$

- 위상각

$$\theta = -\tan^{-1}\frac{\omega T}{1} = -\tan^{-1}\omega T$$

66 상태방정식으로 표시되는 제어계의 천이행렬 $\phi(t)$는?

$$\dot{X} = \begin{bmatrix} 0 & 1 \\ 0 & 0 \end{bmatrix}X + \begin{bmatrix} 0 \\ 1 \end{bmatrix}U$$

① $\begin{bmatrix} 0 & t \\ 1 & 1 \end{bmatrix}$ ② $\begin{bmatrix} 1 & 1 \\ 0 & t \end{bmatrix}$

③ $\begin{bmatrix} 1 & t \\ 0 & 1 \end{bmatrix}$ ④ $\begin{bmatrix} 0 & t \\ 1 & 0 \end{bmatrix}$

해설

$$\therefore \phi(t) = \mathcal{L}^{-1}[sI - A] = \mathcal{L}^{-1}\begin{bmatrix} \dfrac{1}{s} & \dfrac{1}{s^2} \\ 0 & \dfrac{1}{s} \end{bmatrix}$$

$$= \begin{bmatrix} 1 & t \\ 0 & 1 \end{bmatrix}$$

$A = \begin{bmatrix} 0 & 1 \\ 0 & 0 \end{bmatrix}$이므로

$$[sI - A] = \begin{bmatrix} s & 0 \\ 0 & s \end{bmatrix} - \begin{bmatrix} 0 & 1 \\ 0 & 0 \end{bmatrix} = \begin{bmatrix} s & -1 \\ 0 & s \end{bmatrix}$$

$$[sI - A]^{-1} = \begin{vmatrix} s & -1 \\ 0 & s \end{vmatrix}^{-1} = \frac{1}{\begin{vmatrix} s & -1 \\ 0 & s \end{vmatrix}}\begin{bmatrix} s & -1 \\ 0 & s \end{bmatrix}$$

$$= \frac{1}{s^2}\begin{bmatrix} s & 1 \\ 0 & s \end{bmatrix} = \begin{bmatrix} \dfrac{1}{s} & \dfrac{1}{s^2} \\ 0 & \dfrac{1}{s} \end{bmatrix}$$

정답 **64** ④   **65** ④   **66** ③

67 주파수 특성의 정수 중 대역폭이 좁으면 좁을수록 이때의 응답속도는 어떻게 되는가?

① 빨라진다.
② 늦어진다.
③ 빨라졌다 늦어진다.
④ 늦어졌다 빨라진다.

해설

대역폭이 넓으면 넓을수록 응답속도가 빠르다.

68 그림과 같은 요소는 제어계의 어떤 요소인가?

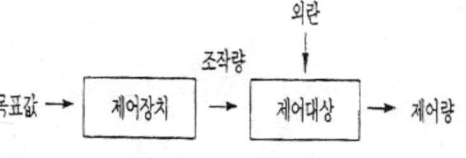

① 적분요소
② 미분요소
③ 1차 지연요소
④ 1차 지연 미분요소

해설

$e_i(t) = \frac{1}{C}\int i(t)dt + R \cdot i(t)$,

$e_o(t) = R \cdot i(t)$

라플라스 변환하면

$E_i(s) = (\frac{1}{Cs} + R)I(s)$

$E_o(s) = RI(s)$

$\therefore G(s) = \frac{E_o(s)}{E_i(s)} = \frac{RI(s)}{(\frac{1}{Cs}+R)I(s)} = \frac{RCs}{1+RCs}$

$= \frac{Ts}{1+Ts} (\because T = RC[\sec])$

그러므로 1차 지연 미분요소이다.

69 제어장치가 제어대상에 가하는 제어신호로 제어장치의 출력인 동시에 제어대상의 입력인 신호는?

① 목표값
② 조작량
③ 제어량
④ 동작신호

해설

목표값 → 제어장치 → (조작량) 제어대상 → 제어량 / 외란

70 Routh 안정판별표에서 수열의 제1열이 다음과 같을 때 이 계통의 특성 방정식에 양의 실수부를 갖는 근이 몇 개인가?

$$\begin{matrix} 1 \\ 2 \\ -1 \\ 3 \\ 1 \end{matrix}$$

① 전혀 없다.
② 1개 있다.
③ 2개 있다.
④ 3개 있다.

해설

Routh의 표 제1열의 부호가 2번 바뀌었으므로 s평면의 우반면에 근 2개 존재한다.

71 성형(Y)결선의 부하가 있다. 선간전압 300[V]의 3상 교류를 가했을 때 선전류가 40[A]이고, 역률이 0.8이라면 리액턴스는 약 몇 [Ω]인가?

① 1.66
② 2.60
③ 3.56
④ 4.33

정답 **67** ② **68** ④ **69** ② **70** ③ **71** ②

해설

Y결선이므로 $I_l = I_p = 40[A]$가 된다.

$$Z = \frac{V_p}{I_p} = \frac{300/\sqrt{3}}{40} = 4.33[\Omega]$$

$$\therefore X = Z\sin\theta = 4.33 \times 0.6 = 2.6[\Omega]$$

72 그림과 같은 R–C 병렬회로에서 전원전압이 $e(t) = 3e^{-5t}$인 경우 이 회로의 임피던스는?

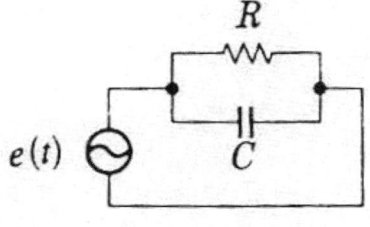

① $\dfrac{j\omega RC}{1 + j\omega RC}$ ② $\dfrac{R}{1 - 5RC}$

③ $\dfrac{R}{1 + RCs}$ ④ $\dfrac{1 + j\omega RC}{R}$

해설

$$Z = \frac{R \cdot \dfrac{1}{j\omega C}}{R + \dfrac{1}{j\omega C}} = \frac{1}{1 + j\omega CR} = \frac{R}{1 - 5CR}$$

$e(t) = 3e^{-5t}$에서 $j\omega = -5$가 된다.

73 정현파 교류전원 $e = E_m \sin(\omega t + \theta)[V]$가 인가된 R L C 직렬회로에 있어서 $\omega L > \dfrac{1}{\omega C}$ 일 경우, 이 회로에 흐르는 전류 I[A]의 위상은 인가전압 e[V]의 위상보다 어떻게 되는가?

① $\tan^{-1}\dfrac{\omega L - \dfrac{1}{\omega C}}{R}$ 앞선다.

② $\tan^{-1}\dfrac{\omega L - \dfrac{1}{\omega C}}{R}$ 뒤진다.

③ $\tan^{-1}R(\dfrac{1}{\omega L} - \omega C)$ 앞선다.

④ $\tan^{-1}R(\dfrac{1}{\omega L} - \omega C)$ 뒤진다.

해설 RLC 직렬회로의 위상

• $X_L > X_C(\omega L > \dfrac{1}{\omega C})$: I 는 e보다 위상이 θ만 큼 뒤진다(유도성).

• $X_L = X_C(\omega L = \dfrac{1}{\omega C})$: I 와 e는 동상.

• $X_L < X_C(\omega L < \dfrac{1}{\omega C})$: I 는 e보다 위상이 θ만 큼 앞선다(용량성).

위상은 $\theta = \tan^{-1}\dfrac{X_L - X_C}{R} = \tan^{-1}\dfrac{\omega L - \dfrac{1}{\omega C}}{R}$

74 입력신호 $x(t)$와 출력신호 $y(t)$의 관계가 다음과 같을 때 전달함수는?

$$\frac{d^2}{dt^2}y(t) + 5\frac{d}{dt}y(t) + 6y(t) = x(t)$$

① $\dfrac{1}{(s+2)(s+3)}$ ② $\dfrac{s+1}{(s+2)(s+3)}$

③ $\dfrac{s+4}{(s+2)(s+3)}$ ④ $\dfrac{s}{(s+2)(s+3)}$

해설

전달함수는 모든 초기값을 0으로 했을 때 출력신호의 라플라스 변환과 입력신호의 라플라스변환의 값이다.

$\dfrac{d^2}{dt^2}y(t) + 5\dfrac{d}{dt}y(t) + 6y(t) = x(t)$ 값을 라플라스 변환하면,

$$(s^2 + 5s + 6)Y(s) = X(s)$$

$$\therefore G(s) = \frac{Y(s)}{X(s)} = \frac{1}{s^2 + 5s + 6} = \frac{1}{(s+2)(s+3)}$$

정답 72 ② 73 ② 74 ①

75 그림의 회로에서 합성 인덕턴스는?

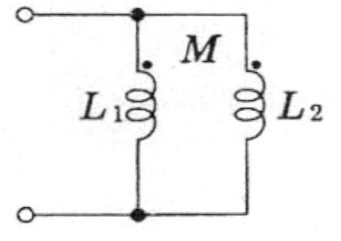

① $\dfrac{L_1L_2 - M^2}{L_1 + L_2 - 2M}$ ② $\dfrac{L_1L_2 + M^2}{L_1 + L_2 - 2M}$

③ $\dfrac{L_1L_2 - M^2}{L_1 + L_2 + 2M}$ ④ $\dfrac{L_1L_2 + M^2}{L_1 + L_2 + 2M}$

해설

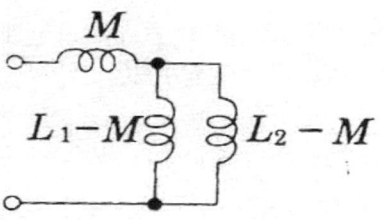

그림은 병렬접속형의 등가회로이다. 이 때 합성인덕턴스는

$$L = M + \frac{(L_1 - M)\cdot(L_2 - M)}{(L_1 - M) + (L_2 - M)} = \frac{L_1L_2 - M^2}{L_1 + L_2 - 2M}$$

76 R L 직렬회로에 $e = 100\sin(120\pi t)[V]$의 전압을 인가하여 $i = 2\sin(120\pi t - 45^\circ)[A]$의 전류가 흐르도록 하려면 저항은 몇 $[\Omega]$인가?

① 25.0 ② 35.4
③ 50.0 ④ 70.7

해설

$$Z = \frac{V}{I} = \frac{\dfrac{100}{\sqrt{2}}}{\dfrac{2}{\sqrt{2}} \angle -45^\circ} = 50 \angle 45^\circ$$

$$= 50(\cos 45^\circ + j\sin 45^\circ) = \frac{50}{\sqrt{2}} + j\frac{50}{\sqrt{2}}[\Omega]$$

$$\therefore R = \frac{50}{\sqrt{2}} = 35.36[\Omega]$$

77 분포정수 선로에서 위상정수를 $\beta[rad/m]$라 할 때 파장은?

① $2\pi\beta$ ② $\dfrac{2\pi}{\beta}$

③ $4\pi\beta$ ④ $\dfrac{4\pi}{\beta}$

해설

$$v = \lambda f = \frac{2\pi f}{\beta} = \frac{\omega}{\beta} = \frac{1}{\sqrt{LC}}[m/s]$$

$$\therefore \lambda = \frac{2\pi}{\beta}[m]$$

78 회로에서의 전류 방향을 옳게 나타낸 것은?

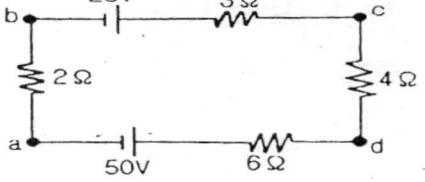

① 알 수 없다. ② 시계방향이다.
③ 흐르지 않는다. ④ 반시계방향이다.

해설

기전력=25−50=−25[V]가 되므로 반시계 방향으로 전류가 흐른다.

79 3상 △부하에서 각 선 전류를 I_a, I_b, I_c 라 하면 전류의 영상분 [A]은?(단, 회로는 평형 상태이다)

① ∞ ② 1

③ $\dfrac{1}{3}$ ④ 0

정답 **75** ① **76** ② **77** ② **78** ④ **79** ④

해설

중성점 비접지식에서는 평형, 불평형, △, Y에 상관 없이 $I_o = \frac{1}{3}(I_a + I_b + I_c)$에서,

$I_a + I_b + I_c = 0$이 되어서, 영상분(I_o) $= 0$이 된다.

80 회로에서 10[mH]의 인덕턴스에 흐르는 전류는 일반적으로 $i(t) = A + B^{-\alpha t}$로 표시된다. α의 값은?

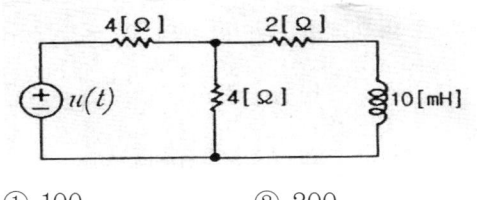

① 100
② 200
③ 400
④ 500

해설

$i(t) = A + B_e^{-\alpha t}$에서

$\alpha = \dfrac{R}{L} = \dfrac{4}{10 \times 10^{-3}} = 400$,

$R = 2 + \dfrac{4}{2} = 4[\Omega]$

제5과목 : 전기설비기술기준 및 판단기준

81 "지중관로"에 대한 정의로 가장 옳은 것은?

① 지중전선로 · 지중 약 전류 전선로와 지중매설지선 등을 말한다.

② 지중전선로 · 지중 약 전류 전선로와 복합케이블선로 · 기타 이와 유사한 것 및 이들에 부속되는 지중함을 말한다.

③ 지중전선로 · 지중 약 전류 전선로 · 지중에 시설하는 수관 및 가스관과 지중매설지선을 말한다.

④ 지중전선로 · 지중 약 전류 전선로 · 지중 광섬유 케이블 선로 · 지중에 시설하는 수관 및 가스관과 기타 이와 유사한 것 및 이들에 부속하는 지중함 등을 말한다.

82 공통접지공사 적용 시 상도체의 단면적이 16[mm²]인 경우 보호도체(PE)에 적합한 단면적은?(단, 보호도체의 재질이 상도체와 같은 경우)

① 4
② 6
③ 10
④ 16

해설 접지설비에서 보호도체. 접지공사를 하는 경우의 보호도체의(PE) 단면적

상도체의 단면적 S[mm²]	대응하는 보호도체의 최소 단면적 [mm²]
	보호도체의 재질이 상도체와 같은 경우
$S \leq 16$	① S
$16 < S \leq 35$	② 16^a
$S > 35$	③ $\dfrac{S^a}{2}$

83 케이블 트레이공사 적용 시 적합한 사항은?

① 난연성 케이블을 사용한다.

② 케이블 트레이의 안전율은 2.0 이상으로 한다.

③ 케이블 트레이 안에서 전선접속은 허용하지 않는다.

④ 사용전압이 400V 미만인 경우 특별 제3종 접지공사 적용한다.

해설 케이블 트레이공사

• 케이블 트레이의 종류: 사다리형, 통풍채널형, 바닥밀폐형, 펀칭형

• 저압 옥내배선에 의한다.

정답 80 ③ 81 ④ 82 ④ 83 ④

- 전선: 연피케이블, 알루미늄피 케이블 등 난연성 케이블(비금속제 케이블 트레이), 기타 케이블, 금속관 혹은 합성수지관 등에 넣은 절연전선.
- 케이블 트레이의 안전율은 1.5 이상
- 사용전압 400[V] 미만은 제3종, 400[V] 이상은 특별 제3종접지공사를 할 것.

84 고압 가공전선으로 경동선을 사용하는 경우 안전율은 얼마 이상이 되는 이도(弛度)로 시설하여야 하는가?

① 2.0
② 2.2
③ 2.5
④ 4.0

해설 안전율
- 경동선 및 내열 동 합금선 : 2.2
- 기타 : 2.5

85 특수 장소에 시설하는 전선로의 기준으로 틀린 것은?

① 교량의 윗면에 시설하는 저압전선로는 교량 노면상 5[m] 이상으로 할 것
② 교량에 시설하는 고압전선로에서 전선과 조영재 사이의 이격거리는 20[cm] 이상일 것
③ 저압전선로와 고압전선로를 같은 벼랑에 시설하는 경우 고압전선과 저압전선 사이의 이격거리는 50[cm] 이상일 것
④ 벼랑과 같은 수직부분에 시설하는 전선로는 부득이한 경우에 시설하며, 이 때 전선의 지지점간의 거리는 15[m] 이하로 할 것

해설 교량에 시설하는 전선로
① 저압전선로
- 교량 윗면 또는 옆면에 노면상 5[m] 이상
- 인장강도 2.30[kN], 2.6[mm] 이상의 경동선 절연전선 사용
- 전선과 조영재 사이의 이격거리는 30[cm] 이상 (케이블: 15[cm])

② 고압전선로
- 교량의 윗면에 노면상 5[m] 이상
- 케이블 또는 인장강도 5.26[kN] ; 4.0[mm] 이상 경동선 사용
- 전선과 조영재 사이의 이격거리는 30[cm] 이상 (케이블: 15[cm])

86 저압 옥내배선에 적용하는 사용전선의 내용 중 틀린 것은?

① 단면적 2.5[mm^2] 이상의 연동선이어야 한다.
② 미네럴 인슈레이션 케이블로 옥내배선을 하려면 케이블 단면적은 2[mm^2] 이상이어야 한다.
③ 진열장 등 사용전압이 400[V] 미만인 경우 0.75[mm^2] 이상인 코드 또는 캡타이어 케이블을 사용할 수 있다.
④ 전광표시장치 또는 제어회로에 사용전압이 400[V] 미만인 경우 사용하는 배선은 단면적 1.5[mm^2] 이상의 연동선을 사용하고 합성수지관 공사로 할 수 있다.

해설
저압옥내배선에 사용하는 MI Cable은 최소 1.0[mm^2] 이상일 것

87 가공 접지선을 사용하여 제2종 접지공사를 하는 경우 변압기의 시설 장소로부터 몇 [m]까지 떼어놓을 수 있는가?

① 50
② 100
③ 150
④ 200

해설
저압가공접지선을 저압가공전선에 관한 규정에 준하여 시설 할 때는 변압기의 시설장소로부터 200[m]까지 떼어놓을 수 있다.

정답 84 ② 85 ② 86 ② 87 ④

1260 · Part 4. 기사 · 산업기사 최근기출문제

88 고압 옥내배선의 시설 공사로 할 수 없는 것은?

① 케이블 공사
② 가요전선관 공사
③ 케이블 트레이 공사
④ 애자사용 공사(건조한 장소로서 전개된 장소)

89 가공 전선로의 지지물에 시설하는 지선의 시설기준으로 옳은 것은?

① 지선의 안전율은 1.2 이상일 것
② 소선은 최소 5가닥 이상의 연선일 것
③ 도로를 횡단하여 시설하는 지선의 높이는 일반적으로 지표상 5[m] 이상으로 할 것
④ 지중부분 및 지표상 60[cm]까지의 부분은 아연도금을 한 철봉 등 부식하기 어려운 재료를 사용할 것

해설 지선의 시설기준
• 지선의 안전율은 목주 A종 지지물의 경우 1.5 이상, B종의 경우 2.5 이상
• 최저허용 인장하중은 4.31[kN]
• 3조 이상의 연선인 소선을 사용
• 2.61[mm] 이상의 금속선 또는 2.0[mm] 이상의 아연도금 강연선 사용.
• 지중 부분 및 지표상 30[cm]까지 아연도금 철봉을 사용하고 근가로 시설
• 지선의 높이: 도로 횡단 5[m] 이상, 교통에 지장이 없는 도로 4[m] 이상, 보도 2.5[m] 이상

90 고압 인입선 시설에 대한 설명으로 틀린 것은?

① 15[m] 떨어진 다른 수용가에 고압 연접인입선을 시설하였다.
② 전선은 5[mm]경동선과 동등한 세기의 고압 절연전선을 사용하였다.

③ 고압 가공인입선 아래에 위험표시를 하고 지표상 3.5[m]의 높이에 설치하였다.
④ 횡단보도 교위에 시설하는 경우 케이블을 사용하여 노면상에서 3.5[m]의 높이에 시설하였다.

해설
고압은 연접인입선을 시설할 수 없다.

91 지중 전선로의 시설에서 관로식에 의하여 시설하는 경우 매설깊이는 몇 [m] 이상으로 하여야 하는가?

① 0.6   ② 1.0
③ 1.2   ④ 1.5

해설
관로식인 경우는 매설깊이를 1.0[m] 이상으로 시설할 것(전설 136조 제②항)

92 최대 사용전압 7[kV] 이하 전로의 절연내력을 시험할 때 시험전압을 연속하여 몇 분간 가하였을 때 이에 견뎌야 하는가?

① 5분   ② 10분
③ 15분   ④ 30분

해설
최대 사용전압 7[kV] 이하인 전로는 시험전압= 최대 사용전압×1.5배의 전압으로 10분간 가했을 때 이에 견디는 것이어야 한다.

93 가공전선로 지지물 기초의 안전율은 일반적으로 얼마 이상인가?

① 1.5
② 2
③ 2.2
④ 2.5

정답 88 ②   89 ③   90 ①   91 ②   92 ②   93 ②

2017년도 기사 제3회 필기시험(기사) • **1261**

[해설]
가공전선로 지지물의 기초 안전율 2(이상시 상정하중에 대한 철탑의 경우는 1.33) 이상

94 케이블 트레이 공사에 대한 설명으로 틀린 것은?

① 금속재의 것은 내식성 재료의 것이어야 한다.
② 케이블 트레이의 안전율은 1.25 이상이어야 한다.
③ 비금속제 케이블 트레이는 난연성 재료의 것이어야 한다.
④ 전선의 피복 등을 손상시킬 돌기 등이 없이 매끈하여야 한다.

[해설] 케이블트레이 공사
① 케이블트레이의 종류 : 사다리형, 통풍채널형, 바닥밀폐형, 펀칭형
② 저압옥내배선에 의한다.
③ 전선 : 연피케이블, 알루미늄피 케이블 등 난연성 케이블(비금속제 케이블트레이), 기타 케이블, 금속관 혹은 합성수지관등에 넣은 절연전선
④ 케이블트레이의 안전율은 1.5 이상
⑤ 사용전압 400[V] 미만은 제3종, 400[V] 이상은 특별 제3종 접지 공사를 할 것.

95 가공전선로에 사용하는 지지물의 강도 계산 시 구성재의 수직 투영면적 1[m²]에 대한 풍압을 기초로 적용하는 갑종풍압하중값의 기준으로 틀린 것은?

① 목주: 588[Pa]
② 원형 철주: 588[Pa]
③ 철근 콘크리트주: 1117[Pa]
④ 강관으로 구성된 철탑(단주는 제외): 1255[Pa]

[해설] 철근 콘크리트주
원형-588[Pa], 기타의 것 - 882[Pa]

96 절연유의 구외 유출방지 설비를 하여야 하는 변압기의 사용전압은 몇 [kV] 이상인가?

① 10
② 50
③ 100
④ 150

[해설]
사용전압이 100[kV] 이상의 변압기를 설치하는 곳에는 절연유의 구외 유출 및 지하침투를 방지하기 위하여 절연유 유출 방지 설비를 하여야 한다.

97 일반 변전소 또는 이에 준하는 곳의 주요 변압기에 반드시 시설하여야 하는 계측장치가 아닌 것은?

① 주파수
② 전압
③ 전류
④ 전력

[해설]
주요변압기의 전압 및 전류 또는 전력의 계측장치를 시설 할 것

98 백열전등 또는 방전등에 전기를 공급하는 옥내전로의 대지전압은 몇 [V] 이하인가?

① 120
② 150
③ 200
④ 300

[해설] 주택 옥내전로
대지전압 300[V] 이하(단, 사용전압 400[V] 미만일 것)

99 345[kV] 가공전선이 154[kV] 가공전선과 교차하는 경우 이들 양 전선 상호간의 이격거리는 몇 [m] 이상이어야 하는가?

① 4.48
② 4.96
③ 5.48
④ 5.82

[정답] 94 ② 95 ③ 96 ③ 97 ① 98 ④ 99 ③

해설

- 60[kV] 넘을 경우: $2+0.12n[m]$ 이상

$$n = \frac{345-60}{10} = 28.5$$

이 값은 절상이므로 29단이 된다.

$$= 2+0.12 \times 29 = 5.48[m] \text{ 이상}$$

100 사용전압 154[kV]의 특고압 가공전선로를 시가지에 시설하는 경우 지표상 몇 [m] 이상에 시설하여야 하는가?

① 7 ② 8

③ 9.44 ④ 11.44

해설

특고압 가공전선로를 시가지에 시설하는 경우 전선의 지표상 높이는

- 35[kV] 이하: 10[m] (특고절연전선: 8[m] 이상)
- 35[kV] 초과: $10+0.12n[m]$ 이상

$$n = \frac{154-35}{10} = 11.9 \text{ 이 값은 절상이므로, 12단}$$

이 된다.

$$= 10+0.12 \times 12 = 11.44[m] \text{ 이상}$$

정답 100 ④

국가기술자격검정 필기시험문제

2017년도 산업기사 제1회 필기시험(산업기사)

자격종목 및 등급(선택분야)	종목코드	시험시간	문제지형별	수검번호	성명
전기산업기사		**2시간 30분**	**A**		

※ 시험문제지는 답안카드와 같이 반드시 제출하여야 합니다.

제1과목 : 전기자기학

01 자화의 세기 $J_m[C/m^2]$을 자속밀도 $B[Wb/m^2]$와 비투자율 μ_r로 나타내면?

① $J_m = (1 - \mu_r)B$

② $J_m = (\mu_r - 1)B$

③ $J_m = (1 - \frac{1}{\mu_r})B$

④ $J_m = (\frac{1}{\mu_r} - 1)B$

해설

$$J_m = \chi_m H = \frac{\chi_m B}{\mu} = \frac{\mu_0(\mu_r - 1)B}{\mu_0 \mu_r} = (1 - \frac{1}{\mu_r})B$$

02 평행판 콘덴서의 양극판 면적을 3배로 하고 간격을 $\frac{1}{3}$로 줄이면 정전용량은 처음의 몇 배가 되는가?

① 1

② 3

③ 6

④ 9

해설

$C = \frac{\epsilon S}{d}[\text{F}]$에서

$$C' = \frac{\epsilon S'}{d'} = \frac{\epsilon 3S}{\frac{1}{3}d} = 9\frac{\epsilon S}{d} = 9C$$

03 임의의 절연체에 대한 유전율의 단위로 옳은 것은?

① [F/m]

② [V/m]

③ [N/m]

④ [C/m²]

해설

유전율의 단위는 $\epsilon[\text{F/m}]$이다.

04 비유전율이 4이고, 전계의 세기가 20[kV/m] 인 유전체 내의 전속밀도는 약 몇 $[\mu C/m^2]$ 인가?

① 0.71

② 1.42

③ 2.83

④ 5.28

해설

$$D = \epsilon E$$
$$= \epsilon_0 \epsilon_s E = 8.855 \times 10^{-12} \times 4 \times 20 \times 10^3 \times 10^6$$
$$= 0.71[\mu C/m^2]$$

05 저항 24[Ω]의 코일을 지나는 자속이 0.6cos800t [Wb]일 때 코일에 흐르는 전류의 최대값은 몇 [A]인가?

① 10

② 20

③ 30

④ 40

해설

코일에 흐르는 전류의 최대값은

$$I_m = \frac{E_m}{R} = \frac{480}{24} = 20[\text{A}]$$

정답 **01** ③ **02** ④ **03** ① **04** ① **05** ②

1264 · Part 4. 기사·산업기사 최근기출문제

$\phi = 0.6\cos 800t[Wb]$

$e(t) = -N\dfrac{d\phi}{dt} = -\dfrac{d}{dt}0.6\cos 800t$

$\quad = 0.6 \times 800\sin 800t$

$\quad = 480\sin 800t[V]$

$\therefore E_m = 480[V]$

06 $-1.2[C]$의 점전하가 $5a_x + 2a_y - 3a_z[m/s]$인 속도로 운동한다. 이 전하가 $B = -4a_x + 4a_y + 3a_z[Wb/m^2]$인 자계에서 운동하고 있을 때 이 전하에 작용하는 힘은 약 몇 [V]인가?(단, a_x, a_y, a_z는 단위벡터이다)

① 10   ② 20

③ 30   ④ 40

해설

전하 q 의 속도 $v[m/s]$로 자계 $B[Wb/m^2]$ 내에서, 운동할 때 받는 힘은 $F = qvB\sin\theta = qv \times B$ (θ : 속도와 자계가 이루는 각)

$\therefore F = qv \times B = -1.2\begin{vmatrix} a_x & a_y & a_z \\ 5 & 2 & -3 \\ -4 & 4 & 3 \end{vmatrix}$

$\quad = -1.2(6a_x + 20a_z + 12a_y + 8a_z + 12a_x - 15a_y)$

$\quad = -1.2(18a_x - 3a_y + 20a_z)$에서 a_x, a_y, a_z는 단위 벡터이므로, F=40[N]이 된다.

07 유도기전력의 크기는 폐회로에 쇄교하는 자속의 시간적 변화율에 비례한다는 법칙은?

① 쿨롱의 법칙

② 패러데이 법칙

③ 플레밍의 오른손 법칙

④ 암페어의 주회적분 법칙

해설 패러데이 법칙

전자유도회로에서 발생하는 유도기 전력은 쇄교자속 $\phi[Wb]$가 시간적으로 변화하는 비율과 같다.

$(e = -\dfrac{d\lambda}{dt} = -N\dfrac{d\phi}{dt} = -L\dfrac{di}{dt}[V])$

08 평행판 공기 콘덴서 극판 간에 비유전율 6인 유리판을 일부만 삽입한 경우, 유리판과 공기간의 경계면에서 발생하는 힘은 약 몇 $[N/m^2]$인가?(단, 극판간의 전위경도는 30 [kV/cm]이고 유리판의 두께는 평행판간 거리와 같다)

① 1.32×10^{-7} ② 1.32×10^{-9}

③ 2.64×10^{-7} ④ 2.64×10^{-9}

해설

$W = \dfrac{1}{2}CV^2 = \dfrac{1}{2}\left(\dfrac{\epsilon S}{d}\right)(Ed)^2 = \dfrac{1}{2}\epsilon_0\epsilon_s E^2 S d$

$\quad = \dfrac{1}{2} \times 8.855 \times 10^{-12} \times 3 \times (100 \times 10^6)^2$

$\qquad \times 10 \times 10^{-4} \times 10^{-3}$

$\quad = 1.33 \times 10^{-7}[J]$

09 극판면적 10[cm²], 간격 1[mm]인 평행판 콘덴서에 비유전율 3인 유전체를 채웠을 때 전압 100[V]를 가하면 축적되는 에너지는 약 몇 [J]인가?

① 1.32×10^{-7} ② 1.32×10^{-9}

③ 2.64×10^{-7} ④ 2.64×10^{-9}

해설

$W = \dfrac{1}{2}CV^2 = \dfrac{1}{2}\left(\dfrac{\epsilon S}{d}\right)(Ed)^2 = \dfrac{1}{2}\epsilon_0\epsilon_s E^2 S d$

$\quad = \dfrac{1}{2} \times 8.855 \times 10^{-12} \times 3 \times (100 \times 10^6)^2 \times 10 \times 10^{-4}$

$\qquad \times 10^{-3}$

$\quad = 1.33 \times 10-7[J]$

10 $0.2[Wb/m^2]$의 평등자계 속에 자계와 직각 방향으로 놓인 길이 30[cm]의 도선을 자계와 30°의 방향으로 30[m/s]의 속도로 이동시킬 때 도체 양단에 유기되는 기전력은 몇 [V]인가?

정답 **06** ④   **07** ②   **08** ①   **09** ①   **10** ②

① 0.45　　　　② 0.9

③ 1.8　　　　④ 90

해설

$e = B\ell v \sin\theta = 0.2 \times 30 \times 10^{-2} \times 30 \times \sin 30°$
$= 0.9 [\text{V}]$

11 전기 쌍극자에서 전계의 세기(E)와 거리(r)와의 관계는?

① E는 r^2에 반비례

② E는 r^3에 반비례

③ E는 $r^{\frac{3}{2}}$에 반비례

④ E는 $r^{\frac{5}{2}}$에 반비례

해설

• 전기 쌍극자의 전위

$$V = \frac{M\cos\theta}{4\pi\epsilon_0 r^2} [\text{V}]$$

• 전기 쌍극자의 전계의 세기

$$E = \frac{M}{4\pi\epsilon_0 r^3} \sqrt{1 + 3\cos^2\theta} [\text{V/m}]$$

12 대전도체 표면의 전하밀도를 $\sigma [C/m^2]$이라 할 때, 대전도체 표면의 단위면적이 받는 정전응력은 전하밀도 σ와 어떤 관계에 있는가?

① $\sigma^{\frac{1}{2}}$에 비례　　② $\sigma^{\frac{3}{2}}$에 비례

③ σ에 비례　　④ σ^2에 비례

해설

• 정전에너지

$$W = \frac{Q^2}{2C} = \frac{Q^2}{2\left(\frac{\epsilon_0 S}{d}\right)} = \frac{Q^2 d}{2\epsilon_0 S} = \frac{\sigma^2 d}{2\epsilon_0 S^3} [\text{J}]$$

• 정전응력

$$F = -\frac{\partial W}{\partial d} = \frac{\sigma^2}{2\epsilon_0 S^3} [\text{N}]$$

13 단면적이 같은 자기회로가 있다. 철심의 투자율을 μ라고 하고 철심회로의 길이를 ℓ 이라 한다. 지금 그 일부에 미소공극 ℓ_0를 만들었을 때 자기회로의 자기저항은 공극이 없을 때의 약 몇 배인가?(단, $\ell \gg \ell_0$이다)

① $1 + \dfrac{\mu\ell}{\mu_0\ell_0}$　　　② $1 + \dfrac{\mu\ell_0}{\mu_0\ell}$

③ $1 + \dfrac{\mu_0\ell}{\mu\ell_0}$　　　④ $1 + \dfrac{\mu_0\ell_0}{\mu\ell}$

해설

• 코일로 감겨진 자기회로의 단면적 A이고 철심투자율이 μ일 때 공극이 없는 자기저항은

$$R_{m1} = \frac{\ell}{\mu A}$$

• 공극 ℓ_0가 존재하는 경우 자기저항은 철심부와 공극부 자기저항은 직렬접속이 되므로 $(\ell - \ell_0 = \ell)$

$$R_{m2} = \frac{\ell - \ell_0}{\mu A} + \frac{\ell_0}{\mu A}$$ 가 된다. $\ell \gg \ell_0$인 경우

$$R_{m2} = \frac{\ell}{\mu A} + \frac{\ell_0}{\mu_0 A} = \frac{\ell}{\mu A}\left(1 + \frac{\mu\ell_0}{\mu_0\ell}\right)$$

$$\therefore \frac{R_{m2}}{R_{m1}} = 1 + \frac{\mu\ell_0}{\mu_0\ell}$$

14 그림과 같이 도체구 내부 공동의 중심에 점전하 $Q[C]$가 있을 때 이도체구의 외부로 발산되어 나오는 전기력선의 수는?(단, 도체의 내·외 공간은 진공이라 한다)

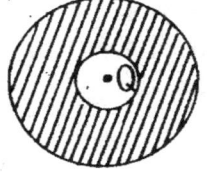

① 4π　　　　② $\dfrac{Q}{\epsilon_0}$

③ Q　　　　④ $\epsilon_0 Q$

정답 **11** ②　**12** ④　**13** ②　**14** ②

1266 · Part 4. 기사·산업기사 최근기출문제

해설 전기력선의 수와 전기력선의 밀도는 매질 및 전하에 관계가 있다. 전계에 대한 가우스의 정리는 $\int_S E\,ds = \dfrac{Q}{\epsilon}$ 이므로, 전기력선의 수도 $\dfrac{Q}{\epsilon}$ 개가 된다. 문제에서 도체 내·외의 공간을 진공이라고 했으므로 전기력선의 수 $= \dfrac{Q}{\epsilon_0}$ 개가 된다.

15 $E = x\,i - y\,j$[V/m]일 때 점(3, 4)[m]를 통과하는 전기력선의 방정식은?

① $y = 12x$

② $y = \dfrac{x}{12}$

③ $u = \dfrac{12}{x}$

④ $y = \dfrac{3}{4}x$

해설

$E = E_x\,i + E_y\,j = x\,i - y\,j$

$E_x = x, \quad E_y = -y$

전기력선의 방정식은

$\dfrac{dx}{E_x} = \dfrac{dy}{E_y} = \dfrac{dz}{E_z}$ 이므로

$\dfrac{dx}{E_x} = \dfrac{dy}{E_y}$ 에서 $\dfrac{dx}{x} = -\dfrac{dy}{y}$ 가 되며,

양변을 적분하면

$\displaystyle\int \dfrac{1}{x}\,dx = -\int \dfrac{1}{y}\,dy, \quad \ln x$
$\qquad\qquad = -\ln y, \quad \ln x + \ln y = \ln k$

$x = 3, \ y = 4$ 이므로
$k = 12$ 가 된다.

$xy = 12 \quad \therefore y = \dfrac{12}{x}$

16 전자파 파동임피던스 관계식으로 옳은 것은?

① $\sqrt{\epsilon}\,H = \sqrt{\mu}\,E$

② $\sqrt{\epsilon\mu} = EH$

③ $\sqrt{\mu}\,H = \sqrt{\epsilon}\,E$

④ $\epsilon\mu = EH$

해설

$\epsilon =$ 유전율, $\mu =$ 투자율

$Z_0 = \dfrac{E}{H} = \sqrt{\dfrac{\mu}{\epsilon}} \quad \therefore \sqrt{\mu}\,H = \sqrt{\epsilon}\,E$

17 1000[AT/m]의 자계 중에 어떤 자극을 놓았을 때 3×10^2[N]의 힘을 받았다고 한다. 자극의 세기[Wb]는?

① 0.03

② 0.3

③ 3

④ 30

해설

$F = m\,H$[N]

$\therefore m = \dfrac{3 \times 10^2}{1000} = 0.3$[Wb]

18 자위(magnetic potential)의 단위로 옳은 것은?

① [C/m]

② [N/m]

③ [AT]

④ [J]

19 매초마다 S면을 통과하는 전자에너지를 $W = \displaystyle\int_S P \cdot n\,dS$[W]로 표시하는데 이 중 틀린 설명은?

① 벡터 P를 포인팅 벡터라 한다.

② n이 내향일 때는 S 면내에 공급되는 총 전력이다.

③ n이 외향일 때는 S 면에서 나오는 총 전력이 된다.

④ P의 방향은 전자계의 에너지 효율이 진행방향과 다르다.

해설 P의 방향은 전자계의 에너지 흐름의 진행방향과 평행이다.

20 자기인덕턴스 L[H]의 코일에 I[A]의 전류가 흐를 때 저장되는 자기에너지는 몇 [J]인가?

① LI

② $\dfrac{1}{2}LI$

③ LI^2

④ $\dfrac{1}{2}LI^2$

정답 **15** ③ **16** ③ **17** ② **18** ③ **19** ④ **20** ④

해설 자기 인덕턴스 L[H]인 1개의 회로에 정상전류 I[A]가 흐를 때 저축되는 자기 에너지는 $W = \frac{1}{2}LI^2[J]$

제2과목 : 전력공학

21 19/1.8[mm]의 경동연선의 바깥지름은 몇 [mm]인가?

① 5   ② 7

③ 9   ④ 11

해설
총소선수 $N = 3n(n+1)+1$ 에서
$$19 = 3n(n+1)+1$$
$$n = 2층권$$
연선의 바깥지름
$$D = (2n+1)d = (2 \times 2 + 1) \times 1.8 = 9[mm]$$

22 일반적으로 전선 1가닥의 단위길이당 작용 정전용량이 다음과 같이 표시되는 경우 D가 의미하는 것은?

$$C_n = \frac{0.02413 \, \epsilon_s}{\log_{10} \dfrac{D}{r}} [\mu F/km]$$

① 선간거리

② 전선 지름

③ 전선 반지름

④ 선간거리 $\times \frac{1}{2}$

해설 작용 정전용량
$$C_w = \frac{0.02413 \, \epsilon_s}{\log_{10} \dfrac{D}{r}} [\mu F/km]$$

D : 선간거리[m], r : 소도체의 반지름[m],
ϵ_s : 비유전율

23 3상 3선식 1선 1[km]의 임피던스가 Z[Ω]이고, 어드미턴스가 Y[℧]일 때 특성 임피던스는?

① $\sqrt{\dfrac{Z}{Y}}$ ② $\sqrt{\dfrac{Y}{Z}}$

③ $\sqrt{ZY}$ ④ $\sqrt{Z+Y}$

해설
- 특성임피던스
$$Z_0 = \sqrt{\frac{Z}{Y}} = \sqrt{\frac{L}{C}} = \sqrt{\frac{B}{C}} = \sqrt{Z_{ss} \cdot Z_{s0}} \, [\Omega]$$
- 직렬 임피던스: $Z = R + j\omega L[\Omega/km]$
- 병렬 어드미턴스: $Y = G + j\omega C[\℧/km]$
 B : 임피던스[Ω]
 C : 어드미턴스[℧]
 Z_{ss} : 단락 시 임피던스[Ω]
 Z_{s0} : 개방 시 임피던스 [Ω]

24 역률 개선을 통해 얻을 수 있는 효과와 거리가 먼 것은?

① 고조파 제거

② 전력손실의 경감

③ 전압강하의 경감

④ 설비용량의 여유분 증가

해설 직렬리액터 설치
제5고조파 제거 및 파형개선

25 송전단 전압이 154[kV], 수전단 전압이 150 [kV]인 송전선로에서 부하를 차단하였을 때 수전단 전압이 152[kV]가 되었다면 전압변동률은 약 몇 [%]인가?

① 1.11   ② 1.33

③ 1.63   ④ 2.25

해설 전압변동률은
$$\epsilon = \frac{V_{r0} - V_r}{V_r} \times 100 = \frac{152 - 150}{150} \times 100 = 1.33[\%]$$

정답 21 ③   22 ①   23 ①   24 ①   25 ②

26 다음 중 VCB의 소호원리로 맞는 것은?

① 압축된 공기를 아크에 불어넣어서 차단
② 절연유 분해가스의 흡부력을 이용해서 차단
③ 고진공에서 전자의 고속도 확산에 의해 차단
④ 고성능 절연특성을 가진 가스를 이용하여 차단

해설 진공차단기(VCB)
고진공의 용기 속에서 진공의 절연성과 이온의 확산에 의한 소호 작용을 이용한다.

27 선간 단락 고장을 대칭좌표법으로 해석할 경우 필요한 것 모두를 나열한 것은?

① 정상임 피던스
② 역상 임피던스
③ 정상 임피던스, 역상 임피던스
④ 정상 임피던스, 영상 임피던스

해설
- 1선 지락(접지)사고 시 : 영상 임피던스, 정상 임피던스, 역상 임피던스
- 선간 단락사고 시 : 한 선에는 정상 임피던스, 다른 한 선에는 역상 임피던스
- 3상 단락사고 시 : 정상임피던스

28 피뢰기의 제한전압에 대한 설명으로 옳은 것은?

① 방전을 개시할 때의 단자전압의 순시값
② 피뢰기 동작 중 단자전압의 파고값
③ 특성요소에 흐르는 전압의 순시값
④ 피뢰기에 걸린 회로전압

해설 피뢰기제한전압
충격파 전류가 흐를 때 피뢰기 단자전압 또는 방전 중의 단자전압의 파고값을 말한다.

29 전력계통에서 안정도의 종류에 속하지 않는 것은?

① 상태 안정도
② 정태 안정도
③ 과도 안정도
④ 동태 안정도

30 3300[V], 60[Hz], 뒤진 역률 60[%], 300[kW]의 단상 부하가 있다. 그 역률을 100[%]로 하기 위한 전력용 콘덴서의 용량은 몇 [kVA]인가?

① 150
② 250
③ 400
④ 500

해설

$$Q = P(\tan\theta_1 - \tan\theta_2)[\text{kVA}]$$

$$= 300\left(\frac{0.8}{0.6} - \frac{0}{1}\right) = 400[\text{kVA}]$$

31 저수지에서 취수구에 제수문을 설치하는 목적은?

① 낙차를 높인다.
② 어족을 보호한다.
③ 수차를 조절한다.
④ 유량을 조절한다.

해설 제수문
취수량을 조절하기 위해서 취수구에 설치하여 물의 유압을 단절한다.

32 거리 계전기의 종류가 아닌 것은?

① 모우(Mho)형
② 임피던스(Impedance)형
③ 리액턴스(Reactance)형
④ 정전용량(Capacitance)형

해설 거리 계전기의 종류
① 임피던스형

정답 26 ③ 27 ③ 28 ② 29 ① 30 ③ 31 ④ 32 ④

② 모우형

③ 옴형

④ 오프셋 모형

33 전력용 퓨즈의 설명으로 옳지 않은 것은?

① 소형으로 큰 차단용량을 갖는다.

② 가격이 싸고 유지 보수가 간단하다.

③ 밀폐형 퓨즈는 차단 시 소음이 없다.

④ 과도 전류에 의해 쉽게 용단되지 않는다.

해설 차단기(CB)에 비해서 전력용 퓨즈(PF)의 장·단점

(장점)

① 가격이 저렴하다

② 소형·경량으로 설치가 용이하다

③ 소형이면서도 차단용량이 크다

④ 고속차단을 할 수 있다.

⑤ 보수가 간단하다

⑥ 밀폐형 퓨즈는 무음, 무방출이다.

(단점)

① 재투입이 불가능하다.

② 보호특성이 일정하다.

③ 과도전류로 인한 오·차단이 생길 수 있다.

④ 손상 열화의 우려가 있다.

⑤ 퓨즈 차단 시 이상전압을 발생할 우려가 있다.

34 갈수량이란 어떤 유량을 말하는가?

① 1년 365일 중 95일간은 이보다 낮아지지 않는 유량

② 1년 365일 중 185일간은 이보다 낮아지지 않는 유량

③ 1년 365일 중 275일간은 이보다 낮아지지 않는 유량

④ 1년 365일 중 355일간은 이보다 낮아지지 않는 유량

해설 유량의 종별

① 최대 홍수량 및 홍수위 : 과거의 기록 또는 사람의 기억 등에 의해 판정한 최대 유량 및 수위

② 홍수량 및 홍수위 : 3~5년에 한 번씩 발생하는 출수의 유량 및 수위

③ 고수량 및 고수위 : 매년 한두 번 발생하는 출수의 유량 및 수위

④ 풍수량 및 풍수위 : 1년을 통하여 95일은 이보다 내려가지 않는 유량 및 수위(3개월 유량 및 수위)

⑤ 평수량 및 평수위 : 1년을 통하여 185일은 이보다 내려가지 않는 유량 및 수위(6개월 유량 및 수위)

⑥ 저수량 및 저수위 : 1년을 통하여 275일은 이보다 내려가지 않는 유량 및 수위(9개월 유량 및 수위)

⑦ 갈수량 및 갈수위 : 1년을 통하여 355일은 이보다 내려가지 않는 유량 및 수위

⑧ 최저 갈수량 및 최저 갈수위 : 과거의 기록, 사람의 기억 등에 의해 판정한 최저 유량 및 수위

35 가공 선로에서 이도를 D[m]라 하면 전선의 실제 길이는 경간 S[m]보다 얼마나 차이가 나는가?

① $\dfrac{5D}{8S}$

② $\dfrac{3D^2}{8S}$

③ $\dfrac{9D}{8S^2}$

④ $\dfrac{8D^2}{3S}$

해설 전선의 실제길이는

$L = S + \dfrac{8D^2}{3S}$ 에서 $L - S = \dfrac{8D^2}{3S}$ 이 된다.

36 유도뢰에 대한 차폐에서 가공지선이 있을 경우 전선상에 유기되는 전하를 q_1, 가공지선이 없을 때 유기되는 전하를 q_0라 할 때 가공지선의 보호율을 구하면?

① $\dfrac{q_0}{q_1}$

② $\dfrac{q_1}{q_0}$

③ $q_1 \times q_0$

④ $q_1 - \mu_s q_0$

해설 가공지선의 보호율

$\eta = \dfrac{\text{가공지선이 있을 때 유기전하}}{\text{가공지선이 없을 때 유기전하}} = \dfrac{q_1}{q_0}$

정답 **33** ④　**34** ④　**35** ④　**36** ②

37 어떤 건물에서 총 설비 부하용량이 700[kW], 수용률이 70[%]라면, 변압기 용량은 최소 몇 [kVA]로 하여야 하는가?(단, 여기서 설비 부하의 종합 역률은 0.8이다)

① 425.9   ② 513.8

③ 612.5   ④ 739.2

해설 변압기 용량[kVA]

$$= \frac{수용률 \times 설비용량}{부등률 \times 역률 \times 효율}[kVA]$$

$$= \frac{0.7 \times 700}{0.8} = 612.5[kVA]$$

38 동작전류가 커질수록 동작시간이 짧게 되는 특성을 가진 계전기는?

① 반한시 계전기   ② 정한시 계전기

③ 순한시 계전기   ④ 부한시 계전기

해설

① 순한시 특성 : 최소 동작 전류 이상의 전류가 흐르면 즉시 동작하는 특성

② 정한시 특성 : 동작 전류의 크기에 관계없이 일정한 시간에 동작하는 특성

③ 반한시 특성 : 동작 전류가 커질수록 동작 시간이 짧게 되는 특성

④ 반한시 정한시 특성 : 동작 전류가 적은 동안에는 동작 전류가 커질수록 동작 시간이 짧게 되고 어떤 전류 이상이면 동작 전류의 크기에 관계없이 일정한 시간에 동작하는 특성

39 전력 원선도의 가로축 (㉠)과 세로축 (㉡)이 나타내는 것은?

① ㉠ 최대전력, ㉡ 피상전력

② ㉠ 유효전력, ㉡ 무효전력

③ ㉠ 조상용량, ㉡ 송전손실

④ ㉠ 송전효율, ㉡ 코로나손실

해설 전력원선도 작성할 때에는 전압, 선로정수, 상차각 등과 가로축(횡축)은 유효전력(P), 세로축(종축)은 무효전력(Q)를 기준해서 작성한다.

40 직접접지방식에 대한 설명이 아닌 것은?

① 과도안정도가 좋다.

② 변압기의 단절연이 가능하다.

③ 보호계전기의 동작이 용이하다.

④ 계통의 절연수준이 낮아지므로 경제적이다.

해설 직접접지방식의 장·단점

① 장점
- 이상전압의 발생우려가 없다.
- 계통의 절연수준이 낮아지므로 경제적이다.
- 변압기의 단절연이 가능하다.
- 지락전류가 커서 보호계전기의 동작이 확실하다.
- 피뢰기의 책무경감이나 효과를 증진시킬 수 있다.

② 단점
- 송전 계통의 과도 안정도가 나쁘다.
- 통신선의 유도장해가 가장 크다.
- 1선 지락전류가 크기 때문에 기기, 애자 파손 및 전선용단 등이 생기기 쉽다.
- 대용량 차단기가 필요하다.

제3과목 : 전기기기

41 450[kVA], 역률 0.85, 효율 0.9인 동기발전기의 운전용 원동기의 입력은 500[kW]이다. 이 원동기의 효율은?

① 0.75   ② 0.80

③ 0.85   ④ 0.90

해설

- 원동기 효율 $= \dfrac{원동기출력}{원동기입력} = \dfrac{425}{500} = 0.85$

- 발전기 입력(원동기의 출력)

$$P_G = \frac{450 \times 0.85}{0.9} = 425[kW]$$

정답 37 ③   38 ①   39 ②   40 ①   41 ③

• 원동기입력

$$P = \frac{P_G}{0.85} = \frac{425}{0.85} = 500[\text{kW}]$$

42 다음 중 일반적인 동기전동기 난조 방지에 가장 유효한 방법은?

① 자극수를 적게 한다.

② 회전자의 관성을 크게 한다.

③ 자극면에 제동권선을 설치한다.

④ 동기리액턴스 x_x을 작게 하고 동기화력을 크게 한다.

해설 난조를 방지하기 위해 자극 표면에 슬롯을 파고 저항이 작은 단락권선을 이용한 제동권선을 설치한다.

43 일반적인 농형 유도전동기에 관한 설명 중 틀린 것은?

① 2차측을 개방할 수 없다.

② 2차측의 전압을 측정할 수 있다.

③ 2차저항 제어법으로 속도를 제어할 수 없다.

④ 1차 3선 중 2선을 바꾸면 회전방향을 바꿀 수 있다.

44 sE_2는 권선형 유도전동기의 2차 유기전압이고 E_c는 외부에서 2차 회로에 가하는 2차 주파수와 같은 주파수의 전압이다. E_c가 sE_2와 반대 위상일 경우 E_c을 크게 하면 속도는 어떻게 되는가?(단, $sE_2 - E_c$는 일정하다)

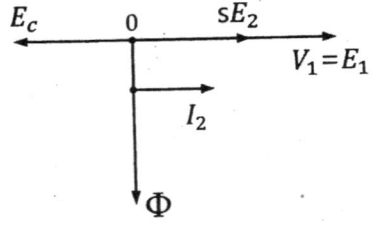

① 속도가 증가한다.

② 속도가 감소한다.

③ 속도에 관계없다.

④ 난조현상이 발생한다.

해설

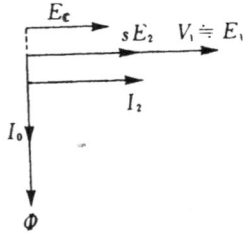

권선형 유도전동기의 2차 여자법에 의한 속도제어는 슬립주파수의 전압을 2차 유기전압과 같은 방향으로 가하면 (그림) 속도는 상승하고 반대방향으로 가하면 속도는 감소한다.

45 3상 유도전동기의 전원주파수와 전압의 비가 일정하고 정격속도 이하로 속도를 제어하는 경우 전동기의 출력 P와 주파수 f와의 관계는?

① $P \propto f$

② $P \propto \dfrac{1}{f}$

③ $P \propto f^2$

④ P는 f에 무관

해설

유도전동기의 기전력은 $E_1 = 4.44 f w_1 \phi \propto f \phi$

전동기의 자속밀도는 $B = \dfrac{d}{A}$ 로 일정하므로, 결국은 $\dfrac{E_1}{f}$ 이 일정해야 한다.

$\therefore \tau \propto E \cdot \phi$에서 $\tau \propto E_1 \dfrac{E_1}{f} \propto \dfrac{E_1^2}{f} \propto f$

따라서 $P = \omega \tau \propto f$가 된다.

정답 42 ③ 43 ② 44 ② 45 ①

46 변압기의 철심이 갖추어야 할 조건으로 틀린 것은?

① 투자율이 클 것

② 전기 저항이 작을 것

③ 성층 철심으로 할 것

④ 히스테리시스손 계수가 작을 것

해설 변압기의 철심은 자기저항이 작고 전기저항(투자율)은 커야한다.

47 3상 유도전동기가 경부하로 운전 중 1선의 퓨즈가 끊어지면 어떻게 되는가?

① 전류가 증가하고 회전은 계속한다.

② 슬립은 감소하고 회전수는 증가한다.

③ 슬립은 증가하고 회전수는 증가한다.

④ 계속 운전하여도 열손실이 발생하지 않는다.

해설 경부하로 운전 중에 1선의 퓨즈가 끊어지면 전류가 증가한 상태에서 회전이 계속 된다.

48 단상 반파정류회로에서 평균출력전압은 전원전압의 약 몇 [%]인가?

① 45.0

② 66.7

③ 81.0

④ 86.7

해설

• 단상 반파정류회로에서 평균출력전압은

$$E_d = \frac{\sqrt{2}}{\pi} E = 0.45 E$$

• 단상 브리지 전파 정류회로에서 평균출력전압은

$$E_d = \frac{2\sqrt{2}}{\pi} E = 0.9 E$$

49 그림과 같이 전기자 권선에 전류를 보낼 때 회전방향을 알기 위한 법칙 및 회전방향은?

① 플레밍의 왼손법칙, 시계방향

② 플레밍의 오른손법칙, 시계방향

③ 플레밍의 왼손법칙, 반시계방향

④ 플레밍의 오른손법칙, 반시계방향

50 1차측 권수가 1,500인 변압기의 2차측에 접속한 저항 16[Ω]을 1차측으로 환산했을 때 8[kΩ]으로 되어 있다면 2차측 권수는 약 얼마인가?

① 75

② 70

③ 67

④ 64

해설

$R_1 = a^2 R_2$ 에서 권수비

$$a = \sqrt{\frac{R_1}{R_2}} = \sqrt{\frac{8 \times 10^3}{16}} = 10\sqrt{5}$$

$$a = \frac{V_1}{V_2} = \frac{I_2}{I_1} = \frac{N_1}{N_2}$$

$$\therefore N_2 = \frac{N_1}{a} = \frac{1500}{10\sqrt{5}} = 67.08$$

51 출력과 속도가 일정하게 유지되는 동기 전동기에서 여자를 증가시키면 어떻게 되는가?

① 토크가 증가한다.

② 난조가 발생하기 쉽다.

③ 유기기전력이 감소한다.

④ 전기자 전류의 위상이 앞선다.

해설 동기전동기의 여자를 강하시키면 전기자전류가 위상이 앞서는 쪽으로 변한다.

정답 46 ② 47 ① 48 ① 49 ① 50 ③ 51 ④

2017년도 산업기사 제1회 필기시험(산업기사) • **1273**

52 다음 전자석의 그림 중에서 전류의 방향이 화살표와 같을 때 위쪽 부분이 N극인 것은?

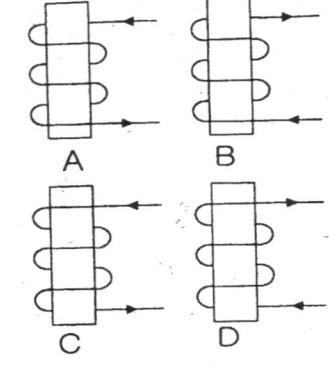

① A, B　　　　　② B, C

③ A, B　　　　　④ B, D

---

53 동기발전기의 전기자 권선법 중 집중권에 비해 분포권이 갖는 장점은?

① 난조를 방지할 수 있다.

② 기전력의 파형이 좋아진다.

③ 권선의 리액턴스가 커진다.

④ 합성유도기전력이 높아진다.

해설 분포권의 장점

① 기전력의 고조파가 감소하여 파형이 좋아진다.

② 권선의 누설 리액턴스가 감소한다.

③ 전기자권선에 의한 열을 고르게 분포시켜 과열을 방지한다.

---

54 와류손이 50[W]인 3300/110[V], 60[Hz]용 단상 변압기를 50[Hz], 3000[V]의 전원에 사용하면 이 변압기의 와류손은 약 몇 [W]로 되는가?

① 25　　　　　② 31

③ 36　　　　　④ 41

해설

와류손 $P_e = \delta_e(tfk_fB_m)^2$[W/kg]

δ_e : 재료에 의한 정수, f : 주파수[Hz],

B_m : 자속밀도의 최대값[Wb/m^2],

t : 철판의 두께[m], k_f : 파형률

$E \propto fB_m$

$\therefore B_m \propto \dfrac{E}{f}$

$P_e = \delta_e(fB_mt)^2 = kf^2B_m^2 = kf^2(\dfrac{E}{f})^2 \propto KE^2$

에서 와류손은 주파수에 무관하고 전압의 제곱에 비례한다.

$\therefore P_e' = (\dfrac{3000}{3300})^2 \times 50 = 41.32$[W]

---

55 2대의 동기발전기를 병렬 운전할 때, 무효횡류(무효순환전류)가 흐르는 경우는?

① 부하분담의 차가 있을 때

② 기전력의 위상차가 있을 때

③ 기전력의 파형에 차가 있을 때

④ 기전력의 크기에 차가 있을 때

해설 동기발전기의 병렬운전조건에서

① 기전력의 크기가 같지 않을 경우 : 무효순환전류(무효횡류)가 흐른다.

② 기전력의 위상이 다른 경우 : 동기화전류가 흐른다.

③ 기전력의 주파수가 다른 경우 : 동기화전류가 교대로 주기적으로 흐른다(난조의 원인)

④ 기전력의 파형이 같지 않을 경우 : 고조파 무효순환전류가 흐른다.

---

56 포화하고 있지 않는 직류발전기의 회전수가 1/2로 감소되었을 때 기전력을 속도 변화 전과 같은 값으로 하려면 여자를 어떻게 해야 하는가?

① 1/2로 감소시킨다.　② 1배로 증가시킨다.

③ 2배로 증가시킨다.　④ 4배로 증가시킨다.

정답　52 ③　　53 ②　　54 ④　　55 ④　　56 ③

해설

$E = \dfrac{P\phi ZN}{60a} = k\phi N$에서 N이 1/2로 감소되었을 때 기전력을 속도 변환 전과 같은 값을 하려면 ϕ가 2배로 증가되면 된다.

---

57 교류 전동기에서 브러시 이동으로 속도변화가 용이한 전동기는?

① 동기 전동기

② 시라게 전동기

③ 3상 농형 유도전동기

④ 2중 농형 유도전동기

---

58 단상 유도전압 조정기의 1차 전압 100[V], 2차 전압 100±30[V], 2차 전류는 50[A]이다. 이 전압 조정기의 정격용량은 약 몇 [kVA]인가?

① 1.5 　　　　　② 2.6

③ 5 　　　　　　④ 6.5

해설 단상유도전압조정기의 용량은

$$P = \dfrac{\text{승압전압}}{\text{고압측 전압}} \times \text{부하용량}$$

$$= \dfrac{30}{130} \times 130 \times 50 \times 10^{-3}$$

$$= 1.5[\text{kVA}]$$

---

59 변압기의 병력운전 조건에 해당하지 않는 것은?

① 각 변압기의 극성이 같을 것

② 각 변압기의 정격출력이 같을 것

③ 각 변압기의 백분율 임피던스 강하가 같을 것

④ 각 변압기의 권수비가 같고 1차 및 2차의 정격전압이 같을 것

해설 변압기의 병력운전조건

① 각 변압기의 극성이 같을 것

② 각 변압기의 권수비가 같고 1차 및 2차의 정격전압이 같을 것

③ 각 변압기의 %임피던스 강하가 같을 것

④ 3상식에서는 위의 조건 외에 각 변압기의 상회전 방향 및 위상 변위가 같을 것

---

60 4극 단중 파권 직류발전기의 전전류가 I[A]일 때, 전기자 권선의 각 병렬회로에 흐르는 전류는 몇 [A]가 되는가?

① 4I 　　　　　② 2I

③ I/2 　　　　　④ I/4

해설 단중 파권의 전기자 병렬 회로수는 항상 2이므로 $\dfrac{I}{2}$[A]가 된다.

$$i_a = \dfrac{I_a}{a} = \dfrac{I}{2}[\text{A}]$$

i_a : 병렬회로에 흐르는 전류

a : 전기자 병렬 회로수

I_a : 전기자에서 외부에 흐르는 전류

제4과목 : 회로이론 및 제어공학

61 정현파 교류전압의 파고율은?

① 0.91 　　　　② 1.11

③ 1.41 　　　　④ 1.73

해설

	구형파	3각파	정현파	정류파 (전파)	정류파 (반파)
파형률	1.0	1.15	1.11	1.11	1.57
파고율	1.0	1.732	1.414	1.414	2.0

- 파형률($form\ factor$) $= \dfrac{\text{실효값}}{\text{평균값}}$

- 파고율($crest\ factor$) $= \dfrac{\text{최댓값}}{\text{실효값}}$

정답 57 ② 58 ① 59 ② 60 ③ 61 ③

62 인덕턴스 $L = 20$[mH]인 코일에 실효값 V = 50[V], 주파수 $f = 60$[Hz]인 정현파 전압을 인가했을 때 코일에 축적되는 평균 자기에너지는 W_L은 약 몇 [J]인가?

① 0.22   ② 0.33

③ 0.44   ④ 0.55

해설

$$W_L = \frac{1}{2}LI^2 = \frac{1}{2} \times 20 \times 10^{-3} \times 6.63^2 = 0.44[\text{J}]$$

$$I = \frac{V}{X_L} = \frac{V}{\omega L} = \frac{50}{2\pi \times 60 \times 20 \times 10^{-3}} = 6.63[\text{A}]$$

63 테브난의 정리를 이용하여 (a)회로를 (b)와 같은 등가 회로로 바꾸려 한다. V[V]와 R[Ω]의 값은?

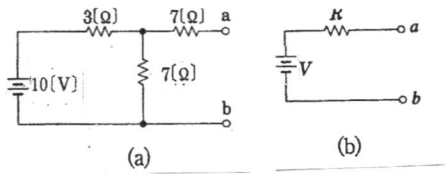

(a)   (b)

① 7[V], 9.1[Ω]   ② 10[V], 9.1[Ω]

③ 7[V], 6.5[Ω]   ④ 10[V], 6.5[Ω]

해설

$$R = 7 + \frac{3 \times 7}{3 + 7} = 9.1[\Omega]$$

$$V = \frac{7}{3 + 7} \times 10 = 7[\text{V}]$$

64 그림과 같은 회로에서 r_1저항에 흐르는 전류를 최소로 하기 위한 저항 r_2[Ω]는?

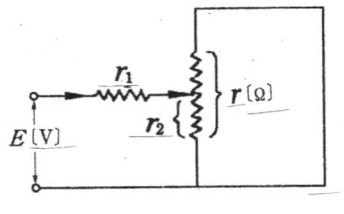

① $\dfrac{r_1}{2}$ ② $\dfrac{r}{2}$

③ r_1 ④ r

해설

합성저항을 R[Ω]이라 하면

$$R = r_1 + \frac{r_2(r - r_2)}{r_2 + (r - r_2)} = r_1 + \frac{r_2(r - r_2)}{r}$$

r_1저항에 흐르는 전류를 최소로 하기 위해서는 R이 최댓값이 되어야 하므로, r, r_1은 일정하므로 $r_2(r - r_2)$의 값이 최대이어야 한다.

$$\frac{d}{dr_2}\{r_2(r - r_2)\} = 0$$

$$r - 2r_2 = 0$$

$$\therefore r_2 = \frac{r}{2}[\Omega]$$

65 그림과 같이 π형 회로에서 Z_3을 4단자 정수로 표시한 것은?

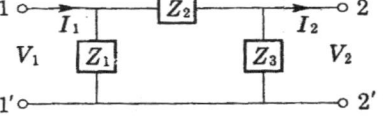

① $\dfrac{A}{1 - B}$ ② $\dfrac{B}{1 - A}$

③ $\dfrac{A}{B - 1}$ ④ $\dfrac{B}{A - 1}$

해설

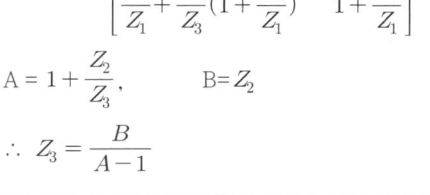

$$\begin{bmatrix} A & B \\ C & D \end{bmatrix} = \begin{bmatrix} 1 & 0 \\ \frac{1}{Z_1} & 1 \end{bmatrix} \begin{bmatrix} 1 & Z_2 \\ 0 & 1 \end{bmatrix} \begin{bmatrix} 1 & 0 \\ \frac{1}{Z_3} & 1 \end{bmatrix}$$

$$= \begin{bmatrix} 1 + \frac{Z_2}{Z_3} & Z_2 \\ \frac{1}{Z_1} + \frac{1}{Z_3}\left(1 + \frac{Z_2}{Z_1}\right) & 1 + \frac{Z_2}{Z_1} \end{bmatrix}$$

$$A = 1 + \frac{Z_2}{Z_3}, \qquad B = Z_2$$

$$\therefore Z_3 = \frac{B}{A - 1}$$

정답   62 ③   63 ①   64 ②   65 ①

66 다음의 4단자 회로에서 단자 a–b에서 본 구동점 임피던스 $Z_{11}[\Omega]$은?

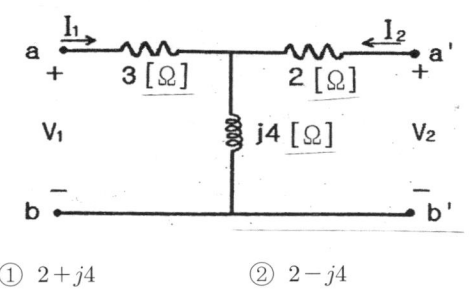

① $2+j4$ 　　② $2-j4$

③ $3+j4$ 　　④ $3-j4$

해설

[Z] 파라미터

$V_1 = Z_{11}I_1 + Z_{12}I_2$

$V_2 = Z_{21}I_1 + Z_{22}I_2$

$\therefore Z_{11} = \dfrac{V_1}{I_1}\Big|_{I_2=0} = \dfrac{(3+j4)I_1}{I_1} = (3+j4)[\Omega]$

67 불평형 3상전류가 다음과 같을 때 역상 전류 I_2 는 약 몇 [V]인가?

$$I_a = 15 + j2[\text{A}]$$
$$I_b = -20 - j14[\text{A}]$$
$$I_c = -3 + j10[\text{A}]$$

① $1.91 + j6.24$ 　　② $2.17 + j5.34$

③ $3.38 - j4.26$ 　　④ $4.27 - j3.68$

해설 역상전류

$I_2 = \dfrac{1}{3}(I_a + a^2 I_b + a I_c)$

$= \dfrac{1}{3}\{15 + j2 + (-\dfrac{1}{2} - j\dfrac{\sqrt{3}}{2})(-20 - j14)$

$\quad + (-\dfrac{1}{2} + j\dfrac{\sqrt{3}}{2})(-3 + j10)\}$

$= 1.91 + j6.24[\text{A}]$

68 다음과 같은 회로에서 E_1, E_2, E_3[V]를 대칭 3상 전압이라 할 때 전압 E_0[V]는?

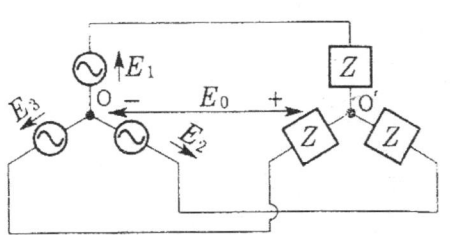

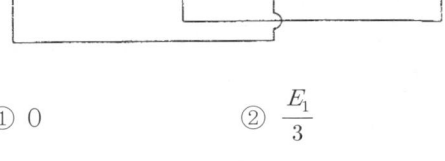

① 0 　　② $\dfrac{E_1}{3}$

③ $\dfrac{2}{3}E_1$ 　　④ E_1

해설

대칭 3상 회로에서는 중성점의 전위는 0[V]가 된다

69 100[kVA] 단상 변압기 3대로 △결선하여 3상 전원을 공급하던 중 1대의 고장으로 V 결선하였다면 출력은 약 몇 [kVA]인가?

① 100 　　② 173

③ 245 　　④ 300

해설

$P_V = \sqrt{3}\,P_a = \sqrt{3} \times 100 = 173[\text{kVA}]$

70 저항[Ω]과 리액턴스 X[Ω]이 직렬로 연결된 회로에서 $\dfrac{X}{R} = \dfrac{1}{\sqrt{2}}$ 일 때, 이 회로의 역률은?

① $\dfrac{1}{\sqrt{2}}$ 　　② $\dfrac{1}{\sqrt{3}}$

③ $\sqrt{\dfrac{2}{3}}$ 　　④ $\dfrac{\sqrt{3}}{2}$

정답　66 ③　67 ①　68 ①　69 ②　70 ③

해설

$$\cos\theta = \frac{R}{\sqrt{R^2+X^2}} = \frac{\sqrt{2}\,X}{\sqrt{(\sqrt{2}\,X)^2+X^2}} = \sqrt{\frac{2}{3}}$$

$$\frac{X}{R} = \frac{1}{\sqrt{2}}$$

$$\therefore R = \sqrt{2}\,X$$

71 옴의 법칙은 저항에 흐르는 전류와 전압의 관계를 나타낸 것이다. 회로의 저항이 일정할 때 전류는?

① 전압에 비례한다.

② 전압에 반비례한다.

③ 전압의 제곱에 비례한다.

④ 전압의 제곱에 반비례한다.

해설

$$I = \frac{V}{R} \propto V$$

72 어떤 회로의 단자 전압과 전류가 다음과 같을 때 회로에 공급되는 평균전력은 약 몇 [W]인가?

$$v(t) = 100\sin\omega t + 70\sin 2\omega t$$
$$\quad + 50\sin(3\omega t - 30°)\,[\mathrm{V}]$$
$$i(t) = 20\sin(\omega t - 60°)$$
$$\quad + 10\sin(3\omega t + 45°)\,[\mathrm{A}]$$

① 565 ② 525

③ 495 ④ 465

해설

$$P = \sum_{n=1}^{\infty} V_n I_n \cos(\theta_1 - \theta_2)$$

$$= \frac{100}{\sqrt{2}} \times \frac{20}{\sqrt{2}} \cos(60°)$$

$$\quad + \frac{50}{\sqrt{2}} \cos(-30° - 45°)$$

$$= 564.7\,[\mathrm{W}]$$

73 그림과 같은 회로가 있다. $I = 10[\mathrm{A}]$, $G = 4[\mho]$, $G_L = 6[\mho]$일 때 G_L의 소비전력은 [W]는?

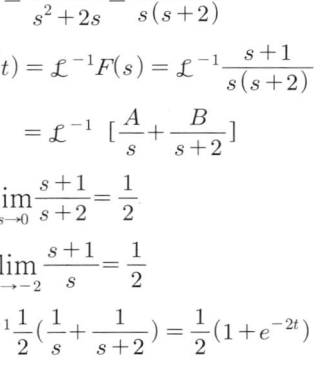

① 100 ② 10

③ 6 ④ 4

해설

$$P_L = I_L^2 \cdot \frac{1}{G_L} = 6 \times \frac{1}{6} = 6\,[\mathrm{W}]$$

$$I_L = \frac{G_L}{G+G_L} \times I = \frac{6}{4+6} \times 10 = 6\,[\mathrm{A}]$$

74 $F(s) = \dfrac{s+1}{s^2+2s}$의 역라플라스 변환은?

① $\dfrac{1}{2}(1-e^{-t})$ ② $\dfrac{1}{2}(1-e^{-2t})$

③ $\dfrac{1}{2}(1+e^{t})$ ④ $\dfrac{1}{2}(1+e^{-2t})$

해설

$$F(s) = \frac{s+1}{s^2+2s} = \frac{s+1}{s(s+2)}$$

$$\therefore f(t) = \mathcal{L}^{-1}F(s) = \mathcal{L}^{-1}\frac{s+1}{s(s+2)}$$

$$= \mathcal{L}^{-1}\left[\frac{A}{s} + \frac{B}{s+2}\right]$$

$$A = \lim_{s\to 0}\frac{s+1}{s+2} = \frac{1}{2}$$

$$B = \lim_{s\to -2}\frac{s+1}{s} = \frac{1}{2}$$

$$= \mathcal{L}^{-1}\frac{1}{2}\left(\frac{1}{s} + \frac{1}{s+2}\right) = \frac{1}{2}(1+e^{-2t})$$

정답 **71** ① **72** ① **73** ③ **74** ④

1278 • Part 4. 기사 · 산업기사 최근기출문제

75 그림과 같은 회로에서 t=0에서 스위치를 닫으면 전류 $i(t)$[A]는?(단, 콘덴서의 초기 전압은 0[V]이다)

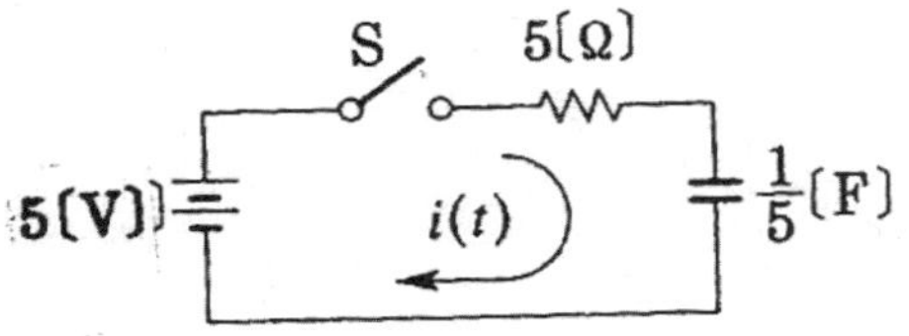

① $5(1-e^{-t})$ **②** $1-e^{-t}$

③ $5e^{-t}$ **④** e^{-t}

해설

$$i(t) = \frac{E}{R} \cdot e^{-\frac{1}{RC}t} = \frac{5}{5}e^{-\frac{1}{5\times\frac{1}{5}}t} = e^{-t}$$

76 그림과 같은 회로에서 스위치 S를 t=0에서 닫았을 때 $(V_L)_{t=0} = 100$[V], $(\frac{di}{dt})_{t=0} = 400$[A/s]이다. L[H]의 값은?

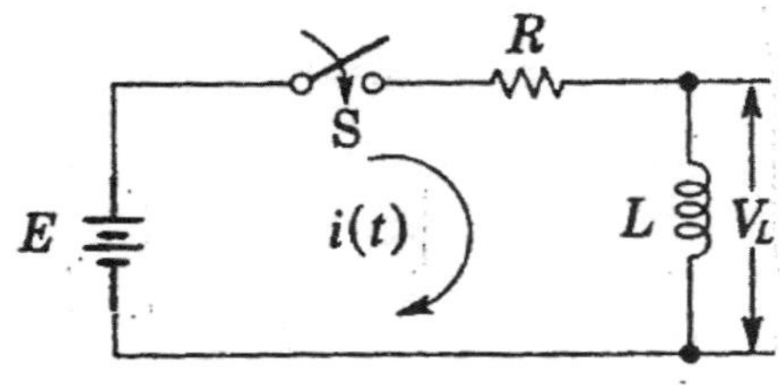

① 0.75 **②** 0.5

③ 0.25 **④** 0.1

해설

$$V_L = L\frac{di(t)}{dt}$$

$$\therefore L = \frac{V_L}{\frac{di(t)}{dt}} = \frac{100}{400} = 0.25[H]$$

77 임피던스 함수 $Z(s) = \frac{s+50}{s^2+3s+2}[\Omega]$ 으로 주어지는 2단자 회로망에 100[V]의 직류 전압을 가했다면 회로의 전류는 몇 [A]인가?

① 4 **②** 6

③ 8 **④** 10

해설 직류이므로 s=0

$$Z(0) = \frac{50}{2} = 25[H]$$

$$\therefore I_0 = \frac{E}{Z(0)} = \frac{100}{25} = 4[A]$$

78 단위 임펄스 $\delta(t)$의 라플라스 변환은?

① e^{-s} **②** $\frac{1}{s}$

③ $\frac{1}{s^2}$ **④** 1

해설

$$\mathcal{L}\,\delta(t) = 1$$

79 전류 $I = 30\sin\omega t + 40\sin(3\omega t + 45°)$[A]의 실효값은 약 몇 [A]인가?

① 25 **②** 35.4

③ 50 **④** 70.7

해설

$$I_e = \sqrt{(\frac{30}{\sqrt{2}})^2 + (\frac{40}{\sqrt{2}})^2} = 35.36[A]$$

80 $\mathcal{L}^{-1}[\frac{\omega}{s(s^2+\omega^2)}]$은?

① $\frac{1}{\omega}(1-\sin\omega t)$ **②** $\frac{1}{\omega}(1-\cos\omega t)$

③ $\frac{1}{s}(1-\sin\omega t)$ **④** $\frac{1}{s}(1-\cos\omega t)$

정답 75 ④ 76 ③ 77 ① 78 ④ 79 ② 80 ②

해설

$$\mathcal{L}^{-1}\left[\frac{\omega}{s\left(s^2+\omega^2\right)}\right] = \mathcal{L}^{-1}\left[\frac{A}{s}+\frac{Bs+C}{s^2+\omega^2}\right]$$

$$= \mathcal{L}^{-1}\left[\frac{s^2(A+B)+Cs+A\omega^2}{s\left(s^2+\omega^2\right)}\right]$$

$$A\omega^2 = \omega, \quad \therefore A = \frac{1}{\omega}$$

$A+B=0$에서 $B=-\dfrac{1}{\omega}$을 대입하면

$$= \mathcal{L}^{-1}\left[\frac{\frac{1}{\omega}}{s}-\frac{\frac{1}{\omega}s}{s^2+\omega^2}\right]$$

$$= \mathcal{L}^{-1}\frac{1}{\omega}\left[\frac{1}{s}-\frac{s}{s^2+\omega^2}\right]$$

$$= \frac{1}{\omega}(1-\cos\omega t)$$

제5과목 : 전기설비기술기준 및 판단기준

81 고압 가공전선로의 가공지선으로 나경동선을 사용할 경우 지름 몇 [mm] 이상으로 시설하여야 하는가?

① 2.5 ② 3
③ 3.5 ④ 4

해설 고압 가공전선로에 사용하는 가공지선에는 지름 4[mm] 이상의 나경동선을 사용한다.

82 저압 옥내배선을 금속 덕트 공사로 할 경우 금속 덕트에 넣는 전선의 단면적(절연피복의 단면적 포함)의 합계는 덕트의 내부 단면적의 몇 [%]까지 할 수 있는가?

① 20 ② 30
③ 40 ④ 50

해설 금속덕트 공사로 할 경우 전선은 절연전선(OW 제외)으로, 금속덕트에 넣은 전선의 단면적(절연피복 포함) 합계는 덕트 내부 단면적의 20[%](전광표시 장치, 출퇴근 표시등, 제어 회로용 배선만을 넣는 경우는 50[%])이하일 것

83 타냉식 특고압용 변압기의 냉각장치에 고장이 생긴 경우 시설해야 하는 보호장치는?

① 경보장치 ② 온도측정장치
③ 자동차단장치 ④ 과전류 측정장치

해설 변압기 보호장치

기기의 종류	용량	사고의 종류	보호장치
특별 고압 변압기	5000[kVA] 이상 10000[kVA] 미만	변압기의 내부고장	경보 장치 또는 자동차단 장치
	10000[kVA] 이상	변압기의 내부고장	자동 차단장치
	타냉식 변압기	냉각 장치 고장	경보 장치

84 다음 (㉮), (㉯)에 들어갈 내용으로 옳은 것은?

> "지중전선로는 기설 지중 약전류 전선로에 대하여 (㉮) 또는 (㉯)에 의하여 통신상의 장해를 주지 않도록 기설 약전류 전선로로부터 충분히 이격시키거나 기타 적당한 방법으로 시설하여야 한다."

① ㉮ 정전용량 ㉯ 표피작용
② ㉮ 정전용량 ㉯ 유도작용
③ ㉮ 누설전류 ㉯ 표피작용
④ ㉮ 누설전류 ㉯ 유도작용

85 B종 철주 또는 B종 철근 콘크리트주를 사용하는 특고압 가공전선로의 경간은 몇 [m] 이하이어야 하는가?

① 150 ② 250
③ 400 ④ 600

정답 81 ④ 82 ① 83 ① 84 ④ 85 ②

[해설]

지지물 종류	표준 경간	저·고압 보안 공사	1종 특고 보안 공사	2·3종 특고 보안 공사
목주 A종	150	100	×	100
B종	250	150	150	200
철탑	600	400	400	400

86 전력보안 통신선 시설에서 가공전선로의 지지물에 시설하는 가공 통신선에 직접 접속하는 통신선의 종류가 아닌 것은?

① 조가용선
② 절연전선
③ 광섬유 케이블
④ 일반통신용 케이블 이외의 케이블

[해설] 전력보안 통신설비

가공전선로의 지지물에 시설하는 가공통신선에 직접 접속하는 통신선(옥내에 시설하는 것을 제외)은 절연전선, 일반 통신용 케이블 이외의 케이블 또는 광섬유 케이블이어야 한다.

87 변전소의 주요 변압기에서 계측하여야 하는 사항 중 계측장치가 꼭 필요하지 않는 것은? (단, 전기철도용 변전소의 주요 변압기는 제외한다)

① 전압
② 전류
③ 전력
④ 주파수

[해설] 변전소에는 다음과 같은 계측장치를 시설한다. 다만, 전기철도용 변전소는 주요 변압기의 전압을 계측하는 장치를 시설하지 아니할 수 있다.
① 주요 변압기의 전압 및 전류 또는 전력
② 특고압용 변압기의 온도

88 옥내의 네온 방전등 공사의 방법으로 옳은 것은?

① 전선 상호 간의 간격은 5[cm] 이상일 것
② 관등회로의 배선은 애자사용공사에 의할
③ 전선의 지지점간의 거리는 2[m] 이하로 할 것
④ 관등회로의 배선은 점검할 수 없는 은폐된 장소에 시설할 것

[해설] 옥내 네온 방전등의 시설

관등회로의 전압이 1000[V]가 넘는 네온 방전관은 옥측 또는 옥외 방전등 공사에 준하고 사람이 접촉할 우려가 없도록 하고 다음과 같이 시설할 것
① 방전등용 변압기 : 누설변압기로서 2차 전압이 15,000[V] 이하로, 2차 단락전류 50[mA] 이하이고 외함은 제3종 접지 공사로 할 것
② 관등회로의 배선
  • 애자사용공사
  • 전선의 지저점간의 거리 : 1[m] 이하
  • 전선 상호간의 간격 : 60[cm] 이하
③ 네온 방전등용 변압기는 네온 변압기일 것

89 무대·무대마루 밑·오케스트라박스·영사실 기타 사람이나 무대 도구가 접촉할 우려가 있는 곳에 시설하는 저압 옥내배선·전구선 또는 이동전선은 사용전압이 몇 [V] 미만이어야 하는가?

① 100
② 200
③ 300
④ 400

[해설] 흥행장의 저압공사
① 무대·무대마루 밑·오케스트라박스·영사실 기타 사람이나 무대 도구가 접촉할 우려가 있는 경우 전구선·이동전선은 사용전압이 400[V] 미만일 것
② 무대·무대마루 밑·영사실의 전로에는 전용 개폐기 및 과전류차단기를 시설할 것

[정답] 86 ① 87 ④ 88 ② 89 ④

90 저압가공전선로와 기설 가공 약전류 전선로가 병행하는 경우에는 유도작용에 의하여 통신상의 장해가 생기지 아니하도록 전선과 기설 약전류 전선 간의 이격거리는 몇 [m] 이상이어야 하는가?

① 1 ② 2
③ 2.5 ④ 4.5

해설 저·고압 가공전선로와 기설 약전류 전선로가 병행하는 경우에는 유도 작용에 의한 통신상의 장해가 생기지 않도록 2[m] 이상 이격하여야 한다.

91 금속관공사에 의한 저압 옥내배선의 방법으로 틀린 것은?

① 전선으로 연선을 사용하였다.
② 옥외용 비닐절연전선을 사용하였다.
③ 콘크리트에 매설하는 관은 두께 1.2[mm] 이상을 사용하였다
④ 사용전압 400[V] 이상이고 사람의 접촉우려가 없어 제3종 접지공사를 하였다.

해설 금속관공사
① 전선은 절연전선(OW제외)으로 연선일 것
② 금속관 안에서는 전선의 접속점이 없을 것
③ 관의 두께는 콘크리트에 매설하는 것은 1.2[mm] 이상(기타는 1.0[mm])
④ 400[V] 미만은 제3종 접지공사, 400[V] 이상은 특별 제3종 접지공사를 (다만, 사람이 접촉할 우려가 없도록 시설 : 제3종 접지공사)할 것

92 특고압으로 시설할 수 없는 전선로는?

① 지중전선로 ② 옥상전선로
③ 가공전선로 ④ 수중전선로

해설 특고압 옥상전선로(특고압의 인입선의 옥상부분은 제외)는 시설하여서는 아니 된다(특고압 옥측 전선로의 사용전압은 100[kV] 이하).

93 22.9[kV] 전선로를 제1종 특고압 보안공사로 시설할 경우 전선으로 경동연선을 사용한다면 그 단면적은 몇 [mm²] 이상의 것을 사용하여야 하는가?

① 38 ② 55
③ 80 ④ 100

해설 제1종 특고압 보안공사
• 전선은 케이블인 경우 이외에는 다음과 같이 시설
  – 100[kV] 미만 : 55[mm²] 이상의 경동연선
  – 100[kV] 이상 300[kV] 미만 : 150[mm²] 이상의 경동연선
  – 300[kV] 이상 : 200[mm²] 이상의 경동연선

94 교류 전차선 등이 교량 기타 이와 유사한 것의 밑에 시설되는 경우에 시설 기준으로 틀린 것은?

① 교류 전차선 등과 교량 등 사이의 이격거리는 30[cm] 이상일 것
② 교량의 가더 등의 금속제 부분에는 제1종 접지공사를 할 것
③ 교량 등의 위에서 사람이 교류 전차선 등에 접촉할 우려가 있는 경우에는 방호장치를 하고 위험표지를 할 것
④ 기술상 부득이한 경우에는 사용전압이 25[kV]인 교류 전차선과 교량 등 사이의 이격거리를 25[cm]까지로 감할 수 있을 것

해설
• 교류전차선 등은 삭도와 교차하여 시설하여서는 아니 된다. 다만, 다음 각 호에 따르고 또한 위험의 우려가 없도록 시설하는 때에는 그러하지 아니한다.
  ① 교류 전차선 등과 삭도 또는 그 지주 사이의 이격거리는 2[m] 이상일 것
  ② 교류전차선 등의 위에 견고한 방호장치를 시설하고 또한 금속제 부분에 제3종 접지공사를 할 것

[정답] **90** ② **91** ② **92** ② **93** ② **94** ②

1282 · Part 4. 기사·산업기사 최근기출문제

- 교류전차선 등이 교량 기타 이와 유사한 것의 밑에 시설되는 경우에는 다음 각 호에 따라 시설하여야 한다.
  ① 교류 전차선 등과 교량 등 사이의 이격거리는 30[cm] 이상일 것. 다만, 기술상 부득이한 경우에는 사용전압이 25[kV]인 교류전차선 또는 이와 전기적으로 접속하는 조가용선, 브래킷 혹은 장선과 교량 등 사이의 이격거리를 25[cm]까지로 감할 수 있다.
  ② 교량의 가더 등의 금속제 부분에는 제3종 접지공사를 할 것
  ③ 교량 등의 위에서 사람이 교류 전차선 등에 접촉할 우려가 있는 경우에는 적당한 방호장치를 시설하고 또한 위험 표시를 할 것

95 변압기 1차측 3300[V], 2차측 220[V]의 변압기 전로의 절연내력시험 전압은 각각 몇 [V]에서 10분간 견디어야 하는가?

① 1차측 4950[V], 2차측 500[V]
② 1차측 4500[V], 2차측 400[V]
③ 1차측 4125[V], 2차측 500[V]
④ 1차측 3300[V], 2차측 400[V]

해설 변압기 전로의 절연내력 시험 전압은 최대사용전압이 7000[V] 이하인 경우에는
시험전압 = 최대사용전압×1.5배에 견디어야 한다
(500[V] 미만으로 되는 경우에는 500[V])
∴ 변압기 1차측 절연내력시험전압
= 3300 × 1.5 = 4950[V]
변압기 2차측 절연내력시험전압 = 220 × 1.5 = 330[V]이지만, 최저시험전압 500[V]가 된다.

96 가공전선로의 지지물에 취급자가 오르고 내리는데 사용하는 발판 볼트 등은 지표상 몇 [m] 미만에 시설하여서는 아니 되는가?

① 1.2   ② 1.5
③ 1.8   ④ 2

97 22.9[kV] 특고압 가공전선로의 시설에 있어서 중성선을 다중 접지하는 경우에 각각 접지한 곳 상호 간의 거리는 전선로에 따라 몇 [m] 이하이어야 하는가?

① 150   ② 300
③ 400   ④ 500

해설 25[kV] 이하인 특고압 가공전선로의 시설
① 사용전압이 15[kV] 이하인 특고압 가공전선로의 중성선의 다중접지 및 중성선의 시설은 다음에 의할 것
  - 접지선은 공칭단면적 6[mm²] 이상의 연동선일 것
  - 각각 접지한 곳 상호간의 거리는 전선로에 따라 300[m] 이하일 것
  - 각 접지선을 중성선으로부터 분리하였을 경우의 각 접지점의 대지전기 저항값은 300[Ω] 이하 1[km] 마다의 합성 전기 저항값은 30[Ω] 이하일 것
② 사용전압이 25[kV] 이하인 특고압 가공전선로의 중성선의 다중접지 시설은 다음에 의할 것
  - 접지선은 공칭단면적 6[mm²] 이상의 연동선일 것
  - 각각 접지한 곳 상호간의 거리는 전선로를 따라 150[m] 이하일 것
  - 각 접지선을 중성선으로부터 분리하였을 경우의 각 접지점의 대지 전기저항값은 300[Ω] 이하 1[km]마다의 합성 전기 저항값은 15[Ω] 이하일 것

98 혼촉 사고 시에 1초를 초과하고 2초 이내에 자동 차단되는 6.6[kV] 전로에 결합된 변압기 저압측의 전압이 200[V]인 경우 제2종 접지저항값 [Ω]은?(단, 고압측 1선 지락전류는 30[A]라 한다)

① 5   ② 10
③ 20   ④ 30

정답 95 ①   96 ③   97 ①   98 ②

해설

$R = \dfrac{150}{I_1}[\Omega]$ 이하

(1초 넘고 2초 이하 : 300, 1초 이하 : 600)

$\therefore \ R = \dfrac{300}{I} = \dfrac{300}{30} = 10[\Omega]$

99 저압 가공전선 또는 고압 가공전선이 도로를 횡단할 때 지표상의 높이는 몇 [m] 이상으로 하여야 하는가?(단, 농로 기타 교통이 번잡하지 않는 도로 및 횡단 보도교는 제외한다)

① 4
② 5
③ 6
④ 7

해설 저·고압 가공전선의 높이
① 도로를 횡단하는 경우 : 지표상 6[m] 이상
② 철도를 횡단하는 경우 : 레일면상 6.5[m] 이상
③ 횡단 보도교 위에 시설하는 경우
  • 저압 : 3.5[m](절연전선, 케이블 사용 경우 3[m]) 이상
④ 일반 장소 : 지표상 5[m](저압으로 교통에 지장이 없는 4[m]) 이상

100 저압 옥내배선의 사용전압이 400[V] 미만인 경우에는 금속제 트레이에 몇 종 접지공사를 하여야 하는가?

① 제1종 접지공사
② 제2종 접지공사
③ 제3종 접지공사
④ 특별 제3종 접지공사

해설 기계기구의 철대 및 외함의 접지

기계기구의 구분	접지공사
400[V] 미만의 저압용의 것	제3종 접지공사
400[V] 이상의 저압용의 것	특별 제3종 접지공사
고압용 또는 특고압용의 것	제1종 접지공사

정답 99 ③ 100 ③

1284 • Part 4. 기사 · 산업기사 최근기출문제

국가기술자격검정 필기시험문제

2017년도 산업기사 제2회 필기시험(산업기사)

				수검번호	성명
자격종목 및 등급(선택분야)	종목코드	시험시간	문제지형별		
전기산업기사		2시간 30분	A		

※ 시험문제지는 답안카드와 같이 반드시 제출하여야 합니다.

제1과목 : 전기자기학

01 $A = i + 4j + 3k$, $B = 4i + 2j - 4k$의 두 벡터는 서로 어떤 관계에 있는가?

① 평행   ② 면적

③ 접   ④ 수직

[해설]

$A \times B = |A||B|\sin\theta$

02 동일 용량 $C[\mu F]$의 콘덴서 n개를 병렬로 연결하였다면 합성용량은 얼마인가?

① $n^2 C$ ② nC

③ $\dfrac{C}{n}$ ④ C

[해설]

$C[\mu F]$의 콘덴서 n개를 병렬로 연결하였다면 합성용량은

$\therefore C_P = nC[\mu F]$

03 정전용량 및 내압이 $3[\mu F]/1000[V]$, $5[\mu F]/500[V]$, $12[\mu F]/250[V]$인 3개의 콘덴서를 직렬로 연결하고 양단에 가한 전압을 서서히 증가시킬 경우 가장 먼저 파괴되는 콘덴서는?

① $3[\mu F]$ ② $5[\mu F]$

③ $12[\mu F]$ ④ 3개 동시에 파괴

[해설] 3개의 콘덴서 C_1, C_2, C_3를 직렬로 연결하고 전압 V[V]을 가했을 때, 각 콘덴서에 걸리는 전압을 V_1, V_2, V_3라 하면,

$$V_1 = \frac{\frac{1}{3}}{\frac{1}{3} + \frac{1}{5} + \frac{1}{12}} \times V = \frac{20}{37} V$$

$$V_2 = \frac{\frac{1}{5}}{\frac{1}{3} + \frac{1}{5} + \frac{1}{12}} \times V = \frac{12}{37} V$$

$$V_3 = \frac{\frac{1}{12}}{\frac{1}{3} + \frac{1}{5} + \frac{1}{12}} \times V = \frac{5}{37} V$$

3개의 콘덴서 C_1, C_2, C_3를 직렬 상태로 가할 수 있는 최대 전압을 각각 $V_1{}'$, $V_2{}'$, $V_3{}'$라 하면,

$V_1{}' = 1000 = \dfrac{20}{37} V_1 \quad \therefore V_1 = 1850[V]$

$V_2{}' = 500 = \dfrac{12}{37} V_2 \quad \therefore V_2 = 1541.67[V]$

$V_3{}' = 250 = \dfrac{5}{37} V_3 \quad \therefore V_3 = 1850[V]$

그러므로, 최초로 파괴되는 콘덴서는 내압 500[V]의 $C_2(5[\mu F])$이다.

04 정전용량이 $0.5[\mu F]$, $1[\mu F]$인 콘덴서에 각각 $2 \times 10^{-4}[C]$ 및 $3 \times 10^{-4}[C]$의 전하를 주고 극성을 같게 하여 병렬로 접속할 때 콘덴서에 축적된 에너지는 약 몇 $[J]$인가?

① 0.042   ② 0.063

③ 0.083   ④ 0.126

[정답]   **01** ④   **02** ②   **03** ②   **04** ③

해설

$$W = \frac{Q^2}{2C} = \frac{(5 \times 10^{-4})^2}{2 \times 1.5 \times 10^{-6}} = 0.083[J]$$

$$Q = Q_1 + Q_2 = (2+3) \times 10^{-4} = 5 \times 10^{-4}[C]$$

$$C = C_1 + C_2 = (0.5+1) \times 10^{-6} = 1.5 \times 10^{-6}[F]$$

05 자기 회로의 퍼미언스(permeance)에 대응하는 전기 회로의 요소는?

① 서셉턴스(susceptance)

② 컨덕턴스(conductance)

③ 엘라스턴스(elastance)

④ 정전용량(electrostatic capacity)

06 반지름 $r = 1[m]$인 도체구의 표면 전하밀도가 $\frac{10^{-8}}{9\pi}[C/m^2]$이 되도록 하는 도체구의 전위는 몇 $[V]$인가?

① 10　　　　　② 20

③ 40　　　　　④ 80

해설

$$V = E \cdot r = \frac{\sigma}{\epsilon_0} \times r$$

$$= \frac{\frac{10^{-8}}{9\pi}}{8.855 \times 10^{-12}} \times 1 = 40[V]$$

07 그림과 같이 직렬로 접속된 두 개의 코일이 있을 때 $L_1 = 20[mH]$, $L_2 = 80[mH]$ 결합계수 k=0.8이다. 여기에 $0.5[A]$의 전류를 흘릴 때 이 합성코일에 저축되는 에너지는 약 몇 $[J]$인가?

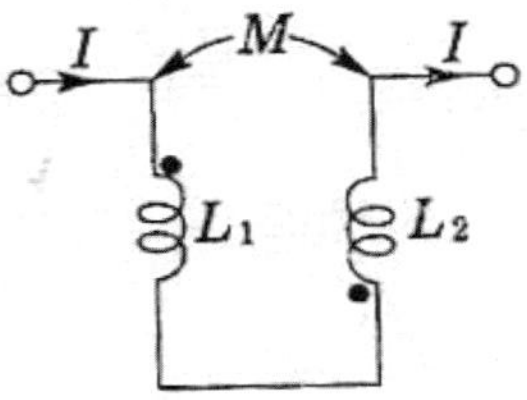

① 1.13×10^{-3}　　② 2.05×10^{-2}

③ 6.63×10^{-2}　　④ 8.25×10^{-2}

해설

코일 L_1과 L_2는 그림에서 가동 결합이므로 합성인덕턴스는

$$L = L_1 + L_2 + 2M = 20 + 80 + 2 \times 32 = 164[mH]$$

$$(M = k\sqrt{L_1 \cdot L_2} = 0.8\sqrt{20 \times 80} = 32[mH])$$

그러므로 코일에 축적되는 에너지는

$$W = \frac{1}{2}LI^2 = \frac{1}{2} \times 164 \times 10^{-3} \times 0.5^2$$

$$= 0.0205[J] = 2.05 \times 10^{-2}[J]$$

08 도체 1을 Q가 되도록 대전시키고, 여기에 도체 2를 접촉했을 때 도체 2가 얻은 전하를 전위계수로 표시하면?(단, P_{11}, P_{12}, P_{21}, P_{22}는 전위계수이다)

① $\dfrac{Q}{P_{11} - 2P_{12} + P_{22}}$　　② $\dfrac{(P_{11} - P_{12})Q}{P_{11} - 2P_{12} + P_{22}}$

③ $\dfrac{(P_{11}P_{12} + P_{22})Q}{P_{11} + 2P_{12} + P_{22}}$　　④ $\dfrac{(P_{11} - P_{12})Q}{P_{11} + 2P_{12} + P_{22}}$

해설

$$V_1 = P_{11}Q_1 + P_{12}Q_2$$

$$V_2 = P_{21}Q_1 + P_{22}Q_2$$

그러므로

$$P_{12} = P_{21}, \quad V_1 = V_2, \quad Q_1 = Q - Q_2$$

$$P_{11}(Q - Q_2) + P_{12}Q_2 = P_{21}(Q - Q_2) + P_{22}Q_2$$

$$(P_{11} - P_{12})Q = (P_{11} - 2P_{12} + P_{22})Q_2 \text{ 에서}$$

$$\therefore Q_2 = \frac{(P_{11} - P_{12})Q}{P_{11} - 2P_{12} + P_{22}}$$

정답 **05** ② **06** ③ **07** ② **08** ②

09 전계의 세기가 1500$[V/m]$인 전장에 5$[\mu C]$의 전하를 놓았을 때 이 전하에 작용하는 힘은 몇$[N]$인가?

① 4.5×10^{-3} ② 5.5×10^{-3}

③ 6.5×10^{-3} ④ 7.5×10^{-3}

해설
$F = Q \cdot E = 5 \times 10^{-6} \times 1500 = 7.5 \times 10^{-3}[N]$

10 전류가 흐르고 있는 도체에 자계를 가하면 두 도체 측면에 정·부(+, −)의 전하가 나타나 두 면간에 전위차가 발생하는 현상은?

① 홀효과 ② 핀치효과

③ 톰슨효과 ④ 제베크효과

해설 열전현상
- 제베크(Seebeck)효과 : 이종금속의 폐회로 접합점의 온도차에 의한 기전력 발생 → 열전대
- 펠티어 효과 : 이종금속의 폐회로에 전류가 흐르면 접합점에서 열의 흡수, 발생이 일어나는 현상 → 전자냉동
- 톰슨효과 : 같은 종류 금속의 폐회로에 전류가 흐르면 접합점에서 열의 흡수, 발생이 일어나는 현상
- 핀치효과(Pinch Effect) : 유동도체에 강전류가 흐를 때 만드는 자계와 전류 간 수축력 작용
- 홀효과(Hall Effect) : 전류가 흐르는 도체 내부 횡방향으로 힘을 받아 도체 측면에 (+), (−) 전하가 대전되는 현상

11 500$[AT/m]$의 자계 중에 어떤 자극을 놓았을 때 $4 \times 10^3[N]$의 힘이 작용했다면 이때 자극의 세기는 몇$[Wb]$인가?

① 2 ② 4

③ 6 ④ 8

해설
$F = mH[N]$에서

$\therefore m = \dfrac{4 \times 10^3}{500} = 8[Wb]$

12 여러 가지 도체의 전하 분포에 있어서 각 도체의 전하를 n배 할 경우 중첩의 원리가 성립하기 위해서는 그 전위는 어떻게 되는가?

① $\dfrac{1}{2}n$배가 된다. ② n배가 된다.

③ $2n$배가 된다. ④ n^2배가 된다.

해설 중첩의 원리(Principle of Superposition)
몇 개의 전압원과 전류원이 동시에 존재하는 회로망에서 한 지로의 전류는 각 전류원, 전압원이 단독으로 가해졌을 때 흐르는 전류의 합과 같다. 그러므로 각 도체의 전하를 n배 할 경우에 그 전위가 n배가 되어야 중첩의 원리가 성립된다.

13 접지 구도체와 점전하간의 작용력은?

① 항상 반발력이다.
② 항상 흡입력이다.
③ 조건적 반발력이다.
④ 조건적 흡입력이다.

해설 접지 구도체에는 항상 점전하와 반대 극성인 영상 전하가 유도되므로 접지 구도체와 점전하 간에는 항상 흡입력이 작용한다.

14 전기력선의 기본 성질에 관한 설명으로 틀린 것은?

① 전기력선의 방향은 그 점의 전계의 방향과 일치한다.
② 전기력선은 전위가 높은 점에서 낮은 점으로 향한다.
③ 전기력선은 그 자신만으로도 폐곡선을 만든다.
④ 전계가 0이 아닌 곳에서는 전기력선은 도체 표면에 수직으로 만난다.

정답 09 ④ 10 ① 11 ④ 12 ② 13 ② 14 ③

해설 전기력선의 일반성질

- 전기력선은 정(+)전하에서 부(-)전하로 들어간다.
- 전기력선은 전위가 높은 점에서 낮은 점으로 향한다. ($E = -grad\,V[V/m]$)
- 전기력선은 그 자신만으로 폐곡선을 이루지 못한다. ($\nabla \times E = 0$)
- 전기력선은 전하가 없는 곳에서 연속이다.(발생, 소멸이 없다.) ($\nabla \cdot E = 0$)
- 전기력선은 등전위면(도체표면)과 수직으로 만난다(직교).
- 전기력선은 전계가 0아닌 이상 교차하는 일이 없다.
- 전기력선은 도체 내부에서 0이다(전기력선이 없다).
- 전기력선은 접선방향이 전계의 방향이다.
- 전기력선은 단위전하에 $\frac{1}{\epsilon_0}$(개)의 전기력선이 출입한다($\frac{1}{\epsilon_0} = 36\pi \times 10^9$).
- 무한 원점에 있는 전하까지 고려하면 전하의 총량은 항상 0이다.
- 2개의 전기력선은 서로 교차하지 않는다.
- 전기력선은 도체 표면에서 수직으로 출입한다.
- 전기력선은 무한 원점에서 끝나거나 오는 것이 있다.

15 영역 1의 유전체 $\epsilon_{r1} = 4$, $\mu_{r1} = 1$, $\sigma_1 = 0$과 영역 2의 유전체 $\epsilon_{r2} = 9$, $\mu_{r2} = 1$, $\sigma_2 = 0$일 때 영역 1에서 영역 2로 입사된 전자파에 대한 반사계수는?

① -0.2 ② -5.0
③ 0.2 ④ 0.8

해설 반사계수

$$\rho = \frac{\sqrt{\frac{\mu_2}{\epsilon_2}} - \sqrt{\frac{\mu_1}{\epsilon_1}}}{\sqrt{\frac{\mu_1}{\epsilon_1}} + \sqrt{\frac{\mu_2}{\epsilon_2}}} = \frac{\sqrt{\frac{1}{9}} - \sqrt{\frac{1}{4}}}{\sqrt{\frac{1}{4}} + \sqrt{\frac{1}{9}}} = -0.2$$

16 자극의 세기가 $8 \times 10^{-6}[Wb]$이고, 길이가 30 $[cm]$인 막대자석을 $120[AT/m]$ 평등자계 내에 자력선과 $30°$의 각도로 놓았다면 자석이 받는 회전력은 몇 $[N \cdot m]$ 인가?

① 1.44×10^{-4}
② 1.44×10^{-5}
③ 2.88×10^{-4}
④ 2.88×10^{-5}

해설

$$T = MH\sin\theta = ml\,H\sin\theta$$
$$= 8 \times 10^{-6} \times 0.3 \times 120 \times \sin 30°$$
$$= 1.44 \times 10^{-4}[N \cdot m]$$

17 도전율의 단위로 옳은 것은?

① $[m/\Omega]$ ② $[\Omega/m^2]$
③ $[1/\mho \cdot m]$ ④ $[\mho/m]$

18 도전성을 가진 매질내의 평면파에서 전송계수 γ를 표현한 것으로 알맞은 것은?(단, α는 감쇠정수, β는 위상정수이다)

① $\gamma = \alpha + j\beta$
② $\gamma = \alpha - j\beta$
③ $\gamma = j\alpha + \beta$
④ $\gamma = j\alpha - \beta$

19 전류가 흐르는 도선을 자계 내에 놓으면 이 도선에 힘이 작용한다. 평등자계의 진공 중에 놓여 있는 직선전류 도선이 받는 힘에 대한 설명으로 옳은 것은?

① 도선의 길이에 비례한다.
② 전류의 세기에 반비례한다.
③ 자계의 세기에 반비례한다.
④ 전류와 자계 사이의 각에 대한 정현(sine)에 반비례한다.

해설

$$F = IBl\sin\theta = I\mu_0 Hl\sin\theta[N]$$

정답 **15** ① **16** ① **17** ④ **18** ① **19** ①

20 정전용량 $10[\mu F]$인 콘덴서의 양단에 $100[V]$의 일정 전압을 인가하고 있다. 이 콘덴서의 극판간의 거리를 $[\frac{1}{10}]$로 변화시키면 콘덴서에 충전되는 전하량은 거리를 변화시키기 이전의 전하량에 비해 어떻게 되는가?

① $\frac{1}{10}$로 감소   ② $\frac{1}{100}$로 감소

③ 10배로 증가   ④ 100배로 증가

해설

$$Q = C \cdot V = \frac{\epsilon_0 \cdot S}{d} \cdot V \varpropto \frac{1}{d}$$

제2과목 : 전력공학

21 경수감속 냉각형 원자로에 속하는 것은?

① 고속증식로

② 열중성자로

③ 비등수형 원자로

④ 흑연감속 가스 냉각로

해설 가압수형 원자력 발전소(PWR: Pressurized Water Reactor): 저농축 우라늄을 연료로 쓰고, 경수(H_2O)를 감속재 및 냉각재로 사용하는 원자로이다 (가압수형 원자로(PWR), 비등수형 원자로(BWR)).

22 송전선로의 보호방식으로 지락에 대한 보호는 영상전류를 이용하여 어떤 계전기를 동작시키는가?

① 선택지락 계전기   ② 전류차동 계전기

③ 과전압 계전기   ④ 거리 계전기

해설 병행 2회선 송전선로에서 한 회선에 지락 또는 접지 사고가 발생하게 되면 그 영상 전류를 검출해서 고장 난 회선만을 선택하여 차단 할 수 있는 계전기를 선택지락(접지)계전기라 한다.

23 3상 배전선로의 전압강하율[%]을 나타내는 식이 아닌 것은?(단, V_s: 송전단 전압, V_r: 수전단 전압, I: 전부하전류, P: 부하전력, Q: 무효전력이다)

① $\dfrac{PR + QX}{V_r^2} \times 100$

② $\dfrac{V_s - V_r}{V_r} \times 100$

③ $\dfrac{V_s(PR + QX)}{V_r} \times 100$

④ $\dfrac{\sqrt{3}\,I}{V_r}(R\cos\theta + X\sin\theta) \times 100$

해설

$$e = V_s - V_r = \sqrt{3}\,I(R\cos\theta + X\sin\theta)[V]$$

$$\therefore \epsilon = \frac{V_s - V_r}{V_r} \times 100$$

$$= \frac{\sqrt{3}\,I}{V_r}(R\cos\theta + X\sin\theta) \times 100$$

$$= \frac{PR + QX}{V_r^2} \times 100[\%]$$

24 송전선로에 근접한 통신선에 유도장해가 발생하였다. 전자유도의 주된 원인은?

① 영상전류

② 정상전류

③ 정상전압

④ 역상전압

해설

- 전자유도장해 : 전력선과 통신선과의 상호 인덕턴스에 의하여 유도장해가 발생한다.
 (영상전류에 의함 : 고장 시)
- 정전유도장해 : 전력선과 통신선과의 정전용량에 의하여 유도장해가 발생한다.
 (영상전압에 의함 : 정상 상태 시)

정답   20 ③   21 ③   22 ①   23 ③   24 ①

25 3상으로 표준전압 3[kV], 800[kW]를 역률 0.9로 수전하는 공장의 수전회로에 시설할 계기용 변류기의 변류비로 적당한 것은? (단, 변류기의 2차 전류는 5[A]이며, 여유율은 1.2로 한다)

① 10   ② 20

③ 30   ④ 40

해설

$$CT = \frac{I_1}{I_2} = \frac{200}{5} = 40$$

$$I_1 = \frac{800}{\sqrt{3} \times 3 \times 0.9} \times 1.2 = 205.28[A]$$

$$\therefore I_1 = 200[A] 선정$$

26 3000[kW], 역률 80[%](뒤짐)의 부하에 전력을 공급하고 있는 변전소에 전력용콘덴서를 설치하여 변전소에서의 역률을 90[%]로 향상시키는데 필요한 전력용콘덴서의 용량은 약 몇 [kVA]인가?

① 600   ② 700

③ 800   ④ 900

해설

$$Q = P(\tan\theta_1 - \tan\theta_2)$$

$$= 3000 \left(\frac{0.6}{0.8} - \frac{\sqrt{1-0.9^2}}{0.9} \right) = 797.03[\text{kVA}]$$

27 발전기나 변압기의 내부고장 검출에 주로 사용되는 계전기는?

① 역상 계전기   ② 과전압 계전기

③ 과전류 계전기   ④ 비율차동 계전기

해설 비율차동 계전기

발전기 및 변압기의 내부 고장 시에 동작되며, 외부 고장 시에는 동작되지 않아야 한다.

28 다음 중 표준형 철탑이 아닌 것은?

① 내선 철탑

② 직선 철탑

③ 각도 철탑

④ 인류 철탑

해설 표준형 철탑

직선형 철탑, 각도형 철탑, 인류형 철탑, 내장형 철탑

29 개폐 서지를 흡수할 목적으로 설치하는 것의 약어는?

① CT   ② SA

③ GIS   ④ ATS

해설

• 피뢰기(LA) : 이상전압으로부터 기계, 기구 보호
• 서지흡수기(SA) : 발전기 및 변압기 등을 개폐 서지로부터 보호

30 역률 0.8인 부하 480[kW]를 공급하는 변전소에 전력용 콘덴서 220[kVA]를 설치하면 역률은 몇 [%]로 개선 할 수 있는가?

① 92   ② 94

③ 96   ④ 99

해설

$$P_a' = \sqrt{480^2 + 140^2} = 500[\text{kVA}]$$

$$\therefore \cos\theta_2 = \frac{P}{P_a} \times 100 = \frac{480}{500} \times 100 = 96[\%]$$

정답   25 ④   26 ③   27 ④   28 ①   29 ②   30 ③

31 1000[kVA]의 단상변압기 3대를 △−△결선의 1뱅크로 하여 사용하는 변전소가 부하 증가로 다시 1대의 단상변압기를 증설하여 2뱅크로 사용하면 최대 약 몇 [kVA]의 3상 부하에 적용 할 수 있는가?

① 1730　　　　　② 2000
③ 3460　　　　　④ 4000

해설
- 결선(3대): $P_\triangle = 3P_a = 3 \times 100 = 3000$[kVA]
- V결선(2대): $P_V = \sqrt{3}\,P_a \times 2$뱅크
$$= \sqrt{3} \times 1000 \times 2$$
$$= 3464.1\text{[kVA]}$$

32 전력계통의 전압안정도를 나타내는 P−V 곡선에 대한 설명 중 적합하지 않은 것은?

① 가로축은 수전단 전압을, 세로축은 무효전력을 나타낸다.
② 진상무효전력이 부족하면 전압은 안정되고, 진상무효전력이 과잉되면 전압은 불안정하게 된다.
③ 전압 불안정 현상이 일어나지 않도록 전압을 일정하게 유지하려면 무효전력을 적절하게 공급하여야 한다.
④ P−V 곡선에서 주어진 역률에서 전압을 증가시키더라도 송전할 수 있는 최대 전력이 존재하는 임계점이 있다.

해설 전압안정도
전력계통에 외란이 발생한 후에 정상상태 운전 조건하의 모든 모선에서 규정된 전압을 유지 할 수 있는 전력계통의 능력을 말한다. 외란 및 부하 증가로 인한 전력계통의 운전 조건에 변화가 생겨서 전압 제어를 할 수 없을 때는 전력계통이 전압 불안정한 상태가 된다. 이런 불안정 현상이 발생하는 주요 원인으로는 무효전력 수요에 대한 공급 부족으로서 송전선로와 관련 된 유도 리액턴스를 통하여 유, 무효전력이 흐를 때 발생하는 전압 강하가 전압 안정도에 있어서 가장 중요한 문제이다. 전압 안정도의 평가 기준은 전력계통에서의 모든 모선이 주어진 동작 점에서 모선에 무효전력을 증가시킬 때 모선 전압의 크기가 증가하는지의 여부이다. 만약에 하나의 모선이라도 무효전력(Q)이 증가할 때 모선 전압의 크기(V)가 감소한다면 이 계통은 전압이 불안정하다. 즉 모든 모선에서 Q−V 감도가 양(+)이면 전압 안정이고, 하나의 모선이라도 Q−V 감도가 음(−)이면 전압은 불안정이 된다.
(가로축 : 무효전력(P), 세로축 : 수전단 전압(V_r))

33 배전선로의 전기적 특성 중 그 값이 1 이상인 것은?

① 전압강하율　　　② 부등률
③ 부하율　　　　　④ 수용률

해설
$$부등률 = \frac{\text{개개의 최대 수용전력의 총합}[kW]}{\text{합성 최대 수용전력}[kW]}$$
(항상 1보다 크거나 같다)

34 배전선로에 3상 3선식 비접지방식을 채용할 경우 장점이 아닌 것은?

① 과도 안정도가 크다.
② 1선 지락고장 시 고장전류가 작다.
③ 1선 지락고장 시 인접 통신선의 유도장해가 작다.
④ 1선 지락고장 시 건전상의 대지전위 상승이 작다.

해설 비접지 방식의 특징
- 33[kV] 이하 계통에 적용된다.
- 변압기 결선을 △−△로 할 수 있어 변압기 1대 고장 시 $V-V$ 결선으로 송전한다.
- 1선 지락사고 시 지락전류가 아주 적어서 그대로 송전 가능하다.
- 1선 지락사고 시 건전 상 전압 상승($\sqrt{3}$ 배)이 크다 (최대 6배).

정답　31 ③　32 ①　33 ②　34 ④

- 2중 고장 발생 확률이 낮다.
- 기기의 절연 수준을 높여야 한다.

35 기력발전소의 열 사이클 과정 중 단열팽창 과정에서 물 또는 증기의 상태변화로 옳은 것은?

① 습증기 → 포화액
② 포화액 → 압축액
③ 과열증기 → 습증기
④ 압축액 → 포화액 → 포화증기

해설
- 재열사이클 : 랭킨사이클의 단열팽창 중도에서 다시 과열시켜 과열증기로 하여 이것을 다시 단열팽창시켜 열효율의 향상과 증기습도 증가에 의한 장해를 적게 하는 사이클
- 보일러 : 등압가열
- 복수기 : 등압냉각
- 터빈 : 단열팽창
- 급수펌프 : 단열압축

36 장거리 송전선로의 특성을 표현한 회로로 옳은 것은?

① 분산부하 회로
② 분포정수 회로
③ 집중정수 회로
④ 특성 임피던스 회로

해설
- 단거리 송전선로 : 집중정수 회로(R, L취급)
- 중거리 송전선로 : T형, Π형 회로(R, L, C 취급)
- 장거리 송전선로 : 분포정수회로(R, L, C, G 취급)

37 3300[V] 배전선로의 전압을 6600[V]로 승압하고 같은 손실률로 송전하는 경우 송전전력은 승압전의 몇 배인가?

① $\sqrt{3}$
② 2
③ 3
④ 4

해설
- 송전전력 : $P \propto V^2$, 하므로
- $\therefore$ 송전전력 $= (\frac{6600}{3300})^2 = 4$배

38 배전전압, 배전거리 및 전력손실이 같다는 조건에서 단상 2선식 전기방식의 전선 총중량을 100[%]라 할 때 3상 3선식 전기방식은 몇 [%]인가?

① 33.3
② 37.5
③ 75.0
④ 100.0

해설
- $P_1 = P_3$
  $V_1 I_1 \cos\theta = \sqrt{3}\, V_3 I_3 \cos\theta$
  $\therefore \dfrac{I_3}{I_1} = \dfrac{1}{\sqrt{3}}$
- $P_{l1} = P_{l3}$
  $2I_1^2 R_1 = 3I_3^2 R_3 \left(R = \rho \cdot \dfrac{l}{S} \propto \dfrac{1}{S}\right)$
  $\therefore \dfrac{R_1}{R_3} = \dfrac{3I_3^2}{2I_1^2} = \dfrac{3}{2}\left(\dfrac{1}{\sqrt{3}}\right) = \dfrac{1}{2} = \dfrac{S_3}{S_1}$
- $\dfrac{W_{g3}}{W_{g1}} = \dfrac{3\sigma S_3 l_3}{2\sigma S_1 l_1} = \dfrac{3}{2} \cdot \dfrac{S_3}{S_1} = \dfrac{3}{2} \times \dfrac{1}{2} = \dfrac{3}{4} = 0.75$
- $\therefore$ 75[%]

39 외뢰(外雷)에 대한 주 보호장치로서 송전계통의 절연협조의 기본이 되는 것은?

① 애자
② 변압기
③ 차단기
④ 피뢰기

해설 절연협조는 피뢰기의 제한전압이 기준이 되므로 피뢰기가 절연레벨이 제일 낮다.

40 수전단을 단락한 경우 송전단에서 본 임피던스는 300[Ω]이고, 수전단을 개방한 경우에는 1200[Ω]일 때 이 선로의 특성 임피던스는 몇 [Ω]인가?

정답 35 ③   36 ②   37 ④   38 ③   39 ④   40 ③

1292 · Part 4. 기사 · 산업기사 최근기출문제

① 300   ② 500

③ 600   ④ 800

해설

특성임피던스는

$$Z_0 = \sqrt{\frac{Z}{Y}} = \sqrt{\frac{300}{\frac{1}{1200}}} = 600[\Omega]$$

- Y : 무부하(개방) 시험에서 구할 수 있다[℧].
- Z : 단락 시험에서 구할 수 있다[Ω].

제3과목 : 전기기기

41 단상 50[Hz], 전파 정류 회로에서 변압기의 2차 상전압 100[V], 수은 정류기의 전압강하 20[V]에서 회로 중의 인덕턴스는 무시한다. 외부부하로서 기전력 50[V], 내부 저항 0.3[Ω]의 축전지를 연결할 때 평균 출력은 약 몇 [W]인가?

① 4556   ② 4667

③ 4778   ④ 4889

해설

- 평균출력은,
$$P_0 = E_d \times I_d = 70.03 \times 66.77 = 4675.9[W]$$

- 직류 평균전압은
$$E_d = \frac{2\sqrt{2}}{\pi} \cdot E - e_a$$
$$= \frac{2\sqrt{2}}{\pi} \times 100 - 20 = 70.03[V]$$

- 평균부하 전류는
$$I_d = \frac{E_d - E'}{r} = \frac{70.03 - 50}{0.3} = 66.77[A]$$

42 3상 유도전압조정기의 특징이 아닌 것은?

① 분로권선에 회전자계가 발생한다.

② 입력전압과 출력전압의 위상이 같다.

③ 두 권선은 2극 또는 4극으로 감는다.

④ 1차 권선은 회전자에 감고 2차 권선은 고정자에 감는다.

해설

① 3상유도전압조정기의 2차측을 구속하고 1차측에 전압을 공급하면 2차 권선에 기전력이 유기되는데 2차 권선의 각상단자를 각각 1차의 각상단자에 적당하게 접속하면 3상 전압을 조정 할 수 있게 된다. 이 때 출력 회로의 선간 전압을 $\sqrt{3}(E_1 \pm E_2)$의 범위에 걸쳐 연속적으로 조정할 수 있고, 정격 2차 전류를 $I_2[A]$, 조정전압을 $E_2[V]$라 할 때 3상 유도전압조정기의 출력은 $\sqrt{3} E_2 I_2 [VA]$가 된다.

② 3상 유도전압조정기의 특징
- 최전자계에 의한 유도작용을 이용하여 2차 전압은 위상전압의 조정에 따라 변화한다.
- 1차에 3상을 가하면 여자전류가 흐른다.
- 회전자의 위치에 관계없이 크기가 일정하고 다만, 회전자의 위치(θ)에 따라 위상(α)이 다를 뿐이다.
- 가격이 용량에 비해서 비싸다.
- 여자전류는 크고, 절연 강도 및 단락 강도는 떨어진다.
- 효율이 낮다.
- 소용량(수백[kVA]) 이외에는 잘 사용하지 않는다.

43 3상 동기발전기의 여자전류 5[A]에 대한 1상의 유기기전력이 600[V]이고 그 3상 단락 전류는 30[A]이다. 이 발전기의 동기임피던스[Ω]는?

① 10   ② 20

③ 30   ④ 40

해설

$$Z_s = \frac{E}{I_s} = \frac{600}{30} = 20[\Omega]$$

정답   41 ②   42 ②   43 ②

44 동기전동기의 제동권선은 다음 어떤 것과 같은가?

① 직류기의 전기자

② 유도기의 농형 회전자

③ 동기기의 원통형 회전자

④ 동기기의 유도자형 회전자

해설 제동권선의 역할

① 동기전동기의 난조 방지

② 기동하는 경우 유도전동기의 농형권선으로써 기동 토크를 발생

③ 불평형 부하 시 전류 전압 파형의 개선

④ 송전선의 불평형 단락 시 이상전압의 방지

45 권선형 유도전동기의 속도제어 방법 중 저항제어법의 특징으로 옳은 것은?

① 효율이 높고 역률이 좋다.

② 부하에 대한 속도 변동률이 작다.

③ 구조가 간단하고 제어조작이 편리하다.

④ 전부하로 장시간 운전하여도 온도에 영향이 적다.

해설 권선형 유도전동기의 저항 제어법의 장·단점

① 장점
- 기동용 저항기를 겸용한다.
- 구조가 간단하고 제어조작이 편리하다.
- 내구성이 풍부하다.

② 단점
- 운전효율이 나쁘다.
- 부하에 대한 속도 변동이 크다.
- 부하가 적을 때는 광범위한 속도 조정이 곤란하다.
- 많은 양의 제어용 저항기가 필요하므로 가격이 비싸다.

46 2방향성 3단자 사이리스터는?

① SCR

② SSS

③ SCS

④ TRIAC

해설
- SCR : 1방향성 3단자
- SSS : 2방향성 2단자
- SCS : 1방향성 4단자
- TRIAC : 2방향성 3단자

47 전기자 지름 0.2[m]의 직류발전기가 1.5[kW]의 출력에서 1800[rpm]으로 회전하고 있을 때 전기자 주변속도는 약 몇 [m/s]인가?

① 18.84

② 21.96

③ 32.74

④ 42.85

해설

$$v = \pi D n = \pi D \cdot \frac{N}{60}$$

$$= \pi \times 0.2 \times \frac{1800}{60} = 18.85 [m/s]$$

48 6300/210[V], 20[kVA] 단상변압기 1차 저항과 리액턴스가 각각 15.2[Ω]과 21.6[Ω], 2차 저항과 리액턴스가 각각 0.019[Ω]과 0.028[Ω]이다. 백분율 임피던스는 약 몇 [%]인가?

① 1.86

② 2.86

③ 3.86

④ 4.86

해설

변압기 저항과 리액턴스를 1차로 환산하면

$$R = r_1 + a^2 r_2 = 15.2 + 30^2 \times 0.019 = 32.3 [\Omega]$$

$$X = x_1 + a^2 x_2 = 21.6 + 30^2 \times 0.028 = 46.8 [\Omega]$$

$$\therefore Z_{21} = \sqrt{32.3^2 + 46.8^2} = 56.86 [\Omega]$$

$$\therefore Z = \frac{I_{1n} \cdot Z_{21}}{V_{1n}} \times 100 = \frac{3.17 \times 56.86}{6300} \times 100 = 2.86 [\%]$$

$$I_{1n} = \frac{P_n}{V_{1n}} = \frac{20 \times 10^3}{6300} = 3.17 [A]$$

$$\left(\% Z = \frac{P \cdot Z}{10 V^2} = \frac{20 \times 56.86}{10 \times 6.3^2} = 2.86 [\%] \right)$$

정답 44 ② 45 ③ 46 ④ 47 ① 48 ②

49 직류 분권전동기의 공급전압의 극성을 반대로 하면 회전 방향은 어떻게 되는가?

① 반대로 된다.　　② 변하지 않는다.

③ 발전기로 된다.　　④ 회전하지 않는다.

해설
- 직류분권전동기의 공급전압의 극성을 반대로 하면, 계자전류와 전기자 전류의 방향이 동시에 반대로 되기 때문에 회전방향은 변하지 않는다.
- 직류직권전동기는 계자 권선과 전기자 권선이 직렬로 연결 되어 있어서, 전원 극성을 반대로 하면 전기자 전류와 여자전류의 방향이 모두 반대로 되기 때문에 역시 회전 방향은 변하지 않는다.

50 정격 주파수 50[Hz]의 변압기를 일정전압 60[Hz]의 전원에 접속하여 사용했을 때 여자전류, 철손 및 리액턴스 강하는?

① 여자전류와 철손은 $\dfrac{5}{6}$ 감소, 리액턴스 강하 $\dfrac{6}{5}$ 증가

② 여자전류와 철손은 $\dfrac{5}{6}$ 감소, 리액턴스 강하 $\dfrac{5}{6}$ 감소

③ 여자전류와 철손은 $\dfrac{6}{5}$ 증가, 리액턴스 강하 $\dfrac{6}{5}$ 증가

④ 여자전류와 철손은 $\dfrac{6}{5}$ 증가, 리액턴스 강하 $\dfrac{5}{6}$ 감소

해설
- 철손은

$$P_i = kfBm^2 = kf(k'\frac{V}{f})^2 \propto \frac{1}{f}$$

- 리액턴스는
  $X \propto f$

∴ 여자전류와 철손 $= \dfrac{50}{60} = \dfrac{5}{6}$ 감소

리액턴스 강하 $= \dfrac{60}{50} = \dfrac{6}{5}$ 증가

51 3상 직권 정류자 전동기의 중간 변압기의 사용 목적은?

① 역회전의 방지

② 역회전을 위하여

③ 전동기의 특성을 조정

④ 직권 특성을 얻기 위하여

해설 3상 직권 정류자 전동기에 중간(직렬) 변압기는 고정자 권선과 회전자 권선 사이에 직렬로 접속되며 이 중간(직렬) 변압기가 쓰이고 있는 이유는
① 중간 변압기의 권수비를 바꾸어 전동기의 특성을 조정할 수 있다.
② 전원 전압의 크기에 관계없이 정류에 알맞은 회전자 전압을 선택 할 수 있다.
③ 직권 특성이므로 경부하 시 속도가 매우 상승하지만 중간 변압기를 사용하여 철심을 포화하도록 하며 속도 상승을 제한 할 수 있다.

52 어떤 주상 변압기가 4/5 부하일 때 최대효율이 된다고 한다. 전부하에 있어서의 철손과 동손의 비 P_i/P_i는 약 얼마인가?

① 0.64　　　　　　② 1.56

③ 1.64　　　　　　④ 2.56

해설 최대효율조건

$$P_i = m^2 P_c$$

$$\therefore \frac{P_c}{P_i} = \frac{1}{m^2} = \frac{1}{(\frac{4}{5})^2} = 1.56$$

53 변압기의 부하가 증가할 때의 현상으로서 틀린 것은?

① 동손이 증가한다.

② 온도가 상승한다.

③ 철손이 증가한다.

④ 여자전류는 변함없다.

정답 49 ②　50 ①　51 ③　52 ②　53 ③

해설 철손은 부하와 상관없고, 동손은 부하율 제곱에 비례한다.

54 직류기에서 전기자 반작용의 영향을 설명한 것으로 틀린 것은?

① 주자극의 자속이 감소한다.

② 정류자편 사이의 전압이 불균일하게 된다.

③ 국부적으로 전압이 높아져 섬락을 일으킨다.

④ 전기적 중성점이 전동기인 경우 회전방향으로 이동한다.

해설 전기자 반작용

전기자 권선에 흐르는 전류로 인하여 생긴 자속이 계자극에 영향을 주는 현상이다.

① 전기자 중성축의 이동(발전기 : 회전방향, 전동기 : 회전자 반대방향)

② 주자극의 자속이 감소

③ 정류자편 사이의 고르지 못한 국부적 전압상승 (flash over현상)

55 동기발전기의 전기자 권선을 단절권으로 하는 가장 큰 이유는?

① 과열을 방지

② 기전력 증가

③ 기본파를 제거

④ 고조파를 제거해서 기전력 파형 개선

해설

• 단절권은 코일피치가 극간격보다 작은 것을 말하며 동기기에서는 전부 단절권을 채용한다.(전절권 : 코일피치와 극간격이 같다).

• 특징

① 고조파를 제거하여 기전력의 파형을 개선시킨다.

② 코일 끝 부분의 길이가 단축되어서 기계 전체의 길이는 축소된다.

③ 구리의 양이 적게 든다.

56 직류기의 손실 중 기계손에 속하는 것은?

① 풍손

② 와전류손

③ 히스테리시스손

④ 브러시의 전기손

해설

• 철손 : 히스테리시스손, 와전류손

• 동손 : 전기자동손, 계자동손, 브러시 전기손

• 기계손 : 마찰손, 풍손

57 권선형 3상 유도전동기의 2차 회로는 Y로 접속되고 2차 각 상의 저항은 0.3[Ω]이며 1차, 2차 리액턴스의 합은 1.5[Ω]이다. 기동 시에 최대 토크를 발생하기 위해서 삽입하여야 할 저항[Ω]은?(단, 1차 각 상의 저항은 무시한다)

① 1.2

② 1.5

③ 2

④ 2.2

해설 1차 각 상의 저항은 무시하므로

$$R_s' = \sqrt{r_1^2 + (x_1 + x_1')^2} - r_2' = \sqrt{(x_1 + x_1')^2} - r_2'$$

에서

$$x_1' + x_2 = 1.5[\Omega], \ r_2 = 0.3[\Omega]$$

$$\therefore R_s = \sqrt{(x_1' + x_2)^2} - r_2 = \sqrt{1.5^2} - 0.3 = 1.2[\Omega]$$

58 권선형 유도전동기가 기동하면서 동기속도 이하까지 회전속도가 증가하면 회전자의 전압은?

① 증가한다.

② 감소한다.

③ 변함없다.

④ 0이 된다.

해설

$$s = \frac{N_s - N}{N_s}, \qquad N_s = \frac{102f}{P}$$

동기속도 이하까지 회전속도(N)가 증가하면 슬립(s)는 감소하므로,

$$\therefore E_2' = sE_2$$ 에 의해서 회전자의 전압은 감소한다.

정답 54 ④ 55 ④ 56 ① 57 ① 58 ②

1296 • Part 4. 기사 · 산업기사 최근기출문제

59 동기전동기의 특징으로 틀린 것은?

① 속도가 일정하다.

② 역률을 조정할 수 없다.

③ 직류전원을 필요로 한다.

④ 난조를 일으킬 염려가 있다.

해설 동기 전동기는 역률을 1로 개선 할 수 있고, 속도가 일정하며 기동토크가 작다.

60 직류기에서 양호한 정류를 얻는 조건으로 틀린 것은?

① 정류 주기를 크게 한다.

② 브러시의 접촉 저항을 크게 한다.

③ 전기자 권선의 인덕턴스를 작게 한다.

④ 평균 리액턴스 전압을 브러시 접촉면 전압강하보다 크게 한다.

해설 양호한 정류를 얻는 조건

① 보극 또는 보상권선을 설치한다.

② 브러시의 접촉저항을 크게 한다.

③ 전기자 코일의 인덕턴스를 작게 한다.

④ 리액턴스 전압은 $e_r = -L\dfrac{di}{dt}$ 로서 정류를 해치는 가장 큰 원인이다.

제4과목 : 회로이론 및 제어공학

61 주기적인 구형파 신호의 구성은?

① 직류성분만으로 구성된다.

② 기본파 성분만으로 구성된다.

③ 고조파 성분만으로 구성된다.

④ 직류 성분, 기본파 성분, 무수히 많은 고조파 성분으로 구성된다.

해설 주기적인 비정현파는 일반적으로 퓨리에 급수에 의해 표시되므로 무수히 많은 주파수의 합성이다.

∴ 비정현파 교류＝직류분＋기본파＋고조파

62 $F(s) = \dfrac{5s+3}{s(s+1)}$ 일 때 f(t)의 최종값은?

① 3   ② −3

③ 5   ④ −5

해설

• 초기값 정리 : $\lim\limits_{t \to 0} f(t) = \lim\limits_{s \to \infty} sF(s)$

• 최종값 정리 : $\lim\limits_{t \to \infty} f(t) = \lim\limits_{s \to 0} sF(s)$

∴ $\lim\limits_{s \to 0} sF(s) = \lim\limits_{s \to 0} s \cdot \dfrac{5s+3}{s(s+1)} = 3$

63 어떤 회로망의 4단자 정수가 A = 8, B = j2, D = 3 + j2이면 이 회로망의 C는?

① 2 + j3   ② 3 + j3

③ 24 + j14   ④ 8 − j11.5

해설

AD − BC = 1

∴ $C = \dfrac{AD-1}{B} = \dfrac{8 \times (3+j2) - 1}{j2} = 8 - j11.5$

64 2단자 회로 소자 중에서 인가한 전류파형과 동위상의 전압파형을 얻을 수 있는 것은?

① 저항

② 콘덴서

③ 인덕턴스

④ 저항 + 콘덴서

해설

저항 회로에서만 동위상이다.

정답 **59** ② **60** ④ **61** ④ **62** ① **63** ④ **64** ①

65 다음 회로에서 부하 R에 최대 전력이 공급될 때의 전력 값이 5[W]라고 하면 $R_L + R_i$의 값은 몇 [Ω]인가?(단, R_i는 전원의 내부저항이다)

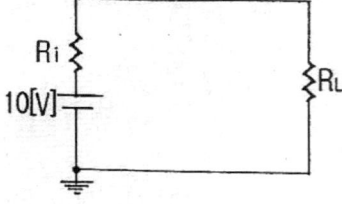

① 5
② 10
③ 15
④ 20

해설

$$P_m = I^2 R_L = (\frac{E}{R_i + R_i})^2 \cdot R_i = \frac{E^2}{4R_i}$$

부하저항과 내부저항이 같을 때 최대 전력이 공급되므로($R_L = R_i$)

$5 = \frac{10^2}{4R_i}$ 에서 $R_i = 5[\Omega]$

$\therefore R_L + R_i = 10[\Omega]$

66 다음과 같은 회로에서 $i_1 = I_m \sin \omega t[A]$일 때, 개방된 2차 단자에 나타나는 유기기전력 e_2는 몇 [V]인가?

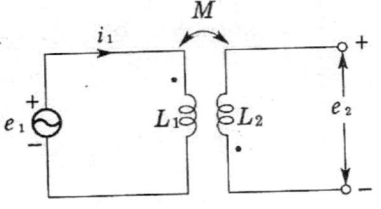

① $\omega M I_m \sin(\omega t - 90°)$

② $\omega M I_m \cos(\omega t - 90°)$

③ $-\omega M \sin \omega t$

④ $\omega M \cos \omega t$

해설

$$e_2 = -M\frac{di}{dt} = -M\frac{d}{dt}I_m \sin \omega t$$

$$-\omega M I_m \cos \omega t = \omega M I_m \sin(\omega t - 90°)[V]$$

(e_1은 i_1보다 90° 앞서고, e_2 는 e_1과 역위상이 되어서,
$e_1 = \omega M I_m \sin(\omega t - 90°)[V]$가 된다.)

67 부동작 시간(dead time) 요소의 전달함수는?

① K
② $\frac{K}{s}$
③ Ke^{-Ls}
④ Ks

해설 **부동작 시간요소**

t=0에서 입력의 변화가 생겨도 t=L까지 출력 측에 어떠한 영향도 나타나지 않는 요소를 말한다. 입력(x_t)과 출력 $y(t)$의 관계는,

$y(t) = kx(t - T)$에서 전달함수를 구하면,

$Y(s) = ke^{-Ls}X(s)$

$\therefore G(s) = \frac{Y(s)}{X(s)} = ke^{-Ls}$

68 불평형 3상 전류가 $I_a = 15 + j2[A]$, $I_b = -20 - j14[A]$, $I_c = -3 + j10[A]$일 때의 영상전류 $I_0[A]$는?

① $1.57 - j3.25$
② $2.85 + j0.36$
③ $-2.67 - j0.67$
④ $12.67 + j2$

해설

$$I_0 = \frac{1}{3}(I_a + I_b + I_c)$$

$$= \frac{1}{3}(15 + j2 - 20 - j14 - 3 + j10)$$

$$= -2.67 - j0.67[A]$$

정답 **65** ② **66** ① **67** ③ **68** ③

1298 • Part 4. 기사 · 산업기사 최근기출문제

69 그림과 같은 회로에서 $V_1(s)$를 입력, $V_2(s)$ 출력으로 한 전달함수는?

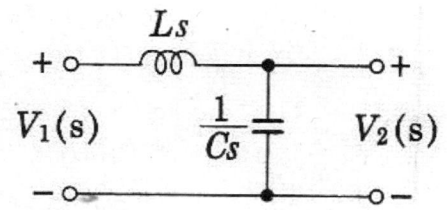

① $\dfrac{1}{\dfrac{1}{Ls}+Cs}$ 　② $\dfrac{1}{1+s^2LC}$

③ $\dfrac{1}{LC+Cs}$ 　④ $\dfrac{Cs}{s^2(s+LC)}$

해설

$$V_1(s)=(Ls+\frac{1}{Cs})I(s)$$

$$V_2(s)=\frac{1}{Cs}I(s)$$

$$\therefore G(s)=\frac{V_2(s)}{V_1(s)}=\frac{\frac{1}{Cs}I(s)}{(Ls+\frac{1}{Cs})I(s)}$$

$$=\frac{1}{1+s^2LC}$$

70 R–L 병렬회로의 양단에 $e=E_m\sin(\omega t+\theta)$ [V]의 전압이 가해졌을 때 소비되는 유효전력[W]은?

① $\dfrac{E_m^2}{2R}$ 　② $\dfrac{E_m^2}{\sqrt{2}\,R}$

③ $\dfrac{E_m}{2R}$ 　④ $\dfrac{E_m}{\sqrt{2}\,R}$

해설

$$P=I^2R=\frac{V^2}{R}=\frac{(\frac{E_m}{\sqrt{2}})^2}{R}=\frac{E_m^2}{2R}\,[W]$$

71 회로에서 L=50[mH], R=20[kΩ]인 경우 회로의 시정수는 몇 $[\mu s]$인가?

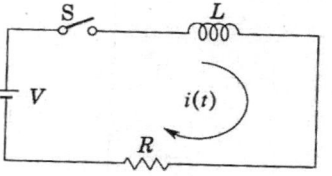

① 4.0 　② 3.5
③ 3.0 　④ 2.5

해설 R–L 직렬회로의 시정수

$$\tau=\frac{L}{R}[\text{sec}]=\frac{50\times10^{-3}}{20\times10^3}\times10^6=2.5[\mu s]$$

72 RC 회로에 비정현파 전압을 가하여 흐른 전류가 다음과 같을 때 이 회로의 역률은 약 몇 [%]인가?

$$v=20+220\sqrt{2}\,\sin120\pi t$$
$$+40\sqrt{2}\,\sin360\pi t\,[V]$$
$$i=2.2\sqrt{2}\,\sin(120\pi t+36.87^\circ)$$
$$+0.49\sqrt{2}\,\sin(360\pi t+14.04^\circ)\,[A]$$

① 75.8 　② 80.4
③ 86.3 　④ 89.7

해설

- 피상전력 :
$$P_a=V_e\cdot I_e=224.5\times2.25=505.13[VA]$$

- 유효전력 :
$$P=\sum_{n=1}^{\infty}V_n\cdot I_n\cos(\theta_1-\theta_2)[W]$$
$$=220\times2.2\cos(-36.87^\circ)$$
$$+40\times0.49\cos(-14.04^\circ)=406.21[W]$$
$$\therefore \cos\theta=\frac{P}{P_a}\times100=\frac{406.21}{505.13}\times100$$
$$=80.42[\%]$$

정답　69 ②　70 ①　71 ④　72 ②

2017년도 산업기사 제2회 필기시험(산업기사) • **1299**

73 대칭 좌표법에 관한 설명이 아닌 것은?

① 대칭 좌표법은 일반적인 비대칭 3상 교류회로의 계산에도 이용된다.

② 대칭 3상 전압의 영상분과 역상분은 0이고, 정상분만 남는다.

③ 비대칭 3상 교류회로는 영상분, 역상분 및 정상분의 3성분으로 해석한다.

④ 비대칭 3상 회로의 접지식 회로에는 영상분이 존재하지 않는다.

해설 대칭 좌표법에서 3상 공통성분을 영상분 성분으로 표시한다. 그러므로 접지선 및 중성선에는 영상 전류가 존재하고, 비접지식인 경우는 존재하지 않는다.

74 다음 미분 방정식으로 표시되는 계에 대한 전달함수는?(단, $x(t)$는 입력, $y(t)$는 출력을 나타낸다)

$$\frac{d^2y(t)}{dt^2}+3\frac{dy(t)}{dt}+2y(t)=x(t)+\frac{dx(t)}{dt}$$

① $\dfrac{s+1}{s^2+3s+2}$ ② $\dfrac{s-1}{s^2+3s+2}$

③ $\dfrac{s+1}{s^2-3s+2}$ ④ $\dfrac{s-1}{s^2-3s+2}$

해설

$\dfrac{d^2y(t)}{dt^2}+3\dfrac{dy(t)}{dt}+2y(t)=x(t)+\dfrac{dx(t)}{dt}$ 를

라플라스 변환하면,

$s^2Y(s)+3sY(s)+2Y(s)=X(s)+sX(s)$

$Y(s)(s^2+3s+2)=X(s)(s+1)$

전달함수는,

$G(s)=\dfrac{Y(s)}{X(s)}=\dfrac{s+1}{s^2+3s+2}$

75 대칭 6상 기전력의 선간 전압과 상기전력의 위상차는?

① 120°   ② 60°

③ 30°   ④ 15°

해설

선간전압(V_l), 상전압(V_p), 선전류(I_l), 상전류(I_p) 대칭 n상에서는,

$V_l=2V_p\sin\dfrac{\pi}{n}[V],\quad I_l=2I_p\sin\dfrac{\pi}{n}[A]$로 되며, 위

상차는 $\theta=\dfrac{\pi}{2}(1=\dfrac{2}{n})[rad]$의 위상차가 생기는데,

선간전압은 상전압보다 θ만큼 앞서고, 선전류는 상전류보다 θ만큼 뒤진다.

$\therefore\ \theta=\dfrac{\pi}{2}(1-\dfrac{2}{6})=60°$

76 3상 Y결선 전원에서 각 상전압이 100[V]일 때 선간전압[V]은?

① 150   ② 170

③ 173   ④ 179

해설

$V_l=2V_p\sin\dfrac{\pi}{n}$ 에서 n=3을 대입하면

$\therefore\ V_l=2\times100\times\sin\dfrac{\pi}{3}=100\sqrt{3}[V]$

77 다음과 같은 교류 브리지 회로에서 Z_0에 흐르는 전류가 0이 되기 위한 각 임피던스의 조건은?

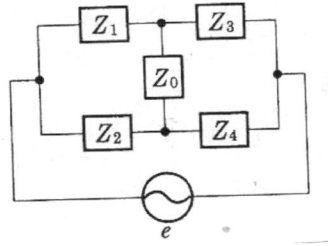

정답 73 ④   74 ①   75 ②   76 ③   77 ④

1300 · Part 4. 기사 · 산업기사 최근기출문제

① $Z_1Z_2 = Z_3Z_4$ ② $Z_1Z_2 = Z_3Z_0$
③ $Z_2Z_3 = Z_1Z_0$ ④ $Z_2Z_3 = Z_1Z_4$

해설

평형이 되었을 경우는 $Z_3I_1 = Z_4I_2$가 되므로,

$$\frac{Z_1}{Z_2} = \frac{Z_3}{Z_4}$$

$$\therefore Z_1Z_4 = Z_2Z_3$$

78 회로의 양 단자에서 테브난의 정리에 의한 등가 회로로 변환할 경우 V_{ab} 전압과 테브난 등가저항은?

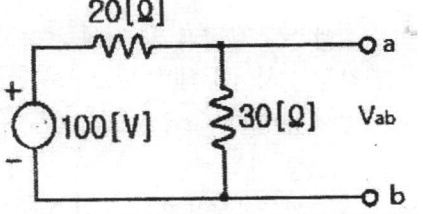

① 60[V], 12[Ω] ② 60[V], 15[Ω]
③ 50[V], 15[Ω] ④ 50[V], 50[Ω]

해설

• 개방 단자 전압 V_{ab}는

$$V_{ab} = \frac{30}{20+30} \times 100 = 60[V]$$

• 전압원을 단락하고 a, b사이에서 바라본 저항 R_T는(테브난 등가저항),

$$R_T = \frac{20 \times 30}{20+30} = 12[Ω]$$

79 저항 R[Ω], 리액턴스 X[Ω] 와의 직렬회로에 교류전압 V[V]를 가했을 때 소비되는 전력[W]은?

① $\dfrac{V^2R}{\sqrt{R^2+X^2}}$ ② $\dfrac{V}{\sqrt{R^2+X^2}}$

③ $\dfrac{V^2R}{R^2+X^2}$ ④ $\dfrac{X}{R^2+X^2}$

해설

$$P = I^2R = \left(\frac{V}{\sqrt{R^2+X^2}}\right)^2 \cdot R = \frac{V^2R}{R^2+X^2}[W]$$

80 R-L-C직렬회로에서 각주파수 ω를 변화시켰을 때 어드미턴스의 궤적은?

① 원점을 지나는 원
② 원점을 지나는 반원
③ 원점을 지나지 않는 원
④ 원점을 지나지 않는 직선

해설

$$Z = R + j(X_L - X_C) = R + jX[Ω]$$

$$Y = \frac{1}{Z} = \frac{1}{R+jX} = \frac{R}{R^2+X^2} - j\frac{X}{R^2+X^2}$$

$$= P + jQ$$

$$P^2 + Q^2 = \frac{R^2}{(R^2+X^2)^2} + \frac{X^2}{(R^2+X^2)^2}$$

$$= \frac{R^2+X^2}{(R^2+X^2)^2} = \frac{1}{R^2+X^2} = \frac{P}{R}$$

$$\therefore \left(P - \frac{1}{2R}\right)^2 + Q^2 = \left(\frac{1}{2R}\right)^2$$

그러므로 중심은 $\left(\dfrac{1}{2R}, 0\right)$, 반지름 $\dfrac{1}{2R}$인 원의 방정식 즉, 어드미턴스의 궤적은 원점을 지나는 원이 된다.

제5과목 : 전기설비기술기준 및 판단기준

81 풀용 수중조명등의 시설공사에서 절연 변압기는 그 2차측 전로의 사용전압이 몇 [V] 이하인 경우에는 1차권선과 2차권선 사이에 금속제의 혼촉방지판을 설치하여야 하며, 제 몇 종 접지공사를 하여야 하는가?

① 30[V], 제1종 접지공사
② 30[V], 제2종 접지공사
③ 60[V], 제1종 접지공사
④ 60[V], 제2종 접지공사

정답 78 ① 79 ③ 80 ① 81 ①

2017년도 산업기사 제2회 필기시험(산업기사) • **1301**

해설 풀용 수중조명등의 시설에서 절연 변압기는 그 2차측 전로의 사용전압이 30[V] 이하인 경우에는 1차 전압과 2차 권선 사이에 금속제의 혼촉방지판을 설치하여야 하며, 또한 이를 제1종 접지공사를 할 것.

82 특고압 전선로에 접속하는 배전용 변압기의 1차 및 2차 전압은?

① 1차: 35[kV] 이하, 2차: 저압 또는 고압

② 1차: 50[kV] 이하, 2차: 저압 또는 고압

③ 1차: 35[kV] 이하, 2차: 특고압 또는 고압

④ 1차: 50[kV] 이하, 2차: 특고압 또는 고압

해설 특고압 배전용 전압기의 시설
① 변압기의 1차 전압은 35[kV] 이하, 2차는 저압 또는 고압일 것
② 특고측 개폐기 및 과전류 차단기의 시설
③ 2차 전압이 고압인 경우 고압측에 쉽게 개폐할 수 있는 개폐기 시설

83 가공전선로의 지지물에 시설하는 통신선 또는 이에 직접 접속하는 가공 통신선의 높이에 대한 설명 중 틀린 것은?

① 도로를 횡단하는 경우에는 지표상 6[m] 이상으로 한다.

② 철도 또는 궤도를 횡단하는 경우에는 레일면상 6[m] 이상으로 한다.

③ 횡단보도교의 위에 시설하는 경우에는 그 노면상 5[m] 이상으로 한다.

④ 도로를 횡단하는 경우, 저압이나 고압의 가공전선로의 지지물에 시설하는 통신선이 교통에 지장을 줄 우려가 없는 경우에는 지표상 5[m]까지로 감할 수 있다.

해설 철도 또는 궤도를 횡단한 경우 레일면상 6.5[m] 이상

84 폭연성 분진 또는 화약류의 분말이 전기설비가 발화원이 되어 폭발할 우려가 있는 곳에 시설하는 저압 옥내 전기설비를 케이블 공사로 할 경우 관이나 방호장치에 넣지 않고 노출로 설치할 수 있는 케이블은?

① 미네럴인슈레이션 케이블

② 고무절연 비닐 시스케이블

③ 폴리에틸렌절연 비닐 시스케이블

④ 폴리에틸렌절연 폴리에틸렌 시스케이블

해설 MI케이블을 사용하는 경우 이외에는 관, 기타 방호장치에 넣어 사용할 것

85 수소냉각식 발전기 및 이에 부속하는 수소 냉각장치 시설에 대한 설명으로 틀린 것은?

① 발전기안의 수소의 온도를 계측하는 장치를 시설할 것

② 발전기안의 수소의 순도가 70[%] 이하로 저하한 경우에 이를 경보하는 장치를 시설할 것

③ 발전기안의 수소의 압력을 계측하는 장치 및 그 압력이 현저히 변동한 경우에 이를 경보하는 장치를 시설할 것

④ 발전기는 기밀구조의 것이고 또한 수소가 대기압에서 폭발하는 경우에 생기는 압력에 견디는 강도를 가지는 것일 것

해설 수소 냉각식 발전기 등의 시설에서 수소의 순도가 85[%] 이하로 저하한 경우엔 경보 장치를 시설할 것

86 교류식 전기철도는 그 단상부하에 의한 전압불평형의 허용한도가 변전소의 수전점에서 몇 [%] 이하이어야 하는가?

① 1   ② 2

③ 3   ④ 4

정답 82 ①   83 ②   84 ①   85 ②   86 ③

1302 • Part 4. 기사 · 산업기사 최근기출문제

87 물기가 있는 장소의 저압전로에서 그 전로에 지락이 생긴 경우, 0.5초 이내에 자동적으로 전로를 차단하는 장치를 시설하는 경우에는 자동차단기의 정격감도 전류가 50[mA]라면 제3종 접지공사의 접지저항값은 몇 [Ω] 이하로 하여야 하는가?

① 100 ② 200
③ 300 ④ 500

해설 제3종 및 특별 제3종 접지 공사에서 접지 저항값의 상한값

정격감도 전류	접지저항치	
	물기 있는 장소, 전기적 위험도가 높은 장소	그 외의 장소
30[mA]	500[Ω]	500[Ω]
50[mA]	300[Ω]	500[Ω]
100[mA]	150[Ω]	500[Ω]
200[mA]	75[Ω]	250[Ω]
300[mA]	50[Ω]	166[Ω]
500[mA]	30[Ω]	100[Ω]

88 변전소의 주요 변압기에 시설하지 않아도 되는 계측 장치는?

① 전압계 ② 역률계
③ 전류계 ④ 전력계

해설 변전소에는 다음과 같은 계측 장치를 시설한다. 다만, 전기철도용 변전소는 주요 변압기의 전압을 계측하는 장치를 시설하지 아니할 수 있다.
① 주요 변압기의 전압 및 전류 또는 전력
② 특고압용 변압기의 온도

89 지중 전선로를 관로식에 의하여 시설하는 경우에는 매설 깊이를 몇 [m] 이상으로 하여야 하는가?

① 0.6 ② 1.0
③ 1.2 ④ 1.5

해설 관로식에 의하여 시설하는 경우에는 매설 깊이를 1.0[m] 이상으로 하며, 매설 깊이가 충분하지 못한 장소에는 견고하고 차량 기타 중량물의 압력에 견디는 것을 사용할 것

90 정격전류가 15[A] 이하인 과전류차단기로 보호되는 저압 옥내전로에 접속하는 콘센트는 정격전류가 몇 [A] 이하인 것이어야 하는가?

① 15 ② 20
③ 25 ④ 30

해설

저압 옥내전로의 종류	콘센트
정격전류가 15[A] 이하인 과전류 차단기로 보호되는 것	정격전류가 15[A] 이하인 것
정격전류가 15[A]를 초과하고 20[A]이하인 배선용 차단기로 보호되는 것	정격전류가 20[A] 이하인 것
정격전류가 15[A]를 초과하고 20[A] 이하인 과전류 차단기(배선용 차단기를 제외한다)로 보호되는 것	정격전류가 20[A]인 것 (정격전류가 20[A] 미만의 꽂임 플럭이 접속될 수 있는 것은 제외한다)
정격전류가 20[A]를 초과하고 30[A] 이하의 과전류 차단기로 보호되는 것	정격전류가 20[A] 이상 30[A] 이하의 것(정격전류가 20[A] 미만의 꽂임 플럭이 접속될 수 있는 것은 제외한다)
정격전류가 30[A]를 초과하고 40[A] 이하인 과전류 차단기로 보호되는 것	정격전류가 30[A] 이상 40[A] 이하인 것
정격전류가 40[A]를 초과하고 50[A] 이하인 과전류 차단기로 보호되는 것	정격전류가 40[A] 이상 50[A] 이하인 것

91 접지공사의 특례와 관련하여 특별 제3종 접지공사를 해야 하는 금속체와 대지 간의 전기저항 값이 몇 [Ω] 이하인 경우에는 특별 제3종 접지공사를 한 것으로 보는가?

정답 87 ③   88 ②   89 ②   90 ①   91 ②

① 3   ② 10

③ 50   ④ 100

해설
- 제3종 접지공사를 하여야 하는 금속체와 대지 사이의 전기저항치가 100[Ω] 이하인 경우에는 제3종 접지공사를 한 것으로 본다.
- 특별 제3종 접지공사를 하여야 하는 금속체와 대지 사이의 전기저항치가 10[Ω] 이하인 경우에는 특별 제3종 접지공사를 한 것으로 본다.

92 가공 전선로의 지지물이 원형 철근콘크리트주인 경우 갑종 풍압하중은 몇 [Pa]를 기초로 하여 계산하는가?

① 294   ② 588

③ 627   ④ 1078

93 아크가 발생하는 고압용 차단기는 목재의 벽 또는 천장, 기타의 가연성 물체로부터 몇 [m] 이상 이격하여야 하는가?

① 0.5   ② 1

③ 1.5   ④ 2

해설
- 고압용 : 1[m] 이상
- 특고압용 : 2[m] 이상

94 옥내에 시설하는 전동기에 과부하 보호장치의 시설을 생략할 수 없는 경우는?

① 정격출력이 0.75[kW]인 전동기
② 전동기의 구조나 부하의 성질로 보아 전동기가 소손할 수 있는 과전류가 생길 우려가 없는 경우
③ 전동기가 단상의 것으로 전원측 전로에 시설하는 배선용 차단기의 정격전류가 20[A] 이하인 경우

④ 전동기가 단상의 것으로 전원측 전로에 시설하는 과전류 차단기의 정격전류가 15[A] 이하인 경우

해설 전동기 과부하 보호 장치 외 시설 다음의 경우에는 보호장치를 생략할 수 있다.
① 전동기 운전 중 상시 감시자가 감시할 수 있는 위치에 시설하는 경우
② 전동기의 구조상 또는 부하의 성질상 과전류가 생길 우려가 없는 것
③ 단상 전동기를 15[A] 분기 회로에 접속한 경우(배선용 차단기는 20[A] 이하)
④ 0.2[kW] 이하의 전동기

95 100[kV] 미만인 특고압 가공전선로를 인가가 밀집한 지역에 시설할 경우 전선로에 사용되는 전선의 단면적이 몇 [mm²] 이상의 경동연선이어야 하는가?

① 38   ② 55

③ 100   ④ 150

해설 특고압 가공전선로의 시가지 시설
① 전선의 굵기
㉠ 100[kV] 미만 : 55[mm²] 이상의 경동연선
㉡ 100[kV] 이상 : 150[mm²] 이상의 경동연선

96 특고압 가공전선로의 지지물 중 전선로의 지지물 양쪽의 경간의 차가 큰 곳에 사용하는 철탑은?

① 내장형 철탑   ② 인류형 철탑

③ 보강형 철탑   ④ 각도형 철탑

해설 특고 가공 전선로의 지지물로 사용하는 B종 철주, 철근 콘크리트주, 철탑의 종류
① 직선형 : 전선로의 직선 부분(3° 이하의 수평 각도 이루는 곳 포함)에 사용되는 것
② 각도형 : 전선로 중 수평 각도 3°를 넘는 곳에 사용되는 것

[정답] **92** ②   **93** ②   **94** ①   **95** ②   **96** ①

1304 • Part 4. 기사·산업기사 최근기출문제

③ 인류형 : 전 가섭선을 인류하는 곳에 사용하는 것

④ 내장형 : 전선로 지지물 양측의 경간차가 큰 곳에 사용하는 것

⑤ 보강형 : 전선로 직선 부분을 보강하기 위하여 사용하는 것

97 관·암거·기타 지중전선을 넣은 방호장치의 금속제 부분(케이블을 지지하는 금구류는 제외한다)·금속제의 전선 접속함 및 지중전선의 피복으로 사용하는 금속체에 시설하는 접지공사의 종류는?

① 제1종 접지공사

② 제2종 접지공사

③ 제3종 접지공사

④ 특별 제3종 접지공사

98 애자사용 공사에 의한 고압 옥내배선을 시설하고자 할 경우 전선과 조영재 사이의 이격거리는 몇 [cm] 이상인가?

① 3   ② 4

③ 5   ④ 6

[해설] 고압 옥내 배선의 시설

① 시설 방법
- 애자 사용 공사(건조한 장소로서 전개된 장소)
- 케이블 공사
- 케이블 트레이 공사

② 애자 사용 공사
- 전선 굵기 : 공칭단면적 6[mm²] 이상의 연동선으로 고압 절연 전선, 특고압 절연 전선 또는 인하용 절연 전선을 사용한다.
- 지지점간의 거리 : 6[m] 이하(조영재면을 따라 붙이는 경우 2[m] 이하
- 이격 거리
  - 전선 상호 간격 : 8[cm] 이상
  - 전선과 조영재와 이격 거리 : 5[cm] 이상

99 지선을 사용하여 그 강도를 분담시켜서는 아니 되는 가공전선로 지지물은?

① 목주   ② 철주

③ 철탑   ④ 철근 콘크리트주

100 터널 내에 교류 220[V]의 애자사용 공사로 전선을 시설할 경우 노면으로부터 몇 [m] 이상의 높이로 유지해야 하는가?

① 2   ② 2.5

③ 3   ④ 4

[해설] 사람이 상시 통행하는 터널 안의 배선 시설

① 사용전압 : 저압

② 애자사용공사에 의하고, 노면 상 2.5[m] 이상

③ 전로에는 터널의 입구에 가까운 곳에 전용 개폐기를 시설 할 것

[정답] 97 ③   98 ③   99 ③   100 ②

국가기술자격검정 필기시험문제

2017년도 산업기사 제3회 필기시험(산업기사)

자격종목 및 등급(선택분야)	종목코드	시험시간	문제지형별	수검번호	성명
전기산업기사		2시간 30분	A		

※ 시험문제지는 답안카드와 같이 반드시 제출하여야 합니다.

제1과목 : 전기자기학

01 100[kV]로 충전된 8×10^3[pF]의 콘덴서가 축적할 수 있는 에너지는 몇 [W] 전구가 2초 동안 한 일에 해당되는가?

① 10
② 20
③ 30
④ 40

해설

$$W = \frac{1}{2} C V^2$$

$$= \frac{1}{2} \times 8 \times 10^3 \times 10^{-12} \times (100 \times 10^3)^2 = 40[\text{J}]$$

$$\therefore W = P \cdot t[\text{J}]\text{에서}, \ P = \frac{40}{2} = 20[\text{W}]$$

02 제벡(Seebeck)효과를 이용한 것은?

① 광전지
② 열전대
③ 전자냉동
④ 수정 발진기

해설 제백효과

다른 두 종류의 금속선으로 된 폐회로의 두 접합점의 온도를 달리 하였을 때, 열기전력이 발생하는 효과로서 이때 흐르는 전류를 열전류, 연결한 금속 루프를 열전대라 한다.

03 마찰전기는 두 물체의 마찰열에 의해 무엇이 이동하는 것인가?

① 양자
② 자하
③ 중성자
④ 자유전자

해설

자유전자는 원자핵으로부터 멀리 있는 전자로서 원자핵 (+)전하에 의해 약한 인력을 받으므로 외부에서 작은 에너지만 주게 되면 자유롭게 떨어져서 돌아다니는 전자이다.

04 두 벡터 $A = -7i - j$, $B = 3i - 4j$ 가 이루는 각은?

① $30°$
② $45°$
③ $60°$
④ $90°$

해설

$$A \cdot B = |A||B|\cos\theta$$

$$\therefore \cos\theta = \frac{A \cdot B}{|A||B|} = \frac{A_x B_x + A_y B_y}{\sqrt{A^2} \cdot \sqrt{B^2}}$$

$$= \frac{(-7) \times (-3) + (-1) \times (-4)}{\sqrt{(-7)^2 + (-1)^2} \cdot \sqrt{(-3)^2 + (-4)^2}}$$

$$= \frac{25}{25\sqrt{2}} = \frac{1}{\sqrt{2}}$$

$$\therefore \theta = \cos^{-1}\frac{1}{\sqrt{2}} = 45°$$

정답 **01** ②   **02** ②   **03** ④   **04** ②

05 그림과 같이 반지름 a[m], 중심 간격 d[m]인 평행원통도체가 공기 중에 있다. 원통도체의 선 전하밀도가 각각 $\pm \rho_L$[C/m]일 때 두 원통도체 사이의 단위길이당 정전용량은 약 몇 [F/m]인가?(단, $d \gg a$이다)

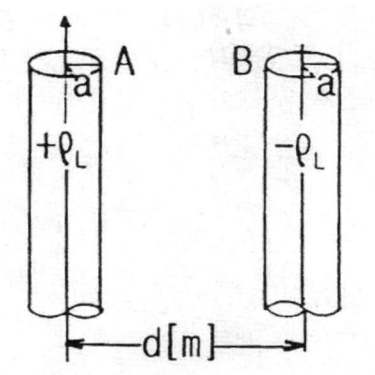

① $\dfrac{\pi\varepsilon_0}{\ln\dfrac{d}{a}}$　　　② $\dfrac{\pi\varepsilon_0}{\ln\dfrac{a}{d}}$

③ $\dfrac{4\pi\varepsilon_0}{\ln\dfrac{d}{a}}$　　　④ $\dfrac{4\pi\varepsilon_0}{\ln\dfrac{a}{d}}$

해설

$$C = \frac{\lambda}{V} = \frac{\lambda}{-\int_{d-a}^{a} E dr}$$

$$= \frac{\lambda}{\dfrac{-\lambda}{2\pi\varepsilon_0}\displaystyle\int_{d-a}^{a}\left(\dfrac{1}{r}+\dfrac{1}{d-r}\right)dr}$$

$$= \frac{\pi\varepsilon_0}{\ln\dfrac{d-a}{a}} = \frac{\pi\epsilon_0}{\ln\dfrac{d}{a}}[F/m]$$

06 횡전자파(TEM)의 특성은?

① 진행 방향의 E, H 성분이 모두 존재한다.

② 진행 방향의 E, H 성분이 모두 존재하지 않는다.

③ 진행 방향의 E 성분만 모두 존재하고, H 성분은 존재하지 않는다.

④ 진행 방향의 H 성분만 모두 존재하고, E 성분은 존재하지 않는다.

해설 횡전자파(TEM:Tramsverse Electromagnetic)

전파 E와 자파 H가 모두 전파 방향에 수직으로 전송 방향 성분은 존재하지 않는다.

07 반자성체가 아닌 것은?

① 은(Ag)　　　② 구리(Cu)

③ 니켈(Ni)　　　④ 비스무스(Bi)

해설

• 강자성체: Fe, Ni, Co

• 상자성체: Al, Mn, Pt, W, Sn, O, N

• 역(반)자성체: Bi, C, Si, Ag, Pb

08 멕스웰 전자계의 기초 방정식으로 틀린 것은?

① $rot\,H = i_c + \dfrac{\partial D}{\partial t}$　　② $rot\,E = -\dfrac{\partial B}{\partial t}$

③ $\mathrm{div}\,D = \rho$　　　④ $\mathrm{div}\,B = -\dfrac{\partial D}{\partial t}$

해설 맥스웰 전자계 기초방정식

• $rot\,E = -\dfrac{\partial B}{\partial t}$ (패러데이 법칙의 미분형)

• $rot\,H = i + \dfrac{\partial D}{\partial t}$ (암페어 주회법칙의 미분형)

• $\mathrm{div}\,D = \rho$

• divB =0(단독자극이 존재하지 않기 때문에 자속의 발산은 0이다)

09 무한히 긴 두 평행도선이 2[cm]의 간격으로 가설되어 100[A]의 전류가 흐르고 있다. 두 도선의 단위길이당 작용력은 몇 [N/m]인가?

① 0.1　　　② 0.5

③ 1　　　④ 1.5

정답 **05** ①　**06** ②　**07** ③　**08** ④　**09** ①

해설

$$F = \frac{2I_1 I_2}{d} \times 10^{-7} = \frac{2 \times 100 \times 100}{0.02} \times 10^{-7}$$
$$= 0.1[\text{N/m}]$$

10 $-1.2[\text{C}]$의 점전하가 $5a_x + 2a_y - 3a_z[\text{m/s}]$인 속도로 운동한다. 이 전하가 $E = -18a_x + 5a_y - 10a_z[\text{V/m}]$전계에서 운동하고 있을 때 이 전하에 작용하는 힘은 약 몇 [N]인가?

① 21.1 ② 23.5

③ 25.4 ④ 27.3

해설

$$F = q \cdot E = -1.2(-18a_x + 5a_y - 10a_z)$$
$$= 21.6a_x - 6a_y + 12a_z$$
$$= \sqrt{21.6^2 + 6^2 + 12^2} = 25.4[\text{N}]$$

11 전계 $E = \sqrt{2} E_e \sin\omega\left(t - \frac{z}{v}\right)[\text{V/m}]$의 평면 전자파가 있다. 진공 중에서의 자계의 실효값은 약 몇 [AT/m]인가?

① $2.65 \times 10^{-4} E_e$ ② $2.65 \times 10^{-3} E_e$

③ $3.77 \times 10^{-2} E_e$ ④ $3.77 \times 10^{-1} E_e$

해설

$$H = \frac{E}{Z_0} = \frac{E_e}{377} = 2.65 \times 10^{-3} E_e \ [\text{AT/m}]$$
$$Z_0 = \frac{E}{H} = \sqrt{\frac{\mu_0}{\epsilon_0}} = 377[\Omega]$$

12 전자석의 재료로 가장 적당한 것은?

① 잔류자기와 보자력이 모두 커야 한다.

② 잔류자기는 작고, 보자력은 커야 한다.

③ 잔류자기와 보자력이 모두 작아야 한다.

④ 잔류자기는 크고, 보자력은 작아야 한다.

해설

전자석의 재료는 잔류자기가 크고 보자력이 작아야한다. 즉, 보자력과 히스테리시스곡선의 면적이 모두 작다. 영구자석의 재료는 잔류자기와 보자력이 커야한다.

13 유전체내의 전계의 세기가 E, 분극의 세기가 P, 유전율이 $\varepsilon = \varepsilon_s \varepsilon_0$인 유전 체내의 변위 전류 밀도는?

① $\epsilon \frac{\partial E}{\partial t} + \frac{\partial P}{\partial t}$ ② $\epsilon_0 \frac{\partial E}{\partial t} + \frac{\partial P}{\partial t}$

③ $\epsilon_0\left(\frac{\partial E}{\partial t} + \frac{\partial P}{\partial t}\right)$ ④ $\epsilon\left(\frac{\partial E}{\partial t} + \frac{\partial P}{\partial t}\right)$

해설

유전체내의 변위 전류 밀도는

$$i_d = \frac{\partial D}{\partial t} = \frac{\partial}{\partial t}(\epsilon_0 E + P) = \epsilon_0 \frac{\partial E}{\partial t} + \frac{\partial P}{\partial t}$$
$$D = \varepsilon_0 E + P[C/m^2]$$

14 점전하 $+Q[\text{C}]$ 의 무한 평면도체에 대한 영상전하는?

① $Q[\text{C}]$와 같다. ② $-Q[\text{C}]$와 같다.

③ $Q[\text{C}]$보다 작다. ④ $Q[\text{C}]$ 보다 크다.

해설

무한 평면도체에서는 전위가 0이므로 그 조건을 만족하는 영상전하는 $-Q[\text{C}]$이 되고 거리는 $+Q[\text{C}]$과 반대 방향으로 같은 거리에 있다.

정답 **10** ③ **11** ② **12** ④ **13** ② **14** ②

15 두 코일 A, B의 자기 인덕턴스가 각각 3[mH], 5[mH]라 한다. 두 코일을 직렬연결 시, 자속이 서로 상쇄되도록 했을 때의 합성 인덕턴스는 서로 증가하도록 연결했을 때의 60[%]이었다. 두 코일의 상호인덕턴스는 몇 [mH]인가?

① 0.5 ② 1
③ 5 ④ 10

해설

$L = L_1 + L_2 + 2M$ ························· ①

$L^{'} = L_1 + L_2 - 2M = 0.6L$ ············· ②

①+②를 하면, $1.6L = 16$

∴ $L = 10[mH]$

①-②를 하면, $4M = 0.4L$

∴ $M = \dfrac{0.4}{4} \times 10 = 1[mH]$

---

16 고립 도체구의 정전용량이 50[pF]일 때 이 도체구의 반지름은 약 몇 [cm]인가?

① 5 ② 25
③ 45 ④ 85

해설

$C = 4\pi\varepsilon_0 a[F]$

∴ $a = \dfrac{C}{4\pi\epsilon_0} = 9 \times 10^9 \times 50 \times 10^{-12}$

$= 0.45[m] = 45[cm]$

---

17 N회 감긴 환상 솔레노이드의 단면적이 S[m²]이고 평균 길이가 l[m]이다. 이 코일의 권수를 반으로 줄이고 인덕턴스를 일정하게 하려면?

① 길이를 1/2로 줄인다.
② 길이를 1/4로 줄인다.
③ 길이를 1/8로 줄인다.
④ 길이를 1/16로 줄인다.

해설

$L = \dfrac{N\phi}{I} = \dfrac{N^2\phi}{Hl} = \dfrac{N^2\mu HS}{Hl} = \dfrac{\mu SN^2}{l}$

---

18 고유저항이 $\rho[\Omega \cdot m]$, 한 변의 길이가 r[m]인 정육면체의 저항 [Ω]은?

① $\dfrac{\rho}{\pi r}$ ② $\dfrac{r}{\rho}$

③ $\dfrac{\pi r}{\rho}$ ④ $\dfrac{\rho}{r}$

해설

도체의 저항은 $R = \rho \cdot \dfrac{l}{A}$ 에서 정육면체 한 변의 길이가 r[m]이므로 $A = r^2$, $l = r$이 된다.

∴ $R = \rho \dfrac{r}{r^2} = \dfrac{\rho}{r}[\Omega]$

---

19 내외 반지름이 각각 a, b이고 길이가 l인 동축 원통도체 사이에 도전율 σ, 유전율 ϵ인 손실유전체를 넣고, 내원통과 외원통간에 전압 V를 가했을 때 방사상으로 흐르는 전류는?(단, $RC = \epsilon\rho$이다)

① $\dfrac{2\pi l V}{\sigma \ln\dfrac{b}{a}}$ ② $\dfrac{\pi\sigma l V}{\ln\dfrac{b}{a}}$

③ $\dfrac{2\pi\sigma l V}{\ln\dfrac{b}{a}}$ ④ $\dfrac{4\pi\sigma l V}{\ln\dfrac{b}{a}}$

해설

$I = \dfrac{V}{R} = \dfrac{V}{\dfrac{\rho\varepsilon}{C}} = \dfrac{CV}{\rho\varepsilon} = \dfrac{2\pi\sigma l V}{\ln\dfrac{b}{a}}[A]$

$C = \dfrac{2\pi\varepsilon l}{\ln\dfrac{b}{a}}[F/m]$

(ρ : 고유저항, σ : 도전율)

정답 **15** ② **16** ③ **17** ② **18** ④ **19** ③

20 콘덴서를 그림과 같이 접속했을 때 C_x의 정전용량은 몇 $[\mu F]$인가?(단, $C_1 = C_2 = C_3 = 3[\mu F]$이고, a-b 사이의 합성정전용량은 5$[\mu F]$이다)

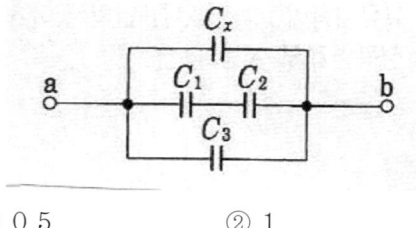

① 0.5 　　　　② 1
③ 2 　　　　④ 4

해설

a-b사이의 합성정전용량은

$$C = C_x + \frac{C_1 \times C_2}{C_1 + C_2} + C_3$$

$$5 = C_x + \frac{3 \times 3}{3 + 3} + 3$$

$$\therefore C_x = 0.5[\mu F]$$

제2과목 : 전력공학

21 전력계통에 과도안정도 향상대책과 관련 없는 것은?

① 빠른 고장 제거
② 속응 여자시스템 사용
③ 큰 임피던스의 변압기 사용
④ 병렬 송전선로의 추가 건설

해설 전력계통의 과도 안정도 향상대책
① 직렬리액턴스를 작게 한다.
 • 선로의 병행 회선수를 늘리거나 복도체 방식을 사용한다.
 • 직렬 콘덴서를 삽입하여 선로의 리액턴스를 보상한다.
② 전압 변동을 적게 한다.
 • 속응 여자방식을 채용한다.
 • 계통을 연계한다.

③ 중간조상방식을 패용한다.
④ 고장전류를 줄이고 고장구간을 신속하게 차단한다.
 • 중성점 접지방식을 채용하여 지락전류를 줄인다.
 • 고속도계전기, 고속도차단기, 고속도 재폐로 방식을 채용한다.
⑤ 고장 시 발전기 입·출력의 불평형을 적게 한다.
 • 조속기의 동작을 빠르게 한다.

22 다음 중 페란티 현상의 방지대책으로 적합하지 않은 것은?

① 선로 전류를 지상이 되도록 한다.
② 수전단에 분로리액터를 설치한다.
③ 동기조상기를 부족여자로 운전한다.
④ 부하를 차단하여 무부하가 되도록 한다.

해설 페란티현상
무부하 시 선로의 정전용량으로 인해서 수전단 전압이 송전단 전압보다 높아지는 현상으로 분로리액터를 설치하여 진상무효전력을 보상하여 페란티 현상을 방지한다.

23 보호계전기의 구비 조건으로 틀린 것은?

① 고장 상태를 신속하게 선택할 것
② 조정 범위가 넓고 조정이 쉬울 것
③ 보호동작이 정확하고 감도가 예민할 것
④ 접점의 소모가 크고, 열적 기계적 강도가 클 것

해설 보호계전기의 구비조건
• 보수점검이 용이하여야 한다.
• 열적, 기계적으로 견고하여야 한다.
• 소비전력이 작아야 한다.
• 가격이 싸야 한다.
• 고장상태를 신속, 정확하게 판단하여야 한다.
• 고장 개소를 정확하게 선택하여야 한다.
• 동작이 예민하고, 오동작이 없어야 한다.
• 조정 범위가 넓고, 조정이 용이하여야 한다.
• 내구성이 있고, 특성 변화가 없어야 한다.

정답 **20** ① **21** ③ **22** ④ **23** ④

1310 • Part 4. 기사·산업기사 최근기출문제

24 우리나라의 화력발전소에서 가장 많이 사용되고 있는 복수기는?

① 분사 복수기

② 방사 복수기

③ 표면 복수기

④ 증발 복수기

25 뒤진 역률 80[%], 1000[kW]의 3상 부하에 콘덴서를 설치하여 역률을 95[%]로 개선하려면 콘덴서의 용량을 약 몇 [kVA]로 해야 하는가?

① 240

② 420

③ 630

④ 950

해설

$$Q = P(\tan\theta_1 - \tan\theta_2) = 100\left(\frac{0.6}{0.8} - \frac{\sqrt{1-0.95^2}}{0.95}\right)$$
$$= 421.32[kVA]$$

26 154[kV] 송전선로에 10개의 현수애자가 연결되어 있다. 다음 중 전압부담이 가장 적은 것은?(단, 애자는 같은 간격으로 설치되어 있다)

① 철탑에 가장 가까운 것

② 철탑에서 3번째에 있는 것

③ 전선에서 가장 가까운 것

④ 전선에서 3번째에 있는 것

해설 애자련 중에서 전압분담이 최소가 되는 곳

• 철탑에서 가장 가까운 곳

• 보통 1개련 애자인 경우는 철탑에서 두 번째로 가까운 곳

• 10개의 현수애자의 경우는 철탑에서 3번째로 가까운 곳

27 교류송전에서는 송전거리가 멀어질수록 동일 전압에서의 송전 가능전력이 적어진다. 그 이유로 가장 알맞은 것은?

① 표피 효과가 커지기 때문이다.

② 코로나 손실이 증가하기 때문이다.

③ 선로의 어드미턴스가 커지기 때문이다.

④ 선로의 유도성 리액턴스가 커지기 때문이다.

해설

교류송전선로에는 송전거리가 멀어질수록 선로정수는 모두 증가 하는데, 초고압 장거리 송전선로에서는 저항과 정전용량은 유도성 리액턴스에 비해서 적기 때문에 크게 영향은 미치지 못한다.

$P = \dfrac{V_s \cdot V_r}{X}\sin\delta[W]$ 식에서 선로의 유도성 리액턴스가 커지기 때문에 송전가능 전력은 적어지게 된다.

28 충전된 콘덴서의 에너지에 의해 트립되는 방식으로 정류기, 콘덴서 등으로 구성되어 있는 차단기의 트립방식은?

① 과전류 트립방식

② 콘덴서 트립방식

③ 직류전압 트립방식

④ 부족전압 트립방식

해설

① 직류 전압 트립 방식: 별도로 설치된 축전지 등의 제어용 직류 전원의 에너지에 의하여 트립 되는 방식

② 과전류 트립 방식: 차단기의 주 회로에 접속된 변류기의 2차 전류에 의하여 차단기가 트립되는방식

③ 콘덴서 트립 방식: 충전된 콘덴서의 에너지에 의하여 트립되는 방식

④ 부족 전압 트립 방식: 부족 전압 트립 장치에 인가되어 있는 전압의 저하에 의하여 차단기가 트립 되는 방식

정답 24 ③ 25 ② 26 ② 27 ④ 28 ②

29 어느 일정한 방향으로 일정한 크기 이상의 단락전류가 흘렀을 때 동작하는 보호계전기의 약어는?

① ZR
② UFR
③ OVR
④ DOCR

해설 방향과전류계전기(DOCR)
일정한 방향으로 일정한 크기 이상의 단락전류가 흘렀을 때 동작한다.

30 전선의 자체 중량과 빙설의 종합하중을 W_1, 풍압하중을 W_2라 할 때 합성하중은?

① $W_1 + W_2$
② $W_2 - W_1$
③ $\sqrt{W_1 - W_2}$
④ $\sqrt{W_1^2 + W_2^2}$

31 보호계전기 동작속도에 관한 사항으로 한시특성 중 반한시형을 바르게 설명한 것은?

① 입력 크기에 관계없이 정해진 한시에 동작하는 것
② 입력이 커질수록 짧은 한시에 동작하는 것
③ 일정 입력 [200%]에서 0.2초 이내로 동작하는
④ 일정 입력 [200%]에서 0.04초 이내로 동작하는 것

해설 보호계전기의 동작특성
① 순한시 특성 : 최소 동작 전류 이상의 전류가 흐르면 즉시 동작하는 특성
② 반한시 특성 : 동작 전류가 커질수록 동작 시간이 짧게 되는 특성
③ 정한시 특성 : 동작 전류의 크기에 관계없이 일정한 시간에 동작하는 특성
④ 반한시 정한시 특성 : 동작 전류가 적은 동안에는 동작 전류가 커질수록 동작 시간이 짧게 되고 어떤 전류 이상이면 동작 전류의 크기에 관계없이 일정한 시간에 동작하는 특성

32 다음 중 배전선로의 부하율이 F일 때 손실계수 H와의 관계로 옳은 것은?

① $H = F$
② $H = \dfrac{1}{F}$
③ $H = F^3$
④ $0 \le F^2 \le H \le F \le 1$

해설
$$H = \alpha F + (1 - \alpha) F^2 \quad (\alpha = 0.1 \sim 0.4)$$
$$0 \le F^2 \le H \le F \le 1$$

33 송전선에 낙뢰가 가해져서 애자에 섬락이 생기면 아크가 생겨 애자가 손상되는데 이것을 방지하기 위하여 사용하는 것은?

① 댐 퍼(Damper)
② 아킹혼(Arcing horn)
③ 아모로드(Armour rod)
④ 가공지선(Overhead ground wire)

해설
• 소(초)호각 (Arcing horn) : 이상전압 발생 시 애자의 파손을 방지한다.
• 소(초)호환 (Arcing ring) : 애자련을 보호하며 애자련의 전압분담을 균일하게 한다.

34 154[kV] 3상 1회선 송전선로의 리액턴스가 10[Ω], 전류가 200[A]일 때 [%]리액턴스는?

① 1.84
② 2.25
③ 3.17
④ 4.19

해설
$$\%X = \frac{P \cdot X}{10 V^2} = \frac{I_n \cdot X}{E} \times 100 [\%]$$
$$= \frac{200 \times 10}{\dfrac{154 \times 10^3}{\sqrt{3}}} \times 100 = 2.25 [\%]$$

정답   29 ④   30 ④   31 ②   32 ④   33 ②   34 ②

35 우리나라에서 현재 가장 많이 사용되고 있는 배전 방식은?

① 3상 3선식

② 3상 4선식

③ 단상 2선식

④ 단상 3선식

> **해설**
> • 송전방식: 3상 3선식
> • 배전방식: 3상 4선식

36 조상설비가 아닌 것은?

① 단권변압기

② 분로 리액터

③ 동기조상기

④ 전력용 콘덴서

37 단거리 송전선의 4단자 정수 A, B, C, D 중 그 값이 0인 정수는?

① A

② B

③ C

④ D

> **해설**
> 단거리 송전선로는 R, L만 취급하므로 C는 어드미턴스값이므로 0이다.

38 전원 측과 송전선로의 합성 $\%Z_s$가 10[MVA] 기준용량으로 1[%]의 지점에 변전설비를 시설하고자 한다. 이 변전소에 정격 용량 6[MVA]의 변압기를 설치할 때 변압기 2차측의 단락용량은 몇 [MVA]인가?(단, 변압기의 $\%Z_t$는 6.9[%]이다)

① 80

② 100

③ 120

④ 140

> **해설**
> (기준) 6[MVA] 이때 선로 $\%Z_t$는,
> $$\%Z_t = \frac{6}{10} \times 1 = 0.6[\%]$$
> $\therefore$ 합성 $\%Z = 0.6 + 6.9 = 7.5[\%]$
> $$P_s = \frac{100}{\%Z} P_n = \frac{100}{7.5} \times 6 = 80[\text{MVA}]$$

39 그림과 같은 단상 2선식 배선에서 인입구 A점의 전압이 220[V]라면 C점의 전압[V]은?(단, 저항값은 1선의 값이며 AB간은 0.05[Ω], BC간은 0.1[Ω]이다)

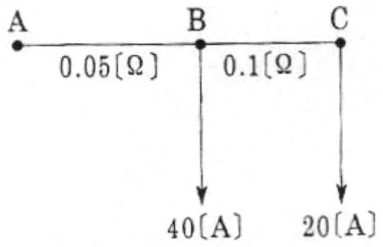

① 214

② 210

③ 196

④ 192

> **해설**
> $e = V_s - V_r = 2I(R\cos\theta + X\sin\theta)[V]$,
> C점의 전압[V]은
> $\therefore V_c = 220 - 2 \times (40 + 20) \times 0.05 - 2 \times 20 \times 0.1$
> $\quad = 210[V]$

40 파동 임피던스가 300[Ω]인 가공송전선 1[km] 당의 인덕턴스는 몇 [mH/km]인가?(단, 저항과 누설 콘덕턴스는 무시한다)

① 0.5

② 1

③ 1.5

④ 2

> **해설**
> $$L = \frac{Z_0}{v} = \frac{300}{3 \times 10^5} \times 10^3 = 1.0[\text{mH/km}]$$

정답　35 ②　36 ①　37 ③　38 ①　39 ②　40 ②

제3과목 : 전기기기

41 3상 전원의 수전단에서 전압 3300[V], 전류 1000[A], 뒤진 역률 0.8의 전력을 받고 있을 때 동기 조상기로 역률을 개선하여 1로 하고자 한다. 필요한 동기조상기의 용량은 약 몇 [kVA]인가?

① 1525
② 1950
③ 3150
④ 3429

해설

- 전류의 유효분 $= I\cos\theta = 1000 \times 0.8 - 800[A]$
- 전류의 무효분 $= I\sin\theta = 1000 \times 0.6 = 600[A]$

보상해야 할 전류는 0 역률(무효분)의 진상전류이므로, 필요한 동기조상기의 용량은

$P_a = \sqrt{3}\ VI = \sqrt{3} \times 3300 \times 600 \times 10^{-3}$
$\qquad = 3429[kVA]$

42 기동장치를 갖는 단상 유도전동기가 아닌 것은?

① 2중농형
② 분상기동형
③ 반발기동형
④ 셰이딩코일형

해설 단상유도 전동기 기동방법

- 분상 기동형
- 반발기동형
- 반발유도형
- 셰딩코일형
- 모노사이클릭 기동형

43 일반적인 직류전동기의 정격표시 용어로 틀린 것은?

① 연속정격
② 순시정격
③ 반복정격
④ 단시간정격

해설 직류전동기의 정격

① 연속정격
② 단시간정격
③ 반복정격
④ 공칭정격

44 직류전동기의 속도제어 방법 중 광범위한 속도 제어가 가능하며 운전 효율이 높은 방법은?

① 계자제어
② 전압제어
③ 직렬저항제어
④ 병렬저항제어

해설

직류전동기의 속도제어 방법 중에서 전압제어는 계자제어와 직렬저항제어에 비해서 고가이지만 광범위한 속도제어가 가능하며 운전효율이 높다.

45 트라이액 (triac)에 대한 설명으로 틀린 것은?

① 쌍방향성 3단자 사이리스터이다.
② 턴 오프 시간이 SCR보다 짧으며 급격한 전압변동에 강하다.
③ SCR 2개를 서로 반대방향으로 병렬 연결하여 양방향 전류제어가 가능하다.
④ 게이트에 전류를 흘리면 어느 방향이든 전압이 높은 쪽에서 낮은 쪽으로 도통한다.

해설 TRIAC의 특징

① 쌍방향성 3단자 사이리스터이다.
② 교류전력용의 제어용으로만 사용한다.
③ 정격전류 이하에서는 과전압으로 파괴되지 않는다.
④ 게이트에 전류가 흐르면 어떤 방향이건 관계없이 높은 곳에서 낮은 곳으로 통전한다.
⑤ 2개의 SCR를 서로 반대방향으로 역병렬 접속하여 양방향 전류제어가 가능하다.

46 탭 전환 변압기 1차측에 몇 개의 탭이 있는 이유는?

① 예비용 단자
② 부하 전류를 조정하기 위하여
③ 수전점의 전압을 조정하기 위하여
④ 변압기의 여자전류를 조정하기 위하여

정답 **41** ④ **42** ① **43** ② **44** ② **45** ② **46** ③

1314 · Part 4. 기사 · 산업기사 최근기출문제

47 스테핑전동기의 스텝각이 3°이고, 스테핑 주파수(pulse rate)가 1200[pps]이다. 이 스테핑전동기의 회전속도 [rps]는?

① 10 　　　　② 12

③ 14 　　　　④ 16

해설

스테핑전동기의 회전속도는

$$[rps] = \frac{스텝각(°)}{360°} \times 스테핑주파수[pps]$$

(주파수[Hz]인 경우 × 60)

$$= \frac{3}{3600} \times 1200 = 10[rps]$$

48 직류기의 전기자 반작용의 영향이 아닌 것은?

① 주자속이 증가한다.

② 전기적 중성축이 이동한다.

③ 정류 작용에 악영향을 준다.

④ 정류자편간 전압이 상승한다.

해설 직류기의 전기자 반작용의 영향

① 전기자 중성축이 이동한다(발전기: 회전방향, 전동기: 회전자 반대방향).

② 주자속이 감소한다.

③ 정류자편 사이에 고르지 못한 국부적인 전압이 상승한다(flashover 현상).

49 유도전동기 역상제동의 상태를 크레인이나 권상기의 강하 시 이용하고 속도제한의 목적에 사용되는 경우의 제동방법은?

① 발전제동 　　　② 유도제동

③ 회생제동 　　　④ 단상제동

해설 제동법

① 발전제동 : 전동기를 전원으로부터 분리된 후 1차 측에 직류전원을 공급하여 발전기로 동작 시킨 후 발생한 전력을 저항에서 열로 소비시키는 방법

② 유도제동 : 유도전동기의 역상제동의 상태를 크레인이나 권상기의 강하 시에 이용하고 속도제한의 목적에 사용되는 경우의 제동방법

③ 회생제동 : 유도전동기를 유도발전기로 동작시켜 그 발생전력을 전원에 반환하면서 제동하는 방법

④ 단상제동 : 권선형 유도전동기의 1차 측을 단상교류로 연결하고 2차 측에 적당한 크기의 저항을 넣으면 전동기의 회전과는 역방향의 토크가 발생되므로 제동된다.

⑤ 역상(역전)제동(플러깅) : 1차권선 (전원 측)의 3단자 중에 2단자의 접속을 바꾸면 역방향 토크가 발생되어 제동하는 방법으로 급속하게 정지시키고자 하는 경우에 사용하는 제동이다.

50 단락비가 큰 동기기의 특징 중 옳은 것은?

① 전압 변동률이 크다.

② 과부하 내량이 크다.

③ 전기자 반작용이 크다.

④ 송전선로의 충전 용량이 작다.

해설

단락비(K_s) $= \dfrac{1}{동기임피던스(p \cdot u)}$ 에서 단락비가 큰 기계는 계자권속 및 계자전류가 크며 전기자 권선의 권수가 적어 철기계라고 하며, 기계의 치수는 크기 때문에 철손, 기계손 등 고정손과 동손이 커서 효율이 나쁘고, 전압 변동률이 작고, 과부하 내량이 커서 안정도와 선로의 충전용량이 크다.

51 전류가 불연속인 경우 전원전압 220[V]인 단상 전파정류 회로에서 점호각 α=90° 일 때의 직류 평균전압은 약 몇 [V]인가?

① 45 　　　　② 84

③ 90 　　　　④ 99

해설

$$E_d = \frac{\sqrt{2}\,E}{\pi}(1 + \cos\theta),$$

$$\alpha = 90° = \frac{\sqrt{2}\,E}{\pi} = \frac{\sqrt{2} \times 220}{\pi} = 99.03[V]$$

정답 　47 ① 　48 ① 　49 ② 　50 ② 　51 ④

52 변압기의 냉각방식 중 유입자냉식의 표시 기호는?

① ANAN ② ONAN
③ ONAF ④ OFAF

해설
- ANAN : 건식밀폐자냉식
- ONAN : 유입자냉식
- ONAF : 유입풍냉식
- OFAF : 송유풍냉식

53 타여자 직류전동기의 속도제어에 사용되는 워드 레오나드(Ward Leonard) 방식은 다음 중 어느 제어법을 이용한 것인가?

① 저항제어법 ② 전압제어법
③ 주파수제어법 ④ 직병렬제어법

해설
워드 레오나드 방식은 역전을 포함해서 가장 광범위하게 속도조정을 할 수 있는 방식으로 널리 사용하고 있으며 전압 제어방법의 가장 대표적 방식이다.

54 단상변압기 2대를 사용하여 3150[V]의 평형 3상에서 210[V]의 평형 2상으로 변환하는 경우에 각 변압기의 1차 전압과 2차 전압은 얼마인가?

① 주좌 변압기: 1차 3150[V], 2차 210[V]
   T좌 변압기: 1차 3150[V], 2차 210[V]

② 주좌 변압기: 1차 3150[V], 2차 210[V]

   T좌 변압기: 1차 $3150 \times \dfrac{\sqrt{3}}{2}$[V],

   2차 210[V]

③ 주좌 변압기: 1차 $3150 \times \dfrac{\sqrt{3}}{2}$[V],

   2차 210[V]

   T좌 변압기: 1차 $3150 \times \dfrac{\sqrt{3}}{2}$[V],

   2차 210[V]

④ 주좌 변압기: 1차 $3150 \times \dfrac{\sqrt{3}}{2}$[V],

   2차 210[V]

   T좌 변압기: 1차 3150[V], 2차 210[V]

해설
주좌 변압기의 권수비: a_M

T좌 변압기의 권수비: a_T

1차 $a_T = a_M \times \dfrac{\sqrt{3}}{2} = 3150 \times \dfrac{\sqrt{3}}{2}$[$V$]

T좌 변압기는 1차 권선이 주좌변압기와 같다면 $\dfrac{\sqrt{3}}{2}$ 지점에서 인출한다.

55 3상 유도전동기의 속도제어법 중 2차 저항 제어와 관계가 없는 것은?

① 농형 유도전동기에 이용된다.
② 토크 속도특성의 비례추이를 응용한 것이다.
③ 2차 저항이 커져 효율이 낮아지는 단점이 있다.
④ 조작이 간단하고 속도제어를 광범위하게 행할 수 있다.

해설
2차 저항에 의한 기동법은 권선형 유도전동기의 기동법이다.

56 직류발전기의 무부하 특성곡선은 다음 중 어느 관계를 표시한 것인가?

① 계자전류-부하전류
② 단자전압-계자전류
③ 단자전압-회전속도
④ 부하전류-단자전압

정답 52 ② 53 ② 54 ② 55 ① 56 ②

1316 • Part 4. 기사 · 산업기사 최근기출문제

57 용량이 50[kVA] 변압기의 철손이 1[kW]이고 전부하동손이 2[kW]이다. 이 변압기를 최대 효율에서 사용하려면 부하를 약 몇 [kVA] 인가하여야 하는가?

① 25   ② 35

③ 50   ④ 71

해설 최대효율조건

$$P_i = m^2 P_c$$

$$\therefore m = \sqrt{\frac{P_i}{P_c}} = \sqrt{\frac{1}{2}}$$

즉, $\sqrt{\frac{1}{2}}$ 부하 시 최대효율이 된다.

$$\therefore 50 \times \sqrt{\frac{1}{2}} = 35.36 [kVA]$$

58 농형 유도전동기 기동 법에 대한 설명 중 틀린 것은?

① 전전압기동법은 일반적으로 소 용량에 적용 된다.

② $Y-\Delta$ 기동법은 기동전압[V]이 $\frac{1}{\sqrt{3}}$[V]로 감소한다.

③ 리액터 기동법은 기동 후 스위치로 리액터를 단락한다.

④ 기동보상기법은 최종속도 도달 후에도 기동 보상기가 계속 필요하다.

해설 기동보상기법

기동 시 전동기 단자에 인가된 전압을 단권변압기로 감압하므로써 기동전류를 억제하고, 기동완료 시에는 전 전압을 가하는 방식이므로 최종속도에 도달한 후에 는 기동보상기가 계속 필요 없다.

59 3상 반작용 전동기(reaction motor)의 특성 으로 가장 옳은 것은?

① 역률이 좋은 전동기

② 토크가 비교적 큰 전동기

③ 기동용 전동기가 필요한 전동기

④ 여자권선 없이 동기속도로 회전하는 전동기

해설 반작용 전동기

고정자 회전자계의 자기유도에 의해 돌극 부분에서 발 생하는 회전자계를 이용하는 동기 전동기로 릴럭턴스 모터(reluctance motor)라고 한다.

고정자는 3상권선 또는 콘덴서 부착의 단상권선을 설 치하여 회전자계를 만든다. 무여자의 경우 돌극기의 직축릴럭턴스와 횡축릴럭턴스가 다르기 때문에 발생 하는 반작용 토크 성분에 의해 동기 속도로 회전한다 (장점으로는 구조가 간단하고 직류여자가 필요하지 않 지만, 토크가 작고, 역률과 효율이 나쁘다).

60 2대의 3상 동기발전기를 동일한 부하로 병 렬운전하고 있을 때 대응하는 기전력사이에 60°의 위상차가 있다면 한 쪽 발전기에서 다른 쪽 발전기에 공급되는 1상당 전력은 약 몇 [kW]인가?(단, 각 발전기의 기전력(선 간)은 3300[V], 동기리액턴스는 5[Ω]이고 전기자 저항은 무시한다)

① 181   ② 314

③ 363   ④ 720

해설

$$P = \frac{E^2}{2x_s} \sin\delta_s = \frac{\left(\frac{3300}{\sqrt{3}}\right)^2}{2 \times 5} \sin 60° \times 10^{-3}$$

$$= 314.37 [kW]$$

제4과목 : 회로이론 및 제어공학

61 코일에 단상 100[V]의 전압을 가하면 30[A]의 전류가 흐르고 1.8[kW]의 전력을 소비한다고 한다. 이 코일과 병렬로 콘덴서를 접속하여 회로의 역률을 100[%]로 하기 위한 용량 리액턴스는 약 몇 [Ω]인가?

① 4.2
② 6.2
③ 8.2
④ 10.2

해설

$P_a = VI = 1000 \times 30 = 3000[VA]$

$P = 1.8 \times 10^3[W]$

무효전력 : $P_r = \sqrt{3000^2 - (1.8 \times 10^3)^2}$
$= 2400[\text{Var}]$

$\therefore P_r = \dfrac{V^2}{X_c}$ 에서, $X_c = \dfrac{100^2}{2400} = 4.2[\Omega]$

62 그림과 같은 회로에서 저항 r_1, r_2에 흐르는 전류의 크기가 1:2의 비율이라면 r_1, r_2는 각각 몇 [Ω]인가?

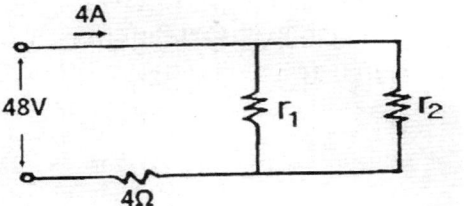

① $r_1 = 6$, $r_2 = 3$
② $r_1 = 8$, $r_2 = 4$
③ $r_1 = 16$, $r_2 = 8$
④ $r_1 = 24$, $r_2 = 12$

해설

r_1과 r_2에 흐르는 전류의 크기가 1 : 2 이므로

$r_1 : r_2 = \dfrac{1}{1} : \dfrac{1}{2}$ 에서, $r_2 = 2r_1$이 된다.

$V = I \cdot R$ 에서

$48 = 4 \left(\dfrac{r_1 \times r_2}{r_1 + r_2} \right)$ 식에, $r_2 = 2r_1$을 대입하면

$r_2 = 12[\Omega]$, $r_1 = 24[\Omega]$이 된다.

63 회로에서 스위치를 닫을 때 콘덴서의 초기 전하를 무시하면 회로에 흐르는 전류 $i(t)$는 어떻게 되는가?

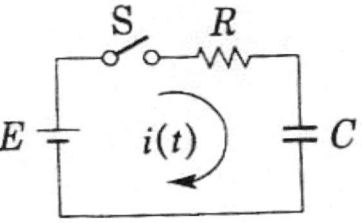

① $\dfrac{E}{R} e^{\frac{C}{R}t}$

② $\dfrac{E}{R} e^{\frac{R}{C}t}$

③ $\dfrac{E}{R} e^{-\frac{1}{CR}t}$

④ $\dfrac{E}{R} e^{\frac{1}{CR}t}$

해설

$E = R\,i(t) + \dfrac{1}{C}\displaystyle\int i(t)\,dt$ 를 라플라스 변환하면

$\dfrac{E}{s} = RI(s) + \dfrac{I(s)}{Cs} + \dfrac{i^{-1}(0)}{Cs}$ 에서 초기전하를 무시하면,

$\dfrac{E}{s} = \left(R + \dfrac{1}{Cs} \right) I(s)$

$I(s) = \dfrac{E}{s\left(R + \dfrac{1}{Cs} \right)} = \dfrac{\dfrac{E}{R}}{R + \dfrac{1}{RC}}$ 에서,

$i(t) = \mathcal{L}^{-1} I(s) = \dfrac{E}{R} e^{-\frac{1}{RC}t}[A]$

[정답] **61** ① **62** ④ **63** ③

64 다음 그림과 같은 전기회로의 입력을 e_i, 출력을 e_0라고 할 때 전달함수는?

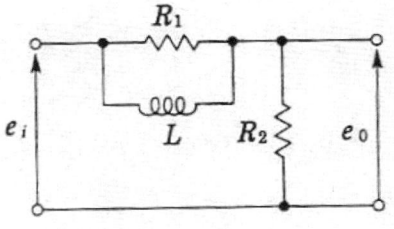

① $\dfrac{R_2(1+R_1Ls)}{R_1+R_2+R_1R_2Ls}$

② $\dfrac{1+R_2Ls}{1+(R_1+R_2)Ls}$

③ $\dfrac{R_2(R_1+Ls)}{R_1R_2+R_1Ls+R_2Ls}$

④ $\dfrac{R_2+\dfrac{1}{Ls}}{R_1+R_2+\dfrac{1}{Ls}}$

해설

$E_i(s)=\left(\dfrac{R_1\times Ls}{R_1+Ls}+R_2\right)I(s)$

$E_0(s)=R_2I(s)$

$\therefore G(s)=\dfrac{E_0(s)}{E_i(s)}=\dfrac{R_2I(s)}{\left(\dfrac{R_1\times Ls}{R_1+Ls}+R_2\right)\cdot I(s)}$

$=\dfrac{R_2(R_1+Ls)}{R_1R_2+R_1Ls+R_2Ls}$

65 3대의 단상변압기를 △결선으로 하여 운전하던 중 변압기 1대가 고장으로 제거하여 V결선으로 한 경우 공급할 수 있는 전력은 고장 전 전력의 몇 [%]인가?

① 57.7   ② 50.0

③ 63.3   ④ 67.7

해설

• V결선의 출력: $P_V=\sqrt{3}\,VI\cos\theta\,[W]$

• 변압기의 이용률:

$\dfrac{\sqrt{3}\,VI\cos\theta}{2\,VI\cos\theta}=\dfrac{\sqrt{3}}{2}=0.866$

• 출력비:

$\dfrac{P_V}{P_\triangle}=\dfrac{\sqrt{3}\,VI\cos\theta}{3\,VI\cos\theta}=\dfrac{1}{\sqrt{3}}=0.577$

$\therefore 57.7[\%]$

66 3상회로의 영상분, 정심분, 역상분을 각각 $I_0,\,I_1,\,I_2$라 하고 선전류를 $I_a,\,I_b,\,I_c$라 할 때 I_b는?(단, $a=-\dfrac{1}{2}+j\dfrac{\sqrt{3}}{2}$ 이다)

① $I_0+I_1+I_2$

② $I_0+a^2I_1+aI_2$

③ $\dfrac{1}{3}(I_0+I_1+I_2)$

④ $\dfrac{1}{3}(I_0+aI_1+a^2I_2)$

해설

• a상전류 $I_a=I_0+I_1+I_2$

• b상전류 $I_b=I_0+a^2I_1+aI_2$

• c상전류 $I_c=I_0+aI_1+a^2I_2$

67 전압의 순시값이 $v=3+10\sqrt{2}\,\sin\omega t\,[V]$일 때 실효값은 약 몇 [V]인가?

① 10.4

② 11.6

③ 12.5

④ 16.2

해설

실효값: $V_e=\sqrt{3^2+10^2}=10.44\,[V]$

정답   **64** ③   **65** ①   **66** ②   **67** ①

68 시간지연 요인을 포함한 어떤 특정계가 다음 미분방적식 $\dfrac{dy(t)}{dt}+y(t)=x(t-T)$로 표현된다. $x(t)$를 입력, $y(t)$를 출력이라 할 때 이 계의 전달함수는?

① $\dfrac{e^{-sT}}{s+1}$

② $\dfrac{s+1}{e^{-sT}}$

③ $\dfrac{e^{sT}}{s-1}$

④ $\dfrac{e^{-2sT}}{s+2}$

해설

전달함수는 모든 초기값을 0으로 했을 때 출력신호의 라플라스 변환과 입력신호의 라플라스 변환의 값이다.
$\dfrac{dy(t)}{dt}+y(t)=x(t-T)$값을 라플라스 변환하면,
$(s+1)\,Y(s)=e^{-Ts}\,X(s)$
$\therefore\ G(s)=\dfrac{Y(s)}{X(s)}=\dfrac{e^{-Ts}}{s+1}$

69 다음과 같은 회로에서 단자 a, b 사이의 합성 저항[Ω]은?

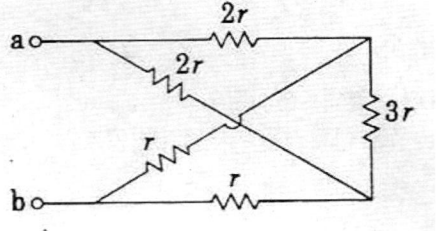

① r

② $\dfrac{1}{2}r$

③ $\dfrac{3}{2}r$

④ $3r$

해설

a와 b 사이를 브리지형태로 바꾸면

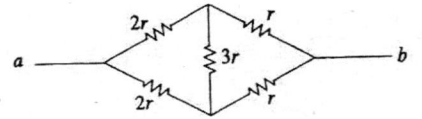

로 되고 이때 합성저항은 $R=\dfrac{3r\times 3r}{3r+3r}=\dfrac{3}{2}r\,[\Omega]$

70 4단자 회로망이 가역적이기 위한 조건으로 틀린 것은?

① $Z_{12}=Z_{21}$

② $Y_{12}=Y_{21}$

③ $H_{12}=-H_{21}$

④ $AB-CD=1$

해설

$AD-BC=1$

71 그림과 같은 회로에서 유도성 리액턴스 X_L의 값 [Ω]은?

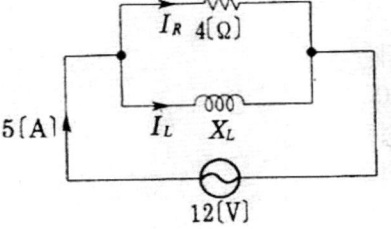

① 8　　　　　　② 6

③ 4　　　　　　④ 1

해설

$I_R=\dfrac{E}{R}=\dfrac{12}{3}=4\,[A]$

$I_L=\sqrt{I^2-I_R^2}=\sqrt{5^2-4^2}=3\,[A]$

$\therefore\ X_L=\dfrac{E}{I_L}=\dfrac{12}{3}=4\,[\Omega]$

정답　**68** ①　　**69** ③　　**70** ④　　**71** ③

1320 · Part 4. 기사 · 산업기사 최근기출문제

72 그림과 같은 단일 임피던스 회로의 4단자 정수는?

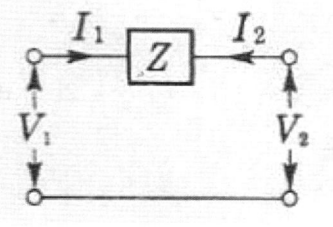

① A=Z, B=0, C=1, D=0

② A=0, B=1, C=Z, D=1

③ A=1, B=Z, C=0, D=1

④ A=1, B=0, C=1, D=Z

해설

$V_1 = A V_2 + B I_2$
$I_1 = C V_2 + D I_2$

$A = \left.\dfrac{V_1}{V_2}\right|_{I_2=0} = \dfrac{V_1}{V_1} = 1$, $B = \left.\dfrac{V_1}{I_2}\right|_{V_2=0} = \dfrac{ZI_2}{I_2} = Z$

$C = \left.\dfrac{I_1}{V_2}\right|_{I_2=0} = \dfrac{0}{V_2} = 0$, $D = \left.\dfrac{I_1}{I_2}\right|_{V_2=0} = \dfrac{I_2}{I_2} = 1$

73 저항 3개를 Y로 접속하고 이것을 선간전압 200[V] 평형 3상 교류 전원에 연결할 때 선전류가 20[A] 흘렀다. 이 3개의 저항을 △로 접속하고 동일전원에 연결하였을 때의 선전류는 몇 [A]인가?

① 30 ② 40

③ 50 ④ 60

해설

Y결선이면 $I_l = I_p = 20[A]$가 된다.

$R = \dfrac{V_P}{I_P} = \dfrac{\frac{200}{\sqrt{3}}}{20} = 5.77[\Omega]$

∴ △결선이면,

$I_l = \sqrt{3}\, I_P = \sqrt{3} \times \dfrac{200}{5.77} = 60.04[A]$

74 $R = 4000[\Omega]$, $L = 5[H]$의 직렬회로에 직류 전압 200[V]를 가할 때 급히 단자 사이의 스위치를 단락시킬 경우 이로부터 1/800 초 후 회로의 전류는 몇 [mA]인가?

① 18.4

② 1.84

③ 28.4

④ 2.84

해설

급히 단자사이의 스위치를 단락 시킬 경우이므로

$i(t) = \dfrac{E}{R} e^{-\frac{R}{L}t} = \dfrac{200}{4000} e^{-\frac{4000}{5} \times \frac{1}{800}} \times 10^3$

$= 18.39[\text{mA}]$

75 다음과 같은 파형을 푸리에 급수로 전개하면?

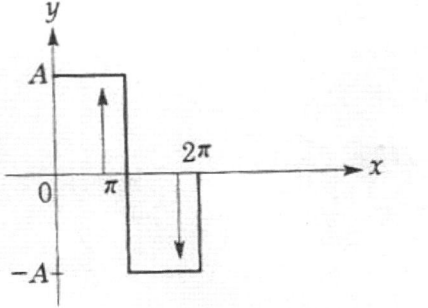

① $y = \dfrac{4A}{\pi}\left(\sin\alpha\sin x + \dfrac{1}{9}\sin 3\alpha\sin 3x + \cdots\cdots\right)$

② $y = \dfrac{4A}{\pi}\left(\sin x + \dfrac{1}{3}\sin 3x + \dfrac{1}{5}\sin 5x + \cdots\cdots\right)$

③ $y = \dfrac{4}{\pi}\left(\dfrac{\cos 2x}{1.3} + \dfrac{\cos 4x}{3.5} + \dfrac{\cos 6x}{5.7} + \cdots\cdots\right)$

④ $y = \dfrac{A}{\pi} + \dfrac{\sin 2x}{2} + \dfrac{\sin 4x}{4} + \cdots\cdots$

정답 **72** ③ **73** ④ **74** ① **75** ②

해설

퓨리에 급수에서 반파 및 정현대칭이므로 $a_0 = a_m$ $= 0$이고 b_n항인 sin항의 기수차만 존재한다

$$\left(f_{(t)} = a_0 + \sum_{n=1}^{\infty} a_n \cos n\omega t + \sum_{n=1}^{\infty} b_n \sin n\omega t\right).$$

76 $i_1 = I_m \sin\omega t$ [A]와 $i_2 = I_m \cos\omega t$ [A]인 두 교류 전류의 위상차는 몇 도인가?

① $0°$　　　　　② $30°$
③ $60°$　　　　　④ $90°$

해설

$i_2 = I_m \cos\omega t = I_m \sin(\omega t + 90°)\,[A]$
∴ 위상차 $= 90°$

77 R–L 직렬회로에서 $e = 10 + 100\sqrt{2}\,\sin\omega t$ $+ 50\sqrt{2}\,\sin(3\omega t + 60°) + 60\sqrt{2}\,\sin(5\omega t + 30°)$ [V]인 전압을 가할 때 제3고조파 전류의 실효값은 몇 [A]인가?(단, $R = 8\,[\Omega]$, $\omega L = 2\,[\Omega]$ 이다)

① 1　　　　　② 3
③ 5　　　　　④ 7

해설

$I_3 = \dfrac{V_3}{Z_3} = \dfrac{50}{\sqrt{8^2 + 6^2}} = 5\,[A]$

$Z_3 = R + j3\omega L = 8 + j3 \times 2 = 8 + j6\,[\Omega]$

78 대칭 n상 Y결선에서 선간전압의 크기는 상전압의 몇 배인가?

① $\sin\dfrac{\pi}{n}$　　　　② $\cos\dfrac{\pi}{n}$

③ $2\sin\dfrac{\pi}{n}$　　　④ $2\cos\dfrac{\pi}{n}$

해설

$V_l = 2V_p \sin\dfrac{\pi}{n}$ 에서,　　$\dfrac{V_l}{V_p} = 2\sin\dfrac{\pi}{n}$

79 다음 함수 $F(s) = \dfrac{5s+3}{s(s+1)}$의 역 라플라스 변환은?

① $2 + 3e^{-t}$　　　② $3 + 2e^{-t}$
③ $3 - 2e^{-t}$　　　④ $2 - 3e^{-t}$

해설

$F(s) = \dfrac{5s+3}{s(s+1)} = \dfrac{A}{s} + \dfrac{B}{s+1}$

$A = \lim_{s \to 0} \dfrac{5s+3}{s+1} = 3$

$B = \lim_{s \to -1} \dfrac{5s+3}{s} = 2$

$= \dfrac{3}{s} + \dfrac{2}{s+1}$

$\therefore \mathcal{L}^{-1}F(s) = f(t) = 3 + 2e^{-t}$

80 그림과 같은 회로가 공진이 되기 위한 조건을 만족하는 어드미턴스는?

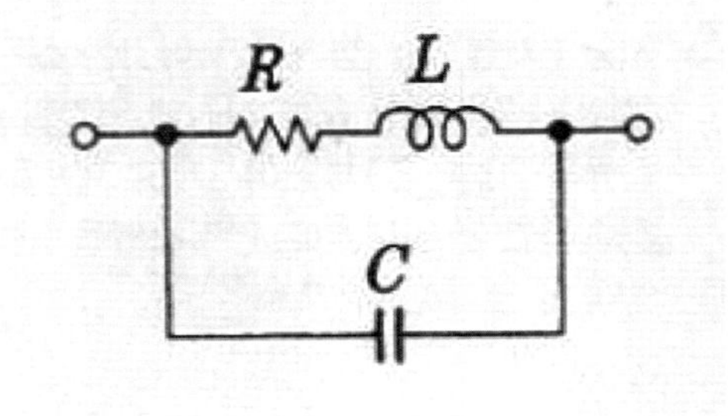

① $\dfrac{CL}{R}$　　　　② $\dfrac{CR}{L}$

③ $\dfrac{L}{CR}$　　　　④ $\dfrac{LR}{C}$

정답　**76** ④　**77** ③　**78** ③　**79** ②　**80** ②

1322 • Part 4. 기사 · 산업기사 최근기출문제

해설

공진시의 합성 어드미턴스의 허수부=0,

$$Y = Y_1 + Y_2 = \frac{1}{R + j\omega L} + j\omega C$$

$$= \frac{R}{R^2 + \omega^2 L^2} + j\left(\omega C - \frac{\omega L}{R^2 + \omega^2 L^2}\right)$$

$$\therefore \ Y = \frac{R}{R^2 + \omega^2 L^2}[\mho]$$

공진조건에서, $\omega C = \dfrac{\omega L}{R^2 + \omega^2 L^2}$

$R^2 + \omega^2 L^2 = \dfrac{L}{C}$ 이값을 대입하면,

$$Y = \frac{R}{\dfrac{L}{C}} = \frac{RC}{L}[\mho]$$ 가 된다.

제5과목 : 전기설비기술기준 및 판단기준

81 저압 절연전선을 사용한 220[V]저압 가공전선이 안테나와 접근상태로 시설되는 경우 가공전선과 안테나 사이의 이격 거리는 몇 [cm] 이상이어야 하는가?(단, 전선이 고압 절연전선, 특고압 절연전선 또는 케이블인 경우는 제외한다)

① 30 ② 60
③ 100 ④ 120

해설 가공전선과 안테나 사이의 이격거리
- 저압 : 60[cm](전선이 고압절연전선, 특고절연전선인 전선 또는 케이블: 30[cm] 이상)
- 고압 : 80[cm](전선이 케이블: 40[cm]) 이상일 것

82 금속덕트에 넣은 전선의 단면적의 합계는 덕트의 내부 단면적의 몇 [%] 이하이어야 하는가?

① 10 ② 20
③ 32 ④ 48

해설
금속덕트에 넣은 전선의 단면적 (절연피복포함) 합계는 덕트내부 단면적의 20[%] (전광표시장치, 출퇴근 표시등, 제어회로용 배선만을 넣는 경우: 50[%]) 이하일 것

83 지선을 사용하여 그 강도를 분담시키면 안되는 가공전선로의 지지물은?

① 목주
② 철주
③ 철탑
④ 철근 콘크리트주

84 저압 가공인입선 시설 시 도로를 횡단하여 시설하는 경우 노면상 높이는 몇 [m] 이상으로 하여야 하는가?

① 4 ② 4.5
③ 5 ④ 5.5

해설 저압가공인입선의 높이
- 도로횡단 : 노면상 5[m](교통에 지장이 없는 도로횡단: 3[m]) 이상
- 철도횡단 : 레일면상 6.5[m] 이상
- 횡단보도 교 위 가설 : 노면상 3[m] 이상

85 60[kV]이하의 특고압 가공전선과 식물과의 이격거리는 몇 [m] 이상이어야 하는가?

① 2 ② 2.12
③ 2.24 ④ 2.36

해설 특고가공전선과 식물과의 이격거리
- 35[kV] 초과 60[kV] 이하 : 2[m] 이상
- 60[kV] 초과 : 2+0.12n[m] 이상

정답 81 ② 82 ② 83 ③ 84 ③ 85 ①

86 전기부식 방지 시설에서 전원장치를 사용하는 경우로 옳은 것은?

① 전기부식방지 회로의 사용전압은 교류 60[V] 이하일 것

② 지중에 매설하는 양극(+)의 매설 깊이는 50[cm] 이상일 것

③ 지표 또는 수중에서 1[m] 간격이 임의의 2점간의 전위차는 7[V]를 넘지 말 것

④ 수중에 시설하는 양극(+)과 그 주위 1[m] 이내의 거리에 있는 임의 점과의 사이의 전위차는 10[V]를 넘지 말 것

해설

전기부식방지시설

• 전기부식방지 회로의 사용전압: 직류 60[V] 이하
• 양극의 매설깊이: 지중에 매설시 75[cm] 이상 일 것
• 수중에 시설하는 양극과 그 주위 1[m] 이내의 거리에 있는 임의 점과의 사이의 전위차는 10[V]를 넘지 아니할 것
• 지표 또는 수중에서 1[m] 간격의 임의의 2점간의 전위차는 5[V]를 넘지 말 것

87 400[V] 미만인 저압용 전동기 외함을 접지공사 할 경우 접지선의 공칭단면적은 몇 [mm²] 이상의 연동선이어야 하는가?

① 0.75

② 2.5

③ 6

④ 16

해설

① 기계기구의 철대 및 외함의 접지
  • 400[V] 미만인 저압용 : 제 3종 접지공사
  • 400[V] 이상의 저압용 : 특별 제 3종 접지공사
  • 고압 또는 특고압용의 것 : 제 1종 접지공사

② 제 1종 접지공사의 접지선의 굵기: 공칭단면적 6[mm²] 이상의 연동선

③ 제 2종 접지공사의 접지선의 굵기: 공칭단면적 16[mm²] 이상 (특고압 중성점 다중접지식과 고압전로와 저압전로를 변압기에 의해 결합하는 경우: 6[mm²] 이상)의 연동선

④ 제 3종 접지공사 및 특별 제 3종 접지공사의 접지선의 굵기: 공칭단면적 2.5[mm²] 이상의 연동선

88 345[kV] 변전소의 충전 부분에서 5.98[m] 거리에 울타리를 설치할 경우 울타리 최소 높이는 몇 [m]인가?

① 2.1

② 2.3

③ 2.5

④ 2.7

해설

160[[kV]를 넘는 경우 : 6+0.12n[m] 이상

$n = \dfrac{345-160}{10} = 18.5$ 이 값은 절상이므로,

19단이 된다.

$\therefore 6 + 0.12 \times 19 = 8.28\,[m]$에서,

$8.28 = 5.98 + x$, $\qquad \therefore x = 2.3\,[m]$

89 동기발전기를 사용하는 전력계통에 시설하여야 하는 장치는?

① 비상 조속기

② 분로 리액터

③ 동기검정장치

④ 절연유 유출방지설비

해설

동기발전기를 시설하는 경우에는 동기검정장치를 시설한다.

정답 **86** ④ **87** ② **88** ② **89** ③

90 특고압 가공전선로의 지지물에 시설하는 통신선 또는 이에 직접 접속하는 통신선 중 옥내에 시설하는 부분은 몇 [V] 이상의 저압 옥내배선의 규정에 준하여 시설하도록 하고 있는가?

① 150
② 300
③ 380
④ 400

91 제2종 특고압 보안공사 시 B종 철주를 지지물로 사용하는 경우 경간은 몇 [m] 이하인가?

① 100
② 200
③ 400
④ 500

해설 전선로의 경간제한(판단기준 제 125조)

지지물 종류	표준 경간	저·고압 보안공사	1종 특고 보안 공사	2·3종 특고 보안 공사
목주 A종	150	100	X	100
B종	250	150	150	200
철탑	600	400	400	400

92 전체의 길이가 18[m]이고, 설계하중이 6.8 [kN]인 철근 콘크리트주를 지반이 튼튼한 곳에 시설하려고 한다. 기초 안전율을 고려하지 않기 위해서는 묻히는 깊이를 몇 [m] 이상으로 시설하여야 하는가?

① 2.5
② 2.8
③ 3
④ 3.2

해설

전장 \ 설계하중	6.8[kN] 이하	6.8[kN] 초과~ 9.8[kN] 이하	9.8[kN] 초과~ 14.72[kN] 이하
15[m] 이하	전장× 1/6[m] 이상	전장×1/6 +0.3[m] 이상	전장×1/6 +0.5[m] 이상
15[m] 초과	2.5[m] 이상	2.8[m] 이상	–
16[m] 초과~ 20[m] 이하	2.8[m] 이상	–	–
15[m] 초과~ 18[m] 이하	–	–	3[m] 이상
18[m] 초과	–	–	3.2[m] 이상

93 변전소를 관리하는 기술원이 상주하는 장소에 경보장치를 시설하지 아니하여도 되는 것은?

① 조상기 내부에 고장이 생긴 경우
② 주요 변압기의 전원 측 전로가 무 전압으로 된 경우
③ 특고압용 타냉식 변압기의 냉각장치가 고장 난 경우
④ 출력 200[kVA] 특고압용 변압기의 온도가 현저히 상승한 경우

해설

출력 3000[kVA]를 넘는 특고압용 변압기는 그 온도가 현저히 상승한 경우

정답 90 ④ 91 ② 92 ② 93 ④

94 케이블 트레이 공사에 대한 설명으로 틀린 것은?

① 금속재의 것은 내식성 재료의 것이어야 한다.

② 케이블 트레이의 안전율은 1.25 이상이어야 한다.

③ 비금속제 케이블 트레이는 난연성 재료의 것이어야 한다.

④ 전선의 피복 등을 손상시킬 돌기 등이 없이 매끈하여야 한다.

해설 케이블 트레이 공사

• 케이블트레이의 종류: 사다리형, 통풍채널형, 바닥밀폐형, 펀칭형
• 저압옥내배선에 의한다.
• 전선: 연피케이블, 알루미늄피케이블 등 난연성 케이블(비금속제 케이블 트레이), 기타 케이블, 금속관 혹은 합성수지관 등에 넣은 절연전선
• 케이블 트레이의 안전율은 1.5 이상
• 사용전압 400[V] 미만은 제 3종, 400[V] 이상은 특별 제 3종 접지 공사를 할 것

95 의료장소의 수술실에서 전기설비의 시설에 대한 설명으로 틀린 것은?

① 의료용 절연변압기의 정격출력은 10[kVA] 이하로 한다.

② 의료용 절연변압기의 2차측 정격전압은 교류 250[V] 이하로 한다.

③ 절연감시 장치를 설치하는 경우 누설전류가 5[mA]에 도달하면 경보를 발하도록 한다.

④ 전원 측에 강화절연을 한 의료용 절연변압기를 설치하고 그 2차 측 전로는 접지한다.

해설

절연변압기는 전원측에 시설하고, 2차측 전로에 접지를 시공하지 아니하여야 하며, 1차측 전로에는 누전차단기를 시설하지 않는다.

96 전등 또는 방전등에 저압으로 전기를 공급하는 옥내의 전로의 대지 전압은 몇 [V] 이하이어야 하는가?

① 100 　　② 200

③ 300 　　④ 400

해설 주택옥내전로

대지전압 300[V] 이하(단, 사용전압 400[V] 미만일 것)

97 저압가공 인입선 시설 시 사용할 수 없는 전선은?

① 절연전선, 다심형 전선, 케이블

② 지름 2.6[mm] 이상의 인입용 비닐절연전선

③ 인장강도 1.2[kN] 이상의 인입용 비닐절연전선

④ 사람의 접촉우려가 없도록 시설하는 경우 옥외용 비닐절연전선

해설

전선은 케이블인 경우 이외에는 인장강도 2.30[kN] 이상의 것 또는 지름 2.6[mm] 이상의 인입용 비닐 절연전선 일 것(다만 경간이 15[m] 이하인 경우는 인장강도 1.25[kN] 이상의 인입용 비닐 절연전선일 것)

98 전용부지가 아닌 가공 직류 전차선의 레일면상의 높이는 몇 [m] 이상으로 하여야 하는가?

① 3.6 　　② 4

③ 4.4 　　④ 4.8

해설 가공 직류전차선의 레일면상의 높이

• 레일면상의 높이 : 4.8[m] 이상
• 전용부지 위에 시설 시 : 4.4[m] 이상
• 터널 안 : 3.5[m] 이상
• 광산기타 : 1.8[m] 이상

정답　**94** ②　**95** ④　**96** ④　**97** ④　**98** ④

99 고압 가공전선로의 가공지선으로 나경동선을 사용하는 경우의 지름은 몇 [mm] 이상이어야 하는가?

① 3.2 ② 4
③ 5.5 ④ 6

해설

고압가공전선로에 사용하는 가공지선에는 인장강도 5.26[kN] 이상의 것 또는 지름 4[mm] 이상의 나경동선을 사용한다.

100 저압의 옥측 배선 또는 옥외배선 시설로 틀린 것은?

① 400[V] 이상 저압의 전개된 장소에 애자사용 공사로 시설
② 합성수지관 또는 금속관 공사, 가요전선관 공사로 시설
③ 400[V] 이상 저압의 점검 가능한 은폐장소에 버스덕트 공사로 시설
④ 옥내 전로의 분기점에서 10[m] 이상인 저압의 옥측배선 또는 옥외배선의 개폐기를 옥내 전로용과 겸용으로 시설

해설 옥측배선 또는 옥외배선의 시설

저압의 옥측배선 또는 옥외배선의 개폐기 및 과전류 차단기는 옥내 전로용의 것과 겸용하지 아니할 것. 다만, 그 배선의 길이가 옥내선로의 분기점으로부터 8[m] 이하인 경우에 옥내 전로용의 과전류 차단기의 정격전류가 15[A] 배선용 차단기는 20[A] 이하인 경우에는 그러하지 아니하다.

정답 **99** ② **100** ④

국가기술자격검정 필기시험문제

2018년도 기사 제1회 필기시험(기사)

자격종목 및 등급(선택분야)	종목코드	시험시간	문제지형별	수검번호	성명
전기기사		2시간 30분	**A**		

※ 시험문제지는 답안카드와 같이 반드시 제출하여야 합니다.

제1과목 : 전기자기학

01 평면도체 표면에서 r[m]의 거리에 점전하 Q [C]이 있을 때 이 전하를 무한원까지 운반하는 데 필요한 일은 몇 J인가?

① $\dfrac{Q^2}{4\pi\epsilon_0 r}$

② $\dfrac{Q^2}{8\pi\epsilon_0 r}$

③ $\dfrac{Q^2}{16\pi\epsilon_0 r}$

④ $\dfrac{Q^2}{32\pi\epsilon_0 r}$

해설

필요한 일은 $W = \displaystyle\int_r^\infty F\,dr$ [J]

점전하 Q[C]이 있을 때 전하에 작용하는 힘은

$F = \dfrac{-QQ}{4\pi\epsilon_0(2r)^2} = -\dfrac{Q^2}{16\pi\epsilon_0 r^2}$ [N](흡인력)

$\therefore W = \displaystyle\int_r^\infty \dfrac{Q^2}{16\pi\epsilon_0 r^2}\,dr$

$= \dfrac{Q^2}{16\pi\epsilon_0}\displaystyle\int_r^\infty \dfrac{1}{r^2}\,dr$

$= \dfrac{Q^2}{16\pi\epsilon_0}\left[-\dfrac{1}{r}\Big|_r^\infty\right] = \dfrac{Q^2}{16\pi\epsilon_0 r}$ [J]

02 역자성체에서 비투자율(μ_s)은 어느 값을 갖는가?

① $\mu_s = 1$

② $\mu_s < 1$

③ $\mu_s > 1$

④ $\mu_s = 0$

해설

비투자율은 $\mu_s = \dfrac{\mu}{\mu_0} = 1 + \dfrac{\chi_m}{\mu_0}$ 이다.

여기서, $\mu_s > 1(\chi_m > 0)$이면 상자성체,

$\mu_s < 1(\chi_m < 0)$이면 역자성체이다.

03 비유전율 ϵ_{r1}, ϵ_{r2}인 두 유전체가 나란히 무한 평면으로 접하고 있고, 이 경계면에 평행으로 유전체의 비유전율 ϵ_{r1} 내에 경계면으로부터 d[m]인 위치에 선 전하밀도 ρ[C/m]인 선상 전하가 있을 때, 이 선전하와 유전체 ϵ_{r2} 간의 단위 길이 당의 작용력은 몇 [N/m]인가?

① $9\times10^9 \times \dfrac{\rho^2}{\epsilon_{r2}\,d} \times \dfrac{\epsilon_{r1}+\epsilon_{r2}}{\epsilon_{r1}-\epsilon_{r2}}$

② $2.25\times10^9 \times \dfrac{\rho^2}{\epsilon_{r2}\,d} \times \dfrac{\epsilon_{r1}-\epsilon_{r2}}{\epsilon_{r1}+\epsilon_{r2}}$

③ $9\times10^9 \times \dfrac{\rho^2}{\epsilon_{r1}\,d} \times \dfrac{\epsilon_{r1}-\epsilon_{r2}}{\epsilon_{r1}+\epsilon_{r2}}$

④ $2.25\times10^9 \times \dfrac{\rho^2}{\epsilon_{r1}\,d} \times \dfrac{\epsilon_{r1}-\epsilon_{r2}}{\epsilon_{r1}+\epsilon_{r2}}$

정답 01 ③ 02 ② 03 ③

해설

단위길이당 작용력은

$$f = \rho E = \rho \times \frac{\rho'}{2\pi \epsilon_1 (2d)} \ [\text{N/m}]$$

$$\rho' = \frac{\epsilon_1 - \epsilon_2}{\epsilon_1 + \epsilon_2}\rho = \frac{\epsilon_{r1} - \epsilon_{r2}}{\epsilon_{r1} + \epsilon_{r2}}\rho$$

$$\therefore \ f = \rho \times \frac{1}{4\pi\epsilon_0 \epsilon_{r1} d} \times \frac{\epsilon_{r1} - \epsilon_{r2}}{\epsilon_{r1} + \epsilon_{r2}} \times \rho$$

$$= 9 \times 10^9 \times \frac{\rho^2}{\epsilon_{r1} d} \times \frac{\epsilon_{r1} - \epsilon_{r2}}{\epsilon_{r1} + \epsilon_{r2}} [\text{N/m}]$$

04 점전하에 의한 전계는 쿨롱의 법칙을 사용하면 되지만 분포되어있는 전하에 의한 전계를 구할 때는 무엇을 이용하는가?

① 렌츠의 법칙   ② 가우스의 정리
③ 라플라스 방정식   ④ 스토오크의 정리

해설

가우스(Gauss)의 정리에 의해서 구하는 전계의 세기는

가우스의 정리 : $\displaystyle\int_s E ds = \frac{1}{\epsilon_0} \times \sum_{i=1}^{n} Q_i$

$$\int_s E ds = \frac{Q}{\epsilon_0}$$

$$\therefore \ E = \frac{Q}{4\pi\epsilon_0 r^2} \ [\text{V/m}]$$가 된다.

05 패러데이관(Faraday Tube)의 성질에 대한 설명으로 틀린 것은?

① 패러데이관 중에 있는 전속수는 그 관속에 진전하가 없으면 일정하며 연속적이다.
② 패러데이관의 양단에는 양 또는 음의 단위 진전하가 존재하고 있다.
③ 패러데이관 한 개의 단위 전위차당 보유에너지는 1/2[J]이다.
④ 패러데이관의 밀도는 전속밀도와 같지 않다.

해설 패러데이관(Faraday Tube)의 성질

• 패러데이관 내의 전속선 수는 일정하다.
• 패러데이관 양단에 정·부의 단위전하가 있다.
• 진전하가 없는 점에서 패러데이관은 연속적이다. 패러데이관은 +1[C]의 진전하에서 나와서 −1[C]의 진전하로 들어가는 한 개의 관으로 패러데이관수(전속선수)는 관속에 진전하가 없으면 일정하다(연속적이다).
• 패러데이관의 밀도는 전속밀도와 같다.

06 공기 중에 있는 지름 6[cm]인 단일 도체구의 정전용량은 약 몇 [pF]인가?

① 0.34   ② 0.67
③ 3.34   ④ 6.71

해설

$$C = 4\pi\epsilon_0 a = \frac{1}{9 \times 10^9} \times 3 \times 10^{-2} \times 10^{12}$$

$$= 3.33 [\text{pF}]$$

07 유전율이 ϵ_1, ϵ_2 [F/m]인 유전체 경계면에 단위면적당 작용하는 힘은 몇 [N/m²]인가? (단, 전계가 경계면에 수직인 경우이며, 두 유전체의 전속밀도 $D_1 = D_2 = D$이다)

① $2\left(\dfrac{1}{\epsilon_1} - \dfrac{1}{\epsilon_2}\right)D^2$ ② $2\left(\dfrac{1}{\epsilon_1} + \dfrac{1}{\epsilon_2}\right)D^2$

③ $\dfrac{1}{2}\left(\dfrac{1}{\epsilon_1} + \dfrac{1}{\epsilon_2}\right)D^2$ ④ $\dfrac{1}{2}\left(\dfrac{1}{\epsilon_2} - \dfrac{1}{\epsilon_1}\right)D^2$

해설

유전체 경계면에 작용하는 맥스웰의 응력은
$f = f_1 = f_2$, 전계가 경계면에 수직으로 작용하는 경우는 $D_1 = D_2 = D$가 된다. 이때 단위면적당 작용하는 힘은 $f_n = w_2 - w_1 = \dfrac{1}{2}E_2 D_2 - \dfrac{1}{2}E_1 D_1 [\text{N/m}^2]$

인데, $D_1 = D_2 = D$이므로 $f_n = \dfrac{1}{2}(E_2 - E_1)D$

$= \dfrac{1}{2}\left(\dfrac{1}{\epsilon_2} - \dfrac{1}{\epsilon_1}\right)D^2[\text{N/m}^2]$의 힘이 유전율이 큰 쪽에

정답 **04** ②   **05** ④   **06** ③   **07** ④

서 작은 쪽으로 작용하며, 이때의 힘을 맥스웰의 응력이라 한다.

08 진공 중에 균일하게 대전 된 반지름 a[m]인 선 전하밀도 λ_l[C/m]의 거리에 있는 점의 전계의 세기는 몇 [V/m]인가?

① $\dfrac{a\lambda_l x}{2\epsilon_0 (a^2 + x^2)^{\frac{3}{2}}}$

② $\dfrac{a\lambda_l x}{\epsilon_0 (a^2 + x^2)^{\frac{3}{2}}}$

③ $\dfrac{\lambda_l x}{2\epsilon_0 (a^2 + x^2)}$

④ $\dfrac{\lambda_l x}{\epsilon_0 (a^2 + x^2)}$

해설

$dE_x = dE\cos\theta = \dfrac{dQ}{4\pi\epsilon_0 r^2} \cdot \dfrac{x}{r} = \dfrac{x\,dQ}{4\pi\epsilon_0 r^3}$ 에서,

$r = \sqrt{a^2 + x^2}$

$dQ = \dfrac{Q}{2\pi a}dl$ 을 대입하여 적분하면,

$E = \displaystyle\int_0^{2\pi a} E_x = \dfrac{Q \cdot x}{8\pi^2 a\epsilon_0 (a^2 + x^2)^{\frac{3}{2}}} \int_0^{2\pi a} dl$

$= \dfrac{Q \cdot x}{4\pi\epsilon_0 (a^2 + x^2)^{\frac{3}{2}}}$ [V/m]

$Q = 2\pi\lambda_l$ 을 대입하면 x[m] 거리에 있는 전계의 세기는

$E = \dfrac{a\lambda_l x}{2\epsilon_0 (a^2 + x^2)^{\frac{3}{2}}}$ [V/m]가 된다.

09 내압 1000[V] 정전용량 1[μF], 내압 750[V] 정전용량 2[μF], 내압 500[V], 정전용량 5[μF]인 콘덴서 3개를 직렬로 접속하고 인가 전압을 서서히 높이면 최초로 파괴되는 콘덴서는?

① 1[μF]

② 2[μF]

③ 5[μF]

④ 동시에 파괴된다.

해설

콘덴서 3개(C_1, C_2, C_3)를 직렬로 접속하고 여기에 전압 V[V]를 가할 때 각 콘덴서에 걸리는 전압을 V_1, V_2, V_3라 하면

$V_1 = \dfrac{\dfrac{1}{1}}{\dfrac{1}{1} + \dfrac{1}{2} + \dfrac{1}{5}} \times V = \dfrac{10}{17}V$

$V_2 = \dfrac{\dfrac{1}{2}}{\dfrac{1}{1} + \dfrac{1}{2} + \dfrac{1}{5}} \times V = \dfrac{5}{17}V$

$V_3 = \dfrac{\dfrac{1}{5}}{\dfrac{1}{1} + \dfrac{1}{2} + \dfrac{1}{5}} \times V = \dfrac{2}{17}V$

3개의 콘덴서 C_1, C_2, C_3에 가할 수 있는 최대전압을 각각 V_1', V_2', V_3'라 하면

$V_1' = \dfrac{10}{17}V_1 = 1000[V]$ $\therefore V_1 = 1700[V]$

$V_2' = \dfrac{5}{17}V_1 = 750[V]$ $\therefore V_2 = 2550[V]$

$V_3' = \dfrac{2}{17}V_3 = 500[V]$ $\therefore V_1 = 4250[V]$

따라서 최초로 파괴되는 콘덴서는 내압 1000[V]의 1[μF](C_1)가 된다.

10 내부장치 또는 공간을 물질로 포위시켜 외부 자계의 영향을 차폐시키는 방식을 자기차폐라 한다. 다음 중 자기차폐에 가장 좋은 것은?

① 비투자율이 1보다 작은 역자성체

② 강자성체 중에서 비투자율이 큰 물질

③ 강자성체 중에서 비투자율이 작은 물질

④ 비투자율에 관계없이 물질의 두께에만 관계되므로 되도록 두꺼운 물질

해설

• 자기차폐란 투자율이 큰 자성체의 중공구를 평등자계 안에 놓으면 대부분의 자속은 자성체 내부로만 통과하므로 내부공간의 자계는 외부자계에 비하여 대단히 작게 되는 현상을 말한다.

정답 **08** ① **09** ① **10** ②

1330 • Part 4. 기사 · 산업기사 최근기출문제

• 정전차폐는 정전계에서 전기력선은 도체를 통과할 수 없고, 자기차폐는 자성체 주위의 자기력선을 끌어모으나, 완전히는 모을 수 없으므로 정전차폐가 더 완전하다.

11 40[V/m]인 전계 내의 50[V]되는 점에서 1[C]의 전하가 전계 방향으로 80[cm] 이동하였을 때, 그 점의 전위는 몇 [V]인가?

① 18 　　　　　② 22
③ 35 　　　　　④ 65

해설

$$V_{BA} = V_B - V_A = -\int_A^B E dl \equiv \int_0^{0.8} 40\, dl$$

$$= -|40l|_0^{0.8} = -32[\text{V}]$$

$E = 40[\text{V/m}], \quad V_A = 50[\text{V}], \quad V_{BA} = -32[\text{V}]$

$\therefore V_B = V_A - V_{BA} = 50 - 32 = 18[\text{V}]$

12 그림과 같이 반지름 a[m]의 한번 감긴 원형코일이 균일한 자속밀도 B[Wb/m²]인 자계에 놓여 있다. 지금 코일 면을 자계와 나란하게 전류를 I[A]를 흘리면 원형코일이 자계로부터 받는 회전모멘트는 몇 [N·m/rad]인가?

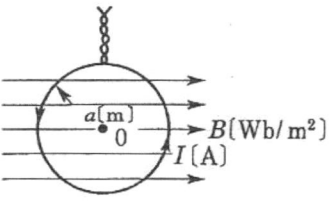

① $\pi a B I$ 　　　　② $2\pi a B I$
③ $\pi a^2 B I$ 　　　　④ $2\pi a^2 B I$

해설

코일면을 자계와 나란하게 전류 I[A]를 흘리면 원형코일이 자계로부터 받는 회전모멘트는

$$T = NBIS\cos\theta = BI\pi a^2 [\text{N·m/rad}]$$

13 다음 조건 중 초전도체에 부합되는 것은? (단, μ_r은 비투자율, χ_m은 비자화율, B는 자속밀도이며 작동온도는 임계온도 이하라 한다)

① $\chi_m = -1, \quad \mu_r = 0, \quad B = 0$
② $\chi_m = 0, \quad \mu_r = 0, \quad B = 0$
③ $\chi_m = 1, \quad \mu_r = 0, \quad B = 0$
④ $\chi_m = -1, \quad \mu_r = 1, \quad B = 0$

해설

초전도체란 저항이 없는 비자성체 물질을 말하는데, 외부자기장을 완전히 상쇄시키므로 물체의 내부자기장이 0이 된다. 그러므로 초전도체는 임계온도 이하에서는 전기저항이 0이 될 뿐 아니라 완전한 반자성체이며 초전도체가 완전히 반자성체의 성질을 띠는 것을 마이너스 효과라 한다. 내부 자속밀도는 0이고, 비투자율도 0이 된다.

$\chi_m = \mu_r - 1$ (초전도체이므로 $\mu_r = 0, \quad B = 0$)

$\therefore$ 비투자율, $\chi_m = 0 - 1 = -1$이다.

14 $x = 0$인 무한평면을 경계면으로 하여 $x < 0$인 영역에는 비유전율 $\epsilon_{r1} = 2$, $x > 0$인 영역에는 $\epsilon_{r2} = 4$인 유전체가 있다. ϵ_{r1}인 유전체 내에서 전계 $E_1 = 20a_x - 10a_y + 5a_z$ [V/m]일 때 $x > 0$인 영역에 있는 ϵ_{r2}인 유전체 내에서 전속밀도 D_2[C/m²]는? (단, 경계면상에는 자유전하가 없다고 한다.)

① $D_2 = \epsilon_0 (20a_x - 40a_y + 5a_z)$
② $D_2 = \epsilon_0 (40a_x - 40a_y + 20a_z)$
③ $D_2 = \epsilon_0 (80a_x - 20a_y + 10a_z)$
④ $D_2 = \epsilon_0 (40a_x - 20a_y + 20a_z)$

해설

경계조건에서 $D_{1x} = D_{2x}, \quad E_{1y} = E_{2y}, \quad E_{1z} = E_{2z}$

$\epsilon_0 \epsilon_{r1} E_{1x} = \epsilon_0 \epsilon_{r2} E_{2x}$

$\therefore E_{2x} = \dfrac{\epsilon_{r1}}{\epsilon_{r2}} E_{1x} = \dfrac{2}{4} \times 20 = 10$

정답 **11** ① **12** ③ **13** ① **14** ②

$$E_2 = E_{2x}a_x + E_{2y}a_y + E_{2z}a_z = 10a_x - 10a_y + 5a_z$$

그러므로 전속밀도 D_2는

$$D_2 = \epsilon_0 \epsilon_{r2} E_2 = \epsilon_0 \times 4(10a_x - 10a_y + 5a_z)$$
$$= \epsilon_0(40a_x - 40a_y + 20a_z)$$

15 평면파 전파가 $E = 30\cos(10^9 t + 20z)j[\text{V/m}]$ 로 주어진다면, 이 전자파의 위상속도는 몇 [m/s]인가?

① 5×10^7
② $\dfrac{1}{3} \times 10^8$
③ 10^9
④ $\dfrac{2}{3}$

해설

$$V = \lambda f = \frac{\omega}{\beta} = \frac{10^9}{20} = 5 \times 10^7 [\text{m/s}]$$

16 자속밀도 10[Wb/m²] 자계 중에 10[cm] 도체를 자계와 30°의 각도로 30[m/s]로 움직일 때, 도체에 유기되는 기전력은 몇 [V]인가?

① 15
② $15\sqrt{3}$
③ 1500
④ $1500\sqrt{3}$

해설

$e = Blv\sin\theta = 10 \times 0.1 \times 30 \times \sin30 = 15[\text{V}]$

17 그림과 같이 단면적 S=10[cm²], 자로의 길이 $\ell = 20\pi$[cm], 비유전율 μ_s=1000인 철심에 $N_1 = N_2 = 100$인 두 코일을 감았다. 두 코일 사이의 상호인덕턴스는 몇 [mH]인가?

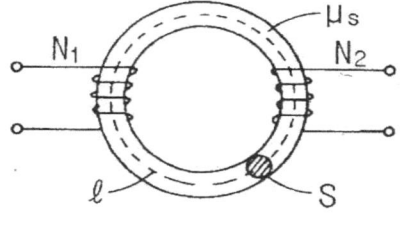

① 0.1
② 1
③ 2
④ 20

해설

상호인덕턴스는

$$M_{12} = M_{21} = M = \frac{N_1\phi_{12}}{I_2} = \frac{N_2\phi_{21}}{I_1}$$
$$= \frac{N_1 N_2}{R_m} = \frac{\mu S N_1 N_2}{\ell}$$
$$= \frac{1000 \times 4\pi \times 10^7 \times 10 \times 10^{-4} \times 100 \times 100}{20\pi \times 10^{-2}} \times 10^3$$
$$= 20[\text{mH}]$$

18 1[μA]의 전류가 흐르고 있을 때, 1초 동안 통과하는 전자 수는 약 몇 개인가? (단, 전자 1개의 전하는 1.602×10^{-19}[C]이다)

① 6.24×10^{10}
② 6.24×10^{11}
③ 6.24×10^{12}
④ 6.24×10^{13}

해설

전자수는

$$N = \frac{Q}{e} = \frac{1 \times 10^{-6} \times 1}{1.602 \times 10^{-19}} = 6.24 \times 10^{12}[\text{개}]$$

19 균일하게 원형 단면을 흐르는 전류 I[A]에 의한, 반지름 a[m], 길이 ℓ[m], 비투자율 μ_s인 원통도체의 내부 인덕턴스는 몇 [H]인가?

① $10^{-7}\mu_0\ell$
② $3 \times 10^{-7}\mu_0\ell$
③ $\dfrac{1}{4a} \times 10^{-7}\mu_0\ell$
④ $\dfrac{1}{2} \times 10^{-7}\mu_0\ell$

해설

반지름 a[m]인 원주도체의 단위길이당 내부 인덕턴스는 $L_i = \dfrac{\mu}{8\pi}$ [H/m] (길이 1[m]당의 에너지는 $W = \dfrac{\mu}{16\pi}I^2 = \dfrac{1}{2}L_i I^2[J]$)

정답 **15** ① **16** ① **17** ④ **18** ③ **19** ④

1332 • Part 4. 기사·산업기사 최근기출문제

$W = \dfrac{1}{2}LI^2$ 에서, $\left(W = \dfrac{\mu}{16\pi}I^2\ell [J] \right)$

$\therefore L = \dfrac{2W}{I^2}[H] = \dfrac{2}{I^2}\left(\dfrac{\mu}{16\pi}I^2\ell \right) = \dfrac{\mu}{8\pi}\ell$

$\qquad = \dfrac{4\pi \times 10^7}{8\pi}\mu_s\ell = \dfrac{1}{2} \times 10^{-7}\mu_s\ell [H]$

20 한 변의 길이가 10[cm]인 정사각형 회로에 직류전류 10[A]가 흐를 때, 정사각형의 중심에서의 자계세기는 몇 [A/m]인가?

① $\dfrac{100\sqrt{2}}{\pi}$ ② $\dfrac{200\sqrt{2}}{\pi}$

③ $\dfrac{300\sqrt{2}}{\pi}$ ④ $\dfrac{400\sqrt{2}}{\pi}$

해설

$H_0 = \dfrac{2\sqrt{2}\,I}{\pi\ell} = \dfrac{2\sqrt{2}\times 10}{\pi \times 10 \times 10^{-2}} = \dfrac{200\sqrt{2}}{\pi} [A/m]$

제2과목 : 전력공학

21 송전선에서 재폐로 방식을 사용하는 목적은?

① 역률 개선
② 안정도 증진
③ 유도장해의 경감
④ 코로나 발생방지

해설

송전선에서 고속도 재폐로(Re-closer) 차단기는 고장전류를 신속하게 차단 및 투입함으로써 안정도를 향상시킨다.

22 설비용량이 360[kW], 수용률 0.8, 부등률 1.2일 때 최대수용전력은 몇 [kW]인가?

① 120 ② 240
③ 360 ④ 480

해설

부등률 = $\dfrac{\text{개개의 최대수용전력의 합계}}{\text{합성최대수용전력}}$

$\qquad = \dfrac{\sum(\text{수용률}\times\text{설비용량})}{\text{합성최대수용전력}}$

$\therefore$ 최대수용전력 = $\dfrac{0.8 \times 360}{1.2} = 240[kW]$

23 배전계통에서 사용하는 고압용 차단기의 종류가 아닌 것은?

① 기중차단기(ACB) ② 공기차단기(ABB)
③ 진공차단기(VCB) ④ 유입차단기(OCB)

해설

고압용 차단기의 종류에는 유입차단기(OCB), 공기차단기(ABB), 진공차단기(VCB), 자기차단기(MBB)가 있다.
• 기중차단기(ACB) : 교류 1000[V] 이하의 회로에만 사용
• 가스차단기(GCB) : 특고압용으로만 사용

24 SF_6 가스차단기에 대한 설명으로 틀린 것은?

① SF_6 가스 자체는 불활성기체이다.
② SF_6 가스는 공기에 비하여 소호능력이 약 100배 정도이다.
③ 절연거리를 적게 할 수 있어 차단기 전체를 소형・경량화할 수 있다.
④ SF_6 가스를 이용한 것으로서 독성이 있으므로 취급에 유의하여야 한다.

해설

SF_6 가스차단기의 특징
SF_6(육불화황)는 안정도가 매우 높고, 무색, 무취, 무독성 기체로서 불활성・불연성 기체이며, 절연내력은 공기의 약 2 ~ 3배 정도인데 10기압 정도로 압축하면 공기의 10배 정도의 절연내력을 가진다. 열전도율은 공기의 1.6배, 비중은 공기의 5배 정도이다.

정답 **20** ② **21** ② **22** ② **23** ① **24** ④

- 밀폐된 구조이므로 소음이 없다.
- 절연내력은 공기의 2~3배, 소호능력은 공기의 약 100~200배
- 근거리고장 등 가혹한 재기전압에 대해서도 성능이 우수하다.
- 무색·무취·무해한 가스이므로 인체에 유독가스는 발생되지 않는다.

25 송전선로의 일반회로 정수가 $A = 0.7$, $B = j190$, $D = 0.9$일 때 C의 값은?

① $-j1.95 \times 10^{-3}$ ② $j1.95 \times 10^{-3}$

③ $-j1.95 \times 10^{-4}$ ④ $j1.95 \times 10^{-4}$

> **해설**
> $AD - BC = 1$에서
> $$\therefore C = \frac{AD-1}{B} = \frac{0.7 \times 0.9 - 1}{j190} = j1.95 \times 10^{-3}$$

26 부하역률이 0.8인 선로의 저항 손실은 0.9인 선로의 저항손실에 비해서 약 몇 배 정도 되는가?

① 0.97 ② 1.1

③ 1.27 ④ 1.5

> **해설**
> $$P_l = \frac{P^2 R}{V^2 \cos^2 \theta} \propto \frac{1}{\cos^2 \theta}$$
> $$\therefore \frac{P_{l0.8}}{P_{l0.9}} = \frac{\dfrac{1}{0.8^2}}{\dfrac{1}{0.9^2}} = \frac{0.9^2}{0.8^2} = 1.27$$

27 단상변압기 3대에 의한 △결선에서 1대를 제거하고 동일전력을 V결선으로 보낸다면 동손은 약 몇 배가 되는가?

① 0.67 ② 2.0

③ 2.7 ④ 3.0

> **해설**
> V결선 시 변압기기 2대이므로 동손은 2배가 된다.

28 피뢰기 충격방전 개시전압은 무엇으로 표시하는가?

① 직류전압의 크기 ② 충격파의 평균치

③ 충격파의 최대치 ④ 충격파의 실효치

> **해설** 충격방전 개시전압
> 충격전압이 가해져 방전전류가 흐를 때 도달 할 수 있는 최고의 전압값을 말한다.

29 단상 2선식 배전선로의 선로임피던스가 $2 + j5 [\Omega]$이고 무유도성 부하전류 10[A]일 때 송전단 역률은? (단, 송전단 전압의 크기는 100[V]이고, 위상각은 $0°$이다)

① $\dfrac{5}{12}$ ② $\dfrac{5}{13}$

③ $\dfrac{11}{12}$ ④ $\dfrac{12}{13}$

> **해설**
> 벡터도에서
> $E_r \cos \theta_r = 100 \times 1 = 100 [\text{V}]$
> $E_r \sin \theta_r = 0 [\text{Var}]$
> $IR = 10 \times 2 = 20 [\text{V}]$
> $IX = 10 \times 5 = 50 [\text{Var}]$
> $\therefore E_s = \sqrt{(100 + 20)^2 + 50^2} = 130 [\text{V}]$
> $\therefore$ 송전단 역률은
> $$\cos \theta_s = \frac{E_r \cos \theta_r + IR}{E_s} = \frac{100 + 20}{130} = \frac{12}{13}$$

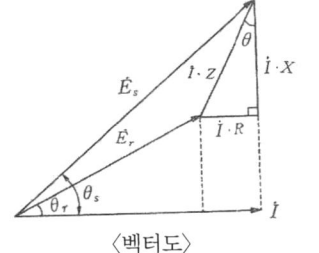

〈벡터도〉

정답 25 ② 26 ③ 27 ② 28 ③ 29 ④

30 그림과 같이 전력선과 통신선 사이에 차폐선을 설치하였다. 이 경우에 통신선의 차폐계수(K)를 구하는 관계식은? (단, 차폐선을 통신선에 근접하여 설치한다)

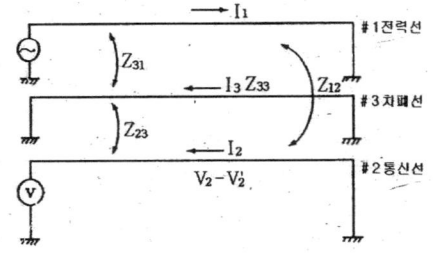

① $K = 1 + \dfrac{Z_{31}}{Z_{12}}$ ② $K = 1 - \dfrac{Z_{31}}{Z_{33}}$

③ $K = 1 - \dfrac{Z_{23}}{Z_{33}}$ ④ $K = 1 + \dfrac{Z_{23}}{Z_{33}}$

해설

I_1 : 전력선의 영상전류

I_2 : 차폐선의 유도전류

Z_{12} : 전력선과 통신선과의 상호임피던스

Z_{31} : 전력선과 차폐선과의 상호임피던스

Z_{23} : 통신선과 차폐선과의 상호임피던스

Z_{33} : 차폐선의 자기임피던스

차폐선 양단이 완전히 접지되었다면 통신선에 유도되는 전압 V_2는

$$V_2 = -Z_{12} I_1 + Z_{23} I_3 = -Z_{12} I_1 + Z_{23} \cdot \frac{Z_{31} I_1}{Z_{33}}$$

$$= -Z_{12} I_1 \left(1 - \frac{Z_{23} Z_{31}}{Z_{33} Z_{12}}\right)$$

여기서, $-Z_{12} I_1$는 차폐선이 없을 때의 유도전압이 된다.

$V_2 = -Z_{12} I_1 K$라 놓으면, 여기서 K를 차폐(저감)계수라 한다.

- 차폐선이 전력선과 근접하고 있으면 $Z_{12} = Z_{23}$

$$\therefore \ K = \left| 1 - \frac{Z_{31}}{Z_{33}} \right|$$

- 차폐선이 통신선과 근접하고 있으면 $Z_{31} = Z_{12}$

$$\therefore \ K = \left| 1 - \frac{Z_{23}}{Z_{33}} \right|$$

- $Z_{23} = Z_{31}$이면, 차폐선을 전력선 가까이 놓거나 통신선 가까이 놓거나 상호간의 간격만 같으면 차폐(저감)효과는 같게 된다.

31 모선보호에 사용되는 계전방식이 아닌 것은?

① 위상비교방식   ② 선택접지계전방식

③ 방향거리계전방식   ④ 전류차동보호방식

해설 모선보호계전방식의 종류

- 전류차동보호방식
- 전압차동보호방식
- 위상비교방식
- 환상모선보호방식
- 방향거리계전방식

32 %임피던스와 관련된 설명으로 틀린 것은?

① 정격전류가 증가하면 %임피던스는 감소한다.

② 직렬리액터가 감소하면 %임피던스도 감소한다.

③ 전기기계의 %임피던스가 크면 차단기의 용량은 작아진다.

④ 송전계통에서는 임피던스의 크기를 옴 값 대신에 %값으로 나타내는 경우가 많다.

해설

단락전류는 $I_s = \dfrac{100}{\%Z} I_n$에서,

정격전류는 $I_n = \dfrac{\%Z}{100} I_s \propto \%Z$

즉, 정격전류가 증가하면 %Z도 증가한다.

정답 30 ④   31 ②   32 ①

33 A, B 및 C상 전류를 각각 I_a, I_b 및 I_c라 할 때 $I_x = \frac{1}{3}(I_a + a^2 I_b + a I_c)$, $a = -\frac{1}{2} + j\frac{\sqrt{3}}{2}$ 으로 표시되는 I_x는 어떤 전류인가?

① 정상전류

② 역상전류

③ 영상전류

④ 역상전류와 영상전류의 합

해설

• 영상전류 : $I_0 = \frac{1}{3}(I_a + I_b + I_c)$

• 정상전류 : $I_1 = \frac{1}{3}(I_a + a I_b + a^2 I_c)$

• 역상전류 : $I_2 = \frac{1}{3}(I_a + a^2 I_b + a I_c)$

34 그림과 같이 "수류가 고체에 둘러싸여 있고 A로부터 유입되는 수량과 B로부터 유출되는 수량이 같다."고 하는 이론은?

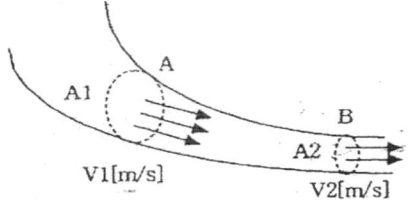

① 수두이론

② 연속의 원리

③ 베르누이의 정리

④ 토리첼리의 정리

해설

• 베르누이의 정리 : 완전유체가 유선에 따라 흐르고 있을 경우 위치에너지, 압력에너지, 속도에너지의 합계는 그 유수가 갖는 1초당의 총에너지와 같다.

$h + \frac{P}{w} + \frac{v^2}{2g} = H$, 만약 손실수두($h_e$)를 고려한

다면, $h + \frac{P}{w} + \frac{v^2}{2g} + h_e = H$

• 연속의 정리 : 어떤 액체가 흐를 때 흐름의 상태가 변하지 않는 경우의 유량은 통과하는 관로의 면적에 관계없이 일정하다.

$A_1 V_1 = A_2 V_2$

35 4단자 정수가 A, B, C, D인 선로에 임피던스가 $\frac{1}{Z_T}$인 변압기가 수전단에 접속된 경우 계통의 4단자 정수 중 D_0는?

① $D_0 = \frac{C + D Z_T}{Z_T}$

② $D_0 = \frac{C + A Z_T}{Z_T}$

③ $D_0 = \frac{D + C Z_T}{Z_T}$

④ $D_0 = \frac{B + A Z_T}{Z_T}$

해설

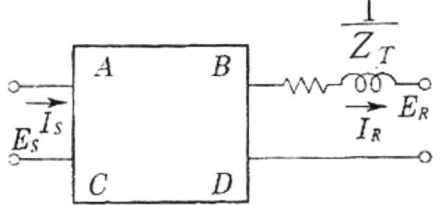

$$\begin{bmatrix} A_0 & B_0 \\ C_0 & D_0 \end{bmatrix} = \begin{bmatrix} A & B \\ C & D \end{bmatrix} \begin{bmatrix} 1 & \frac{1}{Z_T} \\ 0 & 1 \end{bmatrix} = \begin{bmatrix} A & \frac{A}{Z_T} + B \\ C & \frac{C}{Z_T} + D \end{bmatrix}$$

$$\therefore D_0 = \frac{C}{Z_T} + D = \frac{C + D Z_T}{Z_T}$$

36 대용량 고전압의 안정권선($\triangle$권선)이 있다. 이 권선의 설치목적과 관계가 먼 것은?

① 고장전류 저감

② 제3고조파 제거

③ 조상설비 설치

④ 소내용 전원공급

정답 **33** ② **34** ② **35** ① **36** ①

1336 • Part 4. 기사 · 산업기사 최근기출문제

해설 3권선변압기(안정권선)의 용도
- 제3고조파 제거
- 조상설비의 설치
- 소내용 전원공급

37 한류리액터를 사용하는 가장 큰 목적은?

① 충전전류의 제한
② 접지전류의 제한
③ 누설전류의 제한
④ 단락전류의 제한

해설

한류리액터 : 단락사고 시에 단락전류를 제한하기 위해서 설치한다.

38 변압기 등 전력설비 내부고장 시 변류기에 유입하는 전류와 유출하는 전류의 차로 동작하는 보호계전기는?

① 차동계전기
② 지락계전기
③ 과전류계전기
④ 역상전류계전기

해설 차동계전기

보호구간 내에서 유입하는 전류와 유출하는 전류의 벡터차를 검출해서 동작하는 보호계전기이다.

39 3상 결선변압기의 단상운전에 의한 소손방지 목적으로 설치하는 계전기는?

① 차동계전기　　　② 역상계전기
③ 단락계전기　　　④ 과전류계전기

해설

3상 결선변압기를 단상으로 운전되면 역상분이 존재하게 되어 역상계전기로 결상을 검출해서 소손을 방지한다.

40 송전선로의 정전용량은 등가선간거리 D가 증가하면 어떻게 되는가?

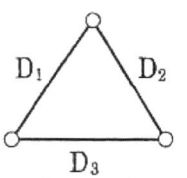

$$D = \sqrt[3]{D_1, D_2, D_3}$$

① 증가한다.
② 감소한다.
③ 변하지 않는다.
④ D^2에 반비례하여 감소한다.

해설

$C_w = \dfrac{0.02413}{\log_{10}\dfrac{D}{r}} \propto \dfrac{1}{\log_{10}\dfrac{D}{r}}$ 에서 선간거리(D)가 증

가하면 정전용량 C_w는 감소한다.

제3과목 : 전기기기

41 단상 직권정류자전동기의 전기자권선과 계자권선에 대한 설명으로 틀린 것은?

① 계자권선의 권수를 적게 한다.
② 전기자권선의 권수를 크게 한다.
③ 변압기 기전력을 적게 하여 역률저하를 방지한다.
④ 브러시로 단락되는 코일 중의 단락전류를 많게 한다.

해설

단상 정류자전동기에서는 약계자 강전기자 형으로 하여 역률을 좋게 하고 변압기 기전력을 작게 한다. 또한, 저항도선은 변압기 기전력에 의한 지락전류를 작게 한다.

정답　37 ④　　38 ①　　39 ②　　40 ②　　41 ④

42 단상 직권전동기의 종류가 아닌 것은?

① 직권형　　　　② 아트킨손형

③ 보상직권형　　④ 유도보상직권형

해설

단상 직권정류자전동기의 기본형에는 직권형, 보상직권형, 유도보상직권형이 있으며, 아트킨손형은 단상 반발전동기에 해당된다.

43 동기조상기의 여자전류를 줄이면?

① 콘덴서로 작용

② 리액터로 작용

③ 진상전류로 됨

④ 저항손의 보상

해설

동기조상기의 여자를 증가(과여자)시켜 운전하면 선로에 앞선 전류가 흐르게 되어 일종의 콘덴서로 작용해서 보통 부하의 뒤진 전류를 보상하여 송전선로의 역률을 양호하게 하고 전압강하를 보상한다. 또, 여자를 줄여서 (부족여자)운전하면 뒤진 전류가 흐르게 되어 일종의 리액터로 작용하여 무부하의 장거리송전선로에 흐르는 충전전류에 의하여 발전기의 자기여자 작용으로 일어나는 단자전압의 이상전압 상승을 방지할 수 있다.

44 권선형 유도전동기에서 비례 추이에 대한 설명으로 틀린 것은? (단, S_m은 최대토크 시 슬립이다)

① r_2를 크게 하면 S_m은 커진다.

② r_2를 삽입하면 최대토크가 변한다.

③ r_2를 크게 하면 기동토크도 커진다.

④ r_2를 크게 하면 기동전류는 감소한다.

해설

$$\frac{r_2}{S_m} = \frac{r_2 + R_s}{S_t}$$

- 2차 저항 r_2를 변화해도 최대토크는 변하지 않는다.
- r_2를 크게 하면 S_m은 커진다.
- r_2를 크게 하면 기동전류는 감소하고, 기동토크는 증가한다.

45 전기자저항 $r_a = 0.2[\Omega]$, 동기리액턴스 $X_s = 20[\Omega]$인 Y결선의 3상 동기발전기가 있다. 3상 중 1상의 단자전압 V=4400[V], 유도기전력 E=6600[V]이다. 부하각 $\delta = 30°$ 라고 하면 발전기의 출력은 약 몇 [kW]인가?

① 2178　　　　② 3251

③ 4253　　　　④ 5532

해설

$$P = 3\frac{EV}{X_s}\sin\delta$$

$$= 3 \times \frac{6600 \times 4400}{20}\sin30 \times 10^{-3} = 2178[\text{kW}]$$

46 반도체 정류기에 적용된 소자 중 첨두역방향 내전압이 가장 큰 것은?

① 셀렌정류기

② 실리콘정류기

③ 게르마늄정류기

④ 아산화동정류기

해설 실리콘정류기의 특성

- 역방향 내전압이 500~1000[V] 정도로 가장 크다.
- 전류밀도가 크다(게르마늄의 2~3배, 셀렌의 500 ~1000배).
- 온도에 의한 영향이 적다(최고 허용온도 140~200 [℃]).
- 효율이 가장 좋다(99[%]).
- 대용량 정류기에 적합하다.

정답 **42** ②　**43** ②　**44** ②　**45** ①　**46** ②

1338 • Part 4. 기사 · 산업기사 최근기출문제

47 동기전동기에서 전기자 반작용을 설명한 것 중 옳은 것은?

① 공급전압보다 앞선 전류는 감자작용을 한다.

② 공급전압보다 뒤진 전류는 감자작용을 한다.

③ 공급전압보다 앞선 전류는 교차 자화작용을 한다.

④ 공급전압보다 뒤진 전류는 교차 자화작용을 한다.

해설

동기전동기에서 전기자전류(I_a)의 위상은 공급전압(V)에 대한 위상을 말한다. 전기자 반작용을 살펴보면 공급전압은 유기기전력과 반대방향이 된다(발전기는 반대가 된다).

- I_a 와 V가 동상일 때는 횡축 반작용으로 교차 자화작용
- I_a 가 V보다 $\frac{\pi}{2}$ 앞설 때는 직축 반작용으로 감자작용(발전기 : 자화작용)
- I_a 가 V보다 $\frac{\pi}{2}$ 뒤질 때는 직축 반작용으로 증자작용(발전기 : 감자작용)

48 변압기 결선방식 중 3상에서 6상으로 변환할 수 없는 것은?

① 2중성형   ② 환상결선

③ 대각결선   ④ 2중6각결선

해설

3상 – 2상간의 상수변환
- 스코트(T)결선
- 메이어결선
- 우드브리지결선

3상 – 6상간의 상수변환
- 환상결선
- 2중3각결선
- 2중성형결선
- 대각결선
- 포크결선

49 실리콘 제어정류기(SCR)의 설명 중 틀린 것은?

① $P-N-P-N$ 구조로 되어 있다.

② 인버트 회로에 이용될 수 있다.

③ 고속도의 스위치 작용을 할 수 있다.

④ 게이트에 (+)와 (−)의 특성을 갖는 펄스를 인가하여 제어한다.

해설

SCR은 게이트에 (+)의 트리거펄스가 인가되면 통전상태로 되어 정류작용이 개시되고 일단 통전이 시작되면 케이트전류를 차단해도 주 전류(애노드전류)는 차단되지 않는다. 이때 이를 차단하려면 애노드전압을 (0)또는 (−)로 하면 된다. 인버터회로는 직류(DC)를 교류(AC)변환 하는 역변환장치이다.

50 직류발전기가 90[%] 부하에서 최대효율이 된다면 이 발전기의 전부하에 있어서 고정손과 부하손의 비는?

① 1.1   ② 1.0

③ 0.9   ④ 0.81

해설

최대효율은 부하가 m일 경우는 $P_i = m^2 P_c$가 되므로 (고정손=부하손)

$$\therefore \frac{P_i}{P_c} = m^2 = (0.9)^2 = 0.81$$

51 150[kVA]의 변압기의 철손이 1[kW], 전부하동손이 2.5[kW]이다. 역률 80[%]에 있어서의 최대효율은 약 몇 [%]인가?

① 95   ② 96

③ 97.4   ④ 98.5

해설

최대효율은 $\eta = \dfrac{V_2 I_2 \cos\theta_2}{V_2 I_2 \cos\theta_2 + P_i + P_c} \times 100[\%]$

$= \dfrac{150 \times 0.8}{150 \times 0.8 + 1 + 2.5} \times 100 = 97.2[\%]$

정답 47 ①   48 ④   49 ④   50 ④   51 ③

52 정격부하에서 역률 0.8(뒤짐)로 운전할 때, 전압변동률이 12[%]인 변압기가 있다. 이 변압기에 역률 100[%]의 정격부하를 걸고 운전할 때의 전압변동률은 약 몇 [%]인가? (단, %저항 강하는 %리액턴스 강하의 1/12 이라고 한다)

① 0.909
② 1.5
③ 6.85
④ 16.18

해설

$\epsilon = p\cos\theta + q\sin\theta = 0.8p + 0.6q = 12[\%]$

$p = \dfrac{1}{12}q$

$\therefore \ q = 12p$

$12 = 0.8p + 0.6 \times 12p$

$\therefore p = \dfrac{12}{8} = 1.5[\%]$

역률 100[%]의 정격부하를 걸고 운전할 때의 전압변동률은 $\cos\theta = 1$, $\sin\theta = 0$

$\therefore \ \epsilon = p = 1.5[\%]$

53 권선형 유도전동기 저항제어법의 단점 중 틀린 것은?

① 운전효율이 낮다.
② 부하에 대한 속도변동이 작다.
③ 제어용 저항기는 가격이 비싸다.
④ 부하가 적을 때는 광범위한 속도조정이 곤란하다.

해설 권선형 유도전동기 저항제어법의 장·단점

• 장점
  - 기동형 저항기를 겸한다.
  - 구조가 간단, 제어조작이 용이, 내구성이 풍부하다.
• 단점
  - 속도변화의 [%]와 같은 [%]의 효율을 희생하기 때문에 운전효율이 나쁘다. 즉, 2차 회로의 효율은 $\eta_2 = \dfrac{P}{P_2} = (1-s)$ 이다.

- 부하에 대한 속도변동이 크다.
- 부하가 적을 때는 광범위한 속도조정이 곤란하다.
- 제어용 저항을 전부하에서 장시간 운전해도 위험한 온도가 되지 않을 만큼 크기가 필요하므로 가격이 비싸다.

54 부하급변 시 부하각과 부하속도가 진동하는 난조현상을 일으키는 원인이 아닌 것은?

① 전기자회로의 저항이 너무 큰 경우
② 원동기의 토크에 고조파가 포함된 경우
③ 원동기의 조속기 감도가 너무 예민한 경우
④ 자속의 분포가 기울어져 자속의 크기가 감소한 경우

해설

동기전동기에 설치된 제동권선이 난조현상을 방지한다.

• 원동기의 조속기 감도가 지나치게 예민할 경우 : 조속기를 적당하게 조정한다.
• 원동기의 토크에 고조파가 포함된 경우 회전부의 플라이휠 효과를 적당하게 선정한다(디젤기관에서 생기는 문제).
• 전기자회로의 저항이 너무 큰 경우 : 리액턴스는 삽입해서 회로의 저항을 적게 한다.
• 부하가 맥동할 때 : 회전부의 플라이휠 효과를 적당하게 선정한다.

55 단상 변압기 3대를 이용하여 3상 △ − Y 결선을 했을 때 1차와 2차 전압의 각 변위(위상차)는?

① 0°
② 60°
③ 150°
④ 180°

해설

3상 △ − Y 결선은 1차 선간전압은 2차 선간전압보다 위상이 30° 느리다.

정답 **52** ② **53** ② **54** ④ **55** ③

1340 • Part 4. 기사 · 산업기사 최근기출문제

56 권선형 유도전동기의 전부하운전 시 슬립이 4[%]이고 2차 정격전압이 150[V]이면 2차 유도기전력은 몇 [V]인가?

① 9   ② 8

③ 7   ④ 6

해설

$E_{2s} = s\,E_2 = 0.04 \times 150 = 6[V]$

57 3상 유도전동기의 슬립이 s일 때 2차 효율 [%]은?

① $(1-s) \times 100$ ② $(2-s) \times 100$

③ $(3-s) \times 100$ ④ $(4-s) \times 100$

해설

• 3상 유도전동기의 효율은

$\eta = \dfrac{출력}{입력} \times 100 = \dfrac{입력 - 손실}{입력} \times 100$

$\quad = \dfrac{P}{\sqrt{3}\,V_1 I_1 \cos\theta_1} \times 100[\%]$

• 2차 효율은

$\eta_2 = \dfrac{2차출력}{2차입력} \times 100 = \dfrac{P}{P_2} \times 100$

$\quad = \dfrac{P_2(1-s)}{P_2} \times 100$

$\quad = \dfrac{N}{N_s} \times 100 = (1-s) \times 100[\%]$

58 직류전동기의 회전수를 $\dfrac{1}{2}$로 하자면 계자자속을 어떻게 해야 하는가?

① $\dfrac{1}{4}$로 감소시킨다.

② $\dfrac{1}{2}$로 감소시킨다.

③ 2배로 증가시킨다.

④ 4배로 증가시킨다.

해설

$E = K\Phi n, \quad E = V - I_a R_a$

$\therefore n = \dfrac{E}{K\Phi} = \dfrac{V - I_a R_a}{K\Phi} = k\dfrac{V - I_a R_a}{\Phi}[\text{rps}]$

단, 회전수 : $n[\text{rps}]$, 자속 : $\Phi[\text{Wb}]$, 전기자전류 : $I_a[\text{A}]$, 전기자저항 : $R_a[\Omega]$, 공급(단자)전압 : V [V], 유기(역)기전력 : $E[\text{V}]$, k : 상수

그러므로 회전수 n을 $\dfrac{1}{2}$로 하기 위해서는 자속 Φ는 2배가 되어야 한다.

59 사이리스터 2개를 사용한 단상 전파정류회로에서 직류전압 100[V]를 얻으려면 PIV가 약 몇 [V]인 다이오드를 사용하면 되는가?

① 111   ② 141

③ 222   ④ 314

해설

역전압 첨두값은

$PIV = 2\,E_m = 2 \times 50\pi = 314.16[\text{V}]$

$E_d = \dfrac{2\,E_m}{\pi}$ 에서, $E_m = \dfrac{\pi}{2} \times 100 = 50\pi[\text{V}]$

60 교류발전기의 고조파 발생을 방지하는 방법으로 틀린 것은?

① 전기자반작용을 크게 한다.

② 전기자권선을 단절권으로 감는다.

③ 전기자슬롯을 스큐슬롯으로 한다.

④ 전기자권선의 결선을 성형으로 한다.

해설 교류발전기의 고조파 발생방지 방법

• 전기자권선을 단절권 및 분포권으로 감는다.
• 매극매상의 슬롯수를 크게 한다.
• 전기자슬롯을 스큐슬롯으로 한다.
• 반폐슬롯을 사용한다.
• 공극의 길이를 크게 한다.
• 부정수 슬롯권을 채용한다.
• 전기자권선의 결선을 Y결선(성형)으로 한다.

정답 56 ④   57 ①   58 ③   59 ④   60 ①

제4과목 : 회로이론 및 제어공학

61 개루프 전달함수 $G(s)$가 다음과 같이 주어지는 단위 부궤환계가 있다. 단위계단입력이 주어졌을 때 정상상태 편차가 0.05가 되기 위해서는 K의 값은 얼마인가?

$$G(s) = \frac{6K(s+1)}{(s+2)(s+3)}$$

① 19
② 20
③ 0.95
④ 0.05

해설

$$e_{ss} = \lim_{s \to 0} s E(s) = \lim_{s \to 0} s \frac{R(s)}{1+G(s)}$$

$$= \lim_{s \to 0} s \frac{\frac{1}{s}}{1 + \frac{6K(s+1)}{(s+2)(s+3)}}$$

$$= \frac{1}{1 + \frac{6K}{6}} = \frac{6}{6+6K} = 0.05$$

$$\therefore K = 19$$

62 제어량의 종류에 따른 분류가 아닌 것은?

① 자동 조정
② 서보기구
③ 적용 제어
④ 프로세스 제어

해설 자동제어장치의 종류에서 제어량의 분류
- 프로세스(공정) 제어
- 서보(추종) 제어
- 자동조정(정치) 제어

63 개루프 전달함수 $G(s)H(s)$ $= \dfrac{K(s-5)}{s(s-1)^2(s+2)^2}$ 일 때 주어지는 계에서 점근선의 교차점은?

① $-\dfrac{3}{2}$
② $-\dfrac{7}{4}$
③ $\dfrac{5}{3}$
④ $-\dfrac{1}{5}$

해설

점근선의 교차점은

$$\sigma = \frac{\sum GH \text{극점} - \sum GH \text{영점}}{p - z}$$

(p: 극점의 개수, z: 영점의개수)

$$= \frac{(0+1+1-2-2) - (5)}{5-1} = -\frac{7}{4}$$

64 단위계단함수의 라플라스변환과 z 변환함수는?

① $\dfrac{1}{s}$, $\dfrac{z}{z-1}$
② s, $\dfrac{z}{z-1}$
③ $\dfrac{1}{s}$, $\dfrac{z-1}{z}$
④ s, $\dfrac{z-1}{z}$

해설

$f(t)$	$F(s)$	$F(z)$
$\delta(t)$	1	1
$u(t)$	$\dfrac{1}{s}$	$\dfrac{z}{z-1}$
t	$\dfrac{1}{s^2}$	$\dfrac{Tz}{(z-1)^2}$
e^{-at}	$\dfrac{1}{s+a}$	$\dfrac{z}{z-e^{-at}}$

정답 61 ① 62 ③ 63 ② 64 ①

65 다음 방정식으로 표시되는 제어계가 있다. 이 계를 상태방정식 $\dot{x}(t) = Ax(t) + Bu(t)$로 나타내면 계수행렬 A는?

$$\frac{d^3c(t)}{dt^3} + 5\frac{d^2c(t)}{dt^2} + \frac{dc(t)}{dt} + 2c(t) = r(t)$$

① $\begin{bmatrix} 0 & 1 & 0 \\ 0 & 0 & 1 \\ -2 & -1 & -5 \end{bmatrix}$ ② $\begin{bmatrix} 0 & 1 & 0 \\ 1 & 0 & 0 \\ 5 & 1 & 2 \end{bmatrix}$

③ $\begin{bmatrix} 0 & 0 & 1 \\ 1 & 0 & 0 \\ 0 & 5 & 2 \end{bmatrix}$ ④ $\begin{bmatrix} 0 & 1 & 0 \\ 0 & 0 & 1 \\ -2 & -1 & 0 \end{bmatrix}$

해설

$x_1(t) = x(t) = c(t)$

$x_2(t) = \dot{x}(t) = \dot{c}(t) = \dot{x}_1(t)$

$x_3(t) = \ddot{x}(t) = \ddot{c}(t) = \ddot{x}_2(t)$라 두고,

$\frac{d^3c(t)}{dt^3} + 5\frac{d^2c(t)}{dt^2} + \frac{dc(t)}{dt} + 2c(t) = r(t)$에서,

$\dddot{c}(t) + 5\ddot{c}(t) + \dot{c}(t) + 2c(t) = r(t)$

$\dddot{c}(t) = \dot{x}_3(t) = -2x_1(t) - x_2(t) - 5x_3(t) + r(t)$

$\dot{x}_1(t) = 0x_1(t) + x_2(t) + 0x_3(t)$

$\dot{x}_2(t) = 0x_1(t) + 0x_2(t) + x_3(t)$

$\dot{x}_3(t) = -2x_1(t) - x_2(t) - 5x_3(t)$

$\therefore \begin{bmatrix} \dot{x}_1(t) \\ \dot{x}_2(t) \\ \dot{x}_3(t) \end{bmatrix} = \begin{vmatrix} 0 & 1 & 0 \\ 0 & 0 & 1 \\ -2 & -1 & -5 \end{vmatrix} \begin{bmatrix} x_1(t) \\ x_2(t) \\ x_3(t) \end{bmatrix} + \begin{bmatrix} 0 \\ 0 \\ 1 \end{bmatrix} r(t)$

$A = \begin{bmatrix} 0 & 1 & 0 \\ 0 & 0 & 1 \\ -2 & -1 & -5 \end{bmatrix}$

66 안정한 제어계에 임펄스 응답을 가했을 때 제어계의 정상상태 출력은?

① 0

② $+\infty$또는 $-\infty$

③ $+$의 일정한 값

④ $-$의 일정한 값

해설

안정한 제어계에 임펄스 응답을 가하면 제어계의 정상상태의 출력은 0이다.

67 그림과 같은 블록선도에서 $\dfrac{C(s)}{R(s)}$의 값은?

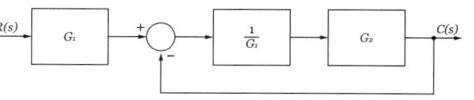

① $\dfrac{G_1}{G_1 - G_2}$ ② $\dfrac{G_2}{G_1 - G_2}$

③ $\dfrac{G_2}{G_1 + G_2}$ ④ $\dfrac{G_1 G_2}{G_1 + G_2}$

해설

$(R(s)G_1 - C(s))\dfrac{G_2}{G_1} = C(s)$

$R(s)G_2 - \dfrac{G_2}{G_1}C(s) = C(s)$

$\therefore G(s) = \dfrac{C(s)}{R(s)} = \dfrac{G_2}{1 + \dfrac{G_2}{G_1}} = \dfrac{G_1 G_2}{G_1 + G_2}$

68 신호흐름선도에서 전달함수 $\dfrac{C}{R}$를 구하면?

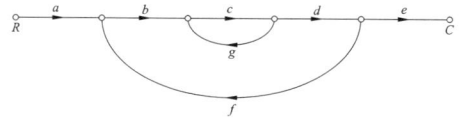

① $\dfrac{abcdg}{1 - abcde}$

② $\dfrac{abcde}{1 - cg - bcdf}$

③ $\dfrac{abcde}{1 - cg - cgf}$

④ $\dfrac{abcde}{c + cg + cgf}$

정답 65 ① 66 ① 67 ④ 68 ②

2018년도 기사 제1회 필기시험(기사) · **1343**

해설

$$G(s) = \frac{\sum_{K=1}^{\infty} G_K \triangle_K}{\triangle} = \frac{abcde}{1 - cg - bcdf}$$

$$\triangle = 1 - \sum \ell_1 + \sum \ell_2 - \sum \ell_3 \pm --$$

$$\sum \ell_1 = cg + bcdf$$

$$\sum_{K=1}^{\infty} G_K \triangle_K$$

첫번째 전향경로 $K=1$, $G_1 \triangle_1 = abcde$

69 특성방정식이 $s^3 + 2s^2 + Ks + 5 = 0$가 안정하기 위한 K의 값은?

① $K > 0$　　　　　② $K < 0$

③ $K > \dfrac{5}{2}$　　　④ $K < \dfrac{5}{2}$

해설

$s^3 + 2s^2 + Ks + 5 = 0$

$$\begin{array}{c|cc}
s^3 & 1 & K \\
s^2 & 2 & 5 \\
s^1 & \dfrac{2K-5}{2} & 0 \\
s^0 & 5 &
\end{array}$$

$\therefore \dfrac{2K-5}{2} > 0$에서, $K > \dfrac{5}{2}$가 된다.

70 다음과 같은 진리표를 갖는 회로의 종류는?

입력		출력
A	B	
0	0	0
0	1	1
1	0	1
1	1	0

① AND　　　　② NOR

③ NAND　　　④ EX-OR

해설

Exclusive-OR(EX-OR)gate

$X = A \oplus B = A\overline{B} + \overline{A}B$

A	B	X
0	0	0
0	1	1
1	0	1
1	1	0

71 대칭좌표법에서 대칭분을 각 상전압으로 표시한 것 중 틀린 것은?

① $E_0 = \dfrac{1}{3}(E_a + E_b + E_c)$

② $E_0 = \dfrac{1}{3}(E_a + aE_b + a^2 E_c)$

③ $E_0 = \dfrac{1}{3}(E_a + a^2 E_b + aE_c)$

④ $E_0 = \dfrac{1}{3}(E_a^2 + E_b^2 + E_c^2)$

해설

대칭좌표법에서 대칭분은 영상분(E_0), 정상분(E_1), 역상분(E_2)만 존재한다.

72 $R-L$직렬회로에서 스위치 S가 1번 위치에 오랫동안 있다가 $t = 0^+$에서 위치 2번으로 옮겨진 후, $\dfrac{L}{R}[s]$ 후에 L에 흐르는 전류[A]는?

정답 69 ③　70 ④　71 ④　72 ③

1344 • Part 4. 기사 · 산업기사 최근기출문제

① $\dfrac{E}{R}$ ② $0.5\dfrac{E}{R}$

③ $0.368\dfrac{E}{R}$ ④ $0.632\dfrac{E}{R}$

해설

스위치 S가 1번 위치에서 2번 위치로 옮겨지면 전원 (E)이 제거된다.

이때 흐르는 전류는

$i(t) = \dfrac{E}{R}e^{-\frac{R}{L}t}$에서, $t = \dfrac{L}{R}[s]$를 대입하면

$i(t) = \dfrac{E}{R}e^{-\frac{R}{L}\times\frac{L}{R}} = \dfrac{E}{R}e^{-1} = 0.368\dfrac{E}{R}[A]$

---

73 분포정수회로에서 선로정수 R, L, C, G이고 무왜형 조건이 $RC = GL$과 같은 관계가 성립될 때 선로의 특성임피던스 Z_0는? (단, 선로의 단위길이당 저항을 R, 인덕턴스를 L, 정전용량을 C, 누설컨덕턴스를 G라 한다)

① $Z_0 = \dfrac{1}{\sqrt{CL}}$ ② $Z_0 = \sqrt{\dfrac{L}{C}}$

③ $Z_0 = \sqrt{CL}$ ④ $Z_0 = \sqrt{RG}$

해설

$Z_0 = \sqrt{\dfrac{Z}{Y}} = \sqrt{\dfrac{R + j\omega L}{G + j\omega C}} = \sqrt{\dfrac{L}{C}}\,[\Omega]$

---

74 그림과 같은 4단자 회로망에서 하이브리드 파라미터 H_{11}은?

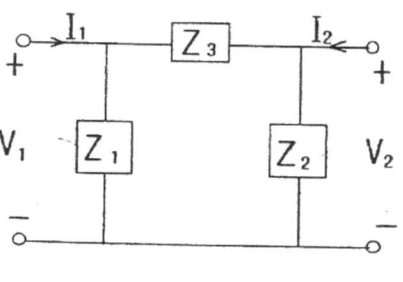

---

① $\dfrac{Z_1}{Z_1 + Z_3}$ ② $\dfrac{Z_1}{Z_1 + Z_2}$

③ $\dfrac{Z_1 Z_3}{Z_1 + Z_3}$ ④ $\dfrac{Z_1 Z_2}{Z_1 + Z_2}$

해설

[H]파라미터

$\begin{bmatrix} V_1 \\ I_2 \end{bmatrix} = \begin{bmatrix} H_{11} & H_{12} \\ H_{21} & H_{22} \end{bmatrix} \begin{bmatrix} I_1 \\ V_2 \end{bmatrix}$

$V_1 = H_{11}I_1 + H_{12}V_2$에서

$H_{11} = \dfrac{V_1}{I_1}\bigg|_{V_2=0} = \dfrac{I_1\left(\dfrac{Z_1 Z_3}{Z_1 + Z_3}\right)}{I_1} = \dfrac{Z_1 Z_3}{Z_1 + Z_3}$

---

75 내부저항 0.1[Ω]인 건전지 10개를 직렬로 접속하고 이것을 한조로 하여 5조 병렬로 접속하면 합성내부저항은 몇 [Ω]인가?

① 5   ② 1

③ 0.5   ④ 0.2

해설

합성내부저항은

$R_i = \dfrac{r}{n} = \dfrac{0.1 \times 10}{5} = 0.2[\Omega]$

---

76 함수 $f(t)$의 라플라스 변환은 어떤 식으로 정의되는가?

① $f(t) = \displaystyle\int_0^\infty f(t)e^{st}dt$

② $f(t) = \displaystyle\int_0^\infty f(t)e^{-st}dt$

③ $f(t) = \displaystyle\int_0^\infty f(-t)e^{st}dt$

④ $f(t) = \displaystyle\int_{-\infty}^\infty f(-t)e^{-st}dt$

해설

$\mathcal{L}f(t) = F(s) = \displaystyle\int_0^\infty f(t)e^{-st}dt$

정답 73 ②   74 ③   75 ④   76 ②

77 대칭좌표법에서 불평형률을 나타내는 것은?

① $\dfrac{영상분}{정상분} \times 100$　　② $\dfrac{정상분}{역상분} \times 100$

③ $\dfrac{정상분}{영상분} \times 100$　　④ $\dfrac{역상분}{정상분} \times 100$

해설

대칭좌표법에서 불평형률 $= \dfrac{역상분}{정상분} \times 100$

78 그림의 왜형파를 푸리에의 급수로 전개할 때 옳은 것은?

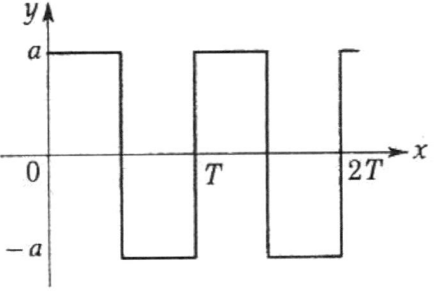

① 우수파만 포함한다.

② 기수파만 포함한다.

③ 우수파·기수파 모두 포함한다.

④ 푸리에의 급수로 전개할 수 있다.

해설

반파 및 정형대칭이므로 홀수항(기수차)의 sin항 존재한다.

$$f(t) = \sum_{n=1}^{\infty} b_n \sin n\omega t = b_1 \sin \omega t + b_3 \sin 3\omega t \pm -$$

79 최대값이 E_m인 반파 정류정현파의 실효값은 몇 [V]인가?

① $\dfrac{2E_m}{\pi}$　　② $\sqrt{2}\,E_m$

③ $\dfrac{E_m}{\sqrt{2}}$　　④ $\dfrac{E_m}{2}$

해설

파형의 종류	실효값	평균값
전파(정형파)	$\dfrac{E_m}{\sqrt{2}}$	$\dfrac{2E_m}{\pi}$
반파	$\dfrac{E_m}{2}$	$\dfrac{E_m}{\pi}$
구형파	E_m	E_m
반파구형파	$\dfrac{E_m}{\sqrt{2}}$	$\dfrac{E_m}{2}$
톱니파(삼각파)	$\dfrac{E_m}{\sqrt{3}}$	$\dfrac{E_m}{2}$

80 그림과 같이 R[Ω]의 저항을 Y결선으로 하여 단자의 a, b 및 c에 비대칭 3상 전압 때, a단자의 중성점 N에 대한 전압은 약 몇 [V]인가? (단, $V_{ab} = 210$[V], $V_{bc} = -90 - j180$[V], $V_{va} = -120 + j180$[V])

① 100　　② 116

③ 121　　④ 125

해설

a단자의 중성점 N에 대한 전압은

$$E_a = \frac{V_{ca}}{\sqrt{3}} = \frac{\sqrt{(-120)^2 + 180^2}}{\sqrt{3}} = 125[\text{V}]$$

정답　77 ④　78 ②　79 ④　80 ④

제5과목 : 전기설비기술기준 및 판단기준

81 태양전지모듈의 시설에 대한 설명으로 옳은 것은?

① 충전부분은 노출하여 시설할 것

② 출력배선은 극성별로 확인 가능토록 표시할 것

③ 전선은 공칭단면적 1.5[mm²] 이상의 연동선을 사용할 것

④ 전선을 옥내에 시설할 경우에는 애자사용공사에 준하여 시설할 것

해설 태양전지모듈 등의 시설
- 충전부분은 노출되지 아니하도록 시설할 것
- 태양전지모듈에 접속하는 부하측의 전로에는 그 접속점에 근접하여 개폐기 기타 이와 유사한 기구로 시설할 것
- 전선은 공칭단면적 2.5[mm²] 이상의 연동선 또는 이와 동등 이상의 세기 및 굵기의 것(옥내 및 옥측, 옥외시설 : 금속관공사, 케이블공사, 합성수지관공사, 가요전선관공사)
- 출력배선은 극성별로 확인 가능토록 표시할 것
- 태양전지모듈의 프레임은 지지물과 전기적으로 완전하게 접속할 것

82 저압옥상전선로를 전개된 장소에 시설하는 내용으로 틀린 것은?

① 전선은 절연전선일 것

② 전선은 지름 2.5[mm²] 이상의 경동선의 것

③ 전선과 그 저압옥상전선로를 시설하는 조영재와의 이격거리는 2[m] 이상일 것

④ 전선은 조영재에 내수성이 있는 애자를 사용하여 지지하고 그 지지점간의 거리는 15[m] 이하일 것

해설 옥상전선로
- 전선은 인장강도 2.30[kN] 이상의 것 또는 지름 2.6[mm] 이상의 경동선일 것
- 절연전선일 것
- 전선은 조영재에 견고하게 붙인 지지주 및 지지대에 절연성·난연성 및 내수성이 있는 애자를 사용하여 지지하고 또한 그 지지점간의 거리는 15[m] 이하일 것
- 전선과 그 저압옥상전선로를 시설하는 조영재와의 이격거리는 2[m](고압, 특고압 절연전선 또는 케이블 : 1[m]) 이상일 것
- 전선이 케이블인 경우 저압옥상전선로는 전개된 장소에서 조영재 사이의 이격거리를 1[m] 이상으로 하여 시설할 수 있다.
- 저압옥상전선로의 전선이 저압·고압·특고압 옥측전선, 다른 저압옥상전선로의 전선, 약전류전선 등 안테나, 수관, 가스관 등과 접근 및 교차하는 경우에 이들 사이의 이격거리는 1[m](고압, 특고압 절연전선 또는 케이블30[cm] 이상)
- 저압옥상전선로의 전선이 다른 지지물과 접근하거나 교차하는 경우에 이들 사이의 이격거리는 60[cm](고압, 특고압 절연전선 또는 케이블 : 30[cm]) 이상일 것
- 저압옥상전선로의 전선은 상시 부는 바람 등에 의하여 식물에 접촉하지 아니하도록 시설할 것

83 무대, 무대마루 및 오케스트라 박스, 영사실 기타 사람이나 무대도구가 접촉할 우려가 있는 곳에 시설하는 저압옥내배선·전구선 또는 이동전선은 사용전압이 몇 [V] 미만이어야 하는가?

① 60

② 110

③ 220

④ 400

정답 81 ② 82 ② 83 ④

2018년도 기사 제1회 필기시험(기사) · **1347**

84 과전류차단기로 시설하는 퓨즈 중 고압전로에 사용하는 포장퓨즈는 정격전류의 몇 배의 전류에 견디어야 하는가?

① 1.1
② 1.25
③ 1.3
④ 1.6

해설

고압전로에 시설하는 포장퓨즈는 정격전류 1.3배에 견디고 2배의 전류에 120분 안에 용단되어야 한다(비포장퓨즈는 1.25배에 견디고 2배의 전류에 2분 안에 용단).

85 터널 안의 전선로의 시설방법으로 옳은 것은?

① 저압전선은 지름 2.6[mm]의 경동선의 절연전선을 사용하였다.
② 고압전선은 절연전선을 사용하여 합성수지관 공사로 하였다.
③ 저압전선은 애자사용공사에 의하여 시설하고 이를 레일면상 또는 노면상 2.2[m]의 높이로 시설하였다.
④ 고압전선을 금속관공사에 의하여 시설하고 이를 레일면상 또는 노면상 2.4[m]의 높이로 시설하였다.

해설 터널 안의 전선로의 시설

철도, 궤도 또는 자동차도 전용터널 안의 전선로는 다음에 따라 시설(사람이 상시 통행하는 터널 안의 전선로)

• 저압전선은 다음 중 하나에 의하여 시설할 것
 – 인장강도 2.30[kN] 이상의 절연전선 또는 지름 2.6[mm] 이상의 경동선의 절연전선 등을 이용하고, 애자사용공사에 의하여 시설하며 높이는 레일면상 또는 노면상 2.5[m] 이상일 것
 – 금속관공사, 케이블공사, 합성수지관 공사, 가요전선관공사, 애자사용공사 등에 의하여 시설

• 고압전선은 인장강도 5.26[kN] 이상의 것 또는 지름 4[mm] 이상의 경동선의 고압, 특고압 절연전선을 사용하여 애자사용공사에 의하여 시설하며 높이는 레일면상 또는 노면상 3[m] 이상일 것 (케이블공사, 애자사용공사)

86 저압 옥측전선로에서 목조의 조영물에 시설할 수 있는 공사방법은?

① 금속관공사
② 버스덕트공사
③ 합성수지관공사
④ 연피 또는 알루미늄피 케이블공사

해설 저압 옥측전선로의 시설

• 애자사용공사(전개된 장소)
• 합성수지관공사
• 금속관공사(목조 이외의 조영물에 시설하는 경우에 한한다)
• 버스덕트공사(목조 이외의 조영물[점검할 수 없는 은폐된 장소를 제외]에 시설하는 경우에 한한다)
• 케이블공사(연피, 알루미늄피 케이블 또는 MI 케이블을 사용하는 경우에는 목조 이외의 조영물에 시설하는 경우에 한한다)

87 특고압을 직접 저압으로 변성하는 변압기를 시설하여서는 아니 되는 변압기는?

① 광산에서 물을 공급하기 위한 양수기용 변압기
② 전기로 등 전류가 큰 전기를 소비하기 위한 변압기
③ 교류식 전기철도용 신호회로에 전기를 공급하기 위한 변압기
④ 발전소·변전소·개폐소 또는 이에 준하는 곳의 소내용 변압기

정답 **84** ③ **85** ① **86** ③ **87** ①

1348 · Part 4. 기사·산업기사 최근기출문제

해설 특고압을 직접 저압으로 변성하는 변압기의 시설
- 전기로 등 전류가 큰 전기를 소비하기 위한 변압기
- 발전소·변전소·개폐소 또는 이에 준하는 곳의 소내용 변압기
- 25[kV] 이하 중성점 다중접지식 전선로에 접속하는 변압기
- 사용전압이 35[kV] 이하인 변압기로서 그 특고압측 전선과 저압측 전선이 혼촉한 경우에 자동적으로 변압기를 차단하기 위한 장치를 설치한 것
- 사용전압이 100[kV] 이하인 변압기로서 그 특고압측 전선과 저압측 전선 사이에 제2종 접지공사(접지저항 값은 10[Ω] 이하인 것에 한한다)를 한 금속체의 혼촉방지판이 있는 것
- 교류식 전기철도용 신호회로에 전기를 공급하기 위한 변압기

88 케이블트레이 공사에 사용하는 케이블트레이의 시설기준으로 틀린 것은?

① 케이블트레이 안전율은 1.3 이상이어야 한다.
② 비금속제 케이블트레이는 난연성 재료의 것이어야 한다.
③ 전선의 피복 등을 손상시킬 돌기 등이 없이 매끈해야 한다.
④ 저압옥내배선의 사용전압이 400[V] 마만인 경우에는 금속제 트레이에 제3종 접지공사를 하여야 한다.

해설 케이블트레이 공사의 시설
- 케이블트레이 안전율은 1.5 이상이어야 한다.
- 전선은 연피, 알루미늄피 케이블 등 난연성케이블 또는 금속관 혹은 합성수지관에 넣은 절연전선을 사용한다.
- 전선의 피복 등을 손상시킬 돌기 등이 없이 매끈해야 한다.
- 저압옥내배선의 사용전압이 400[V] 마만인 경우에는 금속제 트레이에 제3종 접지공사를 하여야 한다.

89 전로에 대한 설명 중 옳은 것은?

① 통상의 사용상태에서 전기를 절연한 곳
② 통상의 사용상태에서 전기를 접지한 곳
③ 통상의 사용상태에서 전기가 통하고 있는 곳
④ 통상의 사용상태에서 전기가 통하고 있지 않은 곳

해설 전로
통상전기가 통하고 있는 상태를 의미한다.

90 최대사용전압 23[kV]의 권선으로 중성점접지식전로(중성선을 가지는 것으로 그 중성선에 다중접지를 하는 전로)에 접속되는 변압기는 몇 [V]의 절연내력 시험전압에 견디어야 하는가?

① 21,160   ② 25,300
③ 38,750   ④ 34,500

해설

접지방식	최대사용전압	시험전압	최저 시험전압
비접지방식	7[kV] 이하 7[kV] 초과 (60[kV] 이하)	1.5배 1.25배	500[V] 10,500[V]
중성점다중 접지방식	25[kV] 이하	092배	500[V]
중성점 접지방식	60[kV] 초과	1.1배	75[kV]
중성점직접 접지방식	60[kV] 초과 170[kV] 이하 (170[kV] 초과 권선에 중성선에 피뢰기를 시설)	0.72배	
	170[kV] 초과	0.64배	

변압기전로의 절연내력 시험전압
- 절연내력시험전압 = 23000 × 0.92 = 21160[V]

정답 88 ①   89 ③   90 ①

91 고압가공전선으로 경동선 또는 내열동합금선을 사용할 때 그 안전율은 최소 얼마 이상이 되는 이도로 시설하여야 하는가?

① 2.0   ② 2.2
③ 2.5   ④ 3.3

[해설] 안전율
- 경동선 및 내열동합금선 : 2.2 이상
- 기타 : 2.5 이상

92 제3종 접지공사에 사용되는 접지선의 굵기는 공칭단면적 몇 [mm²] 이상의 연동선을 사용하여야 하는가?

① 0.75   ② 2.5
③ 6   ④ 16

[해설] 접지공사의 접지선의 굵기
- 제1종 접지공사 : 공칭단면적 $6[mm^2]$ 이상의 연동선
- 제2종 접지공사 : 공칭단면적 $16[mm^2]$ 이상의 연동선(단, 고압 및 25[kV] 이하 중성점 다중접지식의 것은 : $6[mm^2]$ 이상의 연동선)
- 제3종 접지공사 및 특별 제3종 접지공사 : 공칭단면적 $2.5[mm^2]$ 이상의 연동선

93 고압보안공사에서 지지물이 A종 철주인 경우 경간은 몇 [m]인가?

① 100   ② 150
③ 250   ④ 400

[해설] 특고압가공전선로의 경간 제한

[단위 m]

지지물 종류	표준 경간	저·고압 보안 공사	1종 특고압 보안 공사	2·3종 특고압 보안 공사	특고압 시가지
목주 A종	150	100	×	100	75
B종	250	150	150	200	150
철탑	600	400	400	400	400

94 가공 직류전차선의 레일면상의 높이는 4.8 [m] 이상이어야 하나, 광산 기타의 갱도 안의 윗면에 시설하는 경우는 몇 [m] 이상이어야 하는가?

① 1.8
② 2
③ 2.2
④ 2.4

[해설] 가공 직류전차선의 레일면상의 높이
- 가공 직류전차선의 레일면상의 높이는 4.8[m] 이상, 전용부지 위에 시설은 4.4[m] 이상
- 터널 안의 윗면, 교량의 아랫면 기타 이와 유사한 곳 또는 이에 인접하는 곳은 3.5[m] 이상
- 광산 기타의 갱도 안의 윗면에 시설하는 경우는 1.8[m] 이상

95 가공전선로의 지지물의 승탑 및 증주방지를 위한 발판볼트는 지표상 몇 [m] 미만에 시설하여서는 아니 되는가?

① 1.2
② 1.5
③ 1.8
④ 2.0

96 저압옥내간선에서 분기하여 전기사용 기계기구에 이르는 저압옥내전로는 분기점에서 전선의 길이가 몇 [m] 이하인 곳에 개폐기 및 과전류차단기를 시설하여야 하는가?

① 2
② 3
③ 4
④ 5

[정답] 91 ②   92 ②   93 ①   94 ①   95 ③   96 ②

해설 분기회로의 시설

- 분기점에서 전선의 길이가 3[m] 이하인 곳에 개폐기 및 과전류차단기를 시설할 것
- 분기회로전선의 허용전류가 간선보호용 과전류차단기 정격전류의 35[%] 이상, 55[%] 미만인 경우에는 8[m] 이내에 시설할 것
- 분기회로전선의 허용전류가 간선 보호용 과전류차단기 정격전류의 55[%] 이상인 경우에는 분기점으로부터의 길이에 제한이 없다. 이때 간선과 분기점의 굵기에 의할 때는 분기선의 1/5 이상일 때 35[%] 이상, 1/2 이상일 때는 55[%] 이상으로 간주할 것

97 사용전압이 60[kV] 이하인 경우 전화선로의 길이 12[km]마다 유도전류는 몇 [μA]를 넘지 않도록 하여야 하는가?

① 1 ② 2
③ 3 ④ 5

해설

- 사용전압이 60[kV] 이하인 경우에는 전화선로의 길이 12[km]마다 유도전류는 2[μA]를 넘지 아니하도록 할 것
- 사용전압이 60[kV] 초과 하는 경우에는 전화선로의 길이 40[km]마다 유도전류는 3[μA]를 넘지 아니하도록 할 것

98 발전소 · 변전소 · 개폐소 또는 이에 준하는 곳에서 개폐기 또는 차단기에 사용하는 압축공기장치의 공기압축기는 최고 사용압력의 1.5배의 수압을 연속하여 몇 분간 가하여 시험하였을 때에 이에 견디고 또한 새지 아니하여야 하는가?

① 5 ② 10
③ 15 ④ 20

해설

발전소 · 변전소 · 개폐소 등에서 개폐기나 차단기에 사용하는 압축공기장치는 최고사용압력 1.5배의 수압 또는 1.25배의 기압을 계속해서 10분간 가했을 때 견디고, 공기탱크는 개폐기 및 차단기의 투입 및 차단을 1회 이상 할 수 있는 용량을 가져야 한다.

99 금속덕트 공사에 의한 저압옥내배선 공사시 설에 대한 설명으로 틀린 것은?

① 저압옥내배선의 사용전압이 400[V] 미만인 경우에는 덕트에 제3종 접지공사를 한다.
② 금속덕트는 두께 1.0[mm] 이상인 철판으로 제작하고 덕트 상호 간에 완전하게 접속한다.
③ 덕트를 조영재에 붙이는 경우 덕트 지지점 간의 거리를 3[m] 이하로 견고하게 붙인다.
④ 금속덕트에 넣은 전선의 단면적의 합계가 덕트의 내부 단면적의 20[%] 이하가 되도록 한다.

해설 금속덕트 공사

- 전선은 절연전선(OW 제외)으로 금속덕트에 넣는 전선의 단면적(절연피복 포함) 덕트 내부 단면적의 20[%](전광표시장치, 출퇴근표시등, 제어회로용 배선만을 넣는 경우는 50[%]) 이하일 것
- 덕트 안에는 전선의 접속점이 없어야 하나 전선을 분기하는 경우에 그 접속점을 쉽게 점검할 수 있는 경우는 접속할 수 있다.
- 덕트는 폭이 5[cm]를 넘고 두께가 1.2[mm] 이상일 것
- 덕트의 지지점 간의 거리는 3[m] 이하일 것
- 400[V] 미만은 제3종 접지공사, 400[V] 이상은 특별 제3종 접지공사를 할 것(단, 사람이 접촉할 우려가 없도록 할 경우는 제3종 접지를 할 것)

정답 97 ② 98 ② 99 ②

100 그림은 전력선 반송통신용 결합장치의 보안장치를 나타낸 것이다. S의 명칭으로 옳은 것은?

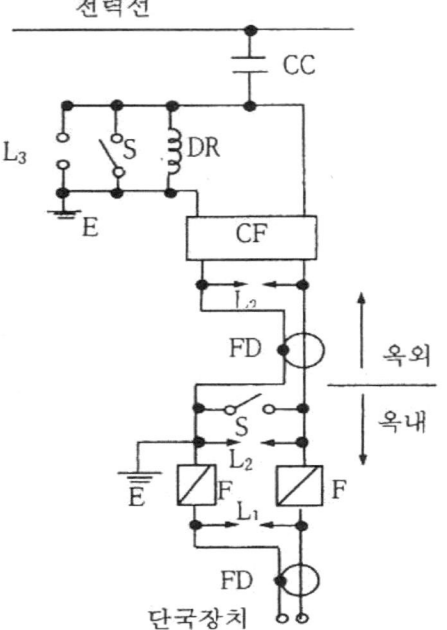

① 동축케이블　　② 결합콘덴서
③ 접지용개폐기　④ 구상용 방전갭

해설

- FD : 동축케이블
- F : 정격전류 10[A] 이하의 포장퓨즈
- DR : 전류용량 2[A]이상의 배류전류,
- L_1 : 교류 300[V] 이하에서 동작하는 피뢰기,
- L_2 : 동작전압이 교류 1,300[V]를 초과하고 1,600[V] 이하로 조정된 방전갭,
- L_3 : 동작전압이 교류 2[kV]를 초과하고 3[kV] 이하로 조정된 구상 방전갭,
- S : 접지용 개폐기
- CF : 결합 필터
- CC : 결합 커패시터(결합 안테나를 포함한다)
- E : 접지

정답 100 ③

1352 • Part 4. 기사 · 산업기사 최근기출문제

국가기술자격검정 필기시험문제

2018년도 기사 제2회 필기시험(기사)

자격종목 및 등급(선택분야)	종목코드	시험시간	문제지형별	수검번호	성명
전기기사		**2시간 30분**	**A**		

※ 시험문제지는 답안카드와 같이 반드시 제출하여야 합니다.

제1과목 : 전기자기학

01 매질 1의 μ_{s1} =500, 매질 2의 μ_{s2} =1000이다. 매질 2에서 경계면에 대하여 45°의 각도로 자계가 입사한 경우 매질 1에서 경계면과 자계의 각도에 가장 가까운 것은?

① 20° ② 30°
③ 60° ④ 80°

해설

굴절각은 $\dfrac{\tan\theta_1}{\tan\theta_2} = \dfrac{\mu_{s1}}{\mu_{s2}}$ 이 된다.

$\dfrac{\tan45°}{\tan\theta_2} = \dfrac{500}{1000}$, $\theta_2 = \tan^{-1}2 = 26.57°$

∴ 경계면과 자계의 각도=90°−26.57°=63.43°

02 대지의 고유저항이 $\rho[\Omega \cdot m]$일 때 반지름 $a[m]$인 그림과 같은 반구접지극의 접지저항[Ω]은?

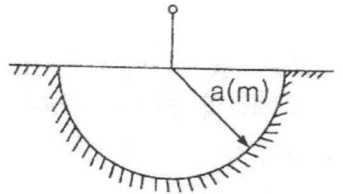

① $\dfrac{\rho}{4\pi a}$ ② $\dfrac{\rho}{2\pi a}$

③ $\dfrac{2\pi\rho}{a}$ ④ $2\pi\rho a$

해설

반구의 정전용량은, $C = \dfrac{4\pi\epsilon a}{2} = 2\pi\epsilon a$이다.

$RC = \rho\epsilon$에서 ∴ $R = \dfrac{\rho\epsilon}{C} = \dfrac{\rho\epsilon}{2\pi\epsilon a} = \dfrac{\rho}{2\pi a}[\Omega]$

03 히스테리시스 곡선에서 히스테리시스 손실에 해당하는 것은?

① 보자력의 크기
② 잔류자기의 크기
③ 보자력과 잔류자기의 곱
④ 히스테리시스 곡선의 면적

해설

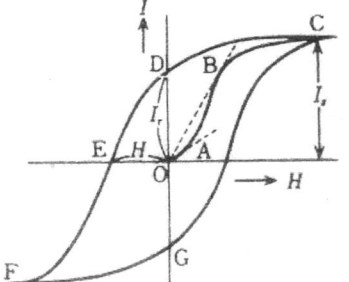

히스테리시스 곡선은 횡축은 자계(H), 종축은 자속밀도(B)를 나타내며, 곡선과 종축이 만나는 점을 잔류자기(B_r), 곡선과 횡축이 만나는 점을 보자력(H_c)라 하며, 영구자석 재료는 잔류자기와 보자력이 커야 하고, 전자석은 잔류자기와 보자력이 작아야 한다. 그림에서 히스테리시스 곡선의 면적을 히스테리시스손(Hysteresis Loss)이라 한다.

정답 01 ③ 02 ② 03 ④

2018년도 기사 제2회 필기시험(기사) · **1353**

04 다음 (가), (나)에 대한 법칙으로 알맞은 것은?

> 전자유도에 의하여 회로에 발생되는 기전력은 쇄교자속 수의 시간에 대한 감소비율에 비례한다는 (가)에 따르고 특히, 유도된 기전력의 방향은 (나)에 따른다.

① (가) : 패러데이의 법칙, (나) : 렌츠의 법칙
② (가) : 렌츠의 법칙, (나) : 패러데이의 법칙
③ (가) : 플레밍의 왼손법칙, (나) : 패러데이의 법칙
④ (가) : 패러데이의 법칙, (나) : 플레밍의 왼손법칙

05 N회 감긴 환상코일의 단면적이 S[m²]이고 평균길이가 ℓ[m]이다. 이 코일의 권수를 2배로 늘이고 인덕턴스를 일정하게 하려고 할 때 다음 중 옳은 것은?

① 길이를 2배로 한다.
② 단면적을 $\frac{1}{4}$로 한다.
③ 비투자율을 $\frac{1}{2}$배로 한다.
④ 전류의 세기를 4배로 한다.

해설

$L = \dfrac{N\phi}{I} = \dfrac{N^2}{R_m} = \dfrac{\mu S N^2}{\ell}$[N]에서, N을 2배로 늘이고 L을 일정하게 하기 위해서는 단면적(S)을 $\frac{1}{4}$배, 길이는 4배로 하면 된다.

06 무한장솔레노이드에 전류가 흐를 때 발생하는 자장에 관한 설명으로 옳은 것은?

① 내부자장은 평등자장이다.
② 외부자장은 평등자장이다.
③ 내부자장의 세기는 0이다.
④ 외부와 내부의 자장의 세기는 같다.

해설

- 무한장솔레노이드에 전류가 흐를 때에 내부자장은 위치에 상관없이 일정하기 때문에 평등자장이다.
- 외부자계는 0이다.
- 내부자계는 $H = nI$[AT/m]이므로 거리에 상관없이 평등자계이다.

07 자기회로에서 키르히호프의 법칙으로 알맞은 것은? (단, R_m : 자기저항, ϕ : 자속, N : 코일권수, I : 전류이다.)

① $\displaystyle\sum_{i=1}^{n} \phi_i = \infty$

② $\displaystyle\sum_{i=1}^{n} N_i \phi_i = 0$

③ $\displaystyle\sum_{i=1}^{n} R_i \phi_i = \sum_{i=1}^{n} N_i I_i$

④ $\displaystyle\sum_{i=1}^{n} R_i \phi_i = \sum_{i=1}^{n} N_i L_i$

해설

$$\sum_{i=1}^{\infty} V_i = \sum_{j=1}^{n} R_{mj} \phi_j$$

$$\therefore \sum_{i=1}^{n} F_i = \sum_{j=1}^{n} R_j \phi_j = \sum_{i=1}^{n} N_i I_i$$

08 전하밀도 ρ_s[C/m²]인 무한판상전하분포에 의한 임의점의 전장에 대하여 틀린 것은?

① 전장의 세기는 매질에 따라 변한다.
② 전장의 세기는 거리 r에 반비례한다.
③ 전장은 판에 수직방향으로만 존재한다.
④ 전장의 세기는 전하밀도 ρ_s에 비례한다.

정답 **04** ① **05** ② **06** ① **07** ③ **08** ②

1354 • Part 4. 기사 · 산업기사 최근기출문제

해설

무한평면의 경우는 전하로부터 나오는 전기력선이 상하방향으로 양분됨으로 표면 전계의 세기는

$E = \dfrac{\sigma}{2\epsilon_0} = \dfrac{\rho_s}{2\epsilon_0}$ [V/m], 그러므로 거리엔 상관없다.

09 한 변의 길이가 ℓ[m]인 정사각형 도체회로에 전류 I[A]를 흘릴 때 회로의 중심점에서 자계의 세기는 몇 [AT/m]인가?

① $\dfrac{2I}{\pi\ell}$

② $\dfrac{I}{\sqrt{2}\,\pi\ell}$

③ $\dfrac{\sqrt{2}\,I}{\pi\ell}$

④ $\dfrac{2\sqrt{2}\,I}{\pi\ell}$

해설

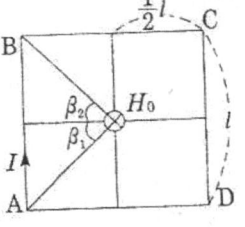

그림에서 한 변 AB에 대한 중심점의 자계는

$H_{AB} = \dfrac{I}{4\pi a}(\sin\beta_1 + \sin\beta_2),\ a = \dfrac{\ell}{2}$

$\sin\beta_1 = \sin\beta_2 = \sin 45° = \dfrac{1}{\sqrt{2}}$

$H_{AB} = \dfrac{I}{4\pi\left(\dfrac{\ell}{2}\right)} \times 2 \times \dfrac{1}{\sqrt{2}} = \dfrac{I}{\sqrt{2}\,\pi\ell}$ [AT/m]

∴ 회로의 중심점에서 자계의 세기는

$H_0 = H_{AB} + H_{BC} + H_{CD} + H_{DA} = 4 \times H_{AB}$

$= 4 \times \dfrac{I}{\sqrt{2}\,\pi\ell} = \dfrac{2\sqrt{2}\,I}{\pi\ell}$ [AT/m]

10 반지름 a[m]의 원형단면을 가진 도선에 전도전류 $i_c = I_c\sin 2\pi ft$[A]가 흐를 때 변위전류밀도의 최대값 J_d는 몇 [A/m²]가 되는가? (단, 도전율은 σ[S/m]이고, 비유전율은 ϵ_r이다)

① $\dfrac{f\epsilon_r I_c}{4\pi \times 10^9 \sigma a^2}$

② $\dfrac{\epsilon_r I_c}{4\pi f \times 10^9 \sigma a^2}$

③ $\dfrac{f\epsilon_r I_c}{9\pi \times 10^9 \sigma a^2}$

④ $\dfrac{f\epsilon_r I_c}{18\pi \times 10^9 \sigma a^2}$

해설

변위전류밀도의 최대값은

$J_c = \dfrac{I_c}{S} = \sigma E,\ E = \dfrac{I_c}{\sigma S}$

$\therefore\ J_d = \omega\epsilon E = \omega\epsilon\dfrac{I_c}{\sigma S} = 2\pi f\epsilon_0\epsilon_r\dfrac{I_c}{\sigma\pi a^2}$

$= \dfrac{f\epsilon_r I_c}{18\pi \times 10^9 \sigma a^2}$ [A/m²]

원형단면 : $S = \pi a^2$,

$\epsilon_0 = \dfrac{1}{4\pi \times 9 \times 10^9} = .855 \times 10^{-12}$ [F/m]

11 대전도체 표면전하밀도는 도체표면의 모양에 따라 어떻게 분포하는가?

① 표면전하밀도는 뾰족할수록 커진다.

② 표면전하밀도는 평면일 때 가장 크다.

③ 포면전하밀도는 곡률이 크면 작아진다.

④ 표면전하밀도는 표면의 모양과 무관하다.

해설

도체표면의 전하는 뾰족한 부분으로 잘 모이려는 성질이 있다. 뾰족한 부분일수록 곡률반경은 작다. 그러므로 전하밀도는 곡류반경이 작을수록 곡률은 커질수록 커진다.

정답 **09** ④ **10** ④ **11** ①

12 일정전압의 직류전원에 저항을 접속하여 전류를 흘릴 때, 저항값을 20[%] 감소시키면 흐르는 전류는 처음 저항에 흐르는 전류의 몇 배가 되는가?

① 1.0배 ② 1.1배
③ 1.25배 ④ 1.5배

해설

$I = \dfrac{V}{R}$ 에서

$I' = \dfrac{V}{R'} = \dfrac{V}{0.8R} = 1.25\,I$

13 유전율이 ϵ인 유전체 내에 있는 접전하 Q에서 발산되는 전기력선의 수는 총 몇 개인가?

① Q ② $\dfrac{Q}{\epsilon_0\epsilon_s}$

③ $\dfrac{Q}{\epsilon_s}$ ④ $\dfrac{Q}{\epsilon_0}$

해설

전기력선의 수와 전기력선 밀도는 매질과 전하에 관계되므로 전계에 의한 가우스정리는

$\displaystyle\int_s E\,dS = \dfrac{Q}{\epsilon} = \dfrac{Q}{\epsilon_0\epsilon_s}$ 개이다.

14 내부도체의 반지름이 a[m]이고, 외부도체의 내 반지름이 b[m], 외반지름이 c[m]인 동축케이블의 단위길이당 자기인덕턴스는 몇 [H/m]인가?

① $\dfrac{\mu_0}{2\pi}\ln\dfrac{b}{a}$ ② $\dfrac{\mu_0}{\pi}\ln\dfrac{b}{a}$

③ $\dfrac{2\pi}{\mu_0}\ln\dfrac{b}{a}$ ④ $\dfrac{\pi}{\mu_0}\ln\dfrac{b}{a}$

해설

$L = \dfrac{\phi}{I} = \dfrac{\mu_0}{2\pi}\ln\dfrac{b}{a}\,[\text{H/m}]$

$\phi = \displaystyle\int_a^b d\phi = \dfrac{\mu_0 I}{2\pi}\int_a^b \dfrac{1}{r}\,dr = \dfrac{\mu_0 I}{2\pi}\ln\dfrac{b}{a}$

$H = \dfrac{I}{2\pi r}, \quad d\phi = B\,dr = \mu_0\dfrac{I}{2\pi r}\,dr$

15 공기 중에서 1[m] 간격을 가진 두 개의 평행 도체 전류의 단위길이에 작용하는 힘은 몇 [N]인가?

① 2×10^{-7} ② 4×10^{-7}
③ $2\pi\times10^{-7}$ ④ $4\pi\times10^{-7}$

해설

평행도선 단위길이당 작용하는 힘은

$F = \dfrac{\mu_0 I_1 I_2}{2\pi r} = 2\times10^{-7}\dfrac{I^2}{r} = 2\times10^{-7}\times\dfrac{1^2}{1}$
$= 2\times10^{-7}[\text{N}]$

16 공기 중에서 코로나방전이 3.5[kV/mm] 전계에서 발생한다고 하면, 이때 도체의 표면에 작용하는 힘은 약 몇 [N/m²]인가?

① 27 ② 54
③ 81 ④ 108

해설

도체표면의 정전응력(단위면적당의 작용력)은

$F = \dfrac{1}{2}\epsilon_0 E^2 = \dfrac{1}{2}\times8.855\times10^{-12}\times(3.5\times10^6)^2$
$= 54.24[\text{N/m}^2]$

17 무한장직선전류에 의한 자계의 세기[AT/m]는?

① 거리에 r에 비례한다.
② 거리에 r^2에 비례한다.
③ 거리에 r에 반비례한다.
④ 거리에 r^2에 반비례한다.

해설

무한장직선전류에 의한 자계의 세기는

$H = \dfrac{1}{2\pi r} \propto \dfrac{1}{r}$

정답 **12** ③ **13** ② **14** ① **15** ① **16** ② **17** ③

18 전계 $E = \sqrt{2}\, E_c \sin\omega(t - \dfrac{x}{c})[V/m]$[V/m]의 평면전자파가 있다. 진공 중에서 자계의 실효값은 몇 [A/m]인가?

① $0.707 \times 10^{-3} E_c$
② $1.44 \times 10^{-3} E_c$
③ $2.65 \times 10^{-3} E_c$
④ $5.37 \times 10^{-3} E_c$

해설
전계와 자계의 관계식은
$$H_e = \sqrt{\frac{\epsilon_0}{\mu_0}}\, E_e = \sqrt{\frac{8.855 \times 10^{-12}}{4\pi \times 10^{-7}}} \times E_e$$
$$= 2.65 \times 10^{-3} E_e [A/m]$$

19 Biot-Savart의 법칙에 의하면, 전류소에 의해서 임의의 함점(P)에 생기는 자계의 세기를 구할 수 있다. 다음 중 설명으로 틀린 것은?

① 자계의 세기는 전류의 크기에 비례한다.
② MKS 단위계를 사용할 경우 비례상수는 $\dfrac{1}{4\pi}$ 이다.
③ 자계의 세기는 전류소와 점 P와의 거리에 반비례한다.
④ 자계의 방향은 전류소 및 이전류소와 점 P를 연결하는 직선을 포함하는 면에 법선 방향이다.

해설
Biot-Savart의 법칙에 의하면, 전류소에 의해서 임의의 함점(P)에 생기는 자계의 세기는
$$dH = \frac{Idl}{4\pi r^2}\sin\theta [AT/m]$$
(θ : 전류방향과 거리가 이루는 각)

20 $x > 0$인 영역에 $\epsilon_1 = 3$인 유전체, $x < 0$인 영역에 $\epsilon_2 = 5$인 유전체가 있다. 유전율 ϵ_2인 영역에서 전계가 $E_2 = 20a_x + 30a_y + 40a_z$일 때, 유전율 ϵ_1인 영역에서의 전계 E_1[V/m]은?

① $\dfrac{100}{3}a_x + 30a_y - 40a_z$
② $20a_x + 90a_y - 40a_z$
③ $100a_x + 10a_y - 40a_z$
④ $60a_x + 30a_y - 40a_z$

해설
경계면에 대해 a_x성분은 수직성분이고, a_y, a_z성분은 접선성분에 해당된다.
D의 접선성분 연속성에서 $D_{1x} = D_{2x}$
$$E_{1x} = \frac{1}{\epsilon_1}D_{1x} = \frac{1}{\epsilon_1}D_{2x} = \frac{1}{\epsilon_1}(\epsilon_2 \cdot\ E_{2x})$$
$$= \frac{\epsilon_2}{\epsilon_1}E_{2x} = \frac{5}{3} \times 20 = \frac{100}{3}$$
E의 접선성분 연속성에서 $E_{1y} = E_{2y}$, $E_{1z} = E_{2z}$를 이용하면
$$E_{1y} = E_{2y} = 30, \ E_{1z} = E_{2z} = -40$$
$$\therefore\ E_1 = E_{1x}i + E_{1y}j + E_{1z}k$$
$$= \frac{100}{3}a_x + 30a_y - 40a_z$$

제2과목 : 전력공학

21 1[kWh]을 열량으로 환산하면 몇 [kcal]인가?

① 80
② 256
③ 539
④ 860

해설 열량의 단위
- $1[kcal] = \dfrac{1}{860}[kWh]$
- $1[kcal] = 3.968[B.T.U]$
- $1[B.T.U] = 0.252[kcal]$

22 22.9[kV] Y결선된 자가용 수전설비의 계기용 변압기의 2차측 정격전압은 몇 [V]인가?

① 110
② 220
③ $110\sqrt{3}$
④ $220\sqrt{3}$

정답 **18** ③ **19** ③ **20** ① **21** ④ **22** ①

해설

$$PT = \frac{V_1}{V_2} = \frac{13200}{110} \left(= \frac{\dfrac{22900}{\sqrt{3}}}{\dfrac{190}{\sqrt{3}}}\right)$$

23 순저항부하의 부하전력 P[kW], 전압 E[V], 선로의 길이 l[m], 고유저항 ρ[Ω·mm²/m]인 단상 2선식선로에서 선로손실을 q[W]라 하면, 전선의 단면적[mm²]은 어떻게 표현되는가?

① $\dfrac{\rho l P^2}{q E^2} \times 10^6$ ② $\dfrac{2\rho l P^2}{q E^2} \times 10^6$

③ $\dfrac{\rho l P^2}{2q E^2} \times 10^6$ ④ $\dfrac{2\rho l P^2}{q^2 E} \times 10^6$

해설

단상 2선식선로손실은

$q = 2I^2 R = 2\left(\dfrac{P \times 10^3}{E}\right)^2 \rho \dfrac{l}{S}$

$P = EI\cos\theta$(순저항부하 : $\cos\theta = 1$) $= EI$[W],

$I = \dfrac{P \times 10^3}{E}$[A]

$\therefore S = \dfrac{2P^2 \rho l}{q E^2} \times 10^6$[mm²]

24 동작전류의 크기가 커질수록 동작시간이 짧게 되는 특성을 가진 계전기는?

① 순한시계전기
② 정한시계전기
③ 반한시계전기
④ 반한시·정한시계전기

해설 보호계전기의 특징

• 순한시계전기 : 최소 동작전류 이상의 전류가 흐르면 즉시 동작하는 특성
• 반한시계전기 : 동작전류가 커질수록 동작시간이 짧게 되는 특성

• 정한시계전기 : 동작전류의 크기에 관계없이 일정한 시간에 동작하는 특성
• 반한시·정한시계전기 : 동작전류가 적은 동안에는 동작전류가 커질수록 동작시간이 짧게 되고 어떤 전류 이상이면 동작전류의 크기에 관계없이 일정한 시간에 동작하는 특성

25 소호리액터를 송전계통에 사용하면 리액터의 인덕턴스와 선로의 정전용량이 어떤 상태로 되어 지락전류를 소멸시키는가?

① 병렬공진
② 직렬공진
③ 고임피던스
④ 저임피던스

해설

소호리액터 접지방식 : 안정도를 최대로 하기 위해서 중성점에 접지된 리액터의 인덕턴스와 대지정전용량의 병렬공진 되어 지락전류를 소멸시키는 방식

26 동기조상기에 대한 설명으로 틀린 것은?

① 시충전이 불가능하다.
② 전압조정이 연속적이다.
③ 중부하시에는 과 여자로 운전하여 앞선 전류를 취한다.
④ 경부하시에는 부족여자로 운전하여 뒤진 전류를 취한다.

해설

동기조상기 : 조정이 연속적이고, 진상·지상 무효전력은 모두 얻을 수 있고, 선로의 시충전(試充電)이 가능하다.

27 화력발전소에서 가장 큰 손실은?

① 소내용 동력
② 송풍기 손실
③ 복수기에서의 손실
④ 연도배출가스 손실

정답 **23** ② **24** ③ **25** ① **26** ① **27** ③

28 정전용량 0.01[μF/km], 길이 173.2[km], 선간전압 60[kV], 주파수 60[Hz]인 3상 송전선로의 충전전류는 약 몇 [A]인가?

① 6.3   ② 12.5

③ 22.6   ④ 37.2

해설

$$I_c = \omega CE = 2\pi f\, CE$$

$$= 2\pi \times 60 \times 0.01 \times 10^{-6} \times 173.2 \times \frac{60 \times 10^3}{\sqrt{3}}$$

$$= 22.62[A]$$

29 발전용량 9800[kW]의 수력발전소 최대사용 수량이 10[m³/s]일 때 유효낙차는 몇 [m]인가?

① 100   ② 125

③ 15   ④ 175

해설

$$P = 9.8QH[\text{kW}]\text{에서, } Q = \frac{9800}{9.8 \times 10} = 100[\text{m}]$$

30 차단기의 정격차단시간은?

① 고장 발생부터 소호까지의 시간

② 트립코일여자로부터 소호까지의 시간

③ 가동접촉자의 개극부터 소호까지의 시간

④ 가동접촉자의 동작시간부터 소호까지의 시간

31 부하전류의 차단능력이 없는 것은?

① DS   ② NFB

③ OCB   ④ VCB

해설

단로기(DS)는 소호장치가 없어서 부하전류 개폐 및 이상전류 차단능력이 없다.

32 전선의 굵기가 균일하고 부하가 송전단에서 말단까지 균일하게 분포되어 있을 때 배전선 말단까지 전압강하는? (단, 배전선 전체 저항 R, 송전단의 부하전류는 I이다.)

① $\dfrac{1}{2}RI$ ② $\dfrac{1}{\sqrt{2}}RI$

③ $\dfrac{1}{\sqrt{3}}RI$ ④ $\dfrac{1}{3}RI$

해설

부하가 송전단에서 말단까지 균일하게 분포되어있을 때의 전압강하는 $e = \dfrac{1}{2}IR[\text{V}]$가 된다.

33 역률개선용 콘덴서를 부하와 병렬로 연결하고자 한다. △결선 방식과 Y결선 방식을 비교하면 콘덴서의 정전용량[μF]의 크기는?

① △결선 방식과 Y결선 방식은 동일하다.

② Y결선 방식이 △결선 방식의 $\dfrac{1}{2}$이다.

③ △결선 방식과 Y결선 방식은 $\dfrac{1}{3}$이다.

④ Y결선 방식이 △결선 방식의 $\dfrac{1}{\sqrt{3}}$이다.

해설

- △결선 : $P_\triangle = 3 \times 2\pi f C_\triangle V^2[\text{VA}]$
- Y결선 : $P_Y = 2\pi f C_Y V^2[\text{VA}]$

$$P_\triangle = P_Y$$

$$3 \times 2\pi f C_\triangle V^2 = 2\pi f C_Y V^2$$

$$\therefore C_\triangle = \frac{1}{3}C_Y$$

34 송전선로에서 고조파 제거방법이 아닌 것은?

① 변압기를 △결선한다.

② 능동형 필터를 설치한다.

③ 유도전압 조정장치를 설치한다.

④ 무효전력 보상장치를 설치한다.

[정답]   **28** ③   **29** ①   **30** ②   **31** ①   **32** ①   **33** ③   **34** ③

해설

유도전압 조정장치 : 전압강하가 너무 크거나 전압변동 폭이 허용범위를 초과하는 경우에 사용

35 송전선로에 댐퍼(Damper)를 설치하는 주된 이유는?

① 전선의 진동방지
② 전선의 이탈방지
③ 코로나현상의 방지
④ 현수애자의 경사방지

36 400[kVA] 단상변압기 3대를 △−△결선으로 사용하다가 1대의 고장으로 V−V결선을 하여 사용하면 약 몇 [kVA] 부하까지 걸 수 있겠는가?

① 400
② 566
③ 693
④ 800

해설

V−V결선

$$P_V = \sqrt{3}\,P_a = \sqrt{3} \times 400 = 692.82[\text{kVA}]$$

37 직격뢰에 대한 방호설비로 가장 적당한 것은?

① 복도체
② 가공지선
③ 서지흡수기
④ 정전방전기

해설

- 서지흡수기(SA) : 발전기, 변압기 등을 서지로부터 보호
- 정전방전기 : 특고압과 고압의 혼촉 등에 의한 위험 방지시설(사용전압의 3배 이하의 전압이 가해질 때 방전하는 장치)

38 선로정수를 평형이 되게 하고, 근접통신선에 대한 유도장해를 줄일 수 있는 방범은?

① 연가를 시행한다.
② 전선으로 복도체를 사용한다.
③ 전선로의 이도를 충분하게 한다.
④ 소호리액터 접지를 하여 중성점 전위를 줄여준다.

39 직류송전 방식에 대한 설명으로 틀린 것은?

① 선로의 절연이 교류송전 방식보다 용이하다.
② 리액턴스 또는 위상각에 대해서 고려할 필요가 없다.
③ 케이블 송전일 경우 유전손이 없기 때문에 교류송전 방식보다 유리하다.
④ 비동기 연계가 불가능하므로 주파수가 다른 계통간의 연계가 불가능하다.

해설 직류송전 방식

- 장점
  - 송전효율이 좋다.
  - 통신선로의 유도장해가 적다.
  - 안정도가 좋다.
  - 절연계급을 낮출수 있다.
  - 전압 및 주파수가 서로 다른 두 계통을 연계할 수 있다.
- 단점
  - 대전류용 직류차단기가 개발되어 있지 않다.
  - 전압의 승·강압에 불리하다.
  - 인버터, 컨버터 등의 직교변환장치들에 대한 신뢰성과 보수가 번거롭다.
  - 직교변환장치 등 무효전력을 공급하기 위한 보상설치비가 비싸다.

정답 35 ① 36 ③ 37 ② 38 ① 39 ④

1360 · Part 4. 기사·산업기사 최근기출문제

40 저압배전 계통을 구성하는 방식 중 캐스케이딩(Cascading)을 일으킬 우려가 있는 방식은?

① 방사상 방식
② 저압뱅킹 방식
③ 저압네트워크 방식
④ 스포트네트워크 방식

해설 저압뱅킹 방식
• 전압강하 및 전력손실이 경감
• 부하증가에 따른 탄력성이 향상
• 변압기 용량 및 저압선의 동량이 절감
• 고장보호 방법이 적당할 때 공급신뢰도가 향상되며, 플리커현상이 경감
• 캐스케이딩(Cascading) 현상이 발생되어 고장이 광범위하게 파급될 우려가 있다.

제3과목 : 전기기기

41 동기발전기의 전기자권선을 분포권으로 하면 어떻게 되는가?

① 난조를 방지한다.
② 기전력의 파형이 좋아진다.
③ 권선의 리액턴스가 커진다.
④ 집중권에 비하여 합성유기기전력이 증가한다.

해설
분포권의 장점
• 기전력의 고조파가 감소되어 파형이 좋아진다.
• 권선의 누설리액턴스가 감소한다.
• 전기자 권선에 의한 열을 고르게 분포시켜 과열을 방지한다.

단절권의 장점
• 고조파를 제거하여 기전력의 파형을 좋게 한다.
• 코일 끝 부분의 길이가 단축되어 기계전체의 길이가 축소된다.
• 구리의 양이 적게 된다.

42 부하전류가 2배로 증가하면 변압기의 2차측 동손은 어떻게 되는가?

① $\frac{1}{4}$로 감소한다.　　② $\frac{1}{2}$로 감소한다.
③ 3배로 증가한다.　　④ 4배로 증가한다.

해설
동손은 $P_c = I^2 R \propto I^2 = 2^2 = 4$배

43 동기전동기에서 출력이 100[%]일 때 역률이 1이 되도록 계자전류를 조정한 다음에 공급전압 V 및 계자전류 I_f를 일정하게 하고, 전부하 이하에서 운전하면 동기전동기의 역률은?

① 뒤진 역률이 되고, 부하가 감소할수록 역률은 낮아진다.
② 뒤진 역률이 되고, 부하가 감소할수록 역률은 좋아진다.
③ 앞선 역률이 되고, 부하가 감소할수록 역률은 낮아진다.
④ 앞선 역률이 되고, 부하가 감소할수록 역률은 좋아진다.

해설
$$V = E + IZ_s = E + I(r_a + jx_s)$$
V : 공급전압[V], E : 역기전력[V],
I : 전기자전류[A],
Z_s : 동기임피던스$(= r_a + jx_s[\Omega])$
여자(계자)가 감소할 시에는 I가 V보다 역률이 뒤지고, 여자가 증가할 시에는 I가 V보다 역률이 앞선다. 여자(계자)가 적합할 때는 I와 V가 일치하여 역률은 1이 된다. 부하전류가 감소하면 유기기전력이 증가하여 과여자 상태가 되어 위상은 진상(앞선)이 된다. 조정역률이 1인 상태에서 지상이 되므로 역률은 낮아지게 된다. 그러므로 부하가 감소함에 따라서 역률은 낮아지고, 부하 증가할수록 역률은 높아진다.

정답 40 ② 41 ② 42 ④ 43 ③

44 유도기전력의 크기가 서로 같은 A, B 2대의 동기발전기를 병렬 운전할 때, A발전기의 유기기전력 위상이 B보다 앞설 때 발생하는 현상이 아닌 것은?

① 동기화력이 발생한다.

② 고조파 무효순환전류가 발생된다.

③ 유효전류인 동기화 전류가 흐른다.

④ 전기자동손을 증가시키며 과열의 원인이 된다.

해설
- 기전력의 위상이 다른 경우 : 동 위상을 유지하기 위해서 동기화전류가 흐른다.
- 기전력의 크기가 같지 않을 경우 : 무효순환전류가 흐른다.

45 직류기의 철손에 관한 설명으로 틀린 것은?

① 성층철심을 사용하면 와전류손이 감소한다.

② 철손에는 풍손과 와전류손 및 저항손이 있다.

③ 철에 규소를 넣게 되면 히스테리시스손이 감소한다.

④ 전기자철심에는 철손을 작게 하기 위해 규소 강판을 사용한다.

해설 직류기의 손실
- 철손 : 히스테리시스손, 와전류손
- 동손 : 전기자동손, 계자동손, 브러시전기손
- 기계손 : 마찰손(브러시, 베어링), 동손
- 표유부하손 : 기준출력의 1[%](보상권선이 없는 경우), 기준출력의 0.5[%](보상권선이 있는 경우)

46 직류분권발전기의 극수 4, 전기자 총 도체수 600으로 매분 600회전할 때 우기기전력이 220[V]라 한다. 전기자 권선이 파권일 때 매극당 자속은 약 몇 [Wb]인가?

① 0.0154   ② 0.0183

③ 0.0192   ④ 0.0199

해설

$E = \dfrac{P\phi ZN}{60\,a}$ 에서,

$\therefore \phi = \dfrac{E60\,a}{PZN} = \dfrac{220 \times 60 \times 2}{4 \times 600 \times 600} = 0.0183[\text{Wb}]$

47 어떤 정류회로의 부하전압이 50[V]이고 맥동률 3[%]이면 직류출력전압에 포함된 교류 분은 몇 [V]인가?

① 1.2   ② 1.5

③ 1.8   ④ 2.1

해설

$맥동률 = \dfrac{교류 분}{직류 분} \times 100$

$= \sqrt{\dfrac{실효값^2 - 평균값^2}{평균값^2}} \times 100[\%]$

$\therefore$ 교류분 = 맥동률 × 직류분(부하전압)
$= 0.03 \times 50 = 1.5[\text{V}]$

48 3상 수은정류기의 직류평균 부하전류가 50[A]가 되는 1상 양극전류 실효값은 약 몇 [A]인가?

① 9.6   ② 17

③ 29   ④ 87

해설

1상 양극전류 실효값
$= \dfrac{평균부하전류}{\sqrt{3}} = \dfrac{50}{\sqrt{3}} = 28.87[\text{A}]$

정답 44 ② 45 ② 46 ② 47 ② 48 ③

49 그림은 동기발전기의 구동개념도이다. 그림에서 2를 발전기라 할 때 3의 명칭으로 적합한 것은?

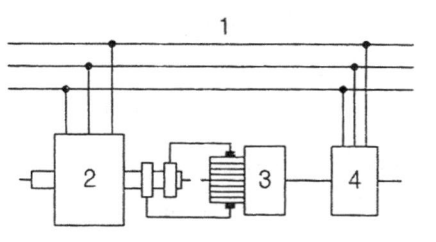

① 전동기   ② 여자기
③ 원동기   ④ 제동기

해설 여자기 구동방식

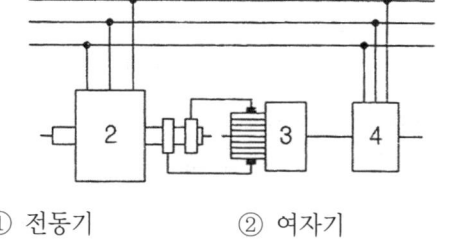

• 여자기가 발전기 축 안에 연결

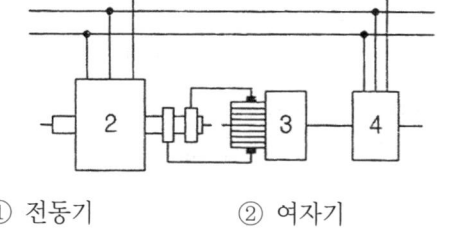

• 별도의 전동발전기 사용

• 여자기 전용의 전동기 사용
여기서, 1-모선, 2-발전기, 3-여자기, 4-전동기, 5-원동기

50 유도전동기의 2차 회로에 2차 주파수와 같은 주파수로 적당한 크기와 적당한 위상의 전압을 외부에서 가해주는 속도제어 법은?

① 1차 전압제어
② 2차 저항제어
③ 2차 여자제어
④ 극수변환제어

해설 2차 여자제어법
유도전동기의 회전자에 슬립주파수의 전압을 공급하여 속도제어를 하는 방법

51 변압기의 1차측을 Y결선, 2차측을 △결선으로 한 경우 1차와 2차 간의 전압의 위상차는?

① $0°$ ② $30°$
③ $45°$ ④ $60°$

해설
변압기결선을 Y-△로 할 경우 1차와 2차간의 선간전압의 위상차는 $30°$가 생긴다.

52 이상적인 변압기의 무부하에서 위상관계로 옳은 것은?

① 자속과 여자전류는 동위상이다.
② 자속은 인가전압보다 $90°$ 앞선다.
③ 인가전압은 1차 유기기전력보다 $90°$ 앞선다.
④ 1차 유기기전력과 2차 유기기전력의 위상은 반대이다.

해설 이상적인 변압기
전류의 흐름을 방해하는 임피던스, 어드미턴스의 성분이 0인 것으로서 전력손실이 없다. 그러므로 무부하에서는 자속과 여자전류는 동위상이 된다.
• 결합계수가 1이다(K=1).
• 각 코일의 자기인덕턴스는 무한대이다($L_1 = L_2 = \infty$).
• 와류저항에 기인하는 코일손실은 무시할 수 있다(인덕터 내부저항=0).

정답   49 ②   50 ③   51 ②   52 ①

53 정격출력 50[kW], 4극 220[V], 60[Hz]인 3상 유도전동기가 전부하슬립 0.04, 효율 90[%]로 운전되고 있을 때 다음 중 틀린 것은?

① 2차 효율=96[%]
② 1차 입력=55.56[kW]
③ 회전자입력=47.9[kW]
④ 회전자동손=2.08[kW]

해설

- 2차 효율, $\eta = \dfrac{P_o}{P_2} = (1-s) = \dfrac{N}{N_s}$
  $= (1-0.04) \times 100 = 96[\%]$

- 1차 입력, $P_1 = \dfrac{P_o}{\eta} = \dfrac{50}{0.9} = 55.56[kW]$

- 회전자입력, $P_2 = \dfrac{P_o}{1-s} = \dfrac{50}{1-0.04}$
  $= 52.08[kW]$

- 회전자동손, $P_{c2} = s P_2 = \dfrac{s}{1-s} P_o$
  $= \dfrac{0.04}{1-0.04} \times 50 = 2.08[kW]$
  $(P_{c2} = s P_2 = 0.04 \times 52.08 = 2.08[kW])$

54 저항부하를 갖는 정류회로에서 직류분 전압이 200[V]일 때 다이오드에 가해지는 첨두역전압(PIV)의 크기는 약 몇 [V]인가?

① 346
② 628
③ 692
④ 1038

해설

$PIV = \sqrt{2} E_s = \sqrt{2} \times 444.29 = 628.32[V]$

$E_s = \dfrac{\pi E_d}{\sqrt{2}} = \dfrac{\pi \times 200}{\sqrt{2}} = 444.29[V]$

(pf) $PIV = \pi \times E_d = \pi \times 200 = 628.32[V]$

55 3상 변압기를 1차 Y, 2차 △로 결선하고 1차에 선간전압 3300[V]를 가했을 때의 무부하 2차 선간전압은 몇 [V]인가? (단, 전압비는 30 : 1 이다.)

① 63.5
② 110
③ 173
④ 190.5

해설

- 3상 △ $- Y$ 결선일 경우,
  $a = \dfrac{V_1}{V_2}$에서, $V_2 = \dfrac{V_1}{a} \times \sqrt{3}$

- 3상 $Y - △$ 결선일 경우,
  $V_2 = \dfrac{V_1}{a \times \sqrt{3}} = \dfrac{3300}{30 \times \sqrt{3}} = 63.51[V]$

56 직류발전기의 유기기전력과 반비례하는 것은?

① 자속
② 회전수
③ 전체도체수
④ 병렬회로수

해설

$E = \dfrac{P\phi ZN}{60 a}[V] \propto \dfrac{1}{a}$

57 일반적인 3상 유도전동기에 대한 설명 중 틀린 것은?

① 불평형 전압으로 운전하는 경우 전류는 증가하나 토크는 감소한다.
② 원선도 작성을 위해서는 무부하시험
③ 농형은 권선형에 비해 구조가 견고하며 권선형에 비해 대형전동기로 널리 사용된다.
④ 권선형 회전자의 3선중 1선이 단선되면 동기속도의 50[%]에서 더이상 가속되지 못하는 현상을 게르게스현상이라 한다.

정답 53 ③ 54 ② 55 ① 56 ④ 57 ③

해설

농형 유도전동기

- 구조가 간단
- 운전이 쉽고 유지·설치가 간단
- 기동전류가 크고, 기동토크는 적다
- 속도제어 불가능
- 가격이 저렴하다.

권선형 유도전동기

- 구조가 복잡
- 농형에 비해서 용량이 크다.
- 기동전류가 적고, 기동토크는 크다.
- 2차 저항기동
- 속도제어 가능

58 변압기 보호장치의 주된 목적이 아닌 것은?

① 전압의 불평형 개선
② 절연내력 저하방지
③ 변압기 자체 사고의 최소화
④ 다른 부분으로의 사고 확산방지

해설 변압기 보호장치의 주된 목적

- 변압기 자체사고의 최소화
- 절연내력의 저하방지
- 다른 부분으로 사고 확대방지

59 직류기에서 기계각의 극수가 P인 경우 전기각과의 관계는 어떻게 되는가?

① 전기각×2P
② 전기각×3P
③ 전기각×$\dfrac{2}{P}$
④ 전기각×$\dfrac{3}{P}$

해설

전기각[rad]＝기하각[rad]×$\dfrac{P}{2}$

∴ 기계각 = 전기각×$\dfrac{2}{P}$ (기하각

$\quad = \dfrac{360°}{슬롯수(홈수)}$)

60 3상 권선형 유도전동기의 전부하슬립 5[%], 2차 1상의 저항 0.5[Ω]이다. 이 전동기의 기동토크를 전부하토크와 같도록 하려면 외부에서 2차에 삽입할 저항[Ω]은?

① 8.5
② 9
③ 9.5
④ 10

해설

$\dfrac{r_2}{s} = \dfrac{r_2+R}{s'}$ 에서, 기동 시 $s'=1$

$\dfrac{0.5}{0.05} = \dfrac{0.5+R}{1}$ ∴ $R = 9.5[\Omega]$

제4과목 : 회로이론 및 제어공학

61 $G(s) = \dfrac{1}{0.005s(0.1s+1)^2}$ 에서

$\omega = 10$[rad/s]일 때의 이득 및 위상각은?

① 20[dB], $-90°$
② 20[dB], $-180°$
③ 40[dB], $-90°$
④ 40[dB], $-180°$

해설

$G(j\omega) = \dfrac{1}{j0.005\omega(j0.1\omega+1)^2}\ \bigg|\ \omega = 10$

$\quad = \dfrac{1}{j0.05(j+1)^2} = \dfrac{1}{j0.05(2j)} = -10$

- 위상각 : $-180°$
- 이득 : $g[\text{dB}] = 20\log_{10}|G(j\omega)| = 20\log_{10}|10|$

$\qquad = 20[\text{dB}]$

정답 **58** ① **59** ③ **60** ③ **61** ②

62 그림과 같은 논리회로는?

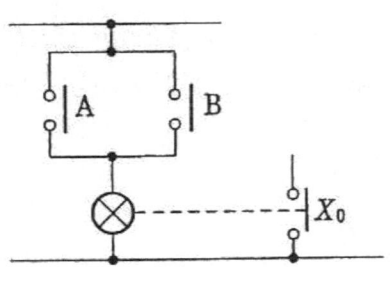

① OR 회로   ② AND 회로
③ NOT 회로   ④ NOR 회로

> 해설

출력식은 $X = A + B$가 되므로 OR 회로이다.

63 그림은 제어계와 그 제어계의 근궤적을 작도한 것이다. 이것으로부터 결정된 이득여유 값은?

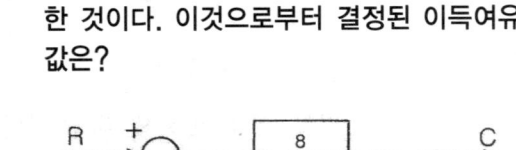

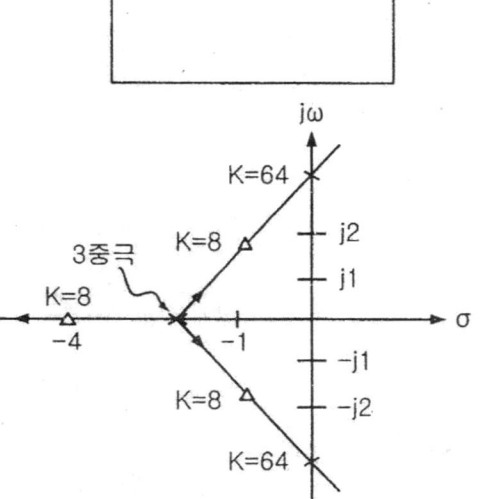

① 2   ② 4
③ 8   ④ 64

> 해설

- 이득여유[GM]

$$= \frac{\text{허수축과의교차점에서 } K\text{의 값}}{K\text{의 설계값}} = \frac{64}{8} = 8$$

이 된다.

여기서, $G(s)$의 이득정수 K의 설계값은 8, 구체적으로 근궤적을 작도한 그림에서 허수 측과 교차점에서의 K의 값은 64이다.

- 만약에 위의 값을 [dB]로 표시하면 이득여유[dB] $= 20\log_{10}|8| = 18.06[\text{dB}]$이 된다.

64 그림과 같은 스프링 시스템을 전기적 시스템으로 변환했을 때 이에 대응하는 회로는?

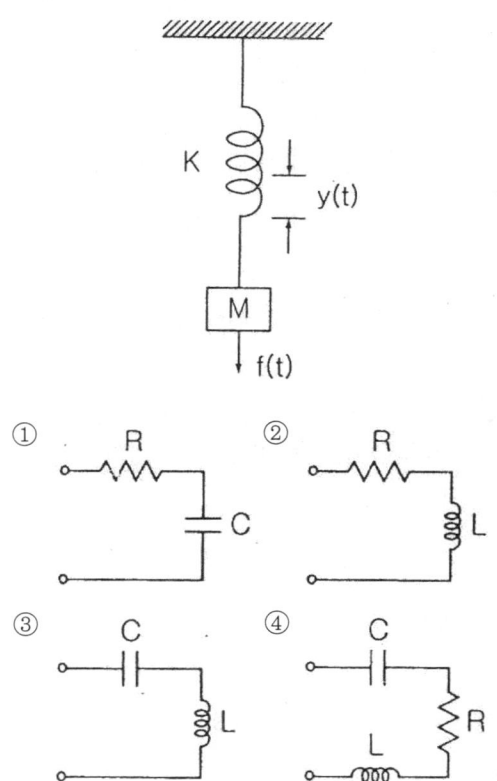

정답   62 ①   63 ③   64 ③

1366 · Part 4. 기사 · 산업기사 최근기출문제

해설

k: 스프링상수, B : 마찰제동계수, M : 질량,
$f(t)$: 힘, $y(t)$: 좌표

$f(t) = M\dfrac{d^2y(t)}{dt^2} + ky(t)$을 Laplace변환 후 초기

값을 0으로 하면,

$F(s) = (Ms^2 + k)Y(s)$

$\therefore G(s) = \dfrac{Y(s)}{F(s)} = \dfrac{1}{Ms^2 + k}$

$M \rightarrow L,\ \dfrac{1}{k} \rightarrow C,\ B \rightarrow R$

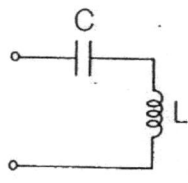

65 $\dfrac{d^2}{dt^2}c(t) + 5\dfrac{d}{dt}c(t) + 4c(t) = r(t)$와 같은 함수

를 상태함수로 변환하였다. 벡터 A, B의 값
으로 적당한 것은?

$$\dfrac{d}{dt}X(t) = AX(t) + B(t)$$

① $A = \begin{bmatrix} 0 & 1 \\ -5 & -4 \end{bmatrix},\ B = \begin{vmatrix} 0 \\ 1 \end{vmatrix}$

② $A = \begin{bmatrix} 0 & 1 \\ 5 & 4 \end{bmatrix},\ B = \begin{vmatrix} 0 \\ 1 \end{vmatrix}$

③ $A = \begin{bmatrix} 0 & 1 \\ -4 & -5 \end{bmatrix},\ B = \begin{vmatrix} 0 \\ 1 \end{vmatrix}$

④ $A = \begin{bmatrix} 0 & 1 \\ 4 & 5 \end{bmatrix},\ B = \begin{vmatrix} 0 \\ 1 \end{vmatrix}$

해설

$x_1(t) = c(t)$

$x_2(t) = \dot{c}(t) = \dot{x_1}(t)$라 두고,

$\dfrac{d^2}{dt^2}c(t) + 5\dfrac{d}{dt}c(t) + 4c(t) = r(t)$에서,

$\ddot{c}(t) + 5\dot{c}(t) + 4c(t) = r(t)$

$\ddot{c}(t) = -4c(t) - 5\dot{c}(t) = r(t)$

$\therefore \ddot{c}(t) = \dot{x_2}(t) = -4x_1(t) - 5x_2(t) + r(t)$

$\begin{bmatrix} \dot{x_1}(t) \\ \dot{x_2}(t) \end{bmatrix} = \begin{bmatrix} 0 & 1 \\ -4 & -5 \end{bmatrix}\begin{bmatrix} x_1(t) \\ x_2(t) \end{bmatrix} + \begin{bmatrix} 0 \\ 1 \end{bmatrix}r(t)$

$\therefore A = \begin{bmatrix} 0 & 1 \\ -4 & -5 \end{bmatrix},\ B = \begin{vmatrix} 0 \\ 1 \end{vmatrix}$

66 전달함수 $G(s) = \dfrac{1}{s+a}$일 때, 이 계의 임펄

스응답 $c(t)$를 나타내는 것은? (단, a는 정
수이다)

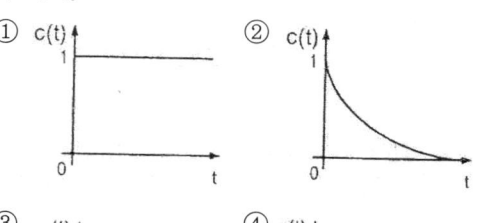

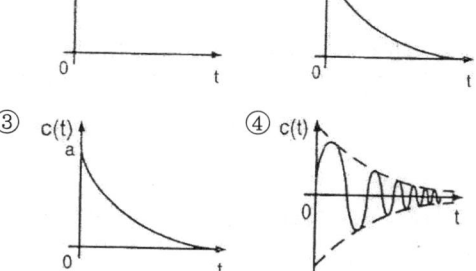

해설

$G(s) = \dfrac{C(s)}{R(s)} = \dfrac{1}{s+a}$에서, 임펄스응답은

$C(s) = \dfrac{1}{s+a}R(s)$

입력 $r(t) = \delta(t)$을 Laplace 변환하면,

$R(s) = 1$을 대입하면

$C(s) = \dfrac{1}{s+a}$을 역Laplace 변환하면 임펄스응답

이 되므로,

$\therefore c(t) = \mathcal{L}^{-1}\dfrac{1}{s+a} = e^{-at}$

정답 **65** ③ **66** ②

67 궤환(Feeder Back)제어계의 특징이 아닌 것은?

① 정확성이 증가한다.

② 대역폭이 증가한다.

③ 구조가 간단하고 설치비가 저렴하다.

④ 계(系)의 특성변화에 대한 입력 대 출력비의 감도가 감소한다.

해설 궤환(Feeder Back)제어계의 특징

• 정확성이 증가한다.

• 감대(대역)폭이 증가한다.

• 계(系)의 특성변화에 대한 입력 대 출력비의 감도가 감소한다.

• 비선형과 왜형에 대한 효과가 감소한다.

• 발진을 일으키고 불안정한 상태로 되는 경향이 있다.

68 이산시스템(Discrete Data System)의 안정도 해석에 대한 설명 중 옳은 것은?

① 특성방정식의 모든 근이 z평면의 음의 반평면에 있으면 안정하다.

② 특성방정식의 모든 근이 z평면의 양의 반평면에 있으면 안정하다.

③ 특성방정식의 모든 근이 z평면의 단위원 내부에 있으면 안정하다.

④ 특성방정식의 모든 근이 z평면의 단위원 외부에 있으면 안정하다.

해설

전체 전달함수의 모든 극점이(특성방정식이 모든 근) z평면의 원점에 중심을 둔 단위원 내부에 위치해 있을 때 안정되기 위한 필요충분조건이다.

69 노내온도를 제어하는 프로세스제어계에서 검출부에 해당하는 것은?

① 노

② 밸브

③ 증폭기

④ 열전대

해설

프로세스제어에 속하는 제어량은 온도, 유량, 압력, 액위, 농도, 밀도 등인데 온도를 전압으로 변환시키는 요소가 열전대이므로 검출부에 해당한다.

70 단위 부궤환제어 시스템의 루프전달함수 $G(s)H(s)$가 다음과 같이 주어져 있다. 이득여유가 20[dB]이면 이때의 K의 값은?

$$G(s)H(s) = \frac{K}{(s+1)(s+3)}$$

① $\dfrac{3}{10}$

② $\dfrac{3}{20}$

③ $\dfrac{1}{20}$

④ $\dfrac{1}{40}$

해설

허수부가 0일 때의 이득여유이므로

$$G[\text{dB}] = 20\log_{10}\left|\frac{1}{GH}\right|$$

$$|GH| = \left|\frac{K}{(j\omega+1)(j\omega+3)}\right|_{\omega=0} = \frac{K}{3}$$

$$\therefore\ 20[\text{dB}] = 20\log_{10}\left|\frac{3}{K}\right| \text{에서, } K = \frac{3}{10}\ \text{이 된다.}$$

71 $R = 100[\Omega]$, $X_C = 100[\Omega]$이고 L만을 가변할 수 있는 RLC 직렬회로가 있다. $f = 500$[Hz], $E = 100$[V]를 인가하여 L을 변화시킬 때 L의 단자전압 E_L의 최대값은 몇 [V]인가? (단, 공진회로이다.)

① 50

② 100

③ 150

④ 200

해설

$$\frac{E_L}{E} = \frac{E_C}{E} = \frac{I \cdot X_L}{I \cdot R} = \frac{I \cdot X_C}{I \cdot R}$$

$$\therefore\ E_L = \frac{X_C}{R} \times E = \frac{100}{100} \times 100 = 100[\text{V}]$$

정답 **67** ③ **68** ③ **69** ④ **70** ① **71** ②

72 어떤 회로에 전압을 115[V] 인가하였더니 유효전력이 230[W], 무효전력이 345[Var]를 지시한다면 회로에 흐르는 전류는 약 몇 [A]인가?

① 2.5 ② 5.6
③ 3.6 ④ 4.5

해설

$$P_a = \sqrt{P^2 + P_r^2} = \sqrt{230^2 + 345^2} = 414.64[\text{VA}]$$

$$\therefore I = \frac{P_a}{V} = \frac{414.64}{115} = 3.6[\text{A}]$$

73 시정수의 의미를 설명한 것 중 틀린 것은?

① 시정수가 작으면 과도현상이 짧다.
② 시정수가 크면 정상상태에 늦게 도달한다.
③ 시정수는 τ로 표기하며 단위는 초[sec]이다.
④ 시정수는 과도기간 중 변화해야 할 양의 0.632[%]가 변화하는데 소요된 시간이다.

해설

시정수의 값이 클수록 과도현상의 소멸되는 시간은 길어진다. 즉, 과도현상이 오랫동안 지속된다.

74 무손실선로에 있어서 감쇠정수 α, 위상정수를 β라 하면 α와 β의 값은?

① $\alpha = \sqrt{RG}$, $\beta = 0$

② $\alpha = 0$, $\beta = \dfrac{1}{\sqrt{LC}}$

③ $\alpha = 0$, $\beta = \omega\sqrt{LC}$

④ $\alpha = \sqrt{RG}$, $\beta = \omega\sqrt{LC}$

해설 무손실선로

• $R = G = 0$

• 특성임피던스 : $Z_0 = \sqrt{\dfrac{L}{C}}$

• 전파정수 : $\gamma = \sqrt{ZY} = j\omega\sqrt{LC}$

  (감쇠정수 : $\alpha = 0$, 위상정수 : $\beta = \omega\sqrt{LC}$)

• 파장 : $\lambda = \dfrac{2\pi}{\beta} = \dfrac{1}{f\sqrt{LC}}$

• 전파속도 : $v = \lambda f = \dfrac{\omega}{\beta} = \dfrac{1}{\sqrt{LC}}$

75 어떤 소자에 걸리는 전압이 $100\sqrt{2}\cos\left(314t - \dfrac{\pi}{6}\right)$[V]이고, 흐르는 전류가 $3\sqrt{2}\cos\left(314t + \dfrac{\pi}{6}\right)$[A]일 때 소비되는 전력[W]은?

① 100 ② 150
③ 250 ④ 300

해설

$$P = \sum_{n=1}^{\infty} V_n I_n \cos(\theta_1 - \theta_2)$$
$$= 100 \times 3 \times \cos(-30° - 30°)$$
$$= 150[\text{W}]$$

76 그림(a)와 그림(b)가 역회로 관계에 있으려면 L의 값은 몇 [mH]인가?

① 1 ② 2
③ 5 ④ 10

해설

$$\frac{L_2}{C_1} = \frac{L_1}{C_2} \text{에서}$$

$$\therefore L_2 = \frac{C_1}{C_2} \times L_1 = \frac{5}{2} \times 4 = 10[\text{mH}]$$

정답 72 ③ 73 ④ 74 ③ 75 ② 76 ④

77 2개의 전력계로 평형 3상 부하의 전력을 측정하였더니 한쪽의 지시가 다른 쪽 전력계 지시의 3배였다면 부하의 역률은 약 얼마인가?

① 0.46

② 0.55

③ 0.65

④ 0.76

해설 2전력계법에 의한 역률

$$\cos\theta = \frac{P_1 + P_2}{2\sqrt{P_1^2 + P_2^2 - P_1 P_2}}$$

$$= \frac{P_1 + 3P_1}{2\sqrt{P_1^2 + (3P_1)^2 - P_1 \times 3P_1}}$$

$$= 0.76$$

78 $F(s) = \dfrac{1}{s(s+a)}$ 의 라플라스 역변환은?

① e^{-at}

② $1 - e^{-at}$

③ $a(1 - e^{-at})$

④ $\dfrac{1}{a}(1 - e^{-at})$

해설

$$F(s) = \frac{1}{s(s+a)} = \frac{A}{s} + \frac{B}{s+a}$$

$$A = \lim_{s \to 0} \frac{1}{s+a} = \frac{1}{a}$$

$$B = \lim_{s \to -a} \frac{1}{s} = -\frac{1}{a}$$

$$F(s) = \frac{1}{a}\left(\frac{1}{s} - \frac{1}{s+a}\right)$$

$$\therefore \mathcal{L}^{-1}F(s) = f(t) = \frac{1}{a}(1 - e^{-at})$$

79 선간전압이 200[V]인 대칭 3상 전원에 평형 3상 부하가 접속되어 있다. 부하 1상의 저항은 10[Ω], 유도리액턴스 15[Ω], 용량리액턴스 5[Ω]가 직렬로 접속된 것이다. 부하가 △결선일 경우, 선로전류[A]와 3상 전력[W]은 약 얼마인가?

① $I_\ell = 10\sqrt{6}$, $P_3 = 6000$

② $I_\ell = 10\sqrt{6}$, $P_3 = 8000$

③ $I_\ell = 10\sqrt{3}$, $P_3 = 6000$

④ $I_\ell = 10\sqrt{3}$, $P_3 = 8000$

해설

• △결선일 경우 선전류는

$$I_\ell = \sqrt{3}\, I_p = \sqrt{3} \times 10\sqrt{2} = 10\sqrt{6}\,[A]$$

• 상전류는, $I_p = \dfrac{V_p}{Z} = \dfrac{200}{\sqrt{10^2 + 10^2}} = 10\sqrt{2}\,[A]$

$$Z = R + j(X_L - X_C) = 10 + j10\,[\Omega]$$

• 3상 전력[W]은

$$P_\triangle = 3 \times I_p^2 R = 3 \times (10\sqrt{2})^2 \times 10$$
$$= 6000[W]$$

80 공간적으로 서로 $\dfrac{2\pi}{n}$[rad]의 각도를 두고 배치한 n개의 코일에 대칭 n상 교류를 흘리면 그 중심에 생기는 회전자계의 모양은?

① 원형회전자계

② 타원형회전자계

③ 원통형회전자계

④ 원추형회전자계

해설

• 3상 대칭일 경우 : 원형회전자계

• 3상 비대칭일 경우 : 타원형회전자계

정답 **77** ④　**78** ④　**79** ①　**80** ①

1370 • Part 4. 기사 · 산업기사 최근기출문제

전기기사 · 산업기사 필기시험문제

제5과목 : 전기설비기술기준 및 판단기준

81 애자사용공사에 의한 저압옥내배선 시설 중 틀린 것은?

① 전선은 인입용 비닐절연전선일 것

② 전선 상호간의 간격은 6[cm] 이상일 것

③ 전선의 지지점 간의 거리는 전선을 조영재의 윗면에 따라 붙일 경우에는 2[m] 이하일 것

④ 전선과 조영재 사이의 이격거리는 사용전압이 400[V] 미만인 경우에는 2.5[cm] 이상일 것

해설 애자사용공사(저압옥내배선)

• 옥외용 및 인입용 비닐절연전선을 제외한 절연선일 것

• 전선 상호간의 간격 : 6[cm] 이상

• 전선과 조영재 사이의 이격거리
 – 400[V] 미만 : 2.5[cm] 이상
 – 400[V] 이상 : 4.5[cm] 이상
 (건조한 곳 : 2.5[cm])

• 전선의 지지점 간의 거리
 – 전선을 조영재의 옆면, 윗면에 따라 붙일 경우 : 2[m] 이상
 – 400[V] 이상으로서 조영재 아랫면을 따라 붙일 경우 : 6[m] 이상

82 저압 및 고압가공전선의 높이는 도로를 횡단하는 경우와 철도를 횡단하는 경우에 각각 몇 [m] 이상이어야 하는가?

① 도로 : 지표상 5, 철도 : 레일면상 6

② 도로 : 지표상 5, 철도 : 레일면상 6.5

③ 도로 : 지표상 6, 철도 : 레일면상 6

④ 도로 : 지표상 6, 철도 : 레일면상 6.5

해설 저 · 고압 가공전선의 높이

• 도로횡단 : 지표상 6[m] 이상

• 철도횡단 : 레일면상 6.5[m] 이상

• 횡단보도교위에 시설하는 경우 : 저압 : 3.5[m] 이상(절연전선, 케이블을 사용할 경우 : 3[m])

• 일반장소 : 지표상 5[m] (저압으로 교통에 지장이 없는 경우 : 4[m])이상

83 사용전압이 몇 [V] 이상의 중성점 직접접지식 전로에 접속하는 변압기를 설치하는 곳에는 절연유의 구외 유출 및 지하침투를 방지하기 위하여 절연유 유출방지설비를 하여야 하는가?

① 25,000 ② 50,000

③ 75,000 ④ 100,000

해설

사용전압이 100,000[V] 이상의 변압기를 설치하는 곳에는 절연유의 구외 유출 및 지하침투를 방지하기 위하여 절연유 유출방지설비를 하여야 한다.

84 제1종 접지공사의 접지극을 시설할 때 동결 깊이를 감안하여 지하 몇 [cm] 이상의 깊이로 매설하여야 하는가?

① 60 ② 75

③ 90 ④ 100

해설

위험을 방지하기 위하여 사람이 접촉할 우려가 있는 곳에 시설하는 제1종 또는 제2종 접지공사의 시설방법

정답 81 ① 82 ④ 83 ④ 84 ②

2018년도 기사 제2회 필기시험(기사) · **1371**

- 접지극은 지하 75[cm] 이상의 깊이에 매설할 것
- 접지선은 철주, 기타 금속체를 따라서 시설하는 경우에는 접지극을 철주의 밑면으로 부터 30[cm] 이상 깊이에 매설하는 경우 이외에는 접지극을 지중에서 그 금속체로부터 1[m] 이상 떼어 매설할 것
- 접지선은 절연전선(OW 제외) 또는 케이블(통신용 케이블제외)을 사용할 것
- 접지선은 지하 75[cm]로부터 지표상 2[m]까지는 합성수지관(콤바인 덕트관 제외) 또는 이와 동등 이상의 절연효력 및 강도를 가지는 몰드로 덮어야 할 것

85 특고압 가공전선이 도로 등과 교차하여 도로 상부측에 시설할 경우에 보호망도 같이 시설하려고 한다. 보호망은 제 몇 종 접지공사를 하여야 하는가?

① 제1종 접지공사
② 제2종 접지공사
③ 제3종 접지공사
④ 특별 제3종 접지공사

해설 특고압 가공전선과 도로 등과 접근 또는 교차
- 특고압 가공전선이 도로 철도 등과 제1차 접근상태로 시설되는 경우
  - 도로 등과 가공전선 사이의 이격거리
    ㉠ 35[kV] 이하 : 3[m] 이상
    ㉡ 35[kV] 초과 : 3+0.15n[m] 이상
    $(n = \dfrac{주어진전압[kV]-35}{10} = 에서$
    소수점은 절상)
- 특고압 가공전선이 도로 등과 교차하는 경우에 특고압 가공전선이 도로 등의 위에 시설되는 경우
  - 보호망은 제1종 접지공사를 한 금속체의 망상장치로 하고 견고하게 지지할 것
  - 보호망을 구성하는 금속선상호의 간격은 가로, 세로 각 1.5[m] 이하일 것
  - 특고압 가공전선이 도로 등과 수평거리로 3[m] 미만에 시설되는 부분의 길이는 100[m]를 넘지 아니할 것

86 발전용 수력설비에서 필댐의 축제재료로 필댐의 본체에 사용하는 토질재료로 적합하지 않은 것은?

① 묽은 진흙으로 되지 않을 것
② 댐의 안정에 필요한 강도 및 수밀성이 있을 것
③ 유기물을 포함하고 있으며 광물성분은 불용성일 것
④ 댐의 안정에 지장을 줄 수 있는 팽창성 또는 수축성이 없을 것

해설 필댐 축제재료
- 필댐의 제체에 사용하는 토질재료는 다음에 적합한 것이어야 한다.
  - 댐의 안정에 필요한 강도 및 수밀성이 있을 것
  - 댐의 안정에 지장을 줄 수 있는 팽창성 또는 수축성이 없을 것
  - 묽은 진흙으로 되지 않을 것
  - 유기물을 포함하지 않으며 광물성분은 불용성일 것
- 필 댐의 제체에 사용하는 토질재료 이외의 재료는 댐의 안정에 필요한 강도, 투수성 및 내구성이 있는 것이어야 한다.

87 저기울타리용 전원장치에 전기를 공급하는 전로의 사용전압은 몇 [V] 이하이어야 하는가?

① 150   ② 200
③ 250   ④ 300

해설 전기울타리의 시설
- 사용전선의 굵기 : 인장강도 1.38[kN] 이상으로의 것 또는 2.0[mm] 이상의 경동선일 것
- 전선의 지지기 등의 이격거리 : 2.5[cm] 이상
- 전선과 다른 공작물 또는 수목과의 이격거리 : 30[cm] 이상
- 전원장치의 사용전압 : 250[V] 이하
- 전용개폐기를 시설할 것

정답 85 ① 86 ③ 87 ③

88 사용전압이 22.9[kV]인 특고압가공전선로 (중성점 다중접지식의 것으로서 전로에 지락이 생겼을 때에 2초 이내에 자동적으로 이를 전로로부터 차단하는 장치가 되어 있는 것에 한 한다)가 상호간 접근 또는 교차하는 경우 사용전선이 양쪽 모두 케이블인 경우 이격거리는 몇 [m] 이상인가?

① 0.25 ② 0.5
③ 0.75 ④ 1.0

해설
특고압가공전선로가 상호간 접근 또는 교차하는 경우에는 다음에 의할 것
• 특고압가공전선이 다른 특고압가공전선과 접근 또는 교차하는 경우의 이격거리는 아래 [표]에서 정한 값 이상일 것

사용전선의 종류	이격거리
어느 한쪽 또는 양쪽이 나전선인 경우	1.5[m]
양쪽이 특고압절연전선인 경우	1.0[m]
한쪽이 케이블이고 다른 한쪽이 케이블이거나 특고압절연전선인 경우	0.5[m]

• 특고압가공전선과 다른 특고압가공전선로의 지지물 사이의 이격거리는 1.0[m](사용전선이 케이블인 경우에는 60[cm]) 이상일 것

89 전력계통의 일부가 전력계통의 전원과 전기적으로 분리된 상태에서 분산형 전원에 의해서만 가압되는 상태를 무엇이라 하는가?

① 계통연계 ② 접속설비
③ 단독운전 ④ 단순병렬운전

해설 연계운전성능 분산형전원의 계통연계운전에 요구되는 운전성능
• 연계형태 분산형전원의 전력계통의 연계형태는 수전점(연계점 포함)에 있어서의 전력조류의 방향을 기준으로 하여 일반수전과 전력판매가 가능한(역조류가 있는) 매전형과 일반수전만 가능한(역조류가

없는) 비매전형, 그리고 UPS와 같이 한전전력계통이 정전이 되더라도 구내부하에 전력공급이 가능한 자립운전형과 그렇지 않은 비자립형 운전형으로 분류한다.
• 단독운전분산형 운전이 연결된 일부의 전력계통이 계통전원과 분리된 상황에서, 분산형 전원의 발전만으로 선로부하에 전력이 공급되는 운전 상태를 말한다.
• 자립운전 전력계통과 분리된 상황에서 분산형 전원이 수용가 구내부하의 일부 또는 전체를 감당하여 부하추종 형태로 운전하는 상태를 말한다.
• 역조류분산형 전원소유의 수용가로부터 전력계통측으로 향하는 전력조류를 말한다.

90 고압가공인입선이 케이블 이외의 것으로서 그 전선의 아래쪽에 위험표시를 하였다면 전선의 지표상 높이는 몇 [m]까지 감할 수 있는가?

① 2.5 ② 3.5
③ 4.5 ④ 5.5

해설 고압인입선의 시설
• 전선은 케이블 또는 5.0[mm] 이상의 경동선일 것
• 고압가공인입선의 높이
 – 도로횡단 : 노면상 6[m] 이상
 – 철도, 궤도를 횡단 : 레일면상 6.5[m] 이상
 – 기타 : 5[m] 이상(단, 전선 아래쪽에 위험표시를 할 경우는 3.5[m]까지 감할 수 있다)

91 특고압의 기계기구·모선 등을 옥외에 시설하는 변전소의 구내에 취급자 이외의 자가 들어가지 못하도록 시설하는 울타리·담 등의 높이는 몇 [m] 이상으로 하여야 하는가?

① 2.0 ② 2.2
③ 2.5 ④ 3

정답 88 ② 89 ③ 90 ② 91 ①

해설

울타리, 담 등의 높이는 2.0[m] 이상으로 하고 지표면과 울타리, 담 등의 하단 사이의 간격을 15[cm] 이하로 하여야 한다.

92 가반형의 용접전극을 사용하는 아크용접 장치의 용접변압기의 1차측 전로의 대지전압은 몇 [V] 이하이여야 하는가?

① 60 　　　　　② 150
③ 300 　　　　 ④ 400

해설 아크용접 장치의 시설
• 용접변압기는 절연변압기일 것
• 1차측 전로의 대지전압은 300[V]이하
• 용접변압기에서 전극사이는 용접용 케이블, 0.6/1[kV] EP고무절연 클로로프렌 캡타이어케이블 사용
• 피용접재 또는 이와 전기적으로 접속되는 받침대, 정반 등의 금속 체에는 제3종 접지공사를 할 것

93 지중전선로를 직접매설식에 의하여 시설하는 경우에 차량 기타 중량물의 압력을 받을 우려가 없는 장소의 매설 깊이는 몇 [cm] 이상이어야 하는가?

① 60 　　　　　② 100
③ 120 　　　　 ④ 150

해설 지중전선로
• 직접매설식(직매식)
　- 중량물의 압력을 받을 우려가 있는 지역 : 1.2[m] 이상
　- 기타 지역 : 0.6[m] 이상으로 매설할 것

94 특고압을 옥내에 시설하는 경우 그 사용전압의 최대 한도는 몇 [kV] 이하 인가? (단, 케이블트레이공사는 제외)

① 25 　　　　　② 80
③ 100 　　　　 ④ 160

해설 특고압 옥내전기설비의 시설
• 사용전압이 100[kV]이하 일 것(다만, 케이블트레이공사는 35[kV] 이하)
• 전선은 케이블일 것
• 케이블은 철제 또는 덕트 등의 방호장치에 넣어야 할 것
• 관 기타의 케이블을 넣는 방호장치의 금속제 부분 : 제3종 접지공사를 할 것
• 특고압 옥내배선과 저압옥내배선, 관등회로의 배선 또는 고압옥내배선 전선 사이의 이격거리는 60[cm] 이상 (약전선, 수관, 가스관 등과는 접촉하지 않도록 시설할 것)
• 특고압 이동전선 및 접촉전선(전차선 제외)은 시설할 수가 없다.

95 샤워시설이 있는 욕실 등 인체가 물에 젖어 있는 상태에서 전기를 사용하는 장소에 콘센트를 시설할 경우 인체감전보호용 누전차단기의 정격감도전류는 몇 [mA] 이하인가?

① 5 　　　　　② 10
③ 15 　　　　 ④ 30

해설

물기가 있는 장소 이외의 장소에 시설하는 인체감전보호용 누전차단기는 정격감도전류가 30[mA] 이하(단, 물기가 있는 장소는 15[mA] 이하), 동작시간이 0.03초 이하의 전류동작 형일 것

96 버스덕트공사에서 저압옥내배선의 사용전압이 400[V] 미만인 경우에는 덕트에 제 몇 종 접지공사를 하여야 하는가?

① 제1종 접지공사
② 제2종 접지공사
③ 제3종 접지공사
④ 특별 제3종 접지공사

해설
• 400[V] 미만 : 제3종 접지공사
• 400[V] 이상 : 특별 제3종 접지공사

정답 **92** ③ 　**93** ① 　**94** ③ 　**95** ③ 　**96** ③

97 전로의 사용전압이 400[V] 미만이고, 대지전압이 220[V]인 옥내전로에서 분기회로의 절연저항값은 몇 [MΩ] 이상이어야 하는가?

① 0.1 ② 0.2
③ 0.4 ④ 0.5

해설 저압전로의 절연저항 하한 값

전로의 사용전압의 구분		절연저항 값
400[V] 미만	대지전압이 150[V] 이하인 경우	0.1[MΩ] 이상
	대지전압이 150[V] 초과 300[V] 이하인 경우(전압측 전선과 중성선 또는 대지간의 절연저항)	0.2[MΩ] 이상
	사용전압이 300[V] 초과 400[V] 미만인 경우	0.3[MΩ] 이상
400[V] 이상		0.4[MΩ] 이상

[비고] 대지전압 : 접지식 전로는 전선과 대지간의 전압, 비접지식 전로는 전선간의 전압

98 (   )안에 들어갈 내용으로 옳은 것은?

> 유희용 전차에 전기를 공급하는 전로의 사용전압은 직류의 경우는 (Ⓐ)[V] 이하, 교류의 경우는 (Ⓑ)[V] 이하이어야 한다.

① Ⓐ : 60, Ⓑ : 40
② Ⓐ : 40, Ⓑ : 60
③ Ⓐ : 30, Ⓑ : 60
④ Ⓐ : 60, Ⓑ : 30

해설 유희용 전차
- 전로의 사용전압은 직류 60[V] 이하, 교류 40[V] 이하일 것
- 전기를 변성하기 위하여 사용하는 변압기의 1차 전압은 400[V] 미만일 것

- 유희용 전차 안에 승압용 변압기를 시설하는 경우에는 그 변압기의 2차 전압을 150[V] 이하일 것
- 접촉전선과 대지 사이의 절연저항은 누설전류가 100[mA/km] 이하로 할 것

99 철탑의 강도계산을 할 때 이상 시 상정하중이 가하여지는 경우 철탑의 기초에 대한 안전율은 얼마 이상이어야 하는가?

① 1.33
② 1.83
③ 2.25
④ 2.75

해설

가공전선로 지지물의 기초 안전율 2(이상 시 상정하중에 대한 철탑의 경우는 1.33) 이상으로 할 것

100 발전기를 자동적으로 전로로부터 차단하는 장치를 반드시 시설하지 않아도 되는 경우는?

① 발전기에 과전류나 과전압이 생긴 경우
② 용량 5000[kVA] 이상인 발전기의 내부에 고장이 생긴 경우
③ 용량 500[kVA] 이상인 발전기를 구동하는 수차의 압유장치의 유압이 현저히 저하한 경우
④ 용량 2000[kVA] 이상인 수차 발전기의 스러스트 베어링의 온도가 현저히 상승하는 경우

해설

용량이 1만[kVA]를 넘는 발전기에 내부고장이 생긴 경우에 자동차단하는 장치를 시설

정답 97 ② 98 ① 99 ① 100 ②

국가기술자격검정 필기시험문제

2018년도 산업기사 제1회 필기시험(산업기사)

자격종목 및 등급(선택분야)	종목코드	시험시간	문제지형별	수검번호	성명
전기산업기사		**2시간 30분**	**A**		

※ 시험문제지는 답안카드와 같이 반드시 제출하여야 합니다.

제1과목 : 전기자기학

01 무한장원주형 도체에 전류 I가 표면에만 흐른다면 원주 내부의 자계의 세기는 몇 [AT/m]인가? (단, r[m]는 원주의 반지름이고, N은 권선수이다)

① 0

② $\dfrac{NI}{2\pi r}$

③ $\dfrac{I}{2r}$

④ $\dfrac{I}{2\pi r}$

> **해설**
> 무한장원주형 도체의 전류 I는 표면에만 흐르므로 원주내부의 자계는 0이다.

02 다음이 설명하고 있는 것은?

> 수정, 로셀염 등에 열을 가하면 분극을 일으켜 한쪽 끝에 양(+)전기, 다른 쪽 끝에 음(−)전기가 나타나며, 냉각할 때에는 역분극이 생긴다.

① 강유전성

② 압전기현상

③ 파이로(Pyro)전기

④ 톰슨(Thomson) 효과

> **해설**
> • 강유전성(Ferroelectric Effect) : 자발분극을 가지고 있으며 그 분극이 전기장에 의하여 방향이 반전 될 수 있는 결정의 성질(전기장이 없는 상태에서는 전기분극이 0에 가깝다.)
> • 압전기현상(Piezoelectric Phenomena) : 압력을 가할 때 전기분극이 발생하는 현상
> • 파이로전기(Pyro Electricity) : 열을 가할 때 전기분극이 발생하는 현상
> • 톰슨효과(Thomson Effect) : 동일종류금속이라도 그 도체중의 두 점간에 온도차가 전류를 흘림으로써 열의 흡수, 발생이 일어나는 효과

03 비유전율이 9인 유전체 중에 1[cm]의 거리를 두고 1[μC]과 2[μC]의 두 점전하가 있을 때 서로 작용하는 힘은 약 몇 [N]인가?

① 18

② 20

③ 180

④ 200

> **해설**
> $$F = \frac{Q_1 Q_2}{4\pi\epsilon\, r^2} = 9\times10^9\frac{Q_1 Q_2}{\epsilon_s\, r^2}$$
> $$= 9\times10^9 \times \frac{1\times10^{-6}\times2\times10^{-6}}{9\times(1\times10^{-2})^2} = 20[V]$$

정답 01 ① 02 ③ 03 ②

04 비투자율 μ_s, 자속밀도 B[Wb/m²]인 자계 중에 있는 m[Wb]의 자극이 받는 힘[N]은?

① $\dfrac{Bm}{\mu_0\mu_s}$ ② $\dfrac{Bm}{\mu_0}$

③ $\dfrac{\mu_0\mu_s}{Bm}$ ④ $\dfrac{Bm}{\mu_s}$

해설

자계 중에 있는 m[Wb]의 자극이 받는 힘[N]은

$F=mH$ [N], $H=\dfrac{B}{\mu}$ [A/m]

$\therefore F=\dfrac{Bm}{\mu}=\dfrac{Bm}{\mu_0\mu_s}$ [N]

05 반지름이 1[m]인 도체구에 최고로 줄 수 있는 전위는 몇 [kV]인가? (단, 주위공기의 절연내력은 3×10^6[V/m]이다)

① 30 ② 300

③ 3,000 ④ 30,000

해설

$V=Er=3\times10^6\times1\times10^{-3}=3000$[kV]

06 그림과 같은 정전용량이 C_0[F]가 되는 평행판 공기콘덴서가 있다. 이 콘덴서의 단면적의 $\dfrac{2}{3}$가 되는 공간에 비유전율 ϵ_s인 유전체를 채우면 공기콘덴서의 정전용량[F]는?

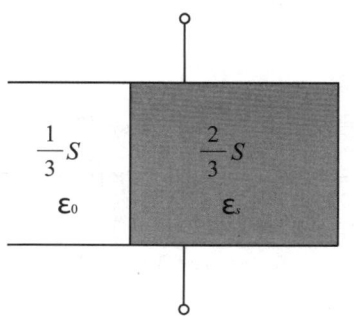

07 단면적 S[m²], 자로의 길이 ℓ[m], 투자율 μ [H/m]의 환상철심에 1[m]당 N회 코일을 균등하게 감았을 때 자기인덕턴스[H]는?

① $\mu N\ell S$ ② $\mu N^2\ell S$

③ $\dfrac{\mu N^2\ell}{S}$ ④ $\dfrac{\mu N^2 S}{\ell}$

해설

$L=\dfrac{\mu N^2 S}{\ell}$ [H] $=\dfrac{\mu S(N\ell)^2}{\ell}=\mu N^2\ell S$ [H]

08 반지름 a[m]인 접지도체구의 중심에서 r [m]되는 거리에 점전하 Q[C]을 놓았을 때 도체구에 유도된 총 전하는 몇 [C]인가?

① 0 ② Q

③ $-\dfrac{a}{r}Q$ ④ $-\dfrac{r}{a}Q$

---

① $\dfrac{2\epsilon_s}{3}C_0$

② $\dfrac{3}{1+2\epsilon_s}C_0$

③ $\dfrac{1+\epsilon_s}{3}C_0$

④ $\dfrac{1+2\epsilon_s}{3}C_0$

해설

$C_0=\dfrac{\epsilon_0 S}{d}$ [F]

$C_1=\dfrac{\epsilon_0\frac{1}{3}S}{d}=\dfrac{1}{3}C_0$

$C_2=\dfrac{\epsilon\frac{2}{3}S}{d}=\dfrac{2}{3}\epsilon_s C_0$

C_1과 C_2는 병렬접속이므로,

$\therefore C=C_1+C_2=\dfrac{1}{3}C_0+\dfrac{2}{3}\epsilon_s C_0=\dfrac{(1+2\epsilon_s)}{3}C_0$

정답 **04** ① **05** ③ **06** ④ **07** ② **08** ③

해설

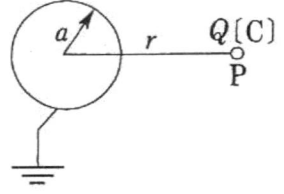

그림에서 P 점에서 전하 Q를 주고 도체구를 접지할 때 ($V_1 = 0$) 유도되는 전하를 Q'

$V_1 = P_{11}Q' + P_{12}Q = 0$

$$\therefore Q' = -\frac{P_{11}}{P_{12}}Q = -\frac{\dfrac{1}{4\pi\epsilon_0 r}}{\dfrac{1}{4\pi\epsilon_0 a}}Q = -\frac{a}{r}Q[\text{C}]$$

09 각각 $\pm Q$[C]로 대전된 두 개의 도체 간의 전위차를 전위계수로 표시하면?

① $(P_{11} + P_{12} + P_{22})Q$

② $(P_{11} + P_{12} - P_{22})Q$

③ $(P_{11} - P_{12} + P_{22})Q$

④ $(P_{11} - 2P_{12} + P_{22})Q$

해설

$V_1 = P_{11}Q_1 + P_{12}Q_2 = P_{11}Q - P_{12}Q$

$V_2 = P_{21}Q_1 + P_{22}Q_2 = P_{21}Q - P_{22}Q$

그러므로 전위차는

$V = V_1 - V_2 = (P_{11} - 2P_{12} + P_{22})Q[\text{V}]$

10 접지구도체와 점전하 간의 작용력은?

① 항상 반발력이다.

② 항상 흡인력이다.

③ 조건적 반발력이다.

④ 조건적 흡인력이다.

해설

접지구도체에는 점전하와 항상 반대극성인 전하가 유도되기 때문에 항상 흡인력이 작용된다.

11 공기 중에서 무한평면도체로부터 수직으로 10^{-10}[m] 떨어진 점에 한 개의 전자가 있다. 전자에 작용하는 힘은 약 몇 [N]인가? (단, 전자의 전하량 : 1.602×10^{-19}[C]이다)

① 5.77×10^{-9}

② 1.602×10^{-9}

③ 5.77×10^{-19}

④ 1.602×10^{-19}

해설

공기 중에서 무한평면도체로부터 수직으로 d[m] 떨어진 점에 한 개의 전자에 작용하는 힘은?

$$F = \frac{Q^2}{16\pi\epsilon_0 d^2}$$

$$= 2.25 \times 10^9 \times \frac{(-1.602 \times 10^{-19})^2}{(10^{-10})^2}$$

$$= 5.77 \times 10^{-9}[\text{N}]$$

여기서 전자수는

$N = \dfrac{Q}{e}$ 에서 $Q = Ne = -1.602 \times 10^{-19}$가 된다.

12 자속밀도 B[Wb/m^2]가 도체 중에서 f[Hz]로 변화할 때 도체 중에 유기되는 기전력 e는 무엇에 비례하는가?

① $e \propto Bf$

② $e \propto \dfrac{B}{f}$

③ $e \propto \dfrac{B^2}{f}$

④ $e \propto \dfrac{f}{B}$

해설

$\phi = \phi_m \sin\omega t$[Wb]일 때 유기기전력은

$e = -N\dfrac{d\phi}{dt} = -N\omega\phi_m$[V]에서 $\phi_m = BS$

그러므로 최대 유기기전력은

$E_m = \omega NBS = 2\pi f NBS \propto Bf$

정답 09 ④ 10 ② 11 ① 12 ①

전기기사 · 산업기사 필기시험문제

13 유전체 중의 전계의 세기를 E, 유전율을 ϵ이라 하면 전기변위는?

① ϵE

② ϵE^2

③ $\dfrac{\epsilon}{E}$

④ $\dfrac{E}{\epsilon}$

> **해설**
> 변위전류밀도는
> $i_d = \dfrac{\partial D}{\partial t}$ 이고 $rot H = J + \dfrac{\partial D}{\partial t}$
> $\therefore i_d = \dfrac{\partial D}{\partial t} = \dfrac{\partial (\epsilon E)}{\partial t}$

14 맥스웰의 전자방정식으로 틀린 것은?

① $div B = \phi$

② $div D = \rho$

③ $rot E = -\dfrac{\partial B}{\partial t}$

④ $rot H = i + \dfrac{\partial D}{\partial t}$

> **해설**
> 맥스웰의 전자계 기초방정식을 미분방정식의 형태로 나타내면
> • $rot E = -\dfrac{\partial B}{\partial t}$, $rot H = i + \dfrac{\partial D}{\partial t}$
> • $div D = \rho$, $div B = 0$가 된다.

15 유전율 ϵ, 투자율 μ인 매질 내에서 전자파의 전파속도는?

① $\sqrt{\epsilon \mu}$

② $\sqrt{\dfrac{\epsilon}{\mu}}$

③ $\dfrac{1}{\sqrt{\epsilon \mu}}$

④ $\sqrt{\dfrac{\mu}{\epsilon}}$

> **해설**
> 전자파의 전파속도는
> $v^2 = \dfrac{1}{\epsilon \mu}$ 에서
> $\therefore v = \dfrac{1}{\sqrt{\epsilon \mu}}$

16 평행판 콘덴서에서 전극 간에 V[V]의 전위차를 가할 때 전계의 세기가 공기의 절연내력 E[V/m]를 넘지 않도록 하기 위한 콘덴서의 단위 면적당의 최대용량은 몇 [F/m²]인가?

① $\dfrac{\epsilon_0 V}{E}$

② $\dfrac{\epsilon_0 F}{V}$

③ $\dfrac{\epsilon_0 V^2}{E}$

④ $\dfrac{\epsilon_0 E^2}{V}$

> **해설**
> $C = \dfrac{\epsilon_0 S}{d}$ [F]에서
> $C = \dfrac{\epsilon_0}{d}$ [F/m²] $= \dfrac{\epsilon_0}{\dfrac{V}{E}} = \dfrac{\epsilon E}{V}$ [F/m²]

17 그림과 같이 권수가 1이고 반지름 a[m]인 원형전류가 I[A]가 만드는 자계의 세기 [AT/m]는?

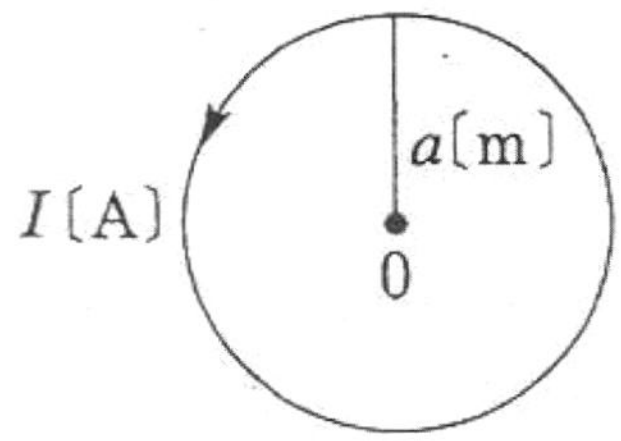

① $\dfrac{I}{a}$

② $\dfrac{I}{2a}$

③ $\dfrac{I}{3a}$

④ $\dfrac{I}{4a}$

> **해설**
> $H = \dfrac{NI}{2a} = \dfrac{1 \times I}{2a} = \dfrac{I}{2a}$ [AT/m]

정답 **13** ① **14** ① **15** ③ **16** ② **17** ②

2018년도 산업기사 제1회 필기시험(산업기사) · **1379**

18 두 점전하 $q, \frac{1}{2}q$가 a만큼 떨어져 놓여있다. 이 두 점전하를 연결하는 선상에서 전계의 세기가 영(0)이 되는 점은 q가 놓여 있는 점으로부터 얼마나 떨어진 곳인가?

① $\sqrt{2}\,a$ 　　　② $(2-\sqrt{2})a$

③ $\dfrac{\sqrt{3}}{2}a$ 　　　④ $\dfrac{(1+\sqrt{2})}{2}a$

해설

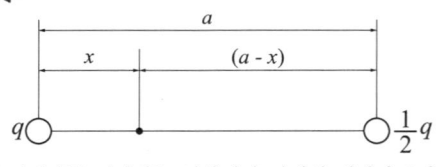

두 점전하를 연결하는 선상에서 전계의 세기가 0이 되는 점은

$$\frac{q}{4\pi\epsilon_0 x^2}=\frac{\frac{1}{2}q}{4\pi\epsilon_0(a-x)^2}$$

$$\frac{1}{x^2}=\frac{1}{2(a-x)^2} \text{ 양변에 } \sqrt{} \text{ 를 곱하면,}$$

$$x=\sqrt{2}\,(a-x)$$

$$\therefore\ x=\frac{\sqrt{2}\,a}{1+\sqrt{2}}=(2-\sqrt{2})a$$

19 균일한 자장 내에서 자장에 수직으로 놓여있는 직선도선이 받는 힘에 대한 설명 중 옳은 것은?

① 힘은 자장의 세기에 비례한다.
② 힘은 전류의 세기에 반비례한다.
③ 힘은 도선의 길이의 $\frac{1}{2}$제곱에 비례한다.
④ 자장의 방향에 상관없이 일정한 방향으로 힘을 받는다.

해설

쿨롱력과 자계 사이에 $\vec{F}=(\vec{I}\times\vec{B})\ell$,
$F=IB\ell\sin\theta=IMH\ell\sin\theta\,[\text{N}]$
$F=mH\propto H\,[\text{N}]$

20 전류밀도 J, 전계 E, 입자의 이동도 μ, 도전율 σ라 할 때 전류밀도[A/m²]를 옳게 표현한 것은?

① $J=0$ 　　　② $J=E$
③ $J=\sigma E$ 　　　④ $J=\mu E$

해설

$rotH=i\,[J]$에서 만일 변위전류가 존재하면

$rotH=i+\dfrac{\partial D}{\partial t}\,[\text{A/m}^2]$이 된다. $B=\mu H$는 자속밀

도와 자계의 세기를 나타낸 것이고, 이 식을 옴의 법칙

의 미분형으로 나타내면, $i(J)=\dfrac{E}{\rho}=\sigma E\,[\text{A/m}^2]$

ρ : 고유저항

제2과목 : 전력공학

21 차단기의 정격투입전류란 투입되는 전류의 최초 주파수의 어느 값을 말하는가?

① 평균값 　　　② 최대값
③ 실효값 　　　④ 직류값

해설

차단기의 정격투입전류란 투입되는 전류의 최초 주파수의 최대값을 말한다.

22 영상변류기와 관계가 가장 깊은 계전기는?

① 차동계전기 　　　② 과전류계전기
③ 과전압계전기 　　　④ 선택접지계전기

해설

영상변류기(ZCT) : 선로 중에 흐르는 정상분 및 역상분 전류는 철심 내에서 자속을 만들지 않고, 영상분 전류에 의해서만 자속이 만들어지므로 지락사고가 발생하면 영상전류가 흐르게 되어 영상변류기(ZCT)가 동작한다. 병행 2회선 송전선로에서 지락사고 시에 선택지락(접지)계전기가 고장선로를 선택차단 한다(지락사고가 아니면 영상분 전류는 존재하지 않는다).

정답 　**18** ② 　**19** ① 　**20** ③ 　**21** ② 　**22** ④

23 전력계통에서의 단락용량 증대가 문제가 되고 있다. 이러한 단락용량을 경감하는 대책이 아닌 것은?

① 사고 시 모선을 통합한다.
② 상위전압 계통을 구성한다.
③ 모선 간에 한류리액터를 삽입한다.
④ 발전기와 변압기의 임피던스를 크게 한다.

해설
사고 시에 모선을 통합하게 되면 합성임피던스의 값이 작아지게 되어서 단락전류가 증대하므로 전력계통의 단락용량이 증대하게 된다.

24 송전계통의 안정도 증진방법에 대한 설명이 아닌 것은?

① 전압변동을 작게 한다.
② 직렬리액턴스를 크게 한다.
③ 고장 시 발전기 입·출력의 불평형을 작게 한다.
④ 고장전류를 줄이고 고장구간을 신속하게 차단한다.

해설
안정도 향상대책
• 직렬리액턴스(X)를 작게 한다.
• 전압변동률 작게 한다.
• 중간조상방식을 채용한다.
• 고장전류를 줄이고 고장구간을 신속하게 차단한다.
• 고장 시 발전기 입·출력의 불평형을 작게 한다.

25 150[kVA] 전력용 콘덴서에 제5고조파를 억제시키기 위해 필요한 직렬리액터의 최소용량은 몇 [kVA] 인가?

① 1.5
② 3
③ 4.5
④ 6

해설 직렬리액터의 용량
• 이론적 = 콘덴서 용량 × 4[%] = 150 × 0.04 = 6 [kVA]
• 실제적 = 콘덴서 용량 × 6[%] = 150 × 0.06 = 9 [kVA]

26 보일러 급수 중에 포함되어있는 산소 등에 의한 보일러배관의 부식을 방지할 목적으로 사용되는 장치는?

① 탈기기
② 공기예열기
③ 급수가열기
④ 수위경보기

해설
• 공기예열기 : 기력발전소에서 연도의 맨 끝에 설치하는 장치로서 절탄기에서 나온 연소가스의 열을 회수하여 공기를 예열하고 이것을 다시 화로로 보내서 연소효율을 높여서 보일러의 효율을 높이기 위한 장치이다.
• 절탄기 : 연도(굴뚝)에 설치하여 보일러 급수를 가열하기 위한 장치
• 탈기기 : 급수 중에 용해되어있는 산소는 증기계통, 급수계통 시 보일러 배관 부식의 원인이 되므로 용해산소를 분리제거 하기 위해 설치한다.
• 공기예열기 : 연도에서 배출되기 전에 연소가스가 갖는 열량을 회수하여 연소용 공기의 온도를 높여 연료의 착화 및 연소효율을 높이기 위해 설치한다.

27 다음 중 그 값이 1 이상인 것은?

① 부등률
② 부하율
③ 수용률
④ 전압강하율

해설

$$부등률 = \frac{개개의\ 최대수용전력의\ 합}{합성최대수용전력} \geq 1$$

정답 23 ① 24 ② 25 ④ 26 ① 27 ①

28 화력발전소에서 가장 큰 손실은?

① 소내용 동력

② 복수기의 방열손

③ 연돌배출가스 손실

④ 터빈 및 발전기의 손실

해설

복수식 발전소에서는 복수기 냉각수에 의한 열량이 가장 크고 그다음이 석탄용량, 그다음 큰 것이 굴뚝의 배출가스 손실로 본다(각 발전소마다 각 손실의 비는 다르다).

29 선간거리를 D, 전선의 반지름을 r이라 할 때 송전선의 정전용량은?

① $\log_{10}\dfrac{D}{r}$에 비례한다.

② $\log_{10}\dfrac{r}{D}$에 비례한다.

③ $\log_{10}\dfrac{D}{r}$에 반비례한다.

④ $\log_{10}\dfrac{r}{D}$에 반비례한다.

해설

$$C_w = \frac{0.02413}{\log_{10}\dfrac{D}{r}}[\mu\text{F/km}]$$

30 배전선로의 용어 중 틀린 것은?

① 궤전점 : 간선과 분기선의 접속점

② 분기선 : 간선으로 분기되는 변압기에 이르는 선로

③ 간선 : 급전선에 접속되어 부하로 전력을 공급하거나 분기선을 통하여 배전하는 선로

④ 급전선 : 배전용 변전소에서 인출되는 배전선로에서 최초의 분기점까지의 전선으로 도중에 부하가 접속되어 있지 않은 선로

해설

궤전점(Feeder Point) : 전기철도에서 전차선 등에 전기를 공급하기 위해서 곳곳에 둔 곳에서 궤전분기선을 접속하는 접속점을 말한다.

31 송전계통에서 발생한 고장 때문에 일부계통의 위상각이 커져서 동기를 벗어나려고 할 경우 이것을 검출하고 계통을 분리하기 위해서 차단하지 않으면 안 될 경우에 사용되는 계전기는?

① 한시계전기

② 선택단락계전기

③ 탈조보호계전기

④ 방향거리계전기

해설

• 선택단락계전기 : 병행 2회선 송전선로에서 1회선에 단락고장이 생겼을 때 양방향으로 작동하여 고장회선만 선택차단 하는 계전기이다.

• 방향거리계전기(DZ) : 전원이 2곳 이상 환상선로의 단락보호에 사용되는 계전기

• 한시계전기

   – 정한시계전기 : 동작전류의 크기에 관계없이 일정한 시간에 동작하는 계전기

   – 반한시계전기 : 동작전류가 커질수록 동작시간이 짧게 되는 특성을 가지고 있는 계전기

32 가공송전선에 사용되는 애자 1연 중 전압부담이 최대인 애자는?

① 중앙에 있는 애자

② 철탑에 제일 가까운 애자

③ 전선에 제일 가까운 애자

④ 전선으로부터 1/4 지점에 있는 애자

해설

가공송전선로에서 사용되는 애자련 중에서 전압부담이 최소인 곳은 철탑에 가까운 곳이 되며, 전압부담이 최대는 전선에 가까운 애자, 전압분담이 최소는 철탑에서 1/3지점에 있는 애자가 된다. 10개인 경우는 철탑에서 3번째가 전압부담이 가장 적다.

정답 **28** ② **29** ③ **30** ① **31** ③ **32** ③

1382 • Part 4. 기사 · 산업기사 최근기출문제

33 송전선에 복도체를 사용하는 주된 목적은?

① 역률개선

② 정전용량의 감소

③ 인덕턴스의 증가

④ 코로나 발생의 방지

해설

송전선로에 복도체를 사용하는 주된 목적은 코로나 발생의 방지이다.

34 선간전압, 부하역률, 선로손실, 전선 중량 및 배전거리가 같다고 할 경우 단상 2선식과 3상 3선식의 공급전력의 비(단상/3상)는?

① $\dfrac{3}{2}$

② $\dfrac{1}{\sqrt{3}}$

③ $\sqrt{3}$

④ $\dfrac{\sqrt{3}}{2}$

해설

$$\frac{P_1}{P_3} = \frac{VI\cos\theta}{\sqrt{3}\,VI\cos\theta} = \frac{I_1}{\sqrt{3}\,I_3} = \frac{1}{\sqrt{3}} \times \frac{3}{2} = \frac{\sqrt{3}}{2}$$

- $P_{\ell 1} = P_{\ell 3}$

$$2I_1^2 R_1 = 3I_3^2 R_3$$

$$\frac{I_1^2}{I_3^2} = \frac{3R_3}{2R_1} = \frac{3}{2} \times \frac{3}{2}$$

$$\therefore \frac{I_1}{I_3} = \frac{3}{2}$$

- $W_{g1} = W_{g3}$

$$2\sigma S_1 \ell_1 = 3\sigma S_3 \ell_3, \quad \left(R = \rho\frac{\ell}{S}\right)$$

$$\therefore \frac{S_1}{S_3} = \frac{3}{2} = \frac{R_3}{R_1}$$

35 송전선로의 중성점접지의 주목적은?

① 단락전류의 제한

② 송전용량의 극대화

③ 전압강하의 극소화

④ 이상전압의 발생방지

해설 송전선로의 중성점접지의 목적

- 이상전압의 발생방지
- 1선 지락 시 건전상의 전압상승억제 및 기기나 선로의 절연절감
- 보호계전기의 신속 정확한 동작
- 소호리액터 계통에서의 1선 지락 시 아크소멸

36 전주 사이의 경간이 80[m]인 가공전선로에서 전선 1[m]당의 하중이 0.37[kg] 전선의 이도가 0.8[m]일 때 수평장력은 몇 [kg] 인가?

① 330

② 350

③ 370

④ 390

해설

$$D = \frac{WS^2}{8\,T}[\text{m}]$$

$$\therefore T = \frac{0.37 \times 80^2}{8 \times 0.8} = 370[\text{kg}]$$

37 수차의 특유속도 N_s를 나타내는 식은? (단, 유효낙차 : H[m], 수차의 출력 : P[kW], 수차의 정격회전수 : N[rpm]이라 한다)

① $N_s = \dfrac{NP^{\frac{1}{2}}}{H^{\frac{5}{4}}}$

② $N_s = \dfrac{H^{\frac{5}{4}}}{NP}$

③ $N_s = \dfrac{HP^{\frac{1}{4}}}{N^{\frac{5}{4}}}$

④ $N_s = \dfrac{NP^2}{H^{\frac{5}{4}}}$

해설

수력발전소에서 채용할 수 있는 특유속도는 유효낙차에 의해서 제한을 받는다.

정답 33 ② 34 ④ 35 ④ 36 ③ 37 ①

38 고장점에서 전원 측을 본 계통 임피던스를 $Z[\Omega]$, 고장점의 상전압을 $E[\text{V}]$라 하면, 3상단락전류[A]는?

① $\dfrac{E}{Z}$ ② $\dfrac{ZE}{\sqrt{3}}$

③ $\dfrac{\sqrt{3}\,E}{Z}$ ④ $\dfrac{3E}{Z}$

해설

$$I_s = \frac{E}{Z} = \frac{100}{\%Z}\,I_n = \frac{P_s}{\sqrt{3}\,V_n}\,[\text{A}]$$

E : 상전압[V], I_n : 정격전류[A],
P_s : 단락용량[VA], V_n : 정격전압

39 3상 계통에서 수전단전압 60[kV], 전류 250[A], 선로의 저항 및 리액턴스가 각각 7.61[Ω], 11.85[Ω]일 때 전압강하율은? (단, 부하역률은 0.8(늦음)이다)

① 약 5.50[%] ② 약 7.34[%]

③ 약 8.69[%] ④ 약 9.52[%]

해설

전압강하율은

$$\epsilon = \frac{V_s - V_r}{V_r} \times 100 = \frac{e}{V_r} \times 100$$

$$= \frac{5714.9}{60 \times 10^3} \times 100 = 9.52[\%]$$

$$e = V_s - V_r = \sqrt{3}\,I(R\cos\theta + X\sin\theta)$$

$$= \sqrt{3} \times 250(7.61 \times 0.8 + 11.85 \times 0.6)$$

$$= 5714.9[\text{V}]$$

40 피뢰기의 구비조건이 아닌 것은?

① 속류의 차단능력이 충분할 것

② 충격방전개시전압이 높을 것

③ 상용주파방전개시전압이 높을 것

④ 방전내량이 크고, 제한전압이 낮을 것

해설 피뢰기의 구비조건

• 충격방전개시전압이 낮을 것
• 상용주파방전개시전압이 높을 것
• 방전내량이 크고, 제한전압은 낮을 것
• 속류차단능력이 클 것

제3과목 : 전기기기

41 유도전동기의 출력과 같은 것은?

① 출력=입력전압−철손

② 출력=기계출력−기계손

③ 출력=2차 입력−2차 저항손

④ 출력=입력전압−1차 저항손

해설

출력은 기계적 출력(동력)에서 기계적 손실을 빼야 한다.

$$P_o = P_2 - P_{c2}$$

42 75[W] 이하의 소출력으로 소형공구, 영사기, 치과 의료용 등에 널리 이용되는 전동기는?

① 단상 반발전동기

② 영구자석 스텝전동기

③ 3상 직권 정류자전동기

④ 단상직권 정류자전동기

해설

단상직권 정류자전동기(단상 직권 전동기) : 가정용 미싱, 소형공구, 영사기, 믹서, 치과 의료용 등에 널리 이용되고 교류, 직류 양용에 사용되기 때문에 교직양용 또는 만능전동기(Universal Motor)라 하기도 한다.

정답 **38** ① **39** ④ **40** ② **41** ②, ③ **42** ④

43 직류발전기를 병렬운전할 때 균압선이 필요한 직류발전기는?

① 분권발전기, 직권발전기
② 분권발전기, 복권발전기
③ 직권발전기, 복권발전기
④ 분권발전기, 단극발전기

해설

균압모선(Equalizing Busbar)은 일반적으로 직권 및 복권발전기를 병렬운전할 때 직권발전기를 외부특성 곡선이 부하전류가 증가하면 단자전압이 상승하므로 균압선을 설치해야 한다. 직류복권발전기에는 직권계자코일선이 있으므로 그곳에 흐르는 전류에 의해서 병렬운전이 불안정해지기 때문에 균압선을 설치하여 직권계자코일에 흐르는 전류가 한쪽으로 흐르지 않고 안정하게 분류되어 병렬운전이 안정하게 되기 때문에 균압선을 설치해야 한다.

44 병렬운전하고 있는 2대의 3상동기발전기 사이에 무효순환전류가 흐르는 경우는?

① 부하의 증가
② 부하의 감소
③ 여자전류의 변화
④ 원동기의 출력변화

해설

병렬운전하고 있는 동기발전기의 기전력의 크기가 같지 않을 때는 무효순환전류가 흐른다(계자전류(I_f)를 변화시키면 기전력의 크기가 다르게 되어 무효순환전류가 흐른다).

45 전압이나 전류의 제어가 불가능한 소자는?

① SCR
② GTO
③ IGBT
④ Diode

해설

다이오드(Diode)는 전류를 한쪽 방향으로만 흐르게 하고 역방향으로는 흐를 수 없는 성질을 가진 반도체소자(Semi-conductor Device)이며 이 특성을 이용하여 교류를 직류로 변화시킬 수 있으며 이를 정류작용이라 한다.

46 전기자저항이 각각 $R_A = 0.1[\Omega]$과 $R_B = 0.2[\Omega]$인 100[V], 10[kW]의 두 분권발전기의 유기기전력을 같게 해서 병렬 운전하여, 정격전압으로 135[A]의 부하전류를 공급할 때 각 기기의 분담전류는 몇 [A]인가?

① $I_A = 80$, $I_B = 55$
② $I_A = 90$, $I_B = 45$
③ $I_A = 100$, $I_B = 35$
④ $I_A = 110$, $I_B = 25$

해설

$E_1 = E_2$, $V_1 = V_2$
$E_1 = V_1 + I_A R_A$, $E_2 = V_2 + I_B R_B$
$100 + 0.1 I_A = 100 + 0.2 I_B$
$I_A + I_B = 135[A]$에서, $I_A = 135 - I_B$
$\therefore 0.1(135 - I_B) = 0.2 I_B$, $I_B = 45[A]$, $I_A = 90[A]$

47 다이오드를 사용한 정류회로에서 여러개를 병렬로 연결하여 사용할 경우 얻는 효과는?

① 인가전압 증가
② 다이오드의 효율 증가
③ 부하출력의 맥동률 감소
④ 다이오드의 허용전류 증가

해설

다이오드를 병렬접속 :

다이오드를 직렬접속 :

정답 **43** ③　**44** ③　**45** ④　**46** ②　**47** ④

48 △결선 변압기이 한 대가 고장으로 제거되어 V결선으로 공급할 때 공급할 수 있는 전력은 고장 전 전력에 대하여 몇 [%]인가?

① 57.7 ② 66.7
③ 75.0 ④ 86.6

해설 V결선

출력비 $= \dfrac{P_V}{P_3} = \dfrac{\sqrt{3}\,V_2 I_2}{3\,V_2 I_2} = \dfrac{1}{\sqrt{3}} = 0.577$
$= 57.7[\%]$

이용률 $= \dfrac{\sqrt{3}\,V_2 I_2}{2\,V_2 I_2} = \dfrac{\sqrt{3}}{2} = 0.866 = 86.6[\%]$

49 변압기의 2차를 단락한 경우에 1차 단락전류 I_{s1}은? (단, V_1 : 1차 단자전압, Z_1 : 1차 권선의 임피던스, Z_2 : 2차 권선의 임피던스, a : 권수비, Z : 부하의 임피던스)

① $I_{s1} = \dfrac{V_1}{Z_1 + a^2 Z_2}$ ② $I_{s1} = \dfrac{V_1}{Z_1 + a Z_2}$

③ $I_{s1} = \dfrac{V_1}{Z_1 - a Z_2}$ ④ $I_{s1} = \dfrac{V_1}{Z_1 + Z_2 + Z}$

해설

변압기 등가회로 2차 측에서 1차 측으로 환산하면
$V_{21} = V_1'(V_2') = a V_2$

$I_{21} = I_1'(I_2') = \dfrac{1}{a} I_2$

$Z_{21} = Z_1'(Z_2') = a^2 Z_2$

$\therefore I_{s1} = \dfrac{V_1}{Z_A + Z_2'} = \dfrac{V_1}{Z_1 + a^2 Z_2}[\text{A}]$

50 직류분권전동기에서 단자전압 210[V], 전기자전류 20[A], 1500[rpm]으로 운전할 때 발생토크는 약 몇 [N·m]인가?

① 13.2 ② 26.4
③ 33.9 ④ 66.9

해설
전기자전류, $I_a = I - I_f = 20[\text{A}]$
전기자역기전력, $E = V - I_a R_a = 210 - 20 \times 0.15$
$\qquad = 207[\text{V}]$
기계동력, $P = E I_a = 207 \times 20 = 4140[\text{W}]$
발생토크, $\tau = \dfrac{P}{\omega} = \dfrac{4140}{2\pi \dfrac{1500}{60}} = 26.4[\text{N·m}]$

51 220[V], 50[kW]인 직류직권전동기를 운전하는데 전기자 저항(브러시 접촉저항포함)이 0.05[Ω]이고 기계적 손실이 1.7[kW], 표유손이 출력의 1[%]이다. 부하전류가 100[A]일 때의 출력은 약 몇[kW]인가?

① 14.5 ② 16.7
③ 18.2 ④ 19.6

해설
- 유효(=회전자)출력은,
  $P = P_m - (\text{철손} + \text{기계손})$
- 기계적 출력,
  $P_m = \omega\tau = 2\pi n\tau = E I_a = V I_a - I_a^2 R_a$
  $\qquad = 220 \times 100 - 100^2 \times 0.05 \times 10^{-3}$
  $\qquad = 21.5[\text{kW}]$
- 표유손 $= 21.5 \times 0.01 = 0.215[\text{kW}]$
$\therefore P = P_m - (\text{철손} + \text{기계손})$
$\qquad = 21.5 - (1.7 + 0.215) = 19.6[\text{kW}]$

52 60[Hz], 12극, 회전자의 외경 2[m]인 동기발전기에 있어서 회전자의 주변속도는 약 몇 [m/s]인가?

① 43 ② 62.8
③ 120 ④ 132

해설

$v = \pi D n = \pi \times 2 \times \dfrac{600}{60} = 62.8[\text{m/s}]$

$N = \dfrac{120 f}{P} = \dfrac{120 \times 60}{12} = 600[\text{rpm}]$

정답 48 ① 49 ① 50 ② 51 ④ 52 ②

1386 • Part 4. 기사·산업기사 최근기출문제

53 변압기의 등가회로를 작성하기 위하여 필요한 시험은?

① 권선저항측정, 무부하시험, 단락시험
② 상회전시험, 절연내력시험, 권선저항측정
③ 온도상승시험, 절연내력시험, 무부하시험
④ 온도상승시험, 절연내력시험, 권선저항측정

해설
- 변압기의 등가회로 작성에 필요한 시험 : 권선저항측정, 무부하시험(철손시험), 단락시험(동손시험)
- 변압기 절연내력시험 : 내전압시험, 충격전압시험, 유도시험

54 직류타여자발전기의 부하전류와 전기자전류의 크기는?

① 전기자전류와 부하전류가 같다.
② 부하전류가 전기자전류보다 크다.
③ 전기자전류가 부하전류보다 크다.
④ 전기자전류와 부하전류는 항상 0이다.

해설 직류타여자발전기

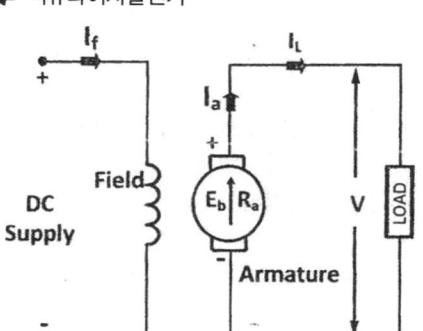

그림처럼 계자권선이 독립적인 다른 전원으로 되어 있거나 영구자석인 경우로서 전기자전류(I_a)와 부하전류(I_L)는 같다(I_f : 계자전류)

55 유도전동기의 특성에서 토크와 2차 입력 및 동기속도의 관계는?

① 토크는 2차 입력과 동기속도의 곱에 비례한다.
② 토크는 2차 입력에 반비례하고, 동기속도에 비례한다.
③ 토크는 2차 입력에 비례하고, 동기속도에 반비례한다.
④ 토크는 2차 입력의 자승에 비례하고, 동기속도의 자승에 반비례한다.

해설
$$P_2 = \omega\tau$$
$$\therefore \tau = \frac{P_2}{2\pi n} \propto \frac{P_2}{n}$$

56 농형 유도전동기의 속도제어법이 아닌 것은?

① 극수변환   ② 1차 저항변환
③ 전원전압변환   ④ 전원주파수변환

해설 농형 유도전동기의 속도제어법
- 저항제어법
- 주파수제어법
- 극수변환법
- 전원전압제어법

57 220[V], 60[Hz], 8극, 15[kW]의 3상 유도전동기에서 전부하 회전수가 864[rpm]이면 이 전동기의 2차 동손은 몇 [W]인가?

① 435   ② 537
③ 625   ④ 723

해설
2차 동손은, $P_{c2} = sP_2 = 0.04 \times 15.625$
$= 0.625[\text{kW}] = 625[\text{W}]$

2차 입력은, $P_2 = \dfrac{P}{1-s} = \dfrac{15}{1-0.04} = 15.625[\text{kW}]$

정답 53 ①   54 ①   55 ③   56 ②   57 ③

슬립은, $s = \dfrac{N_s - N}{N_s} = \dfrac{900 - 864}{900} = 0.04$

$N_s = \dfrac{120f}{P} = \dfrac{120 \times 60}{8} = 900[\text{rpm}]$

58 2대의 동기발전기가 병렬운전하고 있을 때 동기화전류가 흐르는 경우는?

① 부하분담에 차가 있을 때

② 기전력의 크기에 차가 있을 때

③ 기전력의 위상에 차가 있을 때

④ 기전력의 파형에 차가 있을 때

해설 동기발전기의 병렬운전 시 환경에 따른 전류
- 무효순환전류 : 기전력의 크기가 같지 않을 때
- 동기화전류 : 기전력의 위상이 다른 경우
- 주기적인 동기화전류 교대 : 기전력의 주파수가 다른 경우(난조의 원인).
- 고조파 무효순환전류 : 기전력의 파형이 같지 않을 때

59 선박추진용 및 전기자동차용 구동전동기의 속도제어로 가장 적합한 것은?

① 저항에 의한 제어

② 전압에 의한 제어

③ 극수 변환에 의한 제어

④ 전원주파수에 의한 제어

해설
선박의 전기추진용 전동기 및 인견공업에 쓰이는 포트 모터(Pot Motor)의 속도제어로는 전원주파수 변환에 의한 제어가 쓰인다.

60 변압기에서 극수가 2배가 되면 유기기전력은 몇 배가 되는가?

① 1 ② 2

③ 4 ④ 8

해설
$E = 4.44 f N \phi_m \propto N$

제4과목 : 회로이론 및 제어공학

61 $r[\Omega]$인 6개의 저항을 그림과 같이 접속하고 평형 3상 전압 E를 가했을 때 전류 I 는 몇 [A]인가? (단, $r = 3[\Omega]$, $E = 60[\text{V}]$이다)

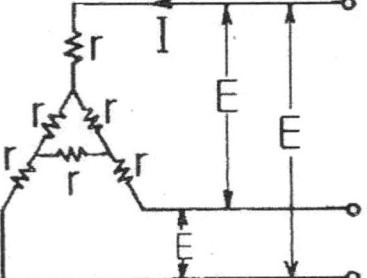

① 8.66 ② 9.56

③ 10.8 ④ 12.6

해설

$$I = \dfrac{\dfrac{E}{\sqrt{3}}}{r + \dfrac{r}{3}} = \dfrac{\sqrt{3}\,E}{4r} = \dfrac{\sqrt{3} \times 60}{4 \times 3} = 8.66[\text{A}]$$

62 다음 중 정전용량의 단위 F[패럿]와 같은 것은? (단, C는 쿨롱, N은 뉴튼, V는 볼트, m은 미터이다)

① $\dfrac{V}{C}$ ② $\dfrac{N}{C}$

③ $\dfrac{C}{m}$ ④ $\dfrac{C}{V}$

해설
$C[\text{F}]$: 정전용량, $Q[\text{C}]$: 쿨롱, $V[\text{V}]$: 전압

$Q = CV[\text{C}]$, $\therefore C = \dfrac{Q}{V}[\text{F}] = \dfrac{C}{V}$

정답 58 ③ 59 ④ 60 ② 61 ① 62 ④

1388 · Part 4. 기사 · 산업기사 최근기출문제

63 다음과 같이 Y결선 회로와 등가인 △결선 회로의 A, B, C값은 몇 [Ω]인가?

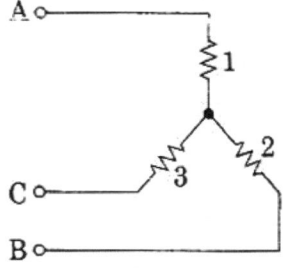

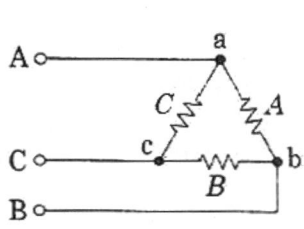

① $A = \dfrac{7}{3}$, $B = 7$, $C = \dfrac{7}{2}$

② $A = 7$, $B = \dfrac{7}{2}$, $C = \dfrac{7}{3}$

③ $A = 11$, $B = \dfrac{11}{2}$, $C = \dfrac{11}{3}$

④ $A = \dfrac{11}{3}$, $B = 11$, $C = \dfrac{11}{2}$

해설

$$A = \frac{3 \times 1 + 1 \times 2 + 2 \times 3}{3} = \frac{11}{3}$$

$$B = \frac{3 \times 1 + 1 \times 2 + 2 \times 3}{1} = 11$$

$$C = \frac{3 \times 1 + 1 \times 2 + 2 \times 3}{2} = \frac{11}{2}$$

64 회로의 전압비 전달함수 $G(s) = \dfrac{V_2(s)}{V_1(s)}$ 는?

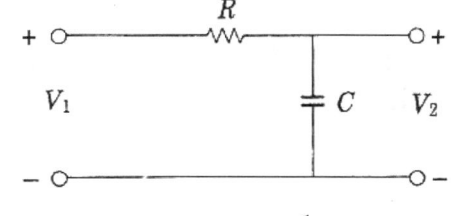

① RC

② $\dfrac{1}{RC}$

③ $RCs + 1$

④ $\dfrac{1}{RCs + 1}$

해설

$$V_1(s) = \left(R + \frac{1}{Cs}\right) I(s)$$

$$V_2(s) = \frac{1}{Cs} I(s)$$

$$\therefore G(s) = \frac{V_2(s)}{V_1(s)} = \frac{\dfrac{1}{Cs}}{R + \dfrac{1}{Cs}} = \frac{1}{RCs + 1}$$

65 측정하고자 하는 전압이 전압계의 최대눈금 보다 클 때에 전압계에 직렬로 저항을 접속 하여 측정범위를 넓히는 것은?

① 분류기　　　② 분광기
③ 배율기　　　④ 감쇠기

해설

• 전압계를 사용하여 전압계의 측정범위를 넓히기 위해서는 배율기를 사용한다.

$$\therefore \text{배율기의 배율}(m) = \frac{V_0}{V} = 1 + \frac{R_m}{R_v}$$

단, R_m : 배율기 저항, R_v : 전압계 저항,
　　V : 전압계, V_0 : 최대측정전류계

• 전류계를 사용하여 전류계의 측정범위를 넓히기 위해서는 분류기를 사용한다.

$$\therefore \text{분류기의 배율}(m) = \frac{I}{I_A} = 1 + \frac{R_A}{R_s}$$

정답　**63** ④　**64** ④　**65** ③

단, R_s : 배율기저항, R_A : 전압계저항,
I_A : 전압계, I : 최대측정전류계

66 그림과 같이 주기가 3s인 전압 파형의 실효값은 약 몇 [V]인가?

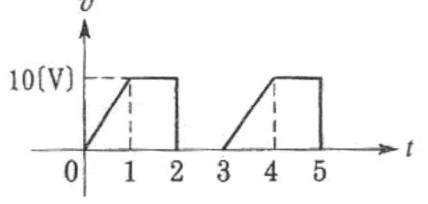

① 5.67   ② 6.67
③ 7.57   ④ 8.57

해설

실효값은, $V_e = \sqrt{\dfrac{1}{T}\displaystyle\int_0^T v^2\, dt}$

$= \sqrt{\dfrac{1}{3}\left\{\displaystyle\int_0^1 (10)^2\, dt + \int_1^2 10^2\, dt\right\}}$

$= \dfrac{20}{3} = 6.67[\text{V}]$

67 1[mV]의 입력을 가했을 때 100[mV]의 출력이 나오는 4단자회로의 이득[dB]은?

① 40   ② 30
③ 20   ④ 10

해설

이득은, $g[\text{dB}] = 20\log_{10}|\text{전압비}| = 20\log_{10}\left|\dfrac{100}{1}\right|$

$= 40[\text{dB}]$

68 다음과 같은 회로에서 $t = 0$인 순간에 스위치 S를 닫았다. 이 순간에 인덕턴스 L에 걸리는 전압[V]은? (단, 초기전류는 0이다)

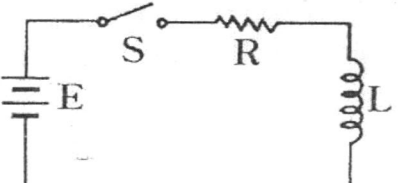

① 0   ② $\dfrac{LE}{R}$
③ E ④ $\dfrac{E}{R}$

L에 걸리는 전압은,

여기서, $i(t) = \dfrac{E}{R}(1 - e^{-\frac{R}{L}t})[\text{A}]$이다.

$V_L(t) = L\dfrac{di(t)}{dt} = L\dfrac{d}{dt}\dfrac{E}{R}(1 - e^{-\frac{R}{L}t})$

$= \left| -L\left(-\dfrac{E}{R}\right)\left(-\dfrac{R}{L}\right)e^{-\frac{R}{L}t}\right|_{t=0} = E[\text{V}]$

69 $f(t) = 3u(t) + 2e^{-t}$인 시간함수를 라플라스 변환한 것은?

① $\dfrac{3s}{s^2 + 1}$ ② $\dfrac{s+3}{s(s+1)}$
③ $\dfrac{5s+3}{s(s+1)}$ ④ $\dfrac{5s+1}{(s+1)s^2}$

해설

$f(t) = 3u(t) + 2e^{-t}$를 라플라스 변환하면,

$\pounds f(t) = F(s) = \dfrac{3}{s} + \dfrac{2}{s+1} = \dfrac{5s+3}{s(s+1)}$

70 비정현파 $f(t)$가 반파대칭 및 정현대칭일 때 옳은 식은? (단, 주기는 2π이다)

① $f(-x) = f(x),\ f(x+\pi) = f(x)$
② $f(-x) = f(x),\ f(x+2\pi) = f(x)$
③ $f(-x) = -f(x),\ -f(x+\pi) = -f(x)$
④ $f(-x) = -f(x),\ -f(x+2\pi) = f(x)$

정답   66 ②   67 ①   68 ③   69 ③   70 ③

해설 반파대칭 및 정현대칭

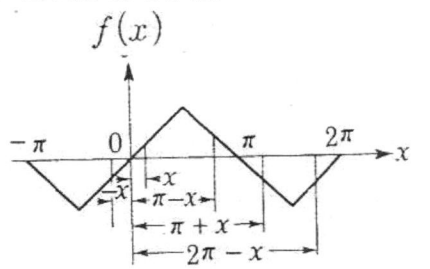

$f(-x) = -f(x)$
$f(2\pi - x) = f(x) = f(\pi + x)$
$f(\pi + x) = f(-x) = -f(x)$
$f(t) = -f(t + x), \ \ f(t) = -f(-t)$

71 $F(s) = \dfrac{2(s+1)}{s^2 + 2s + 5}$ 의 시간함수 $f(t)$는 어느 것인가?

① $2e^t \cos 2t$
② $2e^t \sin 2t$
③ $2e^{-t} \cos 2t$
④ $2e^{-t} \sin 2t$

해설

$F(s) = \dfrac{2(s+1)}{s^2 + 2s + 5} = \dfrac{2(s+1)}{(s+1)^2 + 2^2}$

$\therefore \mathcal{L}^{-1}F(s) = f(t) = 2e^{-t}\cos 2t$

72 그림과 같은 회로에서 스위치 S를 닫았을 때 시정수[sec]의 값은? (단, $L = 10$[mH], $R = 20$[Ω]이다)

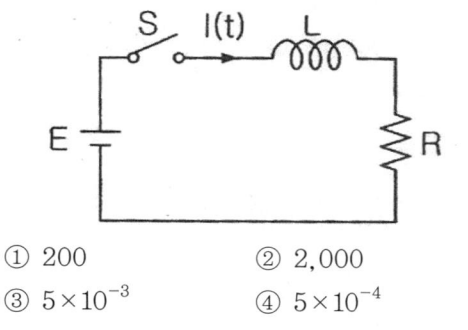

① 200
② 2,000
③ 5×10^{-3}
④ 5×10^{-4}

해설

스위치 S를 닫았을 때 전류는,

$i(t) = \dfrac{E}{R}\left(1 - e^{-\frac{R}{L}t}\right)$[A]에서, 시정수는

$\tau = \dfrac{L}{R} = \dfrac{10 \times 10^{-3}}{20} = 5 \times 10^{-4}$[sec]

73 대칭 10상 회로의 선간전압이 100[V]일 때 상전압은 약 몇 [V]인가? (단, $\sin 18° = 0.309$이다)

① 161.8
② 172
③ 183.1
④ 193

해설

$V_l = 2V_p \sin\dfrac{\pi}{n}$ 에서

$\therefore V_p = \dfrac{100}{2\sin\dfrac{\pi}{10}} = 161.8$[V]

74 회로에서 단자 1–1′에서 본 구동점 임피던스 Z_{11}은 몇 [Ω] 인가?

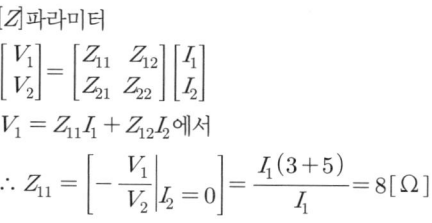

① 5
② 8
③ 10
④ 15

해설

[Z]파라미터

$\begin{bmatrix} V_1 \\ V_2 \end{bmatrix} = \begin{bmatrix} Z_{11} & Z_{12} \\ Z_{21} & Z_{22} \end{bmatrix}\begin{bmatrix} I_1 \\ I_2 \end{bmatrix}$

$V_1 = Z_{11}I_1 + Z_{12}I_2$에서

$\therefore Z_{11} = \left[-\dfrac{V_1}{V_2}\Big|_{I_2 = 0}\right] = \dfrac{I_1(3+5)}{I_1} = 8$[Ω]

정답 71 ③ 72 ④ 73 ① 74 ②

75 어느 회로망의 응답 $h(t) = (e^{-t} + 2e^{-2t})u(t)$ 의 라플라스 변환은?

① $\dfrac{3s+4}{(s+1)(s+2)}$ ② $\dfrac{3s}{(s-1)(s-2)}$

③ $\dfrac{3s+2}{(s+1)(s+2)}$ ④ $\dfrac{-s-4}{(s-1)(s-2)}$

해설

$h(t) = (e^{-t} + 2e^{-2t})u(t)$ 를 라플라스 변환을 하면

$\mathcal{L}(e^{-t} + 2e^{-2t})u(t)$

$= \dfrac{1}{s+1} + 2\dfrac{1}{s+2} = \dfrac{3s+4}{(s+1)(s+2)}$

76 $R = 50[\Omega]$, $L = 200[mH]$의 직렬회로에서 주파수 $f = 50[Hz]$의 교류에 대한 역률[%]은?

① 82.3 ② 72.3
③ 62.3 ④ 52.3

해설

$Z = R + j\omega L = 50 + j2\pi \times 50 \times 200 \times 10^{-3}$
$\quad = 50 + j62.83[\Omega]$
$Z = 80.3[\Omega]$
$\therefore \cos\theta = \dfrac{R}{Z} = \dfrac{50}{80.3} \times 100 = 62.3[\%]$

77 그림과 같은 $e = E_m \sin\omega t$인 정현파교류의 반파정류파형의 실효값은?

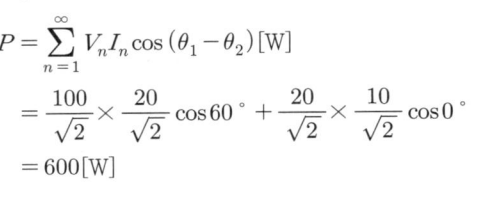

① E_m ② $\dfrac{E_m}{\sqrt{2}}$

③ $\dfrac{E_m}{2}$ ④ $\dfrac{E_m}{\sqrt{3}}$

해설

파형의 종류	실효값	평균값
전파(정형파)	$\dfrac{E_m}{\sqrt{2}}$	$\dfrac{2E_m}{\pi}$
반파	$\dfrac{E_m}{2}$	$\dfrac{E_m}{\pi}$
구형파	E_m	E_m
반파구형파	$\dfrac{E_m}{\sqrt{2}}$	$\dfrac{E_m}{2}$
톱니파(삼각파)	$\dfrac{E_m}{\sqrt{3}}$	$\dfrac{E_m}{2}$

반파의 실효값 $= \dfrac{최대값}{2} = \dfrac{E_m}{2}$

78 대칭 3상 교류전원에서 각 상의 전압이 v_a, v_b, v_c일 때 3상 전압[V]의 합은?

① 0 ② $0.3v_a$
③ $0.5v_a$ ④ $3v_a$

해설

대칭 3상교류전원에서 각상의 3상전압의 합은 0이다.

79 전압 $e = 100\sin 10t + 20\sin 20t$[V]이고, 전류 $i = 20\sin(10t - 60) + 10\sin 20t$[A]일 때 소비전력은 몇 [W]인가?

① 500 ② 550
③ 600 ④ 650

해설

$P = \displaystyle\sum_{n=1}^{\infty} V_n I_n \cos(\theta_1 - \theta_2)$[W]

$= \dfrac{100}{\sqrt{2}} \times \dfrac{20}{\sqrt{2}} \cos 60° + \dfrac{20}{\sqrt{2}} \times \dfrac{10}{\sqrt{2}} \cos 0°$

$= 600$[W]

정답 75 ① 76 ③ 77 ③ 78 ① 79 ③

1392 • Part 4. 기사 · 산업기사 최근기출문제

80 RLC 직렬회로에서 공진 시의 전류는 공급 전압에 대하여 어떤 위상차를 갖는가?

① 0° ② 50°

③ 180° ④ 270°

해설

RLC 직렬회로에서 공진 시에는 전류와 전압의 위상차는 0°이다.

제5과목 : 전기설비기술기준 및 판단기준

81 철근 콘크리트주로서 전장이 15[m]이고, 설계하중이 8.2[kN]이다. 이 지지물을 논이나 기타 지반이 연약한 곳 이외에 기초안전율의 고려 없이 시설하는 경우에 그 묻히는 깊이는 기준보다 몇 [cm]를 가산하여 시설하여야 하는가?

① 10 ② 30

③ 50 ④ 70

해설 가공전선로의 지지물의 기초안전율

가공전선로의 지지물에 하중이 가해지는 경우에 그 하중을 받는 지지물의 기초의 안전율은 2 이상(단, 이상 시 상정하중에 대한 철탑의 기초에 대하여는 1.33)이어야 한다. 다만, 땅에 묻히는 깊이를 다음의 표에서 정한 값 이상의 깊이로 시설하는 경우에는 그러하지 아니하다.

전장 \ 설계하중	6.8[kN] 이하	6.8[kN] 초과~9.8[kN] 이하	9.8[kN] 초과~14.72[kN] 이하
15[m] 이하	전장×1/6[m] 이상	전장×1/6+0.3[m] 이상	전장×1/6+0.5[m] 이상
15[m] 초과	2.5[m] 이상	2.8[m] 이상	–
16[m] 초과~20[m] 이하	2.8[m] 이상	–	–

전장 \ 설계하중	6.8[kN] 이하	6.8[kN] 초과~9.8[kN] 이하	9.8[kN] 초과~14.72[kN] 이하
15[m] 초과~18[m] 이하	–	–	3[m] 이상
18[m] 초과	–	–	3.2[m] 이상

82 금속관 공사에 의한 저압옥내배선 시설에 대한 설명으로 틀린 것은?

① 인입용 비닐절연전선을 사용했다.

② 옥외용 비닐절연전선을 사용했다.

③ 굵고 가는 금속관에 연선을 사용했다.

④ 단면적 10[mm^2] 이하의 전선을 사용했다.

해설 금속관 공사

- 전선은 절연전선(OW제외)으로 연선일 것 다만, 짧고 가는 금속관에 넣을 것 또는 단면적10[mm^2](알루미늄 : 16[mm^2]) 이하의 것은 단선을 사용할 수 있다.
- 금속관 안에는 전선에 접속점이 없도록 할 것
- 방폭형 부속품의 경우 전선관과의 접속부분의 나사는 5턱 이상일 것
- 관의 끝부분에는 전선의 피복을 손상하지 아니하도록 부싱을 사용할 것
- 사용전압이 400[V] 미만은 제3종 접지공사, 400[V] 이상인 경우에 관에는 특별 제3종 접지공사를 할 것
- 전선관의 두께는 콘크리트에 매설은 1.2[mm] 이상, 매설이 외의 경우는 1.0[mm] 이상

83 전가섭선에 관하여 각 가섭선의 상정최대장력의 33[%]와 같은 불평균장력의 수평종분력에 의한 하중을 더 고려하여야 할 철탑의 유형은?

① 직선형 ② 각도형

③ 내장형 ④ 인류형

정답 80 ① 81 ② 82 ② 83 ③

해설 상시상정하중

내장형은 $\frac{1}{3}$(33[%]), 보강형은 $\frac{1}{6}$(17[%])에 상당하는 것을 시설하여야 한다.

84 케이블트레이 공사에 사용되는 케이블트레이에 수용된 모든 전선을 지지할 수 있는 적합한 강도의 것일 경우 케이블트레이의 안전율은 얼마 이상으로 하여야 하는가?

① 1.1
② 1.2
③ 1.3
④ 1.5

해설 케이블트레이 공사
- 저압옥내배선일 경우의 전선은 연피, 알루미늄피 케이블 등 난연성케이블 또는 금속관, 혹은 합성수지관 등에 넣은 절연전선을 사용한다.
- 케이블트레이 내에서 전선을 접속하는 경우에는 그 부분을 절연처리 해야 한다.
- 모든 케이블의 단면적의 합계는 케이블트레이의 내부단면적의 50[%] 이하로 하여야 한다.
- 케이블트레이의 안전율은 1.5 이상, 사용전압이 400[V] 미만인 경우에는 케이블트레이에 제3종 접지공사, 사용전압이 400[V] 이상인 경우에는 특별 제3종 접지공사를 할 것.

85 고압가공전선로에 케이블을 조가용선에 행거로 시설할 경우 그 행거의 간격은 몇 [cm] 이하로 하여야 하는가?

① 50
② 60
③ 70
④ 80

해설 가공케이블의 시설
가공전선에 케이블을 사용하는 경우에는 다음과 같이 시설한다.
- 케이블은 조가용선에 행거로 시설하며 고압 및 특고압인 경우 행거의 간격을 50[cm] 이하로 한다.
- 조가용선은 인장강도 5.93[kN](특고압일 경우는 13.93[kN]) 이상의 것 또는 단면적 22[mm²] 이상인 아연도 철연선의 것을 사용한다.

- 조가용선 및 케이블의 피복에 사용하는 금속제에는 제3종 접지공사를 한다.
- 조가용선을 케이블에 접촉시켜 금속테이프를 감는 경우에는 20[cm] 이하의 간격으로 나선상으로 한다.

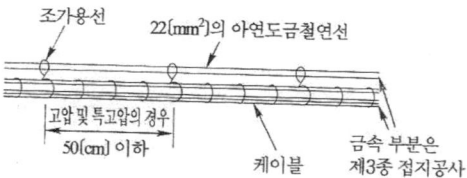

86 케이블 공사에 의한 저압옥내배선의 시설방법에 대한 설명으로 틀린 것은?

① 전선은 케이블 및 캡타이어케이블
② 콘크리트 안에는 전선에 접속점을 만들지 아니한다.
③ 400[V] 미만인 경우 전선을 넣는 방호장치의 금속제 부분에는 제3종 접지공사를 한다.
④ 전선을 조영재의 옆면에 따라 붙이는 경우 전선의 지지점 간의 거리를 케이블은 3[m] 이하로 한다.

해설 케이블 공사
- 전선은 케이블 및 캡타이어케이블일 것.
- 전선을 조영재의 아랫면 또는 옆면에 따라 붙이는 경우에 전선의 지지점 간의 거리를 케이블은 2[m] 이하, 캡타이어케이블은 1[m] 이하로 할 것
- 사용전압 400[V] 미만은 제3종 접지공사, 400[V] 이상은 특별 제3종 접지공사를 할 것

87 교통신호등 제어장치의 금속제와 함에는 몇 종 접지공사를 하여야 하는가?

① 제1종 접지공사
② 제2종 접지공사
③ 제3종 접지공사
④ 특별 제3종 접지공사

[정답] **84** ④ **85** ① **86** ④ **87** ③

1394 · Part 4. 기사 · 산업기사 최근기출문제

해설 교통신호등의 시설

교통신호등 회로로부터 전구까지의 전소사용전압은 300[V] 이하로 다음과 같이 시설할 것

- 전선은 케이블을 사용하거나, 2.5[mm²] 이상의 연동선 및 인장강도 3.70[kN]의 금속선 또는 지름 4[mm] 이상의 철선 2가닥 이상을 연선한 곳에 매달아 시설할 것
- 전선의 지표상 높이는 2.5[m] 이상일 것(단, 금속관공사 또는 케이블공사는 예외)
- 제어장치의 전원 측에는 전용개폐기 및 과전류 차단기를 시설하고 150[V]를 넘는 경우는 지락차단장치를 시설한다.
- 제어장치의 금속제 외함에는 제3종 접지공사를 하여야 한다.

88 태양전지 발전소에 태양전지 모듈 등을 시설할 경우 사용전선(연동선)의 공칭단면적은 몇 [mm²] 이상인가?

① 1.6 ② 2.5
③ 5 ④ 10

해설 태양전지의 모듈 등의 시설

- 충전 부분은 노출되지 아니하도록 시설할 것
- 전선은 공칭단면적 2.5[mm²] 이상의 연동선 또는 이와 동등 이상의 세기 및 굵기일 것
- 옥내, 옥측, 옥외에 시설하는 경우에는 금속관공사, 케이블공사, 합성수지관공사, 가요전선관공사에 준하여 시설할 것
- 태양전지 모듈의 프레임은 지지물과 전기적으로 완전하게 접속시킬 것

89 특고압가공전선과 저압가공전선을 동일 지지물에 병가 하여 시설하는 경우 이격거리는 몇 [m] 이상이어야 하는가? (단, 25[kV] 이하 중성점 다중접지식 : 1[m])

① 1 ② 2
③ 3 ④ 4

해설 특고압가공전선과 저·고압가공전선의 병가

- 저압↔고압 : 50[cm] 이상(단, 케이블사용 : 30[cm])
- 35[kV] 이하↔저·고압 : 1.2[m] 이상(특고압 가공전선이 케이블 : 0.5[m]) 단, 25[kV] 이하 중성점 다중접지식 : 1[m]
- 35[kV] 초과 100[kV] 미만↔저·고압 : 2[m] 이상(특고압 가공전선이 케이블 : 1[m])

90 변압기의 고압측 1선 지락전류가 30[A]인 경우에 제2종 접지공사의 최대 접지저항 값은 몇 [Ω]인가? (단, 고압 측 전로가 저압 측 전로와 혼촉하는 경우 1초 이내에 자동적으로 차단하는 장치가 설치되어 있다)

① 5 ② 10
③ 15 ④ 20

해설

$$R_2 = \frac{150}{\text{변압기의 고압측 또는 특고압측의 1선지락전류}} [\Omega] \text{ 이하}$$

- 1초를 초과하고 2초 이내에 차단 : 300
- 1초 이내에 자동차단 : 600

$$\therefore R_2 = \frac{600}{I} = \frac{600}{30} = 20[\Omega]$$

91 전광표시장치에 사용하는 저압옥내배선을 금속관공사로 시설할 경우 연동선의 단면적은 몇 [mm²] 이상 사용하여야 하는가?

① 0.75 ② 1.25
③ 1.5 ④ 2.5

해설 저압옥내배선의 사용전선

저압옥내배선은 2.5[mm²] 이상의 연동선이나 1[mm²] 이상의 MI케이블 이어야 한다. 다만, 400[V] 미만인 경우 다음에 의하여 시설할 수 있다.

- 전광표시장치, 출퇴표시 등 또는 제어 회로용 배선을 합성수지관, 금속관, 금속몰드, 금속덕트, 플로어덕트 공사에 의하는 경우 1.5[mm²] 이상 연동선

정답 88 ② 89 ① 90 ④ 91 ③

- 전광표시장치 등의 배선에 과전류가 생긴 경우 자동차단장치를 시설한 경우 0.75[mm²] 이상인 다심케이블 또는 다심캡타이어케이블
- 진열장, 진열장 안에는 0.75[mm²] 이상인 코드, 캡타이어케이블

92 고압가공전선로에 사용하는 가공지선은 인장강도 5.29[kN] 이상의 것 또는 지름이 몇 [mm] 이상의 나경동선을 사용하여야 하는가?

① 2.6 ② 3.2
③ 4.0 ④ 5.0

해설 **가공전선로의 가공지선**
- 고압 : 인장강도 5.29[kN] 이상의 것 또는 지름 4.0[mm] 이상의 나경동선
- 특고압 : 인장강도 8.01[kN] 이상의 것 또는 지름 5.0[mm] 이상의 나경동선

93 전력보안통신용 전화설비를 시설하지 않아도 되는 것은?

① 원격감시제어가 되지 아니하는 발전소
② 원격감시제어가 되지 아니하는 변전소
③ 2 이상의 급전소 상호 간과 이들을 총합 운용하는 급전소 간
④ 발전소로서 전기 공급에 지장을 미치지 않고, 휴대용 전력보안통신 전화설비에 의하여 연락이 확보된 경우

해설 **전력보안통신용 전화설비의 시설**
- 시설장소
  - 원격감시제어가 되지 않는 발·변전소, 발·변전제어소, 개폐소 및 전선로의 기술원 주재소와 이를 운용하는 급전소 사이
  - 2 이상의 급전소 상호 간과 이들을 총합 운용하는 급전소 간
  - 총합운용 변전소로서 서로 연계가 다른 전력계통에 속하는 것의 상호 간

- 수력설비 중 계통의 발전소, 변전소, 발·변전제어소 및 개폐소 상호 간
- 동일수계의 수력발전소 상호 간
- 동일전력계통의 발전소, 변전소, 발·변전 제어소 및 개폐소 상호 간
- 발·변전소 등과 긴급연락의 필요가 있는 기상대, 측후소, 소방서 및 방사선감시계측 시설물 등의 사이
- 휴대용 또는 이동용 전화설비
  특고압 및 길이 5[km] 이상의 고압선에는 적당한 곳에서 통화할 수 있도록 휴대용 또는 이동용의 전력보안통신용 전화설비를 시설하여야 한다.

94 지중전선로의 시설방식이 아닌 것은?

① 관로식 ② 압착식
③ 암거식 ④ 직접매설식

해설 **지중전선로의 시설**
- 지중전선로는 전선에 케이블을 사용하고 또한 관로식·암거식 또는 직접 매설식에 의하여 시설하여야 한다.
- 지중전선로를 직접매설식에 의하여 시설하는 경우에는 매설 깊이를 차량 기타 중량물의 압력을 받을 우려가 있는 장소에는 1.2[m] 이상, 기타 장소에는 60[cm] 이상

95 지중전선로에 사용하는 지중함의 시설기준으로 틀린 것은?

① 조명 및 세척이 가능한 장치를 하도록 할 것
② 그 안의 고인 물을 제거할 수 있는 구조일 것
③ 견고하고 차량 기타 중량물의 압력에 견딜 수 있을 것
④ 뚜껑은 시설자 이외의 사람이 쉽게 열 수 없도록 할 것

해설 **지중함의 시설**
- 지중함 및 견고하고 차량 기타 중량물의 압력에 견디는 구조일 것

정답 **92** ③　**93** ④　**94** ②　**95** ①

- 지중함은 그 안의 고인 물을 제거할 수 있는 구조로 되어 있을 것
- 폭발성 또는 연소성의 가스가 침입할 우려가 있는 것에 시설하는 지중함으로서 그 크기가 $1[m^3]$ 이상인 것에는 통풍장치 기타 가스를 방산시키기 위한 적당한 장치를 시설할 것
- 지중함의 뚜껑은 시설자 이외의 사람이 쉽게 열 수 없도록 시설할 것

96 특고압 가공전선은 케이블인 경우 이외에는 단면적이 몇 $[mm^2]$ 이상의 경동연선이어야 하는가?

① 8   ② 14
③ 22   ④ 30

해설

특고압 가공전선은 케이블인 경우 이외에는 인장강도 8.71[kN] 이상의 연선 또는 단면적22$[mm^2]$ 이상의 경동연선이어야 한다.

97 345[kV] 변전소의 충전부분에서 6[m]의 거리에 울타리를 설치하려고 한다. 울타리의 최소 높이는 약 몇 [m]인가?

① 2   ② 2.28
③ 2.57   ④ 35

해설 특고압 가공전선의 높이(이상)

전압의 범위	일반 장소	도로 횡단	철도 또는 궤도횡단	횡단보도교
35 [kV] 이하	5[m]	6[m]	6.5[m]	4[m] (특고압 절연전선 또는 케이블사용)
35 [kV] 초과 160 [kV] 이하	6[m]	6[m]	6.5[m]	5[m] (케이블 사용)
	산지 등에서 사람이 쉽게 들어갈 수 없는 장소 : 5[m] 이상			

전압의 범위	일반 장소	도로 횡단	철도 또는 궤도횡단	횡단보도교
160 [kV] 초과	일반장소			가공전선의 높이 : 6+단수×0.12[m]
	철도 또는 궤도횡단			가공전선의 높이 : 6.5+단수×0.12[m]
	산지			가공전선의 높이 : 5+단수×0.12[m]

160[kV] 초과 가공전선의 높이 : 6+단수×0.12[m] 이상

$6 + 0.12\,n[m] = 6 + 0.12 \times 19 = 8.28[m]$

$n = \dfrac{345 - 160}{10} = 18.5 \xrightarrow{\text{절상}} 19$단

$\therefore 8.28 = 6 + x[m]$에서, $x = 2.28[m]$

98 자동차단기가 설치되어있지 않은 전로에 접속되어있는 440[V] 전동기의 외함을 접지할 때, 접지저항 값을 몇 $[\Omega]$ 이하이어야 하는가?

① 5   ② 10
③ 30   ④ 50

해설 기계기구의 철대 및 외함의 접지

기계기구의 구분	접지공사
400[V] 미만의 저압용의 것	제3종 접지공사
400[V] 이상의 저압용의 것	특별 제3종 접지공사
고압용 또는 특고압용의 것	제1종 접지공사

- 전로에 시설하는 기계기구의 철대 및 금속제 외함에는 표에서 정한 접지공사를 하여야 한다.
- 440[V] 전동기의 외함이므로 특별 제3종 접지공사를 하여야 한다.
- 접지저항 값은 10$[\Omega]$ 이하가 된다.

정답 96 ③   97 ②   98 ②

99 최대사용전압이 22000[V]인 중성점 비접지식 전로의 절연내력 시험전압은 몇 [V]인가?

① 16,560 ② 21,160
③ 25,300 ④ 28,750

해설 고압 및 특고압의 전로의 절연내력 시험전압

접지방식	최대사용전압	시험전압	최저 시험전압
비접지	7[kV] 이하	1.5배	–
	7[kV] 초과 (60[kV] 이하)	1.25배	10,500[V]
중성점다중 접지	25[kV] 이하	0.92배	500[V]
중성점 접지	60[kV] 이하	1.1배	75[kV] 이하
중성점직접 접지	60[kV] 초과 170[kV] 이하	0.72배	–
	170[kV] 초과	0.64배	–

- 직류 절연내력시험전압=교류 절연내력시험전압×2배
- 변압기 전로의 절연내력시험전압은 최대사용전압 7[kV] 이하일 경우 시험전압은 최대사용전압의 1.5배 (단, 최저시험전압은 500[V]이다.)
- 최대사용전압이 170[kV]를 초과하는 권선에는 그 중성점에 피뢰기를 시설할 경우에는 최대사용전압에 0.72배로 한다.

100 다음 괄호 안에 들어갈 내용으로 옳은 것은?

> 강체방식에 의하여 시설하는 직류식 전기철도용 전차선로는 전차선의 높이가 지표상 (　　)[m] 이상인 경우 이외에는 사람이 쉽게 출입할 수 없는 전용 부지 안에 시설하여야 한다.

① 4.5 ② 5
③ 5.5 ④ 6

해설 직류전차선로의 시설제한
- 직류전차선은 가공방식, 강체복선식(剛體複線式) 또는 제3궤조 방식에 의할 것
- 가공방식에 의하여 시설하는 직류식 전기철도용 전차선로로서 직류고압인 것은 특별한 이유에 의하여 시·도지사의 인가를 받은 경우 이외에는 전기철도의 전용부지 안에 시설
- 제3궤조 방식에 의하여 시설하는 직류식 전기철도용 전차선로는 지하철도 기타 사람이 쉽게 출입할 수 없는 전용부지 안에 시설하여야 한다.
- 강제복선식에 의하여 시설하는 직류식 전기 철도용 전차선로는 전차선의 높이가 지표상 5[m](도로 이외의 곳에 시설하는 경우로써 아랫면에 방호 판을 시설할 때에는 3.5[m]) 이상인 경우 및 전차선을 수면상에 시설하는 경우로서 선박의 항해등의 위험을 주지 아니하도록 시설한 경우 이외에는 사람이 쉽게 출입할 수 없는 전용부지 안에 시설

정답 **99** ② **100** ②

국가기술자격검정 필기시험문제

2018년도 산업기사 제2회 필기시험(산업기사)

자격종목 및 등급(선택분야)	종목코드	시험시간	문제지형별	수검번호	성명
전기산업기사		**2시간 30분**	**A**		

※ 시험문제지는 답안카드와 같이 반드시 제출하여야 합니다.

제1과목 : 전기자기학

01 평면전자파의 전계 E와 자계 H 사이의 관계식은?

① $E = \sqrt{\dfrac{\epsilon}{\mu}}\,H$ ② $E = \sqrt{\mu\epsilon}\,H$

③ $E = \sqrt{\dfrac{\mu}{\epsilon}}\,H$ ④ $E = \sqrt{\dfrac{1}{\mu\epsilon}}\,H$

해설

고유 임피던스는, $Z_0 = \dfrac{E}{H} = \sqrt{\dfrac{\mu}{\epsilon}}$,

$\therefore E = \sqrt{\dfrac{\epsilon}{\mu}}\,H$

02 균등하게 자화된 구(球)자성체가 자화될 때의 감자율은?

① $\dfrac{1}{2}$ ② $\dfrac{1}{3}$

③ $\dfrac{2}{3}$ ④ $\dfrac{3}{4}$

해설

$N = \dfrac{1}{\mu_s - 1}\left(\dfrac{H_0}{H} - 1\right)$

$H = \dfrac{3\mu_0}{3\mu_0 + \mu}\,H_0$ 이므로

$\therefore N = \dfrac{1}{\mu_s - 1}\left(\dfrac{H_0}{\dfrac{3\mu_0}{3\mu_0 + \mu}\,H_0} - 1\right)$

$= \dfrac{1}{\mu_s - 1}\left(\dfrac{2 + \mu_s}{3} - 1\right) = \dfrac{1}{3}$

(환상철심은 감자력이 없으므로 감자율은 0이 된다.)

03 반지름 a[m]인 두 개의 무한도선이 d[m]의 간격으로 평행하게 놓여 있을 때 $a \ll d$인 경우, 단위길이당 정전용량[F/m]은?

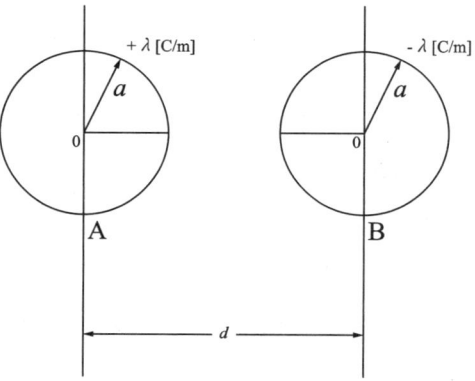

① $\dfrac{2\pi\epsilon_0}{\ln\dfrac{d}{a}}$ ② $\dfrac{\pi\epsilon_0}{\ln\dfrac{d}{a}}$

③ $\dfrac{4\pi\epsilon_0}{\dfrac{1}{a} - \dfrac{1}{d}}$ ④ $\dfrac{2\pi\epsilon_0}{\dfrac{1}{a} - \dfrac{1}{d}}$

해설

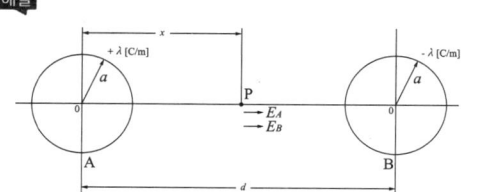

정답 01 ③ 02 ② 03 ②

그림에서 도체 A에 $+\lambda[\mathrm{C/m}]$, 도체 B$-\lambda[\mathrm{C/m}]$의 전하를 주면 두 도체의 중심을 연결하는 선상의 P점에서 전계의 세기를 각각

$$E_A = \frac{\lambda}{2\pi\epsilon_0 x}\,[\mathrm{V/m}], \quad E_B = \frac{-\lambda}{2\pi\epsilon_0(d-x)}\,[\mathrm{V/m}]$$

전계의 세기 E_A, E_B는 항상 도체 A에서 도체 B 방향이 되므로 전계의 세기는

$$E = E_A - E_B = \frac{\lambda}{2\pi\epsilon_0\,x} + \frac{\lambda}{2\pi\epsilon_0\,(d-x)}$$

$$= \frac{\lambda}{2\pi\epsilon_0}\left(\frac{1}{x} + \frac{1}{d-x}\right)[\mathrm{V/m}]$$

도체 A, B의 전위차는

$$V_{AB} = -\int_{d-a}^{a} E\,dx$$

$$= -\frac{\lambda}{2\pi\epsilon_0}\int_{d-a}^{a}\left(\frac{1}{x} + \frac{1}{d-x}\right)dx$$

$$= \frac{\lambda}{2\pi\epsilon_0}\left[\ln x\big|_a^{d-a} - \ln(d-x)\big|_a^{d-a}\right]$$

$$= \frac{\lambda}{2\pi\epsilon_0}\left(\ln\frac{d-a}{a} - \ln\frac{a}{d-a}\right)$$

$$= \frac{\lambda}{\pi\epsilon_0}\ln\frac{d-a}{a}\,[\mathrm{V}]$$

따라서 정전용량은

$$C_{AB} = \frac{\lambda}{V_{AB}} = \frac{\pi\epsilon_0}{\ln\dfrac{d-a}{a}}\,[\mathrm{F/m}]$$

특히 $d \gg a$일 때는 $\ln\dfrac{d-a}{a} = \dfrac{d}{a}$로 표시한다.

$$\therefore C_{AB} = \frac{\pi\epsilon_0}{\ln\dfrac{d}{a}}\,[\mathrm{F/m}]$$

04 자계의 세기가 H인 자계 중에 직각으로 속도 v로 발사된 전하 Q가 그리는 원의 반지름 r은?

① $\dfrac{m\,v}{QH}$ ② $\dfrac{m\,v^2}{QH}$

③ $\dfrac{m\,v}{\mu HQ}$ ④ $\dfrac{m\,v^2}{\mu HQ}$

해설

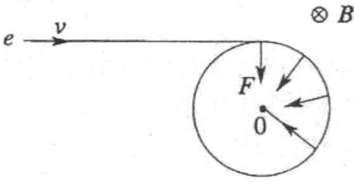

자계내의 운동전하에 작용하는 힘[N]은

$$F = qv \times B, \quad B = \mu_0 H$$

전자의 전하량을 e라 하면

$$F = e(v \times \mu_9 H)(\text{벡터}), \quad F = \mu_0 e\,v\,H(\text{크기})$$

이 힘을 받아서 전자의 운동방향은 끊임없이 변화되지만 B의 직각이 됨은 변함이 없다. 따라서 전자는 자계내에서 원운동 한다.

전자의 질량은 m, 궤도의 반지름 r이라고 하면 F와 원심력 F_0는 평형이므로

$$F = F_0, \quad \mu_0 e\,v\,H = \frac{m\,v^2}{r}$$

$$\therefore r = \frac{m\,v^2}{\mu_0 e\,v\,H} = \frac{m\,v}{e\,B}\,[\mathrm{m}] = \frac{m\,v}{\mu HQ}\,[\mathrm{m}]$$

각속도 ω는

$$\omega = \frac{v}{r} = \frac{e\,B}{m}\,[\mathrm{rad/sec}], \quad \text{주기 } T\text{는},$$

$$\therefore T = \frac{2\pi}{\omega} = \frac{2\pi\,m}{e\,B}\,[\mathrm{sec}]$$

05 크기가 1[C]인 두 개의 같은 점전하가 진공 중에서 일정한 거리가 떨어져 $9\times10^9[\mathrm{N}]$의 힘으로 작용할 때 이들 사이의 거리는 몇 [m]인가?

① 1 ② 2

③ 4 ④ 10

해설

$$F = 9\times10^9\,\frac{Q_1 Q_2}{r^2}\,[\mathrm{N}]$$

$$9\times10^9 = 9\times10^9\,\frac{1\times1}{r^2}\ \text{에서}$$

$$\therefore r = 1[\mathrm{m}]$$

정답 **04** ③ **05** ①

1400 • Part 4. 기사·산업기사 최근기출문제

06 자유공간(진공)에서의 고유임피던스[Ω]는?

① 144 ② 277

③ 377 ④ 544

해설

자유공간(진공)에서의 특성(고유)임피던스[Ω]는

$$Z_0 = \sqrt{\frac{E}{H}} = \sqrt{\frac{\mu_0}{\epsilon_0}} = \sqrt{\frac{4\pi \times 10^{-7}}{8.855 \times 10^{-12}}}$$
$$= 377[\Omega]$$

07 진공 중의 도체계에서 임의의 도체를 일정전위의 도체로 완전포위하면 내외공간의 전계를 완전차단 시킬 수 있는데 이것을 무엇이라 하는가?

① 홀효과 ② 정전차폐

③ 펀치효과 ④ 전자차폐

해설

진공중의 도체계에서 임의의 도체를 접지된 도체를 완전포위하면 내외공간의 전계를 완전차단할 수 있는 것을 정전차폐라 한다(외부에서 유도되는 전하).

08 공극을 가진 환상솔레노이드에서 총 권수 N, 철심의 비투자율 μ_0, 단면적 A, 길이 ℓ이고, 공극이 δ일 때, 공극부에서 자속밀도 B를 얻기 위해서는 전류를 몇 [A] 흘려야 하는가?

① $\dfrac{10^7 B}{2\pi N}\left(\dfrac{\ell}{\mu_r} + \delta\right)$ ② $\dfrac{10^7 B}{2\pi N}\left(\dfrac{\delta}{\mu_r} + \ell\right)$

③ $\dfrac{10^7 B}{4\pi N}\left(\dfrac{\ell}{\mu_r} + \delta\right)$ ④ $\dfrac{10^7 B}{4\pi N}\left(\dfrac{\delta}{\mu_r} + \ell\right)$

해설

$$\phi = \frac{F}{R_m} = \frac{NI}{\dfrac{\delta}{\mu_0 S} + \dfrac{\ell}{\mu S}} = BS$$

$$R_m = R_1 + R_2 = \frac{\delta}{\mu_0 S} + \frac{\ell}{\mu S}$$

$$\therefore I = \frac{BS}{N}\left(\frac{\delta}{\mu_0 S} + \frac{\ell}{\mu S}\right) = \frac{B}{N}\left(\frac{\delta}{\mu_0} + \frac{\ell}{\mu}\right)$$
$$= \frac{B}{\mu_0 N}\left(\delta + \frac{\ell}{\mu_r}\right) = \frac{10^7 B}{4\pi N}\left(\delta + \frac{\ell}{\mu_r}\right)[A]$$

09 그림과 같이 유전체 경계면에서 $\epsilon_1 < \epsilon_2$이었을 때 E_1과 E_2의 관계식 중 옳은 것은?

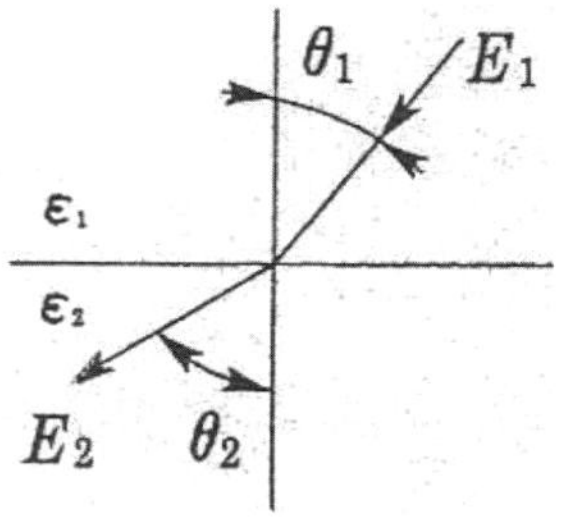

① $E_1 > E_2$ ② $E_1 < E_2$

③ $E_1 = E_2$ ④ $E_1 \cos\theta_1 = E_2 \cos\theta_2$

해설

$\epsilon_1 < \epsilon_2$이면 $\theta_1 < \theta_2$

$\therefore E_1 > E_2$

$\epsilon_1 > \epsilon_2$이면 $\theta_1 > \theta_2$

$\therefore E_1 < E_2$

10 동심구 사이의 공극에 절연내력이 50[kV/mm]이며 비유전율이 3인 절연유를 넣으면, 공기인 경우의 몇 배의 전하를 축적할 수 있는가? (단, 공기의 절연내력은 3[kV/mm]라 한다.)

① 3 ② $\dfrac{50}{3}$

③ 50 ④ 150

해설

$$E = \frac{Q}{4\pi \epsilon_0 r^2} \text{에서}, \quad Q = 4\pi \epsilon_0 r^2 E$$

$$\therefore \frac{Q'}{Q} = \frac{\epsilon E'}{\epsilon_0 E} = \frac{\epsilon_0 \times 3 \times 50 \times 10^6}{\epsilon_0 \times 3 \times 10^6} = 50$$

정답 **06** ③ **07** ② **08** ③ **09** ① **10** ③

11 유전체에 가한 전계 E[V/m]와 분극의 세기 P[C/m²]와의 관계로 옳은 것은?

① $P = \epsilon_0(\epsilon_s + 1)E$ ② $P = \epsilon_0(\epsilon_s - 1)E$

③ $P = \epsilon_s(\epsilon_0 + 1)E$ ④ $P = \epsilon_s(\epsilon_0 - 1)E$

해설

전계는 $E = \dfrac{\sigma - \sigma_P}{\epsilon_0} = \dfrac{D - P}{\epsilon_0}$[V/m],

$\therefore D = \epsilon_0 E + P$[C/m²]

그러므로 분극의 세기는

$P = D - \epsilon_0 E = \epsilon E - \epsilon_0 E = \epsilon_0(\epsilon_s - 1)E$[C/m²]

12 도체의 성질에 대한 설명으로 틀린 것은?

① 도체내부의 전계는 0이다.

② 전하는 도체표면에 만 존재한다.

③ 도체의 표면 및 내부의 전위는 등전위이다.

④ 도체표면의 전하밀도는 표면의 곡률이 큰 부분일수록 작다.

해설

도체표면의 전하는 뾰족한 부분으로 잘 모이려는 성질이 있다. 뾰족한 부분일수록 곡률반경은 작다. 그러므로 전하밀도는 곡률반경이 작을수록 곡률은 커질수록 커진다.

13 금속도체의 전기저항은 일반적으로 온도와 어떤 관계인가?

① 전기저항은 온도의 변화에 무관하다.

② 전기저항은 온도의 변화에 대해 정특성을 갖는다.

③ 전기저항은 온도의 변화에 대해 부특성을 갖는다.

④ 금속도체의 종류에 따라 전기저항의 온도 특성은 일관성이 없다.

해설

금속도체의 전기저항은 일반적으로 온도가 상승하면 전기저항도 증가한다(탄소, 전해액 및 반도체 등은 저항이 감소).

14 그림과 같은 반지름 a[m]인 원형 코일에 I[A]의 전류가 흐르고 있다. 이 도체 중심측 상 x[m]인 P점의 자위는 몇 [A]인가?

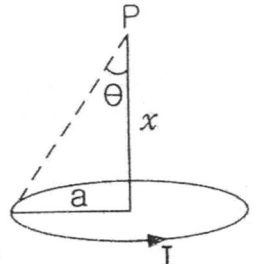

① $\dfrac{I}{2}(1 - \dfrac{x}{\sqrt{a^2 + x^2}})$

② $\dfrac{I}{2}(1 - \dfrac{a}{\sqrt{a^2 + x^2}})$

③ $\dfrac{I}{2}(1 - \dfrac{x^2}{(a^2 + v^2)^{\frac{3}{2}}})$

④ $\dfrac{I}{2}(1 - \dfrac{a^2}{(a^2 + v^2)^{\frac{3}{2}}})$

해설

원형전류에 의한 중심측상의 자위는

$U = \dfrac{I}{4\pi}\omega = \dfrac{I}{4\pi} \times 2\pi(1 - \cos\theta)$

$= \dfrac{I}{2}(1 - \dfrac{x}{\sqrt{a^2 + x^2}})$[AT]

15 두 개의 코일이 있다. 각각의 자기인덕턴스가 0.4[H], 0.9[H]이고, 상호인덕턴스가 0.36[H]일 때 결합계수는?

① 0.5   ② 0.6

③ 0.7   ④ 0.8

정답   **11** ②   **12** ③   **13** ②   **14** ①   **15** ②

해설

결합계수는 $K = \dfrac{M}{\sqrt{L_1 L_2}} = \dfrac{0.36}{\sqrt{0.4 \times 0.9}} = 0.6$

16 자계의 벡터포텐셜을 A라 할 때, A와 자계의 변화에 대해 생기는 전계 E 사이에 성립하는 관계식은?

① $A = \dfrac{\partial E}{\partial t}$

② $E = \dfrac{\partial A}{\partial t}$

③ $A = -\dfrac{\partial E}{\partial t}$

④ $E = -\dfrac{\partial A}{\partial t}$

해설

$B = \nabla \times A$로 정의되고

$\nabla \times E = -\dfrac{\partial B}{\partial t}$에서

$\nabla \times E = -\dfrac{\partial B}{\partial t} = -\dfrac{\partial}{\partial t}(\nabla \times A) = \nabla \times (\dfrac{\partial A}{\partial t})$

$\therefore E = -\dfrac{\partial A}{\partial t}$

17 면전하밀도 $\sigma[\text{C/m}^2]$, 판 간 거리 d[m]인 무한평행판 대전체 간의 전위차 [V]는?

① σd

② $\dfrac{\sigma}{\epsilon}$

③ $\dfrac{\epsilon_0 \sigma}{d}$

④ $\dfrac{\sigma d}{\epsilon_0}$

해설

전하밀도 $\sigma[\text{C/m}^2]$에서 나오는 전기력선 밀도는

$\dfrac{\sigma}{\epsilon_0}[\text{개/m}^2] = \dfrac{\sigma}{\epsilon_0}[\text{V/m}]$(전계의 세기)가 된다.

그러므로 전위는 $V = Ed = \dfrac{\sigma}{\epsilon_0}d$

18 전류에 의한 자계의 방향을 결정하는 법칙은?

① 렌쯔의 법칙

② 플레밍의 왼손 법칙

③ 플레밍의 오른손 법칙

④ 암페어의 오른나사 법칙

해설 암페어의 오른나사법칙(Ampere's Right Hand Rule)

엄지를 전류의 방향으로 할 때 나머지의 손가락방향은 자계(자력선, 자속)의 방향이 된다.

19 비유전율이 2.4인 유전체 내의 전계의 세기가 100[mV/m]이다. 유전체에 축적되는 단위 체적당 정전에너지는 몇 $[\text{J/m}^3]$?

① 1.06×10^{-13}

② 1.77×10^{-13}

③ 2.32×10^{-13}

④ 2.32×10^{-11}

해설

유전체내에 저장되는 에너지밀도는

$w = \dfrac{1}{2}ED = \dfrac{1}{2}\epsilon E^2 = \dfrac{D^2}{2\epsilon}[\text{J/m}^3]$

$W = \dfrac{1}{2}\epsilon E^2 = \dfrac{1}{2} \times 8.855 \times 10^{-12} \times 2.4$

$\quad\quad \times (100 \times 10^{-3})^2$

$\quad = 1.06 \times 10^{-13}[\text{J/m}^3]$

20 자기인덕턴스가 각각 L_1, L_2인 두 코일을 서로 간섭이 없도록 병렬로 연결했을 때 그 합성인덕턴스는?

① $L_1 L_2$

② $\dfrac{L_1 + L_2}{L_1 L_2}$

③ $L_1 + L_2$

④ $\dfrac{L_1 L_2}{L_1 + L_2}$

해설

자기인덕턴스가 각각 L_1, L_2인 두 코일을 병렬로 연결할 때 합성인덕턴스는

$L = \dfrac{L_1 L_2}{L_1 + L_2}$가 된다.

정답 16 ④ 17 ④ 18 ④ 19 ① 20 ④

제2과목 : 전력공학

21 정정된 값 이상의 전류가 흘렀을 때 동작전류의 크기가 상관없이 항상 정해진 시간이 경과한 후에 동작하는 보호계전기는?

① 순시계전기

② 정한시계전기

③ 반한시계전기

④ 반한시성·정한시계전기

해설 보호계전기의 특성
- 순한시특성 : 최소동작전류 이상의 전류가 흐르면 즉시 동작하는 특성
- 반한시특성 : 동작전류가 커질수록 동작시간이 짧게되는 특징
- 정한시특성 : 동작전류의 크기에 관계없이 일정한 시간이 되며 동작하는 특성
- 반한시·정한시특성 : 동작전류가 적은 동안에는 동작전류가 커질수록 동작시간이 짧게 되고 어떤 전류 이상이면 동작전류 크기에 상관없이 일정한 시간에 동작하는 특성

22 교류 저압배전방식에서 밸런스를 필요로 하는 방식은?

① 단상 2선식

② 단상 3선식

③ 3상 3선식

④ 3상 4선식

23 변류기 개방 시 2차측을 단락하는 이유는?

① 측정오차방지

② 2차측 절연보호

③ 1차측 과전류방지

④ 2차측 과전류보호

해설
- CT(직렬연결)는 개방하면 부하전류로 인하여 소손된다. 그러므로 CT를 점검할 시에는 반드시 2차측은 단락할 것(2차측 절연보호)
- PT(병렬연결)는 개방되어도 상관없다.

24 전력용 퓨즈는 주로 어떤 전류의 차단을 목적으로 사용하는가?

① 지락전류

② 단락전류

③ 과도전류

④ 과부하전류

25 소호리액터 접지에 대한 설명으로 틀린 것은?

① 지락전류가 작다.

② 과도안정도가 높다.

③ 전자유도장해가 경감된다.

④ 선택지락계전기의 작동이 쉽다.

해설 소호리액터 접지방식
- 1선 지락전류가 거의 흐르지 않는다.
- 유도장애를 경감시키며 과도안정도가 좋다.
- 선택지락계전기의 동작이 잘 안 된다.
- 단선사고 시 등에는 이상 전압발생이 가장 크다.

26 단상 2선식의 교류 배전선이 있다. 전선 한 줄의 저항은 0.15[Ω], 리액턴스는 0.25[Ω]이다. 부하는 무유도성으로 100[V], 3[kW]일 때 급전점의 전압은 약 몇 [V]인가?

① 100

② 110

③ 120

④ 130

해설

$e = V_s - V_r = 2I(R\cos\theta + X\sin\theta)$

무유도성이므로, $\cos\theta = 1,\ \sin\theta = 0$

$\therefore\ V_s = 100 + 2 \times \dfrac{3 \times 10^3}{100}(0.15 \times 1) = 109[\text{V}]$

27 보호계전기 동작이 가장 확실한 중성점접지 방식은?

① 비접지방식

② 저항접지방식

③ 직접접지방식

④ 소호리액터접지방식

정답 21 ② 22 ② 23 ② 24 ② 25 ④ 26 ② 27 ③

해설

직접접지방식은 지락전류가 크기 때문에 보호계전기의 동작이 확실하며 신뢰도가 높다.

28 3상 차단기의 정격차단용량을 나타낸 것은?

① $\sqrt{3}$ × 정격전압 × 정격전류

② $\dfrac{1}{\sqrt{3}}$ × 정격전압 × 정격전류

③ $\sqrt{3}$ × 정격전압 × 정격차단전류

④ $\dfrac{1}{\sqrt{3}}$ × 정격전압 × 정격차단전류

해설

정격차단용량은

$P_s = \sqrt{3}\, V_n\, I_s$

$\quad = \sqrt{3}$ × 정격전압 × 정격차단전류[VA]

29 송전선로의 뇌해방지와 관계없는 것은?

① 댐퍼 ② 피뢰기

③ 매설지선 ④ 가공지선

해설 댐퍼

전선의 진동방지

30 3상 1회선 전선로에서 대지정전용량은 C_s이고 선간정전용량은 C_m이라 할 때, 작용정전용량 C_n은?

① $C_s + C_m$

② $C_s + 2C_m$

③ $C_s + 3C_m$

④ $2C_s + C_m$

해설

• 1ϕ 1회선 : $C_n = C_s + 2C_m$

• 3ϕ 1회선 : $C_n = C_s + 3C_m$

31 우리나라에서 현재 사용되고 있는 송전전압에 해당하는 것은?

① 150[kV]

② 220[kV]

③ 345[kV]

④ 700[kV]

해설 송전전압

22[kV], 66[kV], 154[kV], 345[kV], 765[kV]

32 유효낙차가 40[%] 저하되면 수차의 효율이 20[%] 저하된다고 할 경우, 이때의 출력은 원래의 몇 [%]인가? (단, 안내날개의 열림은 불변인 것으로 한다)

① 37.2 ② 48.0

③ 52.7 ④ 63.7

해설

$P = 9.8\,QH\eta\,[\text{kW}]$에서

$\dfrac{Q_2}{Q_1} = \left(\dfrac{H_2}{H_1}\right)^{\frac{1}{2}}$

$\therefore\ P \propto H^{\frac{3}{2}}\eta$

$\therefore\ \dfrac{P'}{P} = \dfrac{(0.6H)^{\frac{3}{2}}\,0.8\eta}{H^{\frac{3}{2}}\eta} = 0.372 \times 100 = 37.2\,[\%]$

33 제4고조파를 제거하기 위하여 전력용 콘덴서의 용량 몇 [%]에 해당되는 직렬리액터를 설치하는가?

① 2~3 ② 5~6

③ 7~8 ④ 9~10

해설 직렬리액터용량

• 이론적 = 전력용 콘덴서용량 × 4[%]

• 실제적 = 전력용 콘덴서용량 × 6[%]

정답 28 ③ 29 ① 30 ③ 31 ③ 32 ① 33 ②

34 저압뱅킹(Banking)배전방식이 적당한 곳은?

① 농촌

② 어촌

③ 화학공장

④ 부하밀집지역

> **해설** 저압뱅킹배전방식
> 고압선에 접속된 2대 이상의 변압기 저압측(2차측)의 간선을 상호접속하여 서로 부하증가에 대한 융통성을 도모하는 방식으로 부하가 밀집된 시가지에 적당하다.

35 변전소에서 사용되는 조상설비 중 지상용으로만 사용되는 조상설비는?

① 분로리액터

② 동기조상기

③ 전력용 콘덴서

④ 정지형 무효전력 보상장치

36 장거리 송전선로의 4단자 정수(A, B, C, D) 중 일반식을 잘못 표기한 것은?

① $A = \cosh\sqrt{ZY}$

② $B = \sqrt{\dfrac{Z}{Y}}\sinh\sqrt{ZY}$

③ $C = \sqrt{\dfrac{Z}{Y}}\sinh\sqrt{ZY}$

④ $D = \cosh\sqrt{ZY}$

> **해설** 장거리 송전선로의 4단자 정수
> - $A = \cosh\gamma\ell = \cosh\sqrt{ZY}$
> - $B = Z_0\sinh\gamma\ell = \sqrt{\dfrac{Z}{Y}}\sinh\sqrt{ZY}$
> - $C = \dfrac{1}{Z_0}\sinh\gamma\ell = \dfrac{1}{\sqrt{\dfrac{Z}{Y}}}\sinh\sqrt{ZY}$
> - $D = \cosh\gamma\ell = \cosh\sqrt{ZY}$

37 3상 3선식 배전선로에 역률이 0.8(지상)인 3상 평형부하 40[kW]를 연결했을 때 전압강하는 약 몇 [V]인가? (단, 부하의 전압은 200[V], 전선 1조의 저항은 0.02[Ω]이고, 리액턴스는 무시한다)

① 2

② 3

③ 4

④ 5

> **해설**
> $e = V_s - V_r = \sqrt{3}\,I(R\cos\theta + X\sin\theta)[\text{V}]$에서
> 리액턴스는 무시하므로,
> $= \sqrt{3} \times \dfrac{40 \times 10^3}{\sqrt{3} \times 200 \times 0.8}(0.02 \times 0.8) = 4[\text{V}]$

38 분기회로용으로 개폐기 및 자동차단기의 2가지 역할을 수행하는 것은?

① 기중차단기

② 진공차단기

③ 전력용 퓨즈

④ 배선용 차단기

39 보일러에서 흡수열량이 가장 큰 것은?

① 수냉벽

② 과열기

③ 절탄기

④ 공기예열기

> **해설**
> - 수냉벽은 보일러드럼 또는 수관과 연락하는 수관을 가진 노벽으로 노 내의 복사열을 흡수하는 노벽을 보조하고자 하는 것이 목적이다.
> - 수냉벽 → 보일러수관 → 과열기 → 절탄기 → 공기예열기 순서이다.

정답 **34** ④ **35** ① **36** ③ **37** ③ **38** ④ **39** ①

1406 · Part 4. 기사 · 산업기사 최근기출문제

40 단상 승압기 1대를 사용하여 승압할 경우 승압전의 전압을 E_1이라 하면, 승압 후의 전압 E_2는 어떻게 되는가? (단, 승압기의 변압비는 $\dfrac{전원측전압}{부하측전압} = \dfrac{e_1}{e_2}$이다)

① $E_2 = E_1 + e_1$ 　② $E_2 = E_1 + e_2$

③ $E_2 = E_1 + \dfrac{e_2}{e_1}E_1$ 　④ $E_2 = E_1 + \dfrac{e_1}{e_2}E_1$

해설

승압 후의 전압은 $\left(a = \dfrac{e_1}{e_2}\right)$

$E_2 = E_1\left(1 + \dfrac{1}{a}\right) = E_1 + \dfrac{e_2}{e_1}E_1$

제3과목 : 전기기기

41 권선형 유도전동기의 설명으로 틀린 것은?

① 회전자의 3개의 단자는 슬립링과 연결되어 있다.

② 기동할 때에 회전자는 슬립링을 통하여 외부에 가감저항기를 접속한다.

③ 기동할 때에 회전자에 적당한 저항을 갖게 하여 필요한 기동토크를 갖게 한다.

④ 전동기속도가 상승함에 따라 외부저항을 점점 감소시키고 최후에는 슬립링을 개방한다.

해설

3상 권선형 유도전동기이 2차회로의 저항(기동저항)을 접속하면 기동 시에 2차 회로에 적당한 저항을 갖게 하여 필요한 기동토크를 얻고, 기동전류를 억제하고 상승에 따라 외부저항을 점차로 감소하여 최후에 슬립링에서 단락하여 양호한 운전상태의 특성을 얻는다(속도는 줄어지지만 최대토크를 크게 할 수 있다).

42 단상변압기를 병렬 운전하는 경우 부하전류의 분담에 관한 설명 중 옳은 것은?

① 누설리액턴스에 비례한다.

② 누설임피던스에 비례한다.

③ 누설임피던스에 반비례한다.

④ 누설리액턴스의 제곱에 반비례한다.

해설

각 변압기의 임피던스는 정격용량에 반비례 되어야 하므로, 부하분담은 내부 임피던스(퍼센트 강하)에 반비례한다. 무부하전압이 같다고 보고 무부하전류에 의한 내부전압 강하는 같아야 한다.

$I_A Z_A = I_B Z_B$

$\therefore \dfrac{I_A}{I_B} = \dfrac{Z_B}{Z_A}$ 즉, 누설임피던스에 반비례한다.

43 단상 유도전압조정기의 원리는 다음 중 어느 것을 응용한 것인가?

① 3권선변압기

② V결선변압기

③ 단상단권변압기

④ 스콧트결선(T결선)변압기

44 3상 동기기에서 제동권선의 주목적은?

① 출력 개선 　② 효율 개선

③ 역률 개선 　④ 난조 방지

해설 제동권선

난조를 방지하기 위해서는 자극표면에 슬롯을 파서 여기에 저항이 작은 단락권선을 설치하는 것을 말한다.

• 제동권선의 역할
 - 난조방지
 - 불평형 부하 시의 전류, 전압파형의 개선
 - 송전선의 불평형 단락 시의 이상 전압방지
 - 기동 시 유도전동기의 농형전동기로서 기동토크를 발생

정답 **40** ③ 　**41** ④ 　**42** ③ 　**43** ③ 　**44** ④

45 단상 반파정류회로에서 평균직류전압 200[V]를 얻는 데 필요한 변압기 2차 전압은 약 몇 [V]인가? (단, 부하는 순 저항이고 정류기의 전압강하는 15[V] 로 한다)

① 400 　　　　② 478

③ 512 　　　　④ 642

해설

$$E = \frac{\pi}{\sqrt{2}}(E_d + e_a) = \frac{\pi}{\sqrt{2}}(200 + 15)$$
$$= 477.61\,[\text{V}]$$

46 동기기의 단락전류를 제한하는 요소는?

① 단락비

② 정격전류

③ 동기임피던스

④ 자기여자작용

해설

$$\text{단락전류} = \frac{\text{유기기전력}[V]}{\text{동기임피던스}[\Omega]}\,[\text{A}], \quad I_s = \frac{E}{Z_s}\,[\text{A}]$$

47 정격전압에서 전 부하로 운전하는 직류직권 전동기의 부하전류가 50[A]이다. 부하토크가 반으로 감소하면 부하전류는 약 몇 [A]인가? (단, 자기포화는 무시한다)

① 25 　　　　② 35

③ 45 　　　　④ 50

해설

직권전동기의 토크는 자로가 포화되지 않은 범위에서는 전기자전류 제곱에 비례한다.

$$\frac{\tau'}{\tau} = \frac{I_a'^2}{I_a^2} = \frac{\tau/2}{\tau}$$
$$\therefore I_a' = \sqrt{1/2} \times I_a = \sqrt{1/2} \times 50 = 35.36\,[\text{A}]$$

48 병렬운전 중인 A, B 두 동기발전기 중 A발전기의 여자를 B발전기보다 증가시키면 A 발전기는?

① 동기화전류가 흐른다.

② 부하전류가 증가한다.

③ 90° 진상전류가 흐른다.

④ 90° 지상전류가 흐른다.

해설

여자를 증가(기전력 높음)시킨 발전기는 90° 뒤진 전류가, 여자를 감소시킨 발전기는 90° 앞선 전류가 흐르게 된다.

49 변압기 단락시험과 관계없는 것은?

① 전압변동률

② 임피던스 와트

③ 임피던스 전압

④ 여자어드미턴스

해설

- 단락시험 : 임피던스 와트, 임피던스 전압 및 입력 전류를 측정하여 누설임피던스 및 누설리액턴스, 권선의 저항 등을 산출한다.
- 무부하시험 : 무부하 전류와 전력을 측정하여 여자 어드미턴스와 철손을 알아낸다.

50 전기자 저항이 0.3[Ω]인 분권발전기가 단자 전압 550[V]에서 100[A]일 때 발생하는 유도기전력[V]은? (단, 계자전류는 무시한다)

① 260 　　　　② 420

③ 580 　　　　④ 750

해설

유도기전력은
$$E = V + I_a R_a = 550 + 100 \times 0.3 = 580\,[\text{V}]$$

정답　45 ②　46 ③　47 ②　48 ④　49 ①　50 ③

51 임피던스 전압강하 4[%]의 변압기가 운전 중 단락되었을 때 단락전류는 정격전류의 몇 배가 흐르는가?

① 15 ② 20

③ 25 ④ 30

해설

$$I_s = \frac{100}{\%Z}I_n = \frac{100}{4}I_n = 25I_n$$

52 3상 동기발전기가 그림과 같이 1선 지락이 발생하였을 경우 단락전류 I_0을 구하는 식은? (단, E_a 는 무부하 유기기전력의 상전압, Z_0, Z_1, Z_2는 영상·정상·역상 임피던스이다)

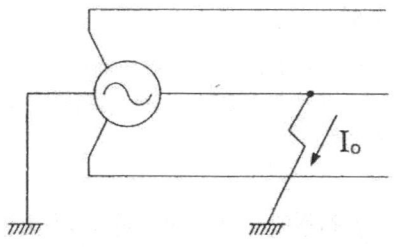

① $I_0 = \dfrac{3E_a}{Z_0 \times Z_1 \times Z_2}$

② $I_0 = \dfrac{E_a}{Z_0 \times Z_1 \times Z_2}$

③ $I_0 = \dfrac{3E_a}{Z_0 + Z_1 + Z_2}$

④ $I_0 = \dfrac{3E_a}{Z_0 + Z_1^2 + Z_2^3}$

해설

a선이 지락 되었다고 보면, $V_a = 0,\quad I_b = I_c = 0$

$I_0 + a^2 I_1 + a I_2 = I_0 + a I_1 + a^2 I_2 = 0$

$\therefore I_9 = I_1 = I_2$

$V_a = V_0 + V_1 + V_2 = -I_0 Z_0 + E_a - I_1 Z_1 - I_2 Z_2 = 0$

$$I_0 = \frac{E_a}{Z_0 + Z_1 + Z_2}$$

$$\therefore I_a = I_0 + I_1 + I_2 = 3I_0 = \frac{3E_a}{Z_0 + Z_1 + Z_2}[A]$$

53 4극, 60[Hz]의 정류자 주파수 변환기가 회전자계 방향과 반대방향으로 1440[rpm]으로 회전할 때의 주파수는 몇 [Hz]인가?

① 8 ② 10

③ 12 ④ 15

해설

$$f_2 = sf_1 = 0.2 \times 60 = 12[\text{Hz}]$$

$$s = \frac{N_s - N}{N} = \frac{1800 - 1440}{1800} = 0.2$$

$$N_s = \frac{120 \times 60}{4} = 1800[\text{rpm}]$$

54 유도전동기의 속도제어 방식으로 틀린 것은?

① 크레머 방식

② 일그너 방식

③ 2차 저항제어 방식

④ 1차 주파수제어 방식

해설

• 농형 유도전동기의 속도제어법
  – 주파수 변경
  – 극수 변경
  – 전원전압 변경
• 권선형 유도전동기의 속도제어 법
  – 2차 저항을 제어하는 방법
  – 2차 여자법
• 크레머 방식 : 유도전동기와 분권정류자전동기(SM)를 직결하여 정출력 특성을 나타내는 속도제어방식

정답 **51** ③ **52** ③ **53** ③ **54** ②

55 직류전동기의 속도제어법 중 광범위한 속도제어가 가능하며 운전효율이 좋은 방법은?

① 병렬제어법
② 전압제어법
③ 계자제어법
④ 저항제어법

해설 직류전동기의 속도제어법
- 저항제어법 : 전기자에 가변직렬저항을 넣어 전기자회로의 저항을 변화시켜서 제어하는 방법(저항에 의한 전력손실로 효율이 가장 낮다.)
- 계자제어법 : 계자회로에 저항을 넣어 계자전류를 제어하는 방법(속도조정범위는 전기자 반작용, 정류 불량 및 자기포화 등에 의해서 제약을 받는다.)
- 전압제어법 : 전기자에 공급되는 전압을 전원 단에서 조절하여 속도를 제어하는 방법(단자전압을 정밀하게 조정이 되므로 저속도에서 고속도까지 광범위한 속도 조절이 가능하며, 손실이 거의 없지만, 설비비가 많이 든다. 또한, 조작도 간단하고 운전효율이 가장 높다.)

56 유도전동기의 슬립 s의 범위는?

① $1 < s < 0$
② $0 < s < 1$
③ $1 < s < 1$
④ $1 < s < 0$

해설
- 유도전동기의 슬립(s) 범위 : $0 < s < 1$
- 유도전동기의 슬립(s) 범위 : $0 < s$
- 제동기의 슬립(s) 범위 : $s > 1$

57 직류직권전동기의 운전상 위험속도를 방지하는 방법 중 가장 적합한 것은?

① 무부하 운전한다.
② 경부하 운전한다.
③ 무여자 운전한다.
④ 부하와 기어를 연결한다.

해설 직류직권전동기
부하가 변하면 속도가 현저하게 변화하는 특성(직권특성)을 가지므로 무부하에 가까워지면 속도가 급히 상

승하여 원심력으로 인한 파괴가 일어날 수가 있어서 직권전동기로 다른 부하와 운전하려면 반드시 직결하거나 기어(Gear)를 사용해야 한다.

58 교류 단상 직권전동기의 구조를 설명한 것 중 옳은 것은?

① 역률 및 정류개선을 위해 약계자 강전기자형으로 한다.
② 전기자 반작용을 줄이기 위해 약계자 강전기자형으로 한다.
③ 정류개선을 위해 강계자 약전기자형으로 한다.
④ 역률개선을 위해 고정자와 회전자의 자로를 성층철심으로 한다.

해설
교류 단상 직권전동기(정류자)에서는 약계자 강전기자형으로 하며 역률은 좋게하고 정류개선을 위해서 사용한다.

59 3상 전원에서 2상 전원을 얻기 위한 변압기의 결선방법은?

① △
② T
③ Y
④ V

해설 3상-2상 간의 상수변환
- 스코트 결선(T)
- 메이어 결선
- 우드브리지 결선

60 유도전동기의 동기와트에 대한 설명으로 옳은 것은?

① 동기속도에서 1차 입력
② 동기속도에서 2차 입력
③ 동기속도에서 2차 입력
④ 동기속도에서 2차 동손

정답 55 ② 56 ② 57 ③ 58 ① 59 ② 60 ②

1410 · Part 4. 기사 · 산업기사 최근기출문제

해설 동기와트

동기속도로 회전할 때 2차 입력을 토크로 표시한 것
$P_2 = \omega T$ (동기와트)

제4과목 : 회로이론 및 제어공학

61 RLC 직렬회로에서 시정수의 값이 작을수록 과도현상이 소멸되는 시간은 어떻게 되는가?

① 짧아진다　　② 관계없다

③ 길어진다　　④ 일정하다

해설

회로의 시정수가 클수록 과도현상은 오랫동안 지속되고 시정수가 작으면 과도현상은 짧게 지속한다.

62 전기회로의 입력을 V_1, 출력을 V_2라고 할 때 전달함수는? (단, $s = j\omega$이다.)

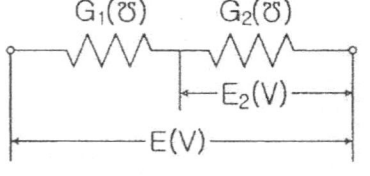

① $\dfrac{1}{R + \dfrac{1}{j\omega C}}$　　② $\dfrac{1}{j\omega + \dfrac{1}{RC}}$

③ $\dfrac{j\omega}{j\omega + \dfrac{1}{RC}}$　　④ $\dfrac{j\omega}{R + \dfrac{1}{j\omega C}}$

해설

$V_1(s) = \left(\dfrac{1}{Cs} + R\right)I(s)$

$V_2(s) = R\,I(s)$

$G(s) = \dfrac{V_2(s)}{V_1(s)} = \dfrac{R}{\dfrac{1}{Cs} + R} = \dfrac{RCs}{1 + RCs}$

$= \dfrac{s}{s + \dfrac{1}{RC}}$에서 $s = j\omega$로 치환하면

$\therefore G(j\omega) = \dfrac{V_2(j\omega)}{V_1(j\omega)} = \dfrac{j\omega}{j\omega + \dfrac{1}{RC}}$

63 $\mathcal{L}\,[u(t-a)]$는 어느 것인가?

① $\dfrac{e^{as}}{s^2}$　　② $\dfrac{e^{-as}}{s^2}$

③ $\dfrac{e^{as}}{s}$　　④ $\dfrac{e^{-as}}{s}$

해설

$\mathcal{L}\,[u(t-a)] = \dfrac{1}{s}e^{-as}$

64 그림과 같은 회로에서 $G_2[\mho]$ 양단의 전압강하 $E_2[V]$는?

① $\dfrac{G_2}{G_1 + G_2}E$

② $\dfrac{G_1}{G_1 + G_2}E$

③ $\dfrac{G_1\,G_2}{G_1 + G_2}E$

④ $\dfrac{G_1 + G_2}{G_1 + G_2}E$

해설

$E_2 = \dfrac{G_1}{G_1 + G_2}E$

정답 61 ① 　 62 ③ 　 63 ④ 　 64 ②

65 그림과 같은 회로에서 0.2[Ω]의 저항에 흐르는 전류는 몇 [A]인가?

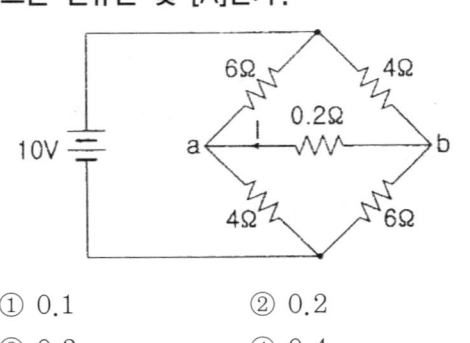

① 0.1   ② 0.2

③ 0.3   ④ 0.4

해설

- 전압을 단락하고 a, b에서 바라본 저항을 R_T는

$$R_T = \frac{6 \times 4}{6+4} + \frac{4 \times 6}{4+6} = 4.8[\Omega]$$

- a, b를 개방하고 a', b'의 전위차를 V_T라 하면

$$V_T = V_a - V_b = \frac{6}{6+4} \times 10 - \frac{4}{4+6} \times 10$$

$$= 2[V]$$

$$\therefore I = \frac{V_T}{R_T + R_L} = \frac{2}{4.8 + 0.2} = 0.4[A]$$

66 정현파의 파고율은?

① 5.67   ② 6.67

③ 7.57   ④ 8.57

해설 여러 가지 파형의 파고율과 파형률

명칭	파형	실효값	평균값	파고율	파형률
정현파		$\frac{V_m}{\sqrt{2}} = 0.707\,V_m$	$\frac{2}{\pi}\,V_m$	$\frac{\pi}{2\sqrt{2}} = 1.11$	$\sqrt{2}$
반파정류파		$\frac{V_m}{2} = 0.5\,V_m$	$\frac{1}{\pi}\,V_m$	$\frac{\pi}{2} = 1.571$	2
전파정류파		$\frac{V_m}{\sqrt{2}} = 0.707\,V_m$	$\frac{2}{\pi}\,V_m$	$\frac{\pi}{2\sqrt{2}} = 1.11$	$\sqrt{2}$
삼각파		$\frac{V_m}{\sqrt{3}} = 0.577\,V_m$	$\frac{1}{2}\,V_m$	$\frac{2}{\sqrt{3}} = 1.155$	$\sqrt{3}$
구형파		V_m	V_m	1	1
맥동파		$\frac{V_m}{\sqrt{2}} = 0.707\,V_m$	$\frac{1}{2}\,V_m$	$\sqrt{2}$	$\sqrt{2}$

정답   **65** ④   **66** ②

67 어떤 회로의 단자전압이 $V = 100\sin\omega t + 40\sin 2\omega t + 30\sin(3\omega t + 60°)$[V]이고 전압강하의 방향으로 흐르는 전류가 $I = 10\sin(\omega t - 60°) + 2\sin(3\omega t + 105°)$[A]일 때 회로에 공급되는 평균전력[W]은?

① 271.2 ② 371.2
③ 530.2 ④ 630.2

해설

$$P = \sum_{n=1}^{\infty} V_n I_n \cos(\theta_1 - \theta_2)$$
$$= \frac{100}{\sqrt{2}} \times \frac{10}{\sqrt{2}} \cos(0 + 60°)$$
$$+ \frac{30}{\sqrt{2}} \times \frac{2}{\sqrt{2}} \cos(60° - 105°)$$
$$= 271.21 [\text{W}]$$

68 저항 $\frac{1}{3}$[Ω], 유도리액턴스 $\frac{1}{4}$[Ω]인 R-L병렬회로의 합성 어드미턴스[℧]는?

① $3 + j4$ ② $3 - j4$
③ $\frac{1}{3} + j\frac{1}{4}$ ④ $\frac{1}{3} - j\frac{1}{4}$

해설

$$Y = G - jB = 3 - j4 [\text{℧}]$$

69 $\dfrac{1}{s^2 + 2s + 5}$의 라플라스 역변환한 값은?

① $e^{-2t}\cos 2t$ ② $\frac{1}{2}e^{-t}\sin t$
③ $\frac{1}{2}e^{-t}\sin 2t$ ④ $\frac{1}{2}e^{-t}\cos 2t$

해설

$$\mathcal{L}^{-1}\frac{1}{s^2 + 2s + 5} = \mathcal{L}^{-1}\frac{\frac{1}{2} \times 2}{(s+1)^2 + 2^2}$$
$$= \frac{1}{2}e^{-t}\sin 2t$$

70 $i(t) = I_0 e^{st}$[A]로 주어지는 전류가 콘덴서 C[F]에 흐르는 경우의 임피던스[Ω]는?

① C ② sC
③ $\dfrac{C}{s}$ ④ $\dfrac{1}{sC}$

해설

콘덴서의 임피던스의 값은
$$Z(j\omega) = \frac{1}{j\omega C}[\Omega]$$
$$\therefore Z(s) = \frac{1}{sC}[\Omega]$$

71 부하에 $100\angle 30°$[V]의 전압을 가했을 때 $10\angle 60°$[A]의 전류가 흘렀다면 부하에서 소비되는 유효전력은 약 몇 [W]인가?

① 400 ② 500
③ 682 ④ 866

해설

$$P = V\bar{I} = 100\angle 30° \times 10\angle -60°$$
$$= 1000\angle -30° = 1000 \times (\cos 30° - j\sin 30°)$$
$$= 500\sqrt{3} - j500 [\text{VA}]$$
$$\therefore \text{유효전력(P)} = 500\sqrt{3}\,[\text{W}]$$
$$\text{무효전력(P}_r) = 500[\text{Var}]$$

72 3상 대칭분전류를 I_0, I_1, I_2라 하고, 선전류를 I_a, I_b, I_C라고 할 때 I_b는 어떻게 되는가?

① $I_0 + I_1 + I_2$
② $I_0 + a^2 I_1 + a I_2$
③ $I_0 + a I_1 + a^2 I_2$
④ $\frac{1}{3}(I_0 + I_1 + I_2)$

해설

$$I_a = I_0 + I_1 + I_2, \quad I_b = I_0 + a^2 I_1 + a I_2,$$
$$I_c = I_0 + a I_1 + a^2 I_2$$

정답 67 ① 68 ② 69 ③ 70 ④ 71 ④ 72 ②

73 대칭 3상 Y결선부하에서 각상의 임피던스가 $Z = 16 + j12[\Omega]$이고 부하전류가 5[A]일 때, 이 부하의 선간전압[V]은?

① $100\sqrt{2}$

② $100\sqrt{3}$

③ $200\sqrt{2}$

④ $200\sqrt{3}$

해설

Y결선이므로 선전류=상전류,

선간전압$= \sqrt{3} \times$상전압이 된다.

상전압$(V_p) = I_p Z = 5 \times \sqrt{16^2 + 12^2} = 100$[V]

$\therefore V_\ell = 100\sqrt{3}$[V]

74 비정현파전압 $v = 100\sqrt{2}\sin\omega t + 50\sqrt{2}\sin2\omega t + 30\sqrt{2}\sin3\omega t$[V]의 왜형률은 약 얼마인가?

① 0.36

② 0.58

③ 0.87

④ 1.41

해설

왜형률$= \dfrac{\text{전고조파의 실효값}}{\text{기본파의 실효값}}$

$= \dfrac{\sqrt{50^2 + 30^2}}{100} = 0.583$

75 대칭좌표법에서 사용되는 용어 중 3상에 공통된 성분을 표시하는 것은?

① 공통분

② 정상분

③ 역상분

④ 영상분

해설 대칭좌표법

불평형 3상 전압이나 전류를 평형의 세 성분(상순이 a, b, c인 정상분, 상순이 이와 반대인 역상분 및 각상에 공통된 성분인 영상분)의 대칭분으로 분해하여 해석한다.

76 다음과 같은 회로의 a-b간 합성인덕턴스는 몇 [H]인가? (단, $L_1 = 4$[H], $L_2 = 4$[H], $L_3 = 2$[H], $L_4 = 2$[H]이다)

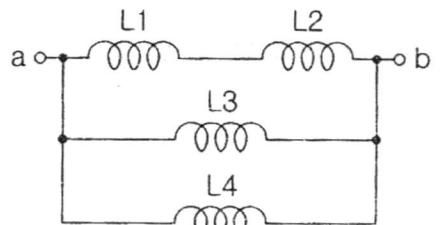

① $\dfrac{8}{9}$

② 6

③ 9

④ 12

해설

$L = \dfrac{1}{\dfrac{1}{L_1 + L_2} + \dfrac{1}{L_3} + \dfrac{1}{L_4}} = \dfrac{1}{\dfrac{1}{4+4} + \dfrac{1}{2} + \dfrac{1}{2}}$

$= \dfrac{8}{9}$[H]

77 2단자 임피던스함수 $Z(s) = \dfrac{(s+2)(s+3)}{(s+4)(s+5)}$ 일 때 극점(Pole)은?

① $-1, -3$

② $-3, -4$

③ $-2, 4$

④ $-4, -5$

해설

• 극점(Pole) : $Z(s) = \infty$

$(s+4)(s+5) = 0$에서 $\therefore s = -4, -5$

• 영점(Zero) : $Z(s) = 0$

$(s+2)(s+3) = 0$에서 $\therefore s = -2, -3$

78 3상 불평형전압에서 역상전압이 50[V], 정상전압이 200[V], 영상전압이 10[V]라고 할 때 전압의 불평형률[%]은?

① 1

② 5

③ 25

④ 50

정답 73 ② 74 ② 75 ④ 76 ① 77 ④ 78 ③

해설

전압의 불평형률 = $\dfrac{\text{역상전압}}{\text{정상전압}} \times 100$

$= \dfrac{50}{200} \times 100 = 25[\%]$

79 그림과 같은 T형 회로의 영상전달정수 θ는?

① 0   ② 1

③ −3   ④ −1

해설

영상전달정수(파라미터)는

$\theta = \log_e(\sqrt{AD} + \sqrt{BC}) = \cosh^{-1}\sqrt{AD}$

$= \tanh^{-1}\sqrt{\dfrac{BC}{AD}}$

$\begin{bmatrix} A & B \\ C & D \end{bmatrix} = \begin{bmatrix} 1 & j600 \\ 0 & 1 \end{bmatrix} \begin{bmatrix} 1 & 0 \\ \dfrac{1}{-j300} & 1 \end{bmatrix} \begin{bmatrix} 1 & j600 \\ 0 & 1 \end{bmatrix}$

$= \begin{bmatrix} -1 & 0 \\ j\dfrac{1}{300} & -1 \end{bmatrix}$

$\therefore \theta = \cosh^{-1}\sqrt{AD} = \cosh^{-1}1 = 0$

80 부동작시간(Dead Time)요소의 전달함수는?

① Ks ② $\dfrac{K}{s}$

③ Ke^{-Ls} ④ $\dfrac{K}{Ts+1}$

해설

- 비례요소 : K
- 적분요소 : $\dfrac{K}{s}$
- 미분요소 : Ks
- 1차 지연요소 : $\dfrac{K}{Ts+1}$
- 부동작시간요소 : Ke^{-Ls}

제5과목 : 전기설비기술기준 및 판단기준

81 도로에 시설하는 가공직류 전차선로의 경간은 몇 [m] 이하로 하여야 하는가?

① 20   ② 40

③ 50   ④ 60

해설

직류식 전기철도에서 도로에 시설하는 가공직류 전차선로의 경간은 60[m] 이하로 한다.

82 가공전선로의 지지물 중지선을 사용하여 그 강도를 분담시켜서는 안 되는 것은?

① 철탑
② 목주
③ 철주
④ 철근콘크리트주

83 최대사용전압이 23[kV]인 전선으로서 중성선 다중접지방식이 전로에 접속되는 변압기 권선의 절연내력시험 시험전압은 약 몇 [kV] 인가?

① 32.16   ② 25.3

③ 28.75   ④ 34.5

정답   79 ①   80 ③   81 ④   82 ①   83 ③

[해설] 변압기 전로의 절연내력시험

최대사용전압	시험전압	최저시험전압
• 7[kV] 이하	1.5배	500[V]
• 7[kV] 초과 비접지식 전압	1.25배	10,500[V]
• 7[kV] 초과 25[kV] 이하 • 중성점 다중 접지방식	0.92배	
• 60[kV] 초과 중성점접지식	1.1배	75[kV]
• 60[kV] 초과 중성점 직접접지식 • 170[kV] 초과 권선에는 그 중성점에 피뢰기를 시설한 것에 한함	0.72배	
• 170[kV] 초과 중성점 직접접지식 구내에만 적용	0.64배	

• 전로에 케이블을 사용하는 경우에는 직류로 시험할 수 있으며, 시험전압은 교류의 경우의 2배가 된다.
• 절연내력시험전압 = 23 × 0.92 = 21.16[kV]

84 사용전압이 100[kV] 이상의 변압기를 설치하는 곳의 절연유 유출방지 설비의 용량은 변압기탱크 내장유량의 몇 [%] 이상으로 하여야 하는가?

① 25[%] ② 50[%]
③ 75[%] ④ 100[%]

[해설]

절연유 유출방지 설비의 용량은 변압기탱크 내장유량의 50[%] 이상으로 할 것.

85 목주, A종 철주 및 A종 철근콘크리트주를 사용할 수 없는 보안공사는?

① 고압보안공사
② 제1종 특고압 보안공사
③ 제2종 특고압 보안공사
④ 제3종 특고압 보안공사

[정답] 84 ② 85 ② 86 ③

[해설] 특고압 가공전선로의 경간제한

[단위m]

지지물 종류	표준 경간	저·고압 보안공사	1종 특고압 보안공사	2·3종 특고압 보안공사	특고압 시가지
목주 A종	150	100	×	100	75
B종	250	150	150	200	150
철탑	600	400	400	400	400

86 과전류차단 목적으로 정격전류가 70[A]인 배전용 차단기를 저압전로에서 사용하고 있다. 정격전류의 2배 전류를 통한 경우 자동적으로 동작해야 하는 시간은?

① 2분 ② 4분
③ 6분 ④ 8분

[해설]

저압전로에 사용하는 퓨즈는 다음에 의하여야 한다.
• 과전류 차단기로 저압전로에 사용하는 퓨즈는 수평으로 붙인 경우에 정격전류의 1.1배에 견딜 것
• 1.6배 및 2배의 전류에 대하여 표와 같이 용단되어야 한다.

정격전류의 구분	시간(분)	
	정격전류의 1.6배의 전류를 통한 경우	정격전류의 2배의 전류를 통한 경우
30[A] 이하	60	2
30[A] 초과 60[A] 이하	60	4
60[A] 초과 100[A] 이하	120	6
100[A] 초과 200[A] 이하	120	8
200[A] 초과 400[A] 이하	180	10
400[A] 초과 600[A] 이하	240	12
600[A] 초과	240	20

1416 • Part 4. 기사 · 산업기사 최근기출문제

87 과전류차단기로 저압전로에 사용하는 퓨즈는 수평으로 붙인 경우에 정격전류의 몇 배의 전류에 견뎌야 하는가?

① 1.1 ② 1.25
③ 1.6 ④ 2.0

해설
86번 해설 참조

88 특고압 가공전선로의 경간은 지지물이 철탑인 경우 몇 [m] 이하이어야 하는가? (단, 단주가 아닌 경우이다)

① 400 ② 500
③ 600 ④ 700

해설
85번 해설 참조

89 백열전등 또는 방전등에 전기를 공급하는 옥내전로의 대지전압은 몇 [V] 이하이어야 하는가?

① 150 ② 220
③ 300 ④ 600

해설
백열전등 또는 방전등에 전기를 공급하는 옥내전로의 대지전압은 300[V] 이하이어야 한다.

90 "조상설비"에 대한 용어의 정의로 옳은 것은?

① 전압을 조정하는 설비를 말한다.
② 전류를 조정하는 설비를 말한다.
③ 유효전력을 조정하는 전기기계기구를 말한다.
④ 무효전력을 조정하는 전기기계기구를 말한다.

91 특고압가공전선과 발전소 금속제의 울타리 등이 교차하는 경우에 울타리에는 교차점에서 좌우로 45[m] 이내에 시설하는 접지공사의 종류는 무엇인가?

① 제1종 접지공사
② 제2종 접지공사
③ 제3종 접지공사
④ 특별 제3종 접지공사

해설
고압 또는 특고압가공전선과 금속제의 울타리, 담 등이 교차하는 경우에 금속제의 울타리, 담 등에는 교차점과 좌우로 45[m] 이내의 개소에 제1종 접지공사를 하여야 한다. 다만, 토지의 상황에 의하여 제1종 접지저항 값을 얻기 어려운 경우에는 제3종 접지공사에 의한다.

92 저압 옥내배선의 사용전선으로 틀린 것은?

① 단면적 2.5[mm²] 이상의 연동선
② 단면적 2.5[mm²] 이상의 미네럴인슈레이션 케이블
③ 사용전압 400[V] 미만의 전광표시장치 배선 시 단면적 1.5[mm²] 이상의 연동선
④ 사용전압 400[V] 미만의 출퇴 표시등 배선 시 단면적 0.5[mm²] 이상의 다심케이블

해설 저압옥내배선 400[V] 미만인 경우 전선의 굵기
• 전광·출퇴 표시등 : 단면적 1.5[mm²] 이상의 연동선
• 제어회로 : 0.75[mm²] 이상의 다심형, 캡타이어케이블
• 쇼윈도, 쇼케이스배선 : 0.75[mm²] 이상의 코드, 캡타이어케이블

정답 87 ① 88 ③ 89 ③ 90 ④ 91 ① 92 ④

93 특고압 가공전선로에 사용하는 철탑 중에서 전선로의 지지물 양쪽의 경간차가 큰 곳에 사용하는 철탑의 종류는?

① 각도형

② 인류형

③ 보강형

④ 내장형

해설

특고압 가공전선로의 지지물로 사용하는 B종 철주·B종 철근콘크리트주 또는 철탑의 종류는 다음과 같다.

- 직선형 : 전선로의 직선부분(3도 이하인 수평 각도를 이루는 곳을 포함한다)에 사용하는 것, 다만, 내장형 및 보강형에 속하는 것을 제외한다.
- 각도형 : 전선로 중 3도를 넘는 수평 각도를 이루는 곳에 사용하는 곳
- 인류형 : 전가섭선을 인류하는 곳에 사용하는 곳
- 내장형 : 전선로의 지지물 양쪽의 경간차가 큰 곳에 사용하는 곳
- 보강형 : 전선로의 직선부분에 그 보강을 위하여 사용하는 곳

94 전력보안통신 설비인 무선통신용 안테나를 지지하는 목주는 풍압 하중에 대한 안전율이 얼마 이상이어야 하는가?

① 1.0

② 1.2

③ 1.5

④ 2.0

해설

저고압 가공전선과 가공 약 전류전선을 시설하는 전선로의 지지물로서 사용하는 목주의 풍압하중에 대한 안전율은 1.5 이상일 것

95 사용전압이 380[V]인 옥내배선을 애자사용공사로 시설할 때 전선과 조영재 사이의 이격거리는 몇 [cm] 이상이어야 하는가?

① 2

② 2.5

③ 4.5

④ 6

해설 애자사용공사

- 전선의 종류 : 절연전선(단, 옥외용 비닐절연전선(OW) 및 인입용 비닐절연전선(DV)은 제외한다)
- 이격거리

전압		전선과 조영재 와의 이격거리		전선 상호 간격	전선지지점간의 거리	
					조영재의 상면 또는 측면	조영재에 따라 시설하지 않는 경우
저압	400[V] 미만	2.5[cm] 이상				—
	400[V] 이상	건조한 장소	2.5[cm] 이상	6[cm] 이상	2[m] 이하	6[m] 이하
		기타의 장소	4.5[cm] 이상			

96 고압가공전선로의 경간은 B종 철근콘크리트주로 시설하는 경우 몇 [m] 이하로 하여야 하는가?

① 100

② 150

③ 200

④ 250

정답 **93** ④ **94** ③ **95** ② **96** ④

해설 특고압 가공전선로의 경간 제한

[단위 m]

지지물 종류	표준 경간	저·고압 보안 공사	1종 특고압 보안 공사	2·3종 특고압 보안 공사	특고압 시가지
목주 A종	150	100	×	100	75
B종	250	150	150	200	150
철탑	600	400	400	400	400

97 가요전선관 공사에 의한 저압옥내배선 시설에 대한 설명으로 틀린 것은?

① 옥외용 비닐전선을 제외한 절연전선을 사용한다.
② 제1종 금속제 가요전선관의 두께는 0.8[mm] 이상으로 한다.
③ 중량물의 압력 또는 기계적 충격을 받을 우려가 없도록 시설한다.
④ 옥내배선의 사용전압이 400[V] 이상인 경우에 제3종 접지공사를 한다.

해설
• 400[V] 미만인 경우에는 가요전선관에 제3종 접지공사로 할 것(다만, 관의 길이가 4[m]이하 인 경우에는 그러하지 아니하다)
• 400[V] 이상은 특별 제3종 접지공사를 할 것(단, 사람이 접촉할 우려가 없는 경우 : 제3종 접지공사)

98 정격전류 20[A]인 배선용 차단기로 보호되는 저압 옥내전로에 접속할 수 있는 콘센트 정격전류는 몇 [A] 이하인가?

① 15   ② 20
③ 22   ④ 25

해설 저압옥내전로에 접속되는 콘센트·나사접속기 및 소켓

저압옥내전로의 종류	콘센트	나사접속기 및 소켓
정격전류가 15[A] 이하인 과전류 차단기로 보호되는 것.	정격전류가 15[A] 이하인 것	나사형의 소켓으로서 공칭지름이 39[mm] 이하인 것이나 나사형 이외의 소켓 또는 공칭지름이 39[mm] 이하인 나사접속기
정격전류가 15[A]를 초과하고 20[A] 이하인 배선용 차단기로 보호되는 것.	정격전류가 20[A] 이하인 것	
정격전류가 20[A]를 초과하고 30[A] 이하의 과전류차단기(배선용 차단기를 제외한다.)로 보호되는 것.	정격전류가 20[A] 이하인 것(정격전류가20[A] 미만의 꽂임 플럭이 접속될 수 있는 것은 제외한다.)	할로겐 전구용의 소켓이나 할로겐 전구용 이외의 백열전등용·방전등용의 소켓으로서 공칭지름이 39[mm]인 것 또는 공칭지름이 39[mm]인 나사접속기
정격전류가 20[A]를 초과하고 30[A] 이하의 과전류 차단기로 보호되는 것.	정격전류가 20[A] 이상 30[A]이하의 것(정격전류가 20[A] 미만의 꽂임 플럭이 접속될 수 있는 것은 제외한다)	
정격전류가 30[A]를 초과하고 40[A] 이하인 과전류차단기로 보호되는 것.	정격전류가 30[A] 이상 40[A] 이하인 것	
정격전류가 40[A]를 초과하고 50[A] 이하인 과전류차단기로 보호되는 것	정격전류가 40[A] 이상 50[A] 이하인 것	

정답 97 ④   98 ②

99 345[kV] 가공송전선로를 평야에 시설할 때, 전선의 지표상의 높이는 몇 [m] 이상으로 하여야 하는가?

① 6.12   ② 7.36

③ 8.28   ④ 9.48

해설 특고압가공전선의 높이(이상)

전압의 범위	일반 장소	도로 횡단	철도 또는 궤도횡단	횡단보도교
35 [kV] 이하	5[m]	6[m]	6.5[m]	4[m] (특고압 절연전선 또는 케이블사용)
35 [kV] 초과 160 [kV] 이하	6[m]	6[m]	6.5[m]	5[m] (케이블 사용)
	산지 등에서 사람이 쉽게 들어갈 수 없는 장소 : 5[m] 이상			
160 [kV] 초과	일반장소	가공전선의 높이 : 6+단수×0.12[m]		
	철도 또는 궤도횡단	가공전선의 높이 : 6.5+단수×0.12[m]		
	산지	가공전선의 높이 : 5+단수×0.12[m]		

160[kV] 초과 가공전선의 높이 : 6+단수×0.12[m] 이상

∴ $6+0.12n[\text{m}]=6+0.12\times19=8.28[\text{m}]$이상

$n=\dfrac{345-160}{10}=18.5 \xrightarrow{절상} 19단$

100 저압가공전선이 가공약전류전선과 접근하여 시설될 때 저압가공전선과 가공약전류전선 사이의 이격거리는 몇 [cm] 이상이어야 하는가?

① 40   ② 50

③ 60   ④ 80

해설 저·고압가공전선과 가공약전류전선 등의 접근과 교차

• 저압가공전선과 가공약전류전선의 이격거리 : 60 [cm] (저압가공전선이 고압·특고압절연전선 또는 케이블인 경우는 30[cm]) 이상

• 고압가공전선과 가공약전류전선의 이격거리 : 80 [cm](전선이 케이블인 경우는 40[cm]) 이상

• 가공전선과 약전류전선로 등의 지지물 사이의 이격거리
  - 저압 : 30[cm] 이상
  - 고압 : 60[cm](전선이 케이블인 경우는 30[cm]) 이상

정답 99 ③   100 ③

최신 개정판

한국산업인력공단
시행 새 출제기준 적용!!

완전합격 핵심이론

최근시행 기출문제

전기기사 산업기사
필기시험문제

✤ 최단시간 자격증 취득을 위한 최고의 수험서!!
✤ 최근 시행 출제기준에 따른 출제문제의 반복학습!!

유쾌! 상쾌! 통쾌하게
합격하자!!

특별판매정가 40,000원

13560

9 788940 629574
ISBN 978-89-406-2957-4